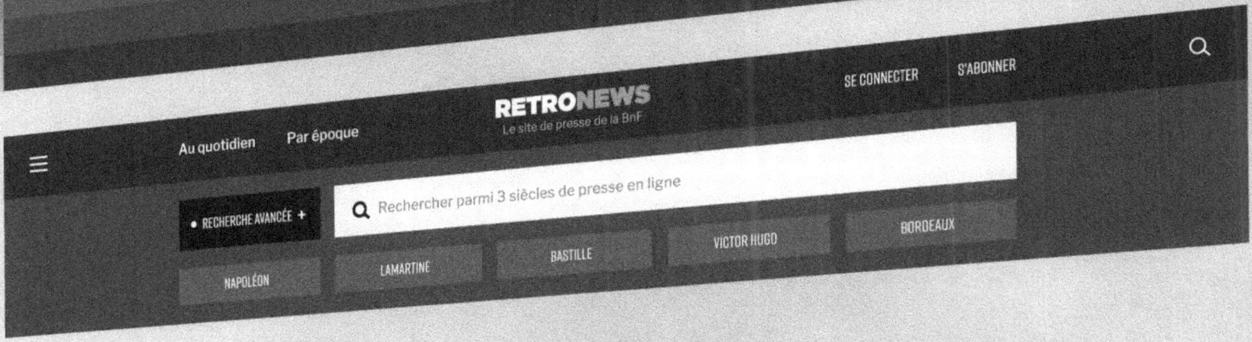

2e ANNÉE — 1856

L'AMI DES SCIENCES

JOURNAL DU DIMANCHE

PUBLIÉ PAR

M. VICTOR MEUNIER

TOME DEUXIÈME

PARIS

BUREAUX : 74, RUE DES NOYERS

(Maison de la Reine Blanche)

1856

2e ANNÉE — 1856

L'AMI DES SCIENCES

JOURNAL DU DIMANCHE

TOME DEUXIÈME

PARIS. — IMPRIMERIE DE J.-B. GROS ET DONNAUD

RUE DES NOYERS, 74

Deuxième année. — N° 1. Quinze centimes. 6 janvier 1856.

L'AMI DES SCIENCES

BUREAUX D'ABONNEMENT
13, RUE DU JARDINET, 13
Près l'Ecole de Médecine
A PARIS

JOURNAL DU DIMANCHE
SOUS LA DIRECTION DE
VICTOR MEUNIER

ABONNEMENT POUR L'ANNÉE
PARIS, 6 FR.; — DÉPART., 8 FR
Étranger (Voir à la fin du journal)
ENVOYER UN MANDAT DE POSTE

Vue perspective du château de Beau-Site.

Réforme de la vie domestique.

PALAIS DE FAMILLE.

La vue perspective du palais de *Beau-Site*, placée en tête de ce numéro, montre le premier spécimen de cette grande réforme architectonique et domestique des Palais de famille dont la réalisation procurera une économie de 60 % sur les frais généraux de logement, imposition, ameublement, de 40 % sur la nourriture, le chauffage, l'éclairage et la domesticité, qui affranchira la femme de tous les soins du ménage, permettra de donner aux enfants une éducation hygiénique, et enfin augmentera pour tous dans des proportions incalculables tous les agréments de la société.

Le Palais de Beau-Site, qu'on construit en ce moment d'après le plan conçu par M. Victor Calland et les dessins de M. Albert Lenoir, architecte du gouvernement, s'élèvera à une heure et demie de Paris entre la Ferté-sous-Jouarre et le bourg agricole de Jouarre, en vue des vallées de la Marne et du Petit-Morin, au milieu d'un parc des plus pittoresques.

Il contiendra 124 appartements de maître, 40 chambres de domestiques et de nombreuses salles de société, telles que salons de réception, de lecture, bibliothèque, chapelle, salles de concerts, galerie de fêtes, vaste restaurant ayant 14 salles à manger, café, billards, buffet, bains, etc....

L'*Ami des Sciences* a déjà consacré plusieurs articles aux Palais de famille dont le principe et le mécanisme sont connus de nos lecteurs. Aujourd'hui nous devons céder la parole à l'homme de cœur et de science, qui a généreusement voué sa fortune et sa vie à la réalisation de cette œuvre de salut public. M. Victor Calland nous adresse la lettre suivante :

Monsieur,

A la lettre première que je vous ai adressée *sur l'institution des Palais de famille*, veuillez, je vous prie, accepter, comme développement de l'idée, cette seconde lettre qui sans doute sera suivie d'une troisième; car, vous le savez, la conception des Palais de famille contient toute une science.

En effet, cette conception n'a rien d'arbitraire.

Considérée *philosophiquement*, cette institution repose sur cet éternel principe, qui sert de base à toute la nature: *La variété dans l'unité* ; c'est-à-dire l'individualité distincte dans l'ensemble, la liberté d'existence pour tous les êtres au sein de l'ordre universel.

Considérée sous le rapport de l'art et particulièrement de *l'architecture*, l'établissement des Palais de famille est l'union des chaumières, groupées et transformées en châteaux; la maison individuelle associée à d'autres maisons, et constituant de véritables palais; la commune rurale enfin, réalisant, au moyen de l'art, le bien-être sociétaire et manifestant au sein des campagnes, même les plus désertes, toutes les merveilles de la civilisation.

Considérée sous le rapport *économique*, cette institution est la transformation du loyer improductif en acquisition certaine de la propriété d'un appartement parfaitement distinct et de toutes les jouissances sociales qui l'entourent, au moyen de paiements par annuités successives, correspondant à la durée d'un bail et au taux ordinaire des loyers; de plus, c'est une diminution fort considérable sur tous les frais de la vie, par l'achat en gros et de première main de toutes les denrées alimentaires, sans aucune spéculation intermédiaire et au profit de tous.

Considérée sous le rapport *social*, cette institution est le luxe individuel simplifié, agrandi et répandu dans les masses; c'est le comfort aristocratique popularisé ; en un mot c'est la vie de société, rendue facile, possible et agréable pour tous, par la satisfaction de tous les besoins même les plus variés, par l'établissement des rapports de goût, de caractère, ou d'intérêts compris et acceptés de tous.

Considérée sous le rapport *agricole*, c'est la campagne, aujourd'hui abandonnée, repeuplée et animée d'une vie nouvelle, celle de la science; c'est le sol fécondé et embelli par un travail plus intelligent ; c'est la nature transfigurée par l'industrie fortifiée de la toute-puissance des capitaux, en un mot, c'est un nouveau monde.

Financièrement considérée, l'institution des Palais de famille est l'alliance féconde du capital et de la terre, c'est la propriété foncière mobilisée et circulant sous la forme de billets de banque rapportant intérêt, et représentée toujours par une valeur au moins égale à son titre; c'est l'action industrielle enfin pouvant s'échanger toujours soit contre le numéraire, soit contre des titres notariés d'appartement, de terre ou d'usine.

Sous le rapport de *l'ordre public*, aucune institution n'offrira un avenir aussi vaste à la paix, au travail, à la richesse publique, à la concorde entre les citoyens et les nations, puisqu'elle doit avoir pour but religieux et résultat moral de faire tomber progressivement toutes les barrières que l'ignorance et la pauvreté ont élevées parmi les hommes.

Cherchez d'abord le royaume de Dieu, qui est la Justice, a dit le Christ, *et tout vous sera donné en surcroît;* ce royaume qui n'est autre que l'acceptation par la race humaine des grandes lois de la vie universelle, nous allons prochainement et selon nos forces en essayer la réalisation pratique.

Que Dieu soit avec nous, ainsi que les gens de bien, car c'est au nom sacré de l'humanité et de l'harmonie éternelle que nous nous mettons à l'œuvre.

Agréez, etc. VICTOR CALLAND,
Fondateur-gérant des Palais de famille.

AVIS.

Ceux de nos souscripteurs dont l'abonnement a expiré le 31 du mois dernier sont priés de le renouveler sans retard — le meilleur mode de renouvellement pour les abonnés de province consiste dans l'envoi d'un mandat de poste ou sur une maison de Paris à l'ordre du gérant du Journal — envoyer une bande imprimée rectifiée s'il y a lieu.

SUR LA PERMANENCE DU NIVEAU DES MERS.

RÉPONSE A M. JOBARD.

Dans la lettre qu'il nous a fait l'honneur de nous adresser par l'entremise de l'*Ami des Sciences*, M. Jobard dit que son système lui paraissait si rationnel qu'il a cru pouvoir le publier sans compromettre la sécurité de l'Etat ; il s'en félicite d'ailleurs, puisque cette hardiesse lui vaudra un travail des plus rassurants pour l'humanité présente et future.

Il semblerait résulter de ce passage que nous aurions non seulement critiqué le système, mais encore le fait de sa présentation. Nous avons la confiance que tous ceux qui auront lu notre article ne lui attribueront pas cette portée. M. Jobard nous a trop accoutumé à d'intéressantes communications, et il y a trop d'utilité pour la science dans la publication de certaines idées, même lorsqu'elles sont contestables, pour que nous ayons jamais pu avoir la pensée d'accuser M. Jobard de hardiesse, encore moins d'une hardiesse susceptible de compromettre la sûreté de l'Etat. Nous nous écarterions trop rapidement de la question si nous voulions rester sur ce terrain. En fait, M. Jobard a émis une opinion et il a invité le public à la discuter. N'aurions-nous pas eu un motif particulier d'entrer dans ce débat, qu'il nous aurait suffi de la grande autorité de M. Jobard pour que notre attention fut captivée, et ce n'est pas à coup sûr dans une circonstance où nous avions le regret de ne pouvoir accepter sa pensée, que nous aurions voulu ajouter à ce regret le tort de lui adresser directement ou indirectement un reproche, quelque léger qu'il fut. Si à cet égard il nous était échappé une expression qui ne fût pas conforme aux intentions que nous exprimons ici, nous serions d'autant plus disposé à la rétracter que ce n'est pas à M. Jobard qu'elle aurait pu nuire, mais à nous-même.

Quant aux remerciements, nous ne croyons pouvoir les accepter au titre où ils nous sont adressés; car cette promesse du maintien de l'équilibre actuel qui enchante M. Jobard, nous ne l'avons pas faite. Nous nous sommes borné à une espérance que nous avons même eu le soin d'exprimer en termes dubitatifs; nous avons dit : « les apports des fleuves ne feraient « donc *peut-être* que compenser exactement les volumes que la « mer rejette de son sein et nous serions ainsi conduit à re- « connaître, non de futures perturbations, mais un remar- « quable maintien de l'équilibre actuel. »

Nous savons trop combien il faut apporter de prudence dans les questions où le temps joue un si grand rôle, où, pour nous servir des expressions même de M. Jobard, les siècles qui ne finiront pas pourront donner un démenti aux systèmes les mieux combinés, pour nous expliquer sur de pareils sujets avec le ton de l'affirmation.

En présence de notre ignorance encore si grande des lois naturelles, en présence des réserves que nous imposent tous les imprévus de l'avenir, quel est celui de nous qui, conduit par ses déductions à considérer comme certain un événement qui ne doit arriver que dans une vingtaine et même une dizaine de milliers d'années, n'aura pas la sagesse de substituer à cette certitude, quelque rationnelle qu'elle puisse paraître, une simple probabilité? C'est que dans l'ordre intellectuel comme dans l'ordre philosophique, il n'est pas possible de se soustraire à la nécessité de faire, comme on dit vulgairement, la part du temps et de ses incertitudes. L'histoire de l'humanité prouve à chaque instant que des trois grandes manifestations de la puissance créatrice, l'espace, la matière et le temps, celle que nous apprécions le moins dans son essence, dont il nous est le plus difficile de deviner et même de pressentir les futurs effets, c'est la dernière. L'homme, à un instant donné ne procède jamais qu'avec une partie de la science et l'applique avec plus ou moins de succès; le temps seul marche et se développe avec la science tout entière et ne se trompe pas dans ses applications; or il a déjà fait justice de tant de croyances qu'il y aurait quelque présomption à espérer que nos prétendues vérités ne seront pas soumises à leur tour à la loi commune des rectifications et qu'elles arriveront aux âges futurs avec toute la valeur que nous leur attribuons dans le présent.

Mais si M. Jobard paraît reconnaître que son système conduit à des conséquences difficiles à admettre, il n'est pas complétement édifié sur les faits qui ont inspiré ce système, il se demande encore ce que devient l'eau remplacée par des milliards de mètres cubes de corps solides qui descendent des montagnes. Nous pensions que l'explication la plus admissible, quant à présent, était celle que nous avons indiquée à la fin de notre précédente note et que dès l'instant qu'il est reconnu qu'il y a dans les mouvements des flots de la mer une très-grande puissance d'éjection sur la terre ferme des substances qui forment son lit et ses rives, il fallait reconnaître aussi que le problème est complexe, que le fait naturel pris pour point de départ, l'élimination forcée de l'eau, n'est qu'une incertitude; qu'avant d'admettre que l'équilibre est rompu, il faut décider si les deux forces qui se trouvent en présence à l'embouchure des fleuves sont inégales, que pour savoir enfin dans quel sens la rupture a lieu, si rupture il y a, il faut apprécier quel est le plus considérable ou du volume des apports que les fleuves conduisent à la mer ou de celui des masses terreuses que l'Océan extrait de son sein et rejette sur les continents.

N'admettre qu'un seul de ces deux termes, l'apport fluviatile ou l'apport maritime, c'est évidemment n'avoir pas égard à toutes les conditions du problème.

Je ne serais pas plus en droit de dire que la capacité océanique augmente parce que la mer creuse son propre fond et en transporte les déblais sur la terre ferme, que M. Jobard ne peut l'être d'affirmer que cette capacité diminue parce que les apports fluviatiles ou d'autres causes y entassent des remblais. Lequel l'emporte du déblai ou du remblai ? là c'est toute la question. C'est de cette différence qu'il faut s'occuper avant tout et non pas seulement de l'un des éléments qui la composent, et ce n'est que lorsque le sens de cette différence sera connu, qu'il sera possible, je le répète, de savoir si c'est à l'objection de M. Jobard qu'il faudra répondre, ou à une objection toute contraire.

Les apparences, j'en conviens, lui sont favorables; il n'est pas un de nous qui ne voie tous les jours les eaux troubles des fleuves conduire, sinon des cailloux, du moins des sables et des vases vers la mer; il en est peu au contraire qui aient pu aussi bien reconnaître les galets, les sables et les vases que la mer dépose sur le continent. Il y a plus, la mer a abandonné quelques fois certains rivages et on en a conclu qu'elle diminue de capacité, tandis que le plus souvent ce retrait en surface correspond à une augmentation incontestable de volume.

La baie du Mont Saint-Michel, en France, est un exemple frappant de cette vérité. Admettons, en effet, que la mer ait jadis séjourné sur les vastes terrains dont elle est composée, terrains qu'aujourd'hui elle envahit seulement au moment du flot. Comme les bassins des rivières qui débouchent de cette baie appartiennent exclusivement aux formations primitives ou de transition, il faudrait, si la baie a été formée par des dépôts terrestres seulement, qu'elle ne contînt pas l'élément calcaire. Or, non seulement cet élément y existe en abondance, mais encore on l'y trouve dans une proportion d'autant plus considérable, qu'on s'avance davantage vers le continent. Il faut donc conclure de ce fait que la mer a eu la plus grande part dans le remplissage de cette baie et que par conséquent sa capacité a augmenté de tout le volume des terres qui aujourd'hui, dans cette localité, s'élèvent au-dessus du niveau moyen de l'Océan. Ce volume, d'après les calculs de M. l'ingénieur Marchal, n'est pas moindre de 600 millions de mètres cubes.

Lorsqu'en France, après l'exécution d'un canal latéral à la Somme vers son embouchure, on a barré cette rivière et dévié son cours aux environs d'Abbeville, la portion du lit abandonnée à la seule action de la marée a été immédiatement atterrie.

Depuis le petit nombre d'années qu'on a entrepris les travaux d'endiguement de la basse Seine, le volume des atterrissements qui se sont formés derrière les digues s'est élevé à 17,941,448 mètres cubes. Or, les eaux de la Seine, si elles étaient toujours aussi troubles que dans le moment des plus grandes crues, ne donneraient pas un volume de dépôt supérieur à 368,000 mètres cubes par an; il faut donc encore attribuer, dans ce cas, la majeure partie des atterrissements à la mer.

M. Marchal s'est assuré par des expériences directes que dans un temps calme le flot à Rouen contient trois fois plus de matières terreuses que les eaux les plus troubles de la Seine.

A toutes ces preuves de l'importance de l'apport maritime ajoutons celles que nous offrent à leur tour les puissantes dunes du littoral dont Brémontier évaluait l'accroissement annuel à 1,245,000 mètres cubes de sable pour la portion limitée du golfe de Gascogne.

Que déduire de tous ces faits ? que si à un premier aperçu et en se bornant à la seule considération des apports des fleuves dans la mer, on peut être conduit à penser que le récipient océanique diminue chaque année, on ne tarde pas, en cherchant à se rendre compte de l'importance des apports maritimes, à être entraîné vers une opinion contraire, et qu'en présence de ces deux effets de nature opposée, de cette lutte entre les eaux et les continents dont il est difficile aujourd'hui d'apprécier la résultante, il faut reconnaître que si l'équilibre hydrostatique n'est pas définitivement constitué, il existe du moins des éléments naturels qui semblent converger vers sa production.

F. VALLÈS,
Ingénieur en chef des ponts et chaussées.

Laon, le 31 décembre 1855.

Expérience curieuse sur un Scarabée.

Le fait suivant vient à l'appui des observations insérées dans les numéros 49 et 51 de l'*Ami des Sciences*, concernant la submersion des hannetons.

En 1830, j'avais attrapé, dans les Pyrénées, un cerf-volant si magnifique qu'il me donna l'envie d'en faire le noyau d'une collection entomologique. Mais la difficulté était de le tuer sans le mutiler ou l'altérer. Je ne pouvais me résoudre à le percer d'une épingle et à le voir souffrir indéfiniment, cloué sur un liége. Après avoir bien cherché, je crus que le moyen le plus sûr était de le noyer.

Je le plongeai, à cet effet, dans un verre d'eau en me couchant, et le lendemain matin je le trouvai raide et sans mouvement, bien qu'il eut surnagé. L'ayant placé, en attendant mieux, dans une soucoupe sur ma cheminée, je sortis pour mes excursions journalières.

Je fus, en rentrant, fort surpris de ne plus trouver mon grand coléoptère à sa place; je crus qu'on me l'avait dérobé; mais sur les protestations de la personne qui seule était entrée dans ma chambre, je me mis à la recherche et je finis par trouver l'insecte se promenant gravement sous mon lit. J'attribuai sa résurrection à une asphyxie imparfaite, provenant de ce qu'il n'avait pas été submergé.

Pour le forcer à plonger, je l'attachai avec un fil à l'anneau d'une grosse clef et je le maintins ainsi sous l'eau, au fond du verre. Je ne le retirai que le lendemain au soir, cette fois bien noyé, laissant tomber ses pattes et ses antennes, impassible aux piqûres et à tous les stimulants.—Je crus pouvoir, en cet état, le fixer au mur avec une épingle, et je m'endormis satisfait de penser qu'il ne pouvait plus souffrir.

Mais quelle ne fut pas ma stupéfaction, en m'éveillant, de voir mon pauvre animal remuant toutes ses pattes et faisant des efforts désespérés pour se débarrasser de sa cruelle entrave.

Mon premier mouvement fut de le rendre à la liberté; mais, en réfléchissant qu'il avait été transpercé par le milieu du corps et qu'il ne pouvait plus vivre, je me résolus à achever ma pénible opération et je le remis au fond de l'eau, attaché à la clef. Il y resta trois jours et trois nuits.

Au bout de ce temps, ne doutant plus qu'il eût cessé de vivre, je le retirai, mais dans quel état! sa couleur était altérée, son éclat avait disparu, sa carapace était devenue molle et gluante; ses pattes étaient repliées contre son corps et ses antennes rentrées: il y avait, à mon jugement, commencement de décomposition. Je le mis, pour le faire sécher, sur le dos, au soleil, au milieu d'une feuille de papier blanc et je sortis.

Quand je rentrai, le soir, le cerf-volant était à la même place, encore sur son dos, mais je crus voir ses pattes remuer. Je le retournai, et il se mit à marcher.

Je ne puis dire ce que j'éprouvai en ce moment. Une crainte superstitieuse s'empara de moi; je crus avoir affaire au diable! Je me reprochai ma cruauté; j'eus horreur de l'insecte et de moi-même, et je le jetai par la fenêtre, renonçant pour toute ma vie à l'entomologie et aux expériences sur les animaux.

A. Pérémé.

CORRESPONDANCE.

Dyssenterie. — Remède.

Caen, le 7 décembre 1855.

Monsieur,

Le 21 novembre 1854, j'écrivais à M. le préfet du Calvados:

« M.,

« J'ai la conviction que d'ici à peu de temps (si ce n'existe déjà), la dyssenterie fera de cruels ravages dans notre armée d'Orient.

« En présence de cette triste éventualité, je viens vous déclarer, Monsieur, que le hasard m'a mis à même de reconnaître l'efficacité incontestable de l'un de nos médicaments, pour arrêter le mal à son début. Je puis appuyer mon dire de la déclaration d'une vingtaine de personnes qui ont été guéries instantanément.

« Si vous croyez, Monsieur, que la connaissance de ce fait puisse être utile au département de la guerre, veuillez prendre *note de mes déclarations, etc., etc.* »

Le moyen qui depuis dix-huit mois me réussit constamment est le mélange suivant mis en pilules:

Aloës.	15 centigrammes	Alcool pour faire une pilule.
Acide camphorique.	2 id.	
Sulfate de quinine.	3 id.	

Depuis le mois d'août à novembre 1854, la cholérine sévissant dans notre contrée, les personnes auxquelles j'ai pu administrer ce mélange au début de l'affection ont été débarrassées immédiatement.

On peut prendre ce médicament à toute heure. Cependant, j'ai remarqué que l'efficacité est plus constante et plus réelle quand l'administration a lieu avec les aliments, surtout au milieu du potage.

La dose varie suivant la force de la personne, depuis une jusqu'à trois.

Agréez, etc. V. Le Marchand fils.

Expérience sur un hydrophile.

M. C. Maumenet nous écrit de Nîmes:

« Je ne sais si le fait suivant a quelque intérêt scintifiques; il en a un pour moi en ce qu'il donne un exemple de plus de l'action humaine sur la nature et montre que la durée de l'existence de certains êtres ainsi que leur régime sont des choses qu'on peut modifier si on a intérêt à le faire. Un *hydrophylus piceus*, coléoptère herbivore pris adulte à la fin de l'été, et mis en bocal, a été conservé en vie pendant deux ans; on l'a nourri d'abord de mouches, puis en hiver de fromage, plus tard de varech, ensuite d'échaudés, enfin il avait été remis au régime herbivore quand l'expérience a été interrompue par un accident. »

Ciment Sorel. — Réclamation.

28 décembre 1855.

Monsieur le Rédacteur,

Dans le numéro du 25 novembre de votre intéressante publication, vous avez rendu compte d'une communication faite à l'Académie des sciences sur un nouveau ciment blanc devenant très-dur, applicable au plombage des dents. Vous terminez votre article en disant que ce qui prouve l'inaltérabilité de ce ciment, c'est que *les dentistes de Paris* l'emploient avec succès pour le plombage des dents.

Ce compte-rendu pouvant faire croire aux dentistes que le nouveau ciment est dans le domaine public, je viens vous dire, Monsieur, que ce ciment qui a obtenu une médaille de première classe à l'exposition universelle de 1855, est breveté (s. g. d. g.) et qu'aucun dentiste ne peut en faire usage en France sans y être autorisé par M. Sorel, et que j'ai seul le droit d'employer cette précieuse matière à Paris et dans plusieurs villes voisines.

Je vous prie, monsieur, de vouloir bien insérer cette réclamation dans le prochain numéro de votre journal, afin que mes confrères ne soient pas induits en erreur et exposés à des poursuites devant les tribunaux.

Veuillez agréer, etc. T. Lalement.
Médecin - Dentiste.

CHIMIE.

Recherches sur la production de l'acide azotique au moyen de l'air ozonisé.

Sous ce titre, M. Balard a communiqué à l'Académie dans sa dernière séance (31 décembre), au nom de l'auteur, M. S. de Luca, un intéressant mémoire dont voici l'exact résumé:

Cavendish a montré le premier que l'azote et l'oxygène peuvent s'unir directement sous l'influence de l'étincelle électrique lorsqu'ils sont humides, ou mieux encore lorsqu'ils sont à la fois en présence de l'eau et d'une base énergique: ils donnent naissance à un azotate. Cette expérience en définitive n'est que la production de l'ozone, qui avec l'azote détermine la formation de l'acide azotique.

Les belles expériences de M. Schoenbein, confirmées par les recherches de MM. Marignac et de la Rive, Fremy et Ed. Becquerel, ont fait connaître les propriétés singulières de l'ozone, auxquelles se rattache l'explication de plusieurs phénomènes naturels d'une haute importance.

M. Houzeau en traitant le bioxyde de barium par l'acide sulfurique monhydraté, a obtenu de l'oxygène capable de brûler complétement les éléments de l'ammoniaque, de mettre en liberté le chlore et l'iode de l'acide chlorhydrique et de l'iodure de potassium, d'oxyder l'argent, etc., comme ferait l'ozone lui-même.

Tout récemment M. Cloër a démontré par des expériences très-précises, que l'azote et l'oxygène de l'air sous l'influence des matières poreuses et des alcalis, et en l'absence de toute substance azotée ou ammoniacale, peuvent se combiner pour former de l'acide azotique et des azotates.

M. de Luca, en faisant passer très-lentement de l'air ozonizé humide pendant trois mois environ, principalement pendant la nuit, sur du potassium et sur de la potasse pure, a obtenu de l'azotate de potasse, séparable des solutions alcalines par cristallisation. Le volume total de l'air employé était de 7 à 8,000 litres.

L'air avant de s'ozoniser dans un grand flacon contenant du phosphore sous une couche d'eau, passait sur du coton cardé et sous un appareil d'une forme particulière à potasse et à acide sulfurique. Ils se débarrassait ainsi des matières en suspension et des substances azotées.

La sensibilité de cet air ozonisé a été vérifiée, et on a constaté qu'il pouvait mettre en liberté *facilement*, au moyen de la casse d'amidon, l'iode contenu dans un cent millième de milligramme d'iodure de potassium.

Ces résultats confirment ceux que M. Schoenbein a obtenus par un autre procédé.

Des expériences antérieures faites par l'auteur, lui ont montré que la potasse pure sur laquelle il a fait passer pendant le jour une certaine quantité d'air, ne contenait pas d'azotates ; qu'au contraire dans l'hiver et pendant la nuit, l'air pouvait produire des azotates avec la potasse ; que l'air agité et renouvelé tous les jours pendant plusieurs mois en présence des alcalis, pouvait également produire des azotates.

La grande importance des matières poreuses dans la production des azotates se trouve démontrée par les belle recherches de M. Cloëz ; mais les corps poreux agiraient-ils sur les alcalis par la production de l'ozone ? Et l'air lui-même chauffé au delà de 100 degrés, ou même à cette température, produirait-il les mêmes effets sous l'influence des corps poreux ? Est-il indifférent d'expérimenter en été ou en hiver, pendant le jour ou pendant la nuit, dans l'obscurité ou en présence de la lumière, à une température constante ou à une température variable ? Et l'ozone se produit-il plus facilement en hiver et pendant la nuit, ou en été et pendant le jour ?

Ce sont là des questions difficiles que l'auteur propose, et qu'on ne peut résoudre que par une étude prolongée et soutenue. Elles demandent le concours de plusieurs chimistes et la haute protection des corps savants.

INDUSTRIE.

Horloge hydraulique de M. Tifferau.

La figure 1 représente l'élévation de l'horloge vue en face. La figure 2 est une coupe de l'horloge prise à angle droit, par rapport à la figure 1.

Dans cette horloge, l'eau descendant du bassin supérieur dans un petit réservoir à siphon inférieur E, fig. 1, fait osciller d'un mouvement rigoureusement isochrone, une petite bascule qui communique son mouvement par l'intermédiaire d'un cliquet, à une roue à rochet, portant sur son axe l'aiguille des minutes. Si la bascule accomplit une oscillation toutes les secondes, le rochet qui, dans ce cas, doit avoir 360 dents, avancera d'une dent à chaque oscillation, et fera parcourir en six petits sauts à l'aiguille, l'espace correspondant à une minute. Au moyen d'une quadrature ordinaire, le mouvement de l'aiguille des minutes est transmis à l'aiguille des heures.

Le siphon A, fig. 2, est supporté par le flotteur BB ; il descend avec lui à mesure que l'eau se vide dans ce bassin ; la différence du niveau de l'eau, à son entrée et à sa sortie du siphon, reste invariable, et par conséquent la vitesse est toujours la même. L'écoulement de l'eau peut être ralenti en fermant plus ou moins le robinet K du siphon. On peut d'ailleurs supprimer ce robinet ; dans ce cas, il suffit pour régler l'écoulement, d'élever ou d'abaisser le godet fixé par un pas de vis à l'extrémité de la branche du siphon qui descend dans le tube D, fig. 2, lequel traverse le vase C. L'eau s'écoule en gouttelettes dans l'entonnoir qui termine ce tube ; elle tombe de là dans le petit réservoir à siphon E. Le siphon de ce réservoir s'amorce aussitôt que l'eau arrive à la courbure supé-

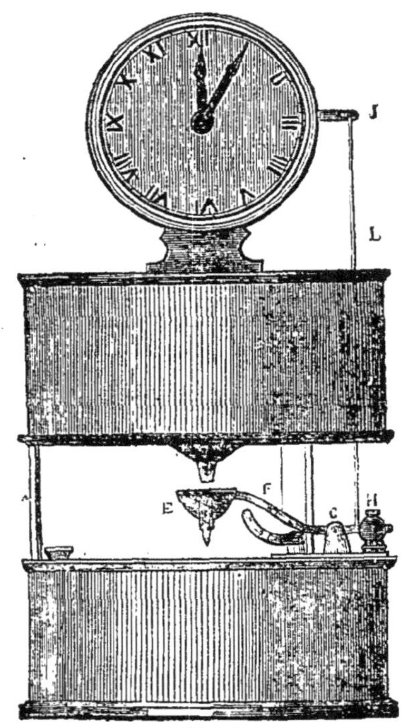

Fig. 1.

rieure du siphon ; toute l'eau contenue dans ce réservoir s'écoule promptement. La branche descendante du siphon s'allonge en sifflet ; elle a même une petite ouverture percée un peu au-dessus de la partie effilée, dans le but de ménager toujours une issue à l'air contenu dans le siphon, air refoulé par l'eau, qui vient de nouveau remplir le réservoir.

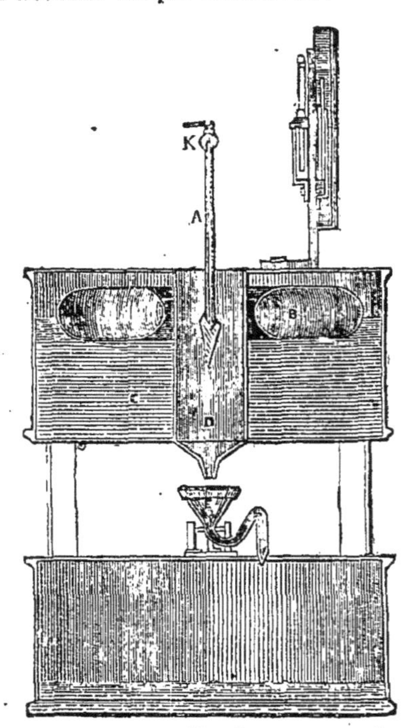

Fig. 2.

Avec les explications qui précèdent, le jeu de cet appareil est facile à comprendre. Le réservoir à siphon E, fig. 1, est fixé au bout d'une tige F qui bascule sur le support.

Un contrepoids H tient le godet relevé tant qu'il est vide ; à mesure qu'il s'emplit, l'eau emporte le contre-poids ; alors le réservoir à siphon descend et reste dans cette position jusqu'à ce que le siphon s'étant amorcé, l'eau s'écoule de ce vase.

Un battoir R sert à régler la quantité de mouvement que doit faire la bascule et fait fonctionner le cliquet; celui-ci pousse le rochet qui fait mouvoir les aiguilles.

Il suffit, pour monter cette horloge, d'alimenter le bassin supérieur.

Théorie du siphon à godets.—Cet appareil doit être considéré comme essentiellement formé de deux vases communiquant entre eux par le siphon. Le niveau étant le même de part et d'autre, il ne peut y avoir d'écoulement. Mais, du moment où l'on vient à faire plonger l'un des godets dans l'eau, la différence de niveau cessant d'être la même, l'eau commence à s'écouler immédiatement par l'autre godet. Le niveau de l'eau dans laquelle plonge la branche du siphon étant supérieur à celui de l'eau dans le petit réservoir, la contraint à y arriver pour reprendre son niveau; mais comme elle se déverse à mesure qu'elle y arrive, l'écoulement doit continuer tant que le niveau n'est pas le même des deux côtés. Si l'on élève par degrés le siphon de l'eau, on voit l'écoulement diminuer de plus en plus et finir par s'arrêter tout à fait dès que l'égalité des deux niveaux se trouve réalisée.

Dans l'horloge hydraulique, la différence des deux niveaux étant toujours la même, l'écoulement doit être rigoureusement constant, puisque la pression de varie pas.

Le siphon flotteur et le siphon à godets sont susceptibles de diverses applications industrielles sur lesquelles nous reviendrons dans un prochain numéro.

AGRICULTURE.

Action du plâtre mêlé au fumier sur la végétation des céréales.

Un agriculteur de la Haute-Marne, M. Didieux, a constaté, avec un succès non interrompu, l'action réellement merveilleuse du plâtre mêlé au fumier pour la culture des céréales.

L'honneur de la découverte est dû au hasard; mais ce qui ne dépend pas du hasard, c'est l'esprit d'observation qui fit remarquer un jour avec étonnement à M. Didieux, dans un de ses champs de froment, une place où la végétation de cette céréale paraissait avant l'hiver plus vigoureuse et d'un vert plus foncé que le reste du champ, bien que la qualité du sol fût partout sensiblement la même, et qué jamais un effet semblable ne se fût précédemment manifesté. Toutes les parties de ce champ avaient reçu une fumure d'engrais d'écurie, répandue aussi également que possible.

En moissonnant l'année suivante, le produit du coin de champ où la végétation avait toujours maintenu sa supériorité fut reconnu supérieur de près d'un tiers à celui d'une surface de même étendue prise sur le reste, au hasard. A force de chercher la cause d'un fait aussi étrange, M. Didieux finit par reconnaître qu'un de ses ouvriers avait jeté sur le tas de fumier des restes de plâtre cuit en poudre, et que la portion du fumier ainsi plâtrée accidentellement était la cause du surplus de production observé.

Dès lors, il voulut vérifier le fait en grand, et par des expériences directes, il plâtra, dans la proportion de 10 kilogrammes de plâtre pour 2,500 kil. de fumier, 52,000 kil. d'engrais d'étable et d'écurie qui furent répandus et enfouis dans un hectare de bonne terre, ensemencée en froment. La pièce contiguë reçut la même fumure, mais sans plâtre.

La supériorité de végétation du froment plâtré était évidente dès avant l'hiver; elle se soutint jusqu'à la moisson, et le rendement en grain fut de près d'un tiers supérieur à celui du froment cultivé sans plâtre dans un sol sensiblement pareil au premier. Depuis cette époque, le même fait s'est constamment reproduit dans les cultures de M. Didieux. Il a constaté que l'effet du plâtrage était encore très énergique, non seulement sur le trèfle semé dans le froment, mais aussi sur les récoltes qui suivent le trèfle. Il regarde le plâtre mêlé au fumier comme beaucoup plus profitable au trèfle que le plâtre répandu en poudre sur la plante elle-même au mois d'avril, selon l'usage général. Sa méthode pour le plâtrage des fumiers consiste à saupoudrer les engrais, couche par couche, lorsqu'ils sont mis en tas. Il croit avoir constaté qu'un séjour de deux mois du plâtre dans les tas de fumier suffit pour lui donner la plus forte somme possible d'énergie fertilisante.

ACADÉMIE DES SCIENCES.

Séance du 31 décembre.

M. le secrétaire perpétuel donne connaissance à l'Académie, d'un mémoire de M. Doyere, relatif à la cause de la détérioration des grains : voyant cette cause dans la *fermentation*, et non dans la présence de certains insectes, le mémoire recommande d'éviter surtout l'humidité dans le transport et dans les entrepôts.

—M. Wannere émet l'opinion que le principe de la circulation du sang doit appartenir aux fonctions pulmonaires, et non se trouver dans les battements du cœur; M. Flourens déclare que malgré la confiance qui lui inspirent les travaux de M. Wannere, il éprouve quelque difficulté à partager son opinion en cette circonstance.

—M. le docteur Cannonge indique, comme traitement préservatif de la fièvre typhoïde, l'inoculation des principes morbides de cette même affection.

— M. Becquerel donne lecture du rapport de la Commission nommée précédemment pour examiner le procédé de gravure en relief, dû à M. de Vincenzi et nommé par lui *Electographie*. Les épreuves déposées sur le bureau de l'Académie, représentent une tête du Pérugin, d'une grande netteté, gravée en relief en six minutes. La Commission pense que ce mode de gravure sur zinc peut remplacer avantageusement la gravure sur bois.

— M. Isidore Geoffroy-Saint-Hilaire annonce l'arrivée, au Jardin des Plantes, de deux animaux précieux appartenant au genre cheval; étant âgés de moins de deux ans, ils n'ont pu donner lieu encore à des observations complètes; néanmoins, à cause de la ressemblance frappante qu'ils offrent au premier abord avec l'Hémione, M. Saint-Hilaire propose de leur donner le nom d'*Equus-Hemippus* : quant au lieu de leur naissance, il croit pouvoir dire, malgré l'incertitude qui subsiste à cet égard, qu'ils sont originaires de Syrie.

M. Charles Bonaparte conteste cette origine : il croit que ces animaux appartiennent au genre âne, plutôt qu'au genre cheval; il s'étonne d'un autre côté, qu'au Jardin des Plantes, on donne le nom d'Onagre à un âne parfaitement domestique. M. Geoffroy-Saint-Hilaire répond que l'animal dont il s'agit faisait partie, quand on l'a capturé, d'une troupe d'ânes sauvages.

— M. Leverrier fait une communication intéressante au plus haut point, sinon pour ses résultats immédiats, du moins quant à l'ensemble des vues ouvertes par les observations qui la constituent. Chacun se souvient encore de l'ouragan qui éclata, au mois de novembre 1854, dans la Mer Noire, et qui causa la perte d'un grand nombre de transports maritimes : ce fut le 14 de ce mois que la tempête atteignit son maximum d'intensité sur les côtes de Crimée, et l'on remarqua un peu plus tard que le même phénomène avait sévi en plusieurs autres lieux de l'Europe et notamment à Paris. Sollicité vers une étude approfondie des causes de cette simultanéité remarquable, par une lettre de M. le maréchal Vaillant dont il a donné lecture à l'Académie, M. Leverrier s'occupa bientôt de grouper le plus grand nombre possible d'observations relatives à ce phénomène et chargea M. Liais de ce premier travail préparatoire. Deux cent cinquante communications environ sont déjà parvenues, desquelles il ressort en premier lieu, que le météore, qui était le 10 à Gibraltar, le 11 à Malte, le 12 et le 13 à Corfou, le 14 à Balaclava, suivit une direction constante de l'ouest à l'est.

Or, une circonstance curieuse, c'est que, le 12, premier jour de la tempête en occident, l'Europe était traversée par une zône de calme, partant de la Finlande, coupant une partie de la Suède, venant passer à Vienne et se dirigeant par le sud de l'Europe, dans la Méditerranée, selon une ligne à peu près perpendiculaire à l'équateur. Le 13, tandis que la tempête régnait avec force à Paris et sur toute la surface de la France, la vallée du Rhône jouissait d'un calme absolu. De ces premiers faits, M. Leverrier conclut encore que les aspérités du sol, telles que les Alpes, les Pyrénées, etc., ont le pouvoir d'arrêter les pressions de l'atmosphère.

A l'aide ensuite des documents barométriques arrivés d'un très-grand nombre de points, M. Liais a pu construire cinq cartes, donnant la direction et l'étendue du météore, relatives aux cinq jours, 12, 13, 14, 15 et 16 novembre, les seuls pour lesquels on ait pu obtenir, jusqu'ici, des communications complètes.

M. Leverrier considère ces grands phénomènes comme produits par de véritables vagues atmosphériques, dont la crête et le creux seraient représentés par le point le plus élevé et le point le plus bas, successivement atteints par la colonne barométrique. Après avoir montré à l'Académie une sixième carte de M. Liais sur laquelle sont tracées les crêtes de ces vagues pour chacun de ces jours, il conclut enfin entr'autres choses, que la direction et la vitesse du météore sont indépendantes de celles du vent, et que ces éléments sont, sans doute, soumis à des lois dont le calcul pourra s'emparer, lorsqu'un nombre suffisant d'observations auront pu être obtenues et classées.

Sans vouloir ériger cette importante conclusion en doctrine, M. Leverrier ajoute néanmoins, en terminant, que les observations météorologiques devant bientôt être organisées et centralisées convenablement, il ne serait pas impossible qu'on en vint, dans bien des cas, à se garantir, sur tels ou tels points, d'un ouragan signalé par le télégraphe électrique, dès le premier moment de son apparition dans une autre localité.

Nous attendrons que des observations plus nombreuses, en dessinant de mieux en mieux le caractère d'unité que présente un tel travail, viennent corroborer une opinion qui nous semble au moins vraisemblable.

— M. Adolphe Brongniart présente un mémoire d'un jeune professeur du midi, M. Fabre, sur la cause de la phosphorescence de l'agaric de l'olivier. Ce champignon cesse d'être phosphorescent quand on le plonge dans de l'hydrogène, de l'eau non aérée et surtout de l'acide carbonique, et en général dans tous les gaz qui éteignent les corps en combustion. L'auteur en conclut que la cause de la phosphorence de l'agaric est précisément cette combustion lente, observée déjà comme cause du même phénomène dans d'autres corps organiques. Quant à constater dans ce même phénomène une source de chaleur, M. Fabre n'a pu encore y parvenir, malgré ses nombreuses expériences.

— M. Balard présente, au nom de M. de Luca, un intéressant mémoire dont on trouvera plus haut le compte-rendu.

— A l'entrée de la salle des séances était exposé un *ressort à pincettes graduel* (système Fusz) : le mécanisme en est fort simple; il ne se compose que de 10 feuilles de fer forgé situées concentriquement dans l'intérieur de l'appareil, de longueurs graduellement restreintes, et enfin symétriques deux à deux. Les cinq feuilles supérieures viennent porter intérieurement et successivement sur les cinq feuilles inférieures, à mesure que l'on augmente la charge. Ces nouveaux ressorts ont l'avantage d'être toujours doux, de peser moitié moins que les ressorts ordinaires, de diminuer la traction et enfin le jeu latéral de la caisse, c'est-à-dire de soulager les animaux et de causer moins de fatigue aux voyageurs.

Le ressort exposé a été éprouvé sous la bascule de MM. Jackson frères et Cᵉ à leur usine de la Chapelle; voici les résultats obtenus par cette expérience :

Poids de l'appareil : 4 kilog.

Double flèche avant la charge : 0m,160.

à 500 kilog. de charge, les trois premières feuilles seules portaient intérieurement;

A 1000 kilog., le ressort était presqu'entièrement aplati, et en se relevant il n'a offert qu'une dépression de 0m,005, la double flèche ayant alors mesuré 0m,155.

Félix Foucou.

SOCIÉTÉ ZOOLOGIQUE D'ACCLIMATATION.

Séance du 16 novembre 1855.

La Société a repris le 16 novembre dernier ses séances bimensuelles qui auront lieu dorénavant rue de Lille, 19. Nous donnerons aujourd'hui un bref compte-rendu de cette première séance. Dans le prochain numéro nous procéderons de même pour celles qui ont eu lieu depuis. Après quoi ayant cessé d'être en retard avec la Société nous pourrons donner au compte-rendu de ses utiles séances l'espace dû à leur importance.

— M. Jomard adresse un rapport où sont consignés les résultats satisfaisants que lui ont donnés les bulbilles et les tronçons d'Igname de la Chine, ainsi que les graines de Sorgho. Cette lettre contient, en outre, un extrait d'une note de M. Clerget relative à la quantité de sucre fournie par les tiges de Sorgho obtenues par M. Jomard. Elle est de 12,5 p. 100 du poids du jus, dont les tiges contiennent 60 p. 100 de leur propre poids. Ce jus, soumis à la fermentation au moyen de la levure de bière, a donné 8 p. 100 d'alcool, ce qui est presque conforme au rendement théorique.

— M. John Lelong, qui a donné précédemment à la Société des cocons vivants d'un papillon séricigène de la province de Fernambouc (Brésil) (*Bombyx aurota*), en adresse de nouveau une centaine, avec seize paquets de graines diverses du même pays. Parmi ces graines se trouvent celles de l'un des Spondias, sur lequel la larve du Lépidoptère qui vient d'être signalé a l'habitude de vivre.

— M. le docteur Turrel, secrétaire du Comice agricole de Toulon, appelle de nouveau l'attention de la Société sur le projet présenté par ce Comice, et relatif à l'établissement d'une école d'acclimatation dans le midi de la France, et en particulier sur la presqu'île de la Catte, ou dans quelque autre localité au voisinage de Toulon, si cela était préférable. — Cette lettre contient, en outre, des détails sur le bon état des chèvres d'Angora confiées aux soins du Comice.

— M. le docteur Clos, professeur à la faculté des sciences de Toulouse et directeur du Jardin des plantes de cette ville, informe que cet établissement vient de recevoir en don de Mme la comtesse Belgiojoso deux chèvres et un bouc d'Angora importés de leur lieu natal, et il se met à la disposition de la Société pour les observations qu'il pourrait être intéressant de faire sur ces animaux.

— M. Sacc adresse un deuxième rapport sur les animaux qui lui ont été remis. Une affection épidémique a fait périr un jeune bouc d'Angora né à Wesserling, et le bouc adulte d'Egypte qu'il possédait. L'épidémie n'a pas atteint le reste du troupeau d'Angora, qui a été transféré à Nancy dans le courant d'octobre. Si elle n'a, en quelque sorte, pas sévi sur les chèvres d'Angora, on doit l'attribuer, selon M. Sacc, à leur riche toison, qui les a préservées des refroidissements. Les chèvres ont été couvertes. Les porcs de Chine se reproduisent.

— M. Bouvenot fait parvenir des œufs provenant d'une paire de gallinacés de choix résultant de croisements successifs, et dont la souche primitive était une poule de Cochinchine ordinaire, pure race, et un coq du Gange. Il adresse en même temps un travail ayant pour titre : *Projet relatif aux conditions indispensables pour la création d'une faisanderie ou oisellerie-modèle.* Ce mémoire est renvoyé à la deuxième section. On lui renvoie également une note détaillée de M. Sacc touchant le même sujet. A ces pièces il sera joint une lettre de M. L. Degreaux, qui offre, comme succursale d'une oisellererie et pour les espèces frileuses, une propriété qu'il possède aux environs d'Hyères, où la température est telle qu'elle a pu être entièrement couverte d'orangers.

— M. le président met sous les yeux de la Société la médaille qu'elle devra distribuer comme récompense. Elle a été gravée par M. Alphée Dubois, qui vient d'obtenir le grand prix de Rome, et elle remplit bien les conditions fixées par la commission nommée à cet effet, car elle est un véritable objet d'art, en même temps qu'elle indique nettement le but des travaux de la Société.

Société impériale et centrale d'Agriculture.

Séance du 2 janvier 1856.

M. Moret adresse une note sur un insecte qu'il nomme *pediculus vinealis* et qu'il signale comme la véritable cause de l'oïdium : une boite, contenant 13 individus de cette espèce, est jointe à la note; MM. les naturalistes, membres de la Société, sont invités à les examiner.

— M. Robinet dépose sur le bureau trois échantillons de vins: le premier a été obtenu par Mme F. Millet, sa sœur, en ajoutant à une partie de moût de raisin, une partie et demie d'eau et la quantité de sucre nécessaire pour révéler la présence de l'alcool dans le mélange, et faisant ensuite fermenter le tout; ce vin appartient à la récolte de 1855; le second, obtenu par le même procédé, appartient à la récolte de 1854; enfin, le troisième, obtenu par les méthodes usitées, provient du même côteau et de la même récolte que le premier. Comparés entr'eux, le premier est supérieur au troisième, et le second l'est aux deux autres, ce qui démontre, selon l'honorable membre, que la méthode employée par Mme F. Millet, ne permet pas seulement d'obtenir une quantité plus abondante, mais encore une qualité supérieure, tout en conservant cette propriété qu'ont les vins en général, de devenir meilleurs en vieillissant.

M. Boussingault, en rappelant que le sucre ne peut avoir pour effet que d'alcooliser et non de désaciduler le vin, parle d'une méthode à peu près semblable, usitée en Allemagne pour *utiliser les vins trop acides*, et pense que dans tous les cas, le procédé de Mme Millet pourra devenir, dans les temps d'insuffisance des récoltes, un précieux auxiliaire dans la production de vins d'un débit journalier.

M. Chevreul, président, et M. Payen, corroborent tour à tour cette opinion, et la société offre des remerciments à Mme Millet, pour cette intéressante expérience.

— M. Robinet montre des navets de Suède presqu'entièrement dévorés par des insectes; dans la même propriété, les betteraves ont été attaquées, quoique moins profondément; un flacon, contenant des larves de ces insectes, est remis à MM. les naturalistes : une communication ultérieure fera connaître le genre auquel appartiennent ces larves, parmi lesquelles il semble déjà s'en trouver une d'une espèce particulière de hanneton.

— M. Robinet lit le rapport de la commission chargée d'examiner le sujet des plaintes des éducateurs de vers à soie, dont M. de Saint-Priest de l'Ardèche s'était fait l'interprète auprès de la société, le rapport constate qu'au milieu des fluctuations subies par le prix des cocons, il y a désormais une tendance bien marquée vers un meilleur état de choses; il conclut ensuite que la production des cocons n'a pas autant souffert qu'on veut bien le dire, et que le prix assez élevé, de 4 fr. 75 cent., atteint en 1855, a été principalement dû à l'insuffisance de la récolte en Italie; que par conséquent les éducateurs doivent s'attendre à voir peu à peu s'améliorer cette branche importante de l'activité nationale. M. le rapporteur propose enfin de remercier M. de Saint-Priest pour les renseignements qu'il a bien voulu adresser à la Société. Toutes ces conclusions sont adoptées sans opposition.

— M. Robinet donne lecture d'un rapport de la commission chargée d'examiner la proposition de M. Lacroix, moulinier-fileur, au sujet de l'industrie de la filature de la soie M. Lacroix, à propos de quelques procédés récemment découverts dans cette branche d'industrie, demandait que le gouvernement nommât une commission permanente, représentant les trois spécialités de chimiste, de mécanicien et de praticien, et que cette sorte de triumvirat, comme il l'appelle, fût chargée de *solliciter* incessamment et de *faire appliquer* les améliorations reconnues nécessaires.

M. le rapporteur s'élève contre cette tendance à demander à l'Etat de *créer*, pour ainsi dire, le progès. Il voit au reste que la société d'agriculture de Lyon, qui a installé une filature au centre même de cette grande industrie, remplit déjà, autant qu'il est possible, les vœux émis par M. Lacroix, sans qu'il soit besoin de l'intervention du gouvernement, autrement que pour donner une sorte de sanction et de régularisation aux progrès accomplis chaque jour en dehors de son initiative. M. Robinet arrive donc à ces conclusions que la proposition de M. Lacroix témoigne d'un désir louable de faire prospérer l'industrie de la filature de la soie, mais qu'elle ne semble pas devoir être présentée à l'adoption de M. le ministre du commerce; il propose aussi à la société d'adresser des remerciements à M. Lacroix.

M. Brongniart voudrait que l'on pût intercaler dans ces conclusions ce qui a trait à la société d'agriculture de Lyon, de manière à montrer à M. le ministre l'utilité du concours de cette société, et à atténuer le plus possible l'idée d'une fin de non recevoir à l'endroit de l'auteur du projet.

Après quelques observations de M. Chevreul sur la nécessité d'insister sur les lumières que les différentes associations de Lyon peuvent jeter sur la question, la Société décide que le rapport tout entier et ses conclusions, ainsi modifiées, seront envoyés à M. le ministre.

— M. Robinet présente en dernier lieu un échantillon d'une substance végétale dont les soldats français prenaient souvent des infusions comme boisson d'agrément en Crimée, et qu'ils nommaient *thé de la Tchernaïa*. M. Brongniart s'est chargé de donner l'analyse de cette substance.

Félix Foucou.

FAITS DIVERS.

La suppression de la fumée à Londres, au moyen des appareils fumivores placés sur les cheminées des usines et des bateaux à vapeur, a eu, s'il faut en croire le *Daily News*, de très-remarquables effets sur la végétation. Les arbres et les arbustes grimpants des bords de la Tamise ont conservé leur feuillage trois semaines plus tard, cette année, que les années précédentes. Ils ont également poussé beaucoup plus de bois. Les géraniums, verveines, dahlias, œillets, se sont couverts de fleurs de la manière la plus luxuriante. La plaine est encore verte. Du gazon, semé en octobre, est parfaitement venu, et se trouve, au 10 décembre, en complète floraison.

ERRATUM.

Numéro 51, article *Philosophie du langage*, page 504, sixième alinéa, ligne 3, au lieu de *composer*, lisez *comparer*.

Prix d'abonnement pour l'étranger.

Angleterre, Allemagne, 8 fr.; — Suisse, Parme, Plaisance, Modène, 8 fr. 50; — Etats Sardes, Grèce, Crimée, 9 fr.; — Hollande, 10 fr.; — Etats-Unis, Indostan, Turquie, 10 fr. 50; — Belgique, Prusse, Hanôvre, Saxe, Pologne, Russie, Espagne, Portugal, 11 fr.; — Toscane, 12 fr.; — Etats-Romains, 16 fr. 50.

Le propriétaire, rédacteur-gérant :
Victor Meunier.

Paris. — Imp. J.-B. Gros, rue des Noyers, 74.

Deuxième année. — N° 2. Quinze centimes. 13 janvier 1856.

L'AMI DES SCIENCES

JOURNAL DU DIMANCHE

SOUS LA DIRECTION DE

VICTOR MEUNIER

BUREAUX D'ABONNEMENT
13, RUE DU JARDINET, 13
Près l'Ecole de Médecine
A PARIS

ABONNEMENT POUR L'ANNÉE
PARIS, 6 FR.; — DÉPART., 8 FR
Étranger (Voir à la fin du journal)
ENVOYER UN MANDAT DE POSTE

MOTEURS ÉOLIQUES.

Le dessin ci-contre représente un de ces innombrables appareils à l'aide desquels on recueille en Amérique la force du vent, non point pour ne l'appliquer qu'en certaines circonstances spéciales comme chez nous, où il ne rend guère de services qu'aux meuniers mal outillés, mais pour en faire un moteur véritablement universel.

Rien de plus commun aux Etats-Unis que de voir dans les campagnes, le vulgaire moulin à vent chargé non seulement de moudre le grain de la ferme et s'en acquitter avec une régularité suffisante, mais encore hacher la paille, pomper l'eau nécessaire au service de la maison ou même aux irrigations, mettre une batteuse en mouvement, actionner une turbine-sécheuse, en agir de même envers une scie, en un mot, faire à peu près tout ce qui se fait encore en beaucoup d'endroits chez nous à bras d'homme ou d'animal, et au moyen de la vapeur dans les grandes exploitations.

Ce n'est pas tout. Entrons dans les villes.

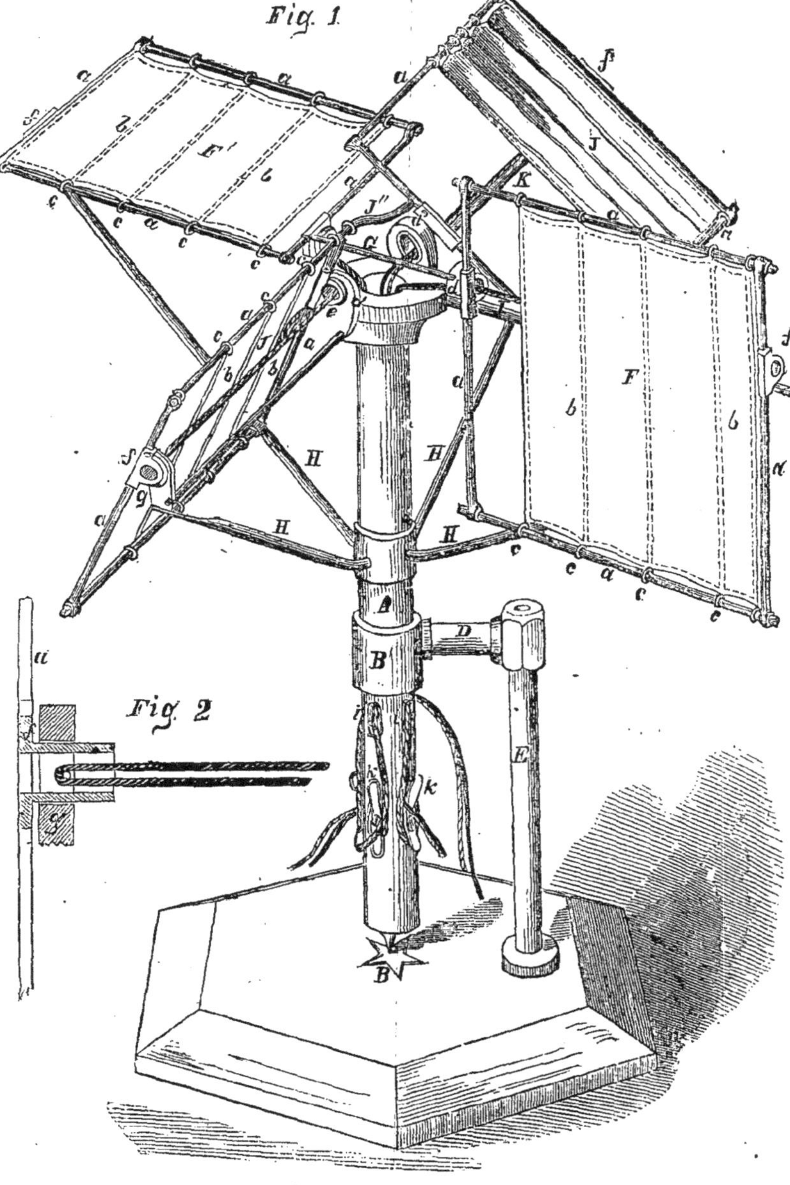

Panémone de M. Curtis.

Allons à New-York, à Philadelphie, à Boston, à Washington, à Cincinnati, etc.; un spectacle pour nous bien plus instructif encore nous y attend. Sur les toits d'une multitude de maisons des moulins sont juchés, leurs ailes tournant autour d'un axe vertical obéissent au moindre souffle du vent. Qu'ils soient là dans un but d'utilité et non d'agrément, on n'en doute pas ; ils sont là, en effet, pour mettre la force du vent à la disposition d'ouvriers en chambres et de petits fabricants; tourneurs, polisseurs, repousseurs, qui ayant besoin des deux tiers, des trois quarts, de la moitié, d'une fraction quelconque de cheval, sont venus se placer sous les toits le plus près possible de l'appareil qui leur fournit l'auxiliaire dont ils ont besoin.

Ce n'est rien encore, et ce qui me reste à dire serait pour nous une bien autre cause d'étonnement. Nous ne nous promenerions pas longtemps autour des grandes villes du continent américain, sans faire rencontre de maraîchers amenant leurs produits à la ville dans une voiture chargée de 500 à 1,000 kilogrammes de légumes et surmontée d'une petite voile, laquelle a pour but d'obtenir du vent un coup de main chaque fois qu'il souffle. Leibnitz a décrit un charriot à vent de ce genre, et l'espèce n'en est pas rare en Hollande.

Voilà ce que les Américains font du vent. On voit que nous n'avons pas eu tort de dire qu'ils en font à peu près un moteur universel. Il nous a semblé que c'était rendre service à nos concitoyens que de leur montrer tout le parti qu'on peut tirer d'un serviteur si peu apprécié chez nous. *L'Invention* fait à ce propos des réflexions très sensées que voici :

« Aujourd'hui, dit-il, rencontrer un moulin à vent, c'est rencontrer une antiquité en ruines, appartenant à un pauvre industriel qui n'a pu remplacer son mécanisme défectueux par les moyens nouveaux que la mécanique a imaginés depuis cinquante ans. Il en résulte que le travail des moteurs à vent est en général mal fait, que leur rendement en force ne s'élève guère qu'à 15 à 20 pour 100, que par suite le travail y est dispendieux, et si l'on joint à cela l'irrégularité de marche, les chômages qui en résultent, on trouvera que les moteurs à vent, comme moteurs produisant un travail industriel, doivent disparaître et disparaissent en effet tous les jours.

« Devrait-il en être ainsi, aujourd'hui qu'on cherche à tout utiliser, aujourd'hui qu'on peut transformer la force des chutes d'eau perdues en vapeur dont l'expansion serait utilisée ?

« Certainement non, le moteur le plus général, celui qui peut s'appliquer partout, qui exige le plus simple des récepteurs, le plus facile à gouverner, le moins dispendieux, qui produit un travail irrégulier, il est vrai, mais quatre fois moins cher que celui de la vapeur ou de l'eau, doit nécessairement un jour ou l'autre reprendre sa portion du travail.

« Le tout est de construire un récepteur éolique tel qu'il doit être construit, c'est-à-dire rendant comme toutes les autres machines jusqu'à 80 pour 100 du travail utile, coûtant dix fois moins à force égale, s'orientant de lui-même et *distribuant son travail et sa force de façon à marcher au moins dix mois de l'année* ; toutes ces conditions sont parfaitement praticables, résolues et même appliquées.

« Alors et seulement dans ces conditions, le moulin s'appliquerait partout. »

Eh bien ces conditions, les Américains les ont réalisées à leur grand profit ; le *Panemone* de M. Curtis, dont nous devons la communication à l'obligeance d'un homme très au courant de tout ce qui concerne les États-Unis, M. Gardissal, est un des innombrables moteurs éoliques employés par de là l'Atlantique.

Un coup-d'œil jeté sur le dessin montre que l'appareil consiste en deux paires d'ailes montées deux à deux sur un axe horizontal, tournant autour d'un arbre vertical et disposées de façon à se présenter toujours normalement au vent. La description qui suit s'adresse à ceux de nos lecteurs que ce sujet intéresse particulièrement.

La figure 1 est une vue en perspective, et la figure 2, une section par un des supports creux des ailes.

A est un arbre creux soutenu par une crapaudine B à sa base et un tourillon B attaché à un bras D du montant droit et fixe E. FF' représentent une des paires de voiles attachées aux extrémités d'un arbre commun G qui les suit dans leur mouvement de rotation. Le cadre des voiles est oblong ou carré, et composé des pièces métalliques *a a a a* : les voiles ont des baguettes transversales *b b* au bout desquelles sont des œillets *c c* qui permettent aux voiles de glisser sur le cadre. Les voiles sont inclinées l'une par rapport à l'autre ; quand l'une est perpendiculaire à la direction du vent comme F, l'autre F' est dans une position presque horizontale. Ces voiles sont maintenues par des entretoises H H H H, qui s'étendent depuis l'arbre jusqu'aux extrémités du cadre des voiles qu'elles maintiennent, en même temps que par le tourillon qu'elles portent à leur extrémité, elles servent à guider et à régler leur révolution.

d d d d sont les coussinets sur lesquels pivotent les tourillons creux *e e e e* fixés à chacun des cadres.

I est un arbre s'étendant tout le long du cadre, et qui peut être considéré comme le prolongement de l'arbre G, car à cet arbre I se réunit l'autre paire de voiles F ; *f f* sont les coussinets extérieurs fixés sur l'encadrement, et *g g* leurs tourillons creux.

J J' sont les deux autres voiles accouplées, gréées absolument comme les deux premières ; seulement leur arbre commun J'' est coudé dans le haut pour ne pas gêner le mouvement de l'arbre G de la première paire de voiles.

Des cordes servant à gouverner les voiles passent par les tourillons creux, puis par l'arbre et viennent sortir par les ouvertures *i i* de cet arbre, et sont attachées aux pièces *k k*. Dans les coussinets extérieurs *f f f f* est disposé un petit galet à frottement autour duquel passent deux cordes, une qui sert à tendre les voiles, l'autre qui sert à les fermer.

L'encadrement des voiles est monté sur les arbres, de telle sorte que le poids du cadre fasse tourner l'aile lorsqu'elle se met dans la direction du vent et que le mouvement de l'une contribue au mouvement de l'autre.

L'arbre A peut descendre jusque dans le bâtiment au-dessus duquel le moteur éolique est dressé. Là on lui adapte une roue à engrenage ou une poulie motrice.

Comme conclusion, nous dirons que, tout en appréciant à leur importance les services d'un agent tel que la vapeur, nous regardons comme fort immérité le dédain dont sont frappées tant de forces (telles que les vents et les cours d'eau), que la nature nous livre à la seule condition de construire pour chacune d'elles un récepteur, c'est-à-dire un appareil qui les recueille. Nous ne doutons pas qu'on revienne à des idées plus saines et plus économiques, et c'est un sujet que nous traiterons dans la série d'articles promis, dont nous commencerons la publication dimanche prochain.

Chemins de fer. — Enrayage.

Frein automatique instantané ou progressif,

de M. Jullienne.

On a proposé bien des modes d'enrayage : la science ne s'est encore prononcée pour aucun.

M. Jullienne se présente aujourd'hui avec un ensemble d'idées pratiques constituant un système nouveau pour lequel il est breveté : nous allons tâcher de le faire comprendre à nos lecteurs.

Le frein, comme chacun sait, n'a pas pour objet d'arrêter tout court un train en marche ; ce serait produire l'accident qu'on veut éviter. Il faut que le frein agisse progressivement, mais assez vite cependant et avec assez de puissance pour déterminer le glissement des roues sur le rail en temps utile, de manière à ce que le train puisse toujours, malgré sa vitesse acquise, être arrêté sans secousse au point précis qu'on aura fixé.

Les freins actuels que l'on serre au moyen d'une vis d'appel n'atteignent qu'imparfaitement le but ; outre que leur action n'est pas toujours assez prompte, elle manque parfois de l'énergie nécessaire ; le sabot ne portant que sur un côté des roues, y exerce par cela même une pression nuisible au parallélisme des axes ; il ne faut enfin qu'un moment d'oubli ou de distraction de la part du garde-frein pour occasionner un malheur.

A l'effort de la main, M. Jullienne substitue l'action plus certaine et plus prompte de la vapeur ; qu'on se figure un cylindre à vapeur dans lequel se meut un piston de diamètre convenable ; à l'instant même où la vapeur de la locomotive, introduite dans ce cylindre, vient à presser sur le piston, la tige de celui-ci réagissant sur un bras de levier disposé à cet effet, met en mouvement deux sabots opposés, qui tous deux viennent presser la roue, l'un en arrière et l'autre en avant. On conçoit que ce double effort en sens inverse prévient toute altération du parallélisme des axes.

Le garde-frein n'a qu'un robinet à ouvrir pour faire fonctionner l'appareil, et, s'il l'ouvre à temps, le train s'arrête au point voulu, car la force dont on dispose peut toujours être calculée de manière à produire l'effet désiré.

Restait à prévoir le cas où le préposé au serre-frein ou l'aiguilleur négligeraient leur service. M. Jullienne a pensé qu'alors le frein devrait fonctionner automatiquement, c'est-à-dire indépendamment du concours de l'employé.

A cet effet, il dispose en avant de chaque station et à distance convenable une poupée mobile qui, tantôt dressée, tantôt couchée sur la voie, heurte ou laisse passer librement un mentonnet fixé sous la locomotive, et correspondant d'une part au robinet du serre-frein pour l'ouvrir, et de l'autre au robinet de la machine pour le fermer.

Le train s'approche-t-il d'une station où il doive s'arrêter? La poupée heurte le mentonnet, ouvre le robinet du serre-frein, ferme le robinet de la machine, et du même coup fait vibrer dans la station un timbre qui prévient le chef.

Le train doit-il passer droit? L'aiguilleur couche alors la poupée, et l'eût-il laissée debout par mégarde que l'inconvénient serait bien minime, puisque le préposé au robinet du serre-frein en serait quitte pour le refermer aussitôt.

Le train s'engage-t-il sur une fausse voie par la faute de l'aiguilleur? Une poupée rencontre aussitôt le mentonnet et arrêtant le train prévient le conducteur qu'il fait fausse route.

Cet ensemble de dispositions qui serait peu dispendieux, offre d'incontestables garanties de sécurité, puisque d'une part c'est à la force motrice elle-même qu'il emprunte sa puissance d'action, et que, d'autre part, il a l'avantage de pouvoir fonctionner seul et sans le concours des employés chargés du service.

Messieurs les membres de la commission chargée d'étudier les causes des accidents, malheureusement si fréquents sur les chemins de fer, et les moyens de les prévenir, apprécieront, sans doute, ce qu'il peut y avoir d'avantageux dans le nouveau frein proposé par M. Jullienne, et des essais pratiques ne tarderont pas, dès lors, à en démontrer l'efficacité.

Convulsions déterminées par les vers intestinaux

Jusqu'à ce jour on n'a cité que très-peu d'exemples authentiques de convulsions déterminées par la présence de vers intestinaux dans le tube digestif. Beaucoup d'auteurs même nient absolument que les convulsions puissent remonter à cette source. C'est tout au plus si l'on veut bien accorder au tœnia bothriocéphale ou solium le droit de faire naître quelques accidents nerveux.

Or, voici un fait dont je fus témoin dans le mois d'octobre dernier. Il s'agit d'un enfant du sexe masculin qui présentait tous les symptômes de la chorée la plus violente: convulsions répétées à très-courts intervalles et qui intéressaient tout le côté gauche du corps, se faisant même remarquer dans le côté gauche de la face par des spasmes répétés, saccadés de tous les muscles sans jamais franchir la ligne médiane. La convulsion commençait ordinairement par les doigts de la main gauche puis s'étendait de proche en proche à l'avant-bras qui se fléchissait violemment sur le bras, à la nuque et enfin à la face. L'extrémité gauche inférieure se convulsait en même temps que la face, toujours un peu après le bras. Il est à remarquer que cette attaque ressemblait quelque peu à une attaque d'hystérie dans laquelle on remarque également cette progression de bas en haut du phénomène.

Au plus fort de la crise qui durait de 20 à 25 minutes et se renouvelait jusqu'à quinze fois dans la même journée, ce pauvre petit garçon présentait un aspect lamentable; ses membres s'agitaient avec une violence extrême et son visage grimaçait horriblement; toutefois au milieu de tout ce trouble de l'innervation, l'intelligence était parfaitement conservée. Dans l'intervalle des crises, le bras gauche était paralysé incomplétement, l'enfant avait perdu dans ce membre la faculté d'associer les mouvements et, quand on lui disait par exemple de la porter à la tête, il exécutait une série de mouvements incohérents avant d'arriver au but qui lui était désigné, le dépassant même plusieurs fois avant d'y arrêter la main.

Je fis plusieurs essais infructueux de la médication antispasmodique pour guérir cette maladie qui durait depuis huit jours quand je fus appelé auprès du petit malade, mais dont les symptômes étaient devenus aussi violents dans les deux derniers jours seulement. Alors à une de mes visites les parents m'apprirent que l'enfant venait de rendre beaucoup de petits vers blancs. Cette déclaration éveilla mon attention et j'instituai dès lors une médication franchement anthelmintique consistant en calomel répété à la dose de 20 centigrammes trois fois par jour et en lavements de décoction d'absinthe marine, deux par jour; sous l'influence de ces remèdes l'enfant expulsa successivement cinquante-cinq lombrics et une quantité prodigieuse d'oxyures vermiculaires et se trouva radicalement guéri de sa chorée trois jours après le commencement de ce traitement. Il est donc très-vrai que les helminthes peuvent occasionner des accidents nerveux graves et que ces parasites ne sont pas aussi innocents que beaucoup d'auteurs le prétendent.

Dr. L. Culmann.

Forbach, 3 décembre 1855.

Correspondance.

Empoisonnement par les vapeurs d'essence de térébenthine.

Paris, le 2 janvier 1856.

Monsieur le rédacteur,

J'ai lu avec étonnement dans le numéro du 23 décembre de l'*Ami des Sciences*, le récit d'un cas d'empoisonnement par les vapeurs d'essence de térébenthine, observé par M. le docteur Marchal de Calvi, et dans le numéro suivant, toute une théorie de M. Boutigny sur le même sujet.

Je me permets de croire que certaines circonstances ayant échappé à l'attention de ces messieurs, auront aidé à les induire en erreur.

Voici les faits que je me permets de leur opposer.

J'ai exercé pendant sept ans la profession de peintre sur porcelaine, laquelle peinture se fait entièrement à l'essence, et cela dans des ateliers fort petits pour la plupart, où l'on est réuni 20, 25 personnes et souvent plus, se touchant coude à coude, ayant devant soi une palette chargée de couleurs, une tasse et une soucoupe toujours remplies d'essence, derrière soi plusieurs broyeurs, quantité de porcelaine peinte, ou qu'on est en train de peindre, une chaleur de poêle qui augmente encore l'évaporation, à tel point que le soir, à la veillée, il tombe constamment des flammèches de noir de fumée. La quantité de vapeur est si grande, que les vêtements, les cheveux, et même la peau en contractent l'odeur.

Eh bien, Monsieur, jamais je n'ai entendu dire qu'une telle existence ait été cause, non pas d'empoisonnement, mais même d'aucun désordre soit moral ou digestif.

J'ajouterai que, dans la peinture en bâtiment, l'essence n'est employée qu'en petite quantité et comme siccatif, et que c'est l'huile de lin qui sert de véhicule; que le principe saturnin soit fixe, cela est possible, mais en ce qui me concerne, je dirai que, je ne puis rester dans un endroit fraîchement peint, sans éprouver des maux de tête et de cœur, ce qui n'a nullement lieu avec la peinture artistique, où l'on n'emploie que l'huile d'œillette qui est inodore.

Je laisse à votre jugement l'usage à faire de cette lettre, mais j'ai pensé que votre journal étant lu surtout par des travailleurs, il était utile de ne pas y laisser glisser d'erreurs, et d'engager à chercher d'autres causes aux cas d'empoisonnement dont il a été parlé.

Recevez, Monsieur, etc. Bouvier.

INDUSTRIE.

Foyer fumivore de M. Boquillon.

A la demande d'un grand nombre de lecteurs, nous donnons le dessin de l'ingénieux appareil fumivore imaginé par

M. Boquillon, bibliothécaire au Conservatoire des Arts-et-Métiers, et sur lequel M. Silbermann a fait un rapport des plus favorables à la Société d'encouragement. La description de cet appareil a paru dans notre n° 45; elle est de publication trop récente pour qu'il soit nécessaire de la renouveler en entier; nous en reproduirons seulement, à l'intention des abonnés nouveaux qui ne possèdent pas notre première année, quelques lignes qui, jointes au dessin ci-contre, suffiront à l'intelligence de cet excellent appareil.

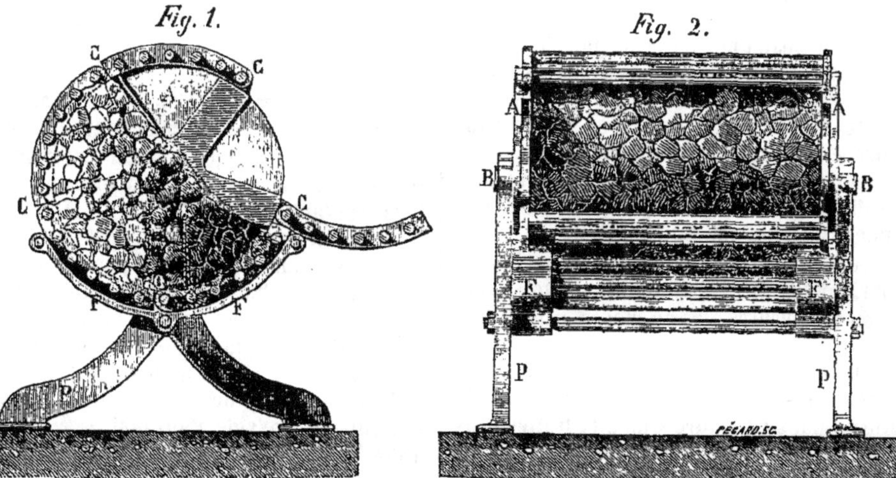

Fumivore Boquillon.

« Nous ne pouvons mieux le comparer, dit M. Silbermann, qu'à une cage d'écureuil tournant sur deux tourillons horizontaux et composée d'un certain nombre de grilles qui forment autant de portes dont chacune est mobile sur deux tourillons. Les portes placées à la partie supérieure restent appliquées en raison de leur propre poids sur les plaques extrêmes du cylindre; celles qui occupent les parties inférieures sont tenues en place par deux arcs de cercles fixés sur la face interne des joues ou montants qui supportent les tourillons de l'appareil. Il résulte de cette disposition que celui-ci présente toujours à sa partie supérieure une porte susceptible d'être ouverte.

« Supposons que l'appareil ait reçu une première charge de charbon et qu'il ne contienne plus que du coke incandescent. Au moyen de pincettes ou d'un tisonnier, on ouvre la porte supérieure et on verse de la houille; on referme la porte, et, avec le même instrument, on fait tourner l'appareil de manière à obliger les produits de la distillation à traverser une portion du coke incandescent avant de se rendre dans la cheminée.

« Nous avons pu constater la production de la fumée naissante, sa disparition pendant son trajet à travers le coke et sa réapparition sous forme d'une flamme avant de se rendre à la cheminée. »

Lampe Jobard.

Un verre à patte en cristal cylindrique allongé; un couvercle en cuivre percé d'un large trou au centre, et découpé tout autour; au fond du verre de l'huile, dans l'axe du verre, un porte-mèche plat en fer blanc, retenu dans cette position au moyen d'une queue pinçant un fil de fer qui s'enfourche sur le bord du verre; dans le porte-mèche, une mèche plate comme lui, taillée comme lui en angle aigu à la partie supérieure et dont la partie inférieure (réservée aux besoins futurs), enroulée sur elle-même, plonge dans l'huile; telle est la lampe Jobard et voici les instructions de l'auteur sur la manière de s'en servir :

Quelque simple que soit le service d'une lampe nouvelle, il n'est pas superflu de faire observer que celle-ci ne brûle pas sans huile, qu'il faut allumer la mèche et ne pas la jeter par terre, de crainte qu'elle ne tombe.

Cela suffirait à la rigueur aux gens du peuple, mais il faut plus de détails pour les savants et les gens du monde qui n'ont pas tous appris a se servir de leurs doigts.

On enlève le chapeau avec la main, quand il est froid, avec autre chose, quand il est chaud; on essuie le verre en dedans et en dehors avec un linge de toile; on verse de l'huile dedans et pas à côté, environ la moitié; on soulève la queue pinçante avec la main gauche, on allume et on enfonce le porte-mèche à moitié dans l'huile, le tout sans salir les bords du vase sur lequel on replace le couvercle, qui empêche l'agitation de la flamme, la fumée et les champignons.

Quand on veut réduire la lampe à l'état de veilleuse, on pose une pièce de monnaie ou autre chose sur le trou de la cheminée, et l'on souffle doucement sur le couvercle pour faire entrer un peu d'air dans la lampe pendant que la flamme se convertit en veilleuse.

Quand on découvre la cheminée, la grande lumière reparaît. Pour éteindre cette lampe sans fumée, on enfonce le porte-mèche dans l'huile, ou l'on couvre le porte-mèche avec son mouchoir, ou l'on souffle dessus.

On peut placer sur le couvercle un abat-jour qui s'incline naturellement en avant pour renvoyer toute la lumière sur le papier ou le livre; l'abat-jour est indispensable pour écrire.

La queue pinçante s'attache au verre, monte et descend à volonté.

Les becs ras et les mèches plates sont sujettes à fumer dans toutes les autres lampes; avec le bec pyramidal et la mèche taillée en pointe, sans déborder de plus de deux millimètres, la flamme ne file pas, l'huile est bien brûlée et ne donne aucune odeur. Quand la flamme file, c'est que la mèche est trop élevée; il faut rogner la pointe avec des ciseaux, ou la faire rentrer avec une épingle ou une plume d'acier, piquée dans le trou du porte-mèche.

Il faut que la mèche soit toujours nettement et pyramidalement coupée, et ne pas laisser encrasser le bec qu'on doit nettoyer tous les jours avant de l'allumer, sur une assiette destinée à cet usage. Il est bon d'avoir un porte-mèche de rechange ou deux lampes.

Pour que la flamme soit très-tranquille, il faut que la lampe soit d'aplomb et que la flamme corresponde au centre de la cheminée.

Quand on veut marcher sans précaution, il faut relever le porte-mèche pour que l'huile ne vienne pas refroidir le bec et affaiblir la lumière.

On peut traverser les cours par le plus grand vent; la pluie ni l'orage n'éteignent cette lampe qui est le meilleur luminaire pour le dehors et les courants d'air.

On peut aller dans les écuries et greniers sans aucun danger d'incendie. Si les rideaux du lit tombent dessus, la lampe s'éteint sans noircir ni brûler l'étoffe.

Quand on abandonne cette lampe, elle brûle tant que la mèche touche à l'huile, environ de sept à huit heures; puis elle diminue insensiblement et s'éteint sans fumée. Quand on est présent, il suffit d'appuyer sur la queue du porte-mèche pour le remettre en communication avec l'huile. Si on la change en veilleuse, elle brûle vingt à trente heures de suite, en ne consommant qu'un gramme d'huile par heure : c'est la meilleure lampe de garde pour les églises.

Quand on pose sur le chapeau une espèce de galerie à jour, on peut y faire chauffer une boisson de malade sans cesser d'éclairer l'appartement.

Il faut introduire une mèche plate ordinaire par le haut ou le bas du porte-mèche et abattre les angles en pyramide.

L'huile épurée et limpide donne la plus belle flamme, ne charbonne pas, ne salit point le bec, et permet de ne pas moucher la mèche pendant toute une nuit.

L'huile trouble ou frelatée par de la résine, comme il y en a tant, dépose du charbon sur la mèche, qu'il faut alors couper toutes les quatre ou cinq heures plus ou moins, selon l'impureté de l'huile.

Si l'on néglige le nettoyage journalier, le verre s'encrasse et perd sa transparence; dans ce cas, il faut verser le reste de l'huile dans la burette ou dans une autre lampe et frotter l'intérieur du verre avec de la cendre ou de la lessive.

On voit toujours s'il y a de l'huile dans cette lampe, l'huile impure devient trouble ou brune du jour au lendemain. L'huile d'olive est la meilleure.

Un réflecteur en fer blanc arrondi et placé contre le verre auquel il s'adapte par son ressort naturel peut servir à renvoyer la lumière du fond d'un corridor. — Il est inutile dans l'usage ordinaire.

Quand il y a fête et illuminations publiques, au lieu de lampions qui fument et sentent mauvais, on place toutes les lampes de la maison en dehors des fenêtres ; le vent, la pluie ni l'orage ne peuvent les éteindre.

Cette lampe convient beaucoup aux colonies, puisque les moustiques ne peuvent y entrer pendant que l'on dine en plein air. C'est la lampe des peuples barbaresques qui n'ont pas d'ouvriers lampistes. Elle peut se monter en lanterne et servir pour les voyages nocturnes.

Dans les hôtels et auberges, il est quelquefois dangereux de confier de la bougie ou de la chandelle aux voyageurs.

Ces lampes donnent la sécurité et la propreté désirable dans tous les établissements qui contiennent une grande agglomération d'individus.

Le battant des métiers à tisser occasionne des courants d'air qui font couler la chandelle sur les étoffes et les salissent.

Cette petite lampe suspendue aux métiers, ne présente aucun de ces inconvénients, bien qu'elle soit deux fois plus économique que la chandelle et dix fois plus économique que la bougie.

Les journaliers de la campagne n'ayant aucun moyen économique de s'éclairer sont obligés de se coucher et de se lever comme le soleil; avec cette lampe les femmes pourront veiller, filer et tricoter sans craindre d'incendier les étoupes.

Les verres de lampe bleus conservent la vue sans diminuer sensiblement la lumière qui devient analogue à celle du jour en arrêtant le rayon jaune.

Cette lampe, lanterne, bougeoir et veilleuse à la fois, ne prétend remplacer que la chandelle. Elle ne brûle que sept grammes d'huile par heure et éclaire plus utilement que deux chandelles une personne qui lit et écrit, avec un abat-jour.

L'inventeur, qui a consacré sa vie et sa bourse à défendre les droits de ses confrères, les prie de ne pas contrefaire sa lampe, uniquement pour prouver aux incrédules qu'un inventeur peut refaire sa fortune avec la plus petite invention, quand sa propriété est respectée et qu'il trouve des associés honnêtes.

La moitié des dommages et intérêts appartiendront à celui qui fera prendre un contrefacteur. »

PHYSIOLOGIE.

Rôle physiologique de l'ozone.

Nous avons consacré naguère un article à ce corps remarquable. M. A. Gaudin, calculateur du bureau des longitudes, vient d'en faire l'objet d'une intéressante étude dans le journal *La Lumière,* nous extrayons de son travail les conjectures suivantes auxquelles on reconnaîtra un grand caractère de vraisemblance :

L'ozone, qui est l'oxygène porté à sa plus haute puissance, brûlant à froid l'argent inattaquable par l'oxygène ordinaire, l'ozone doit avoir un degré d'énergie inimaginable pour *l'hématose* du sang, du moins c'est présumable, et dans ce cas la médecine aura acquis un beau sujet d'étude.

Jusqu'à ce jour on a trop négligé d'étudier l'emploi de l'air enrichi par l'oxygène ordinaire. A l'occasion du choléra de 1833, mon attention a été tournée vers l'emploi de l'oxygène comme moyen curatif et préservatif de cette terrible affection, que l'on attribuait alors au défaut d'hématose du sang. Je pris connaissance à cette époque d'un livre anglais qui prouvait que la respiration de l'air ordinaire *enrichi d'oxygène* était un *remède infaillible pour la guérison radicale des plaies invétérées.* Cela se comprend; une hématose active contre-balance et surmonte même l'altération du sang par le contact de l'air sur de larges surfaces en suppuration. L'oxygène pur administré à des cholériques déjà glacés par ralentissement de leur circulation, mais non cyanosés, a presque toujours provoqué une réaction favorable en peu d'instants, réaction que l'on pouvait accélérer ou retarder à volonté par la continuation ou la suppression du gaz oxygène.

Aujourd'hui encore, bien que l'on pense que la non hématose du sang provient d'un épaississement de ce fluide par la perte de son sérum épanché dans l'intestin, les médecins les plus éclairés classent la respiration de l'air enrichi d'oxygène au nombre des moyens les plus directs et les plus efficaces pour rétablir la circulation et ramener la chaleur aux extrémités.

Ce serait bien autre chose si l'ozone était le véritable *oxygène vital*, l'oxygène sans lequel l'hématose ne peut avoir lieu que d'une façon languissante pour les sujets en pleine santé.

Pour faire partager à nos lecteurs l'opinion que je me suis faite sur l'importance de l'ozone comme principe de vie, il devient nécessaire d'établir une comparaison.

Dans la nutrition par les liquides qui parcourent le tube digestif, tout le monde a remarqué l'extrême importance qui revient dans cette fonction à plusieurs principes sapides et aromatiques qui sont ingérés en quantité très-minime pour ne pas dire impondérable. Le corps même s'habitue à recevoir à heure fixe, chaque jour, une dose de ces substances, et quand la ration vient à manquer un seul jour, on éprouve un besoin violent qui porte le désordre dans toute la machine.

Parmi tous les condiments, le plus usité est le sel : il nous fait rarement défaut ; mais il est certain que nous ne saurions passer un certain temps avec privation absolue de son usage, sans éprouver des angoisses inexprimables. Mungo-Parck, le célèbre voyageur anglais, qui a parcouru les régions centrales de l'Afrique, sur les bords du Niger, et qui a si souvent connu les souffrances de la soif et de la faim, Mungo-Parck, dis-je, déclare *que la privation absolue de sel est le pire des supplices, et dépasse de beaucoup les souffrances causées par la faim et la soif.*

Voici donc une substance, en apparence inerte, qui trouble profondément le système nerveux dès qu'elle vient à manquer dans l'alimentation du tube digestif; par analogie, si l'ozone est essentiel ou même utile seulement à la respiration, que ne doit-on pas attendre de sa diminution et de sa *suppression ?*

L'essentiel sera donc d'étudier d'abord son effet en l'administrant à forte dose, et par contre en étudiant la respiration de l'air privé d'ozone par les moyens connus. On m'a déjà affirmé que la respiration de l'air porté à 400 degrés, puis refroidi, provoquait une accélération de la respiration qui s'élevait quelquefois au double de la respiration normale.

En résumé, la perspective que nous avons de pouvoir bientôt modifier profondément notre aliment principal (soit pour guérir des maladies, soit pour en étudier la cause) me paraît un événement scientifique considérable, parce que j'ai toujours regardé le traitement par la respiration comme une médication de grand avenir.

ACADÉMIE DES SCIENCES.

SÉANCE DU 7 JANVIER.

SOMMAIRE. — *Hélio-plastie. — Lithographie photographique. — Observations sur certains œufs d'oiseaux. — Détermination de la latitude d'un lieu du globe, en l'absence de tables de réfractions. — Note sur le calcul des effets des machines. — Nomination d'un vice-président pour l'année* 1856.

Parmi les actions chimiques que la lumière exerce sur différents corps, il en est peu de plus dignes d'intérêt que celle produite sur l'acide chromique et ses combinaisons; cette action a été utilisée photographiquement par M. Pontou, M. E. Becquerel et plus récemment M. Testut de Beauregard. M. Talbot y recourut, il y a deux ans environ, pour obtenir des gravures sur acier; le composé par lui employé était un mélange d'acide chromique et de gélatine.

Aujourd'hui, en étudiant avec soin l'action de la lumière sur cette substance, mélangée à des matières gommeuses, M. Poitevin est parvenu à produire des *gravures* en relief ou en creux, et à appliquer celles-ci sur pierre ou sur différentes autres substances en vue d'obtenir des *lithographies*. C'est de ces deux procédés et du second surtout, extrêmement remarquable, que M. Becquerel est venu entretenir l'Académie.

Le procédé de gravure que M. Poitevin nomme *hélio-plastie*, consiste essentiellement dans une propriété que possède la gélatine sèche, lorsqu'elle est soumise à l'action de la lumière, après avoir été imprégnée de bi-chromate de potasse. Chacun peut s'assurer que la gélatine sèche ainsi préparée, mais non soumise à l'action de la lumière, se gonfle peu à peu quand elle est plongée dans l'eau : or l'action préalable de la lumière a pour effet d'empêcher ce gonflement. Si donc on applique une couche gélatineuse, imprégnée de bi-chromate de potasse, sur une surface plane, de verre par exemple, et qu'on produise ensuite sur cette surface sensible une impression photographique, il est évident qu'en la plongeant dans l'eau, on obtiendra des creux et des reliefs, puisque le gonflement de la gélatine ne se produira que sur les parties non influencées par la lumière; dès lors, en moulant avec du plâtre ou une autre matière, et précipitant ensuite, par la galvanoplastie, du cuivre sur ce dernier moule rendu conducteur, on a une planche gravée en relief. M. Becquerel a remarqué que ce procédé donne bien des dessins aux traits, mais qu'il laisse peut-être quelque chose à désirer pour les penombres.

Quant au procédé de *lithographie photographique*, qui est beaucoup plus simple, M Becquerel n'hésite pas à le regarder comme appelé à des applications très nombreuses. Voici en quoi il consiste : on étend sur une surface (pierre, métal ou autre) un mélange de gomme et de bi-chromate de potasse. Sur cette couche sèche sensible à la lumière, on applique une épreuve photographique négative, et on opère par décalquage pour avoir une épreuve positive; on applique alors de l'encre grasse sur la surface non lavée, soit avec un tampon, soit avec un rouleau, et, chose curieuse, l'encre n'adhère *qu'aux parties qui ont subi l'action de la lumière*. Cette propriété forme tout le secret de la *lithographie photographique*, car le reste de l'opération s'achève par diverses préparations ordinaires et la surface impressionnée peut donner des épreuves par un tirage lithographique à l'encre grasse.

M. Becquerel communique à l'Académie quelques épreuves qui ont donné des résultats très satisfaisants; elles sont aussi belles que les épreuves photographiques positives : aucun trait n'y est effacé.

D'après ce qui précède on voit que ce procédé diffère entièrement du procédé de lithographie reposant sur l'emploi du bitume de Judée, qui fut proposé, il y a deux ans, après avoir été employé par M. Lemercier, d'après MM. Bareswill, Davanne, etc.

— M. Valenciennes présente à l'Académie quelques spécimens d'œufs à plusieurs jaunes, provenant d'oiseaux divers et surtout du canard commun et du cygne. L'honorable membre accompagne cette communication d'une note d'où nous tirons le document statistique que voici : il entre à Paris, toutes les années, en moyenne, 142 millions d'œufs de poules; sur ce nombre il s'en trouve 200 à 300 qui portent deux jaunes, et 5 ou 6 au plus qui en ont trois.

— Plus d'une fois, par suite de la nécessité de faire usage de baromètres et de thermomètres dans les observations astronomiques, il a pu devenir difficile aux voyageurs de déterminer promptement les latitudes de différents lieux du globe, et dans tous les cas une pareille sujétion offre de grands ennuis, à cause de la sensibilité des instruments que nous venons de nommer : or, ces appareils n'ayant d'autre fonction dans des calculs dont il s'agit que de corriger de l'erreur de la réfraction les hauteurs observées, on comprend l'intérêt qui s'attacherait à une méthode de détermination de la latitude d'un lieu, qui permettrait d'être à l'abri des incertitudes de la réfraction. C'est d'une méthode semblable, que M. Babinet est venu aujourd'hui entretenir l'Académie.

Toutes les étoiles qui n'atteignent pas le zénith d'un lieu, présentent dans leur azimuth un maximum oriental et un maximum occidental, susceptibles d'être observés avec la plus grande précision et qui constituent le moyen le plus exact de déterminer une latitude quand on suppose connue la distance polaire de l'étoile dont on observe les excursions extrêmes en azimuth. On est alors à l'abri des incertitudes de la réfraction, de celles des pointés par des fils horizontaux, qui, à cause de la dispersion et de l'absorption de l'atmosphère, causent de graves incertitudes. Enfin, la mesure d'un double azimuth étant faite par le même pointé, à droite et à gauche, sur un même point lumineux, pris à la même hauteur, l'erreur personnelle disparaît, comme dans le pointé du baromètre à siphon, où les erreurs, en haut et en bas de la colonne mercurielle, sont égales et se compensent.

Dès lors, en observant deux étoiles, choisies de manière que pour la latitude où l'on se trouve, elles arrivent presqu'en même temps, l'une à son excursion extrême en azimuth du côté de l'orient, et l'autre à son amplitude azimuthale maximum du côté de l'occident; en mesurant ensuite sur le cercle horizontal du théodolite, la distance azimuthale qui sépare ces deux excursions extrêmes des deux étoiles de part et d'autre du méridien, on aura par cette observation seule, par la mesure de cet arc seul, jointes aux distances pôlaires des deux autres, on aura, disons-nous, la latitude du lieu.

Nous nous bornons à donner les trois formules indiquées par M. Babinet; en appelant q cet arc mesuré sur le cercle horizontal, A et A' les deux amplitudes de part et d'autre, δ et δ' les deux distances pôlaires et λ la latitude du lieu, nous aurons :

$$A + A' = q$$
$$\sin.\ \delta = \cos.\ \lambda\ \sin.\ A$$
$$\sin\ \delta' = \cos.\ \lambda\ \sin.\ A'$$

d'où l'on obtiendra facilement λ, en éliminant A et A' entre ces trois équations.

Quand le calcul est préparé convenablement, une ou deux minutes suffisent pour établir toute correction proportionnelle à une variation hypothétique préalablement admise dans la valeur de λ.

Cette détermination qui ne peut pas, il est vrai, prétendre à une excessive précision, n'en est pas moins précieuse dans un voyage, puisqu'elle peut s'obtenir en peu de minutes, sans baromètre, sans thermomètre, sans tables de réfraction et sans connaissance préalable du méridien.

Enfin, en permettant de determiner de suite l'un des azimuths, A par exemple, au moyen de l'équation

$$\sin.\ A = \frac{\sin.\ \delta}{\cos.\ \lambda}$$

elle donne le moyen d'avoir l'heure du lieu au moyen de la première étoile intertropicale, connue et cataloguée, qui viendra passer au fil du milieu de la lunette. Ainsi, un voyageur, au moyen d'un choix convenable de couples d'étoiles, pourra, *dans chaque saison et dans chaque pays*, obtenir *en peu de minutes* la latitude et l'heure du lieu où il se trouve, et par suite sa longitude chronométrique.

— L'ordre du jour appelle la nomination d'un vice-président, pour l'année 1856, un remplacement de M. Binet qui devient président pour la même période. Pendant que l'on procède au scrutin, M. Élie de Beaumont donne lecture d'une note de M. Burdens, associé de l'Académie, sur le calcul des effets des machines. M. Burdens, comme application du principe de d'Alembert, s'est proposé, après Poisson et Lagrange, de rechercher l'équation qui lie entr'eux les effets et les moteurs. La formule différentielle qu'il donne est une fonction assez compliquée des chemins parcourus par les pièces en mouvement; il semble dès lors qu'un élément de plus doive y entrer, lorsqu'il s'agit de machines qui se déplacent par leur action propre, à cause de la force vive qui leur est imprimée par ce mouvement même; telles sont par exemple les machines des bâtiments à vapeur et des locomotives.

Au dépouillement du scrutin, le nombre des votants étant de 51, M. Isodore Geoffroy-Saint-Hilaire réunit 29 voix, M. de Sénarmont 20, M. Coste 1 et M. Cordier 1 : en conséquence, M. Isidore Geoffroy-Saint-Hilaire est nommé vice-président de l'académie pour l'année 1856. FÉLIX FOUCOU.

Société d'encouragement pour l'Industrie nationale.

SÉANCE DU 9 JANVIER.

SOMMAIRE. — *Utilisation des émanations des fabriques de produits chimiques. — Chaudière de M. Boutigny. — Grille de M. Duméril. — Note de M. François Coignet, sur les bétons.*

La question d'utiliser les émanations des fabriques de produits chimiques intéresse à la fois l'économie industrielle et l'hygiène publique, et c'est à ce double point de vue qu'ont travaillé la plupart des hommes pratiques qui ont donné de ce problème une solution plus ou moins satisfaisante. Déjà, par la concentration du carbonate de chaux, on était parvenu à absorber assez complétement les émanations des fabriques, pour faire disparaître toute cause d'insalubrité; mais le composé ainsi obtenu manquant de débouché dans l'industrie, cette solution laissait à désirer. M. Kuhlmann paraît avoir résolu complétement le problème, et son mémoire a paru assez digne de l'attention de la Société, pour que M. le président, en le renvoyant au comité des arts chimiques, en recommande vivement l'étude et les expériences qui s'y rattachent aux membres de ce comité. M. Kuhlmann condense les vapeurs d'acide chlorhydrique par des solutions concentrées de chlorure de baryum, et le composé obtenu ainsi peut être utilisé très avantageusement, pour produire du sulfate de baryte, dont le débouché est assuré dans l'industrie.

— Il est donné lecture d'un rapport sur la chaudière de M. Boutigny : cette chaudière a pour but d'éviter cette exagération des surfaces de chauffe, qui se montrent dans les bouilleurs employés aujourd'hui. Elle se compose uniquement d'un cylindre, dans lequel se trouve un certain nombre de diaphragmes; comme le cylindre est destiné à être chauffé lui-même, les diaphragmes, percés de trous dans leur centre, ont pour but d'empêcher une formation trop brusque de la vapeur produite par la très petite quantité d'eau qui vient en contact avec le métal. Des expériences qui ont été faites par la commission, sur ce système de bouilleur, il résulte, entre autres nombres, qu'en brûlant sous le cylindre 16 kil. de charbon par heure, on a vaporisé 42 litres d'eau dans le même intervalle, et obtenu une pression moyenne de sept atmosphères.

En remerciant M. Boutigny et en ordonnant l'insertion au bulletin du rapport de M. Callon, la société adopte comme conclusions, que si les chaudières Boutigny n'offrent aucun avantage aux industriels quant à la consommation du combustible, elles n'en sont pas moins très remarquables pour la facilité d'entretien qu'elles présentent, et le peu de dangers qu'elles offrent même dans le cas, très périlleux aujourd'hui, de la rupture des chaudières.

— Plusieurs fois déjà l'attention publique a été éveillée par la question des fourneaux fumivores, et toujours sous le double rapport de l'économie et de l'assainissement. M. Combes lit à cet égard le compte-rendu très intéressant d'une expérience qui vient d'être faite aux ateliers de la Villette, appartenant à la compagnie de l'Est. Ces expériences ont porté sur deux chaudières capables de faire mouvoir chacune une machine de 20 à 25 chevaux de force, et ont duré en tout trois semaines. Sous l'une de ces deux chaudières, on posa une *grille Duméril*; l'autre fut chauffée comme par le passé, avec les fourneaux usités. De deux jours en deux jours les quantités de charbon furent augmentées sur chacune de ces grilles. Sans passer par l'analyse détaillée des résultats comparatifs obtenus jour par jour et consignés dans le rapport de M. Combes, nous donnons les nombres qui suffisent pour se former une idée exacte de la supériorité de la *grille Duméril* sur la *grille ordinaire*.

Grille ordinaire :

pour 80 kil. charbon saarbruck consumés par heure, on a vaporisé dans le même temps 4 litres 75 centilitres d'eau.

Grille Duméril :

pour 80 kil. du même charbon consumés par heure, on a vaporise dans le même temps 5 litres 30 centilitres d'eau.

D'autre part on a pu, sur la grille Duméril, brûler jusqu'à 150 kil. par heure sans dégrader en rien l'appareil; tandis que sur la grille ordinaire, avec une combustion de 107 kilos, les barreaux devenaient rouges et fléchissaient rapidement.

Entre temps la commission a pu constater la supériorité du charbon de Newcastle sur le précédent : en brûlant sur la grille Duméril, 50 kil. de ce charbon, on a vaporisé 11 litres 65 centilitres d'eau par heure; sur la grille ordinaire, 66 kilos et demi de Newcastle n'ont vaporisé que 7 litres 7 décilitres. Il est clair par cette seule expérience incidente, que l'avantage, déjà démontré, de la grille Duméril croît en raison directe de la qualité de combustible employé.

Tous ces résultats, qui font pressentir à la grille Duméril sur la grille ordinaire, un avantage représenté par le rapport numérique de 6 à 5, amènent M. Combes, et après lui, M. le président, à conclure d'une manière très-favorable à l'établissement d'appareils de cette nature dans les différentes industries.

La Compagnie de l'*Est* a, d'ailleurs, conservé la grille ainsi éprouvée; il s'en trouve aussi une qui fonctionne en ce moment à la Monnaie, et nul doute que des études ultérieures sur la quantité d'air brûlée ou la quantité d'oxide de carbone produite, par ce nouveau système de fourneau, n'amène à reconnaître bientôt son caractère d'utilité universelle.

— Nos lecteurs connaissent déjà la découverte très sérieuse par laquelle M. François Coignet, manufacturier à Saint-Denis, a rendu désormais possible l'adoption du béton dans l'art de bâtir les habitations: une petite note sur ce sujet a été adressée à la société, par M. Coignet et présentée par M. Balard. Cette note appelle surtout l'attention des chimistes sur l'emploi du phosphate acide de chaux dans les matériaux de la bâtisse, et M. le président, en appuyant vivement cette communication, la renvoie aux deux comités des arts chimiques et des arts économiques : il insiste sur le haut intérêt que présente à la société le fait par lequel M. Coignet a démontré la possibilité de donner aux matières siliceuses un corps dur et compacte, à l'aide de substances chimiques dont le prix, déjà très-abordable, doit tendre encore à baisser par suite du surcroît de production que déterminera cette découverte. F. F.

SOCIÉTÉ ZOOLOGIQUE D'ACCLIMATATION.

SÉANCE DU 4 JANVIER (1).

SOMMAIRE. — *Secours à la famille Rémy. — Le Bombyx-Cynthia. — L'olivier de Crimée. — Etoffe de Momélia. — Lettre sur les ressources que présente le département des Bouches-du-Rhône, sous le rapport de la pisciculture. — L'Yack du Thibet. — Les nouveaux hôtes du Jardin des plantes.*

Une lettre de M. le préfet de Remiremont, donne à la Société les renseignements qu'elle avait demandés au sujet de la famille Rémy, en faveur de laquelle elle dispose d'une somme de 2,600 fr. Le conseil a décidé que le meilleur emploi à faire de ces fonds, en conséquence des renseignements ainsi parvenus, sera d'affecter 600 fr. à être remis à la famille, au fur et à mesure de ses besoins, les 2,000 fr. qui restent devant être placés en obligations dont elle touchera les revenus. La même lettre recommande aux personnes qui s'occupent de pisciculture, le jeune Laurent Remy, comme très intelligent et très apte à leur fournir des données sur cette matière.

— A propos du *Bombyx-Cynthia*, dont beaucoup de personnes avaient annoncé la complète disparition, M. Isidore Geoffroy-Saint-Hilaire annonce que M. Robigard, naturaliste à Va-

(1) C'est par erreur que, dans notre dernier compte rendu (voyez le précédent numéro) la séance de la société porte la date du 16 novembre. C'est 16 décembre qu'il faut lire. Cette séance du 16 décembre était la première de la session actuelle. Celle dont nous donnons le compte rendu aujourd'hui est la seconde et nous ne sommes plus en retard avec la société.

lence (Espagne), dit avoir reçu d'Alger des semences de ce ver à soie qui ont parfaitement réussi, et dont il tient une certaine quantité de graines à la disposition des membres de la société.

M. Guérin-Menneville montre aux membres de la société des échantillons de cocons de ce bombyx, obtenus à Paris au Jardin des plantes; ils sont au moins doubles en volume des cocons indigènes.

— M. le comte de Fontenay écrit de Constantinople à propos de l'olivier de Crimée que d'après une lettre reçue de M. l'intendant général, il n'a pas été trouvé le plus léger indice de l'existence de l'olivier, dans la partie occupée par les troupes alliées; mais M. de Fontenay a appris de la bouche des frères Lazaristes résidant à Constantinople, qu'il existe en certain point de la Crimée, bien abrité contre les vents du nord, un grand nombre d'orangers et de citronniers venant en pleine terre : nul doute dès lors qu'on ne doive trouver, dans cette direction, l'olivier, que l'on sait pouvoir résister à 13 et 14 degrés de froid.

— M. Ramon de la Sagra fait hommage à la Société d'un écheveau, très large et très épais, d'une filasse obtenue d'une espèce particulière de *Momelia* : cette filasse arrive de Manille, où l'on s'en sert pour tisser l'étoffe la plus fine. Un morceau d'étoffe fait partie de l'offrande, et MM. les membres ont pu s'assurer qu'elle l'emporte en finesse sur la baptiste elle-même. Il se fabrique à manille une très grande quantité de ces produits que l'on envoie surtout en Espagne ; les mouchoirs que l'on fait avec ce tissu se vendent à peu près au prix des broderies en baptiste. Comme les indigènes ne tissent que la fibre même de cette filasse, ils sont obligés de travailler dans des cabanes hermétiquement closes, afin que l'air du dehors ne fasse pas voltiger des fils si déliés. L'honorable membre pense que l'Algérie serait favorable à l'acclimatation du momélia.

— M. Alph. Derbès, professeur d'histoire naturelle à la faculté des sciences de Marseille, écrit une lettre très détaillée sur les ressources que présente le département des Bouches-du-Rhône sous le rapport de la pisciculture. Il raconte que pendant son séjour à Tarente (Italie), il fut frappé de voir les moules et les huîtres former une base importante de l'alimentation populaire, et se maintenir dans un état de bon marché extrême et constant. Il put se convaincre que si la nature aide, à la vérité, à ce résultat, l'intelligence de la culture y apporte un auxiliaire actif et indispensable. Montrant alors d'une part l'analogie topographique qui existe entre l'étang de Berre, voisin de Marseille, et le fond du golfe de Tarente, et d'autre part, tout ce que viendrait apporter de ressources précieuses à la population de Marseille et au commerce de la petite ville des Martigues, une exploitation rationnelle des mollusques dans cet étang, l'auteur de la lettre émet l'avis que la Société envoie étudier à Tarente même le procédé de culture et jusqu'à la nature de l'eau et du sol dans lesquels vivent ces mollusques. M. Derbès signale en terminant la nécessité d'un règlement de pêche moins favorable aux abus que les règlements actuels. Son travail est renvoyé à la section de pisciculture.

—M. le secrétaire lit une note sur l'yack de l'Himalaya, extraite d'un ouvrage imprimé de M. Hooker; entre autres particularités, on y remarque que les poils de cet animal servent, dans le Thibet, à faire des tissus pour abriter les tentes et quelquefois aussi pour préserver les yeux contre l'éclat des neiges. L'yack parcourt, de son pas ordinaire, et avec la charge d'un sac de riz, environ 32 kilomètres par jour; pendant l'été il trouve sa pâture jusqu'à des hauteurs de 5,300 mètres, mais il ne peut vivre au dessous de 2,200 mètres, sans être attaqué d'une affection mortelle du foie. Vers le milieu de septembre, on le ramène dans le bas de la vallée. La femelle porte 9 mois, son lait est riche et sert à faire un beurre qui se vend en grands gâteaux carrés; le prix d'un yack varie entre 60 et 75 fr.

—M. le président saisit cette occasion pour rappeler, contrairement à une assertion du même auteur d'après laquelle la femelle ne mettrait bas qu'un veau tous les deux ans, que la femelle apportée au Jardin-des-Plantes, par M. de Montigny, dans le mois d'avril 1854, a donné un produit à la fin de la même année et un second produit à la fin de 1855. M. Isidore Geoffroy fait aussi connaître que le métis de yack, appelé *dzo* ou *zobo*, qui provient du croisement avec le zébu, est très précieux dans le pays, comme bête de somme.

—M. le président entretient la Société des *hémippus* arrivés au Jardin-des-Plantes et dont nous avons parlé dans notre dernier compte rendu de l'Académie des sciences; la certitude est aujourd'hui acquise qu'ils ont été pris dans la Turquie d'Asie, entre Palmyre et Bagdad; à leur arrivée à Damas, ils ont étonné la population qui croyait impossible la capture de cette espèce particulière de cheval. Malheureusement les deux individus qui viennent d'arriver sont des femelles, et rien ne fait espérer la prochaine capture d'un mâle. F. F.

FAITS DIVERS.

Nouvelles de la commission internationale pour le percement de l'Isthme de Suez. — On se rappelle que la commission internationale pour le percement de l'Isthme de Suez, partie de Marseille, le 8 novembre 1855, et arrivée à Alexandrie le 18 du même mois, avait été reçue au Caire, le 23, par Saïd-Pacha, et était partie de là pour la Haute-Egypte. Nous apprenons aujourd'hui, qu'après avoir remonté le Nil jusqu'à la première cataracte, pour déterminer le point le plus convenable à l'établissement d'un second barrage, non moins important que le premier, la commission est arrivée, le 16 décembre, à Suez, où elle a parcouru, le même jour, les abords de la rade. Les journées du 17, du 18 et du 19 ont été employées à des sondages dans la partie du golfe où devront aboutir les jetées du canal proposé. Dans l'après-midi du 19, la commission a visité les carrières de l'Attaka, d'où l'on doit tirer tous les matériaux des ouvrages d'art du canal et qui se trouve située à trois lieues dans le sud-est de la ville. Peu de jours après, elle a dû partir pour Péluse, en traversant l'Isthme du sud au nord. L'activité avec laquelle elle poursuit ses opérations nous fait espérer qu'elle les aura terminées vers la fin du mois de janvier au plus tard. D'autre part, les sondages se continuent et se complètent dans l'Isthme, sur tout le parcours du canal, dont le tracé est déjà en partie jalonné, et ils se font simultanément dans le golfe de Péluse.

La réforme domestique en Angleterre. — La question des palais de famille, qui, en France, appartient désormais au présent, semble se poser également en Angleterre et y trouver d'intelligents défenseurs dans la partie la plus éclairée de la presse. Dans son numéro du 24 décembre dernier, après avoir cité quelques extraits de Shenstone, de Crabbe, de Johnson et de Boswell, qu'on croirait empruntés à tout ce que le XIXe siècle a avancé de plus hardi sur les avantages de l'association, le *Morning-Post* s'attache à réfuter une lettre dans laquelle un certain M. Ellis, propriétaire de l'un des grands hôtels de Brighton, a entrepris de combattre le mouvement de la société anglaise vers l'importante réforme domestique dont il s'agit. Entre autres passages de cet article remarquable, nous extrayons les suivants :

« La liberté d'action que demandent les habitants des hôtels » sera compatible avec un surcroît de luxe et de bon marché. On » s'habituera à obéir à la cloche du dîner, comme on obéit déjà » à la cloche du chemin de fer, et un progrès sera réalisé dans » l'art de produire des repas à bon marché pour une société nombreuse..

» ....

» C'est vers le progrès du système des hôtels que nous marchons » en Angleterre, et peut-être, dans un petit nombre d'années, sera-t-il possible de vivre dans un hôtel luxueux à un prix inférieur » à celui auquel on vit aujourd'hui dans les ménages. »

Les palais de famille, n'imposant en rien la nécessité d'obéir à la cloche du dîner, puisque chacun pourra se faire servir à part, si bon lui semble; il est évident que de telles conclusions n'en sont que plus dignes de remarque chez le peuple le plus fortement attaché aux traditions et aux choses de la vie d'intérieur et d'isolement.

Prix d'abonnement pour l'étranger.

Allemagne, 8 fr.; — Suisse, Parme, Plaisance, Modène, 8 fr. 50. — Etats Sardes, Grèce, Crimée, 9 fr.; — Hollande, Angleterre, 10 fr.; — Etats-Unis, Indostan, Turquie, 10 fr. 50; — Belgique, Prusse, Hanôvre, Saxe, Pologne, Russie, Espagne, Portugal, 11 fr.; — Toscane, 12 fr.; — Etats-Romains, 16 fr. 50.

Le propriétaire, rédacteur-gérant :

Victor MEUNIER.

PARIS. — IMP. J.-B. GROS, RUE DES NOYERS, 74.

Deuxième année. — N° 3. Quinze centimes. 20 janvier 1856.

L'AMI DES SCIENCES

JOURNAL DU DIMANCHE

SOUS LA DIRECTION DE

VICTOR MEUNIER

BUREAUX D'ABONNEMENT
13, RUE DU JARDINET, 13
Près l'Ecole de Médecine
A PARIS

ABONNEMENT POUR L'ANNÉE
PARIS, 6 FR.; — DÉPART., 8 FR
Étranger (Voir à la fin du journal)
ENVOYER UN MANDAT DE POSTE

Conclusions sur l'Exposition universelle.

(PREMIER ARTICLE).

A la vue de tant de produits admirables, d'inventions prodigieuses, invraisemblables, inouïes, apportées de toutes les régions de la terre dans ce palais de fées, qui s'intitulait modestement Palais de l'Industrie, pour y témoigner, en présence des nations assemblées, du pouvoir qu'a l'homme de s'approprier les forces, les substances et les produits de la Nature, de tout plier à son usage, et de contraindre la terre entière à le servir; la foule émerveillée s'est sentie pénétrée d'un redoublement de foi dans l'Invention et le Travail ; foi illimitée qui se formulait sous les voûtes de cristal, en des exclamations, des questions et des réponses naïves : — « Qui eût pensé cela il y a cinquante ans, il y a ving-cinq ans, il y a dix ans? — qui eût osé le dire? qui l'eût voulu croire? — où s'arrêtera-t-on?....» à quoi on répondait invraiablement : Tout est possible! et la réponse avait l'assentiment général.

Telle était la conclusion de la foule.

Peut-être dans la multitude de ces visiteurs, auxquels un travail monotone et grossier ne procure que le plus humble nécessaire (quand il y suffit), peut-être n'en est-il pas beaucoup qui soient sortis du palais de l'Exposition avec un sentiment plus élevé et plus clair de leur dignité, de leurs droits, de leurs pouvoirs, et plus qu'avant se sentant fiers d'être hommes. C'est que d'une part ils s'estimaient personnellement désintéressés dans cette exhibition de chefs-d'œuvre (désintéressés comme consommateurs, du moins ; comme producteurs, non certes). Et, en effet, s'agit-il d'un de ces fruits admirables de l'union de l'art et de l'industrie, transformant de concert le bois, la pierre ou les métaux? la vue seule en est permise au plus grand nombre. S'agit-il d'une création où le génie des découvertes vient de se révéler sous un aspect inattendu? les résultats seuls en sont à la portée de la multitude. — D'un autre côté, le public subit l'influence des lieux communs débités par ces moralistes à courte vue, qui assistant au travail industriel sans en soupçonner la divine origine, la science, ni la fin inévitable, l'affranchissement des intelligences, n'y voient qu'un effet du développement exagéré des appétits matériels, plus propre à les exalter qu'à les assouvir. Semblables en cela à celui qui, en présence d'un embryon humain, ignorant que deux êtres doués d'une âme immortelle lui ont donné naissance et qu'il en sortira une créature à l'image de Dieu ; ne voyant l'Esprit ni dans le passé ni dans l'avenir de ce petit être; n'apercevant qu'un complexe assemblage de cartilages, de fibres et de vaisseaux, penserait n'avoir sous les yeux qu'un vil animal prédestiné aux instincts et aux appétits grossiers de la brute. Le caractère de force emprcint, sur la face de l'industrie frappe donc le public bien plus que l'incomparable dignité de son origine et de son but. Mais fions-nous à l'infaillible logicien, fions-nous au Temps pour remettre chaque chose à son rang ! Et en attendant, affirmons sans hésiter que le travail industriel, loin d'être le tombeau du spiritualisme, en prépare l'éclatant triomphe ; à tous les arguments produits en sa faveur il ajoutera un argument incomparable, celui du fait; étant destiné à démontrer expérimentalement par l'asservissement de la nature à l'homme, la souveraineté de l'esprit sur la matière.

Charles Dallery (Voir page 21).

Quoi qu'il en soit, la conclusion du vulgaire, sous sa forme naïve, contient plus de vérité qu'on n'en saurait mettre dans une formule qui prétendrait déterminer la limite de la puissance humaine. Dans le cercle encore inconnu de ce qui est naturellement possible, tout est accessible à l'homme, c'est-à-dire à l'Esprit, et il est douteux que jamais dans ses aspirations, l'homme sain d'intelligence ait dépassé le possible.

Autre a été l'enseignement puisé par les industriels à l'exposition. Ils ont constaté deux choses : d'une part que la variété de matières premières existant sur le globe dépasse toutes les prévisions; d'autre part, que dans les moyens de travail comme dans l'aptitude à en tirer parti, l'uniformité tend à s'établir entre la plupart des nations occidentales arrivées les unes par rapport aux autres à un état très voisin de l'égalité. C'est que les matières premières figurant à l'Exposition étaient empruntées au globe entier livré intégralement à nos explorations, tandis que les nations qui se mêlent à l'œuvre du progrès en qualité d'ouvrières appartiennent toutes à la même zone intellectuelle.

De ces deux faits d'observation les économistes se prévalent pour conclure en faveur du libre échange ou libre commerce. La protection, disent-ils, ne s'étend au détriment de la masse des consommateurs que sur les incapables et ceux qui cherchent leur voie en dehors de leurs aptitudes; elle n'a d'autre résultat que d'entraver la circulation des productions naturelles que chaque région donne selon son sol et son climat pour le bien commun de l'humanité.

Les politiques (ceux qui ont de la générosité dans le cœur, et la notion du progrès dans la tête), ont vu dans l'Exposition un premier pas vers la constitution de l'Humanité comme corps de nation une et indivisible.

L'Exposition universelle est en effet à un degré plus élevé un événement de même ordre que les expositions nationales qui l'ont précédé, et comme celles-ci attestaient l'unité de la France précédemment morcelée en provinces, celle-là proclame que l'unité se fait entre les peuples de la terre. L'Exposition prouve qu'ils ont sentiment de leur solidarité et elle contribue à leur en donner la connaissance. La pensée d'un conseil européen, sinon universel, discutant les questions de salaire, de navigation, de colonisation, etc., se présente comme la conclusion logique et inévitable de l'Exposition universelle.

On voit donc dans ce grand rendez-vous des nations venant se communiquer réciproquement les produits de leur industrie, le terme initial d'une suite de conciles dans lesquels s'étudieront et se règleront tous les intérêts de l'humanité. Si gigantesque qu'ait paru d'abord dans sa nouveauté l'idée d'une Exposition universelle, elle s'est trouvée au-dessous des désirs et des convictions de la partie intelligente du public; à la seconde épreuve, le champ a dû être agrandi, et les beaux-arts ont eu leur exposition à côté de l'industrie, mais cela n'a pas suffi. On a profité de la présence à Paris des représentants de toutes les nations pour établir une association en vue de l'unité des poids, mesures et monnaies; les congrès de statistique et d'hygiène répondent au même besoin d'universalité. Les uns demandaient que les hommes voués aux progrès de la science s'assemblassent en un congrès œcuménique; les autres voulaient qu'une semblable réunion se formât en vue d'étudier la question d'une langue universelle; que sais-je encore! Toutes les idées, et beaucoup d'autres inspirés par le sentiment de l'unité humaine, auront infailliblement leur jour.

Ces conclusions sont vraies, nous les faisons nôtres par l'adoption, mais chacun les a tirées de son côté, et, si nous n'en avions pas d'autres à présenter, nous ne songerions pas à prendre la plume. Il est à notre sens une conclusion plus générale que les précédentes, c'est celle au développement de laquelle la suite de ce travail sera consacrée. Nous la formulerons en disant :

L'ordre scientifique commence, et la constitution de l'ordre scientifique est le problème de notre temps.

(*La suite au prochain numéro*).

VICTOR MEUNIER.

AVIS.

En même temps que paraîtra la série d'articles dont on vient de lire le préambule, *l'Ami des Sciences* publiera :

Le COMPTE RENDU des *ouvrages relatifs à l'Exposition universelle, et particulièrement* l'ANALYSE DÉTAILLÉE des *rapports officiels du Jury*, analyse d'autant plus utile, que ces rapports ne sont et ne peuvent être entre les mains que d'un petit nombre de lecteurs. — La publication de ces comptes rendus commencera dans le prochain numéro.

L'Ami des Sciences publiera en même temps entre autres séries d'articles :

LES BIOGRAPHIES DES SAVANTS ET INVENTEURS CONTEMPORAINS, accompagnées de portraits dessinés d'après nature que nous faisons graver en ce moment.

Au prochain semestre scolaire, nous rendrons un compte sommaire des cours les plus intéressants de nos Facultés des sciences.

Parmi les dessins que nous préparons en ce moment, nous citerons un VUE PANORAMIQUE de l'Isthme de Suez, montrant le parcours du canal projeté. Nous illustrerons de la même façon toutes les nouveautés à l'intelligence desquelles un dessin sera nécessaire.

La table et les titres du premier volume accompagneront le prochain numéro.

Nous adressons *une dernière fois* à ceux de nos abonnés qui n'ont pas encore renouvelé leur abonnement, l'invitation de le faire à bref délai.

CORRESPONDANCE.

Oxygène électrisé (dit ozone)

Paris, le 16 janvier 1856.

Monsieur,

L'attention des chimistes et des physiciens se trouve réveillée par les nouvelles observations faites sur les propriétés de l'oxygène électrisé (dit ozone). Sans rappeler celles que vous avez citées dans votre journal, je ferai seulement mention d'expériences qui démontrent que l'oxygène électrisé est impropre à la respiration, *qu'il est asphyxiant*. C'est ainsi que s'expliquent les accidents qui accompagnent les éclats de la foudre; on sait, en effet, que dans beaucoup de cas des individus, sans avoir été frappés, ont été asphyxiés par une atmosphère imprégnée d'odeur sulfureuse ou phosphoreuse, due à la présence de l'oxygène électrisé.

Ceci me conduit à demander si les propriétés nouvelles acquises à l'oxygène par l'électrisation appartiennent à ce gaz seul? ou si l'hydrogène, l'azote, le chlore, etc., ne pourraient pas, par analogie, éprouver des changements d'état semblables?

Si cette propriété est inhérente au seul gaz oxygène, ne doit-elle pas alors provenir du fluide lumineux que contient ce gaz, qui par l'électrisation se combinerait en quelque sorte avec lui?

On sait, en effet, d'après les expériences rapportées par Berzélius, que c'est le gaz oxygène seul qui dégage du fluide lumineux par la compression dans un tube de verre; l'acide carbonique donne quelques traces de lumière par l'oxygène qu'il renferme; les gaz hydrogène, azote, etc., soumis à la même compression, n'en donnent aucune.

Il s'agirait donc de soumettre à cette expérience l'oxygène électrisé et de comparer les effets lumineux de ce gaz avec celui résultant de la compression de l'oxygène ordinaire.

Autre question : l'oxygène électrisé se combine directement avec l'argent, le mercure, etc., ce gaz a donc évidemment la même propriété que le gaz à *l'état naissant*; dès lors ne serait-il pas possible de le combiner par la compression directement avec l'eau et d'obtenir ainsi de l'eau oxygénée?

Si cette combinaison pouvait être ainsi obtenue, de quelle ressource ne serait-elle pas pour l'industrie; dans le blanchiment des toiles par exemple, pour remplacer le chlore, corps éminemment destructeur de la cellulose?

On sait que l'eau dissout 46 millièmes en volume d'oxygène ordinaire; que ce gaz est plus soluble que l'azote dans ce liquide; ne serait-il pas possible en comprimant à haute pression de l'air atmosphérique dans de l'eau à 4°, maximum de sa densité, d'obtenir une solution plus chargée de ce gaz, de s'en emparer pour l'industrie en faisant écouler cette eau sous un gazomètre pour recueillir le gaz?

Cette solubilité de l'oxygène ne pourrait-elle pas être augmentée par l'addition d'une dissolution de protoxyde de potassium ou de barium, corps bi-oxydables, mais qui cèdent facilement leur 2me équivalent d'oxygène?

C'est à ceux qui sont assez heureux pour avoir des instruments *ad hoc* que j'adresse ces questions, afin de faire des expériences dont les résultats doivent jeter un jour nouveau sur le corps qui nous occupe.

Scipion DUMOULIN.

Empoisonnement par les vapeurs d'essence de térébenthine.

La Villette-Paris, 15 janvier 1856.

Monsieur,

Le lettre de M. Bouvier insérée dans le nº dernier de l'*Ami des sciences* me paraît offrir beaucoup d'intérêt; elle montre, en effet, que la cause des accidents mortels qui surviennent chez les personnes qui habitent des appartements nouvellement peints est encore inconnue, ou tout au moins mal connue.

Cette cause serait complexe; car il résulte du fait observé par M. Bouvier que les artistes peintres jouissent d'une immunité complète à l'endroit de l'essence de térébenthine. Mais les surfaces ont, dans l'espèce, une grande importance. Voyons ce qui en est: Je prends le chiffre le plus élevé de M. Bouvier, j'admets 26 personnes dans l'atelier et que la surface de l'essence dans la tasse et la soucoupe est de 0 m q 0079 (1); cette surface multipliée par 25 sera égale à 0m q 1975.

Le point d'ébullition de l'essence de térébenthine étant beaucoup plus élevé que celui de l'eau (2), cette essence ne saurait bouillir dans l'atelier; elle ne peut donc s'évaporer que par la surface que nous venons d'indiquer.

Cherchons maintenant quelle est la surface des murs d'un appartement de 4 m de longueur, sur 3 m de largeur et 3 m de hauteur, et nous la trouvons de *quarante-deux mètres*, c'est-à-dire hors de toute propotion avec la surface de l'essence de l'atelier.

Que si on trouve la surface que j'ai indiquée trop petite, je dirai: ajoutez-y la surface de la peinture en voie d'exécution et celle qui vient d'être terminée, puis doublez, triplez, quintuplez la surface que j'ai indiquée, portez-la à 1m, si vous voulez, et le rapport sera encore :: 1 : 42 ! Ajoutez à cela les allées et venues des employés, des artistes, et comparez l'atelier avec une chambre à coucher fermée le soir et qui ne doit plus s'ouvrir que le lendemain matin, et puis... jugez.

Quant à la théorie que M. Bouvier rappelle, elle subsiste, et cela, bien malheureusement, car tout le monde sait que des accidents mortels ont trop souvent suivi l'inhalation du chloroforme, de l'éther, des carbures d'hydrogène, etc.; l'action délétère de ces vapeurs ne saurait donc être mise en doute dans beaucoup de cas.

Mais n'y aurait-il pas d'autres causes d'asphyxie que celles qui ont été indiquées jusqu'ici? Par exemple, ne pourrait-on pas admettre que les huiles se dédoublent, se transforment en acides oléique, linoléique et autres, se combinent à l'oxide du carbonate de plomb en mettant l'acide carbonique en liberté? D'un autre coté, on sait que les huiles absorbent de l'oxygène en se solidifiant et dégagent de l'acide carbonique, d'où, deux autres causes d'asphyxie: d'une part, dégagement et formation d'acide carbonique; de l'autre, soustraction de l'oxygène indispensable à la vie. Mais ce raisonnement n'est pas entièrement applicable à la peinture au blanc de zinc qui ne contient pas d'acide carbonique, et il faut en revenir à l'action de l'essence de térébenthine et à l'air rendu impropre à la respiration par la soustraction de l'oxygène au profit de l'huile. Il est vrai que nous retrouvons ici la formation d'acide carbonique que nous avons signalée plus haut.....

Du reste, je ne soumets ces vues et ces faits à votre jugement éclairé, Monsieur, qu'avec la plus grande réserve et je termine cette lettre en prenant la liberté de les recommander à l'attention des investigateurs qui trouveront sans doute qu'il y a là un très-beau et très-utile sujet de recherches; je regrette que le temps me manque pour l'entreprendre.

Veuillez agréer, etc.

BOUTIGNY d'Evreux.

(1) Cela suppose une surface circulaire d'un décimètre de diamètre, d'où $S = \pi R^2 = 7850$, soit 0m q 0079.

(2) + 156° C.

Persistance des forces vitales chez les Coléoptères.

Paris, le 11 janvier 1856.

Monsieur,

La publicité que vous avez donnée à plusieurs curieuses observations sur les phénomènes que présente la vie dans les Coléoptères, m'engage à vous communiquer un fait complétement analogue que j'ai eu l'occasion d'observer il y a déjà longtemps.

En 1842, j'habitais la *Chavonnière*, dernier séjour du savant et infortuné P.-L. Courier, je cite ce lieu parce que plusieurs personnes y furent témoins du fait dont j'ai à vous entretenir et qui, par parenthèse, me valut tant soit peu dans le pays une réputation de sorcier.

A cette époque, je m'occupais d'histoire naturelle. Les forêts d'Amboise et de Larcay apportaient de riches tributs à mes collections. — Un jour, je venais d'immerger dans de l'alcool (à 18° ou 20° c.) deux magnifiques aspics que m'avait fournis la forêt de Larcay. Depuis une heure déjà, ces reptiles ne donnaient plus signe de vie, lorsque j'ouvris le bocal pour y plonger également un énorme cerf-volant. Après environ trente ou quarante minutes d'immersion, je le sortis de l'alcool complétement asphyxié et le croyant mort. Autant que je puis me le rappeler, ses membres n'avaient aucune raideur, car après avoir piqué l'insecte sur une planchette, il me fut possible de donner à tous ses articles la position dans laquelle je désirais conserver le sujet. Nous étions à la fin de juillet; la chaleur était excessive, l'alcool ne tarda pas à s'évaporer et, quelques heures après, l'insecte me parut tellement desséché qu'il me sembla qu'on aurait pu le pulvériser dans un mortier et le passer au tamis. Il eût été tout-à-fait impossible de redresser un seul de ses membres sans le briser.

Dans cet état de choses, l'animal fut abandonné à lui-même. Trois jours après, mon attention fut subitement attirée de son côté par un léger bruit, et ce ne fut pas sans un profond étonnement que je vis mon scarabée se mouvoir: il n'était point mort. Avec l'extrémité de ses ongles, il grattait la feuille de papier qui recouvrait la planchette. L'ayant alors débarrassé de son épingle, je le descendis à la cave pour faciliter d'une manière plus complète la réabsorption de l'eau que l'alcool avait dû enlever à son corps, et dès le lendemain, l'animal put marcher. Je le gardai encore quelques jours sous une grande cloche où je lui mis des feuilles de chêne. Il recouvra si parfaitement la vie que, sur le désir que manifestèrent plusieurs personnes, témoins de ce phénomène, je le rendis à la liberté dont il sut bien trouver le chemin.

Si, comme je le pense, ce fait incroyable vous paraît digne d'être porté à la connaissance de vos lecteurs, je m'estimerais heureux, Monsieur, d'avoir pu servir la science en apportant mon humble témoignage à l'appui des trois autres faits du même ordre que vous avez consignés dans les numéros 49-51, et le numéro 1 de la deuxième année de l'*Ami des Sciences*.

Encouragé moi-même par vos intéressantes communications à ce sujet, je saisirai avec empressement la première occasion qui me permettra de tenter une nouvelle série d'expériences pour explorer cette partie de la science si pleine d'intérêt depuis les glorieux travaux physiologiques de l'abbé Spallanzani sur la persistance des forces vitales dans les animalcules et les batraciens.

Agréez, etc.

MABRU.

Epilepsie.

M. le docteur Josat nous écrit ce qui suit, en réponse à l'article du docteur Culmann inséré dans notre précédent numéro, et relatif aux convulsions déterminées par les vers intestinaux.

« M. Culmann s'est sûrement mépris. L'influence des vers intestinaux sur l'apparition des convulsions est un fait accepté par la plupart des praticiens. Il n'en est pas de même de l'épilepsie. Le nombre des médecins qui refusent de la rapporter à la présence des vers intestinaux, sans en excepter le ver solitaire, est considérable. Hébréard, entre autres, médecin à la Salpêtrière, niait formellement que les vers puissent produire l'épilepsie: tout au plus les admettait-il comme complication dans cette triste maladie; et il allait même jusqu'à soutenir que les anthelmintiques ou vermifuges rapprochent les attaques et les rendent plus intenses.

« L'opinion de cet honorable praticien ne me paraît plus soutenable, aujourd'hui que l'on sait positivement que les nègres qui, dans leurs pays, Angola, par exemple, sont épileptiques en si grand nombre, sont en même temps, et dans des proportions analogues, affectés de vers intestinaux, du tœnia principalement. Si j'ajoute que la médication employée en ces pays avec le plus de succès, est à peu près exclusivement anthelmintique, j'aurai suffisamment établi, je crois, que l'on ne peut pas révoquer en doute le rôle des vers intestinaux dans la production de l'épilepsie.

« En outre, et je finis par là, il paraît bien démontré que plusieurs espèces d'animaux des classes supérieures, le chien et le cheval, par exemple, sont sujettes à l'épilepsie. Il ne l'est pas moins qu'on les guérit le plus souvent en les débarrassant des vers dont ils sont affectés.

« Docteur JOSAT. »

PISCICULTURE.

Appareil de pêche de Commachio.

La figure ci-jointe extraite d'un utile ouvrage que M. Jourdier vient de publier à la librairie Hachette, sous ce titre: *La Pisciculture et la Production des sangsues*, et qui fait partie de la *Bibliothèque des chemins de fer*, représente le plus vaste appareil de pêche qui existe au monde. Comme il s'agit d'une industrie à laquelle s'attache un intérêt plus sérieux que celui de la curiosité, nous ne doutons pas que les détails descriptifs dans lesquels nous allons entrer à la suite de M. Jourdier, ne soient bien accueillis de nos lecteurs.

La lagune de Commachio est située dans les Etats de l'Eglise, sur les bords de l'Adriatique, entre l'embouchure du Pô et le territoire de Ravenne, à 44 kilomètres de Ferrare. Elle forme là un immense marécage de 140 milles de circonférence, de 1 à 2 mètres de profondeur, qu'une simple bande de terre sépare de la mer, avec laquelle le port de *Magnavacca* la met en communication. Deux rivières, le *Reno* et le *Volano*, embrassent ce vaste marécage dans une espèce de delta, comme fait le Rhône pour la Camargue. Elles en côtoient les rives, du sud au nord, et descendent à la mer, où leurs embouchures forment deux ports distants l'un de l'autre de 20 kilomètres; entre ces deux ports se trouve celui de Magnavacca.

L'idée de transformer cette lagune en un instrument de pêche, paraît être venue à ses premiers habitants; isolés alors du continent, et abandonnés à leurs propres ressources, ils essayèrent d'exploiter les eaux de la mer, comme les laboureurs exploitent leurs champs. L'idée de cette industrie dut leur être inspirée par la découverte de l'instinct, qui porte certaines espèces de poissons à *remonter* les cours d'eau par légions innombrables, quelque temps après leur éclosion, et à regagner la mer quand ils sont adultes.

Pour faire tourner ce phénomène à leur profit, les habitants de Commachio imaginèrent un double mécanisme, qui, après avoir attiré les bancs de jeunes poissons (ou la *montée*) dans leur lagune, les entraînerait ensuite quand ils seraient devenus adultes vers des magasins où on en ferait la récolte. Voici comment ils s'y prirent.

Ils ouvrirent en plusieurs endroits de larges tranchées à travers les digues séparant cette lagune des deux rivières qui la bordent, sur ces tranchées; ils articulèrent de fortes écluses, portes qu'on ouvre aux jeunes poissons, et qu'on referme dès qu'ils se sont répandus dans les bassins. Elles mettent en outre au service de l'exploitation de nombreux courants qui permettent de mêler aux eaux salées de la lagune les eaux douces des deux rivières qui la bordent.

Entre l'embouchure de ces deux rivières, est situé, ainsi qu'on l'a dit, le port de Magnavacca, canal antique de 44 mètres de large, remontant vers la lagune, et prolongé au XVIIe siècle par le cardinal Palotta, au delà de la ville de Commachio; il a aujourd'hui 10,000 mètres de long, sur 6 ou 7 de large. Ce canal nommé Palotta, du nom de son créateur, fournit à droite et à gauche sur tout son trajet des branches qui, se divisant et se subdivisant, sans diminuer de calibre, portent les flots de l'Adriatique sur différents points de la lagune, et en général sur les îles principales dont celle-ci est parsemée; l'embouchure de chacune d'elles est encaissée dans des branches rectilignes, qui coupent ces îles de toutes parts. Chaque année à l'époque de la récolte, un appareil de pêche (*lavorero*) est établi à l'extrémité béante de branches du canal Palotta.

C'est un de ces appareils que notre figure représente. Avant de le décrire, résumons le jeu de toute cette grande machine hydraulique.

1° En ouvrant les écluses du canal Palotta et des deux rivières limitrophes, on donne à la montée accès dans la lagune; c'est l'ensemencement;

2° En abaissant toutes les écluses on tient la montée prisonnière;

3° En ouvrant plus tard les portes du canal Palotta, on livre passage aux courants salés. Ceux-ci attirent le poisson vers les embouchures béantes des branches de ce canal; or là se trouvent les labyrinthes ou appareils de pêche que nous allons décrire, c'est l'opération de la récolte.

La figure représente une vue prise à vol d'oiseau d'une *valle* et de son labyrinthe ou lavorero.

Une tranchée B creusée à travers l'îlot sur lequel est établie la valle et dont les bords sont assurés contre les éboulements par des pieux et des fascines, met en communication par deux branches, le canal Palotta A avec un bassin ou *campo* E de la lagune. C'est dans cette tranchée qu'est établi, à l'aide de claies en roseaux soutenues par des piquets, un appareil de pêche des plus simples et des plus ingénieux qu'il soit possible d'imaginer, appareil dans lequel on peut distinguer trois compartiments principaux P, K, H, ayant chacun ses dépendances G, I, L.

Le premier de ces compartiments P, P, est celui dans lequel s'engage le poisson qui doit gagner le canal Palotta pour se rendre à la mer. Il s'évase du côté du *campo* ou bassin E, et forme là une sorte d'antichambre F, F, aux parois de laquelle est ménagée une ouverture étroite pour le passage des eaux; cette disposition permet aux courants que le flux de l'Adriatique détermine de se faire sentir plus au loin dans la lagune et d'inciter davantage le poisson à se rendre dans les embûches qui lui sont dressées.

Du côté du canal Palotta, ce premier compartiment est limité par deux cloisons qui appuyant une de leurs extrémités chacune sur un bord, se rencontrent par l'autre à angle aigu vers le milieu du canal. A cet angle qui est entrebaillé, est généralement adaptée une chambre triangulaire comme en G, dont le sommet également entrebaillé s'ouvre dans le second compartiment du labyrinthe.

Ce deuxième compartiment, le plus grand de tous, forme une vaste enceinte de laquelle le poisson qui vient de franchir la chambre G du premier compartiment P, ne peut sortir désormais qu'en tombant fatalement par la seule issue qui lui est offerte dans une autre chambre à parois continues et assez solides pour devenir la prison définitive du *muge*, de la *sole*, de la *dorade*, mais trop faible pour retenir l'*anguille*. Celle-ci glissant sans trop d'efforts entre les roseaux, dont le degré de résistance est calculé pour cette fin, passe dans la dernière partie du labyrinthe K. Cette chambre I qu'un plancher J enveloppe pour les facilités de la pêche, est donc une sorte de crible à l'aide duquel se fait naturellement le triage du poisson.

Le troisième compartiment K est uniquement destiné à la pêche des anguilles. Il est plus compliqué que les deux autres, il a des parois plus épaisses et ressemble par sa forme à un fer de lance à trois angles saillants. Chacun de ces angles qui est entrebaillé comme ceux des deux autres compartiments, s'ouvre également dans un appareil triangulaire L, L, L, nommé *otela*, dont les parois formées par deux trois et même quatre claies superposées et à mailles serrées peuvent résister à toutes les tentatives d'évasion que feraient les anguilles qui s'y accumulent.

Un simple filet à bourse que l'on promène dans ces espèces de *souricières à poissons*, suffit pour en enlever tout ce qui s'y est introduit. Les anguilles, si elles ne sont pas en suffisante quantité pour faire l'objet d'un convoi spécial, sont provisoirement déposées dans de grands paniers sphériques en osier ou *borgazzi*, que l'on tient fermés à l'aide de cordes.

Chaque valle a encore comme celle-ci pour les besoins de l'exploitation :

1° Des postes O, où sont casernés les *vallanti*;

2° Une ou plusieurs barques de pêche N ;

3° Un canal de communication C fermé à chaque extrémité par une écluse simple C' C' que l'on retire au moment du passage des nacelles, et que l'on abaisse immédiatement derrière elles. Ce canal, lorsque les labyrinthes sont dressés, est la seule voie qui permette aux embarcations de passer du canal Palotta dans les bassins et réciproquement.

Rien n'est ni plus beau ni plus simple que ces créations de l'art qu'il nous serait si facile d'imiter, au grand profit de nos populations côtières et de la masse des consommateurs.

CHARLES DALLERY.

Le portrait placé en tête de ce numéro est celui de l'homme qui le premier a *donné à un bateau à vapeur l'hélice pour propulseur*, qui le premier encore a su *augmenter la surface de chauffe d'une chaudière sans augmenter son volume*, en la divisant sous formes de tubes exposés à l'action de la flamme; c'est celui de l'homme de génie auquel la France — si un hasard favorable lui eût donné en ce temps-là un ministre de la marine ayant l'intelligence du progrès — auquel, dis-je, la France eût dû la gloire de réaliser la navigation à vapeur comme elle doit au marquis de Jouffroy la gloire de l'avoir inventée; c'est celui du génie méconnu auquel il n'a manqué qu'un Livingston pour figurer de son vivant parmi les renommées scientifiques de son siècle. Enfin, vingt ans après sa mort, grâce au dévouement de l'héritier de son nom, Ch. Dallery entre dans le panthéon des inventeurs illustres; l'académie des sciences a reconnu et consacré ses titres; Amiens, sa ville natale, va, dit-on, lui élever une statue; son nom (un curieux épisode de la prise de Sébastopol, raconté par M. Edouard Gand dans le *Commerce de la Somme*, vient de nous l'apprendre) est honoré parmi les Russes. Quant aux lecteurs de l'*Ami des sciences*, ils connaissent depuis longtemps la vie et les travaux de Dallery et le portrait publié aujourd'hui n'a d'autre but que de leur faire faire une connaissance plus intime et en quelque sorte personnelle avec cet illustre ingénieur; mais nous saisissons cette occasion pour mettre sous les yeux du public le dessin du bateau que Dallery fit breveter le 29 mars 1803, six mois avant les essais de Fulton, vingt-cinq ans avant l'invention de la chaudière tubulaire, qui fait la puissance de nos locomotives; quarante ans avant les travaux de Sauvage sur l'hélice. Ce dessin est une triple coupe verticale, l'une dans le sens de l'axe, les deux autres perpendiculairement à cet axe.

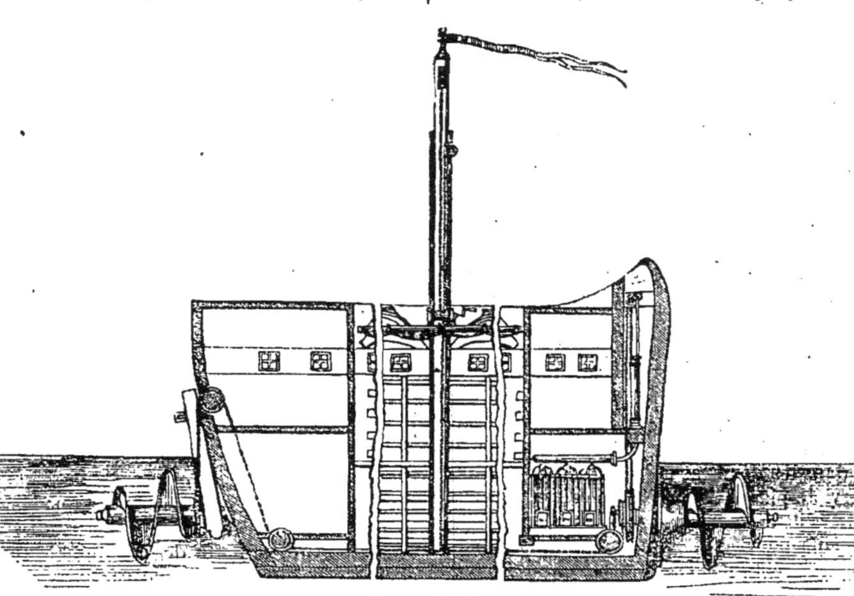

Bateau Dallery.

Nous extrayons de la description du brevet, à titre de document historique, les articles suivants:

« Art. 8. Du milieu du vaisseau en partant de la quille, s'élève un mât creux de 20 pieds de haut; de celui-ci en sort un autre qui a 27 pieds, mais dont 20 pieds seulement paraissent au dehors, à l'aide d'un cric à manivelle; à l'extrémité supérieure du dernier mât est adapté une vergue de 30 à 32 pieds de long, qui supporte les cordages nécessaires pour la voile.

« Art. 11. La pompe à feu est établie dans la chambre de derrière du vaisseau, au-dessous de la septième qu'occupe le chef; elle a deux cylindres, etc.....

« Art. 12. On augmente la force à volonté par la division de la chaudière : on sait qu'en multipliant les surfaces, on fournit à l'action du feu plus de points de contact; l'application de ce principe à la disposition des fourneaux a dû obtenir une quantité supérieure aux résultats de tous les procédés connus; aussi, au lieu d'un nombre déterminé d'impulsions, s'en procure-t-on un nombre presque indéfini.

« Art. 13. Le nombre des fourneaux est de six, chacun desquels a douze corps cylindriques en cuivre, qui contiennent l'eau à réduire en vapeur; ces corps sont placés perpendiculaires à côté l'un de l'autre; ils décrivent une ligne circulaire, qui permet de mettre le feu au centre, d'où il peut embrasser toutes les surfaces.

« Art. 15. Chaque corps cylindrique contenant l'eau à réduire en vapeur, a 2 pieds et demi de haut sur 4 pouces de diamètre.

« Art. 16. Le produit de l'ébullition parvient au moyen d'un conducteur pour chaque chaudière, à un *réservoir commun*, auquel est adapté un autre conducteur en forme de T renversé, qui porte la vapeur, à travers diverses soupapes, aux extrémités supérieures et inférieures des cylindres de la pompe. »

L'article 19 concerne le propulseur qui est une hélice.

« Art. 19. L'arbre tournant est en fer, à pivots sur deux coussinets; il fait sur l'arrière une saillie de 2 pieds; à cet arbre en est adapté un autre en bois de 6 pieds de long; ce dernier est garni de feuilles de cuivre un peu bombées, qui forment l'*escargot* (hélice); leur diamètre est de 6 pieds, et leur plan incliné de 3 pieds par tour. »

On voit que le navire de Dallery est muni de deux hélices; l'une sert de propulseur, l'autre, dont l'axe peut prendre diverses inclinaisons, sert de gouvernail.

Dans les dessins de sa *voiture à vapeur,* Dallery figure *une vis sans fin dont l'effet produit un extrême tirage*, c'est l'hélice ventilateur.

Après avoir cité dans une remarquable brochure (1) le texte du brevet dont nous venons d'extraire ce qui précède, M. Chopin-Dallery remarque qu'on ne saurait accuser l'auteur de viser à l'effet dans la présentation de ses œuvres. Personne ne contestera la justesse de cette remarque; Dallery exposait ses inventions avec le même laconisme que M. Arago mettait à l'exposition de ses découvertes.

V. M.

ACADÉMIE DES SCIENCES.

SÉANCE DU 14 JANVIER.

SOMMAIRE. — *Transport de l'écriture. — De la combustion spontanée du foin en bottes pressées. — Accidents sur les chemins de fer. — Production du silicium et du charbon cristallisés.— Isomorphisme du chlorure d'aluminium et du sel marin. — Une nouvelle planète.*

M. Lachave annonçait, il y a quelque temps, à l'Académie, la découverte d'un procédé pour transporter exactement l'écriture d'un original sur un certain nombre de copies. Une commission fut nommée pour l'examen de cette dangereuse invention : M. Séguier, rapporteur, annonce aujourd'hui que les résultats obtenus en sa présence ont pleinement réalisé les promesses de M. Lachave. Quelques lignes écrites par M. Séguier lui-même ont été transportées par l'auteur, une fois sur papier vélin, une autre fois sur papier ordinaire, et dans les deux cas à l'aide d'un papier buvard qui, après avoir servi de planche, avait conservé encore assez d'encre pour fournir, s'il en eût été besoin, une nouvelle épreuve; des remerciements pour cette communication intéressante ont été votés à M. Lachave; mais sur la demande de M. Séguier, il a été décidé que le procédé, à cause de son extrême simplicité, serait tenu secret, *afin de ne pas fournir aux faussaires un auxiliaire plus puissant encore que ceux qu'ils possèdent déjà dans leur coupable industrie.*

— Un transport anglais, chargé de foin comprimé, a été dernièrement incendié en mer, sans qu'il ait paru possible d'attribuer à l'incendie d'autre cause que celle d'une combustion spontanée du foin. M. le maréchal Vaillant, ministre de la guerre, a appelé l'attention de l'Académie sur ce sinistre; une commission fut nommée au nom de laquelle M. Morin a pris aujourd'hui la parole; après avoir cité un grand nombre d'exemples de transport sans accident de bottes de foin pressées ; après avoir même relaté un cas dans lequel le feu, mis volontairement à des balles d'une densité extrême, s'est éteint de lui-même sans avoir pénétré profondément à l'intérieur, la commission conclut qu'il ne semble pas admissible que la cause de l'incendie du navire anglais ait été due à une combustion spontanée, et qu'elle doit être attribuée plutôt à l'imprudence ou au désir de faire disparaître les traces de quelque fraude commerciale. L'Académie adopte ces conclusions à l'unanimité.

— M. Regnault présente, de la part de M. Bellemare, un appareil destiné à éviter les chocs sur les chemins de fer : d'après l'examen auquel il s'est livré des plans qui lui ont été soumis par l'inventeur, M. Regnault croit pouvoir prier l'Académie de renvoyer ce travail à la commission qui avait été chargé d'examiner l'appareil de M. Bonnelli.

—Dans le courant de l'année dernière, M. Deville avait montré à l'Académie du silicium cristallisé en pyramides à six faces courbes; les formes ressemblaient beaucoup à celles du diamant : c'était un silicium graphite, complétement distinct du silicium en poudre de Berzélius. Dès cette époque, les analogies chimiques qui ont fait ranger le bore et le silicium à côté du charbon, donnèrent à penser à M. Deville que le silicium pouvait avoir son diamant comme il a son graphite, mais la mesure des cristaux à faces courbes n'étant point encore possible, la solution de ce problème de chimie générale dut être ajournée à une autre époque.

La solution ne s'est pas fait longtemps attendre, puisque aujourd'hui M. Dumas a pu montrer à l'Académie, au nom de M. Deville, des cristaux de silicium complets et définis par des mesures précises. Ces cristaux, en aiguilles longues de 6 à 7 millimètres, sont tantôt des prismes hexagonaux surmontés d'une pyramide très aiguë à faces courbes et non mesurables, tantôt des rhomboèdres enfilés en chapelet, parallèlement entr'eux et suivant leur axe de figure. Les angles aux arêtes culminantes de ces rhomboèdres sont d'environ 69°30', avec une incertitude de 25 à 30 minutes.

Le silicium rhomboédrique ressemble par sa couleur au fer oligiste de l'île d'Elbe : il raie fortement le verre et ses aiguilles ont assez de rigidité pour percer l'épiderme, lorsqu'on les saisit par leurs pointes. Ces cristaux sont d'une pureté absolue; ils fondent à une température peu élevée, intermédiaire entre le point de fusion de l'or et celui de la fonte.

Pour préparer ce silicium, M. Deville introduit de l'aluminium placé sur une nacelle, dans un tube de porcelaine que traverse un courant d'hydrogène saturé de vapeurs de chlorure de silicium. Celui-ci est placé dans un flacon tubulé que l'on chauffe légèrement, en approchant avec précaution un charbon incandescent. On porte le tube au rouge cerise clair et l'on continue l'opération, jusqu'à ce qu'en regardant dans l'appareil par l'extrémité béante d'une allonge qui le termine, on ne voie plus de vapeurs épaisses de chlorure d'aluminium. On retire des nacelles les aiguilles de silicium que l'on purifie en les traitant successivement par l'eau régale, l'acide fluorique bouillant et le bisulfate de soude fondu.

Dans cette opération, le chlorure de silicium est décomposé par l'aluminium, qui s'empare du silicium déplacé, d'où résulte une véritable dissolution. Chaque molécule de chlorure qui survient en opère la concentration, et lorsque la saturation du bain métallique est complète, le silicium plus léger vient cristalliser à la surface comme le ferait du camphre à la surface d'une solution alcoolique.

Un fait plus important peut-être que le précédent est celui-ci : M. Deville a obtenu du *charbon cristallisé*. En traitant le fer (et, mieux encore, la fonte de fer), qui a la propriété de dissoudre le charbon, par le chlorure de carbone, on obtient une substance cristallisée bien différente par son aspect du graphite de la fonte, lequel se produit dans des circonstances tout autres. Cette substance n'est autre chose que du charbon cristallisé en petites lames, ordinairement irrégulières, quoique pourtant un certain nombre d'entre elles soient manifestement hexagonales. L'éclat de ces lames est complétement métallique, et plusieurs présentent des stries, ou plutôt des froncements parallèles, qui s'épanouissent à droite et à gauche d'une nervure rectiligne, à la manière des barbes de plumes.

Enfin, il était réservé encore à M. Deville de produire une substance nouvelle qui semble, par ses propriétés inattendues, devoir mettre en question l'identité de nature presque absolue qu'on admet entre le fluor et le chlore. En remplaçant, dans la préparation du silicium rhomboédrique, le chlorure de silicium par le fluorure de silicium, on obtient en même temps que le silicium, une matière cristallisée en cubes parfaits, transparente et fortement réfringente. Des cristaux de cette matière, appliqués en forme de géode sur des morceaux d'aluminium intacts, ressemblent, à s'y méprendre, à de la chaux fluatée. M. Dumas a fait remarquer à l'Académie l'isomorphisme parfait qui existe entre le sel marin et cette substance, qui n'est autre que du fluorure d'aluminium.

Ce composé, qui est entièrement exempt de silicium et de toute autre matière étrangère, offre ceci de remarquable, que ses cristaux sont inattaquables par l'acide fluorique, l'acide nitrofluorique (lequel peut servir à les débarrasser du silicium adhérent), et même par l'acide sulfurique bouillant, qui n'en dégage que des traces d'acide fluorique; enfin, il ne se volatilise qu'au rouge vif. Toutes ces propriétés sont contraires à celles qu'on aurait pu présumer par analogie, puisque les chlorures sont non seulement attaqués par les acides, mais encore dissous par l'eau.

Pour l'obtenir, il suffit de verser sur de l'alumine calcinée de l'a-

(1) Origine de l'hélice propulso-directeur et de la chaudière tubulaire, par Chopin-Dallery, ancien ingénieur mécanicien. In-8, avec planches, chez Firmin Didot frères, 56, rue Jacob.

cide fluorique pur en excès, de sécher fortement le mélange et de l'introduire dans un tube de charbon ou de platine, qu'on fait traverser par un courant d'hydrogène et qu'on chauffe au rouge blanc. On voit alors se sublimer du fluorure d'aluminium, qui vient se déposer sur les parties froides du tube, en cristaux ou en trémies cubiques de plusieurs centimètres de longueur. Ce produit est une des plus belles matières cristallisées de la chimie et peut-être la plus inattaquable à la plupart des réactifs.

— M. Leverrier annonce la découverte d'une nouvelle petite planète, par M. Chacornac, à l'Observatoire de Paris, le samedi 12 janvier, à 9 heures et demie du soir. Cette étoile est de 10e grandeur ; à 7 heures du soir, elle se trouvait dans la constellation de l'*Ecrevisse*, à quelques degrés dans le sud-est de la nébuleuse Prœsepe ; son ascension droite et sa déclinaison ont été observées le 12 et le 13. M. Leverrier remarque qu'on n'espérait plus découvrir de planète de cette grandeur-là, et il ajoute que selon toute apparence il nous en reste un bien grand nombre encore à découvrir.

Félix Foucou.

Société impériale et centrale d'Agriculture.

SÉANCE DU 9 JANVIER.

SOMMAIRE. — *De la Muscardine et des remèdes employés ou proposés pour la combattre. — Vote d'une indemnité à la veuve Monsarrat. — Nouvelle méthode d'azotage des grains.*

Bien des opinions ont été émises depuis quelques années, sur la Muscardine, cette terrible maladie qui infeste parfois les magnaneries et constitue le fléau le plus redoutable pour notre industrie séricicole. Beaucoup d'esprits pratiques ont recherché par quel remède infaillible on pourrait parvenir à faire disparaître cette affection, et la Société d'agriculture a même proposé, il y a quelque temps, un prix de 3,000 fr. pour l'inventeur d'un remède si précieux.

Parmi les personnes qui se sont occupées de cette question, se trouve en première ligne la veuve Monsarrat, dont les travaux et les essais remontent déjà à quelques années : les expériences auxquelles elle s'était livrée alors, attirèrent sur elle les regards de la Société d'agriculture qui, autant pour reconnaître ses premiers efforts que pour la mettre à même de continuer ses recherches, lui accorda une somme de 300 fr. sur les fonds affectés à ce genre d'encouragement. Depuis lors, la veuve Monsarrat a poursuivi avec ardeur ses travaux, qui, très-souvent, ont été couronnés d'un plein succès. Sa méthode consiste dans certaines fumigations végétales et minérales, mais surtout dans les prescriptions les plus rigoureuses à l'égard de l'hygiène dans les établissements d'éducation de vers à soie. Aujourd'hui, ayant épuisé jusqu'à ses dernières ressources dans ce labeur persévérant, cette femme, digne d'intérêt, est arrivée à Paris, munie des attestations des services rendus par son procédé, et, pensant avoir découvert le seul remède infaillible contre la muscardine, elle vient solliciter le prix de 3,000 fr. proposé par la Société.

M. Guérin-Menneville, rapporteur de la commission nommée à l'effet d'examiner cette demande, saisit cette occasion d'émettre une opinion entièrement personnelle sur la cause et le traitement de la Muscardine, et il donne lecture d'une note qu'il croit de nature à éclairer la question ; mais sur une observation de M. le président, il est bien entendu que cette note et le rapport de la commission doivent être deux choses bien distinctes, la commission elle-même restant d'ailleurs parfaitement étrangère à l'hypothèse présentée par son rapporteur.

De ses études et de ses voyages dans le midi de la France, M. Guérin-Menneville a rapporté la conviction que la Muscardine, loin d'être due à la présence d'un cryptogame se développant dans le corps du ver à soie, est simplement l'effet d'une mauvaise éducation. En conséquence, il n'y a pas lieu de rechercher un spécifique contre la Muscardine, et l'unique moyen, pour en prévenir l'invasion, consiste dans l'application des grandes lois de l'hygiène. Malheureusement, dit l'auteur, les préjugés sont tellement enracinés chez nos éducateurs de vers à soie, que ce n'a jamais été qu'à condition d'employer préalablament des fumigations végétales et minérales, et parfois des lavages au sulfate de cuivre ou à l'acide sulfurique étendu d'eau, qu'on a pu faire appliquer le remède véritable, consistant en ceci : choix d'une bonne graine, bien conservée et bien incubée, espace suffisant, bonne nourriture, aérage et propreté.

Tels sont les procédés qu'emploie aussi la veuve Monsarrat ; ils lui ont donné de si bons résultats, que M. Guérin termine sa note par ces mots : « Le meilleur remède contre la Muscardine, serait « d'en trouver un contre l'ignorance et la routine des producteurs « de la soie. »

Passant alors à la lecture du rapport de la commission, M. Guérin insiste sur ce fait que la veuve Monsarrat ne pouvait trouver un remède qui n'existe point, et, comme conclusion, demande pour elle un appui pécuniaire qui, en aidant une ouvrière honnête et persévérante, lui permette ainsi de propager une méthode dont les preuves sont déjà faites, et qu'il considère comme la seule efficace.

La hardiesse de cette opinion a soulevé au sein de l'assemblée une controverse pleine d'intérêt, dans laquelle MM. Milne-Edwards, Boussingault, Robinet, Chevreul, Combes et Payen, ont tour à tour pris la parole.

Attaquée par M. Milne-Edwards, la méthode des fumigations minérales a trouvé un défenseur dans M. Robinet. S'inscrivant de son côté contre les dernières paroles de M. Guérin-Menneville, M. Combes a protesté contre cette tendance à représenter nos éducateurss de vers à soie comme des ignorants auxquels il est nécessaire d'envoyer des précepteurs : il s'est fortement élevé surtout contre l'opinion de M. le rapporteur, relative à *l'impossibilité* de trouver un remède contre la Muscardine et le choléra-morbus, et il cite à ce propos la découverte de l'inoculation, relativement à la petite-vérole, si longtemps réputée incurable.

Enfin, la commission demande à se retirer un instant pour présenter son rapport et ses conclusions sous une forme plus condensée ; pendant son absence, il est donné lecture d'un procédé de M. Thonet, pour activer la végétation : cette méthode, que son auteur appelle *l'azotage des grains*, ne diffère de celles déjà connues que par l'addition d'un peu de *sulfate de fer* au mélange d'azotate de potasse et de solution de colle forte indiqué, soit pour aider les engrais, soit pour les suppléer au besoin.

M. Guérin fait connaître ensuite les nouvelles conclusions de la commission relativement à la demande de la veuve Monsarrat. La commission pense que si le procédé de cette dame n'a point résolu le problème, s'il n'en a pas moins rendu des services réels, et que par suite, il n'y a pas lieu de lui decerner le prix de 3,000 fr., la Société d'agriculture fera néanmoins une chose juste, en lui accordant une indemnité pour les sacrifices qu'elle s'est imposés.

M. Boussingault et après lui, M. Chevreul, font observer que puisque la Société ne considère point comme fermé le concours au prix de 3,000 fr., il est inutile de déclarer dans les conclusions, que la veuve Monsarrat ne peut prétendre au prix : la Société conclut donc simplement à l'unanimité à un vote d'une indemnité à accorder à la veuve Monsarrat. F. F.

PHARE AEROSTATIQUE.

Un aérostat soutenant un fanal, et retenu lui-même par trois câbles formant une pyramide triangulaire, est élevé soit sur une côte maritime, soit sur un écueil, un banc de sable, etc. ; il est construit en substance inflexible, en métal, par exemple, et n'a rien à redouter du vent, de la pluie ni de la foudre. Retenu par un anneau monté à pivot sur l'anneau auquel les trois cables se réunissent, et étant de forme cylindro-conique, il cède au moindre vent, et lui présente toujours une de ses pointes. Une soupape de sûreté s'ouvrant d'elle-même par la dilatation du gaz, prévient les déchirures de l'enveloppe. Si le phare est établi au-dessus d'un écueil, les câbles aboutissent au niveau de la mer à des bouées servant de lest mobile, et retenues par des ancres fixées au fond de l'eau ; une corde formant va et vient permet dans un grand nombre de cas de manœuvrer le fanal depuis la côte.

Tel est le phare aérostatique proposé par M. Prosper Meller jeune.

« Sur l'enveloppe des aérostats on pourra, dit-il, peindre de tous côtés, d'une manière très-apparente, la longitude et la latitude du lieu, le nom de la côte ou de la ville la plus rapprochée. Lorsque le marin est sans observation, il n'est pas sûr de sa position ; les doutes et les erreurs seront alors impossibles.

Je rappellerai que les phares aérostatiques seront très-visibles aussi pendant le jour; leur couleur pourra donc indiquer leur position, chaque côte ou chaque ville étant représentée par une couleur différente.

« Un système télégraphique serait établi sur les phares aérostatiques, avec des pavillons et des fanaux manœuvrés depuis la côte. On ferait usage, autant que possible, des signaux convenus et employés dans la marine. Pour la nuit, le nombre, la

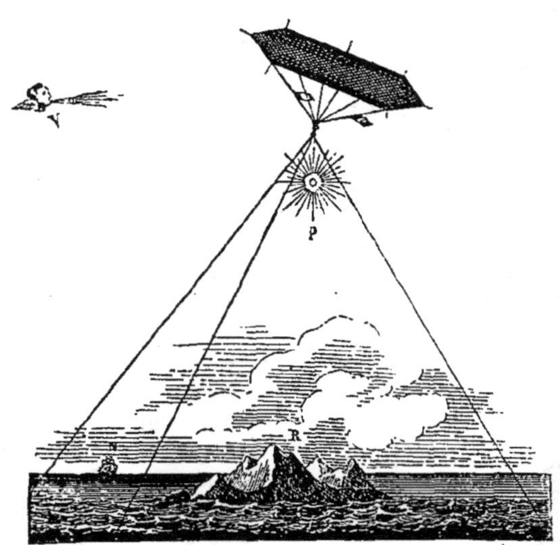

position et la couleur des fanaux se prêteraient, comme les pavillons pendant le jour, à toutes les combinaisons nécessaires. »

Quand nous posséderons une enveloppe d'aérostat parfaitement imperméable au gaz, quand la lumière électrique sera devenue d'une usage quotidien, l'idée de M. Meller aura grande chance d'être adoptée; alors, en effet, des phares aérostatiques portant des fanaux électriques et réunis par des fils conducteurs, permettront d'éclairer instantanément à partir d'une station donnée, toute une longue étendue de côtes.

V. M.

FAITS DIVERS.

Découverte archéologique. — Tout ce qui est de nature à nous éclairer sur l'âge de notre jeune humanité, intéresse la science et mérite par là de trouver place dans nos colonnes. A ce titre, nous extrayons quelques passages d'une notice, publiée le 7 décembre, par la *France d'outre-mer*, sur une découverte archéologigue faite à la Martinique :

« Dans une pièce de terre de l'habitation Perrinelli, située au « bord de la mer, en fouillant un trou pour aller chercher la « veine de terre rouge destinée à être mêlée à l'engrais, on vient « de découvrir une innombrable quantité de débris de poteries « dont l'origine paraît remonter à une antiquité très reculée..... « quelques coquilles fossiles s'y rencontrent aussi; ce sont prin- « cipalement celles appelées *cornes de lambis*; mais elles sont « arrivées à un tel état de décomposition, qu'en les touchant elles « tombent en poussière blanche.

« Quelle antiquité peut-on assigner à ces restes d'une civilisa- « tion dont la tradition ne nous a laissé aucun souvenir? Pour « résoudre cette question, il faut d'abord considérer les couches « du terrain qui nous occupe. Au dessus de la terre rouge, règne « un lit de ponces d'environ trois pieds de hauteur, produit par la « première grande éruption qui a formé la montagne pelée. Le « volcan paraît s'être alors reposé plusieurs siècles, pendant les- « quels s'est formée une couche noire de terre végétale qui est un « véritable terreau. S'il est vrai, comme l'affirme Buffon, qu'il « faut un siècle pour élever d'un pouce la couche de terre végé- « tale, on pourra juger du temps qu'il a fallu pour condenser cette « couche, qui a environ deux pieds et demi..... Les débris se « trouvent dans cette terre végétale qui est recouverte d'une « deuxième couche de ponces, produite, selon M. Moreau de Jon- « nès, par la dernière éruption qui s'est fait jour par le cratère « le plus récent de la montagne, appelé *l'Etang sec*. Ces débris « proviennent donc d'un peuple qui a habité notre pays entre les « deux grandes époques des phénomènes volcaniques qui l'ont « bouleversé; époques distantes l'une de l'autre de vingt à trente « siècles peut-être. »

Canal du Holstein. — Les ingénieurs de la Compagnie qui s'est formée en Allemagne et en Belgique, pour couper l'isthme du Holstein par un canal maritime, viennent d'arriver à Copenhague, pour soumettre à l'approbation du gouvernement danois le résultat de leurs études et le plan des opérations que la Compagnie se propose d'entreprendre.

Exposition universelle de Turin. — Les journaux italiens nous apprennent que le conseil municipal de Turin vient de nommer, une commission pour élaborer le projet d'une exposition universelle dans cette ville. Un immense palais de cristal environnerait le château d'Alentino. Cette entreprise compte à sa tête les personnages les plus influents de Turin; les membres de la commission sont : MM. le comte de Nomio de Pollone, Martelli, le colonel Cerruti, Ferrari, ingénieur, Tasca, et le comte Alfieri de Sostegno.

Chemins de fer et télégraphie électrique. — Les journaux allemands nous ont appris que la nouvelle ligne de chemin de fer, de Vienne à Raab, a été livrée à la circulation le 25 décembre. D'autre part, nous lisons dans les journaux américains, que le 16 septembre a eu lieu à Valparaiso, l'inauguration du premier tronçon du railway de Valparaiso à Santiago : les quatre premiers milles de ce chemin ont nécessité des travaux considérables à cause des revêtements qu'il a fallu élever, comme défenses, contre la mer qui est très dangereusement capricieuse en cet endroit, et l'on a dû, jusqu'à la vallée de Vina del mar, percer des rocs d'une incroyable dureté. — Pendant que de toutes parts avancent les travaux d'installation de nouveaux télégraphes électriques, et notamment ceux de la grande ligne des Indes par Constantinople, il ne sera pas sans intérêt pour les esprits qui aiment à comparer, de lire ce document de statistique : les derniers travaux de l'union télégraphique allemande ont donné lieu à la constatation des faits qui suivent : dans l'Union austro-allemande, il y a 227 stations, dont 69 en Autriche, 65 en Prusse, 35 en Bavière, 23 dans les Pays-Bas, 9 en Hanôvre, 8 en Saxe et dans le grand-duché de Bade, 5 dans le Wurtemberg et le Mecklembourg; dans le reste de l'Europe, il y a 956 stations, dont 468 dans la Grande-Bretagne, 1 en Irlande, 109 en France, 97 en Suisse, 18 en Russie. Deux pays importants manquent dans ce tableau, ce sont la Belgique et les Etats-Unis; nous ferons nos efforts pour donner à leur tour les nombres qui s'y rapportent.

Découverte d'une île dans l'hémisphère sud. — L'ignorance dans laquelle nous sommes encore, touchant notre domaine terrestre, vient de se révéler par la découverte d'une île non encore connue des navigateurs, et située sur une route peu écartée de celle que suivent les navires se rendant de l'hémisphère nord dans l'Océan pacifique. Le capitaine Cantillon, du trois-mâts barque l'*Indépendance Belge*, a relevé la position de cette île, le 17 août 1855; elle est située par 46° 46' de latitude sud et 53° 43' de longitude ouest (méridien de Greenwich) : par son élévation, son sol accidenté et son étendue, elle a la plus grande ressemblance avec l'île de Malpello dans l'Océan pacifique; n'étant point encore marquée sur les cartes, elle offrait, comme on le voit, de grands dangers pour les navires cherchant à doubler le cap Horn.

Prix d'abonnement pour l'étranger.

Allemagne, 8 fr.;— Suisse, Parme, Plaisance, Modène, 8 fr. 50.— Etats Sardes, Grèce, Crimée, 9 fr.; — Hollande, Angleterre, 10 fr.; — Etats-Unis, Indostan, Turquie, 10 fr. 50; — Belgique, Prusse, Hanôvre, Saxe, Pologne, Russie, Espagne, Portugal, 11 fr.; — Toscane, 12 fr.; — Etats-Romains, 16 fr. 50.

Le propriétaire, rédacteur-gérant :
Victor MEUNIER.

PARIS. — IMP. J.-B. GROS, RUE DES NOYERS, 74.

Deuxième année. — N° 4, Quinze centimes. 27 janvier 1856.

L'AMI DES SCIENCES

JOURNAL DU DIMANCHE

SOUS LA DIRECTION DE

VICTOR MEUNIER

BUREAUX D'ABONNEMENT
13, RUE DU JARDINET, 13
Près l'Ecole de Médecine
A PARIS

ABONNEMENT POUR L'ANNÉE
PARIS, 6 FR.; — DÉPART., 8 FR
Étranger (Voir à la fin du journal)
ENVOYER UN MANDAT DE POSTE

JOSEPH REMY.

Vers la fin de 1854, quelques mois avant la mort de Joseph Remy, M. le docteur Haxo (d'Epinal), eut l'heureuse pensée de fixer sur le papier les traits de l'illustre pêcheur. Il a bien voulu nous faire don de ce portrait, le seul qui ait jamais été fait de Joseph Remy, et dont nous nous sommes empressés de demander la reproduction à la gravure. C'est donc à l'amitié de M. Haxo que nous devons de pouvoir mettre aujourd'hui sous les yeux des lecteurs de l'*Ami des Sciences* cette douce et intelligente figure; nous aimons à l'en remercier publiquement.

JOSEPH REMY.

Est-il besoin de répéter avec M. Milne-Edwards que Remy « a doté la France d'une industrie nouvelle, » industrie qui, selon les expressions de M. de Quatrefages, consiste à « semer le poisson comme on sème le blé; » industrie dont il a été dit qu'elle « permettra d'élever les moyens d'alimentation au niveau de nos besoins. »

Ne se souvient-on pas de l'immense mouvement que l'annonce des travaux de Remy suscita parmi les naturalistes subitement tourmentés du besoin de se rendre utiles? A-t-on oublié et les commissions formées, et les établissements fondés, et les missions données en vue du repeuplement de nos eaux, et les croix décernées à cette occasion ?

Mais, tandis que les uns s'assemblaient à Versailles en une commission qui, après avoir fait un grand tapage, décampa incognito ; que celui-ci, sans travailler pour le roi de Prusse, allait chercher dans les Etats de ce monarque des poissons qui, transférés en France, y moururent pour la plupart de nostalgie; que celui-là faisait à nos frais une promenade en Angleterre, sous prétexte de pisciculture; qu'un troisième touriste, optant pour les pays chauds, allait découvrir en Italie, à Fusaro, ce qui se fait chez nous à La Tremblade; Remy, dans ses Vosges, pêcheur comme devant, fabriquait des poissons, et voici ce qu'on écrivait sur son compte :

« Remy, le créateur d'une substance alimentaire vivante, est encore aujourd'hui un obscur pêcheur, parfaitement ignoré au sein de ses montagnes, auquel on a fait l'aumône de quelques centaines de francs, et qui, pour toute ressource, pour tout moyen d'existence, possède les minces produits de sa profession de pêcheur, qu'il n'exerce même plus que péniblement, à cause des infirmités acquises par ses travaux, produits ajoutés à ceux plus minces encore d'un très-pauvre débit de tabac qu'on a cru devoir accorder à sa femme. »

On a fait plus, on a contesté à Remy le mérite de ses travaux; on a fait davantage encore, et l'incapacité de ses successeurs égalant leur ingratitude, on aurait discrédité l'industrie créée par lui, si le souvenir de ses travaux n'eût été pas là pour en démontrer la réalité.

Après avoir annoncé qu'on repeuplerait, « en une seule saison, toutes les eaux de la France, » on est parvenu, au bout de plusieurs années, à empoissonner le lac du bois de Boulogne; à l'empoisonner même; car les premiers poissons qu'on y a mis sont morts.

Mais dès le mois de mars 1849, Remy qui opérait à ses frais, Remy, dont les essais n'avaient rien coûté à l'Etat, Remy « pouvait offrir aux amateurs 5 à 6 millions de truites âgées de un à trois ans,» ce qui prouve que la pisciculture n'est pas une *banque*.

Nous avons pris, autrefois, la défense de Remy contre ses

détracteurs, non seulement par amour de la justice, mais dans l'intérêt de la science, car la science qui est une théorie et une pratique indivisiblement unies, a besoin de l'aide des travailleurs manuels autant que de celui des académiciens. Remy est venu accomplir les fiançailles du peuple et de la science; ses pareils existent, sans doute, en grand nombre dans les rangs de la multitude. Or, si l'on veut aider à l'éclosion des vocations utiles, il faut inspirer à tout le monde la convictions que la société scientifique n'est pas une forêt de Bondy, et que la formule, exploitation de l'ouvrier par l'académicien, ne répond à rien de réel.

La justice propice aux morts commence à luire pour la mémoire de Remy. La Société zoologique a pris, en faveur de la famille du pêcheur, l'initiative d'une souscription qui honore ceux qui l'ont ouverte, et la publication même de ce portrait, n'est-elle pas un commencement de réparation? Il est tel académicien pour lequel la pisciculture a été plus productive que pour Remy, et, dont un an après sa mort, on ne publiera certes pas le portrait. Victor MEUNIER.

ACCIDENTS SUR LES CHEMINS DE FER.

OBJECTIONS AU SYSTÈME BONNELLI.

Nos lecteurs savent que le procédé de M. Bonnelli repose sur l'emploi des appareils de la télégraphie électrique ordinaire, combiné avec un système particulier de conducteur métallique installé sur la voie et en communication constante avec les télégraphes des stations et des trains.

Au reste, l'appareil conducteur ayant été tout récemment établi sur l'une des voies de la ligne de Paris à Saint-Cloud, depuis la sortie des fortifications jusqu'à l'entrée de la gare de Suresnes, c'est-à-dire sur une étendue d'environ huit kilomètres, beaucoup de personnes ont pu voir par elles-mêmes en quoi il consiste et c'est d'après cette ligne d'essai que nous allons résumer le système.

Il consiste en une tringle de fer laminé de $0^m,020$ à $0^m,025$ de hauteur et de $0^m,004$ d'épaisseur, posée de champ dans l'axe de la voie, et supportée à $0^m,10$ environ au-dessus du niveau des rails, par des isolateurs en porcelaine fixés sur les traverses de la voie, au moyen de broches en fer.

Dans les points où cette tringle rencontre un croisement de voies ou un passage à niveau, comme à Asnières, à la Sablière ou à Courbevoie, elle est interrompue sur une étendue de 50 à 60 mètres; mais ces deux parties sont mises en communication par un fil métallique recouvert de gutta percha, enterré dans le sol.

Un conducteur métallique fixé au train établit la communication entre la tringle dont nous venons de parler et l'appareil télégraphique disposé dans un des wagons. Ce conducteur consiste en une espèce de patin à bascule qui touche cette tringle en plusieurs points, sur une étendue de près de deux mètres, et glisse sur elle à frottement, sous l'action de ressorts destinés à combattre l'effet des oscillations provenant de la marche du train.

Enfin les appareils de correspondance adoptés par M. Bonnelli sont des galvanomètres de Wheatstone.

On se rappelle qu'une expérience à laquelle la qualité des personnages convoqués a donné un caractère officiel a eu lieu dernièrement. L'administration du chemin de fer de l'Ouest avait fait disposer à cet effet deux trains renfermant chacun un wagon-salon muni d'un appareil de correspondance.

Les deux trains se suivaient à une distance d'un kilomètre quand ils ont commencé à échanger des dépêches; le premier a commandé au second de s'arrêter et de stationner sur la voie, et il s'en est éloigné à toute vapeur, sans que la régularité de la correspondance s'en soit ressentie. Bientôt, sur son ordre, le second train s'est mis en mouvement et l'a suivi avec une égale vitesse. Les deux trains se faisaient mutuellement connaître leur position respective sur la ligne; ils étaient séparés par une distance d'environ 5 kilomètres, et ils marchaient l'un et l'autre avec une vitesse moyenne de 50 à 60 kilomètres à l'heure. Les dépêches étaient échangées sans le moindre trouble et avec la même facilité qu'elles auraient pu l'être entre les bureaux de deux stations voisines.

Il est inutile d'entrer dans le détail des demandes et des réponses; il suffira de constater que les ordres expédiés ont été exécutés sur-le-champ; que la vitesse respective des deux convois, leur position par rapport aux poteaux kilométriques, leur passage à telle ou telle minute sur tel ou tel point de la voie, ont été tour à tour indiqués avec précision et instantanéité. Les deux convois se sont réunis à Saint-Cloud. Là, les deux secrétaires de la commission ont comparé les questions et les réponses qui ont présenté une concordance parfaite.

Le succès a donc été complet; malgré cela, nous ne partageons pas l'enthousiasme des journaux qui voient dans le télégraphe des locomotives de M. Bonnelli un moyen assuré de prévenir la plupart des accidents qui ont lieu sur les chemins de fer.

Les questions et objections suivantes expliqueront et peut-être justifieront notre réserve.

1° La correspondance *volontaire* est très bien établie par le système Bonnelli entre des convois dans une position régulière, parce qu'ils connaissent approximativement leurs positions respectives; mais les rencontres ont lieu le plus généralement par suite de la présence irrégulière sur une ligne donnée d'un convoi qu'une avance ou un retard dans sa marche près d'un embranchement, une fausse manœuvre d'aiguille, ou toute autre cause accidentelle, a placé sur un point où personne ne s'attend à le trouver.

Dans ce cas, comment la correspondance volontaire pourrait-elle avoir lieu? et de quelle utilité sera le système Bonnelli.

2° D'après la disposition du conducteur métallique installé sur la voie, toute dépêche transmise est reçue par toutes les stations et par tous les convois qui se trouvent sur la ligne Si deux ou plusieurs dépêches sont transmises en même temps chaque station ou convoi les recevra toutes avec enchevêtrement des lettres, elles seront indéchiffrables.

3° Comment préviendra-t-on les accidents des barrières et des ponts tournants?

4° En cas de rupture de rail, éboulement, etc., le cantonnier établit la communication entre le sol et le conducteur pour le dériver. Le mécanicien demande en quoi consiste le danger, et ne recevant pas de réponse il comprend de quoi il s'agit. Mais à quelle distance est le danger signalé? il n'en sait rien. Est-il en avant ou en arrière? il l'ignore. Il faudra donc qu'il marche avec prudence, et cela quelquefois en vue d'éviter un danger qui existe en arrière, d'autrefois, pour une cause dont il sera éloigné de 50 et même de 100 kilomètres.

On ne peut nier que cette incertitude ne soit de nature à compromettre singulièrement le service.

6° Enfin, pour la transmission d'une dépêche, il faut un contact permanent. L'interruption du contact, dans les passages à niveau et dans les croisements de voie, pourra évidemment intercepter une partie de la dépêche et rendre le reste inintelligible sinon même en changer le sens.

Cet inconvénient n'existe pas dans le cas d'un signal qui reste toujours prêt à se produire et se trouve seulement retardé du temps très-court mis par le convoi à franchir l'interruption.

Tout ceci prouve combien est limité l'usage du télégraphe des locomotives et qu'il ne répond pas aux principales conditions du problème à résoudre. Malgré cela, le système Bonnelli est une excellente chose. Il est excellent en ce qu'il ouvre la voie; par le sillon qu'il a tracé des systèmes plus complets, tels que ceux de MM. de Castro et Guyard, pourront passer, et en faisant si heureusement ses propres affaires en un pays dont les indigènes ont tant de peine à faire les leurs, M. le directeur des télégraphes sardes aura rendu un véritable service au public. V. M.

ANÉMOTROPE BAZIN.

Le moulin breveté de M. Bazin se compose d'un mât vertical en bois, en tôle ou en fonte, s'élevant d'environ deux mètres au-dessus du toit d'un bâtiment quelconque et descendant en contre-bas jusque sur le plancher de l'étage inférieur où se trouve une crapaudine sur laquelle il repose et peut tourner librement.

La partie du mât qui excède le toit est percée de trois trous perpendiculaires à son axe : dans ces trois trous passent trois vergues horizontales également saillantes de chaque côté du mât qu'elles traversent en directions opposées alternées à peu près comme les barres d'un cabestan, ou mieux encore comme les échelons d'un bâton de perroquet : de cette disposition résultent six bras opposés deux à deux et agissant comme levier pour faire tourner le mât sur son axe.

Chacun de ces bras porte une palette rectangulaire qui se présente verticale ou *de plat* à l'action du vent et qui, lors qu'elle a subi cette action, est disposée de manière à se présenter horizontale ou *de champ* dans son mouvement de retour pendant lequel, grâce à cette heureuse disposition, elle n'offre aucune résistance et laisse entier l'effort du moteur (le vent) sur les trois palettes qui lui sont toujours tendues verticalement et par conséquent *de plat*.

Chacune de ces palettes est formée de lames mobiles, glissant les unes sur les autres, et que la force d'impulsion elle-même contraint à se replier vers le centre de manière à diminuer la surface offerte au vent précisément en raison directe de l'intensité croissante de celui-ci.

Ces deux mouvements sont obtenus, le premier, au moyen d'une directrice circulaire à plans inclinés sur lesquels se meuvent des galets destinés à faire passer les palettes de la position verticale à l'horizontale, et le second, au moyen d'un régulateur à boulets dont la force centrifuge règle l'action sur la vitesse même de l'arbre du moulin.

Un gouvernail en forme d'immense girouette qu'une chaîne sans fin relie à la directrice change la position de celle-ci chaque fois que la direction du vent vient elle-même à changer ; de sorte que tout le système se meut circulairement et toujours dans le même sens de quelque point de l'horizon que son impulsion lui vienne et avec une vitesse toujours égale, quelque variable que soit d'ailleurs la force initiale de cette impulsion.

Le moulin à vent de M. Bazin remplit donc toutes les conditions d'un véritable anémotrope, c'est-à-dire d'une machine tournant à tout vent de quelque point qu'il souffle, et marchant avec une vitesse toujours la même, quelle que soit d'ailleurs l'intensité d'impulsion.

On comprend quel immense parti l'industrie pourra tirer de cette ingénieuse machine :

La plus économique sans contredit que l'on puisse appliquer aux épuisements et aux irrigations ;

La plus propre à seconder l'action des machines à vapeur dont on pourra maintenant économiser la force *coûteuse* chaque fois que l'action du vent *qui ne coûte rien* sera disposée à la suppléer, ce qui peut, en moyenne, être évalué à 30 p. 100 du temps total ;

La meilleure enfin pour procurer *sans frais* à certaines localités dépourvues d'eau à fleur de terre celles qu'on rencontre toujours en creusant plus ou moins profondément dans le sol.

Notre pensée avait été naguère de proposer la construction d'un certain nombre de ces moulins sur les cités ouvrières où l'air comprimé nuit et jour par cet agent si peu coûteux serait ensuite distribué comme force motrice *presque gratuite* aux nombreux et modestes industriels qui peuplent ordinairement ces sortes d'habitations. Est-ce que les palais de famille ne pourraient pas en profiter également !

Vous figurez-vous un de ces moulins sur chaque maison? la production journalière pourrait être de plus de vingt mille mètres cubes d'air comprimé à trente atmosphères, représentant plus de vingt mille francs rien qu'à le vendre comme force en bouteilles transportées à domicile ! Sept millions par an dont le vent pourrait faire hommage à la ville de Paris : qu'en dites-vous?

GAUGAIN.

Moyen de sauver la vigne des gelées du printemps et de l'automne et de la coulure.

Dans l'Est de la France, les gelées tardives du printemps et les pluies trop continuelles pendant la floraison de la vigne, détruisent bien souvent tout espoir de vendange et condamnent à la misère plusieurs millions de nos concitoyens. Il me semble bien facile de conjurer ces deux fléaux, et déjà cette année, un de nos compatriotes fort ingénieux, M. Grand-Georges-le-Jeune, à Dérupaire (Vosges), a reussi à préserver ses vignes des gelées du printemps à l'aide d'un peu de paille qu'il attachait au faisceau au-dessus de chaque cep. On comprend la puissance de cet abri quand on sait que le faisceau seul, s'il est au vent de la vigne, suffit souvent pour préserver le cep de la gelée. Mais c'est une opération un peu longue que d'attacher cette paille; on risque aussi de faire tomber quelques bourgeons; enfin dans les nuits très-froides, cette paille peut ne pas fournir un assez puissant abri. Je propose de lui substituer une sorte de chapeau huilé, soutenu par deux cercles en fil de fer, ayant tout à fait la forme des abat-jour de nos lampes.

Un appareil bien peu coûteux, bien facile à mettre et à ôter, embrassera le faisceau de la vigne, comme l'abat-jour embrasse le verre de la lampe. Tous les vignerons pourront le construire pendant les longues soirées de l'hiver, il coûtera deux centimes à peine, et il pourra durer plusieurs années.

Après avoir servi de paragelée au printemps, le même appareil, replacé au mois de juin, pourra servir du parapluie et préserver ainsi la fleur de la vigne de la coulure. Un instrument analogue, mais d'une forme différente, assurera en automne la maturité complète du raisin, en le sauvant des gelées hâtives de cette saison. Le fil de fer *recuit* nous servira encore à en bâtir la carcasse que l'on recouvrira toujours de papier huilé. Cet écran sera un carré long recourbé en haut, de manière à former une sorte de toit de cinq ou dix centimètres : il sera légèrement bombé dans le sens de sa longueur. La portion recourbée du haut aura, au milieu, une dépression assez forte, pour pouvoir embrasser une partie du faisceau. Un cercle en fil de fer partant du milieu de la carcasse attachera cet écran à l'un des liens du cep, au nord-est de ce dernier qui se trouvera changé, jusqu'au moment de la vendange, en une sorte de treille aux expositions les plus chaudes.

Il faudra moins de temps pour placer les appareils au printemps, en été et en automne qu'il n'en faut pour lier la vigne. Ces écrans en papier huilé et en fil de fer pourront être souvent employés en horticulture.

Dr L. TURCK.

Plombières, 26 décembre 1855.

CORRESPONDANCE.

Observations sur un Lucanus cervus.

La curieuse observation que M. A. Pérémé a consignée dans le 1er n° de 1856 de l'*Ami des Sciences*, me détermine à vous signaler un cas de longévité assez remarquable d'un insecte de la même espèce.

Dans le commencement du mois d'octobre 1854, j'étais occupé à faire des recherches au milieu des débris d'un chantier de bois de chauffage, pour tâcher de me procurer quelques nouveaux insectes qui pussent venir accroître ma petite collection entomologique, lorsqu'en soulevant un vieux tronc d'arbre j'aperçois un Lucanus cervus mâle de la plus grande taille qui y était fortement cramponné. Cet insecte alors plein de vigueur, et qui avait dû subir sa dernière métamorphose vers les premiers jours du mois de juin précédent, n'avait probablement pas trouvé à s'accoupler, car il est rare que les mâles des Lucanus survivent longtemps à l'accomplissement de ce grand acte par lequel la nature a su assurer le perpétuité des races; quoi qu'il en soit, et malgré que l'espèce du cerf-volant ne fut pas rare dans ma collection, je m'emparai de celui-ci qui était d'une beauté remarquable, et de retour chez moi, je le perçai, selon l'usage, avec une épingle que j'enfonçai sous l'élytre droite et que je fis ressortir vers le milieu du sternum; j'attachai ensuite un fil au-dessous de la tête de l'épingle et je suspendis mon insecte en l'air dans un cabinet où je n'allume jamais de feu, et de manière à ce qu'il ne pût s'accrocher à aucun objet voisin. Ce pauvre animal, ainsi empalé, a traversé l'hiver de 1854 à 1855 et a vécu jusqu'à la fin du mois de septembre dernier, en passant ainsi au moins un an sans rien manger; il était habituellement immobile, mais pour peu qu'on cherchât à le toucher, ou même simplement à s'en approcher, il agitait aussitôt ses pattes et ses antennes d'une manière brusque et avec assez de vivacité; du reste peu de jours avant qu'il cessât de vivre, il fallait encore exercer un certain effort pour lui faire entrouvrir ses mandibules.

Veuillez agréer, HÉRÉTIEU,

Inspecteur des contributions directes à Montauban, président de la Société d'agriculture du département de Tarn-et-Garonne, etc.

INDUSTRIE.

Presses typographiques et lithographiques.

Six machines — cinq presses lithographiques et typographiques et une presse mécanique à rogner — avaient été exposées dans la grande nef et dans la galerie de l'Annexe du Palais de l'Industrie, par un de nos célèbres imprimeurs, M. Paul Dupont, qui s'est fait récemment avec un plein succès l'historien de la magnifique industrie aux progrès et à l'illustration de laquelle il a tant concouru. Chacune de ces machines réalise une invention et une amélioration réelles, soit

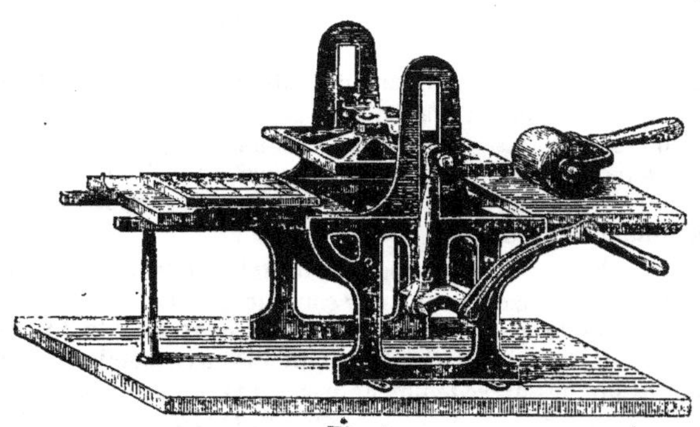

Fig. 1.

qu'elle offre une notable économie dans le prix de revient, soit qu'elle augmente la production, soit enfin qu'elle procure à la fois l'un et l'autre avantage. Ce n'est pas là cependant le seul intérêt qu'elles présentent, elles sont dignes encore d'attention en ce qu'elles résultent de la collaboration du chef d'industrie qui les expose avec ses ouvriers. M. Paul Dupont a fait à cet égard une déclaration imprimée, si honorable pour lui, renfermant de si sages réflexions et montrant un si bon exemple, que nous remplissons un devoir en en citant un extrait.

« Elles sont pour la plupart, dit-il, en parlant des machines par lui exposées, l'œuvre de simples ouvriers de la maison, qui, par leur intelligence et de persévérants efforts, ont été successivement amenés à ces découvertes.

« Si l'ouvrier n'est pas plus souvent inventeur, c'est que le temps, l'argent, et surtout l'appui et les encouragements lui ont manqué. Mieux que tout autre, en effet, celui qui travaille à une machine peut connaître ses avantages ou ses défauts, et deviner les perfectionnements dont elle est susceptible.

« Dans tous les ateliers, on devrait dire aux ouvriers : « Étudiez ces outils qui servent à vos travaux; voyez ce qu'ils « sont, ce qu'ils devraient être; faites preuve de cette intelli- « gence que la pratique développe autant et plus que la « science théorique.

« Le temps est pour vous de l'argent; eh bien ! celui que « vous consacrerez à ces études vous sera compté comme si « vous l'aviez employé à un travail ordinaire; on vous avan-

Fig. 2.

« cera les frais des modèles à fabriquer, le coût des brevets « d'invention à prendre, et, si vos efforts sont couronnés de « succès, si votre invention, arrivant à l'état pratique, réalise « des bénéfices, vous aurez la plus large part...

« C'est à de semblables conseils, à ces paternelles incitations, que nous avons dû, sans doute, de voir éclore autour de nous un si grand nombre d'essais pour la plupart heureux. »

Les presses typographiques sont au nombre de trois, et, toutes trois ont MM. Paul Dupont et Derniame pour auteurs.

1° PRESSE A ÉPREUVES PORTATIVE (fig. 1).—Cette presse est destinée à tirer des épreuves; elle est d'un maniement simple et facile, en raison de son poids peu considérable et de sa petite dimension, puisqu'elle occupe à peine un espace carré de 30 centimètres de côté. Elle se distingue par cette particularité que la platine, au lieu d'être commandée par une genouillère, une vis, ou les autres systèmes connus, l'est par le moyen d'un arbre à manivelles et de bielles, comme le fait bien voir le dessin.

Les journaux trouveront dans l'emploi de cette presse très utile pour les épreuves en paquets, un grand avantage sur l'ancien système de la brosse, qui déchire le papier et éraille les caractères. Un seul encrage suffit pour obtenir deux épreuves.

Elle devient indispensable pour la mise en train des ouvrages à gravures par la facilité avec laquelle on obtient le nombre d'épreuves nécessaire au découpage.

Enfin elle peut, presque sans mise en train, servir à de petits tirages de cartes, avis, prospectus, etc., qu'un seul homme ou même un apprenti peut exécuter beaucoup plus rapidement qu'à la presse ordinaire.

2° PRESSE TYPOGRAPHIQUE A BRAS AVEC ENCRIER MÉCANIQUE OU PRESSE TOUCHEUR (fig. 2). — Cette presse entièrement nouvelle est une des inventions les plus remarquables qui aient été faites dans l'imprimerie. Ses avantages consistent en une grande économie de main d'œuvre; d'une part, elle supprime l'un des deux ouvriers qu'exige une presse ordinaire, et d'autre part sa simplicité fait qu'elle peut être manœuvrée par un homme de peine, la prise d'encre et la touche étant réglées avec la plus grande précision.

On peut voir par les chiffres suivants quelle économie réaliserait un atelier composé d'une dizaine de presses de ce genre.

Système ancien. — Pour 10 presses à bras : 20 imprimeurs à 5 fr. l'un par jour . . . . 100 fr.

Nouveau système.—Pour 10 presses toucheurs :

10 hommes de peine à 3 fr. l'un par jour. 30 fr. }
1 conducteur pour les mises en train. 10 } 40

Economie réalisée ou bénéfice 60

On a pu voir à l'Exposition des travaux parfaitement exécutés au moyen de cette presse.

3° Presse mécanique a platine (fig. 3).—Mue par la vapeur, cette presse imprime toutes sortes de travaux, depuis le simple tableau d'administration jusqu'à la gravure sur bois. C'est la première machine à platine à laquelle on ait pu donner une vitesse de 900 à 1000 par heure. Elle ne le cède ni pour la beauté de l'impression ni pour la vitesse du tirage, à aucune presse cylindrique, mais elle l'emporte sur toutes pour la conservation des caractères. Personne n'ignore que, depuis le remplacement des anciennes presses à platine par les presses à cylindre, les caractères s'usent avec une rapidité considérable et que là où la fonte durait dix ans elle sert à peine cinq, en sorte que l'on peut, sans exagération, porter à 25 p. 100 l'augmentation des frais généraux qui en est résultée pour les imprimeurs. La machine à platine a cet avantage qu'elle ménage les caractères d'une forme dans toutes ses parties.

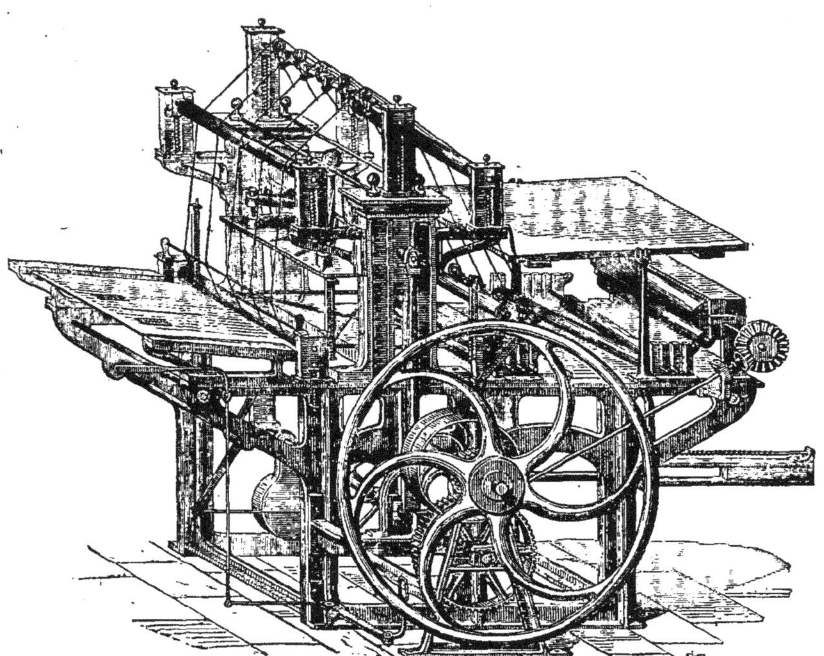

Fig. 3.

Nous donnerons dans le prochain numéro le dessin des presses lithographiques. V. M.

ACADÉMIE DES SCIENCES.

SÉANCE DU 21 JANVIER.

Sommaire. — *Note de M. Peligot sur la préparation de l'uranium.* — *Travaux magnétiques à l'Observatoire de Paris : Communications de M. Leverrier.* — *Ouvrages imprimés et Mémoires divers.*

Les premiers travaux de M. Peligot sur l'uranium datent de 1842. Ayant obtenu d'abord le protochlorure d'uranium, en décomposant l'un quelconque de ses oxydes par l'action simultanée du chlore et du charbon, M. Peligot décomposa ce premier produit à l'aide du potassium et put montrer, dès cette époque, de l'uranium à peu près pur, qui se présentait partie à l'état de poudre noire et partie à l'état aggloméré, sous forme de plaques d'un éclat métallique comparable à celui de l'argent. Nous disons à peu près pur, parce que le produit résultant de cette expérience contenait une petite quantité de platine, due au creuset dans lequel se faisait la réaction : les creusets non métalliques étant, en effet, constamment brisés par l'élévation trop subite de température nécessitée par cette préparation, il fallait employer des creusets de platine, et il se produisait toujours un alliage d'uranium et de platine.

Depuis ces premiers travaux, des perfectionnements heureux ayant été apportés par M. Deville à la fabrication, désormais rendue facile, du sodium, M. Peligot songea à reprendre ses essais, en substituant ce dernier métal au potassium. Après plusieurs tentatives infructueuses, il vient de réussir à produire de l'uranium pur et fondu à une haute température, présentant des caractères vraiment métalliques et dont il dépose quelques morceaux sur le bureau de l'Académie.

Pour obtenir ce métal, on introduit dans un creuset de porcelaine vernie, la quantité de sodium nécessaire pour décomposer le protochlorure d'uranium : le sodium est recouvert de chlorure de potassium bien sec, puis d'un mélange de ce sel avec le protochlorure d'uranium : l'addition du chlorure de potassium a pour objet ici de rendre la réaction moins instantanée.

Le creuset de porcelaine est placé alors dans un creuset brasqué en terre, qu'on remplit de charbon en poudre, et qu'on ferme avec un couvercle. On le chauffe au rouge, jusqu'à ce que se manifeste la réaction entre le sodium et le protochlorure d'uranium, puis on le porte avec rapidité dans un fourneau à vent, et on l'y maintient au rouge blanc pendant quinze ou vingt minutes. Quand le creuset est refroidi, on y trouve une scorie qui contient plusieurs globules d'uranium fondu.

Ce métal est malléable ; quoique dur, il est facilement rayé par l'acier; sa couleur se rapproche de celle du nickel ou du fer : il se ternit assez promptement à l'air et prend une teinte jaunâtre. Chauffé au rouge, il présente, en s'oxydant, une vive incandescence et il se recouvre d'un oxyde noir, volumineux, dans l'intérieur duquel on retrouve du métal encore inaltéré si l'expérience n'a pas été prolongée pendant un temps trop long.

La densité de l'uranium est fort remarquable, elle est de 18-4 : ainsi, après le platine et l'or, c'est le corps le plus dense que nous connaissions. Cette pesanteur spécifique si considérable justifie l'équivalent élevé que M. Peligot avait attribué à ce métal ; d'après les nombres donnés précédemment par ce savant, l'équivalent du protochlorure d'uranium étant environ 750, la formule qu'il a posée en fonction de cet équivalent et de celui de l'oxygène, donnerait presque 1700 pour équivalent de l'uranium.

— M. Leverrier qui, avec le concours de MM. Goujon et Liais, a installé un ensemble d'études magnétiques à l'Observatoire de Paris, a entretenu l'Académie des observations faites dans cet établissement sur la déclinaison de l'aiguille aimantée. Ces observations avaient pour but de déterminer, avant tout, quel est véritablement le système magnétique de l'Observatoire de Paris, afin que, dans les travaux à venir, il fût possible d'éliminer avec la plus grande probabilité, l'influence de la masse de fer contenue dans l'Observatoire, ainsi que de la masse de fer contenue dans la ville de Paris, tant dans les édifices que dans les usines et les chemins de fer. Cette influence est bien démontrée; la déclinaison ayant été déterminée à l'est et à l'ouest de la terrasse de l'Observatoire, il s'est trouvé entre les deux résultats une différence de plus de 6 minutes. Voici, au reste, les nombres tels que les a donnés M. Leverrier : le 7 septembre 1855, à 2 h. 30 m., le méridien de l'Observatoire ayant été déterminé exactement, sans observations astronomiques, à l'aide du cercle méridien de Gambey,

la déclinaison réelle, au centre de l'instrument, était de 19° 57' 45"
Déclinaison dans le pavillon de l'ouest. . . . . 20° 0' 6"
d° d° central. . . . 20° 4' 24"
d° dans le pavillon magnétique actuel. 20° 5' 53"
d° dans le pavillon de l'est. . . . . . 20° 6' 22"
En comparant ces résultats à la déclinaison réelle, on voit qu'ils s'en écartent successivement de 2' 21", de 6' 39", de 8' 8" et de 8' 37". Ces observations déterminent donc d'une manière précise les corrections à apporter désormais dans les travaux faits à l'Observatoire de Paris.

Dans une autre séance, M. Leverrier donnera quelques détails sur les instruments enregistreurs que possède aujourd'hui l'Observatoire, et qui fonctionnent très bien dans la détermination des variations diurnes et des variations accidentelles de l'aiguille aimantée.

— M. Leverrier a saisi cette occasion d'annoncer à l'Académie que l'Observatoire d'Alger vient d'être constitué par deux décisions, l'une du ministre de la guerre, et l'autre du ministre de l'instruction publique : les instruments météorologiques seront fournis par le dernier de ces deux ministères, et les instruments magnétiques par le premier. M. Leverrier est heureux de pouvoir dire que tout marchera très vite dans cette installation, les instruments étant déjà terminés par ses soins et dans la prévision qu'un vote favorable de l'Académie aurait accueilli la demande de l'administration relative aux Observatoires de l'Algérie.

— Le reste de la séance a été rempli par la lecture de différents mémoires sur des questions médicales, et entre autres d'un travail de M. Cruveilhier sur l'ulcère simple de l'estomac.

M. Velpeau a fait hommage à l'Académie, au nom de leurs auteurs, de deux ouvrages imprimés. Le premier contient des aperçus nouveaux sur la marche du choléra et des observations qui semblent relier la direction de ce phénomène à la constitution géologique des terrains. Le second rend compte d'un appareil pour les fractures, employé par M. Carré, et consistant tout simplement dans une sorte de carton que l'on applique à l'état humide et qu'on laisse sécher ensuite sur le membre blessé.

A propos de cet appareil, M. Lestiboudois en rappelle un très simple aussi, qui consiste dans une combinaison intime de caoutchouc et d'oxyde de fer. Ce composé a la propriété de se ramollir dans l'eau chaude, et de conserver, en se refroidissant, assez de force et d'élasticité pour retenir entre elles les parties fracturées et soulager le malade tout à la fois.

M Velpeau pense que, par sa simplicité et l'insignifiance de son prix, l'appareil de M. Carré est supérieur à celui-là, et qu'il devient ainsi le plus simple de ceux que possède actuellement la science.

Félix Foucou.

Société impériale et centrale d'Agriculture.

SÉANCE DU 16 JANVIER.

Sommaire. — *Thé indigène. — Système de barrage automobile de M. Bel. — Tableaux synoptiques pour l'agriculture. — Maladie des blés d'Australie. — Travail de M. Boussingault sur le chaulage des grains.*

M. Peyre, de Void (Meuse), annonce qu'en faisant torréfier des feuilles d'*aigremoine* sur une grille à café, il a obtenu, par l'infusion du produit, une boisson ayant tous les caractères du thé vert : M. Peyre propose à la Société de lui envoyer quelques échantillons de cette substance, qu'il nomme *thé indigène*.

— On sait à combien de systèmes différents a donné lieu l'importante question des barrages propres aux dérivations et aux arrosages. Plusieurs fois déjà, la section de mécanique agricole avait été saisie de quelques-uns des plus ingénieux d'entre ces systèmes, mais toujours elle avait dû les repousser, à cause des dépenses qu'eût exigé leur installation. Aujourd'hui, plus heureux que ses devanciers, M. Bel, d'Orgelet (Jura), se présente avec un système particulier de barrage automobile d'une construction aussi simple et aussi efficace que peu coûteuse; nous n'en dirons cependant rien aujourd'hui, d'une part parce qu'une certaine confusion dans la rédaction du rapport a empêché la Société de voter immédiatement sur les conclusions de la commission qui demande qu'une médaille d'argent soit accordée à M. Bel, et d'autre part parce que nous donnerons dans un prochain numéro la description et le dessin de cet utile appareil.

— M. Robinet offre à la Société quelques documents qu'il a reçus de M. Dietz, membre du Jury de l'Exposition universelle, et chef de la direction agricole au ministère de l'intérieur du Grand-Duché de Bade. Ces documents qui intéressent l'agriculture au plus haut point, sont des tableaux synoptiques au nombre de sept : le premier représente l'ensemble du mouvement de la production du tabac, dans le Grand-Duché de Bade, depuis 1843; les autres se rattachent, pour la même contrée, à tout ce qui a trait : 1° à la production et à l'emploi du fumier; 2° à la culture des prairies; 3° à celle du tabac; 4° à celle des fruits en général; 5° à l'éducation des vers à soie; 6° à la culture de la vigne : ce dernier surtout renferme des détails et des aperçus tout-à-fait nouveaux. M. Robinet appelle l'attention de la Société sur l'utilité de la vulgarisation de semblables tableaux dans nos campagnes, où les agriculteurs des différentes provinces pourraient ainsi d'un seul coup d'œil se faire une idée exacte du système général de la production en France.

— Les maladies qui attaquent les céréales semblent avoir leurs prédilections, comme celles qui nous affligent. M. Montagne donne lecture d'un rapport sur la maladie des blés d'Australie, observée par M. Vittard au milieu de ses expériences comparatives sur plusieurs sortes de blés; M. Vittard, ayant planté quatre sortes différentes dans le même terrain, observa à la maturité que le blé d'Australie *seul* avait été attaqué, et il transmit alors à la Société trois échantillons de ce blé, qu'il supposait avoir été atteint de la maladie dite *du bout*. La commission nommée à cet effet attribue au contraire la cause de cette atrophie à la présence de deux cryptogames et surtout à l'envahissement du grain par un cladospore, qui se rapproche du *cladosporium herbarum*; mais, tout en pensant que la cause de cette maladie est due surtout à l'action de l'humidité, aidée par celle de la chaleur, M. Montagne considère cette prédilection pour le blé d'Australie comme *un fait étrange et de longtemps inexplicable*.

— Le reste de la séance a été rempli par la lecture d'un travail plein d'intérêt, auquel s'est livré M. Boussingault, sur le meilleur mode de destruction des campagnols et des souris, dont on se rappelle encore les ravages en 1854 dans les départements de l'Est de la France, et particulièrement en Alsace, où ils dévorèrent une grande portion des semailles. Dans la seule partie de Wissembourg, la perte fut évaluée, cette année-là, à 800,000 francs.

L'opération par laquelle on se propose de détruire ces animaux, et qui prend le nom de *chaulage des grains*, consiste à employer, soit de la chaux, du sulfate de soude, du sel marin, etc., et plus fréquemment du sulfate de cuivre : les expériences de M. Boussingault ont eu pour but de rechercher si l'emploi de l'arsenic, aujourd'hui très-restreint à cause de la prohibition, ne serait pas le plus avantageux de tous, et son mémoire conclut en cela à l'affirmative.

M. Boussingault, partant de ce fait que la substance employée doit être à la fois un appât et un poison, s'est livré à onze expériences différentes, qui ont porté tour à tour sur le sulfate de cuivre et l'arsenic. Nous ne rapporterons de ces expériences, pleines de curieux détails, que les principaux résultats. Ayant chaulé dans les proportions de 1 hectolitre de blé pour 14 hectolitres d'eau, et 125 grammes de sulfate de cuivre, une souris, placée sous une cloche, a mangé le grain tout entier, sans donner aucun signe de douleur. En portant successivement à 500 grammes et au-delà la dose de sulfate de cuivre, on n'a pas atteint plus de résultats, la souris ayant eu l'instinct de dépouiller chaque grain de sa pulpe avant de le manger. Dans ces proportions, il est vrai, un campagnol est mort le troisième jour; mais comme il avait été guidé par le même instinct de conservation que la souris, on peut croire qu'il n'est point mort empoisonné; d'ailleurs, dans de telles proportions, le chaulage empêchant le blé de germer, il est reconnu évident, par ces premières expériences, que le sulfate de cuivre qui peut bien préserver les récoltes de la carie, est impuissant devant les animaux rongeurs.

En employant ensuite l'arsenic, il a suffi d'une proportion de 1/10e de milligramme par grain de blé, c'est-à-dire de 207 grammes par hectolitre (en supposant 20,710 grains de blé par litre), pour tuer en quelques heures une souris qui avait mangé 56 grains, et en moins de temps encore un campagnol qui en avait mangé 40 environ.

En unissant de l'acide arsénieux à de la soude, on obtient un chaulage qui prévient la carie et détruit les animaux pour lesquels le grain devient alors un appât.

D'autres avantages résultent encore de ce mode de destruction : par ses expériences, M. Boussingault a établi que 1 litre chaulé à l'arsenic tue 2,071 campagnols, qui représentent 41 kilogrammes d'engrais, soit l'élément d'une production de plus de 31 litres de blé.

Devant tous ces résultats, M. Boussingault émet l'avis que l'autorité pourrait se relâcher de sa sévérité relative à la circulation de l'arsenic, d'autant plus qu'elle ne s'oppose point à celle des allumettes chimiques qui renferment tout à la fois, dans le phosphore, une matière incendiaire et un poison violent.

M. Darblay présente quelques observations contre l'emploi de l'arsenic, dont on a fait usage dans la Beauce, et qui causa l'empoisonnement de plusieurs animaux domestiques. Il se vendait à cette époque, chez les pharmaciens de ce pays, un produit de couleur rosée, dont l'honorable membre a oublié le nom, mais qui permettait de chauler sans cet inconvénient grave : M. le secrétaire est prié de vouloir bien écrire à ce sujet dans la Beauce.

Plusieurs membres prennent successivement la parole au sujet de ce remarquable travail ; M. Bourgeois, entre autres, parle d'un moyen qu'il a employé avec succès pour garantir ses espaliers : ce moyen consistait à remplir d'eau aux deux tiers, un certain nombre de pots de terre, dans lequel les petits animaux venaient boire et se noyer, après avoir mangé ses raisins.

M. Guérin-Menneville rapporte qu'en Chine, l'arsenic qui est vendu publiquement, est semé dans les champs pour préserver les récoltes, et M. Boussingault rappelle, de son côté, qu'en 1854, une contrebande très-active était faite par la frontière du Rhin, à l'effet de se procurer l'arsenic nécessaire au chaulage.

Enfin, M. Chevreul, après avoir dit quelques mots sur l'usage des matières amères et surtout des alcalis organiques, dans la préservation des étoffes contre les animaux, remercie, au nom de la Société, M. Boussingault du travail qu'il a bien voulu lui présenter.

FÉLIX FOUCOU.

Société régionale d'acclimatation du Nord-Est.

La plus active de nos Sociétés régionales d'acclimatation, est, comme on sait, celle qui s'est fondée pour la zône du Nord-Est, et dans l'attraction de laquelle gravitent, en nombre toujours croissant, les départements de cette partie de la France.

Elle vient de publier, pour le second semestre de son Bulletin de 1855, un cahier dont le contenu, très-substantiel, témoigne d'une remarquable vitalité dans la région dont Nancy fut le centre historique, et dont il demeure encore le foyer intellectuel.

Au nombre des morceaux qui remplissent ce numéro, on distingue, outre les comptes-rendus concernant l'introduction de certains animaux ou de certaines plantes, l'article relatif au projet de créer dans l'ancienne promenade royale de Nancy, nommée la Pépinière, non-seulement un *zoological garden*, à la façon de Londres ou d'Anvers, mais un grand jardin de naturalisation sylvicole, qui serait, en effet, là tout à fait à sa place, à côté de l'École impériale forestière.

On y lit aussi un mémoire dont l'apparition se trouve être opportune : c'est celui qui examine de quels noms vulgaires, et vraiment susceptibles de vulgarisation courante, il convient de faire choix, pour désigner, dans l'usage quotidien, les animaux que l'on tente (ou du moins que l'on projette) d'acclimater en France. Ce travail, de genre mixte, placé sur les confins des études du naturaliste et de celles du philologue, n'est pas sans utilité, au triple point de vue de la pratique rurale, commerciale et ménagère.

LIVRES.

Histoire littéraire de la Révolution Française, par EUGÈNE MARON. 1 vol. in-18, Chamerot, 13, rue du Jardinet.

Le sujet de ce livre est neuf ; voilà ce que tout le monde sera forcé de reconnaître : on s'étonne même qu'il n'ait pas encore été traité et que M. Maron soit aujourd'hui le premier qui s'en occupe. Comment et pourquoi les nouveaux historiens de la Révolution ont-ils dédaigné tout un côté si intéressant de cette grande époque ? on se l'explique difficilement. Le mouvement toujours multiple de l'intelligence, la littérature, les sciences, les arts, rien de tout cela ne s'est arrêté pendant la Révolution. Sans doute la politique a eu sur l'esprit son influence, mais cette influence ne s'est pas étendue au point de tout absorber dans les intérêts du moment. Comme le dit M. Eugène Maron, à côté des sentiments et des idées pour ainsi dire publiques qui se manifestaient par des discours et par des lois, il y avait tout un ordre d'idées et de sentiments individuels, dont l'éloquence et la loi ne pouvaient se préoccuper et que d'ailleurs elles auraient été impuissantes à rendre. Rechercher les sentiments qu'en dehors du mouvement politique, la révolution française a fait germer dans l'esprit de l'homme, ainsi que l'expression et la forme politique et artistique qu'ils ont immédiatement reçus, tel est le but de ce remarquable livre.

Cependant M. Maron n'a pas fait un livre de système, il n'a pas réhabilité des écrivains inconnus et incompris. Il s'est borné à rétablir à leur date les œuvres des écrivains célèbres que la postérité impartiale a acceptés : il ne dit pas que la Révolution ait été féconde en chefs-d'œuvre, seulement il rappelle qu'étant données les quelques années de sa durée, il s'est produit proportion gardée autant d'œuvres remarquables qu'à tout autre moment. Le théâtre en effet a produit les tragédies de Marie-Joseph Chénier, les comédies de Fabre d'Églantine, de Colin d'Harleville, de Beaumarchais, et certainement on trouverait peu d'époques dans notre histoire littéraire qui aient vu paraître dans l'espace de trois ans des pièces supérieures à *Charles IX*, au *Vieux Célibataire*, au *Philtre de Molière*, et même au drame de *la Mère coupable* ! En remontant aux dix années antérieures à 89, que trouve-t-on en dehors du *Barbier de Séville* et du *Mariage de Figaro*, qui soit digne de souvenir ? La poésie n'était pas alors inférieure au théâtre; l'importance des événements eut pour effet de faire disparaître peu à peu cette nuée de petits vers, d'épigrammes, de madrigaux et de charades, qui encombraient l'*Almanach des Muses* et le *Mercure de France*. En même temps que s'évanouissait la poésie de boudoir et des petits maîtres, Lebrun et Andrieux publiaient, l'un quelques-unes de ses plus belles odes, l'autre, plusieurs de ses charmantes épîtres, et André Chénier à côté d'eux travaillait aux élégies latines et aux poèmes grecs qui devaient faire revivre chez nous les grâces de l'antiquité. Le roman au contraire garda plus longtemps son ancien caractère; les romans licencieux et les romans pastoraux, qui étaient également les délices de la haute société, sont presqu'aussi nombreux en 92 qu'avant 89, et *Faublas* paraît concurremment avec *Gonzalve de Cordoue*. Toutefois le roman n'en produit pas moins un chef d'œuvre immortel, *la Chaumière indienne;* et n'est-ce pas un chef-d'œuvre aussi que le petit conte du *Café de Surate*?

M. Maron a parlé avec étendue des idées philosophiques du temps. Tous les systèmes se donnaient alors carrière ; à côté du déisme de Bernardin de Saint-Pierre, du gallicanisme de Grégoire, du néochristianisme et du panthéisme de l'abbé Fauchet, Volney, Condorcet, Talleyrand, développaient la philosophie de Condillac, rattachant les idées religieuses à l'astronomie, les sciences morales aux mathématiques ! L'allemand ou plutôt le cosmopolite Anacharsis Clootz, en avance d'un demi siècle sur les disciples de Hegel, donne à l'homme les attributs et les perfections de la divinité. Enfin, ce n'est pas sans étonnement que l'on trouve dans un roman philosophique de Rétif de la Bretonne, le propre système d'un célèbre philosophe de nos jours, de l'auteur de l'*Humanité*, M. Pierre Leroux.

On voit que *l'Histoire littéraire de la révolution* touche à de grandes questions; l'auteur les a traitées avec gravité, avec talent, sans tomber dans l'abus des détails anecdotiques, qu'il faut laisser à la biographie; c'est aux lecteurs sérieux que son livre s'adresse, et c'est à cause de cela que *l'Ami des Sciences* en parle...

ÉLÈVE DES SANGSUES.

La figure ci-jointe représente un de ces petits marais artificiels, imaginés par M. Borne, pour faciliter l'étude des mœurs des sangsues, et dont on a pu voir un spécimen à l'Exposition, galerie de l'Annexe.

Les parois sont simplement en bois de sapin ; l'assemblage est fait en queue d'aronde, les joints sont cimentés au mastic de fontainier.

Le fond est garni de tourbe émiettée et tapissé de gazon ; les bords sont tapissés de plaques de tourbe, creusés de petites rigoles et recouverts de plaques unies : les sangsues viennent déposer leurs cocons soit dans ces rigoles, soit dans la touffe de gazon qui garnit le milieu de l'appareil. Un robinet permet de vider le bassin, quand on veut en renouveler l'eau.

Lorsqu'on vient de déposer des sangsues dans le marais d'étude, il est nécessaire, au moins pendant quelques jours, de se prémunir contre les désertions ; la précaution consiste simplement à entourer l'appareil d'une toile métallique : elle devient même inutile, si ce bassin est un peu enfoncé en terre, car alors les sangsues ne manquent pas de revenir d'elles-mêmes dans un milieu qui leur convient parfaitement et auquel elles ne tardent pas à s'habituer.

Ces appareils sont peu coûteux et très commodes pour l'étude et l'élève en petit. Les personnes, que ce sujet intéresse particulièrement, peuvent consulter l'ouvrage annoncé dans notre précédent numéro.

FAITS DIVERS.

Nouvelles du Muséum d'histoire naturelle. — Dans la journée de mercredi, il est arrivé au Jardin-des-Plantes, à la galerie des reptiles, un caïman gigantesque du Mississipi, qui faisait partie de la collection de la ménagerie ambulante du Château-d'Eau, avant que le Muséum n'en eût fait l'acquisition. Cet animal est le plus grand de ceux de cette espèce que possède actuellement le Muséum ; mais il s'en trouve un plus grand encore au nombre des six qui sont dans cette ménagerie ambulente.

Nous sommes en mesure de pouvoir annoncer, d'autre part, que le Jardin-des-Plantes recevra sous peu de jours deux *serpentaires* ou *mangeurs de serpents*, qui ont été pris en Nubie et offerts par M. de Laporte, consul de France au Caire ; on n'en avait jamais vu à Paris qu'un seul, qui arrivait du Cap, et on ne pensait pas que le Nord-Est de l'Afrique en produisît.

A cet envoi sont joints deux *fennecs* ou *animaux anonymes* de Buffon : Ce sont des renards à longues oreilles, d'une espèce très-rare aussi.

Enfin, la Société zoologique d'acclimatation doit recevoir bientôt, de la part encore de M. de Laporte, des oies d'Egypte et des boucs de race pure d'Egypte : ces derniers animaux appartiennent à la précieuse race laitière dont la Société possède déjà un grand nombre de chèvres.

Circulation. — On sait que les travaux de la *Commission internationale pour le percement de l'Isthme de Suez*, achevés le 31 décembre dernier, ont amené un résultat inattendu, par l'heureuse découverte des ressources qu'offre la nature pour l'établissement du port de Péluse. Ce premier résultat devant se traduire en une économie de temps et de dépenses dans l'achèvement de ce grand travail d'unité, augmente du même coup l'intérêt qui s'y rattache, et il ne sera point superflu de donner ici les conclusions du mémoire présenté au vice-roi par les membres de la commission, au moment de leur retour en Europe :

1° Le tracé sur Alexandrie est inadmissible au point de vue technique et économique.

2° Le tracé direct offre toute facilité pour l'exécution du canal proprement dit, avec embranchement sur le Nil, et des difficultés ordinaires pour la création des deux ports.

3° Le port de Suez s'ouvrira sur une rade vaste et sûre, accessible en tout temps, où l'on trouve 8 mètres d'eau à 1600 mètres du rivage.

4° Celui à créer dans le golfe de Péluse, que l'avant-projet plaçait dans le fond du golfe, sera établi à 18 kilomètres plus à l'ouest, dans la région où l'on trouve 8 mètres d'eau à 2380 mètres du rivage, où la tenue est bonne et l'appareillage facile.

5° La dépense du canal des deux mers ne dépassera pas le chiffre de 200 millions, porté dans l'avant-projet des ingénieurs du vice-roi.

— Comme exemple du degré de rapidité de transmission auquel est parvenue la télégraphie électrique aux Etats-Unis, nous lisons, dans le *Courrier des Etats-Unis*, que le message, assez substantiel comme on le sait, du président Pierce, a été textuellement transmis de New-York à Boston dans la même nuit, et que la ligne de House en a transmis à elle seule un tiers dans l'espace d'une heure et demi, en faisant emploi d'un seul fil.

— C'est le 26 de ce mois-ci que partira de Liverpool pour New-York, le steamer *Persia* appartenant à la Cie Cunnard, et dont les dimensions surpassent de beaucoup celles des deux navires *Great-Britain* et *Himalaya*, construits, on se rappelle, pour le compte de la même Compagnie. Le *Persia* a 390 pieds anglais de longueur de tête en tête, 45 de largeur au maître-couple, et 71 de profondeur. Le diamètre de ses roues est de 42 pieds ; il a 1200 chevaux de force et jauge 3600 tonneaux, c'est-à-dire 1200 de plus que les plus puissants steamers de la compagnie ; il est divisé en sept compartiments par des cloisons étanches ; chacun d'eux a 90 pieds de long, 46 de large et 20 de haut ; il se trouve à bord 260 chambres séparées pour les passagers ; 150 personnes constituent l'effectif complet de l'équipage, depuis le capitaine jusqu'aux mousses ; enfin, le poids total du fer employé à sa construction est de 2200 tonneaux.

— Deux compagnies financières s'occupent séparément à cette heure, l'une en Hongrie et l'autre en Angleterre, de deux projets de chemins de fer, l'un de Raab à la frontière turque, et l'autre de Belgrade à Constantinople, qui répondent tous deux à l'un des besoins les plus pressants de la circulation européenne. Le sentiment de l'importance de cette grande artère du globe, inspire ces paroles au journal Lombardo-Vénitien, le *Corriere-Italiano* : « Cette entreprise sera chaleureusement accueillie, non-seulement en Hongrie et à Vienne, mais dans toute l'Europe. Une communication directe établie entre l'Orient et l'Occident, de Constantinople à Belgrade et à Vienne, sera l'une des plus belles conquêtes pacifiques de notre siècle. »

— Les nécessités toujours croissantes de la consommation de la houille, donnent quelqu'intérêt au projet, aujourd'hui à l'étude, d'un chemin de fer conduisant directement de Strasbourg aux houillières prussiennes de Saarbruck. Cette ligne ira de Haguenau par Niederbronn à la Bavière Rhénane et à Saarbruck.

Congrès. — On se préoccupe beaucoup à Londres, ainsi qu'à Paris et en Allemagne, du futur congrès médical qui doit avoir lieu en septembre 1856. Le but principal de ce congrès, auquel seraient invitées à prendre part toutes les notabilités médicales du globe, sera l'extinction, sinon complète, du moins partielle, des maladies qui déciment le plus fréquemment les classes ouvrières.

Prix d'abonnement pour l'étranger.

Allemagne, 8 fr. ;— Suisse, Parme, Plaisance, Modène, 8 fr. 50.— Etats Sardes, Grèce, Crimée, 9 fr. ; — Hollande, Angleterre, 10 fr. ; — Etats-Unis, Indostan, Turquie, 10 fr. 50 ; — Belgique, Prusse, Hanôvre, Saxe, Pologne, Russie, Espagne, Portugal, 11 fr. ; — Toscane, 12 fr. ; — Etats-Romains, 16 fr. 50.

Le propriétaire, rédacteur-gérant :
Victor Meunier.

PARIS. — IMP. J.-B. GROS, RUE DES NOYERS, 74.

Deuxième année. — N° 5. Quinze centimes. 3 février 1856.

L'AMI DES SCIENCES

JOURNAL DU DIMANCHE

SOUS LA DIRECTION DE

VICTOR MEUNIER

BUREAUX D'ABONNEMENT
13, RUE DU JARDINET, 13
Près l'Ecole de Médecine
A PARIS

ABONNEMENT POUR L'ANNÉE
PARIS, 6 FR.; — DÉPART., 8 FR
Étranger (Voir à la fin du journal)
ENVOYER UN MANDAT DE POSTE

SOMMAIRE. — Générateur de vapeur à diaphragmes. — Télégraphe des Locomotives de M. Bonnelli. — Sur le mouvement spontané et continu du pendule. — INDUSTRIE. Presses lithographiques. — ACADÉMIE DES SCIENCES. Séance publique du lundi 28 janvier. — SOCIÉTÉ D'ENCOURAGEMENT POUR L'INDUSTRIE NATIONALE. Séance du 23 janvier. — SOCIÉTÉ IMPÉRIALE ET CENTRALE D'AGRICULTURE. Séance du 23 janvier. — FAITS DIVERS. — BIBLIOGRAPHIE.

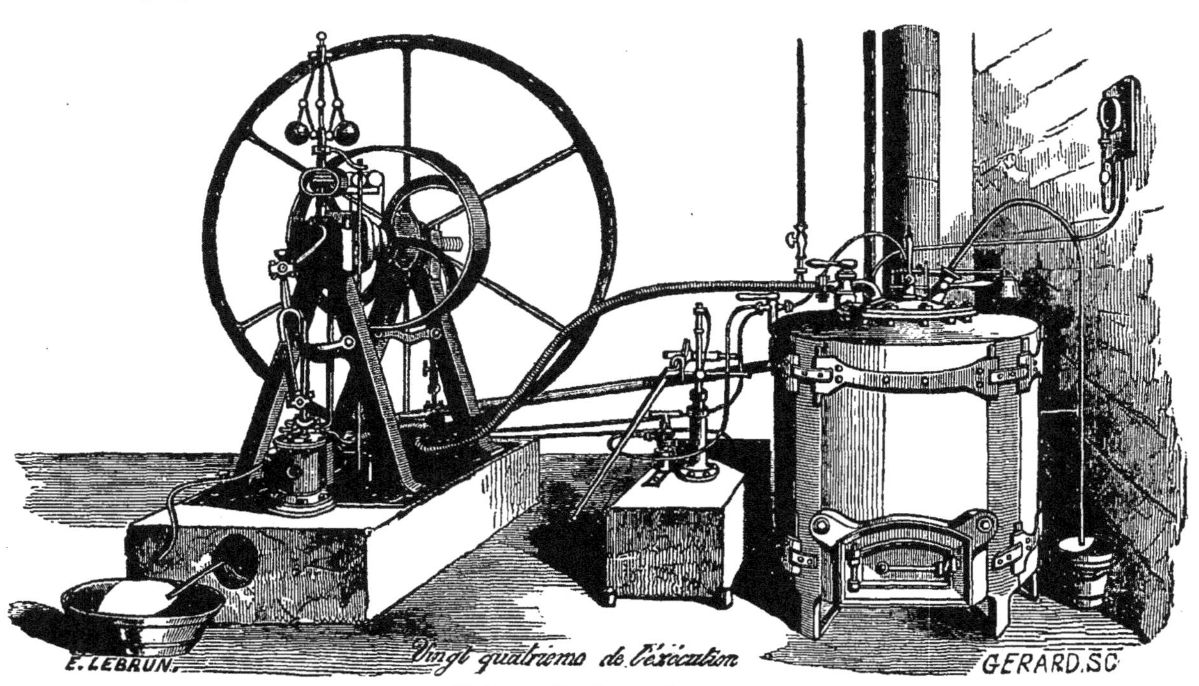

Générateur Boutigny (d'Evreux).

Générateur de vapeur à diaphragmes.

Ce générateur figurait à l'Exposition universelle, où il a été une des nouveautés les plus remarquées.

Il est cylindrique, terminé par une calotte sphérique fermée à la partie supérieure par un couvercle boulonné, sur lequel se trouvent tous les organes ordinaires des chaudières à vapeur; il contient à l'intérieur dix diaphragmes horizontaux reliés entre eux au moyen de trois tringles. Ces diaphragmes sont des disques en tôle à bords relevés d'un centimètre de hauteur environ; ils sont percés alternativement d'un et de deux trous à bords également relevés, mais seulement de quelques millimètres. Cette disposition a pour but d'entretenir sur les diaphragmes une nappe d'eau d'une hauteur constante et de retenir plus complétement les dépôts, qui n'ont pas lieu seulement quand l'eau est saturée de calcaire, comme on l'a cru jusqu'ici, mais bien quand elle est portée à une température correspondant à la pression de cinq atmosphères.

C'est ce que M. Boutigny démontre au moyen d'une expérience très simple. On prend un tube de verre de trois ou quatre millimètres de diamètre intérieur, d'un millimètre d'épaisseur et d'un décimètre de longueur; on le remplit aux trois quarts d'une eau calcaire quelconque; on le scelle à la lampe, on le chauffe pendant quelques secondes, et le précipité apparaît, bien que l'eau n'ait pu subir la moindre concentration. Revenons au générateur.

On le place dans un fourneau cylindrique avec lequel il ne cube que 0m 835; en diminuant de quelques centimètres le rayon du fourneau, ce volume pourra même descendre à 0m 691.

Pour faire fonctionner ce générateur, on introduit de 6 à 7 litres d'eau au moyen d'une pompe à main et on chauffe. La pression monte en moins de 3/4 d'heure de 6 à 7 atmosphères; alors on met la machine en route, et celle-ci actionne une pompe alimentaire, dont la course est réglée par la quantité d'eau que la chaudière peut évaporer.

Voici ce qui se passe dans l'intérieur de la chaudière : la vapeur qui se forme au fond de la chaudière par l'action directe du foyer se surchauffe contre la paroi cylindrique, et tout aussitôt se sature sur le premier diaphragme, revient plus abondante contre la paroi où elle se surchauffe de nouveau pour se saturer une seconde fois sur le second diaphragme, et ainsi de suite, jusqu'au sommet de la chaudière où elle arrive en grande abondance dans un état de sécheresse et de saturation complète. Il est certain, dit M. Boutigny, que les choses se passent ainsi, comme il est certain que les parois de la chaudière ne sauraient rougir ; pour s'en convaincre il suffit de se rappeler la capacité calorifique du fer et celle de l'eau et l'énorme quantité de *calorique statique* (latent) contenu dans la vapeur.

La théorie qui vient d'être exposée brièvement n'est pas contestable, pas plus que l'énorme quantité de vapeur que donne ce générateur. Mais comment se fait-il que, dans un temps donné, il passe dans cette chaudière trois fois, quatre fois plus de calorique que dans les autres ? A cet égard, M. Boutigny n'a que des hypothèses à offrir à la curiosité des expérimentateurs, hypothèses qu'ils pourront faire aussi bien que lui en se rappelant que l'attraction capillaire est une force ; que l'eau est un mauvais conducteur du calorique tandis que le fer en est un excellent ; enfin que l'eau est athermane et que les gaz et les vapeurs sont diathermanes.

Les dimensions du générateur sont les suivantes :

Hauteur totale de la chaudière au centre.	0m 64
Diamètre	0m 31
Surface de chauffe directe et indirecte.	0mq 55

Un grand nombre d'expériences ont donné en moyenne les chiffres suivants :

Durée	10 h.
Eau évaporée	483 lit.
Température initiale de l'eau	20 d.
Pression.	8 at.
Houille consommée	61 k.

Soit 7 k. 91 de vapeur par kilogramme de houille, et 95 litres d'eau évaporée par mètre de surface.

En résumé, ce générateur se recommande par la simplicité de sa construction, son exiguité, sa sûreté, sa puissance et son utilité ; son utilité, car M. Boutigny a eu principalement en vue les petits ateliers.

Cependant le problème des petits ateliers une fois résolu, M. Boutigny a voulu appliquer son système aux grandes chaudières.

Il a pris un bouilleur, sur lequel il a implanté autant de chaudières à diaphragmes qu'il en a pu mettre. L'alimentation et la prise de vapeur ont lieu sur des tuyaux communs, sur chacun desquels on pique autant de petits tuyaux qu'il y a de chaudières, et chaque chaudière est munie de tous les organes employés pour les chaudières à vapeur ; tel est le nouveau générateur à diaphragmes, connu sous le nom de *système mixte de Boutigny* (*d'Evreux*); il n'a pas encore obtenu la sanction de la pratique et du temps, mais si l'on admet que les mêmes causes doivent toujours produire les mêmes effets, son succès ne paraît pas douteux.

Télégraphe des Locomotives de M. Bonnelli.

Un de nos correspondants répond en ces termes aux objections faites par nous, dans le précédent numéro, au système de M. Bonnelli :

« Je suppose d'abord (et il est assez naturel de le supposer), que les administrations de chemins de fer ou plutôt le ministre de l'intérieur ou celui des travaux publics, adopteraient une certaine règlementation pour l'usage de la télégraphie. Ainsi, chaque station, chaque poste d'aiguilleur, de cantonnier, de garde-barrière, recevrait un numéro d'ordre, une fois fixé, d'une extrémité de la ligne à l'autre. Chacun de ces postes serait muni d'un petit appareil électrique, au moyen duquel chacun des préposés, après une courte pratique, même sans aucune théorie, serait en état de transmettre, au moyen d'une vingtaine de signaux tout au plus, et son numéro d'ordre et les motifs pour lesquels les trains avertis devraient ou suspendre ou modérer leur marche. Les trains qui partiraient dans une même direction, pendant la même journée, recevraient également un numéro d'ordre ou seraient désignés par une lettre, comme A, B, C... AA... D bis... L ter..., ce qui permettrait de classer les trains irréguliers de marchandises et les trains extraordinaires. Il n'y a dans tout ceci rien d'impossible ni même de difficile : ce sont les éléments d'une organisation.

« Cela posé, supposons que le train F qui précède plusieurs autres trains soit, par une cause ordinaire, forcé de s'arrêter entre les stations 127 et 128, il n'a qu'une chose bien simple à faire, c'est d'envoyer la dépêche suivante : *F-127-128-retard*. Le train qui suit immédiatement est averti qu'il doit avancer avec précaution en approchant des stations indiquées, et quant à ceux qui suivent de plus loin, ils savent qu'ils n'ont encore rien à redouter. Si, par hasard, le train qui subirait un retard se trouvait sur un de ces embranchements appelés gares d'évitement ou bien encore sur la ligne destinée aux convois marchant en sens contraire, la dépêche au lieu d'être communiquée par le chef de train, le serait par le chef de station. Voilà, je crois, votre première objection résolue.

« La seconde n'offre pas plus de difficulté. Donnons un exemple : Que le train C soit arrivé presque au bout de son parcours, qu'il soit suivi par les trains D, E, F, G et H ou un plus grand nombre si l'on veut ; s'il arrive que les trains D et G aient à signaler quelques dépêches en même temps, elles seront certainement indéchiffrables comme vous le dites ; mais si le préposé de la télégraphie à la gare de destination exerce un contrôle sur tous les trains qui se dirigent vers lui, il enverra un premier signal pour enjoindre à tous les trains d'interrompre leur correspondance (et ce signal pourrait être un timbre ou une sonnette que lui seul aurait le droit de mettre en mouvement); dès lors, il avertirait C de *proposer* s'il y a lieu. C répondant *non* ou ne répondant rien, il passerait à D qui, alors, ferait connaître ce qu'il aurait à communiquer ; de D il passerait à E, puis à F et ainsi de suite. Cette manœuvre qui doit sembler longue et compliquée, s'exécuterait, après un peu de pratique, avec autant de promptitude qu'un feu de file.

« Passons à la troisième objection. S'il arrive qu'un ou plusieurs wagons doivent être dirigés sur un pont tournant, le préposé de la télégraphie à la station en donne avis aux trains qui cheminent vers lui, comme par exemple : 115 *encombrement momentané*. Quant aux accidents des barrières, il ne s'agirait que de combiner la télégraphie avec le système de M. Julienne dont vous avez donné la description dans votre numéro du 13 janvier. Il suffirait, en effet, de placer sur les deux voies, à distance convenable, de chaque côté d'un passage à niveau, une poupée qui heurterait un mentonnet communiquant avec l'appareil électrique du train et libre d'osciller en avant et en arrière, afin de permettre le recul. Les choses ainsi disposées, toutes les fois qu'un train toucherait la poupée, elle mettrait une petite cloche en branle dans la guérite du garde-barrières qui, dès lors, à moins d'incurie impardonnable ou de noire méchanceté, aurait tout le temps nécessaire pour exécuter complétement la manœuvre.

« Après ce qui vient d'être dit, votre quatrième objection est résolue d'avance ; car s'il arrivait quelque accident de la nature de ceux que vous indiquez, le cantonnier l'apprendrait immédiatement aux convois qui auraient à le redouter, comme par exemple : 95-*éboulement ou rupture de rail, etc.* Il serait même inopportun de dériver le conducteur, dans le cas où il pourrait encore fonctionner, car alors tous les chefs de station, en avant et en arrière du lieu de l'événement, pourraient savoir ce qui se passe et donner des ordres en conséquence.

« Enfin, s'il arrivait que l'appareil électrique d'un train ne fût plus en contact avec le conducteur, comme dans un croisement de voies, ce ne pourrait être certainement que près d'une station ; mais alors l'aiguilleur ayant observé cette imperfection dans le service, la signalerait immédiatement au train qui aurait été mal averti ou qui ne l'aurait pas été du tout. Il y aurait encore un autre moyen. Si le préposé de la télégraphie à la gare de destination possède une certaine autorité sur tous les trains qui se dirigent vers lui, il peut exiger de chacun d'eux qu'ils répètent, àtour de rôle, la dépêche communiquée par l'un deux ou par l'une des stations. Or, comme ce préposé aura dû être averti du départ de tous les trains, au fur et à mesure qu'ils auront été lancés, il ne pourra certainement y avoir aucune omission dans l'ordre et dans le nombre des dépêches.

«J'ai dit qu'une vingtaine de signaux suffiraient pour mettre ce système en pratique. En effet, qu'un cantonnier, garde-barrière ou aiguilleur sache lire et écrire dix chiffres et à peu près autant de signaux, dont l'un voudrait dire : *arrêtez* ; un autre : *allez doucement ;* un autre : *passez vite ;* un autre : *éboulement*, etc., et son petit vocabularie suffirait amplement dans tous les cas qui pourraient se présenter. »

La publication de cette réponse ne soumet pas notre impartialité à une bien rude épreuve ; le nombre, la complication et le peu de sécurité des moyens proposés pour mettre le système Bonnelli en état de répondre aux besoins du service, démontrent assez en effet l'insuffisance de ce système, et ce qui précède peut être considéré comme le complément de notre critique. Néanmoins, si le système de M. Bonnelli n'avait pas de rivaux, s'il fallait ou l'adopter ou ne rien faire, son adoption serait un véritable progrès ; mais on sait qu'il en est autrement ; d'autres systèmes existent, plus complets que celui de l'ingénieur sarde ; il est donc de l'intérêt public qu'avant de rien décider, on leur accorde ce qui a été accordé au *télégraphe des locomotives*, le bénéfice d'un essai.

Sur le mouvement spontané et continu du pendule.

M. Edouard Gand, membre de l'académie d'Amiens, auteur d'une intéressante brochure intitulée : « *Etudes sur le pendule à oscillations continues de* M. Léon Foucault ; *Hypothèse sur la résistance de l'éther,* » brochure où on insiste particulièrement sur la difficulté d'employer le pendule comme chronomètre et sur laquelle nous reviendrons, nous communique une lettre qu'il a reçue d'un savant Italien, M. l'abbé Pierre Pamizetti, professeur de philosophie au séminaire d'Alexandrie, en Piémont, et relative à ce mouvement spontané elliptique continu, constant et quasi-microscopique du pendule qui fixe en ce moment l'attention des physiciens; les extraits suivants de cette lettre seront reçus avec faveur. M. Pamizetti commence par rendre compte d'une expérience ou plutôt d'une observation faite par lui en décembre 1854. Nous le laissons parler.

« Je tenais suspendu à la voûte du cabinet de physique de notre séminaire pour la démonstration de Foucault, un pendule dont le fil exactement pesé avait presque un millimètre d'épaisseur, sur cinq mètres de long. La sphère suspendue était de plomb, pesait quatre kilogrammes et demi, et avait à son extrémité un index de laiton très mince, qui se dirigeait suivant le prolongement du fil; toutes les précautions avaient été prises pour tenir ce fil bien fixe au point de suspension, et pour cela il avait été solidement encastré dans une petite plaque de fer, fixée au centre de la voûte.

« Ce pendule arrêté et abandonné à lui-même, n'était jamais dans un repos parfait, et se mouvait continuellement de lui-même, suivant une excursion elliptique qui l'éloignait de la verticale d'environ un demi millimètre, mesure que je pus obtenir à l'aide de l'index très mince placé à l'extrémité de la sphère.

« Pour m'assurer de la vérité du fait, j'ai suspendu deux autres pendules dans d'autres lieux : l'un avait une longueur de dix mètres, l'autre de trente, et le phénomène s'est produit de nouveau.

« En m'appuyant donc sur les principes de mécanique, ces expériences, dont il est facile de s'assurer en les répétant, me semblent prouver ainsi qu'elles sont dues à la rotation de la terre. En effet, si la sphère du pendule formait un système parfaitement rigide avec le fil de métal au point de suspension de la voûte, et si la résultante se maintenait toujours diamétralement opposée à ce même point de suspension, le pendule serait en équilibre et par suite en repos. Or, comme dans chaque intervalle de temps, le point de suspension, distant du centre de la sphère de toute la longueur du fil, serait, chaque fois, poussé d'une petite quantité vers l'orient, en vertu du rapide mouvement de la terre à cette hauteur (plus grande que celle de la sphère, placée au-dessous et plus rapprochée de l'axe de rotation), l'équilibre du pendule ne pourrait plus subsister, à cause de l'inégale rapidité de mouvement entre le point de suspension et le centre de la sphère; il se produirait donc naturellement un nouvelle résultante de deux forces, qui agiraient suivant un angle très-petit. Telle est, selon moi, la cause de ce mouvement à peine sensible du pendule, et voilà une nouvelle preuve de la rotation de la terre.

« A l'appui de ma théorie, je vous prie de considérer l'expérience suivante, qui me semble la plus satisfaisante de toutes. Si vous arrêtez les petites ondulations du pendule, en faisant plonger l'index de la sphère dans un vase plein de mercure, et qu'au bout de quelque temps vous laissiez sortir, avec beaucoup de lenteur, le métal liquide, par un trou pratiqué dans le fond du vase, vous verrez le pendule reprendre, une demi-heure après tout au plus, ses oscillations perpendiculaires au méridien géographique et dans une direction de l'orient à l'occident, appréciable à l'œil nu. J'ai toujours observé dans toutes les expériences, que la direction des petites ondulations initiales était constante; que la durée de ces mêmes ondulations était aussi continue et constante dans tous les temps, aussi bien de jour que de nuit, en été comme en hiver, par un temps serein comme par un temps couvert, et que par suite un tel mouvement ne saurait être attribué à l'action solaire, ainsi que l'ont affirmé les physiciens que j'ai cités plus haut.

« En continuant en outre, pendant une certaine période de temps, à observer les ondulations initiales du pendule dans ses mouvements, on reconnaît alors les déviations apparentes du plan d'oscillations, suivant la découverte de Foucault, et dans un tel état, ce plan va toujours en déviant, parce que la même cause subsiste continuellement.

« Mais il faudrait peut-être apporter une certaine restriction, toutes les fois qu'on observerait ces petites oscillations du pendule à différentes latitudes, afin de savoir si elles ne vont pas en diminuant de l'équateur aux pôles (où elles seraient nulles par la loi bien connue de la force centrifuge et centripète), inversement à l'apparente déviation du plan d'oscillations qui, selon Foucault, diminuerait des pôles à l'équateur.

« Quant au mouvement elliptique du pendule, qui se manifeste autour d'un grand axe dirigé de l'orient à l'occident et après une demi heure environ de l'évacuation du mercure, je pense qu'il peut s'expliquer par ces deux raisons : 1° parce que le mouvement, ne se communiquant pas à la boule de plomb instantanément, mais progressivement (suivant encore la réflexion de M. Anselin insérée dans votre petit ouvrage, page 17), il n'est point *sensiblement reconnaissable* à l'œil nu, avant qu'il n'ait acquis une intensité proportionnelle à la longueur du fil de suspension, laquelle intensité se maintient ensuite constante; en second lieu, s'il était possible de saisir le mouvement initial, au moment même où cesse l'obstacle qui retenait la sphère immobile, on le verrait certainement se produire en ligne droite : mais comme dans la pratique il est presqu'impossible de s'assurer d'un tel mouvement initial, à cause de l'excessive *petitesse* de l'angle produit par l'inégalité de vitesse entre le point de suspension et la boule de plomb, un certain intervalle de temps doit être nécessaire pour la transmission du mouvement; or, dans ce temps très court, le pendule est sujet à la résistance du point de suspension et à celle de l'air qui lui font ainsi opposition; si vous voulez tenir compte enfin du mouvement de translation de la terre autour du soleil, la direction résultante devra s'écarter de la ligne droite, et c'est naturellement ce qui s'observe.

« A ce qui précède, je demanderai à joindre l'opinion que la difficulté d'appliquer le pendule de Foucault comme chronomètre, s'accroît encore de ce petit mouvement continu et constant qui se produit en vertu de l'inégalité de vitesse signalée entre le point de suspension et la boule suspendue; mouvement qui doit se vérifier encore, en suspendant le pendule dans le vide, ou en faisant abstraction de cette résistance de l'éther que vous avez supposée.

« Si maintenant, renonçant à baser l'application de ce mouvement comme chronomètre, sur l'expérience de Foucault, dans laquelle il est besoin d'imprimer au pendule un mouvement et de faire abstraction de toutes les difficultés que vous avez signalées, nous considérons le pendule en repos, et que nous examinions le mouvement spontané microscopique que j'ai indiqué; si nous suspendons le pendule dans un tube de verre ou de plomb vide d'air; si nous relevons au microscope et sur un cadran d'une précision extrême les petites déviations proportionnelles, en éliminant autant que possible tous les accidents qui pourraient troubler la position du pendule, ne serait-il pas alors possible de mettre à profit le petit mouvement continu et constant, comme je l'ai observé plus haut et de l'appliquer comme chronomètre ? mon opinion est que cela se peut. De cette manière, la résistance d'un éther que vous supposez répandu dans l'espace, ne pourrait aucunement influer sur l'atmosphère, non plus que sur le fil et la sphère suspendue, et produire une différence dans les diverses excursions microscopiques du pendule; il suffirait alors de calculer les mouvements irréguliers de translation de la terre autour du soleil, qui devraient donner une altération.

« Si cette nouvelle expérience se trouvait d'accord avec les idées que j'ai émises ci-dessus, que, *un tel petit mouvement, est produit par le mouvement de rotation de la terre*, il s'ouvrirait certainement un champ nouveau à des études nouvelles sur la déviation, surtout, du fil à plomb, que vous avez si bien démontrée dans votre hypothèse. »

Prêtre PAMIZETTI PIERRE, *Professeur*.

PRESSES LITHOGRAPHIQUES.

Les deux figures ci-jointes expliqueront mieux que ne le ferait une description, en quoi consistent les presses lithographiques exposées par M. Paul Dupont.

La figure 1 représente une PRESSE LITHOGRAPHIQUE A CYLINDRE, inventée par MM. Paul Dupont, Daret et Carlier; elle marche indifféremment à bras ou à la vapeur, et tire deux fois autant qu'une presse lithographique ordinaire : 1200 feuilles par jour au lieu de 600, en outre elle diminue notablement la peine de l'ouvrier.

La figure 2 montre une PRESSE LITHOGRAPHIQUE A CYLINDRE AVEC ENCRIER ET MOUILLEURS MÉCANIQUES; elle est de l'invention de MM. Paul Dupont, Vaté et Huguet; elle marche constamment à la vapeur comme les machines typographiques; elle imprime 4000 feuilles par jour, et procure par conséquent une économie considérable sur le prix de revient du tirage lithographique.

C'est la première fois qu'une presse lithographique marche à la vapeur d'une manière constante et à l'égal des mécaniques d'imprimerie en lettres. Cette presse est d'ailleurs construite sur le même principe que les presses typographiques. Les feuilles placées sur une table, sont prises une à une par le rouleau tourneur, en contact avec une pierre lithographique. Cette pierre remplace le chassis qui, dans la typographie, contient les caractères.

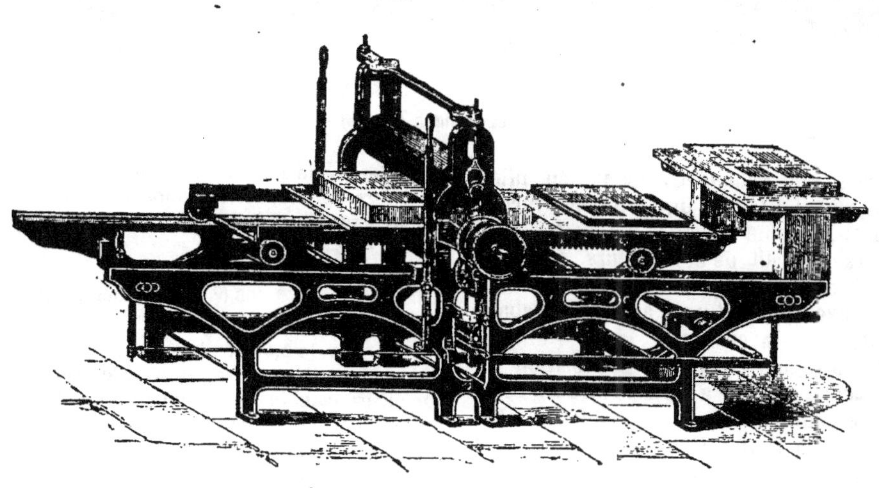

Presse lithographique (fig. 1).

Les transmissions de mouvement sont analogues à celles des machines typographiques, seulement il a fallu apporter à tout l'appareil des modifications en rapport avec le nouveau travail à effectuer. Ainsi la pression énorme dont on a besoin est exercée sur le cylindre par un système de leviers puissants. Les auteurs ont dû également ajouter aux rouleaux encreurs et coureurs des cylindres mouilleurs et épongeurs, qui, à des moments donnés, touchent la pierre et à d'autres moments s'en écartent.

Toutes les parties de cette presse fonctionnent avec une grande précision. L'histoire de cette machine n'offre pas moins d'intérêt, que les résultats qu'elle donne. Voici comment M. Paul Dupont s'exprimait à cette occasion dans une réunion générale de ses ouvriers, qui avait lieu le 16 avril de l'année dernière.

« Notre lithographie aura aussi d'ingénieuses machines à « l'Exposition, disait-il 1°. . . . .
« 2° celle de Vaté, qui a triplé la rapidité des tirages, et que « nous avons si profondément modifiée et perfectionnée « qu'on peut, à vrai dire, la considérer comme notre œuvre « propre. Vous savez, en effet, que cette machine, destinée « d'abord à l'Exposition de 1849, il y a six années, ne put pas « y figurer parce qu'elle était hors d'état de marcher. Son « auteur, après y avoir dépensé au delà de ce qu'il possédait, « avait été forcé de l'abandonner aux mains d'un bailleur de « fonds, d'où nous l'avons retirée à peu près pour le poids de « la fonte. L'inventeur était légalement déchu de toute espèce « de droits; mais comme, en définitive, l'idée première lu « appartenait, nous avons été le chercher dans l'atelier où i « était rentré comme simple ouvrier, et grâce à nos conseils, « aux indications pratiques de notre camarade Carlier et aux « fonds que nous avons avancés, des modifications impor- « tantes sont venues donner à cette presse l'âme et la vie qui avaient manqué jusqu'à ce jour. C'est là, Messieurs, le sort

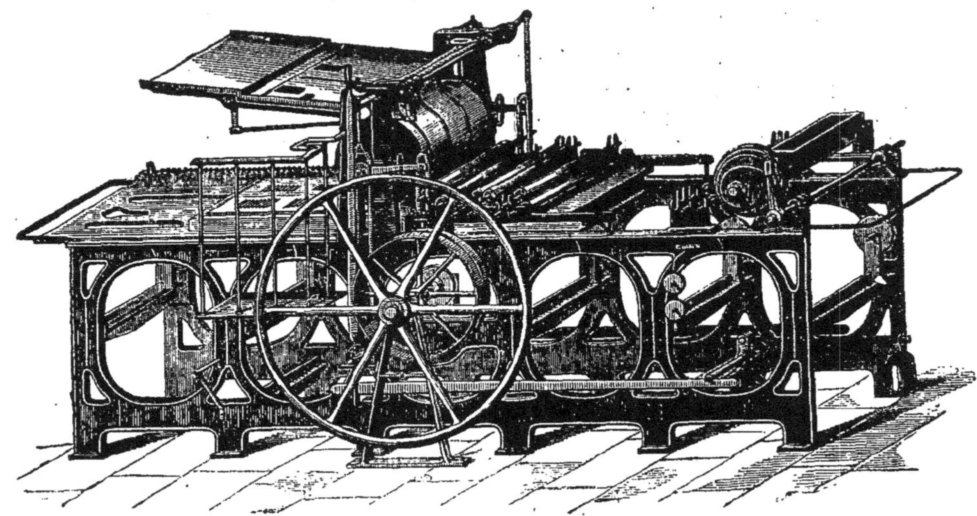

Presse lithographique (fig. 2).

« de bien des inventeurs, qui échouent et sont dépouillés « faute de temps et d'argent. Cette fois du moins, et grâce à « l'appui de notre maison, aucune injustice n'aura été com « mise, et M. Vaté jouira du fruit de ses labeurs, sauf une « juste indemnité allouée sur chaque presse vendue, à notre « camarade Carlier, en faveur duquel nous avons fait l'aban- « don de tous nos droits de co-inventeur. »

Une presse mécanique à rogner complétait l'exposition de M. Paul Dupont; ici son collaborateur a été M. Thirault; cette machine est d'un système nouveau avec plateau en fonte, table à chariot et régulateur pour la coupe. Elle permet de rogner régulièrement et avec rapidité; le couteau étant immobile, elle n'offre aucun danger et peut être au besoin manœuvrée par un enfant.

ACADÉMIE DES SCIENCES.

SÉANCE ANNUELLE DU LUNDI 28 JANVIER.

Président : M. REGNAULT.

SOMMAIRE. — *Prix décernés.* — *Prix proposés.* — *Eloge historique de* LÉOPOLD DE BUCH, *par* M. FLOURENS.

Le prix d'astronomie est partagé entre MM. Luther, pour la découverte des deux plantes *Leucothée* et *Fidès*; Chacornac, pour la découverte de *Circé*; Goldschmidt, pour celle d'*Atalante*.

Le prix de mécanique est décerné à M. Boileau, professeur à l'école d'application de Metz, pour l'ensemble de ses utiles recherches expérimentales sur l'hydraulique, science qui, ajoute la commission, malgré de nombreux, de persévérants et remarquables travaux entrepris à diverses époques en Italie, en France, en Allemagne et aux Etats-Unis d'Amérique, n'est point encore arrivée, dans ces différentes parties, à un degré de perfection et de certitude qui permette d'en faire une application précise aux cas si variés, si distincts de l'art de l'ingénieur.

Le prix de statistique est donné à M. Leplay, pour son ouvrage intitulé *les Ouvriers Européens*.

L'académie avait déjà récompensé par un prix spécial la belle découverte de M. Vicat sur les chaux hydrauliques et les ciments naturels. Aujourd'hui elle lui accorde un nouveau prix, pour ses recherches statistiques ayant pour objet de compléter les services rendus aux constructions hydrauliques dans les diverses parties de notre territoire, en indiquant les ressources minéralogiques dont nos constructeurs peuvent tirer parti.

Le prix fondé par Mme la marquise de Laplace, consistant dans la collection complète des ouvrages de Laplace et devant être décerné au premier élève sortant de l'Ecole polytechnique, appartient à M. Gay (Jean-Baptiste), entré à l'Ecole impériale des ponts-et-chaussées.

M. Brown-Séquard, ayant, par ses expériences, éclairé une des questions les plus importantes et les plus difficiles de la physiologie de la moelle épinière, celle qui est relative à la *transmission des impressions sensitives* dans cette portion de l'axe cérébro-spinal, l'Académie lui a décerné le *prix de physiologie expérimentale*.

Enfin l'Académie a accordé :

1° Un prix de 2,500 fr. à M. Duméry, pour un appareil propre à rendre les foyers fumivores;

2° Un prix de 2,000 fr. à M. Sorel, pour la combinaison du flotteur des chaudières à vapeur avec le sifflet des chaudières des locomotives, combinaison connue sous le nom de *Flotteur d'alarme*, que M. Sorel a imaginé en 1837;

3° Un prix de 2,000 fr. à MM. Boutron et Boudet, pour leur moyen de déterminer la proportion des sels à base de chaux et de magnésie dans les eaux des sources et des rivières, au moyen d'une liqueur savonneuse titrée;

3° Un encouragement de 500 fr. à M. Thiboust, de Neubourg (Eure), pour un tuyau respiratoire au moyen duquel on peut pénétrer et séjourner sans danger sous l'eau et dans des atmosphères irrespirables.

4° Six récompenses de 1,500 fr. et quatre de 1,000 fr. à MM. Hannover, Lehmann, Bouquet, Beau, Corvisart, Béraud, Cazeaux, Dareste, Tardieu et Foissac, pour différents travaux d'anatomie, de physiologie, de physique, de chimie, etc..., pouvant s'appliquer utilement à la médecine.

Nous nous empressons de passer à la lecture faite par M. Flourens, renvoyant à un autre numéro l'indication des prix proposés pour les années 1856 et 1857.

Léopold de Buch, l'un des huit associés étrangers de l'académie des sciences, esprit indépendant, synthétique, a eu la gloire de substituer à un système terrestre incomplet, cet ensemble de déductions rationnelles, de vérités fécondes, qui ont élevé la géologie au rang des sciences.

La tâche la plus délicate de l'éloge historique de ce savant consistait à montrer par quelle série de travaux, de doutes, de recherches infructueuses, il était parvenu à se détacher du *neptunisme*, dont l'école de Freyberg était alors le centre respecté de l'Allemagne entière, et dont dès 1791, le jeune de Buch avait puisé les principes dans l'intimité du maitre, l'illustre Werner. Cette tâche, M. Flourens l'a accomplie avec un grand bonheur : C'est en Italie, nous apprend l'éloquent secrétaire perpétuel, que devait s'ébranler, bien vite, sa confiance dans l'infaillibilité de son école. De Pergine, le jeune neptunien écrivait déjà : « Ici les diverses es- « pèces de roches semblent avoir été bouleversées par le chaos « Je trouve les couches de porphyre sur le calcaire secondaire; et « les schistes micacés sur le porphyre..... Tout cela ne menace- « t-il pas de renverser les beaux systèmes qui déterminent l'époque « des formations? » Dans une suite de lettres adressées à son ami de Mohl, on voit que l'Italie semblait à sa jeune et enthousiaste imagination une terre promise.

Ce fut le 19 février 1799 qu'il vit pour la première fois le Vésuve : « J'ai vu le cratère, écrit-il, j'y suis descendu, mais je n'y ai

« recueilli qu'une sainte horreur, qui ne m'explique pas davan- « tage l'enchaînement des causes et des effets. »

C'est en France, en présence des volcans éteints de l'Auvergne, que la lumière devait se faire dans son esprit.

« Ces cratères éteints, ces basaltes fondus, ces feux à de grandes profondeurs, tout cela, dit M. Flourens, dérangeait singulièrement le système du bon Werner, qui ne voulait rien admettre au-dessous du granit, et ne voyait au-dessus que des couches de formation aqueuse. Aussi, lorsque, le premier d'entre les neptuniens allemands, Léopold de Buch eut la témérité de venir, dans le foyer même du volcanisme, s'assurer que notre Auvergne, telle qu'on la dépeignait, appartenait bien au monde réel, il faisait acte d'indépendance... Son exploration de l'Auvergne fut opiniâtre et profonde; il y appliqua toutes les forces de son esprit, et, le contraignant, il en fit sortir les germes admirables de toutes les idées que sa vie entière a été consacrée à développer...

Enfin, il va jusqu'à pressentir la possibilité du soulèvement de la masse entière de ces volcans : « Eh! qui nous empêche, s'é- « crie-t-il, de concevoir toute la masse du Mont-Dore comme « *ayant été soulevée.* »

Le sol de la Péninsule scandinave, jusque-là vierge d'études, montra peu après à M. de Buch des montagnes de porphyre reposant sur le calcaire et des masses énormes de granit appuyées sur des couches à pétrifications. « Ce fut, dit M. Flourens, le dernier coup porté à sa foi première; à dater de ce moment, M. de Buch ne songea plus à défendre le neptunisme. »

Son voyage dans les Iles-Canaries marque la période d'affirmation qui dut suivre dans ses travaux le renversement des anciennes doctrines.

Ce fut alors qu'il définit nettement un volcan : « une commu- « nication permanente entre l'atmosphère et l'intérieur du globe. »

Après avoir payé un tribut d'éloges à tout ce qu'eut d'actif et de vraiment grand, la vie privée de Léopold de Buch, qui s'éteignit au commencement de 1853, à l'âge de 57 ans, M. Flourens termine par ces paroles : « Aucun homme n'a plus contribué que M. de Buch à préparer la vaste et sublime généralisation qui ose placer dans ce feu profond, dans ce feu central, dont il n'a pourtant jamais prononcé le nom, ni pleinement admis l'idée, la cause première et unique, la cause puissante et terrible, de toutes les révolutions de ce globe. »

Félix Foucou.

Société d'encouragement pour l'Industrie nationale.

SÉANCE DU 23 JANVIER.

Sommaire. — *Mémoire et rapport sur le commerce des engrais dans la Loire-Inférieure. — Nouveau mode de fabrication du minium, de la céruse et de la mine orange. — Appareil de M. Vignières pour éviter les rencontres aux embranchements des chemins de fer.*

Au nom des Comités d'agriculture et des arts chimiques réunis M. Barral a donné lecture d'un rapport sur les travaux de M. Bobierre, relatifs à la vérification des engrais commerciaux. M. Adolphe Bobierre, vérificateur en chef des engrais de la Loire-Inférieure, avait adressé à la Société d'encouragement une série de documents du plus haut intérêt sur cette importante question, au moment où elle venait de faire placer dans le programme des prix proposés par elle, un prix de 3,000 fr. pour le meilleur mémoire sur l'analyse complète des engrais usuels. Pensant alors que la Société voudrait être renseignée complètement sur la situation du commerce des engrais dans l'ouest, les Comités d'agriculture et des arts chimiques ont chargé deux de leurs membres, MM Barral et Moll, d'aller sur les lieux pour se rendre compte exactement, et de l'importance du commerce des engrais à Nantes, et de l'efficacité des moyens de répression définitivement employés contre la fraude qui s'exerçait sur ces matières.

Les raisons d'ailleurs qui ont amené l'intervention administrative dans cette branche de commerce, ne sont que trop justifiées par ce qui suit : dans l'espace de dix ans, de 1840 à 1850, il s'est vendu à Nantes 1 million 887,000 hectolitres de noir de raffineries, destinés à l'agriculture, auxquels il a été mélangé 2 millions 500,000 hectolitres de tourbe des marais de Montoir; cette tourbe qui, toute préparée, revenait à peine à 75 centimes l'hectolitre, y compris la main d'œuvre employée pour la falsification, était vendue à raison de 4 francs l'hectolitre, quand elle était entrée dans le mélange. On peut donc conjecturer que plus de 8 millions de francs ont été ainsi prélevés par la fraude sur l'agriculture, durant cette période de temps.

Un tel état de choses ne pouvait être toléré, et c'est à partir de 1850 que l'administration préfectorale de la Loire-inférieure a perfectionné peu à peu les mesures répressives, dues surtout à l'étude approfondie que M. Bobierre a faite de la question. Ces mesures ont effrayé les falsificateurs et rassuré la consommation d'une manière si efficace, que les départements de la Gironde, d'Ille-et-Vilaine, de Maine-et-Loire, de la Vendée, de la Côte-d'Or, de Seine-et-Marne, du Loiret, etc., ont adopté la législation définitive de la Loire-Inférieure : c'est surtout depuis le dernier arrêté, pris à la date du 5 juin 1853, que la ville de Nantes a pu voir le commerce des engrais rentrer dans une situation normale.

Nous ne pouvons retracer ici les nombreux détails fournis par le rapport, sur l'emploi des matières employées comme engrais en Bretagne; à Nantes, ce commerce consiste principalement dans la vente du noir animal; la plus grande activité dans ces transactions s'y déploie surtout du mois de mars au mois de septembre, il arrive dans ce port les résidus de clarifications des raffineries de Paris, de Bordeaux, de Marseille, du Havre, d'Orléans, de Londres, de Hambourg, d'Amsterdam, de Stettin, de Kœnigsbourg, de Libourne, de Venise, etc.; à ces arrivages il faut joindre les noirs en grain de Saint-Pétersbourg, de Riga de New-York; les résidus de la révivification et du blutage des sucreries indigènes; les noirs fins, provenant de la carbonisation des os après extraction de la gélatine; les produits de la calcination des déchets des boutonneries, etc.... Toutes ces substances forment par an un total de 17 millions de kilogrammes environ, savoir 7 millions de noir animal de provenance étrangère et 10 millions d'origine française. Ce commerce représente annuellement une valeur de 2 millions 210,000 francs.

La qualité des terres de la Bretagne explique cet immense mouvement, car les terrains sur lesquels le noir agit comme engrais, présentent tous ce double caractère facilement appréciable, absence de carbonate de chaux, présence d'une certaine quantité de détritus organiques : c'est donc sur les *landes*, et avant tout sur les landes récemment défrichées et non écobuées, ni marnées, ni chaulées, que l'action du noir animal est le plus énergique. Au double point de vue du ménagement des terres déjà anciennes, et du défrichement des landes encore incultes, la répression des abus du commerce a été un bienfait, mais il y a plus encore, puisque par ses travaux analytiques, M. Bobierre a paru aux membres délégués de la Société avoir fait faire un pas immense à la question des engrais.

Avant le dernier arrêté préfectoral, ces mesures repressives s'étaient bornées à la création d'un chantier départemental, où tous les tas d'engrais exposés sont garantis avoir une composition préalablement déterminée par le chimiste vérificateur en chef des engrais : quiconque s'adresse à ce chantier est donc sûr d'obtenir un engrais garanti pur par l'autorité. Du relevé des ventes de ce chantier, fourni par M. Barral, nous n'extrayons que les nombres qui correspondent aux deux époques extrêmes : en 1850, il a été vendu 683 hectolitres, représentant une valeur de 8,196 francs; en 1855, il en a été vendu 9,272, qui ont produit 111,264 francs.

Aujourd'hui des mesures plus capitales encore ont été adoptées, parmi lesquelles nous citerons les suivantes : tout commerçant vendant des matières désignées comme propres à fertiliser la terre, doit placer à la porte de ses magasins et sur chaque tas d'une espèce spéciale, un écriteau, indiquant : le nom de l'engrais, écrit sans abréviation en lettres de 1 centimètre de hauteur; la richesse (en chiffre de même dimension) de l'engrais, soit simplement en phosphate de chaux, si c'est du noir animal, soit en phosphate de chaux et en azote si c'est du guano ou un mélange de matières animales ou de sels ammoniacaux; à tout instant l'autorité a le droit, ainsi que l'acheteur, de faire analyser au laboratoire départemental des échantillons quelconques des substances prises sur les tas. Inutile d'ajouter que tout commerçant doit avoir fait dès le premier jour sa déclaration au maire de sa commune, et que les indications portées sur ses écriteaux lui sont fournies par le même laboratoire. Toutes les analyses d'ailleurs sont gratuites.

Ces mesures exigeaient de la part de M. le vérificateur une activité infatigable, et par dessus tout une méthode d'analyse assez rapide pour satisfaire aux besoins du commerce. Après avoir dit quelques mots de cette méthode et des études qu'elle pourra solliciter par la suite, M. Barral conclut à ce que la Société d'encouragement donne son approbation aux travaux de M. Bobierre, et demande l'insertion du rapport tout entier au bulletin.

Ces conclusions sont votées à l'unanimité.

— D'après la demande de MM. Pallu et Delaunay, manufacturiers, la Société d'encouragement avait chargé trois de ses membres, MM. Barresvil, Salvétat et Chevalier, d'aller examiner sur les lieux un nouveau procédé de fabrication de la céruse, du minium et de la mine orange, enfin de diverses préparations du plomb, par des moyens qui font disparaître les dangers de cette fabrication. L'usine de MM. Pallu et Delaunay est située à Portillon près Tours (Indre-et-Loire); cet établissement a cinq fours à double chauffe à la houille, dont quatre fonctionnent continuellement; on y calcine par chaque opération, 1,500 kilogrammes de plomb, qui sont amenés en douze heures à l'état d'oxyde, lequel oxyde est séparé en deux parties, l'une servant à fabriquer la céruse et l'autre le minium. Ces deux modes de fabrication n'ont point seuls frappé les membres de la commission qui ont pu constater surtout l'intelligence et la sollicitude avec laquelle la vie des ouvriers est préservée du danger des inhalations métalliques; plusieurs sortes de progrès, signalés par cet examen, ont par suite donné lieu à un rapport très étendu sur cette matière.

Il serait trop long d'analyser ce rapport : disons seulement que dans ce qui a trait à la fabrication, le broyage à l'huile est joint à la production des oxydes en poudre ou en pain, ce qui est une heureuse impulsion donnée à cette branche d'industrie, car il résulte de recherches nombreuses que les broyeurs employés chez les marchands de couleurs sont souvent atteints de coliques saturnines. Pour ce qui est maintenant de la santé des ouvriers, de moyens mécaniques et hygiéniques sont mis enœuvre tout à la fois.

D'une part, le coffre dans lequel l'ouvrier vide l'oxyde de plomb pendant l'opération, est en communication avec un ventilateur spécial fonctionnant constamment, de sorte qu'il se forme autour de l'ouvrier un appel du dehors au dedans, qui absorbe toutes les poussières nuisibles à la santé. L'air ainsi appelé par le ventilateur est jeté par une longue cheminée dans l'atmosphère, après s'être dépouillé de la plus grande partie de ses poussières, par son passage dans de longs canaux de bois. Comme effet salutaire, nous citerons entre autres ce qui se passe dans la fabrication du minium. Cinq ouvriers produisent de 1,700 à 1,800 kilogrammes de cet oxyde par jour, et aucun d'eux n'a jamais été atteint de coliques: il en est de même dans toutes les autres branches, qui, en outre des trois oxydes déjà nommés, embrassent encore le blanc de zinc dont il se fait de 1,800 à 2,000 kilogrammes par jour, dans un four à sept cornues, et le blanc dit de Saint-Cyr, qui est un mélange de blanc de plomb et de blanc de zinc.

D'autre part, en ce qui tient à l'hygiène, afin d'éviter tout contact des ouvriers avec les produits vénéneux, il est alloué à chacun un vêtement complet de travail. L'ouvrier est tenu de le mettre avant d'entrer dans l'atelier : après l'avoir dépouillé et avant de reprendre son propre vêtement, il doit s'être fait une ablution à l'eau savonneuse. Nonobstant toutes ces précautions, les fabricants font visiter *tous les ouvriers* chaque semaine, par un médecin qui leur ordonne fréquemment des bains qu'ils prennent dans l'établissement même.

Il est résulté de l'examen de la commission, que la fabrication des oxydes de plomb dans la fabrique de MM. Pallu et Delaunay, est aussi inoffensive que possible; que lorsqu'on aura interdit la vente de la céruse en pain, les nombreux accidents attribués à cette substance disparaîtront, et que le mode de broyage imaginé par ces deux manufacturiers est appelé à faire une révolution complète dans l'industrie du broyeur.

Sur un tel résumé, la Société d'encouragement a voté à l'unanimité des remerciements pour leur communication à MM. Pallu et Delaunay, ainsi que l'insertion *in extenso* du rapport au bulletin.

—M. Combes a lu ensuite un rapport fait par M. Phillips, au nom du comité des arts mécaniques, sur une nouvelle disposition imaginée par M. Vignières, agent de la surveillance de la voie au chemin de fer de l'Ouest, pour assurer la sécurité des trains au passage des embranchements. Une figure étant nécessaire, nous renvoyons pour les détails au prochain numéro.

Société impériale et centrale d'Agriculture.

SÉANCE DU 23 JANVIER.

SOMMAIRE. — *Peste bovine. — Travail et recherches de M. Delafont sur les caractères de la race bovine dite des steppes.*

Plusieurs journaux d'agriculture, et après eux les journaux politiques, ayant parlé il y a quelque temps de la peste bovine qui s'est fait sentir dans quelques parties de la Pologne et de la Prusse et plusieurs demandes ayant été adressées à la Société de la part des éleveurs français, M. Delafont écrivit, le 11 janvier de cette année, au professeur Spinola, docteur de l'Ecole vétérinaire de Berlin à l'effet de savoir 1° si l'épizootie existait véritablement en Prusse; 2° dans le cas de l'affirmative, si elle avait été apportée par la race bovine dite *des steppes* ; 3° quelle était la gravité des pertes, et, en dernier lieu, par quelles mesures on s'occupait de combattre le fléau.

La Société a entendu aujourd'hui la lecture de la réponse faite à cette lettre par M. Spinola, à la date du 18 janvier. De cette lettre il ressort que l'est de la Prusse, et notamment le grand-duché de Posen, sont bien véritablement envahis par la peste bovine, l'un depuis deux mois à peu près, et le dernier depuis bientôt un an; mais que partout l'épidémie est dominée par des mesures de police sanitaire d'une stricte rigueur. Un cordon de troupes, renforcé principalement du côté des steppes polonaises, se rend maître du fléau en cernant toutes les fermes infestées et abattant tous les animaux malades, ou même ceux qui, sans être malades, peuvent inspirer quelque doute. M. Spinola s'attache à rassurer ainsi les éleveurs et les cultivateurs de la France, de telles mesures sanitaires étant complétement en état d'isoler et d'extirper le fléau, à moins, ajoute-t-il, que la guerre ne vienne s'allumer en Allemagne.

—M. Delafont communique ensuite un travail dans lequel il recheche les caractères de la race bovine dite des steppes, les différentes modifications apportées à cette race par les migrations qu'elle a subies, et, en dernière analyse, le rôle qu'elle joue dans l'apparition, en Europe, de la peste bovine. Nous n'avons entendu aujourd'hui que la première partie de ce travail qui contient une classification très détaillée des différentes variétés de la grande race bovine des steppes, originaire de cette partie de la Russie méridionale qui s'étend du gouvernement d'Ekaterinoslaw jusqu'en Crimée. Une variété très remarquable entre toutes est celle de la race *hongroise*, dont les cornes ont de 80 à 90 centimètres de long, sur 30 ou 35 centimètres de diamètre à leur base; les bœufs de cette race ont servi au transport des armées russes, autrichiennes et prussiennes, pendant les guerres de 1792 à 1815, et la France leur doit l'importation de l'épizootie terrible qui ravagea ses bestiaux après les deux invasions. Aujourd'hui, l'émigration de ces bœufs, qui s'éleva à 150,080 têtes dans la seule année 1802, n'atteint plus que le chiffre de 50,000, et est restreinte à l'intérieur des frontières de l'Autriche : d'autre part, cette espèce semble avoir perdu la faculté de contracter spontanément le typhus, faculté qui l'avait fait accuser pendant plus de deux cents ans d'être la cause des contagions parmi les bestiaux. M. Delafont a consulté souvent dans ses recherches un ouvrage publié en 1846 sur cette matière, par M. Spinola, et d'après tous les renseignements qu'il s'est procurés, il a pu dresser une carte où se voient les routes parcourues par les différentes espèces de la race des steppes, dans leurs migrations des plaines de la Russie vers le centre et l'ouest de l'Allemagne. Sur cette carte, les endroits affectés du typhus sont marqués par un T, et les lieux de provenance des différentes variétés de la grande race font connaître ces variétés par les dimensions et la forme des cornes qui s'y rapportent. A cette carte étaient jointes de petites gravures de toutes ces variétés, quelques-unes avec leurs attelages.

FAITS DIVERS.

CIRCULATION. — Le service télégraphique entre Bone et Constantine (Algérie), vient d'être complété par l'ouverture qui a eu lieu le 11 janvier courant, de la ligne de Guelma à Bone.

De même que nous sommes heureux de constater le plus possible les efforts de la science vers la constitution des instruments de la richesse, nous ne devons pas négliger de signaler, malgré leur impuissance, les tentatives, en sens inverse, de l'esprit de secte. En Suède, où la télégraphie électrique a été introduite depuis peu, la ligne de Vennersberg à Lidkdeping a eu ses fils coupés en deux endroits, savoir : près de l'église de Saerrestad et aux environs de Graestorp, par deux individus, qui, loin de nier le fait, ont déclaré qu'ils croyaient avoir fait par là une excellente action, *le télégraphe électrique étant une invention du diable et contraire à la volonté de Dieu.*

Comme preuve des progrès accomplis chaque jour, grâce à la

vapeur, dans le système général de la circulation, nous extrayons les détails ci-après du relevé des opérations de la Compagnie du *Lloyd autrichien*, pendant l'année 1854 toute entière.

« Durant cette année là, le nombre des voyages faits par les paquebots de la Compagnie s'est élevé de 1,465 à 1.875 ; la distance totale parcourue de 776,415 milles marins à 857,776; le nombre des passagers transportés, de 331,683 à 361,071; les envois de numéraires, de 59 millions 528,125 florins à 85 millions 317,675; le nombre des lettres, de 748,936 à 901,034; les quantités de marchandises transportées, de 1 million 017,618 quintaux de Vienne à 1 million 613,777.

Si l'on réfléchit maintenant que deux autres grandes entreprises rivales, savoir : La *peninsular et oriental Company* et la *Compagnie des Messageries impériales*, se partagent avec le *Lloyd autrichien* l'ensemble des transports sur les mêmes lignes de communications, on se fera une idée approchée de l'essor que prend le mouvement européen vers la Méditerranée.

— DANS UN OUVRAGE, publié il y a quelque temps, et qui a pour titre *Théorie de la Raison humaine*, M. Bailly affirme que le *triangle équilatéral et le tétraèdre régulier* sont les unités logiques et réelles des surfaces et des volumes ; et, qu'en les substituant au *carré* et au *cube*, la géométrie et toutes les mathématiques seraient considérablement simplifiées. Il a entrepris de refaire la géométrie d'après ces nouvelles idées, et il est arrivé, dit-il, à faire voir que tout triangle, ayant pour surface *sa base* multipliée *par l'oblique menée du sommet et faisant avec cette base un angle de* 60°, *il suffit de mesurer une seule ligne pour trouver la surface d'une figure quelconque.* La simplification ne serait pas moins grande pour les volumes. De plus, l'auteur prétend que cette réforme conduit à la suppression de la trigonométrie et abrège beaucoup la géométrie analytique.

MINES. — A l'heure où, par suite de l'essor de la grande industrie, les nations les plus riches semblent devoir être celles que possèdent le plus de chemins de fer et de houille, il ne sera pas indifférent de lire quelques extraits d'une note publiée par la *Gazette d'Augsbourg*, sur les montagnes de fer qui existent près du lac Supérieur, ainsi que dans l'Etat de Missouri, aux Etats-Unis : « Sur la propriété de la Cie Jackson, près du Lac Supérieur, se trouve une montagne de fer, qui s'élève de 50 pieds au moins au-dessus de la plaine et se compose presque de minerai pur. Sur les terrains de la Cie Cleveland, s'en trouve une autre qui s'élève à 150 pieds du sol. . . . .
Les montagnes de fer du Missouri (*Iroun-montain* et *Pilot-Knob*), sont des collines coniques d'oxide de fer micacé, qui s'élèvent de 200 à 300 pieds au-dessus de la plaine, et dont la richesse métallique se répand sur une étendue de 3 à 4 milles anglais. . . .
La production totale du fer brut dépasse actuellement dans les Etats-Unis, 600,000 tonnes et occupe 36,000 ouvriers. La consommation y étant de 700,000 tonnes, on y importe annuellement de l'étranger aujourd'hui 80,000 tonnes environ. Mais cette proportion changera complétement par l'ouverture du canal de Sainte-Marie, navigable entre le lac Supérieur et le lac Huron, et par l'exploitation croissante des riches gisements dont nous venons de parler.. . . . .
La richesse métallique de ces montagnes de fer exercera peut-être encore plus d'influence sur le progrès et le développement des Etats-Unis, que les mines d'or de la Californie. »

STATISTIQUE. — Nous extrayons les nombres suivants du relevé des pertes essuyées par la navigation, durant l'année 1855 : il y a eu 1,982 naufrages ; 743 abordages sur lesquels 69 pertes totales; 62 incendies: les bateaux à vapeur perdus sont au nombre de 123, qui se répartissent comme il suit : 11 français, 44 anglais, 55 américains et 13 pavillons divers.

UNE NOUVELLE MER A CRÉER. — Le capitaine W. Allan, de la marine britannique, a publié, dit l'*Opinione* du 24 décembre, une brochure dans laquelle il propose de convertir en mer le désert de l'Arabie. Une grande vallée s'étend au sud du mont Liban, du pied de cette montagne au golfe d'Akaba, qui n'est qu'un bras avancé de la partie septentrionale de la Mer Rouge. Le capitaine anglais pense que cette vallée a été autrefois une grande mer. Dans beaucoup d'endroits, le sol est de 1,300 pieds plus bas que le niveau de la Méditerranée, et dans cet espace sont renfermés le lac de Tibériade et la Mer Morte.

M. Allan émet l'opinion que cette mer étant séparée de la mer Rouge par l'élévation du pays situé à l'extrémité méridionale, et n'étant alimentée que par de petits torrents, aurait été desséchée par la chaleur des rayons du soleil. Il propose de creuser un canal du golfe d'Akaba à la Mer Morte, et un autre de grandeur égale de la Méditerranée, près du mont Carmel, à travers la plaine d'Esdraelon jusqu'à l'interruption existant dans la chaîne montueuse du Liban. De la sorte, la Méditerranée, faisant irruption avec une chute de 1,300 pieds, remplirait la vallée, et ce désert stérile et inutile serait changé en un océan de 2,000 milles d'étendue.

Le voyage aux Indes par mer serait ainsi aussi court que la route de terre par l'Egypte (Overland route). Un pays en ce moment complétement aride et stérile deviendrait fertile, et la Palestine verrait augmenter sa population et la culture de son sol. Le projet est magnifique, mais est-il praticable, et combien son exécution coûterait-elle ?

CULTURE DES ARBRES FRUITIERS. — La société d'agriculture et d'horticulture de Vaucluse recommande le procédé suivant, qu'elle considère comme certain pour obtenir des fruits : à l'automne on fait autour des arbres fruitiers une fosse circulaire assez profonde, en laissant cependant une légère couche de terre sur les premières racines ; on emplit cette fosse de fumier ; lorsque le fumier est gelé, on le recouvre de la terre extraite du trou. Le fumier ainsi recouvert ne se dégèle que très tardivement; il a pour but de retarder la végétation de l'arbre, qui, ne fleurissant pas de bonne heure, n'est point exposé aux dernières gelées du printemps.

Un second moyen, très employé dans le Vaucluse, et indiqué par M. le professeur Dubreuil, consiste simplement dans l'arcure des branches et repose sur les faits que voici : les arbres qui donnent le plus de fruits sont ceux dont les branches ont une croissance horizontale, et plus ils se rapprochent de la verticale, moins ils fructifient ; ainsi, les rameaux du dessous des branches, ceux qui poussent de haut en bas, sont autrement productifs que ceux qui s'élèvent de bas en haut.

BULLETIN BIBLOGRAPHIQUE.

L'ART DE DÉCOUVRIR LES SOURCES, par M. l'abbé Paramellè. 1 vol. in-8°, chez Victor Dalmont, 49, quai des Grands-Augustins.

— INSTRUCTIONS PRATIQUES SUR LA PISCICULTURE, par M. Coste. 2e édition in-18 avec gravures sur bois, chez Victor Masson, place de l'Ecole-de-Médecine.

— HISTOIRE LITTÉRAIRE DE LA RÉVOLUTION, par Eugène Maron. In-18, t. 1, 3 fr., Chamerot, 13, rue du Jardinet.

— L'IDÉAL, par Alexandre Weill. In-18, Ledoyen, galerie d'Orléans.

— MÉMOIRE sur le *Vallisneria Spiralis*, par Ad. Chatin. In-4, avec 5 pl. gravées. Mallet-Bachelier, 55, quai des Augustins.

— LIVRE UNIVERSEL de lecture et d'enseignement prescrit ou autorisé par la loi pour les écoles primaires, ou encyclopédie de l'instruction primaire. *Instruction morale* : Histoire sainte. Mythologie. Histoire grecque. Histoire romaine. Histoire moderne. Géographie. — *Instruction grammaticale* : Grammaire française. Orthographe. Ponctuation. Logique. Versification. Rhétorique. — *Instruction mathématique* : Arithmétique. Dessin linéaire. Arpentage. Nivellement. Système métrique. Tenue des livres. — *Instruction musicale*. — *Instruction scientifique* : Physique. Chimie. Mécanique. Astronomie. Histoire naturelle. Hygiène. Agriculture. — *Instruction civique* : Histoire de France. Législation. — *Tableau abrégé des connaissances humaines* avec Questionnaires, Mappe-Monde et Figures, par C.-J.-B. Amyot, avocat, secrétaire-général de la Société pour l'instruction élémentaire, etc. 1 vol. grand in-18, cartonné. Prix : 1 fr. 50 c.

Prix d'abonnement pour l'étranger.

Allemagne, 8 fr.;— Suisse, Parme, Plaisance, Modène, 8 fr. 50.— Etats Sardes, Grèce, Crimée, 9 fr.; — Hollande, Angleterre, 10 fr.; — Etats-Unis, Indostan, Turquie, 10 fr. 50; — Belgique, Prusse, Hanôvre, Saxe, Pologne, Russie, Espagne, Portugal, 11 fr.; — Toscane, 12 fr.; — Etats-Romains, 16 fr. 50.

Le propriétaire, rédacteur-gérant :
VICTOR MEUNIER.

PARIS. — IMP. J.-B. GROS, RUE DES NOYERS, 74.

Deuxième année. — N° 6. Quinze centimes. 10 février 1856.

L'AMI DES SCIENCES

BUREAUX D'ABONNEMENT
13, RUE DU JARDINET, 13
Près l'Ecole de Médecine
A PARIS

JOURNAL DU DIMANCHE
SOUS LA DIRECTION DE
VICTOR MEUNIER

ABONNEMENT POUR L'ANNÉE
PARIS, 6 FR.; — DÉPART., 8 FR.
Étranger (Voir à la fin du journal)
ENVOYER UN MANDAT DE POSTE

Barrage omnibus DE M. BEL.

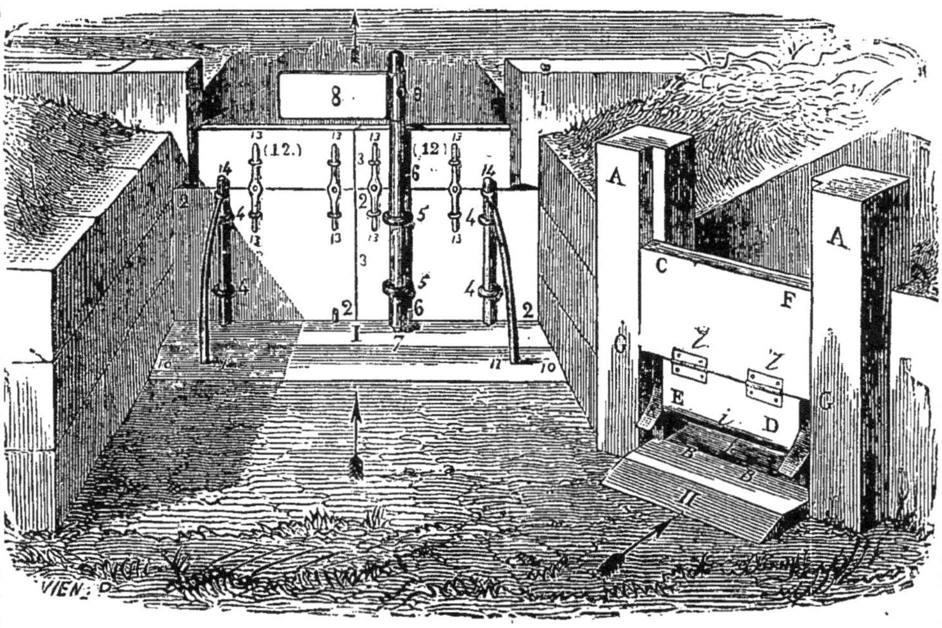

BARRAGE OMNIBUS.

En 1818 un arrêté préfectoral prescrivit l'abaissement de la chaussée ou prise d'eau des moulins de la ville d'Orgelet (Jura); d'où oppositions sur oppositions et rejets sur rejets de la part des propriétaires et de l'administration, à tel point que ce ne fut qu'en 1836 qu'une ordonnance royale confirma l'arrêté, lequel reçut d'office son exécution. Pour compléter le chiffre de l'*abaissement* d'une chaussée ou écluse que l'ingénieur disait avoir été établie sans autorisation, bien qu'elle datât du XIIe siècle, il fallut en ouvrir toute la hauteur et creuser en sus le lit de la rivière de 30 centimètres dans la terre vierge et plus profondément encore le lit du canal. Aussi, chaque crue encombrait-elle celui-ci, d'où des curages tellement fréquents et dispendieux, que M. Bel, l'un des propriétaires atteints par l'arrêté, était sur le point de fermer son usine et de transformer sa propriété en simple ferme, quand lui vint l'idée providentielle des barrages qu'il appelle *omnibus*, et dont un commencement de réalisation a suffi pour assurer de l'eau à son canal exempt désormais de curages, pour préserver la prairie voisine du ravage des eaux, au temps des récoltes, et à lui fournir, aux jours favorables, une plus riche irrigation.

Grandement perfectionné depuis, le barrage omnibus dont nous donnons la représentation figurait à l'Exposition dernière et vient d'être l'objet de rapports éminemment favorables, tant à la Société d'agriculture qu'à la Société d'encouragement. Il est destiné par son auteur :

1° A prévenir, *à coup sûr*, les inondations dans la saison des récoltes, et à en accroître, *à volonté*, le volume de reflux dans les temps d'irrigation, au profit de la récolte prochaine;

2° A préserver les canaux d'usine et autres de tout encombrement, partant, de tout curage, comme d'un trop-plein dommageable, tout en assurant aux moteurs hydrauliques un roulement plus régulier et sans chômage;

3° A restituer à l'agriculture une multitude de prés, jadis excellents, que le voisinage des chaussées ou barrages permanents a transformés en marécages ;

4° Enfin, à tarir la source des procès entre les propriétaires riverains des cours d'eau.

Description. — Le barrage-omnibus, n° I, substitué aux chaussées et autres barrages fixes, en totalité mieux qu'en partie, se compose, selon la largeur de la rivière à barrer, d'une ou de plusieurs paires de vannes, ventaux, ou portières horizontales, entremontants, culées, ou piles équidistantes et semblables.

1-1 sont deux de ces culées ou piles; 10-10, un seuil en bois ou en pierre arasée, établi au fond du lit de rivière; 2-2, paire de vannes sur champ, où chacune est maintenue par une tige en fer rond, scellée sur le seuil à égale distance des bouts de chaque vanne, et passant par les œils, ou boucles des pitons 4-4, vissés dans le devant de ces vannes. 6-6, autre tige, passant dans les pitons 5-5, et posée près de l'extrémité 3-3 de la vanne de droite. Cette extrémité est taillée en biseau de l'amont à l'aval, au lieu que l'extrémité correspondante de l'autre vanne l'est de l'aval à l'amont, afin que, l'omnibus fermé, la première assujettisse la seconde. Cette troisième tige, évidée en forme de gouge à son pied, affleure le seuil, mais n'y est point scellée. Elle se meut dans ses pitons 5-5, et porte un pavillon en tôle 8, que l'on fixe avec sa clavette 9, et que l'on fait girouette en retirant cette clavette. 7 est une pointe ou pivot d'arrêt, au devant duquel s'adapte ou s'emboîte la gouge, quand on ferme le barrage. 11-11, pieds de renfort, arqués pour les tiges 4-4, scellés aussi sur le seuil, à leur amont, et déterminant avec elles un plan perpendiculaire à ce seuil, dans le sens du fil de l'eau. 12-12, vannes de hausse, pareilles à celles 2-2, et leur étant unies par des charnières ou paumelles posées à la paroi d'aval, derrière laquelle elles restent repliées, excepté aux jours d'irrigation qu'on les redresse et qu'on les assujettit au moyen de targettes ou verrous 13-13, établis sur la paroi antérieure.

Le barrage accessoire n° II est une vanne brisée CD, horizontale et hydromobile, divisée en ses deux ailes ou volants; l'un, CF, d'une largeur égale à celle du petit ED, plus la hauteur *i-i* de l'ouverture du canal de prise d'eau. Cette vanne, par la pression de l'eau, fait demi-tour entre les culées AA sur deux tourillons GG, roulants dans deux pitons ou bien dans deux gorges pratiquées au devant des culées. LL, sont deux charnières placées à la face antérieure de la vanne ouverte, et unissant les deux ailes dont la grande est en haut, pendant les basses eaux, et en bas dans les crues. KK sont deux ressorts pour recevoir le grand volant lorsqu'il s'abaisse, et l'empêcher de fermer trop tôt l'entrée à l'eau dans le canal.

La longueur du petit volant est égale à la distance des culées et celle du grand à cette distance plus la largeur des deux feuillures, ce qui ne laisse à la vanne entière qu'un demi-tour à faire, soit pour ouvrir soit pour fermer l'entrée du canal.

L'espace restant entre la vanne et le dessus des culées doit, dans le but d'éviter un trop-plein nuisible du canal, être occupé par une porte sur gonds placés devant la culée d'amont et que l'eau ferme avant le débordement du canal.

Jeu de l'appareil. — Quand les eaux sont fort basses, on ferme l'omnibus de la rivière et l'on ouvre la vanne du canal par des moyens divers trop simples pour avoir besoin d'être indiqués. L'omnibus renvoie alors, au besoin, toute l'eau du courant alimentateur dans le canal, sans aucun gravier, ce qui assure aux usines inférieures un roulement sans chômage.

Survient-il une crue à faire craindre une inondation, l'eau atteint d'abord le petit volant ED, le pousse en dedans du canal, ce qui amène le grand sur les ressorts KK et les joint avec lui par degrés dans les feuillures : alors les graviers ne peuvent pénétrer dans le canal, où l'eau s'élance bientôt seule en renversant le petit volant sur ses charnières derrière le grand. Le canal ne pouvant plus être encombré est désormais exempt de curage.

La rivière continuant de grandir, dépasse bientôt les arêtes des vannes 2-2, les submerge, fait le niveau derrière et devant elles, et le poids de l'eau à l'aval compense le poids de l'eau à l'amont, en sorte que le courant parvenant au pavillon, âme du barrage, lui fait aisément faire un quart de tour, ainsi qu'à son manche ou hampe; ce qui dégage sa gouge du pivot d'arrêt et ouvre le barrage, dont les vannes 2-2 se rangent au fil de l'eau. La rivière retrouvant toute la capacité de son lit, baisse tout à coup et l'inondation est conjurée, à moins de devenir diluvienne, et dans ce cas, l'omnibus la rend moindre.

Si l'équilibre dont il a été question paraissait insuffisant, on en trouverait un plus complet dans l'égalité de pression de l'eau d'amont, contre les deux côtés de chaque vanne 2-2 déterminées par les fiches 4-4, la pression devant l'une de ces moitiés compensant, ou à peu près, la pression contre l'autre, en sorte que le courant venant à atteindre le pavillon, lui fait aisément exécuter son quart de tour ainsi qu'à sa hampe, ce qui suffit pour que le barrage s'ouvre de lui-même et préserve les récoltes de tout ensablement.

Lorsque les récoltes sont rentrées et que l'on veut irriguer, on ferme le barrage principal et on retire la clavette du pavillon, ce qui en fait une girouette, tournant sur son épaulement sans pouvoir dégager la gouge du pivot d'arrêt. Alors le barrage restant fermé, l'eau reflue et irrigue au loin la prairie. Pour la *faire boire* davantage, en accroissant le reflux, on dresse les hausses (12) et on les fixe par leurs targettes ou verrous 13-13; l'eau s'en élève d'autant et donne une irrigation plus abondante, d'où une récolte prochaine plus riche.

Conclusion. — Les barrages-omnibus ne demandent aucune manœuvre, excepté pour fermer celui de rivière et ouvrir son accessoire dans les eaux les plus basses, et réciproquement; car, dans les grandes, le premier s'ouvre et l'autre se ferme spontanément. Dès lors, plus d'alarmes, plus de désastres, plus de victimes, plus de curages, de digues impuissantes, de reflux nuisibles ni de procès. Les francs bords et les marécages causés par les barrages fixes sont reconquis à l'agriculture, et nos prairies recouvrent la moitié de leur valeur, que les inondations leur ont enlevée. Ajoutons que l'établissement du double barrage coûte à peine le quart de tout autre.

Curabilité de la phthisie.

Sublata causa tollitur effectus.

De tous les corps répandus à la surface du globe, le calcaire est un des plus importants, puisqu'il forme à lui seul les quatre cinquièmes de la croûte terrestre; il existe en dissolution dans presque toutes les eaux et combiné en proportions diverses avec l'humus. Aussi toutes les plantes sont-elles, plus ou moins imprégnées de sels calcaires, mais surtout celles qui forment la base de l'alimentation de l'homme. Il est donc naturel que les sels de chaux fassent partie intégrante de quelques-uns de nos organes et se trouvent mélangés à presque tous les liquides de l'économie, non pas accidentellement, mais par une assimilation constante et la loi primordiale, providentielle qui préside à l'existence de tous les êtres. Nous trouvons déjà dans le squelette des proportions considérables de sels de chaux, puisque l'analyse constate soixante-quatre pour cent de sels calcaires sur lesquels cinquante et un pour cent de phosphate calcaire tribasique; les dents ainsi que les os présentent une calcarisation d'autant plus considérable que l'individu est plus âgé, et à peu près dans les mêmes proportions. Les productions épidermiques, ongles, cheveux, poils, la chair musculaire, les viscères et même le cerveau fournissent par l'incinération du phosphate de chaux en proportions diverses. La salive, les larmes, le mucus, les sucs gastriques et pancréatiques, la bile, le chyme, le chyle, la lymphe, le sang, la synovie, le lait, la sueur, l'urine, le pus et le produit de l'expectoration à des degrés différents tiennent des sels calcaires en dissolution. Les productions accidentelles qui se trouvent dans le corps humain sont aussi calcaires, telles sont la gravelle, les calculs de la vessie, les concrétions biliaires tophanées, etc.

Que devons-nous conclure de cet ensemble de faits sinon que le calcaire est indispensable à notre existence, et qu'il est un des matériaux les plus précieux de l'économie. Essayons de démontrer que l'insuffisance des sels de chaux dans l'enfance et la jeunesse est une cause très-fréquente de maladies plus ou moins graves.

Quelles sont d'abord les affections qui, dans le jeune âge, reconnaissent cette cause? Citons en premier lieu celles qui sont produites par l'incomplète nutrition des os, l'hydrocéphalie, l'ostéomalaxie, le rachitisme. Ces maladies, dans la plupart des cas, procèdent d'une lactation mauvaise, incomplète et de l'état de faiblesse de la mère pendant la gestation; le lait trop séreux, sans plasticité, trop peu calcaire en un mot, n'apporte pas dans le torrent circulatoire le phosphate indispensable pour la nutrition osseuse et la consolidation des parties qui constituent le squelette; de là le ramollissement et la distension anormale des parois crâniennes dans l'hydrocéphalie, l'incurvation des membres et les difformités de la colonne vertébrale dans l'ostéomalaxie et le rachitisme. Dans ces affections desquelles dérivent presque toutes les formes de la maladie scrophuleuse, les os sont trop gélatineux et pas assez calcaires. C'est à l'influence d'une mauvaise lactation, bien plus qu'aux dispositions héréditaires, qu'il faut attribuer un nombre si considérable d'enfants chétifs et de personnes contrefaites dans les grands centres de population. Le lait, dans les conditions normales, étant fortement calcaire, devient incomplétement nutritif, et ne peut plus consolider le squelette s'il renferme trop peu de phosphate. Pour peu alors que l'alimentation après le sévrage ne soit pas très-analeptique, c'est-à-dire riche en calcaire, le mal ne fait qu'empirer et devient sans remède. Dans un âge plus avancé, la croissance trop rapide, le manque d'insolation, le travail excessif ou insalubre, mais surtout les mauvaises habitudes, tant avant qu'après la puberté, deviennent aussi des causes d'appauvrissement calcaire.

Si les maladies que nous venons d'énumérer rapidement doivent être attribuées au trop peu de calcaire ou à son altération (par excès d'acide), logiquement nous devons admettre que la consomption tuberculeuse est la conséquence de l'incompléte calcarisation, ou, ce qui est synonyme pour nous, de la nutrition imparfaite? Ne voit on pas tous les jours la phthisie tuberculeuse se déclarer après des parturitions trop rapprochées ou un allaitement prolongé? dans les deux cas, il y a pour la mère une perte énorme de phosphate calcique. Et chez les ruminants, combien de vaches phthisiques pour avoir sécrété trop de lait? Le fait existe et on doit l'expliquer, en considérant cette hypersécrétion comme une série d'hémorrhagies entraînant avec le lait les matériaux calcaires dont la présence est si nécessaire dans la première moitié de l'existence humaine. Ceci n'est pas une hypothèse, mais une induction rigoureuse qui découle de mes propres observations depuis bien des années. On ne doit pas admettre que les tubercules ne prennent guère naissance que sous l'influence de l'asthénie; ce sont des cryptogames qui pullulent sur une terre appauvrie, et c'est en amendant le sol avec les sels calcaires qu'on parvient à les étouffer au berceau. N'est-ce pas à la présence de la chaux que les eaux d'Enghien doivent en partie leurs propriétés? Or, tout le monde sait que ces eaux sont utiles dans le tuberculisation. On peut en dire autant de celles du Mont-d'Or employées dans les mêmes circonstances. Dans les Eaux-Bonnes, nous retrouvons des proportions de sels de chaux assez importantes. Pourquoi donc ces sels n'auraient-ils pas leur part d'efficacité dans le traitement de la phthisie ou du catarrhe pulmonaire qui en est souvent l'avant-coureur.

On a trop souvent répété que la phthisie est incurable; si l'assertion est vraie en général, il y a plus d'exception qu'on ne pense, et le temps n'est peut-être pas éloigné où les non guérisons feront l'exception dans le traitement de la phthisie. L'étiologie de cette cruelle affection étant bien étudiée et mieux connue, ouvrira de nouvelles voies aux indications thérapeutiques rationnelles. C'est en se rapprochant de la nature, en laissant de côté tout esprit systématique, en se conformant autant que possible aux lois immuables qui président à l'ensemble de nos fonctions, que la lumière se fera.

Avant d'aborber les conclusions, jetons un coup d'œil rapide sur ce qui se passe dans l'âge mûr et chez les vieillards, alors que la sécrétion calcaire tend à devenir plus considérable. La charpente osseuse déjà saturée de phosphate de chaux, et, pour cette raison devenue plus fragile, quoique plus dure et plus compacte, cesse d'attirer à elle les molécules calcaires. Que devient ce surcroît de sels de chaux? Nous essayerons de démontrer qu'un certain nombre d'affections proviennent de cette cause dans l'âge mûr et la vieillesse. Signalons d'abord cette fragilité du système osseux surtout remarquable dans les os longs, la gravelle, les calculs de la vessie qui se composent généralement de phosphate, d'urate ou d'oxalate de chaux; les concrétions salivaires, pancréatiques, intestinales qui offrent dans la majorité des cas des sels à base de chaux. Les maladies goutteuses, rhumatismales sont soumises à la même influence (pourtant avec excès d'acide), ainsi que le prouvent les concrétions tophanées et les abcès dont le pus offre le type franchement calcaire chez les rhumatisants. L'ossification de certains organes n'est pas rare dans la vieillesse, tels sont les kystes osseux de la glande thyroïde, de l'ovaire, des glandes mésentériques, etc., etc. On a même vu l'ossification atteindre les artères et les valvules du cœur; cette transformation n'est peut-être pas aussi rare qu'on le croit généralement.

Ajoutons à cette énumération la cicatrisation de nature osseuse, et par conséquent calcaire, qu'on a remarqué chez des vieillards présentant des cavernes dans le poumon. Ce fait qui est assez fréquent vient aussi à l'appui de la curabilité de la phthisie, et prouverait une fois de plus que les sels calcaires sont vraiment le spécifique dans cette affreuse maladie. Evidemment, c'est par le défaut d'emploi des sels calcaires et par leur sécrétion trop considérable que ces différentes maladies sont produites, ainsi que l'ossification de certains organes; celle-ci est une des causes qui mettent fin à leur existence, surtout quand elle envahit les canaux artériels et les valvules de l'organe central de la circulation;

Il y a donc d'une part des maladies occasionnées par l'insuffisance de sécrétion calcaire: nous venons de voir qu'elles sont l'apanage de l'enfance et de la jeunesse; et, d'autre part, celles qui ont une cause toute contraire, l'excès de sécrétion calcaire, elles sont propres à l'âge mûr et à la vieillesse.

Que devons-nous conclure de ce qui précède? S'il est vrai que la connaissance des causes d'une maladie règlemente nécessairement les indications thérapeutiques, les conclusions seront:

1° Qu'on doit, dans la maladie du jeune âge, restituer aux organes un des matériaux les plus précieux qui leur manque, le phosphate de chaux;

2° Qu'il est nécessaire pendant la grossesse et l'allaitement que la mère fasse usage de ce sel dans son intérêt propre autant que pour son enfant;

3° Que toute maladie provenant d'un catarrhe aigu ou chronique, ou d'une suppuration considérable traumatique ou naturelle, réclame impérieusement le traitement calcaire;

4° Qu'on préviendrait un grand nombre de maladies graves, même la phthisie, en soumettant en quelque sorte à leur insu les enfants au régime calcaire, en mêlant à leurs aliments une certaine quantité de phosphate, mais surtout en le faisant entrer en proportion convenable dans la fabrication du pain, du chocolat, des biscuits, des confitures, etc., etc.

Une substance aussi inoffensive par elle-même et si facilement assimilable peut être employée sans crainte ni hésitation. L'auteur en a fait maintes fois l'expérience, et n'a eu qu'à s'en louer.

L'emploi de ce sel sans saveur peut être continué pendant longtemps sans qu'il en résulte de troubles dans les fonctions digestives. La dose, proportionnée à l'âge du malade et à la gravité de l'affection, ne devra pas dépasser une certaine limite à cause du fer et du manganèse qui se trouvent intimement combinés au phosphate calcique. Cette considération devra empêcher le praticien d'administrer concurremment des préparations ferrugineuses, ce qui ferait double emploi et ne serait pas sans danger.

L'auteur, dans une note particulière, communiquera tous les détails relatifs à l'emploi de cette substance, les combinaisons qu'elle réclame dans certains cas pour lui assurer une efficacité plus complète, et enfin les doses. Il n'est jamais survenu d'accident sous l'influence de la médication calcaire; au contraire, presque toujours l'embonpoint et les forces reparaissent; l'expectoration s'améliore, la fièvre et les sueurs diminuent, ainsi que la diarrhée; mais ce qui a surtout une haute signification, ce sont les changements favorables et presque inattendus que l'on constate par l'auscultation et la percussion.

Deux lignes résumeront les indications thérapeutiques convenables aux vieillards: ils ne devront pas faire usage des eaux trop calcaires, ni à plus forte raison du phosphate calcique, puisque chez eux il y a surabondance de calcaire, mais donner la préférence aux eaux minérales franchement salines en boisson et en bains. Ils ne craindront pas de manger salé, les sels à base de soude sont contraires à la formation des sels de chaux; ils les désagrègent, et seraient, par conséquent, nuisibles dans la plupart des maladies par insuffisance de calcaire.

On pourrait écrire des volumes sur le sujet mais j'ai voulu être aussi sommaire que possible, cherchant plus la clarté que l'abondance d'élocution. Je me suis étendu d'avantage sur la curabilité de la phthisie, parce qu'elle m'a paru être la chose la plus importante à signaler.

Dr Prosper Kœnig.

GRENIER SALAVILLE.

M. Saint-Germain-Leduc raconte, dans un excellent livre sur la conservation des grains (1), qu'il y a cinq ou six ans, le chef d'une exploitation agricole en Algérie, M. Salaville, fut mis au défi par un de ses voisins de trouver un moyen efficace de détruire les charançons qui infestaient les blés plus encore qu'à l'ordinaire.

M. Salaville, acceptant le défi, songea d'abord à introduire un gaz non respirable dans la masse du blé. Quel appareil employer? Il avait sous la main, dans son habitation rurale, de ces boites en ferblanc qui servent à l'égouttement des fromages, et dont les deux fonds sont percés de petits trous qui laissent écouler la partie humide du lait caillé.

Il prit une de ces boites, y enferma du blé infesté par les charançons, et introduisit par le fond de dessous un gaz non respirable (gaz hyposulfureux ou gaz hydrogène). Le gaz traversa la masse de blé dans toute son épaisseur; à la première introduction, les charançons furent paralysés, ils moururent à la seconde.

La facilité avec laquelle le gaz avait traversé la masse de blé pour ressortir par en haut frappa l'expérimentateur. Il se dit qu'un courant d'air ventilé pourrait trouver le même chemin et produirait un puissant effet pour l'assèchement d'un blé humide; il construisit donc un minime grenier perpendiculaire, composé d'une caisse de moins d'un mètre de hauteur, ménageant au-dessous une chambre à air; le grenier était séparé de la chambre à air par un plancher percé de petits trous. Il emplit le grenier de grains, adapta un ventilateur à la chambre à air, et vit avec joie que l'air refoulé traversait vivement la masse.

Telle est la série d'idées et d'expériences par laquelle M. Salaville fut amené à construire le grenier si simple et d'un emploi si efficace qui porte son nom et qu'on a vu figurer à l'Exposition universelle de 1855 où il a obtenu une médaille de première classe.

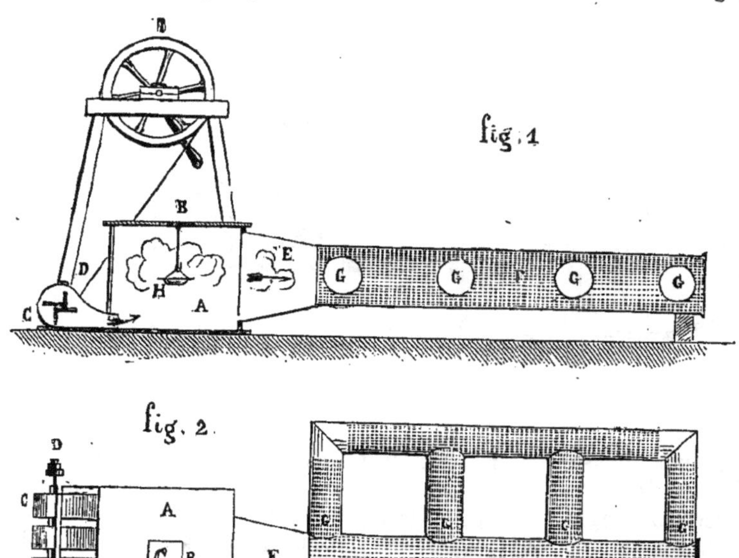

La figure 1 est l'élévation, et la figure 2 une vue en dessus du *Plancher ventilateur*.

Les tubes longitudinaux et transversaux qu'on voit à droite reposent sur le plancher du grenier et sont recouverts par la masse du grain.

A est une caisse ou récipient d'air, au couvercle B de laquelle est suspendue le vase H où se forment les gaz. Le volant I sert à mettre en action les moulinets ventilateurs CC, montés sur l'arbre de couche D, qui lancent les gaz produits dans le tube plein E, et de là dans les tubes perforés F, GGG, par où ils s'échappent à travers la masse de grain.

L'appareil est comme on voit très simple et très économique, il peut être approprié à tous les lieux comme à toutes les quantités, depuis la récolte du petit cultivateur jusqu'aux dépôts les plus considérables dans les docks et les magasins d'approvisionnement. En outre, la machine s'adapte avec la plus grande facilité aux navires qui transportent les grains d'un continent à l'autre.

Les résultats produits sont les suivants: destruction des parasites qui dévorent ou infestent les grains; neutralisation des ovicules et des spores toujours prêts à naître ou à se developper. Enfin, les substances ainsi nettoyées et purgées de tous les éléments qui les vicient, semblables à un corps malade rendu à la santé, recommencent à végéter, à respirer, à revivre pour ainsi dire; non seulement elles gagnent dans cette vie nouvelle, une apparence *marchande* plus brillante, elles gagnent aussi en poids et en rendement dans une certaine proportion.

Un des juges les plus compétents en matière de commerce et de traitement des grains, a porté sur cet appareil le jugement suivant: « C'est le problème résolu de la conservation, car les procédés en usage jusqu'ici ne sont qu'un pelletage qui n'améliore pas, et qui ne peut être efficace qu'à la condition d'être continu. »

(1) *Conservation, assainissement et commerce des grains*, suivi d'une appréciation du grenier Salaville, par Saint-Germain-Leduc, 1 vol. format anglais, chez Paulin et Lechevalier. 60, rue Richelieu.

Machine rotative américaine.

On a fait d'innombrables tentatives en vue de créer des machines dans lesquelles la vapeur agirait sur un piston assujetti à se mouvoir autour d'un centre, et, par conséquent, imprimerait directement un mouvement circulaire à l'arbre moteur. L'intérêt qui s'attache à ces tentatives est considérable. Les machines ordinaires ne donnant qu'un mouvement de va-et-vient; chaque fois qu'on a besoin d'un mouvement circulaire (ce qui a lieu dans le plus grand nombre des cas), il faut transformer celui-là en celui-ci, ce qui n'a lieu qu'au moyen de nombreux organes intermédiaires et conséquemment d'une perte de force. Une machine rotative donnant directement le mouvement circulaire rendrait inutile tiges, bielles, manivelles, occuperait peu de place, pourrait marcher à toute vitesse, et coûterait relativement peu en raison du petit nombre de ses organes. Plusieurs machines de ce genre figuraient à l'Exposition, celles de Rennie, celle de Moret, construite sur les idées de Pecqueur; celle de Grubal (de Mons), et enfin celles de MM. Walker et Nicole. La machine, dont nous donnons le dessin, fonctionne à New-York, et promet de devenir industrielle. En voici la description empruntée au journal l'*Invention* :

Fig. 1

La fig. 1 est une section verticale longitudinale, parallèle à l'axe, et la fig. 2 une section transversale suivant la ligne $x\,y$; A est un cylindre fermé à une extrémité; l'intérieur est divisé en deux compartiments annulaires *b* et *c*, par un autre cylindre intérieur *a* venu de fonte avec le premier ou ajusté avec

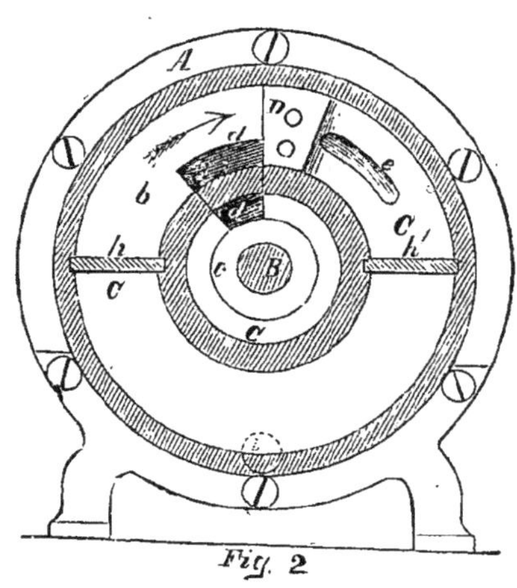

Fig. 2

lui; B est l'arbre de rotation placé au centre de deux cylindres, qui, reposant par son extrémité sur le fond du cylindre, enveloppe cet arbre, porte un disque métallique C, disposé de manière à s'ajuster et à fonctionner en contact intime avec deux faces annulaires *f* et *g*. La première est contiguë à la paroi intérieure du cylindre A; et l'autre est faite sur le bord intérieur du cylindre *a*; le disque ferme les deux chambres *b* et *c*, excepté là où une communication est établie entre elles par un passage *d* ; ce passage est une simple rainure pratiquée sur la face du disque C. Sur cette même face, le disque C porte un piston solide D, disposé de manière à tourner autour de la chambre annulaire *b*, entre les cylindres A et *a*. Il possède aussi un passage *c*, lequel est séparé du passage *d* par le piston placé entre eux deux. La chambre annulaire *b*, qui peut être considérée comme le cylindre fonctionnant, est, comme dans quelques autres machines rotatives, munie de deux soupapes *hh'*. Une de ces soupapes est toujours en place pour former cloison en dedans de la chambre; mais elles se retirent l'une et l'autre tour à tour dans une direction parallèle à l'arbre B pour laisser le piston D dans sa révolution. Ce mouvement de va-et-vient des soupapes *hh'* s'effectue au moyen d'une came à cannelures E, fixée sur l'arbre B qui agit sur les bielles *i* attachées aux soupapes et passant au travers de presse-étoupes J. Les compartiments *k* sont venus au cylindre pour loger les soupapes quand elles manœuvrent. Le fond F de la boîte cylindrique est boulonné au cylindre A, et il est séparé du disque par un espace vide *m*. Au centre de ce fond F est une vis sur laquelle repose l'arbre qui porte le disque C en contact avec le cylindre. Le tuyau d'alimentation *h* est représenté en contact avec la chambre *c*, et le tuyau de décharge *l* en contact avec la chambre *m*.

Quand la machine est employée comme agent moteur, la vapeur ou le fluide passant par le tuyau d'alimentation entre dans la chambre *c*, comme l'indique la direction de la flèche fig. 1, passe ensuite par l'ouverture *d* dans la chambre *b*, entre l'arrière-côté du piston D et la cloison fermée; il imprime le mouvement au piston et au disque, dans la direction de la flèche fig. 2. La vapeur s'écoule par l'ouverture *e*, entre le côté antérieur du piston et la cloison dans la chambre *m*, qui est toujours en communication avec le tuyau d'émission. Quand la machine fonctionne comme pompe, le mouvement est donné à l'arbre et au disque C dans la même direction que ci-dessus, par n'importe quel moteur, et, le vide se faisant dans la chambre *b*, l'eau monte par le tuyau *h*, la chambre *c* et l'ouverture *d*, et elle est chassée sur le devant du piston en passant par l'ouverture *e* dans la chambre d'émission *m*. Ainsi, la machine peut être utilisée comme moteur ou comme pompe; comme moteur, en faisant du tuyau *l* le tuyau d'admission et du tuyau *k* le tuyau d'émission ; et comme pompe, en renversant seulement la direction de la révolution de l'arbre, qui fait du tuyau *l* le tuyau d'aspiration et du tuyau *k* le tuyau d'émission.

L'avantage de cette machine consiste principalement dans sa simplicité; elle n'exige point de tampon, pourvu que le piston D soit fait avec une légère échancrure pour pouvoir entrer dans la chambre *b* ; toute usure du piston entre le disque et les faces *fg* sera compensée en serrant un peu la vis.

On peut modifier la machine au point de rendre le disque C et son piston stationnaires, et donner le mouvement de rotation au piston A, qui sera le même, quand à l'effet, que quand le disque tourne, le cylindre restant stationnaire, attendu que, dans l'un et l'autre cas, le disque forme un côté du cylindre fonctionnant ou de la chambre à piston *b*.

ACADÉMIE DES SCIENCES.

SÉANCE DU 4 FÉVRIER.

SOMMAIRE. — *Bolide du 3 février. — Travaux magnétiques de MM. Laugier et Mathieu. — Communications sommaires. — Derniers travaux sur le tungstène et ses composés.— Pisciculture ; M. Millet.*

En l'absence de M. Leverrier, M. Villarceau écrit à l'Académie pour lui annoncer que le 3 février, vers huit heures du soir, un *bolide* a été vu de l'Observatoire de Paris. Le météore qui ne s'est manifesté que durant quatre secondes environ, se dirigeait à peu près dans l'est-nord-ouest. On l'a aperçu d'abord dans la constellation d'Orion, d'où il est allé s'éteindre vers δ du Lyon, après avoir décrit un arc de 70° environ ; de rouge éclatant qu'il paraissait d'abord, il est devenu, sur son déclin, d'une couleur bleuâtre.

Au reste, ce phénomène météorologique qui a éclairé un instant une partie de Paris, a été vu aussi à Rouen, où l'on parait avoir attribué cette lumière à la présence d'éclairs au-dessus de l'horizon.

— Dans sa séance du 21 janvier, l'Académie avait reçu, de M. Leverrier la communication d'un travail fait par MM. Goujon et Liais, pour la détermination des éléments magnétiques à l'Observatoire de Paris. Ce travail avait pour but de fixer les corrections nécessitées, sur les déclinaisons de l'aiguille aimantée, par la présence du fer dans les environs des boussoles de l'Observatoire. Les éléments magnétiques avaient été déterminés en plusieurs points de l'enceinte de l'Observatoire, et en outre dans quatre stations, situées au nord, au sud, à l'est, à l'ouest de ce bâtiment. MM. Goujon et Liais avaient conclu de leurs travaux que les valeurs des éléments magnétiques de l'Observatoire sont indépendantes des causes perturbatrices locales.

M. Laugier a lu aujourd'hui à l'Académie un mémoire qui soulève une question de priorité pour les études magnétiques de l'Observatoire, met en doute les conclusions de M. Leverrier, et jette un jour nouveau sur le mode de détermination de la déclinaison d'un lieu sans être obligé de s'y transporter.

La question de priorité, qui n'infirme d'ailleurs en rien, comme l'a dit M. Laugier, la probité scientifique des astronomes actuels de l'Observatoire, est établie par l'annuaire du bureau des longitudes pour 1855. Les observations faites en 1854 par MM. Laugier et Matthieu, ont déterminé la déclinaison de l'aiguille aimantée en quatre points de l'enceinte continue : si l'on considère le méridien magnétique passant par l'église Saint-Germain-l'Auxerrois, prise comme centre de Paris, ces quatre points correspondent à peu près au nord, à l'est, au sud et à l'ouest magnétiques de la ville. Les résultats obtenus et qui sont les suivants,

Montmartre.............	20° 3', 5
Prés Saint-Gervais........	20° 2', 0
Maison-Blanche..........	20° 9', 1
Vaugirard...............	20° 11', 7

offrent cette particularité remarquable, que la moyenne 20° 6', 3 des déclinaisons des stations diamétralement opposées, Montmartre et la Maison-Blanche, est sensiblement égale à la moyenne 20° 6', 8 des déclinaisons observées à Vaugirard et aux Prés Saint-Gervais, également situés aux extrémités d'un même diamètre magnétique : d'où M. Laugier a conclu que les valeurs des éléments magnétiques de l'Observatoire n'étaient point influencées par des causes perturbatrices locales.

Pour ce qui est maintenant de la détermination de la déclinaison d'un lieu quelconque, celle de l'Eglise Saint-Germain-l'Auxerrois étant de 20° 7', 2, M. Laugier a donné la formule générale suivante :

Déclin. inconnue = décl. de Saint-Germain-l'Auxerrois ou 20° 7', 2 — mx — ny.

m et n sont deux quantités constantes 0' 982 et 0' 578. Quant à x et y, elles représentent les coordonnées du lieu, rapportées à deux axes rectangulaires dans lesquelles la ligne des y est précisément le méridien magnétique de Saint-Germain-l'Auxerrois.

A l'aide de cette formule, il a été facile de déterminer *la ligne de déclinaisons égales à celle de l'église Saint-Germain-l'Auxerrois*, et il y aurait peut-être à chercher si la perpendiculaire à cette ligne ne serait pas elle-même à la fois la ligne d'égale inclinaison et d'égale intensité, ce qui est déjà présumable et ce dont la vérification doit être de beaucoup simplifiée par cette méthode de solutions graphiques.

— Après la communication trop sommaire d'une note de M. Léon Foucault sur une nouvelle machine à courants d'induction, dont nous aurons à nous occuper prochainement, M. Dumas a donné connaissance de plusieurs faits scientifiques ou industriels d'une grande valeur.

C'est d'abord M. Green, commissaire des Indes à l'exposition universelle, qui envoie une note sur les avantages du traitement par l'acide sulfureux de la teigne et en général de toutes les affections qui ont pour cause le développement des parasites sur le corps humain.

La seconde communication a trait à la production du sulfure de carbone sur une grande échelle, par M. Tetio, fabricant de produits chimiques à Paris : la quantité produite est d'environ 500 kil. en 24 heures. Ce corps peut servir pour le désuintage de la laine, ainsi que pour la fabrication du noir animal, en permettant de séparer des os la graisse qui y adhère ; son usage pourrait même être étendu à la fabrication des huiles de graines. Son prix est d'environ 20 francs les 100 kilos.

Une note de M. Orfila traite ensuite d'une question d'hygiène publique de la plus grande importance. D'après des expériences faites sur plusieurs animaux, il a été reconnu que le *phosphore rouge* est complétement inoffensif, à l'encontre du phosphore ordinaire : ce corps est évacué avec les excréments.

Enfin la dernière communication de M. Dumas est relative à une étude nouvelle du tungstène et de ses composés, faite par M. Riche, préparateur à la Faculté des sciences.

—Pour préparer le tungstène métallique, M. Riche a recours à la réduction de l'acide tungstique par l'hydrogène, et à l'attaque du chlorure de tungstène par le sodium. Si on fait passer un courant d'hydrogène pur et sec, dans un tube de porcelaine luté, contenant de l'acide tungstique, et qu'on chauffe au rouge pendant deux heures au moins, on obtient une matière qui ne contient plus d'oxygène, il est vrai, mais le tungstène produit à cette haute température n'est point fondu, pas même agrégé ; il se présente en petits grains cristallisés susceptibles de prendre l'aspect métallique par le frottement et rayant le verre avec facilité. Placé dans un feu de forge assez violent pour déformer les creusets, il est resté à l'état solide : pour arriver à le fondre, il a fallu employer l'action d'une pile de 200 éléments de Bunsen ordinaires. Une portion notable du métal s'oxide alors et donne une flamme bleue verdâtre qui, projetée sur un écran blanc, présente dans l'obscurité de très-belles teintes. L'équivalent du tungstène, obtenu à la suite de plusieurs analyses différentes, a atteint le nombre 87, nombre un peu plus faible que celui généralement admis jusqu'à ce jour.

Ce métal ayant été produit à une température très-élevée, étant en outre cristallisé et difficilement attaquable, M. Riche a cherché à l'obtenir au moyen du chlorure, afin de constater les propriétés du métal en poudre et préparé à une plus basse température.

Pour cela il lui fallait obtenir en grande abondance la matière rouge connue sous le nom de *chlorure de tungstène*; il y est parvenu facilement en dirigeant un courant de chlore sec, sur un mélange d'une partie d'acide tungstique et de trois parties de charbon en poudre, mélange placé dans une cornue chauffée au rouge sombre.

Ce composé, amené à l'état de pureté par une redistillation, dirigé ensuite sur du sodium fondu, dans un tube rempli d'hydrogène, a donné, malgré toutes les précautions, *des quantités notables d'eau et de l'oxide de tungstène*, ce qui démontre naturellement que le prétendu *chlorure de tungstène*, n'est autre que de *l'oxi-chlorure de tungstène*, ce qu'a d'ailleurs parfaitement vérifié l'analyse.

Cette affinité de chlorure de tungstène pour l'oxygène est telle, que nous avons vu quelques parties de ce composé, dans le temps très-court employé à luter le tube, passer de la couleur gris de fer à la couleur rouge qui est celle de l'oxi-chlorure.

Le *trichlorure de tungstène* a été aussi obtenu abondamment ; quant au *bichlorure*, il ne s'obtient qu'en très-petite quantité, en dirigeant un courant d'hydrogène sec sur le chlorure précédent.

Le premier de ces deux composés se cristallise par sublimation en longues aiguilles grises (acier), qui fondent à la température de 218°. Il s'obtient aussi en un liquide noir, qui se concrète en une masse métallique dont la cassure offre une grande ressemblance avec celle de l'iode.

Le second est un produit brun noirâtre, décomposable par l'eau.

M. Riche n'a encore obtenu par le sodium, qu'une trop petite quantité de tungstène pour avoir pu déterminer quelques-uns de ses caractères particuliers ; mais pour le tungstène en poudre, *obtenu par la réduction de l'acide tungstique par l'hydrogène*, deux expériences différentes ont donné une densité moyenne de 13.5, qui est aussi la densité du mercure. Cette mesure, néanmoins, n'a peut-être pas un degré d'exactitude incontestable, puisqu'elle ne porte que sur une substance en poudre, et où le poids de l'air peut jouer un certain rôle : aussi devrons-nous attendre que du *tungstène agrégé* ait été fondu par la pile de 600 éléments de la Faculté des sciences, pour savoir si la chimie doit abandonner définitivement la densité de 17 5, qui avait été primitivement assignée à ce métal.

—M. Millet envoie la lettre suivante qu'on lira avec un vif intérêt :

« J'ai l'honneur d'adresser à l'Académie un rapport qui résume les principaux résultats que j'ai obtenus, dans la gare de Choisy-le-Roi, par l'emploi de moyens réellement pratiques destinés à assurer l'empoissonnement des cours d'eau. Ce rapport est signé par l'inspecteur de la navigation et des ports de l'arrondissement de Choisy-le-Roi, les autorités locales et les personnes notables du pays très compétentes en pareille matière.

« Dans mes explorations sur les rives de la Seine, j'ai reconnu que la gare de Choisy pouvait être utilisée pour des travaux de pisciculture pratique.

« Cette gare qui est creusée parallèlement au cours de la Seine forme, sur la rive droite de ce fleuve, un grand rectangle de 400 mètres de longueur sur 60 mètres de largeur; elle communique directement avec la Seine par un petit canal complètement libre, sans écluse et sans barrage.

« Pendant ces trois dernières années, à partir du mois d'avril 1852, j'ai installé mes appareils dans la gare, et j'y ai organisé des frayères artificielles, placées sous la surveillance des employés de la gare.

« Mes frayères artificielles couvertes, chaque année, de plusieurs milliers d'œufs, et mes appareils flottants chargés, chaque année, de plusieurs milliers d'œufs des meilleures espèces, ont produit des quantités considérables de jeunes poissons qui peuplent aujourd'hui la gare et qui, au fur et à mesure de leur développement se répandent dans les cantons limitrophes sur tout le cours de la Seine.

« Ces résultats, surtout ceux qui se rapportent aux années 1853 et 1854 pendant lesquelles la reproduction naturelle des poissons a été nulle ou presque nulle dans la contrée en raison des influences atmosphériques et du régime des eaux, ont produit une heureuse impression sur les riverains pour la propagation et la conservation des poissons, et sur les nombreux visiteurs qui ont suivi mes expériences, et qui n'ont pas tardé à en appliquer les principes sur divers points de la France et de l'étranger.

« Pour ne laisser subsister aucun doute, aucune incertitude dans l'esprit des riverains même les plus incrédules, j'ai eu l'idée de faire éclore, dans la gare, des œufs de poisson rouge ou cyprin de la Chine; dès le printemps de 1855, cette jolie espèce était abondamment répandue dans la gare et dans la Seine à plusieurs kilomètres de distance. Antérieurement à cette importation, l'inspecteur de la navigation et les riverains qui habitent le pays depuis plus de trente ans n'avaient pas vu ou pêché un seul poisson rouge.

« L'importance des résultats fixera, j'ose l'espérer, la bienveillante attention de l'Académie, et pourra peut-être donner une nouvelle preuve à l'appui de l'opinion que j'ai emise, à savoir que la pisciculture pratique était facile et peu coûteuse sur les cours d'eau, et que leur empoissonnement pouvait être opéré sans avoir recours à des établissements spéciaux qui créent souvent des positions exceptionnelles et un personnel toujours dispendieux, mais qui, en réalité, ne donnent que des résultats insignifiants et incapables de produire des matières alimentaires. »

SOCIÉTÉ ZOOLOGIQUE D'ACCLIMATATION.

SÉANCE DU 18 JANVIER.

SOMMAIRE. — *Travail de M. Baudement sur les laines de l'Algérie.*

En 1853, l'administration de la guerre nomma une commission chargée d'étudier la question de la production des différentes sortes de laines en Algérie. M. Baudement, professeur au Conservatoire des arts et métiers, rapporteur de cette commission, a lu aujourd'hui à la Société un travail remarquable dans lequel il détermine les points du territoire algérien sur lesquels doit d'abord porter l'amélioration des races ovines pour pouvoir être décisive.

Un lainier contenant 1408 échantillons a servi de base à ses travaux. En les examinant comparativement, il a reconnu qu'elles pouvaient toutes être groupées en 4 divisions : les laines de la 1re catégorie, qui sont les supérieures parmi les *laines longues* de cette contrée, sont peu chargées de suint et leur finesse les rend aptes à toutes sortes de fabrication; celles de la 2e catégorie sont des laines courtes se rapprochant beaucoup du mérinos; enfin celles de la 3e et de la 4e catégorie, sont des transitions de ces deux ordres principaux, dont elles se rapprochent tout en leur restant inférieures. M. Baudement a mis sous les yeux de la société une carte de l'Algérie dressée par lui, qui montre l'ordre dans lequel se répartit la production de ces 4 catégories de laines, dans les trois provinces de Constantine, d'Alger et d'Oran. Aux 1re et 2e catégories, sont affectées les teintes *brun foncé* et *vert foncé* : le *brun clair* et le *vert clair* indiquent par suite les 3e et 4e catégories, qui sont les laines inférieures des 1er et 2e groupes.

D'un premier coup d'œil, il est facile d'apercevoir que les 1re et 2e catégories se trouvent côte à côte dans la province de Constantine, où elles abondent principalement, et que les transitions présentent une certaine uniformité qui reste partout en rapport avec la distribution de ces deux groupes principaux. En divisant ensuite la carte en zônes parallèles au littoral africain, il est à remarquer que la zône du littoral produit les qualités inférieures, ainsi que la zône méridionale extrême; tandis qu'à la zône intérieure sont dévolues les plus belles qualités.

Passant aux causes de cette répartition inégale, M. Baudement voit l'amélioration des races ovines de l'Algérie, dans les efforts à tenter pour assurer un débouché aux laines de la 1re et de la 2e catégorie; par l'amour du lucre, pense-t-il, les Arabes, n'ignorant plus que la vie nomade de leurs troupeaux est la principale cause de l'infériorité de leurs laines, construiraient des bergeries autour desquelles s'élèveraient peu à peu des villages, et c'est ainsi que l'amélioration des races ovines pourrait devenir l'une des causes de la fixation de la conquête.

Il a été décidé que ce travail important serait inséré autant que possible avec la carte qui s'y rattache, dans le bulletin de la Société.

SÉANCE DU 1er FÉVRIER.

SOMMAIRE. — *Le chameau aux États-Unis. — Moutons de Caramanie. — Travaux de pisciculture dans la Seine. — Rapport de M. Geoffroy-Saint-Hilaire, sur les récompenses à décerner par la société. — Mémoire sur les avantages que présenteraient la domestication de l'autruche d'Afrique et l'acclimatation de l'autruche d'Amérique, en Algérie.*

M. Abert, colonel d'état-major aux États-Unis, porte à la connaissance de la Société, que M. Davis, le même qui a déjà réussi à acclimater les chèvres d'angora aux États-Unis, s'occupe en ce moment d'introduire le chameau dans les prairies de l'ouest, et de l'y domestiquer.

— M. Charles Texier, de l'académie des inscriptions et belles-lettres, lit une note sur les moutons de Caramanie, offerts à la Société par le maréchal Vaillant. Cette note avait déjà attiré l'attention de l'académie des sciences, dans sa séance du 21 janvier; nous nous contenterons donc d'ajouter quelques détails sur la laine de ces curieux animaux : cette laine est dure et commune; elle sert à la fabrication des étoffes grossières, et notamment des cabans de matelots, des manteaux, des tentes et des couvertures ; à Marseille, son prix varie de 80 à 85 fr. les 50 kilos ; en Asie-Mineure, cette laine entre dans la confection des tapis dits *de Smyrne*.

M. Texier pense que la température de la Caramanie n'est pas assez différente de celle de la France, pour qu'il soit impossible d'acclimater chez nous cette précieuse espèce ovine : les terrains de la Sologne lui semblent surtout convenir à merveille à ces animaux.

A cette note étaient joints quelques dessins représentant des moutons de Caramanie, munis de leurs chariots : ces petits chariots sont placés par les indigènes de manière à soutenir la queue dont la grosseur et le poids rendraient, sans cela, difficile la marche de l'animal : le poids de la graisse seule, contenue dans cette queue, dépassé quelquefois 6 kilog.

— M. Millet rend compte des *moyens de rempoissonner la Seine à l'aide des gares communiquant avec ce fleuve*, moyens qu'il a mis en usage avec un plein succès dans la gare de Choisy-le-Roi. L'abondance des matières nous oblige de renvoyer au prochain numéro l'insertion de cette importante communication. On peut voir dans le compte-rendu ci-dessus de la dernière séance de l'Académie, la lettre par laquelle M. Millet informe cette compagnie du résultat de ses travaux.

— Il nous est impossible de publier, tel qu'il a été lu à la Société, le rapport de M. le président sur les récompenses et encouragements honorifiques qu'elle se propose de décerner; essayons seulement de mettre en relief les trois ordres de mérite différents qui, en attirant particulièrement l'attention de la Société zoologique, doivent constituer de véritables titres à ses yeux.

Le premier ordre de mérite est l'introduction d'espèces, races ou variétés utiles, d'animaux ou de végétaux.

Vient ensuite le fait de l'acclimatation ou de la domestication :

du développement, en un mot, du progrès déjà accompli par l'introduction des individus.

Enfin, un ordre de mérite qui ne le cède en rien aux deux précédents, puisqu'il en est le couronnement indispensable, consiste dans l'emploi agricole, industriel, médicinal ou autre, des espèces, races ou variétés introduites et acclimatées.

Tel est l'ensemble des résultats vers lesquels la société désire solliciter les efforts, et, comme pour donner une consécration de plus aux récompenses qu'elle aura à décerner, elle a choisi pour date constante de leur proclamation, le 10 février de chaque année, jour anniversaire de la fondation de la Société.

Dans ce rapport, M. Isidore Geoffroy-Saint-Hilaire a rappelé en ces termes le vrai sens de l'institution à laquelle il préside : « la Société zoologique d'acclimatation n'est point seulement une société française, mais encore une *société universelle.* »

Ces paroles et les conclusions du rapport ont été chaleureusement approuvées par l'unanimité des membres.

— La séance a été consacrée ensuite à la lecture d'un travail plein d'intérêt, de M. le docteur Gosse, sur les avantages que présenteraient la domestication de l'autruche d'Afrique, et l'acclimatation de l'autruche d'Amérique, en Algérie. Dans la première partie de son mémoire, ne parlant que de l'autruche d'Afrique, M. Gosse a passé en revue les diverses parties de cet animal au point de vue de leur utilité.

La chair offre d'abord de grandes ressources, soit fraîche, soit desséchée et réduite en poudre : de quelques anecdotes curieuses racontées dans ce travail, il résulte que cette chair peut être confondue avec celle du veau, et que lorsque l'autruche sera domestiquée, elle offrira un aliment à bon marché et de précieuses ressources pour les voyageurs dans les contrées d'Afrique.

La quantité de graisse contenue dans cet oiseau est énorme : plus de vingt-deux kilog. en ont été fournis par une autruche qui pesait soixante-dix kilog. La domestication devant favoriser en outre cette tendance à l'obésité, une nouvelle ressource s'y trouverait encore. La vertu curative de cette graisse paraît d'ailleurs être démontrée, c'est une substance émolliente, qui rancit difficilement, elle a, sous ce rapport, la valeur de la moëlle des os : les Romains l'employaient même avec succès contre les rhumatismes et la paralysie.

Après une dissertation sur la ponte des autruches, M. Gosse cite quelques expériences d'après lesquelles on pourrait fixer à 45° centigrade la température nécessaire à l'incubation, ce qui donne l'assurance que l'incubation artificielle pourrait être tentée avec avantage. D'après M. Geoffroy-Saint-Hilaire, un œuf d'autruche équivaut environ à vingt-quatre œufs de poule, et, suivant d'autres assertions, peut servir amplement au repas de trois hommes adultes.

Nous aurons dans une prochaine séance la suite de ce travail, d'où il semble ressortir déjà que les différentes parties de l'autruche d'Afrique peuvent devenir, par la suite, un objet de commerce très-lucratif.

FÉLIX FOUCOU.

Chemins de Fer. — Système Vignières.

Nous avons dit qu'un rapport a été lu à la Société d'encouragement, dans sa séance du 23 janvier, sur une nouvelle disposition imaginée par M. Vignères, agent de la surveillance de la voie au chemin de fer de l'ouest, pour assurer la sécurité des trains au passage des embranchements. Une figure à faire graver nous a obligé de renvoyer au présent numéro les détails qui suivent.

L'idée très-heureuse de M. Vignières consiste à établir entre les différents appareils (disques et aiguilles) de changement de voie, une solidarité telle que la manœuvre qui livre passage à un train, soit *mécaniquement impossible* tant que l'on n'a pas opéré toutes celles qui sont destinées à le garantir de tout accident. Cette connexion s'établit à l'aide d'un système de verroux enrayant les divers appareils, et commandés successivement par chacun d'eux, de manière qu'ils se déclanchent au fur et à mesure de leur fonctionnement, et qu'on ne puisse faire manœuvrer le dernier, qui est le disque-signal, et qui permet le passage des trains, qu'autant que toutes les autres manœuvres destinées à le protéger, ont été exécutées. Le principe général de cette invention peut être appliqué, selon les cas, de beaucoup de manières différentes ; nous allons donner un exemple de ce qui se pratique habituellement :

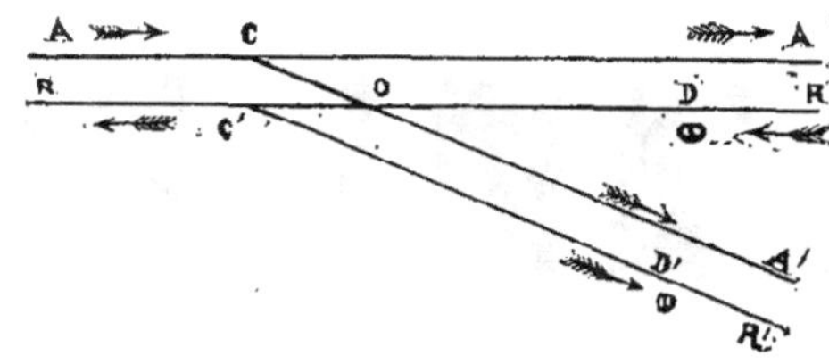

Soient AA et RR les voies d'aller et de retour d'une ligne directe, et AA' et RR' celles d'un embranchement ; en C et C' sont des aiguilles de changement de voie ; en O est une traversée de la voie, en D et D' deux disques situés à 500 mètres environ respectivement des points O et C' qu'ils sont destinés à protéger. Dans l'état ordinaire des choses, la voie directe est libre, c'est-à-dire que l'aiguille C est ouverte pour les trains qui suivent AA, et que le disque D est aussi ouvert pour que les trains de retour parcourent librement RR. Dans cette position, l'aiguille C est enrayée par un verrou commandé par le levier de manœuvre du disque D, de sorte que tant que D reste ouvert et que par suite les trains de retour RR peuvent passer, aucune rencontre de leur part n'est à craindre avec tous les convois de la ligne directe : de plus, dans l'état habituel, le disque D' est fermé et son mécanisme est enrayé par un verrou commandé par celui du disque D, de sorte que les mêmes trains de retour de la ligne directe ne sont également exposés à aucune rencontre avec des trains de retour de l'embranchement ; ainsi, pour le passage des convois sur la ligne directe, il suffira, pour que la sécurité soit garantie, qu'après le passage d'un train de retour, on ferme le disque D pendant le temps déterminé pour couvrir ce train sur l'arrière.

Voyons maintenant le service de l'embranchement : quand un train d'aller se présente, comme l'aiguille C est enrayée par le verrou du disque D, il faut commencer par manœuvrer ce disque, ce qui garantit le train à son passage au point O ; puis, après son passage, il faut rétablir les choses dans leur état primitif, ce qui se fait en opérant dans l'ordre inverse, c'est-à-dire en rouvrant l'aiguille C, puis le disque D ; enfin, quand il se présente un train de l'embranchement, comme le disque D' est fermé et enrayé par un verrou commandé par le disque D, on ne peut ouvrir le disque D' pour livrer passage à ce train, qu'après avoir commencé par fermer le disque D, ce qui garantit ce train de toute collision avec des trains de retour de la ligne directe.

D'ailleurs, après que les trains, soit d'aller, soit de retour, ont franchi les points dangereux, s'il est nécessaire de les couvrir sur l'arrière pendant un certain temps, on obtient ce résultat à l'aide de disques manœuvrés directement.

Comme on le voit, par cette idée ingénieuse et simple, d'un système de verroux enrayant les divers appareils de changement de voie, et étant commandés tour à tour par chacun d'eux, les rencontres deviennent pour ainsi dire impossibles aux embranchements ; ce système semble appelé à de nombreuses applications, puisque déjà la compagnie de l'Ouest l'a employé aux embranchements d'Auteuil, d'Argenteuil, de Colombes, de Viroflay, du chemin de fer de ceinture, de Mantes, etc.

Concluant à ce que l'invention se recommande par un caractère très prononcé d'utilité et de simplicité pratique, la commission propose à la Société d'adresser des remerciements à M. Vignères et et de publier *in extenso* le rapport et les dossiers qui y sont annexés. Ces conclusions sont votées à l'unanimité. F. F.

Prix d'abonnement pour l'étranger.

Allemagne, 8 fr.;— Suisse, Parme, Plaisance, Modène, 8 fr. 50.— Etats Sardes, Grèce, Crimée, 9 fr.; — Hollande, Angleterre, 10 fr.; — Etats-Unis, Indostan, Turquie, 10 fr. 50 ; — Belgique, Prusse, Hanôvre, Saxe, Pologne, Russie, Espagne, Portugal, 11 fr.; — Toscane, 12 fr.; — Etats-Romains, 16 fr. 50.

Le propriétaire, rédacteur-gérant :
VICTOR MEUNIER.

PARIS. — IMP. J.-B. GROS, RUE DES NOYERS, 74.

Deuxième année. — N° 7. Quinze centimes. 17 février 1856.

L'AMI DES SCIENCES

BUREAUX D'ABONNEMENT
13, RUE DU JARDINET, 13
Près l'Ecole de Médecine
A PARIS

JOURNAL DU DIMANCHE
SOUS LA DIRECTION DE
VICTOR MEUNIER

ABONNEMENT POUR L'ANNÉE
PARIS, 6 FR.; — DÉPART., 8 FR.
Étranger (Voir à la fin du journal)
ENVOYER UN MANDAT DE POSTE

GALVANO-SCULPTURE

REPRODUCTION DES RONDES-BOSSES PAR LA GALVANOPLASTIE

Procédés de M. E. Lenoir.

La gravure ci-jointe appelle l'attention des physiciens, des sculpteurs et de tous les amis des arts sur un progrès capital accompli par un chimiste heureux et persévérant, M. E. Lenoir, dans le domaine de la galvanoplastie qui, grâce à lui, va sortir de l'état stationnaire où elle demeure depuis tant d'années pour entrer dans une voie où de merveilleux succès l'attendent.

ALPH ET AM ROUSSEAU. DEL. SC.

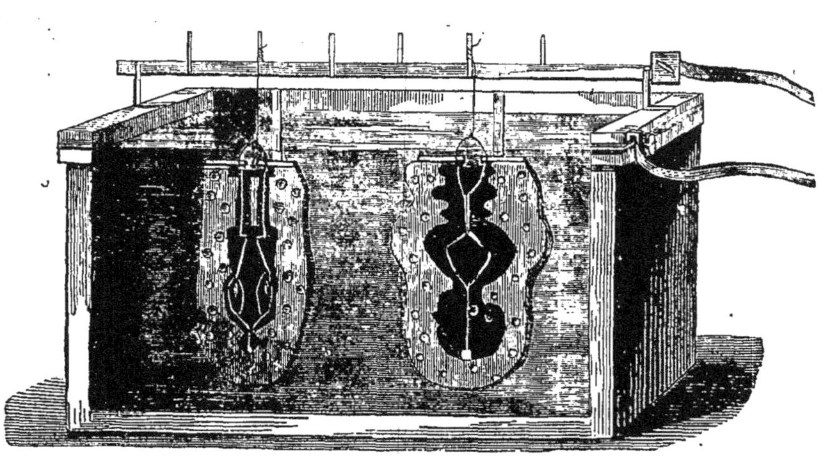

Les figures placées en haut du dessin représentent quelques-uns des groupes que, sous la direction de M. Lenoir, l'électricité donne maintenant d'une seule pièce. Elles sont destinées à montrer que la production des rondes-bosses, c'est-à-dire des statuettes, des bustes et des statues, est devenue aussi facile pour la galvanoplastie que celle des bas-reliefs, des médailles, des sceaux, des cachets, dans laquelle elle excelle depuis de longues années.

L'appareil disposé sous les figures, illustre l'artifice merveilleusement simple au moyen duquel s'accomplit définitivement ce progrès si désirable, tant désiré, mais dont plus d'un chercheur a dû abandonner la poursuite le jugeant irréalisable.

Et il ne s'agit pas ici d'une découverte de laboratoire, promettant pour un avenir plus ou moins prochain l'invention de méthodes réellement pratiques; il s'agit de procédés tout-à-fait industriels pour l'exploitation desquels une société, dirigée, par M. E. Gautier, achève, en ce moment, de fonder (1) un magnifique établissement, auquel on peut aisément prophétiser une destinée égale à celle des puissantes usines électro-chimiques des Elkington en Angleterre et des Christofle en France. C'est parmi les produits déjà

(1) Rue Popincourt, 88.

nombreux de cet établissement que nous avons dirigé le choix de l'artiste sur les groupes offerts à nos lecteurs comme specimen de la nouvelle industrie.

Pour les personnes au courant de ce qui concerne cet art admirable, la simple exhibition des hauts reliefs reproduits par le crayon de M. Rousseau, est une démonstration suffisante de la nouveauté des procédés de M. Lenoir; elles savent qu'ils comblent une lacune, qu'ils ouvrent une voie. Rappelons aux autres que l'électricité si merveilleusement habile dans la dorure, dans la gravure, dans la reproduction des bas-reliefs, et à laquelle, pour ne citer que de mémorables exemples, on doit les grands bas-reliefs de la statue de Guttenberg et de celle de Jeanne-d'Arc; rappelons, dis-je, que l'électricité s'est montrée jusqu'ici totalement impuissante à fournir en un seul jet de métal une statuette de petites dimensions. Quand elle l'a fait, le succès a été dû à un concours fortuit de circonstances heureuses, à un hasard sur la reproduction duquel il était impossible de compter. Habituellement la précipitation galvanique a lieu au sein du moule de la façon la plus irrégulière : ici le métal s'accumule, ailleurs il fait défaut. Les statuettes dues à l'électricité qu'on trouve dans le commerce, résultent toutes de la soudure de leurs deux moitiés, obtenues primitivement dans deux moules séparés. C'est là que jusqu'à ce jour l'art galvanoplastique avait trouvé ses limites; M. E. Lenoir les a reculées jusqu'à les faire coïncider avec celles de l'art lui-même, et désormais tout ce qui prend naissance sous le ciseau du sculpteur, bustes et statues de grandes et petites dimensions, peut recevoir une seconde vie des mains du galvanoplaste. L'appareil que nous avons figuré montre par quels moyens M. E. Lenoir réussit là où tous ces prédécesseurs ont échoué.

On voit un bain électro-chimique coupé verticalement selon sa longueur. Les deux fils rompus qui sont à droite communiquent celui d'en haut avec le pôle négatif de la pile; celui d'en bas avec le pôle positif. Ce conducteur positif aboutit simplement au liquide, qui est une solution de sulfate de cuivre (si l'objet doit être reproduit en cuivre); le conducteur négatif vient s'attacher à une barre métallique placée au-dessus de la cuve, selon la longueur de celle-ci, et montée à droite et à gauche sur des supports isolants. Comme dans toutes les opérations où il s'agit de reproduction en relief, c'est à ce conducteur négatif qu'est suspendu le moule.

On voit dans le bain deux moules coupés verticalement, pour en montrer l'intérieur; l'un reproduit une statuette, l'autre un buste : ils sont en gutta-percha, enduits à l'intérieur d'une substance conductrice de l'électricité; percés inférieurement pour donner accès au liquide. Jusqu'ici, rien qui ne se voie dans toutes les opérations galvanoplastiques. Voici la découverte :

La découverte consiste dans cette carcasse de fils de platine placés à l'intérieur de chaque moule, dont elle reproduit plus ou moins les sinuosités. Ce fil a pour effet, en même temps qu'il active la dissolution saline, de conduire l'électricité et par conséquent le métal réduit, le long de tous les contours, sur toutes les inégalités, dans les saillies et dans les creux du moule, et de déterminer partout le dépôt uniforme et régulier du métal. C'est ainsi que s'obtiennent ces statues d'une seule pièce, que nous avons admirées dans l'usine de la société E. Gautier et Cie, et que chacun contemplera bientôt dans les vitrines des marchands d'objets d'art. Le procédé n'est pas moins admirable par sa simplicité que le produit par sa perfection.

Avant d'employer cette carcasse métallique, M. Lenoir avait imaginé de mettre à l'intérieur de ses moules en gutta-percha un relief découpé dans le cuivre ou taillé dans le charbon, représentant grossièrement l'objet à reproduire. Cette silhouette donnait déjà de bons résultats; toutefois ce n'était que la première forme de l'invention, bientôt remplacée par la disposition que nous venons de décrire.

Tel est le principe de la branche nouvelle de galvanoplastie : elle constitue un progrès assez sérieux et comprend un ensemble d'opérations assez important pour mériter un nom distinct; l'inventeur lui donne celui de *galvano-sculpture*.

La substitution de l'électricité au feu dans le moulage des métaux est donc désormais un progrès assuré; et qui ne comprend les avantages de cette substitution?

Avantages pour l'artiste, dont les œuvres pourront être reproduites dans leurs plus minutieux détails avec cette exactitude servile de l'électricité égale à celle que la lumière apporte dans ses dessins daguerriens.

Est-ce là ce que donne la fusion? les artistes savent le contraire : la multiplicité des pièces nécessaires au moulage en sable, le retrait inégal que subit la fonte, la nécessité de la ciselure créée par l'action du feu et la pression du métal sur le moule; toutes ces causes font qu'une statue fondue ne reproduit jamais exactement ni les dimensions ni les proportions de l'original, sans compter qu'elle a chance de perdre dans le grattage l'empreinte du cachet que lui avait donné son auteur.

Économie énorme dans la fabrication, due non-seulement à la suppression de la ciselure, mais encore à la faculté de régler l'épaisseur du dépôt métallique. Ceci est inappréciable quand il s'agit d'un travail d'orfévrerie, par exemple de statues en métaux précieux en or ou en argent, et précisément les fondateurs de la nouvelle industrie annoncent le dessein de s'occuper tout particulièrement de la fabrication de sujets religieux. Nous avons vu un écorché, en cuivre, dont l'épaisseur ne dépasse pas celle d'un fort papier à dessin. L'économie de matières premières peut être facilement portée aux 9/10.

Enfin, accroissement considérable de débouchés offerts aux artistes par la modicité des prix de vente, et par le même motif, augmentation des jouissances du public, admis à posséder des œuvres véritablement artistiques.... Voilà, au courant de la plume, quelques-uns des résultats de cette nouvelle invention, qui sera bientôt une grande industrie; on voit qu'elle a droit à la faveur de toutes les parties du public.

L'auteur, M. E. Lenoir, est arrivé à ces succès après cinq années d'un travail assidu. Il a dû à ses connaissances positives d'être président de classe de la section de chimie aux Arts-et-Métiers. Enfin il est sorti de l'exposition universelle avec une médaille de deuxième classe, à laquelle la Société des sciences industrielles vient d'ajouter une médaille d'or.

PISCICULTURE PRATIQUE

APPLIQUÉE A L'EMPOISSONNEMENT DES COURS D'EAU.

Rapport sur les moyens de rempoissonner la Seine à l'aide des gares qui communiquent avec ce fleuve.

(Lu à la Société zoologique d'acclimatation, dans la séance du 1er février 1856, et présenté à l'Académie des Sciences, le 4 du même mois).

La gare Boivin, située sur le territoire de Choisy-le-Roi (Seine), est creusée parallèlement au cours de la Seine, sur la rive droite de ce fleuve, où elle forme un grand rectangle de 400 mètres de long sur 60 mètres de large; elle communique avec la Seine par un petit canal de 7 mètres de large, de sorte que ses eaux subissent toutes les variations de niveau que celles de la Seine peuvent subir, et que les poissons peuvent alterner avec la gare et le fleuve.

Les variations de niveau sont très fréquentes, surtout à l'époque de la ponte de la plupart des espèces de poissons qui peuplent la Seine. Outre les variations naturelles qui proviennent des pluies ou de la fonte des neiges, la Seine est encore soumise à des crues subites, deux fois la semaine, par le flot provenant des parties supérieures et destiné à faciliter le flottage.

Il en résulte que, sur un parcours considérable, les œufs de poissons, notamment des espèces qui déposent leur frai sur les herbes, sont exposés à des causes nombreuses de destruction; car on sait que les crues d'eau détériorent ou détruisent les frayères naturelles, et que l'abaissement du niveau de l'eau a pour effet immédiat la destruction des œufs mis à sec et exposés aux influences de l'air et du soleil et à la voracité des animaux nuisibles.

Par conséquent, pour assurer la reproduction des espèces qui vivent dans la Seine, de manière à en obtenir un peuplement capable de subvenir aux besoins des populations riveraines, il devenait nécessaire de rechercher les moyens de remédier à ces causes de destruction, sans entraver toutefois l'exercice du flottage ou le service de la navigation.

La pisciculture a fourni ces moyens. Dans ses nombreuses explorations sur la Seine, M. Millet, inspecteur des forêts, qui s'occupe depuis longtemps déjà du repeuplement des cours d'eau, a eu l'heureuse idée de venir organiser, dans la gare de Choisy, *une application pratique de pisciculture destinée au rempoissonnement de tout cours d'eau placé dans les conditions où se trouve la Seine.*

Ses premiers travaux dans notre localité remontent au mois d'avril 1852; ils ont été continués sans aucune interruption depuis cette époque jusqu'à ce jour; pendant tout le temps favorable à la ponte et à l'élevage des poissons.

Le succès est complet, et les résultats obtenus ont une importance bien significative: car, pendant les années 1853 et 1854, la reproduction *naturelle* du poisson a été *nulle* ou *presque nulle* dans nos contrées, en raison des influences atmosphériques qui ont été tout à fait contraires à la ponte et à l'éclosion des œufs. Néanmoins, *grâce aux travaux de M. Millet*, les jeunes poissons et l'alevin, qui proviennent des années 1853 et 1854, se présentent aujourd'hui en *très grande quantité, et jamais la gare et même les portions de la Seine limitrophes n'ont offert un peuplement aussi complet et aussi satisfaisant*. Ce peuplement se compose non seulement des bonnes espèces qui vivent habituellement dans la Seine, mais aussi des espèces *inconnues* jusqu'à ce jour dans la région de Choisy et dans tous les cantons circonvoisins.

Du mois d'avril au mois de juillet 1852, M. Millet a opéré sur la *perche ordinaire*, la *brême*, la *carpe*, la *tanche* et autres poissons existants dans la localité. De plus, il a commencé à *introduire :* 1° une très belle espèce d'*écrevisse à pattes rouges*; 2° la *perche goujonnière*; 3° l'*alose*, à l'aide de cent mille œufs au moins; et 4° le poisson rouge ou *cyprin doré*, à l'aide de trente mille œufs environ, fécondés à Versailles et à Saint-Cloud, etc., etc.

Dans les années 1853, 1854 et 1855, à partir du mois de février, il a été opéré de nouveau sur les espèces précédentes; et, de plus, sur le *saumon*, la *lote* et le *brochet*.

On voit et on peut pêcher dans la gare et dans quelques portions de la Seine, les jeunes poissons et l'alevin de toutes ces espèces, à l'exception du *saumon* et de l'*alose* qui sont des poissons *migrateurs* ou *voyageurs* On sait, en effet, qu'à certaines époques de l'année, les jeunes saumons et les jeunes aloses *quittent* les localités où ils sont nés et où ils ont pu prospérer pour *gagner la mer*, et qu'ils reviennent quand ils sont adultes ou plus âgés dans ces mêmes localités, pourvu qu'elles soient encore accessibles, et qu'elles ne soient pas dans des conditions incompatibles avec la nature de ces poissons.

Par ces intéressants essais d'introduction ou d'acclimatation, M. Millet a voulu doter notre contrée d'espèces qui n'y sont pas connues, et qui pourraient offrir de grandes ressources pour l'industrie de la pêche et pour l'alimentation publique.

On a aujourd'hui l'espoir de voir le *saumon* venir fréquenter nos *rapides* et nos *graviers*; car, M. Missa, l'un de nous, a vu cette année quelques *aloses dans la gare et à proximité de la gare*; or, d'après les souvenirs de M. Missa, qui habite le pays depuis 30 ans, et qui s'est toujours occupé de la pêche et de la conservation du poisson, l'alose n'avait jamais paru ni dans la gare ni dans la Seine; il en est de même pour le poisson rouge.

L'acclimatation de ce cyprin doré est résolue. Cette espèce ayant, dans le premier âge, les caractères de la carpe, n'avait pas fixé d'abord l'attention des promeneurs et des pêcheurs; mais, cette année, le poisson rouge s'est montré avec toute la richesse et l'élégance de sa robe et de ses formes. On remarque même sur les sujets qui ont aujourd'hui de quinze à vingt centimètres de longueur, une vivacité de coloris que ne présentent jamais les poissons de cette espèce livrés au commerce. Après s'être tenue sous les grands bateaux et sous les herbes de la gare, cette belle espèce a commencé à se répandre dans la Seine, à une distance de plusieurs kilomètres.

Ces importants résultats ont été obtenus à l'aide de moyens qui sont d'une grande simplicité et d'une pratique à la portée de tout le monde.

Pour favoriser et assurer la reproduction des espèces *existantes* dans la localité, M Millet procède, soit par *fécondation artificielle*, soit par *frayère artificielle*; il donne la préférence à ce dernier mode. Pour le barbeau et le goujon, il suffit d'approprier des tas ou monticules de graviers lavés par une eau vive; pour le brochet, la perche, la brême, la carpe, la tanche et autres, il suffit de disposer en plan incliné dans l'eau dormante, des cages à claire-voie ou des claies garnies de brindilles, par exemple des balais de bouleau. Nous avons vu ces frayères artificielles couvertes de *plusieurs millions d'œufs en voie d'éclosion*, et, depuis leur installation dans la gare, au mois d'avril 1852, elles ont produit, en trois années, *des quantités innombrables de jeunes poissons* qui apparaissent par les beaux jours, soit entre deux eaux, soit à la surface de l'eau.

Pour introduire des espèces *nouvelles* ou *étrangères à la localité*, M. Millet a recours à la fécondation artificielle; c'est ce qu'il a fait pour le *saumon*, l'*alose*, le *cyprin doré*, etc., espèces pour lesquelles il n'avait pas pu organiser, sur les lieux mêmes, des frayères artificielles. Les œufs de saumon et d'alose ont été transportés dans des boîtes de bois ou dans les tamis de fécondation entre des linges humides, et ceux du cyprin doré sur des brindilles enveloppées d'un linge humide, dans un panier d'osier ou dans un tamis double.

Quand les œufs sont déposés sur les frayères, on peut, si cette précaution est nécessaire, les mettre à l'abri de leurs ennemis en enveloppant la frayère, soit par un clayonnage, soit par un grillage ou un filet. On peut aussi enlever les objets qui supportent les œufs et les déposer dans des tamis flottants ou des caisses flottantes. Les œufs de saumon sont déposés sur le fond de l'appareil avec ou sans cailloux.

Les tamis flottants en *canevas préparé* ou en *toile métallique galvanisée* nous ont paru réunir d'excellentes conditions; ils sont, en effet, peu coûteux, très solides et d'un usage facile et commode; des tamis de trente à trente-cinq centimètres de diamètre, et dont le prix est de 2 fr. 25 c. à 2 fr. 50 c. ont fonctionné, pendant trois ans, à partir du mois d'avril 1852, une grande partie de l'année, sans avoir subi aucune altération notable: leur forme et leur légèreté permettent de les transporter facilement, de les manier et de les disposer sans aucun embarras, à une station convenable dans l'eau, et la forme arrondie des bords ne permet pas le séjour des matières étrangères ou des ordures charriées par les eaux; ils réunissent enfin de grands avantages, en servant à la fois pour la *récolte*, la *fécondation*, le *transport* et l'*éclosion des œufs*, et pour le *transport* et la *conservation des jeunes poissons*, jusqu'au moment de la dissémination.

Ces moyens de repeuplement, nous le répétons, sont très simples et très peu coûteux; M. Millet les a mis en pratique sur une très grande échelle, dans la gare de Choisy, avec un entier désintéressement, sans aucune subvention de l'Etat. Son but était de prouver que la *pisciculture pratique* fournissait, dès à présent, les moyens d'empoissonner convenablement les eaux de la France, et de livrer à la consommation une masse considérable de poissons comestibles. Ce but a été complétement atteint.

Nous dirons, en terminant, que M. Millet a été dignement secondé, dans cette grande œuvre, par MM. Boivin, propriétaires de la gare, qui ont mis tous leurs poissons à sa disposition, et par le service de la navigation et celui de la surveillance de la gare, dont les employés ont fait preuve d'un zèle très louable.

Choisy-le-Roy, le 15 juillet 1855.

MISSA père, inspecteur de la navigation et des ports de l'arrondissement de Choisy-le-Roi; LEMIRE, directeur de la fabrique de produits chimiques; CARRÈRE, docteur médecin; L'ÉPINE, chef d'institution; JAMIN, graveur sur cristaux; CAILLAUD, adjoint au maire; NORMAND aîné, maire de la commune de Choisy-le-Roi, rapporteur.

A l'appui de ce rapport, la Société zoologique d'acclimatation a reçu une série d'échantillons des espèces indiquées ci-dessus, dans des bocaux et des boîtes étiquetés, cachetés et scellés par les autorités locales. L'ouverture des boîtes contenant des poissons vivants a été faite publiquement, sur l'invitation du président, par le secrétaire général.

CULTURE EN QUINCONCE.

SYSTÈME LE DOCTE.

Les avantages résultant de la culture quadrangulaire, c'est-à-dire par touffes ou paquets placés à égale distance les uns des autres, sont parfaitement connus, mais jusque dans ces derniers temps ils n'avaient pu être réalisés dans la grande culture, faute d'instruments spéciaux sur lesquels on pût compter avec quelque certitude. Ce progrès désiré a été réalisé par l'invention du système Le Docte, consistant en une couple d'instruments qui, à l'aide de pièces de rechange, peuvent servir comme on va le voir aux emplois les plus variés. Ces instruments figuraient à l'exposition universelle. Leur auteur, M. Le Docte, est directeur de l'école d'agriculture de Thourout (Belgique), et le succès avec lequel il les emploie est attesté par les témoignages les plus authentiques.

Les instruments du système Le Docte servent :

1° A rayonner le sol en échiquier;

2° A semer les graines en touffes, à distance voulue et avec engrais artificiels;

3° A recouvrir les semences et à tasser le sol;

4° A sarcler les plantes dans les allées longitudinales et transversales du terrain;

5° A biner ou ameublir la terre entre les lignes ayant des directions opposées;

6° A butter les récoltes dans les deux sens du champ.

Les conditions de culture sont les suivantes :

1° On doit labourer à plat, c'est-à-dire sans ados ou billons;

2° Il faut éviter les fumiers pailleux à la surface du terrain;

3° On enfouit convenablement les chaumes de trèfle et de céréales, ainsi que le gazon provenant des prairies, des pâtures et des bruyères défrichées;

4° On divise convenablement, par des hersages et des roulages, surtout dans les terres fortes, la surface de la couche cultivable;

5° On comprime assez fortement les terrains légers et sablonneux;

6° On exécute le dernier hersage de *biais*, ou dans un sens oblique à la direction du champ. Cette précaution n'est pourtant nécessaire que dans les terres fortes où les sillons que tracent les dents de la herse peuvent être confondus avec ceux que doit former le rayonneur;

7° On termine la préparation du sol par un roulage.

Le sol ainsi préparé doit être rayonné à l'aide d'un instrument spécial à plusieurs fins, qui n'est autre chose qu'une sorte de brouette (fig. 1, 2 et 3), devenant à volonté, par le changement facile de quelques organes, un rayonneur (fig. 1), une houe (fig. 2), un sarcloir (fig. 3), un binoir, un butoir.

La brouette omnibus se compose essentiellement de deux mancherons commandant à une sorte de cage de brouette-civière sans traverse, composée de deux pièces de bois assemblées en grand V coupé 1° en arrière, avec les mancherons, par deux tiges de fer carrées boulonnées à chaque extrémité; 2° en avant, par l'essieu d'une roue ordinaire qui supporte et transporte le tout sous l'impulsion d'un homme qui pousse et qui guide, plus par une petite traverse qui relie les deux bras en arrière de la roue et qui sert principalement pour fixer le rayonneur.

Fig. 1. Rayonneur.

De ce même essieu-boulon de roue partent les deux branches d'une fourchette de fer qui se termine en avant par un œillard rond ou carré, dans lequel est passé un crochet de tirage. C'est à ce crochet que, dans les circonstances que nous verrons plus tard, on applique une force quelconque.

Les pièces de bois principales qui vont de l'axe de la roue aux mancherons sont ferrées et trouées à des fins spéciales. Les deux tiges de fer carré de l'avant traversent des pièces d'attente que nous signalerons également quand le moment en sera venu.

Voyons maintenant comment cette brouette omnibus est convertie en rayonneur.

Rayonneur. — Une grande barre de fer reçoit d'abord quatre griffes rayonneuses; leur partie supérieure est creuse, de façon à glisser le long de la barre comme une bague dans le doigt; une petite vis qu'on voit très-bien dans la gravure sert à les fixer en place quand et où l'on veut. Entre cette vis et la lettre *g* on voit un renflement, c'est l'articulation de la griffe qui permet de relever celle-ci, comme cela est figuré en *d a*, ou d'appuyer sur le sol de toute la puissance imprimée par le poids *d* qui glisse aussi à volonté, et est maintenu fixe par la vis qu'on voit très-bien ici.

Cette barre de fer armée se place en travers en arrière de la roue ; au niveau de chaque branche de notre grand V tronqué, il y a un trou correspondant à un même trou pratiqué dans les branches elles-mêmes. On prend alors un écrou à clé, après avoir traversé la barre de fer il entre dans la branche correspondante, et en serrant convenablement, on a la fixité voulue. De plus, le milieu de la barre est lui-même fixé d'une manière analogue à la petite traverse qui est située derrière la roue, toujours à l'aide d'un écrou à clé.

L'instrument étant ainsi préparé, et la terre ayant subi les préparations décrites plus haut, on trace des lignes sur le champ au moyen du *rayonneur*, de manière à former des rectangles ou des carrés longs, dont la grandeur varie selon les plantes en culture. Ceci fait, on procède à l'ensemencement, et c'est alors qu'intervient le second instrument, le *plantoir-semoir*. Cependant, afin de ne pas interrompre l'histoire des transformation de la brouette omnibus, nous ne parlerons du plantoir qu'en dernier lieu. Supposons donc les semailles opérées, et voyons comment la brouette va devenir propre au recouvrement des graines et au sarclage.

Fig. 2. Houe à bras.

La houe à bras. — Après avoir enlevé au rayonneur la tige qui porte les quatre dents, c'est-à-dire après l'avoir mis à nu pour ne lui laisser que ses parties radicales, on introduira dans les mortaises de l'avant-dernière barre, soit deux dents pour les terres légères, soit deux petits *socs* pour les terres consistantes, ou suivant que la semence demande à être enterrée plus ou moins profondément.

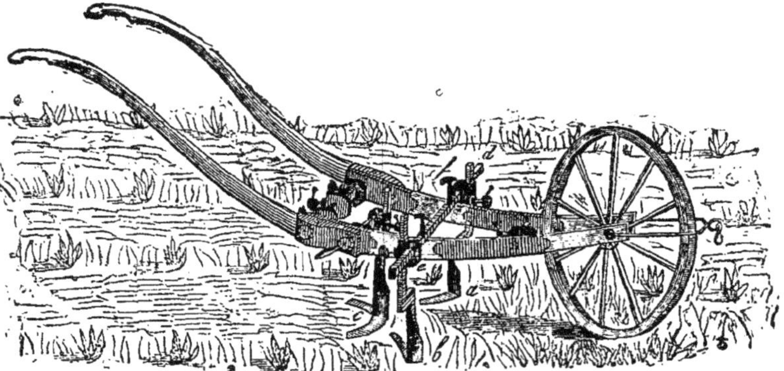

Fig. 3. Sarcloir.

On distancera les dents ou les socs de telle sorte qu'ils ne puissent, en fonctionnant aux deux côtés de la ligne, déplacer les graines de l'endroit où elles ont été déposées.

Lorsque la surface du sol ne sera pas trop humide, on adaptera un petit rouleau à la mortaise de la barre postérieure, la figure 2 représente la brouette montée avec ces deux socs, et le petit rouleau qui a pour effet de comprimer immédiatement la terre remuée sur les graines, et de graduer l'*entrure* des socs.

Les semailles terminées, voyons comment on procède quand arrive le moment des premières façons.

Le sarcloir. — Dès que les mauvaises herbes apparaissent, il faut procéder à des sarclages répétés sur la largeur et sur la longueur. On les fait en nombre suffisant pour tenir toujours le champ très-propre.

M. Le Docte recommande de ne faire que des sarclages superficiels relativement, c'est-à-dire dont la profondeur ne dépasse pas 2, 3 ou 4 millimètres. Il dit que si une pluie survient après des sarclages profonds, comme on les fait en général, cela rend ceux-ci plus nuisibles qu'utiles.

Dans son système, un homme dans les terres légères, un homme et un enfant dans les terres fortes, suffisent pour effectuer les sarclages avec la brouette montée en sarcloir (Fig. 3). Quand on s'y prend de bonne heure, les mauvaises herbes très-jeunes sont toujours facilement détruites.

Lorsque les végétaux, par leur développement, exigent un binage, et que le terrain renferme encore des herbes non susceptibles d'être extirpées par le travail seul des dents, on opère alors avantageusement un sarclage en même temps qu'un binage, en adaptant sur la brouette un, deux ou trois couteaux, suivis de trois, quatre ou cinq dents, selon l'isolement des lignes.

Pour opérer le sarclage, on prend le couteau double *c*, contourné en forme de cœur, spécialement pour les allées étroites, et on l'adapte à la mortaise placée à la seconde traverse immédiatement derrière et dans l'axe de la roue.

On se sert en même temps des deux autres couteaux *a* et *b*, lorsque les lignes sont d'une largeur moyenne ou grande ; ces deux couteaux, introduits dans les mortaises *e* et *f*, sont mobiles le long de la tige *d*, que deux écrous à clef maintiennent sur la brouette. On a soin de les poser de manière que le couteau *b* soit toujours placé dans la mortaise *e*, située à droite de la brouette, et non dans la mortaise *f*, qui figure à gauche de l'appareil. Sans cette précaution, on travaillerait mal.

La même observation s'applique au couteau *a*.

Le couteau double *c* peut toujours rester à la place qu'il occupe derrière la roue. Cependant, quand on opère avec les trois couteaux, il est souvent préférable de le ramener dans une des mortaises, derrière les deux autres couteaux.

Nous ne nous arrêterons pas à décrire l'instrument monté pour le binage et le battage ; ce qui précède suffisant pour démontrer la possibilité de cette transformation ; dans le prochain numéro nous décrirons et figurerons le *plantoir semoir*.

ACADÉMIE DES SCIENCES.

SÉANCE DU 11 FÉVRIER.

SOMMAIRE. — *Communications. — La trente-neuvième planète : M. Chacornac. — Discussion sur l'exactitude des éléments magnétiques antérieurement déterminés à l'Observatoire de Paris : MM. Leverrier et Laugier.*

Parmi les objets déposés sur le bureau de l'Académie, se distinguaient quelques spécimens des produits obtenus par la *galvano-sculpture*, d'après le procédé de M. Lenoir : cette intéressante question étant traitée ci-dessus dans tous ses détails, nous nous dispensons de répéter ici les développements fournis à l'Académie, par M. Babinet.

— M. Leverrier annonce que, le 8 février à 13 heures. temps moyen de Paris, c'est-à-dire samedi matin à une heure après minuit, une trente-neuvième planète a été découverte par M. Chacornac à l'Observatoire de Paris. Elle a apparu dans la constellation du *Lion* ; son éclat est assez brillant pour permettre de la classer parmi les étoiles de huitième grandeur environ, ce qui fait présumer que la moisson de ces planètes sera très grande encore et donnera raison aux astronomes qui avaient parié qu'avant 1860 leur nombre aurait atteint un demi-cent. M. Leverrier saisit cette occasion de rappeler que depuis vingt-un mois à peine que les recherches ont été installées à l'Observatoire, on doit à cet établissement la découverte de plus de la moitié des planètes signalées par les astronomes de l'Europe.

— Après cette communication, M. Leverrier passe à l'examen de la note de M. Laugier sur les observations magnétiques faites à l'Observatoire. Mais avant d'entrer dans la discussion qui a dû s'ensuivre entre les deux savants, il importe de poser clairement la question qui l'a soulevée.

Au midi du bâtiment de l'Observatoire, se trouvent sur une ligne est et ouest, quatre pavillons dans lesquels se font les observations de chaque jour, à savoir : le pavillon de l'*Ouest*, le pavillon *Central*, le pavillon de *l'Est*, et entre ces deux derniers situé précisément dans le plan du cercle de Gambey, un pavillon plus grand qui contient les instruments enregistreurs et qui est spécialement affecté aux observations magnétiques ; c'est le *pavillon magnétique*. M. Leverrier, en reprenant, il y a bientôt un an, les observations magnétiques faites à l'Observatoire avant son arrivée, et consignées dans les registres de l'établissement, voulut s'assurer qu'elles étaient corrigées de toutes les erreurs qui affectent notamment la direction de l'aiguille aimantée. Or, les observations faites le 7 septembre 1855 sur la terrasse de l'Observatoire, par MM. Goujon et Liais, en rapportant la déclinaison des différents pavillons à celle du pavillon magnétique. avaient déterminé pour chacun de ces lieux, un ensemble d'erreurs dont nous avons déjà donné les nombres et qui, on se le rappelle, offraient une loi d'accroissement en s'avançant de l'ouest vers l'est.

Ces faits infirmaient trop la méthode dont avaient fait usage MM. Laugier et Mathieu, alors qu'ils étaient astronomes de l'Observatoire. pour qu'ils ne tentassent point de révoquer en doute, à leur tour, les conclusions présentées par M. Leverrier, et nous avons consigné dans notre compte-rendu précédent les traits les plus saillants du mémoire lu par M. Laugier.

Tel qu'il est posé là, le débat ne semble porter que sur une question de faits et il est fâcheux qu'il ne s'en soit point tenu à ce caractère, puisqu'après tout, en établissant que toutes les observations antérieurement faites sont entachées d'une erreur de 6' 39", par exemple, dans le pavillon central, M. Leverrier ne faisait que remplir un devoir de sa charge et s'était abstenu surtout de citer les travaux auxquels son adversaire a fait allusion depuis : aussi bien n'eût-il pu en parler alors, sans en faire la critique qu'il en a donnée aujourd'hui.

Cette critique a porté d'abord sur les lieux dans lesquels MM. Laugier et Mathieu ont fait les observations desquelles ils ont conclu que l'influence des masses de fer voisines, sur les éléments magnétiques de l'Observatoire, était nulle, ou du moins inappréciable. L'époque des deux séries d'observations n'est pas la même non plus : celles de MM. Goujon et Liais appartiennent à septembre 1855, celles qui leur sont opposées, au mois d'août 1854, et chacun sait les variations auxquelles les aiguilles aimantées sont sujettes d'une année à l'autre. Il semble difficile dès lors, par des observations prises en des lieux différents, à des époques différentes, et même avec des instruments différents, puisque MM. Laugier et Mathieu se sont servi d'une boussole de Brenner et non de Gambey comme MM. Goujon et Liais, de prouver la fausseté d'observations qui peuvent être faites tous les jours, par le premier observateur venu, dans chacun des pavillons cités.

Passant alors à ce qui a trait au calcul, M. Leverrier fait remarquer que c'est par des observations directes et non par des interpolations que ses résultats à lui ont été obtenus. Au surplus, ce n'est point une *interpolation*, mais bien une *extrapolation* qu'a faite M. Laugier, puisqu'il a déduit certains résultats pour 1854 seulement des observations faites par lui jusqu'en 1853, celles de 1855 l'ayant été par MM. Goujon et Liais.

Enfin, un fait beaucoup plus sérieux, qui semble ressortir de la discussion, c'est que M. Laugier n'a pas tenu compte des trois sortes de variations, accidentelle diurne et annuelle ; ses résultats se trouvent par suite entachés d'erreurs que la formule empirique donnée par lui, ne peut que contribuer à reproduire. Pour ne citer ainsi qu'un exemple de ce fait, prenons les sept années d'observations faites par M. Arago, du mois d'avril 1824 au même mois de 1830 ; en cherchant la déclinaison pour 1823 d'après ces observations, on obtient :

Par un calcul proportionnel 22° 25' 8" pour moyenne, tandis que par la méthode donnée par M. Laugier on arrive à 22° 19' 41" ; soit une erreur en moins, de 5' 29".

Il y a aussi une autre correction que M. Laugier a complétement oubliée : on sait qu'à l'Observatoire, entre le mois de septembre et celui de décembre, il se produit pour la même heure, deux heures de l'après-midi environ, une erreur dans les déclinaisons respectives, de 2' 43" à l'observation directe ; or, M. Laugier n'en a pas fait mention ; bien plus, en employant sa formule on aurait trouvé une erreur de 4' 24", loin de n'en pas trouver du tout.

M. Laugier avait dit dans son mémoire, qu'ayant reconnu plusieurs fois des différences entre les résultats obtenus dans les pavillons central et de l'est, il avait cru prudent de ne s'y point arrêter : M. Leverrier dit avec raison que c'était le moment, au contraire, de bannir toute prudence et de rechercher si cette erreur était due aux instruments ou aux influences locales.

En résumé, M. Leverrier conclut que les résultats de M. Laugier sont manifestement contredits par toutes les observations, et que sa méthode, ne tenant compte que des variations séculaires, est manifestement fausse.

M. Laugier aurait peut-être répondu par des chiffres à certaines parties de cette réfutation, si M. Leverrier avait pu lui donner les résultats des observations faites par MM. Goujon et Liais, au nord, au sud, à l'est et à l'ouest de l'Observatoire. Cependant nous doutons qu'il fût parvenu à réfuter à son tour de semblables conclusions, car dans sa réponse il a beaucoup plus affirmé que démontré : il s'est attaché à maintenir qu'il avait *interpolé* et non *extrapolé* ; que les coïncidences que l'on rencontre à chaque instant dans son calcul, entre les observations obtenues directement et celles obtenues par *interpolation*, ne sont pas l'effet du hasard et qu'il est nécessaire de faire un grand nombre d'autres observations avant de déterminer les corrections avec exactitude, si jamais on y arrive.

Sur ce terrain, la discussion pouvait devenir interminable : après quelques éclaircissements de M. Leverrier sur le véritable sens du mot *interpolation*, le débat a été clos par la proposition qu'a faite M. le baron Thénard, de voir les deux astronomes écrire et faire imprimer leurs opinions respectives, afin que l'Académie puisse juger de quel coté se trouve en dernier lieu la raison.

FÉLIX FOUCOU.

Société d'encouragement pour l'Industrie nationale.

SÉANCE DU 6 FÉVRIER.

SOMMAIRE. — *Frein auto-moteur de M. Edouard Guérin. — Lettre sur les brevets d'invention en Angleterre.*

La séance ayant été absorbée presque toute entière par des nominations et une délibération en comité secret, nous mentionnerons seulement, en premier lieu, un nouveau système de frein présenté par M. Combes, au nom de M. E. Guérin, et qui a été renvoyé à l'examen du comité des arts mécaniques. D'après quelques explications succinctes fournies par anticipation sur cette matière, il résulte que M. E. Guérin utilise comme force la pression des tampons de choc des différents wagons d'un même train. On sait, en effet, qu'au moment où le mécanicien ferme l'introduction de la vapeur, les wagons placés derrière la locomotive viennent, en vertu de la vitesse acquise, heurter successivement l'un contre l'autre, de l'avant à l'arrière du convoi. Les tampons de choc pressent alors leurs ressorts mutuels, et c'est cette *pression* que plusieurs personnes avaient eu l'idée, déjà, d'utiliser pour serrer les freins; mais toutes n'avaient proposé que des mécanismes trop compliqués pour donner lieu à une application effective. Le mérite de M. Guérin consiste dans l'idée qu'il a eue, le premier, d'utiliser la *force centrifuge* créée par le mouvement des roues, en la faisant servir au fonctionnement de son appareil et en évitant ainsi des longueurs de tiges qui rendaient jusque-là ces sortes d'appareils impraticables. Nous aurons l'occasion, lors du rapport du comité qui est saisi de cette invention, d'en parler avec plus de détails. Disons pourtant de suite que quatre voitures en marche suffisent pour serrer ce frein, et que la simplicité de ce système en a fait adopter l'emploi sur le chemin de fer d'Orléans.

Au moment de la formation en comité secret, il est donné une analyse rapide d'une lettre de M. Paxton sur les brevets d'invention en Angleterre. Cette lettre fait ressortir que plus de 100,000 livres sterling sont acquis annuellement au trésor, déduction faite de tous les frais, par le paiement auquel sont astreintes les patentes de garantie. M. Paxton se demande s'il est juste qu'une telle somme soit prélevée sur le génie d'invention, et, en cas d'affirmative, s'il ne serait pas bon qu'elle fût exclusivement appliquée à des œuvres d'utilité, telles que la fondation de musées spéciaux pour l'industrie. Cette lettre, qui paraît contenir des documents pleins d'intérêt, sera traduite pour être insérée toute entière au Bulletin de la Société.

Société Impériale et centrale d'Agriculture.

SÉANCE DES 30 JANVIER ET 6 FÉVRIER.

SOMMAIRE. — *Discussion sur l'opportunité de la production des laines fines en Algérie.*

Le travail de M. Baudement sur les laines de l'Algérie, ayant été présenté aussi à la Société d'agriculture, y a donné lieu à une discussion qui a rempli les deux dernières séances.

La controverse a porté sur le plus ou moins d'opportunité que présenteraient en ce moment les efforts du gouvernement français vers la production de la laine fine en Algérie. M. Baudement pensait que le climat, le sol de l'Afrique, les espèces ovines qui y sont répandues, permettraient d'y tenter une amélioration très-sérieuse dans le sens de la production des laines *mérinos*: à l'appui de cette opinion il a cité les beaux résultats obtenus par le gouvernement anglais dans les colonies de la Nouvelle-Hollande et du Cap. Là, l'autorité est intervenue dans la production, en achetant un troupeau de mérinos d'un type supérieur, et en en donnant des béliers de race pure aux colons intelligents, à la seule condition du paiement en cas de succès. Comme exemple de l'impulsion qui en est résultée, nous remarquerons les nombres suivants: de 1846 à 1850, la production des laines d'Australie qui n'était d'abord en moyenne que de 5 à 6 mille kilog. par an, s'est élevée au chiffre énorme de 2 millions. Les résultats précieux qu'a retirés la métropole de cet accroissement, font préjuger l'avantage que trouverait la France à solliciter de même, en Algérie, la production des laines fines, qui sont celles dont le besoin se fait le plus sentir dans l'industrie.

MM. Delavergne, Ivard, de Kergorelec et Garraud, ont tour à tour pris la parole, s'attachant à démontrer, soit la nécessité d'agir avec prudence dans les conseils à donner au gouvernement en pareille matière, soit l'impossibilité de faire produire aux Arabes des laines de première qualité, soit enfin, ce qui paraît beaucoup mieux établi, l'aliment que l'industrie fournit à la production des laines grossières.

Cette discussion n'a abouti, il est vrai, à aucune conclusion, mais elle a mis à jour des opinions et des documents entièrement nouveaux. Nous avons appris, par exemple, qu'à la suite de la loi de 1851, qui a autorisé l'entrée en franchise de tous les produits de l'Algérie, les prix des laines avaient monté de plus de 50 p. 100 sur les marchés de la colonie; que, cette année, le ministère de la guerre a envoyé six mille ciseaux à tondre la laine, pour être distribués aux arabes, ainsi qu'un grand nombre de faulx pour leur permettre de faucher leurs foins, et d'établir ainsi des réserves; que quinze moutons de Rambouillet vont partir incessamment pour la ferme de l'Aghouat, élevée dans le Sahara pour la production d'un type de laine pure, et que chaque année trente béliers de la même race y seront expédiés.

A ce sujet une discussion incidente s'engage sur le plus ou moins d'aptitude des moutons de Rambouillet, et plusieurs membres désignent des espèces qui leur sembleraient préférables.

De cette divergence seule il semble résulter que le sol de l'Algérie est apte à produire une très-grande variété de laines, et que par suite les éléments d'un type supérieur s'y trouvent peut-être déjà, suivant l'opinion précédemment émise par M. Baudement.

Prix proposés par l'Académie dans sa séance annuelle du lundi 28 janvier.

Six grands prix de mathématiques.

« 1o *Perfectionner dans quelque point essentiel la théorie mathématique des marées.* »

Terme de rigueur; 1er mai 1856.

« 2o *Reprendre l'examen comparatif des théories relatives aux phénomènes capillaires, discuter les principes mathématiques et physiques sur lesquels on les a fondées; signaler les modifications qu'ils peuvent exiger, pour s'adapter aux circonstances réelles dans lesquels ces phénomènes s'accomplissent, et comparer les résultats du calcul à des expériences précises faites entre toutes les limites d'espace mesurables, dans des conditions telles que les effets obtenus par chacune d'elles soient constants.* »

Terme de rigueur: 1er avril 1856.

« 3o *Trouver, pour un exposant entier quelconque n, les solutions en nombres entiers et inégaux de l'équation*

$$x^n + y^n = z^n,$$

ou prouver qu'elle n'en a pas, quand n est > 2. »

Terme de rigueur: 1er avril 1856.

« 4o *Trouver les intégrales des équations de l'équilibre intérieur d'un corps solide élastique et homogène, dont toutes les dimensions sont finies, par exemple d'un parallélipipède ou d'un cylindre droit; en supposant connues les pressions ou tractions inégales exercées aux différents points de sa surface.* »

Terme de rigueur: 1er avril 1857.

« 5o *Etablir les équations des mouvements généraux de l'atmosphère terrestre, en ayant égard à la rotation de la terre, à l'action calorifique du soleil, et aux forces attractives du soleil et de la lune.* »

Terme de rigueur; 1er janvier 1857.

« 6o *Trouver l'intégrale de l'équation connue du mouvement de la chaleur, pour le cas d'un ellipsoïde homogène, dont la surface a un pouvoir rayonnant constant, et qui, après avoir été primitivement échauffé d'une manière quelconque, se refroidit dans un milieu d'une température donnée.* »

Terme de rigueur: 1er octobre 1857.

Le prix, pour chacun des six sujets précédents, consistera en une médaille d'or de la valeur de *trois mille francs*.

Prix extraordinaire de SIX MILLE FRANCS, pour l'application de la vapeur a la marine militaire.

L'Académie désire surtout récompenser les inventions, les perfectionnements constatés, éprouvés par l'expérience, elle laisse aux concurrents une latitude illimitée; elle ira chercher un grand progrès en quelque lieu qu'il se montre, s'il porte avec lui sa démonstration au moins pratique, et s'il se peut théorique.

Les mémoires et les plans seront remis avant le 1er novembre 1857, *terme de rigueur*, afin que le prix soit décerné, s'il y a lieu dans la séance publique de 1858.

Viennent ensuite les trois prix d'astronomie, de mécanique et de statistique, fondés, l'un par Delalande, l'autre par M. de Montyon.

Enfin le prix Bordin, consistant dans une médaille d'or, de la valeur de 3.000 fr. est proposé pour la question suivante:

« *Un thermomètre à mercure étant isolé dans une masse d'air atmosphérique, limitée ou illimitée, agitée ou tranquille, dans des circonstances telles qu'il accuse actuellement une température fixe, on demande de déterminer les corrections qu'il faut appliquer à ses indications apparentes, dans les conditions d'exposition où il se trouve, pour en conclure la température propre des particules gazeuses dont il est environné.* »

Terme de rigueur: 1er octobre 1856.

SCIENCES PHYSIQUES.

Quatre grands prix :

« 1° *Etudier le mode de formation et de structure des spores et des « autres organes qui concourent à la reproduction des champignons « leur rôle physiologique, la germination des spores et particulière- « ment pour les champignons parasites, leur mode de pénétration et de « développement dans les autres corps organisés vivants.* »

Terme de rigueur : 31 décembre 1857.

« 2° *Etudier d'une manière rigoureuse et méthodique les métamorpho- « ses et la reproduction des infusoires proprement dits (polygastiques « de M. Ehrenberg).* »

« 3° *Etudier les lois de la distribution des corps organisés fossiles dans « les différents terrains sédimentaires, suivant leur ordre de superposi- « tion.*

« *Discuter la question de leur apparition ou de leur disparition « successive ou simultanée.*

« *Rechercher la nature des rapports qui existent entre l'état « actuel du règne organique et ses états antérieurs.* »

« 4° *Etablir, par l'étude du développement de l'embryon dans deux « espèces, prises, l'une dans l'embranchement des vertébrés, et l'autre « soit dans l'embranchement des mollusques, soit dans celui des articu- « les, des bases pour l'embryologie comparée.* »

Terme de rigueur : 1er avril 1856.

Le prix, pour chacun des programmes qui précèdent, consistera dans une médaille d'or de la valeur de trois mille francs.

En outre du prix Cuvier et du prix de physiologie expérimentale, il sera décerné, sur les legs Montyon, un ou plusieurs prix aux auteurs des ouvrages ou des découvertes qui seront jugés les plus utiles à *l'art de guérir*, et à ceux qui auront trouvé les *moyens de rendre un art ou un métier moins insalubre.*

Le terme de rigueur pour chacun d'eux, est le 1er avril 1856.

Le prix Alhumberg, proposé en 1854 pour 1856, consiste en une médaille d'or de la valeur de deux mille cinq cents francs, et a pour sujet :

« *Etudier le mode de fécondation des œufs et la structure des organes « de la génération dans les principaux groupes naturels de la classe des « polypes ou de celle des acalèphes.* »

L'Académie propose pour le prix Bordin, à décerner en 1857, la question du métamorphisme des roches : elle saura gré aux auteurs, surtout des expériences qu'ils auront exécutées pour vérifier et pour étendre la théorie des phénomènes métamorphiques.

Le prix consistera en une médaille d'or de la valeur de 3,000 fr.

Le terme de rigueur est le 1er octobre 1857.

Le prix quinquennal fondé par M. de Morogues, sera décerné en 1863 à *l'ouvrage qui aura fait faire le plus de progrès à l'agriculture en France.*

Le terme de rigueur est le 1er avril 1863.

Enfin, un prix de 100,000 francs ayant été fondé par M. Briant, pour être décerné à l'auteur d'un remède souverain contre le choléra asiatique, l'Académie a dressé, ainsi qu'il suit, le programme à remplir :

« *Trouver une médication qui guérisse le choléra asiatique dans « l'immense majorité des cas;* »

Ou, « *indiquer d'une manière incontestable les causes du choléra asia- « tique, de façon qu'en amenant la suppression de ces causes, on fasse « cesser l'épidémie;* »

Ou enfin, « *découvrir une prophylaxie certaine, et aussi évidente « que l'est, par exemple, celle de la vaccine pour la variole.* »

Faneuse de Smith.

L'usage d'exposer à l'air toutes les parties du foin à l'aide du râteau ordinaire et de la fourche en bois à deux branches, remonte probablement à une très-haute antiquité; ce n'est que dans ces derniers temps qu'on a introduit les machines dans les travaux de ce genre. Celle que nous figurons et que nos lecteurs ont pu voir à l'exposition, est une des meilleures qui existent. Quoique inscrite au Catalogue sous le nom de M. Smith, *la faneuse* dont nous nous occupons n'est, ainsi que le remarque M. Victor Borie, dans le *Journal d'Agriculture pratique*, qu'une édition nouvelle de la machine inventée en 1816 par M. Robert-Salmon de Woburn, et décrite dans le t. 11, p. 292, de la *Maison rustique du* XIXe *siècle* ; mais il est juste de dire que cette seconde édition a été notablement améliorée.

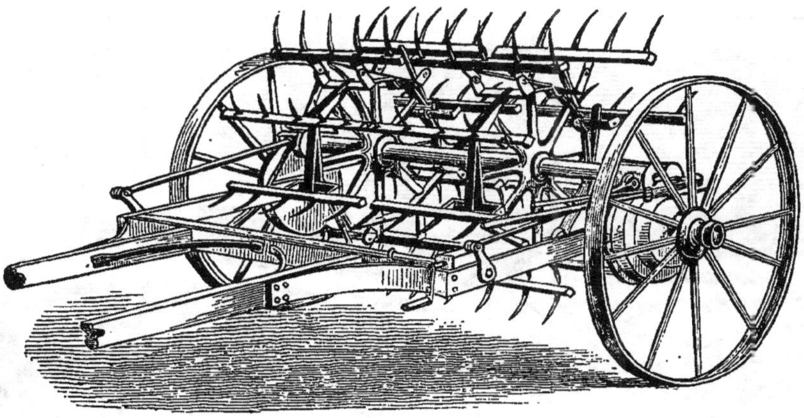

La faneuse de Smith se compose d'une charpente cylindrique armée de râteaux, et divisée en deux parties de 1 mètre de long, qui ont chacune un mouvement indépendant. Une roue d'engrenage, placée contre le moyeu des roues, communique le mouvement de rotation aux deux cylindres. Chaque cylindre a huit barres sur lesquelles sont fixés, à l'aide de ressorts, des râteaux qui ont cinq dents ; ce qui fait en tout seize râteaux portant ensemble quatre-vingt dents. Les ressorts cèdent lorsque le terrain présente des inégalités. On peut régler à volonté la distance des dents par rapport à la terre. Les moyeux communiquant à l'appareil de marche un mouvement en sens contraire de celui des roues, les dents rasent le sol d'avant en arrière, soulèvent, étendent, séparent les brins de fourrages et les amènent derrière le cheval. Mais la vitesse étant très-grande, les brins restent loin en arrière de la machine.

« Il est évident, dit M. Auguste Jourdier, dans le *Matériel agricole*, que du foin ainsi traité, mis avec vigueur en contact avec l'air, et énergiquement éparpillé, doit se sécher plus vite que celui qui n'est que fané à la fourche, et qui, trop souvent, n'est même pas *dépelotonné*, par la paresse ou la faiblesse des ouvrières, à une époque surtout où les grandes chaleurs viennent encore ajouter aux causes déjà assez nombreuses de fatigue et de lassitude. »

Cette machine retourne en une heure le fourrage d'un hectare; c'est-à-dire qu'elle fait l'ouvrage de vingt faneuses.

FAITS DIVERS.

ÉLÈVE DU BÉTAIL. — Au concours des animaux de boucherie tenu à Nantes en 1855, M. de Liron d'Airoles, propriétaire de l'établissement agricole de la Civelière, a présenté deux produits croisés de la race porcine d'Yorkshire avec la grande race Craonnaise; âgés seulement de onze mois et demi, ils pesaient, l'un 171 kil. et l'autre 179. Le commerce de Nantes a surtout remarqué ces deux croisements comme devant fournir la plus belle viande de charcuterie, ce qui, du reste, a été justifié après l'abattage : quant aux agriculteurs, ils ont auguré si favorablement de cette belle race, qu'ils ont fait immédiatement à la porcherie de la Civelière de nombreuses demandes de premiers sujets pur sang.

Prix d'abonnement pour l'étranger.

Allemagne, 8 fr.; — Suisse, Parme, Plaisance, Modène, 8 fr. 50. — Etats Sardes, Grèce, Crimée, 9 fr.; — Hollande, Angleterre, 10 fr.; — Etats-Unis, Indostan, Turquie, 10 fr. 50; — Belgique, Prusse, Hanôvre, Saxe, Pologne, Russie, Espagne, Portugal, 11 fr.; — Toscane, 12 fr.; — Etats-Romains, 16 fr. 50.

Le propriétaire, rédacteur-gérant : VICTOR MEUNIER.

PARIS. — IMP. J.-B. GROS, RUE DES NOYERS, 74.

Deuxième année. — N° 8. Quinze centimes. 24 février 1856.

L'AMI DES SCIENCES

BUREAUX D'ABONNEMENT
13, RUE DU JARDINET, 13
Près l'École de Médecine
A PARIS

JOURNAL DU DIMANCHE
SOUS LA DIRECTION DE
VICTOR MEUNIER

ABONNEMENT POUR L'ANNÉE
PARIS, 6 FR.; — DÉPART., 8 FR.
Étranger (Voir à la fin du journal)
ENVOYER UN MANDAT DE POSTE

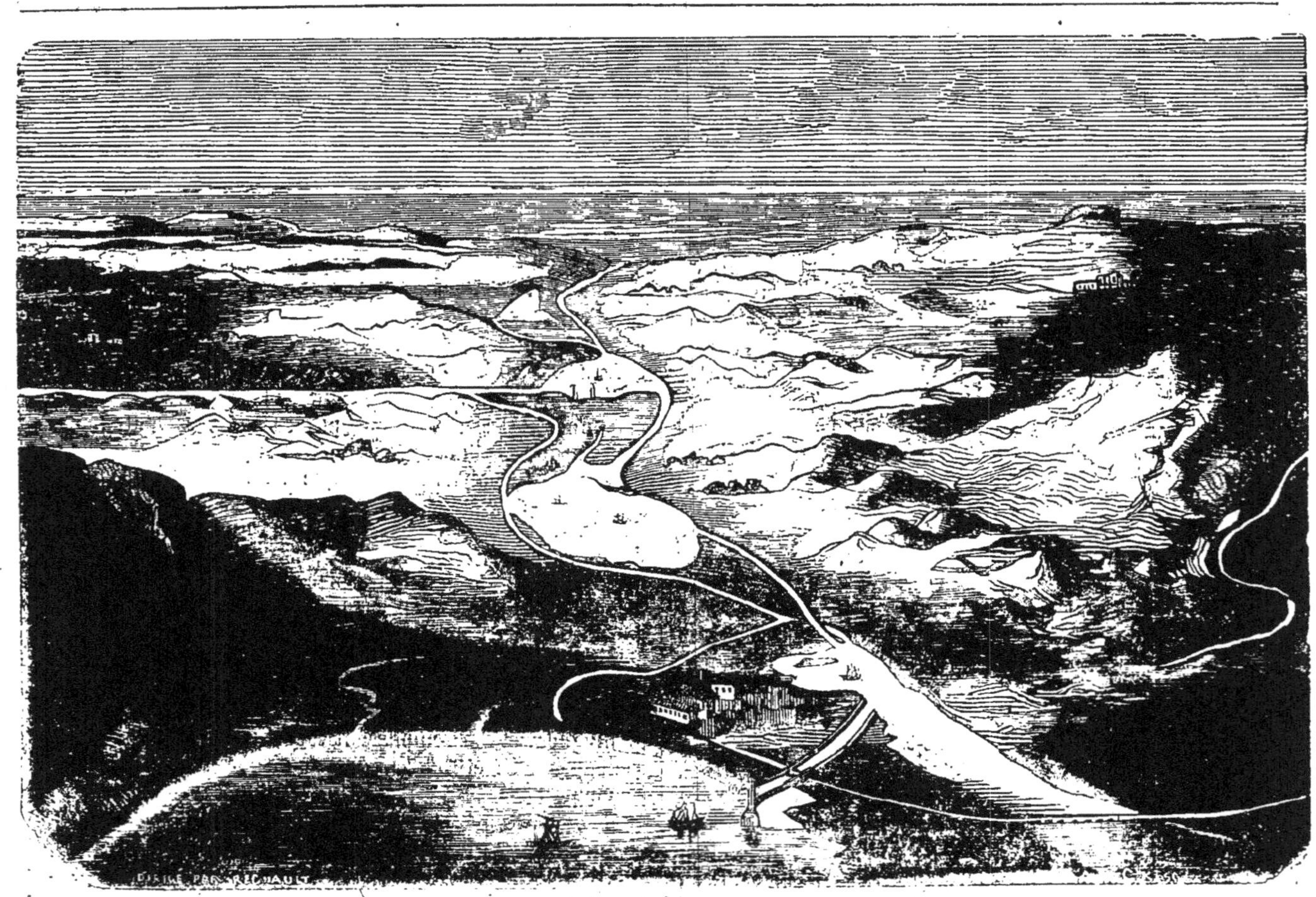

Isthme de Suez.

Percement de l'Isthme de Suez.

Orientons-nous.

En haut du dessin, au nord, le golfe de Péluse dans la Méditerranée; au sud, sur la Mer-Rouge, Suez, d'où l'on voit partir, se dirigeant à l'est, la route du Mont-Sinaï. De l'un à l'autre de ces deux points extrêmes de l'isthme, de Suez à Peluse, c'est-à-dire sur une longueur de trente lieues, une dépression longitudinale, résultat de l'intersection de deux plaines descendant par une pente insensible, l'une de l'Egypte, l'autre des premières collines de l'Asie. La nature semble avoir tracé elle-même, dans cette ligne, la communication entre les deux pays. Au nord de Suez un grand bassin, dit *bassin de l'Isthme*, anciennement occupé par la Mer-Rouge et appelé aujourd'hui *lacs amers*. Au nord des lacs amers, un second bassin, c'est le *lac Timsah*.

Vers le lac Timsah, situé à égale distance de Suez et de Péluse, vient aboutir perpendiculairement à la dépression longitudinale, un autre sillon non moins remarquable, celui de l'Ouadée Tomilat (la fertile terre de Gessen de la Bible). Ce sillon reçoit encore aujourd'hui, sur une grande longueur, les débordements du Nil, et semble ainsi former le tracé naturel d'un canal de communication partant du fleuve et allant se rattacher, dans la partie centrale de l'isthme, à la grande ligne de navigation à établir entre le golfe arabique et la Méditerranée.

Ces points de repère sont nécessaires à l'intelligence des détails dans lesquels nous nous proposons d'entrer.

Tout le monde aujourd'hui reconnaît l'utilité et la nécessité du canal des deux mers, la possibilité de sa construction et de son alimentation, et l'on ne diffère plus que sur la préférence à donner à un tracé sur un autre.

Il y en a trois en présence.

1° Le tracé Talabot. En 1845, une société se forma en vue d'étudier la question du canal des deux mers. MM. Negrelli, Talabot et Stephenson furent les ingénieurs de cette société d'étude. Ils se rendirent sur les lieux ; leurs travaux eurent pour résultat de convaincre d'erreur l'opinion qui considérait la jonction des deux mers comme impraticable. En 1847, la section française de la société d'études publia le résultat de ses investigations ; elle conclut, par l'organe de M. Paulin Talabot, à l'adoption d'un tracé partant d'Alexandrie, desservant le Caire, franchissant le Nil en amont du barrage et à travers le bassin des lacs amers, gagnant Suez à l'est des vestiges de l'ancien canal.

2° Le tracé sur lequel M. de Lesseps vient d'appeler l'attention du monde, et qui a Linant-Bey et Mougel-Bey pour ingénieurs. Celui-ci coupe l'isthme par le chemin le plus court, du nord au sud, allant directement de Suez à Péluse par les lacs, à travers le désert. Nous y reviendrons tout à l'heure.

3° Le tracé que MM. Alexis et Emile Barrault viennent de proposer. Ils acceptent les deux points extrêmes du tracé Talabot, Alexandrie et Suez ; mais au lieu d'adopter le Caire comme sommet de l'angle, ils suivent le bord de la mer, du port neuf d'Alexandrie à la baie d'Aboukir, traversent les lacs de Bourlos et de Mengaleh, aboutissent au lac Timsah, et de là à Suez adoptent le tracé direct.

On sait que la *Commission internationale* s'est prononcée en faveur du second tracé. Nous avons donné dans notre n° 4, page 32, les conclusions du Mémoire par elle présenté au Vice-Roi. Notre dessin est consacré à l'illustration de ce grand projet, destiné à devenir en peu d'années une magnifique réalité.

Du côté de Suez, le chenal d'entrée est formé par deux jetées poussées assez loin dans la rade pour qu'il présente aux navires un tirant d'eau de 7m à 7m 50. Le canal se dirige à l'est de la ville, en faisant une courbe pour aller regagner l'ancien tracé qu'elle laisse à l'ouest, et suit le *thalweg* de la vallée jusqu'à ce qu'elle joigne les lacs amers, qui formaient autrefois le fond du golfe de la mer Rouge. Elle traverse ces lacs dans toute leur longueur, en suivant leurs sinuosités, de manière à éviter les mouvements de terrain. La ligne vient ensuite se jeter dans le lac Timsah ; ce dernier doit servir à former un port intérieur qui permettra de ravitailler et de réparer les navires, en même temps qu'il sera le point de jonction entre le canal maritime et le canal de communication avec le Nil. On établira sur ses bords les magasins, écuries, ateliers de réparation, ainsi que 1,500 mètres de murs de quai pour l'arrimage des navires et l'embarquement des marchandises.

La ligne, en traversant ce lac, est composée de plusieurs parties courbes, afin d'éviter les grandes dunes qui se trouvent dans cette zône et qui en ont envahi une partie.

Au sortir du lac, la ligne se rend dans le golfe de Péluse, où elle se prolonge en mer jusqu'à ce qu'elle rencontre une profondeur de 7 m. 50, ce qui, d'après les travaux de la commission, a lieu à environ 2 kilomètres des côtes.

Les dimensions du canal ont été déterminées par la pensée de créer une grande voie de navigation maritime ouverte aux bâtiments à voiles et à vapeur d'un fort tonnage. On en a donc fixé la largeur à la ligne d'eau à 100 m., et son tirant d'eau minimum à 6 m. 50 au-dessous des basses eaux de la Méditerranée. Les écluses, au nombre de deux, auront 100 m. de longueur, 21 m. de largeur et 6 m. 50 de profondeur d'eau minimum. Ces ouvrages seront établis aux deux extrémités du canal, immédiatement avant les digues formant le chenal qui, de chaque côté, relie le canal aux deux mers. Ces deux écluses feront partie d'un barrage éclusé et mettront ainsi le canal tout entier dans le cas d'un seul et immense bief, recevant les eaux de la Mer Rouge pendant les plus hautes marées, et les enmagasinant successivement pour augmenter la hauteur de la ligne d'eau et fournir des chasses dans chaque chénal, lorsqu'elles sont nécessaires. Les plus fortes marées de la Mer Rouge étant de 2 m. à 2 m. 50 au-dessus des basses eaux de la Méditerranée, on obtiendra donc, dans certains temps, jusqu'à 9 m. de profondeur, dans le canal, mais on peut compter en moyenne 1 m. de surélévation, ce qui donnera habituellement, dans le canal, un tirant d'eau minimum de 7 m. 50 à 8 m. Dans ces conditions, les vapeurs à hélice pourront facilement parcourir le canal.

Le canal maritime sera mis en communication avec le cœur de l'Egypte par un canal d'eau douce, dérivé du Nil, venant à travers l'Ouadé-Tomilat, de l'ouest à l'est, joindre le lac Timsah. Ce canal recevra la même navigation que le Nil. Il servira en même temps à l'irrigation de grandes zones du désert, présentant aujourd'hui l'aspect le plus désolé. Après avoir rejoint le lac Timsah, il s'infléchit vers le sud, effleure les lacs amers et vient à l'ouest de Suez aboutir à la Mer Rouge. Il portera l'eau douce aux nombreux travailleurs de l'isthme ; une conduite la mènera de Timsah à Péluse.

On a fait contre le canal direct cette objection qu'étant creusé au milieu de dunes mobiles, il sera promptement envahi par elles, et que, par conséquent, son entretien deviendra tellement dispendieux, qu'on devra l'abandonner s'il est jamais entrepris.

MM. Linant et Mougel réfutent cette objection de la manière suivante.

Depuis Suez jusqu'à l'extrémité des lacs amers, le terrain est sablonneux, il est vrai, à la surface, mais les vents n'apportent aucune modification dans l'état superficiel de cette partie de l'isthme ; cela vient de ce que les sables fins sont tenus humides par l'eau de mer qui arrive à leur surface par pénétration et ensuite par capillarité. Ceux qui se trouvent hors de l'atteinte de l'humidité sont de gros sables ou plutôt de petits graviers, lutés ensemble par des terres magnésiennes, de telle façon que les vents n'ont pas prise sur eux.

Ce n'est qu'en approchant du lac Timsah qu'on rencontre des dunes mobiles changeant plutôt de forme que de place, qui l'enveloppent et le coupent en plusieurs parties. Toutes les autres dunes qu'on remarque sous la forme de chaînes de montagnes, et qui remplissent tout l'espace compris entre le seuil d'El-Guisr et Péluse, sont depuis longtemps fixées naturellement par diverses plantes qui s'y sont développées sous l'influence de l'humidité et de la chaleur. Il n'y a donc que les dunes voisines du lac Timsah qui aient besoin d'être fixées artificiellement. Mais, la fixation des dunes est devenue aujourd'hui, grâce aux travaux de Brémontier, l'objet d'une industrie spéciale qui présente de grands avantages. Les montagnes de sable qui dévastaient les landes de Bordeaux et s'avançaient chaque année dans l'intérieur des terres, en les rendant stériles, sont aujourd'hui couvertes de magnifiques forêts de pins qui fournissent de l'essence de térébenthine, du goudron, diverses espèces de résine et des bois de construction.

Or, les ingénieurs du vice-roi ont reconnu que les dunes qui couvrent la partie septentrionale de l'isthme peuvent être fixées par des semis, et on a pour le faire une immense quantité de broussailles et d'arbustes qui existent dans les parties basses environnant le lac, et qui donnent à cette contrée l'aspect d'un bois taillis. Non seulement on trouvera sur place assez de branches pour faire les semis sur aigrettes, mais encore tout le combustible pour la chaux et pour les besoins des travailleurs.

On estime que la surface des dunes, à fixer dans cette partie de l'isthme, est de 2,000 hectares environ; si on voulait faire des semis et repiquages sur toutes les dunes déjà fixées naturellement, on formerait de cette manière plus de 100,000 hectares de forêts.

Magnétisme animal.

Proposition aux Magnétiseurs.

A Monsieur le Rédacteur-gérant de l'*Ami des Sciences*.

Paris, le 18 février 1856.

Monsieur,

J'ai l'honneur de vous envoyer ci-joint la copie d'une lettre que j'ai adressée à M. le docteur Auzoux. Nous espérons que vous voudrez bien l'accueillir favorablement, et que la publicité que nous réclamons de votre dévouement à la science, encouragera d'autres personnes à suivre notre exemple, c'est-à-dire à provoquer des expériences qui, faites dans des *conditions analogues* à celles que nous signalons, ne tarderaient pas à jeter une vive lumière sur la question si douteuse et toujours si controversée du magnétisme animal.

J'ai vu hier M. le docteur Auzoux; il donne de tout cœur sa pleine et entière adhésion à la demande qui est l'objet de ma lettre, et me charge de vous dire, Monsieur, qu'il s'empressera de vous faire connaître le jour qu'on voudra bien fixer pour les expériences, afin que vous puissiez y assister et apprécier par vous-même la valeur réelle de tous les faits qui seront authentiquement constatés.

Agréez, etc. MABRU,
85, rue Mouffetard.

A Monsieur le docteur Auzoux, à Paris.

Paris, le 17 février 1856.

Monsieur,

Dans une de vos dernières conférences, on souleva incidemment la question du magnétisme animal, et vous fûtes interpellé à ce sujet. Après avoir cité les tristes et peu concluants résultats dont vous avez été témoin dans plusieurs expériences faites chez vous, sur *dix huit personnes*, vous avez généreusement offert votre local à celles qui voudraient réitérer les mêmes expériences, à la condition expresse qu'on vous accorderait la faculté de les diriger. — Aucune voix ne répondit à votre appel.

Cependant j'ai acquis la certitude qu'il y avait plusieurs magnétiseurs présents dans la salle à ce moment. Il faut convenir, Monsieur, que le silence qu'ils ont si prudemment gardé en cette occasion est bien propre à entretenir les doutes que beaucoup de personnes conservent encore sur le magnétisme animal, malgré toutes les merveilles dont la publicité nous entretient chaque jour à ce sujet.

Je dois vous dire que le dimanche suivant (10 février), les magnétiseurs qui avaient été témoins de mon incrédulité dans la conférence du jeudi (7 février), m'offrirent de me convaincre, si je voulais consentir à me rendre chez eux en particulier. Par des motifs que vous apprécierez facilement, je ne crus point devoir accepter cette invitation. Ne vous semble-t-il pas, comme à moi, que la lumière de l'intelligence est encore plus belle lorsqu'elle brille pour tout le monde et au grand jour? Je leur offris donc de vous soumettre leur proposition, pour expérimenter avec plus de certitude et de régularité. Mais, grand fut mon étonnement quand je les vis se récuser. Les choses en demeurèrent donc là, et je les quittai moins convaincu que jamais : leur refus avait jeté de nouveaux doutes dans mon esprit.

Depuis lors, je me suis demandé s'il ne serait pas possible de savoir enfin à quoi s'en tenir sur le magnétisme animal, et quels seraient les meilleurs moyens à employer pour y parvenir. — Après y avoir sérieusement songé, je crois aujourd'hui à la possibilité de résoudre ce délicat problème.

Il suffirait, je pense, de provoquer des expériences publiques, et d'opérer au grand jour dans des conditions telles qu'il deviendrait complétement impossible d'y placer sérieusement la plus petite objection (Toutes les expériences faites en dehors de ces conditions seront suspectes et demanderont toujours à être confirmées par la répétition authentique des mêmes faits).

Nous possédons tout ce qu'il faut pour cela. Vous avez donné, Monsieur, une preuve éclatante de bonne volonté en nous offrant votre local; d'un autre côté, votre savoir et l'autorité de votre nom seraient d'un grand poids si vous vous chargiez de diriger les expériences. Voulez-vous me permettre, Monsieur, de faire en ce sens, un appel public à toutes les personnes qui, de bonne foi, s'occupent sincèrement de magnétisme animal. Je suis persuadé que M. V. Meunier, rédacteur de *l'Ami des Sciences*, se ferait un véritable plaisir de prêter son concours à cette œuvre de lumière et de vérité.

Depuis soixante-douze ans que le magnétisme animal existe, *tel qu'il est aujourd'hui* (je ne parle point du *mesmérisme*), a-t-il fourni à ses nombreux expérimentateurs un seul fait constant et positif sur lequel on puisse baser un jugement solide? J'en doute. Entre les personnes qui nient et celles qui affirment, on ne trouve point de place pour asseoir une conviction sérieuse. Après soixante-douze années d'existence, serait-ce donc trop exiger du magnétisme que de lui demander qu'il produise ses preuves aux yeux de tous ceux qui veulent sincèrement voir!

Devons-nous vivre éternellement dans le doute et l'incertitude où l'état actuel des choses nous plonge? Assurément non. Des milliers de personnes désirent éclairer leur conscience à ce sujet. Nous sommes tous intéressés à savoir ce qu'il faut croire et ce qu'il faut rejeter, ce qui est certain et ce qui est douteux.

Ce n'est point en voyant expérimenter continuellement chez les personnes qui en font métier, qu'on apprendra jamais ce qu'il y a de vrai ou de faux dans le magnétisme.

En provoquant des expériences publiques, faites dans de bonnes conditions, les vrais magnétiseurs devront vous en être reconnaissants; ils se rendront, je l'espère, à votre appel consciencieux, et là, on pourra constater d'une manière authentique et régulière les faits positifs qui se produiront, non plus dans un cabinet particulier ou dans un salon, mais sous les yeux d'un professeur éclairé et compétent en matière d'expériences; devant un public dont l'empressement à suivre vos leçons témoigne assez de son véritable amour pour la science.

J'ose donc espérer, Monsieur, que vous voudrez bien m'autoriser à donner communication de cette lettre à M. V. Meunier, pour qu'il la porte publiquement à la connaissance de tous les magnétiseurs qui seraient disposés à profiter des moyens que vous leur offrez de produire des preuves authentiques, et de réhabiliter le vrai magnétisme animal... s'il existe.

Je saisis, Monsieur, cette occasion avec bonheur, pour vous exprimer ici tous les sentiments de respect et de reconnaissance avec lesquels

J'ai l'honneur d'être un de vos plus dévoués admirateurs.

G. MABRU.

L'appel du savant chimiste auteur des lettres qu'on vient de lire, mérite d'être entendu; nous espérons avoir à dire bientôt qu'il l'a été. Beaucoup d'hommes sincères éprouvent, sur le point de science dont il s'agit, la même incertitude dont se plaint M. Mabru; nous avouons être du nombre, et nous n'avons pas moins que lui le désir de voir cesser nos doutes. Aussi la publicité de *l'Ami des Sciences* est-elle acquise aux expériences qui pourront être tentées dans les conditions prescrites.

LA CASSIE.

La *cassie de Farnèse* ou *Casse du Levant* (*Acacia farnesiana* Willd), est un arbrisseau de la famille des légumineuses, originaire de l'Inde, et qui s'élève à une hauteur de cinq mètres environ. Ses rameaux épineux se couvrent, vers la fin de l'été, de petites fleurs jaunes, odorantes, en capitules. Placé dans les orangeries du nord de l'Europe, comme plante d'ornement, cet arbrisseau est cultivé en pleine terre dans les régions plus chaudes du midi de la France, pour ses fleurs qui, forment la base de certains parfums, et jouent un rôle assez important dans la parfumerie. M. le professeur Du Breuil, qui en a observé la culture aux environs de Cannes, en a donné la description dans le *Journal d'agriculture pratique*.

La Cassie est multipliée au printemps au moyen des semences (figurées à gauche dans le dessin ci-joint); la gousse (figurée à droite) qui recouvre celles-ci est si dure et si peu perméable à l'humidité, qu'elles ne germeraient qu'après plusieurs mois, si on les confiait au sol tout entières. Pour faciliter l'accès de l'humidité du sol et hâter jusqu'à l'embryon leur évolution, on les entaille ou on les use par le frottement sur un de leur côtés; après quoi on les met tremper dans l'eau jusqu'à ce qu'elles soient suffisamment renflées, ce qui a ordinairement lieu au bout de deux jours. On les sème alors en pépinières, dans un sol bien amendé et parfaitement exposé. La germination est si rapide, que les jeunes plants ont acquis la grosseur du doigt à la fin de l'année, et qu'ils sont bons à planter à demeure.

On choisit pour cette culture les sols de micaschistes secs, et abrités du nord. On les défonce profondément et l'on plante au printemps. Les plantations d'automne ne réussissent pas soit que les racines pourrissent pendant l'hiver, soit que les jeunes plants ne soient plus exposés aux froids de l'hiver par suite de ce déplacement. La plantation est faite en quinconce, en laissant seulement un intervalle de deux mètres entre chaque plant. On rabat immédiatement la tige à 0m 50 au-dessus du sol, puis on pratique un arrosement, le seul que reçoive cette plantation.

Pendant la végétation, on conserve seulement, vers le sommet de la tige tronquée, quatre ou cinq bourgeons, destinés à former la charpente de la tête, qui doit offrir la forme d'un gobelet; puis on pratique un binage vers la fin de mai. L'année suivante, en mars, on coupe les quatre ou cinq branches sur la tige; on fume avec le fumier ordinaire et des matières fécales, puis on laboure toute la surface.

Vers la fin de mai on procède à l'ébourgeonnement, c'est-à-dire qu'on ne conserve au sommet de chacune des branches coupées que trois bourgeons choisis de façon à ce qu'il y en ait un de chaque côté, et un troisième tout à fait au sommet et en dehors de la tête de l'arbre, ce qui fait douze ou quinze bourgeons pour chaque tête. C'est sur ces bourgeons que les fleurs sont récoltées chaque année. Au printemps suivant, les rameaux qui ont porté les fleurs pendant l'été précédent sont coupés tout près de leur base, et on laisse développer à chaque point un nouveau bourgeon florifère en supprimant tous les autres. La même opération est ensuite répétée chaque année, de même que le binage donné à la fin de mai, et le labour et la fumure du printemps après la taille.

La récolte des fleurs commence aux premiers jours de septembre, et se prolonge pendant environ deux mois. Le produit est livré frais aux parfumeries de Grasse; toutefois ces fleurs conservent tout leur arome et une grande partie de leur valeur lorsqu'elles sont séchées. La Cassie fournit des produits dès le premier été qui suit sa plantation à demeure, mais elle n'arrive à donner une récolte moyenne (1 kilog. de fleurs fraîches) que vers la cinquième année. Le prix moyen du kilogramme est de 5 francs.

Un hectare pouvant contenir 5,000 pieds, peut donner un revenu brut de 25,000.

La durée de la Cassie est très longue. M. du Breuil a vu de ces arbrisseaux âgés de cinquante ans, et qui étaient encore très vigoureux.

CULTURE EN QUINCONCE.

SYSTÈME LE DOCTE (1).

Quelques mots suffiront pour compléter la description du système; c'est du plantoir qu'il nous reste à parler. La figure ci-jointe le montre entre les mains du semeur. Il se compose de deux boîtes dont l'une reçoit la graine, l'autre l'engrais, et d'un levier à l'aide duquel on fait jouer la soupape qui donne issue à l'un et à l'autre. C'est d'engrais pulvérulent qu'il s'a-

git. Celui-ci se dépose en cercle régulier autour des graines, l'opération se fait de la manière suivante. Le planteur pose ou plutôt frappe la partie inférieure de l'instrument maintenu dans une position verticale, juste au point où se croisent les lignes tracées par le rayonneur, et il imprime à la poignée du levier un mouvement assez vif de va et vient horizontal, qui provoque la chute simultanée de la semence et de l'engrais.

Briques réfractaires de Garnkirk.

On fabrique à Garnkirk, à 7 milles de Glascow, des briques réfractaires qui, par leurs excellentes qualités et le soin apporté à leur fabrication, ont acquis une certaine réputation et sont exportées en très-grande abondance, surtout pour le besoin des établissements métallurgiques de l'Allemagne, malgré le prix très-élevé de leur fabrication et des frais considérables de transport.

La fabrique est dirigée par M. Sprot, elle vient d'être visitée par M. Ad. Gurlt, qui a recueilli sur les lieux mêmes quelques délais consignés dans un mémoire auquel nous empruntons les renseignements suivants.

La matière qui sert à la fabrication des briques réfractaires de Garnkirk est un schiste argileux gris, bitumineux, très-peu sableux, appartenant à la formation houillière de l'Ecosse, subordonné au grès houillier et alternant avec ce grès et les couches de houilles et de fer des houillières. Ces bancs de schiste argileux qui doivent, pour fournir de bons produits, être exempts, autant que possible, de sable et de pyrite, surtout de cette dernière qui, à la cuisson, donnerait lieu à la formation de silicates de fer alumineux aisément fusibles, peuvent avoir une épaisseur de 1 à 2 mètres. On les exploite à l'aide de puits, et après l'extraction des matières on en fait des tas de 5 à 6 mètres d'élévation qu'on abandonne pendant deux ou trois ans aux influences atmosphériques pour qu'ils se délitent ou, comme on dit, pour mûrir et pourrir. Sous l'influence de l'air, de la lumière et de l'humidité, ce schiste éprouve un changement notable, sa couleur pâlit, il se gonfle par l'absorption de l'eau, se délite et tombe en une poussière qui a une certaine plasticité, en abandonnant quelques traces de pyrite que la pluie entraîne sous la forme de sels de fer qui se sont formés par décomposition.

Les matières parfaitement mûries sont alors portées au moulin qui consiste en une meule verticale tournant dans une auge circulaire, puis passées au tamis. Les résidus grossiers sont repassés au moulin, et tous les produits fournis par le tamis sont introduits avec un peu d'eau dans un coupoir où ils sont coupés, battus et travaillés avec beaucoup de soin par un grand nombre de lames disposées obliquement. Le schiste tamisé est versé continuellement dans ce coupoir par une trémie à la partie supérieure, et après le travail en sort par la partie inférieure dans un état d'humidité assez faible pour qu'on puisse en mouler des balles par la seule pression dans la main.

Le moulage de la matière a lieu à mesure qu'elle sort du coupoir; si on l'abandonnait quelque temps, elle sécherait en partie et perdrait de sa plasticité. Le moulage se fait à la main et à la manière ordinaire ou par machine. Il se distingue en ce qu'on moule presque à sec, et par conséquent il faut une pression plus considérable. Quand on se sert d'une machine, la matière tout à-fait sèche est moulée au moyen d'une presse hydraulique. La machine fabrique en même temps vingt briques très denses et à arètes vives, mais elle a le défaut de ne fonctionner qu'avec lenteur.

Le séchoir est un vaste bâtiment chauffé par des tuyaux qui circulent sous le plancher, et le séchage, à raison de la petite proportion d'eau que comporte la matière, est terminé en quelques jours.

La cuisson s'opère à la houille dans des fours de construction et de grandeur diverses. Pour les briques ces fours ont une forme oblongue rectangulaire; ils peuvent contenir 20,000 briques environ. Ils ont des foyers sur les deux petits côtés qui consistent en plusieurs petites grilles placées les unes à côté des autres, d'environ 0 m. 60 de largeur sur 1 m. 20 à 1 m. 50 de longueur. La flamme qui s'y développe se rend par des conduits qu'on a ménagés quand on a chargé les briques au milieu du four où elle monte aussitôt jusqu'à la voûte; là elle s'épanouit en se déversant sur les deux grands côtés pour s'échapper dans le bas par deux ouvertures au niveau de la sole dans deux cheminées, une de chaque côté, de 6 mètres de hauteur. Une cuisson dure huit à dix jours et pendant tout ce temps le four exige deux ouvriers, un pour chaque foyer.

On fabrique aussi à Garnkirk de très-grosses briques pour monter l'ouvrage des hauts fourneaux; ces masses sont faites à la main dans des moules en bois en soumettant aussi à une pression énergique afin que les pièces ne se crevassent pas au séchage et à la cuisson.

Enfin on fait encore des tuyaux réfractaires des diverses grosseurs et jusqu'à 0 m. 30 de diamètre qui servent aux constructions hydrauliques ou aux conduits de cheminée. On les fabrique avec une presse marchant à la vapeur et on les cuit dans des fours ronds de 6 à 7 mètres de diamètre. C'est en projetant, comme dans la grèserie ordinaire, du sel marin dans le four, qu'on les vernit quand la cuisson est presque terminée.

---

(1) Voir le précédent numéro.

ACADÉMIE DES SCIENCES.

SÉANCE DU 18 FÉVRIER.

SOMMAIRE. — *Suite de la discussion entre MM. Leverrier et Laugier. — Nouvel œuf d'Epiornis. — Puits artésien du bois de Boulogne. — Nouvelle formule des composés du Titane — Nouvelle mesure des cristaux de Silicium.*

Malgré la proposition de M. Thénard, par laquelle avait été clos, dans la dernière séance, le débat entre MM. Leverrier et Laugier sur les erreurs des éléments magnétiques de l'Observatoire, nous avons dû entendre aujourd'hui une troisième note de M. Laugier sur la même question. Nous disons la même question, bien que cette note n'ait pas dit un seul mot des observations faites dans l'enceinte de l'Observatoire, et qu'elle se soit étendue, au contraire, sur une campagne magnétique faite au nord, au sud, à l'est et à l'ouest de Paris.

Tout en se réservant de montrer en quoi sont erronées les conclusions déduites dans cette note, de la comparaison des éléments obtenus par l'observation avec ceux obtenus par le calcul, M. Leverrier reproche à son contradicteur d'avoir toujours passé sous silence le fait qui domine la question. Cette question, en effet, présente deux faces parfaitement distinctes : 1° *la preuve de l'existence des attractions locales*, 2° si ces attractions existent, *la mesure de leur intensité ;* or la première de ces deux faces est évidemment le fait capital, celui sur lequel l'Académie a besoin d'être éclairée avant tout.

L'aiguille aimantée éprouve-t-elle, en se transportant du pavillon de l'ouest à celui de l'est, sur la terrasse de l'Observatoire, une variation de 7' dans la déclinaison et de 5' 1/2 dans l'inclinaison ? Tel est le fait qu'il s'agit, préalablement, d'accepter ou de nier, sauf à continuer ensuite le débat sur les éléments extérieurs. M. Leverrier demande à MM. Laugier et Mathieu de vouloir bien aborder ce premier point dans une réponse écrite, leur offrant de mettre à leur disposition, dans l'établissement qu'il dirige, tous les moyens de vérifier, comme chacun, d'ailleurs, peut le faire tous les jours, l'existence des variations de l'aiguille et par suite la nécessité des corrections qu'il a déjà indiquées.

Il est regrettable que M. Leverrier se soit laissé entraîner hors des limites de la controverse scientifique et qu'il n'ait pas suivi l'exemple de M. Laugier qui s'était abstenu de toute considération personnelle.

— M. Isidore Geoffroy Saint-Hilaire a mis sous les yeux de l'Académie un nouvel œuf d'*Epiornis*, qui lui a été remis par le capitaine Armange. L'intérêt qui s'attache à ce nouvel œuf vient de son entière conservation, due à une substance qui a complétement adhéré à la coquille.

Dans le principe, M. Geoffroy Saint-Hilaire avait pu supposer, sous toutes réserves, que cette coquille était rugueuse, semblablement à celle des deux espèces de Casoar, mais aujourd'hui ce nouvel œuf lève tous les doutes et établit définitivement que la coquille de l'œuf d'Epiornis est lisse. En réponse à une question de M. le baron Thénard, le savant naturaliste répond qu'il n'est pas probable qu'on retrouve jamais l'Epiornis vivant.

— Se souvenant de la faveur avec laquelle l'Académie avait accueilli, il y a quelques années, le mémoire présenté par M. Arago sur le percement du puits de Grenelle, M. Dumas offre aujourd'hui quelques considérations sur un travail analogue qui se poursuit en ce moment, sous la direction de l'ingénieur saxon M. Kinn. Le puits artésien qui est soumis par cet ingénieur au *forage*, est situé dans le bois de Boulogne, sur les anciennes carrières de Passy. L'opération se poursuit au moyen d'un trépan vertical, dont la tige est toujours lestée, de manière à n'être point obligé, à mesure que la profondeur augmente, d'augmenter aussi la force à dépenser pour le soulever. Dès le principe, le forage a été établi sur un diamètre de 1 m. 10, et par toutes les profondeurs il a été possible de marcher avec une vitesse de 5 mètres par jour en moyenne, sauf les cas assez rares où l'on a rencontré des couches de grès mélangé de silex ; la vitesse n'a plus été alors que de 1 m. 50 environ. On se propose de forer jusqu'à 580 mètres, bien que la couche aquifère doive être rencontrée vers 550 m. seulement. Par cette différence, on espère, si l'on réussit à conserver, dans tout le parcours vertical, un orifice de 0 m. 60 c., obtenir un volume de 10,000 mètres cubes d'eau par jour, c'est-à-dire beaucoup plus que n'en fournit le puits de Grenelle. La dépense totale, évaluée, d'après les devis de l'ingénieur, à 350,000 fr., n'atteindra même pas ce chiffre ; enfin les résultats obtenus par le procédé de forage de M. Kinn sur quatre autres puits au Creusot, promettent une issue très-heureuse au travail du bois de Boulogne ; dans l'un de ces quatre puits, par exemple, le trépan est arrivé à la profondeur de 750 m. où il n'éprouva pas plus de difficultés qu'à celle de 300 m.

La communication de M. Dumas avait pour but encore de solliciter la nomination d'une commission pour l'étude des couches calcaires extraites à volonté par le cylindre de l'appareil. M. Elie de Beaumont dit qu'il a pu s'assurer déjà de l'intérêt que présenterait cette étude pour la science, et le président désigne à cet effet une commission prise au sein de la section de minéralogie et de géologie.

— M. Hoffmann écrit d'Angleterre à M. Dumas le résultat inattendu auquel il est arrivé en étudiant le bromure de titane, et en général tous les composés de ce dernier métal. Par de nouvelles analyses, il a été conduit à changer complétement la formule de ces composés, ce qui change du même coup leur équivalent et celui du titane. Il est à remarquer que cette découverte rapproche le titane du silicium, beaucoup plus qu'on ne l'avait soupçonné jusqu'à ce jour : de TiO^2 qu'elle était, la formule propre au titane devient TiO^3

Voici un autre point sur lequel s'est montrée encore la tendance de la chimie minérale vers l'unité de principe : on se souvient, à propos du silicium cristallisé obtenu, il y a peu, par M. Sainte-Claire-Deville, de la mesure donnée alors pour ces cristaux, dans lesquels M. de Sénarmont avait cru voir des rhomboèdres. Par une mesure plus exacte, ce savant a été amené à constater que les rhomboèdres, d'abord rencontrés dans la première expérience, n'étaient que des déformations de cristaux octoédriques, et que la forme suivant laquelle cristallise généralement le silicium, est le tétraèdre régulier : la nouvelle mesure obtenue par M. de Sénarmont, a donné, pour l'angle de ces cristaux, une valeur de 70° 32' avec un incertitude, en plus ou en moins, de 2' à 3' environ : et l'on sait, en effet, que cette mesure appartient à l'angle dièdre du tétraèdre régulier.

La conséquence de cette rectification est que le silicium quitte la place qui lui était assignée dans la nomenclature, pour venir se placer près du diamant ; en outre des propriétés communes à ces deux corps, il est remarquable que l'un et l'autre présentent fréquemment des faces courbes dans leurs cristaux respectifs.

FÉLIX FOUCOU.

SOCIÉTÉ ZOOLOGIQUE D'ACCLIMATATION.

SÉANCE DU 15 FÉVRIER.

SOMMAIRE. — *Les animaux de l'Asie-Mineure. — Les chèvres d'angora en Algérie. — L'igname en France. — De l'amélioration des races ovines de l'Algérie ; M. Bernis.*

— Certaines contrées favorisées de la nature, offrent ceci de remarquable que, à tous les échelons du règne animal, s'y rencontrent des mœurs plus douces et une aptitude plus grande à la domestication : l'Asie-Mineure en général et Smyrne en particulier sont de ce nombre. Il n'est pas rare, dit M. Orazio Antinori, dans une lettre adressée à M. le président, d'y voir apprivoiser des sangliers et des hyènes : dans certains endroits même, le bouquetin, si sauvage et si attaché à la solitude partout ailleurs, a pu être élevé et devenir familier. S'il faut en croire les habitants des montagnes qui avoisinent Smyrne, le léopard qu'on y rencontre n'attaquerait point l'homme. Ce qui est beaucoup plus connu, c'est la confiance avec laquelle les oiseaux, particulièrement la bartavelle (perdrix-greca), viennent construire leurs nids jusque dans les jardins de la ville. En approchant de la Syrie, on trouve des gazelles complétement apprivoisées, et sur toute la côte asiatique de la mer de Marmara, le Percnoptère vit, absolument comme à Smyrne, à demi apprivoisé au sein des villes. Après avoir rappelé enfin la juste célébrité acquise de toute antiquité à l'Ionie et aux contrées voisines, pour les moutons à grosse queue, les brebis à laine fine, les chèvres à longues oreilles pendantes et à poil soyeux et blanc, les chameaux laineux de taille colossale à une ou deux bosses, les cochons, les chiens, les chats et même les poules gigantesques, le marquis Orazio pense que la particularité qu'il a signalée plus haut, serait de nature à attirer de ce côté les efforts de la Société d'acclimatation.

Cette lettre et les documents intéressants qu'elle renferme, seront l'objet d'une étude ultérieure, et des remerciements ont été adressés à son auteur.

— M. le gouverneur général de l'Algérie a adressé à la Société le rapport de M. Hardy, directeur de la pépinière centrale à Alger, sur la situation du troupeau de chèvres d'Angora, introduit dans la colonie par les soins de M. Sacc et de la Société d'acclimatation. Ce rapport est des plus satisfaisants; il constate le succès définitif de cette tentative. Le troupeau se compose d'un bouc et de douze chèvres. Parmi ces dernières, dix jouissent d'une santé remarquable, et la plupart se trouvent dans une période de gestation assez avancée. Elles mangent avec appétit les feuilles du lentisque, de la clématite, etc. M. Hardy pense que leur toison pourra facilement se vendre sur le marché, au prix de 6 francs le demi-kilog. Enfin le général Randon termine sa lettre par ces mots : « Nous voici désormais assurés de voir s'acclimater en Algérie cette précieuse espèce, qui promet de devenir pour la colonie une nouvelle source de prospérité. »

— La Société a eu sous les yeux quelques spécimens d'ignames, résultant de la culture de 1855, et présentés par MM. Bossin et comp., marchands de graines et pépiniéristes à Paris. Ces produits sont :

1° Des bulbilles du Dioscorea batatas, pesant de 2 à 5 grammes;

2° Des tubercules ou rhizomes du Dioscorea batatas, provenant des bulbilles envoyées à la société par M. de Montigny : ces racines mesurent de 15 à 20 cent. et pèsent de 15 à 20 gr.

3° Des tubercules ou rhizomes du même, provenant de tronçons ou fragments de rhizomes : ces derniers ont une longueur de 50 à 60 cent., et un poids de 200 à 300 gr.

Cette présentation a pour but de faire ressortir les avantages qu'il y aurait à employer pour la reproduction les tronçons de racines, tronçons dont la supériorité sur les bulbilles est évidente, et qui offrent à la récolte une différence énorme en grosseur et en poids.

— Dans un travail sur l'amélioration des races ovines en Algérie, M. Bernis, vétérinaire de l'armée d'Afrique, donne de précieux conseils sur la manière dont le *métissage* doit être conduit. Il pose en principe que *le principe améliorateur doit toujours être pris à la même source et doit se trouver sans cesse à portée du milieu dans lequel se poursuit le métissage.* M. Bernis condamne par suite la méthode qui consiste à transporter le principe améliorateur de France en Algérie, comme cela se pratique en ce moment pour la ferme de l'Aghouat vers laquelle on se propose de diriger, chaque année, un troupeau de moutons de Rambouillet.

D'après les conclusions de ce travail, une avance de 80,000 fr. suffirait pour obtenir d'aussi beaux résultats en Algérie que les Anglais en Australie.

— M. le docteur Gosse a continué la lecture de son travail sur l'autruche d'Afrique : nous nous réservons d'y revenir lorsque nous aurons entendu jusqu'au bout les détails très curieux qui se rattachent à cette question. F. F.

Société Impériale et centrale d'Agriculture.

SÉANCE DU 13 FÉVRIER.

SOMMAIRE. — *Extrait d'un mémoire sur la situation de la propriété forestière en France. — Expériences sur la culture de la truffe. — Graines du ver à soie du chêne.*

La situation de la propriété forestière en France, intéressant la fortune publique et éprouvant en outre, depuis quelques années, de graves perturbations, M. Becquerel présenta, il y a trois ans, à l'Académie des sciences, un travail statistique et économique sur la consommation des divers combustibles dans la ville de Paris. Ce travail qui allait jusqu'à l'année 1851 inclusivement, fournit alors les moyens de faire des tracés graphiques qui conduisirent, entr'autres résultats remarquables, à constater que de 1824 à 1851, la consommation individuelle de la houille s'est élevée de 0 quintal 75 centièmes, à 2 quintaux 90 centièmes, devenant ainsi quatre fois plus considérable. Le tracé graphique de la consommation de la houille, de 1816 à 1852, en prenant pour *abscisses* les années et pour *ordonnées* les quantités consommées, puis faisant passer une ligne par les points correspondants à la consommation moyenne, donne une courbe qui tourne sa convexité vers l'axe des abscisses et qui est d'une régularité si bien définie, que M. Becquerel en a pu donner l'équation suivante :

$$y = 600\, x^{2.52}\ 716,\ 116 + 600\, x^{2.52}.$$

Un autre résultat non moins remarquable, et que le tracé graphique met parfaitement en évidence, c'est que la consommation individuelle du charbon de bois n'a pas changé depuis cinquante ans, et que par suite, la quantité qui entre dans Paris croît proportionnellement à la population et continuera à croître ainsi, tant que la houille ne sera pas substituée au charbon de bois dans les usages domestiques.

Tel était l'état des choses au commencement de 1852.

M. Becquerel a cherché depuis, à l'aide de documents qui lui ont été fournis par l'administration, si les premières conclusions devaient ou non être modifiées, en reportant sur les tracés graphiques, les nombres relatifs aux années 1852, 1853, 1854 et 1855: on constate à la seule inspection des courbes les faits suivants :

1° C'est sous l'ère consulaire, de 1801 à 1804, que la consommation du bois a été la plus grande à Paris; sous l'ère impériale elle a été fort en baisse, avec des alternances de hausse et de baisse; elle s'est relevée sous la restauration avec de semblables alternatives, pour redescendre de 1826 à 1834; de 1834 à 1837, il y a eu hausse, puis la baisse est devenue de plus en plus considérable jusqu'en 1848; enfin, depuis cette époque, jusqu'en 1855, le mouvement de hausse est devenu de plus en plus sensible, à tel point que la consommation est redevenue aujourd'hui ce qu'elle était sous l'ère consulaire, bien que la population soit presque doublée.

2° La consommation de la houille, depuis 1852, tant dans l'industrie que dans le chauffage des particuliers, cesse d'être représentée par la même forme: la courbe, de convexe qu'elle était, est devenue concave, ce qui montre que la consommation suit maintenant une loi beaucoup plus rapide qu'avant : ce dernier résultat prouve, en passant, le développement considérable de l'industrie dans Paris, depuis quatre ans, puisque la consommation du bois allant en augmentant, quoiqu'on ait brûlé beaucoup de vieux bois provenant des démolitions, on ne saurait admettre que l'emploi de la houille, dans les foyers domestiques, ait augmenté sensiblement.

La consommation, toujours croissante, du charbon de bois et des menus bois, et les prix élevés de ces deux combustibles, portent naturellement les particuliers à couper leurs bois à douze ou quinze ans, au lieu de les laisser parvenir à l'âge de dix-huit ou vingt ans. M. Becquerel dit, avec raison, que si cet état de choses dure, il amènera, à n'en pas douter, le dépérissement des forêts en France. En effet : les coupes multipliées altèrent de plus en plus les souches et font disparaître les brindilles qui, en se décomposant, fournissent avec les feuilles, l'humus indispensable à la végétation : les réserves étant plus jeunes, croissent moins en hauteur que dans les taillis plus âgés, et deviennent trapues. Il en résulte que si ces coupes anticipées continuent à prendre de l'extension, elles feront disparaître ces chênes séculaires qui s'élèvent avec majesté dans les taillis de vingt à vingt-cinq ans, et qui sont recherchés pour les besoins de la marine et de l'industrie On pourrait ajouter encore, que la coupe des menus bois, s'opposant à l'extension de ces milliers de racines autour desquelles vient adhérer la terre végétale, est la cause indirecte de la dénudation de certaines contrées montagneuses, et chacun sait l'influence de cet état du sol sur les phénomènes climatériques et météorologiques.

— Au nom de M. Gasparin, M. Barral a donné lecture d'un rapport adressé à la Société sur des expériences relatives à la production et à la conservation des truffes. Le procédé de conservation qu'emploie M. Rousseau, de Carpentras, consiste tout simplement à employer la méthode d'Appert, mais la manière dont le même propriétaire est parvenu à obtenir de ces tubercules mérite d'être mentionnée.

M. Rousseau ayant semé, il y a huit ans, un grand nombre de glands de chêne, dans des sillons espacés entre eux d'un mètre environ, après avoir préalablement choisi un terrain dont la composition se rapprochât le plus possible, à l'analyse, des terrains truffiers, a pu commencer à obtenir il y a quelques années, plusieurs truffes d'un parfum exquis. Aujourd'hui, sur deux hectares de terre, il en a récolté 15 kilogrammes environ.

Ce terrain renferme des chênes verts et des chênes blancs : or la truie que l'on emploie à l'effet de découvrir les truffes, ne s'est jamais encore dirigée vers ces derniers, tandis qu'elle s'adresse de préférence aux pieds de chênes verts et surtout à ceux qui en ont déjà fourni l'année précédente. Au mois de mai on récolte les truffes blanches qui sont les moins parfumées, et que l'on conserve par la dessiccation; quant aux truffes noires marbrées, elles sont obtenues en envoyant la truie environ un mois avant et après Noël.

Un fait assez curieux, c'est que M. Rousseau a obtenu une surabondance de tubercules, dans certaines parties du terrain, entourées d'un cordon de plantations de vignes.

Cependant, en face de la faible quantité obtenue par ce procédé, M. Gasparin après avoir déduit les frais qu'il entraîne, conclut que si la quantité de truffes récoltées n'augmente pas sensiblement, M. Rousseau aura fait une expérience curieuse, mais non une spéculation qui puisse être imitée avec succès.

Au sujet de cette communication, qui a valu des remerciements à M. Rousseau de la part de la Société, M. Guérin-Menneville raconte que pendant son séjour dans le midi, il a vu un très grand nombre de paysans des Basses-Alpes reconnaître, à l'inspection du sol, la présence des truffes. En général, les terrains truffiers de Basses-Alpes sont entièrement dépouillés de végétation et les arbres qui se montrent dans le voisinage sont souffreteux : M. Guérin-Menneville émet l'opinion que cet indice pourrait conduire à reconnaître si la truffe n'est point réellement, comme l'ont affirmé quelques savants, un des parasites du règne végétal.

— Le même membre répond collectivement aux nombreux agriculteurs qui ont demandé des graines de ver à soie du chêne, que la Société d'acclimatation n'en possède encore qu'un petit nombre de cocons vivants provenant des éducations d'essai, faites l'année dernière sur une échelle très restreinte ; ces cocons ne donneront leurs papillons qu'au printemps; ceux-ci feront leur ponte, et leurs œufs donnneront les jeunes chenilles, de huit à dix jours après. La seconde éducation aura donc lieu cet été, et si elle réussit comme celle de 1855, elle pourra fournir assez de reproducteurs pour qu'il soit possible de commencer à répandre ces vers à soie l'année prochaine.

Presse à satiner.

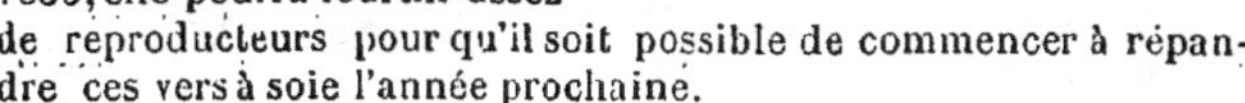

Presse à satiner de M. Poirier.

M. Poirier, mécanicien bien connu déjà pour ses presses à copier, vient d'imaginer un nouveau système de presses à satiner qui présentent de sérieux avantages, et qu'un grand nombre d'amateurs et d'artistes photographes ont adoptées.

La presse de M. Poirier, dont nous donnons ci-dessus un dessin, se compose, non plus d'une plaque de métal, mais d'une pierre lithographique jouant sous un cylindre excentrique. Cette pierre, d'un poli très-parfait et d'une surface très-homogène, a l'avantage de lisser les épreuves sans leur donner une teinte plombée, ce qui arrive souvent avec les plaques métalliques. De même on n'a plus à craindre les dépôts de métal qui se font sur les images par suite de la forte pression qui leur est imprimée. La forme excentrique du cylindre a pour effet de satiner également le papier au centre et sur les bords puisque chacune de ses parties se trouve pressée tour à tour. Enfin, ces appareils, d'une construction très-simple, s'emploient facilement et sans fatigue.

Ainsi que nous l'avons dit, un grand nombre de photographes se servent maintenant des presses de M. Poirier, et c'est d'après le jugement de ces artistes que nous attirons l'attention de nos lecteurs sur ce nouveau perfectionnement.

FAITS DIVERS.

Nouvelles du Muséum d'Histoire naturelle. — Il vient d'arriver à la ménagerie du Jardin des Plantes, un magnifique *Tigre de Sumatra*, différent, sous beaucoup de rapports, des tigres du Bengale vus au Muséum jusqu'à ce jour. Ce superbe animal n'est encore à la ménagerie. qu'en dépôt, mais on a tout lieu d'espérer qu'il restera définitivement acquis à cet établissement où il est, jusqu'à présent, le seul de son espèce. — Parmi les oiseaux récemment arrivés au Muséum, se distinguent deux *oies* superbes, et surtout deux *cacatoës-nasica* remarquables par la courbure très gracieuse qu'affectent leurs huppes.

Nouvelles du Conservatoire des Ats-et-Métiers. — Tout le monde sait que l'Exposition universelle de 1855 a mis en relief plus que jamais le caractère vraiment centralisateur de ce bel établissement public; il est peu d'industriels qui n'aient été jaloux de faire don au Conservatoire de quelques unes des machines exposées par eux, et c'est ainsi que ce vaste muséum de l'industrie se trouve à cette heure riche d'une collection unique dans l'univers. On sait aussi que tant d'objets divers demandent maintenant à être classés, et qu'une fois l'ordre introduit dans leur ensemble, il sera facile à chacun des visiteurs d'apprécier les infériorités ou les mérites comparatifs de toutes ces machines ; résultat qui a déjà, d'ailleurs, été obtenu partiellement pour quelques-unes d'entre elles.

Mais ce qu'un plus grand nombre de personnes ignorent, c'est à la fois la manière dont se sont faits tous ces dons si divers, et la portée qu'ils renferment. En premier lieu, il est digne de remarque, que toutes les nations qui. ont exposé sont venues spontanément, et comme d'un commun accord, apporter leurs dons et les accompagner de cette pensée profonde d'unité, *que le Conservatoire impérial n'était point le Conservatoire de la France, mais celui du monde entier*.

La portée de ce fait très sérieux, ressort maintenant de lui-même; ces dons en effet, ont amené des échanges, et, pour ne citer qu'un exemple, voici ce qui se passe à cette heure aux Etats-Unis d'Amérique : M. Wattemare ayant fait don au Conservatoire d'une collection complète des poids, mesures et monnaies d'Amérique, collection ramassée à grand frais et avec l'aide des autorités américaines, le Conservatoire à fait don à son tour à l'Amérique d'une collection complète aussi, de nos poids, mesures et monnaies : le résultat de la comparaison entre les deux systèmes métriques ne s'est pas fait attendre, et, aujourd'hui c'est à grand renfort de meetings qu'une réforme est demandée aux États-Unis.

A mesure que l'ordre s'établira dans cette magnifique collection, nous aurons soin d'en entretenir nos lecteurs.

Le serpent cracheur. — Comme il importe à l'espèce humaine de connaître, afin de les détruire, le plus grand nombre possible des races malfaisantes qui infestent les parties habitables de son séjour, il ne sera point superflu d'emprunter au *Hooker's journal of Botany*, quelques détails sur l'espèce de serpent appelé *spuggslang* ou serpent cracheur. Cette espèce est assez commune dans les districts occidentaux du cap de Bonne-Espérance, vers Namaqualand. Quand le serpent cracheur est poursuivi d'assez près pour ne pouvoir plus échapper à son ennemi, il se retourne et lui crache juste à la face un acide très caustique, ayant l'odeur de l'acide formique. Si malheureusement on se trouve assez près du reptile pour que cette liqueur acide vienne à toucher les yeux, on est certain d'être aveuglé au milieu de souffrances atroces.

Prix d'abonnement pour l'étranger.

Allemagne, 8 fr.;— Suisse, Parme, Plaisance, Modène, 8 fr. 50.— Etats Sardes, Grèce, Crimée, 9 fr.; — Hollande, Angleterre, 10 fr.; — Etats-Unis, Indostan, Turquie, 10 fr. 50; — Belgique, Prusse, Hanôvre, Saxe, Pologne, Russie Espagne, Portugal, 11 fr.; — Toscane, 12 fr.; — Etats-Romains, 16 fr. 50.

Le propriétaire, rédacteur-gérant :
Victor MEUNIER.

PARIS. — IMP. J.-D. GROS, RUE DES NOYERS, 74.

Deuxième année. — N° 9. Quinze centimes. 2 mars 1856.

L'AMI DES SCIENCES

BUREAUX D'ABONNEMENT
13, RUE DU JARDINET, 13
Près l'Ecole de Médecine
A PARIS

JOURNAL DU DIMANCHE
SOUS LA DIRECTION DE
VICTOR MEUNIER

ABONNEMENT POUR L'ANNÉE
PARIS, 6 FR.; — DÉPART., 8 FR.
Étranger (Voir à la fin du journal)
ENVOYER UN MANDAT DE POSTE

Moissonneuse Mac-Cormick.

Machines à moissonner.

L'idée des machines à moissonner est très-ancienne. Pline et Columelle, dit-on, en parlent. Nous avons nous-mêmes donné l'année dernière la description d'une moissonneuse qui fut en usage dans les Gaules. De ces machines primitives à celles au moyen desquelles la moisson se fait aujourd'hui dans une grande partie de l'union américaine et dans beaucoup de fermes anglaises, et qui, lors de la fête agricole de Trappes, le 2 août dernier, excitèrent si vivement l'admiration de la foule, il y a loin! et la gloire de l'Écossais Bell et de l'Américain Mac-Cormick, n'a rien à redouter de ces recherches rétrospectives.

Il existe nombre de systèmes différents. Si nous comptons bien, il n'y en avait pas moins d'une dizaine à l'Exposition universelle.

1° La machine de M. Mac-Cormick (États-Unis); 2° celle de Manny (États-Unis); 3° celle d'Atkins, construite par Wright (États-Unis); 4° celle de M. Cournier de St-Romans (Isère); 5° celle de Hussey, construite par Dray (États-Unis); 6° celle de Burgess et Key (Angleterre); 7° celle de Moody (Canada); de Bell, construite par Croskill (Angleterre); 9° celle de Bell, 8° celle construite par Laurant (Paris); 10° celle de M. le docteur Mazier (de l'Aigle), etc. Nous citons pour mémoire seulement de petites machines composées de faux tournantes et poussées comme des brouettes par un homme, ce qui ne mérite pas de nous occuper.

Parmi cette foule de moissonneuses, les unes sont traînées par un, les autres par deux chevaux; le plus grand nombre ont leur attelage sur la droite de la machine et coupent en tournant tout autour du champ et toujours à gauche de l'attelage (Mac-Cormick, Manny, Atkins, Hussey); d'autres sont poussées en avant, au milieu même de la pièce (Bell); d'autres enfin peuvent couper tantôt à droite, tantôt à gauche (Mazier); elles sont parmi les moissonneuses, ce que les charrues tourne-oreilles sont parmi les instruments de labour. Quelques machines coupent tout; blé, avoine, trèfle, regains, etc. (Mac-Cormick); d'autres ne coupent que les céréales.

On peut classer les moissonneuses, ainsi que l'a fait M. Grandvoinnet, prof sseur à l'école de Grignon, d'après les genres d'organes employés à la coupe des réco.tes. On forme ainsi cinq genres :

1° Moissonneuses coupant les récoltes par une scie à mouvement alternatif.

2° Par des cisailles;

3° Par une série de faulx;

4° Par une scie ou un couteau circulaire à mouvement continu;

5° Par deux scies ou deux systèmes de scies à mouvements continus de sens opposés.

Chacun de ces genres peut lui-même se subdiviser en trois espèces :

a Machines servies par des hommes;

b Machines formant des andains;

c Machines javellant.

La moissonneuse dont nous donnons ci-dessus l'élévation appartient à la première espèce du premier genre. C'est une machine coupant au moyen d'une scie à mouvement alternatif ou de va-et-vient et servie par des hommes. C'est celle de Mac-Cormick, qui a obtenu de grands succès en Amérique et à l'exposition de Londres, et est arrivée première pour la moisson, lors des expériences de Trappes; elle date de 1842. Elle est brevetée en France, en Angleterre et aux Etats-Unis, il n'en a pas été livré moins de 5,225 au commerce dans l'intervalle compris entre l'époque de son invention et l'ouverture de la dernière exposition universelle; l'année 1855 entre à elle seule pour près de la moitié dans ce chiffre (2,500), ce qui prouve que l'expérience lui est favorable.

Nous en donnerons le plan et la description dans le prochain numéro, après quoi nous figurerons et décrirons quelques-unes des machines rivales. Le défaut d'espace nous contraint de nous borner aujourd'hui à cette courte introduction.

Recherches sur le magnétisme de l'homme, des animaux et des plantes.

J'ai lu avec le plus grand intérêt la lettre publiée par M. Mabru, dans le dernier n° de l'*Ami des Sciences*, et relative au magnétisme animal. Assurément, s'il est une question digne de fixer l'attention, c'est bien celle du magnétisme, infirmé aujourd'hui, confirmé demain, sans que l'on puisse prévoir le moment où cette question recevra enfin une solution quelconque. Dans le but de la résoudre, il est, selon moi, indispensable, afin d'éclairer la marche de ceux qui voudront arriver à une conclusion, de savoir avant tout si l'homme émet ou non un fluide comparable au magnétisme terrestre; tant que l'on ne sera point arrivé à faire cette démonstration, le doute, quoi que l'on fasse, subsistera toujours. Donc, je le répète, il faut avant tout démontrer que l'homme émet un fluide comparable dans une partie de ses effets au magnétisme terrestre; c'est pour arriver à cette démonstration, que je viens rappeler et faire connaître à ceux qui s'occupent du magnétisme, les recherches que j'ai faites sur le fluide impondérable émis par l'homme, les animaux, les plantes; recherches consignées dans différents mémoires que j'ai adressés à l'Académie des sciences, et contenant les expériences au moyen desquelles on arrive à constater positivement ce fait. Je ne veux ici en signaler que quelques-unes; j'engage fortement ceux qui s'occupent du magnétisme à les réitérer, elles éclaireront indubitablement cette question.

Pour arriver à cette démonstration, on fixe sur un socle en bois un montant de même matière ou en métal terminé par une potence, à l'extrémité de laquelle on attache un appareil ainsi construit : Deux balles en moelle de sureau d'un demi-centimètre de diamètre sont fixées aux deux extrémités d'une aiguille de gomme laque; on trace sur ces balles des lignes verticales à l'encre et on suspend le tout au moyen d'un fil d'araignée, après la potence; puis on recouvre l'appareil par une cloche de verre, et, pour empêcher l'introduction de l'air extérieur, on graisse avec du suif le point de jonction de la cloche et du socle. Lorsque l'appareil est en repos, et il faut un certain temps pour cela, on approche une ou deux mains de la paroi de la cloche, mais sans la toucher, à 3 ou 4 centimètres. Après cinq ou six secondes d'attente, l'appareil se met en marche; on peut plus facilement s'en assurer en collant sur le verre de fines bandes de papier qui servent de points de repaire avec les lignes tracées sur les sphères. Par la distance à laquelle on agit, par le temps que l'on met à produire l'action, on peut en quelque sorte connaître la force magnétique d'un individu; on pourrait donc reconnaître si cette force est augmentée chez un magnétisé ou chez un individu en contact avec d'autres.

Pour démontrer que ce n'est point le calorique de la main qui agit ici, je me sers d'un moyen qui démontre en même temps que les animaux émettent un fluide. Lorsque tout est en repos, on met un escargot sur la paroi externe du cylindre, s'il monte (et c'est ce qui arrive le plus souvent), lorsqu'il est arrivé au niveau de l'appareil, ce dernier se met en marche. L'escargot ne développe point de chaleur, donc, etc.; mais alors il développe un fluide qui lui est propre.

Voici l'autre moyen que j'emploie pour arriver au même but : On fait une épingle en gomme laque, on la suspend la tête en bas au moyen d'un fil sans torsion, on place la tête devant un fil de soie, tendu par ses deux extrémités, de telle sorte que la tête de l'épingle et ce fil soient dans le même plan vertical, la tête de l'épingle séparée en deux portions exactes par le fil immobile. Le tout étant placé sous la cloche, si on approche la main, l'épingle suspendue est déviée de la verticale, et la tête entière apparaît sur un seul côté du fil. La chaleur ne pourrait produire une déviation semblable et attirer du côté de la main l'objet suspendu, car il y a attraction.

Je pourrais encore signaler plusieurs expériences, mais celles-ci suffisent pour démontrer, selon moi, la vérité de cette opinion que l'homme émet un fluide analogue au fluide magnétique. Ce fluide fait sentir son action à travers les métaux, le verre, beaucoup moins à travers les corps poreux, le bois, par exemple. Je renvoie ceux qui voudront connaître tous les faits que j'ai observés au mémoire que j'ai adressé à l'Académie. En partant de ces expériences; en les diversifiant, les personnes qui s'occupent du magnétisme animal auront, selon moi, une base solide et inexpugnable, tel est du moins mon avis.

BILLIARD, *d. m. p.*

De Corbigny (Nièvre), le 24 février 1856.

Enquête sur le magnétisme animal (1).

En réponse à l'appel que, d'accord avec M. le docteur Auzoux, un chimiste distingué, M. Mabru a adressé aux magnétiseurs dans notre précédent numéro, un partisan bien connu du mesmérisme, M. Jules de Rovère nous écrit à la date du 27 février.

« J'apprends par la voie de votre précieux et important journal que vous désirez que *la lumière se fasse* dans la partie des sciences na-

---

(1) Voir le précédent numéro.

turelles dites *magnétisme animal*. Je ne connais personnellement ni le chimiste ni le docteur dont les noms figurent dans l'article en question, mais veuillez, Monsieur, agréer l'assurance du zèle avec lequel je répondrai à leur invitation....

« Je m'estimerai heureux si vous voulez bien prendre note de ma déclaration, etc..., etc... »

J. DE ROVÈRE.
27, rue du Faubourg du Temple.

M. J. de Rovere a été le premier à répondre (par notre intermédiaire du moins), à l'appel de M. Mabru. Mais nous ne doutons point que ses principaux confrères en mesmérisme ne tiennent à honneur d'imiter son exemple. Nous continuerons d'enregistrer les adhésions et propositions qui nous parviendront. L'empressement de M. de Rovere l'honore; il prouve la sincérité de ses convictions. C'est avec plaisir que nous lui donnons acte de l'engagement qu'il prend. Les promoteurs de cette intéressante affaire sont avertis. Nos lecteurs seront tenus au courant de la suite qu'elle aura.

Si, comme nous l'espérons, un comité d'étude composé à la fois de partisans du magnétisme animal et d'hommes qui ne craindraient pas de s'avouer tels le jour où la réalité du magnétisme leur serait démontrée, si, dis-je, un tel comité se forme, il devra à notre avis :

1° Dresser à l'inventaire complet des phénomènes à constater;

2° Etablir entre eux une suite, une continuité, un enchaînement;

3° Enfin, procéder expérimentalement à la vérification de chacun d'eux, dans l'ordre de classement préalablement adopté, en donnant la conduite de chaque expérience à l'homme compétent dans la question spéciale qu'il s'agira d'élucider.

Il est donc bon dès ce moment de recueillir les avis sur les expériences à instituer. On a vu dans un des articles ci dessus celle que propose M. le docteur Billiard (de Corbigny), nous transmettons encore à la future commission l'extrait suivant d'une lettre d'un de nos abonnés.

« ..... Si le projet de votre honorable correspondant, grâce à l'assistance de M. le Dr Auzoux, est mis à exécution, oserai-je vous prier pour la part d'influence que vous pouvez avoir dans l'affaire, de joindre à l'étude des phénomènes du magnetisme animal celle des phénomènes non moins curieux — et qui s'y rattachent peut-être — de la table qui parle et de la planchette ou corbeille qui écrit? Depuis plus de deux ans je m'occupe de ces manifestations, et je puis vous affirmer que rien n'est plus authentique et plus sincère que leur production, ainsi que je l'ai raconté dans deux brochures que j'ai eu le plaisir de vous adresser (1). Je demande donc, Monsieur, que ces expériences soient également admises à être examinées, contrôlées; et si ma présence, si mes explications, si ma coopération même pouvaient êtres utiles, je me mettrais bien volontiers à la disposition du Comité d'examen....

Agréez, etc.

H. F. MATHIEU.
Ancien pharmacien des armées,
Boulevart de la Chapelle, 8.

Nous terminerons par une lettre qui n'a pas été provoquée par celle de M. Mabru, puisque, écrite de la capitale d'un pays voisin, elle est datée du 21 février, mais qui se rapporte comme on va le voir au sujet dont il s'agit Ignorant si ce n'est pas aller contre les intentions de l'auteur que de la publier, nous supprimerons du moins le nom du signataire, nous bornant à dire qu'elle émane d'une des célébrités scientifiques de notre temps, d'un homme dont l'esprit égale le savoir : nous n'en dirons pas davantage de crainte d'en trop dire. Voici un extrait de cette lettre :

« ... Je tiens une découverte qui m'effraie, je n'ose vous en dire que quelques mots : il y a deux électricités, l'une *brute et aveugle*, produite par le contact des métaux et des acides, l'autre *intelligente et clairvoyante*, produite par des éléments humains dont on peut composer une pile qui produit une électricité intelligente comme la source d'où elle émane. — Je répète souvent cette expérience et toujours avec succès.

« Vous serez la premier informé; X... (1) ne pourra pas dire non.

« L'électricité s'est bifurquée sous les mains de Galvani, Nobili et Matteucci. Le courant brut a suivi Jacobi, Bonelli et Moncel, pendant que le courant intellectuel a suivi Bois-Robert, Thilorier et le marquis Duplanty.

« Le tonnerre en boule ou l'électricité globuleuse contient une pensée qui désobéit à Newton et à Mariotte pour n'en faire qu'à sa guise. — Il y a dans les annales de l'Académie des milliers de preuves de l'intelligence de la foudre.

« Mais je m'aperçois que je me laisse emporter, peu s'en est fallu que je ne vous lâche la clé qui va nous découvrir le principe universel qui gouverne les deux mondes matériel et intellectuel.

« Dieu ne fait pas de cachotterie comme le croient les épiciers qui craignent la concurrence. Il ouvre les portes de ses vastes ateliers et nous dit : *tunc intelligite gentes* ! Son principe est simple et quand vous le connaîtrez vous ne direz plus : Dieu ne veut pas que l'homme approfondisse jamais les mystères de la vie.

« Pendant que je vous écris, je dirige vers vous mon électricité qui éveille votre pensée et je suis sûr que le cadran de votre télégraphe répond à celui de

« Votre serviteur et ami,

......

L'auteur, — à ce style il est aisé de reconnaître l'écrivain — promet que nous serons le premier informé; par conséquent nos lecteurs seront assurés d'être les seconds.

(1) Un mot sur les tables parlantes et Conversations et pensées extranaturelles obtenues d'un planchette à crayon, etc., in-8, chez Dentu.

(1) Il y a un nom propre dans le texte.
(*Note de la rédaction*).

Magnétisme terrestre.

LETTRE DE M. LAUGIER.

Nous avons reçu trop tard pour la mentionner dans le précédent numéro, une lettre de M. Laugier, au sujet de la question qui s'agite entre lui et M. Leverrier devant l'Académie des Sciences, et dont nous avons entretenu nos lecteurs. Cette note est relative à la comparaison que M. Laugier a faite dans une des précédentes séances, des observations de MM. Goujon et Liais aux environs de Paris, avec les déclinaisons que donne pour les mêmes points, sa formule empirique : déclinaison inconnue $= 20°, 7', 2 - 0,982\ x - 0,578\ y$. Voici cette note :

« MM. Goujon et Liais ont trouvé, dit M. Laugier, dans les quatre stations extérieures, les déclinaisons suivantes :

Au nord...	19°56'45	A l'est.....	19°52'83
Au sud ...	19°57'85	A l'ouest...	20° 4'75
Diff....	+ 1'40	Diff....	+ 11'92

« La formule donne pour les mêmes points :

Au nord...	19°58'	A l'est.......	19°59'
Au sud....	20° 6'	A l'ouest....	20°11'
Diff....	+ 8'	Diff....	+ 12'

« Remarquons d'abord que la variation E.O de 12' donnée par la formule s'accorde exactement avec la variation de 11'92 déduite de l'observation. On est donc obligé de reconnaître que la formule donne exactement les variations E.O.

« Remarquons ensuite que les déclinaisons observées au nord et au sud ne diffèrent l'une de l'autre que de 1'40 : ainsi, d'après les observations de MM. Goujon et Liais, le méridien astronomique à Paris serait presque une ligne d'égale déclinaison; ce qui n'est pas, car, d'après les cartes de M. Duperrey, cette ligne s'écarte notablement du méridien astronomique vers l'ouest. Il faut donc que l'un, au moins, des deux nombres observés au nord et au sud, soit inexact.

« Passons maintenant à la comparaison des valeurs absolues : la déclinaison observée au nord diffère à peine de la déclinaison calculée. Ainsi la formule représente : 1° les déclinaisons observées par MM. Charles Mathieu et Laugier sur quatre points de l'enceinte continue; 2° les déclinaisons de la Maternité et du pavillon central de l'Observatoire impérial ; 3° la déclinaison observée au nord de Paris par MM. Goujon et Liais. Comme les déclinaisons calculées dépendent à la fois du mouvement N. S. et du mouvement E.O., que ce dernier vient d'être reconnu exact, il faut bien que le mouvement N. S. le soit pareillement. Ainsi la formule peut servir à calculer avec assez d'approximation les déclinaisons magnétiques des trois autres stations de MM. Goujon et Liais, au sud, à l'est et à l'ouest de l'Observatoire. Les différences entre le calcul et l'observation sont respectivement représentées par les nombres + 8',15, + 6',17, et + 6',25; dont la moyenne 6', 86 est précisément égale à la correction que M. Leverrier propose d'appliquer aux déclinaisons observées dans le pavillon central du jardin de l'Observatoire. M. Laugier, au contraire, est porté à croire que ces différences sont imputables aux trois observations dont il vient d'être question, et que des anomalies dont les instruments magnétiques offrent malheureusement plus d'un exemple, ont induit en erreur M. Leverrier, »

Il ne nous appartient pas d'entrer dans le débat, autrement qu'en donnant place dans nos colonnes aux opinions émises de part et d'autre ; seulement, l'origine et la fin, tout à la fois, de la discussion, portant sur la question de savoir s'il faut tenir compte ou non, dans les éléments magnétiques obtenus à l'Observatoire, de certaines erreurs provenant des attractions locales, nous devons à nos lecteurs de faire observer que la campagne entreprise par MM. Goujon et Liais à l'extérieur de Paris, est entièrement indépendante des observations qu'ils ont faites dans les différents pavillons de l'Observatoire impérial, et que les concordances qui se montrent dans des comparaisons étrangères à ces derniers éléments, ne peuvent aucunement démontrer que *l'influence des attractions locales n'est pas sensible, ou du moins qu'il faudra attendre les nouvelles observations pour la déterminer, si tant est qu'on y parvienne.*

Ces concordances, d'ailleurs, en ce qui concerne le mouvement E. O. de la déclinaison, ne pourraient pas davantage prouver l'exactitude des résultats donnés par la formule de M. Laugier, puisqu'elles ne portent que sur des différences et non sur les valeurs absolues des déclinaisons : on sait en effet que plusieurs séries de nombres inégaux deux à deux peuvent donner une différence constante, et cela en faisant varier ces nombres depuis zéro jusqu'à l'infini.

Pour ce qui est du mouvement N. S., il resterait encore à vérifier si l'état magnétique de la ville de Paris est le même aujourd'hui qu'à l'époque à laquelle fut tracée la ligne d'égale déclinaison sur les cartes de Duperrey, ce qui ne semble pas probable. Au surplus, ce désaccord signalé par M. Laugier porterait à croire plus fortement que jamais à des attractions locales, survenues à la suite de l'extension de l'emploi du fer dans Paris et dans son voisinage. Par le transport d'une boussole de déclinaisons sur différents points de la ligne tracée par Duperrey, il serait donc possible de vider expérimentalement, en dehors de l'Observatoire, la question pendante entre les deux astronomes.

Félix Foucou.

Moniteur automatique des chemins de fer.

SYSTÈME DE M. DU MONCEL.

Les accidents qui se produisent le plus communément sur les chemins de fer proviennent du retard de certains trains, de l'avance de certains autres, de l'encombrement des stations au moment du passage des trains, d'une erreur commise dans le jeu des aiguilles, qui fait qu'un convoi se trouve lancé sur une voie qu'il ne doit pas suivre ; enfin, de la rupture des chaînes qui retiennent les wagons les uns aux autres. Dans toutes ces circonstances, l'électricité peut fournir un secours précieux.

Les différents systèmes proposés dans ce but se classent chronologiquement dans l'ordre suivant : 1° système Tyer, 1852; 2° système Du Moncel, 1853; 3° système de Castro, 1853; 4° système Guyard, 1854; 5° système Bonelli, 1855; 6° système Achard, 1855.

A plusieurs reprises nous nous sommes occupés des quatre derniers ; nous entretiendrons prochainement nos lecteurs du système Tyer auquel on peut reprocher, comme à celui de M. Bonelli, de ne donner qu'une solution incomplète du problème. Aujourd'hui, nous nous occuperons du *Moniteur électrique*, inventé par M. Du Moncel, qu'on a vu fonctionner à l'Académie des sciences et à l'Exposition universelle où il a obtenu une médaille de première classe.

Ce système a pour but :

1° D'établir, entre les stations et les trains en mouvement, une liaison télégraphique qui permette de prévenir ces derniers des encombrements qui peuvent exister sur la voie ou aux stations, de leur donner des ordres en cas de besoin, et de leur fournir la facilité de demander des secours aux stations en cas d'accident ;

2° De faire en sorte que l'envoi d'un signal soit suivi d'une réponse faite automatiquement par le convoi, afin que celui qui envoie le signal soit prévenu de sa réception et soit assuré, par là, du bon état de la ligne ;

3° De faire enregistrer à chaque station, sur un compteur électro-chronométrique à double aiguille et visible à distance, les différents kilomètres parcourus par deux convois consécutifs ;

4° De faire en sorte que deux convois, venant à la rencontre l'un de l'autre ou s'entresuivant de trop près, se préviennent mutuellement des dangers qui pourraient résulter de leur trop grand rapprochement ;

5° De faire en sorte que le chef de station soit en même temps prévenu de ce trop grand rapprochement.

Tous ces résultats peuvent être obtenus à l'aide d'un seul fil pour chaque voie, ajouté à celui de la ligne déjà existant, et de deux interrupteurs placés de kilomètre en kilomètre entre les deux voies. Les piles des télégraphes des stations et des télégraphes portatifs des convois pouvant être employées pour le jeu des appareils du moniteur électrique, ne sont pas une dépense qu'il faille imputer au système.

Nous allons décrire les appareils à signaux que M. Du Moncel fait porter par les convois et les moniteurs électriques qui doivent avoir action sur ces appareils à signaux. Parlons d'abord de ceux-ci :

Appareils à signaux. Pour obtenir un signal électrique sur un convoi en mouvement, il faut une liaison métallique entre les stations et les convois. Comment obtenir cette liaison, telle est la partie principale du problème ? Voilà comment l'auteur l'a résolue :

De kilomètre en kilomètre, il établit une communication entre le fil de la ligne et une bande métallique placée entre les deux rails. Une autre bande métallique placée parallèlement à côté de la première est en relation avec la terre ou avec le second fil ; le point important est que ces deux bandes métalliques soient parfaitement isolées, ce qui est facile avec des capuchons de gutta-percha qu'on dispose au-dessus de leurs points d'attache.

Tous ces interrupteurs étant ainsi disposés le long de la voie ferrée et reliés par séries aux différentes piles des stations en aval des convois, il est facile de comprendre que deux frotteurs adaptés au tender de chaque convoi ou à l'un des wagons, pourront à chaque kilomètre, passer sur des lames métalliques et établir sur ces véhicules, *en ces moments là seulement*, un courant électrique qui pourra réagir sur un appareil, en lui faisant indiquer un signal. De plus, si l'appareil est fondé sur les réactions magnétiques des courants sur les aimants, ce signal pourra être différent, suivant le sens du courant, et l'on aura ainsi l'avantage de pouvoir donner deux avis différents qui seront reçus par le convoi toutes les deux minutes, puisque ce laps de temps correspond à peu près au parcours d'un kilomètre par les convois animés d'une vitesse ordinaire.

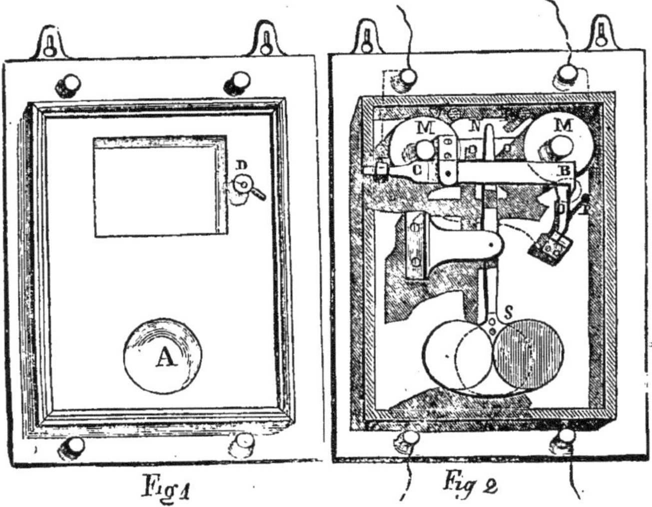

Fig 1 Fig 2

En conséquence, voici comment M. Du Moncel a disposé son *appareil à signaux* : Une bascule aimantée N S (fig. 2), oscille entre les deux branches d'un électro-aimant M M ; elle porte à l'une de ses extrémités deux disques de verre, l'un rouge, l'autre blanc, qui apparaissent, suivant le sens du courant, dans un guichet A (fig. 1), qui est la seule partie de l'appareil visible extérieurement et qui est disposé de manière à laisser projeter la lumière d'une lampe placée derrière l'appareil. En même temps que cette bascule aimantée opère son mouvement, une armature de fer doux C B, disposée au-dessus de l'électro-aimant, débride une lame de ressort buttée contre elle, et celle-ci par son contact avec une autre lame de ressort ou un buttoir métallique P, renvoie le courant d'une petite pile locale, portée par le convoi, dans une sonnerie électrique. Cette sonnerie entre donc en mouvement, et ce mouvement continue jusqu'à ce qu'on soit venu voir le signal et qu'on ait de nouveau ramené, à l'aide du bouton D, le ressort relais contre l'armature qui s'est alors relevée. De cette manière, le mécanicien, prévenu par la sonnerie, n'a plus qu'à regarder le signal ; car le magnétisme rémanant dans l'électro-aimant et les buttoirs de fer R et V, mis en rapport magnétique avec l'électro-aimant, suffisent pour maintenir le barreau aimanté portant les disques dans la position que lui a fait prendre le courant au moment de son passage.

Dans ce système, le disque rouge est le signal d'alarme et le disque blanc celui de ralliement, c'est-à-dire, celui par lequel la station fait savoir au convoi qu'il doit entrer en communication avec elle, et que, par conséquent, il ait à mettre son télégraphe portatif en rapport avec la ligne télégraphique.

Comme les signaux sont persistants, on pourrait croire qu'il n'y a jamais qu'un seul signal de disponible, l'autre correspondant aussi bien à l'inaction du courant qu'à son activité dans le sens qui a motivé sa dernière position ; mais il n'en est pas ainsi, et cela, à cause de la sonnerie. On comprend, en effet, que, pour que cette sonnerie marche, il faut que le courant ait indiqué un signal. Or, si ce signal ne correspond pas à celui qui est resté fixe, le disque change; si, au contraire, le signal est le même, le disque ne bouge pas; mais on est prévenu de sa validité et de son opportunité par la sonnerie. Ainsi ce petit appareil qui ne coûte guère plus de 50 fr. fournit les mêmes signaux que les grands disques à signaux des chemins de fer si difficiles à faire manœuvrer, et a de plus sur eux l'immense avantage d'avertir les convois sur toute l'étendue du chemin qu'ils doivent parcourir.

Le jeu de cet appareil est facile à obtenir ; il suffit pour cela, d'un commutateur à renversement de pôles que l'on tourne à la station dans un sens ou dans l'autre, suivant le signal qu'on veut transmettre. Quand on ne veut en envoyer aucun, on remet le commutateur à son point de repos, et le courant ne peut plus circuler à travers les appareils des convois.

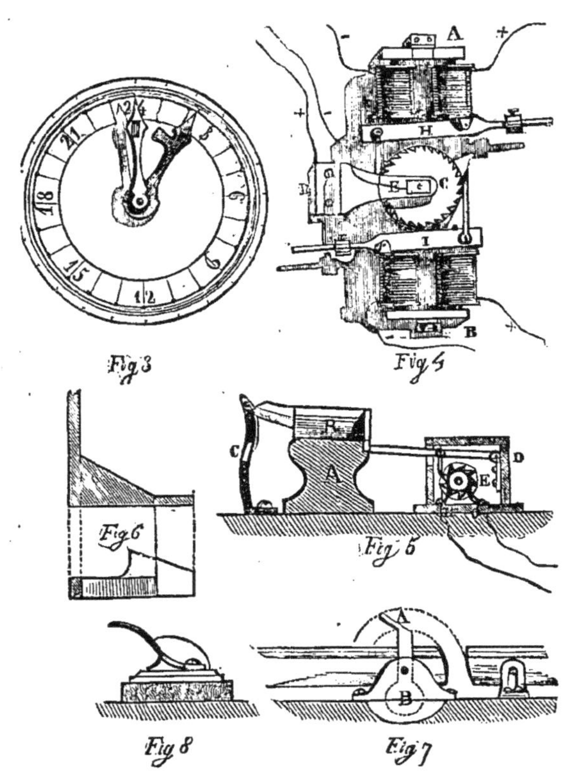

Fig 3 Fig 4 Fig 5 Fig 8 Fig 7

Les figures 3, 4, 5, 6, 7 et 8 montrent les détails du moniteur électrique. Nous en remettons la description au prochain numéro.

ACADÉMIE DES SCIENCES.

Séance du 25 février.

DES ATTRACTIONS LOCALES SUR LES ÉLÉMENTS MAGNÉTIQUES DE L'OBSERVATOIRE : NULLITÉ D'ACTION DES RAILS DE CHEMIN DE FER SUR LES AIGUILLES AIMANTÉES.

Nous n'avons point eu à regretter le temps consacré aujourd'hui par M. Leverrier à discuter les erreurs qui affectent les éléments magnétiques de l'observatoire de Paris, car les nécessités de la controverse ont fait connaître quelques résultats vraiment dignes d'intérêt.

La question était nettement posée : dans sa dernière réponse écrite, M. Laugier accorde l'existence d'influences locales, mais il nie que ces influences soient générales, et il pense qu'elles sont dues uniquement à la présence de quelque barreau de fer placé sous les fondations des pavillons dans lesquels ont été faites les observations de MM. Goujon et Liais; en faisant disparaître cette cause accidentelle, toutes les erreurs disparaîtraient, et ce qui prouve, ajoute M. Laugier que cette cause doit être cherchée ailleurs que dans l'action du grand bâtiment de l'observatoire, qui est éloigné des pavillons de plus de 70 mètres, c'est *l'identité* entre les deux déclinaisons trouvées par MM. Goujon et Liais en deux points situés à 160 mètres et à 100 mètres du chemin de fer de Sceaux. Comment, en effet, le bâtiment de l'observatoire pourrait-il causer des variations assez notables dans les déclinaisons des différents pavillons qui n'en sont pas très-inégalement éloignés, lorsque le chemin de fer n'en a causé aucune pour un changement de distance beaucoup plus grand ?

Toute la réponse de M. Leverrier à ces objections peut se réduire à ces trois résultats importants : 1° les fondations des pavillons ne contiennent point de masse de fer susceptible d'influencer les observations ; 2° la coupole de l'Observatoire contient *à elle seule* 22.000 kilogrammes de fer doux, susceptible de s'aimanter sous l'action terrestre et de produire une action magnétique sur les instruments ; 3° les rails de chemins de fer, tout en s'aimantant sous l'action terrestre, sont impuissants, par leurs positions respectives, à produire cette même action magnétique.

En premier lieu, M. Leverrier peut affirmer l'absence totale de masses de fer dans les pavillons, pour y avoir travaillé de ses propres mains autrefois : vint-on d'ailleurs à y rencontrer un kilogramme de fer doux, il faudrait vérifier encore l'influence de cette faible masse sur la boussole.

Les pavillons, en second lieu, sont entourés de masses de fer, comparativement prodigieuses. En outre de celle contenue dans la coupole, il s'en trouve une de 72,000 kilog. dans un plancher éloigné de 62 mètres du pavillon de l'Est et composé de chevrons en fer doux ; enfin, une fabrique de passementerie, dans laquelle il se trouve des masses énormes de ce métal, est située seulement à 19 mètres du mur de l'ouest. Par la situation respective de ces sources d'aimantation permanente, M. Leverrier a confirmé théoriquement les déviations observées et la régularité du phénomène.

Enfin, pour ce qui a trait au chemin de fer, M. Leverrier a fait observer que les rails ne sont autre chose que des séries de petits aimants ajoutés bout à bout et aimantés symétriquement entre eux, de telle sorte que la résultante de leurs actions sur les boussoles est nulle.

FORMATION ET RÉPARTITION DES RELIEFS TERRESTRES.

M. le baron de Francq a présenté un mémoire très étendu et plein de faits nouveaux, sur la formation et la répartition des reliefs terrestres. Déjà, en 1853, l'auteur avait cherché à démontrer que si le globe a été originairement à l'état de fusion, son refroidissement graduel a dû provoquer dans l'écorce terrestre *une somme analogue de travail* sur tous les points, et que des indices de ce fait doivent se retrouver à la fois dans l'étendue des arcs terrestres (1) et dans leur position par rapport aux plissements ou alignements qu'ils rencontrent sur leur parcours. Mais les exemples fournis alors étaient trop restreints pour qu'il n'existât plus de doutes possibles sur l'existence ou la non existence d'une même *somme de causes* d'exhaussements de l'écorce terrestre sur tous les grands cercles du globe. La démonstration de cette loi, appuyée sur une quantité considérable de faits, semble ressortir du mémoire présenté aujourd'hui par M. de Francq.

Ce mémoire commence par indiquer sommairement les principales conséquences qui paraissent devoir résulter du refroidissement superficiel d'un globe en fusion. D'après M. Francq, le mécanisme du travail de l'écorce terrestre résulte de la connaissance de deux faits principaux, inhérents à l'état de fusion du globe : 1° de la forme sphéroïdale que la masse en fusion doit toujours tendre à prendre à sa surface ; 2° de la contraction que cette masse subit en se refroidissant. Sur ces données, M. de Francq établit que l'écorce terrestre présente à sa base une force de contraction élastique par cela qu'elle ne se dépense point en entier : que cette force contracte la masse en fusion, l'oblige à s'épancher à la surface et finit alors par contraindre la zône supérieure de l'écorce à se rider, pour se prêter à la contraction de sa base.

A l'appui de ce qui précède, l'auteur a montré un petit appareil qui met en évidence les principales causes qui ont provoqué la formation et la direction des exhaussements du globe. Cet appareil consiste dans une peau circulaire très-mince, retenue sur différents points de sa circonférence par des fils pouvant se tendre et se détendre à volonté au moyen de vis de bois. Lorsque cette peau est abandonnée à sa contraction naturelle par un ou plusieurs points de son contour, on voit se produire des plissements ou rides précisément perpendiculaires à la direction suivant laquelle elle se contracte : or le mérite du travail de M. de Francq consiste à avoir montré par une grande série de mesures géographiques, que les choses se sont passées sur le globe de la même façon.

(1) Par *arc terrestre*, M. de Francq entend la longueur de continents ou d'îles embrassée par un grand cercle quelconque : l'*arc marin* est l'etendue complémentaire de ce cercle.

En embrassant le globe par quatre roses de trente-six grands cercles ; en mesurant les arcs terrestres et les arcs marins, ainsi que les angles de ces premiers avec des alignements tels que des chaînes de montagnes ou des vallées, on arrive aux résultats suivants :

1° Les grands cercles peuvent se diviser en deux séries bien distinctes, les grands cercles *déprimés* et les grands cercles *dépressifs*. Les premiers n'embrassent jamais plus de 100 degrés dans leur développement terrestre ; les seconds ont uniformément un développement terrestre supérieur ;

2° Tout semble indiquer que les arcs marins rectangulaires, c'est-à-dire ceux qui coupent les continents à angles droits, sont des arcs d'exhaussements qui ne parviennent pas à atteindre leur hauteur normale, par suite d'une dépression transversale. Ces mêmes arcs présentent en outre un autre caractère important qui jette un jour nouveau sur la cause des épanchements ignés, c'est que tous leurs alignements rectangulaires nous offrent des phénomènes *plus ou moins volcaniques* qui semblent nous indiquer que ces alignements sont encore, en quelque sorte, en voie de formation. Par des tableaux spéciaux, M. de Francq fait voir que ces alignements rectangulaires sont non seulement toujours caractérisés par des phénomènes plus ou moins volcaniques mais qu'ils font encore passer en revue la *majeure partie des centres volcaniques du globe, et que l'intensité de leurs phénomènes s'accroît en raison du nombre de ces arcs sur une surface donnée.*

3° Une déduction naturelle de ce qui précède, est : que les phénomènes volcaniques constatés sur tous les alignements qui encadrent les arcs marins rectangulaires, *proviennent de la dépression que subissent encore actuellement les arcs d'exhaussements.*

Ces faits qui s'enchaînent tous et dont nous ne citons ici que les plus saillants, donnent une valeur rigoureuse aux reliefs terrestres des grands cercles et font entrevoir la source inépuisable de renseignements qu'ils offrent, en permettant de trouver la cause de leur formation sur le globe dont ils accusent l'état de fusion intérieure.

Ces faits montrent enfin que l'écorce terrestre doit avoir une très-faible épaisseur relative, pour se prêter encore actuellement avec autant de précision qu'elle le fait sur les grands cercles, à la dépense de l'excès de volume de sa zône supérieure.

PRODUCTION ARTIFICIELLE DE PLUSIEURS COMPOSÉS CHIMIQUES PAR LA VOIE HUMIDE.

M. Kulhmann présente quelques échantillons de métaux obtenus en traitant, par des substances oxygénées, des carbonates natifs ou d'autres sels de ces mêmes métaux. La communication qui offre le plus d'intérêt a trait à la production du chlorure d'argent par la voie humide. Une dissolution d'argent est introduite dans un ballon de verre bouché avec une substance poreuse, telle que de l'amiante, de la pierre ponce, etc. On renverse le ballon dans un bain d'acide chlorhydrique, de façon à ce que les deux liquides communiquent à travers le bouchon poreux. L'affinité du chlore pour l'argent donne naissance alors à un produit qui a la fluidité de l'argent chloruré naturel, mais qui, sous l'influence de la lumière, passe au brun violacé.

L'acide sulfhydrique a attiré aussi l'attention de M. Kulhmann : en faisant passer un courant d'hydrogène sulfuré dans un anneau contenant certains oxides métalliques, on obtient des réactions instantanées et de grands développements de chaleur.

Les résultats auxquels est arrivé M. Kulhmann dans la préparation artificielle de ces différents corps, lui paraissent de nature à éclairer quelques points de géologie encore indécis.

FÉLIX FOUCOU.

Société Impériale et centrale d'Agriculture.

Séance du 20 février.

DE L'EXPORTATION DES BLÉS EN RUSSIE.

La Société s'étant formée en comité secret de bonne heure, la séance n'a offert d'intéressant que la lecture d'un travail de M. Pommier sur l'exportation des blés dans l'empire russe.

La première partie de ce travail, la seule dont nous ayons entendu la lecture aujourd'hui, est consacrée à la statistique : elle embrasse à la fois les différents ports de commerce de la Russie, au midi et au nord, et les trente-huit années de paix générale, de 1814 à 1852.

Ces documents font ressortir avec éloquence les bienfaits des grandes réformes économiques accomplies sur différents points de l'Europe, durant cette période de calme. Pendant vingt ans, jusqu'en 1835, les exportations de grains des ports de la Russie méridionale suivent une marche ascendante mais peu rapide : l'essor prodigieux qu'elles prirent à partir de cette époque tient à deux causes politiques profondes, savoir la réforme administrative en Turquie et l'abolition de l'échelle mobile en Angleterre. D'un côté, en effet, l'incurie du gouvernement turc, en obligeant les navires chargés de grains venant de la Mer Noire de toucher à Constantinople pour y acquitter des droits arbitraires, avait été longtemps un obstacle à la libre circulation de ces produits ; on sait, d'autre part, que la réforme introduite en Angleterre par Robert Peel, ouvrit pour longtemps ce vaste marché aux exportations de céréales des ports russes.

Les effets de ces événements économiques sont nettement accusés par le tableau statistique dressé par M. Pommier, et dont nous n'extrayons que les chiffres qui se rapportent au total des exportations :

1re période, de 1814 à 1823, la Russie a exporté 20 millions 329,000 hectolitres de toutes sortes de grains, soit 2 millions 32,900 hectolitres par an.

2e période, de 1824 à 1831, 15 millions 220,000 hectolites, soit environ 2 millions 174,000 par an.

3e période, de 1832 à 1840, 21 millions d'hectolitres, soit plus de 3 millions par an,

4e période, de 1841 à 1846, 28 millions d'hectolitres, soit environ 4 millions 700,000 par an.

Enfin, 5e période, de 1847 à 1852, 41 millions 900,000 hectolitres, soit 6 millions 970,000 par an environ.

L'année 1847, de calamiteuse mémoire, contribue, comme on le comprend, à cette ascendance : elle figure à elle seule pour 10 millions d'hectolitres.

Sur les 111 millions qui composent le total de ces cinq périodes, 42 et demi seulement concernent les exportations de grains autres que le froment.

A partir de 1846, la part de la France dans ce courant d'exportations qui s'est arrêté lors des premières hostilités, est d'environ 12 millions 900,000 hectolitres, dont 8 millions 952,000 ont été conservés à la consommation, et l'excédant réexporté, grâce à la position géographique de nos ports et à l'ouverture permanente du marché de l'Angleterre.

SOCIÉTÉ FRANÇAISE DE PHOTOGRAPHIE.

SÉANCE GÉNÉRALE DU 15 FÉVRIER.

RAPPORT SUR L'EXPOSITION OUVERTE DANS LES SALONS DE LA SOCIÉTÉ.

La Société française de photographie, dès les premiers jours de l'exposition universelle, avait fait appel à tous ceux qui aiment ou pratiquent la photographie, dans le but d'ouvrir dans ses salons une exposition qui pût servir à constater l'état réel de la science et de l'art. Cette exposition est restée ouverte du 1er août au 15 novembre 1855. Elle vient d'être l'objet d'un examen tout spécial de la part d'une commission dont M. Durieu a lu aujourd'hui le rapport détaillé.

Un premier point constaté par ce rapport, est l'empressement que les photographes ont mis à apporter leurs œuvres à ce concours, le goût qui a présidé aux choix des différents sujets offerts et l'impression générale des visiteurs devant cette collection si riche et si variée d'épreuves d'élite.

La commission a examiné d'abord les épreuves sur plaque qui eurent l'honneur d'ouvrir la route à la photographie, et à ce sujet elle a voulu rendre hommage au nom de Nicéphore Niepce, dont les premiers résultats incontestables datent de 1822. La Société a, en effet, sous les yeux un *spécimen* des premiers travaux de Niepce ; c'est une gravure sur étain, obtenue par ses procédés héliographiques, gravure d'une finesse si remarquable qu'il ne semble pas qu'aucun essai de gravure l'ait encore dépassé.

Cette première partie du rapport constate que les épreuves obtenues sur plaque par le procédé daguerrien, deviennent, de jour en jour, moins nombreuses, par suite de l'essor donné à la photographie par la découverte de M. Talbot, qui a été le véritable fondateur de la photographie sur papier, telle qu'on la pratique encore aujourd'hui, et indirectement de la photographie sur albumine et sur collodion.

Dans la partie du rapport qui a trait aux épreuves sur papier, nous distinguons ce fait, depuis longtemps déjà constaté par les photographes, que la fabrication du papier propre à la photographie, non seulement loin d'être en progrès, est en décadence. M. Durieu remarque avec raison que l'avenir de la photographie est dans le papier, véritable toile du photographe ; les procédés sur verre, quelques charmants effets qu'ils produisent, ne sont que des palliatifs, des expédients pour suppléer au manque de papier.

Est venu ensuite l'examen des épreuves sur collodion, et des diverses applications de la photographie. M. Durieu y passe en revue : le procédé de *photochromie* de M. Testud de Beauregard, dont les épreuves sont colorées directement par l'impression lumineuse ; les épreuves positives sur porcelaine et sur verre, exposées par M. Lafon de Camarsac, dont le procédé, qui n'est encore qu'à l'état d'essai, pourra devenir plus tard d'une application industrielle très-intéressante ; la reproduction des gravures, dont le président, M. Regnault, s'est utilement servi pour les planches des appareils décrits dans son *Traité de chimie*, et qui donnent aux objets un relief et une perspective qui en facilitent beaucoup l'intelligence ; enfin la gravure héliographique et la reproduction des plâtres et autres œuvres artistiques.

FACULTÉ DES SCIENCES.

Cours de physique de M. Despretz.

Machine hydro-électrique d'Armstrong.

Le savant professeur a donné la semaine dernière aux nombreux auditeurs de son cours le magnifique spectacle des énormes quantités d'électricité qui ruissellent de la machine d'Armstrong en mouvement. Cette machine a été inventée par le physicien anglais dont elle porte le nom après la découverte d'un fait nouveau observé en 1840 près de Newcastle, sur une chaudière de machine à vapeur. Une fuite s'étant déclarée à la soupape de sûreté, au moment où le chauffeur avait une main près du jet de vapeur et allongeait l'autre pour saisir le levier de la soupape, il reçut une forte commotion et aperçut une vive étincelle entre le levier et sa main.

Informé de ce phénomène, M. Armstrong le reproduisit sur d'autres chaudières, et reconnut que la vapeur dégagée était chargée d'électricité positive. En expérimentant sur une locomotive qu'il avait isolée, il observa qu'elle s'électrisait négativement lorsque par des pointes métalliques on soutirait son électricité à la vapeur d'eau qui s'échappait dans l'atmosphère, et il obtint ainsi de très fortes étincelles. C'est alors qu'il imagina la machine que la figure ci-jointe représente d'après celles que construisent MM. Lerebours et Secrétan.

C'est une chaudière en tôle à foyer intérieur, isolée sur quatre pieds de verre. Un tube de cristal communiquant avec elle indique le niveau de l'eau dans l'intérieur. Un petit manomètre à air comprimé marque la pression. Sur la chaudière est un robinet qu'on ouvre quand la vapeur a acquis une tension suffisante. A côté de ce robinet est un réservoir dans lequel circulent les tubes par lesquels se dégage la vapeur. Ces tubes sont terminés par des ajustages dont l'intérieur est en bois dur et contourné, ce qui augmente le frottement. Enfin, le réservoir dont il vient d'être question est rempli d'eau pour refroidir les tubes d'échappement. La vapeur, avant d'atteindre les ajustages de sortie, éprouve ainsi un commencement de condensation et sort mélangée de vésicules d'eau, condition nécessaire à la production du phénomène.

On avait d'abord attribué le développement de l'électricité dans la machine hydro-électrique à la condensation de la vapeur ; mais M. Faraday, à la suite de nombreuses expériences, a montré que le développement de l'électricité est dû uniquement au frottement des globules d'eau contre la paroi des ajustages de sortie. En effet, les autres conditions restant les mêmes, si l'on change les petits cylindres en bois qui garnissent l'intérieur des tubes, l'espèce d'électricité que prend la chaudière est changée ; une garniture en ivoire ne donne aucune trace d'électricité. La même chose a lieu si l'on introduit une matière grasse quelconque dans la chaudière, et les garnitures qui servent dans ce cas sont mises hors d'usage. Toutefois il n'y a dégagement d'électricité que lorsque l'eau est pure, et alors la chaudière est électrisée négativement et la vapeur positivement. Si l'on ajoute de l'essence de térében-

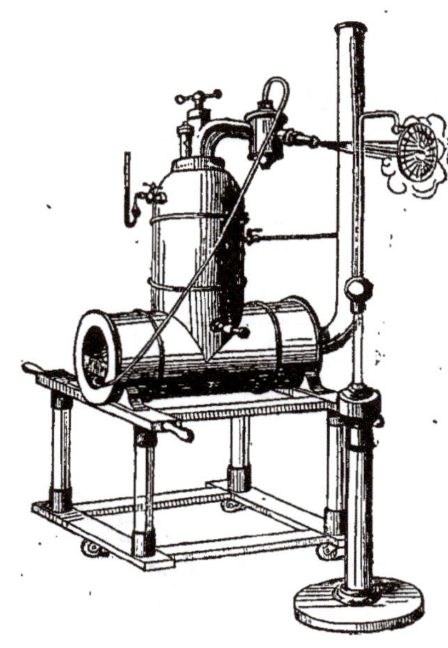

tine, l'effet est inverse, c'est-à-dire que la vapeur s'électrise négativement et la chaudière positivement. L'introduction d'une dissolution saline ou d'un acide fait cesser aussitôt tout dégagement d'électricité. M. Faraday a encore observé des effets semblables avec un courant d'air humide; mais avec l'air sec il n'y a aucun effet.

FAITS DIVERS.

IGNAME DE LA CHINE.— Nous extrayons ce qui suit d'une lettre que nous adresse l'honorable M. Babaud-Laribière.

« Voici ce que m'écrit un agronome distingué du département de la Vienne, M. Baillot-Descombes, avec lequel j'ai partagé dans le temps les bulbilles d'igname obtenues de M. de Montgaudry grâce à votre obligeante intercession :

« ...Quant à mes ignames, dès les premiers froids, que je n'at- « tendais pas aussitôt, et contre lesquels ils n'étaient pas prému- « nis, ils ont eu les tiges toutes gelées. Je les fis alors recouvrir de « cloches recouvertes. de fumier, qu'on enlève quand il fait beau. « Mon jardinier a fouillé la terre pour savoir où en sont les tuber- « cules. La gelée n'y a fait aucun mal : ils sont de la grosseur des « bulbilles mères, et j'espère qu'avec des soins dans les premières « années surtout, nous parviendrons à les acclimater.— Vous êtes « à la source, tâchez de nous apporter encore quelque chose d'u- « tile pour la prochaine campagne. »

« Quant aux ignames que j'ai conservés, ils ont été mis à l'abri du froid grâce à une bonne couche de fumier, et le printemps prochain me dira ce que je dois attendre de cet essai d'acclimatation. »

BABAUD-LARIBIÈRE.

— M. Ducros est auteur d'un système de navigation aérienne auquel il donne le nom assez étrange de *trans-éther*. Il nous demande l'insertion de la note suivante:

« Pour résoudre la question de la navigation aérienne, il faut, dit-il, se mettre au centre du ballon et ne faire qu'un avec lui. L'idée n'est pas neuve, mais l'impossibilité de le faire dans un seul ballon en a empêché l'exécution. Or, ce qui ne se peut dans un devient possible dans plusieurs par la place assignée à chacun.

« C'est ce que j'ai fait. J'ai divisé la quantité de gaz nécessaire à la force ascensionnelle, en quatre parties, pour faire des ballons cylindriques réunis deux à deux par des essieux, lesquels deviennent les roues du véhicule aérien, puis, imitant les roues du bateau à vapeur, qui sans leurs palettes ne produiraient pas d'effet, j'ai placé sur les jantes des ballons-roues des aubes s'ouvrant et se fermant à la partie inférieure par des excentriques pour utiliser la résistance de l'air, comme l'oiseau par le battement de ses ailes. La rotation étant plus vive que le courant d'air contre lequel on lutte, cela permet de le traverser comme au vapeur qui remonte le courant d'un fleuve. Une flèche conique est à l'avant pour fendre l'air, et un gouvernail est à l'arrière pour aider au changement de direction. Le moteur est une petite machine chloroforme dont le foyer est enveloppé d'une toile métallique pour éviter le danger d'incendie. L'appareil monte ou descend sans perte de lest et de gaz, au moyen du plan incliné qui s'obtient par le déplacement du centre de gravité. D'après les calculs de Borda sur la résistance de l'air, il faudrait un vent de 10^{m}97 par seconde, pour annuler sa force, soit dix lieues à l'heure. Cependant, on pourrait encore lutter en louvoyant comme dans la marine, et ce premier point obtenu amènerait la solution de la question par les perfectionnements qu'on y apporterait, comme cela se pratique pour toutes les découvertes.

DUCROS,
ingénieur-aéronaute, 15, rue du Bouloi.

—Nos lecteurs se rappellent la grave question soumise depuis plus de deux ans à l'Académie des sciences par M. Passot. Les formules analytiques exprimant les forces de la mécanique céleste peuvent-elles servir de base à une dynamique *générale?* L'auteur, à défaut d'un rapport ou de l'insertion de son argumentation algébrique dans le compte rendu, se contentait de la réponse verbale faite à haute et intelligible voix par oui ou par non. Enfin, M. Cauchy auquel toutes les réclamations de M. Passot étaient envoyées a pris la parole dans la séance du 4 février, mais pour déclarer qu'il se récusait formellement, et M. Binet. autre membre de la commission, en sa qualité de président actuel de l'Académie, n'a désigné personne pour le remplacer. Cependant une discussion approfondie de la question a eu lieu entre l'auteur et des savants tels que MM. Lamé, Jules Bienaimé et Liouville que l'Académie lui avait donnés antérieurement pour juges. De renvoi en renvoi on n'était finalement arrivé à nommer MM. Cauchy et Binet qu'à raison de leur spécialité dans la matière attestée par de nombreux mémoires. C'était un appel fait en dernier ressort par l'Académie elle-même. Au lieu d'un jugement, une récusation ! Rien n'est plus académique, mais rien ne prouve mieux que l'organisation des académies ne répond plus aux besoins de la science.

LA COMPAGNIE A GUANO DE PHILADELPHIE. — Il est assez piquant à l'heure où le Japon est sollicité par les Américains d'ouvrir ses ports *aux commerçants du monde entier*, de lire la communication suivante dans les journaux des Etats-Unis : « Un avis officiel, émané du consul de Venezuela, annonce que les îles à guano de cette République, dans la mer des Caraïbes, sont transférées à une société américaine, appelée *Compagnie à guano de Philadelphie*, et prévient *tous les navires qu'ils n'aient pas à se rendre dans ces îles sans un permis de cette compagnie.* » Devant cette prise de possession, qu'on se figure maintenant l'équipage d'un navire faisant eau de toutes parts, ne pouvant relâcher faute du précieux permis et sombrant en mer pour le plus grand bien du commerce de Philadelphie.

Prix d'abonnement pour l'étranger.

Allemagne, 8 fr.;— Suisse, Parme, Plaisance, Modène, 8 fr. 50.— Etats Sardes, Grèce, Crimée, 9 fr.; — Hollande, Angleterre, 10 fr.; — Etats-Unis, Indostan, Turquie, 10 fr. 50; — Belgique, Prusse, Hanôvre, Saxe, Pologne, Russie Espagne, Portugal, 11 fr.; — Toscane, 12 fr.; — Etats-Romains, 16 fr. 50.

Le propriétaire, rédacteur-gérant :
VICTOR MEUNIER.

PARIS. — IMP. J.-B. GROS, RUE DES NOYERS, 74.

Deuxième année. — N° 10. Quinze centimes. 9 mars 1856.

L'AMI DES SCIENCES

JOURNAL DU DIMANCHE

SOUS LA DIRECTION DE

VICTOR MEUNIER

BUREAUX D'ABONNEMENT
13, RUE DU JARDINET, 13
Près l'Ecole de Médecine
A PARIS

ABONNEMENT POUR L'ANNÉE
PARIS, 6 FR.; — DÉPART., 8 FR.
Étranger (Voir à la fin du journal)
ENVOYER UN MANDAT DE POSTE

Appareil à écrasement linéaire.

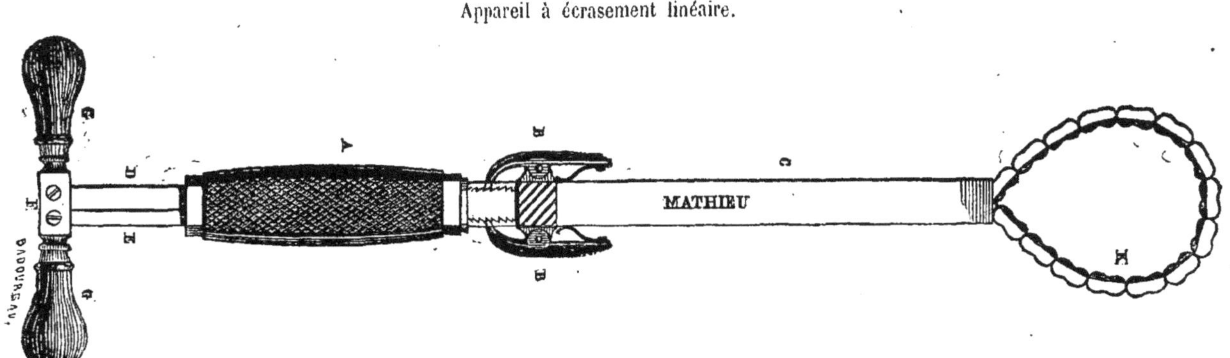

Fig. 1.

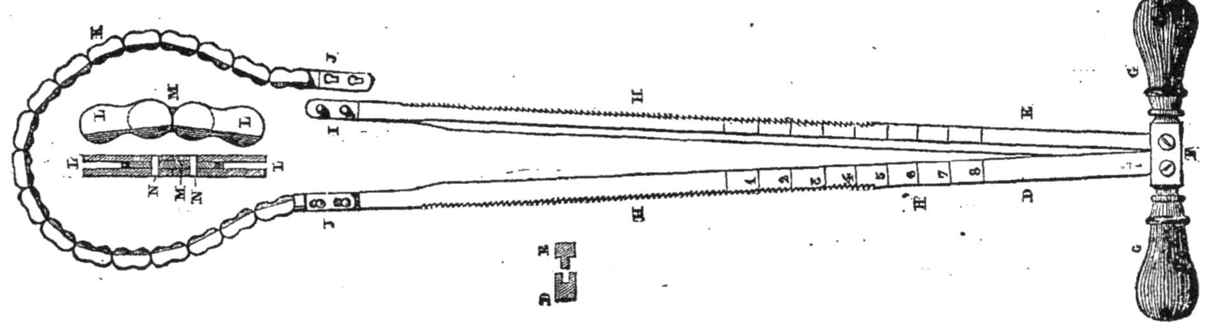

Fig. 2.

L'écrasement linéaire.

Nouvelle méthode pour prévenir l'effusion du sang dans les opérations chirurgicales.

Aux moyens en usage pour diviser les tissus vivants (instruments tranchants, ligatures, caustiques, fer rouge, etc.), qui presque tous ont des inconvénients plus ou moins graves, un de nos chirurgiens les plus savants et les plus habiles, M. le docteur Chassaignac, vient d'ajouter un moyen nouveau, qui, pouvant suppléer la plupart des autres, n'a presque aucun de leurs mauvais côtés, et compte déjà de nombreux succès. Un événement de cet ordre ne doit pas rester ignoré du public; il est d'ailleurs de date trop récente pour que la plupart des praticiens éloignés de la capitale soient déjà édifiés sur son compte. Ce sera donc rendre service à la plupart des lecteurs que de dire ici en quoi consiste l'*écrasement linéaire*; c'est le nom du procédé opératoire introduit dans la chirurgie par M. Chassaignac. Notre besogne sera très-facile, l'auteur venant de publier un volume, orné de gravures, consacré à l'exposition de cette méthode et au récit des opérations variées et déjà nombreuses auxquelles elle a donné lieu (1).

C'est au moyen de chaînes métalliques mises en mouvement par des appareils doués d'une grande puissance que M. Chassaignac a réalisé l'idée de la nouvelle méthode opé-

(1) *Traité de l'écrasement linéaire*, nouvelle méthode pour prévenir l'effusion du sang dans les opérations chirurgicales, par M. E. Chassaignac, agrégé libre à la Faculté de médecine de Paris, chirurgien de l'hôpital Lariboissière, vice-président de la société de chirurgie. 1 vol. in-8, de 560 p. avec 40 fig. intercalées dans le texte.— Paris, J.-B. Baillière, 19, rue Hautefeuille.

ratoire. Ces chaînes ou ligatures métalliques articulées ont les avantages suivants :

1° Elles permettent de pratiquer la constriction des tissus vivants avec des cordons beaucoup plus forts et plus volumineux que ceux qui constituent les ligatures ordinaires;

2° Elles donnent lieu à des plaies sèches, c'est-à-dire non saignantes; c'est ce qui a été établi par de nombreuses expériences faites sur les animaux vivants, et par des opérations plus nombreuses encore faites chez l'homme sur des parties riches en vaisseaux et qui donnent lieu fréquemment à des hémorrhagies dangereuses. Exemple : certains polypes, d'énormes tumeurs hémorrhoïdales, l'amputation de la langue, etc ;

3° Comparé dans son mode d'action aux ligatures ordinaires avec ou sans serre-nœuds, l'écrasement linéaire a pour avantage de diminuer les accidents inflammatoires, et les douleurs presque intolérables inhérentes à l'action des ligatures; en outre, d'abréger la durée habituellement nécessaire pour la séparation des tissus ;

4° Un autre avantage enfin consiste dans l'exiguïté relative des surfaces traumatiques auxquelles donne lieu l'écrasement linéaire. On comprend en effet que si, avant d'opérer la section complète des tissus vivants, on les réduit par une compression très énergique à la plus simple expression du volume qu'ils puissent présenter, la surface de section se trouvera naturellement ramenée aux proportions les plus exiguës.

Les figures ci-dessus donnent une représentation complète de l'appareil à écrasement linéaire.

La lettre K (fig. 1) indique la chaîne ou ligature métallique articulée; C la gaîne ou canule plate renfermant une double crémaillère à l'extrémité de laquelle la chaîne est attachée; B B deux cliquets latéraux destinés à s'engrener dans les dentelures des crémaillères ; D et E la portion des crémaillères qui se trouve actuellement hors de la gaîne ; G G les manches servant de levier pour la mise en mouvement des crémaillères.

La fig. 2 montre les crémaillères libres, c'est-à-dire débarrassées de la gaîne; EH indique la branche mâle; DH la branche femelle; H' l'échelle graduée qui fait connaître à l'opérateur, pendant l'action de l'instrument, le degré de constriction de la chaîne.

La petite fig. D E est une coupe faite perpendiculairement sur la branche mâle et la branche femelle, mises en regard l'une de l'autre.

J, J représentent les deux extrémités de la chaîne, l'une libre et sur laquelle on voit les mortaises, l'autre articulée avec la branche femelle, et présentant les tenons engagés dans les mortaises.

L L sont deux chaînons articulés. — NN montre le mécanisme intérieur qui réunit les chaînons entre eux.

La chaîne de l'écraseur peut présenter diverses formes et divers degrés de puissance; le plus souvent elle est plate; sans biseau, s'il s'agit de diviser des tissus doués de peu de résistance ; avec biseau dans les cas contraires.

Les chaînes dont nous venons de parler ne sont flexibles qu'en un seul sens. Mais dans les cas où il convient d'appliquer l'écrasement en agissant au fond d'une cavité, les chaînes plates ne pourraient être employées; M. Chassaignac a fait construire, pour satisfaire à ce genre d'indication, des chaînes susceptibles de s'infléchir indifféremment dans tous les sens; moins fortes que les autres, elles ne peuvent être employées que dans les cas où la résistance à vaincre est peu considérable.

Ceci posé, nous voudrions décrire le mécanisme de l'écrasement et rapporter quelques expériences physiologiques, mais nous avons besoin, pour ce qui concerne le premier point, d'une figure que nous ne pouvons mettre aujourd'hui sous les yeux du lecteur. Quand au manuel opératoire, un dessin placé à la fin de ce numéro en donnera une idée, pour ce qui est de l'ablation des tumeurs sous-cutanées.

Enquête sur le magnétisme animal (1).

Trois lettres de magnétiseurs, une seconde lettre de M. Mabru. Le contraste de celle-ci avec celles-là ne laissera pas que d'ajouter à l'intérêt du sujet. Donnons d'abord la parole à M. Mabru.

A Monsieur V. Meunier, Rédacteur-gérant de l'*Ami des Sciences.*

Monsieur,

Dans le but de répondre d'une manière complète et satisfaisante aux derniers articles que vous avez publiés sur le magnétisme animal, dans votre numéro du 2 mars, permettez-moi d'ajouter ici que, notre appel ayant été public, les personnes qui y auront répondu seront naturellement admises à fournir leurs preuves, non par des théories, non par des exposés de système ou par des récits plus ou moins merveilleux, mais purement et simplement par des faits.

Si, par exemple, la science du magnétisme peut réellement produire *un seul fait constant et positif*, je crois que c'est précisément par celui-là qu'il faudra commencer. Si au contraire, elle n'en possède point, je demande qu'il en soit immédiatement pris acte, et que l'on constate d'une manière authentique que : *le magnétisme animal n'a aucun fait constant à sa disposition.* Ce premier acte sera pour nous le premier rayon de lumière, le premier degré de certitude qui éclairera notre esprit et le fixera sur l'état actuel de cette science, puisque science il y a. — Au demeurant, liberté pleine et entière à tous les magnétiseurs qui voudraient annuler cette première décision en produisant au grand jour des faits de l'ordre de ceux dont il est ici question.

Il ne nous appartient pas d'indiquer telle ou telle expérience. Lorsqu'il s'agit de science, celui qui avance un fait doit le prouver. Si la politesse nous fait un devoir de croire tout le monde sur parole, l'intérêt de la vérité exige qu'on vérifie le fait ; c'est plus concluant. C'est donc à messieurs les magnétiseurs à formuler leur programme et à nous dire d'une manière certaine ce qu'ils peuvent faire. S'ils n'ont à leur disposition aucun fait constant, ils devront alors spécifier les limites dans lesquelles il leur est possible d'opérer avec certitude : condition qu'on doit, toujours exiger d'une *science*.

C'est aux magnétiseurs à nous dire s'ils peuvent oui ou non garantir, dans une proportion donnée quelconque, la réussite de telle ou telle expérience qu'il leur plaira de choisir et d'indiquer ; expérience qu'ils devront répéter sous les yeux du comité d'examen, en séance publique.

Quand on possède de véritables faits, passés à l'état de science, on peut toujours les reproduire dans les conditions que nous signalons ici ; c'est même à ce signe non équivoque qu'on reconnaît d'une manière positive que l'intelligence humaine commande véritablement à la matière.

En un mot, le but de notre appel et celui des expériences que nous provoquons doivent avoir pour résultat de constater, d'une manière certaine et indubitable, tous les faits qui, dans l'état actuel du magnétisme animal, se reproduisent toujours de la même manière, lorsqu'on opère dans les mêmes circonstances. C'est là surtout ce qu'on doit, à mon sens, rechercher avec le plus grand soin, si l'on veut, suivant Descartes, « n'admettre pour vrai que ce qui est véritable. » — Je puis, Monsieur, vous affirmer d'avance que les choses seront examinées avec la plus rigoureuse impartialité. — En dehors des conditions qui viennent d'être signalées, il n'y a réellement, pour tout homme éclairé et de bonne foi, que doute et incertitude.

Nous n'admettons pas, comme le prétendent certaines personnes, qu'un homme d'esprit ou de cœur refuse systématiquement son assentiment à un fait patent et irrécusable ; qu'il n'ait point le courage de rendre témoignage à la vérité lorsque les faits qu'on lui présente sont réellement dégagés de toute supercherie.

---

(1) Voir les nos 8 et 9 de l'*Ami des Sciences.*

— Evidemment cette assertion est fausse et mensongère. — Quant à moi personnellement, je déclare avec plaisir que j'ai meilleure opinion des gens d'esprit.

Mais pour répondre d'une manière plus directe à cette captieuse objection qu'on a si souvent reproduite devant nous et que nous avons constamment repoussée, qu'il nous soit permis de poser des exemples.

Ainsi, on nous dit tous les jours que le magnétisme animal jouit des mêmes propriétés que le chloroforme et les autres composés de la même famille; que le magnétisme animal peut comme eux produire le sommeil et l'insensibilité. Voici deux ordres de phénomènes qui certes sont essentiellement du domaine des choses positives. Eh bien, qu'on nous les montre, et tout le monde, nous en avons la conviction, se rendra immédiatement à l'évidence d'un tel fait. Que dis-je? nous nous attacherons tous de toutes les forces de notre âme au magnétisme animal, car ce seul [fait, bien prouvé, suffirait à nos yeux pour le constituer à l'état de science.

Malheureusement nous n'avons jamais été témoins d'un semblable résultat, nous ne l'avons point vu, nous ne l'avons qu'entendu dire ou lu dans les ouvrages des magnétiseurs.

Si donc le magnétisme animal peut annihiler dans l'homme ou *dans les animaux* le sentiment de la douleur, rien n'est plus facile que de le démontrer par une expérience directe. Pour ma part, je consens bien volontiers à me laisser transpercer la main avec la lame d'un scalpel si l'on veut opérer sur moi, pour porter à jamais ce signe authentique et indélébile de la vérité.

La science et la vérité sont sœurs : l'une nous conduit toujours vers l'autre; elles valent bien la peine qu'on leur fasse ce léger sacrifice qui, du reste, penseront bien des gens, n'expose guère l'intégrité de ma main.

Naguère, l'illustre M. de Humboldt ne paya-t-il pas de sa personne dans des circonstances à peu près analogues. Le disciple n'est pas plus que le maître.

Quoi qu'il en soit, nous espérons toujours que les véritables magnétiseurs, les hommes sérieux, qui font du magnétisme animal une étude consciencieuse, nous sauront gré de toute la bonne volonté que nous y mettons; nous espérons qu'ils voudront bien profiter de l'occasion qui leur est offerte pour éclairer un nombre immense de personnes qui, comme nous, sont de bonne foi et ne demandent qu'à voir.

Actuellement, si, quittant le domaine des sciences positives, Messieurs les magnétiseurs désirent entrer dans un autre ordre de choses, — je veux parler du merveilleux, — on les y suivra. S'ils veulent produire des phénomènes de double vue, ils auront alors à répondre aux questions qui leur seront posées par Messieurs les membres du comité d'examen, et il est probable que ces questions leur seront faites de manière à ne laisser planer aucun doute sur la nature et la valeur réelle de leurs réponses. Mais, comme le dit Voltaire : « Si ceux qui se bornent à calculer, à peser, à « mesurer, se trompent souvent eux-mêmes, que faut-il penser, « que sera-ce donc de ceux qui ne veulent que deviner!.. » (Philos. new.)

Quant aux magnétiseurs qui exercent l'art divin de guérir nos maux, il ne tiendrait qu'à eux de nous convaincre immédiatement en nous donnant des remèdes contre l'hydrophobie (la rage), la peste, le choléra, voire même contre l'oïdium, etc... Pourquoi ne remporteraient-ils point le prix *Bréant?* Cent mille franc[illegible] sont pas à dédaigner! Puis une gloire immortelle, un[illegible] gloire, bien acquise, cela vaut bien la peine qu'on y songe. [illegible]manité entière bénirait le nom des magnétiseurs qui nous [illegible]neraient de pareils remèdes.

Mais c'est beaucoup trop. — Nul n'a la prétention d'exiger tant de merveilles pour croire au magnétisme animal. — Cependant toutes ces choses se disent, s'écrivent, se publient sous toutes les formes, et l'on trouve même des gens qui affirment les avoir vues.

Nous nous contenterons du plus petit fait possible, pourvu que les magnétiseurs puissent le reproduire à volonté, d'une manière constante et dans les conditions prescrites; alors nous serons en droit de soutenir que science il y a, et au besoin, nous répondrons par la reproduction de ce même fait à tous les incrédules qui voudraient le nier. — Un seul fait *constant!* l'obtiendrons-nous? Là est toujours mon doute.

Permettez-moi donc, Monsieur, de le répéter encore, c'est à Messieurs les magnétiseurs à s'entendre entre eux, s'ils veulent agir de concert, et de formuler leur programme, soit en commun, soit en particulier. Ceci est d'autant plus important, que les uns admettent les phénomènes de double vue, tandis que les autres ne les admettent point, etc. Dernièrement, je voyais un magnétiseur qui reléguait ces phénomènes avec ce qu'il appelait la science de Robert-Houdin. Il me citait même à ce sujet un ouvrage très remarquable publié par M. Gandon. (Paris, 1849, chez Lacour.)

Un dernier mot, s'il vous plaît, Monsieur. On a parlé de la formation d'un comité d'examen; cette idée a été adoptée par tout le monde avec empressement. Si, comme nous avons lieu de le croire, on le met à exécution, on fera très-certainement un appel aux personnes dont les lumières et le témoignage seront déjà une garantie pour l'opinion publique. Au fond, je ne suis ici que la mouche du coche; en émettant mes idées personnelles sur une question que des circonstances fortuites ont fait naître, j'use d'un droit qui est commun à tous. Je ferai certainement tous mes efforts pour apporter mon humble concours à la destruction de cette erreur et à la propagation de cette vérité, si le magnétisme est une vérité. Mais n'oublions point, Monsieur, que M. le docteur Auzoux n'a accepté la responsabilité des expériences qu'à la condition expresse qu'on lui accorderait la faculté de les diriger lui-même. A lui seul donc appartient le droit exclusif de choisir les hommes dont il voudra s'entourer pour former son comité d'examen. Cette condition expresse se trouve mentionnée dans notre première lettre.

J'ai dû m'étendre un peu sur toutes ces questions afin de bien préciser le but des expériences et de démontrer en même temps à tous les yeux que si nous sommes dans le doute, nous y sommes de bonne foi. Ce n'est point une lutte systématique que nous voulons engager, c'est la vérité que nous demandons pour nous et pour tout le monde. On affirme qu'il existe des faits; nous demandons à les voir et à leur rendre un entier témoignage si l'on veut les produire devant nous dans les conditions prescrites, pour qu'ils soient à l'abri de toute supercherie.

Agréez, Monsieur, mes sincères remercîments pour le concours généreux que vous voulez bien nous prêter en cette occasion, et recevez l'assurance de tous les sentiments distingués avec lesquels

J'ai l'honneur d'être votre dévoué serviteur.

MABRU.

Paris, le 5 mars 1856.

Donnons maintenant la parole aux magnétiseurs :

M. H. Lecoq, horloger de la marine, à Argenteuil, ne voit point d'utilité aux expériences provoquées par M. Auzoux. Il justifie son opinion de la manière suivante :

« Les personnes qui croient aux faits ont de quoi se satisfaire largement aujourd'hui; la salle du Wauxhall, de la Redoute, les salons de M. Dupotet, sont chaque semaine, témoins d'une variété de phénomènes qui doit satisfaire la curiosité, et ceux qui pourraient se passer dans les salons de M. le docteur A[illegible]x n'ajouteraient ni ne retireraient rien à tout ce qui a été con[illegible]es milliers de fois depuis cinquante ans. Dans dix ans, qu[illegible] M. Auzoux et tous ceux qui vont le suivre seront arrivés à une conviction quelconque, il se présentera un autre docteur qui montrera les mêmes exigences et ne s'occupera pas plus des travaux de ses devanciers que M. Auzoux, et croira lui aussi que *l'univers entier attend qu'il ait une opinion* ».

En mon âme et conscience, j'avoue que les magnétiseurs en tenant ce langage n'outrepassent pas leurs droits; on ne peut évidemment les tenir pour obligés d'avoir à fournir leurs preuves chaque fois qu'ils sont invités à les exhiber. Heureusement, tout en partageant au fond le sentiment de M. H. Lecoq, nos deux autres correspondants, savoir M. J. A. Gentil, auteur de nombreux ouvrages sur le magnétisme animal, et M. Derrien, ex-président de la société magnétique de Paris, ont plus de condescendance que leur confrère [en memérisme. Ils adhèrent, non pas sans hésitations, non pas sans contradictions. N'ayant ici d'autre mobile que la curiosité et l'amour du vrai, il nous sera facile de remplir le devoir que l'impartialité nous impose en laissant parler nos honorables correspondants. Voici un extrait de la lettre de M. Gentil :

En ce moment je me demande encore ce que peuvent avoir à faire dans la petite chapelle du docteur Auzoux, tous les praticiens experts en magnétisme qui peuplent les églises que cet enseignement public compte dans divers quartiers de la capitale.

Que si, en toute sincérité, les docteurs réfractaires veulent s'instruire, n'ont-ils pas à leur disposition et nos ouvrages publiés sur la matière, et nos sujets et nos salles d'enseignement et nos tribunes que nous sommes toujours prêts à leur livrer ? Je vous avoue donc, mais péniblement, que cet appel me semble étrange...... En magnétisme, d'ailleurs, tout est effet et résultat d'influences d'être humain à être humain, il faut généralement que l'influence soit favorable pour que les effets se produisent dans des conditions régulières et satisfaisantes pour le praticien et l'observateur sincère.

Maintenant, quel sera le programme des expériences ? J'aimerais qu'il fût arrêté de concert avec vous et un certain nombre de magnétiseurs d'élite et que vous eussiez à tenir la balance.

Le magnétisme a bien des détracteurs intéressés parmi les médecins, ils ont étouffé la voix de Georget en son vivant et celle de Jules Cloquet lui-même, qui, depuis 1828, n'a plus osé reparler du magnétisme et à qui je pardonne néanmoins de m'avoir intempestivement coupé une jambe au lendemain de 1830.

Que signifie *quelles que soient les dispositions des assistants*, la production de la catalepsie, de la convulsion des yeux, du sommeil, de l'attraction, de l'insensibilité, de l'accroissement ou de la diminution des pulsations altérielles, de l'extase, après des expériences si admirables et si foudroyantes de Regazzoni !!! et ces expériences compteront-elles au programme ?...

Ces sortes d'expériences tiennent exclusivenent à la *sensitivité* physique et on peut les produire quand même ! Mais pour celles qui dérivent de la lucidité, c'est bien autre chose; car c'est alors le moral des sujets qui demande à être excité, soutenu à force de bienveillance. Or, les influences contraires sont toujours préjudiciables : elles vicient l'atmosphère et indisposent les sujets, qui, dès-lors restent cois. Absolument comme dans un salon, perdrait son *ut*, son *la* ou son *sol* et demeurerait interdite, une cantatrice prête à chanter une romance et devant qui un assistant se mettrait à grimacer... . . . .

Quoi qu'il en soit, Monsieur, je me fais un devoir si besoin est, d'avoir l'honneur de me tenir à votre disposition et j'y suis dès cet instant.

Veuillez, etc. J. A. GENTIL,
Membre de la Légion d'honneur,
73, passage Choiseul.

La lettre dont M. Derrien nous demande l'insertion est à l'adresse de M. Mabru ; elle ne voulait répondre qu'à la première lettre de celui-ci ; il se trouve qu'elle répond aussi à la seconde (*La suite au prochain numéro*).

Observations sur les expériences de M. le Dr Billiard (de Corbigny) (1).

Saint-Germain-des-Fossés (Allier), 3 mars 1856.

Monsieur,

Permettez-moi, tout en reconnaissant, comme M. le dr Billiard, dans le d[illegible] numéro de notre intéressant journal, l'importance de la ques[illegible] à la solution de laquelle MM. Auzoux et Mabru se montrent si dévoués, de ne pas admettre ses conclusions des trois expériences qu'il décrit dans sa lettre, et d'en donner les motifs.

1re *expérience*. De ce que, en approchant la main de l'appareil décrit, les deux balles de sureau réunies par une aiguille de gomme laque, dévient de leur position primitive et se rapprochent de la main, M. Billiard conclut que le corps humain émet un fluide comparable au magnétisme terrestre.

Pourquoi, en ce servant du même appareil et en approchant, au lieu d'un corps vivant, une masse quelconque, une sphère de plomb, par exemple, le même effet se produit-il ?

La masse de plomb émet-elle un fluide magnétique ? ou bien, la loi universelle de l'attraction : *tous les corps de la nature s'attirent naturellement en raison inverse du carré des distances*, n'est-elle pas la seule cause des faits précisés ?

2e *et* 3e *expérience*. De la déviation du fil d'araignée au moment ou l'escargot arrive à la hauteur de l'appareil, et de celle de l'épingle en gomme laque, M. Billiard conclut que la chaleur n'est pour rien dans la cause de l'effet produit.

J'admets ce fait, non comme une conclusion des deux dernières expériences, mais parce que je regarde comme cause de la déviation constatée l'attraction mutuelle et générale des corps entre eux.

Car, en admettant le fluide magnétique de M. Billiard, il est impossible d'en conclure que la chaleur n'en modifie pas les effets.

Pourquoi le manganèse n'est-il pas comme le fer, l'acier, le cobalt, le nikel, le chrome, magnétique à toute température, et ne le devient-il qu'à 20° au-dessous de zéro.

La chaleur, ou pour mieux dire, le calorique modifie donc les effets magnétiques.

Je ne connais pas les autres expériences relatées dans le mémoire de M. le docteur Billiard; mais, je présume que, puisqu'il avait le choix, il nous a fait part de celles qui lui ont paru le plus concluantes et qui à mon avis, ne le sont pas, au moins dans le même sens.

Recevez, etc. V. DE CAUDEMBERG.
Conducteur principal de la Compagnie d'Orléans.

(1) Voir le précédent no.

Accidents sur les chemins de fer.

Le défaut de place nous contraint, à notre grand regret, d'ajourner au prochain numéro la suite de la description du *Moniteur électrique des chemins de fer* de M. du Moncel.

Nous recevons à ce sujet les lettres suivantes :

Réclamation en faveur de M. Maigrot.

Paris, 6 mars 1856.

Monsieur,

Dans le no du 2 mars de votre excellent journal, vous expliquez, avec la lucidité et le talent qui vous sont habituels, le système de M. Du Moncel, pour éviter les accidents sur les chemins de fer. Permettez-moi de réclamer la priorité, *brevetée*, je fais remarquer ce mot, de l'invention sur laquelle repose ce système, en faveur d'un homme que la fatalité semble vouloir traiter avec cette rigueur qui est le lot ordinaire des inventeurs les plus éminents. Déjà, M. Figuier, dans un feuilleton de *la Presse*, a réparé l'injustice qu'il avait commise involontairement à son sujet : cet homme est Maigrot, pauvre géomètre à Bar-sur-Seine, ainsi qu'il le qualifie lui-même dans son feuilleton, et qui a le malheur d'être toujours oublié quand il s'agit d'appeler l'attention publique sur ceux qui se sont occupés de la même question. Son brevet pris pour ce système, qui a pour but, 1° d'établir, de kilomètre en kilomètre, une bande métallique, communiquant au fil de la ligne, et qui, touchée par un frotteur adapté à l'un des wagons du convoi, forme un courant électrique, *à ce moment là seulement;* 2° d'établir, en outre, à chaque station, un cadran sur lequel une aiguille mise en mouvement par le courant électrique, formé au moment du passage du convoi sur les points donnés, indique la marche du convoi, avec une autre aiguille allant en sens contraire sur le même cadran, au moyen du courant à pôles inverses pour les convois qui viennent en sens opposé ; le brevet, pris, dis-je, pour ce système, par le véritable inventeur, Maigrot, porte la date du 28 novembre 1852.

Il a ajouté de plus à ce cadran, en 1853, ce que n'a pas fait M. Du Moncel, un papier sans fin mis en mouvement par un chronomètre, et sur lequel un crayon marque le passage des convois à chacun des mouvements de l'aiguille sur le cadran, et dresse ainsi un procès-verbal irrécusable de la vitesse que met chaque convoi à parcourir les divers points de la route,

J'ose compter sur votre impartialité bien connue pour insérer la présente dans votre prochain numéro.

Daignez agréer, etc. AMYOT,
Avocat à la Cour Impériale de Paris.

Réclamation de M. de Castro.

Paris, le 5 mars 1856.

Monsieur.

Dans l'article *Moniteur automatique des chemins de fer* (*système Du Moncel*), que vous avez commencé à insérer dans le no 9 de l'*Ami des Siences*, il y a une classification chronologique des systèmes proposés dans le même but qui a, je crois, une erreur que vous ne voudrez pas certainement laisser subsister en ayant connaissance : je veux parler de la place assignée au système Du Moncel qui à mon avis n'est que la 3e parmi ceux que vous citez, puisque [illegible] brevet n'a été pris que le 29 avril 1854 et lui-même déclare [illegible]n article inséré dans le Constitutionnel d'avant-hier, qu'il [illegible]ait connaître son *Moniteur* qu'au mois de février 1854.

Quoique le système Du Moncel, de même que celui de Tyer, diffèrent essentiellement du mien, puisqu'ils ne font qu'établir une communication entre les stations et les trains quand ceux-ci passent par certains points de la voie, et que par mon système les trains auront un signal dans tous les points de la ligne par le fait seul d'être à une distance jugée dangereuse d'un autre train ou d'un obstacle quelconque signalé par la fermeture d'un circuit électrique, soit automatiquement si c'est un train ou un obstacle fixe, comme barrières, plaques tournantes, aiguilles etc., soit par la main des cantonniers quand l'obstacle est de nature à ne pouvoir être prévu avant qu'il se présente ; quoiqu'il y ait cette immense différence, dis-je, entre ces systèmes et le mien, j'ai cru devoir faire la réclamation en faveur de l'exactitude qui est inséparable de l'histoire de la science, et que votre journal plus que tout autre est intéressé à maintenir, étant comme il est un de ces principaux organes.

Recevez etc. MANUEL FERNANDEZ CASTRO.
Ingénieur au corps royal des mines d'Espagne.

Moissonneuse Mac-Cormick (1).

La machine à couper les récoltes, de M. M'Cormick, dont nous avons donné une idée sommaire dans le précédent numéro, est représentée en élévation et en plan dans la fig. ci-contre (fig. 1). Notre dessin de ce jour la montre disposée pour faucher les prairies artificielles ; il suffit, pour la rendre propre à couper les céréales, de raccourcir le bras J J J du moulinet et de remplacer la planche versoir K, que l'on voit à l'arrière, par un tablier légèrement incliné, sur lequel tombent les tiges coupées par la scie. C'est ce

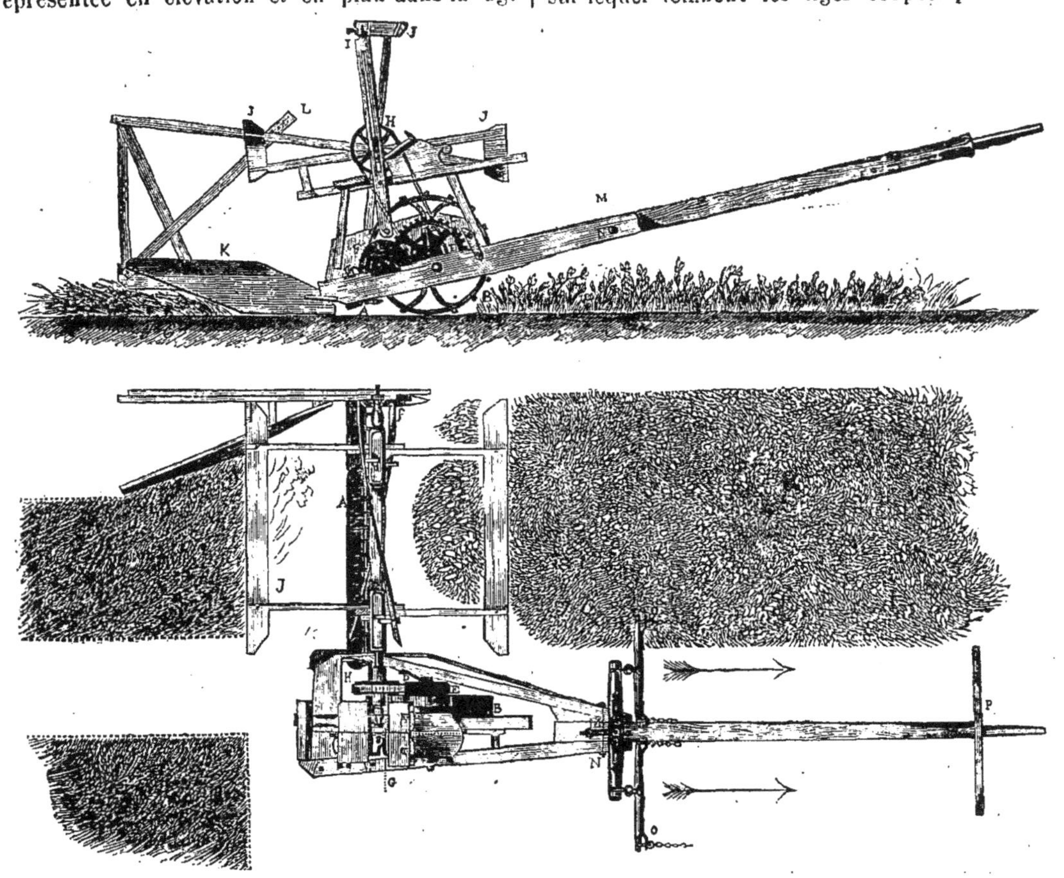

Moissonneuse Mac-Cormick, fig. 1 (*élévation et plan*).

que montre la figure donnée dans notre précédent numéro.

B est la roue motrice portant sur le sol ; elle est en fonte et assez lourde : en outre, des saillies disposées sur sa circonférence, et pénétrant dans le sol, empêchent cette roue de glisser lorsque la résistance à vaincre devient trop considérable ; sur les bras de cette roue, et retenue par quatre boulons, est placée une poulie E communiquant le mouvement au moulinet à ailes courbes J J J ; plus en avant, est une roue d'engrenage C, fixée sur l'arbre de la roue motrice, et entraînée dans le mouvement de celle-ci ; elle engrène avec un pignon caché derrière la roue conique F, placé sur le même arbre que lui. Ce dernier arbre fait environ quatre tours et demi pendant que la roue motrice n'en fait qu'un.

La roue conique F entraînée avec le pignon dont nous venons de parler, engrène avec un pignon conique placé sur l'arbre d'un petit volant G, dont le but est de régulariser, aux points morts, le mouvement de la manivelle qui termine son arbre, et donne le mouvement à la scie A par l'intermédiaire d'une bielle dont l'extrémité, portant la scie, glisse dans des coulisses-guides ; l'engrenage conique quadruple la vitesse rotative du deuxième arbre, de sorte que le volant de la scie fait environ dix-neuf tours pendant que la roue motrice en fait un, ou pendant que les chevaux avancent de $2^{m}\,60$ environ. La scie donne donc dix-neuf doubles coups dans le même temps, et comme, à chaque coup simple, la scie avance ou revient transversalement de 10 cent., il s'en suit que pendant chaque allée et venue des scies, le bâtis portant le système coupant avance d'environ 7 cent. Donc, par rapport aux tiges à couper, les scies ont deux mouvements simultanés ; l'un rectiligne et uniforme, en avant ; le second, rectiligne aussi, mais non uniforme (c'est le mouvement de l'extrémité d'une bielle dont le bouton de manivelle tourne uniformément). La surface entière du sol à faucher est parcourue par les flancs de la scie, de sorte qu'aucune tige ne peut échapper.

Fig. 2.

La vitesse de translation de chaque flanc de scie, suivant le mouvement courbe résultant, est de $0^{m}\,12$ pour un trente-huitième du temps employé par les chevaux à parcourir $2^{m}\,60$, ou, en supposant la vitesse moyenne des chevaux variant de 1^{m} à $1^{m}\,25$ par seconde, $0^{m}\,12$ pour 55 à 68 millièmes de seconde, ou enfin de $2^{m}\,20$ à $1^{m}\,76$ par seconde ; vitesse bien suffisante pour couper les tiges, comme l'on

(1) Voir le précédent numéro.

prouvé du reste les essais ; les angles de l'intérieur des peignes aident encore à la rupture des tiges que la scie y pousse.

Tel est le mouvement de la scie : pendant le même temps, la poulie E, au moyen d'une courroie, transmet à une poulie un peu plus grande H, qui entraîne le moulinet, un mouvement de rotation; chaque aile hélicoïdale en bois J entre d'abord d'un bout dans les tiges, et successivement jusqu'à l'autre extrémité, et retient les tiges un temps suffisant pour assurer leur section et leur chute régulière sur le tablier placé à l'arrière, dans les blés, et, sur le sol, lorsque la machine fonctionne dans une prairie : la planche versoir K ramène les tiges vers la partie médiane, comme l'indique le plan; la partie du sol nettoyée par ce versoir sert de passage aux chevaux dans le tour suivant. On remarque dans ce plan les ailes courbes J J J J et le porte-scie A avec le commencement des peignes fixés sur cette pièce de fer. En D, on voit les paliers en fonte supportant les axes de la roue motrice ; ils sont faits de telle sorte qu'on peut, par rapport à cet axe, soulever ou abaisser le châssis pour couper à diverses hauteurs du sol ; en outre, un boulon N qui assemble la flèche au châssis en bois, peut être placé dans des trous étagés pour régler la ligne de tirage suivant le besoin. Les traits des chevaux sont attachés en *o o*, où des ressorts assurent une solide réunion, tout en permettant de dételer promptement; une pièce de bois P retient les chevaux pour le recul.

L'axe du moulinet est porté par deux tourillons ; l'un est logé dans la pièce I, où une vis permet de l'élever ou de l'abaisser facilement pour régler la prise des ailettes sur les tiges; l'autre tourillon est logé dans un trou que la pièce L permet, par le changement d'une cheville, de placer plus ou moins haut, comme le précédent.

Lorsque la machine fauche une prairie, le conducteur suffit, il est assis sur un siége.

Lorsque la machine doit couper les céréales, un homme se place à cheval sur une barre de bois placée à l'arrière du siége du conducteur (voir la figure du précédent numéro) ; ses pieds s'appuient sur la planche inférieure vue dans le plan derrière la poulie H, et enfin il s'appuie la poitrine contre une planche placée de champ au bout de son siége; ainsi placé et armé d'un râteau, il tire de droite à gauche les javelles formées sur le tablier, lorsqu'il juge leur poids suffisant.

La figure 3 représente les détails de la scie et du peigne : D, barre de fer très forte fixe, sur laquelle sont fixées les dents C C, dont la fonction est de retenir les tiges à couper et de guider la scie B.

B, scie formée d'une suite de grandes dents à bords déchiquetés et réunies ensemble par le porte-scie A. On voit comment la scie est guidée et comment la palette M du moulinet couche les tiges de trèfle.

A l'extrémité de gauche, le porte-peigne s'appuie sur un sabot pointu, en fonte, qui détermine la largeur de coupe ; l'extrémité droite porte de même sur un sabot plat fixé sur l'arrière du châssis en bois.

Aux expériences de Trappes cette machine a coupé en douze minutes douze ares de blé. Disposée ensuite pour faucher les prairies artificielles (et la transformation a demandé dix-neuf minutes), elle a en 16 minutes fauché 14 ares de luzerne.

Des expériences plus sérieuses avaient été faites à Grignon, le 24 et le 31 juillet : le premier jour, elle a fauché une pièce de 3 hectares environ, et la vitesse de marche a varié de 1^m50 à 1 mètre par seconde, les chevaux allant d'abord très vite et ralentissant le pas lorsqu'ils furent fatigués. En admettant seulement la vitesse minima, 1 mètre, la scie, d'une largeur de 1^m50, coupera par secondes 1 1/2 centiare ou dans une heure $1^m5 \times 3{,}600$, soit au moins 54 ares. En marche ordinaire, avec deux chevaux, faisant deux attelées et travaillant dix heures, on faucherait donc 5 hectares 40 ares dans une journée. Dans un moment de presse, on peut prendre deux attelages se relayant de deux en deux heures et conserver une vitesse de $1^m 33$; on ferait alors 2 centiares par seconde en 72 ares par heure, et dans 12 heures de travail effectif 8 hectares 64 ares.

ACADÉMIE DES SCIENCES.

Séance du 3 mars.

COMMUNICATIONS DIVERSES.

M. Duchâtre écrit le résultat des diverses expériences auxquelles il vient de se livrer, sur les phénomènes de la végétation : les conclusions qui en ressortent sont entièrement opposées aux idées admises dans la science jusqu'à ce jour : ainsi, selon M. Duchâtre, l'humidité invisible de l'atmosphère, n'exercerait aucune influence sur le développement et les transformations de la vie dans les feuilles des plantes et des arbres. Cette assertion, qui ne concerne au reste que la vapeur d'eau suspendue dans l'air, et non l'eau elle-même, n'a été contredite par aucun membre de l'Académie.

—M. le docteur Leclerc, élève de M. Bretonneau, pense avoir établi par un nombre considérable d'expériences, l'efficacité presque absolue de l'emploi de la *belladone* dans le traitement du choléra. M. Bretonneau et, après lui, M. Flourens, pensent que ce sujet mérite la considération et les études les plus sérieuses.

— M. de Chasles est parvenu à obtenir une boisson alcoolique, en traitant des tiges de topinambour, préalablement desséchées.

—D'une série très curieuse d'observations, il résulterait que l'araignée pourrait être employée comme baromètre. Cet animal, en effet, raccourcit les fils qui tiennent sa toile suspendue, dès que le temps devient variable, et il ne les détend de nouveau qu'au moment où le temps va passer au fixe : cette étude très approfondie des instincts de l'araignée est due à M. Paramelle.

DE LA SENSIBILITÉ DES TENDONS CONTRACTILES.

M. J. Guérin a lu un travail très étendu sur la sensibilité des tendons, et ce travail a fourni à M. Flourens l'occasion de corroborer de sa propre opinion, les résultats obtenus par M. Guérin : ces résultats, qui découlent d'un grand nombre d'expériences, sont que les tendons dits *contractiles*, jouissent d'une sensibilité complète, et que par suite la vie est désormais nettement démontrée dans cette partie de l'organisme.

DE L'ULCÈRE SIMPLE DE L'ESTOMAC.

Il y a un mois environ, M. Cruveilhier avait lu à l'Académie un mémoire sur l'*ulcère simple de l'estomac*, considéré dans ses rapports différentiels avec le *cancer de l'estomac*. De ce premier travail, il ressortait déjà que l'ulcère simple peut toujours être supposé et presque toujours diagnostiqué; en effet, si les vomissements noirs et les déjections noires sont des caractères le plus souvent communs à l'ulcère simple et au cancer, il y a néanmoins certains signes par lesquels ces deux affections se distinguent bien nettement : dans le cancer, dont la marche est constante, régulière et toujours mortelle, il peut y avoir souvent absence de douleur, tandis que dans l'ulcère simple, dont il est possible de guérir, il n'y a jamais absence de douleur.

Dans un second mémoire, M. Cruveilhier a examiné aujourd'hui la médication propre à cicatriser l'ulcère simple. Il est remarquable que, dans le cours de cette maladie, l'estomac de l'homme, omnivore dans l'état normal, devient tantôt carnivore exclusivement, tantôt herbivore, tantôt, enfin retrouve les affinités et répulsions de l'enfance en devenant lactivore. Dans ce dernier cas, M. Cruveilhier a toujours observé chez les malades une amélioration marquée ; quelquefois même des métamorphoses surprenantes par leur rapidité ont été le résultat d'un régime alimentaire lacté.

Le premier soin, dans le traitement de l'ulcère simple, consiste donc, dit M. Cruveilhier, à éviter toute cause d'irritation de l'estomac, et à choisir par conséquent un régime alimentaire très modéré : une fois cette alimentation trouvée, la guérison ne dépend plus que de la fidélité que l'on apporte à l'observer. Enfin, à cause de l'extrême sensibilité de la membrane muqueuse, chez les personnes atteintes de cette affection. M. Cruveilhier recommande l'usage du lait, comme le meilleur traitement dans la majeure partie des cas.

ORGANOGRAPHISME.

L'organographisme est une méthode qui consiste à retracer, soit sur des surfaces, soit sur la peau, le dessin des lésions dont les organes profonds sont le siége. M. le docteur Piorry a lu devant l'Académie un travail sur cette méthode qui paraît de nature à donner au diagnostic et même au traitement, un degré de certitude de plus.

Diverses sources d'investigation, destinées à reconnaître l'état matériel des organes sains et malades, existent déjà, en dehors de l'analyse chimique, de l'examen au microscope, etc., etc. L'organographisme est donc pour ainsi dire, le complément de ces diverses méthodes, en ce qu'il a pour but de conserver après l'investigation, les principaux caractères que celle-ci a fait découvrir dans les organes.

Deux modes peuvent être employés : le premier consiste à tracer sur le papier les images des parties malades; le second est d'indiquer sur la peau les lignes qui circonscrivent les diverses altérations que l'on veut préciser. A l'égard du premier mode, M. Piorry a soumis à l'Académie la reproduction, par le dessin sur le papier, de quelques lésions anatomiques dessinées en quelques minutes. Par cette reproduction, on possède les moyens de comparer ultérieurement l'état primitif à celui dans lequel, sous l'influence du traitement, se trouvent les parties examinées.

On tire un immense parti du dessin sur la peau, de la circonférence d'une partie enflammée, alors que le mal a pour caractère de se propager de proche en proche : on peut ainsi distinguer le caractère de l'invasion.

M. Piorry, après beaucoup d'essais pour obtenir des substances susceptibles de marquer fortement la peau, sans donner lieu à des escarrhes, inconvénients que présente l'azotate d'argent, a fait fabriquer des crayons avec de la poussière de charbon et des corps gras consistants. Ce crayon *dermographique* noircit facilement la peau, et laisse sur les téguments, pour quelques heures, et même pour quelques jours, des marques noires très évidentes.

Les *résultats de la palpation* se dessinent ainsi avec avantage dans un grand nombre de cas. Dans les cas de paralysie partielle surtout, on peut arriver par l'organographisme à déterminer exactement si le mal s'étend ou s'il a diminué d'étendue.

Le *plessimétrisme* et l'*auscultation* se prêtent aussi au dessin linéaire des parties saines ou malades. La *mensuration*, enfin, serait facile, dès l'instant où l'on aurait retracé au dehors la figure des parties malades.

Une dernière application, non moins utile de l'organographisme, semble être celle-ci : Le chirurgien, avant de pratiquer une opération, dessinera avec exactitude les téguments sur lesquels les incisions doivent être dirigées, de telle sorte qu'ils puissent guider sa main : s'il se trouble pendant la section des chairs, et si les plaintes du malade l'impressionnent, la marque tracée *à priori* lui rendra toute son assurance.

PRÉPARATION DE L'ACIDE FORMIQUE.

M. Balard a présenté de la part de M. Bertholot, préparateur de chimie au collége de France, une note sur la production en grand et par un procédé nouveau de l'acide formique. Cet acide est préparé avec de l'acide oxalique et de la glycérine, mélangés en parties égales dans une cornue que l'on chauffe lentement : après dix ou douze heures d'un bouillonnement continu, pendant lequel l'acide carbonique se dégage, il reste dans la cornue de l'acide formique et de la glycérine auxquels on ajoute de l'eau, mélange que l'on distille ensuite par les procédés ordinaires; l'acide formique peut alors être condensé dans un ballon de verre, et on l'obtient ainsi pur et étendu d'eau ; pour l'avoir à l'état concentré, on traiterait celui-ci par le carbonate de plomb, ce qui fournirait du formiate de plomb en égale quantité, et en traitant à son tour ce formiate par de l'hydrogène sulfuré on obtient de l'acide formique excessivement pur. Par ce procédé, M. Bertholot, avec 3 kilog. d'acide oxalique, a obtenu 1 kilog. d'acide formique pur.

Le fait intéressant et nouveau dans cette préparation, est l'action exercée par la glycérine : on obtenait déjà de l'acide formique avec de l'oxy de de carbone à l'état naissant et de l'eau : en travaillant cette question, M. Bertholot devait donc chercher un substance capable de séparer l'oxide de carbone des corps dans lesquels il entre, et d'opérer ensuite la combinaison de ce même oxide avec l'eau : or la glycérine se trouve remplir toutes ces conditions à la fois.

L'acide formique concentré est blanc et peut être placé dans la classe des réactifs, à côté de l'acide acétique : il se trouve en assez grande abondance dans le règne animal ; on l'appelait autrefois *acide de fourmi*, il est produit par une espèce particulière de chenilles et aussi par le *spugg-slang* ou serpent cracheur. Jusqu'à ce jour son emploi dans l'industrie n'a guère été étendu qu'au daguerréotype et à la photographie, pour produire les réactions des sels d'argent. Félix Foucou.

SOCIÉTÉ ZOOLOGIQUE D'ACCLIMATATION

Séance du 29 février.

COMMUNICATIONS DIVERSES : ABD-EL-KADER.

L'émir Abd-el-Kader a été nommé membre honoraire de la Société. Parmi les titres qui le recommandaient depuis longtemps à l'attention des naturalistes, M. le président a insisté particulièremenc sur celui-ci : pendant qu'en France la Société discutait les moyens d'acquérir et d'acclimater un certain nombre de chèvres d'Angora, l'émir qui en avait été informé à Brousse, achetait à ses frais un troupeau (1) entier de ces animaux et en faisait don spontanément à la Société elle-même. Abd-el-Kader est aussi l'auteur de traités estimés sur différents animaux et entre autres sur le chameau et le cheval. On lui doit enfin un troupeau de moutons de Caramanie, autrement dits Karamanlis.

CHÈVRES DES CANARIES.

La Société a reçu de l'un de ses membres une lettre renfermant des détails curieux sur l'utilité de l'acclimatation de l'espèce de chèvres des îles Canaries. Le lait de ces chèvres, gras comme celui des rennes, est d'un goût exquis. Cet animal pourrait être dès lors une précieuse acquisition pour certaines de nos contrées, où tant de pauvres ménages qui sont dans l'impossibilité de nourrir une vache, trouveraient dans la possession d'un ou deux de ces animaux, une ressource pour la nourriture des enfants, pour la formation de l'engrais nécessaire à la culture du jardin et peut-être dans l'utilisation de leur poil qui est très fin et d'une belle couleur noire. L'auteur de cette lettre émet l'opinion de faire venir de Ténériffe un petit troupeau de ces chèvres, sur lequel on pourrait étudier les qualités de cette race, dont Léopold de Buch a parlé dans ses ouvrages, et que l'on peut comparer à la gazelle pour l'élégance et la légèreté.

GRUES DU SÉNÉGAL.

Une lettre signale un fait d'acclimatation observé à Poitiers, et qui est d'ailleurs général en France. Des grues du Sénégal, parfaitement acclimatées aux environs de Poitiers, n'ont jamais cependant pu être amenées à se reproduire. M. le président rappelle à ce sujet que le même fait se passe au jardin des Plantes à l'égard de ces animaux.

SOIE VÉGÉTALE.

La Société a reçu de M. Guérin-Menneville communication d'un fait industriel d'une grande valeur : M. Davin, manufacturier à Paris, a tissé en écheveaux très remarquables par leur blancheur et la solidité des fils, une matière textile extraite de l'écorce du mûrier. C'est une véritable *soie végétale* qui prend la teinture très facilement et peut soutenir la comparaison avec la *fantaisie*. Cette extraction était bien un fait déjà connu de quelques personnes, mais un progrès a été réalisé dans ce sens puisque aujourd'hui l'inventeur peut extraire de 5 kilog. d'écorce, 1 kilog. de matière textile. Un fait digne d'attention aussi, est la perfection avec laquelle on est parvenu à tisser dans des métiers à laines, d'aussi beaux échantillons. Nous aurons avant peu de plus amples détails sur cette matière, ainsi que le nom de l'inventeur, qui, à ce qu'il paraît, est un professeur de mathématiques d'Embrun.

GIRAFE NÉE A LA MÉNAGERIE.

M. Isidore Geoffroy-Saint-Hilaire a annoncé à la Société la naissance à la ménagerie, d'une petite girafe, la première qui soit née sur le continent européen. Elle est du sexe masculin, d'une couleur aussi foncée déjà que celle de sa mère ; elle atteint la hauteur

(1) Ce troupeau a été le premier qu'a possédé la France.

de 2 mètres environ ; enfin, une heure à peine après sa naissance, vendredi matin, elle était en état de se tenir debout sur ses pattes.

RAPPORT SUR LES HUILES ET LES VINS DE L'EXPOSITION UNIVERSELLE.

Bien que l'emploi du gaz pour l'éclairage se généralise aujourd'hui, et que les découvertes chimiques de M. Chevreul aient permis d'employer la stéarine des graisses animales à la fabrication d'une bougie économique, la production des huiles en France reste bien au dessous des besoins de la consommation: en 1853, nous avons importé 15,850,764 kil. d'huile d'olive et 205,130 d'huiles de graines, représentant une valeur de 7,968,463 fr. : en même temps il est entré 31,418,464 kil. de graines d'arachide, 20,787,728 kil. de graines de lin et 28,588,509 kil. de graines de sésame, le tout représentant une valeur de 15,320,336 fr.

Dans de telles conditions, tout ce qui concerne la production des graines et la fabrication des huiles, intéresse la société au plus haut point. Une commission ayant donc été nommée à l'effet d'examiner les différentes sortes d'huiles qui se trouvaient à l'Exposition de 1855, son rapporteur M. Dareste a lu aujourd'hui un rapport détaillé sur ce sujet.

S'occupant d'abord de l'Algérie à cause de ses forêts d'oliviers et de sa proximité de Marseille, centre actif de la fabrication du savon, ce rapport a constaté l'heureuse amélioration, dans ce sens, des produits de notre colonie, la question n'ayant été envisagée qu'au point de vue scientifique, c'est-à-dire en laissant de côté les questions économiques qui s'y rattachent et sans vouloir préjuger en rien, la convenance ou l'opportunité des cultures des plantes oléagineuses, dont les résultats sont néanmoins des faits acquis.

L'Algérie a envoyé une huile de lentisque, *Pistacia lentiscus*, qui pourrait remplacer utilement l'huile d'olive pour le travail des laines, et l'huile de pied de bœuf pour le graissage des machines. On y trouvait aussi de l'huile de ricin dont on pourrait étendre l'usage et qui ne s'emploie aujourd'hui que comme purgatif, ou à la fabrication de l'encre d'imprimerie; or il résulte de documents certains, que cette huile dont l'apparition ne remonte en Europe qu'à l'année 1767, servait aux Egyptiens pour l'éclairage.

Le rapport fait aussi une mention toute spéciale de l'huile de coton, employée en Amérique pour l'éclairage, le graissage des machines et la fabrication du savon : l'huile de coton d'Algérie a été utilisée dans le blanchiement des laines.

Le sésame et l'arachide, également importés en Algérie, y ont donné, pour la fabrication des huiles, des résultats très satisfaisants.

En dehors de l'Exposition Algérienne, se trouvaient encore de nombreux échantillons d'huiles et de graines oléagineuses. Les huiles de coco et de palme surtout y étaient en abondance.

L'Inde anglaise a envoyé un grand nombre d'échantillons d'huiles de noisette: la noisette est l'une des graines dont le rendement en huile est le plus considérable.

La Guyane anglaise a exposé de l'huile de crabe, provenant d'un arbre (*crab wood*), décrit en botanique sous le nom *hylocarpus carapa* : son écorce sert au tannage et son bois à l'ébénisterie.

La même contrée a montré de l'huile de laurier, employée dit-on, contre les rhumatismes : cette huile dissout le caoutchouc.

M. Vilmorin a exposé des huiles de raisins champêtre et de laitue oléifère.

L'Exposition de Belgique avait des huiles de betteraves.

Le rapport mentionne aussi certaines huiles animales, comme succédanées de l'huile de foie de morue. Le Canada et l'Australie ont apporté de l'huile de foie de requin : ce dernier pays surtout fabrique maintenant de l'huile de dugong, animal très abondant sur les côtes méridionales de cette île; d'après les assertions des commissaires de l'Australie, cette huile serait supérieure à celle de foie de morue pour ses vertus thérapeutiques, et elle ne contiendrait point d'iode.

M. le professeur Chatin met en doute la simultanéité de ces deux propriétés, car les vertus curatives des huiles animales sont dues précisément à la présence de l'iode. Il y aurait donc, selon lui, à refaire avec plus de soin l'analyse de l'huile de dugong.

M. Dareste s'est peu étendu sur les vins exposés en 1855 : il a seulement constaté la supériorité des travaux accomplis par les chimistes allemands, sur la *fermentation vineuse*, et conclu à la nécessité pour nos propriétaires de vignobles, de connaître les procédés allemands de préparation du vin. La commission propose à ce sujet à la société de pousser à l'étude des travaux qui se font au dehors, et qui sont capables de mettre en doute les idées que nous nous faisons en France de ce phénomène. F. F.

La figure ci-jointe, que les nécessités de la mise en page nous ont contraint de séparer de l'article placé en tête du numéro, représente l'application de l'écrasement linéaire à l'ablation des tumeurs sous-cutanées.

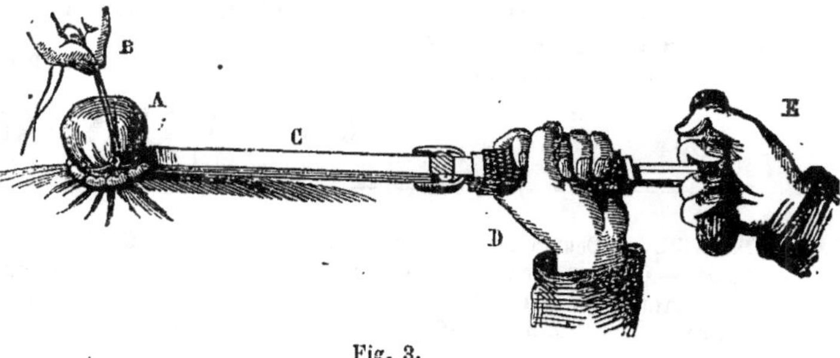

Fig. 3.

La lettre B indique le fil à l'aide duquel la tumeur a été pédiculisée; C l'écraseur; D celle des mains de l'opérateur qui tient le manche de l'instrument; E la main qui met en mouvement le levier de l'écraseur.

FAITS DIVERS.

— Une *semoule de pommes de terre* figurait à l'exposition parmi les aliments à bon marché. On l'extrait de la pomme de terre connue sous le nom de *patraque jaune*. Ce produit a été travaillé d'abord en semoule et soumis, dans cet état, à une dessiccation complète. L'analyse y montre 3 p. 100 de matière azotée, et 29 p. 100 de fécule. Un kilog. de cette semoule équivaut à 5 kilog. du tubercule à l'état naturel. Cette proportion est, en réalité, bien supérieure à un produit analogue que l'amirauté anglaise fait distribuer à la flotte. Il y aurait lieu de l'essayer en grand dans la population pauvre, par exemple dans les hospices, les hôpitaux et sur les troupes. En campagne et en expédition, à cause de son petit volume, de sa facile conservation et de sa cuisson très-prompte, dès qu'il est délayé dans de l'eau, du bouillon ou du lait, il paraît destiné à présenter des avantages notables. Il réalise probablement la plupart des avantages de la pomme de terre fraîche, et semble l'emporter de beaucoup sur les légumes secs, comme facilité de transport et de manipulation.

MINES. — Par un décret du 20 janvier 1851, il avait été concédé, sans limites, à une compagnie financière, l'exploitation des mines d'argent, de nickel, de plomb, de zinc et autres métaux se trouvant sur la rive droite du Souzoncy, dans la vallée d'Ossan (arrondissement d'Oleron); mais jusqu'ici, le défaut de voies de communication avait empêché toute exploitation sérieuse. Aujourd'hui, ces voies se trouvant achevées, une nouvelle société vient de se fonder, il a été reconnu que le filon de Saint-Pierre, qui est le principal de la concession, peut produire, par mètre carré de superficie, 100 kil. de minerai d'argent et de nickel, renfermant 500 gr. d'argent et 2 kil. de nickel métallique, ce qui correspond à une valeur de 150 fr., soit 1,500 fr. par tonne de minerai.

Prix d'abonnement pour l'étranger.

Allemagne, 8 fr.;— Suisse, Parme, Plaisance, Modène, 8 fr. 50.— Etats Sardes, Grèce, Crimée, 9 fr.; — Hollande, Angleterre, 10 fr.; — Etats-Unis, Indostan, Turquie, 10 fr. 50; — Belgique, Prusse, Hanôvre, Saxe, Pologne, Russie, Espagne, Portugal, 11 fr.; — Toscane, 12 fr.; — Etats-Romains, 16 fr. 50.

Le propriétaire, rédacteur-gérant :
VICTOR MEUNIER.

PARIS. — IMP. J.-B. GROS, RUE DES NOYERS, 74.

Deuxième année. — N° 11. Quinze centimes. 16 mars 1856.

L'AMI DES SCIENCES

BUREAUX D'ABONNEMENT
13, RUE DU JARDINET, 13
Près l'Ecole de Médecine
A PARIS

JOURNAL DU DIMANCHE
SOUS LA DIRECTION DE
VICTOR MEUNIER

ABONNEMENT POUR L'ANNÉE
PARIS, 6 FR.; — DÉPART., 8 FR.
Étranger (Voir à la fin du journal)
ENVOYER UN MANDAT DE POSTE

Deux leçons sur l'hippophagie,

par M. Isidore Geoffroy-Saint-Hilaire.

La question de l'usage de la viande de cheval est une de celles dont un avenir plus ou moins éloigné nous réserve la solution affirmative, car il est à remarquer qu'il lui a été donné de se produire à l'heure où l'alimentation publique est de plus en plus étroitement enfermée dans le dilemne de l'*insuffisauce* ou de la *sophistication*.

La filiation de l'idée soutenue au Jardin-des-Plantes par le savant naturaliste peut se résumer dans les cinq propositions qui suivent :

1° Tandis qu'il est indispensable à l'homme, et surtout à l'homme qui travaille, de consommer en substances animales le quart environ de son alimentation entière, il ressort de toutes les statistiques publiées, que, pour l'immense majorité du peuple français, la quantité de viande consommée est de beaucoup insuffisante, et que pour la grande catégorie de la classe ouvrière, les journaliers agriculteurs, *cette quantité est à peu près nulle*.

Taureau Yak.

2° Dans le pays même où ces choses se passent, il se perd annuellement une quantité de viande de cheval égale environ à 3,360,000 kil., ce qui représente le sixième de la quantité de viande de bœuf, consommée dans le même temps.

3° La viande de cheval est *chimiquement* d'un titre supérieur à la viande de bœuf; les expériences de M. Chevreul, de Justus Liebig, et en dernier lieu de M. Regnault, ayant accusé dans celle-là une proportion plus considérable de la substance découverte et appelée *créatine* par M. Chevreul, et qui joue un si grand rôle dans les actions vitales.

4° La chair dont nous parlons, non seulement n'est ni insalubre, ni repoussante, mais elle jouit encore de certaines propriétés hygiéniques, ainsi qu'il résulte d'un grand nombre d'exemples extraits des *Mémoires et Campagnes* de Larrey. L'illustre chirurgien s'exprime ainsi quelque part : « Les chevaux de la cavalerie devenant à peu près inutiles par le resserrement du blocus et la pénurie des fourrages, je demandai au général en chef de les faire tuer pour la nourriture des soldats et des malades.... je fus assez heureux pour fixer, par mon exemple, une entière confiance sur cet aliment frais. Nos malades s'en trouvèrent fort bien, et j'ose dire que ce fut *le principal moyen à l'aide duquel nous arrêtâmes les progrès de la maladie.* »

5° L'usage de la viande de cheval est général dans presque toute l'Asie, et il s'étend aujourd'hui de nouveau en Europe, d'où il avait été banni vers le VIIIe siècle, par l'introduction du christianisme, dans le Nord de cette contrée. Les Germains et surtout les Scandinaves, chez lesquels la religion d'Odin ordonnait les sacrifices et les festins de chevaux, résistèrent plus longtemps à l'autorité des papes, et la lutte entreprise par Rome contre ces derniers vestiges des anciens cultes, dura près de deux siècles. Dans un curieux recueil, « *antiquitates selectæ septentrionales et celticæ,* » publié en 1720, par G. Keisler ; nous lisons l'extrait suivant d'une lettre du Pape Grégoire III à Boniface, apôtre de la Germanie : « Vous m'avez marqué que quelques-uns mangeaient du cheval sauvage et la plupart du cheval domestique : ne permettez pas que cela arrive désormais, très-saint frère : abolissez cette coutume par tous les moyens qui vous seront possibles, et imposez à tous les mangeurs de chevaux une juste pénitence. Ils sont immondes et leur action est exécrable. »

Rome, néanmoins, dut céder sur plusieurs points, et notamment en Islande, où le christianisme ne fut accepté qu'à la condition qu'il tolérât l'hippophagie.

« *Cessante ratione legis, cessat lex ipsa*, » ajoute Keisler. Depuis le commencement de ce siècle-ci ; en effet, l'usage de la viande de cheval tend à se répandre de nouveau en Europe, et, chose digne de remarque, nous revient successivement, et de proche en proche, par les pays les plus septentrionaux qui furent aussi les derniers à l'abandonner.

C'est au siége de Copenhague que les Danois en ont mangé pour la première fois dans ce siècle, et depuis on a établi dans ce pays la vente régulière de la viande de cheval.

En Suède, d'après M. Sacc, l'usage de cette viande est assez répandu ; et même chez la classe aisée, on mange, avant le repas, un peu de cheval salé avec du vin, pour exciter l'appétit.

De la Suède et du Danemark, cet usage s'est propagé en Allemagne, puis en Suisse et en Belgique, où il a été l'objet d'un rapport, en 1847.

Des faits nombreux qui établissent la vérité des cinq propositions précédentes, M. Geoffroy-Saint-Hilaire pouvait, à notre sens, conclure sans témérité à l'urgence de faire pénétrer, dans notre pays, à son tour, l'usage d'une viande reconnue *théoriquement* et *pratiquement* favorable à l'alimentation publique. Mais voulant répondre une à une à toutes les objections soulevées contre l'opinion dont il a pris l'initiative, l'honorable professeur a passé en revue quelques faits nouveaux, curieux et éloquents.

Il est évident, en premier lieu, qu'il se fait journellement à Paris un commerce clandestin de viande de cheval, soit pour les restaurants, qui livrent celle ci sous le nom de *filets de chevreuil*, soit pour le peuple, qui paie alors au-delà de sa vraie valeur la viande qu'il achète. De cette vente clandestine, il peut résulter que les chevaux *morveux* ou *farcineux* soient livrés à la circulation, et il est démontré, aujourd'hui, que ces terribles maladies du cheval, la morve et le farcin, sont contagieuses pour l'homme ; par une vente publique, au contraire, ce danger disparaîtrait, sous la surveillance constante de l'administration.

Parent-Duchatelet dans ses *Annales d'hygiène*, émettait déjà, en 1823, le vœu formel de cette vente : « Pourquoi, dit-il, ne pas remédier franchement à ces inconvénients ? On pourrait le faire en établissant dans un clos central d'équarrissage un abattoir particulier, où les chevaux sains seraient tués, saignés et ouverts avec soin. La viande choisie serait envoyée à Paris, et la classe indigente trouverait ainsi à volonté une ressource qui lui manque maintenant, et mettrait bientôt de côté toute prévention, lorsqu'elle serait assurée de la surveillance de l'autorité, et lorsqu'elle aurait l'avantage du bas prix et de la bonne qualité. »

Une autre question d'hygiène se rattache encore à la consommation de la viande du cheval : elle est dans les émanations funestes des voiries, et bien que les choses se soient améliorées depuis l'époque à laquelle écrivait Parent-Duchatelet, chacun reconnaît encore aujourd'hui le danger qu'elles laissent subsister pour la population des grandes villes, aux époques d'épidémie.

Enfin, un dernier fait qui répond à l'objection de cruauté envers les animaux qui ont été nos serviteurs durant leur vie, est ce qui se passe en Europe à cette heure. Partout l'initiative de cette grande œuvre a été prise par les *sociétés protectrices des animaux*, qui, frappées des tortures que l'on fait subir aux vieux chevaux avant de les abattre, ont vu dans l'usage de leu viande une garantie d'un meilleur traitement. Pour que la viande du cheval soit propre à être consommée, il faut, en effet, que l'animal se repose pendant les six ou sept dernières semaines de son existence.

Cette condition, d'autre part, est suffisante et dispense d'engraisser ces animaux, ainsi que le prouvent les repas faits avec cette viande, soit à l'école vétérinaire d'Alfort, soit à celle de Toulouse. Dans celle-ci on a mangé une vieille jument de 16 ans, hors de service, et pouvant valoir de 15 à 20 fr. ; elle a fourni un bouillon succulent, supérieur à celui du bœuf, un bouilli médiocre, quoique très-mangeable, et un rôti excellent. Les mêmes résultats ont été constatés à Alfort, sur un cheval de 22 ans environ.

Ces exemples suffisent à démontrer que l'usage de la viande de cheval ne serait qu'une utilisation de plus des propriétés de cet animal, et non un déplacement de ses caractères utiles, comme certaines personnes l'ont avancé.

La question de l'hippophagie nous semble donc surabondamment démontrée, et le bruit qui se fait autour d'elle, les plaisanteries même dont elle est l'objet, ne peuvent que l'aider à triompher, en propageant dans l'opinion publique l'idée d'un auxiliaire puissant au milieu des crises alimentaires que nous traversons.

FÉLIX FOUCOU.

L'Yak, dont nous donnons la figure, est un de ceux que M. de Montigny a amenés en France, et dont l'acclimatation est conduite avec tant de succès par la Société zoologique. Nous comptions joindre une notice à cette figure, l'espace occupé par l'*enquête sur le magnétisme* animal nous en empêche.

Enquête sur le magnétisme animal (1).

Avant d'aller plus loin, nous redresserons une faute typographique (nº 10, page 75, au bas de la 2e colonne). On nous a fait dire des magnétiseurs qui consentent à se prêter aux expériences de M. Mabru : « Ils adhèrent, non pas sans hésitations, non pas sans contradictions. » C'est CONDITIONS et non *contradictions* qu'il faut lire.

Poursuivons.

La lettre de M. Derrien, ex-président de la Société magnétique de Paris, annoncée dans le précédent numéro, et que l'honorable auteur adresse par l'intermédiaire de l'*Ami des Sciences* à M. Mabru, était écrite en réponse à l'*appel* ou au *défi* adressé aux magnétiseurs par cet habile chimiste et inséré dans notre nº 8. Mais comme nous l'avons dit, il se trouve qu'elle répond en même temps à une seconde lettre de M. Mabru, survenue dans l'intervalle et insérée dans le numéro précédent (nº 10), lettre dans laquelle celui pose ses *conditions* d'expérience. Voici la lettre de M. Derrien à M. Mabru :

Monsieur,

Veuillez me permettre de vous faire part des réflexions qu'a fait naître en moi la lecture de votre lettre insérée dans le nº 8 du journal *l'Ami des sciences* et de venir discuter la valeur de la proposition faite par M. le docteur Auzoux de mettre son salon à la disposition des magnétiseurs qui voudront y faire des expériences de magnétisme animal, sous la condition toutefois que *ces expériences seront dirigées par M. le docteur Auzoux lui-même.*

Je demanderai tout d'abord comment ces expériences pourront être dirigées par M. Auzoux dont le doute, si ce n'est la négation en fait de magnétisme, me prouve qu'il n'a ni étudié à fond, ni pratiqué cette science.

S'il était donné à quelqu'un qui n'eut jamais entendu parler des merveilles de la chimie de voir, tout d'un coup, l'une de ses plus admirrables combinaisons, et que cette personne, pour s'assurer de la vérité du résultat, prétendit diriger l'opération à sa guise, comment taxeriez-vous cette prétention ?

Pourquoi donc cette prétention qui vous semblerait ici exorbi-

(1) Voir les nos 8, 9 et 10.

tante, vous paraît elle raisonnable dans un cas tout identique? En magnétisme, comme en chimie, il faut non-seulement du savoir, mais encore l'habitude des opérations pour arriver à un résultat favorable.

Puisque j'ai commencé à prendre cette dernière science pour point de comparaison, je continue avec elle.

En chimie, pour obtenir un résultat qui est tout matériel, on procède avec des éléments tout matériels pour l'emploi desquels il faut connaître parfaitement la loi des équivalents.

En magnétisme, dans les expériences de psychologie,—et ce sont toujours celles que l'incrédulité réclame, aussi est-ce sous le point de vue de la psychologie seulement que je vais traiter la question — dans ces expériences, dis-je, dont le résultat est tout moral, les éléments qu'on doit employer sont nécessairement tout moraux; ces éléments ont des lois, des conditions qui leur sont propres.

Où M. le docteur Auzoux, dont je suis d'ailleurs, comme vous, un des admirateurs, a-t il étudié les diverses nuances, les diverses propriétés des éléments moraux qui doivent entrer dans nos opérations ?

Le chimiste étudie les propriétés de la matière, le magnétiseur, les propriétés des facultés animiques de l'homme. Celui-ci, comme celui-là, arrivera à exprimer par des formules analogues les phases de ses opérations. Ainsi la lucidité, l'un des plus admirables résultats du magnétisme, pourrait être le terme d'une formule ainsi conçue.:

Magnétisme } Somnambulisme }
Disposition particulière }

} Lucidité }

Tranquillité de l'âme chez le magnétiseur et le magnétisé. . . . . }

} bi-lucidité }

Bienveillance de la part des assistants. . . . . }

} per-lucidité.

Concours de la volonté des assistants à un résultat favorable. . }

Avant d'aller plus loin, je demanderai *droit de passe* pour les deux néologismes qui terminent la formule dont je me suis servi. Ils expriment bien ma pensée et sont, d'ailleurs, très-compréhensibles. De plus, je ferai observer que le résultat de l'opération croît en raison de son utilité; ainsi, le plus de lucidité se manifestera dans les cas où il s'agit de la conservation de l'espèce, seul but du magnétisme.

Veuillez maintenant me dire, Monsieur, si le magnétiseur qui se présenterait avec un somnambule chez M. le docteur Auzoux, où serait réuni un aréopagne distingué, peut être certain d'y trouver les deux derniers éléments que j'ai annotés : 1° bienveillance de la part des assistants; 2° concours de leurs volontés. Il y aurait dans cet aréopage des médecins, sans doute; en obtiendra-t-on cette bienveillance et cette communion de pensées, affinités morales des corps organiques, quand il est question d'une science qui ne tend à rien moins qu'à renverser la médecine de son piédestal, qu'à la dépouiller de ses brillants oripeaux. Vous m'accorderez que la chose n'est pas possible. Penser autrement, ce serait méconnaître les mobiles éternels de la nature humaine.

Je suppose cet aréopage exclusivement composé des chefs du journalisme. La situation change. Chez ces hommes, dont les intérêts ne sont nullement en jeu, le magnétiseur pourra rencontrer toute la bienveillance désirable et même le ferme désir de la réussite des expériences. Donc, sous ce rapport, chances favorables; mais voyons d'un autre côté. Croyez-vous que devant ce tribunal suprême qui, sur le vu de quelques expériences, va juger la question, presque sans appel — pour un temps limité, cependant, car la lumière ne peut pas rester indéfiniment sous le boisseau, — et porter ensuite, par les organes de publicité dont il dispose, son jugement *ubi et orbi*; croyez-vous, dis-je, que le magnétiseur et le magnétisé possèdent la tranquillité d'âme nécessaire, indispensable à la manifestation des phénomènes? La crainte de ne pas réussir leur cause une vive émotion ; l'un et l'autre savent la terrible responsabilité qui leur incombe. Ils redoutent un insuccès funeste à la science, à leur réputation, à leurs intérêts. Voilà les craintes qui leur sont communes dans le cas dont il s'agit.

Il peut arriver de plus au magnétisé, s'il est devant une nombreuse assemblée, dans laquelle on ne trouve jamais homogénéité de sentiments, d'être soumis pour son compte, à bien d'autres causes d'insuccès encore. Ainsi, il est en dehors de ses habitudes, chose grave; il vit au milieu d'une atmosphère d'incrédulité aussi pernicieuse pour ses facultés, que le serait pour un chanteur l'aspiration de gaz ammoniacal. — Je poursuis toujours ma comparaison de l'action des agents moraux et de l'action des agents matériels.— Il se trouve placé au milieu des courants humides du mauvais vouloir, qui amoindrissent, anéantissent ses facultés, comme les courants humides de l'air anéantissent dans une machine électrique sa propriété de fournir de l'électricité.

Pour éviter toutes ces causes d'insuccès, les magnétiseurs doivent donc se restreindre à opérer dans un salon, où, quoique vous en pensiez, leurs expériences peuvent bien être concluantes. En effet, s'il s'agit, par exemple, du phénomène de la vision, malgré l'occlusion palpébrale, avez-vous besoin d'être profond anatomiste, comme M. le docteur Auzoux, ou d'avoir son opinion, pour être bien assuré que l'occlusion est parfaite.

Pourquoi donc ne pas vous fier à vous-mêmes sur un fait aussi simple? Car c'est ce phénomène de vision sans le secours des yeux qui vous convaincra de la réalité du somnambulisme. Vos occupations ne vous permettraient pas, sans doute, de suivre la clinique d'un magnétiseur; d'assister, près de lui, au traitement des malades qu'il soumet à l'action directe du magnétisme; action dont vous reconnaîtriez alors les effets merveilleux, plus merveilleux souvent que tous ceux qui sont le produit du somnambulisme, en ce qu'ils démontrent les lois par lesquelles s'opère une guérison.

J'ouvre ici une parenthèse pour constater que la production du phénomène de vision, selon les exigences de l'incrédulité, peut être funeste à l'existence de l'instinct médical de certains somnambules. Les magnétiseurs instruits le savent, et de là vient souvent leur abstention en face des défis qui leur sont portés. Mais ce n'est pas ici le lieu de traiter à fond une question que le cadre d'une lettre permet seulement d'effleurer. Je ferme donc ma parenthèse.

Pourquoi ne pas accepter les expériences faites dans le salon du magnétiseur, où le sujet est placé dans les conditions les plus favorables. Là, il est plus sûr de lui. S'il n'est pas dans de bonnes dispositions, il le dit; et les expériences sont suspendues et remises à un moment plus opportun. Les facultés des somnambules ne sont pas fixes, invariables. Si elles l'étaient, les magnétiseurs, soyez-en persuadé, Monsieur, accepteraient bien vite la proposition de M. le docteur Auzoux.

Pour mieux vous faire comprendre, enfin, la situation défavorable que ferait aux somnambules l'acceptation de cette proposition, je vais prendre pour terme de comparaison un fait bien ordinaire.

Ne vous est-il pas arrivé, maintes fois, de voir l'orateur le plus spirituel, le plus brillant d'un salon dont il est l'âme, se troubler tout à coup par suite de la venue d'une personne dont la nature est essentiellement antipathique à la sienne, perdre ses idées, sa verve à l'aspect d'un haussement d'épaules ironique qu'il aura surpris, à une de ses saillies les plus heureuses, chez cette même personne, vers laquelle ses regards, quoi qu'il fasse, seront invinciblement attirés; et cet orateur, enfin, se réfugier, tout honteux, dans le silence ?

Cette observation vous l'avez faite, sans doute, et elle est juste et vraie, quoique faite dans un salon.

Autre comparaison.

Prenez ce même orateur dont l'élocution facile vous charmait, toujours dans un salon, et transportez-le sur un théâtre en face de 2,000 spectateurs. Croyez-vous que le changement de lieu laissera intactes toutes ses facultés ?

Voyez enfin ce chanteur, ce comédien habitué à paraître sur la scène, et dès lors exempt de l'émotion que cause presque toujours à d'autres la présence d'un nombreux auditoire. Pourquoi, pendant les débuts auxquels l'assujettit sa profession, ses moyens seront-ils moindres, paralysés ? Pourquoi ? C'est qu'il craint que son engagement, c'est-à-dire que ses intérêts ne soient compromis. Tout le monde comprend l'état moral où il se trouve et chacun de ses juges lui tient compte de l'*émotion inséparable des débuts*. C'est l'expression consacrée.

Ces trois observations que je viens de consigner, vous les reconnaîtrez avec moi très justes, très vraies...

Et vous n'admettriez pas les influences extérieures sur le somnambule mille fois plus nerveux, mille fois plus impressionnable, par suite de son état particulier, que cet orateur, ce chanteur, ce comédien que j'ai pris pour exemples.

J'ai traité jusqu'ici la question sous le rapport des chances d'insuccès, seulement. Ce n'est pas que je croie que ces chances doivent inévitablement amener un résultat nul. Loin de là, je parierais plutôt pour la réussite, si les expériences étaient tentées successivement dans la même séance par trois ou quatre de ces sujets rares sur lesquels ont peu de prise l'incrédulité systématique, l'hostilité des assistants. Mais, je demanderai si le bien que le magnétisme retirerait du succès, peut être mis en parallèle avec le mal qui résulterait d'un échec?

Vous me répondrez tout d'abord dans le sens des sentiments qui ont dicté votre lettre. Mais je vais, je l'espère, modifier votre opinion à l'aide d'arguments que je prends dans l'histoire du magnétisme.

Ces expériences publiques que vous demandez comme utiles pour fixer les esprits sur la valeur réelle du magnétisme, ont déjà été faites, et le résultat en est consigné dans un rapport d'une *commission académique* instituée dans le but que vous marquez, rapport lu aux séances de l'Académie, des 21 et 28 juin 1831. Je vous en donne quelques extraits :

CONCLUSIONS.

Les conclusions du rapport sont la conséquence des observations dont il se compose :

1° Le contact des pouces et des mains, des frictions ou certains gestes que l'on fait à peu de distance du corps, et appelées *passes* sont les moyens employés pour se mettre en rapport, ou, en d'autres termes, pour transmettre l'action du magnétiseur au magnétisé;

2° Les moyens qui sont extérieurs et visibles ne sont pas toujours nécessaires, puisque, dans plusieurs occasions, la volonté, la fixité du regard ont suffi pour produire les phénomènes magnétiques, même à l'insu des magnétisés;

5° Le magnétisme n'agit pas en général sur les personnes bien portantes;

8° Un certain nombre des effets observés nous ont paru dépendre du magnétisme seul, et ne se sont pas reproduits sans lui. Ce sont des phénomènes physiologiques et thérapeutiques bien constatés;

13° Le sommeil, provoqué avec plus ou moins de promptitude, et établi avec un dégré plus ou moins profond, est un effet réel, mais non constant du magnétisme.

17° Le magnétisme a la même intensité; il est aussi promptement ressenti à une distance de six pieds que de six pouces, et les phénomènes qu'il développe sont les mêmes dans les deux cas;

18° L'action à distance ne paraît pouvoir s'exercer avec succès que sur des individus qui ont déjà été soumis au magnétisme;

24° *Nous avons vu deux somnambules distinguer les yeux fermés, les objets que l'on a placés devant eux. Ils ont désigné, sans les toucher, la couleur et la valeur des cartes. Ils ont lu des mots tracés à la main ou quelques lignes de livres que l'on a ouverts au hasard. Ce phénomène a eu lieu, alors même qu'avec les doigts on fermait exactement l'ouverture des paupières.*

25° Nous avons rencontré, chez deux somnambules, la faculté de prévoir des actes de l'organisme plus ou moins éloignés, plus ou moins compliqués. L'un d'eux a annoncé plusieurs jours, plusieurs mois d'avance, le jour, l'heure et la minute de l'invasion et du retour d'accès épileptique; l'autre a indiqué l'époque de sa guérison. Leurs prévisions se sont réalisées avec une exactitude remarquable; elles ne nous ont paru s'appliquer qu'à des actes ou à des lésions de leur organisme;

26° Nous n'avons rencontré qu'une seule somnambule qui ait indiqué les symptômes de la maladie de trois personnes, avec lesquelles on l'avait mise en rapport;

28 Quelques-uns des malades magnétisés sous nos yeux, n'ont ressenti aucun bien; d'autres ont éprouvé un soulagement plus ou moins marqué, savoir: l'un, la suspension de douleurs habituelles; l'autre, le retour des forces; un troisième, un retard de plusieurs mois dans l'apparition des accès épileptiques; et un quatrième, la guérison complète d'une paralysie grave et ancienne;

29° Considéré comme agent de phénomènes physiologiques ou comme moyen thérapeutique, le magnétisme devrait trouver sa place dans le cadre des connaissances médicales, et par conséquent les médecins seuls devraient en faire ou en surveiller l'emploi, ainsi que cela se pratique dans les pays du Nord.

Ont signé : Bourdois de la Mothe, Fouquier, Guénaud de Mussy, Guersant, Husson, Itard, Leroux, Marc, Thillaye

L'Académie, malgré ou plutôt à cause de tout ce qu'il y avait de favorable au magnétisme dans ce rapport, a étouffé la question.

Vous ne connaissiez pas ce rapport, Monsieur; maintenant que vous voilà édifié, je vous dirai: Alors que M. le docteur Auzoux reconnaîtrait vrais, incontestables tous les phénomènes du magnétisme son opinion, de quelque haute valeur qu'elle soit, aurait-elle plus de poids que celle des huit membres de l'académie signataires du rapport dont je vous ai transcrit quelques unes des conclusions? Non.

Donc, en cas de succès, rien de favorable à attendre; en cas d'insuccès beaucoup à redouter.

Conséquence : sagesse des magnétiseurs à s'abstenir; mais tous, Monsieur, se feront un plaisir, un honneur de convaincre un homme de votre mérite, et je me mets le premier sur les rangs en vous invitant à venir dimanche prochain, à cinq heures très-précises, assister chez moi à quelques expériences que vous jugerez, j'en suis certain, d'une haute valeur, d'un puissant intérêt, quoique obtenues, produites dans un salon.

Permettez-moi de compter sur vous, Monsieur, vous serez, je le répète, le très-bien venu, ainsi que toutes les personnes dont vous désirerez vous faire accompagner, et soyez assuré que vous verrez de la science, rien que de la science, simple, vraie et exempte de tout ce qui sent le charlatanisme des tréteaux..

J'ai l'honneur d'être, etc. DERRIEN,

28, quai d'Orléans.

Ancien président de la Société magnétique de Paris,

P. S. Je lis à l'instant dans le n° 9 du journal, la lettre de M. Rovère par laquelle il déclare répondre à l'invitation faite aux magnétiseurs.

La résolution de mon savant confrère décide la mienne, car plus nous serons, plus il y aura de chances de succès.

Je vous prie donc de penser à moi pour la convocation qui précédera la séance expérimentale.

Toutefois il est bien entendu que, pour mon compte, je ne souscris pas à la condition inacceptable que les expériences seront dirigées par M. le docteur Auzoux. Je n'accepterais pas, non plus. que, pour le phénomène de vision, le corps opaque dont on se servira, fût éloigné du front au lieu d y adhérer fortement, condition qui fut sottement posée à M. le docteur Pigeaire.

On pourra seulement s'assurer que le corps dont je me servirai, intercepte totalement la vue normale.

La lucidité offre pour chaque sujet des conditions dans lesquelles il faut rester. D'ailleurs, le magnétisme comprend une nombreuse série de phénomènes physiologiques. Nous choisirons entre ceux-ci, qui n'ont pas le caractère de variabilité des phénomènes psycologiques. Ils réussissent toujours, quelles que soient les dispositions des spectateurs.

M. Derrien et M. Mabru viennent l'un et l'autre de poser leurs conditions; elles ne sont pas précisément les mêmes, l'impartial lecteur appréciera. Pour nous, si nous avons une opinion, nous n'avons plus de place où l'exprimer.

Il ne nous en reste que juste assez pour accuser réception des lettres suivantes :

1° Lettre de M. A. Morin, auteur de *Comment l'esprit vient aux tables*; — 2° lettre de M. H. Mille-Noé, rédacteur-gérant de l'*Europe artiste*;— 3° lettre de M. Demougeot;— 4° lettre de M. Ch. Mathieu, constructeur d'instruments de physique;— 5° lettre de M. d'Arbaud de Blonzac;—6° lettre de M. Barnout.

Ce qui précède était écrit quand nous avons reçu de M. Mabru une troisième lettre intitulée : *Résultat de l'enquête sur le magnétisme animal*. En voici un extrait relatif à un fait qui se serait passé le 9 mars, chez M. le docteur Auzoux :

« Un membre de la société Mesmérienne envoyé tout exprès pour s'entendre avec M. le docteur Auzoux sur la nature des expériences qu'on se proposait de répéter, a fini, après vingt minutes d'entretien ou plutôt d'hésitation, par déclarer de la manière la plus complète, l'impuissance dans laquelle se trouvent les magnétiseurs de nous exhiber quelques-uns de ces faits tant pronés et qui, pour nous, comme pour tout le monde, auraient cependant été si concluants.

« En présence d'un pareil aveu d'une incapacité si notoire, les *écailles* du doute tombèrent subitement de tous les yeux. Quant à moi, reportant aussitôt mon esprit vers la foule des crédules, je pus, à l'aide du rayon lumineux qui venait d'apparaître, mesurer toute l'étendue de la MISÈRE humaine. C'est donc avec regret qu'au double point de vue de la science et de l'humanité, nous constatons aujourd'hui la nullité absolue du magnétisme animal ».

Nous insérerions en entier la lettre de M. Mabru, si elle avait le caractère d'un procès-verbal rédigé de concert par les parties adverses : mais il est clair qu'elle n'a pas ce caractère.

M. Mabru interprète à sa manière ce qui s'est dit ou fait chez M. Auzoux, et c'est l'impression qu'il en a reçue, son sentiment particulier, son opinion enfin qu'il exprime.

Il est évident que « le membre de la société mesmérienne » n'accorderait point qu'il ait « déclaré de la manière la plus complète l'impuissance des magnétiseurs à exhiber un seul fait; » mais qu'à ces expressions il ajouterait celles ci : » *Dans les conditions imposées par MM. Auzoux et Mabru.* »

Autrement la déclaration du membre en question équivaudrait à un aveu de stupide ignorance ou de mensonge impudent.

De la lettre de M. Mabru, il n'y a donc qu'une conclusion positive à tirer, savoir que MM. Auzoux et Mabru, maintenant convaincus de la nullité absolue du magnétisme animal, se retirent d'une enquête pour eux désormais sans motif.

D'où suit que l'enquête entre dans une phase nouvelle. Provoquée par les deux savants qui viennent d'être nommés, elle pourra se continuer sans leurs concours, au profit du public tout entier et de la science.

Où M. Mabru voit les résultats d'une enquête, le public ne peut apercevoir que des préliminaires d'enquête. Ses doutes sont dissipés, ceux du public subsistent.

Terminons par l'insertion d'une lettre qui nous arrive avec un curieux article intitulé : *de l'électricité brute et de l'électricité intelligente.*

De. . . . . . le 2 mars 1856.

Mon cher Meunier,

Je vois, par votre dernier numéro, que la lutte est engagée et que vous êtes assez indépendant et assez brave pour lui prêter une arène.

Ne soyez que le juge du camp et prévenez les jeunes et fougueux combattants qu'ils aient à se méfier de l'influence maligne des assistants, qui, s'ils sont trop nombreux, feront échouer les expériences dont ils sont le plus sûrs en comité choisi.

Un seul profane à la volonté vigoureuse suffit pour porter le trouble dans les collaborateurs de bonne foi. Je suis certain de ce que j'avance ; c'est une loi déduite de cent expériences.

Voilà ce qui a fait échouer Pigeaire, Foissac, et tant d'autres qui l'ignoraient.

Je vous envoie un bien long article; mais il est fondamental. C'est avec le célèbre de. . . . . . que nous opérons.

X...

La lettre et l'article émanent de l'auteur anonyme déjà cité dans l'avant-dernier numéro, anonyme bien transparent, puisque tous ceux qui nous ont écrit à l'occasion de la précédente lettre, en ont nommé l'auteur, ce qui n'empêche pas celui-ci de nous dire : « ne nommez personne : *timeo stultos x y ferentes.* » Voilà un secret bien gardé !

L'enquête reste ouverte. — Nous demandons la permission de prendre la parole à notre tour.

Classification des tissus.

Nous avons parlé l'année dernière du système de classification et de notation qu'un des plus célèbres professeurs du Conservatoire des arts et métiers, M. Alcan, procédant à la manière des naturalistes et des chimistes, a introduit dans les tissus. Nous y revenons aujourd'hui pour représenter aux yeux les caractères des six types fondamentaux que le savant auteur a fondés sur le détissage, c'est-à-dire sur l'analyse de l'enlacement des fils par lequel on obtient chaque genre d'étoffe.

PREMIER TYPE. — *Toile, — calicot, — mousseline, — drap lisse, — taffetas, — damas, — lampas, — brocatelles, — figures à taille douce, — velours façonnés, — tapis, — moquettes, etc.*

Cette classe comprend toutes les étoffes formées par la réunion sous une même tension, de deux, ou d'un plus grand nombre de séries de fils rectilignes parallèles, dans chaque série, un fil de l'une se croisant à angle droit avec un fil de l'autre, par un rapprochement intime duquel résulte une surface pleine, flexible, sans vides apparents.

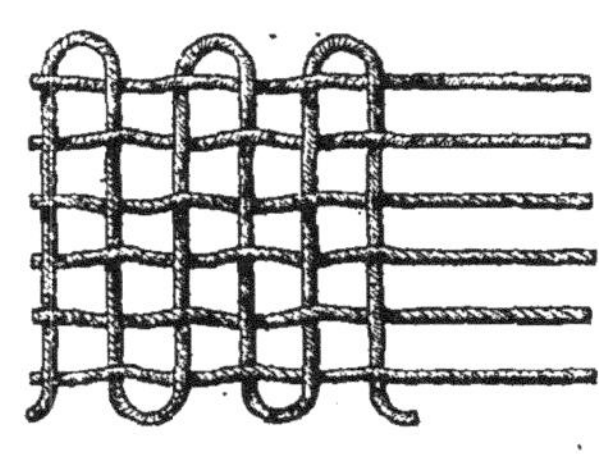

DEUXIÈME TYPE. — *Gazes à bluteries, pour robes, — gazes à perles, — gazes façonnées, lamées d'or et d'argent.*

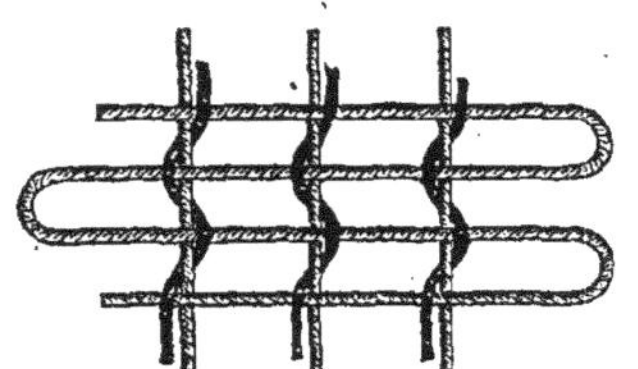

Tissus à trois séries de fils au moins, formés par une suite de rectangles à jour, à côtés longitudinaux curvilignes et à côtés transversaux rectilignes, maintenus à des distances fixes.

TROISIÈME TYPE. — *Tricots, — travaux au crochet.*

Etoffes à mailles élastiques formées par le bouclement successif, alternativement à droite et à gauche, autour de lui-même, d'un fil non tendu.

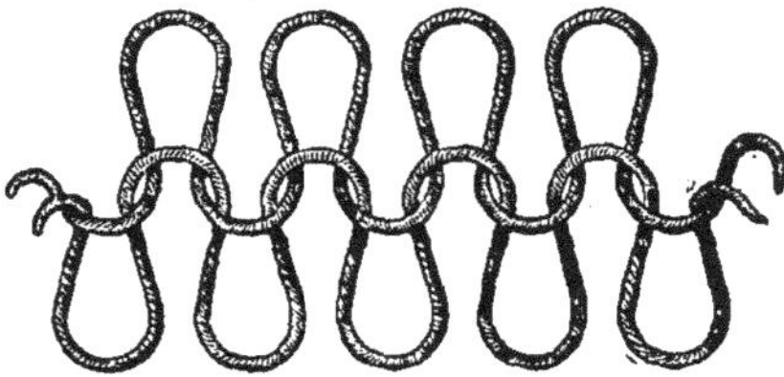

QUATRIÈME TYPE. — *Dentelles, — blondes, — tulles à la chaine, — tulles bobins.*

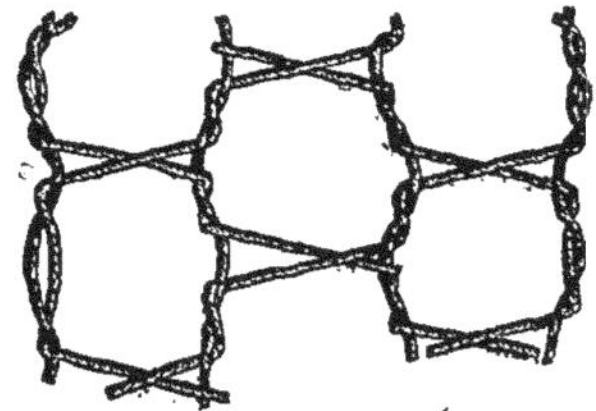

Tissus réticulaires à mailles fines, triangulaires ou polygonales à côtés alternativement tordus et croisés.

CINQUIÈME TYPE. — *Filets.*

Etoffes à mailles nouées, à angles variables, formées à la main par la révolution d'un seul fil autour de lui-même, ou au métier par deux séries de fils alternativement lâches et tendus.

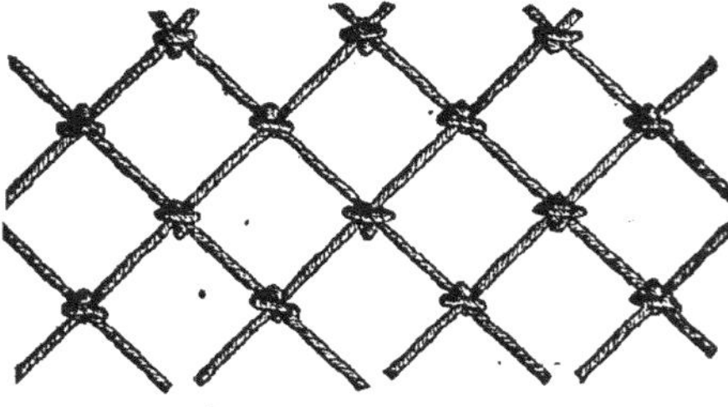

SIXIÈME TYPE. — *Châles indiens, — tissus de Chine, — tapisseries des Gobelins.*

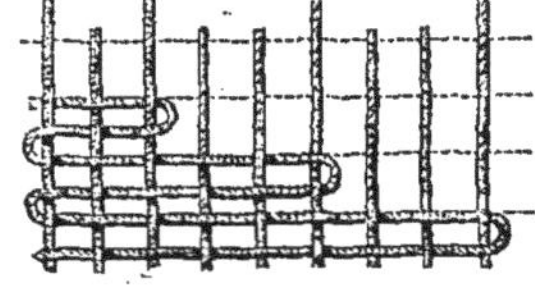

Cette classe comprend les tissus à corps pleins composés par une série de fils rectilignes continus et par suite discontinue de fils enchevêtrés autour des premiers ;

les étoffes spoulinées dans lesquelles la matière n'est employée qu'aux endroits où elle doit apparaître.

Telles sont les classes établies par M. Alcan : l'analyse des genres, espèces et variétés qu'elles comprennent, nous conduirait trop loin, on en trouvera le détail dans le remarquable travail communiqué par l'auteur à l'Académie des Sciences et à la Société d'encouragement.

CORRESPONDANCE.

Nouvelle propriété de l'œil.

Monsieur,

Intituler une communication : *nouvelle et remarquable propriété de l'œil*, est un moyen assuré de se recommander à l'un des plus fervents vulgarisateurs de la science. Aussi, n'ai-je pas hésité à venir vous réclamer, pour ce qui suit, la publicité de votre très intéressant journal ?

Je m'aperçus, il y a quelque temps, en me promenant sur un terrain, que les cailloux convexes diversement colorés dont on s'est servi pour le paver, affectaient une forme concave lorsqu'on les examinait avec une lentille bi-convexe (1), de rayon de courbure quelconque, placée entre eux et l'œil, de telle sorte que, ces cailloux étant beaucoup plus éloignés dans le prolongement de l'axe de cette lentille que le foyer principal de l'une de ses surfaces, leur image devînt plus petite et renversée.

J'essayais de raisonner ce fait à l'aide de l'*optique*, quand après avoir approché ma chaussure des cailloux et en la regardant en même temps qu'eux, je fus, pour la première fois, témoin d'une autre remarquable propriété de notre organe visuel : les concavités avaient disparu pour faire place aux formes naturelles, mais elles reparaissaient presqu'aussitôt que l'objet juxta-posé était enlevé, et de préférence quand avant de recommencer l'épreuve on avait laissé à l'œil un peu de répit.

Après cela j'expérimentai sur une foule de corps de couleurs, de formes et de dimensions différentes; les *creux* et les *reliefs* se produisaient toujours de même. J'ajoute comme complément que les creux naturels donnent, en sens inverse, des résultats identiques à ceux des reliefs déjà cités.

CRUZEL fils, pharmacien.

Miremont (Lot-et-Garonne), 2 janvier 1856.

ACADÉMIE DES SCIENCES (2).

Séance du 10 mars.

SALIVE DE L'HOMME.

M. Longet fait connaître le résultat de ses études sur la salive de l'homme. Ce liquide contiendrait, d'après lui, en outre des parties constituantes déjà connues, une petite quantité de *sulfocyanure de potassium*. Ce corps se révélait déjà, il est vrai, dans le fluide salivaire sécrété pendant certaines maladies ; mais si les travaux de M. Longet ne sont point hasardés, le *sulfocyanure de potassium* y existerait CONSTAMMENT et devrait être considéré comme un principe constitutif et normal de ce liquide, sans distinction d'âge ni de sexe, dans les corps sains, comme dans les corps malades ; quant à la quantité de ce corps, contenue en dissolution dans la salive, les variations dépendraient seules du degré de concentration du liquide. Le réactif employé par M. Longet, pour déceler la présence de ce sulfocyanure, est le *persulfure de fer* qui colore promptement la salive en rouge.

PROPRIÉTÉS DU TISSU CICATRICIEL.

M. Jobert de Lamballe a lu un travail sur les propriétés du tissu cicatriciel. D'un grand nombre d'expériences, il résulte pour M. Jobert de Lamballe, que ce tissu est doué de sensibilité et que son insensibilité apparente n'est due qu'à son extrême rétractivité. Cette découverte explique les douleurs ressenties par des personnes anciennement blessées, lorsque l'atmosphère est sous l'influence de phénomènes électriques : elle rend compte encore des dangers que présentent souvent des opérations chirurgicales faites sur les limites de ce tissu.

M. Jobert de Lamballe a donc toujours cherché, dans ses opérations, à combattre la rétractivité du tissu cicatriciel, et ses premières tentatives ont porté sur les cicatrices difformes de la poitrine. Il a mis sous les yeux de l'Académie le dessin de quelques plaies très-sérieuses qu'il a traitées avec succès chez une jeune fille dont plusieurs parties du corps avaient été brûlées profondément à des époques différentes. La méthode qu'il a employée est une véritable greffe animale, consistant à rapporter sur le tissu cicatriciel quelques parties de tissu ordinaire, et le fait important et nouveau qui ressort du travail de M. Jobert de Lamballe, est que la greffe animale se réunit *tout aussi bien* au tissu cicatriciel qu'aux autres tissus.

HISTOIRE ET FABRICATION DE LA PORCELAINE DE CHINE.

La porcelaine dure, telle qu'on la fabrique en Chine, au Japon, en France et en Allemagne, étant aujourd'hui la poterie par excellence, un certain intérêt s'attache naturellement aux écrits qui s'y rapportent. M. Chevreul a donc présenté à l'Académie, de la part de M. Stanislas Julien, de l'Académie des Inscriptions et Belles-Lettres, un ouvrage traduit du chinois par ce dernier, et traitant de l'histoire et de la fabrication de la porcelaine chinoise.

Cet ouvrage est divisé en deux parties bien distinctes, l'une purement historique, l'autre remplie de détails techniques sur les procédés relatifs à la fabrication, partie à laquelle M. Salvétat, chimiste de la manufacture impériale de porcelaine de Sèvres, a ajouté un grand nombre de notes et d'explications comparatives.

D'après les détails sommaires fournis par M. Chevreul, M. Stanislas Julien aurait fixé désormais un point d'antiquité controversé depuis longtemps au sujet des porcelaines chinoises. MM. Rosellini, Wilkinson et Davis s'étaient plu à faire remonter à 1800 ans avant J.-C. l'invention ou l'introduction de la porcelaine en Chine. Or, des annales officielles et incontestables (si l'on réfléchit que les Chinois sont le seul peuple du monde qui possède une chronologie exacte depuis la plus haute antiquité jusqu'à nos jours), citent comme inventeur de la poterie l'empereur *Hoang-Ti*, qu'elles font monter sur le trône en l'an 2698 avant notre ère, et il résulte des mêmes documents historiques que, depuis l'an 2255 jusqu'à la dynastie des *Han* (202 ans avant J.-C.), les Chinois ne connaissaient que les vases en terre cuite. Ce fut seulement sous les *Han* que la porcelaine prit naissance dans le pays de *Sin-P'ing*, et il n'est permis d'en placer l'invention qu'entre les années 185 et 87 avant notre ère.

Bien que réduite de la sorte, cette antiquité n'en est pas moins considérable, si l'on observe que la porcelaine ayant été introduite en Europe par les Portugais en 1518, ce ne fut qu'environ 200 ans après, c'est-à-dire en 1706, qu'on fit en Saxe les premiers essais de la porcelaine dure.

Dans la partie consacrée à la fabrication, M. Chevreul a cité quelques termes comparatifs résultant du travail de MM. Julien et Salvétat. En Chine comme en Europe, la porcelaine se compose de deux parties distinctes, l'une infusible, le *kao-ling*, et l'autre fusible le *pe-tun-tse*. C'est du kaolin que la porcelaine tire toute sa fermeté et il en est comme le nerf : au sujet, dit M. Salvétat, de la tentative que firent, sans succès, les Européens de fabriquer de la porcelaine avec du *petun* seul, les Chinois disaient : « Ils voulaient avoir un corps dont les chairs se soutinssent sans ossements. »

En général la porcelaine de Chine est plus siliceuse que la porcelaine de Sèvres ; mais cette dernière, avec les porcelaines allemandes, est la poterie la plus alumineuse de toutes les poteries connues : enfin, la porcelaine de Chine résiste moins au feu que la porcelaine de Sèvres.

M. Chevreul a vivement recommandé, à l'attention de l'Académie, la traduction de M. Stanislas Julien, comme remplie de détails très-intéressants au double point de vue historique et scientifique.

FÉLIX FOUCOU.

Société d'encouragement pour l'Industrie nationale.

Séances des 20 février et 5 mars (1)

ACCIDENTS SUR LES CHEMINS DE FER.

M. Guérinot, bijoutier mécanicien à Paris, annonce avoir trouvé

(1) L'effet augmente avec la distance focale de la lentille.

(2) Dans le compte-rendu de la séance du 3 mars, nous avons attribué à tort à M. *Paramelle* une étude sur les instincts de l'araignée : c'est M. *Caraguel* qui en est l'auteur.

(1) La séance du 20 février a été consacrée à la distribution des récompenses, dont le détail nous entraînerait trop loin.

un frein capable d'arrêter instantanément deux trains marchant à la rencontre l'un de l'autre sur la même voie, aussi bien que deux trains marchant dans le même sens, le convoi de derrière étant supposé avoir une vitesse plus grande que celui qui le précède. Ce système consiste en une broche en fer, légèrement conique et entièrement effilée, d'une longueur de 1 à 2 mètres et d'un diamètre à la base de 8 à 15 centimètres. Chaque wagon ou locomotive serait armé d'une de ces broches sur la droite en avant et en arrière; le côté gauche en avant et en arrière aussi, serait muni d'un disque de plomb ayant de 20 à 30 centimètres de diamètre, sur 10 à 20 centimètres d'épaisseur. On comprend l'effet auquel sont destinés ces disques et ces broches. Le choc devant être neutralisé par les pointes, il ne resterait plus qu'une simple pression absorbée progressivement par le plomb, jusqu'à ce qu'elle fût éteinte, et les wagons se trouveraient tous ainsi enferrés et ne faisant plus qu'un seul corps.

Les expériences de M. Guérinot ont porté sur une masse de plomb de 1 centimètre 1/2 seulement d'épaisseur. Cette masse a été posée sur un boîte de bois ayant la force de supporter un poids de 50 kilog. environ. Un marteau pesant le même poids et armé d'une pointe de 15 centimètres de longueur sur 3 centimètres de diamètre à la base, a été hissé à la hauteur de 3 mètres, d'où on l'a laissé retomber sur la masse de plomb : la pointe s'est enfoncée de 6 centimètres 1/2 et la boîte n'a point été ébranlée. En retirant la pointe et le plomb, et recommençant l'expérience, la boîte a volé en éclat.

Le comité des arts mécaniques est saisi de l'invention de M. Guérinot.

— M. Athanase Dumas, horloger mécanicien à Paris, soumet à l'examen de la Société des dispositions et appareils qu'il croit de nature à prévenir les accidents sur les chemins de fer. L'un de ces appareils consiste dans une disposition d'aiguilles et de contre-rails mis en jeu par le passage même du train, et commandés par le mécanicien même de la locomotive. L'autre est un compteur d'horlogerie, disposé pour indiquer le temps qui s'est écoulé entre les passages de deux trains consécutifs : à mesure qu'un train passe à côté de ce compteur, l'aiguille revient à zéro et elle marche, à partir de ce moment, à l'aide d'un ressort d'horlogerie ordinaire; de la sorte, le mécanicien d'un train qui arrive connaît exactement depuis combien de temps le train qui le précède a passé au même point de la voie.

Un petit modèle et un mémoire descriptif accompagnaient la lettre de M. Dumas : toutes ces pièces seront l'objet d'un rapport ultérieur.

Eau-de-vie de betteraves.

La fabrication de l'eau-de-vie de betteraves peut rendre de grands services à l'agriculture en général, tant par l'augmentation du prix de la racine elle-même, que par le surcroît de fourrages provenant des résidus. M. Louis Michaux-Bellaire, cultivateur à Fénétrange (Meurthe), en s'occupant de cette question, a trouvé le moyen de désinfecter l'eau-de vie de betteraves.

Au lieu de faire cuire la betterave *avant la fermentation* à la vapeur comme on l'a fait jusqu'à présent, M. Michaux fait bouillir le suc ou la pulpe pendant longtemps, avec beaucoup d'eau pour dégager préalablement les parties odorantes. A première vue, le procédé semblerait un surcroît de dépense pour le combustible; l'inventeur fait observer qu'il y aurait, au contraire, économie de ce côté là, à la condition de faire bouillir la matière dans un alambic dont le serpentin irait porter les vapeurs dans une caisse qui envelopperait les alambics de distillation et de rectification, et les chaufferait assez pour distiller l'alcool.

Coulure de la vigne.

M. Troubat, demeurant à Thoissey (Ain), envoie l'exposé d'un procédé nouveau, et suivant lui infaillible, pour préserver la vigne de la coulure. Le mémoire de M. Troubat cherche à établir d'abord que les véritables causes de la coulure de la vigne sont toutes antérieures à la floraison ; qu'elles se produisent plus particulièrement dans les années où les quinze ou vingt jours qui la précèdent présentent des journées aigres, des pluies froides et des nuits qui le sont davantage, enfin une température anormale durant cette saison.

Cette opinion, comme on le voit, est contraire à l'avis de la plupart des agronomes qui attribuent la coulure de la vigne à l'irrégularité de la température pendant la floraison, et pensent que le fruit de la vigne est détruit de la sorte, au moment où doit se produire la fécondation.

Après avoir ainsi établi son point de départ, voici le procédé que donne M. Troubat : pour empêcher la coulure de la vigne, il faut faire la section de l'extrémité des bourgeons fructifères aussitôt après que les grappes sont bien apparentes, et, au plus tard, douze jours au moins avant la floraison ; cette opération, d'ailleurs, sera toujours d'autant plus efficace, qu'elle aura été plus précoce.

Après avoir analysé les effets produits par cette manière d'opérer, M. Troubat estime que son application rendrait les récoltes non seulement plus abondantes, mais encore beaucoup plus régulières que par le passé. Pour lui, il a poursuivi cette découverte depuis 1845, et c'est surtout en 1853, 1854 et 1855, que les résultats obtenus ont été décisifs. A son mémoire est joint d'ailleurs un rapport de la commission chargée par M. le préfet de la Gironde de constater les résultats obtenus.

La commission a été conduite sur une pièce de vigne en *Joualles*, M. Troubat avait opéré sur les rangs pairs, les rangs impairs ayant été laissés comme termes de comparaison. Un examen attentif de tous les rangs a fait connaître que les premiers étaient sensiblement plus chargés de raisins que les rangs non opérés, et que ces raisins étaient plus allongés et mieux nourris que ceux des lignes impaires. La vendange des rangs pairs et impairs ayant été recueillie et exactement mesurée, les rangs opérés ont présenté un excédant de récolte de *soixante-dix-sept pour cent*.

La commission s'est bornée à constater ces résultats, sans se prononcer sur l'efficacité du procédé dont elle n'avait point reçu communication. Mais ce procédé sera l'objet de l'examen d'une commission particulière au nom de la Société d'encouragement.

Société Impériale et centrale d'Agriculture.

Séances du 25 février et du 5 mars.

La Société s'étant, dans chacune de ces deux séances, formée en comité secret de très bonne heure, pour arrêter le programme des prix qu'elle doit décerner dans sa prochaine séance générale, nous n'avons à mentionner qu'un petit nombre de faits intéressants :

Culture du pavot.

M. Robinet a donné lecture d'un rapport, fait par la section des cultures spéciales, sur la culture du pavot et la récolte de l'opium, dans le Loir-et-Cher, par M. de Morgant. Cette culture a produit 20 hectolitres en moyenne par hectare, ce qui équivaut à la production actuelle du département du Nord. Des échantillons d'opium de qualité supérieure ont été extraits de deux capsules de pavots ; mais, le but principal de cette culture a été de parer à l'insuffisance, aujourd'hui reconnue, de la production de l'huile de noix, en lui substituant l'huile d'œillette.

Chaudière alambic.

Il est donné lecture d'un rapport présenté déjà à la société d'agriculture de Melun, sur un nouvel appareil, dit *Chaudière alambic* de l'invention de M. Pluchard, et appliqué à l'extraction du sucre des betteraves.

Ce rapport constate une économie sérieuse sur la main d'œuvre et un rendement considérable, avec des dépenses d'installation moindres. Une commission a été nommée pour se transporter sur les lieux et faire un rapport sur cette utile invention : nous aurons donc sujet d'y revenir.

Maladie des pommes de terre.

M. Bonnet, professeur à Besançon, écrit à la Société le résultat de plusieurs expériences faites par lui en 1846, 1848 et tout récemment encore, desquelles il résulterait que des pommes de terre atteintes de la maladie ont fourni des récoltes parfaitement saines, et cela dans le même terrain dans lequel des pommes de terre saines fournissaient à la récolte des tubercules malades.

MM. Darblay et Delavergne qui ont comme tout le monde une entière confiance dans le savoir de M Bonnet, désirent que ce fait soit pris en sérieuse considération. M. Pepin vient confirmer la lettre du professeur du Doubs par son propre témoignage, ayant observé les faits en 1846 : à cette époque où la maladie des pommes de terre fit de si grands ravages dans le département de la Seine, M. Pepin fit planter sur un cinquième d'hectare environ, des tubercules entièrement malades, et au mois de juillet il eut une récolte supérieure en qualité: le terrain, il est vrai, était neuf et les germes avaient été plantés à 0 m. 30 cent. de profondeur.

M. Payen fait observer que plusieurs fois déjà, ces faits ont été portés à sa connaissance et presque toujours ils étaient dus à des circonstances particulières. Les tubercules malades, en effet, étant exposés à l'air pour éviter qu'ils n'attaquent ceux qui sont sains, il en résulte que les parties atteintes par la maladie se dessèchent et que l'invasion du mal étant ainsi arrêtée dans le tubercule, il se trouve encore un assez grand nombre de germes, parmi ceux que l'on met en terre, pour que la germination se produise dans de bonnes conditions. Une commission a été nommée. F. F.

Moissonneuse Mac-Cormick (1).

Le plan figuré dans le précédent numéro n'offrant pas, en raison de ses dimensions réduites les détails de cette remarquable machine avec une clarté suffisante, nous offrons aujourd'hui à nos lecteurs un dessin sur plus grande échelle qui

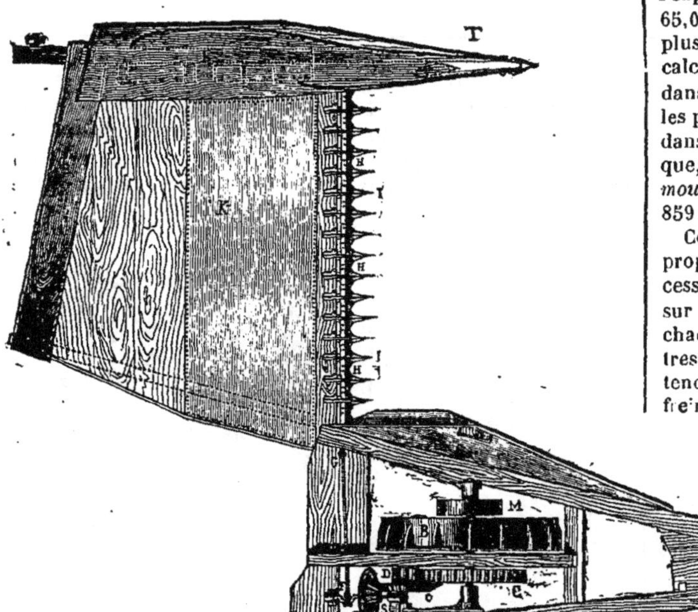

Moissonneuse Mac-Cormick.

achèvera de les initier à la composition et au jeu de la moissonneuse MacCormick.

B est une large roue en fer sur le périmètre de laquelle sont placés de petites saillies transversales destinées à mordre la terre et à augmenter la résistance. Cette roue distribue le mouvement à toute la machine. Une roue dentée C transmet le mouvement au pignon D; ce pignon entraîne une roue d'angle O qui, à son tour, fait marcher le petit pignon S du volant E. Ce volant fait mouvoir un arbre coudé F, auquel est adaptée une tige ou manivelle G qui imprime un mouvement horizontal de va et vient à la lame de la scie H.

Les dents I, qui pénètrent dans le chaume et séparent les tiges en petites javelles, sont percées horizontalement pour laisser passer la lame de la scie. Cette scie est formée de grandes dents triangulaires offrant un angle très obtus.

Ces tiges tombent sur une plate-forme K qui est recouverte d'une lame de zinc destinée à empêcher les dents du râteau de s'user. En L et L' sont des planches adaptées à la plate-forme sous un angle un peu obtus, qui empêchent les tiges coupées de s'échapper de la plate-forme avant que râteau du moissonneur les ait enlevées. Un soc T pénètre profondément dans le champ de blé et divise la partie que la machine doit couper.

(1) Voir les nos 9 et 10.

FAITS DIVERS.

Accidents sur les chemins de fer. — Bien des personnes ayant émis l'avis que les accidents de chemins de fer pouvaient être prévenus par la *moralisation* du personnel des compagnies, nous publions, d'après l'*Ingénieur*, quelques extraits d'un travail de statistique qui se poursuit en ce moment sur les chemins anglais :

1er semestre 1852. — Le nombre des personnes tuées est de 83, et celui des blessés de 99; il y a parmi elles 49 employés tués et 30 blessés.

1er semestre 1853. — 148 tués et 194 blessés; les employés y sont pour 83 tués et 63 blessés.

1er semestre 1854. — 100 tués et 119 blessés; les employés y sont pour 56 tués et 39 blessés.

1er semestre 1855. — 113 tués et 155 blessés; les employés y sont pour 63 tués et 37 blessés.

Or, pendant ces années-là, le nombre des employés attachés à l'exploitation des chemins de fer anglais, était en moyenne de 65,000, tandis que celui des voyageurs s'est élevé, chaque année, à plus de 100 millions : des nombres fournis par l'*Ingénieur*, nous calculons donc que, tandis que les employés et les voyageurs étaient dans le rapport numérique de 65 à 100,000, soit de 13 à 20,000, les pertes qui leur correspondent respectivement, se trouvaient dans le rapport de 62 à 111, ce qui veut dire en langage vulgaire que, toutes proportions rétablies, le risque couru par le personnel *mouvant* des compagnies anglaises, a été dans ces quatre années, 859 fois plus fort que le risque couru par les voyageurs.

Ce fait est brutal ; il est comme un gage de la vigilance que leur propre intérêt doit susciter à des employés dont la vie est sans cesse exposée dans une telle mesure. Si l'on observe, en outre, que sur les 45 accidents arrivés en moyenne sur ces mêmes lignes, dans chacune de ces quatre années, il y en a 22 causés par des rencontres de trains, on sera amené à conclure que les efforts doivent tendre par dessus tout à perfectionner à la fois les systèmes de frein et les transmissions de signaux.

Signaux électriques, système Tyer. —Sous peu de jours, M. Tyer, ingénieur et inventeur d'un système de signaux pour les chemins de fer, système adopté par la compagnie des signaux électriques, fera sur les chemins de fer de Strasbourg et de Lyon, l'installation d'appareils semblables à ceux qu'il a établis récemment en Angleterre sur plusieurs chemins de fer.

Sur la ligne de l'Est, ils fonctionneront entre les stations de La Villette, Bondy, Noisy, Gagny.

Sur celle de Lyon, entre les stations de Paris, Charenton, Maisons, Alfort.

Nous nous empresserons de communiquer à nos lecteurs les détails et les résultats des expériences.

Nouvelles et anecdotes. — *L'Edinburgh philosophical Journal* parle d'un insecte que l'on peut voir actuellement au jardin botanique d'Edimbourg. Cet insecte, le *phyllium scythe*, ressemble tellement à une feuille d'arbre, tant par sa couleur, sa forme et son immobilité, que les visiteurs s'y trompent toujours, jusqu'au moment où le gardien le fait s'envoler de dessus la plante sur laquelle il se pose.

Prix d'abonnement pour l'étranger.

Allemagne, 8 fr.;— Suisse, Parme, Plaisance, Modène, 8 fr. 50.— Etats Sardes, Grèce, Crimée, 9 fr.; — Hollande, Angleterre, 10 fr.; — Etats-Unis, Indostan, Turquie, 10 fr. 50; — Belgique, Prusse, Hanôvre, Saxe, Pologne, Russie, Espagne, Portugal, 11 fr.; — Toscane, 12 fr.; — Etats-Romains, 16 fr. 50.

Le propriétaire, rédacteur-gérant :
VICTOR MEUNIER.

PARIS. — IMP. J.-B. GROS, RUE DES NOYERS, 74.

Deuxième année. — N° 12. Quinze centimes. **23 mars 1856.**

L'AMI DES SCIENCES

BUREAUX D'ABONNEMENT
13, RUE DU JARDINET, 13
Près l'Ecole de Médecine
A PARIS

JOURNAL DU DIMANCHE
SOUS LA DIRECTION DE
VICTOR MEUNIER

ABONNEMENT POUR L'ANNÉE
PARIS, 6 FR.; — DÉPART., 8 FR.
Étranger (Voir à la fin du journal)
ENVOYER UN MANDAT DE POSTE

Télégraphe Américain.

Le télégraphe de Morse est presque le seul qui soit employé en Amérique ; il est en usage dans des pays voisins du nôtre,

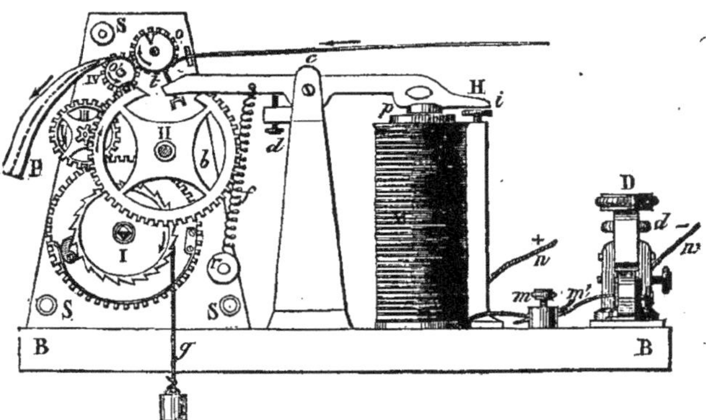

Fig. 1.

il vient jusqu'à nos frontières et même il pénètre chez nous : par exemple, à la direction de Strasbourg, il y a à côté du télégraphe français un télégraphe de Morse qui correspond avec Kehl où est la première station du grand duché de Bade. Nous allons en donner la description d'après l'un des hommes les plus compétents en pareille matière, M. L. Breguet, qui a bien voulu mettre à notre disposition les gravures accompagnant son *Manuel de la télégraphie électrique*, de sorte que cet article, en même temps qu'il fera connaître un appareil des plus intéressants, offrira un spécimen d'un ouvrage rapidement arrivé à sa troisième édition, et qui par la clarté, la simplicité, la concision de ses descriptions, le nombre et la netteté des figures qui en facilitent l'intelligence, est digne de son grand succès (1).

(1) Un vol. in-18 accompagné de gravures dans le texte et de deux planches; chez Victor Dalmont, 49, quai des Augustins.

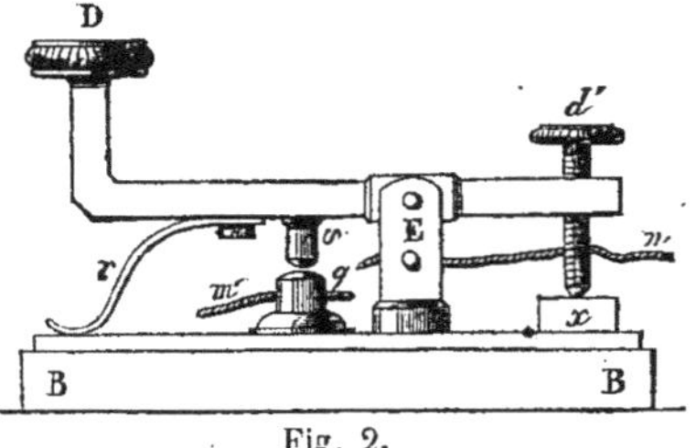

Fig. 2.

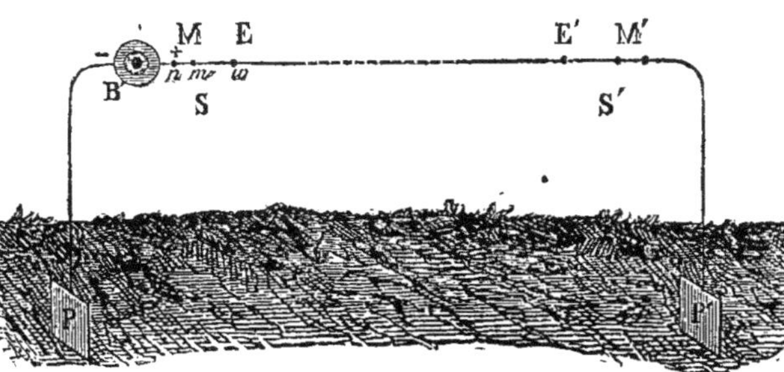

Fig. 3.

La fig. 1 montre une base BB sur laquelle est posé le rouage SS mu par un poids, dont la corde *g* à laquelle il est suspendu s'enroule autour du cylindre I. Une bande de papier PP' est entraînée par deux cylindres *o* et *o'*. M électro-aimant, H *c t*, armature dont le centre de mouvement est en *c*, et qui à l'au-

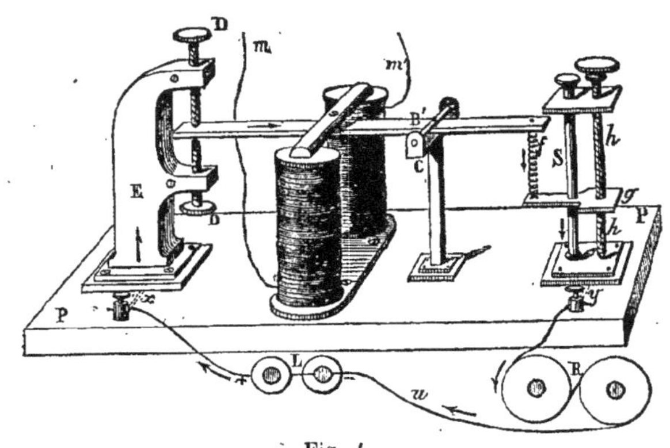

Fig. 4.

tre extrémité *t* porte une pointe qui peut presser contre le papier passant sous le rouleau *o* ; *i* et *d*, vis qui servent à régler le mouvement de l'armature; *n*, une extrémité du fil qui communique au pôle + de la pile, l'autre bout est fixé au bouton *m*. Le manipulateur ou clef (fig. 2.), est formé d'un levier D E *d'*, dont E est le centre de mouvement. *v*, partie métallique excédente qui peut, en s'abaissant, venir toucher à la pièce en métal *q*. *r* est un ressort qui maintient le levier hors de contact. *d'*, vis qui, étant tournée, élève la partie F *d'*, pour mettre *v* et *q* en contact permanent; on dit alors que la clef est *fermée*; dans le cas contraire elle est *ouverte*. Le bouton *m* (fig. 1) est en communication avec le fil *m'* de la clef.

A la colonne E s'attache le fil qui va d'une station à l'autre.

L'appareil en activité (fig. 3) : S, S', désignent deux stations en correspondance. B, la batterie installée à la station S.

M, M', électro-aimants près de la machine ; E, E', les clefs ou manipulateurs ; *w*, *w'*, fil conducteur ; P, P', plaques qui sont dans la terre. P communique avec le pôle —, et P' avec l'extrémité *n* du fil enveloppé sur l'aimant M'. Dans le repos, tant qu'il n'y a pas de correspondance, les deux clefs sont fermées, c'est-à-dire que *v* et *g* sont en contact. Par cette disposition, le courant de la pile est aussi fermé et circule toujours ; l'armature est attirée, la pointe *t* se relève et presse contre le papier.

La direction du courant suit la marche ci-après : du pôle + à M, il sort par *n*, *m'*, *q*, *v*, E *w*, *w'* E' *v'*, *q'*, *m'*, M', *n'* et P' à la terre, par où il retourne à P.

Quand une station veut correspondre, par exemple S, l'employé ouvre sa clef en desserrant la vis *d'*, ce qui interrompt le courant. Sur les deux stations, les armatures se détachent des électro-aimants. C'est en répétant ce mouvement rapidement que l'employé de la station S' est averti qu'on veut lui parler. Aussitôt il rend libre le rouage de sa machine, et le papier se met à passer rapidement devant la pointe *t*, au moyen de laquelle on trace les caractères de convention, en formant des combinaisons de points et de traits, comme ·· — · — · ··.
u. f. o.

La pointe qui presse contre le papier exige une force assez grande, et l'on ne pourrait, à une grande distance, aimanter suffisamment un morceau de fer pour qu'il eût la force nécessaire à cette pression. Morse a tourné la difficulté en employant un second électro-aimant, auquel il a donné le nom de relais, parce qu'en effet, quand on lui a donné sa force, il en met une autre en activité, au moyen d'une pile locale qui est à côté de l'instrument, et comme le courant de cette pile n'a aucun conducteur étranger à traverser, elle dispose de toute sa force pour l'électro-aimant seul.

La figure 4 montre cet appareil. M, M', autres aimants. A, l'armature. C, son centre de mouvement. S, ressort qui sert à ramener l'armature après la cessation du courant. B, B', les deux bras de l'armature. D, D', deux vis qui règlent le mouvement d'oscillation de l'armature, dont les étendues doivent être très-petites. D, porte une pointe en ivoire, et D' est entièrement métallique. L, pile locale. R, électro-aimant, P, P', les pôles de la batterie locale ; P communique avec E et par suite avec la vis D' ; P' communique avec le ressort S, et conséquemment avec les bras B', B de l'armature. *m m'*, extrémités du fil de l'électro-aimant M, M'.

Cet électro-aimant a seulement à faire baisser l'armature A en l'attirant, cela ne peut nécessiter que très-peu de force. Cet aimant est relié directement avec le fil conducteur de la ligne électrique. Voici sa fonction. Quand la station éloignée envoie son courant, celui-ci passe dans M, M', l'aimantation fait baisser A, et par conséquent le bras B, qui vient appuyer sur la pointe de la vis D' ; à cet instant, le circuit de la pile locale est fermé, et partant du pôle +, le courant arrive en P, puis à E, continue par le levier B, et trouvant le ressort S, il descend, arrivé en P', et parcourant le fil de l'électro-aimant B, en ressort, pour revenir à la pile. A cet instant, l'armature de l'appareil a été attirée et elle a pressé le papier.

On conçoit que l'on peut donner à la pile locale toute la force nécessaire sans aucune difficulté, et qu'une force très-faible, venant de très-loin, puisse la faire fonctionner. Avec cette simple disposition, Morse a pu faire marcher son appareil à toutes les distances.

De l'électricité brute et de l'électricité intelligente.

Mens agitat molem.

Je sors d'une maison des plus honorables où on a eu la bonté de me laisser discuter pendant quatre heures avec un charmant guéridon laqué. Voici les points saillants de cette discussion :

— Dis-nous d'abord si tu es un être indépendant et différent de nous ? — Non. — Mais qu'es-tu donc ? — Je suis votre âme ! — Tu ne peux donc agir que par nous et avec nous ? — Si je le pouvais, est-ce que je ne me manifesterais pas sans vous ? — Oui, mais c'est que tu as besoin de nos organes pour te manifester. — Certainement, puisque c'est vous qui me créez. — Comment se fait-il que tu es plus intelligent que chacun de nous pris à part ? — C'est que vous êtes plusieurs et que la résultante est plus grande que l'unité. — Mais comment sais-tu des choses que nous ne savons pas ? — Sais-tu ce que tu sais ? Sais-tu ce que tu peux ? — Quand tu frappes au loin ou que tu fais apparaître des lueurs, comment cela se fait-il ? — Par l'électricité. — Ah oui, l'électricité mise en mouvement par l'âme ? — L'âme c'est l'électricité, c'est la vie. — Il y a pourtant des athées qui nient l'existence de l'âme ? — En connais-tu ? — Oui, W... — Il le dit, mais il ne le pense pas. — L'esprit est-il subordonné à l'âme ? — C'est la même chose. — Si de grands savants s'associaient pour interroger les tables, ils obtiendraient donc des résultats magnifiques ? — C'est selon, il y a des âmes qui s'ignorent faute d'exercice, et cela dépend de l'unité et de l'harmonie des pensées. — Mais si des criminels s'asseyaient autour d'un guéridon, quel serait le sujet de leur conversation ? — Ils parleraient crimes, vol, assassinat, etc. — Si c'étaient des imbéciles ? — Ils diraient des *imbécillités*. — Il n'y a donc pas de moyen sûr de s'instruire avec les tables ? — Qui donc pourrait mieux t'instruire que ton âme qui est la *reproduction* du divin Créateur ?

Je vous prie de croire que je n'ajoute rien à cette relation que j'ai fait collationner par les personnes présentes à la séance, séance dont elles avouent n'avoir jamais eu de plus explicite, à cause de la parfaite unité qui régnait dans l'assemblée ce soir-là.

Reprenons la discussion.

— Ainsi, toi que je croyais un esprit indépendant de ceux qui te font agir, tu n'es que notre création éphémère ; il est donc inutile de te consulter puisqu'on n'en peut rien retirer ? — N'est-ce donc rien qu'un miroir pour voir plus clair dans ta conscience et celle des autres ?

A ce compte l'invention de la table parlante correspondrait dans l'ordre moral à l'invention du microscope dans l'ordre physique, puisqu'ils servent tous les deux à rassembler des rayons épars pour éclairer des choses souvent confuses, embrouillées ou imperceptibles à l'œil nu. La table serait donc un réflecteur parabolique des lumières diffuses de notre conscience, qui viennent converger en un point avec un degré d'intensité que nous serions incapables d'obtenir dans notre isolement. *Væ soli.*

Quand ce ne serait que cela, en effet, il est évident que les tables parlantes seraient d'impayables secrétaires, susceptibles de rédiger en termes choisis, non seulement nos pensées vagues, mais de débrouiller nos intentions les plus nébuleuses, de corriger nos vers boiteux, de nous dicter les lettres d'affaires les plus prudentes, et de nous composer des chants et des paroles de première facture. C'est en cela surtout que la pratique des tables en petit comité peut être d'un grand secours, bien qu'elles n'évoquent, en résumé, que ce qui est en nous, mais qui n'en serait peut-être jamais sorti ; comme le statuaire ne tire d'un bloc que la statue qui s'y trouvait, et qui pouvait y rester éternellement sans l'évocation du sculpteur. La table a confirmé cette explication.

Remarquons bien que c'est toujours l'esprit familier de la maison ou du petit comité qui se manifeste. La table sera peintre ou poète, religieuse ou impie, triste ou gaie, d'après la société qui la fait agir ; cela ne fait plus l'objet d'un doute. Les tables turques sont mahométanes, les tables protestantes sont calvinistes ou luthériennes, etc.

Il n'y a donc pas d'autre esprit dans la table, que l'esprit de ceux qui l'entourent et l'influencent. Ceux qui n'obtiennent que des esprits ignares, menteurs, sales ou bêtes, ne font pas l'éloge du leur. Ce miroir magique dévoile l'état piteux de leur conscience.

Cette explication a plus d'un point de contact avec celle de M. *Morin* que j'ai combattue jusqu'aujourd'hui ; mais j'avoue mon erreur et comme lui je ne crois plus aux esprits, aux sorciers, aux revenants en dehors de notre création, puisque le phénomène peut s'expliquer autrement et d'une façon plus rationnelle et plus directe.

Je suis d'avis que si Morin avait gardé l'anonyme dans ses écrits, il aurait fait, dans l'ordre scientifique, la même sensation que *Junius* dans l'ordre politique. Morin est un penseur et un écrivain samsonnien capable d'ébranler le dôme de la Sorbonne et de l'Institut, si on le laissait faire.

Chacun de nous possède donc un fond de richesse intellectuelle inépuisable dont nous ne connaissons que les affleurements. C'est une mine dont il ne peut qu'égratigner la surface, mais qu'il serait en état d'exploiter par l'association, d'autant plus profondément que ses collaborateurs seraient plus nombreux, plus dévoués et plus laborieux.

Voila une comparaison physique qui s'applique on ne peut mieux à l'exploitation de la conscience et donne raison à l'église, et motive la prière en commun.

Il n'y a pas de miracles qui ne puissent résulter de la collaboration spirituelle d'un nombre de fidèles rassemblés autour de la sainte table pour communier avec Dieu.

La difficulté consiste à produire l'unité d'aspirations, et la sincérité de la foi chez les collaborateurs qui seraient capables de soulever des montagnes, aux termes de l'Evangile, s'ils agissaient d'accord ; mais on sait que les résultats peuvent être annulés par la présence d'une action mentale, d'un seul intrus malintentionné, précisément comme dans le magnétisme, ce qui prouve l'identité des deux phénomènes. Les expérimentateurs ne doivent jamais perdre cela de vue, car c'est ce qui a fait échouer tous les essais tentés en présence des académiciens, éléments négatifs s'il en est.

Serait-ce là ce qui a fait repousser, avec tant de soin, les profanes de tous les temps et de tous les temples, pendant la célébration des mystères ? Je n'en doute pas.

Ce que tu me demandes, m'avait dit le guéridon, n'est rien moins que la révélation du phénomène tout entier.

Il y avait huit ou neuf témoins silencieux et attentifs, qui n'ont pas perdu un mot de la discussion ; j'en ai probablement perdu plus qu'eux.

Encore un souvenir :

— Est-ce que les esprits, après la mort, ne vont pas choisir spontanément chacun leur place dans le monde spirituel, d'après le degré de pureté qu'ils ont acquise pendant leur temps d'épreuve sur la terre, comme l'a dit Swedenborg ?

Le guéridon, après avoir fait un mouvement d'étonnement, répond : — Pas mal trouvé ! C'est dommage que ce ne soit pas vrai !

C'est cependant très-séduisant, car beaucoup de faits semblent mieux s'expliquer en admettant l'existence des esprits : mais quand on aura la mesure de la puissance de l'âme humaine, tout s'éclaircira plus simplement encore, jusqu'au transport des objets matériels, ce qui est prévu déjà par le soulèvement des tables, en violation des lois de Newton.

Si l'âme est un foyer d'électricité, un électro-moteur *self-acting*, intelligent, il peut produire de la lumière, du calorique et de la force, par la multiplication des éléments. Une table de trois ou quatre personnes ne serait autre chose qu'une batterie vivante de trois ou quatre éléments, dont les volontés combinées mettraient en mouvement les corps inertes, aussi bien qu'elle y met nos muscles, même à notre insu, comme dans l'acte de la respiration. Pourquoi notre seule présence ne produirait-elle pas un effet quelconque, sympathique ou antipathique sur ce qui nous entoure, même à distance, sous la pression du libre arbitre qui nous reste acquis dans tous les cas.

On expliquerait ainsi le mauvais œil, la *jettatura*, les sorts et les malédictions qui semblent planer sur certaines gens qui se sont attiré, par quelques mauvaises actions, des haines vigoureuses et persévérantes.

Plus d'une personne de nature choisie nous a confié que les individus qui lui ont gratuitement fait du mal, finissaient misérablement ; comme si le don de les obséder par la pensée lui était octroyée par la justice distributive universelle, cette électricité statique du monde moral dont l'équilibre indûment rompu tend sans cesse à se rétablir.

Nous ajouterons que, puisqu'une torpille peut tuer une grenouille à distance, par une décharge électrique dirigée à sa volonté, un homme peut bien renverser certains bipèdes venimeux comme on est exposé à en rencontrer dans la vie.

Ceci expliquerait parfaitement l'*envoûtement*, et les *obsessions*, ainsi qu'une foule de phénomènes anciens dont on avait pris le parti de nier l'existence dans l'impossibilité de les expliquer d'après notre ignorance de cette partie des lois de la nature qui n'a jamais fait l'objet des études officielles.

Si nous admettons l'existence d'une électricité morale analogue à l'électricité matérielle, le phénomène de la vie toute entière devient expliquable ; l'électricité émanée de l'âme du monde, devient le moteur universel qui fait couler le sang dans nos veines, monter la sève dans les végétaux, rassembler les molécules minérales dans les filons terrestres, et tourner les globes célestes.

L'électricité serait le principe unique dont la providence se sert pour régir l'univers entier. Cette simplicité, cette unité de moyens est un des attributs les plus remarquables de la puissance du créateur qui n'a pas besoin, comme nous, de la complication des rouages et des ressorts.

Le célèbre chimiste *Van Mons* nous a certifié qu'il avait, par sa seule présence et sa volonté, déterminé des combinaisons chimiques qui refusaient de s'opérer sous la main de ses élèves.

Les anciens étaient plus près de la vérité que nous en disant que l'esprit régit ou remue la matière, *mens agitat molem*.

Cela compris et admis, tous les phénomènes du monde objectif et subjectif deviennent explicables d'une manière intelligible.

Si au lieu de ne considérer l'électricité que comme agent aveugle (1) qui ne suit que le chemin matériel qu'on lui trace, vous lui accordez de l'éclectisme quand il procède des règnes minéral et végétal, de l'instinct quand il procède du règne animal, et de l'intelligence quand il part du cerveau de l'homme, vous aurez la clef des arcanes qui ont été jusqu'ici lettres-closes.

Notre pensée qui se transporte aussi vite que l'électricité d'un lieu à un autre, présente un air de parenté ou de similitude qui pourrait au besoin passer pour de l'identité. La différence de qualité de ces diverses électricités ne peut-elle pas être attribuée à la différence des éléments qui les produisent ? Pile minérale, pile végétale, pile animale, car il vient d'être démontré par M. Becquerel, à l'Académie des sciences, que « la vie est le résultat d'une action de piles voltaïques fonc-« tionnant continuellement à l'aide de leurs pôles négatifs et « positifs correspondant entre eux, et qui cessent d'émettre

(1) Nous avons déjà émis l'opinion que le tonnerre en boule ou l'électricité globulaire qui se promène lentement autour d'un appartement comme pour l'examiner, qui se dirige vers un trou recouvert, décolle le papier et se précipite dans la cheminée, paraissait doué d'une certaine intelligence.

On en peut dire autant d'une foule d'effets produits par la foudre, tels que l'impression des monnaies tirées de la bourse d'un avare sur la peau de son dos. Ne serait-ce pas la preuve de l'existence d'une électricité intelligente? Et de quel droit attribuerions-nous à notre cerveau seul le monopole de l'intelligence? Une boule de feu ne peut-elle pas en contenir autant qu'une boule de chair?

« de l'électricité aussitôt que l'action des piles n'a plus lieu. » Cette découverte de la science physique coïncide parfaitement avec celle de la science psychique. M. Becquerel aurait dû faire entrevoir que l'électricité engendrée par le contact d'un acide ou d'un métal pouvait différer de celle que produisent des éléments végétaux ou animaux, et que l'électricité cérébrale humaine était plus apte à produire des pensées que des chocs et des étincelles. Vous voyez que la science matérielle n'est plus très éloignée de la science spirituelle depuis que leur point de contact est trouvé.

Je n'entrerai pas plus loin dans cette forêt vierge où je ne serai suivi que de ces rares adeptes qui ne font nulle difficulté de dépouiller les vieilles défroques qu'ils ont longtemps portées, pour essayer un habit neuf et le garder s'il leur va.

X***.

Nouveau système de sciage

de M. Eugène Chevallier.

L'Exposition universelle n'offrait dans cette partie importante de l'industrie qu'un seul système entièrement nouveau, celui de M. Eug. Chevalier. En effet, la scie circulaire due à Brunel est en application depuis trente ans. La scie à ruban est due à Pawels, M. Perrin s'en sert depuis longtemps avec une dextérité merveilleuse. La scie de M. Lenormand fils, du Hâvre, sert à scier, seulement, les pièces de bois courbes pour la marine, elle offre plusieurs combinaisons très ingénieuses pour forcer les lames à obéir suivant des plans courbes dans de certaines limites. Mais elle coûte 18,000 fr. Il faut pour la conduire un homme très adroit, elle exige beaucoup de puissance motrice, car les lames larges de 10 cent., épaisses de 5 millim., frottent tellement qu'elles noircissent le bois.

Le système de M. Eug. Chevallier consiste dans l'application de la continuité à des fils, des cordes, des lames et chaînes sans fin métalliques de toutes natures et façons. Une roue quelconque pour donner le mouvement, une autre roue folle pour le renvoi, de l'eau et de la poussière dure, voilà tout. L'objet à scier une fois soumis à l'organe de sciage en mouvement, il n'y a plus à s'en occuper. Nulle complication, et cependant on scie avec économie de trois fois la force, toutes longueurs, toutes épaisseurs, suivant tous plans, toutes coupes, dans toutes les positions et directions. On scie les plus petites pierres pour la mosaïque, et 100 mètres de granit. On refend sur son épaisseur une glace mince ou bien un rocher, suivant un plan quelconque. On scie les pièces de bois de marine suivant les plans les plus courbes et les surfaces les plus gauches. On exécute des découpures délicates sur du porphyre, ou l'on divise par tronçons de vieux canons trop gros pour être fondus. On peut espérer raisonnablement de débiter de vieux remparts en pierres de taille, et des bancs de pierres sur carrières, ou du charbon en mine, en cubes réguliers.

Déjà, un ingénieur anglais applique ce système au débit des pierres employées à la fortification du port de Portsmouth, un ingénieur américain au sciage des blocs immenses de cuivre natif du Lac supérieur. Un ingénieur français, M. Mougel-Bey, en essaiera l'application aux travaux immenses du percement de l'isthme de Suez. Cette invention est très importante, et c'est à peine si elle a été remarquée à l'Exposition tant elle était à une place cachée et tant l'auteur faisait peu de bruit.

Harnachement des bêtes de somme.

Perfectionnements apportés par M. Aug. Thérèse.

On sait que dans la boucle ancienne, c'est un ardillon mobile qui sert à retenir la courroie dans un anneau.

Il y a là une cause permanente très active de déchirement pour la partie du cuir percée de trous appelée *embouclement*, car elle est courbée brusquement et l'ardillon agit dessus comme un soc de charrue pour l'ouvrir.

Plus le cuir que l'on emploiera en cette partie aura de rigidité ou d'épaisseur, plus l'effet désastreux se multipliera, car alors le cuir se cassera. Si le cuir est droit, la boucle et l'ardillon forment des lignes brisées. L'ardillon actuel est posé obliquement, comme tout instrument avec lequel on veut diviser un tissu quelconque. Cela est si vrai qu'un trait manque toujours à la boucle à ardillon.

Dans la boucle de M. Thérèse, deux pitons, l'un *sous* la partie antérieure de la boucle, l'autre *sur* la branche médiane appelée *pont*, et faisant corps avec elle, s'élèvent perpendiculairement au plan de la boucle et du cuir qui alors lui est parallèle, et arrêtent ce dernier en deux points, et en trois points dans quelques boucles. En conséquence, les harnais de M. Thérèse avec des cuirs moins forts sont plus résistants et durent plus longtemps.

Cette nouvelle boucle est plus facile à confectionner; elle vient parfaitement à la fonte sans plus de main-d'œuvre; elle est d'un service journalier plus facile, plus prompt, moins dangereux, car l'ardillon ancien blesse souvent bêtes et gens; elle permet de dégager plus promptement une bête abattue dans les brancards; enfin elle ne coûte pas plus cher, et elle s'applique parfaitement à tous les autres et différents usages de la boucle : ceinturons, guêtres, etc.

La sellette, cette autre pièce si importante d'un harnais, a été perfectionnée profondément aussi par M. Thérèse; il a remplacé l'arçon en bois par du cuir fort, fixé seulement suivant le garot du cheval, par deux clés en fer qui servent en même temps aux passe-guides.

Ces nouveaux mantelets et sellettes se modifient à l'instant même suivant la conformation du cheval, et ne le blessent plus jamais. La durée en est bien plus longue, car c'est par la pourriture du bois d'arçon que les anciens mantelets et sellettes périssaient. M. Garnier, loueur de chevaux et de voitures, passage Sandrier, s'est empressé d'essayer ce système breveté tout nouvellement, et a confirmé par un emploi de chaque jour toutes les espérances de l'inventeur.

L'Ecrasement linéaire (1).

2e Article.

Les figures 1, 2, 3 et 4 nous permettent d'aborder l'intéressante question du *mécanisme* de l'écrasement linéaire et d'expliquer comment, dans la méthode chirurgicale de M. Chassaignac, la séparation des tissus vivants a lieu sans effusion de sang, ce qui est le caractère essentiel et le principal avantage de cette méthode. C'est au mode d'action de l'écrasement sur le tissu artériel que nous devons particulièrement nous arrêter (2).

Si l'on détache une carotide d'homme sur un sujet avancé en âge, ou bien la carotide d'un bœuf, et si on la soumet à l'action de l'écraseur jusqu'à la section complète de l'artère, voici ce qu'on observe : les deux tuniques internes divisées les premières, sont plissées et refoulées de manière à former déjà une espèce de tampon qui bouche la lumière du vaisseau. D'une autre part, la tunique celluleuse adossée à elle-même, s'effile en quelque sorte avant de se détacher complétement et agglutine tellement ses propres parois l'un à l'autre, qu'il y a là un second mode d'oblitération ou déformation du vaisseau.

(1) Voir le nº 10.
(2) *Traité de l'écrasement linéaire*, p. 14.

Si après l'écrasement ainsi opéré, on introduit un tube dans l'intérieur de l'artère et si l'on souffle avec force, comme pour déboucher l'extrémité sur laquelle a été appliqué l'instrument, on éprouve une résistance si grande qu'un adulte vigoureux est impuissant à la vaincre.

La figure 1 représente un tronçon artériel après l'opération. La tunique celluleuse est, comme on le voit, convertie en une espèce de prolongement caudal.

La figure 2 montre la même artère divisée longitudinalement; la lettre B indique le rebroussement des deux tuniques internes, qui remonte à l'intérieur du vaisseau à une hauteur de 1 centimètre et demi. A est le prolongement caudal de la celluleuse.

Les fig. 3 et 4 représentent le résultat d'une coupe faite perpendiculairement sur la longueur du vaisseau, dans la partie du tronçon correspondant à la rentrée des tuniques internes.

On peut dire, d'une manière générale, que l'écrasement linéaire, au lieu d'ouvrir les vaisseaux comme l'instrument tranchant, vaisseaux qu'il faut fermer ensuite par des ligatures ou par tout autre moyen, commence par clore hermétiquement et solidement les vaisseaux avant de les séparer de leurs tronçons.

Quelle action l'écrasement linéaire exerce-t-il sur la sensibilité des tissus? La théorie faisait prévoir des douleurs intolérables, l'expérience a démenti cette prévision; après les premiers effets du pincement produit par la pression qu'exerce l'appareil, la partie étranglée se tuméfie et perd promptement toute sensibilité. De sorte qu'il n'y a de très-douloureux que le premier moment de la constriction.

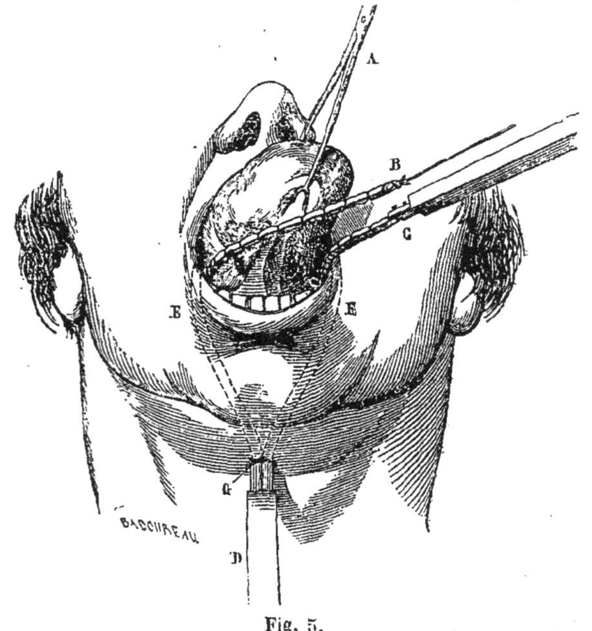

Fig. 5.

Les fig. 5 et 6 montrent l'écraseur linéaire appliqué à l'amputation de la langue dans le cas de cancer de cet organe; deux écraseurs et l'aiguille à résection de M. Chassaignac, sont nécessaires à l'exécution du procédé opératoire.

A (fig. 5), érigne au moyen de laquelle la langue est fortement amenée au dehors et en haut. B et C, extrémités de la chaîne destinée à la section des attaches inférieures de la langue sur le plancher buccal. B, celle des deux extrémités de la chaîne qui vient d'être conduite à travers les rainures latérales de la langue, et qui est ramenée par son fil conducteur, près de l'autre extrémité C, laquelle est déjà articulée avec la crémaillère, à l'intérieur de la gaîne d'un premier écraseur. E et F, trajet que décrit, dans la profondeur des parties, la chaîne de l'écraseur placée à la région sus-hyoïdienne, chaîne destinée à trancher les attaches postérieures de la langue. D, canule de l'écraseur placée à la région sus-hyoïdienne. G montre le lien dans lequel les deux extrémités de l'anse métallique jetée sur la base de la langue, rentrent dans la canule de l'écraseur sus-hyoïdien.

La fig. 6 représente une coupe faite sur le cadavre et indiquant la position exacte des écraseurs quand ils sont mis en place pour la séparation des attaches hyoïdiennes ou postérieures de la langue, et des attaches inférieures ou buccales

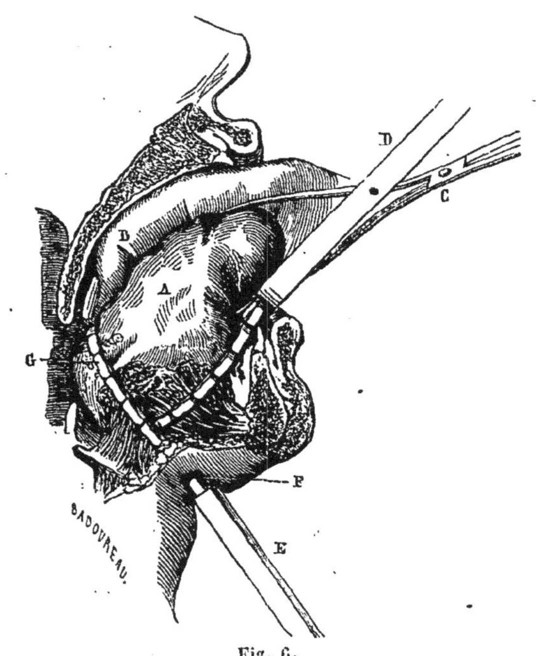

Fig. 6.

du même organe. A, corps de la langue. B, doigt indicateur droit de l'opérateur, refoulant en arrière l'anse métallique de l'écraseur placé à la région sus-hyoïdienne. C, l'érigne. D, position de l'écraseur qui doit détacher les attaches inférieures de la langue. E, l'écraseur de la région sus-hyoïdienne. F, point dans lequel pénètre la chaîne de cet écraseur. G, trajet de l'anse métallique appartenant à l'écraseur E.

CORRESPONDANCE.

Expériences de M. Billiard (de Corbigny).

Monsieur le rédacteur,

Permettez-moi de répondre à la lettre de l'honorable M. de Caudenberg relative aux expériences que je signalais dans un de vos derniers n°. L'auteur de cette lettre sur ma première expérience émet cette opinion que le phénomène observé est le résultat de la loi universelle de l'attraction. Je suis loin, assurément, de vouloir en rien infirmer cette loi, mais ici il n'y a pas lieu de croire qu'elle soit en action, car, en prenant les précautions convenables indiquées par moi dans les mémoires cités, on s'assure facilement que les corps inertes ne possèdent point la faculté de dévier mes appareils. Les aiguilles placées horizontalement tournent sur elles-mêmes sous une cloche. Dans mes expériences, il faut, pour ne point altérer les résultats, se placer de telle sorte que le corps de l'individu qui les fait soit entièrement caché : que son regard seul vienne, par une légère ouverture, observer les faits ; il faut que les objets que l'on met près de la paroi externe de la cloche soient tenus, non pas avec la main, mais présentés de telle sorte que l'on n'ait pas le moindre contact avec eux; dans ces circonstances, on s'aperçoit bien vite que l'appareil reste immobile en présence des métaux, de la pierre, du bois, des animaux morts, tandis que ces mêmes animaux, vivants, ont une action rapide. Je n'ai point signalé les expériences les plus décisives, n'ayant point consulté mes mémoires pour faire l'objet de ma première lettre, j'ai donc laissé des faits dont je vais rappeler quelques-uns.

Si on construit un appareil avec des feuilles d'or battu attachées à un fil sans torsion, on le verra tourner sur lui-même en approchant la main ; mais si on élève la température dans l'intérieur de la cloche à + 40°, le fluide que nous émettons sera sans action sur lui, d'où la conclusion qu'à une température supérieure à la nôtre, notre fluide ne peut se fixer sur les corps. Dans les études que j'ai faites sur les plantes ou parties de plantes, la déviation des aiguilles suspendues horizontalement a toujours lieu ; seulement, pour les unes elle se fait de droite à gauche, pour les autres de gauche à droite. Ce fait se présente, mais point constamment pour la main de l'homme ; la droite fait dévier à gauche, *et vice versâ* ; l'action est nulle de la part de certaines plantes, les malvacées; faible dans les crucifères; puissante dans les solanées. Les tubercules sains de la pomme de terre ont une action très manifeste; elle est nulle de la part des tubercules malades.

Admettant donc, d'après ces expériences, que les animaux, les plantes possèdent un fluide propre, j'explique ainsi le phénomène qui jusqu'à présent ne l'a point été et que présente le *Mimosa pudica* au contact de la main de l'homme, en disant que le fluide qui s'échappe de nos organes chasse celui qui est naturel à la plante et sans lequel son existence ne peut se continuer. J'appuie cette manière de voir sur cet autre fait, que si l'on met une plante en germination (une fève, par exemple), dans une cloche qui contient un de ces appareils, ce dernier ne peut se mouvoir sous l'influence des autres plantes qui avant possédaient une action sur lui. Le même fait se présente à l'égard de l'homme; lorsqu'une aiguille en gomme laque placée horizontalement a été influencée par lui, elle ne peut être mise en mouvement par un autre que lorsque le fluide dont elle est chargée est entièrement dissipé, et, chose singulière! elle se met en mouvement sous l'influence du fluide qui émane, soit d'un animal, soit d'une plante.

Ces expériences qui, je crois, doivent suffire, ont été entreprises, non dans le but de venir en aide au magnétisme ni aux tables tournantes (car, jusqu'à présent, je ne crois à aucun des faits signalés par les magnétiseurs), elles l'ont été dans celui d'éclairer les phénomènes que présentent le choléra et les plantes malades.

Recevez, etc. BILLIARD.

Corbigny, le 14 mars 1856.

Enquête sur le magnétisme animal.

Paris, le 14 mars 1856.

Monsieur le rédacteur,

Ce n'est point comme apôtre du magnétisme que j'ai l'honneur de vous écrire ; c'est tout simplement pour rectifier une accusation beaucoup trop absolue lancée aux médecins par M. J.-A. Gentil. Dans votre numéro de *l'Ami des sciences* du 9 mars, il dit : « Le magnétisme a bien des détracteurs intéressés parmi les médecins.:.. » J'ai meilleure opinion, et pour cause, du corps qu'il attaque ainsi, je suis convaincu que tous les médecins ont trop le sentiment des devoirs de leur profession pour repousser, par motif d'intérêt, un moyen quelconque qui pourrait être utile à leurs semblables. C'est en cela que pèche l'accusation de M. Gentil.

Mais en dehors de la profession, les médecins sont des hommes comme les autres, et à ce titre ils peuvent quelquefois avoir leur dose d'incrédulité mal placée. Tout ce qui leur semble trop en dehors des habitudes et des conventions ordinaires des humains de notre époque, ils le repoussent trop souvent sans enquête et sans examen ; ou bien ils ne veulent y donner qu'une attention tellement superficielle qu'elle devient nu le par rapport à certains faits.

De ceci je conviens sans peine, j'en ai trop la preuve tous les jours. Mais c'est l'organisation humaine, c'est l'éducation actuelle qu'il faut accuser et non l'intérêt personnel.

Qu'on me dise que la condition de médecin a des obligations particulières ; d'accord. Mais ne sait-on pas que toute science a sa petite somme de préjugés et que toute école a ses traditions. C'est là qu'il faut frapper. En général, on peut dire que la médecine prend sa bonne part du dévouement qu'on doit à la société et à ses semblables. En cette considération, mettons de côté toute accusation d'intérêt.

Et pour donner la preuve à l'appui de mon affirmation, je veux bien dire à M. J.-A. Gentil, qu'il m'est arrivé à moi-même de magnétiser et de produire un assez haut degré d'insensibilité pour avoir pu extraire une dent molaire sans que le sujet de l'opération ait témoigné le moindre signe de douleur. Je sais tel et tel académicien qui pourraient en dire autant ; je leur laisse le soin de prendre leur temps et leur jour.

Recevez, etc. LEBOUCHER, d. m. p.

ACADÉMIE DES SCIENCES.

Séance du 17 mars.

La séance n'a offert aujourd'hui aucun intérêt, l'Académie s'étant formée en conseil secret avant quatre heures.

M. le secrétaire perpétuel donne lecture d'une lettre qui accompagne l'hommage fait à l'Académie par la Société zoologique d'acclimatation, des deux volumes (1854 et 1855) des comptes-rendus de ses séances. Cette lettre fait connaître que la Société qui n'a guère plus de deux ans d'existence, compte déjà 1000 membres et possède une bibliothèque et une collection ouvertes tous les jours aux visiteurs.

— M. Leverrier porte à la connaissance de l'Académie que le nom de *Lœtitia* vient d'être donné à la dernière petite planète découverte par M. Chacornac.

— M. Max. Schultz a adressé, il y a quelque temps, à l'Académie des sciences, un mémoire imprimé sur les œufs de lamproie: ce mémoire n'a pu être l'objet d'un rapport écrit, mais M. Duméril a dit aujourd'hui quelques mots de ce travail qu'il juge très-intéressant par les études entièrement nouvelles qu'il renferme : ainsi les œufs de lamproie offriraient, selon M. Schultz, une très grande analogie avec les œufs des batraciens, et cette remarque donnerait entièrement raison à la classification qui place la lamproie comme transition au règne des poissons. M. Duméril approuve donc verbalement ce travail et le recommande comme digne de l'attention de l'Académie

— MM. Zier et Gueyton ayant adressé à l'Académie, dans sa dernière séance, une réclamation de priorité à l'occasion des procédés de galvano-sculpture de M. Lenoir, M. Becquerel, rapporteur de la commission nommée à l'effet d'examiner ces procédés, avait exprimé le désir qu'on demandât à M. Gueyton copie des brevets pris par lui en 1850 et 1851, et à M. Zier la description détaillée de son procédé, avec la date de la publication de cette description. MM. Zier et Gueyton, dans la réponse qu'ils viennent d'adresser à ce sujet à l'Académie, ne se montrant pas disposés à faire ces communications, M. Becquerel a annoncé qu'il présenterait dans une prochaine séance, les conclusions de la commission, sans tenir compte d'une réclamation qui ne s'est point produite avec les pièces à l'appui.

— Dans le dernier comité secret, M. Duperrey, au nom de la commission de géographie et de navigation, avait présenté une liste de cinq candidats étrangers, pour la place de membre correspondant, par suite du décès de M. Parry. L'Académie s'est occupée aujourd'hui de cette élection, et l'amiral Ferd. de Wrangell, à Saint-Pétersbourg, a été nommé à la presqu'unanimité des suffrages.

FÉLIX FOUCOU.

Société zoologique d'acclimatation.

Séance du 14 mars.

OLIVIERS DE CRIMÉE.

M. le comte de Fontenay écrit d'Orient le résultat définitif de ses recherches au sujet de l'olivier de Crimée : cet arbre se trouve bien, en effet, dans la presqu'île de Crimée, mais au lieu de l'y rencontrer en pleine terre, comme l'avaient avancé quelques voyageurs (ce qui aurait supposé à l'olivier de cette contrée la faculté de résister à 12 et 15 degrés de froid, et l'eût rendu très précieux pour l'acclimatation), M. de Fontenay ne l'y a vu que dans des terrains parfaitement abrités, où la température ne descend jamais au-dessous de 3 ou 4 degrés, et où ils ne se trouvent par suite que comme arbres d'agrément.

HAVRES ARTIFICIELS.

Il y a longtemps déjà que des herbes marines ont été signalées comme *brise-lames*, dans les lieux où elles se trouvent d'une longueur et d'un volume suffisants. M. Antoine Labadie, voyageur bien connu et membre correspondant de l'Académie des sciences, vient d'appeler l'attention de la société sur le *fucus giganteus*, herbe marine qui mesure d'ordinaire 50 mètres de longueur. Cette algue, assez abondante dans la zône torride, serait, on le comprend, d'un immense utilité sur la côte sud-ouest de la France, où les ports naturels manquent presque totalement, et ce serait au point de vue de l'acclimatation de cette algue que les services de la Société seraient en cela précieux. M. Ant. Labadie soumet donc à l'examen de celle-ci les trois questions suivantes :

1° Peut-on planter ou semer des algues?

2° *Le fucus giganteus* peut-il vivre en France?

3° A défaut de cette algue, en existe-t-il d'autres qui aient la même longueur, et qui, pouvant rendre les mêmes services, soient susceptibles d'être acclimatées en France?

M. le président a désigné sur-le-champ une commission chargée de l'étude de ces importantes questions.

PIGEONS DE COLOMBIER.

M. Isid. Geoffroy-Saint-Hilaire donne lecture d'un mémoire de M. l'abbé Allary, sur l'utilité des pigeons domestiques. Suivant l'auteur de ce mémoire, ce serait un préjugé erroné que celui qui représente les pigeons comme funestes aux semences : ainsi la Brie et la Beauce sont les pays où l'on élève le plus grand nombre de pigeons, et sont aussi ceux qui donnent les plus belles récoltes. Les pigeons ne ramassent que les grains qui se seraient perdus, et mangent toujours la mauvaise graine mélangée avec la semence. Vers l'époque des récoltes, M. l'abbé Allary a tué huit pigeonneaux, et n'a trouvé dans le jabot de chacun d'eux que le huitième à peine de blé mangeable ; cet oiseau est donc, conclut-il, un graineur très actif, mais honnête. D'autre part la *colombine* est un engrais peu connu encore, mais d'une très grande puissance, et enfin sous le rapport de la chair, l'élevage du pigeon serait d'un avantage immense dans un moment où la viande est si chère. Plusieurs membres ont présenté des observations à ce travail de M. l'abbé Allary, observations desquelles il ressortirait que le pigeon est, en effet, un sujet de satisfaction très grand pour ceux qui le possèdent, mais aussi de plaintes très légitimes pour les cultivateurs voisins des colombiers, et que la loi n'a point obéi à un préjugé populaire, en autorisant les propriétaires à détruire ceux de ces animaux qu'ils trouvent dans leurs champs.

DOMESTICATION DE L'AUTRUCHE D'AFRIQUE.

M. le docteur Gosse a achevé la lecture de son travail sur l'autruche d'Afrique : de l'ensemble de ce travail, comprenant d'abord l'analyse des différentes parties de l'animal, et en second lieu, l'examen de ses mœurs et de ses habitudes, il paraît résulter que l'acclimatation et la domestication de cette autruche sont possibles.

Depuis ses premières lectures, M. Gosse a recueilli un document qui lui fait ranger la graisse d'autruche au-dessus de la graisse de porc, et on se souvient qu'une autruche du poids de 70 kilog. a fourni 22 kil. de graisse.

L'autruche se laisse guider par ses instincts et par tous ses sens en général, mais plus particulièrement par le sens de la vue. M. Gosse a fait des expériences à cet égard : une autruche à laquelle il bandait les yeux s'arrêtait, et quand il lui découvrait un seul œil à la fois, elle se dirigeait du côté même de cet œil. Sur ces indications il serait donc facile de construire un mécanisme pour guider ces animaux.

La vélocité de leur course est extrême, et l'emporte sur celle du cheval, même lorsqu'elles sont chargées de poids plus lourds que celui de leur corps.

L'autruche à l'état libre s'associe toujours avec des animaux herbivores, le zèbre entre autres : elle leur sert de sentinelle dans le désert, et à son tour elle trouve dans leur fiente un aliment. Sa voracité n'est que la conséquence de sa vie dans le désert, où, durant l'été, elle est forcée à des jeûnes très prolongés. Elle se nourrit principalement de fruits secs et durs, ainsi que d'écorces d'arbres, mais les lézards, les serpents, les débris d'os, les coquillages, lui conviennent tout aussi bien. A l'état domestique, sa gloutonnerie diminuerait donc et sa nourriture pourrait devenir très économique. Ce qui le prouve, c'est qu'au Jardin des Plantes, du temps de Cuvier, on donnait aux autruches le double, au moins, de leur alimentation actuelle, et qu'elles n'en sont pas moins grasses pour cela.

Dans les lieux de l'Afrique où l'autruche est déjà domestiquée, il est à remarquer qu'elle est très docile à la voix humaine, et que ces animaux, lorsqu'ils sont jeunes ou adultes, s'attachent avec facilité à l'homme. Si, dans le désert, ils se montrent aussi sauvages, c'est parce qu'on les chasse impitoyablement. Suivant quelques relations de voyageurs, il n'est pas rare de rencontrer, dans les pays où on les laisse vivre en paix, des troupeaux entiers qui ne prennent pas la fuite à l'approche de l'homme.

Dans les pays du Sennaar, on élève des autruches comme des volailles, et il est sans exemple qu'aucune d'elles ait jamais pris la fuite. Bien plus, on a toujours vu des autruches retourner en droite ligne au domicile d'où on les avait éloignées.

A l'approche des orages, les autruches sont atteintes d'une agitation fébrile, et elles s'élancent avec une sorte de folie dans la direction des éclairs.

M. le docteur Gosse a achevé sa lecture en disant quelques mots du plan de domestication de l'autruche en Algérie. Selon lui, c'est le long de la lisière du désert, et principalement à Biskara, que doivent se faire les premiers essais. F. F.

Guide du jardinier-fleuriste.

L'éditeur Auguste Goin vient de publier un *Guide du jardinier-fleuriste pour* 1856, ou instructions pratiques sur la culture des plantes en pleine terre, annuelles et bisannuelles, vivaces, arbustes et arbrisseaux, dont l'auteur, M. J. Lachaume, ancien jardinier en chef de Petit-Bourg, est un homme de science et de pratique. Ce petit volume de 300 pages (1) ne se recommande pas moins par son exécution matérielle, le nombre et l'intérêt des dessins qu'il renferme, que par l'exactitude et l'utilité des instructions qu'il donne aux amateurs d'horticulture.

Destiné surtout aux amateurs, il ne renferme que des détails pratiques et laisse de côté tous ceux qui ne peuvent être compris qu'à condition de connaissances spéciales et d'études botaniques. Il est divisé en deux parties, l'une théorique, l'autre pratique.

La première partie traite de la formation du jardin fleuriste, des semis, des différents modes de reproduction des plantes ; la seconde renferme, par ordre alphabétique, une série de plantes choisies et les plus propres à figurer dans un parterre.

La figure ci-jointe, extraite du livre de M. Lachaume, sert à expliquer le marcottage en pots, mode de multiplication très employé pour les arbrisseaux et arbustes à feuilles persistantes qui redoutent la transplantation à racines nues.

On commence par choisir les rameaux AAAA que l'on veut marcotter ; on les épluche de leurs feuilles et petites brindilles aux points BBBB, où ils seront couchés en terre, et l'on place à proximité autant de pots CCCC que l'on a de brins à sa disposition, en les rangeant autour du pied mère D. Ces pots seront remplis aux deux tiers de terre mélangée ou de

(1) Prix : *franc de port* par la poste, 4 fr.

terre de bruyère pure si les arbustes sont délicats. Chaque rameau est ensuite entaillé et courbé de manière à ce qu'il entre dans un pot et que les parties EEEE qui sortent de terre viennent s'appuyer sur le bord extérieur, où elles seront soutenues par un tuteur. On recouvre ensuite avec de la terre, et l'opération est terminée. Le sevrage ne doit s'opérer que lorsque les racines sont assez nombreuses pour nourrir la jeune plante, c'est-à-dire vers le mois de novembre pour les arbustes à feuilles caduques, ou au mois d'avril suivant pour les plantes à feuilles persistantes.

On multiplie de la sorte les aristoloches, les jasmins, les alaternes, les filarias, les chèvrefeuilles, etc., et on les garde dans les pots après le sevrage, ce qui en facilite la reprise, puisqu'ils sont plantés en mottes.

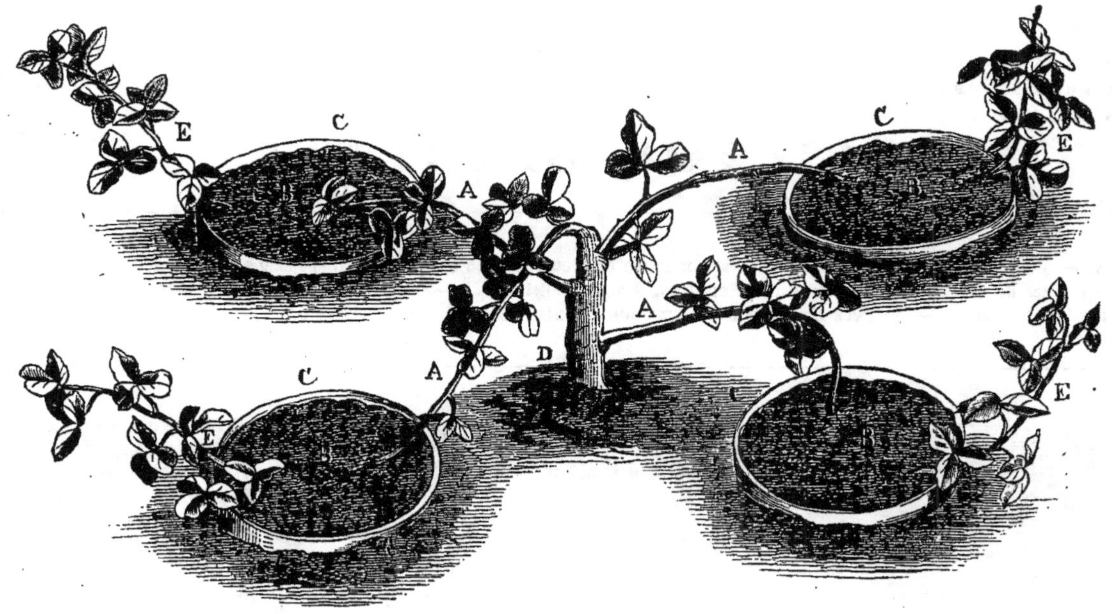

FAITS DIVERS.

Nouvelles de l'Observatoire impérial. — On fait en ce moment à l'Observatoire impérial, des expériences sur un *héliographe*, appareil destiné à transmettre des signaux à de grandes distances, par l'intermédiaire d'incidences et de réflexions d'un rayon solaire sur un système de glaces combinées.

Nous donnerons prochainement le détail de cet appareil et des expériences dont il est l'objet : disons tout de suite que ses applications doivent être nombreuses dans des contrées comme l'Afrique, où le soleil ne se cache qu'à de rares intervalles.

L'héliographe semble devoir être précieux encore dans les travaux topographiques, lorsqu'il s'agit d'opérer sur des bases de triangles ayant plusieurs kilomètres. Dans ce cas, en effet, il est d'une grande difficulté pratique d'obtenir une précision rigoureuse avec les lunettes et instruments actuels, difficulté qui disparaît en utilisant la propriété dont jouit la lumière, de se propager ou de se réfléchir suivant des lignes droites.

Exposition d'économie domestique. — Une exposition à laquelle seront reçus les produits de tous les pays, destinés à l'usage des classes ouvrières et peu aisées, sera ouverte à Bruxelles, à l'occasion du congrès international de bienfaisance qui se réunira dans cette ville. Les produits admissibles à *l'exposition d'économie domestique* peuvent être répartis en six classes :

1° Plans, modèles, matériaux, procédés qui se rapportent aux constructions ;

2° Meubles et objets de ménage ;

3° Vêtements et linges ;

4° Aliments et procédés relatifs à l'alimentation ;

5° Outils et instruments qui se rapportent au travail manuel, industriel ou agricole ;

6° Culte, éducation physique et morale, instructions, délassements.

L'admission sera subordonnée à deux conditions essentielles, le bon marché et la bonne qualité, sous le double rapport de la matière et du travail.

Chaque objet devra être accompagné du prix de vente en gros ou en détail, et les exposants sont priés, en outre, d'indiquer le prix de la main d'œuvre.

Ils ne perdront pas de vue la destination toute spéciale des objets admis à figurer à l'exposition. Ces objets devront être combinés et fabriqués de manière à être en rapport avec les besoins, les habitudes et les ressources de la classe peu aisée.

L'exposition sera ouverte le 25 août et fermée le 5 octobre 1856.

Les personnes qui voudront y prendre part, tant en Belgique qu'à l'étranger, doivent en faire part à la commission avant le 1er juin, en désignant clairement la nature des objets qu'elles désirent exposer, leur prix et leurs avantages particuliers, et l'emplacement nécessaire en longueur, largeur et profondeur. Il sera statué sur cette demande avant le 1er juillet.

Les limites du local dont on pourra disposer interdisent l'admission d'articles trop volumineux, de collections ou d'assortiments qui exigent beaucoup d'espace. Les exposants devront, en conséquence, se borner à l'envoi de spécimens par *unité d'objets*, qui répondent, d'ailleurs, aux conditions du programme.

Pour favoriser l'exposition, le ministre des finances de Belgique a affranchi de tout droit de douane les article d'origine étrangère, en considérant le local de l'exposition comme entrepôt fictif ou particulier. Le paiement des droits n'aurait lieu qu'autant que les articles admis à jouir de cette faveur ne seraient pas réexportés dans un délai fixé.

Le ministre des travaux publics a accordé à son tour une remise de 50 p. 100 sur le prix de transport par le chemin de fer de l'Etat, des articles tant belges qu'étrangers destinés à l'exposition.

Les détails d'organisation, l'indication du local, l'époque et le mode d'expédition des produits, les récompenses et les encouragements qui pourraient être accordés, etc., feront l'objet de dispositions ultérieures qui seront portées, en temps utile, à la connaissance des intéressés.

Les lettres et communications relatives à *l'exposition d'économie domestique* doivent être adressées *franco* à M. Ed. Romberg, directeur au ministère de l'intérieur, rue Royale, 58, à Bruxelles.

Prix d'abonnement pour l'étranger.

Allemagne, 8 fr. ; — Suisse, Parme, Plaisance, Modène, 8 fr. 50. — Etats Sardes, Grèce, Crimée, 9 fr. ; — Hollande, Angleterre, 10 fr. ; — Etats-Unis, Indostan, Turquie, 10 fr. 50 ; — Belgique, Prusse, Hanôvre, Saxe, Pologne, Russie, Espagne, Portugal, 11 fr. ; — Toscane, 12 fr. ; — Etats-Romains, 16 fr. 50.

Le propriétaire, rédacteur-gérant :
Victor Meunier.

PARIS. — IMP. J.-B. GROS, RUE DES NOYERS, 74.

Deuxième année, — N° 13. Quinze centimes. 30 mars 1856.

L'AMI DES SCIENCES

BUREAUX D'ABONNEMENT
13, RUE DU JARDINET, 13
Près l'Ecole de Médecine
A PARIS

JOURNAL DU DIMANCHE
SOUS LA DIRECTION DE
VICTOR MEUNIER

ABONNEMENT POUR L'ANNÉE
PARIS, 6 FR.; — DÉPART., 8 FR.
Étranger (Voir à la fin du journal)
ENVOYER UN MANDAT DE POSTE

Moissonneuse de M. Cournier.

On sait que la machine à moissonner de M. Cournier, de Saint-Romans (Isère), a figuré avec honneur dans les épreuves auxquelles ont été soumises, l'année dernière, les machines de ce genre. A la vérité elle travaille moins vite que la plupart de ses concurrentes. Ainsi dans l'expérience du fauchage du blé, lors du concours de Trappes, tandis que la machine Mac Cormick a fait son travail en 12 minutes, celle de Manny en 15 minutes, celle de Wright en 18 minutes, la machine de M. Cournier en a mis 19. Mais il faut faire attention qu'elle n'exige qu'un seul cheval; tandis que les autres en demandent au moins deux, ce qui rétablit l'équilibre.

Où la comparaison est défavorable à notre compatriote, c'est dans le fauchage du vert, de la luzerne par exemple. A Trappes, la machine Cournier n'a pu figurer dans ce genre d'épreuves. Cela vient du genre de sécateurs employés, lesquels consistent en des cisailles qui s'engorgent facilement.

M. Cournier est, en effet, le seul de tous les fabricants de machines à moissonner, qui n'ait pas cru devoir se servir de la scie à grandes dents. Sa scie est composée de dents fixes et plates qui séparent les tiges en petites javelles, et sur lesquelles glissent des couteaux à lames obliques et tranchantes. Par suite du mouvement de va et vient imprimé à ces lames au moment où elles rencontrent les dents fixes, le blé est coupé comme par un sécateur ordinaire.

Le mécanisme de cette machine est du reste très-facile à comprendre.

La roue qu'on voit en avant donne le mouvement à une grande roue d'engrenage qui entraîne un petit pignon; celui-ci fait mouvoir à son tour le petit volant qui sur la figure déborde à droite la roue motrice. Sur ce volant est montée excentriquement une petite bielle qui, au moyen d'un équerre attaché à l'axe commandant les lames du sécateur, produit le mouvement semi-circulaire et horizontal de ces lames; la petite bielle, l'équerre et l'extrémité gauche de l'arbre sont visibles dans la figure.

Le volant est, comme on voit, composé de six ailes, lesquelles sont en toile, montées sur des tringles de fer; elles remplissent les mêmes fonctions que dans la machine Mac Cormick; le mouvement leur est imprimé au moyen d'une chaîne de transmission passant sur un engrenage attaché à l'arbre qui les porte.

Sur le siége est assis un homme se tenant de la main gauche aux montants de la machine; il tire à lui une tige coudée qui amène un râteau à trois dents articulées; ce râteau glissant dans trois rainures pratiquées dans la plate-forme, réunit les tiges en javelle et les rejette sur le côté; par un mouvement inverse, c'est-à-dire en repoussant la tige coudée, l'ouvrier ramène le râteau à son point de départ; dans ce moment les dents de ce râteau s'abaissent pour se relever lorsqu'il arrive au terme de sa course.

Cette machine est construite toute en fer; elle marche avec beaucoup de régularité, et ne laisse pas de chaume derrière elle; son mécanisme est simple, et elle peut être réparée partout, ce qui est très-important.

Transformation du mouvement en chaleur.

Le fait de la chaleur développée par le frottement paraît avoir été connu de toute antiquité, mais il ne semble pas qu'il ait jamais été tenté, sur une grande échelle, quelqu'une des applications de ce fait à l'Industrie, avant que MM. Beaumont et Mayer eussent fait construire l'appareil que chacun a pu voir fonctionner lors de la dernière exposition.

Aujourd'hui un petit modèle, destiné à un usage spécial, vient d'être achevé par les mêmes inventeurs, et nous avons été témoin, dimanche 16 courant, des résultats obtenus.

Etant donnée une masse d'eau à la température ordinaire de 6 ou 7 degrés centigrades, l'élever progressivement à celle de l'ébullition, sans le secours de combustible, tel est le problème qui a été résolu sous nos yeux, dans l'espace de moins d'une heure et demie. L'appareil est d'une extrême simplicité : un arbre de fer légèrement conique et garni de chanvre dans toute sa longueur, tourne verticalement et d'une manière continue, dans un manchon de cuivre contre les parois intérieures duquel il exerce un frottement assez considérable. La surface extérieure du manchon de cuivre est étamée, et la masse d'eau à échauffer est versée dans l'espace compris entre cette surface et un second manchon concentrique. Enfin le mouvement est engendré au moyen d'une manivelle qui le transmet, à l'aide d'engrenages, à l'arbre frottant.

Deux hommes suffisent à imprimer à cet arbre un mouvement très rapide; le cuivre ainsi frotté s'échauffe d'abord jusqu'à se mettre en équilibre de température avec l'eau ambiante, dont les molécules sont échauffées de proche en proche, jusqu'à complète ébullition ; un thermomètre plongé dans la masse d'eau accusait sensiblement de minute en minute l'élévation de température. L'appareil étant destiné à faire la soupe des soldats, une certaine quantité de *biscuit* et de *bœuf*, conservés par les procédés Chollet, nous ont fourni, en moins d'une heure et demie, un bouillon satisfaisant. La capacité de cet appareil que deux hommes ont pu faire fonctionner sans peine, est calculée pour fournir de la soupe à vingt hommes.

Quelqu'avantageux que semble déjà ce premier résultat, nous devons constater qu'il est loin d'être ce que l'appareil eut pu fournir quant à la durée de l'expérience. Un petit accident s'est produit, qui a presque doublé le temps nécessaire à l'ébullition; par suite d'un défaut d'ajustage, une partie de l'eau s'est échappée de la capacité intérieure et s'est répandue autour d'un second manchon concentrique, nécessitant ainsi de mettre deux surfaces métalliques, au lieu d'une seule, en équilibre de température avec l'eau. Il est permis de croire, avec MM. Beaumont et Mayer, que dans de bonnes conditions d'exécution, leur appareil eût fourni facilement en une heure le même résultat ; mais dans l'utilisation de quelqu'une des mille forces que nous laissons se perdre chaque jour autour de nous, l'effet que nous avons vu se produire sous nos yeux nous a paru digne de la plus sérieuse attention.

Les services que de semblables appareils peuvent rendre à des armées en campagne sont trop manifestes pour que nous prenions la peine de les signaler : les témoins de l'expérience n'avaient qu'une voix pour reconnaître que les rigueurs de l'hiver eussent été de beaucoup adoucies en Crimée, si de semblables appareils avaient été à la disposition des troupes. En général, partout où sont réunies de grandes agglomérations d'hommes, la transformation du mouvement en chaleur est appelée à devenir un auxiliaire puissant du combustible, dans les lieux surtout où les transports sont difficiles et les approvisionnements presqu'impossibles.

MM. Beaumont et Mayer pensent que partout où il se trouvera une force perdue, leur appareil plus ou moins modifié trouvera un emploi utile. Et pour ne parler que d'un cas entre mille, voyons ce qui se pourrait dans les contrées où, pendant l'hiver, un vent glacial règne presque sans interruption : le panémone Curtis, employé en Amérique, et dont il a été parlé dans notre numéro du 13 janvier dernier, tiendrait lieu partout de combustible, et la quantité de chaleur distribuée dans les appartements augmenterait avec la rage de l'aquilon : ce serait vaincre la nature sur toute la ligne.

A bord des navires où l'emploi des chaudières distillatoires est si restreint par suite de la nécessité d'embarquer une quantité assez forte et encombrante de combustible, deux matelots se relevant toutes les dix minutes, comme à la pompe, transformeraient en eau potable autant d'eau de mer qu'il en serait besoin, et tout l'emplacement occupé aujourd'hui par la cale à eau pourrait être rempli de marchandises.

Nous n'irons pas plus loin dans les idées spéculatives que peuvent suggérer les expériences de MM. Beaumont et Mayer au sujet de la chaleur développée par le frottement. Les appareils qu'ils construisent en ce moment fourniront peut-être plus que de la chaleur, car sur de grandes surfaces la quantité d'électricité développée peut être assez considérable pour donner un second effet *utile*, dont la source aura été gratuite. Nous pouvons donc abandonner l'idée à elle-même, sans craindre de la voir s'arrêter en chemin. FÉLIX FOUCOU.

HYPPOPHAGIE.

*A Monsieur le Rédacteur de l'*Ami des Sciences.

Monsieur,

Il y a des personnes que ni leurs goûts ni leurs habitudes ne portent à venir prendre un rôle dans les discussions scientifiques, et le signataire de la présente lettre est de ce nombre. Cependant, lorsque c'est sur des questions DE FAIT que roulent les principaux arguments avancés pour et contre, il faut bien, dit-on, que les personnes qui ont vu de leurs yeux certains faits décisifs, se dévouent pour intervenir au profit de la vérité. A la bonne heure; et puisque telle paraît être la convenance, je ne refuse pas d'apporter, comme un autre, le tribut de mon témoignage.

Si, pour repousser l'admission de la chair de cheval parmi les comestibles, les adversaires de son emploi n'alléguaient que des raisons externes et pour ainsi dire morales, le champ du débat serait assez étendu pour leur laisser diverses ressources de défense, dont je n'examine point la valeur; mais sur le terrain des raisons directes et intrinsèques, c'est-à-dire en tant qu'il s'agit de savoir si la chose est matériellement praticable, et cela sans inconvénients patents, nous avons peine à comprendre qu'il puisse exister une controverse quelconque.

On semble croire que la chair de cheval n'a jamais dû être mangée sans dégoût, hormis chez des peuples à demi sauvages; ou bien que si la chose s'est vue quelquefois en Europe et dans les temps modernes, cela n'a eu lieu que sous l'empire de famines cruelles, qui pervertissaient les appétits, et ne permettaient plus à l'homme de discerner la saveur de ses aliments.

Eh bien, ni l'une ni l'autre de ces deux opinions ne supporte l'examen.

La première, d'abord, cesse d'être soutenable aussitôt qu'on s'est donné la peine de creuser un peu plus à fond dans l'histoire, que ne font nos abrégés pédagogiques. Il n'y a pas moyen, par exemple, de qualifier de quasi-sauvages, ni même de quasi-barbares, quoiqu'ils eussent pour principal bétail des chevaux engraissés, ces braves, généreux, polis et charitables Uzbeks qui dominaient au XIVe siècle vers les bords de la Mer Caspienne, et qui, par tous leurs actes d'alors, soit en fait de justice, de bon ordre, d'élégance et de magnificence, soit surtout en fait de courtoisie chevaleresque envers les femmes et de respectueuse déférence à leur égard, se montraient si bien en possession des formes et du fond même d'une haute civilisation.

Quant à la seconde assertion, elle n'est pas plus vraie; on peut la renverser aisément en montrant que l'hippophagie régulière fut pratiquée en certains cas dans l'Occident moderne, quoique l'on ne s'y trouvât pas en temps de famine. Or, pour en citer des preuves indubitables, qui même appartiennent à la France et au XIXe siècle, nous n'avons besoin de recourir qu'à nos souvenirs personnels.

Ces souvenirs datent déjà de loin, puisqu'ils remontent au temps de l'invasion; mais ils restent clairs dans notre esprit, car ils se rattachent pour nous à un âge où les impressions sont trop vives pour ne pas se graver profondément. On passait alors si vite des lycées aux armées, et de l'adolescence aux rôles virils, qu'il pouvait arriver qu'à dix-sept ans un homme fût déjà officier du corps, de la magistrature d'épée, et que, membre imberbe du conseil de défense d'une place assiégée, il en eût sous sa direction l'administration militaire.

Or, le gouvernement n'ayant pas donné, pour approvisionner la forteresse de Phalsbourg, des ordres assez prompts, il avait fallu que les autorités locales y suppléassent par des mesures hâtives, et parmi les ressources alimentaires qu'on avait réussi à faire entrer derrière les remparts avant l'arrivée de l'ennemi, le bétail ne s'était pas trouvé en quantité suffisante. De bonne heure donc, et avant que se fût écoulée la moitié du temps du siége, on eut soin de réserver pour les malades et blessés de l'hôpital, ce qui restait de bœufs ou de vaches; on ne permit plus aux bouchers de la ville de tuer que des chevaux, et l'on ne délivra aux troupes leur ration que dans cette dernière sorte de viande.

Ainsi, et comme un tel régime dura six semaines; comme la disette pendant ce temps ne régnait point du tout, puisque l'on avait du pain, du riz, des pommes de terre et du vin; comme, d'ailleurs, en dépit de quelques obus intempestifs, on avait gardé coutume de dîner tranquillement à table, dans des maisons que n'avaient point désertées les ménagères et où la cuisine continuait à se faire selon les procédés accoutumés : jamais on ne pourra prendre pour sujet d'étude un exemple mieux choisi; car l'expérience fut longue et elle se fit dans les conditions les plus normales. Il ne s'agit point ici d'un tour de force, pratiqué en passant et par des soldats affamés, mais d'une alimentation journalière réglée, que partageaient avec les militaires les bourgeois de la ville, ainsi que leurs femmes et leurs enfants.

Eh bien! voici ce qui fut observé :

Fort saine et puissamment nutritive, la chair de cheval n'est ni répugnante à l'œil, ni désagréable au goût. Son aspect diffère très-peu de celui du bœuf, à la saveur duquel sa saveur paraît équivalente, selon les uns, préférable même, selon les autres. Seulement, le bouillon qu'elle fournit est peut-être moins clair et moins doré; en sorte que mieux vaut, toutes choses égales d'ailleurs, la manger grillée ou rôtie qu'en pot au feu.

Du reste, et attendu qu'ordinairement les chevaux tués pour cet usage ne sont ni engraissés ni même reposés, souvent il arrive que leur chair est un peu dure; mais l'inconvénient n'a pas lieu quand la viande dont il s'agit se trouve dans les mêmes circonstances favorables que toute autre viande de boucherie. Je me rappelle très-nettement, par exemple, une particularité caractéristique. Le tour des sacrifices en était venu à désigner l'écurie d'un employé des finances, M. G..., qui, par parenthèse, vit encore et n'a certes pas oublié la chose. Comme son cheval, qu'on n'immolait pas sans regret, était un joli animal, jeune, grassouillet, à croupe rebondie, l'attention se trouva éveillée au sujet de ce qu'il vaudrait entre les mains des cuisinières. Les rations, qui en étaient échues à mes commensaux et à moi, nous furent servies cuites sur le gril et couronnées de beurre fondant : or, de l'avis unanime des dégustateurs, rien n'était plus savoureux, ni même plus tendre que ce beefsteak, ou, pour mieux dire, que ce *horse-steak*.

Supposé donc que l'on dût proscrire la consommation culinaire du cheval, ce serait d'après des causes étrangères à la santé humaine, voire même à la gastronomie. On comprend bien que les Arabes, pour qui le cheval est un être d'élite, dont ils étudient les moindres perfections, et dont ils conservent, en vrais généalogistes, les titres de noblesse, n'aient jamais voulu l'abandonner au couteau du boucher, tandis qu'ils y livrent le chameau. Chez nous aussi, les hommes qui se sont affectionnés à tel ou tel compagnon de leurs courses et de leurs guerres, répugnent à le sacrifier comme une pièce de bétail; et ils font bien; car ce cheval étant devenu en quelque façon leur ami, ils ont, pour refuser de le laisser servir sur leur table, le même genre de raison qui en fait écarter le chien. Mais, à part cela, rien n'empêcherait de se nourrir de viande chevaline; rien, disons-nous, si ce n'est peut-être la crainte, en laissant s'établir cette habitude, de risquer de dépeupler l'Europe d'animaux si précieux et dont la reproduction est si lente. Il est bon d'y songer, en effet, et de tenir compte du danger de destruction de la race, puisque la jument ne produit qu'un poulain et le porte pendant onze mois. Qu'avant donc de tuer beaucoup de chevaux, on y réfléchisse, c'est fort sage. Mais, dès qu'une fois on a des motifs pour en sacrifier un, certes, à moins qu'il ne soit morveux ou farcineux, il n'y a aucune raison pour en laisser perdre la chair, dût cette ressource alimentaire ne profiter qu'aux familles pauvres.

Recevez, etc. Bon P. G. DUMAST.

Nancy, 24 mars 1856.

MAGNÉTISME ANIMAL.

Paris, le 20 mars 1856.

*A Monsieur le rédacteur de l'*Ami des sciences.

Monsieur le rédacteur,

Je n'ai point demandé à être classé dans les croyants ou dans les incrédules en fait de magnétisme.

Je n'ai point posé de défi aux magnétiseurs.

Je n'ai point demandé à diriger les expériences, comme vos lecteurs pourraient le croire.

J'ai tout simplement accepté la proposition qui m'a été faite de mettre mon local à la disposition des membres de la Société mesmérienne, pour des expériences auxquelles assisteraient mes auditeurs : laissant aux magnétiseurs le choix des épreuves à la condition qu'elles seraient de la nature de celles dont les effets sont constants, positifs et à l'abri de toute supercherie.

Voici les faits : dans ma leçon du 7 février, on me demanda ce que je pensais du magnétisme; j'ai répondu que depuis trente ans j'en avais beaucoup entendu parler par des hommes très recommandables, très excercés, et très croyants ; que j'avais souvent, chez moi ou ailleurs, assisté à des expériences, qui, me disait-on, devaient porter la conviction dans mon esprit, et que, malgré beaucoup de bonne volonté, je n'avais rien vu qui fût de nature à me faire croire aux effets magnétiques.

J'ajouterai que, dans mon cours de 1853, parlant de l'action du chloroforme sur le système nerveux, quelques-uns de mes auditeurs, que j'ai su plus tard appartenir à la Société mesmérienne, m'assurèrent que par le magnétisme, on obtenait des effets en tout semblables à ceux du chloroforme, c'est-à-dire le *sommeil* et l'insensibilité, et ils me proposèrent de produire dans mon cabinet, en présence de mes auditeurs, des effets de cette nature, et pour ne laisser de place ni au doute ni à la supercherie, on me proposa de désigner les sujets qui seraient soumis aux expériences, affirmant que, sur six sujets, cinq au moins subiraient l'influence du magnétisme.

Un des assistants demanda si la présence des *mécréants* était un obstacle à la manifestation des effets du magnétisme, il fut répondu que non ; le jour de l'expérience fut fixé au jeudi suivant :

M. Hébert, président de la Société mesmérienne, M. le docteur Louyet, secrétaire, et quelques autres membres dont on ne m'a point dit les noms, dirigèrent les expériences.

Un premier sujet désigné par moi, pris dans l'auditoire, fut pendant environ dix minutes soumis aux épreuves magnétiques, et déclaré rebelle au fluide : aucun changement ne se manifesta en lui, le pouls continua à battre, pendant, comme avant l'épreuvé.

Un deuxième, un troisième, un quatrième, un cinquieme, un sixième sujets furent successivement soumis aux épreuves et le résultat fut le même : on n'obtint ni sommeil ni insensibilité.

Après cette épreuve négative, on me proposa de renouveler l'expérience en apportant quelques modifications dans la disposition de la salle, qui avaient pour but d'isoler momentanément des spectateurs le sujet soumis aux expériences.

Une nouvelle tentative eut lieu sur six nouveaux sujets pris dans les mêmes conditions, le résultat fut tout aussi négatif.

Huit jours plus tard nouvelle épreuve sur six sujets nouveaux, même insuccès.

Total, dix-huit épreuves négatives sur des sujets d'âge, de tempérament et d'organisation bien différents, entre autres sur une dame qui nous demanda à se soumettre aux épreuves. Parmi les personnes désignées, quelques-unes étaient très-disposées à croire aux effets du magnétisme; une d'elles ne consentit à se rendre à mon invitation qu'à la condition que j'interviendrais si les épreuves me paraissaient porter trop loin.

A la suite de cette dernière séance, un des magnétiseurs nous assura qu'il avait magnétisé des chevaux ; qu'il avait pu, par l'influence seule du magnétisme, *les faire monter dans la crèche, les foudroyer*. On me proposa de renouveler l'épreuve devant moi ; beaucoup d'auditeurs demandèrent la faveur d'y assister, faveur qui fut refusée; refus motivé sur ce que les chevaux s'intimidant facilement, on ne pouvait admettre, pour être sûr du résultat, qu'un ou deux spectateurs. M. Richard (du Cantal) fut désigné par les assistants pour m'accompagner dans cette épreuve, qui fut tout aussi négative que les précédentes.

C'est à l'occasion de cette narration que je citais comme des faits qui s'étaient passés en 1853, qu'un jeune Allemand de mes auditeurs me proposa, au nom de MM. Hebert et Louyet, de renouveler les épreuves dans les mêmes conditions, proposition qui fut acceptée avec empressement par mes auditeurs, qui comme vous, Monsieur le directeur, sont désireux de fixer leur opinion sur une question aussi controversée que celle du magnétisme animal.

Le jour de l'expérience fut laissé au choix des expérimentateurs; d'abord il nous fut dit que la Société mesmérienne, dans une prochaine séance, fixerait le jour; plus tard on nous informa que la Société se réunirait le 29 février, et enfin par une lettre du 7 mars, signée G. Weidling, que vous avez bien voulu me remettre, je lis que :

« Dans la séance particulière du 13 mars, la Société du mes-
« mérisme s'occupera de l'invitation de M le docteur Auzoux
« adressée surtout à M. Hébert (de Garnay), et M. le docteur
« Louyet, et je ne doute pas que la Société vienne renouveler
« les expériences devant le célèbre docteur. »

Nous attendions, lorsque dimanche, 16 mars, le jeune Allemand, émissaire de la Société mesmérienne, m'a informé et a répété à l'auditoire que la Société avait décidé que l'expérience n'aurait pas lieu, parce que *dans l'état actuel de la science magnétique, il n'y avait pas d'expériences dont les résultats fussent assez positifs, assez constants pour se reproduire en public d'une manière certaine.*

Tels sont les faits qui se sont passés chez moi et que je vous livre pour en faire tel usage que vous jugerez convenable;

En vous renouvelant, Monsieur le rédacteur, l'assurance de ma parfaite considération. AUZOUX.

De différentes espèces de greffes (1).

GREFFE EN FENTE DE CÔTÉ SANS COUPER LA TÊTE DU SUJET. — Cette greffe, qui est une modification de la greffe en fente,

Fig. 1.

a sur elle l'avantage de ne pas arrêter la sève dans son parcours, ce qui facilite la reprise.

On voit dans la figure 1 un sujet de houx A, propre à rece-

(1) Voir le précédent N°, *Guide du jardinier-fleuriste* pour 1856, par J. Lachaume. Auguste Goin, éditeur, 41, quai des Grands-Augustins.

voir la greffe ; en B est la fente pratiquée sur le côté de la tige dans l'aisselle d'une feuille ou d'un rameau (il est préférable que ce soit dans l'aisselle d'un rameau) ; C est un rameau de houx panaché, taillé en coin à sa base, de manière à remplir la fente ; D est la ligature propre à resserrer et maintenir toutes les parties, afin qu'elles soient bien en contact.

Ces greffes se placent sous cloche dans une serre, à la température de 15 à 20 degrés. On a soin de ne couper la tête du sujet au dessus de la greffe que lorsque celle-ci est reprise, ce qui se remarque aux bourrelets qui se forment et à son entrée en végétation.

Greffe en fente simple d'un rameau de pivoine en arbre, conservant son œil terminal, sur un tubercule de pivoine herbacée. — Cette greffe est employée pour la multiplication des variétés de pivoines et de dahlias, et généralement de toutes plantes à tubercule qui sont de la même famille ; comme la tomate sur la pomme de terre, appartenant toutes deux à la famille des Solanées.

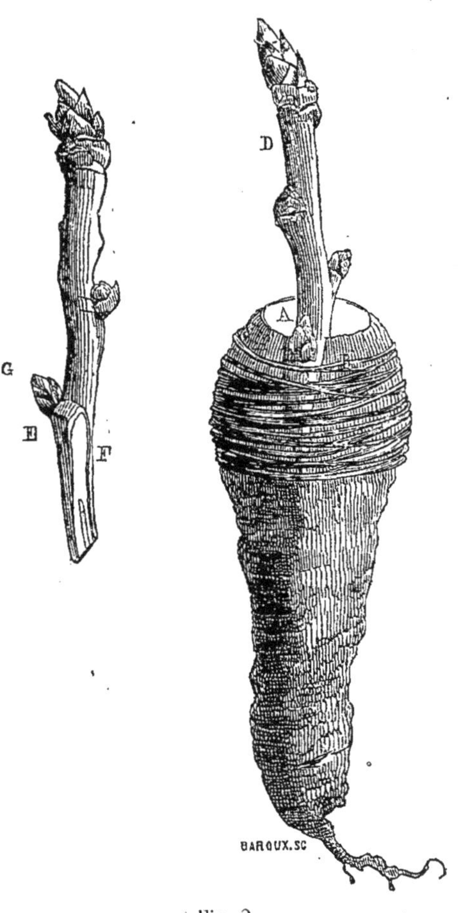

Fig. 2.

La fig. 2 donne l'explication de cette greffe. On voit en A le tubercule coupé au-dessous du collet. Avec le greffoir, on a ouvert une fente B, en descendant de 3 centimètres ; ensuite, on prend le rameau D et on le taille en coin C, de manière à remplir la fente. La partie extérieure de l'écorce du rameau doit coïncider avec celle du tubercule pour faciliter la jonction des deux sèves. On ligature ensuite comme on le voit dans la figure.

En regard, on voit un rameau aminci, prêt à être introduit dans la fente. En E est la partie qui a le plus d'épaisseur et correspond à la partie C de la greffe ; en F est la partie la plus mince qui entre dans le tubercule ; en C est l'œil placé devant et à la hauteur de la coupe du tubercule. Cet œil favorise beaucoup la reprise, en provoquant l'ascension de la sève sur ce point et y faisant naître de petits organes qui soudent la greffe au sujet.

On tient les tubercules greffés sur couche tiède, enterrées jusqu'à la coupe dans des terrains de couche et recouverts d'une cloche. Le tout se place à l'ombre.

Greffe en placage. — Cette greffe nous est venue de la Belgique il y a environ quinze années. Elle présente une grande économie pour la propagation des espèces rares et nouvelles, car elle n'exige qu'un seul œil avec portion de rameau.

Fig. 3.

La tige du sujet est en A, elle reçoit une entaille en B, oblique et profonde d'environ 1 cent., puis on place la lame du greffoir à environ 3 cent. au dessus de l'entaille et l'on descend en entamant l'écorce et l'aubier jusqu'à cette entaille.

On saisit ensuite la greffe D et on lui enlève une plaque d'écorce et d'aubier de mêmes forme et longueur que celle détachée du sujet, puis on coupe obliquement la base de la greffe afin qu'elle entre dans l'encoche du sujet.

L'opération est bien faite si les deux parties sont bien en contact et ne présentent aucun vide. Il ne reste plus qu'à ligaturer avec de la laine et l'opération est terminée.

ACADÉMIE DES SCIENCES.

Séance du 24 mars.

L'ordre du jour appelait aujourd'hui la discussion relative à la présentation des candidats à la place vacante dans la section de médecine : l'Académie s'étant par suite formée en comité secret avant la lecture d'aucun rapport ou mémoire, la séance ne pouvait présenter d'autre intérêt que le dépouillement de la correspondance manuscrite : il est à regretter que ce dépouillement n'ait point été fait de manière à dominer le bruit des conversations particulières.

ANÉMOMÈTRE NON ÉLECTRIQUE.

A l'entrée de la salle des séances, se trouvait exposé un anémomètre imaginé par M. Taupenot, professeur de physique au collége de La Flèche. Cet instrument diffère de ceux qui se proposent comme lui de mesurer la vitesse du vent, en ce que l'électricité n'y joue aucun rôle.

Supposons d'abord une girouette circulaire, destinée à se maintenir toujours dans la direction du vent : à cette girouette, comme autour d'une poulie, est enroulée une portion de chaîne en cuivre, à l'extrémité de laquelle est fixé un fil de métal descendant verticalement jusqu'à 1 mètre 1/2 environ de la girouette. Ce fil vient saisir une tringle horizontale qui est appelée à se mouvoir de haut en bas, en suivant toujours le même plan à l'aide de deux montants verticaux.

Si maintenant on soude à la girouette et perpendiculairement à son plan (et par suite perpendiculairement à la direction du vent, dans quelque sens qu'il souffle), une plaque de métal légère, offrant quelques décimètres carrés de surface, et qu'on la maintienne inclinée de 45° à l'horizon à l'aide d'un contre-poids, l'action du vent sur cette plaque enroulera la chaîne de cuivre autour de la girouette et fera monter plus ou moins la tringle horizontale située au-dessous. Enfin, que cette tringle porte un crayon venant appuyer contre un cylindre autour duquel sera enroulée une feuille de papier, et l'on obtiendra, pour un instant donné, la force et par suite la vitesse du vent, par la longueur de la ligne tracée.

Pour obtenir ce même élément à tous les instants de la journée, il suffira que le cylindre soit monté sur un ressort d'horlogerie et que la feuille de papier soit graduée d'une manière aussi divisée qu'il sera besoin. En graduant le cylindre de minute en minute, la courbe tracée par ce double mouvement peut donner une idée très-complète des variations qu'éprouve la vitesse du vent pendant la journée : quand cette vitesse est fréquemment inégale dans un court espace de temps, la courbe se présente à l'œil sous forme d'aspérités nombreuses ; dans les coups de vents réguliers, au contraire, elle se développe presque suivant une ligne droite parallèle à l'horizon.

Il est inutile de dire qu'une boussole est rendue solidaire de la girouette, de façon à connaître aussi la direction du vent dont on a mesuré la vitesse.

L'anémomètre de M. Taupenot sera d'ailleurs, très-prochainement, l'objet d'expériences répétées à l'Observatoire impérial, afin de constater si le fil de métal ne serait point susceptible de torsions capables d'infirmer l'exactitude des résultats fournis par les courbes de vitesses.

FÉLIX FOUCOU.

Société impériale et centrale d'Agriculture.

Séances des 12 et 19 mars.

CONCOURS DES ANIMAUX DE BOUCHERIE.

M. Baudement a fait hommage à la Société de son *Rapport sur les trois derniers concours des animaux de boucherie abattus à Poissy*, en l'accompagnant de quelques détails sur les faits qui s'y trouvent consignés.

Ces trois concours se rapportent aux années 1853, 1854 et 1855, et la commission a pu constater les progrès réalisés chaque fois sur le concours de l'année précédente : les rapports des qualités respectives sont exprimés par les nombres 15 pour 1853, 16 et une fraction pour 1854, 17 et demi pour 1855. Sur 108 bœufs qui ont servi de base aux appréciations, 51 étaient des bœufs français, et 57 étaient anglais ou croisés de race anglaise. Les premiers atteignent leur maximum de qualité entre 5 et 6 ans ; les autres, dès l'âge de 3 ou 4 ans ; mais, en les comparant comme viande à l'étal, ils fournissent exactement la même qualité.

Pour les moutons, les meilleures qualités ont été fournies par les grosses races à laine longue : rapportées au même étalon commun à toutes les viandes de boucherie, toutes ces qualités donnent en chiffres une moyenne d'environ 8 et demi.

Le rapport conclut, des comparaisons auxquelles on s'est livré sur les viandes de différentes espèces de bœufs, que les bœufs dits *de Normandie* et soi-disant les meilleurs parmi ceux que l'on engraisse chaque année pour le carnaval, sont loin de mériter cette réputation. Ainsi, les trois bœufs gras de l'an dernier, qui n'étaient pas des bœufs normands, ont donné un rendement de 62 p. 100 et une qualité de beaucoup supérieure à celle fournie par les animaux de cette espèce précédemment abattus à Poissy.

DE LA CONSERVATION DES BLÉS DANS LES SILOS SOUTERRAINS ; INCONVÉNIENTS ET DIFFICULTÉS DE CE MODE DE CONSERVATION EN FRANCE : MOYENS D'Y REMÉDIER.

Le *silo* est un appareil ou réservoir souterrain dans lequel on conserve le blé sec, à l'abri de l'air et de la lumière, dans une atmosphère désoxygénée (azote et acide carbonique), à une basse température et dans des conditions propres à empêcher les fermentations et les réactions des éléments du grain, ainsi qu'à détruire les animaux et les insectes qui s'y attaquent.

Bien que le procédé de conservation du blé dans les silos soit pratiqué avec succès dans plusieurs pays, la plupart des tentatives faites en France sur ce sujet ont échoué ; presque toujours le blé a été trouvé altéré par l'effet de l'humidité.

M. le docteur Herpin (de Metz) a présenté à la Société un mémoire intéressant, dans lequel il s'attache à prouver que l'obstacle principal, l'unique peut-être, à la conservation des blés en France par ce procédé, réside dans la nature même des blés français, chez lesquels l'analyse chimique accuse une trop grande proportion d'eau, proportion qu'ils conservent même après qu'ils ont été séchés à l'air et au soleil. Cette quantité, qui n'est que de 8 à 10 pour 100 dans les blés d'Afrique, d'Espagne, etc., atteindrait dans les nôtres jusqu'à 15, 20 pour 100 et au delà.

Les procédés que propose M. Herpin pour la conservation des blés français dans les silos, reposent sur les observations et les expériences qui suivent :

1° Si, après avoir fait sécher du blé de France à l'air ou au soleil, on le renferme dans un flacon hermétiquement bouché, ce blé, quoique complétement soustrait à l'action de l'humidité extérieure, ne tarde pas à se moisir et à se gâter, parce que ce blé, quoique sec à la main, contient encore assez d'eau pour favoriser ces effets.

2° Si ce même grain est renfermé dans un flacon semblable, avec une quantité suffisante de substances absorbantes et avides d'humidité, telles que de l'argile, de la chaux, du plâtre cuit pulvérisé et bien sec, du chlorure de calcium, etc..., disposées d'une manière convenable ; si l'on a soin de changer et de renouveler ces substances jusqu'à ce qu'elles aient absorbé l'excès d'eau contenu dans le grain, alors *seulement* celui-ci pourra se conserver pendant un temps très long, sans présenter aucune trace d'altération. De plus, si la siccité est maintenue pendant quelque temps à un degré suffisant, le charançon, l'alucite et les autres insectes destructeurs, ne trouvant plus dans l'air l'humidité qui est nécessaire à l'entretien de leur vie, périssent bientôt, ainsi que l'a observé le professeur Clément.

On se rappelle que, dans un mémoire présenté à l'Académie des sciences, dans sa séance du 31 décembre dernier, M. Doyère proposait de renfermer les grains « *dans des vases hermétiquement clos, dans de grands flacons en tôle enveloppés dans une maçonnerie en béton.* » Les études de M. Herpin nous amèneraient donc à des conclusions diamétralement opposées, en ce qui concerne du moins les blés de France, car les mêmes précautions ne sont pas nécessaires pour les blés d'Espagne et des pays chauds.

Ces précautions consistent à dessécher fortement les parois intérieures du silo, jusqu'à une épaisseur considérable (de 60 cent. à 1 mètre) ; à garnir le fond du réservoir avec une couche de plâtre cuit et pulvérisé, de chaux ou d'argile desséchées de 2 à 3 décim. d'épaisseur, recouverte par un faux fonds natté ou en bois. Il faudra également ménager à la partie supérieure du réservoir, c'est-à-dire dans le col du silo, un espace d'un mètre de hauteur sur 50 ou 60 cent. de largeur, dans lequel on mettra une cage à clairevoie que l'on remplira de substances avides d'humidité, telles que du plâtre cuit et concassé, de la chaux ou d'autres matières analogues que l'on renouvellera toutes les fois qu'il sera nécessaire.

Dans certains cas, et surtout dans les premiers jours qui suivent l'ensilage, l'action absorbante du plâtre cuit et même de la chaux pourra n'être pas suffisante : il faudra alors recourir à un agent absorbant beaucoup plus énergique, tel que le *chlorure de calcium*.

Société d'Encouragement pour l'Industrie nationale.

Séance du 19 mars.

CONSERVATION DES BOISSONS PAR LA PRESSION DU LIQUIDE.

Jusqu'à ce jour, les liquides renfermés dans des tonneaux ou futailles n'ont eu à supporter dans ces vases que la pression atmosphérique : il en résulte que ces liquides retiennent à l'état de dissolution une plus ou moins grande quantité de gaz, auxquels on attribue avec raison la fermentation qui altère les boissons.

C'est pour remédier à ce grave inconvénient, que M. Cheval, ancien brasseur, a imaginé de soumettre les liquides dans les tonneaux qui les contiennent, à une pression plus ou moins forte, suivant l'espèce.

Le tonneau est, au préalable, muni à sa surface supérieure d'un petit robinet qui permet à l'air de s'échapper, mais qui retient le liquide ; la pression est produite par une colonne d'eau ou de liquide semblable, à l'aide d'une série de tonneaux ; ces tonneaux sont mis en communication par des robinets et sont toujours pleins et privés d'air atmosphérique, c'est-à-dire comprimés ; la colonne d'eau produit sa pression par l'effet d'un vase de forme cylindrique placé dans la cave ou le cellier, et contenant à l'intérieur un ballon en caoutchouc vulcanisé, pour recevoir l'eau provenant de la colonne plus ou moins élevée, qui fait sortir le liquide contenu dans ledit vase, le force d'entrer dans la série des tonneaux mis en communication, et le fait monter sur le lieu de débit par la compression ainsi opérée.

Les débitants ou marchands en gros pourraient avoir deux appareils dans deux vases cylindriques différents ; de cette manière, le liquide n'aurait jamais de temps d'arrêt, l'ascension serait continuelle et toujours sans contact avec l'air : on conçoit que de la sorte les boissons doivent se conserver dans un état constamment homogène, avec tout leur arôme, sans commencement ni fin de pièces et en réduisant le déchet au minimum.

Dans le mémoire qu'il a adressé à la Société, M. Cheval donne encore quelques détails sur un robinet de son invention, pouvant s'appliquer à toute espèce de tonneau ou de vase servant à contenir des liqueurs susceptibles de perdre de leur valeur par le contact de l'air. Ce robinet présente l'avantage de ne permettre la rentrée de l'air dans le tonneau, que quand on ouvre le robinet par lequel le liquide s'échappe.

Pour faire voyager la boisson, on peut remplacer le robinet d'air par une cheville en bois dur, afin de séquestrer la boisson, de la comprimer et de la rendre élastique.

Comme preuves de l'efficacité de son procédé, M. Cheval cite quelques exemples :

Il a conservé depuis vingt-cinq ans la lie de bière dans plus de cent pièces, d'une contenance de 6 à 7 hectolitres chaque; ces pièces sont soutirées deux ou trois fois par année, et toujours la bière en sort d'une qualité supérieure à toute autre en bouquet.

« Depuis trois ans, j'ai comprimé 120 hectolitres de bière forte, dit encore M. Cheval; ces bières, je les ai placées dans des tonneaux bien cerclés en fer et communiquant entre eux par des robinets et des tubes de verre, placés dans une cave et un cellier sur une longueur de 100 mètres ; le liquide se déplaçait ainsi du cellier à la cave, et de la cave au comptoir de détail ou dans tout autre lieu, même dans la bouteille sur la table où je mangeais; ces 120 hectolitres ont toujours été privés d'air atmosphérique, la plus nouvelle faisant toujours le vide, et le vide se remplissant par de l'air, à l'arôme de la plus ancienne, qui arrivait sur le lieu de débit dans un état constant d'homogénéité. »

Ce système, d'ailleurs, fonctionne déjà dans plusieurs établissements, notamment à Paris, et la lettre de M. Cheval a pour but d'attirer l'attention de la Société sur un procédé de conservation qui, malheureusement, n'avait pu trouver place à la dernière Exposition universelle.

ACCLIMATATION DES ARBRES EXOTIQUES DE PLEINE TERRE DANS LES LANDES DU SUD-OUEST DE LA FRANCE.

M. le marquis de Bryas, ancien député de la Gironde, appelle l'attention de la Société sur certains faits d'acclimatation réalisés par MM. Ivoy dans le domaine de Geneste, faits qui ont déjà rendu, depuis vingt-cinq ans, de véritables services dans la sylviculture de cette partie de la France.

Frappé des inconvénients que présenterait le boisement de nos landes avec des pins maritimes exclusivement, M. Ivoy père a été amené, tout en améliorant les bois existants, à cultiver quelques arbres exotiques d'abord, et à planter bientôt la plupart des espèces forestières de pleine terre et leurs variétés. C'est ainsi que les chênes d'Amérique, dont beaucoup ont été semés chez lui, s'y montrent déjà sous la forme de grands arbres et y donnent des fruits en assez grande abondance, pour qu'on ait déjà pu en faire des taillis.

La nombreuse famille des chênes, tant d'Europe que d'Amérique, celle des frênes et des noyers, des cèdres et des cyprès, des larix, des sapins, des epicea, des pins d'Europe et d'Amérique, les chênes palustris, rouge, tinctoria, aquatica et beaucoup d'autres, s'y trouvent par centaines, quelquefois par milliers d'individus, dont plusieurs sont déjà des arbres de haute futaie; tels que les chênes palustris qui ont plus de quinze mètres de hauteur sur un très faible diamètre et sont aussi droits que le sapin le mieux venu.

L'utilité de semblables expériences est évidente : ainsi, par exemple, les carossiers de Bordeaux et de bien d'autres villes font venir d'Amérique des raies et des jantes de noyer avec lesquelles se font des roues de formes légères mais d'une grande solidité, ainsi que des brancards de voitures tellement tenaces et élastiques qu'on n'a pas besoin de les ferrer. Or ces noyers végètent très bien dans les landes et ne craignent pas la gelée comme ceux d'Europe.

Il en est de même pour un grand nombre d'arbres d'ébénisterie renommés.

Les plantations de M. Ivoy semblent avoir donné de si beaux résultats à la contrée, à cause surtout du mode spécial de préparation du sol auquel l'ont conduit un grand nombre d'expériences.

La terre de Geneste offre donc aux sylviculteurs le double exemple d'un système de préparation de la terre à l'aide duquel la réussite des semis ou plantations est toujours assurée, et d'une collection considérable d'arbres nouveaux, d'un âge assez avancé pour que l'on puisse à peu près à coup sûr désigner quels sont ceux d'entr'eux dont l'introduction serait avantageuse sous le rapport de la rapidité de la croissance.

DE LA FÉCULE ET DE L'ALCOOL DE COLCHIQUE.

M. Ferdinand Comar, élève de l'Ecole de pharmacie de Paris, envoie un mémoire sur la préparation d'une nouvelle fécule et d'un nouvel alcool, ainsi qu'un échantillon de ces deux substances.

Le colchique (*Colchicum autumnale* d'après Linnée) qui porte souvent les noms vulgaires de *tue-chien* ou *safran bâtard*, est une plante très commune dans les prés et pâturages d'une grande partie de l'Europe. Elle fleurit à l'automne, les feuilles se développent au printemps suivant et c'est seulement vers la fin de juin que ses grosses capsules triangulaires arrivent à leur maturité. Le colchique fournit alors, en outre, un tubercule charnu amylacé.

D'après les expériences précises de M. Comar, la fécule de ce bulbe réputé dangereux, peut servir soit à l'alimentation, après un simple lavage, soit à l'industrie, après sa conversion en alcool.

L'extraction de cette fécule est une opération qui, une fois les bulbes débarrassées de leur tunique noire, est absolument la même que lorsque l'on agit sur les pommes de terre. Dans trois expériences différentes, des bulbes frais ont fourni en fécule 22 p. 100 de leur poids.

En convertissant en glucose le principe amylacé des bulbes, M. Comar a recueilli de 2 kil. 300 gr. de poudre, représentant 7 kil. de bulbes frais, la quantité de deux litres d'un alcool marquant 32 degrés centésimaux, soit 64 centilitres d'alcool absolu.

Industriellement, M. Comar croit possible de transformer en glucose l'amidon contenu dans le colchique, en opérant absolument comme pour de la fécule pure.

La colchicine, qui est l'élément vénéneux de cette plante, n'a d'autre inconvénient que de communiquer un peu d'amertume au glucose obtenu : tous les produits d'ailleurs sont d'une innocuité parfaite.

La note de M. Comar réfute d'avance quelques objections que l'on pourrait soulever à l'introduction de cette plante dans l'usage alimentaire, et porte à penser que cette question n'est dépourvue ni d'intérêt, ni d'utilité dans les circonstances que traverse l'industrie.

FAITS DIVERS.

LA CHIMIE ET LES COSMÉTIQUES. — *Le journal des connaissances médico-pratiques* raconte qu'au cours d'un célèbre professeur de chimie de Berlin, habituellement suivi par un grand nombre de dames, le dégagement de certains gaz transforma tout à coup le fard et les autres cosmétiques dont quelques-unes se servent pour ajouter artificiellement à leur beauté, en des teintes noirâtres, bleuâtres, jaunâtres, violettes plus ou moins foncées; la métamorphose produite par ces vapeurs perfides fit en un instant ressembler certaines de ces dames à des perruches, et leur valut d'être appelées : *Berlinoises peintes par elles-mêmes.*

On sait que les pâtes qui servent à blanchir la peau du visage, renfermant du sous-nitrate de bismuth, passent rapidement au noir, au contact d'émanations sulfureuses.

CAS REMARQUABLE DE SOMNAMBULISME. — M. le docteur Ch. Caviole, médecin en second de l'hôpital de Cahors, décrit, dans l'*Union Médicale*, une affection remarquable du système nerveux observée chez un jeune homme agé de dix-sept ans, de constitution rachitique et scrofuleuse, actuellement en cours de traitement; nous en extrayons le passage suivant :

« 27 février 1856. — La matinée a été légèrement agitée, mais, comme précédemment, il a, en s'éveillant, annoncé que la journée ne serait pas bonne. En effet, à deux heures, après des contractions douloureuses multipliées, son regard devient tout d'un coup fixe; il se met à chanter toujours sur le même air: *Seigneur, ayez pitié de moi, qui souffre depuis longtemps*; puis, il se lève en chemise, en prenant bien des précautions pour se couvrir, il va dans la chambre voisine, ouvre la commode, fait sa toilette lentement, et, celle-ci terminée, il ouvre un secrétaire, prend son cahier de textes et se met à faire une version latine. Il annonce, en chantant, tout ce qu'il fait ; mais rien ne peut le tirer de cet état: on l'appelle, il ne répond pas; on le secoue violemment, on lui jette de l'eau froide au visage, sans qu'il paraisse s'en apercevoir.

« Sa version finie, il replace son cahier dans le tiroir, et, après une promenade lente, pendant laquelle il monte sur les cheminées, sur les glaces, dans une armoire, il va se déshabiller méthodiquement, plaçant tous ses vêtements dans l'ordre où il les a trouvés, et revient se coucher, toujours en chantant. Une fois au lit, il se tait, et, la bouche entr'ouverte, le regard fixe, les membres dans une complète résolution, il reste immobile pendant un quart d'heure. Une crise de contraction vient le tirer de cet état, et lui rendre la parole et l'intelligence. Les contractions ont, depuis quelques jours, présenté ceci de particulier qu'elles se transportent d'un endroit à un autre avec une rapidité inouïe et sans aucun ordre, ce qui se traduit par la rapidité avec laquelle le malade y porte la main en se plaignant sourdement.

« Ce phénomène somnambulique a duré deux heures; à son réveil, il ne s'est douté de rien, et a manifesté son grand étonnement de ce qu'une personne assise à son chevet au début de l'accès n'y fût plus lorsqu'il a cessé, faisant ainsi comprendre que le temps de l'accès ne comptait pas pour lui. Le soir, à sept heures et demie, même crise qui dure trois heures. Nous avons pu constater que, dans l'obscurité la plus absolue, il a continué à écrire sans paraître remarquer la disparition de la lampe qu'on lui avait enlevée brusquement. Les caractères ainsi tracés étaient aussi nets, aussi réguliers que les autres. Il venait d'écrire ses funestes pressentiments, quant à la durée et à l'issue de sa maladie, ajoutant qu'il ne voudrait pour rien au monde que ses parents le sussent aussi malade. »

— La compagnie du télégraphe électrique de la Méditerranée, qui s'occupe en ce moment de poser les cables nécessaires pour joindre l'île de Sardaigne à la Calle, sur la côte d'Afrique, a le projet d'établir une ligne complète de télégraphie entre l'Europe et la ville de Melbourne, au sud de l'Australie.

Après avoir projeté d'autres lignes secondaires, de la Calle à Bône, Bougie, Alger, Oran, la ligne principale devra passer par Tunis, Tripoli, Alexandrie, le Caire, Suez, Jérusalem, Damas, Bagdad, Bassora, longer la côte septentrionale de la mer d'Oman, passer à Hyderabad et de là à Bombay, d'où la ligne se divisera en deux branches.

La branche septentrionale irait directement à Agra, d'où un fil serait mené jusqu'à Lahore et Peshawer, et arriverait ainsi à peu de distance de Kaboul et de Cachemire. D'Agra, la ligne télégraphique passerait à Benarès et irait se raccorder à Calcutta au rameau méridional, qui, de Bombay, passerait à Bengolore et à Madras.

A partir de Calcutta, la ligne doit suivre la côte nord-est du golfe de Bengale, la péninsule de Malacca, les Iles de la Sonde, gagner le nord de l'Australie et suivre la côte orientale de ce continent, où elle sera en contact avec les nombreuses colonies anglaises de l'île, et aboutira finalement au port Adélaïde. La longueur totale de cette ligne est évaluée à 20,000 kilomètres.

— La possibilité de rendre à la navigation, pendant l'hiver, les fleuves pris par la glace, vient d'être victorieusement démontrée sur l'Elbe. Nous lisons dans l'*Illustrated London news* le résumé de l'expérience tentée par les propriétaires du navire anglais *le Pollux*. Ce steamer ayant déchargé sa cargaison et s'étant fortement surchargé à l'arrière de façon à pouvoir, avec sa proue, couper ou écraser plus facilement les glaçons, est parvenu, dans des blocs immobiles de plus de 9 pieds d'épaisseur, à ouvrir une large voie de 70 pieds environ. Concurremment à cet effort, *le Pollux* conservait encore une vitesse de 1 mille par heure.

La réussite de cette première expérience a déterminé les propriétaires de ce navire à en faire construire un qui sera exclusivement adapté à ce service, et dont les formes seront par suite modifiées en conséquence.

BATEAU DE SAUVETAGE COMPRESSIBLE DE BERDAN. — Nous extrayons du *Courrier des Etats-Unis*, les détails suivants sur quelques expériences qui viennent d'être faites au Navy-Yard, sous l'inspection d'un comité spécial de la marine, pour apprécier la valeur relative des divers systèmes de bateaux insubmersibles. Le rapport officiel, à la suite d'un grand nombre d'épreuves diverses, s'est prononcé en faveur du bateau de sauvetage compressible de Berdan. Quinze hommes ont été placés dans une embarcation de 12 pieds de long, avec 2 poids de 64 livres suspendus à un seul côté, et avec cette charge elle a flotté aisément : on a ensuite placé dans le bateau, 500 livres de fer, plus 4 poids de 64 livres suspendus d'un seul côté; on l'a rempli d'eau, et sous un tel poids, il a conservé, en flottant, ses plats-bords de cinq à six pouces hors de l'eau. Pour le monter et le lancer à l'eau, il n'a fallu que deux minutes.

Voici la description du canot : il est construit solidement en bois, de la forme d'un canot ordinaire, recouvert de toile et cuirassé de gutta-percha. Un compartiment à air, de forme cylindrique, court le long des plats-bords de l'avant à l'arrière et en dehors de l'embarcation. Les plats-bords sont rattachés à la quille par des charnières, de telle façon que lorsqu'il n'y a pas lieu de faire usage du bateau, les membrures peuvent être ramenées parallèlement à la quille, et permettre ainsi aux plats-bords de se rabattre. L'embarcation se trouve alors réduite au cinquième environ des dimensions qu'elle a lorsqu'on s'en sert.

LA MIGRAINE. — Selon le docteur Niemeyer, de Magdebourg, la migraine ne serait point une affection nerveuse, mais simplement un symptôme d'une maladie du foie. C'est par suite d'une congestion hépatique que la migraine se produit; et, soit que cette congestion revienne périodiquement, comme c'est souvent le cas, soit que des causes particulières la déterminent, elles donnent lieu à une secrétion anormale de bile, qui tout en vidant le foie, produit des vomissements et termine la migraine. Niemeyer a presque toujours reconnu, à la percussion, une augmentation du volume du foie, reconnaissable même hors des accès. En outre, il a constaté que, pendant ceux-ci, tous les malades montraient une grande sensibilité à la pression sur la région hypochondriaque droite.

Prix d'abonnement pour l'étranger.

Allemagne, 8 fr.; — Suisse, Parme, Plaisance, Modène, 8 fr. 50. — Etats Sardes, Grèce, Crimée, 9 fr.; — Hollande, Angleterre, 10 fr.; — Etats-Unis, Indostan, Turquie, 10 fr. 50; — Belgique, Prusse, Hanôvre, Saxe, Pologne, Russie, Espagne, Portugal, 11 fr.; — Toscane, 12 fr.; — Etats-Romains, 16 fr. 50.

Le propriétaire, rédacteur-gérant :

VICTOR MEUNIER.

PARIS. — IMP. J.-B. GROS, RUE DES NOYERS, 74.

Deuxième année. — N° 14. Quinze centimes. 6 avril 1856.

L'AMI DES SCIENCES

BUREAUX D'ABONNEMENT
13, RUE DU JARDINET, 13
Près l'Ecole de Médecine
A PARIS

JOURNAL DU DIMANCHE
SOUS LA DIRECTION DE
VICTOR MEUNIER

ABONNEMENT POUR L'ANNÉE
PARIS, 6 FR.; — DÉPART., 8 FR.
Étranger (Voir à la fin du journal)
ENVOYER UN MANDAT DE POSTE

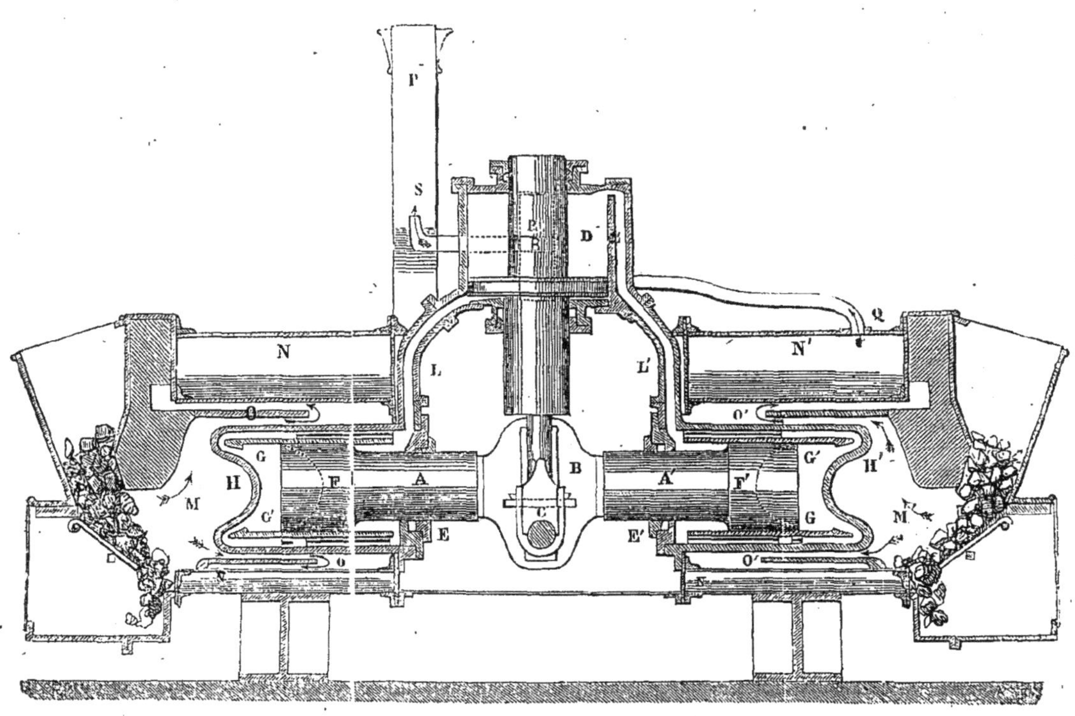

Machine à vapeur régénératrice de Siemens.

PHILOSOPHIE DES SCIENCES.

Répandre la science, — la transformer.

I.

Comment veux-tu vivre? — En homme. — Sache donc ce qui est le propre de l'homme, et comme dit Sénèque : « Dispose ton esprit à vouloir ce que la nature attend de toi » (Épit. LXI.).

Bon père, bon époux, travailleur habile, mais indifférent à la chose publique, au mouvement des idées, ou ne t'en préoccupant que si tes intérêts sont menacés; te voilà ! Est-ce vivre en homme? Si tu réponds oui, qu'est-ce que l'homme selon toi ? Dis sur quels principes tu t'appuies, énumère tes autorités parmi les grands noms de la Philosophie et de la Religion.

— Je suis passé maître dans mon industrie ! t'écries-tu. — Aucun animal ignore-t-il la sienne? — J'aime ma femme et mes enfants ! — Trouve un mâle indifférent pour sa femelle et cite beaucoup de brutes qui aient besoin de recevoir de toi des leçons de philogéniture ? Cette bête cruelle qui faisant endurer mille morts à sa victime, la laisse volontairement échapper de ses griffes, la saisit quelques pas plus loin, lui permet de fuir de nouveau pour la reprendre encore sous les yeux de ses petits, que fait-elle ? Elle donne un état à ses enfants.

Amour conjugal, amour paternel, amour du travail, certes, ce sont là des vertus, et même, puisqu'elles sont si généralement répandues, il est évident qu'elles sont essentielles. Celui qui y manque ébranle donc les fondements de l'existence. Mais aussi, de ce qu'elles sont communes à tous les êtres sensibles, il faut conclure que le caractère propre de l'homme n'est pas en elles. Celui qui ne les a pas descend au dessous des brutes, celui qui n'a quelles s'arrête à leur niveau.

Rappelle-toi ceci : l'homme est celui qui se soucie de l'espèce et des principes. L'espèce, c'est-à-dire tous les hommes; les principes, c'est-à-dire la justice.

L'espèce, la justice, voilà qui est digne de l'homme et l'homme même! La bête connaît-elle la justice? Non, elle ne connaît que ses instincts. Connaît-elle son espèce? Non, les plus élevés d'entre les animaux connaissent leur tribu; au delà, tout leur est étranger, sinon ennemi.

Si tu veux te comporter en homme, tu cesseras donc de vivre uniquement pour toi et pour les tiens; car ta famille, c'est toi encore autant que toi-même. Or, peux-tu être ton propre but? Oui, si tu es ta propre cause, si tu n'as reçu de personne, si tu ne dois point à d'autres. Homme vain de tes succès, songe quelles seraient ton ignorance et ta pauvreté sans le travail accumulé des générations, dont tu as acquis gratuitement le bénéfice; et même les qualités dont tu es doué, et qui t'ont permis de te faire une part dans le trésor commun, où les as-tu achetées? combien t'ont-elles coûté? Celui qui s'isole dans l'égoïsme du foyer meurt donc à l'humanité; il se croit riche, parce qu'il ne sait pas ce qu'il perd; ne pas savoir est justement sa punition. Il ne le sait pas actuellement; il a l'éternité pour l'apprendre.

Crois-tu au devoir? — Oui. — Alors tu crois à la liberté, à la responsabilité, au mérite et au démérite; donc tu crois aux peines et aux récompenses; par conséquent, à l'âme, à la vie éternelle. Va, la pratique du devoir n'est pas une mauvaise opération.

Est-ce donc qu'on doive s'oublier soi-même jusqu'à l'anéantissement? Non. Il fut un temps où les hommes mirent la vertu dans ce genre de suicide: au temps des Césars, c'était une vertu en effet. Aujourd'hui, nous sommes assez grands pour embrasser à la fois tout le problème de notre destinée et faire marcher de front nos devoirs envers Dieu et envers le Monde, envers l'Ame et envers le Corps, envers la Famille et envers l'Humanité.

Or, ce serait violer toutes nos obligations que d'en méconnaître une seule; nous ne saurions négliger la terre sans trahir le ciel: le salut de notre âme est lié à la fonction du genre humain. Nous annuler ou nous amoindrir, ce serait frustrer l'Humanité; nous agirions comme le mauvais serviteur qui, au lieu de les faire valoir, enterre les talents qu'on lui a confiés; nous nous rendrions semblables au figuier stérile de l'Écriture.

Développe donc ton esprit, fortifie et embellis ton corps, accrois tes richesses, et tu seras irréprochable, si tu agis dans le sentiment de la solidarité qui te lie au genre humain, ou, ce qui est la même chose, dans un esprit de justice. Ainsi, en défendant ton droit, c'est pour celui de tous que tu combattras; en accroissant tes pouvoirs, c'est le patrimoine de l'humanité que tu augmenteras. Et que te propose-t-on ici, sinon de te connaître toi-même, et de faire sciemment, c'est-à-dire en homme, ce qui s'est fait d'instinct? Car ce trésor dont je parlais, qui n'est à personne et qui est cependant le meilleur héritage que chacun de nous puisse recueillir, d'où vient-il? D'hommes qui, dans leur ignorance, crurent travailler pour eux seuls. Comprends donc ta loi et applique-la. Tous, tant que nous sommes, nous avons l'humanité pour associée; elle a commandité chacun de nous, donc elle a droit à un intérêt dans la force de notre corps, dans la puissance de notre esprit, dans les produits de notre industrie; oublier ce qu'on lui doit, c'est manquer de probité.

Aime-toi donc et aime les tiens, aime doublement ta famille comme composée de serviteurs de Dieu et de l'Humanité, comme le vrai milieu dans lequel tu développes en toi un serviteur de Dieu et de l'Humanité. Aime-les, non seulement pour eux-mêmes, mais pour l'œuvre à laquelle ils doivent concourir; prépare-les à se rendre utiles; prends-en le même soin que le bon ouvrier prend de ses outils. C'est ainsi que tu témoigneras pour eux d'un amour vraiment humain; c'est ainsi que tu assureras leur salut dans ce monde et dans l'autre. Par le fruit du travail des siècles que tu recueilles aujourd'hui, juge s'il est un meilleur moyen d'assurer le bonheur de tes descendants que de travailler au bonheur commun. Songe aussi qu'ils ont une éternité devant eux.

Tu n'ambitionneras donc pas l'éloge menteur, intéressé, que certains (méfie-toi d'eux) prodiguent à celui qui s'isole dans ses affaires et dans sa famille; homme, tu embrasseras tout l'horizon humain. Cultive ton esprit, c'est un dépôt; sois au niveau des idées de ton temps; mêle-toi des choses de tout le monde, ce sont les tiennes, et de l'accomplissement de ces devoirs tu seras récompensé; l'homme, lié à la destinée de l'Humanité par l'adoucissement de la condition commune, âme immortelle en t'élevant dans la voie des perfections, père de famille en assurant le salut de tes enfants et leur bonheur temporel.

Sachant quelle place tu dois faire aux tiens et à toi-même dans tes affections, il ne te reste plus qu'à classer par rang d'excellence les choses auxquelles tu dois te dévouer.

Aime la Justice pardessus toutes choses, l'Humanité ensuite, et la Patrie seulement en dernier lieu.

Qu'est-ce, en effet, que la Justice? La Mathématique qui régit l'Humanité. L'Humanité? Le tout dont la Patrie est une fraction. Pourquoi la Patrie est-elle instituée, sinon pour préparer l'établissement du genre humain, comme une station entre l'ancienne dispersion et l'unité future? C'est un à-compte. L'à-compte ne satisfait plus le créancier dès que le débiteur peut payer le tout. Or, il devient évident que cette sainte parole: « Il n'y a ni Grecs, ni Juifs, ni gentils, ni esclaves, ni libres, » n'est pas une parole vaine. L'heure de l'Humanité approche; les barrières qui séparaient les peuples chancellent; c'est donc aujourd'hui un devoir positif que de reporter sur toute la terre cet amour passionné que, dans notre ignorance, nous éprouvions pour le pays natal. Et pourquoi l'Humanité serait-elle, sinon pour manifester la Justice à laquelle elle obéit, et en être le pouvoir exécutif vis-à-vis du monde extérieur?

II.

Nous nous sommes souvent demandé à quelle œuvre, entre toutes, peut ambitionner de se vouer l'homme imbu du sentiment de ses devoirs et libre de se choisir une carrière?

Je dis un homme! c'est-à-dire le premier des êtres créés, celui qui n'a point de supérieur sous le ciel, l'image vivante de Dieu et qui ne doit obéissance qu'à son auteur. Un homme, et non je ne sais quelle espèce de bête plate et rampante, comme il y en a tant. Un être qui, ayant le sentiment de son rang et de son titre, met toute son ambition à en rester digne; qui ne croit pas que de frivoles distinctions puissent rien ajouter à sa grandeur; qui ne pense point s'élever en s'abaissant devant son semblable; qui croirait déroger en se mettant dans la dépendance d'autrui.

Celui-là trouve plus de joie à la recherche de la vérité qu'à la poursuite de ce qu'on appelle les honneurs. Il s'estime plus heureux de comprendre Newton que de vivre dans la familiarité d'un ministre. Sa pensée, habituée à s'arrêter sur les merveilles de la création, sur l'infini des cieux, sur les magnificences plus grandes de l'âme, ne se laisse pas éblouir par les pompes bourgeoises, dont la petitesse de quelques-uns s'entoure en vue d'en imposer à la bêtise d'un grand nombre. Il pèse dans la même balance les actions des puissants et celles des petits. Il ne dit jamais est-ce habile? sera-ce profitable? mais, est-ce juste? est-ce loyal? est-ce honnête? Il n'oublie pas qu'il mourra et ne se rend point esclave de biens qu'il lui faudra quitter. — Quelle situation cet homme avide d'acquitter sa dette envers le genre humain peut-il désirer, et quel est le meilleur emploi qu'il puisse faire de ses facultés?

Nous posions cette question, et plus nous la creusions, plus nous restions convaincu que le grand service à rendre aux hommes et le principal moyen de mériter d'eux, est de les éclairer.

A cela on reconnaîtra les vrais amis des hommes, ceux qui

profèrent sincèrement les mots sacrés d'honneur, de patrie, d'humanité; ils pousseront à l'instruction du genre humain.

Dites-moi ce que ceux qui ont charge du peuple font pour l'instruction du peuple, et je vous dirai ce qu'ils valent.

Combien d'écoles ont-ils ouvertes? En quelles mains les ont-ils mises? Quel programme leur ont-ils assigné? Qu'ont-ils fait pour les rendre accessibles à tous, pour assurer à chaque âme venant en ce monde le pain de la parole? Qu'ont-ils fait pour élever le niveau de l'intelligence publique, pour augmenter le nombre des hommes en état d'avoir une opinion sur les affaires communes? Qu'ont-ils fait, en un mot, pour susciter des juges à leurs actes?

Instruire, c'est le but. Mais il en est de la nourriture de l'esprit comme de celle du corps : elle varie avec l'âge. Il y a eu un temps où c'était instruire le peuple que de lui enseigner le catéchisme; il y a eu un temps où ceux-là étaient savants entre tous qui avaient été à l'école des philosophes anciens. Aujourd'hui, éclairer le peuple, c'est répandre la science.

Répandre la science, voilà, au siècle où nous sommes, la tâche digne des nobles ambitions. Œuvre sainte! véritable apostolat! Que ceux-là se réjouissent qui, pouvant s'y consacrer, en comprennent bien la grandeur.

Tournons nos regards vers le libre avenir. Plus on y réfléchira, plus on en demeurera convaincu : les épreuves qui attendent les nations et l'humanité, leurs désastres ou leurs triomphes; celles-ci les devront au degré de leur développement intellectuel. J'entends de nobles cœurs énumérer les causes nombreuses, à leur avis, de tels et tels événements qui ne méritent point leur sympathie. Amis, ne vous donnez point cette peine : il n'y a qu'une cause, elle est dans les esprits. Le vice n'est pas dans la nature extérieure, il n'est pas dans le sang, il est dans la tête. Quel est-il? On ne sait pas. De là d'inévitables fautes, des oscillations, des temps d'arrêt, des reculs, qu'on ne fera cesser que par l'application du remède, c'est-à-dire par le progrès et la diffusion de la science.

III.

Mais quand je montre dans la science l'auxiliaire, et mieux encore l'esprit même des temps nouveaux, m'opposera-t-on les traits peu démocratiques dont fourmillent les biographies de savants célèbres?

Un chimiste faisait des expériences en présence de Louis XVIII : « Sire, dit-il, l'hydrogène et l'oxygène vont avoir l'honneur de se combiner devant votre Majesté pour faire de l'eau. »

Ce n'est pas là un trait isolé. Ce savant est un type, et je reconnais qu'entre l'esprit dominant dans la société scientifique et les faits qu'on objecte, il y a une étroite relation. On sait que la saine méthode d'observation a dégénéré en idolâtrie à l'égard des faits; l'habitude contractée dans le laboratoire suit naturellement le savant dans la vie publique, et cette habitude est peu propre à développer en lui l'amour des principes.

M. de Humboldt énumérant avec un légitime orgueil les mérites philosophiques de l'Allemagne, en vient citer à Goëthe et s'écrie : « Qui a plus éloquemment invité ses concitoyens « à « résoudre l'énigme sacrée de l'univers, » à renouveler l'al- « liance qui, dans l'enfance de l'humanité, unissait, en vue « d'une œuvre commune, la philosophie, la physique et la poé- « sie? » (*Cosmos*, II, p. 84).

A l'abri de ces deux grands noms, je dirai : le moment approche où une science nouvelle depuis longtemps nécessaire deviendra possible : les matériaux sont réunis, l'architecte est attendu. A l'homme qui se laisse humblement remorquer par les faits, il rappellera qu'il porte sous le front une étincelle du principe ordonnateur et moteur des choses, l'esprit subordonné aux sens reprendra son rang; éclairée par des analogies certaines, la conscience interviendra dans l'étude de la nature intime ou de l'essence des êtres : à l'ère des spécialités succédera l'ère de la Science.—Je ne fais qu'indiquer, ayant seulement voulu montrer que quand je parle de la propagation de l'esprit scientifique, je compte sur les développements urgents et prochains de la méthode; ayant voulu aussi me mettre en mesure d'énumérer les rôles divers que peuvent jouer, chacun selon sa vocation, ceux qui désirent concourir au progrès de la science, et par elle à la félicité du genre humain.

1° Se faire propagateur des sciences;

2° Coopérer à la transformation de la science, à l'édification de la religion des adultes;

Pour celui qui veut bâtir sur le roc, et dont l'ambition ne serait satisfaite, ni de l'apparence du triomphe, ni d'un triomphe éphémère, tout est là : le travail à faire est un travail spiritualiste. Victor MEUNIER.

TUNNEL ANGLO-FRANÇAIS.

Palais de famille. — Piocheuse à vapeur.

Aux nombreux projets de chemins de fer anglo-français dont nous avons naguère entretenu nos lecteurs, un nouveau projet s'ajoute. Celui-ci a un anglais, M. W. Austin, pour auteur, et ce sont les journaux d'outre-Manche qui nous en apportent la nouvelle.

Il s'agit d'établir sur une longueur de 22 milles (environ 9 lieues), un tunnel formé de trois galeries parallèles entre elles, voûtées, et de section ovale, ayant leur point milieu plus élevé que les deux extrémités. Chacune de ces galeries recevra une double ligne de rails pour le service des trains express, des trains ordinaires et des trains de marchandise. un espace suffisant sera réservé au chemin de service, et les fils télégraphiques seront établis au centre de la voie, suivant un système nouveau et économique. On pense que la ventilation se fera d'elle-même; au besoin, on construirait des puits d'aérage qui pourraient en même temps servir de phares et offrir un refuge à l'équipage d'un navire naufragé.

Le tunnel sera construit en matériaux de choix, d'une solidité à toute épreuve et insensibles à l'action de l'humidité. M. Austin se propose d'appliquer les procédés au moyen desquels M. William Hutchison donne une grande dureté aux matériaux les plus tendres. L'étude géologique du terrain faisant présumer qu'on n'aura à traverser que le calcaire, les trois galeries du tunnel seront muraillées de larges moëllons provenant des déblais, durcis dans les ateliers établis à chaque extrémité du tunnel, au point d'être en état de résister au ciseau et disposés sur place d'une manière spéciale que décrit le *Mining Journal*. Les filtrations étant inévitables, trois aqueducs recueilleront les eaux et les conduiront sur l'une et l'autre côte, où de puissantes pompes les enlèveront pour les rejeter à la mer.

La réalisation de ce projet coûterait 450 millons de francs et demanderait sept années.

En verrons-nous l'exécution? Je voudrais pouvoir dire non; mais l'affirmative est bien plus probable. Cela est assez extravagant pour réussir. Non pas que je nie la possibilité d'exécution : ce que je qualifie d'extravagance, c'est la pensée d'occuper les millions par centaines et les bras par milliers à des œuvres parfaitement inutiles dans un temps où le plus humble nécessaire manque aux masses.

Ce n'est pas là une conception à mettre en parallèle avec le percement de l'isthme de Suez; le canal de Suez, en révolutionnant le commerce du monde, en diminuant de 3,000 lieues la distance qui nous sépare de l'Inde, concourra immédiatement, directement à l'amélioration de la condition commune. En quoi le percement d'un tunnel entre la France et l'Angleterre, dont les relations réciproques sont si rapides, si multipliées, si faciles, concourra-t-il à l'établissement du bien-être universel? Quels résultats produira-t-il en compensation des capitaux et des bras détournés de tant de travaux utiles, de ceux de l'agriculture, par exemple, auxquels manquent l'argent et les hommes?

C'est donc à notre avis un projet qu'on doit déposer honorablement aux archives comme pièce à consulter en des temps plus prospères; le jour où les hommes bien vêtus, bien logés, bien nourris, commenceront à ne plus savoir que faire de leurs dix doigts.

Et ce qu'on dit de cette imagination britannique, il faut le dire de tant d'autres conceptions colossales que nous voyons surgir chaque jour, et de beaucoup d'œuvres fastueuses en voie d'exécution.

Il est grandement temps que l'opinion mette un frein à l'intempérance des faiseurs de projets, et qu'on leur apprenne qu'il ne suffit pas, comme ils paraissent le croire, que les bras, les intelligences et les capitaux ne restent pas inactifs; mais que, dans la conception et l'exécution des choses possibles, il y a un certain ordre à suivre; que l'utile doit passer avant le luxe; le nécessaire avant le superflu.

Mais cela a un caractère de fausse grandeur tout à fait dans le goût du siècle, et il y a bien plus de chances pour qu'on se passionne pour un tunnel anglo-français, ou pour l'ouverture d'une avenue monumentale décorée d'arcs de triomphe à la toise et de statues à la grosse, que pour les *palais de famille*, par exemple, qui se proposent simplement l'amélioration de la vie domestique par la réforme architecturale.

M. Austin aura probablement moins de peine à trouver 150 millions pour son inutile tunnel, que MM. Barrat frères, une somme beaucoup moindre pour l'exploitation de leur admirable *piocheuse à vapeur*.

La piocheuse à vapeur n'est qu'utile, nécessaire, indispensable.

Puisque ce nom est venu sous ma plume, j'en veux profiter pour dire que l'événement justifie enfin, et sans appel, tout le bien que, depuis plus de deux ans, dans ce journal et dans la *Presse*, nous nous honorons d'avoir dit de cette invention capitale. La machine, qui fonctionne depuis quelques semaines dans le parc de Neuilly, en présence d'hommes compétents successivement conviés à des expériences jusqu'ici sans retentissement, fait, sur une terre vierge qu'elle défriche, une besogne égale à celle de la bêche dans un jardin, et le sillon qu'elle laisse derrière elle dans un sol ingrat a, par la perfection du travail, l'aspect d'une plate-bande préparée par le jardinier.

C'est là, on en conviendra, une œuvre un peu plus sérieuse qu'un tunnel anglo français et que beaucoup d'autres choses en projet ou en cours d'exécution. V. M.

Faculté merveilleuse du Minime à bandes.

Le petit article qu'on va lire pourrait enseigner la modestie à ceux qui prétendent faire de ce qu'ils comprennent la mesure de ce que la nature peut se permettre.

Il s'agit d'un papillon ennemi de nos lilas, dont sa chenille ronge les feuilles; c'est le *minime à bandes*. Voici ce que M. Blanchard raconte de cet insecte étonnant dans son excellente *Zoologie agricole*, en cours de publication :

« Cette espèce jouit d'une faculté étrange, extraordinaire, dont il a été impossible de se rendre compte.

« Vous placez une femelle dans un endroit isolé, sur une fenêtre si vous voulez, dans une ville, dans Paris même, dans une rue, loin de tout jardin, eh bien! au bout d'une heure ou deux vous voyez des mâles arriver en grand nombre. Le sens de la vue ne les guide pas; ils se heurtent contre les murailles, aux étages supérieurs, aux étages inférieurs; n'importe ils finissent par arriver au but. Mieux que cela, cette femelle vous l'enfermez dans une boîte. Rien au dehors ne décèle sa présence; les mâles arrivent néanmoins à l'entour, cherchant de tout côté l'objet désiré. Ils voltigent, ils s'agitent dans leur même cercle, jusqu'à ce qu'ils meurent épuisés de fatigue.

« Les mâles de cette espèce sont toujours bien plus nombreux que les femelles; cette circonstance explique comment il y a tant d'individus recherchant à la fois une seule femelle.

« Mais ce qui confond l'esprit, c'est l'incroyable faculté que possèdent ces insectes de reconnaître, à des distances énormes, l'endroit où se trouve une femelle de leur espèce. On s'est assuré que des mâles pouvaient être attirés d'une distance de plusieurs lieues. Quel est le sens qui les guide? se demande le naturaliste; à cette demande il ne vient aucune réponse satisfaisante. Les bombyx à coup sûr ne voient pas bien loin, et puis combien il est positif que la vue ne les guide en aucune façon; ils viennent à l'entour de la boîte parfaitement close dans laquelle est renfermée une femelle; si cette femelle est à découvert, ils se heurtent vingt fois avant d'arriver jusqu'à elle.

« Ah oui! ils sentent; c'est l'odorat qui les conduit; l'odorat! songez-y. Pour nous, cette femelle n'a aucune odeur, si près que nous en approchions; que devient d'ailleurs pour nos sens l'émanation d'un petit corps, ayant l'odeur la plus puissante, complétement caché à une distance de quelques kilomètres? Vous voyez bien que c'est à n'y rien comprendre. Il existe chez ces bombyx une faculté si différente des nôtres, que l'idée seule en est impossible pour nous. Si c'est l'odorat qui guide le minime dans la recherche de sa femelle, ce sens a acquis chez lui une perfection si prodigieuse, qu'il faut renoncer à apprécier cette perfection autrement que par son résultat. Si c'est un sens tout particulier, comme on s'est plu aussi à le supposer, l'homme ne saurait se faire la moindre idée d'un sens qu'il ne possède pas; plus que jamais alors il faut se contenter du résultat reconnu par des milliers d'observations.

« Le minime à bandes n'est pas le seul, parmi les bombyx, qui jouisse de cette surprenante faculté; pourtant c'est une des espèces qui la possèdent au plus haut degré. »

A ce prodigieux récit nous nous bornerons à ajouter, pour toute réflexion, l'extrait suivant d'un de nos feuilletons de la *Presse* :

Buffon a dit : « La nature de l'homme serait bien plus incompréhensible, si les animaux n'existaient pas. » L'étude des animaux n'est pas utile seulement en ce qu'elle donne la signification d'une multitude de points d'anatomie humaine, dont sans elle la signification resterait douteuse; elle nous sert encore en ce qu'elle nous montre, dans les facultés particulières de certains êtres, le développement auquel peuvent être portées des forces qui n'existent en nous qu'à l'état latent (1).

V. M.

Le défaut d'espace nous contraint de renvoyer au prochain numéro notre conclusion sur la question du magnétisme animal, ainsi que la mention de diverses lettres reçues par nous à cette occasion.

Nous sommes également contraints de remettre à la semaine prochaine la description de la machine dont nous donnons le dessin en tête de ce numéro.

Nos correspondants sont prévenus qu'à partir d'aujourd'hui ils trouveront à la fin de chaque numéro réponse à celles de leurs lettres auxquelles il pourra être répondu d'une façon sommaire.

---

(1) 2 mai 1852.

CORRESPONDANCE.

EXPÉRIENCE A FAIRE.

Caen, 2 avril 1856.

Monsieur,

L'époque d'expérimentation pour la revivification des hannetons approche. Comme vous ainsi que plusieurs de vos lecteurs, avez pris intérêt aux faits que je vous ai communiqués, je viens vous signaler les quelques points utiles à vérifier pour obtenir un peu de jour sur cette question.

Le 2 décembre dernier, je vous écrivais : « Je vais commencer quelques expériences sur le rôle que la pression atmosphérique joue, comme ressort, sur ce que nous sommes convenus d'appeler *force animale.* » J'ajoutais : « Ce genre d'expérience, ainsi que la revification des hannetons sont, pour moi, les corollaires d'une même pensée, concourant au même but. »

Il sera donc bon que les personnes qui tenteront quelques expériences sur le rôle que la chaleur joue sur les hannetons submergés, constatent bien les modifications que la submersion fait éprouver à l'appareil respiratoire de ces animaux. Ce point est d'autant plus intéressant que la respiration chez les hannetons étant *trachéenne* et visible, il ne faut pas manquer de bien établir les modifications survenant dans le jeu de cet organe avant la submersion, après la submersion, et surtout après la revivification par le calorique.

Comme vous le savez, Monsieur, la respiration trachéenne se fait au moyen de petits tubes composés d'une lame mince roulée en spirale, d'une consistance élastique ; les trachées sont en communication avec l'atmosphère par de petites fentes que l'on nomme *stigmates*.

Quelle modification l'ensemble des parties de l'appareil respiratoire subit-il, avant comme après? Là est la question.

N'étant pas outillé convenablement pour pousser mes investigations jusqu'où je le désirerais, j'adresse ces réflexions à plus heureux que moi.

En admettant que chez les êtres doués de la vie, il y ait deux causes, l'une matérielle et l'autre immatérielle, concourant à la formation de l'individu, il ne resterait pas moins à éclaircir *d'où vient ce que nous nommons la* FORCE ANIMALE.

Est-ce de la disposition et de l'agencement de la partie matérielle? Est-ce de l'action de la partie immatérielle sur les rouages qu'elle commande et dirige ? ou la pression atmosphérique (ressort passif) est-elle utilisée par les deux causes précédentes ?..... L'expérience sur les hannetons me semble une porte ouverte à la solution de ces questions ; c'est pourquoi j'ai cru devoir signaler ce point à votre attention, pour que vous éveilliez l'attention des personnes qui voudront bien faire les expériences.

Agréez, Monsieur, les salutations bien cordiales de votre serviteur,

V. LE MARCHANT.

ACADÉMIE DES SCIENCES.

Séance du 31 mars.

RÉPARATION ENVERS LA MÉMOIRE DE NICOLAS LEBLANC.

L'Académie vient d'accomplir dans cette séance, un grand acte de justice et de réparation, envers la mémoire de l'un des hommes les plus utiles et les moins bruyants qui aient passé sur le monde, nous voulons parler de Nicolas Leblanc, qui, le premier a découvert la soude artificielle.

En apprenant à l'Europe le secret de l'extraction de la soude à l'aide du sel marin, Leblanc préparait cet essor immense que prirent depuis toutes les industries qui tiennent aux arts chimiques par quelque point : M. Dumas a dit de cette découverte que si la soude factice n'avait pas été inventée, les jouissances que se procurent aujourd'hui les consommateurs avec son aide, leur coûteraient annuellement 1 milliard : on se demande alors ce que la Société a payé à l'inventeur qui l'a affranchie d'un tel décime, et l'on apprend qu'en 1806, Leblanc, réduit à la plus affreuse misère, las de démarches toujours infructueuses et ne possédant plus les forces de la jeunesse pour lutter plus longtemps, mit fin par le poignard à une vie qui lui était désormais à charge.

La famille de cet homme illustre adressa au gouvernement, dans le mois de novembre de l'année dernière, la demande d'un simple hommage à la mémoire de son chef ; sur la prière du ministre de l'instruction publique, l'Académie des sciences fut alors chargée de poursuivre une information capable de fixer irrévocablement les droits de Nicolas Leblanc dans la découverte de la soude factice.

La démarche de la famille Leblanc était au reste justifiée par une réclamation de M. Dizé, ancien associé de Leblanc, réclamation contestant à ce dernier une partie de sa belle découverte. Afin de pouvoir rétablir la vérité, la section de chimie, chargée par l'Académie de cet important travail, a été obligée de consulter une foule de documents dont la plupart étaient en Angleterre ; ceci explique le retard de quatre mois apporté à la lecture du rapport de M. Dumas, rapport très étendu et dont nous ne pouvons extraire que les faits les plus curieux.

Dès 1777, le père Malherbes, bénédictin, avait indiqué le moyen de faire de la soude avec du sel marin, mais son procédé qui consistait à traiter le sulfate de soude par le fer, au lieu de le traiter par la craie, comme on le fait aujourd'hui, n'était point du tout industriel, à cause de la très faible quantité de soude obtenue. Il paraît infiniment probable que Nicolas Leblanc s'inspira des travaux du père Malherbes, lorsqu'en 1789 il parvint à fabriquer la soude factice par la substitution de la craie au fer ; mais c'est dans cette substitution que réside la fécondité de l'invention de Leblanc, et la section de chimie a déclaré qu'elle n'avait trouvé nulle autre part la moindre trace de cette heureuse idée.

Lorsque Leblanc, alors chirurgien de la maison d'Orléans, eut fait sa découverte, le duc d'Orléans avança 200,000 livres tournois pour l'exploitation du procédé et un acte d'association fut passé entre eux et les sieurs Chaix et Dizé. Ce dernier avait été appelé par Leblanc, à cause de quelques connaissances chimiques qu'il possédait et le sieur Chaix agissait comme administrateur des deniers du prince.

En 1793, la Convention ayant mis sous le séquestre tous les biens du duc d'Orléans, et divulgué, pour cause d'utilité publique, le procédé de Leblanc, celui-ci fut dès lors jeté dans cette vie d'amertumes à laquelle il devait mettre fin douze ans plus tard.

Or, c'est en 1810, c'est-à-dire après la mort de Leblanc, que Dizé formule sa première réclamation, et, chose qu'a fait remarquer la section de chimie, tandis que la famille Leblanc a fourni avec empressement toutes les pièces nécessaires à l'examen de cette question, le représentant de Dizé a déclaré n'avoir rien autre chose à communiquer que des commentaires au mémoire écrit par Dizé en 1810.

Après examen des contrats passés entre les associés, aussi bien que de la teneur du brevet pris par Leblanc en 1789, la section de chimie a présenté ses conclusions comme il suit :

1° La découverte importante du procédé par lequel on extrait la soude du sel marin, appartient toute entière à Nicolas Leblanc. Dizé n'a fait de recherches avec Leblanc que pour mieux déterminer les proportions des mélanges entre le sulfate de soude, la craie et le charbon, et pour fonder la fabrique qui fut mise sous le séquestre en 1793 ;

2° Un hommage à la mémoire de l'inventeur de la soude factice est dû à Nicolas Leblanc et à lui seul ;

3° Quant à une indemnité, si une autorité plus compétente décidait qu'il y a lieu à l'accorder, l'Académie émettrait l'avis qu'elle fût partagée suivant la teneur de l'acte d'association passé à Londres entre Nicolas Leblanc, le duc d'Orléans, Chaix et Dizé.

Après une discussion dans laquelle le baron Thénard a chaudement plaidé la cause de Nicolas Leblanc, l'Académie a voté unanimement les conclusions précédentes.

ÉLECTION D'UN MEMBRE DANS LA SECTION DE MÉDECINE.

L'élection d'un membre à l'une des places vacantes dans la section de médecine ne s'est faite qu'au troisième tour de scrutin. M. JOBERT de Lamballe a été nommé par 29 voix ; son concurrent, M. Longet, en ayant obtenu 28.

COMMUNICATIONS DIVERSES.

— M. le docteur Herpin fait hommage à l'Académie d'un travail qu'il vient d'achever, sur l'emploi du *lactate de zinc* dans le traitement de l'épilepsie.

— M. le vicomte du Moncel envoie une note sur un nouveau système d'horloge électrique se réglant elle-même par la marche du soleil.

DE LA FORMATION ET DE LA RÉPARTITION DES RELIEFS TERRESTRES (2e mémoire).

M. le baron de Francq a démontré, dans un premier mémoire, que les continents et leurs chaînes de montagnes, que les îles et leurs volcans, que tous les reliefs enfin de l'écorce terrestre, sont le résultat mathématique d'une loi fort simple qui dérive de l'état de fusion du globe. Cette loi est « qu'il a dû exister une somme analogue de *travail* de l'écorce terrestre sur tous les grands cercles, et que ces derniers pourraient nous présenter ainsi des sommes semblables d'*arcs terrestres*, si ces arcs d'exhaussement ne subissaient pas et n'exerçaient pas de réactions entre eux. »

M. de Francq, qui a tracé, de 45 en 45 degrés, sur l'équateur, des roses de 36 grands cercles chaque, a retrouvé sur tous ces grands cercles, comme nous l'avons déjà dit dans un précédent article, la dépense d'un même excès de volume dans la zône supérieure de l'écorce terrestre. Or, ces roses de grands cercles présentent en outre deux faits généraux qu'il indique dans le nouveau mémoire communiqué par M. Élie de Beaumont à l'Académie.

En premier lieu, les grands cercles de ces roses, qui remontent tous successivement, sur chacune d'elles, de 5 en 5 degrés, depuis l'équateur jusqu'aux pôles, nous accusent un accroissement progressif de développement terrestre. Ainsi :

Les 17 grands cercles qui remontent de l'équateur jusqu'au 10e degré de latitude ont en moyenne 84° 79 de développement terrestre ;

Les 24 compris entre le 15e et le 25e degré offrent un développement de 88° 40 ;

Les 24 compris entre le 30e et le 40e degré offrent 91° 74 ;

Les 24 compris entre le 45e et le 55e degré offrent 94° 06 ;

Enfin les 16 grands cercles montant jusqu'au 65e degré de latitude ont 97° 58 de développement terrestre, en moyenne.

Il semblerait donc que la cause qui a provoqué la formation des reliefs terrestres sur les grands cercles a progressé de l'équateur vers les pôles, et, cette cause ne pouvant guère être attribuée qu'au refroidissement du globe, l'accroissement progressif que M. de Francq a constaté sur ses grands cercles correspondrait ainsi à l'accroissement du refroidissement qui a dû exister sur le globe, de l'équateur vers les pôles.

Les grands cercles qui remontent au delà du 70e de latitude ont des moyennes terrestres de moins en moins fortes, mais il faut en attribuer la cause aux terres polaires dont M. de Francq n'a pas pu faire mention. Il a tracé des centaines de grands cercles polaires afin de réunir de nombreuses données sur ces terres arctiques ou antarctiques, et tous ses calculs le portent à admettre qu'elles ont des étendues assez considérables.

Les roses de grands cercles de M. de Francq présentent un second fait général qui montre la valeur de cette méthode : chacune de ces roses a, sur ses 36 grands cercles, une somme totale d'arcs terrestres qui est presque identiquement semblable à celle des autres roses, bien que ces roses aient sur le même continent des chiffres terrestres qui varient parfois de 700 degrés entre eux.

L'une de ces roses a porté sur l'Afrique, sur l'Australie ou sur l'Amérique septentrionale, l'excédant terrestre que l'autre a porté sur l'Europe, sur l'Asie, ou sur l'Amérique méridionale ; mais elles ont toutes, en définitive, des sommes terrestres totales presque semblables.

Il existe donc un équilibre parfait dans le travail que l'écorce terrestre a subi sur ces différentes roses de grands cercles, et si ce fait se reproduisait sur le restant du globe, il viendrait donner une valeur nouvelle à la belle théorie du *réseau pentagonal* de M. Élie de Beaumont, dont les grands cercles forment entre eux des roses sur presque tous leurs points d'entrecroisement.

FÉLIX FOUCOU.

Société zoologique d'Acclimatation.

Séance du 28 mars.

CIRCULAIRE DU MINISTÈRE DE LA MARINE.

Une mesure qui intéresse au plus haut point l'avenir de la Société, vient d'être prise par le ministère de la marine et des colonies, dans le but d'organiser des centres de correspondance et d'échanges entre chacune de nos colonies et la Société d'acclimatation. La circulaire ministérielle est adressée aux gouverneurs des colonies de la Martinique, de la Guadeloupe, de la Réunion, de la Guyane, du Sénégal et de l'Inde, et aux commandants, supérieur et particulier, de Gorée et dépendances, ainsi que de l'île de Taïti. Nous en extrayons le passage suivant :

« Le but que se propose la Société zoologique d'acclimatation, et qu'elle poursuit avec ardeur en étendant chaque jour le cercle de ses travaux, présente une utilité réelle qui ne vous échappera pas. Vous jugerez donc sans doute qu'il sera profitable pour la colonie, de participer aux échanges qui se font par l'intermédiaire de la Société zoologique, et dans tous les cas, d'entretenir avec elle des rapports scientifiques de nature à élucider les questions d'acclimatation de plantes et d'animaux dont la propagation serait reconnue praticable et avantageuse. Le moyen le plus efficace d'atteindre ce but réside dans la création de comités locaux qui se formeraient *sous le patronage de l'administration*, et dont pourraient faire partie des habitants, des industriels, des fonctionnaires et des officiers de santé de la marine, que leurs études premières mettent à même de fournir à cet égard un concours utile. »

QUESTIONS RELATIVES AU SORGHO NOIR.

M. Jomard, membre de l'Institut, écrit pour demander qu'après avoir pris les renseignements nécessaires dans les départements du Rhône, du Var et de la Gironde, la Société fasse connaître les résultats qu'ont donnés, pendant la dernière campagne de 1855, les plantations d'*Holcus saccharatus* (sorgho noir, ou sorgho du nord de la Chine). Les éclaircissements devraient porter sur les quatre questions suivantes :

1° Le produit en matière sucrée ou en alcool ?

2° La quantité relative de graines *mûres* obtenues ?

3° L'emploi de cette graine comme substance tinctoriale ?

4° L'usage qu'on a fait des cannes et des feuilles, comme aliment donné aux bestiaux, comme engrais, ou comme combustible ?

Des renseignements sur le mode suivi pour cultiver le sorgho noir, et encore sur le moyen de se procurer de la graine mûre, seraient aussi très précieux pour ceux qui voudraient introduire cette culture en grand dans leurs propriétés.

CRÉATION D'UN AQUARIUM A PARIS.

M. le vicomte de Valmer, frappé de l'utilité des *Aquarium* d'Angleterre et de Belgique, émet le désir que la Société prenne l'initiative de l'établissement d'un Aquarium à Paris. La science, la pisciculture, surtout, trouveraient un précieux moyen d'études dans un Aquarium renfermant différentes espèces de poissons à différentes époques de leur croissance : le pisciculteur ainsi initié aux secrets de leurs besoins, de leurs actes les plus intimes, prendrait sur ses élèves un nouvel empire qui le mettrait à l'abri des incertitudes.

L'honorable membre voudrait que la Société zoologique sollicitât du gouvernement la formation d'un Aquarium marin et d'un Aquarium d'eau douce, pour servir à l'étude de la zoophytologie et de la pisciculture. Il donne ensuite quelques conseils sur les individus à y placer : dans l'Aquarium marin, par exemple, ce seraient les mollusques, les littoriens, les polypes, les vers à panaches, les zoophytes, les anémones de mer, et surtout de ces *animaux-fleurs* qui se nourrissent d'algues, et nettoient l'Aquarium de la verdure qui s'attache à ses parois : il serait, avant tout, utile d'y introduire encore des ulves vertes, qui servent à réoxiduler l'eau épuisée ; sans ces plantes, les animaux ne pourraient y vivre longtemps.

DE L'ACCLIMATATION DU NANDOU.

Le Nandou qui est l'autruche d'Amérique et qui se distingue de l'autruche d'Afrique en ce qu'il a trois doigts, au lieu de deux, n'est point encore connu en Europe avec assez de détails, au point de vue de l'acclimatation. C'est pour arriver à éclairer la Société sur un animal qui peut devenir une grande ressource pour la domestication, que M. le docteur Gosse a écrit un questionnaire adressé à toutes les personnes en position de répondre à quelqu'une des questions qu'il renferme. Ces questions, au nombre de 49, portent autant sur l'utilité et la valeur comparative des différentes parties de l'animal, que sur ses mœurs et son aptitude à la domestication.

M. Ramon de la Sagra s'est chargé d'insérer le questionnaire *in extenso* dans un journal *El Eco Hispano-Americano* qui circule dans tous les états de l'Amérique méridionale, où cette espèce d'autruche est connue.

MOUTON DE CARAMANIE.

M. le marquis de Selve adresse quelques détails sur un mouton de Caramanie (ou Karamanlis), qui, étant impropre à la reproduction, vient d'être abattu dans un but expérimental. Ce mouton vif avait un poids de 46 kilog., et il a produit 25 kilog. en chair nette, y compris la graisse de la queue : le déchet s'est donc élevé à 21 kilog. — La chair est fine, d'excellente qualité et de très bon goût.

Un échantillon de graisse était joint à cette communication : il sera l'objet d'une analyse ultérieure, qui permettra d'apprécier sa valeur industrielle.

DES RACES PORCINES D'ESSEX ET DE CHINE.

M. Charles de Belleyme, qui avait déjà offert au Jardin des Plantes deux sujets de la race porcine d'Essex, envoie à la Société d'acclimatation un produit des races porcines d'Essex et de Chine croisées.

La lettre qui accompagne cet envoi s'étend sur chacune de ces deux races, que M. de Belleyme considère encore comme loin de la perfection. Ainsi, la race d'Essex, assez bonne de forme, n'est pas précoce ; elle est d'une croissance lente, un peu dure à l'engraissement ; la tête et le groin sont surtout beaucoup trop développés : mais la chair est très fine et très délicate ; la graisse est ferme ; enfin l'animal obtient un développement assez considérable.

La race de Chine, d'une croissance un peu moins lente que celle d'Essex, quoique plus précoce, n'arrive cependant pas à la grosseur de cette dernière : elle engraisse facilement et a d'assez bonnes formes; mais ses reins sont très bas et le ventre beaucoup trop développé.

Par le croisement de ces deux races, M. de Belleyme a obtenu un produit très heureux et de beaucoup supérieur à chacune d'elles. Cette espèce anglo-chinoise ne craint pas le froid comme les autres espèces; elle est d'une nourriture facile et d'un développement comparativement très rapide : les formes en sont meilleures, son engraissement est très facile; enfin ces porcelets, dont le père est anglais et la mère chinoise, et qui ont aujourd'hui trois mois et demi, parviennent promptement à une belle grosseur, tout en restant dans les dimensions et en conservant les avantages des petites races. F. F.

VARIÉTÉS.

FRANÇOIS BACON.

Il y a moins de trois siècles, quand ne trouvant plus rien à apprendre dans les livres, ni de la bouche des maîtres, l'homme enfin déserta les écoles pour se lancer dans les routes nouvelles du libre examen et de l'expérience, deux génies vinrent régulariser cet immense mouvement. L'un, Descartes, enseignait à l'homme, sorti la veille de l'école, *l'art de conduire son esprit dans les sciences;* l'autre, Bacon, montrant le Monde, disait aux érudits commentateurs de l'antiquité : Voilà le livre qu'il s'agit maintenant d'interpréter.

Ces deux philosophies ou plutôt ces deux branches solidaires de la philosophie ont porté leurs fruits. L'une aboutit à montrer dans l'homme le lieutenant de Dieu sur la terre; l'autre fait du monde le domaine, le patrimoine de l'humanité.

Après plus de deux siècles, le langage de Bacon, quand il trace le plan de l'expédition, semble être en maints endroits celui d'un de nos contemporains inspirés. L'ordre du jour de 1620 (1) est tout à la fois l'inventaire d'un grand nombre des richesses que le XIXe siècle tient définitivement en sa possession, et le programme de plusieurs de celles qu'il lui reste à conquérir.

Quelques citations du *De dignitate et augmentis scientiarum* et du *Novum organum* permettront d'en juger ; elles auront cet avantage de remettre sous les yeux de plusieurs, certaines vérités relatives à la nature et au but de la science qu'il n'est pas inutile de leur rappeler.

Le titre seul de la préface de la *Grande Instauration des Sciences* précise nettement le but que se propose Bacon : « Il faut fournir à l'intelligence humaine de nouveaux secours qui permettent à l'homme d'user de ses droits sur la nature. »

Au moment d'entrer en matière, « Nous souhaitons, dit-il, que tous les hommes soient avertis de ne point perdre de vue la fin véritable de la science, et sachent une fois qu'il ne faut point la rechercher comme une sorte de passe-temps ou comme un sujet propre à la dispute, ou pour mépriser les autres, ou en vue de son propre intérêt, ou pour se faire une réputation, ou pour augmenter sa puissance, ou pour tout autre motif de cette espèce, mais pour se rendre utile et pour l'appliquer aux usages de la vie. » (*De dig. pref.*)

En ce qui le concerne, il déclare « que son désir n'est nullement de jeter les fondements de telle secte ou de tel système, mais ceux de l'utilité et de la grandeur humaine. » (*Ibid.*)

L'ensemble des travaux dont il trace ensuite le plan et qu'il se propose d'accomplir : la Revue et répartition des sciences (*De dig. et aug. scient.*), —la nouvelle Méthode pour l'interprétation de la nature (*Nov. org.*),— l'Histoire naturelle et expérimentale (*Phenomena universi*), — l'Echelle de l'entendement (*Scala intellectus*), —les Anticipations de la philosophie (*Prodromi*) ne sont que des acheminements vers la *science définitive*, laquelle est « Une science active qui se compose de vérités découvertes par la vraie méthode seule et qui sait diriger l'homme dans l'action. » (*Philosophia secunda, De dig. distrib.*)

Voici dans quels termes il indique le sujet de cette dernière partie de la philosophie.

« Enfin la sixième partie de notre ouvrage, à laquelle les autres sont subordonnées, et dont elles ne sont que les ministres, dévoile cette philosophie que la méthode pure et légitime de recherches, que nous avons commencé par enseigner, prépare, enfante et constitue ; mais d'achever cette dernière partie et de la conduire à sa fin, c'est une entreprise qui est au-dessus de nos forces, et qui dépasse nos espérances. Quant à nous, nous pouvons peut-être nous flatter d'en avoir donné un commencement qui n'est pas à mépriser ; mais, quant à sa fin, c'est de la fortune du genre humain qu'il faut l'attendre : fin qui peut-être sera telle que, dans l'état présent des choses et des esprits, les hommes pourraient à peine l'embrasser et la mesurer par leur pensée ; car il ne s'agit pas ici d'une simple félicité contemplative, mais de l'affaire du genre humain, de sa fortune, de toute cette puissance qu'il peut acquérir par la science active. En effet, l'homme, interprète et ministre de la nature, ne conçoit et ne réalise ses conceptions qu'en proportion de ce qu'il sait découvrir dans l'ordre de la nature, soit par l'observation, soit par ses travaux ; il ne sait ou ne peut rien de plus, car il n'est point de force qui puisse relâcher ou rompre la chaîne des causes ; et si l'on veut vaincre la nature, ce n'est qu'en lui obéissant ; ainsi ces deux buts, la science et la puissance humaine, coïncident exactement dans les mêmes points; et si l'on manque les effets, c'est par l'ignorance des causes. » (*Ibid.*)

Il termine ainsi l'exposition du plan qu'il s'est tracé : « Daigne donc, ô père de toute sagesse, qui donnas à ta créature les prémices de la lumière visible, et qui, mettant la dernière main à tes œuvres, fis briller sur la face humaine la lumière intellectuelle, daigne favoriser cet ouvrage, qui, étant parti de ta bonté, doit retourner à ta propre gloire ! Toi, lorsque tu tournas tes regards vers l'œuvre que tes mains avaient opérée, tu vis que tout était bon ; mais l'homme, lorsqu'il se tourne vers l'œuvre de ses mains, voit que tout n'est que vanité et tourment d'esprit, et ne trouve aucun repos. Si donc nous arrosons de nos sueurs l'œuvre de ta main, tu daigneras nous permettre de te contempler et de prendre part à ton

(1) Date du *Novum organum*.

repos. Daigne fixer dans nos cœurs ces sentiments si dignes de toi, et dispenser à la famille humaine de nouvelles aumônes par nos mains et par les mains de ceux à qui tu auras inspiré d'aussi saintes intentions. » (*Ibid.*) V. M.

(*La fin au prochain numéro.*)

FAITS DIVERS.

UN PANÉGYRIQUE. — Nous avons sous les yeux une brochure sur la pisciculture, écrite à la louange de M. Coste ; c'est un des plus rares morceaux de style que nous connaissions. On en jugera par ce passage, qui n'est ni au-dessus ni au-dessous du reste.

« Fulton, Jacquart, Dallery, Ampère, n'ont-ils pas tous soulevé un coin de ce voile mystérieux du progrès ? demande l'auteur, et il ajoute :

« Et si chaque jour, quoi qu'on dise et fasse, Paixhans le perce avec son terrible canon, pourquoi Coste, Boccius, Remy et tous ceux qui sympathisent avec leurs travaux, n'en arracheraient-ils pas leur part avec du poisson ? »

Arracher avec du poisson une part du voile du progrès! M. Coste a donc enfin trouvé un panégyriste digne de lui. La brochure a soixante-quatre pages de la même force cacographique ; nous nous en tenons à ce petit échantillon. « Pour analyser, il faudrait citer tout entier, » comme dit excellemment l'auteur à propos des *instructions pratiques* de M. Coste.

— Deux sociétés allemandes instituées sous le nom d'*Académie des abeilles*, étudiaient le mystère de la fécondation de ces merveilleux insectes. L'une était établie à Bautzen dans la Haute-Lusace, l'autre à Lautern. Toutes deux disputaient ensemble ; dispute ardente, prolongée. Qui les mit d'accord? Un aveugle, l'illustre Hubert de Genève, qui leur prouva à toutes deux qu'elles se trompaient l'une et l'autre et résolut la question qui les divisait. Un aveugle éclairant les académies! ceci est bien plus qu'une simple anecdote.

PENSÉE DE GOETHE. — « Les sciences naturelles ont des problèmes qu'on ne saurait résoudre sans appeler la métaphysique à son secours, non cette métaphysique d'école qui n'est qu'un bavardage vide de sens, mais la science réelle qui était, qui est et qui sera, avant, avec et après la physique. »

LA DOMESTICATION DES CÉTACÉS. — M. Toussenel, qui vient de compléter, par la publication du troisième volume, sa merveilleuse histoire des oiseaux, va, en matière de domestication, bien au delà des naturalistes qui, en ce moment, proposent la conquête de tant d'espèces utiles : nous ne prétendons pas qu'il aille trop loin. Voici ce qu'il dit des cétacés :

« L'homme ne s'est occupé jusqu'ici des géants de la mer, des immenses cétacés, que pour leur percer le flanc et y puiser des tonnes d'huile. C'est un tort et un crime ; car l'homme ne sait pas tout le parti qu'il eût pu tirer du concours de ces locomotives naturelles avec un peu de patience et une éducation appropriée au caractère et aux allures de ces monstres. Et quand je me mets à songer qu'il ne faut pas plus de quinze jours à la baleine franche et au cacha'ot pour faire le tour du monde, je ne puis m'empêcher de regretter que l'ambition de rallier un pareil auxiliaire ne soit pas encore venue à l'homme. Quelle conquête cependant que celle d'un remorqueur qui file soixante-quinze nœuds à l'heure (ving-cinq lieues!), et qu'est-ce que la vapeur auprès de çà !.... »

CHEVAL-VAPEUR. — Peu de personnes sans doute connaissent l'origine de cette dénomination bizarre si souvent employée cependant, et servant à désigner le travail capable de vaincre une résistance constante de 75 kil. le long d'un chemin d'*un* mètre uniformément parcouru dans la durée d'*une* seconde. Le savant M. Tom-Richard, raconte cette origine dans son excellent ouvrage *L'aide-mémoire des ingénieurs*.

Ce fut dans la brasserie *Whitbread* à Londres, que Watt fit la première application de sa machine à vapeur ; cette machine devait remplacer un manége destiné à monter de l'eau, et le brasseur voulant obtenir de la vapeur le même effet que de ses chevaux, proposa à Watt de faire travailler un cheval pendant une journée de huit heures, et de baser le travail du *cheval-vapeur* sur le produit du poids de l'eau qui aurait été élevé à la fin de la journée par la différence du niveau des réservoirs inférieur et supérieur. Watt accepta le marché. Le brasseur, prit alors son meilleur cheval (et les chevaux de brasseur à Londres, sont des animaux d'une force prodigieuse), et le fit travailler huit heures, n'épargnant pas les coups de fouet, et s'embarrassant peu que son cheval put soutenir plusieurs jours de suite un tel travail. Le produit mesuré se trouva être de 2,120,000 kil. élevés à 1 mètre en 8 heures, soit 73 kil. 6 élevés à 1 mètre par seconde. Ce travail se rapproche de celui du cheval-vapeur adopté en France, mais il est de beaucoup supérieur à celui qu'on obtiendrait d'une manière suivie d'un cheval ordinaire. En effet, des expériences authentiques, faites aux mines d'Anzin sur le travail de 250 chevaux employés pendant un an à faire mouvoir une machine très simple, ont donné pour le travail effectif d'un cheval ordinaire pendant 8 heures ou sa journée entière 800,000 kil. élevés à 1 mètre, soit 27 kil. 77 élevés à 1 mètre par seconde.

NOUVELLES DU MUSÉUM D'HISTOIRE NATURELLE. — Le muséum vient de recevoir deux moutons de petite taille, à belle laine et remarquables par leur origine : ils viennent de Bomarsund et sont donnés par M. de Sercey.

Pour tous les faits divers, V. M.

COURS D'HISTOIRE NATURELLE. — M. Aug. Duméril, professeur agrégé à la Faculté de médecine, suppléant de M. le professeur C. Duméril, a commencé le 2 avril le cours de zoologie (Histoire naturelle des Reptiles et des Poissons), qui se continuera les *lundis, mercredis et vendredis*, à onze heures et demie. La première portion de ce cours sera consacrée à l'étude de la distribution de ces animaux en familles naturelles, et des applications pratiques de cette partie de la zoologie. L'exposé des modifications les plus remarquables résultant de la structure, des mœurs et des habitudes des Reptiles et des Poissons sera l'objet de la seconde portion du cours.

Petite Correspondance.

M. DE QUA... (Pont-Audemer). — Certes, vous ne devez rien.

M. E. G. (Vernon). — Vous avez raison.

M. E. (Dieppe). — Vos réflexions sont justes, et vous pouvez voir dès ce numéro que nous les avions faites de notre côté.

M. TH. B. (Ucele près Bruxelles). — Tout cela sera pris en considération.

M. SEINC.... (Legrand) Paris. — Note est prise de l'avis.

M. M.-G.-C. (Limoges). — Je fais rechercher le mémoire dont il s'agit.

M. H. C. (Arles). — Je n'ai point souvenir des observations dont il s'agit. — Mille remerciements pour tout le reste.

M. G. H. (Bordeaux). — Nous sommes d'accord.

Dr J. G. (Sillery). — C'est bien séduisant ; je l'espère.

M. L. L. (Argenteuil). — Ce sera fait.

M. de G. (Lyon). — En français. — Vous êtes très-bienveillant

Dr C. (Bordeaux). — Reçu les dessins. — Remerciements.

M. B. (Limoges). — Cette société n'existe point. — Plus de détails seraien nécessaires.

M. Z.-T. (Saint-Dié). — Ce que vous en dites donne le désir d'en apprendre davantage. — Sur le *post-scriptum* : Non.

M. B. (Havre). — Fait selon votre desir.

M. B. (Apt). — Vous avez raison. — Note est prise de l'indication ; merci

Dr D. (Lachâtre). — Je désire vivement que vous donniez suite à cette idée.

M. A. D. (Henvirieul). — Nous sommes en quête du renseignement.

M. P. (La Terrière). — C'était une erreur.

M. R. (Fontanil). — Le versement a eu lieu le 10 du mois passé. — La description sera donnée.

M. B. (Rassay). — Pris note.

M. J. D. (Castiljaloux). — M. Jobard (de Bruxelles).

M. L. S. (Mines de la Chapelle). — La principale difficulté vient de l'espace. — Pour suivre votre conseil, permettez que nous fassions appel à vous-même.

Dr B. (Fursac). — Ce n'est que partie remise, je l'espère.

M. De B. (Chatelus). — Fait et sans inquietude.

Prix d'abonnement pour l'étranger.

Allemagne, 8 fr. ; — Suisse, Parme, Plaisance, Modène, 8 fr. 50. — Etats Sardes, Grèce, Crimée, 9 fr. ; — Hollande, Angleterre, 10 fr. ; — Etats-Unis, Indostan, Turquie, 10 fr. 50 ; — Belgique, Prusse, Hanôvre, Saxe, Pologne, Russie, Espagne, Portugal, 11 fr. ; — Toscane, 12 fr. ; — Etats-Romains, 16 fr. 50.

Le propriétaire, rédacteur-gérant :

VICTOR MEUNIER.

PARIS. — IMP. J.-B. GROS, RUE DES NOYERS, 74.

Deuxième année. — N° 15. Quinze centimes. 13 avril 1856.

L'AMI DES SCIENCES

JOURNAL DU DIMANCHE

SOUS LA DIRECTION DE

VICTOR MEUNIER

BUREAUX D'ABONNEMENT
13, RUE DU JARDINET, 13
Près l'Ecole de Médecine
A PARIS

ABONNEMENT POUR L'ANNÉE
PARIS, 6 FR.; — DÉPART., 8 FR.
Étranger (Voir à la fin du journal)
ENVOYER UN MANDAT DE POSTE

Moissonneuse automate d'Atkin. — Fig. 1. (Voir page 116).

PHILOSOPHIE DES SCIENCES.

Théorie. — Pratique.

I.

Les sciences longtemps étrangères les unes aux autres se rapprochent, s'unissent; que de faits éclatants et combien de témoignages pleins d'autorité je pourrais citer à l'appui de cette féconde alliance! Les sciences aspirent à l'unité. Miroir du monde, elles en réfléchiront l'harmonie. Tous les liens seront mis à nu..... Mais cela est devenu vulgaire. Ce qu'il importe de dire, le voici :

C'est par l'étude du PRINCIPE PSYCHIQUE *que l'unité se fera.*

L'Esprit dont l'étude ne pouvait être scientifiquement conduite qu'après celle de la vie, succédant elle-même à celle des corps bruts, l'Esprit sera le théâtre de découvertes aussi inattendues et bien autrement considérables que celles qui ont été faites depuis cinquante années dans le domaine de la physique et de la physiologie. De toutes les choses que l'homme connaît peu, celle qu'il ignore davantage c'est lui-même, c'est l'Esprit. Des facultés sublimes apparues accidentellement, isolément dans l'histoire, et qu'on a considérées comme des exceptions et des anomalies, auront le sort qu'ont eu tant d'autres prétendues exceptions dans l'ordre matériel; elles ont devant elles un avenir semblable à celui de l'électricité et du magnétisme, au temps où leur rôle paraissait être de douer l'ambre et la pierre d'aimant de propriétés singulières. Leur généralité sera démontrée; elles révèleront le plan normal, on reconnaîtra en elles des propriétés universelles de l'Esprit humain, susceptibles à un degré plus élevé d'applications analogues à celles que l'électricité, le magnétisme, la chaleur, la lumière ont reçues et recevront, et devant révolutionner le monde intellectuel comme les applications des sciences physiques ont révolutionné le monde industriel. Comme celles-ci, elles rendront accessibles à nos descendants ce qui parut inabordable à nos pères, et ce qui a été jugé impossible semblera un jeu d'enfant.

Alors, en effet, toutes choses dans l'univers se montreront subordonnées à l'Esprit, et dans la Doctrine, expression de la réalité, elles s'ordonneront par rapport à lui. Or, il est manifeste que le jour où le rôle créateur et ordonnateur que l'Esprit remplit dans l'univers sera dévoilé, la puissance révélatrice de l'Esprit qui est en l'homme sera manifestée. Et alors tant de questions fondamentales jugées insolubles et que l'homme, c'est sa gloire! ne se résigne point à voir irrésolues; et l'origine, et la fin, et le comment, et le pourquoi, assujettis désormais à la pensée, entreront dans le domaine commun de la science universelle.

Voilà pour la théorie.

II.

Les sciences purement contemplatives au début se sont faites ouvrières. Elles prennent la direction de l'atelier; elles font de l'activité productive de l'homme une pure application de la science; la science même, la science active; et voici par quels résultats principaux elles manifestent leur intervention. Elles élèvent le travailleur au rang de possesseur d'esclaves. Elles mettent à ses ordres pour qu'il se décharge sur eux des labeurs qui font obstacle au développement de la pensée, des ouvriers insensibles, infatigables, d'une adresse et d'une force sans égales, et doués de toutes les aptitudes possibles. Elles diminuent donc les fatigues corporelles, elles donnent au prix d'un travail toujours décroissant, un bien être de plus en plus grand. Ici, on va m'arrêter et dire que les machines augmentent le travail loin de le diminuer. Illusion! ou, ce qui revient au même, vérité transitoire, relative. Vérité transitoire, parce qu'il s'agit aujourd'hui de racheter les hommes de la misère primitive, et que tout est encore à faire. Vérité relative à un ordre économique dans lequel la plus grande part des forces productives est: 1° ou inutilisée, 2° ou gaspillée, 3° ou détournée de l'utile au profit d'un superflu inhumain. L'objection est fausse devant la raison et devant l'avenir. Je continue.

Les sciences appliquées nous livrent la nature entière. Elles nous mettent en possession de la terre, de l'air et de l'eau; elles font de tous les êtres minéraux, végétaux, animaux, nos tributaires; elles nous assujettissent l'espace et le temps; elles contraignent les forces cosmiques à revêtir notre livrée. — Mais comme au premier paragraphe de cet article, je dirai: tout ceci est vulgaire. Voici sur quoi je veux appeler l'attention:

Je dis que le rôle des sciences appliquées consiste à mettre en œuvre ce grand principe savoir:

Le *principe de la* VARIABILITÉ *ou de la* MUTABILITÉ *universelle des êtres, des substances, des forces,*

Principe qui n'est autre chose que la face active du dogme de l'unité.

Les alchimistes en ont vainement cherché la démonstration; les physiciens, les chimistes, les botanistes, les zoologues l'aperçoivent dans leurs sphères respectives; il régit tous les ordres de faits. Il y a en tout être autre chose que ce qu'il manifesté habituellement, communément, ce dont la nature nous avertit en nous montrant ce que nous nous appelons des exceptions, des écarts, des anomalies; c'est ainsi qu'elle nous incite à chercher le fond sous l'apparence; fond infini sous une apparence limitée. Nul être n'est tel qu'il apparait par nécessité absolue et d'une manière irrévocable; mais sa forme actuelle est simplement un rapport entre une force initiale qui peut être modifiée et un milieu qui peut l'être également. La démonstration de ce principe fera éclater les moules des vieilles sciences. Sur lui se fonde, non plus simplement la possibilité de connaître et de posséder, mais celle de transformer et de perfectionner. Par là une grande fonction incombe nécessairement à l'homme; un avenir redoutable et merveilleux lui apparaît, une route infinie s'ouvre devant lui, dans laquelle il ira, coordonnant incessamment toutes choses à des termes nouveaux et les entraînant avec lui dans la voie des perfections. Et comme en constituant son unité la Science manifeste en l'homme le prêtre de la création, en établissant son domaine sur la terre elle l'en constitue roi. Prêtre et roi, chargé de continuer et de régler sur la terre l'œuvre interrompue de la création.

Voilà pour la pratique.

III.

Avant, pendant et après la physique, un ordre intellectuel et moral existe.

Indépendamment de la cause première, une, éternelle, immuable, absolue de toutes choses, il existe sur chaque globe, parvenu à son complet développement, un être souverain dans lequel l'esprit universel s'incarne, qui est sur cette terre le coadjuteur de Dieu, Dieu lui-même par rapport aux êtres dont la direction lui est confiée; il y a en ce sens un polythéisme vrai. L'humanité est sur la terre le lieutenant de Dieu. Et les scientifiques merveilles dont s'étonne aujourd'hui une raison encore entourée des voiles qui protègent ses premiers développements, ne sauraient fournir une idée des actes divins dont le spectacle sera donné par l'homme à sa planète, car l'humanité n'existe encore que dans nos aspirations et dans les promesses de l'histoire.

La race dispersée d'Adam, divisée en peuples qui s'ignorent les uns les autres; la terre en grande partie inexplorée, inculte; l'homme qui ne se connaît pas lui-même; tout atteste que l'Humanité n'est pas née. Elle parcourt encore cette phase ténébreuse de la formation, du développement et de la coordination des organes, qui précède l'avénement à la lumière; la terre est grosse de son Dieu. VICTOR MEUNIER.

MAGNÉTISME ANIMAL.

Nouvelle proposition.

A l'enquête que nous considérions comme close dans sa première phase après la lettre de M. Mabru dont nous avons donné un extrait dans notre numéro du 16 mars, nous allions proposer de substituer un plan d'étude. Mais M. Mabru indique une expérience décisive et qui paraît tout à fait acceptable. Nous nous faisons un devoir d'en transmettre l'indication à MM. Derrien, Gentil et de Rovère sur la bonne volonté desquels nous croyons pouvoir compter.

Voici un extrait de la lettre de M. Mabru:

« Les somnambules et les magnétiseurs resteront chez eux, entourés de leurs amis, dans les conditions qu'ils mentionnent comme étant les plus favorables à l'expérience, au milieu d'une atmosphère épaisse de fluide et de volontés sympathiques. Alors les somnambules, dans un état de *per-lucidité* absolu, n'auront tout simplement qu'à lire UN SEUL MOT placé dans un coffret dûment scellé que j'offre, Monsieur, de déposer entre vos mains. Après la réponse des somnambules, vous ouvrirez vous-même le coffret en présence de toutes les personnes qui voudront assister à cette opération. — Voilà qui est tout à la fois bien simple et bien concluant. — Si les commissions académiques avaient autrefois employé ce moyen, elles auraient à coup sûr constaté publiquement le phénomène de double vue, s'il existe, ou bien elles auraient laissé perpétuellement ce mot introuvable, plus terrible que l'épée de Damoclès, suspendu sur la conscience de tous les magnétiseurs. — Cette expérience permanente eut peut-être mieux éclairé l'opinion publique. »

Sur l'observation que tout en acceptant en principe l'expérience proposée, il pourrait se faire qu'on demandât des modifications de détail; M. Mabru nous a répondu qu'il s'y prêterait volontiers pourvu que l'expérience fût faite dans des conditions à ne laisser aucun doute sur la sincérité du résultat. Ainsi par exemple, préfère-t-on que la boîte soit remise aux mains des magnétiseurs? la boîte scellée, cachetée leur sera remise et on la leur laissera tout le temps qu'ils jugeront convenable, huit jours, quinze jours, un mois.

Cette expérience est de celles que les magnétiseurs racontent avoir maintes fois répétées avec succès. La proposition de M. Mabru paraît donc ne devoir soulever aucune objection.

En vue de donner plus de retentissement au résultat, on pourra prier tel membre influent de l'Académie des sciences, qui ne se refusera pas à un rôle aussi peu compromettant, d'écrire à huis clos un mot dont il gardera le secret et qu'il renfermera dans une boîte scellée par lui-même; la boîte serait remise par M. Mabru, ignorant de son contenu, au magnétiseur qui se prêterait à l'expérience.

Supposez que cette expérience réussisse, on pourra demander à l'Académie de la répéter, et l'Académie édifiée sur la réalité des faits par les confidences de celui de ses membres qui aurait pris à la précédente épreuve la part ci-dessus décrite, part qu'il ne craindrait plus d'avouer, l'Académie ne refusera certainement pas de nommer une commission.

La commission aurait nécessairement un succès à constater.

Cette constatation serait le triomphe du magnétisme animal.

Une telle perspective ne peut laisser les magnétiseurs indifférents. Elle décidera certainement ceux, comme MM. Derrien, Gentil et de Rovère, à qui suffisait l'espoir d'un résultat beaucoup moins éclatant. V. M.

Machine à vapeur régénératrice de Siemens.

Employer dans une machine plusieurs fois de suite la même vapeur en rendant à celle-ci la chaleur que la machine utilise à chaque coup de piston, tel est le problème de la *régénération de la vapeur*, pour la solution duquel un ingénieur hanovrien, M. Siemens, a construit la machine que nous allons décrire, machine qu'on a vu fonctionner à la dernière exposition, et dont le dessin figurait en tête de notre précédent numéro.

Des deux théories relatives à la vapeur, la *théorie* qu'on peut appeler *matérielle* et la *théorie dynamique*, M. Siemens, avec la plupart des physiciens, admet la seconde, et c'est sur la théorie dynamique de la chaleur qu'est fondée la machine à vapeur régénératrice.

Dans cette théorie, toute production du mouvement par la chaleur est une transformation de chaleur en effet mécanique, et réciproquement toute production de chaleur par le mouvement est une transformation de mouvement en chaleur.

Dans un sens plus général, on peut dire que la chaleur, la force mécanique, l'électricité, l'affinité chimique, le son, la lumière, sont des manifestations différentes, des transformations d'une seule et même cause, le mouvement.

Cette découverte des relations du mouvement et de la chaleur, est une des découvertes de ce siècle.

Les faits suivants nous montreront en présence l'ancienne et la nouvelle théorie; la théorie matérielle et la théorie dynamique.

Soit d'abord le passage des solides à l'état liquide et, pour préciser, la transformation de la glace en eau.

Si, sur un kilogramme de neige à la température de 0°, on verse un kilogramme d'eau à 79°, on obtient, comme tout le monde le sait, deux kilogrammes d'eau à 0°. Pour expliquer ce fait, les physiciens admettaient naguère que la fusion de la neige arrivait par une espèce de combinaison chimique entre ses molécules et les molécules impondérables de la chaleur contenue dans l'eau à 79°. Cette chaleur combinée fut appelée *chaleur latente*. A l'impondérable supposé, on était forcé, dit un ingénieur distingué, M. R. Franceschi, dans un article sur le sujet qui nous occupe, de donner des qualités non moins hypothétiques, et on se contentait d'exprimer le phénomène en disant que, dans la fusion des solides, il y a toujours de la chaleur qui se cache : telle était l'ancienne théorie.

« Nous pouvons apprécier mieux que nos devanciers, dit l'ingénieur déjà cité, cette chaleur qui se cache, nous savons qu'elle se transforme en effet mécanique, et qu'elle est employée à vaincre ces forces d'orientation qui, dans les corps solides, donnent aux particules des positions déterminées les unes par rapport aux autres. Si nous venons à considérer la transformation des fluides aériformes en liquides, nous rencontrons un fait analogue à celui que nous venons d'examiner. Un kilogramme d'eau à 100° en se vaporisant, rend latente toute la chaleur nécessaire pour élever de 0° à 1° la température de 536 kilog. d'eau. Ici encore cette chaleur est transformée en l'effet mécanique nécessaire pour vaincre la pression atmosphérique, le kilogramme d'eau vaporisée devant occuper un espace de 1,700 décimètres cubes au lieu de l'espace de 1 décimètre cube qu'il occupait à l'état liquide. »

Telle est la théorie nouvelle, la théorie dynamique de la chaleur.

M. Siemens a, comme nous l'avons dit, adopté la théorie dynamique et il a fondé sur elle une machine qui conserverait toute la chaleur latente de la vapeur, pour y ajouter, à chaque coup de piston, seulement la quantité de chaleur absorbée dans la détente, et qui est l'équivalent de la force mécanique produite.

Il y a quelque analogie entre la machine de M. Siemens et les machines à air chaud, dont on a tant parlé il y a deux ou trois ans. Mais la grande différence entre les deux systèmes consiste dans le fluide élastique employé pour mettre les pistons en mouvement. Dans l'un, c'est l'air; dans l'autre, c'est la vapeur qui est surchauffée.

Maintenant supposant que le lecteur a sous les yeux le dessin donné dans le précédent numéro, nous allons procéder à la description de la machine à vapeur régénératrice.

M et M' sont deux foyers alimentés par le charbon que l'on verse dans deux trémies. NN, N'N' sont deux chaudières qui enveloppent de toutes parts, en haut et en bas, le mécanisme intérieur. OO, O'O' sont des parois cylindriques destinées à diriger ou guider la flamme du foyer. H, H' sont deux enveloppes en fonte frappées sans cesse par la flamme ou les gaz chauds; leurs fonds sont repoussés et arrondis pour que la surface de chauffe soit plus grande; leurs parois intérieures sont hérissées de parties rugueuses ou de pointes pour qu'elles transmettent mieux la chaleur à la vapeur qui vient s'y régénérer, y recouvrer sa température et sa pression première. GG, G'G' sont deux surfaces cylindriques aussi en fonte, entourées de toutes parts par les enveloppes HH', ouvertes à leurs faces antérieures et postérieures. AF, A'F' sont les pistons divisés en deux moitiés faisant corps ensemble : les premières moitiés A, A' sont les pistons travailleurs proprement dits, formés, comme à l'ordinaire, de rondelles en fer articulées ; ils se meuvent, avancent ou reculent dans des cylindres qui, comme nous le dirons tout à l'heure, sont constamment à la température des cylindres des machines à vapeur communes : cette condition était absolument essentielle à remplir, car l'expérience de tous les jours démontre que si un piston se meut dans un cylindre chauffé à une température élevée, il y a grippement et destruction rapide des rondelles. Les secondes moitiés F, F' des pistons sont des appendices ou manchons, creux à l'intérieur et remplis de fragments de charbon non conducteurs, qui ont pour fonction de défendre autant que possible les cylindres et les pistons travailleurs A, A' de la chaleur excessive du fond des enveloppes : les appendices, en outre, se meuvent librement, et sans contact intime dans les surfaces cylindriques G, G'.

On remarquera que les diamètres des appendices F, F' sont doubles des diamètres des pistons travailleurs A, A' ; il en résulte que les surfaces annulaires déterminées par les insertions des pistons travailleurs sur les appendices sont la moitié des surfaces postérieures de ces mêmes appendices ; et parce que la vapeur renfermée dans les enveloppes, à cause du jeu laissé aux manchons dans les espaces cylindriques G, G', agit à la fois sur les faces antérieures et postérieures des manchons ; l'action résultante, différence des deux actions en sens contraires, est celle que la vapeur exercerait sur la base du piston travailleur. Les tiges enfin des pistons travailleurs passent à travers des stuffing-box E, E' et s'articulent, au sein d'une coulisse centrale B, à des manivelles qui changent leur mouvement rectiligne alternatif en mouvement circulaire continu et font tourner l'arbre C. Les quatre traits longitudinaux H, I'I' (ces lettres, sur la figure, sont tracés horizontalement pour ne pas trop la charger) et qui sont compris entre les surfaces cylindriques G, G' et les parois latérales des enveloppes H, H', sont aussi des surfaces cylindriques formées de toiles métalliques plusieurs fois roulées sur elles-mêmes; on les appelle respirateurs parce qu'elles ont pour destination d'aspirer et d'expirer tour à tour la chaleur de la vapeur motrice, c'est-à-dire de céder à la vapeur qui va au fond des enveloppes la chaleur qu'elles ont emmagasinée ; de reprendre au contraire, pour la tenir en réserve, la chaleur à la vapeur qui sort des cylindres travailleurs pour pénétrer au-dessous, quand elle vient de gauche, au-dessus quand elle vient de droite, du piston travailleur d'un troisième cylindre D vertical. La tige de ce dernier piston, prolongée inférieurement, vient s'articuler sur la même manivelle qui fait tourner l'arbre C, mais à angle droit avec les tiges des deux pistons horizontaux, de manière à continuer leur mouvement. Le cylindre D, comme le montre la figure, est donc en communication libre, par sa partie inférieure, avec l'enveloppe H, par sa partie supérieure avec l'enveloppe H'. Il est l'organe caractéristique de la nouvelle machine; M. Siemens lui a donné le nom de régénérateur, parce que c'est en effet par son intermédiaire que l'on arrive à pouvoir régénérer la vapeur, à lui rendre sa température et sa pression initiales.

Enfin P est la cheminée, Q un tuyau à soupape par lequel la vapeur est admise dans la machine ; R le tiroir de distribution ; S une soupape par laquelle la vapeur perdue va dans la cheminée pour activer le tirage.

Voici comment a lieu la mise en train de la machine : On allume le feu, et l'on attend que la température du fond des enveloppes H, H', qu'on pourra mesurer avec un thermomètre à air, soit d'environ 400 degrés ; la pression de la vapeur d'eau dans les générateurs est alors d'environ cinq atmosphères. Réciproquement, lorsque le manomètre indique que la pression intérieure est de cinq atmosphères, la température du fond des enveloppes est de 400 degrés, et la machine est prête à fonctionner. Si à ce même moment on explore la température des respirateurs ou cylindres en toile métallique, on constatera qu'à leur extrémité la plus voisine du fond, ils ont la température de ce fond, tandis qu'à leur extrémité antérieure leur température n'est plus que de 150 degrés. Il en résulte que si de la vapeur à la température de 100 degrés pénètre dans l'enveloppe par l'espace compris entre ses parois et les toiles du respirateur, sa température s'élèvera sans cesse, et, en arrivant au fond de l'enveloppe, elle atteindra 400 degrés, avec cinq atmosphères de pression ; que si au contraire la vapeur à 400 degrés, venant du fond de l'enveloppe, traverse ce même espace et le respirateur en sens contraire, elle abandonnera peu à peu sa chaleur excédante aux toiles métalliques, et sortira à une température peu différente de 150 degrés. « Il faut, avant tout, dit M. Siemens, accepter cet échange de température entre la vapeur et les toiles du respirateur comme un fait démontré par l'expérience, et sur lequel repose en grande partie le succès de la machine à vapeur régénérée. L'expérience a prouvé, en outre, que ces échanges pouvaient se faire en un temps assez court, en deux cinquièmes de seconde, cent cinquante fois par minute ; ou même en un cinquième de seconde, ou trois cents fois par minute. » M. Siemens croit qu'à la rigueur il suffirait d'un dixième de seconde pour amener la température de la vapeur de 150 à 400 degrés, et la ramener de 400 à 150 degrés. Comme chaque double échange de chaleur entre la vapeur et les toiles correspond à un coup de piston, la machine pourrait donner trois cents coups de piston par minute ; il ne sera jamais nécessaire ou utile de chercher à atteindre des vitesses plus grandes.

MOISSONNEUSE AUTOMATE D'ATKIN.

Pensant que nos lecteurs ne se plaindront pas de l'abondance des documents sur une question aussi intéressante que celle des machines à moissonner, nous leur donnons aujourd'hui le dessin de l'une des machines les plus ingénieuses en ce genre, de la Moissonneuse automate d'Atkin, nommée automate parce qu'elle fait tout elle-même, coupe le blé, le renverse sur la plate-forme, et dépose sur le côté les épis réunis en javelles qu'il ne reste plus qu'à lier.

Nous ne décrirons pas ce que cette machine a de commun avec celles dont nous avons précédemment parlé. On voit par la figure placée en tête de ce numéro que la machine est mue par deux chevaux, et qu'un seul homme, un charretier, suffit à tout. Nous appelons l'attention sur le bras automate qui constitue la principale originalité de la machine.

Sur l'essieu de la large roue motrice A (fig. 2), existant dans toutes ces machines, est une roue d'engrenage B, laquelle au moyen d'un petit pignon invisible dans la figure (parce qu'il est placé en avant de la roue B) transmet le mouvement à l'arbre C. Sur cet arbre est monté un petit pignon qui engrène avec la roue conique D, laquelle, comme on voit, est inclinée par rapport au plan de la roue motrice : c'est cette roue D qui fait mouvoir le râteau articulé.

En F est un bras de levier en équerre, dont une extrémité est appuyée excentriquement sur un point de la roue D; lorsque cette roue tourne, il est entraîné par elle, ce qui lui donne un double mouvement circulaire, continu et rectiligne alternatif.

Le mouvement circulaire produit deux effets : 1° il fait fonctionner l'autre extrémité de l'équerre dans la coulisse G ; 2° il fait pivoter le guide vertical S. Sur ce guide est fixé le support double S' de la coulisse G, dans laquelle l'extrémité de l'équerre se meut.

Le mouvement rectiligne produit, par suite de la forme d'équerre du levier F, un abaissement et un relèvement alternatifs du levier H de la coulisse G.

Ces mouvements combinés du guide du levier et de la coulisse produisent un mouvement de va et vient du râteau, dans le sens de la plate-forme K, mais l'un rectiligne et l'autre demi-circulaire. De telle sorte que le rapprochement et l'éloignement alternatifs des leviers I et T, montés à charnière sur le guide, imitent très-exactement le mouvement d'un bras s'étendant en arrière de la plate-forme K et se repliant dans le sens de la ligne droite pour ramener les tiges coupées et les déposer en javelles sur la terre dépouillée. Suivant les ingénieuses expressions de M. Victor Borie, T représente l'épaule, T' le coude et I la main.

Lorsque le râteau I est arrivé à l'extrémité de sa course, c'est-à-dire dans la position opposée à celle de la fig. 2, il vient presser la javelle ramassée sur la plate-forme contre une cuiller en tôle Z, fixée à l'extrémité des supports de la coulisse (fig. 1). Cette espèce de pelle reçoit une pression qui la pousse un peu en arrière lorsque le râteau presse la javelle contre elle.

Voici ce qui se passe en ce moment : le levier F est arrivé à son point le plus élevé sur la roue D, il commence à redescendre, mais en même temps il recule, et, par contre, fait avancer les supports S' en forçant le guide G à tourner avec lui. Comme il est monté perpendiculairement à son axe, la cuiller et le râteau tenant la gerbe entre eux, viennent se présenter face en arrière et un peu en saillie sur le bâti de la plate-forme; mais le levier F, entraîné toujours par la roue D, qui continue son évolution, revenant sur lui-même, repousse le râteau I pour lui faire reprendre son mouvement demi-circulaire sur l'arrière de la plate-forme. En se séparant de la cuiller L, le râteau laisse échapper les tiges de blé qui forment immédiatement une javelle. Mais pour éviter que cette javelle ne tombât en partie sur le bord de la plate-forme ou trop près de la machine, la cuiller qui avait reculé sous la pression légère du râteau, est vivement ramenée en avant par les lames du ressort qui la pressent par derrière, et dépose par ce mouvement la javelle à 30 ou 40 centimètres de la moissonneuse.

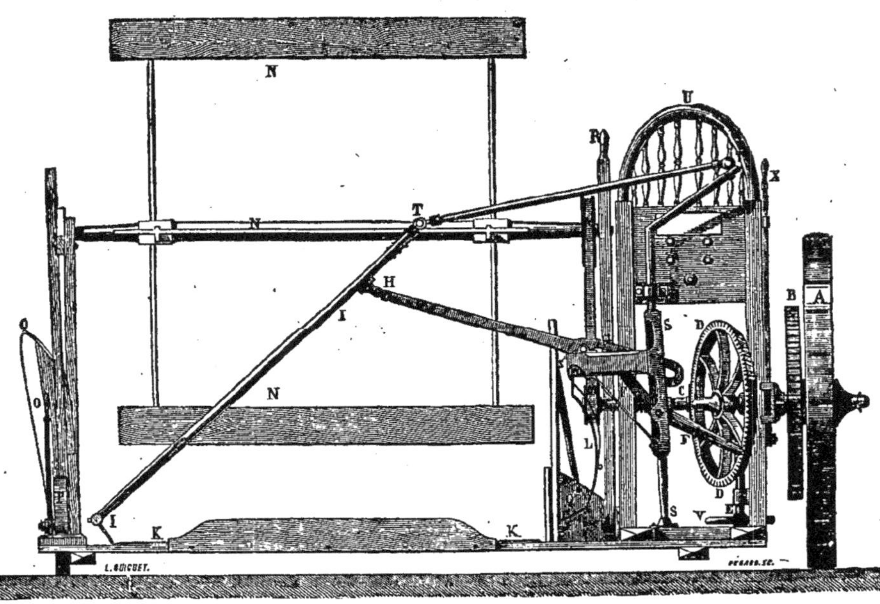

Ech. 0m04.

Moissonneuse automate. — Fig. 2.

Cette ingénieuse machine se transforme rapidement en faucheuse.

Aux premiers essais de Trappes, elle a moissonné 17 ares 33 centiares d'avoine en vingt-quatre minutes; lors des expériences solennelles qui suivirent, elle coupa 12 ares de blé en dix-huit minutes.

ACADÉMIE DES SCIENCES.

Séance du 7 avril.

COMMUNICATIONS DIVERSES. — ÉLECTRICITÉ. — 40e PETITE PLANÈTE.

Une pièce de la correspondance manuscrite appelle l'attention de l'Académie sur l'emploi du *chlorate de potasse*, comme spécifique contre la salivation mercurielle.

— M. Delarive (de Genève), en faisant hommage à l'Académie d'une nouvelle édition de son *Traité d'électricité*, donne quelques éclaircissements sur la méthode à laquelle l'ont conduit des expériences physiques répétées. M. Delarive admet la théorie de la *polarité des atômes*, déjà présentée, on le sait, par Berzélius, et adopte en attendant une hypothèse plus satisfaisante, la classification qui range *l'oxygène* à la tête des corps simples considérés dans leur ordre de polarités respectives.

Jusqu'à cette heure on connaissait bien la propriété des étincelles électriques, de transporter dans leur passage un nombre plus ou moins grand d'atômes métalliques; M. Delarive, en prenant des conducteurs sans solution de continuité (à l'encontre de l'arc voltaïque ou des boules de cuivre séparées), a constaté que la simple propagation du courant à travers un corps conducteur, *simple* ou *composé*, change l'état moléculaire de ce corps, qui se trouve même complétement désagrégé si l'action se prolonge beaucoup. Le savant physicien cite à cet égard l'observation suivante : dans le but d'éviter les étincelles qui se produisent quelquefois dans les horloges électriques par suite d'une solution de continuité dans les conducteurs, on avait ajouté au mécanisme une petite plaque de platine chargée de transmettre le courant d'une manière indépendante; au bout de trois mois seulement, le platine était entièrement désagrégé.

En appliquant cette observation aux corps composés, M. Delarive enfin a reconnu que le simple mouvement d'un courant électrique à travers une masse d'eau, même pure, décompose cette eau sans le secours de l'étincelle électrique : les actions seulement sont plus lentes.

— M. Leverrier annonce à l'Académie la découverte de la 40e petite planète. Cette nouvelle découverte a été faite à Paris par M. Goldschmidt, le 31 mars : mais comme cet astronome n'était pas sûr alors que ce ne fût point la planète *Thétis*, et que l'incertitude du temps avait empêché de nouvelles observations les jours suivants, l'annonce officielle n'a pu en être définitivement faite qu'aujourd'hui.

DE LA SCINTILLATION DES ÉTOILES.

M. Bravais présente une note de M. Charles Dufour, professeur de mathématiques, sur la scintillation des étoiles. Les observations ont été faites au bord du lac de Genève et portent sur sept étoiles, parmi lesquelles *Arcturus* et *Aldébaran*. Au lieu d'envisager le phénomène sous le rapport de la vitesse des scintillations, comme l'avait fait Arago, M. Dufour s'est attaché à leur amplitude et il est arrivé à ces deux lois générales, que les étoiles rouges scintillent moins que les blanches, et que l'intensité de scintillation est proportionnelle au produit obtenu en multipliant la réfraction par l'épaisseur de la couche d'air.

DU PHOSPHATE DE CHAUX DANS LA FORMATION DU CAL.

M. Claude-Bernard présente un mémoire de M. Alphonse Milne-Edwars sur une observation intéressante. On connaissait déjà l'influence du phosphate de chaux dans la formation du cal, c'est-à-dire dans l'action de souder les deux fragments d'un os cassé; mais une expérience purement physiologique n'avait jamais confirmé ce fait.

M. Alph. Milne-Edwars a opéré sur six lapins et dix chiens auxquels on avait fait des fractures sur les mêmes os. Quelques-uns de ces animaux ont été soumis à un régime alimentaire plus riche en phosphate de chaux; d'autres n'ont été l'objet d'aucun changement; enfin chez les derniers on a soustrait tout le phosphate de chaux qui se trouvait d'ordinaire dans leur nourriture. Or voici ce qui est arrivé : chez tous les animaux qui avaient absorbé du phosphate de chaux en excès, l'influence de ce corps a été très sensible et les fractures se sont soudées beaucoup plus vite. Au bout d'un grand nombre de jours, au contraire, les fragments d'os des autres animaux se disjoignaient avec facilité.

Le travail de M. Alph. Milne-Edwards sera renvoyé à l'examen d'une commission spéciale.

DU POUVOIR ROTATOIRE DU SUCRE DE FÉCULE.

M. Biot a rendu compte en quelques mots d'une expérience qui vient fixer plus nettement les idées sur le phénomène, déjà attesté, de la rotation du sucre de fécule au moment où on le fait dissoudre.

Il est désormais reconnu que la propriété dont jouit ce corps est due à son état concentré, et il est remarquable qu'il perd de son mouvement rotatoire à mesure qu'il est plus hydraté par le liquide dans lequel on le fait dissoudre; de telle sorte qu'au bout d'un temps plus ou moins long, ce mouvement cesse tout à fait. Pour généraliser la cause du phénomène, il a donc suffi de prendre du sucre de fécule préalablement dissous, et de le déshydrater *à priori* : le pouvoir rotatoire du glucose se manifestait alors de nouveau, et il a été possible d'observer que ce pouvoir varie *d'une manière régulière* avec le degré de concentration du corps.

NOUVELLE ÉDITION DU COMMERCIUM EPISTOLICUM.

La célèbre querelle qui s'éleva, au sujet de la découverte du calcul infinitésimal, entre Newton et Leibnitz, ou mieux entre l'Angleterre et l'Allemagne, au commencement du XVIIIe siècle, avait, en 1712, donné le jour à un ouvrage sous la forme épistolaire, réimprimé en 1722 sous le nom de *Commercium epistolicum* ; depuis lors, ce recueil, plein de travaux sérieux, était tombé dans l'oubli général. M. Biot, en collaboration avec M. Lefort, ingénieur, vient d'en publier une nouvelle édition qui rend enfin justice à Leibnitz, mieux que ce grand homme n'eût pu le faire lui-même.

Des recherches minutieuses auxquelles M. Lefort s'est livré dans les diverses bibliothèques, il ressort que le *Commercium epistolicum* était en grande partie, et peut-être en entier, l'œuvre de Newton lui-même; hypothèse d'autant plus admissible, qu'en 1712 aucun des partisans de l'illustre mathématicien ne connaissait d'une manière assez approfondie ses travaux sur le calcul infinitésimal.

La note qu'a lue M. Biot devant l'Académie rend à chacun des deux savants contemporains la part de gloire qu'il mérite. Chacun d'eux arriva à la découverte de la méthode infinitésimale par des voies différentes, mais avec un but identique, la satisfaction du besoin généralement ressenti d'un mode de simplification dans la solution des problèmes de mathématiques. Leibnitz cependant eut la gloire de généraliser sur-le-champ la nouvelle méthode et d'en étendre par suite le domaine des applications, ce à quoi ne pouvait arriver le génie de Newton, plus personnel et plus analytique.

ANNALES DE L'OBSERVATOIRE IMPÉRIAL.

M. Leverrier a présenté le 1er volume de son ouvrage : *Annales de l'Observatoire impérial.*

FÉLIX FOUCOU.

Société impériale et centrale d'Agriculture.

Séance du 26 mars.

RÉFORME DE LA BOUCHERIE.

M. Bourdon lit les conclusions d'un travail sur les remèdes qui peuvent être employés pour faire baisser d'une manière sensible, dans la ville de Paris, le prix de la viande. Par l'établissement d'un marché central, d'une criée centrale et d'un abattoir central, mis en communication avec le chemin de fer de ceinture et par suite avec tous les chemins de fer des départements, M. Bourdon a calculé la possibilité de réduire de 98 c. le prix de la viande ; cette réduction se décompose par 37 c. sur les frais de transport et 61 c. sur les frais intermédiaires, tout en laissant encore au vendeur un bénéfice raisonnable.

Ce mémoire est renvoyé à la section d'économie des viandes de boucherie.

DE LA VALEUR ALIMENTAIRE DES RÉSIDUS DE BETTERAVES.

M. Clément d'Alfort présente une note sur la valeur alimentaire des résidus de betteraves, lorsque celles-ci ont été employées à l'extraction de l'alcool. D'un grand nombre d'expériences faites sur les animaux, il résulte pour M. Clément d'Alfort que la pulpe de betterave ainsi obtenue convient tout aussi bien aux animaux d'engrais qu'à ceux qui travaillent, et qu'elle est favorable surtout aux animaux malades. En outre, les matières aqueuses qui s'y trouvent provoquent, chez les animaux qui en mangent, une abondante sécrétion urinaire qui active beaucoup la fermentation des substances destinées à servir d'engrais; ces substances prennent alors une vertu fertilisante supérieure.

Le travail de M. Clément embrasse encore des considérations purement chimiques sur les corps trouvés, à l'analyse, dans a pulpe de betteraves. M. le président l'a renvoyé à la commission de la distillation des betteraves dans les exploitations agricoles.

DE LA PRODUCTION DU BLÉ EN FRANCE.

Une question intéressante a été soulevée par la lecture d'un travail de M. le docteur Herpin (de Metz), sur les causes de l'insuffisance et de la surabondance périodiques de la production du blé en France. Selon M. Herpin, ces causes sont à la fois commerciales et administratives, et le remède à ces fluctuations se trouve tout entier dans les mains de l'État. Toute la partie critique du mémoire s'appuie sur ce fait de statistique assez peu connu, et sur lequel, peu de temps avant sa mort, M. Abel Hugo appelait l'attention, à savoir que l'examen des mercuriales du prix moyen du blé en France, depuis un siècle, démontre d'une manière évidente qu'à chaque période de trois, quatre ou cinq ans d'abondance et de bon marché, succède régulièrement une période d'insuffisance et de cherté qui dure trois, quatre ou cinq ans, et ainsi de suite.

Cela résulte de ce que, dans les années où le blé se vend à bas prix, les fermiers négligent ou restreignent leurs cultures de froment, jusqu'à ce qu'enfin il arrive une insuffisance de production, une disette, ce qui, alors, détermine une hausse subite et considérable; puis, lorsque le blé se vend bien, la production augmente progressivement chaque année, au point de devenir excédante alors le prix s'abaisse et s'avilit, et la production diminue de nouveau.

M. Herpin rapporte ensuite à quatre chefs principaux les moyens de prévenir les disettes ou d'y remédier :

1° Conservation et réserve des grains des années d'abondance pour les années de disette;

2° Importation des blés étrangers;

3° Emploi ou substitution d'autres substances alimentaires, pommes de terre, riz, maïs, etc.

4° Enfin, accroissement de la production nationale du blé.

De ces divers moyens, il n'y a qu'un seul, le dernier, sur l'efficacité duquel on puisse, dans l'opinion de M. Herpin, qui est également la nôtre, compter avec certitude.

1° *Conservation et réserve des blés.* Quelques perfectionnés que puissent être les procédés pour conserver les blés pendant plusieurs années, ils ne pourront jamais convenir au commerce. En effet, au prix d'achat primitif du blé, il faut ajouter les frais de conservation, de manutention, le déchet et les intérêts capitalisés, pendant plusieurs années, de ces sommes : en sorte que du blé acheté à raison de 20 fr. l'hectolitre, il y a cinq ou six ans, coûterait aujourd'hui au spéculateur plus de 32 fr., c'est-à-dire autant qu'il aurait pu le vendre dans les années de cherté considérable, lui occasionnant ainsi une perte, pour peu que cette dernière année eût été abondante ou même moyenne. Les réserves de grains, pour être avantageuses, ne doivent guère dépasser un ou deux ans

2° *Importation des blés étrangers.* C'est une grande erreur de croire que les achats faits à l'étranger pouvaient suppléer à l'insuffisance de nos récoltes. En effet, en portant à un demi kilog., la consommation du blé par jour, de chaque individu en France, on aura 18 millions de kilog. pour la population entière, soit 18,000 tonneaux. Or, tous les navires que possèdent les ports du Havre et de Marseille ne pourraient nous apporter ensemble que 120,000 tonneaux de blé, soit la consommation de la France pendant six jours deux tiers. Pour transporter par terre cette même quantité de blé, il ne faudrait pas moins de 50,000 voitures et de 100,000 chevaux. On voit par là de quel faible secours nous serait l'importation des blés étrangers, si le déficit était égal à la consommation d'un ou de deux mois.

3° *Substitution d'autres substances alimentaires.* La pomme de terre, l'orge, le maïs, le riz, la viande même, viennent concourir d'une manière plus ou moins efficace à combler le déficit de la récolte du blé ; mais ces substances diverses ne sauraient jamais remplacer le pain, c'est à peine si elles peuvent équivaloir à un vingtième ou tout au plus à un douzième du déficit en blé.

4° *Accroissement de la production du froment.* De 1811 à 1847, on a consommé en France environ 40,000 millions d'hectolitres de blés étrangers, qui ont coûté un milliard. La moyenne du déficit a été d'environ 1,200,000 hectolitres par année, quantité équivalente à la consommation du pays pendant quatre jours un tiers.

En supposant que le déficit fût de dix jours, il faudrait cultiver, en plus de ce que l'on cultive aujourd'hui, une étendue de

200,000 hectares de jachères et 8 millions d'hectares de terres incultes.

L'introduction des machines et des procédés perfectionnés de culture, du drainage, l'emploi des engrais exotiques ou artificiels, pourraient aisément augmenter la production actuelle de dix litres par hectare, ce qui suffirait pour combler le déficit pour dix jours.

Rien n'est donc plus facile que de rendre la production nationale du blé toujours suffisante, surabondante même pour les besoins de la consommation du pays : et pourtant cette production est de plus en plus remplacée, chez nous, par des cultures industrielles plus avantageuses, telles que celles des plantes fourragères.

Ce dernier fait étant la conséquence des frais considérables qu'entraîne la culture du blé, frais qui ne sont pas couverts dans les années où le blé se vend à vil prix, M. Herpin réclame l'intervention de l'administration supérieure :

1° Pour diriger les efforts de l'agriculture vers les moyens de rendre la production du blé plus abondante, moins coûteuse et lucrative pour le cultivateur;

2° D'atténuer les variations excessives et périodiques du prix des grains, de le régulariser et de le maintenir à un taux uniforme, modéré, suffisant toutefois pour indemniser le producteur de ses dépenses ;

3° D'encourager les réserves particulières de grains, d'une année à la suivante, en procurant au cultivateur, par l'entremise d'institutions de crédit, des capitaux à un faible intérêt sur ses grains en consignation dans ses propres greniers ;

4° Après que le chiffre de chaque récolte aura été officiellement reconnu, de favoriser par tous les moyens possibles l'exportation du superflu de nos récoltes, soit par des primes, soit par des réductions de prix de transport sur les chemins de fer et les canaux. Etendre et développer spécialement le commerce et l'exportation des farines, biscuits, pâtes alimentaires confectionnées, afin de conserver pour nous le bénéfice de la main-d'œuvre et les issues. Et quand même, ajoute M. Herpin en terminant, les sacrifices de l'État, pour obtenir en France une production toujours suffisante de blé, devraient s'élever à la somme de 15 ou 20 millions, *montant de la valeur de l'importation annuelle des blés étrangers*, le pays y gagnerait encore, puisqu'au moins le numéraire n'en sortirait pas et qu'il serait employé plus avantageusement à donner du travail à nos propres ouvriers et à les nourrir.

—Sans s'étendre longtemps sur ce sujet, M. Darblay n'a pas voulu cependant laisser passer sans réponse quelques-unes des opinions émises dans le mémoire de M. Herpin. Selon l'honorable vice-président, les cherés de grains en France correspondent toujours à des années de grande humidité, et c'est ce qui donne la raison des déficits toujours plus sensibles dans les provinces du Nord que dans celles du Midi : or les importations se font en majeure partie par les ports du Nord, et la consommation étant plus considérable dans cette même partie de la France, les chiffres donnés dans le mémoire de M. Herpin et calculés sur la consommation de la population toute entière, ne peuvent fournir des moyennes acceptables.

En second lieu, la production du blé a beaucoup augmenté depuis vingt-cinq ans en France, car la population s'étant élevée de 25 à 35 millions d'âmes, nos importations sont loin d'avoir suivi une marche proportionnelle.

Quant à la mise en culture des terres inférieures, il est à observer que la production du froment y coûterait 25 et 30 p. 100 plus que dans les bonnes terres, ce qui amènerait le prix moyen du froment à s'équilibrer avec ces nouvelles charges et ne lui permettrait, dans aucun cas, de baisser au-dessous du prix de revient ordinaire.

Enfin M. Darblay termine en s'élevant contre l'idée des primes d'exportation, et surtout contre l'opinion de demander au gouvernement les capitaux nécessaires à la conservation des grains.

Le travail tout entier de M. le docteur Herpin a été renvoyé à la section des grandes cultures. F. F.

Séance du 2 avril.

CONCOURS DE POISSY.

La séance a été remplie presque toute entière par une discussion sur les résultats du dernier concours des animaux de boucherie, à Poissy.

M. Delafond a présenté quelques réflexions sur les progrès considérables accomplis depuis les premiers envois de bœufs à ce concours. Cette amélioration constante des sujets, d'année en année, lui semble être un fait d'une très haute importance et d'un grand enseignement pour les éleveurs; que ceux-ci, en effet, persistent dans l'amélioration des races en elles-mêmes, et il est certain qu'avec de la persévérance et de bons choix ils arriveront à obtenir, dans chaque localité, d'excellents types de races françaises, sans le secours des croisements. Les moutons sont aussi l'objet de la même réflexion, et pour ce qui est des porcs, l'honorable membre n'a pas été peu surpris de voir amener à Poissy un porc normand, tellement perfectionné, qu'il se rapprochait beaucoup du porc anglais.

A l'égard des moutons, M. de Béhague fait remarquer qu'à très peu de chose près, les animaux amenés à Poissy appartiennent toujours aux mêmes éleveurs, et que, vu les distances, ce marché est inaccessible aux moutons du centre et du midi de la France. En conséquence, il serait à désirer qu'il y ait trois concours régionaux au lieu d'un seul, afin d'arriver, par l'influence de ces concours sur le perfectionnement des races, à avoir des types supérieurs, autant que possible, dans chaque localité.

Sur l'observation d'un membre qui s'était prononcé pour le croisement des races, M. de Béhague répond que les races ne s'améliorent pas par le croisement, et que c'est un préjugé qu'il n'appartient pas à la Société de patroner que celui de voir dans le croisement autre chose que le moyen d'obtenir une meilleure marchandise.

Au sujet du mot *races*, M. Robinet désirerait avant tout être éclairé sur le véritable sens qu'on y attache en matière d'élève de bestiaux : jusque-là il ne pourra pas se faire une opinion pour ou contre la question du croisement des races.

M. Baudement rappelle qu'il a demandé jadis que la discussion fut amenée sur ce terrain, et M. le président promet que cette question sera reprise d'une manière approfondie après la séance annuelle de la Société.

MACHINE A TUYAUX DE DRAINAGE.

M. Barral donne communication succincte d'une nouvelle machine à fabriquer des tuyaux de drainage, de l'invention de M. Killmann, professeur dans le Brandebourg, en Prusse : cette machine est entièrement en bois, sauf la filière qui est en fer; elle coûte 30 ou 40 fr. au plus, et pourvu qu'on ait de la terre et deux ouvriers à sa disposition, elle peut faire 4,000 tuyaux par jour. Comme l'inventeur n'a pris aucun brevet et désire que son idée soit la propriété de tous, M. Barral serait heureux que la Société vulgarisât cette invention en en recommandant l'usage aux agriculteurs.

La section de mécanique et d'irrigations agricoles se transportera chez M. Barral pour y voir fonctionner la machine qui s'y trouve et pour faire son rapport. F. F.

VARIÉTÉS.

Une Résurrection.

L'immortel Cuvier, en considérant un fragment osseux, a reconstruit des animaux antédiluviens ; son vaste génie secondé par sa merveilleuse instruction a su rendre éloquente une parcelle inerte de la matière : mais si l'esprit l'emporte sur la matière, la matière vient réagir sur l'esprit et lui fournir une base solide sur laquelle il peut élever des édifices durables qui sont les temples de la science, cette fille de Dieu !

Il y a bien longtemps j'avais un ami, qui justifiait pleinement ce titre, sévère pour mes fautes, indulgent pour mes rares qualités ; et auquel je rendais, à mon tour, les mêmes services. Nous devions passer notre vie ensemble et faire de la science en partie double ; riches tous les deux de notre misère, nous trouvions dans l'étude une consolation contre les froissures du monde, dont nous n'étions pas incompris, c'était alors le mot à la mode ; mais les chemins sont pénibles au début de la carrière, lorsqu'on n'a pour apport social qu'une droiture inébranlable et un courage immense.

De retour à Paris, après une assez longue absence, je retrouvai mon ami succombant à une phthysie pulmonaire, ce désespoir de la médecine; il est impossible de se figurer la quantité de drogues de toute nature qu'il avait prises pour se guérir de cette triste maladie, toutes drogues destinées aux poumons et envoyées à l'estomac, qui, comme toujours, messager infidèle, les gardait pour lui ou les dénaturait. Le résultat de ce traitement était infaillible, mon ami mourut dans mes bras !... Vous croyez que là finit tout naturellement notre association, pas du tout, mon ami était philosophe, et désirant me conserver sa protection, dont il savait que j'avais grand besoin, il me fit promettre que j'exécuterais fidèlement ses dernières volontés ; je m'y engageai sur l'honneur, et à cette époque c'était quelque chose, et puis, nous ne pouvions mettre que cela en jeu... Il exigea de moi que, vingt-quatre heures après sa mort, je séparasse sa tête du corps, et la préparerais anatomiquement, et la conserverais toute ma vie ; que dans les moments difficiles, je la consulterais.

J'exécutai religieusement mon pénible engagement, et, depuis ce moment, j'ai gardé cette tête auprès de moi ; bien des moments pénibles ont espacé ma vie, jamais cette tête ne m'a fait défaut... Mes accès de découragement et de désespoir ont été calmés par le souvenir de la résignation de mon ami ; mes mouvements d'orgueil par cette froide image de la mort, qui me donnait la mesure des humaines passions...

Cette tête a eu sur ma vie une influence incessante, et, il y a quelques jours, il m'était réservé une douce et bien triste joie.

Mon savant et illustre ami, le docteur Castle, le phrénologue-psychologiste par excellence, m'invita à assister à l'ouverture d'un des remarquables cours de phrénologie qu'il fait à Paris, et dont nous parlerons ; j'y allai, emportant la tête de mon ami qui, lui aussi, était phrénologue : je croyais encore lui faire plaisir.

Je mis cette tête devant le docteur Castle, qui, après l'avoir examinée et étudiée un instant, me fit revivre mon ami :

Traits saillants de son caractère,
Nuances insaisissables de son humeur,
Dispositions de son esprit,
Connaissances variées,
Voire même ses légers défauts ;

Rien ne manquait à ce tableau, ni au physique, ni au moral ; mon ami était ressuscité, sa tête me parlait encore par la bouche du savant phrénologue.

Dr du Planty.

Paris, mars 1856.

FAITS DIVERS.

Machine a poudre a canon. — M. Zetter-Tessier nous écrit de Saint-Dié (Vosges) : « Un de nos montagnards construit en ce moment une machine alimentée par la poudre à canon ; la poudre est amenée sous le piston en quantité aussi minime qu'on veut, elle s'enflamme aussitôt, pousse le piston ramené aussitôt par une autre explosion en sens opposée. Avec un kilo de poudre, en douze heures de travail, on a une force de six chevaux. On pourra porter cette machine sous son bras, et mettre dans sa poche le combustible pour une journée. Quel avenir pour les voyages aériens, pour la grande et la petite industrie. »

Culture de la vigne. — M. le docteur Jules Guyot nous écrit de son domaine de Sillery : « Je paillassonne la vigne. Cinq hectares sont actuellement couverts par 60,000 mètres de paillassons, fabriqués par un métier qui en donne 200 mètres par jour : ces paillassons reviennent à 10 centimes le mètre mis en place, tout compris. C'est toute une révolution pour les vignes, les tabacs, les pruniers, les espaliers, etc. »

Bêtes et gens. — Dans son *voyage au Cap Nord*, Acerbi rapporte un intéressant exemple d'association entre l'homme et des animaux jouissant de toute leur liberté. La scène se passe en Laponie, sur le lac Pallajervé. Les hommes sont des pêcheurs et les oiseaux des hirondelles aquatiques (*Sterna Hirundo*). « Il paraît, dit le voyageur, y avoir une espèce d'intelligence entre ces hommes et ces oiseaux qui, les uns et les autres, dans cette saison, attendent de la pêche le moyen de subsister. » Tous les matins, à la même heure, les oiseaux viennent par bandes avertir leurs coassociés qu'il est temps de se mettre en route. A peine ceux-ci ont détaché leurs canôts, les hirondelles se lancent en avant, voltigeant au-dessus du lac à la recherche du poisson, et dès que leurs yeux perçants en ont découvert une bande, elles s'arrêtent au-dessus d'eux, poussant de grands cris pour appeler l'attention des pêcheurs. Ceux-ci n'ont plus qu'à jeter les filets à la place indiquée ; jamais ils ne prennent plus de poisson que lorsqu'ils se fient aux renseignements de leurs zélés conducteurs. Appréciant à sa valeur le service reçu et voulant continuer de le recevoir, les pêcheurs partagent avec les oiseaux le produit de l'opération commune ; cette réciprocité de bons procédés entretient, entre bêtes et gens, la plus inaltérable amitié. « Ces oiseaux, dit Acerbi, se sont rendus si familiers avec leurs amis qu'ils viennent prendre le fretin dans leurs filets, et même dans leurs canots. » — Je me plais à voir, dans ce fait encore exceptionnel, un exemple des relations amicales que l'homme entretiendra, par la suite, avec la plupart des êtres animés ; et c'est pourquoi je le cite.

Les serments d'Hauy. — Tout entier aux études qui l'ont immortalisé, indifférent, étranger à la politique, l'illustre physicien Haüy ne voyait dans un serment prêté à un gouvernement nouveau, qu'une vaine formule, une pure formalité n'ayant que l'inconvénient de causer un dérangement à celui qui le prêtait. Aussi avait-il sans difficulté aucune, comme sans scrupule, prêté le serment exigé par tous les gouvernements qu'il avait vu se succéder, et le nombre n'en était pas petit ! Seulement avare de son temps, et n'aimant pas à être, pour des riens, distrait de ses habitudes, il trouvait, non sans raison, que cette cérémonie revenait un peu trop souvent. Aussi quand vint le tour de l'empire, l'abbé Haüy dit-il naïvement au fonctionnaire chargé de recevoir son nouvel engagement en présence de Dieu et du peuple français :

« Monsieur, ne vous serait-il pas possible, une fois pour toutes, d'enregistrer le serment solennel que je fais d'avance à quiconque gouvernera, de lui obéir en toutes choses et de lui rester toujours fidèle ? cela serait pour moi une grande économie de temps. »

Pour tous les faits divers, V. M.

Petite Correspondance.

M. F. F. (Paris-Rouen). — 1° Je n'ai pas lu ce feuilleton, il s'agit sans doute du tunnel dont il a été question dans notre précédent numéro. — 2° Projet en l'air. — 3° La Société des Palais de famille a son siége 37, boulevard des Capucines.

M. B.-T. (Orville). — C'est juste.

MM. P. (Brumath). — Merci.

M. B. (Laignes). — Nous avons eu la même idée. Je doute que cela réponde à toutes les conditions du problème.

Dr F. F. (Paris). — Mille remerciements.

M. B. (Montmeyran). — Parce ce que cela est interdit aux journaux non-timbrés. — L'invitation est transmise à l'auteur.

M. A. (Confolens). — C'est trop, et cela prolonge votre abonnement jusqu'à la fin de l'année courante.

Dr H. H. (Paris). — L'invitation ne sera pas perdue.

M. d'H. (Verneuil). — Vous êtes imprimé.

M. P. E. C. (Paris). — Vous êtes trop bon.

M. J. (Crest). — Merci de votre lettre.

M. A. D. (Neuvireuil). — Pour la machine Mac-Cormick, s'adresser à l'office américain, boulevard des Italiens. — Pour la seconde, j'ignore.

M. L. A. (Villefranche-Aveyron). — Reçu, c'est juste.

M. N. (Carcassonne). — Soyez sans inquiétude.

M. A. N. de R. (Paris). — Il y avait ici un concessionnaire, il n'y en a plus.

Prix d'abonnement pour l'étranger.

Allemagne, 8 fr. ; — Suisse, Parme, Plaisance, Modène, 8 fr. 50. — Etats Sardes, Grèce, Crimée, 9 fr. ; — Hollande, Angleterre, 10 fr. ; — Etats-Unis, Indostan, Turquie, 10 fr. 50 ; — Belgique, Prusse, Hanôvre, Saxe, Pologne, Russie, Espagne, Portugal, 11 fr. ; — Toscane, 12 fr. ; — Etats-Romains, 16 fr. 50.

Le propriétaire, rédacteur-gérant :
Victor Meunier.

PARIS. — IMP. J.-B. GROS, RUE DES NOYERS, 74.

Deuxième année, — N° 16. Quinze centimes. 20 avril 1856.

L'AMI DES SCIENCES

JOURNAL DU DIMANCHE

SOUS LA DIRECTION DE

VICTOR MEUNIER

BUREAUX D'ABONNEMENT
13, RUE DU JARDINET, 13
Près l'Ecole de Médecine
A PARIS

ABONNEMENT POUR L'ANNÉE
PARIS, 6 FR. ; — DÉPART., 8 FR.
Étranger (Voir à la fin du journal)
ENVOYER UN MANDAT DE POSTE

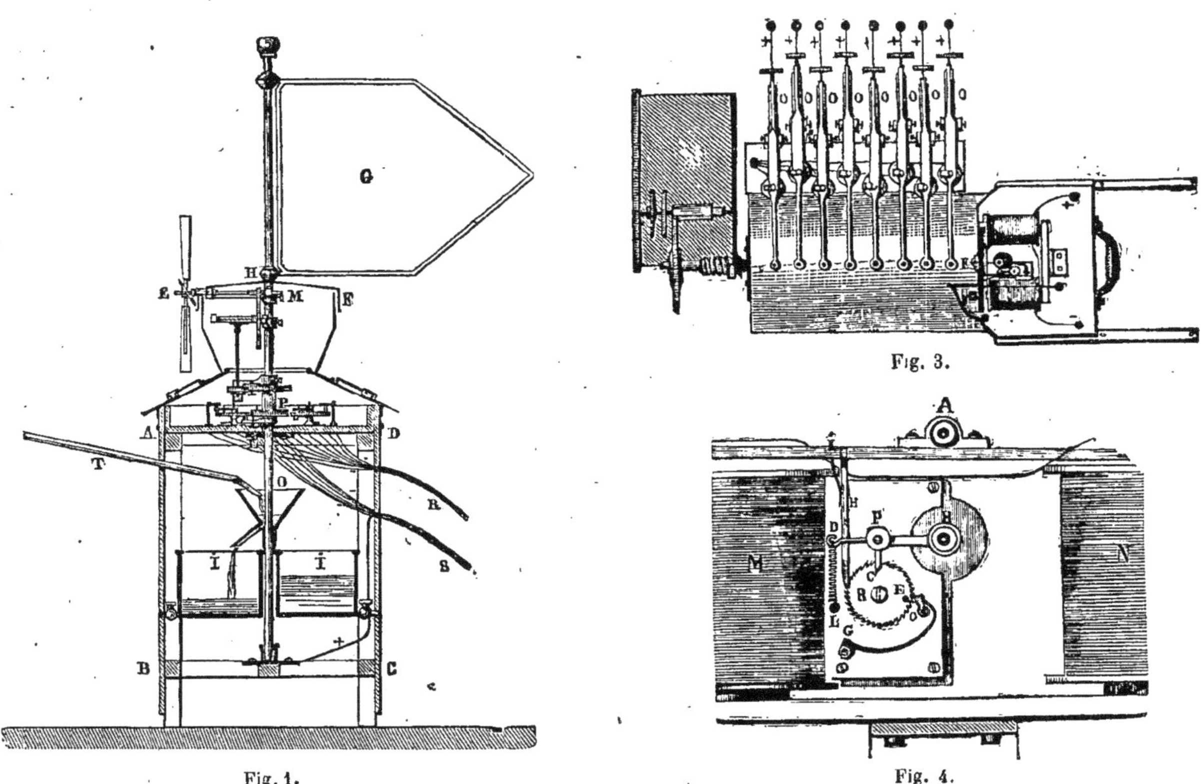

Fig. 1. Fig. 3. Fig. 4.

Anémomètres électriques. (Voir page 124.)

PROGRÈS DE LA SYNTHÈSE CHIMIQUE.

TRAVAUX DE M. BERTHELOT.

J.-J. Rousseau a dit quelque part : « Je croirai à la chimie, lorsqu'elle reformera ce qu'elle décompose. »

Si l'illustre citoyen de Genève vivait de nos jours, peut-être trouverait-il que le moment est venu de croire, car la synthèse chimique a fait de grands progrès depuis 89, époque où tant de grands hommes s'appliquèrent à l'avancement de cette science.

J'essayerai de retracer les progrès de ce genre opérés pendant la première moitié du XIXe siècle; je résumerai en même temps ce qu'a fait dans cette direction un jeune et savant chimiste, M. Berthelot, qui, au moment où nous écrivons, continue sa marche hardie dans la voie encore si neuve de la création chimique.

C'est Lavoisier, qui, le premier, opéra par synthèse, ce qu'il fit lorsqu'après avoir décomposé l'air atmosphérique, il voulut faire la preuve de son analyse.

Encouragé par ce premier résultat, il rechercha la composition de l'eau et parvint à convaincre ceux qui restaient obstinément attachés aux éléments d'Aristote, que l'eau est composée de deux gaz : l'hydrogène et l'oxygène; ici encore il opéra par synthèse et produisit des quantités d'eau très notables.

Gay-Lussac et Thénard en France, Davy en Angleterre, firent plus tard la synthèse de l'acide chlorhydrique.

Gay-Lussac et de Humboldt, à l'aide de l'eudiomètre, Berzelius et Dulong, par l'hydrogène et l'oxide de cuivre, et enfin M. Dumas ensuite par la méthode primitive perfectionnée, opérèrent la synthèse de l'eau et fixèrent sa composition avec la plus grande exactitude.

Lavoisier, puis MM. Dumas et Stass, déterminèrent par voie synthétique la constitution du gaz acide carbonique.

MM. Mitzcherlich et Berthier reformèrent plusieurs composés minéraux; Ebelmen, en 1847, forma des silicates et des aluminates, semblables à ceux que nous présente la nature.

M. de Senarmont parvint, en 1849, à reformer plusieurs espèces minérales par voie synthétique.

Je demande pardon à mes lecteurs de la sécheresse de cette énumération ; ces détails suffisent pour faire apprécier les immenses progrès de la synthèse en chimie minérale.

En chimie organique, la première conquête de la science sur la nature date de 1829, et c'est M. Wohler qui l'a remportée.

Ce savant chimiste, en unissant l'ammoniaque à l'acide cyanique, reforma l'urée, substance qui fait partie essentielle de l'urine de l'homme et des animaux.

M. Kolbe, partant du soufre et du carbone, produisit de l'acide chloracétique; M. Melsens traita ce dernier par l'amalgame de potassium et reforma de l'acide acétique (du vinaigre), composé organique qui existe combiné aux bases dans un grand nombre de végétaux.

MM. Pelouze et Gélis reformèrent la butyrine, substance qui existe dans le beurre, comme l'a démontré M. Chevreul; en 1845, MM. Wertheim, Will et Gerhardt ont reformé l'essence de moutarde en combinant l'essence d'ail avec l'acide sulfocyanhydrique, etc.

C'est à côté de ces savants distingués que vint prendre place M. Berthelot, en 1850 ; ce chimiste s'appliqua à la partie la moins avancée de la science, c'est-à-dire à la chimie organique. A peine six ans se sont-ils écoulés depuis le premier travail de M. Berthelot, et déjà il est parvenu à reproduire artificiellement un certain nombre de substances organiques.

Au mois d'août 1850, il a montré, en se basant sur les recherches antérieures de MM. Kolbe et Melsens, que, lorsqu'on soumet l'acide acétique à l'action de la chaleur rouge, il se forme de la naphtaline, de la benzine et probablement de l'acide phénique.

L'année suivante, à l'occasion d'un grand travail sur l'action des acides, des chlorures et de la chaleur sur l'essence de térébenthine, il produisit les alcalis éthyliques, en faisant réagir l'hydrogène bi-carboné sur le chlorhydrate d'ammoniaque.

Il publia ensuite des recherches sur les combinaisons de la glycérine avec les acides et sur l'essence de térébenthine; puis en septembre 1853, il présenta à l'Académie des sciences un travail de longue haleine, « sur les combinaisons de la glycé« rine avec les acides et sur la synthèse des principes immé« diats des graisses des animaux, » travail justement récompensé par l'Académie, dans lequel il annonce être parvenu à reformer la stéarine, la margarine et l'oléine, en combinant la glycérine avec les acides stéarique, margarique et oléique.

Ce chimiste fit ensuite un travail très-intéressant « sur la « formation des éthers composés au moyen de l'éther et des « acides. »

Le 15 janvier 1855, M. Berthelot fit la synthèse de l'alcool (esprit de vin); il parvint à reformer ce corps qui, jusque là, n'avait pris naissance que dans la fermentation, c'est-à-dire dans cette opération mystérieuse de la nature où le sucre se transforme, sous l'action d'un ferment, en acide carbonique et en alcool; il combina le gaz oléfiant ou hydrogène bi-carboné, un des gaz qui se forment par la calcination de la houille, avec l'eau dont plus des deux tiers de la terre sont couverts, et reforma ainsi l'alcool.

On savait, depuis longtemps, que si à l'aide d'un corps avide d'eau, tel que l'acide sulfurique, on enlève à l'alcool deux équivalents d'eau, il se dégage du gaz oléfiant, tandis que l'acide sulfurique s'hydrate :

$$C^4H^6O^2 + SO^3,HO = SO^3,3HO + C^4H^4$$

Eh bien ! c'est le contraire qu'a fait M. Berthelot: Prenant de l'hydrogène bi-carboné en dissolution dans l'acide sulfurique, il le traita par l'eau ; l'hydrogène bi-carboné s'unissant à deux équivalents d'eau, il se reforma de l'alcool :

$$C^4H^4 + 2HO = C^4H^6O_2$$

Ce travail fut l'objet d'un rapport de M. Thenard, présenté par lui quinze jours après le mémoire de M. Berthelot; de tous les membres de l'Académie des sciences, M. Thenard, malgré son âge, est un des plus zélés à remplir les fonctions de rapporteur.

Au mois de juillet dernier, de concert avec M. S. de Luca, le jeune chimiste dont nous parlons, prenant pour point de départ les travaux antérieurs de M. Wertheim, a pu reformer l'essence d'ail, et par suite, l'essence de moutarde à l'aide de la glycérine, de l'iodure de phosphore et de l'acide sulfocyanhydrique.

Il traita d'abord la glycérine par l'iodure de phosphore, et obtint le propylène iodé C^6H^5I; or l'essence d'ail a pour composition C^6H^5S; il est facile de voir, par ces formules, qu'en substituant le soufre à l'iode dans le propylène iodé, on obtient de l'essence d'ail, laquelle traitée par l'acide sulfocyanhydrique, donne l'essence de moutarde $C^8H^5AZS^2$. Enfin, M. Berthelot, toujours de concert avec M. S. de Luca, ayant fait réagir le sulfocyanure de potassium sur le propylène iodé, put produire également l'essence de moutarde.

Par ces travaux, les deux chimistes furent conduits à penser que les crucifères, qui secrètent ces essences, renferment des matières grasses, neutres, qui, comme la glycérine, doivent jouer un rôle dans la formation des essences.

Au mois de septembre, M. Berthelot présenta deux mémoires : « sur quelques matières sucrées » et « sur un grand « nombre de formations synthétiques, de composés des ma« tières sucrées avec les acides. »

Le 22 novembre, il opéra une nouvelle reproduction ; au moyen de l'eau et de l'oxide de carbone, il put former l'acide que secretent ces infatigables insectes, les *fourmis;* il refit de l'acide formique.

En effet, de l'union de deux équivalents d'oxide de carbone et de deux équivalents d'eau résulte cet acide :

$$\underbrace{C^2O^2}_{\text{Oxide de carbone.}} + \underbrace{2HO}_{\text{Eau.}} = \underbrace{C^2H^2O^4}_{\text{Acide formique.}}$$

L'analyse avait déjà montré que si l'acide formique est traité par l'acide sulfurique, il cède de l'eau à ce dernier et dégage de l'oxyde de carbone ; M. Berthelot a été plus loin, à l'analyse il a joint la synthèse.

Enfin, le mois dernier, cet infatigable travailleur est parvenu, en faisant réagir la glycérine sur l'acide que nous donne l'oseille, l'acide oxalique, à produire le tiers du poids de ce dernier composé, d'acide formique.

La glycérine ne prend rien, ne cède rien, elle agit par sa seule présence et dédouble l'acide oxalique en acide carbonique et en acide formique :

$$\underbrace{C^4H^2O^8}_{\text{Oxide oxalique.}} = \underbrace{C^2O^4}_{\text{Acide carbonique.}} + \underbrace{C^2H^2O^4}_{\text{Acide formique.}}$$

La température nécessaire ne doit pas dépasser 100°, car, dans ce cas, après le dégagement d'acide carbonique, la masse atteignant 200°, l'acide formique lui-même produit de l'oxide de carbone et de l'eau.

Ces recherches présentent à la fois un cas remarquable de formation de l'acide formique et un procédé très élégant pour se procurer dans les laboratoires, à l'aide d'une seule opération, en faisant seulement varier la température, les gaz oxide de carbone et acide carbonique.

L'importance des travaux de M. Berthelot, son dévouement à la science, sa modestie, son ardeur exemplaire dans ces nouvelles recherches, m'ont fait un devoir, dont l'accomplissement m'est tout à la fois doux et honorable, de retracer ici le mieux qu'il m'a été possible, cette suite de découvertes remarquables qui en se multipliant, donneront le moyen de connaître comment la nature, ce chimiste des chimistes, procède pour produire dans les végétaux et dans les animaux, les substances que nous y trouvons toutes formées pour nos besoins. Elles aideront, en un mot, à déchirer certaines parties de ce voile qui cache encore tant de mystères dans les trois règnes de la nature !

P. Doré fils,
Ex-préparateur de chimie à l'Ecole polytechnique, professeur de physique et de chimie.

MAGNÉTISME ANIMAL.

La proposition faite dans notre précédent numéro n'a pas eu de succès.

Il ne s'est présenté aucun magnétiseur pour l'accepter; en échange il s'en est présenté beaucoup pour la déclarer inacceptable.

Au lieu de faits, on nous a apporté des théories : nous en avons des volumes !

Qu'ont-ils à objecter, cependant ? L'expérience est de celles qu'ils prétendent avoir mille fois répétées avec succès. Et jamais ils n'ont pu la produire dans des conditions plus favorables. Le temps, le lieu, les personnes, tout reste à leur discrétion !

Nous ne pouvons, disaient-ils, garantir le succès d'une entreprise tentée hors du théâtre de nos expériences habituelles. — Eh bien, que celle-ci ait lieu chez vous ! — Un seul profane, disaient-ils encore, peut tout entraver par sa présence. — Les profanes resteront chez eux. — Nous ne saurions reproduire à heure fixe des phénomènes de ce genre. — Prenez huit jours, un mois, trois mois, un an ! — Chaque somnambule a sa spécialité, et aucune n'est apte à manifester tous les effets du magnétisme. — Nous ne tenons pas à celle-ci plutôt qu'à celle-là : l'appel est fait à tous et à toutes ; cherchez qui aura l'aptitude requise. N'en est-il pas à Paris, en France, en Europe ? adressez-vous ailleurs. En savez-vous en Australie, au Cap, en Amérique ? Envoyez-lui notre pli cacheté, etc., etc....

C'est en présence d'une telle proposition que les magnétiseurs s'abstiennent.

Mais peuvent-ils honorablement le faire ?

Non.

Nous nous bornerons donc à constater qu'ils s'abstiennent.

V. M.

LE FEUTRE SÆROPILE.

Parmi les produits nouveaux remarqués à la dernière exposition de l'industrie, il en est un qui a obtenu la première médaille de la catégorie dans laquelle il était compris, et qui mériterait une des hautes récompenses promises par le décret impérial du 10 mai 1855, si l'on appréciait justement son importance et son utilité. C'est le *feutre særopile* dont l'invention est due à M. François-André Duchêne aîné (1), déjà breveté pour plusieurs autres inventions appliquées à la chapellerie et tombées aujourd'hui dans le domaine public, après avoir créé à cette industrie de nombreuses ressources qui l'ont portée au degré le plus élevé de son développement artistique et de sa prospérité commerciale. Ce feutre composé, comme son nom l'indique, de soie pure mélangée de quelques poils de certains animaux, est confectionné de manière à servir à l'habillement des deux sexes. Il constitue une étoffe susceptible de se fabriquer dans toutes les dimensions et toutes les formes, de se teindre en toutes les couleurs et de s'approprier au moyen de l'impression et du gaufrage aux objets de tenture et d'ameublement. Plus solide que le drap, elle est en même temps plus légère, plus souple, plus moëlleuse, plus chaude, et brille, sans apprêt, d'un lustre et d'un reflet plus luisants et plus durables ; elle a de plus une imperméabilité exempte des inconvénients du caoutchouc et préservatrice de l'humidité, ce qui lui donne une qualité vraiment hygiénique. Mais sans énumérer ici toutes ses propriétés, il suffira de peu de mots pour faire comprendre combien elle est préférable à la plupart des étoffes, et combien elle présente d'avantages. Elle est de nature à satisfaire à la fois au goût du confort et au besoin d'économie. Son inventeur a non seulement bien mérité de la science en résolvant un problème resté jusqu'à ce jour insoluble, celui du feutrage de la soie, il a par cette découverte, ainsi que par celles qu'il a faites antérieurement, rendu un service d'une étendue incalculable à toutes les classes de la société qui pourront désormais se procurer des vêtements meilleurs et plus beaux à peu de frais ; car l'étoffe *særopile* coûte moins cher que le drap ordinaire. Une telle assertion paraîtra d'abord fabuleuse, et il répugnera de croire que cette étoffe, dont la matière première a un prix d'achat cinq ou six fois supérieur à celui de la laine, puisse être livrée à un prix de vente au-dessous de celui du tissu laineux ; cependant rien n'est plus vrai, et en voici des preuves incontestables.

On sait que pour faire le drap il faut une quantité d'opérations dont les trois principales consistent à carder la laine, à la filer et à la tisser. Or, ces opérations qui reviennent assez cher, ne se font jamais sans que la matière subisse beaucoup de déchet. Elle en éprouve un assez grand dans le cardage ; elle diminue encore dans le filage par la torsion du fil qui en absorbe une partie considérable, et entraîne une nouvelle déperdition. Enfin, la diminution s'accroît dans le tissage où il y a toujours beaucoup de fil brisé et perdu. Rien de cela n'existe dans le feutrage ; la moindre parcelle, le moindre brin y sont mis à profit, et il arrive que par ce procédé on obtient, en étoffe *særopile*, avec moitié moins de matière, un métrage double de celui que donne l'étoffe tissée. Qu'on joigne à cela l'extrême disproportion des dépenses entre les deux fabrications ; qu'on évalue en outre ce que coûtent d'autres travaux indispensables pour la préparation du drap et dont le feutre n'a pas besoin : il apparaîtra alors, de la manière la plus évidente, que l'assertion qui semblait étrange et incroyable est l'expression d'une vérité simple et positive ; on cessera de s'étonner que l'étoffe *særopile* soit moins coûteuse que le drap, et l'on reconnaîtra même qu'avec le temps elle doit descendre à un prix exigu, si l'on considère qu'elle peut être fabriquée, ainsi que le brevet d'invention de M. Duchêne l'atteste, avec *la soie* dite *de Madagascar* qui se vend à meilleur marché que la laine.

La découverte faite par cet honnête industriel est donc des plus importantes et des plus utiles ; elle porte en elle tous les éléments du succès, et elle ne peut manquer d'ajouter au bien-être général. Souhaitons qu'elle conduise son inventeur à la fortune où ses autres découvertes ne l'ont pas mené. Cette fortune serait d'autant plus légitime qu'elle se ferait non aux dépens mais au profit du public. P. M. Quitard.

(1) 7, rue Geoffroy-Langevin.

ARPENTAGE.

Les *Nouvelles annales mathématiques* (nº de février 1856) contiennent un article de M. Terquem sur une *nouvelle manière de mesurer l'aire d'un triangle sur le terrain.*

L'auteur de cette méthode, M. Charles Bailly, professeur de mathémathiques à l'institution Barbet, a eu l'heureuse idée de se demander si l'adoption du *carré* pour unité de surface n'était point une complication de tout ce qui se rattache à la partie pratique de la géométrie. En supposant, au contraire, que les géomètres eussent adopté pour cette unité le *triangle équilatéral ayant un mètre de côté*, on entrevoit de suite quelques-unes des simplifications qui s'en fussent suivies.

Il est d'abord évident que la surface d'un triange équilatéral quelconque renferme le petit triangle pris pour unité, autant de fois que le côté de ce même triangle renferme la longueur de un mètre.

En partant de ce premier fait, M. Terquem démontre, sans peine, la nouvelle proposition formulée par M. Bailly, à savoir (si l'on prend pour unité de surface le triangle équilatéral de un mètre de côté), la surface d'un triangle quelconque est égale au produit de sa base multipliée par l'oblique menée du sommet et faisant, avec cette base, un angle de 60 degrés. Or, cette oblique peut facilement se mesurer sur la base même : il suffira, pour cela, d'une équerre d'arpenteur de forme hexagonale ; sur une telle équerre on pratique une rainure formant avec un des côtés un angle de 60 degrés; après avoir mesuré et jalonné la base d'un triangle, on marchera avec l'équerre, en partant d'une extrémité et se dirigeant vers l'autre, et l'on remarquera le point de la base d'où le sommet du triangle viendra à être aperçu à travers la rainure: enfin, en faisant la même opération à partir de l'autre extrémité de la base, on aura sur le terrain un second point symétrique, dont la distance au premier représentera précisément la longueur de l'oblique cherchée.

Les deux éléments de la mesure se trouvant ainsi ramenés sur une seule base, il sera possible, par la méthode de M. Bailly, de trouver la surface d'un triangle dont le sommet serait inaccessible.

Comme on le comprend, le procédé de M. Bailly est, à la rigueur, indépendant de l'unité de surface, bien que l'idée première qui y a donné lieu, s'écarte des conventions aujourd'hui admises en cette matière : ainsi, à l'aide de la base d'un triangle et de l'oblique précitée, on mesurerait tout aussi bien la surface de cette figure, en prenant le carré pour unité de surface : seulement il faudrait multiplier le premier produit par le rapport incommensurable $\frac{\sqrt{3}}{4}$.

A la fin de son article, le savant mathématicien fait observer qu'on pourrait se servir de l'angle de 45º au lieu de celui de 60. En opérant de la même manière que précédemment, on aurait, dans ce cas, transporté la hauteur elle-même sur la base, et l'on aurait encore sur une même ligne les deux éléments de l'opération.

Il est probable que l'adoption du triangle équilatéral pour unité de surface ne se fera point de sitôt : mais sans parler des simplifications que l'avenir peut montrer dans cette nouvelle voie, on peut dire que dès à présent l'idée de M. Bailly est à même de produire quelque chose, puisqu'elle amène à résoudre plus promptement des questions pratiques de géométrie, quelle que soit la convention adoptée dans le calcul.

Félix Foucou.

CORRESPONDANCE.

Sur quelques excentricités de langage en mécanique.

Paris, le 9 avril 1856.

Monsieur,

Dans votre numéro du 6 avril, vous critiquez avec beaucoup de raison la dénomination assez bizarre de *cheval-vapeur*, espèce d'unité dynamique qui n'exprime rien de réel.

Il est certain que depuis longtemps une ordonnance aurait dû décider que toute force motrice serait énoncée en *kilogrammètres*; alors on aurait eu des machines à vapeur de 75, de 150, de 300 kilogrammètres au lieu de machines d'un cheval, de deux ou de quatre chevaux ; cette ordonnance serait pour le moins aussi nécessaire que celle qui a forcé nos marchands de graines, de charbons et autres, à dire un décalitre au lieu d'un boisseau, nom dont ils qualifiaient la mesure de dix litres.

Et que dire encore de cette même erreur pratiquée à l'égard des chutes d'eau? Ainsi l'on dit maintenant une chute d'eau de 80 de 100 chevaux-vapeur, comme s'il y avait des chevaux-vapeur, et comme si raisonnablement on peut évaluer en chevaux la force d'un volume d'eau qui gravite. Ces excentricités de langage, et même de raison, sont dans le cas d'autant plus étonnantes qu'elles sont le fait de savants, d'hommes parfaitement à même d'en comprendre toute la singularité.

Mais je veux vous signaler un autre abus de langage bien plus grave, c'est celui de désigner les chaudières ou générateurs de vapeur en chevaux; ainsi maintenant on commande une chaudière de 20, de 30 chevaux, et cela paraît tout naturel, même quand il ne s'agit nullement de production de force; or, je le demande, quelle analogie y a-t-il entre la puissance de vaporisation d'une chaudière et des chevaux ?

Si encore il y avait un rapport *constant*, un rapport déterminé, entre la quantité de vapeur produite et la force en chevaux que cette vapeur peut développer, on pourrait peut-être tolérer cette dénomination toute vicieuse qu'elle soit, mais il n'en est nullement ainsi. Il y a des machines où toute la vapeur produite par 1 m. 50 c. de surface de chauffe est employée pour donner la force d'un cheval; il en est d'autres où la vapeur produite par 0 m. 75 c. de surface de chauffe suffit à donner cette même force d'un cheval. Ainsi par exemple, les machines Farcot à condenseur, dans lesquelles il y a une très grande détente de la vapeur et de doubles enveloppes pour empêcher le refroidissement durant cette détente; ces machines utilisent parfaitement la vapeur et 0 m. 75 c. de surface de chauffe par cheval peut suffire; mais dans les machines à vapeur perdue, sans enveloppe, où l'on profite à peine de la détente, il faut 1 m. 50 c. de surface de chauffe par force de cheval à produire.

Il en résulte qu'avec certaines machines une chaudière de 15 mètres carrés de surface de chauffe donnera la force de 20 chevaux, tandis qu'avec d'autres machines la même chaudière ne suffira qu'à la force de 10 chevaux. Il est donc certain que la puissance d'évaporation d'une chaudière ne peut pas et ne doit pas être évaluée en chevaux.

N'est-il donc pas infiniment plus simple et plus naturel de dire une chaudière de tant de mètres carrés de surface de chauffe, n'est-ce pas ce nombre de mètres carrés qui est la vraie mesure de la puissance de cette chaudière? tout autre dénomination doit être rejetée comme fausse, comme pouvant donner lieu à des déceptions, à des procès. Déjà, pour les chaudières tubulaires des locomotives, ce mode est adopté, il n'y a plus qu'à le généraliser pour être dans le vrai.

Veuillez agréer, monsieur, mes bien sincères salutations.

Bresson, F.
Ingénieur civil, rue de Bretagne, 57, à Paris.

Anémomètres électriques de M. Du Moncel (1).

Déjà l'année dernière nous avons entretenu nos lecteurs de ces merveilleux appareils (2). On sait que l'inventeur a voulu que, sans sortir de son cabinet, le météorologiste pût recueillir toutes les indications de l'anémomètre. Aujourd'hui, grâce aux figures qui accompagnent cet article, nous pourrons mieux faire comprendre les dispositions mécaniques qui rendent cet utile résultat possible.

Supposez qu'un anémomètre soit placé au sommet d'un toit, d'une tour ou même d'une montagne, et que des fils mé-

(1) Voir les fig. en tête de ce Nº.
(2) Nº 4, 28 janvier 1855.

talliques, convenablement combinés unissent cet instrument à un appareil récepteur placé dans le cabinet du météorologiste; on comprend qu'un courant électrique passant à propos par ces fils et les deux appareils, pourra à l'aide de certains mécanismes adaptés à l'anémomètre être interrompu ou rétabli suivant la vitesse et la direction du vent. Or, ces interruptions pouvant être accusées sur l'appareil récepteur, il suffit d'adapter à celui-ci un mécanisme marquant le temps, pour obtenir des indications continues inscrites sous l'influence du vent, par le seul intermédiaire de l'électricité. Tel est en deux mots le principe de l'anémomètre électrique dont M. Du Moncel a dû varier la disposition suivant le nombre de fils employés pour transmettre le courant ou suivant le genre d'indications que l'on veut obtenir.

Quand la distance de l'anémomètre à l'appareil récepteur n'est pas grande, par exemple, celle d'un toit à l'intérieur d'une maison, l'anémomètre à onze fils doit être préféré, ses indications étant plus sûres et la dépense des fils n'étant pas alors considérable. C'est celui que nous allons décrire aujourd'hui. Lorsqu'on veut observer la marche des vents sur les hautes montagnes, il y a économie à employer le moindre nombre possible de fils : pour les cas de ce genre l'auteur a imaginé un anémographe à trois fils.

Anémographe à onze fils. La partie de l'appareil qui doit recevoir l'influence du vent se compose d'une boîte cylindrique, au centre de laquelle est placée une girouette G (fig. 1); l'axe de cette girouette fixe à palette, forme corps avec elle, s'appuie par sa base sur une crapaudine, et est maintenu vers son milieu par un collier qui le laisse libre dans ses mouvements. Dans le même plan que le palette, du côté opposé et au-dessus du collier se trouve l'axe horizontal d'un moulinet E, dont les ailes font aussi face au vent dans toutes ses positions. L'axe de ce moulinet, muni d'une vis sans fin, engrène avec un rouage tellement combiné, que chaque tour de roue correspond à cinquante révolutions de l'axe et des ailes. Cela fait, il suffit pour avoir une indication de la vitesse, que chaque révolution de la roue aille s'inscrire dans le cabinet de l'observateur et figurer d'elle-même au registre des observations.

Pour atteindre ce but, la crapaudine de la girouette est mise en communication avec l'un des pôles de la pile, tandis que l'autre pôle vient aboutir à une languette isolée du reste de l'appareil et que rencontre, à chaque révolution de la roue, un butoir métallique porté par elle. Comme la communication métallique est établie entre la crapaudine et le moulinet par l'axe de la girouette, on comprend aisément que tous les cinquante tours du moulinet, le courant électrique passera pour être interrompu l'instant d'après. Ce courant temporaire est utilisé, comme nous l'indiquerons plus tard, pour l'indication de la vitesse cherchée.

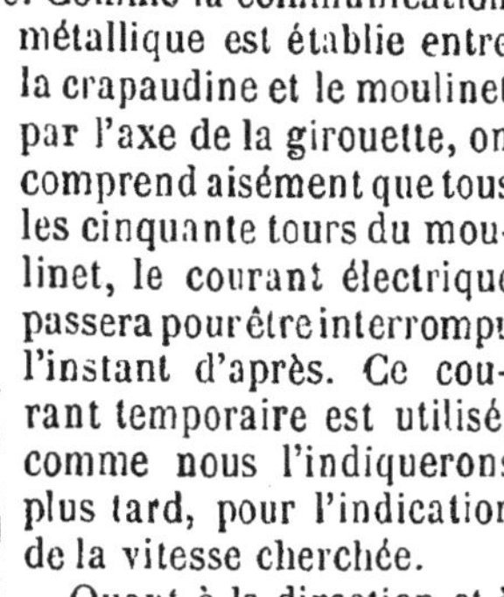
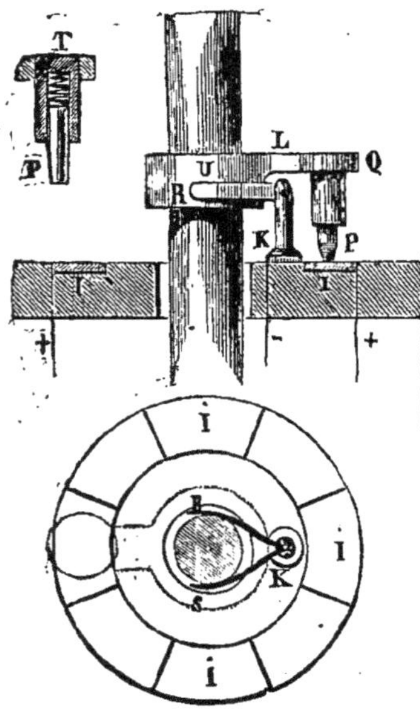

Fig. 2.

Quant à la direction et à la durée du vent, la même portion de l'appareil précise quelle elle a été et combien elle a durée. Pour cela un anneau circulaire (fig. 2) est adapté au bâtis solide qui maintient l'axe de la girouette; il est partagé en huit secteurs correspondant aux huit aires de vent, et chacun d'eux se compose d'une plaque métallique isolée par le châssis de bois, dans lequel elle est incrustée, de sorte qu'en promenant la main sur la circonférence du disque, on rencontrera huit interruptions successives et très-minces entre les huit secteurs métalliques. Chacun d'eux est mis en communication avec l'un des pôles de la pile qui doit être le même pour tous, tandis qu'un doigt métallique à ressort, partant de l'axe de la girouette et s'appuyant sur la couronne métallique, établit la communication avec l'autre pôle, tantôt par l'un, tantôt par l'autre de ses secteurs.

On conçoit donc facilement que le courant pourra donner des indications suivant celui de ces secteurs qui lui aura livré passage, c'est-à-dire suivant les différentes positions de la girouette ; et, comme ces indications se prolongent tant que passe le courant, on connaît par là même le temps pendant lequel le vent a persévéré dans la même direction.

Il reste maintenant à décrire la seconde partie de l'appareil, celle qui, placée dans le cabinet de l'observateur, recueille les indications et les écrit. C'est à celle-ci que répondent les fig. 3 et 4.

(La suite au prochain numéro.)

ACADÉMIE DES SCIENCES.

Séance du 14 avril.

CLARIFICATION DES ALCOOLS.

M. Pelouze a présenté une note de M. Reynoso relative à la clarification. Le résultat vraiment digne d'intérêt, auquel est arrivé M. Reynoso, est celui-ci : lorsqu'une masse d'alcool à clarifier est mise en contact avec des sels métalliques préalablement élevés à la température de 240o environ, cette masse arrive peu à peu à se séparer et à former un alcool, chimiquement pur, tandis que les sels métalliques se déposent de leur côté sans altération appréciable. Un échantillon des deux substances accompagnait cette communication.

RELAIS RHÉOTOMIQUE.

M. Th. Du Moncel envoie une note sur un appareil auquel il donne le nom de *relais rhéotomique*, et dont nous présenterons bientôt la description et la figure.

ANÉMOMÉTROGRAPHE DE M. SALLERON.

L'Académie a reçu la communication d'un nouvel anémomètre enregistreur, qui était exposé à l'entrée de la salle des séances.

Cet instrument est divisé en deux parties bien distinctes, l'une faisant connaître la direction du vent, l'autre donnant son intensité, c'est-à-dire sa vitesse en kilomètres pour chaque instant du jour.

La première partie remplit l'office de girouette, sans être sujette comme celle-ci, soit à ne pas obéir aux faibles courants, soit à marquer des courbes irrégulières sous l'action de vents violents. Elle se compose d'abord de deux ailes parallèles fixées normalement à une tige horizontale qui porte une vis sans fin : ces ailes sont un assemblage de petites surfaces semblables aux ailes de moulins à vent, maintenues dans un plan vertical et destinées à prendre un mouvement de rotation au moindre souffle de vent. La vis sans fin engrène sur un cercle denté horizontal, tournant lui-même sur l'axe vertical qui supporte l'appareil tout entier. De la sorte, lorsque le vent souffle dans une direction oblique au système de petites ailes dont nous venons de parler, les ailes se mettent à tourner avec l'axe horizontal qui les relie, lequel axe, à l'aide de la vis sans fin qu'il porte, fait tourner le cercle denté; c'est ainsi que l'appareil entier est amené à se mouvoir, jusqu'à ce que les petites ailes se rangent dans la direction même du vent.

Ici commence le rôle de la seconde partie de l'appareil, où l'électricité remplit la fonction principale. Au-dessus des petites ailes, se trouvent quatre hémisphères creuses placées dans un plan horizontal, aux quatre extrémités de deux diamètres se coupant à angles droits. Ces hémisphères métalliques sont orientées de telle sorte que, sur les extrémités d'un même diamètre, l'une présente au vent sa surface concave et l'autre sa surface convexe : il en résulte une différence de pression qui perpétue le mouvement de ce système d'hémisphères, et l'accélère à mesure que la vitesse du vent augmente. La transmission du mouvement se fait ici dans un sens inverse à celui dont nous avons parlé; c'est l'axe vertical, autour duquel tournent les hémisphères, qui porte une vis sans fin et cette vis fait mouvoir un cercle denté vertical; celui-ci, à chaque évolution complète, vient fermer un circuit électrique, qui s'interrompt dès que l'évolution recommence.

Ceci étant une fois posé, voyons ce qui se passe sous l'action d'un vent quelconque : le système des ailes et celui des hémisphères se mettent en mouvement et le premier s'arrête bientôt. Or le cercle horizontal qui appartient à celui-ci, porte huit segments de cuivre isolés les uns des autres et mis en communication avec la pile par huit conducteurs distincts; ces huit segments correspondent aux huit aires de vents principaux, et c'est sur le segment qui marque le vent régnant, que le cercle denté vertical, appartenant au système des hémisphères, vient tour à tour fermer et interrompre le circuit. Dès lors, comme, d'une part, l'écartement des boules est calculé pour qu'une évolution entière du cercle denté vertical corresponde à une distance de un kilomètre parcourue par le vent; et que d'autre part un ressort d'horlogerie fait mouvoir une feuille de papier électro-chimique, enroulée cylindriquement et divisée en huit zônes parallèles; il en résulte qu'à chaque instant du jour la feuille de papier donnera la vitesse du vent en kilomètres et sa direction tout à la fois.

Les différentes parties de cet instrument avaient été imaginées, notamment par MM. Salomons, de Berlin, et Haussler, de Londres; mais le mérite d'avoir combiné leurs avantages respectifs, appartient à M. Salleron, auquel déjà plusieurs observatoires ont commandé des appareils semblables.

DE L'ELECTRICITÉ ATMOSPHÉRIQUE.

M. Becquerel a lu un mémoire plein de faits nouveaux sur quelques unes des principales causes de l'électricité atmosphérique.

Il est acquis aujourd'hui que l'air possède toujours un excès d'électricité positive, et la terre un excès d'électricité négative : mais jusqu'ici les recherches des physiciens n'ont pu découvrir les causes qui entretiennent cet état électrique dans l'air et dans la terre, état auquel il faut rapporter les orages et divers phénomènes terrestres et atmosphériques ayant l'électricité pour cause. En s'occupant de cette question, il y a quelques années, M. Becquerel trouva des effets électriques dans les tissus des végétaux, ainsi qu'au contact de ces derniers avec la terre : l'une des causes de l'électricité atmosphérique était donc trouvée, puisque dans ce contact la terre est toujours électrisée positivement et les végétaux négativement.

En répétant ces expériences l'été dernier au bord de l'eau, M. Becquerel fut frappé des anomalies qui se manifestent, en mettant en communication métallique un végétal avec les bords d'une rivière ou avec la rivière elle-même, et c'est ainsi qu'il fut conduit à la découverte des effets électriques produits au contact des masses d'eau avec la terre. Bien qu'en général l'eau soit positive, le phénomène est extrêmement complexe, attendu qu'il varie et de direction et d'intensité suivant la nature des substances qui se trouvent soit dans le sol soit en dissolution dans l'eau.

Si l'eau est légèrement alcaline, elle est négative par rapport à la terre; c'est l'inverse si elle est acide : en opérant avec de la terre de bruyère qui est acide, l'électricité est positive. Il doit donc arriver des cas où les effets sont nuls.

Dans quelques cas particuliers, le dégagement d'électricité est assez fort pour faire fonctionner un télégraphe à aiguilles, à la distance de quelques kilomètres.

En opérant dans les puits de Paris où les eaux infiltrées ne sont jamais de même nature, on voit, dans le cours d'un même mois, les effets électriques changer de signe et de direction.

Les appareils destinés à ce genre d'observations sont des boussoles de sinus d'une grande sensibilité, des électromètres destinés à recueillir l'électricité que possède la vapeur qui s'élève des cours d'eau ou de la terre; enfin de lames d'or ou de platine, entourées de charbon de sucre candi retenu par de la toile.

Ces expériences exigent des soins infinis pour s'assurer que les lames qui servent à recueillir l'électricité ne sont pas polarisées. Pour être certain des résultats, il faut expérimenter dans des observatoires permanents, afin de donner le temps aux lames de se dépolariser.

Les effets électriques produits au contact de l'eau avec la terre, proviennent non seulement de la différence de composition de l'eau qui humecte le sol, mais encore de la décomposition des matières organiques, décomposition qui est une simple carbonisation. Dans ce cas, la terre doit toujours prendre une électricité négative et l'eau une électricité positive : mais encore une fois le phénomène est tellement complexe, qu'il est impossible pour le moment de formuler des principes généraux.

Pour étudier cette question, qui est peut-être l'une des plus importantes de la physique terrestre, il faudra expérimenter en pays de plaines comme en pays de montagnes, sur le bord des fleuves, de la mer, des marais salants et dans les pays, comme la Hollande, où il existe beaucoup d'alluvions; c'est alors seulement que l'on pourra connaître l'importance du rôle que jouent ces différents dégagements d'électricité, dans le phénomène de l'électricité atmosphérique. FÉLIX FOUCOU.

Société d'Encouragement pour l'Industrie nationale.

Séance du 2 avril.

NOUVEAU PROCÉDÉ DE CULTURE DE LA VIGNE.

M. Arpin, de Villers-Cotterets, envoie une notice sur un procédé qu'il emploie avec succès depuis huit ou neuf ans pour obtenir de la vigne un produit abondant, de belle et bonne qualité, et mûri à point, quelle que soit l'espèce, pourvu que les ceps soient d'un bon choix.

Pour cela, M. Arpin a construit dans son jardin des colonnes de forme ronde qu'il a placées, les unes sur la même ligne, les autres en quinconce, en observant une distance d'environ 2 mètres d'une colonne à l'autre. Ces colonnes sont en terre cuite de préférence; elles ont 2 mètres de hauteur au-dessus du sol, sur un diamètre de 40 cent, à la base et de 30 au sommet : ce sommet est couronné par un chapiteau de 15 cent. de saillie. Au pied de chaque colonne on plante à distance égale trois pieds de vigne qui doivent monter en spirale.

Le chapiteau a pour effet de garantir la vigne de la gelée et le raisin de la grêle. Aussi M. Arpin a observé que dans les années où la gelée s'était fait sentir au printemps d'une manière assez forte, notamment en 1853 et 1855, les treilles de ses espaliers avaient été atteintes de la gelée et avaient beaucoup souffert, tandis que ses colonnes, au nombre de 55, avaient été préservées. Les colonnes en effet, ne donnent presque pas d'ombre et elles reçoivent les rayons du soleil directement et par réflexion pendant tout le temps qu'ils se répandent sur le terrain d'alentour, et cela explique encore pourquoi le raisin mûrit aussi bien au nord qu'au midi, à l'ouest qu'à l'est.

Outre les avantages particuliers à la vigne, le procédé de M. Arpin présente encore de nombreuses applications dans la récolte des légumes à basses tiges, tels que pommes de terre, haricots et artichauts qu'il cultive dans les intervalles ménagés entre les colonnes.

BALAYEUSE MÉCANIQUE.

M. le docteur Herpin a donné lecture d'un rapport favorable sur une *machine à balayer* de l'invention de M. Colombe, ancien chirurgien-major de l'armée.

Cette machine balaie et ramasse, tout à la fois. Deux d'entre elles conduites par quelques hommes et soumises à un essai continué pendant dix jours sur le quai Saint-Bernard, ont pu balayer de 2,500 à 3,000 mètres carrés par heure, c'est-à-dire autant que dix balayeurs ensemble. Cet essai paraît avoir été apprécié et accueilli favorablement par l'administration de la salubrité.

La machine de M. Colombe se compose essentiellement de huit brosses planes, formant par leur réunion une brosse octogonale qui est placée horizontalement sous l'essieu d'une charrette à bras ou à cheval. Les ordures enlevées par le mouvement de rotation de cette brosse, glissent sur une large pelle concentrique à la brosse et viennent s'accumuler dans un réservoir spécial dont la porte en s'ouvrant, permet au contenu de s'échapper spontanément, soit dans les égouts, soit pour former des tas isolés. Le poil de la brosse qui a environ 15 ou 20 centimètres de longueur, est formé par les rameaux très résistants d'une plante vendue dans le commerce sous le nom de *Jonc d'Amérique*.

HISTORIQUE SUR LE CUIVRAGE DU FER, DU ZINC, DE LA FONTE, etc.

M. Sorin, membre de la Société et gérant de la Compagnie générale du *Cuivrage galvanique*, adresse un exposé historique sur cette intéressante industrie : les détails nombreux de cette note ne nous permettent d'en extraire que quelques aperçus.

En 1605, Botskaï, après avoir pillé et brûlé la ville de Neusol, en Hongrie, se dirigea vers les mines de cuivre des environs. Saisis de frayeur, les mineurs cachèrent tous leurs outils dans des cavités souterraines et s'enfuirent. Après un mois, quand l'ennemi se fut retiré, les ouvriers revinrent à leurs outils : grande fut leur surprise de les retrouver revêtus d'une couche de cuivre et rendus par là désormais moins oxidables. De ce jour, le cuivrage du fer était pour ainsi dire inventé.

Cependant deux siècles plus tard, cette industrie avait si peu progressé, que MM. Cordon et Bouzer, de Londres, présentaient à la Société d'encouragement comme une innovation importante, un moyen de cuivrer le fer, moyen qui consistait à plonger celui-ci, après décapage, dans un bain de cuivre en fusion. On sait les inconvénients majeurs de ce procédé : il ôte au fer une qualité essentielle, en le rendant cassant, et ne le protége que très peu de temps contre l'oxidation.

Plus tard MM. Elkington et Ruolz présentèrent la dorure et l'argenture galvaniques, mais la précipitation du cuivre restait toujours plus difficile à opérer que celle des métaux précieux.

Vinrent ensuite MM. Elsener et Philippe avec un mode de cuivrage du fer et du zinc par la dissolution des chlorure de potassium, chlorure de sodium et tartrate neutre de potasse.

Enfin le bulletin de la Société d'encouragement (tome 51, page 181) donne un bain de cuivrage et de laitonage ainsi composé : 1 kil. potasse d'Amérique; 75 gram. acétate de cuivre, dissous séparément dans un litre d'ammoniaque liquide concentré; 130 à 150 gram. sulfate de zinc et 64 gram. cyanure de potassium.

Or toutes ces tentatives n'ont pu jusqu'à présent satisfaire l'industrie, imperfection que M. Sorin attribue à un mauvais système de *dérochage*, opération d'où dépend toujours le plus ou moins d'adhérence de la couche de cuivre sur le fer.

Pour parer à cette difficulté, M. Sorin a cherché un sel soluble, alcalin de sa nature, doué d'une grande tendance à se décomposer au contact des acides retenus dans les pores des métaux à cuivrer.

La note ne fait point mention du nom de ce sel, avec lequel aujourd'hui le fer, la fonte et la tôle sont préparés dans les usines de l'avenue de Saint-Cloud, de manière à être recouverts d'une enveloppe inattaquable à l'action du sulfate de cuivre rendu fortement acide.

Une commission sera chargée d'examiner le procédé de M. Sorin, en se transportant dans son usine.

CHAUDIÈRE BOUTIGNY.

M. Boutigny, (d'Evreux), a lu une note pleine d'intérêt sur le degré de sûreté de son générateur de vapeur à diaphragmes; par ce que nous avons déjà dit de l'utilité de cet appareil, on sait déjà qu'il vient combler une lacune qui existait dans l'industrie; le dernier mémoire de M. Boutigny a prouvé, à la fois par l'expérience et par le calcul, qu'il n'offre pas plus de chances d'explosions que les autres générateurs.

Dans la chaudière dont il s'agit, deux causes d'explosions seulement sont à examiner, le défaut et l'excès d'alimentation. Dans le premier cas même il ne subsiste, à proprement parler, que des inconvénients et non un danger, puisque la chaudière venant à rougir par le fond, les diaphragmes ne rougissent point pour cela, et on se rappelle que c'est sur eux que l'eau tombe et s'évapore principalement : à cause donc de l'énorme quantité de chaleur latente contenue dans la vapeur, et du peu de capacité du fer pour le calorique, l'équilibre se rétablira rapidement et il n'y aura aucun danger pour l'expérimentateur.

M. Boutigny a montré par des chiffres que les choses se passent absolument de cette manière, en supposant le cas le plus défavorable, c'est-à-dire celui où, la chaudière étant à sec et échauffée pendant cinq minutes, le fer de la partie inférieure du générateur (50 kilog. environ) aurait une puissance d'absorption de 500 calories par minute. Or ces conditions sont évidemment impossibles, car il n'y a pas un chauffeur qui, voyant sa machine s'arrêter et le manomètre à 0° ne s'empresse d'ouvrir la porte du fourneau et de jeter le feu par terre, pour s'assurer de la cause du temps d'arrêt et y remédier le plus tôt possible.

Quelques mots ont suffi ensuite à M. Boutigny, pour montrer que l'excès d'alimentation est tout à fait insignifiant, comme cause de dangers dans sa chaudière. La prise de vapeur, en effet, se trouve au fond de la chaudière entre le dernier et l'avant-dernier diaphragme : si donc l'alimentation dépasse une certaine limite, la chaudière enverra de l'eau dans le récepteur et la machine s'arrêtera. Pour remédier à cet accident, il suffira de suspendre l'alimentation pendant quelques minutes, ou d'ouvrir le robinet du purgeur, pour que l'équilibre se rétablisse aussitôt.

Enfin, en admettant que le générateur soit placé sur la même ligne que tous les générateurs connus, quant aux dangers d'explosions, il est remarquer que les diaphragmes, au nombre de dix, deviendraient, dans le cas d'explosion, de véritables appareils de sûreté faisant l'office d'écrans ou d'estacades qui se briseraient successivement jusqu'à ce que la quantité de mouvement contenue dans l'eau fût équilibrée ou absorbée : mais tout cela se passerait dans l'intérieur de la chaudière, sans danger pour les personnes qui se trouveraient dans son voisinage. F. F.

Société zoologique d'Acclimatation.

Séance du 11 avril.

CHATS D'ANGORA.

M. Lottin de Laval, deux fois envoyé par le gouvernement en Asie pour l'étude des ruines de Ninive et de Babylone, écrit à la Société quelques particularités peu connues sur les chats d'Angora.

C'est à tort qu'on a écrit que ces animaux ne se trouvent que dans le voisinage d'Angora. M. Lottin a trouvé cette belle espèce sur le grand plateau arménien à Erzeroum, où le climat diffère beaucoup de celui d'Angora.

Elle est encore très nombreuse à Chourch (Kurdistan) et à Billis, dans le pachalik de Bayardic; on en trouve même à Bagdad, mais ils y sont moins beaux.

Les chrétiens prétendent que ce sont ces chats qui apportent la peste avec leurs longs poils et, en temps de peste ou de menace de peste, ils les tuent partout où ils le peuvent : cette erreur n'est point partagée par les musulmans qui ne croient pas la peste contagieuse.

MOUTONS DE SHANG-HAÏ.

M. Heyssuzian, arménien, membre de la Société, écrit pour porter à la connaissance de ses confrères un fait d'acclimation réalisé à Philadelphie (Etats-Unis) sur les moutons dits de Shang-Haï.

Cette espèce fut importée de Shang-Haï dans le printemps de 1852, et en février 1853, une des brebis mettait bas trois agneaux qui atteignirent tout leur développement, plus deux autres en bon état au mois d'août de la même année. Ce n'est pas tout : comme deux des agneaux ont donné le jour chacun à un agneau, il résulte qu'en peu de mois la vielle brebis est devenue grand'mère d'une famille de sept agneaux.

Les brebis de Shang-Haï mettent bas deux fois par an et donnent le jour, lorsqu'elles ont atteint leur développement, à deux, quatre et même six moutons à la fois.

La laine n'en est pas très fine mais peut être avantageusement employée à la confection de couvertures et de tapis.

La chair est très belle, très délicate et entièrement dégagée de toute mauvaise odeur.

Ces animaux sont d'une belle taille et très dociles : ils ont le nez bombé, les oreilles pendantes et la tête couverte d'une laine luisante, courte et soyeuse; leur poids est à peu près celui de nos moutons.

M. Heyssuzian pense que si ces détails, reçus d'Amérique, ne sont pas exagérés, la Société possèdera les moyens, par ses correspondants en Chine et aux Etats-Unis, de travailler à une prompte acclimatation d'une espèce si précieuse.

DU SORGHO SUCRÉ COMME PLANTE FOURRAGÈRE.

M. Charles D'Ivernois communique à la Société, dont il est membre, les résultats extraordinaires qu'il a obtenus en cultivant le *sorgho sucré* (*holcus saccharatus*) uniquement comme plante fourragère. En le semant épais et en le fauchant aussitôt qu'il eut atteint une hauteur suffisante, M. D'Ivernois en a fait l'an dernier à Hyères (Var), cinq coupes abondantes dans un terrain léger et fertile, mais non arrosable et sur lequel aucune plante fourragère n'avait donné un produit comparable. Ce fourrage a été avidement recherché par les bestiaux.

Ce procédé, s'il réussissait aussi bien sur une grande échelle, deviendrait une immense conquête pour la Provence, où si peu de plantes fourragères peuvent braver les quatre mois et demi de sécheresse absolue qui reviennent presque tous les ans.

NOTICE SUR LE SERPENTAIRE.

M. Verreaux, qui a habité longtemps les diverses parties de l'Afrique, envoie sur le Serpentaire du cap de Bonne-Espérance, appelé encore Messager, une notice très curieuse dont nous n'extrayons qu'un petit nombre de détails.

Nulle part cet oiseau de proie (serpentarius reptilivorus) n'est aussi abondant que dans les environs du Cap de Bonne-Espérance. On ne le trouve que par paire, et à partir de la ville du Cap il est peu d'habitations qui ne possède son couple, lequel paraît même faire partie intégrante de la propriété dont il ne dépasse pas les limites, s'il n'est pas dérangé. Du reste les lois et les colons leur accordent toute protection à cause des services qu'ils rendent en détruisant chaque année une innombrable quantité de reptiles de toutes espèces et surtout de serpents venimeux.

La dilatation de leur bouche est prodigieuse, on en voit qui avalent des reptiles de six pouces de circonférence. Leur manière d'attaquer est bien connue, mais c'est à tort que l'on attribue à leur aile la force de terrasser leur ennemi : cet organe ne leur sert que de bouclier et c'est avec le pied qu'ils frappent le reptile dont ils ont bientôt brisé la colonne vertébrale.

Bien que le couple ne se quitte jamais, ils ne s'associent pas et chacun chasse pour son compte.

Pendant la couvaison, le mâle se charge de nourrir sa femelle qui n'abandonne jamais les œufs.

Comme presque tous les grands oiseaux de proie, le couple serpentaire ne souffre aucune autre espèce dans le canton qu'il habite, mais en revanche les petits oiseaux choisissent le voisinage de son domicile pour y construire leurs nids, qui sont suspendus tout autour de cette aire et tenus ainsi à l'abri des reptiles.

M. Verreaux, d'après ce qu'il a vu, croit pouvoir répondre de la réussite de l'acclimatation du messager, soit en Algérie, soit dans nos colonies de l'Inde et de l'Amérique : cette acclimatation avait déjà été tentée à Cayenne, mais les colons détruisirent à la chasse, en peu de temps, tous les couples qu'on avait introduits.

Réduit à l'état de domesticité, le serpentaire se contente de viande de toute espèce; il pourrait remplir les fonctions de sergent de ville dans les basses-cours, comme l'agami. Avec assez d'espace autour de lui, le couple serpentaire se reproduirait comme en liberté.

Dans la partie orientale de l'Afrique, ces oiseaux sont d'une taille inférieure et d'une teinte beaucoup plus pâle, ce qui constitue une espèce entièrement différente que M. Verreaux propose d'appeler *serpentarius orientalis*. F. F.

FAITS DIVERS.

NOUVELLES DU MUSÉUM D'HISTOIRE NATURELLE. — Depuis samedi matin, le Muséum s'est enrichi de deux cétacés appartenant à l'espèce désignée par Cuvier sous le nom de ***Delphinus globiceps***, qui n'est autre chose que le ***Dauphin Epaulard***. Ces animaux faisaient partie d'un banc de dauphins que la dernière bourrasque a rejetés dans la Manche et dont quelques-uns ont été harponnés au large du Havre dans la journée du jeudi. Ces deux cétacés mesurent chacun 5 mètres 80 cent. de longueur, sur 2 mètres 70 cent. de circonférence. L'un d'eux est destiné à figurer dans les collections, et l'autre est devenu la propriété du cabinet d'anatomie comparée.

Voici la liste des animaux que le Muséum doit recevoir bientôt de la part de M. Delaporte, consul-général de France au Caire :

1° Trois boucs à tête fortement busquée ;
2° Trois pintades à joues bleues;
3° Deux petits chiens sauvages;
4° Un chat guépard;
5° Un antilope;
6° Deux demoiselles de Numidie ;
7° Sept grues couronnées ;
8° Trois oies de la Haute-Egypte;
9° Dix-huit canards de différentes espèces ;
10° Sept poules Soultani;
11° Cinq tourterelles d'Abyssinie.

— Un des faits les plus curieux révélés dans la dernière séance de la Société zoologique est la formation d'une Société d'acclimatation dans le SOUDAN.

CULTURE DE LA VIGNE. — M. le Dr Jules Guyot, dont nous avons mentionné dans le précédent numéro une communication intéressante, nous écrit de Sillery à cette occasion : « ..... Vous m'avez rendu trop généreusement propriétaire d'un domaine qui appartient à la maison Jacquesson et fils, négociants en vins de Champagne, à Chalons-sur-Marne; j'y suis simplement intéressé, et je l'administre seul en y créant, selon mes facultés, tout ce qui peut en augmenter la valeur et la beauté.

« C'est en vertu de ce pouvoir discrétionnaire que m'a délégué mon ami, M. Jacquesson, que j'ai imaginé et mis en grande expérimentation le paillassonnage en plein champ. C'est fort curieux, je vous assure, et cela promet beaucoup. Un atelier de dix hommes couvre un hectare de vigne en un jour, et les paillassons ainsi posés résistent à tous les vents et doivent rester jusqu'après la vendange, car leur destination est triple. Préserver des gelées blanches du printemps; — préserver de la coulure; — hâter et perfectionner la maturité du raisin.

« Comme il n'est pas sans importance pour une grande et honorable maison de commerce de vins de Champagne que la propriété d'un domaine, précieux par son nom et par sa valeur, ne lui soit pas enlevée, je vous serai très reconnaissant de restituer le domaine de Sillery à MM. Jacquesson et fils, en publiant ma lettre dans votre prochain numéro. »

— Au moment de mettre sous presse nous recevons de M. Du Moncel une réponse aux lettres de MM. Amyot et de Castro, insérées dans notre N° 10. M. Du Moncel était à Nice lorsque ces lettres ont paru ; d'où le retard de sa réponse que nous publierons la semaine prochaine.

Pour tous les faits divers, V. M.

Petite Correspondance.

M. D. B. (Sury-le-Comtat). — C'est juste.

M. R. (Castelnaudary). — Avec le plus grand plaisir; envoyez-nous les plans et descriptions.

M. J. de B. (Aix). — Le versement a eu lieu. — Le fils de Joseph Remy demeure à La Bresse, canton de Remiremont (Vosges).

M. B. (Savigny-sur-Orge). — Le scrupule n'est pas fondé. — M. Doré, cité Doré, grande rue d'Austerlitz, quartier St.-Marcel.

M. B. (Nolay). — Pas de lettre en date du 25 mars.

M. V. G. (Lille). — Vous avez raison.

M Th. B. (Douai). — 1° Ce n'est pas à nous de le faire ; 2° L'idée mérite d'être prise en considération.

Dr M. (Château-du-Loir). — J'attends la communication promise.

M. L. G. (St.-Éloi-Bezu). — Reçu.

M. E. L. (Auch). — 1° C'était une erreur. 2° L'envoi vous est fait. 3° 4,400 (cela m'apprend que les épures ont paru).

M. M. (Baccarat). — Reçu le 21 février.

M. P. D. jeune. (Pierre). — C'est probable et rien ne serait plus juste ; mais les informations positives manquent. — Pour le *post-scriptum* ; merci.

M. M. L. (Beaune). — C'est exact.

M. H. (Château de la Revetisa). — L'anémotrope Bazin remplit ces conditions, voy. notre numéro 4, 2e année

M. G. L. (Cherbourg). — 1° Il sera fait selon votre désir. — 2° Sera l'objet d'un article.

Prix d'abonnement pour l'étranger.

Allemagne, 8 fr.; — Suisse, Parme, Plaisance, Modène, 8 fr. 50. — Etats Sardes, Grèce, Crimée, 9 fr.; — Hollande, Angleterre, 10 fr.; — Etats-Unis, Indostan, Turquie, 10 fr. 50; — Belgique, Prusse, Hanôvre, Saxe, Pologne, Russie, Espagne, Portugal, 11 fr.; — Toscane, 12 fr.; — Etats-Romains, 16 fr. 50.

Le propriétaire, rédacteur-gérant :

VICTOR MEUNIER.

PARIS. — IMP. J.-B. GROS, RUE DES NOYERS, 74.

Deuxième année. — N° 17. Quinze centimes. 27 avril 1856.

L'AMI DES SCIENCES

BUREAUX D'ABONNEMENT
13, RUE DU JARDINET, 13
Près l'École de Médecine
A PARIS

JOURNAL DU DIMANCHE
SOUS LA DIRECTION DE
VICTOR MEUNIER

ABONNEMENT POUR L'ANNÉE
PARIS, 6 FR.; — DÉPART., 8 FR.
Étranger (Voir à la fin du journal)
ENVOYER UN MANDAT DE POSTE

Machine à étirer les tuyaux de drainage, dite Machine à 40 fr.

Machine à étirer les tuyaux de drainage.

Dans sa séance du 2 avril, la Société impériale et centrale d'agriculture recevait, de M. Barral, la communication d'une nouvelle machine très économique destinée à faire rapidement les tuyaux de drainage, et le mercredi 16, cette machine fonctionnait en présence d'une commission nommée par la Société elle-même; nous avons assisté à cette curieuse expérience, qui n'a pas duré moins de cinq heures, et pendant laquelle deux ouvriers ont fabriqué en moyenne cinq tuyaux par minute; nombre qui peut être facilement doublé, comme nous le verrons tout-à-l'heure, si l'on fait usage d'une machine un peu modifiée. Pour donner l'idée la plus exacte possible de cette machine, nous ne saurions mieux faire que de citer le passage qui la concerne, dans l'ouvrage récent de M. Barral sur le *Drainage des terres arables*.

« Qu'on imagine une simple caisse en bois, divisée en deux compartiments; dans le compartiment d'arrière, s'élève un montant vertical traversé par deux barres boulonnées à une extrémité, et serrées à l'autre extrémité par des écrous; la caisse est ainsi fixée sur le bâti qui doit la supporter; nous plaçons simplement ce bâti par terre, et nous attachons pa une corde le montant d'arrière à un arbre, à un pieu ou à un pilier. Le compartiment d'avant est un réservoir à glaise, présentant sur la face antérieure un orifice dans lequel on assujettit la filière voulue avec un seul boulon. Un piston de bois, dont la tige est articulée avec un levier dont l'extrémité tourne autour d'un axe fixé en haut du montant d'arrière, doit exercer la pression nécessaire. Lorsque la caisse est pleine d'argile, on enfonce le piston en appuyant à l'autre extrémité du levier, et les tuyaux sortent moulés sur une table garnie de rouleaux. On relève le piston, on le fait sortir de la boîte, on tasse de nouveau de l'argile, on replace le piston à l'orifice de la boîte, on appuie de nouveau sur le levier, et ainsi de suite. Lorsque la file des tuyaux est arrivée à l'extrémité de la table, on abat un châssis qui tient tendus des fils de laiton et on la coupe en bouts de la longueur usuelle. »

Dans le travail dont nous avons été témoin, il ne s'est pas écoulé plus d'une minute en moyenne entre l'étirage d'une file de tuyaux et celui de la file suivante: par suite, comme les fils de laiton coupent chaque fois, par le rabattement du châssis, la file entière en cinq tuyaux de 0 m. 33 c. de longueur, il en résulte que dans une semblable machine à une seule filière, une journée de dix heures de travail fournirait 3,000 tuyaux de drainage.

La machine dont la figure est ci-dessus, ne diffère de celle que nous avons vue à l'œuvre, qu'en ce qu'elle a deux filières au lieu d'une seule : on comprend que moyennant cet appendice insignifiant, le nombre des tuyaux peut être doublé, sans avoir besoin pour cela d'augmenter le nombre des ouvriers, dont la pression à l'extrémité du bras de levier suffit pleinement à l'action de l'étirage.

Comme la plupart des machines simplement utiles, celle qui nous occupe a eu à subir bien des vicissitudes avant de se faire jour; lorsqu'au mois de mars dernier, M. Barral reçut avis de son existence, elle se trouvait déposée, depuis plus d'un an, aux docks napoléon ; elle arrivait d'Allemagne, envoyée par M. Kielmann, directeur de l'école agricole de Hassenfelde, dans la province de Brandebourg (Prusse); la douane avait demandé des droits relativement exhorbitants pour en permettre l'entrée; le consignataire n'avait pas obtenu la remise de ces droits, parce qu'il n'avait pas satisfait à des dépôts de dessins et autres pièces exigées pour que la demande de l'entrée en franchise fût examinée; enfin, il ne s'était trouvé personne s'intéressant assez à la question pour lever, moyennant finance, les entraves posées à un progrès si réel, que M. Barral n'hésita pas, dès qu'il eût connaissance du fait, à se rendre aux docks napoléon, et à payer tous les droits et frais qu'exigea l'administration douanière.

Dans l'entrepôt, la machine avait subi plusieurs avaries qui durent être réparées, et il y a lieu de croire aujourd'hui que, après les modifications qu'elle a subies, son prix ne s'élèvera pas au-delà de 40 francs. Dans sa lettre d'envoi, M. Kielmann, premier inventeur de la machine fabriquée et perfectionnée à Berlin par MM. Œckert et Vœlker, affirmait qu'elle ne valait que 10 thalers (37 fr. 50 c.), et qu'elle faisait cependant 3,000 tuyaux par jour : nous venons de voir que le modeste inventeur était resté plutôt au-dessous de la vérité.

Dès que la chose fut connue, mille objections ne manquèrent pas de se produire pour s'opposer à la propagation d'une pareille machine. Son prix minime surtout excitait la défiance : une machine qui coûte peu doit être mauvaise, de par les fabricants qui font aujourd'hui, pour le même usage, des machines qui coûtent plusieurs centaines de francs.

Malgré tout, l'épreuve a démontré le contraire, et à l'expérience du 16 avril, l'opinion générale n'a pas manqué de faire justice des préventions, en apercevant le côté véritablement pratique de cette sorte de découverte. Très souvent, en effet, l'étendue d'un terrain à drainer ne dépassera pas 8 ou 10 hectares; le propriétaire ou le fermier n'aura besoin pour cela que de quelques milliers de tuyaux qu'il ne trouvera pas chez le tuilier ou le briquetier le plus voisin, celui-ci reculant devant une dépense de plusieurs centaines de francs pour se procurer une machine à étirer. Or, personne ne sera arrêté par une dépense de 40 francs ; il y aura donc, à ce point de vue, un service très important à rendre par la vulgarisation d'une machine qui permettra à chacun d'avoir des tuyaux, même dans les contrées les plus éloignées des grands centres du mouvement agricole.

Pour atteindre ce résultat, M. Barral a obtenu d'abord que la machine ne fût grevée d'aucun droit d'invention, de telle sorte que tout le monde pût en faire construire à sa convenance. Dans ce moment, il en fait même fabriquer plusieurs qu'il livrera, comme modèles, à prix coûtant, de telle sorte que, dès qu'il y en aura quelques-unes répandues en divers lieux, tout le monde puisse en acquérir, la machine étant d'ailleurs assez peu compliquée pour être construite par tout charron de village. Quelques-unes de ces machines sont destinées en outre, par M. Barral, à figurer dans les concours universels de Paris, et notamment à l'Exposition universelle d'Agriculture qui doit clore les concours régionaux du mois de mai prochain.

Pour fixer enfin les idées sur la facilité d'exécution de cette nouvelle *machine à 40 francs*, disons, en terminant, qu'un ouvrier menuisier, qui n'avait jamais vu rien de semblable, en construit maintenant sans peine, et qu'il en aura bientôt fait assez de modèles pour qu'elle soit suffisamment répandue. L'introduction en France et la vulgarisation de cette machine constituent donc un double service rendu, sinon à la grande culture elle-même, du moins à la propriété morcelée, au moment où l'essor semble déterminé, pour un temps, vers les choses de la production agricole.

Félix Foucou.

MAGNÉTISME ANIMAL.

Avant de sortir cette enquête manquée de l'impasse où la voilà ; résumons. Nous tenons d'ailleurs à préciser notre position.

S'il fallait absolument se décider *a priori* pour ou contre ce qu'on appelle le magnétisme animal ; nous serions pour — nos raisons seront exposées.

Il est sans doute superflu de faire observer que nous n'accepterions pas la responsabilité de tout ce que les magnétiseurs ont écrit ; notre adhésion signifierait simplement que le magnétisme est pour nous autre chose qu'une illusion ou un tour d'escamotage et qu'il offre de graves sujets d'étude.

Et nous ne justifierions pas notre détermination seulement par des raisons morales, par la difficulté d'admettre que pendant trois quarts de siècle, pendant toute la première moitié du XIXe siècle, une multitude de gens d'honneur et d'intelligence, convaincus de la réalité du magnétisme, n'en faisant pas marchandise et dont la conviction repose sur des expériences personnelles, ont tous été dupes de vaines apparences. Nous invoquerions le témoignage de la physiologie, de l'histoire, de la physique, de la pathologie, particulièrement de la pathologie cérébrale. — Du reste, en fait de magnétisme, nous n'avons rien vu jusqu'ici, j'entends rien de véritablement sérieux, car cette disposition bienveillante où nous sommes ne nous rend pas plus facile que de raison sur l'article des preuves, et une hypothèse est pour nous une hypothèse, lors même qu'elle est induite d'une longue série de faits.

Assurément il n'y a ici aucune nécessité de se déterminer *à priori*, mais du moins tiendrions-nous à nous comporter à l'égard du magnétisme animal, si nous éprouvions le besoin de contrôler ses titres, comme la saine méthode scientifique veut qu'on se conduise vis-à-vis de toute nouveauté, c'est-à-dire sans parti pris, en nous dépouillant autant que possible de tout préjugé, cherchant une occasion d'étude et non de blâme et y apportant cette simplicité d'esprit qui convient à qui veut apprendre et sans laquelle on n'apprend rien.

L'apparence merveilleuse de la plupart des phénomènes compris sous le nom de magnétisme animal ne nous paraîtrait point un motif de se départir à son égard de cette règle de conduite dont chacun admet la rigueur en principe, tout en la faussant le plus souvent dans l'application. Nous ne sommes pas assez blasé sur la contemplation de la nature pour ne plus voir en elle la plus grande de toutes les merveilles. Nous professons d'ailleurs que nul ne connaît les limites du possible ; que la nature n'est pas bornée à ce que nous savons d'elle ; qu'elle s'apprend et ne se devine pas ; que ce que nous savons ne peut servir à mesurer ce qui nous reste à apprendre; qu'en toute nouveauté le premier point n'est pas d'expliquer, mais de connaître, et nous ne nous croyons jamais autorisé à nier pour cela que nous ne comprenons pas. A quoi se réduirait notre credo si nous en agissions autrement !

Devant la nature, le rôle de l'homme est à perpétuité celui

d'un écolier, et l'attitude d'un écolier est celle qui convient à tout homme, fût-il le plus grand de tous, devant quiconque, — celui-ci fût-il le plus humble des hommes — qui se présente comme porteur d'un fait nouveau, d'une notion nouvelle.

Ceci posé, si nous allions au devant des magnétiseurs, ce ne serait pas l'ironie, l'accusation ou le défi à la bouche, nous posant en juge et les assignant à notre barre : — nous leur demanderions simplement la permission d'aller chez eux à l'école.

Et nous n'aurions pas la pensée de leur prescrire, à eux les maîtres, un programme d'enseignement pour nous, les disciples. Etrange prétention d'écolier à pédagogue! Nous ne leur dirions pas impérieusement : Montrez-nous ceci, et non cela ; et montrez-le-nous de telle façon, en tel lieu, en tel temps, dans telles circonstances. Nous comprendrions qu'une exigence qui nous semblerait juste pourrait ne nous paraître fondée qu'en raison de notre ignorance. Nous nous garderions surtout de vouloir substituer à un cours complet d'études la démonstration d'un seul fait par nous arbitrairement choisi. Nous irions tout bonnement là où sont exposées, où sont expérimentées les choses que nous aurions le désir d'apprendre, réclamant uniquement le droit de les examiner de près, afin de ne nous déterminer qu'à bon escient.

C'est ainsi qu'en toute circonstance, qu'il s'agisse de magnétisme ou d'autre chose, doivent se comporter ceux qu'anime le pur amour de la science. C'est ainsi qu'on devrait en agir envers tout novateur. Aussi n'aimons-nous pas ce titre de *juges* que prennent au sein des Académies ceux auxquels incombe le soin d'examiner les découvertes et inventions; des juges supposent des coupables. Et, en effet, ne commence-t-on pas par mettre en suspicion quiconque apporte une vérité nouvelle?

Ce n'est pas sous d'aussi bienveillants auspices, nous le disons en toute sincérité, que l'affaire s'est engagée dans ce journal (Voir la première lettre de M. Mabru, dans notre n° 8). Bien que le but de M. Mabru fût, dit-il, de dissiper « le doute et l'incertitude » de son esprit sur la réalité des phénomènes magnétiques, à son langage on reconnaissait plutôt un lutteur quêtant l'occasion de dessiller les yeux des dupes et de confondre des imposteurs, qu'un homme d'étude cherchant en toute sincérité l'occasion d'un agrandissement de savoir.

Aussi essayâmes-nous de retirer à la proposition son caractère trop personnel et le caractère de défi, et dans le numéro 9 nous mettions en avant l'idée d'un *comité d'étude* composé à la fois de magnétiseurs et d'hommes désireux de s'éclairer sur le magnétisme animal. « Si un tel comité se forme, disions nous, il devra à notre avis :

« 1° Dresser l'inventaire complet des phénomènes à constater ;

« 2° Etablir entr'eux une suite, une continuité, un enchaînement ;

« 3° Enfin procéder expérimentalement à la vérification de chacun d'eux, dans l'ordre de classement préalablement établi, en donnant la conduite de chaque expérience à l'homme compétent dans la question spéciale qu'il s'agira d'élucider. »

Cette idée accueillie, il ne se fût agi, ni de la simple constatation d'un seul fait, ni de la conversion de quelques incrédules, mais bien de la constitution et du progrès de la science et de l'édification du public tout entier.

M. Mabru ne se prêta pas à cet élargissement de la question, et dans une nouvelle lettre (n° 10) plus précise que la précédente, il restreignit toute l'affaire à la production d'un *seul fait constant*.

A la place des magnétiseurs, nous nous fussions abstenu. Relever le gant ainsi jeté, c'était à notre sens ou pousser la complaisance à ses extrêmes limites ou faire trop bon marché de la dignité scientifique, les hommes adonnés à la culture d'une science ne pouvant être tenus de répondre à la sommation de quiconque exige la production de leurs preuves. Sentiment que nous exprimâmes en même temps que nous insérions la seconde lettre de M. Mabru.

Trois magnétiseurs, MM. Derrieu, Gentil et de Rovère répondirent à l'appel de ce savant (n° 10); nous rendîmes hommage à leur empressement témoignant d'une grande conviction et de beaucoup de dévouement.

Le premier, M. Derrien, acheva d'engager la question dans la voie où M. Mabru voulait la pousser, en offrant (n° 11) de produire le phénomène de *la vision à travers les corps opaques*.

M. Mabru, saisissant l'occasion au vol, défia les magnétiseurs de déchiffrer un seul mot placé dans un coffre dûment scellé (n° 15).

C'est, du reste, une expérience que les magnétiseurs ont faite des millions de fois au témoignage de leurs livres.

Ainsi, M. le docteur Teste a écrit ce qui suit :

La vision à travers les paupières closes *et à travers les corps opaques* est non seulement un fait réel, mais un fait *très fréquent*. Il n'est pas de magnétiseur qui ne l'ait observé mille fois, et je connais aujourd'hui, dans Paris seulement, un fort grand nombre de somnambules qui pourraient en fournir la preuve........... .... Les livres de magnétisme sont d'ailleurs remplis d'observations plus ou moins semblables.

(*Manuel pratique du Magnétisme animal*, par Teste, docteur en médecine, p. 84 ; Paris, Baillière, 1846).

Dans le même livre, l'auteur met en scène deux médecins, MM. Amédée Latour et Frappart, de la manière suivante :

« Voici une boîte, mes chers confrères, leur dit-il : que l'un de vous y écrive lisiblement la phrase qu'il jugera convenable, que cette boîte soit encore ficelée et cachetée par vous : si demain je vous envoie le tout intact avec la reproduction littérale de votre phrase, croirez-vous?

— Oui, sans aucun doute.»

Le lendemain j'écrivis au docteur Frappart : « Il y a dans votre boîte : *le possible est immense*. »

Frappart me répondit : mon cher ami, votre partie est gagnée car Mme Hortense a réellement lu dans la boîte l'hémistiche de Lamartine que j'y avais écris :

Le possible est immense : seulement il s'y trouve précédé de celui-ci : *le réel est étroit*. »

Il est évident qu'il n'y avait rien à objecter à cela ; mais comme M. Amédée Latour, qui jusqu'alors ne s'était défié que du magnétisme, nous fit l'honneur de se défier de nous (il sait bien que je le lui pardonne), il fallut recommencer l'expérience pour lui. Ce fut donc lui qui cacheta la boîte après y avoir écrit, sans témoin, cette phrase qu'une dame n'imaginera jamais : *l'eau est composée d'hydrogène et d'oxygène*. Or, trois jours après, je me rendis chez le docteur Amédée Latour, je lui remis sa boîte ; il l'examina, il reconnut ses cachets (et Dieu sait s'il en avait mis !)

— Eh bien? me dit-il après cet examen fait.

— L'eau est composée d'hydrogène et d'oxygène. Eh bien?

— Vous êtes le diable, s'écria-t-il, ou le magnétisme est une vérité !

(*Ibid.*, p. 108).

Un autre magnétiseur, M. Pigeaire, docteur en médecine de la faculté de Montpellier a écrit : (*Puissance de l'électricité animale et de ses rapports avec la physique*) (Paris, 1839).

Un somnambule voit à travers les corps opaques, à des distances très grandes, et pour mieux dire, aucun obstacle n'empêche la relation, la communication qui s'établit entre ses facultés perceptives et les objets qu'il considère (ibid. p. 287).

Et il cite les faits suivants :

.... M. André, capitaine en retraite, remet sa tabatière à Mlle Pigeaire, qui demande à sa somnambule ce qu'elle contient ; la petite presse, tourne et retourne la boîte dans sa main. Sa maman lui dit :

« Eh ! bien ! mon amie? — Eh! laisse moi chercher ! » Cinq minutes après avoir tenu la boite, elle répondit : « Il y a dedans du tabac et une bague. » La boîte ouverte, on trouva, au milieu du tabac, un anneau d'or (ibid. p. 29).

M. le docteur Pongoski sortit un autre livre, et demanda à la somnambule si elle pourrait lire sans l'ouvrir.... L'enfant passa rapidement ses doigts sur cette feuille et dit : « *Fables de La Fontaine* (ibid. p. 49).

M. Pigeaire dit encore :

Les papiers sur lesquels nous avons écrit les questions les plus imprévues ont été lus par le somnambule, à la lumière, dans les ténèbres, *avec ou sans bandeau sur les yeux* (ibid. p. 212).

Voici quelque chose de plus remarquable :

Le 9 juillet dernier, notre somnambule, qui semblait plongé dans une méditation profonde, se met à dire *ex abrupto*, sans qu'aucun propos précédent eût dirigé sa pensée : « Il va se passer de grands événements en Orient, *Mahmoud est mort, je vois le sérail en deuil.* » M. Lesseps, M. Henri Lafont et une autre personne étaient présents. Le lendemain il nous répète la même chose. « Je vous l'affirme, nous dit-il, et vous verrez si je me trompe. » Huit ou neuf jours après, une personne à qui j'avais raconté ce que nous avait dit le somnambule, s'empressa de venir m'informer de la dépêche télégraphique qui annonçait la mort du sultan (ibid. p. 291).

Ce qui suit mérite encore d'être cité :

J'ai fait, m'a dit M. Jobard, de Bruxelles, insérer dans les journaux la proposition suivante : Que l'Académie de médecine de Paris envoie à l'Académie de Bruxelles un tube de porcelaine ou de métal fait d'une seule pièce, et dans lequel on aurait mis un objet quelconque d'une forme déterminée, et dont le nom soit connu.

Cet étui sera en outre recouvert de cachets, il me sera remis, et je le rendrai intact après avoir désigné ce qu'il renferme (p. 210).

Un troisième magnétiseur, M. Cahagnet s'adresse cette question :

«Dans cet état (l'état magnétique), il (le somnambule) peut-il voir les yeux clos, soit par la nuque, les plexus ou les talons à des distances *incommensurables*, et entendre ce qui s'y dit ? »

Et il répond sans hésitation ;

« Oui » (*Magnétisme*, traité historique et pratique, p. 23 et suiv. Paris, Baillière, 1854.)

Et en effet M. Cahagnet a une somnambule qui voit distinctement dans la lune; voici une partie de ce qu'elle en dit :

.... Oh! que de montagnes,... que de montagnes, mon Dieu il n'y a donc que cela ? etc., etc...........

Je n'y vois pas de boutiques, chacun a quelque chose et suffit à ses besoins... Je n'y vois que des marchands ambulants qui vendent des pommes de terre frites.

(*Arcanes de la vie future*, page 350 et suiv.).

A quoi l'auteur ajoute :

.... Là se termine cette étude; la prolonger eût été trop tomber dans le ridicule, diront les sceptiques; vaut mieux paraître à moitié fou aux yeux des hommes que tout à fait. Nous laissons donc à nos lecteurs l'appréciation libre de ces révélations, et nous laissons aux opticiens le soin de les contrôler par le perfectionnement de leur art : ce jour n'est peut-être pas éloigné, c'est alors où nous nous présenterons pour recevoir les adhésions des savants à ce que nous venons de dire.

Ces citations sont prises entre des milliers de passages semblables.

On voit que l'expérience proposée par M. Mabru passe pour avoir maintes fois réussi.

Rien n'est plus réel, rien n'est plus fréquent, dit M. Teste que cette faculté de lire à travers les corps opaques, et il connaît à Paris un grand nombre de somnambules qui en sont doués.

Au récit de M. Pigeaire, M. Jobard a même demandé qu'on le mît en demeure de faire ce qu'aujourd'hui on prie les magnétiseurs de produire.

Le somnambule qui assiste de Paris à la mort du sultan ou qui voit dans la lune fait, assurément, un tour de force très-supérieur à celui dont on sollicite aujourd'hui l'exhibition.

La proposition étant d'ailleurs faite à tous et à *toutes*, dans les circonstances les plus favorables, sans limites de temps ni de lieu, sans exclusion d'individus, il nous paraissait impossible qu'elle ne fût relevée par personne. Nous espérions, d'ailleurs, qu'elle serait acceptée par MM. Gentil et de Rovère, qui, comme nous le verrons, disent avoir pratiqué avec succès des expériences de ce genre.

MM. Derrien et de Rovère nous ont écrit pour se récuser. L'impartialité exige que nous produisions leurs lettres : nous les donnerons la première fois. Cette insertion mettra fin à la première phase de l'enquête. V. M.

Anémomètres électriques de M. Du Moncel (1).

(Fin.)

La partie de l'appareil qui, placée dans le cabinet de l'observateur, recueille les indications et les écrit, se compose d'un mouvement d'horlogerie qui commande un cylindre horizontal revêtu de papier (fig. 3. de notre précédent N°.)

Ce cylindre exécute en douze heures une révolution complète autour de son axe, en même temps que, conduit par un pas de vis, il s'avance d'une quantité constante, deux millimètres environ par révolution.

On comprend aisément qu'avec une semblable disposition, un crayon appuyant constamment sur le papier dont le cylindre est revêtu, y décrira une hélice dont les spires seront distantes de deux millimètres les unes des autres, et en nombre égal à celui des tours du cylindre, c'est à dire celui de deux demi-journées pendant lesquelles aura duré le mouvement. De plus, comme on peut tracer à l'avance à la surface du cylindre et parallèlement à son axe, douze droites équidistantes, on connaîtra à quelle heure du jour correspond une impression donnée du crayon par la seule inspection de l'espace où elle se trouve marquée. Des divisions intermédiaires donneront encore plus d'exactitude à l'observation.

Enfin l'hélice décrite par le crayon qui tracerait constamment, n'ayant que deux millimètres de distance entre ses spires, on conçoit qu'il soit possible, sans trop exagérer la longueur du cylindre *récepteur*, d'établir, à la suite les uns des autres, huit crayons correspondants aux huit aires du vent, et qu'en donnant à chacun au moins trente deux millimètres de course, on pourra percevoir leurs indications distinctes pendant huit jours.

Il est facile de voir maintenant comment M. du Moncel, en utilisant le passage intermittent du courant, peut faire agir celui des crayons qui correspond à la disposition actuelle de la girouette. Il lui a suffi d'adapter à chacun des porte-crayons un électro-aimant dont l'action, se produisant pendant tout le temps que passe le courant, le laisse appuyé *continuellement* sur le cylindre et lui fait tracer la portion de l'hélice qui correspond pour l'heure et la durée à celles du vent lui-même.

Le vent vient-il à changer ? le courant envoyé par un autre secteur de la couronne qui porte la girouette, fait agir un autre crayon et abandonne le premier que relève à l'instant un ressort antagoniste disposé à cet effet. Le vent correspond-il à une séparation? aucun trait n'est marqué, mais, en suivant les deux traces entre lesquelles cette intervalle sans indication est compris, on peut apprécier immédiatement la nature et la durée de ce vent.

---

(1) Voir le précédent N°.

Quant à la vitesse du vent, le courant dérivé qu'établit l'engrenage dont nous avons parlé provoque, à chaque tour de roue, et toujours par un électro-aimant, l'action d'un crayon qui laisse une trace sur une portion du cylindre à lui réservée, et permet de compter, par le nombre de ces traces, le nombre de tours exécutés par le moulinet lui-même dans un temps donné. En effet, comme l'électro-aimant qui fournit ces indications est placé transversalement sur le cylindre, les traits marqués sont dans le sens de la génératrice de ce cylindre; il y en a donc un d'autant plus grand nombre dans chaque espace correspondant à un laps de temps déterminé que le vent est plus fort. Or, comme on peut, par la correspondance des lignes, voir quel vent soufflait pendant ce laps de temps, il est facile de rapporter à tel ou tel vent telle ou telle vitesse déterminée.

Cependant, comme dans les vents un peu forts les traits ainsi marqués sur le cylindre pourraient être tellement rapprochés qu'ils se confondraient, force a été à M. du Moncel d'établir un compteur spécial pour les grands vents (fig. 4 du précédent numéro). Cette partie de l'appareil, placée entre les branches de l'électro-aimant des vitesses, consiste dans une roue à rochets de cinquante dents R, sur laquelle agit un cliquet H fixé à l'armature de l'électro-aimant et qui porte, en l'un des points de sa circonférence, un doigt E disposé de telle façon qu'à chaque révolution de la roue un petit levier coudé BPC portant un crayon se trouve mis en jeu. Comme ce dernier crayon correspond au crayon A des petites vitesses, on comprend que les traits laissés par lui correspondent à tous les cinquante traits laissés par l'autre crayon et que pour un même intervalle de traits on puisse avoir l'indication d'une vitesse cinquante fois plus grande.

L'appareil que nous venons de décrire peut servir en même temps d'horloge et même de régulateur pour les compteurs électro-chronométriques. De plus, un reveil a été ajouté à l'horloge pour prévenir, en cas d'oubli, du moment où l'on doit relever l'observation. Il suffit alors de retirer la feuille de papier de dessus l'appareil, d'en remettre une autre et de remonter les mécanismes. Sur la feuille qu'on vient d'enlever, non seulement on voit la récapitulation de toutes les indications relatives aux vents pendant les huit jours, mais on peut les suivre heure par heure, ce qui est un avantage inappréciable pour l'étude des variations diurnes du vent.

Une pile de Daniell, de six petits éléments, peut faire marcher l'appareil, et la dépense de son entretien ne s'élève pas à 10 fr. par an.

CORRESPONDANCE.

Moniteur électrique des chemins de fer.

Monsieur le rédacteur,

Permettez-moi de répondre quelques mots aux deux réclamations faites par MM. Amyot et de Castro au sujet de mon moniteur électrique des chemins de fer, et qui ont été insérées dans le numéro du 9 mars 1856 de votre excellent journal. Un voyage que je faisais alors en Italie ne m'a pas permis d'y répondre plus tôt.

Réponse à M. Amyot.

Si M. Amyot s'était donné le temps d'attendre la fin de la description de mon système, je suis persuadé qu'avec son esprit judicieux il eut renoncé à toute réclamation, car le but de prévenir les rencontres des trains sur les chemins de fer n'est nullement réalisé dans le système de M. Maigrot. Le système de M. Maigrot, en effet, n'a pour but seulement que d'enregistrer aux diverses stations les différents points de la voie successivement parcourus par un *convoi*, de permettre l'envoi d'un signal d'une station à un train en mouvement, en différents points de la voie, d'enregistrer par un chronographe la vitesse différente des trains; enfin, de serrer les freins d'un des wagons par un appareil qu'il appelle vaporo-électrique, dans lequel la vapeur est la force motrice et l'électricité la force déterminante. Encore deux de ces problèmes, celui de la transmission des signaux aux convois en mouvement et celui d'enregistrement des vitesses par le chronographe, n'ont été résolus par M. Maigrot qu'un an après son brevet du 29 novembre 1852, puisqu'ils ne sont mentionnés que dans un certificat de perfectionnement pris en novembre 1853.

Si M. Amyot avait étudié l'historique de la question, il aurait pu se convaincre 1° que les deux parties du système de M. Maigrot mentionnées dans le certificat d'addition ne sont qu'une extension des systèmes de MM. Tyer et Breguet, imaginés, l'un en 1851, l'autre en 1847; 2° que le système d'enregistrement des différents points de la voie successivement parcourus par les convois revient à l'enregistrement chronographique de la vitesse de ces convois, système non seulement imaginé en 1847 par M. Breguet, mais encore expérimenté par lui à cette époque sur le chemin de fer de Saint-Germain. Il résulte donc de ces faits que la seule invention réelle de M. Maigrot consiste dans ses freins vaporo-électriques que personne ne cherchera à lui enlever.

Dans mon système, *le but principal* que j'avais en vue était de *prévenir la rencontre des trains marchant soit dans le même sens, soit en sens contraire*, par *des avis fournis automatiquement par les convois eux-mêmes*. Les autres parties du problème n'étaient, dans mon idée, qu'accessoires, et se trouvaient, d'ailleurs, résolues par les appareils mêmes appelés à réaliser le problème que je m'étais proposé.

Au premier abord, il y a entre le système de M. Maigrot et le mien une certaine analogie dans les instruments, et c'est sans doute cette analogie qui a induit en erreur M. Amyot. Comme lui, en effet, j'emploie à chaque station un cadran à double aiguille, marchant sous l'influence des convois; mais dans mon système, ces aiguilles marchent chacune sous l'influence d'un convoi particulier, ce qui fait qu'en se rapprochant à une distance voulue, elles peuvent former un courant électrique dirigé sur les trains, tandis que, dans le système de M. Maigrot, ces deux aiguilles se meuvent en sens inverse l'une de l'autre, suivant que les trains marchent dans un sens ou dans l'autre.

Du reste, si j'avais connu le système de M. Maigrot, je me serais empressé de le publier, ainsi que je l'ai fait des autres, dans mon traité des applications de l'électricité, car je suis toujours le premier à rendre justice à qui de droit; mais le brevet de M. Maigrot est si mal classé dans le catalogue des brevets d'invention (il est classé parmi les machines à vapeur) que je n'aurais jamais pu le découvrir dans les recherches que j'ai faites au moment de la publication de mon ouvrage.

Réponse à M. de Castro.

Dans la réponse que j'ai adressée au *Constitutionnel*, relativement à une réclamation de M. Tyer et sur laquelle se fonde M. de Castro pour réclamer la priorité de son invention, je dis effectivement que la première description de mon système *complet* a été faite en février 1854; mais auparavant cette description j'en avais déjà publié plusieurs autres, alors même que mon système n'avait pas été complété d'une manière définitive; la plus ancienne de ces descriptions a été publiée, comme je l'ai dit, dans mon mémoire sur cette question, le 10 mai 1853, dans le journal de l'arrondissement de Valognes. Or, si j'ai bonne mémoire, l'invention de M. de Castro n'a été connue qu'en octobre 1853. Du reste, comme M. de Castro le dit lui-même, il n'y a aucun rapport entre les deux systèmes.

Agréez. TH. DU MONCEL.

Gélatine élastique et imputrescible.

Paris, 10 avril 1856.

Monsieur.

Je viens, par l'intermédiaire de votre intéressante publication, faire connaître un produit de mon invention qui peut rendre de grands services dans l'industrie.

C'est la gélatine rendue et maintenue souple et élastique par son mélange avec la glycérine; elle reste en même temps imputrescible.

Voici comment on fait le mélange. On fait fondre de la gélatine (colle forte) dans de l'eau et au bain-marie, on la laisse sur le feu pour la faire bien épaissir, puis on y ajoute la glycérine (à peu près parties égales en poids avec la gélatine avant d'être fondue), on remue bien le mélange et on continue à chauffer pour faire évaporer l'eau qui reste, puis on la coule dans des moules ou sur une table de marbre et on laisse bien refroidir.

Cette substance vraiment curieuse peut servir à faire des tampons sur lesquels on met de l'encre d'imprimeur, pour les timbres humides; on peut en faire des rouleaux d'imprimerie, des figurines élastiques; on peut l'employer avec avantage pour le moulage de divers objets qui ont beaucoup de relief et s'en servir pour la galvanoplastie.

La plus belle application que l'on pourrait peut-être en faire, ce serait de faire des pièces anatomiques artificielles pour servir aux études, attendu qu'on peut lui donner la couleur et la souplesse des muscles, des tendons, etc.; il est impossible de décrire tout le parti que l'on pourra tirer de ce nouveau produit dont les éléments sont peu dispendieux.

Je signale en même temps la glycérine pour la conservation des dents naturelles dont les dentistes font usage. Pour cela il ne faut pas qu'elles soient sèches, il faut qu'elles soient bien dégorgées et nettoyées préalablement; jusqu'à présent nous ne connaissions que l'esprit de vin, le son ou la farine de graine de lin pour les conserver, mais malgré cela au bout d'un certain temps, elles devenaient fragiles et se cassaient quand on voulait en faire des dentiers artificiels.

Recevez, Monsieur, les salutations respectueuses de votre tout dévoué.

T. Lalement.
Méd.-Dentiste à Paris.

ACADÉMIE DES SCIENCES.

Séance du 21 avril (1).

MACHINE A FROTTEMENT DE MM. BEAUMONT ET MAYER.

M. le général Morin a lu un rapport sur cette machine. Ce rapport peut paraître défavorable en ce qu'il énumère longuement les avantages que le combustible présente sur la force motrice dans la production de la chaleur. En cela, la question est jugée depuis longtemps, et quand nous l'avons examinée nous-même, nous avons eu soin de la transporter sur un autre terrain, celui de l'utilisation des forces perdues. L'honorable rapporteur s'étonne que l'on ait parlé de cette machine comme applicable aux armées, parce que l'on ne peut raisonnablement exiger de soldats *fatigués par la marche*, la dépense de force musculaire nécessaire à la production de la chaleur: nous croyons nous rappeler qu'il a été parlé des avantages de cette machine soit durant un siége, soit à bord d'un navire, où, certes, les forces ne sont point épuisées par la marche. Somme toute, le rapport rend justice à l'habileté d'exécution de l'appareil, et conclut à établir que, moyennant quelques modifications, il serait utile à mesurer la quantité de chaleur correspondante à un frottement donné, et à déterminer par suite l'équivalent thermique d'une force.

F. F.

Société d'Encouragement pour l'Industrie nationale.

Séance du 16 avril.

COMMUNICATIONS DIVERSES.

MM. Garnier frères, représentants de M. Robert, présentent à la Société deux moutons conservés par un procédé particulier à ce dernier : ce procédé consiste à se servir uniquement de la vapeur de soufre, ou *acide sulfureux* : le premier de ces deux moutons vient de Philippeville (Algérie), où il a été abattu le 8 mars 1856; le second, a été abattu à Paris le 23 mars.

Une commission sera désignée pour suivre les expériences faites en mettant en pratique le procédé de M. Robert.

— MM. de Violaine frères, ont fait déposer au siége de la Société une caisse contenant treize bouteilles de différentes formes et contenances, fabriquées dans leur verrerie de Vauxrot (Aisne), près Soissons, d'après un nouveau procédé qui consiste à souffler ces bouteilles au moyen d'une pompe foulante, dans des moules fermés, en fonte. Ce procédé permet d'obtenir à volonté des fonds plats et des fonds piqués ou renfoncés, et de produire une régularité de formes et une exactitude de contenance beaucoup plus rigoureuses que par les procédés ordinaires.

— M. Bourdaloue, directeur de la brigade française chargée des études de la jonction des deux mers (isthme de Suez), fait hommage à la Société d'un exemplaire de son ouvrage *Nivellement du département du Cher*.

Ce travail qui comprend quatre volumes de texte et un grand atlas, fait connaître pour toute la surface du département, le relief du sol au moyen de cotes assez nombreuses et assez rapprochées, pour que l'administrateur et l'ingénieur puissent, sans sortir de leur cabinet et surtout sans avoir à faire procéder sur le terrain à des études dispendieuses, tracer les voies de communication, calculer l'étendue des superficies susceptibles d'être arrosées par les divers cours d'eau, apprécier enfin la possibilité, les conditions d'exécution et même, dans une certaine limite, les chances de succès de toute entreprise exigeant le secours de plans et de nivellements.

Le jury de l'Exposition universelle a compris l'utilité d'un tel répertoire, en décernant à M. Bourdaloue une médaille d'honneur : mais cet ingénieur pense que le moment est venu de faire davantage et d'appeler l'attention du pays vers des travaux de cette nature : il importe, en effet, dans l'intérêt national, que les autres département aient aussi leur nivellement général. Pour cela, M. Bourdaloue compte sur l'heureuse influence de la Société d'encouragement dans les provinces : ses publications peuvent déterminer les conseils généraux à voter les sommes nécessaires pour la confection de nivellements semblables, travail dont les éléments les plus nombreux se trouvent renfermés dans ce premier ouvrage qui est encore sans précédents.

VITRAUX DE M. FINCKEN.

M. Fincken adresse à la Société une note sur un système de vitraux d'une grande originalité, qu'il a soumis dernièrement à l'appréciation du comité des beaux-arts.

Ces objets d'art lui avaient été commandés par un prince Egyptien qui désirait des vitraux imitant les panneaux en plomb, mais sans leur imposer la tristesse des masses par trop obscures. Il fallait en outre laisser des surfaces parfaitement éclairées, entourées d'arabesques en verres de couleur, avec cette condition que, comme les vitraux étaient destinés à un grand kiosque dépendant du harem, il fallait beaucoup de lumière, sans cependant permettre aux profanes d'apercevoir du dehors les personnes ou les objets placés à l'intérieur.

Voici comment M. Fincken a résolu le problème : il a constitué d'abord une charpente en fer, rappelant quelques formes mauresques, avec des moulures parfaitement profilées et des assemblages d'une solidité peu commune; pour plus d'élégance, cette charpente a été dorée à la mixtion grasse durcie au four.

Les verrières de couleur ont été exécutées en placage ou doublé, enlevé à l'acide, puis bordé par des entourages de couleur noire vitrifiée. Mais pour obtenir une perfection plus irréprochable, M. Fincken a fait appliquer sur les parties dépolies par l'acide un vernis vitrifié : l'expérience apprend en effet que les verres dépolis se salissent d'une manière indélébile, et que, grâce à un léger émail, ils ne perdent pas leur propriété translucide, sans acquérir une nouvelle transparence et en restant tout aussi faciles à nettoyer que le verre ordinaire. Les teintes bleues, vertes, rouges, etc., étaient très vives et bien uniformes, qualités qui font ressortir les dessins noirs imitant les anciens panneaux en plomb : enfin, pour la partie centrale qui devait être brillante de lumière, M. Fincken a employé un genre grisaille imprimée en mousseline.

La Société a accueilli favorablement la communication d'une œuvre qui a déjà figuré à l'Exposition, et qui semble devoir représenter convenablement à l'étranger l'industrie de la France.

INCRUSTATIONS DES CHAUDIÈRES.

M. le président reçoit une lettre de M. Despeyroux, professeur de physique à Alais, concernant un procédé mis en pratique par M. E. Barbusse, à Alais, pour empêcher les incrustations qui se forment

(1) Dans le dernier compte rendu de l'Académie des sciences, à l'article *Clarification des alcools*, nous avons commis une erreur qu'il importe de relever : la note de M. Reynoso était relative à l'*éthérification* et non à la *clarification*, et le produit obtenu par cet habile chimiste a été de l'*éther* chimiquement pur, et non de l'alcool.

dans les chaudières à vapeur. Ce procédé consiste à mettre dans la chaudière et ses bouilleurs des morceaux de bois de chêne blanc, des bûches garnies de leur écorce, dont chacune pèse de 4 à 8 kil., de manière qu'il y ait environ 6 kilog. de bois par mètre cube de capacité de la chaudière. Par ce moyen, les dépôts calcaires ne sont plus adhérents et se transforment en une poussière qui n'exige que l'emploi du balai pour se détacher et laisser le métal complétement propre.

Un échantillon de cette poussière accompagnait cette communication, qui sera suivie bientôt du compte rendu d'expériences nouvelles qui doivent avoir lieu dans l'usine de M. Barbusse.

GRAVURE DES PLANCHES D'IMPRESSION DES TISSUS.

M. Steger communique à la Société un extrait du travail qu'il a présenté à la Société des Ingénieurs civils dans sa séance du 28 mars dernier, sur un nouveau procédé de gravure des planches d'impression des tissus, dont l'application, perfectionnée et propagée par MM. Heilmann frères, se développe rapidement aujourd'hui à Mulhouse.

La machine que décrit M. Stéger fut importée en France en 1849 par M. Schultz, dessinateur établi à Paris; elle est d'origine anglaise. Mais ses premiers essais tentés à Puteaux furent peu heureux, et le procédé de gravure qu'elle réalise ne fut pas goûté d'abord à Mulhouse, jusqu'au jour où MM. Heilmann frères surent y apporter les perfectionnements indispensables qui ont assuré son succès. Voici en quoi elle consiste :

Une *mortaiseuse à pédale*, dont les dimensions sont considérablement réduites, mais dont les dispositions essentielles sont les mêmes, donne le mouvement à un outil tranchant de forme quelconque, répondant seulement à un dessin voulu. Un tube à deux branches lance constamment deux jets de gaz convergents dans la direction de l'outil, qui s'échauffe rapidement, pendant sa marche, sous l'action de la flamme. Le bois dessiné qu'il s'agit de graver en creux, est conduit à la main et reçoit l'action de l'outil; échauffé à une température déterminée, celui-ci pénètre le bois à une profondeur constante, en le brûlant, et produit ainsi un creux dont les contours ont une netteté et une régularité admirables. On arrive de la sorte à produire en deux ou trois jours au plus une planche ou une matrice qui exigeait un mois souvent dans le système du bois avec cuivres implantés en relief, et une semaine au moins avec la méthode de gravure en creux par compression du bois.

Le bois soumis à ce travail est ordinairement du tilleul de choix, préparé d'une manière spéciale par une mise au jour très-soigneuse, afin d'empêcher les fendillements sous l'action de l'outil brûleur et de la flamme du gaz.

Les matrices obtenues à la mortaiseuse servent à la production de clichés qu'on obtient en coulant dans cette matrice en bois, un métal ainsi composé :

Plomb	1/3
Bismuth	1/3
Zinc.	1/3
Antimoine	1/20 du tout.

Cet alliage doit à l'antimoine une dureté convenable et donne des empreintes d'une finesse inouïe, dont la Société a pu apprécier quelques échantillons.

La dernière opération, celle du rabotage, se fait sur tous les clichés assemblés, en versant sur la planche qui doit servir à l'impression, de la colophane en fusion qui remplit toutes les parties creuses du cliché d'assemblage. Ainsi garnie, la planche est soumise à l'action d'une machine à raboter, et la colophane ayant été dissoute ensuite par *l'essence de térébenthine*, la planche est prête à fonctionner.

M. Steger voit dans l'application de ce nouveau procédé, le moyen de produire à un bon marché, non réalisé encore, les dessins nécessaires à ces publications auxquelles la gravure sur bois, toute précieuse qu'elle ait pu être, n'a rendu encore que des services trop limités, soit qu'il s'agisse de clichés de petites dimensions à introduire dans le texte, soit que l'on veuille obtenir des planches de grand format.

MACHINE A ÉLEVER L'EAU.

Une communication des plus intéressantes a été celle de M. Farcot, ingénieur-mécanicien, au port Saint-Ouen, relative à l'établissement aux Ponts-de-Cé (Maine-et-Loire), d'une machine à vapeur qui élève l'eau de la Loire, pour la ville d'Angers.

Cette machine est verticale, à rotation, commandant directement par la tige même du piston à vapeur une seule pompe aspirante et foulante, placée au-dessus du cylindre.

La puissance nominale de l'appareil est de 45 chevaux, pour une pression de 5 atmosphères dans les chaudières et une vitesse de 16 tours par minute.

La consommation de houille *garantie* est de 2 kil. 20 par heure et *par cheval utile mesuré en eau élevée*.

Les premières expériences officielles viennent d'être faites les 27, 28 et 29 mars dernier : M. Farcot joint à sa lettre une copie du procès-verbal qui en a été dressé, et dont il résulte que la consommation, par heure et par *cheval utile mesuré en eau élevée*, constatée pendant ces trois jours, de 12 heures de travail chacun, a été :

le 27 mars de 1 kil. 468
le 28 — de 1 kil. 335
le 29 — de 1 kil. 292

en moyenne 1 kil. 365 de houille anglaise ordinaire du commerce (Sunderland), telle qu'on la vend à Angers.

Quant au rendement en volume de la pompe, il était :

le 27 mars de 214 litres 41
le 28 — — 206 — 73
le 29 — — 210 — 31

par coup de piston, ce qui fournit une moyenne de 210 lit. 48 pour le même travail.

Ces résultats, qui avaient d'ailleurs été obtenus par les mêmes ingénieurs avec une autre machine essayée à Troyes l'année dernière, donnent des chiffres de consommation inférieurs à tous ceux qu'on a obtenus jusqu'à présent dans les élévations d'eau par des machines de moins de 100 chevaux; ces chiffres se rapprochent beaucoup des chiffres indiqués pour les meilleures machines de Cornouailles d'une puissance bien plus considérable. Ils prouvent que l'on peut obtenir avec des machines à rotation, pour l'élévation des eaux, des rendements aussi satisfaisants qu'avec les machines dites de Cornouailles.

F. F.

Société impériale et centrale d'Agriculture.

Séances des 9, 16 et 20 avril.

Les deux séances du 9 et du 16 avril ont été très courtes et n'ont offert d'autre intérêt que la lecture du commencement d'un travail très important de M. Barral sur les engrais envoyés à l'exposition universelle de 1855; la séance générale annuelle a été tenue le dimanche 20 avril, dans le local de la société d'encouragement.

En l'absence de M. le ministre de l'agriculture et du commerce, le fauteuil était occupé par M. Chevreul. Après un discours du président, et la lecture du compte-rendu général des travaux de la Société, par M. Payen, secrétaire perpétuel, diverses récompenses ont été décernées. La suivante mérite une mention spéciale.

Grande médaille d'or à M. Ducouëdic, propriétaire, pour les améliorations agricoles qu'il a réalisées sur son domaine du Lézardeau près de Quimperlé (Finistère). Ces améliorations, d'après le rapport de M. Baudement, ont consisté à utiliser les quantités considérables de fumier que la ville de Quimperlé laissait se perdre chaque année, et à établir un système de drainage qui a permis au propriétaire de ce domaine, d'emmagasiner un million 250 mille mètres cubes d'eau, qu'avant lui on laissait couler sans profit vers la mer, et par une production beaucoup plus grande de fourrage, de doubler le nombre de son bétail. Sur ce même domaine, M. Ducouëdic fut ainsi amené à entreprendre le défrichement d'une étendue assez considérable de terres incultes : et comme il avait besoin de bras pour tous ces travaux, il fit élever de petites habitations très commodes, qu'il a, depuis, appelées du nom de *Cité Ouvrière*, et qu'il loue aujourd'hui à ses journaliers avec un petit jardin.

La société, en décernant à M. Ducouëdic la plus haute récompense dont elle dispose, a voulu, par la voix de son rapporteur, appeler l'attention des capitalistes sur les profits considérables dont l'agriculture pourrait devenir la source pour eux : au moment, en effet, où M. Ducouëdic mit la main à l'œuvre, le domaine du Lézardeau valait 112,000 fr. et en rendait 4,000 ; aujourd'hui ce même domaine vaut 286,000 fr. et en rapporte plus de 14,000.

FAITS DIVERS.

ÉTOFFES IMPERMÉABLES. — M. Convert nous écrit de Bourg (Ain) : « J'ai essayé ce moyen très simple indiqué pour rendre les étoffes imperméables. Faire dissoudre, d'un côté, une partie d'alun dans trente-deux parties d'eau ; et, d'un autre côté, une partie d'acétate de plomb dans une égale quantité d'eau ; puis mélanger. Il en résulte un précipité de sulfate de plomb. On décante le liquide qui contient en dissolution l'acétate d'alumine. On y plonge l'étoffe, on la malaxe un peu, puis on la laisse sécher à l'air libre.

« Le résultat est remarquable, et peut rendre, je crois, d'immenses services.

« Une blouse ordinaire, préparée de cette manière, ne revient pas à plus de 10 centimes de préparation. Sa durée doit être notablement augmentée... »

UN DINER DE CHIMISTES. — Dans son admirable Mémoire « *Aux états de Jersey*, sur un moyen de quintupler (pour ne pas dire plus) la production agricole du pays, » notre bon et illustre *Pierre Leroux* fait une ingénieuse supposition qui, mieux que tous les raisonnements, peut-être, réduit à leur exacte valeur certaines prétentions des chimistes et autres *positivistes*.

M. Dumas, M. Liebig et leurs plus savants confrères étant invités à dîner en ville, l'amphytrion leur dit : « Messieurs, vous êtes si savants que ce serait pitié à moi de ne pas profiter de votre science, et de ne pas vous faire dîner comme vous le méritez.... Je suis un de vos adeptes, j'adopte vos principes, et vous allez le voir. Vous me remercierez de la chère que vous allez faire.

« Quand vous demanderez de l'eau, on vous servira un volume d'oxygène et deux volumes d'hydrogène; ce sera de l'eau.

« Quand vous demanderez du vin, on vous servira : 1° beaucoup d'eau; 2° une quantité variable d'alcool; 3° une matière mucilagineuse extractiforme (je me sers de votre langage); 4° un principe colorant bleu; 5° de l'acide acétique en petite quantité; 6° du bitartrate de potasse; 7° du tartrate de chaux, du chlorure de potassium et du sulfate de potasse en petite proportion; 8° enfin un principe volatil qui vous fera surtout plaisir, à vous, Monsieur Liebig, qui l'avez découvert et l'avez désigné sous le nom d'*éther de vin*, ou pour parler grec, comme vous le parlez si bien, Messieurs, d'éther *œnantique*. Grâce à cet éther, vous ne perdrez pas même le *bouquet* du vin.

« Quant au pain, aux viandes, aux légumes, vous savez bien, messieurs, que ces substances se réduisent à de l'hydrogène, du carbone et de l'azote, plus un certain nombre de sels. Vous serez servis en conséquence. Vous avez eu l'idée sublime, Monsieur Dumas, de nourrir directement les plantes avec de l'ammoniaque ; on vous servira au besoin de l'ammoniaque.

« J'ai fait choix pour cuisiniers de la fleur de vos disciples. Ils ont travaillé avec vos meilleures cornues. Mettez-vous donc à table, et que la joie préside à ce repas. »

Je vous demande quelle figure feraient les aimables convives!

SOMNAMBULISME NATUREL. — On se rappelle sans doute un cas de nevrose des plus remarquables signalé dans notre numéro 13, et qui se passait à Cahors au moment où nous le signalions. L'auteur de l'observation, M. le docteur Ch. Caviole, dans une lettre qu'il adresse à l'*Union médicale*, donne sur cette affection extraordinaire de nouveaux détails :

Le 15 mars, le jeune P..., à la suite de violentes convulsions, perd la vue par l'occlusion spasmodique des paupières, la parole et l'usage des jambes ; il les recouvre le 17 mars : « Longtemps auparavant, dit M. Caviole, il avait annoncé par écrit que ces douleurs auraient un résultat. Bientôt après, il tomba dans une extase qui dura jusqu'à onze heures et demie. »

Le 21, il a de longues crises de somnambulisme. « Durant l'accès j'ai pu noter, dit le médecin, le phénomène suivant :

« On aurait dit qu'il prenait plaisir à dire l'heure qu'il était, celle à laquelle on avait fait ou dit telle ou telle chose ; il répétait à chaque crise, par exemple, lorsque son père était indisposé : Je suis aussi sûr que mon père est plus malade qu'on ne le dit, que je suis sûr qu'il est telle heure à telle pendule. Or, l'heure indiquée à un quart de minute près, était presque toujours d'une exactitude rigoureuse, et il n'y avait dans sa chambre ni montre ni pendule. Cette exactitude dans l'appréciation du temps disparaissait avec la crise. Pendant un de ces accès de somnambulisme, on lui jeta de l'eau fraîche à la figure. Lorsquil revint à lui et qu'il se vit mouillé, il tomba dans une grande irritation, dans une espèce de désespoir que l'on eut beaucoup de peine à calmer, car il ne s'expliquait pas pourquoi on l'avait mouillé à son insu. Immédiatement, il retomba en extase, et on en profita pour changer sa chemise et faire sécher l'autre qu'on eut soin de lui remettre, car il éprouvait toujours une vive et pénible émotion quand, au sortir d'une extase, il remarquait un changement, si léger qu'il fût, dans ce qui l'environnait au moment où il était tombé. Pendant ces crises, son existence était comme suspendue, et, à la fin de l'accès, il terminait une phrase que cet accès, long quelquefois d'une demi-heure ou d'une heure, avait suspendue.

« 22. Mars. Le plus souvent, les matinées étaient assez calmes; mais, ce jour-là, P... éprouva, dès six heures du matin, une assez longue crise extatique, pendant laquelle il pria Dieu de le guérir. Il s'était levé pour faire sa prière. On le remit au lit, et, à son réveil, il n'eut pas concience de ce qui s'était passé.

« Ce jour-là, vers dix heures et demie, il fut pris d'une dernière crise de somnambulisme, *pendant laquelle il remercia Dieu d'avoir exaucé sa prière et de lui avoir rendu la santé ; au moment où il parlait désignant l'heure exacte : 11 heures 8 minutes.*

« Bientôt la crise passa, et il s'écria : « Maman, je suis guéri ! » Ce qu'il y a de singulier, c'est la foi ferme, inébranlable, qu'il avait en sa guérison ; et aux doutes, aux hésitations, aux craintes que l'on pouv[illegible] lui exprimer, il opposait imperturbablement sa réponse : Je s[illegible] guéri.

« Il voulut [illegible]biller et descendre pour dîner avec sa famille. Le matin encore, ses [illegible]mbes ne pouvaient le supporter, et après midi, il alla sur [illegible]a prom[illegible]nade et fut sur pied toute la journée, sans se plaindre d'[illegible]tre ch[illegible]se que de faiblesse à la jambe droite. Le lendemain, m[illegible]e état ; il va à la messe avec sa mère, et pendant l'office, la faiblesse de la jambe disparait brusquement.

« Depuis lors, la guérison ne s'est pas démentie ; il lui reste seulement une grande impressionnabilité ; un rien l'agace et le met de mauvaise humeur, et il est incapable de la moindre application. La mémoire n'est plus aussi bonne que pendant la maladie. Dès le matin il est sur pied, et il éprouve le besoin de marcher toute la journée. »

Pour tous les faits divers, V. M.

Petite Correspondance.

M. C. (Besançon). — Exact.

M. F. De L. (Paris). — Trop tard, cher am , pour le présent numéro.

M. T. aîné (à Saint-Etienne). — Reçu les lettres, bon usage en sera fait.

M. A. B. (Boulevard Montparnasse). — Je serai heureux d'en causer aux vôtres.

M. le capitaine Th. P. (Paris). — Nous ne différons pas de sentiments, et je signerais ce que vous m'écrivez.

M. Bransat (Allier). — Lettre reçue et prise en sérieuse considération.

Dr E. V. (Lassy. Calvados). — D'accord.

M. O. (Mines de Roche-la-Molière). — Envoyez-nous la liste des numéros.

P. (Bastia). — Parfaitement exact.

Dr D. (Bounebosq). — 1° Idée excellente. — 2° Cela n'intéresserait qu'un nombre très restreint de personnes et tiendrait beaucoup de place, cependant nous verrons. — 3° La réalisation paraît prochaine. — 4° De récentes ? Je n'en sais pas.

M. L. de N (Soissons). — Merci du souvenir.

Prix d'abonnement pour l'étranger.

Allemagne, 8 fr.;— Suisse, Parme, Plaisance, Modène, 8 fr. 50.— Etats Sardes, Grèce, Crimée, 9 fr.; — Hollande, Angleterre, 10 fr.; — Etats-Unis, Indostan, Turquie, 10 fr. 50; — Belgique, Prusse, Hanôvre, Saxe, Pologne, Russie, Espagne, Portugal, 11 fr.; — Toscane, 12 fr.; — Etats-Romains, 16 fr. 50.

Le propriétaire, rédacteur-gérant :

VICTOR MEUNIER.

PARIS. — IMP. J.-B. GROS, RUE DES YERS, 74.

Deuxième année. — N° 18. Quinze centimes. **4 mai 1856.**

L'AMI DES SCIENCES

BUREAUX D'ABONNEMENT
13, RUE DU JARDINET, 13
Près l'École de Médecine
A PARIS

JOURNAL DU DIMANCHE
SOUS LA DIRECTION DE
VICTOR MEUNIER

ABONNEMENT POUR L'ANNÉE
PARIS, 6 FR. ; — DÉPART., 8 FR.
Étranger (Voir à la fin du journal)
ENVOYER UN MANDAT DE POSTE

Hémione mâle né à la Ménagerie du Muséum d'histoire naturelle.

Du faux et des moyens de le prévenir.

On espérait avoir mis les valeurs publiques et privées à l'abri des faux, en les plaçant sous la protection de gravures dont la délicatesse et le fini rendait l'imitation exacte des titres, sinon absolument impossible, au moins d'une difficulté extrême pour les procédés ordinaires de l'art; quand la découverte des transports chimiques, et les étonnants progrès par elle accomplis dans ces derniers temps a fait renaître le danger plus pressant que jamais.

Ceux qui ont vu les beaux transports sur pierre opérés par M. Paul Dupont et des spécimens de la gravure paniconographique de M. Gillot peuvent se faire quelque idée de cet art nouveau qui semble avoir été porté à sa perfection par l'invention des procédés anastatiques.

Il y a en effet, à Londres, un homme qui a laissé bien loin derrière lui tous ceux qui se sont occupés de l'art des reproductions. Cet homme est Rudolphe Appel, l'inventeur des procédés anastatiques au moyen desquels il fait revivre les gravures anciennes et modernes, les plans, les cartes, dessins, lithographies, avec la plus scrupuleuse exactitude.

Rien ne semble plus admirable que ces procédés, quand on les voit donner une nouvelle vie au profit de l'art et de la science à des originaux devenus rares; mais aussi, rien n'est plus effrayant que la pensée des ressources qu'ils peuvent fournir au crime. Nous avons vu, en effet, et nous avons entre les mains de faux billets de banque d'Angleterre, de fausses traites des premières maisons de Londres, de faux titres d'actions de diverses compagnies, de faux passe-ports, le tout reproduit par l'inventeur avec une perfection désespérante.

Voici, au reste, qui donnera une idée de l'homme et de ses procédés.

Un des notables banquiers de la Cité se présente chez Appel

une liasse de papiers à la main. « Monsieur, lui dit-il, j'ai entendu parler de votre découverte; on m'a dit que tout pouvait être reproduit par votre art, et j'ai parié que vous ne viendriez pas à bout de reproduire ces bank-notes que je tiens à la main.—Vous avez perdu, répond flegmatiquement Appel, sans même regarder les bank-notes, dans les vingt-quatre heures vous aurez les faux billets que vous demandez. » A l'heure dite, Appel remit au banquier, au milieu d'un grand nombre de ses collègues, les faux faits avec une admirable perfection. L'assemblée se livra à un minutieux examen, mais ne put reconnaître la moindre différence. Pour plus de garantie un des banquiers présents se lève et propose de porter ces billets à la banque pour les changer; on accepte et il va présenter au guichet un des billets suspectés ; le caissier examine et paie ! « Monsieur, lui dit le banquier, il y a beaucoup de faux en circulation, n'en serait-ce pas un ? » Après une investigation minutieuse, le caissier déclare véritable le billet contesté. Grand émoi parmi les banquiers! Comment reconnaître les faux billets? mais Appel vint les tirer d'embarras; aussi honnête homme que faussaire habile, il avait mis son nom d'une façon microscopique au bas des billets qui émanaient de lui.

Heureusement l'art anastatique n'est pas un progrès sans remèdes, et nous verrons tout à l'heure qu'on peut prendre des garanties contre lui.

Les moyens de sûreté dont on se sert communément pour les valeurs publiques et privées sont :

1° La gravure microscopique;
2° Les filigranes dans le papier;
3° Les encres indélébiles;
4° Les impressions en plusieurs couleurs;
5° Les fonds gravés ou moirés ;
6° Les fonds dits de hasard;
7° Les papiers dits de sûreté.

La gravure microscopique. — Presque toutes les banques et un grand nombre de compagnies se croient très en sûreté, parce que dans un coin quelconque de leurs billets, elles ont placé, à l'insu du public, un point, un accent, une virgule de travers; une flèche, une étoile invisible pour toute personne non prévenue, etc.... Enfantillages que tout cela! La virgule de travers, l'étoile imperceptible ne se reproduisent-elles pas aussi, puisque c'est l'original lui-même qui sert au faux ? Admettons encore qu'il soit impossible de les reproduire et qu'elles empêchent réellement la personne prévenue de payer un de ces billets faux. Est-ce là l'important? Non certes. Qu'une banque rembourse une valeur fausse, c'est peu de chose: ce n'est pour elle qu'une perte d'argent; mais que cette banque qui ne se soutient que par le crédit mette en circulation des valeurs reconnues fausses, n'est-ce pas la perte de son crédit?

Les filigranes dans le papier. — On nomme ainsi des caractères ou signes imprimés dans la pâte ou obtenus après coup. Les filigranes ne se reproduisent pas par transport, il est vrai, mais tout papetier pourra parfaitement les obtenir.

Ce n'est donc, à proprement parler, qu'un surcroît de travail pour le faussaire, et en cela ce n'est pas mauvais, surtout joint à d'autres difficultés dont nous parlerons tout à l'heure. Nous devons citer ici les essais de M. Armand de Belleville. Malheureusement son filigrane, auquel il a donné le nom de marque de sûreté, est tellement compliqué qu'il serait impossible à M. Armand lui-même de reconnaître si un filigrane qu'on lui présenterait est le sien propre ou une imitation. Et d'ailleurs, est-ce le possesseur de cette marque qu'il importe de sauvegarder? Encore une fois, non; c'est le public, qui ne saura pas reconnaître votre filigrane et qui refusera vos billets.

Les encres indélébiles. — L'on a voulu faire consister la garantie dans l'encre dont on se servait; mais les propriétés de l'encre étaient complétement détruites par le chlore ou tout autre acide décolorant. On a cherché à faire entrer dans l'encre ordinaire des matières résistant à l'action des acides, comme le carbone, le noir animal, par exemple. On a proposé de se servir d'encre de chine délayée dans de l'eau acidulée par l'acide hydrochlorique; mais toutes ces encres ne résistent pas à l'action métallique ou au frottement. Parmi les encres prétendues indélébiles, mentionnons celle de M. Dumas, qui vit, un jour un exemplaire, écrit de sa main avec son encre, lavé en vingt endroits par un simple professeur d'écriture... Avec quoi? . . .. Un peu de savon noir!

Les impressions en plusieurs couleurs. — On imprime d'abord sur tout ou partie de la feuille une teinte uniforme qui servira de fond; on laisse sécher, et par-dessus, avec une couleur différente, on tire la lettre, le corps de l'action. Ces deux teintes superposées, de l'aveu des imprimeurs, donnent de grandes difficultés pour le transport; aussi avons-nous cru longtemps à la garantie que donnaient les impressions en plusieurs couleurs, surtout en voyant les belles épreuves de MM. Dupont et Chaix; mais il nous a fallu changer d'avis quand on nous a montré un admirable transport sur zinc obtenu par Rudolph Appel de l'action en trois teintes d'une de nos grandes compagnies de chemins de fer. C'est donc un moyen auquel il faut renoncer.

Fonds gravés. — Nous en dirons autant des fonds moirés ou gravés sur des planches d'acier ou de cuivre. Ces fonds, outre le désavantage de coûter fort cher et d'exiger une grande perte de temps, se reproduisent aussi bien que les autres; nous en possédons quelques échantillons, ainsi que la planche sur laquelle on a fait le transport.

Fonds de hasard. — M. Paul Dupont est l'inventeur de ces fonds de hasard, pour lesquels il a substitué la double impression lithographique et typographique à la gravure.

Voyons les avantages que M. Paul Dupont croit résulter de son procédé.

La pierre lithographique, après avoir été soumise à des agents chimiques, fournit un dessin granité, moiré ou marbré, absolument semblable à ceux produits par les planches d'acier, comme eux, dû au hasard et par conséquent inimitable.

Les mots ou signes qui y sont tracés plus tard représentent identiquement les filigranes introduits dans le papier pendant la fabrication.

Au moyen des acides, la pierre lithographique est mise en relief, ce qui permet de tirer le fond typographiquement et d'éviter ainsi les longueurs d'un tirage en lithographie.

La dépense est nulle.

Ceci est très beau, mais..... ce n'est pas intransportable. Nous comprenons parfaitement que l'acide se répandant au hasard sur la pierre lithographique laisse des traces, des dessins que l'ouvrier même qui les a produits ne pourrait pas recommencer; inimitables, si vous voulez, mais non intransportables et les procédés anastatiques pourront vous montrer avec quelle perfection se reproduisent à l'infini vos fonds de hasard avec les filigranes qui y sont tracés. E. LEPEUT.

(La fin au prochain N°.)

MAGNÉTISME ANIMAL (1).

Rien n'est donc plus commun si on s'en rapporte aux citations précédentes que le phénomène de la vision à distance ou à travers les corps opaques dont on prie les magnétiseurs de renouveler l'exhibition. Aucun d'eux cependant n'accède à la prière, ne relève le défi. Loin de là ! des trois magnétiseurs dont nous avions loué l'empressement, deux nous ont adressé les récusations qu'on va lire; le troisième n'a dit mot, ce qui, cette fois, n'est pas consentir.

Monsieur,

M. Mabru s'était éloigné du débat magnétique. Il y rentre, non

---

(1) Voir le précédent N°.

plus par une proposition, mais par une provocation qui déplace complétement la question.

Il s'agissait d'abord d'une enquête sérieuse sur le magnétisme animal. Des expériences de toute nature, *au choix des magnétiseurs*, devaient avoir lieu devant un comité dont feraient partie même des partisans du magnétisme. C'est alors que nous nous sommes mis en avant, mes collègues et moi, pour soumettre théoriquement et pratiquement cette science, *suivant un plan d'étude convenu*, à l'examen d'hommes impartiaux et éclairés.

Aujourd'hui cette enquête se bornerait, non pas même à l'étude du somnambulisme, mais à la constatation d'un seul phénomène, qui ne se produit que rarement sur des sujets très rares, dans les conditions définies par M. Mabru.

Nous ne pouvons suivre celui-ci sur le terrain où il veut nous placer. En effet, que le phénomène demandé réussisse ou échoue, le résultat ne prouvera absolument rien *pour* ou *contre* le magnétisme envisagé comme moyen thérapeutique; et c'est sous ce seul point de vue que les magnétiseurs doivent tenir à le présenter. Quel est donc celui qui voudrait assumer la responsabilité de faire dépendre des facultés psychologiques d'un sujet, c'est-à-dire des facultés les plus variables, la décision à intervenir dans la question?

D'ailleurs, il ne revient pas au même pour un somnambule, de voir des surfaces malgré l'occlusion palpébrale, ou de reconnaître dans l'intérieur d'une boîte un objet qu'on y aurait inseré. Ce sont deux phénomènes essentiellement distincts.

Si, dans le premier cas, les yeux du somnambule sont couverts d'un bandeau, il lui reste, en dehors, assez de points libres, pour que de l'un de ces points un rayon s'échappe et vienne, traversant l'*espace*, prendre avec une surface quelconque un contact qui détermine en lui une impression transmise au cerveau par suite d'un phénomène analogue à celui qui donne lieu aux reproductions daguerréotypiques (1). — Le plus souvent la faculté de vision, résultat de l'électricité animale modifiée, s'arrête à la superficie des corps, ayant d'ailleurs cela de commun avec l'électricité atmosphérique. Ne voit-on pas même celle-ci, toute force brute qu'elle est, affectionner telle partie d'une surface, selon sa forme, préférablement à telle autre. — Ce que la forme fait ici, le sentiment le fait chez l'homme.

Dans le second cas, il faut que l'essence de la vision pénètre à travers un corps matériel, — ce qui est bien différent et beaucoup plus rare; si rare que huit fois sur dix, le résultat du phénomène peut être attribué, plutôt qu'à la vision, à la faculté de transmission de pensée, possédée à un si haut dégré par les somnambules (quand il s'agit toutefois d'expériences en dehors de l'instinct médical); or, pour que le phénomène se produise à l'aide de la transmission de pensée, il est indispensable qu'il y ait un rapport entre le sujet magnétisé et la personne qui a inséré l'objet à découvrir; que, surtout, cette personne ne l'ait pas touché avec la volonté ou le sentiment qu'il ne soit pas aperçu; et qu'enfin, elle soit sympathique et non hostile; toutes conditions qui n'existent pas dans l'expérience qui nous est demandée.

Quand une telle expérience est obtenue à l'aide de la vision, il est à remarquer que c'est, sinon toujours, du moins très souvent, par suite d'une initiative prise par le somnambule. Si, dans ce cas, le magnétiseur imposait sa volonté, ce serait risquer de perdre les facultés de son sujet. — Il est des limites auxquelles est soumise la conservation de ces facultés.

Et n'est-il pas également dans la nature de ces phénomènes qui n'arrivent que lorsqu'on ne les cherche pas. Des masses de charbon s'enflamment subitement; de même, des meules de foin — par suite, dit-on, du mélange d'eau avec ces matières. — Nous fournirons le tout à MM les chimistes qui prétendront nous rendre témoin du phénomène d'ignition de ces mélanges, à volonté.

Enfin, comme il a toujours été écrit et reconnu que les dispositions des somnambules sont en raison de celles de leurs magnétiseurs, et que, pour ma part, j'ai toujours appliqué le magnétisme dans le seul but de préserver et de guérir, répugnant, par nature, à toutes expériences sans résultat utile, vous comprendrez, monsieur, que les sujets dont je pourrais disposer ne seraient point aptes à celles qui s'écarteraient de la voie dans laquelle je les ai toujours maintenus.

Permettez-moi, pour terminer, de relever une assertion de M. le docteur Auzoux: un membre de la Société du mesmérisme, délégué par cette Société, lui aurait déclaré que, dans l'état actuel de la science, on ne pourrait compter sur aucun phénomène assez constant pour s'engager à le produire en public.

Comme une telle déclaration me semblait impossible, attendu que tous les phénomènes physiologiques — et ils sont nombreux — sont invariables et constants, par rapport aux sujets sur lesquels ils ont été obtenus une fois, j'ai été aux renseignements, et je puis affirmer:

1. Que la Société du mesmérisme a décidé — par des raisons qu'il ne m'appartient pas de développer ici, mais toutes différentes de celle qui a été citée — qu'elle ne répondrait pas à l'appel de MM. Auzoux et Mabru.
2. Que, dès lors, elle n'a pu donner mission à l'un de ses membres de se rendre près de M. le docteur Auzoux.

Le magnétiseur dont parle ce dernier agissait donc en son nom personnel; et, d'ailleurs, le Journal du magnétisme, n° 230, du 25 février, contient un désaveu du propos qu'on lui attribue.

Vous avez été, Monsieur, le juge du camp dans la discussion qui, je le crois, se termine aujourd'hui. Cette position vous oblige à une impartialité que j'invoque une seconde fois, pour obtenir l'insertion de ma lettre dans votre prochain numéro.

J'ai l'honneur. DERRIEN.

Il serait aisé de discourir longuement et agréablement sur cette lettre. Mais trop de place a été inutilement sacrifiée à cette vaine discussion.

On pourrait dire à l'auteur : Moins que personne vous avez le droit de vous plaindre des étroites proportions du débat réduit à la production d'un seul fait, car vous en avez vous-même tracé les limites en écrivant : « C'est ce phénomène de la vision sans le secours des yeux qui vous convaincra de la réalité du somnambulisme » (N° 11 de *l'Ami des Sciences*). Ses doléances sur ce point ont donc tout l'air (apparence trompeuse sans doute) d'une échappatoire; d'autant que les derniers mots de la lettre : « la discussion qui, je crois, se termine aujourd'hui, » n'indiquent point un pressant besoin de prolonger le débat.

On pourrait encore faire remarquer que la singulière prétention de réduire le magnétisme à n'être qu'un moyen thérapeutique, doit être du goût de ceux qui veulent s'en faire un moyen d'existence. Ce serait le cas de demander à l'auteur s'il n'est pas orfèvre. Nous nous bornerons à faire observer qu'en matière scientifique une question de fait se règle par l'observation et non par la considération de l'emploi dont ce fait peut être susceptible.

On pourrait répondre également qu'il n'importe pas du tout pour le moment de savoir « s'il revient au même » pour un somnambule, d'avoir les yeux bandés devant un objet découvert, ou les yeux ouverts devant un objet mis sous clé; mais qu'il importe beaucoup de savoir si on doit ajouter foi aux récits innombrables de centaines et de milliers de magnétiseurs déclarant unanimement, depuis un demi siècle, que la vision à distance sans les yeux à travers les corps opaques est un fait réel.

On pourrait aussi, en passant, s'amuser à dégonfler d'un coup d'épingle la théorie de la vision ci-dessus présentée.

Enfin on aurait le droit de faire remarquer à l'auteur que ce phénomène de la combustion du charbon et du foin cités par lui à titre de représailles contre les chimistes, étant qualifié par ceux-ci de *spontané*, on outrepasse la permission en exigeant des chimistes qu'ils le produisent « à volonté. »

Nous ne ferons rien de tout cela, et nous arrêtant seulement à ce passage où l'auteur déclare que l'expérience proposée « répugne à sa nature » (essentiellement médicatrice peut-être), je me bornerai à rapporter, comme le tenant de M. Derrien lui-même qui l'affirme, que tout récemment sa somnambule a sur son invitation déchiffré plusieurs lettres (les premières et les dernières) d'un mot mis sous une enveloppe et scellé de cinq cachets; si elle n'a pas lu tout le mot, c'est, nous a dit l'expérimentateur, parce que l'un des cachets en couvrait le milieu.

(1) Je raisonne sur une spécialité, un mode particulier de perception. Il me fallait un exemple; j'ai choisi celui qui m'a paru le plus compréhensible.

Voici la seconde lettre :

A Monsieur le rédacteur de l'*Ami des Sciences*.

Monsieur,

Plus affligé que surpris de tout ce qui passe relativement à l'enquête sur ce qu'on appelle (à tort, suivant moi), *magnétisme animal*, je voudrais pouvoir m'abstenir d'encombrer les colonnes de votre journal de ma très chétive phraséologie; mais je suis forcé, vu les circonstances, de vous prier de vouloir accorder aux quelques lignes suivantes une hospitalité devenue indispensable.

Le 24 février dernier, M. Mabru faisait un appel aux magnétiseurs en déclarant qu'il était approuvé par M. Auzoux.

Je me suis empressé de répondre à cet appel, car M. Mabru déclarait d'une manière formelle que nous sommes tous intéressés à savoir ce qu'il faut croire et ce qu'il faut rejeter, ce qui est certain et ce qui est douteux. Le savant chimiste ajoutait qu'après avoir sérieusement songé aux meilleurs moyens à employer pour parvenir à savoir enfin à quoi s'en tenir sur le *magnétisme animal*, il considérait comme suffisant de provoquer des *expériences publiques* et *d'opérer au grand jour dans des conditions telles* qu'il deviendrait impossible de placer sérieusement la plus petite objection. Puis il ajoutait qu'il était persuadé que M. V. Meunier, rédacteur de l'*Ami des Sciences*, se ferait un véritable plaisir de prêter son concours à cette œuvre de *lumière* et de *vérité*.

Vous avez approuvé cet appel, monsieur le directeur, et je n'ai point balancé à accepter la proposition de MM. Mabru et Auzoux, parce que j'étais bien convaincu que, sous vos auspices, l'impartialité présiderait et à la direction des travaux et à la constatation des faits de quelque nature d'ailleurs qu'ils puissent être.

Plus tard, M. Mabru a introduit d'autres conditions plus ou moins acceptables; je ne m'en suis point occupé, attendant toujours le moment où je serais appelé pour être entendu. Mais tout change, et M. Mabru, d'après, dit-il, la déclaration d'un délégué de la Société mesmérienne, adopte pour conclusion *la nullité absolue du magnétisme animal*.

J'ai protesté au point de vue de la science et de la vérité contre les conclusions de M. Mabru, et si cette protestation n'a pas paru dans votre journal, Monsieur, elle n'en est pas moins déposée dans vos archives, car j'ai eu l'honneur de vous la faire parvenir immédiatement après avoir eu connaissance de ce fait tout à fait étrange.

Aujourd'hui encore, M. Mabru, oubliant sans doute les moyens qu'il avait proposés d'abord, veut réduire la science dite magnétologique à un seul fait, et quel fait? un fait de *seconde vue*. Mais où sommes-nous donc et où allons-nous?

Quant à moi personnellement, je ne m'occupe guère de ce genre de démonstration, et dans mes cours d'enseignement ce n'est pas là le terrain sur lequel je cherche à poser les fondements du temple de la vraie science. Je proteste contre le projet de faire des expériences dans les cabinets particuliers des démonstrateurs. C'est en public, c'est chez les savants même, c'est au grand jour qu'il faut des expériences de nature à faire naître la conviction.

Je désire ardemment que vous vouliez bien nous faire connaître votre plan d'étude. Vous pouvez compter d'avance sur ma bonne volonté et mon zèle à toute épreuve, car il est temps que l'étude des modifications corporelles et intellectuelles que l'homme peut exercer sur lui-même, soit enfin connue et appréciée; mais hélas! les sublimes vérités du magnétisme animal sont noyées dans un vaste océan d'erreurs, et nous nous trouvons assiégés entre la *négation* de la part des magnétophobes, et l'*exagération* de la part de plusieurs magnétophiles.

Recevez, etc. J. DE ROVÈRE.

Le 14 avril 1856.

L'auteur dit de l'expérience proposée : « Quant à moi je ne m'occupe guère de ce genre de démonstration, et dans mes cours d'enseignement ce n'est pas là le terrain sur lequel je cherche, etc.... »

Voici cependant ce que nous lisons dans un livre publié, il y a quelques mois, par M. de Rovère, lui-même, sous ce titre : *Fiction et Réalité* (page 56).

« *Journal de Dunkerque* »

Les soussignés, habitants de Dunkerque, certifient que M. Jules de Rovère a donné, soit en séances publiques, soit pendant son cours en sept leçons, des démonstrations sur le magnétisme au point de vue psychologique, physiologique et expérimental, du plus haut intérêt pour la science et l'humanité; et qu'il a appuyé ces démonstrations par des expériences de magnétisme ou mesmérisme, dans lesquelles des phénomènes vraiment surprenants sont produits, tels que somnolence, ambulation involontaire, *vision à distance, ou à travers des corps opaques*, prédictions, etc...... Toutes choses dont on ne peut bien se former une idée qu'en les voyant. A[te] EVERHART, PÉROT,

Secrétaire de la société philosophique et littéraire de Dunkerque.

Dunkerque, 4 février 1853.

Nous lisons dans le même livre :

Le magnétisme donne à certaines gens doués d'organisations particulières, une seconde vue, tellement subtile, qu'elle pénètre les corps opaques qu'on lui oppose (ibid. p. 64.).

Nous y lisons encore :

Sa lucidité (il est question d'un somnambule) est tellement grande quand il est dans l'état de somnambulisme, qu'il voit parfaitement au travers de plusieurs corps opaques (ibid. p, 63.)

Alors où est la *fiction*, où est la *réalité*? dans le livre ou dans la lettre? et des deux qui faut-il croire?

M. Gentil n'a pas répondu à l'appel. Nous devions cependant compter sur lui, car voici ce qu'il atteste dans un de ses livres, dont il a bien voulu nous envoyer un exemplaire, il y a quelques semaines :

Monte-Cristo.

Puisque nous avons prononcé le nom de notre célèbre romancier, relatons en passant certains effets qui se produisirent à une séance qui eut lieu chez lui, et dont nous allons déduire les causes déterminantes.

Le 7 novembre 1847, ayant été admis à Monte-Cristo, où devaient être tentés, sous les yeux de M. Alexandre Dumas et d'un très-grand nombre d'assistants, une foule d'expériences magnétiques, je voulus y provoquer le succès, en un même instant, de deux expériences différentes, à savoir : l'une de la vue à travers les corps opaques; l'autre, de la soustraction de pensée. Mais il advint qu'aussitôt influencé par M. Marcillet, Alexis passa à l'état d'extase au lieu d'entrer en somnambulisme. L'état d'extase est celui durant lequel le sujet possède le maximum de vie propre, et tandis qu'il est en cette situation, il se trouve tellement indépendant de son magnétiseur, que ce dernier ne peut rien sur lui. Force fut donc à Marcillet et à tous les assistants d'attendre qu'Alexis entrât dans la phase du somnambulisme, laquelle ordinairement précède l'extase; heureusement l'attente ne fut pas longue.

Aussitôt qu'Alexis manifesta son passage à l'état de somnambulisme, M. Marcillet s'empressa de lui dégager la poitrine et la tête d'une partie de fluide qui s'était accumulé en lui en trop grande abondance, et lorsqu'il eut exprimé qu'il jouissait de sa lucidité ordinaire, il fut invité incontinent à faire une partie de cartes; ce qui devait, à l'aide du mouvement et de la variété des teintes et des figures, tendre à développer davantage cette lucidité. Plusieurs parties furent faites successivement, durant lesquelles Alexis montra une admirable perspicacité; mais à la longue, et relativement à la répétition d'expériences, toujours les mêmes, *et à l'aide des mêmes cartes*, sa lucidité diminuait, et j'en indiquerai la cause. D'autres expériences furent faites encore, à l'effet de convaincre les plus incrédules et elles réussirent au-delà de toute expression; puis enfin, mon tour arriva.

Je m'étais muni d'une pièce de cinq francs, évidée dans son centre, et dont les deux parties, pile et face, se vissant l'une sur l'autre, laissent entre elles un espace secret, formant médaillon intérieur. Je m'approchai d'une dame présente dans le salon des séances, et, lui montrant la pièce que je séparai devant elle, je la priai de vouloir bien se rendre seule dans un salon voisin pour y écrire elle-même, et *très-lisiblement*, un mot sur un morceau de papier qu'elle plierait en quatre et qu'elle renfermerait, toujours elle-même, dans l'espace vide de la pièce.

La chose faite, et cette dame étant revenue vers moi, je préparai un papier blanc devant servir d'enveloppe, et je tirai de ma poche, au hasard et en ayant soin de fermer les yeux, deux autres pièces de 5 fr. propres à la circulation monétaire, et dont ni cette dame, ni moi ne pûmes voir ni ne connûmes les millésimes et les effigies; j'en plaçai une des deux sur la face de la pièce évidée, qui n'est autre chose qu'un Louis XVIII de 1815, et je plaçai la seconde pièce du côté du millésime 1815. Ceci fait, je pris mon papier blanc, et enveloppai le tout, la pièce médaillon se trouvant entre les deux autres, et j'invitai la dame qui avait bien voulu écrire le mot à l'intérieur, à s'approcher du somnambule Alexis, en lui demandant de définir ce qu'était la chose qu'elle lui remettait entre les mains.

Alexis accusa aussitôt trois pièces de 5 fr., dont les deux, tant du dessus que du dessous, étaient, dit-il, à l'effigie de Louis-Philippe, l'une de 1837, l'autre de 1845. Il indiqua ensuite l'effigie de Louis XVIII sur la pièce du milieu, et la dame qui lui avait remis ces pièces lui ayant demandé au même moment ce que cette dernière pouvait avoir de particulier relativement aux autres, Alexis concentra un instant son attention, indiqua que la pièce était creuse, qu'elle contenait une pièce d'or (1).

Mais il en revint de suite à dire qu'elle contenait un papier plié, à l'intérieur duquel était écrit un mot formé de quatre lettres, et prenant le main de la dame, à l'effet de s'assimiler sa pensée, il accusa aussitôt le mot *Plus*, ayant une majuscule en tête. Tout ce qu'il avait dit fut vérifié, et se trouva être de la plus scrupuleuse exactitude.

Il y avait deux opérations : l'une qui 1° consiste à voir à travers l'opacité du papier et l'opacité métallique (2), les effigies et les millésimes opposés sur chaque pièce, les uns aux autres; 2° le papier plié et comportant un mot de quatre lettres contenu à l'intérieur de la pièce du milieu; enfin, la seconde opération qui, à l'aide du contact avec la personne, lui permit de lui soustraire instantanément sa pensée, consistant en la préoccupation du mot *Plus*, qu'elle avait écrit; lequel mot il aurait aussi bien pu lire comme il lut les millésimes, si on eût voulu qu'il n'y eût qu'une opération au lieu de deux.

Passons maintenant aux explications, etc.

(*Guide du consultant et des incrédules*, par J.-A. Gentil, membre de la légion-d'honneur, p. 101. — Paris, Dentu. — 1853).

Nos conclusions dimanche prochain. V. M.

Anémomètres électriques à compteurs de l'Observatoire de Paris.

Au moyen de l'anémomètre précédemment décrit (voir le précédent numéro), on peut suivre la marche du vent heure par heure, minute par minute; mais pour les récapitulations mensuelles un tel mode de notation entraîne tant de travail

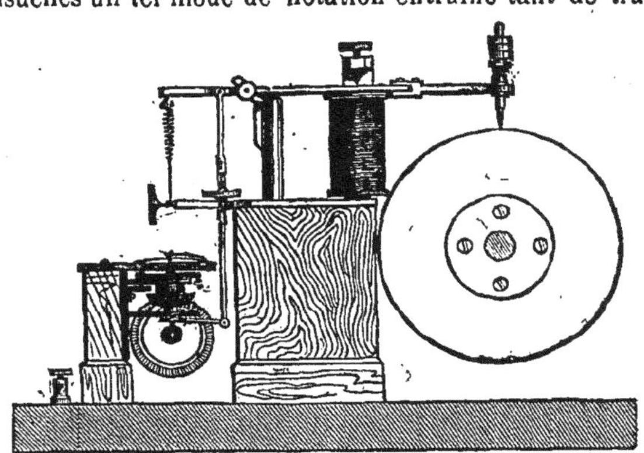

Fig. 1.

à cause des variations du vent, qu'on serait bien vite découragé si, à l'aide de compteurs spéciaux, cette récapitulation n'était faite elle-même par l'instrument. Elle est faite par l'anémomètre que M. du Moncel a installé à l'Observatoire de Paris, auquel se trouve en outre ajouté un pluviomètre qui donne la quantité de pluie amenée par chaque vent. Nous allons nous occuper des deux systèmes compteurs qui doivent fournir la somme des instants pendant lesquels chaque vent a soufflé et la vitesse moyenne de chacun d'eux pendant un laps de temps déterminé.

Le premier système n'a pas d'autre mécanisme transmetteur que celui qui agit sur les électro-aimants portant les crayons. Il est complétement lié aux mouvements de ceux-ci, bien qu'il forme sur l'appareil récepteur un mécanisme indépendant.

Ce mécanisme consiste en un arbre horizontal sur lequel sont montées huit roues d'angle, dont l'écartement représente exactement l'intervalle qui sépare les électro-aimants l'un de l'autre. Cet arbre est placé à l'opposite du cylindre récepteur et parallèlement à lui, c'est-à-dire derrière les électro-aimants; il reçoit son mouvement de rotation de l'horloge par l'intermédiaire d'une chaîne de Vaucauson dont les rouages sont tellement disposés et combinés qu'il accomplit un tour sur lui-même toutes les deux heures. Au-dessus de ces roues et s'engrenant avec elles à angle droit, se trouvent huit autres roues d'angle horizontales, d'un diamètre deux fois plus petit et dont l'axe *creux* pivote sur une platine fixée au bâti du mécanisme. Ces roues qui font un tour en une heure, sont toutes constamment engrenées et marchent avec l'horloge.

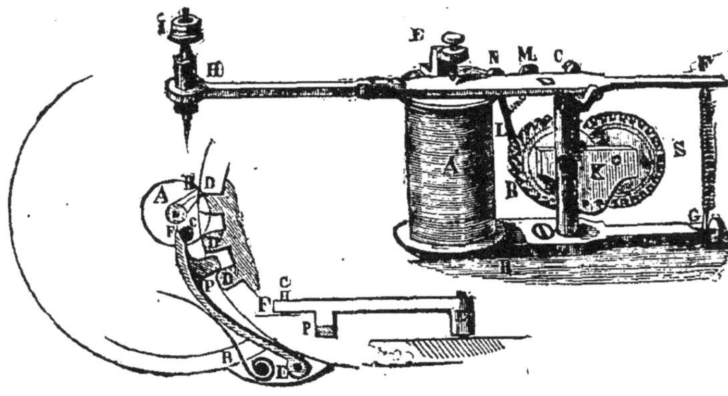

Fig. 2.

A une certaine hauteur, au-dessus de chacune de ces roues que nous appellerons roues motrices, est disposée une minuterie de pendule dont le pivot de la roue des minutes traverse l'axe creux de la roue motrice, ainsi que la platine qui la supporte et vient s'appuyer sur une lame de ressort très-flexible.

Cette roue des minutes porte au-dessous d'elle un ressort arqué dont les extrémités sont distantes à peine d'un demi-millimètre de la surface horizontale de la roue motrice en temps ordinaire, mais qui viennent appuyer sur elle, quand le pivot de la roue des minutes se trouve abaissé sur le ressort qui lui sert de support. Alors la minuterie participe au mouvement de la roue motrice et se trouve engrenée jusqu'à ce que la pression qui a fait abaisser le pivot ait cessé.

Un cadran de montre et des aiguilles étant adaptés à chaque minuterie, on comprend que la durée de la pression, qui a pour effet son engrènement, peut être facilement constatée, et que si ces pressions sont alternatives, leur durée totale ou la somme de leurs durées partielles sera imprimée par le nombre d'heures et de minutes marquées sur le cadran. Pour obtenir la somme totale des persistances du vent dans une même direction, il ne s'agira donc que de faire réagir l'électro-aimant correspondant à cette direction sur celle de ces minuteries qui sera à sa portée.

Pour cela, M. du Moncel a fait l'armature de ces électro-aimants à bascule, et, en l'un des points du bras de la bascule opposé à celui qui porte le crayon, il a articulé une tige métallique à vis de rallonge descendant verticalement. Cette

(1) Au moment où Alexis accusa une pièce d'or, M. Alexandre Dumas se trouvait près de lui et *croyait fortement* que la dame dont il est question avait renfermé à l'intérieur de la pièce de 5 francs, un sequin de Venise que peu d'instants auparavant il lui avait vu entre les mains. Alexis subissait cette influence de pensée par radiation et sans ce qu'on appelle rapport préalablement établi.

(2) Il est vrai que j'ai démontré, en parlant de vue à travers les corps opaques, comme quoi l'opacité des corps n'existe pas plus que n'existent les ténèbres, surtout pour les somnambules lucides; mais tant que ces mots existeront au lieu d'autres qui peindraient mieux l'état des choses, force sera bien de les employer.

tige a été ensuite articulée à l'extrémité d'un levier basculant, dont le bras libre allait appuyer sur le pivot de l'aiguille des minutes du compteur correspondant. Ainsi disposée, l'armature de l'électro-aimant en s'abaissant soulève la tige articulée, et celle-ci, en soulevant à son tour le levier bascule, le fait engrener avec la minuterie. Tant que le courant circule dans l'électro-aimant, l'engrènement subsiste ; mais aussitôt qu'il est rompu, la minuterie devient libre.

Dans la fig. 2, l'électro-aimant est indiqué en A, son armature en EB, la tige à vis de rallonge en D, le levier à bascule en F, la minuterie en L, les aiguilles en K, et les roues motrices en H et en G. Seulement le système est un peu différent. Ainsi, le levier à bascule est figuré au-dessus du compteur et agit par traction, tandisque, dans le nouveau système, il est au-dessus des cadrans ; d'un autre côté le ressort arqué est remplacé par un ressort à boudin.

Les compteurs en rapport avec les vitesses des différents vents (fig. 1), consistent en huit électro-aimants spéciaux à une seule bobine, qui portent sur leur branche sans bobine une platine en cuivre, sur laquelle sont disposées une roue à rochet de cent dents avec ses crochets d'encliquetage, et une autre roue à dents droites engrenant avec un pignon que porte le rochet. L'armature de ces électro-aimants porte le cliquet d'impulsion de telle manière que, chaque fois qu'elle s'abaisse, elle fait sauter une dent du rochet. Deux flèches de repère sont fixées sur la platine, et les divisions sont gravées, et numérotées de dix en dix sur les roues elles-mêmes. Ainsi disposés, les compteurs sont placés verticalement les uns vis-à-vis des autres au nombre de quatre de chaque côté, et rangés de manière que les ressorts antagonistes des armatures et les vis de rappel pour le règlement de leur écart soient placés sur un bâtis de cuivre commun.

La fig. 1 donne une idée de ce genre de compteurs en supposant le crayon supprimé.

(*La fin au prochain numéro.*)

ACADÉMIE DES SCIENCES.

Séance du 28 avril.

INSTRUMENTS ENREGISTREURS DE L'OBSERVATOIRE IMPÉRIAL.

M. Leverrier a entretenu l'Académie des résultats obtenus à l'Observatoire impérial par l'installation des instruments enregistreurs : il ne s'est agi, pour aujourd'hui, que des résultats enregistrés sur les instruments magnétiques.

Ces instruments magnétiques sont au nombre de trois : 1° une boussole de déclinaison ; 2° une boussole d'intensité horizontale ; 3° une boussole d'intensité verticale. On sait que l'inclinaison se déduit, par un simple calcul, des éléments fournis par ces deux derniers instruments. Or, les enregistreurs affectés à ces trois genres d'instruments sont de deux sortes : *mécaniques* ou *photographiques*. M. Leverrier fait connaître les raisons qui l'ont déterminé à n'employer que ces derniers, d'une précision et d'une instantanéité bien plus rigoureuses.

L'opération se fait maintenant à l'Observatoire, d'une manière très régulière, dans le Pavillon magnétique ; ce pavillon est dans le plan même du méridien de Gambey et la lumière est produite par le gaz de l'établissement, de telle sorte qu'en enroulant le matin une feuille de papier photographique sur le cylindre du ressort d'horlogerie dépendant de la boussole, les différentes positions occupées pendant la journée par l'aiguille aimantée sont accusées par un trait noir, large de plus d'un millimètre. En développant la feuille, la ligne qui se présente à l'œil affecte en certains points des irrégularités qui ne laissent plus de doute aujourd'hui sur les changements brusques dont est susceptible, dans le même lieu, une aiguille aimantée.

M. Leverrier a présenté à l'Académie le tableau des courbes diurnes obtenues entre le 20 mars et le 20 avril : quelques-unes de ces courbes montrent jusqu'à des variations subites de 10 et 12 minutes, sans qu'il ait été possible jusqu'à présent d'en découvrir la cause. Nul doute que de semblables auxiliaires n'aident tôt ou tard à résoudre cette intéressante question de physique terrestre.

C'est à M. Liais qu'a été confié le soin de l'installation de ces instruments, dont la construction est due à M. Brooke, de Londres, le même qui avait construit les enregistreurs photographiques de l'Observatoire de Greenwich.

NOMINATION D'UN MEMBRE DE L'ACADÉMIE.

M. Bertrand a été élu par 46 suffrages, membre de l'académie des sciences dans la section de géométrie, en remplacement de M. *Sturm*, décédé l'année dernière.

ÉTUDES CLIMATOLOGIQUES SUR L'ASIE MINEURE.

Rapport de M. Becquerel.

« Quand une personne appartenant à une classe élevée de la société abandonne pays, famille et dignité pour voyager dans l'intérêt des sciences physiques et naturelles, réunir des observations, les coordonner et les publier à ses frais, les corps savants doivent accueillir favorablement l'ouvrage dans lequel elles sont consignées, lors même qu'il ne fournirait que des jalons devant servir de points de départ pour de nouvelles explorations. Telle est la position où se trouve M. Tchihatchef vis-à-vis de l'Académie des Sciences, à laquelle il vient de présenter un ouvrage manuscrit volumineux ayant pour titre : *Études climatologiques sur l'Asie Mineure*, lequel a été renvoyé à une commission composée de MM. Elie de Beaumont, Decaisne et Becquerel. Cet ouvrage, indépendamment des matériaux qu'il contient, et dont l'utilité ne saurait être contestée, attendu qu'on n'a pas ou que très-peu de données sur l'état climatérique de cette contrée, a un intérêt de circonstance, à raison des relations plus intimes qui vont s'établir entre l'Occident et l'Orient.

« Rien n'est plus difficile que de définir un climat, tant sont nombreux les éléments que l'on doit prendre en considération. Ces éléments comprennent les phénomènes calorifiques, aqueux, lumineux, aériens et électriques, la constitution et l'état physique du globe, etc., etc. La question est donc des plus complexes. M. Tchihatchef, malgré les difficultés que présente cette question, a essayé de l'aborder à l'égard de l'Asie Mineure, pendant un séjour de cinq années qu'il y a fait. Avant son départ de Paris, il s'était pourvu à cet effet de baromètres, de thermomètres, d'hygromètres et de phsychromètres construits par Bunten et comparés à ceux du Collége de France. Ces instruments ont été confiés ensuite par lui à des personnes recommandables par leur position sociale, et qu'il avait exercées préalablement à leur usage. Les observations barométriques, hygrométriques et pyschrométriques ont été discutées par MM. Kupfer et Kreil.

« M. Tchihatchef a choisi pour lieux d'observations onze localités telles, que, réunies par des lignes, elles formaient un réseau embrassant l'Asie Mineure. Ces onze localités sont : Constantinople, Trébizonde, Kaisaria, Tarsus, Smyrne, Chios, Brousse, Erzeroum, Erivan, Ouroumia et Mossoul.

« M. Tchihatchef s'était réservé Constantinople, où les observations étaient faites, pendant qu'il se transportait d'une station à une autre pour surveiller les observations, par M. Noë, pharmacien attaché à l'Ecole militaire.

« A l'exemple de M. de Humboldt et d'autres voyageurs, il a eu recours :

« 1° A la limite des neiges perpétuelles ;
« 2° A celle de la végétation arborescente ;
« 3° Aux effets du déboisement ;
« 4° A l'abondance des marécages.

« A l'aide des observations barométriques, thermométriques et psychométriques, M. Tchihatchef a pu comparer entre eux les divers climats, et ces derniers à ceux des localités de l'Europe, situées sous les mêmes latitudes et dans des conditions semblables. Cette comparaison l'a conduit aux conséquences suivantes :

« *Constantinople.* — Cette ville, malgré sa position, a plutôt un caractère météorologique continental ou exclusif que maritime.

« *Trébizonde.* — Quoique la distance entre cette ville et Constantinople soit peu considérable, que leurs latitudes et leurs altitudes présentent de très petites différences, et qu'il y ait une grande similitude entre leur température moyenne annuelle, néanmoins leurs caractères climatologiques ont si peu de ressemblance, qu'il y a sous ce rapport plus d'analogie entre Trébizonde et les points de l'Europe les plus éloignés, qu'entre cette ville et Constantinople.

« *Kaisaria.* — Son climat peut être considéré comme étant relativement plus doux et plus régulier que celui des localités de l'Asie Mineure situées à l'est de cette ville, telles que Erzeroum, Erivan et Ouroumia.

« *Tarsus.* — Son climat paraît tenir à la fois du climat continental et du climat marin; aussi peut-on le qualifier de climat maritimo-continental.

« *Brousse* jouit, comparativement, d'un climat plus doux que Constantinople, et beaucoup plus rigoureux que celui de Trébizonde.

« *Smyrne.* — Les différences considérables entre les maxima et les minima absolus, et entre les moyennes de l'hiver et de l'été, rapprochent le climat de Smyrne de celui de Constantinople et lui enlèvent également une partie de son caractère maritime. Trébizonde, au contraire, diffère complètement de Smyrne, et peut être considérée comme une localité maritime relativement à l'autre, qui aurait un climat continental.

« *Chios.* — Cette île reproduit assez fidèlement les traits saillants du climat de Smyrne : ce qui montre que le bras de mer qui la sépare de l'Asie Mineure ne suffit pas pour lui donner le caractère insulaire, puisqu'elle conserve celui du climat continental que possède celui de Smyrne.

« *Erzeroum.* — Sa température moyenne est plus forte que ne ferait supposer son altitude, ce qui tient aux chiffres très élevés de ces moyennes de l'été et du printemps ; mais aussi sa moyenne de l'hiver est beaucoup plus basse que celle des localités de l'Europe situées dans des conditions analogues ; elle est égale à celle du grand Saint-Bernard, dont la latitude est de plus de 6 degrés au nord et l'altitude de 512 mètres plus élevée. Il résulte de là des différences énormes entre les moyennes des saisons et entre les moyennes mensuelles extrêmes; ainsi les différences entre les moyennes de l'été et de l'hiver sont plus fortes qu'à Moscou.

« *Erivan.* — Les caractères de climat excessif y sont encore bien plus prononcés qu'à Erzeroum; ils atteignent un degré inconnu en Europe, puisque entre les minima absolus de l'hiver et les maxima absolus de l'été, la différence atteint quelquefois 80 degrés.

« *Ouroumia.* — Cette ville paraît avoir un climat comparativement plus froid que celui d'Erzeroum, mais beaucoup moins que celui d'Erivan, malgré l'altitude bien moins considérable de cette dernière ville.

« *Mossoul.* — Sa température moyenne annuelle s'accorde assez bien avec celle des localités de l'Europe ayant à peu près la même latitude, tandis que sa moyenne estivale (33°,06) n'a point d'analogue non-seulement en Europe, mais encore dans aucune des localités du globe où l'on ait observé; d'un autre côté, les hivers ne sont pas en moyenne plus froids qu'à Rome.

Nous donnerons dans le prochain numéro la suite de ce rapport, qui a excité l'intérêt de l'Académie au plus haut degré : les conclusions en ont été adoptées à l'unanimité. Elles consistent à approuver la direction que M. Tchihatchef a donnée à ses travaux, et de le remercier de son désintéressement et de son dévouement pour l'avancement des sciences physiques. Félix Foucou.

Société zoologique d'Acclimatation.

Séance du 25 avril.

IGNAMES DE LA GUADELOUPE.

Aux deux espèces d'ignames déjà connues, à l'igname de Chine et à l'igname de la Nouvelle-Zélande, vient s'en joindre aujourd'hui une troisième, l'*igname de la Guadeloupe*. Ce tubercule est envoyé à la Société par M. Mestro, directeur des colonies au ministère de la marine : il ne mesure pas moins de 3 décimètres de long sur 6 centimètres de diamètre. La Société a eu sous les yeux deux variétés de cette nouvelle espèce; la lettre d'envoi les désigne sous les deux nom d'*igname du pays* et d'*igname blanche*.

SIROP DE SORGHO SUCRÉ.

M. Ch. de la Coste a envoyé à la Société un échantillon de sirop de Sorgho sucré (holcus saccharatus); ce sirop, qui est une utilisation de plus dans les nombreuses propriétés de cette plante, est de couleur rosée et d'un goût très-agréable. Il peut soutenir avantageusement la comparaison avec les sirops de groseille, de framboise et de vinaigre : l'échantillon, après avoir été dégusté, a été renvoyé à l'examen de M. Chatin, afin d'en déterminer la valeur au point de vue économique et pharmaceutique.

MOUSSELINE D'ANGORA.

M. Sau, industriel à Wesserling et auquel on doit la première idée de l'introduction en France des chèvres d'Angora, envoie à la Société une *étoffe de soie* pour robes, remarquable à plusieurs égards. Cette étoffe est composée dans sa trame et dans sa chaîne, d'une partie de soie et d'une partie de poil de chèvre d'Angora : c'est une sorte de mousseline soyeuse, très-légère et transparente ; elle a été filée, tissée, teinte et imprimée par divers membres de la Société en Alsace, et offre ceci de très-important qu'elle est sensible à toutes les couleurs. L'échantillon soumis à la Société a été soumis à des teintes variées qui, toutes, ont très-bien pris sur l'étoffe.

Ce même poil de chèvre d'Angora sert encore, comme on le sait, à fabriquer une sorte de velours très-beau.

COMMUNICATIONS DIVERSES.

De différents points de la France, il est arrivé en même temps à la Société, l'avis de la naissance de nouvelles chèvres d'Angora et de nouveaux moutons de Caramanie.

M. l'abbé Allary écrit à la Société au sujet de sa note sur les pigeons de colombier, lue dans la séance du 14 mars dernier. On se rappelle que cette note, qui s'élevait contre le système d'hostilité employé par les gens de la campagne contre ces animaux, fut l'objet de la critique d'un certain nombre de membres de la Société. M. Allary demande aujourd'hui avec instance que l'on fasse à cet égard les expériences qu'il a déjà indiquées : une commission a été nommée à cet effet. F. F.

INSTRUMENT

à l'aide duquel un malade amputé du poignet peut écrire sans main et sans doigts articulés.

Le comte de C..E... était capitaine-général d'une des provinces les plus méridionales de l'Espagne, il y a vingt ans environ, lorsque, étant dans son cabinet avec deux aides-de-camp, il reçut un pli qu'il décacheta avec une certaine vivacité, et, fort heureusement pour lui, ayant la tête et le corps penchés en arrière sur un fauteuil. La rapidité avec laquelle la dépêche fut ouverte, et l'influence d'une forte chaleur produisirent une détonation qui occasionna le broiement et la destruction presque entière de la main droite. Trois chirurgiens furent appelés immédiatement, et il fut décidé qu'on amputerait le poignet quelques heures après.

Evidemment, des ennemis personnels du capitaine-général ou de la chose publique avaient mis dans la dépêche une certaine quantité de fulminate d'argent, que les malfaiteurs se procurent assez facilement, parce que c'est de tous les fulminates celui qui est le plus communément employé à la fabrication de divers jouets fulminants. On sait d'ailleurs que 2 décigrammes de ce corps, projetés sur des charbons ardents, produisent autant de bruit qu'un coup de pistolet, et que l'explosion est très forte et très dangereuse si on en met une certaine quantité dans une boîte ou un paquet qu'il faille ouvrir. On sait aussi que le fulminate d'argent détonne violemment par le choc ou sous l'influence de la chaleur, de l'électricité, de l'acide sulfurique, du chlore, etc.

Quoi qu'il en fût, le comte de C... E.., n'ayant alors que cinquante ans, guérit d'autant mieux et d'autant plus rapidement, que l'opération avait été très bien faite, et qu'il était resté assez de téguments pour que, sans effort, on put les ramener en avant, et couvrir entièrement les surfaces articulaires.

Bien que ce capitaine-général fût d'un courage éprouvé, il ne fut pas moins très affligé de la perte de sa main droite, et fit tout ce qu'il put, pendant plus de trois mois, pour écrire de la main gauche, sans pouvoir réussir.

Parlant sans cesse de sa mésaventure et de l'impossibilité dans laquelle il était d'écrire sa correspondance publique et privée, un de ses amis, homme fort intelligent, lui promit de faire construire un instrument à l'aide duquel il pourrait écrire à peu près aussi facilement qu'avec sa main et ses doigts absents. Quinze jours après, cet ami remit au comte de C... E... le porte-plume que voici :

Cet instrument consiste en trois branches élastiques réunies sur une large virole, et se termine par une plume métallique dont on varie l'inclination à volonté.

Pour que le général pût se servir de ce porte-plume, son ami matelassa le tiers inférieur de l'avant-bras et le moignon de façon à ce que les trois branches élastiques étreignissent ces parties sans les gêner, et à ce qu'elles ne jouassent pas sur elles. Les choses étant ainsi arrangées, on plaça un coussin à plan incliné en avant sous le coude et sous l'avant-bras, puis le blessé s'exerça pendant quelques jours pour écrire avec cet appareil tel qu'on le voit ici :

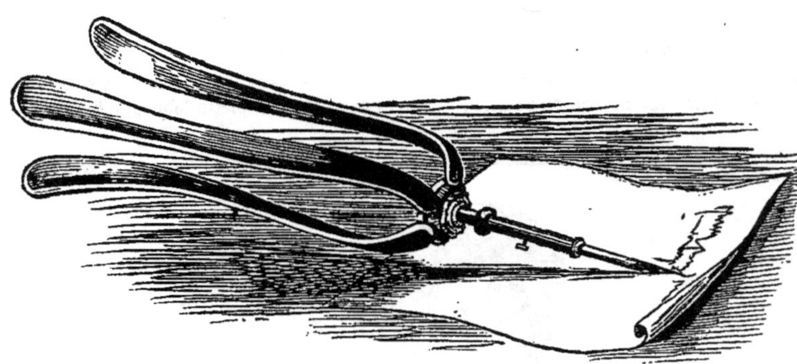

Après une vingtaine de jours d'exercice, le comte de C... E... écrivait presque aussi bien et à peu près aussi vite qu'avant son accident. Seulement, le caractère très net et très lisible de son écriture était changé, ce qui dépendait des mouvements de totalité du moignon dirigeant la plume.

Je dois la connaissance de ces faits aux soins que je donnai à la comtesse de C... E..., que mon confrère le docteur Gintrac père avait vue avant moi (1).

J. J. CAZENAVE.

FAITS DIVERS.

RÉSISTANCE DE LA VIE CHEZ LES ABEILLES.— A propos des expériences sur les hannetons et autres coléoptères dont il a été question dans ce journal, M. de Frarière nous communique ce qui suit:

« Les abeilles peuvent également résister à l'asphyxie; noyées, elles reviennent à la vie, pourvu toutefois que l'expérience ne soit pas de trop longue durée, mais ce dont personne n'a encore parlé, c'est que ces insectes qui, comme plusieurs autres, prennent dans l'eau toutes les apparences de la mort, conservent au contraire pendant deux ou trois jours la vie et le mouvement lorsqu'ils se sont plongés dans du miel pur et liquide, tel qu'il sort des rayons. Nous avons fait cette expérience un grand nombre de fois et toujours avec le même succès. Dès qu'une abeille se sent retenue par le miel, elle y plonge sa trompe, ou pour parler plus exactement, sa langue armée de son étui écailleux, et sans cesser de faire les plus grands efforts pour se dégager du liquide sucré, elle continue son repas, et s'enfonce de plus en plus jusqu'à ce qu'elle ait atteint le fond du vase. Dès le premier jour, son corps prend des proportions inusitées, ses anneaux se dilatent, et à la voir, on serait tenté de la prendre pour une reine dont elle a déjà la taille. Le second jour, gonflée par la nourriture qu'elle a absorbée, ses mouvements deviennent plus lents et cessent ordinairement pendant le troisième jour. Nous en avons cependant observé de très distincts au commencement du quatrième, lorsque, par des circonstances particulières, le miel s'était conservé dans un état de liquidité parfaite, car on sait qu'aussitôt extrait des cellules, le miel prend une certaine densité sans cesser d'être parfaitement clair et transparent. Nous croyons qu'il serait assez difficile de donner une explication satisfaisante de ce fait, et de faire connaître pourquoi l'abeille s'asphyxie si promptement dans l'eau pure, et résiste si longtemps à son immersion dans le miel. Nous appelons l'attention des savants sur cette étrange anomalie, car il n'y a rien dans le domaine des sciences qui ne soit digne d'être connu, et la plus insignifiante des observations peut conduire aux plus importantes découvertes.

RECTIFICATIONS. — M. Alp. Cahagnet nous écrit:

« Cher monsieur,

« Je vous prie d'avoir l'obligeance de rectifier une erreur, que vous aurez commise bien involontairement, je le suppose, dans le dernier numéro de *l'Ami des Sciences* où vous faites une citation d'un passage du tome 3me des *Arcanes de la vie future dévoilés*, concernant plusieurs voyages qu'il m'a pris fantaisie de faire faire à une lucide, afin (le cas échéant) de prouver aux hommes que les somnambules ne voient pas que les choses et les lieux dont nous avons connaissance. Cette lucide dit ces mots: « Ils récoltent comme des pommes de terre rondes de couleur grise, et d'autre noires etc... » puis à la page suivante : « Je n'y vois que des marchands ambulants, qui vendent de ces pommes de terre dont je t'ai parlé. » Il n'y est donc point question de *pommes de terre frites*, tel vous le mentionnez. Cette erreur serait sans valeur pour les lecteurs du Charivari; mais, pour vos lecteurs, monsieur, qui sont des hommes sérieux, ce genre culinaire pourrait paraître un peu trop parisien, pour des êtres qui, d'après ce qui nous en a été dit, ne sont pas prêts à devenir des gourmets de cet ordre.

« Je vous remercie, monsieur, tant en mon nom propre qu'en celui de la science magnétique, dont je m'occupe avec une certaine persévérance, d'aborder cette question, qui ne peut être déplacée, *soyez-en assuré*, dans le nombre de toutes celles dont vous traitez avec une loyauté qui égale votre savoir.

Recevez, monsieur, mes salutations fraternelles,

Alp. CAHAGNET.

Argenteuil, ce 30 avril 1856.

Par l'addition que M. Cahagnet nous signale, notre copiste dont nous nous méfierons à l'avenir, a trahi probablement sans y penser, ses goûts personnels qu'on ne lui demandait pas d'exprimer. L'erreur n'a du reste pas grande importance, la seule chose qu'on ait voulu montrer par cette citation étant que les magnétiseurs croient possible d'apprendre de leurs lucides ce qui se passe dans la lune; d'où on conclut qu'ils peuvent à plus forte raison savoir ce qui a lieu dans leur voisinage. Conclusion qui subsiste après la rectification précédente.

— Précédent N°. FAITS DIVERS. — *Somnambulisme naturel*, lignes 10 et 11, au lieu de : « il avait annoncé par écrit que ces douleurs auraient un résultat, » phrase qui n'a aucun sens, lisez : « il avait annoncé par écrit que ses douleurs auraient ce résultat. » Ce qui signifie que M. le dr Caviole constate une prophétie faite par son jeune malade en état de somnambulisme, prophétie confirmée par l'événement.

— Avant-dernier numéro, page 127, article sur les moutons de Shang-Haï. L'auteur de cette communication, O Tuyssuzian, membre de la Société zoologique, nous prie de rectifier l'orthographe arménienne de son nom qui avait été quelque peu altérée.

— Nous ne nous refuserons pas à nous-mêmes la satisfaction donnée en ce moment à plusieurs et nous profiterons de l'occasion pour dire que dans le numéro 15, article « PHILOSOPHIE DES SCIENCES; THÉORIE PRATIQUE, » page 114, col. 2, ligne 21, nous avions écrit : « l'œuvre ininterrompue de la création, » et non point: « l'œuvre interrompue de la création, » comme on nous l'a fait dire.

Prix d'abonnement pour l'étranger.

Allemagne, 8 fr.;— Suisse, Parme, Plaisance, Modène, 8 fr. 50.— Etats Sardes, Grèce, Crimée, 9 fr.; — Hollande, Angleterre, 10 fr.; — Etats-Unis, Indostan, Turquie, 10 fr. 50; — Belgique, Prusse, Hanôvre, Saxe, Pologne, Russie, Espagne, Portugal, 11 fr.; — Toscane, 12 fr. — Etats-Romains, 16 fr. 50.

Le propriétaire, rédacteur-gérant :

VICTOR MEUNIER.

PARIS. — IMP. J.-B. GROS, RUE DES NOYERS, 74.

(1) Voyez *du tremblement des mains et des doigts*, par J.-J. Cazenave. In-8°, chez J.-B. Baillère.

Deuxième année. — N° 19. Quinze centimes. 11 mai 1856.

L'AMI DES SCIENCES

BUREAUX D'ABONNEMENT
13, RUE DU JARDINET, 13
Près l'Ecole de Médecine
A PARIS

JOURNAL DU DIMANCHE
SOUS LA DIRECTION DE
VICTOR MEUNIER

ABONNEMENT POUR L'ANNÉE
PARIS, 6 FR.; — DÉPART., 8 FR.
Étranger (Voir à la fin du journal)
ENVOYER UN MANDAT DE POSTE

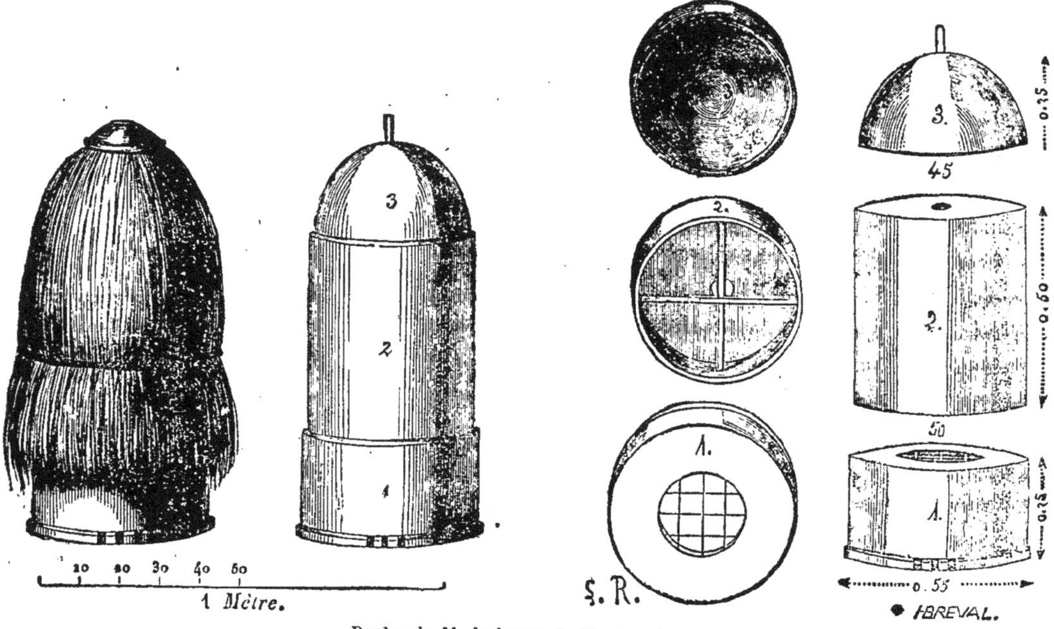

Ruche de M. le baron de Montgaudry.

PISCICULTURE.

Considérations générales et pratiques sur la Pisciculture marine (1).

Le bulletin de la Société d'acclimatation contient un grand nombre de travaux relatifs à la pisciculture; mais ces travaux, à l'exception de quelques rares communications, ne concernent que les poissons d'eau douce.

Cependant, par leur nature et leur étendue, et surtout par leurs nombreux et remarquables produits, les eaux salées ou marines méritent une attention toute particulière.

Sans aller chercher au loin des modes de culture ou d'exploitation qui n'ont pas, en réalité, d'applications utiles dans nos contrées, et qui sont, d'ailleurs, bien inférieurs à ceux que nous pratiquons, je me bornerai aujourd'hui à entretenir la Société d'acclimatation de l'exploitation des côtes de l'Océan, notamment des viviers ou réservoirs du bassin d'Arcachon, dans le département de la Gironde.

(1) L'important mémoire dont nous donnons aujourd'hui des extraits étendus a été lu, par M. Millet, à la Société zoologique d'acclimatation. Nous devons à l'obligeance de l'auteur de pouvoir le mettre sous les yeux du public.

Des réservoirs ou viviers du bassin d'Arcachon. (*Littéral de l'Océan*).

La pêche maritime dans le département de la Gironde s'exerce en mer et dans les cours d'eau de l'inscription maritime, sur les espèces qui fréquentent habituellement le littoral de l'Océan; elle est régie par des règlements spéciaux dont l'objet essentiel est de former des marins pour le service de la flotte.

L'élève des poissons de mer ou la *Pisciculture marine*, proprement dite, n'est pratiquée que dans les *réservoirs* ou *viviers* d'eau salée établis sur le littoral du bassin d'Arcachon.

Ce bassin qui est en communication directe avec l'Océan, subit tous les mouvements des marées (1); sa forme est à peu près triangulaire; la base de l'E. à l'O., a 18 kilomètres, et la hauteur, du N. au S., a 12 kilomètres.

(1) Heures de la pleine mer, les jours de la nouvelle et de la pleine lune rade de la Teste-de-Buch, près de la chapelle d'Arcachon, 4 h. 45 m.; en dehors et près de la barre du bassin d'Arcachon, 3 h. 40 m.

A marée haute, une île placée au centre, appelée île des Oiseaux ou de la Teste, reste seule sans être couverte par les eaux; elle est presque circulaire: sa longueur est de 2 1/2 kilomètres, et sa largeur de 2 kilomètres.

Cette île, par la nature de son sol et par l'état des eaux qui la baignent, me paraît être dans d'excellentes conditions pour des réservoirs de poissons fins, et notamment pour l'élève de l'huître sur une très grande échelle; l'eau contient par litre: chlorure de Sodium, 27 gr. 530 c.; chlorure de magnésium et de calcium, 3 gr. 985 c; carbonates de chaux et de magnésie, 0 gr. 325 c., sulfates de magnésie, de chaux et de soude, 6 gr. 270 c.; matières organiques, 0 gr. 065; iodures et bromures, traces notables.

Les réservoirs sont alimentés, à l'aide d'écluses, par le bassin d'Arcachon. Ils ont été creusés, de main d'homme, sur les bords du bassin, soit pour y établir des *marais salants*, soit pour y élever des *poissons de mer*. Les terres provenant des fouilles ont été employées à la construction de larges et solides digues qui retiennent les eaux des viviers et empêchent l'irruption des eaux du bassin.

Ils sont destinés à recevoir, à l'état de *fretin*, le poisson provenant du bassin, à conserver et à engraisser ce poisson jusqu'au moment où on le livre à la consommation publique.

Je crois devoir décrire ici, d'une manière détaillée, l'organisation de ces réservoirs, parce qu'ils ont une très grande importance au point de vue de la pisciculture marine et de l'alimentation publique, et parce qu'ils peuvent servir de types pour des établissements analogues qui seraient créés sur le littoral de l'Océan ou de la Méditerranée. Cette description me paraît d'autant plus opportune que l'on s'occupe, depuis quelque temps, d'organiser des piscines de poissons de mer. En l'absence de tout document ou travail indiquant les *procédés pratiques d'élevage* (1), on peut craindre que des propriétaires ou des compagnies n'accordent trop de confiance aux écrits ou aux paroles de quelques personnes qui, n'ayant pas fait d'études sérieuses et approfondies sur les poissons et les milieux qui leur conviennent, pourraient les entraîner dans une mauvaise voie, et les exposer à des mécomptes qui portent toujours de graves atteintes à la fortune privée, et qui ont pour effet de faire abandonner des tentatives qui, si elles étaient bien conduites, présenteraient de très grands avantages.

I. — *Description.*

Les réservoirs principaux sont, dans le département de la Gironde, en allant du N. au S., ceux de M. Javal, sur les communes d'Arès et Andernos; de M. Noël, sur la commune de Lanton; de MM. Boissière, Douillard et de Lescalopier, sur la commune d'Audenge; de M. Douillard, à Malprat, et de M. Festugières, sur la commune du Teich.

Les réservoirs de *M. Javal* sont dans d'excellentes conditions pour les abris; les bois y protégent le poisson contre l'action des vents d'E. et N.-E., qui causent souvent des dégâts considérables; ils ont, de plus, l'avantage de recevoir, sur plusieurs points, des eaux de source qui, par leur nature et leur température, sont très favorables à la conservation du poisson; en été, elles rafraîchissent des eaux trop chaudes ou trop salées; en hiver, elles offrent un refuge efficace contre l'action des froids. — Le terrain généralement sablonneux conviendrait parfaitement à plusieurs espèces de poissons fins, tels que turbot, dorade, rouget, sole, etc..., et particulièrement à l'élevage des huîtres; il présente, en tous cas, d'excellentes conditions pour favoriser la fraie naturelle de plusieurs espèces marines, à l'aide de frayères artificielles. — Dans l'état actuel, le produit en muges et anguilles est peu considérable, parce que la plupart des réservoirs étant neufs ou de nouvelle création, le fond de nature sablonneuse donne peu de points d'appui et surtout peu de nourriture aux végétaux et animaux aquatiques qui servent d'aliments aux poissons. Quand des matières vaseuses ou limoneuses se seront déposées, ces conditions seront modifiées; et, alors, le muge et l'anguille prendront plus d'accroissement. — Le jeune poisson est, en général, très abondant; j'ai pu constater que la meilleure de toutes les écluses est celle qui est le plus rapprochée de l'église d'Andernos, car elle fournit chaque année une très grande quantité d'alevin.

Les réservoirs de M. *Noel* offrent aussi de bons abris, et particulièrement une source d'environ trois mètres de profondeur; mais ils ont l'inconvénient d'être placés à un niveau trop élevé au-dessus des marées moyennes; cette position présente beaucoup de difficultés pour les opérations qui consistent à faire *boire* et à faire *déboire*; on ne pourrait y remédier que par des travaux hydrauliques ou par des creusements qui entraîneraient alors le propriétaire dans des dépenses considérables.

Les réservoirs de M. *Boissière*, en général, manquent d'abris, et les eaux de source n'y apparaissent nulle part; ces inconvénients tiennent à la position même des réservoirs qui, sur certains points, s'avancent en pointe dans le bassin d'Arcachon. Mais l'industrie et l'intelligence du propriétaire sont venus efficacement en aide à la nature: partout des abris ont été créés, soit en exhaussant les digues, soit en faisant des plantations sur les bords, soit en opérant des creusements sur un très grand développement. Les égoûts des terres environnants, et la nature même du terrain, mettent ces réservoirs dans d'excellentes conditions pour l'élevage des muges et des anguilles; les dépôts vaseux et limoneux y sont abondants, et les plantes aquatiques nécessaires à l'alimentation du muge s'y développent avec vigueur. Enfin, dans ces dernières années, M. Boissière a organisé un système de distribution d'eaux douces qui produit d'excellents résultats; d'une part, par l'irrigation des surfaces cultivées en prairies, et, d'autre part, par l'introduction de ces eaux dans les parties où, sur mes indications, leur mélange avec l'eau salée peut avoir de bons effets. M. Boissière, qui est un agronome très distingué, a su donner à la culture des landes une impulsion qui a déjà produit les plus heureuses conséquences, et pour le propriétaire, et pour les habitants de cette région. En apportant dans l'administration d'un vaste domaine l'activité, l'énergie, la persévérance et les connaissances spéciales puisées dans une éducation militaire, M. Boissière a su faire comprendre aux populations riveraines que l'industrie de l'homme peut vaincre les plus grandes difficultés, et que la pisciculture peut être très avantageusement associée aux travaux ordinaires de l'agriculture.

Les réservoirs de M. *Douillard* sur le territoire d'Audenge manquaient d'abris; on en a créé de très-bons sur une grande étendue. D'ailleurs, M. Douillard, homme éclairé et intelligent, a su tirer un excellent parti des eaux souterraines, en creusant des puits qui ont eu les plus heureuses conséquences pour la conservation du poisson. Il resterait à compléter ces améliorations en donnant plus d'étendue aux *pacages*, ainsi que M. Boissière l'a fait dans quelques portions qui sont

(1) M. Chabot, actuellement employé à l'établissement de pisciculture d'Huningue, a adressé, au mois d'octobre 1853, à M. le ministre de l'agriculture et du commerce, un mémoire sur les réservoirs du bassin d'Arcachon (lith. Goyer, passage Dauphine, 7, à Paris). Ce travail qui n'est, en très grande partie, qu'une compilation de brochures relatives aux bains d'Arcachon et à la culture des Landes, ne contient, sur les réservoirs, que des renseignements tout à faits incomplets ou erronés. M. Chabot, qui n'avait, à cette époque,, aucune connaissance théorique ou pratique soit en histoire naturelle, soit en pisciculture, a décrit des modes de pêche et d'élevage qui ne sont pas ceux de la localité, et des espèces de poissons et de crustacés qui n'existent pas dans les réservoirs.

Dans ses opuscules sur la pisciculture, et dans son voyage d'exploration sur le littoral de la France et de l'Italie, M. Coste n'a traité que très superficiellement les questions les plus importantes de la pisciculture marine: les renseignements qu'il donne à cet égard ne sont ni assez exacts, ni assez complets, pour être avantageusement utilisés dans des applications pratiques.

devenues très remarquables par l'engraissement rapide du muge.

Les réservoirs de M. *de Lescalopier* sont dans d'excellentes conditions, notamment en ce qui concerne les abris. Malheureusement, l'exploitation en est abandonnée à un fermier, et, dans cette situation, ils sont loin de donner les produits que l'on pourrait en obtenir.

Les réservoirs de M. *Douillard*, à Malprat, offrent d'excellentes conditions pour le développement et l'engraissement du poisson; mais les dégats dans les hivers rigoureux étaient toujours très considérables, parce que les abris étaient ou mauvais ou insuffisants. Dans ces derniers temps, M. Douillard en a créé de très bons; il a fait creuser des puits de 8 à 9m de profondeur, qui ont complétement protégé le poisson contre les désastres que l'on devait redouter dans l'hiver dernier. Cette partie du domaine de M. Douillard, étant située sur les rives de la Leyre, pourrait recevoir, à l'aide de faibles travaux, soit des eaux saumâtres, soit des eaux douces. C'est dans ce but que j'ai étudié sur les lieux mêmes, avec M. Douillard, quelques projets qui seront prochainement mis à exécution.

Les réservoirs de M. *Festugières* sont dans d'excellentes conditions et présentent de bons abris. Partout, le muge y prend un rapide accroissement, et se présente en nombre considérable sous toutes sortes de dimensions. Un seul de ces réservoirs, mis en exploitation depuis quelques années, offre l'inconvénient de ceux qui, étant de nouvelle création, sont peu favorables au développement des poissons herbivores. M. Festugières a encore amélioré les conditions d'abri, en faisant creuser des trous ou fossés de 1m à 1m50 de profondeur pour profiter de la présence des eaux de source.

C. MILLET.
Inspecteur des Forêts.

(*La suite au prochain numéro.*)

Du faux et des moyens de le prévenir (1).

(Fin.)

Les papiers de sûreté. — On avait bien senti que c'était le papier même qui devait prévenir la falsification; cela explique l'abondance de papiers de sûreté qui nous ont été présentés.

Quelques chimistes ont essayé de renfermer dans le papier des réactifs sensibles aux agents qui décolorent l'encre, et qui, sous cette influence, devaient donner une teinture énergique; mais la plupart de ces papiers contenant des cyanoferrures solubles, il était toujours possible d'enlever la matière sensible avant d'effacer l'écriture.

D'autres ont essayé de fabriquer de telle sorte que chaque feuille de papier fut composée de deux lames minces entre lesquelles on interposait une vignette imprimée avec l'encre ordinaire et devant s'effacer en même temps que l'écriture, mais sur ces papiers se dédoublant très facilement, il était facile d'enlever l'écriture de la surface de la feuille sans atteindre la vignette intérieure.

D'autres encore ont fait consister la garantie de leur papier dans l'emploi d'une vignette délébile déposée sur toute la surface de la feuille; tel était le papier Grimpé; mais tous ces procédés qui pouvaient être bons contre le lavage ne valaient absolument rien contre le transport; aussi on y renonça bien vite tant à cause de leur cherté que de leur inefficacité.

C'est encore à un chimiste anglais, au capitaine Glynn, qui, par amour pour la science, abandonna la carrière des armes brillamment commencée, que nous devons la solution de ce problème.

M. Glynn a résolu la question avec un rare bonheur et a doté le public anglais d'un papier à l'épreuve de tout faux; désireux de faire profiter la France de cette belle découverte, il s'adjoignit un homme très compétent, M. Paul Richer, et tous deux prirent en France un brevet pour leur papier dont voici les avantages :

Ils mélangent dans la pâte même de chiffon (pour qu'on ne puisse l'enlever sans dénaturer complétement l'aspect du papier), une préparation de sels métalliques et d'un savon particulier qui ne nuit en rien à la qualité du papier mais lui communique les propriétés suivantes :

Supposons un faussaire voulant opérer par procédé anastatique le transport d'une traite imprimée sur papier Glynn : il applique sa traite convenablement imbibée d'acide azotique sur une planche de zinc bien décapée sur laquelle il fait agir la pression nécessaire; mais en voulant enlever le précieux original, il s'aperçoit de l'adhérence complète. Vivement intrigué, il mouille espérant détacher plus facilement. Vains efforts! cette feuille reste collée et ne s'en va que par lambeaux; pas de transport et perte de l'original! voici ce qui s'est passé : le sulfate de cuivre renfermé dans la feuille se transporte à l'état de pureté sur le zinc, en vertu des forces électro-chimiques, et forme une véritable pile : rien n'y manque pas même l'acide nécessaire au développement de la force électrique.

Le savon, de son côté, montre ses propriétés principales quand on opère sur pierre lithographique; l'acide dont on se sert également fait précipiter le savon sur la pierre qui, grasse dans toute sa surface, prend l'encre partout et ne donne qu'une épreuve entièrement noire.

Enfin la réunion des sels insolubles et du savon empêche toute tentative de lavage, car le papier Glynn, à peine touché d'un des acides qui servent à commettre cette fraude, se couvre d'une tache livide que nul réactif ne peut ramener à la coloration primitive, et démontre ainsi la tentative de falsification.

Toutes les tentatives faites jusqu'à ce jour sur le papier Glynn ont complétement échoué, et ce n'est pas notre opinion personnelle que nous exprimons ici, c'est aussi celle des premiers chimistes de France et d'Angleterre, c'est celle de Rudolph Appel lui-même qui, entendu comme témoin dans l'affaire des faux thalers de Prusse, déclare pouvoir reproduire tout ce qui se trouve écrit ou imprimé sur n'importe quel papier, excepté sur celui *anti-anastatique*, nom sous lequel le papier Glynn est connu à Londres.

E. LEPEUT.

(1) Voir le précédent N°.

MAGNÉTISME ANIMAL.

Avant de prendre la parole à notre tour, nous devons la donner à M. Gentil. Il la réclame; il y a droit. Voici sa lettre :

Paris, ce 4 mai 1856.

Monsieur,

Où qu'en soit aujourd'hui la question du *magnétisme animal*, j'ai beaucoup trop d'estime pour vous et infiniment trop de considération pour vos lecteurs pour garder encore le silence après les invitations implicites qui, dans l'un et l'autre de vos deux derniers numéros, semblent m'être faites de rentrer dans le débat.

Lorsqu'il a été mention, sans spécification particulière, de la production et de la reproduction de faits *positifs et constants* provoqués sous l'influence du magnétisme, j'ai considéré comme un devoir d'honneur de m'empresser à répondre à l'appel — et non pas au défi — qui était fait aux magnétiseurs. Des faits *positifs et véridiques*, vous le savez certainement et assurément mieux que moi-même, on en peut produire et répéter à satiété; aussi, placé sur le terrain des propositions premières, je reste inébranlablement à votre disposition.

Mais du jour où il plut à M. Mabru d'insérer qu'un délégué d'une Société magnétique avait récusé la possibilité de produire à volonté des faits de nature positive et constante; lorsque par cette allégation *inadmissible*, M. Mabru crut avoir réduit à néant l'influence du magnétisme, et que, prenant un air de triomphateur, il jeta inconsidérément le *défi à la lucidité*, ne me considérant pas comme un vaincu impitoyablement attaché à son char et forcé de le suivre par monts et par vaux, je laissai passer son char et me repliai dans l'étude.

Or, il résulte de mes études que, si la catalepsie partielle ou totale, l'occlusion et la convulsion des yeux, la cessation complète de constatation des pulsations artérielles ou leur redoublement d'activité, le refroidissement des surfaces ou leur transpiration abondante, le sommeil, l'insensibilité, la perversion et la paralysie des sens, la turgescence et l'induration des seins, pris les deux ensemble ou chacun séparément, celles des joues — la bouche restant ouverte, — l'extase, etc., etc., sont de ces faits *positifs* pouvant être reproduits *constamment et itérativement*, non seulement à l'aide de sujets somnambules, mais rien même qu'avec des sujets *sensitifs* déjà éprouvés; et ces faits sont chaque jour produits et reproduits par le célèbre Régazzonni, homme de cœur et de dévoûment, aussi modeste que prodigieusement puissant; il m'a aussi été donné de constater que la *lucidité* est un fait réel, mais bien difficile à fixer, lequel rentre dans la catégorie de tous ceux qui, provoqués, éclatent souvent spontanément sous l'influence de l'action provocatrice, mais sont loin cependant de toujours éclater au gré de la volonté.....

Et qu'ai-je besoin d'affirmer ce fait devant vos lecteurs et surtout devant M. Mabru? Ne savent-ils pas, lui et eux, aussi bien que vous et moi, que la science médicale le reconnaît, après l'avoir constaté souvent dans ce qu'elle appelle un certain état de crise dont fournissent fréquemment témoignage les *somnambules naturels*? Or, humainement ou anatomiquement parlant, en quoi diffèrent les somnambules naturels des somnambules magnétiques; et si, ici, la situation peut se trouver donnée *naturellement* chez des êtres particulièrement doués, cette situation donnée et constatée, et inhérente à l'être humain, ne peut-elle pas être produite, là, par des moyens tels ou tels, chez des êtres de même souche et tout aussi particulièrement doués? En un mot, l'homme peut-il ou non arriver à produire, au milieu de crises provoquées par des moyens artificiels ou *magnétiques*, ce dont la nature fournit témoignage au milieu de crises produites soi-disant naturellement? Mes observations et mes études m'obligent à répondre par l'affirmative, bien que je ne puisse prouver à toute heure.

En outre, et comme le rappelle fort à propos M. Derrien dans sa lettre insérée au précédent numéro, « les dispositions des somnambules sont en raison de celles de leurs magnétiseurs. » Effectivement, Alexis, autrefois et peut-être encore le modèle du genre, n'aurait jamais été aussi merveilleusement développé par un homme sérieux. *A Alexis il fallait Marcillet!* Marcillet, homme aimable, curieux, très énergique et très puissant alors à force d'engouement, mais frivole et aimant beaucoup plus à jouer qu'à raisonner avec le magnétisme, bien que souvent se piquant d'honneur en face des difficultés et en triomphant de la façon la plus heureuse, la plus inattendue. Alexis est son identique.

J'ai parfois comparé Marcillet à Adolphe Franconi, j'en demande pardon à tous et surtout à qui de droit, mais l'un et l'autre obtenaient facilement, en vertu de leur caractère propre et des attraits qui les enchaînaient, ce que d'autres n'obtiendraient jamais.

En terminant, Monsieur, je demanderai à M. Mabru, qui nie le magnétisme d'un bout à l'autre, mais surtout les faits qui ne sont pas d'ordre *positif et constant*, s'il nie l'éternuement. Cette question peut vous sembler fort bizarre à première audition; mais voici ce qui vient de m'arriver, tandis que je commençais à vous écrire la présente. N'étant pas enrhumé le moins du monde (je l'attesterais devant des gendarmes), je fus pris d'un irrésisistible besoin d'éternuer, tandis que fort tranquillement je taillais le bec de ma plume; quelque peu doué que je sois de cet esprit d'observation si nécessaire aux chimistes, je me suis demandé pourquoi j'avais éternué: le pourquoi et non le comment, la physiologie des organes n'étant pas ce que j'avais à rechercher. Je n'ai rien pu résoudre. Alors j'ai repris mon canif et ma plume, et, toujours à la même place, toujours dans la même position de corps, toujours aussi tranquillement j'en ai taillé et retaillé le bec, cherchant ainsi, comme à l'aide du même moyen, à provoquer de nouveau l'éternuement qui ne s'est pas reproduit..... Qu'est-ce à dire, et M. Mabru va-t-il nier, comme il nie la lucidité, que j'ai pu éternuer en taillant ma plume, parce que sous l'influence des mêmes causes *apparentes*, je ne puis, malgré mon désir, éternuer à ma volonté, étant surtout moi-même mon propre sujet imbu du désir?

Je sais bien que M. Mabru peut me répondre sans hésiter qu'il connaît, lui, mille moyens de me faire éternuer et rééternuer à sa volonté; mais, nous autres magnétiseurs, nous en sommes encore à ne connaître qu'un seul moyen de provoquer la manifestation de la lucidité, et encore ne réussit-il pas aussi souvent que nous le souhaiterions. Venez à nous et cherchons tous ensemble: il y a place pour tous dans cette immense salle d'études que nous offre la nature tant ici-bas que là-haut; car, hélas! que d'étoiles au ciel, que de mystères entre chaque et combien cependant de vérités luisent?.....

Après avoir accordé à M. Derrien la faveur de l'insertion *in extenso* de ses *deux* lettres, est-ce trop espérer, cher Maître, que de compter sur l'entière insertion de la présente; j'y compte et vous remercie à l'avance, tout en vous assurant de ma parfaite considération.

J'ai l'honneur, etc. J.-A. GENTIL.

De M. Derrien dont nous avons déjà inséré deux lettres (l'une de quatre colonnes petit texte), nous recevons une lettre nouvelle dont voici un passage:

« C'est à la suite de l'expérience même que vous mentionnez d'après mon affirmation: la perception de la première et des deux dernières lettres d'un mot mis sous enveloppe, ou plutôt de la fatigue qu'en a ressenti mon sujet en persistant à voir les trois autres placées sous le cachet, que sa faculté de vision a disparu. Ce résultat qui a amené, il y a un mois, la clôture de mes séances *gratuites* du dimanche, je l'ai déploré surtout en ce qu'il m'a mis dans l'impossibilité de réaliser l'espérance que j'avais conçue de gagner à la cause du magnétisme, une intelligence telle que la vôtre.»

Nous pouvons sans doute nous borner à cet extrait sans encourir le reproche de manquer, envers M. Derrien, aux lois de l'hospitalité, ni à celles de l'impartialité.

SALAISON DES VAISSEAUX DE LIGNE.

On a longtemps cru que les navires coulés devant Sébastopol étaient passés à l'état de *corps morts*, et qu'ils se trouvaient perdus pour tout le monde; c'est dans cette conviction que les Anglais avaient envoyé d'immenses fougasses pour les faire sauter, et que le comité de la marine française nous avait averti qu'il emploierait des plongeurs grecs de préférence à *l'investigateur sous marin*, que nous lui avions offert pour les retirer intacts.

Personne ne voulait croire que ces trois-ponts eussent pu être hermétiquement clos avant leur submersion, et que l'émersion s'en ferait aisément en pompant l'eau par un tuyau de caoutchouc vissé sur la tubulure de réserve. C'est donc bien au génie russe que l'on doit cette observation que, si un navire naufragé peut rarement, pour ne pas dire jamais, être relevé, un vaisseau submergé à dessein peut revenir promptement sur l'eau; aussi avons-nous toujours soutenu que les Russes n'avaient fait que mettre leurs vaisseaux en magasin pour les conserver dans la saumure; c'est ce qui explique la réserve qu'ils ont faite de pouvoir les conduire dans la Baltique par la Méditerranée et l'Océan.

Dans une pareille conjoncture, l'usage a toujours été de brûler ses vaisseaux; *Totleben* a donné une utile leçon à la marine officielle, pourtant si savante qu'elle n'a pas besoin du secours des inventeurs laïques, car elle ne veut ni examiner leurs propositions, ni essayer leurs découvertes. Sans cela nous aurions, depuis plus d'un demi-siècle, les bateaux à vapeur, les chaudières tubulaires et l'hélice, proposés par Dallery, Jouffroy, Fulton et Sauvage. Elle repousse également les excellentes poulies et les roues fluviales du savant et ingénieux baron Séguier, de l'Institut, qui est plus fier de son titre d'inventeur breveté, que de ses parchemins de noblesse; car, c'est moi, nous écrit-il, qui me suis fait inventeur; c'est mon père qui m'a fait baron. JOBARD.

Anémomètres électriques à compteurs de l'Observatoire de Paris (1).

(Fin.)

Le mécanisme transmetteur en rapport avec ces compteurs est beaucoup plus compliqué. Il est indépendant de celui qui fournit les indications de la vitesse sur l'anémographe à onze fils.

Dans cet appareil, l'axe du moulinet anémomètre EM (voy. la fig. 1 de notre N° 16) commande un système d'engrenages qui a pour but de ralentir considérablement le mouvement communiqué par le moulinet, de le transformer en mouvement horizontal, et de le transmettre en dernier lieu à une lanterne à dents coupantes A (n° 1 et n° 2, fig. 3,) qui laisse passer par son centre l'axe de la girouette én pivotant sur le noyau d'attache d'un petit levier A K, muni d'une excentrique à rebord ECIDF.

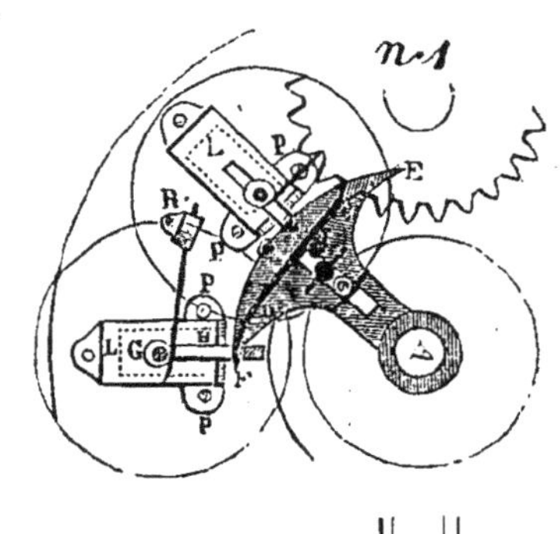

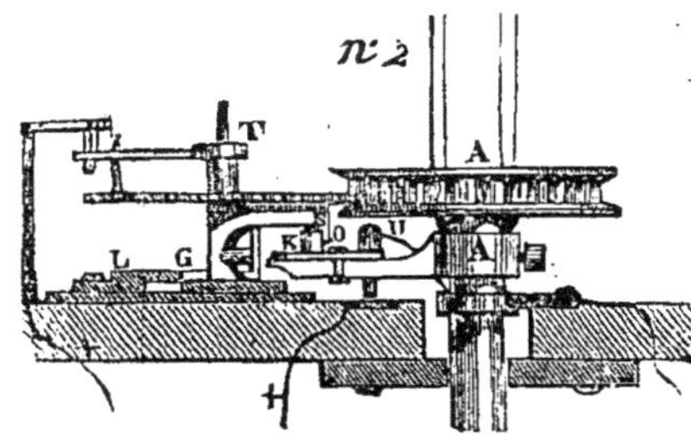

Fig. 3.

Cette excentrique est la pièce importante de cette partie de la machine, car c'est elle qui, suivant l'influence du vent, doit faire engrener avec la lanterne A, les roues à dents pointues correspondant à chaque direction azimutale (de 45° de la rose des vents). A cet effet, le pivot de ces roues, mobile dans une coulisse horizontale, porte un crochet S O, qui, étant rencontré par le rebord de l'excentrique, se trouve entraîné jusqu'à ce que la roue soit engrenée avec la lanterne. Or, comme l'excentrique en question est calculée de manière à laisser subsister l'engrenement tout le temps que le vent oscille dans un angle de 45°, on conçoit qu'un butoir fixé en un point de la surface de chacune de ces roues, pourra entraîner un levier agissant sur un interrupteur qui fermera, tous les quatre cents tours du moulinet, un circuit voltaïque passant à travers les compteurs, car le rapport du mouvement de ces roues au moulinet est de 1 à 400.

Si l'on considère maintenant que les fermetures temporaires du courant sont d'autaut plus nombreuses que le vent a persisté plus longtemps dans chaque direction et a été plus fort, on en conclura que, connaissant le nombre de ces fermetures par les compteurs, ainsi que la somme totale des instants pendant lequel le vent a soufflé dans une même direction dans un temps donné, on pourra connaître sa vitesse moyenne pendant ce temps et suivant cette direction.

Pour obtenir avec ce système d'appareil transmetteur, les indications relatives aux variations diurnes de l'intensité du vent, lesquelles doivent être inscrites sur le cylindre recepteur, M. du Moncel a adapté au support de la roue qui communique le mouvement au moulinet de la lanterne, un ressort de platine isolé sur de l'ivoire et en rapport avec un collier métallique également isolé, fixé sur l'axe de la girouette au dessous de l'excentrique. Le courant parvient à ce collier par un frotteur, et se trouve fermé par le ressort de platine toutes les fois qu'il est rencontré par un butoir rivé sur la petite roue horizontale correspondante. Comme le rapport du mouvement de cette roue au moulinet est de 1 à 150, le courant est fermé tous les 150 tours du moulinet.

(1) Voir le précédent N°.

Ruche de M. le baron de Montgaudry.

« L'abeille est peut-être, de tous les travailleurs que l'homme peut utiliser, celui qui demande le moins de soins, et qui, presque sans dépense, fournit le plus de produits. Bien rarement elle demande, et toujours elle offre à celui qui l'aide dans ses travaux. Ses produits sont du goût de tout le monde; par suite, la vente en est certaine, et la conversion en argent de la récolte ne manque jamais. Ce que recueille l'abeille serait perdu sans elle; ce qu'elle enlève ne peut en rien amoindrir la production des plantes sur lesquelles elle prend; souvent même ses mouvements sur les fleurs favorisent la fécondation, et, par suite, la reproduction. Etudier la nature de l'abeille, observer ses mœurs, suivre ses instincts, la disposer de la manière la plus convenable pour la faire parvenir à la destination qui lui fut assignée, l'aider dans ses travaux, la mettre à couvert des attaques de ses ennemis, aussi nombreux que divers, prévenir ses maladies, la soigner dans le petit nombre de ses indispositions, seconder la nature à lui faire naître des fleurs et lui procurer tous les moyens de travail, est non seulement attrayant et intéressant, mais encore devient assez productif pour qu'un rucher bien administré arrive, presque toutes les années, à se rendre plus fructueux que le domaine auquel il est attaché. »

Ainsi s'exprime M. de Montgaudry au début d'une intéressante *Notice sur les abeilles* communiquée à la Société zoologique d'acclimatation et dans laquelle il décrit la ruche figurée en tête de ce numéro et dont nous allons, d'après l'auteur, donner la description.

La ruche doit être assez grande pour loger trente-cinq à quarante mille abeilles, le couvain de la reine et les résultats des travaux de la colonie. Du nombre des abeilles naît l'assurance de conservation de la ruche, la certitude de son produit et la garantie de sa perpétuation. L'improduction des abeilles vient presque toujours d'une trop petite dimension de la ruche: lorsque la ruche ne peut contenir qu'un petit nombre d'abeilles, il y plus souvent émigration, et la population est toujours trop faible. Un petit nombre d'abeilles ne peut butiner assez vite au passage des fleurs, qui souvent ne durent qu'un matin; il ne fait pas récolte suffisante pour lui, et l'homme, qui ne doit prétendre qu'au superflu de la colonie, ne trouve rien à prendre.

La seconde condition de réussite d'un rucher dépend de la situation où il est placé. Il demande à être fondé, autant que possible, dans le voisinage des bois, des prairies naturelles et artificielles, des champs cultivés, et près d'un cours d'eau. Dans un tel milieu, les abeilles prospèrent et produisent toujours.

Pour offrir aux abeilles l'espace suffisant, la ruche doit être de la hauteur d'un mètre, se composer de trois compartiments séparés : un premier en bas nommé défense, de la hauteur de 25 centimètres, avec 55 de diamètre; un second, au dessus, nommé couvain, de la hauteur de 50 centimètres et 50 de diamètre; un troisième nommé cabochon, de la hauteur de 25 centimètres et du diamètre de 45.

La ruche se fait en paille de seigle, tordue en rond par poignées de l'épaisseur de 4 centimètres, cousues les unes aux autres avec de l'osier ou de la ronce fendue; elle doit être de forme circulaire dans toute sa hauteur. La défense se ferme en haut de la moitié de sa circonférence ; la moitié qui reste ouverte doit être grillée en osier croisé. Le couvain se ferme presque entièrement en haut ; on laisse seulement au milieu de la circonférence une ouverture de 6 centimètres de diamètre pour la communication du couvain au cabochon. Le cabochon se fait en forme de dôme. Pour mettre la ruche à l'abri de la chaleur et du froid, elle doit être enduite d'un mortier composé de chaux mélangée de foin haché très fin ; pour la garantir de la pluie, on la recouvre d'un faisceau ou botte de paille de seigle, qui se lie autour de la ruche en haut et par le milieu, au moyen d'une espèce de corde d'osier ; le faîte de cette botte de paille doit être recouvert d'un cône en bois, ou mieux encore, d'un vase en terre cuite, pour empêcher l'introduction de la pluie à l'intérieur.

Le premier compartiment, ou défense, éloigne des travaux des abeilles les ennemis nombreux qu'elles ont à redouter ; les abeilles n'y travaillent pas. Ce compartiment, à moitié fermé dans le haut, présente une disposition difficile à parcourir, un obstacle à surmonter ; pendant que les fourmis et autres insectes traversent la distance qu'il crée entre l'entrée de la ruche et le couvain, où se trouvent les premiers travaux des abeilles, ces dernières, qui sans cesse, font bonne garde, ont tout le temps de voir l'ennemi qui vient à elles, de le mettre à mort, de le transporter hors de la ruche, ou de le couvrir de cire, s'il est trop lourd pour leur force. Ce compartiment sert en même temps à la ruche de réservoir d'air.

Le second compartiment ou couvain est destiné à recevoir les alvéoles où la reine dépose ses œufs. C'est là aussi que les abeilles construisent les rayons de cire ; elles habitent exclusivement cette partie de la ruche : elles y couvent les œufs de la reine en les entourant, pour produire le degré de chaleur nécessaire à l'éclusion. Ce compartiment est presque entièrement fermé en haut, et ne laisse qu'une ouverture suffisante à la communication avec le cabochon. Cette disposition persuade aux abeilles que le miel déposé dans le cabochon est d'autant mieux à l'abri ; elles regardent leur trésor comme caché ; ce qui rentre complétement dans le sens de leur instinct. Le compartiment couvain est beaucoup plus grand que les autres, en raison de sa destination ; aussi, doit-on fixer à moitié de sa hauteur un croisillon, composé de deux petits bâtons qui se croisent au milieu.

Le troisième compartiment ou cabochon qui termine la ruche, est celui où les abeilles placent leur trésor, que toujours elles portent en haut de leurs travaux ; presque toujours on ne rencontre dans le cabochon autre chose que du miel ou des rayons préparés pour en recevoir. Les abeilles y laissent plutôt un vide quand elles ne peuvent pas le remplir de miel. Elles n'y habitent point ; la reine elle-même se place toujours ailleurs, mais elles font bonne garde continuelle autour du trésor commun ; elles circulent sans cesse, jour et nuit, inspectent les alvéoles, réparent les unes, ferment les autres, examinent les attaches des rayons de miel, nettoyent jusqu'aux moindres parcelles qui leur semblent nuisibles, et font de ce compartiment l'objet de leurs soins les plus assidus.

Ainsi constituée, la ruche se trouve entièrement du goût des abeilles, elles y trouvent les moyens de s'y établir commodément, de maintenir dans leurs travaux l'ordre admirable qu'elles observent sans cesse, et de diviser leurs possessions comme il leur plait de le faire.

ACADÉMIE DES SCIENCES.

Séance du 5 mai 1856.

NOUVELLE PILE GALVANIQUE.

M. Becquerel présente, au nom de l'auteur M. Doat, une pile nouvelle construite par MM. Fabre et Kunemann, qui, entr'autres avantages, présente celui-ci, que l'action une fois produite, ses éléments peuvent être revivifiés. Ce résultat a trop d'importance pour que nous ne disions pas, avec quelques détails, comment il s'obtient :

Description de la pile : Le *mercure* métallique remplace le zinc des piles ordinaires.

L'iodure de potassium en solution saturée, remplace l'eau acidulée par l'acide sulfurique.

L'iode dissous dans l'iodure de potassium, remplace l'acide nitrique ou le sulfate de cuivre de piles à deux liquides. Il sert à maintenir la constance pendant plusieurs jours, quelque soit l'énergie de l'action du courant.

Le charbon est employé comme pôle positif.

Une auge carrée en verre ou en gutta-percha renferme le mercure et l'iodure de potassium. Le charbon et l'iode dissous dans l'iodure alcalin sont renfermés dans un vase poreux également de forme carrée, lequel est immergé dans le liquide de l'auge, à deux centimètres de la surface du mercure. L'iodure de potassium, quand le circuit est fermé, attaque le mercure avec une grande énergie, forme du protoiodure, qui, en présence de l'iodure alcalin, abandonne la moitié du mercure à l'état métallique, et se change en périodure. Ce dernier sel étant une des substances attaquant le plus vivement le mercure métallique, vient ajouter son énergie d'action à celle de l'iodure de potassium.

La quantité d'électricité produite par ces deux actions réunies est si abondante, que si l'on reçoit le courant galvanique par un fil de grosseur convenable enroulé autour d'un électro-aimant, on soulève avec un seul couple des poids aussi considérable qu'avec un couple Bunsen placé dans les mêmes conditions.

Il en est de même quand on plonge les deux pôles dans une dissolution saline pour obtenir des dépôts métalliques. Quant à la tension, elle se rapproche davantage des piles à un seul qu'à deux liquides.

Cette pile est placée dans une bibliothèque, sur des planches mobiles qu'une tringle en fer reunit et qu'une vis de rappel incline à volonté. On peut ainsi régler immédiatement la quantité d'électricité, en changeant le niveau du mercure et en le ramassant sur un petit espace.

La nouvelle pile, une fois montée, n'a plus besoin d'aucun soin. Quand le liquide est saturé, on le soutire avec un syphon en verre et on le soumet à la revivification.

Revivification des éléments de la pile. L'iodure de potassium se revivifie en chauffant légèrement les liquides provenant des auges, dans une capsule surmontée d'une cloche ; par le calorique, le périodure de mercure, qui est très volatile, se sépare et va se condenser au sommet de la cloche et l'iodure de potassium reste pur dans la capsule.

Le *mercure* se revivifie successivement de la manière suivante : Une portion du métal se revivifie spontanément dans le sein même de la pile, dans les conditions suivantes : L'iodure de potassium, en agissant sur le mercure, le change en *protoiodure*, mais celui-ci en présence de l'iodure alcalin, abandonne sa moitié du mercure à l'état métallique, et passe à l'état de *periodure* ; ce dernier attaque à son tour le métal, le change également en protoiodure en passant lui-même au même état ; mais ces deux protoiodures abandonnent à leur tour la moitié du mercure pour repasser à l'état de periodure et ainsi de suite.

La revivification du mercure qu'il faut opérer à la main, se pratique de la manière suivante :

On traite la periodure par la baryte caustique ; il se forme de l'oxyde de mercure et de l'iodure de barium. Par une faible chaleur, l'oxyde de mercure abandonne l'oxygène et laisse du mercure métallique pur, qu'on recueille dans un appareil convenable.

L'iode se revivifie en chauffant l'iodure de barium dans un appareil surmonté d'une cloche : l'iode se volatilise et va cristalliser au sommet de la cloche.

La revification des éléments qui s'altèrent par l'action de la pile se fait si rapidement et à si peu de frais, que la production de l'électricité peut s'opérer ainsi avec abondance et avec la plus grande économie.

L'appareil qui a fonctionné sous les yeux des membres de l'Académie des Sciences sortait des ateliers de MM. Fabre et Kunemann.

NOUVELLE MACHINE ÉLECTRIQUE.

M. Jules Thore adresse de Dax (Landes) la communication suivante :

Il y a un an environ que j'avais eu occasion de faire la remarque suivante :

Si, pendant quelques minutes, je venais à frotter assez fortement deux feuilles superposées de papier blanc ordinaire, en promenant sur leur surface, comme si on voulait repasser du linge, un fer à repasser ordinaire, déjà préalablement échauffé, il arrivait que je développais dans les feuilles de papier une assez forte quantité d'électricité, de telle sorte qu'en présentant à diverses reprises à ce papier le bouton de la bouteille de Leyde, je pouvais parvenir à charger celle-ci de manière à en obtenir d'assez fortes étincelles.

Plus tard, en m'occupant de ces mêmes expériences, j'ai eu l'idée de remplacer le mode de friction ci-dessus indiqué par le procédé dont voici la description :

J'ai préparé une bande de papier de vingt centimètres de largeur environ, dont j'ai réuni les deux bouts en les collant ensemble, de manière à en former un ruban sans fin; j'ai tendu ce ruban sur deux rouleaux en bois recouverts de soie et distants l'un de l'autre.

Cela fait, j'ai imprimé au moyen soit d'une manivelle, soit, pour obtenir plus de rapidité, au moyen du tour à tourner, un mouvement de rotation à l'un des rouleaux en appuyant sur lui, et par conséquent sur le papier qu'il faisait circuler, le fer à repasser préalablement échauffé.

Et j'ai vu la bande de papier se charger d'une quantité remarquable d'électricité comme par le procédé ci-dessus.

Il me reste démontré que l'on pourrait, en se conformant aux indications que je viens de donner, construire de petites machines électriques qui auraient cet avantage d'être très simples, de pouvoir être livrées à un prix excessivement réduit, et de pouvoir fonctionner dans des conditions atmosphériques qui neutraliseraient les effets des machines ordinaires à plateau en verre.

J'ai eu occasion, il y a peu de jours, de rendre témoin de mes expériences le P. Martel, jésuite, professeur de physique au séminaire de cette ville, qui me félicita sur les résultats que j'obtenais, et qui lui parurent tout à fait nouveaux et dignes d'attention.

COMMUNICATIONS DIVERSES.

M. Petit envoie les calculs de la parabole et des mouvements d'un bolide observés le 24 décembre dernier. — M. Chatin compare, dans un savant mémoire, les racines terrestres des plantes aux racines aériennes, et montre que chez les premières l'absorption est quarante fois plus intense que chez les secondes.—M. Gay donne une nouvelle lecture sur l'histoire naturelle du Chili, si remarquable par ses *batraciens grimpeurs*, ses *cactées* et ses *bromeliacées*. — M. de Gasparin lit une note sur la culture de la garance et les moyens de remédier à la diminution que subit la quantité de ses principes colorants. — M. Balard dépose une note sur un camphre existant dans un alcool et analogue à celui de Bornéo qui cependant a une autre action rotatoire.—M. Leverrier annonce qu'il a donné le nom de *Harmonia* à la planète nouvellement découverte par M. Goldschmit.

Addition à la précédente séance.

ÉTUDES CLIMATOLOGIQUES SUR L'ASIE MINEURE.

Considérations sur le déboisement de l'Asie Mineure.

Nous avons promis de revenir sur l'intéressant mémoire dont les recherches de M. Tchihatchef ont été l'objet de la part de M. Becquerel. Le chapitre suivant, relatif à une question aussi importante que controversée, celle de l'influence du déboisement sur le climat, se recommande à l'attention des lecteurs.

« L'Asie Mineure manque de grandes forêts; on y trouve de vastes étendues de terrains dépourvues de toute végétation arborescente et même frutescente. On se demande dès lors s'il en a toujours été ainsi : de nombreux témoignages d'auteurs anciens prouvent que cette contrée était beaucoup plus boisée qu'elle ne l'est aujourd'hui. Les progrès de la civilisation et les guerres sont les causes de la destruction des forêts du Gange à l'Euphrate et de l'Euphrate à la Méditerranée, sur une étendue de plus de mille lieues en longueur ; trois mille ans de guerre ont ravagé ces contrées ; Ninive et Babylone, si renommées par leur civilisation avancée, Palmyre et Balbeck par leur magnificence, n'offrent plus aujourd'hui aux voyageurs que des ruines, au milieu de déserts dans lesquels on ne rencontre plus que çà et là des traces de cette riche végétation dont parlent les anciens. D'un autre côté, le littoral septentrional de la mer Noire, du temps d'Hérodote, était couvert de forêts là où il n'en existe plus aujourd'hui.

« M. Tchihatchef pense que la destruction de toutes ces forêts a pu exercer une certaine influence sur le climat de l'Asie Mineure, en abaissant la moyenne estivale et relevant la moyenne hivernale; il appuie son opinion, à cet égard, sur plusieurs passages de Théophraste, dans lesquels ce philosophe mentionne certains végétaux que le défaut de chaleur empêchait jadis de prospérer, et qui viennent aujourd'hui parfaitement.

« M. Tchihatchef, en exprimant son opinion touchant l'influence exercée sur la température par le déboisement de grandes étendues de forêts, aborde une question qui est encore un sujet de discussion, et sur laquelle les meilleurs esprits ne sont pas entièrement d'accord. En effet, MM. Arago et Gay-Lussac, dans le sein de la Commission nommée en 1836, pour examiner s'il y avait lieu ou non de rapporter l'art. 219 du Code forestier, s'exprimaient ainsi :

« Si l'on abattait un rideau de forêts sur la côte maritime de la « Normandie ou de la Bretagne, disait M. Arago, ces deux contrées « deviendraient accessibles aux vents d'ouest, aux vents tempérés « venant de la mer; de là une diminution dans le froid des « hivers. Si une forêt toute pareille était défrichée sur la côte « orientale de la France, le vent d'est glacial s'y propagerait plus « fortement, et les hivers seraient plus rigoureux. La destruction « d'un rideau de bois aurait donc produit, çà et là, des effets « diamétralement opposés. »

« M. Gay-Lussac tenait un langage bien différent :

« A mon avis, disait-il, on n'a acquis jusqu'à présent aucune « preuve positive que les bois aient, par eux-mêmes, une influence « réelle sur le climat d'une grande contrée ou d'une localité par- « ticulière. En examinant de près les effets du déboisement, on « trouverait peut-être que, loin d'être un mal, c'est un bienfait ; « mais ces questions sont tellement compliquées, quand on les « examine sous le point de vue climatologique, que la solution est « très difficile, pour ne pas dire impossible. »

» D'un autre côté, suivant M. de Humbold, les forêts agissent sur le climat d'une contrée comme cause frigorifique, comme abris contre les vents et comme servant à entretenir les eaux vives.

« Il n'est pas démontré encore que le déboisement sur une grande étendue de pays améliore la température moyenne. Cependant un grand nombre d'observations tendent à le faire croire : nous citerons les observations de Jefferson dans la Virginie et la Pensilvanie, celles beaucoup plus récentes faites par MM. de Humbold, Boussingault, Hall, Rivière et Roulin, sous les tropiques, depuis le niveau de la mer jusqu'à des hauteurs où l'on trouve des climats tempérés et polaires; ces derniers ont reconnu que l'abondance des forêts et l'humidité qui en résulte, tendent à refroidir le climat, et que la sécheresse et l'aridité produisent un effet contraire. Il pourrait se faire cependant que, la température moyenne restant la même, la répartition de la chaleur dans le cours de l'année fût changée, et dans ce cas le climat serait modifié. Mais, nous le répétons, on ne sait encore rien de bien certain touchant l'influence du déboisement sur la température dans les contrées situées hors des tropiques. L'influence des abris toutefois ne saurait être contestée; un grand nombre de faits le prouvent; nous en citerons un seul : dans les marais Pontins, un bois interposé sur le passage d'un courant d'air humide chargé de miasmes pestilentiel, préserve les parties qui sont derrière lui, tandis que celles qui sont découvertes sont exposées aux maladies. Les arbres sembleraient donc tamiser l'air infecté en lui enlevant les miasmes qu'il transporte.

« M. Tchihathef avance ensuite que le déboisement a eu pour effet le développement des marécages, dont l'extension considérable est un des traits caractéristiques de l'aspect de l'Asie Mineure. Il cite des témoignages irrécusables d'auteurs anciens qui prouvent que de leur temps les marécages qui infectent aujourd'hui l'Asie Mineure, n'étaient pas aussi étendus qu'ils le sont actuellement. Ces auteurs ne signalent point, par exemple, les fièvres paludiennes dans les régions que ces affections rendent aujourd'hui inhabitables, et qui étaient jadis couvertes de cités florissantes.

« L'opinion émise par M. Thihatchef touchant la production des marécages à la suite de grands déboisements, se trouve confirmée par de nombreux exemples que l'un de nous a signalés dans un ouvrage sur les climats.

« Vient-on à défricher une forêt à sous sol imperméable sans cultiver le sol, la terre n'offre plus qu'un accès difficile aux eaux pluviales, qui, ne pouvant plus s'infiltrer, restent dans les parties basses. Le pays devient alors marécageux et malsain, et les habitants sont en proie aux fièvres paludiennes. C'est ce qui est arrivé à la Sologne, à la Brenne, à la Dombe, à la Bresse, etc., à la suite de grands déboisements.

« Des documents authentiques prouvent, en effet, qu'il y a mille ans, la Brenne était couverte de forêts entrecoupées de prairies arrosées d'eaux courantes et vives, qu'elle était renommée par la fertilité de ses pâturages et la douceur de son climat. Aujourd'hui il n'en est plus ainsi, le pays est devenu marécageux et malsain. »

Société impériale et centrale d'Agriculture.

Séance du 23 avril.

DES CAUSES DE LA GATINE DANS LES MAGNANERIES.

Au nombre des fléaux qui sévissent sur l'industrie des vers à soie, vient se ranger, depuis quelques années, la gâtine, véritable rachitisme dont la Lombardie et l'Espagne commencent à éprouver les ravages, tandis que, de tous les états du Midi de l'Europe, la Toscane seule a été épargnée jusqu'à ce jour. Bien des opinions ont été émises sur la cause de ce fléau, et voulant faire connaître à la Société l'état où en est aujourd'hui la question en Italie, M. de Gasparin a donné lecture de la traduction d'une lettre adressée par M. Lambruschini, le 7 février dernier, à l'Académie des Georgophiles de Florence.

Cette lettre attribue à deux causes principales cette dégénérescence rapide qui s'observe dans les races depuis un certain temps : 1° la fabrication en grande échelle des graines pour les besoins du commerce ; 2° la mauvaise méthode pratiquée pour l'accouplement des papillons.

M. Lambruschini, en effet, remarque en premier lieu, que l'apparition du fléau en Europe date précisément de l'époque des premiers essais de fabrication de graines sur une grande échelle, fabrication qui a pris depuis et qui prend tous les jours un essor plus grand. Mais en outre de cette coïncidence, le fait de la production des graines dans un petit nombre d'ateliers destinés à les répandre ensuite dans le commerce, est capable d'expliquer tout seul l'invasion de la gâtine, car pour parvenir à n'élever que des vers sains, bien constitués et capables de fournir une soie belle et riche, il importe d'examiner les papillons un à un, d'une manière minutieuse, afin de rejeter tous ceux qui présenteraient quelqu'irrégularité dans les organes ; or ce travail indispensable ne peut pas être fait dans ces vastes magnaneries qui opèrent sur des millions d'insectes et dont l'intérêt est d'avoir à livrer, chaque année, au commerce, le plus grand nombre possible de graines. On comprend donc que de ces centres d'alimentation partent constamment des germes mal constitués et que la gâtine ne soit que le contre-coup, dans les magnaneries, de ce qui se passe dans les fabriques.

La seconde cause indiquée repose uniquement sur l'observation : l'auteur de la lettre ayant soupçonné que les six heures durant lesquelles on laissait les papillons s'accoupler, ne suffisent point pour obtenir une graine de bonne qualité, prolongea ce temps jusqu'à vingt-quatre et au-delà, et obtint de la sorte des produits irréprochables.

En conséquence, M. Lambruschini conseille à chaque propriétaire de faire lui-même sa graine, d'en surveiller minutieusement toutes les tranformations par un triage rigoureux, et enfin de laisser les papillons s'accoupler aussi longtemps que leurs propres forces le leur permettent. Selon lui, c'est à l'observation de ces principes généraux que la Toscane a dû d'être préservée de l'invasion de la gâtine.

L'opinion émise par M. Lambruschini n'a point reçu, au sein de la Société d'agriculture, l'approbation générale. M. Darblay a rappelé les expériences faites par M. André Jean, à Neuilly, l'année dernière, expériences qui ont pleinement édifié la Société d'encouragement sur la valeur industrielle d'un procédé, à ce qu'il paraît infaillible, pour obtenir de beaux cocons : ce procédé, que la nécessité commande à son inventeur de tenir secret, serait applicable à la production des graines sur une grande échelle, ce qui diminuerait beaucoup la valeur des conseils donnés par M. Lambruschini.

M. Robinet combat l'idée d'infaillibilité en matière semblable : il a vu d'ailleurs les cocons obtenus par M. André Jean ; ces cocons sont blancs, il est vrai, mais ils sont de plus assez gros, pointus et satinés, c'est-à-dire médiocres et peu estimés dans l'industrie.

Néanmoins, M. Robinet ne penche pas davantage vers l'opinion de M. Lambruschini, car chez lui, depuis vingt ans, Mme Millet, sa sœur, fait elle-même la graine et malgré toutes les précautions recommandées dans la lettre du professeur italien, elle n'a pu échapper à l'invasion du fléau. La cause de la gâtine semble donc à l'honorable membre rester encore parfaitement inconnue.

F. F.

FAITS DIVERS.

TÉLÉGRAPHIE TRANSATLANTIQUE. — Tout le monde a entendu parler du terrible et regrettable échec qu'a subi, il y a quelques mois, l'essai d'établissement d'un fil télégraphique sous-marin entre le New Foundland et le Cap Breton à travers le golfe de Saint-Laurent. Le steamer qui portait le câble fut assailli par la tempête à quatorze milles de l'île Saint-Paul, près du Cap Breton, et pour sauver l'équipage d'une mort certaine, le capitaine dut ordonner de couper le câble.

On apprendra avec joie que la compagnie ne se tient pour battue et qu'elle s'occupe en ce moment de combinaisons nouvelles qui seront mises à exécution l'été prochain.

Le câble employé lors de la première tentative se composait de trois fils conducteurs, chacun de la grosseur d'une aiguille à tricoter. Le nouveau câble ne consiste qu'en un seul et unique fil, formé de petits fils de cuivre tressés ensemble ; cet arrangement rend impossible toute interruption du courant électrique. Le nouveau câble est moindre de moitié du précédent, quand au poids ; il est de 2,030 kilog. par mille au lieu de 5,075 kilog., auquel on évaluait l'ancien pour la même longueur.

MM. W. Kuper et Cie, de Londres, se sont engagés envers la compagnie du télégraphe de New-York et New-Foundland à faire placer par leur ingénieur, M. Cunning, le câble de leur fabrication, et à le livrer en parfait état d'opération à la fin de juin. On ne peut être plus expéditif.

Pendant ce temps, on ne perd pas de vue les grands préparatifs pour le câble transatlantique qui doit commencer à fonctionner en 1858. Il ne consistera, comme le câble de New-Foundland, qu'en un seul conducteur, combiné de la même manière, et ne pèsera que 800 kilog. par longueur d'un mille. Il joindra Saint-Johns (New-Foundland) avec la pointe la plus rapprochée de la côte sud de l'Irlande. La distance entre ces deux points est de 1,617 milles ; mais le câble aura 2,400 milles de longueur, la différence étant destinée à compenser les inégalités du fond de l'Océan et les dérives pouvant résulter de la force des vents et des courants. Cependant on pense que la moitié de cette différence suffira. On emploiera deux vaisseaux ; chacun d'eux aura à bord 920,000 kilog. de câble. Ces deux vaisseaux se rendront de concert à moitié chemin de la ligne de distance, et là, laissant aller le milieu du câble, ils cingleront chacun vers une direction opposée, l'un en revenant sur ses pas et l'autre en continuant sa route. De cette manière la besogne se fera avec une économie de temps considérable, que l'on prenne pour point de départ Saint-Johns ou l'Irlande. En évaluant les interruptions forcées qui pourraient être causées et les accidents qui pourraient arriver au câble pendant l'opération, on a calculé qu'il ne faudrait pas plus de dix à douze jours pour mener à bonne fin cette entreprise incomparable.

BULLETIN BIBLIOGRAPHIQUE.

TRAITÉ GÉNÉRAL DE PHOTOGRAPHIE, comprenant les procédés sur plaque, sur papier, sur verre, à l'albumine et au collodion, le tirage des positifs et des épreuves stéréoscopiques, la gravure héliographique, etc., suivi des applications de cet art aux sciences, et de recherches sur l'action chimique de la lumière ; par D. VAN MONCKHOVEN. 2e édit. considérablement augmentée, avec quatre planches et une gravure héliographique. 1 vol. grand in-8°. 10 fr. A. Gaudin et frères, éditeurs, rue de la Perle, 9, Paris.

Prix d'abonnement pour l'étranger.

Allemagne, 8 fr. ;— Suisse, Parme, Plaisance, Modène, 8 fr. 50.— Etats Sardes, Grèce, Crimée, 9 fr. ; — Hollande, Angleterre, 10 fr. ; — Etats-Unis, Indostan, Turquie, 10 fr. 50 ; — Belgique, Prusse, Hanôvre, Saxe, Pologne, Russie, Espagne, Portugal, 11 fr. ;— Toscane, 12 fr. ; — Etats-Romains, 16 fr. 50.

Le propriétaire, rédacteur-gérant :
VICTOR MEUNIER.

PARIS. — IMP. J.-B. GROS, RUE DES NOYERS, 74.

Deuxième année. — N° 20. Quinze centimes. 18 mai 1856.

L'AMI DES SCIENCES

BUREAUX D'ABONNEMENT
13, RUE DU JARDINET, 13
Près l'Ecole de Médecine
A PARIS

JOURNAL DU DIMANCHE
SOUS LA DIRECTION DE
VICTOR MEUNIER

ABONNEMENT POUR L'ANNÉE
PARIS, 6 FR.; — DÉPART., 8 FR.
Étranger (Voir à la fin du journal)
ENVOYER UN MANDAT DE POSTE

SOMMAIRE. — Pisciculture (suite). — Arpentage. — Applications nouvelles de la science à l'industrie et aux arts. — Thermographie. — ACADÉMIE DES SCIENCES. Séance du 12 mai. — SOCIÉTÉ IMPÉRIALE ET CENTRALE D'AGRICULTURE. Séance du 30 avril. — VARIÉTÉS. — François Bacon (fin). — FAITS DIVERS.

Onagre ou Ane sauvage mâle d'Abyssinie.

PISCICULTURE.

Considérations générales et pratiques sur la Pisciculture marine (1).

II. *Introduction du fretin.*

C'est à l'aide d'*écluses* convenablement disposées dans les digues qui séparent les réservoirs d'avec le bassin d'Arcachon, que l'on renouvelle l'eau de ces réservoirs, et que l'on y introduit le jeune poisson à l'état de fretin.

Les écluses sont construites en bois; elles sont formées de quatre parties principales, savoir : au milieu, le pont qui est placé sur la partie supérieure de la digue et qui sert de passage ; à droite, vers le réservoir, et attenant au pont, un poteau à coulisses pour une grande vanne ; plus loin, un autre poteau à coulisses pour la manche ; à gauche, vers le bassin d'Arcachon, un troisième poteau à coulisses pour un cadre à pêcher.

Usage de la manche : la manche est un filet en cône tronqué (M N) de 7 m. de longueur ; son ouverture est subordonnée à celle du cadre sur lequel elle est fixée ; toutefois, elle doit avoir 550 à 600 mailles de 11 millimètres de côté pour tout le pourtour M, et 120 environ pour la petite ouverture N; on permet à l'ouvrier de faire les mailles plus larges sur une longueur de 3 m. environ, à partir de la petite ouverture[1], mais en rétrécissant graduellement pour

(1) Voir le précédent N°.

arriver à 11 millimètres ; la petite ouverture a environ 60 centimètres de tour.

La grande ouverture M est fixée sur un cadre de bois, soit par des clous, soit par une corde enfilée dans des trous percés sur le cadre.

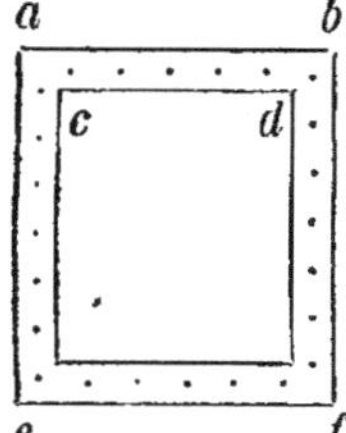

$a\ b$ = 1 m. 10 à 1 m 30.
$c\ d$ = 1 m. 00 à 1 m. 20.
$a\ e$ = la longueur ou hauteur est subordonnée à la profondeur de l'écluse. Dans tous les cas, il faut que $e\ f$ touche le fond, et que $a\ b$ s'élève de 0 m. 50 au-dessus du niveau de l'eau pour empêcher le *muge sauteur* de franchir le cadre et de s'échapper.

Le cadre glisse dans deux poteaux à rainures.

Confection et préparation des manches : à Bordeaux, on prépare les manches par le procédé employé pour la conservation des bâches de roulage et des voiles. La préparation donne au fil une teinte verdâtre ; elle revient, par manche, à 1 fr. 75 c. ou 2 fr., selon le poids ; elle donne une durée d'un tiers en sus à peu près. Chaque manche coûte 25 fr. sans aucune préparation.

Ces appareils sont confectionnés à Bassens (12 kilomètres de Bordeaux) par des femmes et des enfants ; la ficelle est fabriquée à Tonneins (Lot-et-Garonne) ; on emploie, dans la fabrication d'une manche, 10 fr. de ficelle ; la façon est de 10 fr. ; le bénéfice du marchand est de 5 fr.

La durée d'une manche est d'une année, quand elle a subi une bonne préparation ; cette durée dépend de la quantité de détritus, débris et herbes charriés par la mer ; aussi certaines manches ont une durée de dix-huit mois. Mais, en général, sans aucune préparation, une manche est hors de service au bout de huit mois.

On obtiendrait, je crois, de bons résultats en passant de temps à autre la manche dans le *tan* (infusion d'écorce de chêne) qui donnerait au fil une teinte roussâtre.

Quand l'écluse ne fonctionne pas, on sort le cadre de l'eau, et on laisse sécher la manche sur l'écluse où elle reste exposée au soleil, à l'air, à la pluie ; c'est une cause puissante de destruction.

Les rats, qui paraissent être très abondants sur certains points, peuvent attaquer le fil des manches, surtout quand ils ont faim ; leur destruction par une matière vénéneuse aurait pour effet utile de préserver cet appareil de pêche.

Boire et déboire. — On fait boire (c'est-à-dire on introduit l'eau de mer dans les réservoirs) pour renouveler l'eau, pour donner des aliments au poisson et pour introduire le fretin.

On ne fait boire qu'à partir du 15 mars jusqu'au 1er novembre, en général ; du reste, ces époques sont subordonnées à la température de la saison et aux exigences commerciales, c'est-à-dire de la vente du poisson ; Pâques est une époque assez habituelle pour commencer à faire boire.

Par mois, on ne fait boire que pendant dix jours, deux fois par jour (matin et soir) ; à moins de rares exceptions, on ne fait pas boire quand la marée est faible. Ces dix jours se divisent en deux périodes de cinq jours chaque, c'est-à-dire que l'on fait boire *pendant cinq jours à chaque marée des syzygies* (nouvelle et pleine lune) ; ces marées sont toujours les plus fortes. Toutefois, la hauteur de la marée varie suivant les vents d'est ou d'ouest, car il y a souvent une différence de 0m,80 ; c'est le vent du sud qui la fait monter le plus, et le vent du nord ou du nord-est qui la fait monter le moins.

Pour faire entrer le fretin avec le système des *manches*, on descend le cadre avec sa manche pour empêcher le poisson de sortir ; puis, deux heures avant que la mer ne soit au niveau de l'eau du réservoir, on lève la vanne à une hauteur de 3 centimètres environ pour établir un *petit courant*, du réservoir dans la mer, destiné à attirer le petit poisson vers l'écluse ; au fur et à mesure que la marée monte, on lève la vanne de quelques centimètres pour activer le courant. Quand le niveau est établi (entre la mer et le réservoir), *on lève complétement la vanne* ; il s'établit alors un courant en *sens contraire*, de la mer dans le réservoir ; plus la marée monte, plus le courant est fort. Mais, alors, il faut avoir la précaution de baisser la vanne pour modérer ce courant qui pourrait briser la manche. Quand le courant est à son maximum, on baisse la vanne de manière à ne laisser, dans le bas, qu'un espace libre de 0m,25 à 0m,30. Il y a ici un fait d'appréciation qui constitue l'art ou l'habileté du pêcheur affecté à ce service.

Le petit poisson est ainsi entraîné dans la manche et de là dans le réservoir.

Il y a quelques précautions à prendre dans l'emploi de ce mode.

Quand le courant venant de la mer est encore faible, on tient la manche fermée par le petit bout ; on ne l'ouvre que lorsque le courant devient fort, c'est-à-dire quand le niveau de la mer, élevé par la marée, est de plusieurs centimètres supérieur à celui de l'eau du réservoir parce que, dans ces conditions, le poisson de l'intérieur ne peut plus remonter ce courant et s'échapper.

Quelques personnes ferment la manche et l'ouvrent de temps en temps pour faire entrer dans le réservoir les jeunes poissons qui n'ont pas passé par les mailles ; mais ce mode a l'inconvénient d'entasser une grande quantité de *crabes* avec le fretin dont un grand nombre n'échappe pas à la voracité de ces crustacés.

Le plus petit poisson passe à travers les mailles de la manche ; aussi, en mars et avril, on ne trouve rien dans les manches *fermées*, parce qu'à cette époque le poisson est encore assez petit pour ne pas être arrêté par la maille ; mais, plus tard, à partir du mois de mai, le fretin, devenu plus fort, ne passe presque plus par les mailles et *reste dans la manche fermée.*

Quand la marée est peu forte, on emploie, au lieu du cadre à manche, un palot (petite vanne) que l'on ferme ; on ouvre la vanne de l'écluse ; le palot, qui est assez mal jointé, laisse passer une certaine quantité d'eau, qui établit un petit courant capable d'attirer le fretin. Quand on en voit un assez grand nombre, ou quand on pense que l'écluse en contient une certaine quantité, on ferme la vanne, on lève le palot, et alors le fretin entre dans le réservoir. On n'emploie ce mode que quatre ou cinq fois par mois.

Espèces qui entrent par les écluses : Les espèces de poissons qui, à l'aide de ces artifices, passent dans les réservoirs, sont, par ordre :

1° Les *muges* (mules noir, blanc, sauteur du pays) : le noir est beaucoup plus abondant que les autres ;

2° En second lieu, le *bar* (brigne) ; il n'entre qu'en petite quantité ;

3° Quelquefois, le *carrelet* et la *dorade* (1) ; il y a une quinzaine d'années, la dorade entrait en grand nombre. En 1853, on a vu dans le chenal de Certes de petits carrelets qui avaient, au mois de septembre, la dimension d'une pièce de 5 francs.

4° La *sole* entre très peu, par hasard ; le *rouget*, le *turbot*, etc., n'entrent jamais dans les réservoirs.

5° La *montée d'anguilles* entre en abondance au printemps, quand on commence à ouvrir.

Époques des entrées. — En avril, l'entrée du fretin est très abondante, et en septembre, elle est assez abondante. Le fretin n'entre que quand il a atteint la grosseur d'un tuyau de plume ; celui d'avril est plus fort que celui de septembre.

Opération du déboire. — On entend par *faire déboire*, faire écouler dans le bassin d'Arcachon, une portion de l'eau du réservoir.

(1) Quand le fretin de *dorade* est abondant, il entre en grande quantité.

Pour cela, quand la *marée est basse*, on descend le cadre avec sa manche, et on ouvre la vanne de l'écluse à 0m03 de hauteur; il s'établit alors dans le bassin d'Arcachon un léger écoulement qui n'a pas assez de force pour entraîner l'alevin du réservoir; d'ailleurs, si cet alevin se présente vers la manche, à travers les mailles de laquelle il pourrait passer, on ferme la vanne et on cesse de faire déboire.

On a essayé d'employer des cadres avec une toile métallique de cuivre à mailles fines; mais cette toile était promptement corrodée et détruite par l'eau de mer, et occasionnait une forte dépense. On a fait aussi des essais avec de fins canevas de toile, mais l'écoulement était trop faible. — Je crois que l'emploi de fortes toiles métalliques *galvanisées* (fer et zinc) produirait de bons résultats.

C. MILLET.
inspecteur des Forêts.

(*La suite au prochain numéro.*)

ARPENTAGE.

Réforme géométrique de M. Bailly (1).

Plusieurs personnes nous ont demandé, par écrit, la démonstration du théorème fondamental sur lequel repose la réforme géométrique de M. Bailly, à savoir que : si l'on prend pour *unité de surface* le triangle équilatéral ayant un mètre de côté, la surface d'un triangle équilatéral quelconque renferme cette unité autant de fois que son côté, multiplié par lui-même, renferme *l'unité de longueur*.

Il suffit, pour s'en assurer, de diviser l'un des côtés d'un triangle équilatéral quelconque, en autant de parties égales qu'il peut contenir de fois l'unité de longueur, et, par chacun des points de division, de mener des parallèles à l'un des deux autres côtés ; par chacun des points d'intersection ainsi obtenus, de mener des parallèles au troisième côté ; enfin d'en faire de même pour ces nouveaux points d'intersection. On partage ainsi la surface totale en petits triangles équilatéraux ayant l'unité de longueur pour côté; par cette décomposition il est aisé de faire voir que le nombre des petits triangles sera de *quatre* si le côté donné est *deux* ; qu'il sera de *neuf*, si celui-ci est *trois*; de *seize* pour *quatre*, et ainsi de suite.

Inutile d'ajouter que si le côté ne renferme pas un *nombre entier* de mètres, il faudra le diviser en décimètres ou en centimètres, suivant le cas, et alors les petits triangles formés auront un décimètre ou un centimètre de côté. En rapportant ces nouveaux petits triangles à celui qui a UN mètre de côté, on reconnaîtra, en dernier lieu, l'exactitude de la mesure donnée par M. Bailly, d'une manière générale, en fonction du triangle équilatéral qu'il propose d'adopter pour unité de surface.

F. F.

Applications nouvelles de la Science à l'industrie et aux arts.

L'auteur de *Exposition et histoire des principales découvertes scientifiques modernes,* M. Louis Figuier donne, sous le titre de *les Applications nouvelles de la Science à l'Industrie et aux arts en* 1855 (2), une suite pleine d'actualité à son premier ouvrage. Ce nouveau volume est la collection revue et complétée des articles publiés par l'auteur dans le journal *La Presse* sur l'Exposition universelle. Les tentatives que l'on fait en ce moment en France et dans diverses parties de l'Europe pour changer les dispositions actuelles de la machine à vapeur; les locomotives inventées, en 1854, pour le service des marchandises ; les locomobiles ; les moteur électro-magnétiques ; l'horlogerie électrique ; l'emploi de l'électricité pour la sécurité des chemins de fer ; la gravure photographique ; l'emploi industriel de la galvanoplastie; la fabrication des bougies stéariques par la distillation et par l'action de l'eau ; l'éclairage électrique ; le chauffage par le gaz ; les moyens de conservation des substances végétales ; l'aluminium, etc., telles sont les nouveautés scientifiques traitées par M. Louis Figuier avec son talent habituel. — Quelques extraits pris çà et là donneront une idée de l'intérêt que présente ce nouvel ouvrage.

Horlogerie électrique.

La mesure du temps par l'électricité n'est pas, comme bien des personnes se l'imaginent, une découverte encore dans l'enfance et qui exigerait de nombreux perfectionnements. Sauf la question pratique de son application sur une échelle considérable, le problème de l'horlogerie électrique est aujourd'hui résolu. On voit, chez M. Froment, une pendule électrique qui marche depuis plus de huit ans d'une manière non interrompue, transmettant dans ses ateliers l'heure, la minute, la seconde à de nombreux cadrans. Dans une autre horloge, qui marche depuis quatre années, les mouvements électriques ne se sont pas arrêtés un instant. Ajoutons que l'expérience a prouvé que les appareils du même genre, construits par divers artistes de l'Europe, satisfont très bien aux conditions qu'il s'agit de remplir.

Nous ne croyons donc rien avancer que de très sérieux et de très réalisable, en exprimant le vœu que l'on essaie d'établir à Paris, sur une large échelle, la distribution générale du temps par des instruments électriques. La capitale de la France donnerait par là l'exemple d'une importante et utile initiative; les artistes habiles qu'elle possède assureraient, sans aucun doute, le succès de cette belle entreprise.

Un fait que l'on ne peut constater à cette occasion sans un sentiment de regret, c'est qu'un grand nombre de pays nous ont déjà précédés dans cette voie. Aux Etats-Unis l'horlogerie électrique est aujourd'hui réalisée sur une certaine échelle. Elle fonctionne depuis plusieurs années en Angleterre, non, à la vérité, dans des villes entières, mais dans un certain nombre d'établissements publics et privés. La pendule astronomique de l'Observatoire de Greenwich envoie, par un conducteur électrique, l'heure à l'horloge de Charring-Cross. En outre, l'heure moyenne exacte est signalée, à Londres, par la chute, à midi précis, d'un ballon qui tombe du dôme de l'*Office télégraphique* et qui s'aperçoit dans un rayon de la ville assez étendu.

En Allemagne, la ville de Leipzig a vu s'accomplir, en 1850, un essai, ou un commencement d'application, de l'horlogerie électrique. Un mécanicien de Leipzig, M. Storer, de concert avec un horloger de la même ville, M. Scholle, a obtenu du gouvernement un privilége pour l'application, en Saxe, de ces nouveaux moyens chronométriques. Les rues de la ville ont été partagées en groupes; chaque groupe est muni de son fil conducteur, fixé contre les murs extérieurs et mis plus complétement à l'abri dans l'intérieur des habitations. Tous ces conducteurs aboutissent à une horloge type installée à l'hôtel de ville. Les conducteurs voltaïques qui font marcher les aiguilles sur le cadran de chaque maison, s'embranchent et se soudent sur le conducteur principal. Dans le projet présenté par les auteurs de cet essai, les fils d'embranchement devraient coûter à peu près 1 fr. le mètre, et être à la charge du propriétaire ou du locataire de la maison; celui-ci aurait de plus à payer 6 ou 8 fr. par année, suivant les dimensions du cadran, mais il n'aurait à supporter aucun autre frais, et la direction des horloges électriques s'engagerait à lui assurer l'heure et la minute exacte de l'horloge de l'hôtel de ville. Une pendule électrique, avec un cadran de 33 centimètres, ne coûte que 60 à

(1) Voir le N° 16.

(2) Un vol. format Charpentier. Victor Masson, 17, place de l'Ecole-de-Médecine.

80 fr. Un certain nombre de ces appareils fonctionnent déjà, à Leipzig, chez les négociants, et dans divers établissements publics.

Dans la ville de Gand, en Belgique, l'heure est aujourd'hui indiquée électriquement sur plus de cent cadrans placés dans les lanternes à gaz. Les aiguilles n'avancent sur les cadrans que toutes les minutes; mais cette indication atteint bien suffisamment le but qu'on se propose. Ce système a été établi à Gand par un mécanicien de mérite, M. Nolet.

En France, l'horlogerie électrique ne s'est encore répandue que d'une manière extrêmement incomplète. Un horloger de Paris, M. Paul Garnier, a établi, sur la demande des compagnies, des cadrans électriques qui distribuent l'heure dans l'intérieur des gares de plusieurs de nos chemins de fer. Ce système est adopté en particulier sur les chemins de fer de l'Ouest, du Nord et du Midi. Depuis les mois de juillet 1849, la gare de Lille, sur le chemin de fer du Nord, est pourvue d'un système de vingt cadrans de toutes dimensions. La ligne de l'Ouest a un système analogue à chacune de ses stations de Paris à Laval. La gare du chemin de fer de Lyon à Paris est réglée de cette façon; l'heure est même envoyée à la gare des marchandises à Bercy, après un parcours de plusieurs kilomètres; les stations du chemin de fer d'Auteuil, la gare de Bordeaux, sur les chemins du Midi, la maison impériale de Charenton, reçoivent l'heure de cette manière. Dans l'intérieur de Paris, le grand Hôtel du Louvre a reçu une belle application de l'électro magnétisme. Les sonnettes des chambres sont mises en mouvement par l'électricité. Il y a, en outre, une pendule électrique faisant marcher deux cadrans.

Les différents essais partiels que nous venons de rappeler, et qui ont été partout couronnés d'un succès égal, montrent la voie qui reste à suivre. Il faudrait appliquer sur une grande échelle, à la ville de Paris, ce système commun de transmission du temps, dont l'expérience a démontré suffisamment aujourd'hui et la possibilité et les avantages. Nous ne doutons point que, si cette belle entreprise est essayée, nous ne soyons témoins bientôt de véritables prodiges. Installée à l'Hôtel de Ville, au Louvre ou à l'Observatoire, une horloge régulatrice pourrait distribuer simultanément l'heure et la minute à des cadrans publics exposés dans les principaux quartiers de la capitale. Bientôt, peut-être, cet admirable système pourrait s'étendre à chaque rue, et même à toutes les maisons et à tous les étages de chaque maison. Des expériences ultérieures détermineraient les conditions les plus convenables à adopter pour proportionner l'intensité du courant de la pile voltaïque à l'étendue considérable et à la multiplicité des conducteurs métalliques que nécessiterait le développement de ce service.

Les piles *de relais*, dont on fait usage dans la télégraphie électrique, serviraient à renforcer, de distance en distance, l'action électro-magnétique sur un certain groupe de cadrans. Le conducteur principal et ses embranchements secondaires pourraient être enfouis sous le sol, étant revêtus d'un enduit isolant de gutta-percha ou de bitume, comme le sont aujourd'hui, dans plusieurs pays, les fils souterrains des télégraphes électriques. Ces *conducteurs du temps* seraient placés sous les pavés des rues, côte à côte avec les conducteurs de la lumière et de l'eau.

En 1852, une proposition dans ce sens fut adressée par M. Paul Garnier au conseil municipal de Paris.

Chauffage par le gaz.

Le chauffage au moyen du gaz est établi et fonctionne, depuis quelque temps, dans plusieurs villes de l'Allemagne. Dans la seule ville de Berlin, huit mille becs de gaz sont consacrés chaque jour au chauffage des établissements publics et des maisons particulières.

M. Elssner, de Berlin, le principal constructeur, en Allemagne, des appareils à gaz destinés au chauffage, avait envoyé tous ses modèles à l'Exposition universelle. Nous pourrons donc décrire avec exactitude les moyens qui sont mis en usage chez nos voisins, pour l'emploi du gaz comme combustible dans l'intérieur des maisons.

Le mode général de distribution du gaz, dans les appareils de M. Elssner, consiste à faire dégager le fluide gazeux par une lame métallique criblée d'une infinité de trous, et formant une sorte de tamis métallique.

Les *poêles à gaz* de M. Elssner qui sont d'un si grand usage à Berlin et dans quelques autres villes de l'Allemagne, se composent d'un simple tuyau cylindrique de tôle, qui enveloppe de toutes parts la flamme du gaz. L'air chaud se dégage dans l'appartement et il y persiste sans trouver d'issue au dehors; la température du lieu est ainsi promptement élevée, et elle se maintient constante.

L'expérience a montré que cette combustion du gaz dans l'intérieur des appartements, sans qu'il existe de communication avec l'extérieur pour le dégagement de l'acide carbonique, n'offre aucun inconvénient pour la santé des personnes qui séjournent dans cet espace. On avait, dès le début, ouvert aux produits de la combustion une communication avec le dehors, en surmontant l'extrémité du tuyau du poêle à gaz d'une sorte d'entonnoir terminé par un tube en fer d'un diamètre médiocre, qui aboutissait au tuyau d'une cheminée; mais cet accessoire a été supprimé par suite de son inutilité reconnue. Les communications accidentelles qui s'établissent forcément avec l'air extérieur, dans une pièce chauffée, suffisent pour rendre tout à fait inoffensive la quantité d'acide carbonique qui provient de la combustion du gaz : quantité assez petite, d'ailleurs, en raison du faible volume de gaz qu'il faut dépenser pour le chauffage d'une chambre fermée. Quant aux dangers que l'on pourrait redouter de l'introduction quotidienne du gaz dans l'intérieur des appartements, ces craintes assez naturelles, *à priori*, n'ont été justifiées en rien par l'événement. Dans nos cheminées ordinaires, il est certain que la présence du feu est une source de dangers pour les habitations; mais les précautions que l'on sait prendre en mettent à l'abri. Il en est de même du gaz. Un peu d'attention et de surveillance écarte le danger de ce mode de chauffage. Ces précautions sont celles que l'on prend tous les jours dans les pièces éclairées par le gaz; elles ne sont ni plus assujétissantes ni moins efficaces, et se réduisent à s'assurer de l'état des robinets. L'expérience, cette maîtresse souveraine, a, nous le répétons, suffisamment répondu aux craintes qu'il était légitime de concevoir sur ce point.

Les fourneaux à gaz que M. Elssner construit pour le service des cuisines sont presque en tout semblables aux fourneaux qui sont en usage dans nos ménages où l'on brûle de la houille. Ils consistent en une sorte de caisse quadrangulaire, sur laquelle on a pratiqué diverses cavités circulaires qui sont occupées par une lame métallique persillée de trous livrant passage au gaz. Enflammé sur ce tamis métallique, le gaz sert à toutes les opérations de la cuisine.

La *boîte à rôti*, qui ne fait pas partie de ce fourneau, mérite d'être décrite à part. C'est une boîte rectangulaire : le gaz y sort, à l'intérieur, par quatre jets disposés longitudinalement sur chaque face de la boîte. On suspend entre ces quatre jets de gaz la pièce à rôtir, qui n'a pas besoin d'être retournée comme sur nos tourne-broches, puisqu'elle est soumise à l'action du feu sur tous les côtés à la fois. La petite quantité d'eau dont nos ménagères ont coutume d'arroser les pièces à rôtir, pendant leur cuisson, peut être versée par une étroite ouverture munie d'un entonnoir située à la partie supérieure de la boîte; le jus de la boîte est recueilli dans un petit tiroir placé au bas.

Les viandes sont très promptement rôties à la flamme du gaz, et elles ne conservent jamais la moindre odeur culinaire.

Doublage des navires par l'électricité.

Pour se faire une idée de l'avenir qui attend la galvanoplastie dans ses applications industrielles, il faudrait visiter l'usine électro-métallurgique de M. Oudry. Là, en effet, l'objet principal est de revêtir économiquement de cuivre, le bois, les métaux, et toutes sortes de surfaces, entre autres les grandes pièces des machines. Les cuves de bois qui servent à contenir la dissolution de sulfate de cuivre ne peuvent dépasser certaines limites sans se rompre sous le poids du liquide; cette circonstance était donc un obstacle à la galvanisation des pièces de grande portée : M. Oudry a pris le parti de creuser dans le sol des fosses qui ont pu recevoir des moules de toutes grandeurs.

M. Oudry avait présenté à l'Exposition un modèle de bâtiment dont la coque avait été revêtue à l'extérieur d'une couche de cuivre. La galvanoplastie permet, en effet, de recouvrir économiquement d'une couche de cuivre les embarcations destinées à la mer. M. Oudry a déjà exécuté pour la marine quelques travaux de ce genre, et l'on peut affirmer qu'un jour viendra où, pour revêtir un navire de sa membrure métallique, on le fera entrer tout entier dans un bassin contenant une dissolution de sulfate de cuivre, et l'on opérera son doublage par l'électricité.

Cette œuvre gigantesque ne présente, en effet, rien d'impossible. Un dépôt métallique peut être obtenu, tout aussi facilement et dans le même temps, sur un grand navire que sur une planche de 1 mètre carré de superficie. S'il fallait donc recouvrir de cuivre l'enveloppe extérieure d'un bâtiment, voici par quels moyens on y parviendrait. On commencerait par construire sur un fleuve ou sur une rivière navigable, à proximité de la mer, un bassin parfaitement étanche, capable de contenir un ou plusieurs navires. Une fois le navire introduit dans ce bassin, l'eau en serait épuisée à l'aide d'une machine à vapeur. Le navire étant sur cale, on le disposerait pour recevoir l'électricité, c'est-à-dire que l'on rendrait le bois conducteur par une couche de plombagine. Cela fait, à l'aide de la même machine à vapeur, on remplirait le bassin d'une dissolution saturée de sulfate de cuivre, tenue dans un bassin voisin, et l'opération suivrait son cours pendant un ou deux jours. On évacuerait alors le liquide, afin de reconnaître les places mal recouvertes de cuivre, et on les revêtirait de nouveau de plombagine avec le plus grand soin. On ferait alors rentrer la dissolution de sulfate de cuivre et l'opération s'achèverait. Une fois tout terminé, on rejetterait dans le réservoir le bain de sulfate de cuivre, et l'on appellerait l'eau du canal ou du fleuve destinée à remettre le navire à flot.

Les dépenses qu'entraînerait le dépôt électro-chimique du cuivre ne sont pas extrêmement élevées. Si l'on s'en rapporte à l'auteur du projet, l'augmentation de prix sur les procédés employés dans les chantiers actuels, varierait du tiers à la moitié selon la superficie du navire, et l'épaisseur à donner au métal. Or, d'après M. Oudry, la durée du doublage galvanique est trois à quatre fois supérieure à celle qui résulte du système ordinaire. On trouverait encore dans l'emploi de ce moyen divers avantages, tels que l'économie du temps que chaque navire doit consacrer, tous les deux ou trois ans, à son redoublage, la protection plus efficace du carénage et du calfatage, les voies d'eau évitées, etc. Rien ne semble dont s'opposer sérieusement à la réalisation de ce beau projet qui ferait honneur à la France.

THERMOGRAPHIE (1).

La lumière et la chaleur présentent dans une foule d'expériences une telle analogie, qu'il est possible que ces deux fluides impondérables soient, dans un avenir plus ou moins éloigné, confondus en un seul. En effet, la chaleur se réfléchit régulièrement et suivant les mêmes lois que la lumière; comme celle-ci encore, elle se réfracte et se polarise, et toujours suivant les mêmes lois. Mais il est certaines expériences qui sont réellement surprenantes. Ainsi Faraday découvrit, il y a quelques années, qu'en plaçant une lame de flint entre les deux pôles d'un électro-aimant très-puissant, ce corps acquérait un pouvoir rotatoire plus ou moins énergique. Eh bien ! MM. De la Prevostaye et Desains ont trouvé que la chaleur se comportait de la même manière, c'est-à-dire que le flint soumis à l'influence d'un aimant puissant, dévie également le plan de polarisation de la chaleur.

Mais il existe encore des expériences plus extraordinaires ; ainsi la chaleur possède comme la lumière un pouvoir chimique, de sorte que l'échange de chaleur entre deux surfaces suffit pour produire, par la condensation de certaines vapeurs, une image sur l'une d'elles.

Möser de Königsberg découvrit qu'un corps placé dans l'obscurité à une petite distance d'une surface métallique, pouvait imprimer son image sur celle-ci, par une exposition plus ou moins longue. Il en conclut donc qu'il existe des rayons non lumineux pour la rétine, mais qui cependant ont la propriété d'impressionner les surfaces, de manière à produire ainsi des images par la condensation de certaines vapeurs. Il désigne ces rayons sous le nom de *rayons invisibles.*

M. Robert Hunt, en répétant les expériences de Möser, découvrit que c'était plutôt à l'échange de chaleur qu'il fallait attribuer cet effet, et il fit à ce sujet des expériences tellement concluantes, qu'il est impossible de ne pas admettre avec lui que c'est plutôt à cette cause qu'il faut attribuer l'obtention des images dans l'obscurité absolue. Voici quelques-unes des expériences du savant anglais.

Draper avait découvert, en 1840, qu'en plaçant sur une plaque bien froide de métal poli une pièce de monnaie d'argent, qu'en hâlant sur la surface, puis, qu'après avoir enlevé la pièce de monnaie, et hâlé de nouveau sur la plaque métallique, l'image de la pièce de monnaie était rendue visible, et que la condensation de l'haleine pouvait rendre l'image visible plusieurs jours après l'expérience.

M. R. Hunt remarqua qu'il était nécessaire d'opérer avec deux métaux dissemblables pour obtenir des images très nettes, par exemple une pièce de monnaie d'argent ou d'or sur une plaque de cuivre, et que plus les métaux étaient opposés quant à leur pouvoir conductible de la chaleur, plus l'image était forte. Ainsi, il plaça sur une lame de cuivre poli une pièce de monnaie d'or, d'argent et de cuivre. Chauffant alors modérément la plaque polie en promenant au-dessous une lampe à alcool, puis la soumettant aux vapeurs de mercure, les images des monnaies d'or et d'argent étaient bien mieux rendues que celle de la monnaie de cuivre. Quant à l'image elle-même, non-seulement le disque était bien net, mais encore les lettres s'étaient reproduites.

C'est encore au même savant que l'on doit les belles expériences suivantes:

On place sur une pièce de cuivre des verres bleus, orangés, rouges, des pièces de crown, de flint et de mica. On les laisse en contact pendant une demi-heure; puis, rendant les images visibles, on s'aperçoit que l'image du verre orangé est bien marquée, celle du verre rouge est moins bien, mais le verre bleu n'en a pas donné du tout; le crown et le flint ont impressionné la plaque, tandis que le mica, au contraire, n'a produit aucun effet. Mais ce qui est plus curieux, c'est qu'en se servant de la vapeur d'iode au lieu de celle de mercure pour développer les images, la pièce de mica produit une image très nette.

Il n'est pas nécessaire que les pièces soient en contact pour

---

(1) L'intéressant article qu'on va lire est extrait du bel ouvrage que M. Van Monckhoven vient de publier, et dont nous avons annoncé l'apparition dans notre précédent N°.

que le mercure ou l'iode rende leurs images visibles, et voici l'expérience de M. Hunt qui le prouve (1).

Sur une plaque de cuivre poli, on place une glace épaisse, et, sur cette dernière, des pièces de monnaie et divers autres corps. Abandonnant le tout pendant une nuit, et soumettant alors la plaque aux vapeurs du mercure, tous les objets qui étaient sur la plaque devinrent visibles. Mais, de plus, en plaçant au-dessus des pièces de monnaie, à deux centimètres de distance, une lame de bois, une image faible en était reproduite.

Ayant remarqué que le papier noir produisait une image plus forte que le papier blanc, M. Hunt appliqua ce principe à la reproduction des gravures et parvint ainsi à les reproduire (2).

Une plaque de cuivre parfaitement polie est immergée dans une solution de nitrate de mercure, puis immédiatement lavée pour enlever le sel de mercure. Un dépôt de métal s'est fait sur le cuivre. A l'aide d'un morceau de coton on polit la plaque qui présente alors une surface miroitante comme une glace. Sur la surface amalgamée on place une gravure de même grandeur, puis on la couvre de deux ou trois doubles de papier. On place sur ceux-ci une glace épaisse pour établir un contact parfait entre la gravure et la surface de cuivre amalgamée. Il faut que le contact dure environ une heure; mais en chauffant la plaque de cuivre à une douce température, on peut ne le faire durer que dix à vingt minutes. On enlève alors la glace épaisse et la gravure, et on soumet la plaque aux vapeurs mercurielles de la même manière qu'on le fait d'une plaque daguerrienne. L'image apparaît en quelques secondes, le mercure se portant sur les parties de la plaque qui correspondent aux blancs de la gravure. L'image est encore faible, mais une seconde opération la renforce considérablement. A cet effet la plaque est soumise aux vapeurs de l'iode dans une boîte jumelle analogue à celle dont on se sert pour ioder les plaques daguerriennes; l'iode se porte sur les parties non attaquées par le mercure qui correspondent aux noirs de la gravure. En ces endroits l'iode noircit la plaque, l'image est donc formée de traits noirs tranchant sur la surface miroitante du mercure.

Nous finirons ici l'exposé des expériences de M. Hunt; d'ailleurs, comme il le dit fort bien lui-même, si Möser a conclu de ses expériences des théories inexactes, il n'en conserve pas moins l'honneur d'avoir, le premier, appelé l'attention sur cette branche de la science.

ACADÉMIE DES SCIENCES.

Séance du 12 mai 1856.

Un comité secret formé de très bonne heure a réduit cette séance à la plus simple expression possible.

Le dépouillement très sommaire d'une correspondance peu intéressante l'a remplie en grande partie, et n'était un mémoire fort important de M. Chevreul, sur la comparaison de l'analyse minérale avec l'analyse organique immédiate, la séance pourrait être considérée comme à peu près nulle. Nous attendrons pour parler de ce mémoire, d'avoir pu le lire dans les comptes-rendus de l'académie. Les pièces saillantes de la correspondance sont un mémoire de M. Lamare-Picot sur l'emploi médical de l'acide arsénieux, et un travail de M. Blondot sur la constitution des alcools et des éthers.

(1) Inutile de dire que toutes ces expériences doivent être faites dans l'obscurité absolue

(2) Un sculpteur nommé Rauch, ayant placé une gravure de Raphael sur le cadre d'une glace, remarqua qu'elle s'était reproduite sur la glace. En souvenir de cette belle observation, Möser nomma les images produites dans l'obscurité, par le contact des corps, *images de Rauch.*

Société impériale et centrale d'Agriculture.

Séance du 30 avril.

M. Montaigne a donné lecture d'une lettre qui fait craindre pour la prochaine récolte en vins : dans quelques départements du Midi l'oïdium a paru, quoique d'une manière non encore générale; mais le fléau, dont les ravages paraissent devoir être les plus sérieux, consiste dans une invasion de petits escargots qui s'est étendue sur un grand nombre de vignobles.

— M. Robinet lit deux lettres, l'une relative à la maladie des pommes de terre et l'autre à la dégénérescence des vers à soie.

Dans la première, il est fait allusion à l'opinion avancée il y a quelque temps, au sein de la Société, sur la faculté dont jouissent les pommes de terre malades, de donner des récoltes de tubercules sains. Le correspondant de M. Robinet raconte à ce sujet, qu'il y a quelques années, dans la commune qu'il habite, une récolte toute entière ayant été attaquée par la maladie, les habitants ne crurent pas devoir prendre la peine de l'arracher : quel ne fut pas leur étonnement, lorsque, à la saison suivante, ils arrachèrent du même champ une récolte plus belle et plus abondante que jamais.

La seconde lettre est relative à la cause de la gâtine et émet l'opinion que la dégénérescence des vers à soie doit être uniquement imputée à un appauvrissement incontestable des feuilles de mûrier; c'est donc en améliorant la culture de ces arbres qu'on pourrait arriver à faire disparaître le fléau.

— M. le secrétaire a communiqué ensuite à la Société plusieurs lettres relatives aux truffières artificielles de M. le comte de Gasparin, sur lesquelles M. Barral avait attiré l'attention de la Société dans sa séance du 12 février dernier.

Ces différentes lettres semblent s'accorder sur ce fait, que la truffe peut être produite aussi bien dans des semis de chênes verts et noirs, que dans des semis de chênes blancs; qu'elle se trouve dans des terrains en général appauvris et sans eau; enfin qu'elle est plutôt un produit particulier à ces arbres, qu'un de leurs parasites. Cette dernière opinion est basée sur l'observation constante que, dans les terrains à truffes, le cercle de la truffière s'élargit à mesure que les racines des arbres s'étendent davantage, ce qui paraît établir l'influence des radicules extrêmes sur la production des tubercules.

— Une question intéressante avait été soulevée autrefois au sujet du plus ou moins d'utilité du croisement des races au point de vue de leur perfectionnement : M. Robinet demandait avant tout une définition précise du mot *races*. La Société a arrêté aujourd'hui qu'une discussion complète sera commencée le mercredi 14 mai sur ce point, qui appelle depuis longtemps l'attention des éleveurs et de la science elle-même. F. F.

VARIÉTÉS.

FRANÇOIS BACON (1).

(Fin.)

Le *Novum organum* s'ouvre par ce bel aphorisme où la Science est donnée comme base de l'Action. Bien qu'il soit compris déjà dans l'un des passages précédents, nous ne craignons pas de le citer de nouveau : « L'homme, interprète et ministre de la Nature, n'étend ses connaissances et son action qu'à mesure qu'il découvre l'ordre naturel des choses, soit par l'observation, soit par la réflexion, il ne sait et ne peut rien de plus. »

Bacon établit dans les termes suivants les rapports de la science et de la pratique « La science et la puissance humaine se correspondent dans tous les points et vont au même but; c'est l'ignorance où nous sommes de la cause qui nous prive de l'effet; car on ne peut vaincre la nature qu'en lui obéissant; et ce qui était principe, effet ou cause dans la théorie, devient règle, but ou moyen dans la pratique. » (*Nov. Org.* III.)

Ailleurs il établit ce parallèle entre la méthode qu'il apporte et la logique des écoles : « La fin de la science que nous pro-

(1) Voir le N° 14.

posons n'est pas d'inventer des arguments, mais des arts ; non des choses conformes aux principes, mais les principes mêmes ; non des probabilités, mais des indications de procédés. Aussi les intentions et les vues étant différentes, les effets ne doivent pas non plus être les mêmes : car là, ce qu'on se propose de vaincre et de lier par la dispute, c'est son adversaire ; ici c'est la nature, et c'est par des œuvres qu'on tend à ce but. » (*Dig. et augm.*, *distrib. de l'ouvrage.*)

Après avoir cité comme cause de la lenteur des progrès des sciences l'ignorance où l'on est de leur fin : « Quelle est donc, se demande-t-il, la vraie borne des sciences et leur véritable fin ? C'est d'enrichir la vie humaine de découvertes réelles, c'est-à-dire de nouveaux moyens. » (*Nov.*, LXXI.)

Et ailleurs :

« Le principal but, en philosophie, est de plier en quelque manière la nature pour approprier ses opérations à l'avantage et à l'utilité du genre humain. » (*Nov.*, XXI.)

Faisant ressortir l'utilité et l'importance du but qu'il se propose, il rappelle que les découvertes utiles tiennent le premier rang parmi les actions humaines. L'antiquité ne décernait que le titre de héros à ceux qui avaient bien mérité de leurs concitoyens par des services politiques, tandis qu'elle décernait aux grands inventeurs les honneurs de l'apothéose. C'est que les bienfaits des inventeurs doivent s'étendre au genre humain tout entier, et que les services politiques sont bornés à certaines nations et à certains lieux. Il arrête un instant sa pensée sur la force, sur l'étonnante influence et les conséquences infinies de certaines inventions. L'imprimerie, la poudre à canon, la boussole ont changé la face du globe et produit trois grandes révolutions, révolutions dont l'effet a été tel, « qu'il n'est point d'empire, de secte ni d'astre qui paraisse avoir eu autant d'ascendant, qui ait, pour ainsi dire, exercé une si grande influence sur les choses humaines. » Enfin il distingue trois espèces et comme trois degrés d'ambition dans les âmes humaines. Au dernier rang on peut mettre ceux qui sont jaloux d'étendre leur propre puissance dans leur patrie ; un peu au-dessus sont ceux qui aspirent à étendre l'empire et la puissance de leur patrie sur les autres nations. « Mais, ajoute-t-il ; s'il se trouve un mortel qui n'ait d'autre ambition que celle d'étendre l'empire et la puissance du genre humain tout entier sur l'immensité des choses, cette ambition (si toutefois on peut lui donner ce nom) est plus pure, plus noble et plus auguste que toutes les autres ; or, l'empire de l'homme sur les choses n'a d'autre base que les arts et les sciences, car on ne peut commander à la nature qu'en lui obéissant. » (*Ibid.*, CXXIX.)

A ceux qui objectent la dépravation qu'amènent à leur suite les arts et les sciences, « Laissons, répond-il, laissons le genre humain recouvrer ses droits sur la nature, droits dont l'a doué la puissance divine, et qui, à ce titre, lui sont bien acquis ; mettons-le à même de le faire en lui rendant sa puissance, et alors la droite raison, la vraie religion lui apprendront à en faire un bon usage. » (*Ibid.*)

Voici les dernières lignes du *Novum Organum*, resté, comme on sait, inachevé. Cette citation se rapporte à l'influence qu'exercera la méthode expérimentale. « De cette situation, dans laquelle ils (les hommes) vont se trouver placés, résulte nécessairement l'amélioration de leur condition, et, comme conséquence nécessaire aussi, l'accroissement de leurs pouvoirs sur la nature. L'homme, en effet, en tombant de son état d'innocence, s'est laissé détrôner de sa souveraineté sur les créatures. Il peut en partie recouvrer l'une et l'autre dans cette vie : l'innocence, par la religion et la foi ; la puissance, par les arts et les sciences. La malédiction qui a frappé les hommes n'a pas, en effet, rendu la création complétement rebelle ; mais, en vertu de cet arrêt : « Tu mangeras ton pain à la sueur de ton front, » c'est par des travaux multipliés, non certes par de vaines disputes ou d'oiseuses cérémonies magiques, que la création sera forcée de fournir à l'homme son pain quotidien, c'est-à-dire de venir se plier à tous les usages de la vie humaine. » (*Nov. Org.*, LII.)

Dans un passage du *Traité de la dignité des sciences*, Bacon annonce qu'il placera les arts mécaniques dans l'histoire naturelle, formant la troisième partie de son ouvrage. « Quant à la manière de la composer, dit-il, l'histoire que nous projetons n'est pas seulement celle de la nature, libre, dégagée de tout lien, et telle qu'elle est lorsqu'elle coule d'elle-même et exécute son œuvre sans obstacle ; telle qu'est l'histoire des corps célestes, des météores, de la terre et de la mer, des minéraux, des plantes, des animaux ; mais c'est plutôt l'histoire de la nature, liée et tourmentée, c'est-à-dire de la nature telle qu'elle se présente lorsque, par le moyen de l'art et par le ministère de l'homme, elle est chassée de son état, pressée et comme forgée. C'est pourquoi nous faisons entrer dans notre histoire toutes les expériences des arts mécaniques, etc... » (*Distrib. de l'ouvrage.*)

Et ailleurs : « Le principal but en philosophie étant de plier en quelque manière la nature pour approprier ses opérations à l'avantage et à l'utilité du genre humain, c'est un dessein tout à fait conforme à cette fin que celui de dénombrer et de décrire tous les procédés dont l'homme est depuis longtemps en possession, comme autant de provinces déjà conquises et assujetties... » (*Nov. Org.*, XXI.)

Enfin, dans un autre endroit du *Novum Organum*, il dit explicitement : « On peut même regarder les inventions comme autant de créations et d'imitations des œuvres divines. » (*Nov. Org.*, CXXIX.)

V. M.

FAITS DIVERS.

L'Avenir de l'Institut. — « L'Institut finira par comprendre ce que c'est que l'Institut, et alors il le fera comprendre, l'Institut sera la dernière forme du gouvernement. Ce sera l'assemblée de la lumière. Jusqu'à ce que les hommes aient l'habitude de l'initiative personnelle, jusqu'à ce que l'individu ose se posséder, il faudra un pouvoir collectif en qui les individus se retrouvent et se rassurent ; seulement, de jour en jour, à mesure que les masses auront plus d'intelligence, le pouvoir aura moins de force matérielle ; les baïonnettes deviendront des raisons. L'assemblée de la lumière n'aura pas autre chose à faire que de mettre en relief les découvertes physiques et morales, et de les recommander au jugement libre de chacun. Elle donnera son avis sur toutes les nouveautés, mais personne ne sera obligé d'être de son avis...

« Le parlement de l'Institut ne sera lui-même qu'une transition. Un jour, ce ne sera pas demain, mais pourquoi ne pas regarder le plus loin possible ? — Lorsque tout le monde saura lire, lorsque l'enseignement obligatoire aura universalisé l'intelligence, lorsque les journaux et les livres auront une publicité colossale, alors les nouveautés n'auront plus besoin de recommandations officielles ; elles se présenteront elles-mêmes aux multitudes, qui les accepteront ou les rejetteront sans être influencées par un corps constitué quelconque ; plus d'intermédiaire ; le peuple et la vérité face à face ; la presse et le théâtre pour seules tribunes ; tous pouvant y monter et y proposer leur système ; le plus éloquent entraînant le plus de souscripteurs ; le style persuadant ; la poésie passionnant ; le gouvernement du beau ! »

(Auguste Vaquerie, *Profils et Grimaces*, pag. 320 et 321).

L'Esprit des tables. — Dans le livre dont ce qui précède est tiré, M. Vacquerie parle en ces termes d'expériences sur les tables, auxquelles il a participé :

« Je crois aux esprits frappeurs d'Amérique, attestés par quatorze mille signatures. Nous avons, toi et moi, entendu de nos oreilles et vu de nos yeux, des tables dicter des pages tellement sublimes, qu'en supposant une mystification, Robert-Macaire n'aurait pas suffi, il aurait fallu Dante ! Et Dante lui-même n'aurait pas suffi ; Dante n'a pas improvisé son poème : au lieu que la table dictait dès qu'on voulait, le jour, le soir, les mains n'avaient qu'à la toucher, sur une question imprévue faite par n'importe qui, elle allait, elle causait, elle discutait, elle répliquait aux objections pendant des heures. »

LEÇON PERDUE. — D'innombrables témoignages, un nombre considérable de mémoires (140, dit-on), attestaient l'existence des aérolithes, quand l'illustre Lavoisier, ayant à se prononcer sur ce phénomène toujours affirmé par la voix publique, toujours nié par les académies, émit l'idee « qu'on avait fait *chauffer* les pierres » prétendues tombées du ciel.

« Pauvre humanité, dit à ce propos M. de Mirville, quelle opinion tu as et tu donnes de toi-même ! »

EMPLOI DES ROCHES BASALTIQUES FONDUES ET ROULÉES. — On a découvert, il y a quelques années, que les roches désignées communément sous le nom de *basalte* ou de *trapp* peuvent être fondues et coulées dans des moules, absolument comme la fonte; différents brevets ont été pris pour ce genre de travail. M. Chance, de Birmingham, annonce que ces roches fondues peuvent également être laminées et pressées sur des tables ou dans des formes, et il a pris, le 12 octobre 1854, un brevet dans ce sens; il obtient, par ce procédé, des objets de formes diverses, plaques, feuilles, tiges ou barreaux, dont les dispositions varient suivant celles qu'offrent les surfaces entre lesquelles ils sont laminés. L'opération se fait de la manière suivante : le minerai est fondu d'abord dans des pots semblables aux pots de verrerie, puis coulé sur une table qui peut être plane ou gravée de diverses manières, suivant le dessin que l'on veut reproduire sur la feuille; un rouleau lamineur, plan lui-même ou gravé, opère la pression. C'est tout à fait l'opération de la coulée des glaces. On peut aussi laminer directement entre deux cylindres de formes déterminées. Dans tous les cas, les objets obtenus par ce procédé doivent être soumis au recuit.

CONSERVATION DES SUBSTANCES ANIMALES. — M. Strauss-Durckein a mis sous les yeux de l'Académie des sciences, dans une de ses précédentes séances, une tête de roussette, poisson de la famille des squales, conservée depuis seize ans dans un liquide conservateur qu'il a fait connaître pour la première fois comme antiputride dans son *Traité pratique d'anatomie comparative* publié en 1842. Cette liqueur est composée de 14 parties de sulfate de zinc dissoutes dans 10 parties d'eau (saturée).

On peut voir par cette préparation que le corps des animaux vertébrés se conserve si bien dans ce liquide, que ce poisson présente en apparence toutes les qualités d'un animal frais, et cela jusqu'à son odeur de marée fraîche. Pour mieux reconnaître la propriété conservatrice de cette solution, M. Strauss-Durckeim a laissé pendant les seize années cette tête de poisson dans un bocal ouvert à l'air libre, en y remplaçant de trois en trois mois à peu près le liquide évaporé par de l'eau ordinaire qu'il y versait. Il se propose maintenant de soumettre cette préparation à la dessiccation pour la momifier, convaincu qu'elle se conservera indéfiniment dans cet état.

Cette liqueur peut servir, d'une part, à conserver les préparations anatomiques destinées aux dissections, et, d'autre part, à la momification des corps, en l'injectant dans les artères.

ÉCLAIRAGE ÉLECTRIQUE. — De belles expériences d'éclairage électrique ont été faites ces jours passés au jardin d'hiver de Lyon, par MM. Lacassagne et R. Thiers. Le *Courrier de Lyon* publie à ce sujet la note suivante.

La batterie du générateur électrique était formée de 144 éléments de Bunzen; de ce générateur partaient deux conducteurs principaux : l'un positif, l'outre négatif auxquels étaient soudés :

1° Les conducteurs des deux lampes photo-électriques;

2° Trois autres conducteurs destinés à la démonstration de la divisibilite des courants électriques, entre chacun desquels se trouvaient placés trois fils de platine.

Les expérimentateurs ont d'abord fait passer le courant électrique provenant du seul générateur précité, dans les conducteurs où les trois fils de platine étaient interposés; ils les ont fait rougir isolément, alternativement, puis tous trois à la fois, en donnant à chacun d'eux une intensité différente et en modérant à volonté le degré d'incandescence. Ces trois fils de platine représentaient là trois lampes photo-électriques qui eussent reçu les mêmes influences que les fils de platine. Ce résultat obtenu, soit au moyen du régulateur électro-métrique de l'invention de MM. Lacassagne et R. Thiers, soit par l'intervention de leurs réostats, a démontré qu'au moyen de leur système il était désormais possible de distribuer, en toutes proportions, les courants électriques du conducteur principal provenant d'une *seule batterie électrique* (d'une seule usine), en un nombre quelconque de réophores ou conducteurs, et sans qu'il en résulte *aucune solidarité entre eux*, le régulateur électro-métrique faisant fonction de réostat automate interposé dans les courants dérivés (cet appareil étant essentiellement formé de deux organes sensibles dont le jeu s'équilibre sans cesse avec l'intensité électrique *qu'on lui aura mesurée d'avance à l'usine* en proportion déterminée).

Les inventeurs ont ensuite fait fonctionner deux lampes photo-électriques placées de chaque côté de l'estrade sur laquelle se trouvaient leurs appareils. Jusqu'à onze heures du soir, la fixité de la lumière électrique s'est parfaitement maintenue. A différentes reprises il a été donné à volonté aux foyers lumineux des intensités différentes, et les inventeurs ont montré par cette expérimentation la faculté qu'ils possèdent, à l'aide de leurs instruments, de pouvoir modérer l'intensité photo-électrique en diverses proportions.

Aujourd'hui l'éclairage public est possible; il sera facile de le produire à bon marché au moyen de la pile de MM. Lacassagne et R. Thiers; cette pile donnant lieu à la fois à la formation de l'aluminium et à la production de l'électricité, ainsi qu'ils l'ont démontré de nouveau, le lendemain, dans une seconde expérience.

La question de la génération économique de l'électricité se trouve complétement résolue par ce fait : on pourra être généreux dans la distribution de la lumière sur les places publiques, les quais, les avenues, les ports de mer, les phares, les rivières, les chemins de fer; sur les canaux qu'on pourra utiliser la nuit comme le jour; on ne s'inquiétera pas de la dépense occasionnée par la profusion du luminaire, puisque sa production donnera lieu en même temps à celle de l'aluminium.

Cet éclairage est appelé à rendre d'immenses services par son application aux navires en mer, en supprimant ces fréquentes catastrophes produites par les abordages; dans les souterrains, dans les puits, dans les mines, où la lampe de Dawy n'offre pas toute sécurité contre l'explosion du grisou (hydrogène carboné), cette lumière pouvant s'utiliser au moyen d'appareils spéciaux dans une atmosphère quelconque et même dans l'eau.

Bientôt, tout le fait espérer, ces applications deviendront générales.

Pour tous les faits divers, V. M.

BULLETIN BIBLIOGRAPHIQUE.

— QUELQUES DEGRÉS FRANCHIS SUR L'ÉCHELLE DU PROGRÈS, ou divers points de la physique générale et de la chimie, étudiés à l'aide de la théorie de l'unité universelle; par Ch. PAILLARD (de Brest). Broch. in-8. L. Hachette, lib.-éditeur, 4, rue Pierre-Sarrazin.

— NOUVELLE THÉORIE SUR LES ROUES HYDRAULIQUES, donnant sans coefficients des résultats conformes aux expériences faites avec le frein dynamométrique; par M. Hippolyte CHAVERONDIER. 2e édit. entièrement revue et augmentée d'une nouvelle théorie sur les effets du choc de l'eau, suivie de la description et de la théorie d'une nouvelle roue verticale à augets mue par dessous, à grande vitesse et à double effet. In-8°. Mallet-Bachelier, 55, quai des Augustins.

— LE MATÉRIEL AGRICOLE ou description et examen des instruments, des machines, des appareils et des outils au moyen desquels on peut 1° sonder, défricher, défoncer, drainer; 2° labourer, fouiller, remuer et aérer, alléger, plomber, nettoyer et ensemencer la terre; 3° façonner le sol emblavé; 4° récolter, transporter, abriter et emmaginer les produits; 5° tirer parti de chacun d'eux, soit pour les consommer, soit pour les vendre, etc. par Auguste Jourdier. 1 vol. in-18, avec 206 gravures, faisant partie de la BIBLIOTHÈQUE DES CHEMINS DE FER: prix, 4 fr. Chez Hachette et Cie, 14, rue Pierre-Sarrasin.

— PETIT TRAITÉ D'APICULTURE, ou art de soigner les abeilles, orné de trente figures intercalées dans le texte, par M. Hamet. In-32, 60 cent., Goin, 41, quai des Augustins.

Prix d'abonnement pour l'étranger.

Allemagne, 8 fr.;— Suisse, Parme, Plaisance, Modène, 8 fr. 50.— Etats Sardes, Grèce, Crimée, 9 fr.; — Hollande, Angleterre, 10 fr.; — Etats-Unis, Indostan, Turquie, 10 fr. 50; — Belgique, Prusse, Hanôvre, Saxe, Pologne, Russie, Espagne, Portugal, 11 fr.; — Toscane, 12 fr.; — Etats-Romains, 16 fr. 50.

Le propriétaire, rédacteur-gérant :
VICTOR MEUNIER.

PARIS. — IMP. J.-B. GROS, RUE DES NOYERS, 74.

Deuxième année. — N° 21. Quinze centimes. 25 mai 1856.

L'AMI DES SCIENCES

JOURNAL DU DIMANCHE

SOUS LA DIRECTION DE

VICTOR MEUNIER

BUREAUX D'ABONNEMENT
13, RUE DU JARDINET, 13
Près l'Ecole de Médecine
A PARIS

ABONNEMENT POUR L'ANNÉE
PARIS, 6 FR.; — DÉPART., 8 FR.
Étranger (Voir à la fin du journal)
ENVOYER UN MANDAT DE POSTE

Mulet d'Hémione et d'Anesse né à la Ménagerie du Muséum d'histoire naturelle.

REVUE INDUSTRIELLE.

Fabrication de la baleine française.

On devinerait difficilement la valeur commerciale de certains articles. Savez-vous, par exemple, pour quelle somme il se vend annuellement en France de ce modeste produit connu sous le nom de baleine, et dont l'usage le plus notable est d'entourer la taille des femmes, dans le but avoué de la soutenir, avec la prétention de ne la point blesser? Eh bien, nous fabriquons pour plus de dix millions de ce galant article ! Et l'énorme quantité de busc[illegible] de baleines que représente cette grosse somme de dix millions, quantité naguère suffisante, est maintenant tout à fait au dessous des besoins.

Non pas que le nombre des femmes ait augmenté, mais celui des baleines a diminué; du moins la pêche du mammifère géant devient-elle de plus en plus difficile, de moins en moins productive.

Par cette insuffisance croissante de l'offre en présence d'une demande chaque jour plus exigeante, l'industrie était mise en demeure d'innover, et puisque la baleine manquait à l'appel, il fallait trouver le moyen de se passer de baleine.

Or, depuis qu'elle ne va plus sans la science, l'industrie ne reste jamais court devant une sommation de ce genre; et lui signaler une lacune, équivaut à lui faire la commande d'une invention.

Aussi, plusieurs systèmes se sont-ils présentés, et, à l'embarras de la privation, on a pu croire un instant que l'embarras du choix allait succéder.

Cependant, en y regardant de près, on voit tout de suite que parmi les succédanés de la baleine qu'on a proposés, il n'en est que deux dont les prétentions soient soutenables.

Savoir : le fanon de caoutchouc durci et la baleine française.

Aimez-vous le caoutchouc? on en a mis partout. Nous n'y trouverons point à reprendre pourvu qu'on renonce à en fourrer dans les corsets; la douce chaleur du corps suffisant pour développer, dans le précieux produit du *syphonia elastica*, une odeur des plus désagréables et non moins déplacée.

Où les fanons de caoutchouc trouveront, au contraire, leur emploi, c'est dans la fabrication des carcasses d'ombrelles et de parapluies.

La baleine française justifie-t-elle ses prétentions mieux que ne le fait le caoutchouc?

Elle les justifie pleinement. Qu'on mêle dans une douzaine des buscs factices à des buscs naturels, et nous portons le défi de distinguer les uns des autres à l'œil, au toucher, à l'usage.

L'aspect est le même; toutes les qualités physiques sont identiques : point d'odeur développée par le contact du corps, même souplesse, même élasticité; je me trompe : sous ce dernier rapport, l'avantage est à la création industrielle. La baleine factice reprend son ressort au sortir d'épreuves dans lesquelles la baleine naturelle perd le sien.

Il est encore un point par lequel celle-là l'emporte sur celle-ci; c'est sur le prix de vente. Tout en laissant des bénéfices énormes, presque invraisemblables, au fabricant, la baleine factice prête à être employée se vend 25 p. 100 moins cher (au kilogramme) que le fanon brut de baleine acheté au Havre. Ceci s'explique par la différence de valeur des matières premières. Tandis que la matière de la baleine naturelle vaut plus de 8 fr. le kilogramme, celle de la baleine factice vaut 90 cent.; cela suffit pour faire entrevoir la grandeur des bénéfices que procure cette industrie.

De quoi est faite la baleine factice? De cornes de buffles. Et la préférence est donnée aux buffles d'Asie. On n'a, jusqu'ici, qu'un reproche à leur adresser : la lenteur de leur production; car les avantages de la baleine française ont été tout de suite si bien appréciés, que la matière première disponible a cessé d'être en rapport avec la demande. C'est au commerce d'aviser : on peut être assuré qu'il n'y manquera pas.

La semaine dernière, en compagnie de M. le docteur Roubaud, rédacteur scientifique du journal *l'Illustration*, nous sommes allés, dans l'usine de MM. Adolphe Diolé et Cie (1), assister à la curieuse transformation de la corne de buffle en baguettes souples et flexibles; mais l'opération a été si bien décrite par MM. E. Barrault et Piquet, ingénieurs civils, dans le *Bulletin des Inventions*, du 25 avril dernier, que, renonçant à mieux faire, nous allons les laisser parler.

« Les cornes, de longueurs convenables, dont l'extrémité pleine a été coupée à la scie mécanique, sont jetées, après premier lavage, dans un bain d'eau mucilagineuse ou gélatineuse, où on les laisse tremper plusieurs jours. La composition de ce bain peut encore varier d'autre manière.

« Ce bain a pour but d'assouplir les cornes et de les amollir en leur donnant une certaine élasticité.

« Après avoir débarrassé les cornes de leur noyau intérieur et des callosités qui peuvent y exister, on les fend avec la scie circulaire ou à ruban, puis on les présente au-dessus d'un feu clair, en y introduisant une verge métallique pour les ouvrir, à l'aide d'une pince, tout en les maintenant au-dessus du feu.

« Les moitiés de cornes doivent alors être ramenées à une même épaisseur et aplaties, ce que l'on obtient par une pression momentanée de 50 à 100,000 kilogrammes sous la presse hydraulique combinée avec l'action de l'eau chaude ou de la vapeur humide.

« On ramène ainsi la plaque de corne à une épaisseur uniforme autant qu'il est possible.

« A ce traitement, l'on fait succéder l'action prolongée d'une presse à coin ou à vis, pouvant produire de 30 à 50,000 kilogrammes de pression, et l'on arrive à aplanir parfaitement les plaques déjà douées d'une épaisseur modifiée convenablement.

« Pour opérer avec la presse hydraulique, il faut avoir soin de presser graduellement, en laissant quelques intervalles de repos pendant le travail, afin de permettre à la matière de s'étendre et de s'aplatir progressivement sans se briser.

« Les plaques entre lesquelles on exécute la pression doivent être chaudes, bien huilées, graissées et parfaitement unies. Avant de retirer les plaques de corne de la presse, il faudra les refroidir par l'eau froide, lorsqu'elles seront encore en pression, afin d'éviter tout gauchissement.

« Après la sortie de la presse à vis, les cornes sont dégraissées avec soin, au moyen de la poussière de corne, et maintenues dans l'eau froide jusqu'au moment où on les met en travail.

« Les plaques sont alors dédoublées à la scie, si leur épaisseur est trop grande, puis découpées en bandes ayant la longueur et les dimensions requises pour fournir, soit des buscs, soit des baleines de corset.

« Avec les bouts trop petits qui restent, on fait des décimètres pour les mètres divisés, que l'on établit à si bon marché.

« Les déchets du travail sont vendus pour fournir d'excellents engrais, ou pour fabriquer des prussiates de potasse, ou bien pour remplacer dans tous leurs usages les crins de toutes natures; ces différents emplois varient suivant la grosseur et les formes des déchets.

« Les bouts pleins coupés servent, suivant la grosseur, à fabriquer des galets, des roulettes, des pommes de cannes ou de parapluies, et d'autres objets en corne.

« Aucune partie de la précieuse matière ne reste donc sans emploi. »

Il ne nous suffisait pas d'assister à ces opérations si ingénieuses, si rapidement et si économiquement conduites, nous voulions encore nous rendre compte rigoureusement de l'accroissement de valeur que la main-d'œuvre communique à la matière de la baleine factice. Se prêtant à notre désir, M. Diolé a fait procéder devant nous à la tranformation d'une quantité donnée de corne en buscs et en baleines prêts à être employés. Le tableau suivant résume l'opération faite sur 20 kilos de corne.

Poids de la matière employée.	fr.	c.	Poids des produits obtenus.	fr.	c.
20 kil. de corne à 90 fr. les 100 kil.	18	»	5 k. 700 de pointes de cornes à 100 fr. les 100 kil.	5	70
Travail aux pièces.			3 » 74 buscs à 40 c. pièce.	29	60
Dollage (1) de 34 plaques ou 1/2 cornes à 4 fr. le cent....	1	36	» 90 6 demi-buscs a 20 c.	1	20
Aplatissage, idem...	1	36	4 460 baleine polie à 7 fr. le kil.	30	80
Grattage de 4 kil. 400 de baleine à 20 c. le kil.	»	88	6 810 déchets à 15 fr. les 100 kil.	1	02
Travail à la journée.					
Main-d'œuvre.	10	»			
Pierre-ponce, tripoli, huile.	2	»			
20 kil.	33	60	20 kil.	68	32
Bénéfice...	34	72			

C'est-à-dire que la fabrication de la baleine française procure un bénéfice de 49, 30 ou en nombre rond de 50 0/0.

De tels chiffres (dont nous nous portons garants) n'ont pas be-

(1) 4, rue de Châlon, près l'embarcadère de Lyon.

(1) C'est l'épluchage de la corne.

soin de commentaires. On comprend après cela que la S[illegible]été de la baleine française ait été accueillie en France avec tant de faveur, et que, en Angleterre, elle ait trouvé à vendre son brevet au prix de 50,000 fr. payés comptant et de 40 cent. par chaque kilogramme manufacturé, ce qui représente environ 400 francs par jour.

V. M.

PISCICULTURE.

Considérations générales et pratiques sur la Pisciculture marine (1).

III. — *Conservation, développement et engraissement du fretin.*

Quand le fretin est entré dans les réservoirs, il faut l'y tenir dans les meilleures conditions possibles de *conservation*, de *développement* et d'*engraissement*.

Conservation. — Les influences atmosphériques jouent un rôle très important sur la *conservation* des poissons, notamment pour les espèces retenues en captivité. Les vents froids, par exemple, font souvent périr un grand nombre de muges. J'ai pu constater que les vents N.-E. ou S.-E. sont très nuisibles, que le N.-O. ne fait jamais de mal, et que le S. et le S.-O. sont très bons; un abaissement considérable de température, la gelée ou la glace sont moins funestes que les mauvais vents. Par conséquent, dans l'organisation d'un vivier ou réservoir, on doit prendre les dispositions nécessaires pour ne pas laisser le poisson exposé à ces funestes influences.

A cet effet, on crée des *abris* par les dispositions suivantes :

1° On creuse les bassins dans une situation telle que la nappe d'eau soit spécialement abritée des vents N.-E. ou S.-E. par les mouvements naturels du terrain, par des constructions ou par des bois.

2° Si ces conditions d'abri n'existent pas, on exhausse, autant que possible, les digues de manière à en faire un rempart contre les vents N.-E. ou S.-E., et, dans tous les cas, on fait des plantations sur le bord des viviers. Le *figuier* et le *tamarix* sont les seuls arbustes qui résistent aux coups de vent sur le littoral du bassin d'Arcachon. Le *tamarix anglica* est très facile à propager; il suffit d'en couper une branche et de la piquer en terre au mois de mars. Cet arbuste forme des haies et des buissons épais dont les pousses atteignent, à l'époque de la coupe, au bout de trois ans, une longueur de 2 mètres à 2 mètres 50.

3° On fait des creusements, en forme de trous, puits ou fossés, de 1 m. 30 à 2 m. et plus, de manière à établir des *profonds* dans lesquels le muge va se refugier, soit pendant les fortes chaleurs, soit pendant les grands froids. Ces creusements sont surtout efficaces quand ils amènent des eaux douces; la température de ces eaux souterraines qui est à peu près constante, en se maintenant entre 8 et 12°, a pour effet salutaire de rafraîchir, en été, l'eau des réservoirs et de la maintenir à un degré convenable de salure, et de rechauffer, en hiver, les nappes d'eau qui tendraient à se congeler; si la surface vient à être prise, il faut avoir le soin de briser la glace, de distance en distance, afin de rétablir la circulation de l'air; à cet effet, on introduit, dans les trous pratiqués à travers la couche de glace, des fagots ou fascines dont les brins sont entremêlés de paille en tuyaux ou en gerbes. Sans ces précautions, on risquerait de perdre une grande quantité de muges qui viennent souvent s'entasser en bancs épais dans les creusements où il périssent par asphyxie.

4° On introduit des *eaux douces* provenant des cours d'eau voisins, d'étangs ou fontaines placées à proximité. Ces eaux produisent, en général, à raison de leur composition et de leur température, les mêmes effets que les eaux souterraines obtenues par creusements.

Pour compléter ces mesures de conservation, il faut détruire les *brignes* ou *bars*, qui causent dans les réservoirs de muges les mêmes ravages que le brochet dans les étangs de carpes et tanches.

Développement et engraissement. — Dans un réservoir, les profonds ont surtout pour objet la conservation du poisson; mais, ces profonds ne rempliraient pas le but essentiel de l'élevage pour le rapide développement du fretin et l'engraissement du poisson adulte, chez les espèces *herbivores* telles que le muge.

Pour remplir ces conditions d'élevage, on organise des *pacages*, c'est-à-dire des portions peu profondes où croissent les herbes destinées à la nourriture du poisson; ces pacages occupent ordinairement de vastes étendues où le poisson va se reposer et manger, où il peut participer plus directement aux influences de l'air, de la lumière et du soleil. Le sol du pacage se déprime peu à peu vers les bords du réservoir où l'on a eu le soin de pratiquer, aux bonnes expositions, des profonds ou des creusements.

J'ai pu constater que les meilleurs pacages sont ceux qui sont *étendus*, *peu profonds*, et *peu herbeux*.

Sur ces pacages, le poisson pourrait être surpris par les vents froids et périr en très grand nombre: pour le protéger et l'empêcher de courir, on baisse les eaux du réservoir, du 1er novembre au 15 mars environ; cette manœuvre amène le poisson dans les profonds et les abris, où il est protégé contre les mauvais vents, et où on peut le pêcher aisément eu égard aux besoins de la saison.

La végétation des pacages, et, en général, celle d'un réservoir, a une très grande importance pour l'élevage.

En effet, les végétaux aquatiques donnent au poisson, non seulement un *abri*, mais aussi des *aliments* à l'état vivant ou à l'état de détritus. Ils concourent encore indirectement à sa nourriture, en servant d'abri et d'aliment à une très grande quantité d'animaux aquatiques, notamment aux *larves* et aux *coquillages* dont certaines espèces de poissons sont très avides.

Pour l'élevage du muge, et particulièrement pour son engraissement, j'ai pu constater de la manière la plus évidente que la *rapelle* (*ruppia* des botanistes) (1), était la plante la plus importante à conserver ou à propager dans les réservoirs; car, quand on observe les allures du muge sur les pacages, et quand on examine ses intestins, on reconnaît que ce poisson mange une grande quantité de *ruppia* et un grand nombre de coquillages microscopiques adhérents à cette plante. Ces aliments donnent au muge de la plupart des réservoirs une saveur toute particulière qui est bien caractérisée quand on a le soin d'en conserver les détritus dans le corps du poisson.

Mais il en est tout autrement d'une autre plante très abondante dans les réservoirs, nommée dans le pays *caület* ou choux (*ulva lactuca* des botanistes) : cette plante couvre souvent de vastes étendues à la surface de l'eau, où elle se développe sous la forme d'amas de feuilles de choux; sa présence dans les réservoirs n'a aucun intérêt pour la nourriture du muge, et elle est souvent nuisible, par sa nature envahissante, en interceptant l'air et la lumière et en produisant des détritus qui altèrent l'eau et développent une odeur fétide et nauséabonde. On ne saurait donc apporter trop de soins à l'enlèvement de ces amas de feuilles de caület pour en empêcher le trop grand développement; c'est une mesure de précaution peu coûteuse et facile à faire exécuter, à l'aide d'un râteau, par les pêcheurs ou éclusiers des réservoirs.

On remarque encore une autre plante, nommée dans le pays

(1) Voir le précédent N°.

(1) *R. spiralis*, *R. rostellata*.

la *lège* (ce sont des agglomérations de conferves), qui se présente en filaments déliés formant une espèce de mousse verte à la surface de l'eau. Quand la lège prend trop de développement, elle a des effets nuisibles analogues à ceux du caület; mais, autrement, elle peut concourir à la nourriture de plusieurs espèces de poissons, car elle renferme presque toujours une grande quantité de petites bivalves et de chevrettes (*piouces* du pays, c'est le *gammarus varius*).

On rencontre encore, de distance en distance, quelques autres plantes, telles que l'*hydrodyction*, qui se présente en touffes mousseuses où se réfugient un grand nombre d'animaux aquatiques; le *potamogeton pusillus*, le *zostera marina*, le *zannichellia brachystemon* y sont rares et n'y jouent qu'un rôle secondaire (1).

Pour le développement et l'engraissement du muge, les réservoirs anciens sont préférables aux neufs ou à ceux nouvellement ouverts. Dans ces derniers, en effet, le poisson s'engraisse peu ou très peu pendant les trois premières années; ensuite son engraissement se développe d'autant plus que le réservoir est plus ancien. Les produits peu considérables dans les premières années augmentent au fur et à mesure que le réservoir se garnit de limon, de vase, d'herbes, de coquillages, etc. Ces observations tracent la marche à suivre pour améliorer la production dans les premières années, et pour venir en aide à l'action toujours lente du temps; il suffirait, en effet, d'introduire et de propager les *bonnes-herbes* que recherche le muge, telles que la rupelle (*ruppia*), ainsi que les *coquillages marins* qui vivent sur les [illegible]es et que l'on trouve en abondance dans les vieux réservoirs. On pourrait aussi élever, dans les premières années, des espèces essentiellement *carnivores*, telles que bar, dorade, carrelet, sole, etc... en leur fournissant les aliments nécessaires à leur développement, par la propagation des crevettes, trognes, coquillages, etc..., et même par celle des *gardons* qui vivent bien dans des alternances d'eau douce et d'eau salée (le gardon peut se reproduire naturellement et en immense quantité, dans de petits étangs ou des fossés d'eau douce peu profonds). La production naturelle aidée de quelques moyens artificiels pourrait fournir tous les aliments nécessaires au prompt développement des carnivores.

Au bout de quelques années, quand on jugera convenable de substituer le muge à l'espèce carnivore, au bar, par exemple, on devra procéder à une pêche complète du bar; car, autrement, la présence de quelques individus adultes causerait de graves dégâts et amènerait la destruction complète des muges.

Enfin, pour obtenir un grossissement et un engraissement convenables, on devra subordonner la quantité de fretin et d'alevin de divers âges à l'étendue du réservoir et à ses ressources alimentaires; car, autrement, l'on n'obtiendrait ni les dimensions ni les qualités recherchées par la consommation. Les observations que j'ai faites, à cet égard, sur les étangs peuplés de carpes ou de tanches sont parfaitement applicables aux réservoirs de muges; seulement, pour ces derniers, la production est plus abondante parce que les eaux de mer sont plus riches en matières alimentaires que les eaux douces d'étangs.

L'introduction de la *carpe* dans les réservoirs, soit isolément, soit en mélange avec le muge, pourrait avoir des résultats avantageux. La carpe, ainsi que le gardon, vit parfaitement dans des alternances d'eau douce et d'eau salée, et même complétement dans l'eau salée. Elle y prend un rapide accroissement et surtout une qualité de chair qui ne manquerait pas de la faire rechercher par la consommation.

C. MILLET,
inspecteur des Forêts.

(*La suite au prochain numéro.*)

(1) Je dois à l'obligeance de M. Graves, l'un de nos botanistes les plus éminents, la détermination exacte de ces végétaux que j'avais recueillis dans les réservoirs du bassin d'Arcachon.

ISTHME DE SUEZ.

M. de Lesseps vient de publier :

1° Les firmans de concession et cahier des charges, et les statuts de la compagnie universelle du canal maritime de Suez;

2° Les extraits des procès-verbaux des séances de la commission internationale du canal de Suez (2 broch. in-8°, imprimerie Plon, 8, rue Garancière).

Nous donnerons une analyse aussi étendue que possible de ces documents dont la publication est un véritable événement.

Nous devons citer encore une brochure pleine d'intérêt, dans laquelle M. Barthélemy Saint-Hilaire répond victorieusement aux objections assez inconsidérées que la *Revue d'Édimbourg* a dirigées contre le projet de M. de Lesseps, maintenant consacré par l'approbation de la commission universelle. Nous reviendrons également sur ce vigoureux article.

La fumée des usines et la végétation.

Les opérations industrielles qui s'exécutent dans beaucoup d'usines ont pour résultat de verser dans l'atmosphère une grande quantité de matières gazeuses différentes. Ces matières s'y accumulent en proportions souvent assez considérables pour exercer une influence très marquée, tant sur les animaux que sur les végétaux; seulement leur action est amoindrie dans certains cas, parce que l'oxygène de l'air agissant sur ces gaz, sous l'influence de la lumière et de l'humidité, oxyde et rend inoffensifs ceux qui résultent de la décomposition des matières organisées, ou parce que l'humidité, en se condensant, les entraîne et les précipite. Ceux d'entre les établissements industriels qui versent dans l'air la plus grande quantité de matières gazeuses sont les hauts fourneaux, les fours à coke, les usines métallurgiques, particulièrement celles où l'on traite des minerais arsénicaux, les fabriques de soude, etc., dont le voisinage est reconnu depuis longtemps comme funeste aux animaux et aux plantes.

Les matières nuisibles à la végétation qu'entraîne la fumée des usines sont mises en rapport avec les plantes : 1° par l'intermédiaire de l'eau qui les dissout et qui, s'infiltrant dans le sol, les apporte jusqu'aux racines; 2° par l'effet de leur dépôt sur la surface des organes. Mais les plantes se montrent plus ou moins sensibles à leur action, et plus ou moins disposées à les absorber, selon les circonstances météorologiques, selon l'âge et l'espèce. La fumée n'a qu'une action très faible lorsqu'elle se répand dans l'air par un temps sec et calme ou par des vents secs. Dans le premier cas, elle s'élève haut dans l'atmosphère et se précipite lentement; dans le second, elle est emportée à de grandes distances et se dissémine dès lors sur une grande étendue de pays. Alors la surface des plantes, étant elle-même très sèche, n'en subit l'action que faiblement. Si la fumée est précipitée par un temps de pluie, ou si la pluie survient après qu'elle s'est précipitée, la surface des plantes est lavée, ou bien les matières qu'elle dépose sont entraînées par la pluie dans le sol, où elles agissent faiblement. Mais quand la fumée se précipite sur des plantes mouillées par la rosée, le brouillard, ou par une pluie qui vient de cesser, leur humidité superficielle dissout les acides qu'elle contient. Si le temps devient ensuite sec et chaud, l'eau disparaît par évaporation; l'acide sulfureux s'oxyde en acide sulfurique dont l'absorption produit sur les plantes une action très nuisible. En peu de temps on voit alors fréquemment le vert passer au brun-jaunâtre, ou des taches nettement circonscrites amener la dessiccation et la destruction des tissus par places.

Les organes jeunes, les plantes en voie d'accroissement rapide, les bourgeons ouverts depuis peu de temps, les fleurs, surtout sont sensibles à l'influence de la fumée. Plus une plante végète avec vigueur, plus ses tissus sont délicats et faciles à pénétrer, tandis que réciproquement les moins sensibles sont celles dont la surface est consistante, surtout celles dont les couches superficielles sont imprégnées de silice ou formées de parois épaisses. Ainsi, le seigle d'hiver est moins sensible que celui de printemps; ainsi encore les graminées souffrent moins de cette influence que la plupart des autres plantes. L'espèce modifie aussi la sensibilité. Celles dont l'accroissement est rapide, dont les tissus sont mous et aqueux, souffrent beaucoup plus et plus promptement que les autres; aussi ne peut-on cultiver près des usines des pois, des haricots, des lentilles, etc., du trèfle, des betteraves. M. Julius Süssdorf a vu dans un jardin situé près d'une usine les jeunes feuilles, les bourgeons, les fleurs des dahlias et des rosiers détruits en vingt-quatre heures par la fumée, tandis que les œillets ne paraissaient pas en souffrir. En général, les plantes dont les organes jeunes sont tués sous cette influence en repoussent bientôt de nouveaux qui ont le même sort, et il en résulte, d'un côté, qu'elles s'épuisent ainsi; de l'autre, qu'elles ne peuvent fructifier. Quoique les graminées soient médiocrement sensibles à la fumée, elles en souffrent, néanmoins, lorsque son action s'exerce sur elles à l'époque de la floraison ou peu après; alors leur épi se racornit, et il ne donne ensuite que très peu de grains tout retraits. Les conifères résistent plus longtemps que les arbres feuillus; mais ils finissent aussi par succomber. L'auteur a reconnu que les matières solubles de la fumée arrivent fréquemment aux racines. L'analyse chimique lui a montré dans la terre, près des usines, des acides solubles libres et des sels métalliques également solubles. Seulement, ces matières n'arrivant aux racines qu'à l'état de solutions très étendues, les plantes en souffrent, en général, moins que de celles qui ont pénétré dans les tissus par l'effet d'une absorption directe opérée par les organes aériens. M. Süssdorf a constaté dans les fourrages qui avaient subi l'action de la fumée la présence de l'acide sulfurique libre et de sels métalliques. Il a vu leur verdure remplacée par une teinte jaunâtre due à un véritable blanchiment par l'acide sulfureux, ou bien des places brunâtres éparses sur leurs feuilles, et indiquant une action locale énergique. Ces fourrages avaient une saveur peu agréable, piquante, et un arrière-goût métallique. Il n'est donc nullement surprenant qu'ils incommodent les bestiaux qui en sont nourris.

Gravure mécanique sur bois brûlé.

Dans une des dernières séances de la Société des ingénieurs civils, M. Steger a décrit un nouveau procédé de gravure de planches d'impression des tissus, d'origine anglaise, importé en France en 1849, par un dessinateur, M. Schultz, et qui, perfectionné par MM. Heilmann frères, se propage rapidement à Mulhouse, sous l'impulsion de ces habiles industriels. Voici en quoi consiste cette ingénieuse machine.

Une *mortaiseuse à pédale* donne le mouvement à un outil tranchant de forme quelconque, mais répondant à un détail du dessin voulu. Un tube à deux branches lance constamment deux jets de gaz convergent dans la direction de l'outil, qui s'échauffe rapidement, pendant sa marche, sous l'action de la flamme. Le bois dessiné qu'il s'agit de graver en creux est conduit à la main, et reçoit l'action de l'outil. Echauffé à une température déterminée, celui-ci pénètre le bois à une profondeur constante, en le brûlant, et produit ainsi un creux dont les contours ont une netteté et une régularité admirables. On arrive de la sorte à produire en deux ou trois jours au plus, une planche ou une matrice qui exigeait un mois souvent dans le système du bois avec cuivres implantés en relief, et une semaine au moins avec la méthode de gravure en creux par compression du bois.

Le bois soumis au travail de la mortaiseuse doit être préparé d'une façon spéciale, dans le but d'empêcher les fendillements sous l'action de l'outil brûleur et de la flamme du gaz. C'est ordinairement du tilleul de choix, et la préparation consiste dans une mise au four conduite avec les plus grands soins.

Les matrices obtenues à la mortaiseuse servent à la production de clichés qu'on obtient en coulant dans cette matrice en bois un métal composé ainsi :

Plomb,	1/3
Bismuth,	1/3
Zinc,	1/3
Antimoine,	1/20 du tout.

Chaque bois brûlé en creux est recouvert et comprimé par un bois dressé muni d'une série de rainures destinées à distribuer le métal liquide, et communiquant avec un orifice ou jet principal qui reçoit l'alliage en fusion.

Les clichés ainsi obtenus, après avoir été assemblés et fixés sur un bois pour former la planche d'impression, doivent être soumis à un dernier travail, le rabotage. On verse sur la planche de la colophane en fusion qui remplit toutes les parties creuses du cliché d'assemblage. Ainsi garnie, la planche est soumise à l'action d'une machine à raboter.

La colophane ayant été dissoute ensuite par l'essence de térébenthine, la planche est prête à fonctionner; elle exige à peine une révision et un travail de grattoir vertical à la main pour faire disparaître quelques imperfections de détail.

Après avoir signalé toute la délicatesse des jolis clichés de MM. Heilmann frères, M. Steger indique une application nouvelle de la gravure mécanique sur bois brûlé, qu'il croit intéressante au point de vue particulier des publications scientifiques industrielles. Il voit dans cette application le moyen de produire à un bon marché non réalisé encore, les dessins si nécessaires à ces publications auxquelles la gravure sur bois, toute précieuse qu'elle ait pu être, n'a rendu encore que des services trop limités, soit qu'il s'agisse de clichés de petites dimensions à introduire dans le texte, soit que l'on veuille obtenir des planches de grand format. M. Steger est convaincu que l'on y parviendra économiquement avec la machine et les procédés perfectionnés de MM. Heilmann frères. Insistant sur cette idée appliquée aux dessins des machines, notamment, il fait comprendre comment des mortaiseuses spéciales pourraient être conçues et installées pour tracer sur bois brûlé les lignes droites ou courbes, les engrenages, etc. Il y a là, selon M. Steger, matière à une étude nouvelle qui serait féconde en résultats, qui contribuerait puissamment à la diffusion des sciences appliquées à l'industrie.

Influence de la consanguinité sur les résultats du mariage.

M. le docteur Rilliet (de Genève) vient d'adresser à l'Académie de médecine une lettre contenant l'exposé de ses recherches relativement à l'influence que la consanguinité exerce sur les produits du mariage. Cette lettre porte en substance qu'il se fait à Genève un nombre considérable de mariages entre consanguins ; que l'attention a été appelée depuis bien des années sur les conséquences fâcheuses qui résultent de ce fait sur la santé et même sur la vie des enfants. Ces conséquences sont :

1° L'absence de conception ;
2° Le retard de la conception ;
3° La conception imparfaite (fausses couches) ;
4° Des produits incomplets (monstruosités) ;
5° Des produits plus spécialement exposés aux maladies du système nerveux, et, par ordre de fréquence, l'épilepsie, l'imbécillité ou l'idiotie, la surdi-mutité, la paralysie, des maladies cérébrales diverses,

6° Des produits lymphatiques et prédisposés aux maladies qui relèvent de la diathèse scrofulo-tuberculeuse ;

7° Des produits qui meurent en bas âge et dans une proportion plus forte que les enfants nés dans d'autres conditions;

8° Des produits qui, s'ils franchissent la première enfance, sont moins aptes que d'autres à résister à la maladie et à la mort.

A ces règles il y a des exceptions, dues soit aux conditions de santé des ascendants, soit aux circonstances dynamiques dans lesquelles se trouvent les parents au moment du rapprochement des sexes. Ainsi : 1° rarement tous les enfants échappent à la mauvaise influence; 2° dans une même famille les uns sont frappés, les autres sont épargnés; 3° ceux qui sont atteints ne le sont presque jamais de la même manière dans la même famille, c'est-à-dire que l'un est épileptique, tandis que l'autre est sourd-muet, etc.

Quelques jours avant l'envoi de cette lettre, M. le docteur Menière avait lu à la même société un remarquable mémoire *sur le mariage entre parents considéré comme cause de la surdi-mutité congénitale.* Le défaut d'espace nous empêche de donner aujourd'hui un extrait de ce mémoire.

ACADÉMIE DES SCIENCES.

Séance du 19 mai 1856.

ÉLECTION D'UN MEMBRE DE L'ACADÉMIE.

L'Académie avait à procéder à l'élection d'un membre dans la section de botanique, en remplacement de M. de Mirbel, décédé. Au troisième tour de scrutin, M. Claude Gay a été élu par 28 suffrages sur 55 : son antagoniste, M. Duchartre, en a obtenu 27.

RECHERCHES SUR LA RADIATION SOLAIRE.

M. Pouillet donne la description d'un instrument enregistreur destiné à faire connaître la quantité de radiation solaire pour chaque climat, ou mieux encore le nombre des jours de soleil par année et leur répartition.

L'appareil consiste dans une boîte en bois léger, de 0,20 c. de côté sur 0,10 c. de haut, qui s'oriente à la manière des cadrans solaires, l'une des faces tournée vers le sud et l'autre dans la direction même du méridien du lieu. Chacune de ces deux faces porte une ouverture, et dans l'intérieur de l'instrument se trouve une surface cylindrique disposée de manière à se mouvoir parallèlement à elle-même, de bas en haut et réciproquement. Suivant la saison de l'année, on donne à cette surface cylindrique une position qui permette à toutes les images passant devant les deux ouvertures susdites, de venir frapper vers son centre : ce résultat est obtenu à l'aide de vis se mouvant sur une échelle graduée d'après les différentes déclinaisons du soleil.

L'instrument une fois monté, agit donc entièrement par lui-même, et il suffit d'un papier photographique préparé de façon à recevoir les impressions de la lumière solaire, pour obtenir des images négatives propres à un tirage d'épreuves positives en très-grand nombre.

M. Pouillet a mis sous les yeux de ses confrères, les résultats que son appareil lui a fournis pour la semaine qui vient de s'écouler. Comme l'instrument enregistre aussi bien la radiation diffuse que la radiation directe, il a été possible de constater que, dans cette semaine, il y a eu une centaine d'éclaircies, parfaitement accusées sur le papier photographique par les gradations de tons.

Dans l'état actuel de l'instrument, la face de l'Est commence à marquer un peu avant neuf heures du matin, et celle du Sud après elle, un peu avant trois heures de l'après-midi. M. Pouillet ne doute pas des perfectionnements dont son idée est susceptible, et il pense que la question *d'intensité* dans la radiation solaire (question qui intéresse l'astronomie aussi bien que la météorologie), pourra être résolue par cet appareil, aussitôt que l'on sera arrivé à obtenir des papiers photographiques comparables entre eux.

EXPÉRIENCES DE CAPILLARITÉ.

M. Pouillet a présenté ensuite une note de M. Burke sur des expériences de capillarité auxquelles il se livre depuis quelque temps. Les expériences de M. Burke viennent de montrer, entre autres résultats, que l'éther porté à la température de 191° cesse de mouiller le verre : M. Pouillet fait observer que ces expériences ont pleinement confirmé l'exactitude des formules de capillarité fournies par M. Brunner, bien que ces formules fussent empiriques.

MÉMOIRE SUR UN GISEMENT DE PLATINE DE LA NOUVELLE-GRENADE.

En novembre 1852, M. le docteur Gervis envoyait à M. Boussingault une note et un échantillon de grains de platine extraits, après lavage, de quelques kilogrammes de minerai de fer oxidé. Jusque là, la présence du platine n'avait été révélée nulle part sans être accompagnée d'or, et le fait d'un gisement de platine, dans des conditions différentes, était fait pour exciter quelque doute. C'est pour résumer ses études sur ce sujet, que M. Boussingault a lu aujourd'hui une note sur l'extraction de ce métal, dans la province américaine d'Antiochia. Il en résulte que plusieurs fois déjà, en 1829, la présence du platine, en dehors de gisements aurifères, avait été signalée dans cette partie du versant des Cordilières, mais que des recherches minutieuses n'avaient pas tardé à en faire découvrir la source véritable: Les Indiens qui ne connurent que fort tard la valeur du platine, en mêlaient souvent d'assez fortes quantités à leurs objets de verroteries, et abandonnaient souvent, dans leurs migrations, tous ces objets ensemble : de là, ces affleurements plusieurs fois découverts et qui furent toujours une source de déceptions pour les mineurs.

Néanmoins, en face de l'assertion d'un homme aussi digne de foi que le docteur Gervis, M. Boussingault s'est préoccupé des moyens d'extraction possibles, dans les contrées que ses voyages lui ont rendues familières : Abondance d'eau et de travailleurs, tels sont les éléments de succès qui suffiront à retirer de cette partie du Nouveau-Monde d'immenses quantités de métaux précieux; mais après avoir montré la nécessité d'y employer des mineurs européens, après une description éloquente de ce climat meurtrier, l'honorable académicien a terminé son mémoire par ces mots: « Il restera alors à l'histoire à supputer ce que la conquête de ces richesses aura coûté de vies de travailleurs au genre humain ! »

FÉLIX FOUCOU.

Société impériale et centrale d'Agriculture.

Séances des 7, 14 et 21 mai.

Séance du 7 mai.

CONCOURS AGRICOLE DE CHELMSFORD.

Au nombre des pièces de la correspondance imprimée, la Société a reçu le programme du concours agricole annuel que la société royale d'agriculture d'Angleterre doit tenir à Chelmsford, le 14 juillet prochain, pour les comtés de Bedfort, Buckingham, Cambridge, Essex, Hertford et Huntingdon.

Il est annoncé notamment dans ce programme :

Que tous les prix de la société royale sont ouverts à la concurrence de tous les pays;

Que les étrangers seuls sont admis à concourir pour les prix relatifs aux taureaux, vaches, génisses, et aux brebis et béliers croisés de toutes races;

Que le bétail et les moutons doivent appartenir aux étrangers et être nés à l'étranger ;

Que l'objet de la société, en offrant des prix pour les animaux des espèces bovine et ovine, étant d'encourager des améliorations dans les races d'animaux reproducteurs, les juges en prenant leurs décisions, n'auront pas à considérer, au point de vue de la boucherie, la valeur des animaux exposés, mais seulement à les apprécier comme reproducteurs.

CULTURE DE LA GARANCE.

M. le comte de Gasparin ayant donné lecture d'une note sur un fait relatif à la culture de la garance, M. Becquerel demande s'il ne conviendrait pas d'analyser les cendres des garances de Vaucluse, pour compléter les renseignements contenus dans ce document. M. de Gasparin dit que ces analyses ont été faites dans le temps par M. Bertier, et qu'au reste on fait, chaque année, dans le pays, des analyses en grand pour l'appréciation de la matière colorante : les commerçants traitent les garances d'une manière particulière, qui diminue beaucoup la quantité de cette matière, et à ce sujet, M. Robinet fait observer qu'il importerait de vérifier si ces garances qui sont aujourd'hui moins colorées seraient plus charnues, attendu qu'on a remarqué que dans certains végétaux qui deviennent plus charnus, la matière colorante diminue.

M. Chevreul signale la différence qui existe entre les garances du Levant et celles de Vaucluse et de l'Alsace. Celles du Levant paraissent contenir une plus forte proportion de matière colorante. A cette occasion, M. Chevreul donne quelques détails sur la composition des diverses espèces de garances, sur les opérations à l'aide desquelles on détermine la valeur des principes colorants de cette plante : il signale la garance d'Alger comme une des meilleures qui existent : il cite à l'appui de cette assertion, l'emploi qui en est fait en peinture par Mme Gobert. Cette dame, en se servant de garances d'Algérie, a obtenu un rouge d'une couleur si belle, que des fabricants habiles ont prétendu qu'il y avait du carmin.

Séance du 14 mai.

COMMUNICATIONS DIVERSES.

M. Gouvion de Ray, propriétaire à Denain, écrit, à la date du 12 mai, que l'état des céréales est satisfaisant et promet une bonne récolte, mais que les *lins de mars* sont compromis : sur quelques points on se dispose à les labourer pour les remplacer par des *lins de mai*. Les betteraves commencent à souffrir.

— M. Bouchardat donne des renseignements sur l'état des vignes en bourgeons. La situation est peu satisfaisante ; une gelée très-intense a détruit les bourgeons existants : cependant l'honorable membre ne partage pas entièrement les craintes qui se sont produites à ce sujet. L'année s'annonçait d'abord comme très-favorable et la plante était en très-bon état : or, dans ces conditions, et pour certaines variétés de vignes, il y a des contrebourgeons qui répareront le mal en partie.

M Pepin a examiné des vignes dans le département de Seine-et-Marne, et il a reconnu qu'elles n'étaient pas entièrement gelées : on avait eu l'idée, avant la gelée, de répandre du petit foin sur les vignes, et ce procédé les a garanties.

M. Hardy dit avoir remarqué que, depuis quelques jours la température étant plus douce, la vigne a repris sa végétation. Les grappes qu'on croyait gelees reparaissent et se montrent en bon état.

— M. Pepin présente des tubercules d'*uunco* et fait remarquer qu'ils se sont grossis par la culture. M. Payen qui avait analysé, dans le temps, des tubercules d'*uunco*, exprime l'opinion que s'ils s'améliorent véritablement par la culture, ces produits pourront offrir une ressource utile au point de vue alimentaire.

DE LA SUPPRESSION DES ÉTANGS.

M. Masson, de Nancy, propriétaire d'étangs dans la Meurthe, rend compte des résultats qu'il a obtenus de la culture de ses étangs en céréales, pendant la période de l'assec, et il joint à sa lettre un tableau d'où il suit qu'il aurait retiré de cette culture un bénéfice net de 433 fr. par hectare. Il présente ensuite ses vues sur les meilleurs moyens à employer pour tirer parti des nombreux étangs de la Brenne et de la Sologne.

M. le comte de Tracy dit à ce sujet que la suppression des étangs dans ces deux pays, aussi bien que dans la Dombes et la Bresse, serait une mesure fort désirable, mais que c'est une grande et difficile question qui s'agite, sans solution, depuis 1789.

Dans la Dombes et la Bresse notamment, il y a des conditions qui rendent cette suppression extrêmement difficile. Un propriétaire, en effet, y possède l'eau d'un étang et les produits de la pêche ; un autre a droit à l'*évolage* ou mise en *assec* pendant un certain temps, et aux récoltes qu'on en peut retirer. On comprend dès lors toutes les entraves qu'un pareil état de choses apporte à la suppression des étangs.

L'honorable membre rappelle que, dans le temps, Varennes de Fenille avait demandé une loi pour la suppression des étangs, et il exprime l'opinion qu'on pourrait appliquer à cette mesure l'expropriation pour cause d'utilité publique. Il croit qu'il conviendrait d'appeler sur cette question la sollicitude du gouvernement.

M. Vicaire dit qu'il s'est préoccupé depuis longtemps de l'état de choses signalé par M. de Tracy, et qui est en effet très grave ; il reconnaît qu'il y aurait un avantage immense à supprimer les étangs, mais il croit inutile de s'occuper de la question de législation. Un projet de loi sur la matière, envoyé au conseil d'Etat, est soumis en ce moment au Corps législatif. Ce qui importerait, suivant M. Vicaire, serait surtout de démontrer que la culture serait suffisante pour indemniser les propriétaires.

M. le comte de Gasparin fait observer que, dans certaines conditions, le génie militaire, par des motifs puisés dans les exigences du service des eaux, s'opposera au dessèchement des étangs, et que notamment ceux de M. Masson se trouvent dans ce cas.

M. de Tracy soutient que les étangs produiront beaucoup plus en culture qu'en poisson, et se félicite d'apprendre que le gouvernement s'occupe de cette question.

Séance du 21 mai.

CONCOURS RÉGIONAL DE DIJON.

M. Pommier a rendu un compte sommaire du concours régional de Dijon, auquel il avait été délégué par M. le président, pour représenter la Société Impériale et centrale d'agriculture.

Sous le rapport du bétail, ce concours n'offrait rien de remarquable, et il s'y trouvait un très petit nombre d'animaux comtois qui sont la vraie race par excellence du pays : en revanche, beaucoup de croisements et de races non définies.

Quant à l'exposition des métis-mérinos, elle était une des plus belles qui se soient jamais vues.

Une innovation consistait dans un concours de chevaux et principalement de chevaux consacrés à l'agriculture : ils étaient tous de qualités remarquables.

PAIN DE LA VILLE DE PARIS.

M. Robinet a présenté à la Société un échantillon du pain que la ville de Paris fait vendre en ce moment, dans deux dépôts, au prix de 0,43 cent. le kilog. Ce pain, d'après l'étude à laquelle s'est livré l'honorable membre, serait supérieur au pain de seconde qualité, vendu au prix de 0,40 cent., et se rapprocherait beaucoup de celui de première qui en coûte 0,48 ; il se fabrique à la boulangerie des hôpitaux, et son prix de revient est exactement le même que son prix de vente ; enfin, par des expériences répétées, M. Robinet a établi qu'il ne contient pas une quantité d'eau plus forte que les deux qualités qui lui sont comparées.

DISCUSSION SUR LE CROISEMENT ET LA REPRODUCTION DES RACES.

Nous avons déjà parlé de la discussion sur les races, soulevée autrefois par un travail de M. Baudement sur cette matière, et ajournée à la dernière séance. C'est aujourd'hui seulement et vers la fin de la séance, que la discussion a commencé : comme elle doit continuer dans les prochaines réunions, nous attendrons qu'elle soit close pour la résumer, nous contentant de poser pour aujourd'hui les deux propositions fondamentales qui ont été le point de départ de M. Baudement.

1° Les animaux domestiques étant considérés, au point de vue industriel, comme des machines que nous exploitons, la connaissance de ces machines nous est nécessaire avant tout, et par suite le point de vue physiologique domine toute la zootechnie ; le point de vue économique ne vient qu'ensuite.

2° La machine animale se perfectionne en raison de la division du travail physiologique, autrement dit de la division du travail dans ses fonctions. F. F.

FAITS DIVERS.

EXPOSITION UNIVERSELLE D'AGRICULTURE DE 1856. — On poursuit activement dans le grand Palais de l'Industrie, aux Champs-Elysées, et au midi, en dehors de ce palais, les préparatifs de la grande Exposition universelle d'animaux reproducteurs, d'instruments et de produits agricoles de tous les pays et ceux de l'Exposition d'horticulture. L'Exposition d'horticulture aura lieu sous la grande nef qu'elle occupera tout entière. On y construit, comme dans un jardin, des fontaines, des massifs. Quant à l'Exposition agricole, le nombre des déclarations d'exposants, de tous pays, parvenu au ministère, a été tellement considérable qu'il a fallu immédiatement construire entre le grand palais et le Cours la Reine onze grandes galeries, couvertes en toiles, de 100 mètres de longueur en moyenne, pour y placer les animaux.

Les produits de l'Agriculture seront placés sur des étaux bientôt terminés, sous les grandes galeries latérales et au rez-de-chaussée du palais.

La note suivante publiée par le *Moniteur* du 13 mai, montre combien sera belle cette exposition.

« Le concours universel agricole de 1856, qui va s'ouvrir au Palais de l'Industrie, le 23 de ce mois, réunira la collection la plus complète d'animaux reproducteurs, d'instruments aratoires et de produits qui ait jamais été offerte à l'attention du public et aux études des cultivateurs.

« Toutes les déclarations ne sont point encore parvenues au Ministère de l'Agriculture, du commerce et des travaux publics, et cependant les inscriptions s'élèvent déjà, pour l'espèce bovine, à 1,314 animaux, tant vaches que taureaux.

« Dans ce chiffre, la France figure pour 188 têtes,

L'Angleterre,	—	132
L'Ecosse,	—	174
L'Irlande,	—	54
L'Autriche,	—	100
La Suisse,	—	184
La Belgique,	—	53
La Hollande,	—	35

« Le Danemarck, la Saxe, la Bavière, le Wurtemberg, les grands duchés de Bade et de Luxembourg, forment le reste du contingent.

« L'Exposition de l'espèce ovine ne comprendra pas moins de 1,268 béliers et brebis, et en ajoutant à ces chiffres les 174 porcs déjà inscrits, on arrive à un total de 2,756 animaux pour l'ensemble du concours.

« Les lots de volailles sont au nombre de 503.

« Quant aux instruments aratoires et aux produits agricoles, le relevé des déclarations parvenues jusqu'à ce jour au ministère en porte le chiffre à 2,000 environ pour les premiers, et à plus de 4,000 pour les seconds. »

L'essai des instruments se fera du 27 au 30 mai. — L'exposition publique aura lieu du 1er au 5 juin. — Le 5 juin se fera la distribution des prix. — Le 6 on procédera à la vente des animaux aux enchères publiques.

Exposition des produits de l'Algérie. — De nouveaux locaux viennent d'être affectés, par l'ordre de M. le Ministre de la guerre, à l'exposition permanente des produits de l'Algérie (107, rue de Grenelle-Saint-Germain.)

Les anciennes galeries restent consacrées aux produits naturels, agricoles, forestiers, minéralogiques et autres; une nouvelle galerie, située au rez-de-chaussée, est destinée à recevoir plus spécialement les objets fabriqués, soit en France, soit en Algérie, avec les matières algériennes. C'est là que les visiteurs trouveront, en meubles et en tissus, de riches spécimens de la manufacture de Paris, de Lyon, de l'Alsace, du Nord et des autres centres manufacturiers, obtenus au moyen des soies, des cotons, des lins, des bois d'ébénisterie, des marbres de l'Algérie.

Dans les salles du premier étage, on aperçoit les belles collections de bois à ouvrer, de céréales, de cotons et de textiles divers, de tabac, de matières colorantes, de produits oléagineux et vinicoles, de minéralogie, etc., etc. Ailleurs, ce sont les productions de la main-d'œuvre arabe, et, comme complément, deux petites annexes renfermant, l'une une collection commencée d'objets d'histoire naturelle; l'autre, une bibliothèque où l'on s'applique à réunir les ouvrages qui ont été écrits sur l'Algérie. M. le maréchal ministre de la guerre s'est montré satisfait du nouvel aspect donné à l'exposition algérienne et du grand nombre de produits, et il a ordonné qu'elle serait désormais ouverte au public, comme par le passé, tous les jeudis de chaque semaine, à partir du jeudi 15 mai. Les visiteurs seront admis sur la présentation des cartes anciennement délivrées, ou au moyen de nouvelles cartes distribuées à toutes les personnes qui en feront la demande écrite au ministre.

Aux inventeurs. — Tous les inventeurs ne sont pas riches, au contraire, la plupart sont des ouvriers intelligents, des contre-maîtres observateurs, ou de savants physiciens possédés de la noble ambition de s'affranchir par quelque œuvre nouvelle et utile à la société, plutôt que par des spéculations aléatoires et la contrefaçon.

C'est pour les aider à passer de l'état de prolétaire à celui de propriétaire, que les brevets à bon marché ont été institués par le gouvernement belge.

C'est donc une bonne action de la part d'un journal, d'informer gratuitement les inventeurs qu'il existe à Bruxelles (2, place du Musée), sous la direction de M. X. *Raclot*, référendaire, une société qui se charge de les mettre en possession, pour une somme de cinquante francs, d'un brevet belge qui, donne au porteur seul, le droit d'obtenir ensuite, des brevets en *France*, en *Autriche* et aux *Etats-Unis*, où l'on a la justice de n'accorder de patente valable qu'à l'inventeur muni d'un titre de priorité délivré par un autre gouvernement.

Il importe donc de s'adresser en premier lieu à la Belgique qui accorde des brevets de vingt ans avec la moindre taxe et le plus de sécurité.

Les formalités ont été tellement simplifiées par la nouvelle loi (loi Jobard), que des personnes étrangères à l'industrie font breveter leurs idées, seulement pour s'en assurer la priorité honorifique, légale et incontestable.

Un cyclope. — M. Depaul a mis sous les yeux de l'Academie de médecine le corps d'un enfant venu à terme, qui a vécu quelques instants, et présente un exemple d'une difformité extrêmement rare et curieuse : c'est un cas de cyclopie. Cet enfant n'a qu'un seul œil, placé au milieu du front, sur la ligne médiane, dans un orbite unique. Le nez est absent ; il n'y a ni saillie ni orifices. La bouche est réduite à un petit orifice excessivement étroit, comme fistuleux, et évidemment insuffisant pour la respiration. Enfin le frontal, autant qu'il est possible de s'en assurer à travers les parties molles, paraît n'être constitué que par un seul os.

La mère de cet enfant est une femme de vingt-trois ans, bien conformée, qui a déjà accouché d'un premier enfant venu à terme et bien conformé. Il ne s'est rien passé de particulier pendant la gross[illegible] et l'accouchement, si ce n'est que l'utérus contenait une énor[illegible] quantité de liquide amniotique.

[illegible]epaul se propose de disséquer ce petit sujet, et d'en faire [illegible] d'une communication plus détaillée.

Exostoses déterminés par l'usage d'eau fortement calcaire. — Un grand nombre de chevaux de chasse des haras de Cheltenham (Angleterre), étaient depuis plusieurs années atteints d'exostoses (tumeurs osseuses), quand, en 1851, M. Dutfield, vétérinaire, ayant goûté par hasard l'eau dont ces animaux faisaient usage, et lui ayant reconnu une saveur fortement terreuse, eut l'idée que l'excès de sels calcaires dont cette eau était chargée, pouvait bien être la cause de la formation des dépôts osseux.

Cette eau, soumise à l'analyse chimique, fut reconnue contenir la proportion de matières solides suivantes pour un gallon de la capacité de 70,000 grains (en litres : 4,543) :

Chlorure de calcium.	8,80
— magnésium.	3,04
— sodium.	4,00
Matières organiques.	1,92
Sulfate de magnésie.	3,68
Carbonate de chaux.	15,36
Sulfate de chaux avec traces de fer. .	15,36
	52,16

Ce résultat connu, le propriétaire du haras eut recours à des mesures prophylactiques. Les chevaux cessèrent de faire usage de l'eau terreuse, et furent alimentés soit avec de l'eau de pluie, soit avec de l'eau provenant d'une petite hauteur située à peu de distance de la ville, et depuis cette époque aucun nouveau cas de tumeurs osseuses ne s'est manifesté.

Pour tous les faits divers, V. M.

BULLETIN BIBLIOGRAPHIQUE.

La réforme de la géométrie, par M. Charles Bailly, vient de paraître à la librairie Mallet-Bachelier, brochure in-8°. Prix : 1 fr.

— Le Dimanche musical, Journal hebdomadaire, paraît tous les dimanches. Chaque N° se compose d'un morceau de danse pour le piano et d'une romance ou chanson, avec accompagnement. Prix d'un N° : 20 cent. — Chez tous les libraires.

— Lettres médicales sur Vichy, par M. Durand-Fardel, d. m. p., médecin inspecteur des sources d'Hauterive, à Vichy, secrétaire général de la Société d'hydrologie médicale de Paris. 1 vol. in-18. Germer-Baillère.

Prix d'abonnement pour l'étranger.

Allemagne, 8 fr.;— Suisse, Parme, Plaisance, Modène, 8 fr. 50.— Etats Sardes, Grèce, Crimée, 9 fr.; — Hollande, Angleterre, 10 fr.; — Etats-Unis, Indostan, Turquie, 10 fr. 50; — Belgique, Prusse, Hanôvre, Saxe, Pologne, Russie, Espagne, Portugal, 11 fr.; — Toscane, 12 fr.; — Etats-Romains, 16 fr. 50.

Le propriétaire, rédacteur-gérant :

Victor Meunier.

PARIS. — IMP. J.-B. GROS ET DONNAUD, SON GENDRE, RUE DES NOYERS, 74.

Deuxième année. — N° 22. Quinze centimes. 1er juin 1856.

L'AMI DES SCIENCES

BUREAUX D'ABONNEMENT
13, RUE DU JARDINET, 13
Près l'Ecole de Médecine
A PARIS

JOURNAL DU DIMANCHE
SOUS LA DIRECTION DE
VICTOR MEUNIER

ABONNEMENT POUR L'ANNÉE
PARIS, 6 FR. ; — DÉPART., 8 FR.
Étranger (Voir à la fin du journal)
ENVOYER UN MANDAT DE POSTE

L'HÉLICE PROPULSIVE.

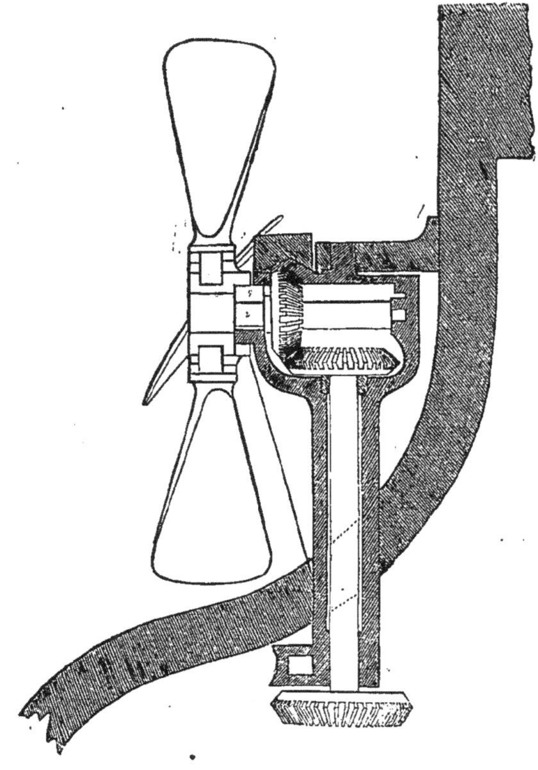

Propulseur héliço-conoïde de Huon.

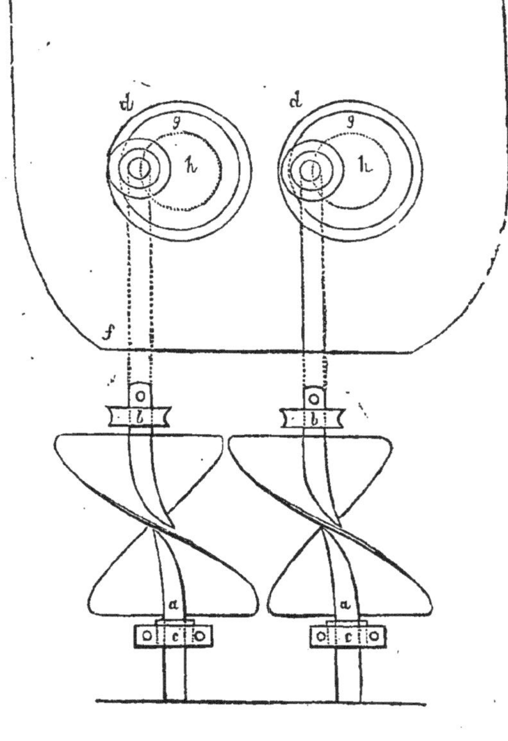

Propulseur gouvernail de Hunt.

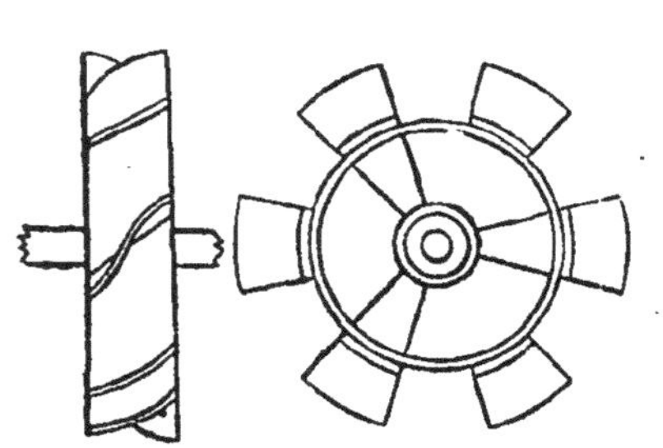

Tourbillon d'Ericsson.

Hélice de M. Sauvage.

Hélice du bateau *le Napoléon*.

Les dessins de différentes espèces d'hélices que nous donnons aujourd'hui sont destinés à l'illustration d'un travail sur l'histoire de ce propulseur que nous donnerons dans le prochain N°. Le nombre des figures nous oblige à en détacher une partie de l'article lui-même, et à les donner par anticipation.

LES MINES D'OR DE LA GUYANE.

La découverte de mines d'or dans la Guyane française est un événement de la plus haute importance, et dont on doit attendre bien des résultats. Si l'on considère le mouvement prodigieux de la colonisation de la Californie, de l'Australie, si l'on examine les progrès toujours croissants de ces riches contrées, on ne peut douter que la confirmation de cette nouvelle ne doive avoir pour résultat de changer subitement la situation de cette colonie, qui est encore aujourd'hui, à peu de chose près, ce qu'elle était il y a cent ans; dépourvue de grandes cultures, ayant peu de commerce, peu d'habitants. Des milliers d'hommes hardis, entreprenants, franchiront les mers pour aller chercher la fortune dans le sein de ses solitaires campagnes, tandis qu'à côté d'eux, alléchés par l'espérance de grands bénéfices, viendront s'établir les agriculteurs, les industriels, les commerçants.

Or, une note du *Moniteur* du 7 mai dernier, contenant des nouvelles de Cayenne du mois de mars, nous apprend que, malgré la mauvaise saison, déjà plusieurs chercheurs d'or se sont mis en campagne. Ainsi, sur la rivière d'Arataye, un ancien *digger* de la Californie a recueilli *à la battée*, en six journées de six heures chacune, 183 grammes d'or (c'est-à-dire quelque chose comme 550 fr.); quatre personnes qui le suivaient — deux indiens, une négresse et une jeune créole — en ont, dans le même temps, ramassé 144 grammes.

Plus récemment, deux propriétaires du quartier d'Approuague, accompagnés d'un ancien chercheur californien, s'étant rendus sur le Courouaye, affluent de l'Approuague, ont lavé de la terre provenant d'un terrain défriché depuis longtemps, et en ont retiré en quatre jours 267 grammes d'or pur (plus de 800 fr.), sous forme de pépites.

Le *Moniteur* du même jour renferme le rapport de M. l'ingénieur Rivot à M. le directeur de l'école des mines, sur l'examen de quelques échantillons de minerais d'or recueillis à la Guyane lors des premières exploitations. Nous allons l'exposer le plus complétement possible.

Désignation des échantillons. A. Pépites pesant 57 grammes, de couleur plus jaune que celles provenant de Californie et d'Australie. La surface est très irrégulière, les angles sont arrondis. Dans les cavités on distingue du quartz et du fer titané.

Nº 1. — Pépites analogues aux précédentes, mais plus petites.

Nºs 4 et 5. — Paillettes recueillies sur la rive droite et sur la rive gauche de l'Arataye. Elle sont très petites, jaunes, assez brillantes, et accompagnées de quelques grains de quartz et de fer titané.

Nº 6. — Sable de l'Arataye, composé de fragments anguleux et très peu roulés, de staurotide, de fer titané, de tantalate de fer et manganèse, de quartz, de sircent, de grenats, etc., il contient quelques fines paillettes d'or. Il diffère des sables de la Californie et de l'Australie par l'aspect anguleux des fragments, et par la présence de la staurotide qui se trouve dans les sables du Brésil.

a. — Petites pépites bien jaunes, à surfaces irrégulières, et ressemblant beaucoup aux pépites Nº 1. Quelques-unes ont leurs angles peu arrondis, ce qui semble indiquer que les gisements d'où proviennent les sables, ne sont pas très éloignés des points où les échantillons ont été obtenus. La densité d'une pépite exempte de quartz et de fer titané, pesant 1 gram. 7 millig., a été trouvée de 16,508.

b. — Paillettes et très petites pépites d'une couleur notablement plus verdâtre que celle des autres échantillons. Les angles sont un peu arrondis, ce qui donne lieu de faire la même remarque que pour l'échantillon précédent (*a*).

La densité des paillettes est inférieure à celle des pépites (*a*); elle a été trouvée de 13,866.

Des échantillons de la grosse pépite A, des petites pépites Nº 1, des petites pépites *a*, des paillettes *b* ont été soumis à l'analyse après avoir séparé préalablement le quartz et le fer titané, afin d'opérer sur les parties métalliques seules. Elles contiennent seulement de l'or et de l'argent, comme l'or natif trouvé dans l'Oural, en Californie, et en Australie. La proportion d'argent est très faible dans les trois premiers échantillons; elle est notablement plus élevée dans le dernier, qui se rapproche beaucoup de l'or de la Californie.

Résultats numériques rapportés à 1 de matière.

	A	Nº 1.	[illegible]	*b*
Or,	0,947	0,940	0,947	[illegible]
Argent,	0,053	0,060	0,053	0,091
	1,000	1,000	1,000	1,000

Observations. — Les deux échantillons nº 4 et nº 5 qui n'ont pas été soumis à l'analyse, contiennent certainement, d'après leur aspect, une proportion d'or aussi forte que les échantillons A, nº 1, *a*. D'après cela, on peut conjecturer que les échantillons remis par M. le ministre de la marine, et qui ont été retirés par le lavage des sables voisins de l'Arataye, proviennent de deux catégories différentes de gisements. Les uns contiennent de l'or allié avec 5 à 6 p. 100 d'argent; dans les autres, la proportion de l'argent s'élève de 9 à 10 p. 100.

L'aspect anguleux, des fragments de sables, des paillettes et de plusieurs pépites semble indiquer que plusieurs des gisements ne sont pas très éloignés des points où les sables se trouvent maintenant. On peut donc avoir l'espoir de les découvrir par une exploration convenablement dirigée.

Les minéraux que contient l'échantillon de sable aurifère de l'Arataye sont en partie ceux qui accompagent l'or dans les sables de la Californie, en partie ceux qui se trouvent avec le platine et le diamant au Brésil. Il est donc permis d'espérer que l'or n'est pas la seule matière précieuse que renferme le sol de la Guyane.

Enfin l'ensemble des échantillons, et notamment la grosseur de la pépite A, paraissent indiquer une richesse minérale considérable, si toutefois les alluvions aurifères sont étendues; mais il est impossible de se prononcer sur l'importance des gisements tant qu'une exploration géographique et géologique du pays n'aura pas été faite.

Un arrêté du contre-amiral Baudin, gouverneur de la Guyane française, en date du 10 mars 1856, règle l'exploitation des gîtes aurifères, qui ne pourra être faite qu'après l'autorisation du gouverneur. Les permis de recherches et d'explorations pourront être accordés pour un an et renouvelés s'il y a lieu. Ces permis, qui seront numérotés, indiqueront l'étendue du terrain dans lequel cette exploration pourra avoir lieu. Suivent quelques articles concernant les mesures de surveillance que devront exercer les agents de l'autorité locale sur les chercheurs d'or, leurs ressources, leurs travaux, etc.

Puisque nous parlons des richesses minéralogiques de la Guyane, il nous sera permis de dire quelque chose sur ses gisements de fer, métal d'une utilité moins brillante que l'or, mais bien autrement précieux par les innombrables services qu'il rend à l'homme, pour lequel il est indispensable.

Dans un article récent de la *Revue coloniale* (février 1856), il est dit que notre colonie ne renfermant pas le calcaire dans sa charpente géologique, et que les bois à fibre lâche et à texture poreuse y prédominant, elle ne pourrait transformer économiquement en fonte et en fer le minerai qu'elle recèle avec tant d'abondance.

Il est nécessaire de dire que la roche ferrugineuse qui se trouve le plus généralement répandue dans la Guyane française est un minerai de fer oxidé-hydraté, enveloppé d'une gangue d'argile et de sable, qui exige de la chaux pour fondant. Cette chaux ou *castine* forme un silicate d'alumine et de chaux fusible à la température élevée des hauts-fourneaux, et la gangue amenée à l'état liquide ou plutôt visqueux se sépare de la masse métallique, qui se trouve alors isolée. Malheureusement, il faut le reconnaître, la chaux est tout à fait étrangère à la Guyane, de sorte que l'on serait obligé d'aller chercher à la Guadeloupe ou dans les pays voisins le fondant que nécessite la réduction du minerai. Néanmoins, si l'on considère que la quantité de *castine* à employer n'est que de 8 à 16 p. 100 du minerai, on peut avancer avec certitude que la question de se procurer cette matière plus ou moins facilement ne sera pas un obstacle pouvant arrêter le développement de l'industrie minérale de la Guyane.

Il nous est beaucoup plus facile de démontrer combien la seconde assertion de l'auteur de la *Revue coloniale* est peu fondée, et surtout de détruire cette grave erreur que, dans les contrées tropicales, les bois mous sont en majorité. Un peu de réflexion nous fera comprendre combien sont légères ces opinions que n'appuient aucune expérience décisive. Sous l'équateur, la végétation vivifiée d'une façon extraordinaire par le soleil et l'humidité, acquiert une vigueur inconnue dans nos régions, et les humbles herbes de nos forêts, les fougères par exemple, qui à peine se remarquent sous nos climats, parviennent dans ces contrées à des dimensions colossales; en un mot, pour mieux nous expliquer, la végétation arborescente prédomine sous l'équateur, tandis que chez nous au contraire elle ne vient qu'au second rang. On comprend donc qu'au milieu de tant de plantes ligneuses, il en existe un certain nombre dont le bois soit mou et poreux, surtout lorsqu'elles ont poussé au milieu de marais, de terres d'alluvion où elles présentent un magnifique développement, mais sans force, sans vigueur. Cependant, il n'en est pas moins vrai que les bois les plus durs, les plus résistants, viennent des pays tropicaux; et autour de nous, au milieu du luxe européen, dans notre industrie, partout on trouve la confirmation de cette règle. Au reste, l'exposé du tableau comparatif suivant est assez concluant, quant à la Guyane française, pour que nous nous arrêtions plus longtemps sur ce sujet.

Sur 119 espèces de bois analysés à Cayenne, en 1821 (Voir *Annales maritimes et coloniales*, 1823, t. II, p. 96 et suiv.), dont la densité varie de 1,211 à 0,317,

29 espèces de 1,211 à 0,957 sont d'une densité supérieure à celle du chêne;

17 espèces de 0,946 à 0,861 sont plus denses que le hêtre, le frêne;

13 espèces de 0,852 à 0,801 sont plus pesantes que l'orme;

20 espèces de 0,800 à 0,674 sont d'un poids spécifique supérieur à celui du noyer;

10 espèces de 0,667 à 0,611 sont d'une plus grande densité que le tilleul;

5 espèces de 0,592 à 0,555 sont plus denses que le cèdre, le sapin;

19 espèces de 0,552 à 0,403 sont plus pesantes que le peuplier ordinaire;

Enfin 6 espèces seulement de 0,374 à 0,317 sont d'un poids spécifique inférieur à celui du peuplier.

Les bois durs de la Guyane croissent à vrai dire dans l'intérieur du pays, et sur la côte, dans la ceinture des terres alluvionnaires, on ne trouve que les bois les plus moux; on comprend donc jusqu'à un certain point que l'erreur que nous nous sommes efforcés de dissiper, n'a été amenée que par suite d'expériences mal faites, et du mauvais choix des combustibles employés. Que l'on poursuive ces expériences dans le haut pays où les minerais ferriques sont les plus répandus, que l'on y apporte le soin nécessaire, et l'on arrivera à ne plus regarder comme impossible l'exploitation des mines de fer de la Guyane.

Notons aussi que si les bois mous doivent être rejetés, il ne paraît pas que les bois très lourds comme l'ébène, le bois golette, le gouyavier rouge, le gaïac, etc., etc., soient très propres à la fonte du minerai. Il ne s'agit donc de ne prendre que des bois dont la densité se rapproche le plus de celle des bois qui, dans nos pays, alimentent les hauts fourneaux.

Paul MADINIER.

PISCICULTURE.

Considérations générales et pratiques sur la Pisciculture marine (1).

IV. *Pêche et produits des réservoirs.*

Trois modes de pêche sont employés dans les réservoirs:

1. *Pêche à l'écluse* : On la pratique quand le niveau de la mer est plus élevé que celui de l'eau des réservoirs; on place à l'extrémité de l'écluse, vers la mer, un cadre en fils métalliques à mailles de 11 millimètres, et on lève ensuite complétement la vanne.

L'eau de mer se précipite dans l'écluse et établit un courant; alors le poisson du réservoir qui est appelé vers l'écluse par le mouvement et la fraîcheur de l'eau, et qui recherche toujours un *courant pour le remonter*, entre dans l'écluse. Quand le poisson s'y trouve en suffisante quantité, on descend brusquement la vanne pour l'empêcher de rentrer dans le vivier. On peut le prendre dans l'eau avec un filet, ou bien attendre que la mer se soit retirée pour enlever le poisson à sec sur le plancher de l'écluse. On rejette dans le réservoir le poisson de moyenne dimension, quand il n'est pas gravement endommagé.

Ce mode de pêche n'est généralement employé qu'en septembre et octobre.

On en fait plus particulièrement usage pour prendre les *anguilles* dites *mouregains* dans le pays, en procédant de la manière suivante:

A partir du mois d'octobre et pendant l'hiver, par les gros et mauvais temps de vent et de pluie, par les nuits très sombres et sans lune (ce sont les époques et les conditions dans lesquelles l'anguille est le plus agitée), on fait *boire* le soir, de trois à six heures, pour attirer les mouregains vers l'écluse.

Quand la mer est complétement retirée, au bout de deux heures environ, on place le cadre métallique à l'extérieur, ainsi que je l'ai indiqué précédemment; puis on lève la vanne à la hauteur d'un centimètre et demi environ; il s'établit alors un fort courant, du réservoir à la mer, et les mouregains passent, avec ce courant, sous la vanne et s'amoncellent dans l'écluse.

Dès que le jour paraît, on descend la vanne pour empêcher l'anguille de rentrer dans le réservoir.

On pêche ainsi, assez généralement, jusqu'à dix quintaux d'anguilles dans une seule écluse. C'est un très bon mode qui n'entraîne aucun frais.

On ne prend, en général, que des anguilles *adultes*.

Il faut bien se garder de faire *déboire* ou de pêcher les grosses anguilles à l'écluse pendant le mois de *mars*. A cette époque, les petites anguilles du réservoir s'échapperaient et passeraient à travers la grille métallique. Dans les autres mois la petite anguille est tranquille; elle reste dans le réservoir et ne cherche pas à en sortir.

2. *Pêche à l'aumaillade ou au petit trémail* : On se sert d'un trémail ordinaire garni de plomb et de liége; les pêcheurs en bateau le tendent en formant des contours ou labyrinthes, et font du bruit pour effrayer le poisson qui va s'enlacer dans les mailles du filet.

On pêche ainsi, à raison de l'ouverture de la maille, des poissons de diverses dimensions, gros et moyens. Quand le muge s'est pris dans la maille, il se fatigue, perd des écailles, et n'est plus bon à être rejeté à l'eau. Ce mode a donc l'inconvénient de faire pêcher des poissons qui n'ont pas encore atteint

(1) Voir le précédent numéro.

les dimensions convenables pour être avantageusement livrés au commerce, et qui surtout se trouvaient dans de bonnes conditions pour prendre un rapide accroissement.

On n'emploie ce mode que pendant la durée du jour, depuis la fin d'août jusqu'à Pâques.

On ne pêche le muge des réservoirs qu'à *partir de la fin d'août*, par les motifs suivants :

C'est pendant les chaleurs que le poisson prend le plus d'accroissement; si on le pêchait dans cette période de l'année, on éprouverait une perte notable, non seulement en poids, mais aussi en qualité; car, par les chaleurs, le poisson transporté s'altère souvent, perd beaucoup de sa fraîcheur et se vend moins avantageusement.

D'ailleurs, en été, la pêche du bassin d'Arcachon est abondante, et la vente des légumes frais viendrait faire une concurrence redoutable au poisson des réservoirs.

Ce sont ces motifs qui ont déterminé les propriétaires ou fermiers des réservoirs à ne commencer la pêche que quand la température commence à se refroidir. On la prolonge ordinairement jusqu'à Pâques, parce que la semaine sainte est très favorable à la vente du poisson. Mais, si Pâques tombe à une époque un peu tardive, et si les chaleurs ont commencé à se faire sentir, on cesse de pêcher même avant la semaine sainte.

3. *Pêche à la fouâne ou foène :* On emploie ce mode pour toutes espèces d'anguilles (pour ce poisson seulement), à partir du mois de février jusqu'à Pâques.

En voici le motif : Pour foëner avantageusement, il faut que les eaux des réservoirs soient *très basses*, afin de réunir les anguilles en groupes plus ou moins nombreux ; on ne doit les baisser ainsi que lorsqu'on n'a plus de grands froids à craindre. Car, la foëne en troublant l'eau augmenterait encore les chances de mortalité pour le muge par un grand froid.

On pique la vase dans tous les sens avec une fourche à cinq dents, et on enlève ainsi les anguilles traversées de part en part. La pêche à la foène a l'avantage de donner une culture au fond du réservoir ; mais elle exige une main-d'œuvre assez coûteuse, et ne donne que des anguilles meurtries ou déchirées qui, en cet état, perdent de leur valeur à la vente, et ne peuvent pas, d'ailleurs, être conservées à l'état vivant.

4. *Pêche au stoueyre* (le stoueyre est un filet simple à larges mailles dont on se sert dans la Garonne pour pêcher l'alose).

Ce mode consiste à tendre le soir un filet *dormant* qu'on lève le lendemain matin; il est spécialement employé pour pêcher le poisson plat (carrelet, sole, etc.) qui voyage pendant la nuit.

Ces divers modes de pêche offrent, en général, de nombreux inconvénients; il y aurait, je crois, opportunité à leur substituer des *appareils fixes* ou *mobiles* qui ont l'avantage : 1° de ne pas endommager les poissons et de les conserver à l'état vivant, et 2° de ne retenir que ceux qui sont assez gros pour être livrés à la consommation.

Ces appareils seraient des nasses, des verveux, etc., analogues à ceux de nos fleuves et rivières, ou bien des *bourdigues* semblables à celles qui sont employées dans nos pêcheries du midi sur le littoral de la Méditerranée (1).

C. MILLET,
inspecteur des Forêts, membre de la Société Impériale d'acclimatation.

(*La fin au prochain numéro.*)

Application de l'électricité à la pêche de nuit.

Jusqu'ici l'industrie a fait peu d'application de l'électricité, cette grande force de la nature, la cause de l'attraction, de la chaleur, de la lumière, etc. Sans doute ce fluide est appelé à nous rendre de nombreux services : en attendant, je viens livrer à la publicité une nouvelle application à la pêche du poisson.

Ce moyen consiste dans des batteries électriques dont les fils conducteurs se réuniraient au cône de charbon dur, placé dans un globe de verre, dans lequel on aurait fait le vide, afin d'éviter la combustion du charbon.

Les fils conducteurs seraient revêtus de gutta-percha; le globe de verre serait armé d'un lest avec flotteur pour le tenir à volonté à une certaine profondeur dans les eaux de la mer. Quand la pile serait en activité, on lancerait du bateau pêcheur le globe de verre à distance voulue. La mer se trouvant éclairée dans sa profondeur et dans un grand rayon, le poisson attiré la nuit par cette lumière se jetterait dans les filets disposés d'avance. On ramènerait vers le bateau le globe lumineux, en même temps que les filets. Inutile d'ajouter que le pêcheur, au moyen de cette vive lumière, apercevrait facilement le poisson et dirigerait ses filets en conséquence.

Les mers forment les quatre cinquièmes de la surface du globe; c'est là certainement le plus grand réservoir d'alimentation publique. Il est temps d'y puiser; en face de la progression toujours croissante du prix de la viande, c'est le moyen le plus sûr de faire baisser celui des aliments.

Je ne doute pas que des expériences soient bientôt tentées, elles seront peu coûteuses et certainement fort productives.

P. S. L'appareil que je viens de décrire pourra être utilisé pour éclairer les plongeurs, etc., jusqu'au fond de la mer.

S. DUMOULIN.

Paris, 21 mai 1856.

Cas remarquable de Somnambulisme naturel.

M. le docteur Archambault a entretenu la Société de médecine pratique, dans une de ses précédentes séances, d'un fait de somnambulisme qu'il a eu l'occasion d'observer sur une jeune femme âgée de trente ans, d'une constitution vigoureuse, mariée depuis douze ans, mère de trois enfants. Cette malade présente depuis plus de six mois des troubles nerveux caractérisés par des accès d'hystérie violents qui se renouvellent jusqu'à vingt, vingt-cinq, trente fois dans une période de douze heures, se terminent souvent par de la catalepsie, et durent environ de dix minutes à un quart d'heure. Aucune médication n'a pu modifier cet état.

Cependant, à la fin de décembre, les nuits, qui étaient devenues un peu plus calmes, bien qu'il n'y eût pas de sommeil, furent remplies par des accidents d'un nouveau genre.

Vers trois heures du matin, la malade était prise régulièrement d'un accès d'hystérie, auquel succédait un état cataleptique qui durait un quart d'heure environ ; puis après lui survenait de l'agitation. La malade était assise dans son lit, et bien que paraissant étrangère à ce qui l'entourait, elle n'en conservait pas moins l'idée des rapports des objets. Elle ne parlait point, avait les yeux largement ouverts, les pupilles dilatées : elle cherchait à prendre ses vêtements, et si on s'y opposait, sa physionomie exprimait la contrariété.

Le 29 décembre, à trois heures du matin, elle eut, dit l'auteur, un accès d'hystérie qui ne dura pas plus de cinq minutes. Il survint ensuite de la catalepsie, puis à trois heures et demie la malade sortit de son lit. On la laissa faire. Elle s'habilla seule, et cette femme, affaiblie par huit mois de maladie, ne pouvant pendant le jour se mouvoir sans soutien dans ses courtes promenades, nous étonna par sa vivacité et la précision de ses mouvements. Elle marchait avec assurance dans son appartement, évitant les obstacles que nous mettions sur son chemin ; elle accomplissait seule les mêmes actes pour lesquels il lui fallait l'aide de sa domestique pendant la journée.

Il y eut chez elle ceci de remarquable, c'est que la période de somnambulisme commençait toujours à trois heures du matin, et se terminait à cinq heures, quelquefois avant, rare-

(1) J'ai imaginé un appareil très simple qui peut être placé, à peu de frais, dans un étang ou un réservoir, et qui, en favorisant la réunion des anguilles sur un seul point, permet de les pêcher, à toutes les époques de l'année, en quantités considérables.

ment plus tard. On pouvait prévoir la fin de l'accès quand la malade commençait à se déshabiller ; aussitôt qu'elle s'était couchée, elle était prise d'un accès d'hystérie, à la fin duquel elle avait complétement perdu le souvenir de ce qui s'était passé. Elle croyait avoir dormi, et n'accusait qu'un sentiment de courbature générale et souvent une soif vive.

Pendant cinq nuits de suite, elle nous sembla sous l'empire de la même idée ; elle voulait en finir avec la vie, et elle essaya de plusieurs moyens.

Pendant la veille, elle avait eu occasion de voir l'endroit où sa domestique déposait son argent; une nuit elle prit plusieurs pièces de monnaie, les mit dans un verre avec un peu d'eau, et enferma le tout dans une armoire dont elle cacha si bien la clef qu'il fut impossible de la retrouver. Cela paraît d'autant plus extraordinaire qu'on ne l'avait pas quittée d'un instant, et que sa domestique l'avait suivie pas à pas. Elle s'était approchée d'une fenêtre, avait ébranlé les persiennes, et, n'ayant pu parvenir à les ouvrir, elle était venue s'asseoir à la place qu'elle occupe dans la journée. En vain chercha-t-on la clef de l'armoire tout le jour suivant; Mme *** elle-même en parut vivement contrariée ; elle dut se passer de plusieurs objets de toilette dont elle avait besoin.

La nuit suivante, sans hésitation aucune, la malade se lève, s'habille, ouvre sa fenêtre, et prend la clef qu'elle avait cachée entre deux lames de la persienne. Elle ouvre son armoire, prend le verre dans lequel elle avait déposé la monnaie de cuivre; nous lui secouons fortement le bras, et le contenu tombe à terre. Elle frappe violemment du pied, et son visage exprime la plus vive contrariété. Elle se prépare alors un verre d'eau sucré ; nous voulûmes savoir si le goût était conservé ; pendant qu'elle s'était détournée, nous enlevons le sucre, et nous mettons dans l'eau une quantité de sel blanc assez considérable. Elle prit à peine une gorgée de liquide, la rejeta immédiatement, lava elle-même son verre, et, après avoir bu un peu d'eau, elle revint s'asseoir auprès de sa table à ouvrage. Elle prit du papier et écrivit une lettre à son mari.

Elle lui annonçait qu'elle avait formé le projet de cesser de vivre, que la surveillance dont elle était l'objet avait déjoué tous ses calculs, mais qu'elle espérait trouver bientôt le moyen d'en finir avec la vie. Cette lettre était affectueuse; elle se sentait coupable, disait-elle, mais elle était fatiguée de souffrir, et, désespérant de guérir jamais, elle voulait mourir.

Nous voulûmes savoir si la vision s'exerçait pendant ce temps, et voici quel fut le résultat de nos recherches :

Si on mettait une main, un livre entre les yeux de la malade et la lumière, sans que toutefois le papier fût complétement dans l'obscurité, Mme *** continuait sa lettre; si on interposait un écran entre l'œil et le papier, Mme *** cessait d'écrire ; puis, dans un brusque mouvement d'impatience, elle écartait l'obstacle ou le rejetait loin d'elle. Il en était de même quand on s'opposait à l'accomplissement de sa volonté. Si nous nous mettions devant elle, de manière à lui fermer le passage, elle nous repoussait ; souvent même elle luttait avec nous, et, lorsqu'à plusieurs reprises, l'ayant laissée descendre au jardin pendant la nuit, nous voulûmes l'empêcher de monter sur les bancs, de saisir des branches d'arbre, nous eûmes beaucoup de peine à la contenir, et jamais, à quelque effort qu'elle se soit livrée, nous n'avons pu la faire sortir de cet état de somnambulisme. Nous la pincions, elle ne témoignait aucune douleur; nous l'avons plusieurs fois piquée sans qu'elle manifestât la moindre impression. Elle semblait obéir à l'impulsion fatale d'une idée dominante ; elle luttait contre les obstacles que nous lui opposions et qui apportaient un retard à l'accomplissement de projets dont elle perdait conscience pendant la veille; puis à cinq heures moins un quart, avec une régularité presque mathématique, quelle qu'eût été la période de somnambulisme, elle se déshabillait à la hâte, ne s'occupant pas de tout ce qui était en dehors du cercle de ses idées; elle agissait comme si elle eût été seule ; elle se mettait au lit, était prise d'un accès d'hystérie, après lequel elle semblait s'éveiller, sortir d'un rêve, s'étonnant de nous voir auprès d'elle, et si on l'interrogeait, elle n'avait pas souvenir de ce qui venait de se passer.

Toutes les nuits jusqu'au 18 janvier, les mêmes phénomènes se sont reproduits avec la même régularité, la même forme. A cette époque apparurent de vives douleurs ayant leur siége à l'épigastre, et s'accompagnant d'un sentiment de torsion, quelquefois de reptation dans l'estomac. De trois heures à cinq heures du matin, ces douleurs n'existent pas, mais la malade ne se lève plus, elle est dans un état de somnambulisme qui diffère du somnambulisme d'autrefois, en ce que dans les premiers accès il était impossible d'obtenir d'elle une réponse, et que maintenant elle parle, s'adressant à son mari, à ses enfants, etc., et racontant ce qui l'a impressionnée dans la journée.

Le 20, il n'y a qu'une demi-heure à peine de rêvasseries.

Enfin, le 21, comme la gastralgie s'était montrée sous forme de violents accès, on donna de l'opium à haute dose (0,30). Le médicament détermina de la somnolence qui dura toute la nuit ; il n'y eut plus de somnambulisme à partir de ce moment, et bien qu'aujourd'hui encore le sommeil ne soit pas revenu, bien que les nuits se passent sans qu'il y ait à peine deux heures de somnolence, il n'y a plus d'autres accidents nerveux que des accès d'hystérie, au nombre de trois ou quatre, rarement plus.

En communiquant ce fait à la Société, M. Archambault n'a eu pour but que d'appeler son attention sur le somnambulisme qu'on a si rarement l'occasion d'observer, et de demander à ses collègues le fruit de leur propre expérience. Il se réserve, du reste, de fournir plus tard à la Société les détails curieux offerts par cette observation et les rapports qui ont paru exister entre les phénomènes de somnambulisme et les autres troubles nerveux offerts par la malade, examen d'autant plus précieux qu'il a pu être fait regulièrement par des médecins qui n'ont pas quitté la malade pendant toute la durée des accidents.

A l'occasion de ce fait, M. Pertus rappelle qu'il a entretenu la Société, le 5 juillet dernier, d'un cas à peu près semblable; il en différait seulement en ce que la malade était facilement tirée de son sommeil.

CHEMINS DE FER.

Enrayeur électrique de M. Achard.

L'idée d'arrêter subitement un convoi par une action électro-magnétique mettant instantanément les freins en action, se présente à l'esprit comme le complément naturel des avertisseurs électriques qui ont été proposés, et dont plusieurs ont déjà reçu la sanction de l'expérience. L'appareil le plus remarquable en ce genre est certainement l'enrayeur électrique imaginé par M. A. Achard, ancien élève de l'École polytechnique, ingénieur civil à Chatte, près Saint-Marcellin (Isère). Nous avons déjà, l'année dernière (N° 24), appelé l'attention sur cette belle conception mécanique; la description suivante, tirée du nouvel ouvrage de M. Louis Figuier (1), complétera ce que nous avons dit.

Au-dessus de chaque wagon pourvu d'un frein, et près de l'arbre de ce frein, se trouve un électro-aimant, c'est-à-dire une lame de fer doux parcourue par un fil conducteur, dans l'intérieur duquel on peut faire circuler un courant électrique. En face de cet électro-aimant est placée une armature en fer doux, susceptible d'être attirée par l'aimant artificiel. Une pile voltaïque, disposée sur le wagon, peut envoyer de l'électricité à cet électro-aimant et lui communiquer ainsi une puissance attractive. Dans l'état ordinaire, c'est-à-dire lorsque le méca-

(1) Voir le N° 20.

nicien ne veut pas arrêter son convoi, l'électricité ne circule pas autour de l'électro-aimant; l'armature et l'électro-aimant se meuvent donc librement; ils suivent simplement tous les deux les mouvements que leur imprime la progression du convoi, et tout marche comme si cet appareil n'existait pas. Mais si le mécanicien veut arrêter instantanément le train, il établit, à l'aide d'un petit levier, la communication entre la pile voltaïque et l'électro-aimant. Aussitôt, le courant électrique s'élançant à travers le fil conducteur, l'électro-aimant devient actif: il attire l'armature de fer doux, qu'il entraîne avec lui. Or, dans l'état de marche ordinaire, cette armature tient en respect un cliquet destiné à pousser une roue dentée, qui peut elle-même mettre en action *l'arbre du serre-frein*. Ce cliquet se trouvant rendu libre par le déplacement de l'armature, la roue du serre-frein (qui se meut lui-même par la force d'impulsion du convoi), se met aussitôt à agir, et arrête la marche. Ainsi, dans l'*enrayeur électrique* de M. Achard, la force électro-magnétique n'est pas employée comme puissance mécanique directe pour arrêter le covoi; l'effort développé par un moteur électro-magnétique serait tout à fait impuissant à produire ce résultat. L'électro-aimant sert tout simplement à dégager un cliquet qui laisse partir une roue. Quant à l'effort mécanique de l'enrayage, il est dû tout entier à la force impulsive du convoi par l'intermédiaire de l'axe tournant des roues du wagon. Cette pensée de ne demander à l'électricité qu'un très faible effet mécanique, tout en profitant de l'instantanéité de son action, est des plus importantes, et fait honneur aux talents de celui qui l'a conçue.

Ainsi, dans l'appareil de M. Achard, un seul homme peut provoquer l'enrayage d'un convoi. Les *gardes-freins* ne sont utiles que pour desserrer les freins, ce qui n'offre d'ailleurs aucun inconvénient. Il suffit de renverser les deux cliquets qui servent à l'enrayage par l'électricité.

Non content d'avoir donné au conducteur du convoi la faculté d'enrayer instantanément le frein, M. Achard a voulu faire fonctionner cet appareil d'une manière *automatique*, c'est-à-dire le rendre susceptible d'entrer en action de lui-même, et par le fait seul que deux convois se dirigeraient l'un contre l'autre sur la même voie. Pour arriver à faire agir automatiquement le mécanisme des freins toutes les fois que deux trains lancés sur la même voie ne se trouvent plus qu'à une faible distance, M. Achard propose d'établir entre les rails des branches conductrices de fer, interrompues de manière à ne fermer les courants de piles voltaïques, portées sur chaque train, qu'au moment où les convois se trouvent à deux ou quatre kilomètres de distance l'un de l'autre.

On avait élevé une objection assez grande contre l'emploi de l'enrayage électro-magnétique. On avait fait remarquer que l'arrêt instantané d'un convoi lancé à grande vitesse peut provoquer la destruction des wagons par suite du choc, ou du moins renverser les voyageurs et les lancer les uns contre les autres, avec une force proportionnelle à la quantité de mouvement acquise par la course. Or, cette quantité de mouvement serait celle qui dépendrait de la vitesse du convoi lui-même avant son arrêt. Mais l'auteur réfute très bien cette objection en faisant observer que son appareil d'enrayage n'agit que d'une manière très graduée, puisque sa vitesse dépend de la vitesse de rotation des roues, laquelle se trouve progressivement diminuée par la pression du frein. Dans la plupart des cas, on n'opère pas avec plus de vitesse que la main de l'homme, et, puisque la main des gardes-freins ne peut jamais rompre ni les essieux, ni les articulations des wagons, le mécanisme de l'enrayage électrique ne les rompra pas davantage; « il sera même, ajoute M. Achard, moins dangereux, si danger il y a, puisqu'il cessera de serrer au moment où l'effet utile est produit, ce que ne font pas toujours les garde-freins, qui souvent persistent à serrer, lors même que les roues sont complétement enrayées. »

MEMBRANE ARTIFICIELLE DU TYMPAN.

Il y a quelques années, M. Yearsley proposa de remplacer la membrane tympanique, dans le cas de perforation ou d'absence de cet organe, par une parcelle de coton imbibée d'une substance onctueuse (telle que la glycérine) et introduite dans le conduit auditif. Beaucoup de surdités sont en effet soulagées de cette façon; mais ce moyen a besoin d'être renouvelé fréquemment, et le coton, n'étant pas susceptible d'entrer en vibration, ne peut remplacer complétement la membrane du tympan.

Un autre médecin anglais, M. le docteur Westropp, espéra mieux atteindre le but en mettant au fond du conduit auditif un petit disque très-mince de caoutchouc ou de gutta-percha. Mais l'application faite sur quelques malades ne confirma pas les espérances de l'auteur. Le conduit auditif étant plus étroit à son milieu qu'à ses deux extrémités, et offrant en outre dans sa direction une courbure assez compliquée, la membrane se chiffonne pendant qu'on l'introduit, et il est très-difficile de la placer sous l'angle qui convient; en outre, l'air passe toujours entre ses bords et la face interne du conduit auditif. Pour toutes ces raisons, l'expérience ne confirma pas les espérances de M. Westropp.

M. Toynbee voulant obvier à ces défauts, plaça le disque de caoutchouc entre deux cercles métalliques que le disque débordait; à la vérité, cette disposition empêche la membrane de se plisser; mais reste toujours la difficulté de disposer ce tympan artificiel sur un plan convenable; en outre le petit appareil a l'inconvénient de causer de l'irritation.

Enfin, au récit du *Medical times*, M. Westropp est parvenu à éviter tous ces défauts, voici comment:

Il façonne d'abord, en bois dur, un modèle du conduit auditif; puis il le recouvre, après l'avoir huilé, d'une couche de solution de gutta-percha dans du chloroforme. Après avoir laissé sécher cette première couche, il en applique une seconde, et de même cinq ou six successivement. L'une des extrémités est également recouverte de cette matière solidifiable, laquelle, après l'extraction du modèle, forme un petit tube fermé par un bout, de texture éminemment vibratile, et reproduisant avec toute la perfection voulue la capacité, la direction, la longueur du conduit auditif, ainsi que la membrane tympanique, et qui, introduit dans l'oreille, ne saurait causer de l'irritation.

L'auteur avertit que la confection du modèle de bois demande les plus grands soins, une connaissance exacte de l'anatomie de la région. Il recommande d'ailleurs d'essayer préalablement l'introduction du coton glycériné, si l'altération de l'ouïe à laquelle on veut remédier est de telle nature qu'on puisse augurer du succès de l'application d'un agent semblable.

ACADÉMIE DES SCIENCES.

Séance du 26 mai 1856.

LA QUARANTE-UNE PETITE PLANÈTE.

M. Leverrier a communiqué à l'Académie une note reçue de M. Goldschmidt durant la séance : le 22 mai, à dix heures vingt minutes du soir, cet astronome a découvert une nouvelle petite planète dont il a fixé la position sur sa carte et qu'il a retrouvée le lendemain, non plus au même point, mais à une minute et quart environ, en ascension droite : à cause du mauvais temps il a été impossible à M. Goldschmidt de l'apercevoir dans la soirée du 24, mais le 25 elle a reparu dans une position voisine des deux premières.

COMMUNICATIONS DIVERSES.

Une dépêche du ministère de l'Instruction publique ouvre à l'Académie deux crédits : l'un de 2,500 francs à titre d'indemnité à M. Becquerel, pour ses travaux sur l'électricité produite par le contact des végétaux avec la terre; l'autre de 6,000 francs pour des acquisitions d'œufs et débris d'Epiornis.

— M. Jobard (de Bruxelles) adresse une note sur un terrible accident arrivé à Gand, le 17 mai, par une explosion foudroyante de chaudière à vapeur. La chaudière qui avait 1 m. 20 de diamètre s'est coupée en deux parties presque égales, qui ont été lancées de part et d'autre à une centaine de mètres. On ne connaît pas encore le nombre des victimes causées par cet accident : les premiers résultats de l'enquête prouvent que tout le mal est venu d'un abaissement du niveau d'eau dans la chaudière. Comme personne n'a entendu le sifflet d'alarme, et que ce moyen de vigilance paraît être généralement négligé par les chauffeurs et même par les patrons qui veulent éviter le désordre dû à la frayeur dont sont saisis les ouvriers lorsqu'ils l'entendent, M. Jobard insiste de nouveau sur la nécessité de l'intervention administrative dans toute sa rigueur. Comme moyen pratique, il voudrait que la pompe alimentaire eût sa prise d'eau dans une bâche découverte placée sous les yeux du mécanicien, de manière à ce que chacun pût s'assurer qu'elle ne manque jamais d'eau. Il paraît, en effet, selon toutes les présomptions, que la chaudière avait passé une partie de la nuit sans alimentation continue, et que l'explosion s'est produite, par la formation subite de l'état sphéroïdal, au moment même où le mécanicien a voulu remettre la pompe alimentaire en mouvement.

— M. Poggioli adresse une note sur le traitement du choléra par l'électricité.

DU MOUVEMENT DE ROTATION D'UN CORPS A L'ÉTAT SPHÉROÏDAL.

M. Boutigny (d'Evreux) ayant présenté à l'Académie une note sur le mouvement de rotation d'un corps à l'état sphéroïdal autour d'un point fixe, nous en extrayons ces détails nouveaux et très dignes d'attention :

« On fait chauffer une capsule d'argent à + 100° environ, et on y projette quelques gouttes d'éther dans lequel on laisse tomber deux ou trois centigrammes de poudre de gaïac. L'éther, en se volatilisant, rassemble la poudre et la laisse sur la partie la plus déclive de la capsule, où elle se dépose en forme de petit cône et carbonisée en partie. Cela fait, on porte la capsule à la température nécessaire pour que l'eau y passe de l'état solide ou liquide à l'état sphéroïdal. Alors on verse sur la capsule un ou deux grammes d'eau, et on observe ce qui se passe. D'abord l'eau recouvre le petit cône dont il a été question, ensuite elle s'agite de droite à gauche et réciproquement de gauche à droite, en avant, en arrière, en un mot, dans tous les sens; puis quand le sphéroïde n'a plus que quelques millimètres de diamètre, il se met spontanément en mouvement autour du cône fixe de *gauche à droite* ou *d'orient en occident*. Ce mouvement, d'abord lent, va toujours en augmentant, et il finit par acquérir une vitesse telle que l'œil peut à peine le suivre.

« J'ai dit que ce mouvement était constamment dirigé de gauche à droite; mais voici qui est plus remarquable encore : si, avec une baguette de verre, on arrête le sphéroïde, et si on lui imprime un mouvement en sens contraire, on le voit bientôt s'arrêter de lui-même et reprendre de lui-même aussi son mouvement primitif de gauche à droite. »

Dans la suite de sa note, M. Boutigny pense que la rotation du globe serait la cause initiale du mouvement des corps à l'état sphéroïdal.

TORRENTS DES BASSES-ALPES.

M. le commandant Rozet a lu un mémoire plein d'actualité et d'intérêt, sur les moyens de forcer les torrents des Alpes de rendre à l'agriculture une grande partie du sol qu'ils ravagent aujourd'hui.

En face des inondations et des crues subites occasionnées par les orages, l'insuffisance des endiguements aujourd'hui employés est surabondamment démontrée : des travaux qui ont résisté plusieurs années sont tout à coup détruits, et les cultures qu'ils préservaient sont enfouies de nouveau dans des masses de cailloux et de graviers. Un fait presque incroyable et qui résulte des observations de M. Rozet, c'est que presque tous les travaux entrepris pour diminuer l'effet destructeur des torrents, ont eu pour résultat de l'augmenter, ou au moins de porter le mal d'un point sur un autre, en l'aggravant presque toujours.

Les études dont il s'agit ont été commencées en 1843 dans les Alpes dauphinaises et poursuivies en 1851 et 1852 dans les Hautes et Basses-Alpes. C'est à la constitution géologique de ces contrées que s'appliquent les moyens indiqués dans le mémoire, bien qu'ils soient susceptibles de s'étendre au-delà. Le travail entier de M. Rozet est divisé en cinq parties :

1° Une description géologique du sol, des diverses parties qui composent un torrent, et du lit de la rivière dans laquelle viennent se décharger plusieurs torrents; les principaux phénomènes que ceux-ci présentent pendant la fonte des neiges, les pluies et les orages.

Cette première partie est la base essentielle à l'intelligence des moyens proposés. La constitution générale des Alpes présente, en effet, des roches marneuses à la partie inférieure, et des roches solides au-dessus. Or, il est clair qu'il ne doit exister de torrents que dans les endroits où les talus marneux sont à découvert sur une grande élévation, et qu'en facilitant l'empierrement de ces talus, on attaquera véritablement le mal à sa source. C'est, du reste, ce dont il est facile de se convaincre en parcourant la vallée d'une rivière alimentée par des torrents : ceux-ci n'existent jamais sur les points où le pied des escarpements calcaires descend près du fond de la vallée, ni dans les endroits où les talus marneux sont entièrement recouverts de pierrailles.

2° Nécessité d'exécuter des travaux dans toute l'étendue du bassin de la rivière sur laquelle on veut conquérir du terrain.

Les ouvrages employés jusqu'à présent ont à résister à des forces d'autant plus considérables qu'ils se trouvent plus loin de la formation première des eaux. Or, en commençant par établir des digues vers la source, on détruira progressivement la vitesse de l'eau jusqu'aux renflements des vallées, où on peut la faire s'étendre en nappes et fertiliser la plus grande partie du terrain qu'elle dévastait autrefois. Après avoir déposé un limon fertilisant, mélangé de quelques pierrailles, cette eau s'écoulerait ensuite sur la part qu'on lui aurait abandonnée, en s'y creusant un lit qui s'approfondirait d'un autre côté par l'élévation des terrains en conquête. D'après les expériences déjà faites par M. Rozet, cette élévation seule sera assez rapide pour qu'en moins de deux ans, le terrain ne soit plus inondé que dans les fortes crues, celles qui viennent à la suite des grands orages.

Dans la troisième partie, le mémoire s'occupe des moyens pratiques. Les premiers travaux à exécuter doivent avoir pour but d'empêcher, autant que possible, les débris pierreux de s'accumuler dans les canaux de réception, qui sont, pour ainsi dire, le point de départ des eaux torrentielles. Dans le grand nombre de quartiers de rochers tombés des escarpements, on en distingue beaucoup de deux à quatre mètres cubes, que les eaux ne déplacent jamais dans les plus grandes débâcles. Contre ceux-ci et d'autres plus volumineux encore, s'appuient souvent des nappes de petites pierres qui recouvrent les talus marneux et les préservent de la destruction, en empêchant les ravins de s'y établir. Or, à peu de frais, en faisant jouer quelques mines à la partie supérieure des talus, on parviendrait à disposer convenablement des blocs semblables au pied des pentes. Il n'y aura alors aucune difficulté à faire des barres submersibles qui diminueront la vitesse de l'eau, en rompant les masses qui roulent dans le canal lors des pluies d'orage; cette eau déposera sur le fond du bassin une partie des matériaux qu'elle emporte aujourd'hui, et l'on obtiendra ainsi une véritable digue criblante. Ceci convenablement exécuté, l'ancien lit de déjection n'augmentera plus, et on pourra même souvent en rendre à l'agriculture une portion assez étendue pour couvrir toutes les dépenses déjà faites.

Entre autres localités, M. Rozet cite le lit de déjection du torrent du Cirque de la Croix de l'Oratoire, au sud de Ragoux (arrondissement de Sisteron), où l'on gagnerait ainsi plus de cent hectares de terrains valant plus de 1,000 francs chaque, pour une dépense inférieure à 20,000 francs.

Dans ses deux dernières parties, le travail examine les devis approximatifs de quelques entreprises semblables : dans le terrain dévasté par la Bléonne, près de Digne, à l'aide d'une dépense totale de 2,325 francs, on préserverait un terrain d'une surface de 20 hectares, ce qui mettrait à 116 francs le prix de revient de l'hectare conquis. Or, le terrain cultivé contigu à la plage caillouteuse, s'y vend plus de 1,500 francs l hectare.

Les travaux que le commandant Rozet propose d'entreprendre sont d'une exécution très facile; ils ne peuvent être donnés qu'à une entreprise commerciale, car il ne faut guère compter sur la réunion des propriétaires intéressés. La compagnie, d'après l'estimation de M. Rozet, devrait disposer de 2 millions et jouir du bénéfice de la loi d'expropriation pour cause d'utilité publique. Pour diriger les travaux, il suffirait d'un conducteur ou deux par chaque rivière.

Lorsqu'on envisage que dans les Alpes l'étendue des bassins de réception des eaux torrentielles occupe plusieurs lieues carrées, et que, par des travaux ainsi effectués à la source même des dévastations, il serait possible d'y retenir l'eau pendant un temps vingt fois plus long qu'aujourd'hui, on reconnaît que la proposition de M. Rozet n'intéresse pas seulement l'agriculture des pays situés dans le voisinage de ces bassins, mais qu'elle renferme encore un moyen rationnel de mettre les départements qui en sont éloignés à l'abri des inondations qui les désolent. FÉLIX FOUCOU.

Société zoologique d'Acclimatation.

Séance du 9 mai.

COMMUNICATIONS DIVERSES.

Sir W. Reid, membre honoraire, gouverneur de Malte, informe la Société que les deux ignames de la Nouvelle-Zélande qui lui avaient été expédiées de Calcutta par M. Piddington n'ont pas bien réussi. Il pense que le climat de l'Algérie sera plus favorable à ce végétal que celui de l'Europe. A cette occasion, et comme dédommagement à cette mauvaise nouvelle, M. le président fait connaître le succès obtenu jusqu'à présent à Paris par M. Chatin, dans la culture de cette igname.

— M. Auguste Geoffroy signale à l'attention et à l'intérêt de la Société, un cultivateur de Lagny, le nommé Lesueur, qui aurait découvert le moyen d'ensemencer un arpent de terre, de la contenance de trente-neuf ares, avec 20 litres de blé, au lieu de 150 litres employés jusqu'alors. Ces 20 litres ont rendu 10 et 12 hectolitres et demi à l'arpent, tandis que l'ancienne méthode, avec 150 litres, ne donne à l'arpent, en moyenne, que 6 à 8 hectolitres et demi. L'expérience se poursuit depuis cinq années.

Une commission a été nommée sur-le-champ pour se livrer à l'examen des faits qui se rattachent aux travaux de ce cultivateur.

— M. G. de Lauzanne, membre de la Société, écrit du châteeu de Porszantrez, près Morlaix, pour appeler l'attention de la Société sur ce fait, que, dans sa propriété, des écrevisses ont très bien vécu et se sont très bien multipliées dans des eaux dépourvues d'éléments calcaires.

A l'occasion de ce fait, qui a d'ailleurs été observé déjà dans d'autres circonstances, M. le président rappelle une observation due à M. Moquin-Tandon. Ce savant a remarqué en Corse que les hélices qu'il a trouvées sur les terrains primitifs ont une coquille plus mince et moins résistante que ne l'est celle de ces mêmes mollusques recueillis dans les localités de cette île où le sol est formé par les terrains calcaires.

VERS A SOIE DU MEXIQUE.

M. Guérin-Méneville a mis sous les yeux de la Société, de la part de M. Ramon de la Sagra, les chenilles qui produisent la soie sauvage du Mexique, et dont un cocon et les papillons ont été offerts par les commissaires de l'Exposition mexicaine. Ces chenilles ont été rapportées par M. Sallé, qui a fourni sur leur histoire quelques renseignements curieux. Il paraîtrait, d'après ce naturaliste voyageur, que les gigantesques cocons fabriqués par elles en commun, et semblables à ceux de nos chenilles processionnaires, sont remplis d'innombrables poils abandonnés par ces insectes et qui irritent vivement la peau quand on touche à ces cocons.

M. Guérin pense que cette irritation est produite par les poils barbelés de ces chenilles : ce serait, suivant lui, une action purement mécanique; mais M. le docteur Alex. Thierry émet l'opinion que, chez beaucoup d'insectes et de zoophytes, il y a de plus une propriété vésicante et d'où résulte une action spéciale sur les téguments. A l'appui de cette manière de voir, M. le professeur J. Cloquet cite l'exemple fourni par les cantharides, qui déterminent des urtications, sans qu'on puisse les expliquer chez ces insectes coléoptères par aucune action mécanique. M. de Quatrefages donne quelques détails sur des phénomènes semblables causés par le contact de certains annelides et zoophytes. L'urtication, dit-il, est alors le résultat d'une action tantôt mécanique, tantôt au contraire chimique.

M. Guérin-Méneville résume cette discussion en disant que, si, en effet, les deux causes qui viennent d'être signalées peuvent produire les accidents dont il est question, on doit cependant attribuer ceux que les chenilles déterminent à ce que leurs poils barbelés agissent mécaniquement sur la peau.

FAITS DIVERS.

EXPOSITION UNIVERSELLE D'AGRICULTURE DE 1856. — Une note insérée au Moniteur nous apprend que M. le Ministre d'agriculture du commerce et des travaux publics a prolongé de cinq jours la durée de l'Exposition, qui est définitivement réglée de la manière suivante:

« L'Exposition agricole universelle sera ouverte du 1er au 10 juin inclusivement. Le prix d'entrée est fixé à 1 franc. L'ouverture aura lieu le dimanche 1er juin, à midi ; les autres jours, on sera admis de neuf heures à cinq heures.

« Le 10 juin, à une heure, sous la présidence de M. le Ministre, au Palais de l'Industrie, se fera la distribution des récompenses obtenues par les exposants.

« Le 11 et le 12, de neuf heures à cinq heures, vente facultative, à l'amiable ou aux enchères, des animaux et instruments.

« Le 11, de midi à cinq heures, expériences publiques des machines et appareils désignés par le jury et fonctionnant au Palais de l'Industrie.

« Le 12, de midi à cinq heures, expériences publiques des instruments qui seront désignés par le jury, et qui fonctionneront dans le champ d'essai, commune de Villiers.

« Les 11 et 12, le prix des entrées, soit au palais, soit à Villiers, sera de 1 franc.

« Le départ des animaux non primés aura lieu le 13 au matin, à partir de neuf heures, et devra être terminé à quatre heures, le 14.

« Les propriétaires des animaux primés sont tenus de les laisser, s'il y a lieu, à la disposition du commissariat général pendant les journées des 13 et 14 juin, pour les opérations de marque, de photographie et autres.

« Les machines, instruments et produits devront être enlevés le samedi 21, à quatre heures du soir. »

LES PLUIES ET LE FROID DU MOIS DE MAI n'ont rien d'anormal que l'apparence, dit le savant directeur de l'observatoire de Toulouse, M. Petit, dans un article plein d'actualité. « Nous passons en effet, tous les ans à l'époque actuelle, continue-t-il, derrière une espèce d'immense nuage météorique formé par un large anneau renfermant des myriades de corpuscules qui circulent dans l'espace autour du soleil, et qui interceptent, quand ils se trouvent entre cet astre et nous, une portion notable de la chaleur solaire. L'étude du mouvement de ces corps commence à peine à être ébauchée. L'on sait déjà cependant qu'ils ne sont pas également condensés dans tout le contour de l'anneau, et qu'ils tournent autour du soleil un peu plus vite que la terre, de telle sorte que, chaque année, les parties de l'anneau qui se présentent à nous ne sont pas les mêmes, et que, après une certaine période de temps, on peut espérer de voir le mois de mai redevenir à peu près semblable aux mois de mai successifs de la période précédente. Pour le moment, il est à craindre que l'effet frigorifique de l'anneau ne se fasse sentir pendant quelques jours encore.

« Ce n'est là, on doit le reconnaître, qu'un triste et surtout qu'un assez stérile présage, sur lequel, d'ailleurs, il ne faudrait pas compter d'une manière absolue; mais il est bon de remarquer en même temps, pour apprécier le côté pratique de ces études, qu'un jour viendra sans doute où la durée, les intermittences, etc., enfin les principales particularités de la période du mois de mai, ainsi que de plusieurs autres périodes analogues, seront à peu près connues, et où, par conséquent, l'agriculture possédera des documents utiles sur les chances de réussite des plantes fourragères dans certains groupes d'années, des céréales, des légumineuses, etc., dans d'autres groupes. »

Pour tous les faits divers, V. M.

Prix d'abonnement pour l'étranger.

Allemagne, 8 fr.;— Suisse, Parme, Plaisance, Modène, 8 fr. 50.— Etats Sardes, Grèce, Crimée, 9 fr.; — Hollande, Angleterre, 10 fr.; — Etats-Unis, Indostan, Turquie, 10 fr. 50; — Belgique, Prusse, Hanôvre, Saxe, Pologne, Russie, Espagne, Portugal, 11 fr.; — Toscane, 12 fr.; — Etats-Romains, 16 fr. 50.

Le propriétaire, rédacteur-gérant :

VICTOR MEUNIER.

PARIS. — IMP. J.-B. GROS ET DONNAUD, SON GENDRE, RUE DES NOYERS, 74.

Deuxième année. — N° 23. Quinze centimes. 8 juin 1856.

L'AMI DES SCIENCES

JOURNAL DU DIMANCHE

SOUS LA DIRECTION DE

VICTOR MEUNIER

BUREAUX D'ABONNEMENT
13, RUE DU JARDINET, 13
Près l'École de Médecine
A PARIS

ABONNEMENT POUR L'ANNÉE
PARIS, 6 FR.; — DÉPART., 8 FR.
Étranger (Voir à la fin du journal)
ENVOYER UN MANDAT DE POSTE

L'HÉLICE PROPULSIVE (1).

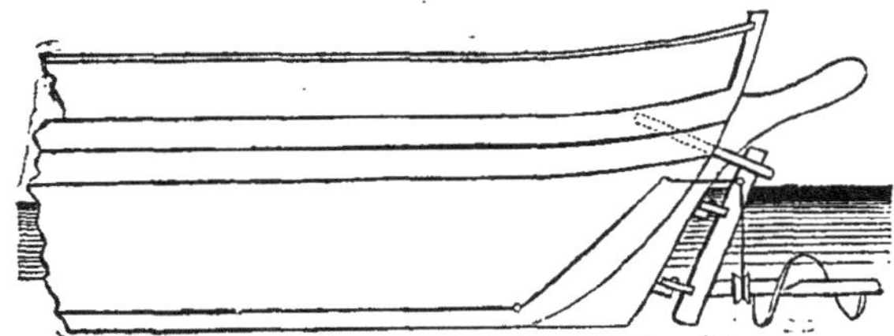

Hélice de devant du bateau de Dallery.

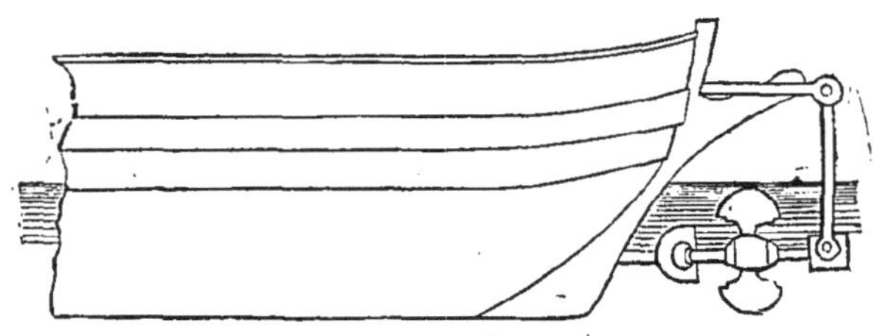

Tourbillon de Brown.

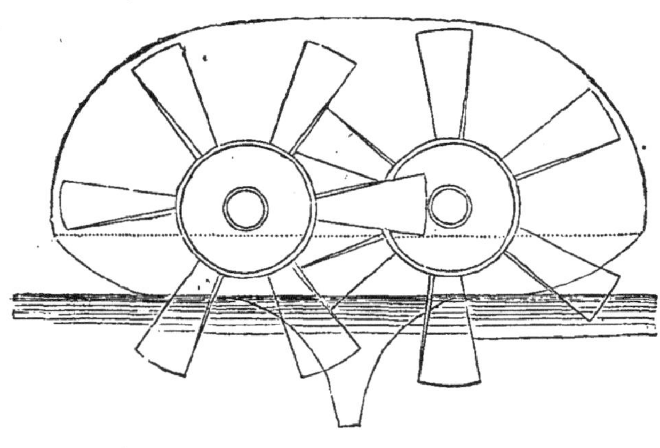

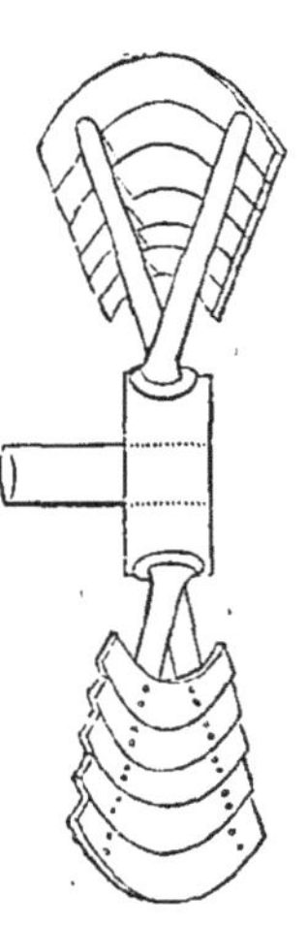

Propelleur Blaxland.

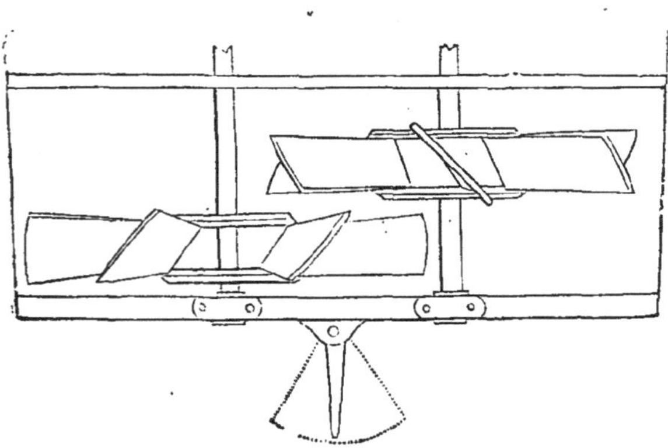

Propelleur de David Napier.

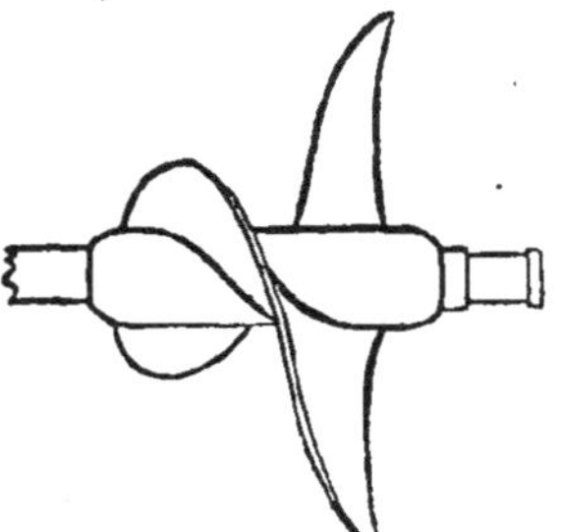

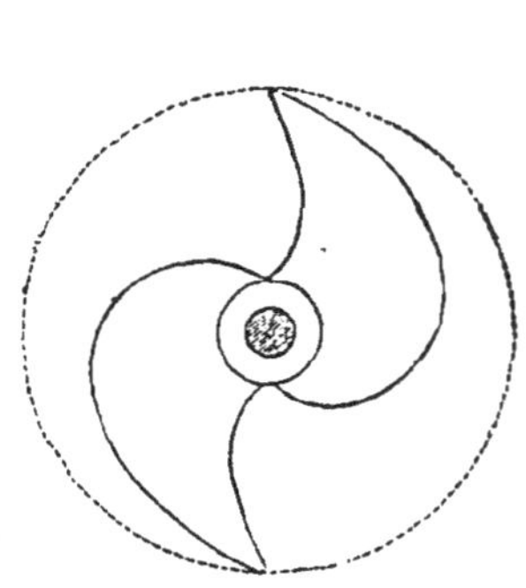

Conoïde de Rennie.

(1) Voir le précédent N°.

L'Exposition universelle d'agriculture, la brillante actualité du moment, nous oblige de renvoyer à huitaine notre travail historique et descriptif sur l'hélice; mais nous ne voulons pas différer jusque-là la rectification d'une double erreur commise dans le précédent numéro. Il n'aura sans doute pas échappé que la première figure est mal à propos renversée; c'est la première erreur. La seconde consiste en un échange de légendes entre les deux figures illustrant les propulseurs de Huon et de Hunt: le propulseur gouvernail de Hunt est celle de gauche; le propulseur hélico-conoïde de Huon est figuré à droite.

CONCOURS UNIVERSEL AGRICOLE.

Essayons de donner à ceux de nos lecteurs qui seront privés du bonheur de se joindre à la foule des visiteurs qu'attire chaque jour l'Exposition d'agriculture, une idée du spectacle à la fois magnifique et charmant qu'elle offre.

Au rez-de-chaussée, la nef, transformée en un splendide jardin, est consacrée à l'exposition de la Société d'horticulture. Les bas-côtés sont occupés par la plus riche collection de bêtes bovines que jamais on ait pu embrasser du regard. Les galeries du premier étage sont affectées spécialement aux instruments d'intérieur de ferme, aux produits agricoles français et étrangers, aux produits de l'Algérie et des colonies françaises, enfin à l'Exposition des objets de la loterie de l'armée d'Orient. L'aile du nord du premier étage est, depuis le premier jour, réservée à la distribution des récompenses. L'exposition des espèces ovines, caprines, porcines et de basse-cour, se trouve située, ainsi que tous les instruments et machines agricoles, en dehors du palais, dans l'angle formé par le Cours-la-Reine et l'avenue d'Antin. Pour terminer ce rapide aperçu, disons enfin que la pisciculture n'a point été oubliée: deux bassins, placés symétriquement vers chacune des extrémités du jardin de la Société d'horticulture, contiennent des poissons obtenus par les procédés que nous a légués Remy: l'un est consacré aux élèves de M. Millet, et l'autre à ceux du Collége de France.

L'ensemble de tant de choses merveilleuses par leur beauté ou par leur utilité peut donc se résumer dans les quatre divisions suivantes: 1° animaux reproducteurs; 2° instruments et machines; 3° produits; 4° horticulture et pisciculture.

ANIMAUX REPRODUCTEURS.

Dans des boxes régulièrement placées dans le pourtour de l'enceinte du rez-de-chaussée, sont rangés des animaux venus des climats les plus différents et présentant les formes les plus diverses.

A droite de la grande porte du milieu, sont disposés les animaux de la première section: animaux reproducteurs mâles et femelles de races étrangères, nés et élevés à l'étranger, amenés ou importés en France, et appartenant soit à des étrangers, soit à des Français. A la première place dans cette section, apparaît la magnifique race Durham, améliorée. Après les races de Devon, de Sussex, de Hereford, des Iles-de-la-Manche, et d'Ayr, des races dignes de fixer l'attention des visiteurs sont les races sans cornes d'Angus, d'Aberdeen et de Galloway. Par opposition, nous trouvons, après avoir passé en revue les belles races laitières de la Suisse centrale et orientale, ces pures races de Hongrie et de Galicie, de Bohême et de Moravie, et ces buffles chez lesquels le développement exagéré des cornes semble avoir eu lieu aux dépens du rendement en viande. Le Voigtland occidental, le Breitenburg sont aussi représentés dans cette section, ainsi que les races des polders du Holstein et les races piémontaises.

La deuxième section comprend les animaux mâles et femelles de race, soit étrangère, soit française, nés et élevés en France. On y distingue la race normande pure, la charollaise, la parthenaise et la bretonne pure: le nombre des catégories est ici de dix-huit.

L'espèce ovine, placée à l'endroit qu'occupait jadis la rotonde, comprend aussi deux sections, affectées aux mêmes produits que pour l'espèce bovine. En première ligne, nous devons noter les races mérinos et métis-mérinos anglaises, celles de Dishley ou New Leicester, de Costwold et de Southdown, dont nous aurons tout à l'heure à apprécier les riches toisons, en parcourant les galeries du premier étage. La Hollande et le Texel, l'Autriche et la Saxe, la Holstein et les Grisons, y possèdent des produits généralement appréciés. Dans la deuxième section sont les races mérinos et métis-mérinos, quelques races étrangères à laine longue, et les sous-races provenant de croisements quelconques.

Dans l'espèce porcine les races anglaises, écossaises, irlandaises et hollandaises tiennent encore le premier rang.

Enfin, après l'espèce caprine et les lapins, il reste encore à admirer de magnifiques couples de coqs et de poules de toutes races, de faisans, de pintades, de hoccos de la Guyane, etc... auxquels on a construit des cages élégantes.

INSTRUMENTS ET MACHINES.

Leur nombre, aussi bien que leur forme, n'a pas permis de les classer méthodiquement ensemble, et il serait difficile, dans une première visite, de se familiariser avec leur étude. Aussi bien, sous le rapport des machines agricoles, cette exposition ne révèle-t-elle aucun appareil nouveau, c'est-à-dire dont il n'ait été plus ou moins question déjà; il y en a même quelques-uns, et des meilleurs, que nous avons cherchés vainement.

En revanche, on retrouve une foule de machines à vapeur portatives, et d'appareils, soit à vapeur, soit à manége, destinés à battre et à nettoyer les céréales.

Une mention spéciale est due aux silos inventés par Philippe de Girard pour conserver les blés par aération et manutention continues dans des capacités fermées.

Bien qu'une imitation des procédés de l'illustre inventeur ait eu lieu sous la propre direction de l'ouvrier constructeur de celui-ci, cette imitation est si imparfaite que, malgré le bruit qu'on a su faire à son profit, elle ne saurait soutenir la comparaison avec les procédés originaux.

En effet, Philippe de Girard compte pour frais de construction, par hectolitre de capacité, 3 fr. 50 c.; le copiste, 5 et 6 fr. Pour une contenance de 200,000 hectolitres, M. de Girard n'a besoin que de quatre ouvriers et d'une force de neuf chevaux vapeur; le copiste maladroit demande quarante ouvriers et une force de quarante chevaux. De plus, le grenier de celui-ci ne peut être approprié avec sûreté ni à des quantités variées ni à des propriétaires différents, car il opère par extraction; inconvénients que n'a pas l'invention mère. Enfin, dans le système primitif, le blé remué deux fois par semaine et aéré de une à vingt-cinq fois par heure, coûte de revient par an et par hectolitre 22 c. 4 mill.; tandis que, dans le système dérivé, il coûte pour un aérage et une manutention par semaine 47 c. 9 mill.

C'est par les soins de madame la comtesse Clémence de Corneillan, nièce de Philippe de Girard, que cette création de l'illustre inventeur de la filature mécanique du lin figure à l'Exposition d'agriculture. Madame de Corneillan expose elle-même une ingénieuse petite machine de son invention, qui est le point final des greniers de Ph. de Girard. Placé au-dessous de l'orifice d'écoulement du blé, le *peseur-ensacheur* (c'est le nom du nouvel appareil) reçoit et pèse les sacs, et lorsqu'ils sont arrivés au poids fixé, un appareil très simple ferme le silo et agite une sonnette destinée à avertir l'ouvrier qu'il convient d'apporter un nouveau sac. L'ouvrier peut ainsi surveiller le remplissage de plusieurs sacs sans avoir à craindre des versements par suite de négligence ou des poids inégaux pour les sacs. Cette bascule peut servir pour les grains, farines, etc. C'est simple, ingénieux et utile ; Ph. de Girard l'eût approuvé. C'est le plus bel éloge qu'on en puisse faire.

MM. Burgess et Key, de Londres, ont exposé une machine à moissonner de Mac-Cormick, perfectionnée. Le blé, après avoir été coupé, est renversé par le volant sur le javelier, lequel se compose de vis d'archimède : ce sont ces vis qui le déposent sur le sol en javelle, sur le côté droit de la partie moissonnée.

Un grand nombre de charrues, de pompes d'épuisement, de machines à étirer les tuyaux de drainage, se montrent encore dispersées çà et là : parmi ces dernières, nous avons pu reconnaître une fois de plus et par la comparaison, la simplicité ingénieuse de la *machine à quarante francs* dont il a déjà été parlé, et qui a été exposée par les soins de M. Barral.

Nous avons reconnu là aussi l'appareil de barrage automobile de M. Bel (d'Orgelet) et le grenier Salaville.

Les Pays-Bas semblent s'être presqu'exclusivement réservé avec la Suisse, le monopole de l'exposition des charrues et des cuves à fromage.

PRODUITS.

Il faudrait de longues journées, pour apprécier tous ceux qui méritent de l'être, parmi les produits exposés dans les galeries du premier étage du palais.

MM. Barry frères, négociants à Londres, ont envoyé les plus belles toisons qu'on puisse voir : l'une appartient à un individu de la race Leicester, âgé seulement de treize mois ; une seconde à la race de Southdown, elle n'a que dix mois de pousse ; enfin la troisième, sans qu'il soit possible de dire la moins belle, appartient à une brebis de quatorze mois, de la race Cotswold.

Deux bandes énormes de lard, provenant de deux porcs de la race blanche de *Mangalicza* (Hongrie), étaient cotées au prix de 134 fr. les 100 kilos. Cette race, d'ailleurs, est représentée au concours sous les numéros 2038, 2043 et 2044.

M Aubergier (de Clermont), auquel nous avons vu la Société d'encouragement accorder un prix de 2,000 francs, a exposé de nouveau son opium indigène, ainsi qu'un bocal de morphine extraite de ce même opium.

Un produit très digne de fixer l'attention, est le blé exposé par M. Ed. Besnier sous le numéro 812 et sous la légende *décortication des blés*. On peut voir à la loupe la différence d'aspect du grain lorsqu'il a subi l'opération à la fois mécanique et chimique, qui a pour but d'éviter la perte qu'entraîne la mouture actuelle. Par ce procédé, on ne retire au grain que ses parties purement ligneuses ; tout le reste est converti en farine. La décortication ne coûterait que 0,20 c. par hectolitre ; on ne retirerait du blé que 4 p. 100 au lieu de 14 p. 100 de déchet, et l'appareil pourrait décortiquer 40 hectolitres en dix heures. Le même calcul estime à 10 millions d'hectolitres la quantité de blé qu'il serait ainsi possible de sauver tous les ans, et que nous laissons se perdre aujourd'hui.

L'Exposition des produits de l'Algérie se distinguait par ses céréales et ses cotons. Un fait remarquable, c'est que beaucoup des produits de cette contrée ont été exposés par des indigènes.

HORTICULTURE ET PISCICULTURE.

M. Bertin occupe la plus belle place dans la collection d'horticulture. Il a exposé un rhododendrum superbe, entouré de vingt-quatre variétés plus petites.

L'établissement de pisciculture de l'Etat est représenté par des élèves de l'établissement de Huningue, du Collége de France et du bois de Boulogne. Le bassin symétrique renferme des élèves de M. Millet. Ce sont, entre autres, des truites saumonées écloses dans les appareils de ce pisciculteur et élevées dans une pièce d'eau du domaine de M. Vallut, à Saint-Germain ; des écrevisses très belles, obtenues par croisement ; des carpes-reines et des carpes à miroir, élevées par MM. Millet et de Pontalba ; des truites des lacs de Suisse, de Savoie et d'Irlande ; des carpes rose et blanche, provenant des provinces rhénanes et de la Picardie, introduites et élevées dans les eaux de Mont-l'Evêque (Oise) : ce sont les plus gros individus de ce second bassin.

Enfin, au milieu de ces fleurs, de ces jets d'eau et de ces statues, M. Bianchi a eu l'heureuse idée de placer une jolie oisellerie renfermant, parmi quelques charmantes perruches vertes, une grande quantité d'oiseaux du Sénégal et des colonies.

FÉLIX FOUÇOU.

PALAIS AGRICOLE.

La question agricole est à l'ordre du jour, car la France, dont le sol est si riche, manque en ce moment des produits de première nécessité, et tous les moyens employés jusqu'ici pour raviver l'agriculture ont été impuissants, faute d'un plan supérieur d'organisation et d'une direction scientifique dans le travail des champs.

Qu'il nous soit donc permis, mêlant notre voix à la grande voix publique, de présenter aux méditations des hommes compétents le programme d'un travail que va publier sur cette question le *comité fondateur des Palais de famille.*

Cet ouvrage a pour titre : *De l'institution des Palais agricoles, considérée comme moyen de reconstituer, par l'association, les communes rurales, la grande propriété foncière et la production agronomique en France.* Il est divisé en trois parties distinctes : l'une de *critique*, une autre de *théorie*, et une troisième d'*application*. En voici, dans un cadre restreint, l'analyse philosophique ; ce résumé, nous l'espérons, suffira, comme premier aperçu, à l'examen sérieux des esprits attentifs aux choses de l'avenir.

PREMIÈRE PARTIE. — Considérations générales sur l'état présent de la société, son malaise intérieur et sa profonde misère cachée sous les apparences d'un faux luxe, surtout dans les grandes villes ; — État particulier des campagnes, grossièreté des mœurs chez les paysans, leur profonde ignorance des ressources et du génie de la civilisation moderne ; — Division des esprits et lutte fatale des intérêts au sein des champs, source continuelle de procès ruineux ; — Pauvreté déplorable des ménages, mauvaise disposition et saleté hideuse des habitations rurales ; — Imprévoyance et impuissance de l'édilité communale, sous le rapport de la bonne architecture et de l'hygiène ; — Fractionnement extrême des propriétés foncières, et par suite état de servitude des parcelles labourables ; — Infériorité du petit labour, sans lumières, sans industrie et sans capitaux ; — Du fermage, vices de sa constitution actuelle, lutte sourde entre le propriétaire et le fermier ; — Situation précaire de la domesticité agricole, aboutissant ou à l'abrutissement ou à la révolte du travailleur ; — Rareté et exigence de la main-d'œuvre, surtout dans les fermes situées près des grands centres industriels ; — Manque presque absolu d'instruments aratoires perfectionnés, dans les neuf dixièmes de la France ; — Routine invétérée des cultivateurs en général, ou progrès ruineux pour l'agriculteur isolé ; — Grèvement public des domaines, ou usure cachée plus dangereuse encore, chancre rongeur du paysan ; — Nécessité impérieuse et en même temps fâcheuse impuissance du crédit foncier actuel ; — Découragement des propriétaires et des laboureurs, sans appui financier ; — Absence de toute société civilisatrice et de toute réunion d'affaires dans les villages ; — Nulle institution de fêtes en dehors de l'Église, excepté celle des cabarets ; — Désertion de plus en plus grande des campagnes pour les villes ; — DANGER SOCIAL.

DEUXIÈME PARTIE. — Fécondité du principe de l'association appliquée à l'agriculture ; — Reconstitution, au moyen de cette puissance nouvelle, de la grande propriété territoriale en France ; — Importance d'un centre organisateur tenant entre ses mains les éléments de la fondation ; — Première base de l'association : les habitations humaines et la vie alimentaire; — Édification d'un Palais de famille agricole, avec ses logements individuels et ses appartements généraux; — Influence de l'architecture sociétaire appliquée aux habitudes et aux mœurs champêtres; — Statuts constitutifs du Palais rural, source d'une nouvelle législation agricole; — Capital social, comprenant les fonds d'entretien, de roulement et de réserve, en plus de l'immeuble et du mobilier communs; — Élévation de tous les habitants de la cité agricole à la dignité de propriétaires; — Élection du conseil d'administration par tous les associés; — Règlement d'ordre intérieur conforme à la volonté générale; — Perception facile et inaperçue des impôts ainsi que de toute espèce d'assurances; — Organisation alimentaire basée sur la production en grand, l'achat en gros et la consommation, sans intermédiaire; — Impossibilité de toute espèce de falsification des denrées et de vols domestiques; — Satisfaction de tous les besoins et même des goûts les plus variés, avec une immense économie dans l'existence; — Affranchissement pour la femme de tous les soins du ménage, et, par suite, liberté plus grande d'instruction et de travail rétribué, source nouvelle de richesse pour sa famille; — Éducation gratuite des enfants, comprenant les crèches, salles d'asile, écoles vocationnelles et professionnelles, gymnase, soins hygiéniques, instruction morale et dévouement religieux; — Nouvelle existence pour le prêtre, l'instituteur, le médecin, le pharmacien, et même tous les employés les plus subalternes du Palais; — Accessibilité de tous les habitants de cette nouvelle commune au bien-être domestique et aux jouissances de société; — Attrait nouveau de la vie des champs, nouvelles fêtes rurales, repeuplement des campagnes; — SÉCURITÉ SOCIALE.

TROISIÈME PARTIE. — Constitution scientifique du travail agricole sur un vaste domaine; — Premiers travaux à exécuter : aménagement général du sol, création des routes, assainissement des terres, irrigations des vallées, reboisement des montagnes, exploitation des mines, etc. — Seconds travaux : Construction régulière et économique des bâtiments de réserve et d'industrie agricole, tels que granges, étables, écuries, remises, celliers, caves, fabrique d'instruments aratoires, distillerie, sucrerie, etc. — Troisièmes travaux : Organisation d'un centre commercial d'exploitation agricole, comprenant les docks, magasins, comptoirs d'achat et de vente, banque d'échange et de circulation, etc. — Enfin, abolition absolue du fermage, remplacé par l'association plus ou moins complète, selon la volonté des fondateurs. — Deux modes différents d'association : l'un partiel, facile à appliquer; l'autre intégral, plus difficile à admettre. — Le premier laissant à chacun la propriété, la culture et le soin des champs qu'il a pu acquérir au moyen de paiements par annuités, mais lui offrant pour ses produits tous les avantages sociétaires des docks, comptoirs, banque, location des instruments aratoires, buffets alimentaires, etc.; — Le second mode supprimant toute division dans la propriété du domaine, mettant les terres en actions et le travail sous une direction unique, celle d'un régisseur nommé par le comité administratif, lequel est lui-même, ainsi qu'on l'a vu, élu par tous les sociétaires du Palais. — Pour les habitants du Palais, entière liberté d'être ou simplement sociétaires, ou sociétaires travailleurs, ou travailleurs sans être sociétaires. — Les résultats de cette spéculation sont : la concentration de tous les éléments agricoles, le développement simultané de toutes les industries, l'emploi continuel de toutes les forces et de toutes les vocations, le perfectionnement scientifique du travail, l'accroissement régulier et progressif des produits, la mobilisation du sol représenté par un capital circulant, l'élévation et la moralisation du travailleur, enfin l'enrichissement certain des actionnaires et des copropriétaires, en un mot le BIEN-ÊTRE SOCIAL.

Tel est le plan de l'ouvrage annoncé... Le projet qu'il contient peut être réalisé avec trois choses simples et faciles à trouver : un domaine de quatre à cinq cents hectares, un capital d'un million et un comité fondateur disposé à réussir.

Avec cette triple force, il est possible de changer l'axe sur lequel tourne en ce moment le monde agricole, et de déterminer au sein des campagnes, par l'exemple du bien-être, une réformation industrielle plus large et plus utile encore à l'intérêt général que celle des chemins de fer, dont elle est d'ailleurs, ainsi que nous l'avons dit déjà, un complément indispensable.

NOTA.—Un des membres du comité de fondation, M. Louis de Noiron, homme intelligent et grand propriétaire foncier, a préparé sur les colonies agricoles des documents nombreux et très importants, qui sont acquis à l'œuvre. — Un de nos associés, M. Maurice Lachâtre, esprit élevé et fort audacieux, a fait plus encore ; il a réalisé sur un de ses domaines (à Arbanats, département de la Gironde), une partie de ces idées qui aujourd'hui semblent des utopies aux yeux du vulgaire, et qui, dans dix ans peut-être, seront des lieux communs, tant le mouvement s'accélère vers une transformation complète de l'ancien ordre social. Nous en donnons comme preuves les sociétés d'alimentation, les orphelinats et les colonies agricoles qui se fondent de tous côtés en Europe.

Victor CALLAND.

Fondateur gérant des Palais de famille.

Autre cas de Somnambulisme (1).

Puisque la Société de médecine pratique a écouté le docteur Archambault, racontant un cas de somnambulisme, sans trop d'incrédulité, cela m'encourage à lui en offrir un autre non moins singulier.

Un père de famille très honorable, occupant une haute position sociale à Bruxelles, vint, un jour, me conter le cruel embarras qu'il éprouvait d'avoir vu renvoyer son fils, âgé de treize à quatorze ans, de son pensionnat, comme atteint de somnambulisme nocturne. La Faculté, consultée, proposait de le purger *à mort* ou de le saigner à blanc, pour éviter de plus grands malheurs.

Cette alternative n'était ni du goût de la famille ni de celui du patient.

Quand on n'attend plus rien des savants officiels, on recourt aux charlatans; c'est peut-être ce qui amena M. A... à mon bureau. «— Vous qui savez tout, me dit-il, pourriez-vous guérir mon fils? — Aussi facilement que souffler ce fétu; mais je ne l'oserais pas : je n'ai pas le droit *seignandi, purgandi et occidendi impunè per totam terram*. Si je guérissais *gratis*, en un moment, votre fils que l'on sait nanti d'une infirmité qui peut valoir une trentaine de mille francs, je serais sûr d'aller en prison comme un voleur. — Bah! Cela n'est pas possible! Vous plaisantez!—Pas du tout, et je l'ai déjà échappé belle pour avoir guéri furtivement en quelques minutes et en contravention aux règles de la pharmacopée, plusieurs membres paralysés ou rhumatisés qui ont fait crier leurs propriétaires au miracle, malgré mes injonctions de garder le silence. — Mais enfin, vous n'aurez pas la barbarie de refuser de guérir mon fils? — Je le refuse net; je ne veux pas même le voir, mais je vais vous donner le droit et le pouvoir de le guérir vous-même. Vous veillerez à son chevet, et aussitôt qu'il fera mine de se lever, vous lui saisirez la main avec amitié, et vous entrerez bientôt en rapport et en conversation avec lui. Vous lui représenterez les dangers auxquels il s'expose et le chagrin que ses excursions nocturnes causent à sa famille. Dès que vous le verrez convaincu, vous lui ferez prendre l'engagement de ne plus se lever la nuit; il vous le promettra. Vous lui mettrez alors le doigt sur le front en lui ordonnant de se souvenir de sa promesse. Il se recouchera, et il sera guéri. — C'est tout? — Oui, c'est tout, mais n'oubliez rien. Au revoir! »

(1) Voir le précédent N°.

Le lendemain, le pauvre père revint : la recette n'avait pas réussi. «— Lui avez-vous ordonné impérieusement de se souvenir de son serment ? — Je l'ai oublié ! — Faites-le jurer la main sur l'Evangile ou sur le crucifix. Ayez foi, et il vous sera fait selon votre foi.»

En effet, le succès fut complet. Ce jeune homme qu'on voulait saigner à blanc est maintenant un des chimistes monétaires les mieux posés de Paris.

Je puis affirmer à la Société de médecine pratique qu'il n'y a rien de plus facile à guérir que le somnambulisme et la catalepsie naturels à l'aide du magnétisme artificiel, *similia similibus curantur*. JOBARD.

Bruxelles, le 1er mai 1856.

PANTOGRAPHE ÉLASTIQUE.

Machine pour agrandir et rapetisser les dessins à volonté.

MM. Cellerin et Devillers sont inventeurs de cette ingénieuse machine sur laquelle M. Auguste Dollfus vient de faire un rapport éminemment favorable à la Société industrielle de Mulhouse. Les inventeurs donnent à leur machine le nom d'*Ecléno-synelco-graphe* auquel M. Dollfus propose avec raison de substituer celui de *Pantographe élastique*, qui donne une idée beaucoup plus nette du but qu'on veut atteindre.

L'invention repose sur l'emploi du caoutchouc en feuille sur lequel est imprimé le dessin qu'on veut reproduire à une autre échelle que celle d'exécution. Cette feuille, d'une épaisseur bien uniforme, est disposée de façon qu'on puisse à volonté augmenter ou diminuer sa surface dans des proportions assez étendues. Dans la machine soumise à la Société industrielle, la feuille a 0m,80 de diamètre, et sa surface peut être rendue trois fois plus grande.

Si l'on veut agrandir le dessin, on l'imprime pendant que le caoutchouc est dans son état normal, puis on allonge la feuille, et lorsqu'on est arrivé à la grandeur voulue, au moyen d'une forte pression, on transporte le dessin sur papier ; pour rapetisser, l'opération se fait évidemment dans un sens inverse, c'est-à-dire, qu'avant d'imprimer le dessin, on agrandit la feuille, qu'on laisse ensuite revenir sur elle-même d'une quantité plus ou moins grande.

Pour imprimer le dessin sur caoutchouc, on commence par en faire un calque ; à cet effet on prend une feuille de papier gélatine ou papier glacé qu'on applique sur le dessin à reproduire, dont on suit tous les contours avec une pointe métallique très fine ; on obtient un calque en creux, sur lequel on répand du crayon noir réduit en poudre, et que l'on essuie ensuite avec soin ; le crayon est ainsi enlevé de toutes les parties qui n'ont pas été travaillées par la pointe, pour ne rester que dans le creux. On place le calque ainsi préparé sur la feuille de caoutchouc, qu'on a eu le soin d'humecter légèrement d'eau auparavant, afin qu'elle s'empare bien du crayon, et au moyen d'une forte pression donnée par un système de leviers, on imprime le dessin ; pour obtenir une épreuve agrandie ou rapetissée, on augmente ou diminue la surface du caoutchouc, sur lequel on place ensuite une feuille de papier légèrement humide, et l'on fait de nouveau agir la pression. On obtient ainsi une épreuve parfaitement nette. A chaque épreuve nouvelle qu'on veut avoir, il faut laver le caoutchouc pour enlever les traces du dessin précédent (ce qui se fait facilement avec une éponge et un peu d'eau), remettre du crayon sur le calque, et recommencer l'opération comme précédemment. Cependant, on peut, dans certains cas, obtenir sur papier plusieurs épreuves avec une seule impression sur la matière élastique : c'est lorsqu'on veut avoir une série de dessins de plus en plus petits ; car alors, grâce à la contraction de plus en plus grande du caoutchouc, les particules du crayon se rapprochent, et l'on peut tirer successivement jusqu'à cinq et six épreuves qui sont suffisamment noires et nettes.

On peut aussi employer comme papier à calquer du papier végétal ; il faut alors calquer le dessin avec une encre composée de noir de fumée et de mélasse, imprimer sur caoutchouc, et transporter sur papier comme précédemment ; mais ces calques ont le grand désavantage de ne pouvoir servir qu'une fois ou au plus deux, tandis que ceux sur papier glacé peuvent servir indéfiniment, et sont par conséquent plus économiques. Ils peuvent être comparés aux planches de cuivre gravées, avec lesquelles on peut obtenir un nombre illimité d'épreuves, en remettant seulement chaque fois de l'encre ou de la couleur.

La première chose à faire pour savoir si cette machine peut être d'un emploi réellement utile, est d'examiner si le caoutchouc s'étend bien régulièrement dans tous les sens, et si les figures qui y sont imprimées restent bien semblables à elles-mêmes dans les différents états de grandeur par lesquels on les fait passer ; M. Dollfus a examiné s'il en est ainsi, et il n'a pas trouvé de déformation dans les dessins qu'il a imprimés. Pour s'en assurer, il a tracé une série de carrés, tous égaux entre eux, dans lesquels il a inscrit des cercles, et il a successivement agrandi et diminué ce dessin dans des proportions aussi étendues que le permettait la machine ; en examinant toutes les épreuves obtenues, et les vérifiant au compas, il a trouvé que les carrés et les cercles étaient restés semblables à eux-mêmes, et que ceux des bords étaient toujours égaux à ceux du centre : ce qui ne serait pas arrivé si des inégalités s'étaient présentées dans la dilatation ou la contraction du caoutchouc. Peut-être, avec des instruments de comparaison parfaitement exacts, aurait-il trouvé des déformations très-légères ; mais dans tous les cas, elles ne seraient jamais sensibles dans la pratique.

Le caoutchouc employé actuellement est du caoutchouc naturel, provenant de la fabrique de M. Guibal, de Paris ; il est recouvert sur ses deux faces d'une lame très-mince de caoutchouc vulcanisé, dont la couleur claire permet de distinguer facilement les dessins.

L'application la plus importante de l'ecténo-synelco-graphe, et celle du reste que les inventeurs avaient seule en vue lorsqu'ils ont commencé à faire les essais qui les ont conduits à la construction définitive de leur machine, est celle qu'on peut en faire aux dessins pour indiennes, et en général pour tissus imprimés quelconques. Souvent, en effet, un dessin fait dans certaines dimensions se présenterait mieux à l'œil si on l'imprimait dans des proportions différentes de celles dans lesquelles le dessinateur l'a tracé tout d'abord. En l'imprimant sur caoutchouc, on peut le faire passer successivement et rapidement par différents états de grandeur, et juger facilement quelles sont les dimensions les plus favorables à adopter pour flatter le goût de l'acheteur ; souvent aussi on trouverait de l'avantage à l'emploi de cette machine, maintenant, surtout, que les modes nouvelles exigent quelquefois que le même dessin se trouve reproduit sur la même pièce de plusieurs grandeurs différentes, pour les volants, les garnitures de robes, etc. De quelle utilité ne serait-elle pas, surtout, pour les dessinateurs, dont les yeux se fatiguent si vite et si facilement lorsqu'ils sont obligés de dessiner en très petit ? Grâce à elles, ils travailleraient à la dimension qui leur conviendrait le mieux, et en très peu de temps ils auraient réduit leur dessin aux dimensions convenables. D'autres fois l'inverse aurait lieu, lorsque la grandeur du dessin à exécuter ne leur permettrait pas de déterminer facilement les proportions les plus convenables à donner à ses différentes parties.

Ce nouveau moyen de réduction et d'augmentation des dessins est beaucoup plus prompt que tous ceux employés jusqu'à ce jour ; il sera toujours utile lorsqu'il faudra faire entrer un dessin mathématiquement dans un espace donné, lorsque cet espace ne se rapportera pas à la grandeur de l'original. Peut-être, par la suite, comme il arrive souvent, de nouvelles applications se présenteront-elles. Mais l'invention est encore trop récente pour qu'on puisse savoir au juste tous les services qu'elle est appelée à rendre, et connaître son dernier mot.

CORRESPONDANCE.

Diométrie.

Arles, le 27 mai 1856.

Monsieur,

La communication que vient de faire à l'Académie des sciences, M. Pouillet, sur un instrument de son invention, pour mesurer la radiation solaire, communication dont vous rendez compte dans le dernier numéro de votre estimable journal, page 166, me fait une obligation de divulguer dès aujourd'hui, au monde savant, les premiers résultats obtenus par moi dans une nouvelle branche d'observations météorologiques. Je veux parler de la possibilité de noter à l'avenir les variations d'intensité du jour, comme on note au moyen du thermomètre les variations de la chaleur.

Malheureusement, d'un côté la tyrannie des affaires, de l'autre le désir de recueillir un plus grand nombre d'observations et de perfectionner mes premiers essais, m'ont empêché jusqu'à ce jour de vous faire la communication que voici : Aux diverses observations sur la température, la pression atmosphérique, etc., etc., dont je m'occupe, dans la mesure de mes loisirs, depuis quelques années, j'ai ajouté depuis un an, grâce à l'*Ami des sciences* qui m'a permis de me mettre en rapport avec M. le docteur Th. Bæckel de Strasbourg, une série d'observations sur l'ozone.

Malgré la diversité d'instruments que possède la science météorologique, je crus remarquer une lacune. Cette lacune c'était un instrument qui donnât la possibilité de tenir compte des variations de l'intensité du jour. Je me demandais alors s'il ne serait pas possible de créer cet instrument : l'idée d'un photomètre se présenta à moi. J'empruntai à la photographie les moyens de préparer des bandes de papier impressionnables à la lumière. A cet effet, je trempai des bandes de papier blanc ordinaire dans une dissolution d'azotate d'argent, je les fis sécher à l'ombre et dans l'obscurité et exposées à la lumière du jour, elles se colorèrent.

Je me demandai ensuite, si la coloration ne serait pas proportionnelle à la durée de l'exposition ou bien à l'intensité de la lumière. Je m'assurai qu'il en était ainsi.

Dès lors, la pensée d'observations régulières et d'un instrument pour mesurer les intensités du jour, me remplit l'esprit, et ce fut à l'ozonomètre que j'en empruntai le principe.

A cet effet, je construisis une échelle chromatique de la couleur rouge brique donnant sur le violet (c'est la couleur que prennent à l'exposition du jour, les bandes de papier préparées avec 100 grammes eau ordinaire, et 5 décigr. azotate d'argent). Je divisai cet instrument en 10 degrés depuis la teinte la plus faible 1, jusqu'à la teinte la plus intense 10 ; cela fait, je n'eus plus qu'à comparer le papier exposé, après chaque durée d'exposition, avec l'échelle ainsi divisée et à tenir compte du dégré en chiffre.

Mes premières observations datent du 22 décembre 1855 ; j'ai assez exactement tenu compte des intensités du jour, seulement comme mes occupations ne me permettent pas de noter heure par heure comme il faudrait que cela fût, et que je n'ai observé que de trois heures en trois heures, les variations ne sont pas assez sensibles. Cependant, dans cet intervalle, je compte plusieurs journées entières d'observations heure par heure.

Comme à toute science nouvelle il faut de nouveaux mots, voici ceux que j'ai adoptés.

Diométrie, pour indiquer la science qui s'occupera d'observations sur l'intensité et les variations du jour.

Diomètre, l'instrument à échelle chromatique des teintes depuis 0 jusqu'à 10.

Dioscope, les bandes de papier préparé pour recevoir les impressions du jour.

Diographe, l'instrument qui sera construit avec un mouvement d'horlogerie pour changer à chaque heure le côté du papier exposé.

J'ai donné le nom de diomètre plutôt que celui de photomètre, afin de distinguer le nouvel instrument propre aux observations de la lumière du jour, d'avec celui connu sous le nom de photomètre et servant à mesurer l'intensité de deux lampes.

Il est vrai que sur le même principe que je viens de vous développer, mais avec du papier préparé très-sensible, on peut obtenir le même résultat, c'est-à-dire celui d'indiquer d'une manière parfaite la différence d'intensité de deux lampes.

Enfin sous le nom de héliomètre, toujours sur le même principe, on peut construire un instrument pour mesurer seulement l'intensité des rayons solaires.

Nous aurons donc trois instruments basés sur le même principe, mais qui prendront des noms différents suivant l'usage qu'on voudra en faire:

Diomètre, instrument pour mesurer l'intensité du jour;
Photomètre, instrument pour mesurer la lumière artificielle;
Héliomètre, pour mesurer l'intensité des rayons solaires directs.

Veuillez agréer, HIPP. CORNILLON.

Hélice propulsive des chemins de fer.

Nous extrayons ce qui suit d'une lettre que nous adresse d'Amiens, M. Édouard Gand, et dans laquelle il propose de remplacer les roues motrices des locomotives, par une hélice fixée sous le véhicule dans l'axe longitudinal de celui-ci.

« Cette vis d'Archimède porterait, dit l'auteur, sur un système de pièces en fonte placées à une distance calculée les unes des autres, et établies au centre de la voie, de façon à ce qu'étant toutes parallèles entre elles, elles fussent dans une position oblique par rapport à la ligne des rails. Cette obliquité serait déterminée par celle correspondante du pas de vis de l'hélice.

« Un seul cylindre suffirait peut-être alors. Le recul de la machine s'opérerait très-facilement par un procédé *ad hoc*, qui permettrait de détourner la vis à volonté. Ce procédé fournirait aussi un moyen d'arrêt très-efficace.

« L'hélice trouvant un point d'appui *réel* aurait une puissance que ne peuvent avoir les roues motrices. Une moindre force suffirait donc pour obtenir un même résultat.

« Un mouvement régulier, et constamment *dirigé dans le sens de la vitesse*, serait substitué au mouvement par saccades, d'arrière et de devant, de haut et de bas, fourni par les bielles ordinaires.

« Les machines pourraient être beaucoup plus légères, et détérioreraient moins les rails, ce qui diminuerait les chances d'accidents.

« Les rampes pourraient être plus prononcées, car l'hélice faciliterait la vitesse d'ascension, et modérerait, au besoin, celle de la descente.

« Enfin, les frais de pose des pièces sur lesquelles agirait l'hélice, seraient probablement compensés par une grande diminution dans le prix du matériel des locomotives. »

ACADÉMIE DES SCIENCES.

Séance du 2 juin 1856.

ÉLECTION D'UN VICE-PRÉSIDENT.

M. Isidore Geoffroy-Saint-Hilaire s'étant trouvé appelé au fauteuil de la présidence par le décès de M. Binet, l'Académie avait à procéder à l'élection d'un vice-président pour l'année 1856 : M. Despretz a été élu par 28 suffrages sur 49 votants.

COMMUNICATIONS DIVERSES.

M. Pouillet présente les images photographiées des radiations solaires pour les quinze derniers jours, images fournies par l'appareil décrit dans la séance du 19 mai : les teintes accusent très sensiblement l'état de l'atmosphère et le petit nombre d'éclaircies notées par cet instrument, que M. Pouillet propose d'appeler *actinographe*.

M. Bertrand présente une explication rationnelle du gyroscope de M. Léon Foucault : c'est la première fois que la théorie du phénomène produit par cet instrument, est cherchée en dehors des calculs analytiques et dans les lois simples et précises du mouvement rotatoire des corps.

M. Duméril, en faisant hommage à l'Académie de son ouvrage *Ichthyologie analytique*, lit un mémoire fort étendu sur la marche la plus rationnelle à suivre dans l'étude de cette partie des sciences naturelles.

M. Elie de Beaumont présente le 3e mémoire de M. le baron de Francq sur *la formation et la répartition des reliefs terrestres*. Le défaut d'espace nous fait remettre au prochain N° la suite de cet intéressant travail.

SERVICE MÉTÉOROLOGIQUE DE LA FRANCE.

M. Leverrier a entretenu l'Académie des résultats auxquels est parvenue l'organisation administrative des observations météorologiques en France.

Le service dont il s'agit a pour but de centraliser dans l'Observatoire de Paris le plus grand nombre possible de données météorologiques recueillies chaque jour sur divers points de la France : le concours de l'administration des télégraphes était indispensable pour atteindre ce but. Depuis bientôt un mois, Paris reçoit tous les matins entre sept et huit heures, les bulletins des treize principaux postes météorologiques de France. Ces postes sont établis dans les postes télégraphiques mêmes, ce qui n'a point amené néanmoins la suppression des postes météorologiques établis sur divers points du territoire par des amis de la science.

Le nombre total des postes météorologiques est de 24, sans compter Paris : onze bulletins arrivent donc à l'Observatoire central par les différents courriers de la journée. Cette combinaison a paru suffisante pour avoir les données nécessaires sur l'état général du temps.

Dans cette œuvre de centralisation, l'Observatoire de Paris doit fournir et comparer les instruments, rédiger les instructions pour les différents postes, enfin réunir et publier les résultats. De son côté l'administration des télégraphes doit obtenir de ses fonctionnaires placés dans les postes météorologiques, un certain nombre d'observations par jour, et leur expédition à heure fixe. L'instruction rédigée par l'Observatoire a, du reste, été mise au recueil administratif et signée du directeur général des télégraphes, ce qui lui donne l'autorité d'un ordre supérieur. Il est à remarquer déjà que les fonctionnaires des télégraphes font, presque partout, plus d'observations qu'on ne leur en a demandé : au lieu de trois, qui est le chiffre réglementaire, plusieurs en envoient chaque jour jusqu'à six.

Parmi les instruments que l'Observatoire a dû fournir, M. Leverrier a signalé à l'attention de ses confrères un baromètre d'une construction toute spéciale, imaginé par M. Liais. Ce baromètre, destiné à voyager et par suite plus exposé aux avaries, ne pouvait être un baromètre de Fortin : il est donc à une seule lecture, et susceptible d'être renversé dans tous les sens, sans que pour cela l'exactitude de ses indications soit altérée.

M. Leverrier se propose de porter chaque matin, à la connaissance du public, le bulletin de l'état météorologique de la France : pour aujourd'hui par exemple, l'Académie a pu savoir que le temps était très beau à Lyon, à Montauban et à Strasbourg.

Enfin tous ces différents bulletins seront condensés en un recueil que l'Observatoire publiera mensuellement.

Aujourd'hui que le service est installé pour toute la France et qu'il fonctionne de manière à fournir à la science des données précieuses, M. Leverrier a songé à étendre à l'Europe ce grand travail d'unité scientifique, et des ouvertures ont déjà été faites, dans ce sens, à plusieurs états voisins. Partout nous avons reçu un accueil favorable : l'Angleterre même, dont le service télégraphique n'appartient pas à l'Etat, a répondu qu'elle espérait que l'exemple donné en premier lieu par la France, amènerait les compagnies à entrer dans cette mesure d'utilité générale.

Au sujet de ces intéressantes communications, M. Élie de Beaumont soulève une question scientifique qui semble de nature à être éclairée par le grand nombre de données météorologiques dont on dispose désormais. Le phénomène des dernières pluies offre, par la configuration des bassins dans lesquels elles ont principalement sévi, une analogie très-frappante avec celui qui se fit sentir il y a quatre ans. L'honorable secrétaire perpétuel pense que l'étude comparative de ces deux phénomènes pourrait amener à fixer les idées sur la nature et le mode d'action des grands courants atmosphériques auxquels semblent être dues les pluies d'orage.

M. Leverrier répond qu'il tient ses documents à la disposition de tout le monde, et qu'il ne refusera pas d'en discuter la signification quand leur étendue le lui permettra. Quant aux courants dont parle M. Élie de Beaumont, il croit être bien près de la vérité, en disant déjà sans aller plus loin, que ce sont de véritables ondes atmosphériques qui se transportent parallèlement à elles-mêmes d'un point à un autre, et sur chaque versant desquelles les vents se précipitent. En effet, d'après les documents météorologiques on peut s'assurer que jamais le vent ne souffle dans une direction constante sur toute la surface de la France, et il arrive fréquemment que lorsque des vents de sud règnent dans le midi, les bulletins venus du Nord accusent des vents de nord dans cette partie. Souvent aussi, les choses étant en cet état, on voit les directions changer symétriquement du soir au matin. FÉLIX FOUCOU.

Société zoologique d'Acclimatation.

Séance du 23 mai.

COMMUNICATIONS DIVERSES.

Le ministre de l'agriculture, du commerce et des travaux publics, vient d'accorder à la Société une subvention de 1,500 francs, à titre d'allocation à forfait pour ses travaux ; ainsi qu'une somme de 300 francs pour l'achat d'une médaille d'or à décerner en son nom, parmi les récompenses et encouragements dont la Société dispose déjà.

— Par une lettre en date du 9 mai, M. Malavois, membre de la Société, informait le conseil qu'étant sur le point d'envoyer en Chine un de ses navires qui doit retourner directement à Oran (Algérie), son intention était d'en profiter pour introduire en Algérie les espèces d'animaux et végétaux appartenant aux ports de la Chine, situés sous la même latitude que notre conquête d'Afrique.

Ce navire, faisant son retour à Oran, y importera également un certain nombre de cultivateurs et de préparateurs de thé.

M. Malavois demandait en conséquence à la Société, de lui fournir, pour cette expédition, des renseignements sur ce qu'il conviendrait le mieux de faire pour atteindre son but.

Une commission a été nommée à cet égard, mais après en avoir préalablement déféré au ministère de la guerre, qui, dans une dépêche du 21, vient de mettre à la disposition de la Société, une somme de 5,000 francs, dans laquelle devront être renfermées les dépenses de toute sorte auxquelles pourra donner lieu l'introduction projetée.

— Au sujet des oliviers trouvés en Crimée, il avait été avancé, dans une des dernières séances, que cet arbre ne peut guère supporter plus de quatre à cinq degrés de froid. M. André Leroy, pépiniériste à Angers, écrit qu'il cultive cette variété depuis quinze ans et qu'il l'a toujours vue résister à 8 et 10 degrés Réaumur, sans couverture : l'un des pieds entre autres est placé en espalier et couvre aujourd'hui plus de dix mètres de surface.

VERS A SOIE DU RICIN.

M. Guérin-Menneville annonce qu'il est parvenu à faire passer l'hiver à quelques cocons du ver à soie du ricin et qu'il vient d'en voir sortir des papillons bien constitués. Ces cocons, obtenus l'année dernière par M. Vallée, qui avait terminé l'éducation des chenilles avec des feuilles de choux, ont été placés par M. Guérin dans une chambre fraîche dans laquelle la température a toujours été maintenue entre 0 et 10 degrés au plus. Ils ont été souvent mouillés depuis le mois d'octobre, époque de leur formation, et moyennant ces précautions, ils ont passé l'hiver, car leurs chrysalides sont demeurées vivantes jusqu'à ce jour, c'est-à-dire sept mois sans éclore.

On sait que cette espèce ne reste que peu de jours dans son cocon, ce qui oblige à faire sept ou huit éducations par an, dans les pays chauds. Or cette nécessité était un obstacle insurmontable à l'introduction de cette espèce dans des climats comme celui de Paris, et jusqu'à présent on n'avait pu arrêter cette éclosion, quelques précautions que l'on eût prises à cet effet.

M. Guérin-Menneville pense que l'on doit le fait qu'il a obtenu, à des modifications qui ont eu lieu chez ces insectes par l'influence physiologique de plusieurs générations élevées sous notre climat. Si l'on arrive à dévider les cocons du *bombyx cynthia*, le résultat signalé plus haut deviendra d'une importance capitale, puisque l'on pourra faire passer l'hiver aux cocons de ce nouveau ver à soie et qu'ils pourront ainsi être élevés sous les climats tempérés, là où le ricin ne passe pas l'hiver, et où il est, par suite, impossible de faire des éducations de cette espèce durant cette saison-là.

COCHON FRISÉ.

Par l'entremise du ministère de l'Agriculture, la Société a reçu de M. Auguste Maurin, habitant de la Ville de Paso-del-Norte, au Mexique, quelques détails intéressants sur une variété de l'espèce porcine qui existerait dans ce pays.

Cette variété est le cochon qu'on appelle *cuino*, ce qui signifie *frisé*. Son poil, au lieu d'être droit, est à demi frisé comme celui du chien caniche croisé. Il a peu de chair et atteint un tel degré d'engraissement, qu'il ne peut plus ni marcher ni tourner sur lui-même ; enfin il ne consomme guère que la moitié de la quantité de maïs qu'exige l'espèce ordinaire.

M. Maurin assure que cette variété est obtenue par le croisement d'un bélier et d'une truie. Une commission a été nommée, non pour vérifier l'origine, qui semble inadmissible, à cause de l'impossibilité d'accouplements féconds entre ruminants et pachydermes, mais pour obtenir directement de plus grands détails sur les qualités de cette espèce jusque-là inconnue. F. F.

VARIÉTÉS.

Le chemin de fer de Panama.— Le correspondant d'un journal du Nouveau-Monde fait une description très poétique, mais peu rassurante de ce chemin de fer de Panama, que les Américains ont construit avec leur audace accoutumée, marchant la boussole à la main d'un océan à l'autre, comblant des marécages, détournant des rivières, traversant des torrents, contournant des montagnes, montant, descendant, serpentant, mais allant toujours en avant, jusqu'à ce qu'un beau jour les sifflements de la locomotive ont retenti dans des parages où les chants des oiseaux et les hurlements des animaux sauvages s'étaient seuls fait entendre jusque-là, et que des milliers de voyageurs ont pu faire en quatre heures un trajet qui demandait plusieurs jours, des dépenses énormes et des fatigues inouies.

Mais quel chemin de fer! Ce qui m'étonne, ce que je ne comprends pas, dit le correspondant, ce n'est pas que les voyageurs le parcourent, car les voyageurs, une fois en char et pris dans le traquenard, sont bien obligés de s'abandonner à la grâce de Dieu; mais c'est que l'on trouve des ingénieurs, des conducteurs, des employés, qui, pour un salaire quelconque, consentent à s'y exposer tous les jours.— Il y a de quoi avoir la chair de poule et être malade de peur quand on voit les rails sur lesquels on glisse, supportés à des hauteurs prodigieuses par des échafaudages à peine étayés, et reposant sur un sol mobile que les pluies torrentielles creusent et entraînent. — J'ai vu, dans certains points où l'on était suspendu sur l'abîme, sans protection, sans garde-fous, le niveau des rails détruit par l'affaissement d'un des côtés du talus et des échafaudages, et les waggons rouler sur des plans en pente où le moindre caillou déposé sur la voie aurait suffi pour faire perdre un équilibre déjà fortement compromis, et faire tout disparaître dans d'affreux précipices. Moi, je m'étais placé sur la plate-forme, en arrière du dernier waggon, prêt à sauter dans le vide et à y rouler pour mon propre compte, si le waggon avait fait la culbute. Heureusement que les conducteurs du train sont fort prudents, ce qui est beau pour des Américains; ils vont très doucement, font à peine dix à douze milles à l'heure, serrent les freins à chaque instant et prennent toutes les précautions possibles, ce qui n'a pas empêché, il y a une quinzaine de jours, un de ces ponts du diable de s'enfoncer sous le poids d'une locomotive que nous avons vue gisant dans l'abîme. La circulation sur le chemin a été réparée tant bien que mal, et tout a repris son cours comme auparavant.

Il est vrai de dire que la Compagnie a toujours une armée de nègres et d'Indiens qui travaillent sur toute la voie, consolident par ici, font des remblais par là, et qui finiront avec le temps par faire du chemin quelque chose de plus sortable. — Il est encore vrai de dire que le trajet, quoique fort dangereux aujourd'hui, l'est encore beaucoup moins qu'il ne l'était autrefois, quand on le faisait à dos de mulet, sous la conduite de nègres qui vous volaient ou même vous tuaient un peu, et où les fatigues, les nuits passées à la belle étoile, l'exposition à des émanations marécageuses donnaient souvent aux malheureux voyageurs des fièvres dangereuses et opiniâtres.

Mais, quelque grand que soit le danger du trajet, on est à chaque instant distrait de ses inquiétudes par la merveilleuse beauté du spectacle que l'on a sous les yeux. Il est impossible de se faire une idée, même réduite, du grandiose de ce spectacle: il est impossible de trouver des expressions pour rendre les sensations qui vous oppressent, l'admiration qui vous saisit, la stupéfaction qui vous anéantit. Quelle nature que celle de ce terrain volcanique qui prend les formes les plus étranges, revêt les aspects les plus inattendus! Quelle luxuriante végétation! Quel incroyable amas de plantes les plus belles, où l'on compte les palmiers, les cactus, les bananiers sauvages, les plantes tropicales par millions; où es arbres les plus grands, les plus touffus, chargés des fleurs les plus belles et des fruits les plus étranges, se rapprochent, s'enlacent, se confondent et se réunissent parfois les uns aux autres au moyen de lianes d'une longueur démesurée, qui ressemblent à des millions de cordages partant de millions de mâts fantastiques. Ici, sur le bord du chemin, se trouvent d'innombrables pieds de sensitives qui, au mouvement imprimé au sol, ferment leurs feuilles et se recoquillent sur elles-mêmes. Là, sont des liserons aux corolles rouges, bleues, azurées; ou bien des légumineuses grimpantes, aux fleurs en grappes revêtant toutes les couleurs du prisme solaire, recouvrant des herbes gigantesques, des arbustes hauts comme des maisons, et formant pour l'œil des berceaux onduleux ou des surfaces végétales sous lesquelles on n'aperçoit pas la plus petite trace du sol. Vrai, c'est beau, superbe, magnifique, miraculeux, et quand on a vu cela il faut baisser le rideau. Ce spectacle dure quatre heures, pendant lesquelles à l'admiration la plus complète succèdent parfois les craintes les plus fondées et les plus émouvantes! En vérité, c'est trop d'émotions à la fois.

FAITS DIVERS.

— La marine marchande des États-Unis augmente de jour en jour. *Aujourd'hui son tonnage dépasse celui du Royaume-Uni d'Angleterre, y compris les possessions britanniques.* C'est la marine la plus nombreuse comme la plus entreprenante qui soit au monde. Luttant de vitesse avec la vapeur même, elle parcourt incessamment toutes les mers et mérite mieux qu'un autre à son pays l'épithète de rouliers maritimes, qui s'appliquait autrefois au peuple hollandais.

Les États-Unis ne possédaient en 1845 que 19,720 navires, jaugeant ensemble 2,416 600 tonneaux et montés par 118,600 marins. En 1854, le tonnage s'élève à 4,802,902 tonneaux, ce qui, proportionellement, donne un chiffre de 34,000 navires de toute espèce et suppose l'emploi de 200,000 marins.

Pendant les quarante années qui se sont écoulées de 1815 à 1855, il a été construit aux États-Unis 4,303 navires de 1,000 à 1,2000; 4,357 bricks et 18,912 schooners.

Les matelots américains sont mieux rétribués, mais moins nombreux, toute proportion gardée, que ceux de la France et de l'Angleterre.

Exosmose pathologique. — De longues courses à cheval avaient déterminé chez un médecin, M. Delarue qui raconte lui-même le fait, un abcès qui, malgré l'emploi des antiphlogistiques et des emollients, arriva à maturité avancée.

M. Delarue ne voulut pas se soumettre à l'incision, et dans le but de hâter l'ouverture naturelle de l'abcès, il prit un bain de siége prolongé. Ce moyen fut pour lui une cause de grande surprise. Resté dans le bain pendant douze heures consécutives, il constate le fait suivant: par toute la surface tégumentaire de l'abcès, surtout par les points les plus amincis, la suppuration mêlée de sang se répandit doucement et progressivement au dehors, bien que la peau, soumise en cet endroit à un examen attentif, ne présentât aucune solution de continuité.

La tumeur, ainsi réduite des deux tiers, était au sortir de l'eau consistante, indolore, presque entièrement vide. Elle ne tarda pas à disparaître complétement sans autre bain.

Pour tous les faits divers, V. M.

Prix d'abonnement pour l'étranger.

Allemagne, 8 fr.;— Suisse, Parme, Plaisance, Modène, 8 fr. 50.— Etats Sardes, Grèce, Crimée, 9 fr.; — Hollande, Angleterre, 10 fr.; — Etats-Unis, Indostan, Turquie, 10 fr. 50; — Belgique, Prusse, Hanôvre, Saxe, Pologne, Russie, Espagne, Portugal, 11 fr.; — Toscane, 12 fr.; — Etats-Romains, 16 fr. 50.

Le propriétaire, rédacteur-gérant :
Victor Meunier.

PARIS. — IMP. J.-B. GROS ET DONNAUD, SON GENDRE, RUE DES NOYERS, 74.

Deuxième année. — N° 24. Quinze centimes. 15 juin 1856.

L'AMI DES SCIENCES

BUREAUX D'ABONNEMENT
13, RUE DU JARDINET, 13
Près l'Ecole de Médecine
A PARIS

JOURNAL DU DIMANCHE
SOUS LA DIRECTION DE
VICTOR MEUNIER

ABONNEMENT POUR L'ANNÉE
PARIS, 6 FR.; — DÉPART., 8 FR.
Étranger (Voir à la fin du journal)
ENVOYER UN MANDAT DE POSTE

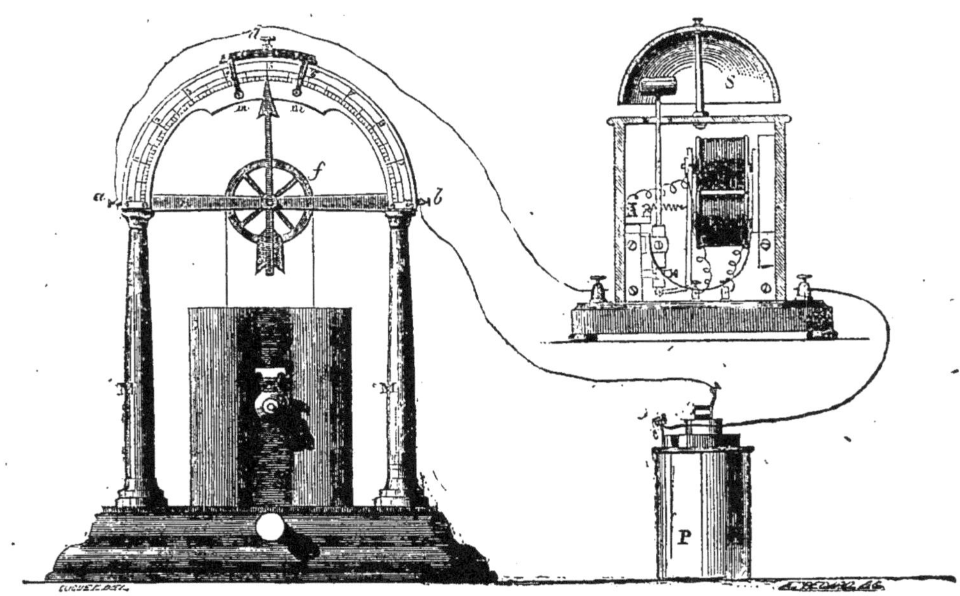

Avertisseur électrique des manomètres.

Avertisseur électrique des Manomètres à gaz et à vapeur.

L'avertisseur électrique, dont nous donnons le dessin et que nous allons décrire, est une nouvelle invention de notre savant physicien et habile constructeur M. Bréguet.

L'instrument est particulièrement applicable aux manomètres, dans lesquels le degré de pression est indiqué par une aiguille marchant devant un cadran gradué, tels que celui que MM. Siry et Lizars construisent pour les usines à gaz, et ceux de MM. Bourdon, Desbordes, etc., pour les machines à vapeur.

Le principe de l'invention consiste à utiliser la mobilité des pièces indicatrices des appareils de sûreté, telles que l'aiguille des manomètres et baromètres et la tige des flotteurs, pour fermer et ouvrir un circuit métallique, afin d'établir, lorsqu'il en est besoin, un courant électrique destiné à faire fonctionner une sonnerie

Notre dessin montre l'avertisseur associé au manomètre des usines à gaz.

L'appareil se compose de trois parties : du manomètre à aiguille de MM. Siry et Lizars qu'on voit à gauche, d'une pile électrique, et au-dessus de la pile de l'avertisseur proprement dit.

Le manomètre. — On voit que le manomètre se compose d'un socle surmonté de deux larges tubes réunis qui reçoivent, l'un un flotteur, l'autre un contre-poids suspendu au fil qui soutient le flotteur, après avoir passé dans la gorge d'une roue-poulie à l'axe de laquelle est fixée une aiguille indicatrice.

Le tube dans lequel se trouve le flotteur contient de l'eau sur laquelle le gaz opère une pression lorsque le manomètre est mis en rapport avec une conduite de gaz au moyen d'un tuyau quelconque. Suivant la pression, le flotteur s'élève ou s'abaisse, et fait ainsi mouvoir la roue *f*, ce qui détermine l'inclinaison ou l'élévation de l'aiguille.

Le socle de l'appareil supporte, en outre, deux colonnes M M, qui ont pour fonction de soutenir la traverse sur laquelle se meut l'axe de la roue *f*, et de maintenir dans une position verticale un arc de cercle gradué, de manière qu'un centimètre de pression prend des proportions telles que les fractions de millimètres sont très facilement appréciables.

Tel est le manomètre de MM. Siry et Lizars ; l'addition d'un appareil électrique a nécessité quelques modifications. Ainsi les colonnes MM ont été isolées de la traverse du cadran par des rondelles d'ivoire; de plus, derrière le cadran gradué, on a établi un second arc en cuivre, isolé également du premier par des rondelles d'ivoire, et sur lequel on a adapté un appendice mobile en cuivre *d*, portant deux branches qui enjambent par-dessus le cadran sans le toucher, et se terminent par deux aiguilles de platine *m m* placées dans une position horizontale. Aux deux extrémités du cadran, en *a* et *b*, sont deux petites vis de pression dont l'emploi est de recevoir les fils électriques, de manière que le fil retenu par la vis *b* communique avec le cadran, et celui qui est fixé en *a* communique avec l'arc de derrière.

Lorsque l'on règle la pression du gaz au degré nécessaire, on dispose l'appendice *d* de façon que les deux aiguilles *m m* soient à égale distance de l'aiguille indicatrice, dont la pointe est également garnie en platine.

La pile P employée par M. Bréguet est une pile de Daniell, dont le pôle positif est mis en rapport avec le manomètre au point *b*, et le pôle négatif va joindre l'une des vis de communication placées sur le socle de la sonnerie.

Cette pile est celle que M. Bréguet emploie pour les télégraphes électriques des chemins de fer après l'avoir modifiée; elle est formée de deux éléments qui se composent chacun d'un vase en verre dans lequel on place un cylindre de zinc, d'un vase cylindrique en terre poreuse introduit dans le cylindre de zinc, et d'un diaphragme en cuivre qui plonge dans le vase poreux, et qui est fixé à une bande de cuivre soudée au cylindre de zinc.

On verse de l'eau dans le vase en verre jusqu'à $0^{m},01$ du bord supérieur, ainsi que dans le vase poreux, de manière que dans ce dernier le niveau de l'eau soit à $0^{m},02$ environ au-dessus du diaphragme, sur lequel on mettra 15 ou 20 grammes de sulfate de cuivre.

L'avertisseur électrique est un appareil de petite dimension, garni de deux vis de communication recevant le courant d'électricité, l'une du pôle négatif de la pile directement, l'autre de la vis *a* du manomètre. L'intérieur de l'appareil se compose de deux bobines superposées, dont la supérieure soutient une palette de fer verticale, mobile sur un axe, et disposée de telle sorte que les mouvements qu'elle peut opérer se communiquent par un mécanisme adapté, à son extrémité inférieure, à un marteau qui vient frapper dans ses oscillations le timbre S. Une branche d'acier, dont une extrémité touche la palette, fait, au moyen de fils, communiquer le courant de celle-ci à la vis qui reçoit le fil du point *a*.

L'appareil étant ainsi disposé, le manomètre étant mis en communication avec le régulateur, et la pression fixée, l'électricité négative qui se dégage de la pile P se rend à l'avertisseur, et l'électricité positive gagne le manomètre au point *b*; mais comme le cadran est isolé de l'arc qui est situé derrière lui, il en résulte que le courant est interrompu et que l'appareil est au repos. Si la pression vient à changer en plus ou en moins, le flotteur fait varier la position de l'aiguille indicatrice, qui, s'élevant ou s'abaissant suivant le cas, vient toucher l'une des aiguilles de platine *m m*. Alors la communication du courant s'établit entre le cadran et l'arc au moyen de l'appendice *d*, et, par le fil situé en *a*, gagne l'avertisseur.

L'électricité se communique par les bobines à la palette de fer doux, qui n'est autre chose qu'un électro-aimant, et qui, en cette qualité, tend à se rapprocher du fer non aimanté. Or; l'axe de la bobine inférieure étant en fer, sollicite la palette qui s'éloigne ainsi de la petite branche d'acier par laquelle le courant s'établissait avec le pôle positif de la pile, de sorte qu'il en résulte une interruption du courant électrique; la palette, dans le mouvement qu'elle a opéré, a entraîné le marteau, qui est venu frapper le timbre S; mais un petit ressort de cuivre la forçant à reprendre sa position verticale, la ramène contre la branche d'acier; le courant se rétablit, l'électro-aimant s'éloigne de nouveau, entraîne le marteau qui refrappe le timbre, et le même phénomène se reproduit tant que l'aiguille indicatrice du manomètre est en contact avec l'une des aiguilles *m m*; il en résulte une sonnerie assez puissante, qui avertit les employés de l'usine de la variation qui s'est opérée dans la pression, et l'un d'eux vient rétablir les choses dans leur état normal.

CAUSE DES INONDATIONS.

Aux journaux politiques intelligents de démontrer que c'est à l'assurance universelle de venir au secours des victimes des inondations, aux journaux scientifiques de démontrer que le moyen d'empêcher le retour des désastres consiste dans le boisement et le gazonnement des montagnes. Nous allions remplir notre tâche, quand nous est parvenue la note suivante de M. Jobard, qui exprime notre pensée.

« Les plus grands désastres sont la conséquence des plus longues résistances aux conseils de la prudence, de la raison et de l'expérience. Il y a longtemps qu'un écrivain obscur a émis l'opinion que le déboisement des montagnes devait avoir pour résultat de changer les cours d'eau en torrents dévastateurs, et de rendre leurs rives inhabitables.

« Ce n'était point un prophète, mais un observateur qui donnait pour exemple le Thibet, l'Algérie, l'Arabie, l'Italie, le midi de la France et tous les pays dont les montagnes ont été découronnées de leurs forêts, soit par l'incendie, soit par la spéculation. L'homme, disait-il au congrès scientifique de Douai, est l'artisan de sa misère; dès qu'il a brûlé ou abattu ses forêts et détruit ses abris naturels, il reste exposé à toutes les intempéries; son pays devient aride; les pluies, la fonte des neiges donnent lieu à des avalanches qui entraînent le terreau végétal des coteaux dans les rivières, lesquelles charrient tumultueusement à la mer ce que le sol a de plus précieux, la réserve des siècles, l'humus et les engrais, si lentement formés par la décomposition des végétaux; ses rivières cessent d'être navigables pendant l'hiver et sont à sec pendant l'été.

« Plus de sources permanentes aux pieds de vertes collines, plus de tranquilles et frais ruisseaux bordés de saules et de viornes; tout cela est déraciné, emporté à la suite de quelques jours de pluie ou du premier coup de soleil dardant sur la neige des coteaux dénudés.

« Pourquoi cela? disent les imprévoyants administrateurs de la fortune publique, sur la prudence et la science desquels se repose la population ignorante en géologie, en physique et en mécanique générale, et qui ne comprend pas plus qu'eux que les forêts ont été placées sur les cimes comme autant d'éponges qui reçoivent et conservent pendant un certain temps, dans leurs mousses et leurs feuilles, l'eau des averses et la neige des hivers, pour ne les distribuer ensuite que par légers filets d'eau, et pour ainsi dire goutte à goutte, après que l'encombrement des cours d'eau a cessé d'être à craindre; c'est un simple retard qu'il fallait apporter à cet écoulement, et les forêts remplissent à merveille cette importante fonction, car plus d'un mois après la fonte des neiges en plaine, les forêts en sont encore remplies. » JOBARD.

PISCICULTURE.

Considérations générales et pratiques sur la Pisciculture marine (1).

(Fin.)

Produits — Dans son état actuel, l'exploitation des réservoirs ne porte que sur les *anguilles* et sur les *muges* connus

(1) Voir le N° 22.

dans le pays sous le nom de *mules;* ces derniers forment la partie la plus importante de la pêche.

Les muges des réservoirs appartiennent essentiellement à trois espèces distinctes :

1. Le Negrott ou mule noir du pays (muge à grosses lèvres, *mugil chelo*, Cuv. et Valenc.)

2. Le Sâoututt ou mule sauteur du pays (muge doré, *mugil auratus*, Cuv. et Valenc.)

3. Le Blanchéon ou mule blanc du pays (muge capiton ou ramado, *mugil capito* Cuv. et Valenc.)

Parmi ces trois espèces, le *muge noir ou à grosses lèvres*, est en proportion beaucoup plus considérable que les deux autres; il entre en très grande quantité par les écluses, et profite beaucoup mieux dans les réservoirs que le muge blanc et le muge sauteur; son grossissement est en général supérieur d'un tiers à celui de ces deux espèces, notamment du muge blanc ou capiton.

Le produit annuel de la pêche des muges et des anguillles peut être évaluée, en moyenne, à 300 kil. par hectare.

La valeur du poisson dans l'eau, est par kilo, de 0 fr. 80 c. pour muge, bar et dorade, et de 0 fr. 60 c. pour anguilles.

Presque tous les réservoirs sont loués à des fermiers ou à des pêcheurs de profession. Ceux de M. Festugières donnent annuellement un revenu net d'au moins 300 fr. par hectare. M. Boissière exploite lui-même ses pêcheries, à l'exception d'une seule qui est affermée pour une somme annuelle de 2,000 fr.; ces pêcheries, dont l'étendue est d'environ 100 hectares, fournissent annuellement à la consommation plus de 30,000 kil. de poissons, et n'exigent qu'un personnel composé de quatre pêcheurs; le chef ou maître pêcheur qui reçoit un traitement annuel de 460 fr. doit tout son temps à l'exploitation; les trois autres sont sauniers (fabricants de sel) et ne reçoivent qu'un traitement de 350 fr.; les frais de matériel peuvent être évalués à 2,500 fr. pour filets, embarcations et transport du poisson à Facture, (station du chemin de fer de la Teste); dans ces frais, ne sont pas compris ceux des grosses réparations d'écluses qui peuvent s'élever annuellement à 800 francs.

L'établissement des réservoirs offre donc des avantages réels non seulement en ce qui concerne l'alimentation publique, mais aussi en ce qui touche à l'exploitation du sol; car, dans la région, le rendement à l'hectare est de:

100 fr. pour les terres en culture (froment, fève);

120 fr. pour les prairies non arrosées;

150 fr. pour les marais salants;

250 fr. pour les prairies arrosées d'eau douce;

300 fr. au moins pour les réservoirs convenablement exploités.

Les poissons des réservoirs, à l'exception d'une faible portion consommée sur place, sont vendus sur le marché de Bordeaux et deviennent, par leur quantité et leur nature, *l'une des branches principales de l'alimentation de cette grande cité ;* En effet, c'est par les réservoirs exclusivement que le marché de Bordeaux est approvisionné de poissons aux époques où les mauvais temps qui règnent si fréquemment sur les côtes de la Gironde, pendant l'hiver, rendent la pêche de l'inscription maritime *impossible*, ou tout au moins *insuffisante* pour les besoins de la consommation.

Ces réservoirs étant alimentés à l'aide d'écluses par le bassin d'Arcachon ont été classés au nombre des pêcheries côtières; aussi, et quoiqu'ils soient situés dans des propriétés privées (ce sont en général d'anciens marais salants), ont-ils été soumis à la loi générale de la réglementation exigée par le décret du 9 janvier 1852.

Avant la mise en vigueur du règlement du 4 juillet 1853, les écluses étaient garnies, ainsi que je l'ai indiqué précédemment, à leur orifice intérieur d'une manche ou filet en forme de sac de 7 m. de longueur dont les mailles avaient 11 à 12 millimètres en carré; le fretin qui arrivait avec le flot s'engageait dans cette manche et était entraîné dans le réservoir; l'emploi de la manche avait pour but d'empêcher soit le fretin, soit les jeunes poissons engraissés dans les réservoirs de sortir de ces réservoirs ; à cet effet, la dimension des mailles avait été convenablement établie.

Le décret a porté cette dimension à 25 et 18 millimètres : « l'écluse ou conduit de communication sera fermé, à son « orifice intérieur, par un grillage en fil métallique ou par un « filet dont la maille aura au moins 18 millimètres en carré « du 1er octobre au 31 mars, et 25 millimètres en carré, « du 1er avril au 30 novembre.

« Au moment où la mer pénètre dans les réservoirs, on « pourra substituer à ce grillage une manche ou filet en forme « de sac, dont les mailles, dans toute la longueur, auront au « moins 18 millimètres en carré, du 1er octobre au 1er mars, « et 25 millimètres en carré, du 1er avril au 30 novembre » (art. 27 du réglement précité).

Cette disposition peut entraîner la ruine des réservoirs; en effet, le fretin, au moment où il pénètre dans les bassins intérieurs, n'a généralement que 6 centimètres de longueur sur 8 millimètres de largeur; or, les mailles de 25 et même de 18 millimètres *permettent la sortie* non-seulement de ce *fretin*, mais aussi, l'expérience en a été faite à plusieurs reprises et en différentes circonstances, *du poisson qui a grandi dans les réservoirs* et qui a atteint la dimension de 20 centimètres.

Pour la pêche ordinaire, c'est-à-dire celle du bassin d'Arcachon et de la mer, la prohibition d'employer des engins à mailles étroites est parfaitement motivée; en effet, avec des mailles étroites, le pêcheur endommagerait ou retiendrait le fretin qui *périrait inutilement* entre ses mains; on a dû lui interdire de s'en servir.

Les réservoirs, au contraire, avec des manches à mailles étroites, *recueillent ce fretin et lui ménagent*, *dans leur intérieur, toutes les conditions les plus favorables à [illegible]vation et à son développement.*

Abandonn[illegible] bassin d'Arcachon, le jeune muge est quelquefois jeté par le flot sur la rive, où il périt infailliblement et devient presque toujours la proie d'animaux voraces dont le plus grand nombre n'est pas utilisé par l'homme.

Les réservoirs ont donc pour effet *d'utiliser*, au profit de la consommation, des produits qui seraient en grande partie perdus.

Le fretin de muge se développe, pendant le premier âge, dans le bassin d'Arcachon; dès que les gelées se font sentir, il quitte ce bassin pour gagner les profondeurs, les abris, et la mer. L'émigration commence au mois de novembre; et c'est précisément à partir de cette époque que l'on rencontre un nombre considérable de poissons voraces, notamment de *merlus*, que leur instinct amène à l'entrée du bassin d'Arcachon, où ils trouvent ordinairement une immense quantité de fretin, notamment de l'espèce muge. Le nombre des merlus est si considérable que, dans ces derniers temps, dix-huit équipages de pêche ont pris chacun 350 à 400 merlus par jour pendant plus de deux mois. Quand on ouvre ces poissons, on les trouve remplis de jeunes fretins particulièrement de jeunes muges, qui ont de 4 à 7 centimètres environ de longueur. Avant l'émigration des muges, les merlus étaient maigres; au bout de quelques semaines, notamment en décembre, ils sont devenus très gras.

On ne peut évidemment parer à ces puissantes causes de destruction qu'en recevant une certaine quantité de fretins dans les réservoirs.

Cette destruction est très regrettable; car, en tenant compte des conditions d'accroissement des espèces voraces sur le littoral, et des muges dans les réservoirs, on arrive au résultat suivant : un millier de jeunes muges abandonnés dans le bassin et ensuite dévorés, à l'état de fretin, par un poisson dont la chair peut même être utilisée, ne produit pas, pour la consommation *un demi kilogramme* de poisson comestible; tandis que la même quantité de fretin introduite et élevée dans les réservoirs produit, pour la consommation, plus de *mille kilogrammes d'excellents aliments.*

L'exploitation des réservoirs qui n'a pris une assez grande extension que depuis une dizaine d'années, n'a d'ailleurs porté aucun préjudice, dans la localité, à la pêche maritime; car, de 1847 à 1853, les produits de cette pêche *ont plus que doublé;* en 1847, ils s'élevaient à environ 724,000 kil, en 1850, à 1,402,500 kil., et en 1854, à 1,786,500 kil.

Dans ces conditions, et en présence du renchérissement toujours croissant des denrées alimentaires notamment en matières animales, on ne peut que favoriser l'exploitation et le développement de ces réservoirs; car, *s'ils n'existaient pas, il faudrait les créer.*

Leur développement sur le littoral de l'Océan et leur organisation avec quelques modifications sur le littoral de la Méditerranée, auraient d'immenses résultats pour l'alimentation des classes ouvrières en fournissant, d'une manière régulière et à des prix très modérés, une masse considérable de poissons comestibles.

Notre Société, Messieurs, qui n'a pas de limites dans son action, et, par conséquent, dans ses bienfaits, doit prendre l'initiative dans ces importantes questions, et venir efficacement en aide aux tentatives de pisciculture et, en général, à l'industrie des pêches. Le jour où, par sa puissante et bienveillante intervention, elle aura, dans cette voie, éclairé l'administration publique et encouragé l'industrie privée, elle aura certainement atteint l'un des buts de sa noble et grande mission; car, elle aura fait une œuvre de progrès et une œuvre d'humanité.

C. Millet,

inspecteur des Forêts, membre de la Société impériale d'acclimatation.

AVENIR DES ENVIRONS DE PARIS.

Un jour, on ne connaîtra à Paris que des maisons où chacun sera propriétaire de son appartement, car là est l'avenir... En attendant ce moment fortuné, un travail utile d'assainissement se fait dans la capitale; toutefois cette ville immense étouffe encore entre ses murs crénelés, à l'ombre glaciale de ses beaux monuments pour la plupart sans verdure, au milieu de ses rues étroites, de ses hôtels sans air et sans soleil : aussi un nombre considérable de petites maisons dites de campagne s'élèvent-elles de toutes parts aux environs de la grande cité.

Jouir un instant de la nature, respirer l'air pur des champs, sentir autour de soi l'odeur bienfaisante des fleurs, c'est là, certes, un désir bien légitime, disons plus, un besoin impérieux pour un grand nombre de familles rassemblées dans des habitations malsaines, pour des milliers de femmes et d'enfants surtout, qui s'étiolent dans des mansardes incommodes ou sous les lourdes tentures d'appartements dorés.

Mais, hélas! toutes ces maisons incohérentes, bizarres, sans régularité, sans plan d'ensemble, sans aucun centre d'approvisionnement, ni lien de société... est-ce là, pour la capitale d'une grande nation, de la civilisation véritable ou de la barbarie?

Si c'est là du progrès, brisons au plus tôt ces magnifiques établissements de chemins de fer qui rassemblent, unissent et et transportent dans l'ordre de la liberté des populations entières avec la rapidité de l'aigle, et reprenons avec joie la vieille charrette embourbée de nos pères; — si c'est là du progrès, détruisons ces admirables navires, ces vapeurs puissants, ces nombreux pyroscaphes qui traversent, parcourent et affrontent l'Océan, et couchons-nous de nouveau, comme le sauvage abruti, dans la barque fragile que le moindre flot submerge.

Quoi! le siècle, poussé par une force surhumaine, marche à l'unité, il tend visiblement à l'association universelle de toutes les intelligences, de toutes les nations, de tous les capitaux, et vous faites en économie domestique de la division humaine! La science, cette messagère de l'ordre véritable, conspire avec les plus nobles âmes pour s'emparer de l'empire du monde, afin de le sauver de l'anarchie, et vous rejetez les populations rurales dans l'ignorance du moyen âge, en constituant l'isolement, source de toute misère!

Comparez à ces tristes et ridicules villages que vous inventez et qui ne pourront jamais répondre aux besoins des classes laborieuses, ni aux exigences du luxe des classes riches, comparez un de ces splendides châteaux appelées par nous *Palais de famille*, avec son bâtiment central, qui est un véritable monument d'ordre, de convenance, de société choisie, d'économie réelle et de bien-être durable, placé au milieu d'un parc charmant ou d'un vaste jardin, autour duquel pourront se grouper librement de nombreux pavillons d'habitations particulières, qui tous participeront, selon leurs goûts ou leurs besoins, au mouvement de la vie centrale et à l'immense bienfait de l'administration sociétaire; oui, comparez une telle ceinture de palais autour de la capitale, avec ce ramassis de maisons sans nom et sans forme, triste manifestation de l'égoïsme moral qui règne dans la société! Comparez et répondez!

Avec les Palais de famille, les plaisirs de la campagne ne seront plus une ruine pour la petite bourgeoisie ni un luxe impossible au peuple lui-même; car en s'agrandissant tout se simplifie. — Quant à l'aristocratie de nom, ce nouveau système de palais, inconnu de ses pères, lui offrira des habitations confortables et personnelles, près des bains de mer ou à la porte des capitales d'Europe, sans rien ajouter à ses dépenses ordinaires; — elle sera donc pour tous, au point de vue même des plaisirs champêtres, si délicieux pour les habitants des villes, une nouvelle source de bonheur.

Victor Calland.

Fondateur gérant des *Palais de famille.*

CHERCHE-FUITES MACCAUD.

Rien de plus essentiel que de découvrir les fissures par lesquelles s'échappe le gaz qui sert à l'éclairage, car ces fuites sont l'origine de nombreuses explosions; mais le moyen employé jusqu'à présent, c'est-à-dire le flambage, est imparfait et dangereux. Il y a donc utilité incontestable dans l'invention d'un appareil destiné à constater les fissures par un procédé nouveau. Le cherche-fuites Maccaud, perfectionné par Emile With, qui en a le premier, à ce qu'il nous semble, signalé les avantages au public, a pour objet d'éprouver les tuyaux en y refoulant l'air avec force, de manière à produire le degré de pression que l'on désire. On acquiert ainsi une sécurité complète, et l'on peut satisfaire aux mesures de précaution prescrites par l'autorité municipale. Nous croyons donc devoir signaler cette invention ingénieuse et rationnelle, qui nous paraît susceptible d'être employée généralement et avec succès.

MACHINE ORTHOPÉDIQUE

pour le tremblement oscillatoire des mains.

L'art s'est montré jusqu'ici impuissant à guérir le tremblement des mains, surtout le tremblement oscillatoire; d'un autre côté les moyens proposés comme palliatifs paraissant dépourvus de toute efficacité, M. le directeur J.-J. Cazenave de Bordeaux a imaginé l'appareil que nous figurons, grâce auquel les personnes affectées de tremblement oscillatoire de la main droite pourront écrire.

Ce porte-main consiste en une tablette d'acajou, au-dessous et aux quatre angles de laquelle jouent quatre boules en ivoire qui font l'office de roulettes.

Sur les côtés de cette tablette, vue par sa face supérieure (fig. 1), ou manuelle et, en arrière, sont deux montants matelassés qu'on éloigne ou qu'on rapproche à volonté à l'aide de deux mortaises horizontales et de deux vis de pression. Entre ces deux montants, et à deux ou trois centimètres en avant, est un support qu'on peut abaisser ou élever en faisant jouer une vis de pression. Ce support, qu'on peut supprimer pour le plus petit nombre des malades, est presque toujours un bon appui pour la paume de la main, qu'il sert à fixer.

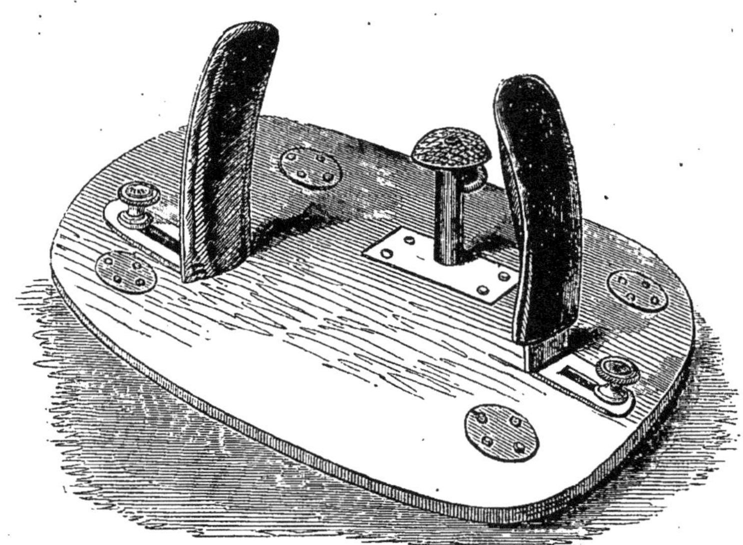

Fig. 1.

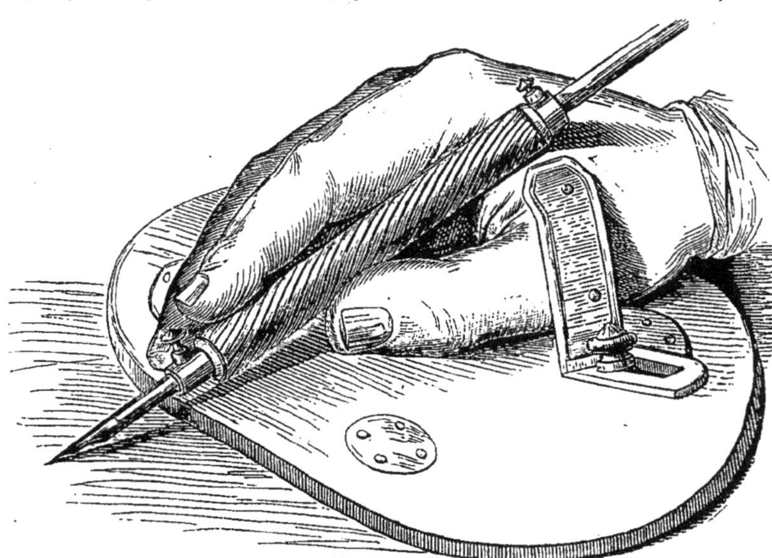

Fig. 2.

Pour se servir de cette machine, il faut placer la main droite armée d'une plume entre les montants, appuyer la paume de cette main sur le support, et écrire sans s'occuper du déplacement du porte-main, qui s'effectue sans embarras et sans effort aucun, grâce au jeu des quatre roulettes en ivoire (fig. 2).

ACADÉMIE DES SCIENCES (1).

Séance du 9 juin 1856.

QUARANTE-DEUXIÈME PETITE PLANÈTE.

A l'ouverture de la séance, M. Leverrier annonce sommairement à l'Académie la découverte d'une quarante-deuxième planète par M. Pockson, d'Oxford. Cet astre a reçu, sur-le-champ, le nom d'*Isis*.

COMMUNICATIONS DIVERSES.

M. Fabre adresse à l'Académie un ensemble d'observations sur les inondations dernières : le tableau qui les accompagne cherche à établir une corrélation de ce phénomène avec le *sirocco* d'Afrique. Il paraîtrait, en effet, que les grandes pluies du mois de mai ont commencé et fini avec le vent du sud, et l'auteur signale ce fait aux investigations de la science. Une commission a été nommée pour l'étude de ce travail.

— M. Mathieu envoie, de Vitry-le-Français, une note sur la préparation d'une nouvelle substance alimentaire, la fécule de l'oignon du lys.

— M. Vallée, qui s'est beaucoup occupé du lac de Genève, soumet à l'examen de l'Académie un moyen dynamique d'arrêter à volonté, pendant quelques jours, les eaux du Rhône dans le lac, et d'éviter ainsi les inondations dues à ce fleuve. Ce moyen, sur lequel nous reviendrons, ne coûterait pas plus de trois millions, tous les travaux compris.

— M. Chevreul présente quelques échantillons d'un blé préparé par M. Mouriès et dont la farine sert déjà à fabriquer le pain de l'orphelinat du onzième arrondissement, à Paris. Sur cent parties de blé, la quantité de farine de première qualité extraite par M. Mouriès serait de 88 à 89, au lieu de 70 comme aujourd'hui. M. Chevreul ayant demandé une commission pour cet objet, il n'est point parlé du procédé lui-même.

— Au sujet du dernier choléra de Metz, on se souvient qu'il fut question de l'influence attribuée à l'ozone sur l'invasion de l'épidémie; des expériences météorologiques ont été ordonnées à cet égard par M. le Ministre de la guerre, et M. Bénédit en a lu aujourd'hui le résumé. Les expériences, qui ont porté principalement sur la caserne de Saint-Cloud, ne semblent point confirmer l'opinion émise. Quatorze appareils enveloppaient la caserne dans tous les sens et à tous les étages; or, au premier étage le nombre des malades étant de vingt-un, au deuxième de douze, au troisième de douze, et au quatrième de quatre, les quantités d'ozone recueillies à ces différentes stations n'ont pas suivi la même loi de décroissance; celle du troisième étage, par exemple, était plus considérable que toutes les autres.

En dehors de cette question, ces expériences ozonométriques ont fourni quelques données nouvelles, entre autres : 1° d'un côté de la Seine on a recueilli plus d'ozone la nuit que le jour ; c'est le phénomène inverse qui s'est produit, en passant sur l'autre rive: 2° par un temps sec, l'atmosphère contient moins d'ozone que par un temps couvert, ce qui était présumable *à priori* à cause de la différence d'état électrique de l'air dans les deux cas; 3° enfin, la marche de l'ozone est, à très peu de chose près, absolument semblable à Saint-Cloud et à Versailles.

— A l'entrée de la salle des séances se trouvaient plusieurs spécimens de produits obtenus par l'électro-métallurgie : c'étaient des pièces de fonte cuivrée par la galvanoplastie dans l'usine de M. Léopold Oudry, à Neuilly (Seine). C'est par la découverte d'un vernis tout spécial, que M. Oudry est arrivé à résoudre une ques-

(1) En rendant compte des dernières expériences de M. Boutigny, sur l'état sphéroïdal, nous avons omis de mentionner, seulement à titre d'archives, que ces expériences sont antérieures à la démonstration du mouvement de la terre par M. Léon Foucault.

tion qui intéresse à la fois la navigation et l'industrie : ce vernis, d'une adhérence extrême, sans épaisseur apparente, sépare exactement le cuivre de la fonte, sans nuire à la solidité de l'ensemble. Nous donnerons de plus amples détails sur cette matière, dans les comptes-rendus de la société d'encouragement, à laquelle le nouveau produit a aussi été présenté.

— On connaît la singulière propriété que possède le bismuth, de conduire l'électricité d'une manière différente selon que ses barraux sont taillés dans le sens axial ou dans le sens équatorial. M. Matteucci vient de construire un petit appareil appelé à déterminer exactement cette différence de conductibilité. M. de Sénarmont en présente un à l'Académie : Ce nouvel instrument consiste d'abord dans un artifice qui divise le courant électrique en deux courants dérivés, puis dans un galvanomètre qui accuse la différence de tension de ces deux courants, lorsque chacun d'eux a traversé le barreau de bismuth qui lui correspond. Quand les deux barreaux sont taillés dans le même sens, l'aiguille du galvanomètre reste en repos ; mais elle décrit un arc très-sensible dès qu'on taille l'un des barreaux dans le sens perpendiculaire au premier.

— M. Pelouze lit une note pleine d'intérêt sur la saponification des corps gras par les oxydes métalliques anhydres : Nous donnerons la prochaine fois un court résumé de ces travaux, qui ouvrent de nouvelles ressources à la fabrication des savons.

DE LA FORMATION ET DE LA RÉPARTITION DES RELIEFS TERRESTRES (3e Mémoire).

Dans le 3e mémoire qu'il a soumis à l'Académie sur cette question, M. le baron de Francq groupe les sommes terrestres des grands cercles des roses dont nous avons déjà parlé (nos du 2 mars et du 6 avril dernier), et de ces grands cercles groupés par sections de sommes terrestres, il résulte : 1° que les *minima* et *maxima* terrestres des grands cercles se contrebalancent entre eux ; 2° que les grands cercles de moins de 102 degrés terrestres sont en nombre si dominant, qu'ils ont dû imposer leurs exhaussements communs aux autres grands cercles, et qu'ils ont pu les contraindre à répartir ainsi leur somme d'exhaussement sur plus de 102 degrés.

Les contours généraux de nos continents sont alors motivés par les vingt-trois grands cercles dont la somme terrestre se maintient entre 92 1/4 et 102 degrés, et ce premier réseau se trouve largement complété par les grands cercles de moins de 92 1/4 degrés terrestres : ceux-ci atteignent tous le chiffre de 98 à 100 degrés par leurs arcs-marins rectangulaires, et viennent présenter des triples et quadruples entrecroisements sur presque toutes les surfaces terrestres.

Les grands cercles de plus de 102 degrés terrestres, ne forment, au contraire, que trois faisceaux sur ces roses.

Le premier longe toutes les chaînes orientales de l'Asie, depuis le Birman et l'An-Nam jusqu'au Kamtschatka ; il passe ensuite sur l'Amérique septentrionale, dont il longe tout le grand système occidental, depuis l'Amérique russe jusqu'au golfe du Mexique.

Le deuxième faisceau longe : 1o dans notre hémisphère, la chaîne de la Guinée septentrionale et l'Atlas, en passant sur tout le Sahara ; l'alignement général formé par la Méditerranée, la mer Noire, la mer Caspienne, le lac d'Aral, etc..., et plus au nord, jusqu'à l'alignement formé par les côtes de la Norwége, de la Laponie, etc... ; 2o en Asie, ce deuxième faisceau suit les alignements généraux formés par les chaînes de l'Asie Mineure, par celles de l'Afghanistan, et enfin de l'Himalaya ; il longe ensuite la côte Est de l'Australie, ainsi que presque tous les alignements du centre de l'Amérique méridionale.

Le troisième faisceau, qui part à l'équateur du méridien de Paris, suit en Asie l'alignement : 1o de l'Altaï ; 2o du Thia-Shan ; 3o du Péling ; 4o de plusieurs chaînons du Baloutchistan et du Népaul, etc...

A leur tour, des faisceaux de grands cercles polaires viennent compléter cet aperçu des causes qui ont pu provoquer la formation des principales chaînes du globe.

Enfin, en résumant les arcs marins rectangulaires de ses roses de grands cercles, et les volcans qui ont été constatés sur les alignements rectangulaires de ces arcs marins, M. de Francq a présenté un dernier tableau fécond en conséquences.

Ce résumé mentionne des bassins qui présentent presque tous les mêmes caractères. Ces bassins, dont les arcs marins terminés par des *alignements rectangulaires*, nous représentent des arcs terrestres sous tous les rapports ; ces bassins, dont les alignements rectangulaires sont toujours plus ou moins volcaniques ; ces bassins qui parraissent n'être que des surfaces continentales *immergées* ou des surfaces marines en *voie d'exhaussement* ; ces bassins, disons-nous, sont tous croisés par de nombreux grands cercles de plus de 100 degrés terrestres qui en motivent la dépression. Tout semble donc indiquer que l'écorce terrestre est *en travail* sur ces points du globe, et que les actions volcaniques ne sont que des effets secondaires de ce travail qui tend à exhausser ou à déprimer des bassins tout entiers. F. F.

Société zoologique d'Acclimatation.

Séance du 6 juin.

COMMUNICATIONS DIVERSES.

M. Lecoq, directeur de l'école vétérinaire de Lyon, adresse quelques renseignements sur la culture du sorgho sucré, dans le département du Rhône. Un pied cultivé dans le jardin de l'école, a parfaitement grainé : plusieurs pieds cultivés à Oullins, près de Lyon, sont également parvenus à maturité. Il en a été de même de petites quantités cultivées à la pépinière départementale ; les tiges du sorgho qu'on y a obtenues, ont servi à la fabrication d'une *piquette* qui a été d'excellente qualité. Il faut ajouter néanmoins que la fermentation de cette boisson a été telle, qu'elle a occasionné la rupture de plusieurs bouteilles.

La même plante a été cultivée plus en grand à Bron (Isère), à 10 kilomètres de Lyon, sur une étendue d'environ trois ares. La végétation s'est développée avec une telle vigueur, que, lors de la sortie de l'épi, la plante s'élevait à près de trois mètres de hauteur. Malheureusement la graine n'a pu mûrir, soit à cause d'un semis tardif, soit à cause de ce luxe même de végétation.

Enfin la même lettre cite les essais de teinture faits par M. Léon Lille, horticulteur commerçant, qui a présenté à la Société d'agriculture du Rhône, une série d'échantillons de soie présentant de nombreuses nuances, toutes obtenues du sorgho.

— M. Jean Piccioni, propriétaire à l'Ile-Rousse (Corse), en adressant à la Société une demande de graines du *Myrica cerifera* de la Caroline, et du *Myrica pensylvanica* de la Pensylvanie, entre dans quelques détails sur les services que pourrait rendre cette famille, comme arbre à cire et surtout comme arbre d'assainissement. Il paraît, en effet, que certaines contrées d'Amérique seraient inhabitables, si les myricas ne couvraient la majeure partie des marais avoisinants : cet arbuste jouit de la propriété de purifier l'air, non-seulement en absorbant l'hydrogène des marais, mais encore en répandant une forte odeur aromatique, très-favorable à la santé et à la longévité du règne animal, et peut-être aussi du règne végétal.

Malheureusement il y a encore si peu de graines du myrica en Europe, qu'il sera difficile de satisfaire à cette demande d'acclimatation.

— Une lettre de M. Tuyssuzian agite de nouveau la question de l'olivier de Crimée : à la suite d'un grand nombre de renseignements, il semble démontré aujourd'hui que cet arbre résiste, dans le Midi de la France, à une température qui tue les oliviers indigènes. D'autre part, l'huile qu'il fournit est supérieure à toutes les huiles françaises, comme huile à manger. Les noyaux en sont très-petits, de la dimension d'un grain d'orge tout au plus, ce qui donne une quantité de matière oléagineuse bien plus considérable.

Pour tous ces motifs, M. Tuyssuzian engage vivement la Société à doter la France d'une acquisition aussi précieuse.

— M. Olozaga, ambassadeur d'Espagne à Paris, écrit pour annoncer l'envoi à la Société, de deux Kangurous, mâle et femelle, distraits d'un troupeau de huit de ces animaux, les seuls qui restent aujourd'hui à *Buen-Retiro* où ils étaient si nombreux autrefois. Ces deux animaux, que M. Geoffroy-Saint-Hilaire croit devoir appartenir à la variété connue sous le nom de *Kangurou-géant*, sont mis à la disposition de la Société par M. l'intendant général de la maison de la reine d'Espagne.

— M. Delacoste envoie un mémoire sur l'utilité d'introduire en Algérie la race bovine, connue sous le nom de *race Bazadaise*. Nous en extrayons les quelques lignes suivantes :

« Cette race, d'une vigueur et d'une sobriété rares, ne redoute « ni la chaleur ni l'aridité des lieux ; elle a en outre l'avantage,

« ainsi que l'ont prouvé les concours d'animaux de boucherie de « Brodeaux, d'engraisser facilement et de donner de très-bonne « viande.......... Le bœuf Bazadais sera au cultivateur ce que « le cheval arabe est au cavalier............ Une somme de « 3,000 à 3,500 fr. suffirait pour acheter une petite colonie suffi- « sante pour de premiers essais. »

— Au sujet d'un pied de blé envoyé par M. Leseur, à l'appui des résultats annoncés dans l'avant-dernière séance, sur son mode de semis grain à grain, une discussion s'est engagée au sujet de la préférence qu'il faut ou non accorder à cette méthode. M. le baron de Montgaudry a cité des exemples d'insuccès du semis grain à grain; M. Chatin, M. Guérin-Méneville et M. Duval, colon en Algérie, ont apporté des exemples à l'appui d'une opinion favorable, qui semble être celle de la généralité des cultivateurs.

IGNAME DE LA NOUVELLE-ZÉLANDE.

M. Paillet, auquel la Société avait confié un tubercule de cet igname, pour être multipliée et expérimentée à Paris, rend compte des résultats qu'il a obtenus jusqu'à ce jour.

En opérant comme il l'avait fait pour le *Dioscorea Japonica*, M. Paillet a retiré, le 2 juin, quinze morceaux qui marquaient des yeux, et dont quelques-uns avaient déjà poussé de plusieurs centimètres.

La partie charnue du tubercule a été remise ensuite à M. Doré fils, qui en a fait une analyse dont voici les résultats : la chair est d'un blanc jaunâtre ayant moins de mucilage que la Diascorée batate : le grain de la fécule est gros et brillant ; le goût en est agréable, mais n'accuse point la saveur sucrée ordinaire aux autres variétés. Les principaux nombres trouvés à l'analyse sont les suivants :

Eau.	65 06
Matière organique. . .	33 11
Matière minérale. . .	1 83
	100 00

dans la matière organique on trouve :

Sucre et matière soluble.	4 410
Fécule.	20 847
Albumine	1 137
Cellulose.	6 632

à cette occasion, M. Chatin communique de vive voix les résultats favorables auxquels il est aussi arrivé (bien que par une méthode différente), avec le tubercule du même igname qui lui avait été confié : on sait que le troisième tubercule que nous possédions en France a été confié à M. Moquin-Tandon, et qu'il n'y a en tout, à cette heure, que sept bulbes dans toute l'Europe.

ALIOS DES LANDES.

Un travail d'un haut intérêt a été lu par M. Delacoste, sur l'*alios* des Landes, sorte d'agrégation sablonneuse particulière aux landes de la Gironde et de la Gascogne, et que l'on avait pensé, jusqu'à ce jour, être l'une des causes de l'infertilité des landes : cette erreur provenait de ce que l'on assimilait toujours à un *tuf ferrugineux*, cette agrégation sablonneuse qui forme presque partout le sous-sol de la terre de la Lande.

Aujourd'hui des travaux ont été faits d'une manière approfondie sur cette matière, tant par M. Delacoste lui-même, que par M. Faure, chimiste à Bordeaux, et il en résulte que l'*alios* n'est pas ce tuf prétendu ferrugineux, et que les landes ne sont point, par conséquent, infertiles. Cette couche, compacte, imperméable à l'eau, résulte de l'agrégation du sable quartzeux à l'aide d'un sédiment de nature végétale dont l'aspect, simulant l'oxide de fer, l'avait fait confondre, jusqu'à présent, avec cet oxyde métallique. L'étendue de terre que couvre cet alios est de sept cent cinquante lieues carrées, dans l'une des contrées les mieux favorisées de la France ; on lira donc avec bonheur les conclusions du travail de M. Delacoste :

1° L'alios n'est pas, comme on l'a cru, jusqu'ici, une agrégation minérale inattaquable par les agents chimiques propres à la fertilisation du sol ;

2° Il est au contraire une agrégation mixte de sable et d'humus ;

3° Le sédiment *végétal* qui le lie est très soluble dans les liqueurs alcalines et ammoniacales ;

4° L'urine, la chaux vive, la cendre de bois, sont des agents puissants pour désagréger l'alios ;

5° Il y a possibilité, non-seulement de désagréger l'alios, mais encore d'utiliser, dans la fertilisation du sol, l'humus azoté qu'il contient.

Enfin, comme nouvelle source de prospérité découverte par ces résultats, les agents chimiques propres à décomposer l'alios se trouvent sur les lieux mêmes. En effet, il n'est pas de contrée plus riche en calcaire que le département de la Gironde ; la chaux s'y obtient à des prix que peut aborder l'agriculture, 5 et 6 fr. la barrique.

M. Delacoste devant recevoir bientôt une caisse de cet alios, M. Richard, du Cantal, a offert son concours et celui de plusieurs chimistes, pour une étude qui puisse amener le plus promptement possible à faire profiter l'agriculture de cette importante découverte. F. F.

VARIÉTÉS.

CHOUETTES ET CAMPAGNOLS. — En 1817, les campagnols firent pour trois millions de dégats dans un seul département de l'ouest de la France. Certaines parties de la Belgique semblent menacés de la même calamité. M. P. Joigneaux écrit de Saint-Hubert, au *Moniteur de l'Agriculture*, que cette année les campagnols ne laissent plus les cultivateurs dormir, qu'ils ne respectent rien, ni aux jardins ni aux champs. Les choux repiqués, les fèves de marais, les pois, la laitue, tout devient leur proie. M. Joigneaux propose contre eux l'emploi de mèches soufrées introduites et allumées dans les trous de ces rongeurs plus terribles que les carnassiers. Il reconnaît que les chouettes pourraient être une ressource contre eux, et nous demandons à citer cette partie de son article :

« On nous demande : — Avez-vous des chouettes ? — Certainement, nous en avons de loin en loin, dans les vieux monuments, dans les clochers, dans nos fenils et nos greniers à gerbes. — Eh bien ! faites-leur des perchoirs de distance en distance, dans les jardins et les champs, au moyen de deux petites fourches et d'une baguette mise en travers. Les chouettes viendront s'y poser la nuit, — vous vous en apercevrez à leur fiente, — et s'élanceront de là sur leur proie. La chouette, c'est un chat qui a des ailes, un chat de bon appétit et qui fait de la besogne.

« — C'est vrai, mais la chouette ne multiplie guère, s'éloigne peu des habitations, et compte trop d'ennemis parmi les gens qui profitent de ses services. Allez dans nos villages et regardez aux portes cochères et aux portes de granges, vous y verrez des chouettes clouées par les deux ailes, en signe de triomphe. Une chouette morte et ainsi clouée est une enseigne. Cela veut dire : dans cette maison il y a un fusil et un homme qui sait le manier, à titre de chasseur en règle ou de braconnier. On ne se contente pas d'une seule chouette, on en cloue deux, trois, quatre, le plus possible, afin de mieux fixer l'attention des gens qui passent. Le beau mérite en vérité ! Pourquoi détruire ainsi des oiseaux qui ne font de tort à personne et rendent des services à tout le monde. Une chouette de moins, des centaines de souris, de mulots et de campagnols de plus.

« — C'est une si laide bête, dit-on.

« Étrange raison que celle-ci ! Si l'on se débarrassait de tout ce qui est laid, où en serions-nous ?

« Nous voudrions que la chasse aux chouettes ne fût permise en aucun temps ; nous voudrions qu'on respectât ces oiseaux qui, le jour, font sentinelle dans nos greniers sombres et la nuit dans nos plantations ; nous voudrions enfin, qu'au lieu de les proscrire, on leur vînt en aide, et qu'une loi ordonnât à l'endroit des campagnols ce qu'elle ordonne à l'endroit des chenilles. »

LE SEL A CEYLAN. — Dans un ouvrage intitulé *Eight years wandering in Ceylan* (huit années à Ceylan), M. S. W. Batier donne d'intéressants détails sur l'exploitation des lacs salés de cette île.

Le sel est une des grandes richesses du pays; son extraction occupe des centaines d'ouvriers; le gouvernement en a le monopole.

Le prix est de 3 schellings par boisseau de matière brute et non épurée, et les revenus s'élèvent environ à 40,000 liv. st. par année. Les lacs salés sont au nombre de cinq ou six, de quatre à cinq milles de circonférence chacun, à un demi-mille de la mer, et séparés les uns des autres par des bancs de sable couverts de jungles. Les matières qu'on en tire sont transportées sur des charrettes à la petite ville de Hambantotte, au bord d'une baie peu profonde où peuvent arriver de légers navires qui y reçoivent leurs chargements. L'eau des lacs est très amère dans la saison sèche; par suite de l'évaporation, il arrive que l'eau ne pouvant plus retenir la masse de sel en solution, il se précipite et se cristallise sur une épaisseur plus ou moins grande; les eaux, en se retirant, laissent à sec un rivage composé du plus pur sel cristallisé, d'une épaisseur qui, souvent, atteint un demi-pied. Les ouvriers, sous la direction de contre-maîtres qui habitent toute l'année à cet endroit, ramassent d'abord cette masse de sel, puis ils entrent peu à peu dans l'eau pour gratter le fond. Le travail est sans danger quoique les lacs soient peuplés d'une quantité de crocodiles; mais cette espèce est inoffensive et l'on n'a jamais entendu parler d'aucun accident. Les ouvriers mettent ce qu'ils enlèvent dans des paniers, vidés aux bords, forment de gros tas de sel, expédiés plus tard dans des charrettes suivant les besoins de l'exportation. Pour avoir la meilleure qualité de sel, il faut planter au fond de l'eau un bâton dont le bout dépasse la surface; en quelques heures ce bâton est chargé des plus pures cristallisations. Ce moyen est souvent employé, et des milliers de ces piquets sont placés au milieu des lacs et forment une petite forêt de peu d'élévation.

FAITS DIVERS.

De grands projets s'agitent en ce moment au Canada, en vue de faire de cette contrée un lien de communication entre l'Europe et l'intérieur du continent américain. L'est et l'ouest du Canada ont chacun son plan favori qu'ils imposent à grand renfort de *speechs* et de *meetings* aux délibérations du parlement.

Le projet du Canada oriental qui intéresse vivement Montréal et Québec, consiste dans la construction d'un canal allant de la rivière Ottawa au lac Nipissing, qui communique par la rivière Francis avec Georgian Bay, communiquant elle-même avec le lac Huron. On pourra donc, par ce moyen, atteindre Chicago, le grand entrepôt de l'Ouest (situé à l'extrémité sud du lac Michigan) par eau, par la partie septentrionale du lac Huron, sans traverser ni le lac Ontario ni le lac Erie.

Le *Transcript*, de Montréal, nous fournit à ce sujet, quelques chiffres intéressants. La distance entre Montréal et Chicago est de 1,680 milles par le Saint-Laurent et les lacs, tandis que la nouvelle route d'Ottawa réduit cette distance à 971 milles, — différence de 789 milles. — La distance entre Liverpool et Chicago, est de 4,685 milles par New-York et les lacs, — la différence, en faveur de la route d'Ottawa est de 1,055 milles. — Le prix de transport de 1,000 kilos de New-York (via canal Erie et les lacs) est de 6 dollars; — par le route d'Ottawa, on pourra, pour 8 dollars, débarquer les 1,000 kilos à Liverpool même.

Ces données montrent bien clairement que cette route ne peut manquer de devenir une immense artère de communication, qui portera les produits de l'Ouest sur les marchés de l'Est de l'Union et en Europe, et réciproquement; ce canal pourra donner passage à des vaisseaux de 1,000 tonneaux; il ne coûtera que 3,000,000 de dollars, car la route sera facile et l'on ne rencontrera que peu d'obstacles naturels à vaincre.

Le projet nourri par le Canada occidental est la construction d'un canal partant de Toronto (sur le lac Ontario) et aboutissant à Georgian Bay. Cette entreprise semble aussi avantageuse que l'autre; mais l'ingénieur, M. Mason, n'ayant pas encore publié ses plans, nous sommes sans données certaines sur ce point.

Moyens de faire prendre immédiatement les sangsues. — On sait combien il est long, pénible, pour ne pas dire impossible, surtout dans l'hiver, d'obtenir d'un nombre donné de sangsues qu'elles adhèrent toutes aux téguments où l'on veut les appliquer.

Voici d'après la *Gazette des Hôpitaux*, un moyen imaginé par M. le docteur Avenier de Lagrée qui accélère d'une manière remarquable l'entrée en fonctions des précieux annélides. Lorsqu'on a choisi l'endroit sur lequel elles doivent être appliquées, on y place et l'on y laisse séjourner un sinapisme, afin de déterminer la congestion des vaisseaux capillaires. Puis on essuie soigneusement l'endroit, et l'on y pose le verre à sangsues. En *quelques minutes*, elles y adhèrent toutes, et la succion s'opère avec une rapidité et une énergie remarquables.

L'application préalable du sinapisme procure un triple avantage :

1° Les sangsues prennent toutes ou presque toutes;

2° Elles s'attachent bien plus vite aux téguments;

3° Elles tirent plus de sang. A cela l'auteur ajoute qu'après leur chute, les capillaires conservent assez longtemps leur état congestionnel, l'écoulement du sang par les morsures est plus abondant et dure plus longtemps.

Navigation. — Un fait économique remarquable vient de s'accomplir aux États-Unis: Une barque espagnole de quatre à cinq cents tonnes, chargée de sel et partie de Cadix, est arrivée le 12 octobre dernier en droiture à *Chicago*, sur le lac Michigan, à près de quinze cents milles de New-York, dans l'intérieur des terres, et à deux mille quatre cents milles du cap Race, la pointe d'Amérique la plus rapprochée de l'Europe.

Pour juger de l'importance de ce fait, il faut savoir que le lac Michigan, placé au-dessus de la chute du Niagara, est élevé de plus de cinq cents pieds au-dessus du niveau de l'Océan, et qu'il a fallu; pour franchir cette différence de niveau, construire un canal de section suffisante pour admettre le passage des grands navires de mer. Ce canal a été construit sur le territoire du Canada, par les soins du gouvernement provincial. L'État de New-York, pour parer le coup fatal que cette concurrence porterait à ses canaux, dépense, dans ce moment, environ soixan[illegible] [illegible]illions de francs pour élargir et approfondir le canal de l[illegible]*e*, qui conduit de son port jusqu'aux grands lacs.

Les vaisseaux de mer peuvent donc désormais aller charger des grains jusqu'à quatre cents lieues dans les terres, et mettre les consommateurs européens directement en rapport avec les fermiers des riches plaines du Wisconsin, de l'Illinois, de l'Indiana et du Michigan, sans compter les deux Canada, la Pensylvanie et le vaste État de New-York. Les frais d'intermédiaires étant diminués d'autant, les producteurs comme les consommateurs y trouveront leur avantage.

Un danger. — Un journal publie la note suivante : « Il existe à l'intérieur des fontaines filtrantes un petit tuyau en plomb qui sert à l'introduction de l'air dans le filtre. Lorsqu'on ne prend pas la précaution de nettoyer le tuyau en question, l'oxyde qui s'y forme et qui est soluble à l'eau finit par se trouver en assez grande quantité pour occasionner de fortes coliques aux personnes qui font usage de l'eau filtrée. On prévient ces accidents en nettoyant tous les six mois le petit tuyau de plomb, ce qui se fait en y introduisant une baguette mince, et y versant ensuite de l'eau tiède en quantité suffisante pour entraîner l'oxyde qui n'aurait pas été expulsé par la baguette. »

Pour tous les faits divers, V. M.

Prix d'abonnement pour l'étranger.

Allemagne, 8 fr.; — Suisse, Parme, Plaisance, Modène, 8 fr. 50. — Etats Sardes, Grèce, Crimée, 9 fr.; — Hollande, Angleterre, 10 fr.; — Etats-Unis, Indostan, Turquie, 10 fr. 50; — Belgique, Prusse, Hanôvre, Saxe, Pologne, Russie, Espagne, Portugal, 11 fr.; — Toscane, 12 fr.; — Etats-Romains, 16 fr. 50.

Le propriétaire, rédacteur-gérant :

Victor MEUNIER.

PARIS. — IMP. J.-B. GROS ET DONNAUD, SON GENDRE, RUE DES NOYERS, 74.

Deuxième année. — N° 25. Quinze centimes. 22 juin 1856.

L'AMI DES SCIENCES

BUREAUX D'ABONNEMENT
13, RUE DU JARDINET, 13
Près l'Ecole de Médecine
A PARIS

JOURNAL DU DIMANCHE
SOUS LA DIRECTION DE
VICTOR MEUNIER

ABONNEMENT POUR L'ANNÉE
PARIS, 6 FR.; — DÉPART., 8 FR.
Étranger (Voir à la fin du journal)
ENVOYER UN MANDAT DE POSTE

LANTERNE-HORLOGE; SYSTÈME BREGUET.

Le dessin ci-contre est l'exacte représentation du réverbère placé à l'angle du Pont-Neuf et du quai de l'Horloge. Si on l'examine le soir, on verra à la faveur de la clarté du gaz un appareil très-petit en rapport avec ledit cadran. Si on l'examine en plein jour, on constatera que deux fils partant de la lanterne se rendent à une maison voisine (numéro 39), celle où sont établis, de temps immémorial, les ateliers de M. Bréguet.

Cette lanterne-horloge est en effet une invention de ce physicien.

Rien au monde n'est plus simple : trois roues, un pignon, un échappement, renversement du courant avec double encliquetage, voilà toute l'anatomie et la physiologie de l'appareil, lequel se recommande en outre par la régularité de sa marche que ne sauraient altérer les variations d'intensité du courant, et c'est encore là ce qui le distingue des autres horloges électriques.

Nous ne doutons pas que, dans un temps très-court, la lanterne-horloge, si commode, si sûre, si peu coûteuse, ne se multiplie dans Paris et dans nos principaux centres de population.

M. Bréguet a émis, sur la transmission du temps à toute une ville, des idées éminemment pratiques et qui ne méritent pas moins que l'invention même de son horloge, d'être prises en sérieuse considération. Avant lui on a proposé de faire partir, d'un point unique (l'Observatoire, l'Hôtel-de-Ville ou la Tour-Saint-Jacques), des fils qui, rayonnant dans toutes les directions, auraient mis en rapport une horloge type, centrale, en rapport avec des cadrans répartis dans tous les quartiers. Ce projet est réalisable assurément en principe; mais il a, entre autres inconvénients graves, celui-ci, qu'en cas de dérangement, la distribution de l'heure cesserait subitement dans toute une partie de la ville. Rien de semblable n'est à craindre dans le système de M. Bréguet. Il l'expose en ces termes :

« Je divise Paris en douze rayons électriques; je place dans la mairie de chacun des arrondissements un régulateur type qui distribue l'heure aux quatre quartiers composant un arrondissement. Réglé chaque semaine, mon régulateur ne me donne qu'un retard de quelques dixièmes de seconde, et comme le régulateur-type envoie ce mouvement électriquement aux pendules de l'arrondissement, j'ai donc l'heure également uniforme dans chacun des quatre quartiers, par suite dans les douze arrondissements ou dans les quarante-huit quartiers de la ville de Paris. Si, ce qui peut arriver, ce qui arrivera, des dérangements se produisent, ils seront facilement et promptement réparés; il n'y aura jamais qu'un quartier qui pourra manquer, ou encore quelques horloges d'un quartier. »

Concours des Machines et Instruments agricoles.

C'était mercredi de la semaine dernière que se faisaient, au palais de l'Industrie, les expériences des instruments d'intérieur de ferme; le lendemain, les machines agricoles réunies à Villiers (près Neuilly) engageaient aussi entre elles un autre genre de combat, dans lequel la cause de la vapeur a été victorieusement gagnée.

Nous ne dirons des expériences de la première journée, que ce qui se rapportait à la fabrication du beurre; c'était de beaucoup la partie la plus intéressante de la lutte. Deux barattes étaient aux prises, l'une dite *polyédrique*, entièrement en bois et appartenant à M. Fouju ; l'autre dite *centrifuge*, entièrement en métal et appartenant à M. Gérard. Voici le résultat comparatif de trois assauts répétés :

1re expérience : dix litres de lait ayant été versés dans chaque baratte ; la centrifuge, en quatre minutes et demie, a donné 322 grammes de beurre ; son agitateur faisait près de quatre-vingts tours par minute.

La polyédrique, en sept minutes, n'a fourni que 240 gram.; elle se laissait donc distancer de 82 grammes.

2e expérience : la centrifuge, en quatre minutes et demie, a donné 328 grammes, et la polyédrique, en cinq minutes et demie, 280 seulement.—Là elle ne se laisse plus devancer que de 48 grammes.

3e expérience: en remplaçant le lait par dix litres de crème, la baratte de M. Gérard a obtenu, en six minutes, du beurre qui pesait 2 kil. 50 gram., et celle de M. Fouju a mis sept minutes pour donner 1 kil. 985 grammes, différence totale de 65 grammes au désavantage de la dernière.

Enfin, l'avantage est encore resté à la baratte centrifuge sous le rapport de la qualité du beurre.

Le concours de Villiers a résolu publiquement plusieurs problèmes que l'on s'était trop hâté de juger insolubles, tels que le fauchage des céréales et des fourrages par les machines, ainsi que le labour à la vapeur.

C'est la faucheuse de Manny, qui, perfectionnée par son inventeur, est arrivée la première, cette année, prenant sa revanche de l'exposition de 1855, où elle ne fut que la quatrième. Ce perfectionnement consiste dans un levier situé en avant du siège du conducteur, et qui lui permet, sans arrêter le mouvement, d'élever ou abaisser à volonté la scie qui fauche ; celle-ci coupe, à gauche des chevaux, sur une largeur de 1 mètre 40 cent., par un mouvement de va-et-vient qui se répète trente-deux fois pour chaque tour de la roue motrice. Cinq hectares par jour peuvent être fauchés de la sorte par deux chevaux dirigés par deux hommes; quelques minutes enfin suffisent pour transformer cette machine en moissonneuse, ce qui se fait en lui adaptant son javeleur.

Malgré la perfection des organes dans les faucheuses actuelles, on peut demander plus encore ; le moteur, en effet, dans un travail qui ne manque pas de délicatesse, doit avoir cette régularité qui ne se trouve point dans la traction exercée par les animaux et que nous espérons voir bientôt demander à la vapeur.

Quant aux faneuses, c'est merveille de les voir à l'œuvre, éparpillant les foins après les avoir secoués. Le râteau à cheval, qui leur sert de complément, a montré, par un travail irréprochable, de quelle ressource il deviendrait si les bras faisaient défaut pour la rentrée des récoltes.

Charrues a vapeur. — Deux machines de cette nature, la machine à huit socs et celle de lord Willoughby, se sont disputé le premier pas.

Qu'on imagine une locomobile de plusieurs chevaux de force, restant fixe sur un des côtés du champ; et transmettant la force à la charrue située sur le côté opposé; la transmission se fait par deux câbles de fil de fer, s'enroulant à deux treuils posés à quelques mètres de la locomobile. Lorsque, par l'enroulement de l'un des deux câbles, la charrue a ouvert son sillon dans toute la longueur du champ, ce même câble se déroule et c'est l'autre qui fait parcourir au soc, en sens inverse, la route pendant laquelle il doit ouvrir le sillon voisin, et ainsi de suite. Telle est la machine à huit socs.

On comprend, malgré l'originalité de l'idée, que cette machine, due à M. James Fowler, soit assez peu pratique. Des retours de poulies doivent être établis pour maintenir toujours la puissance dans la direction du sillon à ouvrir ; la locomobile doit être d'un poids considérable, pour résister à la traction d'une charrue dont quatre socs et quatre versoirs, sur huit, fonctionnent toujours à 0m15 environ de profondeur. D'autre part, lorsque la moitié du champ est labourée, il faut transporter la machine, les treuils et les mouffles sur le côté opposé, pour arriver juste au milieu en finissant : aussi ne sera-t-on point étonné d'apprendre qu'une semblable charrue a besoin de huit hommes pour être desservie ; qu'elle coûte plus de 20,000 fr., et qu'elle dépense au-delà de 50 fr. par jour, en charbon, sans que le travail utile, de beaucoup diminué par la *roideur des cordes*, soit en proportion avec ces sacrifices.

Une machine à peu près semblable était celle à deux locomobiles, de lord Willoughby; son attirail est plus embarrassant encore et ses dépenses journalières sont les mêmes ; seulement la gloire paraît lui revenir d'avoir été la première dans la voie des applications de la vapeur à l'agriculture.

Devant le succès qui a accueilli la charrue à huit socs de M. James Fowler, nous n'avons regretté qu'une chose, l'absence de la *piocheuse à vapeur*. C'était dans le champ d'épreuves que M. Barrat devait triompher par l'opinion publique d'une opposition peu intelligente. La victoire lui était assurée, parce que, seul, il a complétement résolu la question des défrichements et des labours. La pioche, mue par la vapeur, a déjà fait ses preuves, il est vrai, mais sa cause eut été gagnée en une séance, à la face de l'Europe entière, si les agriculteurs de tous les pays l'avaient vue à l'œuvre. Ceux-ci n'ont applaudi la charrue à huit socs, qui ouvre la terre à 0m15 de profondeur, que parce qu'ils n'ont point vu la même terre remuée à 0m50 de profondeur, avec une vitesse, dans le travail utile, de 10,000 mètres carrés par jour. Nous ne saurions donc trop engager M. Barrat à saisir la première occasion semblable qui se présentera de nouveau, et à se confier dans cet adage, que plus d'un écoute aujourd'hui : *Tout le monde a plus d'esprit que Voltaire.*

Félix Foucou.

LE RHONE ET LE LAC DE GENÈVE

à l'occasion des inondations de la vallée du Rhône.

M. F.-L. Vallée, inspecteur général des ponts et chaussées en retraite, nous communique une note pleine d'actualité et de la plus haute importance, adressée par lui à l'Académie des sciences et relative à la création d'une réserve du Rhône dans le lac de Genève.

Il s'agit de dériver, dans les moments d'inondation, l'Arve dans le lac par un canal de 2,000 mètres de longueur, partant de l'amont de Carouge et allant en ligne droite dans le Léman, par les fortifications de l'est de la ville, dont la démolition est décidée.

« L'ensemble des ouvrages, dit M. Vallée, ne coûterait au plus que trois millions, y compris une digue dans le lac, laquelle serait un grand embellissement pour le pays, et deux barrages mobiles, l'un à Genève et l'autre à Carouge.

« Avec ces ouvrages, sur les ordres télégraphiques donnés de Lyon, en raison des circonstances pluviales, les eaux du Rhône seraient arrêtées à Genève, celles de l'Arve jetées dans le lac le seraient également ; Lyon, au lieu de recevoir par le Rhône cinq mille mètres d'eau par seconde, n'en recevrait que quatre, et Avignon qui en reçoit douze mille, n'en recevrait que onze.

« Or, d'après les calculs et les détails très-développés donnés dans mon ouvrage (1), il est aisé de voir :

« 1° Qu'à Lyon, en supposant la vitesse moyenne du fleuve de 3 mètres et sa largeur de 250, la hauteur des eaux aurait été diminuée d'environ 1m45;

« 2° Que, vers Avignon, la vitesse étant supposée aussi de 3 mètres et la hauteur de 500, la largeur de la crue aurait été diminuée de 0m78 ;

(1) *Du Rhône et du lac de Genève.*

« 3° Que la superficie du lac étant de 600 millions de mètres carrés, l'arrêt à Genève de 86,400,000 mètres cubes d'eau en un jour (1,000 mètres par seconde), n'aurait gonflé le lac que d'une hauteur de 144 millimètres, et que son plein, en été, qui s'élève quelquefois à 2m95 au dessus de son plus bas niveau, n'arrivant que du 16 juillet au 29 septembre, l'arrêt aurait pu, dans la saison où nous sommes, se prolonger pendant un temps de beaucoup plus long que la durée des maux qui viennent de désoler et de dévaster le pays.

« De cet aperçu et de mon ouvrage, il suit qu'avec une dépense de trois millions, en soulageant les riverains du lac que les hautes eaux gênent dans le pays de Vaud et dans le Valais, en améliorant la navigation du Léman, défectueuse auprès de Genève en basses eaux, en embellissant Genève, en donnant une bonne navigation sur le Rhône français, pendant l'automne et l'hiver, on réduirait toutes les grosses eaux de ce fleuve à des crues inoffensives jusqu'à Lyon inclusivement, et presque inoffensives en dessous; car, c'est la dernière goutte qui fait déborder le vase.

« Tel est le service immense qui peut être rendu à la France et à la vallée du Rhône. »

HÉLIOGRAPHE.

Cet appareil de télégraphie solaire, que nous avons vu fonctionner à l'Observatoire, a été imaginé par M. Leséurre, fonctionnaire du service télégraphique de l'Algérie, dans le but de mettre les colonnes expéditionnaires qui s'enfoncent dans le sud de cette contrée à même de correspondre entre elles à des distances de quinze, vingt lieues, et même davantage. Nous verrons plus loin que cet usage n'est point le seul qu'on puisse en tirer.

L'héliographe repose sur les lois de la réflexion des rayons solaires par un miroir plan. On sait que lorsqu'un miroir plan réfléchit les rayons solaires, 1° le faisceau réfléchi forme un cône d'environ trente-deux minutes d'ouverture, ce qui est le diamètre apparent du soleil; 2° tout point de ce cône reçoit une lumière égale à celle qu'enverrait une portion du disque solaire équivalente au miroir et mise à sa place (abstraction faite de la perte due à la réflexion). De ces deux observations, M. Leseurre a su tirer parti pour avoir à la fois, 1° l'intensité de la lumière perçue à une distance donnée, 2° le champ dont on peut disposer pour la direction du miroir.

Le système, tout portatif, reposant sur un trépied et pouvant se démonter et se remonter très-rapidement, se compose avant tout de deux miroirs et d'une lunette astronomique. L'un des miroirs, A, par exemple, est destiné à tenir constamment le soleil fixé au pôle, si l'on veut nous permettre cette expression; le second miroir B est destiné à envoyer, dans la direction de la lunette, le faisceau de rayons réfléchi par A.

A cet effet, le miroir A est monté parallactiquement, c'est-à-dire sur un axe qui est, autant que possible, parallèle à la ligne des pôles de la terre; il fait, de plus, avec cet axe, un angle égal à la demi-distance polaire du soleil pour le jour de l'observation. Cette position est obtenue au moyen d'une vis qui n'est plus touchée que lorsque la déclinaison du soleil a varié d'une manière sensible. De cette manière, comme le soleil se meut dans un plan normal à l'axe des pôles, son image sera, à toute heure de la journée, réfléchie dans ce premier miroir fixe. Si, maintenant, le miroir B peut osciller autour de son grand axe, et si la lunette astronomique, qui en est solidaire, est dirigée sur le point avec lequel on veut correspondre, il est certain que l'on trouvera bien vite, pour ce second miroir, une position telle que le faisceau de lumière réfléchie soit envoyée sur ce point: pour cela, la lunette astronomique porte avec elle une petite lunette d'épreuve, montée à la manière des chercheurs ordinaires; les deux axes optiques sont parallèles, seulement les deux lunettes regardent en sens inverse; en visant alors le point avec la grande lunette, l'orientation de la petite se trouve par là même effectuée, et dès que l'écran, placé devant celle-ci, vient à recevoir le faisceau, on est assuré que le point avec lequel on veut correspondre le recevra aussi.

Rien n'est donc plus simple que ce jeu de miroirs, parfaitement connu, d'ailleurs, des écoliers, et l'on comprend sans peine le mode de correspondance à y adapter. Le grand miroir est soumis à une amplitude d'oscillation très-faible, mais suffisante pour faire passer chaque fois le faisceau devant l'écran; ce mouvement est imprimé à la main et par une pression insignifiante; dès que la pression cesse, un petit ressort d'acier permet au miroir de reprendre aussitôt sa position; la station avec laquelle on correspond peut donc recevoir et donner, tour à tour, des éclats brefs ou bien prolongés: c'est ainsi que le vocabulaire du télégraphe Morse, qui se compose de points et de lignes, a pu être appliqué à la nouvelle installation, les points représentant les éclats brefs, les lignes les éclats prolongés.

Nous avons vu une correspondance très-rapide s'établir de la sorte, entre le Mont-Valérien et la terrasse de la coupole à l'Observatoire: le même échange de signaux a encore eu lieu entre les tours de Saint-Sulpice et la tour de Montléry, distance plus considérable de moitié.

M. le maréchal Vaillant a parlé à l'Académie d'une expérience bien plus satisfaisante encore, puisque l'on a constaté que lorsque le soleil est voilé par des brumes, qu'il s'efface dans le ciel, en ne se manifestant plus que par une large zône argentée, le signal est toujours sensible à l'œil nu, et très-brillant dans la lunette, de sorte que, même en cette circonstance, les signaux peuvent être transmis à l'aide d'un écran.

Un avantage très-important de l'héliographe, est de permettre à deux personnes placées en vue l'une de l'autre, mais ignorant leurs positions respectives, de se reconnaître et d'entrer en correspondance régulière. A cet effet, on rend horizontal l'axe de rotation du miroir tournant, et l'on place ce miroir de façon à réfléchir, parallèlement à son axe, la lumière solaire. Cette lumière réfléchie tombe alors sur le deuxième miroir qui est rendu vertical, et qui peut tourner autour d'un axe vertical; il renverra donc successivement vers tous les points de l'horizon la lumière émise par le premier miroir.

La zône horizontale qu'éclaire chaque demi-rotation du miroir vertical présente un demi degré de hauteur. Si l'on craint que quelque point n'ait échappé, on modifie un peu l'inclinaison de l'un des miroirs, et on balaie l'horizon par de nouvelles zônes d'éclairs superposées.

Tous ces mouvements sont guidés par l'écran de la lunette, qui accuse à chaque instant la direction du faisceau émergent, et dispense de toute précision. La personne que l'on cherche recevra donc quelques-uns des éclairs, reconnaîtra le point d'où ils partent, s'orientera sur lui, lui renverra un feu permanent sur lequel on pourra s'orienter à son tour, et la correspondance régulière commencera.

La guerre ne profitera point seule de l'ingénieux et simple instrument que nous venons de décrire: M. Leseurre le réserve encore à ces travaux de grandes triangulations, si longs parfois à cause de l'incertitude du temps; l'état-major et l'hydrographie devront plus d'une fois à l'héliographe des mires situées à de grandes distances l'une de l'autre; des observations astronomiques simultanées y trouveront des ressources précieuses; la détermination des longitudes, surtout, y gagnera un instrument simple et précis.

Ce nouveau système de télégraphie solaire a été présenté depuis plusieurs mois aux ministères de la guerre et de l'intérieur, et c'est par ordre de ces deux ministères que les expériences ont été faites à l'Observatoire: après la communication de M. le maréchal Vaillant, le succès de M. Leseurre est donc un fait réel et accompli. F. F.

Applications des Sonneries électriques.

Monsieur le Rédacteur,

Permettez-moi, au sujet de l'avertisseur manométrique que vous avez décrit dans le dernier n° de l'*Ami des Sciences*, de vous rappeler qu'il y a deux ans j'ai signalé cette application électrique dans mon *Traité des applications de l'électricité*, II° vol. (1re édit.). Voici ce que je dis à cet égard, page 193, au sujet de l'électromètreur et du manomètre de M. Chenot :

« Si l'on ajoutait au manomètre de M. Chenot une sonnerie « électrique, on pourrait faire en sorte que l'aiguille de l'in- « dicateur, par son ascension trop grande ou par sa descente, « établisse un courant électrique à travers deux buttoirs dis- « posés en conséquence, et avertisse du danger qui pourrait « résulter *de la trop grande pression de la vapeur*, ou de la « trop grande dépense d'eau qui s'est faite dans la chau- « dière. »

Je n'aurais pas rappelé ce passage de mon livre pour cette application si minime de l'électricité, si je n'avais employé le même système pour une foule d'autres applications du même genre et que j'ai également résumées de la manière suivante dans la *Revue contemporaine* du mois de novembre 1855 :

« Les sonneries électriques non seulement jouent un rôle « important pour la télégraphie électrique et les moniteurs « électriques des chemins de fer, mais elles peuvent être em- « ployées encore dans les usages domestiques ou industriels « toutes les fois qu'il s'agit de donner un signal. Elles peu- « vent donc être appliquées au régulateur électrique de tem- « pérature pour prévenir que le dégré de chaleur que l'on a « déterminé est outrepassé (1), à des flotteurs dans les chau- « dières à vapeur pour indiquer l'abaissement trop grand du « niveau de l'eau (2), aux horloges ordinaires pour prévenir « quand on doit les remonter, ou pour servir de signal au mo- « ment de la reprise et de la cessation du travail dans les « grands ateliers (3); à certains métiers de tissage pour aver- « tir de la rupture des fils (4); aux piles pour prévenir quand « le courant qu'elles envoient est devenu trop faible (5); aux « observations barométriques pour apprécier exactement le « moment où le niveau du mercure dans la cuvette est arrivé « devant le repère (6); aux régulateurs de vitesse des moteurs « pour indiquer que la vitesse déterminée est outrepassée (7); « à la fermeture des portes et des meubles à secret pour pré- « venir des tentatives d'effraction (8); à bord des navires pour « avertir de la déclaration d'une voie d'eau (9), etc., etc. « Enfin les sonneries électriques peuvent être substituées avec « avantage aux sonnettes ordinaires dans les maisons, les « édifices publics et surtout dans les auberges (10). »

Pour éviter toute méprise au sujet de celles des applications précédentes que j'ai imaginées, je vais vous décrire en quelques mots les principales d'entre elles qui n'ont pas encore été publiées dans leurs détails : 1° l'application des sonneries électriques aux horloges ou aux pendules d'une maison pour prévenir quand il est temps de les remonter, s'obtient en adaptant au barillet des pendules ou au treuil des horloges un petit pignon engrainant avec une roue dont le diamètre, eu égard à celui du pignon, est en rapport avec le nombre de tours dont il faut tourner ce barillet ou ce treuil pour remonter entièrement le ressort ou le poids ; un petit frotteur à piston, porté par cette roue, appuie sur une plaque d'ivoire placée parallèlement à elle. Sur cette plaque est incrustée une lame métallique mise en rapport avec la sonnerie électrique, tandis que le mouvement de l'horloge est en rapport avec la pile. Il en résulte que, quand le ressort s'est à peu près complétement détendu, ou quand le poids est près d'atteindre le sol, la sonnerie est mise en action et son tintement persiste jusqu'à ce qu'on ait remonté la pendule ou l'horloge.

2° L'application des sonneries électriques aux piles pour prévenir quand le courant qu'elles envoient est trop faible, consiste dans l'addition d'un galvanomètre horizontal peu sensible à une pendule ordinaire. L'aiguille de ce galvanomètre porte, soudée perpendiculairement à son axe, une autre aiguille très fine de platine parfaitement équilibrée et terminée d'un côté par un crochet. Cette aiguille se meut au-dessus d'un cadran d'ivoire divisé, et ce cadran porte lui-même une rainure circulaire à travers laquelle le crochet de l'aiguille de platine peut s'enfoncer, quand elle se trouve, par une cause que nous signalerons à l'instant, inclinée de haut en bas. Si au-dessous de cette rainure se trouve adaptée une petite coupe pleine de mercure que l'on pourra, au moyen d'une crémaillère, placer en tel ou tel point de l'arc divisé qu'on voudra, on comprendra facilement qu'il suffira de placer cette coupe au point minimun de la déviation jugée convenable pour la force électrique qu'on désire obtenir, et de faire basculer l'aiguille, pour fermer un courant à travers une sonnerie électrique. On sera donc aussi prévenu que la pile a besoin d'être rechargée.

Pour obtenir cet effet mécanique de la part de l'aiguille du galvanomètre, une bascule doit être adaptée sur le bord du galvanomètre opposé à celui où doit se faire l'immersion de l'aiguille de platine. Cette bascule se termine d'un côté par une traverse semi-circulaire horizontale, qui peut saisir le bout de l'aiguille de platine opposé à celui où est le crochet dans toutes ses positions ; de l'autre côté, elle est articulée à une petite tige verticale qui se trouve à portée de la roue de compte de la sonnerie de la pendule. Quand cette tige est dans une des coches de cette roue, l'aiguille de platine du galvanomètre est parfaitement libre et peut être divisée sur le courant qui se trouve alors fermé par la pendule. Mais quand elle se trouve sur une des cames, elle incline la bascule et fait abaisser le crochet de l'aiguille de platine. Si le crochet ne remonte pas le mercure de la coupe, le courant est suffisamment fort et la sonnerie se tait, mais l'indication galvanométrique persiste en l'absence même du courant, car dans son mouvement ascensionel, la bascule s'est trouvée arrêtée par un petit crochet dont elle n'est dégagée que quand la demi-heure sonnant à la pendule, la roue de compte lui a donné un léger mouvement de recul. Si, au contraire, le crochet rencontre le mercure, la sonnerie est mise en activité et prévient qu'il faut recharger la pile

Il résulte de cette disposition : 1° que toutes les heures une indication galvanométrique, indiquant la force du courant, est fournie ; 2° que cette indication persiste pendant une demi-heure après chaque heure sans que le courant soit fermé ; 3° que quand la déviation est au minimum, la sonnerie électrique prévient de la faiblesse du courant.

On comprend qu'avec la même disposition de l'appareil on pourrait obtenir un régulateur automatique des courants ; car au lieu de faire réagir ce courant sur une sonnerie, on pourrait l'employer à opérer une liaison entre la pile dont on se sert et une pile supplémentaire. Dans ce cas il faudrait une deuxième capsule remplie de mercure, correspondant au maximum de déviation du galvanomètre, afin de diminuer le courant quand il serait trop fort. Ce système de régulateur aurait sur les autres l'avantage de ne pas exiger une fermeture continue du courant et de ne pas affaiblir celui-ci par son passage forcé à travers un électro-aimant. Il pourrait donc être em-

(1) Th. du Moncel, 1852.
(2) Berjot, à Caen, 1853.
(3) Th. du Moncel, 1852 et 1854.
(4) M. Peyrot, 1853.
(5) Th. du Moncel, 1853.
(6) Du Moncel, 1855.
(7) Du Moncel, 1853.
(8) Aristide Dumont, 1851.
(9) Robert-Houdin, 1855.
(10) Miraud, 1853.

ployé avec avantage dans l'horlogerie électrique et les applications où les circuits seraient exposés à des déperditions lors des temps humides, ou par suite de bifurcations provenant de la marche simultanée et irrégulière de plusieurs appareils avec la même pile.

Les autres applications des sonneries électriques ont été décrites dans mon ***Traité des applications de l'électricité***, pages 197, 310, 194, 199 (2e vol.), et pages 90, 91, 166 (1er vol.), et dans le journal ***l'Institut***, n° 1138.

Dans l'espérance que vous voudrez bien insérer cette note dans votre savant journal, je vous prie d'agréer l'assurance de ma considération la plus distinguée.

TH. DU MONCEL.

Les Abeilles conservées sous terre.

M. Antoine, ouvrier rémois, membre d'une famille où l'apiculture est exercée depuis plusieurs générations, a imaginé un procédé de conservation des abeilles, qui a maintenant pour lui, outre la sanction d'une expérience de douze années, le témoignage de M. le Dr de Beauvoys, qui, après avoir pris des renseignements auprès de l'auteur, en a parlé en ces termes, à la Société zoologique :

« Lorsque j'ai voulu, m'a dit M. Antoine, enterrer les ruches vers le 1er octobre, les abeilles n'ont vécu que quelques jours; si c'était au 15 que je faisais cette opération, elles vivaient un mois environ, parce que, ajoute-t-il, elles sont encore trop habituées à sortir et ne peuvent supporter cette triste captivité. C'est en procédant vers le 15 novembre que j'ai obtenu le meilleur résultat. Il ne faut pas mettre un trop grand nombre de ruches ensemble dans la même fosse, elles s'y échauffent et se font périr; et il détermine les quantités. Ainsi, il en met vingt lorsqu'elles sont petites, quatorze quand elles sont de force moyenne, et huit seulement si elles sont fortes.

« On voit qu'on a affaire à un homme pratique, qui n'est arrivé à un heureux résultat qu'après bien des essais, bien des sacrifices. Il veut aussi que l'on procède avec le plus grand calme, le moins de mouvement et de bruit possibles, le soir, par un temps froid. Sachant bien que le bruit et le mouvement extérieurs causent de l'agitation aux abeilles, il veut que le silo dans lequel on les enterre soit loin des grandes routes, des granges, des usines. C'est au milieu des champs qu'il les place et dont il ensemence la surface pour qu'on ne se doute pas de leur existence.

« Les fosses qu'il pratique pour recevoir les ruches ont 1 mètre sur 0m,70 de profondeur, et une longueur relative à la quantité de ruches qu'il veut enterrer.

« Il pose au fond de la fosse les plateaux sur lesquels il met des madriers de 8 à 10 centimètres de hauteur, place les ruches sur ces traverses, ce qui leur assure un courant d'air suffisant; il met force paille autour de chaque ruche et de vieilles planches par-dessus, puis il les recouvre de toute la terre provenant de l'excavation; il la presse et la foule sans secousse et sans bruit, en nivelle la surface et l'ensemence.

« M. Antoine a porté son attention jusqu'à s'assurer du degré de température qui régnait dans ces silos d'une nouvelle sorte, et a constaté que tant qu'elle se maintenait à dix degrés au-dessus de zéro, tout se passait bien.

« Dès le 15 février, et mieux un mois après, suivant le temps, l'apiculteur de Reims ouvre ses silos; il le fait avec tout le ménagement possible, et le soir, dans la crainte que les abeilles, au sortir de leur captivité, *ne lui sautent au visage*.

« Suivant lui, les abeilles ainsi renfermées consomment trois cinquièmes moins qu'en liberté; leur mortalité est presque nulle, et la reine pond trois semaines plus tôt.

« M. Antoine cultive les abeilles depuis trente ans. A dix-huit ans, il savait Féburier par cœur, et ce livre l'a complétement et suffisamment instruit de ce qu'il avait besoin de savoir. On ne trouvera certainement pas dans cet auteur la moindre indication de sa méthode.

ACADÉMIE DES SCIENCES.

Séance du 16 juin 1856.

ISTHME DE SUEZ.

M. Elie de Beaumont présente, de la part de M. Ferdinand de Lesseps, une série d'échantillons provenant de sondages exécutés dans toute la longueur de l'*Isthme*, dans le but de reconnaître la nature des terrains que l'on va avoir à attaquer. Jusqu'à présent ces échantillons sont des sables plus ou moins glaiseux, et la partie supérieure des terrains a pu être entamée avec facilité; mais il semble que le sous-sol doive être moins accessible,

A ces échantillons était joint, entre autres documents, un profil des forages exécutés, profil qui rend d'une façon plus nette encore le tracé du futur canal. Ce canal peut être comparé à une tranchée devant avoir, sur tout son parcours, cent mètres de large et huit de profondeur, tirant d'eau qui paraîtra plus que suffisant, si l'on réfléchit qu'au Hâvre, lors des plus fortes marées, il n'y a jamais plus de cinq mètres de fond.

Le nombre des sondages exécutés a été de 19; la géologie, encore peu connue, de l'isthme de Suez, promet d'offrir de l'intérêt à la science.

DE L'ENSEIGNEMENT DE LA GÉOMÉTRIE.

Dans la séance du 9 courant, M. Vincent avait lu une note sur la théorie des parallèles, note dans laquelle cet académicien rejetait certaines définitions de la géométrie élémentaire, et proposait d'en substituer d'autres, notamment en ce qui concerne la *ligne droite* et *l'angle*. Le passage suivant de cette note expliquera la désapprobation unanime dont M. Vincent a vu, aujourd'hui, ses confrères le frapper.

« Je regarde comme un véritable bienfait pour l'enseignement des sciences, ou du moins de la géométrie en particulier, de se trouver affranchi des formes sophistiques, qui, sans rien ajouter en réalité à la rigueur du raisonnement, ne font qu'entraver la marche de l'esprit et paralyser son initiative. D'ailleurs, je ne manquerais pas d'exemples, si je voulais prouver que, tout en croyant raisonner bien rigoureusement, il est arrivé souvent, aux géomètres modernes tout aussi bien qu'aux anciens, de se faire illusion sur la véritable logique de la science, sur la rigueur et l'efficacité de certains procédés de démonstration, et de poser comme principe absolu telle proposition qui n'était en réalité qu'un véritable *postulatum* admissible, il est vrai, dans la plupart des circonstances, *mais radicalement faux dans telle autre.* »

M. Chasles a lu, en conséquence, une note dans laquelle il s'étonne du langage tenu par M. Vincent envers les géomètres. Une discussion s'en est suivie, qui peut se résumer ainsi : M. Vincent désire introduire dans l'enseignement de cette science une clarté qui la rende accessible aux enfants eux-mêmes; M. Poinsot pense que cette clarté existe déjà et que l'obscurité résulterait plutôt des définitions proposées par son confrère; M. Chasles ne veut point d'une géométrie qui s'adresserait aux enfants, et M. Poinsot généralise cette exclusion en distinguant dans l'humanité, 1° *un genre humain*, dont font partie les géomètres et qui ne se compose que d'un petit nombre d'hommes élus quant à l'intelligence et au savoir; 2° *une espèce humaine*, qui est la foule et à laquelle il n'est pas besoin que les mêmes vérités soient démontrées avec le même degré de clarté: cette distinction semble, à l'honorable académicien, devoir toujours être.

COMMUNICATIONS DIVERSES.

M. Becquerel fait hommage à l'Académie, au nom de l'auteur, du premier volume de la deuxième édition de l'ouvrage de M. Th. Du Moncel, *Applications de l'électricité.*

— M. Guérin-Méneville présente, au nom de M. Eug. Robert et au sien, un petit ouvrage ayant pour titre: *Guide de l'éleveur de vers à soie*, ainsi qu'un *thermomètre-guide des magnaniers*. Nous aurons occasion de parler, dans le compte rendu de la Société d'agriculture, de ce sujet qui intéresse vivement le progrès de la sériciculture, chez les petits éducateurs et chez les paysans pauvres, lesquels produisent en France la presque totalité de nos soies indigènes.

— M. le maréchal Vaillant et M. Leverrier entretiennent, tour à tour, l'Académie de l'instrument imaginé par M. Leseurre pour correspondre télégraphiquement au moyen du soleil : nous développons cet ingénieux appareil plus haut, à l'article *Héliographe*.

DE LA FORCE ÉLECTRO-MOTRICE.

M. Becquerel fils a lu un premier mémoire sur le dégagement de l'électricité dans les piles voltaïques. Ce premier travail ne porte que sur la *force électro-motrice*, l'auteur ayant traité à part la *résistance à la conductibilité*.

Les différentes méthodes proposées jusqu'ici pour comparer les forces électro-motrices des piles, ne pouvant permettre d'analyser complétement les phénomènes, M. Becquerel a employé la balance électro-magnétique due à son père, laquelle permet de rapporter les actions des courants aux effets de la pesanteur.

L'ordre suivi dans ces expériences, a été celui-ci :

1° *Phénomènes de polarisation électrique*. — On a trouvé que la force électro-motrice qui résulte du transport électro-chimique d'une couche gazeuse sur des lames métalliques, peut acquérir une valeur assez forte (jusqu'à deux éléments de la pile à acide nitrique), et qu'elle dépend de la nature ainsi que des dimensions de la lame sur laquelle la couche gazeuse se dépose. Généralement aussi, plus le courant électrique est intense, plus l'effet de la polarisation est énergique.

En examinant séparément les effets dus à la présence de l'hydrogène et de l'oxygène, on les trouve très variables avec ce dernier gaz, tandis qu'ils sont renfermés entre des limites plus restreintes pour l'hydrogène.

2° *Action des liquides entre eux*. — L'influence de la chaleur, qui modifie peu la force électro-motrice exercée de la part des liquides sur les métaux, a une action assez énergique pour déterminer un courant électrique entre des liquides différents.

L'action des liquides entre eux exerce sur le dégagement de l'électricité une influence plus grande qu'on ne l'avait supposé : dans les piles à deux liquides, cet effet forme même une partie notable de l'action totale observée. Dans la pile de Bunsen, par exemple, l'action des deux dissolutions l'une sur l'autre est d'environ 1/5 de celle du couple et s'ajoute à l'action de l'acide sulfurique sur le zinc. Avec la pile à eau acidulée par l'acide sulfurique et le sulfate de cuivre, au contraire, l'action des liquides n'est pas le dixième de l'action totale et est en sens inverse de celle qui s'exerce de la part de l'eau acidulée sur le zinc. Le troisième exemple cité dans le cours du mémoire se rapporte à la pile formée par le persulfure de potassium et l'acide azotique : ici les deux résultats ne diffèrent que d'environ 1/5, et l'action des liquides pour la dissolution forme plus des 4/5 de l'action totale du couple.

Toutes ces expériences expliquent, une fois de plus, comment, à la surface du sol, des terrains humectés de dissolutions différentes peuvent développer des quantités d'électricité plus fortes qu'on ne le supposait tout d'abord.

3° *Actions réciproques des métaux*. — En comparant les actions produites sur les métaux plus ou moins altérables et sur leurs amalgames, M. Becquerel a dressé un tableau de résultats qui vérifient tous cette notion déjà très-ancienne, à savoir que l'action chimique est la cause prédominante du dégagement de l'électricité.

Après cette étude des actions séparées, M. Becquerel a étudié les actions réunies, et en faisant la somme de ces influences, il a trouvé les nombres que donnent les couples : l'énergie de ceux-ci est donc bien le résultat de ces actions isolées.

Une dernière loi restait à vérifier par cette nouvelle méthode : depuis quelques années, on a émis l'hypothèse d'une proportionnalité entre les forces électro-motrices et les quantités de chaleur dégagées par les réactions chimiques opérées entre les équivalents des corps. La comparaison était facile à faire, à l'aide des données dont nous avons parlé, mais la loi n'a point été trouvée générale : vérifiée dans certains cas pour le potassium, le zinc, le plomb, etc., elle est rompue dans d'autres pour le fer, le cuivre, l'argent, etc. M. Ed. Becquerel pense que cela tient peut-être à ce que ces derniers métaux sont susceptibles de plusieurs degrés d'oxydation et que l'on ne connaît pas au juste quelles sont les réactions chimiques qui s'opèrent quand les métaux sont attaqués.

ALLUVIONS ET ATTÉRISSEMENTS DES FLEUVES DE LA MÉDITERRANÉE.

M. Charles Texier a donné lecture d'un mémoire plein d'intérêt sur les alluvions des fleuves dans le bassin de la Méditerranée, et notamment sur les attérissements du Rhône.

Depuis le commencement de la période diluvienne, les rivages seraient soumis à une loi géologique, que le savant voyageur appelle loi des attérissements, et qui nécessiterait, de la part de l'homme, des travaux incessants pour disputer à la nature les ports de mer situés près des embouchures des fleuves.

Les hommes des premiers âges, plus rapprochés que nous des temps diluviens, avaient pris toutes les précautions imaginables pour se mettre à l'abri des inondations. La tradition des Assyriens rapporte qu'il avait été prédit au roi de Ninive qu'il tomberait le jour où les eaux du Tigre se mettraient contre lui : aussi les palais assyriens et les principales villes de la Mésopotamie étaient-ils fondés sur des tertres factices et entourés de levées et de fossés d'écoulement profonds. Aujourd'hui, dans ces mêmes contrées, on a laissé, depuis des milliers d'années, des attérissements considérables se former dans ces grands fleuves, et M. Texier raconte que pendant son séjour en Arabie, une crue du Tigre détruisit une grande partie de la ville de Bagdad les eaux séjournèrent dans la partie de la ville située sur la rive gauche, après avoir rasé tous les quartiers de la rive droite, et deux mois après, une peste effroyable emportait les trois quarts de la population.

Après avoir longuement parlé des attérissements du Nil, le mémoire s'étend sur plusieurs ports d'Afrique et notamment sur Alger, dont le nom, qui signifie l'île (El-Djezaïr), indique assez l'état primitif. Tout le massif d'Alger, qu'on appelle le Sahel, formait autrefois une île : la plaine de la Mitidja, qui entoure, comme d'une ceinture, tout le groupe montagneux du Sahel, était alors un bras de mer peu profond qui fut comblé peu à peu par les terres charriées des sommets de l'Atlas.

Sur la côte d'Asie, le golfe d'Alexandrette montre encore combien l'action des eaux fluviales change la forme des rivages. Ce golfe, qui était autrefois un excellent mouillage, est aujourd'hui un territoire marécageux et pestilentiel ; résultat principalement dû à l'effet naturel des vagues apportant sans cesse dans le fond de ce golfe les sables et tous les détritus que la mer rejette.

Cet effet des vagues explique pourquoi la côte nord de la Méditerranée est si riche en excellents ports, tandis que, sur tout le parcours de la côte d'Afrique, il ne s'en trouve pas un seul véritable. Les attérissements et les vents de nord qui règnent huit mois de l'année sur cette côte, amènent les sables à s'accumuler sans cesse dans le fond de tous les golfes qui s'y trouvent.

M. Texier repousse les jetées, comme moyen de remédier au mal ; il a démontré, au sujet du port de Fréjus, que les Romains en avaient prolongé la jetée à plusieurs reprises, ce qui ne l'a point empêché de s'ensabler : le seul remède consisterait dans le draguage, système qui a fait déjà ses preuves dans les deux ports de Cette et de Toulon.

Après avoir passé en revue les golfes de Milet, d'Ephèse, de Smyrne, de Salonique, etc., cet intéressant travail nous transporte à Ostie qui était autrefois le port de mer de Rome, et sur lequel M. Texier a obtenu les données suivantes quant aux attérissements :

De l'année 100 de notre ère à 1450, c'est-à-dire dans 1350 ans, la mer s'est retirée de. . . . . 150 mètres.
De 1450 à 1662, 212 ans. . . . . 950 —
De 1662 à 1774, 112 ans. . . . . 450 —
De 1774 à 1828, 54 ans. . . . . 180 —

Total, en 1728 ans. . . . . 1730 mètres.

soit un mètre par an. Ceci donne une idée approchée de la vitesse d'envahissement, à mesure que les premières alluvions ont ralenti le cours d'un fleuve, comme le Tibre.

En passant au Rhône, M. Texier envisage La Crau comme un exhaussement du lit, sinon de ce fleuve, du moins de la Durance ; il mentionne aussi l'influence qu'ont les arches des ponts et des viaducs sur la formation des îles dans les fleuves ; enfin il émet l'avis que, sans préjudice des travaux recommandés aux sources des fleuves, ainsi que du reboisement des montagnes, on s'occupe de l'enlèvement de la barre du Rhône à son embouchure et du draguage de son lit sur tout son parcours.

FÉLIX FOUCOU.

Société d'Encouragement pour l'Industrie nationale.

Séance du 11 juin.

COMMUNICATIONS DIVERSES.

M. A. Pollak, attorney du *patent-office* à Washington, fait hommage, au nom de la commission des patentes aux États-unis, du volume de son rapport sur les brevets pris en 1854 dans cette contrée ; et au nom de M. C. Gritzner, d'un volume de gravures accompagnant ce rapport.

M. Dumas, président, saisit cette occasion de faire remarquer à la Société l'excellente méthode de classification adoptée par le patent-office, dans cet ouvrage : sans vouloir faire aucune allusion, il pense que ce serait un exemple excellent à suivre.

— M. le docteur Jules Guyot appelle l'attention de la Société sur le nouveau métier qu'il a exposé au concours agricole ; ce métier est destiné à la fabrication économique de *paillassons*, destinés à préserver les plants de toute espèce, contre les intempéries, la coulure, la grêle, etc., et pour achever la maturité. M. Guyot est parvenu à réduire cette fabrication à 0 fr. 07 c. le mètre courant, en largeur de 43 centimètres : la mise en place du mètre courant, y compris les piquets et le prix de fabrication du paillasson, revient à 0 fr. 12 centimes.

—M. Boutigny fait connaître à la Société le résultat d'expériences qui viennent d'être faites sur sa chaudière à diaphragmes ; par deux fois, cette chaudière *entièrement vide* a été soumise à l'action du foyer pendant dix minutes, puis alimentée de nouveau, sans que rien d'anormal se soit manifesté.

— M. Vieillard, fabricant de porcelaines et poteries fines à Bordeaux, adresse deux échantillons, l'un de pétunzé, provenant des carrières de Macaye (Basses-Pyrénées), l'autre de kaolin, venant du même département, aux environs d'Espelette.

La qualité de ces matières a paru tellement supérieure pour la fabrication des porcelaines dures et des poteries, que M. Vieillard sollicite l'envoi sur les lieux d'une commission chargée d'examiner la richesse des gisements. Ces deux produits seraient, pour l'industrie céramique, d'une ressource d'autant plus grande, que le port de Bayonne et le chemin de fer mettraient à même de les expédier rapidement et à peu de frais.

FOURS CONTINUS A FOYER MOBILE.

M. Ch. Barbier, ingénieur agricole à Chaumont (Haute-Marne), adresse un mémoire descriptif et des plans concernant un nouveau système de fours, destiné au traitement des pâtes céramiques.

Ce système est fondé, 1° sur l'emploi d'un foyer mobile qui porte successivement la chaleur dans toutes les parties de la masse à cuire ; 2° sur l'action continue des gaz qui parcourent successivement un cercle de laboratoires à petites sections, attaquent presque isolément les produits, et, décroissant de température à mesure qu'ils s'éloignent du foyer, achèvent la cuisson de ceux qui sont les plus rapprochés, en même temps qu'ils préparent les autres progressivement.

Il résulte de cette combinaison, que, par la marche du foyer, les laboratoires sont continuellement et successivement en petit et en grand feu.

Le système est, en outre, surmonté d'un séchoir qui reçoit, au moyen d'un plancher à claire-voie, toute la chaleur rayonnée.

Le foyer, construit à volonté, pour brûler du bois, de la tourbe ou de la houille, se présente successivement à chaque laboratoire, y stationne pendant le temps nécessaire à la cuisson des produits qu'il contient, passe ensuite au laboratoire suivant, et opère ainsi d'une manière continue. A cet effet, il est monté sur un double rail-way superposé; le rail-way supérieur permet de l'engaîner et de le dégaîner à volonté, tandis que sa rotation autour de l'appareil s'accomplit sur le rail-way inférieur, selon le périmètre interne ou externe.

L'application de ces principes généraux varie enfin, dans le mémoire de M. Barbier, selon qu'on le destine aux pâtes à basse, moyenne ou haute température.

MOTEURS HYDRAULIQUES.

M. de La Collonge, capitaine d'artillerie à Bordeaux, communique à la Société des recherches récentes basées sur la théorie et sur des expériences authentiques, au sujet des moteurs employés dans les moulins à eau.

Il résulte de sa communication, que les roues à cuves, moteurs si fréquents dans le midi, peuvent être avantageusement remplacées, et à très peu de frais, par des turbines culériennes, dépourvues des vannes habituellement employées par les constructeurs.

Les rouets volants auraient un simple moteur, avec un, deux ou trois injecteurs, suivant le cas, et se rapprocheraient de la turbine de Borda.

Les roues à cuves auraient un moteur et un distributeur ordinaires ; une simple pelle en bois, placée, soit en amont, soit en aval de la roue, rendrait la charge d'eau, agissant sur le moteur, constante et égale à celle pour laquelle il est calculé.

M. de La Collonge a eu pour but, en livrant ces idées à la publicité, avant l'impression d'un mémoire complet sur cette matière, d'empêcher, d'ici là, qu'il ne soit pris un brevet onéreux aux petits meuniers.

ÉLECTRO-MÉTALLURGIE.

M. Oudry, en adressant à la Société plusieurs spécimens de ses applications électro-métallurgiques sur le fer, la fonte, le bois, etc., employés dans la marine et dans l'industrie, donne quelques détails sur l'utilité de ces applications, et sur la manière dont elles sont réalisées.

Le dépôt de cuivre sur le fer, la fonte, le bois, se fait au moyen d'un enduit *intermédiaire et métallisant*, qui permet de supprimer la moitié au moins des opérations employées jusqu'alors.

Toute la quincaillerie en fonte de fer, les candélabres, les grilles, rampes, balcons, le clichage et les rouleaux pour l'impression des étoffes, ne sont point les seules branches appelées à profiter de cette découverte : la marine surtout lui demandera une gigantesque application, celle du doublage en cuivre électro-chimique.

M. Oudry promet de recouvrir, *d'une seule et même fois*, et à toute épaisseur voulue, les coques d'un navire, soit en fer, soit en bois ; et cela avec un doublage chimiquement pur. Non-seulement leur durée serait ainsi plus longue, mais les coques restant constamment propres, le navire n'aura point à éprouver, de ce côté là, des diminutions de vitesse. L'usine d'Auteuil, dont M. Oudry est directeur, aura, avant quelques mois, à recouvrir de la sorte un petit bâtiment en fer devant être expédié à Portsmouth.

Le prix de l'opération est très-industriel : 10 fr. le kilog. de cuivre déposé, en le calculant à raison de 6 kilog. de cuivre pour six dixièmes de millimètres d'épaisseur par mètre carré de superficie. En résumé, un doublage semblable ne coûtera pas plus cher qu'un doublage en cuivre rosette ordinaire sur carène en bois, et la durée en sera triple et peut-être quadruple.

Reste maintenant la question de réunir des capitaux suffisants pour la création des bassins nécessaires à la production de l'électricité sur une aussi vaste échelle.

INONDATIONS, REBOISEMENTS, ETC.

M. Gagnage soumet quelques idées au sujet des moyens de prévenir le retour des inondations : en parlant des reboisements que nécessite le retour périodique de ces désastres, cette communication renferme quelques faits dignes d'attention.

Il est à remarquer qu'à Alexandrie et au Caire, il pleut beaucoup plus, depuis que Méhemet-Ali a fait planter des orangers et des citronniers dans les environs de ces deux villes.

Sur la Vistule, souvent ombragée dans son parcours, la navigation se trouve aujourd'hui suspendue *à cause des basses eaux*, et la Pologne aura du blé et du bois, cette année, tandis que nous en manquerons peut-être.

M. Gagnage voudrait que sur les terrains nus, abruptes et rocailleux, on semât les plantes grimpantes qui s'y plaisent et qui, par leur feuillage, tamiseraient l'eau : la roche recouverte, à l'abri des rayons solaires et de l'action des vents ne tarderait pas de se couvrir de mousses, de cryptogames, de saxilis ; les détritus organiques s'augmentant d'année en année, l'on buissonnerait ensuite les montagnes, que l'on recouvrirait, finalement, de futaies.

Le même auteur demande aussi que des canaux latéraux soient ouverts de chaque côté des grands fleuves : en tout temps ils auraient l'avantage de nourrir beaucoup des poissons chassés du fleuve par la navigation. Dans les temps de sécheresse, ces canaux donneraient du fourrage, et dans les temps d'inondation, les vannes ouvertes feraient l'office de veines, en donnant passage au trop plein.

Il paraît qu'en Chine tous les fleuves sont coupés de canaux semblables, et qu'il en était de même dans le royaume de Valence en Espagne, sous la domination des Maures. F. F.

VARIÉTÉS.

L'Hydroscope Gautherot.

Un homme occupe et passionne même en ce moment l'Algérie.

Ce n'est pas un guerrier, ni un prélat, ni un marabout, ni un poëte, ni un artiste, ni un savant d'aucune académie; c'est un simple ouvrier mineur. Mais ce mineur est hydroscope, c'est-à-dire *découvreur* de sources, qu'on nous passe ce mot qui répond à *découverte* comme *inventeur* à *invention*.

Cet hydroscope renouvelle les merveilles de perspicacité qui ont valu à l'abbé Paramelle une réputation universelle. Comme ce dernier, il invoque, non aucune vertu magique, non aucune baguette divinatoire, mais la connaissance approfondie des lois de l'écoulement des eaux sur la croûte terrestre.

Voici ce que, dans le journal le *Centre-Algérien*, M. Jules Duval nous raconte touchant cette nouvelle et bienfaisante célébrité :

« Joseph Gautherot, c'est le nom de l'ouvrier mineur, a puisé cette connaissance dans l'exercice de sa profession. Une notice biographique imprimée à Nancy contient à son égard d'intéressantes indications. Elle renferme en outre de nombreux et, ce me semble, parfaitement authentiques témoignages sur ses succès éclatants dans l'est de la France, particulièrement dans les Ardennes, la Haute-Saône et la Marne : entre autres les localités de Sedan, de Chauvoncourt, de Saulxures-les-Vannes, d'Andelot, de Liverdun (Meurthe), de Neufchâteau (Vosges), de Sionne, de Luxou, sont citées, avec accompagnement de pièces justificatives, comme ayant été les théâtres de ses plus heureuses explorations. Aucun doute ne semble possible à cet égard. Nous avons bien ouï dire que la Société générale des eaux de France, ayant été pour son propre compte aux informations, n'avait pas cru devoir traiter avec notre hydroscope. Mais cette conclusion négative a-t-elle tenu à des informations moins satisfaisantes, ou à l'interposition fâcheuse de tierces personnes entre M. Gautherot et la Société, ou à des malentendus? Nous l'ignorons. Pût-on citer quelques erreurs, en grand nombre même, elles ne prouveraient rien, suivant les règles de la plus simple logique, contre une multitude d'indications confirmées par l'expérience. Et de celles-ci le nombre paraît déjà très-considérable.

« Quoi qu'il en soit, sur l'intelligente initiative de M. Maire, de Lunéville, propriétaire en Algérie, Joseph Gautherot s'est rendu à Oran, dans le courant du printemps dernier. Mis en rapport avec les hauts fonctionnaires du département et les ingénieurs des ponts et chaussées, il s'est livré, dans tous les lieux où on l'a conduit, à la recherche des eaux. Sur quelques points, et précisément dans la propriété de son introducteur, M. Maire, il n'a rien trouvé; sur beaucoup d'autres, qui se croyaient deshérités à tout jamais, il a annoncé des sources très-abondantes. D'après lui, les localités qui devraient renoncer à l'espoir de ce genre de bienfait seraient peu nombreuses en Algérie.

« Des recherches ont, en plusieurs points, suivi ses indications et les ont justifiées. L'*Écho d'Oran* a cité notamment Arzew, Kléber, Bousfer, Mostaganem, où l'eau s'est trouvée à des profondeurs et en des quantités conformes aux déclarations de Gautherot.

« Partout, du reste, dans les provinces d'Oran, on a pleine foi dans les promesses de Joseph Gautherot. Des colons qui l'ont conduit dans les gorges du Sig nous disaient qu'ils ne pouvaient refuser cette confiance à un homme, qui, à distance, leur avait indiqué de loin toutes les sources connues dans le pays qu'ils parcouraient. Cette localité, d'après lui, serait des plus favorisées; une véritable rivière souterraine coulerait du pied des mamelons qui s'étendent sur les limites de l'Union agricole et de Saint-Denis.

« Pour un pays où chaque goutte d'eau vaut, suivant le proverbe arabe, une goutte d'or, on conçoit quelle révolution agricole peut amener une si précieuse faculté. Aucun bienfaiteur de l'humanité, aucun génie, aucun conquérant ne serait, dans l'ordre des intérêts matériels, comparable à Joseph Gautherot, faisant couler à la surface du sol africain les courants liquides qui se perdent stérilement sous terre.

« Cependant, rien jusqu'à présent ne paraît avoir été fait pour attacher cet homme à l'Algérie. »

FAITS DIVERS.

DISTRIBUTION DES RÉCOMPENSES A L'EXPOSITION AGRICOLE. — C'est le mardi, 10 courant, qu'a eu lieu à une heure, au Palais de l'Industrie et sous la présidence de M. Rouher, ministre de l'agriculture et du commerce, la distribution des récompenses aux lauréats français et étrangers.

Les fabricants anglais ont eu le plus grand nombre des prix destinés à encourager les machines et les outils les plus parfaits. C'est de ce côté surtout que brillaient nos voisins : leurs bêtes à corne laissaient aussi peu à désirer. L'Autriche se faisait récompenser pour la finesse de ses laines exposées, et la France a, en général, vaillamment tenu sa place au concours.

Tous les prix, soit qu'ils fussent destinés aux instruments, aux bestiaux ou aux produits, étaient accompagnés, les premiers d'une médaille d'or, les deuxièmes d'une médaille d'argent, les troisièmes et les suivants d'une médaille en bronze.

Outre ces médailles, il a été décerné aux exposants de produits agricoles et d'outils divers, 12 grandes médailles en or, 78 en or, modèle ordinaire, 106 médailles en argent, 214 en bronze et 95 mentions honorables.

REPRODUCTION PHOTOGRAPHIQUE DU FOND DE LA MER. — Le journal *Of the Society of Arts*, donne les détails suivants sur l'intéressante opération, par laquelle M. W. Thompson, de Weymouth, a obtenu une image fidèle du fond de la mer. C'est dans la baie de Weymouth, à une profondeur de 6 mètres, que l'épreuve a été prise. M. Thompson plaça la chambre noire dans une boîte à plaque de verre à laquelle était adapté un volet mobile, facile à enlever lorsque la chambre noire aurait atteint le fond. Cette chambre, dont le foyer avait été réglé à terre pour des objets sur le premier plan à environ 10 mètres, ou toute autre distance convenable, fut descendue d'un bâteau au fond de la mer, emportant avec elle la plaque de collodion, préparée par la méthode ordinaire. Lorsque la boîte fut arrivée au fond, on enleva le volet au moyen d'une corde, et la plaque resta exposée pendant environ dix minutes. On remonta alors la boîte dans le bateau, et l'on développa l'image comme à l'ordinaire. C'est ainsi qu'on prit une vue des roches et des herbes qui sont au fond de la baie.

Quel puissant auxiliaire pour connaître la condition des lieux où l'on voudra construire des ponts, des jetées ou toute espèce de travaux sur les côtes ; quel secours inespéré le jour où la locomotion sous-marine demandera à la science de lui dresser la carte du fond des mers, comme elle a déjà construit celle de leurs rivages.

EXPLOSION D'UNE CHAUDIÈRE A VAPEUR. — Nous avons à enregistrer une nouvelle explosion de chaudière à vapeur, arrivée cette fois dans les ateliers de M. Georges Busbridge, fabricant de papier, à East-Malling (Kent). Comme dans l'explosion de Gand, l'accident a été déterminé par l'insuffisance d'eau dans la chaudière surchauffée ; deux ouvriers ont été tués, trois autres blessés, et le feu a, en outre, pris à la fabrique qu'il a détruite tout entière.

Prix d'abonnement pour l'étranger.

Allemagne, 8 fr.;— Suisse, Parme, Plaisance, Modène, 8 fr. 50.— Etats Sardes, Grèce, Crimée, 9 fr.; — Hollande, Angleterre, 10 fr.; — Etats-Unis, Indostan, Turquie, 10 fr. 50; — Belgique, Prusse, Hanôvre, Saxe, Pologne, Russie, Espagne, Portugal, 11 fr.; — Toscane, 12 fr.; — Etats-Romains, 16 fr. 50.

Le propriétaire, rédacteur-gérant :
VICTOR MEUNIER.

PARIS. — IMP. J.-B. GROS ET DONNAUD, SON GENDRE, RUE DES NOYERS, 74.

Deuxième année. — N° 26. Quinze centimes. 29 juin 1856.

L'AMI DES SCIENCES

JOURNAL DU DIMANCHE

SOUS LA DIRECTION DE

VICTOR MEUNIER

BUREAUX D'ABONNEMENT
13, RUE DU JARDINET, 13
Près l'École de Médecine
A PARIS

ABONNEMENT POUR L'ANNÉE
PARIS, 6 FR.; — DÉPART., 8 FR.
Étranger (Voir à la fin du journal)
ENVOYER UN MANDAT DE POSTE

Exposition universelle d'agriculture. — Latania de la pépinière de Trianon.

RAPPORT

sur diverses inventions et procédés ayant pour but de diminuer les souffrances des animaux,

PAR M. LE Dr BLATIN.

La Société protectrice des animaux vient de décerner, dans sa séance solennelle, un grand nombre de médailles à divers agents de l'agriculture, à des cochers, palfreniers et conducteurs de bestiaux, à des garçons bouchers et à d'autres personnes ayant fait preuve, à un haut degré, de bons traitements, de soins intelligents et de compassion envers les animaux, ou ayant fait exécuter avec zèle et bienveillance la loi Grammont et les règlements repressifs des actes de cruauté.

D'autres mérites, signalés dans le rapport de M. le Dr Blatin, ont excité la plus vive sympathie de la Société. Cet intéressant rapport, dont nous offrons les prémices à nos lecteurs, signale comme dignes de médailles de vermeil, d'argent ou de bronze les auteurs des œuvres et inventions suivantes :

Le journal mensuel intitulé le *Protecteur des animaux*, par M. Godin; — un ouvrage de M. Papin : *Conseils aux cultivateurs bretons sur l'hygiène des animaux domestiques*; — l'appareil de M. Taiche pour les chevaux des mines; — la sellette et mantelet inventés par l'habile sellier M. Thèreze, et dont nous avons déjà parlé; — le tombereau pour le transport des engrais par M. Thomé; — la couveuse de M. Vallée; — de nouveaux procédés d'alimentation de sangsues; — et enfin le mode de conservation des ruches pendant l'hiver imaginé par M. Antoine, de Reims, et dont nous avons donné la description dans le précédent numéro. — Nous nous arrêterons aux articles suivants :

APPAREIL DE M. TAICHE, POUR LES CHEVAUX DES MINES.

Les chevaux employés au travail souterrain des mines sont exposés à des contusions et à des blessures, par le mode défectueux de suspension généralement adopté pour les faire descendre et remonter à travers des puits de petite section. Leur poitrine et leur ventre sont douloureusement comprimés par la sangle qui les supporte; leurs membres, leur croupe et leur tête se meurtrissent et s'excorient.

Il existe pourtant un moyen bien simple de les préserver :

Depuis vingt-cinq ans, M. Taiche, médecin vétérinaire des mines de houille de Decize, l'emploie sans aucun accident. Il enveloppe le cheval dans un réseau de sangles larges, et disposé de manière à le suspendre, la tête élevée, et dans la position verticale. Après avoir abattu l'animal, à l'aide des entraves ordinaires, on réunit ses membres par paires latérales, qu'on lie avec une plate-longe : on le roule ensuite dans l'appareil, qu'on boucle solidement autour de son corps.

Pendant la descente ou l'ascension, tout son poids repose sur les parties osseuses et charnues de son bassin. En cet état, il ne présente aucune surface saillante et qui soit exposée à se heurter aux parois du puits.

En accordant une médaille de bronze à l'invention de M. Taiche, notre Société n'entend pas donner son approbation aux puits de petite section, qui sont dangereux pour les hommes et les animaux. Elle espère que des mesures administratives rendront un jour leur élargissement obligatoire.

TOMBEREAU POUR LE TRANSPORT DES ENGRAIS, PAR M. THOMÉ.

Le transport des engrais dans les champs labourés est, pour les animaux qui l'effectuent, une cause incessante d'excessive fatigue et de sévices. Les roues des tombereaux s'enfonçant profondément dans la terre ameublie, les bêtes de trait s'épuisent en stériles efforts ; le charretier jure et frappe à coups redoublés; l'attelage, haletant, meurtri, se décourage, et l'homme brutal arrive, hélas ! trop souvent à se livrer à des actes de violence et de cruauté.

C'est donc un véritable service qu'a rendu M. Thomé, directeur de la ferme-école de Pergaud, en remplaçant par un cylindre d'un grand diamètre les roues dont la jante élargie ne remédiait qu'imparfaitement au mal que nous signalons. Présentant une large surface, ce rouleau presse le terrain sans le pénétrer, d'où résulte une économie de force pratiquement évaluée à 25 pour 100.

A l'arrière du tombereau, qui ferait un mauvais service ailleurs que sur les prairies ou la terre en culture, se trouve un autre cylindre d'un petit diamètre, qui facilite la manœuvre du véhicule, pour la distribution successive de l'engrais.

Homme de pratique et d'expérience, connaissant bien les ressources et les besoins du matériel agricole, M. Thomé s'applique à l'amélioration du sort des animaux. La Société, reconnaissante, l'inscrit sur la liste de ses lauréats pour une médaille de bronze.

COUVEUSE DE M. VALLÉE.

L'éclosion artificielle des œufs de gallinacés et des autres espèces ovipares, a depuis longtemps occupé la sollicitude de M. Vallée, employé au Muséum d'histoire naturelle. — Surmontant des difficultés nombreuses, il imaginait, en 1847, une couveuse artificielle, qu'il a, par des améliorations successives, amenée à un état de perfection remarquable.

C'est une caisse en bois léger, d'un petit volume et d'un prix modique, où l'on place, dans des tiroirs, les œufs qu'on veut faire éclore, et qui s'y trouvent soumis à une température constante. Une lampe *Locatelli*, dont la dépense est au plus d'un centime par heure ; un thermomètre régulateur qui, par un mécanisme ingénieux, ouvre et ferme l'accès à l'air extérieur, suivant le besoin, et marque, sur un cadran, le degré de chaleur produit dans la boîte : tel est l'appareil qui a obtenu à l'Exposition universelle une médaille de deuxième classe, et qui, déjà très-répandu, rend des services signalés aux personnes qui élèvent en grand nombre des oiseaux de basse-cour.

Les savants naturalistes, les propagateurs d'espèces rares et nouvelles trouvent dans l'invention de M. Vallée un puissant, un indispensable auxiliaire; et c'est à ce titre que notre honoré collègue M. Geoffroy-Saint-Hilaire, président de la *Société zoologique d'acclimatation*, nous recommande vivement la *Couveuse artificielle*. Nous y voyons aussi le moyen d'accroître nos ressources alimentaires, sans contraindre, dans l'immobilisation du plus mobile des êtres, comme le dit poétiquement M. Michelet, la femelle captive, au *dur labeur de l'incubation.*

A M. Vallée, que ses chefs estiment, qui depuis dix-huit ans seconde avec intelligence et dévouement notre vénéré maître, M. Duméril, et rend à l'administration du Muséum des services exceptionnels, une médaille d'argent est offerte par la Société.

ALIMENTATION DES SANGSUES PAR DES PROCÉDÉS QUI EXCLUENT LE SANG DES ANIMAUX VIVANTS. — MM. HARREAUX, BORNE, SAUVÉ, LAIGNIEZ.

L'an dernier, notre voix s'élevait dans cette enceinte contre les barbares procédés des éleveurs de sangsues qui leur livrent en pâture des milliers de chevaux. Presque tous vieux, tarés, infirmes, ils succombent bientôt d'épuisement. M. Boué, maire de Cussac, écrivait, en 1853, au conseil d'hygiène et de salubrité de la Gironde : « ... Il ne m'appartient pas de discuter ici si les lois humanitaires qui défendent de maltraiter les animaux domestiques permettent de les faire manger vivants ; mais, ayant remarqué ces jours-ci, des rives du fort Médoc au chenal de Beycheville (distance de 3 à 4 kilomètres), dix-sept chevaux morts, charriés par les flots et jetés sur la grève où ils exhalaient les miasmes les plus délétères, je viens vous demander si ces odeurs fétides ne pourraient pas compromettre la santé des habitants riverains, et si ces cadavres ne sont pas susceptibles de corrompre l'eau de la rivière, la seule qu'ils boivent... »

Le 28 juin de la même année, le maire de Bordeaux déclarait que la mortalité avait été considérable parmi les chevaux, dans les marais à sangsues, et que, dans ce dernier mois, elle avait dépassé trois cents : « Il m'est arrivé, dit M. Yvoy, vice-président de la *Société d'agriculture de la Gironde*, en traversant les marais de Parempuyre, de compter plus de quinze chevaux morts ou couchés pour ne plus se relever... Quand ils sont tombés dans des lieux très en vue du public, on les enterre ; mais le plus souvent, les oiseaux de proie et les chiens sont chargés de les faire disparaître. »

Plusieurs milliers de chevaux sont ainsi sacrifiés, chaque année, à cette industrie de sauvages ; elle donne aux éleveurs d'énormes bénéfices... Ce n'est pas le lieu de vous en raconter les horribles détails. Vous les lirez dans notre *Bulletin* et dans deux bons livres de nos correspondants, les *Études hygiéniques* du docteur Levieux, de Bordeaux, et la *Pisciculture* de M. Auguste Jourdier, de Versailles. Je dois me borner à vous dire que le sang puisé aux veines de l'animal vivant n'est pas indispensable pour élever fructueusement et propager les sangsues. Le docteur Harreaux, de Grouville-Saint-Léger, l'a démontré scientifiquement et pratiquement le premier; après lui, M. Borne, modeste, mais intelligent épicier de Clair-Fontaine, a créé des marais salubres où les annélides, nourries du sang pris aux abattoirs, prospèrent et sont pour l'éleveur une source de bien-être légitime et de récompenses méritées; ailleurs, à la Rochelle, le docteur Sauvé, par des procédés analogues, mais qui diffèrent, dans des détails bien étudiés, obtient d'aussi heureux résultats; à Laval, M. Laignez, pharmacien, s'applique avec une persévérance digne de succès et d'encouragements, à l'hirundiculture, dans un grand marais, sans autre moyen d'alimentation que des grenouilles, des mollusques et des sucs de végétaux. En récompensant par une médaille d'argent M. Borne, et par trois médailles de bronze MM. Harreaux, Sauvé, Laigniez, dont les procédés sont exempts de cruauté, sans danger pour la contagion et pour la santé publique, notre Société protectrice accomplit un devoir : elle appelle de tous ses vœux la réglementation la plus sévère sur l'abominable industrie des éleveurs bordelais.

FABRICATION DE CONDUITES D'EAU EN BOIS.

Les conduites d'eau en bois sont connues depuis des siècles; on en trouve partout dans les pays montueux là où les bois de sapins ne sont pas d'un prix élevé. Comme ils se pourrissent facilement, leur usage resterait limité à ces contrées si on n'avait trouvé le moyen d'obvier à cet inconvénient. On y parvient en les entourant de bitume. Les tuyaux ainsi garnis sont préférables à tous les autres, quoiqu'ils ne puissent supporter de fortes pressions. Ils sont très-avantageux pour conduire l'eau, le gaz, etc. Ils l'emportent sur ceux en fonte parce qu'ils ne sont pas attaqués par les agents chimiques, et qu'ils sont d'un transport plus facile; et sur ceux en fer-blanc, parce que ceux-ci, quoique aussi légers, ne présentent pas la même solidité, à cause du manque d'adhérence du bitume.

Le percement des tuyaux de bois ne présente pas de difficultés; mais on perd beaucoup de bois, et c'est ce qu'il importe d'éviter afin de pouvoir les livrer à bon marché. L'on s'y prend de la manière suivante: Qu'on s'imagine un cylindre vertical en tôle, mis en rapport avec une machine à vapeur qui lui imprime un mouvement de rotation autour de son axe. A la partie supérieure de ce cylindre est une scie cylindrique divisée en deux parties, comme une mèche de villebrequin. Le cylindre doit être solidement fixé dans sa position. La pièce de sapin est disposée verticalement sur le cylindre, et pèse sur la scie de tout son poids. Elle est retenue par des colliers mobiles auxquels s'accrochent des cordes qui s'enroulent sur une sorte de treuil placé au-dessus. Un ouvrier lâche la corde et fait descendre la pièce de bois, de manière que le travail s'accomplisse d'un façon régulière. La machine est mise en mouvement avec une grande vitesse de rotation. La scie pénètre dans le bois en produisant un vide qui n'est pas plus large que l'épaisseur de la tôle. Les copeaux tombent tout seuls. De cette manière la scie découpe un rouleau et laisse un tuyau suspendu à la corde. Si l'on coupe le tuyau dans un gros tronc, il reste un rouleau assez gros pour qu'on puisse y découper un second tuyau plus étroit. De cette manière, un tronc de 0m 40 (16 pouces) d'épaisseur peut donner trois tuyaux, dont le premier a 0m 40, le deuxième 0m 162, et le troisième 0m 054 de diamètre intérieur. Ainsi, il n'y a pas de bois perdu; les copeaux sont employés au chauffage de la machine à vapeur, et les rouleaux qu'on retire des tuyaux les plus petits sont employés à différents usages.

Les tuyaux fabriqués de cette manière ont à peu près la longueur de 2 mètres. On commence par enlever l'écorce des troncs, puis on les travaille à la hache, et enfin on les perce. Pour arrondir l'extérieur des tuyaux qui ne proviennent pas de tuyaux plus larges, on les traite comme si l'on voulait avoir un tuyau encore plus gros. On n'a pas besoin d'apporter un grand soin dans ce travail, car le bitume n'adhère que mieux au bois rugueux.

On plonge les tuyaux ainsi préparés dans un grand vase rempli de bitume, et on les y laisse longtemps, afin que le bois s'en imprègne bien de l'intérieur à l'extérieur. La fluidité du bitume doit être telle qu'il n'en reste qu'une légère couche à la surface du bois. On les plonge alors dans un autre vase semblable au premier et rempli de bitume plus visqueux, afin que le bois se couvre d'une couche plus épaisse. On roule alors les cylindres dans le sable afin de consolider davantage l'enduit bitumeux.

Les tuyaux doivent être joints ensemble, de manière à ne pas laisser de jours par lesquels l'eau ou le gaz puisse s'échapper. On obtient ce résultat en les vissant les uns à la suite des autres. A une extrémité de chaque tuyau, on met une garniture intérieure en fer formant un écrou; à l'autre extrémité, on emmanche une autre garniture en fer, munie d'un vis qui a le même pas que l'écrou, et l'on visse ainsi bout à bout les différentes parties de la conduite entière. Quand cette opération est faite avec soin, cette jointure ne laisse rien à désirer.

Ces tuyaux se montrent dans tous les cas très-avantageux, puisqu'ils peuvent supporter une pression de huit atmosphères, ce qui suffit, et au delà, dans la plupart des cas. Si cependant ils avaient à supporter des pressions plus fortes, on peut les entourer de cercles de tôle qui augmentent considérablement leur solidité.

PROJECTILE DE SAUVETAGE.

Système de Bertinetti.

Le principal obstacle que rencontre l'emploi des projectiles comme moyen de sauvetage dans le cas, par exemple, où il s'agit d'établir une communication entre un navire en détresse et la côte voisine; le principal obstacle, disons-nous, réside dans la vitesse initiale du boulet qui a pour effet de rompre la corde lorsque le projectile sort de la pièce.

Un Piémontais, M. Bertinetti, vient de surmonter très-heureusement cette difficulté, en subdivisant l'opération en deux temps distincts.

D'abord, la corde qu'il s'agit de lancer est en soie, afin de la rendre aussi forte que possible sous un poids et un volume donnés. Elle se compose de trois petits torons, formés chacun d'un certain nombre de cordonnets.

Une moitié de cette corde est contenue dans le projectile; l'autre moitié est enroulée à terre, à côté de la pièce qui doit lancer le projectile.

Inutile d'ajouter que toutes les précautions sont prises pour que la corde puisse aisément se dérouler.

Les choses étant ainsi disposées, on attache le milieu de la corde à la baguette directrice d'une forte fusée à laquelle on met le feu. Cette fusée emmène avec elle la corde en double, et lorsqu'elle est arrivée au point culminant de la trajectoire qu'elle décrit, on met le feu à la pièce d'artillerie, qui chasse le projectile.

Il résulte de cette manière d'opérer, que la corde flottant dans l'air sur une grande longueur, ne reçoit pas ce choc brusque qui la romprait si elle devait instantanément passer du repos à l'excessive vitesse. De plus, lorque le projectile, par son mouvement progressif, tend de nouveau la corde, après l'avoir dédoublée, sa vitesse se trouve déjà considérablement ralentie.

Le projectile a la propriété de surnager, de manière à maintenir la corde à la surface de l'eau; il est en outre imperméable et incombustible. Sa solidité lui permet de recevoir sans se rompre le choc d'une charge de poudre capable de le lancer à une distance de 500 ou 700 mètres, suivant que l'on emploie à cet usage des calibres de 16 ou de 27 centimètres.

Le système de M. Bertinetti a été expérimenté à Cherbourg avec succès, sous la direction de M. le préfet maritime, et conformément aux ordres du gouvernement français.

Un journal belge, le *Moniteur des intérêts matériels*, annonce que l'inventeur a fait fondre à Liége deux pièces d'artillerie montées sur des affûts spéciaux, reposant sur des plateformes à roulettes, afin de pouvoir facilement les établir sur le pont d'un navire, et en faire usage sans perte de temps.

C'est évidemment là une de ces inventions qu'on ne saurait trop propager dans l'intérêt des navigateurs que leur profession expose à des dangers si multipliés.

GÉNÉRATION DES VERS CESTOIDES.

L'article suivant, extrait des *Annales de la Société de Médecine de Gand*, résume les idées nouvelles sur l'intéressant sujet de la génération des vers intestinaux.

La question de la génération des vers intestinaux chez l'homme et chez les animaux a été entourée pendant très longtemps de beaucoup d'obcurité. La vieille hypothèse de la génération spontanée est aujourd'hui presque généralement abandonnée.

Tous les médecins connaissent les vers aplatis et rubanés auxquels on donne le nom de *tænias*. On en observe chez l'homme deux variétés bien démontrées : le tænia lata ou botriocéphale, qui ne se rencontre pas en Belgique, et le solium ou cucurbitain, qui est propre à notre pays. D'après des observations faites tout récemment, il paraîtrait qu'une troisième, le tænia mediocanellata, se rencontrerait aussi en Belgique.

La tête du cucurbitain est petite et munie de quatre suçoirs, avec une couronne formée de crochets pointus. Les anneaux sont aplatis ; les plus rapprochés de la tête sont les plus jeunes, les moins développés et, par conséquent, les plus petits ; plus un anneau est éloigné de la tête, plus il est ancien et plus il a acquis de développement et de grandeur. Les derniers anneaux peuvent se détacher, se contracter et produire ainsi des mouvements. C'est pour cette raison qu'ils ont été décrits quelquefois comme une espèce particulière de vers.

Latéralement, à travers les anneaux, s'étendent deux canaux qu'on regarde comme des tubes digestifs : ces canaux sont réunis dans chaque anneau par un vaisseau transversal. Les vaisseaux sanguins se continuent dans le sens de la longueur, à travers tous les anneaux. Les tænias sont hermaphrodites : chacun des nombreux anneaux possède des organes génitaux mâles et femelles, qui s'ouvrent chez le tænia solium sur le côté des anneaux : ces organes femelles sont remplis d'un très grand nombre d'œufs, qui sont pourvus d'une enveloppe calcaire, et peuvent ainsi, même sous l'influence de circonstances défavorables, conserver longtemps leur fécondité. — Plus les anneaux du tænia sont vieux, plus leur appareil génital est développé et rempli d'œufs fécondés. Dans quelques-uns de ceux-ci, on peut exceptionnellement déjà reconnaître l'embryon. Les anneaux mûrs se détachent isolément ou en chaînes entières ; et c'est ainsi que par les excréments se sèment des milliers de germes de tænia. Une grande partie d'entre eux périt, mais une autre partie arrive dans des conditions qui permettent son développement, avant que le germe, protégé qu'il est par l'enveloppe calcaire, ne soit détruit. L'embryon abandonne alors l'œuf, mais dans une forme tout fait différente de celle du tænia ou d'une de ses parties. Cet embryon, sous forme de corpuscule microscopique, est armé de crochets pointus qui se meuvent dans tous les sens, et c'est cette disposition anatomique qui facilite singulièrement ses voyages, et surtout sa pénétration, à travers les tissus des animaux, dans lesquels les œufs de tænia ont été introduits. Arrivés, en forant et en creusant, dans l'un ou l'autre organe, une capsule ou kiste se forme autour d'eux. Là leur développement se prépare, et ils attendent l'occasion favorable pour arriver à un endroit qui réunisse toutes les conditions nécessaires à leur développement complet.

Ces embryons enkistés subissent des changements remarquables. D'abord les crochets, avec lesquels l'embryon s'est foré le passage, tombent. Son corps représente alors une vésicule, qui grandit simultanément avec le kiste qui l'entoure. A l'intérieur du corps embryonnaire, s'élève un bourgeon, qui se transforme peu à peu en tête de la future larve. Ce bouton se garnit de suçoirs, le cou se dessine, s'allonge et les crochets apparaissent peu à peu. Enfin, la larve toute formée se renverse hors de sa vésicule. Ce sont ces larves de tænias, qui manquent d'appareils reproducteur et digestif spéciaux, que, jusque dans ces derniers temps, on a considéré comme formant un ordre à part et que l'on a décrits sous le nom de vers vésiculaires (cysticerques, échinocoques, cœnures).

Or, de nombreuses observations et expériences directes récentes ont prouvé :

1° Que les vers vésiculaires ne sont que des larves de tænia plus ou moins développées ;

2° Que ce n'est que dans le canal digestif des animaux vertébrés que le tænia peut acquérir son développement parfait, ainsi que la faculté de se reproduire ;

3° Que des œufs de tænia déposés dans le tube gastro-intestinal sont évacués et ne s'y développent jamais.

Ces expériences jettent un jour tout à fait nouveau sur le développement des vers cestoïdes et expliquent plusieurs phénomènes qui présentent un intérêt réel.

Les œufs microscopiques des tænias sont avalés avec les aliments ou les boissons par les animaux, se développent incomplétement dans le tube digestif et de là arrivent dans le tissu cellulaire des organes. La larve se forme, et la chair de l'hôte qui la loge est avalée par l'homme, dans le tube intestinal duquel se fait la transformation du ver vésiculaire en tænia complet. Lorsqu'une larve est parvenue dans le canal intestinal de l'homme, elle s'attache par ses suçoirs entre les villosités de la muqueuse de l'intestin grêle, y implante ses crochets, et bientôt son extrémité postérieure se prolonge en une vésicule oblongue. Au fur et à mesure que celle-ci s'allonge, il y apparaît des rides transversales, qui deviennent toujours plus profondes. C'est ainsi qu'il naît constamment de la larve de nouveaux petits anneaux qui refoulent les plus anciens. Ceux-ci se développent dans la même proportion ; ils grandissent, leurs organes génitaux se remplissent d'œufs, et, enfin, ils se détachent.

Le nombre des anneaux qu'une seule larve produit va quelquefois à un chiffre immense, mais on n'a pas encore établi combien de temps cette tête peut continuer le rôle producteur.

ACADÉMIE DES SCIENCES (1).

Séance du 23 juin 1856.

COMMUNICATIONS DIVERSES.

M. Vicat, membre correspondant, adresse à l'Académie un mémoire sur l'action saline de l'eau de mer sur les composés hydrauliques en général.

— M. le directeur de l'imprimerie impériale de Vienne (Autriche) fait hommage du commencement d'un grand ouvrage illustré, ayant pour titre : *La Flore autrichienne*. A un premier volume de texte est joint un grand atlas de planches contenant la reproduction fidèle des végétaux, obtenue d'une manière merveilleuse par le passage du végétal lui-même sous un puissant laminoir, dont la pression réussit à fournir, sur un papier préparé à cet effet, des empreintes d'une exactitude inouïe, quant à la finesse des détails et à la vérité du coloris.

INONDATIONS DE LA LOIRE.

Pour confirmer les faits exposés dans son mémoire du 26 mai dernier, M. le commandant Rozet a lu aujourd'hui devant l'Académie, une description des désastres qu'il vient de constater, de ses propres yeux, dans la vallée de la Loire, entre Blois et Tours ; cette portion étant, comme on le sait déjà, celle qui a été le plus horriblement dévastée, entre toutes celles qui l'ont été par les débordements des autres fleuves ou rivières.

Depuis Orléans jusqu'à Nantes, les rives de la Loire présentent un tableau déchirant : toutes les récoltes noyées, enfouies sous les graviers, les sables et les limons ; des villages détruits en partie ; les débris de murs, les toits et les meubles des maisons, emportés à une grande distance, couvrant des champs entiers ; les cadavres des animaux noyés, répandus çà et là ; les cercueils des morts arrachés de terre et portés sur la cime des arbres ; enfin des populations ruinées que nourrit la charité publique.

Dans la crue des premiers jours de juin, les eaux de la Loire se sont tellement élevées en soixante-douze heures, qu'elles ont souvent passé par-dessus les digues chargées de les contenir : ces digues

(1) Dans le dernier N°, à l'article HÉLIOGRAPHIE, au lieu de : « ..... il fait, de plus, avec cet axe, un angle.....» lisez : « la normale au plan de ce miroir fait, de plus, avec cet axe, un angle.....»

ont crevé en plusieurs endroits sous l'énorme pression de l'eau; celle-ci s'est alors précipitée par les brèches, en roulant comme une avalanche et emportant tout ce qui se trouvait sur son passage, murs, maisons et même des châteaux solidement construits.

La première brèche visitée par M. Rozet a été celle d'Onzain, en face de la station du chemin de fer : il en est sorti un énorme cône de déjection, formé de pierres, de graviers et de sables, qui s'étend jusqu'au-delà des bâtiments de la station. Or, chose remarquable, à l'ouest de ce cône, un petit bois taillis, dont les plants n'ont que trois mètres de haut, a suffi pour arrêter les graviers, qui ne l'ont pas envahi sur une largeur de plus de vingt mètres. Le cône de déjection, en suivant deux lisières de bois perpendiculaires, s'est étendu fort loin au nord et à l'ouest. Dans le bois, il s'est formé un dépôt de limon ayant plus d'un décimètre d'épaisseur. De l'autre côté, une vigne a aussi arrêté les graviers, et ses ceps ont été recouverts d'un dépôt limoneux presque aussi profond que celui du bois. Les graviers et les sables sont venus se déposer contre les haies du chemin de fer, qui n'ont pas un mètre de haut, en formant une longue bande dans le sens du courant. Les dépressions qui séparaient les sillons des champs perpendiculaires à ce même courant ont été comblées par des dépôts de limon et de sable, tandis que celles qui se trouvaient dans sa direction ont été creusées. Les blés eux-mêmes ont été recouverts d'un dépôt de limon, déterminé par la faible résistance de leurs tiges.

A Amboise, une immense brèche s'est ouverte en face encore de la station du chemin de fer; le flot qui l'a traversée a emporté plus de vingt maisons qui avoisinaient la gare, fait crouler plusieurs bâtiments de celle-ci, détruit la voie en l'affouillant sur une grande longueur et en se creusant un lit profond que l'on ne pourra peut-être jamais dessécher. Ici le cône de déjection est immense: il se compose de pierres, de débris de murailles, de graviers et de sables, sur une longueur de plus de quatre cents mètres. A côté de ce cône se trouvent encore des vignes et des jardins bordés de haies, recouverts d'un dépôt de limon et dans l'intérieur desquels des maisons sont restées debout.

Près le pont de Mont-Louis, une vaste brèche s'est ouverte dans la digue de la Loire, et, de ce côté, les cultures sont maintenant enfouies sous une masse de pierres, de graviers et de sables.

A Saint-Pierre-des-Corps, à l'embouchure du canal qui joint le Cher et la Loire, l'eau passant sous le pont, après avoir affouillé les culées, a pratiqué une large brèche. Arrêtée par la première écluse, qui était fermée, elle s'éleva ensuite rapidement entre les deux digues. Une masse de travailleurs jetait alors des pierres, des troncs d'arbres, des sacs de chaux hydraulique le long de la digue occidentale, dont la destruction eût entraîné celle de Tours. Malgré tous les efforts, cette digue croulait, lorsque, avec un fracas épouvantable, celle de l'Est céda, donnant passage à une montagne d'eau qui se précipita sur le village, dont elle emporta dix maisons. Le courant, amorti par les haies des jardins, inonda les autres jusqu'aux toits sans les renverser. Suivant alors la berge du canal, l'eau s'étendit dans la plaine jusqu'à la chaussée du chemin de fer d'Orléans; mais là, rencontrant celle du Cher qui avait passé sur la brèche de Roche-Pinard, un exhaussement considérable eut lieu; les deux ondes réunies débordèrent la levée du canal; celui-ci fut subitement comblé, et la berge occidentale, couverte dans toute sa longueur, fut crevée en deux endroits. Tout est rasé en face de ces deux brèches, d'où partent maintenant des cônes de déjection sous lesquels les cultures ont disparu.

Ici encore, de simples haies d'aubépines, qui n'ont pas deux mètres de hauteur, ont préservé des maisons et déterminé de puissants dépôts de limon dans les enclos qu'elles limitent.

La Loire et le Cher réunis couvrent maintenant la plaine, depuis le canal jusqu'à la route de Bordeaux. Toute la belle gare de Tours est inondée jusqu'à trois mètres de hauteur, et l'eau pénètre dans la ville par plusieurs issues. Quand des murs s'opposent à son passage, elle s'élève contre, les renverse et anéantit les maisons qui sont derrière. C'est ainsi que les maisons du faubourg Saint-Etienne ont été emportées : deux ont été tellement affouillées, qu'il n'existe plus à leur place que de profondes excavations remplies d'une eau noire et infecte.

La levée du Grand-Mont ayant résisté à la fureur du flot, celui-ci est allé se précipiter sous l'arcade du chemin de fer de Nantes; en affouillant les culées, il a brisé le pont en plusieurs morceaux et s'est ouvert un passage de 80 mètres de large, pour aller dévaster la plaine de Saint-Sauveur et le faubourg Saint-Eloy, après avoir détruit le chemin de fer sur une grande longueur.

Toutes les constructions qui existaient devant cette brèche, ont été emportées, et leurs débris se trouvent maintenant dans le cône de déjection qu'elle a formé. Mais à cent mètres au-dessous, une petite pépinière, comprise entre le chemin de fer et son treillage, environnée d'une haie qui n'a pas plus d'un mètre de haut, a détourné les graviers qui se sont jetés sur la droite en décrivant une courbe. Il s'est formé, dans son intérieur, un puissant dépôt de limon, et une cabane en bois, qui s'y trouvait, a été préservée. Au-dessous, des haies de jardins ont encore sauvé les maisons qui ont bien été inondées jusqu'aux toits, mais qui n'ont point été affouillées.

Sur la levée de la route de Chinon, entre le pont Saint-Sauveur et celui de Pont-Cher, des peupliers qui ont quatre et cinq décimètres de diamètre, plantés sur le bord oriental de cette levée, ont tellement préservé ce bord de la destruction, en déterminant des remous, que l'herbe n'a pas même été enlevée. Du côté opposé, l'eau se précipitant d'une hauteur de quatre mètres, la levée a été fortement excavée, et les maisons qui se trouvaient au-dessous, en partie détruites.

Le commandant Rozet examine alors combien ces obstacles, qui viennent de produire de si grands effets, sont inférieurs aux blocs et aux piliers de pierres qu'il propose d'établir le long des torrents, pour en arrêter les dégâts. Des digues criblantes, faites dans les gorges des bassins de réception et dans les principaux étranglements des vallées, empêcheraient l'eau de s'élever subitement dans le lit en aval. Ces moyens pourraient donc, non-seulement prévenir les grandes crues, mais aussi diminuer les dégâts qu'elles causent aujourd'hui dans les plaines.

Il n'y a eu de grands désastres, dans la vallée de la Loire, que sur les points où les digues ont crevé. A Savonnière, à Villandry, à La Chapelle-sur-Loire, où plus de cent maisons ont été rasées, et jusqu'à Nantes, ces désastres proviennent de la même cause, le système d'endiguements employé depuis tant de siècles, et qui doit aujourd'hui être abandonné sans retour.

« J'affirme, dit en terminant M. Rozet, qu'en appliquant à la Loire les moyens que j'ai eu l'honneur de proposer à l'Académie, on préserverait ses rives des grandes inondations, et on la rendrait navigable pendant toute l'année, sur des points que de légers bateaux ne peuvent pas, aujourd'hui, franchir pendant l'été. De plus, ils permettraient de cultiver une assez grande partie du sol compris entre les digues, aussi bien que celui dévasté, dans les montagnes, par le fleuve et ses affluents. Cette culture suffirait enfin pour payer au delà toutes les dépenses qu'entraîneraient ces travaux. »

FÉLIX FOUCOU.

Société impériale et centrale d'Agriculture.

Séances des 28 mai et 4 juin.

DISCUSSION SUR LE CROISEMENT DES RACES.

Dans la séance du 21 mai, la Société d'agriculture ayant ouvert une discussion sur l'opportunité du croisement des races au point de la vue de la reproduction, cette discussion, que nous avions promis de résumer (n° 21, page 167), s'est poursuivie pendant les deux séances du 28 mai et du 4 juin: le sujet qu'elle embrasse est loin d'être épuisé, d'où il suit que la discussion peut être reprise de nouveau; mais dans la dernière séance, elle a fait place, comme on le verra, à une délibération d'urgence sur les remèdes à proposer contre le fléau des inondations dernières. Nous profitons donc de cet instant de répit pour reprendre la question au point où l'avaient laissée les deux principes fondamentaux posés par M. Baudement.

L'honorable membre, en considérant les animaux domestiques, au point de vue industriel, comme des machines que nous exploitons, pense que les principes de l'économie rurale doivent prendre la physiologie pour base; et que, par suite, les règles à observer dans l'exploitation de ces machines doivent être empruntées à l'ensemble de celles dont nous voyons chaque jour la nature se servir sous nos yeux.

L'observation de ces lois nous conduit promptement à apercevoir, suivant la formule générale donnée par M. Milne-Edwards, que la *machine animale se perfectionne en raison de la division du travail physiologique*, autrement dit, du travail de ses diverses fonctions. Le fait capital qui en découle est donc que la perfection de la machine animale consiste dans sa *spécialisation*.

Par *spécialisation*, M. Baudement entend ce système d'améliorations obtenues successivement sur une race donnée, dans le but d'en faire uniquement, soit une race laitière, soit une race pour la boucherie, soit une race pour le travail, au lieu de demander à la même race ces trois fonctions réunies, comme on le fait encore en France aujourd'hui.

Une seconde conséquence du même point de départ est dans la condamnation absolue du *croisement* et du *métissage* comme moyens d'obtenir des reproducteurs, ou de conserver des races pures : ces deux opérations peuvent bien donner d'excellents produits au point de vue de la spéculation, mais il n'en est pas de même si l'on recherche des étalons chargés de perpétuer un type distinct. Pour arriver à ce dernier résultat, il est indispensable de perfectionner la race par elle-même.

Enfin, M. Baudement se demande s'il n'y a rien à faire pour concilier ensemble la rigueur des principes de l'amélioration des races, et la nécessité de fournir vite aux besoins pressés de la consommation. Loin de là, il existe une combinaison qui satisfait à toutes les conditions du problème, et qui repose toute entière sur une distinction rigoureuse entre les animaux envisagés comme *reproducteurs* et les animaux considérés comme *produits*.

Comme reproducteurs, les animaux de race pure, incessamment rapprochés de la perfection, doivent seuls être employés; comme produits, tous les animaux, quelle que soit leur origine, pourvu qu'ils soient bons, doivent être acceptés : voilà qui est pour la méthode à suivre en matière de concours.

Si nous passons maintenant des concours à la production même, il semble aussi que la pratique puisse s'organiser facilement. Là où les races sont parfaites, il ne peut être question que de les conserver avec le plus grand soin : là où elles sont mauvaises ou médiocres, on doit les améliorer en les gardant pures, quand il n'est pas préférable d'avoir recours aux croisements : enfin à côté de ces opérations, peut très utilement s'en placer une troisième qui consisterait à obtenir, avec les femelles de la race inférieure et les mâles de la race parfaite, des produits de croisement ne devant jamais servir à la reproduction, mais pouvant être consommés comme produits.

Tel est, aux yeux de M. Baudement, le système complet qui embrasse l'organisation tout entière de la production animale. On peut trouver les idées de ce professeur plus longuement développées dans un mémoire *sur les Concours d'animaux reproducteurs, dans leurs rapports avec la production animale*, inséré au *Journal d'agriculture pratique*, dans son numéro du 5 juin 1854.

Les opinions que nous venons d'exposer ont rencontré peu d'opposition au sein de la Société; ayant à répondre seulement à quelques exemples de résultats excellents obtenus en dehors de la spécialisation des fonctions, M. Baudement a été amené à s'appuyer sur l'autorité des faits qui s'accomplissent en Angleterre, quant à la production animale et aux concours.

Là, comme en France, quelques éleveurs ont d'abord songé à croiser ou à métisser leurs races avec les plus distinguées; mais on s'est bientôt arrêté dans cette voie. Ainsi, l'on a bien vite renoncé à tirer plusieurs générations successives de croisements entre les Durhams et les West-Highlands, parce que les produits étaient inférieurs à la fois au bétail de la plaine et au bétail de la montagne; mais on poursuit l'opération lucrative qui consiste à former entre les deux mêmes races des produits de premier croisement, qui se placent avantageusement pour la boucherie. Le croisement est, sans doute, très-fréquent en Angleterre, mais dans le but d'obtenir des *produits* auxquels on se garde de confier les fonctions de *reproducteurs*.

Entre temps, M. Baudement a fait l'histoire de la race Durham, dont Colling passe à tort pour être le créateur. Cette race existait depuis longtemps déjà, lorsque cet éleveur, en groupant avec habileté plusieurs autres types déjà perfectionnés de longue main, dans les comtés qui entourent le comté de Durham, parvint à obtenir une rare particulière qui n'est pas le Durham à proprement parler, mais dont les excellentes qualités la firent bientôt rechercher avec faveur.

La spécialité du service, pour l'individu comme pour la race, est l'idée dominante de la production animale en Angleterre, et par suite la base sur laquelle s'organisent les concours. M. Baudement a eu pour but, en exposant ces faits et leurs conséquences, de provoquer dans nos propres concours l'adoption des mêmes principes. F. F.

Société zoologique d'Acclimatation.

Séance du 20 juin.

COMMUNICATIONS DIVERSES.

M. le baron Alexandre de Humbolt, l'un des huit associés étrangers de l'Académie des sciences, ayant été nommé membre honoraire de la Société, lui adresse par écrit, de sa résidence de Postdam, ses remercîments pour la distinction dont elle a bien voulu l'honorer.

— Mgr Ém. Verroles, vicaire apostolique de Mandchourie, en écrivant des rives du Saro, à la date du 9 février dernier, pour remercier la Société de la même nomination en sa faveur, donne quelques détails intéressants sur le ver-à-soie du chêne, appelé dans le pays ver-à-soie de montagne, *chan-kien-tse*.

Ces vers, dans les âpres et durs climats de la Sibérie, éclosent parfois avant la pousse des feuilles de chêne. Les Chinois, pour obvier à cet inconvénient, ont la précaution de couper des rameaux de chêne et de les mettre, le pied seulement, dans l'eau. Les bourgeons se développent ainsi très vite et les vers nouvellement éclos ne sont pas exposés à mourir de faim.

Ces vers craignent non-seulement les oiseaux, mais aussi les insectes, les fourmis, les grenouilles, les serpents, et même les renards, qui en sont très-friands vers l'époque où ils doivent se tourner en chrysalides. Lorsque ces vers ont dévoré les feuilles d'une partie de l'arbre, il faut les transporter sur l'autre partie, ce qui se fait en rompant le rameau sur lequel se trouve la chenille et en le transportant de manière qu'elle-même quitte le rameau et passe sur la branche nouvelle où on veut la mettre.

La soie est, de sa nature, moins belle, plus grossière, plus rustique et par cela même plus forte que celle des vers du mûrier; celle obtenue au printemps est plus blanche que celle de l'automne.

M. Verroles envoie, en outre, quelques graines d'une sorte de canne de pays, qui est, dit-on, très sucrée. Sa culture est fort simple et ne demande aucun soin spécial : on la sème chaque année en mai; en France, on devrait s'y prendre dès le mois d'avril et choisir les provinces méridionales pour son acclimatation, car lorsque le froid rigoureux de l'hiver est passé, la Sibérie jouit d'une végétation très forte et très rapide.

— M. V. Chatel, membre de la Société, adresse une circulaire dans laquelle il soumet quelques moyens propres à remplacer le mieux possible, cette année même, les récoltes détruites par les eaux.

La culture des pommes de terre précoces, et, entre autres, de la pomme de terre Marjolin ou quarantaine; le sarrasin ou blé noir; l'orge, les navets hâtifs, les carottes hâtives, les betteraves, le maïs et le sorgho, telles sont les plantations que M. Chatel propose d'adapter immédiatement à l'état du sol. La culture en billons ou ados, ou du moins la plantation presque superficielle, lui semble indispensable, afin d'éviter l'humidité et de hâter le développement de la végétation pour les tubercules.

Quelle que soit la culture que l'on adopte, partout où les récoltes sont perdues ou avariées, il faut se hâter, à mesure que les eaux se retirent, de mettre la terre en billons ou ados pour en faciliter l'égouttement, et enfouir en même temps ces récoltes, ce qui procurera au sol une énergique fumure verte.

M. Chatel se demande en outre si, dans l'intérêt des cultivateurs, comme dans celui de la salubrité publique, l'enfouissement, *aussi immédiat que possible*, des récoltes détruites, ne devrait pas être exigé par l'autorité, et si l'armée ne pourrait pas être employée à ce travail, partout où il sera besoin.

FRAYÈRES ARTIFICIELLES.

M. Millet a présenté, de vive voix, quelques-unes de ses vues sur les moyens les plus efficaces pour assurer le repeuplement des eaux de la France.

De cette exposition succincte, il résulterait que les procédés de fécondation artificielle, employés jusqu'à ce jour, auraient plutôt amené le dépeuplement que le repeuplement des eaux; en effet, les influences atmosphériques dont il est très-difficile, dans la pratique, de tenir rigoureusement compte, accélèrent ou retardent la maturité des œufs, et exposent le pisciculteur à des insuccès fréquents, surtout pour les poissons herbivores, tels que la carpe e la tanche.

En observant les mœurs des poissons à l'époque de la ponte, M. Millet a été conduit à substituer les *frayères artificielles* au mode de fécondation aujourd'hui usité. La Société a eu sous les yeux deux de ces nouveaux appareils, l'un destiné aux poissons qui, comme les truites, déposent leurs œufs dans les interstices des cailloux et les recouvrent avec du gravier; l'autre disposé particulièrement pour les poissons qui se nourrissent au milieu des herbes aquatiques.

La première de ces deux frayères artificielles est une petite caisse en bois, munie d'un grillage et d'un double fond; on en dispose un certain nombre au fond de l'eau, et les truites viennent déposer leurs œufs dans les pierres qui les y maintiennent. En retirant alors le double fonds on peut transporter, n'importe à quelle distance, ces œufs tous fécondés.

La seconde frayère est un assemblage de brins de balai posés verticalement sur un cadre en bois. L'un des pieds est fixé au fond, et l'autre maintenu flottant entre deux eaux; cette disposition particulière lui permet d'échapper à ces brusques changements de niveau qui, on le sait, amènent aujourd'hui la destruction d'une quantité d'œufs considérable. La carpe dépose alors ses œufs sur ces brins de balai, dont l'élasticité est favorable à l'opération de la ponte, et une abondante récolte d'œufs fécondés peut être encore, de cette sorte, transportée à grande distance.

M. Millet donne ainsi le moyen d'organiser, par une dépense préalable de deux ou trois francs, des frayères en assez grand nombre pour récolter plusieurs millions d'œufs.

ZETOUTT D'ALGÉRIE.

M. Alfred de Caussenne envoie de la Safia (Algérie), quelques échantillons d'une plante alimentaire recueillie par lui dans une forêt de chênes-liéges de cette localité. Cette plante, appelée *zetoutt* par les Arabes qui en sont très-friands, croît à l'état sauvage dans les forêts et les terrains humides. Sa tige ressemble assez à celle du narcisse sauvage; la partie alimentaire se compose d'un oignon qui ne dépasse guère la dimension d'une noisette.

Le zetoutt fleurit au printemps en même temps que les iris et les jonquilles; dès qu'il est en fleur, les femmes arabes s'empressent de le récolter. Pour le manger, elles dépouillent l'oignon de la pellicule qui le recouvre et le font cuire dans le beurre ou dans l'eau, pour le convertir en pâte et en faire des gâteaux dans le genre de ceux de pomme de terre.

Cette plante est farineuse et a un goût très-fin. Pendant l'hiver, les sangliers en sont très-friands, et ce sont les fouilles de ces animaux qui guident les Arabes dans la recherche du zetoutt.

Il est probable qu'au moyen d'une culture sarclée l'on pourra accroître le volume de ce nouvel oignon, et arriver ainsi à introduire dans l'industrie agricole et maraîchère de la France, un produit qui, en se vulgarisant, peut devenir une ressource précieuse.

LAINE MÉRINOS-MAUCHAMP.

M. le docteur A. Millod a entretenu la Société de la laine mérinos-Mauchamp, provenant de la ménagerie du Muséum d'histoire naturelle.

Les cinq toisons en suint qui ont servi aux expériences pesaient 8 kil. en tout, et 7 kil. 400 gr. après le triage. Les caractères de cette laine lui ont fait donner avec raison le nom de *cachemire indigène*.

La petite quantité de laine reçue par M. Millod ne lui a point permis de faire une filature comparée, et tout le fil qu'il a montré à la Société est peigné. Seulement il a pu lui soumettre un ruban de laine avant le peignage et un ruban de laine peignée, de manière à juger de la différence entre ces deux préparations.

A ces deux échantillons étaient joints encore la blouse, le duvet de peignage et des étoffes; ces dernières ont été fabriquées pour la Société par M. Sabran qui a présenté, à propos du tissage de cette laine, quelques observations générales; les manutentions de blanchiment ou plutôt de dégorgeage et de teinture, semblent faire perdre à la laine Mauchamp une partie de sa douceur; mais la faute en est moins à la laine qu'aux manutentionneurs, non encore habitués au traitement de cette matière.

M. Sabran pense aussi qu'avec plus de suite et en opérant sur de plus grandes quantités, il serait possible de faire mieux encore. Néanmoins, les échantillons mis sous les yeux de la société ont paru déjà très-beaux, notamment un *cache-nez*, choisi pour le tissage à cause de la douceur de la laine.

Des remerciements ont été adressés à M. Sabran et au docteur Millod, pour leur intéressant travail.

— Cette séance était la dernière de la présente session; M. le Président, en annonçant la rentrée de la Société pour le mois de décembre prochain, a invité MM. les Membres qui vont se mettre en voyage, à réunir le plus de documents possible pour la distribution des récompenses qui doit avoir lieu au mois de février suivant.

Nous donnerons dans le prochain numéro, un extrait de quelques autres travaux très-intéressants qui ont été lus dans cette séance, à savoir : 1° une note de M. Dareste, sur l'emploi industriel de l'huile du ricin, dont on connaît le rendement considérable, et qui croît naturellement et en grande abondance dans notre colonie d'Afrique: 2° un plan d'oisellerie ou volaillerie à créer dans les landes et terres incultes, par M. Jules de Liron d'Airolles : 3° un nouveau procédé d'apiculture par M. Lupé Pénard, cultivateur à Cormost (Aube); 4° des renseignements pleins d'intérêt sur les végétaux cultivés à la pépinière centrale du gouvernement, en Algérie; 5° enfin, une note complémentaire sur le Sorgho, lue au nom de M. Turrel (de Toulon), par M. Albert Geoffroy-Saint-Hilaire.

F. F.

VARIÉTÉS.

Cauchemar intermittent.

M. le docteur Ferrez a publié, dans la *Gazette médicale de Lyon*, la curieuse observation d'un officier espagnol, qui vit se renouveler pour son propre compte le terrible épisode de la *Nonne sanglante*, dans lequel un malheureux halluciné voit chaque nuit un fantôme s'approcher de son lit, sent son haleine glacée et en reçoit les embrassements. Ce qu'un écrivain célèbre a imaginé dans un roman, jadis fameux, a réellement eu lieu chez cet officier, dont les veilles trop prolongées et les peines morales avaient surexcité la sensibilité nerveuse.

Cet homme, d'une constitution athlétique, mais d'un tempérament nerveux très-prononcé, avait vu sa fille, pour laquelle il éprouvait la plus vive tendresse, sur le point de mourir à la suite d'une hémorrhagie utérine qui se renouvela plusieurs fois et mit pendant longtemps ses jours en danger. Il passa près de quarante nuits sans sommeil. Chaque soir, à minuit, il arrivait au pied de son lit, s'y établissait, et aucune fatigue ne pouvait le distraire des soins affectueux qu'il prodiguait à sa chère malade. Enfin son dévouement fut récompensé; les accidents se calmèrent, et sa fille fut rendue à la santé. Exténué, pâle, amaigri autant par les tortures morales que par les fatigues corporelles, il voulut alors jouir d'un repos dont il avait tant besoin, mais il lui fut impossible de se livrer au sommeil, ou s'il s'endormait, chose bien singulière, à l'heure de minuit, il était pris d'un horrible cauchemar qui le mettait dans un tel état d'agitation et de souffrance que, s'il ne fût survenu plusieurs fois une hémorrhagie nasale, il serait très-probablement mort d'apoplexie.

Ce fut en vain qu'il usa de mille moyens pour rappeler le sommeil ou pour dissiper ces rêves qui l'obsédaient; loin de s'affaiblir, le cauchemar qui le poursuivait semblait au contraire prendre plus d'intensité, et il survenait du reste avec constance et précision à l'heure de minuit.

Ces accidents furent encore fort aggravés par une circonstance fortuite qui donna à son cauchemar habituel un caractère plus fâcheux. La convalescence de sa fille était déclarée, et depuis longtemps déjà on n'avait plus d'inquiétude sur sa santé, mais cette jeune femme perdait ses cheveux, et son père résolut d'en arrêter la chute en lui rasant la tête, ce qu'il fit lui-même sans prévoir les tristes conséquences que cette opération aurait pour lui. En effet, la nuit suivante, à l'heure ordinaire et pendant qu'il était plongé dans un profond sommeil, un point lumineux lui apparut au fond de sa chambre, tourna rapidement en l'entourant d'un cercle immense qui peu à peu se rétrécit, et bientôt il reconnut avec horreur que cet objet était la tête de sa fille fraîchement coupée et laissant échapper des flots de sang par la plaie du cou. Il veut courir pour étancher ce sang, mais une force invincible le retient cloué sur son lit ; il veut crier, et la parole expire sur ses lèvres; enfin il s'éveille dans un tel état d'agitation et de douleur que, si une forte hémorrhagie nasale ne fût survenue, une attaque d'apoplexie semblait imminente.

De si vives souffrances eurent bientôt épuisé sa constitution; le malade s'amaigrit rapidement, et son état semblait assez alarmant, lorsqu'il vint consulter M. le docteur Ferrez. Il avait, du reste, caché avec soin à sa famille les illusions dont il était victime. M. Ferrez lui conseilla au contraire d'en informer les siens, afin de trouver dans leurs soins et leur affection un remède à ses maux. Il prescrivit ensuite différents moyens propres à calmer l'agitation à laquelle il était en proie, mais la tendresse filiale devait trouver un remède plus efficace que les prescriptions du médecin. Dès que la jeune femme fut instruite des accidents qu'éprouvait son père, elle le fit surveiller attentivement pendant son sommeil, et prit soin de l'éveiller avant minuit, heure fatale à laquelle commençaient les rêves pénibles. Par cette simple précaution, on prévint le retour du cauchemar, et peu à peu l'agitation, les maux de tête, les crampes se dissipèrent, et le malade se trouva entièrement débarrassé de l'insomnie et des rêves qui l'avaient si cruellement obsédé.

FAITS DIVERS.

L'HUILE DU COTONNIER. — Nous apprenons, dit l'*Invention*, qu'il se monte aux États-Unis une nouvelle industrie qui a pour but l'extraction de l'huile que contient la graine du cotonnier.

C'est à l'état embryonnaire que la graine est recueillie de l'arbre, et que l'huile s'en retire. Les procédés d'extraction sont les mêmes que pour les graines de chénevis, colza, navette, etc., ils consistent à broyer et à presser, à chaud ou à froid, la graine. L'huile fournie est verte, inodore, d'un goût fort agréable ; elle est siccative et peut avantageusement servir pour les peintures, les vernis, les savons.

Les profits en huile retirés d'un plan de cotonniers sont supérieurs à ceux retirés en coton ; mais il convient, quand on veut obtenir un bon rendement, d'alterner les récoltes, c'est-à-dire, de faire de la graine d'abord et du coton ensuite.

LES VAISSEAUX EN CHEMIN DE FER. — Un correspondant du *Scientific American*, M. Onslow (G.-B.), a étudié un moyen de transport d'une originalité toute nouvelle; il s'agit de transporter les vaisseaux d'un océan à l'autre, en passant l'isthme de Suez.

Il propose d'établir en fait de station deux docks extrêmes, et dans ces docks un bâtis en charpente capable de tenir en équilibre la coque d'un vaisseau ; aux heures de marées, les bâtiments viendraient se loger dans leur beffroi; ce beffroi reposerait sur un nombre de rails suffisants, et le moteur serait la locomotive.

Ce vaste projet est maintenant discuté dans les sociétés savantes de New-York, comme ici on étudie la même question, le percement de l'isthme de Suez.

Nous ferons observer, seulement que la mer Méditerranée n'a point ou presque point de marée sur la côte d'Egypte.

L'ASILE DES IDIOTS A SYRACUSE (NEW-YORK). — Les États-Unis comptent déjà plusieurs établissements pour les idiots. Massachusetts en a deux; Pensylvanie, un; Ohio, Kentucky et Connecticut ont pris des mesures législatives pour fonder les leurs, mais New-York, dit le *Courrier des États-Unis*, a tout dépassé.

Sur une des hauteurs qui dominent Syracuse, une ferme a été achetée, un monument de 50,000 liv. sterl. a été élevé. On a déjà réuni plus de 90 idiots. Là, sous la direction de deux médecins, surveillés, soignés, amusés, instruits, occupés incessamment par un corps nombreux de nourrices, de gardiens, d'institutrices, de musiciens, de gymnastes et de jardiniers, les idiots apparaissent sous un aspect entièrement nouveau. Sortis de leur isolement, on les voit prendre, petit à petit, une part dans les joies et dans les intérêts de ce monde; ils s'associent à nos connaissances, à nos goûts, à nos travaux, dans la mesure de leur âge et de leurs forces; ils deviennent actifs et aimants, ils rentrent presque tous en peu d'années dans la famille humaine, dont un préjugé barbare les avait exclus. Riches ou pauvres, tous sont admis et traités également, c'est-à-dire fournis de moyens d'amusement et d'instruction tels que l'homme le plus riche ne peut les donner à son fils unique : New-York fait impérialement ce qu'il fait.

Mais il serait injuste de ne pas dire aux efforts de qui de tels résultats sont dus. Le superintendant est un médecin qui a ouvert cet asile — privé d'abord — sans autre capital que son courage et le dévouement de sa femme. Le jeune couple a longtemps eu des idiots jusque dans sa chambre à coucher, avant d'être princièrement entretenu par l'État. Il est sorti victorieux de la lutte. Entouré maintenant d'institutrices aussi pleines de grâce que de talent, de jeunes filles gaies et actives qui soignent en chantant ces enfants repoussés naguère, le docteur H. B. Wilbur est arrivé à une position unique aux Etats-Unis; il est le chef de cette nouvelle branche de la science.

Il serait bien agréable de nommer toutes ces courageuses jeunes femmes, les miss Clarck, Loraing, Yong, Wood, fleurs de charité et d'enthousiasme, à côté desquelles l'idiotie a perdu toute sa hideur ; mais si vous passez à Syracuse, vous les verrez toutes... N'oubliez pas non plus de demander à voir le groupe des plus jeunes et des plus infirmes idiots, tenu depuis cinq ans par Marie-Anne Connoy; votre admiration, comme la mienne, sera la récompense d'un dévouement bien rare.

TONNAGE FLOTTANT DU MONDE CIVILISÉ. — 145,000 vaisseaux, formant un total de 12 millions 904,687 tonneaux, naviguent sur les eaux de notre globe. Les Etats-Unis ont pour leur part 5,500,000 tonneaux, l'Angleterre 5,000,000, l'Allemagne y compris l'Autriche 1,000,000, et la France 746,150.

— Le 1er numéro de l'ISTHME DE SUEZ, *journal de l'union des deux mers*, vient de paraître (1) : nous tiendrons nos lecteurs au courant des progrès de cette intéressante publication dont le programme est tout entier dans ces paroles de M. Ferd. de Lesseps : « Organe et représentant d'un intérêt universel, étranger par le but qu'il se propose à tout esprit de nationalité exclusive, le Journal n'a rien et ne veut rien avoir de commun avec la politique des rivalités internationales et des partis intérieurs. »

BULLETIN BIBLIOGRAPHIQUE.

MÉMOIRE SUR L'ENSILAGE RATIONNEL. Nouveau système pour conserver les grains, d'après les données positives de la science et de la pratique, sans déchet, sans perte de qualité, sans travail, à moindres frais que dans tout autre système; présenté à l'Académie des sciences, le 31 décembre 1855, par M. L. DOYÈRE; in-8°, imprimerie de Paul Dupont, 45, rue de Grenelle-Saint-Honoré.

—EPURES et explications très-détaillées, par M. EUGÈNE LAGO, chef des travaux graphiques et professeur du cours commercial et industriel au lycée d'Auch (Gers), pour construire, sans étude préalable de géométrie ni même de dessin, les nouveaux RELIEFS DE GÉOMÉTRIE ; — admis à l'Exposition universelle de 1855, avec mention honorable. — 1re partie (*de la ligne et du plan*), renfermant les épures des vingt-quatre premiers reliefs pour la géométrie de Lacroix (17e édition), rédigée conformément aux nouveaux programmes, pour l'enseignement des lycées. Ouvrage prescrit pour l'instruction générale, sur le plan d'études. Auch, imprimerie typographique de J. Loubet.

— RÉFORME DE LA GÉOMÉTRIE, par M. Charles Bailly, auteur de la *Théorie de la raison humaine*, 1re livraison, géométrie plane. 1 broch. in-8°, chez Mallet-Bachelier, 55, quai des Grands-Augustins. — La réforme de la géométrie contiendra *cinq livraisons* à 1 franc, qui paraîtront de deux mois en deux mois. En envoyant un mandat de 5 francs, au nom de l'auteur ou de l'éditeur, on recevra, *franco* par la poste, chaque livraison aussitôt qu'elle aura paru.

(1) 25, rue de Verneuil.

Prix d'abonnement pour l'étranger.

Allemagne, 8 fr.;— Suisse, Parme, Plaisance, Modène, 8 fr. 50.— Etats Sardes, Grèce, Crimée, 9 fr.; — Hollande, Angleterre, 10 fr.; — Etats-Unis, Indostan, Turquie, 10 fr. 50; — Belgique, Prusse, Hanôvre, Saxe, Pologne, Russie, Espagne, Portugal, 11 fr.; — Toscane, 12 fr.; — Etats-Romains, 16 fr. 50.

Le propriétaire, rédacteur-gérant :
VICTOR MEUNIER.

PARIS. — IMP. J.-B. GROS ET DONNAUD, SON GENDRE, RUE DES NOYERS, 74.

Deuxième année. — N° 27. Quinze centimes. 6 juillet 1856.

L'AMI DES SCIENCES

BUREAUX D'ABONNEMENT
13, RUE DU JARDINET, 13
Près l'Ecole de Médecine
A PARIS

JOURNAL DU DIMANCHE
SOUS LA DIRECTION DE
VICTOR MEUNIER

ABONNEMENT POUR L'ANNÉE
PARIS, 6 FR.; — DÉPART., 8 FR.
Étranger (Voir à la fin du journal)
ENVOYER UN MANDAT DE POSTE

CÉPHALOMÉTRIE.

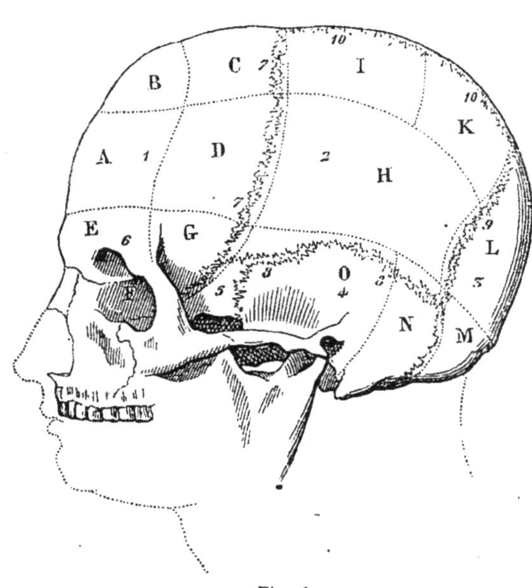

Fig. 1.

Crâne topographié d'après la Céphalométrie.

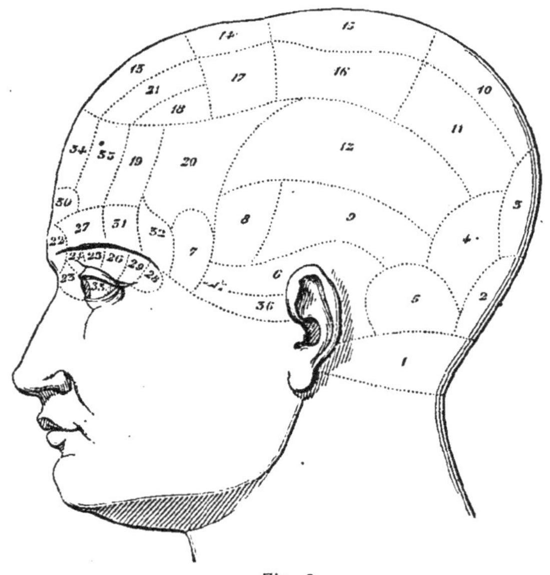

Fig. 2.

Crâne topographié d'après Gall et Surzheim.

Sous ce nom nouveau de Céphalométrie, M. Armand d'Harembert désigne la phrénologie. Il pense avoir apporté à la science de Gall des modifications assez nombreuses et assez profondes pour devoir désigner, par un nom nouveau, l'ensemble de ses vues. Des trente-six protubérances du crâne indiquées par le maître et ses continuateurs, M. d'Harembert n'en reconnaît que quatorze : sept placées sous le frontal sont les organes des facultés de l'âme ; les sept autres recouvertes par les pariétaux, les temporaux et l'occipital, sont les organes de l'instinct et président à la conservation du corps. L'auteur vient de développer son système devant le congrès des sociétés savantes. L'extrait suivant de son discours donnera une idée de l'ensemble de ses vues.

L'homme a reçu quatorze organes primitifs : sept pour les facultés de l'âme, sept pour les instincts.

Ceux des facultés de l'âme sont :

Premièrement, *cinq sens moraux donnés à l'homme seul* pour mettre son âme en rapport avec le monde immatériel, sa patrie :

La pénétration, l'équité, le respect, l'imagination, et l'harmonie.

Deuxièmement, *deux auxiliaires communs aux hommes et aux animaux :*

La mémoire locale, la mémoire des sons.

La pénétration donne à l'homme le pouvoir de comparer ; mariée à l'imagination et à l'harmonie, elle fait naître la causalité, saisit les rapports de la cause à l'effet, crée l'induction, les sciences, ce que l'on appelle l'esprit, qui est bienveillant avec l'équité, religieux avec le respect, ingénieux et pratique avec la mémoire locale, brillant avec la mémoire des mots, etc.

L'équité (sens du juste et de l'injuste, conscience) cause la bienveillance, la sensibilité, l'abnégation, la charité, etc.

L'imagination (idéalité, inspiration, faculté de créer des images, etc.) devient, quand seule elle est puissante et active, la folle du logis ; elle fait, par exemple, la femme romanesque, incomprise, superstitieuse.

L'harmonie crée, avec la mémoire des sons, la musique ; avec celle des formes, l'ordre, le goût, les arts ; avec l'imagination, l'espérance, la poésie ; avec les connaissances acquises, la philosophie. Elle donne l'amour de perfections indéfinies, promesse du Créateur, qui ne peut nous tromper.

La mémoire locale (configuration, individualité, localité, etc.) et la mémoire des sons (mots, langage) ont permis d'écrire le langage, la pensée ; elles marient les sensations morales aux sensations physiques, en donnant aux premières des formes et des noms.

Les organes primitifs pour les instincts, communs aux hommes et aux animaux sont aussi au nombre de sept.

La *circonspection*, la *persévérance*, la *fierté*, la *sympathie*, l'*amour*, la *défensivité*, et l'*alimentivité*.

Comme je l'ai déjà dit, ces instincts, sous l'empire de la raison, résultent de l'action puissante et harmonieuse des facultés de l'âme, sont tous indispensables au bonheur de l'homme; abandonnés à des sens physiques plus imparfaits chez l'homme que ceux de la brute, ils deviennent la source de tous les vices et de tous les malheurs.

Ainsi nous voyons naître :

De la *circonspection*, la prévoyance, la prudence, la sagesse, quelquefois la timidité; ou la ruse, le mensonge et le vol.

De la *persévérance*, la constance, la volonté; ou l'entêtement, l'opiniâtreté.

De la *fierté*, le respect humain, l'émulation, la dignité, l'honneur; ou l'ambition, la vanité, le dédain, la présomption, la fatuité, la coquetterie, l'orgueil, l'envie, la jalousie.

De la *sympathie*, attachement aux personnes, aux objets, aux lieux, l'amitié, la sociabilité, la civilisation; ou la disposition à contracter de mauvaises habitudes.

De l'*amour*, la charité; ou la galanterie, le libertinage, etc.

De la *défensivité*, le noble courage, la susceptibilité; ou la brutalité.

De l'*alimentivité*, instinct de chercher et de prendre la nourriture, remède contre la faim qui est une maladie mortelle, la tempérance; ou la gourmandise, l'ivrognerie et même la cruauté. En effet, sans la raison, le courage qui devient brutal et l'alimentivité qui porte certains animaux à vivre du sang des autres, familiarisant avec la cruauté et même avec le meurtre.

Je crois devoir faire remarquer qu'il y a deux sortes d'instincts, les uns purement mécaniques et qui ne sont pas du ressort de la céphalométrie : l'abeille construisant géométriquement ses cellules, comme l'abaissement de la température congèle géométriquement la nuée qui se change en neige, etc, etc.; les autres, ceux dont je viens de décrire les organes, dirigés par des sensations physiques ou morales : le chien reconnaissant son maître, choisissant sa nourriture, le renard flairant son ennemi caché, l'homme faisant de ce qui n'est pour le mouton que l'attachement, la noble amitié; de ce qui, pour le renard, n'est que circonspection et ruse, la prudence et la sagesse; de la persévérance, la volonté qui n'est autre chose que cet instinct ennobli par la raison, c'est la persévérance raisonnée.

Ces instincts, par l'action répétée des sensations et l'exercice de la mémoire, s'élèvent chez les animaux, comme l'a dit M. Flourens, jusqu'à l'*intelligence*; il aurait dû ajouter, des choses physiques. Car l'homme seul possède la faculté de saisir les rapports des phénomènes, de s'élever à la connaissance de leurs causes, de faire naître ainsi la sagesse, le génie. Il ne faut donc point confondre l'esprit de l'homme avec l'intelligence des animaux.

Si l'homme avait été créé sage, si Dieu lui avait imposé une raison invariable, comme il a imposé aux autres animaux les instincts qui sont invariables, il aurait cessé d'être libre, en perdant sa noble mission, la conquête de la vérité, il aurait perdu toute sa dignité; les erreurs du passé sont un point d'appui pour nous élever indéfiniment vers la vérité.

Si j'ai été assez heureux pour avoir clairement exposé la céphalométrie, il est inutile d'en déduire toutes les conséquences morales, toute son utilité pour l'éducation (qui n'est autre chose que la direction des instincts, dont les organes agissent chez l'enfant longtemps avant ceux des facultés de l'âme), et pour l'instruction qui est la culture de l'esprit, dont on doit s'occuper dès qu'il commence à poindre, car l'activité que l'on donne à ses organes en augmente la force et même le volume.

Et, tout en admettant le vaste génie de Gall, qui a entassé les matériaux précieux au milieu desquels je n'ai eu qu'à choisir pour harmoniser un édifice, il me sera facile de démontrer que ceux des trente-six organes primitifs de la phrénologie, qui n'ont point trouvé place parmi les facultés de l'âme ou les instincts, n'ont pour objet que des facultés composées dont l'esprit du céphalomètre découvrira et harmonisera facilement toutes les nuances.

La justice, par exemple, qui ne peut exister sans le concours de la pénétration, de l'équité, de la persévérance et de la prévoyance, ne pouvait avoir un organe spécial que la phrénologie avait supposé entre ceux de la prévoyance, de la fierté et de la persévérance, avec lesquels les hommes habiles et pervers se font souvent passer pour justes.

La phrénologie ne connaissait pas toute la supériorité qu'elle devait avoir sur la science de Lavater, qui n'indique souvent que le rôle convenant à notre figure et que nous trouvons quelquefois de bon goût de jouer toute notre vie.

L'idée de Dieu et de religion ne pouvait aussi être due à un seul organe; elle est le résultat de l'action puissante de toutes les facultés de l'âme.

La pénétration, en faisant comparer la terre aux millions de mondes qui l'entourent, indique un ordonnateur, esprit infini dont l'équité est la voix, le respect un effet de sa grandeur, que l'imagination cherche et dont l'harmonie qui nous fait rêver des perfections indéfinies est la promesse, etc., etc.

La première science du monde, la plus indispensable au bonheur de l'homme, celle qui doit être l'arbitre et non l'auxiliaire de la philosophie, de la religion et de la politique, la morale qui a pour but la direction de la vie de l'homme, qui seule peut faire mûrir les véritables fruits d'une paix durable, est toute entière dans la domination des facultés de l'âme sur les instincts. Elle a pour point de départ naturel et physiologique la céphalométrie, qui prouve mathématiquement que la raison, résultat de l'action harmonieuse de toutes les facultés de l'âme, doit constamment dominer nos instincts et que l'humanité, sans laquelle l'idée de Dieu n'existerait pas sur la terre, est un temple où le culte est digne du créateur. ARMAND D'HAREMBERT.

Les figures ci-dessus mettent en regard deux têtes topographiées, l'une d'après la céphalométrie, l'autre d'après Gall et Surzheim.

Voici la signification des renvois :

FIGURE I.

Organes pour la faculté de l'âme : A. Pénétration, sagacité comparative. B. Equité, conscience, etc. C. Respect. D. Imagination, idéalité, etc. E. Mémoire locale, configuration, etc. F. Mémoire des sons, des mots, etc. G. Harmonie applicable à la configuration, aux sons, aux idées.

Organes pour les instincts: H. Circonspection, prévoyance. I. Fermeté, persévérance, etc. K. Fierté, estime de soi. L. Sympathie, amitié, sociabilité. M. Amour, instinct de la reproduction. N. Défensivité, courage, etc. O. Alimentativité, instinct de manger pour vivre.

FIGURE II.

ORDRE 1er. *Facultés affectives.* — Genre 1er. Penchants. — 1. Amour, amativité, génération. 2. Philogéniture. 3. Habitativité, nostalgie. 4. Affectionivité, attachement. 5. Courage, combativité, défensivité. 6. Destructivité, cruauté. 36. Alimentivité, gourmandise. 7. Constructivité, mécanisme. 8. Convoitise, acquisivité, vol. 9. Secrévité, ruse, mensonge.

Genre 2e. Sentiments. — 10. Estime de soi, indépendance, amour-propre. 11. Approbativité, ostentation, vanité. 12. Circonspection. 13. Bienveillance. 14. Vénération, Dieu et la religion. 15. Fermeté, opiniâtreté. 16. Justice, conscience. 17. Espérance. 18. Surnaturalité. 19. Causticité, gaieté. 20. Poétique, idéalité. 21. Mimique, imitation.

ORDRE 2e. *Facultés intellectuelles.* — Genre 1er. Facultés

perceptives. — 22. Individualité. 23. Configuration. 24. Étendue. 25. Pesanteur, tactilité. 26. Coloris, peinture. 27. Localité, paysage. 28 Numération, calcul. 29. Ordre, classification. 30. Éventualité, éducabilité, phénomènes. 31. Temps. 32. Mélodie, tons, musique. 33. Langage, sons.

Genre 2e. Facultés réflectives. — 34. Comparaison. 35. Causalité.

ISTHME DE SUEZ.

Nous avons annoncé, dans notre dernier numéro, la création de l'*Isthme de Suez, journal de l'union des deux mers;* en reproduisant aujourd'hui l'éloquent programme de ce nouvel et considérable organe de publicité, nous ne pensons pas seulement faire acte de bonne confraternité, nous croyons remplir un sérieux devoir envers le public. Voici ce programme, signé d'un nom que l'histoire citera parmi les plus glorieux de notre siècle.

Le percement de l'isthme de Suez est une question dès aujourd'hui résolue par la sympathie et le concours de l'opinion universelle.

La faveur unanime et spontanée qui s'est manifestée pour ce projet, dès qu'il fut annoncé, et l'attention de la presse européenne, se détournant même des grands événements d'une guerre pleine d'éclat et de péripéties, pour suivre et discuter, au milieu du bruit des armes, une pensée de progrès commercial et de fusion pacifique des peuples, semblent imprimer à cette œuvre le caractère d'une de ces grandes entreprises que l'instinct des nations devine, et que la Providence a marquées, dans la marche des générations, comme une ère nouvelle à l'agrandissement des destinées humaines.

L'Orient, impassible, lui-même s'est ému: ses populations ont salué avec un empressement qui ne leur est point habituel une entreprise industrielle qui doit les mêler au mouvement et à la prospérité de l'Occident.

Le projet de percer l'isthme de Suez a donc été, dès l'abord, sanctionné par le sentiment public; et, comme toutes les bonnes semences, ce sentiment n'a fait que grandir avec le temps. Toutefois, il fallait le fortifier par les solutions calmes et raisonnées de la science.

Après des explorations minutieuses et réitérées sur les lieux, après des travaux qui se sont prolongés au-delà d'une année, une Commission européenne, composée de l'élite des ingénieurs, en Angleterre, en Allemagne, en Autriche, en Hollande, en Espagne, en Italie et en France, a déclaré que l'opération du percement de l'isthme de Suez est non-seulement praticable, mais encore facile, peu dispendieuse, et que le succès en est assuré.

La réalisation de l'entreprise qui doit réunir, en les rapprochant de 3,000 lieues, les deux mers les plus opulentes du globe, s'appuie désormais sur l'irrésistible empire de l'intérêt universel soutenu par l'intelligence des peuples, et sur l'arrêt de la science européenne proclamant la facilité de satisfaire cet immense intérêt du monde.

La paix, par un dernier bonheur, est venue ajouter à l'urgence et aux facilités de l'œuvre.

Le concours empressé des capitaux ne lui fait pas plus défaut que celui des intelligences.

Le moment semble donc favorable pour donner un organe spécial, un centre et une voix à tous ces concours.

Le recueil que nous venons inaugurer, sous un titre qui nous paraît exprimer et résumer et sa pensée dans le présent et sa marche dans l'avenir, se renfermera avec un soin scrupuleux dans les limites que lui trace naturellement sa spécialité; et, dans ce cadre, il trouvera facilement une large moisson pour l'importance et la variété de ses recherches.

Il communiquera au public les documents, les nouvelles et les résolutions de nature à le tenir au courant des phases et des progrès de l'entreprise.

Il fera connaître en détail et les délibérations de la Commission internationale, qui va prochainement déterminer le plan définitif du canal maritime, et l'organisation de la Compagnie universelle, dès qu'elle sera régulièrement constituée.

Il sera une sorte de compte rendu permanent de la Compagnie universelle à ses actionnaires.

Il mettra les ateliers industriels en mesure de connaître opportunément les besoins de la Compagnie, et les appels qu'elle aura lieu de faire à leur concours, soit pour la construction de ses machines, soit pour l'exécution de ses travaux.

C'est là sa mission en quelque sorte matérielle: il en a une autre toute morale, qui ne sera pas moins importante à remplir.

Le bien et le progrès ne s'obtiennent jamais sans efforts. Ils trouvent presque toujours une résistance plus ou moins obstinée, plus ou moins efficace, dans les préjugés et dans les vieux systèmes. La pensée du percement de l'isthme de Suez a eu cet honneur que pas une voix jusqu'ici ne s'est élevée ouvertement contre son utilité. Mais quelques esprits en petit nombre, prévenus ou trop timides, ont soulevé les objections de détail; ils ont contesté les avantages du canal maritime au point de vue de la spéculation; ils ont essayé de détourner les sympathies publiques en signalant des dangers imaginaires. Déjà ces objections ont été repoussées par des réfutations décisives. S'il y a lieu de les combattre de nouveau, elles seront discutées à tous les points de vue dans notre recueil.

Destinée à modifier les voies du commerce maritime, l'ouverture de l'isthme de Suez, en reliant à la Méditerranée, par la ligne la plus directe, les vastes et populeuses contrées de l'Orient, ouvre à la sphère d'action, à l'activité industrielle de l'Europe les plus immenses perspectives. Que de questions à étudier! Que d'observations à recueillir! Que d'éléments nouveaux à interroger et à sonder dans cette révolution pacifique! Un Bosphore artificiel mettra Ceylan et Bombay à vingt journées de l'Europe. La navigation à vapeur a toutes ses étapes et ses dépôts marqués, de Londres, de Liverpool, d'Amsterdam, de Hambourg, de Constantinople, d'Odessa au détroit de Bab el-Mandeb, d'où elle peut s'élancer, bien pourvue et ravitaillée, dans toutes les directions des mers orientales. La Mer Rouge, avec ses côtes mal connues, ses richesses inexplorées, n'est plus qu'un golfe du bassin méditerranéen, où les marins de la Turquie, de la Grèce, de l'Adriatique, de Malte, des côtes de l'Italie, de la France et de l'Espagne, sans compter ceux du nord de l'Europe et de la Grande-Bretagne, iront porter le mouvement, la vie et la civilisation de l'Occident. Par l'ouverture de l'isthme, le cabotage européen s'étendra aux rivages de l'Abyssinie, de l'Yémen et du Hedjaz.

Placé au centre de ce mouvement, lui servant de lien et d'intermédiaire, notre recueil est appelé à prendre l'initiative des études qui s'y rattachent. Son but ne serait pas complétement atteint, s'il négligeait de réunir et de faire connaître au commerce et à la navigation les circonstances et les faits de nature à ouvrir à leur essor tant de débouchés, qui sont trop peu exploités ou qui même ne le sont point du tout.

L'Orient, entraîné par les courants du siècle hors de sa longue léthargie, se met en marche vers la civilisation européenne. L'empire turc, qui fut longtemps sa barrière, aspire à l'honneur de devenir son avant-garde. A ses deux extrémités, il trace au monde les routes des mers. Il lui ouvre, par les Bosphores de Constantinople et de Suez, par la Mer Noire et la Mer Rouge, les continents de l'Asie. Pour les populations de l'Islam, le percement de l'isthme de Suez n'est pas seulement un immense intérêt matériel; il est aussi un bienfait pour leur foi religieuse. Il facilite aux voyages annuels d'innombrables pèlerins l'accès économique et sûr des cités saintes. Il raffermit sous la main du sultan les bases essentielles de sa souveraineté pontificale. Aussi, nulle part, ce projet n'est-il plus populaire que dans les États du Grand Seigneur; et la civilisation de l'Europe ne pouvait pas s'introduire dans l'esprit des peuples de l'Orient par une entreprise qui leur fût plus sympathique. Il n'y a plus maintenant qu'à cultiver et à développer ces dispositions. Il faut aujourd'hui faire correspondre les deux races et les familiariser l'une avec l'autre, par les rapports de la publicité et par l'échange des idées. Il leur faut un interprète bienveillant et impartial qui leur fasse connaître leurs mœurs, leurs intérêts et même leurs préjugés réciproques: les mœurs, pour en enseigner le respect; les intérêts, pour les défendre; les préjugés, pour les effacer progressivement sous l'action des lumières et de la tolérance.

Notre recueil sera un des assidus ouvriers de ce travail de rapprochement.

Nous nous rappellerons aussi que l'initiative de cette œuvre, dont nous nous glorifions d'être les serviteurs convaincus et dévoués, est due à cette vieille Egypte tout empreinte de vestiges savants, et à l'intelligence d'un prince qui, du même coup, aura réuni deux mondes et rendu à la production d'admirables terres déshéritées de leur fécondité; rare et fortuné privilége de cette conception, souriant à la fois aux deux croyances, rapprochant l'une du tombeau de son prophète, montrant à l'autre la vie rendue à ces campagnes bibliques de Gessen, à la morne demeure des fils de Jacob, origine sacrée du christianisme.

Organe et représentant d'un intérêt universel, étranger par le but qu'il se propose à tout esprit de nationalité exclusive, l'Isthme de Suez, *journal de l'union des deux mers*, n'a rien et ne veut rien avoir de commun avec la politique des rivalités internationales et des partis intérieurs. Il embrassera toutes les questions qui se rattachent à sa spécialité; mais il n'en sortira pas, et il se fera une loi d'éviter tout ce qui pourrait aigrir et diviser les grands intérêts qu'il aura pour mission de concilier et de fondre, dans une œuvre de travail et de paix.

Ferd. de Lesseps.

THEORIE DE LA RAGE.

Notre spirituel confrère, M. Amédée Latour, expose dans son journal, l'*Union médicale*, une théorie de la rage, proposée par M. le Dr Loreau. Ce qui suit est un extrait de cette exposition :

Pour M Loreau, la rage spontanée est une conséquence de la privation absolue de l'acte génésiaque, et se développe lorsque l'animal qui en est atteint a été amené, par diverses causes, et, en première ligne, par l'ingestion abusive du phosphore, à l'aphrodisie la plus excessive.

La rage spontanée est le funeste monopole des carnivores du genre chien, et de quelques espèces du genre *felis*. Les herbivores ne sont sujets qu'à la rage communiquée ou à la rage mue. La rage spontanée est particulière aux chiens appartenant à l'homme civilisé. Les chiens des contrées sauvages, barbares ou soumises au régime patriarchal, sont indemnes de la rage spontanée. Pourquoi? c'est que là les chiens vaguent en liberté. Or, la liberté pour le chien c'est la faculté de suivre ses instincts, ses penchans, de satisfaire ses passions impérieuses.

En civilisation, l'homme donne aux chiens une vie anomale et factice, une vie d'esclavage qui se traduit par la muselière et la chaîne, le chenil ou le boudoir, l'abandon dans l'enchaînement, ou l'excès de caresses dans le salon, une alimentation tantôt insuffisante, tantôt trop succulente, mais toujours chargée, par les os dont il est avide, du terrible poison qui développe chez lui la fureur satyrisiaque, le phosphore.

M. Loreau trouve une certaine analogie entre les phénomènes de la rage et les phénomènes présentés par les individus soumis par état à l'action continue du phosphore. Dans les deux cas, excitation génésiaque, tristesse, abattement, taciturnité, recherche de l'obscurité, la lumière produisant une impression d'étonnement, d'inquiétude et de gêne ; soudain, et sans cause apparente, vive surexcitation succédant à la torpeur, œil brillant et largement ouvert, mouvements saccadés, convulsifs se produisant sans motifs ; puis engorgement et gonflement des mâchoires, *salivation* ; ajoutez à ce tableau l'horreur de l'eau, la fureur et la baveécumante, et vous aurez celui de la rage.

La contrainte morale, cette immorale précaution de Malthus, telle est, pour M. Loreau, la cause efficiente de la rage spontanée chez les chiens, animaux d'une lascivité augmentée chez eux par l'alimentation incendiaire du phosohore des os.

Partout, dans nos contrées, fait observer M. Loreau, le nombre des mâles, chez les chiens, excède énormément celui des femelles. Or, il partage cette opinion — *quod est demonstrandum* — que la rage spontanée ne se développe que chez les mâles. D'où cette conséquence qu'il a traduite en conseil donné à l'administration : il ne faut imposer que les mâles, ou les imposer plus fort que les femelles; vous en diminuerez ainsi le nombre, vous rétablirez une certaine proportion entre les mâles et les femelles, vous n'aurez que des mâles de belle espèce, des étalons types qui ne perpétueront que de belles races, et vous diminuerez ainsi l'effroyable danger de la propagation de la rage.

Toujours guidé par l'analogie, et voyant les chiens avaler d'instinct de l'herbe et surtout du chiendent, qui les purgent et les font vomir, se guidant sur l'action rapide des diurétiques, et en particulier de l'azotate de potasse, M. Loreau n'hésiterait pas à prescrire ce sel pour débarrasser l'économie par une sécrétion abondante et une excrétion rapide du liquide urinaire, qui contient une si notable quantité de phosphore et de phosphate.

Enfin, M. Loreau conseille aux expérimentateurs l'emploi de l'aconitine dans le traitement de la rage, qu'il suppose devoir favorablement influencer la maladie.

Comme on le voit, la théorie de M. Loreau est en même temps étiologique, préventive et curative.

Etiologique : obstacle à l'accomplissement des fonctions les plus impérieuses de l'animalité; esclavage, alimentation phosphorée ;

Préventive : liberté rendue à l'espèce, exonération facile de tous les besoins naturels; impôt sur les mâles ;

Curative : emploi du sel de nitre pour faciliter l'excrétion du poison par les urines et de l'aconitine pour agir sur l'essence de la maladie.

Telle est la doctrine de notre honorable confrère, doctrine, nous sommes obligé de le répéter encore, toute d'intuition, que les faits seuls de l'expérience peuvent confirmer ou détruire, mais contre laquelle, par cela seul qu'elle n'est encore qu'une idée, une vue, une aspiration généreuse de l'esprit, nous ne voulons opposer ni prévention ni répugnance.

ACADÉMIE DES SCIENCES.

Séance du 30 juin 1856.

COMMUNICATIONS DIVERSES.

M. Schrender envoie, de la Vieille-Montagne, un travail sur la rotation souterraine de la masse ignée contenue dans l'intérieur de la terre.

— Au sujet de la nouvelle que les journaux ont donnée récemment, du forage d'un puits artésien dans le sud de l'Algérie, au milieu des sables du Sahara, M. le commandant Rozet adresse à l'Académie quelques extraits de l'ouvrage qu'il a écrit, il y a plusieurs années, sur cette matière.

Par une étude approfondie de la géologie du désert, cet officier supérieur est arrivé, depuis longtemps, en effet, à cette conviction, que le forage d'un certain nombre de puits artésiens, dans le Sahara, peut amener la fraîcheur et la fécondité dans cette partie éminemment aride et stérile de notre conquête d'Afrique.

— M. Despretz dépose une note de M. Gaugain sur les propriétés de plusieurs piles de tourmaline réunies.

— M. Flourens prie l'Académie d'accepter l'hommage de son 1er volume des *Eloges historiques*. L'introduction à cet ouvrage est un essai historique de l'Académie elle-même.

— M. Dumas présente un nouveau travail de M. Bouis, sur les eaux sulfureuses. Le résultat vraiment neuf révélé par ce travail, est que les eaux de formation ancienne, c'est-à-dire qui émergent de terrains de formation antérieure, comme par exemple les eaux sulfureuses des Pyrénées, ne contiennent aucune quantité d'ammoniaque; celles, au contraire, de formation récente, telles que les eaux d'Enghien, contiennent une quantité d'ammoniaque sensiblement proportionnelle à la quantité d'hydrogène sulfuré qui s'y trouve.

— M. Leverrier annonce à l'Académie que le bulletin météorologique des treize stations télégraphiques dont il a déjà entretenu l'Académie, est enfin complété depuis quelques jours, grâce à l'installation définitive des instruments dans ces treize localités. De cette sorte, il va être possible, à l'Observatoire, de fournir dès à présent, tous les jours à quatre heures, aux journaux du soir, l'état météorologique de la France entière.

M. Leverrier fait connaître en même temps à ses confrères, que le nom de *Daphné* a été donné, par M. Chacornac, à la quarante-unième petite planète découverte par M. Goldschmidt.

RECHERCHES SUR L'EAU DU LAC ASPHALTITE.

M. Boussingault a lu une note pleine de détails inédits sur les variations que semble subir l'eau de la Mer-Morte dans sa composition.

Ce mémoire contient d'abord une description de cette mer étrange, dans laquelle nul être vivant n'a jamais habité, ainsi que de quelques expéditions tentées à sa surface ou sur ses bords, expéditions qui coûtèrent la vie à plus d'un savant voyageur. Le lac, dans les circonstances ordinaires, a quarante-un milles marins de longueur du nord au sud et neuf milles dans sa plus grande largeur; son bassin a été reconnu, par une triangulation rigoureuse, offrir une dépression de quatre cents mètres au-dessous du niveau de l'Océan. Un grand nombre de cours d'eau douce y tombent des hauteurs qui l'entourent, et l'on se figurera l'énorme quantité d'eau que cette mer dut recevoir pour s'élever un jour de sept mètres, lorsqu'on saura qu'elle possède deux issues, l'une sur le Jourdain, l'autre sur la plaine Salée.

L'expédition la plus récente et la plus importante en même temps, est celle qu'entreprit le capitaine Linch de la marine des Etats-Unis d'Amérique. Ce fut le 17 avril 1847 que les hardis explorateurs entrèrent du Jourdain dans la Mer Morte. Dès le premier jour, ils purent vérifier la ressemblance d'aspect de cette mer avec le plomb fondu : la nuit cette eau devenait phosphorescente, et il s'en exhalait une odeur fortement sulfureuse, bien qu'on n'y trouvât d'une part aucun animalcule, et que, d'un autre côté, cette eau soit d'ordinaire inodore : le premier de ces deux effets est attribué à la multitude des petits cristaux de sel qui s'y trouvent.

Le 8 mai fut le jour où l'expédition nota sur la côte la température la plus élevée : à midi, elle s'éleva à 43°,3, à l'ombre : un homme vigoureux, plongé dans le lac, y surnageait sans mouvement, n'ayant de l'eau que jusqu'à la ceinture; un cheval s'y tenait en équilibre dans les mêmes conditions.

Depuis l'année 1788, où la première analyse de l'eau de la Mer Morte fut faite par une commission de l'Académie, au sein de laquelle se trouvait Lavoisier, huit analyses successives ont été faites et ont donné huit résultats notablement éloignés l'un de l'autre. En 1807, on trouve pour densité 1.245 et une quantité de 42.6 d'eau pour cent parties de sel sec. Plus tard, Gay-Lussac trouva 1,22 et 26.24 pour ces deux quantités. En 1821, ces nombres deviennent 1,21 et 24,50; de Mélingue y trouve du brôme pour la première fois. Une nouvelle analyse donna encore 1.09 et 14.00. Enfin, en juin 1854, nous avons 1,11 et 13,8.

A la suite de ces diverses analyses, M. Boussingault a voulu faire lui-même une nouvelle étude, et ses résultats se sont trouvés à très peu de chose près d'accord avec ceux de Mélingue. Seulement, il a poussé plus loin ses recherches pour s'assurer de la présence des nitrates dans cette eau. Après avoir signalé les erreurs que cause, dans cette recherche, l'emploi du chlorure d'or, par lequel on se souvient que l'eau de la Méditerranée prise à Aigues-Mortes fut reconnue contenir du nitrate, alors qu'il ne s'en trouvait plus dans l'eau prise en face de Marseille, le savant chimiste mentionne le sulfate d'indigo comme un meilleur accusateur de la présence des nitrates dans les liquides. Néanmoins, malgré toutes ses précautions, il ne lui a été possible de trouver le plus petit indice de nitrate dans l'eau de la Mer Morte.

Quant aux brômures, ils ont été trouvés en grande abondance dans la même eau : une centaine de litres en ont fourni trois ou quatre kilogrammes. On comprend, dès lors, le parti qu'on pourrait tirer d'une exploitation sur les lieux, si jamais l'industrie offrait aux composés chimiques de cette nature un débouché abondant. Une petite quantité de chlorure d'argent s'y trouve aussi, comme dans les eaux de mer en général, ainsi que l'ont démontré des expériences récentes et justement célèbres.

En face de ce changement si avéré d'état des eaux d'une même mer comme le lac Asphaltite, M. Boussingault se demande si l'on pourrait affirmer que les eaux de l'Océan lui-même conservent toujours la même constitution, et si la chimie, pour avoir la raison de ces phénomènes, ne doit pas sortir un jour du laboratoire pour aller interroger la nature sur de plus grandes étendues.

FÉLIX FOUCOU.

Société impériale et centrale d'Agriculture.

Séances des 11, 18 et 25 Juin.

INDUSTRIE DE LA SOIE.

M. Guérin-Méneville a entretenu la Société de deux objets qui intéressent au plus haut degré la production de la soie en France. Cette production, on le sait, est due pour ainsi dire *tout entière*, à l'industrie morcelée des petits éducateurs et d'un grand nombre de paysans pauvres. C'est dans le but d'être utile à cette classe intéressante de la société, que M. Guérin et son collaborateur, M. Eugène Robert, ont réuni sous une forme simple et facile à saisir, un résumé du cours de sériciculture pratique qu'ils font, toutes les années, à la magnanerie expérimentale du Sainte-Tulle.

Le livre dans lequel se trouvent condensés les conseils de ces deux professeurs, a pour titre : *Guide de l'Eleveur de vers à soie* (1). Les procédés qu'ils recommandent aux éducateurs, sont simples, peu coûteux, et leur application est possible dans toutes les conditions : l'enseignement annuel et gratuit de Sainte-Tulle a déjà eu une influence sérieuse dans la localité : nul doute donc, que ce petit livre, sur lequel M. Guérin-Méneville annonce à la Société que les auteurs ne se sont réservés aucun droit, parvienne à faire pénétrer diverses améliorations parmi les petits éducateurs; enfin, pour le grand nombre de paysans qui vivent de la sériciculture, on est fondé à croire que, quelque minime que fût le progrès ainsi amené, il ne tarderait pas à devenir un service important rendu à notre agriculture méridionale, et par suite à notre industrie manufacturière.

Le second objet présenté à la Société par le même savant a été un *thermomètre-guide des magnaniers*. M. Guérin-Méneville ayant remarqué souvent que les gens des campagnes attachaient peu d'importance à un changement de température de deux ou trois degrés, parce que, dans les thermomètres ordinaires, chaque degré est à peine visible, a imaginé d'en faire construire un, spécialement destiné aux petits éducateurs, et ne marquant que les températures qu'ils ont besoin de bien connaître pour conduire sûrement leurs vers à soie. Ce résultat a été obtenu en donnant simplement aux degrés une longueur suffisante, un centimètre environ. Au moyen de ces grandes divisions, le magnanier verra toujours, même à distance, s'il doit chauffer ou rafraîchir son atelier, et une instruction imprimée, placée sur la tablette de l'instrument, lui rappellera constamment ce qu'il a à faire pour bien conduire son éducation.

Inutile de dire que le prix en a été fixé au prix coûtant, ce qui augmente encore son caractère d'utilité pratique.

Des remerciements ont été adressés à M. Guérin-Méneville et à M. E. Robert pour ces deux communications.

DISCUSSION SUR LES INONDATIONS.

La séance du 11 a été consacrée à peu près tout entière à une discussion sur les moyens les plus urgents à proposer au gouver-

---

(1) Goin, 41, quai des Grands-Augustins.

nement pour prévenir le retour des inondations, autant que pour réparer le plus promptement possible le mal dont les récoltes ont eu à souffrir.

M. le baron Séguier a pris le premier la parole pour citer un excellent ouvrage à consulter en pareille matière, le traité de M. Polonceau, ingénieur en chef des ponts et chaussées, sur le régime des cours d'eau. Dans ce traité, l'auteur recommande surtout les grands fossés parallèles sur le versant des montagnes; il en résulte une série de réservoirs superposés, dont l'action est fertilisante au lieu d'être dévastatrice dans la plaine.

L'honorable membre a cité à l'appui sa propre expérience: dans son parc il a fait creuser de ces mêmes fossés, et les résultats ont, de tous points, confirmé la théorie de M. Polonceau qui a, malheureusement, succombé avant d'avoir pu faire adopter sa manière de voir.

Un autre excellent ouvrage est l'*Essai sur les torrents*, de M. Surrel: la question du reboisement graduel y est traitée avec un grand savoir. Cette méthode consiste, comme on le sait, à gazonner d'abord les versants des montagnes, afin de les recouvrir peu à peu d'une couche de terre végétale dans laquelle les semis d'arbres puissent pleinement réussir en dernier lieu.

M. Becquerel, en patronnant cette opinion, s'est trouvé en désaccord avec M. Moll qui pencherait pour le reboisement direct, à cause de la difficulté que l'on a partout éprouvée, de conserver longtemps des surfaces gazonnées là où les besoins du pâturage se font sentir.

M. Vicaire pense à cet égard qu'il ne serait pas impossible de règlementer le pâturage dans les endroits nouvellement gazonnés, afin d'éviter l'action nuisible des troupeaux.

M. Payen, convaincu que le reboisement n'aura pas paré assez tôt, se prononce pour la création de réservoirs assez grands pour utiliser ensuite en irrigations l'eau provenant des grandes crues. Il va sans dire que l'action du reboisement ne devrait point être délaissée pour cela. L'honorable secrétaire perpétuel pense en second lieu, qu'un moyen des plus urgents à employer doit être de remplacer les cultures détruites par des cultures rapides, soit de navets, soit de pommes de terre hâtives, etc..... Ceci doit être fait au double point de vue de la production et de l'assainissement.

M. Lavergne cite les avantages qu'a retirés le département du Puy-de-Dôme, du reboisement entrepris depuis plusieurs années dans quelques-unes de ses parties: il lui semble peu exact, en conséquence, de dire que les pâturages doivent être préférés aux semis de bois dans les montagnes. Le même membre rappelle un projet de loi qui fut soumis au gouvernement de juillet, et qui donna lieu, dans les Pyrénées, à un commencement d'exécution bientôt interrompu par les événements politiques: il s'agissait de faire, dans la partie supérieure des montagnes, un grand nombre de petits lacs artificiels venant se réunir dans un grand lac, d'où partiraient ensuite, en éventail, différents cours d'eau fertilisants. A la même époque, les chambres avaient été saisies encore d'un projet de reboisement de 12,000 hectares en superficie.

M. Pommier ajoute que, dans l'Yonne, un lac artificiel a été construit dans le même but, et que pour sa part il pense que c'est là un des meilleurs moyens à employer.

En revenant sur la question des endiguements, M. Moll désirerait que nos fleuves eussent tous deux systèmes de digues, les unes submersibles et les autres insubmersibles. Le même membre, à l'appui de ce vœu, cite les avantages de rendement, constatés dans les bassins du Midi, pour toutes les terres situées au-delà des digues insubmersibles.

M. Darblay résume cet intéressant débat: il pense que chacun des membres qui y ont pris part a touché à la question par un point capital; mais que de nouvelles discussions longues et approfondies sont encore nécessaires sur cet objet. L'honorable vice-président croit néanmoins, avec force, que toutes les voix doivent s'unir pour représenter au gouvernement le danger du système aujourd'hui en usage. Si nous continuons à endiguer le bas de nos fleuves et à faire des fossés d'assainissement dans nos plaines, les dévastations seront chaque fois plus grandes, et s'il faut 20 millions aujourd'hui pour s'opposer au retour de ces calamités, ce sera par centaines de millions qu'il faudra compter avant vingt années d'ici.

M. le baron Dupin, qui n'avait pas assisté au commencement de la séance, a présenté la plupart des considérations précédentes, dans un long discours où l'impuissance des endiguements pratiqués par les ponts et chaussées a été comparée à celle de Xercès devant les flots de l'Hellespont.

Pour clore la discussion sur ce point, M. le président a chargé la section d'économie, de statistique et de législation agricoles, de présenter un ensemble de vues sur cette question, dans l'une des prochaines séances.

GUANO DE CHAUVES-SOURIS.

A l'Exposition universelle agricole se trouvait exposé par M. le docteur Morétin, un engrais provenant d'excréments de chauves-souris, extrait des grottes de Baume-les-Messieurs (Jura). Sous ce titre: *Notice sur le guano français*, le même exposant, qui a obtenu au concours de 1856 une mention honorable, a lu un travail dont nous extrayons quelques détails principaux.

Le village de Baume, situé dans une vallée pittoresque, à 12 kil. de Lons-le-Saulnier, possède des grottes curieuses à voir, et une caverne profonde dans laquelle les chauves-souris ont élu un domicile séculaire. Elles se fixent aux pointes des rochers et sont toutes accrochés les unes aux autres, de manière à former des monceaux suspendus, quelquefois considérables, et pouvant être comparés aux essaims d'abeilles qui pendent aux branches d'un arbre. Ces petits animaux, qui restent ainsi tout l'hiver engourdis à la même place, ne sortent de la caverne que pendant la belle saison et après le coucher de soleil; ils y rentrent tous les matins, et reprennent pour la journée entière leur même position.

Les excréments de chauves-souris s'accumulent alors sur le sol, ou comblent des précipices, au-dessous de l'habitation aérienne de ces mammifères. Leurs cadavres viennent s'ajouter insensiblement au produit de leurs déjections, et le tout constitue une matière humide à la surface, de couleur brune, d'odeur plutôt aromatique que fétide, qui se présente sous forme de tas en pain de sucre.

La quantité de ce produit ne paraît pas très considérable dans la grotte de Baume, parce qu'une partie est emportée par les eaux au moment des grandes crues du lac souterrain qui s'y trouve. Cependant, cette quantité a paru assez grande à M. Morétin pour appeler une exploitation en petit.

Mais il existe d'autres grottes dans lesquelles cette matière forme des amas bien plus considérables, dont personne n'a jamais songé à tirer parti. Dans le Jura seulement, on peut citer les grottes de Revigny et de Gigny; les Pyrénées et les Alpes en renferment aussi un grand nombre.

L'île de Sardaigne possède aujourd'hui des cavernes en pleine exploitation, et la Compagnie du Guano sarde de Sassari fait rivaliser ses produits avec le Guano des îles du Pérou.

M. Lecanu, professeur à l'École de pharmacie, a analysé les excréments de chauves-souris recueillis par lui à la grotte d'Arudes, dans les Pyrénées. Voici la composition qu'il leur assigne:

Matière grasses	2
Substances ammoniacales	6
Matière animale soluble dans l'eau bouillante	2
Matière azotée soluble dans les alcalis	59
Phosphate terreux	1
Résidu insoluble	30

Calcinés, ils ont donné en cendres 14 0/0 de leur poids.

Quant au dosage de l'azote des excréments tirés de la grotte qui nous occupe, il a été fait par M. le docteur Humbert et M. Morétin tout ensemble. L'opération a été faite après avoir laissé perdre aux matières toute l'humidité qu'elles pouvaient dégager à la température ordinaire et à l'air libre, ce qui représente environ 50 0/0 de son poids. Dans ces conditions, 100 grammes d'excréments furent trouvés contenir 8 gr. 033 d'azote.

Il n'est pas sans intérêt de rapprocher ce résultat des chiffres trouvés par M. Payen, dans le dosage de l'azote de quelques produits analogues, d'une grande importance agricole:

Colombine	8. 3 d'azote.
Guano (importé en Angleterre)	5. 0
D° (passé au tamis	5. 4
D° (importé en France)	13. 9
D° (d'Afrique)	9.74

d'après ce tableau, les données théoriques placent les excréments de chauves-souris au rang des bons engrais. Quelques essais pratiques tentés par M. Morétin semblent répondre à la théorie.

En terminant sa communication, le docteur a mis une vingtaine de kil. de cet engrais à la disposition de la Société; M. Chevreul, en remerciant l'auteur, a assuré que des expériences comparatives seraient faites à la fois au Jardin des plantes et à Harcourt.

F. F.

VARIÉTÉS.

Machine à écrire.

Cette machine aurait été inventée par un Américain et perfectionnée par un ingénieur prussien. Elle se compose de trois plumes métalliques, disposées à distance l'une de l'autre, de manière à pouvoir courir sur trois feuilles de papier, et reliées entre elles par une tige métallique. Lorsqu'une personne prend à la main la plume du milieu et se met à écrire, les deux plumes de droite et de gauche font le même mouvement, et l'on a trois copies au lieu d'une.

Machines hydrauliques de Bombay.

La lumière donne les détails suivants sur les immenses machines hydrauliques que le gouvernement indien fait construire à grands frais.

La ville de Bombay, comme chacun le sait, est bâtie sur une petite île de huit milles de longueur sur trois de largeur, située non loin de la côte occidentale de l'Hindostan. La partie cultivable de l'île a très-peu d'étendue, aussi presque toutes les productions nécessaires à la consommation des habitants viennent-elles d'une île voisine appelée Salsette. Les deux îles sont réunies par une chaussée.

L'eau est une des choses les plus nécessaires à Bombay, dont la population a atteint le chiffre de 670,000 habitants; c'est à ce besoin indispensable qu'il va être pourvu au moyen des machines hydrauliques en question et de la manière que voici :

A Salsette est une vallée appelée Jehar, qui, par le moyen d'endiguements auxquels on travaille avec activité, sera facilement convertie en réservoir pour conserver la vaste quantité d'eau qui tombe sous cette latitude pendant la saison pluvieuse. On estime que 4,000 gallons (le gallon vaut 4 litres 543) forment la quantité d'eau nécessaire pour alimenter la ville; or, la vallée peut en contenir 9,000 ; l'espace consacré à la recueillir équivaut à 6 milles 1/4 carrés; le réservoir proprement dit a une superficie de 2 milles carrés et une profondeur maximum de 75 pieds anglais. Faisant une large part pour les pertes d'eau inévitables, il n'est pas douteux qu'il ne reste amplement de quoi suffire aux besoins des habitants. La plus grande partie de la dépense sera les tuyaux. Il y aura en effet un tuyau distributeur principal en fer, long de 14 milles 1/2 et pesant 16,724 tonnes (la tonne vaut 1,016 kilogrammes). On établit en outre une grande quantité de petits tuyaux de distribution, car aucune maison ne doit être à plus de 100 pieds d'un tuyau ou fontaine publique. Les travaux d'endiguement et d'installation des tuyaux coûteront 250,000 fr. et ne seront complétement terminés que dans trois ans.

Fabrication des enveloppes de lettres à New-York.

Il ne se fabrique pas à New-York moins de 4 millions d'enveloppes de lettres par semaine.

Les procédés sont en général fort simples : on place une rame de papier ouverte, soit environ 500 feuilles, sous un couteau ou plutôt un emporte-pièce de la forme de l'enveloppe lorsqu'elle est étalée; au moyen d'un levier, on abaisse le couteau qui pénètre toute l'épaisseur de la rame, laissant sur la table des paquets de 500 enveloppes, et c'est là tout le mécanisme. Le reste se fait à la main.

Des enfants appliquent un timbre sec sur le bord de celles que l'on veut revêtir de cet ornement. Avec un peu d'habitude, chaque enfant peut timbrer 50,000 enveloppes par jour, en n'en prenant que deux ou trois à la fois.

Cette opération terminée, il s'agit de plier et coller trois des pointes de l'enveloppe et d'enduire de gomme la quatrième, que l'on ne plie qu'après qu'elle a séché. Ce travail, est ordinairement fait par des jeunes filles placées, quelquefois jusqu'au nombre de cent, devant une longue table. Chacune de celles qui enduisent les bords de gomme prépare par jour de soixante à soixante-dix mille enveloppes, tandis que le pliage ne dépasse pas sept mille par individu, et reste souvent au-dessous. Pour atteindre cette célérité, on a l'habitude de payer chaque travailleuse selon le nombre d'enveloppes qu'elle a pliées et collées. Les prix varient de 12 à 30 cent. par mille. En cet état, il ne reste plus qu'à compter, mettre sous bande et empaqueter par 25, ce qui se fait très rapidement. Il va sans dire que les enveloppes de fantaisie, à bords gaufrés ou ornés d'autre sorte, nécessitent un travail supplémentaire; mais nous parlons ici des enveloppes ordinaires.

Une seule maison de New-York consomme pour cet usage 12 tonnes de papier par mois, représentant une valeur de 2,500 dollars.

Il se fabrique aussi des enveloppes au moyen de machines. Ici, chaque feuille est coupée séparément, puis conduite au-dessus d'une ouverture de la dimension d'une lettre et précipitée au fond d'une espèce de boîte par une plaque qui, en la plongeant dans le vide, force les bords à se relever. Ceux-ci, dans le mouvement qu'ils font, rencontrent la gomme dont ils s'empreignent, et la feuille suivante, en venant se poser dessus, les replie sur eux-mêmes et les colle en même temps. Lorsqu'il y a 25 feuilles au fond de la boîte, celle-ci se retourne pour en recevoir 25 autres, et ainsi de suite.

Chaque machine fabrique environ 20,000 enveloppes par jour.

Purification de l'air.

M. Stenhouse, membre de la Société royale de Londres, s'est livré à de nombreuses recherches sur les puissances relatives d'absorption des charbons de bois, de tourbe ou de matières animales. Il a reconnu que le premier est un peu plus efficace que le second pour l'absorption du gaz ammoniaque, du sulfite hydrique, de l'acide sulfureux et de l'acide carbonique, mais que le second agit infiniment plus efficacement que le charbon animal, qui, au contraire, pour l'absorption des matières colorantes, est de beaucoup supérieur au charbon de bois ou de tourbe.

Par les observations qu'il a faites, M. Stenhouse a été conduit à construire une sorte de filtre à air, propre à désinfecter ce fluide élastique. Ce filtre peut être employé pour l'assainissement des habitations, des navires, des bouches d'égoût, etc. Il consiste en une couche mince de charbon pulvérisé, enfermé entre deux toiles métalliques.

Un de ces appareils a été établi dans la salle d'audience, à Mansion-House, où l'air, puisé dans une rue fort étroite, était tellement vicié par des émanations provenant de plusieurs causes voisines d'infection, qu'on s'en plaignait généralement. Or, depuis que l'air du ventilateur est forcé de traverser le filtre, l'atmosphère de la salle est complétement purifiée.

M. Stenhouse a encore appliqué ce principe à la fabrication de masques munis de filtre de charbon, et destinés à purifier l'air avant son arrivée dans les poumons.

Anesthésie du sens du goût.

M. Guyot a adressé sur ce sujet à l'Academie des sciences une note dont voici un extrait :

« La chirurgie fait un fréquent usage de la glace, de mélanges réfrigérants employés comme anesthésique local. Ces réfrigérants, qui abolissent la sensibilité à la douleur, sont-ils aussi propres à éteindre la sensibilité spéciale; celle du goût, par exemple? *A priori*, on est porté à le croire ainsi; mais aucune expérience, à notre connaissance du moins, ne l'a encore démontré. C'est le hasard qui nous a fait reconnaître qu'un morceau de glace, conservé dans la bouche, enlève presque complétement aux muqueuses linguale et buccale leur aptitude à percevoir les saveurs. C'est là un résultat qui peut, si nous ne nous trompons, avoir son application pratique.

« Ainsi, chacun sait que le colombo est doué d'une grande amertume. Or, au moyen de la glace conservée dans la bouche avant de prendre ce médicament et pendant qu'on en fait la déglutition, on ne sent que très-peu son amertume, et il est probable qu'on ne la sentirait pas du tout si, au lieu de glace commune, on employait quelque mélange d'une température plus basse. »

FAITS DIVERS.

L'illustre ingénieur, M. Mougel-Bey, venu d'Egypte pour assister aux délibérations de la Commission internationale de l'isthme de Suez et donner toutes les explications nécessaires sur l'avant-projet dont il est l'auteur avec M. Linant-Bey, est en ce moment à Paris.

Télégraphe transatlantique. — Le vaisseau à vapeur et à hélice, *Propontis*, est actuellement dans le port de Queenstown, ayant à bord le câble-marin qui doit unir électriquement le cap Ray, Terre-Neuve, le cap Nord et le cap Breton. La longueur de ce câble est de 85 milles anglais (136 kilomètres); son poids est de 170 tonnes. Le même navire a aussi à bord le câble long de 20 kilomètres, pesant 30 tonnes, qui doit relier le cap Travers, l'île du Prince Edouard, le cap Formentino et le New-Brunswick.

Exposition d'économie domestique a Bruxelles. — La galerie d'économie domestique à l'Exposition universelle de 1855 a porté ses fruits. A peine était-elle fermée, que la Société des arts de Londres songeait à en ouvrir une du même genre, dont les éléments se rassemblent en ce moment. Voici encore la Société de bienfaisance de Bruxelles qui annonce une exposition d'économie domestique pour le mois d'août prochain. Nous reproduisons le programme de la Société belge.

« Au mois d'août 1856, une exposition d'économie domestique, à laquelle seront admis les produits de tous les pays destinés à l'usage des classes ouvrières et peu aisées (plans, modèles, matériaux de construction; meubles et objets de ménage; vêtements et linge; aliments et procédés relatifs à l'alimentation; outils et instruments manuels, etc., etc.), sera ouverte à Bruxelles le 25 août prochain, à l'occasion du congrès international de bienfaisance qui se réunira dans cette ville.

« Les personnes qui voudront y prendre part, tant en Belgique qu'à l'étranger, devront en faire la demande avant le 30 juin, en désignant la nature des objets qu'elles désirent exposer, leurs prix et leurs avantages particuliers, et l'emplacement nécessaire en longueur, largeur et profondeur. Il sera statué sur cette demande avant le 15 juillet.

« Les articles d'origine étrangère seront affranchis de tous droits de douane; le paiement des droits n'aurait lieu qu'autant que les articles exposés ne seraient pas réexportés ultérieurement.

« Une remise de 50 p. %, est accordée sur le prix de transport en Belgique par le chemin de fer de l'état, des articles tant belges qu'étrangers destinés à l'exposition. Des prix très réduits, dont on peut prendre connaissance dans les bureaux de départ, ont été accordés également par le chemin de fer du Nord en France.

« Les lettres et les communications relatives à l'exposition d'économie domestique doivent être adressées franco, rue Royale, 58, à Bruxelles. Pour toutes autres informations, s'adresser, à Paris, à M. Audley, rue Madame, 40, les lundis et vendredis, de onze heures à deux heures. »

Scientifique origine des canards. — Le secrétaire perpétuel de l'Académie des sciences de Bruxelles, M. Quetelet raconte ainsi dans un de ses Eloges une anecdote de la vie de Cornelissen. « On doit à notre confrère, dit-il, une invention dont il ne tirait point de vanité: il en rougissait au contraire à cause des abus qu'il voyait faire; je veux parler de ce qu'on est convenu d'appeler un *canard*, mot nouveau dont le dictionnaire de l'Académie n'a pas encore consacré l'usage, mais qui s'applique, comme on sait, à une nouvelle plus ou moins absurde, à laquelle on donne cours, en lui prêtant une forme vraisemblable. Voici du reste l'étymologie du mot. Pour renchérir sur les nouvelles ridicules que les journaux lui apportaient tous les matins, Cornelissen avait fait annoncer dans les colonnes d'une de ses feuilles, qu'on venait de faire une expérience intéressante, bien propre à constater l'étonnante voracité du canard. On avait réuni vingt de ces volatiles: l'un d'eux avait été hâché menu avec ses plumes et servi aux dix-neuf autres qui en avaient avalé gloutonnement les débris. L'un de ces derniers à son tour avait servi de pâture aux dix huit survivants, et ainsi de suite jusqu'au dernier, qui se trouvait avoir dévoré ses dix-neuf confrères dans un temps déterminé et très-court. Tout cela, spirituellement raconté, obtint un succès que l'auteur était loin d'en attendre. Cette petite histoire fut répétée de proche en proche par tous les journaux, et fit le tour de l'Europe; elle était à peu près oubliée depuis une vingtaine d'années, lorsqu'elle nous revint d'Amérique avec des développements qu'elle n'avait point dans son origine, et avec une espèce de procès-verbal de l'autopsie du dernier survivant, auquel on prétendait avoir trouvé des lésions graves dans l'œsophage. On finit par rire de l'histoire du *canard*, et le mot resta. »

Conserves d'un nouveau genre. — MM. Thugar, d'Albion, Mills, Norwich, viennent, disent les journaux anglais, d'inventer un procédé pour sécher les œufs comme on fait des légumes, de manière à les conserver bons indéfiniment. On expose le jaune et le blanc de l'œuf à une chaleur douce qui en enlève la partie humide. Le tout est ensuite réduit en poudre et empaqueté dans des boîtes de fer-blanc. Il n'est pas absolument nécessaire que cette poudre soit enfermée, elle peut rester à l'air libre. Pour l'employer, il suffit d'y ajouter un peu d'eau.

Avis aux voyageurs. — Le *Scientific american*, auquel nous laissons toute la responsabilité de son assertion, prétend qu'on a recueilli, dans ces derniers temps, plusieurs exemples de gens devenus presque aveugles par suite de l'habitude où ils étaient de lire en chemin de fer. Il paraîtrait que le mouvement particulier au convoi en marche, nécessite une tension violente de l'organe de la vision, tension qui finirait par produire, sur la rétine, des effets désastreux.

La plante a thé découverte au Bengale. — En juillet dernier, d'après le *Morning Chronicle*, le capitaine Verner, surintendant de Cachar, a fait connaître au gouvernement du Bengale non seulement que l'arbre à thé venait d'être découvert dans le pays, mais encore qu'il y était indigène. Des échantillons furent soumis à l'examen du docteur Tompson du Jardin botanique, qui reconnut que c'était bien réellement des thés (variété d'Assam). Des échantillons furent également envoyés à M. Williamson, qui a une plantation en Assam et qui exprima le désir qu'on lui concédât 500 acres des terres où les plantes avaient été trouvées, afin d'en commencer l'exploitation avant l'hiver. Le gouvernement y consentit, et, pour encourager l'entreprise, déclara qu'il n'exigerait pas la rente du terrain pour la première année. L'étendue que couvrent les arbres à thé est considérable. Ils croissent principalement sur les hauteurs. Presque tout le terrain est libre et par conséquent à la disposition du gouvernement. Des mesures vont être prises pour assurer la parfaite exploitation des terres propres à la culture de l'arbre à thé.

Emploi du collodion dans l'arboriculture. — L'emploi du collodion pour la multiplication des plantes par boutures, prend un rapide accroissement dans les jardins d'Angleterre; voici en quoi il consiste: On trempe dans le liquide l'extrémité inférieure de la bouture, et on l'y enfonce de trois millimètres environ. La blessure faite par la serpette se couvre ainsi d'une couche très-mince d'un enduit qui la préserve de l'humidité surabondante, ainsi que de l'action nuisible de l'air, et rend la reprise incomparablement plus prompte et plus facile. Le collodion est également très-utile pour le greffe des arbres fruitiers, des camellias, du rhododendron, etc. Il remplace alors avec avantage les compositions résineuses dont on entoure les plantes.

Prix d'abonnement pour l'étranger.

Allemagne, 8 fr.;— Suisse, Parme, Plaisance, Modène, 8 fr. 50.— Etats Sardes, Grèce, Crimée, 9 fr.; — Hollande, Angleterre, 10 fr.; — Etats-Unis, Indostan, Turquie, 10 fr. 50; — Belgique, Prusse, Hanôvre, Saxe, Pologne, Russie, Espagne, Portugal, 11 fr.; — Toscane, 12 fr.; — Etats-Romains, 16 fr. 50.

Le propriétaire, rédacteur-gérant :
Victor MEUNIER.

PARIS. — IMP. J.-B. GROS ET DONNAUD, SON GENDRE, RUE DES NOYERS, 74.

Deuxième année. — N° 28. Quinze centimes. 13 juillet 1856.

L'AMI DES SCIENCES

BUREAUX D'ABONNEMENT
13, RUE DU JARDINET, 13
Près l'Ecole de Médecine
A PARIS

JOURNAL DU DIMANCHE
SOUS LA DIRECTION DE
VICTOR MEUNIER

ABONNEMENT POUR L'ANNÉE
PARIS, 6 FR.; — DÉPART., 8 FR.
Étranger (Voir à la fin du journal)
ENVOYER UN MANDAT DE POSTE

ARCHITECTURE NAVALE ET FORTIFICATIONS.

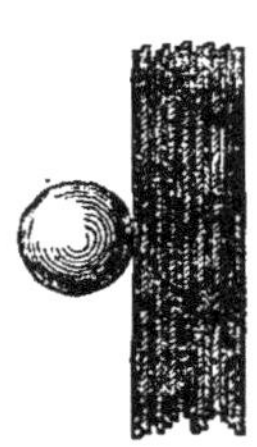
Fig. 1.

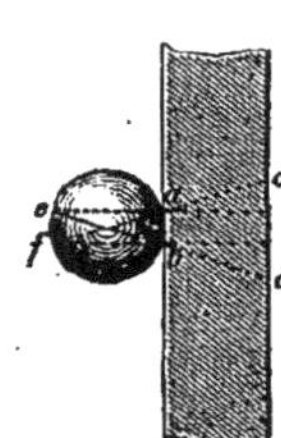

Fig. 2.

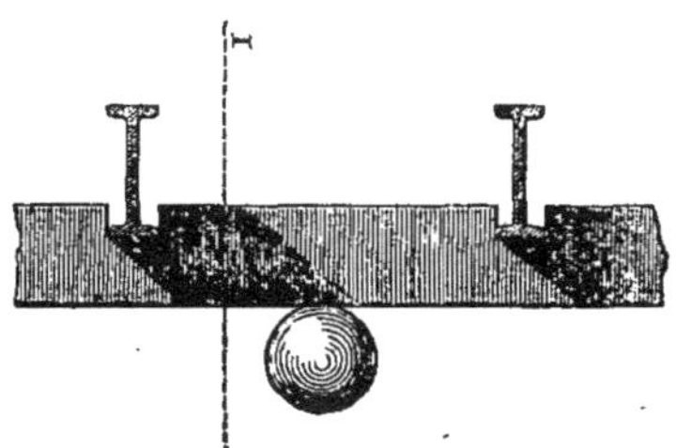
Fig. 3.

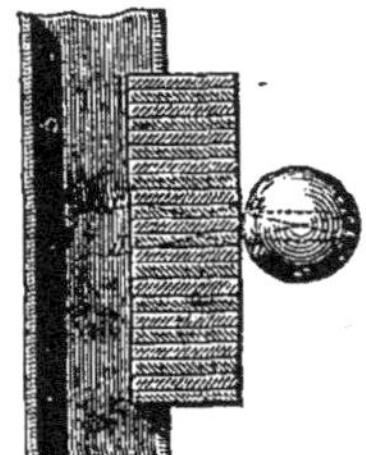
Fig. 4.

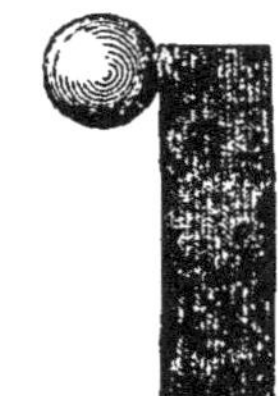
Fig. 5.

Fig. 6.

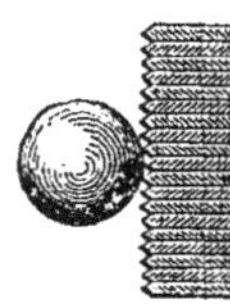
Fig. 7.

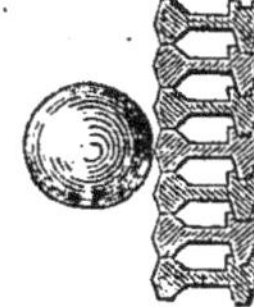
Fig. 8.

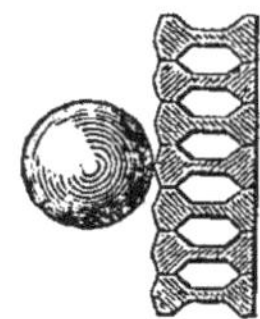
Fig. 9.

Fig. 10.

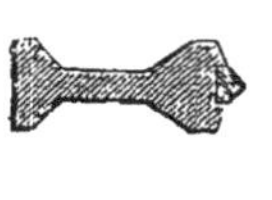
Fig. 11.

Fig. 12.

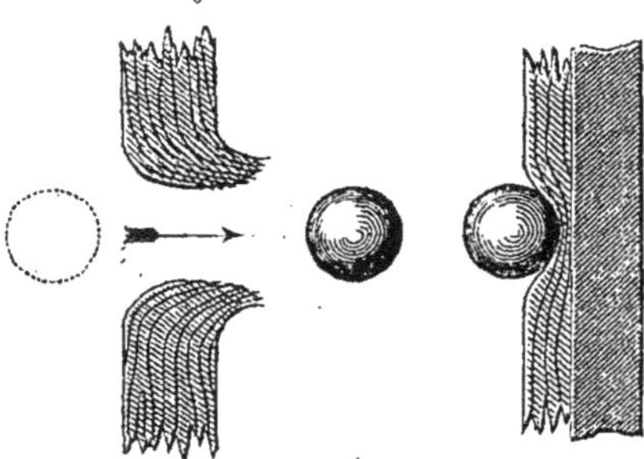
Fig. 13.

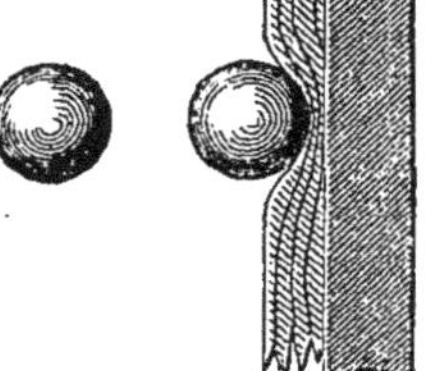
Fig. 14.

Murailles en fer à l'épreuve des boulets.

L'auteur du système d'architecture navale que nous allons décrire est M. Louis Aubert, dont nous avons eu plus d'une fois occasion d'exposer les vues ingénieuses et les travaux persévérants. M. Aubert vient d'adresser à M. le président de l'Académie des sciences, à la date du 1er juillet, la lettre suivante, qui forme une excellente introduction aux détails dans lesquels nous nous proposons d'entrer.

« Monsieur,

« Parmi les améliorations apportées récemment aux constructions navales, les batteries flottantes à l'épreuve du boulet sont l'une des parties importantes et des plus inattendues. Je dis inattendues, parce que toutes les expériences antérieures à 1854 avaient démontré l'impossibilité de résister aux boulets pleins d'une manière suffisante ; et cette conviction était telle que les expériences de Vincennes n'avaient pour but que de trouver une armature métallique capable de résister aux boulets creux, dont le combat de *Sinope* avait sanctionné les effets désastreux. Ce que je dis là est constaté par l'article publié en tête du *Moniteur universel* le 12 novembre 1855, et dont voici un extrait :

« Le but principal de l'empereur a été « de trouver le moyen de créer des na« vires recouverts d'une armature de fer, « afin que les boulets creux, tirés par les « canons Paixhans, vinssent s'y briser « comme du verre. L'objet primitif a donc « été non pas de rendre un bâtiment « complétement invulnérable, mais d'an« nuler les effets de l'invention du « général Paixhans.

« Fort de cette idée, l'empereur ordon« na des expériences, qui furent exécutées « sous ses yeux au polygone de Vincen« nes, pour déterminer les dimensions et la nature de l'ar« mure, qui, sans charger le bâtiment d'un poids par trop « lourd, suffirait à protéger la muraille, en repoussant les « projectiles creux. L'épreuve montra que l'armure faisait plus « encore, car elle résista à des boulets pleins, plus nombreux « que ceux qui pourraient l'atteindre sur un même point dans « une lutte très-prolongée.

« L'empereur s'empressa de communiquer ses vues à notre « fidèle et grande alliée. Les juges compétents, hommes de « savoir et d'expérience, éprouvèrent quelque surprise, car « la question était considérée comme insoluble ; mais les « épreuves du tir, renouvelées en Angleterre, confirmèrent « les résultats obtenus en France. »

« Il résulte de la lecture de cet article du *Moniteur* que, si la

France doit à l'empereur l'invention des batteries flottantes, par suite des expériences dont il a pris l'initiative, d'un autre côté, au point de vue scientifique, le résultat obtenu serait dû au hasard, puisque les expérimentateurs ne s'attendaient pas à la possibilité de résister aux boulets pleins. C'est cette part faite au hasard que je viens réclamer; le Mémoire que j'ai l'honneur de présenter à l'Académie renferme à cet égard les preuves les plus évidentes. J'en vais dire un mot.

«Trois mois et demi avant les expériences de Vincennes, j'avais adressé à Son Excellence le Ministre de la marine un Mémoire où je démontrais la possibilité de résister aux boulets pleins. J'appuyais ma théorie sur une particularité d'une expérience faite en Angleterre en 1842. C'est en décembre 1853 que j'ai lu, dans les *Annales maritimes*, le procès-verbal de cette expérience, dans laquelle les boulets pleins pénétraient d'environ 10 centimètres dans le fer; mais un boulet, en frappant sur le bord, n'avait produit aucun effet; j'ai cherché alors par quels moyens l'exception pouvait devenir la règle.... J'ai expliqué le peu d'action de ce boulet de deux manières, qui m'ont conduit à émettre les principes suivants:

PREMIER PRINCIPE. — *Une muraille résistera au choc des boulets quand la portion de la muraille ébranlée* instantanément *sera plus considérable que la masse du boulet; la muraille en sera quitte pour une légère meurtrissure.*

SECOND PRINCIPE. — *La résistance d'une muraille est considérablement accrue si on dispose les pièces de fer de manière à ce que partout où le projectile viendra frapper, il rencontre un angle saillant.*

«Pour satisfaire à ces principes, j'ai proposé l'emploi de masses pleines ou de lames posées de champ, et j'ai indiqué les moyens de les assembler sûr d'autres pièces de fer, de manière à obtenir des navires qui seraient tout à la fois incombustibles et à l'épreuve du boulet.

« Mes idées n'ayant pas été acceptées par les ingénieurs de la marine, c'est alors à l'initiative de l'empereur qu'est due la construction des batteries flottantes; mais, au point de vue scientifique, la découverte m'appartient. Voilà pour le passé.

«Aujourd'hui mon travail prend une nouvelle importance par suite de l'emploi des boulets coniques. On a reconnu, en effet, que les plaques qui résistent aux boulets pleins sont brisées par les nouveaux boulets; en sorte que les batteries flottantes, à peine nées, sont déjà en discrédit. Or, j'ai trouvé le moyen de résister aux boulets coniques aussi facilement qu'aux boulets pleins; je le démontre dans une note additionnelle que j'ai ajoutée à mon mémoire, et il est à remarquer que ce moyen est analogue à la première disposition que j'avais indiquée; c'est-à-dire que le genre de muraille capable de résister aux boulets coniques est également le plus convenable pour résister aux boulets pleins.

« Dans le rapport fait dernièrement par M. Dumas sur l'invention de la soude artificielle, j'ai remarqué le passage suivant: « L'Académie est aussi chargée de veiller à la garde « des droits de l'invention et des priviléges de la pensée. »

Permettez-moi donc, Messieurs, de m'appuyer de ces bonnes paroles pour appeler votre jugement sur l'invention des batteries flottantes. Vous reconnaîtrez, en lisant mon Mémoire, que non seulement par rapport aux boulets coniques, mais encore pour d'autres motifs, les batteries flottantes actuelles sont imparfaites, et alors votre jugement aurait pour résultat tout à la fois de me faire rendre justice et aussi d'obtenir une application plus rationnelle des murailles en fer.

«Comme ma réclamation porte sur la part faite au hasard dans l'article du *Moniteur*, elle ne diminue en rien le mérite qui revient à Sa Majesté l'Empereur dans l'invention des batteries flottantes; par conséquent il ne peut y avoir là un obstacle à ce que justice me soit rendue.

« J'espère donc, Monsieur le Président, que vous aurez la bonté de nommer une commission pour examiner mon Mémoire.

« Recevez, etc. L. AUBERT, *ingénieur civil*.»

Un extrait des dernières pages de ce Mémoire, sur lequel M. Aubert a appelé le jugement de l'Académie, achèvera de bien poser la question. Nous entrerons ensuite dans le détail du système.

Nouvelle marine militaire — D'après nous, un bâtiment de guerre doit réunir les qualités suivantes:

1° Être à l'épreuve des boulets et des bombes;

2° Résister au choc d'un vaisseau qui le frapperait par le travers;

2° Être incombustible.

Ce que valent les marines militaires actuelles. — En parlant de l'invention des canons à la Paixhans, un amiral anglais disait: « *Que si deux vaisseaux armés de ces canons « voulaient se battre, il pourrait arriver qu'en peu d'ins- « tants l'un disparût dans les airs et l'autre sous les eaux.* »

Le combat de Sinope a prouvé qu'il pouvait en être ainsi: les vaisseaux russes possédant seuls des canons à la Paixhans, les Turcs ont été seuls à en subir l'effet; or, à la seconde bordée qu'elle reçut, la frégate amirale turque sauta, une autre subit bientôt le même sort, etc...

Des vaisseaux et frégates en bois sont donc une arme très-dangereuse pour ceux qui les montent; aussi la prudence conseille-t-elle de ne pas s'en servir, et c'est ce qui a eu lieu dans la mer Noire et la mer Baltique. Il a fallu des batteries flottantes pour prendre Kinburn, et à l'attaque de Sweaborg les bombardes seules ont donné.

Les batteries flottantes actuelles ont fait leurs preuves par rapport aux chocs des boulets; mais leurs membrures étant en bois, elles sont combustiles, et elles ne résisteraient pas au choc d'un abordage.

Aussi quelque beaux et nombreux que soient les vaisseaux de ligne à hélice que possèdent l'Angleterre et la France, quel que soit le nombre de leurs batteries flottantes, il suffirait de quelques heures à trois de nos grandes frégates pour les détruire. Ce qu'il y aura de mieux à faire des vaisseaux en bois, ce sera de les démolir au fur et à mesure de leur remplacement par nos frégates; nous disons démolir, afin d'utiliser leurs matérieux à d'autres usages, au lieu de les laisser pourrir inutilement au fond des ports. Quant aux batteries flottantes actuelles, il convient également de les démolir; leurs plaques de revêtement seraient appliquées sur les membrures en fer de nos bâtiments.

De l'avenir des murailles en fer. — Les murailles en fer à l'épreuve des boulets sont un des progrès de l'industrie qui contribuera le plus à l'établissement de la paix universelle. Voici comment:

L'application de la vapeur à la navigation a changé la tactique navale, et de plus, entre les nations industrielles comme l'Angleterre, la France et les Etats-Unis, elle rend, en cas de guerre, un blocus parfait impossible, et alors les marines marchandes seraient à la merci des corsaires à vapeur. Aussi une guerre entre les grandes puissances maritimes est depuis longtemps envisagée avec effroi.

Aujourd'hui toutes les principales villes maritimes de guerre et de commerce sont fortifiées du côté de la mer, dans le but de tenir à distance les vaisseaux ennemis; cela était bon avec les navires en bois, mais avec des navires en fer à l'épreuve du boulet, *toutes ces fortifications ne comptent plus.* Qu'importe, en effet, à un pareil navire les boulets qu'il peut recevoir, il passe devant les forts sans daigner leur répondre, et arrivé au milieu du port, il ouvre ses sabords pour incendier la ville ou l'arsenal et il s'en retourne ensuite *tout comme si les forts n'existaient pas.* Il résulte de là qu'à un navire il faudra en opposer plusieurs pour lui barrer le passage. Dans ces conditions le plus fort ne peut pas être partout le plus fort, et alors ce ne sont plus seulement les marines marchandes qui sont à la merci de l'ennemi, ce sont encore toutes les villes maritimes. La guerre deviendra donc une chose si affreuse qu'on n'osera pas la faire.

Ce que nous venons de dire de la guerre maritime s'applique, dans certains cas, à la guerre continentale. En effet, tous les fleuves et rivières qui ont deux mètres de profondeur peuvent porter des batteries flottantes, en sorte que les places fortes ne compteront plus quand l'ennemi disposera du haut du fleuve; nous disons du haut du fleuve, parce que, si des barrages peuvent arrêter la remonte, ils n'empêcheront pas la descente à des navires construits aussi solidement que les nôtres. Ainsi, par exemple, il peut sortir de Strasbourg, Metz, Mézières, Valenciennes des batteries flottantes qui iraient brûler Mayence, Coblentz, Namur, Maestrich, Gand, Anvers, etc., etc. Donc, de par le cours des fleuves, la Belgique et les bords du Rhin sont à la merci de la France.

Notre découverte des murailles à l'épreuve des boulets n'est qu'une conséquence d'une autre idée qui nous guidait au début de notre travail; nous voulions construire des navires qui n'aient rien à redouter du choc des glaces flottantes, et nous fîmes alors le raisonnement suivant : si la muraille d'un navire résiste par un de ses points à une grande masse animée d'une faible vitesse, elle pourra résister à une petite masse animée d'une grande vitesse; par conséquent un navire capable de résister à une montagne de glace résistera aux chocs des boulets. Depuis, nous avons simplifié la question par rapport aux chocs des glaces flottantes; cependant, pour certains voyages de découverte, il sera convenable d'employer des navires remplissant toutes les conditions que nous avons énumérées précédemment; avec eux on pourra explorer sans danger les mers polaires, et pénétrer par les fleuves dans l'intérieur de l'Afrique et de la Chine.

Nous fûmes d'abord effrayé en songeant aux désastres que pourraient causer des navires en fer à l'épreuve des boulets; mais quand nous eûmes réfléchi que leurs conséquences seraient d'aider à l'établissement de la paix universelle, nous continuâmes notre travail.

(*La suite au prochain N°.*)

De l'état présent de l'agriculture comparé à celui des arts industriels.

Le travail qu'on va lire est un fragment d'un ouvrage sous presse intitulé : *Lettres sur les substances alimentaires et particulièrement sur la viande de cheval* (1 vol. in-18). Nous sommes heureux de pouvoir le mettre sous les yeux de nos lecteurs.

On répète souvent que notre siècle est celui des merveilles, et rien n'est plus vrai. Tout ce que l'imagination de nos pères avait rêvé, la science semble avoir pris à tâche de l'accomplir; toutes les fictions de l'Orient deviennent dans notre Europe de bienfaisantes réalités. Nous en sommes venus à dire de la science et de l'industrie, ces fées des temps modernes, ce que Pline écrivait de la nature :

Rien n'est au-dessus de son pouvoir, et il n'est pas de prodige qu'on ne puisse attendre d'elle. *De ea nil incredibile existimari!*

Distinguons toutefois. Dans ce grand mouvement des esprits, principalement dirigé vers les applications utiles : dans ces rapides progrès qui, à tous les étages sociaux, font ressentir leur heureuse influence et relient tous les peuples par les arts et le commerce, les sciences se sont-elles toutes avancées de front et du même pas? Ont-elles fait également, pour le bien-être des peuples, ce qui appartient à chacune dans l'ordre de ses travaux? Et puisqu'on les a si anciennement et si souvent comparées toutes ensemble à un arbre, les branches de l'arbre sublime se sont-elles également couvertes de fleurs et de fruits?

A chaque science, sa mission, et, pour ainsi dire, sa fonction sociale. Aux applications de la mécanique, de la physique, de la chimie; aux arts mécaniques, physiques, chimiques, la construction et l'arrangement de nos demeures, les voies et moyens de transport, l'échange de la pensée à travers l'espace; aux applications de l'histoire naturelle, aux arts agricoles, le vêtement et l'alimentation. C'est l'histoire naturelle, en effet, qui, faisant l'inventaire des innombrables espèces dont le créateur a peuplé le globe, recherche, découvre parmi elles les produits textiles, à l'aide desquels l'homme se préserve de l'intempérie des saisons; ou, plus nécessaires encore, les substances assimilables, propres à réparer ses forces. Et c'est l'agriculture qui crée, qui multiplie sur notre sol ces précieuses matières premières qu'il appartient ensuite à l'industrie de mettre en œuvre, et au commerce de distribuer parmi les populations. A la science qu'on a justement appelée de nos jours *la première des philosophies*, se rattache ainsi ce qu'on a appelé de tout temps *le premier des arts*; le premier, en effet; car il est de tous, celui dont l'action sur nous est la plus immédiate et la plus intime, comme la plus continue et la plus souvent répétée. Ses bienfaits sont de tous les jours, de toutes les heures, de tous les instants. Les progrès des autres arts entretiennent le mouvement social et, pour ainsi dire, la vie des peuples; mais, avant tout, de ceux de l'agriculture, de la production et du bon emploi des substances qu'elle crée, dépendent la santé et la vie des hommes.

Nous voyons dans la *Genèse*, Abel et Caïn, pères de l'agriculture, *Abel pastor ovium et Caïn agricola*, antérieurs de six générations à Tubalcaïn, père des arts mécaniques, *malleator et faber in cuncta opera æris et ferri*. Dans l'Olympe mythologique, nous voyons de même Cérès, déesse des moissons, précéder Vulcain et Mercure, dieu des arts et du commerce. L'agriculture est, en effet, le plus ancien des arts, le premier dans l'ordre des temps, comme le premier par sa prééminence sur tous les autres. Mais combien il s'est laissé devancer par eux! Sur plus d'un point, nous pourrions prendre encore des leçons de Varron et de Columelle : Watt et Stephenson, Volta et Davy, Œrsted et Ampère, et leurs glorieux émules sont à peine descendus dans la tombe, et déjà les découvertes mécaniques, physiques, chimiques, qui sont nées des leurs, ont transformé l'industrie et profondément modifié la société.

Que sont les machines les plus admirées, il y a un siècle, auprès de celles qu'on a inventées de nos jours : ces machines motrices des navires, par lesquelles il est devenu vrai de dire que la mer elle-même ne sépare plus, mais réunit tous les peuples! ces machines qui filent, tissent, cousent mieux que les plus habiles ouvriers, qui gravent et sculptent comme des artistes consommés; qui calculent aussi bien et plus vite que les meilleurs géomètres!

« Qui aurait prévu, disait Voltaire en 1760, qu'on analyse-« rait les rayons du soleil et qu'on électriserait avec le ton-« nerre! » Qu'eût dit Voltaire et jusqu'où eût été son admiration, s'il eût deviné ce que renfermaient en elles ces deux immortelles découvertes? La lumière, la chaleur et l'électricité soumises, non plus seulement aux lois de la science, mais à la volonté de l'homme! Il n'a pas suffi à l'industrie moderne de nous donner, dans nos demeures, de nouveaux moyens de produire et de distribuer la chaleur et la lumière; de remplacer, au dehors, par les feux du gaz, ces flammes sans éclat qui semblaient ne s'allumer le soir que pour rendre les ténèbres visibles. De nos jours, la lumière s'est faite peintre et graveur; le plus exact comme le plus prompt de tous les peintres!

Plus merveilleuse encore, nous voyons l'électricité tour à tour graveur, statuaire et doreur, puissant moteur et phare éclatant; ailleurs encore, docile agent des transformations les plus variées, ou messagère rapide destinée à se substituer partout à la machine de Chappe; cette machine tant célébrée, et si justement, à la fin du XVIIIe siècle. « Plus de distance, dit-on, le télégraphe réunit en quelque sorte une immense « population sur un seul point; » la pensée de l'homme vole en un jour du centre de la France à ses parties les plus reculées.

En un jour! Étonnante nouveauté presque aussi admirée en son temps que l'invention elle-même de Mongolfier; vieillie pourtant en moins de soixante ans. Ce ne sont plus nos messages, c'est nous-mêmes, ce sont des populations entières qui, aujourd'hui, sont entraînées par la vapeur avec ce qu'on appelait la prodigieuse vitesse du télégraphe! Et ce n'est plus en un jour, pas même en une minute, que notre pensée, notre parole s'élance à travers l'espace: en une fraction minime de seconde, en un instant indivisible, elle arrive, rapide comme la foudre, aux confins, non de la France, mais de l'Europe, et bientôt, à travers les mers, sur les autres continents! Si bien que nous ne saurions plus dire qu'elle vole; car le vol de l'oiseau, l'élan du boulet à la sortie du canon, la course elle-même de la terre dans son orbite, c'est, relativement, le repos, l'immobilité. La science peut représenter de telles vitesses par des nombres; la langue manque de mots pour les exprimer.

Et après tous ces prodiges de la mécanique, de la physique, de la chimie que d'autres encore non moins admirables, et ce qui vaut mieux, non moins utiles! Dans le domaine de ces sciences et des arts qui s'en éclairent, il semble que les années vaillent aujourd'hui des siècles: le nouveau d'il y a vingt ans n'est déjà plus qu'un mode usé, vieilli, dont personne ne veut et presque ne se souvient plus:

Magnus ab integro sæclorum nascitur ordo;

et plus d'un voyageur, après une longue absence, a pu se demander, comme Épiménide, après son sommeil séculaire, s'il se retrouvait dans son pays.

Celui qui se laisserait aller un moment à cette illusion n'a qu'à se tourner vers les arts agricoles, et bientôt elle sera dissipée. Ce qu'il avait laissé à son départ, si longue qu'ait été son absence, il le verra encore, sur bien des points, à peine modifié ou même fidèlement observé. En face de la physique et de la chimie du XIXe siècle, il retrouvera encore, en trop grande partie, l'agriculture du XVIIIe siècle; en progrès, sans doute; il y aurait à le nier injustice et ingratitude; mais en progrès seulement, quand, ailleurs, il y a eu changement radical, révolution complète. L'agriculture a été ici par rapport aux autres arts, ce que sont aux autres hommes, dans le mouvement général du globe terrestre sur lui-même, ces peuples arctiques non immobiles, aucun ne l'est, mais dont le déplacement est comparativement si lent, qu'il ne va pas, dans le même espace de temps, au dixième, au vingtième, de celui des peuples des autres zônes.

Aussi, à cette question: Les arts agricoles ont-ils fait pour le vêtement et l'alimentation, ce qu'ont fait les autres arts pour la construction de nos demeures, le chauffage, l'éclairage, les moyens de transport et de communication? A ces questions: le peuple est-il bien vêtu? le peuple est-il bien nourri? nous avons à faire de bien tristes réponses, et bien peu dignes d'une civilisation aussi avancée que la nôtre!

Le peuple est-il bien vêtu? Porte-t-il des vêtements chauds et en rapport avec notre climat, avec nos hivers tour à tour si humides et si froids! Porte-t-il des vêtements solides et de nature à résister aux inévitables effets de ses travaux? Faites quelques pas dans les faubourgs de nos grandes villes et vous répondrez: Triste et déplorable spectacle que celui de ces populations vêtues, hiver comme été, d'étoffes de coton déchirées au moindre effort, déteintes au bout de peu de jours, et bientôt réduites à n'être plus que des lambeaux sans couleur et sans nom, si la ménagère n'y ajoutait sans cesse des morceaux de toute forme et de toute nuance. La blouse, le *bourgeron* rapiécés, voilà le costume habituel d'une partie de la population de la première ville du monde!

Que faire à de tels maux? Je ne le rechercherai pas ici. Une vérité, a dit un de nos philosophes, est un coin à faire entrer par le gros bout. N'essayons pas, deux fois au même moment, le même tour de force. Disons seulement qu'il est des moyens non-seulement d'augmenter, en diverses proportions, la production de la laine, mais aussi de produire en abondance sur notre sol, à côté de la soie de luxe, une soie moins brillante mais plus solide, qui serait la soie de tout le monde. Les Chinois que nous appelons barbares, et qui, du reste, nous rendent ce titre avec usure, sont en grande partie vêtus de cette soie populaire. Pour l'avoir, et d'autres soies encore, que faut-il? les vouloir.

Le peuple est-il bien nourri? Dans le repas du milieu du jour, et le soir après ses rudes labeurs, peut-il réparer ses forces par une alimentation conforme aux règles de l'hygiène?

Je pourrais ici me borner à dire: lisez les taxes récentes et actuelles du pain et de la viande! Et souvenez-vous des mesures par lesquelles le gouvernement et les administrations municipales ont dû venir, *trois années sur dix*, au secours des classes laborieuses!

Mais vous m'objecterez peut-être que ces dernières années ne présentent pas l'état ordinaire et normal du pays? Voyons donc, au moins pour la production animale, ce qu'est cet état *ordinaire et normal*, si ce qu'on appelle les années de prospérité ne sont pas seulement des années de *moindre disette*! et si la viande n'est pas à la fois une des substances les plus indispensables à la bonne alimentation du peuple, et une de celles qui lui manquent le plus? Is. GEOFFROY SAINT-HILAIRE.

SYSTÈME D'ELECTRO-MÉTREUR

pouvant fournir des mesures à distance par l'intermédiaire de deux fils seulement.

Ce système, qui n'est que le diminutif du maréographe électrique que j'ai décrit dans le journal *la Science* des 6 et 13 novembre 1855, peut être utilisé avec avantage dans beaucoup de circonstances, particulièrement pour indiquer la hauteur de l'eau dans les réservoirs destinés à alimenter les grandes villes. De cette manière, le directeur des eaux d'une ville peut s'assurer à tout moment, sans sortir de son cabinet, de l'état d'approvisionnement de ces réservoirs.

Le problème à résoudre pour obtenir des indications de mesure à distance était assez complexe.

1° Il fallait que l'appareil destiné à indiquer les mesures fût susceptible d'être déclanché électriquement, et que celui destiné à les transmettre pût parcourir une longueur variable pouvant être fort grande.

2° Il fallait que la marche de cet appareil fût affranchie de tout mouvement d'horlogerie.

3° Enfin, il fallait que le nombre des fils ne dépassât pas deux, pour que ce système pût être applicable.

Voici comment j'ai satisfait à ces différentes conditions, dans le genre d'application dont nous avons parlé.

Sur le bord des réservoirs dont il s'agit d'apprécier d'une manière permanente le niveau de l'eau, je place une colonne ou un pilastre de bois d'une hauteur un peu plus grande que leur profondeur. Sur cette colonne est adaptée une tringle de fer, le long de laquelle peut glisser, au moyen de deux petits coulissaux, une boîte de bois. Sur l'un des côtés de cette boîte, se trouve un frotteur à piston qui appuie sur une bande de cuivre incrustée dans la colonne. Cette bande est coupée transversalement de deux en deux ou de cinq en cinq centimètres, suivant le degré d'approximation que l'on désire, de manière à constituer un interrupteur. Toutes les petites plaques qui composent cet interrupteur, sont en relation par des fils avec de petites vis de cuivre disposées circulairement au-dessus du chapiteau de la colonne, et dont la tête affleure la surface du bois. Au-dessus de ces têtes de vis, se meut un frotteur à piston fixé sur une roue à rochet horizontal, et cette roue à rochet est mise en mouvement au moyen d'un encliquetage et d'un électro-aimant. Enfin, la boîte de bois peut être soulevée ou abaissée par l'intermédiaire d'une palette et d'une tringle, portées par un large flotteur qui donne la hauteur de l'eau. Tel est l'appareil transmetteur.

Le récepteur qui se trouve dans le cabinet du directeur ou du contrôleur des eaux, se compose d'une crémaillère horizontale portant un crayon, et qui est mue par un encliquetage d'électro-aimant. Le nombre des dents de cette crémaillère doit être assez grand pour être en rapport avec toutes les mesures que l'on doit prendre. Enfin, un deuxième électro-aimant sert à désencliqueter, en temps et lieu, cette crémaillère qui, au moyen d'un contre-poids, revient à son point de départ central. Une feuille de papier placée sur une planche à roulettes, peut recevoir les indications laissées par le crayon et être déplacée à volonté. Voici alors comment s'opère le jeu des appareils.

Au moment ou le contrôleur veut s'assurer du niveau de l'eau dans les réservoirs, il met d'abord son récepteur en rapport avec le circuit de l'un d'entre eux, au moyen d'un interrupteur disposé à cet effet. Alors un courant est établi à travers l'électro-aimant commandant la crémaillère et l'électro-aimant de la colonne du réservoir. Sous l'influence d'un interrupteur mécanique qui sera dirigé par une horloge, il se manifestera toutes les secondes une interruption et une fermeture de courant qui fera avancer d'une dent la crémaillère du récepteur et le rochet du transmetteur. Tant que le frotteur à piston de ce rochet ne rencontrera pas celle des vis qui est en rapport avec la plaque touchée par le piston de la boîte mobile de la colonne, le crayon s'avancera successivement sur le papier, et laissera son empreinte; mais aussitôt que cette rencontre aura lieu, un courant passera à travers l'électro-aimant de détente du récepteur, et désencliquetera la crémaillère. La longueur du trait laissé sur le papier donnera donc la hauteur du niveau de l'eau, à partir du bord supérieur du réservoir.

Pour maintenir l'action du désencliquetage, un rhéotome est appliqué à l'électro-aimant qui le commande, et l'action de ce rhéotome persiste jusqu'à ce que la roue à rochet, ayant accompli sa révolution, ait renvoyé le courant dans un autre sens.

En mettant le récepteur successivement en rapport avec les différents circuits, et repoussant après chaque indication la feuille de papier, il est facile de comprendre qu'on peut avoir toutes les indications relatives aux différents réservoirs d'eau.

TH. DU MONCEL.

CANAL DE SUEZ.

Séances de la commission internationale.

Le savant M. Barthélemy Saint-Hilaire rend compte en ces termes, dans le second numéro de l'*Isthme de Suez*, des séances de la commission internationale :

La commission internationale s'est réunie, ainsi que nous l'avons annoncé. Elle a tenu six séances le 23, le 24 et le 25 juin, à deux séances par jour, de trois heures chacune. Le 26, elle a eu une séance complémentaire pour l'adoption des procès-verbaux des deux séances de la veille.

Tous les membres de la commission étaient présents, sauf M. Rendel, un des ingénieurs anglais; il avait fait espérer jusqu'au dernier moment qu'il pourrait se joindre à ses collègues, et il s'est excusé sur l'état de sa santé, qui ne lui a pas permis de quitter Londres. L'Angleterre restait d'ailleurs très dignement représentée par MM. Mac-Clean, Ch. Manby, tous deux ingénieurs, et par M. le capitaine Harris, de la marine britannique des Indes; la Hollande, par M. Conrad; l'Autriche, par M. de Negrelli; le Piémont, par M. Paleocapa; la Prusse, par M. Lentze; l'Espagne, par don Cipriano-Segundo Montesino; et la France, par M. le contre-amiral Rigault de Genouilly, M. le capitaine de vaisseau Jaurès, MM. Renaud et Lieussou. M. Mougel-Bey, ingénieur de S. A. le vice-roi, assistait à la séance, où étaient également présents MM. Ferdinand de Lesseps, Jomard et Barthélemy-Saint-Hilaire, ces deux derniers membres de l'Institut.

La plupart des membres étaient venus, avec une exactitude et un zèle très honorable, de contrées fort éloignées : de Vienne, de Berlin, de la Haye, de Madrid, de Turin et de Londres. Les fonctions les plus hautes, les affaires les plus importantes n'avaient retenu personne. L'assemblée a été complète, sauf l'exception que nous avons indiquée. C'est une preuve bien frappante de l'intérêt universel qu'excite notre grande entreprise.

Les délibérations préparées, comme nous l'avons dit dans notre précédent numéro, ont porté successivement sur les points principaux qu'embrasse le projet, et dont la solution doit être reproduite dans le rapport définitif. La rédaction de ce rapport a été confiée à une sous-commission, qui est composée de MM. Conrad, Renaud et Lieussou, auxquels ont été adjoints MM. Mougel-Bey et Barthélemy-Saint-Hilaire.

En attendant la publication de ce rapport et celle des procès-verbaux, nous pouvons faire connaître dès à présent les résultats les plus généraux des délibérations de la commission internationale.

Elle a d'abord rejeté, après une discussion détaillée, tous les systèmes du tracé indirect, c'est à dire les systèmes qui conduisent le canal au travers de l'Égypte, de Suez à Alexandrie; et elle a adopté la coupure directe de l'isthme, de la mer Rouge à la Méditerranée, de Suez à Péluse.

Elle a décidé ensuite que le canal serait alimenté par l'eau de la mer et non par l'eau du Nil.

En ce qui concerne la traversée dans les Lacs Amers, la Commission internationale a décidé que les lacs seraient remplis par l'eau de la mer Rouge, et que la navigation y resterait libre. Le canal n'y serait point endigué, et le canal serait indiqué par des balises.

Une conséquence très importante est sortie de cette résolution : c'est que le canal n'aura point d'écluses ni à l'entrée de Suez, ni à celle de Péluse, pas plus qu'il n'en aura dans tout le reste du parcours. C'est un point considérable; et, sans être marin, on conçoit aisément combien une telle disposition du canal sera avantageuse à la navigation. Les plus grands navires, arrivant de Bab-el-Mandeb ou de la Méditerranée, pourront aller de Suez à Péluse, *et vice versâ*, sans avoir à s'arrêter un seul instant. La Commission a réservé d'ailleurs la faculté d'établir des écluses, dans le cas où plus tard elles seraient jugées nécessaires.

Ainsi, la mer intérieure que formeront les Lacs Amers, sur une surface de 330 millions de mètres carrés, sera comme un immense modérateur des eaux, qui amortira les courants que pourraient former dans le canal les marées venant de la mer Rouge.

Après ces diverses questions essentielles, venait celle de la largeur du canal et de sa profondeur. Il aura 100 mètres de large à la ligne d'eau (66 mètres au plafond) dans la partie comprise entre Suez et les Lacs Amers. Une partie de 10 kilomètres sera empierrée. Dans tout le reste du parcours, le canal aura 80 mètres de large à la ligne d'eau (48 mètres au plafond). D'ailleurs, le profil du canal a été maintenu tel que l'ont établi les ingénieurs de S. A. le vice-roi pour les banquettes et les talus.

La question des ports dans la mer Rouge et dans la Méditerranée n'était guère moins grave que les précédentes. Voici les solutions de la Commission internationale :

Au port Saïd, sur la Méditerranée, entre Oum-Fareg et Oum-Gemileh, la largeur du chenal sera de 400 mètres avec arrière-bassin, et toutes les autres dispositions proposées par la Commission qui était allée en Egypte sont adoptées. Les jetées nord et sud auront 3,500 et 2,500 mètres.

Au port de Suez, la largeur du chenal sera de 300 mètres avec arrière-bassin. Les jetées seront poussées seulement aux profondeurs de 6 mètres, et le reste du chenal sera dragué jusqu'aux profondeurs de 9 mètres. Les jetées auront à peine 1,600 mètres de long.

Le tracé du canal étant ainsi réglé, la Commission internationale s'est occupée des abords, et elle a regardé comme une conséquence nécessaire de l'ouverture du canal l'éclairage des côtes d'Égypte, du fort du Marabout, à l'ouest d'Alexandrie, jusqu'au delà de Péluse, vingt lieues à l'est, et des côtes de la mer Rouge sur les points dangereux, soit au fond du golfe, à Suez, soit à l'entrée, à Bab-el-Mandeb.

Un port intérieur de ravitaillement, de réparation et de radoub serait créé au lac Timsah. Pour les canaux secondaires d'eau douce, qui doivent relier le canal maritime au Caire et au reste de l'Égyte, la Commission a déclaré qu'elle s'en remettait aux ingénieurs qui seront chargés de l'exécution. Quant à elle, cependant, elle préférerait techniquement la prise d'eau près de Belbeys, par le canal actuel de Zagazig, à celle que proposent MM. les ingénieurs de S. A. le vice-roi, un peu au-dessous du Caire, par suite de considérations locales dont on a apprécié la gravité.

Restait une dernière question, dont la Commission internationale avait à s'occuper, c'était celle de la navigation dans la mer Rouge. Un peu plus loin nous donnerons une analyse spéciale de cette partie de la discussion ; ici, nous nous bornons à dire que, grâce aux lumières des marins expérimentés qui faisaient partie de la Commission, toutes les préventions entassées à plaisir contre cette navigation sont désormais détruites. C'est un point d'ailleurs sur lequel nous aurons fréquemment à revenir. Nos lecteurs en sentent, comme nous, toute l'importance. BARTHÉLEMY SAINT-HILAIRE.

Le deuxième numéro de l'*Isthme de Suez*, dont ce qui procède est extrait, contient les articles suivants :

Exposé de M. de Lesseps. — Séances de la Commission. — Discours de M. de Lesseps. — Académie des sciences : Géologie de l'isthme de Suez. — Observation de marées. — Mémoire de M. de Négrelli. — La vérité sur la mer Rouge. — La Malle d'Australie par Suez. — Nouvelles d'Orient. — Nouvelles d'Égypte. — Revue de la Presse. — Prime aux Abonnés. — Avis sur le profil en long du canal de Suez,

Ce numéro est accompagné du profil en long du canal de Suez.

On lit ce qui suit dans l'*exposé*, par lequel s'ouvre le nouveau volume que vient de publier M. de Lesseps.

« Cette organisation (organisation de la compagnie universellle) marche vers une heureuse solution. Les demandes de concours pécuniaire reçues dans chacun des pays appelés jusqu'à présent à participer à la souscription générale, dépassent déjà les besoins. S. A. le vice-roi d'Egypte lui-même a été le premier à souscrire pour 30 millions de francs. Il a pris en outre une souscription de 2 millions au profit des officiers et des soldats de son armée ; et il s'est décidé, en attendant que la compagnie universelle soit en mesure de fonctionner, à exécuter à ses frais le canal d'alimentation d'eau douce dérivé du Nil, dont il fera ensuite livraison à la compagnie, au prix de l'estimation de l'avant-projet. Ce fait seul suffirait à démontrer l'exactitude des calculs de MM. Linant-Bey et Mougel-Bey, déjà reconnue par la Commission internationale. On sait que ce travail préliminaire, qui sera d'ailleurs d'une immense utilité pour l'Egypte, a été jugé indispensable avant le commencement des grands travaux sur la ligne du canal maritime. S. A. le vice-roi a en outre promis de fournir à la compagnie le nombre de travailleurs indigènes que ses ingénieurs jugeront nécessaire pour la suite des travaux. Il a fixé dès à présent la solde journalière au maximum de 1 fr., salaire très-supérieur à ce que l'on a jamais payé jusqu'à présent aux ouvriers du pays. »

CORRESPONDANCE.

Horloges électriques sonnantes.

Monsieur,

L'application de l'électricité aux machines en général et à l'horlogerie en particulier, est une question à l'ordre du jour. Il appartenait à l'électricité, cet agent mystérieux, qui ne tient aucun compte du temps, de le mesurer avec une précision mathématique. Déjà les horloges électriques construites en France et en Angleterre ont attiré l'attention par la simplicité de leur mécanisme, et surtout par la parfaite régularité de leur marche. Il s'agissait donc de compléter ces admirables instruments en leur faisant sonner les heures, et de les mettre ainsi à même de remplacer avec avantage et sous tous les rapports, les pendules ordinaires.

C'est ce but que j'ai essayé d'atteindre en construisant une horloge électrique marquant les minutes et les secondes et sonnant les heures.

La disposition de la sonnerie de cette horloge est aussi simple que sûre, il n'y a *aucun rouage*. Un électro-aimant, un râteau ouvrant et fermant le circuit, un limaçon et une détente en composent tout le mécanisme. La marche du pendule sert de rouage modérateur.

Je pourrais ajouter que cette sonnerie, sans aucun mécanisme additionel, frappe à volonté les secondes sur le timbre, et peut devenir ainsi un instrument d'observation. Toutes ces fonctions étant indépendantes du pendule, ne peuvent en aucune manière, détruire l'isochronisme de ses oscillations.

L'horloge marche avec une pile composée d'un seul couple, et bien que sa régularité ne dépende pas de l'intensité du courant, j'ai dû modifier la pile de Daniell ordinairement employée, de manière à rendre son usage facile et commode.

Cette pile ainsi modifiée présente toutes les garanties de force, de constance et de propreté que l'on peut exiger.

Une autre difficulté à combattre, pour la marche et la durée d'une horloge électrique, c'est l'étincelle d'induction produite par l'établissement et surtout par la rupture du circuit, c'est une cause de destruction plus ou moins rapide des points de contact.

Par l'emploi de fils de cuivre non enveloppés dans la construction des électro-aimants, je suis parvenu à annulèr complétement l'étincelle.

Ce résultat assure aux diverses fonctions une sécurité parfaite.

Une boîte de 35 centimètres de hauteur sur 22 de largeur, renferme cette horloge.

J'ai l'honneur, etc. T. LASSEAU.

Montbéliard (Doubs), 15 juin 1856.

Céphalométrie.

Verneuil (Eure), 6 juillet 1856.

Monsieur,

Vous accueillerez, je l'espère, mes remercîments et ma prière. Je suis heureux de voir que vous avez jugé ma céphalométrie digne d'intéresser les lecteurs de votre excellent journal ; mais parmi quelques fautes typographiques que je viens d'y remarquer, une surtout doit être signalée.

Page 210, première colonne, vous me faites dire que la *charité* naît de l'amour sous l'empire de la raison, résultat de la puissante harmonie des facultés de l'âme. C'est la *chasteté* qu'il faut lire.

Dans la même page on a imprimé *résultant* au lieu de *résultat* ; *familiarisant* pour *familiarisent* et *admettant* au lieu de *admirant*.

A propos du mot *charité*, je saisis l'occasion de compléter le coup-d'œil rapide que vous venez d'attirer sur ma doctrine en vous écrivant ma réponse à une des objections de M. Béraud, le savant rédacteur du journal *La Phrénologie*, qui, tout en regardant la céphalométrie comme un progrès énorme pour la science de Gall, me demande pourquoi je n'ai point admis deux organes distincts pour la *conscience* et pour la *bienveillance* :

« Je n'ai rien imaginé, je n'ai fait que découvrir et admirer. Avec les sept facultés primitives ou couleurs premières pour l'instinct de la conservation, plus ou moins bien dirigées par les facultés de l'âme ou sens moraux, eux-mêmes plus ou moins bien harmonisés, vous pourrez composer toutes les nuances possibles.

« La céphalométrie est un instrument exact qui n'attend que des mains habiles pour créer des merveilles.

« La justice qui suppose un droit, est pour l'homme un devoir et non une vertu, comme *l'équité*, sens moral qui, ennoblissant la sympathie, instinct de l'association, crée l'amitié, la *charité*, la *bienveillance*, quand surtout la fierté, qui peut dégénérer en ambition, orgueil, envie, jalousie, est très peu développée, car alors la bienveillance peut aller jusqu'à l'abnégation. »

Veuillez, etc. A. D'HARAMBERT.

VARIÉTÉS.

Plantes à introduire en Europe.

M. le docteur Karl Scherzer a donné, devant la Société de botanique de Vienne, des détails sur quelques plantes employées par les Indiens et dont il souhaite l'introduction en Europe. Il a appelé l'attention des membres de cette Société scientifique sur l'écorce du *copalchi*, qui est usitée chez les Indiens comme remède contre la fièvre. M. Guibourt, dans son *Histoire naturelle des drogues simples* (tome II), dit que quelques centaines de kilogrammes de cette écorce ont été exportés à Hambourg, en 1827, comme quinquina. — La résine du *guaco* est employée par les Indiens dans les maladies de peau. M. Scherzer mentionne ensuite un arbrisseau à thé qui croît dans le voisinage d'Istlavacan, sur le plateau de Guatemala, à 2,000 mètres au-dessus du niveau de la mer. Cet arbuste a été découvert par le pasteur du lieu, Vicente Hernandez, etc., et nommé par M. Fenzl *lippia medica*. Une infusion de feuilles de cette plante guérit les maladies d'estomac et les douleurs de tête. La civilisation n'ayant pas encore introduit le thé chinois dans ces lointains parages, les habitants s'en servent à la place du produit de l'Empire céleste.

Dans une famine qui eut lieu, il y a quelques années, dans le département d'Intigalpa, par suite de l'invasion d'un nombre infini de sauterelles, les Indiens eurent recours à la racine de l'*helmia esurientium*, qui, comme les autres tubercules des tropiques, a un goût farineux et agréable. Pendant plusieurs mois, ce fut leur unique aliment. Par malheur, cette plante ne pourrait s'acclimater en Europe, de même que la pomme de terre douce (*convolvulus batatas*) qui a pourtant réussi quelquefois dans le sud et dans l'ouest des États-Unis.

Un autre arbuste des plus intéressants est le *frailillo*, dont les Indiens se servent comme d'un laxatif très énergique. On le trouve aux environs de Dipillo, dans le Nicaragua. Les Indiens s'imaginent que ses qualités diverses — car c'est à la fois un vomitif et un purgatif — dépendent de la manière de cueillir les feuilles, dans le haut ou dans le bas de la plante.

Enfin, M. Scherzer a terminé son curieux mémoire par la description d'une plante de chétive apparence, donnant de jolies petites graines rouges, et que l'on rencontre fréquemment au Guatemala et à Honduras. Les indigènes l'appellent tantôt *gualaca* et *comida de culebra* (nourriture de serpents). Lorsqu'en 1837 le choléra sévissait sur ce grand plateau, les habitants du village indien de Cantaranos (État d'Honduras), non loin de Tegucigalpa, faisaient boire aux malades une décoction de cette plante. Il paraît que la plupart des cas de choléra, dans cette localité, ont eu une heureuse issue. M. Fenzl croit reconnaître, dans l'échantillon soumis à la Société, une *rauwolfia tomentosa;* ce qui rend un examen sérieux d'autant plus nécessaire, que les plantes de la famille des apocynées ont une vertu plutôt dissolvante qu'astringente.

Toutes les plantes, écorces d'arbres et graines, rapportées par M. Scherzer, vont être l'objet d'une analyse exacte de la part de deux chimistes distingués de Vienne (Autriche), et nous ne manquerons pas d'en faire connaître les résultats qui intéressent la science au plus haut degré.

Télégraphe électrique globotype.

On voyait dernièrement, à l'exposition de la Société des arts de Londres, un nouvel appareil télégraphique nommé, par son auteur, télégraphe globotype, à cause des petites balles de diverses couleurs qu'il emploie. Dans l'appareil en question, dont nous empruntons la description au *Practical Mechanic's Journal*, on fait usage de trois sortes différentes de balles de verre, et l'action électrique transmise par les fils force ces balles à sortir de leurs réservoirs dans l'ordre qu'indique la dépêche envoyée, et conformément à une table convenue d'avance. Les balles ainsi lancées courent le long de plans inclinés, dans les coulisses rangées derrière un cadran de verre, de telle sorte qu'elles peuvent être lues avec facilité et d'une manière continue, non seulement au moment où elles sont lâchées, mais aussi longtemps qu'elles peuvent être retenues derrière le cadran.

L'appareil comprend plusieurs dispositions ingénieuses, parmi lesquels il faut remarquer les détentes servant à lâcher les balles. Il est préférable que les balles de verre soient de trois couleurs différentes, et qu'elles diffèrent aussi légèrement les unes des autres en grosseur, dans le but de les séparer ou de les distribuer lorsqu'on s'en est servi pour former les combinaisons formant la dépêche.

Les balles sont séparées dans une boîte à laquelle sont adaptés deux diaphragmes ou faux-fonds, dont le plus bas est percé de manière à permettre le passage seulement aux balles du plus petit calibre. Le diaphragme supérieur est percé de trous plus grands qui laissent passer les balles du second calibre, tandis que les plus grosses restent retenues au sommet. Les balles, alors qu'elles sont mélangées, sont placées au sommet de la boîte, que l'on agite jusqu'à ce que les plus petites aient trouvé leur route à travers les diaphragmes pour gagner leurs compartiments respectifs.

On peut préparer plusieurs cadrans pour recevoir les balles de la dépêche, afin que lorsque l'une est prête, l'autre puisse être mise en mouvement; de cette manière on peut garder les cadrans sans les déranger, tout le temps nécessaire pour relire la dépêche, si cela est jugé indispensable.

FAITS DIVERS.

PERCEMENT D'UN PUITS ARTÉSIEN EN ALGÉRIE. — On sait qu'une nappe liquide règne sous une grande partie des immenses espaces qui s'étendent au Sud de l'Atlas, particulièrement dans la région de l'Est, et que c'est à des puits amenant les eaux de cette nappe à la surface du sol que sont dus les oasis qui émaillent de leur luxuriante verdure ces arides solitudes. Plusieurs fois déjà on avait proposé d'y exécuter des travaux qui trasformeraient le désert en terres productives et fécondes ; mais jusqu'à ce jour rien n'avait encore été tenté en ce sens.

L'expérience vient enfin d'en être faite avec un succès complet, grâce à l'initiative de M. le général Devaux, commandant la subdivision de Batna.

A Tamerna, dans la province de Constantine, en présence des cheïks, des ulemas, et de tous les hommes marquants du pays, pour la première fois, la sonde a fait jaillir les eaux des entrailles du sol. Le débit est de 3,000 litres à la minute.

La dépêche télégraphique qui annonçait cette grande nouvelle est ainsi conçue :

« L'eau a jailli à Tamerna, à 60 mètres de profondeur, le 9 juin, à 3 heures de l'après-midi.

« La joie des Indigènes tient de la frénésie. »

Cette joie se comprend, car, dans ces régions brûlantes et desséchées, l'eau c'est tout; la création, la richesse, la vie.

Que ce succès, ainsi qu'on doit l'espérer, se renouvelle sur d'autres points, dit M. H. Peut, dans les *Annales de la colonisation algérienne*, et bientôt peut-être une suite de fraîches et riantes oasis, en faisant tomber les barrières naturelles qui rendent encore si difficile l'accès du centre de l'Afrique, permettra d'aborder ces mystérieuses contrées où tout semble indiquer les trésors que leur situation a dérobés jusqu'à présent à l'activité du commerce et aux investigations de la science.

En même temps, on annonce qu'on vient de découvrir de la houille en Kabylie, aux environs de Tizi-Ouzou, découverte qui serait d'un prix inestimable.

On dit aussi que les magnifiques gisements de fer du Bou-Hamra et de Aïn-Mocta, territoire de Bône, vont enfin être exploités par la Compagnie concessionnaire, et que les eaux de Hamman-Meskoutine, l'une des sources thermales les plus chaudes du globe, confiées à l'industrie privée, ne tarderont pas à faire de l'admirable site qui les entoure un des lieux de l'ancien monde les plus recherchés, et par les malades qui viendront y recouvrer la santé, et par les touristes qui y trouveront une de ces merveilleuses créations de la nature dont toutes les descriptions seraient impuissantes à rendre l'étrange et imposant effet.

Floraison de l'agave a Cette. — On remarque en ce moment, sur la montagne de Cette, et dans une de ces petites maisons de campagne nommées *baraques*, un phénomène assez rare dans nos contrées, la floraison d'un aloès-pite ou agave; et toute la population cettoise va visiter processionnellement cette curiosité végétale.

Du centre de la plante, qui est très forte et très ancienne, a poussé une hampe qui est de la grosseur d'un mât de chaloupe, et qui, en quelques jours, a atteint la hauteur d'environ 7 mètres. Toutefois, sa croissance n'est pas tout à fait achevée, car elle pousse encore journellement de 10 centimètres. La partie supérieure de la tige est terminée par un certain nombre de ramifications en forme de girandoles, à l'extrémité desquelles les fleurs sont sur le point d'éclore.

L'agave est originaire de l'Amérique centrale. Suivant une tradition des Mexicains, cette plante ne fleurirait que tous les quatre cents ans, ce qui est évidemment exagéré. Mais ce phénomène, qui est assez rare en France, est, au contraire, fort commun en Espagne et en Italie.

A Palma, capitale de l'île de Mayorque, les terre-pleins, les remparts ont leurs talus intérieurs entièrement complantés de ces aloès gigantesques et séculaires, qui y croissent par centaines de milliers.

Quelque rare que soit la floraison de ces plantes, il arrive que, sur une aussi grande quantité, il y en a toujours de 4 à 500 qui fleurissent dans une même saison; de sorte que ces remparts, qui servent de promenade publique, sont bordés d'une multitude de ces tiges hautes et gracieuses en forme de candélabres, aux branches desquelles pendent de belles grappes de fleurs jaunes.

Mais cette floraison anormale épuise tellement la plante, qu'elle périt toujours après avoir développé sa hampe.

Franklin. — On lit dans le *Cosmos :* Un grand nombre d'hommes très éminents et très influents de la science et de la marine anglaise, viennent d'adresser au gouvernement un mémoire sur la nécessité d'envoyer une expédition nouvelle à la recherche des restes de *l'Erebus* et du *Terror*, vaisseaux montés par Franklin et ses compagnons disparus. Il serait indigne, disent-ils, d'une grande nation comme l'Angleterre, de ne pas retrouver complétement la route suivie par ses trop malheureux enfants; de ne pas s'assurer si quelques-uns vivent encore, etc., etc. Il ne s'agit pas cette fois d'une expédition vague et indéterminée, mais tout simplement d'atteindre par la voie la plus courte la région où le docteur Rac a trouvé des traces certaines et des reliques de l'équipage. Nous apprenons à l'instant que les lords de l'Amirauté, après un examen approfondi, viennent précisément d'attribuer au docteur Rac la somme de dix mille livres sterling (250,000 francs), promise à celui qui découvrirait le premier des traces de Franklin.

Chemins de fer au Canada. — En 1857, le Canada possédera 1,700 mille de rails-ways livrés à la circulation, ayant coûté 375 millions de francs. Le gouvernement annonce qu'il concédera 4 millions d'acres de terres publiques en faveur du rail-way de Québec au lac Huron. Ce chemin traversera 170 milles de forêts vierges.

Les briques en Angleterre. — On peut juger de l'importance du commerce des briques en Angleterre en jetant les yeux sur les chiffres suivants, tirés d'un mémoire lu, la semaine dernière, à la Société royale de Londres, sur la fabrication des briques par les machines.

La quantité de briques fabriquées chaque année chez nos voisins, s'élève au chiffre énorme de 1,800.000,000; Manchester, à elle seule, en emploie 130,000,000, et Londres à peu près autant. En prenant 3 tonnes (la tonne vaut 1,016 kil.) pour 1,000, comme poids moyen des briques, il s'en fabriquerait annuellement en Angleterre une quantité pesant 5,400,000 tonnes, et le capital employé serait de 2 millions sterling. Deux cent trente brevets se rattachent à cette industrie.

Les rues de Londres. — Nous extrayons du rapport d'un comité du parlement les données suivantes, sur le mouvement dans les rues de Londres. 200,000 personnes parcourent journellement à pied les rues; 15,000 arrivent par les bateaux à vapeur, et, en dehors des voitures de toute espèce, à un et à deux chevaux, les omnibus font 7,400 courses.

Le nombre des voyageurs arrivant par les stations près du pont de Londres, qui, en 1850, était de 5,558,000, s'est élevé, en 1854, au chiffre de 10,845,000.

Dans la même période, le nombre des voyageurs, arrivant par la station de sud-ouest, s'est élevé de 1,228,000 à 3,308,000.

Le nombre des voyagrurs arrivant et partant, en 1854, par différents chemins de fer, était aux stations :

De Schoreditts, de	1,143,000
A celle de Caston square, de.	970,000
A celle du Paddington, de.	1,400,000
A celle de King's Cross, de	700,000
A celle de Blackwall (rue Fenchurch), de.	8,144,000

Le comité, en en se fondant sur ces chiffres, reconnaît l'urgence de l'exécution d'un plan ayant pour but de dégager les rues de Londres, et recommande à cet effet le percement de nouvelles communications directes entre les différents points importants de la métropole, tels que les stations, les docks, la rivière et la poste.

BULLETIN BIBLIOGRAPHIQUE.

Réforme médicale du xixe siècle, par la doctrine des impondérables, ou nouveaux principes de médecine chimique appliqués à la pathologie et à la thérapeutique. 1 vol. in-8°, par C.-A. Christophe. G. Baillère, 17, rue de l'Ecole de Médecine.

Prix d'abonnement pour l'étranger.

Allemagne, 8 fr.;— Suisse, Parme, Plaisance, Modène, 8 fr. 50.— Etats Sardes, Grèce, Crimée, 9 fr.; — Hollande, Angleterre, 10 fr.; — Etats-Unis, Indostan, Turquie, 10 fr. 50; — Belgique, Prusse, Hanôvre, Saxe, Pologne, Russie, Espagne, Portugal, 11 fr.; — Toscane, 12 fr.; — Etats-Romains, 16 fr. 50.

Le propriétaire, rédacteur-gérant :

VICTOR MEUNIER.

PARIS. — IMP. J.-B. GROS ET DONNAUD, SON GENDRE, RUE DES NOYERS, 74.

Deuxième année. — N° 29. Quinze centimes. 20 juillet 1856.

L'AMI DES SCIENCES

BUREAUX D'ABONNEMENT
13, RUE-DU JARDINET, 13
Près l'Ecole de Médecine
A PARIS

JOURNAL DU DIMANCHE
SOUS LA DIRECTION DE
VICTOR MEUNIER

ABONNEMENT POUR L'ANNÉE
PARIS, 6 FR.; — DÉPART., 8 FR.
Étranger (Voir à la fin du journal)
ENVOYER UN MANDAT DE POSTE

SOMMAIRE. — Architecture navale et fortifications (suite). — Les inondations de la vallée du Rhône. — Maladie de la vigne. — ACADÉMIE DES SCIENCES. Séance du 7 juillet. — VARIÉTÉS. — FAITS DIVERS.

ARCHITECTURE NAVALE ET FORTIFICATIONS.

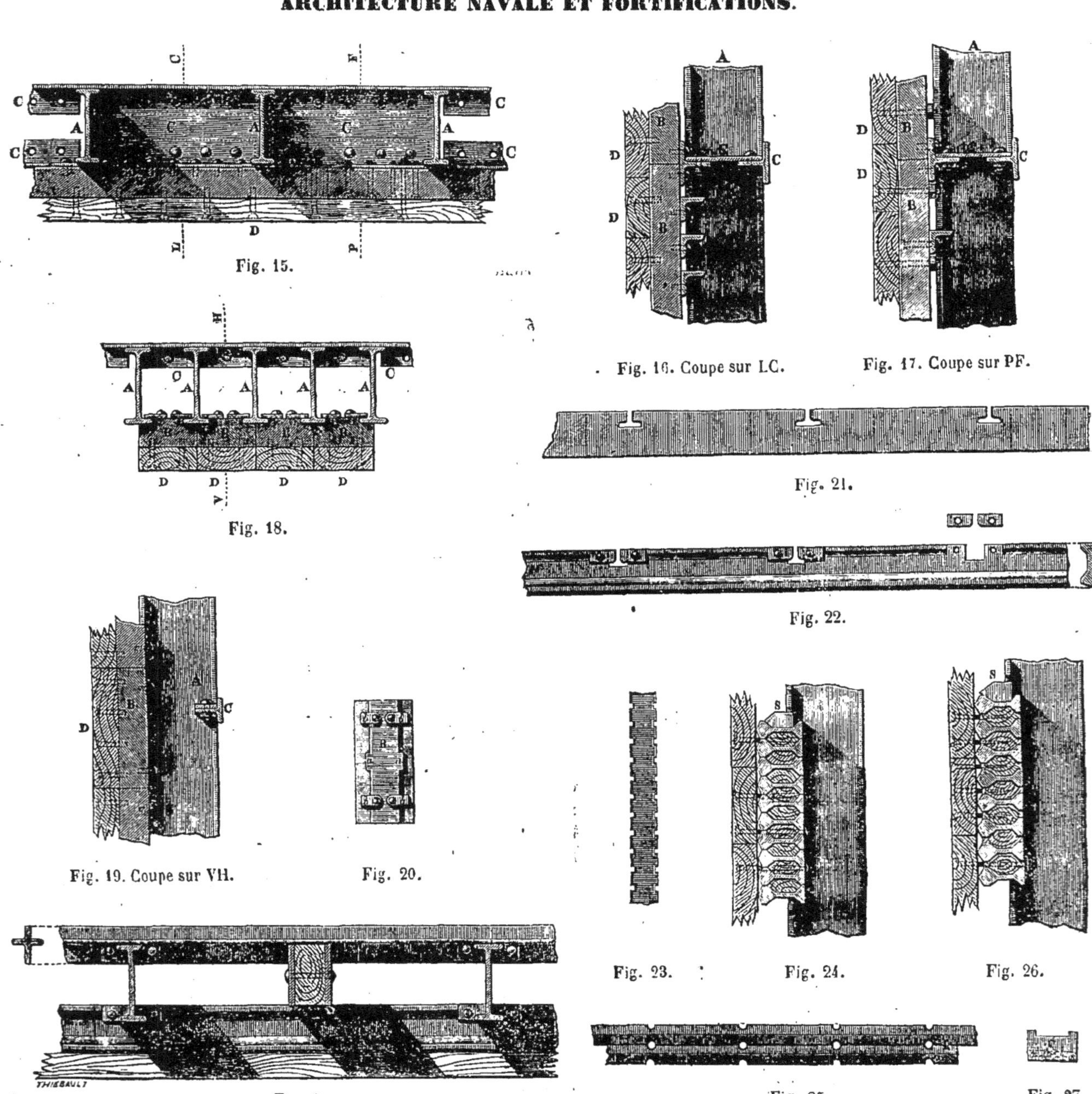

Fig. 15. Fig. 16. Coupe sur LC. Fig. 17. Coupe sur PF. Fig. 18. Fig. 21. Fig. 22. Fig. 19. Coupe sur VH. Fig. 20. Fig. 23. Fig. 24. Fig. 26. Fig. 8. Fig. 25. Fig. 27.

Architecture navale.

Le précédent article a posé la question. Celui-ci va l'approfondir.

Mais donnons avant tout des nouvelles de la réclamation que l'auteur a adressée à l'Académie des sciences sous forme d'une lettre insérée dans notre dernier numéro.

On lit dans le numéro des *Comptes rendus* des séances de l'Académie des sciences, consacré à la séance du lundi 7 juillet.

« M. L. Aubert adresse une réclamation de priorité relative à l'invention de certains appareils de guerre, et présente à l'appui de sa demande un opuscule intitulé : « Emploi du fer et de la fonte dans les constructions; deuxième partie: architecture navale et fortification.

« M. le maréchal Vaillant est invité à prendre connaissance de la Note et des pièces à l'appui, et de faire savoir à l'Académie s'il y a lieu de nommer une commission. »

Le système de M. L. Aubert a son point de départ dans une expérience faite en Angleterre en 1842, et rapportée par les *Annales maritimes* (1843, t. 1, p. 92).

On forma un bouclier de quinze plaques de tôle ayant chacune près de 1 centimètre d'épaisseur; ce bouclier servit de but à une batterie éloignée de 375 mètres. Voici un extrait du procès-verbal de l'expérience:

« Le premier coup tiré fut un boulet creux de huit pouces, « qui frappa le centre du bouclier, l'entama légèrement, re- « bondit et se brisa en plusieurs morceaux par la force du « choc. On employa alors des boulets massifs de 36 livres; le « premier frappa le bord du bouclier, ricocha et fut brisé en « deux morceaux. Le second boulet massif atteignit le centre « du bouclier et s'y logea après avoir traversé plusieurs « plaques. Le troisième frappa le boulet précédent et lui « fit traverser toutes les plaques de fer. Le quatrième et « le cinquième passèrent dans l'ouverture faite par le second « et le troisième. On tira encore dix coups qui frappèrent le « bouclier en différentes places et le détruisirent complète- « ment. Le résultat de ces expériences a démontré que de pa- « reilles défenses sont tout à fait insuffisantes si le feu est con- « venablement dirigé. »

Dans cette expérience, les lames de tôle étaient disposées comme l'indique la fig. 1 (voir le précédent n°). Un pareil bouclier pèse 1,150 kilogr. par mètre carré; ce poids est un tiers plus fort que celui de la muraille en bois d'un vaisseau à la flottaison : le problème paraît donc insoluble.

Cette conclusion ne découragea pas M. Aubert; il déduisit au contraire des détails même de cette expérience, que des résultats favorables pouvaient être obtenus en disposant le fer convenablement.

Maintenant laissons parler le savant auteur, après avoir dit toutefois que les expériences faites en juillet 1844, et dont le succès a amené la construction des batteries flottantes, avaient été demandées par M. Aubert, dans un mémoire adressé le 10 avril 1854, à M. le Ministre de la marine. Ces expériences n'ont d'ailleurs éclairé qu'un côté de la question.

Principes nouveaux.

« Dans l'expérience faite en Angleterre, le premier boulet massif s'est brisé sur le bord du bouclier; pourtant sur le bord du bouclier il n'y avait pas plus d'épaisseur de fer que dans le milieu. Voici comment nous expliquons cet effet : sur le bord du bouclier les lames de tôle ont pu fléchir et s'appuyer sur les suivantes, en sorte qu'ayant toutes été ébranlées à la fois, les vibrations du choc se sont dispersées, comme si, dans cet endroit, *le bouclier eût été d'une seule pièce;* tandis qu'au milieu les lames ne pouvaient pas fléchir assez vite pour se prêter un soutien plus intime; la plus forte partie de l'ébranlement était successivement locale à chacune d'elles, et alors la pénétration avait lieu. Nous tirons de là le principe suivant:

« Premier Principe. — *Une muraille résistera aux chocs des boulets quand la portion qui en sera ébranlée instantanément sera plus considérable que la masse du boulet.* On peut satifaire à ce principe de deux manières différentes, savoir: 1° Par des boucliers massifs d'une épaisseur convenable; 2° au moyen de lames de fer disposées de manière à former ressort. — Par rapport aux grandes vitesses des projectiles, il ne faut pas interpréter le mot ressort dans le sens de *souplesse*, mais bien comme voulant dire *roideur*.

« Pour un bouclier massif, les principales vibrations dues au choc d'un boulet peuvent se représenter par les lignes ponctuées figure 2. On voit que la masse ébranlée *ab*, *cd* du bouclier est plus considérable que celle *ab*, *ef* du boulet; donc, si les molécules sont d'égale résistance, le projectile doit être brisé; or le bouclier est en fer et le boulet en fonte, raison de plus pour que le boulet cède: le bouclier en sera quitte pour une légère meurtrissure en *ab*.

« Le résultat serait plus certain si nous disposions le fer pour qu'il forme ressort, comme cela aurait lieu avec des lames placées de champ.

« Soit A, B, figure 3, deux poteaux en fer écartés de cinquante centimètres et contre lesquels viennent s'appuyer des lames de fer disposées comme l'indique la coupe verticale, figure 4. Un boulet venant frapper le milieu du châssis, trois lames seront subitement ébranlées. La section de ces trois lames est moindre que celle *ab*, *cd*, figure 2, où, à cause de l'homogénéité des molécules du même corps, nous avons en *cd* un plus grand écartement qu'en *ab*; mais ce que nous perdons sur la hauteur nous le gagnons et au delà sur la longueur.

« En effet, nos lames étant placées de champ et leur largeur étant le tiers de la distance entre les poteaux, elles auront une grande roideur et alors feront ressort. Or qu'est-ce qu'un ressort? — C'est un corps dans lequel toutes les molécules ont la propriété de se communiquer instantanément leurs vibrations. Donc, dans les figures 3 et 4, la masse instantanément ébranlée pourra être plus considérable que dans la figure 2.

« Le rapport entre l'épaisseur et la largeur des lames de fer n'est pas indifférent; supposons, en effet, que dans la figure 4 nous ayons des lames de un à deux millimètres d'épaisseur; alors les vibrations arriveront en *cd* trop lentement pour produire le contre-coup; ces lames ne formeraient pas ressort, et, par conséquent, les premières molécules seraient broyées sur une assez grande profondeur. — Il y aura donc à déterminer par des expériences le rapport le plus convenable entre la largeur et l'épaisseur des lames de fer; nous pensons que, pour une largeur de quinze centimètres, une épaisseur de deux centimètres sera suffisante.

« Le principe que nous venons d'exposer repose sur le fait du premier boulet massif qui, dans l'expérience que nous avons citée, n'a pas entamé le bord du bouclier; mais le procès-verbal de l'expérience ne dit pas si ce boulet, en touchant le bord du bouclier, avait sa masse en dedans, comme dans la figure 5, ou bien s'il en avait une partie dehors, comme dans la figure 6. Si cette dernière position est la vraie, il faut ajouter à notre première interprétation l'effet de l'angle du rebord; peut-être même est-ce à cet angle seul qu'est due la rupture du boulet. En procédant à l'égard de cette explication comme pour la précédente, il s'agit d'obtenir que l'exception devienne la règle; par conséquent, nous posons le principe suivant:

« Second Principe. — *La résistance d'une muraille est considérablement accrue si on dispose les pièces de fer de manière à ce que partout où le projectile viendra frapper, il rencontre un angle saillant.* Il nous est facile d'appliquer ce principe à nos murailles, figures 3 et 4; nous changeons seulement le parement extérieur des lames, que nous taillons en couteau, comme l'indique la figure 7. De pareilles saillies peuvent aussi être pratiquées à des boucliers massifs au moyen d'un laminoir ou d'un marteau-pilon taillé à cet effet.

« En disposant nos lames de champ pour former ressort, nous avons eu pour but d'y *disperser* les vibrations afin d'en amortir l'effet; en les taillant en couteau, nous produisons sur le boulet l'effet opposé, c'est-à-dire que nous y *localisons* l'action du contre-coup sur une seule file de molécules, ce qui rendra infaillible la rupture du boulet en cet endroit. Nous pensons qu'il résultera des deux effets que nous venons d'indiquer (*la dispersion du choc dans la muraille et la localisation du contre-coup dans le boulet*) un accroissement de résistance qui permettra de réduire le poids des boucliers, soit en diminuant leur épaisseur, soit, pour ceux composés de lames de fer, en y pratiquant des évidements. On obtiendra ces évidements en employant des fers à té ou à nervures, comme l'indiquent, par exemple, les figures 8, 9, 10. Dans ces figures, les espaces vides entre les lames de fer pourraient être remplis par du bois. Il est bien évident que les angles saillants aideront à la rupture des premiers boulets; mais ils seront meurtris, et après un combat il faudra les réparer. Ces réparations pourront être rendues plus faciles en faisant les couteaux mobiles; ils s'ajusteraient sur les lames ou sur les boucliers massifs par des entailles en queue d'aronde, comme on le voit figures 11 et 12. Vu le faible volume de ces couteaux mobiles, il sera peu coûteux de les faire en acier fondu et trempé.

« On a pu remarquer que, dans la figure 2, nous avons comparé la surface *ab*, *cd* du bouclier à celle *ab*, *ef* du boulet; mais pour que toute la force vive du boulet soit annulée dans une portion de sa masse, il faut que cette portion ne soit pas trop petite, en sorte que le boulet doit meurtrir le bouclier pour y trouver un point de contact suffisant. Les boulets, en meurtrissant la surface du bouclier dans les figures 2, 3, 4, doivent également se déprimer si les molécules des deux corps ont une égale dureté. Or, les boulets sont en fonte, et l'on sait, 1° que la fonte est deux fois plus compressible que le fer; 2° que, si on la déprime brusquement, elle se brise comme du verre. Par conséquent, les boulets se brisent contre nos boucliers en fer. De l'explication précédente, nous tirons le principe suivant :

« Troisième principe. — *Une muraille à l'épreuve des boulets, et dont la surface est plane, est pénétrée par chacun d'eux d'une quantité suffisante pour qu'elle soit ébranlée dans une portion plus grande que celle correspondante dans le boulet en fonte au moment où il se brise.* Lorsque la surface de la muraille, au lieu d'être plane, présentera des arêtes saillantes, l'action des boulets se fera de la manière suivante :

« Quatrième principe. — *Quand un boulet frappera sur un angle saillant, il sera brisé sans avoir perdu toute sa force vive; la meurtrissure qu'il occasionnera sera alors très faible, et les deux portions du boulet iront se briser de nouveau sur les angles voisins.* Il résulte de la comparaison de ces deux principes que les murailles présentant des arêtes saillantes, résisteront plus longtemps que les autres.

« Nous venons de prouver que, sur nos murailles, l'action du boulet sera réduite à une simple meurtrissure, mais ensuite ces meurtrissures iront en s'agrandissant, et après un certain nombre de boulets frappant au même endroit, la muraille sera percée. Il serait donc important d'empêcher le fer d'être meurtri. Nous arrivons à ce résultat en satisfaisant au principe suivant :

« Cinquième principe. — *Pour qu'une muraille établie d'après les principes précédents ne soit pas meurtrie par le choc des boulets, il faut que la masse de cette muraille qui doit être ébranlée le soit instantanément et avant que le boulet ait eu besoin de la pénétrer.* Nous obtenons ce résultat en recouvrant nos murailles d'un corps élastique, tel que le bois, la gutta-percha, le caoutchouc, le plomb. Sous le rapport de l'économie, le bois est préférable.

« Quand un boulet traverse une pièce de bois, il en écarte les fibres dans le sens de sa direction, comme l'indique la figure 13 (quelques heures après une partie des fibres ont repris leur première position).

« Si nous mettions un revêtement en bois à nos murailles, l'action des boulets sur ce bois ne sera plus la même, et elle aura lieu comme dans la figure 14. On voit dans cette figure que les dernières fibres du bois étant retenues par la muraille, celles qui les précèdent sont obligées de conserver une position relative; par conséquent, au lieu d'être écartées, elles ne sont qu'aplaties. La muraille en fer ne subira aucune meurtrissure, parce que, dans l'instantanéité du choc, les fibres du bois, quoique fortement comprimées, ne pourront pas devenir assez dures pour pénétrer les molécules du fer. De plus, on remarquera que, par suite de l'aplatissement du bois, les vibrations du choc se trouvent réparties sur une plus grande masse de la muraille que précédemment.

« Après un certain nombre de coups de boulets, les fibres du bois seront réduites en poussière et tomberont; en sorte qu'un revêtement en bois augmentera la résistance de nos murailles dans une grande proportion, mais ne la rendra pas indéfinie. Des expériences devront déterminer l'épaisseur la plus convenable à donner à ce revêtement et l'espèce de bois qu'il faut choisir.

« Des revêtements en caoutchouc ou en gutta-percha auraient l'avantage de ne pas être réduits en poussière et alors de résister plus longtemps; des expériences devront déterminer l'épaisseur à leur donner; nous pensons qu'un centimètre suffira. On pourra peut-être remplacer le caoutchouc par un mélange d'huile cuite et d'étoupe ou par du feutre goudronné.

« Nous avons démontré précédemment que, quand la muraille était meurtrie, le boulet subissait une dépression semblable et était brisé; mais si nous interposons un corps élastique, comme dans la figure 14, un autre effet aura lieu; nous l'indiquerons dans le principe suivant :

« Sixième principe. — *Quand la muraille sera garantie des meurtrissures par un corps élastique, les boulets en seront également préservés, et alors ils rebondiront sans se briser.* Quand les boulets rebondiront sans se briser, il en sera ainsi quelle que soit la nature de leurs molécules, en sorte qu'un boulet sphérique en acier fondu ne produirait pas plus d'effet qu'un boulet en fonte; c'est là un résultat très-important.

« Observation générale. — Des expériences sont nécessaires pour constater si tous les principes que nous émettons sont vrais, et surtout dans quelle proportion ils le sont; c'est-à-dire quelles sont les dimensions à donner aux diverses pièces de fer et de bois pour obtenir une résistance déterminée. Par conséquent, nous ne tenons pas aux dimensions indiquées dans nos figures; et déjà, si nous sommes bien informé, les expériences faites à Vincennes, en juillet 1854, auraient démontré que pour un bouclier massif une épaisseur de dix centimètres donnait une résistance suffisante. »

Louis Aubert.

Nous donnerons dans l'article suivant l'explication des assemblages figurés en tête de ce numéro.

LES INONDATIONS DE LA VALLÉE DU RHONE,

Projet de M. Mondot de la Gorce.

Dans notre numéro du 22 juin dernier, nous avons publié, à l'occasion des inondations de la vallée du Rhône, une notice adressée à l'Académie des sciences, relative à la création d'une réserve du Rhône dans le lac de Genève.

Notre impartialité nous fait publier aujourd'hui les extraits que nous copions sur un rapport adressé à l'administration des ponts et chaussées par M. Mondot de Lagorce, alors ingénieur en chef du département du Rhône, aujourd'hui en retraite. Ce rapport lithographié, accompagné d'une carte indicative de l'ensemble des travaux à exécuter pour l'amélioration de la navigation du Rhône et le complément du port de Lyon, a servi de base à une enquête ouverte à Lyon du 17 décembre 1840 au 17 janvier 1841, et contient ce qui suit :

« Le projet consiste à établir un barrage mobile à l'aval du confluent de la Saône, entre le village de la Mulatière et l'île de l'Archevêque.

« La chute des eaux créera, à la porte de Lyon, une force motrice que l'on peut considérer comme indéfinie, puisque, dans le temps où elle sera réduite à son minimum, elle équivaudra encore à 6000 chevaux vapeur, travaillant 24 heures par jour, et qu'elle ne pourrait être produite par moins de 25 à 30,000 chevaux de force ordinaire.

« Cette puissance sera très facile à utiliser, et sa concession temporaire pourra être adjugée à la charge d'exécuter, d'entretenir et de manœuvrer gratuitement le barrage, le pertuis et l'écluse, et de payer, en outre, une très forte redevance (1). La dépense à faire par l'entrepreneur ne dépassera pas 2,400,000 francs.

« Ce barrage sera le commencement d'exécution d'un autre projet non moins vaste et non moins utile, qui consistera à donner au Rhône, dans tous les temps, c'est-à-dire pendant les plus basses eaux, un mouillage de deux mètres au moins, depuis Lyon jusqu'à la mer, ce qui permettra de faire remonter jusqu'à Lyon, par un service régulier qui ne sera interrompu que par les glaces et les débordements, les bateaux à vapeur venant du large, ainsi que les tartanes, les lougres et autres navires à quille de 100 à 120 tonneaux qui, faute d'eau et par ce seul motif, sont forcés de s'arrêter aujourd'hui à Arles et qui n'auraient plus besoin que de déposer dans ce port leur mâture et une partie de leur équipage de mer qu'ils reprendraient au retour, après avoir été remorqués à Lyon, et sans avoir à faire aucun transbordement (2).

« Le temps de la bonne navigation durera :

« Onze mois et demi pour les navires qui ne tirent pas plus de deux mètres;

« Onze mois pour ceux dont le tirant d'eau sera de deux mètres à deux mètres et demi,

« Et neuf mois pour les navires tirant trois mètres.

« La traversée de l'intérieur de Lyon, à raison de ses ponts et surtout du grand nombre de bateaux qui stationnent le long de ses quais, sera toujours pénible pour les bateaux qui n'auront plus besoin de s'y arrêter et qui ne voudront que transiter.

« On évitera les embarras de cette traversée en ouvrant : 1° un canal de 4,400 mètres de longueur, qui, contournant la Guillotière et les Brotteaux, aboutira d'une part à la Tête d'or et de l'autre dans la gare de la Vitriolerie ; 2° un autre canal en prolongement du premier, ayant 1,900 mètres de longueur totale, dont 1,550 en souterrain, joignant le Rhône à la Saône et partant du faubourg de Bresse pour déboucher au milieu de la plaine de la Caille, en aval de l'Ile Barbe.

« Le premier canal servira à la fois comme ligne navigable, comme ligne d'octroi, et comme ligne auxiliaire de défense militaire. Le tracé que j'indique sur le plan et qui passe à la gorge de tous les forts, a été concerté à cet effet avec M. le commandant du génie (M. Mengin, aujourd'hui général). Les déblais provenant des fouilles serviront à exhausser les berges et formeront un rempart contre les eaux.

« Par ce moyen, lorsque la digue du grand camp aura été rendue insubmersible et que les projets par moi présentés et que l'administration a déjà approuvés seront exécutés, alors la Guillotière et les Brotteaux, complétement entourés d'une ceinture continue de quais et de fortes digues, auront la certitude d'être préservés pour toujours du retour du fléau des inondations.

« Le long du canal d'enceinte s'établiront les docks et les magasins dont le besoin se fera nécessairement sentir, lorsque la ville de Lyon, que l'industrie manufacturière et le génie spéculateur à la fois prudent et hardi de ses habitants a déjà élevée à l'un des premiers rangs de splendeur et de richesse parmi les grandes places de commerce du monde, jouira enfin de tous les avantages que sa position géographique lui garantit contre toute rivalité ; qu'elle sera mise en relation directe d'affaires avec Marseille, Gênes, Barcelonne, Alger et les principaux comptoirs des côtes voisines de la France, comme elle l'est déjà par la voie des canaux et des rivières, et qu'elle ne tardera pas à l'être par des chemins de fer, avec Paris, le Hâvre, Nantes, Bordeaux, Dunkerque, Bâle, Strasbourg, Genève et Chambéry. Son marché devenu une foire perpétuelle de Beaucaire, sera le plus vaste entrepôt de marchandises nationales et exotiques et le centre incontestablement le plus économique du commerce entre la France et les États du littoral et de la Méditerranée et ceux qu'arrose le Rhin et que baignent les mers du sud (1).

« J'annexe au présent rapport sept mémoires détaillés qui traitent :

« 1° De la possibilité d'obtenir et de conserver, sur toute la longueur du cours du Rhône, de Lyon à la mer, une profondeur d'eau de deux mètres au moins à l'étiage ; dépense évaluée à 10 millions.

« 2° Des moyens d'employer les lacs de Genève, du Bourget et d'Annecy comme réservoirs, pour augmenter la quantité d'eau naturelle pendant l'étiage et pour la diminuer pendant les temps d'inondation ; dépense évaluée de 3 à 4 millions.

« 3° Du canal d'enceinte de la Guillotière, communiquant de la Tête d'or à la Vitriolerie ; de son utilité comme ligne navigable, comme bassin d'entrepôt et comme ligne protectrice contre toute inondation ; dépense évaluée à 800,000 francs, en supposant fait le barrage du Rhône.

« 4° Du canal souterrain communiquant du Rhône à la Saône; dépense évaluée à 1,400,000 francs.

« 5° Du barrage du Rhône à l'aval du confluent de la Saône ; dépense évaluée 2,400,000 francs.

« 6° De l'ensemble des travaux restant à exécuter pour rendre facile la navigation du Rhône et de la Saône dans la traversée de Lyon.

« 7° Du grand établissement hydraulique à créer près de l'île de l'Archevêque, sur la rive gauche du Rhône, pour utiliser la chute d'eau qui sera produite par le barrage du fleuve, soit en la vendant à l'industrie privée, soit en y créant un vaste atelier national de fabrication et de construction militaires et maritimes.

« Je m'occupe, de concert avec M. le maire (M. Therme), de

(1) En 1837, le canal Saint-Denis a loué, pour 5000 fr. par an, une chute d'eau de la force de 25 chevaux ; c'est 200 fr. par an et par cheval. A ce prix, les 6000 chevaux se loueraient 1,200,000 fr. par an.

(2) Le 9 février 1854, nous avons vu arriver à Paris, venant de Bordeaux, le navire le *Laromiguière*, chargé de 425 tonnes de marchandises, et tirant seulement 2 mètres d'eau. Il marche à la voile et à la vapeur au moyen de trois mâts à bascule et d'une machine de 150 chevaux. Un service direct de bateaux à vapeur est établi de Paris à Londres, sans transbordements.

(*Note de la Rédaction.*)

(1) C'est à Lyon que s'arrêteront forcément les bateaux à vapeur et autres bâtiments venant de la mer, parce que le calcul fait voir que le Rhône supérieur a trop de pente et la Saône trop peu d'eau pour que ces bâtiments puissent les remonter. Il y aura donc transbordement à Lyon des marchandises en transit; mais ce transbordement sera le seul, puisque les bateaux à vapeur de Lyon iront dans tous les ports de mer, et que les bateaux de Saône peuvent aller dans tous les canaux jusqu'au Rhin, à la Seine, à la Loire, à la Garonne. Une compagnie de navigation puissante luttera avec profit contre les chemins de fer, si elle est organisée sur les bases indiquées dans le mémoire que nous analysons. Elle transportera toutes les marchandises aux grandes distances, laissant aux chemins de fer le transport des voyageurs pressés d'arriver.

l'organisation d'un service municipal qui, établi à l'instar de celui des pompes à incendie, et ayant le même personnel augmenté des ingénieurs et conducteurs des ponts et chaussées, aurait pour objet d'arrêter les ravages des inondations.

« Le premier moyen consistera à barrer certaines rues, en très petit nombre, par des poutrelles tenues en magasin et qui, dans un temps très court, peuvent être mises en place aux endroits désignés à l'avance. Ces barrages intercepteront tous les courants et tiendront à sec tout l'intérieur de la ville, quelle que soit la hauteur des eaux du Rhône et de la Saône. Les quais seuls seront inondés; mais il est de toute impossibilité qu'ils ne le soient pas, à moins d'employer le moyen très coûteux qui sera indiqué ci-après. On ne pourrait autrement les préserver qu'en exhaussant le terre-plein de manière à enterrer presque tout le rez-de-chaussée, ce qui substituerait à un mal heureusement passager un inconvénient perpétuel très grave, ne fut-ce que sous le rapport de la salubrité. L'eau qui baignera les quais sera presque sans courant et n'occasionnera que des dommages facilement réparables.....

« Si, au milieu des désastres du 4 novembre 1840, je n'avais pas, comme tous les ingénieurs sous mes ordres, résisté aux ordres qui étaient donnés d'ouvrir des tranchées dans les rues et de faire sauter les ponts de la Saône, bien peu d'heures auraient suffi pour établir le confluent des eaux au milieu de la ville.

« Un moyen, qui n'admet d'objection que son excessive dépense, préserverait la ville des inondations sans produire d'inconvénients. Il consisterait à détourner le Rhône et la Saône en les prenant à l'amont de Lyon pour les conduire à l'aval. On jetterait la Saône dans le Rhône par un souterrain. Le lit qui recevrait les eaux devrait être très profond à son origine et être capable de recevoir toutes les eaux des plus grandes crues qu'il faut évaluer par seconde à 7,000 mètres cubes pour le Rhône et 4,000 pour la Saône. Ce lit serait fermé à l'entrée par un barrage mobile qui serait fermé pendant les eaux basses, de manière à tenir à sec le lit artificiel et à envoyer dans le lit naturel actuel la quantité d'eau nécessaire aux besoins de la navigation, et qui serait ouvert lors des crues, de telle sorte que la ville n'aurait en tout temps que la même quantité d'eau. Un second barrage sur le lit naturel serait ouvert pendant les basses eaux et fermé pendant les hautes eaux, n'ayant qu'une prise d'eau et une écluse. En un mot, le Rhône et la Saône seraient détournés de Lyon; et cette ville serait simplement sur un canal de dérivation à niveau constant. Il est douteux qu'à moins de privilèges considérables, tels que le droit d'acquérir tous les terrains nécessaires à l'établissement d'un immense arsenal, une compagnie industrielle consentît, sans une très forte subvention, à faire les dépenses nécessaires pour utiliser la chute d'eau gigantesque que ses travaux auraient créée. »

MALADIE DE LA VIGNE.

La maladie de la vigne commence à se montrer dans les vignobles du Midi.

C'est le moment le plus favorable pour la détruire, parce que ses ravages ne sont pas encore irrémédiables.

La science n'a voulu reconnaître jusqu'ici que l'emploi du soufre, comme unique destructeur de la cause occasionnelle de la maladie.

L'emploi du soufre est d'une exécution difficile dans les vignobles du Midi, parce que la vigne y est excessivement touffue. De là, résultat incertain.

Il était donc nécessaire de trouver un moyen pratique plus sûr et plus efficace.

Ce moyen, je l'ai trouvé; je le livre à la publicité, parce qu'il n'est pas dans mes idées de spéculer sur les besoins de l'humanité.

Ce moyen est simple, sûr, de facile exécution, sans appareil spécial, sans obligation d'heures ni de temps thermo ou hygrométrique; et on le trouve aisément sous la main dans les vignobles grands et petits.

Je l'ai signalé, en 1855, à la Société d'encouragement, lorsqu'elle mit au concours le traitement de la maladie de la vigne. Cette société n'a pas cru, sans doute, devoir me croire sur parole, ni essayer du traitement. C'était pourtant bien facile à exécuter.

J'en ai fait part à la Société d'agriculture de Marseille par la voie de M. le Préfet des Bouches-du-Rhône. Il fut répondu que le moyen paraissait bon, mais qu'il était trop tard pour le mettre à exécution.

Le journal la *Presse*, dans son numéro du 21 juin dernier, ayant dit le dernier mot de la science relativement au traitement de la maladie de la vigne, je viens me joindre à ses bonnes intentions, et ajouter un moyen plus sûr, plus efficace que celui qu'il veut propager.

Ce moyen consiste à plonger un instant, ou à lotionner le raisin malade dans l'huile ou dans l'eau-de-vie à un faible degré, ou même dans le vin.

L'emploi des huiles étant trop pénible et trop dispendieux, celui de l'eau-de-vie étendue, ou celui d'un vin généreux est préférable et d'une facile application pratique. La dépense est presque nulle relativement aux bénéfices qu'elle procure.

Un litre de liquide, employé soit en lotion, soit en bain, peut conserver au propriétaire trois hectolitres de vin.

Je n'ai pas la prétention d'être cru sur parole, je demande seulement qu'on fasse l'essai de ma découverte.

L'expérience est si facile à faire, ses résultats sont si prompts que, ne pas l'essayer, c'est vouloir fermer les yeux pour ne pas voir le soleil et le nier.

La dissolution instantanée des tigettes et du mycelium par les huiles et l'alcool, touche à une question si vivace de cause et d'effet tant controversée, que je ne veux pas m'y engager.

Les vignerons n'ont pas besoin de ces détails scientifiques, je les invite tous à mettre à l'essai le moyen que je propose, et j'engage les savants à examiner avec le microscope ou avec la loupe, un raisin malade qui aura été trempé, ou simplement lotionné dans un liquide quelconque suffisamment alcoolisé, et à dire ce qu'ils en pensent. ROLLANDE-DUPLAN.

Châteaurenard (Bouches-du-Rhône), le 2 juillet 1856.

ACADÉMIE DES SCIENCES.

Séance du 7 juillet.

PROCÉDÉ POUR OPÉRER DES CHANGEMENTS SUR UNE PLANCHE DE CUIVRE GRAVÉE.

Voici, d'après une communication de M. le maréchal Vaillant, en quoi consiste ce procédé imaginé par M. George, graveur au dépôt de la guerre:

1° Les parties à corriger sont recouvertes d'une légère couche de vernis ordinaire qui s'étend de quelques centimètres au delà de leur pourtour.

2° Le vernis étant sec, on creuse, avec l'échoppe, les parties à modifier : ce peut être une certaine surface, s'il s'agit d'un bois, d'un village, d'un nom, etc.; c'est un sillon plus ou moins large pour une route, un chemin, un cours d'eau.

3° Sur la planche ainsi préparée, on construit, avec de la cire à modeler, une sorte de cuvette entourant, sans le couvrir, l'espace qui a reçu le vernis, assez grande pour recevoir une quantité de sulfate de cuivre en dissolution, et un petit élément galvanique. La planche est posée elle-même horizontalement sur quatre ou six supports isolants.

4° L'élément galvanique est contenu dans un cylindre en terre poreuse de $0^m,06$ de diamètre sur $0^m,10$ à $0^m,12$ de haut. Ce cylindre, placé sur une sorte de trépied en bois, haut de $0^m,01$, établi au fond de la cuvette et plongeant ainsi, par sa base, dans le sulfate de cuivre, reçoit de l'eau aiguisée d'acide sulfurique dans laquelle plonge une lame de zinc un peu plus large et un peu plus haute que le cylindre poreux et les bords de la cuvette.

Pour que l'action ait lieu, il faut que l'extrémité du conducteur et la place où elle se pose, soient exactement décapées. Il est utile que l'opération marche d'abord très-doucement; vingt à vingt-quatre heures suffisent largement pour avoir un dépôt convenable.

Quand on le juge assez avancé, on enlève l'élément galvanique, ainsi que la dissolution de cuivre restant dans l'auge et l'auge elle-même.

Voici ce qui se présente alors : la surface qui avait été dénudée par l'échoppe est complétement recouverte de métal; le contour en est marqué par un petit bourrelet en dehors duquel se prolonge le dépôt avec l'apparence de boursuflures irrégulières.

Sur la partie dénudée l'adhérence est complète ; le bourrelet et les boursouflures extérieures, séparées du cuivre de la planche par le vernis, n'adhèrent pas et ne gâtent même pas les traits gravés qu'ils recouvrent.

A l'aide d'un grattoir ordinaire de graveur, le métal déposé est remis de niveau avec le reste de la planche. Les bourrelets et les boursoufflures ont disparu, et une surface nette, parfaitement plane, remplace les parties de gravure à corriger.

L'IODURE DE POTASSIUM COMME RÉACTIF DE L'OZONE.

M. S. Cloëz communique une série d'expériences dont il tire la conclusion que le papier ioduré amidonné ne peut être employé, comme on l'a cru jusqu'ici, comme un réactif certain de l'ozone.

« A l'air libre, il se colore, dit l'auteur, par les vapeurs rutilantes et l'acide azotique, qui peuvent exister dans l'atmosphère.

« Il se colore également par les huiles essentielles que les arbres verts et les plantes aromatiques exhalent continuellement.

« Dans un espace clos, la lumière peut donner à l'air humide la propriété d'agir sur le papier, comme les acides et les essences, sans que l'on puisse admettre qu'il y a eu production d'ozone.

« Il résulte, en outre, de mes expérience que l'oxygène dégagé par les parties vertes des plantes est sans influence sur la coloration du papier.

« Des expériences comparatives faites dans les lieux différents avec le papier ioduré pourront être utiles si l'on connaît la cause de la coloration. Dans ces conditions, il sera toujours bon, au point de vue hygiénique, de faire des observations pour voir le rapport existant entre le phénomène de la coloration et l'état sanitaire de la population, en tenant compte, en outre, autant qu'on le pourra, des circonstances acccessoires qui peuvent modifier cet état. »

— M. Garcin adresse une note sur un cas de *typhus* observé chez un vieillard qui habitait depuis plusieurs années l'hôpital de Neufchateau (Vosges), hôpital dans lequel avaient été admis depuis peu des soldats revenant de Crimée.

MOYEN DE RÉSOUDRE SYNTHÉTIQUEMENT PLUSIEURS QUESTIONS DE CRISTALLOGRAPHIE.

On sait que les cristaux peuvent être envisagés comme des assemblages de molécules, tenues à distance les unes des autres, et distribuées régulièrement dans l'espace, de manière à former un réseau continu de points matériels dont les mailles ont généralement la forme d'un parallélipipède. M. Delafosse a le premier signalé l'importance, en cristallographie, de cette considération des réseaux à mailles parallélipipédiques, dans son « *Mémoire sur la cristallisation,* » publié en 1840. De son côté, M. Bravais a fait de la même idée le point de départ de savantes recherches, dont il a présenté des résultats à l'Académie en 1849, et qui, en venant confirmer la valeur de cette idée, en ont montré en même temps toute la fécondité. Il a toujours été évident pour M. Delafosse que c'est dans cette structure réticulaire qu'il faut chercher la cause première, et par conséquent la véritable explication des propriétés géométriques des cristaux, et que ce sont les modifications particulières de cette structure, les diverses formes de son élément générateur, qui établissent tout d'abord les grandes différences des systèmes cristallins.

Parmi les propriétés les plus importantes et les plus générales de ces systèmes, il en est deux qui dérivent immédiatement de cette disposition réticulée des molécules du cristal : ce sont celles que l'on désigne par les noms de *loi de rationnalité* ou des *troncatures rationnelles*, et de *loi des zones*. Ces deux lois essentielles ont, en théorie comme dans la pratique, une telle valeur, qu'on doit être désireux de les voir exposées dans toute leur généralité, et démontrées d'une manière très simple, non-seulement dans les ouvrages spéciaux de cristallographie, mais encore dans les traités ordinaires de minéralogie. Or, c'est ce qui n'a pas eu lieu jusqu'à présent, les démonstrations qu'on a données de ces lois offrant en général une trop grande complication ou reposant sur des calculs trop élevés, pour qu'on ait pu les reproduire dans les ouvrages de ce genre.

Occupé en ce moment à mettre la dernière main à un nouveau Traité de minéralogie, M. Delafosse a été conduit naturellement à examiner la question à ce point de vue, et les résultats auxquels il est parvenu, ont un tel degré de simplicité, que je crois faire une chose utile en les communiquant aux cristallographes et aux minéralogistes. Tel est le principal objet de la note que l'auteur présente à l'Académie. On y trouvera, en outre, quelques propositions et formules nouvelles, relatives au changement d'axes et de paramètres.

« Ma note, dit M. Delafosse, se partage en deux parties : dans l'une, je donne, des deux lois fondamentales de la cristallographie, considérées dans toute leur généralité, des démonstrations analytiques qui pourront déjà paraître préférables à celles de même genre qui ont été proposées jusqu'à ce jour. Dans la seconde partie, je fais voir qu'on peut démontrer les mêmes lois d'une manière purement synthétique, c'est-à-dire par les seuls procédés de la géométrie élémentaire. Ce dernier genre de démonstration a, sur le premier, l'avantage de ne supposer la connaissance, ni de l'analyse géométrique à trois dimensions, ni des formules de la trigonométrie sphérique. Il est plus en rapport avec la nature des ouvrages dans lesquels on traite de la minéralogie. »

Ce travail est soumis à une commission composée de MM. Cordier, Dufrenoy et de Senarmont.

VARIÉTÉS.

Le typhus observé au Val-de-Grâce.

M. le docteur Godelier, professeur de clinique médicale à l'École impériale de médecine militaire, a lu à l'Académie de médecine le résumé d'un mémoire sur le typhus qu'il a observé au Val-de-Grâce pendant les premiers mois de cette année.

Cette affection, qui a frappé d'une manière presque exclusive un des régiments de la garnison de Paris, à son retour de Crimée, n'a pas cependant pris naissance au pied de Sébastopol, comme on serait naturellement porté à le supposer, mais à bord du navire sur lequel les soldats ont été retenus par les gros temps pendant cinquante jours. Les conditions les plus propres à fomenter cette maladie se sont trouvées fatalement accumulées durant cette longue traversée, et elles offrent à l'hygiéniste un exemple très-net et très-curieux de génération spontanée du typhus. Comme il a été possible de suivre les effets du principe morbide depuis son éclosion jusqu'à son extinction complète, on peut voir aisément comment il se comporte lorsqu'il est transporté dans un milieu salubre, loin des circonstances qui l'ont engendré, et combien de temps il peut sommeiller dans l'économie avant de manifester sa présence.

Les faits recueillis montrent que le typhus est l'une des maladies infectueuses dont l'incubation peut avoir la plus longue durée. C'était aussi une circonstance des plus favorables pour constater le degré d'activité contagieuse du typhus que de le trouver abandonné pour ainsi dire à lui-même, bien loin du lieu, tout à fait en dehors des conditions qui lui avaient donné naissance, et dans lesquelles sa puissance de transmission aurait pu puiser incessamment de nouvelles forces. Elle s'est produite au Val-de-Grâce de la manière la plus capricieuse. Absolument inactive dans les circonstances les plus favorables en apparence à sa manifestation, elle se révèle, au contraire, où l'on devait, ce semble, la redouter le moins, comme pour imposer au médecin la plus grande réserve, quand il est appelé à se prononcer sur la possibilité de la contagion dans tel ou tel cas.

Après avoir rapidement exposé ces faits importants, M. Godelier a tracé le tableau général de la maladie telle qu'elle s'est montrée au Val-de-Grâce.

Il s'est attaché à décrire l'éruption *propre* au typhus, qui fait quelquefois défaut, mais qui est *pathognomonique* toutes les fois qu'elle se produit. Formée de deux éléments, l'exanthème et l'ecchymose, réunis d'ordinaire dans la même tache, ou se montrant séparément, offrant des aspects divers selon la quantité et la qualité du liquide sanguin extravasé, plus ou moins riche en matière colorante; elle est toutefois différente de la pétéchie proprement dite, du scorbut et du purpura, qui peut d'ailleurs s'y adjoindre, comme dans beaucoup d'autres fièvres graves. La durée et le siége principal de l'éruption typhique la distinguent d'ailleurs de celle de la rougeole avec laquelle elle a, surtout dans les premiers jours, une très-grande ressemblance. Bref, elle peut être caractérisée en deux mots combinés comme ses éléments eux-mêmes : c'est un *exanthème pétéchial.*

On voit combien elle diffère des *taches rosées lenticulaires* de la fièvre typhoïde.

On y reconnaît, au contraire, de la manière la plus évidente, les stigmates du *morbus petechialis* et du *typhus fever*.

En décrivant le typhus du Val-de-Grâce, M. Godelier a mis en relief ses traits principaux, puis sa marche, sa durée, ses terminaisons, son anatomie pathologique enfin, pour montrer combien il diffère de la fièvre typhoïde, et combien il offre, au contraire, de ressemblance avec les fièvres dites pétéchiales, qui ne sont autres que le typhus proprement dit. Il conclut donc à l'identité de ces affections.

Ce premier point établi, il aborde la question presque aussi litigieuse de l'identité du *typhus fever* lui-même, nommé à tort typhus d'Irlande, vu qu'il se rencontre en beaucoup d'autres lieux, avec le typhus proprement dit. Or il montre d'une part que le typhus du Val-de-Grâce est aussi semblable au *typhus fever* qu'à la fièvre pétéchiale, et, d'une autre part, que le *typhus fever* ne saurait être distingué du *morbus petechialis* et du typhus de Hildenbrand; de sorte qu'on est inévitablement conduit à cette conclusion plus élevée, que l'état actuel de la question et que le sens général des travaux publics depuis quelques années à l'étranger surtout faisaient hautement pressentir : *Le typhus et le typhus fever sont identiques; ils diffèrent spécifiquement de la fièvre typhoïde.*

Altération singulière du pain de munition.

M. Poggiale, pharmacien en chef du Val-de-Grâce, a communiqué à l'Académie de médecine le résultat de ses recherches sur une coloration du pain de munition fabriqué à la Manutention militaire de Paris les 7 et 8 avril de cette année. Ce pain, qui avait été préparé avec un mélange de farine de blé dur et de farine de blé tendre d'Espagne, passa au noir bleuâtre peu de temps après son refroidissement. M. Poggiale a reconnu que ce pain contenait un nombre considérable d'animalcules filiformes, cylindriques, roides, plus ou moins distinctement articulés et animés d'un mouvement vacillant non ondulatoire. Ces corps avaient généralement $0^{mm},003$ à $0^{mm},004$ de long. Quelques-uns beaucoup plus longs pouvaient être vus à l'aide d'un faible grossissement. On observait en même temps d'autres animalcules microscopiques en petit nombre, assemblés par deux ou par trois. Comme on ne trouvait point de ces infusoires dans les diverses farines employées, ni dans le biscuit préparé sans levain, et qui était parfaitement blanc, ni dans les *marrons* blancs qu'on rencontra dans quelques pains colorés, M. Poggiale conclut que la formation de cette grande quantité de *bacterium* (1er genre des infusoires de M. Dujardin) est due à la fermentation panaire. Les seuls faits qui aient pu être notés avant la fermentation sont la qualité inférieure des blés durs employés et le peu de cohésion de leur gluten.

Pompes mues par le vent.

Les pompes mues par des moulins à vent se réglant seuls, moulins inventés par M. Amédée Durand, quoique déjà anciennes, ne sont pas assez connues ; sans doute, cela tient à ce qu'en France les moyens de se procurer de l'eau sont très-faciles, et qu'on en a moins besoin que dans les pays chauds. Voici leurs principales dispositions :

A portée d'un puits, d'un étang ou d'une rivière, dans un lieu découvert, on monte un échafaud en bois de 10 mètres de hauteur, au-dessus duquel s'établit la machine; elle consiste en une pompe mise en mouvement par une roue à vent. Cette roue, comme dans tous les moulins du même genre, tourne autour de l'échafaudage pour pouvoir s'orienter; seulement, à l'inverse des moulins ordinaires, au lieu de recevoir le vent en face, elle le prend par derrière; de sorte qu'à l'exemple des girouettes, elle s'oriente toute seule. De plus, les ailes sont disposées de manière à ne se développer qu'en raison inverse de la force du vent, et de ne lui offrir jamais trop de prise. Tant que la brise est bonne, elles marchent à toutes voiles; quand elle augmente d'intensité, les voiles se replient un peu et manœuvrent ainsi en raison de sa violence, de façon à se plier tout à fait, comme les ailes d'un papillon, quand l'orage menace de briser la machine.

Tous ces mouvements se règlent à volonté et d'avance; en sorte que chacun peut déterminer la charge de vent qu'il veut que son moulin supporte, charge au-delà de laquelle il s'arrête toujours avec la plus grande exactitude.

En France, pendant le printemps, l'été et le commencement de l'automne, les moulins de M. Durand marchent la moitié du temps au moins à une vitesse moyenne, et il est rare qu'ils soient deux jours de suite arrêtés; ils fournissent ainsi, à 10 mètres de hauteur, 100 mètres cubes d'eau par vingt-quatre heures.

Blanchissage mécanique.

L'appareil très simple, dont nous allons dire deux mots, a été inventé par M. Hollings-Wortle du New-York.

Que l'on suppose une sorte de râteau accroché à un balancier et pouvant à volonté tremper ou sortir d'un baquet rempli d'eau de savon, suivant la position qu'on a donnée au balancier. Que l'on suppose encore des boules de bois flottant dans l'eau. Si l'on accroche du linge au râteau et que l'on agite le balancier, le frottement du linge contre les boules et dans l'eau de savon produira le blanchissage.

Au dire de l'inventeur, cette appareil peut remplacer cinq femmes.

Fabrication des machines-outils.

La fabrication de machines-outils appropriées à un travail industriel autre que celui du travail mécanique, a acquis depuis quelques années un degré de perfection vraiment incroyable. Ce progrès s'est spécialement fait remarquer dans les inventions des petits constructeurs. On a vu, au Palais de l'industrie, les travaux les plus difficiles exécutés par des transformations de mouvement les plus compliquées, les plus ingénieuses et les mieux combinées. Parmi ces machines, les presses à rogner les papiers, les cartons, les cuirs, etc., ont acquis une importance vraiment hors ligne. On peut en juger par le nombre d'inventions qui se font tous les jours à ce sujet. Une des plus récentes, et aussi des plus ingénieuses, est celle de M. Bellener (de Lyon).

La machine consiste en un bâti solide ; il repose sur quatre pieds-droits.

Ce bâti forme table mobile, qui s'élève ou s'abaisse verticalement au moyen d'une tige à vis et d'un volant qui sert à la manœuvrer.

Avec les montants sont venus deux arceaux jumeaux supportant les diverses pièces du mécanisme. Entre ces deux arceaux glisse une lame de couteau montée sur un cadre solide ; elle est animée d'un double mouvement, un vertical de descente et de remonte, et un autre alternatif de va-et-vient de gauche à droite et de droite à gauche. Ce mouvement lui est fourni par trois bielles parallèles qui reçoivent le mouvement d'une série d'engrenages et de pignons que commande finalement une manivelle.

Cette machine, construite suivant un système simple, présente de grands avantages, sous le rapport de la force à dépenser et du résultat du travail. Elle peut être mue par un seul homme, et par sa tranche unique, elle peut couper 17 centimètres d'épaisseur de papier sur une longueur de 70 centimètres; la hauteur se diminuant, on peut couper jusqu'à 80 centimètres. Le mouvement oblique de sa lame agissant alternativement de droite à gauche et de gauche à droite, sur une large étendue, rend la coupe plus douce et plus sûre, et permet au tranchant d'employer et de conserver tout le mordant de son fil. La précision du mouvement de cette nouvelle machine la rend éminemment propre à toutes les applications qui demandent de l'exactitude dans le parallélisme de la tranche.

Elle convient donc non-seulement aux usages ordinaires de l'impression et de la papeterie, mais encore aux cartonniers, aux fabricants de registres, pour lesquels le parfait équarrissage des coupes est une condition indispensable.

Gisements houillers de l'archipel Indien.

La difficulté qui a jusqu'à ce jour entravé la grande navigation à vapeur, c'est l'approvisionnement de combustible ; les navires en partance de l'Europe devaient se munir de charbon, non-seulement pour l'aller, mais aussi pour le retour; la découverte de gisements considérables de houille dans l'archipel Indien est donc d'une importance considérable, et si l'on considère que ces contrées se trouvent à 4,000 lieues des pays où ils s'approvisionnent de charbon, on peut dire que cette découverte tend à rendre la navigation à vapeur maîtresse des mers.

C'est un rapport de M. d'Egremont, consul général belge à Singapore, qui constate ce fait. On va bientôt pouvoir s'assurer de la valeur de la houille extraite ; car un bâtiment à hélice de 1,000 tonneaux a été affrété spécialement pour le transport des produits des mines de Borneo à Singapore; on a toute confiance dans l'avenir de ces mines, car le dernier chargement de charbons belges n'a pu réaliser que 5 piastres par tonne (27 fr.).

Les couches de houille de la côte nord de Borneo, existent sur les bords mêmes du détroit de la Sonde ; elles sont, paraît-il, d'une épaisseur à surprendre les mineurs européens, et leur importance réside en ce qu'elles sont près des côtes, et pourront servir à alimenter les lignes de steamers qui s'organisent pour traverser les mers voisines. Une compagnie s'est formée pour l'exploitation d'une des mines, celle de Sarawak.

D'après le rapport de M. d'Egremont, l'île de Borneo paraît n'être qu'un vaste banc de houille, chaque rivière y coupe des couches de ce combustible ; ces richesses ne sont cependant pas exploitées.

Indépendamment de la mine dont nous avons parlé ci-dessus, nous citerons celle de Banja-Massin, dont l'importance est considérable à cause de sa position favorable pour les communications avec Sourabaya, le principal arsenal naval de la Hollande dans ces mers, et où la consommation des houilles est le plus considérable de l'Inde, Calcutta excepté. Le prix du charbon à la mine est à cette mine de 4 fr. 24 c. par tonne, et le fret pour Sourabaya varie entre 10 et 17 fr.

Le consul ajoute :

« L'on a trouvé des veines de charbon à Retéh et Palembang sur la côte E. de Sumatra ; près de Macassar, île des Célèbes; à Batwian, île de la mer de Java, et à Bachian, aux Moluques ; mais celles dont nous avons parlé plus haut, sont les seules qui puissent être exploitées avec facilité et profit. Un regard attentif découvrira que toutes ces couches suivent les plateaux sous-marins qui s'étendent de la partie sud-est de l'Asie jusqu'aux deux tiers de la distance vers les points les plus rapprochés du continent australien ; un examen ultérieur démontrera qu'elles se rencontrent seulement dans la partie de ces plateaux qui a été soumise à un violent soulèvement depuis la formation de la roche sédimentaire qui, en brisant violemment l'enveloppe sous laquelle elle gisait, en a exposé diverses sections aux yeux du voyageur qui parcourt ces contrées. C'est ainsi qu'a été découvert, dans cette partie du monde, chaque dépôt de houille, et nous avons tout lieu de croire que chacune de ces découvertes a été faite par les naturels de la contrée auxquels l'existence de quelques-unes des plus importantes de ces couches semble être connue depuis grand nombre de générations. »

FAITS DIVERS.

CANDIDATS ET COMMISSAIRES. — Les *Comptes rendus* racontent en ces termes d'une éloquente simplicité la mésaventure d'un honorable candidat aux prix de médecine et de chirurgie.

« M. Regnault présente au concours, pour les prix de médecine et de chirurgie, un mémoire qu'il avait précédemment soumis au jugement de l'Académie et qui a pour titre : « *Etudes expérimentales sur la rapidité avec laquelle sont absorbés les virus.* »

« M. Regnault avait demandé en temps utile l'admission au concours de ce travail, qui était resté entre les mains d'un des commissaires chargés de l'examiner, M. Magendie. Après la mort du savant académicien, la pièce n'a pu être retrouvée dans ses papiers, et l'auteur s'est trouvé dans la nécessité de tirer de ses minutes la nouvelle copie qu'il adresse. »

— Nous annonçons les trois publications suivantes comme dignes du plus haut intérêt :

1° Traité pratique de gravure héliographique sur acier et sur verre par M. Niepce de Saint-Victor, avec un portrait de l'auteur gravé d'après ses procédés ; splendide brochure grand in-8°, publié par M. Victor Masson.

2° Réclamation d'un million et les intérêts, par Madame la comtesse de Vernède de Corneillan, née de Girard, nièce et héritière de M. le chevalier Philippe de Girard, inventeur de la filature mécanique du lin ; in-4°, imprimerie de Giraudet et Jouaust.

3° De l'Ozone, thèse présentée à la faculté de médecine de Strasbourg, par E. Bœckel; in-4°, Strasbourg, imprimerie de Silbermann.

Nous reviendrons sur chacune de ces publications.

Prix d'abonnement pour l'étranger.

Allemagne, 8 fr.; — Suisse, Parme, Plaisance, Modène, 8 fr. 50. — Etats Sardes, Grèce, Crimée, 9 fr.; — Hollande, Angleterre 10 fr.; — Etats-Unis, Indostan, Turquie, 10 fr. 50; — Belgique, Prusse, Hanôvre, Saxe, Pologne, Russie, Espagne, Portugal, 11 fr.; — Toscane, 12 fr.; — Etats-Romains, 16 fr. 50.

Le propriétaire, rédacteur-gérant :

VICTOR MEUNIER.

PARIS. — IMP. J.-B. GROS ET DONNAUD, SON GENDRE, RUE DES NOYERS, 74.

Deuxième année. — N° 30. Quinze centimes. 27 juillet 1856.

L'AMI DES SCIENCES

BUREAUX D'ABONNEMENT
13, RUE DU JARDINET, 13
Près l'Ecole de Médecine
A PARIS

JOURNAL DU DIMANCHE
SOUS LA DIRECTION DE
VICTOR MEUNIER

ABONNEMENT POUR L'ANNÉE
PARIS, 6 FR.; — DÉPART., 8 FR.
Étranger (Voir à la fin du journal)
ENVOYER UN MANDAT DE POSTE

EMBARCATION A HÉLICE

mue par l'action des mains ou des pieds.

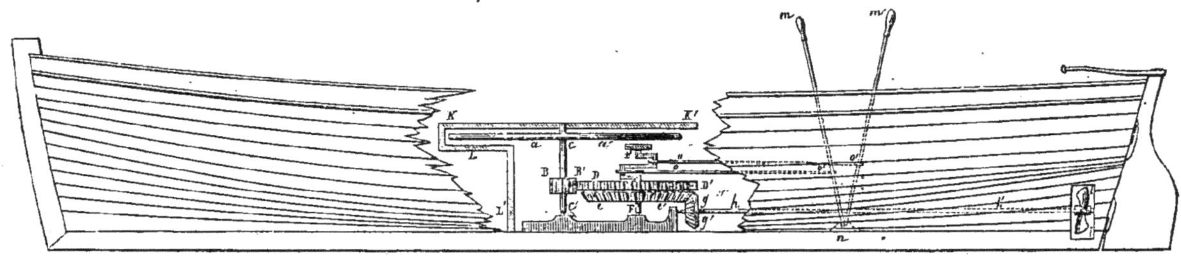

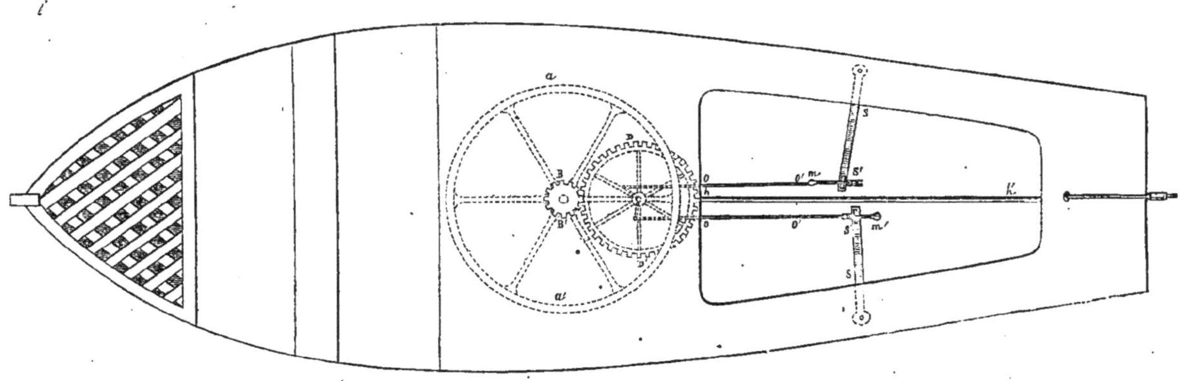

L'usage des rames, outre l'habileté qu'il exige, a l'inconvénient de fatiguer promptement les personnes peu habituées aux violents exercices corporels. Un trajet de deux lieues, effectué dans une embarcation mue par des rames, suffit pour épuiser les forces et pour couvrir en même temps les mains de douloureuses empoules.

Le rameur, s'il est seul, court en outre des dangers réels; obligé de tourner le dos à l'avant de son embarcation, il ne peut voir les obstacles qui peuvent entraver sa marche, ni par conséquent les éviter. C'est ainsi que souvent il va donner contre un écueil, contre la pile d'un pont ou s'engraver dans un banc de sable dont il ignorait la présence.

L'embarcation à rames n'avance que par saccades, par suite de l'intervalle que les coups laissent entre eux. Il arrive parfois que le rameur n'a pas la précaution d'élever assez ses rames pour en donner un nouveau coup; il court alors un risque, celui d'être aspergé par les jets que les rames déterminent en ridant vivement la surface de l'eau.

Outre que les rames, par leur position, peuvent être enlevées soit par une lame, soit par un coup de vent, leur usage demande encore beaucoup d'espace : on ressent les effets de cet inconvénient lorsqu'il s'agit de passer sous un pont dont les arches n'ont que quelques mètres d'ouverture; dans ce cas, qu'arrive-t-il? l'usage des rames est souvent interdit.

L'embarcation à hélice, pour laquelle je viens de prendre un brevet d'invention et dont les lecteurs ont un dessin sous les yeux, est à même d'obvier à tous ces inconvénients.

Ce système, très simple et peu dispendieux, consiste principalement en une roue d'angle horizontale à engrenages qui communique directement le mouvement à un pignon denté faisant corps avec l'arbre de l'hélice.

Un volant en fonte également horizontal communique à la machine une force énorme en raison de la vitesse qu'il acquiert une fois mis en mouvement; force qui permettra à un seul homme de faire mouvoir une embarcation d'assez grande dimension.

Les tiges qui établissent la communication entre les leviers et les pédales et les coudes formés par l'arbre FF' font tourner cet arbre de même que les roues DD' et EE' qu'il porte. — La roue DD' met à son tour en mouvement la roue BB' calée sur l'arbre du volant. — La roue EE' agit en même temps sur le pignon GG' et imprime ainsi à l'hélice un mouvement de rotation de gauche à droite ou de droite à gauche suivant que le navigateur a le désir de marcher en avant ou en arrière.

Le mécanisme peut être mu soit par les pieds soit par les mains, au moyen d'un double système de pédales horizontales et de leviers verticaux communiquant le mouvement à l'arbre coudé, et sur lesquelles une ou plusieurs personnes peuvent agir à la fois en leur imprimant un mouvement alternatif de va-et-vient. Les embarcations d'une grande dimension pourront être pourvues de plusieurs paires de leviers et de pédales rendues solidaires par des entretoises.

Pour éviter les accidents et pour gagner de l'espace dans l'embarcation ; le mécanisme sera entièrement couvert d'une chemise ou enveloppe en fer ou en bois assez solidement établie pour supporter la charge soit des personnes soit des objets quelconques que l'on y disposerait.

Il est aisé de voir que, par ce système, on obvie aux inconvénients qu'entraîne l'usage des rames.

Supposons le navigateur seul, il est assis à l'arrière de l'embarcation, *le dos tourné au gouvernail;* il est donc à même de voir les obstacles qui peuvent se présenter. Il peut diriger son embarcation comme bon lui semble, car une fois le volant mis en mouvement, l'action d'un seul levier suffit pour faire mouvoir la machine ; il peut donc employer la main disponible à la manœuvre du gouvernail dont il a la barre à sa portée.

Les pédales, ainsi que le mécanisme qui fait mouvoir l'hélice, font corps avec l'embarcation ; le navigateur n'a pas à craindre qu'une lame ou un coup de vent vienne lui enlever les moyens de résister aux vagues.

L'hélice, par sa rotation continue, a encore, sur les rames, l'avantage de donner à l'embarcation une marche uniforme : point de temps d'arrêt dans le mouvement, et par suite plus de vitesse.

ÉMILE FRANÇOIS.
13, rue Saint-Sébastien.

LÉGENDE.

a a' Volant en fonte.
B B' Pignon calé sur l'arbre du volant.
c c' Arbre du volant et de la roue dentée B B'. Cet arbre pivote dans une crapaudine boulonnée sur la quille de l'embarcation.
D D' Roue dentée faisant corps avec la roue d'angle E E'. Ces deux roues sont calées sur l'arbre coudé F F'.
F F' Arbre coudé de deux manivelles dont les sections verticales se croisent à angle droit.
H H' Arbre de l'hélice. Cet arbre est maintenu horizontalement au-dessus de la quille de l'embarcation.
G G' Pignon de l'arbre de l'hélice.
I I' Hélice propulsive.
M M' Leviers prenant leur point d'appui en *n* par deux tourillons et agissant sur les tiges *o o'* qui communiquent avec la double manivelle de l'arbre F F'.
K K' et L L' Enveloppe ou chemise en tôle ou en bois.
S S' (*fig.* 2). Pédales horizontales dans lesquelles passent les leviers M M'.

Le Chameau comme animal lainifère.

S'il est un animal digne d'attention et d'étude, c'est certainement le chameau, le compagnon intime de l'homme isolé, sa providence au milieu des déserts et des plaines sans limites du nord de l'Afrique et de l'Asie occidentale. Selon les contrées qu'il doit habiter, suivant les climats sous lesquels il est appelé à mener sa modeste existence, il sait changer sa manière d'être, ses goûts et ses habitudes, mais sans cesser d'être sobre et infatigable, sans cesser d'être, comme l'a dit avec justesse un célèbre voyageur anglais, « *le philosophe de la patience.* » Dans les steppes des Khirghiz, au milieu d'un pays froid et humide, il se revêt d'une épaisse fourrure qui le défend contre la rigueur de l'air, et dans la Nubie, le Sahara, sous un ciel plus clément, sa toison disparaît presque, surtout chez une race particulière à la région.

Le chameau, comme tous les animaux qui ont été donnés en partage aux peuples deshérités sous le rapport de la multiplicité des ressources, est universel par les usages nombreux auxquels il sert, soit mort, soit vivant. Avec le palmier-dattier, son congénère sur une grande partie de son empire, il est le fondement sur lequel repose l'existence de bien des peuples sémites et tartares. Bien plus, et c'est une des raisons les plus considérables de l'entière nécessité de cet animal, c'est sur lui que s'appuie tout le commerce du désert ; grâce à lui des échanges sociaux peuvent exister entre des nations différentes séparées par des espaces immenses. Quelle importance morale que celle-ci, quel grand rôle pour la bête, que, dans notre inconséquence humaine, nous qualifions de grossière, de difforme. Est-ce donc là un des enseignements de cette providence qui se plaît si souvent à nous cacher sous les dehors de l'humilité, les choses utiles et indispensables à notre humanité ?

Il faut le voir, cet animal dont la laideur et la gaucherie sont proverbiales, il faut le voir lorsque, caché sous les ornements sans nombre du faste éclatant, il sert de monture aux jeunes beautés du Levant. Sa démarche n'est pas plus élégante sous ses oripeaux dorés, mais accoutumé à marcher un pas d'amble fort doux pour l'amazone, il fait le meilleur et le plus sûr des coursiers, grâce encore à ses longues jambes et à ses pieds si larges qui s'enfoncent dans la terre et semblent vouloir saisir le sol lorsqu'ils y touchent.

Au désert, parmi les tribus du Touaregs, le mehary élancé, presque élégant, est la bête de course. Rien n'est étonnant comme la vitesse de son allure, et le cavalier a peine à respirer dans cette marche rapide. L'homme sobre et vigoureux peut seul supporter cette course violente, et il doit ceindre ses reins, sa poitrine, ses oreilles afin que l'air échauffé qu'il traverse avec tant de vélocité ne le suffoque pas.

Le chameau fuit la végétation luxuriante ; les plantes sèches, grasses, l'*Hedysarum alhagi*, les acacias, lui conviennent spécialement, et là où il trouve une abondante nourriture, il ne tarde pas à perdre une partie de ses qualités précieuses, telles que sa sobriété, son ardeur infatigable. C'est ainsi que s'expliquent les fréquentes différences que présentent les relations des voyageurs alors qu'ils nous entretiennent du nombre de jours pendant lesquels le chameau peut se passer de boire ou de manger, du poids des fardeaux qu'il transporte, etc. ; c'est ainsi que les chameaux de la Syrie, de la Perse, mieux pourvus, diffèrent sous le rapport des propriétés avec ceux de la Tartarie, du Sahara, qui au milieu de contrées frappées de stérilité, éprouvent une privation presque continuelle durant leurs longues et pénibles pérégrinations commerciales. Le chameau ne dépasse pas l'équateur, et dans l'Asie, à l'est, on le rencontre jusqu'au 50e degré de latitude. De l'Orient à l'Occident, le 15e de longitude à l'ouest de Paris et le 90e de long. à l'est, sont les limites de l'habitat de cet animal, qui ne règne pas certainement sur toute l'étendue territoriale que comprennent ces bornes, mais, du moins, en occupe une bonne partie ; on peut évaluer, au reste, que le domaine du chameau s'étend sur un cinquième environ des terres de notre globe. Dans le cours de ce vaste apanage, il domine sur quelques parties, mais en beaucoup d'autres il partage, avec les races chevalines surtout, ovines et bovines, l'honneur de servir l'homme et de remplir pour ainsi dire l'universalité de ses besoins matériels, c'est-à-dire le nourrir, le vêtir, l'abriter.

Vivant, le chameau est animal porte-faix, de course, et propre aux travaux de l'agriculture pour lesquels il est employé en Syrie par exemple ; le lait de la femelle nourrit l'homme, et son poil transformé en tissus le garantit des intempéries des éléments. Mort, sa chair est mangée, et sa peau sert à préparer une foule d'objets utiles dans la vie domestique.

A l'exposition universelle d'agriculture récemment terminée, nous avons remarqué une quantité assez grande de poils de chameaux envoyés par l'Algérie. La toison du chameau est composée de filaments laineux et de filaments durs ressemblant beaucoup au crin. Les premiers qui sont les plus précieux sont fins, déliés, moelleux, mais, dit-on, difficiles à filer, et jusqu'à présent on ne les a employés que dans la chapellerie. Le poil de chameau, mis en usage par la fabrication européenne, provient de l'Asie-Mineure et de la Perse; celui de ce dernier pays est le plus estimé. On en distingue trois qualités: le noir, le rouge et le gris. La première est toujours vendue séparément comme la plus estimable, et sa valeur est beaucoup plus grande que celle des deux autres; la grise vaut deux fois moins que la rouge (1). En 1854 il a été importé en France 25,748 kilogr. (dont 16,105 mis en consommation) de poil de chameau, qui à raison de 3 fr. 50 c. le kilogr avaient une valeur *actuelle* de 90,013 fr. (La valeur officielle est de 205,744 fr., au taux de 8 fr. le kilogr., ce qui nous montre une baisse de plus de moitié depuis 1828 dans la valeur du poil de chameau).

Le poil de chameau, dans tous les pays où il est produit, est d'un grand usage parmi les populations qui en fabriquent des tentes, des vêtements de toutes sortes. En Chine on en fait des tissus frais et agréables pour vêtements d'été (2). Nous avons vu récemment à l'exposition universelle de 1855, un tissu envoyé par le Sénégal, préparé chez les Maures de l'intérieur avec le poil du dromadaire; la chaîne de cette étoffe appelée *kissa*, est faite de fibres textiles végétales. La kissa sert à faire des couvertures qui, bien que grossières, sont épaisses, chaudes, et paraissent posséder une assez grande solidité.

Il serait très-nécessaire que des manufacturiers zélés, ou que le gouvernement par l'intermédiaire du ministère de la guerre et de l'Algérie, fassent ou fasse faire des expériences suivies et soignées sur la possibilité d'associer le poil de chameau aux autres matières textiles, animales et végétales, qui alimentent notre grande industrie des tissus. Nous demandons avec d'autant plus d'instance cette mesure utile, que nous croyons sûrement que l'on pourra améliorer de beaucoup la longueur et la nature de la toison du dromadaire par des soins bien entendus, ce dont on ne peut douter, au reste, en présence des transformations prodigieuses par lesquelles sont passées bien des races ovines sous le rapport de la production lainière.

Paul MADINIER.

Architecture navale (3).

Murailles en fer à l'épreuve des boulets. — Détails des assemblages.

En énonçant nos principes de construction, nous avons indiqué par de figures la position que nous donnons aux diverses pièces qui composent nos murailles; il nous reste à en décrire les assemblages.

Nous proposons deux manières de construire les boucliers massifs; la première est indiquée par les figures 15, 16 et 17; la seconde par les figures 18 et 19 (*Voir* le précédent N°).

La muraille (fig. 15, 16 et 17) consiste en un squelette en fer composé de poteaux ou solives verticales A et de traverses ou entretoises horizontales C; sur ce squelette sont appliqués les plaques de fer B et ensuite un revêtement en bois D. Les plaques de fer d'une épaisseur convenable seraient aussi hautes et aussi longues que l'industrie pourrait les fournir; elles sont fixées aux entretoises par des vis ou des rivets. Les joints de ces plaques sur la longueur seraient fixés de même après des entretoises verticales. Le revêtement ou bordage en bois est fixé après les plaques de fer par des vis ou des boulons; les vis pourraient être en bois.

La muraille (fig. 18 et 19) est composée de solives verticales A plus rapprochées que précédemment; elles sont reliées de distance en distance par des entretoises intérieures C. Entre ces solives nous plaçons des masses de fer B, que nous appellerons des pavés. La fig. 20 est un pavé vu intérieurement. Pour que ces pavés puissent se réparer facilement, il faut pouvoir les poser et les déposer isolément, et alors ils ne doivent pas s'appuyer les uns sur les autres; à cet effet ils portent deux saillies *a* (fig. 20) qui viennent se loger dans des entailles pratiquées dans ce but aux nervures des solives, et quatre taquets mobiles *b* les maintiennent en place. La face extérieure de chaque pavé porte plusieurs trous taraudés pour recevoir les vis du revêtement en bois D.

Dans les fig. 15 à 20, la surface extérieure des cuirasses en fer est unie; mais, comme nous l'avons dit précédemment, on peut y pratiquer des arêtes saillantes.

Pour le genre de murailles fig. 18, 19 et 20, nous croyons qu'il n'y aura pas d'inconvénient à faire une partie des pavés en fonte. Pour cela on prendrait des plaques de fer cannelées que l'on placerait dans les moules et sur lesquelles on coulerait la fonte. L'expérience devra déterminer l'épaisseur à donner aux plaques de fer; il est probable que deux à trois centimètres suffiront, eu égard à la facilité de remplacer les pavés abîmés. Si nous cherchons les moyens d'utiliser la fonte malgré sa fragilité, c'est à cause de l'économie qu'elle procure.

Nos murailles composées de lames posées de champ peuvent être construites de plusieurs manières. Ainsi des lames peuvent être découpées pour emboîter les nervures des solives ou des cornières formant les poteaux, comme on le voit fig. 21. Par cette disposition, on placerait les lames en les entrant en coulisse par les extrémités, ce qui obligerait, pour en réparer une, d'ôter celles placées au-dessus; il est vrai qu'on peut diminuer cet inconvénient en pratiquant de distance en distance des entailles aux nervures des poteaux pour introduire les lames.

La seconde manière, applicable principalement quand les lames sont formées de fers à nervures, consiste à entailler les lames pour qu'elles se placent horizontalement sur les poteaux, et ensuite deux pattes rapportées forment la coulisse, comme on le voit fig. 22. Pour que les lames soient indépendantes les unes des autres, elles se posent dans des encoches pratiquées aux nervures des poteaux; la fig. 23 est la face extérieure d'un poteau à double té entaillé ainsi.

Nous fixons les revêtements ou bordages sur nos lames de champ, quand elles sont à nervures, en pratiquant de distance en distance des entailles dans leurs nervures pour le passage des boulons, comme on le voit fig. 24 et 25. La fig. 24 est une coupe verticale de la muraille, la fig. 25 représente deux lames vues de face.

Si, sans affaiblir trop la muraille, on pouvait écarter les lames les unes des autres, on fixerait alors le revêtement sans avoir besoin d'entailler les nervures des lames, comme on le voit fig. 26.

Nos poteaux étant des pièces de fer posées de champ, ils donneront à nos lames un soutien qui remplacera, et au delà, l'affaiblissement dû aux entailles. Cependant, par précaution et pour que cette partie de la muraille soit la plus forte, on pourra remplir les intervalles entre les nervures des lames par des pièces de fer ou d'acier rapportées au droit des poteaux. Dans les fig. 24 et 26, la lettre S indique ces pièces de fer, et la fig. 27 en représente une vue séparément en dessus.

Dans les fig. 21 et 22, les poteaux seraient écartés de 50 centimètres. On peut augmenter cette distance en appuyant

---

(1) A. DUPRÉ, *Voyage en Perse*, 1819.
(2) *Chinese Repository*, t. VII, p. 140.
(3) Voir le précédent N°.

les lames dans l'intervalle sur un ou plusieurs poteaux en fer, en bois ou en bois et fer; la fig. 28 en est un exemple.

Nos poteaux seraient fixés à leurs bases sur des semelles en fer et en fonte. Ces semelles seraient scellées dans les fondations en maçonnerie, s'il s'agit d'une muraille permanente; et pour une muraille portative, on les enterrerait un peu, afin que les projectiles ennemis ne les déchaussent pas. Dans les constructions navales, les poteaux prennent le nom de couples, et nous n'avons pas besoin de décrire ici la manière de les réunir aux diverses parties du navire (Voir le précédent numéro).

EXPÉRIENCES A FAIRE.

Les expériences exécutées à Vincennes en juillet 1854 ont constaté la vérité de notre premier principe en ce qui concerne le bouclier massif (fig. 2). Nous demandons que ces expériences soient continuées, et qu'elles aient lieu sur tous les boucliers indiqués ci-dessous :

1° Un bouclier composé de lames posées de champ (fig. 3 et 4);

2° Un bouclier composé de lames taillées en couteau (fig. 7);

3° Un bouclier composé de lames évidées (fig. 8, 9, 10);

4° Un bouclier formé de lames garnies de couteaux mobiles en acier (fig. 11);

5° Un bouclier massif présentant des arêtes saillantes (fig. 12);

6° Les boucliers massifs unis garnis d'un revêtement en bois (fig. 15 à 20);

7° Un bouclier formé de lames et d'un revêtement en bois;

8° Les boucliers avec lames évidées et revêtement en bois (fig. 24 à 28);

9° Essayer si, à l'aide des couteaux rapportés et des revêtements, les boucliers peuvent être en fonte.

De pareilles expériences seraient très utiles, afin de déterminer les meilleurs systèmes de murailles, tant pour les fortifications que pour la marine.

LOUIS AUBERT.
57, rue de Vaugirard.

Dans un prochain numéro, l'auteur décrira un ensemble de moyens ayant pour but de préserver des naufrages dans la majeure partie des circonstances où ils se produisent aujourd'hui.

LE CASSE-PIERRE.

Cette Machine, inventée et perfectionnée par M. F. Poivet, agent-voyer cantonnal à Château-du-Loir (Sarthe), est destinée au cassage de la pierre à employer, soit au *macadamisage* des différentes voies publiques, soit au *ballastrage* des chemins de fer, ou à la confection des *bétons hydrauliques* ou autres opérations analogues; c'est une combinaison mécanique très-simple, *basée* sur l'effet du *contre-coup*, force ou puissance très considérable, dont on a peu cherché, jusqu'à ce jour, à faire l'application.

Déjà, et quoique presque encore à l'état rudimentaire, le *Casse-pierre* qui a servi aux expérimentations de l'inventeur, lui a donné des résultats très-satisfaisants. En effet, avec *huit* ouvriers ou manœuvres d'une force moyenne, sans expérience pour une opération aussi nouvelle, n'ayant pour moteur qu'une locomobile vicieuse fournissant à peine la puissance de *deux* chevaux-vapeur, on a néanmoins obtenu de 2^m à 2^m 50 cubes, *à l'heure*, de bon cassage de pierre très-volumineuses, d'une dureté et d'une tenacité considérables, telles que les ouvriers les plus vigoureux et les plus expérimentés n'en peuvent casser, chacun, plus de 0^m 6 à 0^m 8 cubes, par jour.

Il y a donc tout lieu de croire et d'affirmer qu'une machine perfectionnée et construite dans les meilleurs conditions de solidité fournira, au moins, 3 mètres cubes *à l'heure*, de bon cassage, quelque dure et difficile que soit la pierre. On ne doit pas être taxé d'exagération en portant à 30 mètres cubes *de cassage, par journée de dix heures de travail effectif*, le produit d'une bonne machine à 3 ou 4 *armatures* ou appareils, munie d'un moteur convenable et suffisant, servie par des ouvriers auxquels l'usage aura donné l'expérience des meilleurs procédés, puisque, dans une seule journée d'essais, avec des moyens insuffisants et imparfaits, on a cependant *obtenu* 20 *mètres cubes de très-bon cassage en dix heures de travail.*

Le fonctionnement et les opérations du *Casse-pierre* sont des plus simples; il suffit de les indiquer pour les faire comprendre.

La pierre à casser, jetée sur le plancher supérieur de la machine, s'y introduit très-facilement par des couloirs qui la laissent tomber, en chute libre, au devant de masses ou marteaux d'un fort volume formant saillie à l'extérieur d'une roue en fonte, cerclée en fer, faisant de 350 à 400 révolutions *par minute*. Le choc violent et puissant que reçoit la pierre au passage rapide de ces lourdes masses, lui fait prendre une direction tangentielle au point où elle vient d'être frappée et la lance vivement contre une enclume ou plaque en fonte dure, placée convenablement et dans un plan vertical, à une faible distance du point d'attaque: là, cette pierre subit un *contre-coup* assez puissant pour la briser et la faire jaillir en éclats qui retombent sur un plancher inférieur d'où on les retire, au fur et à mesure, pour les jeter sur des grillages établis au pied de la machine et sur lesquels se fait le *tri* et le *nettoyage* de ces matériaux (1).

On comprend que de la vitesse plus ou moins rapide des masses dépend le plus ou le moins de promptitude et de perfection du cassage de la pierre: toutefois, les fragments qui, du premier coup, ne se trouvent pas réduits aux dimensions réglementaires sont soumis à une seconde opération qui donne toujours de bons résultats; mais les *quatre-cinquièmes*, au moins, de la pierre sont parfaitement cassés, dès la première.

On conçoit également que le *Casse-pierre* qui fournit, *par minute et constamment*, de 4200 à 4800 coups d'une puissance et d'un effet prodigieux, doit produire une très-grande quantité de cassage, puisque l'opération est immédiate et presque instantanée, c'est-à-dire, qu'aussitôt jeté dans la machine, la pierre y est soudainement atteinte par l'une ou l'autre des masses et subitement brisée par l'effet du *contre-coup* qu'elle y reçoit.

Ainsi, en permettant d'utiliser tous les bras, en rendant accessible à *tous* un travail spécial très pénible et peu lucratif, pour lequel, *avec les procédés habituels*, on manifeste partout la plus grande répugnance, tant à cause des dangers qu'il comporte que des fatigues qu'il occasionne, l'emploi de forces et de procédés mécaniques simples, faciles, puissants et inoffensifs ne peut être que favorablement accueilli et convenablement apprécié, surtout dans un moment où la rareté des bras, ainsi que la multiplicité et l'importance des travaux de l'espèce, fait ajourner ou même abandonner des entreprises aussi urgentes qu'indispensables.

---

(1) Il y a tout lieu de penser que, dans les conditions ci-dessus indiquées, le cassage de la pierre *par l'effet du contre-coup* doit être attribué bien plutôt à une espèce d'*explosion* produisant l'écartèlement de la pierre qu'au résultat direct de la *percussion*. On peut supposer que le choc violent reçu par la pierre, au moment où elle se trouve atteinte par les masses, lui imprime des *vibrations* très intenses que le *contre-coup* vient directement *contrarier*; il se produirait alors comme une sorte d'*explosion* assez puissante pour détruire, en partie, la *cohésion moléculaire* et briser ainsi la pierre la plus dure et la plus résistante. On remarque aussi que la *rupture* ou cassage paraît toujours être *en raison directe* de l'élasticité des matériaux.

C'est là, du reste, une question encore enveloppée d'obscurité que la science pourra étudier et résoudre : peut-être y découvrira-t-elle une nouvelle *puissance* dont l'industrie saurait tirer parti dans bien des circonstances; ce serait un nouveau progrès auquel l'inventeur du Casse-Pierre serait heureux d'avoir contribué par ses investigations.

L'inventeur se propose, du reste, de faire construire, *spécialement pour l'entretien des routes et des chemins vicinaux,* des machines suffisamment réduites, faciles à transporter, qui n'exigeront pas l'emploi de plus de trois ou quatre ouvriers et qui fourniront, au moins, *un mètre de cassage à l'heure.*

LOCOMOTIVE PORTE-RAILS.

M. Victor Borie décrit ainsi dans la *Presse* une locomotive d'un genre nouveau qu'il a vue fonctionner au concours agricole de Chelmsford (Angleterre):

« Le véritable *lion* de l'Exposition, si je puis m'exprimer ainsi, c'était une machine à vapeur toute nouvelle et très originale.

« Que fera-t-on de cette curieuse machine? Je n'en sais rien, et je ne crois pas que personne puisse encore lui assigner définitivement un emploi ; elle n'en est pas moins très intéressante. Il s'agit d'une machine à vapeur locomobile, dans la plus pure acception du mot. C'est une locomotive qui porte son railway avec elle. On place la machine à l'entrée d'un champ labouré, dans une prairie, sur un terrain quelconque; le mécanicien lâche la vapeur : aussitôt la merveilleuse machine jette au-devant de ses roues des rails sur lesquels elle glisse ; après son passage, les rails se relèvent pour aller de nouveau s'étaler respectueusement, comme un tapis de fer, sous les pas majestueux de cette reine triomphante ; la locomotive va, vient, tourne avec une surprenante facilité sur un terrain où son propre poids devrait l'enterrer jusqu'aux moyeux. C'est vraiment un spectacle ravissant, dont il est bien fâcheux que Paris ait été privé, cette année. Nous espérons qu'au prochain concours universel, cette heureuse locomotive daignera glisser sur notre sol hospitalier. »

CORRESPONDANCE.

De la rage spontanée.

Monsieur,

Permettez-moi d'apporter mon témoignage à l'appui de la théorie de la rage spontanée, exposée par M. le docteur Loreau.

Il y a déjà plus de trois ou quatre ans que j'avais eu l'occasion de faire les mêmes observations que lui : Voici un des faits les plus remarquables, parmi ceux qui avaient formé ma conviction à ce sujet.

Je possédais un excellent chien de chasse, dans une maison de campagne située à deux kilom. de Cette. Un jour le métayer vint me dire que le chien donnait des signes non équivoques d'hydrophobie. Je me rendis aussitôt sur les lieux, et je remarquai ce qui suit : l'animal offrait alternativement des intervalles de tranquillité et des accès de fureur que la moindre cause provoquait, et pendant lesquels il avait une physionomie étrange, les yeux hagards, la gueule ouverte et pleine d'écume. Il avait d'ailleurs horreur de l'eau, et quand on lui donnait des aliments, il allait les enfouir dans la terre. Profitant d'un moment où il était calme, je pris mon fusil et l'emmenai avec moi pour essayer s'il chasserait.

Au premier oiseau que je tuai, je vis le chien se précipiter sur lui et le broyer à coup de dents, ce qu'il n'avait jamais fait jusqu'alors. Comme je m'approchais pour le lui enlever, il se rebiffa et j'eus de la peine à l'empêcher de me mordre. Enfin, m'étant assuré qu'il ne sentait plus les menées d'aucune espèce de gibier, et qu'il avait perdu toutes ses aptitudes pour la chasse, je demeurai bien convaincu qu'il était atteint de la rage, et je le tuai.

J'appris ensuite du métayer que, pendant plus d'un mois avant cet événement, ce chien avait l'habitude de se rendre à un hameau voisin, où il était attiré par la présence de chiennes qui étaient d'humeur, mais que tous les chiens de l'endroit se coalisaient contre lui pour l'étriller, de sorte qu'il revenait toujours au logis, éclopé et meurtri, et sans avoir pu se satisfaire.

On pourrait induire de cette dernière circonstance qu'il avait été peut-être mordu par un chien déjà atteint de la rage ; mais ni à cette époque ni même de mémoire d'homme, il n'y a jamais eu, en dehors du fait dont je parle, aucun exemple de chien hydrophobe dans la commune de Cette.

Il y a donc tout lieu de croire que ce chien avait été atteint spontanément de la rage par suite de la privation de l'acte génésiaque.

M. le docteur Loreau fait observer avec raison que, dans les pays où les chiens vaguent en liberté (comme en Orient), et peuvent satisfaire leurs penchants impérieux, on ne voit pas de cas de rage spontanée. J'ajouterai à l'appui de sa thèse qu'on a remarqué depuis longtemps que les chiens de petite race étaient plus sujets à l'hydrophobie que les autres. Ne serait-ce point parce que les individus de cette espèce sont plus rares, et que dès lors les mâles trouvent moins facilement l'occasion de se satisfaire? On voit souvent, en effet, des chiens de très petite taille s'attaquer à des femelles de haute stature, et se donner inutilement une sorte de rage aphrodisiaque qui doit les prédisposer à la rage véritable.

On pourrait conclure de tout ceci que les mesures prises par la plupart des administrations municipales, et qui ont pour effet de condamner les chiens à la muselière ou à la réclusion perpétuelle, sont irrationnelles, et vont directement contre le but qu'elles veulent atteindre.

Si ces mesures sont bonnes contre les conséquences de la rage, en empêchant les passants d'être mordus, elles sont elles-mêmes une cause occasionnelle de l'hydrophobie ; et elles présentent en outre de graves dangers pour les familles qui possèdent des chiens ; car il faut bien leur ôter quelquefois la muselière, ne serait-ce que pour leur donner des aliments.

Il y a donc là un cercle vicieux contre lequel on ne saurait trop se prononcer.

La capture et l'abattage des chiens non muselés et vagabonds est louable, en ce qu'elle tend à diminuer le nombre des chiens errants. Mais, pour que cette mesure produisit tous ses avantages sans offrir d'inconvénients, il faudrait qu'elle ne fût que temporaire, au lieu d'être permanente, comme elle l'est presque partout. Un ou deux mois suffiraient à mon avis ; le reste de l'année les chiens devraient être libres (1).

Agréez, Monsieur le rédacteur, l'assurance de mes sentiments distingués,

Un de vos abonnés.

E. Vivarès,

Suppléant au juge de paix du canton de Cette.

ACADÉMIE DES SCIENCES.

Séance du 14 juillet.

PARALLÈLE DE L'OEUF MALE ET DE L'OEUF FEMELLE CHEZ LES ANIMAUX.

M. Serres lit sous ce titre un mémoire qui se résume en ces termes :

Comparée à la segmentation de l'œuf des femelles, celle de l'œuf des mâles ne présente aucune différence bien notable. L'une est la répétition de l'autre. Dans les deux œufs, la division première, puis les subdivisions subséquentes nous représentent avec évidence le procédé général de la génération par scissure. Cependant à l'époque où ces phénomènes similaires se développent, les deux œufs sont dans des conditions physiologiques bien différentes. L'un, l'œuf de la femelle, a été fécondé ; il a reçu du mâle le principe, le souffle de vie qui le met en mouvement. L'autre, au contraire, l'œuf du mâle, n'a rien reçu ; il a puisé en lui-même le principe de vie qui l'a mis en action. Si donc la segmentation des deux œufs est le symbole de la génération, on est forcément conduit par les faits à conclure :

1° Que la génération de l'œuf femelle est une génération communiquée, tandis que celle de l'œuf mâle est une génération spontanée :

2o Que l'œuf mâle est initiateur, et l'œuf femelle initié à la vie.

(1) Il serait peut-être plus exact de dire que la loi qui frappe d'un impôt la race canine atteint suffisamment le but, et que toute restriction apportée à la liberté de ces animaux est désormais superflue.

ÉLÉMENTS ELLIPTIQUES DE LA PLANÈTE 1852.

M. Valz écrit de Marseille, en date du 12 juillet, que le clair de lune ne permettant plus d'observer cette planète, il en a calculé les éléments elliptiques qui pourront servir à retrouver plus facilement ce nouvel astre après la pleine lune, d'autant que se trouvant dans sa station, elle éprouve une grande déviation dans sa route apparente. Voici ces éléments :

Epoque pour la dernière observation du 11. 410 juillet 1856. T. M. de Marseille.

Anomalie moyenne.	346°.33' 57"
Longitude du périhélie.	318.29.36
Nœud ascendant.	84.44.42
Inclinaison.	8.40.18
Angle de l'excentricité.	9.49.24
Demi grand axe.	2.34174
Mouvement moyen diurne.	990".15

QUEL EST LE ROLE DES NITRATES DANS L'ÉCONOMIE DES PLANTES.

Tel est le titre d'un nouveau mémoire de M. Georges Ville, qui résume ainsi ses recherches :

« 1° Un pot rempli de sable calciné, auquel on ajoute quelques grammes de cendre végétale, et qu'on abandonne à la libre action de l'air, ne devient pas le siége d'une formation de nitrate. Le résultat est encore négatif lorsqu'on ajoute au sable de la gélatine et de la graine de lupin.

« 2° Les plantes absorbent et s'assimilent directement l'azote des nitrates.

« 3° Les graines qui ne donneraient, dans le sable calciné, que des rudiments de plante, produisent au contraire des plantes qui végètent dans ce même sable, avec le concours d'un nitrate, et elles absorbent ou n'absorbent pas l'azote de l'air, suivant que la quantité de nitre employée suffit ou ne suffit pas à leur faire parcourir une première végétation.

« 4° A égalité d'azote, le nitre produit sur les plantes plus d'action que le sel ammoniac, d'où je tire la conséquence que ce nitre ne se change pas en ammoniaque, ni avant, ni après son assimilation. »

MÉMOIRE SUR L'ORIGINE DU NITRE.

Il résulte des faits exposés par M. Desmarest dans ce mémoire :

1° Que l'azote et l'oxygène de l'air ne sont pas susceptibles de se combiner, sous l'influence de l'électricité, pour former de l'acide nitrique ;

2° Que cet acide ne se forme pas sous l'influence de l'ozone, ou lorsque l'on décompose l'eau aérée par l'électricité ;

3° Qu'il ne se forme pas davantage par l'oxydation de l'azote du gaz ammoniac ou des matières organiques, aux dépens de l'oxygène de l'air;

4° Qu'il ne se forme enfin que lorsque l'azote se trouve en présence d'un excès d'oxygène, c'est-à-dire dans un cas qui ne se présente pas ordinairement dans la nature.

Ces conclusions, ajoute l'auteur, recevront une nouvelle confirmation dans la seconde partie de ce travail, qui sera consacrée à faire voir comment se produit la nitrification des pierres.

DE LA FORMATION ET DES SOURCES DE L'OZONE ATMOSPHÉRIQUE PAR M. SCOUTETTEN.

De l'ensemble des faits exposés dans ce mémoire ressort, suivant l'auteur, la preuve que la nature possède des sources abondantes d'ozone, qu'elles existent à la surface du globe et dans les régions élevées de l'atmosphère, qu'il s'établit perpétuellement des courants ascendants et descendants exerçant une influence puissante sur la production des grands phénomènes électriques et sur les actes de la vie végétale et animale. La découverte des sources de l'ozone lui paraît devoir jeter un jour nouveau sur la physiologie des animaux et des végétaux, sur les combinaisons atomiques des corps, et démontrer qu'un lien jusqu'ici inaperçu unit entre eux par des rapports étroits tous les corps de notre globe.

ÉTUDE SUR L'EMPRISONNEMENT CELLULAIRE AU POINT DE VUE DE LA SANTÉ DES PRISONNIERS.

M. de Pietra Santa communique sur ce sujet un mémoire dans lequel il se propose d'examiner la première application du système introduit en France dans les conditions de succès les plus favorables, et de démontrer que la pratique n'a pas confirmé les promesses de la théorie :

1° Les aliénations mentales sont plus fréquentes dans le système cellulaire ;

2° Les suicides s'y sont succédé dans une proportion très-considérable.

Ces suicides ont été à Mazas douze fois plus nombreux qu'à la vieille Force et aux Madelonnettes, prisons régies par l'ancien système.

NOMINATIONS.

L'Académie procède par la voie du scrutin, à la nomination d'un membre qui remplira dans la section de géométrie la place laissée vacante par le décès de M. Binet.

Au premier tour de scrutin, le nombre des votants étant 48,

M. Hermite obtient.	40 suffrages.
M. Puiseux.	4
M. Serret.	3

Il y a un billet blanc.

M. Hermite, ayant réuni la majorité absolue des suffrages, est proclamé élu.

VARIÉTÉS.

Chant égyptien sur le percement de l'Isthme de Suez, par le cheikh Réfâah.

Traduction de l'arabe par M. le docteur Perron.

Le cheikh Réfâah-Bey, auteur du petit poëme dont on va lire les principales strophes, est un uléma, ancien docteur de la mosquée El-Azhar, la Sorbonne du Caire. Il a été l'élève le plus distingué de la mission que le gouvernement égyptien a envoyée en France en 1826, sous la direction du vénérable M. Jomard. Ce nouveau chant a été mis en musique, et ajouté, par l'ordre de S. A. le vice-roi, aux quatre autres chants nationaux du même auteur, qu'apprennent déjà et que répètent en chœur les troupes égyptiennes. C'est Mohammed-Saïd lui-même qui a remis cette kacideh au savant docteur Perron, en l'invitant à la traduire. Nous donnons cette traduction, que M. Perron a bien voulu nous communiquer. Pour ceux qui connaissent un peu le caractère des peuples musulmans, cet hymne à l'industrie, ces idées de patrie et de civilisation sont des nouveautés considérables. Il n'y a pas un esprit sérieux qui ne doive être frappé de ce symptôme; et cette ode qui nous arrive inopinément de la vieille terre d'Egypte doit donner beaucoup à réfléchir sur les progrès qu'y ont faits les hommes capables de concevoir ou d'accueillir de si nobles idées.

« La kacideh ou poésie du cheikh Réfâah est précédée, dit M. Perron, d'une sorte d'introduction. L'habitude des musulmans est de ne jamais écrire un travail littéraire, scientifique ou religieux, fût-ce le plus simple et le plus bref, sans le commencer par une invocation ou allocution pieuse. »

INTRODUTION.

« Les paroles les plus dignes qu'on puisse placer en tête « de tout écrit, et les plus douces qui puissent charmer les « cœurs, sont celles-ci :

« Gloire à Dieu qui a fait naître et renouvelle tout, qui a « tracé l'ordre du monde sur un plan si admirable et si sin- « gulier ! Et ensuite : Bénédiction et grâces du ciel sur cet « homme à l'éloquence unique, indivisible, que nul mortel ne « partagera jamais avec lui, le Prophète aux maximes subli- « mes, aux sentences si pleines et si riches ! Et aussi béné- « diction sur sa famille, sur ses compagnons d'apostolat, sur « les dévoués auxiliaires de sa mission, sur ses soldats fidèles, « qui avec lui ont établi leur séjour à Médine, la cité de la « gloire et de la sainte noblesse ! Dieu a glorifié les noms de « tous ces héros et illustré leur mémoire.

« Maintenant, l'humble de bagages, le serviteur de Dieu, « le cheikh Réfâah, moi, j'ai dit : Voici un chant national, le

« cinquième qui aura l'honneur d'être présenté au seuil royal, « dans la douce confiance d'un bienveillant accueil auprès de « la suprême générosité ; car mes vers portent des pensées de « sincère aloi ; ils sont un langage inspiré par les faits ; ils « sont d'accord avec le sens actuel des choses, et marchent au « but que je devais me proposer.

« Commençons donc notre poésie comme il sied au sujet. « Et voici ce que je dis, dans l'espoir qu'elle sera agréée du « Prince : »

CHANT.

Terre d'Egypte, réjouis-toi sous la glorieuse direction de ton Saïd ; par lui nous montons au faîte de la grandeur ; il nous comble des bienfaits de ses œuvres.

L'Egypte a rempli l'univers du bruit de ses merveilles ; elle a créé d'étonnantes cités ; elle a montré ce que peuvent enfanter les vertus patriotiques ; et ses ruines racontent sa puissance.

La première elle fonda la monarchie ; et, par là, sortit de l'obscurité ; elle s'éleva par-dessus les astres ; et ses monuments sont les annales de son passé.

Jadis, on le sait, le Nil déversa ses eaux en un long canal, travail de la science, qui les dirigeait à la mer de Kolzoum, et que notre négligence a laissé combler.

Quand le ciel eut dévolu le pouvoir à Saïd, et que le malheur eut pris la fuite, Dieu fit voir que le grand canal était une œuvre facile, pourvu que nos pioches voulussent déchirer le sol.

Honneur et reconnaissance à celui qui proposa ce noble projet, qui l'a fait accueillir à notre Prince, qui, par sa franchise sans réserve et par son énergie, nous assure un tel bienfait.

. . . .

Aussitôt une société d'intelligences clairvoyantes, hommes indigènes, hommes étrangers, versa ses abondantes contributions. Mais notre généreux Prince les a tous dépassés.

Saïd fournit avec enthousiasme ses propres richesses ; aux travaux, aux besoins de l'entreprise, il fournit instruments et bras de travailleurs ; grâce à lui, toutes nos forces, toutes nos ressources se dressent à l'instant.

Egypte, sois glorieuse et fière ! on rouvrira l'antique canal d'Omar ; ce travail, œuvre prodigieuse, dont nos aïeux, une fois déjà, ont eu la gloire.

Cet isthme, c'est un devoir sacré de le briser ; la terre s'indigne et gronde de le voir exister encore : le percer, c'est l'éventrer avec douleurs ; mais alors nos douleurs, à nous, disparaîtront pour jamais.

Cette langue de terre est insignifiante ; par elle ne surgit aucun bien. La décision qui veut unir les deux mers est sans appel, en dépit de la résistance des ignorants.

C'est ce que, d'un coup d'œil, a vu et décidé Saïd, le Prince de notre siècle, le Prince du bien ; et le canal lui répond résolument : « Un signe de toi est un ordre pour moi. »

Telle était la barrière qu'aux rivages barbaresques se chargea de briser l'antique Alexandre ; dans l'isthme de Gadès, il ouvrit un passage. Nos livres nous en retracent l'histoire.

Les flots de l'Occident s'unirent aux flots méditerranéens confondus avec eux ; le vaste Boghâz de Tarik s'ouvrit alors. C'est la même œuvre que nous accomplirons aujourd'hui.

Cet Alexandre, le Zou l-Karneïn, c'est l'Hercule, ce personnage emblématique que les rêves de la mythologie ont travesti ; mais nous avons sur lui l'avantage de la vérité.

. . . .

Oui, ce vieil isthme de Suez, espace pierreux, ce désert morne et vide, la mer va le conquérir à son empire, et nous allonger ainsi nos rivages.

Vaste canal, qui fera honte à celui de Panama, son cours, lorsqu'il aura ouvert le sein de la terre, sera pour le monde la route préférée ; et nos caravanes n'auront plus à se fatiguer.

L'amour de cette mer pour l'autre mer est comme l'amour de la perle pour le sein des beautés. Là nos navires se promèneront comme des fiancées, et les hommes que nous aimons accourront parmi nous.

Les hommes des déserts, les hommes des régions cultivées, attirés par les charmes séducteurs de ce bienfait, arriveront à nous comme les pluies fécondes ; et les merveilles de leur industrie viendront nous caresser.

Les savants de tous les pays viendront nous visiter ; les célébrités de l'intelligence aimeront notre Egypte. Et quand nous rencontrerons quelque homme illustre, nous tâcherons de l'enlacer comme le gibier dans nos filets.

Allez dire à l'Orient, à l'Occident, allez dire aux étrangers et aux Arabes : Les distances ont dépouillé le voile qui les couvrait, et notre société est florissante à jamais.

L'étoile du commerce brille dans notre ciel ; la fortune revient habiter parmi nous ; la lumière des conseils nous visite des nations étrangères, et notre espoir touche enfin le but.

Proclamez, annoncez à toutes les nations, aux royaumes, aux empires, que pour tous nous avons une invariable amitié, et que cette sympathie est en nous un don de la nature.

. . . .

Hâtez-vous d'ouvrir cette route de bonheur qui doit nous conduire à la Mecque, aux saintes pratiques du pèlerinage. C'est le Prince de l'Egypte qui nous protége.

Déjà il accomplit les routes de terre ; il les garnit de fer ; il les combine et les organise : vos voyages n'auront plus de longueurs.

Pourquoi le père Saïd ne peut-il voir l'exécution des projets admirables qu'a conçus la pensée de son illustre fils, et qui nous font limpides les abreuvoirs de la vie !

. . . .

Nous rendons à notre Nil son antique couronne de splendeur ; désormais nous n'avons plus rien à désirer. Comment Tyr et Carthage rivaliseraient-elles aujourd'hui de grandeur avec nous ?

Notre patrie, nous la caressons comme une mère caresse son enfant ; nous la rachèterions au prix de tout le sang de nos ennemis. Celui dont le cœur se dresserait contre elle, nous le déchirerions du fer de nos sabres.

. . . .

Dans notre Egypte, la vie est douce et sereine : plus de superstition ni de préjugés. Ses armées donnent au pays la sécurité de la force et grandissent sa dignité.

Dans la carrière de l'honneur et de la gloire, nous avons des héros qui obtiennent la palme sanglante : pourquoi n'aurions-nous pas sur la scène de la fortune d'autres succès qui viendraient au-devant de nous ?

. . . .

(*L'Isthme de Suez.*) Pour extrait : ERNEST DESPLACES.

FAITS DIVERS.

LE GRAND LAC SALÉ. — Un naturaliste, M. Jules Frémy, décrit en ces termes dans son journal le *Great salt lack*, l'une des merveilles de l'Amérique du nord :

C'est une véritable mer méditerranée, sans aucune communication avec l'Océan. Il n'a pas moins de 100 lieues de pourtour, et devait, dans les siècles précédents, occuper un espace beaucoup plus considérable, car les phénomènes géologiques que nous avons observés depuis Ragtown nous autorisent à croire que ses ramifications s'étendaient au loin dans les vallées de l'Utah.

Quoique, d'après les mémoires du baron La Hontan, l'existence du lac Salé ait été soupçonnée dès 1689, ce n'est guère que dans ces dernières années que l'on a acquis la connaissance certaine de sa position entre les 40 et 42 de latitude nord et les 114 et 116 de longitude ouest. Ses eaux sont bleues comme l'azur du ciel. Au N. E., elles s'étendent si loin, que l'œil ne distinguant plus les montagnes qui le bornent, croit qu'elles se prolongent à l'infini comme une vaste mer. La profondeur n'en est pas considérable, elle ne dépasse pas 10 mètres et en moyenne n'est que de 7 à 8 pieds. On aperçoit, au milieu du lac, plusieurs îles d'une certaine étendue, dont l'altitude atteint 1,000 mètres et plus au dessus du niveau de l'eau.

Aucune barque, aucun navire ne sillonne actuellement le lac, bien qu'une tradition des aborigènes rapporte qu'autrefois les Indiens Utah y voguaient sur des grandes pirogues. Cette eau est si dense que le corps humain n'y peut sombrer. Nous nous couchions sur la surface et pouvions rester indéfiniment dans cette position, sans peine et sans mouvement. Il nous parut qu'on y pourrait dormir sans courir le danger de se noyer. Un autre effet de cette densité de l'eau, c'est que les poissons ni aucun animal quelconque n'y peuvent vivre. Les truites, qui y descendent quelquefois par les ruisseaux, y meurent immédiatement.

Le seul être organisé qui s'y rencontre est une algue de la tribu des Nostochinées. Les bords du lac, surtout au nord, sont couverts d'une couche considérable du sel le plus beau, qui est recueilli pour l'approvisionnement du pays. Des essais faits avec soin ont prouvé que trois litres d'eau donnent un litre de sel. Au moment de notre passage, on observait sur le rivage, par-dessus le dépôt de sel, une couche de sauterelles mortes, d'un pied de profondeur. Ces insectes, qu'un vent violent avait chassés en nuées prodigieusement épaisses, s'étaient noyés dans le lac, après avoir, l'été dernier, détruit des semailles qui promettaient une moisson abondante, et fait disparaître jusqu'à l'herbe des prairies. Une disette générale est la conséquence actuelle de ce fléau terrible, dans lequel les Mormons voient une preuve de plus de la vérité de leurs croyances, cette plaie étant survenue, comme chez les Israélites, la septième année après leur établissement dans le pays. Le lac n'a pas de marée; mais, sous le souffle variable des vents, la surface de l'eau se ride et de petites vagues déposent sur le rivage une écume floconneuse. Un grand cléome à belles fleurs rouges relève heureusement dans les alentours la nudité de la plage.

La végétation tropicale. — On lit dans le recueil *das Ausland* quelques particularités curieuses sur des plantes tropicales rapportées par un naturaliste. Voici comment s'exprime ce voyageur: Le bambou (bambusa arundinacea) et la cochléaria (moringa plerygosperma) fournissent des preuves évidentes de la végétation et de la rapidité de la croissance sous la zone torride.

Des gens dignes de foi m'ont assuré que le bambou croît quelquefois de 2 centimètres et quelques millimètres en vingt-quatre heures. Moi-même j'en ai mesuré un pendant six jours, qui, à partir de la racine, avait monté de 32 centimètres. Cette observation avait été faite du 22 au 29 septembre, et dans un sol qui n'était rien moins que fertile.

Une cochléria plantée devant ma demeure avait atteint, en neuf mois, à partir du jour où la graine avait été déposée en terre, une hauteur de huit mètres; le tronc était aussi gros que le bras d'une femme. Il faut ajouter que cette plante n'avait été l'objet d'aucune culture, et que le sol était sec et pierreux.

Fécondité d'une truie. — Ces jours derniers, une truie remarquable par sa taille et appartenant au sieur Robin, maçon, a mis bas vingt petits dont douze mâles et huit femelles; toute cette famille porcine se trouve dans des conditions de viabilité convenables. La nouvelle est donnée par le *Moniteur de l'Agriculture*.

Léopold de Buch. — Dans l'éloge historique de cet illustre géologue, M. Flourens raconte les anecdotes suivantes:

Conduire les esprits ne suffisait pas à l'homme excellent et supérieur; il fallait encore qu'il intervînt lorsqu'il découvrait des jeunes gens dont l'avenir ne semblait entravé que par les rigueurs de la fortune. Habile à faire naître ces occasions de prendre sa revanche de la modestie de ses propres besoins, il agissait alors avec la munificence d'un souverain. Ces faits se multiplièrent beaucoup, et furent rarement divulgués.

« — Vers un vaisseau prêt à mettre à la voile, se dirigeait un jour, muni d'un fort léger bagage, un jeune savant qui, pour explorer l'Amérique, s'était dépouillé de l'héritage paternel. Sur son chemin l'attendait un inconnu: « Un ami qu'inspire le désir du progrès des sciences vous prie d'employer ceci pour elles. » Il remet une bourse au voyageur et disparaît.

« — M. de Buch se trouvant à Bonn, un aspirant professeur de cette université se présente chez lui et le prie de lui accorder des lettres de recommandation, car il va s'associer à une expédition scientifique.

« — Revenez demain, lui dit l'illustre savant.

« Ce temps est employé en informations.

« A l'heure dite, le jeune homme se présente; les lettres sont prêtes; on cause, le vieillard s'anime, se montre affectueux, donne ses avis, et enfin dit au visiteur prêt à prendre congé: — J'ai un service à vous demander.

« — Trop heureux! répond celui-ci avec un naïf élan.

« — Ah oui! s'écrie brusquement M. de Buch, ils disent tous de même, et ensuite ils se plaignent de ce que je les ai chargés de commissions qui les gênent.

« Le pauvre jeune homme se confond en protestations; il ne conçoit pas qu'on puisse le soupçonner d'ingratitude.

« — Eh bien! réplique sèchement l'adroit interlocuteur, donnez-moi votre parole d'honneur que vous ne répondrez même pas, après avoir reçu ma commission.

« Le candide aspirant se presse d'obéir.

« — Maintenant que j'ai votre parole, reprend M. de Buch en changeant de ton, voici 2,000 thalers que vous consacrerez à votre voyage.

« L'engagement ne s'était pas étendu jusqu'à ne jamais rien dire: aussi ce secret devint-il trop lourd pour celui qui ne le partageait qu'avec son bienfaiteur.

« — Déchiré entre la fièvre de l'art et les angoisses de la misère, un jeune peintre languissait à Rome. — Rien, absolument rien que son talent et son malheur ne le désignait. — Une ambassade est chargée de lui faire parvenir une somme considérable. Il doit, par délicatesse, ne point tenter de pénétrer ce mystère, car c'est, dit-on, une très-ancienne restitution de famille. »

Le vin du topinambour. — M. de Renneville, agriculteur distingué, ayant remarqué que les enfants qu'il occupait à la récolte des topinambours en suçaient continuellement les tiges, auxquelles ils trouvaient une saveur sucrée, a pensé qu'on pourrait en obtenir un liqueur vineuse, et à cet effet il a remis 300 grammes environ de tiges d'hélianthe à un pharmacien d'Amiens, M. Bénard, qui a opéré de la manière suivante:

Les tiges, après avoir été coupées avec un couteau à racines et divisées dans un mortier de marbre, ont été abandonnées à la macération avec 400 grammes d'eau froide. Au bout de douze heures, le tout a été exprimé à travers une toile. On a obtenu 300 grammes d'une liqueur sucrée qui marquait 9 degrés au pèse-sirop (densité = 1,065). On a versé ensuite 300 grammes d'eau froide sur la pulpe, et après douze heures de macération on a exprimé de nouveau et obtenu 300 grammes d'une seconde liqueur sucrée marquant encore 5 degrés.

On aurait pu obtenir une troisième liqueur, car la pulpe n'était pas épuisée.

Ces deux liqueurs, additionnées séparement d'un peu de levure, ont éprouvé bientôt la fermentation alcoolique, qui a duré plus de quarante-huit heures. Alors les liqueurs ont été filtrées: la première, qui portait 9 degrés au pèse-sirop avant la fermentation, n'en marquait plus que 5, et la seconde était descendue de 5 à 2 degrés. Ces liqueurs, surtout la première, possèdent une saveur vineuse légèrement sucrée et agréable. La seconde a la couleur du vin de Madère; l'autre a une teinte un peu rougeâtre.

Il résulte de cette petite expérience qu'avec 50 kilogrammes de tiges de topinambour, on peut obtenir 1 hectolitre de liqueur aussi spiritueuse que le cidre le plus fort. Ajoutons que la pulpe peut être donnée aux bestiaux, qui la mangent avec autant d'avidité que celle de betterave qui a servi à faire du sucre.

Il est à remarquer que l'hélianthe vient bien dans un sol de mauvaise qualité, et que ses tiges n'avaient été jusqu'ici d'aucun usage.

Prix d'abonnement pour l'étranger.

Allemagne, 8 fr.;— Suisse, Parme, Plaisance, Modène, 8 fr. 50.— Etats Sardes, Grèce, Crimée, 9 fr.; — Hollande, Angleterre, 10 fr.; — Etats-Unis, Indostan, Turquie, 10 fr. 50; — Belgique, Prusse, Hanôvre, Saxe, Pologne, Russie, Espagne, Portugal, 11 fr.; — Toscane, 12 fr.; — Etats-Romains, 16 fr. 50.

Le propriétaire, rédacteur-gérant:

Victor MEUNIER.

PARIS. — IMP. J.-B. GROS ET DONNAUD, SON GENDRE, RUE DES NOYERS, 74.

Deuxième année. — N° 31. Quinze centimes. 3 août 1856.

L'AMI DES SCIENCES

BUREAUX D'ABONNEMENT
13, RUE DU JARDINET, 13
Près l'Ecole de Médecine
A PARIS

JOURNAL DU DIMANCHE
SOUS LA DIRECTION DE
VICTOR MEUNIER

ABONNEMENT POUR L'ANNÉE
PARIS, 6 FR.; — DÉPART., 8 FR.
Étranger (Voir à la fin du journal)
ENVOYER UN MANDAT DE POSTE

APPAREIL DE SAUVETAGE POUR LA MARINE,

par M. Tremblay.

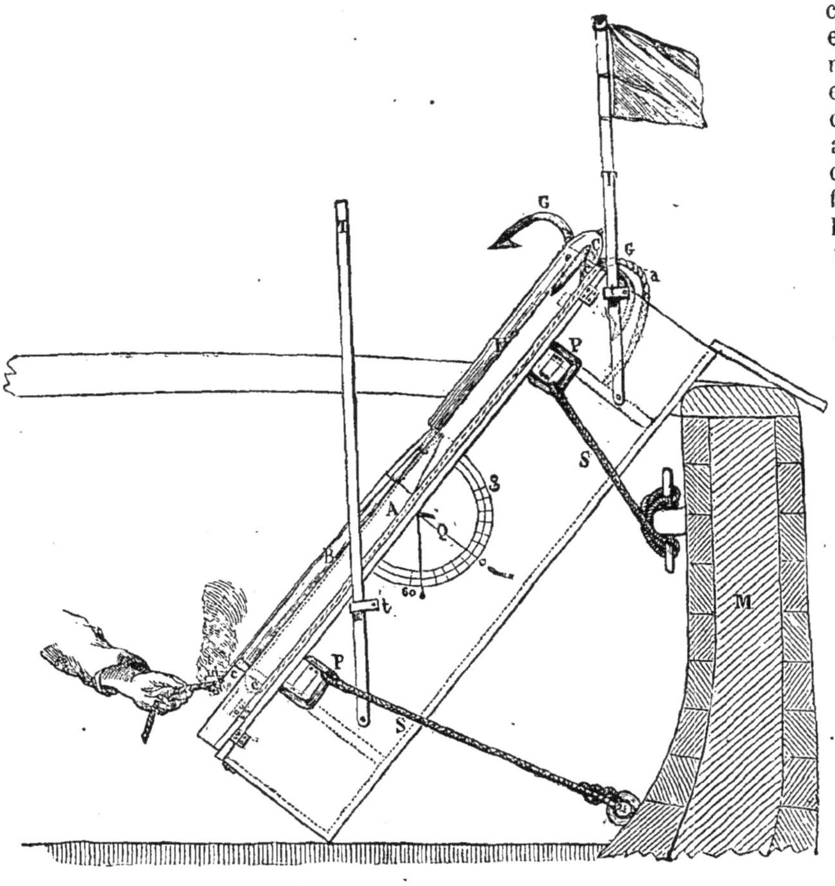

Nous avons décrit, dans notre n° 26, un projectile de sauvetage imaginé par M. Bertinetti. A l'occasion de cet article, un savant officier, M. Tremblay, nous adresse la lettre suivante, contenant un historique de ce genre d'appareils, qui formera une excellente introduction à la description du porte-amarre inventé par lui, et au récit des expériences auxquelles il a donné lieu. Voici la lettre de M. Tremblay :

M. le rédacteur,

La question des porte-amarres de sauvetage préoccupe depuis longtemps l'opinion publique, et de nouveaux noms sont venus s'inscrire sur la liste où figurent, en première ligne, ceux du capitaine Mauby et du général Congrève. Ces deux hommes éminents avaient eux-mêmes été devancés par un de leurs compatriotes, M. Frengrousse, qui « jette simplement une petite ligne avec une petite fusée, sans former aucune communication, à moins qu'il ne se trouve quelques personnes sur le rivage pour haler une corde plus grosse au moyen de la petite corde. » (Extrait d'un mémoire du général Congrève qui m'a été communiqué, lors de mes essais comparatifs avec le système Delvigne, le 21 février 1854, au polygone de Vincennes.)

Cette question n'est donc pas nouvelle, et cependant elle offre un sujet d'études si attrayant, que l'homme généreux et intelligent qui a assisté à un désastre maritime ne peut plus s'en détacher. C'est en présence d'un de ces désastres que j'ai formé le vœu de combler la lacune qui existe dans l'armement des navires, en obligeant chacun d'eux à se munir d'un appareil de sauvetage, dernier espoir du naufragé, ainsi qu'on les a déjà obligés à se munir de bouées de sauvetage de jour et de nuit, dernier espoir du matelot tombé à la mer.

Le 15 décembre 1849, je proposai plusieurs appareils dont j'ai donné la description dans les numéros de l'*Illustration* du 27 août 1853 et du 31 décembre de la même année.

Depuis cette première époque, 15 décembre 1849, j'ai fait des expériences à Toulon, de 1850 à 1853; au Havre, à Boulogne et à Vincennes, en 1854 et en 1855; et, en dernier lieu, au Champ de Mars, devant le jury de l'Exposition universelle, présidé par le prince Napoléon. A la suite de ces essais, une médaille de première classe m'a été décernée par le jury.

Au moment où je vous écris, voici la situation de l'appareil que j'adopte : Il est placé à bord du yacht impérial *la Reine-Hortense*, dans les conditions du tir de bord à terre. — Il est placé à Boulogne-sur-mer, entre les mains de la Société des naufrages, dans les conditions du tir de terre à bord. — Le 27 mai 1855, le conseil des travaux de la marine avait proposé de le mettre en service sur la flotte, et, le 7 août suivant, il priait le ministre de la marine de me mettre à même d'appliquer à cet appareil les nouvelles fusées de 12 centimètres fabriquées par l'école de pyrotechnie de Metz. Tel est le point où j'en suis arrivé après bien de longues années de travaux incessants, et après des expériences dont le résultat est indiscutable; avec cet appareil, j'ai toujours réussi.

J'ai besoin de vous mettre en présence d'un semblable passé pour vous faire comprendre que je ne viens pas attaquer l'appareil de M. Bertinetti, mais bien lui donner quelques conseils et éclairer le terrain sur lequel il se trouve placé ; je serai, en un mot, plutôt un ami qu'un critique.

Ceci bien dit, j'entre en matière, voulant donner à chacun la part qui lui revient.

Appareil Delvigne. — M. Delvigne a imaginé de former un projectile avec le cordage sauveteur, qu'il loge dans une enveloppe en bois lancée par une bouche à feu.

Appareil Mauby. — M. Mauby a imaginé de lancer une corde quelconque avec un boulet armé d'un grappin. Ici la corde est lovée sur le sol en rond, ou en zigzag dans une caisse.

Appareil Tremblay. — J'ai imaginé de rouler le cordage sauveteur en bobine que je loge dans la baguette creuse d'une fusée de guerre, du plus gros calibre en usage, en substituant à l'obus un grappin du même poids. Plus tard, j'ai lové la corde en bobine ou en zigzag dans une caisse, — contenant tous les éléments de ce porte-amarre, — dont le couvercle était disposé pour servir d'affût. La tige du grappin porte-amarre était formée d'une, deux et trois fusées...

En dernier lieu, j'ai proposé d'ajouter à la puissance propre de ce grappin automoteur celle des gaz de la poudre en le lançant avec une bouche à feu.

Le 12 décembre 1851, je fis faire des expériences dans une filature de soie, dont le résultat fut qu'une corde de 7 millimètres de diamètre, contenant 4,666 fils de soie grége, aurait une résistance de 1,000 kilogrammes. 500 mètres de cette corde, pesant 12 k. 960, coûteraient 648 francs.

Ce prix effrayant me fit abandonner la corde en soie. Mon appareil actuel complet ne coûte que 100 francs, fabriqué par les ateliers de l'Etat, et il se compose :

1° D'un grappin porte-amarre à une fusée du calibre de 9 centimètres ; puissance, 330 kilogrammes.

2° De la corde nécessaire pour suffire à la course de cette fusée ; résistance, 950 kilogrammes.

3° D'un tube à mèche pour mettre le feu à la fusée.

4° D'un caisse en bois blanc dont le prix peut être celui d'une simple caisse d'emballage.

Appareil Bertinetti. — M. Bertinetti a, en réalité, conçu l'idée de marier ensemble l'appareil Delvigne et le mien, en employant successivement une fusée et une bouche à feu pour développer une corde en soie. L'appareil Delvigne a fait avancer et rétrograder la question des porte-amarres :

Avancer, car il a produit une idée complétement neuve, celle de la corde contenue dans le projectile.

Rétrograder, car il a ainsi limité la grosseur de la corde à employer.

L'appareil Bertinetti présente le même inconvénient que celui de M. Delvigne dont il emploie l'idée première, — corde logée dans le projectile, — en limitant aussi la grosseur de la corde à employer.

J'avais d'abord commis la même faute, en proposant de rouler le cordage sauveteur dans la baguette modifiée d'une fusée de guerre, appareil automoteur (1) qui séduisit chacun par son extrême simplicité. Le simple bon sens me fit passer outre.

A quelles conditions doit satisfaire un appareil porte-amarre?

Une étude attentive des faits qui se produisent dans les naufrages, le sinistre dont j'avais été témoin, le simple bon sens encore..., tout me prouva qu'il fallait qu'un appareil porte-amarre dût satisfaire à cette condition première :

Première condition : Etablir une communication entre deux points, sans aucune assistance venant du second point.

Il est à remarquer que deux naufrages sur trois ont lieu sur une côte inhabitée, et que le troisième naufrage, sur une côte habitée, s'est souvent produit de nuit, et loin des endroits où ces appareils peuvent être placés.

Ainsi, il faut que la corde soit armée d'un grappin qui la fixe au rivage; il faut, de plus, que cette corde soit suffisamment résistante pour pouvoir supporter le poids d'un homme, en admettant qu'elle soit suspendue d'un bout à la hune d'un navire et attachée, à l'autre bout, au rivage.

— Utilisera-t-on la force du vent, soit avec un cerf-volant, soit avec un ballon, pour porter une amarre à terre! — Non, parce que le vent ne portera pas toujours en côte. — Emploiera-t-on les bouches à feu isolément pour lancer un projectile entraînant une corde? — Non encore, parce que tout appareil à bouche à feu est naturellement placé dans un cercle vicieux. Si on veut avoir une forte portée, il faudra employer une forte charge de poudre; mais si l'on emploie une forte charge de poudre, il faudra employer une corde très résistante; et alors on n'aura pas de portée.

Il faut donc trouver un moteur puissant dont la force se produise au fur et à mesure qu'elle est nécessaire pour développer, sans le rompre, le cordage que l'on voudra employer, afin de le transporter aussi loin qu'on voudra.

Ces propriétés sont inhérentes aux fusées, à la condition de ne pas en exagérer la puissance en donnant trop de vivacité à la composition qui sert à les lancer.

Puisqu'il faut que la corde de sauvetage soit armée d'un grappin et que cette corde soit développée par une fusée, l'appareil le plus simple à produire est un grappin dont la tige sera formée par une ou plusieurs fusées réunies en faisceaux, de manière à donner, avec un cordage d'une résistance déterminée, une portée indiquée.

Est-il nécessaire d'ajouter à la puissance d'un semblable appareil, — automoteur, — celle des gaz de la poudre en le lançant avec une bouche à feu? — Non, car sa puissance est illimitée, et ce serait d'un appareil très simple faire un appareil très compliqué. De plus, ce serait obliger les navires marchands à se munir d'une bouche à feu, et éparpiller les éléments d'un porte-amarre, qui doivent toujours être réunis.

L'appareil de M. Bertinetti, ingénieux sans nul doute, est d'une extrême complication, bien plus compliqué que celui qui s'était présenté à mon esprit.

Dans le mien, la bouche à feu servait à lancer la fusée ; pas d'affût.

Dans celui de M. Bertinetti, il faut un affût pour la fusée, un canon et un affût pour le projectile; charger une bouche à feu, la pointer, ce que l'inclinaison du navire rendra difficile.

Je crois devoir terminer ces observations en vous priant d'informer M. Bertinetti que je suis disposé à faire des essais comparatifs entre son appareil et le mien, terminant aussi cette lettre en ajoutant que le jour où il apparaîtra un appareil plus simple et plus puissant que le mien, l'heure du repos aura sonné pour moi. Aussi serai-je heureux de proposer l'appareil nouveau au ministère de la marine et d'en proposer l'adoption universelle.

Je regrette vivement de n'avoir pas vu figurer à notre dernière exposition l'appareil de M. Bertinetti, car le même jour la question si importante des porte-amarres aurait pu être traitée au Champ-de-Mars devant les délégués des diverses nations.

Veuillez agréer, etc. E. TREMBLAY,

Ancien officier de vaisseau, capitaine d'artillerie de marine.

---

(1) Avec cet appareil et une fusée de 12 centimètres, on développerait facilement 2000 mètres de corde de 5 millimètres de diamètre. — La portée serait plus considérable que celle donnée par les autres appareils.

CONSTRUCTIONS EN BOIS.

Maisons mobiles (1).

Ce n'est pas chose nouvelle, sans doute, que l'emploi du bois dans les constructions. On est tenté d'y voir l'enfance de l'art; mais le progrès consiste souvent à revenir aux procédés simples des premiers âges en les employant avec la supériorité d'une civilisation avancée.

En Suisse, la maison de bois joue un rôle important; malgré l'abondance des autres matériaux de construction, on la préfère à la maison en maçonnerie, parce qu'elle est plus durable, plus saine, chaude en hiver et fraîche en été, le bois étant mauvais conducteur du calorique, et aussi parce qu'on peut l'habiter dès qu'elle est construite, sans avoir à redouter la fatale humidité des plâtres neufs. Au point de vue de l'élégance et du goût, le *chalet* a une réputation universelle.

Malgré cela, la maison en bois ne se généraliserait pas en Europe si l'on n'avait pour l'établir que les procédés primitifs; mais voici un industriel, venu de la terre classique des chalets, M. Seiler, ancien député de la Confédération helvétique et membre du Grand-Conseil de Berne, qui a su appliquer à ce travail les puissantes ressources de la mécanique moderne. Dès lors ce qui n'était qu'une fantaisie plus ou moins coûteuse devient une chose de première utilité, de bon marché, d'usage général.

Dans les usines de M. Seiler, une multitude de machines mues par la vapeur, saisissant les pièces de chêne, de sapin ou de bois plus précieux qu'on leur présente, les scient, les découpent, les rabotent, les débitent de toutes les manières. En moins de temps qu'on n'en met à faire un dessin et à dresser un plan, des parquets massifs d'une beauté et d'une solidité admirables sont fabriqués; des maisons entières sont taillées, ajustées, montées, ornées, prêtes à recevoir des habitants.

Ce n'est pas tout, M. Seiler a donné à sa maison en bois une qualité qui n'appartenait jusqu'ici qu'à la tente, abri des armées en campagne et des peuples nomades, la *mobilité*. Il la monte, la démonte et la remonte; trois ou quatre jours et peu d'argent lui suffisent pour cela. De là, des avantages particuliers et de nombreux emplois. Ainsi, par exemple, on a la possibilité de transporter sa demeure partout où l'on veut en louant seulement un terrain nu, et s'il s'agit d'un kiosque, d'un pavillon de jardin, on le change de place à son gré. Ainsi, ce qui est plus important, on peut utiliser des terrains vagues, en attendant qu'on leur ait trouvé une destination définitive; on peut surtout tirer parti de ces étendues considérables appartenant à l'Etat, aux départements ou aux communes, qui se trouvent, par des servitudes militaires ou par d'autres causes, frappées d'une sorte d'interdit.

Ce dernier avantage, joint au bon marché de la construction, permet d'appliquer ce système avec une grande utilité au logement du peuple, des ouvriers, des petits ménages. Aujourd'hui les démolitions et l'élévation des loyers ne permettent plus aux pauvres gens d'habiter à portée de leurs travaux, inconvénient digne de l'attention la plus sérieuse. Les terrains vacants ne manquent cependant pas dans l'intérieur et aux abords des villes, et en y plaçant des maisons en bois mobiles, on fournirait un asile convenable à des populations entières.

Ceci n'est pas une utopie. M. Seiler construit des maisons d'un aspect très agréable, où, moyennant 150 fr. par an pour chacune, quatre familles d'ouvriers trouvent un logement complet et plus confortable qu'elles ne l'auraient ailleurs. En ce moment, avec le concours du gouvernement et de la ville de Paris qui lui fournit un emplacement près de la barrière Rochechouart, il s'occupe d'établir douze de ces maisons. Il en établirait volontiers douze cents et douze mille.

Quant aux demeures bourgeoises, il en fournira tant qu'on en voudra, d'élégantes et de commodes, à un prix bien moindre que celui d'une maison de même grandeur en maçonnerie.

Veut-on, d'ailleurs, se faire une idée, *de visu*, de la maison bourgeoise, et de la maison d'ouvriers, telles qu'elles sortent de l'usine de M. Seiler, rien de plus facile; on s'occupe, en ce moment même, d'établir un double spécimen de ces deux sortes de maisons, dans un lieu que tout Paris visite sans cesse en se rendant à la promenade du bois de Boulogne, tout près de l'arc de l'Etoile, au commencement de l'avenue de l'Impératrice et de l'avenue de Neuilly. Aujourd'hui vendredi, on commence à y construire la maison bourgeoise; c'est-à dire que cette maison sera achevée et livrée aux visiteurs dimanche ou lundi. Deux ou trois jours après, et dans le même délai, la maison destinée à réunir quatre ménages d'ouvriers se dressera auprès de sa sœur. Le public jugera par ses yeux (1).

(1) L'article qu'on va lire est extrait du dernier N° du journal l'*Industrie*; il a M. Th. Fabas pour auteur.

(1) C'est maintenant un fait accompli.

TÉLÉGRAPHIE SOUS-MARINE.

Nous lisons dans le *New York Times* du 9 juillet :

« *L'Arctic*, petit vaisseau à hélice de 250 tonneaux, qui s'est déjà distingué du temps de l'expédition au pôle nord organisée à la recherche de John Franklin, doit quitter notre port sous peu de jours. Sa mission est de faire les derniers sondages préparatoires à la pose du grand câble sous-marin entre le Newfoundland et Valencia-Bay sur la côte occidentale de l'Irlande. »

M. Berryman, le capitaine actuel de l'Arctic, n'en est pas à son coup d'essai. C'est lui qui, le premier, il y a de cela environ trente ans, explora toute la latitude comprise entre les deux points que nous venons de nommer, et découvrit que le fond de la mer, sur toute cette ligne, consistait en un plateau de sable et de coquilles remarquablement uni, à une profondeur très-modérée, et d'un calme sans exemple, puisque l'on y trouve des coquilles qui portent toutes les apparences d'une immobilité de plusieurs années.

La distance entre les deux points donnés est de 1640 milles géographiques. Nous avons déjà dit, dans un de nos numéros, comment on a l'intention de s'y prendre pour mener à bonne fin cette entreprise incomparable Nous avons vu que l'on emploiera deux vaisseaux. Chacun d'eux aura à bord 820 milles de câble. Ces deux vaisseaux se rendront de concert à moitié chemin de la ligne de distance, et là, laissant aller le milieu du câble, ils cingleront chacun vers une direction opposée, l'un en revenant sur ses pas et l'autre en continuant sa route.

Il ne faudra pas plus de quinze jours pour mettre le tout en état d'opérer. Le câble sur lequel s'est arrêté le choix de la Compagnie (parmi 150 espèces différentes qui lui ont été présentées par des inventeurs) n'a qu'un quart de pouce environ de diamètre.

L'Arctic a dû emporter des provisions et du charbon pour quatre-vingt-dix jours, une grande abondance de livres, tables mathématiques, instruments, etc., et surtout des sondes d'invention nouvelle, qui pourront amener à la surface, chaque fois qu'on le désirera, des échantillons de vase, sable, coquilles, etc., dont se compose le plateau. Ce plateau est, du reste, déjà si bien connu, que l'on ne se donnera la peine de sonder qu'à des intervalles de 30 milles de distance.

Le télégraphe entre le Newfoundland et l'Irlande va être comme un géant, au milieu des télégraphes sous-marins pygmées qui existent déjà, et dont voici la liste :

Douvres à Calais, 22 milles.
Ipswich à La Haye, 50 —
Holyhead à Dublin, le plus long des trois qui traversent la mer d'Irlande, 69 —
Spezzia (Italie) en Corse, 100 —
Corse au détroit de Boniface en Sardaigne, »» —
Varna (Autriche) à Balaklava, »» —

Il y en a beaucoup d'autres, on le sait, en projet ou en voie de réalisation.

Architecture navale (1).

Moyen DE RESISTER *aux boulets* CONIQUES.

Dans la lettre de M. Aubert au président de l'Académie (Voir notre n° 28) se trouve le passage suivant:

« Aujourd'hui mon travail prend une nouvelle importance par suite de l'emploi des boulets coniques. On a reconnu, en effet, que les plaques qui résistent aux boulets pleins sont brisées par les nouveaux boulets; en sorte que les batteries flottantes, à peine nées, sont déjà en discrédit. Or, j'ai trouvé le moyen de résister aux boulets coniques aussi facilement qu'aux boulets pleins. »

On va voir en quoi consiste le moyen proposé par l'auteur. Mais nous devons mentionner d'abord le *rapport verbal* présenté à l'Académie des sciences, dans sa séance du 21 juillet, par M. le maréchal Vaillant, sur la réclamation de M. Aubert.

Après avoir rappelé les mémoires adressés « en mars et avril 1854 à l'empereur et au ministre de la marine, » et cité le premier et le second principes formulés dans ce mémoire, M. le rapporteur s'exprime ainsi :

« Le conseil des travaux de la marine qui examina ce Mémoire émit, le 29 avril 1854, l'avis bien motivé qu'il n'y avait pas lieu de donner suite aux propositions de l'auteur. Le mode adopté pour préserver, autant que possible, les batteries flottantes contre les coups de l'artillerie, a été le résultat d'expériences faites sur plusieurs sortes de blindages qui n'avaient aucun rapport avec ceux que M. Aubert a proposés; et quant à l'idée de garantir les murailles par des armatures en fer, elle a été émise depuis longtemps par nombre d'inventeurs qui ignoraient comment le choc des boulets produit, même dans les plaques de fer de grande épaisseur, des brisures longues et profondes. L'auteur avoue d'ailleurs qu'il a puisé cette idée dans les *Annales maritimes* de 1853, rapportant une épreuve faite en Angleterre pour reconnaître si quinze feuilles de tôle superposées fourniraient une protection suffisante. Ainsi M. Aubert n'a rien apporté, non seulement à la solution, mais à l'étude de la question, et ses prétentions n'ont aucun fondement.»

Si ce rapport appelle une réponse, c'est à M. Aubert de la faire. Nous nous bornerons à une seule observation, non pas sans avoir rendu préalablement hommage à l'activité que M. le maréchal Vaillant déploie dans les fonctions de rapporteur; mais cette activité même a son écueil, que M. Vaillant n'a pas su éviter quand il a écrit :

« L'auteur avoue d'ailleurs qu'il a puisé cette idée dans les *Annales maritimes* de 1853, rapportant une épreuve faite en Angleterre pour reconnaître si quinze feuilles de tôle superposées fourniraient une protection suffisante. »

A la lecture de cette phrase, qui ne supposerait que les épreuves faites en Angleterre ont eu un résultat favorable, et que le mérite, quel qu'il soit, des vues de M. Aubert, doit être rapporté aux auteurs de ces expériences. Tel n'était pas l'avis du conseil de la marine, qui, dans le procès verbal de sa séance du 29 avril 1854, s'exprime ainsi :

« M. Aubert a lu dans les *Annales maritimes* le compte rendu d'expériences faites en Angleterre en 1842 sur un bouclier composé de quinze feuilles de tôle de un centimètre d'épaisseur et superposées. Le bouclier fut complétement détruit en dix-sept coups, et on en conclut qu'une pareille défense était insuffisante.

« M. Aubert n'est pas découragé de ce résultat, etc. . »

A ne tenir compte que de ces expériences, la cause était perdue, « le problème paraissait insoluble, » ainsi que le dit M. Aubert. Il n'est donc pas juste, ou plutôt il est inexact de se prévaloir de ces expériences contre notre auteur. Elles ne sont pas de nature à diminuer ses titres; elles les consacreraient, au contraire.

Si M. Aubert a d'aussi bonnes raisons que celle-ci à faire valoir contre chacune des autres parties du rapport, il peut en appeler.

Laissons-le maintenant exposer ce qu'il propose contre les boulets coniques.

DES BOULETS CONIQUES.

Dans le Mémoire que l'on vient de lire, nous n'avons parlé que de l'action des boulets sphériques; or, on fait actuellement des boulets coniques armés de pointes d'acier; il est donc important de prévoir l'effet qu'ils peuvent produire. Pour cela, nous allons rappeler l'un des principes que nous avons posés précédemment.

TROISIÈME PRINCIPE. — *Une muraille à l'épreuve des boulets, et dont la surface est plane, est pénétrée par chacun d'eux d'une quantité suffisante pour qu'elle soit ébranlée dans une portion plus grande que celle correspondante dans le boulet au moment où il se brise.*

En appliquant ce principe à l'action d'un boulet armé d'une pointe d'acier, on conçoit que la plaque sera pénétrée profondément; en effet, à cause de la pointe d'acier, le boulet ne se brisera pas, et de plus, cette pointe localisant l'action du choc sur une faible portion de la muraille, cette dernière ne pourra être ébranlée d'une manière suffisante que par la pénétration du boulet.

Aussi des plaques de fer de 10 centimètres d'épaisseur seraient traversées, ou tout au moins fendues, comme on le voit figure 29. Il faudrait alors donner aux plaques une grande

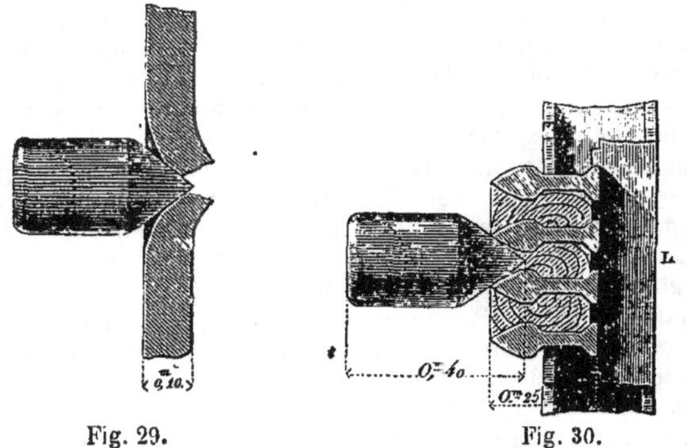

Fig. 29. Fig. 30.

épaisseur, et les faire en acier. Le boulet représenté figure 29 pèserait environ 75 kil.

Examinons maintenant quel serait l'effet de ces boulets sur des murailles formées de lames taillées en couteau. Quand la pointe du boulet frappera la lame, elle glissera sur le couteau, en sorte qu'elle viendra toujours se loger entre deux lames, pourvu que la pente des couteaux soit assez prononcée. La pointe venant se loger entre deux lames, nous annulerons son action en écartant les lames les unes des autres, comme nous l'avons déjà indiqué figure 26 et comme le représente de nouveau la figure 30. On voit, dans cette figure, que le boulet s'appuie sur deux lames; et alors, en donnant à ces lames une épaisseur et une largeur suffisantes, on obtiendra toujours que

---

(1) Voir le précédent N°.

la masse ébranlée dans la muraille soit plus considérable que la masse du boulet. De pareilles murailles n'auront donc à craindre que des boulets monstres d'un emploi toujours limité et auxquels on peut aussi opposer des obstacles spéciaux. Dans la figure 30, pour que les lames ne soient pas soulevées par le boulet, elles sont maintenues entre les couples par les pièces de fer L taillées en crémaillère à cet effet.

LOUIS AUBERT.

CORRESPONDANCE.

Maladie de la vigne.

Monsieur,

Plusieurs journaux viennent de signaler l'apparition de l'*oïdium*, dans les vignes du Languedoc. Le soufre, comme on le sait, est un des remèdes les plus efficaces: mais administré ainsi qu'on le pratique avec des soufflets, une grande partie de cet agent est perdue et se répand fort inégalement sur toutes les parties de la plante.

J'ai proposé dans le temps un moyen beaucoup plus prompt et moins dispendieux, voici en quoi il consiste : on fait une cloche en bois de sapin, que j'ai appelée *Cloche délétère*. Cette cloche ou caisse de 1 mètre 30 de hauteur sur 0, 80 de largeur, calculée suivant l'espace moyen qu'occupe le cep, est vernie à l'extérieur ou enduite d'une couche de goudron du gaz. Sur une des faces de cette cloche et au milieu, on pratique une ouverture d'environ 0 m. 16 c., fermant par une porte; une tablette de même largeur s'avance dans l'intérieur, avec rebord, destinée à recevoir un vase en grès ou un matras en verre.

Dans le vase on met environ 200 gr. de sulfure de fer en poudre grossière; on ajoute de l'eau et de l'acide chlorydrique; les vapeurs d'hydrogène sulfuré ne tardent pas à se répandre dans l'intérieur de la cloche; on abaisse l'appareil sur le cep au moyen d'un anneau et d'une corde enroulée à une poulie adaptée à une perche; on fait ainsi prendre un bain gazeux à la plante, pendant une minute au plus. Pour que l'effet soit plus actif, il convient de faire cette opération après la pluie, quand les plants sont encore mouillés, il y a alors dissolution partielle du gaz. Ce moyen, ainsi qu'on peut en juger, est complet, en ce sens que toutes les parties de la plante sont traitées; il est beaucoup moins coûteux que l'emploi du soufre.

Cet appareil et ce procédé ont été présentés par moi au ministre de l'agriculture le 30 mai 1848, qui m'en a fait un reçu.—Le ministre nomma une commission dans laquelle se trouvait M. Milne-Edvards auquel je remis mon appareil. Ce procédé avait d'abord été donné par moi comme moyen de détruire les lépidoptères-nocturnes (pyrale) ainsi que le cochylis ou ver-blanc de la vigne, en même temps pour nettoyer tous les arbres nains attaqués par les chenilles ou par les espèces de diptères, etc.

Dans le concours qui a été ouvert par la société d'encouragement, pour les moyens curatifs de la maladie de la vigne, j'ai signalé dans un mémoire cet appareil et ce procédé que je considère comme le plus rationnel et le plus efficace; j'ai ajouté que l'on pourrait employer dans ce but le sulfure de chaux qui se trouve perdu dans la fabrication du carbonate de soude artificiel, ce qui serait une grande économie pour les vignerons. Ce sulfure de chaux en poudre, mélangé avec de l'acide chlorhydrique, fournirait en abondance du gaz hydrogène sulfuré.

Cet appareil, comme on le voit, est à plusieurs fins et disposé pour purger, en même temps, la vigne de tous ses ennemis.

Agréez, etc., SCIPION DUMOULIN.

Paris, 16 juillet 1856.

ACADÉMIE DES SCIENCES.

Séance du 21 juillet.

CARTES ÉCLIPTIQUES.

M. Le Verrier présente la première livraison de l'*Atlas des annales de l'Observatoire impérial de Paris*, livraison comprenant six des cartes écliptiques construites par M. Chacornac.

En 1847, M. Valz, directeur de l'observatoire de Marseille, exposait en ces termes un plan qu'il croyait propre à conduire en peu de temps à la connaissance de toutes les petites planètes :

« Les révolutions des petites planètes s'accomplissent, en général, disait M. Valz, dans quatre ans environ. Dans cet intervalle de temps, elles traversent donc deux fois l'écliptique, et tous les deux ans, sauf l'ellipticité de leurs orbites, elles viennent couper ce cercle. Mais comme la proximité du soleil pourrait contrarier l'observation d'un de ces passages, il deviendra convenable de les comprendre tous les deux. Il suffira donc, pendant quatre années de suite, d'examiner toutes les étoiles qui se trouvent le long de l'écliptique, pour reconnaître aisément toute nouvelle planète qui surviendrait; mais il conviendra d'étendre les recherches jusqu'à un degré, ou un peu plus au nord et au sud de ce cercle, pour obvier aux interruptions occasionnées par les mauvais temps, et qui pourront ainsi, sans danger de manquer les passages, s'étendre jusqu'à une semaine. Ce travail deviendrait d'une bien grande facilité, s'il se partageait entre douze astronomes, dont la moitié pourrait appartenir à la France; et si j'étais assez heureux pour que l'Académie fût convaincue, comme je le suis moi-même, de toute l'importance qu'il y aurait à trouver en peu d'années, non pas seulement quelques planètes nouvelles, mais bien toutes celles qui seraient visibles avec les lunettes, je proposerais la publication de vingt-quatre cartes d'une extrême simplicité pour servir de canevas aux observateurs qui en exécuteraient le remplissage par les étoiles visibles jusqu'à la 12e grandeur; et avec cette nouvelle acquisition, elles deviendraient le sujet d'une seconde publication. »

Cinq ans après, en 1852, puis l'année suivante, M. Valz adressait à l'Académie plusieurs cartes dont il demandait la publication. Ces cartes étaient l'œuvre de M. Chacornac, qui, depuis son entrée à l'Observatoire, n'a cessé d'étendre et de perfectionner son travail qui paraît enfin aujourd'hui dans les *Annales de l'Observatoire*.

M. Le Verrier donne quelques détails sur la construction de ces cartes. Nous y voyons que depuis le mois de juillet 1852, M. Chacornac a pu placer sur ses cartes environ 125,000 étoiles.

« Ce travail, ajoute le directeur de l'Observatoire, demande une attention forte et persistante, si l'on ne veut rien laisser passer inaperçu; j'en citerai un exemple : du 1er septembre 1854 au 28 octobre suivant, M. Chacornac vérifia, durant une série de belles nuits, la position de 51,670 étoiles pour arriver à la découverte de la planète Polymnie. Et combien de fois fait-on de semblables vérifications sans qu'il en résulte aucune découverte!

« En comparant les cartes de M. Chacornac à celles de Berlin, on trouve qu'un grand nombre des étoiles placées sur ces dernières ont déjà disparu du ciel. On ne peut pas reconnaître aussi aisément toutes les étoiles nouvelles qui peuvent se rencontrer, parce que les cartes de Berlin ne sont pas assez complètes, même à l'égard des étoiles de 8e à 9e grandeur. Aussi l'exécution d'un atlas comprenant tout le ciel présenterait-elle dans la suite un vif intérêt pour l'astronomie sidérale. Nous espérons, en présentant ce travail, le poursuivre activement et l'étendre en effet au ciel entier, si les moyens d'exécution ne nous sont pas refusés. »

DE L'ACTION DE L'EAU SUR LE VERRE.

Les premières expériences relatives à l'action de l'eau sur le verre remontent à la grande époque de Scheele et de Lavoisier.

Ces illustres chimistes démontrèrent, contrairement à l'opinion alors généralement reçue, que l'eau ne se change pas en terre par l'évaporation, que le dépôt d'apparence terreuse qu'elle laisse quelquefois dans les vases en verre dans lesquels on la fait bouillir ou distiller, est dû uniquement à une altération des parois de ces vases.

Le travail que M. Pelouze présente aujourd'hui à l'Académie a surtout pour objet l'étude de l'action de l'eau sur le verre réduit en poudre.

Tandis que l'eau froide ou bouillante n'altère qu'avec une excessive lenteur les vases en verre dans lesquels on la maintient en ébullition, et qu'elle n'agit qu'avec infiniment moins d'énergie encore à froid sur ces mêmes surfaces vitreuses, elle décompose avec une facilité extraordinaire le verre en poudre.

Ainsi une fiole d'un demi-litre de capacité environ perd à peine un décigramme de son poids après qu'on y a fait bouillir de l'eau pendant cinq jours entiers, mais si l'on coupe le col de cette même fiole et qu'on le pulvérise, si l'on fait bouillir la poudre dans le même vase et pendant le même temps, elle subira une décomposition qui représentera jusqu'au tiers de son poids.

D'un autre côté, le même vase, qui aurait contenu de l'eau pendant des années sans éprouver dans son poids une perte susceptible d'être accusée par la balance, si on le pulvérise, subira par le simple contact de l'eau froide pendant quelques minutes une décomposition représentant 2 à 3 p. 100 de son poids.

Ce qu'il y a peut-être de plus extraordinaire encore dans ces expériences, c'est qu'elles ne soient pas connues depuis longtemps, car elles se rapportent à l'une des matières les plus usuelles.

Parmi les expériences auxquelles s'est livré M. Pelouze, nous citerons la suivante :

Un échantillon de verre blanc de la plus belle qualité commerciale a été analysé; il contenait :

Silice	72,1,
Soude	12,4,
Chaux	15,5,
Alumine et oxyde de fer	traces.

Il a été réduit en poudre et porphyrisé très finement sur une plaque d'agate. On en a pris 5 gr. 510 qu'on a fait bouillir dans une capsule de porcelaine avec de l'eau distillée souvent renouvelée.

Les liqueurs claires provenant de ce traitement ont été évaporées, puis le résidu calciné et pesé = 0,175.

La partie insoluble dans l'eau a été traitée par de l'eau aiguisée d'acide chlorhydrique; on a remarqué une assez vive effervescence. La dissolution chlorhydrique a été saturée par l'ammoniaque qui a produit un léger précipité (d'alumine), puis on a ajouté de l'oxalate d'ammoniaque en excès, recueilli l'oxalate de chaux, lavé, séché, décomposé par l'acide sulfurique; il y avait alors 0,190 de sulfate de chaux, ce qui représente 0,078 de chaux, correspondant à 1,5 p. 100 du verre employé.

Le verre dont on a fait usage renfermant 15 p. 100 de son poids de chaux, on peut conclure que l'eau a décomposé environ 10 p. 100 de verre.

Dans une autre expérience, on a détruit 30 p. 100 de verre.

« En résumé, dit M. Pelouze, le verre réduit en poudre se décompose au contact de l'eau ou de l'air avec une rapidité et une facilité qui semblent bien extraordinaires quand on réfléchit à la grande stabilité des vases et autres objets en verre coulé ou soufflé. La surface du verre sous cette dernière forme serait-elle dans un état particulier qui en modifierait les propriétés?

« Cela ne paraît pas vraisemblable quand on songe que des glaces de la surface desquelles on a enlevé plusieurs millimètres de matière par le douci, se conservent dans l'air humide et dans l'eau tout aussi bien, si ce n'est mieux, que le verre à vitres, et que, dans tous les cas, le verre brut dont proviennent ces glaces doucies et polies ne résiste ni plus ni moins qu'elles aux agents atmosphériques.

« Il semble plus simple de ne voir dans la différence d'action de la part de l'eau sur le verre en morceaux transparents ou sur le même verre en poudre qu'une cohésion et une résistance mécanique différentes. La multiplicité des surfaces et la facilité de mouvement dans la poudre de verre, hâtent son altération par l'eau.»

SUR LA NATURE DU LIQUIDE SECRÉTÉ PAR LA GLANDE ABDOMINALE DES INSECTES DU GENRE CARABE.

Le liquide que ces insectes sécrètent est contenu dans une glande située à la partie abdominale et qu'ils ouvrent quand on les excite. Ayant remarqué que ce liquide présente l'odeur de l'acide butyrique, M. Pelouze a voulu s'assurer qu'il en avait les autres propriétés, et le résultat de cet examen a confirmé ses prévisions.

L'un des moyens les plus simples de recueillir quelques gouttes du liquide dont il s'agit, consiste à introduire la partie supérieure d'un Carabe dans un petit tube de verre fermé par un bout, et à irriter l'insecte en lui piquant la tête. Il répand alors par l'anus une liqueur qui est reçue sans aucune perte dans le tube. Il rejette en même temps par la bouche un autre liquide qu'on n'a pas examiné et qui tombe en dehors du tube.

En répétant cette manœuvre sur un certain nombre de Carabes, on obtient assez de liqueur pour qu'il soit possible d'en reconnaître la nature. On constate qu'elle contient une forte proportion d'acide butyrique.

On reconnaît cet acide :

1° A son odeur particulière, caractéristique, qui rappelle celle du beurre rance;

2° A ce qu'il rougit fortement le papier et la couleur bleue du tournesol;

3° A la propriété qu'il possède, après avoir été neutralisé par les alcalis et particulièrement par l'eau de baryte, de laisser un résidu solide qui manifeste sur l'eau un mouvement gyratoire très prononcé, caractère que M. Chevreul a le premier signalé dans les butyrates.

4° La liqueur sécrétée par les carabes, mêlée avec de l'alcool et de l'acide sulfurique, donne naissance à un liquide volatil, inflammable, dont l'odeur, semblable à celle de l'ananas, constitue un des principaux caractères de l'éther butyrique.

Ces caractères réunis ne peuvent laisser subsister aucun doute sur la présence de l'acide butyrique dans le liquide en question.

En terminant, M. Pelouze rappelle que, d'après M. Pfaff, de Strasbourg, l'odeur forte des larves des *chrysomela populi*, qui vivent sur les peupliers et les saules, est due à l'hydrure de salicyle (acide salicyleux), qui semble provenir de la salicyne contenue dans les feuilles qui leur servent de nourriture.

RAPPORT SUR LA CHAINE HYDRAULIQUE DU RÉVÉREND PÈRE GIOVANNI BASIACO.

L'appareil de M. l'abbé Giovanni Basiaco a pour organe principal une chaîne en bois composée de pyramides à bases rectangulaires réunies les unes aux autres, de manière à former dans leur ensemble une chaîne sans fin articulée, flexible, destinée à flotter et à se prêter à toutes les inflexions du courant.

La base des pyramides doit être placée verticalement et de manière à recevoir l'action de l'eau; elle porte à sa partie inférieure une palette articulée qui plonge verticalement dans le courant au-dessous de la branche de la chaîne qui en suit le cours, tandis qu'elle se relève et se rapproche de l'horizontale pendant le mouvement de la branche remontante. Cette chaîne, qui flotte à la surface de l'eau, entoure un tambour vertical, dont l'axe est fixe, et lui transmet un mouvement de rotation qui peut ensuite être modifié et communiqué à d'autres axes.

L'auteur a indiqué plusieurs applications de son système et plus particulièrement son emploi pour le remorquage des bateaux sur les rivières. Il propose à cet effet d'établir de distance en distance des chaînes flottantes motrices semblables à celle que nous venons de décrire, et de s'en servir pour transmettre le mouvement à d'autres chaînes plus petites, plus légères, mais d'une grande longueur, qui, flottant au fil de l'eau, serviraient de point d'amarrage aux bateaux à remorquer, lesquels seraient ainsi remontés d'une chaîne motrice à l'autre. Il voudrait par là utiliser la force même des cours d'eau pour remorquer les bateaux en sens contraire du courant.

Quelque ingénieuse que puisse paraître cette idée et malgré les résultats d'expériences faites par l'auteur sur le Tibre, ce système ne semble pas admissible, et l'un de ses inconvénients graves serait d'interrompre toute autre navigation. Il ne paraît donc pas praticable sur nos rivières, et serait d'ailleurs exposé à une foule d'accidents.

Mais une autre application plus rationnelle des chaînes de M. l'abbé G. Basiaco est celle qu'il propose d'en faire pour employer la force des cours d'eau à faire mouvoir des machines établies sur leurs rives et pour remplacer les bateaux à roues pendantes.

La chaîne flottante transmettrait le mouvement à un tambour vertical établi en amont et le long duquel elle s'élèverait sans difficulté en même temps que le niveau du fleuve monterait. Ce dispositif simple, peu dispendieux à établir, serait probablement susceptible d'applications utiles, et il était à désirer que des expériences fussent faites pour permettre de déterminer avec quelque précision l'effet utile de ce genre de moteur et les proportions qu'il conviendrait d'adopter, selon la vitesse des cours d'eau, pour transmettre un effet utile donné.

Un modèle de cet appareil a été installé sur la Seine, près du pont Marie. Chargé de faire un rapport, M. Morin conclut que cette machine utilise environ 22 p. 100 de la force du courant, qu'elle pourra être employée avec quelque avantage à transmettre le mouvement à des usines installées sur les bords de la rivière, ce qui dispensera de faire sur l'eau des constructions dispendieuses; on pourra s'en servir aussi pour donner l'impulsion aux appareils dragueurs.

DU SEL MARIN ET DE LA SAUMURE.

L'auteur, M. Goubaux, s'est proposé de résoudre les questions suivantes :

1° Le sel marin peut-il exercer sur les animaux une action toxique?

2° Dans l'affirmative, à quelles doses précises acquiert-il cette propriété?

3° Quelle est sa manière d'agir sur l'économie animale, et principalement sur les organes digestifs?

4° La saumure a-t-elle une action différente de celle du sel marin qu'elle tient en dissolution?

Ces recherches expérimentales, mises en regard des faits observés par divers praticiens sur la plupart des espèces domestiques, peuvent se résumer dans les propositions qui suivent :

Le sel marin, administré par les voies digestives au-delà d'une certaine dose, devient manifestement toxique. Cette dose varie un peu suivant les animaux et l'état de vacuité ou de plénitude de l'appareil gastro-intestinal. Ce résultat est produit par 60 à 80 grammes de sel marin chez des chiens de taille moyenne. Pour le cheval, un 200e du poids du corps est toxique en un espace de douze heures.

La première action du sel marin ingéré dans les voies digestives est semblable à celle des émétiques. Elle se traduit par des nausées, des efforts violents de vomissement.

Les effets qui se manifestent en second lieu montrent que le sel agit comme drastique avec une énergie proportionnelle à sa dose. Ceux-ci consistent en déjections fréquentes opérées avec violence au début, sans effort et presque involontairement sur la fin. Ces déjections, d'abord normales, deviennent bientôt molles, puis très fluides; elles prennent successivement la teinte blanchâtre du mucus, celle de la bile; enfin elles acquièrent une teinte rosée et rougeâtre de plus en plus foncée.

Des phénomènes généraux très remarquables se développent parallèlement et consécutivement aux troubles des fonctions digestives. L'animal éprouve habituellement une vive excitation, des convulsions ou des tremblements épileptiformes, et au bout d'un certain temps il tombe dans un état de stupeur, de prostration, où il reste plongé jusqu'au moment de la mort.

A l'autopsie des sujets qui succombent à la suite de l'ingestion du sel marin, on trouve l'intestin plein de mucosités, souvent sanguinolentes. La muqueuse gastro-intestinale est vivement mais inégalement enflammée dans toute son étendue; il y a fréquemment un peu d'irritation à la muqueuse de la vessie et à celle du bassinet, et du côté du système nerveux de l'injection à la pie-mère, des ecchymoses diffuses à la surface du cervelet et des hémisphères cérébraux.

En comparant le sel marin à la saumure sous le triple rapport de l'action que ces substances exercent sur l'appareil digestif, de leurs effets généraux et des lésions matérielles qui se développent à la suite de leur administration, on s'assure que la saumure agit à la manière du sel et par le sel qu'elle tient en dissolution. Ainsi, les animaux auxquels on donne une quantité déterminée de saumure en éprouvent sensiblement les mêmes effets que les animaux auxquels on a fait prendre une quantité de sel égale à celle tenue en dissolution dans la saumure administrée aux autres.

Les propriétés toxiques spéciales attribuées à la saumure sont donc purement fictives; ses propriétés sont celles du sel marin lui-même. Ainsi, il n'y a pas de raison de proscrire l'usage de la saumure, soit à titre de condiment, soit à celui de médicament stimulant. Toutes les précautions à prendre pour prévenir les mauvais effets de ces deux composés consistent à en régler les doses d'après les données de l'expérimentation et en se guidant sur l'instinct de chaque espèce.

CAS DE TYPHUS OBSERVÉS A L'HÔPITAL MILITAIRE DE CHALON-SUR-SAÔNE.

M. Canat adresse une note sur des cas de typhus observés chez des militaires entrés du 16 au 24 mai à l'hôpital militaire de Châlon-sur-Saône.

Les quatorze militaires qui font le sujet de ces observations appartenaient pour la plupart au même régiment qui laissa, quelques jours plus tard, des malades à l'hôpital de Neufchâteau. Outre ces militaires, l'hôpital de Châlon a eu quatre personnes, un malade civil, un infirmier et deux sœurs hospitalières, atteintes du typhus. Des dix-huit malades, deux seulement sont morts de cette maladie; un troisième, qui avait été guéri du typhus, a succombé après deux mois à une diarrhée colliquative. La durée moyenne de la maladie a été de vingt jours. Les convalescences ont été généralement franches et rapides.

FAITS DIVERS.

ISTHME DE SUEZ. — Le gouvernement hollandais vient de rendre une ordonnance très importante en ce qui concerne l'ouverture de l'isthme de Suez.

Considérant que le projet de percement de l'isthme de Suez devra apporter de grands changements dans le commerce universel; qu'il est par conséquent de la plus haute importance d'appeler l'attention du commerce des Pays-Bas sur les changements projetés et sur les moyens qu'on devra employer afin de profiter avantageusement de ce changement, ou tout au moins de le subir sans en sentir d'inconvénients : le roi Guillaume III ordonne la formation d'une commission chargée de l'examen de cette affaire.

Nous apprenons, d'un autre côté, que le ministre du commerce d'Autriche prépare un mémoire où la question du canal de Suez sera traitée sous toutes ses faces, et particulièrement dans ses rapports avec le commerce et la navigation de l'Allemagne entière. Ce mémoire sera communiqué prochainement à tous les gouvernements fédéraux.

Enfin le *Daily Post* annonce que le gouvernement anglais a envoyé dans la baie de Péluse, et probablement aussi dans l'isthme de Suez, un ingénieur chargé de lui faire un rapport spécial.

Nous dirons à ce sujet, avec le *Moniteur de la Flotte*, que la commission internationale, qui a fait le voyage d'Egypte à la fin de l'année dernière, s'est adjoint des ingénieurs de tous les pays, et notamment un ingénieur anglais du plus grand mérite. Les travaux auxquels s'est livrée la commission sont assez exacts pour n'avoir à craindre le contrôle sincère de personne. C'est donc une simple confirmation des résultats déjà obtenus que va se procurer le gouvernement anglais.

LE CONSERVATOIRE IMPÉRIAL DES ARTS-ET-MÉTIERS ayant recueilli à l'Exposition universelle de 1855 un assez grand nombre d'échantillons de produits agricoles et de produits minéraux des diverses contrées du globe pour en faire des collections spéciales, le public est prévenu que les nouvelles galeries qui les renferment seront ouvertes, à partir du 27 de ce mois, les jeudis et les dimanches, de dix heures à quatre heures, comme les autres galeries de cet établissement, ainsi que la salle des machines en mouvement et des expériences, dont l'installation vient d'être complétée. MM. les ingénieurs pourront consulter dans la salle du Portefeuille industriel, tous les jours (à l'exception du lundi), de dix heures à trois heures, une nombreuse collection de dessins des machines les plus importantes, notamment de celles qui ont figuré à l'exposition dernière.

SUR L'EMPLOI LE PLUS ÉCONOMIQUE DES SANGSUES. — L'administration de la guerre vient de prescrire l'emploi d'un moyen simple et rapide qui permet d'utiliser plusieurs fois les mêmes sangsues et procure ainsi une économie notable. Il consiste à jeter ces annélides, aussitôt qu'ils ont servi, dans un mélange composé de vinaigre une partie, pour huit parties d'eau commune entre 10 et 20 degrés centigrades.

A peine les sangsues sont-elles placées dans ce mélange qu'elles s'agitent, commencent à se dégorger et perdent peu à peu de leur vivacité.

On retire alors la sangsue du bain acide, on la presse doucement entre le pouce et l'index, sans l'allonger ni tirer sur elle, par une sorte de laminage modéré, et l'on refoule ainsi vers la bouche tout le sang ingurgité, jusqu'à ce qu'il soit évacué.

Après le dégorgement, la sangsue est lavée à deux reprises dans l'eau ordinaire, puis introduite dans un vase de verre ou de terre rempli d'eau, que l'on recouvre d'un canevas, et qui est mis à l'abri de la lumière et de la chaleur. Les sangsues ainsi traitées peuvent servir de nouveau au bout de cinq jours. La même opération peut être renouvelée avec succès jusqu'à deux et trois fois.

BATEAUX A VAPEUR POUR LES RIVIÈRES PEU PROFONDES. — M. Whitwort, dont le rapport sur l'Exposition universelle de New-York, renferme un riche assemblage de renseignements précieux relatifs aux manufactures et aux machines d'Amérique, M. Whitworth rapporte que, sur l'Ohio, un bateau à vapeur qui navigue entre Pittsburg et Cincinnati, porte deux machines à action directe, dont chacune conduit isolément l'une des roues, en sorte qu'il n'existe pas d'arbre principal entre ces roues. Cette disposition facilite beaucoup la manœuvre du bateau dans cette rivière sinueuse. Les supports extérieurs des roues sont soutenus par des barres de suspension qui descendent d'un sommier horizontal fixé au milieu du bâtiment dans un beffroi très solide. Sur les rivières peu profondes, on se sert de bateaux à fond plat, mus par une seule roue à pales, placée derrière la poupe, et l'on construit de ces bateaux dont le tirant n'est que de $0^m,76$ (*Practical Mechanic's Journal*).

Le bois de thuya. — On lit dans la *Colonisation* d'Alger : S'il était besoin de confirmer par de nouvelles preuves l'incorruptibilité presqu'absolue du bois de thuya, nous pourrions prendre en témoignage les poutrelles qu'on vient de retirer des démolitions de la Djénina, et qui, enfouis dans la maçonnerie, pour relier entr'elles les voûtes qui constituent la base de cet ancien édifice, sont encore assez saines pour être avantageusement employées, même pour l'ébénisterie. Aujourd'hui, les qualités de ce bois étant mieux appréciées, on commence à regretter d'avoir livré au feu tous les *rondins* de thuya provenant des anciennes maisons mauresques d'Alger et des autres villes; aussi maintenant les conserve-t-on avec plus de soin, parce qu'on leur trouve un emploi plus utile. Si nous sommes bien informés, l'architecte des édifices diocésains vient d'acquérir une quantité assez importante des bois provenant de la démolition de la Djénina, pour les employer de préférence à tous autres dans les constructions dont ce service est chargé.

Voyage autour du monde. — Le gouvernement russe va faire exécuter un voyage scientifique autour du monde, dont la direction doit être confiée à un des officiers supérieurs les plus distingués de la marine impériale. C'est le trente-neuvième voyage autour du monde que font les Russes depuis 1803. L'expédition nouvelle partira de Cronstadt au mois de septembre prochain. Elle se composera de deux corvettes.

Prix proposé par la Société de géographie. — Elle offre un prix de 20,000 francs au voyageur qui ira d'Alger au Sénégal en passant par Tombouctou.

Pour les renseignements, s'adresser à M. Jomard, membre de l'Institut de France, vice-président de la Société de géographie, rue Christine, 3, Paris.

Mort de M. Couturier. — On lit dans le *Centre algérien* : M. Couturier, jeune voyageur parti d'Alger, il y a quelques mois avec les zouaves, afin de tenter une dernière exploration de l'Afrique centrale, s'était rendu à Brézina, une des oasis du Sahara oranais, pour s'y fortifier dans la connaissance de la langue arabe, et se familiariser avec les mœurs et le genre de vie des populations du Sud. Mais une phthisie-laryngée, dont il était atteint depuis très longtemps, prit tout à coup une gravité extrême, et il fallut le transporter à Mascara où il est mort, peu de jours après son arrivée, regretté de tous ceux qui avait pu apprécier ses connaissances variées et la résolution de son caractère.

Le grand oriental. — On construit en ce moment sur la Tamise un navire gigantesque qui, sous le nom de *Grand Oriental*, est destiné à naviguer dans l'Inde et l'Australie.

Il est construit en fer, d'après un système nouveau, et réunit à une finesse extrême dans les formes une solidité puissante.

Ce navire a 692 pieds anglais de longueur. Sa largeur est de 83 pieds, ou de 114, y compris ses tambours de roues, et ces roues elles-mêmes ont 56 pieds de diamètre. Trois propulseurs différents sont affectés à mettre en mouvement cette machine énorme; les roues, l'élice et la voile. Quatre chaudières sont consacrées aux machines qui feront fonctionner les roues, et leur puissance nominale est de 1,000 chevaux.

L'hélice obtient pour elle six chaudières, les plus grandes qui aient été jamais construites, et qui produisent une force de vapeur de 1,600 chevaux. La force réelle des machines réunies sera de 3,000 chevaux. L'élice et les roues fonctionnent simultanément, et on calcule que le navire, marchant à la vapeur, aura une vitesse de quinze à seize nœuds.

Par une singularité que nous ne cherchons pas à expliquer, le *Grand Oriental* sera muni de sept mâts. Son équipage sera de 400 hommes, ce qui peut paraître peu de chose pour une pareille masse; mais il faut observer qu'une grande partie de la besogne s'effectuera à l'aide de la vapeur. Quatre machines auxiliaires sont destinées à lever les ancres, à hisser les voiles, à faire jouer les pompes, etc.

La grandeur de ce navire a nécessité une autre innovation intéressante. La distance est trop grande pour que la voix du capitaine puisse parvenir à l'homme à la barre, au mécanicien. Ces communications auront lieu au moyen de signaux et du télégraphe électrique.

Le *Grand Oriental* portera, indépendamment de l'énorme quantité de charbon qui lui est nécessaire, plus de 5,000 tonneaux de marchandises; il y aura 800 chambres pour passagers de première classe, et beaucoup de places pour passagers de seconde et troisième classe. On espère réduire la durée du voyage aux Indes à 30 ou 33 jours, et à l'Australie à 31 ou 36 jours.

Il ne faut pas craindre que ce géant manque de marchandises à embarquer; les envois de l'Angleterre pour l'Océanie et l'Australie ont une importance qu'on ne soupçonne guère en France : leur valeur déclarée s'est élevée, en 1853, à 14 millions 506,000 livres sterling, soit 363 millions 663,000 fr.

Il faut prévoir le cas d'un accident survenu à ce colosse : il emporte comme chaloupes deux bateaux à vapeur à hélice de 90 pieds de long, sur lesquels les passagers trouveraient un asile si le besoin s'en faisait sentir.

BULLETIN BIBLIOGRAPHIQUE.

— Le troisième numéro de l'Isthme de Suez contient les articles suivants :

Enquête hollandaise : *Ordonnance royale; Rapport au Roi; Extrait du Moniteur de la Flotte.* — Enquête autrichienne : *Extrait de la Gazette de Cologne.* — Enquête anglaise : *Extrait du Daily Post.* — Des Cultures en Egypte, — Port d'Alexandrie. — Tonnage comparé des principales nations. — Navigation a vapeur par le Cap. — Gouvernement général des Indes : *Administration de lord Dalhousie.* — La Compagnie des Indes-Orientales. — Nouvelles d'Egypte. — Note sur la constitution géologique de l'Isthme de Suez. — Variétés : *Le Général Bonaparte et le Canal de Suez.*

— Traité de chimie technique appliquée aux arts et à l'industrie, à la pharmacie et à l'agriculture, par M. G. Barruel, ex-préparateur à la Faculté des Sciences de Paris, ancien essayeur à la Monnaie. Tome 1er, consacré aux généralités préliminaires, à l'étude des corps non métalliques, à leurs combinaisons, aux généralités sur les métaux et leurs combinaisons. Ce volume traite de l'éclairage au gaz et de tout ce qui est susceptible d'application dans l'industrie. 1 vol. in-8°, chez Firmin Didot frères, fils et Ce, rue Jacob, 56.

— Traité d'électricité et de magnétisme avec leurs applications aux sciences physiques, aux arts et à l'industrie, par MM. Becquerel et Edmond Becquerel. Tome 1er, Electricité, Principes généraux; tome 2e, Electro-chimie; tome 3e, Magnétisme et électro-magnétisme. 3 vol. in-8°, chez Firmin Didot, rue Jacob, 56.

— Céphalométrie, sa psychologie, sa morale et son application à l'éducation, ou la Phrénologie simplifiée, rectifiée et mise à la portée de tout le monde. Tableau synoptique avec figures, par A. D'Harembert. Prix, 1 fr.

En vente à la *librairie centrale des sciences*, rue de Seine, n° 13.

— La science des fontaines, ou moyen sûr et facile de créer partout des sources d'eau potable, par M. J. Dumas, membre du corps enseignant. 1 vol. in-8°, prix, 10 fr., librairie centrale des sciences, 13, rue de Seine.

— Monographie de la canne a sucre de la Chine, dite Sorgho à sucre, par le Dr Adrien Sicard. In-8°, prix, 4 fr., même librairie.

— Histoire de l'assistance dans les temps anciens et modernes, par Alexandre Martin. Grand in-8°, Guillaumin et Cie, 14, rue Richelieu.

Prix d'abonnement pour l'étranger.

Allemagne, 8 fr.; — Suisse, Parme, Plaisance, Modène, 8 fr. 50. — Etats Sardes, Grèce, Crimée, 9 fr.; — Hollande, Angleterre, 10 fr.; — Etats-Unis, Indostan, Turquie, 10 fr. 50; — Belgique, Prusse, Hanôvre, Saxe, Pologne, Russie, Espagne, Portugal, 11 fr.; — Toscane, 12 fr.; — Etats-Romains, 16 fr. 50.

Le propriétaire, rédacteur-gérant :
Victor MEUNIER.

PARIS. — IMP. J.-B. GROS ET DONNAUD, SON GENDRE, RUE DES NOYERS, 74.

Deuxième année. — N° 32. Quinze centimes. 10 août 1856.

L'AMI DES SCIENCES

JOURNAL DU DIMANCHE

SOUS LA DIRECTION DE

VICTOR MEUNIER

BUREAUX D'ABONNEMENT
13, RUE DU JARDINET, 13
Près l'Ecole de Médecine
A PARIS

ABONNEMENT POUR L'ANNÉE
PARIS, 6 FR.; — DÉPART., 8 FR.
Étranger (Voir à la fin du journal)
ENVOYER UN MANDAT DE POSTE

APPAREIL DE SAUVETAGE POUR LA MARINE,

par M. Tremblay (1). — 2e article.

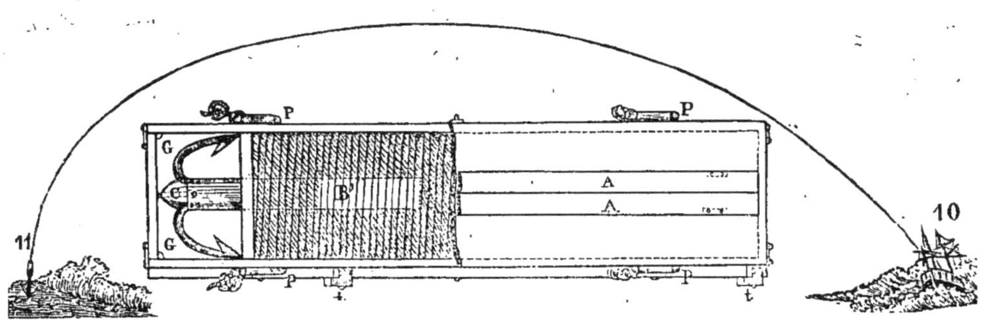

L'histoire des sinistres maritimes qui, chaque année, enlèvent à leur pays, à leur famille, un si grand nombre de marins, prouve que la plupart de ces marins périssent dans les naufrages, en se dévouant pour établir les premiers moyens de communication avec la terre, ou parce que ces moyens de communication ne sont pas établis assez promptement. Que de fois n'a-t-on pas dû, après avoir acquis une semblable conviction, former ce vœu :

Mettre à bord de chaque navire un appareil de sauvetage destiné à établir une communication avec la terre, dernier espoir d'un équipage naufragé, ainsi qu'on y a déjà placé des bouées de sauvetage de jour et de nuit, dernier espoir d'un matelot tombé à la mer.

Ce vœu, M. Tremblay ne s'est pas borné à le former, il donne le moyen de le réaliser.

L'appareil inventé par lui, et nommé *Caisse de sauvetage*, sert à lancer une corde armée d'un grappin ; il porte avec lui tout ce qui est nécessaire au tir : force motrice, grappin, corde, affût, accessoires.

La fusée de guerre de 95 millim. est employée comme force motrice. L'obus, que ces projectiles automoteurs portent en tête, est remplacé par des crochets en fer et un chapiteau en bois, de forme ogivale. Ce chapiteau est percé, suivant son axe, d'un trou central destiné à recevoir les instructions écrites à envoyer, soit de bord à terre, soit de terre à bord.

Cette fusée est dirigée par une baguette à laquelle est attachée une chaîne en fer qui reçoit la corde à transporter. L'extrémité de cette corde est recouverte en basane, sur une longueur de 2 mètres, pour la garantir du feu.

La fusée est ainsi convertie en un véritable grappin porte-amarre, dont toutes les parties peuvent supporter une force de 1000 kilogrammes. Les trous par lesquels doivent s'échapper les gaz enflammés sont filetés à leur partie inférieure, et bouchés par des tétons taraudés en bronze, ainsi que le trou central, destiné à recevoir la baguette. Ces tétons taraudés ont un double effet :

1° Rendre les préparatifs du tir plus prompts, les bouchons en liége dont on se sert habituellement étant souvent cassés, et alors très difficiles à enlever ;

2° Faire du grappin porte-amarre un corps inerte, à l'abri du feu et de l'humidité.

La corde logée dans la caisse est enroulée en bobine autour d'un arbre en bois, lequel, retiré après l'opération, laisse un creux dans lequel se placent les verges des grappins ; le développement commence par la couche centrale, à travers un trou de même diamètre ménagé dans la cloison antérieure.

La résistance de la corde de 13 millimètres de diamètre a atteint, dans les expériences faites à Toulon, le chiffre de 1,600 kilogrammes ; on pourra donc facilement donner à cette corde une résistance normale de 1,000 kilogrammes.

Le pointage en hauteur se fait à l'aide d'un double quart de cercle tracé sur un des côtés de la caisse. Sur ce même côté sont placées deux tringles pour le pointage en direction. Sur le couvercle est adapté un auget dont les côtés sont mobiles et à rabattement ; c'est dans cet auget comme affût qu'est placée la fusée.

Dans le tir de bord à terre, le grappin s'enfonçant profondément dans les vases ou s'accrochant aux anfractuosités du sol, est destiné à fixer la corde sur une côte qui est un but immanquable. La puissance de l'appareil est augmentée en raison de l'intensité du vent contre lequel l'équipage a vainement lutté.

Dans le tir de terre à bord, le grappin sert à fixer la corde au navire sur lequel elle est tombée, et l'appareil est lancé contre le vent.

(1) Voir le précédent N°.

Cet appareil, placé à bord de chaque navire, ne servira pas seulement à établir une communication avec la côte; il pourra encore être employé dans les cas suivants :

1° A sauver un matelot tombé à la mer, et que le mauvais temps oblige quelquefois à abandonner; triste et sauvage nécessité qui doit disparaître! Une disposition très simple des bouées de sauvetage permettrait d'utiliser dans ce but le grappin porte-amarre.

2° A communiquer avec un bâtiment que l'état de la mer empêcherait d'approcher. On ne serait plus exposé à voir un navire ne pas porter secours à un autre bâtiment en péril, parce qu'il y aurait danger à le faire.

3° A lancer une remorque à un bâtiment, opération qui n'est pas toujours facile.

Qui sait si l'avenir ne nous réserve pas un moyen prompt de communication entre navires, à l'aide du télégraphe électrique? Ce serait un nouvel emploi de cet appareil, qui pourrait lancer ce fil conducteur.

Nous n'entrerons pas dans le détail des expériences déjà anciennes de date qui ont démontré l'efficacité de cet appareil; nous nous bornerons à citer celles qui viennent d'avoir lieu (le 29 juillet 1856, à une heure de l'après-midi) au polygone de Vincennes.

Il a été tiré trois fusées-grappins, dont deux de 9c/m (400kil et 550kil de puissance) et une de 12c/m (1,600kil de puissance); les deux premières avec cordes ayant servi (950kil de résistance; diamètre primitif, 13 à 14mill); la troisième avec corde neuve, fabriquée au commerce, de 15mill de diamètre et 1,600kil de résistance.

Il s'agissait de déterminer le rapport qui doit exister entre la résistance des cordes à développer (enroulées sous le plus petit volume possible) et la puissance des fusées, dont la vivacité est poussée aux dernières limites, afin de résoudre cette question sous les conditions les plus défavorables.

1° Deux fusées-grappins de 9c/m :

La 1re fusée-grappin (du calibre de 9c/m de la marine, rechargée avec la composition de la guerre plus vive que celle de la marine, ce qui a porté sa puissance de 330kil à 400kil) a développé 419m de cordes de 13 mill de diamètre (résistance, 950 kil), pesant 48 kil 280, et donné une portée de 355 mètres.— La déviation a été de 2m80.—L'angle de tir était de 50°, un peu fort pour cette fusée qui était devenue très vive.

La 2e fusée-grappin (du calibre de 9c/m de la guerre, chargée avec la composition de la guerre, puissance 550kil) a développé 435m de corde de 15mill de diamètre (résistance, 1,600kil), pesant 79kil385, et donné une portée de 380m.—La déviation a été nulle. — L'angle de tir était de 48°.

2° Une fusée-grappin de 12 c/m.

Cette fusée, chargée de 21kil. de composition de la guerre (puissance 1,600 kil.) a développé 300 m. de corde de 15 mill. de diamètre (résistance, 1,600 kil.). A cette distance, un des maillons de la chaîne de 8mill. de diamètre qui reliait la corde à la fusée a manqué. La corde est tombée à terre sans avoir essuyé de rupture, et la fusée a continué sa course et fourni une portée d'environ 1500 à 2000 m..

Il est évident que cette chaîne de 8 mill. de diamètre n'avait pas la résistance théorique indiquée par la formule de résistance. Donc, cette chaîne était, ou mal soudée, ou faite avec du fer de mauvaise qualité. — Le remède est par conséquent très simple, et ce serait de les éprouver sans les allonges.

Du reste, il ne s'agit, quant à présent, de mettre en service que les fusées de 9 c/m de la marine dont la puissance est de 330 kil..

Explication des figures. — La figure donnée dans le précédent N°, montre l'élévation longitudinale pour le tir de bord à terre. La figure ci-jointe montre le plan de la caisse; une moitie de couvercle étant enlevée. Échelle $\frac{1}{20}$. M, muraille du bâtiment. F, fusée de 95 millim., contenant six kil. de composition fusante. G, branches du grappin. C, chapiteau. B, baguette de direction. *cccc*, parcours de la chaîne fixée à la baguette. *a*, cordage sauveteur attaché sur la chaîne. B', bobine de cordage. A, affût pour lancer le grappin. Q, double quart de cercle pour le pointage en hauteur. T, tringles pour le pointage en direction. ?, tourniquet maintenant les tringles contre la caisse. P, poignée de la caisse. S, saisines assujettissant la caisse sur le plat-bord du navire. *m*, mèche de communication pour mettre le feu.

ESSAI DE MACHINES A MOISSONNER.

L'essai des machines à moissonner, exposées au concours agricole universel du Paris, avait été ajourné jusqu'à l'époque de la moisson; il a eu lieu samedi dernier, 12 août, à une heure, par un soleil des plus ardents, à la Planchette, dans un petit parc voisin des domaines de Villiers et de Neuilly, sur un champ de blé magnifique mis à la disposition du jury.

Le jury, nommé par M. le ministre de l'agriculture, se composait de MM. le général du génie Allard, *président*; Buignet, Cazeaux, Lecouteux, Lefour, Vinzy et Barel, *rapporteur*.

M. Lefour, inspecteur-général de l'agriculture, dirigeait les expériences.

Sept moissonneuses étaient présentées par six propriétaires ou constructeurs différents :

1° La machine Mac-Cornick, présentée par M. Bella, de Grignon;

2° La même machine présentée par M. Laurent, constructeur à Paris;

3° La machine Many, présentée par M. Robert;

4° La machine Dray, présentée par l'inventeur; M. William Dray est un constructeur anglais;

5° La machine Simon, de Paris, présentée par l'inventeur;

6° La machine Mazier, présentée par l'inventeur;

Enfin une septième machine, inventée et présentée par le même constructeur.

Une huitième moissonneuse devait figurer à ce concours, c'est celle de M. Cournier, de Saint-Romans (Isère). M. Cournier, qui a, paraît-il, introduit dans sa machine d'importantes améliorations, espérait profiter des essais sur le terrain pour faire connaître et apprécier sa moissonneuse perfectionnée. « J'avais préparé dans ce but, écrit-il au *Journal d'agriculture pratique*, une machine avec des modifications notables, tendant à éviter le reproche qu'on me faisait de ne pas pouvoir la monter et l'abaisser avec facilité. A cet effet, j'ai appliqué un système de crémaillères qui permet de soulever tout l'appareil ou un côté seulement, si une culture en billons le rend nécessaire. Je venais d'expérimenter ma machine en lui faisant couper avec succès nos moissons, que nous venons d'achever, lorsque le 30 juillet seulement j'ai reçu la lettre de M. le ministre, qui me convoquait aux expériences du 2 août, en m'invitant à conduire ma machine sur le terrain, deux jours d'avance. Il m'a donc été impossible de m'y rendre. »

C'est par une erreur d'adresse que la circulaire qui devait parvenir à M. Cournier, le 23 ou le 24, a mis huit jours à aller le trouver. Ce fâcheux contretemps est doublement regrettable, si les modifications apportées par cet inventeur à sa moissonneuse réalisent les promesses que les expériences de Trappes pouvaient faire entrevoir

Le jury avait à décerner 4 prix et 4 médailles.

Le champ de blé a été divisé en sept parcelles, d'une superficie de 19 à 22 ares.

Les propriétaires des machines furent invités à tirer ces lots au sort, après quoi chacun alla se placer; à midi 3/4 le concours commença.

La lutte s'est bientôt concentrée entre trois des concurrents.

La machine Simon s'arrêta au bout de trois pas, et fut mise aussitôt hors de concours.

La moissonneuse de Many, présentée par M. Robert, faisant une litière épouvantable de tout le blé qu'elle coupait d'ailleurs assez bien, fut invitée à cesser.

Enfin, la même invitation et pour la même cause de dégat a été adressée à M. Mazier pour l'une et l'autre de ses deux machines.

Trois machines restaient donc en présence, savoir :

Deux machines Mac-Cornick construites l'une par M. Bella, l'autre par M. Laurent, et la machine Dray.

Ces trois machines ont accompli un bon travail sous le rapport de la coupe; elles ont opéré le sciage sans laisser de tige, sans égrener d'épi ; le blé était coupé à 15 centimètres environ de hauteur, ce qui est la hauteur habituelle du chaume. Mais elles laissent à désirer sous le rapport de la javelle, et c'est ce qui a empêché le jury de décerner le 1er prix ; il s'est contenté de donner un 2e prix d'une valeur de 400 fr., et une médaille d'argent *ex æquo* à MM. Bella et Laurent; et un 3e prix de 300 fr. et une médaille de bronze à M. Dray.

Entrons maintenant dans le détail des expériences.

La machine de M. W. Dray a mis 43 minutes pour moissonner 21 ares 45 centiares. Elle a marché avec une très grande régularité; la javelle glissait sur la plate-forme à bascule qui caractérise cette machine; elle a certainement mieux fait sa javelle que les deux autres, mais elle ne résoud pas le problème de l'économie de bras. Traînée par deux chevaux, cette machine n'emploie pas moins de neuf personnes : un charretier, un javeleur et sept hommes occupés à relever rapidement les javelles, afin de débarrasser la piste sur laquelle les chevaux doivent repasser au retour. Elle n'est donc pas économique; en outre elle a mis, pour effectuer son travail, plus de temps que les deux autres.

Après que la machine Mac-Cornick de M. Bella eût marché quelques minutes, sa scie se dérangea ; une demi-heure après la scie était replacée, et la machine rentrait en lice. Celle-ci rejette les javelles en dehors, de sorte que tout le travail peut se faire avec deux chevaux, un charretier et un javeleur. Elle a coupé 22 ares 32 en 28 minutes. Des faucheurs n'auraient pas mieux rasé le sol.

La moissonneuse Mac-Cornick de M. Laurent s'est comportée à peu près comme la précédente ; elle a effectué sa tâche (20 ares) en 27 minutes.

En somme, trois bonnes machines ont fonctionné samedi sous les yeux du jury.

Pour donner une idée plus précise de la valeur de ces moissonneuses, nous emprunterons les chiffres suivants à M. Victor Borie, qui a réduit à l'hectare le temps employé par elles au concours de la Planchette.

La machine de M. Bella moissonne 1 hectare en 2 heures 6 minutes; la machine de M. Laurent en 2 heures 15 minutes; enfin celle de M. William Dray en 3 heures 20 minutes. Le blé moissonné donnait par hectare environ 1,200 gerbes du poids de 7 kil. 5.

On voit que le résultat obtenu est très-beau, et bien que les instruments aient encore besoin de perfectionnement, on peut prédire pour un temps prochain l'application des machines à moissonner et à faucher dans tous les grands établissements agricoles.

BATTERIES FLOTTANTES.

Réponse de M. Louis Aubert à M. le maréchal Vaillant.

Nous avons donné dans le précédent n° le rapport de M. le maréchal Vaillant sur la réclamation de M. Louis Aubert. Nous enregistrons aujourd'hui la réponse de ce dernier; nous ne doutons pas qu'après l'avoir lue M. Vaillant n'y trouve de puissants motifs pour revenir sur sa première appréciation.

Paris, le 1er août 1856.

A Monsieur le Président de l'Académie des Sciences.

Monsieur,

Je viens de lire, dans les *Comptes rendus* de vos séances, le rapport de M. le maréchal Vaillant sur ma réclamation à une part dans l'invention des batteries flottantes.

Probablement à cause de ses nombreuses occupations, M. le maréchal aura examiné très superficiellement mon mémoire ; aussi son rapport renferme-t-il les plus grandes erreurs.

M. le maréchal dit dans son rapport : « L'idée de garantir « les murailles par des armatures en fer a été émise depuis « longtemps.... M. Aubert avoue d'ailleurs qu'il a puisé cette « idée dans les Annales maritimes, rapportant une épreuve « faite en Angleterre pour reconnaître si quinze feuilles de « tôle superposées fourniraient une protection suffisante. « Ainsi M. Aubert n'a rien apporté, non seulement à la solu- « tion, mais à l'étude de la question, et ses prétentions n'ont « aucun fondement. »

Cette manière d'envisager la question est tout à fait inexacte, car mes travaux sont des perfectionnements, et je n'ai jamais prétendu à aucun droit sur l'invention de l'idée en elle-même.

Il n'y a qu'une seule manière de poser la question avec justice, la voici : Où en était l'étude des murailles en fer lorsque M. Aubert a présenté son premier mémoire?

Deux faits authentiques répondent à cette question. Le premier est le rapport que le conseil des travaux de la marine a fait sur mon Mémoire le 29 avril 1854. On voit en lisant ce rapport (page 31 de ma brochure) que MM. les ingénieurs trouvent étonnant que je vienne discuter les expériences qui ont fait renoncer à la recherche du problème.

Le second fait est un passage de l'article publié en tête du *Moniteur universel* le 12 novembre 1855. Voici ce passage : « L'épreuve montra que l'armure faisait plus encore, car elle « résista à des boulets pleins plus nombreux que ceux qui « pourraient l'atteindre sur un même point dans une lutte « très prolongée ... L'empereur s'empressa de communiquer « ses vues à notre fidèle et grande alliée. Les juges compé- « tents, hommes de savoir et d'expérience, éprouvèrent quel- « que surprise, car *la question était considérée comme inso- « luble;* mais les épreuves du tir, renouvelées en Angleterre, « confirmèrent les résultats obtenus en France. »

De ces deux faits authentiques il résulte donc que, par suite des expériences antérieures à celles de 1854, l'idée des murailles en fer à l'épreuve du boulet *était abandonnée comme impossible à résoudre*. Par conséquent j'ai eu le mérite de reprendre la question en expliquant pourquoi l'expérience faite en Angleterre n'avait pas réussi.

Je dois faire remarquer que M. le maréchal Vaillant a eu tort de s'appuyer sur le rapport de MM. les ingénieurs de la marine, puisque la conclusion négative de ce rapport est une des deux preuves authentiques par lesquelles je démontre qu'avant les expériences de Vincennes la question était considérée comme insoluble.

M. le maréchal dit aussi que les batteries flottantes ont été faites avec des blindages différents de ceux que j'avais proposés; cela est vrai en ce que ces blindages ont été placés sur une muraille en bois, tandis que j'assemble mes pièces de fer sur une membrure en fer. Je crois mes assemblages supérieurs à ceux qui ont été appliqués, mais c'est là une question que l'avenir décidera ; pour le moment, il est juste de dire que la part qui me revient est diminuée par les changements que l'on a apportés à mes propositions. Ainsi je supposerai que, pour les batteries flottantes actuelles, je n'ai droit qu'à un tiers de l'invention.

J'espère que vous reconnaîtrez, Monsieur le Président, que par les preuves authentiques et les explications que je viens de donner, j'ai des droits incontestables à une part dans l'invention des batteries flottantes, et alors je crois que vous aurez la bonté de prier M. le maréchal Vaillant d'examiner avec soin ma réclamation.

Recevez, etc.

LOUIS AUBERT,
Ingénieur civil.

CHARGEUR MÉCANIQUE.

L'Angleterre emploie depuis longtemps, aux manutentions de ses charbons, sur les quais d'embarquement, le *drop* et le *spoot*. Le drop, inventé en 1807, par M. W. Chapmann, de Newcastle, est une forte charpente à contre-poids qui, décrivant un arc de cercle autour d'un axe horizontal, entraîne le wagon chargé et l'abaisse jusqu'au bateau qui doit en recevoir le contenu. Lorsque le wagon est déchargé, le contrepoids, plus pesant que le wagon vide, fait retourner au point de départ la charpente qui n'avait basculé que parce que le poids du wagon chargé est plus considérable que celui du contre-poids.

Le spoot est un tablier à bascule utilisant la différence de niveau du quai au bateau et déversant la marchandise qui glisse et vient se déposer à bord.

Ces engins sont particulièrement employés sur les bords de la Tyne et de la Wear, et déversent à la fois de 2 à 6,000 kilog. de charbon.

Dans les pays de plaines, tels que le nord de la France et la Belgique, l'absence de la différence de niveau ne permet pas l'usage du drop et du spoot. On y emploie des grues pivotantes à grande envergure, d'une construction trop légère pour charger rapidement et économiquement par grandes masses.

Le *chargeur mécanique* de M Javal peut servir: 1o au déchargement des wagons dans les bateaux, et réciproquement; 2o au déchargement des wagons dans les voitures ordinaires ou dans d'autres wagons; 3o au chargement des wagons ou des bateaux dans les ports d'emmagasinage.

Cette machine se compose de deux charpentes verticales jumelles supportant à quelques mètres de hauteur les rails d'un chemin de fer sur lequel est placé un treuil à chariot mû par une machine à vapeur ou autre. Le wagon est amené par le treuil sur un plateau tournant, à l'aide duquel on lui fait subir un quart de révolution. Un tambour commande l'arrière et un autre l'avant du wagon : on incline ce dernier dont la marchandise s'écoule sur un tablier en bois, comme cela se passe avec le spoot en Angleterre. La caisse du wagon peut être indépendante de son train, afin de n'avoir pas à élever ce dernier.

L'appareil de M. Javal pourrait être employé avec avantage dans les chemins de fer pour opérer le transbordement en masse et gagner du temps, et par suite, faire le même service avec moins de wagons.

Embarcations insubmersibles, à hélice mue par les mains ou les pieds.

Dans notre numéro du 27 juillet dernier, nous avons publié le dessin et la description d'une embarcation à hélice imaginée par M. E. François. L'extrait suivant d'une lettre imprimée adressée à la date du 10 mai dernier aux bateliers de la Gironde, par M. Prosper Meller jeune, prouve que la priorité de l'idée appartient à ce dernier.

« Vous réaliserez promptement de modestes bénéfices, dit la lettre, si vous transformez vos embarcations en véritables bateaux de plaisance.

« N'oubliez pas que le principal agrément est de n'avoir rien à craindre : se noyer n'est pas un plaisir. Vous devinez déjà que je veux vous engager à rendre vos bateaux *insubmersibles* et *inchavirables*. Vous réaliserez cette amélioration de plusieurs manières.

« Vous aurez une embarcation insubmersible en fermant l'espace libre au-dessous des bancs, de manière que si l'embarcation s'ouvre ou se brise par suite d'un abordage, d'un choc ou d'un accident quelconque, elle se soutiendra sur l'eau par l'effet de cette véritable ceinture de sauvetage, qui serait formée, je le dis encore, par la fermeture de l'espace vide audesssous des bancs, autour de la carène.

« Pour plus de sécurité, ces compartiments étanches doivent être en tôle et divisés par des cloisons, de manière qu'en supposant que l'eau envahisse un des compartiments et même remplisse l'embarcation, les autres sections, étant vides, s'opposeraient à la submersion.

« Réunissez d'abord la solidité, la sécurité, l'élégance, la commodité des formes et l'harmonie des couleurs. Occupez-vous ensuite des moyens de locomotion.

« Je ne dirai rien des voiles, je m'en rapporte à cet égard à votre expérience et à vos connaissances spéciales; mais j'appellerai votre attention sur un progrès facile à réaliser.

« Depuis l'origine de la navigation on s'est toujours servi des *rames* ou *avirons*. Bien qu'avec le temps tout passe, tout se modifie, tout se transforme, l'*aviron* a résisté. Or, l'aviron est un abus que vous devez réformer, et qui ne devrait servir que rarement.

« Avec une roue à aubes ou une petite hélice, un seul homme obtiendrait, avec moins de fatigue, une vitesse supérieure à celle que donne l'impulsion des rames. Le mécanisme devrait être solide et simple, afin qu'un seul batelier suffise pour faire marcher le bateau et le gouverner. *Il gouvernerait avec ses pieds en les plaçant dans des étriers correspondant à la barre du gouvernail par des lignes qui passeraient, au besoin, dans des poulies de rappel.*

« La roue ou l'hélice se placerait avec avantage à la poupe, à l'arrière de l'embarcation. *Le propulseur fonctionnerait facultativement par l'action des pieds ou des mains.* Au besoin, le poids du batelier servirait de force motrice. Le mécanisme et le propulseur devraient pouvoir s'adapter à l'arrière de toutes les embarcations; les premières expériences n'occasionneraient ainsi qu'une faible dépense. Les nouvelles embarcations pourraient être très-longues.

« La nouveauté serait le mérite des embarcations proposées. Ce mérite serait précieux, s'il suffisait, comme on peut l'espérer, pour exciter et satisfaire la curiosité du bon public, qui a la qualité de *payer*. Le public paie surtout ce qui lui plaît: la nouveauté a un attrait irrésistible. » P. M. J.

Nouvelle Règle à calcul de M. Juliot (1).

Nous avons étudié les règles qui ont précédé celles-ci, et nous avons reconnu que chacune d'elles est établie sur une base aussi ingénieuse que rigoureusement mathématique; cependant, il faut bien l'avouer, aucune n'est à la portée des intelligences : toutes, sans exception, pèchent par là ; et, pour en faciliter l'usage, les auteurs ont été constamment forcés de les accompagner de brochures plus ou moins considérables ; mais il n'est possible de retirer quelques fruits en les étudiant que si l'on possède déjà une certaine somme de connaissances mathématiques.

La nouvelle règle n'a pas ces inconvénients ; sa simplicité est extrême, et la personne la moins habile à calculer, celle même

(1) 12, rue de Trévise.

dont toute la science arithmétique se réduit au calcul sur les doigts, sera à même d'exécuter les opérations ordinaires.

Nous n'entreprendrons pas de démontrer l'utilité des machines à calculer, qui, comme le calligraphe électrique, les chemins de fer, la photographie, permettent de gagner un temps immense. Cette utilité vient d'être officiellement constatée par les nouveaux programmes officiels de l'enseignement dans les lycées et colléges, programmes qui prescrivent l'emploi de la règle à calcul dans les classes. Nous ne donnerons pas non plus la description de celles de M. Juliot ; la description manquerait nécessairement de clarté, tandis qu'un simple coup d'œil jeté sur l'objet en fera saisir tout de suite le simple et ingénieux mécanisme.

ACADÉMIE DES SCIENCES.

Séance du 28 juillet.

COURANTS MARITIMES.

On sait que le 15 de ce mois, sur la côte est de l'île Saint-Margaret-Hope (Orcade), a été trouvé un bloc de bois d'environ 12 pouces de long et de 9 pouces de diamètre, ayant un trou dans le centre, où se trouvait une fiole de verre dans laquelle on avait placé un morceau de papier contenant les mots suivants :

« Voyage de S. A. I. le prince Napoléon, yacht impérial « *Reine-Hortense*, commandé par M. de la Roncière, capitaine de la marine impériale. Ce papier a été jeté à la mer « le 26 juin 1856, par 9°39 (1) de latitude et 9°17′ de longitude du méridien de Paris. Toute personne qui le trouvera « est priée de le remettre au consul français le plus près de la « place où il sera trouvé. »

M. Babinet fait connaître à l'Académie que le bloc est du modèle adopté par la Commission scientifique pour conduire à la détermination importante des courants dans cette partie du globe. Les simples bouteilles que l'on a l'habitude de jeter à la mer ne pourraient résister au choc des glaçons. D'après l'indication du bloc, le courant semblerait porter presque exactement à l'est, tandis que, d'après la carte de M. Duperrey et celle de M. Findlay, la direction semblerait devoir être vers le nord-est. C'est dans les environs du cap Nord qu'il sera important de jeter de pareils blocs pour suivre l'embranchement du Gulf-Stream qui contourne ce cap pour aller former le courant arctique qui longe la Sibérie entière, en allant *vers l'est*, comme va le courant antarctique qui entoure le pôle opposé. M. Babinet pense que l'initiative prise à bord de *la Reine-Hortense* sera suivie par tous les navires de quelque importance, et qu'il en résultera une détermination exacte des mouvements océaniques des plus utiles pour la physique du globe, comme pour la navigation. Pour éviter toute avarie du papier, causée par l'infiltration de l'eau de mer dans la fiole, on avait eu l'idée de renfermer le papier dans un tube scellé à la lampe, qui aurait été mis lui-même dans la fiole, et il y a à bord de *la Reine-Hortense* une lampe d'émailleur destinée à cet usage.

ASCENSION AÉROSTATIQUE.

Plusieurs membres de la faculté de Dijon s'étant proposé de faire tourner au profit de la science une ascension aérostatique comprise dans le programme des fêtes municipales pour la journée du 15 août prochain, l'académie de Dijon demande à l'Académie des sciences de participer à cette grande expérience, par des conseils et par un concours pécuniaire. Sur le rapport de M. de Senarmont, l'Académie décide qu'elle viendra en aide aux expérimentateurs par une somme de 2,000 fr., mais, quant aux conseils, elle se refuse à en donner, pensant que les savants qui les demandent n'en ont aucun besoin.

(1) Il y a ici une erreur de chiffres ; c'est 59° 39' qu'il faut lire.

L'ÉTHER COMME ANTIDOTE DU CHLOROFORME.

La principale propriété de l'éther est d'être excitant ; il est d'un usage vulgaire contre les défaillances, les syncopes et les léthargies ; il était donc rationnel de l'employer comme stimulant pour neutraliser les effets hyposthénisants, pour remédier aux défaillances et aux syncopes que détermine le chloroforme. C'est ce qu'a fait M. A. Fabre, dont les expériences, au nombre de 117, confirment les prévisions de la théorie.

Quinze fois, après avoir endormi des lapins par le chloroforme, l'auteur les a abandonnés à eux-mêmes : la durée moyenne du sommeil a été 21 minutes. Cinquante fois il a administré l'éther à des lapins endormis par le chloroforme : l'un d'eux était dans un état complet de mort apparente ; trois râlaient ; chez trois autres, les battements du cœur étaient imperceptibles. La durée moyenne du sommeil a été réduite à 4 minutes ; huit fois le réveil a été immédiat. M. Fabre a été plus loin ; deux fois, trois fois, et même quatre fois de suite il a endormi par le chloroforme et réveillé par l'éther le même animal sans laisser le moindre intervalle entre les inhalations de chloroforme et celles d'éther, et réciproquement.

Il semble donc que l'éther peut remédier aux accidents que détermine le chloroforme, et c'est un résultat dont la médecine pourrait tirer un grand parti.

SUR LA NATURE DES PARFUMS ET SUR QUELQUES FLEURS CULTIVABLES EN ALGÉRIE.

En présentant un Mémoire sur ce sujet au nom de M. le docteur Millon, directeur de la Pharmacie centrale à Alger, M. le maréchal Vaillant a fait connaître en ces termes le but que s'est proposé l'auteur :

« Déjà plusieurs de nos colons africains ont réussi dans la production des essences, et leurs échantillons ont été appréciés ; mais pour tirer un bon parti des fleurs, on doit incorporer leur parfum à l'huile ou à l'axonge, et cette opération très compliquée exige des huiles et des graisses d'une grande finesse, en même temps qu'elle nécessite des installations dispendieuses. D'autre part, comme on emploie pour la fabrication des parfums de première qualité que des fleurs parfaitement fraîches, il faut que la production de celles-ci se groupe et se concentre, en quelque sorte, sur le point même où l'exploitation fonctionne. Or ces conditions que nous voyons réunies à Grasse, sont difficiles à réaliser en Algérie, où cependant les fleurs précieuses, telles que la cassie, le jasmin, la rose, la tubéreuse, croissent merveilleusement.

« M. Millon a cherché à modifier les procédés actuels de l'exploitation des fleurs, et à les rendre d'une pratique facile pour l'Algérie ; il y est parvenu en extrayant tout le parfum des fleurs à l'aide de divers dissolvants volatils. Il réduit ainsi la partie aromatique de la plante à un très-petit volume, de telle sorte que 1 gramme d'extrait, provenant de 1 kilogramme de fleurs, aromatise au même degré les corps gras, et, sous un poids mille fois moindre, produit les mêmes effets. Ce n'est pas encore le parfum pur et isolé de toute autre substance ; mais cette limite suffit à l'art de la parfumerie, et, à la faveur des nouveaux produits, on remplace des manipulations laborieuses par un simple mélange ou par une dissolution que l'on peut faire en tout lieu et au moment que l'on juge le plus convenable.

« Comme cette méthode d'extraction conserve le parfum avec fidélité (l'Académie peut en juger par les échantillons que je dépose sur le bureau), on peut substituer la préparation et l'arome même de la fleur à ces mélanges d'essences avec lesquels on imite très imparfaitement les parfums naturels. Ces dernières compositions, la plupart assez grossières, sont souvent la cause du peu de succès que la parfumerie obtient près des consommateurs délicats.

« Les recherches de M. Millon lui ont fourni l'occasion de faire une étude nouvelle des parfums, substances très distinctes de la plupart des essences, et qui se caractérisent surtout par leur inaltérabilité à l'air. Ainsi, des couches minces de parfum étalées au fond de tubes ouverts, se conservent pendant plusieurs années sans déperdition sensible. La proportion de parfum contenue dans les fleurs est tellement faible, que si l'on cherchait à l'isoler complétement et à le purifier, son prix surpasserait celui de toutes les matières connues : pour certaines fleurs, 1 gramme de parfum coûterait plusieurs milliers de francs. Les Orientaux consentent déjà à payer l'essence de jasmin, malgré son odeur empyreumatique, jusqu'à 750 et 800 francs l'once. »

PERCEMENT DE L'ISTHME DE SUEZ.

M. Ferdinand de Lesseps transmet, au nom de la commission internationale pour le percement de l'isthme de Suez, un travail manuscrit intitulé : *Recherche du régime des eaux dans le canal de Suez.* Ce manuscrit contient les documents suivants :

1° Note de M. Lieussou sur la marche qu'il a suivie dans cette recherche et sur les conclusions pratiques qu'on peut en tirer.

2° Résultats des divers nivellements exécutés de 1846 à 1856 entre la Méditerranée, le Caire et Suez.

3° Détermination du niveau moyen habituel de la Méditerrnée par rapport au repère du quai de Suez.

4° Résultats des observations de marées faites à Suez, en février et mars 1856.

5° Détermination des fluctuations du niveau de la mer Rouge à Suez, sous l'influence des marées et des vents.

6° Résultats des observations de marées faites à Tineh, en mai et juin 1847.

7° Détermination des fluctuations du niveau de la Méditerranée à Tineh sous l'influence des marées et des vents.

8° Tableau synoptique des niveaux relatifs des deux mers et de leurs fluctuations sous l'influence des marées et des vents.

9° Résumé des observations sur l'évaporation faites en 1848 1849 et 1850, au barrage de Saïdieh, près le Caire.

10° Tableau général des données qui ont servi de base au calcul du régime des eaux dans le canal.

11° Régime d'un canal à berges continues d'une mer à l'autre.

12° Régime d'un canal sans berges dans la traversée des lacs amers.

Société zoologique d'Acclimatation.

Séances de juillet 1856.

SUR PLUSIEURS VÉGÉTAUX CULTIVÉS A LA PÉPINIÈRE CENTRALE DU GOUVERNEMENT EN ALGÉRIE.

M. le baron de Montgaudry ayant écrit à M. Hardy, au nom de la Société, pour lui demander des renseignements sur les végétaux cultivés à la pépinière centrale qui donnent le caoutchouc, la gutta-percha, des gommes, des resines, le quinquina, etc., le savant et habile directeur de la pépinière répond par une lettre pleine de détails d'un si grand intérêt que nous ferons certainement plaisir à nos lecteurs en la mettant toute entière sous leurs yeux.

CAOUTCHOUC.

Ainsi que vous le savez, plusieurs espèces d'arbres concourent à donner du caoutchouc, dans diverses régions de la ligne tropicale; mais cette matière n'a pas la même qualité, et n'est pas extraite avec la même abondance dans toutes les espèces qui possèdent la propriété de l'exsuder. Parmi les espèces à caoutchouc que l'on peut dès à présent regarder comme acclimatées à la Pépinière centrale, se place en première ligne non pas, je pense, pour l'abondance et la richesse du produit, mais pour la rusticité de l'espèce, le *Ficus elastica*, originaire de la côte de Coromandel. Il en existe trois sujets dans la division d'acclimatation de l'établissement, qui ont une douzaine d'années de plantation, qui ont environ 10 mètres de hauteur, et donc le tronc a 80 centimètres de circonférence à un mètre du sol. Leurs rameaux, qui s'étendent horizontalement, occupent beaucoup d'espace, et il s'en échappe des racines adventives qui finissent par s'implanter dans le sol, et ajoutent alors un surcroît de vigueur au végétal. On conçoit que ce mode de végétation envahisse des espaces considérables, et que ces racines aériennes, fixées au sol et tendues comme les haubans d'un navire, entrecroisées avec les branches, rendent certaines parties de forêts tout à fait inexpugnables.

J'ai tenté, l'année dernière, d'extraire du caoutchouc de ces trois arbres; le produit que j'ai obtenu a figuré à l'Exposition universelle, et doit se trouver en ce moment à l'Exposition permanente de l'Algérie. Ce résultat d'une première tentative n'est certainement pas le dernier mot de ce qu'il est possible d'obtenir. Les meilleurs procédés d'extraction applicables à l'Algérie, le moment le plus propice pour *saigner* les arbres, la préparation de la matière, sont autant de points sur lesquels je ne suis pas encore entièrement fixé, et que je ne puis arriver à rencontrer d'une manière exacte, que par la voie de tâtonnement; car l'application des inductions que j'ai pu tirer par analogie n'a pas toujours répondu à mon attente. Je continue donc sans relâche mes tentatives à cet égard. J'estime donc que chaque pied de *Ficus elastica* de la force des trois dont j'ai parlé ci-dessus, traité dans de bonnes conditions, pourrait donner de 800 à 1,000 grammes de caoutchouc; mais on peut douter que le caoutchouc du *Ficus elastica* puisse être classé parmi les sortes les plus estimées. J'ai préparé une plantation de cette espèce assez vaste pour pouvoir faire des essais assez importants pour être concluants; les sujets qui la composent sont dans un état des plus satisfaisants.

Le *Ficus rubiginosa*, de la Nouvelle-Hollande, m'a donné aussi un caoutchouc qui est très malléable, mais offre peu de consistance. Il pourrait peut-être trouver son emploi dans certaines applications. L'arbre est très vigoureux ici et pousse très rapidement.

L'espèce qui est la plus généralement exploitée et qui passe pour donner le caoutchouc de meilleure qualité et en plus grande abondance, est le *Siphonia Cahuchu* ou *Siphonia elastica* ou *Hevea guyanensis* d'Aublet, très abondant dans l'Amérique équatoriale. Une circonstance heureuse m'a rendu possesseur, pendant mon dernier voyage en France, de trois graines de cette intéressante Euphorbiacée. Sur ces trois graines semées avec tous les soins voulus, une a réussi : la plante qui en est provenue est très vigoureuse et a été conservée dans la serre pendant l'hiver; mais j'augure à son aspect qu'elle est susceptible de s'acclimater, de même qu'un certain nombre d'espèces d'Euphorbiacées de la zone torride qui réussissent très bien en pleine terre ici. Ce serait assurément une très précieuse acquisition.

Le *Vahea gummifera* de Madagascar est encore une espèce bonne productrice du caoutchouc. Dans un récent envoi fait à la Pépinière centrale par M. Richard de Bourbon, sur la demande de S. E. M. le ministre de la guerre, se trouvait une marcotte de cette plante, dont l'état de souffrance demandait les plus grands ménagements; placée dans une bonne serre et entourée de soins, je n'ai pu encore parvenir à la faire revenir à un état de santé satisfaisant. Cette espèce me paraît infiniment plus délicate que le Hevea guyanensis.

GUTTA-PERCHA.

L'exploitation considérable, désordonnée et inintelligente qui se fait des arbres qui donnent cette substance, le mode suivi qui entraîne leur mort, pourrait bien dans un délai rapproché entraîner la ruine de cette espèce sur le globe, ainsi qu'on en est menacé d'un autre côté pour les arbres qui produisent le quinquina. La culture, la conservation et la multiplication de l'arbre à gutta-percha est un objet digne de fixer l'attention des économistes et des *acclimateurs*. Des tentatives d'introduction de l'arbre à gutta-percha ont eu lieu à la Pépinière centrale. S. E. M. le ministre de la guerre avait d'abord fait venir de Singapour une caisse pleine de jeunes plants de cette espèce; mais par un séjour trop prolongé pendant le voyage sans doute, tous ces plants sans exception sont arrivés morts à l'établissement. J'ai réussi à me procurer dans le commerce trois petits plants de ce végétal, mais leur faiblesse extrême ne leur a pas permis de supporter impunément le voyage, et aujourd'hui il ne m'en reste plus qu'un seul sujet, qui a fait peu de progrès jusqu'ici et qui paraît fort délicat; il me paraît avoir beaucoup d'analogie avec ce que nous connaissons dans les serres de l'Europe sous le nom de *Chrysophyllum macrophyllum*. Le nom d'Isonandra lui a été imposé, je ne me rappelle plus par quel auteur. Quoique les résultats obtenus jusqu'ici pour l'acclimatation de cette précieuse espèce ne soient pas considérables, il n'en est pas moins important de ne rien négliger pour continuer les tentatives dans ce but.

Un journal de Bombay rapportait, il y a quelques années, que l'on avait découvert dans le suc épaissi de l'*Asclepias gigantea* toutes les propriétés de la gutta-percha, et que l'extraction de ce suc était fort peu dispendieuse. Je ne sais si ce fait a été confirmé depuis. Des graines de cette espèce ont dû être demandées pour être expérimentées à la Pépinière centrale.

CIRE ET SUIF DES VÉGÉTAUX.

Le *Rheedia americana*, le *Morenobea coccinea*, originaires de l'Amérique méridionale et qui donnent ces produits, ont été introduits à la Pépinière centrale, où jusqu'ici ils ont été cultivés en serre. Ces deux guttifères ont une croissance très lente, et l'on peut jusqu'à un certain point douter qu'ils résistent dehors à nos abaissements de température. J'ai fait jusqu'ici sans succès des tentatives d'acclimatation sur divers sujets de la famille des Guttifères.

L'introduction du Cirier de Cayenne a également été essayée. C'est le *Myristica sebifera* de de Jussieu, et le *Virola sebifera* d'Aublet. Les graines de cette espèce qui me sont parvenues n'ont pas germé. Dans un tout récent envoi, il se trouvait quelques pieds de Virola dans un bon état de conservation. Il serait possible que cet arbre de la famille des Laurinées réussît ici à l'égal du *Persea gratissima*, qui commence à donner des fruits dans l'établissement.

Le *Myrica sebifera* de la Louisiane est aussi cultivé dans l'établissement; il veut les terrains marécageux. Ses baies contiennent le quart de leur poids de cire; j'en ai adressé, il y a quelques mois, un premier échantillon au Ministère de la guerre.

Le *Croton sebiferon* de la Chine, dont notre collègue M. de Montigny a envoyé beaucoup de graines dans ces derniers temps, est en pleine prospérité. Une plantation dont les sujets ont six ans, commence à entrer en fructification. J'ai vu à l'exposition néerlandaise, au Palais de l'Industrie, un produit sébacé tout nouveau, extrait du *Ficus sebifera*, originaire de Java. M. Bleckrode, professeur à l'académie de Delft, et délégué du gouvernement des Pays-Bas à l'Exposition universelle, a bien voulu me promettre un envoi de ce figuier nouveau.

Le Palmier à cire (*Ceroxylon andicola*), qui croît dans les Andes américaines jusqu'à une hauteur de 4000 mètres au-dessus du niveau de la mer, a fixé mon attention, et je m'en suis procuré quelques sujets dans le commerce. Un sujet qui a été livré en pleine terre, il y a dix-huit mois, est dans une très bonne situation, et fait augurer de sa réussite, mais il craint l'insolation directe pendant l'été. Il est probable que le végétal en question perdra cette sensibilité lorsqu'il aura pris un plus grand développement.

Enfin le *Sorgho sucré* sécrète à la surface de ses tiges, à parfaite maturité, une poussière blanche résineuse, qui est de la cerosis, et avec laquelle on peut faire des bougies. D'après mes expériences, 1 hectare de sorgho pourrait donner plus de 100 kilogrammes de cette substance, et je crois avoir été le premier à signaler l'existence de ce nouveau produit dans le sorgho sucré.

CAMPHRE.

Dans un envoi fait par M. de Montigny, il y a trois ans, se trouvaient quelques graines de *Laurus camphora* en stratification : les plants en provenant, soignés convenablement, ont servi à faire une plantation dans un terrain montueux, composée d'une cinquantaine de sujets, qui est actuellement dans l'état le plus prospère. La plupart de ces camphriers ont en ce moment à peu près deux mètres. L'acclimatation de cette espèce précieuse peut être considérée comme un fait acquis.

QUINQUINA.

L'acclimatation de l'arbre à quinquina en Algérie serait un fait considérable, car cette espèce, livrée à une exploitation désordonnée dans son pays originaire, pourrait bien arriver, même dans un temps peu éloigné, à un épuisement complet.

Les tentatives auxquelles je me suis livré jusqu'à ce jour n'ont pas eu de résultat bien satisfaisant. Les jeunes plants provenant de semis que j'ai tenté d'élever, étaient d'une délicatesse extrême; cultivés sous verre, avec ou sans chaleur artificielle, ils s'étiolaient et finissaient par fondre; exposés à l'air libre, ils se flétrissaient au moindre souffle de notre vent chaud, malgrés les abris dont ils étaient environnés; je les ai tous perdus sous l'influence pernicieuse du vent chaud et sec de l'été que nous nommons le sirocco.

Les quinquinas sont originaires des Andes de Péron, de la Bolivie et de la Nouvelle-Grenade, où ils croissent dans une zone assez limitée, quant à l'altitude, et où la température varie à peine annuellement, dans chaque localité, mais seulement aussi de quelques degrés pendant les révolutions diurnes, sous l'influence du refroidissement de la nuit et de l'action du soleil. Ils sont soumis ainsi à l'influence d'un milieu fixe dont les extrêmes de température sont à peine sensibles toutes les vingt-quatre heures, mais sont parfaitement équilibrés de la même manière pendant toute l'année. Les quinquinas ont donc au suprême degré la température des plantes alpines, et l'on sait combien il est difficile de faire vivre cette catégorie de végétaux dans un milieu autre que celui que la nature leur a assigné nativement.

En Algérie nous n'avons pas d'élévations assez grandes pour conserver des neiges en permanence et pour déterminer des milieux fixes où la température et l'hygroscopicité de l'air soient à peu près uniformes en toutes saisons. Au milieu de l'été, la colonne d'air chaud s'élève par-dessus nos plus hauts sommets et en élève la température à l'égal de celle des plaines.

Cependant l'espèce de quinquina sur laquelle j'ai opéré est la plus délicate et celle qui croît aux plus hautes altitudes dans la région de ce genre botanique ; il y en a qui, croissant à des élévations beaucoup moindres, quoique moins riches peut-être en principes amers, n'en seraient que plus aptes à résister sous le climat algérien. Les graines de quinquina se transportent avec la plus grande facilité ; elles lèvent parfaitement lorsqu'elles ont été recueillies bien mûres et dans de bonnes conditions. Il serait à désirer que la Société pût, par ses relations, faire récolter des semences du plus grand nombre possible d'espèces de quinquana, pour en continuer les essais d'acclimatation en Algérie.

J'ajouterai que je me suis procuré dans le commerce un pied de cinchona, âgé de plusieurs années, qui résiste en ce moment infiniment mieux que ceux que j'ai eu occasion de mettre en expérience il y a cinq à six ans. J'ajouterai encore que cet exemple n'est pas isolé, que beaucoup d'espèces que j'ai essayées en vain il y a dix ans, réussissent aujourd'hui parfaitement sous l'influence d'une plus grande surface boisée; qu'en Algérie les grandes surfaces dénudées déterminent un milieu que j'appellerai réfractaire et antipathique à la végétation arborescente; que ce sont les cent premiers arbres que l'on plante qui présentent le plus de difficultés dans leur réussite. HARDY.

VARIÉTÉS.

On se fait en général une idée peu exacte des méthodes de culture usitées en Egypte, et l'on ne comprend guère comment ce pays brûlant, privé de pluie, peut être cité dans l'histoire et par les géographes comme le type de la fertilité. C'est qu'en effet, sans l'emploi judicieux des eaux, l'Egypte ne serait qu'un vaste désert, en tout semblable aux contrées voisines que les eaux du Nil ne fécondent pas, parce qu'elles ne peuvent les atteindre.

On lira donc avec un vif intérêt l'extrait suivant d'un travail que M. Mougel-Rey publie dans le journal l'*Isthme de Suez*, sous ce titre :

Des cultures en Egypte.

Les Egyptiens divisent les cultures en deux grandes classes, qu'ils appellent cultures *séfi* et cultures *nili*, ce qui correspond à nos divisions de culture d'été et cultures d'hiver.

HAUTE ÉGYPTE.

Les cultures d'hiver sont, à peu d'exceptions près, les seules usitées dans la haute Égypte, et elles se font encore aujourd'hui exactement comme dans les temps les plus reculés.

La vallée du Nil, depuis la première cataracte jusque près du Caire, se trouve partagée par une série de digues longitudinales et transversales, en un grand nombre d'immenses bassins qui suivent la pente du Nil.

Des canaux dérivés du fleuve sont menagés entre ce réseau de bassins, de manière que, quand le Nil arrive à un certain point de crue, on peut remplir d'eau ces bassins jusqu'à une hauteur de 3 à 4 mètres. La disposition la plus parfaite serait celle qui permettrait de remplir chaque bassin avec l'eau dérivée directement du Nil. Mais il n'en est pas ainsi, et l'on est obligé pour un certain nombre de ces bassins de prendre l'eau des bassins supérieurs, après qu'elle y a séjourné pendant quelques jours.

Au bout d'un certain temps, qui varie depuis quinze jours jusqu'à six semaines, on vide tous ces bassins dans le Nil, dont le niveau s'est abaissé pendant ce temps au-dessous des terrains de la vallée.

Il a été reconnu que la quantité de limon contenu dans le Nil est au Caire de huit millièmes, et cette proportion doit être beaucoup plus considérable dans la haute Égypte, qui se trouve plus rapprochée de l'origine du fleuve. Ce limon peut être considéré comme une espèce de guano; car il provient des parties les plus tenues entraînées par les pluies torrentielles qui se font sentir chaque année dans l'immense bassin du Sennaar, habité par des troupeaux d'animaux sauvages et des myriades d'oiseaux.

En décantant l'eau de chaque bassin, on laisse à la surface une petite couche de limon fertilisant, et on humecte le sol argileux à une grande profondeur. On peut alors, quand la terre est à l'état boueux, jeter la semence sans aucune préparation, et la recouvrir en faisant passer un arbre traîné par deux bœufs. Il n'y a plus rien à faire alors jusqu'à la récolte, qui a lieu trois ou quatre mois après. Le cultivateur vient alors *arracher* sa moisson, et la soumettre à l'action d'un chariot traîné par un bœuf et armé d'une douzaine de disques en fer, qui hachent la paille en même temps qu'ils mettent le grain à nu. Il suffit ensuite de jeter le tout au vent pour que le grain se sépare de la paille.

Ainsi, sans aucun labour, sans aucun travail et sans autre engrais que le limon du Nil, on obtient des récoltes d'une abondance extrême; car on obtient jusqu'à 70 hectolitres de blé par hectare (16 ardebs par feddan). Un ardeb égale 1 hectolitre 80; un feddan égale 0 hectare 42. Il est vrai que plus on va en descendant, plus la récolte est faible. Mais on dépasse toujours 30 hectolitres par hectare.

On ne cultive guère, dans la haute Egypte, que le blé, l'orge et les fèves comme culture d'hiver. Le lin, le maïs, le lupin et les pois chiches ne sont que l'exception. Ainsi dans toute cette zone, on ne connait ni les assolements, ni les labours, ni les engrais. Tout ce que l'on cherche, c'est d'avoir le plus d'eau possible dans les bassins, et de la conserver le plus longtemps qu'on peut, pour que le décantage soit plus complet. Le soleil se charge de tout le reste.

Il n'est donc pas surprenant que les anciens Egyptiens aient adoré le soleil, et regardé le Nil comme fleuve sacré, puisque le soleil et le fleuve font à eux deux tout le travail des cultures. Il n'y a que la semaille et la récolte qui soient l'affaire de l'homme.

Les cultures d'été sont peu pratiquées dans la haute Egypte; car elles ne peuvent se faire sans élever l'eau du Nil pour donner de l'humidité aux terres, qui en manquent complétement; et comme les terrains sont à 9 ou 10 mètres en moyenne au-dessus de l'étiage du fleuve, c'est à cette hauteur qu'il s'agit d'élever les eaux. Si l'on considère en outre que l'on n'a pour élever les eaux que les machines très défectueuses employées par les anciens Egyptiens ou la main de l'homme, on comprendra pourquoi ces cultures sont si peu en usage dans une contrée où elles semblent au contraire présenter tant d'avantage.

Les cultures d'été se divisent en deux classes: celles qui occupent le terrain toute l'année, et celles qu'on pourrait appeler cultures dérobées, parce qu'elles n'occupent le sol que dans l'intervalle de deux cultures d'hiver. La canne à sucre, l'indigo et le coton font partie de la première classe. Le maïs, la laitue oléagineuse, le safran, etc., se rangent dans la seconde.

Les cultures d'été de la première classe étant très-épuisantes, et ne pouvant pas jouir des bienfaits de l'inondation, exigent de l'engrais, qui est la fiente de pigeon. On trouve dans la haute Egypte de nombreux pigeonniers établis principalement dans ce but; car on tire très-peu de profit des volailles qui produisent l'engrais.

On obtient jusqu'à 75 quintaux de sucre (le quintal de 45 kilogrammes) par hectare de canne à sucre, et l'on peut dire qu'aucun pays n'est plus favorablement disposé pour la fabrication du sucre. Avec de bonnes méthodes et des voies de transport perfectionnées, on pourrait livrer avec bénéfice le sucre blanc raffiné à 50 centimes le kilogramme à Alexandrie.

(*La suite au prochain N°.*)

FAITS DIVERS.

— *L'association britannique pour le progrès des sciences* a dû ouvrir sa session le 6 de ce mois à Cheltenham. Elle durera huit jours. La question de l'uniformité des poids, mesures et monnaies, doit y être l'objet de plusieurs importantes communications.

Prix d'abonnement pour l'étranger.

Allemagne, 8 fr.;— Suisse, Parme, Plaisance, Modène, 8 fr. 50.— Etats Sardes, Grèce, Crimée, 9 fr.; — Hollande, Angleterre, 10 fr.; — Etats-Unis, Indostan, Turquie, 10 fr. 50; — Belgique, Prusse, Hanôvre, Saxe, Pologne, Russie, Espagne, Portugal, 11 fr.; — Toscane, 12 fr.; — Etats-Romains, 16 fr. 50.

Le propriétaire, rédacteur-gérant :

VICTOR MEUNIER.

PARIS. — IMP. J.-B. GROS ET DONNAUD, SON GENDRE, RUE DES NOYERS, 74.

Deuxième année. — N° 33. Quinze centimes. 17 août 1856.

L'AMI DES SCIENCES

BUREAUX D'ABONNEMENT
13, RUE DU JARDINET, 13
Près l'Ecole de Médecine
A PARIS

JOURNAL DU DIMANCHE
SOUS LA DIRECTION DE
VICTOR MEUNIER

ABONNEMENT POUR L'ANNÉE
PARIS, 6 FR. ; — DÉPART., 8 FR.
Étranger (Voir à la fin du journal)
ENVOYER UN MANDAT DE POSTE

APPAREIL DE SURETÉ CONTRE LES INCENDIES.

Le département du Vaucluse, couvert comme on sait de fabriques de garance, est en quelque sorte par cela même la terre classique des incendies. Dès qu'elles ont séjourné un certain temps dans les étuves, les garances y acquièrent un tel degré de siccité et deviennent si inflammables qu'il n'est guère de fabrique qui ne soit la proie des flammes trois ou quatre fois par an. Témoin actif d'un de ces incendies, M. Girard, pharmacien à Pertuis, homme de théorie et de pratique, fut frappé de l'imperfection des procédés en usage pour combattre un fléau si souvent déchaîné. Il demanda à sa science de prédilection, à la chimie, des moyens plus assurés de s'en rendre maître. Celle-ci lui offrit l'acide carbonique, et c'est en effet sur l'emploi de l'acide carbonique qu'est fondé l'appareil figuré ci-dessus, et que nous allons décrire après l'avoir vu fonctionner à Paris, dans un modèle de fabrique construit exprès, sur un vaste terrain, au coin de la rue Balzac.

Presque aussitôt que l'idée mère, l'appareil complet, fort simple en effet, destiné à mettre cette idée en œuvre se présenta à l'esprit de l'inventeur, et peu de jours après ce sinistre qui l'avait mis sur la voie, M. Girard pouvait se livrer dans son usine à des expériences dont le succès l'encouragea à persévérer.

Le retentissement de ces expériences eut ce résultat, que les principaux fabricants de garance d'Avignon prièrent l'inventeur de les répéter devant et chez eux-mêmes. M. Garnier, ancien député, désira que de nouveaux essais eussent lieu dans les étuves de sa propre fabrique.

M. Girard fit donc confectionner un appareil d'une capacité en rapport avec ladite étuve, et, dès qu'il l'eut mis en place, les trois ou quatre étages, séparés l'un de l'autre par un plancher à claire-voie, furent remplis de matières combustibles auxquelles on mit le feu. L'expérience avait lieu en présence du préfet, de M. Perrier, ingénieur en chef, de M. Redarès, professeur de sciences physiques au lycée, et d'une foule de notabilités industrielles.

Ce ne fut pas sans émotion, on peut le croire, qu'on vit les flammes s'élever jusqu'au-dessus des toits. Mais dès qu'elles eurent atteint leur plus grand développement, on fit fonctionner l'appareil. En quelques secondes les flammes furent éteintes. — Après cela nous pouvons décrire l'appareil Girard.

Il se compose : 1° de deux bacs ou réservoirs en plomb, clos hermétiquement, enfermés dans des caisses en bois, et d'une dimension fort ordinaire, 2° de quelques mètres de tuyaux, en tôle galvanisée ou en fer, d'un faible diamètre et perforés de petits trous ; 3° d'un tuyau principal en cuivre ou en fer, et de quelques robinets Le plus petit bac peut être remplacé avantageusement par un ou plusieurs vases en grès munis de robinets pareils.

Tout l'appareil est fixe : les bacs doivent être placés dans un appendice séparé de l'établissement qu'il s'agit de garantir ; dans une cour ou une cave où l'incendie ne soit pas à craindre. Les tuyaux perforés de trous pour injecter et répandre le gaz, sont posés sous les plafonds des divers compartiments, et y sont fixés solidement, afin qu'ils ne puissent se détacher avant d'avoir fonctionné, à moins que l'incendie eût atteint déjà des proportions telles que les plafonds eux-mêmes fussent compromis. Quant au tuyau principal communiquant le gaz des bacs aux tuyaux d'injection, il doit être d'un plus fort diamètre que ces derniers, et placé selon la position des bacs.

Ceux-ci doivent être toujours chargés des matières servant à produire le gaz, afin que, lorsque le feu vient à se manifester, on n'ait qu'à tourner un robinet et rien autre chose à faire.

La production du gaz acide carbonique s'obtient de la manière suivante : on charge d'abord le plus petit bac avec de l'acide chlorhydrique liquide qui est à bon marché ; on charge ensuite l'autre bac avec du marbre moulu en grains de la grosseur d'un pois, le marbre étant le carbonate de chaux le plus pur qu'on puisse trouver partout et presque sans frais. Ces deux matières coûtent si peu, à raison de la petite quantité qu'il en faut, qu'on pourrait sans difficulté les renouveler chaque année si l'on craignait qu'elles se fussent altérées par un trop long séjour dans les bacs; mais ceux-ci étant hermétiquement fermés, cette précaution serait superflue. On devra plutôt veiller à ce que le robinet qui maintient l'acide joue toujours parfaitement, afin de n'être pas pris au dépourvu, ni d'ébranler l'appareil au moment où il faudrait s'en servir, car il faut, pour ainsi dire, qu'un enfant puisse le manœuvrer.

Toute l'opération consiste donc en ceci : dès que l'on s'aperçoit de l'incendie, dès que le cri : au feu ! se fait entendre, fermer les portes et les fenêtres qui seraient restées ouvertes à l'endroit incendié, et qu'on pourrait atteindre avec la main ou autrement, de façon que l'air n'y pénètre pas trop violemment, ce qui, en alimentant le feu, neutraliserait l'effet du gaz; courir aussitôt après à l'appareil pour lâcher l'acide, mais graduellement, afin que la production du gaz ait lieu sans effervescence, et dure quelques instants, bien qu'une seconde suffise pour éteindre les flammes. Mais comme il faut excessivement peu de gaz pour cela, et qu'elles pourraient se rallumer s'il y avait des courants d'air, il convient de ne dépenser du premier coup de robinet que le moins possible d'acide, afin qu'il en reste pour un second, un troisième coup, en cas de besoin.

Une fois maître des flammes, qui, seules, on le sait, sont capables de propager et d'étendre au loin l'incendie, les charbons embrasés ne sont pas à craindre. Une demi-heure après avoir fait jouer l'appareil, comme le gaz serait assez raréfié dans les zones élevées des appartements, pour s'être à peu près tout concentré dans les zones inférieures et n'y former qu'une légère couche, on pourrait y pénétrer dès que la fumée le permettrait, soit pour enlever les charbons et les objets, attaqués ou non, qui risqueraient à leur tour de s'embraser, soit pour répandre sur ces charbons l'eau dont on disposerait.

La promptitude de l'opération ne doit pas étonner : il ne tombe pas une goutte d'acide sur la marbre, qu'il ne se produise à l'instant un volume considérable de gaz. A cette première formation en succède immédiatement une deuxième, une troisième, une quatrième, et l'une poussant l'autre avec force, ce fluide remplit rapidement le tuyau de conduite qui le répartit aussitôt dans les tuyaux d'injection, d'où il tombe d'autant plus lourdement et plus vite en forme de pluie ou comme un linceul de plomb, sur toute la surface de la pièce incendiée, que trois causes déterminent cette lourde et prompte chute : 1° la poussée dont il vient d'être parlé ; 2° son poids spécifique bien supérieur à celui de l'air ordinaire ; et 3° l'attraction produite par le vide ; en d'autres termes, par la raréfaction de l'air, qui devient d'autant plus grande que le milieu incendié est arrivé à une température plus élevée. Aussi voit-on les flammes baisser aussi vite qu'on verrait le gaz se précipiter, si cela était possible. Les flammes n'ont pas la force de le retenir un seul instant flottant au-dessus d'elles : à peine aux prises, elles sont entraînées et forcées de se rabattre sur le foyer d'où elles émanent, pour y être définitivement étouffées.

Tel est l'appareil de M. Girard, dont le succès est naturellement assuré dans les fabriques de garance, les teintureries, les filatures de soie des départements de Vaucluse, du Var, du Gard et des Bouches-du-Rhône ; applicable partout où se trouvent des raffineries de sucre et de soufre, des huileries, des savonneries, des distilleries, des minoteries, des fabriques de produits chimiques et des ateliers de construction, des chantiers, des magasins de bois, des chais de vins et alcool, des greniers, des docks de marchandises, il pourrait trouver sa place dans tout système bien conçu d'habitations ; c'est un point sur lequel nous nous proposons de revenir.

LÉGENDE.

A. Tube de niveau. B. Robinet de vidange. C. Tuyau conducteur. D. Tuyau d'équilibre. E. Robinet de formation. F. Tubulure de la poudre, ou trou d'homme. G. Tubulure de l'acide. H. Robinet de décharge. I. Tuyau de distribution ou d'injection. J. Robinet d'interception. K L. Bacs ou caisses en plomb revêtues en bois.

PORTE-AMARRE BRADJOW.

Porter secours aux navires en détresse ou échoués sur les côtes, en les mettant promptement en communication avec la terre, à l'aide d'un va et vient qui peut souvent sauver les hommes et les choses, est un des problèmes humanitaires les plus importants à résoudre.

Trois Anglais s'en sont occupés les premiers, ce sont MM. Frengrowsse, Mauby et Congrève, dont les essais ont été dépassés par ceux de Delvigne, qui ont été dépassés par ceux de Bertinetti, que le capitaine Tremblay vient de simplifier considérablement, puisqu'il propose à ce dernier de faire un essai comparatif.

Il s'agit toujours de lancer une ligne, soit avec un obusier, soit avec une fusée à la Congrève, soit avec les deux moteurs combinés. M. Delvigne emporte sa corde lovée dans son projectile creux ; il atteint 400 mètres ; Bertinetti en atteint 800, en envoyant une ligne double avec la fusée, et en la dédoublant à l'aide d'un boulet attaché à l'autre bout, tiré au moment où la fusée est au sommet de sa trajectoire. Le capitaine Tremblay se borne à fixer un grapin en tête d'une ou de plusieurs fusées réunies en faisceau, et capables d'entraîner une corde d'une résistance plus considérable que les petites lignes de ses devanciers ; il espère atteindre beaucoup plus loin.

Voilà où en était la question quand nous entrâmes dans le cabinet d'un inventeur qui se mit à sourire de l'admiration avec laquelle nous lui parlions de cette invention qui, selon nous, était arrivée à son apogée. — C'est là son mauvais côté, nous dit-il, et j'ai travaillé à l'en faire descendre. — Expliquez-vous !

On a toujours voulu communiquer par l'air avec les vaisseaux ; moi je le fais par l'eau, et je puis porter un grélin aussi loin que je veux, de Douvres à Calais par exemple. — Oh ! — Cela n'est pas nécessaire, mais c'est pour vous dire que je ne connais pas de limite à la portée de ma corde entraînée par une ou plusieurs fusées gigantesques portés par une petite nacelle en tôle pontée et insubmersible comme le canot des Samoyèdes.

Elle ne cessera de marcher droit, la corde faisant l'effet de la queue d'un cerf-volant qui lui fera suivre forcément la résultante du parallélogramme des forces.

Un homme pourrait au besoin la guider avec un petit gouvernail, vers les naufragés épars qui s'attacheraient à la corde. Car, que faut-il ? un moteur puissant, je le trouve dans mes fusées ; une barquette insubmersible, rien n'est plus aisé à façonner ; un intrépide marin, rien n'est plus commun, sur les côtes de France surtout.

Vous voyez bien que je tiens le dernier mot des appareils de sauvetage, mais je vous prie de n'en rien dire, je suis fonctionnaire et j'ai peur d'être signalé à mes chefs comme inventeur, et si mon futur beau-père le savait, il me refuserait sa fille, car on considère encore un inventeur comme un joueur ou un ivrogne infailliblement voué à la misère, en vertu de la loi draconienne qui fait qu'un homme décoré d'un brevet d'invention se trouve seul contre tous, en entrant en campagne. Comment voulez-vous qu'il l'emporte contre toutes les administrations, tous les contrefacteurs et tous les envieux coalisés, pour le voler ou l'écraser ? ce serait un miracle qu'il en réchappât. Connu, connu ! JOBARD.

Hydrographie souterraine de la ville de Paris,

Par M. DELESSE, ingénieur des mines.

(*Communication faite à l'Académie des sciences.*)

La ville de Paris est traversée par quatre nappes d'eau superficielles, la Seine, la Bièvre, le ruisseau de Ménilmontant et le canal Saint-Martin. Le ruisseau de Ménilmontant, dont le cours est tracé sur les anciens plans de Paris, descendait de la colline qui porte le même nom ; il se dirigeait vers la rue des Filles-du-Calvaire, et décrivant de ce point un arc de cercle autour du centre actuel de Paris, il allait se jeter dans la Seine au quai de Billy.

Les travaux exécutés dans Paris ont complétement changé le régime de ce ruisseau ; il est d'ailleurs dissimulé par les constructions qui le recouvrent ; mais il continue à couler dans le grand égout de ceinture en lequel il a été transformé. La Bièvre et l'ancien ruisseau de Ménilmontant sont renfermés dans une cuvette parfaitement étanche, et par conséquent ces deux cours d'eau ne donnent lieu à aucune nappe d'infiltration.

Indépendamment des nappes superficielles, il existe des nappes souterraines qu'on rencontre lorsqu'on pénètre dans l'intérieur de la terre ; ce sont elles qui alimentent les puits.

La nappe souterraine en communication immédiate avec la Seine est ce que l'on appelle sa nappe d'infiltration. Cette nappe s'étend sous Paris, et même c'est elle qui fournit de l'eau à presque tous les puits.

Les courbes horizontales sont des lignes ondulées à peu près parallèles. Elles sont disposées symétriquement sur chaque rive de la Seine, et elles vont se raccorder avec la nappe superficielle ; elles se coupent d'ailleurs deux à deux sous des angles très aigus qui s'emboîtent l'un dans l'autre, et qui ont leurs sommets dirigés vers l'amont.

Le niveau de la nappe d'infiltration est généralement supérieur à celui de la Seine ; il s'élève à mesure qu'on s'éloigne des bords du fleuve.

Près de ses bords il s'abaisse jusqu'à $27^m,5$ en amont de Paris à la barrière de la Gare, et même jusqu'à $25^m,5$ en aval, près de la barrière de la Cunette.

Sur la rive gauche la différence de niveau entre le point le plus haut et le point le plus bas de la nappe souterraine est au plus de 5 mètres. Sur la rive droite cette différence s'élève presqu'au double. La pente moyenne à la surface de la nappe souterraine est supérieure à $0^m,001$ par mètre.

Dans les parties contiguës à la Seine, elle est beaucoup plus grande, et elle atteint même $0^m,01$.

La pente moyenne de la Seine dans la traversée de Paris est seulement de $0^m,0002$; par conséquent elle est bien moindre que celle de la nappe d'infiltration.

Cette différence dans les pentes des deux nappes tient à ce que l'eau ne peut s'écouler qu'avec de très grandes difficultés, même à travers les terrains les plus perméables.

La nappe d'infiltration reçoit bien l'eau d'infiltration de la Seine qui s'y répand à l'époque des crues, mais elle est surtout alimentée par les eaux provenant des collines qui environnent Paris.

Les nappes souterraines qui se trouvent à un niveau supérieur y déversent aussi leurs eaux. La forme de la nappe d'infiltration dépend essentiellement de la Seine.

Elle change lorsque la Seine s'élève ou s'abaisse ; elle reproduit toutes ses variations, mais elle les atténue beaucoup, même à une assez petite distance. Elle dépend également, bien qu'à un moindre degré, d'éléments constants qui sont le bassin hydrographique avec lequel elle communique, le relief du sol, et la disposition des couches imperméables sur lesquelles elle repose.

La nappe d'infiltration a donc une origine très complexe.

Les îles Saint-Louis et Notre-Dame ont une nappe souterraine distincte qui est également une nappe d'infiltration ; ses courbes horizontales sont concentriques et à peu près parallèles à leurs contours.

La nappe souterraine forme donc une surface qui s'élève vers la partie centrale de chaque île, et qui s'incline au contraire sur ses bords.

La pente de cette nappe est d'ailleurs très considérable, car elle dépasse $0^m,01$ par mètre.

Près de la barrière Blanche, quelques puits de Paris sont alimentés par une nappe souterraine dont la cote est supérieure à 42 mètres. Cette nappe est toute différente de la nappe d'infiltration de la Seine : on retrouve cette dernière au-dessous à la cote de 32 mètres.

Près des barrières Rochechouart et de Fontarabie, des nappes souterraines s'élèvent à la cote de 37 mètres ; elles sont également au-dessus de la nappe d'infiltration.

La carte hydrographique montre comment s'opère l'écoulement des eaux dans les nappes souterraines. Si l'on considère par exemple la nappe d'infiltration de la Seine qui s'étend partout au-dessous de Paris, il est visible que l'eau se dirigera nécessairement d'un point plus élevé vers un point plus bas ; par conséquent elle se déversera des barrières vers la Seine. Sa pente est surtout très grande sur les bords du fleuve. Ainsi, bien que cela puisse paraître paradoxal au premier abord, la Seine joue à l'égard de la nappe souterraine le rôle du canal de dessèchement ; elle détermine l'écoulement de ses eaux et elle opère le drainage de la ville de Paris.

Les eaux qui tombent sur la surface d'un cimetière pénètrent à travers des cadavres en décomposition, et se réunissent ensuite aux eaux de la nappe souterraine qui est la plus rapprochée de la surface. Malgré la filtration naturelle à laquelle elles sont soumises, qui les débarrasse rapidement de la plus grande partie des matières qu'elles tiennent en suspension, ces eaux sont nécessairement très impures, et peuvent être nuisibles à la salubrité. Il était donc utile de rechercher dans quelle direction s'écoulent les eaux qui ont traversé les immenses ossuaires de Paris. Un coup d'œil jeté sur la carte suffit pour constater que le choix de l'emplacement de ces ossuaires laisse à désirer; car les eaux du cimetière Montparnasse, par exemple, s'écoulent dans la nappe d'infiltration de la Seine, et il est visible qu'elles se rendent ensuite dans le fleuve en traversant une partie du faubourg Saint-Germain.

Les indications précédentes suffisent pour montrer que la carte hydrographique de Paris permet de résoudre un grand nombre de questions importantes qui sont relatives à la salubrité, aux inondations, au drainage, à l'écoulement des eaux, à l'établissement des égouts, et à l'exécution de tous les travaux souterrains.

CAOUTCHOUC CELLULAIRE.

Le nom de cette nouvelle forme de caoutchouc, dont les applications seront probablement nombreuses, est parfaitement motivé. En effet, sauf la couche extérieure, qui est compacte, toute la substance n'est composée que d'une multitude de petites cloisons, qui circonscrivent des aréoles d'un volume assez uniforme; de sorte que la masse a une grande analogie de forme avec le tissu spongieux de la rate ou de l'urèthre. Ces aréoles donnent au caoutchouc une élasticité à la pression que ne possède nullement le caoutchouc ordinaire et que l'on est habitué à ne rencontrer que dans les membranes distendues par un liquide ou par un gaz; et comme elles peuvent recevoir plus ou moins de volume, suivant l'effet qu'on veut obtenir, il s'ensuit qu'on peut faire passer le caoutchouc par tous les degrés de mollesse ou de dureté. Il est impossible que les applications dont est susceptible une substance jouissant de telles propriétés se fassent longtemps attendre. On peut admettre que des coussins en caoutchouc cellulaire remplaceraient avantageusement les coussins à air, si altérables, comme on sait, que la moindre piqûre d'épingle les met hors de service. Un matelas tout entier de cette substance, dont le prix de revient est de beaucoup inférieur à celui du caoutchouc vulcanisé ordinaire, serait d'une élasticité et d'une mollesse sans égales.

Le procédé qui sert à obtenir cette substance si remarquable, est des plus ingénieux, mais ne peut être encore livré à la publicité. Il permet de reproduire par le moulage, en caoutchouc cellulaire ou en caoutchouc creux, les objets les plus divers et dans leurs moindres détails. On comprend immédiatement quels avantages y trouverait la chirurgie pour la restauration artificielle de certaines parties détruites ou enlevées, telles que le nez et l'oreille, etc. Les objets moulés, en même temps qu'ils sont très légers, jouissent d'une élasticité qui leur permet de reprendre instantanément leur forme quand on les a comprimés entre les doigts.

CORRESPONDANCE.

Manomètres électriques.

Paris, le 27 juillet 1856.

Monsieur le Directeur,

Je lis dans le N° 25 de l'*Ami des Sciences* une réclamation de priorité au sujet du manomètre avertisseur électrique de M. Bréguet, publiée dans le numéro précédent. Permettez-moi, Monsieur le Directeur, de vous rappeler que vous avez bien voulu accueillir dans votre Feuilleton de la *Presse* du 22 mars 1854, une communication au sujet de l'application de l'électricité au ménomètre à air libre, pour soulever, sous une pression déterminée, la soupape de la chaudière: ce moyen était également appliqué à un système de télégraphie électrique dans lequel la pression de l'air, par un tuyau d'un très petit diamètre (quelques millimètres), permettait de mettre une station avec une autre assez éloignée en communication directe, sans intermédiaire préalable.

Je prendrai la liberté de vous signaler en même temps, monsieur, une application communiquée il y a déjà plus d'un an au ministre de la marine, et dont la priorité pourrait bien, dans quelque temps, être invoquée, de bonne foi, par un autre. Une sonde, un poids, une sorte de grappin, jeté à l'avant d'un navire et retenu à une attache isolante, à une profondeur quelconque, au-dessous du tirant d'eau, pourra donner, au moyen d'une sonnerie, d'un coup de canon, etc., un avertissement que cette sonde a rencontré une résistance quelconque autre que celle de l'eau. Il est facile de comprendre de quelle utilité sera, pour la marine, un pareil instrument pour prévenir le danger dans un temps de brume, dans le cas de fausse route, etc., pour les travaux hydrographiques.

Veuillez agréer, etc. AD. REVILLE.

ACADÉMIE DES SCIENCES.

Séance du 4 août.

SUR LA DÉTERMINATION DES LONGITUDES TERRESTRES.

M. Leverrier rend compte d'une campagne géodésique faite à l'Observatoire dans le but d'arrêter une méthode plus exacte pour la détermination de la longitude entre deux lieux donnés. Dans ces dernières années on s'est servi, dans ce but, du télégraphe électrique. Deux observateurs, l'un à Paris, l'autre à Londres, par exemple, se signalaient par un avertissement électrique l'instant précis du passage au méridien d'une étoile convenablement choisie; c'est un perfectionnement de cette méthode qui vient d'être étudié à l'Observatoire; au lieu de s'avertir réciproquement, les observateurs inscrivent l'instant précis du passage sur un même chronographe électrique. La différence entre les points tracés chimiquement sur la feuille de papier du chronographe donne la différence de longitude. Les stations choisies pour le premier essai de la méthode faisaient toutes deux partie de la terrasse de l'Observatoire, c'est-à-dire que l'une de ces stations était la lunette méridienne de l'Observatoire, et l'autre une tente dans laquelle on avait installé l'instrument méridien de l'état-major. On pouvait ainsi évaluer directement la différence de longitude des deux stations par la simple mesure de la distance, et la comparer à la différence en longitude donnée pour les observations astronomiques. L'accord a été aussi parfait que possible; les deux nombres obtenus ne diffèrent entre eux que d'un centième de seconde.

« Ce résultat montre, dit M. Leverrier, que nous disposons d'une méthode précise et avec laquelle nous pouvons maintenant entreprendre et conduire avec rapidité, nous l'espérons, la mesure des longitudes sur les divers points de la France. Déjà nous avons résolu, le dépôt de la guerre et nous, d'entreprendre immédiatement la station de Bourges, qui est un des points principaux de la grande triangulation géodésique de la France. M. le commandant Rozet est sur les lieux pour commencer les constructions nécessaires, pendant que quelques derniers perfectionnements sont apportés aux instruments. »

BOLIDE VU A PARIS ET A VINCENNES, LE 30 JUILLET 1856.

MM. Boillot, attaché à l'observatoire, Dien et Livet, chef de bataillon du génie au château de Vincennes, transmettent leurs observations sur ce Bolide. D'après M. Boillot qui l'a observé d'un jardin situé sur le boulevard Montparnasse, il a pris naissance à 9 h. 48 m. 1/2 du soir, au nord de α de l'Aigle et parcouru un arc qui s'est terminé par la disparition à 7 ou 8 degrés à l'ouest de l'étoile θ de la Couronne au-dessus d'Arcturus. La durée de l'apparition a été de deux secondes et demie environ. La traînée lumineuse a persisté pendant plus d'une minute. Sa couleur était blanche, elle avait une largeur de 2 à 3 minutes. Le météore avait un diamètre apparent d'environ 4 minutes. Cette masse incandescente était d'un rouge vif, au centre, et une auréole bleue l'environnait; cette auréole était plus large en arrière, du côté opposé au sens du mouvement qui avait lieu de l'est à l'ouest.

D'après M. Livet, la trace lumineuse a persisté en s'affaiblissant mais sans changer de place, pendant cinq minutes.

Nouvelle espèce de filaire trouvée sous la peau d'un guépard.

« On sait que le *Filaria medinensis*, commun dans les régions intertropicales ou voisines de cette zone de l'ancien continent, se trouve dans le tissu cellulaire sous-cutané des jambes, de l'abdomen de l'homme, qu'il soit de race blanche ou race nègre. Cette filaire y forme des tumeurs dans lesquelles elle vit solitaire, mais on trouve souvent plusieurs helminthes sur un même sujet. La présence de ce parasite paraît quelquefois ne causer aucune douleur; dans d'autres cas, les tumeurs deviennent le siége de douleurs assez vives pour que le chirurgien soit appelé à donner des soins au malade. L'extraction devient surtout nécessaire quand le parasite a défoncé la peau, ordinairement près des malléoles; on peut saisir alors l'helminthe, et avancer beaucoup sa sortie du corps qui le nourissait. On a trouvé des helminthes du genre des filaires sur des oiseaux, sur des poissons, où elles sont très communes, soit dans les poumons, soit dans la cavité du péritoine. Quelquefois le ver parasite sort par une perforation de la peau de l'abdomen, ce qui peut donner lieu de croire avec M. Dujardin que les filaires, à une certaine époque de leur vie, quittent le corps de l'animal dans lequel elles s'étaient d'abord développées. Que deviennent-elles alors? les naturalistes ne le savent pas encore. La longueur de ces fils est quelquefois assez grande pour atteindre à 4 mètres, leur largeur étant à peine de 1 millimètre à $1^{mm},15$. M. Jacobson a fait sur le ver de médine des observations très-curieuses. Il a reconnu la viviparité de ce nématoïde, et cette observation a été répétée à Paris dans le service de l'hôpital Saint-Antoine.

La filaire trouvée par M. Valenciennes sous la peau d'un guépard, mort récemment à la ménagerie, se distingue de celle de médine par une tête plus effilée, et de celles qu'on tire des poumons des mammifères, par un corps aplati; elle se distingue de toutes par un seul ovaire; l'auteur lui donne le nom de *filaria æthiopica*.

Le guépard sur lequel on l'a trouvée était une femelle originaire du Kordofan. L'animal était triste, moins apprivoisé, moins calin que ceux du même genre qu'on a possédés antérieurement. Il périt dans la dernière quinzaine de juillet, et l'on trouva sous la peau des quatre membres et sous le ventre quinze ou vingt filaires longues pour la plupart de $1^m,50$ à $1^m,70$, pelotonnées dans le tissu cellulaire; l'une d'elle avait fait une perforation à la partie interne de la jambe gauche, un peu au-dessus de l'extrémité du tibia.

Les ascensions en ballons captifs.

Dans une longue lettre, dont il est donné connaissance à l'Académie, M. le maréchal Vaillant appelle l'attention de MM. les académiciens de Dijon sur les dangers des ascensions en ballons captifs. Il trace l'histoire rapide d'un grand nombre d'entreprises de ce genre. Nous devons citer ce qu'il raconte de celles qui ont été faites au printemps de 1855, près de Vincennes, sous la direction d'officiers d'artillerie, du génie et de la marine impériale. « Il s'agissait, dit-il, de voir si l'on pourrait maintenir un ballon à 500 ou 600 mètres de hauteur (ne vous attachez pas trop à ces nombres que je donne de mémoire) au-dessus d'une ville forte; et, en supposant la chose possible, faire tomber de ce ballon des projectiles incendiaires, fulminants, etc.

« Bien que la Commission chargée de faire les essais fût maîtresse du moment, et qu'elle eût à sa disposition un superbe emplacement, rien n'a réussi. Nous avons crevé deux ballons, dépensé une dizaine de milliers de francs; il a fallu, en définitive, renoncer à tout.

« L'Académie des Sciences de Paris a décidé qu'un Rapport sur les expériences de Vincennes vous serait adressé. Je le fais préparer par M. le lieutenant-colonel Riffault, du génie, qui était, lors des expériences, mon premier aide de camp, et qui est maintenant directeur des études à l'École Polytechnique. »

M. Biot sollicite néanmoins la création, dans la plaine de Grenelle ou ailleurs, d'un établissement aéronautique, dont plusieurs jeunes savants courageux et dévoués seraient appelés à faire partie, pour effectuer tour à tour, de temps en temps, aux différentes saisons de l'année, des ascensions en ballon captif ou libre, ayant d'abord pour but spécial la détermination de la loi du décroissement de la température dans les couches inférieures de l'atmosphère, au départ de la terre et jusque vers 1,200 ou 2,000 mètres.

Recherches paléontologiques dans l'Attique.

On sait que sous les auspices de l'Académie, MM. A. Gaudry et Lartet ont entrepris à Pikermi (Attique), des recherches paléontologiques couronnées de succès. Aujourd'hui ils présentent les produits les plus importants de leurs fouilles. Voici les noms de quelques-unes des espèces qu'ils ont pu jusqu'à ce jour dégager de leur gangue.

Semnopithecus pentelicus. — On avait supposé que ces fragments appartenaient à un genre inconnu, les auteurs prouvent qu'ils appartiennent au genre semnopithèque.

Macrotherium pentelicum. — Cuvier, d'après l'inspection d'une seule pièce, a proclamé l'existence d'un animal gigantesque, voisin, selon lui, des pangolins. Les découvertes faites depuis Cuvier ont conduit à penser que ce genre était plus proche du paresseux que du pangolin. Les fouilles à Pikermi ont amené au jour des pièces nombreuses de cet animal, dont la forme est si étrangère à tout ce que renferme la nature actuelle. Le macrotherium, si l'on en juge d'après ses dents, se nourrissait aux dépens des arbres. L'espèce de Grèce devait, au train de devant, avoir une hauteur égale à celle de nos plus grands éléphants. Le mode d'articulation de ses doigts, armés d'ongles énormes et constamment fléchis, le rendait peu propre à fouir. L'examen de ces doigts conduit à la supposition de ce fait curieux, savoir que notre tardigrade s'en servait principalement pour se suspendre aux grandes tiges des arbres. Si le macrotherium était un animal grimpeur, quelles dimensions gigantesques attribuerons-nous aux arbres sur lesquels il allait chercher sa nourriture? Et si, à cet animal, nous joignons les dinothériums et les mastodontes, dont les dépouilles accompagnent les siennes à Pikermi, quelle immensité de végétaux devrons-nous réunir par la pensée, sur cette terre de Grèce, aujourd'hui si aride et dépouillée?

Thalassictis robusta, Nord. — Ce genre présente le caractère remarquable d'avoir des prémolaires d'hyène, et des mâchelières semblables à celles des viverriens. Il vérifie ainsi cette annonce faite par des naturalistes illustres, que les genres de la nature passée serviront de lien entre ceux de la nature vivante et combleront les lacunes qui les séparent.

Sus erymanthius? Wagner. — Serait-ce le fameux sanglier d'Erymanthe qu'Étienne Geoffroy-Saint-Hilaire a vu figuré sur les bas-reliefs du temple d'Olympie? Et ainsi, comme l'illustre zoologiste l'avait supposé il y a déjà vingt ans, la fable des anciens Grecs aurait-elle eu pour base la vue d'un animal aujourd'hui perdu?

On n'avait encore trouvé en Europe que de rares débris de girafes; le gisement de Pikermi en a procuré un grand nombre que les auteurs rapportent à deux espèces nouvelles.

En résumé, les mammifères sont presque les seuls vertébrés dont ils aient rencontré des vestiges; ni reptiles, ni poissons, mais quelques os de gallinacées.

SOURDS ET MUETS.

Le savant docteur Blanchet, auteur de plusieurs communications relatives aux affections de l'organe de l'ouïe et à l'enseignement de la parole aux sourds-muets, présente aujourd'hui un travail sur la possibilité et l'utilité d'une généralisation absolue de l'enseignement des *sourds-muets*, sans les séquestrer des parlants ; travail sur lequel nous reviendrons.

SOCIÉTÉ FRANÇAISE DE PHOTOGRAPHIE.

Programme de deux prix fondés par M. le duc de Luynes.

Dans son assemblée générale tenue le 18 juillet, dont le procès-verbal nous arrive à l'instant, la Société française de photographie a entendu la lecture du rapport suivant de son président, M. Regnault, de l'Institut, sur deux prix fondés par M. le duc de Luynes :

« Une des applications les plus intéressantes de la photographie est la reproduction fidèle et incontestable des monuments et documents historiques ou artistiques que le temps et les révolutions finissent toujours par détruire. Depuis les immortelles découvertes de Niepce, Daguerre et Talbot, les archéologues se sont vivement préoccupés de cette importante application, qui doit fournir des éléments si précieux aux siècles futurs. Mais pour que la photographie puisse réaliser les grandes espérances qu'elle a fait concevoir sous ce rapport, il faut, avant tout, que l'on soit certain de la conservation indéfinie des épreuves. Malheureusement, l'expérience de la première période photographique que nous venons de traverser est loin d'être rassurante à cet égard : beaucoup, qui n'ont que quelques années d'existence, sont aujourd'hui profondément altérées ; quelques-unes se sont complétement effacées. Les photographes, justement alarmés d'un état de choses qui compromet gravement le développement merveilleux que leur art a pris en si peu de temps, se livrent aujourd'hui, à l'envi, à la recherche des causes qui ont déterminé une altération si rapide, et des nouveaux procédés de tirage qui assurent une plus longue durée aux épreuves.

« Les sociétés photographiques ont enregistré, depuis quelques années, un grand nombre de procédés de fixage des épreuves positives, que leurs auteurs présentent comme devant en assurer la conservation indéfinie. Elles ont pu constater que des perfectionnements importants avaient été réalisés, en effet, par rapport aux premiers procédés de tirage auxquels on s'était arrêté ; et il y a lieu d'espérer que les efforts persévérants d'un si grand nombre d'opérateurs zélés, intelligents et instruits en amèneront prochainement de plus grands encore. Mais la conservation indéfinie des épreuves photographiques ne peut être prouvée que par l'expérience de plusieurs siècles ; les archéologues hésiteront à confier les sujets de leurs études à un art dont les produits ne leur présenteront pas des garanties suffisantes de durée, et ne se fieront pas aux promesses qui leur seront faites à cet égard, de quelque autorité qu'elles émanent, quand le temps n'aura pu en donner une consécration incontestable.

« La connaissance que nous avons aujourd'hui des propriétés physiques et chimiques des corps suggère des objections dont le temps pourra seul préciser la portée.

« Les éléments chimiques qui constituent le dessin d'une épreuve positive existaient, primitivement, à l'état de dissolution dans les liqueurs qui ont servi à la préparation photogénique des papiers. Ils sont donc solubles dans des réactifs chimiques appropriés ; et, bien que l'on puisse admettre que, dans les conditions où les épreuves seront conservées, elles ne se trouveront pas exposées à des agents semblables, aucun chimiste ne peut assurer qu'une altération analogue de ces substances ne pourra pas être produite, dans la suite des temps, par des agents bien moins énergiques que l'air pourra leur présenter, ou qui pourront se développer en quantité très minime dans les espaces où les épreuves séjourneront. D'un autre côté, les quantités pondérales des métaux qui forment les noirs et les demi-teintes de nos épreuves sont extraordinairement petites, elles sont fixées sur le papier par des affinités très faibles. Aucun métal n'est absolument fixe aux hautes températures de nos foyers ; et, quelque faible que l'on veuille supposer leur tension de vapeur aux températures ordinaires, ne peut-on pas craindre que la vaporisation seule finisse par les dissiper ? Les conditions dans lesquelles on conservera les épreuves dans les bibliothèques, c'est-à-dire reliées en livre ou superposées dans des cartons, ne faciliteront-elles pas cette altération, ainsi que plusieurs photographes ont cru le reconnaître sur les épreuves fixées par les anciennes méthodes, en présentant à chacune des molécules métalliques un grand nombre de particules de papier, semblables à celle sur laquelle elle se trouve fixée, et qui peuvent en faciliter la diffusion.

« Le carbone est, de toutes les matières que la chimie nous a fait connaître, la plus fixe et la plus inaltérable à tous les agents chimiques aux températures ordinaires de notre atmosphère. Ce n'est qu'à des températures élevées, celle de la combustion vive, que le carbone disparaît en se combinant avec l'oxygène. La conservation des anciens manuscrits nous prouve que le charbon, fixé sur le papier à l'état de noir de fumée, se conserve sans altération pendant bien des siècles. Il est donc évident que si l'on parvenait à produire les noirs du dessin photographique par le charbon, on aurait pour la conservation des épreuves la même garantie que pour nos livres imprimés, et c'est la plus forte que l'on puisse espérer et désirer.

« Depuis quelques années, bien des tentatives ont été faites pour transformer les épreuves photogéniques en planches pouvant servir au tirage d'un grand nombre d'épreuves par les procédés de la gravure ou de la lithographie. Si ces tentatives n'ont pas donné jusqu'ici un succès complet, si les épreuves qu'elles ont fournies sont inférieures, au point de vue artistique, à celles qui sont produites par les procédés photographiques ordinaires, on peut dire néanmoins que les résultats sont de nature à faire concevoir de grandes espérances, et l'on ne peut pas douter qu'ils ne se perfectionnent rapidement entre les mains des artistes habiles qui ne manqueront pas de se livrer à ce genre d'étude. La haute importance du but qu'il faut atteindre, et les bénéfices industriels qui peuvent en être la conséquence, stimuleront l'ardeur dans les diverses spécialités qui peuvent y concourir.

« C'est pour hâter ce moment tant désiré où les procédés de l'imprimerie ou de la lithographie permettront de reproduire les merveilles de la photographie, sans l'intervention dans le dessin de la main humaine, que M. le duc de Luynes, dont le monde scientifique a pu apprécier depuis longtemps le dévouement éclairé aux sciences et aux arts, vient de fonder un prix de 8,000 fr. pour l'auteur qui, dans le délai de trois années, aura résolu ce problème d'une manière qui sera jugée satisfaisante par une commission nommée à cet effet par la Société française de photographie.

« Le but de M. le duc de Luynes étant de stimuler le zèle des personnes qui se livrent à ces importantes recherches et de les indemniser, en partie, des dépenses qu'elles nécessiteront, dans le cas où la commission jugerait qu'aucun des concurrents n'a suffisamment satisfait aux conditions du programme pour obtenir le grand prix, elle pourra donner, à titre d'encouragement, une partie de la somme qui y est affectée et dont elle fixera l'importance, à l'auteur ou aux auteurs qui auront fait faire les pas les plus importants vers la solution du problème, soit par la découverte de nouveaux moyens, soit par le perfectionnement de ceux qui sont aujourd'hui connus.

« Indépendamment de la fondation du prix de 8,000 fr. proposé pour la gravure ou la lithographie photographiques dans les conditions du programme, M. le duc de Luynes met à la disposition de la Société une somme de 2,000 fr., destinée à récompenser l'auteur ou les auteurs qui, dans une période de deux années, auront fait faire les progrès les plus importants au tirage des épreuves positives et à leur conservation, soit par la découverte de nouveaux procédés, soit par une étude complète des diverses actions chimiques et physiques qui interviennent dans les procédés employés ou qui influent sur l'altération des épreuves.

« Le concours relatif au prix de 8,000 fr. sera clos le 1er juillet 1859.

« Le concours relatifs au prix de 2,000 fr. le sera le 1er juillet 1858.

« Les membres de la Société ne sont pas exclus du concours.

« Les Mémoires et pièces à l'appui se rapportant à l'un ou à l'autre devront être adressés au siége de la *Société française de Photographie* avant l'expiration de ces délais, qui sont *de toute rigueur*.

« La Société n'exige pas que les procédés qui lui seront adressés soient tenus secrets, et elle n'entend priver aucun inventeur des droits que lui confèreraient les brevets qu'il aurait pu prendre.

« Les pièces ou Mémoires qui seraient adressés sous paquet cacheté, seront conservés jusqu'au jour de la clôture du concours, époque à laquelle les paquets seront ouverts.

« Dans les séances de juillet 1858 et 1859, la Société nommera des Commissions chargées d'examiner les différentes méthodes soumises à son jugement.

« Les Mémoires et pièces à l'appui ne seront pas rendus; ils seront déposés dans les archives de la Société. »

VARIÉTÉS.

Des cultures en Egypte (1).

Suite.

BASSE EGYPTE.

Si nous passons de la haute Égypte à la basse-Égypte, nous trouverons des cultures plus nombreuses et plus variées, tant celles d'hiver que celles d'été.

Pour l'hiver, on cultive le blé, l'orge, les fèves, le maïs, le lin, le trèfle, les lupins et les pois chiches; pour l'été, le riz, le coton, l'indigo, la canne à sucre, le maïs, la luzerne et les légumes, parmi lesquels le goulgass, ou pomme de terre d'Egypte, joue un grand rôle. On trouve également, dans quelques parties, le mûrier et des jardins fruitiers de quelque étendue. On peut dire que la basse Egypte se prête à toutes les cultures qu'on voudra y introduire; car son climat est presque celui du midi de l'Europe, et s'approche de celui d'une grande partie de la Chine.

Sa plus basse température ne descend jamais à moins de 6 à 7 degrés au-dessus de zéro; la plus haute n'atteint pas 50 degrés à l'ombre et au nord, et la moyenne est à peu près de 23 degrés centigrades.

Les cultures se font au moyen de labours, d'engrais et d'irrigations, tant pour l'été que pour l'hiver; et les bons cultivateurs suivent certains assolements qu'une longue expérience a indiqués comme les plus avantageux. On n'a plus à élever l'eau qu'à une hauteur moyenne de 4 mètres. L'évaporation est moins considérable que dans la haute Egypte, et les terres y sont très-fortes, toutes circonstances qui favorisent les cultures d'été. Enfin, on trouve dans les nombreuses hauteurs qui servent de base aux villages d'aujourd'hui, ou qui forment les ruines des anciennes villes, des minières de substances pulvérulentes et azotées, d'où l'on tire tous les engrais dont on a besoin, sans avoir d'autres frais que le transport.

Nous donnons à la fin de ce travail un aperçu des frais de culture et des produits obtenus sur une petite ferme placée dans de très-mauvaises conditions, et qui a été exploitée pendant dix années par un agriculteur français, ancien maréchal ferrant à la ferme de Roville. C'est le résultat obtenu en 1846, à l'époque où le prix des matières alimentaires était beaucoup moins élevé qu'aujourd'hui.

Pour conclure de cet aperçu spécial de la culture sur un terrain particulier à l'ensemble des cultures de la basse Egypte, nous avons dressé un tableau des produits moyens qu'on tire des diverses espèces de terrain. Ce tableau est le résultat des renseignements que nous avons obtenus des agriculteurs les plus éclairés de l'Egypte pendant un grand nombre d'années, et nous le présentons avec confiance comme un document statistique utile aux économistes. Enfin, nous faisons suivre ces deux tableaux d'un troisième, indiquant la valeur calorifique des divers combustibles en usage dans les différentes cultures de la basse Égypte. Ce tableau a été obtenu par des expériences directes faites à l'école polytechnique de Boulac, pendant que M. Lambert-Bey en était le directeur, et sur la demande que j'en avais faite. Il était désirable, en effet, de pouvoir comparer le prix de revient de l'eau, en employant alternativement les bœufs, le vent et la vapeur, pour la monter et la répandre sur les terrains, à l'époque de l'étiage, c'est-à-dire pendant six mois de l'année.

Avec les machines actuelles, l'eau revient à 0 fr. 006 par mètre cube élevé à 1 mètre de hauteur, tandis qu'avec des machines à vapeur alimentées par ces combustibles ce chiffre s'abaisse au-dessous de 0 fr. 001.

On peut voir, par les chiffres que nous mettrons sous les yeux de nos lecteurs quels avantages procure l'agriculture en Egypte, et combien ces avantages seront augmentés par l'emploi des machines à vapeur et des instruments perfectionnés.

Nous ne parlons pas de toutes les cultures spéciales qu'on pourra introduire dans l'isthme, comme le sorgho sucré, le mûrier, l'arbre à cire, etc., etc.; car il nous suffisait de montrer que, sans rien changer aux habitudes du pays, et en employant le cultivateur égyptien, le minimum des produits que la Compagnie obtiendra, en cultivant ses terrains de l'isthme, sera de 440 piastres-30 par feddan, ou 1100 piastres environ, c'est-à-dire 277 fr. 50 cent. par hectare.

Dans un prochain article, nous ferons connaître les méthodes employées pour les irrigations, les quantités d'eau nécessaires pour chaque culture, et quelle est l'économie qu'on peut obtenir dans cette partie essentielle des travaux agricoles par l'emploi de machines perfectionnées. MOUGEL-BEY.

(*La suite prochainement.*)

Des tableaux publiés à la suite du précédent article (N° 4 de l'*Isthme de Suez*), offrent l'état des dépenses et des recettes pour chaque section de culture comprenant un feddan (le feddan vaut 0 hectare 42), pendant l'année agricole 1846. En voici le résumé.

PREMIÈRE SECTION. Maïs d'été.

Recettes en piastres (la piastre vaut 0 fr. 25).	265 »»
Dépenses	130 25
Bénéfice net	134 75

Fèves après maïs, même année.

Recettes	122 »»
Dépenses	120 50
Bénéfice net	101 50

DEUXIÈME SECTION. Lin.

Recettes	725 »»
Dépenses	322 25
Bénéfice net	402 75

(1) Voir le précédent N°.

TROISIÈME SECTION. Blé.

Recettes.	300 »»
Dépenses.	142 25
Bénéfice net	157 75

FAITS DIVERS.

LES OISEAUX UTILES. — Le *Journal du Loiret* publie la lettre suivante qui lui est adressée de Langlée, près Montargis, par M. Richardeau-Leroy :

« Les campagnards qui détruisent les oiseaux nocturnes, chouettes, hiboux, etc., et les oiseaux diurnes qui vivent exclusivement d'insectes, comme les mésanges et les huppes, comprennent bien mal leurs intérêts.

« On peut considérer comme très utiles à l'agriculture la chouette, le hibou, la huppe et la mésange; ces oiseaux détruisent une quantité considérable de rats, souris, taupes, mulots, chenilles, etc., etc.

« J'ai trouvé dans la retraite d'un couple de chats-huants, dans l'espace d'une année, quinze litres et demi d'os de rats, souris, taupes et mulots; ce qui prouverait incontestablement que ces oiseaux sont les plus terribles ennemis des rongeurs, qui ne vivent uniquement qu'aux dépens des récoltes.

« Une autre expérience faite sur une nichée de mésanges m'a donné pour résultat la destruction, par cette petite famille, de quinze mille chenilles en vingt-et-un jours, temps qu'il faut au père et à la mère pour élever leur famille. Ces petits oiseaux inoffensifs font leur nourriture habituelle de chenilles, et ont l'avantage de peupler d'une manière prodigieuse; ils pondent de dix à seize œufs et font deux et jusqu'à trois couvées par an.

« Détruire des nids de chouettes, de chats-huants, de huppes, de mésanges, c'est vouloir propager la race des animaux nuisibles et malfaisants.

« Un nid de chats-huants dans une maison de cultivateur vaut mieux que dix chats. Un nid de mésanges vaut mieux que dix écheniIleurs. Dans l'intérêt de l'agriculture et du commerce, je ne saurais trop recommander de veiller avec sollicitude à la conservation de ces oiseaux. Que ceux qui tiennent absolument à détruire s'en prennent aux pierrots : ceux-là sont véritablement nuisibles à l'agriculture. Un de ces oiseaux, pendant une année, équivaut à la perte d'un décalitre de froment, sans compter toutes les autres graines qu'ils dévorent ou gaspillent. Nos voisins d'outre-Manche sont tellement convaincus de cette vérité, que, chez eux, la tête des pierrots est mise à prix. »

FÉCONDITÉ REMARQUABLE. — Dans une commune voisine de Lille, une jeune femme, mère pour la troisième fois, et qui avait toujours eu deux enfants à chacune de ses couches, vient de donner le jour à cinq enfants, trois garçons et deux filles, après être restée quarante heures dans les douleurs.

Tous ces enfants étaient parfaitement conformés, d'un poids faible, on le comprend ; deux jours après la naissance du dernier, ils étaient en bonnes conditions d'existence.

Une singulière particularité, c'est que durant les derniers temps de sa grossesse, la mère était affectée d'un phénomène de duplication dans la vue; tous les objets lui paraissaient plusieurs fois répétés. Y aurait-il rapport entre cette affection et le fait de la grossesse?

Depuis l'accouchement, la vue de la mère est revenue à son état normal.

PUITS ARTÉSIEN DE PASSY. — Les travaux du puits artésien de Passy se poursuivent régulièrement. Aujourd'hui le forage est effectué jusqu'à une profondeur de 424 mètres au-dessous du sol, et tout fait espérer que l'on atteindra la couche d'eau jaillissante vers le mois d'octobre prochain. Il n'y a eu, du reste, à constater jusqu'ici aucune différence de nature et d'épaisseur entre les terrains percés par la sonde et ceux qu'il a fallu traverser pour l'établissement du puits artésien de Grenelle. On sait que la section du puits de Passy sera de 60 centimètres dans toute sa profondeur, et qu'il sera descendu de 25 mètres au moins dans la couche aquifère des grès verts, située en moyenne à 550 mètres au-dessous de la plaine de Passy. Il sera de plus muni d'un tube ascensionnel de 23 mètres au-dessus de son orifice.

MACHINE A SAUCISSES. — M. Victor Borie décrit en ces termes, dans la *Presse*, une machine à faire les saucisses qu'il a vue en Angleterre, au concours de Chelmsford.

« Au milieu d'un bataillon épais de machines agricoles, on rencontre une exhibition d'un aspect assez bizarre, qui rentrerait plutôt, par son but, dans le cadre d'une exposition d'objets d'utilité domestique. Un monsieur a inventé un petit moulin pour tailler les légumes destinés à toutes les juliennes possibles ; un autre petit moulin pour faire de la chapelure avec de la croûte de pain; un troisième petit moulin pour faire ladite chapelure avec la mie; enfin, un dernier moulin, un peu plus grand que les autres, pour fabriquer des saucisses. C'est, en petit, une machine à malaxer la terre et à fabriquer les tuyaux de drainage.

« J'ai fait moi-même un mètre de superbes saucisses. On a mis dans l'entonnoir ou trémie de la chair de porc, du lard, etc., en gros morceaux et assaisonnés de sel et de poivre; j'ai tourné une manivelle, la chair a été hachée, broyée, malaxée, soumise à une certaine pression, au moyen d'une vis d'Archimède, et bientôt, par une filière à l'orifice de laquelle sont disposés des boyaux, est sortie une magnifique saucisse sans fin. Cet outil, tout à fait nouveau, a beaucoup de succès. »

MICROCÉPHALIE.— M. Baillarger a présenté à l'Académie de médecine une enfant qui offre un cas remarquable de microcéphalie.

L'enfant, âgée de 12 à 15 ans, est grande, élancée ; elle appartient à la race mulâtre. La tête est très peu développée, comparable à celle des aztecs ; mais l'intelligence a acquis ici un certain développement; l'enfant est calme, réfléchie, ce qui n'existait pas chez les aztecs; chez les idiots microcéphales qui présentent une tête de même dimension, il y a absence de l'intelligence, contrairement à ce que l'on remarque ici.

Cette enfant vient de Porto-Rico : elle est née d'une mère qui a déjà eu quatre enfants conformés de même. Il y a déjà eu deux époques menstruelles, mais on ne voit aucune trace de glandes mammaires.

COURS DE CHIMIE. — M. Doré fils qui, chaque année, fait avec tant de dévouement et de succès un cours public et gratuit de chimie, spécialement destiné aux ouvriers du douzième arrondissement, a ouvert ce cours le 13 de ce mois à sept heures et demie du soir, il le continuera les mercredi et vendredi à la même heure.

Ce cours a lieu dans l'amphithéâtre particulier du professeur, cité Doré, grande rue d'Austerlitz.

ERRATUM. — Une erreur s'est glissée dans notre second article sur l'appareil de sauvetage de M. Tremblay (précédent numéro). L'erreur porte sur le poids de la corde développée par la fusée-grappin n° 1. Au lieu de 48 kilog. 280, poids des 419 mètres de corde de 13 millim. de diamètre développés, c'est 50 kilog. 280 qu'il faut lire.

BULLETIN BIBLIOGRAPHIQUE.

— L'ITALIE AGRICOLE, industrielle et artistique, à propos de l'exposition universelle de Paris, suivi d'un essai sur l'exposition du Portugal, et de la liste des récompenses accordées aux divers exposants de 1855, par A. Escousson-Milliago, avocat. Un volume in-18, chez Ernest Amion, éditeur, rue de Provence, 3.

— DÉLIRE DES SUICIDES, suivi des moyens de le prévenir et de le guérir, par Joseph Tissot. Brochure in-32, chez l'auteur, 45, rue d'Enfer. — Prix, 25 cent.

— DE L'ADHÉSION ET DE LA SPONGIOLIE, dissertation lue à la séance annuelle de rentrée de l'école préparatoire de médecine et de pharmacie de Tours, le 1er décembre 1855, par Ch. Brame. Tours, imprimerie Ladevèze.

— ATTRACTION UNIVERSELLE DES CORPS au point de vue de l'électricité, par Zaliwski. Brochure in-32, chez les principaux libraires.

Prix d'abonnement pour l'étranger.

Allemagne, 8 fr.;— Suisse, Parme, Plaisance, Modène, 8 fr. 50.— Etats Sardes, Grèce, Crimée, 9 fr.; — Hollande, Angleterre, 10 fr.; — Etats-Unis, Indostan, Turquie, 10 fr. 50; — Belgique, Prusse, Hanôvre, Saxe, Pologne, Russie, Espagne, Portugal, 11 fr.; — Toscane, 12 fr.; — Etats-Romains, 16 fr. 50.

Le propriétaire, rédacteur-gérant :
VICTOR MEUNIER.

PARIS. — IMP. J.-B. GROS ET DONNAUD, SON GENDRE, RUE DES NOYERS, 74.

Deuxième année. — N° 34. Quinze centimes. 24 août 1856.

L'AMI DES SCIENCES

BUREAUX D'ABONNEMENT
13, RUE DU JARDINET, 13
Près l'École de Médecine
A PARIS

JOURNAL DU DIMANCHE
SOUS LA DIRECTION DE
VICTOR MEUNIER

ABONNEMENT POUR L'ANNÉE
PARIS, 6 FR.; — DÉPART., 8 FR.
Étranger (Voir à la fin du journal)
ENVOYER UN MANDAT DE POSTE

FABRICATION DU GAZ DE HOUILLE (1).

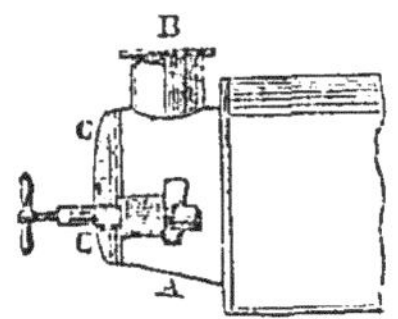

Fig. 1.

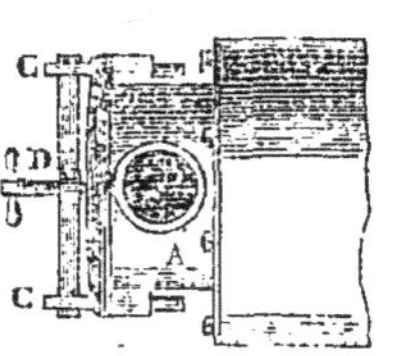

Fig. 2.

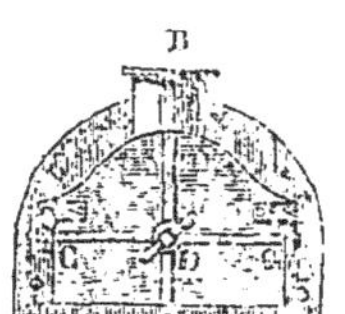

Fig. 3.

Fig. 4.

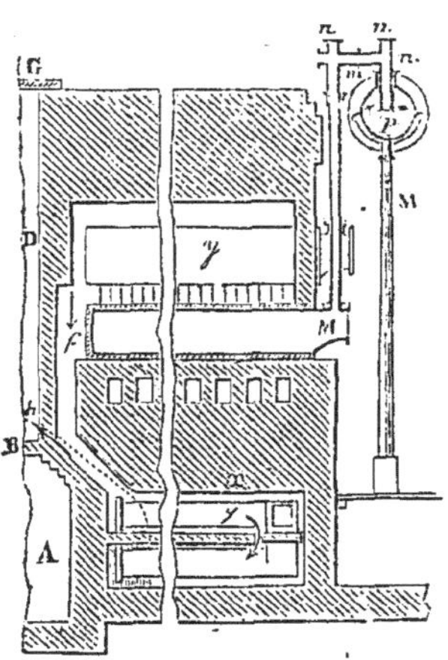

Fig. 5.

Fig. 6.

La distillation de la houille s'opère dans les cornues en fonte ou en terre réfractaire. Ces dernières, plus économiques et plus durables, fournissent, en outre, plus de gaz que celles en fonte; les argiles que l'on emploie, à Paris, sont souvent celles de Forges ou de Montereau. On emploie ces argiles mélangées de ciment provenant de vieilles cornues, ou, à leur défaut, de la même argile calcinée au rouge. Ce ciment est pulvérisé et passé à travers un tamis qui ne laisse passer que le ciment de la grosseur nécessaire; le mélange doit être aussi intense que possible; puis on confectionne les cornues ayant la forme de demi-cylindres, sur des moules en bois formés de planches; la pâte, arrivée à consistance convenable, est d'abord étendue sur une planche posée à plat, et présentant une surface un peu plus grande dans tous les sens que les dimensions de la cornue. La pâte est battue avec un maillet de bois; on lui donne une épaisseur de 5 centimètres, et l'on monte successivement la pâte sur un moule posé sur cette couche qui constitue la partie inférieure de la cornue; pour cela, on la roule en longs et gros rouleaux que l'on applique successivement, en les pétrissant fortement, sur des portions déjà placées, afin de ne pas laisser d'air interposé. Ces cornues doivent être préparées longtemps d'avance, pour qu'elles puissent sécher lentement, d'abord dans des salles aérées, puis dans des salles chauffées graduellement et aussi parfaitement que possible avant d'être employées. Elles ont en moyenne une capacité de 1 1/2 hectolitre. La partie antérieure de ces cornues, qui est ouverte, a, dans son épaisseur, plusieurs trous destinés à recevoir des boulons, au moyen desquels on adapte solidement les têtes A (*fig.* 1, 2 et 3) qui portent le tuyau montant B (vu de côté, *fig.* 1; en dessus, *fig.* 2; de face, *fig.* 3).

A l'orifice de la cornue on pratique une rainure en saillie tout autour; elle s'engage exactement dans une rainure en creux, correspondante, pratiquée dans la plaque de fonte qui

(1) M. G. Barruel vient de publier, chez MM. Firmin Didot, le 1er volume d'un remarquable *Traité de chimie technique appliquée aux arts et à l'industrie, à la pharmacie et à l'agriculture.* L'article qu'on va lire et les dessins qui l'accompagnent sont extraits de ce volume dont ils donneront une première idée, en attendant que nous l'analysions.

fait le bord de la tête : avant de la poser, on y introduit de l'argile délayée pour rendre la fermeture plus hermétique. Les têtes des cornues sont fermées par un obturateur C C, en fonte, maintenu par la vis D engagée dans une barre de fer maintenue dans des soutiens. Quand on veut enlever les obturateurs pour vider ou charger les cornues, on dévisse D, et l'on dégage les soutiens pour enlever l'obturateur.

Les fours dont on se sert sont à 3 ou à 5 cornues ; les foyers sont disposés pour brûler du coke ou le goudron provenant de la distillation : chacun de ces modes exige une disposition particulière.

Four à cinq cornues chauffé au coke. Ce four est représenté par les figures 4, 5 et 6. La fig. 4 est l'élévation de la face antérieure ; 5 est la coupe suivant la ligne x, y de la fig. 6 qui est la coupe selon la ligne $t\ z$ de la fig. 5.

A (fig. 4) porte du foyer ; BB, plaques de fonte qui ferment les carneaux dans lesquels se trouvent les tubes de fonte ; C, cendrier ; DD, orifices de l'entrée de l'air dans les tuyaux ; E, plaque de fonte pleine, servant à fermer l'orifice du cendrier ; FF, plaques de fonte percées, laissant passer l'air qui alimente la combustion ; GG, têtes des cornues non munies de leurs obturateurs ; HH, tubes de fonte partant de la partie supérieure des têtes, et destinées à conduire le gaz dans le barillet I, qui est supporté par des colonnes en fonte KK.

Les coupes représentées par les fig. 5 et 6 permettent de suivre la marche des gaz provenant de la combustion, qui est indiquée par les flèches a, b, c, d, e, f, g ; en arrivant en h, ces gaz trouvent une issue par la cheminée traînante A, qui est commune à tous les fours d'un même massif. Quand on veut arrêter un four, on ferme la communication avec cette cheminée au moyen de la brique B que l'on fait mouvoir avec un ringard par le carneau D, que l'on recouvre lui-même d'une autre brique C.

On peut de même suivre la marche de l'air servant à alimenter la combustion ; il entre dans les tubes en fonte E, qu'il traverse, passe dans les tubes F, qu'il traverse de même ; remonte dans G, passe de là dans H, d'où il passe par les orifices K dans le foyer I. Ces tubes sont portés au rouge sombre par le passage des gaz de la combustion, et servent ainsi à échauffer l'air qui les traverse avant d'arriver sous la grille du foyer, ce qui augmente la température en diminuant la dépense de combustible.

Dans la fig. 6, on voit la marche du gaz qui sort des cornues en passant par les tubes MM, dans le barillet P, et disposés de manière à être facilement démontés pour le nettoyage, quand on enlève les obturateurs NN. Le gaz des cornues des divers fours d'un même massif se réunit dans le barillet qui leur est commun, comme on le voit dans la fig. 4. Les tubes NN plongeant de 3 centimètres environ dans le liquide du barillet, les cornues sont toutes isolées les unes des autres.

(La fin au prochain numéro.)

Nouvelle formule de quadrature pour les courbes planes.

Les formules d'approximation pour calculer l'aire des courbes planes, sont d'une application immédiate et fréquente dans l'industrie ; les constructeurs de navires en font usage pour se rendre compte, d'avance, du tonnage correspondant à chacune de leurs lignes d'eau ; les ingénieurs des ponts-et-chaussées, pour déterminer la section d'un cours d'eau ; les mécaniciens pour trouver l'aire des courbes accusées par le dynamomètre, lorsqu'il s'agit d'obtenir le *travail* d'une machine, etc... etc.... Jusqu'à présent, la formule la plus répandue est celle de Th. Simpson, malgré les tentatives qu'on a faites pour la simplifier.

Celle de M. Poncelet est aussi fort connue (1) et souvent préférée à celle de Simpson, parce que tout en étant plus simple, elle donne souvent des résultats tout aussi approchés : au lieu de prendre pour la valeur de la surface cherchée, soit celle du polygone circonscrit, soit celle du polygone inscrit à la courbe, le général Poncelet a pris la moyenne arithmétique entre ces deux aires, ce qui donne une approximation évidemment plus grande que chacune de ces deux-là ; mais comme la formule du géomètre anglais substitue à la courbe une suite d'arcs de paraboles du second degré à axes parallèles aux ordonnées, ce qui est un cas assez fréquent dans la nature, il en résulte parfois en sa faveur une approximation plus rigoureuse que par la formule de Poncelet : d'où l'impossibilité absolue de se décider *à priori* pour l'une ou pour l'autre des deux.

C'est à ce point là que la question vient d'être prise et traitée, dans le tome XIV des *Nouvelles Annales de mathématiques*, par M. Parmentier, ancien élève de l'école polytechnique, capitaine du génie. En appelant A et A', les aires de deux polygones inscrits et circonscrits à la courbe, on voit que l'approximation serait plus grande si, au lieu de prendre pour l'aire approchée de la courbe $\frac{A + A'}{2}$, on prenait $\frac{A + 2A'}{3}$ car à mesure que l'élément d'arc considéré diminue, la différence entre l'aire de la courbe et celle du polygone inscrit tend à devenir double de la différence qu'il y a entre l'aire de la courbe et celle du polygone circonscrit.

La formule donnée par M. Parmentier repose sur cette considération, qui peut être démontrée à la fois géométriquement et par l'analyse : elle doit donc toujours être préférée à celle de M. Poncelet, puisqu'elle est exactement de même forme, n'en différant que par deux coefficiens numériques, et étant aussi plus rigoureuse.

Voici cette formule :

$$S = h\left(2\,\Sigma\,\gamma_i + \frac{\gamma_0 + \gamma_{2n}}{6} - \frac{\gamma_1 + \gamma_{2n-1}}{6}\right)$$

dans laquelle h représente la distance entre deux ordonnées consécutives ; $\Sigma\gamma_i$ la somme des ordonnées de rang pair (ou d'indice impair) ; γ_0 et γ^{2n} les ordonnées extrêmes de la courbe.

F. F.

(1) $S = h\left(2\,\Sigma\,\gamma_i + \frac{\gamma_0 = \gamma_{2n}}{4} - \frac{\gamma_1 + \gamma_{2n-1}}{4}\right)$.

HISTOIRE GÉOLOGIQUE

De la contrée où vécurent les animaux enfouis à Pikermi (Grèce) (1),

Par MM. ALBERT GAUDRY et LARTET.

Considérée au point de vue physique, la Grèce est une étroite langue de terre séparée de l'Asie et de l'Afrique par la Méditerranée, et réunie seulement à l'Europe par les montagnes de la Phocide et de l'Albanie ; son territoire est découpé en tous sens par des chaînes élevées. Où donc trouver les plaines immenses dont l'existence ancienne nous est prouvée par la nature des animaux fossilisés dans l'Attique ? Où ces êtres si variés pouvaient-ils rencontrer assez d'herbages et de feuillages ? Pour résoudre ces difficultés, nous avons dû supposer que la Grèce est le débris d'un vaste continent aujourd'hui caché sous les flots de l'Archipel et de la Méditerranée ; nous avons donné à ce continent le nom de *continent græco-asiatique*.

1° *De l'origine de l'Attique.* — Jusque dans les derniers temps de la période secondaire, une grande partie de la Grèce fut ensevelie au-dessous de la surface des eaux.... La mer qui la recouvrait nourrissait des Hippurites, des Radiolites et d'autres Mollusques dont les espèces caractérisent l'étage turonien

(1) Voir le précédent N°, article *Académie des Sciences.*

de M. Alcide d'Orbigny. Après un laps de temps qui, sans doute, fut immense, à en juger par la puissance des couches hippuritiques, une violente dislocation exhaussa le fond des mers (1). Alors surgirent hors des flots le Parnasse, l'Hélicon, le Cythéron, le Corydalus, les roches où fut creusé l'antre de la sybille de Delphes, celles où s'enfonce la grotte de Trophonius et un grand nombre d'autres lieux devenus fameux par leurs prétendues divinités et par leurs héros. Bien que la plus grande partie des chaînes de la Grèce semble appartenir au système du mont Viso, les montagnes de l'Attique se rattachent par leur direction, non point à ce système, mais à celui du Vercors. Suivant les observations que nous avons recueillies sur les lieux, ce système courrait en moyenne du N. 20° E. au S. 20° O.; cette direction s'accorderait avec celle du N. 19° 9′ E. au S. 19° 9′ O., à laquelle M. Élie de Beaumont a été conduit par ses calculs sur les « Systèmes de montagnes transportés à Corinthe. »

2° *Changements survenus dans la configuration de l'Attique à l'époque du relèvement des Pyrénées.* — L'Attique était depuis longtemps à l'état de terre ferme, lorsque se manifesta le système pyrénéen de M. Élie de Beaumont (système achaïque de MM. Virlet et de Boblaye). La direction de ce système est N. 59 ou 60° O. à S. 59 ou 60° E; elle diffère seulement de 1° 1′ de celle que M. Élie de Beaumont a assignée au système pyrénéen qui passerait à Corinthe; elle forme avec les chaînes de l'âge du Vercors un angle presque droit (2). Du croisement de ces systèmes résulte encore aujourd'hui l'aspect de la Grèce orientale: de là ses îles semées de toute part dans l'Archipel; de là ses golfes si nombreux et un sol formant un réseau que nous pourrions comparer à une dentelle dont les fils représenteraient les montagnes et dont les mailles correspondraient aux vallées; de là en un mot cette variété de positions, de paysages et de cultures, qui ont contribué à faire de cette contrée une terre privilégiée. Le Pentélique, l'Eubée, avec ses prolongements Andros et Tinos, apparurent alors. Les chaînes qui s'élevèrent laissèrent entre elles quelques dépressions parallèles: 1° la plaine eubéenne, marquée de nos jours par le canal d'Ægripos; 2° la plaine de Thèbes et l'emplacement du lac Copaïs; 3° la plaine égino-corinthienne. Alors le continent s'étendait sans doute très loin au-delà de ses limites actuelles, et la mer de l'Archipel n'existant pas encore, il était uni avec l'Asie; en effet, à Smyrne, à Chio, à Samos on voit la continuation des anciennes couches continentales de l'Attique; d'ailleurs, n'ayant jusqu'à présent, ni en Grèce, ni dans les îles de l'Archipel, rencontré aucune couche marine de la période tertiaire moyenne, nous devons penser que durant cette période ces pays étaient émergés; ainsi, après le relèvement pyrénéen, un vaste continent remplaça en partie la vaste mer qui avait successivement nourri des Hippurites et des Nummulites.

3° *De l'Attique pendant la période tertiaire moyenne.* — C'est sur le continent græco-asiatique que l'existence fut donnée à ces animaux si variés dont nous trouvons les dépouilles à Pikermi, et que se développa la végétation luxuriante indiquée par le mode de vie de la plupart de ces animaux. Si nous quittons ce domaine trop étendu pour nous borner à la Grèce orientale, nous y verrons des lacs se former dans les plaines de Spada, d'Oropo, de Coumi. Dans le fond de ces lacs s'accumulent des débris de végétaux aujourd'hui représentés par des lignites; les eaux nourrissent des poissons et des mollusques dont les espèces, suivant les déterminations que nous avons faites avec M. Huppé, semblent beaucoup plus anciennes que la faune tertiaire supérieure.

4° *De l'Attique pendant la période subapennine.* — Nous croyons qu'un mouvement de bascule dirigé en moyenne de l'O.-S.-O. à l'E.-N.-E. et dépendant du système de l'Erymanthe décrit par les membres de l'expédition de Morée, produisit dans la Grèce un affaissement général vers le sud.

Lorsqu'une grande étendue de cette contrée et l'espace occupé de nos jours par l'Archipel s'enfoncèrent, plusieurs des animaux qui s'y trouvaient purent fuir l'envahissement de la mer et se réfugièrent dans les parties non affaissées du nord de l'Attique, spécialement sur le Pentélique, première montagne qui fait face à la plaine d'Athènes. Mais ils n'y vécurent pas longtemps, resserrés qu'ils étaient par les limites de leur nouveau domaine et dépourvus d'une alimentation suffisante. Ils périrent peu à peu, et leurs débris, dispersés dans les montagnes, furent emportés par les eaux pluviales dans le ravin de Pikermi. Ainsi furent ensevelis, pendant les premiers temps de la période tertiaire supérieure, des animaux qui avaient vécu pendant la période tertiaire moyenne.

L'inondation qui a déterminé le rassemblement des mammifères sur le Pentélique fut étrangère au transport des ossements fossiles dans le ravin de Pikermi. Si les animaux eussent été subitement détruits et entraînés, leurs chairs n'auraient pas eu le temps de se décomposer, et l'on trouverait les squelettes encore entiers: nous n'avons observé rien de semblable. D'ailleurs la finesse des sédiments où les os sont enfouis semble être la preuve qu'ils ont été amenés par un courant peu énergique; pour s'en convaincre davantage, il suffira de considérer que les débris fossiles ne sont ni usés ni rayés. Le gisement ossifère est en tous points semblable aux dépôts torrentiels qui se forment journellement en Grèce; on ne peut donc douter qu'il n'ait eu la même origine. Il se distingue à première vue des assises formées dans les bassins d'eau douce qui l'ont entouré.

La période subapennine a vu plusieurs lacs prendre naissance. Vers le milieu de cette période, leur formation a été troublée par un affaissement général du sol; plusieurs furent abaissés jusqu'au dessous du niveau de la mer: tels furent ceux du Pirée et de la Corinthie...

Il dut s'écouler un très grand laps de temps entre le cataclysme qui amena l'irruption de la mer dans les lacs de l'époque actuelle..... Enfin la Grèce subit un léger exhaussement; elle se trouva ceinte presque entièrement d'un cordon de roches subapennines, et l'isthme de Corinthe s'éleva entre le Péloponèse et l'Hellade.

Telle est l'histoire de la contrée où vécurent les animaux dont l'Attique renferme les débris fossiles. Les faits sur lesquels nous l'avons basée sont détaillés dans le mémoire dont cette note est extraite.

(1) Les systèmes antérieurs à ceux du mont Viso ou du Vercors ont été trop effacés dans l'Attique par les systèmes qui les ont suivis, pour que nous soyons en état de les reconnaître.

(2) Cet angle est de 80 degrés.

Sur les matériaux hydrauliques employés dans les constructions à la mer.

Extrait d'un rapport de M. le maréchal Vaillant *sur un mémoire de MM.* Rivot *et* Chatoney.

« Les matériaux hydrauliques sont divisés par les auteurs en deux classes:

« La première comprend les chaux hydrauliques et les ciments naturels ou artificiels. Ces chaux et ciments proviennent de la cuisson des calcaires intimement mélangés avec une forte proportion de sable quartzeux ou d'argile. Les combinaisons entre la chaux, la silice et l'alumine s'y opèrent pendant la calcination; puis, en présence de l'eau, ces combinaisons s'hydratent et se fixent de telle sorte, que la prise consiste essentiellement dans l'hydratation des composés formés pendant la cuisson des calcaires. Ici les réactions, commencées par la voie sèche, sont poursuivies et terminées par la voie humide.

« La deuxième classe comprend les mélanges de pouzzolane avec des chaux grasses ou hydrauliques et du sable. Dans ces mélanges, la prise est due aussi à la formation des combinaisons hydratées de la chaux avec la silice et avec l'alumine de la pouzzolane; mais ces composés ne peuvent pas être obtenus comme les précédents par la voie sèche, et leur production, presque toujours lente, ne se détermine qu'en présence de l'eau.

« Dans les deux cas, pour l'une et pour l'autre classe, l'homogénéité des matériaux est une condition indispensable à la stabilité des constructions. Cette condition est souvent difficile à remplir, parce que les calcaires siliceux ou argileux sont presque toujours hétérogènes; mais on doit ne reculer devant aucun sacrifice pour y satisfaire. On comprend en effet que, si le sable et l'argile ne sont pas mélangés d'une manière intime et homogène avec le calcaire, la chaux n'agira que partiellement sur la silice et sur l'alumine. Les combinaisons qui se formeront ainsi, seront composées d'une manière variable, et, par suite, ne se prêteront pas également aux actions que doit déterminer l'eau pendant la préparation des mortiers et après l'immersion. En d'autres termes, la désagrégation sera inévitable.

« Avant d'entreprendre la discussion des résultats de leurs analyses, les auteurs présentent des considérations détaillées sur les propriétés chimiques et sur les actions réciproques des différents corps entrant dans la composition des mortiers, des ciments et des pouzzolanes, et notamment sur le rôle que jouent dans les matériaux hydrauliques la silice et l'alumine.

« Quand la silice se présente dans les calcaires, sans mélange d'argile et à l'état de sable quartzeux à grains fins (calcaires des carrières du Theil), la cuisson, si elle est bien faite, détermine la combinaison de la presque totalité du sable avec une partie de la chaux et l'expulsion complète de l'acide carbonique. La chaux hydraulique ainsi obtenue est un mélange de silicate de chaux, de composition définie, avec de la chaux caustique demeurée à l'état libre et du sable resté inerte parce que la grosseur de ses grains n'a pas permis à la chaux de l'attaquer. La propriété hydraulique réside entièrement dans le silicate de chaux, pour lequel les analyses des mortiers faits avec la chaux du Theil indiquent nettement la composition $SiO^3 + 3CaO$, et qui s'hydrate en se combinant avec 6HO. Cet hydrosilicate contient en nombres ronds :

Silice	25
Chaux	47
Eau	28
	100

« Lorsque la silice est mélangée avec l'argile dans le calcaire, les réactions que la cuisson détermine sont variables avec la proportion de l'argile et avec la température à laquelle le calcaire est soumis.

« Quand le calcaire étant un excès, la chaleur de la cuisson n'est pas poussée au-delà du nombre de degrés nécessaires pour expulser l'acide carbonique, la chaux se combine séparément avec la silice et avec l'alumine, et forme du silicate et de l'aluminate de chaux, dont la composition est donnée par les formules $SiO^3 + 3CaO$ et $Al^2O^3 + 3CaO$, c'est-à-dire qu'ils contiennent tous deux autant d'oxygène dans la chaux que dans la silice et dans l'alumine. Chacun de ces composés se combine en présence de l'eau avec 6HO. Mais l'aluminate est moins stable que le silicate et peut être lentement décomposé par l'eau.

« Dans le même cas du calcaire en excès, si la cuisson est faite à une température très élevée, le produit est hétérogène. les parties les moins exposées à l'action du combustible, contiennent encore de l'aluminate et du silicate de chaux isolés. Mais les parties les plus fortement chauffées contiennent la silice, l'alumine et la chaux combinées ensemble. Souvent même, quand le calcaire renferme de l'oxyde de fer, il y a des parties entièrement vitrifiées (ciments anglais de Portland, Parker, Medina, etc.). En présence de l'eau, le silicate d'alumine et de chaux se décompose assez rapidement en aluminate et silicate de chaux, lesquels peuvent concourir à la prise comme s'ils n'avaient pas été préalablement combinés ensemble par la cuisson. Mais ces deux composés, fortement chauffés, paraissent, en s'hydratant, se combiner seulement avec 3 équivalents d'eau. Toutefois la détermination de l'eau de combinaison est trop difficile pour qu'on puisse affirmer l'exactitude précise de cette proportion.

« Dans le cas, au contraire, où l'argile est en excès sur le calcaire (marnes de Vitry-le-François), une cuisson modérée produit seulement du silicate de chaux ; l'alumine, séparée par la chaux de sa combinaison avec la silice, reste en grande partie inerte. La prise du ciment ainsi obtenu est due à l'hydratation du silicate pour lequel les analyses des ciments de Vitry-le-François indiquent encore la composition $SiO^3 + 3CaO + 6HO$

« La cuisson poussée à une très haute température, d'un calcaire où l'argile est en excès, détermine la combinaison partielle de l'alumine avec la silice et la chaux. Par suite, ces ciments, mis en présence de l'eau, doivent donner lieu à des réactions plus complexes que les précédentes.

« C'est également la production de silicate et d'aluminate de chaux hydratés qui détermine la prise des mortiers formés d'un mélange de chaux grasse avec des pouzzolanes naturelles ou artificielles. Ces composés prennent naissance successivement et lentement par l'action de la chaux sur le silicate plus ou moins complexe qui constitue la pouzzolane; on doit craindre par conséquent que cette action ne soit pas terminée au moment de la solidification, ce qui pourrait donner lieu, dans certains cas, à des mouvements moléculaires nuisibles. Mais on peut toujours écarter cette cause de décomposition en faisant digérer, pendant un temps plus ou moins long avant l'immersion, le mélange de la pouzzolane avec la chaux hydratée; les actions chimiques ont alors le temps de se préparer, et le mélange immergé fait prise dans des conditions de stabilité beaucoup plus grandes.

« En général, les chaux hydrauliques conviennent bien moins que les chaux grasses à la préparation des mortiers de pouzzolane, attendu qu'elles ne peuvent attaquer la silice et l'alumine de la pouzzolane que par l'excès de chaux qu'elles renferment, et surtout parce qu'elles ne permettent que très difficilement d'obtenir l'hydratation simultanée des diverses combinaisons de la chaux avec la silice et l'alumine, les unes ayant été produites par voie sèche dans la cuisson du calcaire, les autres ne se produisant que par voie humide et après la confection du mortier. »

(*La fin au prochain numéro.*)

NOTE

sur la constitution géologique de l'Isthme de Suez,

Par M. RENAUD, membre de la Commission internationale.

L'état physique de l'isthme de Suez est connu. On sait que sa plus grande élévation au-dessus de la Méditerranée n'est pas de plus de 16 mètres; et encore, ne présente-t-il cette hauteur que sur une étendue de quelques kilomètres. Entre cette partie élevée et le golfe de Suez, sur la mer Rouge, il offre deux dépressions, l'une d'environ 40 kilomètres de longueur, d'une largeur variant entre 2 et 12 kilomètres, et d'une superficie de 330,000,000 de mètres carrés, connue sous le nom de bassin des Lacs Amers; et l'autre, le lac Timsah, d'une superficie d'environ 2,000 hectares. Le bassin des Lacs Amers est à sec; mais le lac Timsah a de l'eau, qu'y vient verser le Nil, à l'époque de ses grandes crues, par la vallee de l'Ouadée-Toumilat.

Ces deux bassins sont séparés par un seuil élevé d'environ 11 mètres au-dessus des basses mers de la Méditerranée; et le bassin des Lacs Amers n'est lui-même séparé du golfe de Péluse que par une élévation d'environ 9 mètres.

Dans toute l'étendue de l'isthme, qui est d'environ 113 kilomètres, mesurés suivant une ligne droite qui joindrait la partie la plus séptentrionale du golfe de Suez au fond du golfe de Péluse, on ne rencontre à la superficie que des sables plus ou moins stériles.

En partant de Suez, et jusqu'à environ 6 kilomètres de cette ville, les sables sont sans mélange de galet, et paraissent avoir été, sinon déposés, au moins étendus par les eaux de la mer. En avançant vers le nord, le gravier se montre peu à peu et devient assez abondant, vers la partie la plus élevée du seuil qui sépare le mer Rouge du bassin des Lacs Amers. Mais il ne se trouve à peu près qu'à la surface. On le revoit encore, mais déjà plus petit, dans le bassin des lacs, et surtout au pourtour de ces bassins, où il forme des bourrelets qu'ont laissés autrefois les eaux. Au fur et à mesure que l'on avance vers le nord, il devient de plus en plus petit, et disparaît complétement à la hauteur du lac Ballah.

Le sol est de la stérilité la plus complète dans toute la partie méridionale de l'isthme, jusque vers le milieu des Lacs Amers. Dans l'autre partie, il produit en plus ou moins grande abondance l'espèce de végétation particulière au désert, et qui sert de nourriture aux chameaux. Aux abords du lac Timsah, dans les parties desséchées de son lit, et dans le lit du canal ouvert autrefois dans la vallée de l'Ouadée-Toumilat, les tamariscs croissent en assez grande abondance.

Les sables présentent partout une grande fixité, excepté en quelques points aux abords du lac Timsah et dans le sud du lac Ballah, où il existe des dunes mobiles. Cette fixité est attestée par les traces encore parfaitement visibles de travaux exécutés avant la domination grecque, par l'état de conservation des digues de l'ancien canal, ouvert par les rois égyptiens et recreusé par les califes, enfin par la forme même des ondulations très allongées que présentent le terrain, forme qui diffère essentiellement de celle que le vent donne aux dunes ou sables voyageurs.

On trouve aussi en quelques points :

1° A la surface du sol, du sulfate de chaux soit en lames, soit en rhomboïdes disséminés, soit en dépôts de 15 à 40 centimètres d'épaisseur, cristallisés en aiguilles;

2° Sur le seuil compris entre Suez et le bassin des Lacs Amers, des moellons calcaires dispersés à la surface des sables;

3° Sur le sommet de quelques monticules de sable, une ou deux couches d'un calcaire ayant toute l'apparence du silex.

(*La fin au numéro prochain*).

ACADÉMIE DES SCIENCES.

Séance du 11 août.

SUR LA FÉCONDATION ET LA GÉNÉRATION ALTERNANTE DES ALGUES.

Un savant botaniste de Berlin, M. Pringsheim, a publié sur cet intéressant sujet deux brochures pleines de faits nouveaux, dont M. Montagne a eu la bonne pensée de donner l'analyse, parce qu'étant écrites en Allemand, elle ne sont à la portée que d'un petit nombre de savants français.

Dans la première de ces brochures, l'auteur s'est proposé de montrer que les Vauchéries se propagent par deux sortes de spores: 1° les zoospores anciennement connues, ou spores mobiles; 2° par des spores fécondées, d'où suit que ces Algues seraient pourvues d'oganes mâles, comme les Fucacées et les Floridées.

Il résulte des observations renfermées dans ce beau travail:

1° Que la spore *tranquille* ou fécondée du *Bulbochœte setigera*, au lieu de germer à la façon des zoospores de la même plante, arrive par des transformations successives à donner naissance à quatre nouveaux zoospores susceptibles de germer comme les premiers, faculté étrangère aux spores fécondées des Vauchéries, qui produisent directement de nouvelles plantes;

2° Que les anthérozoïdes ou organes mâles n'agissent point sur une cellule déjà formée, mais que l'acte de la fécondation consiste principalement en ce qu'un ou plusieurs anthérozoïdes s'introduisent dans le contenu ganuleux encore nu d'une cellule, et que cette matière, amorphe jusque-là, n'a pas été plutôt pénétrée par ces corps fécondateurs, qu'elle se revêt d'une membrane qui enveloppe et retient ceux qui s'y sont introduits: la vraie vésicule embryonnaire n'existe donc pas avant la fécondation, mais elle se forme aussitôt après;

3° Qu'indépendamment de la reproduction par le concours des sexes qui a lieu chez les Algues, celles-ci présentent encore un autre moyen de se propager, c'est celui qui s'effectue par gemmes.

Dans le second mémoire, il s'agit de la constatation des deux sexes dans quelques Algues d'eau douce, les Confervées.

Rien de plus merveilleux que ce qui se passe dans l'acte de la fécondation de ces plantes. On en va juger.

Les *Œdogonium* sont des Algues filamenteuses simples, vivant dans les eaux douces, et composées de cellules cylindriques placées bout à bout sur une seule rangée. Ils offrent encore cette particularité, que le plus grand nombre des espèces sont marquées de stries annulaires placées au niveau de certaines cellules privilégiées. C'est dans l'une de celles-ci qu'au moment de la reproduction son contenu s'accumule, se condense, la distend, et tantôt donne naissance à des zoospores, tantôt à une spore qui se détache et tombe au fond de l'eau à la maturité, pour perpétuer la plante. C'est là tout ce qu'on savait auparavant. On ignorait complétement ce qui amenait les changements successifs qu'éprouvait la spore avant de se détacher. Voici ce qu'a observé M. Pringsheim.

Dans le même filament qui produit les cellules femelles, destinées à propager la plante, on en observe d'autres, ordinairement plus courtes, où se développent des corps qu'on peut comparer à des anthéridies, puisqu'ils renferment des anthérozoïdes. Ces corps, ovoïdes, couronnés de cils vibratiles, que l'auteur nomme androspores (*Androsporen*), ressemblent infiniment aux zoospores, autre moyen de propagation de l'Algue, mais sont bien autrement organisés. Une fois débarrassés de la vésicule qui les tenait enfermés, ces androspores viennent à un moment déterminé se fixer solidement sur la cellule femelle. Le filament, entier et continu jusque-là, se désarticule au niveau d'une des stries, et s'ouvre en boîte à savonnette, pour favoriser une saillie de la membrane qui contient la matière gonimique ou la spore en puissance. Cette portion saillante de la membrane dont il s'agit, et que l'auteur nomme *canal de fécondation* (*Befruchtungschlauch*), est perforée d'une ouverture arrondie justement du côté où s'est implanté l'androspore, sorte de testicule ambulant, qu'on me passe la comparaison. L'acte de la fécondation s'opère, après la chute d'un petit opercule de l'androspore, par l'introduction d'un spermatozoïde ou *Saamenkörper*, comme le nomme M. Pringsheim, dans la masse de chromule de la cellule femelle. Cette introduction se fait par l'ouverture latérale ménagée au sommet du canal de fécondation, et qui fait là l'office de micropyle. Avant cet acte, la cellule femelle, devant permettre l'entrée et l'action du spermatozoïde destiné à communiquer à la spore la faculté germinative, était restée ouverte; mais l'acte n'est pas sitôt accompli, que cette cellule s'enveloppe d'une seconde membrane qui s'oppose à toute introduction ultérieure.

MALADIE DES VERS A SOIE

M. de Quatrefages communique une lettre émanée d'un habile magnanier, M. Adrien Angliviel, d'où l'on peut inférer que la maladie des vers à soie et de leurs œufs peuvent être autre chose qu'une question d'amélioration des races ; et que des influences locales agissent d'une manière désastreuse sur la graine elle-même.

« Il ne s'agit pas encore d'améliorer les races, dit l'auteur de la lettre, mais bien de préserver l'espèce elle-même du danger *actuel* dont elle est menacée. Un propriétaire des environs de Nîmes, d'Aigues-Vives, s'était occupé avec beaucoup de succès de perfectionner la race de nos vers par l'application des principes suivis en Angleterre pour les animaux supérieurs. J'avais eu, il y a cinq ans, une once de graine qui m'avait produit 125 livres, résultat insolite, de *magnifiques cocons*, j'eus de *très beaux papillons* qui produisirent *beaucoup* de graine, laquelle, contre toute attente, fut complétement infectée et ne produisit rien ou presque rien l'année d'après. L'accident fut général, et ce producteur de graine cessa complétement son industrie. Il est évident qu'il y a infection, et que cette infection peut se produire ainsi subitement, sans symptômes précurseurs appréciables. Or c'est la recherche de ces symptômes qu'il serait essentiel de poursuivre, après avoir préalablement constaté la vraie nature du mal. En général, une *première graine* de cocons d'origine étrangère donne de la graine *bonne*. Une nouvelle ponte obtenue avec les produits de cette dernière graine donne des produits infectés. »

SUR L'ORIGINE DU NITRE.

D'une longue série de recherches, M. J.-L. Desmarest avait conclu que les animaux n'ont pas le pouvoir de former de l'acide nitrique, et que le nitre qu'on trouve dans leur urine est du nitre étranger. Les végétaux lui parurent devoir en être la source.

Cependant, d'autre part, des expériences faites sur un grand nombre de plantes, lui avaient montré que celles qui croissent dans les endroits fréquentés par les animaux contiennent ordinairement du nitre, tandis qu'on n'en rencontre pas, au contraire, dans celles qui croissent au milieu des champs, dans les lieux inaccessibles aux animaux ; il semblait donc que le nitre qu'elles contiennent leur venait de ces derniers. C'était un cercle vicieux. A la fin, l'auteur fit une remarque qui lui paraît résoudre la difficulté.

« Je m'aperçus que le grand soleil qui, cultivé en pleine campagne, ne croissait qu'avec peine et ne donnait pas de nitre, croissait, au contraire, avec la plus grande facilité et se chargeait d'une quantité considérable de ce sel, par le seul fait de la culture dans un jardin. La cause de cette différence ne pouvait pas être dans la présence des engrais, puisqu'on en donne aux plantes des champs comme aux plantes des jardins, et que j'avais d'ailleurs constaté que le fumier bien consommé ne contenait pas de nitre, et qu'il n'en produisait pas par son mélange avec la terre. Cette cause ne pouvait pas non plus être attribuée à la présence des animaux, puisqu'ils sont ordinairement exclus des jardins, et qu'on n'a pas pour habitude d'y répandre de l'urine ; elle ne pouvait donc résider que dans les arrosages artificiels que l'on ne donne pas aux plantes des champs, et que l'on donne aux plantes de jardin. Là me paraît être, en effet, la cause de la nitrification de ces plantes. »

EXPLORATION DU SOUDAN ET RECHERCHES DES SOURCES DU NIL.

M. d'Escayrac de Lauture adresse à l'Académie une lettre dont ce qui suit est extrait :

« S. A. le vice-roi d'Egypte m'a appelé au commandement en chef d'une expédition internationale destinée à explorer le Soudan et à rechercher les sources du Nil. Cette expédition, que j'organise en ce moment sur des bases très larges, s'accomplira sous les auspices et avec le plus généreux concours de S. A. le vice-roi. Douze savants ou artistes choisis dans les diverses nations de l'Europe m'accompagneront dans le Soudan. Les travaux relatifs à la géographie, à l'histoire naturelle, à l'ethnographie s'accompliront ainsi sous ma direction par des hommes spéciaux d'un véritable mérite.... Les terres que nous visiterons sont la seule partie de l'Afrique dans laquelle, depuis trente ans, il reste encore de véritables découvertes à faire : ainsi est-ce moins encore un simple voyage d'exploration que nous entreprenons qu'un voyage de découvertes analogue à ceux qui ont marqué d'un cachet si particulier le XVIe siècle. C'est pour ce voyage que je sollicite les instructions et les conseils de l'Académie des sciences : je dois tout à ses bienveillants encouragements, et j'ose espérer qu'elle continuera à me diriger et à me soutenir dans la voie difficile où je m'engage. »

Une Commission, composée de MM. Cordier, Isidore Geoffroy-Saint-Hilaire, Elie de Beaumont, Valenciennes et J. Cloquet, est invitée à prendre connaissance de la lettre de M. d'Escayrac de Lauture, et à indiquer les questions sur lesquelles il semblerait utile d'appeler l'attention de l'expédition.

—A cette même séance appartiennent un rapport de M. le maréchal Vaillant, sur un mémoire relatif aux matériaux hydrauliques employés à la mer, et un mémoire de MM. Gaudry et Lartet, sur la géologie de l'Attique ; on trouvera plus haut ces intéressants documents.

Addition à la séance du 28 juillet.

SUR LE GRAND SINGE FOSSILE QUI SE RATTACHE AU GROUPE DES SINGES SUPÉRIEURS.

Il y a bientôt vingt ans que M. Lartet annonça la découverte alors inattendue, d'un singe fossile dans le dépôt tertiaire d'eau douce de Sansan. Dans cette séance, le savant paléontologiste est venu entretenir l'Académie d'un grand singe fossile dont la taille devait dépasser celle des Chinpansés adultes, et dont la découverte est due à M. Fontan, de Saint-Gaudens (Haute-Garonne).

Les restes fossiles dont il est ici question proviennent d'un banc d'argile marneuse en exploitation au bas du plateau sur lequel est bâtie la ville de Saint-Gaudens, et à l'entrée de la plaine de Valentine, qui s'étend de là jusqu'aux premiers contre-forts des Pyrénées. M. Fontan a recueilli, dans le même lieu, des ossements de *Machrotherium*, de *Rhinocéros*, de *Dicrocerus elegans*, etc., qui paraissent identiques avec les espèces des mêmes genres antérieurement découvertes à Sansan. Ces mammifères appartiennent essentiellement à nos terrains tertiaires moyens (*miocènes*), car on retrouve aussi leurs débris dans les *faluns* de la Touraine.

Les morceaux de ce singe consistent en deux moitiés d'une mâchoire inférieure tronquées dans leurs branches montantes, plus un fragment de la face antérieure de cette mâchoire où s'implantaient les incisives. On a trouvé en même temps un humérus épiphysé à ses deux extrémités.

D'après l'analyse à laquelle M. Lartet s'est livré, le nouveau singe fossile vient évidemment se placer, avec des caractères supérieurs à certains points de vue, dans le groupe des *Simiens*, qui comprend déjà le *Chimpanzé*, l'*Orang*, le *Gorille*, les *Gibbons* et le *petit singe fossile* de Sansan (*Pliopithecus antiquus*, Gerv.). Il diffère de tous ces singes par quelques détails dentaires et, plus manifestement encore, par le raccourcissement très sensible de la face. La réduction des incisives s'alliant à un grand développement des molaires indique un régime essentiellement frugivore. Le peu que l'on connaît d'ailleurs de l'ossature des membres, dénote plus d'agilité que d'énergie musculaire. On serait donc ainsi conduit à supposer que ce singe, de très grande taille, vivait habituellement sur les arbres, comme le font les *Gibbons* de l'époque actuelle; aussi M. Lartet propose-t-il de le désigner par le nom *générique* de *Dryopithecus* (de *drus*, arbre, chêne, et *pithekos*, singe). En le dédiant comme *espèce* au naturaliste éclairé à qui la paléontologie est redevable de cette importante acquisition, ce serait le *Dryopithecus Fontani*.

On comptera donc en Europe six singes fossiles : deux en Angleterre, le *Macacus cocenus*, Owen, et le *Macacus pliocenus*, *id.*; trois en France, le *Pliopithecus antiquus*, le *Dryopithecus Fontani* et le *Semnopithecus monspessulanus*, qui est probablement le même que le *Pithecus maritimus* de M. de Christol. Enfin le singe de *Pikermi*, en Grèce, nommé par M. A. Wagner *Mezopithecus pentelicus*. MM. Gaudry et Lartet proposent, dans leur Mémoire sur les ossements fossiles de *Pikermi*, de rattacher ce singe au groupe des *Semnopithèques*, sous le nom de *Semnopithecus pentelicus*.

Société zoologique d'Acclimatation.

Séances de juillet 1856.

CONSERVATION DES ABEILLES PENDANT L'HIVER.

Nous extrayons ce qui suit d'une lettre adressée à M. le président par M. Pénard-Masson, propriétaire cultivateur à Cormost (Aube), qui, depuis vingt-cinq ans, se livre à la culture des abeilles.

La conservation des abeilles pendant la saison rigoureuse est le point capital, à mon avis, et c'est faute de s'en préoccuper assez ou d'employer des moyens convenables dans la pratique ordinaire, que chaque hiver détruit, en général, un tiers et plus de ces malheureux insectes. J'ai pendant longtemps perdu moi aussi, à mon grand désespoir, un certain nombre de mes ruches pendant l'hiver. Je me suis si souvent répété que c'était pour moi un devoir de les préserver que j'y suis enfin parvenu. Depuis 1847 et notamment dans ces deux dernières années qui ont été si funestes aux abeilles, sur cent douze ruches que je possède actuellement en trois ruchers différents, je n'en ai pas perdu une seule.

Le moyen proposé par M. de Beauvoys, découvert et expérimenté par M. Antoine, est sans doute excellent, mais s'il convient au sol crayeux de la partie de la Champagne dans laquelle M. Antoine peut creuser ses silos, il serait complétement impraticable dans la plupart des pays dont le sol est humide et froid. Les silos y seraient constamment inondés. D'ailleurs il faut à ce procédé une certaine main-d'œuvre, tandis que celui que j'emploie est de la plus grande simplicité, pouvant s'appliquer partout et sans déplacer les ruches, par conséquent sans aucun frais.

Tous les propriétaires d'abeilles ont pu remarquer que les ruches qui périssent en hiver sont, à bien peu d'exceptions près, celles qui étaient occupées par des essaims de l'année, ou s'il s'en trouve quelques-unes parmi les ruches mères, c'est qu'une main trop avare ne leur avait pas laissé une provision de miel suffisante. J'ai cru pouvoir conclure de ces deux faits que les deux principales conditions de préservation pour les ruches consistent : 1° dans le nombre assez considérable de leurs habitants; 2° dans une réserve de provisions, c'est-à-dire de miel qui soit en rapport avec leurs besoins. Une preuve à l'appui de cette seconde observation, c'est que les ruches ne périssent qu'à la fin de l'hiver, et qu'alors on les trouve toujours complétement vides de miel.

Voici comment je procède : Vers la fin d'octobre, ou dans les premiers jours de novembre, je visite mes ruches afin de voir quelles sont celles qui peuvent avoir à redouter l'hiver. Toutes celles qui ne pèsent pas 8 à 10 kilos au moins me semblent être dans ce cas. Ce sont celles-là qu'il faut sauver, et il me suffira, pour y parvenir, de faire passer les abeilles qui les occupent dans des ruches mieux approvisionnées; rien n'est plus facile. Je profite pour faire cette opération d'une soirée où le temps soit calme et pas trop froid, une heure ou deux environ après le coucher du soleil. Je place au milieu de mon rucher un baquet de 60 à 70 centimètres de largeur sur autant de profondeur; je prends une de mes ruches faibles, et la tournant l'ouverture en haut, je la tiens cinq à six minutes dans cette position. Toutes les abeilles viennent se grouper précipitamment à l'extrémité des rayons. Je retourne alors la ruche au-dessus du baquet en la tenant par le haut et j'y fais tomber les abeilles en frappant légèrement la ruche sur un morceau de bois placé en travers, sur les bords du baquet, pour que les abeilles tombent perpendiculairement. Il faut avoir soin de disposer à l'avance dans le fond deux autres petits morceaux de bois en croix, pour ne pas écraser les abeilles dans la seconde partie de l'opération, qui consiste à placer dans le baquet où elles sont tombées une des ruches qui m'ont paru suffisamment approvisionnées pour leurs propres besoins et pour ceux de la population supplémentaire que je leur impose. Au bout de quelques minutes, toutes les abeilles déplacées se sont réunies à celles qui occupaient cette seconde ruche que je remets à sa place ordinaire, sans plus m'en occuper. J'en fais autant pour toutes les autres, et là est tout le secret d'un procédé qui me réussit *sans exception*.

On pourrait peut-être se préoccuper de la manière dont les anciennes propriétaires de la ruche accueillent les nouvelles venues, de ce qui se passe entre les reines; toutes ces questions dépassent mes faibles connaissancss scientifiques, mais ce que je puis affirmer, c'est que je n'ai jamais eu à constater, malgré mes observations très attentives, le moindre trouble parmi mes abeilles, après cette espèce d'envahissement de leur propriété; et comme je ne me préoccupe que de leur salut d'abord, puis du profit que j'en retire, il me suffit que ce procédé me réussisse, comme je le répète, sans exception. Cependant, si je puis hasarder une opinion, il me semble qu'étant ainsi plus nombreuses dans un même espace, elles se conservent plus de chaleur pendant l'hiver. Quant à la condition d'un approvisionnement plus abondant, l'avantage en est assez évident par lui-même; car on sait que les printemps prématurés que nous avons quelquefois en mars et avril, suivis de gelées souvent très fortes, sont plus funestes aux abeilles que les froids plus rigoureux de l'hiver, parce que, trompées par cette apparence des beaux jours, elles se réveillent avec empressement dans l'espoir de commencer leur douce récolte. Elles ne trouvent rien encore à recueillir : d'ailleurs le mauvais temps les oblige bientôt à rentrer dans leur demeure où la disette les attend. Elles meurent donc de faim, victimes de leur ardeur pour le travail.

On pourrait m'objecter que mon procédé a l'inconvénient de diminuer le nombre des ruches; mais il est facile de comprendre que l'avantage est dans le nombre des abeilles et non dans celui des ruches, outre que celles que j'ai ainsi dépeuplées complétement étaient à peu près condamnées à l'avance, ou tout au moins bien exposées. D'ailleurs je retrouve toujours mon compte à la saison suivante, car les ruches qui ont été ainsi doublées avant l'hiver donnent un premier essaim huit à dix jours plus tôt que celles qui n'ont pas reçu ce surcroît de population.

La ruche dont j'ai expulsé les habitants me sera encore d'une très grande utilité pour la récolte de mes seconds essaims. En la quittant, les abeilles y ont nécessairement laissé des rayons tout faits et une petite quantité de miel. On a pu remarquer aussi qu'en décrivant mon opération, je recommandais de frapper doucement la ruche contre le paroi intérieure du baquet, c'est afin de ménager le plus possible les rayons et le peu de miel qu'ils renferment. En plaçant ces ruches, couvertes d'une toile qui les mette à l'abri des insectes et de la poussière, dans un grenier bien sec et bien aéré, elles se conservent parfaitement et serviront à l'installation des derniers essaims recueillis l'année suivante. Ils y trouvent des cellules toutes faites, une petite provision de miel déjà préparée, et n'ayant pas besoin de disposer leurs rayons de cire, ils emploieront tout leur temps et tout leur travail à remplir de miel ces cellules toutes bâties. Aussi le propriétaire sera-t-il tout étonné en examinant à la fin de la saison ces essaims qui eussent été si pauvres sans ces précautions, de les trouver très riches maintenant et assez abondamment pourvus, en général, pour ne lui laisser aucune inquiétude sur leur avenir. Assez souvent même il pourra prélever encore une petite part sur leur récolte.

J'ajouterai que pour l'éducation des abeilles en général, et pour l'application de ce procédé de préservation, les ruches à cabochon que j'emploie depuis quelques années offrent de grands avantages sur plusieurs autres que j'ai expérimentées.

Je fais construire mes ruches en paille tordue. La partie principale, cylindrique, doit avoir 45 centimètres de diamètre intérieur, et une hauteur à peu près égale; le cabochon qui se pose dessus et lui donne la forme d'une cloche, doit pouvoir contenir 6 à 7 kilos de miel. La partie supérieure du grand compartiment ne doit communiquer avec le cabochon que par une dizaine de trous munis de tubes en canne ou en zinc, pour que les abeilles n'en bouchent pas l'ouverture avec la cire de leurs rayons. Ces tubes permettent encore de fermer plus facilement la partie inférieure, à l'aide de bouchons de liége, quand on veut supprimer toute communication avec le cabochon, au moment de la récolte, par exemple. Ce cabochon est destiné uniquement à recevoir le miel, et il faut encore que les abeilles aient pu en déposer une certaine quantité à la partie supérieure du grand compartiment pour leur approvisionnement; aussi faut-il avoir soin, en installant dans ces sortes de ruches ceux des essaims qui sortent les derniers, de supprimer le cabochon, et par conséquent de boucher les tubes du grand compartiment, afin que ces jeunes abeilles y déposent la récolte qu'elles pourront encore faire; car c'est toujours là qu'elles passeront l'hiver, que le cabochon y soit ou non.

Le procédé que j'ai indiqué plus haut s'applique encore plus facilement aux ruches à cabochon; quand on juge qu'une ruche n'est pas suffisamment approvisionnée pour passer l'hiver, on en cherche une dont le grand compartiment contienne une certaine quantité de miel, et l'on échange son cabochon, qui est alors bien fourni, avec celui de la ruche trop faible.

PÉNARD-MASSON.

FAITS DIVERS.

LE CHICHIKÉ, NOUVELLE ESPÈCE DE QUINQUINA. — M. le docteur Karl Scherzer, de retour d'un voyage de plusieurs années dans l'Amérique centrale et sur divers points de la chaîne des Andes, a présenté à la Société de botanique et à celle de pharmacologie de Vienne (Autriche) un certain nombre de plantes, de graines et d'écorces d'arbres, employées par les Indiens comme remèdes dans certaines maladies, et inconnues ou du moins peu connues en Europe. Il a appelé particulièrement l'attention des membres de la réunion scientifique sur l'écorce d'un arbre nommé *chichiké* (de la famille des Apocinées), qui croît dans les forêts, sur la côte orientale de Guatemala. Il y a quelques années, cet arbre était uniquement employé comme bois de construction, sans qu'on soupçonnât ses vertus curatives. Mais les Indiens, que l'historien Oviédo nommait, à cause de leur parfaite connaissance des simples, *muy grandes Ervolarios*, paraissent en faire usage depuis longtemps comme d'un excellent remède.

Du reste, la signification du mot autorise cette supposition. Dans la langue des Indiens-Guiché, *chici* signifie *amertume*, de même que, dans l'idiome analogue des Indiens de Mexico, *chichipactli* veut dire *médecine amère*.

M. le docteur Joseph Sarfan, médecin distingué de la ville de Guatemala, croit reconnaître dans cet arbre (dont M. Scherzer a présenté des feuilles, des fleurs et de l'écorce) une nouvelle espèce de quinquina, et c'est lui qui en a fait les premiers essais. Aujourd'hui, dans les pharmacies de Guatemala, on vend fréquemment l'écorce du *chichiké* préférablement au quinquina; on l'emploie en poudre, dans les fièvres intermittentes, par doses très faibles. Un autre médecin distingué de Guatemala, M. Luna, qui a pris tous ses degrés en Europe, s'est exprimé très favorablement sur l'effet du *chichiké* pour la guérison des fièvres intermittentes, et il est porté à lui attribuer les mêmes vertus qu'au quinquina.

Cette écorce n'a pas encore été soumise à l'analyse chimique. « J'ai lieu de croire, a dit M. Scherzer, que les morceaux de cet arbre sont présentés aujourd'hui pour la première fois à une société savante en Europe. J'ai déjà dit que cet arbre forme des forêts entières sur les pentes occidentales des Cordilières, dans l'Etat de Guatemala, où il pousse très favorablement sur un sol humide, par une température moyenne de 80 à 85° Farh.; et j'ajoute qu'un poids de 50 kilog. ne vaudrait pas plus de 8 piastres dans le port d'Iotapa, sur l'Océan Pacifique. »

TÉLÉGRAPHE ÉLECTRIQUE. — On annonce qu'un télégraphe électrique reliera prochainement Constantinople aux Dardanelles.

— CHEMIN DE FER DE FRASCATI. — D'après le *Moniteur des intérêts matériels*, le premier essai fait par le gouvernement pontifical n'a pas été heureux. Le petit chemin de fer de Rome à Frascati, d'une longueur de 19 kilomètres, a été inauguré le 14 de ce mois. Après six jours d'exploitation, qui n'ont été qu'une suite de retards et de scènes de désordres, le chemin de fer a été fermé par mesure administrative. Le gouvernement romain va ouvrir une enquête sur la construction de cette ligne, qui est due à une compagnie franco-anglaise.

LES GEYSERS DE LA CALIFORNIE. — On a découvert en Californie, des sources chaudes qui rappellent les *Geysers* d'Islande. Ces sources se trouvent sur le versant oriental de la chaîne de Sierra-Névada, non loin du lac de Washo. L'eau s'élève en jets à une hauteur de 7 mètres; les jets se suivent à un intervalle de cinq minutes, et, en retombant à terre, produisent un bruit qui imite le fracas du tonnerre.

L'ouverture d'où part le jet a 33 centimètres de diamètre; la pierre qui l'entoure est du silex. La chaleur de l'eau monte de 200 à 208 degrés Farhenheit, quelquefois même elle atteint le point d'ébullition, 212 degrés.

CHEMINS DE FER RUSSES. — Le journal le *Nord* annonce que le gouvernement russe vient de concéder un parcours de 426 myriamètres de chemin de fer à une société de capitalistes français, ayant à sa tête M. de Rothschild, et représentée par M. Jullien, ingénieur.

BULLETIN BIBLIOGRAPHIQUE.

— Le N° 4 du journal l'*Isthme de Suez* contient les articles suivants.

DES ENQUÊTES OFFICIELLES. — AMÉLIORATION DU PORT DE GÊNES. — ENQUÊTE VÉNITIENNE. — LE GOUVERNEMENT PONTIFICAL. — LA MALLE D'AUSTRALIE A JOUR FIXE. — NOUVELLES D'ÉGYPTE : *Lettre du Times ; Correspondance particulière de l'Isthme de Suez.* — REVUE DE LA PRESSE. — LA REVUE D'ÉDIMBOURG. — L'AUSLAND, DE STUTTGART. — NOTE SUR LA CONSTITUTION GÉOLOGIQUE DE L'ISTHME DE SUEZ (*fin*). — VARIÉTÉS : *Premier tableau du prix des cultures en Egypte.*

— ROTATION ET DIAMÈTRES DES PLANÈTES. Examen comparatif de ces éléments, par Edouard Gand; dissertation lue à l'Académie d'Amiens, dans sa séance du 12 juillet 1856. Problème : Existe-t-il une relation entre les vitesses de révolution diurne et les diamètres des planètes? Amiens, typographie d'Alfred Caron, rue des Trois-Cailloux, 54.

Prix d'abonnement pour l'étranger.

Allemagne, 8 fr.;— Suisse, Parme, Plaisance, Modène, 8 fr. 50.— Etats Sardes, Grèce, Crimée, 9 fr.; — Hollande, Angleterre, 10 fr.; — Etats-Unis, Indostan, Turquie, 10 fr. 50; — Belgique, Prusse, Hanôvre, Saxe, Pologne, Russie, Espagne, Portugal, 11 fr.; — Toscane, 12 fr.; — Etats-Romains, 16 fr. 50.

Le propriétaire, rédacteur-gérant :
VICTOR MEUNIER.

PARIS. — IMP. J.-B. GROS ET DONNAUD, SON GENDRE, RUE DES NOYERS, 74.

Deuxième année. — N° 35. Quinze centimes. 31 août 1856.

L'AMI DES SCIENCES

JOURNAL DU DIMANCHE

SOUS LA DIRECTION DE

VICTOR MEUNIER

BUREAUX D'ABONNEMENT
13, RUE DU JARDINET, 13
Près l'École de Médecine
A PARIS

ABONNEMENT POUR L'ANNÉE
PARIS, 6 FR.; — DÉPART., 8 FR.
Étranger (Voir à la fin du journal)
ENVOYER UN MANDAT DE POSTE

FABRICATION DU GAZ DE HOUILLE (1).

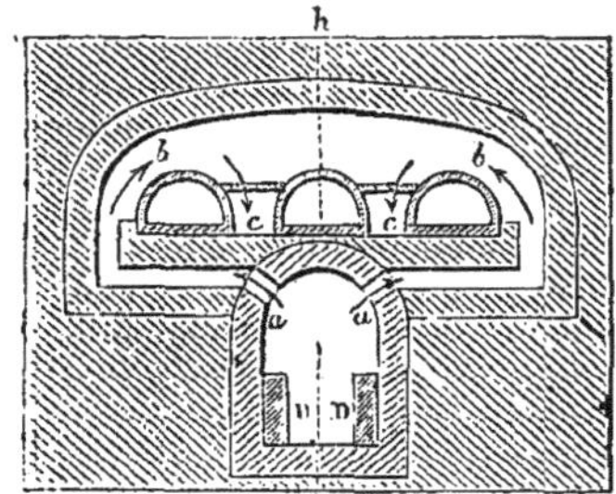
Fig. 7.

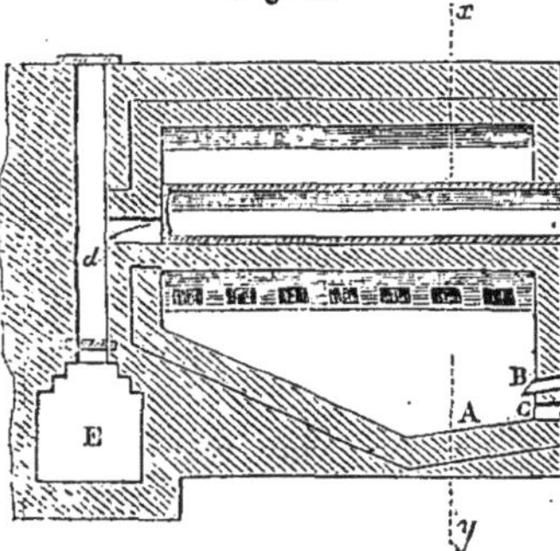
Fig. 8.

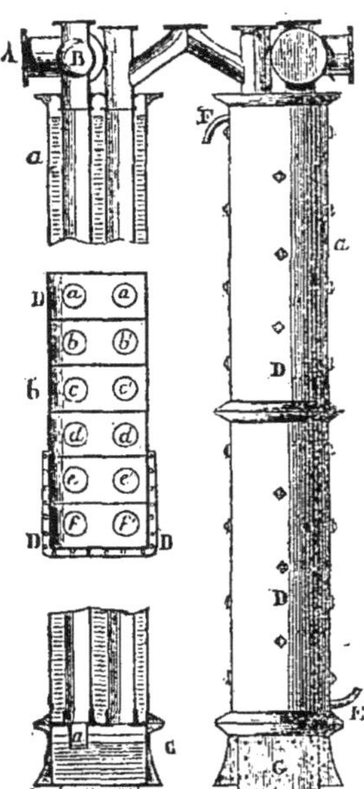
Fig. 9.

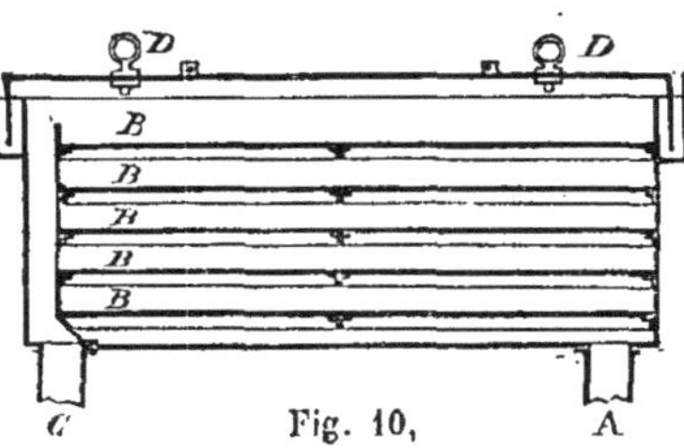
Fig. 10.

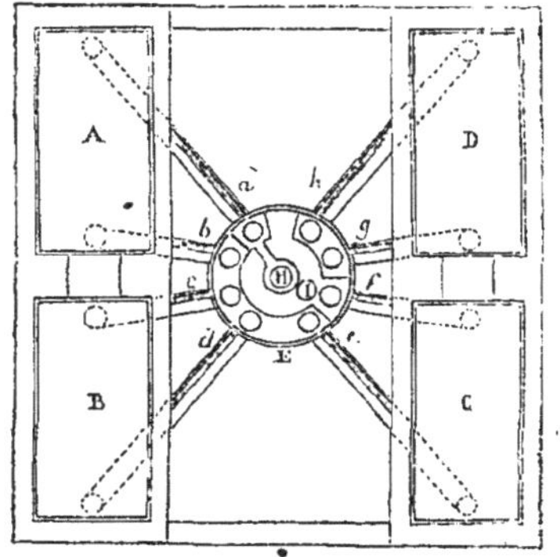
Fig. 11.

Fig. 12.

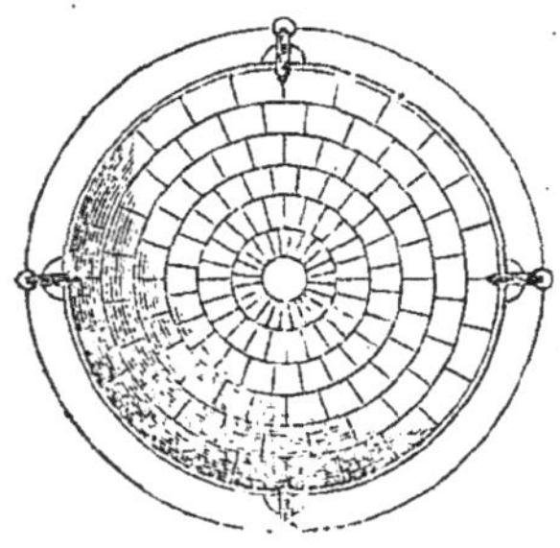
Fig. 13.

Four à trois cornues, chauffé par le goudron. La disposition du foyer n'est plus ici ce qu'elle était dans le four chauffé au coke. Il n'y a pas de grilles, mais une aire en briques bien jointes sur lesquelles la combustion s'opère, la figure 7 représente une coupe suivant la ligne x, y, de la figure 8, et celle-ci une coupe suivant la ligne t, z de la figure 7.

Le goudron arrive par une rigole en fonte, B, sur l'aire A; la combustion est entretenue au moyen de l'air qui pénètre par l'ouverture C, pratiquée au-dessous de la rigole qui introduit le goudron, dont la combustion est complète. Pour éviter des réparations trop coûteuses, on fait une sorte de chemise intérieure D D en briques très réfractaires que l'on peut renouveler sans beaucoup de frais.

Le goudron doit arriver en filet continu ; il part d'un réservoir en tôle que l'on place au-dessus des fours, afin que la chaleur entretienne le contenu dans un état de fluidité.

Les gaz provenant de la combustion suivent le chemin in-

(1) Voir le précédent N°.

diqué par les flèches *a*, *b*, *c* et se rendent par *d* dans la cheminée commune E.

Ce système est employé de préférence dans les localités où l'on ne trouve pas facilement à écouler le goudron.

Le gaz sort du barillet par un tuyau qui le conduit dans l'appareil réfrigérant composé d'un système de tuyaux verticaux en fonte (*fig.* 9, représentant l'élévation, la coupe verticale et la coupe horizontale de ces tuyaux).

Le gaz arrive par le tuyau A, communiquant transversalement avec un autre B qui le distribue dans les tuyaux verticaux *A*, *B*, *C*, *D*, *E*, *F* (*fig.* 8). Ces tubes plongent de 1 à 2 millimètres en C, dans le liquide contenu dans la caisse fermée en fonte G, qui se trouve à la partie inférieure; le gaz passe de l'eau dans les tubes *a'*, *b'*, *c'*, etc., après avoir cédé à l'eau une partie notable de son ammoniaque et le reste de son goudron; le niveau est maintenu par un tube-siphon disposé comme celui du barillet, pour l'écoulement du goudron principalement. En été pour refroidir les tuyaux on les renferme dans une caisse en tôle D, qui reçoit l'eau froide par le tuyau inférieur E; l'eau échauffée sort par le tuyau supérieur F.

Dans ces réfrigérants on condense le goudron et de l'eau chargée de sels ammoniacaux; les tubes sont quelquefois tapissés de naphtaline imprégnée de goudron qui finit par les obstruer. Ce goudron peut être employé en place de bitume: on le chauffe en vases clos pour chasser l'eau et les carbures volatils qu'il contient, et que l'on recueille; il reste du brai sec.

En sortant des condensateurs, le gaz contient encore du sulfhydrate et du carbonate d'ammoniaque, du cyanure et du sulfocyanure d'ammonium, de l'acide carbonique, du sulfure de carbone, dont on le purge au moyen d'agents chimiques disposés dans des épurateurs dont la *fig.* 10 représente la coupe verticale.

La capacité de l'obturateur est de 1 1/2 à 2 mètres cubes, il est construit en tôle assemblée par des rivets. Le gaz arrivé par le tuyau A traverse les claies B B en tôle percée de trous et en lattes que l'on recouvre de matière épurante, puis il passe dans un espace C C menagé par une cloison en tôle, à l'extrémité inférieure duquel est disposé un tuyau d'où il peut se rendre dans un autre épurateur.

La figure 11 montre les épurateurs disposés de manière que l'épuration ne soit pas arrêtée pendant que l'on change la matière épurante de l'un d'eux. Quatre épurateurs A, B, C, D, sont placés carrément; au centre se trouve une cloche E (représentée sans son couvercle) qui, au moyen d'une autre qui est à l'intérieur, forme une fermeture hydraulique. Cette cloche intérieure est munie de diaphragmes chargés de distribuer le gaz qui arrive par le tuyau central H, d'où il passe dans le tube *a* de l'épurateur A; il en sort par le tube *b* et revient ainsi dans un autre compartiment de la cloche, d'où il va par *c* dans l'épurateur B; de là par *d* et par *e* il vient dans l'épurateur C d'où il sort par *f*. Ce tube le conduit dans la cloche, d'où il passe par le tuyau I dans une autre série d'épurateurs; l'épurateur D se trouve isolé et l'on peut renouveler la matière épurante. On change les communications en faisant tourner la cloche, dont chaque quart de tour met le tuyau central H en communication successive avec *a*, *c*, *e*, *g*. Le tuyau I de la cloche du dernier système d'épurateurs est en communication directe avec le gazomètre.

Les matières employées pour l'épuration sont la chaux hydratée qui absorbe l'acide carbonique et une partie de l'acide sulfhydrique; les combinaisons ammoniacales sont absorbées par le sulfate de chaux. Dans une autre série d'épurateurs on met des agents capables d'absorber l'acide sulfhydrique et l'ammoniaque. On emploie dans ce but le chlorure de manganèse et le sulfate de fer. Une grande quantité de l'ammoniaque du commerce provient des eaux recueillies dans les condensateurs et des sels ammoniacaux qui se produisent dans les épurateurs.

Le gaz, en sortant du dernier épurateur, se rend, au moyen d'un tuyau branché C, dans le gazomètre A, *fig.* 12, représenté en plan, *fig.* 13. A est une cloche en tôle, plongeant dans une cuve BB, en maçonnerie hydraulique, toujours pleine d'eau. Le tuyau CC par lequel arrive le gaz remonte jusqu'au niveau supérieur; le tuyau de départ DD est au même niveau et traverse, comme le premier, le fond de la cuve, laquelle, à cette place, est fermée par une plaque de tôle FF. EE contre-poids équilibrant la cloche et empêchant que son poids n'augmente la pression que subit le gaz à son arrivée; ces contre-poids sont diminués, au contraire, lorsqu'on veut augmenter la pression pour forcer le gaz à s'écouler par le tube DD.

LAIT ARTIFICIEL FAIT AVEC DU BOUILLON.

L'un des membres de l'Académie de médecine, M. Piorry vient d'entretenir cette compagnie du resultat très curieux d'expériences auxquelles viennent de se livrer MM. Gaudin et Choumara, voici un extrait de la communication du savant professeur.

M. Gaudin et M. Choumara ont observé que du bouillon qui s'échappait d'un autoclave mal fermé avait l'aspect lactiforme. Ils recueillirent la substance, la firent condenser dans un vase, et trouvèrent que le liquide résultant de cette condensation présentait un grand nombre des caractères du lait.

Ce liquide présentait exactement l'apparence d'un lait crémeux; la coloration, la consistance, la façon dont il coule sont les mêmes; à l'aréomètre, son poids est en général supérieur à celui du lait ordinaire; son odeur est du même genre, mais moins suave, à chaud, elle rappelle celle du bouillon; la saveur de ce liquide est analogue à celle du lait naturel. Pour ne pas m'en laisser imposer par mes propres sensations, j'en ai fait goûter par vingt élèves, dont la moitié ne savaient pas d'où il provenait; tous l'ont considéré comme du lait.

En général ceux qui le trouvaient mauvais étaient ceux qui en connaissaient l'origine; pour ma part, je le trouve fade, point aromatique, et quand je l'ai bu, il me laisse sur la langue un goût de crème très marqué et très agréable. Mélangé avec le café, et sucré, il est excellent.

Vu au microscope, le lait artificiel présente, comme le lait naturel, des globules ronds de dimensions diverses. Dans une première expérience, ils m'ont paru moins nombreux et plus petits; ils avaient une tendance à s'accoler les uns aux autres, en formant de petits groupes, mais ils ne se réunissaient pas véritablement, car à la moindre secousse ils se séparaient et roulaient sur le liquide séreux où ils étaient suspendus. J'ai repris avec plus de soin ces expériences microscopiques; je les ai faites comparativement sur du lait artificiel frais et naturel frais, sur des laits artificiels et naturels condensés par l'ébullition, sur des laits naturels et artificiels conservés depuis quelques jours, comme aussi sur ces deux liquides commençant à présenter l'odeur putride. Or, je déclare que dans ces divers liquides, la dimension, la forme des globules, la manière dont ils coulaient, les variations dans les diamètres de ces mêmes globules, dont les uns étaient plus gros et les autres plus petits, n'ont pas différé dans le lait naturel et dans le lait artificiel.

Le troisième lait qui m'a été adressé était peut-être plus riche en globules que la meilleure crème naturelle; bien plus, les deux espèces de lait, traitées par l'acide acétique et vues au microscope, ne pouvaient être distinguées entre elles et, cependant, ce même acide acétique coagulait le lait de vache et ne coagulait pas le lait artificiel. Je dépose sur le bureau des échantillons des deux sortes de lait.

Abandonné à l'air, le lait de MM. Gaudin et Choumara se coagule incomplétement, et le caillot, ainsi que les agrégations des globules vus au microscope, se dissolvent facilement, surtout à l'aide de la chaleur, ce qui n'arrive pas pour le lait naturel; ce caillot est molasse et ressemble à celui d'un lait incomplétement caillé. Les inventeurs affirment qu'abandonné à lui-même, il prend l'odeur du fromage. Ce lait se putréfie difficilement; j'en conserve depuis dix jours dans un bocal par une température de 30+0 en contact avec l'air, ses propriétés restent en partie les mêmes, seulement l'odeur en devient fétide, une couche d'un corps gras, qui n'est pas de véritable beurre, se dépose sur les parties supérieures du vase qui contient le liquide; ce corps gras est sans doute la moelle des os qui ont servi à la confection du liquide.

On ignore encore si ce lait est nourrissant et surtout à quel degré il peut l'être. J'ai commencé avec M. le docteur Belouino, des expériences sur ce sujet. Je rendrai compte plus tard à l'Académie des résultats de nos recherches.

Les expérimentations chimiques faites sur ce liquide sont aussi à l'état initial, on n'y trouve ni sucre de lait, ni beurre (qui est ici remplacé par le corps gras dont nous avons parlé). Dans une communication ultérieure, je ferai part à l'Académie des résultats de l'analyse chimique du liquide remarquable dont il est ici question.

Voici comment on obtient le lait artificiel :

On dépose dans un autoclave ou marmite à Papin, une quantité déterminée, 3 kilogrammes, par exemple, d'os frais concassés et un kilogramme au plus de viande, on y ajoute cinq ou six fois autant d'eau : l'autoclave est hermétiquement fermée, un double fond l'entoure, et dans cette cavité on fait circuler un courant de vapeur qui échauffe le contenu de la marmite à 140 degrés au-dessus de zéro ; après quarante minutes de cette élévation de température on ouvre un robinet dont l'ouverture est étroite et de laquelle s'échappe brusquement un flot de vapeur dont l'arôme rappelle celui du bouillon; quelques secondes après sort un jet d'un liquide blanc qui, recueilli dans une bassine, n'est autre que le lait artificiel, dont j'ai précédemment indiqué les caractères physiques et microscopiques. Lorsqu'on en a extrait la quantité que l'on juge convenable, on ouvre l'autoclave et l'on n'y trouve autre chose que la viande et les os bouillis et un bouillon d'une qualité médiocre.

Quelque extraordinaires que paraissent de tels résultats, ils sont positifs et au-dessus de toute contestation; c'est à la grande usine de MM. Chollet et Compagnie, rue Marbeuf, que j'ai vu l'expérience dont étaient les témoins M. le docteur Bélouino, avec lequel je me livre à des expériences sur l'alimentation des animaux par ce lait ; M. Chollet, directeur-gérant; M. Wislin, ancien pharmacien ; M. Huguet, avocat à la Cour de cassation ; M. Bruno, régisseur de l'usine, et une foule d'autres personnes. M. Payen a été récemment témoin d'une expérience semblable. Si je n'avais vu de tels faits, j'y croirais à peine, mais ils sont patents, faciles à reproduire, et si les membres de l'Académie le désirent, MM. Gaudin et Choumara fabriqueront devant eux, autant de fois qu'ils le désireront, leur lait artificiel.

DE L'ENSEIGNEMENT DES SOURDS-MUETS ET DES AVEUGLES.

Nous avons promis d'analyser un mémoire que M. le Dr Blanchet, chirurgien de l'institution impériale de sourds-muets de Paris vient de présenter à l'Académie des sciences, sous ce titre : *De l'universalisation de l'enseignement des sourds-muets et des aveugles : urgence, possibilité et avantages de cet enseignement obtenus par la réunion des sourds-muets avec les parlants dans les écoles.* Nous allons tenir parole :

L'auteur s'attache d'abord à prouver qu'il y a urgence à universaliser l'instruction des sourds muets, et il le démontre en établissant la situation des sourds-muets illettrés de la France; sur 30,000 de ces infortunés, 2,000 à peine sont instruits dans les écoles ; ce chiffre n'est pas le tiers des enfants qui ont besoin d'instruction. Il corrobore son opinion par le tableau des progrès supérieurs aux nôtres que l'Allemagne réalise chaque jour. Il expose qu'aujourd'hui, en Belgique, en Prusse, en Danemarck et en Suède, l'éducation est donnée à tous les sourds-muets. Il cite les embarras des conseils généraux, qui sont forcés, chaque année, de faire un triste choix entre des malheureux qui, tous, ont un droit égal à l'instruction, et dont ils ne peuvent prononcer l'admission que d'un tiers. De plus, pour obéir à la loi, ils sont obligés d'abandonner pour toujours à leur ignorance les infortunés qui ont atteint leur quinzième année. L'auteur s'applique, dans la seconde partie, à réfuter les objections qui peuvent s'élever contre l'universalisation de l'enseignement des sourds-muets, et il démontre la possibilité d'étendre à toute la France ce qu'il a pu appliquer à Paris, où, grâce aux petites écoles, qu'il a, avec le concours de la Société d'assistance en faveur des sourds-muets et des aveugles, fondées successivement depuis 1848 sur huit points de la capitale , il ne reste plus un sourd-muet, un aveugle privés d'instruction ou qui ne puissent trouver les moyens de l'acquérir. Ainsi, tous les sourds-muets et aveugles de Paris, plus heureux que ceux des autres parties de la France, peuvent recevoir l'éducation au même âge que les entendants, sans séparation de famille et de la société. Nous citerons à ce sujet le rapport du conseil départemental de la Seine (libération du 10 mars 1855) :

« Ce système d'éducation, saisissant les jeunes sourds-« muets dès leur plus jeune âge, a l'immense avantage de « les maintenir au sein de leurs familles, de les placer dans « les écoles au milieu des autres élèves parlants , qui devien-« nent ainsi leurs compagnons d'étude et de jeu, ce qui éta-« blit entre tous des liens de camaraderie et de charité qui ne « peuvent avoir sur leur avenir que la plus heureuse influen-« ce. »

Les rapports des inspecteurs de l'instruction primaire ont déclaré que l'enseignement que les élèves recevaient dans les écoles, outre le précieux avantage de laisser l'enfant dans sa famille, répondait à tous leurs besoins et était assez complet pour leur permettre, comme aux parlants, d'entrer dans les ateliers à leur sortie de l'école.

Hâtons-nous de dire que les sourds-muets, dans ces écoles annexes, reçoivent leur instruction d'un maître spécial ; mais qu'ils participent en commun avec les parlants à tous les exercices où le secours des yeux est seul nécessaire, comme l'écriture, le dessin, etc., qu'un certain nombre d'élèves parlants servent à seconder les maîtres pour l'enseignement de la lecture sur les lèvres et de l'articulation, et familiarisent ainsi les enfants avec l'usage de la parole. Dans les communes où il n'y a qu'un ou deux sourds-muets qui fréquentent l'école, l'instituteur seul ou aidé d'un moniteur pourra très bien instruire ces infortunés.

Lorsque l'instruction primaire sera terminée, les enfants continueront à fréquenter l'école le matin pendant les deux premières années de leur éducation professionnelle, cette mesure aura pour but de procurer à l'élève les conseils du maître qui pourra le guider, l'encourager et lui faciliter ainsi son éducation professionnelle.

Ces principes sont mis en pratique dans les écoles de garçons et de filles créées sur divers points de Paris, dont quatre, sur les rapports du Comité de l'instruction, ont été déclarées écoles municipales. Les sourds-muets privés de famille, ou qui sont trop éloignés des écoles, pourront être placés dans des internats où il existe des parlants, soit pour y commencer leur éducation soit pour y recevoir une instruction supérieure.

Pour hâter l'universalisation de cet enseignement et l'application de ces moyens si simples, si peu onéreux, M. Blanchet engage les conseils généraux à proposer, dans leur prochaine session, des primes d'encouragement, comme il l'a fait pour 1856, à tout instituteur qui recevra des sourds-muets ou des aveugles dans son école, et qui se livrera à leur enseignement. Il les invite aussi à donner des secours aux parents qui enverront leurs enfants sourds-muets ou aveugles dans les écoles.

La proposition de ces nouvelles mesures pouvant faire craindre pour le sort des institutions existantes, l'auteur les rassure à cet égard, en proposant de les transformer en maisons qui seraient destinées à recevoir non-seulement les orphelins et les enfants abandonnés sourds-muets, mais encore les parlants, de façon à ne pas isoler, comme on l'a fait jusqu'à présent, le sourd-muet du parlant, et d'agrandir le cercle de l'assistance. Nous ne le suivrons pas lorsqu'il énumère tous les inconvénients des internats où il n'existe pas de parlants. De plus, il démontre qu'avec le seul argent employé pour les trousseaux, il serait possible de donner à tous les sourds-muets l'instruction primaire et une éducation professionnelle.

M. Blanchet prouve que ce système offre le précieux avantage de conserver à l'enfant infirme sa mère, de lui donner presque sans frais l'instruction, de lui apprendre dès le jeune âge à communiquer avec les parlants, et aux parlants d'établir des relations avec lui, il détruit les préjugés existants, et permet, dans un temps très court, d'universaliser l'éducation du sourd-muet et de l'aveugle, et de pourvoir à l'instruction de l'orphelin et de l'enfant abandonné, et résout immédiatement le problème de l'assistance en faveur de ces infortunés.

BOTANIQUE.

Procédé pour la conservation des plantes et des fleurs.

Parmi les visiteurs de l'exposition universelle, ceux qui s'occupent de botanique ont été frappés de la beauté de certaines plantes médicinales conservées dans des bocaux, et présentant exactement le même aspect que lorsqu'elles tenaient encore à leurs racines. Les auteurs du procédé auxquels sont dus ces remarquables résultats viennent de le décrire dans le *Journal de Parmacie et Chimie*, nous allons résumer cette description :

On prend du grès en poudre, on le passe à travers un premier tamis pour séparer la poudre la plus ténue, puis à travers un tamis plus large pour avoir du sable en grains à peu près égaux. On porte ensuite ce sable à une température de 150 degrés en le mettant sur le feu dans une bassine dont le fond est arrondi, et en le remuant constamment; puis on y ajoute pour 25 kilogrammes de sable, un mélange de 20 grammes d'*acide stéarique* et 20 grammes de *blanc de baleine;* on brasse fortement de tout, on retire la bassine du feu, et quand le sable est refroidi de manière à pouvoir y mettre les mains, on le froisse afin de graisser convenablement chaque grain de sable.

On met alors une couche de ce sable dans une caisse dont le fond doit être à coulisse, de manière à pouvoir s'enlever avec facilité, et sur lequel est disposé un grillage en fil de fer à larges mailles; sur ce sable, qui doit recouvrir le grillage complétement, on dispose les plantes en étalant les feuilles et moulant les fleurs avec soin dans du sable que l'on verse avec précaution et jusqu'à ce que les plantes en soient entièrement couvertes; mais il n'en faut pas mettre davantage. On recouvre la caisse avec une feuille de papier et on la porte dans une étuve ou dans un four chauffé de 40 à 45 degrés. La dessiccation s'opère rapidement, et, quand on la suppose terminée, on fait glisser le fond de la caisse dans sa coulisse doucement, le sable tombe à travers le grillage et les plantes seules restent dessus, dans la position où on les avait placées dans le sable.

L'acide stéarique et le blanc de baleine ajoutés au sable ont pour but de l'empêcher d'adhérer aux plantes, ils le rendent plus glissant; aussi suffit-il d'épousseter les feuilles avec une brosse de blaireau ou même de frapper de petits coups à la base de la tige pour faire tomber tout le sable qui pourrait encore les salir.

MM. Réveil et Berjot ont remarqué qu'il faut que les plantes ne soient pas humides quand on les met dans le sable; de même il vaut mieux que les fleurs ne soient pas complétement épanouies et qu'on les fasse épanouir en plongeant la plante par sa base dans une petite quantité d'eau; de cette manière elles sont mieux privées d'humidité, et les fleurs conservent très bien leur couleur. Les fleurs blanches gardent leur aspect mat; les fleurs jaunes et bleues leur nuance; les fleurs violettes et rouges se foncent un peu.

Pour les *jusquiames* et les autres plantes couvertes d'un enduit visqueux, le sable ne peut être employé, parce qu'il est trop adhérent; il faut avoir recours aux grains de riz, et encore il est très difficile de les séparer complétement.

Quand les plantes sortent de la caisse, elles sont très hygrométriques et reprennent à l'air une partie de l'humidité que la dessiccation leur a enlevée. Si l'on ne prenait quelques précautions, on ne pourrait les conserver. M. Réveil conseille de les placer dans des bocaux au fond desquels on a mis de la chaux vive renfermée dans du papier de soie et recouverte de mousse; puis, de fermer hermétiquement le bocal avec un disque de verre, que l'on fait adhérer au moyen d'un mastic de gomme laque ou de caoutchouc.

Ce procédé peut rendre de grands services aux horticulteurs qui voudront conserver des fleurs rares, aux naturalistes voyageurs qui pourront ainsi rapporter les plantes avec leur aspect naturel et enfin aux amateurs de collections botaniques.

L'Arsenic contre la fièvre intermittente.

Dans le numéro du 11 mars 1855 de l'*Ami des sciences*, M. le Dr Yvan apprenait au monde scientifique étonné, que les Chinois fumaient de... l'arsenic, comme hygiène habituelle. Etait-ce comme correctif de l'effet narcotico-hyposthénisant du tabac ou comme préservatif de la phthisie, des fièvres, des épidémies? C'est ce que notre collègue ne nous a point dit. En tout cas, en sciences, une observation n'est jamais perdue. M. Henri de Martinet, atteint, depuis le choléra de 1849, d'une fièvre intermittente, qui avait miné l'organisme, et contre laquelle l'inefficacité du quinine était bien constatée, résolut d'expérimenter la méthode chinoise. Huit jours de traitement effacèrent tous les accidents; en un mois la guérison était complète.

Les doses qu'il indique sont celles-ci :

Pour un fiévreux de la Sologne, de l'Afrique, de Cayenne ou du Sénégal, 30 centigrammes d'acide arsénieux mêlé à 150 ou à 200 grammes de tabac; deux pipes par jour pendant un mois.

Comme hygiène habituelle, 10 à 15 centig. par mois.

Si, ce qui arrive fréquemment, le malade était atteint de diarrhée, suite ou non de la dyssenterie, c'est à l'eau-de-vie, trois à quatre petits verres par jour, qu'il faut demander une guérison que ni l'opium, ni le bismuth, ni la diète ne donneraient en un temps fort long.

Comme adjuvants du traitement, une bonne nourriture, cela va sans le dire, du vin, beaucoup de vin — c'est un antifébrile — mais surtout de l'eau froide, des affusions fréquentes sur le rachis.

NOTE

sur la constitution géologique de l'isthme de Suez (1),

Par M. RENAUD, membre de la Commission internationale.

(Suite et fin.)

Pour connaître d'une manière aussi certaine que possible les terrains de l'isthme dans lesquels sera creusé le canal de jonction des deux mers, des forages, au nombre de dix-neuf, ont été exécutés entre Suez et Péluse, et ont été poussés au moins à 8 mètres au-dessous des basses mers de la Méditerranée. La position de ces forages et la nature des terrains constatés sont indiquées sur le profil en long, levé dans l'axe du canal et joint à la présente notice.

On peut voir que le seuil qui sépare le bassin des Lacs Amers de la mer Rouge présente au-dessous du sable des argiles compactes, des argiles sableuses, du sable et du gravier, des argiles feuilletées, etc. Le sondage n° 2 accuse un banc calcaire sur un banc de sable qui se trouve en face de Suez, de l'autre côté du port. On a trouvé l'argile marneuse dans le sondage n° 3. Mais, en général, les autres argiles font à peine effervescence avec les acides. On retrouve également les argiles dans la première partie du bassin des Lacs Amers; ces argiles sont plus ou moins marneuses. Au-delà du grand bassin des Lacs Amers, on ne trouve que des sables, à l'exception du sondage n° 19, qui a accusé des bancs de marne.

Les terrains de l'isthme appartiennent donc incontestablement à la formation tertiaire, qui constitue le sol de toute la basse et la moyenne Egypte, et tout le grand plateau du désert libyque.

On trouve dans le bassin des Lacs Amers des coquilles de l'espèce de celles que produit la mer Rouge: des hélices, des spondyles, des rochers, mais surtout des mactra. Ces dernières en tapissent littéralement le fond sur des étendues plus ou moins considérables. Ces coquilles ont-elles continué à vivre dans ces lacs après qu'ils ont été séparés de la mer Rouge? Cela est peu probable, parce que sous le ciel brûlant de l'Égypte, ces lacs ont dû assécher promptement. Il est vrai qu'au temps de Strabon, et même très probablement à l'époque où Hérodote visitait l'Égypte, les Lacs Amers contenaient de l'eau. Mais c'était de l'eau douce qu'y amenait du Nil le canal de jonction de ce fleuve avec la mer Rouge.

Une question fort controversée est celle de savoir si à l'époque où les Hébreux fuyaient de l'Egypte, sous la conduite de Moïse, les Lacs Amers faisaient encore partie de la mer Rouge. Cette dernière hypothèse s'accorderait mieux que l'hypothèse contraire avec le texte des livres sacrés. Mais alors, il faudrait admettre que depuis l'époque de Moïse (1471 ans avant Jésus-Christ), le seuil de Suez serait sorti des eaux.

Dans la partie septentrionale du bassin des Lacs Amers, qui est en même temps la plus profonde, on trouve un dépôt de sel marin qui a été trouvé de 7 mètres 50 centimètres d'épaisseur au sondage n° 10. Il repose sur des vases qui paraissent venir du Nil. Ce sel a vraisemblablement été amené par des eaux de source qui l'y ont déposé en s'évaporant. On retrouve également ces sels au sondage n° 9, mais recouverts par une couche de sulfate de chaux cristallisé en très fines aiguilles.

Les rivages de la mer ne paraissent pas plus que le sol de l'isthme avoir éprouvé de notables changements depuis les temps les plus reculés. Ainsi, dans le golfe qui s'étend au sud et à l'ouest de Suez, le dépôt sableux de soulèvement diffère entièrement d'aspect et de forme de celui que la mer a ajouté au rivage, et il ne peut être confondu avec lui. Il contient d'ailleurs une quantité considérable de coquilles qui ne se trouvent pas, même en petite quantité, dans le premier. Ces sables ainsi rapportés par la mer n'ont nulle part, dans tout le développement du golfe, plus de 100 mètres de longueur.

La stabilité du rivage est encore plus grande dans le golfe de Péluse. Toute la plaine qui entoure les ruines de cette ville antique est formée d'alluvions du Nil. Elle est séparée de la mer par un *lido* ou cordon littoral de sable, qu'il est impossible de confondre avec elle. La largeur de ce lido varie de 80 à 120 mètres. Comme elle ne pouvait être sensiblement moindre dans les temps anciens, pour protéger la plaine moins élevée qui est en arrière, il faut bien en conclure que les choses sont absolument aujourd'hui dans l'état où elles étaient autrefois. Cette observation s'applique à toute l'étendue du cordon littoral qui borde le lac Menzaleh. Ainsi, se trouvent vérifiées les conclusions auxquelles est arrivé M. Elie de Beaumont, dans son *Cours de Géologie pratique*, relativement à la stabilité des rives du Delta.

(1) Voir le précédent N°.

PHRÉNOLOGIE COMBINÉE.

Comme toutes les choses de l'entendement humain, la phrénologie, affirmée par les uns, niée par les autres, est soumise à parcourir ses phases de développement successives, et, si nous ne faisons point erreur, elle entre aujourd'hui dans la période expérimentale, dont la fonction constante est d'élever tout système à la hauteur d'une science, dès qu'il a eu assez de forces vives en lui pour traiter d'égal à égal avec cette puissance considérable qui s'appelle *le doute*. C'est dire que nous croyons la phrénologie arrivée à ce point où tous les esprits sérieux attendent qu'un certain nombre de faits se soient produits, pour en formuler les premières lois et en saisir les premières applications.

Laissons-la donc pour un instant sur cette voie féconde, car avant de signaler quelques-uns des faits qui auront contribué un jour à asseoir la phrénologie sur des bases vraiment scientifiques, il importe de se demander ce qu'elle signifie dans notre XIXe siècle, quelle est surtout sa raison d'être dans le tourbillon des intérêts matériels qui s'agitent.

La phrénologie est la théorie subjective par excellence, l'étude du *moi*, si on l'envisage à un point de vue ordinaire : une simple remarque suffira pour montrer qu'elle est quelque chose de plus. Vers la fin du siècle de Périclès, un sage arriva, par induction, à formuler ce précepte célèbre : « Connais-toi toi-même, » et, pour autant, aucun des systèmes qui se proposèrent plus tard de permettre à l'homme de se connaître lui-même, ne fit alors son apparition dans les écoles de la Grèce : c'est que l'observation et la déduction, *l'hypothèse*, en un mot, qui appartiennent à tous les âges de l'humanité, ne sont pas tous dans la théorie qui nous occupe, et que l'homme ne pouvait prétendre à se connaître lui-même avant d'avoir discerné le but véritable de l'étude qu'on lui proposait.

Or, le discernement de ce but appartenait à cet âge seul de l'humanité où l'intelligence, sollicitée par des besoins toujours croissants, s'est attaquée enfin à la matière pour en dégager une à une les *forces* qui la constituent : dans sa lettre et dans son esprit, la phrénologie n'est pas autre chose évidemment que l'étude des énergies morales, non seulement de l'homme, mais de la collectivité humaine, prise à tous les termes de la série.

A la poursuite du moteur universel, il ne suffit point, en effet, de chercher des forces dans la nature *dite* inorganique, car les facultés produites par les fonctions *dites* organiques, sont des forces encore, et des forces susceptibles de croître, comme la pesanteur, plus vite que les nombres, c'est-à-dire de constituer une vraie *dynamique*, dont les bases ne pouvaient être posées dans un autre temps qu'au siècle de Watt.

Si, par les considérations qui précèdent, nous avions réussi à établir la légitimité de la voix élevée aujourd'hui par la phrénologie au milieu des connaissances, sinon positives encore, du moins utiles, et par cela dignes de l'attention des hommes et de leurs études; nous aurions besoin d'établir bien peu de faits en faveur d'une théorie qui est déjà si loin de ce que l'avaient faite ses créateurs, Gall et Spurzheim. S'il en était autrement, nous pourrions, dès à présent, poser la plume, car la phrénologie, envisagée comme système pouvant satisfaire plus ou moins la curiosité ou l'amour-propre, est une phrénologie qui passera, tandis qu'il en est une qui ira grandissant tous les jours, celle qui étudie, non pas un seul organe, mais les actions combinées ou réciproques des organes; non pas un homme isolé, mais l'être humain. C'est à celle-là qu'il est réservé de contribuer, dans la limite de ses forces, à l'établissement d'une solidarité qui n'est un rêve que pour ceux qui dorment; et c'est de celle-là seule que nous osons dire qu'elle ondera une science pleine de grandeur et d'attrait, *la mécanique des forces morales de l'humanité.*

La question étant posée en ces termes, il nous reste maintenant à dire, en quelques mots, de quelle manière cette idée est défendue à Paris (1), par le docteur Castle, dont la presse s'est émue en Europe, à plusieurs reprises, et notamment à l'occasion de son examen phrénologique du maréchal Radetzki, bien avant que ce dernier n'eût acquis de la célébrité à sa manière.

M. Castle divise son enseignement en deux parties, l'une théorique et l'autre pratique: dans la première, les facultés intellectuelles sont traitées au point de vue d'une philosophie élevée, la seule qui convienne à une époque où la synthèse commence à réagir sur l'analyse: nous n'avons pas de plus bel éloge à faire de la méthode d'exposition suivie en cela par le savant professeur, que de signaler l'attention soutenue avec laquelle nous avons vu des enfants, très espiègles d'ailleurs, écouter, pendant près de trois heures, des considérations sur l'art, la perception des contrastes, les facultés perceptives, l'imagination, etc., etc... Pour ceux qui voient le progrès dans l'éducation, cette phrénologie-là doit sembler au moins une *force.*

Pour ce qui est maintenant de l'enseignement pratique, des examens dont nous avons été témoin, des expériences provoquées sous nos yeux, nous n'avons qu'une chose à dire: si nous n'acceptons pas *à priori* cette notion générale que la série des organes du cerveau correspond parallèlement à une série de facultés psychiques, comme cela a été démontré, par exemple, pour la mémoire, par la physiologie expérimentale; nous nous trouvons en face d'un ensemble de phénomènes beaucoup plus difficiles à admettre, car il devient impossible d'expliquer la concordance de plus de cent examens phrénologiques avec la vérité, examens faits à Paris, surtout sur des artistes, et qui ont donné toujours, avec une grande fidélité, jusqu'aux nuances insaisissables des caractères.

Si donc la phrénologie n'est point encore cet *ensemble de faits démontrés par la raison*, qui, seul, a le droit de porter le nom de science (définition qui réduirait de beaucoup le cadre des systèmes qui portent ce nom); nous pouvons dire cependant qu'elle est en train, aujourd'hui, de faire ses preuves, de réunir ses matériaux, de tenter sa classification, en un mot, de conquérir sa place au soleil. Sans doute, lorsqu'elle en sera venue là, nos arrière-neveux y découvriront des choses que nous ne pouvons même pas soupçonner; mais ils se souviendront toujours que dans l'âge des luttes de la pensée, elle aida puissamment à enseigner et à répandre une philosophie pleine de promesses et de consolations. FÉLIX FOUCOU.

(1) 26, rue de Penthièvre.

ACADÉMIE DES SCIENCES.

Séance du 18 août.

RECHERCHES EXPÉRIMENTALES SUR LA TEMPÉRATURE ANIMALE.

Des expériences auxquelles il s'est livré, M. Claude Bernard conclut:

1° Que l'appareil digestif fait éprouver au fluide sanguin un réchauffement constant, de telle sorte que dans cet appareil le sang veineux est plus chaud que le sang artériel.

2° Le sang qui sort de l'appareil digestif par les veines hépatiques est une source constante de calorification pour le sang qui va au cœur par la veine cave inférieure. Nous pouvons même ajouter, dès à présent, que c'est la principale; car, nulle part dans le système circulatoire le sang n'est aussi chaud que dans les veines hépatiques, et nos tableaux d'expériences montrent que chez les animaux les plus vigoureux cette température peut atteindre 41°,6 centigrades.

3° Parmi les organes qui concourent au réchauffement du sang dans l'appareil digestif, le foie occupe le premier rang. D'où il résulte que cet organe doit être considéré comme un des foyers principaux de la chaleur animale.

ASCENSIONS EN BALLONS CAPTIFS.

Dans la lettre adressée à MM. les académiciens de Dijon sur les ascensions en ballons captifs, M. le maréchal Vaillant a cité, mais en termes dubitatifs l'école d'aérostiers que Coutelle dirigeait à Meudon, comme ayant servi à des ascensions en ballons captifs. M. Jomard apporte sur ce point un témoignage positif.

« M. de Prony, écrit-il, dirigeait en 1796 l'école des ingénieurs du cadastre ou ingénieurs géographes, l'une des six écoles d'application qui furent établies à la création de l'école polytechnique; dès avant 1797; les élèves de cette école étaient de temps en temps envoyés à Meudon pour prendre part ou assister aux expériences aérostatiques qui s'y faisaient. Les jeunes gens de l'école d'application montaient dans les ballons captifs avec les aérostiers quand le temps était favorable. Le colonel Coutelle, sous-directeur de l'école des aérostiers, cité par M. le maréchal, nous donnait des indications et des conseils appuyés par son expérience, puisqu'à cette époque il avait déjà opéré plusieurs ascensions à Charleroy et à Fleurus. J'ai depuis voyagé en Egypte avec le colonel Coutelle, qui faisait partie de l'expédition, j'ai continué à entretenir des rapports avec lui sans interruption, et je ne l'ai jamais vu douter de l'utilité des ascensions à ballon captif, surtout pour les observations de physique atmosphérique. Seulement, s'il était convaincu de l'avantage des ascensions à ballon captif, il recommandait en même temps dans les opérations tous les soins et toutes les précautions commandés par la prudence.

« Coutelle avait suivi les cours de Charles, et s'occupait beaucoup, comme Conté, d'expériences de physique. On lui doit d'intéressantes observations de météorologie, exécutées au Caire pendant plusieurs années consécutives et comprenant les vents, la température et la pression atmosphérique.»

RAPPORT SUR UN MÉMOIRE DE M. A. FABRE SUR L'EMPLOI DE L'ÉTHER COMME ANTIDOTE DU CHLOROFORME.

On se rappelle le mémoire de M. Fabre. Une commission composée de MM. Flourens, Jobert (de Lamballe), Jules Cloquet, rapporteur, vient aujourd'hui infirmer tous les résultats de l'auteur.

Parmi les expériences auxquelles la commission s'est livrée en deux longues séances nous citerons les suivantes:

Première séance. — 9 août 1856. — » *Première expérience.* — Faite par M. Fabre.

» Un lapin adulte est soumis à l'inhalation des vapeurs de chloroformé. Au bout *de 3 minutes*, sommeil complet, anesthésie absolue.

» On cesse la chloroformisation et on laisse le lapin respirer librement l'air atmosphérique. 1m 30s se sont à peine écoulées, que le lapin remue la tête et se lève sur ses pattes antérieures. Quelques instants après, il se dresse sur ses quatre membres, il est complétement revenu à lui.

» *Deuxième expérience.* — Lapin adulte. M. Fabre expérimentateur.

» On chloroformise l'animal. — Au bout *d'une minute*, le sommeil est complet.

» M. Fabre pratique alors l'*éthérisation intermittente.* Au bout de 3m 45s seulement, l'animal se réveille et se met sur ses quatre pattes.

» *Troisième expérience.* — M. Fabre expérimentateur.

» Chloroformisation d'un lapin adulte. 2m 15s jusqu'au sommeil complet.

» M. Fabre pratique ensuite l'*éthérisation intermittente.* Au bout de 2m 30s, commencement du réveil. Au bout *de 3 minutes*, réveil un peu plus complet.

» *Quatrième expérience.* — M. Jobert expérimentateur.

» Un lapin est soumis pendant 2 *minutes* aux vapeurs du chloroforme. La chloroformisation est poussée très loin, l'animal semble mort; pendant quelques instants, la respiration cesse complétement; puis après un court espace de temps, les mouvements respiratoires se montrent de nouveau.

» Il y a quelques convulsions cloniques.

» Quatre minutes après la cessation de l'inhalation du chloroforme, les convulsions disparaissent; 1/2 minute plus tard, l'animal se réveille, mais la faiblesse dure longtemps. Environ 5 à 6 minutes après le réveil, le lapin ne s'est pas encore relevé sur ses membres. M. Jobert propose alors de le galvaniser. Un pôle de la pile de M. Duchenne (de Boulogne) est introduit dans la bouche, un autre dans l'anus. Secousses générales et violentes. L'action galvanique est suivie immédiatement d'une grande amélioration : l'animal peut se tenir sur ses quatre membres. »

» Les commissaires concluent :

» 1° Que les fonctions vitales se rétablissent plus promptement chez un animal anesthésié par le chloroforme quand on l'abandonne à lui-même, que lors qu'on lui fait respirer de l'éther soit d'une manière continue, soit à de certains intervalles;

« 2° Que l'éther, loin d'être antidote du chloroforme, ne fait qu'en prolonger, peut-être aggraver les effets anesthésiques, et que, par conséquent, on doit se donner garde de l'employer pour neutraliser et arrêter les effets du chloroforme, dans les cas ou l'action de cet agent aurait été poussée au-delà des limites qu'enseigne la prudence dans son administration. »

SUR L'ÉLECTRICITÉ ATMOSPHÉRIQUE ET LA FORMATION DES MÉTÉORES AQUEUX.

« Admettons, dit M. Scoutetten, dans le mémoire dont on va lire le résumé, que le globe terrestre soit dépourvu d'eau et de végétaux et qu'il fournisse constamment de l'électricité négative à l'atmosphère qui l'entoure; celle-ci possèdera et conservera évidemment l'électricité de même nature que celle de la terre, et comme il n'y aura dans l'air atmosphérique ni vapeur d'eau, ni électricité contraire, il ne pourra se produire aucun météore aqueux, ni aucun des phénomènes qui résultent de la combinaison des électricités contraires. Ajoutons maintenant de l'eau à la surface du globe, et il se formera à l'instant des vapeurs qui se répandront dans l'atmosphère. Si ces vapeurs n'étaient que de simples molécules aqueuses en suspension dans l'air, on ne comprendrait pas comment il se ferait que ces molécules, chargées d'électricité positive ou négative, pussent se trouver en contact sans perdre à l'instant leur état électrique; on ne verrait pas non plus la raison de l'existence presque constante de l'électricité positive dans les régions inférieures et de l'électricité négative dans les hautes régions de l'atmosphère.

« M. Biot a réuni 15,170 observations faites à Kew, dans une période de cinq années, et il a trouvé 14,515 fois les signes de l'électricité positive et 665 fois seulement les signes de l'électricité négative. M. Quetelet, pendant quatre années d'observations, n'a trouvé que 23 fois l'électricité atmosphérique donnant le signe négatif, et encore était-ce toujours après les perturbations météoriques. D'un autre côté, M. Biot nous apprend que, dans les hautes régions, l'électricité est négative; il l'a constaté expérimentalement le 24 août 1804, pendant son voyage aéronautique avec Gay-Lussac.

« Connaissant actuellement les sources de l'électricité positive de l'atmosphère, toutes les difficultés et toutes les incertitudes disparaissent. L'ozone fourni par les plantes et par la vaporisation de l'eau, s'élève dans l'atmosphère en formant une foule de vésicules qui sont de véritables ballons microscopiques, dont l'enveloppe est une pellicule aqueuse et le centre le gaz oxygène électrisé. Il fallait bien qu'il en fût ainsi, car l'oxygène ne pouvant pas, par sa pesanteur spécifique, s'élever seul dans les hautes régions de l'air, il fallait qu'il y fût transporté par les vapeurs aqueuses qui, selon les degrés de température de l'atmosphère, acquièrent une tension qui les rend plus légères que l'air.

» En m'appuyant sur ces données, j'explique, dans le Mémoire que j'ai l'honneur de soumettre au jugement de l'Académie, les variations diurnes et nocturnes de l'électricité de l'atmosphère, la formation des orages, leur multiplicité dans les pays chauds, leur absence au centre du grand Océan, aux régions polaires et dans le désert du Saharah, ce que j'attribue à la présence d'une seule des deux électricités dans ces derniers lieux; je rends compte de la formation des nuages positifs et négatifs, de leur conservation à l'état de vapeur; enfin j'expose les causes qui concourent à la production de la pluie, de la grêle et de la neige. »

MATIÈRE TINCTORIALE EXTRAITE DE LA *Monarde écarlate.*

M. Belhomme annonce que la Monarde écarlate (*Monarda didyma Linné*), plante cultivée depuis longtemps, recèle la *carmine*, substance qui n'a encore été remarquée que dans le fruit du nopal et dans l'insecte appelé cochenille qui fait l'objet d'un commerce assez considérable. Cette substance tinctoriale réside dans les corolles, et comme la plante en donne en quantité, il sera facile de se la procurer à bon marché. Quand on prend les fleurs et qu'on les immerge dans l'eau, elle en est immédiatement saturée; en présence de l'eau de chaux elle est colorée en violet; l'acétate de plomb colore en violet; l'acide hydrochlorique et sulfurique colorent instantanément en rouge orange foncé; la potasse la fait passer au jaune d'or; l'ammoniaque colore en brun, le sulfate de fer fait passer au rouge brun; l'eau de baryte au cramoisi violet; le sulfate d'alumine décolore légèrement, etc. On voit, d'après ces données, que ce sont bien là tous les caractères de la carmine. Mais si l'on fait bouillir la dissolution avec l'alcool, il se dépose alors un précipité par le refroidissement, c'est la carmine. Ce principe colorant donne une teinte à la soie qui peut être employée avec beaucoup d'avantage. Il est probable qu'à Lyon, où cette industrie est excessivement développée, cette teinte serait recherchée.

OBSERVATIONS SUR LE RACHITISME DES POULES.

M. Ch. Heiser a reconnu que les difformités du système osseux sont très fréquentes chez les poules que fournissent au marché de Strasbourg les cantons où les marécages abondent, et où la pauvreté des paysans fait que les animaux domestiques ne sont pas convenablement nourris et ne sont pas en général sainement logés. Ces difformités tiennent à un rachitisme véritable qui, quand il atteint un degré assez avancé, se traduit encore à l'œil par la maigreur de l'oiseau. Les poules contrefaites, comme M. Heiser s'en est assuré, pondent fréquemment des œufs difformes, œufs dans lesquels le plus souvent l'embryon ne se développe pas ou meurt pendant l'incubation. Quand le poulet vient à éclore, il porte déjà en lui les germes du rachitisme, qui ne tardent pas à se manifester par la déformation de la charpente osseuse. Les difformités du sternum et de la colonne vertébrale sont surtout communes chez les poules; les affections des os longs d'ailleurs ne sont pas rares. Elles paraissent plus fréquentes chez les femelles que chez les mâles.

Les cantons qui fournissent aujourd'hui tant de poules rachitiques en donnaient moins à une époque antérieure. Le haut prix des céréales dans les dernières années, ayant nécessairement influé d'une manière défavorable sur le régime des oiseaux de basse-cour, n'est peut-être pas étranger à ce résultat; mais la mauvaise disposition des poulaillers doit y avoir contribué pour sa part. Quoi qu'il en soit, la race paraît être, dans les cantons dont il s'agit, en voie d'abâtardissement, et il conviendrait de chercher à arrêter le mal, non-seulement dans l'intérêt des habitants de la campagne, mais aussi dans l'intérêt des villes dont les marchés reçoivent ces animaux maladifs : il y a lieu de croire, en effet, que leur chair ne fournit pas une nourriture saine; dans deux cas même où le rachitisme était très avancé, la chair des poulets a été dédaignée par un chien qui ne manifestait nulle répugnance pour la chair des oiseaux non malades.

FAITS DIVERS.

— Télégraphe électrique de la Méditerranée. La pose du télégraphe électrique sous-marin entre le Cap Spartivento (Sardaigne) et la côte d'Afrique, n'est pas encore opérée et ne pourra l'être de quelque temps. Après avoir été obligé de sacrifier une portion assez considérable du câble, pour se débarrasser d'un excès de poids, on n'en a plus eu qu'une longueur insuffisante et il a fallu dépêcher un navire en Angleterre. On lira avec un vif intérêt la lettre suivante que nous apporte la *Colonisation* (d'Alger), où les incidents de cette grande opération sont racontés jour par jour, et pour ainsi dire heure par heure.

5 *août.* — Le *Tartare* et le *Dutchman*, trois-mâts à hélice, partent de Cagliari à 5 heures du soir pour se rendre au cap Spartivento; ils y arrivent à 8 heures 40 et y mouillent.

6 *août.* — Le câble est porté à terre, et à 11 heures du matin tout est prêt pour le départ. — Le *Tartare* donne les remorques au *Dutchman*; l'une d'elles s'engage dans les rochers, on envoie une embarcation pour la dégager; l'embarcation est coulée par le poids de la remorque, mais tout le monde est sauvé!.. Quelques dispositions à prendre retardent le départ.

7 *août.* — Départ à 6 heures 15 du matin. On gouverne au S. 28° O., tout va bien. 9 heures 5 du soir stoppe; la communication électrique entre la terre et le bord est tout à coup interrompue. On était à 37 milles du point de départ, par 18 ou 1,900 mètres de fond, après avoir filé environ 50 milles de câble. Afin de rechercher la cause de cette interruption, on coupe le câble. Cette opération terminée, on s'aperçoit que c'est dans la partie du câble restant à bord que l'interruption a lieu; on s'occupe alors de prendre les dispositions pour épisser les deux bouts du câble, ce qui se fait presque aussi facilement qu'avec un filin ordinaire. On attend le jour.

8 *août.* — 6 heures 30 du matin, en virant le câble, il se casse à l'écubier. Les deux navires sont obligés de partir immédiatement pour Spartivento, où ils arrivent à 4 heures du soir. Le *Tartare* devra se rendre à Cagliari, afin d'y prendre les bois nécessaires à la construction d'un appareil pour relever le câble perdu.

10 *août.* — Départ du *Tartare* pour Cagliari à 8 heures du matin. Il est de retour à 1 heure.

11 *et* 12 *août.* — Dispositions à bord du *Dutchman* pour relever le câble. On place à l'avant une forte roue en fonte sur laquelle doit passer la partie du câble qui est au large. — Et afin de sauver le plus possible du câble perdu, on le drague au voisinage de la côte, dans les bas fonds, puis on le coupe, afin de pouvoir le faire passer de l'avant à l'arrière dans le sens de la longueur du bâtiment. Les deux bouts sont ensuite joints et à mesure que le bâtiment avancera, le câble filera par l'arrière.

13 *août.* — 6 heures du matin, départ du *Dutchman* sans être remorqué, le *Tartare* le suit à petite distance. Le relèvement marche assez bien, mais très lentement, on ne peut filer plus de 1 mille à 1,5 mille à l'heure. Vers trois heures, la résistance augmente considérablement par suite du poids énorme du câble. Cependant on n'est encore qu'à 9 milles environ du point de départ, et par 180 mètres de fond. A 6 heures du soir on avait achevé 14 milles, on est par 200 mètres de fond, mais il est impossible de continuer sans compromettre le sort du navire; le câble est coupé, on en perdra ainsi une longueur d'environ *trente six milles*, 48,000 mèt. (400,000 fr. à peu près). Enfin on ajoute le bout qui communique à terre à celui du bord. Cette opération prend toute la nuit.

14 *août.* — 6 heures 30 du matin, départ, le *Dutchman* remorqué par le *Tartare*, on ne peut filer plus de 2,5 milles à l'heure, avec une plus grande vitesse les moyens de retenue ne suffiraient pas et l'on risquerait de casser le câble encore une fois. Ensuite il y aurait trop de danger pour les hommes qui déroulent le câble dans la cale.

Tout va très bien, mais à huit heures, par un fond de 1,900 mètres, la résistance est telle que toute la puissance des machines du *Tartare* ne peut donner au *Dutchman* plus de 1,8 milles de vitesse.

15 *août.* — 5 heures du matin, on aperçoit les terres de la *Galite* (terre promise que l'on ne tient pas). Tout marche parfaitement, mais à 4 heures du soir, on est encore à 18 milles, et l'on nous signale qu'il n'y a plus que 6 milles de câble à bord; on gouverne alors sur le point le plus proche, le galiton de l'Est ou Canis; on sonde: à 570 mètres pas de fond; à 5 heures 30, il n'y a plus *qu'un demi mille* de câble et l'on est a *douze milles* de la terre; on sonde: à 500 mètres pas de fond; si l'on pouvait avancer de trois milles encore on trouverait des fonds de 90 à 100 mètres, alors on mettrait une forte aussière et une bouée sur le câble, et on le mouillerait bien certain de le retrouver, en prenant des points de relèvement. Il faut y renoncer, le bout du câble reste à bord du *Dutchman*, et à 7 heures 30 du soir, le *Tartare* fait route pour Alger afin de ramener un ponton sur lequel le bout du câble sera placé, en attendant que le *Dutchman* se rende à Londres pour y prendre le câble nécessaire, et terminer entièrement l'opération.

Dans la journée du 15, à l'aide du câble on a télégraphé à Londres, afin de faire tout préparer, pour l'arrivée du *Dutchman*, ce qui permet de penser que dans un mois tout sera terminé, seulement jusque-là il faut du beau temps, autrement la rupture du câble est presque sûre à son point d'appui en mer.

A bord du *Tartare* le 16 août,

Cheval.

Le *Tartare* arrivé le 17 à Alger en est reparti le 18, remorquant le ponton dont il vient d'être question. O. Mac Carthy.

BULLETIN BIBLIOGRAPHIQUE.

— De l'accommodation de l'œil et du muscle ciliaire, par Marc-D-Sée, in-4°, imprim. Rignoux, 31, rue Monsieur le Prince.

— Petit manuel d'histoire universelle, ouvrage résumant l'histoire générale, par Édouard W. d'Halluvin, 2e édit. in-18, 1 fr. Périsse frères, 38, rue Saint-Sulpice.

— Le cinquième n° de l'Isthme de Suez, journal de l'union des deux mers contient les articles suivants : Considérations sur l'Égypte. — Règlement pour les ouvriers fellahs. — Nouvelles d'Égypte. — Revue de la Presse. — Variétés; suite et fin des tableaux du prix des cultures en Égypte.

Prix d'abonnement pour l'étranger.

Allemagne, 8 fr.;— Suisse, Parme, Plaisance, Modène, 8 fr. 50.— Etats Sardes, Grèce, Crimée, 9 fr.; — Hollande, Angleterre, 10 fr.; — Etats-Unis, Indostan, Turquie, 10 fr. 50; — Belgique, Prusse, Hanôvre, Saxe, Pologne, Russie, Espagne, Portugal, 11 fr.; — Toscane, 12 fr.; — Etats-Romains, 16 fr. 50.

Le propriétaire, rédacteur-gérant :
Victor MEUNIER.

PARIS. — IMP. J.-B. GROS ET DONNAUD, SON GENDRE, RUE DES NOYERS, 74.

Deuxième année. — N° 36. Quinze centimes. 7 septembre 1856.

L'AMI DES SCIENCES

BUREAUX D'ABONNEMENT
13, RUE DU JARDINET, 13
Près l'Ecole de Médecine
A PARIS

JOURNAL DU DIMANCHE
SOUS LA DIRECTION DE
VICTOR MEUNIER

ABONNEMENT POUR L'ANNÉE
PARIS, 6 FR. ; — DÉPART., 8 FR.
Étranger (Voir à la fin du journal)
ENVOYER UN MANDAT DE POSTE

ARCHITECTURE NAVALE.

Nouveau système de construction des coques de navires.

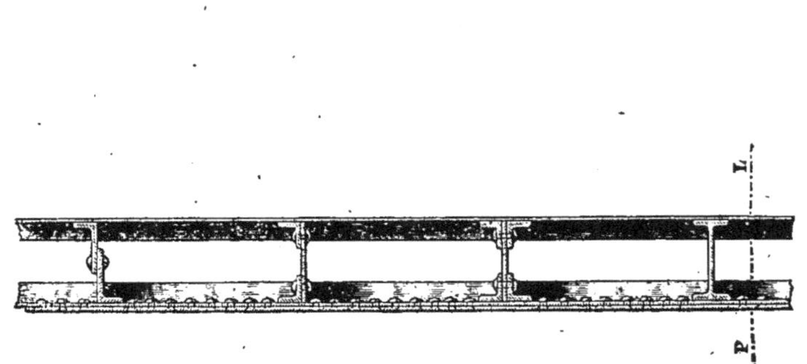

Fig. 1.

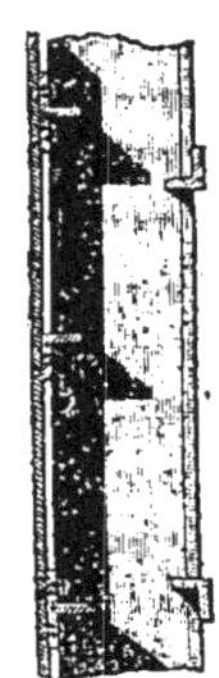

Fig. 2. — Coupe sur PL.

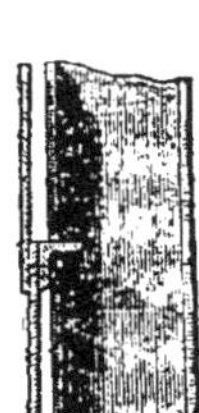

Fig. 3.

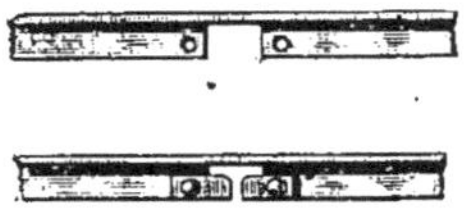

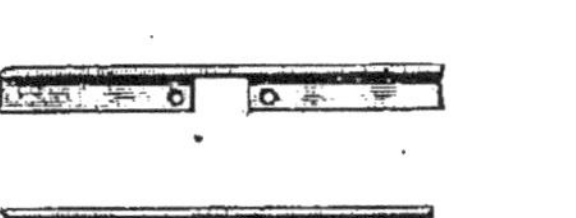

Fig. 4.

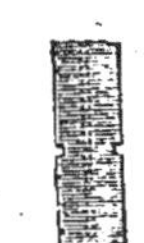

Fig. 5.

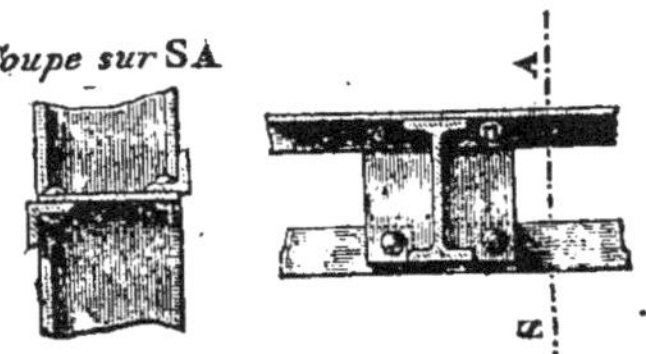

Coupe sur SA

Fig. 6.

Fig. 7.

Fig. 8.

Coupe sur R D

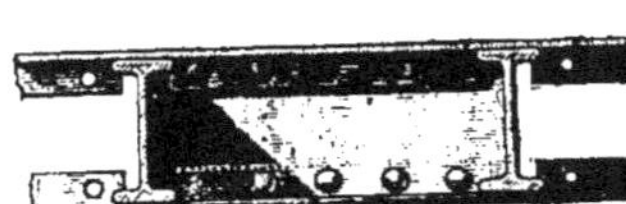

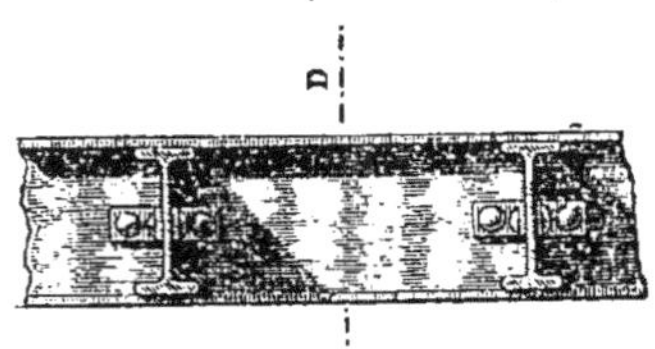

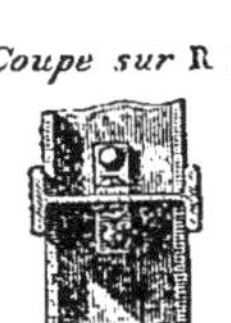

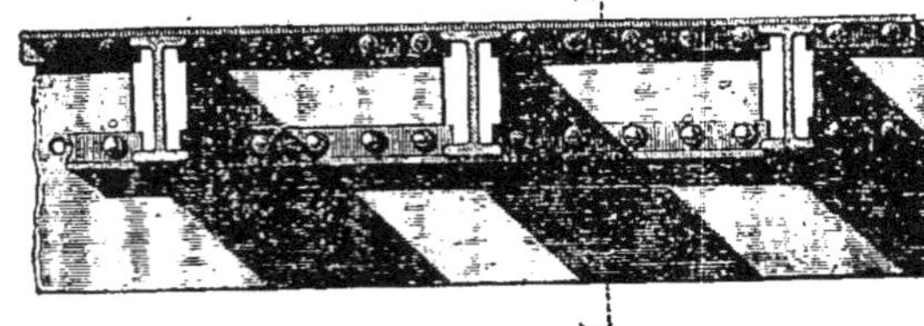

Fig. 9.

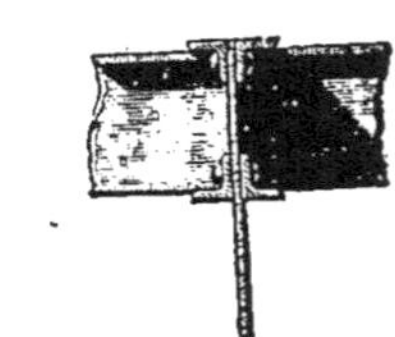

Fig. 10

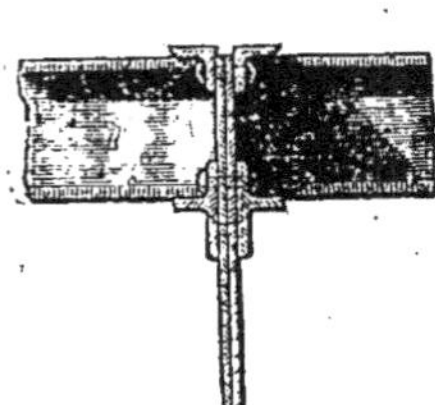

Fig. 11.

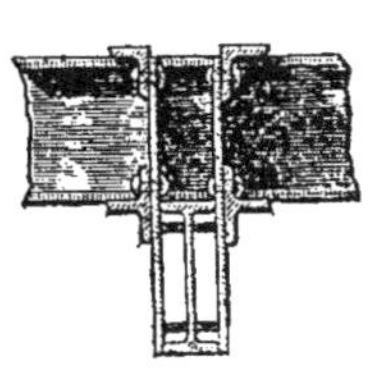

Fig. 12.

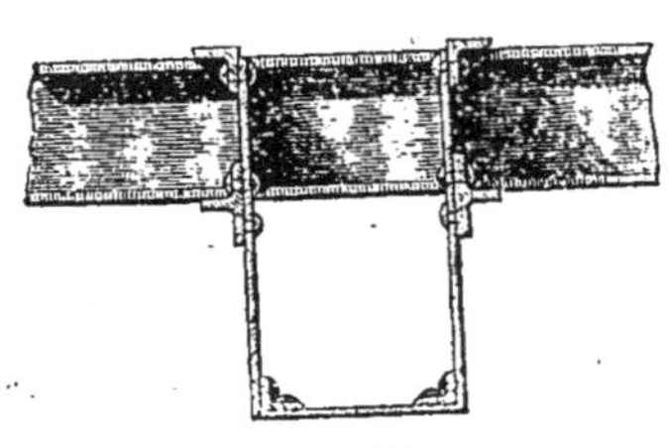

Fig. 13.

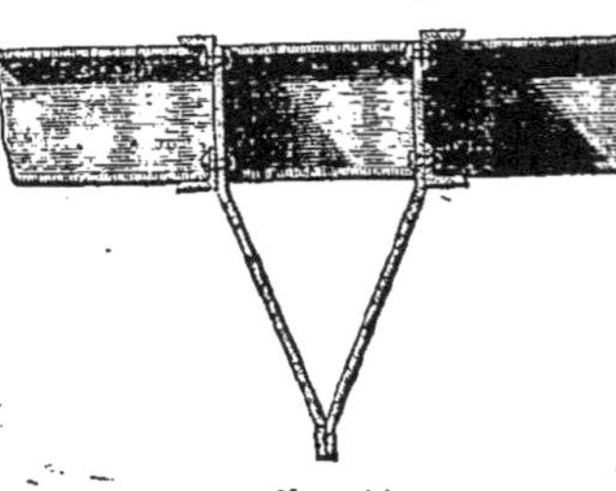

Fig. 14.

Architecture navale.

Dans le précédent travail, nous nous sommes occupés des murailles en fer, à l'épreuve des boulets pour la marine militaire et les fortifications. Dans celui-ci, nous nous proposons de décrire les dispositions et appareils qui préserveraient des naufrages dans la majeure partie des circonstances où ils se produisent. L'application de ces moyens est facilité par le nouveau système de construction des navires en bois et en bois et fer, que nous allons d'abord décrire :

Navires en fer.

Les pièces composant la muraille d'un navire se divisent en trois catégories principales, savoir : 1° la *membrure*; 2° le *bordage*; 3° le *vaigrage.*

Les pièces qui forment la membrure s'appellent des *couples.* Ces couples reposent sur la quille et s'élèvent de chaque côté en dessinant les contours du bâtiment; c'est sur eux que l'on fixe le bordage (revêtement extérieur) et le vaigrage (revêtement intérieur).

Dans tous les navires en fer que l'on a construits jusqu'à présent, les feuilles de tôle du bordage sont rivées sur les cornières des couples. Nous trouvons cette disposition vicieuse, parce que les rivets font perdre aux couples une partie de leur force, et dans les réparations, quand le bordage est enlevé, la partie de la membrure restée sans soutien peut se déformer. Pour remédier à ces inconvénients, nous nous sommes posé le problème suivant :

Etablir la liaison des bordages sur les couples sans mettre un seul rivet sur leurs cornières ou sur leurs nervures.

Nous obtenons ce résultat en reliant les couples entre eux par des entretoises sur lesquelles nous rivons les bordages. Cette disposition est indiquée par les figures 1 et 2; elle est applicable, quelle que soit la forme des couples; aussi nous avons donné à chacun d'eux un profil différent dans la figure 1.

Lorsqu'on rive les bordages sur les couples, il faut à ceux-ci une saillie assez large pour recevoir les rivets, et l'on obtient facilement cette saillie avec des cornières; c'est là le principal motif de leur emploi à la fabrication des couples. Avec nos entretoises, qui débarrassent les couples des rivets, nous pouvons les établir différemment, et entre autres les former de fers à double té, T, lesquels sont, à poids égal, beaucoup plus solides et beaucoup plus économiques que les assemblages de cornières.

Les bordages s'assemblent sur nos entretoises soit bout à bout, comme dans la figure 2, ou à recouvrement, comme dans la figure 3.

En plaçant seulement des entretoises au droit des joints des bordages pour les assembler entre eux, la liaison qui en résulterait entre les bordages et les couples ne serait pas toujours suffisante; on mettrait alors des entretoises intermédiaires, sur lesquelles on riverait les bordages. Dans la figure 2, nous avons placé une entretoise intermédiaire.

Dans la figure 1, les entretoises emboîtant directement les nervures des couples, elles y entreraient à coulisse par les extrémités, ce qui obligerait, pour en réparer une, d'ôter celles placées au-dessus, et, de plus, il faudrait les fixer en place, en les rivant sur des pattes coudées. Pour éviter ces inconvénients, il convient de disposer les entretoises comme l'indique la figure 4. On voit dans cette figure que l'entretoise est entaillée pour se poser latéralement, et deux petites pièces de fer rapportées forment la coulisse. De plus, comme les entretoises doivent avoir une position fixe sur les couples, on pratique aux nervures de ceux-ci de légères entailles où elles doivent se loger, comme on le voit figure 5. Dans la figure 4, on peut supprimer une des pattes en fer en entaillant l'entretoise pour qu'elle emboîte d'un côté, par un mouvement latéral, une nervure du couple.

Les assemblages de nos entretoises sur la longueur ont lieu entre les couples au moyen de bandes de tôle rivées ou boulonnées.

Notre manière de fixer le bordage nous sert également pour le vaigrage, qu'il soit en bois ou en tôle; seulement les entretoises pour le vaigrage peuvent être moins fortes et moins nombreuses que celles du bordage.

Pour simplifier la construction, il conviendra de placer les entretoises du vaigrage vis-à-vis celles du bordage, afin que les pièces de fer qui les maintiennent sur les couples servent en même temps à les unir ensemble, comme on le voit figure 6. Cette disposition sera importante au droit des principales liaisons du navire, telles que la quille, les serres d'empâture, les serres banquières, les guirlandes, etc. On peut donner aux plaques de tôle qui réunissent les entretoises toute la grandeur de l'espace compris entre les couples, comme on le voit figure 7; la solidité en sera considérablement accrue.

Avec les entretoises entrant à coulisse par les extrémités, on obtiendrait une disposition analogue à celle figure 7, en employant des solives à double té ou à double cornière entaillées entre leurs nervures pour le passage des couples, auxquels elles seraient maintenues par des pattes coudées, comme on le voit figure 8.

La disposition des entretoises dans les figures 6, 7, 8, non-seulement procure des liaisons d'une grande solidité, mais, de plus, elle nous donne le moyen d'établir facilement des quilles latérales et centrales; les figures 9, 10, 11, 12, en sont des exemples. En examinant ces figures, on voit que ces quilles sont des lames de tôle dont la partie supérieure est découpée pour venir se loger entre les couples et y être rivée sur les entretoises. La quille, figure 11, est formée de deux feuilles de tôle semblables, et, dans la figure 12, de deux feuilles de tôle renforcées par une solive placée au milieu. Nous pouvons également établir des quilles carrées ou rectangulaires comme celles figures 13 et 14; dans ces figures, le fond de la quille serait fixé par des vis, afin de pouvoir le détacher à volonté; on consoliderait ces quilles en remplissant leur intérieur par des briques cimentées ou du béton.

LOUIS-AUBERT.

(La suite au prochain numéro.)

APPAREILS DE SAUVETAGE POUR LA MARINE.

M. Bertinetti nous adresse la lettre suivante :

Paris, le 26 août 1856.

Monsieur,

Les numéros de votre estimable Journal, du 29 juin et du 3 août, viennent de m'être remis. Le dernier contient une lettre de M. Tremblay qui se fait l'historien des différents projectiles de sauvetage qui ont été inventés depuis M. Flengrousse jusqu'à moi. Permettez-moi, Monsieur, de répondre quelques mots aux conseils d'ami que veut bien me donner le capitaine Tremblay, et d'éclairer quelques points que, bien involontairement sans doute, il a laissés dans l'obscurité.

Le 19 novembre 1855, une commission nommée par M. le contre-amiral, préfet maritime du 1er arrondissement, se réunit pour procéder aux expériences du projectile de sauvetage de mon invention. Quatre épreuves eurent lieu, dont l'une, à bord de l'*Actif*, avec le canon de 16 centimètres et le canon-obusier de 27 centimètres. A la suite de ces essais, un rapport fut publié; j'en extrais les lignes suivantes :

« Il résulte que sur les quatre épreuves qui ont été faites « devant la commission, trois ont très bien réussi, et il est « probable que l'insuccès de l'autre n'est dû qu'à la mauvaise « qualité de la fusée qui a été employée. (Il y a, en outre, les « quatre essais préparatoires qui ont été faits avec succès, en « présence du délégué de la commission, ce qui fait sept coups « sur huit qui ont donné des résultats satisfaisants.) La supé- « riorité de ce système est incontestable; il suffit de le voir « fonctionner pour s'en convaincre. En résumé, la commis- « sion reconnaît que le système est praticable, à bord aussi « bien qu'à terre; qu'il offre toutes les chances de réussite « favorable. Elle pense que son emploi à bord des bâtiments « de l'Etat offrirait de grands avantages, et que tout en rem- « plissant parfaitement le but que l'inventeur s'est proposé, « celui de lancer d'un navire une amarre à terre à une grande « distance, il peut encore être employé avec succès dans plu- « sieurs circonstances importantes. Un bateau à vapeur pour- « rait s'en servir pour envoyer à bord d'un autre navire une « remorque lorsqu'il y a impossibilité ou trop grande difficulté « pour la communication. Un canot ne pouvant gagner contre « le vent et la mer pour atteindre son bord, pourrait facile- « ment saisir le boulet flottant qui lui serait lancé, et recevoir « à l'aide de la corde de soie, une amarre assez forte pour être « hâlé à bord du bâtiment. »

L'appareil Bertinetti, dit M. Tremblay, présente le même inconvénient que celui de M. Delvigne : corde logée dans le projectile.

Ce que M. Tremblay regarde comme une faute, je le considère, moi, comme un précieux avantage; car, mon projectile en portant la corde avec soi et la développant au fur et à mesure qu'il s'éloigne du point de départ, se trouve au moment de l'explosion, rempli et chargé, conséquemment assez lourd pour parcourir une grande distance, et, en arrivant au but, déchargé du poids de la corde, assez léger pour surnager en tombant à la mer. Avec mon système je lance la corde à 600 *et 700 mètres*, ainsi que le constatent les expériences faites à Cherbourg; avec l'appareil de M. Tremblay, elle parvient à peine à 200 *mètres*, ainsi que l'ont surabondamment démontré les essais faits devant le jury de l'Exposition universelle. Une autre considération qui distingue mon système de celui de M. Tremblay, c'est que si la fusée à grappins dont il fait usage n'arrive pas sur le navire, elle tombe au fond de l'eau avec sa corde et n'offre pas le plus léger secours aux naufragés; elle n'est aussi d'aucun usage pour les canots qui, par un gros temps, ne peuvent rejoindre leur navire.

M. Tremblay termine sa lettre en vous priant de m'informer qu'il est disposé à faire des essais comparatifs entre son appareil et le mien. De nouvelles épreuves de l'appareil de M. Tremblay n'apprendraient rien qu'on ne sache déjà, puisqu'il n'a apporté aucun changement à son système depuis l'Exposition de 1855. S. Ex. le ministre de la Marine vient de me commander un certain nombre de projectiles et désire que de nouvelles expériences soient faites avec le canon de 16 cent. Les expériences auront lieu prochainement, et tous ceux que la question des porte-amarres intéresse pourront décider de la supériorité de mon système sur celui de M. Tremblay ou de son infériorité.

Recevez, etc. BERTINETTI (Pierre).

HISTOIRE DE L'INVENTION DES BATTERIES FLOTTANTES A L'ÉPREUVE DU BOULET.

Lorsqu'en 1820, on construisit les premiers navires en fer pour la marine marchande, l'idée vint aussitôt d'en construire également des bâtiments de guerre. MM. de Montgéry, capitaine de vaisseau et le général Paixhans firent des propositions dans ce but au ministère de la marine (1). Voici un extrait du second ouvrage du général Paixhans.

« L'idée d'une armure, quoique importante et reproduite à « diverses époques, n'a cependant donné lieu qu'à très peu « d'expériences directes. J'en ai fait une en 1809, où un boulet « massif de 24, animé de la plus grande vitesse, a été repoussé « et broyé. On en cite une faite, en 1815, en Amérique, où « 4 à 5 pouces de fer auraient suffi contre de gros boulets. « Dans les expériences qui viennent d'être faites à Brest, on « a vu que la bombe de 80, pesant 55 livres, possède assez de « force pour enfoncer, sans se briser elle-même, une ferrure « de 4 pouces d'épaisseur et pour se loger encore dans le bois « du vaisseau et y éclater. Quelle armure faudrait-il donc pour « arrêter des boulets massifs de 80 et de 150 livres?

« Cependant, après avoir examiné ces faits et quelques au- « tres, je pense qu'on peut regarder la résistance comme pra- « ticable au moyen d'un solide arrangement des parties mé- « talliques, mais qu'on ne doit pas s'attendre à pouvoir lutter « contre d'aussi grands chocs à moins d'une épaisseur de « fer de 6 à 8 pouces. Or, en faisant le calcul du poids qu'au- « rait une telle armure, comparé à la surcharge que peuvent « recevoir nos bâtiments, on trouve : que les vaisseaux ordi- « naires de 74, et à plus forte raison les frégates, corvettes et « brick; ne pourront pas être cuirassés, même en bornant « beaucoup l'étendue de l'armure. Mais nos vaisseaux à trois « ponts, qui sont vastes par leur carène, pourront porter cette « lourde armure, en les allégeant toutefois des étages les plus « élevés. Ces grands vaisseaux, ainsi cuirassés, deviendraient « alors de véritables forteresses. »

En comparant ces paroles avec les batteries flottantes, qui ont servi contre Kinburn, on pourrait croire que les batteries sont tout simplement l'application des idées émises, en 1822, par MM. de Montgéry et Paixhans. Cependant, il n'en a pas été ainsi, parce que dans l'intervalle des expériences qui furent exécutées en 1842, 1843 et 1844 en Angleterre et en France, une muraille de quinze centimètres d'épaisseur et de plusieurs mètres carrés fut *complètement détruite* par 15 boulets massifs de 30 : ces boulets se logeaient dans la masse de fer, en sorte que de plus gros boulets auraient détruit aussi facilement des murailles beaucoup plus épaisses. On en conclut alors qu'il serait impossible de construire avec avantage des murailles en fer; cette décision donna lieu à une note ministérielle qui déclara qu'à l'avenir il ne serait construit aucun navire en fer pour la marine militaire.

Les expériences faites en Angleterre et en France, étaient en partie conformes aux propositions de MM. de Montgéry et Paixhans, aussi ils en acceptèrent les résultats sans protester. Nous en avons la preuve du côté du général Paixhans par un article qu'il publia dans le *Moniteur universel*, le 21 février 1854, à propos du combat de Sinope. Dans cet article, il propose seulement de ne plus construire de vaisseaux et de les remplacer par d'autres bâtiments en bois plus petits, afin que la perte de chacun d'eux fût moins sensible, et qu'ils fussent plus difficiles à atteindre.

Il existe encore de nombreuses preuves constatant que l'idée d'employer le fer, pour construire des murailles à l'épreuve des boulets était abandonnée, M. Aubert en cite deux principales dans sa lettre en réponse au rapport du maréchal Vaillant, que nous avons insérée, il y a trois semaines (Voir le nº 32). Il est alors inutile que nous les répétions et que nous nous étendions davantage sur un fait suffisamment prouvé. Par conséquent, si d'un côté la première idée de l'invention date de 1822, d'un autre côté depuis 1844, elle était considérée comme irréalisable par tous les hommes compétents, y compris ses auteurs.

(1) Voir, pour le travail de M. de Montgéry, les *Annales de l'industrie*, tome XII, page 41, année 1823, et pour le général Paixhans, son ouvrage intitulé : *Expériences faites par la marine française*, 1825, page 92.

Voici maintenant en peu de mots ce qui s'est passé en 1854. M. Louis Aubert, dans une lettre adressée à l'Empereur, protesta le premier contre l'opinion reçue. Voici un passage de cette lettre en date du 31 mars.

« L'idée d'employer le fer pour construire des murailles à « l'épreuve des boulets n'est pas nouvelle ; en 1842, une expé« rience a été faite en Angleterre, et l'on en a conclu que le pro« blème était impossible à résoudre. Une particularité de cette « expérience m'a fait reconnaître que la pénétration du boulet « était due à la mauvaise manière dont les lames de fer avaient « été placées, et que le résultat aurait été tout autre, si l'on « eût satisfait aux deux conditions que j'ai posées, etc, etc. »

Cette lettre fut renvoyé au ministère de la marine. Les ingénieurs du conseil des travaux examinèrent le mémoire de M. Aubert, et dans leur rapport en date du 29 avril 1854, ils conclurent que la question était suffisamment étudiée et que de nouvelles expériences étaient inutiles.

M. Aubert étant ainsi repoussé, son travail n'aurait produit pour le moment aucun résultat, mais heureusement que l'Empereur crut qu'il y avait quelque chose à faire, et malgré l'opposition des ingénieurs de la marine, il voulut que de nouvelles expériences fussent exécutées, et elles ont conduit aux résultats remarquables que l'on connaît. C'est-à-dire que les boulets de 30, au lieu de se loger dans la masse de fer, comme dans l'expérience de 1842, ne firent que de légères meurtrissures, comme l'avait annoncé M. Aubert.

Ainsi donc en toute justice, l'invention des batteries flottantes doit être divisée en quatre parts, savoir : La première, à MM. de Montgéry et Paixhans pour en avoir émis l'idée. La seconde, à M. Louis Aubert pour avoir repris cette idée en expliquant pourquoi les expériences n'avaient pas réussi et en donnant plusieurs moyens capables de conduire à un succès complet. La troisième à sa Majesté l'Empereur Napoléon III, pour avoir fait exécuter les expériences de Vincennes en juillet 1854. La quatrième, aux ingénieurs de la marine chargés de l'exécution des batteries flottantes.

Nous espérons que le résumé historique que nous venons de faire, en appelant de nouveau le jugement du public sur cette invention fera enfin rendre justice à qui de droit. M. Louis Aubert demande pour sa part la croix de la légion d'honneur, et tous les hommes impartiaux diront qu'elle lui est bien due.

Sur les matériaux hydrauliques employés dans les constructions à la mer (1).

(Suite et fin.)

« Après avoir ainsi décrit le rôle de la silice et de l'alumine dans les matériaux hydrauliques, les auteurs étudient celui de la magnésie. Cette terre, qui ne se trouve généralement qu'en assez faible proportion dans les calcaires, se comporte avec la silice et l'alumine d'une manière analogue à la chaux, c'est-à-dire qu'elle forme avec elle des composés susceptibles de s'hydrater et de résister aux actions de la mer mieux même que ceux de chaux. On peut en conclure qu'il serait utile de remplacer la chaux par la magnésie pour fabriquer les mortiers hydrauliques; mais la magnésie n'est pas assez répandue dans la nature pour qu'on puisse l'employer à l'exclusion de la chaux dans les constructions à la mer. En tout cas, il faut proscrire avec soin le mélange de ces bases, c'est-à-dire l'emploi des calcaires magnésiens, attendu que les silicates et les aluminates formés par la magnésie ne s'hydratent pas avec la même vitesse que ceux formés par la chaux, et qu'ils risquent d'ailleurs d'être partiellement décomposés, après l'immersion, par la chaux libre restée en excès, si le mélange n'a pas été longtemps digéré au préalable en présence d'une faible quantité d'eau. En d'autres termes, ces mortiers ne présentent aucune homogénéité, aucune chance de stabilité dans la prise.

« Plus encore que la magnésie, le fer entre dans la composition de la plupart des calcaires, et, comme elle, en faible quantité. Le plus souvent, il s'y trouve à l'état d'oxyde, et dans ce cas, d'après les auteurs, il doit être considéré comme inerte, une petite partie seulement de l'oxyde pouvant se combiner avec la chaux, pour former avec elle un composé, susceptible d'hydratation il est vrai, et insoluble, mais instable et n'exerçant point d'influence sensible sur la solidité des mortiers.

« Dans les calcaires argilo-bitumineux, le fer se présente assez fréquemment à l'état de pyrite, disséminé en grains très fins, et la cuisson détermine alors la formation d'une quantité notable de sulfate de chaux. Ce composé, qu'on trouve quelquefois aussi tout formé dans les bancs calcaires, exerce une influence nuisible sur les mortiers et surtout sur les ciments à prise rapide. En effet, le sulfate de chaux qui a été fortement calciné ne se combine avec l'eau que très lentement; il ne passe à l'état de plâtre $CaO, SO^3 + 2HO$ qu'après la solidification du mortier, et, cristallisant avec augmentation de volume, il le fait éclater et le désagrége. Et alors même que la cristallisation du plâtre s'opérerait en même temps que l'hydratation des composés de la chaux, de la silice, de l'alumine, sa solubilité dans l'eau serait encore une cause de décomposition pour le mortier, puisqu'en se dissolvant graduellement il en augmenterait la porosité. On doit conclure de là qu'il faut proscrire de toutes les constructions hydrauliques les calcaires qui contiennent une proportion notable de sulfate de chaux.

« Enfin les chaux hydrauliques, les ciments et les mortiers à pouzzolanes sont mélangés presque toujours avec une quantité considérable de sable. Si ce sable ne contient aucun corps avec lequel la chaux ne puisse se combiner par voie humide, il ne peut agir que mécaniquement; mais il exerce, en outre, une action chimique s'il renferme de l'argile ou du silex, qui se comportent comme la pouzzolane en présence de la chaux restée libre dans les matières hydrauliques. Cette réaction pouvant être, suivant le cas, avantageuse ou nuisible, il ne faut employer le sable contenant de l'argile ou du silex qu'après avoir déterminé par expérience la manière dont il se comporte. Quant au rôle mécanique du sable inerte, il consiste à former l'ossature des mortiers, à leur donner peut-être une plus grande résistance à l'écrasement, mais surtout à s'opposer à la contraction qui tend à se produire pendant la solidification. A cet égard, il est très utile; mais, en examinant attentivement la structure des mortiers contenant une forte portion de sable, on remarque qu'ils sont criblés de petites cavités et, par conséquent, très poreux, et, par suite, très perméables à l'eau, ce qui est une cause de décomposition presque certaine. Les auteurs concluent de ce fait qu'on doit se poser comme problème d'une haute importance l'invention d'un procédé qui permette d'employer très peu de sable tout en annulant, autant que possible, la contraction qui accompagne la prise; et ils se réservent de traiter cette question dans la deuxième partie de leur mémoire.

« A la suite de cette exposition détaillée des propriétés et des réactions chimiques des corps qui se trouvent en présence dans les matériaux hydrauliques, les auteurs abordent l'étude de l'action spéciale des gaz et des sels contenus dans l'eau de mer, action énergique à laquelle ils attribuent une grande partie des accidents survenus à nos constructions maritimes.

« Ce qui facilite surtout cette action, c'est la porosité des mortiers, autrement dit, leur pénétration facile par l'eau; pour parer à cet inconvénient, il faut en même temps régler convenablement la composition chimique des matériaux employés, et chercher, par des expériences spéciales à chaque localité et à chaque condition d'emploi, les précautions qui doivent être adoptées dans la mise en œuvre.

(1) Voir le N° 34.

« Dans plusieurs ports, il se forme à la surface des constructions des dépôts de coquillages, d'herbes marines ou de vase qui constituent un enduit préservateur et s'opposent à la pénétration de l'eau de la mer. La plupart des matériaux qui résistent sous la protection de cette armure impénétrable, se décomposent plus ou moins rapidement lorsqu'on vient à la leur enlever.

« On doit chercher à réaliser les mêmes conditions favorables par une bonne composition chimique des mortiers, et, d'après les auteurs, on obtient ce résultat en y introduisant ou en y laissant un petit excès de chaux non combinée avec la silice ou l'alumine.

« L'utilité de cette chaux libre peut être expliquée de la manière suivante :

« L'action de l'eau de la mer se fait sentir aux matériaux hydrauliques immergés pendant deux périodes distinctes, dont la première comprend tout le temps qui précède la prise, et dont la seconde est postérieure à la solidification. Pendant la première période, laquelle est beaucoup plus longue à la mer que dans l'eau douce, à cause du retard que le chlorure de sodium oppose à la prise, c'est-à-dire pendant que les combinaisons de la chaux avec la silice et l'alumine s'hydratent progressivement, la chaux libre s'hydrate aussi et se dissout partiellement; mais elle absorbe, en raison de ses plus grandes affinités chimiques, les actions de l'acide carbonique, de l'hydrogène sulfuré et des sels de magnésie contenus dans la mer. Les composés utiles sur lesquels ces actions se porteraient, se trouvent ainsi préservés par la présence de cet excès de chaux libre qui assure leur intégrité, et qui doit se trouver en quantité d'autant plus grande dans le mortier, que la prise est plus lente et que l'eau de mer renferme plus d'acide carbonique et d'hydrogène sulfuré.

« Pendant la seconde période, cet excès de chaux n'est pas moins utile. En effet, la solidification produit presque toujours une contraction comparable à celle d'une éponge que l'on presse avec la main. La chaux hydratée se trouve alors en partie expulsée à l'extérieur et en partie refoulée à l'intérieur dans les petites et innombrables cavités que présente la structure du mortier. En cet état, la chaux libre est transformée en composés insolubles par l'acide carbonique et quelquefois aussi par l'hydrogène sulfuré, et il se produit ainsi, tant à la surface extérieure du mortier que sur les parois de ses cavités intérieures, une croûte imperméable qui le protége avec efficacité.

« Mais, pour que cette protection soit entière et durable, il faut que l'excès de chaux ne soit ni trop faible ni trop abondant relativement à la proportion d'acide carbonique et d'hydrogène sulfuré contenus dans la mer. Car, dans le premier cas, l'enduit de carbonate serait incomplet, et, dans le second cas, la chaux restée libre se dissoudrait en contribuant à la porosité du mortier. Il importe donc de déterminer la proportion la plus convenable de chaux libre pour chaque espèce de matériaux hydrauliques par plusieurs expériences spéciales faites dans les conditions mêmes où les matériaux devront se trouver placés, et il importe surtout de répéter ces expériences dans chaque port, puisque dans chaque port la mer contient une proportion variable d'acide carbonique et d'hydrogène sulfuré.

« C'est précisément à la proportion variable de ces gaz dans l'eau de mer que les auteurs attribuent les difficultés et les mécomptes éprouvés par les ingénieurs dans les constructions hydrauliques. Ils indiquent dans quelles conditions l'hydrogène sulfuré peut produire dans les mortiers, soit de l'oxysulfure de calcium, composé presque insoluble, soit du sulfate de chaux dont la cristallisation et la dissolution déterminent la décomposition plus ou moins rapide du mortier. Ils recommandent surtout de n'immerger que des matériaux préparés de telle sorte, que les combinaisons de la chaux avec la silice et l'alumine y soient complétement formées et susceptibles de s'hydrater à peu près en même temps.

« Dans le chapitre final de la première partie de leur mémoire, les auteurs présentent la discussion des résultats qu'ils ont obtenus dans leurs analyses de calcaires, de chaux hydrauliques, de ciments, de mortiers et de pouzzolanes. Ces analyses ont porté principalement sur des calcaires des carrières du Theil et de Fécamp, et sur des marnes de Vitry-le-Français; sur des chaux du Theil et de Graville; sur des ciments de Portland et de Vitry-le-Français; sur des mortiers faits avec la chaux du Theil, employés à Marseille, et résistant parfaitement depuis plusieurs années; sur d'autres mortiers faits avec les ciments de Portland, Parker et Medina, immergés à Cherbourg en avant de la digue depuis quatre ou cinq ans, et résistant fort bien aussi à l'action de la mer; enfin sur des pouzzolanes d'Italie, de l'Hérault, de l'Auvergne, et sur des trass de Hollande.

« Les auteurs montrent de quelle manière il conviendra de modifier plusieurs de ces matériaux pour en obtenir de meilleurs résultats, et ils indiquent la facilité de fabriquer artificiellement d'excellents mortiers et ciments avec les calcaires, les argiles et les silex qui abondent en France. Ils ne dissimulent pas d'ailleurs que l'homogénéité parfaite avant la cuisson étant une condition indispensable de succès, les bons matériaux hydrauliques ne peuvent être obtenus à bon marché. »

ACADÉMIE DES SCIENCES.

Séance du 25 août.

SUR LA FORME DU CRANE DE L'HOMME ET DE L'OSSIFICATION DE SES SUTURES.

Dans le très important mémoire dont nous allons donner l'analyse rédigée par l'auteur lui-même, M. Pierre Gratiolet essaie de déterminer les modifications que subit la forme du crâne humain depuis la naissance jusqu'à l'âge adulte. Ces recherches lui ont fourni l'occasion d'examiner une question non moins importante, celle de l'oblitération successive des sutures qui réunissent les différents éléments vertébraux qui la composent. Voici l'analyse de l'auteur :

« I. L'étude du crâne de l'enfant naissant exige certaines précautions. Tous les crânes qui ont servi à mes recherches n'ont été desséchés qu'après avoir été, au préalable, remplis de plâtre; de la sorte, en se desséchant, ils n'ont pu subir aucune déformation. Cette remarque est nécessaire pour faire comprendre que la plupart des têtes que l'on trouve dans le commerce ne peuvent servir à des recherches de cette nature.

« La tête de l'enfant français nouveau-né est très longue eu égard à sa largeur, son diamètre transversal différant du longitudinal du quart environ de la longueur totale. C'est là une condition très avancée de *dolichocéphalie*. Chez le Français adulte bien conformé, la différence est au plus d'un cinquième, et peut n'être que le septième de cette longueur. L'enfant es donc *dolichocéphale* eu égard à l'adulte, ce qui montre que, d'une manière générale, le cerveau s'accroît plus rapidement en largeur qu'en longueur.

« J'ai essayé de préciser le détail de ces modifications, et pour cela j'ai choisi, comme points fixes, les noyaux d'ossification du pariétal, du frontal, et de la pièce supérieure de l'occipital.

« II. Si l'on considère en premier lieu les faces latérales du crâne, on remarque qu'une gouttière peu profonde les divise et monte obliquement du sommet de la fosse sphénoïdale au centre d'ossification du pariétal. Cette gouttière reproduit évidemment la scissure de Sylvius, au sommet de laquelle correspond le point central d'ossification de l'os pariétal. Elle établit donc une limite entre les régions du crâne qui logent les parties du cerveau qui sont au-dessus de la scissure de Sylvius, et celles qui sont situées au-dessous. On peut ainsi se convaincre aisément que le crâne est plus large au-dessous de la scissure de Sylvius qu'il ne l'est au-dessus d'elle; le diamètre bi-temporal, par exemple, l'emporte évidemment sur le bi-pariétal; mais l'inverse a lieu chez l'adulte. Il est dont certain qu'à partir de la naissance le crâne s'accroît plus rapidement dans ses régions supérieures. Si maintenant du sommet du point d'ossification du pariétal pris comme centre, avec un rayon égal à la distance de ce point au bord antérieur du pariétal, nous traçons sur les parties latérales du crâne d'un enfant nouveau-né une circonférence, elle sera comprise en entier dans les limites de l'os pariétal et passera un demi-centimètre environ au devant de la suture lambdoïde, et 1 ou 2 millimètres au-dessus de la suture squammeuse. Ainsi, elle ne touche point à la partie écailleuse de l'os temporal. — Une circonférence tracée dans les mêmes conditions chez l'adulte, touche à la suture lambdoïde et coupe la suture squammeuse. Il suit rigoureusement de là que les parties antérieures du pariétal se sont accrues plus rapidement que ses parties postérieures et inférieures. Or, si nous mesurons maintenant la distance du point central d'ossification du pariétal au centre de la bosse frontale, cette distance sera tout au plus égale chez l'enfant nouveau-né à celle qui sépare le même point du sommet de la tubérosité occipitale; mais elle la surpassera chez l'adulte, de 2 centimètres environ. Ces remarques obligent de conclure qu'en acquérant des formes définitives le crâne s'accroît plus en haut et en avant qu'en bas et en arrière, ce qui se trouve parfaitement en rapport avec les résultats fournis par l'étude du développement relatif des différents groupes de plis cérébraux.

« III. L'étude des sutures donne lieu à des remarques non moins intéressantes. Celles-ci donnent des éléments précieux à la comparaison des différentes races entre elles.

« *A.* Dans la plupart des races sauvages, la direction générale de la suture fronto-pariétale sur le profil du crâne est à peu près parallèle à celle de la ligne faciale, prise à la manière de Camper, et le sommet de la grande aile du sphénoïde dépasse à peine le niveau de l'apophyse orbitaire externe. Dans la race blanche, au contraire, le sommet de la grande aile du sphénoïde s'élève, et repousse l'angle antéro-inférieur du pariétal qui, rejeté en arrière, par un mouvement de bascule, anticipe sur la face postérieure du crâne, en refoulant en bas l'occipital. Ainsi, que le front soit droit ou fuyant, un plus grand champ est ouvert, chez le blanc, aux accroissements possibles du frontal. Les différences qu'on observe dans la marche de l'ossification des sutures confirment ce premier aperçu.

« *B.* Dans l'homme blanc, les sutures s'ossifient d'une manière tardive. Cette oblitération se développe dans l'ordre suivant : 1° la suture sagittale, 2° la suture lambdoïde, 3° la suture fronto-pariétale. Dans les races éthiopienne et alforienne, au contraire, l'oblitération des sutures est précoce, et la fronto-pariétale se soude avant la lambdoïde. Ainsi, chez le blanc, le crâne se ferme d'abord en arrière; chez le nègre et chez l'alfouroux, il se ferme d'abord en avant. On observe souvent le même fait sur les crânes d'idiots appartenant à la race blanche. En outre, les récentes recherches de MM. Baillarger, Cruveilhier et Vrolick, ont mis hors de doute le fait de l'ossification prématurée des sutures chez les idiots microcéphales, et sur l'absence de fontanelles chez eux au moment de la naissance.

« On peut d'ailleurs reconnaître, au simple aspect des sutures, si l'ossification eût été précoce ou tardive : sont-elles simples, elles se soudent de bonne heure; sont-elles compliquées, leur oblitération est tardive. A ces différences extérieures correspondent certaines différences plus profondes : ces crânes, dont les sutures se soudent prématurément, sont fort épais, et manquent, en général, de sinus aérien. Je me borne à énoncer ces faits, que j'essaie d'expliquer dans le Mémoire dont cette note est un extrait succint.

« Je ne hasarderai ici qu'une seule réflexion. La longue persistance des sutures dans la race blanche aurait-elle quelque rapport avec la perfection presque indéfinie de l'intelligence dans les hommes de cette race? Cette durée d'une des conditions organiques de l'enfance ne semble-t-elle pas indiquer que le cerveau doit, chez ces hommes perfectibles, demeurer capable d'un accroissement lent, mais continu? De là peut-être cette perpétuelle jeunesse de l'esprit, qui, chez les hommes qui pensent beaucoup, semble défier la vieillesse et la mort. Mais, chez les idiots et dans les races abruties, le crâne se ferme sur le cerveau comme une prison. Ce n'est plus un temple divin, pour me servir de l'expression de Malpighi, c'est une sorte de casque capable de résister à des coups de massue.

SUR L'ORGANISATION ET LES MOEURS DU TERMITE LUCIFUGE.

Les Termites, connus vulgairement sous le nom de *Fourmis blanches*, vivent en sociétés nombreuses comme les fourmis, les abeilles et plusieurs autres Hyménoptères. Ces insectes, répandus surtout dans les pays chauds, se trouvent aussi dans le midi de la France; depuis quelques années, une espèce de ces Névroptères a attiré l'attention par les nombreux dégâts qu'elle a occasionnés à La Rochelle, Rochefort, et plusieurs villes de la Charente-Inférieure. Une espèce, probablement différente, est commune aux environs de Bordeaux, où l'a étudiée M. Ch. Lespès auteur du mémoire que nous allons analyser.

Chaque société se compose d'un nombre considérable d'individus de formes différentes : 1° les ouvriers; 2° les soldats; 3° les larves et les nymphes; 4° les individus parfaits qui peuvent se reproduire.

Les ouvriers et les soldats sont des individus neutres, ou plutôt leurs organes reproducteurs sont atrophiés, mais l'auteur a pu toujours trouver des rudiments des organes mâles ou femelles; de sorte qu'ils ressemblent aux neutres des Hyménoptères seulement par l'impossibilité de se reproduire; chez ces derniers, les neutres étant toujours des femelles incomplètes. Toujours privés d'yeux, les ouvriers et les soldats sont chargés de tous les soins de la communauté : les premiers creusent les nids, construisent les galeries et soignent les jeunes; les seconds sont uniquement chargés de la défense de la société, fonction dont ils s'acquittent avec le plus grand courage. Ces deux formes de neutres, ne diffèrent que par le volume de la tête et surtout des mandibules. Jamais ces insectes ne sortent de leur nid. Ils sont aptères pendant toute leur vie.

Les larves subissent trois mues. Dans le premier âge, il est impossible de distinguer celles qui deviendront des neutres de celles qui acquerront un développement complet; mais, dès le deuxième, ces dernières commencent à montrer des rudiments d'ailes qui s'accroissent au troisième. Celles de neutres, au contraire, ressemblent, sauf la taille, aux ouvriers. On les trouve en grand nombre pendant l'hiver et le printemps.

Les nymphes de neutres, ne diffèrent de l'ouvrier que par la taille; celles des individus sexuées offrent deux formes différentes qui correspondent à deux époques d'émigration de ces derniers : les unes ont des fourreaux d'ailes longs, elles subissent leur dernière transformation en mai; les autres ont ces mêmes organes courts et étroits, elles prennent leurs ailes en août.

Les individus ailés ont seuls des yeux. Ceux qui émigrent au printemps sont les uns des mâles, les autres des femelles; ils proviennent de la première forme de nymphes. Leurs organes reproducteurs, dont j'ai suivi l'évolution, sont peu développés; un petit nombre de gaînes ovigères est fécond dans chaque ovaire. Ces individus se réunissent par couples qui rentrent dans un nid après la chute des ailes. Le mâle et la femelle vivent ensemble dans ce nid jusqu'à l'été suivant, époque de la ponte, par conséquent plus d'un an. M. Lespès a donné à ces insectes peu féconds les noms de *petits rois* et de *petites reines*. Quelquefois, il paraît en exister plusieurs couples dans ce même nid.

A l'automne, les nymphes de la seconde forme subissent leur dernière mue : les individus qui en résultent sont les uns mâles, les autres femelles ; mais leurs organes reproducteurs sont infiniment plus développés dans les précédents, et cela dans les deux sexes. Ces insectes se réunissent aussi par couples qui n'émigrent peut-être pas, et dont il y en a un seul dans chaque nid et seulement dans les sociétés nombreuses. Ils vivent à côté l'un de l'autre sans être renfermés dans une cellule spéciale, et on peut les trouver jusqu'au mois de juillet, époque de la ponte. L'abdomen de la femelle acquiert un très grand volume, qui n'est pourtant pas comparable à ce que l'on voit chez les Termites exotiques. Cet accroissement est en rapport avec le développement des œufs dans d'énormes ovaires.

PHYSIOLOGIE ET PATHOLOGIE DES CAPSULES SURRÉNALES.

De nombreuses expériences ont conduit M. Brown Sequard à cette conclusion assurément imprévue :

1° Que les capsules surrénales paraissent être des organes essentiels à la vie, au moins chez les chiens, les chats, les lapins et les cochons d'Inde ;

2° Que l'ablation de ces organes amène, en général, la mort plus rapidement que l'ablation des reins ;

3° Que les capsules surrénales ont avec le centre cérébro-rachidien de nombreuses relations d'influence.

L'auteur a constaté, en outre, que contrairement à l'opinion commune, selon laquelle ces organes appartiendraient à la vie embryonnaire, ils gagnent en poids presque autant que les reins, à partir de la naissance jusqu'à l'âge adulte. Le travail de M. Brown Sequard est renvoyé à l'examen d'une commission composée de MM. Flourens, Rayer et Cl. Bernard, dont nous attendrons le rapport.

NOTE SUR UN NOUVEAU PROCÉDÉ POUR OBTENIR LES DENSITÉS DES CORPS SOLIDES AU MOYEN DE LA BALANCE ORDINAIRE, PAR M. A. RAIMONDI.

« Quand un vase contenant de l'eau est en équilibre sur le plateau d'une balance, si l'on y plonge un corps solide tenu en suspension au moyen d'un fil délié, on voit le plateau de la balance s'abaisser, et, pour rétablir l'équilibre, on est obligé d'ajouter dans le plateau opposé un poids égal à celui du volume de liquide déplacé. Ceci n'est qu'une conséquence du principe d'Archimède. Supposons, en effet, que, dans le plateau d'une balance, on ait mis un vase contenant un liquide et un corps solide A plus dense que le liquide, auquel est fixé un fil délié dont le poids et le volume soient négligeables, et supposons le tout équilibré au moyen de poids placés dans le plateau opposé. Si ensuite on cherche à soulever le corps A en tendant le fil, l'équilibre sera rompu et, pour le rétablir, il faudra retrancher du plateau opposé un poids égal à celui qui représente la tension exercée sur le fil. Si cette tension continuant, on arrive jusqu'à soulever le corps, de manière qu'il ne touche plus le fond du vase, mais reste en suspension dans le liquide, le plateau se trouvera évidemment soulagé d'un poids égal à celui du corps, moins le poids du volume de liquide qu'il déplace, et, pour rétablir l'équilibre, il faudra retrancher un poids équivalent du plateau opposé.

« Ce fait peut être démontré expérimentalement en soutenant le corps au moyen du crochet d'une balance hydrostatique, au lieu de le soulever avec la main.

« Quant au mode pratique que j'emploie, après avoir pesé le corps dans l'air, je place dans le plateau d'une balance un vase contenant le liquide dont je dois me servir, le plus généralement de l'eau distillée, et j'établis l'équilibre. A côté du plateau contenant le vase, je fixe une tige en forme de potence, terminée par un crochet qui vient correspondre verticalement au-dessus du vase ; je suspends le corps au crochet, au moyen d'un brin de soie, de manière à le faire plonger dans le liquide, et je rétablis l'équilibre des plateaux au moyen de poids qui représentent celui du volume de liquide déplacé. La densité du corps se trouve donnée par la formule.

$$\Delta = D\frac{P}{P'} + \delta,$$

Δ étant la densité cherchée, D celle du liquide, δ celle de l'air, P le poids du corps pesé dans l'air et P' le poids du liquide déplacé, c'est-à-dire le poids ajouté à la balance pour établir l'équilibre.

Cette méthode est plus commode que celle des flacons qui ne permettent pas de prendre la densité d'un corps un peu volumineux, puisque si l'ouverture du flacon devient trop grande, la fermeture s'opère mal, et souvent l'on obtient pas l'exactitude désirée.

— S. A. le prince Ch. Bonaparte entretient l'Académie des nombreux et utiles résultats d'une excursion de deux mois qu'il vient de faire à travers les principaux musées ornithologiques d'Europe et surtout ceux de Berlin, Dresde, Leipzig, Francfort, Breme, Leyde, Bruxelles, Strasbourg, etc. Il présente en même temps des *tableaux* parallèliques de l'ordre des échassiers.

— M. Henri-Mangon adresse une note sur les moyens de s'opposer aux obstructions dans les tuyaux de drainage, note sur laquelle nous reviendrons. — M. Ch. Sainte-Claire Deville envoie une nouvelle lettre sur les phénomènes éruptifs du Vésuve et de l'Italie méridionale.

Société zoologique d'Acclimatation.

NOTICE SUR LE CERFEUIL BULBEUX (*Chærophillum bulbosum*); par M. SACC.

Cette plante bisannuelle et indigène croît dans les prés et les forêts humides où elle se plaît, surtout dans le voisinage des ruisseaux : son aspect général rappelle complètement celui de la carotte sauvage.

Cultivé de toute antiquité en Silésie, en Poméranie, dans les Etats autrichiens et en Alsace, le cerfeuil tubéreux a, comme le chervis, été tellement déplacé des jardins par la pomme de terre, qu'on ne trouve plus son nom que dans quelques rares traités de botanique ; ceux d'horticulture n'en font plus même mention.

Il y a deux ans déjà que mesdames les comtesses d'Andlau ont appelé notre attention sur cet excellent légume dont elles ne possédaient que quelques pieds, mais dont elles faisaient le plus grand éloge, pour en avoir souvent mangé à Munich où ce légume, cultivé en grand, occupe une place importante sur le marché. Mesdames d'Andlau, ayant eu l'extrême bonté de nous remettre trois tubercules de leur cerfeuil, nous les plantâmes aussitôt et en avons tiré l'année suivante 620 grammes de semence qui ont suffi à toutes nos cultures de cette année.

Le cerfeuil bulbeux exige une terre légère, fraîche et aussi fortement fumée que possible, pourvu que ce ne soit pas avec du fumier frais qui empêche le développement des tubercules. Dans des sols secs et maigres, les tubercules atteignent au plus la grosseur d'une grosse fève, tandis que dans une terre bien fumée, ils sont aussi forts qu'un œuf de poule ordinaire, pèsent jusqu'à 30 grammes l'un, et en moyenne 21 grammes. Une planche de jardin de 8 mètres carrés de surface a donné 9 kil. 250 grammes, ce qui fait à l'hectare 11,562 kilog. ; beau rapport d'autant plus à considérer que le cerfeuil tubéreux étant une plante de marais, il permet de faire produire aux terres humides des récoltes qu'il serait impossible d'en tirer à l'aide de tout autre végétal.

Le cerfeuil tubéreux développe, de juin en août, ses jolies et abondantes ombelles de fleurs blanches dont les graines mûrissent de juillet en août ; on les recueille à mesure qu'elles arrivent à maturité, afin de les empêcher de tomber à terre ;

le produit en est énorme. La plante en fleurs atteint généralement 2 mètres de haut; celles de notre jardin qui est en ce moment fumé ont plus de 3 mètres et sont en ce moment couvertes de graines qu'on sème le plus tôt possible très superficiellement, en terre bien préparée. La graine ne lève qu'au mois de mars; elle doit avoir été semée à la volée et pas trop serrée, tout à fait comme les carottes à manger jeunes, c'est-à-dire que les jeunes plantes doivent être espacées à 4 centimètres environ, en tous sens. Quand le semis est trop serré ou envahi par les mauvaises herbes, le mieux est de n'y pas toucher; grâce à la fertilité du sol, on obtiendra toujours une jolie récolte, tandis qu'on la perdrait en totalité par le sarclage qui tue toutes les jeunes plantes dès qu'il en ébranle les frêles radicelles. Vers le milieu de juin les feuilles se dessèchent; et l'on peut commencer à arracher les tubercules qui ont acquis leur entier développement; mais ce n'est qu'en septembre qu'ils prennent le délicieux parfum de vanille qui distingue ce légume de tous les autres et en fait un plat d'une délicatesse vraiment extraordinaire. On fait bien de n'arracher les tubercules qu'à mesure qu'on en a besoin, parce qu'ils se conservent mieux en pleine terre que dans la cave; ils ne craignent pas les gelées les plus violentes. Au printemps, les tubercules perdent leur délicatesse; ils développent, dès les premiers beaux jours, leurs larges feuilles velues et vert foncé, du milieu desquelles s'élance la vigoureuse tige destinée à en propager l'espèce.

Le cerfeuil tubéreux est éminemment nutritif ainsi que le prouve l'analyse suivante, faite sur des tubercules récoltés à la fin de la semaine passée; ils étaient composés de :

Eau	70,00
Cendres	1,39
Acide pectique	0,03
Ligneux	1,50
Caséine	2,09
Inuline	0,75
Sucre de canne	0,30
Amidon	21,50
Sels solubles et perte	2,44
	100,00

L'amidon du cerfeuil tubéreux ressemble à celui des grains; on l'extrait tout aussi facilement, et par le même procédé que la fécule des pommes de terre: il est blanc du premier jet, ainsi que vous en jugerez par l'échantillon inclus, ce qui vient de la consistance gélatineuse du légume, qui ne se laisse point entraîner avec la fécule par les lavages. L'industrie tirera sans doute parti de la richesse féculente du cerfeuil tubéreux, dont elle pourra substituer avantageusement l'amidon à celui des grains; reste à savoir si la grande culture réussira à produire avec avantage cette plante dans les terres inondées, ce qui sera le cas si l'eau supplée à l'énorme fumure qu'elle exige pour donner de beaux produits dans les jardins potagers.

Pour le moment, le cerfeuil tubéreux est un excellent légume, très nutritif, et qui arrive précisément à l'époque où les provisions de pommes de terre s'épuisent et où les chaleurs de l'été diminuent la production ainsi que la délicatesse des légumes verts.

Ici se termine provisoirement le compte rendu des intéressantes séances de la société zoologique, dont les vacances sont commencées depuis quelques semaines.

FAITS DIVERS.

— L'Exposition d'économie domestique, organisée à l'occasion du Congrès international de bienfaisance, qui doit se réunir à Bruxelles, le 15 septembre prochain, est destiné à présenter des spécimens et des modèles de tous les objets servant à satisfaire aux besoins de la classe ouvrière et des petits consommateurs en général. Ces objets sont divisés en six classes : 1° Logement et constructions; 2° Meubles et objets de ménage; 3° Vêtement et linge; 4° Aliments et procédés relatifs à l'alimentation; 5° Outils et instruments de travail manuel; 6° Education et instruction.

L'Exposition sera ouverte depuis le 25 août jusqu'au 1er octobre 1856, de 10 heures du matin jusqu'à 4 heures de relevée, au local du Jardin Botanique.

L'admission sera gratuite les dimanches, lundis et jeudis. Les autres jours, la rétribution sera de 50 centimes.

Par exception, le lundi 25 août, jour de l'ouverture, le public n'a été admis qu'à midi et moyennant payement du droit d'entrée. Le catalogue se vend au local d'exposition, au prix de 25 centimes.

— Le Congrès scientifique de la France tient, cette année, sa 23e session à la Rochelle. Cette session s'est ouverte le 1er septembre.

— La 32e réunion des naturalistes allemands aura lieu cette année à Vienne; elle commencera le 16 septembre prochain, pour se terminer le 22 du même mois. Les travaux seront répartis entre dix sections : minéralogie, géologie et paléontologie; botanique et physiologie végétale; zoologie et anatomie comparée; physique, chimie, cosmographie et météorologie; mathématiques et astronomie; anatomie et physiologie; médecine, chirurgie, ophthalmologie et obstétrique. MM. les secrétaires espèrent que MM. les visiteurs étrangers qui désirent avoir des appartements privés voudront bien leur indiquer la position et le nombre de pièces qu'ils désirent, et aussi le jour et l'heure de leur arrivée.

— Chemin de fer du Caire. Les travaux du chemin de fer du Caire à Suez sont poussés avec un redoublement d'activité. Le vice-roi vient de donner personnellement les ordres les plus précis aux moudirs qu'il avait rassemblés à cet effet, et il paraît certain que le chemin sera terminé dans la première moitié de l'année prochaine. On y mettra de 5,000 à 6,000 ouvriers. En attendant, le télégraphe électrique est terminé du Caire à Suez, et l'on a déjà pu transmettre quelques dépêches. Ce sera un grand avantage pour la malle des Indes, et l'on pourra, pour bien des affaires, gagner encore trois ou quatre jours de plus.

— Bombes en terre cuite. Le département fédéral militaire fait faire, dit la *Suisse*, des essais avec des bombes et des grenades en terre cuite, dont une fabrique de la Suisse orientale lui a fait parvenir des échantillons. L'ambassadeur de France a cru devoir s'occuper également de ces singuliers projectiles, dont la forme est de nature à leur imprimer un mouvement de rotation, quand même ils sont lancés par une pièce d'artillerie ordinaire.

Calcotypie. — On lit dans un journal :

« M. Behr de Berlin, vient d'inventer par la calcotypie, le moyen de reproduire fidèlement les œuvres de nos artistes, à l'aide de *types* en cuivre propres à l'impression typographique. Nous avons sous les yeux les certificats les plus flatteurs qui sanctionnent mieux que toutes les paroles, les avantages de ce procédé. « M. Behr, dit M. Ary Scheffer, m'ayant soumis une invention dont le but est la reproduction exacte et complète du dessin original tracé sur sa préparation, j'ai voulu en faire l'essai, et j'affirme que l'impression a rendu un *fac simile* aussi parfait que possible du croquis tracé par moi. » M. E. Delacroix atteste le même résultat, et nous ne pouvons qu'applaudir à cette découverte, qui aura pour conséquence de permettre l'impression typographique des dessins sans qu'on soit obligé de passer par l'intermédiaire de la gravure sur bois. »

Erratum. Une faute d'impression a rendu inintelligible la formule de quadrature de M. Poncelet, que nous avons donnée au bas de la page 226, dans le N° 34 de l'*Ami des Sciences*. Cette formule doit être lue comme il suit :

$$S = h\left(2\Sigma y_i + \frac{Y_0+Y_{2n}}{4} - \frac{Y_1+Y_{2n-1}}{4}\right)$$

Ainsi rétablie, on voit, comme nous l'avons dit, que la nouvelle formule de M. Parmentier qui conduit, dans tous les cas, à des résultats beaucoup plus approchés que la formule de M. Poncelet, ne diffère de cette dernière que par deux coëfficients numériques.

Prix d'abonnement pour l'étranger.

Allemagne, 8 fr.;— Suisse, Parme, Plaisance, Modène, 8 fr. 50.— Etats Sardes, Grèce, Crimée, 9 fr.; — Hollande, Angleterre, 10 fr.; — Etats-Unis, Indostan, Turquie, 10 fr. 50; — Belgique, Prusse, Hanôvre, Saxe, Pologne, Russie, Espagne, Portugal, 11 fr.; — Toscane, 12 fr.; — Etats-Romains, 16 fr. 50.

Le propriétaire, rédacteur-gérant :
VICTOR MEUNIER.

PARIS. — IMP. DE J.-B. GROS ET DONNAUD, SON GENDRE, RUE DES NOYERS, 74

Deuxième année. — N° 37. Quinze centimes. 14 septembre 1856.

L'AMI DES SCIENCES

BUREAUX D'ABONNEMENT
13, RUE DU JARDINET, 13
Près l'Ecole de Médecine
A PARIS

JOURNAL DU DIMANCHE
SOUS LA DIRECTION DE
VICTOR MEUNIER

ABONNEMENT POUR L'ANNÉE
PARIS, 6 FR.; — DÉPART., 8 FR.
Étranger (Voir à la fin du journal)
ENVOYER UN MANDAT DE POSTE

ARCHITECTURE NAVALE (1).

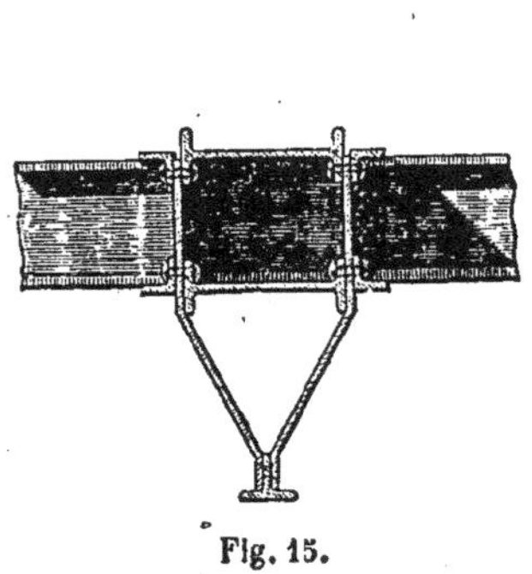
Fig. 15.

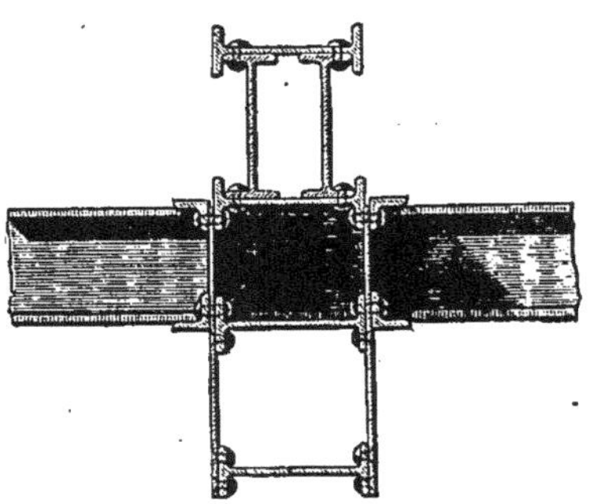
Fig. 16.

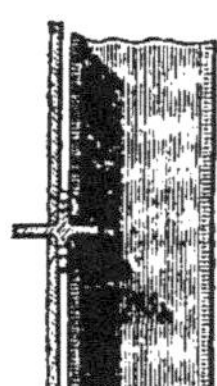
Fig. 17.

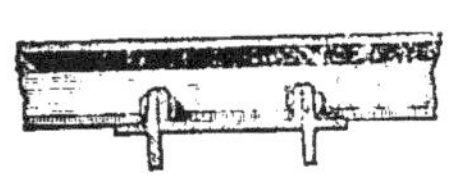
Fig. 18.

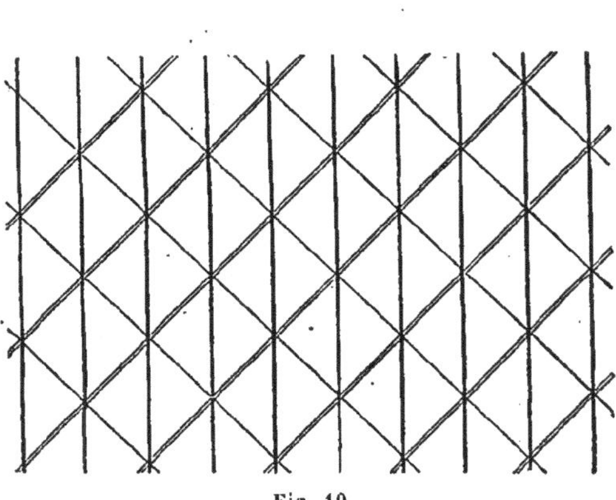
Fig. 19.

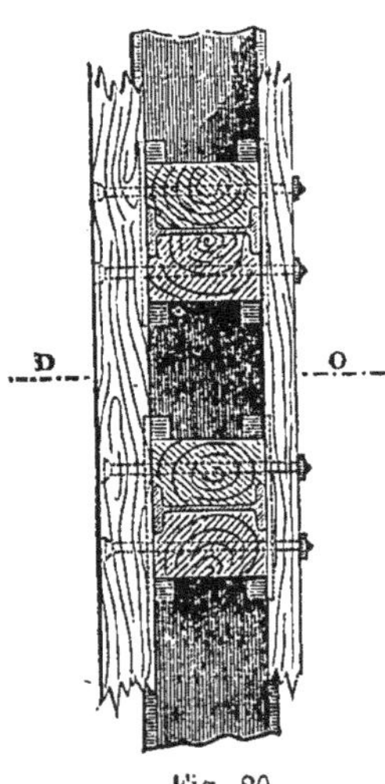

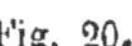
Fig. 20.

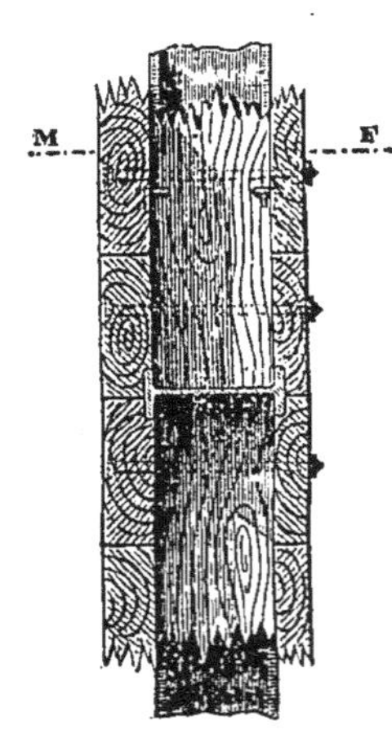

Fig. 21.

AGRANDISSEMENT DU JOURNAL.

Notre satisfaction, en écrivant ce titre, sera partagée par nos lecteurs dont nous allons enfin réaliser le vœu si souvent exprimé.

Le volume de chaque numéro hebdomadaire de l'*Ami des Sciences* va être doublé; il sera porté de 8 pages à 16 pages, de 16 colonnes à 32 colonnes.

En outre, l'*Ami des Sciences* sera timbré.

(1) Voir page 292.

Rien ne sera changé, ni au format, ni à la physionomie du journal.

L'accroissement de volume nous permettra de donner un tableau plus complet que par le passé des progrès sans nombre que chaque jour ajoute aux progrès de la veille.

Le timbre nous conférera le droit de suivre, dans la réalisation, dans la pratique les inventions et découvertes dont, jusqu'ici, nous n'avons pu nous occuper qu'à un point de vue purement théorique ou scientifique.

Pour entrer dans le vif de l'industrie, l'*Ami des Sciences* ne deviendra pas exclusivement industriel.

Non-seulement il reste et aspire à devenir de plus en plus

un journal encyclopédique, mais en outre, un grand développement sera donné à la partie philosophique. De plus, les lettres recevront ici l'accueil auquel leur donne droit leur proche parenté avec les sciences; à la fonction de vulgarisation répondra spécialement une série d'articles sur les idées mères et les faits fondamentaux de chaque spécialité scientifique; enfin, un feuilleton sorte de Courrier de Paris fera pénétrer nos lecteurs dans les coulisses de la littérature, de la science et de l'industrie.

La partie philosophique sera inaugurée par une série d'articles sur le

SYSTÈME SCIENTIFIQUE DU GENRE HUMAIN.

La partie littéraire, par un roman en un volume, intitulé :

LOUISE MORNAND.

A partir du changement annoncé, le prix d'abonnement de l'*Ami des Sciences* sera pour Paris de 10 fr. par an et pour les départements de 12 fr.

Le prix d'abonnement ne sera donc augmenté que de moitié, tandis que le journal sera doublé, indépendamment des frais de timbre qui viendront s'ajouter aux frais ordinaires.

Les abonnés actuels seront servis sans augmentation de prix jusqu'à l'expiration de leur abonnement.

MACHINES A VAPEUR A MOUVEMENT DIRECT.

Mon cher monsieur Meunier,

Dans un article de M. Jobard, publié d'abord dans l'*Emancipation Belge* et reproduit ensuite par quelques-uns de nos grands journaux, je viens de lire ces lignes dont l'importance me semble capitale :

« Le problème de la machine rotative directe, après lequel « on court depuis Watt, vient d'être résolu par un habile ingénieur d'Amiens; nous avons étudié cette invention et il « nous est permis d'affirmer que la solution est complète, « après y avoir échoué nous-même. Un moteur de 500 che- « vaux n'occupera pas plus de 2 mètres carrés sur une lo- « comotive ou sur un bateau, dont les essieux et les hélices « seront mus directement par l'axe de la machine. Cette ma- « chine marche aussi bien en avant qu'en arrière : c'est, « enfin, le chef-d'œuvre qui manquait à la locomotive à grande « vitesse. »

Cette nouvelle devait éveiller mon attention à plus d'un titre : d'abord à cause de la révolution profonde que cette découverte, si elle est confirmée, doit amener rapidement dans l'industrie; en second lieu, parce que je me suis occupé aussi de la solution de ce grand *desideratum*; à cause enfin de cette phrase de M. Jobard : « *après y avoir échoué nous-même.* »

Or ces deux dernières raisons se trouvent intimement liées l'une à l'autre : car les recherches de M. Jobard et les miennes propres s'étant, par l'effet d'un hasard dont je me félicite, rencontrées, il y a quatre mois environ, sur le même terrain, l'aveu de ce savant encyclopédiste me donne au moins à conjecturer que j'ai été moi-même aussi sous l'influence d'une illusion industrielle. Cependant, comme la saine méthode scientifique nous défend aujourd'hui de nous contenter de l'argument αὐτὸς ἔφη, je viens vous demander, plus tôt que n'en avais d'abord l'intention, de donner une petite place dans votre excellent recueil, à la description de la machine pour laquelle j'ai pris un brevet à la date du 6 juin dernier. Comme vous le verrez, je ne consens pas encore à croire que je me suis trompé de voie à la poursuite de cet important problème; et il n'y a que l'expérience dont je parlerai plus loin qui puisse me donner un démenti : or ce qui *est possible* peut n'être pas *certain*, et M. Jobard n'a point fait, que je sache du moins, cette expérience indispensable : jusque-là, — que mon honorable confrère me permette de lui rendre courage en le lui disant, — *ni vous ni moi n'avons échoué.*

En dehors des turbines à vapeur, le *mouvement direct* n'a été cherché, depuis Watt, que dans l'ordre des mécanismes se rattachant à la *rotative* proprement dite. Sauf les détails d'ajûtage, les rotatives se proposent toutes de faire tourner, dans l'intérieur d'un manchon cylindrique, une valve faisant office de piston et rendue solidaire de l'arbre de couche : quelquefois l'enveloppe est elle-même solidaire de la valve, et le système complet est mis en mouvement, comme s'il ne s'agissait que d'une seule pièce. Comme les machines articulées, les rotatives se meuvent par la *détente* de la vapeur, et c'est là précisément ce qui constitue leur infériorité relative. Car la force d'expansion de la vapeur, s'exerçant rigoureusement en ligne droite (quel que soit le point de la sphère d'irradiation sur lequel on le dirige), il en résulte que le mouvement rectiligne alternatif des pistons de nos machines actuelles, donne lieu à une perte de force moindre que le mouvement circulaire continu, auquel on astreint la vapeur par le problème des rotatives.

Dans ces derniers appareils en effet, la force due à la détente se décompose, à chaque instant du mouvement, en deux systèmes de forces, les unes normales à la valve, ce sont les forces utiles, les autres normales à la paroi de l'enveloppe, ce sont les forces perdues. Or, le travail mécanique dû à ce dernier système de forces augmente avec le développement de la paroi, c'est-à-dire *comme les hauteurs multipliées par un peu plus de* SIX FOIS *les rayons*, tandis que le travail mécanique utile n'augmente qu'avec la surface de la valve, c'est-à-dire *comme les hauteurs multipliées par les rayons*. A mesure donc que les proportions d'une rotative devraient être augmentées en vue d'une résistance plus grande à vaincre, ou d'une vitesse plus grande à obtenir, le rapport du travail utile au travail perdu deviendrait nécessairement plus faible : cette loi, implacable comme les nombres, semble défier l'imaginative des inventeurs qui, sur cette question particulière de la rotative, ont donné les preuves les plus extraordinaires de fécondité et de ressources variées. Telle est, si je ne me trompe, la cause première de l'insuccès qui répond toujours, en dernière analyse, aux espérances dont cette matière est l'objet, chaque fois qu'une nouvelle combinaison s'oppose à la pensée pour vaincre les difficultés pratiques de l'ajûtage.

Si donc l'examen critique de la théorie des rotatives suffit à ranger la solution cherchée dans la catégorie malheureusement trop nombreuse déjà des *contradictions mécaniques*, il est facile de s'expliquer comment, malgré les cinq cents et quelques brevets pris, depuis la fin du dernier siècle, sur cette intéressante question, le problème du mouvement direct n'a pas fait un pas en avant. On ne peut citer effectivement, à cette heure, qu'un seul exemple de machine rotative fonctionnant, depuis plusieurs années, avec régularité : elle se trouve en Angleterre, et dans des conditions telles, quant à la dimension, l'emplacement et le travail à fournir, que la différence en plus qu'elle entraîne dans la consommation du combustible, devient un élément négligeable : mais ces conditions sont exceptionnelles et il ne faudrait pas songer à en faire la base d'une généralisation impossible.

Aussi bien cette conclusion pouvait-elle être prévue, ou tout au moins soupçonnée; car la première conception des rotatives appartient à Watt lui-même, et l'histoire nous apprend que ce grand homme, après d'infructueux essais et dans toute la force de son génie, dut renoncer pour toujours à ce mode d'action de la vapeur.

Fort de la théorie et de l'exemple du maître, je me suis demandé alors s'il n'existait pas un artifice de construction, tel qu'en laissant la vapeur se détendre *en ligne droite* (suivant son attraction propre), il pût en résulter *directement* un mouvement *circulaire*. Or, le souvenir d'une circonstance particulière de navigation, aussi bien que le témoignage vulgaire des ailes de moulins à vent, m'indiquèrent sur-le-champ les surfaces hélicoïdes comme organes immédiats de transformation. Seulement du même coup la question se trouvait transportée dans un ordre de faits nouveaux et peu étudiés encore : car, en recevant un jet de vapeur sur une surface gauche, ce n'était plus la *détente* mais bien la *vitesse d'écoulement* de cette vapeur, qui se trouvait utilisée comme force ; je m'adressais donc à des lois de physique générale entièrement différentes de celles qui concernent les rotatives ; je mettais enfin le pied dans le domaine des *turbines à vapeur*, qui, soit dit en passant, me semblent plus près que celles-là de résoudre le problème cherché.

Les expériences que j'ai faites à la suite de cette induction théorique ont justifié mon attente, *sans que je puisse dire pour cela que le problème est résolu définitivement*. Un jet de vapeur à la tension de l'atmosphère, arrivant sur une surface hélicoïdale, renfermée dans un manchon conique, dont elle est solidaire, a imprimé au système entier, un mouvement de rotation dont j'ai pu évaluer la rapidité à plus de deux cents tours par minute. Cependant, il n'est pas douteux que dans cet état encore grossier, l'expérience n'ait fourni une dépense de vapeur, relativement considérable ; mais en profitant des recherches éminemment pratiques, dont le jet de vapeur a été l'objet de la part de plusieurs expérimentateurs habiles, de MM. Jobard et Pelletan entre autres ; j'ai vu cette consommation diminuer avec rapidité, par l'utilisation de l'air que ce jet de vapeur entraîne avec lui, et qui tombe ainsi sur la tête des hélices avec une vitesse égale.

Un double fait très sérieux résulte donc de ce qui précède : 1° sans aucune difficulté de construction, le mouvement circulaire peut être obtenu *directement ;* 2° l'air peut être employé, en proportions convenables, comme auxiliaire puissant de la vapeur sur les surfaces gauches de réception.

Je n'ai pas besoin de dire que ces deux résultats, pris isolement, sont déjà très anciens, mais que leur rapprochement constitue un sujet d'études entièrement neuves ; études qui peuvent conduire à des conséquences inattendues.

Sur ces données, les machines à haute pression seraient de la dernière simplicité, puisque l'air et la vapeur pourraient s'échapper dans l'atmosphère après avoir, à l'entrée du cône hélicoïdal, produit l'effet de forces motrices. Avec une tension de plusieurs atmosphères, on irait jusqu'à disposer de vitesses de quinze cents et deux mille tours ; ce qui permettrait, par la transformation des vitesses en forces, de réunir plusieurs industries en une seule. Le danger qu'offrent d'ailleurs ces vitesses pour les tourillons et coussinets, ne tarderait pas à faire trouver, au-dessous de ce maximum, des limites favorables à un meilleur effet utile et à de plus grandes économies de combustible.

C'étaient les limites que je voulais d'abord déterminer moi-même par l'expérience, avant de vous demander à entretenir vos lecteurs de cette idée : j'avais imaginé à cet égard un petit appareil dynamométrique fort simple dont les résultats fixeront sans conteste, le mérite ou la non-valeur de la découverte.

Deux arbres de couche placés selon le même axe sont séparés par un tambour vertical, monté sur un ressort d'horlogerie et sur chaque face latérale duquel se trouve collée une feuille de papier blanc. Sur chaque arbre de couche à proximité de la feuille qui lui correspond, se trouve un petit mécanisme à force centrifuge à peu près semblable à celui déjà connu sous le nom de *tachomètre*, et destiné à marquer au crayon sur la feuille de papier, la courbe correspondant à la vitesse de l'arbre qui le porte. Chacun des deux arbres ainsi garni à peu de frais, l'expérience aurait le double caractère indispensable pour fonder toute certitude en mécanique : le caractère *pratique* et *théorique* tout à la fois.

En effet, si, après avoir articulé sur l'arbre de gauche, la bielle pendante d'une machine à cylindre d'une force donnée, un cheval-vapeur, par exemple, je rends celui de droite solidaire d'un cone hélicoïdal tel que je l'ai décrit précédemment, de la dimension d'une carafe à eau ; en ayant soin de pratiquer pour l'un et l'autre appareil, la prise de vapeur dans la même chaudière, afin d'avoir la même tension ; enfin, si je règle d'avance *l'introduction* dans les tiroirs de la machine à cylindre, de manière à y faire passer, dans un temps donné, la même quantité de vapeur que par l'ouverture convenue du robinet de mon hélice conique, voici évidemment ce qui va avoir lieu : les deux arbres de couche vont se mettre en mouvement, et le ressort à force centrifuge de chacun d'eux marquera au crayon, sur la feuille voisine, une courbe dont les ordonnées représenteront les vitesses, et les abscisses les temps correspondants, en fermant à la fois l'introduction des deux côtés, j'obtiendrai, pour un même temps, et pour une même défense de vapeur, deux courbes de travail numériquement comparables, et qui accuseront brutalement la réussite ou l'insuccès.

Je puis affirmer qu'il n'existe pas d'autre manière de condamner les nouvelles machines dont M. Jobard et moi avons eu simultanément l'idée ; car les surfaces hélicoïdales ayant pour formules, surtout lorsquelles sont coniques, des fonctions très complexes, il serait impossible avec nos moyens actuels d'analyse, de les soumettre, à priori, au calcul des pressions de la vapeur ; en d'autres termes, d'arriver à une intégrale susceptible d'être comparée à celle qui donne le travail d'un coup de piston, dans nos machines à cylindres. Je crois donc pouvoir en appeler, du jugement que M. Jobard vient de formuler devant le succès de la machine *rotative* d'Amiens. Aussi ai-je cru devoir commencer par une critique générale de ces appareils, que je considère comme destinés à user les forces des plus belles intelligences. Il va sans dire que je verrais avec un grand bonheur l'ingénieur dont parle M. Jobard me donner, par sa réussite, un éclatant démenti : le bien que nous en retirerions tous me consolerait vite de m'être trompé dans mes appréciations et dans mon calcul.

Après ce qui précède, j'ai peu de chose à dire pour achever la description de la nouvelle machine à mouvement direct. Dans le cas des basses pressions, l'arbre de couche porte deux hélices coniques rapprochées symétriquement à filets renversés. Un condenseur se trouve sur l'arrière de chacun de ces cônes, et les deux condenseurs communiquent entre eux par une hélice cylindrique horizontale faisant office de pompe à air : la vapeur est toujours condensée par un jet continu d'eau froide, comme dans les machines actuelles.

L'un des cônes est affecté à la marche en avant et l'autre à la marche en arrière. L'introduction est réglée par un robinet à deux fins qui ferme d'un côté en ouvrant de l'autre, et réciproquement. Lors donc que l'introduction est ouverte pour la marche en avant, la vapeur et l'air chaud se précipitant sur la face antérieure de l'un des cônes, engendrent le mouvement initial : arrivés dans le condenseur ensemble, ces deux éléments s'y séparent : la vapeur condensée est évacuée vers la bâche et livrée aux soupapes alimentaires ; l'air est fortement aspiré par l'hélice horizontale et rejeté sur la face postérieure de la seconde hélice conique, d'où il est renvoyé dans l'atmosphère. Par la disposition des filets de ces trois hélices, on comprend enfin qu'il s'établit un courant permanent, dont la direction constante est nécessaire à perpétuer le mouvement aussi longtemps que l'introduction est ouverte d'un même côté. Si maintenant on ouvre l'introduction pour la marche en arrière, le sens du courant se renverse, car l'hélice cylindrique étant commandée par l'arbre de couche, vient à tourner en sens inverse et le mouvement de ses spires chasse l'air du côté opposé : toutes les choses se comportent donc symétriquement de la même manière.

Telle serait, dans ce nouvel ordre de faits, la machine complète d'un navire ou d'une industrie dont les chaudières exigeraient de marcher à basse pression. En Amérique, où la plupart des *steam-engines* sont déjà à haute pression, on pourrait se passer des appendices décrits en dernier lieu, si jamais l'idée que j'expose entrait dans le domaine de la pratique

Enfin permettez-moi, avant de finir, une simple réflexion philosophique à l'endroit de cette idée elle-même. Il est certain que l'hélice propulseur a été un progrès sur les roues à aubes : or avec ces dernières, on fait agir la résistance sur des *surfaces planes*, tandis qu'avec la vis d'Archimède la résistance est appliquée, avec avantage sur des *surfaces gauches*. Est-il sûr que ce qui s'est fait pour les résistances ne doive point se faire pour les forces? Et, après avoir songé d'abord à recevoir les forces motrices sur des surfaces planes, c'est-à-dire sur des pistons emprisonnés, n'en viendra-t-on pas un jour à appliquer ces mêmes forces sur des surfaces gauches, c'est-à-dire sur des hélices susceptible d'un mouvement régulier, continu et sans danger, comme toutes les choses que l'on ne comprime point? Enfin un vaisseau ou un corps quelconque, mis en mouvement par deux organes semblables, l'un à l'intérieur comme point d'application des forces, l'autre à l'extérieur comme point d'application des résistances, ne constituerait-il pas une de ces machines réalisant cette *unité de plan*, dont les œuvres matérielles de l'homme doivent tendre à se rapprocher sans cesse?

Avant peu, j'espère être à même de construire l'appareil dynamométrique décrit plus haut, et je serais heureux que vous voulussiez bien, après avoir assisté vous-même aux expériences comparatives, donner place dans vos colonnes au résultat dernier, quel qu'il puisse être.

En attendant, veuillez agréer l'expression de mon respectueux attachement.

Félix Foucou.

Paris, 9 septembre 1856.

P. S. — Une particularité, que je dois signaler, est relative aux surfaces de l'hélice conique. Dans les nouvelles machines, la vapeur étant reçue en jet, donne lieu à un dégagement très considérable d'électricité statique : en conséquence, j'ai cru devoir spécifier, en prenant mon brevet, que les surfaces sont en cuivre, afin d'avoir en elles des condensateurs tout naturels de cette électricité. Je sais bien que la machine hydro-électrique d'Armstrong n'est encore qu'un objet de pure curiosité dans les cabinets de physique, mais en exagérant les surfaces de réception et la force du jet de vapeur, il est très possible que l'on se trouve en face de phénomènes très sérieux. Je n'affirmerais pas que les étincelles que l'on parviendrait à en tirer par la suite, ne fussent point capables de décomposer sinon de l'eau, du moins des corps doués d'une moindre force de cohésion dans leurs parties constitutives : et chacun devine la révolution qui s'ensuivrait dans l'industrie. Pour le moment, il y a toujours là une source de force gratuite, pour ainsi dire, et j'ai pensé qu'elle n'était point à négliger, quelque faible qu'elle paraisse devoir être au premier abord.

F. F.

Notre collaborateur, M. Félix Foucou, que des circonstances majeures ont tenu, depuis quelques semaines, éloigné de la rédaction du Journal, reprendra, à partir de la semaine prochaine, le compte rendu périodique des séances des Académies et Sociétés savantes.

L'OZONE.

Monsieur le rédacteur de l'*Ami des sciences*,

M. Scoutetten, médecin en chef de l'hôpital militaire de Metz, vient de publier un ouvrage sur diverses propriétés de l'*ozone* (oxygène électrisé), dont se préoccupent avec raison plusieurs chimistes, propriétés appelées, quand elles seront connues, à jeter dans l'avenir un nouveau jour sur la science.

M. Scoutetten rappelle : 1° Que M. Schonbein avait observé à Berlin, en 1855, une grande quantité d'ozone dans l'atmosphère, durant une épidémie de grippe, chez les personnes prédisposées aux affections de poitrine, 2° que le docteur Boeckel aurait remarqué que : la *malaria* se montre toujours avec le zéro de l'*ozonoscope* et lorsque les fièvres paludéennes règnent fortement, pareille chose a lieu : 3° que à Strasbourg, l'apparition du choléra aurait coïncidé avec l'absence d'ozone et qu'à la décroissance de l'épidémie, l'ozone aurait reparu ; ce dont vous avez déja entretenu vos lecteurs dans vos bulletins scientifiques de *La Presse*.

Ces diverses observations ne semblent-elles pas faire admettre cette hypothèse :

Que les fièvres paludéennes sont dues à des miasmes ayant pour véhicule, l'hydrogène proto-carboné (gaz de marais), lequel se forme comme on le sait et se dégage dans la stagnation des eaux bourbeuses des marais ou des étangs, en la saison d'été, ainsi que l'on peut s'en convaincre en parcourant les dombes.

Ce véhicule ne serait-il pas celui des épidémies et du choléra? dans ce cas on comprendrait que l'ozone, formé dans les orages par les décharges électriques, se combine instantanément avec cet hydrogène carboné et le neutralise, en conséquence, que la présence de l'ozone doit être d'autant plus rare que l'épidémie est plus intense, il suivrait de là que les maladies épidémiques devraient diminuer à la suite d'une journée d'orage qui aurait évidemment donné lieu à la formation de l'ozone, tandis qu'elle devrait augmenter d'intensité par un temps *lourd*, c'est ce qui eut lieu dans cette fatale journée de l'été 1849 à Paris, où il régna une chaleur étouffante et où tant de victimes du fléau succombèrent.

Quant à la grande quantité d'ozone, remarquée par M. Schonbein dans une épidémie de grippe, on peut l'expliquer par l'action de l'ozone par excès, agissant à son tour, comme corps oxydant, immédiat sur les membranes muqueuses, et par suite en causant l'inflammation.

Il résulterait de ces diverses observations, que dans les salles de cholériques, on devrait tenir exposés dans des vases ouverts des bâtons de phosphore recouverts à moitié d'eau et que le préservatif devrait être employé dans chaque maison, en cas d'invasion du choléra, afin de former une quantité notable d'ozone dans les lieux habités.

Restent à faire des expériences de respiration d'air atmosphérique électrisé, comme moyen curatif des fièvres paludéennes.

Il est probable qu'un jour on pourra utiliser dans les arts ce nouvel état de l'oxygène, par exemple dans la fabrication de l'acide sulfurique, sans le concours de l'acide azotique, pour former cet acide directement avec le gaz acide sulfureux humide.

Scipion Dumoulin

Paris, 2 septembre 1856.

Architecture navale (1).

(Suite.)

Aux précédentes figures le profil des entretoises est une simple cornière ou un simple té ; mais on peut aussi employer les fers à double cornière ou à double té. Ces derniers profils seraient surtout convenables pour les liaisons principales des grands navires ; nous en donnons deux exemples pour les quilles par les figures 15 et 16. Dans ces figures, les feuilles de tôle formant la quille sont assemblées sur les entretoises comme à la figure 9 ; seulement, pour poser les rivets, on fe-

(1) Voir le précédent N°.

rait des ouvertures à ces feuilles de tôle pour introduire la main.

A la figure 15, l'entretoise supérieure à double té formera la carlingue; cette carlingue peut être renforcée par d'autres pièces de fer comme dans la figure 16, par exemple, où elle est formée de quatre solives emboîtées. Dans la plupart des navires, il suffira de mettre ces fortes carlingues au droit des mâts.

On peut combiner différemment les diverses pièces de fer qui forment nos quilles et en construire un plus grand nombre de variétés.

Les assemblages sur la longueur des feuilles de tôle ou des solives formant nos quilles, carlingues, couples, etc., se feront au moyen de pièces en queue d'aronde recouvertes de plaques de tôle rivée.

Dans les figures 7 à 16, nous n'avons pas indiqué le bordage et le vaigrage, pour les simplifier.

Les entretoises des figures précédentes sont de quatre profils différents; il est encore un autre profil que l'on peut y appliquer, c'est celui en croix d'équerre. La figure 17 représente cette entretoise; on voit que sur les quatre nervures, l'une emboîte les couples, deux reçoivent le bordage, et la quatrième fait saillie à l'extérieur. Ce genre d'entretoise ne peut s'appliquer qu'au droit des joints des bordages; les entretoises intermédiaires, quand on en mettra, devront avoir l'une des formes précédentes.

Les entretoises en croix d'équerre possèdent trois grands avantages, savoir: 1° elles procurent avec le moins de dépense possible des liaisons d'une grande solidité; 2° dans les œuvres vives elles feront l'effet de petites quilles latérales; 3° ces entretoises pouvant se placer à tous les joints horizontaux des bordages, les deux avantages précédents peuvent s'obtenir dans une grande proportion.

Suivant la résistance latérale qu'on voudra procurer au navire, on graduera la saillie de la nervure extérieure ou bien on n'emploiera qu'un certain nombre de ces fers en croix; de même, pour ne pas trop diminuer la faculté d'évoluer du navire, la saillie de ces entretoises pourra décroître vers les extrémités.

Des entretoises à simple té peuvent aussi former directement des quilles, comme on le voit figure 18. Dans cette figure il y a deux petites quilles séparées par une forte entretoise à double cornière.

Nous construisons les ponts ou planchers des navires d'une manière analogue à la muraille; ainsi, nous formons les baux de fer à double té entre lesquels nous plaçons des entretoises pour y fixer le bordage en bois ou en tôle. Nous avons décrit cette disposition, ainsi que plusieurs autres, dans le chapitre III de la première partie de notre travail, à laquelle nous renvoyons le lecteur s'il désire de plus longs détails à ce sujet (1).

Les assemblages que nous venons de décrire peuvent s'appliquer à tous les bâtiments, depuis les embarcations jusqu'aux vaisseaux de ligne, en variant convenablement le nombre et les dimensions des pièces de fer. Pour les bâtiments de guerre, on donnerait aux bordages en tôle une épaisseur suffisante pour qu'ils puissent résister aux chocs des boulets (2).

Nos assemblages s'appliqueraient également à des vaisseaux monstres, comme celui actuellement en construction à Londres; il n'y aurait de changé que les couples, lesquels seraient formés de plusieurs fers à double té réunis par les moises que nous avons décrites en parlant des poutres en fer. (Voir première partie, chapitre II).

Navires en bois et fer.

Il existe plusieurs systèmes de ce genre de construction; l'un d'eux a été appliqué à l'établissement de plusieurs navires, *le Laromiguière* entre autres. Nous avons reconnu que tous ces systèmes sont défectueux parce qu'ils ne satisfont pas au problème suivant:

Construire des navires mixtes dans lesquels les réparations du bois ne nécessitent pas le déplacement des pièces de fer.

Nous obtenons ce résultat de plusieurs manières: La première consiste à employer des couples en fer réunis par des entretoises, comme dans les figures 1 à 18, et à remplacer les bordages en tôle par des bordages en bois fixés de même sur nos entretoises; seulement pour n'être pas obligé de mettre autant d'entretoises que de virures, on placerait les virures en diagonale. On fixerait de même le vaigrage sur des entretoises intérieures.

Si l'on veut que les virures soient droites, ce serait les entretoises que l'on placerait en diagonale. Cette disposition pourrait avoir lieu comme l'indique le tracé, figure 19. Dans cette figure, les lignes verticales sont les couples, les lignes doubles les entretoises extérieures, et les lignes simples les entretoises intérieures. On voit que les entretoises se croisent au droit des couples, et elles y seraient assujetties par des bandes de tôle qui serviraient en même temps à les relier entre elles, comme dans le figure 6. Avant de poser les entretoises en diagonale, il conviendrait d'en placer quelques-unes horizontalement pour former les serres-banquières, les guirlandes, les quilles.

Avec ce système de construction, on peut transformer un navire en fer en navire mixte, et réciproquement, puisqu'il n'y a que le bordage et le vaigrage à changer.

Notre seconde manière d'établir des navires mixtes comporte un plus grand emploi du bois que dans la précédente. Pour cela nous supprimons la majeure partie des entretoises, et nous fixons les virures du bordage et du vaigrage sur de fausses membrures en bois rapportées de chaque côté des couples en fer. Les entretoises que nous conservons sont analogues à celles des figures 6, 7 et 8; elles nous servent à relier les couples en fer au droit des liaisons principales du navire. Par conséquent, les fausses membrures en bois sont divisées en plusieurs parties, dont chacune a pour longueur la distance entre deux de ces entretoises; elles seront ainsi faciles à poser et à déposer. Ces fausses membrures sont maintenues par les nervures des couples et aussi par quelques bandes de fer, ou par des boulons, ou par des cales en bois. Les figures 20 et 21 sont un exemple de ce genre de construction.

Ainsi nos navires mixtes sont composés d'un squelette en fer dont toutes les parties sont entièrement indépendantes des pièces de bois qu'on y ajoute ensuite. Pour compléter notre squelette, nous exclurons le bois des épontilles, des baux, des entremises et des hiloires. Pour les épontilles, nous emploierons nos systèmes de colonnes en fonte ou en fer, garnies de rebords ou de mortaises, simples ou accouplées, et que nous avons décrites au chapitre I, première partie. Les baux, entremises, etc., seront formés de solives à double té. Nous

(1) Cette première partie a été publiée dans le 13e volume de la *Revue générale de l'architecture et des travaux publics* publiée par M. César Daly.

(2) Nous avons fait exécuter, pour l'Exposition universelle de 1855, un modèle de 1/10 d'exécution représentant une portion de trois couples en fer double té. La quille est analogue à celle figure 13. Les entretoises principales placées au droit des joints des bordages sont disposées comme à la figure 7, et entre elles le bordage est encore maintenu par trois entretoises secondaires. Le vaigrage en tôle est seulement fixé aux entretoises principales.

Nous avons présenté ce modèle à MM. les ingénieurs du Conseil des travaux de la marine dans une réunion où nous fûmes appelé le 10 août 1855. Nous le proposions pour la construction des batteries flottantes, et à cet effet le bornage avait l'épaisseur convenable pour résister aux chocs des boulets.

fixons les bordages de pont sur les baux de la même manière que les bordages de la muraille sur les couples, c'est-à-dire que nous boulonnons les virures sur des entretoises placées entre les baux.

Nos systèmes de constructions mixtes peuvent s'appliquer à tous les bâtiments, depuis les embarcations jusqu'aux vaisseaux de ligne, en prenant des pièces de bois et de fer d'un échantillon convenable. LOUIS AUBERT.

(*La fin au prochain numéro*).

ACADÉMIE DES SCIENCES.

Séance du 1er septembre.

De l'usage alimentaire de la viande de cheval.

M. Isid. Geoffroy-Saint-Hilaire présente à l'Académie un ouvrage qu'il vient de publier sur ce sujet ; il fait connaître en ces termes l'objet de ce livre :

« L'ouvrage dont j'ai l'honneur de faire hommage à l'Académie, est le développement de vues exposées à plusieurs reprises dans mes cours au Muséum d'histoire naturelle. La très grande publicité qu'elles ont reçue depuis deux ans, ne pouvait me dispenser de faire connaître moi-même les faits que j'ai recueillis, les résultats que j'ai obtenus, les conclusions auxquelles je me suis arrêté, et qui sont les suivantes :

« La viande de cheval est à tort rejetée de l'alimentation de « l'homme. Elle peut fournir, pour la nourriture des classes « laborieuses, des ressources considérables, dont le préjugé « seul nous a privés jusqu'à ce jour. »

« La démonstration que je crois pouvoir donner, se compose de trois parties : la viande de cheval est saine ; elle est bonne, elle est assez abondante pour prendre place, très utilement, dans l'alimentation du peuple.

« Sur le premier point, la salubrité de la viande de cheval, aucun doute sérieux ne s'élève. A part les médecins chinois qui repoussent de la consommation, sinon la chair de tous les chevaux, du moins celle des chevaux de deux couleurs, et à part un passage de Galien, souvent cité, mais d'une manière inexacte, il n'y a, parmi les médecins, les vétérinaires, les naturalistes, qu'une opinion sur les qualités hygiéniques de la viande de cheval. Les faits lui sont d'ailleurs entièrement favorables. On s'en est nourri, durant plusieurs semaines, à Copenhague, à Phalsbourg et dans plusieurs autres villes assiégées ; à Paris même, durant plusieurs mois, en 1793 et 1794 ; et ce régime inusité n'a jamais produit « de maladies, ni d'indispositions. » Bien plus : la viande et le bouillon de cheval, administrés à plusieurs reprises aux malades et aux blessés par les médecins militaires, et principalement par notre illustre confrère Larrey, a toujours parfaitement réussi ; en Egypte, pendant le siége d'Alexandrie, ils ont même « con- « tribué à faire disparaître une épidémie scorbutique qui s'é- « tait emparée de toute l'armée. »

« Ainsi, innocuité parfaite à l'égard de l'homme sain, et, dans un grand nombre de cas, emploi avantageux à l'égard de l'homme malade.

« On est loin d'être aussi bien d'accord sur les qualités gustatives de la viande de cheval ; c'est ici à vrai dire, que commence le débat, la chair de cheval a longtemps passé pour douceâtre, désagréable au goût, très dure surtout, et, en somme, difficilement mangeable. Aujourd'hui même, le plus grand nombre la croit, la dit encore telle. Mais ceux qui repoussent à ce titre l'usage de la viande de cheval, ont-ils le droit d'avoir ici une opinion ? Parmi eux, je trouve, il est vrai, quelques personnes qui ont mangé de la viande de cheval, mais durant des siéges ou des retraites, où les animaux, comme les hommes, avaient été affamés, accablés de fatigue ou même blessés, et dont la viande, en outre, était mal cuite et aussitôt consommée. Après ces premiers adversaires, vient la foule de ceux qui n'ont jamais goûté ni la viande ni le bouillon de cheval ; qui, par conséquent, ne *savent* pas, mais qui *croient* ; qui ne prononcent pas un *jugement*, mais obéissent à un *préjugé*. Et à ce préjugé j'oppose tant de faits et d'ordres si divers, qu'il est impossible de ne pas en reconnaître le peu de fondement. Voici en effet, ce qui résulte des nombreux et authentiques documents que j'ai rassemblés :

« Le cheval sauvage ou libre est chassé comme gibier dans toutes les parties du monde où il existe, en Asie, en Afrique, en Amérique, autrefois (et peut-être encore aujourd'hui), en Europe. Il en est de même de tous les congénères du cheval, les zèbres, l'hémione, l'âne, l'hamar passent, dans les pays qu'ils habitent, pour d'excellents gibiers, souvent pour les meilleurs de tous.

« Le cheval domestique lui-même est utilisé comme animal alimentaire en même temps qu'auxiliaire (parfois même seulement comme alimentaire), en Afrique, en Amérique, en Océanie, presque dans toute l'Asie et sur divers points de l'Europe.

« Sa chair est reconnue bonne par les peuples les plus différents par leur genre de vie, et des races les plus diverses : nègre, mongole, malaise, américaine, caucasique. Elle a été très estimée jusque dans le VIIIe siècle chez les ancêtres de plusieurs des grandes nations de l'Europe occidentale, chez lesquelles elle était d'usage général, et qui n'y ont renoncé qu'à regret, par obéissance à des prohibitions alors religieusement ou plutôt politiquement nécessaires, aujourd'hui complétement sans objet. Elle a été très souvent utilisée, même de nos jours en Europe, mais dans des circonstances particulières ; servant de nourriture à un grand nombre de voyageurs, et surtout de militaires, durant leurs voyages ou leurs campagnes. Elle a été souvent prise par les troupes auxquelles on la distribuait, parfois, dans les villes, par le peuple qui l'achetait, pour de la viande de *bœuf*.

« Elle a été, elle est plus souvent encore, et même très habituellement, débitée sous ce même ton ou comme viande de *chevreuil*, dans les restaurants (parfois de l'ordre le plus élevé), sans que les consommateurs soupçonnent la fraude ou s'en plaignent.

« Enfin, si elle a été souvent acceptée comme bonne sous de faux noms, elle a été déclarée telle aussi par tous ceux qui l'ont soumise, pour se rendre compte de ses qualités, à des expériences bien faites : par tous ceux qui l'ont goûtée dans les conditions voulues, c'est-à-dire suffisamment rassise et provenant de chevaux sains et reposés. Elle est alors excellente comme rôti, et si elle laisse à désirer comme bouilli, c'est précisément parce qu'elle fournit un des meilleurs bouillons, *le meilleur peut-être*, que l'on connaisse. Et elle s'est même trouvée bonne lorsqu'elle provenait, comme dans les expériences de MM. Renault, Lavocat et Joly, à Alfort et à Toulouse, et comme dans mes propres essais, d'individus non engraissés et âgés de seize, dix-neuf, vingt, et même vingt-trois ans ; d'animaux estimés à peine quelques francs au-delà de la valeur de leur peau. Fait capital, puisqu'il démontre la possibilité d'utiliser une seconde fois, pour leur chair, des chevaux déjà utilisés, jusque dans leur vieillesse, pour leur force ; par conséquent, de trouver dans leur viande, au terme de leur vie, et quand leur travail a largement couvert les frais de leur élevage et leur entretien, une plus value, un gain presque gratuitement obtenu.

« La viande de cheval, parfaitement *saine*, incontestablement *bonne* (sans valoir cependant celle du bœuf ou du mouton engraissé), est en outre, *abondante*, et peut fournir des ressources importantes pour l'alimentation des classes laborieuses des villes et des campagnes. Cette troisième partie de la démonstration exigerait des calculs dans lesquels je ne puis entrer ici, mais dont je donnerai du moins les résultats. En combinant les éléments fournis par nos statistiques officielles et par d'autre documents sur le nombre des chevaux en France, la durée de leur vie et le rendement en viande d'un grand nombre de chevaux, on trouve que la viande des chevaux morts naturellement ou abattus chaque année en France est équivalente à environ :

« $\frac{1}{6}$ de la viande de bœuf ou de cochon ;

« $\frac{2}{3}$ des viandes réunies de mouton et de chèvre ;

« $\frac{1}{14}$ de toutes les viandes réunies de boucherie et de charcuterie :

« Ou, ce qui revient au même, à plus de deux millions et demi de nos rations moyennes actuelles en viande (si inférieures, il est vrai, au besoin des populations !).

« En présence de tels chiffres, et quelques réductions que l'on doive faire subir à ces nombres pour tenir compte des chevaux impropres à la consommation, comment méconnaître ce résultat d'une si grande valeur pratique :

« Il y a dans l'emploi de la viande de cheval une ressource importante : la plus importante même (quoiqu'elle soit loin de suffire encore) à laquelle nous puissions recourir pour donner aux populations laborieuses l'aliment qui leur manque le plus, la viande.

« Singulière anomalie sociale, et qu'on s'étonnera un jour d'avoir subie si longtemps ! Des millions de Français sont privés de viande ; ils en mangent six fois, deux fois, *une fois* par an ! Et, en présence de cette misère, des millions de kilogrammes de bonne viande sont, chaque mois, abandonnés à l'industrie pour des usages secondaires, livrés aux cochons et aux chiens, ou même *jétés à la voirie !*

» Voilà ce que la science elle-même a autorisé jusqu'à ce jour, du moins par son silence, comme si elle avait craint, elle aussi, de se heurter contre un préjugé populaire, et quand elle avait dans la main des vérités utiles, de l'ouvrir et de les répandre ! »

Sur l'application de l'auscultation à la diagnose des parties profondes de l'oreille.

Tous les médecins savent qu'il est le plus souvent impossible de reconnaître les lésions profondes des organes de l'ouïe. M. Gendrin appelle l'attention de l'Académie sur un mode d'exploration qui donne pour ces lésions des signes diagnostiques. Il recueille à l'aide du stéthoscope, ou même par son oreille appliquée immédiatement sur celle du malade, les bruits que fait naître dans l'oreille moyenne de la personne examinée, la propagation des vibrations sonores de la respiration, de la toux, de la voix, du sifflement labial, modifiés à dessein de diverses manières. Il prend le soin de rendre la propagation de ces vibrations sonores plus complète en fermant les narines du malade. Comme les qualités de ces bruits varient avec les conditions physiques des cavités et des membranes qui les transmettent. M. Gendrin en déduit des signes pathognomoniques pour les diverses lésions des organes.

Influence de l'oblitération de la veine porte sur la secrétion de la bile et sur la fonction glycogénique du foie.

L'auteur, M. Oré, résuma son mémoire par les conclusions suivantes :

1° La sécrétion de la bile ayant continué malgré l'oblitération partielle ou complète du tronc de la veine-porte, j'en conclus que ce n'est pas le sang de cette veine qui fournit les matériaux de cette sécrétion. C'est donc au dépens du sang de l'artère hépatique que le foie sécrète ce liquide. La sécrétion biliaire, comme toutes les autres, se fait donc aux dépens du sang artériel. J'ai établi dans mon mémoire pourquoi les oblitérations de l'artère hépatique ne peuvent pas servir à juger la question, et comment ces oblitérations ne peuvent infirmer en rien la conclusion que je viens d'énoncer.

2° La sécrétion du sucre par le foie n'ayant pas été altérée par suite de l'oblitération de la veine, n'est-il pas évident que la production de la matière sucrée est, comme l'a établi M. Claude Bernard, une sécrétion propre du foie, et complétement indépendante de l'alimentation.

3° Les matières, albuminose et glycose, résultant de la digestion des matières féculentes et albuminoïdes, ne pouvant plus traverser le foie, ne sont cependant pas perdues pour l'organisme à cause de cette circulation anastomotique qui s'établit entre la veine mésaraïque supérieure et la veine-cave inférieure.

4° Enfin, et c'est avec la plus grande réserve que j'émets cette dernière conclusion, le sang artériel ne peut-il pas jouer un certain rôle dans la formation du sucre hépatique, comme dans celle de la bile ?

Sur les effets qui suivent l'ablation des capsules surrénales.

M. Gratiolet lit une note sur ce sujet. Le mode d'expérimentation adopté était le suivant :

On rasait avec soin les poils de l'animal. Cela fait, une incision longitudinale était pratiqué sur les côtés de la région lombaire de l'abdomen, en arrière des fausses côtes, dans l'étendue de 2 centimètres et demi. La capsule surrénale, mise à découvert, était en partie déchirée avec une pince, puis raclée en entier avec une petite spatule d'ivoire. On fit des animaux soumis aux expériences trois catégories : les premiers furent opérés du côté gauche seulement, les seconds des deux côtés à la fois, les troisièmes du côté droit seulement.

Voici en quels termes M. Gratiolet expose les résulats de ses expériences.

I. *Animaux opérés du côté gauche.* — Chez les uns, la capsule fut détruite en totalité ; chez les autres, on en ménagea une petite partie. Il n'y eut au moment où l'on agissait sur la capsule aucun signe de sensibilité extraordinaire ; il n'y eut aucune trace de convulsions. Après l'opération, les viscères furent remis en place, et les bords de la plaie de l'abdomen furent réunis par une suture. Deux minutes après, les animaux mangeaient. Cinq jours plus tard, la plaie extérieure était complétement cicatrisée. Je conservai ces animaux deux mois et demi environ. Ils étaient d'une extrême vivacité, et rien ne pouvait faire soupçonner qu'ils eussent été soumis à une opération si grave. Je voulus enlever alors la deuxième capsule, c'est-à-dire la capsule droite. Ils moururent tous le surlendemain avec des signes évidents d'hépatite et de péritonite. L'autopsie, faite avec un soin tout particulier, démontra qu'il ne restait chez les uns aucune trace de la capsule gauche ; chez les autres, le petit fragment de capsule qu'on avait ménagé s'était arrondi et parfaitement cicatrisé.

Je conclus de ces expériences :

1° Que, par elle-même, l'ablation d'une capsule surrénale sur les cochons d'Inde n'entraîne point la mort ;

2° Qu'elle ne détermine point des convulsions nécessaires ;

3° Que les capsules surrénales blessées se cicatrisent et guérissent ;

4° Qu'après l'ablation de la capsule droite, les animaux meurent.

II. *Animaux opérés des deux côtés à la fois.* — Tous sont morts dans les quarante-huit heures qui ont suivi l'opération, avec des signes d'hépatite et de péritonite.

III. *Animaux opérés de la capsule droite seulement.* — Tous sont morts dans le même laps de temps avec les mêmes lésions.

Ces faits présentés, passons maintenant à leur discussion.

1. La mort qui suit l'ablation de la capsule surrénale droite tient-elle, en fait, à la soustraction de cette capsule en tant que capsule surénale ? Non évidemment, puisque dans nos expériences l'ablation de la capsule gauche n'a point eu sur la santé des individus opérés une influence notable. Elle

tient donc à certaines conditions particulières à la capsule surrénale droite. Je crois trouver ces conditions dans les relations anatomiques de cette capsule cachée sous la racine du foie, et située si près de la veine cave inférieure qu'elle lui est pour ainsi dire accolée. Or, ces relations rendent une opération quelconque sur ce point aussi dangereuse qu'elle est difficile, et, dans tous les cas, la mort a été suffisamment expliquée, par l'hépatite et la péritonite qui se sont développées. J'ai répété plusieurs fois cette cruelle expérience, et toujours le même résultat.

2. Si la mort est inévitable après l'ablation de la capsule droite, elle l'est *à fortiori* après l'ablation des deux capsules. Ainsi cette expérience n'ajoute rien aux autres, et l'on n'en peut rien conclure; elle ne sera significative, du moins, que dans le cas inespéré où l'on aura pu obtenir la guérison d'animaux opérés d'abord de la capsule surrénale droite. Malheureusement tous les essais que j'ai faits dans ce sens ont été suivis d'un résultat fatal.

Action de la strychnine sur la moelle épinière.

M. G. Harley, adresse un mémoire dans lequel il expose le résultat de ses recherches concernant l'action de la strychnine sur la moelle épinière.

Dans une première partie de son mémoire, l'auteur rapporte plusieurs expériences qui le conduisent à énoncer en manière de conclusions les propositions suivantes :

« Nous voyons d'abord que la strychnine, mise directement en contact avec la substance nerveuse, n'agit en aucune façon comme un poison. Nous remarquons ensuite qu'elle agit de la manière toxique la plus violente aussitôt qu'elle arrive dans la moelle épinière par l'intermédiaire des vaisseaux sanguins. Dans ces deux cas, le procédé mécanique qui permet le contact est toujours le même ; c'est par diosmose qu'il a lieu. Nous nous voyons donc forcé d'admettre que la strychnine agit chimiquement sur le sang, et qu'alors, ou bien elle prend elle-même les propriétés toxiques que nous lui connaissons, ou bien qu'elle en communique de semblables au sang. »

Dans une deuxième partie de son mémoire, l'auteur rend compte d'expériences qu'il a faites l'année passée relativement à une des actions chimiques que la strychnine ainsi que d'autres alcaloïdes exercent sur le sang.

Actions des cendres lessivées dans les défrichements.

C'est un fait assez généralement connu en Bretagne que, dans les terrains en défrichement, les *charrées* ou *cendres lessivées* agissent mieux que les cendres soumises à la lixiviation. Les charrées, cependant ne renferment plus que les matières insolubles de la cendre du végétal, c'est-à-dire, la silice, l'alumine, l'oxyde de fer, le phosphate et le carbonate de chaux. Parmi les plantes dont le développement sert de mesure à l'appréciation de ces engrais, on peut citer le sarrazin, lequel a besoin d'engrais qui lui offrent à un état d'assimilation tout spécial, les 11 kil. 120 d'acide phosphorique qu'il emprunte en trois mois à chaque hectare de terrain.

M. Adolphe Bopierre examine le mode d'action comparatif de la charrée et de la cendre non lessivée sur ce végétal.

« Dans les bruyères, dans les landes défrichées récemment et où le noir animal fait merveille, il suffit pour neutraliser l'assimilation des phosphates de détruire les conditions d'acidité du sol par des amendements calcaires. La différence d'action de l'engrais est alors aussi tranchée que lorsqu'on l'observe parallèlement en Bretagne et dans le bassin parisien. Ces résultats, particulièrement remarquables dans les régions agricoles où se trouvent les limites des zones géologiques, sont nécessairement vrais en ce qui concerne l'absorption des phosphates que renferment les charrées. Ces engrais, divisés par la lixiviation dont ils sont le résidu, imprégnés d'une petite quantité de matière organique, n'offrant plus qu'une insignifiante réaction alcaline, sont enfouis dans un sol acide et en présence, dès lors, des meilleures conditions de solubilité. A ces conditions viennent naturellement s'ajouter celles qui résultent de la présence de l'acide carbonique, dont l'énorme proportion dans le sol arable a été démontrée par MM. Boussingault et Lewy. En pareil cas, rien de plus naturel que la rapide assimilation des phosphates offerts par l'engrais. Un alcali énergique, comme la potasse, intervient-il, au contraire, et c'est le cas où l'on emploie de la cendre brute, les dissolvants acides du sol obéissant à leurs affinités se combinent de préférence à cet alcali, et les phosphates, dont l'agriculture recherchait particulièrement l'action, ne sont plus dissous et assimilés avec une promptitude suffisante pour le succès de la récolte. C'est assez dire que, dans les terrains primitifs et de transition où réussissent le noir animal et des charrées, il y a danger à introduire dans les engrais riches en phosphates le *carbonate de chaux noirci* qui se fabrique sur une très grande échelle à Nantes et dans l'arrondissement de Savenay. En présence du phosphate de chaux confié au sol, l'agriculteur intelligent doit s'attacher à provoquer les conditions d'acidité naturellement produites pendant la fermentation acétique des résidus de raffinerie.

FAITS DIVERS.

Moyens employés dans les Pays-Bas pour combattre les inondations. — Dans la Hollande et Nord-Hollande, aux endroits les plus menacés par la mer ou les fleuves, un syndicat, bien organisé en ces lieux, fait établir des briques en gazonnage, faciles à transporter et à placer les unes à côté des autres, pour exhausser la levée, lorsque les vagues vont la surmonter, par l'effet d'une tempête. A côté de ces approvisionnements en briques de gazon, sont des voiles de rebut ou de grosses toiles, goudronnées et roulées en cylindres, faciles aussi à transporter, comme les briques taillées en gazon. Lorsqu'un danger est signalé, le syndic convoque tous les paysans valides du sol menacé, qui, réunis sur la digue, y forment un mur suffisamment élevé, avec ces briques de gazonnage. La mer, en le frappant, renverserait bientôt ce mur provisoire; mais, sur ce mur de gazonnage, on déroule les cylindres de forte toile goudronnée. Dès lors, la digue ancienne et le mur provisoire qui la surmonte forment une masse inébranlable, et les propriétés des habitants des *polders*, enlevées à la mer, sont préservées des ravages de cette mer furieuse du Nord.

Mort de Buckland. — M. Elie de Beaumont a annoncé à l'Académie la perte nouvelle qu'elle vient de faire dans la personne de de l'un de ses correspondants pour la section de minéralogie et de géologie, M. le Dr *Buckland*, décédé le 14 de ce mois. Le nom de M. Buckland est destiné sans nul doute à rester l'un des plus célèbres parmi ceux des géologues dont l'Angleterre peut s'honorer. Doué d'une grande lucidité d'esprit, d'une rare facilité d'élocution, il a professé la géologie à l'université d'Oxford, pendant un grand nombre d'années, avec un succès toujours soutenu. Il a pris part, soit comme coopérateur, soit comme conseil, à la plupart des grands travaux géologiques exécutés en Angleterre depuis cinquante ans; et l'on comptera toujours au nombre des plus beaux monuments de la science géologique le savant ouvrage qu'il a publié en 1821, sous le titre de *Reliquæ diluvianæ*, à l'occasion des découvertes qu'il avait faites dans la caverne de Kirkadale ; son curieux mémoire sur les *Coprolites*, lu à la Société géologique de Londres en 1829 ; et l'important volume qu'il a publié en 1836 dans les *Bridgewater treatises* sur la géologie et la minéralogie considérées dans leurs rapports avec la théologie naturelle, ouvrage dans lequel il a mis en lumière avec un remarquable talent ce qu'il y a de plus admirable dans la combinaison des principaux mécanismes de la nature organique et inorganique.

Prix d'abonnement pour l'étranger.

Allemagne, 8 fr.;— Suisse, Parme, Plaisance, Modène, 8 fr. 50.— Etats Sardes, Grèce, Crimée, 9 fr.; — Hollande, Angleterre, 10 fr.; — Etats-Unis, Indostan, Turquie, 10 fr. 50; — Belgique, Prusse, Hanôvre, Saxe, Pologne, Russie, Espagne, Portugal, 11 fr.; — Toscane, 12 fr.; — Etats-Romains, 16 fr. 50.

Le propriétaire, rédacteur-gérant :
Victor MEUNIER.

PARIS. — IMP. DE J.-B. GROS ET DONNAUD, SON GENDRE, RUE DES NOYERS, 74

Deuxième année. — N° 38. Trente centimes. 22 septembre 1856.

L'AMI DES SCIENCES

JOURNAL DU DIMANCHE

SOUS LA DIRECTION DE

VICTOR MEUNIER

BUREAUX D'ABONNEMENT
13, RUE DU JARDINET, 13
Près l'École de Médecine
A PARIS
INSERTIONS : 1 FR. 25 C. LA LIGNE.

ABONNEMENTS POUR L'ANNÉE
PARIS, 10 FR.; — DÉPART., 12 fr.
Étranger (Voir à la fin du journal).
ANNONCES ANGLAISES, 75 CENT. LA LIGNE.
Comptées sur 3 colonnes

MACHINE A COUDRE

SYSTÈME SINGER. — CHARLES CALLEBAUT, CONSTRUCTEUR.

D'un usage courant en Amérique où elle se fabrique sur une échelle considérable;

Honorée d'une médaille de première classe à l'Exposition universelle de 1855;

Expérimentée depuis plusieurs mois dans les régiments de la garde avec un succès tel, que sur le rapport du général commandant, invitation ministérielle vient d'être faite à chaque régiment d'acquérir quatre de ces machines;

En activité dans nombre d'ateliers, à Boulogne (près Paris) par exemple, où on en peut voir 12 fonctionnant régulièrement; à Saint-Denis, où les tailleurs militaires font leur apprentissage de couseurs-mécaniciens;

Machine éminemment pratique, d'un usage aussi sûr que l'outil le plus simple et le plus anciennement employé, que l'aiguille même qu'elle remplacera;

Propriété d'un homme de haute intelligence qui, pour la fabrication des 500 exemplaires que déjà on lui demande chaque année, a monté des ateliers modèles meublés d'outils perfectionnés, tels que : machines à planer, machine à tailler les engrenages, machine à percer, tours à guillocher, etc..., tirés à grands frais d'Amérique et mus par une puissante machine à vapeur;

Exploitée par un homme, que ses vues philanthropiques disposent à faciliter aux ouvriers eux-mêmes l'acquisition de cette *aiguille perfectionnée*.

Telle est la machine, ou plutôt telles sont les machines à coudre, perfectionnées par l'Américain Singer, introduites et exploitées en France par M. Charles Callebaud (1), et telles sont les conditions dans lesquelles elles s'offrent au public.

Machine à un seul fil et une seule aiguille faisant 500 points à la minute.

L'une de ces machines (nous la figurerons) confectionne couramment les uniformes des régiments de la garde; — l'autre (on en voit le dessin ci-contre) a opéré les merveilleuses combinaisons de dentelles et de piqûres qu'on admirait il y a peu de jours dans le trousseau de l'infante d'Espagne. — C'est tout ce que nous en voulons dire, dans cette première note, espèce de préface, destinée à appeler l'attention de nos lecteurs sur l'étude approfondie que nous voulons faire de ces admirables machines, si remarquées à l'Exposition et qui, révolutionnant toute une branche du travail manuel, apporteront avant peu une modification profonde dans la condition des femmes.

V. M.

(1) 6, rue de Choiseul.

TÉLÉGRAPHIE ET HORLOGERIE ÉLECTRIQUE

M. MOUILLERON. — M. PAUL GARNIER

Si, parmi les lecteurs de l'*Ami des Sciences*, il en est beaucoup à qui l'électricité soit depuis longtemps assez familière pour qu'on puisse *ex abrupto* leur parler des perfectionnements que chaque jour voit éclore dans la télégraphie et dans l'horlogerie électriques, il en est d'autres sans doute qui ne seront pas fâchés de trouver ici quelques explications préalables. On n'en comprendra que mieux dans tous les cas ce que nous avons à dire de la pendule électrique, de l'appareil régleur (auquel, selon nous, le nom de régulateur eût peut-être mieux convenu) du nouveau cylindre tracteur, du volant variable et des contacts mobiles de M. Mouilleron, ainsi que du manipulateur-compositeur et des chronomètres électriques de M. Paul Garnier.

Tout le monde aujourd'hui connaît la miraculeuse rapidité des communications électriques, qui, selon quelques savants franchiraient un million de mètres en une seconde ; mais l'appareil télégraphique en lui-même est moins connu du public. Nous allons tâcher de dire aussi clairement que possible en quoi il consiste.

Tout système de télégraphie électrique est basé sur ce fait assez récemment acquis à la science que si l'on enroule un fil de cuivre autour d'un morceau de fer doux de telle sorte qu'il en soit recouvert, ou pour mieux dire enveloppé dans une partie de sa longueur ; ce morceau de fer acquérera toutes les propriétés de l'aimant dès que l'un des bouts de ce fil sera mis en contact avec le pôle positif d'une pile ou batterie galvanique et que l'autre bout viendra fermer le circuit par son contact avec le pôle négatif.

Tant que le courant aura lieu, c'est-à-dire tant que les deux pôles seront en contact avec les deux bouts du fil, l'aimantation du fer subsistera, et sera d'autant plus forte qu'il aura été recouvert d'une plus grande longueur de fil : elle ne cessera que lorsque l'un des deux bouts du fil cessera lui-même d'être en contact avec l'un des pôles de la pile et, dès que le contact n'aura plus lieu, le fer perdra immédiatement la propriété magnétique, la puissance d'attraction que le contact lui avait donnée. Ce morceau de fer, ainsi recouvert de fil de cuivre qu'on a soin d'envelopper de soie pour éviter les déperditions d'électricité, constitue donc un véritable moteur, une force vive à laquelle on peut dès lors faire exécuter un travail quelconque. C'est ce qu'on nomme l'électro-aimant, que, pour abréger, nous désignerons sous le nom plus court d'*électro*.

Tel est l'agent universel de la télégraphie électrique. C'est l'électro qui imprime les dépêches ou qui fait marcher l'aiguille du cadran où sont répétées par elle à la station d'arrivée, les lettres que le doigt touche à la station de départ.

Ainsi : 1° Au point de départ une source permanente d'électricité (la pile) et un instrument quelconque, cadran ou autre, propre à désigner les lettres, mots ou phrases conventionnelles que l'on veut transmettre :

Cet instrument se nomme *Manipulateur*.

2° Au point de destination d'abord, l'électro agissant sur un mécanisme disposé de manière soit à répéter les lettres, mots ou phrases que transmet le manipulateur, soit à en conserver une trace imprimée, gauffrée, piquée, telle enfin qu'on puisse la lire, ensuite une source d'électricité auxiliaire qu'on nomme le *relais*. L'ensemble constitue ce que nous appellerons le *Récepteur*.

3° Entre le point de départ et le point de destination, un fil métallique d'une longueur indéfinie pour établir la communication entre l'un des pôles de la pile et l'un des fils de l'électro. L'autre pôle de la pile et l'autre fil de l'électro sont plongés dans le sol, l'un au point de départ, l'autre au point de destination, ce qui suffit pour fermer le circuit.

Ce fil métallique, intermédiaire entre les deux points, est ce qu'on nomme la ligne.

Si, à la station de départ, on établit le contact entre la ligne et la pile, l'électro devient actif. Fait-on cesser le contact, l'électro redevient inerte. Ces moyens d'action obtenus, on en a fait l'application à trois sortes de télégraphes.

Le télégraphe à cadran, généralement en usage pour le service des gares des chemins de fer.

Le télégraphe à signaux, adopté par l'administration des lignes télégraphiques.

Et le télégraphe écrivant, c'est-à-dire conservant trace imprimée, écrite, gauffrée ou piquée de la dépêche transmise.

Nous ne nous occuperons aujourd'hui que du télégraphe écrivant et particulièrement de celui auquel M. Morse a donné son nom.

Les signes transmis par le *manipulateur* se traduisent dans le *récepteur* en traits plus ou moins longs, accompagnés d'un ou plusieurs points et formant par les diverses combinaisons dont ils sont susceptibles avec ces points, des groupes séparés auxquels on attache une signification quelconque. Ainsi par exemple la lettre A s'écrit ainsi. — la lettre B — . . . la lettre C — . — . la lettre D — . . la lettre E. et ainsi de suite pour toutes les lettres de l'alphabet, pour les chiffres et pour les signes de la ponctuation. Ces traits et points sont obtenus soit par la pression plus ou moins prolongée d'un poinçon métallique sur une bande de papier qu'un mouvement d'horlogerie fait avancer constamment (télégraphe de Morse); soit par l'action chimique d'une lame de fer sur une bande de papier imprégnée d'un sel qui devient bleu au contact du fer (télégraphe de Bain). La bande de papier avançant toujours et le poinçon de Morse ou la lame de Bain s'y appuyant fortement dès qu'on établit le courant, il est clair que selon qu'on laissera passer plus ou moins longtemps l'électricité, on aura pour résultat des lignes ou des points. Mais l'électricité est quelquefois capricieuse. Une pile ne donne pas toujours avec la même énergie : un contact, enfin, peut n'être pas assez parfait, d'où il résulte que tous les appareils placés sur une ligne ne se trouvent pas dans les mêmes conditions. Deux postes télégraphiques peuvent correspondre entre eux, distants plus ou moins l'un de l'autre et, quoique l'on augmente le nombre des éléments composant une pile à mesure que deviennent plus grandes les distances à parcourir ; il peut arriver que la ligne ne soit pas toujours dans les mêmes conditions d'isolement et que, par suite, il faille recourir à un nouveau réglage de l'appareil, réglage qui consiste à équilibrer la force électrique avec celle du ressort de tension.

En effet, le courant est-il trop faible pour la tension du ressort, celui-ci retient la palette que n'attire plus l'électro. Le courant est-il trop fort, l'électro trop énergique à son tour retient la palette que ne peut plus rappeler la trop faible tension du ressort. Il résultait de là que souvent l'appareil ne marchait point, sans qu'on sût pourquoi, et par cela seul que le ressort ne se trouvait pas au degré de tension voulu pour équilibrer exactement la force du courant envoyé.

C'est à quoi remédie de la façon la plus heureuse l'*appareil régleur* que vient de construire M. Mouilleron, et qui, par une disposition aussi simple qu'ingénieuse, rétablit automatiquement l'équilibre entre la force du courant et celle du ressort de tension. C'est un immense service que cet habile constructeur vient de rendre à la télégraphie électrique dont il corrige ainsi un des plus pénibles défauts. Mais là ne se borne pas ce que le fertile génie de M. Mouilleron a su faire pour perfectionner les appareils de télégraphie électrique, machines si délicates que la moindre imperfection peut en arrêter la marche ou en troubler l'exactitude.

Ainsi, nous avons dit que l'empreinte conservée par le récepteur de Morse, aujourd'hui le seul en usage, consiste en une suite de traits et de points tracés sur un ruban de papier continuellement entraîné par un mouvement d'horlogerie. Ce ruban passe naturellement entre deux cylindres tracteurs dont l'un porte la rainure où la pointe mousse du poinçon gaufre, selon le besoin, les traits et les points dont on veut laisser l'empreinte sur le ruban de papier.

M. Mouilleron a fait subir à cet appareil d'heureuses et importantes modifications. Nous allons essayer de les faire comprendre :

Le mouvement d'horlogerie qui était à poids et d'un grand volume s'est transformé dans ses mains en un élégant mouvement à ressort dont la régularité de marche et l'uniformité de vitesse sont obtenues au moyen d'un petit volant composé de deux ailes articulées, que deux petits ressorts spiraux rabattent l'une sur l'autre lorsque l'appareil est à l'état de repos. Dès que l'appareil se met en marche, la force centrifuge agit sur les ailes et les ouvre; elles offrent alors une plus grande surface d'où il suit que la force du ressort aura beau varier, les ailes s'ouvrant plus ou moins, la vitesse du volant restera sensiblement uniforme.

Le ruban de papier ne filait pas toujours droit entre les cylindres et s'engageait dans les tourillons où il se trouvait arrêté, déchiré ou plissé de manière à entraver le passage de la dépêche.

M. Mouilleron a remplacé les rouleaux cylindriques par deux autres rouleaux dont l'un (de traction) est concave et l'autre (de pression) est convexe, ce qui fait que la direction du papier ne peut plus varier ; car la bande est toujours sollicitée à monter vers le plus grand diamètre du rouleau de pression et naturellement s'y maintient. Ce rouleau, d'ailleurs, est monté sur une traverse mobile qui permet en se relevant de placer aisément le ruban de papier sur le rouleau de traction. Un ressort horizontal agit sur la traverse pour obtenir la pression.

Nous avons vu marcher avec une régularité surprenante, non-seulement des bandes de papier de largeur très-différente, mais encore des bandes inégalement déchirées le long de leurs bords et placées dans de telles conditions qu'avec tout autre appareil il eût été impossible de s'en servir. On ne sera donc plus exposé à manquer de bandes ; car, grâce à M. Mouilleron, chacun en pourra tailler dans la première feuille de papier venue.

Ce qui nous a frappé encore dans cet appareil si heureusement perfectionné, c'est une disposition circulaire des plaques de contact dont la circonférence est mobile autour du centre, ce qui permet de changer à volonté le point où le contact s'opère, et de nettoyer la surface. Cette amélioration sera vivement appréciée par tous ceux qui se servent habituellement de ces instruments délicats.

L'espace nous manque aujourd'hui pour entretenir nos lecteurs de la pendule électrique, du télégraphe imprimant les dépêches en caractères typographiques et d'un appareil de relais que nous avons également vus dans les ateliers de M. Mouilleron. Nous nous en dédommagerons quelque jour en donnant une description détaillée de ces machines, dont l'une surtout, le télégraphe-typographe, est à confondre l'imagination.

Nous ne quitterons pas ces merveilles si complaisamment étalées à nos yeux par l'inépuisable obligeance de M. Mouilleron, sans conduire nos lecteurs chez un de ses plus dignes émules, M. Paul Garnier, rue Taitbout, n° 16.

Là encore, une petite porte au fond d'une cour et des ateliers où rien n'est donné au luxe, où tout est laissé au travail. Mais cette modestie même de l'entourage, c'est le propre du génie qui semble comprendre d'instinct qu'il brille assez par lui-même et peut se passer de parure.

M. Paul Garnier s'est incarné dans l'horlogerie électrique comme M. Mouilleron dans la télégraphie, s'occupant toutefois à l'occasion de celle-ci, comme à l'occasion nous avons vu M. Mouilleron faire aussi de l'horlogerie électrique. Puisque tout à l'heure encore nous parlions télégraphie, disons immédiatement ce que M. Paul Garnier a fait pour cet art éblouissant; après quoi, nous reviendrons aux horloges.

Si le lecteur a bien compris ce que nous avons dit de l'appareil de Morse et du manipulateur qui en forme le point de départ, il s'est aperçu comme nous que cet instrument manœuvré à la main peut permettre beaucoup d'erreurs et exige de la part de l'individu chargé de transmettre la dépêche, autant d'attention et autant d'habitude, surtout, que d'intelligence. Autrement l'étendue des lignes et des points, étant complétement arbitraire, peut être assez imparfaitement calculée pour que la dépêche soit mal lue à destination et pour qu'une erreur grave puisse s'y glisser, notamment dans la transmission des chiffres.

Frappé de ce double inconvénient de l'ingénieux appareil de Morse, M. Paul Garnier a cherché le moyen de faire en sorte que toutes les lignes et tous les points fussent toujours semblables et d'une même étendue dans tous les cas, de même qu'il a voulu aussi régulariser les intervalles des lettres, des mots et des phrases de manière à rendre correcte cette écriture linéaire que trace sur un ruban de papier le stylet du récepteur.

C'est au moyen d'un cylindre analogue à ceux de nos orgues de Barbarie que l'ingénieux horloger a résolu le problème.

On sait que dans le bois de ces cylindres sont piqués en hélice et à demeure des sillets tantôt allongés, tantôt courts et plus ou moins éloignés ou rapprochés les uns des autres, de manière à donner, en passant sous les touches du clavier, les valeurs des notes ainsi que celles des silences, soupirs, demi-soupirs dont se composent les mesures.

Qu'au lieu de ces sillets fixes, on se figure un système de sillets mobiles, les uns plus longs pour les lignes, les autres plus courts pour les points, et l'on comprendra qu'une dépêche puisse être composée sur le cylindre de M. Garnier comme on compose un texte quelconque en caractères typographiques. Le cylindre est d'ailleurs construit de manière à ce que cette composition puisse se faire très-rapidement. Il ne s'agit plus dès lors que de faire passer cette hélice, qui présente une suite de lignes et de points saillants, sur la pédale du manipulateur pour interrompre et rétablir le courant à des intervalles réguliers entre eux, de sorte que lignes et points se trouvent régulièrement retracés par le stylet du récepteur.

M. Garnier diminue ainsi les chances d'erreur que nous persistons à croire inséparables de l'appareil de Morse à l'action duquel nous préférerions de beaucoup l'impression directe en caractères, si les machines qui l'exécutent pouvaient être assez simplifiées pour devenir aussi constantes dans leurs effets et aussi peu dispendieuses que l'appareil de Morse.

Arrivons à l'horlogerie ou pour mieux dire à la chronométrie électrique dont M. Paul Garnier à déjà fait tant de brillantes et utiles applications sur presque toutes les lignes de chemins de fer et notamment dans les gares où la régularité du service se trouve ainsi naturellement assurée sur tous les points.

S'il est utile et avantageux partout d'avoir des horloges si bien réglées qu'elles indiquent toutes au même instant la même heure, cette précision est pour le service des chemins de fer une condition non moins indispensable que la télégraphie électrique elle-même. Avec les horloges ordinaires, elle est pour ainsi dire impossible et, sans remonter jusqu'aux horloges de Charles-Quint (car lui aussi qui connaissait le prix du temps avait cherché la solution du problème), les horloges publiques et particulières de la capitale sont assez peu d'accord entre elles pour le prouver chaque jour.

Mais si l'on n'avait qu'une horloge unique, une horloge type que rien n'empêche de supposer la perfection même et si la marche de cette horloge était électriquement imposée à dix, à vingt, à cent, à mille indicateurs horaires ou cadrans répartis dans toute une ville, chacun de ces cadrans reproduirait seconde pour seconde les mouvements chronométriques de l'horloge type, et l'heure serait partout indiquée la même au même instant de la journée. Tel est le difficile problème qu'ont successivement tenté de résoudre Steinhell en Allemagne, Bain et Weatstone lui-même, Weatstone le télégraphe électrique fait homme, Weatstone l'immortel inventeur des prodiges du stéréoscope! Aucun d'eux n'avait réussi de manière à donner ce qu'on appelle des résultats pratiques, lorsqu'en 1847, autant qu'il nous en souvient, M. Paul Garnier trouva enfin le moyen si longtemps cherché de communiquer électriquement les indications chronométriques d'une horloge type à une série de cadrans plus ou moins nombreuse sans que le nombre de ces cadrans influe sur l'exactitude de chacun d'eux et surtout sans que l'effort de transmission que doit accomplir l'horloge type puisse en rien entraver sa marche et troubler la régularité de ses fonctions.

C'est au moyen d'un organe supplémentaire mis en mouvement par le mécanisme ordinaire de l'horloge que M. Paul Garnier ouvre et ferme le circuit; ce double effet se produit dans des conditions d'isochronisme parfait. Puis, par la puissance attractive de l'électro-aimant dont chaque indicateur horaire est armé, puissance qui se manifeste chaque fois que la communication s'établit, il agit sur un levier dont la course est calculée de manière à faire avancer d'une dent la roue à rochet qui donne le mouvement aux aiguilles.

Grâce à cette heureuse combinaison, l'habile horloger a pu éviter l'obstacle auquel s'étaient heurtés ses prédécesseurs qui avaient voulu se servir soit du pendule, soit de la roue d'échappement pour ouvrir et fermer alternativement le circuit; d'où résultait une perturbation plus ou moins sensible dans la marche de la machine.

C'était beaucoup déjà, puisque par ce système la plus faible horloge peut donner le mouvement, nous allions dire la vie, à des cadrans de toute dimension; mais M. Garnier a fait plus.

Une source quelconque d'électricité, une pile, une batterie galvanique, étant placée à l'une des deux extrémités d'une longue voie, telle que la rue de Rivoli, à l'Hôtel-de-Ville, par exemple : si de chacun des pôles de cette pile et passant par une horloge type partent deux fils métalliques indéfiniment prolongés vers la place de la Concorde, il est évident que deux autres fils joignant perpendiculairement ceux-ci et passant par l'électro-aimant d'un cadran placé à droite ou à gauche sur un point quelconque de la ligne, transmettront le mouvement aux aiguilles de ce cadran, car le circuit est dès lors fermé.

Mais si un, si deux, si trois, si dix, si cinquante cadrans se trouvent successivement à droite et à gauche des deux premiers fils, et si l'on établit entre chacun d'eux et ces fils une communication perpendiculaire semblable à la première, le dernier cadran vers la place de la Concorde n'aura nécessairement à son service que la quantité d'électricité non absorbée par les cadrans qui le précèdent. On se demande même si le courant électrique arrivera jusque-là, malgré que le circuit se trouve fermé par le fait au premier, au second, au troisième, au dixième, au cinquantième cadran.

C'est là précisément ce qu'a résolu pratiquement M. Paul Garnier sans pouvoir, en théorie, expliquer autrement le fait que par l'excès d'électricité qui continue à passer dans les deux fils principaux au delà des embranchements qu'ils alimentent, et cela probablement parce qu'il a eu soin, 1° d'employer une source d'électricité assez abondante, 2° et surtout parce qu'il a donné aux fils principaux une aire de section assez étendue pour livrer passage à la totalité du courant par rapport auquel les embranchements successifs sont comme autant de saignées faites sur une conduite d'eau qui peut fournir en route à plusieurs prises différentes, tout en versant ce qui lui reste en excès à l'extrémité du parcours.

Rien ne s'opposerait donc à ce que le vaste projet depuis si longtemps conçu par M. Paul Garnier fût mis enfin à exécution. Nous recevrions l'heure à domicile comme nous recevons déjà la lumière et l'eau; et maintenant que le chauffage au gaz dont nous comptons bien nous occuper prochainement ne saurait tarder à se faire adopter partout, nous arriverions à ceci, que l'eau, le feu, la lumière et l'indication du temps pourraient se trouver compris dans le montant des loyers.

H. GAUGAIN.

L'Arithmomètre

Nouvelle machine à calculer de M. Thomas

DE COLMAR.

Il n'est, pour ainsi dire, aujourd'hui, pas un enfant en France qui ne sache ses quatre règles, et nous en connaissons bon nombre dont la science en calcul va bien au delà. Mais ces sortes d'opérations, quelque habitude qu'on en ait, exigent toujours un travail fastidieux auquel on a de tout temps cherché à se soustraire.

Les logarithmes découverts par Juste Byrge, Allemand de naissance et constructeur d'instruments de mathématiques, les logarithmes, disons-nous, dont l'invention fut si longtemps faussement attribuée au baron écossais Néper, qui n'en a été que le publicateur dans son ouvrage intitulé : *Mirifici Logarithmorum canonis descriptio*, n'ont absorbé tant d'intelligence et coûté tant de veilles que pour arriver à réduire la multiplication à une addition et la division à une soustraction.

Et cela se conçoit.

L'astronome, le géomètre, l'ingénieur, l'architecte, le constructeur de machines, le banquier, le négociant, le marchand, tous ceux enfin qui ont besoin de calculer des distances, des rapports, des vitesses, des forces, des résistances, des quantités, des valeurs, des intérêts, des chances de perte ou de gain, des prix d'achat et de vente, ont, plus ou moins, la tête préoccupée d'une idée principale qu'ils doivent avant tout suivre et développer jusqu'à ses dernières conséquences. Or, si cette opération supérieure de l'intelligence est à chaque instant troublée par la nécessité de faire un calcul souvent très-compliqué, sorte d'opération secondaire et presque entièrement machinale, il en résulte une fatigue qui nuit forcément à la principale idée et peut en rendre parfois la solution impossible.

De là, nous le répétons, les tables de logarithmes, et, plus bas sur l'échelle de la science, tous les barêmes et comptes faits publiés à l'usage des divers marchands, soit de denrées, soit d'argent.

Il est si vrai que les détails du calcul proprement dit sont constamment une pierre d'achoppement pour le génie, que c'est précisément par les hommes les plus éminents dans la science, qu'ont été faits les plus énergiques efforts pour arriver à la solution de ce problème : *Construire une machine capable de calculer*. Chez les anciens, Pythagore, Nicomaque, Archimède; chez les modernes, Pascal, Diderot, Leibnitz, Perrault (l'architecte), Poleni, Lépine (l'illustre horloger), Clairaut, Pereire, et tant d'autres.

La règle à calculer de Günther, le cadran de Leblond, la règle à calcul ou échelle à coulisse de Leadbetter ou de Jones, plus ou moins perfectionnés de nos jours, sont autant d'efforts tentés dans le même but, résultat d'une même préoccupation : *Se soustraire à la fastidieuse et abrutissante monotonie des longs calculs.*

Les tentatives, on le voit, ont été nombreuses. Pas une n'avait rempli les conditions du programme. Ainsi à l'aide des tables de logarithmes dont l'usage exige d'ailleurs une assez grande habitude, on réduit bien la multiplication à une addition et la division à une soustraction; mais la plupart des logarithmes sont affectés d'une petite inexactitude qui provient de l'impossibilité d'extraire des racines carrées parfaitement exactes pour la valeur des moyens-proportionnels géométriques.

De toutes les machines proposées jusqu'en 1822, époque où M. Thomas présenta l'arithmomètre à la Société d'encouragement, nous n'en connaissons aucune qui atteigne le but. Les unes sont inexactes, les autres sont trop bornées et restreintes à un trop petit nombre d'opérations; toutes sont plus ou moins compliquées et d'une manœuvre laborieuse et difficile.

Quant aux règles à calcul, notamment celles à coulisse, les divisions en sont si petites qu'il faut d'excellents yeux et une précision extrême dans les mouvements pour s'en servir avec avantage; encore avons-nous remarqué que presque tous ceux qui en font usage refont le calcul à la plume pour savoir si par hasard la règle ne les aurait pas trompés. C'en est assez pour prouver que les nombreuses tentatives faites depuis plusieurs siècles pour arriver à de bons procédés d'abréviation des calculs n'ont pas été, tant s'en faut, toutes couronnées de succès.

A M. Thomas, de Colmar, était réservé l'honneur de résoudre ce difficile problème, et la machine perfectionnée qu'il a soumise en 1851 à la Société d'encouragement, en reconnaissance sans doute de ce que trente ans auparavant cette Société avait favorablement accueilli ses premiers essais, ne laisse aujourd'hui rien à désirer sous le triple rapport de la portée, de la précision et de l'exactitude.

Comme portée, l'arithmomètre de M. Thomas exécute avec la plus merveilleuse promptitude l'addition, la soustraction, la multiplication et la division, quelque compliquées que soient les opérations et en donnant pour la division autant de décimales que l'on veut. Nous avons nous-même exécuté différents calculs, et notamment élevé un nombre à la dixième puissance en quelques secondes.

Une multiplication de 8 chiffres par 8 chiffres se fait en 18 secondes, moins d'une demi-minute suffit à une division de 16 chiffres au dividende et de 8 chiffres au diviseur, et l'extraction d'une racine carrée de 16 chiffres se fait en moins d'une minute et demie.

Ces merveilleux résultats n'exigent pour être obtenus, aucune contention d'esprit. Une manivelle à tourner et des indicateurs à poser sur des chiffres, ce qui est aussi vite fait que de les écrire; voilà tout. L'arithmomètre est une petite boîte oblongue, élégante et d'un très-facile transport. Lorsqu'au moyen des indicateurs on a écrit les nombres sur lesquels on veut opérer, quelques tours de manivelle vous font apparaître écrit dans une autre partie de la boîte le résultat demandé. C'est vraiment miraculeux ! et, chose plus précieuse encore, l'arithmomètre, ce calculateur mécanique si intelligent, pousse ses prétentions jusqu'à vouloir être infaillible : il n'exécute pas une opération dont il ne soit prêt à faire la preuve aussitôt qu'on la lui demande. Nous ne saurions trop insister sur ce dernier avantage qui pour nous est le plus précieux peut-être de ce prodigieux instrument. Non-seulement il évite à son heureux propriétaire tout travail et toute fatigue; mais non content de cela, il ne veut pas qu'on puisse même douter de l'exactitude de sa besogne. La seule chose qu'on puisse reprocher selon nous à l'arithmomètre, c'est son prix trop élevé, non pas en raison des services qu'il rend, mais pour qu'il puisse se multiplier et devenir populaire. On nous dira que l'inventeur a dépensé trente ans de sa vie et plus de trois cent mille francs pour arriver à construire son admirable machine; mais il a eu l'heureux talent d'en simplifier tellement le mécanisme et de le rendre d'une construction si facile et si sûre, qu'il lui sera sans doute possible d'en diminuer de beaucoup le prix. On fait aujourd'hui pour sept francs un mouvement de pendule qu'on n'eût pas exécuté pour cinquante il y a trente ans, et du jour où la vulgarisation de l'arithmomètre permettra de le construire en grand nombre, M. Thomas s'empressera, nous n'en doutons point, d'en baisser le prix. Il n'y aura pas alors un ingénieur, pas un architecte, pas un négociant, pas un marchand, pas un banquier au monde qui ne s'empresse de mettre sur son bureau cet aide calculateur non moins infaillible qu'infatigable et dont la manœuvre même devient un véritable plaisir, une sorte de récréation, un moment de repos, coupant agréablement des occupations plus graves et plus sérieuses.

Un rapport favorable de la société d'encouragement en 1822.

Une médaille d'argent à l'Exposition de l'industrie nationale de 1849.

Une médaille d'or décernée en 1851 par la Société d'encouragement.

Une médaille de prix décernée la même année par le jury français à l'Exposition universelle de Londres.

Une tabatière en or offerte en 1854 par le président de la république, aujourd'hui empereur des Français, comme témoignage particulier de sa haute satisfaction.

Un rapport approbatif de l'Académie des sciences en 1854.

Telle est la courte et modeste énumération des récompenses accordées aux travaux de M. Thomas par ses insouciants compatriotes, tandis que le bey de Tunis lui envoie l'ordre du Nichan en diamants, que le roi des Deux-Siciles, celui des Pays-Bas, le duc de Nassau, le Pape, le grand-duc de Toscane et le roi de Sardaigne lui offrent des titres de noblesse, ou le décorent de leurs ordres. Mais que M. Thomas se console. Assez riche pour payer sa gloire, il doit être surtout sensible à l'honneur de placer dans l'histoire des sciences son nom à côté des grands noms que nous avons cités dans cet article; et le savant rapporteur de l'Académie, M. Mathieu, a donné à M. Thomas un brevet d'immortalité en le proclamant l'inventeur *antè omnes* du cylindre cannelé sur l'emploi duquel repose le vrai principe de l'arithmomètre.

H. G.

Nouveaux procédés de Tannage,

PAR M. CHARLES KNODERER, DE STRASBOURG.

Nous sommes trop jaloux de tenir les nombreux lecteurs de l'*Ami des Sciences* au courant des importantes découvertes qui nous paraissent de nature à illustrer l'industrie française pour ne pas leur donner dans ce journal une idée aussi complète que possible des nouveaux procédés de tannage inventés, étudiés, perfectionnés et mis en pratique avec le plus brillant succès par M. Charles Knoderer, propriétaire des usines d'Ilkirch et Strasbourg (Bas-Rhin).

L'immense retentissement de cette découverte, qui va révolutionner l'art du tanneur, resté pour ainsi dire stationnaire depuis tant de siècles, et la complète adhésion donnée aux procédés nouveaux par les hommes les plus compétents, nous dispensent de tout éloge. L'invention de M. Charles Knoderer est de celles qui brillent spontanément de leur propre éclat et qui s'imposent comme toute vérité; aussi la société que cet habile industriel a fondée sous le titre de *Nouvelle Tannerie française* s'est elle immédiatement placée au premier rang des entreprises les plus recherchées des capitalistes.

On sait combien l'usage du cuir est répandu, et s'il est une industrie aux produits variés de laquelle ne puisse jamais manquer le consommateur, c'est évidemment celle qui nous offre chaque jour les objets sans nombre que fabriquent le cordonnier, le sellier, le teinturier, le gantier, le harnacheur, le malletier, le coffretier, le bourrelier, le guêtrier, le fabricant de voitures, etc., etc., les courroies pour cardes et mécaniques.

Il n'est pour ainsi dire pas une seule de nos industries qui n'emploie le cuir, et quand on songe à ce qu'en absorbent chaque année nos armées de terre et de mer, on en est à se demander comment la fabrication peut suffire à tant de besoins.

Nous en donnerons une idée par le simple énoncé de ce fait que le nombre de nos tanneurs, mégissiers, corroyeurs, chamoiseurs, hongroyeurs, peaussiers et boyaudiers, s'élève à plus de 20,000 dont 513 sont établis dans Paris seulement, où leurs produits sont mis en œuvre par 3,336 maîtres bottiers et cordonniers, selliers, carrossiers, teinturiers, malletiers, coffretiers, culottiers, gantiers, etc., etc.

Cette évaluation du personnel de l'industrie qui a pour objet le travail des peaux nous permettra de comprendre le chiffre énorme auquel s'élèvent ses produits en France, et nous croyons rester fort en deçà de la vérité, en la limitant à 160 millions par années. Tel était du moins le résultat du travail de la commission française de l'Exposition universelle de Londres. Mais ce travail est nécessairement incomplet; car nos exportations annuelles en peaux œuvrées, tannées, vernissées et corroyées montant à 60 millions, il ne resterait plus que 100 millions ou 3 francs environ de cuir par tête pour la consommation intérieure; ce chiffre nous semble faible.

Si nous avons tant insisté sur cette énorme importance de la fabrication du cuir, c'est que rien ne nous paraît plus propre à démontrer la supériorité des procédés de M. Charles Knoderer sur ceux de ses devanciers.

Effectivement, plus les procédés sont lents, plus les capitaux restent longtemps enfouis sans produire. Et puisque, d'après les rapports officiels d'une commission qui a suivi pas à pas toutes les opérations du tannage par les nouveaux procédés, l'économie du temps, seul, est évaluée à 85 pour 100; il en résulte que l'intérêt du capital devient six pour un; tandis que les frais de main-d'œuvre sont diminués de moitié. Ajoutons que l'économie réalisée dans l'emploi de l'écorce est évaluée par cette même commission à 70 pour 100, et nous aurons la somme des avantages qu'offre le nouveau procédé sur ceux qui ont été jusqu'à présent en usage dans l'industrie du Tanneur.

Quels sont, nous dira-t-on, les moyens qu'emploie M. Knoderer pour obtenir de si brillants résultats ?

A-t-il eu recours à des agents chimiques d'une nature particulière ainsi qu'ont fait Séguin, Nachette, Leprieur, Corniquet, Gayraud, Darcet et bien d'autres qui ont vainement tenté d'abréger ainsi le temps que dure ordinairement le tannage ?

Point : les seuls agents dont il fasse usage, sont l'eau et l'écorce du chêne, agents ordinaires et naturels du tannage des cuirs.

Emploie-t-il la pression comme Poole ou Gibson-Spilsbury, le chauffage artificiel comme Gettliffe père et fils, la filtration forcée de Valery Hannove ou le système par absorption et évaporation que proposait Roth ?

Encore moins. M. Knoderer n'emploie que la chaleur naturelle. Ce qui caractérise sa découverte, c'est le mouvement et le mouvement *en vases parfaitement clos*; car, à tout prendre, le mouvement proprement dit, n'est pas chose neuve en fait de tannage; c'est lui qui caractérise le procédé de Sterlingue, celui de Berendorf et Farcot, le procédé américain et le tannage, dit *à la flotte*. Mais ce qui constitue tout spécialement l'invention de M. Knoderer, c'est le mouvement appliqué *sans le contact de l'air* et conséquemment sans les inconvénients résultant de l'oxigénation des liqueurs, d'où résulte la transformation d'une grande partie de l'acide tannique des écorces en acide gallique impropre au tannage.

Ce qui va suivre est textuellement extrait de l'intéressante brochure publiée par l'honorable tanneur d'Ilkirch; nous ne saurions exprimer en termes plus clairs ce qu'il dit lui-même des procédés qu'il emploie :

« Notre méthode, dit M. Knoderer, consiste à mettre n'importe quelle espèce de peaux, lorsqu'elles sont travaillés de rivière, dans des tonneaux d'une dimension calculée d'après les lois de la dynamique pour les gros cuirs comme pour les petits. On remplit préalablement ces tonneaux à un peu plus de moitié avec des jus d'écorce marquant un certain degré au pèse-tannin; on ajoute une certaine quantité d'écorce calculée par petite et par grosse peau; puis on ferme hermétiquement le tonneau et on le fait tourner avec une vitesse également calculée sur l'expérience et sur la dynamique.

« On ajoute ensuite une quantité d'écorce pareille à la première et on continue de faire tourner les tonneaux pendant trois ou quatre jours, au bout desquels les peaux *sont aussi avancées que si elles avaient subi trois passements.* »

« Lorsque les peaux sont arrivées à ce point, on peut, soit les placer dans d'autres tonneaux où l'on a mis des jus marquant un degré supérieur suivant la nature des cuirs et y ajouter la même quantité d'écorce que la première fois ; soit les laisser dans ceux où ils se trouvent en doublant la quantité d'écorce et en réduisant le nombre d'heures de rotation lorsque, par suite du frottement, les jus ont acquis un certain degré de chaleur. Ce résultat obtenu, on ne laisse plus marcher les tonneaux qu'un certain nombre d'heures sur vingt-quatre, suivant la saison. Le tannage des petites peaux, veaux, devants de chevaux, capotes, croupons et vaches pour les coupes des tiges peut s'achever en quinze à quarante jours sans nouveau changement de tonneau.

« Quant aux grosses peaux, elles sont aussi avancées au bout de dix à quinze jours de mouvement dans les

« tonneaux que si elles avaient eu une première poudre en « fosse. »

« D'après ces explications, il saute aux yeux des moins « experts qu'outre la célérité du tannage un des grands « avantages pratiques de mon système consiste, une fois « que la fabrication est en train, à supprimer les passe-« ments et les fosses, *tout en obtenant* SANS MAIN-D'OEUVRE « *un gonflement plus parfait.* On arrive ainsi à pousser « les peaux au même degré d'avancement que si elles « avaient déjà eu une poudre sans employer un kilogramme « d'écorce fraîche ; et, pour atteindre ce résultat, il ne s'a-« git que d'opérer graduellement pour ne pas attaquer « trop vivement les peaux, à leur sortie du travail de ri-« vière.

« Il faut en un mot suivre absolument les mêmes prin-« cipes que pour la tannerie ordinaire ; car ce qui est vrai « pour l'une l'est aussi pour l'autre.

« De l'eau, de l'écorce et du mouvement, voilà tout notre « secret, voilà le principe trinitaire des procédés que nous « apportons à la régénération de la tannerie. Ce principe « n'a rien qui puisse effrayer les partisans des anciennes « méthodes ; rien d'étranger ne vient bouleverser leurs « habitudes, ils n'ont pas à craindre des essais inutiles ou « dangereux ; tout le secret est dans la combinaison des « trois éléments qui forment la base de notre système. Au-« cun acide, aucun moyen violent n'intervient. Le cuir n'a « rien à redouter d'un traitement extraordinaire quelcon-« que ; il subit le traitement dont il s'est toujours si bien « trouvé, mais il le subit dans des conditions différentes. « La combinaison seule des éléments, eau, écorce et mou-« vement, accélère pour ainsi dire à volonté le tannage et « produit une économie énorme dans les capitaux em-« ployés, dans la main-d'œuvre et dans l'écorce. »

Il n'est certes pas possible d'exposer plus clairement que M. Charles Knoderer les merveilleux résultats d'une méthode qui, tous comptes faits, donne comparativement à l'ancienne un bénéfice moyen de 74 pour 100 et qui permettrait par conséquent à la tannerie française « non-seulement de se tenir au niveau de la consomma-« tion du pays en tannant presque immédiatement toutes « les peaux abattues, mais encore de dépasser cette con-« sommation et de faire concurrence aux marchés étran-« gers en préparant toutes les peaux qui lui seraient en-« voyées du dehors pour jouir du bénéfice des nouveaux « procédés. »

Terminons en disant que M. Charles Knoderer a résolu un problème dont la solution avait été jusqu'ici vainement cherchée par la science et par l'industrie, et que la simplicité même de ses moyens est la plus sûre garantie de leur supériorité incontestable.

LES HUILES-GAZ

NOUVEL ÉCLAIRAGE. — SYSTÈME LAFOND

Plus l'industrie perfectionne ou multiplie ses produits, plus aussi semblent se multiplier ses ressources. On utilise aujourd'hui jusqu'à la dernière parcelle d'une substance et le mot DÉCHET pourrait presque être déjà rayé du dictionnaire de la langue industrielle.

Ainsi pensais-je en moi-même en revenant de visiter, à Belleville, l'usine fondée et dirigée par M. Lafond pour la fabrication des huiles-gaz. Là en effet, tout s'emploie, tout s'utilise et c'est même un DÉCHET qu'on y convertit chaque jour en une foule de matières premières, dont la principale application se fait au nouveau système d'éclairage inventé par M. Lafond.

Pour se faire une juste idée du progrès réalisé par ce système, il est bon, je crois, de regarder en arrière et de rappeler ce qu'était l'art de l'éclairage en France, il y a cinquante ou soixante ans.

Avant 1784, époque où le bec à double courant d'air fut inventé par Ami Argand et produisit une révolution totale dans l'éclairage, on ne connaissait que la chandelle de suif, la bougie de cire et la lampe à mèche plate : c'était l'enfance de l'art.

Le bec d'Argand était une œuvre de génie, et grâce à lui, les huiles ont pu brûler et nous donner leur lumière sans odeur ni fumée. Mais que d'inconvénients à éviter, que de difficultés à combattre, que d'obstacles à surmonter pour amener la lampe à ce que l'a faite Carcel, à ce que sont aujourd'hui les lampes-modérateur !

Bordier-Marcet imagine la lampe astrale et Philips la lampe sinombre que perfectionne M. Baron en y adaptant un bouchon-robinet, chef-d'œuvre de calcul et d'intelligence. En 1821 Georget construit des lampes à réservoir annulaire que traverse la cheminée de la lampe. Cette disposition est améliorée par Milan qui en fait d'heureuses applications à l'éclairage par suspension ; puis viennent successivement : la lampe statique d'Edelcrantz, la lampe hydrostatique de Girard et celles de Kacir, de Lange, de Verzi et de Thilorier, tous appareils où les efforts des inventeurs n'ont eu pour ainsi dire qu'un but, assurer la constance et la fixité du niveau.

Il était réservé à Carcel et à Gagneau d'entrer dans une voie nouvelle et de nous donner la lampe qui brûle à blanc en adaptant à leurs appareils un mécanisme disposé de manière à faire constamment monter l'huile en excès.

Ces lampes sont aujourd'hui presque partout remplacées par la lampe dite modérateur, moins chère et plus simple, et dont le premier inventeur est, je crois, M. Franchot.

On voit par cette rapide nomenclature combien d'efforts il a fallu faire pour arriver à brûler convenablement les huiles fixes à l'usage desquelles s'attachaient d'ailleurs tant d'autres inconvénients inhérents à leur nature essentiellement envahissante et tachante.

Ces inconvénients graves ne tardèrent pas à leur faire préférer le gaz, malgré son odeur, malgré les frais d'installation qu'il exige, malgré les dangers qu'il présente et surtout malgré la fatigue incontestable que chacun éprouve à travailler à sa clarté. Mais avec lui, plus de lampes à nettoyer, de mèches à rogner, d'huile à répandre, ni de taches à craindre, et la plupart des consommateurs se soumirent aux frais et acceptèrent le danger pour se soustraire aux ennuis de cette incommode sujétion.

Tout le monde cependant ne peut pas s'éclairer au gaz, et les habitants des campagnes, ceux des bourgs et des petites villes seront longtemps encore privés de cette commode lumière. L'industrie chercha pour eux les moyens d'obtenir un gaz liquide, et le règne des huiles essentielles commença.

De nombreuses combinaisons de ces huiles avec l'alcool constituèrent presque tous les liquides dits gazogènes que nous avons vus se succéder en quelques années et dont la nature essentiellement explosible ne tarda pas à faire abandonner l'usage. Puis vinrent les huiles de schiste qui parvinrent à se faire quelques prosélytes malgré l'odeur indélébile dont elles imprègnent tout ce qu'elles touchent. Mais ces mélanges et ces huiles, indépendamment de ce que leur préparation était défectueuse ou leur rectification incomplète, manquaient surtout d'un appareil brûleur, d'un bec approprié à leur usage.

On avait pris tant de peines pour perfectionner le bec des lampes à huile fixe qu'on pouvait bien tenter quelques efforts pour améliorer celui qui devait servir à brûler les huiles essentielles. Un des hommes qui s'en occupèrent le plus fut ce même M. Lafond dont le système d'éclairage fait aujourd'hui de si rapides progrès qu'il ne peut suffire aux demandes qui lui sont adressées de toutes parts.

Je disais en commençant qu'il n'y avait plus de déchets en industrie, rien ne le prouve mieux que les travaux de M. Lafond ; car la matière qu'il met en œuvre à Belleville est le goudron de houille, véritable déchet des usines à gaz qui pendant longtemps n'en ont tiré que peu de parti et dans quelques-unes desquelles il n'était employé que comme combustible.

Je ne décrirai point ici les appareils ingénieux, les fours et les moyens de distillation à l'aide desquels M. Lafond traite ses goudrons de gaz : qu'il me suffise de dire qu'indépendamment des huiles essentielles qu'il en obtient et qu'il applique à l'éclairage intérieur ou extérieur des habitations, il en retire encore :

Du brai pour asphalte ;

Des graisses pour les frottements mécaniques ;

Des goudrons propres à enduire les papiers d'emballage, les toiles, les cordages, les bois qu'ils rendent imputrescibles et préservent de la mérule, le fer et la fonte dont ils préviennent l'oxydation ;

Des eaux ammoniacales qu'on peut employer comme engrais, si mieux on n'aime en tirer des ammoniaques liquides et des sulfates d'ammoniaque pour la fabrication des aluns, enfin du noir de fumée léger d'excellente qualité et du gaz non éclairant que M. Lafond emploie à chauffer tous ses appareils et dont il aurait encore à revendre.

M. Lafond consacre-t-il ses appareils à la distillation de la tourbe, il en extrait : le bitume solide, — l'huile grasse, — la paraphine, — le pétrole, — la naphte, le sel ammoniac, — le noir de fumée et le gaz, et tout cela par des procédés si simples et si heureusement combinés que, dans son usine, la distillation est continue sans qu'il soit besoin d'attendre le refroidissement des appareils pour les recharger.

Voulez-vous savoir à présent pourquoi M. Lafond a cherché et mis en pratique tous ces moyens dont l'ensemble est le résultat de si laborieuses recherches ?

C'est parce qu'il ne trouvait pas dans le commerce d'huiles essentielles assez rectifiées pour brûler *à gaz* dans le bec dont il est l'auteur.

Ce bec qui peut s'appliquer à toutes les lampes, quelles qu'elles soient, réunit tous les avantages, moins les inconvénients d'un bec de gaz ordinaire. La lumière est la même, et l'on n'a pour l'entretenir d'autre soin à prendre que de remplir de temps en temps la lampe dont le liquide se consume jusqu'à la dernière goutte.

Indépendamment de ce qu'elle est portative, la *lampe-gaz* de M. Lafond peut être penchée, renversée, roulée à terre sans qu'il en résulte la moindre tache, et le plus souvent sans que la lumière s'éteigne.

Outre les lampes de tout calibre qu'il tient à la disposition du commerce, M. Lafond a construit une foule de *chandeliers-lampes*, de *bougeoirs-lampes*, d'*encriers-lampes*, de petites *lampes à main-veilleuses*, et autres menus appareils d'éclairage parmi lesquels j'ai remarqué comme essentiellement curieux et originaux la *canne-lampe* et le *crayon-lampe*.

Rentrez-vous le soir à tâtons, vous allumez votre canne chez le portier et vous montez chez vous comme en plein soleil. Voulez-vous prendre une adresse, écrire un mot pressé, dans l'obscurité, vous sortez votre *porte-crayon* du portefeuille où il se trouve, et vous l'allumez ni plus ni moins qu'une bougie, à la clarté de laquelle vous pouvez lire et écrire sans difficulté.

Aussitôt que les *cannes-lampes* de M. Lafond seront connues du public, je ne ne doute pas que les omnibus ne se changent en cabinets de lecture, où chacun le soir lira son journal chemin faisant et, vraiment parlant, la canne à la main.

Qu'on vienne me dire encore que nous ne sommes pas dans un siècle de lumières !

Somme toute, le nouveau produit conquis à l'industrie par M. Lafond et livré au commerce par la société A. Leroy et Cie, sous le nom d'HUILE-GAZ, offre des avantages sérieux qui peuvent se résumer ainsi :

1° Application facile et peu coûteuse du système à toutes les lampes actuelles.

2° Economie presque totale des frais énormes d'installation des appareils à brûler le gaz.

3° Economie considérable (à lumière égale) sur l'éclairage à l'huile ordinaire ou à la bougie.

4° Combustion complète sans odeur et sans fumée.

5° Sécurité parfaite contre tout danger d'explosion.

6° Enfin et par-dessus tout, plus de mèche à mettre ni à rogner, plus de lampes *à faire*!

On emplit d'huile et on allume comme si c'était un bec de gaz ordinaire.

Cette dernière considération suffirait seule pour assurer à la Compagnie des Huiles-Gaz autant de prôneurs qu'elle comptera bientôt de clients.

A. GAUGAIN.

De la locomotion par l'air comprimé.

Nous avons déjà plusieurs fois entretenu nos lecteurs des intéressantes expériences auxquelles se livre M. Jullienne sur l'emploi de l'air comprimé comme agent de locomotion. Nous saisissons l'occasion qui nous est offerte aujourd'hui de leur donner des détails exacts sur les essais faits à Saint-Ouen par cet ingénieur.

La plupart de ceux qui avaient été témoins des évolutions de sa petite voiture modèle autour de l'église de Saint-Vincent-de-Paul prétendirent qu'une voiture de grande dimension ne pourrait jamais marcher. L'air comprimé en grande masse perdrait, disaient-ils, de son élasticité et, selon quelques-uns d'ailleurs, des blocs de glace venant à se produire sous l'influence du refroidissement causé par la dilatation ne tarderaient pas à obstruer les tuyaux distributeurs et à rendre, par conséquent, la marche absolument impossible.

Bien convaincu du peu de fondement de ces assertions, M. Jullienne n'en persista pas moins et construisit un appareil de compression très-puissant et une voiture capable de contenir dix à douze personnes : puis, un beau jour, il y a huit mois de cela, il se mit bravement en chemin sur la route de la Révolte, alors très-boueuse et tout fraîchement rechargée de nouveau caillou.

On sait que dans ces conditions et pour les voitures à bancs suspendues, le rapport du tirage à la charge est, selon M. le général Morin (page 337), exprimé par $\frac{1}{16.3}$ La provision d'air était de 740 litres ; la tension, de 25 atmosphères au moment du départ, et le poids total de la voiture, de 1,125 kilogrammes. L'effort à faire était donc en nombres ronds de 69 kilogrammes. Les machines motrices étaient calculées pour exercer une puissance de 150 kilogrammes à 1 atmosphère et à dépenser 30 litres par tour de roue développant quatre mètres : la voiture eût dû conséquemment pouvoir parcourir une distance de $\frac{18500}{30} \times 8 = 4928$ mètres, et cependant elle n'a parcouru que 2,400 mètres environ.

On doit conclure de ce fait qu'il y a eu perte dans les frottements et dans la distributions, et que cette perte a été d'environ $\frac{50}{100}$.

Nous ne doutons pas que cette perte ne puisse être considérablement amoindrie par suite des améliorations que l'expérience apportera nécessairement dans la construction des machines motrices, et nous savons de source certaine que M. Jullienne s'occupe en ce moment d'un nouveau système d'application de la force expansive de l'air, par suite duquel les tiroirs, les cylindres et les pistons seraient entièrement supprimés.

Mais admettons pour un instant que la perte continue à subsister telle que nous venons de la constater.

Puisqu'une provision d'air de 18,500 litres à une atmosphère de pression a fait parcourir une distance de 2,400 mètres à une voiture pesant 1,125 kilogrammes, et cela sur une route où le rapport du tirage à la charge est exprimé par $\frac{1}{15\ 9}$ il est de toute évidence que sur un chemin de fer où, d'après Tredgold, le rapport du tirage à la charge s'exprime par $\frac{1}{144}$ la même provision d'air eût fait parcourir à la même voiture une distance 9 fois plus grande, ou 21,600 mètres.

Or comme la voiture peut être chargée d'air à ce même degré, en vingt minutes au plus du travail d'une machine fixe à vapeur de la force de 8 chevaux, travail qui, à raison de 2 francs par force de cheval et par jour, peut être évalué à 0 fr. 533; il s'ensuit que ce chiffre est celui des frais de traction proprement dite, nécessaires pour transporter à 21,600 mètres du point de départ une voiture du poids total de 1,125 kilogrammes.

Nous avons pensé qu'il était bon de prendre acte de ces résultats, maintenant acquis à l'expérience, dans un moment où toutes les idées semblent converger vers la création, en France, des chemins de fer départementaux.

En effet la locomotive à vapeur, étant toujours explosible, ne peut être employée que comme *remorqueuse.* La vapeur et la fumée qui s'en échappent, effrayant les animaux, pourraient occasionner des malheur sur ces chemins, qui sont construits à niveau sur un des bas côtés des grandes routes; et, d'ailleurs les locomotives à feu ne peuvent pas, sans flagrant danger d'incendie, traverser des bois, ni longer des champs chargés de récoltes mûres, et au bord desquels s'élèvent pour l'ordinaire ces grandes meules de gerbes couvertes en chaume au moyen desquelles on supplée dans beaucoup d'endroits à l'insuffisance des granges.

La locomotive à air comprimé n'étant au contraire jamais explosible, peut sans inconvénient être employée comme *porteuse* : rien ne force plus dès-lors à lui donner cet énorme poids que doit avoir la *remorqueuse* pour obtenir l'adhérence, et la voie ferrée peut se construire dans des conditions de légèreté et d'économie qui réduiraient de plus de moitié, pour ne pas dire des trois quarts, les frais de premier établissement.

La locomotive à air comprimé ne produit ni fumée ni vapeur. N'ayant pas de foyer, elle est absolument exempte de tous les inconvénients de la locomotive à vapeur, et l'extrême précision avec laquelle on peut régulariser sa marche la rend peut-être seule exclusivement propre à ce service de communications vicinales intermédiaires entre les grandes lignes de chemins de fer et les nombreux points du territoire qu'elles ne desservent pas immédiatement.

Espérons que M. Jullienne pourra réaliser un jour toute sa pensée et doter définitivement la France d'un moyen de locomotion peut-être trop négligé jusqu'ici.

TÉLÉGRAPHE ÉLECTRIQUE DE LA MÉDITERRANÉE

Nous avons entretenu nos lecteurs dans notre numéro du 31 août dernier, de la pose du câble électrique entre la pointe méridionale de la Sardaigne et la côte d'Afrique. On sait que l'opération d'abord arrêtée lorsqu'on n'était plus qu'à 12 milles de terre a échoué par suite de la rupture du câble. Dans un rapport qu'il adresse à ce sujet à M. le ministre de l'intérieur et dont il nous donne communication, l'intelligent et courageux promoteur de cette grande entreprise, M. J. W. Brett entre dans des détails que l'équité aussi bien que l'intérêt qu'ils offrent nous engagent à reproduire en partie. Nous prenons le récit de M. W. Brett au point où il s'ajoute à notre récit du 31 août :

« Le 15 août, à la pointe du jour, nous aperçûmes la Galita, et nous reconnûmes que nous avions fait fausse route; un courant très-violent qui avait eu lieu le jour précédent avait fait concevoir des craintes au capitaine du *Dutchman*, qui avait calculé la marche du navire à minuit par l'observation de l'étoile du nord, et à midi par l'observation du soleil, et reconnu que le *Tartare* nous avait entraînés dans une grande erreur. Nous vîmes que cette fausse route nous avait absorbé inutilement une grande longueur de câble : aussi ne le lâchions-nous qu'avec le plus grand ménagement et à mesure que la marche du *Tartare* l'exigeait. Il devint évident que nous n'en aurions pas une longueur suffisante pour arriver à la Galita, car nous en étions trop éloignés à l'ouest.

« En ce moment, n'ayant plus que 21 1/2 milles géographiques à bord, le commandant nous porta à l'est pour trouver la ligne des sondages, mais à 5 heures du soir nous fûmes forcés de nous arrêter, n'ayant plus qu'un 1/2 mille de câble à bord. Nous constatâmes que nous n'étions pas encore arrivés à la ligne des sondages, et, le lendemain, il nous fut prouvé que nous étions encore à 13 milles de la Galita, ne pouvant trouver fond à 300 brasses, et que nous n'étions éloignés que de 1 ou 2 milles des fonds de 52 brasses.

« Le commandant du *Tartare* vint à bord et exprima ses regrets; il ajouta qu'à bord de son bâtiment, tout le monde s'était réjoui la nuit précédente du bonheur que nous avions eu de passer sur les grandes profondeurs, et qu'il s'était attendu à nous mettre à terre à la Galita à 8 heures du même matin.

« Une consultation eut lieu entre le commandant du *Tartare*, M. Delamarche, le capitaine du *Dutchman*, capitaine Kell et moi. Le commandant ayant assuré qu'il serait presque impossible de trouver à Bône un chaland ou une bouée convenable, pour conserver le bout du câble à cette profondeur, proposa d'aller à Alger immédiatement pour y chercher ces objets qu'il pourrait nous rapporter dans cinq jours.

« Nous passâmes immédiatement le câble de la poupe à la proue, en l'amarrant de manière à n'avoir à craindre aucune avarie de la part du bâtiment. Le jour suivant et le dimanche le temps fut beau. Le câble était parfait, nous envoyâmes et reçûmes plusieurs dépêches.

« Lorsque le vent commença à souffler avec violence le dimanche, je convins avec le capitaine du *Dutcheman* qu'il mettrait à la mer son réservoir à eau qui est en fonte, d'une capacité de 280 gallons, et que nous le joindrions à un radeau formé de madriers et de futailles vides pour servir de bouée, autour de laquelle nous passâmes le bout du câble, en attendant le bateau flottant.

« Mais le baromètre ayant baissé subitement et des orages nord-ouest s'étant déclarés, le bâtiment roulait tellement qu'il était impossible de mettre à la mer n'importe quoi. Cette tempête dura toute la journée et la nuit suivante ; le lendemain, quatrième jour de notre arrivée, le câble était encore en parfait état, transmettant des dépêches jusqu'à neuf heures du matin, que nous reçûmes encore des dépêches de Paris et de Londres.

« Le navire continuant à rouler énormément, le capitaine donna l'ordre d'allumer les feux par crainte d'accident. A 9 heures 1/2, une mer furieuse battait le navire, faisait relever et redescendre la proue avec une terrible secousse, ce qui me démontra que le câble cassait au fond.

« Ayant alors appliqué au bout du câble l'appareil électrique, je reconnus qu'il était rompu dans les profondeurs de la mer, car la partie près du navire était sans avaries et parfaitement en bon état.

« On passa alors l'extrémité du câble sous le cabestan dont on fit manœuvrer la manivelle, et on retira ce jour et le lendemain le bout de 502 fathoms à partir du point de son entrée dans la mer.

« Tout, à l'exception du point de la cassure, était en bon état, et on reconnut que la rupture avait eu lieu seulement par suite du frottement contre des rochers pendant le roulis qu'avait à subir le navire durant les deux jours de tempête. Quelques heures après, *le Tartare* arriva avec un bon bateau flottant de 100 tonneaux, des grelins, des bouées, etc., malheureusement c'était quelques heures trop tard. Le temps s'était remis au beau, quoique la mer restât fort agitée.

« J'ai la certitude que le câble aurait pu, sans cet accident arrivé d'une manière si fatale, être parfaitement maintenu par une forte bouée et un chaland, et qu'il aurait pu attendre l'arrivée de la partie que j'ai commandée en Angleterre pour achever la ligne jusqu'à Bône, dans le courant d'octobre.

« Telle est, Excellence, dit M. Brett en terminant, la narration simple et véridique de cette opération. J'ai plutôt amoindri qu'exagéré. Je n'ai pas besoin d'invoquer le témoignage de M. le commandant du *Tartare*, ni celui de M. Delamarche, commissaire du Gouvernement impérial. Ces officiers me rendront la justice de dire que rien en mécaniques, en bonté du câble, n'a été négligé par moi; que les opérations à bord du navire, le passage sur les profondeurs ont été exécutés à merveille, et que, sur les deux navires, tout le monde a rivalisé de zèle pour achever avec succès l'entreprise, qui n'a manqué que par suite d'indications erronées données par le loch du *Tartare* et les courants qui nous ont fait dévier de notre route.

« Ayant ainsi exposé la vérité des faits à Votre Excellence, je vous prie de vouloir bien les soumettre à la clémence et à la haute sagesse de Sa Majesté l'Empereur, et j'ose espérer que Sa Majesté et le Gouvernement français, avec l'équité qui les distingue, me rendent cette justice que j'ai fait tout ce qui était humainement possible pour remplir tous mes engagements; que le succès, que j'ai été sur le point d'atteindre, ne m'est échappé que par des circonstances fatales, complétement en dehors des difficultés propres à l'opération; que ces difficultés, si considérables, et qui semblaient insurmontables aux meilleurs esprits, ont été vaincues; et qu'enfin cette tentative, poursuivie avec tant de constance et de malheur, n'aura pas du moins été perdue pour la science et pour l'avenir.

« Il me reste maintenant à faire part à mes actionnaires du triste résultat de mes efforts et à les consulter sur la situation nouvelle faite à l'entreprise.

« J'aurai très-incessamment l'honneur de me mettre en rapport avec Votre Excellence pour m'entendre avec elle sur la direction à donner à l'opération et sur les propositions que je devrai faire à l'assemblée générale de mes actionnaires.

« Je dois ajouter, avec reconnaissance, que, si j'ai réussi dans cette grande expérience, je le dois en partie à la France, qui m'a accordé l'aide d'un de ses navires de guerre, et le concours d'un de ses ingénieurs, M Delamarche, qui a fait les sondages, dont les lumières et les conseils m'ont été fort utiles, ainsi que celui de M. le commandant Lapierre, qui a aussi pris à cœur cette entreprise importante pour la France et ses colonies.

« J'ai l'honneur d'être, J.-W. BRETT. »

Nous recevons d'un de nos abonnés de Bruxelles, M. de Mat, une lettre dans laquelle il propose un moyen nouveau pour la pose du câble. Nous donnerons cette lettre dans le prochain numéro.

L'ARSENIC CONTRE LA FIÈVRE INTERMITTENTE

Paris, le 4 septembre 1856.

Monsieur le directeur,

On lit dans le numéro du 31 août de l'*Ami des Sciences* un article fort intéressant à propos de l'emploi de l'*arsenic* contre la fièvre intermittente.

Sans rien enlever au mérite de l'auteur qui peut avoir été lui-même bien inspiré, permettez-moi, Monsieur le directeur, de consigner dans votre très-intéressant journal quelques observations qui ne devront qu'être agréables à M. Henri de Martinet, puisqu'elles sont toutes confirmatives de ce qu'il avance et que de plus il aime sans doute, comme vous, par-dessus tout, la vérité et la justice.

Donc pour ce qui est de l'emploi de l'*arsenic* contre la fièvre intermittente, il y a de nombreux précédents signalés par des hommes aussi du plus grand mérite. C'est d'abord M. le docteur Boudin qui a employé ce précieux médicament dans un très-grand nombre de cas de fièvre intermittente dans les hôpitaux militaires de Marseille, de Versailles, du Roule (*Journ. des Conn. médico-chir.*, nov. 1849), (*Traité de Thérapeutique et de matière médicale*, de MM. Trousseau et Pidoux, Arsenic.)

C'est M. le docteur Vérignon, médecin de l'hôpital d'Hyères (*Journ. des Conn. médico-chir.*, juin 1850).

C'est le docteur Champouillon, professeur au Val-de-Grâce (*ibid*).

C'est M. le docteur Maillot, alors médecin en chef de l'hôpital militaire de Lille (*ibid.*, octobre 1850).

C'est le docteur frère Alexis Espanet (*ibid.*, 1850), (*Journal de la Société gallicane de médecine homœopatique*, année 1850); et postérieurement, dans un petit volume ayant pour titre : *Clinique médicale homœopatique de Staouëli* (Algérie).

Enfin, c'est le premier de tous, et il y a plus d'un demi-siècle; mais vous parlerai-je de l'homœopathie? C'est Hahnemann, qui a fait une étude de l'arsenic, comme on devrait en faire une de tous les médicaments (*Traité de matière médicale, ou de l'action pure des médicaments homœopathiques*, 1854. — *Doctrine et traitement des maladies chroniques*, 1846).

Croyez bien, Monsieur le directeur, que ceci n'est pas en vue d'une simple réclamation de priorité, peu importe; mais la vérité seule m'a poussé à vous écrire, dans l'intérêt de la science. Car un seul fait isolé, ou bien est considéré à la légère, ou bien frappe peu et est vite oublié; tandis qu'une collection imposante de faits sur le même sujet, rassemblés par des hommes de mérite, unanimes dans le résultat, quoique appartenant à des doctrines si différentes, m'a semblé ne pouvoir manquer d'intéresser vivement vos nombreux lecteurs.

Croyez-moi, Monsieur le directeur, votre tout dévoué.

Dr Leboucher.

M. le capitaine d'artillerie de marine E. Tremblay nous écrit de Rochefort une lettre des plus intéressantes sur l'invention des batteries flottantes. Cette lettre nous arrivant au moment de mettre sous presse, nous en renvoyons l'insertion au prochain numéro.

La Société d'encouragement et la Société centrale d'agriculture sont en vacances comme la Société zoologique, et leurs vacances dureront jusqu'à la fin d'octobre. Dès qu'elles auront repris leurs séances, nous nous empresserons comme par le passé de rendre compte de leurs travaux.

Nous tiendrons désormais nos lecteurs au courant des travaux si intéressants de la Société de géographie.

Académie des Sciences.

Séance du 8 septembre.

MODIFICATIONS DES COURANTS THERMO-ÉLECTRIQUES SUR LE GLOBE.

M. Beron a soumis au jugement de l'Académie un travail « sur les relations entre les variations annuelles de la déclinaison magnétique et les modifications des courants thermo-électriques. »

Ces dernières modifications dépendraient, selon l'auteur, des changements de condition qu'entraîne pour certaines parties du globe l'extension de la culture sur de vastes régions. Examinant à ce point de vue ce qui a lieu dans notre hémisphère, pour la Russie et les Etats-Unis entre autres, il cherche à prévoir quels seront, relativement au magnétisme terrestre, les résultats de cette extension. Il voit les défrichements moins rapides d'abord, mais plus constants dans celui des deux pays dont l'accroissement de population ne doit rien à l'émigration ; de sorte que la prépondérance agricole doit passer, à une certaine époque, du nouveau à l'ancien continent, et amener des changements correspondants dans les courants thermo-électriques.

PRODUCTION ARTIFICIELLE DE L'URÉE.

M. Dumas a présenté à l'Académie, de la part de l'auteur, M. Béchamp, la thèse récemment soutenue par cet habile chimiste devant la Faculté de médecine de Strasbourg. Cette thèse fait connaître l'origine de l'urée dans l'économie animale, en prouvant que cette substance dérive de l'albumine ou de produits azotés analogues, et que l'albumine peut être transformée directement en urée par une combustion lente, opérée à l'aide d'une dissolution de permanganate de potasse, vers la température de 80 degrés. M. Dumas ajoute que cette recherche l'avait longtemps occupé lui-même, sans qu'il eût pu réussir dans le choix du réactif sous l'influence duquel il pût brûler l'albumine pour la convertir en urée.

De son côté, M. Picard a présenté à la même Faculté une autre thèse qui se rattache de près à cette question de synthèse chimique : il s'agit de la présence de l'urée dans le sang et de sa diffusion dans l'organisme ; au moyen de la précipitation de l'urée par le nitrate de mercure, il est parvenu à séparer du sang les plus légères traces de cette substance, et a pu comparer, sous le rapport de leur teneur en urée, le sang artériel et le sang veineux. De cette comparaison, il résulte que le sang artériel qui arrive aux reins contient plus d'urée que le sang veineux qui en sort, et que la quantité d'urée perdue à travers les reins correspond à la quantité d'urée rendue par les urines. Il est donc bien démontré que les reins ne fabriquent point d'urée et qu'ils se bornent à l'éliminer.

PNEUMATOMÈTRE.

M. Bonnet a donné la description de l'appareil avec lequel il mesure la capacité respiratoire chez l'homme. Cet instrument, que l'auteur a fait fonctionner sous les yeux de l'Académie, est un progrès réel sur le compteur à gaz, dont l'emploi est général aujourd'hui parmi les physiologistes. Comme les montres il n'a qu'un seul cadran, sur lequel marchent deux aiguilles ; la plus petite indique les litres, et la plus grande les centilitres. Son volume n'excède pas 25 centimètres dans ses plus grandes dimensions, et son poids est à peine de 1 kilogr., toutes choses qui réduisent son prix des deux tiers. L'emploi du pneumatomètre démontre que, dans toute lésion des voies respiratoires, la quantité d'air mise en circulation diminue, et peut même arriver à n'être plus que le quart ou même le cinquième de ce qu'elle devrait être dans l'état normal.

D'après les observations déjà faites par M. Hutchinson sur le maximum de la capacité pulmonaire chez des hommes âgés de plus de 15 ans, on peut admettre que jusqu'à 35 ans ce maximum est, pour une petite taille, de 3 litres ; pour une taille moyenne, de 3 litres et demi ; pour une grande taille, de 4 litres. Si le sujet dépasse 35 ans, il perd à peu près 33 millimètres par année, soit 1 centilitre tous les trois ans ; de telle sorte qu'un homme qui, à 35 ans, aurait une capacité pulmonaire de 3 litres et demi la verrait réduite à 2 litres et demi vers l'âge de 65 ans. A l'aide de ces données, le pneumatomètre peut être d'un très-grand secours, sinon pour indiquer le siége ou la nature des lésions pulmonaires, du moins pour établir si la fonction respiratoire a subi quelque changement. Ainsi on ne peut hésiter à reconnaître un trouble grave et à présumer des lésions analogiques, dès que le plus grand volume d'air que puisse rejeter un adulte en une seule expiration tombe à 2 litres, 1 litre et demi, 1 litre et même à 1/2 litre, comme on le voit dans des phthisies très-avancées et dans des pneumonies doubles.

GONIOMÈTRE JACQUARD.

M. de Quatrefages a lu un rapport sur un nouveau goniomètre imaginé par M. le docteur Jacquart pour la mensuration de l'angle facial. Cet instrument est composé de deux châssis, l'un fixe et l'autre mobile. Le châssis fixe se place horizontalement à la hauteur des trous auriculaires ; le châssis mobile ou châssis facial pivote sur celui-ci, et un curseur marque sur un cercle vertical gradué, l'angle dont on se propose la recherche.

L'exactitude des résultats fournis par cet instrument s'est déjà révélée à son auteur en lui permettant de rectifier deux erreurs commises jusqu'à présent par les anthropologistes. En premier lieu, on s'accordait toujours pour regarder l'angle facial de 100 degrés centésimaux, c'est-à-dire l'angle droit, comme ne se trouvant que sur des types idéalisés de la forme humaine, sur des statues. Or, M. Jacquart a rencontré cet angle chez un de ses amis. D'autre part, on admettait qu'entre le nègre et l'Européen il n'existe qu'une différence de 10 degrés ordinaires, tandis que les mesures déjà recueillies par M. Jacquart donnent jusqu'à une différence de 20 degrés centesimaux entre individus appartenant tous à la race blanche et aux classes intelligentes de la société. La grandeur de l'angle facial n'a d'ailleurs montré aucun rapport direct ou indirect avec le plus ou le moins de développement des facultés intellectuelles. Aussi par la généralité de ses applications et la facilité de son emploi, le goniomètre de M. Jacquart semble-t-il à la commission digne de l'intérêt et des encouragements de l'Académie. Ces conclusions sont adoptées à l'unanimité.

FELIX FOUCOU.

PARTIE LITTÉRAIRE.

LOUISE MORNAND

DE GODEFROY CHAVENAY A SA MÈRE.

I

Dieppe, 19 septembre 18..

Me voici, ma bonne mère, installé, au moins pour quelques jours, dans une chambre assez agréable, située au deuxième étage de l'hôtel de l'Europe, sur le quai. J'aurais préféré, je crois, l'un des hôtels qui donnent sur la plage et d'où l'on jouit d'une vue de la mer; mais la beauté extraordinaire du temps rend la saison des bains fort animée, la ville très-pleine et, partant, les logements assez difficiles à trouver.

Sachant que j'ai quitté Paris pour chercher l'isolement, tu dois te demander comment j'ai pu m'arrêter ici. En effet, il y a foule partout. L'esplanade des bains fourmille de brillantes toilettes, la plage est couverte de promeneurs, le quai et la jetée sont encombrés de monde, et même dans les chemins tranquilles de la campagne on rencontre des groupes de *cavaliers* à âne et des piétons élégants.

Aussi, je l'avoue, j'ai eu d'abord envie de replier bagage et de porter mes pas ailleurs. Mais où? Je ne me sens point en disposition de courir à l'aventure; cela demande une énergie qui me manque à présent, et d'ailleurs, la solitude que je cherchais se trouve pour moi au milieu de cette ville où je n'ai pas aperçu un visage connu. Du reste, pourvu que je prolonge mon séjour de deux ou trois semaines encore, je verrai la ville reprendre l'aspect sérieux et calme qu'elle garde pendant neuf mois de l'année, car la saison touche à sa fin ; les étrangers jouissent avec enivrement des derniers beaux jours, et comme dit mon hôte que j'ai rencontré ce matin sur sa porte, interrogeant le ciel avec anxiété : — Aux premiers vents froids ils s'enfuiront comme autant d'hirondelles.

Et puis, Dieppe a pour moi un charme inexprimable; mille souvenirs m'y attachent, mille souvenirs confondus en un seul qui ne me quitte jamais, celui de mon George bien-aimé.

C'est ici que je fis avec lui, il y a quatre ans, ma première excursion un peu lointaine hors de Paris. Tout nous souriait alors, nous étions pleins d'enthousiasme. En contemplant la mer pour la première fois, en aspirant avec délices l'air vif et salé, nous empruntions aux beautés qui nous entouraient une nouvelle vigueur et de corps et d'esprit; il nous semblait que nous n'avions qu'à vouloir, et combien de projets glorieux nous formions! Rêves brillants, vous êtes froids comme le noble cœur que vous faisiez battre. Oh! ma mère, sur quoi faut-il compter? J'ai vieilli de dix ans le jour où j'ai vu descendre dans la fosse les restes de cette meilleure partie de moi-même. Avec George je regardais en avant, seul je regarde en arrière; à vingt-six ans l'espérance semble morte en moi, je n'ai plus que des regrets. Son cœur et le mien étaient comme deux miroirs qui se reflétaient mutuellement, tandis qu'entre nos caractères régnait assez de différence pour que nous fussions utiles l'un à l'autre. Il avait plus d'énergie et de décision, j'avais plus de réflexion; je régularisais sa course trop impétueuse, il m'entraînait en avant; nous nous complétions, et maintenant qu'il n'est plus, que deviendrai-je?

J'éprouve une sorte de jouissance à visiter ces lieux où son souvenir me suit sans cesse; il me semble que la mort n'a pas entièrement brisé les liens qui nous unissaient. Souvent le soir, quand la foule des promeneurs s'est enfin retirée, et que je reste seul, appuyé sur le parapet de la jetée, je crois entendre la voix de mon ami se mêler aux murmures des flots, et je me demande s'il lui est donné de garder mon souvenir comme je garde le sien.

Tu me pries de ne pas trop prolonger mon absence; sois tranquille; encore quelques jours d'air pur, de liberté, et puis je retournerai à Paris.

II

Le 3 octobre.

Merci de ta lettre, quoiqu'elle soit une gronderie depuis le commencement jusqu'à fin. Gronderie bien douce, cependant, et méritée, j'en conviens; j'ai eu tort, grand tort de laisser s'écouler quinze jours sans t'écrire.

Tu es inquiète, je le vois; mais rassure-toi ; je me porte bien, physiquement et moralement; cette saison de calme et de repos m'a fortifié, au lieu de m'énerver comme tu le crains. — Mon esprit s'ouvre de nouveau aux choses d'un intérêt général; je sens que l'espérance n'est pas complétement morte dans mon cœur et qu'il se réveille en moi le désir de ne pas vivre en vain.

Je recommence à lire, à travailler ; je me suis attaché à ma chambre, et quoique la ville soit presque déserte maintenant — car les vents froids, redoutés par l'hôtelier, sont venus — je n'ai aucune envie de la changer. Depuis quatre jours nous n'avons pas vu un seul rayon de soleil; mais en revanche la mer est bien belle, et j'espère, avant peu, être témoin d'une véritable tempête.

Tu as dû me trouver très-philosophe au sujet de la foule bariolée au milieu de laquelle j'ai cherché la retraite; j'avoue franchement que depuis son départ je me trouve infiniment mieux. Ces rues silencieuses, ces promenades désertes exercent sur mon esprit une influence des plus salutaires; je ne quitterai pas encore Dieppe.

Tu dois deviner, au ton de cette lettre, qu'une pensée est venue me distraire de mes regrets. C'est vrai; ne souris pas de l'importance que j'ai attachée à un incident vulgaire.

Il y a de cela cinq jours. Samedi dernier, jour du marché, je sortis vers midi pour affranchir une lettre. Malgré une pluie froide, la Grande Rue présentait un aspect assez animé; en arrivant au bureau de poste je le trouvai plein de monde et fus forcé d'attendre sous la porte. J'y étais depuis quelques instants lorsque je vis arriver une jeune personne accompagnée d'une femme âgée d'une soixantaine d'années, qui portait un panier à son bras et avait l'air d'une domestique de confiance.

Quant à la jeune fille, j'étais certain de la voir alors pour la première fois, car je n'aurais pu la voir et l'oublier. Et pourtant, en essayant d'analyser froidement mes impressions, j'aurais bien de la peine à dire ce qui me frappa en elle. Ce n'était pas précisément sa beauté, car j'ai vu souvent des traits plus réguliers et des teints plus éclatants; ce n'était certes rien d'outré ou d'excentrique dans sa personne, car il est impossible d'imaginer un maintien où se remarque plus de simplicité jointe, il est vrai, à une distinction parfaite. Sa toilette, composée d'un chapeau de paille sans autre ornement qu'un voile noir, et d'un manteau de drap gris, ne pouvait montrer avantageusement sa taille, ni son visage encadré par des bandeaux de cheveux châtains. Peut-être ma sympathie fut-elle excitée par une expression de tristesse et d'inquiétude que je crus lire sur sa figure. Elle paraissait attendre impatiemment le moment d'entrer dans le bureau; voyant cela, je l'invitai du geste à m'y précéder. Elle me remercia par un gracieux signe de tête et entra.

Au bout d'un instant elle sortit. En passant devant moi elle me salua légèrement; je vis que ses yeux étaient pleins de larmes. Je la suivis du regard, puis j'entrai dans le bureau pour affranchir ma lettre. Mais aussitôt après, regrettant les minutes employées à cette opération, je sortis vivement dans l'espérance de revoir l'étrangère. Elle avait disparu ; vainement je parcourus trois fois la Grande-Rue dans toute sa longueur, interrogeant chaque maison, chaque magasin, et plongeant mon regard dans les rues latérales, je ne la revis plus.

Malgré ce désappointement, je sentis, en rentrant à mon hôtel, qu'une heureuse révolution s'était opérée en moi. Cette douce vision, passant devant mes yeux, avait fait naître un rêve de bonheur au milieu de mes pensées de deuil.

Depuis ce jour je la cherche, et toujours en vain. D'où venait-elle? où allait-elle? Je l'ignore ; je ne la connaîtrai sans doute jamais; mais son image restera pure et brillante comme une étoile parmi mes plus précieux souvenirs.

III

Le 9 octobre.

Je l'ai retrouvée! oui, je l'ai revue, je lui ai parlé, elle m'a souri, et mieux encore, je la reverrai, demain peut-être, souvent. Mais que je te fasse, avec ordre, le récit de cette bienheureuse rencontre.

Hier matin, je résolus de profiter d'une journée qui s'annonçait assez belle, pour faire une excursion, — la dernière, me disais-je, — le long des falaises. Le temps était calme, un peu lourd; le ciel était bleu au-dessus de ma tête et cela me suffisait; je ne faisais guère attention à un amas de nuages menaçants qui, vers l'ouest, obscurcissait l'horizon. Je cheminais tantôt vite, tantôt lentement, en longeant le bord de la falaise, m'arrêtant parfois pour suivre du regard le vol capricieux des oiseaux de mer. Je dépassai l'endroit où se voyaient, il y a peu d'années, les ruines d'une modeste chapelle dédiée à saint Nicolas, et bientôt après, quittant le vert tapis sur lequel j'avais marché jusqu'alors, je descendis, par un chemin rude et escarpé, jusqu'au pauvre petit hameau de Pourville.

Ma course ne s'arrêta pas là; le phare de Varengeville s'élevait au loin, et c'était le but que je m'étais proposé. Quel bon génie m'avait inspiré?

Dans mon ignorance je fus tenté de lui en vouloir, à ce génie; il s'en fallut même de fort peu que je ne lui résistasse au point de revenir sur mes pas; car avant d'avoir atteint l'aride et nue plate-forme où se dresse le phare, je m'aperçus que ma belle journée était un mensonge, une erreur, une misérable déception. Le rideau de nuages s'était élevé peu à peu, avait attiré à lui d'autres nuages qui flottaient, dispersés, çà et là, et tous se réunissant, s'enflant, s'étendant de tous côtés, avaient complétement envahi le ciel bleu. Le vent, qui semblait attendre ce signal, s'éleva tout à coup; la mer perdit sa lourde tranquillité et devint houleuse.

J'arrivai au phare, je le dépassai ; puis, m'asseyant sur un tertre de gazon et regardant autour de moi, je me demandai, avec un sentiment de fatigue et de tristesse, pourquoi j'étais venu si loin.

Pourquoi! je m'étais à peine adressé cette question que j'aperçus à peu de distance deux personnes dont la vue me fit tressaillir. L'une de ces personnes était un homme d'un certain âge; l'autre, ma mère, c'était elle!

Je la reconnus à l'instant. Appuyée sur le bras de son compagnon (non pas son mari, me dis-je, non, non! sans doute son père), elle paraissait contempler avec un calme plaisir la tempête qui s'élevait.

Pour moi, je ne regardai plus qu'elle, et je me proposais de la suivre de loin, quand un incident fort trivial me donna l'occasion de m'approcher d'elle. Le chapeau du vieillard, enlevé par un coup de vent, roula sur le gazon. Il passa près de moi, je me mis à sa poursuite. Ce fut une véritable chasse, et au milieu de mon bonheur je ris en y songeant. Plusieurs fois je fus sur le point d'attraper ce chapeau, mais le vent le soulevait de nouveau et l'emportait plus loin. Enfin il sauta par-dessus le bord de la falaise et je le crus perdu ; mais à ma grande satisfaction il se logea dans une crevasse à dix mètres environ du sommet. Je descendis avec précaution, l'atteignis non sans difficulté et le rapportai en triomphe à son propriétaire. C'était un beau vieillard, quoique faible en apparence et un peu courbé, avec des traits pleins de noblesse et des cheveux parfaitement blancs que le vent faisait flotter.

Il me remercia cordialement du léger service que je lui rendais. Je ne sais ce que je répondis ; j'étais ému, je sentais que le regard de la jeune fille était fixé sur moi. Quand je me tournai vers elle, elle ne baissa pas les yeux, mais rougit légèrement et dit avec un peu d'hésitation :

« J'ai eu peur, monsieur, en vous voyant descendre dans le ravin. C'est dangereux, surtout quand il fait tant de vent. »

Je lui rendis grâces de sa sollicitude et j'aurais essayé d'entrer en conversation si quelques grosses gouttes de pluie ne nous eussent avertis qu'il fallait chercher un abri.

« Rentrons, mon oncle, dit la jeune fille; le temps est complétement gâté.

— Tu as raison, ma Louise, » répondit le vieillard, offrant le bras à sa nièce, et se tournant vers moi, il me demanda si j'allais à quelque maison du voisinage.

Tu devines le reste. En vérité je n'eus aucune raison de regretter le ciel bleu qui m'avait trompé le matin; car mes nouvelles connaissances, en apprenant que j'étais venu de Dieppe à pied, m'invitèrent à les accompagner chez elles.

Le temps employé à franchir la distance qui nous séparait de leur demeure ne fut pas perdu. Le vieillard s'informa de mon nom et me dit le sien. Il s'appelle Mornand, et la jeune fille, ainsi que je l'avais déjà appris, est sa nièce, fille unique d'un frère qu'il a perdu. Quoique notre conversation fût nécessairement un peu décousue, je sentis avec joie, avant notre arrivée à la modeste habitation, que la contrainte, inévitable entre des connaissances entièrement nouvelles, était en grande partie dissipée.

Madame Victor Meunier.

(La suite au prochain numéro.)

BIBLIOGRAPHIE

LA PRESSE DES ENFANTS

On a fait nombre de Magasins, de Musées et autres recueils périodiques pour les enfants ; on n'avait pas encore fait de journal proprement dit, c'est-à-dire de publication ayant pour but de tenir de jeunes lecteurs au courant des choses quotidiennes, de celles, bien entendu, qui sont à leur portée et peuvent devenir pour eux une source d'instruction et de plaisir. Il n'existait pas de recueil qui satisfît à la curiosité des enfants sans cesse excitée par les conversations qui s'engagent à l'occasion de chaque nouveau progrès, et qui vînt en aide aux parents continuellement sollicités de donner des explications sur les objets les plus variés. L'idée d'ajouter à l'intérêt propre des choses dont s'occupe une publication destinée à l'enfance et à la jeunesse l'intérêt si puissant de l'actualité, cette idée si simple et si féconde semblait n'être venue à personne. On n'avait pas compris ce qu'une leçon d'Histoire, de Géographie, d'Art, de Littérature, d'Industrie gagnerait à être donnée à l'occasion des découvertes, des inventions, des événements et des nouvelles de chaque jour. Un moyen puissant de stimuler l'intelligence des enfants et de les préparer à la pratique de la vie avait donc été négligé.

La *Presse des Enfants*, qui paraît tous les jeudis depuis le 20 septembre 1855 et vient d'inaugurer sa seconde année par un numéro illustré d'une façon charmante, la *Presse des Enfants* a comblé cette lacune. C'est un journal dans le sens habituel du mot; elle rend aux enfants des services analogues à ceux que ses grands confrères rendent chaque jour aux parents; elle les entretient de ce qui se passe : l'actualité est l'occasion et le prétexte de ses enseignements et de ses causeries. Ainsi elle parle Botanique et Zoologie à propos d'une fleur remarquable qui vient d'éclore au Muséum d'histoire naturelle, d'un animal dont la Ménagerie s'enrichit, d'une plante ou d'une bête qu'on propose d'acclimater en France; Astronomie, à propos d'une éclipse prochaine, de la découverte d'une planète ou d'une comète, d'une chute d'aérolithes ou d'une pluie d'étoiles filantes; Géologie, à l'occasion d'un tremblement de terre ou d'une éruption volcanique; Météorologie, à propos d'un orage, d'une trombe, d'un météore; Histoire, à l'occasion de celle qui se fait sous nos yeux, de l'inauguration de la statue d'un homme célèbre, d'une éphéméride illustre, d'une découverte archéologique; Géographie, à l'occasion d'un voyageur qui part ou qui revient; Industrie, à propos d'une invention, d'une expérience, d'une machine nouvelle ou d'un procédé nouveau, etc... La *Presse des Enfants* initie donc ses lecteurs dans une mesure convenable au travail du progrès ; elle éveille leur intérêt en sa faveur; elle excite en eux l'ambition d'y prendre part, et pour qu'ils s'y mêlent un jour avec succès, elle leur en fait commencer tout de suite l'apprentissage.

La *Presse des Enfants* ne fait donc double emploi ni avec les livres de lecture amusante ni avec les livres d'instruction. Amusante et instructive, elle a l'ambition de l'être, mais elle l'est à sa façon, d'une façon nouvelle; c'est une publication sans précédents.

Parmi les plus heureuses innovations qui se remarquent en ce journal où tout est nouveau, nous citerons l'excellente idée qu'a eue la *Presse des Enfants* d'offrir des sujets de prix à ses abonnés. Elle n'a pas ouvert dans sa première année moins de 14 concours auxquels une multitude de ses petits lecteurs ont pris part avec un merveilleux empressement; prix de Géographie, prix d'Histoire, prix de Littérature, prix d'Histoire naturelle, etc. Et les récompenses sont des objets d'une véritable valeur; globe terrestre en relief, splendides boîtes de couleur, magnifique pupitre à écrire, sac à ouvrage en cuir, boîte d'escamotage, etc., ce sont là quelques-unes des récompenses décernées.

C'est par des moyens de ce genre, que la *Presse des Enfants* stimule et développe l'intelligence et l'activité de ses lecteurs. Au charmant empressement qu'ils mettent (chacun des numéros en fait foi) à répondre à son appel, aux lettres nombreuses qu'ils lui écrivent, à certains articles véritablement remarquables dont des enfants ont *enrichi* leur bien-aimé journal, on reconnaît que la *Presse des Enfants* a touché juste.

Parmi les centaines d'articles divers publiés par la *Presse des Enfants* dans le cours de sa première année, nous nous bornerons à citer : les *Lettres à une petite fille sur la vie de l'homme et des animaux*, par M. J. Macé. — Les *leçons de Mnémotechnie*, par M. A. Grosselin. — *Un cours complet de Botanique*, par M. A. Bourguin. — Les articles du même auteur sur *la série animale*. — Les entretiens de M. Doré sur *la Physique et la Chimie*. — De charmantes poésies parmi lesquelles nous mentionnerons celles de madame la comtesse Clémence de Corneillan et les *Fables* de M. Bourguin. — Les contes de M. Lelion-Damiens, le *Miroir*. — *Les farceurs de douze ans*, etc. — Les Nouvelles de madame Victor Meunier : *la Merveilleuse Histoire de trois enfants*, *les Fées du garde-meuble*, etc. ; ce dernier conte formant tout un volume, est en voie de publication.

Pour les conditions d'abonnement (*voir aux annonces.*)

A la demande de ses élèves de l'hiver dernier, le docteur Castle donne chez lui, 26, rue de Penthièvre, un *Cours pratique de phrénologie*. Sa première leçon a eu lieu lundi dernier, 15, à huit heures du soir.

FAITS DIVERS

CONGRÈS ET EXPOSITION DE BRUXELLES. — L'ouverture du Congrès international de bienfaisance a eu lieu à Bruxelles le 15 de ce mois dans la magnifique salle des Académies au Musée. Cent cinquante membres représentant tous les pays de l'Europe ont pris part à cette solennité. M. Charles Rogier, ancien ministre de l'intérieur, a rendu compte, au nom du comité d'organisation, de l'esprit qui a dicté le programme soumis aux délibérations du Congrès. De ce remarquable discours nous extrayons en y adhérant le passage où M. Rogier repousse l'accusation de matérialisme si souvent portée contre ceux qui consacrent leurs efforts à l'amélioration physique de la société.

« La plus difficile et la plus haute partie de la tâche se présentera le jour où les investigations auront à s'attacher spécialement et profondément aux améliorations intellectuelles et morales de la société. Mais est-il vrai que nos travaux actuels soient complétement étrangers à ces améliorations? Outre qu'il semblerait contraire à la logique et à la justice de recommander la pratique de toutes les vertus à l'homme en proie à tous les besoins; le soulager des entraves matérielles qui pèsent sur son existence, n'est-ce pas travailler du même coup à son perfectionnement intellectuel et moral? Est-il besoin d'y insister? Moins l'homme aura d'efforts à faire et d'obstacles à vaincre pour arriver à la satisfaction de ses besoins corporels, plus il deviendra habile et ingénieux au travail; plus l'âme sera allégée du poids de la matière, plus elle s'élèvera de degré en degré à des hauteurs dignes de son origine et de ses destinées.

EXPOSITION AGRICOLE EN AUTRICHE. — La Société d'économie rurale d'Autriche célébrera son 50e anniversaire au mois de mai 1857. Elle organisera, à cette occasion, une exposition agricole qui comprendra les animaux de la monarchie autrichienne, les machines et ustensiles agricoles de l'intérieur et de l'étranger, et les produits agricoles et forestiers de l'empire autrichien. Il sera distribué des prix consistant en médailles d'or, d'argent et de bronze.

DÉCOLORATION DES ESSENCES. — On sait les difficultés qu'on éprouve pour décolorer les essences; des expériences qu'on doit à Lachèse avaient déjà très-bien démontré que la matière qui colore les essences pouvait en être éliminée; seulement il s'agissait de trouver un procédé pratique qui permît d'enlever cette matière à la distillation. Or, d'après une observation récente de M. A. Overbeck, il paraîtrait qu'on parvient à ce résultat par le moyen suivant : on distille un mélange de l'essence qu'il s'agit de décolorer avec un poids égal d'huile grasse (huile de navette) et une solution presque saturée de sel marin. L'essence qui distille est incolore jusqu'à la dernière goutte, et toute la matière colorante reste combinée avec l'huile grasse.

BOIS DE BOULOGNE. — Un troupeau de 200 moutons, des premières races françaises, espagnoles et anglaises, paît maintenant les vastes plages gazonnées de l'immense hippodrome du bois de Boulogne et une bande de magnifiques cygnes blancs anime les lacs de la splendide promenade.

MALADIES RÉGNANTES. — L'état sanitaire des principaux centres de population en France et en Angleterre ne laisse rien à désirer. Le choléra et les diarrhées cholériques qui s'étaient montrés à Londres avec une certaine intensité continuent à décroître, et le chiffre de la mortalité est actuellement au-dessous de la moyenne. Chez nous, rien de nouveau dans l'état de la santé publique.

Les diarrhées continuent à se montrer quelquefois simples, quelquefois avec un caractère dyssentérique, rarement avec le cachet cholérique. Le chiffre des malades a notablement augmenté, mais la mortalité ne s'est pas élevée au-dessus de la moyenne.

Des conditions sanitaires différentes se prononcent à l'heure actuelle dans des localités éloignées. A Moscou, à la fin d'août, le choléra faisait des ravages considérables; à la même époque, il se développait à Lubeck et à Ystad (Suède). D'un autre côté, au sud de l'Europe, on trouve encore actuellement l'épidémisme cholérique en Portugal, à Lisbonne et dans les provinces. A Madère, la maladie a fait de grands ravages; sur la population de Funchal, qu'on évalue à 28,000 habitants, on comptait, au commencement d'août, 5,000 cas de choléra et 1,500 décès.

La variole s'est montrée en Ecosse avec une intensité remarquable; cette maladie prend du développement à Aberdeen, 10 décès sur 100, 2/5 pour 100 à Edimbourg et 5 pour 100 à Paisley.

TÉLÉGRAPHE TRANSATLANTIQUE.—La compagnie New-York, New-Foundland and London Telegraph Company, qui a entrepris d'établir un télégraphe sous-marin entre l'Amérique et l'Europe, est parvenue à submerger un câble, à partir de la pointe nord de Nova Scotia jusqu'au cap Ray (Terre-Neuve). La distance est de 85 milles. Ce câble sera étendu par Terre-Neuve à la baie de Saint-Jean, d'où sa distance de l'Océan à la côte occidentale de l'Irlande est de 1,640 milles. Le petit bateau à vapeur *Arctic*, en attendant, a été envoyé par le gouvernement des Etats-Unis, sous les ordres du capitaine Berryman, pour faire des sondages entre ces deux points. Il est parti de Terre-Neuve le 31 juillet. On dit qu'il a rempli d'une manière satisfaisante l'objet de sa mission.

TAXE DES DÉPÊCHES ÉLECTRIQUES. — Le décret suivant, qui réduit la taxe des dépêches expédiées par le télégraphe électrique, est exécutoire depuis le 1er septembre.

Art. 1er. — Les dépêches télégraphiques privées sont soumises à la taxe suivante, perçue au départ :

Pour une dépêche de un à quinze mots, il sera perçu un droit fixe de deux francs, plus dix centimes par myriamètre.

Au-dessus de quinze mots la taxe prédédente est augmentée d'un dixième par chaque série de cinq mots ou fraction de série excédante.

Il est accordé, pour l'adresse de chaque dépêche, de un à cinq mots qui ne sont pas comptés.

Au-dessus de cinq mots, l'excédant est compté et taxé avec le cours de la dépêche.

Le lieu de départ et la date sont transmis d'office.

Art. 2. — Les dépêches entre deux bureaux télégraphiques d'une même ville sont soumises à une taxe fixe, indépendante des distances.

La taxe est d'un franc pour une dépêche d'un à quinze mots; elle est augmentée d'un dixième pour chaque série de cinq mots ou fraction de série excédant.

Art. 3. — Les dépêches de nuit entre les stations télégraphiques où il existe un service de nuit ne donnent lieu à aucune surtaxe.

Dans les stations où le service de nuit n'est pas permanent, les dépêches de nuit continuent d'être soumises à la double taxe.

Art. 4. — Le port des dépêches à domicile est gratuit.

Néanmoins, lorsqu'un expéditeur demande qu'il soit délivré une copie de sa dépêche à plusieurs domiciles, dans un même lieu de station, il paye cinquante centimes de port pour chaque copie, moins une, indépendamment du droit de copie établi par l'art. 4 de la loi du 28 mai 1853.

POUR SE PRÉSERVER DE L'INCOMMODITÉ DES MOUCHES, les boucheries de Genève présentent une singularité qu'on remarque dans beaucoup d'autres endroits de la Suisse.

Le côté extérieur du mur qui donne sur la rue est presque toujours couvert d'un grand nombre de mouches, dont aucune ne se repose sur le côté du mur qui donne à l'intérieur et ne pénètre dans la boutique, quoiqu'elle soit constamment ouverte et qu'elle serve de dépôt à de grandes quantités de viandes dépecées. Cet effet est obtenu en étendant sur le mur intérieur de l'huile de laurier.

L'expérience, répétée dans quelques maisons du midi de la France, a parfaitement réussi à garantir des ordures des mouches pendant l'été les baguettes dorées qui environnent les glaces.

Pendant plus d'un mois, aucune ne pénètre dans l'appartement. Quand on en aperçoit quelques-unes, on passe sur les dorures une légère couche de cette huile, et de tout l'été on ne voit pas de mouches.

Pour tous les faits divers : V. M.

Prix d'abonnement pour l'étranger.

Allemagne, 12 fr. — Suisse, Parme, Plaisance, Modène, 12 fr. 50 c. — Etats-Sardes, Grèce, 13 fr. — Hollande, Angleterre, 14 fr. — Etats-Unis, Indostan, Turquie, 14 fr. 50 c.— Belgique, Prusse, Hanôvre, Saxe, Pologne, Russie, Espagne, Portugal, 15 fr. 50 c. — Toscane, 16 fr. 50 c. — Etats-Romains, 20 fr. 50 c.

Le propriétaire rédacteur-gérant : VICTOR MEUNIER.

PARIS. — DE SOYE ET BOUCHET, IMPRIMEURS, 2, PLACE DU PANTHÉON.

Deuxième année. — N° 39. 30 CENTIMES 28 septembre 1856.

L'AMI DES SCIENCES

JOURNAL DU DIMANCHE

SOUS LA DIRECTION DE

VICTOR MEUNIER

BUREAUX D'ABONNEMENT
13, RUE DU JARDINET, 13
Près l'École de Médecine
A PARIS
INSERTIONS : 1 FR. 25 C. LA LIGNE.

ABONNEMENTS POUR L'ANNÉE
PARIS, 10 FR.; — DÉPART., 12 fr.
Étranger (Voir à la fin du journal).
ANNONCES ANGLAISES, 75 CENT. LA LIGNE
Comptées sur 3 colonnes

MACHINES A COUDRE

Nous empruntons à l'*Invention* de M. Gardissal la liste suivante des brevets pris en France depuis le 12 octobre 1844 jusqu'à la fin de 1855 pour machines à coudre. Le 12 octobre 1844 est la date du premier brevet pris pour ce genre de machines. Cette nomenclature intéressante en elle-même ne sera pas inutile à nos études ultérieures.

844. 12 octobre (n° 144), Pariseau. Machine à coudre à aiguille circulaire, applicable à toute espèce de tissus, cuirs peaux, etc.
1845. 10 juin (n° 1,628), Thimonnier. Application du système de point de la broderie au crochet à la mécanique, et par suite à la couture.
21 juillet (n° 1,825), Thimonnier. Machine perfectionnée dite : Métier à coudre au point de chaînette.
1847. 30 janvier (n° 5,031), Thomas. Machine perfectionnée pour coudre diverses étoffes.
26 février (n° 5,165), Sénéchal. Machine à coudre.
1848. 5 août (7,461), Thimonnier et Magnin. Machine à coudre, broder et faire les cordons.
1849. 16 juin (n° 8,509), Sénéchal. Machine à coudre, dite Mécanique couseuse.
1850. 3 avril (n° 9,754), Malard. Machine à coudre toute espèce d'étoffes.
9 avril (n° 9,726), Morey. Machine a coudre.
9 août (n° 10,422), Phelizon. Machine perfectionnée propre à effectuer toute espèce de couture.
1851. 20 janvier (n° 11,117), Robinson. Machine à coudre.
3 octobre (n° 12,445), Canonge. Machine à coudre.
1852. 28 janvier (n° 12,981), Mortamais. Machine à coudre, d'une application générale.
3 juillet (n° 14,011), Pied. Machine à coudre dite : Raphigène.
16 août (n° 14,299), Grover et Baker. Machine à coudre.
1853. 4 janvier (n° 15,756), Avery. Perfectionnements dans les machines servant à coudre les étoffes, les peaux, etc.

Isaac Singer, inventeur de la machine américaine.

3 février (n° 15,523), Vidard et Compère. Machine à coudre spécialement appliquée à la ganterie.
4 mars (n° 15,773), Johnson. Perfectionnement dans les machines et appareils pour coudre et piquer.
5 avril (n° 16,047), Robert. Machine à coudre avec une ou plusieurs aiguilles, les gants, et toute espèce de peaux, linge, étoffe, etc.
21 avril (n° 16,927), Villiard. Machine à coudre.
2 juin (n° 16,578) Wilson. Machine à coudre.
6 octobre (n° 17,552), Leduc. Machine à coudre.
26 octobre (n° 17,779), Johnson. Machine à coudre le drap, le cuir et autres substances.
12 novembre (n° 17,998), Bartleet. Perfectionnements aux machines à coudre.
18 novembre (n° 17,992), Thomas. Machine à coudre.
19 novembre (n° 18,001,) Boudin. Machine à coudre.
1854. 3 avril (n° 19,263), Townsend. Machine à coudre le drap, etc.
8 avril (n° 19,298), Wickersham. Machine à coudre ou à piquer.
14 avril (n° 19,320), Mollière. Machine à piquer et coudre toute espèce de cuir et d'étoffes employés à la confection de la chaussure.
29 avril (n° 19,480), Dr Journaux, née Leblond. Machine à coudre.
6 juin (n° 19,838), Hughes. Machine à coudre.
10 juin (n° 19,863), Dard. Système de machine à coudre.
— 28 juin (n° 20,042), Latour. Système de machine à coudre.
— 16 août (20,514), Bernard. Machine à coudre, etc.
— 31 août (n° 20,705), Siegl et Szontagh. Machine à coudre, etc.

1855. 2 janvier (n° 21,919), Moreau-Darluc. Machine à coudre.
— 1er février (n° 22,222), Robertson. Machine à coudre.
— 15 mars (22,762), Callebaut. Machine à coudre.
— 27 mars (n° 22,980), Seymour. Machine à coudre et perfectionnements qui s'y rattachent.
— 29 mars (n° 22,946), Perrare dit Michel. Mécanique à coudre.
— 16 mai (n° 23,504), Howe jeune. Machine à coudre.
— 25 mai (n° 24,559), Robertson. Perfectionnement aux machines à coudre.
— 24 juillet (n° 24,237), Rochebrun. Machine à coudre.
— 2 août (n° 24,341), Bénier. Machine à coudre et faire la tapisserie.
— 5 août (n° 24,279), Chabana. Machine à coudre au point de chaînette.
— 24 août (n° 24,930), Arnaud, Féher et Reimann. Machine à coudre.
— 16 octobre (n° 25,039), Grover et Baker. Perfectionnements dans les machines à coudre.
— 3 novembre (n° 25,821), Lobstein. Machine à coudre.
— 28 décembre (n° 25,907), Bonnaud. Machine à coudre.

LA FOI NOUVELLE

Il est une puissance, nouvelle venue et déjà sans rivale, ennemie des oiseaux de proie et des oiseaux de nuit, voulant donner à tous les hommes la paix et le bien-être, et les établir dans la dignité de leur nature ; qui va devant elle comme s'il n'y avait dans le monde ni adversaires du droit commun, ni obscurantistes, ni apologistes gagés de la misère, sans plus s'inquiéter des apostats et des traîtres, que l'homme ne se soucie des êtres infimes qui barbotent dans la fange sous la semelle de ses pieds. Les ombres ne lui font pas peur ; elle est lumière, et sa puissance les dissipe. Elle a coutume de regarder les fantômes en face et c'est la manière de les vaincre.

On avait dressé l'homme à se détester par-dessus toutes choses et à détester le monde comme soi-même. Mais voici que cet être si humble et si détaché des choses sublunaires se prend de respect pour sa dignité, d'attachement pour la terre ; voici qu'il rêve tout éveillé à une société fondée sur la liberté et le bien-être universels : de là les antiques dominations ébranlées. Si donc, les fondements du vieux monde ont vacillé, c'est qu'à de plus grandes profondeurs dans le sol, les fondements d'un monde nouveau surgissent.

Cette foi audacieuse dans la dignité de l'homme et dans la sainteté de la terre d'où vient elle ?

Elle vient de ce mouvement progressif qui est la vie même de l'humanité.

En dépit des dogmes de compression et d'immobilité, impuissants contre la force des choses, l'homme a grandi, et du haut d'une expérience accumulée de siècle en siècle, il voit mieux et plus loin que du fond du sillon où s'est écoulée son enfance végétative.

Cette foi nouvelle a pris naissance partout à la fois : dans les méditations du penseur, dans les expériences du physicien et du chimiste, dans les recherches du naturaliste, dans les récits de l'historien, dans les excursions lointaines aux régions inconnues, dans les voyages faits à l'aide de l'optique, dans l'infiniment grand des espaces célestes, et dans l'infiniment petit des populations microscopiques ; partout où l'homme, se trouvant en contact avec l'homme ou avec la nature, a trouvé l'occasion d'une faculté à développer, d'une notion à acquérir ; et jusque dans ce dur labeur au prix duquel, pendant les siècles de ténèbres, l'humanité a gagné son pain quotidien.

L'homme commence à ne plus s'ignorer complétement ; le monde cesse d'être une énigme indéchiffrable. Celui dont la longue jeunesse n'a connu que les vagues rêveries, les imaginations folles, la foi béate, s'est mis enfin à chercher avec méthode; il observe et il compare : c'est la plus grande révolution qui se soit jamais produite. Et des résultats de l'expérience, classés et coordonnés, il est résulté peu à peu un corps de notions qu'on ne peut appeler *Révélation*, puisqu'il est d'origine terrestre, ni *Philosophie* dans l'acception ancienne du mot, car il repose sur des moyens d'investigation dont l'antiquité n'a fait qu'un emploi secondaire. C'est une chose nouvelle, qui s'appelle tout simplement la SCIENCE, puissance fort humble à ses débuts et qui ne semblait pas devoir faire courir de graves périls à l'ordre de ce temps-là.

J'ai dit puissance! On la prit d'abord pour la servante de la Théologie et l'auxiliaire des Arts. Grâce à la petite opinion qu'on s'en fit, elle ne fut pas étouffée à sa naissance et put faire tout doucement son chemin.

Avec son allure modeste et rassurante, la Science n'en avait pas moins entrepris une œuvre de Titans. C'est à s'emparer du monde qu'elle visait d'instinct, car le premier plan de conquête ne fut tracé par Bacon qu'après l'entrée en campagne. Elle ne se faisait humble que pour devenir grande. Si elle se traînait à terre, c'est qu'elle n'en était encore qu'à poser ses fondements; un jour devait venir où il lui pousserait des ailes.

Et elle étendit à tout son empire, à la pensée, à la foi, à la matière brute, à la vie. Evoquant par voie d'observation le passé de l'homme et du globe, elle fit tout comparaître devant elle : croyances, traditions, institutions ; le ciel et la terre. Elle leva des tributs en tous lieux et sur toutes choses ; se transporta partout où il y avait une observation à faire ; se mit à l'école de tous les faits ; fréquenta les ateliers autant que les laboratoires. Si de hardis navigateurs allaient à la découverte des continents et des îles, c'était à son profit. Les choses mêmes que le vulgaire méprise au point de ne pas les remarquer, devinrent pour elle autant de graves sujets d'étude ; dans la chute d'une pierre, dans les oscillations d'une lampe suspendue, elle vit la révélation des lois auxquelles les astres obéissent. Elle ramassait et étiquetait tout ; décrivant, nommant, classant, analysant, décomposant et recomposant, et par une route interminable en apparence, mais la plus courte de toutes en définitive, puisqu'elle menait directement au but, elle s'élevait de proche en proche, à la connaissance des lois de l'harmonie universelle.

Puis, après avoir reçu des services du monde entier, elle s'aquittait envers lui au centuple, retournant dans l'atelier et dans les champs ; non plus pour demander, mais les mains pleines, pour donner ; semant à profusion les procédés nouveaux, substituant partout un art positif à l'empirisme, enseignant à faire bien, vite et facilement. On lui dut dans toutes les branches du travail, l'accroissement du nombre des produits, l'amélioration de leurs qualités, la diminution de la somme d'efforts que leur fabrication exigeait. Elle fit bien plus encore, elle renouvela complétement les esprits, elle leur inspira la passion du savoir, fondement de la puissance et du bien-être, et leur donna les moyens de la satisfaire. Et ainsi en accroissant incessamment le trésor intellectuel de l'humanité, en adoucissant progressivement sa condition, en lui faisant entrevoir une perspective infinie d'améliorations, et un rôle de plus en plus grand à jouer, elle lui donnait une idée toute nouvelle de sa destination terrestre et du globe auquel son existence est liée...

A peine était-il besoin que les sciences eussent commencé de donner leurs fruits, pour qu'on pût pressentir les coups qu'elles porteraient à l'ancien ordre social.

Sur quoi en effet repose le système qui finit, sinon sur cette donnée que la terre est un lieu d'exil dont l'homme doit, sa vie durant, se tenir aussi détaché que possible, indifférent aux splendeurs de la création, n'étant ici-bas que pour s'efforcer de ne plus y être, et regardant le jour de la mort comme le plus beau de la vie ? La science, par nature, allait à l'opposé de ce programme. Elle ramenait sur terre les regards de l'homme. A cet exilé qui devait implorer la mort comme une amnistie, à ce nomade qui attendait avec impatience l'heure de plier sa tente, elle proposait une œuvre dont l'accomplissement demandait une longue suite de siècles. C'était donc que la terre cessait d'être considérée comme un lieu de passage !

Non-seulement la Science lui proposait de s'assimiler le monde par l'étude, mais elle voulait qu'il fît tourner cette acquisition à l'agrandissement de sa position. Finalement, si elle l'invitait à s'initier à la législation de l'univers, c'était afin qu'il en prît le gouvernement. Et l'homme se laissant séduire, sortait de sa rêverie pour se livrer au travail des bras et de la pensée; lieu d'exil ou lieu natal, il acceptait cette terre pour patrie. Il avait résolu de dessécher la vallée de larmes et d'en faire un séjour habitable. Est-ce à dire qu'il renonçait au ciel ? Non. Un instinct sublime guidait ses premiers pas, car bientôt la Science allait lui apprendre que la Terre roule au sein du celeste séjour, et qu'il est dès cette vie citoyen des sphères étoilées.

Les fondements du Monde étaient donc changés. L'homme n'aspirait plus à quitter la Terre, mais à faire que la Terre ne déparât pas le Ciel. Il n'implorait plus le repos éternel, il assumait l'emploi d'administrateur de cette cité céleste (la terre) dont sa naissance l'a fait souverain. Dès lors il se trouvait jeté hors du vieux système, n'entendant plus rien à ceux qui l'invitaient à mépriser le Roi de la terre et son royaume. Bientôt, il s'aperçut qu'il en savait (sur les choses qu'on sait) beaucoup plus que ses anciens maîtres ; et il les vit battus par la Science, contraints d'enseigner à la suite, des vérités victorieuses de leurs foudres.

C'en était donc fait de l'autorité spirituelle, et elle n'était pas seule atteinte : par cela même que l'homme se fixait sur la terre, le jour devait venir où il demanderait des comptes à ces royales familles qui s'attribuaient la disposition de tous les biens. D'ailleurs le système théologique était la clef de voûte de l'édifice; en s'écroulant, il entraînait forcément l'antique royauté. Enfin après les avoir vaincus tous les deux, la science est venue de nos jours mettre le siége devant la misère ; elle la tient bloquée. Continuant de tout envahir, elle parcourt majestueusement son orbite, sans plus s'inquiéter des régimes défunts que le soleil qui toujours se lève et se couche (catholiquement parlant) comme par le passé.

(*La fin au prochain numéro.*) V. M.

De l'emploi textile de l'écorce du Cotonnier et de la famille des Malvacées.

Les journaux de New-York annoncent qu'un habitant de la Nouvelle-Orléans M. Jean Blanc, vient de prendre un brevet d'invention pour une nouvelle matière textile qu'il est parvenu à extraire de l'écorce de la plante à coton. Ce nouveau produit a toute la force et toute l'apparence du chanvre, et sans doute pourra être employé aux mêmes usages.

Suivant l'inventeur, un acre de coton donnerait 1,500 livres de matière textile, sans rien diminuer de la valeur de la récolte en coton; si le fait est réel, on peut comprendre l'importance de la découverte. Jusqu'à présent on avait regardé la tige du cotonnier comme plus nuisible qu'utile, et comme une occasion de travaux sans fruit pour le planteur. Qu'on lui prouve que la tige serait presque aussi précieuse que les grabots qu'elle porte, et qu'on lui donne l'occasion de s'assurer par l'expérience de la réalité de la découverte et de la facilité d'obtenir à peu de frais 1,500 livres de chanvre par acre de son champ dépouillé, et certes il sera plus que reconnaissant à M. Blanc de sa précieuse idée. Voici, du reste, comment l'inventeur traite la plante :

La tige est préparée par un rouissage préalable, puis écrasée entre deux rouleaux de fer, semblables à ceux des moulins à cannes; il suffit ensuite d'un léger choix pour séparer les parties ligneuses des parties fibreuses de l'écorce. L'inventeur assure que, par la préparation donnée à la tige avant le passage dans les rouleaux, tous les grabots encore verts mûrissent et peuvent augmenter la récolte d'une balle de coton par acre.

La découverte que nous venons de signaler est vraiment d'une grande conséquence et est appelée bien certainement, si les promesses annoncées se réalisent, à amener de profonds changements dans l'industrie de bien des pays. Supposons que l'on ne puisse recueillir que 500 kilogrammes de matière textile par acre, avec l'écorce des cotonniers, et les 6,300,000 acres occupés aux Etats-Unis par la culture du coton, suivant les dernières statistiques (1854), donneront un produit supplémentaire de 315,000,000 de kilogr. (ou 1,575,000 balles) de matière textile ; soit, avec les 525,488,000 kilogr. (2,848,000 balles) fournis (en 1855) par la récolte ordinaire, un total de 840,488 milliers de kilogrammes; quantité que, d'ici à quelques années, l'Union américaine pourra livrer à la fabrication européenne, alors que l'application de l'idée ingénieuse de M. Blanc, se généralisant de plus en plus, utilisera avantageusement la tige du cotonnier. Au résumé, on voit que la nouvelle invention américaine peut doubler, presque, la production textile du monde, en ce qui a rapport au coton seulement; et comme elle est née dans un pays où la pratique adopte avec élan les découvertes fructueuses, il est probable qu'elle tournera bientôt au grand profit de l'Union, bien avant que l'Egypte, les Indes et la Chine se soient décidées à l'adopter.

Avec de semblables ressources il est de grande probabilité que les Etats-Unis surpasseront en peu de temps les autres nations industrielles pour la manufacture des tissus de coton. Déjà, grâce à l'activité américaine, au prodigieux instinct mécanique qui n'a pas quitté la race anglo-saxonne dans sa transplantation sur le sol du nouveau monde, ils luttent maintenant avec succès contre l'Angleterre et la France sur un grand nombre de marchés étrangers. Cela se conçoit aisément, puisqu'ils réunissent toutes les conditions possibles d'une fabrication à bon marché ; matière première, puisqu'ils la produisent ; houille et fer, — agents puissants du travail, — en abondance ; capitaux considérables et crédit établi sur une large base. Aujourd'hui l'industrie cotonnière des Etats-Unis consomme de 500 à 600,000 balles de coton (presque le double de la quantité employée par la France, et la moitié environ de celle que consomme la Grande-Bretagne) ; et, tandis qu'il y a vingt-cinq ans le nombre de yards (le yard, 0m.90c.) d'étoffes fabriquées annuellement ne s'élevait qu'à 230 millions 1/2, il dépasse actuellement 760 millions. Cette fabrication emploie à peu près 2,500,000 broches, et le capital engagé peut s'élever à 80 millions de dollars.

La France, qui par l'Algérie possède de grandes espérances pour son industrie cotonnière, est intéressée à un très-haut degré à s'enquérir de tous les perfectionnements et innovations de la culture et de la manipulation du coton; aussi nous pensons qu'il serait de la plus grande utilité que des expériences fussent faites dans notre Afrique française pour reconnaître à sa juste valeur l'importance et l'avenir de l'emploi textile de l'écorce du cotonnier. L'instant du reste est propice; car le moment de la récolte est prochain, et l'administration par quelques essais très-simples pourra d'ici à peu prononcer un jugement formel sur cette question.

Pour notre part, nous croyons fermement à la possibilité d'extraire une fibre textile de l'écorce du cotonnier; grâce à la connaissance que nous avons de cette plante et aux rapprochements qui nous sont fournis par la comparaison avec les végétaux voisins du genre *Gossypium*. Mais ce que l'expérience peut seule établir, c'est la qualité de cette fibre, c'est de savoir si elle pourra être employée avantageusement par l'industrie des tissus, ou par la corderie seulement.

Nous parlions des plantes voisines du *Gossypium*; car, en effet, la famille des Malvacées à laquelle appartient le cotonnier renferme un grand nombre de végétaux à écorce fibreuse. Il ne sera pas inutile, à ce propos, d'entrer dans quelques détails sur les plantes textiles de la famille du cotonnier.

Dans un grand nombre de contrées du monde, et plus particulièrement dans les Indes, en Chine, au Japon, en Océanie, aux Antilles, croissent beaucoup de variétés de malvacées à propriétés textiles, mais dont les plus valables, en exceptant le cotonnier, bien entendu, se rattachent aux genres *Hibiscus, Sida abutilon* et *Malva*. En France, l'Alcée à feuille de chanvre ou encore guimauve chanvrine (*Althœa cannabina*), l'Alcée de Narbonne (*Althœa narbonensis*), la mauve frisée (*Malva crispa*), le *Lavatera arborea*, le Kitaibélia à feuille de vigne (*Kitaibelia vitifolia*), ont fourni à quelques expérimentateurs une filasse un peu grossière, mais fort solide toutefois; au concours universel d'agriculture nous avons vu de fort belle filasse de *Sida abutilon* exposée par M. *Rémond*, pépiniériste de Versailles, qui s'est fait remarquer depuis ces dernières années par des tentatives heureuses et fort bien conduites d'acclimatation de végétaux étrangers.

Si nous passons aux contrées lointaines, nous voyons dans l'Hindoustan les feuilles de l'*Hibiscus cannabinus* servir dans l'alimentation comme herbe potagère, tandis que de l'écorce on tire de la filasse; cette plante s'y cultive principalement pendant la saison pluvieuse. A l'exposition de 1855 nous avons vu un échantillon de fibres textiles de l'*Hibiscus violaceus* provenant du Pégou. La collection de la Jamaïque, à cette même Exposition universelle, qui fut si féconde en enseignements de toutes sortes, nous a présenté plusieurs échantillons de filaments provenant des *Hibiscus tiliaceus, liliflorus, elatus, latifolia;* les fibres de cette dernière espèce étaient d'une assez grande beauté, mais surpassées encore par celles provenant de l'*Hibiscus rosa sinensis*, tout à fait remarquables par leur blancheur et leur finesse; mais malheureusement elles sont un peu sèches, ce qui nous paraît provenir, comme pour certaines filasses de bananier, de la mauvaise méthode d'extraction employée, laquelle laisse une grande rondeur au filament et ne le débarrasse qu'imparfaitement d'un certain principe gommeux qui se trouve dans l'écorce des plantes, et s'oppose à la séparation des fibres les unes des autres. La Jamaïque avait envoyé aussi de la filasse du *Malvaviscus arboreus*, et d'une espèce de *Sida*.

Dans l'Océanie, à Taïti, aux îles Marquises, aux Sandwich, aux Carolines, les habitants se fabriquent leurs filets de pêche et des vêtements avec l'écorce des *Hibiscus* et des *Sida*. A la *Nouvelle-Calédonie* on a découvert tout récemment des espèces fort curieuses de ces plantes; l'écorce du Bourdo, variété de l'*Hibiscus tiliaceus*, sert aux habitants, dit M. le docteur Pénard, à deux usages : quand elle est vieille, ils en tirent des fibres ligneuses dont ils font la plupart de leurs cordages; jeune, ils en font un de leurs principaux aliments après l'avoir fait cuire dans l'eau ou sous la cendre; ainsi préparée, elle possède un goût féculent, fade, analogue à celui de la châtaigne. Enfin, M. le capitaine de vaisseau de Baudéan parle d'une espèce d'*Hibiscus* appelé Pahoni par les indigènes, qu'ils cultivent dans leurs plantations d'ignames, et dont ils obtiennent une sorte de pâte de jujube en râclant le mucilage intérieur à l'écorce de jeunes arbres.

L'Australie, et en particulier la Nouvelle-Galles du Sud, nous offre le coryjong, ou *hibiscus heterophyllus*, végétal de 30 à 40 pieds anglais de hauteur sur 6 à 9 pouces de diamètre, au bois spongieux et peu valable, mais dont l'écorce est employée par les indigènes dans la fabrication de leurs filets de pêche. N'oublions pas aussi une espèce des districts nord de l'Inde, l'*hibiscus rosella*, plante annuelle récemment introduite à la Nouvelle-Galles, où sa culture se répand beaucoup; on retire de son écorce une filasse très-souple, et on fait avec le calice ou enveloppe externe de la graine une sorte de conserve ou confiture très-agréable au goût.

Nous n'étendrons pas plus loin notre excursion dans le domaine de la famille des Malvacées, une des plus importantes du règne végétal par l'utilité et la variété de ses produits, car elle possède des plantes alimentaires (l'*hibiscus esculentus*, le gombo des Antilles), des plantes médicinales (les *malva*, les *althœa* et beaucoup d'autres), des plantes propres à la parfumerie (l'*hibiscus abelmoschus*, l'ambrette); et, enfin nous espérons pouvoir citer, comme un fait acquis, à côté de la production textile du cotonnier si universellement connue, celle non moins précieuse, et de même nature, extraite de l'écorce, pour laquelle nous appelons la même publicité.

Paul Madinier

PEINTURE AU COLOCIRIUM

C'est toujours avec empressement que nous accueillons dans l'*Ami des Sciences* les procédés industriels qui ont pour but de remplacer dans l'usage les substances incommodes nuisibles, ou dangereuses par d'autres substances inoffensives et donnant dans la pratique des résultats analogues.

Ainsi nous avons été des premiers à préconiser l'emploi du blanc de zinc dont les peintres en bâtiment peuvent se servir avec avantage et sans courir aucun des dangers qu'entraîne l'emploi de la céruse (sous-carbonate de plomb) dont l'action est si délétère que, malgré les précautions prises, elle fait maintenant encore de trop nombreuses victimes.

C'est surtout à ce point de vue hygiénique que nous nous occuperons aujourd'hui du colocirium inventé par M. Erard, lieutenant au régiment des guides de l'Empereur et récemment proposé par lui pour remplacer dans la peinture en bâtiment l'essence de térébenthine.

Personne n'ignore aujourd'hui que les vapeurs d'essence de térébenthine sont vénéneuses et produisent des effets toxiques sur l'économie animale.

Selon M. Marchal de Calvi, professeur de la Faculté de médecine de Paris, ce poison serait hyposthénisant et agirait sur les organes à la manière des émanations des fleurs, c'est-à-dire par intoxication ou par idiosyncrasie. Il est donc parfois dangereux et toujours désagréable ou incommode d'habiter un appartement fraîchement peint à l'essence de térébenthine.

Avec le colocirium de M. Erard tous ces inconvénients, tous ces dangers disparaissent, et la peinture à l'huile ainsi employée est aussi solide et sèche infiniment plus vite que celle qu'on prépare à l'essence. Il ne s'en exhale aucune odeur : elle est assez siccative pour que trois couches puissent être appliquées en vingt-quatre heures ; elle est aussi brillante que la peinture à l'huile ordinaire et se prête à l'emploi des mêmes vernis. Les échantillons que nous avons vus au siége de la Société sont d'une beauté merveilleuse et cependant elle coûte un cinquième de moins que la peinture ordinaire.

Le public a donc tout intérêt à donner la préférence à ce nouveau système de peinture dont les nombreux avantages ont été déjà consacrés par l'expérience. Il ne faut d'ailleurs que réfléchir à la composition du colocirium, combinaison alcaline de sous-borate de soude et de sous-carbonate de potasse avec la cire, le savon et la colophane, pour se convaincre que ce liquide est une sorte d'encaustique dans la formation duquel se retrouvent tous les éléments de l'essence de térébenthine et qui agit sur les huiles en leur cédant de son oxygène. Il y a donc induration, solidification de celles-ci, qui, sous l'influence de l'oxygène de l'atmosphère, ne tardent pas à se convertir en un véritable vernis.

Il y a fort longtemps d'ailleurs que le principe de cette sorte de peinture est connu. Les anciens en faisaient usage et l'on en retrouve aujourd'hui des fragments parfaitement conservés. Nous ne voyons par conséquent aucun motif pour ne pas avoir la confiance la plus entière dans sa solidité comme durée et comme résistance à l'action de l'air et de la lumière. M. Erard se présente d'ailleurs au public avec une médaille décernée en 1854 par la société universelle de Londres pour l'encouragement des arts et de l'industrie. Nous citerons textuellement les lignes suivantes extraites du rapport fait à cette Société dans sa séance du 30 décembre 1854 par M. le secrétaire du Comité des Arts économiques :

« Pour nous résumer, nous sommes d'avis : 1° que le colocirium, étant sans odeur, évite l'un des plus grands inconvénients attachés à l'emploi de la térébenthine; 2° que sa propriété de sécher rapidement supprime les fausses manœuvres causées par la nécessité d'attendre, avec la peinture ordinaire, le sèchement des couches successives ; 3° que cet avantage combiné avec la facilité plus grande de son emploi, donne une grande économie de la main-d'œuvre, qui entre pour la majeure partie dans les prix des travaux de peinture; 4° que cette matière peut être offerte au commerce, à un prix très-inférieur à celui de la térébenthine.

« Les travaux exécutés avec le colocirium paraissent, du reste, être d'une parfaite solidité. Nous pensons donc que l'introduction de cette matière dans l'industrie du bâtiment doit être encouragée et que l'on ne saurait trop féliciter M. Érard d'une découverte qui réunit le bon marché, la qualité, un facile emploi, et qui est exempte de tout inconvénient.

« Cette opinion, si franchement favorable, se trouve aujourd'hui confirmée par l'incontestable succès des importants travaux qui ont été exécutés dans un grand nombre de propriétés particulières à Paris, dans les navires de la Compagnie générale maritime, au Palais de l'Industrie, à l'Exposition d'Horticulture, au Dépotoir, à l'hospice de la Salpêtrière, au Palais de l'École militaire, etc., où ils ont justifié toutes les espérances ainsi qu'on en pourra juger par le certificat ci-après:

Paris, le 25 *Mai* 1855.

Je soussigné, Architecte en chef du Palais de l'Industrie, déclare que j'ai voulu suivre les expériences faites en peinture par le procédé de M. Numa Érard, lieutenant au régiment des Guides de l'Empereur; procédé qui tend à remplacer dans la peinture à l'huile, le liquide nommé *essence* par un autre que M. Érard a nommé *Colocirium*.

D'après les essais exécutés sous mes yeux, j'ai reconnu que les peintures faites par ce procédé n'avaient point d'odeur désagréable, et que, dans l'espace de moins de dix heures, on a pu appliquer trois couches sur le même objet.

Je saisis cette occasion pour déclarer aussi que j'ai fait faire des parties de travaux, soit à l'intérieur, soit à l'extérieur du Palais de l'Industrie, en imitation de bois ou de marbre, sur bois ou sur plâtre, et que toutes ces diverses applications ont réussi au gré de mes désirs.

En foi de quoi j'ai délivré le présent.

Signé : Viel.

Des attestations de ce genre n'ont besoin d'aucun commentaire et justifient pleinement notre opinion personnelle sur l'intéressant procédé de peinture de M. Érard.

A. Gaugain.

VAPORISATION SANS FEU

Dans les établissements où l'on exploite les eaux salées, il y a des masses énormes d'eau à évaporer qui demanderaient par trop de combustible si l'on voulait employer le calorique pour ces opérations ; aussi a-t-on, depuis bien longtemps, employé un procédé très-économique qui consiste à faire de grands amas de fagots, sur lesquels on fait couler un filet d'eau salée, que l'on entretient au moyen de pompes élévatoires; cette eau, en se subdivisant en gouttelettes qui offrent une grande surface à l'air, s'évapore en partie et laisse déposer le sel sur les ramilles; l'on recueille ainsi cette substance à peu de frais.

Un procédé évaporatoire analogue vient d'être breveté en faveur de M. de Rostaing.

Il s'agit d'évaporer des liquides sans se servir de feu ; c'est la force centrifuge qui opère et voici comment :

Des disques en métal tournent avec une grande rapidité, un filet d'eau tombe sur ces disques en mouvement et se trouve à l'instant projeté contre les parois fixes qui enveloppent ces disques ; un courant d'air fourni par une machine soufflante rencontre ces filets d'eau et en enlève une partie ; en continuant cette opération, le liquide se concentre s'il contient des sels; si au contraire le liquide se compose d'eau et d'alcool, c'est ce dernier qui est entraîné et le procédé devient une distillation sans feu ; dans ce dernier cas, on a recours à une condensation soit par les moyens ordinaires, soit par une compression de l'air chargé de vapeurs alcooliques pour obtenir les produits

Il est à remarquer que si l'on ne se sert pas de feu pour opérer l'évaporation, on fait usage de force; c'est donc une dépense que l'on remplace par une autre, et il peut ne pas y avoir économie. C'est là une question que l'expérience seule peut résoudre dans chaque cas particulier.

Voici un avantage incontestable dû à ce procédé :

On sait que bien des substances sont altérées par le feu, surtout dans la distillation des matières végétales ; ce procédé met évidemment à l'abri de ce grave inconvénient : aussi trouvera-t-il une application utile dans bien des circonstances, entre autres pour la préparation des eaux et des alcools aromatisés.

NOUVEAUX PROCÉDÉS DE VERNISSAGE

DE M. CHAMBARD

Il y a quelque trente ans un pharmacien de province qui s'amusait à répéter les expériences de Darcet sur la fabrication de la gélatine extraite des os, expériences qui faisaient grand bruit alors, s'avisa d'étendre sur du papier la gélatine incolore qu'il obtenait; puis il en imprégna des étoffes et les revêtit également d'une couche assez solide de cette substance éminemment translucide. Sauf les perfectionnements de détail qu'on introduisit plus tard dans l'application, notre homme qui cherchait une substance alimentaire, un bouillon de voyage, une tablette plus ou moins analeptique, avait trouvé tout simplement un vernis, et ce vernis-là devait avoir un succès immense, il devait un jour emprunter toutes les formes, se colorer de toutes les nuaces, glacer les papiers et les étoffes et se plier enfin à toutes les exigences de l'article dit de Paris, dans la fabrication duquel il entre aujourd'hui pour des sommes considérables.

C'est le vernis de gélatine qui constitue le papier glacé dont on se sert pour calquer.

C'est lui qui donne aux boîtes si coquettes de nos confiseurs, aux cartonnages omniformes qu'emploient toutes nos industries parisiennes, ce poli glacé qui les rend si charmantes à l'œil et dont l'usage va s'étendant chaque jour.

Rappelons, en passant, que c'est à un fabricant de colle rouennais, M. Grenet, que cette industrie qui emploie aujourd'hui d'immenses capitaux, doit ses plus importants progrès. Chacun a pu voir dans les vitrines du Palais de l'Industrie sous combien de formes se montre aujourd'hui ce produit qu'on emploie à profusion, tant deviennent jolis et attrayants sous l'éclat de son poli tous les objets qu'il recouvre.

Mais rien n'est parfait ici-bas; sous tant de grâce et de fraîcheur devait se cacher un défaut; en effet, les brillantes qualités du vernis à la gélatine ne sont que superficielles et son éclat est trompeur.

Outre que ce brillant vernis est d'une application difficile, il a le grave inconvénient d'être hygrométrique et conséquemment perméable à l'humidité qui le ramollit, le gonfle, le tourmente sans qu'aucun moyen puisse le mettre à l'abri de ces influences atmosphériques.

Si l'on prend avec les doigts ces ravissants coffrets, ces délicieux étuis à carreaux écossais que la gélatine enduit d'un vernis glacé, et que les doigts soient humides, il n'en faut pas davantage pour laisser sur l'objet terni des traces ineffaçables.

La gélatine se sépare de certains papiers, n'adhère pas à certaines couleurs, et ne s'applique dans tous les cas qu'au moyen de l'amer de bœuf, substance éminemment putrescible qui, même à l'état frais, ne réussit pas toujours à prévenir son adhérence à la glace: de là perte de temps, et souvent d'une grande quantité de papier.

Ce n'est qu'à l'aide de séchoirs constamment chauffés que le fabricant peut combattre l'hygrométrie de la gélatine, encore est-il des saisons où l'humidité le contraint à abandonner son travail.

Dans les pays à brouillards cette industrie est pour ainsi dire impossible. Ses produits ne sont que difficilement transportables au delà des mers, et le goût exquis de nos fabricants vient malheureusement échouer contre une impossibilité d'exportation qui leur est si préjudiciable.

Eh bien, que nos artistes se rassurent, que nos fabricants se consolent. Voici qu'un autre pharmacien, maintenant essayeur à la Monnaie, chimiste non moins patient qu'habile, M. Chambard, vient de trouver un nouveau procédé d'application des vernis qui offre tous les avantages de la gélatine sans en avoir les inconvénients.

Ainsi point de déchet dans l'emploi, point de papier manqué, séchage prompt et facile, éclat supérieur, poli non moins merveilleux et imperméabilité complète.

C'est trop beau, va-t-on m'objecter, et cette admirable médaille doit avoir un fâcheux revers. Hâtons-nous d'en convenir. Le vernis de M. Chambard est un peu plus cher quant à présent du moins que le vernis à la gélatine, mais en revanche:

Jamais il n'adhère aux glaces.

Il ne se détache point pendant les chaleurs.

S'il coûte un peu plus cher que le vernis de gélatine pur, il est meilleur marché que la gélatine vernie au tampon.

Il est plus souple et plus onctueux.

Il ne refuse aucune couleur et se teint en toutes les nuances.

Il se prépare et s'applique également bien en tout temps et en tout pays.

Il ne craint pas l'humidité et se prête merveilleusement à l'exportation.

Voilà sans doute une suite d'avantages qu'apprécieront à l'envi le consommateur et le fabricant.

Mais là ne se bornent pas les mérites du vernis Chambard.

Il se prête à l'impression, et reçoit également bien les épreuves de gravure en taille-douce ou en manière noire, et celle des dessins lithographiques. Les spécimens que nous avons vus sont d'une suavité, d'une harmonie, d'une pureté bien supérieure à ce que peut offrir le papier de Chine, et ces merveilleuses estampes n'ont plus besoin d'être mises sous verre, elles sont par elles-mêmes inaltérables.

Ce vernis que M. Chambard peut à volonté rendre mat ou brillant sera le préservatif obligé des photographies. Outre qu'il les conserve indéfiniment, il en fait ressortir toutes les finesses et semble ajouter encore à leur perfection. Ce que nous avons vu dans ce genre ne nous laisse qu'un seul regret: c'est que toutes les épreuves photographiques ne soient pas à l'abri déjà sous une couche du vernis Chambard qui trouvera là, certainement, une de ses plus heureuses applications. Nous savons que l'auteur songe à l'employer à la conservation du pastel. S'il y réussit, ce sera pour l'art une importante conquête.

Ce n'est pas tout encore: le vernis Chambard s'emploie en feuilles à faire des clichés photographiques tout aussi parfaits que ceux que l'on obtient sur glace et ayant sur eux le triple avantage d'être moins fragiles, de n'être point réfringents et de pouvoir être conservés en portefeuille et facilement transportés en voyage; où une seule glace suffira maintenant à prendre autant de clichés qu'on en voudra faire.

Veut-on d'une épreuve positive faire un cliché négatif, le vernis Chambard s'y prête encore avec la plus admirable docilité, et la carte de visite-portrait, si favorablement accueillie l'année dernière pourra maintenant s'imprimer avec une facilité merveilleuse, car rien n'empêchera plus d'en réunir cinquante et davantage sur un même cliché et de les imprimer d'un seul coup.

Résumons-nous en disant que le vernissage imperméable, dont les procédés d'application, basés sur la propriété qu'a la vapeur d'eau de se distendre par la chaleur, font le principal objet de la découverte de M. Chambard, est également applicable aux papiers, aux cartons, aux étoffes, aux cuirs, aux bois, aux métaux, à la gutta-percha, au caoutchouc, à la gélatine elle-même, aux aquarelles et aux tableaux.

En feuilles diversement colorées il donne par son application sur verre des imitations de vitraux à tromper l'œil le plus exercé.

Enfin il n'est pas jusqu'aux fabricants de fleurs artificielles qui ne doivent profiter de sa transparence inouïe et de sa complète imperméabilité (il se laisse aisément gaufrer) pour donner à leurs gracieux produits plus de solidité et de perfection. Mais il est temps de nous arrêter, car nous ne pourrions parvenir à épuiser la liste des industries qui vont incessamment se disputer les produits Chambard, dont la supériorité incontestable sera bientôt appréciée.

H. GAUGAIN.

POUR SERVIR A L'HISTOIRE DES BATTERIES FLOTTANTES

Voici la lettre de M. le capitaine Tremblay à laquelle nous avons fait allusion dans le précédent numéro :

A MONSIEUR LE RÉDACTEUR EN CHEF DE L'*Ami des Sciences.*

Rochefort, le 17 septembre 1856.

Monsieur,

On a mis sous mes yeux les divers articles publiés sur les batteries flottantes dans le *Moniteur universel* du 12 novembre 1855, dans l'*Ami des Sciences*, nos 28, 29, 30 et 36, et dans les *Débats* du 15 juillet 1856. Un numéro du *Moniteur de la Flotte* a également parlé de cette question dont le résultat a été, en fin de compte, la prise de Kinburn.

J'ai lu, étudié et presque appris par cœur tout ce qui a été dit pour ou contre. Devant les grands noms qui ont figuré dans ces circonstances, un sentiment que chacun appréciera m'a fait garder le silence. Déjà le passage suivant de l'article des *Débats* avait failli me déterminer à rompre ce silence : «*... et ce qui doit faire penser que l'expérience suffit à faire juger le système, c'est que depuis personne n'a songé, que je sache, à reproduire les batteries du chevalier d'Arçon...*»

En présence des conclusions du résumé historique de l'invention des batteries flottantes à l'épreuve du boulet (1), je crois devoir vous soumettre, en toute humilité, quelques observations, dans le but d'obtenir, non pas une des quatre parts, si impartialement distribuées par vous, mais peut être une mention honorable. Voici mes titres à cette faveur :

Après avoir assisté au tir en brèche exécuté, le 4 mars 1854, avec les canons de l'empereur, à la forteresse du Mont-Valérien, je me déterminai à adresser à Sa Majesté le 8 mars 1854, à six heures du soir, une demande d'audience dans laquelle je présentais ainsi l'idée que je désirais lui soumettre, et que ce tir avait fait naître dans mon esprit :

« Inventeur d'un appareil de sauvetage pour la marine, dont « la puissance est illimitée, je viens proposer à Votre Majesté « d'employer cet appareil, dans la guerre contre la Russie, comme « moyen de destruction d'un effet formidable.

« Les vaisseaux russes, mouillés dans les ports de Cronstadt et « de Sébastopol, sont à l'abri de nos bombes, de nos obus et de « nos boulets lancés par des navires; car aucun d'eux ne saurait « rester mouillé devant ces ports, sous le feu des batteries qui « en défendent l'entrée.

« Le général Congrève, avec ses fusées de guerre de 32 livres, « du calibre de 9 centimètres, a fait peu de mal à notre flottille de « Boulogne; mais n'eût-il pas obtenu un immense résultat en réu- « nissant plusieurs de ces projectiles automoteurs qui atteignent une « portée de 3,500 à 4,000 mètres, et peuvent être tirés dans de « petites batteries flottantes qui seraient facilement mises à l'é- « preuve des bombes et des boulets ?

« Telle est, Sire, l'idée si simple que j'ai appliquée avec succès « pour mon appareil de sauvetage que je viens d'installer à bord « d'un des yachts de Votre Majesté, et dont les résultats sont ci- « joints.

« Cette idée ne saurait-elle être utilisée dans la guerre qui va « commencer ?

« Toute mon ambition serait d'avoir l'opinion de Votre Majesté « sur cette question et d'obtenir la faveur de faire partie de l'ex- « pédition dirigée contre la Russie. »

Le 9 mars 1854, le lendemain de l'envoi de cette lettre à Sa Majesté, j'écrivis à l'ambassadeur de Turquie, avec lequel les essais de mon appareil de sauvetage faits en sa présence m'avaient mis en relation, pour lui communiquer cette idée et le prier d'appuyer auprès de l'Empereur la demande que je soumettais à Sa Majesté. Le 11 mars, Vély-Pacha demandait au ministre de la marine mon envoi en Turquie, avec l'armée du Levant. Le 19 mars 1854, je remettais à l'Empereur, dans son audience de ce jour, une note dans lequelle je démontrais l'utilité du *grappin porte-amarre à fusée* à bord ou à terre, comme moyen de sauvetage ou comme moyen de guerre.

J'indiquais de quelle manière j'avais été amené à réunir les fusées en faisceaux; je rappelais, en ces termes, comment je comprenais la guerre : « Détruire les hommes et les choses d'une « nation ennemie, afin de l'amener à conclure la paix. »

Je comparais les effets destructeurs produits par l'arme la plus puissante, le mortier de 32 centimètres, à ceux que l'on pourrait attendre des faisceaux de fusées, et je terminais ainsi :

« Ne pourrait-on, avec les faisceaux de fusées, incendier les « flottes russes mouillées à Sébastopol et à Cronstadt ?

« Ne pourrait-on, d'un ponton flottant mis à l'épreuve des bom- « bes et des boulets, lancer ces faisceaux de fusées là où une « bombarde ne saurait rester mouillée, sous le feu des batteries « ennemies, en appuyant ce ponton par quelques navires armés « de bouches à feu à longue portée qui occuperaient ces batte- « ries ?

« Pendant l'action, le ponton accomplirait son œuvre de des- « truction.

« Le général Congrève, qui a fait fort peu de mal à notre flottille « de Boulogne, n'eût-il pas obtenu un tout autre résultat si, au « lieu d'employer des fusées isolées, il se fût servi de faisceaux de « fusées ? »

Les démarches faites, pour obtenir mon envoi en Turquie, avec l'armée du Levant, étant restées sans résultat, je partis pour la Guadeloupe.

Le 3 octobre 1855, à mon arrivée à Rochefort, je me trouvais en présence d'une de ces formidables machines de guerre appelées batteries flottantes, toutes bardées de fer, si lourdes et si peu propres à la navigation. J'en étudiai les plus petits détails avec une minutieuse attention pendant plus de trois mois, et je me mis en route pour Paris afin de faire connaître à Sa Majesté les diverses modifications dont elles me paraissaient susceptibles.

Je crois que ce fut vers cette époque qu'eut lieu l'affaire de Kinburn dont le *Moniteur* rendit compte, et à la suite de laquelle l'Empereur en fut déclaré l'inventeur.

J'avoue, en toute sincérité, que je n'ai connu qu'en 1855 la tentative du colonel du génie d'Arçon contre la citadelle de Gibraltar en 1782, et que je ne connaissais pas davantage les essais faits en Angleterre, ni les propositions de Paixhans et de Monthéry.

L'Empereur ne put me recevoir, et le grand chambellan me pria de lui confier le travail que je me proposais de soumettre à Sa Majesté. Le 14 février 1856, j'adressai ce travail au grand chambellan, le mauvais état de mes yeux ne m'ayant pas permis de l'achever avant cette époque.

Mon but était de substituer, à bord de la batterie flottante *la Congrève*, le tir des fusées à celui des carabines à tige, du côté opposé à celui qui fait face à l'ennemi. Je démontrais qu'un tir de précision était rendu fort incertain par la fumée qui, après les premiers coups de canon de la batterie, cachait au tireur le canonnier ennemi qu'il devait viser, et je disais que le tir des fusées était suffisamment précis pour opérer à petite distance sur des villes telles que Sébastopol ou Cronstadt. J'ajoutais :

« La puissance de la fusée de 12 centimètres fabriquée par l'E- « cole de Pyrotechnie de Metz est d'environ 1,600 kilogrammes, et « elle donne les portées suivantes :

« 8,000 mètres avec un poids de 10 kilogrammes ;
« 5,000 — 23 —
« 1,900 — 80 —

« Donc un faisceau de 3 fusées de 12 centimètres portera à « 1,900 mètres un poids de 240 kilogrammes. Le poids total de la « fusée et de son projectile serait d'environ 364 kilogr. 700 :

« 3 fusées de 12 centimètres (cartouche à évent central et composition). . . . . 94 k. 500
« 1 baguette concentrique à canaux héliçoïdaux. . 22 k. 500
« Le projectile (enveloppe en fonte de fer concentrique à la fusée): . . . . . 226 k. 450
« Charge de poudre pour faire éclater le projectile. 21 k. 250

Ajoutons que les 3 cartouches et la baguette deviennent des projectiles.

(1) Voir notre no 37.

« Si l'on raisonne par induction, et que l'on veuille savoir « quelle] masse incendiaire pourrait porter à 1,900 mètres un « semblable projectile automoteur, on arrive au chiffre de 235 k., « l'enveloppe contenant cette composition serait une tôle mince « du poids de 12 kilogr.

« La fusée isolée de 12 centimètres pourrait porter à 800 mètres « un poids d'environ 200 kilogr., représenté par un projectile « meurtrier ou incendiaire.

« Il est à remarquer que les batteries flottantes, destinées à « combattre à petites distances, font rarement feu des deux bords; « que, conséquemment, il sera toujours avantageux d'appliquer « l'idée que je développe ici.

« Si l'on construisait des batteries flottantes, uniquement destinées au tir des fusées, elles pourraient être même complétement à l'abri des bombes et des boulets. Le pont serait blindé « ainsi que celui des batteries actuelles, et la muraille tournée « vers l'ennemi n'aurait pas d'ouvertures; de plus, une installa« tion très-simple permettrait de rentrer les affûts dans l'inté« rieur du navire, afin d'y disposer les fusées pour le tir. On « mettrait ainsi les hommes à l'abri des coups, dans ce cas, peu « redoutables des bombes; car ces projectiles ne pourraient les « atteindre qu'en dehors du navire pour aller ensuite éteindre « leur feu dans la mer, fonctionnant alors comme un boulet plein « lancé par un mortier. »

Tels sont, Monsieur, les faits que je porte à votre connaissance, désirant éclairer la question des batteries flottantes. Voyez si je mérite la mention honorable que je réclame de votre impartialité.

Veuillez agréer l'assurance des sentiments les plus distingués de votre très-humble serviteur,

E. Tremblay,

Ancien officier de vaisseau, capitaine d'artillerie de marine.

ARCHITECTURE NAVALE (1)

PRÉSERVATIFS CONTRE LES NAUFRAGES.

L'application de la force de la vapeur à la direction des navires a rendu la navigation maritime plus rapide, et a permis d'établir les services réguliers; avantages immenses pour les relations commerciales et politiques; mais ces avantages mêmes font sentir plus vivement la nécessité d'un second progrès aussi important à réaliser, et qui consisterait à *rendre impossibles les naufrages dans lesquels les navires se perdent corps et biens.*

Les naufrages sont dus à cinq causes principales, savoir :

1° Un échouage simple;
2° Un échouage accompagné de voie d'eau;
3° Un incendie;
4° Un abordage;
5° Un choc contre des rochers.

Nous allons étudier successivement les moyens d'éviter le côté désastreux de ces accidents.

Echouages simples. — Pour remédier à une partie des accidents causés par les échouages, nous nous sommes posé le problème suivant :

Soit un navire isolé venant s'échouer sur un banc de sable, il faut que l'équipage seul puisse le remettre à flot avec les ressources du bord et sans jeter la cargaison à la mer.

Dans quelques occasions, des bâtiments échoués sont dégagés de force par un ou plusieurs vapeurs; mais, ici, il s'agit d'un bâtiment isolé, ou tellement ensablé qu'aucun tirage ne puisse le remuer. Dans ces conditions, le seul moyen de salut consiste à soulever le navire, et on y parvient actuellement en jetant la cargaison à la mer quand le navire n'a pas de voie d'eau. Il existe cependant un autre moyen bien connu qui consiste à appliquer de chaque côté du navire, et après les avoir en partie remplis d'eau, de grands coffres en bois appelés *chameaux*, ensuite en soutirant l'eau par des pompes, toute la masse se soulève. Ce procédé dispendieux et incommode n'est applicable que dans des circonstances spéciales et très-rares; pour le généraliser, il fallait trouver un appareil mobile et assez léger pour être placé à bord des navires.

Nous parvenons à ce résultat de la manière suivante : nous disposons autour du navire, en le construisant, une rangée de saillies ou petits buttoirs placés à une distance convenable au-dessus de la flottaison. A chaque buttoir nous fixons par un tourillon un châssis triangulaire en fer ABC, (*figure* 22). A cette figure le châssis de droite est levé;

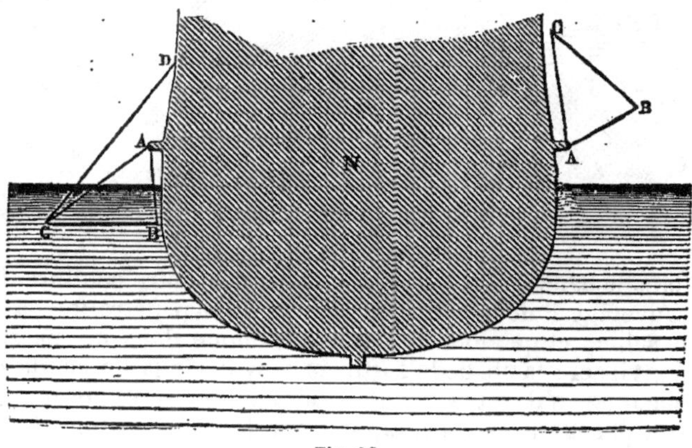

Fig. 22.

dans cette position on fixe sur le côté B C des sacs en étoffe imperméable, et ensuite chaque triangle est baissé au moyen d'une contre-fiche CD mobile au point C et que l'on arrête en D, soit sur le côté d'un sabord ou sur une saillie prévue à cet effet. La partie supérieure de chaque sac porterait des coulisses dans lesquelles on passerait des barres de fer qui serviraient à les fixer après les châssis ABC. Les sacs seraient munis chacun d'un petit tuyau flexible venant s'ajuster à un plus fort tuyau placé à l'intérieur du navire, et communiquant à une pompe foulante. Le gonflement des sacs s'opère en contre-bas des châssis, et il sera sans doute nécessaire de les guider dans leur gonflement, pour qu'ils ne se déforment pas, en mettant en prolongement du côté AC une barre de fer le long de laquelle glisseraient des anneaux cousus après les sacs.

On peut donner aux pièces de fer formant le triangle le profil que l'on veut, mais celui à double té nous paraît préférable, parce qu'il permet d'effectuer des assemblages très-solides au moyen d'entailles convenables faites aux nervures et de quelques boulons. Les entre-toises placées entre les triangles seraient également en fer double té; nous les réunirions entre elles et aux châssis par notre genre de moise, comme s'il s'agissait des solives d'un plancher. Pour les contre-fiches, on pourrait prendre des fers en croix d'équerre ou en tube; on placerait ces contre-fiches en diagonale pour empêcher les châssis de s'incliner sous le choc des vagues. Du reste si le navire échouait dans une tempête, il faudrait attendre que la mer fût calmée pour établir la ceinture de sauvetage.

La force à donner aux diverses parties de l'appareil dépend de ses dimensions, lesquelles sont variables comme la grandeur des navires; toutefois, nous pensons que, pour chaque mètre cube de déplacement, le poids de l'appareil variera de 50 à 100 kilogr.

La pratique déterminera le rapport le plus convenable à établir entre le volume des sacs et le tonnage du navire; nous pensons que celui de 5 à 1 serait convenable, car nous devons faire remarquer que, pour remettre à flot un

(1) Voir le numéro 37.

bâtiment échoué, il n'est pas nécessaire de le soulever de toute la hauteur dont il est engravé, comme le démontre la figure 23. On voit, en effet, que le navire N, engravé

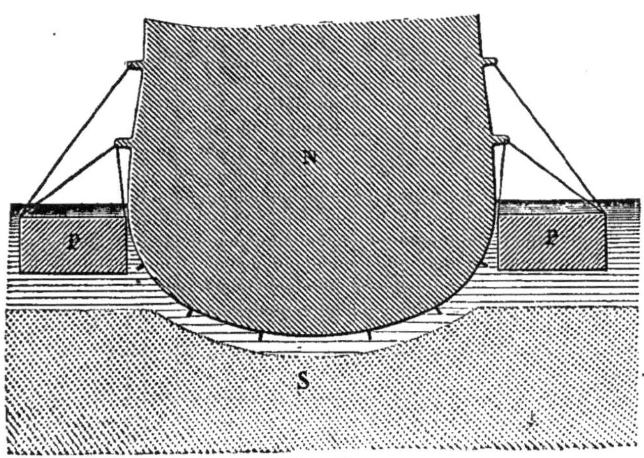

Fig. 23.

dans le banc de sable S, est soulevé par notre ceinture de sauvetage P de la moitié seulement de sa pénétration dans le sable, et qu'alors il se trouve comme dans un bassin dont il sera facile de le sortir au moyen de la force de sa machine, s'il est à vapeur, ou bien en le remorquant, soit par d'autres vapeurs, soit par des embarcations à rames, ou encore en halant sur son câble après avoir jeté l'ancre convenablement.

Les saillies ou buttoirs qui servent de points d'appui à notre ceinture de sauvetage doivent être en fer pour être solides. On peut les établir de plusieurs manières ; la meilleure est de les former par le prolongement des baux des ponts au-dessus de la flottaison. Nous avons dit que nos baux sont toujours formés de solives à double té, en sorte que nos systèmes de navires mixtes possèdent l'avantage de permettre l'établissement de ces saillies aussi facilement que les bâtiments en fer.

Les échouages simples sont cause de la perte de beaucoup de navires. Ce genre de naufrage est le plus vexant, en ce que le bâtiment, n'ayant aucune avarie majeure, semble implorer l'équipage de le sauver, ou le narguer de son impuissance. C'est ainsi que se sont perdus, dans ces derniers temps, le magnifique steamer le *Franklin* et le vaisseau de cent canons le *Henri IV* (1).

Louis Aubert, *ingénieur civil.*

(*La fin au prochain numéro.*)

(1) Pendant deux mois on a espéré le remettre à flot; les secours ne lui ont pas manqué, et, entre autres, en le tirant par d'autres vapeurs, on l'a fait avancer d'une dizaine de pieds ; donc si on avait pu le soulever, ne fût-ce que d'un centimètre, il était sauvé.

EXPÉDITION AUX SOURCES DU NIL

Le journal l'*Isthme de Suez*, bien placé pour être parfaitement renseigné à cet égard, donne sur l'expédition que commande M. d'Escayrac les détails suivants :

« L'expédition internationale à la recherche des sources du Nil, dont le vice-roi d'Egypte a la glorieuse initiative, et dont il s'est réservé d'acquitter les frais de toute nature, occupe depuis six mois l'attention du monde savant. Après quelques retards et quelques longueurs toujours inévitables au début des grandes choses, elle va très-prochainement commencer. Le comte d'Escayrac de Lauture, qui en a le commandement, après avoir obtenu, le 20 juillet, l'approbation de S. A. le vice-roi pour le plan qu'il avait présenté, est venu en Europe chercher les éléments nécessaires à l'exécution de son entreprise. Invité à s'adjoindre douze savants ou artistes, il a recruté en Autriche des officiers exercés aux travaux topographiques ; en Prusse un ingénieur des mines très-instruit, en France des naturalistes et des marins. Il a demandé également à l'Angleterre des officiers de marine, et les Etats-Unis lui ont fourni un photographe exercé.

Il a choisi à Londres, à Berlin, à Vienne, à Paris, les instruments nécessaires aux observations les plus variées. Rien ne sera négligé de ce qui peut intéresser la science par quelque côté. Les observations magnétiques, météorologiques et microscopiques, l'histoire naturelle, la géographie, l'astronomie, l'ethnographie si neuve et si pleine d'intérêt dans cette partie du monde, seront l'objet de la constante attention et des patients efforts d'hommes dont le savoir est déjà prouvé par de nombreux et excellents travaux.

La photographie prêtera à la science le concours le plus précieux. Elle fera vivre devant nos yeux ce monde éloigné ; et les savants de l'Europe verront tout ce que l'expédition elle-même aura vu d'intéressant et de remarquable. Ainsi, l'expédition portera en quelque sorte sa preuve avec elle. Cette authenticité s'ajoutera encore à celle que lui donnera le plus grand nombre de ses membres, dont les observations se contrôleront mutuellement.

Cette expédition de découvertes est analogue à celles que l'on faisait il y a trois siècles, et elle a pour théâtre la seule portion de l'Afrique où le pied de l'homme blanc ne se soit pas encore posé depuis le commencement du monde. Elle pourra nous faire connaître ces contrées reculées mieux que nous ne connaissons beaucoup de parties de l'Europe ; et elle portera pour ainsi dire sa date avec elle, étant aidée de toute la puissance de nos plus récentes et de nos plus ingénieuses inventions.

Le matériel de transport de l'expédition sera considérable. Elle ne manquera de rien de ce qui peut aider à son succès. La sollicitude éclairée du vice-roi a pourvu à tout. Une escorte suffisante protégera la marche pacifique des missionnaires de la science. Des barques nombreuses et des bateaux à vapeur les transporteront sur le Nil ; et, au delà du point où le fleuve est navigable, ils s'avanceront comme les bauers du Cap ou les hardis pionniers des montagnes Rocheuses, à l'aide de solides chariots qui porteront leurs vivres, leurs instruments et leurs collections. Sans doute, de tels voyages ne s'accomplissent point sans peine; et parfois les calculs les mieux faits, les précautions les mieux prises se trouvent déjoués par quelque coup de la fortune. L'audace de telles entreprises est grande ; et c'est un jeu hardi auquel on peut tout perdre, mais auquel, avec de l'intelligence et du cœur, on gagne assez souvent.

L'expédition actuelle a tout pour elle : la protection généreuse qui l'a rendue possible, l'expérience de son chef et l'ardeur des hommes d'élite qui y prennent part. Elle est donc du petit nombre de celles dont on peut d'avance espérer et prédire le succès. Le comte d'Escayrac d'ailleurs ne se fait point d'illusions sur les difficultés et les périls qui l'attendent. Mais quelque obstacle qu'il rencontre, il y a lieu de croire qu'il n'hésitera point à l'affronter et qu'il saura venir à bout de le vaincre.

Ainsi, le problème des sources du Nil touche à sa solution ; et l'Afrique intérieure va s'ouvrir à la science en même temps que la mer Rouge, par la coupure de l'isthme de Suez et le cabotage à vapeur, va s'ouvrir au commerce de tous les peuples. Ces deux grandes choses seront l'œuvre d'un même prince dont elles porteront le nom à la postérité. L'Europe savante et les monarques qui la gouvernent voient avec intérêt cette grande expédition. L'empereur Napoléon vient d'en donner une preuve en nommant le comte d'Escayrac officier de la Légion d'honneur.

Le comte d'Escayrac est parti le 3 septembre pour Trieste. Le 15, il sera en Égypte. Ses compagnons l'y auront bientôt rejoint; et dans les premiers jours d'octobre l'expédition commencera à remonter le Nil. Nous attendons son retour dans deux ans. Ce retour sera pour la science un grand événement; car, quelque chose qu'il arrive, le séjour prolongé de douze savants européens dans la partie la plus inconnue du monde ne peut manquer d'avoir d'immenses résultats.

Nous donnerons prochainement la liste du personnel européen de l'expédition.

Ernest Desplaces.

Académie des Sciences.

Séance du 15 septembre.

BLANC FRANÇAIS ET PAPIER ÉTAMÉ.

M. Babinet a présenté de la part de MM. Lazé et Tavernier, manufacturiers à Paris, un mémoire sur une nouvelle substance qu'ils fabriquent sous le nom de *blanc français* et qui a pour but de se substituer à la céruse, dans la peinture à l'huile et dans toutes les industries qui font usage du blanc de plomb. Une partie du mémoire est consacrée à la fabrication des papiers colorés à l'aide de matières qui *ne présentent aucun danger pour la santé*, ainsi que le prescrivent les ordonnances de police de décembre 1855. Quelques feuilles de *papier étamé*, destiné à remplacer la feuille d'étain, ont été mises sous les yeux de l'Académie, comme spécimens d'une industrie qui apporte une certaine amélioration dans la branche des arts insalubres.

CONSTRUCTION GÉOMÉTRIQUE DU RAPPORT π.

Au sujet d'un mémoire adressé à l'Académie sur la *quadrature mécanique du cercle*, M. Babinet a donné connaissance d'une méthode expéditive et inconnue encore, pour obtenir une longueur aussi rapprochée que possible, du rapport π de la circonférence au diamètre. Partagez le cercle par un diamètre vertical; menez le rayon qui fait avec ce diamètre un angle de 30 degrés; prolongez ce rayon jusqu'à sa rencontre avec la tangente menée par l'extrémité du diamètre; comptez sur cette tangente, à partir de ce point de rencontre, une longueur égale à trois fois le rayon; enfin joignez le dernier point obtenu ainsi à l'autre extrémité du diamètre et vous obtenez, avec une rigueur plus que suffisante dans la pratique, le rapport demandé.

Numériquement cette dernière ligne droite est exprimée par 3,14153 qui n'offre avec le rapport véritable qu'une différence de 6 centièmes de millimètre, pour une circonférence d'un mètre de diamètre. On comprend donc que cette méthode rende inutiles les instruments qui se proposent d'obtenir *mécaniquement* ce rapport, puisque l'erreur à laquelle elle conduit est moindre que celle dont les changements de température peuvent être la source, sur une règle ou une plaque de métal.

TREMBLEMENT DE TERRE DE PHILIPPEVILLE.

Parmi les nouveaux détails que l'Académie a reçus au sujet du tremblement de terre des 21 et 23 août, nous remarquons ceci : dans toute l'étendue de la plaine qui se trouve au-dessous de la ville, de larges fissures se sont ouvertes, desquelles on a vu s'élancer pendant quelques minutes, et à une distance de plusieurs mètres, de grandes masses d'eau qui entraînaient avec elles soit du sable siliceux, soit une boue d'une odeur infecte et sulfureuse. Aujourd'hui l'emplacement de ces divers foyers d'irruption se reconnaît à de longues traînées de verdure qui contrastent avec la sécheresse d'alentour.

TEMPÉRATURE DU SANG DANS LE COEUR.

M. Claude Bernard a donné lecture de la seconde partie de ses *Recherches expérimentales sur la chaleur animale;* cette fois il s'est agi des modifications de température que le sang éprouve en traversant l'appareil respiratoire. Les anciens pensaient généralement que les poumons ont la propriété de rafraîchir le sang qui les traverse : Lavoisier avança le premier que c'est l'inverse qui a lieu et pendant quelque temps les faits vinrent confirmer sa théorie. Cependant la question fut loin d'être définitivement résolue, car des expérimentateurs également habiles arrivèrent, en cherchant la température du sang dans le cœur, à des résultats bien contradictoires : ainsi les uns trouvèrent cette température plus élevée dans le ventricule droit que dans le ventricule gauche, et les autres arrivèrent à une conclusion opposée. Selon M. Cl. Bernard, la cause de cette erreur provient du mode même de l'expérimentation sur des animaux fraîchement tués : la circulation étant en effet interrompue complétement, il y a refroidissement graduel du sang et surtout refroidissement inégal, à cause de la différence d'épaisseur des parois des deux ventricules. Le peu d'accord des expériences entre elles s'explique par là, et c'est en opérant sur des animaux pris dans un état physiologique excellent, que M. Bernard a pu résoudre la question en litige.

Les expériences ont porté d'abord sur des chiens, puis sur des moutons, et toutes ont fourni ce résultat remarquable, que le sang est toujours plus chaud dans le ventricule droit que dans le ventricule gauche du cœur. Lorsque les animaux sont à jeun, la différence des deux températures est invariablement de 0°,2; s'ils sont pris vers la période digestive, elle descend à 0°,1. Ces animaux d'ailleurs survivent très-bien à ces expériences et ne perdent même pas leur appétit. Dans la première expérience, la température a été trouvée de 38°,2 dans le cœur droit et de 38°,0 dans le cœur gauche; dans la seconde, de 39°,5 dans le cœur droit, de 39°,3 dans le cœur gauche; sur le même chien, les nombres correspondants ont été 39°,2 et 39°,1, après lui avoir fait prendre une nourriture abondante. Toutes ces expériences doivent être faites sur des chiens de forte taille et avec des thermomètres dont la dimension permette d'atteindre au ventricule gauche.

Après avoir montré ensuite que cet excès de température est apporté dans le ventricule droit par la veine cave inférieure et non par la supérieure, M. Cl. Bernard conclut de ses propres expériences que le poumon ne peut pas être considéré comme un foyer de chaleur animale.

RECHERCHES EXPÉRIMENTALES SUR LA PHOTOPHOBIE.

Un jeune physiologiste italien, M. Castorani a présenté un mémoire sur la photophobie, renfermant le récit d'expériences très-variées faites sur des lapins. M. Castorani a pris d'abord une série de ces animaux auxquels il a enlevé plusieurs lames de la cornée pour obtenir une cornée transparente. L'animal, abandonné à lui-même près d'une fenêtre, se mit à cligner des paupières et à les fermer plus ou moins fortement, suivant l'intensité de la lumière. Le soir, les paupières étaient ouvertes ; mais à mesure qu'on approchait la lumière il les fermait fortement. Lorsque cette lumière était projetée avec l'ophthalmoscope, le clignement des paupières devenait plus marqué. Le jour suivant la plaie kératique était recouverte d'une exsudation plastique à demi transparente et déjà la photophobie se trouvait diminuée. Plus tard lorsque cette exsudation fut complète et tout à fait opaque, la photophobie disparut complétement. Dans ce cas les filets nerveux sont protégés par l'exsudation plastique et alors les rayons lumineux n'ont plus d'action sur eux. En effet, sur d'autres lapins, cette exsudation ayant été remplacée par une tache de plomb, la photophobie a presque cessé d'exister.

D'autres séries de lapins ont été soumises à des opérations sur différentes autres membranes de l'œil : pour compléter ses expériences, M. Castorani a même pratiqué la section des nerfs optiques, après avoir ouvert le crâne et soulevé les lobes antérieurs du cerveau : en pratiquant alors une plaie kératique sur un seul œil, celui-ci a présenté les signes de la photophophie tout à fait comme dans les autres cas, tandis que le second est resté parfaitement ouvert.

Sur d'autres lapins on a coupé tantôt le tronc de la cinquième paire, tantôt la branche ophthalmique de Willis, en soulevant les lobes latéraux du cerveau. Des plaies ayant été faites à la cornée aucune photophobie ne s'est manifestée. Dans ce cas, la cornée et l'iris étaient paralysés.

D'après toutes ces expériences, l'auteur conclut que le siége de la photophobie réside, non point dans le nerf optique, mais dans les nerfs ciliaires du trijumeau qui donnent la sensibilité à la cornée et à l'iris. Elle est, de plus, le symptôme des affections de ces deux membranes, avec cette particularité qu'elle atteint son maximum lorsque les filets nerveux sont à découvert, ou bien lorsqu'ils sont déchirés.

Pour mieux démontrer la vérité de ses conclusions, l'auteur examine aussi chez l'homme les faits que fournissent les maladies de la cornée et de l'iris, et s'attache à en faire ressortir de nombreuses analogies avec ses propres expériences. Dans le phlegmon oculaire, par exemple, qui est la conséquence de la paralysie de la cinquième paire, les malades n'éprouvent pas de photophobie : pour ce cas particulier, M. Cl. Bernard a cité sa propre expérience à l'appui, et il semble qne tous les faits de l'expérimentation et de la pathologie doivent donner raison à l'hypothèse de M. Castorani.

FÉLIX FOUCOU.

Séance du 22 septembre.

LE VOLCAN DE STROMBOLI

Le volcan de Stromboli, situé dans l'île de ce nom, entre le golfe de Naples et la Sicile, se distingue des autres volcans connus jusqu'à ce jour, en ce que ses éruptions affectent une périodicité très-régulière et que les intervalles qui les séparent l'une de l'autre sont de quelques minutes à peine, ce qui fait dire d'ordinaire que Stromboli est toujours en éruption. Depuis Strabon cette particularité, qui était très-bien connue des Grecs, a été observée chaque fois par des savants du premier ordre et entre autres par Spallanzani qui a signalé de légères variations dans les faits déjà acquis. En juin et en octobre 1855, M. Sainte-Claire-Deville avait déjà fait deux ascensions au sommet de Stromboli : l'Académie a reçu aujourd'hui le résultat des observations que ce jeune savant vient de faire dans une troisième ascension exécutée au mois de juillet dernier. M. Deville a reconnu trois bouches éruptives à ce volcan : les éruptions de ces trois bouches ne sont pas simultanées, mais elles alternent avec une sorte d'accord très-curieux : la première se répétant à des intervalles de 15 ou 20 minutes, la seconde de 8 à 10 et la dernière de 3 à 4 environ. D'après l'intensité de ces éruptions, M. Deville croit pouvoir ranger le volcan de Stromboli entre les volcans sujets à de grandes éruptions, tels que le Vésuve, l'Etna, etc., et les volcans qui sont dans une activité continuelle quoique plus faible, comme les solfatares d'Italie par exemple. L'analyse minutieuse à laquelle il a soumis aussi les vapeurs émanées de ces différentes bouches, lui a fourni le même résultat : ces vapeurs sont une transition de celles des grands volcans à celles des solfatares.

Au sujet de cette communication, M. Biot a rappelé quelques particularités de l'ascension qu'il fit, en 1825, au même volcan. Les bouches signalées par M. Deville s'y trouvaient déjà et la durée des intervalles entre deux éruptions consécutives ne variait pas non plus sensiblement. En profitant quelquefois de ces mêmes intervalles, pour regarder au fond de ces bouches, cet académicien a pu apercevoir comme une couche de scories s'agitant à ces profondeurs et montant peu à peu à la surface, jusqu'à se répandre au dehors en torrents de feu et en lave. Le même savant ajoute qu'à son retour, il vit la mer qui bouillonnait sur une certaine étendue, entre Stromboli et les îles Lipari, de manière à faire croire à l'existence, dans ces parages, d'un vaste système de bouches d'éruption sous-marines, semblables à celles du volcan lui-même.

M. de Quatrefages a saisi cette occasion de communiquer aussi à l'Académie le résultat le plus frappant de l'excursion qu'il fit dans la même île de Stromboli, avec M. Milne-Edwards. Ces deux savants observèrent jusqu'à cinq bouches éruptives au volcan ; seulement elles offraient cette singularité, que les éruptions de quatre d'entre elles étaient simultanées, se répétant de 5 minutes en 5 minutes à peu près, tandis que celles de la cinquième bouche ne revenaient guère que de 12 en 12 minutes : par compensation cette dernière était de beaucoup plus intense que les quatre autres, et de plus les deux phénomènes paraissaient être dans une indépendance complète l'un à l'égard de l'autre. Quant à la nature des substances qui s'en échappaient, M. de Quatrefages ne distingua aucune trace de lave, mais bien des masses considérables de pierres rougies par le feu.

M. Elie de Beaumont a résumé la question, en faisant remarquer l'intérêt que doit avoir tôt ou tard pour la science, le rapprochement de toutes ces observations relatives à un phénomène constant dans son ensemble, mais offrant chaque fois des différences assez tranchées : après quelques hésitations les académiciens qui avaient pris la parole sur cette question, ont consenti à fournir chacun une note devant faire suite au travail de M. Sainte-Claire-Deville, dans le prochain compte rendu.

PHASES PHOTOGRAPHIQUES DE LA LUNE.

En faisant hommage à l'Académie, de la dernière publication de ses mémoires, l'Observatoire du Collége romain a adressé quelques échantillons de portraits photographiés de la lune, dans ses diverses phases. M. Secchi, directeur de cet établissement, écrit que ces épreuves ont été obtenues par la méthode des projections, à l'aide du grand équatorial de l'observatoire. Par cette méthode il faut 8 minutes de temps environ pour photographier la partie la moins éclairée de la lune, et 6 minutes pour la partie qui se trouve dans le vertical du soleil. Ces différentes épreuves, qui paraissent très-bien réussies, se rapportent à plusieurs observations faites dans les mois d'août et de septembre. Celle du 9 septembre, entre autres, est la plus heureusement obtenue : on y distingue assez nettement les cavités des cratères de notre satellite.

La voie dans laquelle est ainsi entré l'observatoire de Rome, sera utile non-seulement à l'étude des taches de la lune, mais encore à celle des taches du soleil. M. Secchi espère, si la méthode des projections qu'il emploie à cet effet réussit, pouvoir réunir un excellent recueil d'observations sélénographiques.

Le volume joint à cet envoi contient beaucoup d'observations sur les nébuleuses, et, entre autres le catalogue de 78 étoiles doubles.

COMMUNICATIONS SOMMAIRES.

Par un décret spécial, l'Académie a été autorisée à accepter le legs du baron Barbier, consistant en une somme annuelle de 3,000 francs, hypothéquée sur le revenu de l'hôtel Voltaire, et destiné à récompenser le meilleur travail chirurgical, médical ou pharmaceutique, fait durant l'année.

— M. Pierre de Tchihatcheff adresse le second volume de son grand ouvrage, *Climatologie et Zoologie de l'Asie Mineure ;* la lettre qui accompagne cet envoi, appelle de nouveau l'attention du monde savant sur les richesses si peu connues encore de cette belle contrée.

— L'Académie a reçu aussi un travail d'astronomie, dans lequel l'auteur cherche à établir que les distances respectives des planètes et de leurs satellites forment des progressions géométriques.

— M. Isidore-Geoffroy Saint-Hilaire a présenté de la part de M. Stoltz une note sur un cas particulier qu'il a observé dans les affections de l'utérus. Un des lobes de la matrice imparfaitement développé, l'acte de la fécondation ne s'en poursuit malheureusement pas moins; mais vers le troisième mois environ, par suite de cette affection, il y a impossibilité de dilatation et rupture de cet organe : la mort devient alors inévitable pour la mère.

Félix Foucou.

PARTIE LITTÉRAIRE.

LOUISE MORNAND

III. — *Suite.*

Nous traversâmes un petit jardin; la porte de la maison s'ouvrit à notre approche, et sur le seuil parut la vieille bonne que j'avais vue à Dieppe. Elle accueillit ses maîtres avec cette respectueuse familiarité qui caractérise le domestique considéré, depuis longues années, comme membre de la famille, les gronda un peu d'être restés trop longtemps à la promenade, et nous fit entrer dans une chambre où pétillait un bon feu. Puis elle s'empressa autour de M. Mornand, lui ôta son paletot légèrement humide, y substitua une robe de chambre, insista pour qu'il mît, sans un moment de retard, les pantoufles fourrées qui chauffaient devant le feu et rapprocha son fauteuil de la flamme vivifiante. Pendant ce temps Louise, confiante sans doute dans le zèle de sa bonne, s'était retirée.

Nous restâmes donc seuls, M. Mornand et moi, et tandis que le vieillard, assis devant le feu, semblait donner toute son attention à l'arrangement des bûches et du charbon de terre, je laissai errer mes regards autour de cette chambre où tout atteste la présence habituelle de Louise.

C'est cependant, au fond, le salon d'un logement garni des plus vulgaires. L'ameublement, vieux et délabré, se compose d'un canapé recouvert de velours d'Utrecht rouge, de quatre fauteuils de forme mesquine et de quelques chaises de paille; des rideaux de calicot blanc bordés de rouge garnissent les fenêtres; la cheminée, de bois peint en noir, supporte une affreuse pendule d'albâtre et deux vases en porcelaine grossièrement peints, contenant des fleurs artificielles. J'oubliais une table ronde dont la laideur est cachée par un tapis de drap. Tel était sans doute dans l'origine tout l'ameublement de ce salon dont le plafond crevassé est traversé par deux poutres énormes. Rien de singulier comme le contraste, harmonieux d'ailleurs, que forment avec ces vieilleries les autres objets, appartenant évidemment aux locataires actuels.

Un piano droit, placé en face de la cheminée, était ouvert et sur son pupitre se trouvait une mélodie de Schubert. Au dessus du piano est suspendue une élégante petite bibliothèque chargée d'un trésor de poëtes et de penseurs richement reliés; une table à ouvrage, vrai chef-d'œuvre de ciselure et de marqueterie, occupe l'embrasure d'une des fenêtres, et l'album entr'ouvert, les crayons, la boîte à filet, la broderie inachevée, le mouchoir de batiste et les mitaines de soie, et le bouquet de fleurs d'automne, frais et pâle, dans un vase en terre brune de forme antique, toutes ces choses éparses sur les différents meubles, parlaient éloquemment du génie de grâce et de poésie qui règne maintenant dans ces lieux.

Quelle différence entre la demeure habitée par une femme et celle que sa présence n'illumine jamais! Je me marierai, certainement.

J'étais tombé dans une profonde rêverie dont je fus tiré par un soupir échappé à M. Mornand. Ce soupir involontaire parut l'avoir rappelé à la conscience de ce qui l'entourait; il leva les yeux et les fixa sur moi; puis, ayant secoué la tête comme pour chasser une pensée importune, il sourit et me tendit la main.

Je répondis avec empressement à cette avance et approchai vivement mon fauteuil du sien.

« Pardonnez, me dit-il; je suis souvent distrait, et ma société, je le crains, est fort ennuyeuse. »

Je le priai de ne pas se gêner. — « Nul plus que moi, l'assurai-je, ne respecte les rêveries, car j'y suis fort sujet.

— Ah! dit-il, tant mieux pour moi. Cependant, poursuivit-il plus sérieusement, je vous conseille de combattre ce penchant. A votre âge il convient de penser et d'agir, plutôt que de rêver. »

A peine eut-il prononcé ces paroles que la porte s'ouvrit, et mademoiselle Mornand reparut. Je suis sûr que tu t'intéresses déjà à cette charmante personne; si j'étais près de toi tu me dirais de te faire son portrait. Pour cela, il faudrait savoir peindre; comment, par une description, t'en donner une idée juste?

Ce n'est pas une toute jeune fille; elle ne doit pas avoir moins de vingt-deux ou vingt-trois ans. Sa taille est assez élevée, svelte sans maigreur et pleine d'une grâce parfaitement naturelle. Ses cheveux, très-abondants, sont de cette belle nuance châtain doré où un rayon de soleil semble, en passant, avoir laissé son reflet. Son teint est d'une admirable pureté, un peu pâle; mais sa beauté consiste moins dans les traits que dans l'expression; nulle part la bonté, la vérité, l'intelligence ne fixèrent leur sceau plus visiblement que sur ce front élevé, dans ces yeux au regard pur et profond, sur ces lèvres où n'a jamais passé un sourire dédaigneux ou faux.

Elle entra, suivie de la vieille Catherine. Celle-ci disposa sur la table un bon petit déjeûner auquel je fis grand honneur, car ma longue promenade et le bonheur que j'éprouvais contribuaient à me donner un excellent appétit. Louise paraissait heureuse, M. Mornand ne soupira plus, et la conversation s'anima. Charmé de voir que j'inspirais de l'intérêt à mes hôtes, je leur témoignai une entière franchise en parlant de moi. Je désirais ardemment que cette rencontre eût des suites, et mes vœux furent exaucés. Lorsque la pluie ayant cessé, je me levai pour prendre congé de mes nouveaux amis, M. Mornand me pria, avec une cordialité vraie, de renouveler ma visite. Louise n'appuya pas l'invitation de son oncle autrement que par un sourire, mais je préférai cela à des paroles, et je suis sûr qu'il y avait de l'émotion dans ma voix quand, serrant la main de M. Mornand, je le remerciai de la permission qu'il m'accordait.

En revenant j'étais heureux comme quelqu'un qui vient de découvrir un trésor. Et en effet, dans l'état actuel de mon esprit, cet incident peut être regardé comme un trésor. La manière singulière, inattendue, dont j'ai fait ces nouvelles connaissances, la vie retirée que mènent l'oncle et la nièce, reclusion qui les entoure d'une sorte de mystère et donne mille fois plus de prix à leur hospitalité, l'air souffrant et mélancolique du vieillard, le charme indicible répandu autour de la jeune fille,—tout cela me cause

1) Voir le numéro 33

une préoccupation douce et salutaire et m'invite à prolonger mon séjour ici. Ma bonne mère, tu ne t'en plaindras pas.

IV

Le 12 octobre.

Louise te plaît, j'en étais sûr; ta lettre, malgré la prudente réserve avec laquelle elle est écrite, me prouve que tu fais déjà pour moi des rêves de bonheur. Pauvre mère, mère au cœur sympathique, n'oubliais-tu pas que Louise et moi nous ne nous étions vus, ou, du moins, ne nous étions parlé qu'une seule fois?

Je suis retourné hier à Varengeville. En ouvrant la porte du jardin, j'aperçus M. Mornand qui se promenait seul. Il ne me vit pas d'abord, et j'eus le loisir de l'examiner. C'est un homme dont il est difficile de préciser l'âge; on devine à son aspect que les chagrins plutôt que les années ont courbé sa haute taille, blanchi ses cheveux et ridé son front. Toute sa personne porte l'empreinte d'une profonde douleur; en remarquant sa démarche faible et tremblante, et l'expression de souffrance morale répandue sur son visage, je me sentis ému d'une respectueuse pitié.

Dès qu'il m'eut aperçu, il s'avança vers moi, me salua et me remercia en termes fort polis d'être revenu le voir, mais ses manières me semblèrent contraintes, presque froides, et je craignis d'être importun. Cependant je ne pouvais renoncer sitôt au rêve agréable dont je m'étais bercé. Je t'assure que ce ne sont pas seulement les charmes de Louise qui m'ont captivé; ce vieillard m'inspire un profond intérêt. Ce n'est pas un homme ordinaire; si je parviens à gagner son amitié, j'aurai lieu d'en être fier.

Mais en ce moment il ne paraissait guère communicatif; les premières phrases de politesse échangées, il reprit sa lente promenade, et je marchai à côté de lui, réglant mon pas sur le sien, attendant qu'il lui plût de m'adresser la parole.

Enfin il se tourna vers moi et me dit un peu brusquement :

« C'est bien aujourd'hui le 11, n'est-ce pas? »

Je répondis affirmativement.

« Ah! oui, poursuivit-il, se parlant à lui-même plutôt qu'à moi. Je ne prends guère note, maintenant, des mois et des jours, mais je ne puis me tromper sur cette date. Avez-vous un père, jeune homme? me demanda-t-il après une pause.

— J'ai eu le malheur de le perdre il y a plusieurs années, répondis-je; mais j'ai toujours ma mère.

— Et vous êtes son enfant unique?

— Le seul qui lui reste.

— Rendez-la donc heureuse; faites qu'elle se souvienne avec joie du jour où elle vous mit au monde. Il y a aujourd'hui vingt-cinq ans j'étais bien heureux et bien fier... »

Le vieillard s'interrompit; un frisson parcourut son corps. Par un mouvement presque instinctif je pris sa main et passant son bras sous le mien, je le forçai de s'appuyer sur moi. Au même instant mon cœur fit un bond, car à l'extrémité de l'allée parut Louise tenant sa broderie à la main; elle s'avança vers nous d'un air souriant et je sentis en la voyant que sa présence était comme un doux rayon de soleil qui disperse les nuages. La physionomie troublée de M. Mornand s'éclaircit; il se pencha vers moi et me dit d'une voix émue :

« Voici ma consolation! »

V

Le 25 octobre.

A mesure que le temps se rembrunit, que les journées se raccourcissent, mes visites à Varengeville deviennent plus fréquentes et plus longues. La distance pourrait sembler un obstacle, mais j'ai trouvé moyen d'y remédier non-seulement à l'aide d'un bon petit cheval gris que le loueur tient toujours à ma disposition, mais encore en passant la nuit dans une auberge située à dix minutes de la maison de M. Mornand.

Je cultive donc avec bonheur mes nouvelles connaissances, et chaque jour je me félicite du hasard ou plutôt de la Providence qui m'a mis en relation avec elles. C'est le soir, surtout, que leur société m'est précieuse; aussi la chambre d'auberge est-elle une trouvaille inappréciable. J'aime arriver chez mes amis quand les rideaux sont tirés, quand la lampe est allumée sur la table ronde. Lorsque j'entre, laissant au dehors le froid brouillard de la nuit, le petit salon offre un aspect vraiment réjouissant, et l'accueil tranquille et affectueux que je reçois me met parfaitement à mon aise en me prouvant que ma présence n'est jamais importune. M. Mornand me tend la main sans quitter son fauteuil; sa nièce se contente de lever la tête et de me sourire. Et moi, après avoir serré la main du vieillard, je vais sans façon m'asseoir auprès de Louise ou m'appuyer sur le dos de sa chaise pour voir ce qu'elle fait. Son occupation habituelle le soir c'est le dessin; elle achève de souvenir des esquisses qu'elle a jetées sur le papier dans ses promenades, et elle donne une grâce vraiment pittoresque et un fini exquis à ces petits paysages qui représentent tantôt une chaumière ou une église de village, tantôt un simple tronc d'arbre ou une pierre couverte de mousse.

Que les heures s'écoulent agréablement dans une maison où l'on voit à toute heure les signes de l'occupation! La conversation est douce et facile autour d'une table sur laquelle sont épars des livres, du papier, des plumes et des crayons. On ne s'efforce pas de parler; les sujets de causerie viennent naturellement, suggérés par les objets qui vous entourent, et si le silence se fait ce n'est pas le silence de l'ennui ni du vide de l'esprit. Il nous arrive parfois de rester longtemps sans échanger un mot, et je ne sais rien de plus charmant que ces moments de calme parfait; ils me prouvent, mieux que la conversation a plus animée, la sympathie qui règne entre nous.

Mais la causerie a bien aussi ses attraits. Quelquefois nous parvenons, Louise et moi, à dérider le front soucieux de M. Mornand, et alors elle m'adresse furtivement de doux regards d'intelligence et de remercîment qui font battre mon cœur. D'autres fois, cependant, tous mes efforts pour distraire le vieillard sont vains; il repousse avec un mélancolique sourire mes timides plaisanteries, et, fermant les yeux, semble résolu de se livrer à ses tristes préoccupations. Ces jours-là Louise est plus pensive et si j'essaie de mettre la conversation sur un ton léger, elle m'arrête en secouant tristement la tête. Mais ce qui me rend heureuse, c'est qu'alors même je suis le bienvenu. M. Mornand, si abattu qu'il soit, se ranime un moment à mon arrivée et je ne puis m'empêcher de croire que mes visites sont une distraction agréable pour Louise. Ah! si elles pouvaient être quelque chose de plus!

A neuf heures Catherine apporte le thé et à dix heures et demie, au plus tard, je dis adieu à mes amis. Je t'assure que ces paisibles soirées valent bien les brillantes réunions de Paris.

Hier Louise s'est mise au piano. Elle ne chante pas, mais elle est excellente musicienne. Sa manière de jouer te charmerait. Elle n'exécute point de ces grands morceaux hérissés de difficultés, où le motif original se noie dans un déluge d'accords, de gammes, de cadences, mais il est à peine possible de nommer un air ancien ou moderne qui lui soit inconnu. Elle les joue sans effort, avec ce sentiment musical qui ne s'acquiert pas, et se laisse souvent aller, par inspiration, à de capricieuses et ravissantes variations. On ne se lasse pas de l'entendre.

Elle nous avait charmés ainsi pendant une heure au moins et mon attention l'avait suivie, captive, à travers un délicieux labyrinthe d'airs italiens et allemands lorsque, changeant tout à coup de rhythme, elle se mit à jouer une valse. Pour voir Louise pendant qu'elle jouait, je m'étais enfoncé dans une grande bergère qui se trouve placée à côté du piano; mais peu à peu, sous l'influence de la musique, j'étais devenu rêveur, la tête appuyée sur la main je fermai les yeux et me livrai tout entier aux fantaisies que cette dernière et enivrante mélodie évoquait en moi.

Sous le charme de ces sons magiques, mon esprit fut transporté au milieu d'un bal. Je voyais, vaguement et comme à travers un voile, les lumières, les fleurs, les femmes richement parées qui tournoyaient dans l'atmosphère vaporeuse et parfumée; je voyais les lèvres haletantes, les blanches épaules, les tailles souples s'appuyant mollement sur les bras qui les entouraient; j'entendais le frôlement de la soie, le murmure des voix; — et Louise était là, dans mon imagination je la revêtissais d'une toilette dont une reine eût envié l'élégance et la richesse, elle m'attendait en souriant; un moment de plus, nous entrions tous deux dans le cercle enchanté — mais soudain tout disparut, la musique avait cessé.

Un soupir m'échappa. Levant les yeux, je vis que Louise avait quitté le piano. Elle était auprès de son oncle et se penchait en ce moment vers lui, assise sur le bras de son fauteuil.

Je me levai et m'approchai d'eux.

« Quelle charmante valse! dis-je. Vous m'avez transporté au milieu d'un bal.

— Vraiment! répondit-elle. Il me semblait que vous dormiez. Mais peut-être rêvez-vous tout éveillé?

— Cela m'arrive. Cette fois c'était une véritable vision.

— Et votre bal?..

— Etait brillant, vous y étiez.

— Je dansais?

— Nous allions danser. Votre valse a été trop tôt finie!

— Vous avez bien de l'imagination,» dit-elle en souriant.

Je lui demandai si elle aimait la danse.

« Louise ne doit presque plus savoir danser, dit M. Mornand.

— Oh! que si! mon oncle, répondit Louise. Ce talent-là ne s'oublie guère et je vous assure que je me tirerais encore d'affaire si l'occasion se présentait. »

La conversation s'engagea sur les bals, les concerts, les réunions de toute espèce, et je découvris bientôt que Louise est loin de mépriser les plaisirs du monde. Elle me parla surtout d'un cercle charmant, intime, composé de personnes non-seulement aimables, mais distinguées sous le rapport de l'intelligence et des talents. Il est évident que dans cette société Louise a goûté le plaisir le plus pur et le plus élevé. Son oncle l'écoutait et une ombre passa sur son front, une ombre, non de mécontentement, mais de regret.

« Chère enfant, dit-il en prenant la main de sa nièce. Elle est privée depuis trop longtemps des jouissances qu'elle sait si bien apprécier. Et pourtant, ma Louise, il ne tient qu'à toi de rentrer dans le monde dont tu t'es volontairement éloignée. Tu n'as qu'à exaucer les prières de ta cousine qui t'a suppliée d'aller demeurer chez elle...

— Taisez-vous, mon oncle, interrompit Louise. » Et passant son bras autour du cou du vieillard, elle se pencha en avant de manière à le regarder en face. Méchant oncle, reprit-elle, vous savez bien que je ne veux pas vous quitter; nulle part je ne pourrais être aussi heureuse qu'ici. Elle prononça ces paroles gaiement mais d'une voix émue. Son oncle fixa tendrement les yeux sur elle et murmura tout bas :

« Merci, mon enfant bien-aimée, ma rose dans le désert; reste près de moi, reste jusqu'à la fin.

Madame VICTOR MEUNIER.

(La suite au prochain numéro.)

FAITS DIVERS

Le MUSÉUM d'histoire naturelle vient de se procurer :

1° Un casoar à casque, adulte, de l'archipel Indien, qui a été placé dans le parc voisin des casoars australiens.

2° Une paire de colins de la Californie.

3° Un cerf roux du Para, espèce très-remarquable par sa petite taille et par l'absence des bois; ils ne se développent pas plus dans le cerf que dans la biche.

4° Deux lagotriches, genre de singes à queue prenante, très-rare, et que la Ménagerie n'avait jamais possédé. (Du Para.)

5° Un porc-épic à queue prenante, nouvelle espèce. (Du Para.)

6° Une perruche rare.

LA MONNAIE DE CUIVRE. — On lit dans le *Moniteur* : « On croit devoir rappeler au public que les anciennes monnaies de cuivre (sous royaux et sous de la république) cesseront d'avoir cours légal et forcé le 1er octobre prochain.

« Mais, en vertu d'un décret impérial inséré aujourd'hui au *Moniteur*, elles continueront à être reçues ou échangées dans les caisses publiques *jusqu'au* 10 *octobre inclusivement*. Ce nouveau délai permettra aux particuliers de se défaire des espèces démonétisées qui se trouveront encore entre leurs mains.

« A partir du 25 septembre, il sera ouvert à Paris des comptoirs d'échange à la Monnaie, à la caisse centrale du Trésor, rue de Rivoli, et dans tous les bureaux de poste, de neuf heures du matin à quatre heures du soir, les dimanches exceptés. L'échange n'aura lieu dans les bureaux de poste que pour les sommes de peu d'importance. »

LE GÉOMÈTRE LAGRANGE. — Turin va élever une statue à Louis Lagrange, le grand géomètre, né, le 25 janvier 1786, dans cette capitale.

EXPOSITION DE PEINTURE. — Une exposition des ouvrages des artistes vivants aura lieu du 15 mai au 15 juillet 1857.

EXPOSITION PHOTOGRAPHIQUE DE SYDENHAM. — On lit dans la *Lumière*: La *Compagnie du Palais de Cristal*, se proposant de faire une exposition d'épreuves photographiques immédiatement après le clôture de son exposition de tableaux, invite MM. les photographes à envoyer leurs produits à Sydenham.

M. Henri MOGFORD, de Londres, directeur, nous charge d'annoncer les CONDITIONS suivantes :

« La Compagnie payera tous les frais d'emballage et de transport d'aller et retour.

« Dix pour cent de commission seront prélevés sur le produit de vente.

« Les photographies devront être sous verre.

« M. H. BERTHOUD, 15, *rue des Maçons-Sorbonne*, agent de la Compagnie, est chargé de l'expédition. »

De nouvelles instructions qui nous seront transmises sous peu de jours, nous permettront d'indiquer l'époque de l'ouverture et la durée de cette exposition.

TREMBLEMENT DE TERRE A TRIESTE. — La *Gazette de Trieste* annonce que, le 16 septembre, à neuf heures trois quarts, et par un temps calme et clair, on a ressenti dans cette ville un tremblement de terre assez fort avec oscillation. Sa durée a été de trois à quatre secondes. On avait observé le même phénomène le 9 février 1855, à trois heures du matin.

Pour tous les faits divers : V. M.

Prix d'abonnement pour l'étranger.

Allemagne, 12 fr. — Suisse, Parme, Plaisance, Modène, 12 fr. 50 c. — Etats-Sardes, Grèce, 13 fr. — Hollande, Angleterre, 14 fr. — Etats-Unis, Indostan, Turquie, 14 fr. 50 c.— Belgique, Prusse, Hanovre, Saxe, Pologne, Russie, Espagne, Portugal, 15 fr. 50 c. — Toscane, 16 fr. 50 c. — Etats-Romains, 20 fr. 50 c.

Le propriétaire rédacteur-gérant : VICTOR MEUNIER.

PARIS. — DE SOYE ET BOUCHET, IMPRIMEURS, 2, PLACE DU PANTHÉON.

TRAITÉ de l'écrasement linéaire, par E. CHASSAIGNAC, chirurgien de l'hôpital Lariboisière. In-8°, de 560 pages, avec 40 planches. — Paris, J.-B. BAILLIÈRE.

ESQUISSES PHOTOGRAPHIQUES à propos de l'Exposition universelle et de la guerre d'Orient, par Ernest LACAN.

Ce livre contient un exposé succinct de l'origine de la photographie et la biographie de Joseph-Nicéphore Niepce, l'inventeur de l'héliographie ; l'énumération des rapides progrès de cette invention récente et de ses diverses applications aux beaux-arts ; une revue complète, à propos de l'Exposition universelle, des productions de tous genres, telles que monuments, œuvres d'art, paysages, vues, portraits, etc., etc., exposées par les amateurs et artistes de toutes les nations; l'historique de la guerre d'Orient, d'après les vues reproduites par les photographes pendant que les armées étaient en présence; les inondations; le concours agricole; les fêtes publiques, et un résumé indiquant les riches ressources qu'offre la photographie pour l'avenir et les merveilleux résultats qu'elle a obtenus jusqu'à ce jour. — 1 vol. in-18. GRASSART, 3, rue de la Paix.

Fabrique d'instruments de Physique.

Optique, Chimie et Mathématiques. Balances d'essai et de Platner, etc. Prix très-modérés. On exécute toute espèce d'instruments sur dessins ou modèles. GÉRARD et Comp., impasse de la Pompe, 18 (Paris.).

PIANOS A DOUBLE TABLE D'HARMONIE

Par VAN OVERBERG, facteur breveté

Admis à l'Exposition universelle de 1855.

Rue de Choiseul, 9.

Le mérite et toutes les qualités des pianos de Van Overberg sont depuis longtemps appréciés. Une invention nouvelle, la double table d'harmonie, donne à ses pianos droits plus de puissance et de sonorité que n'en ont les incommodes pianos à queue. Ces pianos se recommandent par une solidité à toute épreuve; leur construction en bois et en fer leur permet de résister à toutes les températures.

Le public trouve dans les salons de M. Van Overberg un splendide assortiment de pianos de luxe de tous styles, bois de rose, marqueterie, genre Boule, ornés de bronze, chêne antique sculpté, ébène et or.

Carte des Chemins de fer de l'empire français

Par L. SAGANSAN, géographe de S. M. l'Empereur et de l'Administration des Postes.

Adoptée par les Compagnies de Chemins de fer, et agréée par S. Exc. le Ministre de la guerre pour servir aux transports de la guerre. Grandeur 1 m. 10 c. sur 1 m. 18 c. — Coloriée par Compagnie. 6 fr.

CARTE DES ÉTATS DE L'EUROPE, avec LES RÉGIONS CIRCONVOISINES, indiquant les chemins de fer, etc., publiée d'après les documents officiels les plus récents. 2 feuilles grand monde, coloriée. Prix : 10 fr.

Chez l'auteur, 9, rue Joubert, à Paris. — A la Librairie Nouvelle, 15, boulevart des Italiens.

N. B. Toute demande de 6 fr. et au-dessus, payée en mandat de poste, sera envoyée *franco.*

PISTOLETS REVOLVERS-LEFAUCHEUX

A SIX COUPS ET UN SEUL CANON. — Breveté S. G. D. G. — Adoptés par la Marine française et l'Armée.

Le Pistolet REVOLVER-LEFAUCHEUX, A SIX COUPS, qui a été soumis, par ordre de M. le Ministre de la Marine, à des expériences comparatives à bord du *vaisseau-école LE SUFFREN,* a obtenu l'avantage sur tous ses concurrents.

La commission chargée des expériences comparatives a conclu au rejet des *systèmes* COLT et ADAMS, *et à l'adoption* du pistolet REVOLVER-LEFAUCHEUX.

Ce Pistolet offre les avantages :

De se charger dans moins d'un quart de minute;

D'avoir la balle forcée;

De donner une sécurité complète au moyen d'une baguette formant verrou;

De pouvoir se décharger, lorsqu'on ne veut pas le tirer, avec autant de promptitude et de facilité qu'il se charge.

Prix du Pistolet Revolver-Lefaucheux.

Pistolet uni sans gravure, avec 50 cartouches	95 francs.
» avec gravure, avec 50 cartouches	115
» sans gravure, avec boîte, accessoires et 50 cartouches	120
» avec gravure, avec boîte, accessoires et 50 cartouches	140

La charge étant hermétiquement renfermée dans la cartouche, l'amorce ne peut s'altérer et l'arme ne rate jamais.

Si cette arme est utile pour l'armée, elle est indispensable aux personnes isolées qui habitent les châteaux ou maisons de campagne.

Comme arme de défense, on peut tenir tête à douze personnes avec une paire de ces pistolets, dont on sera d'autant plus sûrs QU'ILS NE RATENT JAMAIS, ainsi que le constate le rapport de la commission de marine.

Comme arme d'agrément, on n'aura plus les ennuis de la charge d'un pistolet ordinaire. Quoique la balle soit forcée, on n'aura aucun effort à faire pour introduire la cartouche.

Maison de vente : rue Vivienne, 37. — Commission. — Exportation. — 9, rue Lafayette, à la fabrique.

CACHEMIRES FRANÇAIS

MAISON BIÉTRY

41, Boulevart des Capucines, 41.

M. BIETRY, breveté de Leurs Majestés, fournisseur de Cachemires français de l'Impératrice, pour répondre à de nombreuses annonces dans lesquelles son nom est cité, se trouve de nouveau forcé de prévenir les personnes qui veulent bien l'honorer de leur confiance, qu'il ne demeure plus rue de Richelieu, et que ses Magasins de Châles et Tissus-Cachemire sont actuellement boulevart des Capucines, 41.

On trouve dans cette maison les Châles les plus nouveaux, les plus fins et de qualité supérieure que la fabrique française a produits jusqu'à ce jour; on y trouve également des Châles-Cachemires, des Châles de laine d'une bonne fabrication courante, et des Tissus-Cachemires pour Robes, Châles unis pour deuil, Châtelaines, Fichus, Cache-Nez, etc.

Chaque objet est revêtu d'un cachet portant le nom, la garantie de la désignation, un numéro d'ordre et une étiquette ou prix fixé. Toutes ces attestations sont reproduites sur la facture. L'acheteur a donc toute sécurité quant au prix et à la qualité.

Sur demande, on expédie en province. — Seule Maison BIÉTRY, boulevart des Capucines, 41.

LA PRESSE DES ENFANTS

JOURNAL ILLUSTRÉ

Sous la direction de M. VICTOR MEUNIER, rédacteur en chef de l'AMI DES SCIENCES.

La *Presse des Enfants,* seul journal hebdomadaire destiné à la jeunesse, paraît tous les jeudis dans le format de l'*Ami des Sciences.* Chaque numéro contient huit pages d'impression sur deux colonnes.

Prix d'abonnement pour l'année : Paris, 6 francs; départements, 8 fr.; étranger, surtaxe de poste en sus. On s'abonne par un mandat de poste ou sur une maison de Paris, à l'ordre de M. Victor MEUNIER.

Bureaux : 13, rue du Jardinet, à Paris. (*Affranchir.*)

Deuxième année. — N° 40. 25 CENTIMES 3 octobre 1856.

L'AMI DES SCIENCES

JOURNAL DU DIMANCHE

SOUS LA DIRECTION DE

VICTOR MEUNIER

BUREAUX D'ABONNEMENT
13, RUE DU JARDINET, 13
Près l'École de Médecine
A PARIS

ABONNEMENTS POUR L'ANNÉE
PARIS, 10 FR.; — DÉPART., 12 fr.
Étranger (Voir à la fin du Journal).

PORTE-AMARRE DE SAUVETAGE

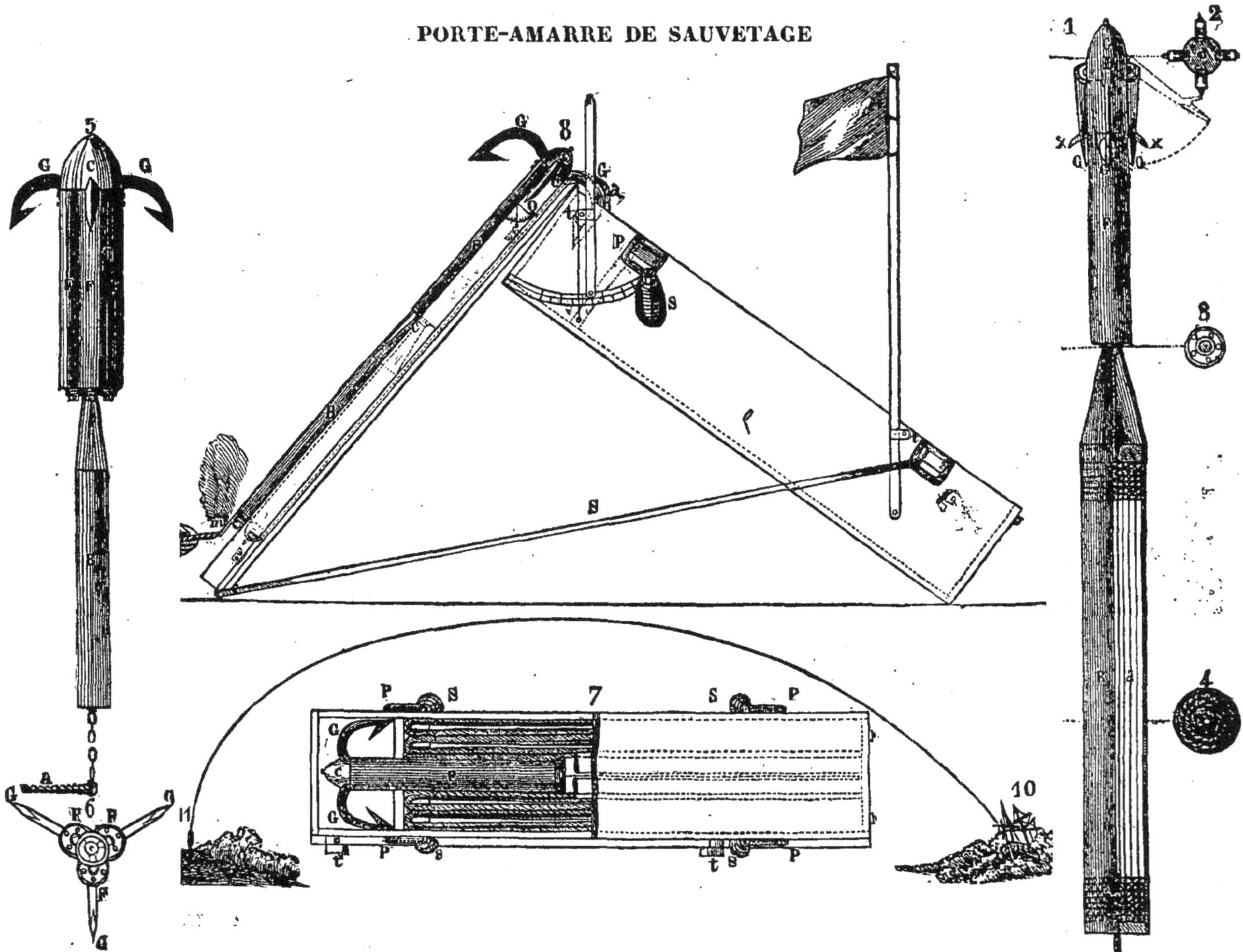

Dans nos numéros 31 et 32, nous avons entretenu nos lecteurs des appareils de sauvetage pour la marine, inventés par M. le capitaine Tremblay. L'importance de la question nous engage à y revenir et à compléter ce que nous en avons dit par de nouveaux dessins, dont nous allons d'abord donner la légende.

Les dessins 1, 2, 3, 4, sont à l'échelle de 1/15, les dessins 5, 6, 7, 8, 9, 9', sont à l'échelle de 1/20.

1, élévation et coupe du premier grappin porte-amarre de sauvetage imaginé par M. Tremblay, 2 coupe du chapiteau et projection des branches articulées sur ce plan. 3, culot en fer forgé terminant la tige du grappin par 5 trous desquels s'échappent les gaz enflammés. 4, coupe de la baguette-lovage, de l'amarre.

5, élévation du grappin à 3 fusées. 6, plan de ce grappin reposant sur son chapiteau, système de réunion des 3 culots. 7, plan de la caisse de sauvetage installée pour le lovage en S. 8, élévation longitudinale de l'appareil disposé pour le tir.

9, élévation latérale de la caisse de sauvetage installée pour le lovage en bobine. 9', élévation postérieure de l'appareil disposé pour le tir.

10, 11, tir de bord à terre d'un grappin porte-amarre.

F, tige du grappin, contenant 6 kilogr. de composition fusante. — G, branches du grappin, — X X, talons d'échappement destinés à faire ouvrir les branches articulées, dans le cas où la fusée *f* ou le ressort d'échappement contenu dans l'articulation de ces pattes ne fonctionneraient pas. — C, chapiteau. *f*, fusée auxiliaire, brûlant à un moment donné (10 secondes après l'appareil), le fil d'archal retenant les tiges du grappin. B, baguette directrice. — *c c c c* parcours de la chaîne précédant l'amarre. — *u*, cordage sauveteur. A, affût pour lancer le grappin. — Q, quart de cercle pour le pointage en hauteur. — T, tringles pour le pointage en direction. — *t*, tourniquets maintenant les tringles contre la caisse. — P, poignées de la caisse. — S, saisines servant à tenir la caisse invariablement pointée. — *m*, mèche à étoupille pour communiquer le feu à la composition fusante du grappin.

Dans un travail complet que nous avons sous les yeux, M. Tremblay donne la description de l'appareil fig. 1 et donne les motifs qui l'ont déterminé à ne pas l'expérimenter. Il rend compte ensuite du premier essai de son grappin-porte-amarre entraînant une corde lovée en rond sur le sol et il continue ainsi :

« Je résolus, d'accord avec les témoins de cette expérience, de plier le cordage dans une caisse dont je disposai le couvercle de manière à servir d'affût, et dans laquelle je plaçai deux grappins-porte-amarre, la corde devant suffire à leur course. La figure 7 représente l'appareil au repos dans lequel le cordage est lové en S autour de bâtons traversant le fond de la caisse. Ces bâtons sont retirés avant de mettre le feu à la mèche. La figure 8 représente cet appareil disposé pour le tir. L'appareil porte à 296 mètres, vent arrière, une corde de 15 millimètres de diamètre en développant 298 mètres de cette corde pesant 57 kilogrammes. »

Nous avons donné (n°s 31 et 32) un dessin de l'appareil adopté, montrant le cordage roulé en bobine, mode de lovage pour lequel l'auteur éprouvait une sorte de prédilection. Cet appareil et celui que nous décrivons aujourd'hui, essayés comparativement, ont donné à peu près les mêmes résultats comme portée, mais pour les directions l'avantage est resté au lovage en bobine. De plus ce dernier mode de lovage occupe moins de place que le premier et est moins sujet à se déranger. Enfin l'appareil disposé pour le lovage en bobine est plus facile à employer à bord que le premier, il est plus marin.

« Voulant, dit M. Tremblay, démontrer que la puissance de l'appareil était illimité, je réunis ensemble d'abord deux, puis trois fusées, formant la tige d'un grappin porte-amarre qui naturellement devait avoir une puissance double et triple du premier; l'expérience confirma mes prévisions. Les culots des fusées réunies en faisceaux n'auront à l'avenir qu'un trou central pour l'écoulement du gaz, et les baguettes seront plus longues afin de mieux assurer les directions.

« Je vais maintenant donner une instruction pour l'emploi de l'appareil, en engageant le lecteur à suivre les détails de la manœuvre sur les dessins.

« Il s'agit d'établir une communication entre un navire naufragé (fig. 10) et la terre (fig. 11).

« 1° Ouvrir la caisse et rabattre les deux bouts, retirer le grappin-porte-amarre et le disposer pour le tir en dévissant les bouchons en fer taraudés qui ferment les cinq trous du culot (indiqués figure 3); le placer ensuite entre les deux côtés relevés de l'affût A.

« 2° Pointer la caisse en hauteur à l'aide du fil à plomb et du quart de cercle Q tracé sur un des côtés, en appuyant cette caisse sur le plat-bord du navire, et la soulevant par les poignées jusqu'à ce que le fil à plomb marque 50°, angle de tir le plus favorable à la portée du grappin ; pointer ensuite la caisse en direction en mettant les tringles (TT) dans l'alignement du point de la côte que l'on veut atteindre.

« 3° Placer la mèche de communication (m) dans un des trous du culot, mettre le feu à cette mèche, et se retirer sur le côté, de manière à ne pas être gêné pour observer la marche de la chute du grappin.

« Voici d'après quel principe a lieu l'ascension de ce grappin :

« Le feu, gagnant de proche en proche, arrive au culot du grappin, dont la composition intérieure s'enflamme ; un jet de feu immense jaillit par les cinq trous de ce culot ; il se produit une grande quantité de gaz très-élastique, et il en résulte une pression sur tout l'espace inoccupé dans l'intérieur de la tige du grappin. Si les trous du culot s'étaient trouvés subitement fermés après avoir mis le feu à la composition que contient le grappin, cette pression n'aurait eu aucun effet de mouvement sur lui, la pression sur la paroi étant balancée de toutes parts par des pressions égales et opposées; mais, à raison des ouvertures, la pression n'a plus aucun contre-poids autre que le poids du grappin et de sa corde. Si les dimensions convenables ont donc été données au grappin, et que la charge soit de force suffisante, la pression sera suffisante aussi pour soulever ce poids, et le grappin montera.

« Pendant cette digression, le grappin s'est élevé pour décrire la courbe indiquée dans les figures 10 et 11, et tomber à terre au point voulu. Le développement de la corde qu'il entraîne, a commencé par la couche centrale (celle qui forme l'âme ou le vide de la bobine), en allant de l'intérieur à l'extérieur. — C'est une pelote de grosse corde, qui reste à bord, dans la caisse où elle est logée, et que le grappin développe dans sa course.

« Le grappin étant arrivé à terre et se fixant au sol, la communication se trouve ainsi établie. On peut alors faire embarquer l'équipage dans un canot, ou sur un radeau si la mer a enlevé toutes les embarcations, et se servir de la corde projetée pour se haler à terre. »

La commission d'expérimentation, comparant le porte-amarre de sauvetage de M. Delvigne et le grappin-porte-amarre, s'exprime ainsi dans son rapport :

« *En comparant l'appareil de M. le capitaine Tremblay au système de M. Delvigne, on est obligé d'admettre la supériorité du premier système, qui fonctionne sans le secours d'aucune bouche à feu, projette un grappin avec une corde de 34 millim. à 27 millim. de circonférence dans une direction quelconque, et qui, en outre, offre une facilité de transport et de pointage que ne présente pas le système de M. Delvigne, qui ne peut projeter la corde sans mortier ou sans caronade.* »

LA FOI NOUVELLE

Suite et fin (1).

Avec l'autorité d'une longue expérience et d'une observation universelle, la science enseigne la solidarité de tous les hommes, de tous les peuples et de toutes les races, leur droit égal à l'existence et à un complet développement ; et au service de ce dogme elle met des moyens de communication, c'est-à-dire d'unité et d'émancipation d'une merveilleuse puissance.

(1) Voir le numéro 39.

Elle a amené « l'art récent de la librairie et de l'imprimerie » (expressions de Pie IX), au point où nous le voyons. Par les chemins de fer elle mettra chaque nation dans la banlieue de sa capitale; déjà des trajets de cinquante lieues sont devenus des parties de promenade; elle aura bientôt réduit l'Europe, quant à la facilité des communications, aux dimensions d'une de nos provinces aux siècles derniers; on a vu des trains de plaisir mettre Londres, Bruxelles, Cologne, Mayence, Naples et même Constantinople en communication avec Paris. Par la navigation à vapeur, elle va réduire à six jours la traversée de l'Atlantique, et les Etats-Unis se trouveront moins loin de Paris que n'en était Marseille il y a soixante ans. Par le percement de l'isthme de Suez, qui diminuera de 3,000 lieues la distance qui nous sépare de l'extrême Orient, et par le percement de l'isthme de Panama, elle se prépare à mettre le tour du globe à la portée de beaucoup de monde, en attendant que des moyens de communication plus rapides encore et moins coûteux que ceux dont nous disposons en fassent entrer l'accomplissement dans le programme géographique du baccalauréat ès lettres. Par la télégraphie électrique, elle abolira littéralement les distances sur tout le globe. Déjà se fabrique le câble, long de 2,000 lieues, qui reliera les côtes d'Amérique aux côtes d'Angleterre. En ce moment enfin, tous les regards se tournent vers l'air comme vers la route universelle dont la conquête signalera la constitution de l'unité humaine tendant à se dégager du travail des siècles.

Grâce aux moyens de locomotion et de correspondance déjà réalisés, les échanges d'idées, de sentiments et de produits vont se multipliant de province à province et de peuple à peuple. On voit de longues files de wagons amener dans nos murs des millions de provinciaux qui s'en retournent tout autres qu'ils sont venus, et transporter au centre de la France et sur nos côtes ces enfants de Paris, commis voyageurs du progrès, qui ne passent jamais quelque part sans conclure des affaires. L'Angleterre, la France, la Belgique, l'Allemagne font entre elles un échange de visiteurs pour lesquels le mot étranger a cessé d'être synonyme d'ennemi. Notre vieil adversaire l'Anglais, retourne à Londres enthousiasmé de l'accueil que les Parisiens lui ont fait; les Français repassent la Manche en fredonnant le *Rule Britannia*. De toutes parts, les préjugés s'effacent, les aspérités s'usent, les antipathies nationales s'amoindrissent en attendant qu'elles s'éteignent. Partout l'homme s'habitue à ne plus regarder l'horizon de la patrie comme l'extrême limite de ses liens d'affaires et d'affections; il se sent plus homme sans cesser d'être citoyen, l'humanité se révèle à lui!

En même temps les affaires prennent une activité sans exemple. Chaque peuple, au lieu de vouloir en toutes choses se suffire à lui-même, reconnaît les spécialités naturelles des autres peuples, et compte de plus en plus sur eux pour le compléter. Le roulage court la poste, le télégraphe met sa rapidité foudroyante au service des relations commerciales. Des besoins nouveaux sont créés, qu'une activité nouvelle donnée à la circulation pourra seule satisfaire. L'assiette de l'Europe ne repose plus sur les conquêtes mais sur les affaires. La paix, révolution admirable! apparaît comme l'état normal des sociétés.

Déjà les peuples se traitent comme s'ils n'étaient qu'un seul peuple; les nations de la terre, après avoir été conviées à Londres à l'une de ces solennités où n'étaient admis naguère que les citoyens d'un même Etat, ont reçu la même invitation de Dublin, de New-York, de Paris... L'esprit d'unité poind partout à la fois et va faire éclater les vieux moules!

Et le mouvement est devenu si irrésistible, qu'on voit les adversaires du progrès eux-mêmes glorifier les innovations qui doivent consommer leur ruine. Ils applaudissent aux trains de plaisir... dont ils profitent; aux expositions universelles... qui leur offrent un spectacle nouveau. On les rencontre épiant, le nez en l'air, le passage du premier navire aérien, qui doit d'un seul coup mettre tous les peuples dans des relations de voisinage, amener sur chaque marché les produits du monde entier, abolir les douanes, donner à la plus formidable forteresse juste l'importance du premier hameau venu, introduire la justice dans les relations sociales et le bien-être dans la demeure de l'ouvrier. Cette adhésion irréfléchie de l'adversaire du progrès démontre avant tout l'universalité de l'esprit nouveau qui entraîne le monde vers les régions radieuses; en dépit d'eux-mêmes, ils sont de leur temps; comme hommes et comme citoyens de ce siècle, ils sont contraints d'aimer et d'encourager ce que, comme membres de leur parti, ils devraient maudire et combattre.

Pendant que les voltairiens de la veille, dévots du lendemain, essayent de galvaniser des croyances dont la foi s'est retirée, et qu'ils achèvent de tuer en les préconisant sans les pratiquer, pendant qu'ils représentent la misère comme étant le lot inévitable et d'ailleurs réjouissant du plus grand nombre — réjouissant en cela, que les privations endurées ici-bas sont comme des fonds placés à gros intérêts et payables dans le ciel sous forme d'un *far niente* éternel — pendant que doutant de l'efficacité des arguments théologiques, ces bons apôtres appellent à leur aide de fausses statistiques et de faux savants pour faire croire à l'insuffisance des forces productives de la nature; la science, elle, s'en va multipliant et améliorant de telle sorte les produits du sol et ceux de l'industrie, qu'il devient clair comme le jour que les besoins naturels et artificiels de tous les hommes peuvent recevoir leur pleine et légitime satisfaction.

Pendant que ceux qui ont besoin de serfs voudraient inspirer aux pauvres une utile modération de désirs, la science, comme en se jouant, entassant devant ceux-ci miracles sur miracles, crée des pierres fines, transforme les bois vulgaires en bois précieux et les pavés des rues en étoffes somptueuses, abaisse la soie au prix où était le coton, charge la mécanique et la chimie de multiplier les chefs-d'œuvre de la statuaire, fait d'un rayon de soleil un dessinateur inimitable et d'un courant électrique un graveur sans rivaux. Elle semble avoir pris à tâche d'inspirer le goût d'un luxe immodéré à ceux dont les désirs semblaient exorbitants quand ils se bornaient à la demande du pain quotidien.

—Ceux qui ont cru flatter la science en la comparant tantôt à un fleuve et tantôt à une mer, se sont bien trompés. Un fleuve, si grand soit-il, occupe une place déterminée; la mer a son lit creusé dans le sol; on peut aménager les eaux de l'Amazone, on dit à l'Océan : tu n'iras pas plus loin! et l'on conquiert sur lui le sol de la Hollande. Mais c'est elle, c'est la science qui maîtrise les grands fleuves et oppose une digue à la mer. A quoi donc la comparerons-nous, cette souveraine des flots? Comme l'air entoure le globe de toutes parts, ainsi la science enveloppe les âmes d'une atmosphère spirituelle; nous la respirons, nous en vivons, elle fait partie de notre substance, le monde moderne n'en pourrait être privé sans succomber à l'asphyxie. La science est encore semblable au soleil qui, par la vertu de ses rayons, met en mouvement l'appareil de la vie à la surface de la terre. C'est elle qui vivifie tout l'organisme social. Elle est dans l'atelier et le régit, dans l'usine et la met en mouvement, dans les champs et les féconde, au fond des mines et les exploite, sur les grands chemins et les entretient. Elle est dans la locomotive qui passe en sifflant, dans le fil métallique qui glisse le long des voies de fer, de poteau en poteau; dans le daguerréotype dont on admire les *specimens* au coin de chaque rue, dans la galvanoplastie dont les produits étincellent derrière les vitraux des boutiques, dans la multitude d'inventions applicables à tous les usages de la vie domestique qui sollicitent à la quatrième page des journaux l'attention du public.

— Oui, un esprit nouveau a sans retour arraché l'homme au vague de ses rêveries, aux contemplations stériles, à la crédulité béate, à l'obéissance passive, et le pousse invinciblement à penser, à expérimenter, à agir. Contrairement à leurs pères qui ne croyaient qu'à la tradition, aux mystères, à l'incompréhensible, les modernes n'ont foi qu'à l'expérience, au raisonnement fondé sur l'observation ; ils n'admettent plus que le merveilleux des faits, en quoi on ne peut dire que le merveilleux a perdu sur eux tout empire, il a pris une forme plus virile, voilà tout; car quoi de plus prodigieux que la réalité ? C'est sous l'influence de cet esprit nouveau que le paysan échange contre la matière fertilisante l'argent qu'il dépensait naguère à lancer vers la voûte des églises le suif gazéifié des cierges, dans l'espoir d'obtenir d'une petite dépense le grand profit d'une bonne récolte; c'est parce qu'il s'est laissé envahir par la science qu'il lui arrive de délaisser le chemin du presbytère pour prendre celui qui mène chez le vétérinaire ou le chimiste, quand une maladie inconnue attaque ses pommes de terre ou l'épizootie ses bestiaux ; c'est pour la même raison qu'en cas de sécheresse ou d'inondation, il incline à voir dans ces fléaux l'effet du déboisement des montagnes et d'un mauvais aménagement des eaux, plutôt qu'un rappel à l'ordre prononcé par le bon Dieu.

C'est pour cela encore que le travailleur ne regarde plus la misère comme l'inévitable et juste prix d'une faute commise six mille ans avant sa naissance, et qu'il voit en elle la simple conséquence d'un ordre de choses qui peut être et qui sera modifié. Aujourd'hui les hommes comptent sur l'étude et sur le travail pour les délivrer du mal et leur assurer le pain quotidien, et ils aiment mieux se tenir debout devant l'enclume ou penchés sur le sillon qu'user leurs genoux sur les dalles des églises. Quelle que soit l'opinion qu'on en prenne, le fait n'est pas contestable ; les hommes ne sont plus ce qu'ils étaient, un esprit nouveau règne, qui a centuplé leur puissance, renouvelé en partie la face de la terre qu'il renouvellera tout à fait, et qui crie à nos oreilles par la voix de tous les faits :

« Le trésor de connaissances dont tu es possesseur, c'est toi qui l'as amassé.

« Ces merveilles qui chaque jour s'ajoutent pour ton usage, aux merveilles de la nature, c'est toi qui les crée.

« Sous l'action de ton Verbe, la terre se transfigure, et tu es l'architecte d'un ordre nouveau.

« Contemple avec fierté ces fruits abondants de quelques années d'efforts et que le passé te soit un sûr garant de l'avenir lumineux qui t'attend si tu persévères.

« Souviens-toi que dès que tu as su l'interroger, la nature t'a répondu. L'hostilité dont si longtemps tu l'as cru animée envers toi et qui, dans les siècles de ténèbres, te la fit prendre en dégoût, n'était qu'apparente, il n'y a de réel que ton ignorance. La nature ne cède point à l'arbitraire, elle ne se soumet qu'à la loi. A peine as-tu déchiffré quelques pages de son code, que le monde entier s'empresse et semble avoir soif de te servir; dans ses profondeurs la terre entre en travail pour faire jaillir vers toi l'abondance infinie de ses trésors, les cieux s'inclinent pour déposer leurs puissances à tes pieds.

« Enfin ton rang est révélé, le rang de souverain !

« La terre est ton empire ; ton peuple comprend tous les êtres, les brutes et les vivants, ceux qui végètent et ceux qui sentent ; tu as pour ministres les forces qui soutiennent et meuvent les globes, et vivifient tout à sa surface et dans son sein ; une caste d'esclaves, géants d'acier issus du commerce de ton cerveau avec la terre, obéissent au froncement de ton sourcil. Tu as la disposition pleine et libre de tous les biens, le gouvernement de toutes les existences.

« Demande-toi donc, ô administrateur des forces universelles, pourquoi tant de puissance t'a été donnée...

« Demande-toi si, après avoir dompté le monde, ce sera en user d'une façon digne de toi que d'en user comme l'avare use de son trésor, et le voluptueux du plaisir, en en devenant esclaves. Te laisseras-tu absorber par lui, ou l'appelleras-tu à toi ? Et encore, en seras-tu le maître farouche et le tyran, ou le pasteur et le père ?

« Demande-toi si tu n'as pas quelque fonction sublime et quelque grand devoir à remplir envers lui.

« Car nulle domination n'existe en vue d'elle-même, et il est impossible que cette auguste puissance qui t'appartient de pénétrer les ressorts cachés du monde, et cette obéissance empressée dont le monde fait preuve envers toi, n'aient d'autre but que la satisfaction de ton orgueil et de tes désirs. Ici comme partout l'obligation doit être proportionnée au pouvoir, et ton autorité hors ligne entraîne, selon toute apparence, une responsabilité sans égale.

« Bientôt le siècle comprendra qu'en le poussant à l'envahissement de l'univers, ce n'est pas sous le joug du matérialisme que je te conduisais. Loin d'amoindrir tes devoirs, à ceux qu'on t'a enseignés j'ajoute des devoirs envers la nature.

« Avant peu tu reconnaîtras que lorsque tu croyais t'employer uniquement à ta propre félicité, tu travaillais en vue d'un plan général préétabli, agissant en cela, ô roi, à la façon des Césars, qui ne firent un peu de bien à leurs peuples qu'en cherchant leur avantage privé. Mais dès qu'il te sera démontré que sans le savoir tu accomplissais une fonction d'ordre cosmogonique, tu mettras ta gloire à la remplir avec intelligence, avec dévouement, grandement et non plus en petit.

« Et tu sentiras que l'idéal vivant en toi marque en traits de flamme le but vers lequel tu dois pousser toute la création.

« C'est alors qu'au lieu de perdre dans les voluptés, piége de tout pouvoir souverain, la conscience de ton être, tu concentreras les forces de ton âme pour agir efficacement sur la création. Tu la rechercheras et l'aimeras, sans doute, mais comme l'artiste aime et cherche le beau dans la nature, afin de s'en faire un marchepied pour s'élever à des conceptions plus sublimes; comme l'ouvrier aime son œuvre, en y mettant son âme; comme la mère aime son enfant, jusqu'au sacrifice de sa vie : car tu as charge de tous les êtres, tu es l'artiste, l'ouvrier et la Providence de ce monde sublunaire.

« Ta destination est de le développer, de l'embellir, de le purifier, de le pacifier et de le créer une seconde fois. C'est pour qu'il participe de ta vie supérieure, c'est afin que tu infiltres en lui l'esprit sublime qui t'anime, c'est pour imprimer ton sceau sur sa face et le faire à ta ressemblance, c'est dans ce but que tu as été envoyé ici-bas, Ouvrier d'harmonie, non à titre de proscrit, mais en qualité de dieu.

« Et cette terre nouvelle, ces cieux nouveaux qui ont été promis, c'est à toi de les réaliser. »

V. M.

MOTEUR ELECTRIQUE

APPAREIL DE RELAIS. — TÉLÉGRAPHE-TYPOGRAPHE. — HORLOGE ÉLECTRIQUE PAR M. MOUILLERON.

Nous n'avons qu'à moitié rempli notre tâche envers cet habile constructeur dont il nous reste à décrire plusieurs appareils importants (1).

Le moteur électrique dont nous allons essayer de faire comprendre le principe est destiné à remplacer le mouvement d'horlogerie qui, dans l'appareil de Morse, a pour fonction de faire marcher le ruban de papier sur lequel s'imprime la dépêche. Il se compose d'une double bobine verticale, dans l'intérieur de laquelle monte et descend, par suite de l'attraction alternative à laquelle il obéit, un électro-aimant à double tige qui communique son mouvement de va-et-vient à la bielle articulée d'une manivelle. Celle-ci commande l'arbre du volant et transforme le mouvement alternatif en mouvement rotatif.

Jusque-là rien de plus simple ; mais il y avait à prévenir l'accélération indéfinie de la vitesse, accélération incompatible avec la régularité indispensable au mouvement continu qui doit entraîner le ruban dans son passage entre les cylindres.

C'est à quoi M. Mouilleron est très-heureusement parvenu au moyen d'un petit régulateur à boulets fort analogue à celui qui dans les machines à vapeur règle l'ouverture du robinet d'introduction. La différence consiste en ce qu'ici les boulets, en s'écartant plus ou moins par l'effet de la force centrifuge, élèvent ou laissent retomber un petit disque de métal qui, venant toucher un bouton, modifie l'action du courant, de manière à y déterminer des intermittences. Ces intermittences ou temps d'arrêt compensent naturellement la tendance à l'accélération résultant de l'accumulation des vitesses acquises, et, nous ne doutons pas que ce nouveau moteur d'une construction simple et peu dispendieuse, ne soit bientôt appelé à remplacer dans l'appareil de Morse le mouvement d'horlogerie assez compliqué dont on se sert aujourd'hui.

— Lorsqu'un poste télégraphique est situé à une grande distance du point de départ, il arrive assez souvent que la force du courant n'est plus assez grande pour donner au stylet ou poinçon qui transcrit la dépêche, l'énergie d'action sans laquelle il ne peut imprimer lisiblement sa trace sur le ruban de papier.

C'est pour obvier à cet inconvénient que M. Mouilleron a construit un appareil qu'il appelle *relais*. Cet appareil consiste en un électro-aimant supplémentaire dont la fonction se borne à recevoir l'action du courant venant de la ligne et en à transmettre les divers effets à l'électro du récepteur, qui fonctionne à son tour et agit sur le levier du stylet, non plus par le courant électrique venant de la ligne, mais bien par celui d'une pile ou batterie galvanique placée dans le poste même. Il en résulte que, si faible que soit le courant venant de la ligne, il est toujours assez fort pour attirer la palette, très-peu résistante d'ailleurs, qui lui est opposée et pour la mettre en contact avec deux points disposés de manière à établir la communication entre elle et l'électro-aimant du récepteur. L'action énergique d'une pile indépendante donne à celui-ci la force nécessaire pour que le stylet exerce une pression suffisante sur le ruban de papier qui dès lors en reçoit l'empreinte dans tous les cas, quelque peu sensible que soit le courant fourni par la ligne.

La résistance de l'électro-aimant d'un relais est calculée sur la distance à parcourir, de sorte que son effet soit toujours certain.

(1) Voir le numéro de l'*Ami des Sciences* du 22 septembre.

Non content d'employer l'électricité à la transmission télégraphique de la pensée, M. Mouilleron a voulu l'asservir encore à la mesure du temps, et nous avons vu sur la cheminée de son musée télégraphique un bijou d'horloge de la taille d'une pendule ordinaire et marchant avec une grande précision.

On sait que dans nos pendules l'action du ressort entraîne un barillet dont la roue dentée commande un système de rouages, qui lui-même aboutit à la roue d'échappement. L'ancre du balancier s'engage alternativement dans les dents de cette dernière, de manière à n'en laisser passer qu'une à chaque oscillation du pendule dont l'aplomb, le poids et la longueur sont combinés pour assurer la régularité de marche et l'isochronisme.

Dans la pendule électrique la force active du ressort est remplacée par l'action purement électrique d'un électro-aimant que chaque oscillation du balancier met en contact avec lui.

Un petit ressort en spirale est fixé par son extrémité extérieure à la tige qui porte la roue d'échappement ; l'autre extrémité qui se trouve au centre de la spirale est fixée sur un point donné de la circonférence d'une roue à rochet de 60 dents. La roue d'échappement en porte 116.

Il est aisé de comprendre que si l'on fait faire un ou plusieurs tours à la roue à rochet, celle-ci bandera d'autant le petit ressort en spirale qui tendra par suite à entraîner la roue d'échappement dans le même sens.

Si le balancier oscille alors, l'ancre dont il est solidaire laissera passer successivement 1, 2, 3, 4, etc., dents de la roue d'échappement et le petit ressort en spirale se trouvera débandé d'autant. Mais si à chaque oscillation la tige métallique du balancier vient toucher un petit ressort qui le mette momentanément en contact avec l'électro-aimant; l'action magnétique de ce dernier agira sur le bras d'un levier disposé de manière à soulever un cliquet dont l'effort se portant sur les dents de la roue à rochet la fera tourner chaque fois et rétablira la tension du petit ressort en spirale à mesure qu'il l'aura perdue par suite du mouvement dans le même sens de la roue d'échappement qu'il entraîne. Voilà l'horloge en marche : elle y restera tant que l'énergie de la pile, source de force, sera suffisante elle-même pour vaincre l'inertie du pendule et pour triompher de la pesanteur qui le sollicite au repos.

Il peut arriver que le contact ne soit pas parfait ou se multiplie par le tremblement du ressort contre lequel il s'opère.

Dans l'un et l'autre de ces deux cas, le petit ressort en spirale ne se tendant plus précisément de la quantité perdue, deviendrait bientôt impuissant à entraîner la roue d'échappement.

En donnant à la roue à rochet moins de dents qu'à la roue d'échappement, M. Mouilleron obvie à cet inconvénient, car pour chaque oscillation du balancier la roue à rochet tend la spirale d'une quantité plus grande que celle qu'elle a perdue dans le même temps. Mais on conçoit que cette avance ayant constamment lieu, le ressort en spirale atteindrait bientôt le point où il ne peut plus se tendre au delà, si au moyen d'un déclanchement qui suspend dans ce cas l'action du cliquet, M. Mouilleron n'était parvenu à limiter à temps le degré de tension de ce ressort, de sorte que l'effort de la roue d'échappement sur l'ancre étant toujours égal, les arcs décrits par le balancier soient conséquemment toujours égaux. Telle est, autant qu'on peut la faire comprendre, sans figures, la description sommaire de cette curieuse horloge dont un seul élément de daniel (sulfate de cuivre) suffit à entretenir le mouvement. On peut l'employer comme régulateur pour en faire marcher de plus simples en les embrassant dans le même circuit, et les postes télégraphiques se trouveraient ainsi pourvus d'un système électro-moteur général où la transmission des dépêches, le mouvement des appareils et les indications horaires seraient l'œuvre simultanée d'une seule et même force vive, l'électricité.

Nous arrivons enfin à celui des appareils de M. Mouilleron qui nous semble appelé à résumer en lui seul l'universalité des tentatives faites jusqu'à ce jour pour transmettre instantanément la pensée à de grandes distances, et pour lui donner un corps aisément perceptible à tous. Nous voulons parler du télégraphe-typographe, qui imprime en véritables caractères typographiques et avec une rapidité déjà suffisante, les mots, les phrases, les chiffres que lui transmet la simple pression du doigt sur les touches d'un cadran-clavier qui remplit les fonctions de manipulateur. Nous n'essayerons point de décrire dans ses détails l'appareil assez compliqué qui forme le récepteur. Cette complication même est un obstacle à ce que le télégraphe-typographe soit universellement adopté ; mais le génie de M. Mouilleron ne s'arrêtera pas à cette première forme donnée à son œuvre, à cette traduction encore incomplète d'une pensée féconde : il simplifiera sa machine et la rendra plus parfaite et plus sûre dans ses résultats.

Nous ne doutons pas qu'alors le télégraphe typographe ne soit généralement substitué à tous ceux qui sont actuellement en usage. Outre que la lecture des dépêches n'offre aucune difficulté, puisqu'elles sont instantanément imprimées en caractères ordinaires, il y a bien moins de chances d'erreurs qu'avec un alphabet composé de signes et de points dans l'arrangement desquels il est si facile de se tromper, surtout pour les chiffres ; erreurs dont les conséquences peuvent être parfois très-graves.

Avec le télégraphe-typographe, au contraire, plus d'erreurs à craindre, lecture prompte et facile, et possibilité constante d'exprimer plus de mots avec moins de lettres en ayant simplement recours à l'orthographe sténographique ou à toute autre analogue à celle qu'avait, il y a trente ans, proposée M. Marle, et qu'on a tuée comme on tue tout en France, sous le ridicule, sans avoir même étudié la portée probable de cette ingénieuse idée.

H. Gaugain.

TRANSPORT DU POISSON VIVANT

Le 10 du mois de juillet dernier le *Constitutionnel* publiait l'article suivant :

« On sait quelle place importante a été donnée à juste titre à la Pisciculture, cette science d'hier qui a déjà fait ses preuves, et qui a conquis du premier jour l'attention et l'intérêt de tous. Une découverte, plus humble dans son origine, mais qui doit avoir peut-être des résultats pratiques plus immédiats, vient d'être faite par un pêcheur des Vosges. Il s'agit du transport du poisson vivant à de grandes distances et pendant des trajets qui pourraient durer une semaine entière. Elle est également praticable pour le poisson d'eau douce et pour le poisson de mer, et elle repose sur des procédés si simples et si peu dispendieux, qu'elle promet une exploitation industrielle à la fois facile et féconde.

« L'auteur de cette découverte est, comme nous le disions, un simple pêcheur de Bussang, dans l'arrondissement de Remiremont, nommé Jean-Cyrille Noël. C'est dans ce pays d'ailleurs, on se le rappelle, qu'est née la Pisciculture, inventée aussi par deux pêcheurs, Remy et Gehin. Jean Noël, depuis son enfance, exerçait son métier dans un des principaux affluents qui forment la source de la Moselle. Le ruisseau d'une eau limpide et vive, tourmentée par des cascades, n'a guère qu'un seul poisson, mais excellent : la truite.

« Or, chacun sait avec quelle rapidité la truite meurt et se décompose dès qu'elle est tirée de l'eau. A force d'étudier les mœurs de ce poisson, Jean Noël eut une de ces idées simples et lumineuses qui sont une révélation. *Cette idée il la fit connaître à un vénérable ecclésiastique qui le mit en rapport avec un magistrat, M. Boullangier, juge de paix à Remiremont. Ce dernier imagina alors l'appareil à l'aide duquel la découverte de Jean Noël s'est trouvée réalisée.* Des expériences faites dans les localités voisines appelèrent la sympathie des hommes spéciaux. M. le préfet des Vosges vit fonctionner *l'appareil de M. Boullangier* et encouragea ses essais. M. le ministre de l'agriculture et du commerce fut saisi d'une demande des deux inventeurs, qui le prièrent d'autoriser une expérience en grand. Cette autorisation fut accordée, et M. le préfet des Vosges attacha à cette curieuse expédition l'agent-voyer chef du département, chargé d'en dresser procès-verbal.

« *Nous avons sous les yeux ce procès-verbal,* qui relate jour par jour les circonstances de *cette expérience décisive.* L'appareil destiné au transport est une caisse carrée en fer-blanc de 80 c. de longueur, sur 40 de largeur et 60 de hauteur. Cette boîte est divisée en deux compartiments, séparés par une claire-voie. Dans l'un des compartiments, l'on place le poisson, dans l'autre le mécanisme destiné à introduire dans l'eau l'air respirable nécessaire à la vie du poisson. Le départ a eu lieu le 11 juin ; à 1 h. et 10 minutes, les expérimentateurs sont partis de Remiremont emportant dans l'un des appareils trente truites ; à Rupt, à 11 kil. de Remiremont, cinq truites nouvelles ont été placées dans la boîte. Après un trajet de 12. kil., au Tillot, une autre truite a été prise dans un réservoir. A six heures, le char-à-bancs qui faisait ce parcours est parvenu à Bussang devant la demeure de Noël. Le poisson qui avait voyagé toute la journée par une température de 29 degrés au soleil, était très-agile et très-bien portant. Le lendemain matin, deux appareils ont reçu leur chargement complet : le premier, cent truites, un barbeau et un brochet, et le second cent truites. A Thann, ils ont été placés sur un fourgon du chemin de fer. Partie de Tann le 12, à 9 heures du matin, l'expédition est arrivée à Paris le lendemain, à 5 heures du matin. Dans ce trajet, la température de l'eau s'est élevée jusqu'à 23 degrés, tandis que les poissons avaient été pris dans des eaux qui ne marquaient que 10 à 13 degrés. De plus, le fourgon, très-mal suspendu, a fait subir aux caisses des appareils de rudes cahots. Il en est résulté plusieurs contre-temps. L'eau sortait des appareils avec une telle force que, à plusieurs stations, il a fallu remplacer celle qui était perdue, sans savoir si l'eau nouvelle convenait à des truites. *Enfin dans ces chocs six poissons ont été tués : ils avaient été projetés dans le compartiment qui contenait le mécanisme, et ils avaient été pris dans son jeu.* A leur arrivée à Paris, le 13, les appareils ont été transportés dans l'une des cours du ministère de l'agriculture et du commerce, où M. le ministre a bien voulu recevoir les inventeurs et constater par lui-même les résultats de leur découverte. Les truites des Vosges, après cette épreuve, étaient aussi agiles, aussi bien portante que dans leur ruisseau natal. Le barbot et le brochet n'avaient pas supporté moins vaillamment le voyage. Un certain nombre de ces poissons, mis à la disposition de M. Coste, ont reçu un asile dans les réservoirs du Collége de France.

« On a pu faire cette remarque importante que l'élévation de la température de l'eau n'est pas une cause immédiate de mortalité pour le poisson. De plus, il a été constaté que l'addition d'une eau nouvelle n'exerçait sur leur santé aucun préjudice appréciable.

« On nous demandera maintenant en quoi consiste la découverte de Jean Noël. Elle réside dans un pricipe très-facile à comprendre. Ce pêcheur avait remarqué que les truites abandonnaient les endroits où l'eau est calme, pour rechercher ceux où elle est fouettée, remuée par des accidents de terrain. Il en a conclu que le mouvement imprimé à l'eau avait pour conséquence d'y introduire une plus grande quantité d'air, et que la truite, consommant beaucoup d'air, pouvait vivre là seulement. *L'idée lui est alors venue, qu'en faisant pénétrer beaucoup d'air dans l'eau destinée au transport, le poisson y conserverait sa santé et sa force. C'est alors que M. Boullangier a imaginé d'introduire de l'air dans l'eau des appareils de son invention, au moyen d'un jeu de godets qui agit par une sorte de pétrissage :* nul doute que ce procédé ne puisse s'appliquer au poisson de mer. Espérons que, prochainement, nous verrons à Paris des dorades vivantes de la Méditerranée, ce rêve des Apicius du dix-septième siècle. On trouvera sans doute, après ces explications, que la découverte de Jean Noël est bien élémentaire et que tout le monde pouvait la faire. C'est là l'éternelle histoire de l'œuf de Christophe Colomb.

« Quoi qu'il en soit, la découverte du pêcheur de Bussang nous paraît intéressante à plus d'un titre. Nous ne parlons pas seulement au point de vue de l'exploitation industrielle, bien qu'elle soit assurément d'une certaine valeur. Amener vivants à Paris, à fort peu de frais, des poissons qui sont exquis quand on les mange frais, mais qui perdent presque toute leur valeur, même après un court trajet, c'est ouvrir un débouché nouveau au commerce de la pêche, c'est donner des ressources nouvelles à l'art de l'alimentation. S'il est vrai, comme le dit Brillat-Savarin, qu'il vaut mieux, pour le bonheur de l'humanité, découvrir un plat nouveau qu'une étoile, le nom de Jean Noël doit être inscrit en lettres d'or dans les salles à manger du monde opulent. Mais pour la science de la Pisciculture le transport facile et peu coûteux d'un grand nombre de poissons au moment de l'alvinage, deviendra un moyen efficace et puissant pour peupler les rivières et les étangs, et pour multiplier les meilleures races. Nous recommandons l'étude de ces procédés à la Société d'acclimatation et nous ne doutons pas qu'ils n'éveillent la sollicitude du gouvernement. — HENRI CAUVIN. »

Deux jours après (10 juillet), l'*Estafette* traitant le même sujet écrivait ce qui suit :

« Voici *un homme pratique*, un simple pêcheur, qui à lui tout seul vient de résoudre un problème qui avait paru jusqu'à ce moment insoluble ; il s'agit du transport du poisson vivant. Jean-Cyrille Noël, pêcheur à Bussang, a trouvé le moyen de transporter d'un lieu à un autre, dans un parfait état de vie et de santé, la truite, poisson qui meurt aussitôt sa sortie de l'eau et se décompose presque immédiatement. Le pêcheur, après avoir étudié les mœurs de ce poisson, remarqua que la truite abandonnait les endroits où l'eau est calme pour rechercher ceux où elle est agitée, fouettée par les accidents de terrain ; il en conclut que les mouvements imprimés à l'eau devaient nécessairement y introduire une grande quantité d'air, et que la truite consommant beaucoup d'air pourrait vivre facilement si l'on parvenait à faire pénétrer l'air dans l'eau destinée au transport ; il communiqua son idée à M. Boullangier, juge de paix à Remiremont ; *c'est alors que ce dernier imagina un appareil à l'aide duquel la découverte de Noël a pu être réalisée.* Cet appareil est fort simple : une caisse carrée en fer-blanc de 80 c. de longueur sur 40 de largeur et 60 de hauteur, est divisée en deux compartiments séparés par une claire-voie. Dans l'un des compartiments, l'on place le poisson ; dans l'autre, le mécanisme destiné à introduire dans l'eau l'air respirable nécessaire à la vie du poisson. Ce mécanisme est un jeu de godets qui agit par une sorte de pétrissage et renouvelle l'air... »

Le reste de l'article est emprunté au précédent.

Ces deux articles soulèvent une question de justice qu'on verra traitée tout au long dans la lettre suivante :

Bussang, le 20 septembre 1856.

A M. LE RÉDACTEUR DE L'*Ami des Sciences*,

Monsieur le Rédacteur,

La Pisciculture est née au fond des Vosges, dans ces montagnes d'où j'ai l'honneur de vous adresser cette lettre. En venant visiter ce pays où je suis né, j'ai voulu voir par moi-même ce qui se pratique sur les lieux, et je crois de mon devoir de vous écrire, pour redresser quelques erreurs d'abord, et vous faire part ensuite des applications nouvelles que la Pisciculture peut faire naître dans le monde savant.

Permettez-moi de vous dire d'abord qu'avant de quitter Paris j'avais lu dans le *Constitutionnel* du 10 juillet dernier et dans l'*Estafette* du 12 suivant les articles qu'ils ont l'un et l'autre consacrés à la question du transport des poissons vivants par les procédés de Jean-Cyrille Noël.

L'impression qu'a produite sur moi la lecture de ces deux journaux est que Noël a eu une idée simple et lumineuse, et que M. Boullangier est le véritable inventeur de l'appareil à l'aide duquel la découverte de Jean Noël a pu être réalisée. Comment, me disais-je, Noël, que l'on appelle un homme pratique dans l'*Estafette*, a-t-il eu besoin du juge de paix de Remiremont pour *réaliser* son idée ? Mais, me disais-je encore, il y a deux ans que je sais, par ce que m'en ont rapporté les habitants de ces montagnes, que Jean Noël conserve de la truite par un appareil de son invention ! Lequel est donc l'inventeur du transport du poisson vivant, est-ce Noël, ou bien est-ce M. Boullangier ?

En arrivant à Bussang mon premier soin fut de me procurer le rapport de M. l'agent-voyer auquel le *Constitutionnel* et l'*Estafette* ont emprunté leurs renseignements ; et j'ai remarqué que cet agent-voyer, M. Danis, chargé d'accompagner le transport des inventeurs, avait aussi attribué l'invention de l'appareil à M. Boullangier. M. l'agent-voyer a été mal renseigné. Peu satisfait du rapport, et tout en réfléchissant qu'Améric Vespuce avait découvert l'Amérique au détriment de Christophe Colomb, je me mis en route pour la ferme de Jean Noël, afin de reconnaître par moi-même s'il n'y avait pas dans cette affaire quelque quiproquo.

Jean Noël me montra ses appareils et m'en démontra l'application. — « Noël, lui dis-je, ce n'est pas vous qui avez inventé ce mécanisme ; j'ai vu dans les journaux de Paris que vous aviez eu une bonne idée, mais que, sans le juge de paix de Remiremont, aucune application n'en serait faite. — Monsieur, je ne sais ce qu'on a pu faire dire aux journaux de Paris, mais ce que je sais, c'est que je suis l'inventeur des appareils. Voyez vous-même, examinez l'appareil en bois que voici et qui a servi à construire cet autre en fer-blanc, de concert avec M. Boullangier auquel j'ai été adressé pour m'être utile comme membre de l'Académie nationale. »

J'examinai attentivement le mécanisme de ces appareils, et je compris l'idée lumineuse de Noël quand il fit jouer devant moi son appareil primitif. C'est une caisse en bois divisée en deux compartiments : dans la partie inférieure sont placées les truites ; dans la partie supérieure un jeu de godets en bois qui agissent sur la surface tout entière de l'appareil, agitent l'eau, y introduisent de l'air et donnent la vie aux poissons. Quand M. Boullangier s'est chargé *d'aider* Noël, de lui être utile, et de faire construire un appareil en fer blanc qui pût supporter le voyage, il crut devoir faire jouer les godets dans un coin seulement de l'appareil : c'est grâce à cette idée peu lumineuse qu'on le pose comme l'inventeur de l'appareil ; c'est grâce à la restriction apportée à l'idée primitive que *les chocs ont tué six poissons*, et que les poissons ont pu être *projetés dans le compartiment qui contenait le mécanisme* et ont pu être *pris dans son jeu*. M. Boullangier n'a inventé ni la claire-voie, ni le jeu de godets qui pétrit l'eau et fait entrer l'air dans l'eau des appareils qui ne sont pas de son invention! Qu'est-ce donc qu'a inventé M. Boullangier? Certes, je veux bien croire qu'en tout ceci il est innocent des erreurs qui ont été glissées dans le procès-verbal de M. l'agent-voyer et dans les articles du *Constitutionnel* et de l'*Estafette*; cependant, monsieur le rédacteur, ou bien l'affaire a de l'importance ou elle n'en a pas : qu'en tout cas on laisse au moins l'honneur de l'invention à l'inventeur, à celui qui a découvert *l'idée* d'abord, et *l'application* aussi, c'est-à-dire à Jean Noël, le constructeur de l'appareil le plus vrai, le seul vrai, le seul bon, qui réalise son idée, le seul qui puisse fonctionner sans inconvénient, sans détruire les truites; que la récompense due à l'inventeur revienne à l'inventeur sérieux; que M. le ministre ne soit pas circonvenu; que l'on n'imprime plus que « M. Boullangier a inventé l'appareil à l'aide duquel l'idée de Noël a pu être réalisée.» C'est à Noël qu'est venue *l'idée de faire pénétrer beaucoup d'air dans l'eau destinée au transport*; c'est à Noël qu'on doit d'avoir *imaginé d'introduire de l'air dans l'eau des appareils de son invention au moyen d'un jeu de godets qui agit par une sorte de pétrissage.*

Pardonnez-moi, Monsieur le Rédacteur, tant de citations; mais j'ai besoin de discuter d'abord; ensuite il faut les preuves, et les preuves je les prends sous la main même de M. Boullangier. Voici la lettre qu'il écrivit, — un an avant l'envoi du poisson, c'est-à-dire au moment même où Jean Noël lui fit part de son invention, — à l'Académie nationale dont il fait partie. Cette pièce jette un jour profond sur la question dont il s'agit, elle pose les droits de Noël à être le seul inventeur. Permettez-moi de vous la transcrire telle que je l'ai copiée sur les registres de cette Académie.

«Remiremont, le 22 septembre 1855. — A M. Aymar-Bression, secrétaire perpétuel de l'Académie nationale, rue Louis-le-Grand, n° 21, à Paris.

« L'art de la Pisciculture, auquel nos deux Vosgiens, Remy et Gehin, ont fait faire un si grand pas, n'est pas encore arrivé à son apogée; il appartenait à un autre pêcheur de nos montagnes, à Jean-Cyrille Noël, de Bussang, de l'élever encore : si les premiers ont trouvé le moyen de multiplier le poisson, le dernier a découvert celui de le conserver vivant, dans une petite quantité d'eau, et de le transporter ainsi à une très-grande distance.

« Membre de votre Académie depuis sa fondation, j'ai cru de mon devoir de m'enquérir et de m'assurer de cette découverte, afin de vous en faire part, et de demander pour son auteur la rémunération qu'elle mérite. A cet effet je me suis rendu avant hier avec M. l'abbé Aubry, ancien curé du lieu, et qui a toute sa confiance, chez le pêcheur Noël; il a expérimenté devant nous sur la truite qui est le poisson le plus délicat, ou, si vous voulez le plus sensible du pays, celui qui meurt le plus promptement hors de l'eau courante : il a placé seize truites vivantes, pouvant peser ensemble huit kilogrammes, dans un cuveau contenant environ huit litres d'eau; dix minutes s'étaient à peine écoulées que ce poisson pâmait et venait sur l'eau; *son moyen de conservation étant alors employé*, ce poisson revenait aussitôt à la vie et reprenait son agilité. Il a placé en même temps *dans un autre cuveau une même quantité de truites et d'eau, en usant de son secret*, et ce poisson conservait toute sa vigueur; *Noël en a conservé huit jours entiers* dans la même eau sans que ce poisson éprouvât le moindre mal, le moindre dépérissement. *Ce pêcheur assure et je suis persuadé que l'on pourrait transporter vivant ce poisson très-loin*, comme par exemple des Vosges à Paris. Ce procédé peu coûteux pourrait être appliqué à toute sorte de poissons, et même au poisson de mer dans son eau naturelle; ainsi en échange de notre truite, on pourrait nous amener de la marée vivante; il pourrait même être employé sur les marchés au poisson. Il serait encore de la plus grande utilité pour transporter l'alevin dans les étangs et les rivières.

« Dépositaire du secret de Noël, je ne puis le divulguer; mais si l'Académie trouvait cette découverte aussi utile que je le pense, son auteur ferait sur votre avis, monsieur le secrétaire général, les démarches qui seraient nécessaires pour la faire connaître; bien persuadé qu'il est que la sollicitude et la justice de l'Académie et du Gouvernement lui en tiendraient compte.

« Je vous serais personnellement fort obligé, monsieur le secrétaire général, si vous aviez la bonté de m'accuser réception de ma lettre et de me dire si Noël peut avoir quelque espoir de récompense pour sa découverte.

« Agréez, monsieur le secrétaire général et cher collègue, l'assurance de mes sentiments de considération les plus distingués. Signé, BOULLANGIER,

« *Membre de l'Académie Nationale, juge de paix du canton de Remiremont.* »

Cette lettre, monsieur le Rédacteur, vous confirme tout ce que j'ai avancé ci-dessus. Quand M. Boullangier a été amené chez Noël par l'ancien curé de Bussang, le vénérable abbé Aubry, il l'a été comme membre de l'Académie nationale. Si le protecteur veut devenir un associé pour avoir accompagné Noël chez un ferblantier, quand il a été nécessaire de construire en fer-blanc une machine faite d'abord en bois, il ne faut pas cependant que le protecteur devienne l'inventeur, et qu'on ait l'air de flatter Noël au profit de M. Boullangier. Il y a loin du rôle que prend M. Boullangier dans sa lettre, à celui qu'on lui a fait jouer depuis. C'est Noël qui a fait part au juge de paix de Remiremont de son « moyen de conserver vivant le poisson, dans une petite quantité d'eau et de le transporter. » La lettre ci-dessus reconnaît complétement que Noël avait résolu son problème *par une machine en bois* qui a servi de modèle à l'appareil en fer regardé à tort comme sorti du cerveau de M. Boullangier. Noël avait son appareil, il l'avait fait fonctionner ici, à Bussang, devant le curé Aubry et devant d'autres témoins qui me l'ont certifié; la lettre elle-même atteste qu'il n'y avait besoin de personne pour inventer un appareil quelconque, puisque celui de Noël faisait vivre le poisson pendant huit jours, et qui dit huit jours, dit un temps indéterminé; M. Boullangier, le protecteur survenu, demande un avis à son Académie sur une invention toute réalisée; il assure que la machine, le secret de Noël, peut marcher toute seule. Il faut donc que la justice des Académies et des grands corps de l'Etat, s'il y a lieu, il faut que la sollicitude du gouvernement aillent à l'inventeur véritable, à Noël : s'il y a quelque espoir de récompense, il faut qu'elle aille à qui de droit. Dans toutes ces sortes d'inventions, la justice et la rénumération sont tardives, vous le savez, M. le Rédacteur; mais qu'importe. Ce que je réclame pour un de mes compatriotes, pour un paysan de mon pays, un enfant comme moi de ces montagnes, c'est qu'il soit bien reconnu que dans cette question de l'alimentation publique par la Pisciculture l'honneur de son invention lui appartient, comme aussi d'avoir réalisé son idée. Si Noël n'a pas encore usé de ses expériences et de ses appareils, c'est qu'il voudrait les voir tomber dans le domaine public et qu'il attend du Pouvoir une généreuse initiative

Noël depuis qu'il a conduit des truites à Paris, est allé

Dieppe pêcher des maquereaux : il en a rapporté de vivants, bien vivants, et son moyen de conservation est applicable à toute sorte de poissons. La découverte de Noël, je l'ai dit dès les premières lignes, peut avoir aussi, monsieur le rédacteur, une influence immense sur les découvertes de la science moderne. Je ne veux vous en donner que de faibles indices. Le goître, par exemple, qui afflige plusieurs de nos départements voisins des Alpes, est une maladie regardée comme incurable et qui provient de la corruption de certains ruisseaux dont l'eau manque d'air. Or il suffira peut-être bientôt, pour faire disparaître le goître, d'établir dans les vallées où l'eau est corrompue, une pompe à godets ou toute autre manivelle qui en pétrissant l'eau y introduira de l'air. Bien mieux, nos capitaines au long cours n'auront besoin que d'une manivelle à bras, semblable à celle de Noël, pour empêcher leur eau de se corrompre dans leurs voyages, — et jugez quelles conséquences la découverte du simple pêcheur, appliquée à tous les usages domestiques ou nationaux, peut avoir sur la vie de tous ! Pourquoi donc enlever à cet homme jusqu'au bénéfice moral de son expérience ? Ce serait une ingratitude inouïe, et j'espère que vous accueillerez cette lettre comme un commencement de réparation.

J'ai l'honneur d'être, monsieur le rédacteur, votre très-humble serviteur.

V. Bouton.

ARCHITECTURE NAVALE (1)

PRÉSERVATIFS CONTRE LES NAUFRAGES.

Suite et fin.

Echouages accompagnés de voies d'eau. — L'échouage d'un navire se complique souvent de voies d'eau qui rendraient insuffisant l'emploi de notre appareil ; il faut donc que les voies d'eau, si considérables qu'elles soient, ne puissent pas remplir tout le navire. On est parvenu depuis longtemps à ce résultat en divisant la cale en plusieurs compartiments par des cloisons transversales ; mais pour être toujours étanches, ces cloisons doivent être en tôle, et on ne les a appliquées, jusqu'à présent, qu'aux bâtiments en fer.

Les navires en bois et fer construits jusqu'aujourd'hui sont défectueux parce qu'on ne peut leur adapter avec efficacité des cloisons en tôle ; aussi se perdent-ils avec autant de facilité que ceux en bois : témoin le beau bâtiment *le Laromiguière*, qui est allé se remplir d'eau sur un banc de sable dans la mer de Marmara et qui s'est trouvé perdu.

Avec nos systèmes de constructions il n'en sera pas ainsi ; on a vu en effet que nos navires en bois et fer sont formés d'un squelette en fer auquel on applique des pièces de bois que l'on peut déposer à volonté ; par conséquent nous pourrons joindre à notre squelette des cloisons en tôle aussi étanches que celles des bâtiments tout en fer.

Le nombre des cloisons à établir dans nos navires en fer ou mixtes devra être calculé pour que le volume de chaque compartiment soit inférieur à celui de notre ceinture de sauvetage.

Incendies. — Dans les bâtiments en fer la cargaison seule peut être détruite par le feu : aussi les grands incendies n'y sont pas à craindre.

Un incendie en mer est quelque chose d'affreux, et tous les ans plus de *cinquante navires* sont détruits par ce fléau. Il est donc important que tous les nouveaux systèmes de bâtiments puissent en être préservés. Nous y parvenons pour nos navires mixtes au moyen des cloisons en tôle qu'on peut leur appliquer. On comprend, en effet, que dans un navire divisé transversalement par des cloisons étanches et assez nombreuses, il suffit de remplir d'eau le compartiment où le feu s'est déclaré pour l'éteindre. Donc nos navires mixtes sont à l'abri des grands incendies.

Abordages. — Depuis quelques années les abordages sont devenus fréquents, et il en résulte quelquefois des sinistres épouvantables (1). Plusieurs de ces sinistres survenus dans ces derniers temps ont vivement excité l'émotion publique. Notre attention étant ainsi appelée sur ce point, nous avons voulu que nos navires soient préservés de ces grands désastres. A cet effet nous nous sommes posé le problème suivant :

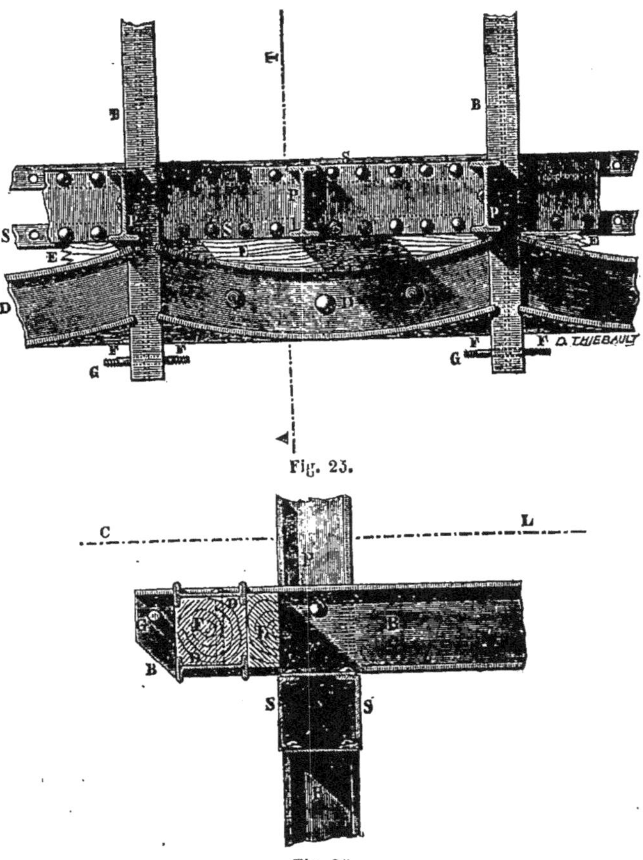

Fig. 25.

Fig. 26.

Construire les navires de façon à ce que leur muraille ne soit pas ouverte quand un autre animé d'une grande vitesse les frappera par le travers.

On peut amortir un choc par l'interposition d'un corps élastique, mais ici ce moyen seul serait peu efficace ; ce qu'il faut c'est d'empêcher que l'action du choc reste locale à l'endroit frappé.

Pour disperser les vibrations de ces grands chocs, nous avons reconnu que le meilleur moyen était de les communiquer instantanément à la muraille opposée du navire ; pour cela les baux du premier pont au-dessus de la flottaison traverseraient la muraille pour faire saillie à l'extérieur, et ces saillies seraient reliées entre elles par des solives à double té placées horizontalement pour se présenter de champ à l'action des chocs. Ces solives horizon-

(1) Voir le précédent numéro.

(1) Pour les trois marines française, anglaise et américaine, la statistique donne en moyenne 623 abordages par année, dont 61 pertes totales.

tales seraient un peu écartées de la muraille et la distance serait remplie par des fourrures en sapin.

Il résultera de cette disposition que lors d'un choc il faudra, avant que la muraille soit entamée, que les solives transversales soient rompues et les fourrures broyées ; or, comme lesdites solives sont fixées après les extrémités des baux, les vibrations se trouvent communiquées instantanément à toute la masse du plancher et à la muraille opposée du navire, lequel alors sera refoulé dans la masse fluide. Le choc étant ainsi amorti, la muraille en sera quitte pour de légères dislocations et meurtrissures qui n'occasionneront jamais que des voies d'eau peu dangereuses.

Nous donnons un exemple de ce genre de bouclier par les figures 24 et 25 ; nous avons désigné par P les couples, B les baux, S les serre-bauquières, D les solives transversales, E les fourrures en sapin, F des fourrures en chêne pour garnir l'intervalle entre les solives, D, G des tourillons destinés à recevoir les châssis triangulaires de notre ceinture de sauvetage. Nous n'avons pas indiqué le bordage extérieur, parce qu'il sera en tôle ou en bois suivant que le bâtiment sera en fer ou mixte ; de plus, pour simplifier les figures, nous n'avons pas mis les fourrures de gouttières, les bordages de pont, etc. Les extrémités des solives D portent dans des encoches pratiquées aux nervures des baux, et de plus on les fixerait par des pattes coudées et rivées. Ces solives D, au lieu d'être cintrées, pourraient être droites ; elles passeraient alors dessus et dessous les baux comme des entretoises et y seraient fixées de même ; les assemblages de ces solives sur leur longueur seraient entrecroisés et ils tomberaient entre les baux.

Pour des bâtiments destinés à naviguer dans les mers polaires, on éviterait les accidents que peuvent occasionner les glaces flottantes en leur mettant une forte quille latérale à fleur d'eau. Dans les navires qui ont un faux pont, on établirait cette quille sur les extrémités des baux formant saillie à cet effet, afin d'obtenir ainsi un second bouclier.

Aux navires qui ont plusieurs ponts, nous croyons qu'il serait convenable d'établir un bouclier au droit de chacun d'eux pour accroître la solidité de leurs œuvres mortes. Au droit des bossoirs, le prolongement des baux serait augmenté pour former une saillie suffisante que l'on consoliderait par des courbes en fer.

Dans le cas où, malgré nos boucliers, un abordage occasionnerait des voies d'eau considérables, le bâtiment ne se perdra jamais, parce que, comme nous l'avons vu dans les sections précédentes, il doit être muni de cloisons transversales et posséder une ceinture de sauvetage.

Chocs contre des rochers. — Dans un abordage, ce sont les œuvres mortes qui sont frappées ; dans un choc contre des rochers, ce sont les œuvres vives, et alors chaque dislocation occasionne une voie d'eau. C'est là un motif pour consolider la carène par le moyen de plusieurs quilles latérales, dont l'utilité se trouve ainsi encore une fois démontrée.

Nos navires en fer ou mixtes, munis de cloisons transversales, d'au moins un bouclier au-dessus de la flottaison et d'environ six à huit quilles latérales, auront ainsi une solidité qui les fera résister sans avaries à tous les petits chocs, notamment aux rochers de corail et de madrépores si nombreux dans l'océan Pacifique. Un pareil résultat est déjà de la plus grande importance.

Examinons maintenant ce que deviendrait un de nos navires jeté par une tempête sur des rochers, comme l'a été dernièrement la frégate *la Sémillante* (1). Malgré la solidité de nos assemblages, la carène serait brisée en plusieurs endroits par la violence du choc et les secousses répétées. Comme le choc a lieu sur la carène, les œuvres mortes ont peu souffert, et alors notre bouclier établi au-dessus de la flottaison forme une liaison suffisante pour empêcher la dislocation de toute la muraille, en supposant toutefois que la quille centrale ou la moitié des quilles latérales ne fussent pas rompues. Par conséquent le navire sera seulement rempli d'eau, et comme il se trouve sur un bas-fond (puisqu'il a été frappé dans plusieurs parties de sa carène), la majeure partie de ses œuvres mortes restera au-dessus de l'eau. Dans cette position l'équipage, réfugié à la partie supérieure du navire, attendra que la tempête soit calmée ; alors des officiers et matelots, revêtus de l'appareil à plongeur actuellement en usage, iront reconnaître les ouvertures faites à la carène, et les boucheront, eussent-elles même plusieurs mètres carrés, en clouant des planches et plusieurs épaisseurs de toile à voile. On ferait ce calfeutrement autant que possible simultanément à l'intérieur et à l'extérieur de la muraille ; il pourra toujours s'effectuer à l'intérieur en dérangeant la cargaison. Cela fait, il n'y a plus qu'à manœuvrer les pompes pour vider chacun des compartiments de la cale, et, s'il en est besoin, on ajustera la ceinture de sauvetage pour soulever le navire.

On peut concevoir des situations dans lesquelles il nous serait impossible de sauver le navire, comme par exemple quand toutes les quilles seront rompues ; mais, même dans ce cas, le navire ne sera jamais brisé en mille pièces, et alors l'équipage aura toujours le temps de se sauver, et c'est là le point important. Dans ces cas extrêmes, notre ceinture de sauvetage disposée convenablement servirait de radeau, si les embarcations ne suffisaient pas à contenir l'équipage et les passagers.

Louis Aubert, *ingénieur civil.*

(1) Cette frégate est venue se briser sur des rochers, à l'entrée du détroit de Bonifacio, en février 1855, et elle a englouti les 760 hommes qu'elle portait.

LAMPE HYDROSTATIQUE DE GIRARD

VERRES DÉPOLIS.

Nous nous empressons de faire droit à la réclamation suivante :

Paris, 24 septembre 1856.

Monsieur le Rédacteur,

Certaine de votre bienveillante impartialité, permetttez-moi de solliciter la rectification d'une erreur de chronologie qui s'est glissée dans la nomenclature historique des inventeurs de lampes, cités par M. Gaugain, à propos des huiles-gaz, dans votre numéro du 22 septembre.

Le nom de *Girard* n'y est placé qu'après l'année 1821 ; — cependant les *lampes hydrostatiques à niveau constant*, dues au chevalier *Philippe de Girard* et à son frère, M. *Frédéric de Girard*, datent en réalité de 1806, comme on peut s'en assurer en consultant leur brevet aux archives du Conservatoire des arts et métiers ; et cette même année, elles obtinrent une médaille d'honneur à l'Exposition des produits de l'industrie nationale.

La solution du singulier problème qu'elles résolvaient, suscita, dès leur apparition, de nombreux et savants rapports, parmi lesquels nous citerons : ceux de l'Institut national ; — de la Société d'encouragement, — et du vénérable Monge. — Ces rapports existent, et chacun peut en vérifier l'authenticité.

Le respectable *Hachette* faisait des *lampes-Girard* l'objet d'une démonstration spéciale dans ses leçons à l'Ecole Polytechnique (tradition qui a toujours été conservée, non-seulement dans les cours de cet établissement, mais dans tous les cours de physique). Il les a décrites dans son *Traité de mécanique* et le *Bulletin de la Société d'encouragement*.

Ces lampes, dont les premiers modèles, décorés par le pinceau jeune alors, et depuis si illustre de M. Ingres, furent offertes à l'impératrice Joséphine et placées aux Tuileries et à la Malmaison, — firent une *révolution* dans l'éclairage d'alors ; et il est à remarquer que, comme la plupart des créations du chevalier Philippe de Girard, elles reposent sur un *principe fondamental* qui, posé par ce fécond génie, sert encore de point d'appui à toute une industrie. — Il en a été de même pour son immortelle découverte de la filature mécanique du lin.

Mais le brevet de 1806 ne parle pas seulement des lampes hydrostatiques; il renferme aussi l'invention des *verres dépolis* et celle des *globes*, qui, mats ou taillés, contribuèrent à la fortune du nouvel éclairage, et sont aujourd'hui populaires dans le monde entier.

Alors qu'il eût été facile de vérifier dans les nombreux actes publics qui les constatent, les droits de ses savants compatriotes, nous avons dernièrement vu avec regret un de nos éminents écrivains, M. L. Figuier, dans ses feuilletons scientifiques de la *Presse*, attribuer, le premier, à un étranger, cette découverte très-française des *verres et globes dépolis*, si universellement connue pour appartenir à MM. de Girard. — Déjà précédemment, il avait de même placé sous un nom étranger *les machines à vapeur à expansion et à détente de vapeur*, qui ainsi, que le constatent formellement une médaille d'or spéciale et un rapport de M. de Prony (9e année du *Bulletin de la Société d'encouragement*, page 155), appartiennent à M. Philippe de Girard. Cette erreur n'ayant pas été rectifiée alors, malgré notre prière, nous saisissons cette occasion de rétablir l'exactitude des faits.

Parmi les inventions nombreuses et inédites qui ont été trouvées dans les portefeuilles laissés par M. Philippe de Girard, il est curieux de citer ici divers dessins d'une *lampe économique*, qu'il nomme *à ressort héliçoïde*, et qui datée de 1808 et 1809, a les plus frappantes analogies avec la lampe dite *modérateur*, inventée en 1837 par M. Franchat.

Le génie de Philippe de Girard, on le voit, et il l'a prouvé avec une éloquente profusion, était de ceux à la sagacité desquels rien de ce qui est réellement bon ou utile ne pouvait échapper, et nous tenons à honneur d'en fournir un exemple de plus.

Ajoutons que l'ingénieux système par lequel sont toujours tenus à un même niveau les cierges qui servent à l'illumination des autels, est dû aussi à M. de Girard.

Le brevet de cette petite invention, destinée d'abord à l'usage domestique, est à peu près de la même date que celui des lampes hydrostatiques.

Pardonnez-moi, Monsieur le Rédacteur, ce récit un peu long de faits qui ne sont point sans intérêt pour la science; — et veuillez agréer, avec mes remercîments pour l'insertion que j'espère obtenir, l'expression de ma haute et plus parfaite considération.

Comtesse N. DE VERNÈDE DE CORNEILLAN, née *de Girard*,

Académie des Sciences.

Séance du 29 septembre.

DE LA SENSIBILITÉ DES TENDONS.

M. Flourens a lu une note qui fixe désormais un point de physiologie longtemps resté douteux. Nous devons à l'obligeance de l'illustre secrétaire perpétuel, de pouvoir donner une analyse détaillée de ce travail, qui remonte déjà à trente-cinq ans et dont la publication a dû, à des travaux d'un ordre supérieur, de se voir ainsi retardée.

Jusqu'à ce jour une divergence singulière régnait entre les physiologistes et les chirurgiens, sur la question de savoir si les tendons sont *sensibles* ou s'ils ne le sont pas. D'une part, à peu près tous les physiologistes soutenaient l'insensibilité, et d'autre part, à peu près tous les chirurgiens soutenaient la *sensibilité* vive, parfois extrême, des parties fibreuses ou tendineuses. Ainsi, par exemple, tandis que Haller et toute son école posaient en principe à Gœttingue, l'insensibilité absolue des tendons, deux chirurgiens très-habiles, Morand et Jean-Louis Petit, affirmaient, à Paris, que non-seulement les tendons sont sensibles, mais que certaines de leurs lésions pouvaient être suivies des plus vives douleurs.

« J'ai rapporté, je pense, disait Haller, autant d'expériences qu'il « en fallait pour prouver qu'on coupe, qu'on brûle et qu'on dé- « truit sans douleur les tendons de l'homme et de l'animal, et que « par conséquent les tendons sont dépourvus de sentiment. »

Jean-Louis Petit, observateur très-judicieux et très-clairvoyant, a inséré de son côté, dans les volumes de l'Académie des Sciences, deux observations, l'une sur un cas de rupture complète du *tendon d'Achille*, et l'autre sur un cas de rupture incomplète de ce même tendon.

A propos de la première il dit: « Je finis cette observation en « faisant remarquer que le malade n'a senti aucune douleur en « se cassant les tendons, ni dans la suite pendant tout son traitement; » et, à propos de la seconde: « de cela seul que le tendon « d'Achille est rompu entièrement, il n'arrive aucun accident,... « et de cela seul que ce tendon n'est rompu ou cassé qu'en partie, « il doit nécessairement survenir de fâcheux symptômes; c'est « ce que j'ai presque toujours remarqué dans les ruptures ou « coupures incomplètes des tendons des autres parties: la douleur « l'inflammation, la fièvre, le délire et la gangrène qui y sur- « viennent quelquefois, rendraient cette maladie presque toujours « mortelle sans le secours de l'art. »

L'analyse et la comparaison entre eux des deux observations de Jean-Louis Petit amenèrent M. Flourens, dès l'année 1821, à soupçonner la cause de la divergence des physiologistes et des chirurgiens. Les physiologistes, opérant sur un tendon sain et normal, ne le trouvaient point sensible; les chirurgiens, au contraire, opérant sur un tendon déchiré, tiraillé, enflammé, le trouvaient sensible. La différence entre les deux états pathologiques produisait seule la différence entre les sensations qui leur correspondent; il ne s'agissait plus que de confirmer cette interprétation par l'expérience.

M. Flourens se mit donc à provoquer sur différents animaux l'inflammation du tendon d'Achille par des piqûres, des tiraillements, des coupures: toutes les fois qu'on opérait sur un tendon sain, aucune sensibilité ne se manifestait chez l'animal, et toutes les fois qu'on le faisait sur un tendon tuméfié et enflammé, on accusait la sensibilité la plus vive.

C'est principalement sur des chiens, des lapins et des cochons d'Inde, que l'inflammation du tendon d'Achille a été produite: tout d'abord ni les piqûres, ni les coupures ne provoquaient le moindre signe de douleur ni de sensibilité; mais au bout de huit jours, en général, ce tendon devenu plus gros, rouge et enflammé, manifestait ces différents signes dès qu'on le pinçait légèrement. Les expériences, répétées à plusieurs reprises, et par séries successives d'animaux, ont toujours donné les mêmes résultats.

Dans la première, sur six cochons d'Inde, dont le tendon d'Achille avait été soumis aux irritations indiquées, quatre ont manifesté une sensibilité *très-vive* chaque fois que leur tendon, rouge et tuméfié, a été pincé.

Dans la seconde série, quatre sur cinq ont éprouvé les mêmes effets de douleur extrême.

Enfin, pour avoir simultanément sous les yeux les deux effets opposés dont il s'agit, M. Flourens a fait mettre à nu, sur ces quatre animaux, le tendon *sain* et le tendon *enflammé*. Une plaque de verre a été placée ensuite sous chacun de ces deux tendons, pour l'isoler complétement des parties voisines et sous-jacentes; après quoi, on a pincé, piqué, coupé, brûlé avec l'acide nitrique, avec l'acide sulfurique, le tendon sain, et l'animal n'a ni crié ni bougé. On a pincé le tendon enflammé, et, à chaque pincement, l'animal a jeté un cri.

Le fait est donc bien démontré par cette épreuve décisive: le tendon sain est dépourvu de sensibilité, et le tendon enflammé a une sensibilité très-vive. Dans une seconde note, M. Flourens examinera une question toute nouvelle et d'un ordre beaucoup plus élevé, celle de déterminer à quoi peut tenir cette différence entre le tendon malade, et quel changement s'opère, par suite de l'inflammation, dans l'état du tendon, ou plutôt des nerfs du tendon, puisque tout ce qui tient à la sensibilité dépend du système nerveux.

GRAVURE GALVANOPLASTIQUE SUR VERRE.

M. Pouillet a présenté de la part de l'auteur, M. Beslay, quelques spécimens d'un procédé de galvanoplastie nouveau et singulier. Ce procédé a pour but d'obtenir la gravure d'un dessin directement sur le dessin lui-même, et cela, sans l'altérer aucunement.

Supposons que l'on prenne une plaque de verre, sur laquelle on a préalablement appliqué une couche d'un vernis particulier: ce vernis, dont la composition est due à M. Beslay, est, avant tout, conducteur de l'électricité; il doit ensuite être assez malléable et résistant tout à la fois, pour se laisser attaquer par le poinçon, sans cependant casser pour autant. L'artiste dessine alors sur le vernis jusqu'à ce qu'il atteigne la lame de verre placée au-dessous, et lorsque la plaque est ainsi préparée, on la transporte dans la cuve galvanoplastique. Sous l'action du courant, le cuivre se dépose alors en couches graduellement plus épaisses, et en commençant par la surface du verre; au bout d'un temps plus ou moins long, suivant l'épaisseur que l'on veut donner à l'épreuve, on obtient en relief un dessin typographique d'une finesse très-grande. Plusieurs spécimens de cette industrie étalent exposés à l'entrée de la salle des séances, et l'Académie a eu sous les yeux un atlas contenant une nombreuse collection de gravures tirées d'après ces spécimens.

M. Pouillet signale un autre procédé du même auteur, consistant à laisser le cuivre déposer avec son vernis. Si l'on regarde alors de l'autre côté de la lame de verre, on aperçoit un dessin qui, par ses teintes noirâtres, ressemble assez aux incrustations faites dans le bois de chêne.

Une commission présentera un rapport sur ce procédé, qui est d'ailleurs en pleine exploitation à Paris, dans l'usine de M. Beslay.

COMMUNICATIONS SOMMAIRES.

M. Victor Colomb a lu un Mémoire sur des observations faites à l'aide d'un instrument de son invention, qu'il propose d'appeler *dynamoscope*. Ce petit instrument a pour but de transmettre l'oreille les bourdonnements et les crépitations qui se produisent dans les différentes parties du corps : les conducteurs qui doivent être préférés, d'après M. Colomb, sont le liége et l'acier. Les observations que le dynamoscope a rendues possibles à son auteur, semblent démontrer qu'il existe une différence notable entre les bourdonnements d'un sexe à l'autre, et surtout d'un âge à un autre. De plus, ce phénomène serait complétement indépendant de celui de la circulation. M. Colomb a examiné les bourdonnements même sur les cadavres, et il a pu s'assurer qu'après la mort ils cessent graduellement en suivant une loi d'extinction, de la tête et des extrémités vers le centre. Ce travail pose encore quelques signes diagnostiques, tirés des mêmes observations : ainsi par exemple, quelques instants avant la mort, les bourdonnements redoublent d'intensité vers les doigts des mains.

En faisant une réclamation de priorité au sujet d'une Note de de M. Catalan sur les séries algébriques, M. Cauchy a formulé ainsi la loi de convergence ou de divergence trouvée par lui depuis longtemps : une série est convergente toutes les fois que son module est inférieur à l'unité ; elle est divergente, au contraire, toutes les fois que ce module est plus grand que 1.

M. Chrétien, professeur agregé à la Faculté de médecine de Montpellier, adresse une Note au sujet de la maladie de la vigne. Suivant cet auteur, le soufre ne préserve pas de l'oïdium par une vertu constitutive, inhérente à sa nature, mais bien par l'effet purement mécanique de l'insufflation. Dès lors, M. Chrétien pense que l'on obtiendrait à moins de frais le même résultat, en faisant usage de la poussière des grands chemins.

M. Piobert adresse un Mémoire qui tend à prouver que les soulèvements terrestres ne sont pas dus à l'action intérieure de la planète, mais à des forces extérieures comme celles du soleil et de la lune. Il paraît d'ailleurs que cette hypothèse, soumise au calcul, s'est trouvée vérifier exactement les phénomènes connus.

FÉLIX FOUCOU.

SOCIÉTÉ DE GEOGRAPHIE

COUP D'ŒIL D'ENSEMBLE SUR LES DERNIERS TRAVAUX DE LA SOCIÉTÉ

La Société de Géographie, dont nous suivrons régulièrement les travaux à partir du 17 octobre prochain (jour de la reprise de ses séances), eut pour fondateurs, en 1821, des savants illustres à divers titres : Ce fut le 15 décembre de cette année que Barbié du Bocage, Fourier, Jomard, Langlès, Letronne, Malte-Brun, Rossel et Walckenaer, se réunirent pour présenter leur programme et constituer la Société. Dès la première élection l'étroite parenté qui existe entre la géographie et la science se révéla nettement; le marquis de Laplace fut nommé président, et Champollion-Figeac, archiviste; au nombre des membres se trouvaient d'ailleurs Alexandre de Humboldt, Cuvier, Gay-Lussac.

« Liée à toutes les sciences, la Géographie sert, pour ainsi dire, « d'introduction à chacune d'elles, et prépare les voies pour les « étudier avec fruit. C'est un vestibule dont plus de cent portes « communiquent à toutes les branches des connaissances humai- « nes. » Ainsi s'exprimait Barbié du Bocage dans son discours d'ouverture à l'Hôtel-de-Ville : la même pensée se retrouvait encore dans ces remarquables paroles que nous extrayons de la circulaire qui fit connaître pour la première fois le but de la nouvelle société : « Il s'est formé un grand nombre de sociétés des- « tinées à accélérer les progrès des sciences et à propager certai- « nes parties des connaissances humaines ; mais jusqu'ici il n'a « existé aucune association qui eût pour unique but la connais- « sance du globe que nous habitons, qui ait voulu appeler les « hommes éclairés de toutes les nations à concourir, par leurs « travaux et leurs richesses, au perfectionnement des sciences « géographiques si intimement liées *à l'avancement de toutes les « autres sciences*, aux progrès de la civilisation, *à l'anéantissement « de toutes les haines et de toutes les rivalités nationales, et à l'amé- « lioration des destinées de l'espèce humaine.* » Enfin l'objet des travaux de la Société de Géographie est clairement défini dans l'article 1er de son règlement : « La Société est instituée pour con- « courir aux progrès de la Géographie ; elle fait entreprendre des « voyages dans les contrées inconnues ; elle propose et décerne « des prix ; établit une correspondance avec les sociétés savantes, « les voyageurs et les géographes; publie des relations inédites « ainsi que des ouvrages, et fait graver des cartes. »

Depuis trente-cinq ans, la Société de Géographie poursuit la noble mission qu'elle s'est imposée : aujourd'hui elle acquiert un intérêt de plus par les grandes questions de circulation, de percement d'isthmes, etc., qui occupent l'Europe. Aussi, comme transition au compte rendu de ses prochaines séances, allons-nous analyser rapidement les travaux qui ont occupé ses dernières réunions en mai, juin et juillet.

BASSINS DU SÉNÉGAL ET DU HAUT-NIGER.

On s'occupe depuis quelques années de rechercher dans les auteurs arabes du moyen âge, des notions géographiques et historiques sur l'Afrique centrale, pour reconstituer l'histoire de ces contrées, au cœur desquelles pénètrent aujourd'hui des voyageurs sérieux. Pour jeter un peu de lumière sur bien des points obscurs ou erronés de ces documents arabes, M. Faidherbe, chef de bataillon du génie, a adressé de Saint-Louis (Sénégal) à la Société, un mémoire sur les populations noires des bassins du Sénégal et du Haut-Niger : nous présenterons seulement le tableau géographique des montagnes de Kong et des cours d'eau qui en descendent.

La ligne qui sert aujourd'hui de limite entre la race blanche et la race noire dans l'Afrique occidentale, passe par le point le plus septentrional du cours du Sénégal et par le point le plus septentrional du cours du Niger à Tombouctou ; mais entre ces deux points cette ligne s'incline vers le sud comme le cours même de ces rivières, et descend jusque vers 15 degrés de latitude.

Vers 11 degrés de latitude nord et 11 degrés de longitude ouest, se trouve le centre d'un système de montagnes rayonnantes qu'on désigne en géographie sous le nom de *Kong* (en mandingue *koung* veut dire *tête*, et *koungo*, *désert*), dont un rameau se prolonge à l'est parallèlement à la côte du golfe de Guinée.

C'est de cette chaîne de montagnes que sortent tous les fleuves qui se jettent dans l'océan Atlantique, sur les sept cents lieues de côtes qui s'étendent depuis l'embouchure du Sénégal, par 16 degrés nord, jusqu'à l'embouchure du Niger, au fond du golfe de Guinée, par 4 degrés nord.

L'un de ces cours d'eau, le Niger, présente dans son cours une singularité remarquable ; car, sortant d'abord de ces montagnes vers le nord, comme le Sénégal et tout à fait près de ce dernier, il laisse celui-ci tourner à l'ouest vers la mer, pour tourner au contraire à l'est vers l'intérieur du continent, pousser une pointe vers le nord, jusqu'au 18e degré de latitude nord, à Tombouctou, puis redescendre au sud dans le golfe de Biafra. Ce fleuve a un cours d'au moins 900 lieues. Il prend sa source vers 11 degrés latitude nord et 13 degrés longitude ouest; son principal affluent, la Tchadda, prend la sienne vers 6 degrés de latitude nord et 17 degrés de longitude est : de sorte que les sources de ces deux fleuves qui se réunissent pour former le Kouara ou Bas-Niger, sont à peu près à 1,000 lieues l'une de l'autre.

Presque tous les cours d'eau qui descendent de ce système de montagnes roulent de l'or. Ce métal n'a cependant été jusqu'à présent exploité que dans les sables de la côte ou dans les vallées, et par les indigènes seulement. Les dépôts intérieurs qui doivent être vers le *Fouta-Dialon*, sont encore inconnus, et semblent devoir être très-abondants.

Sur les versants septentrionaux de ces montagnes se trouve le berceau d'une race noire très-nombreuse, et remarquable par ses facultés et les puissants Etats qu'elle a constitués. C'est la race *mandingue* : elle peuple entièrement les Etats du Kaarta et de Ségou, où elle s'appelle Bambara. Sous le même nom, elle peuple en partie le Bakhounou, le Bélédougou, le Ouassoulou; sous le nom de Malinko, elle peuple le Bambouk, le Mandin, et sous les noms de Malinké et de Socé, certains Etats du cours de la Gambie, le Ouli, le Kantoura, etc. Tous ces Etats semblent être les fragments séparés d'un ancien empire considérable, dont il est question chez les géographes arabes sous le nom d'empire de Mali.

En quittant ce système de montagnes et les plaines du Haut-Niger et du Haut-Sénégal, pour descendre dans les immenses plaines d'alluvions enfermées entre le Bas-Sénégal, la Gambie et le Falémé, on trouve une autre famille nègre aborigène ayant à peu près les mêmes caractères physiques que la précédente, quoique généralement d'un noir plus foncé : c'est la famille *Sérer-Ouolof*. Ses instincts diffèrent un peu de ceux des Mandingues ; ils sont plus indolents et plus doux, résultat que M. Faidherbe attribue au contact prolongé des Européens et des Maures. Les Oualof peuplent le Cayor, le Oualo et le Djiolof; de ces Etats le Cayor seul est assez puissant. Les Sérer peuplent les petits Etats de Baol, Sin, Saloum, Djéguem, plus ou moins tributaires du Cayor. Les Ouolof sont déjà en partie envahis par l'islamisme; les Sérer s'y montrent au contraire rebelles.

Enfin une race plus nombreuse encore en Afrique que la précédente, est la race *Poul*, aussi nommée à tort Foul, Foulah, Fellah et même Fellatah. Cette race, essentiellement différente par les caractères physiques, par les instincts, par la langue, race supérieure aux races tout à fait nègres, a envahi ces contrées et s'est infiltrée dans les populations aborigènes. Là elle s'est mêlée à elles; ici elle en vit séparée; ici elle a donné sa langue aux races mélangées; là le mélange a adopté au contraire la langue indigène.

Les Pouls sont rouges, grands, minces, très-lestes et ont de jolis traits. Leurs cheveux sont beaucoup moins laineux que ceux des nègres. Ils sont aussi beaucoup plus accessibles à la civilisation. C'est un fait acquis dans le pays, que cette race est venue de l'Orient : M. Faidherbe cherche à démontrer dans son mémoire qu'elle vient tout simplement des parties orientales du continent africain, et qu'il n'y a aucune raison pour l'aller chercher plus loin.

NOUVELLE GÉOGRAPHIE PHYSIQUE.

M. V.-A. Malte-Brun a rendu compte à la Société d'un ouvrage de M. Vulliet, destiné à substituer à l'enseignement de la géographie, une méthode qui pût graver dans la mémoire des élèves, d'une manière ineffaçable, des notions géographiques d'un ordre supérieur.

L'Esquisse d'une nouvelle géographie physique (1) s'ouvre par une introduction raisonnée qui fait connaître les rapports de la terre comme planète avec le système solaire, les mouvements qui lui sont propres, et des observations générales sur les continents et les océans. L'auteur examine ensuite la diversité de forme et d'aspect des continents, leur température, le feu central, les tremblements de terre, les volcans, les eaux thermales; il étudie l'influence de la température sur les végétaux et les animaux, son effet sur l'homme, et les cinq grandes races entre lesquelles on a partagé l'humanité. A propos des océans, il examine le niveau des mers, les marées, les vents, les courants ; il étudie la salure de la mer, sa température, et, descendant au fond de l'Océan, il décrit les êtres animés que l'on y rencontre, depuis le mammifère le mieux organisé jusqu'aux mollusques et aux zoophytes. Quand il a préparé l'élève à des descriptions plus détaillées par le grand tableau qu'il vient de dérouler à ses yeux, il entre en matière. Dans une première section, il décrit les océans, pour chacun d'eux il détermine sa situation, ses vents, ses courants, sa température moyenne ; il fait connaître les animaux qui en habitent les bords, les oiseaux, les poissons, les mollusques, les madrépores, les varechs et jusqu'aux plantes marines.

Dans les cinq sections suivantes, M. Vulliet décrit successivement chacune des parties du monde dans l'ordre suivant : Asie, Afrique, Europe, Amérique et Océanie. Il donne pour chacune d'elles, au lieu d'une simple nomenclature de mers, de golfes, d'îles, de caps, de montagnes, de pays, une rapide description de l'aspect, du climat, des minéraux, des végétaux, des animaux curieux et utiles que l'on y rencontre; il fait connaître l'usage dans l'industrie de telle ou telle substance recherchée dans un pays, les transformations que doit subir telle autre substance sortie brute des mains de la nature, avant de passer utilement dans celles de l'homme; à propos de la mer de la Chine, il fera connaître la pêche de la sèche et l'usage que l'on fait de ce poisson pour la fabrication de l'encre de Chine : avec l'Himalaya, les chèvres du Cachemyr, l'igname et la gomme-gutte de l'Indo-Chine, le rubis et le lapis-lazuli du Touran; les pêches de l'Obi, de la Léna; les forêts du Canada et les bois utiles que l'on en tire; en un mot, il associe chaque nouveau nom géographique à une description nette et concise de tel produit ou de tel phénomène qui lui est propre; de cette manière il fixe plus aisément dans la mémoire des enfants, en profitant de ce qu'un lieu attrayant peut faire d'impression sur une jeune mémoire. C'est de plus, le premier *Essai de géographie physique* qui ait été écrit en France pour la jeunesse, et à tous ces titres, M. Malte-Brun pense que la Société lui doit bon accueil ; il lui a paru surtout d'un utile emploi dans les classes élémentaires de nos lycées où l'enseignement géographique occupe aujourd'hui une place plus large que par le passé.

(1) 3 vol. in-12, avec gravure dans le texte. Chez Meyrmis et Leidecker.

MADAME IDA PFEIFFER.

M. Karl Ritter a écrit de Berlin, à la date du 18 juillet, pour présenter à la Société, par l'entremise de M. Jomard, Mme Ida Pfeiffer qui, ayant déjà fait deux fois le tour du monde, se préparait à un quatrième grand voyage pour finir, à son âge avancé, sa carrière voyageuse, en visitant quelques pays qu'elle n'a pas encore vus. Cette femme enthousiaste, qui a vécu de la vie des sauvages pour enrichir d'un si grand nombre de faits curieux l'ethnographie de notre planète, était aussi chaudement recommandée par le baron Alexandre de Humboldt dont nous transcrivons ici la lettre :

« Je prie ardemment tous ceux qui, en différentes régions de la terre, ont conservé quelque souvenir de mon nom, et de la bienveillance pour mes travaux, d'accueillir avec un vif intérêt et d'aider de leurs conseils le porteur de ces lignes, Mme Ida Pfeiffer (de Vienne), célèbre non-seulement par la noble et courageuse constance qui l'a conduite, au milieu de tant de dangers et de privations, deux fois autour du globe, mais surtout par l'aimable simplicité et la modestie qui règnent dans ses ouvrages, par la rectitude et la philanthropie de ses jugements, par l'indépendance et la délicatesse de ses sentiments. Jouissant de la confiance et de l'amitié de cette dame respectable, j'admire et je blâme à la fois cette force de caractère qu'elle a déployée partout où l'appelle, je devrais dire où l'entraîne, son invincible goût d'exploration de la nature et des mœurs dans les différentes races humaines. Voyageur le plus chargé d'années, j'ai désiré donner à Mme Ida Pfeiffer ce faible témoignage de ma haute et respectueuse estime.

A Postdam, ce 8 juin 1856.

« ALEXANDRE DE HUMBOLDT. »

PRIX POUR LES DÉCOUVERTES EN AFRIQUE.

La Société de Géographie a institué un prix de 5,500 francs, susceptible d'accroissement par la souscription qui demeure ouverte au local de la Société ; ce prix est destiné au voyageur qui se sera rendu de la colonie du Sénégal en Algérie, ou de l'Algérie à la colonie du Sénégal, en passant par Tombouctou.

F. F.

SOCIÉTÉS D'ACCLIMATATION

La Société zoologique d'acclimatation de Paris a reçu, il y a peu, la nouvelle de la formation à Berlin d'une société semblable. Grâce à l'active impulsion de M. Kaufmann, fils d'un riche banquier de cette ville, la société allemande a tenu sa première réunion préparatoire le 31 juillet dernier, et déjà elle compte dans son sein les personnages les plus considérables de la Prusse : M. le baron Alexandre de Humboldt, M. Gloger, le prince de Salm-Dick, M. de Manteufel, figurent parmi ses membres. La dénomination qu'elle a adoptée est celle-ci : *Acclimatisations Verein für die kœniglich preussischen Staaten.*

Déjà deux sociétés allemandes d'agriculture se sont agrégées à la nouvelle Société d'acclimatation, qui, à son tour, vient d'être affiliée à celle de France.

Un congrès scientifique composé de 1,900 membres s'est tenu dernièrement à Prague : l'annonce de la formation de la société de Berlin, y a été accueillie avec une telle faveur, que cette grande réunion allemande a décidé l'impression, dans son compte rendu officiel, d'un rapport spécial sur les sociétés d'acclimatation.

Depuis quelque temps la Société d'acclimatation des Alpes, siégeant à Grenoble, avait demandé un troupeau de yaks à la Société centrale de Paris. Celle-ci vient enfin de pouvoir lui en confier cinq, qui devront être placés sur deux points des Alpes, savoir : à la Grande-Chartreuse sous la surveillance des moines de cette abbaye, renommée par son soin pour les troupeaux, et sur un second point non encore déterminé ; le but de cette répartition est d'expérimenter l'acclimatation de ces animaux, en même temps sur une montagne calcaire et sur une montagne granitique.

Au passage du troupeau à Grenoble, une des femelles a mis bas, ce qui porte à six le nombre de ces yaks. La première partie du troupeau vient d'ailleurs d'arriver à la Grande-Chartreuse, grâce aux soins intelligents de M. Bouteille, secrétaire général de la Société des Alpes.

Ces animaux semblent devoir être très-favorables à l'œuvre de l'acclimatation, car cet été, deux yaks sont nés à la ménagerie du museum, et le 13 septembre dernier un troisième yak vient de naître d'une mère française : celle-ci était née elle-même au museum le 14 mars 1855 ; elle avait donc à peine dix-huit mois quand elle a mis bas. Ce premier exemple de précocité est d'un bon augure.

En outre des yaks que possède la ménagerie, il s'en trouve encore actuellement par le fait de la Société d'acclimatation, savoir : dans le Jura, dans les Alpes, en Auvergne et à Barcelonnette. Ajoutons enfin que depuis l'arrivée en mars 1855, des 12 yaks envoyés par M. de Montigny, aucun de ces animaux n'est mort.

F. F.

PARTIE LITTÉRAIRE.

LOUISE MORNAND [1]

VI

Le 5 novembre.

Tu es bien bonne, tu ne profères pas une plainte, pas un reproche ! pas une parole pour hâter mon retour. Tu comprends la puissance du charme qui me retient ici et dans ton admirable abnégation maternelle tu oublies ton propre isolement pour ne songer qu'à mon bonheur. Oh ! qu'il est doux pour moi de penser que ce bonheur serait le tien aussi ! Dans les rêves charmants que je fais pour l'avenir ton image apparaît à côté de celle de Louise ; vous êtes faites pour vous aimer.

Je voudrais que tu fusses ici. Il me semble que tu devinerais, au regard de Louise, aux inflexions de sa voix, si j'ai quelque raison d'espérer. Tantôt je doute, tantôt je me rassure à moitié. Je n'ose rien dire qui exprime mes sentiments ; je crains trop, par un aveu précipité, de perdre le bonheur dont je jouis à présent. Je veille sur mes paroles, sur mes regards ; — que deviendrais-je si je l'offensais, si j'étais banni de sa présence ! Il y a, en réalité, si peu de temps qu'elle me connaît. Non, je ne puis parler, le moment n'en est pas encore venu ; tout ce que je puis faire c'est d'interroger ses moindres gestes, ses moindres paroles, et d'y puiser tour à tour l'espérance et la crainte.

Elle m'accueille avec un plaisir évident et me témoigne déjà une amitié et une confiance qu'on accorde rarement à une connaissance de si courte date. Et puis il existe entre elle et moi une sympathie instinctive ; souvent nos regards se rencontrent involontairement lorsqu'une même impression nous frappe ; plus d'une fois il est arrivé que la même parole s'est échappée de ses lèvres et des miennes.

Ces signes devraient m'encourager, n'est-ce pas ? et pourtant, le croirais-tu ? j'y trouve des sujets d'inquiétude. Il est vrai que Louise témoigne du plaisir à mon arrivée, mais ce plaisir n'est mêlé d'aucune agitation ; son regard pur et limpide ne se baisse pas devant le mien, et lorsque, par hasard, nos mains se rencontrent, c'est la mienne seule qui tremble.

Tu vas sourire de ces tourments et me dire qu'ils sont prématurés ; mais que veux-tu ? Il me semble que je l'aime depuis longtemps !

Je n'ai pas encore appris le secret de la douleur de M. Mornand. Il m'est évident qu'il pleure avec désespoir un fils tendrement aimé, mais j'ignore si ce fils est mort ou seulement éloigné. Je suis tenté de croire qu'il est mort, probablement dans des circonstances très-douloureuses, mais l'amitié que j'ai pu inspirer à M. Mornand n'est pas suffisante pour l'engager à m'ouvrir son cœur. Louise ne paraît pas non plus disposée à être communicative sur ce point, et du reste, à peine m'est-il encore arrivé d'être un instant seul avec elle. Cependant, l'autre jour quand son oncle, plus triste que de coutume, refusait de se mêler à notre conversation et que, pour ne pas le déranger, nous causions à voix basse près de la fenêtre, Louise me raconta en quelques mots sa propre histoire.

Je l'avais trouvé ce jour-là lisant la *Tempête* de Shakespeare, et j'exprimai mon admiration de la voir jouir dans l'original de cette merveilleuse poésie.

« Cela n'est pas étonnant, me répondit-elle. Ma mère était Anglaise et les douze premières années de ma vie ont été passées presque entièrement en Angleterre. »

Là-dessus, répondant à mes questions, elle me dit que son père, le frère cadet de M. Mornand, compromis dans une affaire politique, s'était réfugié en Angleterre, où il épousa la fille d'un ministre protestant. Louise conserve un vif souvenir de son père qu'elle a perdu cependant à l'âge de huit ans ; il mourut pendant un voyage qu'il fit en France avec sa femme et son enfant. La veuve, au désespoir, retourna près de sa famille en Angleterre. Pendant quatre ans, Louise, témoin du long deuil de sa mère, de sa tristesse invincible, presque entièrement privée de société et des plaisirs de son âge, fit l'apprentissage de la vie qu'elle mène à présent. Quand elle eut douze ans, il se fit dans son existence un heureux changement ; madame Mornand se décida à se fixer en France. Elle vint à Paris avec sa fille et reçut de son beau-frère et de sa femme un accueil affectueux. Sa santé, minée par le chagrin, s'améliora rapidement et peu à peu elle s'entoura d'un cercle d'amis choisis. Louise connut alors quelques années vraiment heureuses ; mais à peine avait-elle atteint l'âge de dix-huit ans qu'elle perdit sa mère. Dès-lors, la demeure de son oncle devint la sienne ; elle y fut reçue comme une fille chérie, mais de nouvelles douleurs l'y attendaient. Elle portait encore le deuil de sa mère quand il lui fallut veiller sur le lit de mort de sa tante.

Ce récit a augmenté le profond intérêt que Louise m'inspirait déjà. Sa vie a été jusqu'à présent bien triste, tu le vois, et je crains qu'un nouveau chagrin ne lui soit réservé. Son oncle se plaint rarement, mais chaque jour il paraît plus souffrant. Et il n'y a en lui rien qui réagisse contre l'accablement physique et moral ; il ne se suiciderait pas, sans doute, mais il se laissera mourir. Sa nièce veille sur lui avec une sollicitude presque maternelle, et vraiment, à la voir le consolant, l'encourageant, épiant l'expression de ses moindres désirs, on dirait qu'elle n'a pas une pensée, un regret, une espérance qui ne se rapporte à lui ou qui la conduise, dans ses rêves, hors de cette modeste habitation dont elle a su faire un séjour si charmant. Pourtant, je remarque souvent sur son visage une expression pensive, mélancolique même, et deux fois je l'ai surprise les yeux pleins de larmes. Elle souffre ;

(1) Voir le précédent numéro.

est-ce d'un chagrin secret? est-ce uniquement là triste monotonie de sa vie qui lui pèse quelquefois?

En effet, ma mère, quelle existence pour une jeune fille belle, spirituelle, faite pour briller dans le monde et être aimée partout où elle paraîtrait! Jamais la moindre distraction; excepté moi, pas une connaissance; aucune communication, à ce qu'il paraît, avec le dehors; car jamais je n'ai vu arriver chez M. Mornand une lettre ou un journal. Et pourtant Louise est loin de témoigner ce dégoût des occupations ordinaires, cette langueur de corps et d'esprit qu'on remarque chez les personnes en proie à l'ennui; au contraire, son cœur est plein de sympathie, tout l'intéresse, depuis les hautes questions d'avenir jusqu'aux minimes détails de ménage. Et jamais, pas plus dans sa tristesse que dans ses moments de gaieté, jamais la douceur et l'égalité de son caractère ne se démentent un seul instant.

C'est une noble et ravissante créature; heureux, trois fois heureux sera celui à qui elle daignera confier la douce tâche de la protéger et de travailler à son bonheur. Je ne parlerai pas encore; j'attendrai, non pas afin de la connaître mieux, chose inutile et, je crois, impossible, mais pour qu'elle me connaisse davantage. Elle saura au moins que j'ai été patient et soumis, et que je n'ai pas voulu l'offenser pas trop de précipitation. Si elle pouvait deviner mon amour! — Hélas! si elle le partageait, ne le devinerait-elle pas déjà?

VII

Le 9 novembre.

J'ai été témoin, ce matin, d'une scène qui m'a vivement ému.

J'avais passé la nuit à l'auberge. A mon réveil, le temps était déplorable; au lieu de retourner à Dieppe dès le point du jour, suivant mon habitude, je restai prisonnier dans ma chambre jusqu'à midi. La pluie ayant cessé, je me disposai à partir; mais avant de prendre le chemin de la ville, je ne pus résister à la tentation d'aller dire bonjour à mes amis.

Je trouvai la porte de la maison ouverte et, ainsi que cela m'était souvent arrivé, j'entrai sans cérémonie. J'allai ainsi jusqu'au salon; la porte en était également entr'ouverte, ma main se levait pour frapper, je m'arrêtai saisi de stupeur au spectacle qui s'offrit à moi.

M. Mornand était assis dans son fauteuil, les deux mains sur ses genoux, la tête droite, les yeux fixés sur la fenêtre en face de lui comme refusant obstinément de rencontrer les regards de Louise. Celle-ci, agenouillée sur un coussin à ses pieds, tenait une lettre.

« Oh! soyez bon, soyez généreux! disait-elle. Ne refusez pas d'écouter ce qu'il écrit. Il est malheureux, il se repent. »

Mais son oncle la repoussa, et se levant brusquement:

« Silence! ne m'importune plus, dit-il avec dureté. Il flétrit mon nom, — il a tué sa mère, — il a brisé mon cœur; malédiction sur lui! »

A ces terribles paroles, Louise cacha son visage dans ses mains et pencha sa tête sur le fauteuil. Quant à moi, ne songeant pas à entrer dans un pareil moment, je m'éloignai silencieusement et sortis de la maison comme un voleur. A la porte je rencontrai Catherine, enveloppée dans son manteau et un panier sur le bras. Elle me demanda si j'avais vu son maître.

« J'avoue, Catherine, répondis-je, que j'ai eu l'indiscrétion d'aller jusqu'à la porte du salon, mais j'ai cru m'apercevoir que M. Mornand était occupé et je n'ai pas frappé.

— Vous avez sagement fait, monsieur. Il y a des jours où il vaut mieux le laisser tranquille. C'est une lettre de son fils qui est arrivée, j'en suis sûre, et cela le vexe toujours. »

Puis Catherine, me demanda comment j'allais retourner à Dieppe, et apprenant que je n'avais, ce jour-là, d'autre moyen de transport que mes propres jambes, elle me proposa de prendre place dans une espèce de carriole couverte dont elle allait profiter pour se rendre à la ville.

J'acceptai volontiers et pendant que la voiture, traînée par un gros cheval normand, cahotait le long de la route, la vieille Catherine et moi, assis côte à côte, nous eûmes une conversation qui m'intéressa beaucoup, car j'appris l'histoire du fils de M. Mornand.

Madame Victor Meunier.

(La suite au prochain numéro.)

FAITS DIVERS

Eclipse de lune. — Le 23 de ce mois, Paris pourra jouir d'une éclipse partielle de lune qui commencera à neuf heures et demie du soir.

Carte de France. — D'après l'*Indépendance de Douai*, on fait espérer pour 1860 l'apparition de la fameuse carte de France à laquelle on travaille depuis près d'un demi-siècle.

Les officiers d'état-major attachés à l'exécution de ce monument unique en Europe sont de tous côtés en campagne, en ce moment que les terres sont dépouillées de leurs récoltes, afin de continuer ou de rectifier leurs travaux géodésiques.

Comète de 1856. — Les astronomes attendent, cette année, pendant l'automne où nous entrons, le retour et l'apparition de la fameuse comète de 1556, dite comète de Charles-Quint, qui n'a pas été vue depuis trois siècles.

Station météorologique. — Il y a maintenant en France quatorze stations où se font des observations météorologiques que le télégraphe apporte tous les matins au gouvernement et à l'Observatoire; ces stations sont à Dunkerque, Mézières, Strasbourg, Tonnerre, Paris, le Havre, Brest, Napoléon-Vendée, Limoges, Montauban, Bayonne, Avignon, Lyon, Besançon.

Un coq hermaphrodite. — On lit dans l'*Echo d'Oran* auquel nous laissons toute la responsabilité du fait:

Il existe actuellement, et tous les voyageurs peuvent voir, comme nous l'avons vu, chez M. Paul, maître de poste et hôtelier à la Macta, un coq qui possède quatre pattes, deux fondements et, par suite, deux queues verticales, et qui, de plus, est hermaphrodite. On peut dire littéralement que ce coq est une poule et que cette poule est un coq, car il s'acquitte également des fonctions du mâle et de la femelle. Ses œufs sont des œufs ordinaires de poule.

Deux de ses quatre pattes seulement posent à terre; il retient les deux autres pliées sous son corps, mais elles ont la même longueur et affectent les mêmes proportions que les deux autres. Sa démarche est saccadée et irrégulière quoique ferme.

Courageux comme tous ses semblables, il lutte même contre les chiens, et les blessures qu'il en reçoit ne l'empêchent pas de cribler leur museau de furieux coups de bec, qui les forcent quelquefois à la retraite.

Doué d'une rare intelligence, il aime et suit son maître, dont chaque nuit il s'établit le gardien en venant se coucher à la porte de sa chambre.

De son côté, M. Paul est fort attaché à son coq, auquel il tient assez pour en avoir refusé 1,400 fr. à l'un de nos premiers fonctionnaires.

Tel est le coq de Macta, qui ferait le bonheur de plus d'un naturaliste et l'ornement de plus d'une collection zoologique.

La route de Tehuantepec. — Le correspondant américain de la *Presse* lui écrit: « Les nouvelles reçues de la Vera-Cruz donnent les renseignements les plus satisfaisants sur les travaux entrepris à l'isthme de Tehuantepec. Il paraît que la route pourra être ouverte d'une mer à l'autre dans les premiers jours de décembre, que quarante-huit kilomètres sont parfaitement terminés, et qu'il ne faut pas plus de deux mois pour la confection du restant du parcours. Au moyen d'un bateau à vapeur en fer et de diligences bien installées, la traversée de l'isthme ne durera pas plus de dix-huit heures.

« De la Nouvelle-Orléans à Coatzacoulcos, il ne faut que trois jours pour un steamer; du point d'arrivée de la route sur l'océan Pacifique à San-Francisco, il ne faut au plus que six jours; deux jours pour transborder les bagages et les passagers, en tenant compte de tous les retards possibles; c'est donc un total de dix à onze jours de la Nouvelle-Orléans à San-Francisco.

« L'imminence de cette troisième route inter-océanique nuit nécessairement aux deux autres. Quoique le chemin de Panama ait donné à ses actionnaires un dividende de 12[00 pour les six derniers mois, il est toujours affecté par la température tropicale où il se trouve, les fièvres auxquelles il ne soustrait pas complétement les voyageurs, et l'émeute dont il a été le théâtre, ne pouvant guère dépasser le pair.

« Quant au *Nicaragua transit Company*, nous ne savons jusqu'où ses actions peuvent encore descendre, valant aujourd'hui le quinzième de leur prix d'émission. Non-seulement son matériel est aux mains des flibustiers, mais elle accuse un de ses anciens directeurs, maire de San-Francisco, de lui avoir volé plus d'un million, et lui instruit son procès devant les tribunaux de New-York. C'est bien des malheurs à la fois !

Utilité des goélands. — Jadis, dit la *Colonisation d'Alger*, il y avait dans le port d'Alger de nombreux goëlands, ouvriers pleins d'intelligence et d'adresse, auxquels l'Etat n'avait à allouer aucune solde, et dont la mission était d'enlever à la surface de la mer tous les débris végétaux et animaux et autres immondices provenant de la ville ou des navires; par leurs soins assidus, le balayage et la salubrité du port étaient assurés beaucoup mieux que par les biskris et les bourricots auxquels le même service est dévolu en ville, moyennant une assez forte contribution dont chacun de nous paye sa part sous la forme de taxe des loyers. A notre grand regret nous voyons chaque jour les goëlands fuir le port, chassés qu'ils sont, à coup de fusils par de jeunes désœuvrés qui, montés en nacelle, viennent s'exercer au tir sur ces utiles animaux dont certes ils ne soupçonnent ni les services ni le dévouement. Si nous ne voulons pas, avant quelques années, avoir un port aussi infect que celui de Marseille ou avoir à solder un service *ad hoc* pour le nettoyage du port, l'autorité locale fera bien, nous le pensons, de prendre des mesures spéciales pour assurer la conservation des goëlands. Rien n'est plus facile : défendre de tirer des coups de fusils dans le port et sur les plages faisant partie de la commune; frapper d'une amende tout individu qui aura en main un goëland, vivant ou mort. Comme cet animal n'est pas bon à manger, on ne lèsera aucun intérêt en édictant ces mesures.

Le narcotisme universel. — Le professeur James Johnston a publié récemment une statistique assez curieuse sur l'usage des narcotiques chez les différents peuples.

La Sibérie, dit-il, a ses fongus; la Turquie, l'Inde et la Chine ont leur opium; la Perse, l'Inde et la Turquie, avec toute l'Afrique, depuis le Maroc jusqu'au cap de Bonne-Espérance, et même les Indiens du Brésil, ont leur chanvre et leur hachich; l'Inde, la Chine et l'archipel du Levant ont leurs noix de bétel et leur poivre de bétel; les îles de la Polynésie ont leur ava quotidien; le Pérou et la Bolivie leur interminable coca; la Nouvelle-Grenade et les chaînes de l'Himalaya, leurs pommes-épine rouges et communes; l'Asie, l'Amérique et le monde entier, peut-on dire, ont le tabac; les Indiens de la Floride leur houx-émétique; le nord de l'Europe et l'Amérique ont leur pédum et leur galle douce; les Anglais et les Allemands ont le houblon, et le Français la laitue.

Il n'est nation si ancienne qui n'ait son narcotique habituel, depuis les temps les plus reculés; aucune, si lointaine et si isolée, qui n'ait trouvé sur ses propres bords un allégeur de peines, et sur son sol natal un narcotique pour chasser les soucis; aucune si sauvage, que l'instinct n'ait conduite à chercher et employer avec succès cette forme de secours physiologique. L'appel d'un tel secours et l'habitude d'en jouir sont à peine moins universels que le désir et la consommation des aliments nécessaires à l'existence.

On peut estimer que les divers narcotiques sont en usage, savoir : le tabac parmi 800 millions d'hommes; l'opium parmi 400 millions; le chanvre et le hachich parmi 200 à 300 millions; le bétel parmi 100 millions; le coca parmi 10 millions d'hommes.

Chemins de fer russes. — Le réseau principal des chemins de fer à construire en Russie a été définitivement concédé à une société formée par des capitalistes de divers pays, parmi lesquels figurent les chefs de la Société générale du Crédit mobilier de France et MM. Hottinguer, Baring, Hope et Stieglitz.

La concession est faite pour 85 années. Un minimum d'intérêt de 5 0/0 est garanti par le gouvernement russe aux actionnaires.

Pour tous les faits divers : V. M.

Prix d'abonnement pour l'étranger.

Allemagne, 12 fr. — Suisse, Parme, Plaisance, Modène, 12 fr. 50 c. — Etats-Sardes, Grèce, 13 fr. — Hollande, Angleterre, 14 fr. — Etats-Unis, Indostan, Turquie, 14 fr. 50 c. — Belgique, Prusse, Hanovre, Saxe, Pologne, Russie, Espagne, Portugal, 15 fr. 50 c. — Toscane, 16 fr. 50 c. — Etats-Romains, 20 fr. 50 c.

Le propriétaire rédacteur-gérant : VICTOR MEUNIER.

PARIS. — DE SOYE ET BOUCHET, IMPRIMEURS, 2, PLACE DU PANTHÉON.

Deuxième année. — N° 41. 25 CENTIMES 12 octobre 1856.

L'AMI DES SCIENCES

JOURNAL DU DIMANCHE

SOUS LA DIRECTION DE

VICTOR MEUNIER

BUREAUX D'ABONNEMENT
13, RUE DU JARDINET, 13
Près l'École de Médecine
A PARIS

ABONNEMENTS POUR L'ANNÉE
PARIS, 10 FR.; — DÉPART., 12 fr.
Étranger (Voir à la fin du journal).

L'AVENIR

I

Il convient de s'occuper du présent, mais il ne peut être nuisible de savoir où nous arriverons et ce que sera l'avenir. Nous pouvons nous considérer comme étant en voyage ; il y a longtemps, bien longtemps que nous sommes partis, si longtemps que nous avons perdu souvenir de notre point de départ ; et nous allons loin, bien loin, si loin que nous ne nous faisons pas une idée très-exacte du lieu où nous allons. Nous voici arrivés dans une hôtellerie où nous demeurerons le temps nécessaire pour régler quelques affaires très-embrouillées. En même temps que nous tâchons de nous y faire une existence aussi confortable que possible, employons le temps dont nous pouvons disposer, à prendre des informations sur le pays vers lequel nous marchons depuis six mille ans passés, au dire des savants. Il y a des gens qui n'en sont pas précisément revenus, mais qui ont été assez favorisés pour jeter, quoique de loin, un regard sur cette terre promise ; on a même écrit sur elle des mémoires et des livres, je crois même qu'on en a donné quelques cartes, probablement imparfaites.

Il paraît que c'est une bien belle, bien riche et bien heureuse contrée ! Nous ne pouvons manquer d'y arriver ; c'est toujours tout droit, et maintenant que nous avons des moyens de communication si rapides, nous ne saurions tarder à en toucher les frontières. Tous ceux qui en parlent le font avec enthousiasme, et on ne peut les écouter sans une sensation analogue à celle d'un pauvre homme sans ouvrage mis à la porte de son garni et qui par une soirée froide et pluvieuse, l'estomac vide, couvert à demi, contemple, à travers les vitres, le succulent étalage d'un marchand de comestibles.

Il y a des siècles et des siècles qu'on en raconte, ou qu'on en prophétise les merveilles ; on en causait déjà à l'origine des sociétés, toutes les traditions en témoignent. Il y a dix-huit cents ans, des hommes sont venus qui s'en sont fait une idée très-haute ; déjà à cette époque ils adoucissaient la fatigue des marches séculaires en prophétisant les splendides merveilles de l'avenir.

« Il y aura, s'écriaient-ils dans leur saint enthousiasme, des cieux nouveaux et une terre nouvelle. » (*Saint Paul.*)

Et en les écoutant, les peuples prenaient en patience les douleurs présentes.

« Dieu, ajoutaient-ils, nous a faits rois et prêtres et nous régnerons sur la terre. » (*Saint Jean.*)

Et les opprimés reprenaient courage.

« Un jour viendra, disaient-ils encore, où Dieu répandra de son esprit sur toute chair, vos fils et vos filles prophétiseront. » (*Actes des apôtres.*)

Et les troupeaux d'humains se consolaient de leur abjection présente.

Et quand un inspiré se taisait, un autre reprenait.

Et les chants prophétiques retentissaient sans interruption, descendant dans l'âme des humains comme la rosée dans un calice altéré.

« A la fin des temps, l'empire de la terre sera donné aux bons, et ce sera pour eux le commencement de l'immortalité, et comme un premier essai de la jouissance de la vue de Dieu ; et n'est-il pas juste qu'ils reçoivent le prix de leurs souffrances dans le même mode d'existence dans lequel ils ont supporté avec courage toutes sortes de maux, et qu'ils règnent dans leur liberté là où ils ont supporté la servitude ?.....

« Un jour viendra où la face de la terre sera renouvelée. Chaque vigne aura dix mille branches, chaque branche dix mille rejetons, chaque rejeton produira dix mille grappes, chaque grappe dix mille grains, et chaque grain étant exprimé donnera vingt mesures de vin. Il en sera de même du froment : chaque grain de blé produira dix mille épis, chaque épi dix mille grains et chaque grain dix livres de farine pure ; tous les autres fruits, grains et plantes, produiront dans la même proportion. Tous les animaux seront pacifiques, ne se nourriront que d'herbages et ne se déchireront plus les uns les autres, et ils seront éternellement soumis à l'homme. » (*Saint Irenée.*)

« Peuples, écoutez la parole du Seigneur : Je te donnerai des fondements de saphir, je te parerai de rubis, je bâtirai tes tours de jaspe, tes portes seront ornées de ciselures, ton enceinte de pierres choisies. Je rendrai tous tes enfants disciples de Dieu, et la paix se répandra sur eux comme des flots, et tu seras fondé sur la justice...

« Je vais créer une Jérusalem pleine de délices et un peuple pour la joie ; on n'y entendra plus ni plaintes ni clameurs ; on n'y verra point de vieillard ni d'enfant qui n'accomplisse ses jours ; mon peuple bâtira des maisons et les habitera ; il plantera des vignes, en recueillera les fruits et en boira le vin. » (*Isaïe.*)

« Et ils viendront, et ils chanteront les hymnes de louanges et ils accourront vers les biens du Seigneur, le blé, le vin, l'huile, les brebis fécondes et les grands troupeaux, et leur âme sera comme un jardin arrosé sans cesse, et ils n'auront plus faim désormais. Alors les vierges se réjouiront en chœur, et les jeunes gens et les vieillards ; et je changerai leur deuil en allégresse, et je les consolerai, et je les remplirai de joie après leur douleur, et j'enivrerai l'âme des prêtres de mon abondance, et mon peuple sera béni de mes biens, dit le Seigneur. » (*Jérémie.*)

Et d'âge en âge, des voix prophétiques se succédaient criant : L'AGE D'OR EST DEVANT NOUS ! et de nos jours même cette voix a retenti (*Saint-Simon*).

Ils ne se trompaient pas, et ce que les uns ont rêvé, ce que les autres ont cru, aujourd'hui nous le savons.

Vous avez lu ces contes orientaux dans lesquels une imagination féconde s'est plue à réunir de féeriques splendeurs ; vous avez entendu parler de ce luxe prodigieux dont s'entourent les monarques asiatiques ; il vous est revenu que dans le sombre moyen âge, des hommes, les magiciens, comme on les appelait, ont rêvé l'empire de l'homme sur les éléments, sur les forces, sur les créatures... Ah ! combien l'imagination des poëtes est restée au-dessous de la réalité future ! combien la magnificence impie des despotes est mesquine auprès du luxe trois fois saint dont le plus humble des enfants des hommes sera entouré dans l'avenir ! Les magiciens sont peut-être ceux qui ont vu le plus juste ; oui, l'empire des hommes doit s'étendre à toutes les forces inanimées ou vivantes qui se manifestent autour de lui.

Mais pendant que la multitude sollicite une équitable rétribution de son travail, il y a des gens qui, au sortir de table, les pieds sur les chenets, le cure-dent à la bouche, disent sentencieusement entre deux hoquets : Ce peuple est bien exigeant !

Pour moi, une seule chose m'étonne, c'est qu'avec tant de promesses de bonheur derrière nous, et autour de nous des miracles qui témoignent de la véracité des prophéties, nous mettions encore tant de modération dans nos désirs ; nous demandons tout au plus le nécessaire, et le superflu ne serait qu'un à-compte.

Allez, échauffez votre âme au contact des grandes pensées, et puis, donnez un libre essor à votre imagination. Allez ! purgez la terre de toutes les créatures intraitables ; faites de celles qui sont éducables des auxiliaires et des amis de l'homme ; où la nature a étendu le désert faites surgir l'oasis ; que des sources d'eaux vives jaillissent des terres arides, et que des parcs dessinent leurs méandres sur l'emplacement des marais desséchés ; transformez tout le globe en un jardin ; où étaient nos villages et nos villes, bâtissez des palais ; couvrez d'habits royaux les pauvres déguenillés ; transfigurez ces visages pâles et amaigris, qu'une joie sereine brille dans tous ces yeux, que la pensée rayonne sur tous ces fronts ; multipliez à l'infini les métaux précieux, les pierres fines, les riches tentures ; tarissez toutes les sources de maladies et de discordes ; que le globe soit un paradis, que les hommes ne forment plus qu'une famille ; amenez toutes les forces du monde à confesser la suprématie de l'homme, que tout ce qui est et vit se fasse l'agent docile de ses volontés... Vous croyez avoir fait un rêve, vous êtes restés au-dessous des réalités de l'avenir.

II

« Pour qui nous prenez-vous ? nous croyez-vous si simples ? Tout cela est trop beau pour être possible. Le monde a de tout temps été comme il est, et quoi qu'on fasse, les pauvres seront toujours en majorité. Ne faut-il pas qu'il en soit ainsi ? Qui remplirait tant de fonctions indispensables auxquelles la pression du besoin peut seule plier ceux qui les remplissent ? A d'autres ! et de deux choses l'une : ou vous ne jouissez pas pleinement de votre bon sens, ou vous commettez une mauvaise action en excitant des désirs que vous savez irréalisables. »

Bonnes gens qui donnez du collier depuis votre enfance, et que voici arrivés péniblement à force de sueurs et de privations à une pauvre petite position ; travailleurs qui ambitionnez toute votre vie, sans jamais l'atteindre, cette retraite si modeste ; vous « qui, des bras, des pieds, des mains, de tout le corps luttez sans cesse, pour abriter vos lendemains contre le froid de la vieillesse, » il faut vous aimer à cause même de votre incrédulité. Cette destinée à contre-sens, qui a éteint en vous les grandes aspirations vous donne droit à une respectueuse pitié. Pauvres gens, arrivés à croire qu'il n'y a pas place pour tout le monde sur cette terre ! Causons :

Non, le monde n'a pas toujours été ce qu'il est. L'inverse est vrai ; le monde n'a jamais été ce qu'il est, et bien plus, le monde n'a jamais été aussi heureux que maintenant. Ai-je dit heureux ? Je voulais dire que dans le passé, la somme des douleurs a été bien plus grande encore qu'elle ne l'est aujourd'hui.

C'est ici qu'est le gage le plus certain du bonheur futur ; depuis que le monde existe, il n'a cessé de changer, et chaque changement était un pas en avant, et chaque pas était un progrès, et chaque progrès était comme un des degrés d'une échelle qui repose sur la terre et s'appuie dans les cieux ; en bas la misère, l'oppression, le mensonge, en haut le bien-être, la liberté et la vérité. Depuis qu'elle est, l'humanité progresse ; elle embellit, se moralise, s'instruit, elle apprend à se connaître, elle s'enrichit, elle étend sa domination sur le monde. C'est un mouvement non interrompu de conquêtes. Ce n'est pas seulement un mouvement continu ; à mesure que l'humanité avance, elle précipite ses pas. Or ce mouvement va-t-il se ralentir ? Tout est-il dit ? Hommes et choses témoignent du contraire. Ce siècle n'a que cinquante et quelques années, qu'a-t-il fait ? Pour ne voir que les choses matérielles, n'est-ce pas lui qui a fait les chemins de fer, les bateaux à vapeur, le télégraphe électrique, la galvanoplastie, le daguerréotype, mille, dix mille, cent mille autres inventions auxquelles le passé n'a rien de comparable. Où donc tout cela doit-il aboutir ?..

Il nous reste relativement bien peu à faire pour traverser les passes difficiles et voguer, à toute vapeur, sur l'océan pacifique des destinées heureuses. Les affaires litigieuses de ce temps-ci ne sont que de petits reliquats de compte. Regardez en arrière, que voyez-vous ? Les salariés d'aujourd'hui étaient serfs au moyen âge, esclaves chez les Grecs et les Romains ; dans l'Inde ils étaient parias. Concluez. Cette évolution continue n'est-elle pas une promesse ? Où sont les serfs ? où sont les esclaves ? Le bourgeois a-t-il toujours été ce qu'il est aujourd'hui ? qu'était-il au moyen âge ? Dans les assemblées politiques où on ne l'admettait que pour souscrire les impôts, le tiers présentait ses requêtes à genoux, et comme une fois il a comparé les trois corps de l'état à des frères, la noblesse et le clergé se révoltèrent contre cette injure. Que montre l'histoire ? Dès l'origine, les hommes furent partagés en deux camps ; un petit nombre, possesseur de tous les biens, disposait arbitrairement du travail et de la vie même de l'immense majorité des hommes. Et depuis l'origine jusqu'à présent qu'a-t-on vu ? Les classes privilégiées s'amoindrir, en quelques lieux disparaître, tandis que les classes inférieures, gravissant autant d'échelons que celles-là en descendaient, s'enrichissaient de chacune des pertes que la loi des temps imposait à leurs antagonistes. Que sont devenus les monarques, possesseurs de toutes les terres et propriétaires de la vie de leurs sujets ? qu'est devenue la féodalité ? La noblesse même, sa pâle héritière, qu'est-elle devenue ? Où sont le droit divin des rois et l'infaillibilité des papes ?

Au moyen âge on nous vendait. A Rome on pouvait plus martyriser et nous tuer. Un maître nous enchaînait dans une loge, nous réduisant au rôle de chiens de garde. Il nous crevait les yeux et nous attelait à une meule, il nous jetait dans ses viviers en pâture aux poissons destinés à sa table ; il nous faisait descendre dans le cirque pour combattre, sous ses yeux, les bêtes féroces amenées à grands frais d'Asie et d'Afrique. Dans l'Inde, nous étions une chose sans nom dont le contact souillait. Ah! nos pères répandaient plus de leur sang en un jour que nous ne versons de larmes dans tout le cours de notre existence.

Le plus fort est fait, et notre sort semble digne d'envie quand nous comparons ce que nous sommes à ce que nous avons été.

Oui, vraiment le monde a beaucoup changé, et il a changé à son avantage. Croyez-vous à la virginité de la vierge Marie ? à la consubstantialité du Père et du Fils ? à la présence réelle ? à la chute ? à la rédemption ? au purgatoire ? à l'enfer ? Vous êtes libre de croire à ces choses ou de les nier. Liberté chèrement conquise! des millions d'hommes et de grands génies sont morts pour nous en doter. Ce bon vieux temps est passé ; n'est-ce pas là un changement ?

Et dans l'ordre matériel! C'est à dire que l'homme aisé de nos jours jouit de beaucoup plus de bien-être que les grands seigneurs d'autrefois. On ne saurait s'imaginer combien sont récentes les inventions les plus usuelles et dont nous croirions impossible de nous passer.

Tout a donc changé. Mais peut-être le monde va-t-il descendre dans un éternel repos ? Puérilité indigne de nous arrêter ! Car déjà nos acquisitions dépassent la société présente, et comme un vin généreux menacent de faire éclater les vieux vases dans lesquels on les a renfermées.

Le temps où nous sommes a amené toutes les sciences que lui avaient léguées les siècles précédents à un développement prodigieux ; il a créé lui-même vingt sciences nouvelles; il a fait la géologie, la paléontologie, l'embryogénie, la tératologie, l'anatomie comparée et philosophique, la chimie organique; il fait la météorologie, la physique du globe, la philosophie de l'histoire, l'économie sociale, et déjà il a élevé quelques-unes de ces sciences de fraîche date au même niveau que leurs aînées. Dans les sciences appliquées il a imaginé des milliers d'inventions qui toutes concluent à une réforme radicale de la société ; par les chemins de fer et la télégraphie électrique, il bat en brèche la vieille politique basée sur l'hostilité des peuples ; vienne la locomotion aérienne et tout le système des douanes est anéanti..... Les temps sont proches où il y aura d'autres cieux et une terre nouvelle.

III

Et qui nous conduira sous ces nouveaux cieux, sur cette terre nouvelle ? Quelle fée réalisera les prophéties ? — L'antiquité lui eût dressé des autels, elle eût institué des fêtes en son honneur, et donné son nom à une étoile de première grandeur, sinon même à une constellation. Mais l'antiquité ne l'a pas précisément connue. La bonne déesse est née récemment en même temps que le peuple, c'est comme le peuple une parvenue, et ce qui fait d'elle un suprême éloge, c'est qu'elle n'a pas oublié son passé.

Elle se rappelle très-bien qu'elle a partagé les misères du peuple, qu'elle a eu faim et froid avec lui, que comme lui, elle a ensanglanté ses pieds nus dans des marches forcées de jour et de nuit. Du temps que le peuple n'était encore qu'une chose et subissait toutes les avanies, elle avait elle-même une existence bien dure! Combien d'années de prison a-t-elle faites ! Combien de fois a-t-elle subi la torture ! Combien de fois les bourreaux « ont-ils fait de ses membres palpitants des espions et de faux témoins déposant contre son innocence (1) ! » Combien de fois ne l'ont-ils pas forcée à se renier elle-même ; mais à peine relevée du lit de douleurs elle rétractait ses rétractations et s'écriait : *Et cependant elle tourne!* Elle est sortie du peuple, et elle a pour lui un amour infini. Il est vrai que plus d'une fois ses persécuteurs ont changé en malédictions les bienfaits qu'elle voulait répandre sur les pauvres ; mais le peuple qui ne s'y trompait pas, s'est toujours laissé aller au secret attrait qu'il a pour elle dès l'enfance. C'est maintenant une grande dame, mais le peuple est roi ; les parties se conviennent, et nous ne saurions tarder à assister au mariage du peuple et de la SCIENCE.

Oui, peuples, c'est la Science qui vous conduira au bonheur... et si quelques-uns essayent de vous éloigner d'elle, c'est qu'ils savent bien que la génération qui naîtra de votre union avec la science, ne sera pas une portée de chiens, mais une nichée d'aigles.

V. M.

(La suite au prochain numéro.)

INONDATIONS

CAUSES ET REMÈDES (2)

A MONSIEUR LE DIRECTEUR DE L'*Ami des Sciences.*

Monsieur,

Pendant que sous l'impression des malheurs causés par la dernière inondation, les esprits sont en travail pour chercher un remède à tant de maux, et que savants et non savants exposent à l'envi leurs systèmes ; permettez au plus obscur et au plus ignorant de vos abonnés de vous faire part, à son tour, de ses vues sur les causes auxquelles on doit attribuer de pareils désastres, et sur les moyens d'en prévenir le retour. Le moment est opportun pour que chacun apporte son contingent d'observations ; car, il faut le dire, de la bonne ou de la mauvaise direction imprimée aux travaux auxquels on va se livrer, dépend peut-être le salut des plus belles et des plus riches parties du territoire de la France. Pour moi, monsieur, je ne suis pas un savant, vous vous en apercevrez surabondamment à mon style. Je dirai plus : je n'ai jamais vu de bien grande rivière. Les plus importantes que je connaisse sont, l'Isère, un de ses affluents le Drac, et la Durance, que je n'ai vus, pour ainsi dire, qu'en passant ; et pourtant je ne me regarde pas comme étant tout à fait sans autorité pour dire mon mot sur la question du jour. C'est une pensée qui m'occupe depuis longtemps. Je suis né et j'ai passé trente ans de ma vie dans une petite bourgade des Basses-Alpes située sur la rivière d'Asse, et qui, depuis plusieurs années, est presque périodiquement visitée par le fléau des inondations. J'ai vu dans un espace de temps relativement fort court, se creuser de nouveaux torrents et se combler le lit des rivières. Témoin d'une foule de désastres plus ou moins grands, mais sans retentissement à cause du peu d'importance du théâtre où ils avaient lieu ; je me suis demandé s'il n'y avait rien à faire pour les empêcher de plus efficace que tout ce qui s'était fait par le passé. J'ai cru que le remède existait, que son efficacité était certaine, que son application, et c'était et c'est toujours à

(1) Expressions de Campanella.

(2) L'intéressant travail qu'on va lire nous a été adressé, il y a quelque temps déjà, le 28 juin dernier, antérieurement à la lettre écrite par l'Empereur à M. le ministre des travaux publics ; le défaut d'espace nous a empêché jusqu'ici de l'insérer. Aujourd'hui, l'aggrandissement de notre feuille nous permet de lui donner la place à laquelle il a droit, et, malheureusement, le long retard qu'il a subi ne lui a rien retiré de son importante actualité.

mes yeux la question la plus douteuse, serait facile dans un grand nombre de cas, possible dans tous ; mais me trouvant sans autorité et sans action pour en déterminer l'application sur une grande étendue, chose indispensable au succès, j'ai fui devant un mal que je me trouvais impuissant à combattre. J'ai, monsieur, quitté mon pays, avec cette conviction souvent et hautement exprimée qu'avec le système suivi il était voué à une ruine certaine. Mes prévisions ont presque reçu naguère leur réalisation. La chaussée qui le protége allait, m'a-t-on dit, céder à la suite des pluies des mois d'octobre et de novembre dernier, lorsque heureusement l'eau fit brèche du côté opposé. Et à mon avis les populations si cruellement éprouvées des bords du Rhône et de tant d'autres rivières n'ont eu cette année qu'un avant-goût du sort réservé, sinon à la génération actuelle, du moins aux générations prochaines, parce que les causes qui amènent ces désastres allant en s'aggravant sans cesse, le mal ira toujours en croissant jusqu'à ce qu'un jour tout soit abîmé, emporté ou englouti.

Le point important en cette matière est de rencontrer l'idée vraie, et je vous assure qu'une des choses qui m'ont le plus péniblement impressionné ç'a été de voir à quelles causes bien des gens dont l'opinion semble devoir faire autorité ont rattaché le retour toujours plus fréquent et la gravité toujours croissante des inondations, et combien sont insignifiants la plupart des remèdes sérieusement proposés. Elles viennent, a-t-on dit, des progrès opérés dans la bonne tenue des terres et du plus grand nombre des fossés d'écoulement qu'y pratiquent les propriétaires ; de la multiplication des propriétés bâties, de celle des routes et des fossés qui les bordent, toutes causes qui tendent à faire arriver avec plus de rapidité et en plus grande quantité les eaux de pluie dans le lit des rivières. Il y en a même qui ont vu le mal dans le drainage, tandis que d'autres y ont vu le remède.

Si telles étaient les causes du mal, il n'y aurait plus qu'à se résigner. Elles sont inévitables, et l'on ne peut songer à les supprimer. Heureusement il n'en est pas ainsi. On ne peut nier cependant que les causes ci-dessus signalées ne contribuent dans une certaine mesure aux crues des rivières ; mais quand on considère l'immense étendue des montagnes dont les escarpements ne retiennent qu'une infiniment petite partie des eaux pluviales, et d'où se précipitent en véritables cataractes une foule de torrents furieux, je vous assure que c'est sans beaucoup d'alarme qu'on voit bâtir des maisons et creuser des canaux autour des propriétés et le long des routes. Aussi on ne peut guère accepter comme sérieuses les propositions qui sont faites de creuser des canaux de déviation sur le penchant des montagnes ou d'écoulement à travers la plaine, lesquels canaux iraient déverser leurs eaux on ne sait où, sans doute dans de nouveaux lacs Mœris qui seraient creusés tout exprès de distance en distance pour les recevoir. On oublie d'ailleurs qu'à la première averse les canaux des montagnes seraient comblés et quelquefois totalement effacés ; ou même qu'en amassant, eux aussi, les eaux sur un seul point, ils pourraient contribuer à la formation de nouveaux torrents ; et que ceux de la plaine après quelques jours de pluies continuelles, et ce sont celles qui donnent les grandes inondations, seraient déjà remplis par les eaux qui s'écouleraient des terrains par eux traversés.

Ce n'est donc pas là qu'est le mal, là non plus qu'est le remède. Certes il y a loin de Lyon à Arles, et avant d'arriver d'une ville à l'autre, le fleuve a traversé bon nombre de villes, de plaines et de vallées, de champs cultivés et de grandes routes, et il a reçu les écoulements de cette vaste étendue de pays. Et pourtant je ne sache pas que l'inondation ait été beaucoup moins terrible à Lyon qu'à Arles. C'est que l'inondation, si l'on peut parler ainsi, arrive toute faite des montagnes où sont les sources des rivières et de leurs affluents ; c'est que la plaine ne fournit qu'un faible contingent à l'inondation, tout comme elle offre peu de ressources pour en conjurer les effets.

Disons-le donc : c'est dans les montagnes qu'est le mal ; c'est là qu'il faut porter le remède si l'on veut le guérir dans sa source.

Je regrette, monsieur, pour l'intelligence des développements où je vais entrer, d'être complétement dépourvu de connaissances géologiques, et d'ignorer le langage de la science. Si j'avais les connaissances qui me manquent, je pourrais présenter mon opinion avec un peu plus d'autorité et j'aurais un peu moins l'air de parler une langue étrangère. Mais les faits que j'ai à exposer sont si saisissants, que le premier venu a pu en faire l'observation, et que j'espère parvenir facilement à me faire entendre.

On a pu remarquer que les montagnes qui ne sont pas solidement établies sur une large charpente de rocher, mais ne présentent qu'un assemblage de terre, de cailloux, de blocs détachés sans adhérence entre eux, et c'est le cas d'une grande partie des montagnes des Basses et Hautes-Alpes, les seules que je connaisse un peu ; ces montagnes, dis-je, mises à nu par le déboisement, remuées souvent par des défrichements inconsidérés, et privées par là des racines et des gazons qui établissaient au moins à leur superficie une cohésion suffisante entre leurs éléments constitutifs, se sont presque subitement creusées en immenses ravins où s'amassent et d'où se précipitent avec la plus grande violence les eaux des pluies qui primitivement s'étendaient sur un sol plus uni, qu'elles pénétraient et d'où elles s'écoulaient lentement. Dès lors les lits des fleuves et des rivières subitement envahis se sont trouvés impuissants à contenir la masse des eaux. Cela tout le monde l'a plus ou moins signalé ; car je n'ai nullement la prétention d'avoir vu et de dire des choses que personne n'ait vues ni dites avant moi. Mais peut-être n'a-t-on pas assez insisté là-dessus ; et ce qu'on n'a peut-être pas assez dit, c'est que les torrents des montagnes roulent en temps d'orage presque autant de terre et de pierre que d'eau ; c'est que le volume des eaux se trouve par là accru de celui de tous les débris qu'elles entraînent avec elles, et qui venant se déposer dans le lit des fleuves et des rivières dont le niveau s'élève sensiblement d'année en année, en diminuent la capacité lorsqu'au contraire elle aurait besoin d'être augmentée. Il ne suffit pas d'avoir en passant parcouru et observé les montagnes ; il faut avoir vécu au milieu d'elles, pour bien apprécier les conséquences désastreuses de l'état où les ont mises la hache et la pioche d'une population imprévoyante, surtout à partir de la fin du dernier siècle. Que de ravins j'ai vus se former qui ne faisaient d'abord que rayer légèrement la terre, et qui sont devenus en peu d'années des excavations profondes et des torrents dévastateurs. Je me souviens que jeune encore j'allais avec les autres enfants de mon village prendre mes ébats dans la rivière qui en baigne les murs, et que cette rivière était alors encaissée bien au-dessous du niveau des propriétés voisines. Il pleuvait alors comme il pleut aujourd'hui, mais nous étions sans appréhension ; une simple chaussée gazonnée, complantée de quelques arbres ou arbustes aquatiques suffisait à contenir les plus fortes crues, et c'était pour nous une partie de plaisir de voir passer les flots complétement inoffensifs dans leur fureur apparente. Il n'y a pas trente ans de cela, et depuis lors le gravier est monté en plusieurs endroits et notamment en face du village, de deux mètres ou peu s'en faut au-dessus des terrains, et l'eau coule à la hauteur du premier étage. Je me souviens du pont et de la pile qui soutient les deux arches. C'était pour nous enfants, mais déjà assez grands, un effort que de nous hisser à l'aide des pieds et des mains et de pierres superposées jusqu'à la plate-forme de la pile, et quand je partis, il y a de cela douze ans, elle était à peu près à la hauteur d'un siége ordinaire et l'on aurait pu s'y asseoir. En ce moment elle doit avoir presque disparu sous les graviers.

Que vous dirai-je encore, monsieur? Vous parlerai-je d'un ravin que les anciens du pays ont vu se former, et qui, maintenant véritable avalanche de pierres et de rochers, a plus d'une fois entièrement barré le lit de la rivière dans laquelle il se dégorge? Vous parlerai-je d'un autre torrent que des gens appartenant encore à notre génération ont vu à l'état de ruisseau qu'on franchissait d'une seule enjambée, coulant paisiblement entre une double bordure d'osiers et qui, aujourd'hui, mal contenu par des digues plus d'une fois refaites, est devenu un des dangers du pays? Aussi qu'est-il arrivé? Il est arrivé que depuis 1832, date de la première inondation dont il me souvienne, l'eau de la rivière s'est mise à envahir les vallées qu'elle parcourt, les rues du village, et que d'année en année elle remonte toujours un peu plus haut; qu'à plusieurs reprises il a fallu exhausser le sol des rues dans les quartiers les plus exposés; que les rez-de-chaussée ont été comblés et les premiers étages sont devenus des rez-de-chaussée, et que, malgré cela, les habitants ne parviennent pas à préserver leurs maisons de l'invasion des eaux; encore ceci n'est qu'un mal sans beaucoup de gravité. Mais quand on songe pourtant au peu de temps qu'il a fallu pour en venir là; quand on songe que le danger s'accroît sans cesse; que les chaussées, si souvent exhaussées, ne pourront plus l'être un jour parce qu'elles manqueront de base; quand on se figure une rivière qui, en certains moments, roule autant d'eau qu'un fleuve, forçant ses barrières et se précipitant d'une hauteur de plusieurs mètres, avec toutes ses eaux et tous ses graviers, dans les vallées inférieures ou sur un pauvre petit bourg sans défense et sans abri; quand on se dit que tel est ou tel sera, dans un temps donné, l'état de presque toutes les rivières de la France, grandes ou petites, on ne peut, quelque faible voix que l'on ait, s'empêcher de jeter le cri d'avertissement et d'alarme; et malheureusement l'on n'a pas à craindre de s'entendre dire qu'on est prophète après l'évènement, car, pour qui observe la progression des faits, il est évident que l'avenir, on ne saurait trop le redire, est gros de bien plus de désastres que nous n'en avons vu jusqu'à ce jour.

En effet, les rivières qui coulent au pied des montagnes et qui en reçoivent directement les cailloux ne sont pas les seules qui voient ainsi s'exhausser leur lit. J'ai lu dernièrement dans un journal un passage qui m'a vivement frappé. On y disait que dans les environs d'Arles l'inondation ne s'écoulait que très-lentement, et ne disparaîtrait que par l'absorption ou l'évaporation des eaux, parce qu'elles ne pouvaient rentrer dans le lit du Rhône, beaucoup plus élevé que la vallée. Vous figurez-vous, monsieur, un cours d'eau comme le Rhône suspendu comme une menace permanente au-dessus des terrains qu'il traverse? Et cependant quand les fleuves et les rivières ont commencé de couler, ils se sont naturellement établis dans les bas-fonds des vallées. Il y aurait peu à s'alarmer si l'encombrement du lit des rivières était l'œuvre lente des siècles, parce que l'exhaussement des terres pourrait suivre celui des graviers; mais non, c'est de ces dernières années surtout qu'il date; il se continue aujourd'hui, il se continuera demain et toujours, et cela avec une rapidité de plus en plus effrayante si l'on ne se hâte d'y porter remède.

Pour en finir sur ce chapitre, et ne parlant plus que de ce que j'ai vu, je reviens sur un fait bien suffisant pour donner à réfléchir. Une rivière qui, il n'y a pas trente ans, coulait à un mètre au-dessous de la vallée, coule maintenant à deux mètres au-dessus. Que sera-t-il dans trente ans d'ici de cette rivière et de cette vallée si le gravier continue à s'exhausser avec la même rapidité? Que sera-t-il de toutes les rivières et vallées de la France, s'il est vrai qu'elles soient plus ou moins presque toutes dans le même cas?

Vous comprenez, monsieur, qu'il ne peut plus être question, pour conjurer les dangers que j'ai eu l'honneur de vous signaler, ni de dévier les eaux sur les penchants des montagnes, ni de les recevoir dans des canaux préparés tout exprès dans la plaine. Ce que de pareils moyens préviendraient ne peut, à mon sens, être appelé un danger.

Il ne s'agit pas non plus d'obliger les riverains à creuser le lit des rivières, ainsi que le voulait, dit-on, Vauban, qui serait bien empêché aujourd'hui pour nous dire ce qu'il faut faire de tous ces graviers, à supposer que les populations riveraines pussent suffire à ce travail. J'ai vu ce moyen employé par l'administration des ponts et chaussées sur le lit d'un petit torrent, et puis abandonné après deux tentatives suivies d'un parfait insuccès. Cependant l'opinion d'un homme tel que Vauban peut, à mon sens, être considérée comme l'indication d'un état de choses bien différent, de son temps, de ce que nous voyons aujourd'hui, et qui permettait sans doute l'emploi d'un moyen de ce genre.

On ne peut guère plus songer au reboisement des montagnes dont tout le monde, et notamment M. Jobard dans l'*Ami des Sciences* et la *Gazette de France*, proclame la nécessité. Ce serait, sans contredit, le remède souverain si l'on pouvait faire pousser les chênes et les hêtres sur les montagnes comme les choux et les salades dans un jardin, surtout si on pouvait les faire croître dans le fond des ravins et sur les pentes abruptes qui les dominent, c'est-à-dire sur les terrains les plus rebelles à toute germination. Ce n'est guère qu'à ces conditions que le remède pourrait produire quelque effet, et encore faudrait-il avoir soin de renouveler sans cesse les semences qui seraient emportées à la première petite averse.

Et l'endiguement lui-même auquel on ne peut évidemment se dispenser de recourir, l'endiguement qui arrête quelquefois le mal, pas toujours, comme on l'a vu, et ne le guérit jamais, est bien souvent une cause de danger tout autant qu'une défense. L'endiguement partiel, comme on l'a fort bien dit, ne protége que le point sur lequel on le pratique, et le protége aux dépens des points inférieurs. Cela est de toute évidence. Un endiguement général serait plus dangereux encore, sans parler des dépenses incalculables qu'il entraînerait. Il pourrait bien faciliter l'écoulement des graviers dans les parties supérieures des cours d'eau où les pentes sont généralement plus fortes, et notons-le en passant, cela ne servirait qu'à faire descendre en plus grande quantité les graviers des montagnes; mais il faudrait bien que tout ce gravier finît par s'arrêter quelque part, et ce serait la plaine qui serait sacrifiée à la montagne. Et puis, si je ne craignais de m'écarter trop de mon sujet, ne pourrais-je pas vous dire qu'il y a des rivières, sont-elles nombreuses? je l'ignore, mais il y en a qui par leur nature me paraissent résister à toute tentative d'endiguement général.

J'ai cru un moment, après une lecture trop rapidement faite, que le véritable remède avait été proposé par M. le commandant Rozet dont le mémoire a été analysé dans l'*Ami des Sciences* du 1er juin, et quelques jours après par M. Louis Figuier dans le feuilleton de la *Presse*, et c'est avec bonheur que j'avais vu des idées que je croyais entièrement conformes aux miennes exposées avec toute l'autorité du savoir et accueillies avec faveur par l'Académie des Sciences et par des organes importants de la presse. Mais après une lettre plus attentive, et peut-être à cause de l'insuffisance de l'analyse que j'ai lue, j'ai cru reconnaître que les idées de M. Rozet, quoique se rapprochant des miennes, en différaient pourtant beaucoup, et que son système dont je suis loin de contester la valeur, n'était ni assez large ni assez radical, et n'obtiendrait pas toujours le résultat désiré. On dirait, à en juger par l'analyse, que M. Rozet s'est beaucoup plus préoccupé de terrains à conquérir, ce qui est le petit côté de la question, que du point important, qui est l'amélioration des cours d'eau et la sécurité des villes et des provinces dévastées; il ne demande que deux millions, somme bien insuffisante; et il serait à craindre que les sociétés commerciales auxquelles il propose de confier l'exécution des travaux, opérant trop dans le sens de leur intérêt personnel, ne portassent leur action que sur les points où elles verraient les plus grands bénéfices à faire, et non sur les points les plus importants au point de vue des périls à conjurer. Je vais donc, sans rejeter, tant s'en faut, les propositions de M. Rozet, non plus que beaucoup d'autres qui me paraissent seulement insuffisantes, vous faire part des miennes. Mais avant de vous dire ce que je voudrais qu'on fît, permettez-moi de vous dire ce que j'ai fait.

BÉRAUD, *ancien notaire* (Lorgues, Var).

(*La suite au prochain numéro.*)

BOUÉES LUMINEUSES

M. Prosper Meller, dont nous avons publié naguère le projet de phares aérostatiques nous adresse de Bordeaux l'article qu'on va lire:

Les avantages des *Phares aérostatiques* sont évidents, mais l'expérience est indispensable pour en faire apprécier toute l'importance. Malheureusement, la réalisation des inventions utiles nécessite presque toujours des sommes considérables, et il est rare que les inventeurs puissent réaliser leurs découvertes avec leurs seules ressources. Si les dépenses s'opposent à la prompte réalisation des *Phares aérostatiques*, on devrait au mois réaliser d'autres Phares peu coûteux, qui faciliteraient la navigation, indépendamment des Phares ordinaires.

L'électricité est sans doute appelée à jouer un rôle immense dans l'industrie. A ses bienfaits, déjà si grands, elle en ajoutera de plus précieux encore.

Dans certains cas, il serait très-avantageux d'établir des *Phares électriques* près des côtes dangereuses, et même dans des parages éloignés des côtes.

Ainsi, très-souvent on pourrait éclairer ou signaler depuis la côte, les rochers, les bancs de sable, les bas-fonds, etc., en projetant la lumière électrique *sur* ces endroits dangereux ou dans leur direction; mais il serait préférable et plus sûr d'établir des fanaux électriques au-dessus des points dangereux, au-dessus d'un rocher, par exemple.

Autrement un bateau ou une grande *bouée en fer* serait maintenue à une certaine distance de la côte, par une ou plusieurs ancres. Cette bouée supporterait un mât ou une construction en fer à la fois solide et légère, à l'extrémité de laquelle se verrait le foyer lumineux électrique. Le Phare fonctionnerait à la volonté d'un gardien placé sur le rivage, pour produire et régulariser l'électricité, qui serait dirigée par des fils de fer submergés.

La puissance de la lumière électrique la rend préférable à celle du gaz; mais les deux lumières, employées concurremment, augmenteront la puissance de l'appareil et procureront d'importants avantages.

Le gaz pourrait être allumé depuis la côte par l'électricité qui serait dirigée par un fil de fer submergé, comme le tuyau conducteur du gaz.

La lumière électrique serait très-utile par l'intensité de son éclat, surtout dans les temps de brouillard. Que de naufrages n'éviterait-on pas, si les points dangereux de la mer étaient signalés par une lumière assez apparente et souvent visible malgré la brume!

Les fanaux ordinaires ne suffisent pas toujours pour éviter les rencontres dans un temps brumeux; tandis qu'on éviterait les abordages si fréquents et si funestes, en éclairant tous les navires avec la lumière électrique, car cette puissante lumière serait ordinairement visible, malgré le brouillard, à une distance assez grande pour éviter l'abordage.

La fondation d'un prix sur cet important objet stimulerait les recherches et faciliterait la solution du problème. — En pareille occurrence, c'est au ministre de la marine ou au ministre des travaux publics et aux sociétés savantes à prendre l'initiative.

Les *Phares électriques* seraient bientôt réalisés si le Gouvernement déclarait qu'il récompensera l'inventeur du meilleur projet, en le nommant chevalier de la Légion-d'honneur, ou en lui donnant un grade plus élevé s'il est déjà décoré.

Pour qu'on ne suppose pas que je fais cette proposition dans mon intérêt personnel, je dois déclarer que je m'exclus de tout concours, et que je n'ai pas l'intention de présenter d'autre travail sur ce sujet.

Avec le concours des hommes spéciaux et pratiques, les difficultés de la réalisation des *Phares électriques* seraient promptement surmontées. Les progrès et les merveilles de la science et de l'industrie permettent de croire que les marins profiteront bientôt des précieux avantages de la lumière électrique.

Je fais des vœux pour que cette idée soit développée et utilisée.

La réalisation des inventions utiles honore leurs protecteurs et leurs propagateurs. Ma proposition a pour but de diminuer le nombre des naufrages, en facilitant la navigation près des côtes. J'ose donc espérer qu'elle rencontrera quelque sympathie.

Les Phares ordinaires sont bien précieux et rendent de grands services; mais on ne doit pas repousser le progrès, lorsqu'il ne faut que le vouloir pour qu'il s'accomplisse.

C'est sur la marine que repose une grande partie de la gloire et de la prospérité de la France. Toutes les inventions utiles à la marine tournent donc à l'honneur et au bien-être du pays.

PROSPER MELLER jeune.

CHAUFFAGE PAR LE GAZ

LA COMPAGNIE PARISIENNE. — PHILIPPE LEBON

Le chauffage au gaz!

Bravo! Voilà cette fois un progrès, un pas de plus vers ce bien-être universel qui nous viendra de la science comme la clarté nous vient du soleil et dont le *summum*, auquel nous tendons chaque jour, inaugurera dans sa splendeur l'ère nouvelle de l'humanité régénérée.

Le chauffage au gaz!

Comment n'y a-t-on pas songé plutôt? Comment s'est-on résigné à supporter si longtemps les inconvénients sans nombre des anciens modes de chauffage. Pourquoi le gaz adopté partout comme source de lumière, ne l'a-t-il pas été comme source de chaleur?

C'est que tout progrès est lent par essence; c'est que toute perfection physique ou morale n'arrive qu'après certaines phases dont la succession constitue une évolution complète : mais, peu à peu l'idée au germe fécond grandit et se matérialise ; le temps et la science marchent ; de phase en phase l'évolution s'accomplit ; l'œuvre humanitaire a fait un pas !

Nous le constatons avec bonheur : c'est à pas de géant que grâce à la science marche aujourd'hui cette œuvre sainte dont l'accomplissement a pour but de dégager le travail de tout ce qu'il a de pénible pour n'y laisser subsister que ce qu'il a d'attrayant.

La chaleur est à un tel point nécessaire à l'homme que dans l'état le plus sauvage il connaît le feu, le feu qui fut partout adoré, le feu, ce terrestre emblème du soleil, source de mouvement et de vie, le feu dont la privation absolue serait l'arrêt de mort de l'humanité.

L'invention du feu a si bien primé toutes les inventions que c'est le trouveur du feu, Prométhée, qui symbolise encore aujourd'hui l'inventeur toujours et constamment méconnu, toujours enchaîné par l'aveuglement sur le rocher de la routine, toujours rongé jusqu'au cœur par le noir vautour de l'envie.

Ainsi est mort Philippe Lebon, l'inventeur français de l'éclairage *et du chauffage par le gaz* (1), Philippe Lebon à qui la civilisation moderne doit cet éclat dont s'illuminent nos cités quand la clarté du jour s'éteint dans le ciel, Philippe Lebon dont l'invention première, la distillation des bois, vient de faire toute une renommée à je ne sais plus quel savant russe qui l'exhume à son profit.

Que voulait-il cependant ? Que voulait après lui ce pauvre et obscur Camel, son disciple et son ami, que je me rappelle encore avoir vu dans ma jeunesse lutter avec la robuste foi de l'apôtre contre l'insouciante ignorance et contre les sots préjugés du temps ? Que voulait dix ans plus tard Pauwels le père, combattant aussi la routine qui repoussait de tout son pouvoir la création de la première grande usine à gaz à Paris dans le faubourg Poissonnière ? Ils ne voulaient que ce progrès dont nous jouissons aujourd'hui et à l'accomplissement duquel les faisait assister leur intelligence, tandis que la foule aveugle y résistait de toute son inertie, niant les faits dont elle ne cherchait même pas à vérifier l'existence.

L'invention de Philippe Lebon fait aujourd'hui le plus splendide ornement des capitales des deux mondes, et nul de nous ne comprendrait qu'on pût se passer de gaz. Le génie qui plane avait vu, l'ignorance qui rampe avait nié ; il en est malheureusement toujours ainsi.

Certes, quand on compare l'éclairage au gaz à tout ce qu'il a remplacé, surtout en fait d'éclairage public ; quand on se reporte par la pensée à ces ignobles chandelles, à ces réverbères fumeux, à ces quinquets si longtemps demeurés l'orgueil de leurs heureux propriétaires (tout le monde alors ne possédait pas un quinquet), on se demande comment une génération réduite à ces seuls éléments d'éclairage a pu repousser si longtemps la source jaillissante de lumière dont on lui ouvrait les trésors, et l'on ne saurait comprendre qu'une répulsion analogue se manifestât aujourd'hui que le gaz vient se substituer enfin à nos dispendieux et incommodes procédés de chauffage.

Ne suffit-il pas en effet de jeter un coup d'œil sur l'ensemble de ces procédés et sur nos moyens actuels de production et d'application de la chaleur pour en reconnaître l'insuffisance ?

Nous brûlons le bois, dont le gaz produit une flamme si volumineuse et si gaie, dans des *cheminées* si mal construites pour la plupart qu'on n'estime pas à moins de 85 pour 100 la chaleur perdue dans ces béants soupiraux. L'utilité réelle des cheminées n'est que dans la ventilation qu'elles assurent, contribuant en cela puissamment à la salubrité des habitations : elles en renouvellent l'air, mais ne l'échauffent que peu.

Nous nous servons de *caléfacteurs* et de *poêles* qui donnent, il est vrai, plus de chaleur relative que les *cheminées ;* mais, outre que la manière dont les molécules de l'air s'échauffent contre leurs parois est vicieuse, en ce qu'il en résulte une atmosphère desséchée, d'une odeur souvent désagréable et presque toujours malsaine ; ces appareils ont le grave inconvénient de n'échauffer suffisamment que les couches supérieures de l'air. On a la tête brûlante et les pieds gelés, c'est l'opposé qu'il faudrait. L'artisan dans son atelier, le pharmacien dans son officine, le chimiste dans son laboratoire entretiennent à grands frais et surtout à grand'peine des feux de charbon de bois dont le moindre inconvénient est de dégager parfois assez d'acide carbonique pour altérer la santé, sans compter qu'il est toujours difficile, pour ne pas dire impossible, de régulariser avec précision l'action des foyers divers dans lesquels on le brûle.

Que dirons-nous de nos fourneaux de ménage, de ces *trous* incommodes à la capacité desquels on mesure presque toujours les doses de charbon, sauf à en perdre inutilement deux tiers et quelquefois trois quarts, faute de pouvoir proportionner exactement la quantité du combustible aux effets qu'on en attend.

Ce qui se perd annuellement de charbon de bois dans les fourneaux de cuisine est incalculable. N'est-il pas hideux de voir à chaque instant nos aliments saupoudrés de cendre ou de cette affreuse poussière noire qui s'élève en nuage quand la cuisinière casse le charbon sur ses fourneaux et le souffle, ou l'attise pour en activer la combustion. Combien d'autres inconvénients du charbon de bois ne pourrions-nous pas signaler ? Outre que pour ne pas le payer trop cher il faut l'avoir en provision et lui sacrifier dans les cuisines exiguës de nos appartements parisiens une place souvent trop rare, il faut parfois encore, au risque de se morfondre, ouvrir portes et fenêtres afin de renouveler l'air et de se soustraire à l'asphyxie incessamment provoquée par les gaz délétères qui s'en dégagent.

Au résumé, le charbon de bois et ceux un peu plus parfaits qu'on lui substitue aujourd'hui, noircissent tout, salissent tout et ne s'allument qu'à grand renfort de soufflet. On en brûle presque toujours deux fois au moins ce qu'il en faudrait pour atteindre le but qu'on se propose, et c'est à ne pas comprendre comment lorsqu'on y pouvait substituer le gaz, on a si longtemps subi les inconvénients sans nombre de ce sale et dangereux combustible.

Le gaz est de beaucoup moins cher puisque l'économie qu'il offre sur le charbon dans les usages domestique est de 30 à 40 pour 100.

Il est incontestablement plus commode. A-t-on besoin de sa chaleur, une allumette l'enflamme ; veut-on l'éteindre, il n'y a qu'un robinet à fermer. Plus de temps perdu, plus de combustible inutilement dépensé, plus de saleté, plus de cendre qui vole, plus de poussière noire qui pénètre tout ; plus de *fumerons*, cet éternel désespoir de nos ménagères, plus de ces miasmes asphyxiants qui portent le sang à la tête et rendent souvent si pénible la nécessité de faire la cuisine.

Avec le gaz, un fourneau va toujours au gré de celui qui s'en sert : un simple robinet plus ou moins ouvert suffit à régler le feu pour l'usage auquel on le destine ; les fourneaux à gaz feront un cordon bleu de la moins adroite des cuisinières. — L'application du gaz au chauffage a long-

(1) Son appareil, qu'il désignait sous le nom de thermo-lampe, fournissait en même temps du gaz pour l'éclairage, du charbon de bois et de la chaleur nécessaire au chauffage des étuves, des appartements, PECLET, *Traité de l'éclairage*, chap. V.

temps été retardée par deux causes sérieuses qui n'existent plus maintenant.

L'invention du compteur à gaz dont on fait aujourd'hui généralement usage a fait disparaître la première qui consistait dans la difficulté d'appréciation de la dépense de chacun.

La seconde a pour principe la perte de gaz assez notable qui a lieu dans toute l'étendue de la canalisation quand les tuyaux sont en charge et quand tous les becs brûleurs que comporte le parcours ne sont point ouverts. Soit qu'on ait trouvé les moyens de rendre la canalisation plus parfaite, soit qu'on ait compté sur une consommation journalière assez forte pour compenser avec fruit la perte, en admettant qu'elle subsiste, toujours est-il que la Compagnie Parisienne a courageusement pris l'initiative d'une mesure que ne tarderont pas à adopter toutes les compagnies d'éclairage par le gaz en France. Nul doute en effet que l'emploi du gaz comme moyen de chauffage ne soit plus commode encore et plus avantageux pour le consommateur que son emploi comme moyen d'éclairage. Il y a bientôt trente ans que le directeur de la Compagnie d'Édimbourg faisait faire toute sa cuisine au feu de gaz, et les ingénieux appareils que MM. Elsner, Bailey, Laury, Marini, Bengel, Paddon, Glower et autres ont fait admettre à l'Exposition universelle de 1855 ne laissent aucune incertitude sur la possibilité d'employer le gaz comme combustible dans tous les cas où l'on emploie le charbon.

Bon nombre de nos lecteurs se rappelleront sans doute avoir vu ces appareils destinés à chauffer les divers outils dont se servent les chapeliers, les tailleurs, les orfévres, les ferblantiers, les relieurs, les coiffeurs, les repasseuses, etc., puis toute la série des appareils culinaires, puis celle des fourneaux et foyers d'officine et de laboratoire, puis enfin les appareils destinés au chauffage des appartements.

La plupart sont publiquement exposés depuis quelques jours place du Palais-Royal au rez-de-chaussée de l'hôtel du Louvre, où de nombreux curieux vont incessamment les voir fonctionner.

Plus se répandra l'usage de ces appareils, aussi simples qu'économiques, plus aussi s'en multiplieront les perfectionnements et les applications. Nous ne doutons pas qu'un jour le bois et son charbon ne soient remplacés par le gaz partout où les frais de canalisation déjà faits pour l'éclairage de nuit permettront aux Compagnies de faire jouir leurs abonnés des incontestables avantages du chauffage pendant le jour. — Les risques d'incendie deviendront ainsi moins nombreux : la possibilité d'avoir un foyer brûlant à toute heure rendra la vie plus facile, et les nombreux artisans que leur état condamne à rester courbés sur un fourneau de charbon, quelquefois la journée entière, rendront grâces du fond du cœur au modeste inventeur du chauffage au gaz, à Philippe Lebon dont, en commençant cet article, nous déplorions la fin malheureuse et dont nous sommes fier de pouvoir ici venger l'injure et glorifier la mémoire.

H. Gaugain.

FABRICATION DU FER. — PROCÉDÉ BESSEMER

Un des ingénieurs métallurgistes les plus distingués de l'Angleterre, M. H. Bessemer, vient d'expérimenter aux forges de Dowlais, dans le pays de Galles un nouveau procédé de fabrication du fer qui, si nous en croyons les feuilles anglaises, doit apporter une véritable révolution dans l'industrie sidérurgique.

Des meetings d'industriels ont eu lieu dans le Staffordshire et le pays de Galles et, jusqu'ici, rien ne vient contredire le succès obtenu par M. Bessemer dans ses premières expériences, par lesquelles il a obtenu 600 kil. de fer en une demi-heure, ce qui équivaut à 28,800 kil. de fer en 24 heures.

On conçoit que l'auteur d'une découverte aussi importante ne livre pas de suite son invention à la publicité; aussi nous ne pouvons donner que le principe du procédé.

Jusqu'à ce jour, les chimistes métallurgiques ont considéré comme impossible la liquéfaction du fer, même par la combustion dans un courant d'oxygène, le métal se réduisant seulement en battitures.

M. Bessemer a abordé le même problème, et il en a trouvé la solution en brûlant le carbone de la fonte, élevée d'abord à la chaleur blanche.

Par son procédé, la fonte coule du haut fourneau par une gouttière dans un vaisseau assez semblable à un cubilot ordinaire, et alors on fait arriver sur la fonte un fort courant d'air froid ; par ce moyen, contrairement à ce que l'on devrait attendre, une chaleur excessive se produit ; elle est causée par l'oxygène de l'atmosphère, qui se combine avec le carbone de la fonte ; il se produit un bouillonnement du métal très-intense qui jette violemment la fonte de côté et d'autre, rejetant la silice et autres bases terreuses qui sont encore combinées avec la fonte brute. En une demi-heure on obtient du fer malléable ou de l'acier tout prêt à être travaillé à la forge, et l'on se trouve ainsi dispensé des procédés intermédiaires, consistant, comme l'on sait, à couler la fonte en gueuse, à la raffiner, la puddler et à marteler les loupes. Ce procédé évite donc tout à la fois le travail manuel et le prix du combustible exigés par ces diverses opérations.

On a reconnu, que par ce nouveau mode de procéder, on peut obtenir une meilleure qualité de fer coûtant 2 livres de moins par tonne, que par les procédés employés depuis 70 ans dans les forges à l'anglaise.

Dans l'expérience faite à Dowlais, la conduite d'air fut un peu obstruée de façon à ce qu'on ne put pas amener, en contact avec le métal liquide, toute la quantité d'air froid voulue ; néanmoins l'expérience fut considérée comme éminemment réussie, et elle produisit du fer d'une qualité assez bonne, susceptible d'être travaillé par les forgerons pour toute espèce d'articles en fer.

A PROPOS D'ELECTRO-THERAPIE.

LES CHAINES HYDRO-ÉLECTRIQUES DE PULVERMACHER

A Monsieur Victor Meunier, Rédacteur en chef de l'*Ami des Sciences*

Cher Monsieur,

Je suis, vous le savez, de ceux que l'injustice révolte et que blesse l'ingratitude. Or comme rien n'est plus brutalement injuste que l'ignorance, ni plus franchement ingrat que cette partie du public qu'on appelle la masse, je ne manque pas d'occasions, et ma bile est souvent émue.

Tel inventeur n'a-t-il pas été compris, c'est un imbécile ou un fou. Tel autre au contraire a-t-il vu son entreprise couronnée du plus brillant succès, soit qu'il ait été plus heureux dans ses moyens d'exécution, soit qu'il ait eu la chance de s'adresser à des besoins plus immédiats, à l'instant même il est en butte à l'envie : sous forme de contrefaçon elle l'attaque dans sa fortune, tandis qu'elle cherche à ravaler son mérite et à le priver de sa part de gloire, ce mobile tout-puissant de l'inventeur, en dénigrant son œuvre, en criant partout au charlatanisme.

Ces tristes réflexions me revenaient plus vives, l'autre jour que je causais avec un brave docteur de mes amis du progrès incontestable de l'électricité dans le domaine de la thérapeutique. Il est bien clair que ce principe universel, ce principe unique peut-être du mouvement, de la chaleur et de la lumière qui pourraient bien n'être qu'un sous cette forme trinitaire, il est, dis-je, évident que cet agent, dans tous les cas si subtil, ne peut pas être sans effet sur l'économie animale dont il fait partie, et qu'en changer l'équilibre, c'est la modifier. Or modifier l'économie animale en état de santé, c'est produire l'état morbide ; la modifier en état morbide, c'est courir la chance de reproduire l'état de santé.

Comme applications nous en étions naturellement venus à parler des chaînes de Pulvermacher qu'on voit partout affichées. Mon interlocuteur n'hésita pas à me manifester son peu de confiance dans ces appareils qu'il croyait dépourvus d'efficacité. Dans sa pensée, Pulvermacher n'était qu'un homme puissamment titré en charlatanisme et possédant à coup sûr plus d'habileté que de science. Pulvermacher d'ailleurs existait-il? Le sceptique allait jusqu'à en douter. J'étais encore, je l'avoue, sous cette fâcheuse influence quand je me présentai chez M. Pulvermacher dont je voulais voir et étudier les appareils. Je vous adresse ici le résultat de mes impressions, persuadé que plus d'un physicien saura gré à l'*Ami des Sciences* de lui avoir indiqué l'une des sources d'électricité les plus commodes pour des expériences de courte durée.

L'extrême complaisance avec laquelle M. Pulvermacher a bien voulu me mettre à même d'expérimenter sa chaîne hydro-électrique et d'en mesurer les divers degrés d'énergie, me permet de vous la décrire en détail. Voici même quelques dessins qui pourront aider à comprendre ce que je vais avoir à vous en dire.

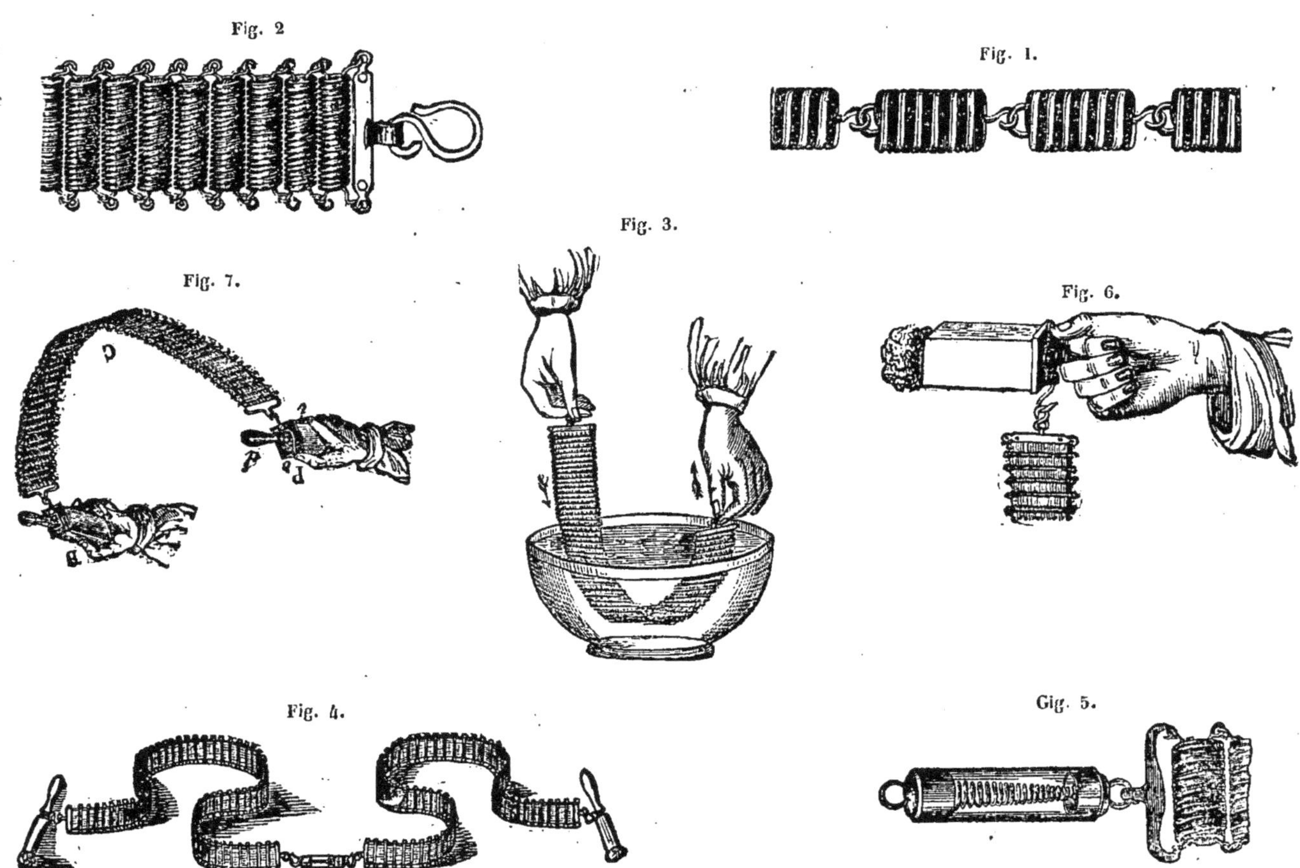
Fig. 2 — Fig. 1. — Fig. 3. — Fig. 7. — Fig. 6. — Fig. 4. — Gig. 5.

La figure 1 représente un fragment de chaîne simple, la figure 2 un fragment de chaîne-batterie.

On peut voir dans la figure 3 comment on doit tremper cette chaîne dans le liquide excitateur.

La figure 4 donne une idée de l'assemblage de deux chaînes réunies par le cylindre interrupteur et armées à leurs pôles contraires des deux conducteurs à manche isolant qui servent à transmettre l'électricité.

La figure 5 représente le cylindre interrupteur, et la figure 6 le modificateur à mouvement d'horlogerie dont nous parlerons tout à l'heure.

Dans la figure 7 les pôles opposés de la chaîne sont armés de cet appareil.

Les chaînes hydro-électriques de M. Pulvermacher se composent d'un nombre plus ou moins grand de maillons dont chacun est un élément complet formé de deux fils métalliques, cuivre et zinc, enroulés en hélice autour d'un petit cylindre de bois et laissant entre chaque tour de fil un espace capillaire destiné à recevoir et surtout à retenir le liquide excitateur. — La chaîne est dite longue et étroite, quand les éléments ou maillons se trouvent placés bout à bout (fig. 1).

Elle est dite courte et large, quand les éléments ou maillons sont disposés en travers et parallèlement les uns aux autres comme dans la fig. 2.

La réunion de deux chaînes de 60 éléments chacune (fig. 4) forme une pile assez énergique pour produire des effets que ne pourrait pas supporter une personne nerveuse et facilement irritable. Il suffit, pour amorcer cette pile, de passer successivement chaque chaîne dans un bain d'eau acidulée, ou simplement dans du vinaigre (fig. 3).

Lorsque les deux chaînes sont réunies par le cylindre interrupteur représenté fig. 5 et qui se compose d'un tube de verre, garni de cuivre à ses deux bouts, dans l'intérieur duquel oscille incessamment l'extrémité libre d'un petit ressort à boudin; le circuit se trouve alternativement ouvert et fermé par chaque oscillation du ressort, ce qui fait que les secousses se succèdent, mais irrégulièrement et sans égalité de durée entre elles. Enfin, si l'on veut un courant régulièrement interrompu et variable à volonté quant à la durée des interruptions, le modificateur représenté fig. 6 donne aussitôt ce résultat; car le mécanisme étant fixé dans un conducteur métallique à manche isolant, lequel sert en même temps à monter le mouvement, on n'a qu'à accrocher un pôle de la chaîne à l'anneau mobile de cet instrument, qu'on met en mouvement en dirigeant l'aiguille en corne avec le pouce de droite à gauche. C'est ainsi que l'on augmente à volonté la rapidité de la marche du mécanisme, de manière à rendre les intermittences plus ou moins fréquentes.

Il est évident qu'ainsi construite et enrichie des deux petits appareils que je viens de vous décrire, la chaîne-batterie de M. Pulvermacher constitue, sous un très-petit volume, tout à la fois une pile voltaïque et un électro-moteur à l'aide desquels on peut faire toutes les expériences que comporte ce genre d'électricité.

Ainsi, un chaînon seul fait dévier l'aiguille aimantée du galvanomètre, quatre chaînons décomposent l'eau acidulée, six chaînons décomposent l'eau simple; avec 15 éléments l'électricité traverse le corps, produit des effets lumineux dans les yeux et les autres phénomènes particuliers, à l'électricité voltaïque. Avec une chaîne de 50 à 60 chaînons les secousses sont très-sensibles; à 120 elles sont déjà pénibles à supporter.

J'ai vu une chaîne de 60 maillons *parfaitement sèche* faire écarter très-sensiblement les feuilles d'or de l'électroscope et une chaîne de 30 éléments, humide, faire dévier très-énergiquement l'aiguille du multiplicateur.

J'ai vu l'armature d'un électro-aimant, peu résistant il est vrai, mise en jeu par une chaîne mouillée de 120 maillons; une chaîne de 200 produit de vives étincelles.

Ce qui m'a le plus surpris, je l'avoue, c'est la persistance vraiment extraordinaire de ces phénomènes que j'ai pu reproduire à plusieurs reprises, et sans différence appréciable dans l'intensité des effets, pendant près d'une heure.

Les effets cessent-ils de se manifester, il suffit de tremper un instant la chaîne dans le vinaigre, et l'action est renouvelée instantanément par chaque nouvelle immersion. *Pas d'arrangement, pas de nettoyage avant ou après l'emploi. Tout l'appareil complet est du volume et de la forme d'un portefeuille ordinaire.*

Vous remarquerez qu'ici je ne m'occupe exclusivement que des propriétés physiques et chimiques de l'ingénieux appareil de M. Pulvermacher. Etranger à la thérapeutique, je ne puis en aucune manière apprécier les vertus *multicuratives* qu'on lui attribue; mais ce que j'ai tenu à constater dans l'*Ami des Sciences*, c'est l'extrême commodité d'une pile que l'on peut porter partout avec soi et à l'aide de laquelle on peut aisément faire à toute heure une foule d'expériences intéressantes qui exigeraient sans cela des dispositions presque toujours ennuyeuses et souvent difficiles à compléter.

En cela, comme l'a fort bien dit M. Pouillet (page 694) de ses *Eléments de Physique : « M. Pulvermacher a donné à la pile zinc et cuivre une disposition nouvelle et ingénieuse,* » et je ne doute pas que tous ceux qui s'occupent d'électricité ne lui sachent un gré infini d'avoir su doter la science de ce commode instrument.

M. Pulvermacher, hâtons-nous d'ailleurs de le dire ici, est un de ces hommes au contact desquels on peut apprendre beaucoup.

Praticien distingué, manipulateur habile, constructeur ingénieux et d'un esprit inventif, il s'est presque toute sa vie occupé d'électricité pratique, et j'ai vu chez lui des appareils en projet et en cours d'exécution qui ne peuvent manquer de lui faire un nom honorable et de lui valoir les éloges les plus justement mérités.

Sans parler d'un télégraphe à clavier et d'un appareil à régulariser d'une manière certaine les intensités si variables jusqu'à présent de la lumière électrique, il construit en ce moment une pile voltaïque, à une seule liqueur, dont la constance (théoriquement parlant) devrait être indéfinie, ou si longtemps durable qu'elle pourrait être considérée comme telle. J'ai cru d'ailleurs faire acte de conscience en rendant à M. Pulvermacher la justice qui lui est due; j'ai cru surtout être utile aux expérimentateurs en signalant à leur attention les chaînes hydro-électriques de cet habile constructeur.

H. GAUGAIN.

MOYEN PRATIQUE POUR LA POSE DES CABLES ELECTRIQUES

Un de nos abonnés de Bruxelles, M. de Mat, a imaginé pour la pose de tout câble électrique sous-marin, un procédé pratique auquel l'insuccès momentané de la grande entreprise de M. W. Brett donne un intérêt d'actualité. Le moyen exposé par M. de Mat dans la lettre suivante a quelque analogie avec celui dont M. Planavergne, professeur au lycée de Reims, nous a donné communication l'année dernière (voir le premier volume de l'*Ami des Sciences*).

Monsieur le Rédacteur,

Le numéro 35 de votre excellent journal rend compte de la pose du câble électrique de la Méditerranée et de l'insuccès de cette opération, terminée par la rupture et la perte du câble lui-même.

La lecture de votre lettre m'a suggéré un moyen pratique que je soumets à l'appréciation de vos nombreux lecteurs; voici en quoi il consiste :

Il est évident que les grandes profondeurs de la Méditerranée (1,900 à 2,000 mètres) sont un obstacle considérable à la pose d'un câble métallique, pesant sept fois plus que l'eau. Il en arrive que le poids énorme développé par la longueur du câble et sa pression sur l'écubier, doivent déterminer sa rupture ou tout au moins la rupture des fils télégraphiques intérieurs, ce qui équivaut à la perte du câble lui-même.

A mon avis, il faut renoncer à poser un câble électrique en l'abandonnant à son propre poids; car arrivé à une certaine limite, il n'est plus permis d'apprécier nettement les conditions de la pose : il y a confusion entre la tension et le poids; c'est pourquoi on peut poser comme règle générale qu'un câble sous-marin doit réellement être *posé* et non fatigué ni tiraillé à mesure qu'il se déroule, sa structure ne permettant aucune extension, sans danger de rupture intérieure.

Afin d'être constamment maître de diriger l'opération, quels que soient les obstacles imprévus, je propose ce qui suit :

Le mètre cube de câble est supposé peser 6,000 kilogr., déduction faite de l'unité, soit le poids de l'eau (le fer forgé pèse 7783 kilogr.)

Le câble a 4 centimètres de diamètre que je traduis en chiffres ronds par 3 centimètres carrés. Le mètre cube de câble aura donc un développement de 1,100 mètres — net 6,000 kilogr.

Combien faut-il de mètres cubes d'air pour empêcher l'immersion de 6,000 kilogr. de fer? — Réponse, 6 mètres cubes, plus la légèreté du contenant, que je suppose en bois de sapin. Donc il faudra 6 caisses ou tonneaux de 1,000 litres chacun, pour n'immerger que de quelques mètres 1,100 mètres de câble en fer; subdivisant ces 6 caisses en tonneaux ordinaires ou futailles de Bordeaux, il en faudra 25 ou 30 pour la même longueur de câble. Doublons, triplons, pour couvrir les mécomptes : la question n'est point là.

La distance de Marseille à Bone étant supposée de 150 lieues de France, ou 600 kilomètres, il s'ensuit que la pose du câble sous-marin exigera l'emploi de plus de 3,000 de ces futailles. Ici le nombre des futailles importe peu, parce qu'il ne s'agit que d'empêcher le câble d'être posé *d'emblée* dans les grandes profondeurs de la mer.

Il n'y a aucune difficulté à amarrer les futailles au câble, à mesure de son immersion à la profondeur voulue, 10 mètres, par exemple, avec l'aide d'une aussière.

L'opération faite, elle sera représentée, à la surface de la mer, par une ligne droite et continue de futailles partant de Marseille jusqu'à Bone, où se trouvera l'excédant de longueur nécessaire pour atteindre partout le fond de la mer. Le câble sera donc partout immergé à une profondeur de 10 mètres. Il n'y a rien à redouter du mouvement des vagues, les plus fortes lames n'excédant pas 30 pieds de hauteur.

J'estime que cette disposition du câble en droite ligne offre une économie de développement et d'ondulation suffisantes pour couvrir l'achat des futailles et des aussières qui sont loin d'être perdues, comme nous l'allons voir. Au reste, il s'agit du succès de l'opération, qu'importe un accessoire de quelques futailles entraînées!

Le câble étant posé de cette manière, on procède à l'enlèvement des futailles, dont les aussières sont coupées une à une, afin que l'immersion définitive du câble se fasse graduellement, à l'aide de la réserve enroulée à Bone.

Il est superflu de faire ressortir les avantages de cette méthode, qui offre le moyen infaillible de remédier à l'imprévu et à tous les accidents, d'où qu'ils viennent, et dont le plus grave est la nécessité de relever le câble au cas de rupture des fils intérieurs ou du câble lui-même : opération à laquelle il a fallu renoncer en août dernier ; ce qui a amené la perte totale du câble.

J'appelle sur ces lignes l'attention des hommes pratiques : je serai heureux si ma communication a pu jeter quelque lumière sur cette périlleuse entreprise ; le succès de nouvelles tentatives va devenir problématique, si l'on continue avec les mêmes errements. Et que sera-ce lorsque l'on posera le câble destiné à relier l'Amérique à l'Europe, opération annoncée pour juillet 1857.

Je vous prie, monsieur le rédacteur, dans l'intérêt de la science et de l'importante question qui nous occupe, d'accorder à mes lignes l'honneur de l'hospitalité dans vos colonnes et d'agréer, etc.

T. J. DE MAT.

Bruxelles, le 15 septembre 1856.

LE PORTE-AMARRE BRADJOW

Notre savant ami M. Jobard est seul en mesure de répondre à la lettre qu'on va lire et que nous lui faisons passer par l'intermédiaire de l'*Ami des Sciences.*

Rochefort, 31 août 1856.

Monsieur,

J'ai lu avec un vif intérêt et une grande satisfaction, dans les numéros 31 et 32 de votre excellent journal, les articles que vous avez publiés sur le porte-amarre de M. le capitaine d'artillerie de marine Tremblay. Mais je trouve dans votre numéro 33 une note sur un prétendu porte-amarre Bradjow, à laquelle je ne comprends pas grand'chose. Le spirituel et savant directeur du Conservatoire des Arts-et-Métiers de Bruxelles se cacherait-il sous ce nom de Bradjow qui ressemble si fort à un anagramme de son nom? En ce cas je serais tenté de ne voir dans la note en question qu'une fine raillerie à l'adresse de ces inventeurs de seconde main qui, reprenant une idée déjà jugée par l'expérience, s'efforcent de la faire cadrer avec leur théorie. Avant la campagne de 1812, M. Paixhans avait fait, sur le bassin de la Villette, des essais dont le prétendu procédé Bradjow n'est qu'une reproduction ou à peu près; M. Paixhans voulait, en effet, envoyer une barquette d'un côté à l'autre de ce bassin au moyen de fusées. Or, l'insuccès le plus complet dans toutes ses tentatives, conduisit M. Paixhans à délaisser l'idée qui nous revient aujourd'hui sous le pseudonyme Bradjow. Si les expériences tentées sur une eau tranquille, dans le bassin de la Villette, ont échoué, peut-on espérer de voir réussir celles que M. Jobard cite dans sa note et qui consisteront à envoyer le cordage sauveur *entraîné par une ou plusieurs fusées gigantesques portées par une petite nacelle en tôle poussée et insubmersible comme le canot des Samoyèdes?* N'est-ce pas aussi par trop compter sans la résistance du liquide et sans les mille accidents de terrain que présentent les côtes fertiles en naufrages.

Mais je me laisse aller à discuter et je ne voulais que vous demander tout simplement ce que signifie la note de M. Jobard, qui *équivoque* même sur le mot *apogée*. Serait-ce une critique de l'appareil de M. Tremblay? Est-ce bien réellement l'annonce d'un appareil nouveau, sinon supérieur aux appareils imaginés jusqu'à ce jour? Alors il serait à désirer que M. Jobard voulût bien nous donner de plus amples détails, car, dans son extrême brièveté et avec le ton de raillerie qui s'y fait sentir, sa note du 17 août ressemble par trop à une mystification.

Agréez, je vous prie, Monsieur, l'expression de mes sentiments dévoués.

A. JOUVIN, *Professeur à l'Ecole de Médecine navale.*

LE THRANE OU TRICALA

NOUVEAU MÉDICAMENT

On trouve abondamment chez les juifs droguistes de Stamboul un produit fort curieux non classé dans la matière médicale européenne.

Ce produit est vulgairement connu à Constantinople sous les noms de Tricala ou Trehala. En voici la description et l'histoire.

Supposez une coque de la grosseur d'un œuf de moineau ovoïde, rugueuse, de couleur blanchâtre, creusée à l'intérieur et présentant dans le sens de son grand axe un sillon portant les empreintes du rameau auquel elle était adhérente. Le sillon laisse voir la cavité qui contient généralement ou les débris d'une larve ou un insecte complétement développé. Plusieurs coques ont à une des extrémités un trou circulaire placé en face des organes buccaux de l'animal : cette ouverture est faite par l'insecte et doit lui servir à sortir après son complet développement.

La substance de ces coques est de saveur sucrée, amylacée, mucilagineuse, elle croque légèrement sous la dent. Dans l'eau à la température ordinaire, elle se tuméfie et se dissout incomplétement. L'eau iodée colore la partie insoluble en bleu foncé le plus généralement, dans des cas rares en rouge vineux. Un examen rapide y fait reconnaître du sucre réduisant la liqueur bleue de Barreswille, de l'amidon présentant des caractères de l'amidon des céréales et une substance albuminoïde.

Cette coque est employée fréquemment comme médicament jouissant d'une action spécifique dans les maladies des organes respiratoires, par les médecins turcs et par les Arabes du pays où on la récolte. Ces derniers l'emploient de la manière suivante : ils prennent environ quinze grammes de ce produit, concassent l'enveloppe et l'insecte, puis versent sur les fragments un litre d'eau bouillante ; ils agitent pendant un quart d'heure, font bouillir quelques instants et donnent ensuite à boire le liquide au malade en se gardant bien de passer le décocté.

Considérée au point de vue exclusivement chimique, cette boisson n'est guère différente d'une décoction d'orge édulcorée que par une proportion plus considérable de matières amylacées et azotées. Cependant ce médicament est regardé comme très-efficace dans le pays et est doué aux yeux des habitants d'une action toute spécifique.

L'origine de cette coque n'est pas sans intérêt. C'est sur les rameaux d'un Onopordon qu'elle se rencontre dans le désert qui sépare Alep de Bagdad et non point à Tricala en Thessalie comme son nom dégénéré le fait croire à Constantinople. Les Arabes de Syrie la connaissent sous le nom de *Thrâne*, d'où par corruption on a fait *Thrâle*, *Threhala*, *Tricala*. Je l'ai trouvée dans une seule collection à Paris, celle si remarquablement riche du savant membre de la Société entomologique, M. Chevrolat. — Il l'a reçue de Syrie sous le même nom de *Thrâne*.

L'animal qui donne naissance à cette coque ou cocon est la larve d'un coléoptère de la famille des Charançons, une des espèces du genre *Larinus*, qui vivent sur l'onopordon et que l'on comprend collectivement sous le nom de *Larinus Onopordinis*. Faisant exception aux habitudes des larves des autres espèces qui se développent dans le sein des tiges, celle-ci, chose bien remarquable, se construit une demeure tout amylacée et la suspend à un rameau.

Dans ce cocon amylacé la formation du sucre n'est assurément que secondaire. — Elle est suffisamment expliquée par la présence des matières albuminoïdes qui ne peuvent être que la salive dont la larve s'est servie pour réunir les particules féculentes.

Doit-on attribuer aux débris de l'insecte l'action spécifique reconnue à ce médicament par les indigènes. — L'expérience sera le meilleur juge. Toutefois on serait tenté d'adopter à l'avance l'affirmative si l'analogie pouvait être invoquée en toute sûreté. Le *Larinus Onopordinis* ne serait pas en effet le premier insecte du genre doué de propriétés médicamenteuses; le *Larinus odontalgicus* (Dejean) n'est-il pas en grande estime, au dire de Latreille, dans certaines provinces de France, contre les douleurs de dents.

(Note extraite du compte rendu inédit d'une mission en Asie.)

CH. BOURLIER,
Pharmacien Aide-Major à l'hôpital militaire du Gros-Caillou.

Académie des Sciences.

Séance du 6 septembre.

SOLFATARE VULCANO.

L'Académie a reçu une neuvième lettre de M. Sainte-Claire Deville sur les volcans d'Italie. Il est question cette fois d'une solfatare située dans les îles Eoliennes à quelque distance de Stromboli, la solfatare Vulcano. C'était jadis un volcan en pleine activité, comme l'attestent plusieurs cônes d'éruption qui viennent se réunir à un cirque principal et d'où partent en divers sens des traces d'anciens courants de lave. Les dernières éruptions de Vulcano semblent remonter vers la fin du moyen âge. Aujourd'hui les cônes d'éruption sont fermés et le volcan est passé à l'état de solfatare.

Non loin du principal cône éruptif de Vulcano, se trouve un petit cône latéral dont l'activité est aussi éteinte, mais qui offre un fait remarquable : sur la ligne qui joint Vulcano à ce dernier cône, appelé dans le pays *Vulcanino*, il s'opère un dégagement très-actif de gaz, et souvent de flammes produites par la combustion de l'hydrogène sulfuré. M. Deville en analysant ces gaz a retrouvé le chlore et le brome que ses devanciers y avaient déjà signalés, mais il a reconnu, de plus, la présence de l'iode qui n'avait point encore été indiquée. A très-peu de chose près, ces émanations suivent la même loi que celles du Vésuve.

STÉRÉOSCOPE DE M. FAYE.

Cet académicien, après avoir présenté quelques mémoires de savants étrangers, a mis sous les yeux de ses collègues un stéréoscope de son invention. Cet instrument est des plus élémentaires et chacun peut s'en construire un à peu de frais. Il consiste en une feuille de papier percée de deux trous à la distance des deux yeux. Ces ouvertures peuvent avoir un centimètre environ de diamètre.

Pour obtenir la vision stéréoscopique, il suffit alors de regarder le dessin par ces deux ouvertures, en le rapprochant ou l'éloignant jusqu'à ce que l'illusion du relief se produise : au bout de quelques minutes la main s'habitue une fois pour toutes à cette manœuvre, et l'on arrive du premier coup avec tous les dessins possibles.

Le stéréoscope de M. Faye offre cet avantage de pouvoir être employé à rendre en relief les planches intercalées dans le texte d'un grand nombre d'ouvrages : ce qui n'est possible, avec les stéréoscopes actuels, qu'en coupant ces planches elles-mêmes pour les transporter dans l'appareil. Les traités de minéralogie, surtout, gagneront à être étudiés avec l'aide de cet appendice, à cause des formes si variées des cristaux et de la nécessité de les voir autant que possible en relief.

DE L'EXISTENCE DU SUCRE DANS L'URINE.

M. le docteur Hippolyte Blot, chef de clinique d'accouchements à la Faculté de médecine de Paris, a lu un premier mémoire sur l'existence du sucre dans l'urine. Voici les conclusions principales de ce travail, sur lequel nous reviendrons plus longuement lorsqu'il sera terminé.

Le sucre se trouve en parties plus ou moins considérables dans l'urine de toutes les femmes en couches, sans que pour cela elles manifestent l'état pathologique des personnes atteintes du diabète. Chez la moitié des femmes enceintes, en général, le même phénomène se produit; enfin il a lieu chez toutes les femmes qui nourrissent, et c'est au moment où commence la sécrétion lactée qu'a lieu la formation du sucre dans l'urine. Cette quantité est d'autant grande que la sécrétion est plus active : elle est cependant très-variable aux différentes époques de la lactation; mais un phénomène constant, c'est que le sucre disparaît de l'urine dès que la tuméfaction mammaire vient à cesser elle-même.

Dans tous ces cas, la quantité de sucre est beaucoup plus petite que celle contenue dans l'urine des diabètes. L'un des caractères qui décèlent sa présence est la déviation à droite du plan de polarisation.

M. Blot doit présenter bientôt le résultat de ses recherches sur les animaux : dès aujourd'hui il est en mesure d'annoncer que le même phénomène se produit chez la vache.

CAUTÈRES ÉLECTRIQUES.

M. Middeldorpf, professeur de clinique chirurgicale à l'université de Breslaw, a soumis à l'examen de l'Académie son appareil de cautérisation électrique. On sait déjà qu'il s'agit de maintenir pendant toute la durée de l'opération, une température constante et toujours très-élevée dans le corps métallique chargé de cautériser une plaie. A cet effet, M. Middeldorpf emmanche ses différents instruments de cautérisation au bout d'un manche commun, muni de deux conducteurs de cuivre allant se réunir aux deux pôles d'une pile de Grove. En pressant un bouton placé sur ce manche, le courant s'établit et rougit le platine situé à l'extrémité de l'instrument; la haute température se maintient sur le platine aussi longtemps que dure la pression, ce qui permet de cautériser dans des conditions infiniment plus favorables que par le passé. La boîte qui renferme l'appareil contient aussi les différents instruments destinés à cautériser suivant les différents cas, ce qui rend le tout parfaitement portatif.

RIVIÈRE DE SANG — NOUVEAU TUBERCULE.

Un article du *Moniteur universel* parlait dernièrement d'une source de sang que l'on rencontre dans le village de la Virtud, Etat de Honduras (Amérique centrale). M. Jules Rossignon est venu lire aujourd'hui devant l'Académie une note très-intéressante sur ce curieux phénomène : il a annoncé d'ailleurs la prochaine arrivée d'une certaine quantité du liquide étrange contenu dans cette source, appelée dans le pays, *Fuente de sangre*.

Ce liquide distille constamment d'une grotte de terrain trachitique, et forme un petit ruisseau dont la couleur et la consistance rappellent tout à fait celles du sang des mammifères. Au moment de sa formation, il est d'un rouge vif, analogue au sang d'un animal récemment tué ; sa densité est de 2,75 ; il n'a pas d'odeur. A quelques pas de la grotte, il ne tarde pas à se décomposer, sans doute sous l'action de la chaleur qui est fort intense dans ces contrées; il acquiert alors une odeur de viande pourrie, qui devient ammoniacale au bout de peu de jours. Ce liquide est coagulé par les acides, et le coagulum se dissout dans les alcalis. Evaporé à siccité, il forme une masse presque couenneuse d'un noir rougeâtre, qui donne par la distillation en vase clos, tous les produits de la décomposition, par le feu, des matières animales; le résidu est un charbon poreux très-azoté et qui renferme des traces de silice, d'alumine et d'oxyde de fer. Pendant la distillation il se forme une petite quantité d'une huile roussâtre, visqueuse, d'une odeur nauséabonde et ammoniacale, mais qui paraît différer beaucoup de l'huile de Dippel.

M. Rossignon croit pouvoir affirmer, quant à la nature de ce liquide, qu'il se compose de myriades d'infusoires colorés en rouge; c'est ce qui ressort de l'examen au microscope. Ce phénomène n'est point d'ailleurs particulier au village de la Virtud. Le *Rio de Sangre* présente en grand, et dans des circonstances plus remarquables encore, cette singularité qui s'observe encore dans un grand nombre de ruisseaux de l'Amérique centrale. Ainsi dans les rues mêmes de Guatemala, dont le climat est très-doux, on peut observer dans les ruisseaux dont l'eau ne coule pas rapidement, une multitude de filaments rougeâtres qui sont animés d'un mouvement extraordinaire et occupent souvent une très-grande étendue : en les enlevant, on aperçoit qu'ils sont formés par l'agglomération d'un nombre infini d'infusoires vermiformes. Lorsque, par quelque accident, l'eau qui contient ces êtres microscopiques, devient stagnante, la coloration augmente extraordinairement durant les premiers jours et prend la teinte du peroxyde de fer. Bientôt les infusoires se décomposent, l'eau exhale des gaz infects, et les vautours noirs (zopilotes), attirés par l'odeur, viennent se repaître du limon putréfié.

En décembre 1852, sur la route de San-Salvador à Cajutepeque, le chemin avait été coupé par un torrent qui s'était formé tout à coup pendant une sorte de déluge qui changea en beaucoup d'endroits l'aspect du pays. Au fond d'un petit ravin, M. Rossignon observa des flaques d'eau d'un rouge intense, et en ayant emporté une bouteille, il ne tarda pas à trouver, à l'analyse, les mêmes caractères à ce liquide qu'au sang de la Virtud.

Une coloration analogue a été observée dans beaucoup d'autres localités et toutes ont été reconnues contenir une innombrable quantité d'animalcules infusoires, dont l'étude semble être encore à faire.

M. Rossignon a annoncé encore à l'Académie la découverte d'une nouvelle plante qui peut devenir par la suite une plante alimentaire, si les expériences dont elle est l'objet au jardin du Muséum, donnent les résultats qu'on en attend. C'est au mois d'octobre de l'année dernière que quelques-uns de ces tubercules ont été mis à découvert par des cochons qui fouillaient au pied des pins et des chênes d'une propriété située à San-Marcos, près de Quezaltemanco (république de Guatemala).

Ces tubercules sont de grosseur variable ; il y en a qui atteignent celle d'une pomme de terre ronde de Hollande ; ils sont bons à manger crus ; leur saveur est légèrement sucrée ; ils ne sont point farineux ; cuits, ils ont quelque analogie avec les fonds d'artichauts, mais sont beaucoup plus délicats. M. Rossignon espère que ces tubercules s'acclimateront bien en France, car le climat de San-Marcos est assez froid, et il y gèle même pendant trois mois de l'année. Deux de ces tubercules, plantés dans un pot que M. Rossignon a donné à M. Decaisne, ont déjà fleuri au Jardin des Plantes : on a pu voir aussi que la plante est une valériane dont les feuilles ressemblent beaucoup à celles du cresson, la *valeriana nasturtiifolia.*

FÉLIX FOUCOU.

PARTIE LITTÉRAIRE.

LOUISE MORNAND (1)

VI. — *Suite.*

« Il y a longtemps que vous demeurez chez M. Mornand ? demandai-je à ma compagne de voyage, quand elle eut réussi à se placer commodément.

— Oui, monsieur, me répondit-elle, évidemment disposée à se montrer communicative. J'avais été bonne chez les parents de Madame longtemps avant son mariage et elle a voulu me garder près d'elle.

— Et vous l'aimiez ?

— Si je l'aimais ! Figurez-vous, monsieur, qu'elle était bonne comme un ange. Oh ! ça été une fière douleur pour moi de la perdre, allez !

— Y a-t-il longtemps qu'elle est morte ?

— Il y a eu trois ans cet été. Pauvre chère dame, elle a eu bien du chagrin ! »

Ne voulant pas paraître curieux, je ne fis pas la question qui me vint naturellement sur les lèvres, mais heureusement la bonne Catherine ne se fit pas prier et continua ainsi :

(1) Voir le précédent numéro.

« Ce n'est qu'au bout de quatre années de mariage qu'elle eut son fils. C'était une joie dans la maison, fallait voir ! Aussi bien, M. Ludovic était l'un des plus jolis enfants qui soient au monde, mais je ne crois pas qu'il y en ait jamais eu de plus gâtés. Nous faisions toutes ses volontés, c'était lui qui gouvernait la maison. »

Ici la bonne femme s'étendit longuement sur les qualités et les charmants défauts de M. Ludovic. Je lui repren[ds] la parole dont elle a un peu abusé. Tu devines d'ailleurs les conséquences de ce système d'éducation. Lorsque Ludovic fut en âge de choisir un état, il se trouva qu'il n'avait de vocation bien prononcée que pour le plaisir, et, comme dit Catherine : « C'était bien naturel ; un si beau garçon ! » Le beau garçon fit de mauvaises connaissances, passa des semaines entières dehors, s'endetta, ce qui n'empêcha pas qu'il n'eût le meilleur cœur du monde. Il aimait beaucoup sa mère et partageait volontiers les chagrins qu'il lui causait. La mère paya longtemps les dettes à l'insu de son mari, mais celui-ci finit par apprendre tout ce qu'on lui cachait et beaucoup d'autres choses encore que Catherine n'a jamais sues exactement, mais qui provoquèrent des scènes terribles. Enfin M. Mornand se décida à envoyer son fils à Marseille, chez un négociant de ses amis. La pauvre mère, désolée du départ de son fils, tomba sérieusement malade. C'est à cette époque que Louise vint demeurer chez son oncle.

Jusqu'alors j'avais écouté ce récit sans l'interrompre par une seule observation, mais ici le plaisir de parler de Louise et d'en entendre parler m'entraîna. Catherine est douée de bien peu de pénétration si elle ne s'aperçut pas que ce sujet a pour moi un intérêt extraordinaire ; mais je suis tenté de croire qu'elle s'en aperçut, car elle répondit avec une grande complaisance à toutes mes questions et me donna sur mademoiselle Mornand nombre de détails qui fortifièrent ma conviction que je suis assez heureux pour connaître et pour aimer l'une des meilleures et des plus charmantes créatures qui existent.

Mais je vais laisser Catherine reprendre le fil de son discours.

« Plus d'un an se passa, me dit-elle ; on recevait souvent de bonnes nouvelles de Marseille. Monsieur était content, madame allait mieux et on parlait de faire un voyage dans le Midi et de se fixer peut-être aux environs de Marseille, lorsqu'un terrible événement mit fin à tous ces beaux projets.

« Un matin, pendant le déjeuner une lettre arriva. Quelques minutes après j'entendis sonner très-fort et je courus dans le petit salon. Madame était couchée sur le divan, les yeux fermés, aussi blanche qu'une morte ; mademoiselle Louise était penchée sur elle et essayait de la ranimer ; monsieur, debout, tenait une lettre qu'il froissait dans ses mains.

« Monsieur, — poursuivit Catherine après une pause pendant laquelle elle essuya une larme du coin de son tablier, — je ne pourrais pas vous dire ce qu'il y avait dans cette lettre, car je ne l'ai jamais su ; je sais seulement que c'était quelque chose de terrible au sujet de M. Ludovic. On parlait de prison, de grandes sommes d'argent, d'une foule de choses effrayantes. A partir de ce jour madame ne se releva plus.

« Une nuit mademoiselle Louise monta dans ma chambre, elle était si désolée qu'elle s'assit sur mon lit et pleura comme si son cœur allait se briser.

« Oh ! Catherine, me dit-elle, ma pauvre tante ! Elle mourra sans avoir revu son fils. Elle parle à chaque instant de Ludovic et nous supplie de lui écrire, mais il a quitté Marseille et nous ne savons où il est. »

« C'était vrai, Monsieur, et comment dire cela à sa mère ? On tâchait de lui faire croire qu'il allait bientôt arriver.

J'admirais Monsieur; auprès de Madame il était doux comme un agneau et ne pensait qu'à lui cacher son inquiétude et son chagrin.

« Enfin, voilà qu'un soir, tout à coup, M. Ludovic arrive! En le voyant je manquai de tomber à la renverse. Il entra en s'écriant :

« Ma mère! Je veux voir ma mère! »

« Madame l'entendit. Elle était si faible qu'il aurait fallu les plus grands ménagements pour lui apprendre l'arrivée de son fils. Elle éprouva une telle révolution qu'elle perdit connaissance. M. Ludovic avait ouvert la porte de la chambre à coucher; je voulus l'empêcher d'entrer, mais il me repoussa et sans regarder ni à droite, ni à gauche, courut se jeter à genoux à côté du lit. Mademoiselle Louise était debout au chevet et soutenait la tête de sa tante. Quelques instants après Madame rouvrit les yeux et regarda son fils; elle remua les lèvres; mais sans faire aucun son; puis elle eut un frisson, sa tête tomba de côté et elle mourut sans avoir pu donner à ce malheureux la bénédiction qu'il était venu demander.

« Au même instant je m'aperçus que M. Mornand était dans la chambre; je ne l'avais pas vu entrer. Il avait un air si dur, si effrayant, que malgré moi je me détournai pour ne pas le regarder. Il alla droit au lit, écarta doucement mademoiselle Louise, posa la tête de la morte sur l'oreiller et lui ferma les yeux. Puis il vint prendre son fils par le bras et le força de se lever. Je tremblais comme la feuille, mais j'entendis et je me rappelle encore parfaitement les paroles qu'il prononça d'une voix si étrange et si creuse qu'à peine je la reconnaissais. « Regarde une dernière fois, disait-il, ce visage si pâle et si doux que tu as flétri avant l'âge, et puisse ce souvenir être pour toi un remords et un châtiment éternels! » Puis il ordonna à son fils de s'en aller et de ne jamais reparaître devant ses yeux.

« Ludovic ne pleura pas, ne répondit pas un mot; sans nous regarder il sortit de la chambre en chancelant comme un homme ivre. Mademoiselle Louise, qui était restée pâle et les mains jointes, regardant son oncle d'un air consterné, s'élança après son cousin et le rejoignit à la porte de l'appartement. Monsieur me fit signe de sortir aussi; puis il ferma la porte et resta toute la nuit seul auprès du corps de sa femme.

— Et son fils? demandai-je.

— Mademoiselle Louise le retint quelques minutes, parlant tout bas. Enfin M. Ludovic s'écria : « Louise, vous êtes un ange! » et s'élança hors de la maison. Je dis à Mademoiselle qu'il lui était défendu d'entrer dans la chambre de sa tante. Il était tard, elle me pria d'aller me coucher et veilla toute la nuit dans le petit salon qui précédait la chambre où Monsieur s'était enfermé.

« Depuis ce temps notre vie n'a pas été gaie, poursuivit Catherine avec un soupir. Un mois après la mort de Madame nous avons quitté notre joli appartement de la rue Matignon pour en prendre un bien plus petit dans l'un des plus tristes quartiers de Paris. Monsieur ne voulait plus voir personne et si mademoiselle Louise ne l'avait pas forcé de se promener de temps en temps, sous prétexte qu'elle avait besoin d'exercice, je crois qu'il n'aurait jamais mis le pied dehors. Enfin il fit une maladie grave. Dès qu'il fut entré en convalescence, Monsieur céda aux prières de sa nièce qui l'implorait de quitter Paris. Nous sommes venus à Dieppe et c'est dans une de ses promenades que Monsieur a trouvé la petite maison où nous demeurons. Voici plus de dix-huit mois que nous sommes à Varengeville.

— Et reçoit-on souvent des nouvelles de Ludovic?

— Très-rarement, Monsieur. Il n'y a pas eu la moindre communication entre son père et lui. Deux fois avant de quitter Paris nous l'avons vu, c'est-à-dire sa cousine et moi : nous sommes allées le trouver au jardin du Luxembourg. Mademoiselle Louise et lui s'écrivent des lettres de temps en temps. »

Notre conversation en resta là; le cocher l'interrompit en nous interpellant brusquement. Bientôt après nous arrivâmes au sommet de la côte qui domine immédiatement Dieppe. Alors je pris congé de Catherine, et quittant la grande route, je descendis à la ville par le chemin solitaire qui longe le cimetière.

VIII

Le 17 novembre.

Depuis la scène dont j'ai été témoin l'autre jour, M. Mornand est de plus en plus triste et souffrant. A peine peut-il se traîner de son lit à son fauteuil, mais il refuse obstinément d'avoir recours à un médecin et paraît attendre son sort avec une sombre résignation. Le cœur de cet homme est un mystère. Pourquoi, mon Dieu, persiste-t-il dans son implacable sévérité? Pardonner lui serait si doux, et il ne veut pas pardonner!

Parfois quand je suis auprès de lui, cette pensée m'oppresse, m'étouffe, j'ai peine à me contenir; je sens une éloquente plaidoirie sur le bout de mes lèvres, une plaidoirie irrésistible. Mais je dois me taire; à quel titre l'entretiendrais-je d'un sujet aussi délicat et dont il me croit ignorant? Cette considération m'arrête d'abord et puis un regard jeté sur le doux visage de Louise me calme et m'attriste, car je me dis : — La réconciliation que j'aurais voulu tenter, est l'objet de ses rêves, de ses prières, de ses efforts depuis trois ans, et elle n'a pas réussi.

Chère Louise! Le temps n'est pas éloigné où elle se trouvera seule privée du faible bras qui la protége maintenant contre les dangers et les difficultés du monde. Dois-je attendre, pour lui parler de mon amour, que ce moment soit venu? L'incertitude me tourmente toujours et cependant, Louise n'éprouve pour moi, j'en suis sûr, ni haine ni complète indifférence. Si, en échange de la passion que je me suis efforcé de lui cacher, elle ne m'accorde que les témoignages d'une tranquille amitié, cette froideur apparente ne serait-elle pas causée par ses tristes préoccupations? Toute à son oncle, elle s'oublie entièrement; mais l'heure viendra du découragement, de la désolation. — Non! elle ne viendra pas si la promesse de consacrer ma vie entière à son bonheur est capable de lui donner quelque consolation et quelque espoir.

Je suis résolu de saisir la première occasion de mettre un terme à mes doutes. J'ai d'heureux pressentiments; pendant que seul dans ma chambre je cause avec toi, ma mère bien-aimée, de doux rêves flottent devant les yeux de mon esprit, et l'avenir se colore d'une teinte vermeille. J'ai su deviner les goûts de Louise, ils sont les tiens. Nous aurons une charmante maison de campagne que nous habiterons pendant huit ou neuf mois de l'année. Ce sera dans un pays pittoresque, soit au pied des Pyrénées, soit sur le bord de l'Océan, soit sur la frontière de la Suisse. L'hiver nous reviendrons à Paris vivre largement de la vie active et intellectuelle, et faire provision d'idées pour les mois de la retraite.

Je suis fou; je ne ferai plus de projets..... Mais j'espère, je veux espérer.

IX

Le 22 novembre.

Ma mère, je vais retourner auprès de toi. Pourquoi l'ai-je connue?

Cinq jours à peine se sont écoulés depuis que je t'ai écrit ma dernière lettre, si pleine de folles espérances, et déjà tout est changé; mes rêves dorés se sont évanouis; je ne vois de tous côtés qu'un brouillard épais et froid;

— mon cœur est serré comme dans un étau. — Oh! mon Dieu, quelle a été mon erreur!

Pauvre mère, je te vois pâlir; tu souffres de ma souffrance avant de la comprendre tout entière. Mais je ne veux rien te cacher; seulement mes idées sont confuses. Hélas! ce que j'ai à te dire est pourtant bien court et bien simple.

Je suis arrivé à Varengeville aujourd'hui vers deux heures. Au moment où je m'approchai de la maison, sa façade se trouva éclairée par un rayon de soleil fugitif, il est vrai, et terne, mais qui me sembla d'un bon présage. Mon cœur battit avec force lorsque je vis Louise seule dans le jardin. Penchée sur une plate-bande où ses soins ont conservé quelques fleurs malgré la saison avancée, elle rassemblait et entourait de liens une touffe de chrysanthèmes que le vent avait renversée.

Au bruit de mes pas sur le sable elle se retourna, et ses traits adorés prirent une expression de plaisir à laquelle je ne pouvais me tromper.

Je m'approchai d'elle, afin de lui aider, et m'efforçai pendant quelques instants de soutenir une conversation banale. Je ne sais pourquoi je cherchais à lui cacher mon agitation. Je sentais, pourtant, qu'il fallait profiter d'une occasion qui pouvait ne plus se retrouver; aussi quand Louise proposa de rentrer, je la suppliai d'une voix émue de m'accorder un moment d'entretien.

Elle se dirigeait déjà vers la maison; mais s'arrêtant brusquement, elle fixa sur moi un regard qui me frappa péniblement, quoique je ne me rendisse pas bien compte de son expression. Je n'y lus pas l'émotion que j'aurais tant voulu voir, ce regard était inquiet, presque effrayé.

Mais je ne voulus pas me laisser décourager. M'efforçant de parler avec calme, je fis l'aveu de mon amour et des espérances que j'avais conçues.

Louise ne répondit pas; elle se détourna lentement et cacha son visage dans ses mains.

Je l'implorai de me parler.

« Oh! mon Dieu! » murmura-t-elle d'une voix oppressée. Je voulus prendre sa main, mais elle la retira en frissonnant. « Laissez-moi, dit-elle tout bas.

— Vous laisser, Louise! Ayez pitié de moi; ne brisez pas inconsidérément un espoir qui fait partie de ma vie. Songez que tout mon avenir est dans votre réponse.

— Non, non! Ne parlez pas ainsi, s'écria-t-elle. Vous me rendez bien malheureuse. Vous me causez des remords.

— Des remords! à vous? »

Elle leva sur moi ses beaux yeux voilés de larmes.

« Oui, reprit-elle avec plus de calme, des remords. Ne vous ai-je pas témoigné avec trop d'empressement le plaisir que je trouvais dans votre société? Ne vous ai-je pas donné lieu de croire que j'accueillerais favorablement ce que vous venez de me dire? »

Un sentiment de profond abattement entra dans mon cœur. Je ne pus que murmurer faiblement:

« Vous me haïssez donc bien, mademoiselle?

— Vous haïr! s'écria-t-elle, tandis qu'une vive rougeur se répandit un instant sur ses traits. Oh! non, non! Je conserverai un bon, un charmant souvenir des heures que j'ai passées dans votre société. Jamais je ne pourrai oublier vos bontés pour mon oncle, votre affectueuse sympathie qui m'a fait tant de bien. Je vous regardais presque comme un frère; — je voulais être votre amie, — je ne pourrai jamais être rien de plus. »

Elle se détourna de nouveau et voulut s'éloigner, mais je la retins.

« Louise, lui dis-je, — permettez-moi de vous appeler ainsi; car dans mes rêves, que je dorme ou que je veille, votre nom adoré est toujours sur mes lèvres; — Louise, dites-moi que je vous ai offensée par ma précipitation, que vous me connaissez depuis trop peu de temps pour pouvoir répondre à mes sentiments; dites-moi que j'ai des défauts qui vous déplaisent, mais dont, à force de persévérance, je pourrai me corriger; dites-moi d'attendre mon bonheur pendant des mois, des années, s'il le faut, je me soumettrai, je vous obéirai, — mais, par pitié, ne dites pas ce terrible mot, — *jamais!*

— Il le faut, répondit-elle tristement; et il vaut mieux, bien mieux, le dire de suite. Oh! Monsieur Chavenay, ne me jugez pas avec sévérité; pardonnez-moi le chagrin que je vous cause bien involontairement. Tous mes vœux seront pour votre bonheur... »

Elle me tendit la main. Je la saisis et y pressai convulsivement mes lèvres, mais aussitôt elle la dégagea, et sans un regard, sans un adieu, elle s'éloigna rapidement.

Je la suivis machinalement des yeux, cloué à la place où elle m'avait laissé, stupide de douleur. Peu à peu les larmes, affluant lentement sous mes paupières, formèrent un voile à travers lequel je ne distinguai plus rien. Je les essuyai avec rage, et secouant par un effort violent l'engourdissement qui pesait sur moi, je sortis du jardin comme un fou et courus me jeter sur mon cheval que je lançai au grand galop. En peu d'instants j'avais laissé loin derrière moi le village de Varengeville.

Mais cette violente agitation ne dura pas; bientôt je ralentis le pas du cheval. J'aimais cette route que j'avais suivie tant de fois pour aller près de Louise, et même au milieu de ma désolation, je me plaisais à jeter un dernier adieu aux arbres, aux chaumières, aux petits chemins qui me sont devenus familiers. Mon voyage (je puis bien l'appeler ainsi) dura plus de deux heures, et comment en dépeindre la tristesse? Le ciel s'assombrissait de plus en plus, le vent soufflait par rafales. Il s'élève toujours; la nuit sera orageuse. Je viens d'ouvrir ma fenêtre pour mieux entendre les mugissements de la tempête; ces grandes voix lugubres s'harmonisent bien avec ma douleur. Oh! ma mère, que tout semble vide et désolé autour de moi! A mon âge n'avoir que des regrets!...

Tu me reverras demain soir; tu me laisseras, comme dans mon enfance, appuyer ma tête sur ton épaule et tu me parleras d'elle. Pourquoi, pourquoi l'ai-je connue?

Mme VICTOR MEUNIER.

La suite au prochain numéro.

FAITS DIVERS

EMPLOI DE LA HOUILLE SUR LES CHEMINS DE FER. — On fait en ce moment, sur plusieurs de nos chemins de fer, des essais tendant à substituer la houille au coke, qui a alimenté exclusivement jusqu'ici les machines locomotives. Entre autres appareils imaginés à cet effet, on se sert surtout de grilles à gradins, formées d'un certain nombre de barreaux plats et larges, étagés comme les marches d'un escalier, et empiétant légèrement les uns sur les autres jusqu'à la partie inférieure, qui consiste en barreaux disposés à l'instar de ceux des foyers ordinaires.

Le nombre des barreaux et leur écartement sont calculés suivant la pureté plus ou moins grande du combustible. L'emploi des grilles à gradins paraît donner les meilleurs résultats, quelle que soit la quantité du charbon mis en œuvre. Elles ne produisent pas sensiblement de fumée, et permettent de réaliser une économie notable sur les frais de traction.

LE BOEUF A BOSSE DU SÉNÉGAL. — La note suivante sur les bœufs porteurs du Sénégal est extraite d'un rapport de M. le docteur Richard, chirurgien de 2e classe de la marine.

Le bœuf à bosse du Sénégal, après qu'il a été dressé, se distingue des autres, outre la bosse de graisse qu'il porte au garrot, par une grande longueur d'avant en arrière, par sa douceur naturelle et son aptitude à porter de lourdes charges, avec un pas égal à celui du meilleur cheval.

Ses qualités et des convenances de navigation en font charger un grand nombre à Gorée pour la Guadeloupe. Le bœuf de chargement est un animal parvenu à son entier développement, mâle non coupé.

Les négociants de Gorée, qui s'occupent de les procurer aux navires, achètent des Toucouleurs qui viennent sur le littoral de la rade de Gorée des troupeaux dont le tiers ordinairement ne convient pas ; ce tiers est écoulé pour la boucherie de Gorée ; ou bien ces négociants ont à Sin ou à Salum des traitants qui leur forment des troupeaux choisis et les expédient à Dakar, lieu de l'embarquement. Le prix d'un bœuf à Sin ou Salum est de 15 à 20 bouteilles d'eau-de-vie, environ 10 francs. Dans la traite, il faut doubler ce prix de revient, à cause des faux frais, et les bœufs sont rarement payés définitivement plus de 20 francs. Les troupeaux des Toucouleurs sont payés, en dehors de concurrences acharnées, au plus 50 francs par tête. Les Toucouleurs amènent dans ces troupeaux des vaches stériles qui fournissent la meilleure viande de la boucherie de Gorée.

Les bœufs à bosse vivent difficilement dans la presqu'île de Dakar : ces animaux forts, à démarche rapide, exigent une abondance de nourriture que cette presqu'île ne peut leur donner. Le dépérissement et la mortalité des bœufs à bosse dans les troupeaux de réserve et la consommation irrégulière de la rade de Gorée sont les écueils de la fourniture de la viande à Gorée, malgré une forte disproportion, à l'avantage du fournisseur, entre le prix des animaux et celui de la viande. Les habitants de Dakar ont adopté une race de bœufs petite, sauvage, mais très-sobre. Le croisement de cette race avec le bœuf à bosse donne un produit de qualités mixtes.

On s'accorde assez généralement à croire que le bœuf du Sénégal ne peut s'acclimater au Gabon. Le troupeau de ce comptoir ne compte, en effet, aucun représentant de la race à bosse, malgré les envois nombreux de cette nature qu'on y a faits.

Quant à moi, je suis convaincu de la possibilité d'acclimater cet animal au Gabon ; je vois dans l'importation de cette race un supplément au manque de bras. Je crois, en outre, qu'entre toutes les côtes de l'Afrique occidentale, Gorée est le point d'exportation le plus sûr, le plus commode, où les bœufs sont à meilleur marché, et où l'on peut s'en procurer en plus grande quantité.

Chemin de fer de l'Euphrate. — On lit dans le *Morning-Post* :

« Une correspondance récente entre la Compagnie du chemin de fer de l'Euphrate et le ministère des affaires étrangères explique la position actuelle de l'entreprise. Le 26 du mois dernier, la Compagnie a soumis à lord Clarendon le traité de sa ligne projetée, et lui a fait connaître la nature de la concession promise par la Turquie. Elle annonçait en même temps l'intention d'envoyer sur les lieux le général Chesney, sir John Mac-Neill et un certain nombre d'ingénieurs. La ligne projetée doit partir du port de Seleucia sur la Méditerranée, et aller, par Antioche et Alep, à Saber-Castle sur l'Euphrate. La distance est de 80 milles. Le traité avec le gouvernement turc comprend une garantie de 6 0/0 pendant 99 ans, avec facilité d'élever le capital pour bateaux à vapeur à un taux à déterminer ultérieurement. Le terrain sera concédé libre de tous frais et la garantie ne comprendra aucun droit de la part du gouvernement turc à participer aux bénéfices à venir, au-dessus de 6 0/0, en sus du remboursement des sommes préalablement versées.

« On a demandé la coopération et l'appui de la Compagnie des Indes, du bureau de contrôle et de lord Clarendon, lui demandant d'envoyer des instructions à l'ambassadeur d'Angleterre à Constantinople qui voit ce projet avec faveur. Dans les instructions données par le bureau de contrôle au général Chesney et à sir John Mac-Neill (déjà partis), liberté entière leur est laissée de choisir sur la Méditerranée tout autre point que Seleucia qui leur paraîtra favorable. Il est indispensable que la ligne parte d'un point sûr ; et des études préparatoires faites à Seleucia par le général Chesney et le capitaine Allan, de la marine royale, paraissent établir que Seleucia doit avoir la préférence. Sans doute, le port d'Alexandrette offrirait la ligne la plus courte jusqu'à l'Euphrate, et de hautes autorités en matière maritime ont déclaré que toute la marine de l'Angleterre y affluerait ; mais il y a de fortes objections à faire au point de vue sanitaire, et, selon toute apparence, Seleucia sera préféré.

« La nature générale de la route de Seleucia à Saber-Castle ne paraît présenter aucun obstacle physique : on en peut dire autant de la distance entière jusqu'à Bassorah, sur le golfe Persique : le chemin de fer doit s'étendre jusqu'à ce point. Quant aux habitudes de la population, l'expérience du général Chesney et celle d'autres personnes tendent à démontrer que l'on n'a pas de difficultés sérieuses à redouter ; et pourvu que les droits des indigènes soient respectés, tout ira bien. Dans le cas où ces prévisions se réaliseraient, il y a tout lieu de penser que l'entreprise pourra être promptement réalisée, et que bientôt la longueur du passage aux Indes sera diminuée de moitié. Le projet de télégraphe sur la même ligne doit être exécuté simultanément. Il est difficile de préciser tous les avantages que tirera le commerce du monde de cette ligne de chemin de fer. Mais l'on peut espérer que les deux gouvernements qui y sont le plus intéressés, la Turquie et l'Angleterre, s'empresseront d'accélérer la réalisation de ce progrès. La Compagnie des Indes surtout a un intérêt direct à assister cette entreprise autant que possible par son argent et sa protection. »

Le volcan de Popocatepetl. — Le *Siglo*, journal du Mexique, donne sur les ressources sulfureuses du volcan de Popocatepetl, auxquelles il ne manque jusqu'à présent que des moyens de communication, les renseignements suivants, que reproduisent les journaux américains :

Le volcan de Popocatepetl, comme on l'appelle en langue indienne, ou montagne Fumeuse, ou la Puebla, est la plus grande source de richesse du pays, et, ajoute l'auteur de la note, qui est ingénieur civil, peut-être de l'univers. Les mines de mercure de New-Almaden, les riches veines de la Sierra-Madre et les placers de la Californie ne peuvent soutenir la comparaison avec celle de cette prodigieuse montagne volcanique, haute de 5,400 mètres.

Les recherches dans les plus riches mines d'or ou d'argent, sont toujours accompagnées d'incertitudes, et la fortune y court de grands hasards ; en effet, lorsqu'un filon est une fois interrompu, il faut souvent dépenser de grandes sommes d'argent pour retrouver la veine. Le volcan de Popocatepetl, au contraire, ne laisse aucune chance incertaine ; il possède un trésor réel et inépuisable, c'est le soufre pur qui, chaque jour, sort en abondance de ses entrailles.

La date de l'éruption du Popocatepetl remonte à la plus haute antiquité, et, de tout temps, l'intérieur du volcan a vomi du soufre pur, depuis 1 pouce jusqu'à 1 pied de diamètre. Chaque jour le volcan continue de verser son précieux contenu près de l'orifice du cratère.

La distance du sommet neigeux au niveau du lit de soufre durci peut être calculée maintenant comme ayant pour hauteur une perpendiculaire de 64 pieds. Il est donc impossible de ne pas considérer comme innombrable la quantité d'arrobes de soufre durci qu'on pourrait extraire du cratère du volcan.

L'auteur ajoute qu'il est facile d'établir dans la montagne même une fabrique d'acide sulfurique ; que le soufre de Popocatepetl est supérieur à celui du Vésuve, qui fournit actuellement le marché américain, parce qu'en effet le soufre italien est d'abord un amalgame d'une infinité de substances, et qu'ensuite l'extraction du minéral pur coûte fort cher ; enfin, dit-il, parce que le Vésuve ne peut donner du soufre que d'une manière limitée, tandis que le volcan américain peut suffire à toutes les exigences pendant plus d'un siècle.

Pour tous les faits divers : V. M.

Prix d'abonnement pour l'étranger.

Allemagne, 12 fr. — Suisse, Parme, Plaisance, Modène, 12 fr. 50 c. — Etats-Sardes, Grèce, 13 fr. — Hollande, Angleterre, 14 fr. — Etats-Unis, Indostan, Turquie, 14 fr. 50 c. — Belgique, Prusse, Hanovre, Saxe, Pologne, Russie, Espagne, Portugal, 15 fr. 50 c. — Toscane, 16 fr. 50 c. — Etats-Romains, 20 fr. 50 c.

Le propriétaire rédacteur-gérant : Victor Meunier.

Paris. — De Soye et Bouchet, imprimeurs, 2, place du Panthéon.

Deuxième année. — N° 42. 25 CENTIMES 19 octobre 1856.

L'AMI DES SCIENCES

JOURNAL DU DIMANCHE

SOUS LA DIRECTION DE

VICTOR MEUNIER

BUREAUX D'ABONNEMENT
13, RUE DU JARDINET, 13
Près l'École de Médecine
A PARIS

ABONNEMENTS POUR L'ANNÉE
PARIS, 10 FR.; — DÉPART., 12 fr.
Étranger (Voir à la fin du journal).

L'AVENIR

Suite et fin (1).

IV

Je vous apporte des témoins de l'avenir, de l'Eden vers lequel nous marchions pendant que nous pensions lui tourner le dos.

Voulez-vous que nous commencions par ces flacons remplis de sels métalliques? c'est peu de chose en apparence et c'est immense. Avec ces sels on transforme les bois les plus vulgaires en bois précieux. Vous prenez un sapin et vous dites: «Voici, je veux faire de ce sapin un bois aussi admirable que ceux que la cognée abat dans les forêts des tropiques. Je veux qu'il prenne cette riche couleur, » — et il s'en imprègne, — « je veux qu'il exhale des odeurs exquises, » — et il répand les parfums que vous préférerez. Vous prenez une pièce de bois dont la dureté égale celle du fer, et vous lui donnez la flexibilité du jonc; vous choisissez le plus flexible, et vous en faites une pièce rigide, sur laquelle l'acier s'ébréchera. A l'aide des substances que je mets sous vos yeux, tous les bois deviennent imputrescibles; l'humidité atmosphérique est sans action sur eux, et le feu ne les attaque plus (2). Si je vous dis ensuite qu'en Eden les arts de l'ébéniste et du menuisier sont arrivés à un degré de magnificence inouïe, que l'acajou, le palissandre, le citronnier, le sandal, le bois de rose, sont les moins précieuses des matières employées à la confection des meubles et des boiseries, cela ne vous surprendra pas beaucoup.

Ceci est une pure affaire de luxe; vous comprenez qu'avant de s'entourer des plus riches produits de l'art et de l'industrie, les Edeniens ont commencé par assurer l'existence de chacun. Ils ne s'inquiètent guère des pronostics, (dois-je dire sinistres, dois-je dire ridicules?) que nos économistes ont tirés de leurs statistiques, s'en rapportant à la famine, à la guerre, aux épidémies surtout, de rétablir un équilibre toujours troublé entre la population et les subsistances. Veuillez jeter un coup d'œil sur cet orge. Mais la vue ne vous en apprendrait rien. Je dois vous dire que cette céréale a germé sous l'influence d'un agent qui rend des services très-variés; je veux parler de l'électricité. Un Américain du nom de Forster a mis le procédé à l'essai, et voici ce qui est arrivé : une pièce de terre qui rapportait 17 hectolitres d'orge ayant été soumise à l'action de l'électricité a produit 37 hectolitres, plus du double; la recette est simple, économique, inquiétez-vous après cela de l'accroissement de la population.

Voici qui vous frappera davantage. Examinez ce pied de pommes de terre. N'êtes-vous pas frappé de la disproportion de volume qui existe entre ce tubercule et les autres? Mesurons-le; il a 20 centimètres de circonférence, tandis que ceux-ci, bien qu'adhérant au même pied, sont de la dimension d'un pois. Savez-vous pourquoi? La plus grosse pomme de terre a été soumise à l'action de l'électricité. C'est encore à un Américain (M. Ross) que cette expérience est due.

Ménagez votre étonnement.

J'ai l'honneur de vous présenter deux échantillons de blé recueillis dans deux pièces de terre parfaitement semblables; quelles différences dans les produits! L'échantillon n° 1 mesure 66 centimètres de hauteur, le n° 2 atteint la taille d'un homme; le premier rend cinq fois, et le second vingt fois la semence, quatre fois plus! Ce n'est pas tout, le terrain qui a produit le blé n° 2 a fourni en outre une seconde récolte de haricots, dont le volume égale celui du blé, en d'autres termes le même terrain produit environ 8 fois autant de substances alimentaires dans le second cas que dans le premier. A quoi cet admirable résultat est-il dû? à un bon système d'irrigation. L'expérience dont je viens de rendre compte a été faite en France à Cavaillon, et M. Auguste de Gasparin en informe l'Académie.

Après cela ne trouvez-vous pas bien ridicules les gens qui s'inquiètent de savoir comment la postérité se tirera d'affaire; bien ignorants ou de bien mauvaise foi ceux qui osent soutenir qu'il n'y a pas place pour tout le monde sur cette terre!

Veuillez examiner ces deux exemplaires d'un même tableau, vous reconnaissez la main d'un grand maître. Mais où est l'original, où est la copie? L'artiste le plus expérimenté resterait sans réponse. D'où vient cette prodigieuse identité? d'un moyen mécanique de reproduction, inventé par un peintre prussien. En Eden, tous les palais, — et l'on n'habite que des palais, — renferment de précieuses collections de tableaux; la peinture s'y multiplie comme chez nous la lithographie. En doutez-vous? essayez, et sur ce point comme sur tous les autres, vous vous éleverez rapidement à la hauteur d'Eden.

Voyez ces nombreux exemplaires d'une même statue, vous pourrez les étudier à la loupe; il n'y a pas sur l'un d'eux d'accident microscopique qui ne soit reproduit sur

(1) Voir le précédent numéro.
(2) Procédés du savant docteur Boucherie.

tous les autres. N'aimeriez-vous pas enrichir vos demeures des chefs-d'œuvre de la statuaire ? C'est ce qui se voit au pays dont nous parlons, parce qu'on y reproduit les statues aussi facilement et avec autant de perfection que les tableaux. Enviez-vous le sort de ses habitants ? imitez-les. M. Colas nous a révélé leurs procédés.

C'est à l'aide de l'électricité que ces pièces d'argenterie ont été fabriquées; l'enveloppe seule est d'argent, enveloppe mince et cependant durable. En Eden on n'emploie pas d'autre argenterie, mais tout le monde en use, l'argent et le vermeil s'allient sur toutes les tables aux cristaux et aux fleurs. Les riches métaux, la peinture, la statuaire, les tentures splendides, les meubles en bois précieux, les bois sculptés, les glaces de dimensions colossales sont aussi communs que chez nous l'étain, les lithographies enluminées, les murailles nues et les haillons. Ce n'est pas cependant que les moyens dont ses habitants disposent nous manquent, ni qu'ils aient une intelligence supérieure à la nôtre. Je vais vous dire leur secret; ils ont cherché le royaume de Dieu et sa justice, et le reste leur a été donné par surcroît.

Je crains de vous fatiguer, et cependant pourrais-je ne pas vous montrer ces dentelles magnifiques et ces pierres précieuses. En Eden ces objets ne tirent pas leur valeur de leur rareté, mais simplement de leur magnificence; chez nous la fabrication des pierreries n'est encore qu'affaire de curiosité scientifique. Mais vous savez que M. Ebelmen fabriquait dans son laboratoire la plupart des pierres précieuses et qu'un physicien illustre, M. Despretz, a annoncé récemment avoir fait du diamant.

Ai-je besoin de vous dire que les Edéniens ne vont pas tout nus? Hôte des palais, dominateur de la terre, l'Edénien est vêtu comme il convient à son rang, royalement. Il y a eu un temps où, comme nous, ils étaient misérablement vêtus, quand ils avaient de quoi se vêtir. Le règne de la justice vous fera participer à leur bien-être, à leur gloire. Est-ce que les faux savants qui, en face des continents inhabités et des terres incultes étendues comme de hideuses plaies sur la face des contrées les plus civilisées, appréhendent de voir la terre manquer aux mortels, vous auraient mis en tête que l'industrie n'est pas de force à fabriquer autant de tissus qu'il en faut pour couvrir le genre humain ? Laissez-moi vous citer un seul fait : il y a à Leeds une filature, celle de Marshall, qui file 1,800 kilogrammes de lin par jour, ce qui fait 6,570,000 kilog. par an. A l'aide des machines maintenant en usage, un homme fait le travail que faisaient autrefois 150 hommes. L'Angleterre, qui à elle seule pourrait vêtir le globe entier, fait travailler 280,000 tisserands, d'où il suit que cette île, dont la population n'est guère que de 25 millions d'hommes, s'est créé à l'aide des machines affectées au tissage un supplément de population laborieuse de 42 millions d'ouvriers. Et pourriez-vous me dire où se trouve la limite en ce genre, et quelle raison prise dans la nature s'oppose à ce qu'il n'y ait pas sur toute la terre un seul homme qui n'ait des vêtements de rechange et ne puisse s'habiller selon les besoins de la saison.

Mais comme le vieux Joachim de Flores dictant à son disciple les lois de l'avenir, je pourrais continuer de la sorte pendant trois jours et trois nuits, et quand trois jours et trois nuits se seraient écoulés, je n'aurais fait qu'effleurer cet inépuisable sujet.

V

Les cieux annoncés et la terre promise sont réalisés et l'homme, Prêtre et Roi, règne sur cette terre nouvelle, sous ces cieux nouveaux. Tous les hommes sont égaux, tous les hommes sont libres, tous les hommes sont frères. Chacun concourt au bonheur de tous, et tous contribuent au bonheur de chacun. L'empire prédestiné de l'homme sur la nature est la seule domination qu'on connaisse. Initié par la science à la législation de l'univers, l'homme a pris en main le gouvernement du monde. La terre est son royaume, tout ce qui est et vit sur la terre constitue son peuple; ces forces redoutables qui frappaient nos premiers pères d'épouvante, l'électricité, la chaleur, les vents, les flots et les marées sont ses ministres; une classe d'êtres aussi nombreuse en espèces que les êtres naturels, composée d'organisations aussi délicates, aussi complexes que celles qui sont sorties des mains de la nature s'ajoute par lui aux créations divines pour remplir auprès de sa personne de concert avec les brutes les fonctions serviles qu'il a remplies lui-même auprès des antiques patriciats. Les machines sont ces esclaves nouveaux; c'est sur elles qu'il se décharge des travaux indignes de sa majesté royale et sacerdotale. — Des cieux nouveaux et une terre nouvelle chantent la gloire de l'homme élevé au rang de Dieu terrestre, Dieu artisan, Demiurge.

C'est sur cet idéal qu'il faut porter nos regards; seul il est digne de nous. La modération des désirs n'est plus de ce temps : l'homme enfin se nomme, il s'appelle Roi. L'homme n'est plus ce misérable qui ambitionne pour sa vieillesse un lit dans un hospice ; l'homme est un rejeton royal qui aspire à la monarchie naturelle. Longtemps repoussé par ses sujets, il a maintenant des armées et des trésors ; il livrera bataille à son peuple et le domptera. Son armée, c'est la science : la science est son trésor. — Qu'ai-je dit ? Langage impie emprunté à l'histoire des siècles néfastes ! l'homme n'exercera pas sur la nature une domination comparable à celle que ses semblables ont appesantie sur lui. Règnant par la science, il règnera par le moyen d'une douceur infinie et puisée dans la nature des choses. Si son peuple est demeuré jusqu'ici en révolte contre lui, c'était justice ; ignorant la science du gouvernement, l'homme était indigne de l'empire.

Déjà la pacification s'opère. Mais il y a des gens qui ont des yeux et ne voient pas ; un esprit, et l'esprit est la chose du monde dont ils font le plus petit usage.

Quoi ! il n'y a pas pour nous une révélation de l'avenir dans ce qui se passe autour de nous? Les agents naturels se font nos auxiliaires et nos domestiques : la lumière dessine, l'électricité grave, sculpte, écrit, éclaire, et vous ne comprenez pas ? La foudre, devenue notre messagère, transporte des dépêches avec une vitesse de quelques dix mille lieues par seconde; une machine créée par nous soupire, hennit, s'élance, et sa puissance est telle qu'elle n'a pas de rivaux parmi les êtres créés par la nature, et cela ne vous fait pas rêver! Voici l'Amérique à dix jours des côtes de France ; le temps n'est plus éloigné où deux hommes placés aux antipodes l'un de l'autre pourront causer comme dans un tête à tête : le globe est réduit à un point sans dimension ; il n'y a plus ni abîme, ni distance, et vous demeurez froid !

Bien plus, ils s'en vont répétant que cette terre de délices est une vallée de larmes. Mais si Dieu nous a créés pour une condition abjecte, pourquoi a-t-il mis en nos mains le sceptre universel? Cette terre qui s'empresse, ces forces qui obéissent, ces végétaux et ces animaux qui se laissent façonner par nous, sont donc un monde en révolte contre Dieu ? On se fait obéir des enfants avec des contes fantastiques, mais l'homme mûr se rit des terreurs de son jeune âge ; rions, amis, de nos antiques superstitions ; il n'y a jamais eu de tyran dans le ciel et il n'y en aura bientôt plus sur la terre. Aimons-la de toute notre force, aimons-la religieusement, cette terre généreuse, mère commune des hommes, qui attendait que nous vinssions à elle pour nous prodiguer l'abondance de ses trésors.

Et ils s'inquiètent de l'avenir, et je les ai vus supputant avec effroi pour combien de temps encore il y a du charbon et du bois sur la terre..... Voyez-vous l'humanité mourant de froid.

Si quelqu'un avait douté que les végétaux et les animaux pussent fournir assez de duvet et de laine pour couvrir tous les enfants des hommes, leur eussiez-vous répondu : Nous ferons du fil avec les pavés de nos rues?

Et ils ne s'avouent pas vaincus ! Et ils ne s'écrient pas : Si haut que notre pensée puisse monter, si étendu que soit l'espace parcouru par nos désirs, l'avenir destiné à l'homme est trop élevé pour que notre esprit puisse maintenant y atteindre, et l'empire que l'homme exerce est trop vaste pour que notre vue puisse maintenant l'embrasser.

N'hésitez-donc jamais, et quand le comment échappe à vos prévisions, dites hardiment : Cela est dans nos désirs, dans la justice, donc cela sera.

Je prends les objets les plus rares, les types par excellance du luxe et de la richesse, je prends les métaux précieux et les pierres fines, et je dis : Il y en aura pour tout le monde.

Les pierreries, nous l'avons déjà dit, la chimie en fait, et un jour on en fabriquera aussi facilement que des poteries.

Les métaux précieux? voyez l'aluminium, les gisements aurifères de la Californie, de l'Australie, de la Guyane, etc.....

Ouvrez les yeux et reconnaissez la loi de l'industrie, toutes les choses aujourd'hui communes ont commencé par être rares, elles se sont généralisées avec le temps.

Cherchez donc le royaume de Dieu et sa justice, et le reste vous sera donné par surcroît.

V. M.

INONDATIONS

CAUSES ET REMÈDES (1)

A MONSIEUR LE DIRECTEUR DE L'*Ami des Sciences*.

(*Suite et fin.*)

Je possédais, dans le pays que j'ai quitté, une toute petite propriété dont je crois utile de vous donner la description. De forme à peu près rectangulaire et située dans un encadrement de petits coteaux, elle inclinait dans le sens de sa longueur du nord au midi, où elle était bornée par la grande route. Une autre inclinaison, mais moins sensible, la faisait pencher de l'ouest à l'est, où elle était limitée, dans toute sa longueur, par un petit torrent qui traversait la route et allait se jeter dans la rivière environ cent mètres plus bas. Aux approches du torrent, mon terrain descendait, par une pente brusque, jusqu'à son lit, qui se trouvait profondément encaissé entre la déclivité de ma propriété et le coteau en face, et ce coteau, profondément raviné présentait, sur presque toute sa longueur, une série de gorges plus ou moins grandes, qui venaient aboutir à angle droit dans le lit du torrent. Par suite de la pente de mon terrain, plus grande que celle du torrent, ma propriété, dans sa partie inférieure, était à peu près à niveau du lit du torrent, lequel demeurant à sec tout l'été, et n'ayant qu'un bien mince filet d'eau en hiver, mais recevant, en temps d'orage, les décharges de tous les ravins dont j'ai parlé, roulait alors une quantité d'eau, de pierres et de limon, tout à fait hors de proportion avec la longueur de son cours qui ne doit pas avoir plus de quatre cents mètres de son point de départ à la rivière. Par suite de la disposition des lieux, ce torrent ne pouvait me causer aucun dégât si ce n'est dans la partie inférieure de la propriété, où quelques ares à peine de terrain plat étaient exposés à son invasion ; mais la route était souvent coupée, et les propriétés inférieures recevaient de vastes entassements de gravier et de limon, et étaient entièrement recouvertes par l'eau trouble qui endommageait notablement les récoltes lorsqu'elle ne les détruisait pas en plein.

Moins pour me garantir d'un danger que dans un but d'agrandissement et d'expérience à faire, je résolus de faire combler, au moyen des débris charriés par le torrent, le vaste espace vide qui se trouvait entre la partie haute de ma propriété et le coteau, et au fond duquel était le lit. Pour cela, je fis construire, vers le bas de la propriété, un barrage en pierre en forme d'arc couché, qui, coupant le lit du torrent, s'appuyait d'un côté au coteau et était accompagné de l'autre côté, jusqu'à l'endroit où montait mon terrain, par une simple chaussée en terre plus haute que l'arc couché sur lequel devaient, nécessairement, passer les eaux qui s'amoncelleraient derrière ; après deux ou trois averses, tout le lit du torrent, et une partie de mon terrain latéral, se trouvèrent comblés de pierres et de bonne terre jusqu'à la hauteur de la décharge du barrage que j'avais eu le soin de rendre imperméable, les pierres s'arrêtant plus haut, et la terre seule arrivant au barrage, et l'eau, en sautant du barrage et n'entraînant plus de pierres et presque plus de terre, nettoya et creusa si bien le lit du torrent jusqu'à la rivière, que je fus obligé de faire faire un second barrage un peu pardessous pour consolider mon arc couché qui se trouvait déchaussé jusqu'à ses fondations, quoique je les eusse fait établir à une grande profondeur. Ce premier travail ne me coûta pas plus de neuf francs, et je compris, dès lors, qu'en persévérant dans ce système, tous les terrains inférieurs étaient à tout jamais préservés de l'invasion du torrent. Mais, comme mon but n'était pas atteint, je fis faire, sur les graviers retenus par le premier, un second, puis un troisième barrage, toujours avec aussi peu de dépense et le même succès; après quoi je quittai le pays ; mais j'avais calculé que, dans dix ou douze ans, tout ce grand vide aurait été comblé, ou peu s'en faut, et le torrent en quelque sorte supprimé ; que l'étendue de ma propriété aurait été accrue environ de moitié et sa valeur de près d'un tiers, c'est-à-dire huit ou neuf fois la dépense.

Une opération identique fut pratiquée sur un torrent un peu plus considérable qui endommageait une autre de mes propriétés. Là, l'opération fut plus simple encore. Quatre ou cinq pieux plantés en travers du torrent, quelques buissons ou osiers entrelacés aux pieux et quelques pierres par-dessus le buisson, suffirent pour retenir tous les graviers et pour faire nettoyer, sur une longueur de deux cents mètres, le lit du torrent qui aurait pu, dès lors, contenir une quantité d'eau au moins double de celle qui, avant ce temps, eût suffi pour le faire déborder. Là encore j'avais le projet, et j'en serais venu à bout, d'effacer peu à peu des gorges profondes d'où descendaient les terres et les graviers qui venaient engorger le lit du torrent et se répandaient bien souvent dans les propriétés riveraines. Je méditais déjà de faire sur une échelle un peu plus vaste l'application de ce procédé dans les terres de ma commune que j'administrais à cette époque, mais je m'abandonnai au découragement, et je vins me fixer dans le Var ; et les recommandations que j'ai faites à ceux qui m'ont succédé pour la continuation de l'œuvre commencée sont, bien entendu, demeurées sans résultat.

Depuis lors faisant comme le berger de Virgile et com-

(1) Voir le numéro 41.

parant les grandes choses aux petites, je me suis bien souvent demandé si l'on ne pourrait pas pratiquer avec le même succès dans toute l'étendue de la France et sur tous les torrents, ce que comme maire je voulais pratiquer dans ma commune, et que comme propriétaire j'avais pratiqué dans mes propriétés. L'entreprise serait, je l'avoue, vaste, colossale, impossible en apparence; son achèvement ne pourrait pas être l'œuvre d'une seule génération, mais elle ne serait pas au-dessus du génie et des ressources de la France.

M. Rozet, si mes souvenirs de lecture sont exacts, a lui-même établi ce point, entièrement conforme à mes propres observations : c'est que les torrents à leur sortie des montagnes débouchent habituellement dans la vallée par des gorges étroites et profondes, où le plus souvent on rencontre moins un seul torrent que la réunion d'une foule de torrents qui descendent des hauteurs qui sont en arrière de ce point. C'est là qu'il faudrait en débutant établir un solide barrage qui serait une barrière infranchissable à toutes les matières solides qui descendent des montagnes. Vous voyez en quoi mon système diffère de celui de M. Rozet. Ce dernier, si j'ai bien compris, propose d'établir longitudinalement des blocs de pierres dans le lit des torrents au pied des pentes où il veut arrêter la chute des pierres, et empêcher la formation de nouveaux ravins. Je suis loin de contester la valeur de ce système dont je ne me fais peut-être pas une idée bien exacte; mais il me semble qu'il ne doit agir avec une certaine efficacité que sur les pentes au pied desquelles cette barre de rocher est établie, au lieu que le barrage transversal que je propose exercera son action au point de vue le plus important qui est d'empêcher la chute des pierres dans la vallée, sur toutes les pentes et tous les torrents qui sont en arrière du barrage et qui s'étendent souvent sur un espace de plusieurs lieues carrées. Seulement j'emprunterais volontiers à M. Rozet, surtout pour les premiers travaux, son système de digue criblante au moyen d'un amoncellement de gros blocs, qui serait plus solide qu'un mur droit en pierres sèches ou même en maçonnerie.

Il pourra arriver que les débris charriés par les torrents atteignent dès la première ou les premières années à la hauteur du barrage, mais il n'est pas à craindre pour cela qu'ils le franchissent de sitôt. Après le premier ouvrage de ce genre que j'avais fait faire, je m'aperçus qu'il avait exercé son action, et retenu et comme fait refluer les graviers jusque vers l'extrémité opposée de ma propriété, point où le lit du torrent était déjà bien au-dessus de la décharge du barrage. Cela s'explique facilement. Il faut pour entraîner les pierres, surtout les grosses pierres, ou une forte pente, ou une assez grande quantité d'eau. Or, les torrents ne contiennent pas toujours beaucoup d'eau, et le barrage en retenant les graviers, supprime totalement la pente jusqu'à une certaine distance, et la diminue, ou peut la diminuer suivant la disposition des lieux, jusqu'à une distance infiniment plus considérable, et assez pour empêcher l'eau d'entraîner les graviers. Il faudra donc bien des années et bien des dépôts de graviers avant que le torrent se soit refait sa pente jusqu'au barrage, d'autant mieux que ses eaux cessent dès ce moment d'être resserrées au fond d'un lit rapide et étroit, et que s'éparpillant sur la couche de pierres qui se sera étalée en arrière du barrage, elles auront perdu presque toute leur force. Je vous ai parlé des tentatives inutiles faites par l'administration des ponts et chaussées pour déblayer le lit d'un torrent, au moyen de travaux faits à la main. Le lit, elle l'avait fait construire elle-même au moyen d'un solide pavé et de deux digues latérales, depuis le pied de la montagne jusqu'à la rivière, croyant faciliter par là l'écoulement des graviers. Eh bien, je suis persuadé que si l'argent et les pierres qui ont été dépensés à construire ce lit avaient été employés à un solide barrage, le torrent se serait de lui-même creusé un lit qu'il n'aurait plus quitté, et de longtemps encore plus une seule pierre ne descendrait de cette partie de la montagne. Quant au travail fait, il a été entièrement perdu, et le torrent continue à charrier d'énormes quantités de gravier et de blocs de toutes dimensions.

Je connais une grande quantité de torrents comme celui-là où le travail, une fois fait, suffirait pendant très-longtemps. Supposez ensuite un second barrage superposé au premier, les effets en seraient bien plus durables encore, parce que l'évasement des montagnes allant en augmentant à mesure qu'on s'élève, l'espace à combler serait infiniment plus considérable.

Je ne suis pas assez expert pour vous dire, même par aperçu, ce que pourraient coûter des travaux de ce genre. La dépense serait certainement énorme, mais je ne pense pas qu'elle fût excessive eu égard au résultat obtenu. En général, elle serait en rapport avec le résultat, c'est-à-dire qu'un ouvrage coûteux suffirait pendant longtemps, et que celui qui le serait moins aurait besoin d'être plus tôt repris. Mais le contraire pourrait parfaitement arriver dans une foule de cas. Du reste, quand il s'agit d'une œuvre de salut, ce n'est pas à quelques millions de plus ou de moins que regarde un gouvernement.

Supposons, Monsieur, les travaux dont je parle exécutés sur les principaux torrents qui débouchent dans une rivière; un résultat immédiat et qui souvent serait assez important pour défrayer des premières dépenses, serait celui-ci : que les torrents, cessant d'entraîner des pierres, se creuseraient profondément leur lit dans le trajet de la montagne à la rivière ; que les graviers précédemment entassés seraient en partie déblayés, et la vallée mise sur ce point à couvert de leurs ravages. Ensuite il arriverait que la rivière recevant déjà, dans son sein, un peu moins de gravier qu'elle n'en déplace pendant ses crues, son lit commencerait à baisser d'abord dans sa partie supérieure, et progressivement jusqu'à son embouchure, et, pour pousser la conséquence jusqu'au bout, qu'il en serait de même des grandes rivières et des fleuves, s'ils recevaient moins de gravier de leurs affluents. Je dis plus : si l'on pouvait supposer qu'à un moment donné, tous les torrents fussent ainsi barrés à leur sortie de la montagne, ce temps-là, ne dût-il être que de courte durée, je dis qu'on verrait s'abaisser avec une rapidité incroyable le lit de toutes les rivières, grandes et petites. Quoiqu'un pareil résultat ait un peu plus que l'air d'une utopie, on pourrait, dans la suite des temps et avec de la persévérance, en approcher autant qu'on voudrait ; du reste, il ne serait nullement nécessaire ni même désirable de l'obtenir complétement.

Je poursuis, ou plutôt je reprends l'ordre de mes idées.

Après l'achèvement de ces premiers travaux, il faudrait songer à leur donner un complément. Ici, impossible de tracer d'avance la marche à suivre, parce qu'elle pourrait varier à l'infini, suivant l'état des lieux ou l'urgence des travaux restant à faire. Ainsi l'on verrait s'il convient soit d'attaquer les torrents de moindre importance, soit d'augmenter la hauteur du premier barrage, soit d'échelonner une série de barrages les uns au-dessus des autres, soit de faire tels autres travaux que suggéreraient l'état des lieux et l'aspect des premiers résultats obtenus. Et puis le moment viendrait où trouvant une base suffisante et solide sur les dépôts formés en arrière du barrage inférieur, et comprenant qu'il n'y a plus rien à faire sur ce point, il faudrait se porter sur les points supérieurs, attaquer en détail tous les ravins ou torrents dont la réunion forme le torrent principal ; et d'assises en assises s'élever ainsi, s'il était nécessaire, jusqu'à la sommité des montagnes, ou tout au moins jusqu'au point de la formation des plus hauts ravins, sans négliger la plus légère excavation de terrain.

Un pareil ensemble de travaux étant supposé exécuté, il est évident, et il doit l'être pour tout le monde, que toutes les pierres des montagnes seraient pour ainsi dire clouées à leur place, et que peu à peu les rivières se débarrasseraient de ces immenses dépôts de graviers dont la hauteur ne laisse plus de place pour l'écoulement des eaux, et peut-être vaudrait-il mieux se préserver des inondations en abaissant ainsi le lit d'un fleuve d'un mètre ou deux, que de diminuer d'autant la hauteur des eaux en les déversant dans le lac de Genève; ou par tel autre moyen de même nature. Tels seraient les premiers et les plus importants résultats ; mais combien d'autres que je ne puis qu'indiquer, et seulement en partie!

Rien de plus propre à ralentir le cours des eaux que ces vastes assises de graviers formés ainsi au fond de chaque gorge que les torrents rencontreraient sans cesse, qui non-seulement en amortiraient la rapidité, mais qui en absorberaient une grande partie ; car il faut concevoir que les couches de gravier pourraient à la longue, obtenir en certains endroits, jusqu'à dix, douze ou quinze mètres de profondeur, peut-être davantage.

Ces dépôts d'eau, étagés à différentes hauteurs sur les montagnes, pourraient donner naissance à des sources nouvelles, ou tout au moins alimenter le cours des torrents, qui sont presque toujours à sec en été, et par suite, entretenir un plus grand volume d'eau dans les rivières et les fleuves. Les terrains que ces larges assises de gravier, mieux que tout autre ouvrage analogue, auraient consolidés sur le penchant des montagnes, pourraient être reboisés, gazonnés, ensemencés de plantes grimpantes, ou même livrés à la culture.

Les torrents ou les ravins dont le cours serait rompu en divers endroits ne se développeraient plus avec la même rapidité.

Les dépôts inférieurs, au moment où par l'avancement des travaux supérieurs ils ne recevraient plus de pierres, mais seulement des eaux troubles, pourraient être facilement atterris, et convertis en biens cultivables d'excellente qualité, véritables oasis créées dans le vide au milieu d'enceintes de rochers ou de montagnes, et remplaçant ce qui n'était qu'un aspect ou une cause de ruine et de désolation.

Sans parler de tant de vallées jadis fertiles, aujourd'hui converties en marécages, qui renaîtraient pour la culture par suite de l'abaissement du lit des rivières, véritablement des centaines de millions auraient été dépensées, plus d'une génération peut-être se serait éteinte avant qu'on en fût arrivé jusque-là ; mais que de richesses créées pour l'avenir ! combien plus encore peut-être de conservées au présent! car notre génération, si tant est qu'elle n'eût pu assister au couronnement de l'œuvre, en recueillerait au moins les plus importants bénéfices dans la sécurité acquise à nos plus belles campagnes et à un grand nombre de nos plus opulentes cités.

Quelque imparfaite et incomplète que soit dans sa longueur l'ébauche qui précède, je vous ai dit, Monsieur, à peu près tout ce que j'ai pu trouver à dire sur cette importante question. Je laisse à d'autres le soin de compléter mon idée, ou plutôt *cette idée*; car je ne puis pas dire qu'elle m'appartienne, s'il arrive que le principe en soit un jour adopté; j'ajouterai seulement quelques observations générales. Je crois, et j'ignore si je dis ou non une banalité, que lorsque le Créateur a hérissé le globe de montagnes, il a aussi disposé les vallées pour servir de lit à l'écoulement de leurs eaux, et que partout et toujours il a proportionné la capacité du lit à l'étendue des montagnes dont les écoulements devaient l'alimenter. L'homme, qui sous tant d'autres rapports a en quelque sorte complété ou travaillé à compléter l'œuvre de la création, est venu ici déranger l'harmonie soit en rétrécissant le lit des rivières, soit et surtout en altérant par son action imprévoyante la forme et la constitution primitive des montagnes. Il ne parviendra à guérir le mal qu'il s'est fait à lui-même qu'en rétablissant l'équilibre qu'il a détruit, et en ramenant, autant qu'il est en lui, les choses aux lois primitives de la création. C'est là un but digne de ses efforts et de l'ambition des gouvernements préposés aux destinées des peuples. Des moyens d'action suffisants sont mis à leur disposition ; ils n'exigent pas une grande science, on peut même dire qu'ils sont en rapport avec le peu de gravité apparente des causes qui ont amené les ravages qu'il s'agit de réparer. Quelques coups de cognée, quelques coups de pioche inconsidérément donnés sur les montagnes ont suffi pour causer le mal; quelques pierres convenablement disposées sur le penchant de ces mêmes montagnes pourront suffire à le réparer ou tout au moins à faciliter l'emploi d'une foule d'autres remèdes qui serviront à le réparer. L'idée est simple, comme vous voyez; elle est aussi fort ancienne; et pratiquée de tous les temps, on peut dire qu'elle a la sanction de l'expérience. Seulement personne, que je sache, n'a osé, comme je fais, en proposer l'application sur une immense échelle.

Je n'ai pas à vous dire comment on devrait procéder à l'organisation des travaux ; ce serait l'affaire du gouvernement. Ici naissent en foule des questions que je ne puis aborder. Sans doute il faudrait faire procéder à un vaste ensemble d'études, surtout pour déterminer les points de départ des travaux; mais faudrait-il confier le soin de ces études à une des administrations existantes, ou créer une administration spéciale chargée de la restauration et de la conservation des montagnes, car il ne suffit pas de réparer, il faut encore conserver.

Peut-être faudrait-il que cette administration, si elle était créée, eût une action sur des points d'une extrême étendue, car les questions d'intérêt agricole, les questions forestières, celles intéressant les ponts et chaussées, les fleuves, rivières, canaux et peut-être bien d'autres auraient un rapport direct avec celles se rattachant au régime des montagnes.

De même en ce qui concerne l'exécution des travaux, on aurait à examiner les questions d'emprunts, de subventions, centimes spéciaux, de primes d'encouragement, de traités avec des sociétés de commerce, de formation de vastes syndicats, de prestation en nature, etc. Un point, à mon sens d'une importance extrême, serait d'agir sur l'esprit des populations des montagnes, et de les pousser dans cette voie de salut. On ne se fait pas une idée des résultats qu'on atteindrait au moyen de ces myriades de paysans, se répandant comme une fourmillière sur toute la surface, faisant combler son petit ravin au moyen de quelques pierres ou de quelques mottes de gazon. Cela simplifierait énormément les travaux plus considérables qui exigeraient des moyens d'action plus énergiques. Ce sont là, Monsieur, tout autant d'idées que j'émets en passant, sans ordre, comme elles me viennent, non pour dire ce qu'il y aurait à faire, mais plutôt pour indiquer la nécessité de faire quelque chose de complet.

Il me reste, Monsieur, à vous dire pourquoi je me suis adressé à vous. Je n'ai pas l'honneur de vous connaître personnellement, mais je vous connais par le journal que vous rédigez. Je sais avec quel empressement vous accueillez et mettez en lumière toutes les idées grandes ou petites qui peuvent tourner au progrès de la science et au bien de l'humanité. C'est à ce dernier titre que je vous soumets mon idée. Pénétré de son extrême importance, je voudrais vous la faire adopter, vous engager à la patronner, ou mieux encore à vous l'approprier, et à la propager en la complétant, espérant que par l'autorité de votre nom et l'influence exercée par votre journal, vous parviendrez à la faire passer dans le domaine des faits. Ce jour-là, vous aurez rendu un immense service à votre pays.

Recevez, Monsieur le Rédacteur, l'assurance de ma considération la plus distinguée.

J. BERAUD.

Sorgue (Var), le 28 juin 1856.

P. S. J'ajoute une observation qui avait glissé sous ma plume. Je connais quelques rivières dans le Var, notamment la rivière d'Argent qui baigne le terroir de Sorgue. Cette rivière devient souvent extraordinairement grosse, mais les collines du Var ne ressemblent pas aux montagnes des Alpes ; les eaux s'en écoulent, mais les terres et les pierres y restent. Aussi cette rivière, charriant peu de pierres va en creusant son lit plutôt qu'en le comblant, et se trouve dans toute l'étendue de son cours naturellement et profondément encaissée. Je ne connais pas un seul point où il ait fallu faire des ouvrages pour préserver les propriétés riveraines, et lorsque au moment des crues une partie des eaux sort de son lit, c'est sans violence qu'elles se répandent sur les propriétés voisines ; sans violence aussi qu'elles rentrent dans leur lit, parce qu'aucun dépôt de gravier n'ayant jamais été fait sur ses bords, la pente va partant de la vallée à la rivière, et non de la rivière à la vallée comme sur les points récemment dévastés, et que les eaux ne peuvent s'amonceler : je connais peu de rivières dans le Var, mais celles que je connais sont à peu près dans le même cas. Ce qui prouve que c'est uniquement l'état des montagnes d'où viennent les rivières, qui fait que les rivières sont ou ne sont pas dangereuses. On conçoit que sur de pareilles rivières les conseils de Vauban pourraient être appliqués, parce qu'un curage une fois fait, serait fait pour longtemps, ce qui me fait supposer qu'au temps où Vauban donnait ce conseil qui devait être bon et praticable, surtout de la bouche d'un tel homme, les montagnes devaient être généralement en bien meilleur état qu'aujourd'hui. N'est-ce pas un argument de plus à l'appui de ma thèse, pour en conclure qu'il faudrait ramener les montagnes au point où elles étaient à l'époque où Vauban donnait ce conseil ?

FORAGE DU PUITS ARTÉSIEN DE PASSY

Nous pensons faire plaisir à nos lecteurs en mettant sous leurs yeux l'article suivant de M. Audigane que nous extrayons du *Moniteur*.

« En France, depuis la construction du puits de l'abattoir de Grenelle, on n'avait pas renouvelé de tentative aussi gigantesque ; mais le puits en cours d'exécution dans la plaine de Passy, entre le bois de Boulogne et le mur de l'octroi, sous la surveillance de M. Alphand, ingénieur en chef des promenades et plantations de la ville de Paris, présente des proportions vraiment grandioses. On compte atteindre la même nappe d'eau qu'à Grenelle ; seulement, comme on part d'un lieu plus élevé, on sera obligé de descendre plus profondément. Le traité passé l'année dernière entre la ville de Paris et M. Kind, ingénieur saxon, auteur de travaux de sondage fort remarquables, porte qu'il faudra pénétrer de 25 mètres au moins dans la couche aquifère des grès verts, située en moyenne à 550 mètres au-dessous du sol de la plaine de Passy.

« La sonde est arrivée aujourd'hui à 435 mètres de profondeur. Si l'on songe qu'à Grenelle le puits descend à 547 mètres, et si l'on tient compte de la différence de niveau, il reste encore environ 120 mètres à traverser avant que l'eau jaillisse au dehors.

« Le système de forage adopté pour le puits de Passy se rattache à celui qu'on suivait à Grenelle ; mais il est vrai de dire que les deux méthodes diffèrent notablement. Nous devons dire, avant tout, que les améliorations réalisées aujourd'hui n'ôtent rien au mérite des travaux effectués par M. Mulot il y a quinze ou vingt ans.

« Quelles sont donc les différences principales entre la méthode appliquée à Passy et celle qu'on pratiquait à Grenelle ? D'abord les tiges de descente ou tiges de suspension, qu'emploie M. Kind, sont en bois, tandis que celles de M. Mulot étaient en fer. Le bois présente certains avantages. Ainsi les ruptures accidentelles sont plus faciles à réparer. On se sert de tiges en sapin de 10 mètres de longueur, ayant 9 à 10 centimètres d'équarrissage.

« Une autre différence tient à la forme et au jeu de l'instrument de forage. A Grenelle l'outil opérait comme une vis tournante, ou, si l'on veut, comme un tire-bouchon ; à Passy, l'instrument broie le sol en le frappant à coups redoublés à l'aide d'un énorme trépan pesant 1,800 kilogrammes et muni de sept dents en acier fondu. Le diamètre de ce trépan a presque autant d'étendue que le diamètre du puits, qui est de 1 mètre 10 centimètres. Ajoutons qu'avec le système suivi à Grenelle, l'outil perforateur était nécessairement suivi de toute la ligne de sonde. Or, il est aisé de comprendre combien une longue tige était exposée à se ployer ou à toucher aux parois du puits ; dès lors la force de l'impulsion était amortie. A Passy, l'instrument attaché à l'extrémité de la tige de suspension tombe de son propre poids au moyen d'une pince à chute libre. On obtient ainsi une égale force de percussion à toutes les profondeurs.

« La chute n'excède pas 60 centimètres ; mais le mouvement se renouvelle environ vingt fois par minute. Voici comment on opère : l'appareil est incessamment soulevé par la force d'une machine à vapeur placée au dehors, et combinée, à l'aide d'un mécanisme fort ingénieux, avec le jeu des eaux provenant des infiltrations supérieures et qui remplissent le puits. Cette méthode offre de l'avantage, quelle que soit la largeur du sondage dans les grandes profondeurs, au delà de 200 mètres par exemple, alors que l'impulsion sera affaiblie par la longueur de la tige. Sa valeur est inappréciable quand on veut effectuer, comme à Passy, des forages d'un large diamètre.

« Deux hommes tenant en main, à l'ouverture du puits, la tige de suspension, suffisent pour gouverner la marche de l'appareil, et diriger la chute du trépan de manière à ce que l'outil atteigne bien toute la largeur du trou de sonde. Les mêmes ouvriers ont aussi pour tâche de rallonger les tiges de descente à mesure que le travail avance.

« La sonde pénètre dans les terres beaucoup plus vit à Passy qu'elle ne le faisait à Grenelle. Le forage de ce dernier puits avait duré plus de sept ans, du 24 décembre 1833 au 26 février 1841. Il n'y a pas encore tout à fait une année que la construction actuelle est commencée, et on peut espérer que la durée effective des travaux, sauf à faire la part de quelques retards accidentels, n'excédera guère un an, terme primitivement fixé.

« Cette différence ne saurait être complétement attribuée aux caractères propres à l'un et l'autre appareil. D'abord, au lieu de fonctionner seulement pendant dix heures chaque jour comme à Grenelle, la seconde fonctionne à Passy nuit et jour. Quand M. Mulot commença ses opérations, son matériel était imparfait, ce qui entraîna des retards. De plus, il ne disposait que d'un manége de cinq à six chevaux, au lieu d'avoir, comme M. Kind, une force de vapeur de trente chevaux. Enfin, les couches du sol à traverser étaient inconnues, tandis que, pour le forage de Passy, on sait à peu près à quoi s'en tenir sur leur nature et leur épaisseur, d'après l'expérience même faite à Grenelle.

« Dans la marche du travail actuel, il est curieux de voir combien les progrès du sondage varient suivant la nature des terrains qu'on rencontre. Quelquefois on s'est avancé de deux mètres en un jour, et même davantage, et voilà qu'en ce moment on se heurte contre une couche de marne d'une certaine nature, sur laquelle l'outil glisse en s'inclinant, sans pouvoir gagner plus de 60 centimètres par jour. On espère avancer d'un mètre dès qu'on aura dépassé cette couche rebelle.

« Quelques éventualités imprévues viennent parfois ralentir l'opération. Ainsi, les tiges se fatiguent et s'usent; il faut prendre le temps de les renouveler ; ainsi, il y a quelques mois, l'instrument s'était engagé à 366 mètres de profondeur dans une masse de grès gris, et il s'y était engagé si fortement, qu'une partie de l'outil pesant 50 kilogrammes resta dans la roche. Il fut impossible de l'en extraire. On y employa sans succès, peut-être avec trop peu de patience, et surtout avec trop peu de confiance de la part des ouvriers allemands chargés du forage, de puissants électro-aimants. M. Kind prit enfin le parti de broyer le fer au fond du puits, mais il dut consacrer trente-trois jours à cette ingrate besogne. Les morceaux de l'outil sont maintenant rangés dans leur ordre parmi les échantillons des terres successivement traversées. Cette collection d'échantillons est très-intéressante à examiner. Elle permet à nos regards de pénétrer en quelque sorte à travers les couches superposées du sol dont nos pieds foulent la surface.

« Les détritus sont retirés du puits au fur et à mesure que l'outil entame la matière. L'opération du forage et celle du curage, qui se succèdent d'une manière régulière, durent environ six heures chacune. On emploie pour le curage un seau cylindrique en tôle de 1 mètre de hauteur sur 80 centimètres de diamètre, qu'on descend au fond du puits, après en avoir retiré le trépan. Le fond du seau est formé de deux clapets qui se soulèvent du haut en bas et laissent entrer dans le cylindre des pierres et la boue dont le poids rabat ensuite les clapets. L'introduction assez récente de cet instrument dans l'outillage des fontainiers-sondeurs constitue un perfectionnement très-notable.

« Quand le puits de Passy sera terminé, on le garnira, depuis le fond jusqu'à l'orifice, d'un *cuvelage* en bois de chêne formant tube de retenue. On a employé jusqu'à ce jour des tubes de retenue en tôle lorsque les éboulements l'ont exigé. A Grenelle, l'eau a jailli à 28 mètres au-dessus du sol ; on calcule que, sur les hauteurs de Passy, elle jaillira environ à 20 mètres. Il est facile de concevoir l'immense parti qu'on pourra tirer de cette eau sur un sol aussi élevé. Elle est principalement destinée à alimenter le lac, la rivière et les cascades de ce Bois de Boulogne, dont l'aspect a été transformé en peu d'années avec tant d'art et de grandeur, et qui est devenu une des merveilles de notre capitale que les étrangers visitent et admirent le plus.

« Jusqu'à ce jour, ce second exemple d'un forage gigantesque, exécuté aux portes de la capitale de la France, n'a fourni à la science aucun résultat qui ne fût connu de M. Arago. Une page est ajoutée à l'histoire des puits artésiens; mais la théorie si clairement exposée dans les *Notices scientifiques*, n'est en rien modifiée. M. Arago avait suivi dans cette circonstance sa méthode ordinaire : il avait jeté un coup d'œil en arrière avant d'arriver aux résultats nouveaux. Que des jets d'eau plus ou moins abondants, plus ou moins élevés, aient été très-anciennement obtenus en forant verticalement le sol jusqu'à des nappes souterraines, c'est là un fait incontestable ; mais ce fait n'avait pas été scientifiquement étudié avant notre époque.

« D'où vient l'eau des puits artésiens? L'opinion admise aujourd'hui c'est que cette eau, comme celle des puits ordinaires et des sources, n'est autre que l'eau de pluie qui a coulé à travers les pores ou les fissures du sol jusqu'à la rencontre de quelques couches de terre imperméable entre lesquelles elle séjourne. Quant à une autre question non moins intéressante, celle de savoir quelle est la force qui soulève les eaux souterraines et les fait jaillir à la surface du globe, elle a été élucidée par M. Arago avec autant de rigueur scientifique que de simplicité naturelle.

« Un principe en hydrostatique, c'est que l'eau, descendant d'un réservoir par une des branches d'un tuyau recourbé, tend à remonter dans la seconde branche du tuyau à la hauteur du réservoir d'où elle provient. Si la seconde branche ne remonte pas à la hauteur du réservoir, l'eau jaillira au dehors vers son niveau primitif. Toute la théorie des puits artésiens est là. En effet c'est seulement sur le penchant des collines ou à leur sommet que se rencontrent à nu, par leur tranche, les couches de terrain d'une nature particulière à travers lesquelles les eaux pluviales pénètrent dans l'intérieur du sol pour y former, suivant les conditions indiquées tout à l'heure, des lacs souterrains. Si la sonde ouvre une voie jusqu'à l'un de ces lacs, le liquide montera presqu'à la hauteur du point d'où il est parti sur le flanc des montagnes. La force ascensionnelle sera proportionnée à l'élévation du réservoir où se rencontre la prise d'eau. On le voit, ces calculs sont des plus simples, et la démonstration scientifique satisfait pleinement la curiosité de l'esprit.

« Il ne semble pas, cependant que la science ait encore dit son dernier mot sur le mode de construction des puits artésiens. L'art du fontainier-sondeur sent encore le tâtonnement et l'hésitation par plus d'un côté ; mais les progrès accomplis permettent d'en espérer de nouveaux.

« A. AUDIGANNE. »

Ajoutons que M. Kind est déjà chargé par la ville de Paris de faire trois autres puits semblables aux trois autres points cardinaux : un à Montmartre, un à Belleville et le troisième à la barrière d'Italie. Ces nouvelles entreprises sont toutefois subordonnées à la réussite d'autant plus désirable du puits de Passy.

DE LA SÈVE DE PIN MARITIME

ET DE SON EMPLOI EN MÉDECINE

Dès la plus haute antiquité, on a préconisé les divers produits d'excrétion des arbres résineux, tels que la térébenthine, la poix, le goudron. Mais en même temps on a songé à utiliser la sève de pin elle-même, c'est-à-dire la source d'où découlent toutes les autres térébenthinées. Cette précieuse découverte, dont nous allons entretenir les lecteurs de l'*Ami des Sciences*, était réservée à un industriel tout à fait étranger à la médecine.

M. Lecoy, inspecteur retraité des eaux et forêts, exploitant l'admirable et si utile procédé de M. le docteur Boucherie pour l'injection des bois au moyen des dissolutions colorantes et conservatrices, se demanda s'il ne serait pas possible de tirer parti médicalement des produits naturels dont il opérait le déplacement. L'idée une fois conçue, les expériences furent bientôt faites et le succès ne tarda pas à couronner les prévisions de M. Lecoy.

Aujourd'hui, les effets curatifs de la séve de pin maritime sont définitivement acquis à la science. Ce médicament a produit les résultats les plus heureux dans toutes les affections chroniques des voies respiratoires, telles que rhumes, catarrhes, bronchites, crachements de sang. La phthisie pulmonaire est, elle-même, heureusement modifiée par l'emploi de ce médicament. De nombreuses observations, tout en démontrant cette vérité, viennent en outre corroborer l'opinion de M. Amédée Latour qui, dans une série d'intéressants articles publiés en ce moment par l'*Union médicale*, combat cette vieille croyance que notre art est impuissant pour guérir la diathèse tuberculeuse.

Nous terminerons en disant, qu'administrée par un des plus habiles et savants praticiens de Bordeaux, M. le docteur Pouget, la séve de pin maritime a guéri certaines affections de l'appareil digestif, et des organes génito-urinaires, telles que catarrhes vésicaux, leucorrhée.

Nous avons déjà recueilli un certain nombre de cas de guérison, mais les limites dans lesquelles nous sommes forcé de nous restreindre ne nous permettent pas de citer ces observations.

En publiant cette note, notre but est seulement d'appeler l'attention des médecins et celle du public sur un médicament nouveau, destiné sans nul doute à occuper une place importante dans notre thérapeutique.

Docteur Durand.

LA MIMIQUE, LANGAGE UNIVERSEL.

Nous avons naguère fait écho à monsieur Rambosson, proposant l'adoption du langage mimique comme langue internationale; cette intéressante question vient d'être traitée par M. Bourguin, dans le dernier numéro de la *Presse des Enfants*, en des termes que nous croyons devoir mettre sous les yeux de nos lecteurs.

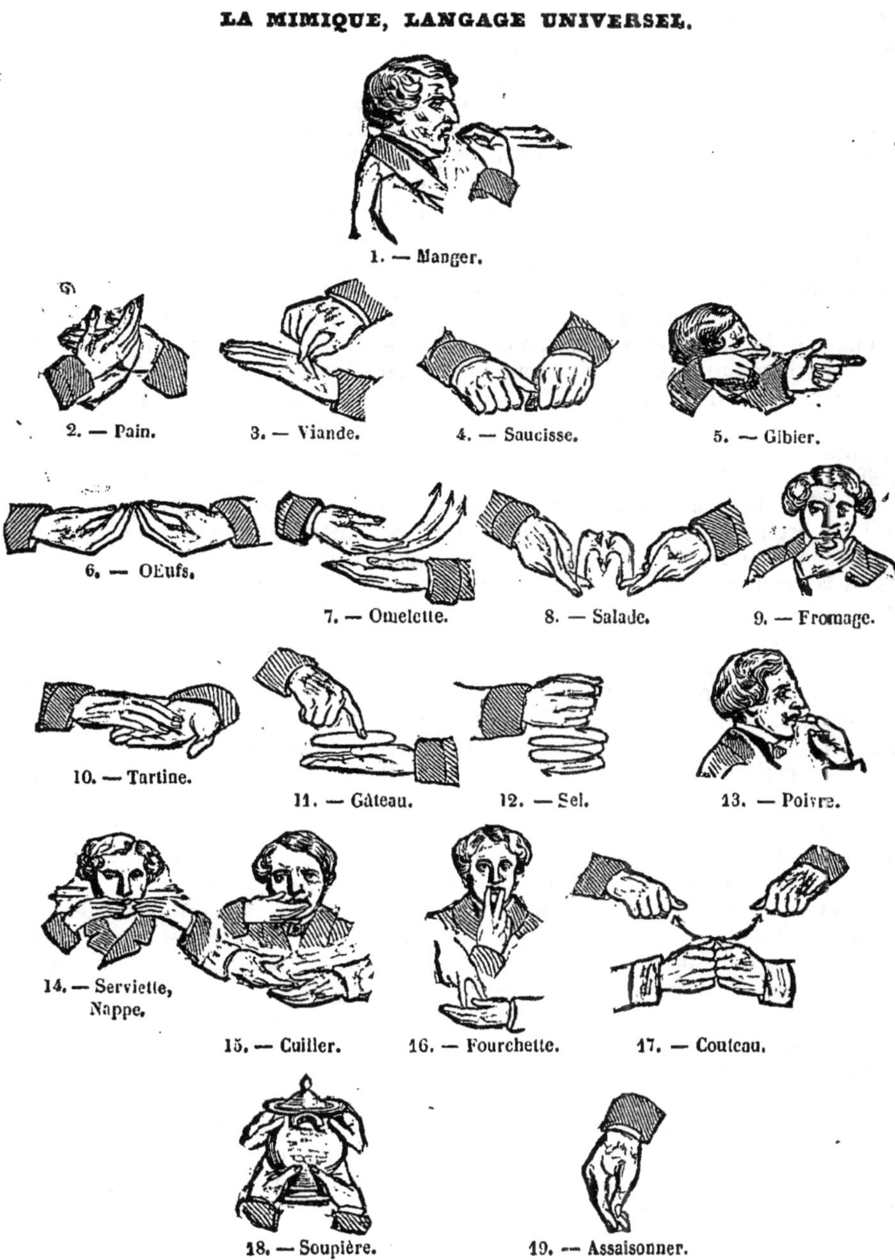

1. — Manger. 2. — Pain. 3. — Viande. 4. — Saucisse. 5. — Gibier. 6. — Œufs. 7. — Omelette. 8. — Salade. 9. — Fromage. 10. — Tartine. 11. — Gâteau. 12. — Sel. 13. — Poivre. 14. — Serviette, Nappe. 15. — Cuiller. 16. — Fourchette. 17. — Couteau. 18. — Soupière. 19. — Assaisonner.

Remarquons tout d'abord que la mimique est une langue universelle. En effet, quand je fais le signe représentatif du mot livre, lequel consiste, si vous vous en souvenez, à appliquer l'une contre l'autre les paumes des deux mains, à les ouvrir, à les fermer, à les rouvrir, les deux petits doigts étant joints et faisant en quelque sorte l'office d'une charnière, puis à porter les deux mains ouvertes devant les yeux, en simulant avec la tête le mouvement d'une personne qui lit; n'est-il pas évident qu'un Anglais, un Allemand, un Russe, un Espagnol, comprendra ce signe aussi bien qu'un Français? Il en est de même des signes représentatifs des aliments et objets de table, qui font l'objet du tableau placé en tête de cet article et dont je ne tarderai pas à vous donner l'explication.

Il serait donc bien avantageux de propager dans toutes les écoles, ainsi que le désire M. Pélissier, l'enseignement de la mimique, et d'en faire le complément de notre instruction à tous. Aucune langue ne serait plus facile et plus amusante à apprendre, puisqu'elle est naturelle et n'exige aucun effort d'étude. La mimique, si elle se propageait ainsi dans toute l'Europe, et de là dans le monde entier, deviendrait une sorte de langue internationale. N'allez pas croire, mes jeunes amis, que je demande qu'elle soit substituée aux langues parlées. A Dieu ne plaise que je profère un pareil blasphème! La parole est un don du Créateur, don trop précieux pour que l'homme ait jamais l'idée d'y renoncer.

Mais voyez de quelle utilité pourrait être la mimique, comme langue accessoire.

De nos jours, où les chemins de fer nous emportent avec la rapidité du vent dans toutes les contrées de l'Europe, quand un Français va de Paris à Saint-Pétersbourg, s'il veut s'arrêter dans les principales villes qui se rencontrent sur sa route, et se mettre en rapport avec les habitants, il faut qu'il parle le flamand, l'allemand et le russe. Or, beaucoup de personnes parmi nous apprennent la langue allemande; mais qui étudie le flamand ou le russe? Il y a donc nécessité de recourir à un interprète, et l'on n'en a pas toujours un sous la main.

Je dis plus : quand on a appris une langue étrangère, on n'en connaît pas tous les mots. Et ce sont souvent les noms des objets les plus usuels qu'on ignore, parce que ces noms très-fréquents dans le langage ordinaire ne se trouvent guère dans la langue des livres. A ce propos, je me rappelle l'aventure assez plaisante d'un voyageur. Il était arrivé un soir dans une auberge d'un des cantons allemands de la Suisse. Dans ce pays, où l'on rencontre à chaque pas des sites pittoresques, des rochers nus ou couverts de bois, des chalets capricieusement perchés sur le sommet d'une montagne dont les flancs inclinés en pente douce sont couverts de nombreux troupeaux, des lacs, des glaciers, des cascades de cent mètres de haut, dans ce pays, dis-je, on voyage ordinairement à pied. Sur un coteau qu'il avait dû gravir pour arriver au gîte, notre voyageur avait remarqué de superbes champignons. Il était botaniste et il avait reconnu que ces champignons étaient parfaitement innocents. L'idée lui vint d'en manger à son souper. Mais quoiqu'il sût assez bien la langue allemande, il ne connaissait pas le mot qui correspond à *champignon*. Il s'efforça de se faire comprendre de son hôtesse, en lui donnant des descriptions du friand végétal; mais celle-ci lui apportait tantôt un objet, tantôt un autre, qui n'avaient aucun rapport avec les champignons si vivement désirés. A la fin notre voyageur eut une inspiration : il tira de sa poche son portefeuille, sur une page blanche il dessina, à l'aide de son crayon, un fort beau champignon, et le montra à son hôtesse. Celle-ci fit signe qu'elle comprenait; elle entra précipitamment dans un cabinet voisin, et en sortit bientôt, tenant en main un superbe parapluie qu'elle ouvrit et plaça par terre, au milieu de la chambre, en s'écriant, en allemand bien entendu : « Voilà, voilà ! »

Ces sortes de désappointements sont fréquents en voyage. Je me pique de savoir passablement l'anglais. Un jour pourtant, dans un café, à Londres, je demandai du sucre, et l'on m'apporta un cigarre, à moi qui ne fume pas. Si au lieu d'estropier, par une mauvaise prononciation, le mot *Sugar*, qui en anglais signifie sucre, je me fusse servi d'une bonne mimique, il est probable que j'aurais été mieux compris.

Vous avez pu lire dans des relations de voyage autour du monde, que les hardis navigateurs qui les entreprennent sont obligés de s'aboucher avec un grand nombre de peuplades sauvages, parlant des langues très-diverses. Le langage par signes est le seul moyen d'entrer en rapport avec ces peuplades. Mais ces signes, faits par de simples matelots ou par des officiers de marine qui n'ont pas fait une étude spéciale de cette manière de traduire leurs idées, manquent souvent de précision et sont mal interprétés. Il en est résulté assez fréquemment de cruelles méprises et des conflits sanglants. Combien de ces intrépides navigateurs ont été les martyrs de la science, qui eussent pu être conservés à leur patrie, si par une mimique mieux étudiée, ils fussent parvenus à faire entendre à ces hordes que leurs intentions étaient toutes pacifiques.

Au surplus, il n'est pas besoin de sortir de notre pays pour apprécier les avantages de la mimique. Vous avez pu remarquer que la plupart des vieillards ont l'oreille dure, et quelquefois deviennent tout à fait sourds. Si la mimique était généralisée, on aurait un moyen facile de converser avec eux. Je sais bien que les personnes qui les entourent se font ordinairement comprendre d'eux, mais les amis, mais les étrangers ne le peuvent pas. J'ai pour voisin de campagne un vieillard que j'aime beaucoup, et dont l'ouïe a cruellement subi les atteintes de l'âge. Quand je vais le voir, je suis obligé de forcer le timbre de ma voix, ce qui me fatigue beaucoup. Mes visites à ce bon vieillard seraient bien plus fréquentes, si tous deux nous pouvions nous entretenir au moyen de la mimique.

Combien de malades auxquels le médecin prescrit un silence absolu, ou près desquels on n'ose parler, parce que le moindre bruit leur cause un ébranlement nerveux, seraient heureux, s'ils avaient à leur disposition le langage muet de la mimique pour converser avec les personnes qui les soignent?

Je ne vous donne ici que des indications; en y réfléchissant, vous trouverez de vous-mêmes une foule d'autres circonstances où la mimique serait appelée à vous rendre les plus grands services.

Quant au *langage des doigts*, il n'est autre chose qu'une écriture tracée en l'air; et, comme toute écriture, il reproduit le mot dans une langue convenue. Si j'écris ainsi en l'air le mot *livre*, il est bien évident qu'un Anglais qui ne sait pas le français, ne pourra me comprendre. Ce langage n'en a pas moins une grande utilité dans l'enseignement des sourds-muets, ainsi que vous avez pu le voir dans mon premier article.

Je passe à l'explication des signes représentatifs contenus dans le tableau. Les petites flèches que vous remarquerez dans quelques-uns de ces signes, indiquent le mouvement des mains; et la pointe des flèches, la direction du mouvement.

Ce tableau représente

LES ALIMENTS ET OBJETS DE TABLE.

La figure 1re doit suivre ou précéder le signe de chaque aliment.

Dans la figure 2, on simule l'action de couper le pain.

Dans la figure 3, on pince la peau de la main gauche.

Dans la figure 4, la main gauche est le boyau, que le pouce bourre de viande hachée.

Dans la figure 5, on simule l'action d'un chasseur qui tire un coup de fusil.

Figure 6. Heurter le bout des deux mains, comme si l'on cassait un œuf en le frappant contre un autre.

Figure 7. On bat l'omelette. Ce signe doit être précédé de la figure 6.

Figure 8. Action de retourner la salade.

Figure 9. Feindre de mordre un morceau de fromage qu'on tiendrait entre le pouce et l'index.

Figure 10. Placer les paumes des deux mains l'une contre l'autre; faire glisser la supérieure sur toute la longueur de l'inférieure, et le faire revenir par le dos à son point de départ. En y ajoutant le signe *noir*, vous dites CONFITURE; *rouge*, GROSEILLE; *blanc*, BEURRE; *abeille*, MIEL. Le signe *noir* se fait en montrant le sourcil avec l'index; le signe *rouge*, en montrant les lèvres; le signe *blanc*, en montrant le devant de la chemise; pour le signe *abeille*, on simule avec le doigt, le vol d'une mouche et on fait le signe de piquer.

On complète la figure 11, qui trace avec l'index droit la forme du gâteau, par l'action du rouleau en bois avec lequel les pâtissiers étalent la pâte.

Figure 12. Faire l'action de moudre avec la main droite

sur la paume gauche, et y ajouter le signe d'assaisonner de la figure 19.

Figure 13. Piquer la langue du bout de l'index, dire *noir*, et y ajouter la figure 19.

Fig. 14. Pour *serviette*, ajouter au signe de s'en essuyer la bouche, celui de l'étendre sur les genoux ; pour *nappe*, outre le premier signe, feindre de la déployer sur la table qu'on est censé avoir devant soi.

Fig. 15. Signe de prendre et porter la soupe à la bouche avec la main droite creusée en cuiller.

Fig. 16. Feindre de piquer sur la main gauche, un morceau de viande avec deux doigts et le porter à la bouche.

Fig. 17. Ajouter à ce signe, ouvrir le couteau, celui de s'en servir pour couper.

Fig. 18. Après avoir figuré avec les deux mains la forme de soupière, y ajouter le signe de SOUPE, qui consiste en *pain cuiller*.

Fig. 19. Remuer les doigts renversés, comme quand on répand du sel ou du poivre sur un plat.

Si ces détails, mes jeunes amis, vous intéressent, nous y reviendrons, et je vous donnerai l'explication de quelques autres tableaux.

BOURGUIN.

MACHINES A VAPEUR

MACHINE RÉGÉNÉRATRICE DE M. SIEMENS

Si nous jetons un regard sur les nombreuses tentatives de perfectionnements dont la machine à vapeur de Watt a été l'objet surtout depuis quarante ans, nous n'en trouverons en quelque sorte, pas une qui n'ait eu pour but principal l'économie du combustible. Pressions diverses, vapeur surchauffée, vapeurs combinées, vapeurs mélangées du gaz, chaudières sèches, annulaires, tubulaires, à serpentine, à tuyaux d'air chaud, grilles mobiles, grilles tournantes, grilles à barreaux creux, appareils fumivores de tout principe et de toute espèce, tant d'efforts réunis, tant d'inventions amoncelées, concouraient incessamment à la solution du même problème : produire le plus de vapeur et conséquemment le plus de force possible avec le moins de combustible possible.

L'esprit d'invention ne s'est pas borné à la vapeur, l'air chauffé, l'air raréfié, l'air comprimé, l'acide carbonique, les anémotropes, les turbines sont autant de moyens essayés par l'industrie pour se procurer à bas prix la force motrice dont elle a besoin, et l'on peut affirmer sans crainte que sur cent brevets, soixante au moins ont pour objet des tentatives analogues.

C'est qu'une appréhension instinctive nous fait envisager avec un involontaire effroi l'époque plus ou moins prochaine où les houillères épuisées nous refuseront leur tribut. C'est que chacun sent par intuition la nécessité de ménager ces trésors, dont la consommation prodigieuse de notre navigation à vapeur et de nos chemins de fer, ne tardera pas à tarir la source. C'est que réduire d'une quantité quelconque, si faible soit-elle, la provision de charbon qu'un steam-boat doit avoir à bord, c'est augmenter son produit non-seulement de la valeur du charbon qu'il ne consomme pas, mais encore du fret de la marchandise qu'il peut embarquer à la place.

De là les tentatives plus ou moins heureuses auxquelles les Caldedell, les Bennett, les Ericsson, les Cavé, les du Tremblay, les Lafon, les Sauvage, les de Jouffroy, les Séguier et tant d'autres que j'oublie sans doute, ont successivement attaché leur nom, courageux pionniers qui ont incessament déblayé l'espace et défriché le sol et dont les hardis jalons indiquent aujourd'hui la route à suivre à leurs successeurs. Un de ceux-ci, M. Siemens, vient de trouver à son tour une solution nouvelle de cet éternel problème. Nous la soumettrons aux lecteurs de l'*Ami des Sciences*, que cette importante question ne peut manquer d'intéresser vivement.

Avant tout nous allons tâcher de faire comprendre le principe sur lequel repose le nouveau système de machines à vapeur que propose M. Siemens, sous le nom de machines régénératives. Nous ne pouvons mieux faire que de citer textuellement quelques passages empruntés au curieux mémoire présenté sur cette machine à la *Royal institution of Great Britain* (1) dans sa séance du 11 avril 1856. — Nous y trouverons non-seulement les principaux détails de la nouvelle théorie, mais encore les diverses observations par suite desquelles l'inventeur a été conduit successivement jusqu'à la construction définitive de la machine que nous avons été admis à voir fonctionner dans les ateliers de M. Farcot.

Après quelques considérations historiques sur la haute antiquité de l'emploi de la vapeur dont il fait remonter l'usage aux prêtres de l'ancienne Egypte, pour arriver par Papin, Savery et Newcomen jusqu'à James Watt, l'auteur ajoute, non sans avoir rendu justice aux importants travaux de Fulton, de Stephenson et de Nasmyth.

« La machine de Watt était composée de quatre organes principaux : 1° le fourneau ou chambre de combustion avec ses fourneaux et sa cheminée ; 2° la chaudière ou générateur de vapeur ; 3° le vase à vapeur (steam-vessel) ou cylindre dans lequel la force élastique de la vapeur se communique au piston ou aux autres premières parties mobiles de la machine ; 4° le condenseur dans lequel la force élastique de la vapeur est détruite par l'abstraction de la chaleur latente au moyen d'une injection d'eau froide *ou par l'intermédiaire de surfaces métalliques refroidies.* Dans le cas où la machine est à haute pression, on pourrait croire que le condenseur serait supprimé ; mais il faut reconnaître avant tout que ce genre de machine a pour condenseur commun l'atmosphère, le condenseur séparé n'ayant pour objet que de soulager le piston de la résistance opposée par la pression atmosphérique. La seule amélioration essentielle introduite depuis Watt, consiste dans l'utilisation des propriétés expansives de la vapeur (la détente), ce qui a permis une grande économie, mais il est bien connu que Watt prévoyait (2) les avantages qui pouvaient être obtenus dans cet ordre d'idées, et n'a été arrêté que par l'insuffisance des moyens mécaniques dont il pouvait disposer.

« L'excellence des constructions ultérieures prouve toute la solidité de la fondation que Watt a laissée et à laquelle il serait impossible de rien changer à moins qu'il ne fût prouvé que la nature même de la chaleur sur laquelle Watt s'était appuyé pût donner lieu à un autre système plus rationnel.

« La machine de Watt était basée sur la théorie de la chaleur qui prévalait de son temps et qui règne encore aujourd'hui. Selon cette théorie, la vapeur était regardée comme un composé chimique d'eau et de chaleur fluide, supposé impondérable, qui possédait entre autres propriétés celle d'occuper, sous la pression atmosphérique, près de 1,700 fois la valeur d'eau vaporisée.

« La machine à condensation de Boulton et de Watt, prenait tout le bénéfice de cette augmentation de volume qui effectuait un déplacement proportionné du piston, et la condensation de la vapeur prévenait toute pression résistante au piston.

« Dans ces dernières années nos vues sur la chaleur subirent cependant un complet changement et, selon la nouvelle théorie dynamique, la chaleur aussi bien que l'électricité, la lumière, le son et l'action chimique, furent considérés comme des différentes

(1) Royal institution of Great Britain. — Weekly evening meeting, friday, april 11, 1856. — Sir Charles Fellows, vice-président, in the chair. — C. W. Siemens, Esq. c. E. — On a regenerative steam-Engin.

(2) Non seulement Watt les prévoyait, mais encore cet homme au génie si fécond les avait pleinement réalisés. Voici ce que je lis dans une note jointe par Arago à sa célèbre notice historique sur James Watt lue à la séance publique de l'Académie des sciences du 8 décembre 1834.

« Le principe de la détente de la vapeur, déjà nettement indiqué dans une « lettre de Watt au docteur Small portant la date de 1769 fut mis en pratique « à Soho en 1776 et en 1778 aux Shadwell Water Works d'après des considé- « rations économiques. L'invention et les avantages qu'elle faisait espérer sont « *pleinement* décrits dans la patente de 1782.

manifestations de mouvement entre les parties intimes de la matière et comme pouvant s'exprimer en valeurs équivalentes de mouvement palpable et effet dynamique. A l'appui de cette théorie, M. Siemens ne put mieux faire que d'en référer aux savantes leçons récemment faites à l'institution royale, par M. Grove et par M. le professeur Thomson.

« Au point de vue de la nouvelle théorie, la chaleur délaissée (*given out*) dans le condenseur d'une machine à vapeur représentait une perte d'effet mécanique évaluée à $\frac{13}{14}$ de la chaleur totale fournie par la chaudière et le $\frac{1}{14}$ restant était toute la chaleur réellement convertie en effet utile. On devait nécessairement désirer que la plus grande proportion, celle de la chaleur perdue, fût utilisée par une machine dynamique parfaite : un vaste champ pour les découvertes pratiques était dès lors ouvert, bien qu'il y eût encore à se demander si en présence des immenses mines de charbon de ce pays il y avait avantage, malgré la perspective d'une notable économie, à changer les formes consacrées de nos machines pour en adopter de nouvelles.

« La réponse à cette question fut que le charbon dans son transport de la mine au fourneau acquiert une valeur considérable qui pour ce pays (l'Angleterre) peut être évaluée à 8 fr. par an et par force de cheval consommant 13 1/2 tonnes de charbon, dont la dépense moyenne est de 12 sh. par tonne.

« En estimant à un million de chevaux force nominale (*nominal horse-power*) la force totale des machines locomotives et fixes employées dans le pays, il s'ensuivra que cette perte montait à huit millions de livres sterling par année dont 2 au moins pouvaient être sauvés dans d'autres pays où le charbon est rare. L'économie est encore plus palpable, mais elle est de la plus haute importance pour les machines marines auxquelles il faut des stations transatlantiques, dont les frais viennent grever chaque tonne de plusieurs livres sterling, auxquelles il faut encore ajouter les frais de transport par le steamer lui-même qui perd en fret de marchandises ce qu'il porte en excès de charbon.

Après avoir modestement placé son œuvre en quelque sorte sous la sauvegarde des difficultés sans nombre dont il lui a fallu triompher, M. Siémens rapporte quelques observations tendant à prouver « la nature impossible des forces physiques et leur *convertibilité* mutuelle, » car c'est surtout sur ce principe que sa machine est basée :

Nous continuons à traduire :

« Un poids tombant au dessous d'une poulie à laquelle il serait attaché par une corde, déterminerait le mouvement de rotation d'une roue fixée sur le même arbre que la poulie, et la vitesse imprimée à la roue forcerait la corde à remonter d'elle-même sur la poulie jusqu'à ce que le poids soit presque revenu au point d'élévation où il se trouvait au départ.

« Si le frottement de l'arbre et la résistance de l'air pouvaient être anéantis, le poids remonterait juste au même point d'élévation qu'il occupait à son départ avant que le mouvement de la roue soit arrêté ; en redescendant il communiquerait de nouveau le mouvement de rotation à la roue, et cette évolution des poids montant et redescendant alternativement pourrait se continuer ainsi indéfiniment.

« Si la corde était subitement coupée au moment précis où le poids est en bas, le mouvement de rotation de la roué se continuerait uniformément, mais il serait bientôt arrêté par son immersion dans un bassin rempli d'eau. L'eau deviendrait dans ce cas le récipient de toute la force d'impulsion que le poids aurait imprimée à la roue et en répétant un nombre de fois suffisant cette expérience, nous trouverions dans l'eau une augmentation de température, fait découvert en 1853 par Joule, qui, le premier, prouva l'identité de la chaleur et de l'effet dynamique, et établit leur rapport numérique.

« Si le poids tombant sous la poulie était une livre et si la distance qu'il parcourt en tombant était un pied, alors chaque impulsion donnée à la poulie représenterait un pied-livre ou l'unité de force communément adoptée, et si l'eau contenue dans le bassin pesait aussi une livre, il faudrait 770 répétitions de l'expérience pour que la température de cette eau s'élevât d'un degré (Fahrenheit.)

« 2° Si un marteau tombait dans le vide sur une enclume parfaitement élastique, ce marteau rebondirait précisément à la hauteur d'où il serait tombé et, étant accordée la parfaite élasticité du marteau et de l'enclume, il n'y aurait ni son ni chaleur produits au point de percussion.

« Si une pièce de cuivre était subitement introduite entre l'enclume et le marteau, ce dernier ne rebondirait plus, mais il ferait du cuivre le récipient de la force dépensée. Si par le moyen d'un mécanisme on relevait alors le marteau à plusieurs reprises et que la pièce de cuivre fût retournée sur l'enclume de manière à ce que, à la fin de l'opération, elle eût précisément la même forme qu'au commencement, aucun effet extérieurement apparent ne serait produit par la force dépensée, mais la pièce de cuivre serait chauffée presque jusqu'au rouge, et si la machine employée pour relever le marteau était *parfaite*, alors la chaleur développée dans le cuivre serait suffisante pour entretenir son mouvement.

« 3° Un autre instrument bien connu pour convertir la force en chaleur est le briquet pneumatique (*the fire-syringe*). La force dépensée en comprimant l'air élève assez la température pour allumer un morceau d'amadou (environ 600 degrés Fahrenheit). Quand le piston du briquet est revenu à sa place, on observe que la température de l'air enfermé est ramenée à son premier degré de chaleur parce que la chaleur développée dans la compression de l'air a été redépensée dans son expansion derrière le piston. Si l'expansion de l'air chauffé et comprimé dans le briquet, avait eu lieu sans résistance préalable, il n'y aurait point eu réduction de température puisqu'aucune force n'aurait été obtenue ; fait qui a été récemment prouvé par Regnault et qui est presque la plus forte preuve qu'on puisse apporter ici en faveur de la théorie de la chaleur dynamique.

« Si de l'air chauffé et comprimé pouvait être produit par quelque cause externe et introduit dans le briquet derrière le piston, après que celui-ci serait descendu librement au fond du tube, alors la force appliquée au piston dans le mouvement d'expansion pourrait devenir utile, et l'on obtiendrait ainsi une machine dynamique parfaite; mais bien qu'il fût aisé de produire au moyen du feu l'élévation de température, il ne serait pas possible de donner à l'air une densité suffisante, si ce n'est par une dépense de force employée à le comprimer. Mais si la chaleur était appliquée à une goutte d'eau renfermée sous le piston jusqu'à ce que la température fût assez élevée pour convertir cette eau en vapeur de la densité de l'eau elle-même (état des vapeurs par Caignard de la Tour), et qu'on lui permît alors de s'étendre sous le piston jusqu'au point où la température serait réduite à zéro, on obtiendrait alors une machine dynamique parfaite. Il est évident qu'une pareille machine est impraticable, si l'on considère que cette vapeur, de la densité de l'eau même qui la produit, exercerait probablement une pression de plusieurs centaines d'atmosphères sur la partie mobile de la machine qui devrait être assez forte alors pour supporter une température de plus de 1,000 degrés Fahrenheit, et que la capacité du cylindre travailleur devrait être suffisante pour permettre l'expansion de la vapeur à plusieurs millions de fois son volume primitif. Il fallait en conséquence chercher d'autres moyens d'obtenir de la chaleur son équivalent en force, et c'est ce qu'on prétend avoir réalisé par la machine à vapeur régénérative. »

Ajoutons ici pour compléter ces renseignements nécessaires à l'intelligence de ce qui va suivre, qu'un des principaux organes de la machine à vapeur régénérative de M. Siemens, est celui qu'il désigne lui-même sous le nom de *respirateur* et qui consiste en un espace annulaire dans lequel sont placées verticalement plusieurs épaisseurs de toiles métalliques enroulées à travers lesquelles passe alternativement la vapeur, soit pour leur céder une partie de sa chaleur au passage, soit pour leur en reprendre au retour. Nos lecteurs nous sauront gré de leur citer encore ici ce que dit au sujet du *respirateur*, le mémoire anglais dont nous avons déjà traduit de nombreux passages :

« Le respirateur qui fut inventé par le R. M. Stirling de Dundée en 1816, accomplissait cet office (l'abaissement et l'élévation alternatifs de la température de la vapeur), avec une rapidité et une perfection surprenante, quand il était construit dans des proportions convenables. Il avait été appliqué sans succès aux machines à air chaud par Stirling et Ericsson, et échoua faute d'application convenable. Partant de la théorie de la chaleur on lui avait attribué la propriété de restituer à l'air toute la chaleur que l'air lui avait cédée, et en conséquence on ne s'était pas préoccupé d'avoir un suffisant générateur de chaleur (*no sufficient provision of heating apparatus had been made*).

« Cette condition étant impossible à réaliser — car c'eût été réellement le mouvement perpétuel, — le *respirateur* avait été laissé de côté et toujours regardé depuis avec grande défiance (*great suspicion*), par les mécaniciens et par les savants. M. Siemens ne doutait pas cependant que cette propriété de restituer la chaleur qui n'avait pu être pratiquement appréciée ne fût susceptible d'application »..... Aussi prétendait-il que la transmission d'une somme donnée de chaleur d'un corps plus chaud à un corps plus froid, n'est pas dans la proportion de la surface chauffante multipliée par le temps employé et qu'on peut *ad libitum* réduire le dernier facteur en augmentant proportionnellement le premier.

« Les machines à air de Stirling et d'Ericsson ont bien échoué dans un sens, parce que leurs cylindres de chauffe avaient été rapidement détruits par le feu; mais la véritable cause fut que l'étendue de surface de chauffe adoptée était insuffisante et il est constant que même un générateur de vapeur serait promptement hors de service dans de telles circonstances..... En théorie dynamique de chaleur, le medium élastique employé dans une machine calorique parfaite, serait assez indifférent quant au choix, et l'on se serait arrêté à l'air parce qu'il est parfaitement élastique et toujours sous la main; mais, en pratique, le choix du medium élastique employé est de la plus grande importance, et M. Siemens s'est décidé pour la vapeur par les raisons suivantes.

« 1° Le coefficient d'expansion de la vapeur saturée par la chaleur excède celle de l'air : : 3 : 2. Mais ce rapport diminue avec l'augmentation de température. Ceci ne s'accordait plus avec la règle établie par Gay-Lussac et Dalton. Mais c'était le résultat de ses propres expériences décrites dans un mémoire sur l'expansion de la vapeur et de la chaleur totale de la vapeur, communiqué à l'institut des ingénieurs-constructeurs en 1850, et avait été consacré par ses expériences pratiques sur une large échelle. M. Siemens avait cru devoir d'abord entreprendre ces expériences, en conséquence d'une observation de Faraday, que la force élastique des vapeurs les plus permanentes s'éteignait rapidement quand, par l'enlèvement de la chaleur, leur point de condensation était presque obtenu. Il concevait que les gaz et les vapeurs se distendraient également par la chaleur quand ils seraient comparés non à la même température, mais à des températures également éloignées de leur point de condensation.

« 2° Quand la vapeur saturée serait comprimée (dans le cylindre régénérateur), sa température ne s'élèverait pas considérablement (comme dans le briquet pneumatique elle le fait pour l'air), parce que Regnault avait prouvé que la chaleur totale de la vapeur augmenterait avec sa densité et que conséquemment la chaleur engendrée par la compression serait requise par la vapeur plus dense pour empêcher sa condensation. Sans cette heureuse circonstance la vapeur serait chauffée déjà par compression à un tel degré qu'il serait vraiment difficile de doubler sa force élastique par une addition ultérieure de chaleur dans le respirateur.

« 3° La vapeur n'exerce aucune action chimique sur le métal du vaisseau de chauffe et du respirateur, puisque l'oxygène qu'elle contient est retenu par l'hydrogène dont l'affinité pour lui est la plus forte jusqu'à ce qu'on atteigne la chaleur blanche, d'autant que l'oxygène libre de l'air atmosphérique attaque le fer et le bronze à de beaucoup plus basses températures.

« 4° La pesanteur spécifique de la vapeur n'est qu'environ 1/2 de celle de l'air atmosphérique à pression et température égales; de plus elle est meilleur conducteur de chaleur, et ces deux circonstances la rendent plus propre à l'action active du respirateur.

« 5° La vapeur nouvelle demandée pour déterminer la marche de la machine et la soutenir, est produite par une chaleur qui autrement serait perdue. Pas de pompes à air, ni d'autres machines accessoires pour l'emménagement de cette machine devenue aussi simple qu'une machine à vapeur ordinaire à haute pression. »

Maintenant que nous connaissons les faits dont l'observation a donné naissance à la théorie dynamique de la chaleur, adoptée par M. Siemens, les motifs qui lui ont fait choisir la vapeur d'eau de préférence à tout autre médium élastique et le but qu'il s'est proposé, nous allons tâcher de faire comprendre à nos lecteurs la disposition et le *fonctionnement* de la machine à vapeur régénérative construite d'après ce système par M. Farcot, dans les ateliers duquel elle est en activité.

Déjà, dans son numéro du 13 avril dernier, *l'Ami des Sciences* avait parlé d'une machine régénérative de M. Siemens, machine qui faisait partie de l'Exposition universelle de 1855, et dont la description était même accompagnée d'une figure. Mais si le principe est resté le même, la machine a subi d'importantes modifications et s'est beaucoup simplifiée. Nous ne pouvons que féliciter M. Siemens de ces heureux changements.

Comme celle de 1855, la machine actuelle est combinée de manière à employer toujours la même vapeur en rendant incessamment à celle-ci sa chaleur utilisée et conséquemment transformée en force à chaque coup de piston. Cette combinaison a pour résultat l'économie de deux tiers au moins de la chaleur perdue dans le condenseur ou dans le tuyau d'échappement des machines à vapeur que nous connaissons.

C'est, on le voit, la même idée qui a guidé M. du Tremblay dans la construction de sa machine à vapeur combinée d'eau et d'éther. Il avait, comme M. Siemens, judicieusement remarqué que cette énorme proportion ($\frac{13}{14}$) de chaleur, combinée et désignée jusqu'ici sous le nom de *chaleur latente*, devait pouvoir être utilisée au lieu d'aller s'anéantir en pure perte dans le condenseur ou dans l'atmosphère, et tous deux, par des moyens différents, ont voulu produire un même résultat. M. du Tremblay a demandé à un liquide plus aisément vaporisable que l'eau l'utilisation de cette chaleur perdue : M. Siemens la met en réserve dans un cylindre intermédiaire pour n'avoir plus qu'à restituer à la vapeur détendue la somme de calorique nécessaire à son état de tension ; dans les deux cas, la chaleur latente est presque entièrement conservée jusqu'à production de l'effet utile auquel son concours est indispensable.

Ceci posé, voici l'explication de ce qui se passe dans la machine régénérative de M. Siemens :

Qu'on se figure deux cylindres dans l'intérieur desquels se meut un piston ; le fond de ces deux cylindres est en contact immédiat avec le foyer. Si la vapeur de la chaudière est introduite dans un de ces deux cylindres au-dessous du piston, elle s'y trouve immédiatement en contact avec une paroi brûlante et s'y surchauffe; elle acquiert son maximum de tension. Le piston monte poussé par cette force, et quand il est parvenu à un certain point de sa course, il laisse passer la vapeur dans un espace annulaire garni, ou pour mieux dire, à peu près rempli de toiles métalliques enroulées plusieurs fois sur elle-mêmes et placées verticalement. C'est ce que M. Siemens appelle le *respirateur*.

L'extrémité inférieure de cette sorte de bague, formée, comme nous l'avons dit, de plusieurs épaisseurs de toiles métalliques, avoisinant la partie du cylindre en fonte qui reçoit directement l'action du foyer, participe nécessairement de sa chaleur. Mais l'autre extrémité, l'extrémité supérieure, est à une température, comparativement, très-basse, de sorte que la vapeur, en traversant les toiles, leur cède la majeure partie de sa chaleur, et tombant rapidement de 400° à 150°, devient vapeur saturée de vapeur à haute pression qu'elle était. Puis, trouvant une issue qui la conduit sous le piston d'un cylindre intermédiaire, placé entre les deux que nous venons de décrire, et dont la capacité est double, elle achève de s'y détendre, et le piston de ce troisième cylindre s'élève pour lui faire place. Comme ce troisième cylindre n'est point extérieurement en contact direct avec le foyer, ainsi que le sont les deux autres, la vapeur s'y maintient en conséquence à l'état de vapeur saturée seulement ; elle est là comme en un dépôt de réserve, en attendant qu'on ait de nouveau besoin d'elle.

Supposons maintenant que le même effet se produise dans l'autre cylindre chauffeur.

La vapeur de la chaudière y va pénétrer, se placer sous le piston, s'y surchauffer, le pousser au dehors, en traverser le respirateur, s'y détendre, puis se rendre enfin, — mais cette fois au-dessus du piston, — dans le cylindre intermédiaire. C'est ce troisième cylindre que M. Siemens nomme *cylindre régénérateur*, tandis qu'il désigne les deux autres sous le nom de *cylindres travailleurs*.

Qu'arrive-t-il alors ? le piston du cylindre régénérateur descend et chasse la vapeur détendue qui se trouve au-dessous de lui dans le premier cylindre travailleur, dont le piston ne trouvant plus de résistance, est redescendu, tandis que l'autre montait. Cette vapeur repasse à travers les toiles du respirateur, commence à s'y réchauffer en en traversant l'extrémité inférieure, et, arrivée sous le piston, s'y retrouve en contact avec la paroi brûlante qui lui rend toute sa tension, par suite de quoi le piston est de nouveau chassé au dehors, tandis que l'évolution contraire s'accomplit dans l'autre cylindre travailleur.

Le mouvement alternatif ou de bascule, ainsi déterminé entre les pistons des deux cylindres travailleurs, se change en mouvement circulaire continu à l'aide de bielles mobiles agissant sur les manivelles d'un arbre à volant en la manière ordinaire.

Ainsi qu'on l'a pu voir, c'est toujours la même vapeur successivement réchauffée et refroidie, ou si l'on veut alternativement tendue et détendue qui agit sur les pistons des cylindres travailleurs, leur donnant en force, à chaque pulsation, ce qu'elle a reçu en chaleur, par suite de quoi la chaleur est si évidemment convertie en effet dynamique, que s'il pouvait se faire qu'il n'y eût ni fuites de vapeur ni déperdition successive de chaleur au contact de l'air ambiant, la même vapeur, une fois donnée, servirait indéfiniment sans qu'il fût nécessaire d'en introduire de nouvelle, sans que la machine eût besoin de pompe d'alimentation ni de tuyau d'échappement.

Mais ce qui peut être vrai en théorie ne saurait l'être en pratique, aussi M. Siemens s'est-il vu forcé de munir sa machine d'un petit tiroir de distribution au moyen duquel il introduit, à chaque pulsation, un dixième environ de vapeur nouvelle fournie par la chaudière, quantité qu'il a jugée nécessaire pour entretenir convenablement la marche de la machine ; et comme elle travaille à haute pression, il renvoie l'excédant de cette vapeur dans un tuyau d'échappement qui traverse un tube fermé des deux bouts dans lequel elle échauffe d'autant, en passant, l'eau destinée à l'alimentation de la chaudière.

Cette chaudière elle-même est construite de manière à envelopper les trois cylindres, de sorte qu'aucune partie de la chaleur du foyer ne se trouve perdue, et que les gaz non brûlés, dernier résultat de la combustion, arrivent presque froids à la cheminée.

Il est aisé de comprendre qu'une machine ainsi conçue occupe moins de place qu'une autre, n'exige qu'une chaudière comparativement très-petite et ne brûle que peu de charbon. Tels sont, effectivement, les avantages que nous avons constatés dans l'atelier de M. Farcot, où Servel, ingénieur-chef du bureau technique de Paris, a bien voulu nous mettre à même de vérifier par expérience les résultats suivants que nous empruntons au savant rapport qu'il a publié sur la machine régénérative de M. Siemens ; ces résultats en disent plus que toutes les théories qu'on pourrait invoquer en faveur de la machine.

Après avoir rendu compte de deux expériences comparatives faites par lui les 8 et 9 juillet 1856, et après avoir fait remarquer que, placée sous un hangar ouvert à tous vents, la machine ne se trouve pas dans des conditions aussi favorables qu'on eût pu le désirer, M. Servel ajoute :

« La troisième expérience a eu lieu le 10 juillet dans des conditions semblables aux deux premières ; la machine mise en état, sous le rapport de la pression, de l'eau et du feu, a été mise en mouvement à 11 heures pour continuer à tourner sans interruption et régulièrement jusqu'à 6 heures 15 minutes du soir, sans variations notables.

« Durée de la marche, 7 heures 15 minutes.

« Nombre total des tours, 25,783.

« Nombre des tours par minute, 59. 27.

« Pression moyenne de la vapeur, 6 atmosphères 1/4.

« Dans l'état, le frein ayant conservé une position d'équilibre pour ainsi dire invariable, la force de la machine a été constatée à

$$\frac{373 \text{ K } 37}{75} = 4 \text{ chevaux, } 98$$

Quant à la dépense, elle a été trouvée comme ci-dessous :

Nombre d'heures de marche.	CHARBON CONSOMMÉ.			EAU CONSOMMÉE.		
	En totalité.	Par heure.	Par heure et par cheval.	En totalité.	Par heure.	Par heure et par cheval.
7 h. 15 m.	70 k.	9 k. 63	1 k. 93	370	51 90	10 40

Ces chiffres nous paraissent concluants, car personne n'ignore que des machines à vapeur, considérées comme très-bonnes, dépensent, en moyenne, par force de cheval et par heure, de 3 à 4 kilogrammes de charbon, et de 25 à 30 litres d'eau, tandis que dans une expérience de 28 heures consécutives, la machine régénérative de M. Siemens est descendue à 1 kilogramme 64 de charbon et à 9 kilogrammes 52 d'eau consommés par heure et par force de cheval. Sous ce rapport, l'avantage en sa faveur est incontestable.

Terminons en disant que cette machine, d'une construction fort simple, ne nous a pas paru moins facile à manœuvrer que toute autre. Si, comme l'affirme M. Siemens, les vases réchauffeurs (très faciles à remplacer, du reste, ils sont en fonte brute) ne s'altèrent pas rapidement au contact du feu, et si la régularisation de la marche peut s'opérer automatiquement comme dans les autres machines, ce que l'expérience ne tardera pas à prouver, nous ne doutons pas que cette idée d'avoir appliqué à la vapeur *le respirateur*, que Stirling et Ericsson avaient appliqué à l'air chaud, ne soit la réalisation d'un progrès notable dans la construction et dans l'emploi de nos moteurs à vapeur.

H. GAUGAIN.

Académie des Sciences.

Séance du 6 octobre.

PRODUCTION INDUSTRIELLE DE L'ALUMINIUM.

Depuis les premiers résultats présentés l'année dernière à l'Académie par M. Sainte-Claire Deville, sur la production de ce métal, les premiers procédés ont reçu quelques modifications intéressantes au point de vue pratique ; et aujourd'hui, bien que la marche suivie pour obtenir les réactions successives n'ait pas changé, de tels perfectionnements ont été apportés dans les manipulations que l'aluminium se fabrique maintenant par des ouvriers seuls, sans qu'il soit besoin de l'œil d'un chimiste pour diriger l'opération. M. Dumas a présenté à l'Académie quelques échantillons de ce corps, obtenus dans la journée de samedi 11 octobre, à l'usine que MM. Deville et Rousseau ont établie aux environs de Paris.

Dans cette usine, l'alumine est obtenue de trois sources différentes : soit en décomposant du sulfate d'aluminium et d'ammoniaque dans des fours à réverbère, soit en ayant recours au kaolin qui entre dans la fabrication de la porcelaine, soit enfin en appliquant l'argile de Dreux à la préparation du chlorure d'aluminium. La préparation de ce chlorure a exigé d'abord de grands tâtonnements, et il a fallu renoncer à l'obtenir à l'état simple, à cause de la propriété qu'il jouit de passer, sans transition, de l'état gazeux à l'état solide sous l'influence d'un réfrigérant, propriété très-désavantageuse dans l'industrie. Seulement, en associant cette argile à du sel marin ou chlorure de sodium, et en mettant le mélange en présence du charbon à une haute température, on obtient un chlorure double de sodium et d'aluminium, qui a l'avantage de se liquéfier par l'abaissement de température. A l'usine de MM. Deville et Rousseau, ce chlorure double est simplement reçu dans des pots de terre qui se remplissent au bout de quelques heures d'opération.

Le moment est alors venu de faire réagir le sodium sur ce nouveau composé; c'est ici que de nouvelles difficultés se sont présentées. Il y a peu d'années encore, le procédé eût été impraticable, car il ne faut pas moins de 3 kilogrammes de sodium pour extraire 1 kilogramme d'aluminium, et l'ancien procédé de MM. Gay-Lussac et Thénard, pour la production du premier de ces deux corps, en élevait le prix de revient à 7 francs le gramme, soit à 7,000 francs le kilogramme. Il fallait, de plus, employer des récipients d'une résistance considérable, tels que des canons de fusil et autres. Aujourd'hui, depuis les derniers travaux de M. Deville sur le sodium, la décomposition du carbonate de soude n'exige plus les mêmes précautions, et le prix de revient s'en trouve considérablement réduit. Le travail se fait dans des tubes en tôle de l'épaisseur des tuyaux de poêle, et le sodium est obtenu, à raison de 7 francs le kilogramme, avec la même facilité que le zinc l'est partout ailleurs.

Pour obtenir la réaction du sodium sur le chlorure double de sodium et d'aluminium, les ouvriers de l'usine n'ont qu'à les mélanger dans les proportions voulues, et à les jeter ensuite, à la pelle, dans les fours à réverbère. Dès que les portes des fours sont fermées, la réaction commence et l'on entend des crépitations nombreuses à l'intérieur; peu après, le dégagement du chlore se produit et l'aluminium se dépose, sinon entièrement pur, du moins dans un état qui ne nécessite plus qu'un lavage ultérieur pour le devenir.

MM. Deville et Rousseau obtiennent tous les jours, par ce procédé, une moyenne de 2 kilogrammes d'aluminium ; cette quantité serait augmentée, on le comprend, si l'on multipliait le nombre des appareils qui fonctionnent à cette heure depuis deux mois environ.

M. Dumas, sans donner le chiffre du prix de revient actuel, est en mesure d'avancer qu'il est beaucoup inférieur à tous ceux dont on a déjà parlé, et que le nouveau métal est destiné à prendre, très-prochainement, une place importante dans l'industrie. Il a d'ailleurs demandé, au nom de M. Deville, qu'une commission fût nommée pour constater les résultats obtenus ; l'Académie y trouvera en même temps la justification de l'appui matériel dont ce jeune savant a été l'objet lors de sa découverte.

COMPOSITION DES YEUX DES MOMIES PÉRUVIENNES.

M. Payen ayant reçu il y a quelque temps, de M. Trébuchet, capitaine au long cours, des yeux de momies provenant du morne d'Arica au Pérou, a lu à l'Académie une note sur la composition de ces objets intéressants.

Déjà M. Jobert de Lamballe avait constaté que les Péruviens, en embaumant les cadavres de leurs grands personnages, mettaient à la place des yeux véritables, d'autres yeux artificiels, qui, conservés brillants et solides jusqu'à nos jours, entretiennent encore chez les nouveaux dominateurs, une foule de superstitions populaires. M. Payen a analysé chimiquement les yeux rapportés par le capitaine Trébuchet, et il a constaté le fait de nouveau. Chaque globe est effectivement formé de capsules solides concentriques au nombre de trois, et ces couches sont reliées et recouvertes par une substance offrant les propriétés de la gélatine. La calcination les fait boursouffler et trahit la présence d'une petite proportion de soufre : l'analyse a fourni 16,20 d'azote et 1,00 de cendres.

A la suite de quelques recherches dans le Musée d'antiquités égyptiennes du Louvre, M. Payen a trouvé sur une des momies rapportées d'Egypte, des yeux semblables en tous points. Cette découverte soulève une intéressante question, celle de savoir si les Péruviens tenaient ces pratiques des peuples de l'ancien continent. L'honorable académicien ne se prononce point encore ; il abordera ce sujet dans une seconde note.

L'abondance des matières nous fait renvoyer au prochain numéro deux autres communications, l'une de M. Biot sur un point très-intéressant de cristallographie, l'autre de M. Chevreul sur la composition chimique de quelques statuettes égyptiennes.

F. FOUCOU.

PARTIE LITTÉRAIRE.

LOUISE MORNAND (1)

X

Le 26 novembre.

Pardon de l'inquiétude où je t'ai laissée depuis trois jours. Après ma dernière lettre, je conçois que tu t'étonnes de mon absence prolongée. Je suis retenu ici par des circonstances indépendantes de ma volonté : à l'heure où j'avais espéré me trouver auprès de toi, j'étais dans mon lit, en proie à la fièvre. Je crois avoir eu un peu de délire, car ces derniers jours se sont écoulés comme un songe, et j'éprouve encore un sentiment de vague lorsque j'essaye de rassembler mes souvenirs.

Mais ne te tourmente pas ; la fièvre m'a entièrement quitté ; sauf un peu de lassitude, je me trouve bien. Je t'envoie ces quelques lignes pour te tranquilliser ; demain ou après je pourrai t'écrire plus longuement.

XI

Le 29 novembre.

Encore une fois, ma mère, pardonne-moi. Hier je voulais t'écrire et je suis resté presque toute la journée devant ma table, la tête appuyée sur ma main, me sentant absolument incapable de tracer une ligne. Toute énergie semblait morte en moi ; aucune pensée ne se détachait nette du fond de la brumeuse rêverie où nageait mon esprit; je me sentais plus faible et plus abattu que lorsque la fièvre venait de me quitter. Cependant vers le soir je devins agité, et j'ai passé une nuit très-fatigante, rêvant continuellement de Louise, exposée à toutes sortes de périls et quelquefois réclamant de moi un secours que j'étais toujours dans l'impossibilité de lui porter. Ce matin il a fallu toute ma raison, aidée d'une pluie battante, pour m'empêcher d'aller à Varengeville, ne fût-ce que pour voir la maison habitée par Louise. Je veux essayer de me calmer en te racontant enfin les événements de ces jours derniers.

Lorsque, après mon retour de la triste expédition dans laquelle j'ai perdu mes espérances de bonheur, j'entrai par habitude à cinq heures dans la salle où, depuis huit jours, je dînais absolument seul, je fut surpris d'y trouver un étranger. C'était un jeune homme à peu près de mon âge et remarquablement beau. Nous nous saluâmes et nous assîmes en face l'un de l'autre, mais à peine échangeâmes-nous quelques monosyllabes. J'étais incapable de soutenir une conversation et il paraissait également très-absorbé.

Le repas fini, je montai dans ma chambre et je t'écrivis. Ensuite, m'asseyant près de la fenêtre ouverte, je demeurai longtemps immobile, écoutant le bruit du vent et de la mer. Enfin, ma douleur égoïste ne pouvant vaincre l'immense attrait que m'offre le spectacle d'une tempête, je m'enveloppai de mon manteau et me dirigeai vers l'extrémité de la jetée.

C'était beau ! Le rideau couleur de plomb qui, pendant la journée, avait couvert le ciel, s'était déchiré, et entre les nuages courant avec rapidité, chassés par le vent, la lune se montrait d'instant en instant. Elle était dans son plein et éclairait de sa lumière blafarde le désert tumultueux de flots qui se soulevaient, se chassaient, se roulaient en bouillonnant vers le rivage. Souvent une vague, se brisant contre la jetée, lançait à une hauteur prodigieuse son écume qui retombait comme une pluie. La marée montait et la violence du vent augmentait à chaque instant.

(1) Voir le numéro 41.

Serrant autour de moi les plis de mon manteau, je restai debout, près du parapet. Mes regards erraient sur l'Océan, et en présence de cette immensité, de ce mouvement incessant, de cette puissance incommensurable, je sentis mon esprit à la fois s'humilier et s'élever. Mais un épais nuage passa sur la lune et alors instinctivement mes yeux se tournèrent vers l'ouest où la lumière rouge du phare de Varengeville brillait à travers l'obscurité. Hélas! que pouvait-elle me dire, cette lumière, guide et espoir des matelots? Elle me parlait de mes espérances brisées, de ma vie désenchantée. Je la regardai pendant longtemps paraître et s'éclipser à des intervalles réguliers, jusqu'à ce qu'enfin le souvenir de Louise devenant trop oppressif, je me détournai en étouffant un soupir.

Je m'aperçus alors qu'il y avait quelqu'un à côté de moi; je reconnus le jeune homme avec lequel j'avais dîné. Une main appuyée sur le parapet, il se penchait en avant et ses regards cherchaient à pénétrer l'obscurité.

« Regardez là-bas, me dit-il, se redressant et étendant le bras dans la direction du nord-ouest. Ne distinguez-vous pas un point noir qui semble bondir sur les vagues?

— Que dites-vous? m'écriai-je. Vous ne croyez pas que ce soit un vaisseau? Aucun, par une nuit pareille, ne s'aventurerait si près du port.

— Regardez! »

En ce moment la lune, se dégageant des nuages, nous montra, à peu de distance, un bateau pêcheur dont les voiles étaient carguées et qui roulait impuissant sur les flots. Nous nous approchâmes d'un groupe de marins.

« Il est perdu! » répétaient-ils.

Mon compagnon demanda s'il n'y avait vraiment aucun espoir.

« Il faudrait un miracle, répondit un vieux marin. Mais on se tiendra prêt à leur donner un coup de main. »

Disant ces mots, il s'assit sur le parapet au bout de la jetée, et sans faire attention aux flots d'écume qui l'inondaient, il resta les yeux fixés sur la barque qui approchait. Un tapage discordant de pas et de voix ne tarda pas à se mêler au bruit des éléments, et les deux jetées se couvrirent simultanément d'une foule d'hommes et de femmes qui venaient offrir leurs services pour haler le bateau dans le port. Il était alors minuit passé.

Une demi-heure environ s'écoula dans une inexprimable anxiété. Tous les regards cherchaient la barque qui tantôt disparaissait au fond d'un immense sillon, tantôt s'élevait sur le sommet d'une vague gigantesque. J'espérai un moment; le bateau s'était approché de l'entrée du chenal; le vieux marin s'élança debout sur le parapet et essaya, à l'aide d'un porte-voix, de signaler la route. Le maître haleur se tenait prêt à lancer un câble, lorsqu'une vague énorme, soulevant le bateau, l'emporta à plus de cinquante pas à l'est de jetée. La lune se voila de nouveau et nous ne distinguâmes plus rien, mais un cri s'éleva de la foule:

« Il s'est échoué! »

Aussitôt tout le monde se mit à courir vers la jetée du Pollet, car du côté où nous étions il n'y avait plus rien à faire. Mon inconnu et moi, nous suivîmes l'exemple.

Quelques minutes après, nous étions sur le rivage, réunis à un grand nombre de pêcheurs. Enfin les premières lueurs du matin nous permirent d'apprécier l'étendue du désastre: le bateau était en face de nous, immobile, penché du côté de la terre; son mât avait disparu, sa charpente, cédant à la violence des flots, se séparait; quelques planches s'éloignaient éparses. Il n'y avait pas un moment à perdre. Depuis longtemps j'étais en proie à une fiévreuse impatience; je suis bon nageur, tu le sais. Je me déshabillai, nouai une corde autour de mes reins et m'élançai à la mer.

La tâche n'était pas facile; les flots m'aveuglaient et m'ôtaient la respiration. Mes souvenirs sont très-confus; je me rappelle qu'étant encore à quelque distance du bateau je me sentis épuisé, je me laissais aller; un cri me ranima, je fis un nouvel effort; j'arrivai.

Il était temps. La barque était presque submergée. Cinq hommes en composaient l'équipage. Nous attachâmes la corde à la partie la plus solide du bateau, et nous y cramponnant l'un à la suite de l'autre, nous commençâmes notre chemin à travers les flots.

Mais j'étais à bout de mes forces; mes membres engourdis refusaient de se mouvoir, une vague me passa par dessus la tête, je sentis que la corde m'échappait. A partir de ce moment je ne me souviens plus de rien; je ne sais pas encore exactement comment je parvins au rivage.

Quand je revins à moi j'étais étendu sur un matelas dans une maison où l'on m'avait transporté. Plusieurs personnes m'entouraient; mais je ne vis qu'un visage distinctement, celui de mon ami inconnu. Il était très-pâle, ses traits avaient une expression d'anxiété qui me toucha. Je lui tendis ma main, il la pressa chaleureusement. On m'enveloppa chaudement, on m'emmena chez moi dans une voiture. Je laissais faire, je n'avais qu'un sentiment vague de ce qui se passait autour de moi. Seulement, pendant toute cette journée et la nuit suivante je voyais, passant devant mes yeux comme dans un songe, le charmant visage du jeune inconnu. Peu à peu mes perceptions devinrent plus nettes et je le vis distinctement, assis près de mon lit. Je voulus le remercier de ses soins; il m'arrêta.

« Ne parlez pas, me dit-il, il vous faut du repos et vous serez bientôt remis. »

Cependant je le priai de me donner des nouvelles des naufragés; il m'apprit qu'ils sont tous sains et saufs.

« Vous êtes heureux, ajouta-t-il avec un accent où perçait quelque amertume. Ah! si j'avais fait comme vous, je serais sauvé! »

Ces paroles me frappèrent; mais je ne songeai pas à en demander l'explication. Bientôt après, je tombai dans un profond sommeil.

A mon réveil la fièvre m'avait entièrement quitté et mes idées étaient nettes. Je fus désappointé de ne plus trouver l'étranger à mes côtés. Je demandai où il était.

« Il est parti, me répondit-on.

— Parti! Mais il reviendra? »

On n'en savait rien, il ne logeait pas à l'hôtel; on ignorait son nom.

Je semble destiné à faire ici des connaissances mystérieuses. Au moins celle-ci n'aura pas de suites; mais je regrette de n'avoir pu remercier ce jeune homme des soins fraternels qu'il m'a prodigués; et puis je me suis senti attiré vers lui par l'expression mélancolique de ses traits.

Voici mon médecin qui vient me faire sa dernière visite. Adieu donc, ma bonne mère, à bientôt.

XII

Le 1er décembre.

Mon départ est encore retardé; je te l'écris de suite afin que tu ne sois pas inquiète. Mes malles sont faites et je comptais quitter Dieppe cette après-midi; mais on vient de me remettre une lettre, une lettre de Louise. Elle est courte et je te la transcris; quant à l'original, il ne me quittera jamais.

« Me pardonnerez-vous, monsieur, si dans ma tristesse
« et mon inquiétude, j'ose m'adresser à vous? Perdrai-je
« votre estime en vous suppliant, malgré ce qui s'est passé,

« de ne pas refuser à mon pauvre oncle votre amitié dont « il a tant besoin?

« Votre absence lui a causé un bien grand vide; sa mé- « lancolie et son abattement augmentent et depuis quel- « ques jours surtout, son état me donne de cruelles in- « quiétudes. Il souffre de ne plus vous voir; d'abord il a « demandé à plusieurs reprises pourquoi vous ne veniez « pas, mais ensuite il a paru éviter de prononcer votre « nom et j'ai compris qu'il était profondément blessé de « votre départ et maintenant il n'est plus besoin de l'en « instruire, car depuis deux jours nous savons que vous « êtes encore à Dieppe et nous connaissons l'événement « qui vous a forcé d'y prolonger votre séjour. Quand je « l'ai dit à mon oncle, ses yeux qni ne pleurent plus de- « puis si longtemps, se sont remplis de larmes.

« Refuserez-vous, monsieur, de visiter encore une fois « le pauvre vieillard à qui vous avez su inspirer une si « vive affection? Il m'en coûte de vous faire cette prière. « Hélas! je ne puis pourtant m'empêcher de penser à « vous comme à un ami.

« Louise Mornand. »

A ma place, tu n'hésiterais pas, j'en suis sûr. J'annonce à mon hôte que mon départ est différé et dans une heure et demie je serai à Varengeville.

XIII

Le 2 décembre.

En partant hier pour Varengeville, en songeant que j'allais revoir Louise j'ai éprouvé un sentiment d'agitation et de joie, comme s'il pouvait y avoir encore quelque espoir. La lettre que j'ai reçue pourrait, venant de certaines femmes, admettre une interprétation favorable. Mais Louise n'est pas de celles qui croiraient faire un triste emploi de leurs charmes en se rendant au premier appel; son cœur est trop droit et trop pur pour descendre aux artifices de la coquetterie; elle m'a dit la vérité; elle ne m'aime pas. Je le savais et pourtant, en galopant le long de cette route que j'avais cru ne plus parcourir, je sentais qu'une espérance s'agitait encore sourdement au fond de mon cœur.

J'arrivai; j'ouvris d'une main tremblante la petite porte fermée seulement par un loquet. Depuis huit jours le jardin, autrefois si soigneusement tenu, avait pris un air de désolation, il était jonché de feuilles mortes et les longues tiges des plantes, détachées de leurs supports, traînaient dans les allées. Je ramassai un gant de Louise, roidi par l'humidité. Je le conserverai avec sa lettre.

La bonne Catherine, qui vint m'ouvrir la porte, poussa une exclamation de joie.

« Entrez, M. Godefroy, dit-elle, monsieur va être bien heureux de vous voir. »

Ce cordial accueil m'émut; la bonne vieille ignorait combien tout était changé depuis ma dernière visite. Je la suivis silencieusement dans la chambre de M. Mornand que je trouvai en compagnie de Louise. En me voyant elle se leva brusquement; une vive rougeur se répandit un instant sur ses traits et lorsque, après avoir répondu à l'affectueux accueil de son oncle, je me tournai vers elle et, calme en apparence, lui tendis la main, elle me donna la sienne en se détournant à moitié pour me cacher les larmes qui lui vinrent aux yeux. Je fus assez cruel pour la regarder un moment fixement; elle retira sa main, et leva sur moi un regard à la fois si triste et si fier que je me sentis prêt à me jeter à ses pieds pour implorer son pardon.

M. Mornand est beaucoup changé; ses traits amaigris, ses yeux profondément creusés, portent l'empreinte de ses souffrances. Cependant le plaisir qu'il éprouva en me revoyant était si évident qu'il me fut impossible de ne pas le partager. Cet homme a dû être éminemment sympathique; je le plains et le vénère, et en essayant de ranimer cette âme défaillante, je me suis fait du bien à moi-même.

Cependant, Louise me désolait; elle n'était plus la même. Mon Dieu, quelle barrière mystérieuse s'élève entre elle et moi? Comment, par l'aveu de mon amour ai-je pu mériter une si glaciale froideur, et perdre mes droits à son estime, à sa confiance? Elle a dit pourtant qu'elle pensait à moi comme à un ami.

Au bout de quelque temps Catherine est entrée dans la chambre et Louise, qui s'était à peine mêlée à notre conversation, se leva et sortit avec elle. J'éprouvai un serrement de cœur en la voyant s'éloigner, mais après son départ il me sembla qu'en ce moment j'aimais mieux penser à elle que la voir. Contrairement à ce qui a lieu ordinairement en pareil cas, en présence de Louise; oui, en présence de cette figure si angéliquement pure, si noblement vraie, j'ose douter d'elle, l'accuser presque, tandis qu'en son absence je cherche en vain dans mes souvenirs un motif de soupçon ou de colère.

Enfin je pris congé de M. Mornand, après lui avoir promis de ne pas quitter Dieppe sans être revenu le voir.

Je ne sais vraiment ce qui me poussa à faire cette promesse. C'était imprudent et je crains bien que tu ne m'en blâmes. Une autre fois, peut-être, j'essayerai de me défendre; maintenant je me borne à raconter les choses comme elles se sont passées.

Je sortis de la maison. La courte et sombre journée tirait à sa fin et un brouillard humide enveloppait tout. En m'approchant de la porte du jardin, je fus surpris d'entendre des voix qui parlaient bas et je vis, indistinctement, de l'autre côté de la haie, deux personnes qui paraissaient engagées dans une conversation fort intéressante. Je m'arrêtai court; mon cœur battait avec tant de violence que, quoique j'écoutasse attentivement, je ne pus saisir un seul mot. Pendant que j'étais ainsi immobile, l'un des interlocuteurs s'éloigna à pas rapide, l'autre entra dans le jardin et je me trouvai face à face avec Louise.

Elle tressaillit en me voyant. J'aurais dû, sans doute, m'expliquer son agitation par la surprise que lui avait naturellement causée notre brusque rencontre, mais dans la mauvaise disposition où j'étais, je préférais y voir la confusion occasionnée par ma découverte d'une entrevue clandestine. Aussi, aux quelques paroles aimables qu'elle balbutia répondis-je d'une manière si froide, si contrainte, qu'elle dut en être blessée; sans lui tendre de nouveau la main je prononçai un glacial : Adieu, mademoiselle. Elle s'inclina silencieusement et nous nous séparâmes.

En quittant ce jardin je cherchai à voir la personne qui venait de s'éloigner, mais à travers le brouillard il me fut impossible de rien distinguer.

Mme Victor Meunier.

(La suite au prochain numéro.)

Prix d'abonnement pour l'étranger.

Allemagne, 12 fr. — Suisse, Parme, Plaisance, Modène, 12 fr. 50 c. — Etats-Sardes, Grèce, 13 fr. — Hollande, Angleterre, 14 fr. — Etats-Unis, Indostan, Turquie, 14 fr. 50 c.— Belgique, Prusse, Hanovre, Saxe, Pologne, Russie, Espagne, Portugal, 15 fr. 50 c. — Toscane, 16 fr. 50 c. — Etats-Romains, 20 fr. 50 c.

Le propriétaire rédacteur-gérant : Victor Meunier.

Paris. — De Soye et Bouchet, imprimeurs, 2, place du Panthéon.

Deuxième année. — N° 43. 25 CENTIMES. 26 octobre 1856.

L'AMI DES SCIENCES

BUREAUX D'ABONNEMENT
13, RUE DU JARDINET, 13,
Près l'Ecole de Médecine
A PARIS

JOURNAL DU DIMANCHE
SOUS LA DIRECTION DE
VICTOR MEUNIER

ABONNEMENT POUR L'ANNÉE
PARIS, 10 FR; — DÉPART., 12 FR.
Étranger (Voir à la fin du journal)

CHAUFFAGE AU GAZ (1).

(2e article.)

L'article que nous avons publié sur le chauffage au gaz dans le n° de l'*Ami des Sciences*, en date du 12 de ce mois, nous a valu plusieurs lettres auxquelles nous croyons devoir répondre par les détails qu'on va lire. Ceux de nos abonnés des départements qui n'ont pu visiter l'exposition de l'hôtel du Louvre y puiseront d'utiles renseignements sur ce nouveau mode de chauffage, dont la plupart d'entre eux ne peuvent se faire qu'une imparfaite idée, et nos lecteurs de Paris eux-mêmes seront peut-être bien aise d'y trouver des chiffres à l'aide desquels ils pourront comparer les deux systèmes, et fixer définitivement leur choix sur l'un ou sur l'autre.

Trois fabricants principaux, M. Georgy, M. William Smith, et M. Bengen, associé de M. Elsner, de Berlin, ont concouru à la création des ingénieux appareils, dont l'ensemble embrasse à peu près tous les usages auxquels peut déjà s'appliquer le commode et complaisant combustible qui se substitue au charbon.

Nous y remarquons tout d'abord la grande série des appareils culinaires, puis celle qui se rapporte plus spécialement aux usages domestiques proprement dits, puis enfin, tous les appareils destinés aux diverses industries dont le feu de charbon est l'auxiliaire obligé : ferblantiers, plombiers, relieurs, chapeliers, tailleurs, souffleurs, etc., etc. Mais, commençons avant tout par donner une idée du mode particulier de combustion qu'il faut appliquer au gaz lorsqu'il doit être employé, non plus comme élément d'éclairage, mais comme élément de chauffage,

Il n'est personne qui n'ait remarqué ce qui se passe assez souvent lorsqu'on veut allumer un bec de gaz surmonté de sa cheminée en verre : il se produit une sorte de sifflement dans le tube de cristal en vibration, et la flamme du gaz, incertaine et vacillante, est comme étranglée au passage des trous au-dessus desquels elle voltige légère et bleuâtre comme une flamme de punch. Cela tient à la présence d'une certaine quantité d'air atmosphérique qui se trouve dans les tuyaux, et dont le mélange avec l'hydrogène produit cette flamme bleue, d'une chaleur beaucoup plus intense que la flamme éclairante et blanche de l'hydrogène carboné, qui ne se développe enfin que lorsque tout l'air est expulsé.

Eh bien ! c'est cette flamme bleue qu'il s'agit d'obtenir d'une manière constante en mêlant, au moment de la combustion, assez d'air au gaz pour en modifier le pouvoir éclairant, car cette qualité de flamme peut seule convenir au chauffage.

Deux moyens sont employés :

Dans l'un, qui est le plus généralement adopté et qui est dit système Elsner, le gaz passe, mélangé d'air à travers des toiles métalliques au-dessus desquelles s'opère sa combustion en nappe plus ou moins étendue, selon le besoin. C'est la lampe de Davy retournée.

Dans l'autre, le gaz brûle à une assez grande distance des vases ou des objets qu'il doit échauffer pour qu'un large afflux d'air atmosphérique vienne donner à sa flamme la qualité qu'elle doit avoir et qu'on peut toujours modifier en laissant passer plus ou moins de gaz par le tuyau qui lui donne issue. Le premier soin des personnes qui auront adopté le chauffage au gaz sera donc de n'ouvrir le robinet que juste au point nécessaire pour que la flamme ne cesse pas d'être bleuâtre et ne manifeste nullement ses qualités éclairantes.

Ceci bien compris, nous allons dire en peu de mots en quoi consistent les principaux appareils qui figurent à l'exposition de la compagnie parisienne et dont chacun a été muni d'une pancarte, grâce à laquelle nos lecteurs trouveront ici des chiffres de consommation, dont nous n'avons pas vérifié l'exactitude, mais qui doivent nécessairement varier un peu, suivant que les appareils sont plus ou moins intelligemment gouvernés.

Le premier qui frappe nos regards est une cuisine anglaise comprenant un four à rôtir et à griller, un

(1) Voir le N° 4.

grand fourneau de 100 trous et deux petits de 22 trous chaque : le tout consomme 890 litres par heure ou 26 centimes 7 dixièmes.

A côté se trouve une petite cuisine carrée à un seul foyer de 65 millimètres, pour petit ménage, qui ne consomme que 135 litres, soit 3 centimes 3 dixièmes environ par heure.

Il y a, en outre, des cuisines rondes, ovales, à plateau, qu'on peut mettre sur la première table venue, puis des fourneaux isolés, numérotés de 1 à 4, selon leur grandeur et consommant depuis 50 jusqu'à 120 litres par heure (de 1 1/2 à 4 centimes).

Un appareil anglais fort élégant donne constamment 8 litres d'eau bouillante et ne consomme que 75 litres de gaz, soit 2 centimes par heure : une rotissoire à coquille parfaitement installée et qui doit fort bien fonctionner, ne consomme que 200 litres de gaz ou 6 centimes par heure; ce n'est pas cher pour un bon rôti.

Enfin, nous avons été admis à voir dans une autre salle un grand fourneau de cuisine sur lequel a été fait, dit-on, par un des cordons bleus de l'ordre, un dîner complet pour vingt-quatre couverts, dîner pour lequel il n'aurait été dépensé que 6,000 litres de gaz ou 1 franc 80 centimes tandis que, sur le fourneau qui porte le n° 3, on aurait fait cuire un rôti et un pot au-feu de 1500 grammes avec une consommation totale de 500 litres, ou 15 centimes.

Dans un autre appareil, dit casserole-à-beefsteak et qui est fermé, un beefsteak est cuit en 6 ou 8 minutes, et consomme environ 30 litres de gaz, il a coûté 1 centime !

Les femmes, bien meilleurs juges que nous en pareille matière, pourront déjà par ces chiffres se faire une juste idée de l'économie que présente le gaz sur le charbon de bois dont elles font usage; mais, ce qu'elles ne comprendront bien que plus tard, c'est ce multiple avantage de n'avoir plus de poussière noire, plus de cendres volant partout, plus de ce charbon infect pour avoir été trop indiscrètement visité par messieurs les chats qui, comme on sait, ne s'en font pas faute, et, par-dessus tout, le peu de place que tiennent ces appareils, et l'instantanéité d'allumage et d'extinction qu'aucun autre mode de chauffage ne saurait offrir. Le gaz employé au chauffage ne brûle inutilement qu'autant qu'on veut bien le laisser brûler.

Parmi les appareils que nous appellerions plus volontiers domestiques, nous avons remarqué une charmante baignoire chauffant un bain en une heure et demie et consommant par conséquent 750 litres de gaz ou 22 centimes 5 dixièmes.

Un brûloir à café, d'assez grand format pour y torréfier 500 grammes, ne brûle, nous a-t-on dit, que 250 litres ou 7 centimes 1/2 par heure, et un fourneau pour deux fers à repasser ne dépense que la moitié.

Ce qui nous semble devoir encore fixer plus particulièrement l'attention des consommateurs sur ce nouveau mode de chauffage, c'est la possibilité de régler son feu de manière à n'avoir plus à s'en occuper. Ainsi, la ménagère qui aura mis son pot au feu et qui l'aura écumé, pourra lui donner juste le degré de flamme nécessaire pour l'entretenir à une lente ébullition, sans avoir à y songer ensuite que pour en servir le produit sur la table de la famille. Le robinet fermé, plus de feu dans le fourneau, plus de charbon brûlant sans utilité.

Les appareils de chauffage proprement dits, c'est-à-dire ceux que leurs auteurs ont construits pour tenir lieu de cheminées, de calorifères, de poêles, nous semblent, en général, moins heureusement conçus.

Pourquoi, quand on dispose de nouveaux agents, cette invincible tendance à se rapprocher des formes que nécessitaient les anciens? Pourquoi s'entêter, par exemple, à ce qu'une voiture à vapeur rappelle éternellement les formes du véhicule que nous avions inventé pour y atteler le cheval? Pourquoi, quand nous avons du gaz à brûler au lieu de bois ou de charbon, vouloir absolument étreindre son élastique et souple nature dans la rigidité des appareils qu'avaient imaginés nos pères pour brûler le charbon de terre et le bois?

Mais, pourquoi, dira-t-on peut-être, les architectes du siècle qui a vu naître le steamer et la locomotive décorent-ils encore aujourd'hui nos monuments de chars antiques et de rostres grecs ou romains? Pourquoi cette obstination ridicule à imposer aux pays où règnent les neiges et les brouillards des constructions romaines ou grecques, si visiblement destinées aux heureux climats où règne exclusivement le soleil? C'est, répondrons-nous, que nous sommes probablement plus copistes que créateurs; c'est que nous trouvons plus aisé de suivre une ornière tracée, si profonde soit-elle, que de nous frayer de nouveaux chemins.

Toujours est-il que nous regrettons amèrement qu'on n'ait pas fait plus d'efforts pour changer la forme de nos instruments de chauffage, puisque l'élément de chauffage était lui-même changé : ceux qu'on a tentés pour leur conserver autant que possible l'aspect extérieur de la forme, n'ont abouti, selon nous, qu'à restreindre les résultats; et nous ne doutons pas qu'avant peu le génie de nos fabricants ne parvienne à triompher de ces difficultés de détail.

Cette observation mise à part, les divers appareils de chauffage que nous avons vus semblent fonctionner d'une manière satisfaisante, mais nous ne savons pas à quel prix le mètre cube d'air, par exemple, renouvelé par une ventilation suffisante, pourrait être chauffé par eux jusqu'à 15 ou 20 degrés centigrades.

Les pancartes indiquent bien un foyer à l'amianthe comme brûlant 400 litres par heure, mais combien de mètres cubes d'air peut-il échauffer? C'est ce qui n'est point accusé. Une cheminée prussienne de taille ordinaire, à trois rangs de flamme et qui consomme, dit-on, 1,500 litres à l'heure, échauffe sensiblement l'air à une grande distance; nous regrettons de ne pouvoir donner plus exactement la mesure de sa puissance calorifère.

Nous arrivons enfin à la série la plus variée de cette intéressante exposition, à celle des appareils destinés à remplacer le charbon dans les arts industriels.

Rien d'ingénieux, rien de commode comme ces foyers de toute forme, d'où le gaz brûlant se répand en nappe ou s'élance en gerbe, en lance, en dard pointu comme une aiguille, et donnant sous ce faible volume une chaleur à fondre les métaux, la chaleur du chalumeau.

Ici, chauffent incessamment des fers à souder, des étampes de relieur, des carreaux de tailleur, des fers de chapelier, de coiffeur, etc., etc.

Là, sont des fournaux de bijoutier, des lampes d'émailleur, des chalumeaux avec soufflets de caoutchouc pour la soudure autogène ; et, sur la table à côté, figurent les fourneaux de laboratoire à l'usage du chimiste et du pharmacien.

Tous ces foyers divers sont d'ailleurs adoptés déjà par la science et par l'industrie, qui trouvent dans leur emploi une économie dont la proportion moyenne est de 30 à 40 p. 100, ainsi que nous avons pu nous en convaincre nous-mêmes par le fourneau de laboratoire qui fonctionne à la Monnaie de Paris.

Tous ces appareils fonctionnent sans odeur, sans dégagement sensible d'acide carbonique ou d'oxide de carbone et, après les avoir successivement étudiés sous le triple rapport de la propreté, de la commodité et de l'économie, nous ne pouvons que répéter ce que nous disions dans notre premier article sur le chauffage au gaz. « Comment n'y a-t-on pas songé plus tôt. »

H. GAUGAIN.

LES LOGEMENTS A BON MARCHÉ.

Parmi les différents projets mis en avant pour résoudre cet important problème, nous devons en signaler un qui nous semble mériter l'attention à plusieurs égards. Il est dû à M. Dessirier, dont le principal titre, dans une question qui se propose le bien-être de la classe ouvrière, est d'avoir été ouvrier lui-même.

L'auteur du projet, après une critique rapide des *maisons mobiles* que l'on doit construire sur les terrains vagues situés aux extremités de Paris, rejette également l'idée de la fondation de nombreux villages que l'on a proposé encore d'échelonner, de distance en distance, le long de la route circulaire bordant à l'intérieur les fortifications de Paris, villages qui auraient pour effet de disséminer sur une grande étendue, des industries qui ont un intérêt vital à rester agglomérées. M. Dessirier est ainsi amené à conclure que la solution complète du problème consiste dans la construction d'une grande ville industrielle, qu'il place dans les deux plaines d'Alfort et d'Ivry, séparées seulement par la Seine. Une telle ville, vouée spécialement à l'industrie, deviendrait pour l'*article de Paris* ce que Lyon est aujourd'hui pour les soiries : et cela n'empêcherait pas les fabricants qui iraient s'y établir, de conserver dans Paris des dépôts de leurs produits La nouvelle ville s'appellerait *Neubourg*.

Par le chemin de fer de Lyon, et par celui d'Orléans, Neubourg étant situé seulement à cinq minutes de Paris, il suffirait que toutes les gares fussent reliées par le chemin de ceinture, pour devenir autant de points de départ pour la nouvelle ville, qui jouirait en outre d'une position magnifique comme site. On le sait, le monde entier est tributaire de la France pour la fabrication de l'*article de Paris*, comprenant de nombreux objets parmi lesquels figure principalement la bijouterie fausse. Les fabricants de cet article ayant presque tous leurs demeures et leurs ateliers entre les rues Saint-Denis et Saint-Martin, seront bientôt obligés de se disperser, par le percement du boulevard de Sébastopol : or ces nombreux industriels ont le plus grand intérêt commercial à rester réunis, et le projet de M. Dessirier les intéresse de trop près pour qu'ils ne s'en préoccupent pas sérieusement.

A Neubourg les logements pourraient véritablement être à bon marché, à cause du prix minime des terrains, du genre de matériaux que l'on emploierait, et du mode d'architecture qui permettrait de loger cinq cents personnes ou environ cent vingt-cinq ménages dans chaque maison : inutile de dire que la pierre serait exclue des constructions qui, nonobstant, ne perdraient rien de leur élégance, grâce à un nouveau crépissage aussi brillant que le marbre le mieux travaillé. M. Dessirier propose d'isoler les maisons, qui posséderaient ainsi quatre façades extérieures ; un grand jardin, situé entre les quatre façades intérieures, permettrait en même temps de jouir partout d'une clarté abondante, inconnue dans les maisons actuelles. Enfin le plan de la ville présenterait l'aspect d'un damier, dont certaines cases resteraient vides soit comme places publiques, soit pour y élever plus tard des monuments.

Sans aucun doute l'idée de M. Dessirier est parfaitement réalisable : elle renferme, au moins pour le présent et sur une très vaste échelle, une issue au malaise dont la classe ouvrière et la classe moyenne se ressentent tous les jours davantage.

FÉLIX FOUCOU.

LE JAPON ET LA CHINE AU POINT DE VUE DE L'ACCLIMATION.

Projet d'un voyage agricole dans ces contrées.

Au milieu de notre siècle de recherches incessantes et de perfectionnements, en dépit des communications continuelles des peuples, une race d'hommes fort nombreuse, infidèle à cette grande loi de confraternité universelle qui généralise les trésors de l'intelligence et assure la paix et les richesses qu'engendre le travail, est restée complétement étrangère aux événements de l'histoire européenne, redoutant au contraire de s'y voir mêlée, avec la même répugnance qu'elle a toujours montrée à adopter les usages d'une civilisation étrangère, et, par conséquent, ennemie, barbare ; car, comme les antiques Grecs ainsi que les Romains, les peuples de l'Asie orientale considèrent sous cette acception peu flatteuse tous les étrangers indistinctement. La Chine, à la suite de la guerre de l'opium qui la mis à la merci des Anglais, se relâcha un peu de son ancienne tradition ; mais, quoi qu'il en soit, les Chinois, malgré des relations étendues avec les Anglais et les Américains, dont ils sont à même journellement d'étudier les mœurs et l'industrie, n'en sont pas moins restés chez eux tels qu'auparavant, fidèles aux vieilles coutumes transmises par leurs ancêtres, et conservées avec la plus grande religion. Hors de chez lui, cependant, le Chinois tend à se modifier beaucoup plus, et maintenant, aux Indes néerlandaises, aux Philippines, aux colonies anglaises, on voit les sujets du Céleste-Empire adopter assez facilement les usages européens; à Batavia, il n'est pas rare de voir de riches Chinois dans un costume à la fois européen et oriental, se montrer dans les promenades publiques, conduisant un léger tilbury aux chevaux fringants avec un savoir-faire qui ferait honneur aux dandys de la vieille Europe. En déduction de ces faits, on peut donc dire que le peuple chinois est certainement susceptible de s'ouvrir à notre civilisation perfectionnée; mais, que le respect qu'il a pour ses anciennes lois et sa servilité étonnante pour le passé, lui font rejeter les progrès qui seuls pourraient le sauver de la décadence vers laquelle il marche à grands pas depuis déjà nombre d'années, et qui ne fera que croître probablement grâce aux vertus de l'opium des Anglais.

Mais si la Chine est devenue accessible, il n'en est pas de même du Japon; et, quoique les récentes expéditions américaines et anglaises aient fait beaucoup de bruit, il ne nous semble pas que la question soit encore bien avancée. Et cependant, il serait de la plus haute utilité d'arriver définitivement à quelque solution décisive, car s'il fut jamais contrée intéressante sous tous les rapports, c'est bien certainement le Japon, pays nouveau, peu connu, sur lequel bien des absurdités et des erreurs ont été débitées.

Dans le commencement du dix-septième siècle, alors que l'activité des missionnaires avait formé dans cette grande île de nombreux prosélytes de l'Evangile, d'intéressantes publications et les récits des apôtres de la foi répandaient sur le Japon des connaissances variées. Celles-là, si elles n'étaient pas toujours très véridiques, popularisaient du moins ces contrées lointaines sur lesquelles le merveilleux s'était exercé avec tant de force. La splendeur de la terre de Cathay fut de courte durée et son auréole éclipsée bientôt par une autre terre non moins fameuse de l'Amérique, l'Eldorado, région mystérieuse autant que richissime, dont les relations par ouï-dire des voyageurs troublaient l'imagination ardente de nos pères et les portaient en rêve au milieu de félicités inouïes, mais où, par malheur, l'Espagnol dominait trop pour le grand contentement des aventuriers français, anglais et autres. L'attention détournée de l'extrême Asie, et puis l'extinction du catholicisme au Japon, qui arriva en 1640, contribuèrent à faire tomber dans l'oubli ces pays lointains, qui désormais n'intéressent plus que de temps à autre les puissances européennes, si ce n'est toutefois la Hollande dont la persévérance est vraiment prodigieuse dans les efforts qu'elle n'a cessé de faire, mais inutilement, pour obtenir la libre entrée du Japon.

Depuis le commencement du siècle actuel bien des progrès ont eu lieu évidemment, et bien des savants et intrépides voyageurs ont porté leurs pas vers ces régions; mais, néanmoins, attendu que leurs travaux sont souvent volumineux, très peu attrayants et par suite de leur forme scientifique, qu'ils sont écrits dans une langue étrangère peu répandue, il en résulte que le Japon et la Chine sont pour ainsi dire inconnus même des personnes d'une instruction supérieure, et sont restés la part exclusive de quelques hommes de science. En outre, c'est principalement dans les livres indigènes de ces deux pays que l'on peut trouver les renseignements les plus importants; or, il est généralement admis que les langues chinoise et japonaise, par suite de leur nature particulière, sont des plus difficiles et exigent une étude approfondie pour quiconque veut en posséder la connaissance, du reste indispensable pour celui qui désire se consacrer entièrement à ces vastes et curieuses parties de l'Asie. Enfin, l'étude même de cette dernière langue est très peu répandue, et, en Europe, nous ne comptons guère que M. *Hoffmann*, en Hollande, M. *Pfitzmaier* à Vienne, et M. *Léon de Rosny*, à Paris, qui s'en occupent d'une manière toute spéciale. Le premier de ces savants a donné, dans les Archives de Siebold sur le Japon, dans un ouvrage sur les vers à soie, et dans un autre sur la porcelaine, des renseignements profonds et de la plus haute utilité sur la langue, l'industrie, etc., des Japonais. M. Pfitzmaier a fait paraître dans les comptes rendus de l'Académie des sciences de Vienne différents mémoires sur la langue, la littérature du Japon; enfin, M. Léon de Rosny publie en ce moment une grammaire japonaise ainsi qu'un dictionnaire, les premiers qui paraîtront dans notre langue, et dont, à ce titre, nous espérons beaucoup pour l'avancement des connaissances sur le Japon.

La Chine et le Japon semblent aujourd'hui attirer plus particulièrement l'attention générale; on a reconnu combien sont nombreux les procédés, les plantes utiles que nous pouvons emprunter à ces pays, parmi lesquels l'agriculture est hautement honorée, et où les arts ne marquent pas d'une certaine perfection. A ce sujet, nous devons avouer que le Japon en bien des choses nous a paru fort supérieur à la Chine, ce qui, à notre avis, serait une déduction positive de la supériorité morale du Japonais sur le Chinois; car, à beaucoup près, il possède plus de franchise et de loyauté que celui-ci, et n'a pas aussi ce caractère fourbe et insinuant qui fait des habitants du *royaume du Milieu* de si parfaits commerçants, mais dont il est nécessaire toutefois de se défier. C'est surtout à la propagation en France du sorgho à sucre et de l'igname que l'on doit attribuer ce revirement soudain, et cette sympathie qui s'est déclarée avec les essais d'acclimatation pour les pays auxquels nous sommes redevables de ces précieuses plantes. Nous voyons, au reste, avec plaisir, la presse entière admettre avec enthousiasme ces idées fructueuses, par la raison que nous croyons fermement que les riches contrées que nous signalons possèdent une mine inépuisable de végétaux utiles à acclimater; d'autant plus que les Japonais et les Chinois n'ignorent les propriétés d'aucune plante, et se sont livrés depuis longtemps à la connaissance de cette partie principale de l'agriculture. Cette étude est portée si loin chez ces peuples qu'ils ont des ouvrages considérables, résultats de recherches sérieuses, qui traitent spécialement des plantes à utiliser en temps de disette; et, en êtres prévoyants et économes, ils sont arrivés à employer toutes les parties d'un même végétal de manière à profiter aussi largement que possible des dons de la nature. C'est montrer, en cela, une grande et belle idée de la création, tout en glorifiant le travail dans sa plus haute acception.

Nous avons maintenant à annoncer le prochain voyage agricole de M. du Couret, qui doit être accompagné d'un botaniste; leur absence sera de trois ans environ, et, durant ce temps, ils doivent visiter la Chine, le Japon, s'il y a possibilité, et revenir par Madagascar. Les promoteurs de cette expédition sont M. G. de Lacoste, connu par des travaux d'agriculture notables, et M. Rémond, pépiniériste de Versailles, dont nous avons déjà eu occasion, dans ce journal, de signaler les magnifiques résultats d'acclimatation de végétaux, et qui par l'initiative, si peu ordinaire en France, qu'il vient de prendre, continue d'une manière éclatante ses travaux si recommandables. Espérons que M. du Couret et son collégue surmonteront par leur énergie et leur expérience toutes les difficultés; et qu'accomplissant avec bonheur leur noble et pénible voyage, ils pourront, en retour des sacrifices que M. Rémond s'impose volontairement, doter notre pays de plantes et de procédés nouveaux qui, livrés à l'intelligence de nos hommes de science, viendront contribuer à la prospérité de notre patrie.

Parmi les plantes que nous croyons devoir recommander à l'attention de l'expédition, nous noterons particulièrement celles qui fournissent des matières textiles, des produits gras, tinctoriaux, et les plantes médicinales dont la Chine et le Japon offrent à l'observateur d'abondantes récoltes.

Nous citerons parmi les plantes textiles intéressantes : Le CHOU MA, matière de la batiste de Canton (*grass cloth*, — tissu d'herbe — des Anglais), bien propablement l'*urtica nivea*, encore peu répandu en Franee, malgré des essais faits il y a quelques années.

Le PE-CHOU-MA, le LO-MA, le PO-LO-MA, le HO-MA, plantes qui paraissent appartenir aux *Sida*, aux *Corchorus*, et peut-être bien aussi aux *Agaves*; le KO-MA, une phaséolée; enfin plusieurs autres plantes dignes d'être étudiées, d'autant plus que nous manquons de matières textiles, ce qui est peu compréhensible en présence de la grande profusion des végétanx de cette nature.

L'industrie des papiers offrira d'intéressents sujets d'observation, au point du vue de l'agriculture et de la fabrication; car, les Chinois et les Japonais sont passés maîtres en cette matière. On fait le papier avec l'écorce du bambou, TCHOU; du mûrier; du mûrier à papier, KO-TCHOU (*Broussonetia papyrifera*), laquelle fournit le MIÈN-TCHI (papier de soie); de l'*hibiscus rosa sinensis*, FOU-YONG; avec l'écorce et le duvet, du cotonnier; avec les chaumes de riz; l'écorce de l'orme; les parchemins des cocons des vers à soie, etc. Le papier de moelle ou papier de riz, qui sert aux peintres et aux dessinateurs, se prépare avec la moelle de l'*œschynomene paludosa*, légumineuse cultivée à Formose, et qui croît encore dans les marais du Ssetchouen, du Kouang-si et du Fo-kien.

Les plantes tinctoriales sont très nombreuses et fournissent des matières colorantes de très bon teint.

Les végétaux oléagineux ne paraissent pas être moins nombreux; le TONG-YO-TSE nous paraît intéressant, sous ce rapport que l'huile extraite de sa graine est très siccative; citons encore le HOUANJ-TCHOU, pois jaune oléifère; et le PE-TSAI, chou oléifère, que l'on s'efforce d'introduire en France depuis quelque temps.

L'arbre à suif — CHOU-LA — (*stillingia sebifera*) mérite d'attirer plus particulièrement l'attention de nos voyageurs; ce serait certainement une bonne acquisition pour l'Algérie et le midi de la France.

Enfin, le règne animal présente aussi un butin recommandable, surtout en ce qui concerne les vers à soie, les insectes à cire — LA-TCHONG (*cicada limbata*); en un mot, tous les sujets qui se rattachent directement ou indirectement à l'agriculture, seront le sujet des recherches de l'expédition formée par M. Rémond, laquelle ne négligera pas non plus de faire des collections nombreuses et de s'enquérir d'une grande quantité d'ouvrages sur la botanique, l'agriculture, la médecine, ce qui sera très facile vu le prix raisonnable des livres indigènes en Chine et en Japon.

PAUL MADINIER.

FALSIFICATION DU VINAIGRE.

Recherche des acides azotique et sulfurique.

Peu de substances ont échappé depuis quelque temps à la manie de la fraude. Les aliments et les produits de grande consommation ont principalement été torturés de toutes les manières. La chimie fournit bien des armes puissantes pour reconnaître les adultérations; mais par malheur ses procédés ne sont pas simples pour tous, ses moyens ne sont pas dans toutes les mains. Aussi, il n'est guère de consommateurs qui puissent déterminer avec facilité la pureté des produits qu'ils emploient continuellement. Si chacun pouvait apprécier à leur valeur les objets d'un usage journalier, les fraudeurs seraient bien moins nombreux et plus vite dévoilés. Ce but serait-il impossible à atteindre? Il suffirait d'exposer dans le langage ordinaire des procédés qui puissent être employés en toutes circonstances, laissant pour le laboratoire du chimiste les termes scientifiques, les manipulations compliquées et les appareils dispendieux.

C'est avec la conviction de l'utilité très grande pour la santé générale de la vulgarisation de procédés à la portée de tout le monde, que nous entreprenons une suite d'études sur les aliments solides et liquides. — Parlons aujourd'hui du vinaigre.

L'élévation du prix des vins devait nécessairement entraîner avec elle la cherté du vinaigre. Aussi, de toutes parts, s'est-on mis à l'œuvre pour obtenir le bon marché que recherche, trop souvent à son préjudice, le consommateur. La distillation du bois s'offrit au premier rang. Cette industrie a dû à la maladie de la vigne un grand développement. Le vinaigre de bois ne servait guère qu'à la préparation de sels utiles aux fabricants de toiles imprimées. Maintenant purifié et convenablement étendu d'eau, il est passé dans les usages culinaires. Ses qualités sont bien inférieures à celles du vinaigre de vin; mais son emploi peut bien être désagréable, il n'est pas nuisible à la santé. La même remarque s'applique aux vinaigres produits avec les résidus des distilleries, etc... Il n'en est pas de même des vinaigres trop faibles par nature ou affaiblis par calcul que l'on additionne de sels et d'acides. L'action funeste de ces corps étrangers se manifeste tôt ou tard sur l'organisme. Dans certains cas, les dents s'altèrent par leur contact, dans d'autres, l'estomac s'use lentement par leur action irritante et finit par languir.

On peut établir une division pratique pour la recherche de ces substances ; — les unes sont liquides et par l'évaporation ne laissent pas de résidu cristallin ; tels sont les acides azotique (nitrique ou eau forte), sulfurique (huile de vitriol), chlorhydrique (muriatique) ; les autres solubles, dans une certaine quantité du liquide, se séparent et donnent un résidu solide quand on évapore le vinaigre qui les contient ; ce sont, par exemple, les acides tartrique (du tartre des tonneaux), oxalique (de l'oseille), les sels de soude, de potasse, l'alun.

Occupons-nous d'abord des falsifications par les acides liquides, et admettons deux vinaigres additionnés ; le premier d'huile de vitriol, le second d'eau forte.

RECHERCHE DE L'ACIDE AZOTIQUE. — *Procédé* CH. BOURLIER.

Tout notre appareil se réduira à une marmite contenant de l'eau maintenue à l'ébullition sur un fourneau et recouverte d'une assiette de terre ou de porcelaine. Ce simple appareil étant disposé et l'assiette bien nettoyée, on verse sur celle-ci deux cuillerées à soupe, du vinaigre suspect, et l'on incline légèrement l'assiette pour que le liquide soit rassemblé sur le plus petit espace possible. La chaleur de l'eau bouillante a bien vite chassé l'eau et l'acide qui forment le vinaigre, pour ne laisser qu'un résidu insignifiant. L'acide azotique qui ne se vaporise qu'à une température bien plus élevée (123°), reste seul.

Ce corps est doué de la propriété très intéressante de colorer en jaune les substances animales, soie, laine, corne, etc., quand il est suffisamment concentré. Si donc on a ajouté au vinaigre, qui est rassemblé sur l'assiette, un fil de soie ou de laine, de couleur blanche, l'acide azotique le colorera en *beau jaune citron* aussitôt que l'excès d'eau sera réduit en vapeur. Ce moyen est aussi probant que les réactions les plus compliquées.

Il est bon de prémunir contre une cause d'erreur les personnes étrangères aux réactions chimiques. Certains vinaigres donnent même au bain-marie un résidu très brun par suite de la composition des matières organiques qu'ils contiennent. Si certaines portions du fil sont imprégnées de ces substances, elles prendront la même teinte brune ; mais non point la *couleur citrine* caractéristique.

RECHERCHE DE L'ACIDE SULFURIQUE. — *Procédé des hôpitaux militaires et de* M. RUNGE.

Le procédé suivant pour reconnaître l'acide sulfurique est employé depuis un très long temps dans les hôpitaux militaires. M. Runge l'a publié il y a quelques années. L'appareil qui a servi pour la première opération servira sans modification pour celle-ci. Sur l'assiette bien propre et placée horizontalement, on répandra une cuillerée à café d'une solution très concentrée de sucre ; la chaleur chassera l'eau du sirop pour ne laisser qu'une couche très mince de sucre. — Quand l'opération est arrivée à ce point, on laisse tomber de distance en distance une goutte seulement de vinaigre. — Si l'évaporation du sirop est suffisante, la goutte conserve à peu près sa forme ; dans le cas contraire elle s'étend beaucoup, et la réaction se manifeste moins rapidement. Quand l'eau d'une goutte est évaporée, l'acide sulfurique, corps beaucoup moins volatil, reste en contact avec le sucre. — Cet acide est très avide d'eau : privé par la chaleur de l'eau du vinaigre, il s'empare de celle que contient le sucre dans ses éléments. Il ne reste plus alors de ce corps que les particules charbonneuses, et ce sont elles qui communiquent à toutes les places qu'occupaient les gouttelettes de vinaigre, la *coloration noire* caractéristique de la présence de l'acide sulfurique. On retrouve de cette façon des traces à peine sensibles de ce corps. La tache noire met d'autant plus de temps à apparaître, que le vinaigre contient moins de corps énergique. — Il ne faut donc pas conclure négativement après quelques instants d'expériences.

La démonstration ne vaut point toutefois la pratique. — Une seule expérience faite comparativement avec des vinaigres falsifiés et parallèlement avec des vinaigres purs, sera la meilleure leçon. — Je la recommande aux personnes intéressées. Après ce premier pas il leur sera facile de marcher dans d'autres circonstances.

CH. BOURLIER.
Pharm. aide-major, hôp. milit. du Gros-Caillou.

La suite prochainement.

LE VIN DE VINASSE RÉTABLIE.

Un homme dont les découvertes nombreuses ont depuis longtemps inscrit le nom dans les fastes des inventeurs les plus féconds et les plus ingénieux de notre époque, M. J. A. Robert, vient d'acquérir un nouveau titre à l'estime publique par une découverte qui ne pouvait venir en temps plus opportun, puisqu'elle aura pour résultats d'accroître notre production en vins et par suite d'en abaisser le prix. *L'Ami des sciences* est heureux d'offrir à ses lecteurs les prémices de cette importante découverte. Il lui consacrera dans un prochain numéro l'espace qu'elle mérite. L'extrait suivant d'un exposé adressé par l'auteur à M. le directeur général des contributions indirectes, en date du 6 courant, dira de quoi il s'agit.

« J'ai découvert qu'on abandonnait dans le marc et la vinasse plus de produits utiles du raisin qu'on n'en retirait. A l'aide des marcs du raisin et du sucre de raisin, je rétablis en vin potable les vinasses des brûleries.

« Cette découverte est appliquée depuis deux ans dans mon établissement de Tusson (Charente) sur une assez grande échelle et avec un succès complet. Son application embrasse, dès cette année, les principaux pays de brûlerie. A proprement dire, je ne fais pas le vin, je me borne à le recueillir aux sources naturelles, mais jusqu'alors inconnues, où il se trouve en abondance.

« Ce vin n'est nouveau que par son origine ; nullement par sa composition et ses propriétés.

« Le sucre, seule substance que j'ajoute au raisin,

s'ajoute au raisin même des grands crus de Bourgogne et autres lieux, depuis Chaptal.

« Enfin, il est des cas où je n'ai besoin de rien ajouter au jus du raisin, c'est lorsque les vins de distillerie, par suite du climat et d'une maturité complète, se trouvent sucrés jusqu'au dégoût. La vinasse qui en résulte contient encore assez de sucre pour donner naissance à l'alcool nécessaire. Ces seconds vins sont supérieurs aux premiers pour être bus, parce que les acides masqués par le sucre en excès s'y font sentir convenablement. Les vins du midi ressemblent alors à des vins du centre de la France.

« On ne pouvait donc plus objecter qu'une chose : que les moûts sont passés dans un chaudron, dans une chaudière..... Je répondrai que, depuis les Romains, qui faisaient tous leurs vins ainsi, les moûts de beaucoup de vins du midi se concentrent dans des chaudrons pour évaporer l'eau en excès. C'est justement à l'action du feu sur la vinasse que je dois probablement de faire dans la Charente, par exemple, des vins plus moëlleux et meilleurs que ceux qui n'ont pas été brûlés, parce que le raisin de ce pays contient beaucoup d'un acide malique particulier, d'un goût âpre et sauvage, que la cuisson change en saveur sucrée, comme cela arrive pour certaines poires qu'il serait impossible de manger crues et qui sont des meilleures étant cuites.

» Enfin, la distillation enlève encore à ces vins de l'acide prussique qui coopère à la qualité des eaux-de-vie qu'ils fournissent, mais qui nuit à ces vins pour la table.

« Les vinasses, jusqu'alors sans emploi, étaient un embarras et un danger ; elles se putréfiaient en viciant l'air et l'eau. Pourtant, c'est un aliment, car l'alcool n'est pas le seul principe nutritif du vin.

« On objectera peut-être que la consommation du vin est réglée, limitée, et que si l'on boit du vin de vinasse rétablie, on délaissera une quantité égale de vin primitif.

« Tant qu'il y aura un travailleur, une femme ou un enfant réduits à boire de l'eau, il faudra reconnaître que le vin sera trop cher, puisqu'il ne pourra pas être mis à leur portée, car le vin est un aliment doublement utile, parce qu'il est salubre et qu'il économise le pain. *Le pain est toujours cher quand le vin manque.*

« L'abondance que peut produire mon procédé, en doublant la récolte, profite au fisc et au consommateur *sans nuire au producteur*, qui, produisant le double, peut vendre moitié moins cher sans préjudice.

« L'abondance produite par mon procédé ne peut avoir que des avantages, jamais d'inconvénients.

« En temps de disette, c'est un grand bienfait. S'il eût été répandu depuis quelques années, le gouvernement, dans sa sollicitude éclairée, n'aurait peut-être pas eu besoin d'ouvrir nos frontières aux boissons étrangères, et les millions qui sont sortis de France pour cet objet y seraient restés.

« En temps d'abondance, mon procédé augmentera l'abondance, c'est-à-dire la richesse, le bien-être, en favorisant la consommation et l'exportation. Et si l'on veut admettre que la fécondité de la vigne doive être à l'avenir toujours complète et régulière, il arrivera un moment où le sucre vaudra plus que le vin. Il sera facile alors de ne plus se servir de mon procédé, ce qui n'empêchera pas de le reprendre quand il pourra être utile.

« L'influence de ce procédé n'agira pas seulement pour l'augmentation et l'alimentation des vins ; elle s'étendra aussi à l'amélioration des eaux-de-vie. Celles des vins se produiront en plus grande abondance, parce qu'il y aura intérêt à brûler tous les vins médiocres qui feront d'excellentes eaux-de-vie et des vins meilleurs qu'ils n'étaient. Il est plus facile maintenant de convertir en bons vins qu'en bonnes eaux-de-vie le sucre que fournit notre agriculture. »

J. A. Robert.

Les détails à un prochain numéro.

MACHINES A VAPEUR ET A AIR CHAUD COMBINÉS.

Système Joyeux.

Un de nos abonnés, M. Justin Laurens, directeur de l'Ecole du commerce et des arts industriels de Marseille, nous communique la description suivante d'une machine nouvelle au perfectionnement de laquelle il a pris lui-même une part importante.

Prenons une machine à vapeur ordinaire ; sa chaudière à bouilleur ne sera pas modifiée ; mais le fourneau où elle est presque ensevelie laissera place à des tubes de fonte serpentant entre le foyer, les bouilleurs et la chaudière, lesquels, grâce à l'addition d'un cylindre soufflant conjugué avec le cylindre travailleur ordinaire, sont constamment remplis d'un mélange d'air et de vapeur d'eau. Mais cet air, dans quelle condition arrive-t-il au serpentin? C'est ici que M. Joyeux a su tirer parti d'une grande quantité de chaleur ordinairement perdue ; le cylindre soufflant chasse l'air dans un conduit hélicoïde qui entoure la cheminée pour aboutir à un distributeur à six orifices ; la vapeur, de son côté, aboutit à un distributeur pareil, mais distinct du précédent. Or, un double tiroir circulaire, remplissant la fonction d'un tiroir rectiligne habituel, ouvre et ferme simultanément chacun des six orifices correspondant à l'un des six serpentins, de manière que, à une quantité reçue d'air déjà chaud, vienne s'ajouter une dose suffisante de vapeur. C'est alors que le mélange aériforme parcourt le serpentin qui passe d'abord deux fois en se repliant sur lui-même, entre la chaudière et des bouilleurs, et se replie encore pour passer entre les bouilleurs et le foyer. Après avoir parcouru 12 mètres d'un milieu où la chaleur augmente progressivement, le mélange aériforme surchauffé se rend au tiroir du cylindre travailleur pour y remplir la fonction habituellement dévolue à la vapeur seule.

Si nous mettons en présence le système Ericsson et le système Joyeux, nous voyons la cause de l'insuccès du premier et l'espérance certaine de la réussite du second dans la différence des moyens qu'ils ont employés pour chauffer l'air. M. Ericsson chauffait son air, cylindrée par cylindrée ; il en recueillait la chaleur d'échappement par son système de toiles métalliques, afin que cette chaleur fut reprise par l'air d'alimentation ; d'où naissait une contre-pression doublement funeste à l'effet utile.

M. Joyeux, outre l'emploi ingénieux de la chaleur thermométrique et latente de la vapeur d'eau, a su, par l'habile disposition de ses six serpentins, ménager à sa machine une alimentation continue et un échappement indépendant, de manière non-seulement à ne pas avoir de contre-pression, mais encore à fournir sans interruption son mélange aériforme au cylindre travailleur. Poursuivons la marche du mélange aériforme. Après avoir produit son double effet, ira-t-il, comme le fait la vapeur dans les machines à haute pression, s'épancher et perdre sa chaleur dans l'atmosphère, ou bien faudra-t-il compliquer la machine d'un condenseur et de sa pompe? Non; et c'est ici encore que se signale l'originalité du système Joyeux. Par l'échappement, le mélange aériforme se rend dans un nouveau conduit hélicoïde qui entoure celui dont nous avons déjà parlé; de sorte que, au courant d'air frais, descendant par l'hélice interne pour y acquérir la chaleur de la cheminée, sera superposé un courant aériforme surchauffé, montant par l'hélice externe et enrichissant cet air, non-seulement de sa chaleur thermométrique, mais encore de l'énorme chaleur latente de la vapeur d'eau, laquelle est reçue, après condensation, dans une bache à ce destinée, pour la restituer à la chaudière sous une haute température.

Si nous n'étions restreint par l'espace, nous pourrions ajouter à cet aperçu les calculs qui promettent au système Joyeux une économie de 80 pour 100; nous nous contenterons de dire, ne pouvant reproduire ici ses calculs, qu'ils ont été discutés et approuvés, aussi bien à Toulon qu'à Marseille, par les personnages les plus éminents dans l'art de construire les machines. JUSTIN LAURENS.

HYGIÈNE PUBLIQUE ET PROGRÈS AGRICOLE.

Nous extrayons ce qui suit d'une note fort importante publiée par M. Hervé-Mangon dans les *Annales de chimie et de physique*.

« On comprend instinctivement, depuis bien longtemps déjà, dit M. Hervé-Mangon, que les immondices des villes sont des précieux engrais qu'il faut rendre à l'agriculture. Tous les jours de nouveaux projets sont présentés pour atteindre ce but.

« Le principe de toutes les idées mises en avant consiste dans l'emploi de pompes à vapeur, destinées à transporter hors de Paris, par exemple, les produits, et à répandre ces liquides sur les champs par arrosage. Le degré de concentration des liquides varie seulement d'un projet à l'autre, selon que l'auteur suppose l'administration municipale plus ou moins disposée à admettre le coulage direct des matières dans les égoûts, le système exclusif des fosses-étanches plus ou moins modifié, ou, enfin, un système de canaux spéciaux d'évacuation de ces matières.

« Nous sommes loin de nier les avantages des systèmes proposés, et les améliorations qu'ils réaliseraient sur le système actuel d'assainissement de Paris. Mais, la lenteur même qu'on apporte à leur mise à exécution, prouve que le problème présente des difficultés de plus d'un genre. Il est donc permis de faire remarquer que la science fournit le moyen d'arriver à une solution complète, que les auteurs des projets les mieux étudiés jusqu'à présent n'ont pas aperçue.

« ... On ignorait, jusqu'à présent, par quelle voie, par quelle réaction l'azote entre dans la composition des végétaux. Cette question est maintenant éclaircie. Les dernières expériences de M. Boussingault ne laissent aucun doute à cet égard. L'acide azotique des nitrates joue, pour la fixation de l'azote, le même rôle que l'acide carbonique pour la fixation du carbone. Ainsi, des nitrates étant donnés, la nature se charge de les transformer en produits végétaux utiles; c'est un fait acquis aujourd'hui à la science agricole.

« Si une terre fumée n'est qu'une large nitrière artificielle, que faut-il faire des déjections des villes? Il faut régulariser le travail de la nature, il faut employer ces déjections et les absorber au profit de grandes nitrières artificielles où elles seront brûlées et converties en nitrates, ou, par conséquent, elles seront à la fois désinfectées et préparées, sans perte, sous la forme la plus favorable aux usages de l'agriculture. Entasser les débris infects sans les aérer, c'est perpétuer et centupler leur infection. Au contraire, les aérer en présence de la chaux et des alcalis, c'est assurer leur désinfection plus prompte, mais aussi c'est les convertir en nitrates. En effet, pour constituer une nitrière artificielle, il suffit de réunir des terres poreuses, calcaires ou alcalines et des débris animaux ou végétaux, sous l'influence de l'air et d'une température favorable.

« Théoriquement, convertir en nitrières toutes les déjections d'une ville serait donc un moyen de les désinfecter et d'en assurer à l'agriculture l'emploi complet, exact, sous la forme la plus transportable. Mais la marche des nitrières est lente; elle est mal connue, par suite difficile à régler.

« Or, en s'aidant des faits nouveaux que présente l'air ou plutôt l'oxygène *ozonisé*, on s'explique tout à coup beaucoup de faits qui restaient incompréhensibles dans les descriptions les plus exactes des nitrières artificielles, beaucoup d'observations pratiques sur l'emploi des fumiers et celui de la marne.

« Suivant toutes les probabilités, il se forme surtout des nitrates quand on met en présence l'air ozonisé et des calcaires contenant des produits ammoniacaux, ou des matières organiques pouvant en produire.

« On le voit donc, si l'on faisait traverser par de l'air ozonisé des couches de sol calcaire arrosées de matière organiques, on produirait des azotates en grande quantité.

« Mais, sans recourir à l'emploi de l'air ozonisé, on peut dire qu'un terrain, riche en calcaire et drainé, forme une immense nitrière, nitrière productive, dont la surface pourrait présenter la plus grande fertilité, tandis que dans l'intérieur se prépareront, pour les terres moins heureusement partagées, les nitrates, c'est-à-dire de riches engrais d'un transport facile.

« ... Pour revenir à l'assainissement de Paris, les terrains qui l'entourent semblent disposés exprès pour la création de ces grands centres de production de nitrates. Le calcaire grossier de la plaine de Montrouge, la Champagne crayeuse, pourraient absorber, et bien au delà, tous les engrais liquides de la grande cité.

« Quel sera le résultat pratique de ces conjectures et des expériences en cours d'exécution ? Nul ne saurait le dire assurément aujourd'hui ; mais cette voie est, je ne crains pas de l'affirmer, celle où il faut chercher la solution du problème de l'assainissement des villes, et de la conservation de leurs excrétions au profit de l'agriculture. »

DÉMONSTRATION PHYSIQUE DU MOUVEMENT DE LA TERRE.

Pendule et gyroscope de M. Léon Foucault.

Un nouveau volume (le 3e) de l'Astronomie populaire de notre illustre Arago vient de paraître. Il contient trois livres, le XXe consacré à la *Terre*, et qui n'occupe pas moins de 374 pages, le XXIe relatif à la *Lune*, le XXIIe traitant des *Eclipses* et *Occultations*. Dans une prochaine Revue bibliographique, notre collaborateur, M. Foucou, rendra compte des volumes déjà publiés de ce monumental ouvrage, que le zèle des honorables éditeurs et du savant exécuteur testamentaire de M. Arago aura bientôt conduit à bonne fin.

En attendant, nous avons, grâce à la libéralité de M. Léon Foucault et de MM. Gide et Baudry, la bonne fortune de pouvoir mettre sous les yeux de nos lecteurs l'extrait suivant du volume qui vient de paraître, et les illustrations qui se rapportent au passage dont nous faisons choix. On aura ainsi en même temps un specimen du texte et des dessins, et cela à propos d'une des questions qui ont le plus vivement et à très juste titre captivé, dans ces dernières années, l'attention du public ; celle de la démonstration physique du mouvement de rotation de la terre.

Voici donc en quels termes M. Arago expose les « deux expériences faciles à répéter en tous lieux avec des appareils simples, » au moyen desquels « un jeune physicien français d'un grand mérite, » a donné cette démonstration.

« M. Foucault a communiqué les détails de son expérience (1) à l'Académie des sciences de Paris, dans la séance du 3 février 1851. Elle consiste à encastrer un fil d'acier (*fig.* 1), par son extrémité supérieure, dans une plaque métallique A, fixée solidement à une voûte ou à un plafond. Ce fil supporte, à son extrémité inférieure une boule de cuivre P d'un poids assez fort ; une pointe est attachée au-dessous de la boule. On dispose deux petits monticules de sable fin *m* et *m'* en les allongeant ; chacun suivant une direction perpendiculaire au plan vertical, dans lequel on fera commencer les oscillations du pendule. Il est nécessaire que le pendule parte pour osciller sans avoir de vitesse initiale. Pour cela, on le dérange de la position verticale et on le maintient dans un écartement convenable, en attachant la boule par un fil de matière organique à un objet fixe. Lorsque la boule est bien en repos dans la position particulière qu'on lui a ainsi donnée, on brûle le fil organique à l'aide de la flamme d'une allumette. On voit alors le pendule partir aussitôt ; la pointe de la boule entame peu à peu les monticules de sable, de manière à montrer manifestement une déviation du plan des oscillations de l'orient vers l'occident.

Fig. 1.

« Le mouvement qu'on observe ainsi dans le plan des oscillations n'est qu'apparent ; en réalité, ce plan reste immobile, c'est la Terre qui tourne au-dessous, d'occident en orient. Le point de suspension du pendule est lié, il est vrai, à la Terre, et tourne avec elle, mais la torsion qui peut en résulter sur le fil n'exerce pas d'influence sensible sur l'ensemble du pendule. Les figures 2 et 3 montrent le système d'attache que M. Foucault a adopté pour la partie supérieure du fil dans la plaque métallique fixée à la voûte par les écrous *e*. Il est évident qu'avec un fil très long et une boule relativement très grosse, il ne peut pas s'exercer d'action perturbatrice énergique sur le plan dans lequel se font les oscillations par l'intermédiaire de la plaque de suspension.

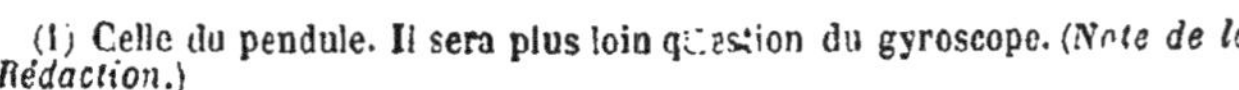

(1) Celle du pendule. Il sera plus loin question du gyroscope. (*Note de la Rédaction.*)

« Après la communication des expériences de M. Foucault à l'Académie des sciences, M. Liouville a démontré, par une méthode bien simple, la dépendance du déplacement du plan des oscillations du pendule

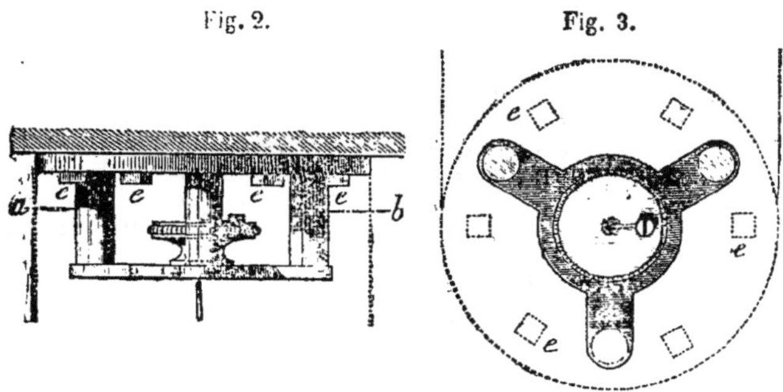

Fig. 2. Fig. 3.

avec le mouvement de rotation de notre globle. Si l'on suppose qu'on se transporte d'abord au pôle nord pour y établir le pendule de M. Foucault, de manière que le point de suspension soit sur le prolongement de l'axe de rotation de la Terre, il est évident que tout étant symétrique par rapport au plan dans lequel on aura fait mouvoir arbitrairement le pendule, le mouvement de la Terre deviendra sensible par le contraste de l'immobilité du plan d'oscillation. En effet, un observateur placé sur la Terre sera entraîné avec elle de l'ouest à l'est, et comme il ne s'aperçoit pas de son propre mouvement, ce sera le plan d'oscillation du pendule qui lui semblera tourner en vingt-quatre heures de l'est à l'ouest.

« Au pôle austral, le pendule présentera les mêmes phénomènes ; seulement, le plan d'oscillation semblera tourner en sens contraire, à cause de la position inverse de l'observateur, c'est-à-dire que le mouvement apparent du plan d'oscillation s'effectuant de gauche à droite au pôle boréal, il semblera avoir lieu de droite à gauche au pôle austral.

« D'une manière générale, il est clair que si le plan d'oscillation semble tourner dans un certain sens d'un côté de l'équateur terrestre, il paraîtra tourner en sens contraire de l'autre côté. Par conséquent, sur l'équateur même, le plan d'oscillation devra paraître immobile ; il n'y a pas de raison pour qu'il semble y tourner dans un sens plutôt que dans l'autre, l'observateur placé à l'équateur terrestre étant toujours, pendant les vingt-quatre heures du mouvement de rotation de notre globe, dans la même position par rapport au pendule oscillant.

« Maintenant, voyons ce qui se passera en un point A. (fig. 4.) quelconque de la surface de la terre. Supposons qu'on représente par O C. la valeur de la rotation de la terre autour de son axe P P′ en un temps très court, et menons la verticale O A du lieu A, puis une perpendiculaire FF′ à cette verticale par le centre O de notre globe. On peut appliquer aux mouvements le théorème du parallélogramme des forces que nous avons signalé au commencement de cet ouvrage. Donc, si on construit le rectangle O D C G, on pourra remplacer la rotation O C par les deux rotations composantes O D et O G. Mais, par rapport à la rotation O G de la terre autour de l'axe FF′, le pendule placé au point A se trouve évidemment dans les mêmes conditions que s'il était placé sur l'équateur E E′, et qu'on considérât la rotation autour de l'axe de la terre P P'.

Fig. 4.

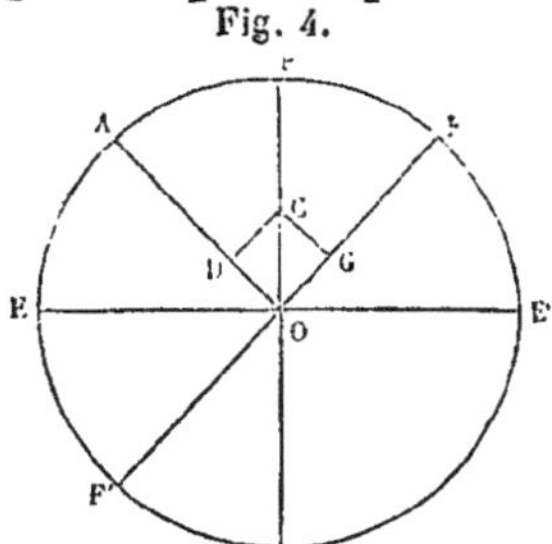

» La direction du plan d'oscillafion du pendule et de la vitesse de son déplacement apparent ne sont donc pas affectés par la rotation composante O G autour de l'axe FF′. On peut donc dire que tout doit se passer comme si la rotation O D existait seule. Or, par rapport à cette rotation, le pendule situé en A se trouve exactement comme le pendule situé au pôle par rapport à la véritable rotation de la terre. Nous devons donc conclure de cette analogie que le plan d'oscillation du pendule situé en A doit sembler tourner de l'est à l'ouest autour de la verticale de ce lieu avec une vitesse de rotation égale à celle dont la terre serait animée si elle ne possédait que la rotation composante O D au lieu de la rotation résultante O C. En d'autres termes, la vitesse du plan d'oscillation en A sera à celle de la Terre comme O D est à O C. L'expérience vérifie complétement ce résultat du raisonnement. »

(*La fin au prochain numéro.*)

Le plus court chemin entre l'Europe et l'Afrique.

Paris, le 13 octobre 1856.

Mon cher Meunier,

Votre intéressant journal s'occupe avec une sollicitude bien légitime du câble électrique sous-méditerranéen, dont la rupture à deux reprises différentes semble défier la puissance de l'industrie. Voudriez-vous me permettre d'intervenir dans cet échange d'idées, non au nom de la science mécanique, j'y suis étranger, mais au nom de la géographie, qui me semble fournir quelques idées dignes d'attention ?

Lorsque la compagnie, dont M. Brett s'est montré le courageux et persévérant directeur, sollicita l'intervention du gouvernement français en faveur de son projet, une autre compagnie se présentait qui proposait de rattacher le câble à l'Espagne d'une part, à la province d'Oran de l'autre. Celle-ci fut écartée. Pourquoi ? Je l'ignore. Mais en admettant que la préférence ait été justement accordée à la Compagnie Brett, il est permis après deux tentatives malheureuses, de rechercher si l'adoption de l'autre direction ne diminuerait pas les difficultés et les dépenses de l'entreprise. Ouvrez, en effet, une carte détaillée du bassin méditerranéen, et vous reconnaîtrez que la distance entre le cap Spartivento, pointe la plus méridionale de l'île de Sardaigne, et l'île de la Galite dépasse de quelque chose celle entre le cap de Gates, extrémité sud-est de l'Espagne et les îlots Habibas, en face et à proche distance de la côte d'Oran ; ne veut-on pas s'arrêter à ces îles, la distance entre la Sardaigne et la Galite est la même qu'entre le cap de Gates et le cap Lindless, à l'ouest de Mers-el-Kebir, mais avec cette différence qu'arrivé ici, le câble touche le continent africain et se trouve en toute sûreté, tandis que de la Galite à Bône ou La Calle, il faut une seconde et longue immersion, nouvelle source de dépenses et de mauvaises chances. Le cap Tres-Forcas, le préside espagnol Melilla, d'où l'on atteindrait facilement les îles Zafarines et Nemours, sont encore plus rapprochés de la côte espagnole que l'île de la Galite ne l'est du cap Spartivento.

Par cette première considération, il convient, ce semble, de remettre à l'étude ce projet primitif, par l'Espagne et la province d'Oran.

J'ai l'espoir que, si les regards se portent de ce côté, on ira un peu plus loin à l'ouest, et l'on reconnaîtra que le plus court et le plus facile serait de jeter le câble à travers le détroit de Gibraltar, d'une côte à l'autre, ce qui ferait la longueur de quelques milles seulement, pas le sixième du trajet parcouru par le câble qui s'est rompu entre la Sardaigne et la Galite.

Contre cette proposition, qui peut paraître audacieuse, parce qu'elle est très simple, je m'attends à deux objections ; 1° la violence du courant dans le détroit de Gibraltar ; 2° l'état politique du Maroc et particulièrement des tribus du Rif.

Voilà mes réponses :

1° Sur l'action des courants je ne puis que m'en référer à l'expérience; les gens du métier ayant seuls voix au chapitre en une telle matière, mais on a vu qu'en allant vers l'Italie, on n'échappe ni aux courants ni aux abîmes sous-marins. Quels qu'ils soient, les uns et les autres, dans le détroit, il semble impossible qu'il ne reste pas une notable économie sur la longueur du câble; 2° quant à l'état politique du Maroc, on s'exagère beaucoup le danger qui en résulterait pour une ligne électrique. Livrés aux superstitions, les indigènes y verraient un talisman diabolique ou divin, comme ils font en Algérie, et ils s'inclineraient devant le mystère, bien loin de songer à le scruter ou le supprimer.

Au surplus, une telle entreprise ne serait pas dépourvue de sanction matérielle. La compagnie Brett n'entend certes pas livrer ici à la garde de Dieu seul, sa ligne électrique à travers la Tunise, la régence de Tripoli, et le désert Lybien jusqu'en Egypte. Elle aura ses postes armés pour surveiller les poteaux et protéger ses agents. Ainsi ferait-elle dans le Maroc; or, quand les marocains sauraient que l'œuvre est sous la protection de la France, de l'Angleterre et de l'Espagne, on peut être assuré qu'ils n'y toucheraient.

S'ils y portaient atteinte, l'occasion serait excellente pour inaugurer la police de la civilisation dans ces régions, dont la barbarie à quelques milles de l'Europe, est un scandale et une honte trop longtemps soufferts. Ce n'est pas l'empereur de Maroc qui s'en plaindrait ! Il n'en aurait ni le droit ni le pouvoir.

En se pliant à ce détour sur terre, la compagnie ferait une immense économie de dépense par mer; elle réduirait au minimum les mauvaises chances ; enfin, au lieu de longer seulement le voisinage de la France et la lisière de l'Algérie, la circulation électrique relierait comme dans une chaîne d'intérêt et de sympathies solidaires l'Angleterre, la France, l'Espagne, le Portugal, l'Algérie entière : elle entamerait le Maroc par le progrès industriel, que la force au besoin consoliderait. Ce serait véritablement une création neutre et internationale, au lieu de n'être qu'une entreprise anglaise, qui semble ne toucher qu'à regret aux rivages français.

Si vous pensez, mon cher Meunier, que ces vues ne soient pas dépourvues d'intérêt, veuillez les livrer à l'attention et à la discution de vos nombreux lecteurs.

Tout à vous, Jules Duval.

LE VOLCAN DE POPACATEPETL.

A MONSIEUR V. MEUNIER

Monsieur,

L'article que vous avez extrait du *Siècle* de Mexico sur le volcan du Popacatopetl, dans le numéro 41 de *l'Ami des sciences* donne une idée bien inexacte de ce volcan, passé à l'état de *solfatare*.

J'ai passé trois ans au pied de cette haute montagne ; permettez-moi de vous adresser les éléments d'une rectification de cet extrait.

Le soufre est exploité.

Des Indiens recueillent au fond du cratère tout le soufre que réclame l'industrie de Mexico. Ils descendent dans le cratère à l'aide d'un baritel. Monsieur le marquis de Rudepont, notre compatriote, a tenté cette descente périlleuse.

La profondeur du cratère, du côté du plus bas, est d'environ 60 pieds.

Le travail le plus difficile des Indiens est de descendre le soufre ensaché, à une *rancho* située à la limite de la végétation. La distance en hauteur est de plus de 1000 mètres; — des hommes vigoureux n'emploient jamais moins de quatre heures pour gravir ces glaces éternelles. La descente se fait en une heure,— les porteurs de soufre font deux voyages dans une journée de travail.

Du *rancho*, le transport jusqu'à Mexico se fait à pas de Mulet.

Si on voulait exploiter ce gisement de soufre, pour les Américains, il y aurait, suivant moi, un obstacle insurmontable, c'est la distance au port d'embarquement de la Vera-Cruz.

Ce transport seul reviendrait à un prix supérieur à ce que nous payons à Marseille le soufre d'Italie où les 100 kilog. nous coûtaient 11 francs! — Le soufre ne sort pas en un jet de 1 pouce à 1 pied, il s'échappe en vapeurs par les innombrables crevasses du fond d'un cratère qui a plusieurs hectares de surface, et il se condense sur les roches assez froides. Il est pur quand on le détache avec précaution de la roche friable qui le supporte. Sa production est incessante; elle est assurée pour longtemps.

Cette solfatare est une ressource naturelle précieuse pour le Mexique; ce ne sera jamais une source de richesse.

Veuillez agréer, etc.

J. Guillemin, *ingénieur des mines*.

L'ÉLECTRICITÉ ET LA MARINE.

Paris, le 14 octobre 1856.

A M. LE RÉDACTEUR DE L'AMI DES SCIENCES.

Dans votre estimable journal du 12 octobre a paru un article intitulé *Bouées lumineuses*, je suis heureux que M. Meller se soit rencontré avec moi dans ses idées (1). Quelques jours avant cette publication, le *Musée des Sciences* du 8 octobre faisait mention de mon application de la lumière électrique à la pêche de nuit, que j'avais publiée dans votre numéro du 1er juin, et de la proposition que j'ai faite pour appliquer la bouée lumineuse au grand mât des navires dans le but de servir comme signal en cas de danger de naufrage.

J'ajouterai que j'ai encore proposé à M. le ministre de la marine ce procédé, pour servir au grand mât de télégraphe de nuit. — En effet, il est facile de comprendre qu'avec certaines intermittences convenues, on établirait un langage télégraphique entre les vaisseaux.

Les frais de cet appareil seraient peu coûteux; les intermittences faciles à obtenir ; en enlevant des batteries soit le fil positif, soit le fil négatif, la lumière cesserait instantanément, ce que l'on pourrait régler au moyen d'un petit clavier. Les abordages par ce moyen seraient impossibles, si on obligeait chaque navire à éclairer le grand mât par une nuit obscure. Dernièrement un accident semblable a occasionné la perte de près de 500 personnes. Pourquoi n'appliquerait-on pas sur une mer des ordonnances de police en vigueur sur terre, qui enjoignent à tous les charretiers, voituriers, cochers, etc., d'avoir des lanternes à leurs voitures, allumées pendant la nuit? Si cette mesure est appliquée à des voitures circulant dans des rues éclairées au gaz, pourquoi ne pas l'exiger des navires qui voguent dans l'espace et dans la profonde obscurité? La vie des voyageurs sur mer serait-elle donc moins précieuse que celle des piétons sur terre?

Quelques piles, un peu d'acide sulfurique et azotique, un globe de verre et dont on ne ferait usage que dans les temps exceptionnels, voilà tous les frais qui coûteraient moins à un navire que l'éclairage annuel des lanternes d'un fiacre !

Scipion Dumoulin.

BOUÉES CARILLONNEUSES.

Bordeaux, le 13 octobre 1856.

Cher monsieur Victor Meunier,

Permettez-moi de compléter mon article que vous avez eu la bonté de publier dans votre no 41.

Une cloche (suspendue au-dessus de la bouée lumineuse ou d'une bouée quelconque) sonnerait par l'agitation de l'eau. La sonnerie indiquerait de loin l'état de la mer, car plus elle serait houleuse ou forte, plus la cloche se ferait entendre. — On ne l'entendrait pas dans le calme plat. L'addition d'une cloche aux bouées lumineuses serait précieuse surtout pour le jour et dans les temps de brouillard, ou lorsque la lumière ne paraîtrait pas par suite de négligence, d'accident ou par toute autre cause. Il est évident que les points dangereux de la mer seraient plus souvent évités, s'ils étaient signalés par une lumière ou par le carillon d'une cloche.

Prosper Meller jeune.

DE L'HEURE SUR LES CHEMINS DE FER.

M. Anquetin, horloger, nous adresse la lettre suivante :

Monsieur,

Les différences d'heure que donne chaque pays placé sous un différent méridien deviennent plus sensibles à mesure que les voyages sont plus fréquents et plus rapides.

Ces différences compliquent le service des chemins de fer; et quand les administrations adoptent sur toute une ligne l'heure de la capitale, elles dissimulent la difficulté plutôt qu'elles ne la résolvent : à la frontière l'inconvénient paraît plus prononcé.

Sur le voyageur incombe toute la gêne ; il est forcé quand il

(1) Simple rencontre, en effet, car M. Meller a fait connaître sa proposition dès le mois dernier, par l'intermédiaire d'un journal de Bordeaux. (*Note de la Rédaction.*)

s'arrête, et qu'il séjourne, d'étudier la différence de l'heure de la gare avec celle de la localité. S'il va en Russie, il lui faudra raccorder cinq à six fois l'heure de sa montre avec l'heure des diverses gares: enfin l'on peut dire qu'en réalité, avec la meilleure montre possible, il ne saura jamais quelle heure il est.

Pour obvier à la confusion qui en résulte évidemment, il faut:

Créer une heure fixe et universelle;

L'exprimer par un signe qui ne puisse se confondre dans l'esprit avec ceux déjà employés;

Avoir 24 signes pour les 24 heures.

— Ainsi je propose pour atteindre ce but :

De prendre pour signes les 24 lettres de l'alphabet.

De convenir, entre toutes les nations intéressées qu'il sera, je suppose, A pour toute la terre quand le soleil passera au méridien de Paris; et pour appliquer cette méthode à peu de frais, et sans rien changer à l'heure et à l'horlogerie usuelle, il suffira de peindre au centre des cadrans des horloges et des montres un second cercle de minutes bordé à l'intérieur et à l'extérieur des 24 lettres de l'alphabet et placées dans le même rapport que les heures usuelles, avec cette relation observée en chaque pays que la lettre A et le chiffre 60 des minutes fixes y seront placés en regard de l'heure et de la minute locale correspondant au midi parisien.

Exemple: il est 1 h. 51' 52" à Saint-Pétersbourg quand il est midi à Paris; donc, à Saint-Pétersbourg, quand l'horloge marquera 1 h. 51' 52", A sera placé sous l'aiguille d'heure, et le chiffre 60, point précis, *sonnant* l'heure alphabétique, sera placé sous la grande aiguille.

Ensuite pour ceux qui, craignant l'équivoque de ces deux cercles de lettres superposées l'un sur l'autre, vaudraient une indication plus précise, il sera facile, en changeant simplement les roues de minuterie, d'avoir une aiguille d'heure qui fera un seul tour en 24 heures, par suite les heures du jour et de la nuit seraient différenciées, et l'on aurait le cadran plus explicite.

En somme, il est évident que l'adoption de ce système doterait les chemins de fer d'une heure fixe et universelle qui simplifierait les indications du service; le voyageur, tout en conservant l'heure de sa localité, aurait l'heure des chemins de fer qui, pour lui, ne varierait plus; l'emploi des 24 lettres indiquerait d'une façon nette le départ et l'arrivée des trains; il ne serait plus question d'heure de jour et d'heure de nuit: l'on sait que l'oubli de cette distinction sur les indicateurs est une cause fréquente d'erreur. Enfin la facilité d'exécution que comporte ce système est, je crois, un grand argument en faveur de son adoption.

Agréez, Monsieur, mes salutations respectueuses et empressées.

ANQUETIN,
Rue Neuve-Saint-Eustache, 45.

Paris, le 17 août 1856.

Académie des Sciences.

Addition à la séance du 6 octobre.

RECONSTITUTION DE CRISTAUX DISSYMÉTRIQUES.

Au mois d'avril de l'année dernière, M. Biot communiquait à ses collègues les derniers travaux faits à Breslaw par le professeur Marmande sur les cristaux de chlorate de potasse. Ce corps cristallise dans le système cubique, mais avec cette propriété qu'il n'acquiert aucun pouvoir rotatoire lorsqu'on le dissout dans l'eau, tandis que ce pouvoir se développe lorsqu'il a cristallisé de nouveau en petites masses cubiques dans sa propre dissolution. Or, ces cristaux de chlorate de potasse, qui ne jouissent pas du pouvoir roratoire *méloculaire*, offrent cette singularité remarquable, que si l'on isole ceux qui tournent à droite de ceux qui tourne à gauche, et qu'on les dissolve ensuite, il naît de chaque dissolution des cristaux doués de deux pouvoirs roratoires : premier fait entièrement nouveau en cristallographie.

Voici maintenant un second fait plus nouveau et plus remarquable s'il est possible : parmi les cristaux nombreux ainsi obtenus, il s'en trouve qui sont affectés de dissymétrie, c'est-à-dire qui présentent des hémiédries non superposables. Jusqu'à présent il était impossible de réformer par une action directe, cette dissemblance assez fréquente, lorsque le moyen vient d'en être découvert par le même professeur allemand. Il suffit de tailler, à l'aide d'un couteau et avec quelque précaution, les arêtes et les sommets non superposables, et de plonger ensuite les cristaux ainsi mutilés dans une dissolution de ce même corps : peu à peu les arêtes et les sommets se reforment d'eux-mêmes par une cristallisation nouvelle, et on retire, au bout de quelque temps, des cristaux qui sont tous parfaitement réguliers, et dont les faces, les arêtes et les sommets, sont superposables en tous sens. M. Biot a fortement insisté sur l'importance d'un résultat aussi inattendu que curieux; il a surtout appelé sur tous ces faits l'attention des cristallographes et des savants.

COMPOSITION CHIMIQUE DES STATUETTES DU SÉRAPIUM.

M. Chevreul a lu un travail sur les diverses substances qui entrent dans la composition des petites statuettes découvertes en Egypte, par M. Mariette, sur l'emplacement de l'ancien Sérapium. Ces objets étaient enfouis dans le sable afin de le purifier; plusieurs centaines en ont été retrouvées dans un petit espace dont l'Académie a eu le plan et la description sous les yeux; ils se trouvent maintenant au Louvre, et M. Chevreul en a montré quelques-uns à ses confrères. Ces statuettes sont toutes plus ou moins recouvertes d'une couche verte sous laquelle existe une matière rougeâtre d'épaisseur variable : sous cette dernière enfin, il existe une matière offrant l'apparence du bronze. Il y en a de deux sortes, les unes pleines à l'intérieur et les autres creuses. La matière verte se dissout sans effervescence dans les acides, mais la distillation produit une sorte de dislocation dans le composé, et donne lieu à deux corps distincts : bichlorure de cuivre et bioxide de cuivre noir; lorsqu'on dépasse le terme dans la distillation, une petite quantité de chlore se dégage. La matière traitée par l'acide azotique fournit encore du poroxide d'étain.

Parmi les statuettes creuses, il en est qui sont dorées par un procédé qui atteste un état de l'art très avancé chez ces peuples: il consiste dans l'application d'une feuille d'or mince, par l'intermédiaire d'un enduit blanc qui offre les caractères d'un carbonate de chaux très pur. Tous ces objets paraissent remonter à quatre mille ans environ, et en moyenne à trois siècles avant Moïse; ils contiennent tous du bronze de la plus belle qualité. Dans quelques-uns, l'altération du bronze a donné naissance à un carbonate de cuivre de couleur bleue. Enfin, M. Chevreul y a rencontré jusqu'à du chlorure de sodium, et une dernière substance qu'il n'est autre que de la litharge ou protoxyde de plomb.

Séance du 20 octobre.

CARTE GÉOLOGIQUE HYDROGRAPHIQUE DE LA VILLE DE PARIS.

M. Delesse, ingénieur des mines, le même qui avait présenté il y a peu, à l'Académie, la carte hydrographique souterraine de la ville de Paris, a lu aujourd'hui le résultat de ses études sur la forme et la nature des terrains dans lesquels affleure la nappe d'eau qui alimente les puits de la capitale. Il a présenté en même temps la carte géologique de ces terrains.

Cette carte diffère d'une carte géologique ordinaire, en ce qu'elle suppose que tous les terrains recouvrant la nappe d'eau ont été enlevés: elle fait connaître les limites de ces terrains et leurs principaux caractères.

Terrains de transport. — Les terrains les plus développés sont les terrains de transport. Sur les bords de la Seine, le terrain de transport consiste en sables, graviers et gros cailloux qui proviennent surtout de débris de silex. Sur le cours de l'ancien ruisseau de Ménilmontant et le long de ses affluents, ce terrain consiste, au contraire, en un sable quartzeux fin, jaunâtre, qui peut être plus ou moins marneux et même devenir plastique: il est superposé au terrain de transport de la Seine.

Le terrain de transport est baigné par la nappe d'infiltration de la Seine et de ses affluents; il couvre les deux rives du fleuve, ainsi que toute la partie basse et centrale de Paris. Sur la rive droite il présente une large nappe presque demi-circulaire. Cette nappe remonte vers le haut des rues du faubourg St-Antoine, de la Roquette, de Ménilmontant; elle reste au-dessous de l'hôpital St-Louis et de l'église St-Laurent, longe les rues de Paradis, Bleue, Lamartine, St-Lazare, de la Pépinière, Fortin, Marbœuf, puis elle se termine au quai de Billy. Sur la rive gauche et à l'est, le terrain s'est déposé au pied de la montagne Ste-Geneviève dont il suit le contour: il forme d'abord une bande assez étroite, mais à partir du centre de Paris il s'élargit rapidement; il s'étend sous les quartiers des Invalides, du Gros-Caillou, du Champ-de-Mars, et sous la plus grande partie du faubourg St-Germain.

Gypse. — Le terrain de Gypse est, après le terrain de transport, celui qui est le plus récent; il appartient à la basse masse; il présente des alternances de marne et de gypse; il repose à sa base sur des sables marins gris verdâtres et sur des marnes difficilement perméables. Près de la barrière Blanche il existe une nappe aquifère souterraine qui est à une côte supérieure à 42 mètres et qui affleure dans le terrain de gypse.

Calcaire lacustre. — Ce calcaire est jaunâtre, siliceux; il est associé à des marnes et à des veines d'argile magnésienne, il contient des silex et des coquilles d'eau douce; au niveau de la nappe souterraine d'infiltration, il s'étend au nord-est de Paris entre les barrières de Clichy et de Ménilmontant; il se retrouve encore plus à l'est vers les barrières des Amandiers et de Fontarabie; près de cette dernière il donne naissance à une nappe souterraine spéciale qui affleure à sa partie inférieure à peu près à la côte de 37 mètres.

Sables moyens. — Au-dessous de Paris les sables moyens sont des sables gris verdâtres, tantôt complètement désagrégés, tantôt réunis en bancs irréguliers par un ciment calcaire; dans l'étage des sables moyens on comprend encore diverses couches de calcaire marin qui y sont intercalées.

Au nord-ouest de Paris, ces sables sont rencontrés par la nappe souterraine d'infiltration, depuis la barrière de Courcelles jusqu'à la barrière des Martyrs, et il en est de même au nord-est, entre les barrières des Amandiers et de Vincennes, ils ont été partout profondément ravinés par le terrain de transport.

Marnes supérieures au calcaire grossier. — Elles sont composées de marnes calcaires blanches, quelquefois crayeuses, souvent siliceuses ; dans leurs cavités il y a des cristaux de chaux carbonatée et surtout de quartz. Les fossiles qu'elles renferment sont tantôt marins, tantôt lacustres et terrestres.

Au niveau de la nappe d'infiltration souterraine, ces marnes présentent sur la rive droite une première bande ondulée au sud du parc de Monceaux; elles reparaissent à l'est de Paris, entre les barrières de Vincennes et de Picpus; sur la rive gauche, elles se retrouvent vers le Jardin des Plantes et au nord de la montagne Sainte-Geneviève.

Calcaire grossier. — Il est presqu'entièrement formé de débris de coquilles marines et devient glauconieux et sableux à sa partie inférieure; au nord de Paris, il perd les caractères qui le font rechercher comme pierre à bâtir : ses bancs pierreux sont remplacés par des marnes et des calcaires compactes.

La nappe souterraine d'infiltration affleure dans le calcaire grossier, dans une grande partie de Paris. Ainsi, sur la rive droite et au nord ouest, c'est ce qui a lieu sous la colline de Chaillot, jusque vers la barrière de l'Étoile. Elle y affleure également dans la petite éminence formée par le calcaire grossier entre les barrières de Reuilly et de Charenton. Mais c'est surtout sur la rive gauche qu'elle affleure dans le calcaire grossier, qui est en effet très développé sur cette rive, puisqu'il s'étend dans toute la partie sud de Paris, depuis la barrière de Sèvres jusqu'à l'hôpital de la Salpêtrière.

Dans le quartier du Champ-de-Mars et aux Invalides, quoique le fond des puits soit sur l'argile plastique, la nappe souterraine remonte jusque dans le terrain de transport. Sur la rive gauche de Paris et notamment près de Grenelle, la craie est aussi à une petite profondeur : toutefois elle se trouve encore au-dessous de la nappe souterraine.

M. Delesse passe ensuite à l'examen du sol, dont les terrains sont quelquefois différents de ceux indiqués par la carte géologique hydrographique: inutile de dire que ce qui précède s'applique au contraire, en tous points, au sous-sol considéré au niveau de la nappe d'eau souterraine.

Pour ce qui est du sol lui-même, voici le résultat des recherches de M. Delesse. Au-dessous du pavé on trouve d'abord une couche de remblais d'une épaisseur très variable. Elle atteint plusieurs mètres dans le vieux Paris, notamment dans la Cité et sur les deux rives de la Seine qui l'avoisinent. Sur quelques points, les accumulations de décombres provenant d'anciennes voiries ont même formé de petits monticules, tels que ceux de la rue Meslay, du boulevart Bonne-Nouvelle, de Saint-Roch et de la rue des Moulins, des rues Saint-Hyacinthe, Saint-Michel et de l'Estrapade, ainsi que du Jardin des Plantes.

Deux points ayant même projection horizontale et situés, l'un à la surface de la nappe souterraine et l'autre à la surface du sol, se trouvent nécessairement sur des couches différentes et plus anciennes pour le premier que pour le second de ces points. Cependant, elles peuvent appartenir au même étage géologique, ainsi que M. Delesse l'a observé pour toute la partie basse de Paris, dans laquelle les limites sont à peu près les mêmes pour la carte géologique hydrographique que pour une carte géologique ordinaire. Ce fait toutefois ne se reproduit point dans la partie haute; mais, on comprend sans peine que, connaissant les épaisseurs de chaque étage, il sera encore possible, à l'aide de la carte de M. Delesse, d'estimer qu'elle est la couche qui forme la surface du sol et même de restaurer celle qui la formait précédemment.

Nous pensons avec l'auteur que les nombreux travaux superficiels et souterrains qui s'exécutent actuellement dans Paris, donnent à cette carte un intérêt incontestable.

COMMUNICATIONS SOMMAIRES.

M. Regnault, dont la santé est à peu près rétablie, est revenu, dans cette séance, reprendre sa place accoutumée au milieu de ses confrères.

—Une dixième lettre de M. Deville sur les phénomènes éruptifs de l'Italie méridionale, entretient l'Académie des particularités relatives à la solfatare de pouzzoles et émet une opinion entièrement neuve sur la catastrophe d'Herculanum et de Pompeïa: en coordonnant tous les phénomènes relatifs aux divers centres d'éruption qui entourent le Vésuve, M. Deville a établi que la cîme de ce volcan a été, vers l'an 79 de notre ère, étoilée suivant des fissures transversales qui sont liées à tout le système volcanique de la Campanie : or, deux de ces grandes fissures passent précisément par Herculanum et Pompeïa, qui dès lors auraient été englouties par les cendres et la lave vomies par ces fissures, et non par une pluie de ces matières descendue du sommet de la montagne. La distance assez considérable qui sépare ce sommet des villes en question, vient d'ailleurs à l'appui de cette opinion ; aussi M. Elie de Beaumont n'a-t-il pas craint de s'y ranger entièrement.

—M. Chevreul a donné lecture d'une lettre de M. Martens, relative à un phénomène d'illusion d'optique, observé, le 7 septembre dernier, dans le golfe de Smyrne. Vers huit heures du soir, la lune étant élevée de 20 degrés environ sur l'horizon, tous les passagers d'un bateau à vapeur, à bord duquel voyageait M. Martens, aperçurent entre ce satellite et le sillon lumineux qu'il projetait dans la mer, une teinte foncée prenant graduellement l'aspect d'une fumée d'un brun noirâtre : la lune était alors dans son premier quartier. Les jours suivants, à mesure qu'elle croissait, le phénomène devenait plus sensible, jusqu'au moment de la pleine lune où il se montra lui-même à son apogée.

M. Martens fit quelques expériences qui l'amenèrent à conclure que ce phénomène n'était autre que celui déjà signalé par M. Chevreul sous le nom de *contraste simultané*, c'est-à-dire une illusion d'optique purement subjective, causée par le manque de transition de *tons* entre le faisceau lumineux et la teinte du ciel dans ces contrées. En effet, si, à l'aide de deux écrans, on cachait la lune et la partie la plus éclatante du sillon lumineux dans la mer, l'effet observé disparaissait complètement; d'autre part, si, après avoir tourné le dos à la lune, on se retournait brusquement en regardant le point influencé, le phénomène tardait quelque temps à se produire.

M. Martens cite encore quelques circonstances dans lesquelles il aurait observé le même phénomène dans le sillon lumineux projeté par le soleil.

Félix Foucou.

LIVRES.

I. — *Lettres sur les substances alimentaires et particulièrement sur la viande de cheval*, par M. Isidore Geoffroy-Saint-Hilaire. — 1 vol. in-12. Victor Masson, 17, place de l'École-de-Médecine.

II — *Traité d'Electricité et de Magnétisme*, par MM. Becquerel et Edmond Becquerel. — 3 vol. in-8. Firmin Didot, frères, 56, rue Jacob.

I

Le livre que vient de publier M. Isidore Geoffroy Saint-Hilaire sous ce titre: *Lettres sur les substances alimentaires et particulièrement sur la viande de cheval*, est, avant tout, la prise de possession par la science officielle, d'un domaine sur lequel l'appellent aujourd'hui tous les vœux, le domaine de *l'utile*. La thèse qui y est soutenue est d'ailleurs connue de nos lecteurs: tandis que des millions de Français ne mangent jamais de viande, chaque mois voit jeter à la voirie des millions de kilogrammes d'une viande à la fois saine et agréable.

Sous la forme épistolaire, c'est-à-dire avec des allures qui, pour être plus dégagées, n'en conservent pas moins toute la rigueur des démonstrations scientifiques, l'éminent naturaliste développe et établit surabondamment les trois propositions qui constituent cette vérité. Les dernières lettres sont consacrées à une réfutation, trop consciencieuse peut-être, des objections soulevées contre l'usage alimentaire de la viande du cheval. Enfin la conclusion est du nombre de celles qui, par leur simplicité éloquente, devront donner à penser à tout homme dont l'esprit, enrichi d'un lambeau quelconque de la science, ne s'est jamais arrêté aux souffances publiques : « Dans une question de « pure science, le temps n'est rien : la démonstration une fois « faite, il importe peu qu elle soit acceptée un peu plus tôt ou un « peu plus tard. La vérité est éternelle : *patiens quia œterna*; elle « peut attendre son jour; mais un progrès qui importe au bien « public est toujours trop tard réalisé. Une année peut ne pas « compter dans le mouvement général d'une science théorique: « *un mois, un jour n'est pas à négliger quand il s'agit de ceux qui « souffrent.* Que chacun fasse donc son devoir ; et le devoir c'est « tout ce qu'on peut pour son pays et pour ses semblables. « Hommes de science, j'ai dit: à d'autres l'action ! »

Cette action, dans un pays que la centralisation et non l'initiative des citoyens, gouverne, appartient tout entière à l'administration, qui, d'ailleurs, paraît avoir sur cette question particulière donné déjà des signes de sa bonne volonté. Nous ne devons pas oublier que le progrès que réclame M. Geoffroy Saint Hilaire est en train de s'accomplir chez nos voisins : au Danemarck, en Allemagne, en Belgique, même à nos frontières, la vente de la viande de cheval est publique et réglementée, et chaque jour le nombre de ses consommateurs y augmente. Or, avec cet exemple d'un côté et le spectacle du triste état de l'alimentation publique de l'autre, plaisanter plus longtemps l'hippophagie et ses adeptes, c'est tout simplement perdre le droit de se plaindre.

II

Depuis la fin du dernier siècle les découvertes accomplies dans le domaine de l'électricité, ont fait de ce domaine le plus riche et le plus curieux à la fois de tous ceux dont se compose la physique générale. On peut même dire que le progrès de cette partie de la science est si rapide, que quelques années suffisent à vieillir les ouvrages qui furent les plus complets sur cette matière. Il y a quinze ans, M. Becquerel père publia le premier traité d'électricité et de magnétisme, qui ait présenté un tableau complet de l'état des connaissances dans ces deux branches de la physique : aujourd'hui cet académicien vient de faire paraître, avec la collaboration de M. Edmond Becquerel son fils, un nouveau traité qui, à lui seul, renferme plus de matières que les ouvrages de physique les plus complets, publiés au temps de Volta.

Le nouveau *Traité d'électricité et de magnétisme* ne contient pas seulement l'exposition des phénomènes qui se rattachent à ces deux sciences; il entre surtout dans le champ de plus en plus vaste des applications de ces phénomènes à la chimie, à la physiologie et aux arts; de là une division naturelle de l'ouvrage en trois parties qui conduisent le lecteur, des premières notions sur les phénomènes généraux de l'électricité, aux applications les plus récentes de l'électro-magnétisme.

Le premier volume, bien que consacré exclusivement à l'étude des principes généraux connus dans cette branche de la science, entre néanmoins dans la description des expériences les plus curieuses, avec tous les détails nécessaires à une intelligence complète de ces matières. Nous avons remarqué surtout avec quelle clarté d'exposition sont rapportées les belles expériences de Faraday sur les résistances que présentent l'air et divers autres corps, à la décharge électrique, dans l'étude des phénomènes d'électricité statique.

L'électricité dynamique est traitée avec la même méthode de précision : les expériences relatives à la vitesse de propagation de cette électricité, entreprises, comme on le sait, par MM. Wheastone en 1834, Walker et O' Mitchell en Amérique en 1847, Fizeau et Gounelle en 1850 sur les fils télégraphiques des chemins de fer de Paris à Rouen et de Paris à Amiens, enfin Guillemin et E. Bournouf sur le chemin de fer de Toulouse à Foix, ont donné peu de concordance dans leurs différents résultats. L'explication de ce fait résulte des expériences mêmes de Faraday sur les différentes conditions dans lesquelles sont placés les fils métalliques. Aussi, tout en admettant que la propagation de l'électricité est excessivement rapide, et que, dans l'emploi de la télégraphie électrique, elle est complètement à négliger, cependant, de l'aveu de MM. Becquerel, de nouvelles recherches sont nécessaires au point de vue théorique de cette intéressante question.

Un chapitre digne du plus haut intérêt est encore celui qui traite des causes de dégagement de l'électricité. Depuis le frottement des corps solides mauvais conducteurs jusqu'aux effets électriques produits dans les contractions animales, toutes les causes aujourd'hui connues s'y trouvent décrites et expliquées, autant que faire se peut. Dans ce chapitre, nous avons trouvé rapportées ces expériences si nombreuses et si remarquables faites depuis un grand nombre d'années par les auteurs eux-mêmes, et dont la science s'enrichit encore tous les jours : nous voulons parler des effets électriques observés dans les végétaux, et surtout de ceux qui y sont produits pendant la circulation de la sève. Nous citons entre tous, l'un des plus curieux résultats fournis dans cet ordre de phénomènes, par M. Becquerel père : « Supposons qu'on ait mis à découvert, avec un instrument « tranchant, une coupe transversale d'une tige de jeune peu-« plier, lorsqu'il est en feuilles, de manière à montrer visible-« ment toutes les parties concentriques dont elle se compose, si « l'on introduit simultanément les extrémités de deux aiguilles « en platine, non polarisées, recouvertes ou non d'une couche « d'eau distillée et en communication avec un multiplicateur « très long fil, l'une dans la moelle et l'autre dans l'une des en-« veloppes du ligneux ou du système cortical, l'aiguille aimantée « est déviée de 5°, 10°, 15°, et même au delà, suivant la sensibi-« lité de l'appareil, l'état séveux du végétal, et la nature de « l'enveloppe où la seconde aiguille a été placée. Le sens de la « déviation, qui est invariable, indique que la moelle fournit « l'électricité positive à l'aiguille en contact avec elle, et l'enve-« loppe extérieure l'électricité négative à l'autre aiguille ; il y a « donc courant de l'extérieur à l'intérieur. »

Enfin, ce premier volume contient encore la description des effets dus à l'électricité et des phénomènes que l'on réunit d'ordinaire sous le nom général d'*électricité atmosphérique*. Au sujet de ces derniers phénomènes, les auteurs semblent se rattacher de préférence à l'hypothèse qui veut que la distribution non inégale de la chaleur dans l'atmosphère soit la cause première de l'électricité atmosphérique : cette hypothèse, en effet, expliquerait très bien les aurores boréales et australes, puisque les régions polaires dans lesquelles ces effets électriques se produisent sont précisément celles où les différences de température sont les moins considérables; les électricités dégagées sur le reste de la surface du globe s'y amasseraient donc de préférence et produiraient ainsi les météores que l'on y observe.

Le second livre s'occupe des phénomènes généraux qui se rattachent à l'électro-chimie, et des applications connues sous le nom de *galvanoplastie*. Mais l'intérêt très sérieux qu'il excite est dû à une question de la plus haute importance, qui s'y trouve traitée d'une manière plus spéciale que dans aucun autre traité de physique ; nous voulons parler de l'application des procédés électro-chimiques à l'exploitation des mines d'argent, de plomb et de cuivre. Cette question est intéressante à plus d'un titre, mais surtout parce que depuis les derniers travaux de M. Becquerel père sur cet objet, bien des doutes se sont élevés sur la valeur du procédé décrit par ce savant. En renvoyant nos lecteurs à l'ouvrage dont il s'agit, disons seulement qu'il est très probable que la méthode électro-chimique à l'aide de laquelle on peut traiter les minerais d'argent, de cuivre et de plomb, passer dans les contrées où l'on ne peut se procurer que difficilement du mercure, où le combustible n'est pas en qualité suffisante pour traiter le minerai par la fonte, et où le sel ordinaire est abondant.

Le magnétisme et l'électro-magnétisme forment enfin le sujet du troisième et dernier tome ; les applications déjà si diverses de l'électro-magnétisme y sont passées en revue successivement, télégraphes, horloges et métiers électriques ; régulateurs, sonneries, chronoscopes et chronomètres : électro-moteurs et machines fondées sur le même principe. C'est ici surtout que les planches intercalées dans le texte sont du plus grand secours pour l'intelligence de ces nombreuses combinaisons, dont plusieurs, l'appareil Ruhmkorff entre autres, semblent susceptibles des développements les plus féconds.

En outre des planches dont nous venons de parler, les auteurs ont donné encore différents tableaux, très précieux pour l'étude du magnétisme terrestre, tels que les cartes de Duperrey relatives aux variations de l'intensité magnétique sur les différents méridiens du globe.

En peu de mots, nous pensons donc que l'ouvrage de MM. Becquerel est digne d'intéresser à la fois les savants et les gens du monde : ceux-là par la précision, ceux-ci par la clarté, les uns et les autres par la fidélité des détails.

FÉLIX FOUCOU.

PARTIE LITTÉRAIRE.

LOUISE MORNAND [1].

XXV

Varengeville, le 8 décembre.

Je t'écris, de la petite auberge dont je t'ai parlé et où j'ai si souvent dormi paisiblement après les heureuses soirées passées auprès de Louise. Il est onze heures du soir et j'ai beaucoup à te dire.

Pendant ces derniers cinq ou six jours je me suis trouvé dans un état d'incertitude, d'irrésolution, que j'avais presque honte de m'avouer à moi-même. J'avais promis à M. Mornand de retourner à Varengeville, mais l'idée de cette visite m'inspirait un sentiment de crainte. Revoir Louise me semblait une épreuve au-dessus de mes forces. Vingt fois je me décidai à écrire quelques lignes d'adieu à M. Mornand et à partir pour Paris, Que me sont, après tout, ces gens ? me disais-je presque avec colère. Il y a trois mois j'ignorais leur existence ; dans trois mois je les aurai oubliés.

Hélas, non ! Ces inconnus sont plus pour moi que beaucoup de mes amis d'enfance. Oublier Louise ! malgré son refus, malgré sa froideur, malgré tout je l'aime à tel point que de deux souffrances, celle de la

(1) Voir le précédent numéro.

fuir pour toujours et celle de la voir encore, sachant qu'elle ne m'aime pas et ne sera jamais à moi, la dernière me semble la moins terrible.

Enfin, aujourd'hui, je partis pour Varengeville, mais si tard que le jour baissait lorsque j'arrivai chez M. Mornand. Catherine me reçut presque en silence, et, ouvrant la porte du salon, elle m'invita par un geste à y entrer. J'obéis, et me trouvai seul avec Louise.

Elle se leva en me voyant et s'avança vers moi. Son visage me parut d'une paleur mate, mais peut-être était-ce l'effet de la lueur du feu qui éclairait seul la chambre et dont les flammes vacillantes jetaient des reflets bizarres. Chose étrange, ma mère, pendant toute la journée j'avais pensé à Louise avec attendrissement, et pourtant à sa vue il s'éleva dans mon cœur un reste de l'irritation que j'avais éprouvée lors de ma dernière visite. Au lieu de prendre la main qu'elle me tendait à moitié, avec humilité, je me contentai de la saluer froidement et de lui demander des nouvelles de son oncle.

Elle essaya de me répondre, mais ses lèvres tremblantes refusaient d'articuler: elle se rassit et, couvrant son visage de son mouchoir, elle fondit en larmes.

A cette vue, une vive douleur traversa mon cœur et je me fis d'amers reproches. Je m'accusai d'égoïsme, d'orgueil et d'injustice. Non-seulement je souffrais de l'indifférence de Louise, mais je lui en avais voulu de ne pas m'aimer. — Pourquoi m'eût-elle aimé? Elle m'avait donné son amitié; n'était-ce pas déjà beaucoup? et cette amitié si précieuse, qu'en faisais-je? D'une voix émue j'avouai mes torts et la suppliai de me pardonner. Elle releva la tête et me tendit de nouveau la main avec un faible sourire.

— C'est à moi de vous demander pardon, répondit-elle. Je vous fais entrer ici et puis, au lieu de vous parler, je pleure.

— Louise, lui dis-je sérieusement, si vous voulez mettre en moi votre confiance, vous m'en trouverez digne; si je puis vous rendre quelque service, comptez sur moi.

— Oh, répondit Louise, je sais que vous êtes bon et généreux, c'est ce qui me donne le courage de m'adresser à vous. Ma conduite doit vous paraître étrange, blâmable; — mais j'ai grand besoin d'un ami; — depuis quelques jours j'ai bien des motifs de tourment. Catherine vous a parlé de mon cousin Ludovic, je le sais. Il est ici.

— C'est donc lui qui s'entretenait avec vous l'autre soir, à la porte du jardin?

Je vis passer un éclair dans ses yeux encore humides qu'elle leva subitement sur moi.

— C'est lui, répondit-elle d'un accent tranquille. Je compris que je l'avais blessée, mais ne sachant comment m'excuser, je me contentai de lui demander depuis combien de temps son cousin était arivé.

— Il y aura bientôt quinze jours, répondit-elle.

— Et M. Mornand l'ignore?

— Hélas, oui. Je n'ose le lui dire. Ludovic m'adresse tantôt des prières, tantôt des reproches. Il sait l'état précaire où se trouve son père et craint qu'il ne meure sans s'être réconcilié avec lui. Je le crains aussi, mais que faire? Oh, je vous assure, entre la rigueur inflexible de mon oncle, qui refuse même d'entendre prononcer le nom de son fils, et les douloureuses et clandestines entrevues que je subis avec mon cousin, je suis accablée. Et je suis toute seule, Catherine est bonne et dévouée, mais je crains trop ses indiscrètes exclamations pour oser me confier à elle. Je sais qu'une imprudence pourrait tout perdre.

Elle s'arrêta, et puis me regardant avec une expression charmante:

— Au milieu de toutes ces difficultés, poursuivit-elle, je n'ai pu m'empêcher de penser à vous; j'ai senti que vos conseils seraient pour moi un précieux appui.

— Et pensant cela, m'écriai-je, vous avez laissé s'écouler tant de jours! Il fallait m'écrire, m'appeler. Ne savez-vous pas que mon devoir le plus cher est de vous obéir?

— Chut! fit-elle. Ne parlez pas ainsi, ou vous m'ôterez ma résolution. Non, je ne me serais pas permis de vous écrire de nouveau, mais j'espérais, je croyais que vous tiendriez votre promesse de revenir voir mon oncle.

Je compris en ce moment, comment la douleur et la joie peuvent se confondre dans le cœur de l'homme. Je venais d'apprendre que le bonheur de Louise dépend de la réconciliation de Ludovic avec son père; son refus m'était expliqué; son cousin, malgré ses fautes, a su gagner son amour. Mais tout en acquérant cette conviction qui éteignait en moi la dernière étincelle d'espoir, je sentis qu'il y a une joie véritable à se sacrifier au bonheur de ceux qu'on aime. Ma résolution était prise et je me sentais fort. Je pressai entre les miennes la main tremblante de Louise et la suppliai de me conserver l'amitié de sœur qu'elle m'avait vouée. Elle me remercia avec une profonde émotion.

Puis, comme deux vrais amis, nous nous assîmes en face l'un de l'autre, aux deux coins du feu et causâmes tranquillement pendant près d'une heure de ce qu'il y avait à faire dans les circonstances difficiles où nous nous trouvions. Il fut décidé que le soir même j'irais voir Ludovic.

— En lui parlant, me dit Louise, vous le calmerez, et ce sera une consolation pour lui de trouver un ami dans celui qui possède l'estime et l'affection de son père.

Catherine entra avec une lumière; nous nous rendîmes dans une petite pièce attenante à la chambre de M. Mornand où nous le trouvâmes et où l'on servit le dîner. Vers huit heures, je regardai Louise; elle me comprit; elle me glissa dans la main, en me disant adieu, un petit billet à l'adresse de son cousin.

Je trouvai sans peine la retraite de Ludovic. C'est une maison isolée, de fort pauvre apparence, dont les fenêtres obscures montraient que ses habitants économisaient, en se couchant de bonne heure, la lumière et le feu. J'hésitais à frapper, lorsque j'aperçus une faible clarté venant d'une lucarne située au bout de la maison dans l'angle formé par le toit.

Voilà, me dis-je, la chambre de Ludovic; et je me disposais à l'appeler à voix basse, quand mon regard tomba sur une échelle appuyée contre le mur. Je ne doutai pas qu'il ne s'en servît quelquefois en guise d'escalier et je résolus de m'en servir aussi. Je montai donc et j'atteignis la fenêtre. Le rideau n'était tiré qu'à moitié, de sorte que je voyais sans peine l'intérieur de la chambre.

C'est une mansarde ou plutôt un grenier, meublé du strict nécessaire, c'est-à-dire, d'un lit de sangle, d'une table carrée en bois blanc et de deux chaises de paille. Sur le lit étaient un manteau et un chapeau de feutre à larges bords; un sac de voyage entr'ouvert gisait dans un coin, deux ou trois livres et d'autres objets se voyaient épars. Près d'un petit poële, où ronflait un bon feu, était assis celui que je venais voir. Il avait le dos tourné à la fenêtre et les bras croisés sur sa poitrine, il paraissait plongé dans la méditation. Je frappai sur la vitre; il se retourna en tressaillant et je reconnus le jeune homme avec lequel j'avais fait connaissance la nuit du naufrage.

Son visage exprimait un étonnement qui n'était pas sans crainte. Je frappai de nouveau en lui disant :

— Je viens de la part de votre cousine.

Aussitôt il se leva, vint tirer complètement le rideau et apercevant la lettre que je tenais, il m'ouvrit et m'accueillit avec un plaisir évident.

— Vous êtes surpris de me voir, dit-il, mais moi je n'ai pas besoin de vous reconnaître pour savoir qui vous êtes. Louise m'a parlé de vous.

Il me serra la main et lorsqu'il eut parcouru la lettre de sa cousine, il m'embrassa avec effusion.

Nous eûmes ensuite une longue conversation que je n'essaierai pas de te raconter en détail; je ne te dirai non plus rien de positif sur l'impression qui m'est restée de cette première entrevue. Il est toujours bon, et dans cette circonstance surtout, il est de mon devoir de ne pas former un jugement précipité.

Ludovic plaît tout d'abord par la gracieuse franchise de ses manières et la singulière beauté de ses traits. Il est profondément sensible à la tristesse de sa position. Cependant sa douleur et son repentir me semblent mêlés d'une assez forte dose d'amertume et d'irritation.

Mais quand il parle de sa cousine, tout mauvais sentiment paraît s'évanouir; sa voix s'émeut, son front s'éclaircit; on voit qu'elle est son espérance et son soutien.

— C'est un ange que Louise, me dit-il avec enthousiasme; le diable n'y résisterait pas! Si je ne suis pas devenu un mauvais sujet incorrigible, si je suis ici maintenant, docile et presque patient, c'est à elle que je le dois; si jamais j'obtiens le pardon de mon père, c'est à elle que je le devrai. Oh, mon père! Il ne savait pas ce qu'il faisait lorsqu'il me chassa de sa présence, abîmé dans le désespoir; il ne savait pas qu'il me fermait ainsi cruellement et sans retour les portes de l'honneur et de la vertu; mais Louise était là pour me sauver. Elle m'a sauvé, non pas en m'importunant avec des sermons ou en m'imposant des châtiments, mais en m'aimant, en me relevant à mes propres yeux, en me montrant l'avenir illuminé d'un rayon d'espérance.

Il répondit volontiers à mes questions sur la vie qu'il mène depuis trois ans; en l'écoutant j'essayai de juger avec impartialité quelle garantie ces trois années peuvent donner pour l'avenir. Sur ce point je suis resté fort indécis; il faut que je le connaisse mieux. Nous nous sommes quittés en nous promettant de nous revoir souvent; j'ai dit à Ludovic de compter sur moi pour tous les services qu'il serait en mon pouvoir de rendre à lui ou à sa cousine et je crois l'avoir consolé et encouragé.

Mme VICTOR MEUNIER.

(*La suite au prochain numéro.*)

FAITS DIVERS.

Le MUSÉUM d'histoire naturelle vient de recevoir quatre animaux des plus rares : ce sont des Isatis ou renards bleus, amenés les uns d'Islande, les autres du Groënland par le prince Napoléon. Un de ces Isatis a le pelage déjà presque blanc, comme en hiver; les autres ont encore la belle fourrure qui est si recherchée sous le nom de renard bleu.

Parmi les animaux dont la ménagerie du Muséum s'est enrichie récemment, il faut encore citer deux phoques de la mer du Nord et un nouveau bélier Karamanlis. Ce dernier animal offre ceci de particulier qu'il est né devant Sébastopol, au camp des français, où il a été élevé et allaité au biberon, par le caporal Latapie, du 26e de ligne, qui l'a amené en France, malgré toutes les difficultés de la traversée, pour en faire don au Muséum.

LES MINES D'ARGENT EN FRANCE. — A propos des questions économiques auxquelles viennent de donner naissance la rareté de l'argent et la dépréciation de l'or, il est bon de faire observer que les nombreuses mines d'argent que possède la France sont entre les mains de gens qui les exploitent avec des moyens insuffisants, comme en usaient jadis les Barbares et les Romains, c'est-à-dire par des procédés qui ne sont nullement en rapport avec ceux de la science moderne. Le compte rendu des travaux des mines et des produits qu'elles ont donnés pendant l'année 1847, publié en 1848, porte à 213 le nombre des mines de plomb et d'argent connues et exploitées en France, et à un million environ leur produit annuel. Il est évident, en présence d'un pareil résultat, que ces mines sont loin d'être en pleine exploitation, et que si l'esprit d'entreprise et les capitaux se portaient de ce côté, il y aurait de beaux bénéfices à réaliser.

Ajoutons que notre Algérie contient une quantité considérable de mines d'argent qui n'ont pas encore été étudiées par nos savants et nos industriels; tant il est vrai que presque toujours nous allons chercher bien loin la fortune que nous pourrions trouver à notre porte.

ERRATUM.

Nous nous empressons de rectifier quelques erreurs typographiques qui se sont glissées dans l'article de M. H. Gaugain, sur la machine à vapeur régénérative de M. Siemens (Voir le numéro de l'*Ami des Sciences*, du 19 octobre) :

Page 370, première colonne, paragraphe 4, ligne 2, au lieu de Caldedell, *lisez* Caldwell.

Même page, deuxième colonne, paragraphe 3, ligne 4, au lieu de Savery, *lisez* Savory.

Même page, deuxième colonne, paragraphe 6, ligne 6, au lieu de la valeur d'eau vaporisée, *lisez* le volume d'eau vaporisé.

Page 371, première colonne, paragraphe 4, lignes 5 et 6, au lieu : pouvaient être sauvés dans d'autres pays où le charbon est rare. L'économie, etc., *lisez* : pouvaient être sauvés. Dans d'autres pays où le charbon est rare, l'économie, etc.

Même page, première colonne, paragraphe 5, ligne 4, au lieu de : la nature impossible des forces, *lisez* : la nature impérissable des forces.

Même page, première colonne, paragraphe 7, ligne 5, au lieu de : évolution des poids, *lisez* : évolution du poids.

Même page, deuxième colonne, paragraphe 3, lignes 22 et 23, au lieu de : plusieurs millions de fois, *lisez* : plusieurs milliers de fois.

Prix d'abonnement pour l'étranger.

Allemagne, 12 fr. — Suisse, Parme, Plaisance, Modène, 12 fr. 50 c. — États-Sardes, Grèce, 13 fr. — Hollande, Angleterre, 14 fr. — États-Unis, Indostan, Turquie, 14 fr. 50 c. — Belgique, Prusse, Hanovre, Saxe, Pologne, Russie, Espagne, Portugal, 15 fr. 50 c. — Toscane, 16 fr. 50 c. — États-Romains, 20 fr. 50 c.

Le propriétaire rédacteur-gérant : VICTOR MEUNIER.

Paris. — Imp. de J.-B. GROS et DONNAUD, rue des Noyers, 74.

Deuxième année. — N° 44. 25 CENTIMES. 2 novembre 1856.

L'AMI DES SCIENCES

JOURNAL DU DIMANCHE

SOUS LA DIRECTION DE

VICTOR MEUNIER

BUREAUX D'ABONNEMENT
13, RUE DU JARDINET, 13,
Près l'Ecole de Médecine
A PARIS

ABONNEMENT POUR L'ANNÉE
PARIS, 10 FR; — DÉPART., 12 FR.
Étranger (Voir à la fin du journal)

EXPÉRIENCES DE LUMIÈRE ÉLECTRIQUE.

Lampe photo-électrique et régulateur électro-métrique de MM. Lacassagne et Thiers.

Nos lecteurs savent déjà qu'au mois d'avril dernier, les journaux de Lyon ont rendu compte d'expériences faites au jardin d'hiver de cette ville, dans le but de démontrer la possibilité de l'éclairage des grandes villes par l'électricité. Ces expériences étaient conduites par MM. Lacassagne et Thiers, inventeurs de la *lampe photo-électrique*, et tous les rapports s'accordaient à reconnaître à cette lampe une supériorité marquée sur toutes celles qui s'étaient proposé avant elle le même but.

Nous sommes aujourd'hui en mesure de parler à notre tour de cette intéressante question, car MM. Lacassagne et Thiers ont transporté leurs lampes à Paris, et plusieurs expériences ont déjà eu lieu ici, en attendant celles que les inventeurs se proposent de faire soit au pré Catelan, soit au sommet de l'Arc-de-Triomphe de l'Étoile (1).

Avant d'entrer dans les détails des appareils, disons tout de suite le résultat final dont nous avons été témoin: durant plus de deux heures, la lumière produite par le courant électrique a conservé un caractère d'uniformité irréprochable; l'éclat en était du moins aussi fixe que celui de nos becs de gaz dans nos villes; enfin l'intensité était assez puissante pour que le foyer, bien que situé au fond d'un jardin de la rue de Châteaubriand, éclairât vivement l'une des façades de l'église Saint-Philippe du Roule. Allumé vers sept heures du soir, ce foyer n'a commencé à diminuer d'intensité que vers neuf heures et demie; encore a-t-il fallu tenir compte de cette particularité désavantageuse, que les acides des piles avaient dû servir dans des expériences précédentes, et que, par suite, ils avaient perdu considérablement de leur concentration. Quoi qu'il en soit, la durée de l'expérience suffit largement à établir que les résultats obtenus par MM. Lacassagne et Thiers sont sans précédents; il ne reste donc plus à vider que la question du prix de revient pour savoir si nous tenons enfin cette conquête industrielle tant désirée, *production et distribution économique d'une lumière par l'électricité*.

(1) Depuis les premières expériences dont nous rendons compte plus loin, MM. Lacassagne et Thiers ont éclairé pendant quatre heures consécutives, l'avenue des Champs-Elysées, du haut de l'Arc de Triomphe. Tout Paris a donc pu juger du mérite de l'invention.

Les appareils de MM. Lacassagne et Thiers se composent de deux parties bien distinctes l'une de l'autre, mais essentielles toutes deux à la solution complète du problème. Ce sont : 1° la lampe photo-électrique; 2° le régulateur électro-métrique.

Le système de la lampe photo-électrique repose sur le déplacement, en temps utile, d'une certaine quantité de mercure contenue dans un réservoir placé au-dessus du niveau du cylindre récepteur. Ce cylindre récepteur contient un flotteur reposant sur le bain métallique et surmonté d'un électrode de carbone: il est en rapport avec le conducteur *positif* de la pile, et en regard d'un autre électrode de carbone, fixé à la tige de la lampe. La fonction du flotteur est de monter toutes les fois que l'écart des pointes en regard augmente par l'effet de la combustion : ce mouvement est dû au déplacement du mercure, lequel s'opère, en temps utile, à l'aide d'un organe spécial dont nous allons parler.

Le mercure du réservoir, avant d'arriver dans le cylindre récepteur, traverse, par un tube, l'une des branches d'un électro-aimant, posé sur le passage du courant de la pile et faisant partie de la lampe; à ce tube est ajoutée une petite soupape de caoutchouc, qu'ouvre et ferme une armature de fer doux, attirée par un ressort qui agit en sens contraire de l'attraction de l'électro-aimant. Lorsque cette soupape est ouverte, elle livre passage au mercure, qui reste, par contre, dans le réservoir lorsqu'elle vient à se fermer.

Voici maintenant ce qui se passe : toutes les fois que l'écart interpolaire des deux crayons ou pointes de carbone augmente, l'action magnétique diminue, et l'armature cédant à l'action du ressort antagoniste, la soupape s'ouvre et permet la rentrée d'une petite quantité de mercure qui fait monter le flotteur, et rapproche ainsi les pointes à leur distance focale. Ici apparaît ce qu'il y a de vraiment ingénieux dans le système de MM. Lacassagne et Thiers ; car à mesure que la distance qui sépare les deux pointes diminue, l'attraction magnétique, suivant sa loi d'accroissement, vient à augmenter avec rapidité, et l'action de l'électro-aimant arrivant à dominer bientôt celle du ressort, la soupape se referme d'elle-même, sans que l'écartement des crayons ait duré assez longtemps pour influencer la lumière émise.

La sensibilité de cet organe est telle, que l'armature chargée de livrer passage au mercure dans le récepteur, pour opérer l'ascension de l'électrode qu'il supporte, au lieu de se déplacer par saccades, s'écarte sous l'action lente de deux forces contraires qui tendent constamment à s'équilibrer. Il y a donc comme un jet continu de mercure dans le récepteur, en raison, précisément de l'usure des crayons dans un temps donné, usure qui se fait d'une manière uniforme et sans secousses sensibles.

Le second organe principal de l'appareil complet est le régulateur électro-métrique ; il a pour but d'atteindre chacun des trois résultats suivants :

1° Obtenir des courants électriques toujours réguliers et invariables, quelles que soient du reste l'inconstance de la batterie employée et les influences météorologiques ;

2° Pouvoir modérer en toutes proportions l'intensité du courant électrique de la pile mise en activité ;

3° Se rendre à chaque instant un compte exact de la quantité d'électricité dynamique employée à un travail quelconque.

A cet effet, supposons que l'un des conducteurs d'une pile en activité soit coupé en deux, et que les deux extrémités, supportant chacune une lame de platine, soient suspendues dans l'intérieur d'une cloche de gazomètre en verre, contenant de l'eau rendue conductrice par quelques gouttes d'acide sulfurique. On comprend que la cloche s'abaissera ou s'élèvera suivant que les gaz formés dans son intérieur pourront ou non s'échapper. Par l'ascension de la cloche, il se produira une diminution d'intensité dans le courant, tandis que par le mouvement inverse le nombre de points de contact entre les lames de platine et le liquide interposé devenant plus grand, le courant lui-même augmentera en proportion. Il va sans dire que ces lames devront avoir assez de surface pour qu'étant immergées en totalité, elles laissent passer sans résistance le courant de la batterie employée.

Que l'on conçoive, en second lieu, muni d'une armature à levier, un électro aimant tel que l'une des branches soit le point d'appui, et que la force destinée à agir à l'une des extrémités de ce levier provienne d'un ressort à hélice ou d'un curseur pouvant glisser à volonté dans toute sa longueur. Nous aurons encore ici, comme dans la lampe photo-électrique, deux forces antagonistes, l'une magnétique et l'autre due à la tension du ressort et du levier à curseur.

Enfin, l'appareil sera complet et prêt à fonctionner si la branche de l'électro-aimant, dont le rôle est d'agir sur l'une des extrémités de l'armature, se trouve percée dans toute sa longueur et munie d'un tube venant correspondre à l'intérieur de la cloche dont nous avons parlé plus haut. On devine tout de suite que l'armature va servir de soupape à l'électro-aimant : les surfaces destinées à être en contact sont parfaitement rodées à cet effet. Une tension quelconque étant alors donnée au ressort, tant que cette tension sera plus faible que l'attraction magnétique, l'armature restera en contact parfait avec l'électro-aimant : dès lors, les gaz provenant de la décomposition de l'eau ne pouvant s'échapper au dehors, feront monter la cloche, diminueront les points de contact des lames de platine avec le liquide immergeant et, conséquemment, l'intensité du courant galvanique. La puissance magnétique décroîtra alors jusqu'à ce qu'elle soit équilibrée à la tension du ressort, car, dès que celui-ci redevient le plus fort, la soupape s'ouvre, laissant échapper quelque peu de gaz, pour se refermer à l'instant : après quoi le même effet se reproduit par une nouvelle ascension de la cloche, et ainsi de suite.

Pour augmenter ou diminuer l'intensité électrique, il suffit donc d'augmenter ou de diminuer la tension du ressort ou du levier à curseur, obligeant, par ce moyen, la puissance magnétique de l'électro-aimant à s'équilibrer avec elle.

MM. Lacassagne et Thiers sont parvenus, à l'aide d'un petit artifice, à éviter les oscillations de l'armature, qui est attirée tour à tour par la puissance magnétique et par la tension du ressort. Cet artifice consiste dans un robinet qui donne une seconde issue aux gaz développés dans l'intérieur de la cloche du gazomètre. En modérant un peu l'ouverture de ce robinet, on parvient à ne laisser échapper que juste la quantité de gaz qui s'échappait par les vibrations de l'armature soupape. On peut alors conduire et recueillir ces gaz dans l'intérieur d'une éprouvette graduée, disposée sur une cuve hydro-pneumatique, et, d'après une table d'équivalents électro-chimiques, en connaissant la quantité de gaz formés dans un temps donné, connaître par là même la quantité d'électricité dynamique dépensée.

On le voit donc, l'appareil de MM. Lacassagne et Thiers ne laisse rien à désirer, tant sous le rapport de la théorie que sous celui de la pratique. Théoriquement parlant, les inventeurs ont fait preuve d'un savoir réel, par la manière dont ils se sont posé à eux-mêmes la question ; mais c'est surtout au point de vue pratique qu'ils nous paraissent s'être montrés remarquablement ingénieux. L'idée qu'ils ont eue de faire agir automatiquement, soit le flotteur à mercure, soit la cloche du gazomètre, sous l'influence de la seule combustion des crayons ou du simple contact des lames de platine avec un liquide, nous semble constituer en leur faveur une supériorité très grande sur tous ceux qui les ont précédés dans cette voie.

La première application du système de MM. Lacassagne et Thiers pourrait être faite à l'éclairage des grandes villes. Les inventeurs nous ont affirmé que la dépense nécessaire à la production, sur une grande échelle, de la lumière électrique, serait inférieure à celle qu'occasionne l'éclairage au gaz, à la condition toutefois que cette production eût lieu dans une usine centrale qui utiliserait elle-même, les produits chimiques provenant de ce travail. Une pareille usine distribuerait d'ailleurs, sans aucune peine, la lumière dans tous les quartiers de la ville, et, nous le répétons en terminant : cette lumière est désormais obtenue avec une fixité et une constance irréprochables.

FÉLIX FOUCOU.

Embarcation à hélice de M. Emile François.

Dans le numéro du 27 juillet dernier, l'*Ami des Sciences* a donné la description et le dessin d'une embarcation à hélice, mue par l'action des mains sur deux leviers droits placés à l'arrière. Depuis lors, ce qui n'était encore que sur le papier a pris un corps, et nous venons d'assister à une petite expérience sur la Seine, dans un canot semblable, long de 7 mètres 33 centimètres et large de 1 mètre 25 centimètres environ.

L'embarcation que M. Emile François a fait construire, d'après son idée de substituer l'hélice aux rames, n'offre aucune différence avec les embarcations ordinaires. L'emplacement occupé par les pignons et roues d'engrenage est aussi restreint que possible : tous les engins d'ailleurs, à l'exception des deux leviers, sont recouverts d'un tambour qui n'arrive pas à la hauteur de la lisse du plat-bord et qui ne gêne en rien, par suite, la circulation de l'arrière à l'avant du canot. Cette disposition permet d'adjoindre, si on le désire, l'action des rames à celle de l'hélice, ce qui pourrait être avantageux dans le cas d'un fort vent contraire ou d'une mer un peu agitée : l'usage des voiles ellesmêmes ne reste point interdit et achève de faire de ce canot une sorte de petit bateau mixte.

Partie du pont Louis-Philippe, l'embarcation conduite par deux hommes agissant sur les deux leviers, par un mouvement alternatif de l'avant à l'arrière, a refoulé avec avantage le courant, qui est très rapide en cet endroit, et s'est avancée contre lui avec une vitesse qui, ajoutée à celle de l'eau, donne un résultat approchant de 5 milles à l'heure. Ce résultat, atteint dans des conditions d'un milieu très défavorable, comme on le sait, à la complète action de l'hélice, prouve que l'application dont M. Emile François s'est occupé pourrait convenir très bien à la navigation sur les pièces d'eau et sur les lacs. L'inventeur reconnaît, d'ailleurs, lui-même, que la navigation fluviale et celle des côtes présenteraient beaucoup plus d'obstacles à vaincre; aussi propose-t-il d'appliquer ce genre d'embarcations, convenablement modifiées, au service des voyageurs entre les différents points habités qui bordent les grands lacs de la Suisse. Pour cette navigation-là, il est incontestable que le système de M. Emile François offre de sérieux avantages, sinon sur la vapeur, du moins sur les rames, et qu'à ce titre il peut convenir, surtout aux amateurs de promenades sur l'eau.

Si l'utilité des embarcations à hélice devait se borner à ce programme, nous n'aurions pas pris la parole en leur faveur : mais elles offrent un avantage peu entrevu encore et que nous demandons à signaler ici.

Depuis l'application de l'*hélice* à la navigation à vapeur, cet organe a été fort peu étudié, et il faut ajouter qu'il ne peut l'être qu'expérimentalement. Depuis le beau rapport de M. Labrousse et les recherches théoriques et expérimentales de MM. Bourgois et Moll, il n'a rien été fait de remarquable sur ce sujet, qui semble très réfractaire à l'analyse géométrique, pour le moment du moins. Or, les embarcations comme celles de M. Emile François sont les meilleurs sujets d'expérimentation dans cette matière, et c'est à ce point de vue surtout que nous avons applaudi à l'initiative de l'inventeur.

F. F.

FUMIVORITÉ.

Grilles à mouvement continu de M. Tailfer.

On ferait un volumineux catalogue de toutes les inventions qui ont eu pour but l'économie du charbon dans les machines à vapeur : il en éclôt tous les jours, et peu de semaines se passent sans y apporter leur tribut.

Celui-ci modifie la machine, celui-là s'en prend à la chaudière, tel s'attaque à l'entrée du fourneau, tandis que tel autre ne songe qu'à son issue dans la cheminée ; l'air froid, l'air chaud, la vapeur elle-même sont

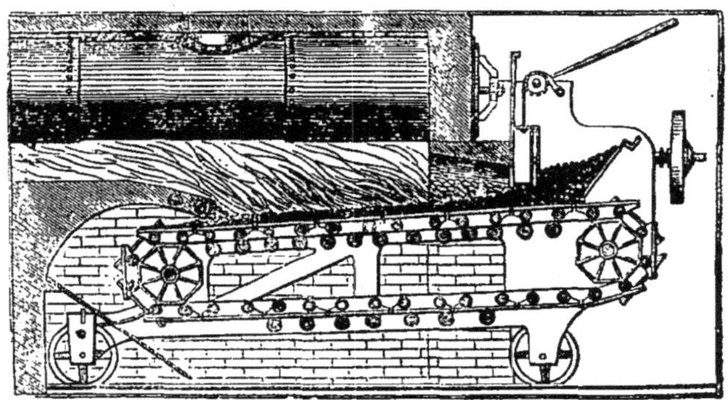

tour à tour mis en jeu ; c'est à qui l'emportera dans cette lutte, et tous ne cherchent qu'une chose, *produire*, comme nous le disions naguère encore en parlant de la machine à vapeur régénérative de M. Siemens, *le plus de force possible en brûlant le moins de charbon possible*.

Peut-être serait-il curieux de relever dans les innombrables prospectus publiés à ce sujet depuis trente ans un état des 75, des 50, des 30, des 15 et des 7 pour cent d'économie annoncés et solennellement promis par les inventeurs.

On arriverait à ce singulier résultat que, même en ne déduisant l'économie subséquente que du reste laissé par l'économie qui la précède, les machines actuelles pourraient à la rigueur ne plus brûler de charbon du tout, ou du moins réduire leur consommation à cette quantité atomique, insaisissable, reste éternel d'une soustraction indéfinie.

Malheureusement, la succession des inventions n'a point été observée, et en attendant qu'un constructeur mieux inspiré que ses devanciers nous dote enfin d'une machine où se trouveront réunis tous les systèmes, contentons-nous d'en choisir un, et tâchons que ce soit le meilleur.

Il faut, pour en arriver là, choisir parmi les plus simples ; ce sont ordinairement les plus sûrs. L'économie qu'ils réalisent n'est pas toujours aussi séduisante par son importance ; mais elle est constante et certaine, ce qui n'est point à dédaigner : la grille mobile de M. Tailfer nous semble surtout rentrer dans ces conditions.

Un des moyens les plus rationnels d'économiser le charbon consiste à *brûler*, c'est-à-dire à utiliser *la totalité* de celui qu'on emploie ; c'est ce que savent parfaitement les bons chauffeurs, et nous en pourrions citer tel qui, par sa manière intelligente de conduire son feu, réalise positivement une économie de 15 à 20 pour cent pour le moins : mais ces gens-là sont très rares.

C'est probablement en étudiant avec attention la manœuvre d'un bon chauffeur que M. Tailfer a conçu la premiere idée de sa grille mobile à mouvement continu, car les résultats sont les mêmes, à cela près seulement qu'avec la grille Tailfer ils sont presque complétement indépendants de l'intelligence et de la volonté du chauffeur.

Que fait celui-ci quand il sait bien son métier ? Il fait son feu *en trois fois*, c'est-à-dire que, son fourneau étant allumé à la manière ordinaire, il met une charge de charbon frais, non sur le charbon brûlant, mais en avant de la grille et aussi près que possible de la porte de son fourneau. Quand il juge que le charbon s'est échauffé jusqu'à un certain point, il le pousse à l'entrée de la grille et le remplace immédiatement par une nouvelle charge de charbon frais. Tandis que cette seconde charge s'échauffe à son tour, la première, déjà plus rapprochée du foyer d'incandescence qui se trouve au centre de la grille et dans la partie voisine de l'autel, acquiert assez de chaleur pour que la distillation commence à marcher; et c'est alors seulement que le chauffeur la réunit au foyer d'incandescence, la remplaçant du même coup par la deuxième charge, déjà chauffée, à laquelle il fait succéder une troisième charge de charbon frais. Puis il continue toujours ainsi, prenant bien soin de n'avancer successivement son charbon vers le point de la grille où son inflammation doit avoir lieu et sa combustion s'opérer qu'autant qu'il le juge suffisamment échauffé.

Il évite ainsi ce dégagement de fumée noire, qui n'est que du charbon très divisé qu'entraîne l'action du tirage activée par la légèreté des gaz qui se précipitent dans la colonne ascendante de la cheminée sans avoir eu le temps de brûler.

Il évite le non moins grave inconvénient de cette couche de charbon noir dont un chauffeur maladroit recouvre incessamment son feu et qui, ne s'enflammant elle-même qu'après avoir acquis aux dépens de la chaleur du combustible brûlant celle qui lui est nécessaire, forme une sorte de voile qui s'interpose entre l'action du calorique et la chaudière où la température s'abaisse parfois assez pour faire rétrograder sensiblement l'aiguille du manomètre.

C'est alors que le mauvais chauffeur croyant devoir *fourgonner* son feu pour l'activer, laisse la porte du fourneau grande ouverte et donne accès à une masse d'air qui, s'échauffant à son tour aux dépens de l'effet utile, entraîne avec elle et de nouveaux tourbillons de fumée noire et une somme énorme de calorique qui vont se perdre dans l'atmosphère. La vaporisation du liquide ne s'obtient le plus souvent alors qu'en brûlant un tiers au moins de charbon de plus qu'il ne serait nécessaire avec un feu bien co[illegible]

Remplacer l'action de l'homme par un moyen mécanique et suppléer dans tous les cas le chauffeur intelligent dont nous avons essayé de faire comprendre la manœuvre, tel était donc le difficile problème qu'il s'agissait de résoudre et qu'a victorieusement, selon nous, résolu M. Tailfer en construisant la grille qui porte son nom. Huit ans d'expérience, tant dans les ateliers et arsenaux de l'Etat que dans les usines particulières les plus importantes, ont consacré l'incontestable supériorité de cet appareil qui n'est pas encore assez connu des industriels.

La grille mobile de M. Tailfer et Cie dont la figure ci-jointe pourra donner une idée, se compose d'une série de barreaux articulés au moyen de triangles formant des axes enchevêtrés les uns dans les autres, laissant entre eux une intervalle de 5^{mm}, intervalle qui, régnant tout au tour de chaque barreau, aussi bien en bout que sur les côtés, fait qu'on peut comparer cette grille à un crible où l'air vient se tamiser; cette condition est très favorable pour la bonne combustion et n'existe dans aucun autre appareil. Les dimensions de chaque barreau sont très petites (20 à 22 centimètres de long sur 1 1/2 à deux centimètres de large); c'est une grille sans fin roulant sur deux tambours et marchant avec une extrême lenteur.

Le charbon *menu* est placé dans une trémie à l'entrée du fourneau et entraîné par une grille mobile.

Une porte, mobile verticalement, livre passage au charbon dont la quantité est réglée par le degré d'ouverture de cette porte et par le degré de vitesse de la grille qui est également variable.

Le tout est mis en mouvement par la machine à vapeur à laquelle on n'emprunte qu'une force tout à fait insignifiante.

Comme troisième moyen de régularisation du feu, le chauffeur dispose encore du registre en usage dans tous les fourneaux.

On conçoit que le charbon n'arrivant que successivement à la combustion, et n'y arrivant que suffisamment échauffé pour que cette combustion soit parfaite, il ne se dégage plus ni combustible non brûlé qui constitue la fumée, ni gaz non enflammé dont la légèreté spécifique entraîne dans sa course ascensionnelle toutes ces fuliginosités qui obscurcissent l'atmosphère et vont noircir autour des usines.

Ajoutons, pour compléter l'énumération des avantages de la grille Tailfer, que cette grille, beaucoup plus serrée que les grilles ordinaires, reçoit le charbon menu, moins cher que le tout venant. Enfin, n'étant que momantanément exposée à l'action du feu, elle se détruit moins vite et se débarrasse aisément du mâchefer qui se détache, et tombe, par suite de la double inflexion à laquelle elle est soumise dans son mouvement de retour sur elle-même.

Nous pourrions citer ici de nombreux certificats qui tous attestent l'économie que procure l'emploi de la grille mobile, et nous n'aurions que l'embarras du choix ; car, de toutes les pièces qui nous sont communiquées, il ressort évidemment qu'outre la propriété qu'elle a d'être *complètement fumivore*, elle n'entraîne aucun chômage et ne cause pas la moindre gêne dans le service des machines.

La livraison successive de plusieurs de ces appareils

fournis aux arsenaux des ports de Brest et de Toulon en 1851, 1852, 1854, 1855 et 1856, en vertu des prescriptions expresses du ministre de la marine, établit mieux que tous les certificats du monde ce qu'ils offrent d'avantages dans l'emploi qu'on en peut faire. Quant à l'économie qu'ils procurent, nous n'aurons, pour la prouver, qu'à citer les résultats suivants des expériences comparatives qui ont été faites, PENDANT SIX MOIS CONSÉCUTIFS, par M. l'ingénieur en chef Rolland, dont le savant rapport arrive à cette conclusion :

1° Qu'avec la grille Tailfer, 6 kil. 84 d'eau ont été vaporisés par un kilogramme de charbon,

2° Qu'avec la grille fixe ordinaire, 5 kil. 58 d'eau ont été vaporisés par un kilogramme de charbon.

Différence en faveur de la grille Tailfer :

1 kil. 26, soit 20 0/0 et plus.

De pareils chiffres n'ont pas besoin de commentaire.

Terminons en disant que ces grilles s'adaptent très aisément à toute espèce de fourneaux ; en 1849, elles ont mérité à leur auteur la grande médaille de platine de la société d'encouragement pour l'industrie nationale, sur le rapport excessivement flatteur qui en fut fait alors par M. Lechatelier dont l'opinion favorable, émise en pareille matière, nous dispense de tout autre éloge. H. GAUGAIN.

RÉTABLISSEMENT DES VINASSES EN VIN

et utilisation de tous les principes du marc des raisins.

Nous avons dit, dans notre précédent numéro, que M. J.-A. Robert qui, depuis plus de dix ans, se livre à des études sur la nature des vins, a découvert qu'on abandonne dans les *marcs et vinasses* plus de produits utiles qu'on n'en retire du raisin.

Cet ingénieur a démontré, en effet, que le produit le plus précieux de la vigne n'est pas l'alcool comme on l'a cru jusqu'ici, mais le *résidu* qu'on abandonne après l'extraction de cet alcool. Et, qui ne sait maintenant, qu'on peut se passer de la vigne pour produire l'alcool, tandis que la vigne seule produit le vin, ou pour mieux dire la *vinasse*, que rien ne peut remplacer dans la fabrication du vin, et sans les éléments de laquelle le vin ne saurait exister.

Nous allons aujourd'hui, selon notre promesse, décrire les procédés au moyen desquels M. Robert obtient, depuis deux ans, sur une assez grande échelle dans son établissement de Tusson (Charente), des vins qui ont été favorablement accueillis.

Ces procédés sont des plus simples.

On sait que la distillation ordinaire n'enlève au vin que l'alcool, un peu d'eau de végétation et quelques huiles essentielles qui se trouvent en excès dans les vins de brûlerie, c'est-à-dire dans les vins consacrés à la fabrication de l'alcool.

Il reste donc dans le résidu qu'on nomme *vinasse*, tous les autres éléments du vin, les acides, les sels, le tannin, la séve, les résines, la matière colorante, etc., et une proportion suffisante des huiles essentielles du raisin.

On sait aussi que cet alcool enlevé au vin par la distillation, est le produit de la fermentation du sucre de raisin.

Les chimistes ont démontré que les sucres de raisins, ceux qui, par la fermentation, produisent l'alcool sont identiques, quelles que soient les sources dont ils proviennent.

La vinasse ne diffère du moût primitif du raisin, que par l'absence du sucre de raisin, d'un peu d'eau de végétation et d'un peu des huiles essentielles.

Il suffit donc de restituer à cette vinasse le sucre de raisin, l'eau de végétation et les huiles essentielles qu'elle a perdues pour reconstituer un moût pareil au moût primitif.

L'agriculture fournit abondamment le sucre.

La distillation, à un certain degré des vinasses douces, fournit l'eau de végétation.

Les marcs du raisin fournissent l'huile essentielle.

Mais, dans la pratique, on doit le plus souvent se garder de rendre aux vinasses l'eau et les huiles essentielles que la distillation leur enlève, parce que les vins dont elles proviennent en contiennent trop, ce qui fait leur platitude et leur goût désagréable.

Ce moût ainsi rétabli, soumis à la fermentation vineuse ordinaire, sur du marc de raisin, constitue bientôt un vin en tout semblable au vin ordinaire des vignerons.

Il y a plus ; ce vin peut être meilleur dans beaucoup de cas.

En effet, la nature ne réunit en proportions convenables les éléments nécessaires à un vin parfait que dans les grands crus qui constituent la minime partie de la récolte générale ; pour ces grands crus, l'art n'a rien à faire.

Mais dans la majorité des cas, et surtout quand la saison a été froide et pluvieuse, la nature fournit des moûts défectueux par suite de maturité incomplète et de mauvais crus. Le plus souvent les moûts des vins des distilleries contiennent, nous le répétons, trop de parties aqueuses, trop d'huiles essentielles qui dégénèrent dans ces vins en goût de terroir. La portion aqueuse en excès et l'huile essentielle surabondantes sont enlevées à leurs vinasses par la distillation.

Le procédé de M. Robert, permettant d'ajouter à ces vinasses tout le sucre de raisin dont une maturité incomplète les avait privées, les convertit facilement en un nouveau moût supérieur à celui que la nature avait primitivement fourni.

Un opérateur habile pourra donc toujours et en tout temps arriver par ce procédé à constituer les moûts dans les conditions favorables, que la nature seule ne réunit que rarement et comme par exception.

De là, les mauvais vins remplacés par des vins meilleurs.

Les marcs épuisés par le procédé Robert sont limpides et incolores, ils ne contiennent plus que la fibre ligneuse ; tous les autres principes du raisin sont utilisés et convertis en eau-de-vie de vin et en vin.

Il ressort de ceci que le vigneron ne retire de la vigne que la moitié des produits qu'elle peut fournir, l'autre moitié est perdue.

Dans les vignobles du Midi, lorsque la maturité du raisin est complète, les vins sont sucrés jusqu'au dégoût. On les brûle, on laisse perdre la vinasse, qui quelquefois contient encore presque autant de sucre de raisin qu'il en avait été converti en alcool par la première fermentation. Il suffit, dans le procédé de M. Robert, de mettre fermenter à nouveau les vinasses sur le marc même, sans addition de sucre, pour en obtenir un nouveau vin, meilleur que le premier, parce qu'il ne contient plus cet excès de sucre et que les sels acides, en trop petite quantité dans le premier vin, peuvent se trouver en quantité suffisante dans le second, par suite de la réduction ou concentration de la vinasse que la distillation opère.

Qui pourrait calculer la valeur des richesses alimentaires que, par simple ignorance, on laisse annuellement, depuis l'origine des distilleries, se perdre dans les ruisseaux où elles ne servent qu'à vicier l'air et l'eau, quand tant de populations laborieuses en sont encore réduites à ne boire que de l'eau?

M. Robert a expliqué d'une manière précise et sûre les moyens de conserver les marcs et les vinasses, de régler le dosage des glucoses, les fermentations diverses, etc. Avant de le suivre sur ce terrain, nous comparerons, dans un prochain article, son procédé à celui tout différent qui consiste *à faire du vin* en ajoutant de l'eau sucrée au marc.

NOUVELLE POMPE SANS CLAPETS DE M. MAUDUIT.

Dans notre numéro du 27 janvier dernier, nous entretenions nos lecteurs de l'anémotrope (moulin à vent s'orientant de lui-même), inventé par M. Bazin, et nous disions, avec raison selon nous, que cet appareil est le plus économique, sans contredit, qu'on puisse appliquer aux épuisements et aux irrigations.

En effet, la difficulté de se procurer des eaux en assez grande abondance sur les plateaux élevés est souvent un obstacle à certaines cultures auxquelles conviendrait d'ailleurs la nature du sol. Or, comme les plateaux sont en général balayés presque constamment par des courants d'air assez rapides, il y aurait incurie à ne pas utiliser pour leur arrosage cette force motrice entièrement gratuite que Dieu nous envoie du ciel. Lui-même il semble nous en avoir indiqué l'usage en la laissant reposer chaque fois qu'il tombe une de ces pluies douces et continues dont se réjouit le cultivateur; qui ne connaît ce vieux dicton des campagnes:

« Petite pluie abat grand vent. »

Mais la force ne suffit pas : il faut, en outre, des pompes, des appareils hydrauliques plus ou moins ingénieux, plus ou moins puissants, pour élever l'eau jusqu'à la surface du sol, et l'on sait combien les pompes le plus généralement employées pour l'élévation des eaux sont sujettes à se déranger.

Outre les détritus organiques, les racines, les feuilles, les fruits tombés, les brindilles qui se trouvent en abondance dans les eaux des mares et des étangs, ne s'y rencontre-t-il pas des pierres, des graviers, qu'entraîne l'aspiration des pistons, et dont l'inopportune présence ne vient que trop souvent paralyser l'action des clapets qu'il faut à chaque instant réparer ?

Cet inconvénient, toujours grave, le devient plus encore si le moteur de la pompe est un anémotrope. Cette machine, en effet, travaillant presque toujours seule et autant de nuit que de jour exclut, en quelque sorte, toute idée de surveillance, et rend, par cela même, plus à craindre les causes d'irrégularité que nous signalions tout à l'heure. Un simple ouvrier, M. Mauduit, bien moins guidé par la science que peu à peu conduit jusqu'au but par l'expérience et par ses observations pratiques, a construit une pompe sans clapets où la présence d'un corps étranger quelconque entraîné par l'eau ne peut plus avoir d'inconvénient. Si l'objet entraîné n'est pas trop gros pour traverser les ouvertures qui livrent passage à l'eau, il passe avec elle et le jeu de la pompe n'en est point gêné : s'il est trop gros, au contraire, il reste dans l'eau du réservoir sans pouvoir, en aucun cas, s'opposer au mouvement de la machine.

Dans la pompe de M. Mauduit, les clapets sont remplacés par une sorte de soupape, bien connue des constructeurs sous la dénomination assez impropre de soupape à friction.

Cette soupape est formée de deux disques plats, échancrés, montés sur un axe commun, et dont le mouvement de rotation autour de cet axe s'exerce de telle sorte que le disque supérieur, qui seul est mobile, amène alternativement son échancrure et sa partie pleine sur l'échancrure correspondante ou sur le plein du disque inférieur contre la face supérieure duquel il porte *à frottement*.

La double échancrure se trouve ainsi successivement ouverte et fermée et, lorsqu'elle est ouverte, elle livre à la fois passage à l'eau et aux corps étrangers qui franchissent la valve avec elle, sans que jamais leur présence puisse empêcher la soupape de se refermer.

Nous avons attentivement examiné ce système de pompe précisément au point de vue où nous nous plaçions en commençant cet article; et nous la croyons plus propre que toute autre aux travaux d'épuisement et d'irrigation, surtout dans les cas nombreux où l'on cherche à exécuter ces travaux au moyen d'une force gratuite, telle que celle du vent.

Par cela même que la pompe sans clapets de M. Mauduit peut élever les eaux à de grandes hauteurs, elle est capable de les puiser à de grandes profondeurs au-dessous du sol, et, autant que nous avons pu nous en rendre compte sur le spécimen encore imparfait que nous avons vu, nous n'estimons pas que sa manœuvre exige une dépense considérable de force. Il nous serait cependant impossible de préciser la quantité d'eau qu'elle peut élever à une hauteur quelconque dans un temps déterminé, avec une force donnée.

Le mécanisme proprement dit nous semble un peu compliqué; mais il ne sera pas difficile à M. Mauduit de simplifier notablement ses transmissions de mouvement; son appareil n'en deviendra que plus durable et moins dispendieux. Nous ne doutons pas qu'ainsi modifiée cette pompe ne puisse rendre de grands services, surtout à l'agriculture, dont les besoins permettront de lui appliquer pour moteur une de ces forces gratuites que la nature a multipliées sous nos pas, et dont nous savons si peu profiter.

H. GAUGAIN.

DÉMONSTRATION PHYSIQUE DU MOUVEMENT DE LA TERRE.

Pendule et gyroscope de M. Léon Foucault (1).

Suite et fin.

« Au mois de septembre 1852, M. Foucault a présenté à l'Académie des Sciences une autre démonstration physique du mouvement de rotation de la terre, fondée non plus sur la fixité du plan d'oscillation d'un pendule, mais sur celle du plan de rotation d'un corps librement suspendu par son centre de gravité et tournant autour d'un de ses axes principaux. M. Foucault a appelé *gyroscope* l'appareil nouveau. Dans cet appareil, il y a un plan fixe parfaitement défini, sous lequel tourne réellement la terre : seulement l'observateur, se mouvant avec la terre, croit voir, comme dans l'expérience du pendule, le plan dont nous parlons se déplacer de l'est à l'ouest. Nous allons résumer la description que l'auteur a lui-même donnée de son appareil ingénieux.

» Le corps que M. Foucault a choisi pour lui communiquer un mouvement de rotation rapide et durable est un tore T circulaire que l'on voit en projection verticale et en projection horizontale dans les deux fig. 5 et 6. Ce tore est en bronze : il est monté

Fig. 5.

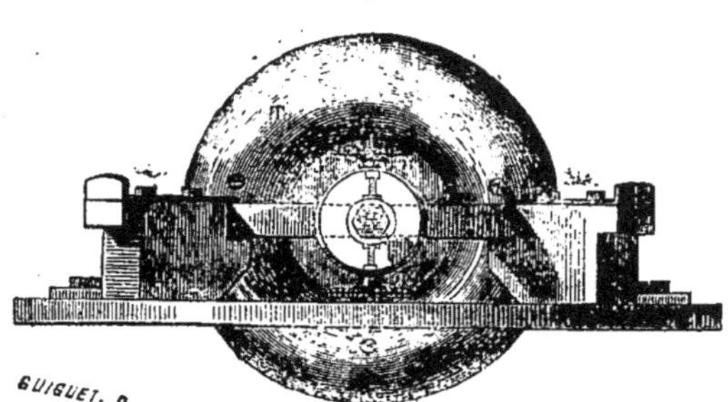

Projection verticale.

à l'intérieur d'un cercle métallique dont un diamètre

Fig. 6.

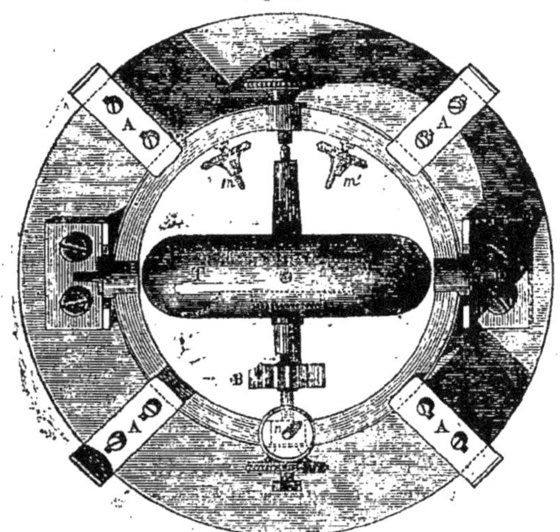

Projection horizontale.

est figuré par l'axe d'acier qui traverse le mobile ; le diamètre perpendiculaire est représenté par les tranchants des deux couteaux implantés dans le même alignement, sur le contour extérieur du même cercle. Les couteaux sont dirigés de telle sorte que les tranchants regardant en bas ; le plan du cercle et l'axe du tore sont horizontalement situés. C'est dans cette position qu'on place le tore dans une machine spéciale (*fig.* 7), afin de lui imprimer une grande vitesse.

Fig. 7.

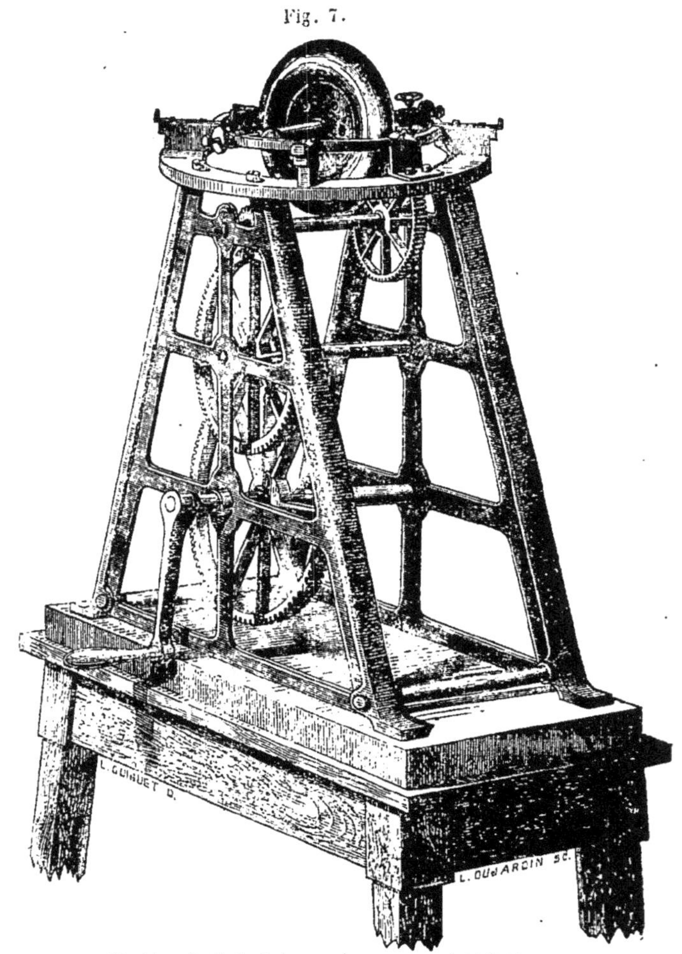

Machine destinée à donner le mouvement au tore.

La roue dentée B, dont est munie l'axe du tore, est mise pour cela en communication avec un système d'engrenages convenable que fait tourner une manivelle. Le cercle dans lequel est monté le tore est fixé sur la machine par des pièces A, que l'on retire afin de pouvoir l'enlever, quand la rapidité du mouvement est jugée suffisante. On introduit alors le système dans un autre appareil (*fig.* 8), de telle sorte que les deux couteaux reposent sur un cercle vertical supporté par un fil sans torsion, et reposant très légèrement sur un pivot. Les petites masses *m*, *m'*, *n* et *n'*, mobiles les unes dans le sens horizontal, les autres dans le sens vertical, servent à amener, dans une expérience préalable, le centre de gravité du système exactement sur le prolongement du fil de suspension. On est certain ainsi que l'action de la pesanteur n'a aucune influence ni sur le mouvement de rotation du tore autour de son axe de figure, ni sur l'ensemble du système. Par conséquent, le plan de rotation du tore se conserve d'une manière fixe dans la position où on le met d'abord. Le tore ne participe plus au mou-

(1) Voir le précédent numéro. Nous avons donné au haut de la page 386 deux figures représentant le mode d'attache du pendule ; mais les légendes ont été omises. La figure de gauche est *la projection verticale* ; celle de droite, *le plan suivant la ligne A B de la projection verticale*.

vement diurne de notre globe, et l'on constate facilement le déplacement relatif qui en résulte, soit en regardant avec un microscope installé à côté de l'appareil, le passage des traits d'une division tracée sur le cercle vertical de suspension, devant les fils d'un réticule adapté à ce microscope, soit en suivant sur un arc horizontal gradué les mouvements d'une longue aiguille attachée au même cercle vertical.

Fig. 8.

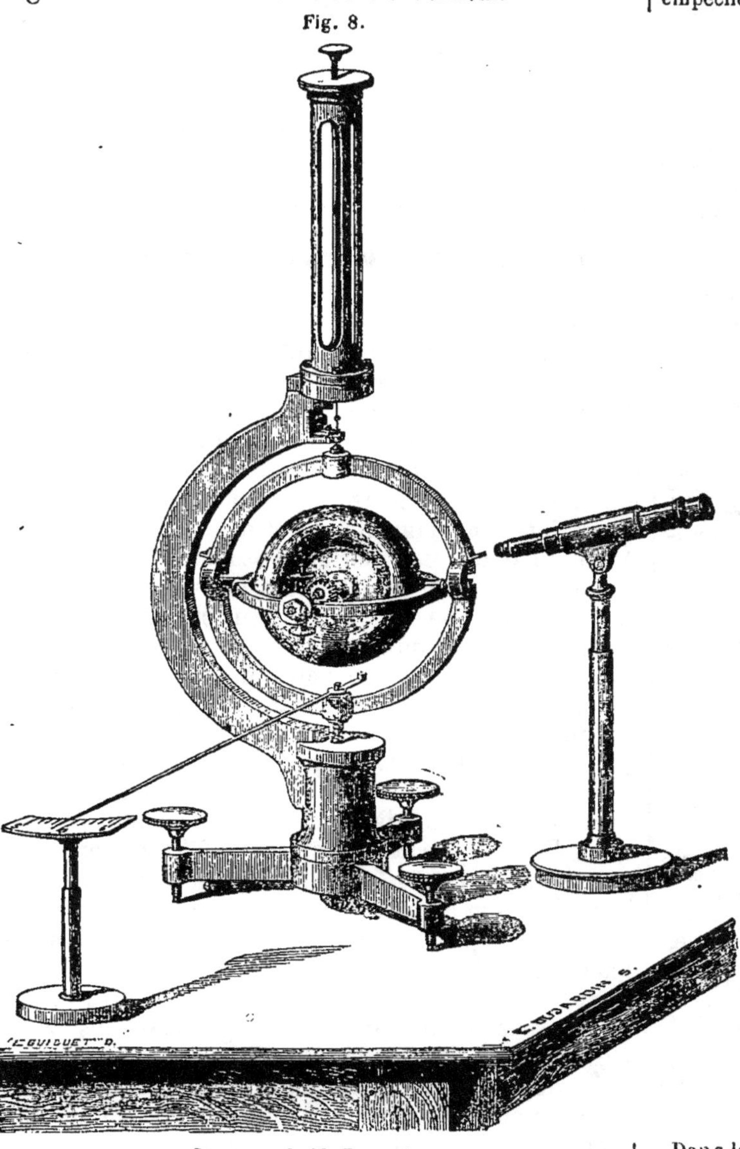

Gyroscope de M. Foucault.

» Le mouvement de rotation de la terre est ainsi rendu sensible à tous les yeux par un instrument réduit à de petites dimensions et aisément transportable. A moins de nier l'évidence, nul ne peut plus aujourd'hui mettre en doute un mouvement démontré par l'accumulation de tant de preuves astronomique et physiques. » FRANÇOIS ARAGO.

Transport du poisson par les procédés de Cyrille Noel (1).

Réclamation de M. Boullangier.

Nous avons inséré dans notre numéro 40, une lettre tendant à démontrer que les procédés de transport du poisson vivant dont il a été question récemment dans la presse sont entièrement de l'invention du pêcheur Jean Cyrille Noël, de Bussang, Vosges, auquel on avait donné pour collaborateur un juge de paix du canton de Remiremont, M. Boullangier. Aujourd'hui M. Boullangier nous écrit pour revendiquer ce titre de co-inventeur que le signataire de la précédente lettre lui dénie. Personne n'a plus de respect pour nous que le droit de réplique, aussi allons-nous donner une analyse très étendue de la réponse de M. Boullangier et, si nous ne donnons textuellement la réponse elle-même, c'est son excessive longueur qui nous en empêche. Cette réponse n'occuperait pas moins de douze de nos colonnes, c'est-à-dire qu'elle est à peu près quatre fois aussi étendue que la lettre qui la motive ; (celle-ci avait plus de 9000 lettres, ce qui est déjà beaucoup; celle de notre nouveau correspondant en a 38,000). Sans doute, les frais de l'insertion n'arrêteraient pas M. Boullangier s'ils devaient tourner au profit de sa cause, mais il est clair qu'ils auraient un résultat tout opposé. En les lui épargnant, nous lui procurerons des lecteurs que l'énorme entreprise qu'il leur propose eut certainement rebutés ; le détail des visites faites à Paris, des audiences demandées et obtenues, des hautes relations établies; des invitations à dîner, etc., prouvent la vivacité des souvenirs de l'auteur, mais ils peuvent être supprimés sans affaiblir sa plaidoirie. C'est dans son intérêt, autant que dans celui des lecteurs, et dans le nôtre que nous nous limiterons à l'essentiel.

M. Boullangier, témoignant une grande répulsion pour la polémique et déclarant formellement qu'il ne rentrera plus dans l'arène de la discussion, nous nous interdirons toute critique, nous nous refuserons même à ouvrir nos colonnes à la réponse que nous offre le contradicteur de M. Boullangier, nous nous bornerons au rôle de narrateur et, bien que les faits cités par M. Boullangier nous paraissent avoir une signification différente de celle qu'il lui attribue et faire la partie belle à qui voudrait les retourner contre lui, nous les insérerons sans aucune objection.

M. Boullangier commence en nous demandant l'insertion du rapport de la commission nommée, le 28 mai 1856, par M. le Préfet des Vosges pour l'examen des procédés en question.

Ce rapport est divisé en trois parties. 1o lettre adressée, en date du 30 mars 1856, à M. le Ministre de l'agriculture par MM. Noël et Boullangier ; 2o description de l'appareil de transport; 3o relation du transport des poissons de Remiremont à Paris.

Dans la lettre susdite, il est rapporté que l'observation, aidée par l'expérience de près de deux années, a fait découvrir à Noel le moyen de conserver la truite vivante et sans altération dans une même eau pendant une semaine entière; que l'inventeur ayant fait part de sa découverte à M. Boullangier, celui-ci en rendit compte à l'Académie nationale (1), *et fit construire à Remiremont un appareil pour l'essai du transport* (2). — Qu'à l'aide de cet appareil, MM. Noel et Boullangier ont pu transporter du poisson de Remiremont à Epinal, dans le jardin de la préfecture, et le ramener à Remiremont avec un plein succès. Les signataires concluent en demandant qu'un commissaire, officiellement chargé de constater la réalité de la découverte, les accompagne dans le trajet de Remiremont à Paris.

Dans la seconde partie du rapport, M. le commissaire, nommé conformément à la demande qui précède, décrit l'*appareil employé par le transport*. L'appareil est connu de nos lecteurs. Cette description débute ainsi :

« L'appareil employé pour le transport des poissons vivants par MM. Boullangier et Noel est de l'invention du premier. »

Jusque-là M. Boullangier, soit qu'il écrivît en son nom propre, soit qu'il écrivît en nom collectif pour Noel et pour lui n'avait pas encore parlé de sa participation à *l'invention*.

En effet, dans la lettre écrite à l'Académie nationale le 22 sept. 1855 (voir notre no 40), il dit que Noel a découvert le moyen de conserver le poisson vivant dans une petite quantité d'eau et *de le transporter ainsi à une grande distance*. Il n'est ici question que de Noel.

Dans la lettre analysée ci-dessus, signée de MM. Noel et Boullangier, et datée du 30 mars 1856, il est dit que M. Boullangier *fit construire* à Remiremont un appareil pour l'essai du transport. Il n'est pas dit que cet appareil fût de l'invention de M. Boullangier.

(1) Voir le numéro 40.

(1) Nous avons inséré dans notre no 40, la lettre de M. Boullangier à l'académie nationale.

(1) Ces mots ne sont pas soulignés dans la lettre.

Le 13 juin 1856, M. le commissaire attribue à M. Boullangier l'invention de l'appareil. Cette phrase a donc un grand intérêt pour M. Boullangier, et c'est ce qui nous l'a fait rapporter.

La troisième partie du rapport consacré au *transport des poissons de Remiremont à Paris* n'a rien de nouveau pour nos lecteurs.

Revenons à la lettre de M. Boullangier.

M. Boullangier raconte que ce rapport a été rédigé à Paris en sa présence et en celle de Noel, il donne ensuite le détail des visites faites, les noms des personnes qui ont assisté aux expériences. Ce qui ne touche en rien à la question d'invention. Voici la partie utile de la lettre :

« Quelle expérience, dit M. Boullangier, M. Noel a-t-il fait (sic.) chez lui pour me démontrer sa découverte, en présence du regrettable abbé Aubry, de M. Dieudonné, précepteur, du fils de M. David-Porteau, à Paris, et de M. Richard, de Dammartin, élève de la ferme modèle d'eau du comice agricole des Vosges, parents de M. Aubry? Il a placé 16 truites dans un cuveau d'eau et, au moment où elles allaient pâmer, il prenait de l'eau d'un côté du cuveau avec un vase et la rejettait en cascade de l'autre côté ; voilà l'explication de ses documents, et voilà tout simplement ce que j'ai rendu par les appareils que j'ai imaginés et que j'ai fait construire à Remiremont, sinon que l'orifice de mes godets s'enfonçait perpendiculairement dans l'eau y introduisent une grande quantité d'air lorsqu'ils reprennent la position horizontale pour s'emplir d'eau, ce qui fait l'un des principaux mérites de mon invention.

« En allant voir son réservoir, M. Noël m'a bien montré une espèce de bahut, une petite caisse placée dans le sol, près d'une voie d'irrigation, dans le pré de son père, et dans laquelle il y avait quelques truites; *l'eau qu'elle contenait était légèrement agitée au moyen d'une roue hydraulique dont l'arbre était armé de quatre bras au bout desquels était un petit godet en bois qui enlevait une très petite quantité de la superficie de l'eau et la laissait retomber à une bien minime hauteur ; cette caisse, disait-il, où il conservait de la truite, était là depuis près de deux ans* (1).

« Ce n'est point cette machine qui m'a donné l'idée de la construction de nos appareils, mais bien l'expérience, la démonstration que nous a faits M. Noël avec son cuveau et son vase (2).

« Enfin, sur les prières et les supplications de M. Noël et de son père, et surtout sur la recommandation de mon vénérable ami, M. l'abbé Aubry, je leur ai promis de m'occuper incessamment d'imaginer et de faire construire un appareil de transport pour compléter, en l'utilisant, la découverte de M. Noël. »

M. Boullangier raconte ses démarches pour la construction d'un appareil adapté à une voiture. Voyage à Remiremont, la construction d'un second appareil.—La rédaction de la lettre du 20 mars au ministre (Voir ci-dessus) l'envoi de lettres à la date du 16 avril « que j'ai communiquées à M. Noël, » dit M. Boullangier, et qui portent invariablement cette phrase : « une découverte que l'on considère comme un fait important en pisciculture, vient encore d'être faite dans les Vosges; son auteur, M. Jean-Cyrille Noël, pêcheur à Bussang, a demandé que mon nom fût joint au sien, à cause de la part que j'ai prise à l'*exécution de sa mise en pratique* (3); j'ai cru ne pouvoir la refuser, etc. »

Récit du voyage à Paris, départ, arrivée, visite, lettre, recommandations pour les marins de Dieppe, voyage à Dieppe, retour à Paris, où, le 11 juillet, le ministre alloue à MM. Noël et Boullangier une somme de 1,200 francs, somme que M. Noël et moi avons touchée par moitié à Remiremont, au commencement de septembre ; M. Noel ayant cependant laissé 100 francs sur sa part entre mes mains jusqu'au règlement de notre compte. ».

MM. Noel et Boullangier partent en septembre pour Plombières, où ils arrivent le 17; demande d'audience accordée le jour même.

M. Boullangier termine ainsi :

« Tels sont, M. le rédacteur, les faits qui réfutent les insinuations malveillantes, à mon égard, écrites dans votre journal ; je m'inquiète peu de savoir qui les a suggérées, et je pense que M. Noël a trop d'honneur et d'intelligence pour croire qu'il aurait pris directement ou indirectement une part quelconque à cette polémique.

« Nier ou contredire un seul des faits que je retrace serait nier l'évidence.

« La position que j'occupe, mon âge et la nature de mon esprit ne me permettent pas de descendre dans l'arène de la discussion et de faire assaut d'esprit dans un journal ; je n'ai voulu que rétablir simplement, mais avec la dignité de l'honnête homme, qui s'appuie sur sa conscience, l'exactitude des faits qui ont été si singulièrement tronqués et si faussement commentés.

« Le public jugera, et quoi qu'il arrive, quoi qu'on écrive, ceci est mon dernier mot.

Recevez, etc.

BOULLANGIER,
Juge de paix à Remiremont.

Lorsque dans une affaire de ce genre, les pièces ont été mises loyalement sous les yeux d'un public intelligent, la cause doit être considérée comme entendue. On ne doit pas tenir à dire le dernier mot, et nous n'y tenons pas. Le lecteur a maintenant autant de documents qu'il en faut pour se faire une opinion et rendre un arrêt. Le public jugera, comme il est dit ci-dessus, que tout prépare à pousser l'affaire plus loin, nous tombons volontiers d'accord avec M. Boullangier qui annonce vouloir s'en tenir là.

Bornons-nous à remarquer qu'en pisciculture, les inventeurs n'ont pas de chance !

(1) Cette phrase n'est pas soulignée dans le texte. On voit qu'à la rigueur Noel n'a pas besoin d'autre avocat que M. Boullangier.

(2) Ayant promis de ne pas discuter, nous devons laisser passer cette phrase comme les autres.

(3) Ceci n'est pas souligné dans le texte. On voit qu'à la date du 16 avril, M. Boullangier ne réclame encore aucune part dans *l'invention*, mais seulement dans *l'exécution de la mise en pratique*.

DES LOIS DE LA MORTALITÉ EN FRANCE.

Dans un même pays, les lois de la mortalité varient beaucoup d'une époque à l'autre, en raison des conditions sociales dans lesquelles vivent les populations. Duvillard avait donné une table de la mortalité générale, ayant pour base un grand nombre de faits recueillis sur divers points de la France avant la révolution de 1789 ; il se trouve aujourd'hui que l'état social s'étant fondamentalement modifié, la table de Duvillard donne une mortalité beaucoup plus rapide que celle qui règne actuellement en France. La durée moyenne de la vie s'est donc accrue chez nous depuis le commencement du siècle.

Sur 1,286 enfants que l'on suppose nés au même instant, un sixième meurt dans la première année, un cinquième ne parvient pas à l'âge de 2 ans, un quart à l'âge de 4 ans et un tiers à l'âge de 14 ans. Il en reste la moitié à l'âge de 42 ans, le tiers à 62, quart à 69, le cinquième à 72 et le sixième à 75 ans.

En France, il naît annuellement 970,000 enfants ; sur ce nombre, 913,981 seulement parviennent à l'âge de vingt ans. A Paris, sur 32,000 enfants qui naissent chaque année, il y en a 20,255 qui atteignent l'âge de 20 ans.

Sur 1,000 enfants de 10 ans, 527, c'est-à-dire à peu près la moitié, arrivent à l'âge de 60 ans ; 331, c'est-à-dire le tiers, atteignent l'âge de 71 ans.

La durée de la vie *moyenne* est de 39 ans 8 mois pour un enfant qui vient de naître ; elle va en augmentant rapidement jusqu'à l'âge de 4 ans, où elle atteint son maximum, qui est de 49 ans 4 mois. Elle va en diminuant continuellement.

Quant à la vie *probable*, elle est de 42 ans pour un enfant qui vient à sa plus grande longueur (55 ans 4 mois) pour un enfant de 3 ou 4 ans. Elle va toujours en diminuant ensuite. La vie probable surpasse la vie moyenne jusqu'à 56 ans. Alors il y a égalité entre ces deux quantités. Au delà, c'est la vie moyenne qui surpasse constamment la vie probable de quelques mois.

On demande le nombre d'années qu'une personne de 23 ans vivra probablement. Sur 1,000 enfants, le nombre des vivants à cet âge est de 790, et la moitié, 395, correspond à 65 ans ; comme à 65 ans une moitié de ceux qui avaient 23 ans est morte et l'autre vivante, il y a également à parier pour ou contre qu'une personne de 23 ans vivra encore 42.

On compte, en moyenne, en France, 810,000 décès annuels. Avec les 970,000 naissances et les décès survenus dans la première année, on trouve une population de 855,310 enfants au-desous de l'âge d'un an.

Il y a 305,500 jeunes gens de 20 à 21 ans, soumis annuellement au recrutement de l'armée ; si l'on double ce nombre pour avoir les femmes avec les hommes, on trouve 611,000 individus, formant en France la population de 20 à 21 ans. Les votes recueillis par suffrage universel s'étant élevés à près de 10 millions, il faut en conclure que la population majeure de la France s'élève à plus de 20 millions d'individus.

La somme de toutes les populations partielles donne 34 millions 860,387 pour la population entière de la France, correspondante aux éléments moyens, 970,000 naissances et 310,000 décès annuels qui ont servi de base au calcul. Le nombre 20,590,180 représente ce qu'on appelle la *population majeure*. Elle comprend les hommes et les femmes de tous les âges, depuis 21 ans et plus, compris dans le suffrage universel ; ils forment presque les 3 dixièmes de la population totale : 34,860,387.

La *population mineure*, comprenant tous les individus âgés de moins de 21 ans, est de 14,270,208 individus. Les 305,000 jeunes gens de 20 à 21 ans, soumis au recrutement annuel de l'armée, formant la 144e partie de la population totale de 34,860,387. On compte donc à peu près, en France, 1 jeune homme de 20 à 21 ans sur 114 habitants.

Les chiffres sur lesquels reposent les données qui précèdent sont ceux des tables de la mortalité en France, publiés par l'*Annuaire du bureau des longitudes*.

LA SCIENCE VERS LE TEMPS DE LA SAINT-BARTHÉLEMY.

Fragment de *la Ligue*, par M. MICHELET, qui paraît le 3 novembre, chez M. Chamerot, rue du Jardinet, 13.

En ce moment exécrable de la Saint-Barthélemy, j'ai parlé de Paris, du Louvre, des Tuileries, du palais de la reine mère, où la veille se tint le conseil du massacre. Mais, dans le jardin même de ce palais tragique, un inventeur, un simple, un saint, Palissy, a inauguré les sciences de la nature.

Je viendrai à lui tout à l'heure. Auparavant, un mot sur l'histoire des génies sauveurs qui, à travers les destructions, ont réparé, consolé et guéri.

Spectacle touchant, mais bizarre. En dessus, la politique et la théologie roulent leur char d'airain, admirées et bénies de l'humanité qu'elles écrasent. En dessous, la science suit leur course, le baume à la main, ramasse les victimes et rapproche les lambeaux sanglants.

C'est une histoire immense et difficile que je n'ai nullement la prétention de raconter. Je veux me donner le bonheur de l'indiquer seulement, non pour servir aux autres qui la liront bien mieux ailleurs, mais pour me servir à moi-même. Entrant dans les temps de bassesses, de mensonge, qu'il me faut passer, je m'arrêterai ici, je m'y assoierai un moment; j'y boirai un long trait d'humanité, de vérité.

Qu'on sache donc qu'au seuil de ce siècle sanglant commencèrent deux grandes écoles des ennemis du sang, des réparateurs de la pauvre vie humaine si barbarement prodiguée.

Au moment où Copernik donne au monde la révélation de la terre, ceux-ci semblent lui dire : « Vous n'avez trouvé que le monde; nous trouverons davantage, nous découvrirons l'homme. »

L'homme et son organisme intérieur, dont Vésale est le Christophe Colomb, — l'homme est la circulation de la vie, dont le Copernik fut Servet.

Son mariage enfin avec la Nature, leurs profondes amours et leur identité. C'est la révélation de Paracelse.

Parlons de celui-ci d'abord.

Pour entrer dans cette voie neuve, il était nécessaire d'en arracher d'abord l'épouvantable amas de ronces qu'on y avait mis depuis deux mille ans. Il fallait que cet amas impatient de la Nature, avant d'aller à elle, la délivrât par un grand coup.

Paracelse était homme de langue allemande et né, dit-on, dans les montagnes de la Suisse. On ne sait guère quelle avait été sa vie. Il fit son coup d'État à trente-quatre ans. Ce fut à Bâle, en 1527, au point solennel de l'Europe où le Rhin tourne entre trois nations, que ce Luther de la science mit sur un même bûcher tous les papes de la médecine, les Grecs et les Arabes, les Galien et les Avicenne. Il jura qu'il ne lirait plus, et se donna à la Nature.

Chercheur sauvage des mines et des forêts, ce gnome ou cet esprit fouille la terre, interroge les sources, converse avec les plantes, intime ami des Alpes, confident des Carpathes, amant des vallées du Tyrol, l'humanité malade le suit; il peuple les déserts.

Il eut cela de commun avec Copernik, qu'observateur pénétrant entre tous, il domina l'observation, lui donna la raison pour guide et pour maîtresse.

Ayant brisé l'autorité des livres, il en brisa une autre dont on se défait difficilement, celle des sens et de l'apparence. Il hasarda, d'un instinct prophétique, le mot de la chimie moderne, le mot Lavoisier : L'homme est une vapeur condensée, qui retourne en vapeur (1).

Dès ce moment, quelle facilité d'amalgame ! La barrière est rompue entre l'homme et la nature. L'un et l'autre est chimie. La médecine est chimie, comme la vie elle-même est la réparation.

Adieu tous les miracles et les interventions surnaturelles. L'homme peut tout, mais par la nature. Nul miracle que Dieu le Père. Un malade disant qu'il s'est muni du corps du Christ, Paracelse prend son chapeau: « Puisque vous avez déjà un autre médecin, je n'ai rien à vous dire. »

Il disait, non sans cause, que sa réforme était bien autre chose que celle de Luther. La grâce qu'enseigne Paracelse, c'est celle de la nature, son hymen avec l'homme. Il les croit tous deux d'une pièce, assimile leurs lois, y voit l'identité de génération et d'amour. Vues fécondes qui menèrent bientôt Gessner à classer les

(1) *Leçons de Liebig.*

plantes par la génération, Césalpien à assimiler les semences végétales à l'œuf des animaux, à professer le rapport des deux règnes.

Cuvier et d'autres ont enfin avoué, proclamé, le génie tant contesté de Paracelse. Eh ! qui en douterait, en ouvrant au hasard son livre surprenant, mais touchant et sacré, sur les maladies de la femme ? Personne encore (ô temps barbares !) n'avait compris nos mères, nos femmes, chère moitié de l'espèce humaine. Ce grand homme dit le premier : « La femme est tout autre que l'homme ; elle est un être à part ; ses maladies sont spéciales. Elle est sous l'influence souveraine d'un seul organe. Elle est un monde, pour contenir un monde. » Haute révélation physique, première explication profonde et sérieuse du *Fons viventium* (la source des vivants, la fontaine sacrée d'où court le torrent de la vie).

L'Allemagne s'est prise à la nature, qu'elle pénètre par la chimie. La France à l'homme, qu'elle révèle, explique l'anatomie. Pourquoi, de toutes parts, les grands anatomistes viennent-ils étudier à Paris ? On l'a vu de nos jours encore. L'anatomie, la chirurgie, les arts hardis du fer, sont ici, non ailleurs : ici un scalpel acéré d'analyse, et dans la main et dans l'esprit.

Quel spectacle plus grand que cette école de Paris, de 1531 à 1534, quand, devant la chaire de Gunther, deux héros furent en face, le Belge et l'Espagnol, le grand Vésale, le pénétrant Servet ?

Je dis *héros*. Il fallait l'être pour triompher de tant d'obstacles ; jusqu'en 1555, ce fut un hasard ou un crime de disséquer. Heureusement, un homme de vingt ans, que rien n'épouvantait, Vésale, dès 1534, est à lui seul le pourvoyeur de l'école de Paris.

Rien n'était plus hardi. Où prendre des cadavres ? aux Innocents, dans la population serrée du quartier marchand de Paris ? C'étaient des corps malades, et dangereux dans les épidémies fréquentes de l'époque. Sur cette terre pestiférée du grand cimetière des Innocents, la nuit erraient des filles, logeant près des Charniers et faisant l'amour sur les tombes.

Montfaucon valait mieux. Mais quoi ? c'était la justice du roi et les pendus du roi. Les descendre d'un gibet de trente pieds, souvent observé des archers, c'était chose hasardeuse. Les parents y veillaient souvent, le peuple aussi, avec sa haine et ses terreurs, ses contes d'enfants tués par les juifs, de corps ouverts vivants par les médecins. Le hardi disséqueur eût pu périr disséqué sous les ongles.

Mais plus le péril était grand, plus grand fut l'amour de la science.

Ce cadavre pour lequel il venait de hasarder sa vie, de quel œil perçant il le regardait ! de quelle ardeur d'étude, avide, insatiable ! Le fer, la plume, le crayon à la main, il disséquait, dessinait, décrivait.

Il ne quitta Paris que pour un autre laboratoire, meilleur encore, l'armée de Charles-Quint. Il y fut justement à la terrible époque où cette armée fut décimée, détruite, ou les vieilles bandes de Pavie furent exterminées par leur maître (1538-1539). Les corps ne manquèrent pas. Vésale, d'une expérience infinie à vingt-huit ans, avait vu l'homme le premier. Il enseigna à Padoue, il imprima à Bâle (1543). Cette ville libre entre toutes, permit et divulgua la grande impiété. Le corps humain, ce mystérieux chef-d'œuvre, que, pendant tant de siècles, on enterrait sans le comprendre, éclata dans la science par la description de Vésale et les planches du Titien.

Au moment même, un Français, Charles Estienne, fils et successeur du grand imprimeur, avait fait imprimer une complète description de l'homme, mais elle ne parut que plus tard. Celles d'Estienne et de Vésale furent très probablement l'œuvre collective, le résumé des travaux communs de l'école de Paris.

J. MICHELET.

(*La fin au prochain numéro.*)

Académie des Sciences.

Séance du 27 octobre.

TRAVAUX CRISTALLOGRAPHIQUES.

Au sujet de la communication que M. Biot a faite, dans la séance du 13, sur les recherches si curieuses de M. *Marbach* (1), de Breslaw, M. *Pasteur*, doyen de la faculté des siences de Lille, est venu à Paris tout exprès pour lire les sciennes propres, sous ce titre : *Note sur le mode d'accroissement des cristaux et les variations de leurs formes secondaires.* Après cette lecture, M. *de Sénarmont* a pris la parole pour entretenir l'Académie de ses plus récents travaux sur le même sujet, et M. Biot a déposé sur le bureau la suite des recherches de M. Marbach.

Ce petit incident a montré que la question du mode d'accroissement des cristaux occupe simultanément un certain nombre de cristallographes ; il a servi, en outre, à établir d'une manière absolue que le développement de la cristallisation peut être, à volonté, arrêté ou exagéré dans le sens de l'une quelconque des trois dimensions. Il suffit, pour y arriver, d'envelopper la partie dont on veut gêner la formation, avec une substance qui l'isole de la solution dans laquelle on cristallise à nouveau. Les surfaces en contact avec la liqueur sont alors les seules à se développer.

USAGE ALIMENTAIRE DU CERFEUIL BULBEUX.

M. Payen a donné lecture d'une note sur la racine charnue du cerfeuil bulbeux, qui commence à être cultivée sur plusieurs points, comme plante alimentaire. Cette racine a été l'objet d'une analyse comparative avec la pomme de terre, analyse qui a donné entre autres résultats :

	POMME DE TERRE.	CERFEUIL.
Eau	74	63 »
Substances nutritives .	21	27 8

Traitée par la dessiccation, elle fournit une pulpe d'une saveur légèrement sucrée et d'un goût très agréable. Par une méthode convenable de sélection des porte-graines, M. Payen estime qu'il serait possible d'obtenir un rendement très supérieur encore en matières nutritives. La proportion de ces matières dans la racine charnue du cerfeuil bulbeux, est à celle trouvée chez la pomme de terre, dans le rapport de 18 à 13.

M. Payen a traité encore la fécule de cette racine : son grain n'est guère que le tiers, en dimension, de celui de la fécule d'amidon de blé, et le neuvième des plus gros grains de la fécule de pomme de terre. Elle est exempte, en outre, de l'odeur désagréable qui caractérise cette dernière fécule. Enfin, elle peut remplacer avec avantage la fécule du plus grand nombre des racines aujourd'hui connues.

PROCÉDÉ PHOTOGRAPHIQUE RAPIDE SUR PAPIER CIRÉ.

M. de la Blanchère, photographe à Paris (2), a communiqué un nouveau procédé ayant pour but d'obtenir les épreuves photographiques avec rapidité. Ce procédé repose sur l'emploi raisonné d'un encollage très puissant qui, forçant la couche sensible à rester à la surface du papier, donne une finesse et une rapidité extraordinaires. Il peut y avoir là une révolution complète dans l'art, puisque ce genre d'épreuves, qui était jusqu'ici un des plus lents de tous, devient, par ce fait, un des plus rapides. Les nuages, les effets de mer, les personnages en mouvement s'obtiennent ainsi avec une grande facilité.

L'auteur a présenté à l'appui de son mémoire, des épreuves de grande dimension qui nous ont paru fort belles.

(1) Et non *Marmande*, comme il a été imprimé par erreur.
(2) 39, boulevard des Capucines.

OPÉRATION DE LA CATARACTE.

M. le docteur Castorani présente un nouvel instrument fabriqué d'après ses indications par M. Luër, et qui est destiné à faciliter les opérations qui se pratiquent sur les yeux, notamment pour la cataracte.

Cet instrument, auquel il donne le nom de *fixateur de l'œil*, sert à la fois à écarter les paupières et à fixer le globe oculaire sans le secours d'un aide. M. Desprès, chirurgien à Bicêtre, l'a expérimenté pour la première fois sur le vivant, et, dans diverses opérations de cataracte qu'il a pratiquées par extraction, on a pu s'assurer que rien n'est plus aisé que d'atteindre le double but que l'auteur s'est proposé. En effet, les paupières sont maintenues à une distance convenable l'une de l'autre, et le globe de l'œil est immobilisé, sans subir pour cela la moindre compression.

Voici les différentes pièces dont se compose le *fixateur de l'œil*. A représente l'élevateur supporté par la tige mobile H, auquel s'adapte le bouton E; 6 est l'abaisseur qui surmonte la tige fixe I. C, C sont les extrémités des deux branches GG d'une pince, qui se réunissent au point O. F manche de l'instrument qui supporte toutes pièces. D est un petit coulant soudé sur la tige mobile, et qui glisse entre les deux branches de la pince et la tige immobile.

Dès qu'on imprime au bouton E un mouvement de propulsion de bas en haut, on fait monter la tige mobile et, par conséquent aussi, l'élévateur, qui pousse devant lui la paupière supérieure. En même temps, le coulant qui est fixé sur la tige mobile est également dirigé de bas en haut, et dans ce mouvement ascensionnel, il rapproche les branches de la pince et porte le mors en avant.

Il suffit donc de faire couler le bouton dans a rainure qui lui est destinée pour faire monter l'élévateur et pour rapprocher les deux branches de la pince. Par ce mécanisme si simple, on écarte les paupières et l'on fixe le globe oculaire entre les mors de la pince.

COMMUNICATIONS DIVERSES.

M. de Candolle fils a fait hommage à l'Académie du 14e volume du *Prodromus*. Ce grand ouvrage d'histoire naturelle, commencé par M. de Candolle père, renferme déjà la nomenclature de 50,000 espèces du règne végétal: on se fera une idée de son importance en apprenant qu'il faudra encore deux volumes pour achever la monographie des espèces relatives à une seule classe de végétaux. — M. le docteur Legrand écrit à l'Académie au sujet de l'ouverture des abcès produits par l'érysipèle. L'emploi du bistouri dans ces sortes d'opérations est souvent mortel, tandis que M. Legrand a toujours employé, avec avantage et sans danger de mort, la potasse caustique qui amène tout aussi bien l'ouverture de l'abcès. FÉLIX FOUCOU.

PARTIE LITTÉRAIRE.

LOUISE MORNAND (1).

XV.

Varengeville, le 20 décembre.

Ma mère bien aimée, tu dois attendre avec impatience une lettre de moi. Que je commence par te remercier des tiennes. Elles sont pleines de tendre sympathie et de nobles encouragements. Tu me plains et tu te plains, car ma déception en a été une pour toi aussi. Mais comme tu te montres toujours la ferme et digne amie qui ma guidé depuis mon enfance! A ta place une femme vulgaire se serait irritée; elle en aurait voulu à la jeune fille qui préfère Ludovic à Godefroy; elle eût cherché à convaincre son fils qu'il a tort de s'occuper de choses qui lui sont matériellement étrangères, et où il ne peut recueillir que des souffrances. Mais toi, tu es au-dessus de tout égoïsme, et ce qui me console et m'encourage surtout dans la pénible tâche que jai entreprise, c'est la pensée que tu m'approuves.

Louise me demande souvent de tes nouvelles; elle parle de toi avec intérêt, avec affection. Que n'avez-vous pu vous connaître!

Le temps se passe et nos tentations n'ont eu, jusqu'à présent, aucun résultat. M. Mornand s'affaiblit toujours, mais il souffre moins et semble à peine avoir conscience de son déclin rapide. Il refuse positivement d'entendre parler de médecin, et résiste à toutes nos sollicitations de quitter cette demeure isolée pour passer l'hiver à Dieppe, où il serait beaucoup mieux et plus à portée des soins que sa maladie peut réclamer impérieusement d'un jour à l'autre. Plusieurs foi j'ai essayé d'intercéder pour son fils, mais il m'a imposé silence d'une manière qui ne me laissait pas le moyen de poursuivre. Cependant son amitié pour moi ne fait que s'accroître; je sens que je lui suis presque nécessaire, et quoique je sois convaincu de mon inutilité en ce qui regarde le but que nous voudrions atteindre, il serait cruel de le quitter maintenant.

Quant à Louise, elle est moins triste depuis quelques jours; son regard est plus brillant, son sourire plus fréquent et plus doux; on dirait que là où je ne vois que découragement, elle a su puiser un espoir. Ludovic est très abattu, mais, soit l'influence de son angélique cousine, soit l'effet purifiant de la cruelle épreuve qu'il subit, il me semble devenir meilleur, moins irritable et plus humble, l'expression de ses traits se spiritualise et devient, par moments, d'une beauté si frappante que cela seul, je crois, justifie l'affection de Louise.

Et Godefroy? disais-tu. Qu'il me parle un peu de lui. Comment va-t-il, et que fait-il?

Depuis quinze jours je suis fixé à Varengeville, Triste séjour, penses-tu. dans cette saison. Eh bien, non. Dans la disposition actuelle de mon esprit, cette campagne me plaît, et même si j'y étais seul et libre de toute préoccupation sérieuse, je ne m'y ennuierais pas. C'est la première fois que je me trouve, l'hiver, sur le bord de la mer, et jamais je n'ai reconnu plus volontiers que chaque saison est belle. Je m'étonne quelquefois d'éprouver ce vif sentiment des beautés naturelles, et alors il me vient une pensée si douce, si consolante, que je suis presque tenté de remercier Dieu de mes souffrances.

Si, au milieu de sa tristesse, mon âme peut encore s'élever pleine d'exaltation et de gratitude à la vue des magnificences qui m'entourent; si j'aspire encore avec délice la brise âpre et vivifiante qui souffle de la mer, cela ne vient-il pas de ce que j'ai pu lutter victorieusement contre moi-même? Ne me trouve pas orgueilleux, je parle à toi comme à ma propre conscience; en ce moment je vis pour d'autres plus que pour moi, et le bonheur, que je ne sougeais pas à chercher, m'ouvre des sources dont j'ignorais l'existence.

(1) Voir le précédent numéro.

Ce matin je suis plein de ces pensées ; je viens de recueillir, dans une promenade solitaire, une nouvelle provision de force.

Quel chagrin pourrait résister complètement à la vue du grandiose spectacle que j'avais devant les yeux ! Je me trouvais sur le bord d'un immense ravin qui descend, taillé en gradins comme un amphithéâtre antique et revêtu d'arbres et de gazon qui semblent vouloir se baigner dans les flots. Le temps était froid, mais calme ; la mer, encore agitée par un vent récent, déferlait lourdement ses vagues sur la grève ; l'horizon était voilé d'une brume presque transparente à travers laquelle plusieurs vaisseaux se montraient indistincts, nuageux comme des fantômes suspendus entre le ciel et l'onde. Ce ravin est admirable en été lorsque sa riche verdure contraste avec les falaises blanches et nues qui se dressent le long de la côte ; on dirait qu'une puissance mystérieuse protége ce lieu contre les vents flétrissants qui soufflent de la mer. Ailleurs, les arbres qui croissent près de la côte sont chétifs, rabougris, tristement courbés du côté de la terre ; ici, ils s'élèvent droits, vigoureux, couverts d'un feuillage luxuriant. Ce magnifique amphithéâtre présentait, ce matin, un aspect féerique avec ses arbres blancs de givre, qui, encore enveloppés de la brume argentée, commençaient néanmoins à étinceler sous les pâles rayons du soleil levant.

Je comparais cette scène avec le spectacle qu'offrent, en pareille saison, les rues d'une grande ville. Ici rien ne rappelle les luttes et les tourments de la vie humaine, la misère des uns, le luxe insolent des autres, les souffrances de tous. Oh ! qu'il est bon et utile de se trouver de temps en temps seul face à face avec la nature !

Deux heures plus tard.

Hélas, j'étais trop sûr de moi ; j'ai été présomptueux.

Après avoir écrit ce que tu viens de lire, je sortis pour me rendre, comme de coutume, chez M. Mornand. — Pour y arriver, je passais par un petit chemin qui longe, à l'extérieur, la haie du jardin. Cette haie est trop élevée pour qu'on puisse voir par dessus, mais dans l'allée de noisetiers qui se trouve de l'autre côté, j'entendis marcher. C'étaient Louise et son cousin. Je distinguai le pas ferme de Ludovic et le frôlement de la robe de Louise. Tout à coup ils s'arrêtèrent et j'entendis ces paroles prononcées d'une voix émue.

— Oui, Ludovic, je vous crois ; et je serai votre femme, même si vous n'obtenez pas le pardon de votre père.

Je n'attendis pas la réponse de Ludovic. Je m'éloignai rapidement, le cœur brisé.

Pourtant, je savais déjà qu'ils s'aimaient ; déjà, dans le fond de mon cœur j'avais entendu cette promesse ; mais combien la réalité est différente de l'imagination, même la mieux fondée ! Je me croyais fort, et je suis faible ; je venais, en présence du ciel et de l'océan, de m'élever en esprit au-dessus des faiblesses et de l'égoïsme des passions ; je croyais avoir déployé fièrement les voiles de ma barque, et la voir voguer contre la tempête ; — hélas ! et ce n'est qu'un frêle esquif qui chavire au moindre coup de vent. Où puiserai-je la force ? Ma mère prie pour moi.

XVI.

Varengeville, le 24 décembre.

Rassure-toi ; mon abattement n'a pas duré ; c'était une nouvelle épreuve dont je suis sorti victorieux, je le sens. Il n'y a dans mon cœur, aucun sentiment de haine ni d'amertume. Je suis heureux, heureux d'un bonheur que tu partageras, d'un bonheur qui, cette nuit, fait vibrer la voûte du ciel si, suivant notre ancienne et sublime croyance, « il y a joie devant les anges de Dieu pour un seul pécheur qui s'amende. »

C'est Louise qui a vaincu !

Le soir était venu depuis longtemps, une vraie soirée d'hiver, triste et désolée. Le vent gémissait autour de la maison et s'engouffrant dans les corridors, poussait de véritables rugissements comme s'il se fût irrité de ne pouvoir tout renverser. Entre les rafales, on entendait la pluie tombant sans interruption et plus loin, mais distinctement le bruit de la mer.

Nous étions réunis dans la chambre de M. Mornand. Assis dans son fauteuil, au coin du feu, en face de la porte, il appuyait avec langueur sa tête sur des oreillers. Louise, auprès d'une petite table sur laquelle était la lampe couverte d'un abat-jour, tenait une broderie à la main, mais elle laissait souvent tomber son ouvrage sur ses genoux et paraissait absorbée dans la contemplation de son oncle. Je la regardais ; jamais elle ne m'avait paru aussi belle ; il y avait de l'inspiration sur son visage ; ses yeux brillaient d'un éclat inaccoutumé, son teint variait à chaque instant, réflétant, comme la mer réflète les nuages, toutes les émotions de son cœur. Nous étions restés quelque temps sans parler ; ce silence, qui rendait encore plus lugubre le bruit des éléments, me pesait ; je fis un effort pour le rompre.

— Voici le moment, dis-je, où bien des petits enfants se couchent heureux et plein d'espoir, après avoir eu soin de placer leurs souliers dans la cheminée.

— Oui, dit Louise ; et je suis sûre que mon oncle se rappelle le temps où il épiait le sommeil de son petit Ludovic pour préparer le mystérieux présent. Je ne sais pas si beaucoup d'enfants croient à Noël ; je sais seulement que Noël ne se trouvant pas là le lendemain, c'est aux parents que reviennent les caresses et les cris de joie si doux à entendre. Vous souvenez-vous, mon oncle, du temps ou votre cher petit Ludovic entrait le matin dans votre chambre et grimpait sur votre lit pour vous embrasser ? Comment pouvez-vous penser à ce temps-là et ne pas l'aimer encore un peu ?

Le vieillard ne répondit pas ; des gouttes de sueur perlaient sur son front. Je regardai Louise, étonné de son courage. Elle était pâle ; ses lèvres, légèrement comprimées, accusaient la fermeté. Elle ouvrit le tiroir de sa petite table, y prit une miniature et la regarda en silence. J'allai derrière elle ; c'était le portrait d'un délicieux enfant de cinq ans.

— C'est votre cousin ? demandai-je..

— Oui, répondit-elle, levant de nouveau vers son oncle un regard brillant. Ma tante en me donnant cette miniature m'a chargée de la rendre au père de Ludovic si un jour il me la demandait. Quel joli enfant! reprit-elle après une pause, se tournant à demi vers moi. Ces beaux cheveux bouclés, ces yeux bleus si limpides, si expressifs, cette petite bouche au sourire fin et doux!

M. Mornand tendit la main sans parler. Louise se leva et lui donna le portrait. L'intérêt que je prenais à cette scène était tellement vif que mon cœur battait avec violence tandis que le regard lent et sec du vieillard reposait sur la miniature, qu'il s'efforçait vainement de tenir immobile entre ses mains tremblantes. Louise restait debout; elle attendait.

Un gémissement sourd s'échappa de la poitrine de M. Mornand. Il rendit le portrait à sa nièce et par un geste, lui ordonna de le cacher.

— Pourquoi me rappeler ces souvenirs? dit-il. Tu es cruelle..... Louise..... j'ai besoin de calme, de repos.....

— Oh, mon bon oncle, pardonnez! s'écria Louise. C'est ainsi que vous retrouverez le repos, le bonheur. Au nom des doux souvenirs évoqués par ce portrait, au nom de sa mère qui l'aimait tant, pardonnez-lui!

M. Mornand courba la tête, ses traits se contractèrent; au bout de quelques instants il se souleva à demi.

Louise, dit-il avec solennité, et vous, Godefroy, je vous déclare que je pardonne à mon fils. Je lui pardonne mes espérances brisées, la honte et la douleur dont il a abreuvé mes dernières années; je lui pardonne même la mort de celle qui me fut chère par dessus toutes choses, Donnez-lui cette assurance et puisse-t-elle le consoler.

— Dieu vous récompensera, dit Louise avec ferveur. Merci, merci pour Ludovic. Mais, combien lui serait plus doux s'il le recevait de vos lèvres.

Un frisson parcourut les veines du vieillard.

— Non, murmura-t-il, impossible! puis avec plus de fermeté: — Non je ne le verrai pas!

Il retomba épuisé sur ses coussins et ferma les yeux. Je crus entendre un léger bruit derrière la porte. Louise, passant auprès de moi, appuya énergiquement son doigt sur ses lèvres, puis, s'approchant d'une table où se trouvaient plusieurs livres, elle en prit un et vint s'asseoir sur une chaise basse à côté de son oncle. J'éprouvais, en la regardant, un sentiment d'admiration et de respect presque religieux. Toute son âme se lisait dans son visage. Oh! ma mère, quelle noble et sainte créature! C'est l'idéal incarné de l'ange de la paix.

Sans lever les yeux, elle ouvrit le volume qui reposait sur ses genoux, puis, prenant dans sa main gauche celle de son oncle, elle commença à lire d'une voix basse et émue, mais distincte :

« Un homme avait deux fils, dont le plus jeune dit « à son père : Mon père, donne-moi la part de bien qui « doit m'échoir. »

M. Mornand fit un mouvement, mais sa nièce lui pressa doucement la main et continua. Je compris la dernière espérance de Louise, et immobile, tantôt fixant les yeux sur l'adorable figure de la jeune fille, tantôt cherchant à découvrir une trace d'émotion sur le visage pâle et rigide de son oncle, j'écoutai avec la plus profonde émotion.

La voix de Louise prit une nouvelle ferveur lorsqu'elle arriva à ces mots :

« Je me lèverai et m'en irai vers mon père, et je « lui dirai : Mon père, j'ai péché contre le ciel et « contre toi, et je ne suis plus digne d'être appelé ton « fils; traite-moi comme l'un de tes domestiques. Il « partit donc et vint vers son père. Et comme il était « encore loin, son père le vit et fut touché de com- « passion, et courant à lui, il se jeta à son cou et le « baisa. »

M. Mornand fit un nouveau mouvement, mais Louise pressa encore sa main et continua. Elle semblait exercer sur lui une influence irrésistible.

« Et le fils lui dit : Mon père, j'ai péché contre le « ciel et contre toi, et je ne suis plus digne d'être ap- « pelé ton fils.

« Mais le père dit à ses serviteurs : Apportez la « plus belle robe et l'en revêtez, et mettez-lui un an- « neau au doigt et des souliers aux pieds.

« Et amenez un veau gras et le tuez; mangeons et « réjouissons-nous; parce que mon fils, que voici, « était mort et il est revenu à la vie, il était perdu, « mais il est retrouvé. »

La voix de Louise s'éteignit dans un sanglot; un autre sanglot lui répondit. M. Mornand releva la tête; ses yeux étaient hagards, ses traits décomposés; il tendit ses deux bras vers la porte en murmurant : Mon fils! mon fils!

Son appel fut entendu. La porte s'ouvrit; Ludovic parut. Il était d'une pâleur mortelle et tellement ému que mon premier mouvement fut de m'approcher de lui pour lui prêter mon appui. Mais Louise m'avait devancé; elle prit la main de son cousin et tous deux vinrent s'agenouiller aux pieds du vieillard. Celui-ci, entièrement vaincu, se laissa tomber sur le cou de son fils et pleura comme un enfant.

Mme VICTOR MEUNIER.

(La suite au prochain numéro.)

BULLETIN LITTÉRAIRE.

ANACRÉON

TRADUIT EN VERS PAR HENRY VESSERON.

Anacréon, voilà un nom qui paraîtra peut-être singulier pour inaugurer le bulletin littéraire de l'*Ami des Sciences*. Mais puisque avec le poëte grec nous sommes en pleine mythologie, qu'il nous soit permis de dire que toutes les muses étaient sœurs, et que c'est en écoutant les charmants concerts d'Euterpe et de Polymnie, que l'austère Clio et la grave Uranie se délassaient de leurs travaux.

Il n'est pas d'ailleurs nécessaire de recourir aux ingénieuses fictions de l'antiquité, pour prouver que la science tend volontiers la main à la poésie. Arago n'était-il pas l'ami de Béranger?

Bien des gens, — même parmi ceux qui ont reçu une éducation libérale, — ne voient dans Anacréon qu'un aimable voluptueux et s'imaginent qu'il n'a chanté que l'amour et le vin. C'est là un jugement tout à fait superficiel et incomplet. Nul poëte n'a eu un plus vif sentiment de l'art. Homère, le chantre des combats, nous a donné la description du bouclier d'Achille; Anacréon, le chantre de la beauté et des plaisirs délicats, nous a tracé le dessin de sa coupe où, d'après ses ordres, l'artiste a ciselé Cythérée, la mère du désir, et Bacchus, le dieu du vin, faisant tous les deux l'éloge de l'hymen; il y joint l'Amour sans armes, et les Grâces se tenant par la main. Rien de plus délicieux, au double point de vue de l'art et de la poésie, que les petites pièces intitulées: *Portrait de femme*, *Portrait de Bathylle*. Et, s'il y a quelque chose que l'on puisse comparer au beau tableau de Raphaël, le *Triomphe de Galatée*, c'est assurément la peinture que notre poëte a mise sur le disque d'Aphrodite.

Anacréon eut aussi au plus haut degré le sentiment de la nature, et dans les cadres étroits de ses tableaux, il la représente vivante, avec une fraîcheur de coloris que l'on n'a pas surpassée. Enfin, ce qui peut sembler étrange, Anacréon, comme le dit son traducteur, fut un sage. Oui, un sage; car, peu soucieux de la richesse et des grandeurs, il se plut à vivre dans une condition modeste. Dans ses vers, il enseigne la modération; il maudit l'avarice et la cupidité, qui troublent le repos des familles et engendrent la guerre; il flétrit l'amour vénal, dont tous les regards sont pour Plutus; et

Quand il est à table,
Il veut qu'une eau pure
Tempère son vin,
De peur que l'injure
Ne vienne soudain
Troubler du festin
L'ordre et la mesure.

Anacréon a eu parmi nous beaucoup de traducteurs et beaucoup d'imitateurs; mais le plus grand nombre d'entre eux semblent s'être donné le mot pour transformer la grâce sévère du vieux poëte en une afféterie toute moderne. Ils lui prêtent un esprit prétentieux qu'il n'a pas, et des grâces mignardes qui le font grimacer. On croirait qu'ils ont voulu le parer, l'embellir. Embellir Anacréon! voilà une singulière prétention. Quelques autres sont tombés dans un défaut contraire, et l'ont traduit avec une sécheresse toute prosaïque. Où l'on s'attendait à respirer un frais bouquet de roses vermeilles, on ne trouve plus que des fleurs à demi-fanées, sans couleur et sans parfum.

M. Henry Vesseron a su se garantir de cette affectation et de cette aridité. Seul, il nous paraît avoir reproduit le poëte grec dans toute sa beauté antique. Il a rendu, avec une précision élégante, le dessin correct et les couleurs éclatantes du peintre de la nature, la gaieté, l'entrain du chantre des vendanges, enfin le sourire et la grâce naturelle de l'aimable vieillard, qui conserve sous ses cheveux blancs toute la puissance de l'esprit, qui sait, comme il s'en vante, conter joyeuse histoire, et ne craint pas de se mêler à la troupe légère des danseurs.

Les vers de M. Henry Vesseron sont travaillés, comme le sont tous les bons vers, comme le sont ceux de son modèle lui-même, qui nous apprend avec quel soin il les polissait. Le choix heureux des rhythmes, la concision ornée, la souplesse et le mouvement du style, font de cette traduction un de ces livres de lecture facile et agréable, que le savant aime à placer sur sa table de travail, pour se reposer d'études abstraites, et que l'homme de goût emporte à la campagne, pour les relire au pied d'un arbre ou sur le bord d'un ruisseau, au milieu de ces scènes agrestes que le poëte a si bien décrites.

Pour justifier le jugement que nous avons porté sur Anacréon, et le mérite de la traduction nouvelle, nous nous bornerons à transcrire une des pièces du recueil.

PRINTEMPS.

Vois comme au retour du printemps
Les grâces font naître la rose;
Comme, délivré des autans,
Calme, le flot des mers repose.
Vois tous ces oiseaux voyageurs,
Traverser l'océan des nues;
Ces troupes de canards plongeurs,
Ces bandes immenses de grues.
Au ciel s'effacent doucement
Les pas de la nuée obscure,
Et le soleil plus vif répand
Ses rayons d'or sur la nature
Aux champs tout rit; le laboureur
S'abandonne à ses espérances:
De terre il voit avec bonheur
Sortir la pointe des semences.
La vigne ombrage ses rameaux.
Et déjà l'olivier bourgeonne,
La fleur, que la feuille environne
Montre ses boutons entr'éclos.

Nous aurions pu citer beaucoup d'autres pièces tout aussi parfaites, mais l'espace nous manque. A. SAVIGNY.

FAITS DIVERS.

INTRODUCTION DE L'ÉCLAIRAGE AU GAZ DANS LES MINES DE HOUILLE. — On annonce qu'on vient de tenter dans les mines de houille du Yorkshire l'essai de l'introduction de l'éclairage au gaz. Cette tentative a été faite par M. Th. Bedford, régisseur des mines de Birkensgaw. On a commencé à poser les tuyaux le 17 mars et la semaine suivante on a allumé pour la première fois le gaz au fond de la mine. Il y a actuellement une douzaine de becs qui brûlent ainsi dans les galeries, et tout fait espérer que ce système réussira et sera généralement adopté. On ne dit pas, mais il est probable que les becs sont entourés, comme la lampe de Davy, d'un appareil préservateur, et quelles sont les précautions qu'on a prises pour éviter les explosions.

POPULATION DE L'EMPIRE RUSSE. — L'empereur de Russie, lors de son avènement au trône, a ordonné le recensement général de la population de ses États. Ce travail, qui est maintenant terminé; présente des résultats nouveaux qu'il est intéressant de faire connaître. L'empire des Czars renferme aujourd'hui une population de 63 millions d'âmes, dont les principaux éléments donnent des résultats inconnus au reste de l'Europe. Le clergé de l'Eglise russe y figure pour le chiffre de 510,000 âmes; celui des cultes tolérés, pour le chiffre de 35,000; la noblesse héréditaire pour 540,000; la noblesse fonctionnaire pour 105,000; la petite bourgeoisie, y compris les soldats congédiés, pour 425,000; les étrangers temporaires pour 40,000; les divisions des divers corps de Cosaques colonisés sur l'Oural, le Don, le Volga, la mer Noire, le Beïkal, les Baschirs et les Kalmouks irréguliers, ensemble pour 2,000,000; les populations des villes, classes moyennes et classes inférieures, pour 6,000,000; les populations des campagnes pour 46,000,000; les tribus nomades pour 500,000; les possessions transcaucasiennes pour 1,400,000; le royaume de Pologne pour 4,200,000; le grand-duché de Finlande pour 1,400,000, et les colonies américaines pour 21,000. L'empire russe, d'après le même document, renferme 112 peuplades diverses, qui se groupent en 12 races principales, dont la plus nombreuse est toujours la race slave, comprenant les Russes proprement dits, les Polonais, les Cosaques et les colonies serbes du Dnieper.

FREIN CARDOT. — On vient, au récit du *Constitutionnel* de faire sur le chemin de fer du Nord l'expérience d'un frein qui arrête tout court les convois lancés à toute vitesse. Cette découverte est due à M Cardot, mécanicien. Elle repose sur le principe du parallélisme. L'appareil, fixé au-dessous des vagons, consiste en une série de bras de leviers qui sont parallèles à la voie. Aussitôt que, par une cause quelconque, le parallélisme cesse d'exister, alors les bras de leviers, sans qu'il soit besoin de l'intervention de l'homme, se mettent en mouvement et serrent les freins. L'arrêt du convoi est presque instantané, et les voyageurs n'en éprouvent pas la moindre secousse.

Les chiffres recueillis sur les lieux mêmes des essais ont fourni les résultats suivants: 1re *expérience*: Un train lancé à raison d'une vitesse de 55 kilomètres à l'heure s'est arrêté en 15 secondes. Entre le point où l'on fait jouer l'appareil et le point d'arrêt on a compté 36 mètres. — 2e *expérience*: Le train était lancé à raison de 60 kilomètres à l'heure; 8 secondes ont suffi pour l'arrêter complètement. Il y avait entre le point où l'on a fait jouer l'appareil et le point d'arrêt, 24 mètres 50 centimètres. Les personnes montées sur le tender n'ont pas éprouvé la moindre secousse. Comme circonstance en faveur du procédé, le convoi se composait seulement de quatre wagons vides et le temps était légèrement brumeux; malgré ces circonstances défavorables, les expériences ont complètement répondu à l'attente des spectateurs.

L'ARAIGNÉE SAUTEUSE ET LE LUCAS URENS. — Il existe, dit M. Caron du Villars, dans l'île de Puerto-Rico une araignée très redoutée des hommes et des animaux. Sa morsure entraîne non-seulement des accidents généraux très graves et communs à toutes les arachnides venimeuses, mais elle produit toujours une inflammation phlegmoneuse locale qui se résout très difficilement et se termine par une forme lipomateuse. C'est l'*araignée sauteuse*, dite dans le pays *guaba*; elle a quelquefois plusieurs pouces de long, des crochets mandibulaires énormes et des jambes de devant pédipalpes. C'est, sans contredit, une arachnide pédipalpe du genre Phryné. Je la nommerai *phrynea guaba*, jusqu'à ce que le célèbre entomologiste Guérin de Meneville, à qui je l'ai adressée, me condamne à lui donner un autre baptême. J'ai vu plusieurs personnes atteintes de tumeurs produites par leur piqûre. Une d'entre elles avait été mordue à l'œil, et la paupière était comme éléphantiasique. L'individu atteint de cette difformité ne voulut point s'en laisser opérer, car c'est un préjugé enraciné dans le pays que de regarder comme mortelles toutes les opérations faites sur les hommes et les animaux pour enlever les tumeurs produites par la morsure du *guaba*. J'ai, du reste, de cette tumeur, un dessin au daguerréotype que je publierai plus tard.

Dans un précédent mémoire, j'ai signalé les accidents oculaires produits en Europe par un petit *lucane nocturne* qui n'agit que comme corps étranger; mais, à l'île de Porto-Rico, il existe un coléoptère de la même famille, qui voltige en grand nombre sur les grandes routes bordées de fossés remplis d'eau. Cet animal est une véritable peste pour ceux qui se promènent à cheval à la nuit tombante, car, non-seulement il agit comme corps étranger, mais encore son corps secrète une matière aussi ardente que la teinture des cantharides la plus concentrée. Sa présence donne lieu à des douleurs brûlantes, comme j'ai pu m'en convaincre par ma propre expérience.

Une jeune dame que j'accompagnais à cheval, en ayant reçu un dans chaque œil, fut obligé de se jeter à bas de sa monture pour se laver les yeux dans une mare boueuse qui heureusement se trouvait là. L'insecte est un petit lucane ayant deux lignes de long; son corselet et ses élitres sont bruns, sa tête noire, armée de deux petites pinces, comme celles des cerfs-volants d'Europe. Quand on l'écrase entre les doigts, il exhale une odeur cantharidée. Je le nommerai *lucas urens*.

La houille dans les monts Oural. — L'*Abeille du Nord* rend ainsi compte de la découverte des mines de houille dans les monts Oural:

« L'honneur de cette découverte est dû aux dispositions prises par M. Beloff, négociant à Kongoursk, gérant d'une compagnie établie ici, avec l'autorisation souveraine, pour l'exploitation des produits métallurgiques. Les Anglais qui se trouvent dans l'Oural, après avoir examiné la houille nouvellement extraite, ont déclaré qu'elle est aussi bonne que les meilleures espèces anglaises. Nous en avons reçu un échantillon, et, à juger par l'extérieur, elle paraît appartenir aux meilleures espèces de ce combustible. »

Sources et houille en Algérie. — L'Algérie possède en M. Gautherot un second abbé Paramelle; il a déjà découvert et se propose de découvrir une foule de fontaines et de sources jusqu'alors ignorées. Mais voici un fait qui dépasse toutes les espérances. On annonce qu'on a découvert dans la province d'Alger le combustible minéral dont on avait pour ainsi dire nié l'existence jusqu'à ce jour. Les gîtes de charbon seraient si nombreux et si riches que leur exploitation pourrait occuper tous les mineurs de l'Europe. Si le fait que nous signalons est vrai, c'est une bonne fortune pour l'Algérie. Quoi qu'il en soit, nous donnons cette nouvelle sous toute réserve.

Le thélégraphe électique transatlantique. — Par suite de la constitution définitive de la compagnie du télégraphe de New-York, Terre-Neuve et Londres, et de la pose du câble sous-marin entre la Nouvelle-Écosse et Terre-Neuve, le gouvernement des États-Unis avait expédié le steamer *Arctique* sous le commandement du capitaine O. H. Berryman pour une mission de sondages Il s'agissait de vérifier la ligne la plus avantageuse pour relier Terre-Neuve à l'Irlande, dans la pose du colossal câble transatlantique, sur une étendue de 1,640 milles. L'*Arctique*, parti de Terre-Neuve le 31 juillet, est arrivé à Cork après avoir accompli sa mission de la façon la plus satisfaisante.

La chaleur perdue des hauts-fourneaux. — Toutes les opérations de la métallurgie se pratiquent à une température très élevée; l'obtention de cette température ne s'obtient qu'au moyen d'un excès de combustible très considérable, et le surplus du calorique se disperse dans l'atmosphère sans aucun emploi utile sous le nom de *chaleur perdue*.

Depuis longtemps l'on a cherché à utiliser les chaleurs perdues, et l'on y a réussi en partie; actuellement un grand nombre d'usines se procurent la vapeur qui leur est nécessaire au moyen de la chaleur perdue des fourneaux à puddler et à réchauffer.

M. Rossi, ancien major du génie piémontais, vient de faire un pas de plus, en proposant de faire servir la chaleur perdue de deux fours à réchauffer pour en faire marcher un troisième placé dans le même massif.

Son procédé consiste à faire déboucher la flamme des deux premiers fours dans un de même capacité, où des tuyaux insufflent une certaine quantité d'air atmosphériqne pour achever de brûler les gaz; c'est ce mélange qui sert ensuite à chauffer le troisième four.

La chaleur perdue du troisième four sert comme à l'ordinaire pour produire de la vapeur.

L'auteur a été amené à cette combinaison par l'observation que, dans un four à chauffer, moins d'un tiers de la chaleur est utilisée; la chaleur perdue de deux fours est donc plus que suffisante pour en faire marcher un troisième, pourvu que l'on brûle complètement les gaz produits.

Télégraphe méditerranéen.

Nous recevons, au moment de mettre sous presse, la lettre suivante de M. Ramon de la Sagra.

A Monsieur Victor Meunier.

Paris, 28 octobre 1856.

Je viens de lire la lettre de M. Jules Duval, insérée dans le n° 43 de votre excellent journal, laquelle m'a rappelé une visite dont je fus honoré le 4 décembre 1852, par M. Brett, le directeur courageux du télégraphe méditerranéen. M. Brett avait alors le projet de continuer le fil de Paris par l'Espagne, près de la côte, jusqu'à Cadix. Un embranchement se fût porté sur Madrid, l'autre sur Lisbonne, tandis que le principal fil eût traversé le détroit pour aller gagner la côte d'Afrique.

En m'expliquant la simplicité et l'économie de son projet, M. Brett spécifiait le chiffre que coûterait au gouvernement espagnol l'établissement des conducteurs électriques qui l'eussent mis en communication avec l'Europe, l'Afrique, et plus tard avec l'Inde, et probablement avec ses possessions des Philippines. M. Brett retournait alors à Londres, et me demanda une lettre de recommandation pour M. Ysturiz, ambassadeur d'Espagne à cette époque. Me trouvant heureux de rendre ce petit service à l'auteur d'un projet si utile, j'écrivis une longue lettre au diplomate éclairé dont le zèle patriotique et le bienveillant caractère m'étaient parfaitement connus. Je me souviens aussi d'avoir donné à M. Brett deux autres lettres de recommandation, l'une pour M. Comin, secrétaire de l'ambassade, et l'autre pour le banquier M. Murrieto.

Dans cet intéressant entretien avec M. Brett, la carte sous les yeux, j'ai facilement compris toute la simplicité et les avantages de son projet. Je voyais la ligne télégraphique se continuer par toute la côte d'Afrique, traverser le désert, franchir l'Egypte, Suez, la mer Rouge, et arriver aux Indes orientales.

Mais, mon imagination ne s'arrêtait pas là, je concevais la possibilité de joindre la Chine et les Philippines au conducteur parti de Londres, et je le continuais même, vers le sud et vers l'est. Il n'est pas impossible, en effet d'établir un câble sous-marin entre les Philippines et la Nouvelle-Hollande, d'où ils s'élanceraient vers les côtes américaines de l'Océan Pacifique, tandis qu'un autre câble pourrait être dirigé en suivant le parallèle des îles Mariannes et des îles Sandwich, points de repos et de relâche; dont les distances intermédiaires ne sont pas plus longues que celles qui séparent l'Irlande de Terre-Neuve et que va franchir bientôt le câble sub-marin atlantique. Cette immense ligne, viendrait donc compléter le tour du globe, en unissant les conducteurs dirigés vers l'occident à celui qui prendrait sa direction vers l'Orient; celui-ci irait du détroit de Gibraltar rejoindre les dernières stations de l'autre conducteur électrique, sur les côtes occidentales de l'Amérique, opposées au golfe du Mexique.

En résumé, on voit que les idées de M. J. Duval étaient à l'origine celles de M. Brett; je les partage complètement, et je fais des vœux pour qu'on revienne à l'étude du primitif projet de M. Brett. Je suis d'avis que tout le monde y gagnerait; mais particulièrement l'Espagne et le Portugal, qui se trouveraient facilement unis avec toutes les communications télégraphiques du globe.

Veuillez agréer, Monsieur, mes salutations affectueuses,

Ramon de la Sagra.

Prix d'abonnement pour l'étranger.

Allemagne, 12 fr. — Suisse, Parme, Plaisance, Modène, 12 fr. 50 c. — États-Sardes, Grèce, 13 fr. — Hollande, Angleterre, 14 fr. — États-Unis, Indostan, Turquie, 14 fr. 50 c. — Belgique, Prusse, Hanovre, Saxe, Pologne, Russie, Espagne, Portugal, 15 fr. 50 c. — Toscane, 16 fr. 50 c. — États-Romains, 20 fr. 50 c.

Le propriétaire rédacteur-gérant: Victor Meunier.

Paris. — Imp. de J.-B. Gros et Donnaud, rue des Noyers, 74.

Deuxième année. — N° 45. 25 CENTIMES. 9 novembre 1856.

L'AMI DES SCIENCES

JOURNAL DU DIMANCHE

SOUS LA DIRECTION DE

VICTOR MEUNIER

BUREAUX D'ABONNEMENT
13, RUE DU JARDINET, 13,
Près l'Ecole de Médecine!
A PARIS

ABONNEMENT POUR L'ANNÉE
PARIS, 10 FR; — DÉPART., 12 FR.
Étranger (Voir à la fin du journal)

LOCOMOBILES A VAPEUR

La machine que nous figurons ici est une de celles qu'on a vues à l'Exposition universelle de 1855 et au grand concours agricole de 1856, elle sort des ateliers de M. Palla fils.

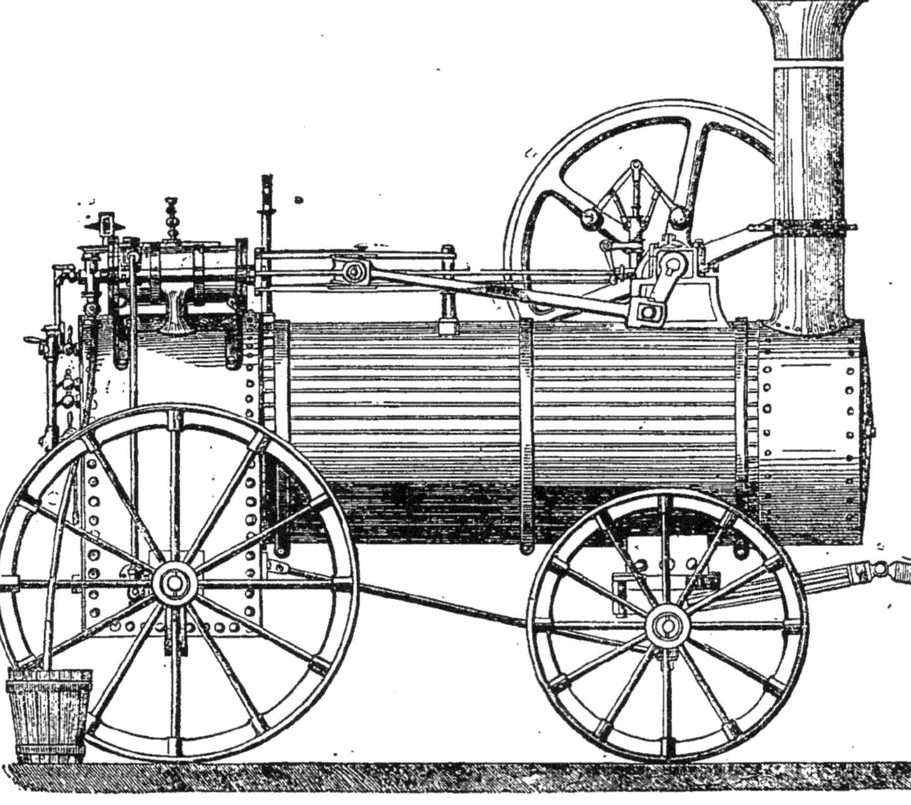

Créées en vue de remplacer, dans un grand nombre de travaux agricoles, la force de l'homme et celle des chevaux, les locomobiles ont de l'analogie avec les locomotives : il y a cependant entre les unes et les autres de notables différences. Les locomobiles sont montées sur un train à quatre roues ; mais la vapeur n'agit pas sur ces roues pour mettre l'appareil en mouvement, et lorsqu'on veut le changer de place, il faut y atteler trois ou quatre chevaux, comme s'il s'agissait d'une vulgaire charette : la destination de cette machine est, en effet, de remplir, tantôt en un lieu, tantôt en un autre, le rôle de machine fixe. C'est une locomobile enfin, et non une locomotive.

La chaudière tubulaire a trouvé là son emploi. Le piston, placé plus haut que dans les locomotives, est horizontal. Il y a un volant où s'enroule une courroie sans fin, à l'aide de laquelle la force du moteur est communiqué à la machine qu'on veut faire travailler. La locomobile étant exposée à toutes les intempéries, on a dû mettre obstacle à la déperdition du calorique ; en conséquence, le bouilleur est revêtu d'un tissu mauvais conducteur ; c'est habituellement une jaquette de feutre, et celle-ci est recouverte d'une chemise imperméable de fer ou de bois. La cheminée est garnie d'un capuchon pour empêcher la sortie des flammèches.

Battre le blé et les autres céréales, moudre les grains, hâcher la paille et les racines, concasser les grains, cribler, couper, pomper, scier ou plutôt mettre en mouvement les diverses machines qui font chacune de ces choses, tel est l'office des locomobiles. Avec elles la vapeur s'est décidément introduite dans l'agriculture. Les grands propriétaires, les riches fermiers ont une locomobile sous leur remise ; pour le service d'exploitations moins importantes, des entrepreneurs conduisent de ferme en ferme une locomobile et la machine à battre portative que celle-là doit actionner.

La locomobile est donc un argument de fait à l'adresse de ceux qui doutent de la possibilité d'appliquer la vapeur à l'agriculture, mais elle ne résout pas ce magnifique problème dans toute sa généralité, car en dépit des malheureux efforts de ceux qui lui ont donné des charrues à conduire, elle reste étrangère à l'opération initiale et capitale de la culture, celle où la substitution d'un moteur inanimé à la force vivante aurait les plus grands avantages, savoir le défrichement et le labour.

Or, il est clair que la machine qui labourerait à la vapeur, étant nécessairement une machine douée de la faculté de se déplacer, remplirait toutes les fonctions qu'accomplissent les locomobiles Si les inventeurs qui, en Angleterre, se sont attaqués à ce problème du labourage à vapeur, si M. Osborne ou M. James Usher, ou lord Willoughby, avaient réussi dans leurs tentatives, ils eussent tout simplement demandé à la machine de labour, issue de leurs mains, ce qu'on demande aux locomobiles, savoir de mettre en mouvement le batteur, la meule, la scie, la pompe, le crible, le hâchoir, etc. Au point de vue agricole, la locomobile doit donc être regardée comme donnant la solution purement provisoire d'un problème qu'il convient de résoudre dans toute sa généralité.

Mais cette solution générale est donnée, nos lecteurs ne l'ignorent point. Ils savent que selon les déclarations des COMMISSIONS OFFICIELLES, la *machine à vapeur de défrichement et de labour* de MM. Barrat « a résolu le problème de l'application de la vapeur à l'agriculture et que sa réalisation pratique ne peut être l'objet d'aucun doute. »

Conduite par deux hommes, la machine de M. Barrat fait des labours profonds. Son travail est égal à celui de la bêche. Elle permet de défricher rapidement toutes nos terres incultes; sa puissance est telle que les commissions pensent qu'elle pourra extirper radicalement le palmier nain, ce fléau des colons cultivateurs en Afrique. Elle diminue les chances de mortalité qu'entraînent les travaux de défrichement; elle accroîtra la production, elle diminuera le prix des denrées alimentaires, elle affranchira le cultivateur d'un travail pénible et monotone; elle rendra disponibles un grand nombre de bras et leur permettra de s'appliquer à l'amendement des terres, au drainage, à l'irrigation, au reboisement, etc... Par là encore, elle concourra à accroître dans des proportions véritablement prodigieuses la force productive du sol.

Mais quand elle aura ouvert le sol, la machine à piocher n'aura-t-elle plus rien à faire et la remisera-t-on jusqu'à l'époque du prochain labour? Non certes. Déjà les commissions officielles ont signalé l'application de cette machine au battage des grains, au broyage des marnes, à l'épuisement d'eau pour l'irrigation et l'abreuvage auprès des fermes, et il est clair qu'elle peut être employée à mouvoir toutes les machines agricoles; elle peut faire tout ce que fait une locomobile et la réciproque n'est pas vraie. La machine à piocher résout donc dans l'ensemble et le détail, le problème de l'application de la vapeur à l'agriculture.

Mais si, du côté de l'agriculture, l'importance des locomobiles doit déchoir, il est au contraire diverses branches du travail industriel où elles sont appelées à un rôle immense et permanent.

Disons d'abord que ces machines sont devenues d'un usage très général, en Angleterre, dans les grands travaux publics; elles y servent à faire des épuisements, à battre des pieux, à broyer des mortiers, etc... En 1851, une machine de ce genre fut importée en France par ordre de M. le ministre des travaux publics pour des travaux urgents en cours d'exécution sur la ligne du chemin de fer de Tours à Bordeaux. « Il n'y a pas, dit M. l'ingénieur en chef Le Chatelier, de grand atelier qui ne puisse utiliser une machine locomobile pour mettre en mouvement, pendant les réparations, partiellement ou momentanément, sur un point quelconque, des outils, métiers ou autres engins commandés par un mouvement de rotation. »

Selon nous, la place propre de la locomobile est sur les chantiers de construction et partout où s'accomplissent des travaux publics. La machine à vapeur stationnaire est le moteur de la fabrique, de l'usine, de l'atelier fixé au sol; la locomobile est le moteur de l'atelier qui se déplace; elle a en particulier de grands services à rendre dans l'art de bâtir, c'est l'auxiliaire du tailleur de pierres, du scieur de long, du maçon, du charpentier, etc... Elles les déchargera de la partie la plus pénible, la plus abrutissante, la plus dangereuse de leurs tavaux, et, en diminuant le prix de la main d'œuvre, en rendant disponible une grande somme de force humaine, elle donnera une impulsion immense à la reconstruction déjà commencée et si urgente, des bases matérielles de la société.

Le gouvernement anglais encourage par tous les moyens, l'emploi des locomobiles dans l'agriculture, en encourageant l'usage des mêmes machines dans les travaux publics et dans la bâtisse, le gouvernement français fera chose non moins utile et d'une grande opportunité, en un temps où l'on paraît se proposer d'accomplir de grandes actions en maçonnerie. Le remaniement de tous nos centres de population, est une œuvre qui durera des siècles, si la vapeur ne vient jouer, dans l'art de bâtir, le rôle qu'elle remplit à l'avantage commun dans tant de branches d'industrie.

V. M.

TRANSFORMATION DE LA FORCE OU DU MOUVEMENT EN CHALEUR,

Appareil thermo-générateur de MM. Beaumont et Mayer.

Dans son numéro du 30 mars dernier, *l'Ami des Sciences*, par l'organe de M. Félix Foucou, l'un de nos plus actifs collaborateurs rendait compte d'une expérience faite par MM. Beaumont et Mayer le 16 du même mois.

Au moyen d'un appareil spécial, construit par ordre de l'empereur au point de vue des besoins d'une armée en campagne, de l'eau a été portée *à l'ébullition*, et des biscuits-viande préparés par les procédés Chollet ont été convertis en un potage satisfaisant. — DEUX HOMMES *tournaient la manivelle*; QUATRE-VINGT-DIX MINUTES ont suffi :

Voilà le fait.

D'une autre part nous lisons dans le rapport de la commission de l'Académie des sciences, (séance du 21 avril 1856) commission qui se composait de MM. Piobert, Despretz et Morin, rapporteur, le compte rendu suivant de deux expériences faites au Conservatoire des Arts-et-Métiers, sous la direction de M. le général Morin, avec le même appareil.

« De ces deux expériences — dit le savant rapporteur —
» faites au moyen de *huit hommes* qui tournaient avec peine
» le manége à la vitesse d'environ quatre tours en une minute,
» et qui ont été prolongées, la première pendant *quatre heures*
» *trente minutes*, la seconde pendant *huit heures*, sans que la
» température *ait dépassé* 69 *degrés*, CE QUI EST TOUT A FAIT
» INSUFFISANT.... .On doit conclure que cet appareil....
» ... ne saurait être d'aucun usage aux armées, et l'on a peine
» à comprendre, etc. »

Enfin, le 11 août dernier, si nous sommes bien informés, le même appareil, fonctionnant alors sous les yeux de l'empereur, aurait porté l'eau A L'ÉBULLITION en CINQUANTE-CINQ MINUTES.

Nous ignorons seulement le nombre des hommes employés à le faire mouvoir.

De ces trois expériences, si différentes dans leurs résultats, que conclure en somme? Nous le dirons tout à l'heure,

Quand nous aurons rappelé, en quelques mots, ce que c'est que la machine de MM. Beaumont et Mayer, et sur quel principe elle est basée.

Nous citions dernièrement, à propos de la machine à vapeur régénérative de M. Siemens, un fait observé, en 1843, par Joule qui, le premier, prouva *l'identité de la chaleur et de l'effet dynamique* et établit leur rapport numérique.

Voici le fait.

Si un corps en mouvement est arrêté par suite de son immersion dans un bassin d'eau, l'eau du bassin devient le récipient de toute la force qui avait été nécessaire pour mettre le corps en mouvement et *s'échauffe* proportionnellement à cette force.

C'est vers le même temps, si notre mémoire est fidèle, que fut construit, en Amérique, un appareil au moyen duquel on échauffait l'eau par le frottement de deux meules ou disques métalliques superposés et tournant rapidement l'un sur l'autre dans le liquide même dont il s'agissait d'élever la température.

L'idée, comme on le voit, n'est pas neuve, et chacun sait, aujourd'hui, que l'étincelle du briquet, l'inflammation d'un bois frotté contre un bois plus dur, l'incendie assez fréquent d'un moyeux d'une roue mal graissée, et tant d'autres faits qu'on pourrait citer, ne sont que des *transformations de la force de chaleur*.

C'est de l'ensemble de ces faits combinés avec un autre fait corrélatif, la transformation de la chaleur en force; que la théorie *dynamique* de la chaleur a été déduite. Nul aujourd'hui ne peut nier que cette théorie ne se soit presque généralement substituée à la théorie ancienne, à la théorie *matérielle*.

Or, étant admise la théorie dynamique, il dut se manifester comme conséquence du nouveau principe une tendance de quelques esprits à chercher la réciproque; c'est-à-dire un moyen pratique de transformer la force en chaleur comme on transformait déjà la chaleur en force.

De là les tentatives qui eurent lieu principalement en Amérique et qui ne paraissent pas avoir été suivies de succès, puisque nous n'en connaissons pas d'applications actuelles dans l'industrie.

Etait-ce une raison pour se décourager et pour ne pas continuer les recherches? C'est ce que n'ont point pensé MM. Beaumont et Mayer, qui n'ont eu qu'un tort dans leur intérêt, celui de croire tout d'abord qu'ils pourraient utiliser à produire une force motrice, la transformation de la force même en chaleur.

Ils étaient sans doute alors sous la décevante influence de ces illusions contre lesquelles il n'est pas donné à tout inventeur de se mettre en garde; mais hâtons nous de leur rendre ici justice: l'illusion a bientôt fait place à la réalité positive, et MM. Beaumont et Mayer n'ont plus cherché dans la transformation de la force vive en chaleur que ce qu'on peut y réellement trouver, un moyen d'utiliser, dans des circonstances données, les forces vives dont on dispose s'il y a convenance et profit à les employer sous cette forme plutôt que de toute autre manière.

La question ainsi posée n'a plus rien que de rationnel: il pouvait y avoir, il y avait un but à atteindre; les moyens seuls étaient encore à chercher. MM. Beaumont et Mayer ont, selon nous, résolu ce difficile problème avec non moins de bonheur que d'intelligence; c'est ce dont ont pu se convaincre tous ceux qui ont vu fonctionner à l'exposition de 1855 leur ingénieuse machine.

L'appareil Thermo-Générateur dont la forme extérieure et les dimensions peuvent se modifier à l'infini est très simple dans son principe.

La pièce fondamentale est un cône en bois très allongé, traversé dans toute sa longueur par un axe en fer dont les extrémités, tournées, roulent sur deux coussinets. Une poulie reçoit la courroie qui transmet l'action du moteur.

Sur le cône en bois s'enroule en hélice une tresse plate en chanvre ou en coton constamment alimentée d'huile: c'est la surface de cette tresse qui exerce le frottement sur la paroi intérieure du manchon cône en cuivre poli dans lequel elle tourne à raison de 250 à 300 tours par minute. Ce manchon de cuivre est lui-même enfermé dans un cylindre en tôle d'un plus grand diamètre, et c'est dans l'espace annulaire compris entre la paroi intérieure de ce cylindre en tôle et la paroi extérieure du manchon de cuivre que se trouve la quantité d'eau qu'on se propose d'échauffer.

Un manomètre, une soupape de sûreté et un sifflet d'alarme sont établis sur cette espèce de chaudière où nous avons vu la vapeur se produire et monter à deux atmosphères et demie en deux ou trois heures de travail.

MM. Beaumont et Mayer prétendent n'employer que deux chevaux vapeur de force et, dans les deux expériences qui ont été faites à l'exposition universelle le 4 septembre et le 22 octobre 1855, M. le général Morin a constaté l'emploi d'une force moyenne de 8.50 chevaux-vapeur, donnant aussi en moyenne 280 tours à la minute: la température de l'eau s'est élevée jusqu'à 113 degrés.

Voilà pour nous le fait important.

Il est désormais prouvé qu'avec la machine de MM. Beaumont et Mayer on peut mettre l'eau à l'ébullition et produire de la vapeur jusqu'à une certaine tension, sans combustible, sans feu et par le seul fait *de la transformation d'une force vive en chaleur*.

Quant aux comparaisons qu'on a voulu faire de cet appareil avec les générateurs de vapeur chauffés au bois ou au charbon, pourquoi s'y arrêter quant à présent?

Et d'abord, en effet, la machine de ces Messieurs est-elle actuellement aussi parfaite qu'elle puisse l'être un jour? Serait-on fondé à prétendre qu'elle ne sera jamais améliorée et que, du premier coup, elle a dit son dernier mot?

Non, sans doute, et cette nouvelle manière de produire de la chaleur *quand tout autre moyen vient à manquer*, pourra, quoi qu'on dise, rendre de grands services soit à des soldats en campagne, soit dans les expéditions maritimes, dans les voyages de découvertes et dans une foule de circonstances où la force serait comptée pour rien dès qu'elle aurait pour résultat de produire de la chaleur *si cette chaleur est indispensable, et si l'on ne peut se la procurer autrement*.

« Un cheval! un cheval! mon royaume pour un cheval! » criait Richard III à la bataille de Bosworth.

Que lui fallait-il à tout prix? un cheval. Eût-il été bienvenu le savant d'alors qui aurait voulu lui prouver par chiffres que c'était payer bien cher un cheval?

Il en est de même de la machine de MM. Beaumont et Mayer. Ce dont il faut leur savoir gré, ce n'est pas d'avoir eu l'idée de transformer la force en chaleur (d'autres l'avaient eue avant eux), mais bien de n'avoir pas désespéré du succès dans une entreprise où d'autres avaient échoué.

Ainsi, même en nous renfermant dans les chiffres du rapport, il est constant et prouvé désormais de par la science officielle que dans la seconde expérience faite à l'exposition de 1855, une force de 8,50 chevaux-vapeur à porté et maintenu à l'ébullition 300 litres d'eau tout en produisant par heure 7 kil. 300 de vapeur à 113 degrés. Cela sans doute n'est pas *tout à fait insuffisant* pour la cuisson des légumes et de la viande: chacun en conviendra sans peine. Or soixante hommes accompliraient le même travail, et en les supposant relayés par soixante autres, on aurait de la soupe chaude pour six cents hommes qui, sans cette ressource, seraient exposés peut être à périr de froid. Or qui dit de la soupe dit du café chaud, du vin chaud, tout ce qui peut enfin soutenir des matelots ou des soldats contre la rigueur du climat, quand, par suite de circonstances possibles, ils ont des vivres, quelquefois même en abondance et manquent absolument de bois ou de charbon pour les préparer.

N'est-il pas d'ailleurs d'autres cas où le moyen vraiment ingénieux qu'emploient MM. Beaumont et Mayer à transformer la force en chaleur pourra trouver d'utiles applications?

Ici, par exemple, la chaleur développée par le feu peut être nuisible, là, elle peut être dangereuse au plus haut degré, ailleurs, il y a tout avantage à sacrifier de la force pour ne pas porter de combustible avec soi; et nous n'irions pas loin en chercher les preuves.

Croit-on que l'habile tanneur d'Alkirch, M. Charles Knoderer dont nous faisions dernièrement connaître à nos lecteurs les nouveaux moyens de tannage, se fût empressé de traiter des procédés de MM. Beaumont et Mayer, s'il n'eût pas cru ce mode de production de la chaleur exclusivement applicable aux besoins de son industrie ?

N'existe-t-il pas des substances qui redoutent à tel point l'inflammation que l'idée de MM. Beaumont et Mayer convenablement modifiée permettra seule de leur faire subir sans danger l'action de la chaleur nécessaire à tel ou tel traitement auquel on voudra les soumettre.

M. Julienne, dont nous avons plusieurs fois déjà parlé dans *l'Ami des sciences*, à propos de locomotion par l'air comprimé — autre idée nouvelle et féconde que la science aussi combattait, parce que, disait-elle, c'est une force qui coûte trop cher, ne se préoccupant nullement d'ailleurs des circonstances exceptionnelles où, quoique chère, cette force est seule applicable, — M. Jullienne, disons-nous, qui dans ce moment même construit, à ce qu'on nous assure, la locomotive avec laquelle on doit faire le premier essai sur le petit chemin de fer à niveau de Rueil, au port Marly, M. Jullienne sera peut-être bien aise de sacrifier un peu de sa force acquise pour remplacer d'autant la chaleur absorbée par la dilatation de l'air dans les tuyaux distributeurs de sa machine, et, quoique l'intéressant appareil de MM. Beaumont et Mayer soit condamné de par la science officielle à n'être jamais bon que comme moyen de *déterminer entre certaines limites restreintes à 100 et quelques degrés les quantités de chaleur développées par le frottement*, nous ne serions nullement surpris de lui voir prendre un tout autre essor.

La science officielle aussi n'avait-elle pas décrété du haut de son trône que l'invention de Philippe Lebon (l'éclairage et le chauffage au gaz) était une expérience de physique assez curieuse, et rien de plus? Pourquoi, disait-elle, faire des frais de distillation, d'emmagasinage, de canalisation, de distribution jusqu'aux appareils brûleurs, quand il est si simple et si facile de brûler directement son charbon, son bois, sa bougie, son huile ou sa chandelle ?

Ah ! pourquoi ! et pourquoi, Messieurs les censeurs, fait-on pour vous des habits de drap dans les usines d'Elbeuf, et pour les épaules de vos femmes des cachemires copies de l'Inde dans les ateliers de M. Biétry ? Ne serait-il pas plus facile et plus simple de vous vêtir directement, vous et vos femmes, des peaux des moutons et des chèvres dont les toisons sont filées et teintes à si grands frais ? Qu'en pensez-vous? Répondez.

N'est-ce pas la science officielle qui, sans aller plus loin que les résultats, incomplets sans doute, de premiers essais dont elle, la science, aurait dû comprendre toute la portée, a condamné l'œuvre du docteur Henry, d'Amiens, à n'être jamais qu'un ingénieux appareil de laboratoire. Qu'était-ce donc, allez-vous me dire? Oh! mon Dieu, bien peu de chose en effet; c'était la télégraphie électrique.

Arrêtons-nous, car le numéro tout entier de *l'Ami des sciences* ne suffirait pas à enregistrer seulement tout ce que la science officielle a repoussé, tout ce qui s'est fait jour, et glorieusement encore, en dépit de ses arrêts solennels dont heureusement les plaideurs ont conservé droit d'appel au double tribunal de l'opinion publique et de l'industrie, et terminons en concluant que la science eût dû peut-être se moins presser de juger en dernier ressort le ***dispositif*** — c'est le texte du rapport — adopté par MM. Beaumont et Mayer, sans s'inquiéter si les résultats qu'elle a constatés sont ou ne sont pas tous les résultats possibles.

Disons que les deux machines déjà construites par ces Messieurs recevront inévitablement les modifications et les perfectionnements qu'indiquera l'expérience, et qu'il y aurait présomption flagrante à prétendre délimiter quant à présent le cercle d'applications auquel elles seront restreintes.

Aucun appareil jusqu'à celui que l'*Ami des sciences* signale aujourd'hui pour la troisième fois à ses lecteurs, aucun appareil, disons-nous, n'avait été construit ou disposé de manière à transformer pratiquement la force en chaleur utilisable ou utilisée.

Où s'arrêteront les résultats de celui-ci ? A quoi se borneront-ils ? C'est ce que ni nous ni d'autres ne peuvent préciser aujourd'hui; mais il y a là une idée que nous devons propager, afin que chacun de ceux qu'elle intéresse puisse en faire l'application dans tel ou tel ordre d'idées que nous n'avons pas mission de prévoir.

Notre mission, à nous, n'est pas de juger, d'accueillir ou de repousser l'idée qui nous est soumise; nous n'en savons que tout juste assez pour examiner et pour CROIRE.

On sait que le doute en matière d'idées nouvelles n'a réellement que deux causes : l'ignorance absolue ou la science extrême.

Quiconque ignore, doute et condamne par cela seul qu'il ignore.

Quiconque sait trop, doute et condamne par suite d'idées acquises, dont l'idée nouvelle ne peut triompher sans lutte.

Quiconque au contraire ne se trouve placé sur l'échelle, ni assez bas pour ne rien voir, ni assez haut pour ne pas tendre la main à ceux qui montent, est dans la meilleure position pour mettre en lumière le pénible labeur du praticien. C'est en appelant l'attention publique sur les travailleurs qu'il propage et vulgarise leurs tentatives, et concourt ainsi pour sa part au progrès de la science industrielle, seule source de richesse dans le présent, seul élément de bonheur et d'harmonie dans l'avenir.

H. Gaugain.

ACÉTIMÈTRE

de MM. Reveil et Salleron.

Dans l'avant-dernier numéro de l'*Ami des Sciences*, un de nos collaborateurs, M. Bourlier, publiait, sur les diverses falsifications du vinaigre et sur les moyens de les reconnaître, un article d'autant plus intéressant pour le plus grand nombre des lecteurs que les procédés qu'il indique sont à la portée de chacun, et qu'il n'est pas de ménage où ne se trouvent aisément les très simples éléments de ces expériences.

Mais il est une sophistication plus facile et bien plus souvent pratiquée, c'est celle dont la première borne fontaine venue fournit abondamment la matière, et à laquelle n'ont que trop fréquemment recours les nombreux débitants de liquides, quand leur marchandise est de nature à pouvoir être plus ou moins allongée sans que cette modification, fort inoffensive d'ailleurs, devienne par trop apparente.

C'est ainsi que le vinaigre, ou du moins l'acide pyroligneux qu'on vend aujourd'hui pour en tenir lieu, ne nous est pas livré toujours au degré d'acidité convenable pour les différents usages auxquels il est destiné.

D'un autre côté, comme les droits d'octroi payés par ces sortes d'acides sont basés non sur leur degré d'acidité, mais sur leur nature et sur les quantités introduites ; il en résulte que le commerce fait entrer de préférence des acides très concentrés, qui sont ensuite réduits au degré d'acidité d'un bon vinaigre ordinaire. C'est naturellement au moyen de l'eau que s'opère cette réduction.

Il était donc important de pouvoir apprécier exactement la richesse acide des vinaigres livrés à la consommation, et c'est dans ce but que MM. Salleron et Reveil ont construit leur acétimètre dont les deux figures ci-jointes feront mieux comprendre la description.

L'appareil entier se compose :

1o D'un tube de verre (éprouvette) fermé d'un bout et portant à sa partie inférieure un premier trait marqué O. Au

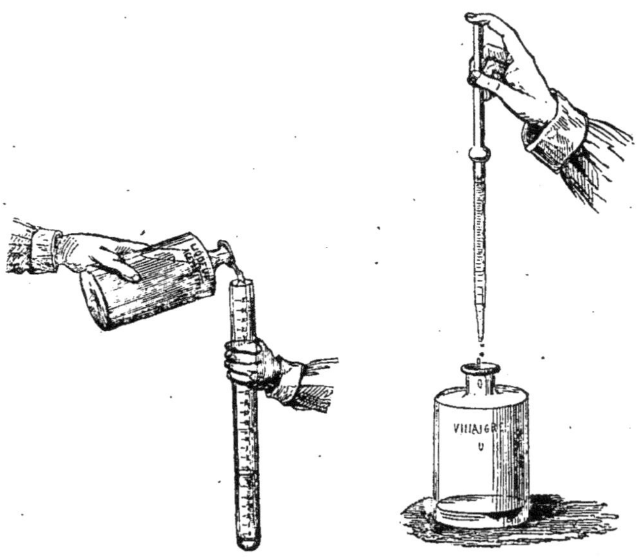

dessus de ce trait sont gravées des divisions 1, 2, 3, 4, et indiquant en degrés la richesse acide du vinaigre soumis à l'épreuve.

2o D'une petite éponge montée en baleine pour essuyer l'éprouvette.

3o D'une pipette en verre marquée d'un seul trait où se mesure exactement la quantité de vinaigre nécessaire à l'expérience.

4o D'un flacon de liqueur acétimétrique titrée, au moyen de laquelle on dose la richesse acide du vinaigre.

On conçoit que si l'on verse dans l'éprouvette, au moyen de la pipette en verre, une quantité donnée de vinaigre, c'est-à-dire jusqu'au niveau du trait marqué O; il sera facile d'apprécier la richesse acide de cette quantité par la quantité même de liqueur acétimétrique qui se trouvera saturée.

Cette liqueur, qui n'est elle-même autre chose qu'une dissolution de sous-borate de soude (borax) proportionnée de telle sorte que 20 centimètres cubes neutralisent exactement 4 centimètres cubes de la liqueur alcalimétrique de Gay-Lussac est colorée en bleu par le tournesol.

On en verse dans l'éprouvette où se trouve déjà le vinaigre, jusqu'au point nécessaire pour que la présence de celui-ci cesse de faire virer la couleur bleue au rouge, et jusqu'à ce que les deux liquides réunis n'offrent plus qu'une TEINTE BLEUE VIOLACÉE, nuance qui indique la saturation. Le degré où se trouve alors le niveau du liquide dans l'éprouvette accuse exactement la richesse acide du vinaigre, c'est-à-dire la quantité d'acide acétique pur qu'il renferme exprimée en centièmes de son volume. Ainsi, 8 degrés veulent dire que 100 litres du vinaigre éprouvé contiennent 8 litres d'acide acétique pur.

Par acide acétique pur, nous entendons l'acide acétique cristallisable monohydraté ($C^4 H^3 O^3 . HO$), c'est-à-dire le plus concentré que l'on ait pu obtenir.

Mais comme l'acétimètre de MM. Salleron et Reveil ne peut servir qu'à déterminer la quantité d'acide acétique réel contenue dans un vinaigre, et comme il arrive souvent que ce liquide est falsifié par d'autres acides liquides ou solides, il faut avant tout constater la présence de ces derniers et avoir pour cela recours aux procédés si simples indiqués par M. Bourlier. Un bon vinaigre d'Orléans, évaporé jusqu'à siccité ne doit laisser sur 100 grammes que 2 grammes de résidu ; s'il y a plus, c'est une preuve que le vinaigre essayé contient des sels étrangers : s'il y a moins, on en peut conclure qu'il a été étendu d'eau, puis acidifié par l'acide pyroligneux.

Quant aux acides liquides, leur présence est très aisément constatée soit par le chlorure de Baryum qui détermine un précipité considérable dans le vinaigre si celui-ci est additionné d'acide sulfurique, soit par l'azotate d'argent qui produit le même effet, mais bien plus sensible si c'est au moyen de l'acide chlorhydrique que le vinaigre a été falsifié.

M. Bourlier doit d'ailleurs compléter, dans l'*Ami des Sciences*, la série des moyens usuels qu'il recommande pour constater les adultérations du vinaigre dont l'ingénieux instrument que nous venons de décrire, l'acétimètre de MM. Reveil et Salleron, permettra désormais de déterminer exactement la richesse acide.

C'est ainsi que, la science aidant, la fraude sera partout découverte, et que la cupidité des fraudeurs incessamment démasquée renoncera sans doute enfin à dénaturer, par ses coupables manœuvres, jusqu'aux substances alimentaires dont la pureté devrait être sacrée pour tous. Les altérer, par quelque moyen que ce soit, est plus qu'un délit, c'est un crime.

H. GAUGAN.

LES FOURNEAUX ÉCONOMIQUES.

M. Pierre Klein.

De toutes les sciences, la plus positive est celle qui profite au plus grand nombre, et de tous les efforts de l'esprit humain le plus noble est celui qui tend à soulager le plus de misères.

A ce titre, l'*Ami des Sciences* devait un sincère hommage à la noble et féconde pensée, sous l'influence de laquelle se sont fondés, depuis un an, dans Paris et dans la banlieue, les soixante-huit fourneaux économiques qui, du 27 décembre 1855 au 15 mai suivant, ont vendu en moyenne 46,000 portions par jour, et nourri conséquemment, à raison de deux portions pour chacun, 23,000 consommateurs.

Oui, la pensée qui a créé ces fourneaux est noble et féconde. Elle est noble, car elle a rayé des inconvénients de l'assistance publique le plus grave de tous, la honte de recevoir : elle est féconde, car elle a réalisé le difficile problème de la préparation d'aliments cuits, salubres et nourrissants, à des prix si bas qu'il n'est pas de malheureux qui n'y puisse atteindre, et calculés pourtant de manière qu'un capital de 2,500 fr., engagé dans ce nouveau système d'assistance industrielle, pourrait, dans certains cas, donner jusqu'à 1,200 fr. de bénéfice annuel.

A quel prix les portions sont-elles vendues ?

A CINQ CENTIMES L'UNE !

Et elles se composent soit d'un demi-litre de bouillon gras, soit de 140 grammes environ de viande de bœuf cuite, soit de 45 centilitres de riz ou de légumes cuits au gras.

Ce n'est certes pas une nourriture de luxe, mais le prix modique auquel on la livre permet à chacun de la rendre assez abondante pour que la faim, cette impitoyable hôtesse, ne puisse plus franchir le seuil même du plus pauvre ménage, et chacun des consommateurs peut se présenter sans rougir, il PAIE sa consommation.

Honneur donc au savant calculateur, au philanthrope éclairé dont le nom figure en tête de cet article et dont l'admirable *Notice sur les fourneaux économiques* devrait être imprimée et répandue à milliers tant sont précieux pour l'humanité, telle que l'a faite notre état social, les documents qu'elle contient.

Nous avons lu et relu cet excellent petit livre : de sa publication datera l'ère nouvelle de l'assistance qui ne sera plus désormais basée sur l'aumône, mais sur la vraie charité.

La brochure de M. Pierre Klein ne contient pas une page qu'il ne nous fallût citer toute entière si nous voulions donner à nos lecteurs une idée complète de l'excellent esprit dans lequel elle est conçue, tant sous le rapport moral que sous le rapport administratif et au point de vue financier; mais si l'espace nous manque pour exprimer ici toute notre pensée, nous ne résisterons pas du moins au plaisir de citer les deux paragraphes suivants de la conclusion de l'auteur :

« L'organisation de l'assistance dans notre société, dit-il, « est loin d'être complète, cependant le sort des classes « souffrantes est entré plus que jamais peut-être dans les « préoccupations générales, mais le désir de les soulager a « souvent inspiré tantôt de dangereuses utopies, tantôt des « projets compliqués et dispendieux que l'administrateur et « l'homme pratique n'ont pu accueillir. Ni l'une ni l'autre de « ces fins de non-recevoir ne peut être opposée ici. Frais « d'établissement presque insignifiants, frais d'exploitation « complètement nuls, voilà pour le côté matériel des four- « neaux économiques, système d'assistance le plus large et « en même temps le plus simple dans son application, se ré- « glant de lui-même sur le *quantum* réel des besoins, respec- « tant la dignité de l'assisté, sauvegardant, développant même « les habitudes d'ordre et de travail, voilà pour le côté moral. »

« L'expérimentation, cette démonstration suprême de la « valeur des institutions humaines, n'a pas manqué à celle- « ci, grâce à l'initiative si profondément intelligente de « M. le préfet de police Piétri, initiative qui a été récompen- « sée non-seulement par le bien accompli, mais par une ad- « hésion unanime de l'opinion publique. Puissent ces ré- « sultats tenter d'autres cœurs bienfaisants, d'autres esprits « élevés ! »

Nul doute que ce généreux appel ne soit entendu. Le bienfait des fourneaux économiques excitera la noble émulation que font incessamment naître autour d'eux les actes de vertu civique, et celui-ci brille de trop d'éclat pour ne pas trouver des imitateurs.

Des sociétés se formeront, qui feront bientôt pour le pain, pour les boissons, pour les habits, ce qu'on fait pour les aliments, et dégagée enfin de ces formes parfois blessantes qui ne la défiguraient que trop souvent à nos yeux, la Charité ne nous apparaîtra plus que radieuse et pure comme l'Espérance et la Foi dont elle est la sœur. H. G.

BÉLIER HYDRAULIQUE A CLAPET DOUBLE ET MATELAS D'EAU.

Le bélier hydraulique inventé par Montgolfier est une machine élévatoire aussi simple qu'ingénieuse. L'agriculture et l'industrie l'eussent certainement beaucoup plus employé si la détérioration fréquente de ses parties essentielles n'était venue, à de courts intervalles, arrêter sa marche, et par suite introduire de l'irrégularité dans son travail.

Dans ses conditions primitives, le clapet d'arrêt du bélier était en métal et battait de 50 à 80,000 coups par jour contre le corps du bélier, coulé en fonte de fer. On conçoit que des machines, assujetties à des chocs aussi multipliés, aient rarement pu durer longtemps.

En 1852, un ingénieur civil, M. Foëx, s'occupant de l'établissement d'un bélier gigantesque, à Marseille, voulut obvier à cet inconvénient, il inventa dans ce but un clapet dont nous allons nous occuper.

Au lieu de battre contre un corps métallique, il se meut dans un cylindre et ne rencontre dans son choc qu'un matelas d'eau, ce que la description suivante va expliquer.

Ce perfectionnement permet de construire des béliers de très fortes dimensions auxquels on ne pouvait songer autrefois. Aussi la ville de Marseille en a-t-elle établi qui développent la force de 5 ou 6 chevaux et élèvent des quantités d'eau considérables à 30 et 40 mètres au-dessus du canal qui amène les eaux de la Durance sur son territoire. La machine se recommande d'ailleurs par sa simplicité et le peu de frais qu'entraînent son installation et son entretien.

Ce nouveau bélier se compose, comme l'ancien, de deux parties essentiellement distinctes; l'une, formée du corps et de la tête, constitue le moteur; l'autre, composée du réservoir d'air et de tuyau d'ascension, remplit les fonctions de pompe foulante.

Le corps du bélier TT est un tube en fonte d'une longueur

et d'un diamètre déterminés, mais variables suivant les circonstances dans lesquelles ils doivent fonctionner.

La tête du bélier A, B, également en fonte, est formée par un cylindre vertical d'un diamètre légèrement plus grand que celui du corps; alézé dans son intérieur, fermé à ses extrémités, percé latéralement de quatre orifices EE, et muni d'un clapet ou piston en métal, fig. 2; ce piston se compose de deux disques NN, réunis l'un à l'autre par une tige creuse P.

L'extrémité du corps du bélier pénètre dans le réservoir

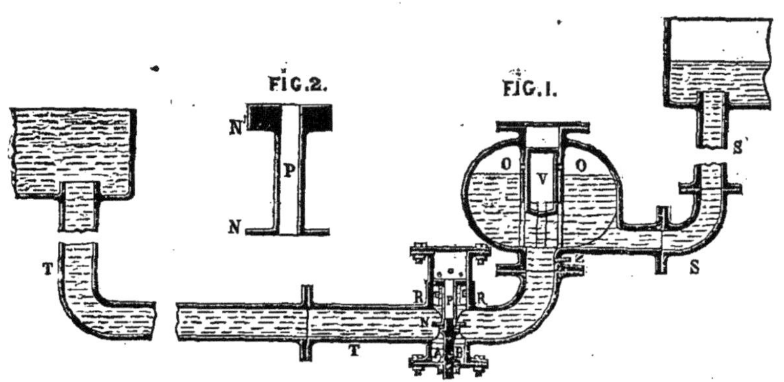

d'air O, et se termine par une soupape V, se fermant de dehors en dedans.

Le réservoir d'air est composé de la caisse O, du bas de laquelle part le tuyau d'ascension SS, tuyau qui s'élève jusqu'au réservoir supérieur où l'on veut faire arriver l'eau.

L'introduction de l'air dans ce réservoir a lieu par un petit tube en bronze Z, qui permet son introduction toutes les fois que le vide tend à se former sous la soupape V, dans le premier instant qui suit sa fermeture. Une soupape placée à l'extrémité extérieure du conduit Z, se fermant de dedans en dehors, empêche l'air de sortir lorsque la colonne d'eau le comprime au moment de pénétrer dans le réservoir d'air.

Jeu du clapet double à matelas d'eau pendant la marche du bélier. — Lorsque le corps du bélier étant rempli d'eau et son clapet d'arrêt fermé, on abandonne celui-ci à l'action de sa pesanteur, il tombe sur son siége Q, et en tombant livre passage à l'eau : celle-ci s'écoule alors par les quatre orifices E avec une vitesse croissante qui, au bout de quelques secondes, devient suffisante pour entraîner avec elle le clapet double en question. — Le clapet, en remontant, intercepte de nouveau, au moyen de son disque inférieur N, le passage de l'eau à l'entrée du cylindre RRCD. — Les quatre orifices d'écoulement se trouvent ainsi fermés subitement, et l'eau, ne trouvant d'autre issue, s'élance par la tige creuse P dans la cavité supérieure GD de la tête du bélier qu'elle remplit violemment, ce qui produit sur les deux disques en même temps des chocs d'intensités égales qui arrêtent subitement le clapet. C'est dans cet instant que l'eau, obligée d'épuiser l'impulsion qu'elle a acquise pendant l'écoulement, soulève la soupape V et pénètre dans le réservoir d'air O jusqu'au moment où ayant perdu graduellement sa puissance, la pression de la colonne SS lui fait équilibre, ce qui détermine la chute de la soupape V, déjà sollicitée à redescendre par son propre poids et par l'effet de l'élasticité de l'air qu'elle avait elle-même comprimé en montant dans sa gaîne X. J.

ÉLECTRO-CHIMIE.

Nouveau procédé pour la dorure ou l'argenture des pièces métalliques.

M. C. Guérin, orfèvre et bijoutier à Laval, décrit ainsi ce nouveau procédé, qui se recommande par sa simplicité.

« J'ai découvert qu'en entourant d'un léger fil de zinc la pièce métallique ou métallisée que l'on veut dorer ou argenter, et la trempant dans le bain d'argent ou d'or préparé comme l'on sait, on obtenait un résultat plus satisfaisant que par le procédé de la pile ordinaire. L'adhérence se fait parfaitement. Sans doute, il y a un peu de lenteur quand on désire une couche épaisse, mais on obvie à cet inconvénient en usant de la pile, lorsque déjà on a recouvert par ce procédé l'objet d'une couche assez forte. L'expérience m'a appris que jamais par la pile seule on n'a une adhérence aussi bonne que par ce procédé, et c'est sur ce point surtout que je désire appeler l'attention de l'Académie. Il est vrai que pour réussir on doit avoir un bain plus chargé qu'à l'ordinaire; mais ceci n'entraîne à aucune dépense, puisque rien n'est perdu. En outre, on n'a aucuns frais d'acide ou de pile. »

ZOOLOGIE.

Métis de Bartavelle grecque avec un mâle de Roquette.

(*Extrait d'un mémoire lu par* M. Dureau de La Malle, *à l'Académie des sciences.*

En 1810, dans la partie du Perche où se trouve mon domaine, la perdrix rouge, surtout la grosse bartavelle ou perdrix grecque, formait le tiers de ce genre remarquable de gallinacés. Alors les champs étaient petits, bordés de contre-haies remplies de buissons épineux et d'un grand cintre de 6 à 7 mètres de large, tondu par le mouton et entourant le champ des quatre côtés. Maintenant, en 1856, ont disparu par le défrichement les taillis situés en plaine, et presque tous ces buissons hérissés de ronces, épais comme un taillis. La charrue du laboureur atteint partout la haie réduite à sa plus simple expression.

Cependant, depuis plus de dix ans, mon garde me rapportait qu'on avait aperçu des perdrix rouges avec des ailes de perdrix grises, mais je n'avais pu m'en procurer aucun individu mort ou vivant. Je croyais que c'étaient des traces d'albinisme si communes chez la perdrix grise et le moineau. J'étais d'autant plus fondé à adopter cette fausse opinion, que depuis dix ans, mon voisin, M. Patu de Saint-Vincent, dans sa cour bordée de fossés, et en employant l'appât des œufs de fourmis et du blé, dont ces sortes de perdrix sont très avides, avait essayé de domestiquer la perdrix rouge avec la perdrix grise et d'en obtenir des métis. J'avais moi-même, en imitant l'exemple de Varron et de Columelle pour domestiquer l'oie et le canard, couvert d'un réseau à mailles suffisamment serrées les perdrix grises et rouges dans une vaste cour bien close de murs élevés. Tous ces essais, répétés pendant quinze ans, avaient été infructueux. A l'époque de l'appariage, chez M. de Saint-Vincent, les perdrix rouges et grises s'envolaient et ne reparaissaient plus. Dans ma cour fermée, d'où elles ne pouvaient sortir, les perdrix rouges et grises ne se croisaient pas; peut-être à cause du bruit des volailles de la ferme qui touchait à mon enclos.

Depuis deux ans, en 1854 et 1855, dans les deux lieues carrées qui entourent mon domaine de Landres, la bartavelle rouge avait presque entièrement disparu, soit par le braconnage au fusil et aux lacs, soit par l'avide curiosité des bergers et des enfants qui emportaient le nid qu'elle indiquait elle-même par son chant.

Cependant comme on parlait toujours de ces métis, j'indiquai à mon garde, en lui promettant une bonne récompense, en cas de succès, le territoire de Colonard, situé entre deux grands taillis, chacun d'environ 300 arpents, comme étant le lieu le plus favorable à l'exploration. C'est dans ce territoire, en effet, qu'il a enfin découvert le produit, à l'état sauvage, de la bartavelle grecque femelle avec un mâle de l'espèce de perdrix grise, nommée *la Roquette*, étrangère aussi et originaire des Pyrénées-Orientales. La bartavelle, pressée sans doute par la violence de ses désirs, obéissant malgré elle à cette loi générale imposée par le Créateur pour la conservation de l'espèce, ne trouvant plus dans le canton qu'elle habitait de mâle de sa race, la perdrix grecque, enfin, a contracté cette union illégitime avec le mâle de Roquette, étranger lui-même au pays. Cette circonstance explique à la fois la rareté du métis et la persistance (plus de quinze ans) du produit à l'état sauvage et toujours fécond de ces deux étrangers.

INDUSTRIE.

NOUVEL EMPLOI DE L'OSIER.

MM. Héomet frères, vanniers à Versailles, communiquent au *Moniteur des comices*, d'intéressants détails sur un nouvel emploi de l'osier.

Jusqu'à présent, les baraques dont se servent les soldats dans leurs campements sont construites en planches de sapin; mais les variations de la température font perdre aux joints leur justesse primitive: de là, difficulté pour assembler les parties; ensuite, le poids de ces baraques est considérable et souvent encore il est augmenté par l'humidité que le bois absorbe.

Suivant MM. Héomet, il y aurait un avantage considérable à remplacer le sapin par des clayonnages en osier enduits d'une légère couche de goudron et garnis d'attaches pour en faciliter la réunion. Les clayonnages sont, d'abord, beaucoup plus légers que le bois, puisque 1 mètre cube de planches de sapin, jointées, de 0m,027 d'épaisseur, pèse 13 kil.,40, tandis que la même quantité, en clayons d'osier ne pèse que 8 kil.,40. La différence est donc de 5 kil. en faveur de ces derniers, et si l'on suppose qu'il faille, pour abriter un homme, 2 mètres carrés, le logement de mille hommes pèserait dix tonnes de moins en vannerie qu'en planches, ce qui ferait une forte économie dans le transport.

D'un autre côté, les baraques en clayons sont bien plus faciles à monter et à démonter que les baraques en bois, et leur changement d'un lieu dans un autre est beaucoup plus prompt.

Indépendamment de ce mode d'emploi qui a été essayé avec succès sous les murs de Sébastopol, nous avons dans nos ferme mêmes mille moyens de nous servir de l'osier. Pour ne citer qu'un exemple, prenons les cabanes de berger, généralement si lourdes, qu'on est obligé de les monter sur des roues et de les faire traîner par des chevaux. Avec de simples clayonnages, on aurait une habitation aussi grande qu'on le voudrait et relativement très légère, facile à monter et à démonter, et peu encombrante quand il s'agirait de la remiser sous un hangar. Les abris des cantonniers, faits ainsi, seraient bien préférables également à ceux dont ils se servent actuellement dans certains départements; ces abris sont grossièrement recouverts en paille, lourds et néanmoins très peu hospitaliers, parce qu'on a été obligé de ménager la matière pour diminuer d'autant le poids.

ÉCLAIRAGE. — LENTILLES A EAU.

Ces jours derniers, on a fait à la gare des chemins de fer de l'Ouest des expériences sur un nouveau mode d'éclairage, ou plutôt un nouveau mode de projection et de diffusion de la lumière. MM. de Molt et Robert on perfectionné l'ancien système des lentilles à eau; ils emploient, pour la construction de ces lentilles, une glace plane et circulaire, sur laquelle vient s'appliquer une calotte sphérique, de même diamètre, découpée dans une boule de verre soufflé. Le vide compris entre la calotte et la glace plane est rempli d'eau ou d'un autre liquide transparent, et l'on a ainsi une lentille convexe ou *demi-boule*, qu'on peut établir d'une façon économique. Comme réflecteurs, on emploie également des sections de verres plus ou moins concaves, découpées dans une boule soufflée, et sur la partie convexe desquelles a été précipité, galvaniquement, un étamage d'argent de l'épaisseur nécessaire. Un appareil ainsi disposé, établi à la gare de l'Ouest et muni d'une lentille à eau de 48 centimètres de diamètre, a porté sa lumière du fond de la gare à une distance considérable sur la voie ferrée, et produit l'effet d'un phare de second ordre pouvant émettre un rayon lumineux à plus de 20 kilomètres d'éloignement.

FABRICATION MÉCANIQUE DES LIMES.

On dit aujourd'hui que l'outil universel, l'outil principal, l'outil indispensable dont il se fait une consommation si grande, qu'elle atteint, pour l'Angleterre seule, le chiffre de 30,000 par jour; l'outil dont la fabrication occupe des centaines de milliers de bras intelligents, la lime, enfin, se fabrique avec l'acier de M. Avril, fondu à l'ozone, et se taille aujourd'hui à la mécanique. On sait combien d'inventeurs ont échoué, combien de capitaux se sont égarés à la recherche de ce phénix dont Locatelli n'est que la dernière victime. Mais, comme il arrive souvent, ce n'est pas un théoricien, c'est un homme du métier, un ouvrier limeur enfin, dont le nom sera bientôt maudit par les uns et béni par les autres, et par là même illustré, qui a résolu ce problème encore plus important que celui de la machine à coudre.

Mieux conseillé que certains inventeurs, il tient, dit-on, sa mécanique sous clé, comme M. Vermeire de Hamme, et ne vend que ses produits, dont la beauté, l'excellence et le bon marché vont mettre fin aux grèves fréquentes des tailleurs de limes anglais auxquels on a persuadé qu'il dépendait d'eux d'arrêter court le travail dans les trois royaumes; aussi leurs exigences ne cessent-elles de croître chaque année.

Nous espérons pouvoir bientôt donner d'autres renseignements sur ce grand fait industriel, dont les résultats sont nouvellement parvenus à Bruxelles. JOBARD.

SOULIERS COLLÉS.

On passe toujours par la complication pour arriver à la simplicité, témoin la chaussure humaine qui n'a pas fait un pas. Depuis plusieurs siècles, on cousait sottement la semelle à l'empeigne, quand des inventeurs très modernes se sont avisés de la clouer, de la cheviller et de la visser; mais pas un n'avait songé à la coller, et pourtant c'était l'idée la plus simple qui eût dû arriver la première; mais la vérité ne marche qu'en boitant, et nous sommes heureux d'annoncer qu'elle est arrivée, avec M. Lemaistre, à Bruxelles.

Bah! cela se décollera dans l'eau, vont dire ceux qui ne connaissent que la colle de Flandre, la colle à bouche ou les pains à cacheter! Mais du moment où la glu marine a été inventée, on a dû comprendre que lorsqu'on ne peut pas parvenir à séparer deux planches jointes avec cette colle insoluble, on peut réunir deux morceaux de cuir de façon à n'en faire plus qu'un. Aussitôt dit, aussitôt fait; M. Lemaistre a réussi, nous l'en félicitons, mais nous en félicitons bien davantage la société, qu'il vient débarrasser de ses derniers *va-nu-pieds*.

C'est le cas pour la presse de chanter en son honneur un solennel *Domine salvum fac totum!* car tout le monde aura désormais des souliers sous la main et pourra s'avancer d'un pas plus assuré vers le progrès, dont les peuples déchaussés sont les plus éloignés; témoins les fellahs égyptiens et les esclaves brésiliens, auxquels on interdit les souliers, emblême de la liberté et de l'indépendance, qui leur donnerait la facilité de lever le pied ou de rendre les coups qu'on leur donne pour les faire marcher droit. J.

FAIRE SA BARBE AVEC UN RASOIR DE BOIS.

Un chien ayant reçu des éclaboussures de chaux de l'usine à gaz de Bruxelles, perdit son poil en peu d'instants; ce que voyant, nous emportâmes une bouteille de cette eau, qui s'éclaircit en se déposant. Nous appliquâmes trois zones de cette eau sur la partie pileuse interne de la jambe, et nous attendîmes la réaction. Après une minute, les poils étaient flétris et s'arrachaient sans le moindre effort; après deux minutes, ils tombaient sous le couteau à papier et l'épiderme était rubéfié; après trois minutes, les poils et la peau s'en allaient sous le frottement d'une serviette. Cela compris, nous fîmes notre barbe avec un rasoir de bois, mais pas un de nos amis n'a osé s'y risquer.

Nous pensâmes et nous pensons encore, qu'un savon fait avec cette eau attendrirait plus rapidement la barbe et en faciliterait considérablement l'ablation; mais nous nous sommes borné à publier ces observations, en ajoutant que ce procédé pourrait utilement s'appliquer au débourrage des peaux. Il n'a pas fallu moins de vingt ans pour que cette idée germât quelque part, et nous voyons avec plaisir que le professeur de chimie *Bostger*, de Francfort, et Lindner, viennent de la mettre en lumière.

Voilà des chimistes utiles que nous préférons aux chercheurs de fluor et aux brûleurs de diamants. J.

ALIMENTATION PUBLIQUE.

Le commerce de viande de cheval à Vienne.

On sait que les boucheries de cheval se sont faites une certaine clientèle parmi nos voisins d'outre-Rhin, à Vienne particulièrement.

Les premières tentatives sérieuses en faveur de cette innovation ne datent cependant que du 21 octobre 1850, jour où le Ministre de l'intérieur, cédant aux instigations de la Société protectrice des animaux, déclara que la viande de cheval pouvait servir à la nourriture de l'homme.

Mais ce n'était là qu'une allégation théorique, et la pratique n'avait pas encore dit son mot, quand M. Wildner, grand partisan de la viande de cheval, fit tuer chez lui, à Dobleuz, un cheval bien nourri dont la chair fut distribuée à des ménages pauvres des environs. Après la publication de ce premier essai, le docteur Wildner fit ouvrir chez lui, au commencement de l'année 1854, la première boucherie de cheval. L'examen des animaux destinés à la consommation était confié à un vétérinaire qui poursuivait ses investigations sur les chevaux abattus, et certifiait la bonne qualité de la viande. Bien que cette viande se vendît de 20 à 25 cent. la livre, selon que les morceaux provenaient de membres antérieurs ou postérieurs, cependant le nombre des acheteurs venus des faubourgs de Vienne fut assez considérable pour qu'on pût bien inaugurer des succès de l'entreprise.

Enfin, c'est à la date du 20 avril 1854 que la viande de cheval fut officiellement autorisée et réglementée dans la Basse-Autriche.

Vers la même époque, on vit s'établir dans la banlieue de Vienne la première boucherie pour le débit de viande de cheval; ce fut une femme, connue pour sa bienfaisance, Mme Emilie de Braundal, qui se chargea de subvenir aux premiers frais, et qui fournit le capital d'exploitation au boucher, dont l'étal fut ouvert à la vente le 6 mai 1854, à Brigittenau.

Deux nouvelles boucheries s'installèrent ensuite, l'une le 24 mai 1854, dans le faubourg de Lichtenthal, l'autre le 10 juin de la même année, dans le faubourg de Gumpendorf. Enfin, tout récemment, un nouvel établissement du même genre a été ouvert dans le faubourg de Landstrass.

Les deux bouchers de Lichtenthal et de Gumpendorf furent obligés de renoncer à leur industrie, mais leurs successeurs l'ont reprise avec une nouvelle activité.

On compte actuellement à Vienne quatre boucheries où se débite de la viande de cheval. Dans les environs, on rencontre un établissement du même genre à Doblin, un autre à Funfenhaus; et enfin, dans ces derniers temps, un étal a été ouvert à Inzersdorf, dans le Wienerwald. Une expérience faite à Penzing n'a pas été suivie de bons résultats.

Les autorisations nécessaires pour l'ouverture d'un étal destiné à la viande de cheval sont accordées par l'autorité administrative. Le concessionnaire n'a pas besoin d'être un habile boucher; il lui suffit de prendre l'engagement de confier à des garçons expérimentés l'exploitation de son fonds. On exige, en outre, à Vienne, que les candidats justifient de la possession d'un local approprié à leur industrie. Toutefois, avant que la permission soit accordée, le commissariat des marchés et les autorités communales sont encore consultés. En cas de refus, le postulant peut en appeler au conseil d'Etat. Mais, en général, les candidats qui ont pu prouver de leur aptitude professionnelle, soit comme bouchers, soit au point de vue de la connaissance des chevaux, obtiennent l'autorisation, dans la plupart des cas, si toutefois la police ne donne pas sur eux de mauvais renseignements.

L'abattage des chevaux se faisait primitivement dans les deux abattoirs consacrés à l'espèce bovine, mais les bouchers de Vienne ayant réclamé contre cette promiscuité, on a créé un abattoir spécial pour les chevaux.

La surveillance du commerce de la viande de cheval, ainsi que celle de l'approvisionnement, est confiée aux fonctionnaires chargés de l'inspection des marchés. Les chevaux destinés à l'abattage sont examinés par un inspecteur spécial et préparés en sa présence. Les inspecteurs des marchés exercent aussi leur contrôle sur les localités où l'on vend de la viande de cheval, et ils donnent les certificats ou permis d'abattage qui doivent être délivrés pour chaque cheval livré à la consommation.

La consommation de la viande de cheval a subi pendant l'été de 1854, une diminution considérable; c'est à Bregittenau que la dépréciation a été le plus marquée. Depuis cette époque, la situation s'est un peu améliorée, et la boucherie de Gumpendorf, qui s'approvisionne plus particulièrement de chevaux bien nourris, a vu s'accroître notablement le chiffre de son débit. Il n'y a guère qu'à Bregittenau où la vente soit demeurée jusqu'ici sans importance. Et c'est là un fait d'autant plus surprenant que la population de cette localité est en général peu fortunée, et s'était assez facilement habituée à l'usage de la viande de cheval.

Si l'on veut se rendre un compte exact de la quantité de viande de cheval consommée à Vienne, il est indispensable de tenir compte de l'importation du dehors qui, d'après les les données les plus positives, ne manque pas d'atteindre un chiffre important. Les circonstances sont d'ailleurs particulièrement favorables à cette importation, car la viande de cheval entre à Vienne en franchise de droits et en quantité illimitée.

Il est à remarquer aussi que la consommation de la viande de cheval a éprouvé un certain accroissement, par suite des manœuvres de certains restaurateurs et traiteurs de bas étage qui l'ont donnée, sans scrupule pour du bœuf, et cette substitution avait d'autant plus de chance de passer inaperçue que la viande en question était présentée sous forme de ragoûts accompagnés d'une sauce plus ou moins épaisse, et livrée à des consommateurs dont le palais n'était point doué d'une bien grande délicatesse.

HYGIÈNE PUBLIQUE.

Règles pour la construction et l'entretien des mares d'eau dans les campagnes.

Frappé de l'état déplorable dans lequel se trouvent la plupart des mares d'eau dans les campagnes, M. Girardin a fait à ce sujet une communication à la Société d'agriculture de la Seine-Inférieure, communication dont nous allons présenter l'analyse :

En général, les mares, par suite de leur position mal choisie, reçoivent, outre les eaux courantes et pluviales qui, seules, devraient les alimenter, les déjections du bétail, le purin des trous à fumier, les eaux qui ont servi au service de l'habitation, les excréments des animaux qui viennent s'y désaltérer.

Les gens de campagne s'inquiètent fort peu de la construction de leurs mares et de l'état de l'eau qu'elles renferment; ils ignorent que l'eau est susceptible de corruption, et que les substances putréfiées provoquent, chez les animaux, des maladies toujours dangereuses. Si parfois certains animaux semblent préférer l'eau bourbeuse ou corrompue à l'eau claire, c'est qu'ils ont besoin de stimulant pour leurs organes digestifs, fatigués d'une nourriture trop fade; dans ce cas, l'eau corrompue est le condiment recherché, à défaut d'autres, pour assaisonner leurs aliments. Mais l'usage continuel d'une boisson qui contient des corps organiques en putréfaction est une cause presque certaine de maladie.

En effet, on a vu fréquemment, dans une même exploitation rurale, le plus grand nombre des vaches avorter, par suite de l'infiltration du jus de fumier dans la mare. Or, ce qui est vrai pour les avortements l'est aussi pour une foule d'affections morbides, que l'on attribue à tort à des circonstances accidentelles ou passagères.

Les hommes, aussi bien que les animaux, se ressentent de la mauvaise qualité des eaux, surtout à l'époque des grandes chaleurs. Il est donc dans l'intérêt bien entendu des populations rurales de modifier, de changer le mauvais état des mares et d'en construire de nouvelles qui puissent livrer à la consommation des eaux aussi pures que celles des citernes

On atteindra ces résultats en suivant les règles suivantes :

1° Il faut établir la mare dans un endroit déclive, où les eaux pluviales, provenant des toits et des terres voisines, se rassemblent. Si la chose est possible, profiter des sources ou des ruisseaux situés à proximité de la ferme; par là, on arrive à obtenir un liquide plus pur et tout à la fois mieux approprié aux lois de l'hygiène.

2° La mare doit être placée loin des tas de fumier, et il faut avoir soin de la garantir de l'arrivée du purin et des urines des étables, par des relèvements en terre suffisants.

3° Il faut donner à la mare plus de profondeur qu'on n'en donne habituellement, en rétrécissant sa surface, et la disposer de manière à pouvoir l'assécher quelquefois complétement, afin de la nettoyer des détritus organiques qui s'y accumulent en infectant l'eau.

4° La fosse destinée à recevoir les eaux doit être imperméable, ce à quoi l'on parvient en pavant le fond, ou en le recouvrant avec un mortier de chaux et d'argile. Toute la surface supérieure doit être, en outre, recouverte de gravier, de petits cailloux entremêlés, si cela est possible, de charbon de bois.

5° La partie accessible aux animaux doit être pavée et légèrement inclinée, pour éviter que le piétinement ne forme une couche de boue noire et fétide.

6° Il faut creuser des fossés plus ou moins longs et plus ou moins larges dans toutes les directions qui peuvent fournir les eaux à la mare, puis remplir ces fossés avec de grosses pierres disposées de manière à laisser le plus possible d'intervalles entre elles. On superpose à ces pierres d'autres pierres plus petites, et sur le tout on répand de la terre. Ces sortes d'empierrements conservent la pureté de l'eau, empêchent l'évaporation et opèrent un filtrage qui ne laisse alors à la mare que de l'eau claire, sans mélange de feuilles, de débris ligneux, qui contribuent, dans l'état actuel des choses, à entretenir un foyer de corruption dans la vase du fond de la mare.

7° Entourer les abords de la mare d'une végétation arborescente et luxuriante, qui préserve l'eau des rayons directs du soleil. Mieux vaudrait encore la couvrir, si cela n'entraînait pas dans des dépenses par trop considérables, car la privation de la lumière devient, cela est prouvé, un obstacle à la vivification de la matière organique des eaux. Maintenant que l'on sait que la génération de la *matière verte de Priestley* ne s'opère qu'aux dépens de l'oxygène et de l'acide carbonique dissous dans les liquides où elle se développe, on doit en conclure que l'obscurité est un moyen de mieux assurer la salubrité des eaux de pluie conservées dans les mares ou citernes.

8° Ne jamais laisser se former de nappe de verdure à la surface de l'eau d'une mare, et, par conséquent enlever les *lentilles d'eau* à mesure qu'elles se développent.

9° Enfin, lorsque, par suite des chaleurs de l'été, la mare s'assèche notablement, et que l'eau devient louche, infecte et sapide, y jeter plusieurs kilogrammes de noir animal grossièrement moulu. C'est un moyen infaillible et aussi économique que possible de faire reprendre à l'eau toutes les qualités d'une eau pure.

Telles sont, en résumé, les règles prescrites par M. Girar-

DIN ; il affirme qu'en les exécutant ponctuellement on aura toujours, pour les usages domestiques, une eau salubre, qui contribuera puissamment à la santé de tous.

MÉDECINE.

Extraction d'une larve profondément située dans le grand angle de l'œil, entre la caroncule lacrymale et la réunion des canaux lacrymaux supérieur et inférieur.

Par le docteur Pierre TETTAMANZI.

Francisca Zembrana, de Juana Diaz (île de Puerto-Rico), âgée de 20 ans, était, depuis quelques semaines, atteinte d'une ophthalmie palpébrale, ayant son siége principal au grand angle de l'œil droit, accompagnée d'écoulement purulent fétide et de démangeaisons insupportables.

Fatiguée de montrer son œil à différents médecins du pays, elle se rendit à Ponce pour consulter M. Carron du Villards, qui, à la première inspection, déclara qu'il s'agissait d'une larve de la mouche de la viande et qu'il en distinguait les crochets mandibulaires au rebord d'un trajet comme fistuleux. J'avoue que pour mon compte je ne voyais rien ; mais M. Carron du Villards m'ayant indiqué deux points noirs, je les reconnus en effet. Il introduisit une pince à pupille artificielle dans l'ouverture et chargea immédiatement par la tête la larve, qui fut extraite avec quelques efforts, car elle était de beaucoup plus grosse que l'ouverture de la fosse où elle était nichée.

L'animal fut extrait vivant : c'était une larve apode ayant neuf lignes anglaises de longueur, pourvue de treize anneaux recouverts de poils et d'un appendice respiratoire caudal à trois branches ; sa tête était armée de deux crochets mandibulaires très forts et noirs.

Avec l'extraction du parasite rongeur disparurent tous les symptômes d'ophthalmie, ainsi que l'écoulement et le prurit.

Il est probable que, pendant le sommeil, la mouche à viande avait pondu ses œufs au grand angle, et qu'un de ceux-ci ayant clos, la larve avait creusé sa niche pour y attendre sa période d'évolution. (*Annales d'oculistique*).

Du Peenash ou vers dans le nez.

Par le docteur TARUCK CHANDER LAHORY.

Peenash est un mot qui vient, dit-on, du sanscrit, et qui signifie simplement *maladie du nez*. Dans les provinces nord-ouest de l'Inde, on applique ce nom à une affection nasale dont un caractère fréquent, mais non constant, est la présence de petits vers logés dans la lame criblée de l'ethmoïde, et qui rongent les parties molles. Les os propres du nez, privés à la longue de leurs moyens d'attache et de soutien, s'affaissent, et le nez devient camard. Les narines sont le siége de vives douleurs, d'un écoulement ichoreux et de fréquentes hémorrhagies. A un degré plus avancé, les os tombent et laissent une cavité hideuse, assez semblable à celle que produit la destruction syphilitique. Parfois les vers pratiquent, de dedans en dehors, un grand nombre de trous qui donnent à la partie l'aspect d'un rayon de miel.

L'auteur croit que cette maladie consiste primitivement en une ulcération chronique de la muqueuse nasale, propre aux gens débilités et aux scrofuleux, et déterminant la sécrétion d'humeurs purulentes dont la décomposition à l'air donne lieu à la génération des vers.

Le traitement se compose d'injections térébenthinées ou avec l'infusion de feuilles de tabac, d'altérants et de toniques.

Les vers en question ont la queue *spirale ;* il y a généralement onze spires, paraissant unies les unes aux autres par des articulations simples qui permettent à l'animal de se mouvoir avec rapidité. Les yeux et la bouche peuvent être distingués à l'œil nu. (*The Indian Annals of med. sc.*)

Ulcérations et crevasses du mamelon chez les nourrices.

La plupart des moyens conseillés contre les ulcérations et les crevasses du mamelon chez les nourrices, n'apportant qu'un soulagement momentané, qui disparaît presque toujours nouveaux efforts de succion, M. Legroux a eu l'idée de protéger le mamelon par un épiderme artificiel. A l'aide d'un pinceau, on étale au *pourtour du mamelon* une couche mince de collodion, rendue élastique par l'addition de 50 centigr. d'huile de ricin, et 1 gr. 50 cent. de térébenthine par 30 gram. Par dessus on applique une pièce de baudruche percée de quelques trous d'épingles au niveau du mamelon. La dessiccation du collodion amène presque immédiatement l'agglutination de la baudruche. Au moment de la succion, on ramollit la baudruche qui recouvre le bout du sein avec un peu d'eau sucrée. Ce petit organe artificiel se prête à l'ampliation du mamelon et protége les ulcères et crevasses.

M. Legroux s'est encore servi avec avantage de ce moyen contre les tuméfactions phlegmoneuses du sein.

(*Bulletin de la Société médic. des hôpitaux.*)

LA SCIENCE VERS LE TEMPS DE LA SAINT-BARTHÉLEMY (1).

Suite et fin.

Une pensée possédait cette école, une recherche qui remplit tout le siècle, recherche parallèle à celle du mouvement des cieux ; c'est celle du mouvement intérieur de l'homme, la gravitation de la vie et la circulation du sang.

Le sang solide, c'est la chair ; la chair fluide, c'est le sang. Ce n'eût été rien de savoir les formes arrêtées de l'organisme, si on ne l'avait poursuivi dans sa fluidité qui fait son renouvellement.

Dès le commencement du siècle, l'inquiétude commence sur cette question. On dispute sur la saignée. Où vaut-il mieux saigner ? Au mal, ou loin du mal, pour en distraire le sang et l'attirer ailleurs ? Cela mène à chercher comment circule le sang. Cent ans durant, on poursuit ce mystère.

A Paris Sylvius, à Padoue Acquapendente, décrivent les valvules, qui, baissées, relevées tour à tour, admettent et ferment le courant. Les maîtres de la science, même Vésale et Fallope, niaient l'existence de ces portes et méconnaissaient le mystère, quand déjà il était trouvé, décrit et imprimé.

L'Aragonais Servet, élève de Toulouse et de Paris, dans son orageuse carrière où il ne sembla occupé que de ramener le christianisme à la prose et à la raison, aperçut sur sa route ce secret capital de la circulation du sang. Il l'a longuement, nettement, doctement expliqué dans un livre de théologie où l'on ne serait guère tenté de le chercher. Ce livre, hélas ! brûlé avec l'auteur sur un bûcher de Genève où l'on mit toute l'édition, ce livre survécut par miracle en deux exemplaires

(1) Voir le précédent numéro.

seulement, qui tombèrent du bûcher, jaunis par le feu et roussis. Il en existe un heureusement à notre grande bibliothèque. Le secrétaire de l'Académie des sciences vient de réimprimer les pages de la découverte.

La fonction première fut connue, celle qui ne peut comme les autres se suspendre ni s'ajourner, celle qui inexorablement, minute par minute, doit s'exercer sous peine de mort. Condition suprême de la vie, qui semble la vie même.

Servet n'avait pas dit la route par où il arriva. Il fallut pour la retrouver un demi-siècle encore et le génie d'Harvey. Mais le fait fut connu. L'humanité put voir avec admiration le charmant phénomène de délicatesse inouïe, le croisement de cet arbre de vie « où la masse du sang, dit Servet, traverse les poumons, reçoit dans ce passage le bienfait de l'épuration, et, libre des humeurs grossières, est rappelé par l'attraction du cœur. »

Une larme du genre humain est tombée sur cette page. Un transport de reconnaissance, un ravissement religieux, une horreur sacrée saisit l'homme en surprenant Dieu sur le fait dans sa création incessante du miracle intérieur qui dépasse l'harmonie des cieux.

Qu'est-ce que le XVIe siècle en son fait dominant? La découverte de l'arbre de vie, du grand mystère humain. Il ouvre par Servet, qui trouve la circulation pulmonaire, et il ferme par Harvey, qui démontrera la circulation générale. Il enferme Vésale, Fallope, etc., fondateurs de l'anatomie descriptive ; Ambroise Paré, créateur de la chirurgie.

Ainsi monte sur ses trois assises la tour colossale de la Renaissance, — astronomique, chimique, anatomique, — par Copernik, Paracelse et Servet.

Comment s'étonner de la joie immense de celui qui vit le premier la grandeur du mouvement? Un vrai cri de Titan, devant cette audace de l'homme, échappe à Rabelais dans son Pantagruel : « Les dieux ont peur ! »

Mais, si prodigieuse que fût cette tour, il y manquait le dôme, la lanterne ou la flèche hardie, qui fermerait les voûtes. On se rappelle ce moment décisif où sur l'effrayant exhaussement de Santa Maria del Fiore, sur cette menace architecturale qu'on ne regarde qu'en tremblant, Brunelleschi, le fort calculateur, ose, avec un sourire, jeter le poids de la lanterne énorme, et dit : « La voûte en tiendra mieux ! »

Telle fut l'impression du monde, quand par dessus ces constructions colossales, quand par dessus Colomb et Copernik, par dessus Vésale et Servet, Luther et Paracelse, un homme, armé du rire des Dieux, de ce rire créateur qui fait les mondes, posa le couronnement, *l'éducation humaine de la science et de la nature.*

Le bon et grand Rabelais, à ces génies tragiques, aux foudroyants théologiens, aux chimistes fougueux, aux furieux anatomistes (Fallope obtint des corps vivants), à ces effrayants médecins de l'âme et du corps, Rabelais ne dit qu'un mot, en souriant : « grâce pour l'homme. »

Nourri dans la campagne, avec les plantes, à Montpellier ensuite, la ville des parfums et des fleurs, il avait pris leur âme et le sourire de la nature, la haine de l'anti-physis (anti-nature), la peur que la science nouvelle ne refît une scolastique.

Ces côtés de Rabelais n'ont été, je l'ai dit, mis en pleine lumière que par un paysan, un solitaire, ami des plantes, comme fut le bon docteur de Montpellier, le compatissant médecin de l'hôpital de Lyon. Tous s'étaient arrêtés au seuil du livre, rebutés et découragés, ne voyant pas qu'à l'homme malade, nourri comme la bête, de l'herbe du vieux monde, il fallait d'abord donner la *Fête de l'âne*, pour pouvoir dire ensuite avec la belle *prose* :

> Assez mangé d'herbe et de foin !
> Laisse les vieilles choses... Et va !

Le procédé de Rabelais est justement celui de Paracelse. Pour guérir le peuple, il s'adresse au peuple, lui demande ses recettes ; pas un remède de berger, de juif, de sorcier, de nourrice, que Paracelse ait dédaigné. Rabelais a de même recueilli la sagesse au courant populaire des vieux patois, des dictons, des proverbes, des farces d'étudiants, dans la bouche des simples et des fous.

Et, à travers ces folies, apparaissent dans leur grandeur et le génie du siècle et sa force prophétique. Où il ne trouve encore, il entrevoit, il promet, il dirige. Dans la forêt des songes, on voit sous chaque feuille des fruits que cueillera l'avenir. Tout ce livre est le rameau d'or.

Le prophète joyeux qui semble aller flottant comme un homme ivre, marche très droit ; qu'on y regarde bien. Dans sa course fortuite en apparence, il touche justement et saisit les traits essentiels qui dominent tout:

L'exaltation de la vie, l'impatience de l'homme pour se donner l'ivresse d'un moment et l'infini des rêves, est signalée par le bizarre éloge du Pantagruélion, dans l'amortissement des temps énervés qui vont suivre, un grand et sombre phénomène doit commencer bientôt, l'invasion des spiritueux.

Dans la science, le fait supérieur qui les résume tous relie les découvertes, et constitue l'ensemble comme tout harmonieux, la *circulation de la vie*, la solidarité de l'être, l'infatigable échange qu'il fait de ses formes diverses, les emprunts mutuels dont s'alimentent les forces vivantes, tout cela est dit au passage capital du Pantagruel, dans une magnifique ironie. Mes dettes ! dit Panurge, on me reproche mes dettes ! Mais la nature ne fait rien autre chose ; elle s'emprunte sans cesse, se paye pour s'emprunter encore, etc.

L'ouvrage, comme on sait, est un pèlerinage vers l'oracle de la lumière. Deux énigmes poursuivent les pèlerins sur tout le chemin ; elles reviennent partout en vives satires : l'une, c'est la *justice*, la mauvaise justice du temps, stigmatisée de cent façons ; l'autre, c'est le mariage, la *femme*, ce nœud essentiel des mœurs et de la vie.

La Loi, la Grâce, la justice et l'amour, c'est bien là, en effet, la double énigme qui contient tout le reste, le problème profond de ce monde. Le grand rieur le pose. Nul génie ne l'eût résolu. Le temps seul de ce livre obscur permet à chaque siècle d'épeler une ligne.

Le XVIe siècle est admirable ici. Il sent que tout tient à la femme. *Non pars, sed totum.* L'éducation de la femme occupe le grand Luther, et ses maladies Paracelse. Sa satire, son éloge, remplissent la littérature, les livres d'Agrippa, de Vivès. Elle domine ce temps, le civilise, le mûrit, le corrompt.

Rabelais voit en elle le sphinx de l'époque qui seul, en bien, en mal, en sait le mot. En face des Catherine et des Marie Stuart, de divines figures apparaissent pour venger leur sexe. Nommons-en deux, l'admirable Louise, la femme du grand Dumoulin, qui le délivra de captivité, qui vécut et mourut pour lui. Nommons celle qui continua le martyre de Coligny dans les cachots, madame l'Amirale, « la perle des dames du monde. »

J. MICHELET.

Académie des Sciences.

Séance du 3 novembre.

COMMUNICATIONS DIVERSES.

M. Faye a communiqué à l'Académie une petite observation relative à la dernière éclipse de lune. Jusqu'à ce jour les astronomes ne savaient comment expliquer la teinte rouge foncée que prend, pendant toute la durée de l'éclipse, la partie de la lune noyée dans le cône d'ombre de la terre: dans la soirée du 13 octobre, on a pu se rendre compte de ce fait, grâce à un corps opaque qui s'est, par hasard, trouvé interposé entre la partie éclairée du satellite, et l'œil de l'un des observateurs. Cette partie venant à être masquée tout d'un coup par le rebord d'un toit de maison, on a pu voir la teinte rougeâtre faire place à une teinte du rose le plus pur: dans cet état, la lune semblait être éclairée comme ces petits nuages que l'on voit quelquefois suspendus dans l'atmosphère au coucher ou au lever du soleil: sa teinte pouvait encore être comparée à celle de l'aurore dans les pays chauds. Le phénomène que l'on avait observé jusqu'à ce jour, provient donc, comme celui observé au mois de septembre, par M. Martens, dans le golfe de Smyrne, de l'espèce particulière d'illusion, désignée, par M. Chevreul, sous le nom de *contraste simultané*.

— M. Claude Bernard a lu une note sur les effets physiologiques du curare. Cette substance toxique a la propriété de faire perdre au système nerveux la faculté de réagir sur le système musculaire, et d'empêcher de se mouvoir; tout animal empoisonné de cette manière; par ce fait seul se trouve résolue en premier lieu la question, tant débattue depuis Haller, de l'indépendance de ces deux systèmes; mais il y a plus encore. En empoisonnant de fortes grenouilles et des animaux supérieurs, des chiens, par exemple, M. Cl. Bernard a montré que le curare, tout en détruisant les propriétés des nerfs moteurs, conserve celles des nerfs sensitifs, de telle sorte que l'animal manifeste la volonté de se mouvoir longtemps après en avoir perdu complètement la force. Enfin, contrairement à tout ce qui a été observé jusqu'ici dans les paralysies, l'atonie des nerfs moteurs se manifeste de la périphérie au centre, et non du centre à la périphérie.

—Un jeune physiologiste de la Faculté des sciences de Nancy, vient de constater la présence du fluor dans le sang.

BITUMES DE JUDÉE.

M. Chevreul a présenté à l'Académie, de la part de M. Niepce de Saint-Victor, de nombreux échantillons de gravures héliographiques sur marbre, obtenues à l'aide du bitume de Judée. Ce bitume peut se diviser en trois variétés distinctes: l'une est le bitume authentique, provenant directement de la mer Morte; il est le plus sensible des trois, mais on ne le trouve point dans le commerce; l'autre est très brillant aussi, mais moins sensible, et partant plus répandu; son point de fusion est de 175°. Enfin, le troisième, plus mou que les deux précédents, fond à 90 degrés environ.

M. Niepce fait usage de ce bitume pour trois opérations différentes: la gravure sur marbre ou pierre polie, le tirage de ces gravures en pierres lithographiques, et la damasquinure héliographique. Ce dernier procédé est véritablement nouveau; il consiste à cuivrer par la pile une plaque d'acier, à appliquer le vernis sur le cuivre et le dessin sur le vernis. Soumis à la chambre obscure, ce dessin détermine sur la couche de bitume des parties influencées par la lumière, et d'autres qui ne le sont pas: on dissout alors ces dernières à l'aide d'un mélange de quatre parties de naphte et d'une partie de benzine, et l'on creuse à l'eau forte comme à l'ordinaire. En dorant enfin par la pile, comme la dorure prend sur la partie cuivrée et ne prend pas sur l'acier mis à nu, il en résulte une damasquinerie très agréable à l'œil.

DÉTERMINATION DE LA LONGITUDE DE BOURGES.

M. Leverrier a fait une communication sommaire relativement à la détermination de la longitude de Bourges, entreprise par l'observatoire impérial d'une part et le dépôt de la guerre de l'autre. Cette opération, dont un mémoire ultérieur fera connaître les curieux détails, était conduite par M. Leverrier pour l'observatoire et par M. le commandant Rozet pour le ministère de la guerre. Le système consiste, en deux mots, dans une exécution aussi délicate et précise que possible, des indications suivantes: sur une bande de papier, mise en mouvement par un rouage, une pointe en fer trace des divisions équidistantes, correspondantes aux mouvements d'une pendule sidérale et par l'action même de cette pendule. Une ou deux autres pointes permettent aux observateurs de marquer sur cette même bande de papier, et par le moyen de courants électriques, les instants où une même étoile passe aux divers fils de leurs instruments. La différence en longitude des stations s'en déduit directement.

Dans la pratique, le chronographe dont nous venons de donner la description, offrait quelques difficultés. Ainsi, l'observateur placé à l'autre extrémité de la ligne ne pouvait agir que par l'intermédiaire d'un relais, ce qui était déjà une première cause de retard. D'autre part, les pointes avaient, les unes par rapport aux autres, de petits retards que lors des premières expériences il avait fallu mesurer avec une grande précision. Enfin, il était nécessaire de se mettre en garde contre les effets de la durée de la transmission de l'électricité.

Or, tous ces inconvénients viennent d'être éliminés par l'heureuse idée qu'a eue M. Liais de substituer aux pointes de fer des pointes de cuivre: cette disposition, jointe à quelques changements dans les dissolutions salines, a permis de supprimer le relais, et de pointer à Paris les signaux de Bourges avec la pile de Bourges elle-même, et par suite avec un courant très faible. Devant ce résultat, M. Leverrier espère que l'on pourra opérer sans difficulté entre Paris et Vienne et même entre Paris et Saint-Pétersbourg. La télégraphie électrique elle-même pourra aussi profiter de l'ingénieuse modification de M. Liais.

Un fait remarquable dans la détermination de la longitude de la ville de Bourges, qui avait été choisie à cause de sa position sur le méridien de Paris, c'est que le résultat a différé du résultat géodésique de 150 mètres, distance plus considérable qu'on ne s'y était attendu. En présentant le mémoire complet de cette opération, M. Leverrier discutera à quelle cause il sera rationnel d'imputer une erreur aussi forte.

APPLICATION DE LA PHOTOGRAPHIE A L'ASTRONOMIE.

M. J. Porro a présenté, de la part de la Société technomatique dont il est directeur, son grand objectif de 0 mèt. 52 cent. de diamètre et de 15 mètres de longueur focale, dans le champ duquel l'image de la lune ou du soleil a environ 15 centimètres de diamètre. Lors de la dernière éclipse de lune, MM. Bertsch et Arnault ont entrepris de fixer sur collodion les diverses phases du phénomène aperçues à l'oculaire de ce grand réfracteur. Il en est résulté diverses épreuves photographiques qui ont été soumises en même temps à l'Académie.

L'instrument est monté d'une manière à la fois hardie et nouvelle: au lieu d'être posé ou suspendu par le milieu de sa longueur, il est lancé d'un seul jet dans l'espace et tourne dans un plan vertical autour d'un axe placé à la hauteur de l'oculaire; de cette façon l'astronome n'a point à se déplacer pour diriger l'instrument vers tous les points du ciel. Cet instrument est du genre de ceux que les astronomes ont appelé alt-azimut, mais un mouvement auxiliaire équatorial permet de trouver les astres dont on connaît les coordonnées.

En ce moment, M. Bulard, astronome, poursuit avec cette grande lunette, à l'institut technomatique, une série d'observations qui permettront d'embrasser dans de plus grands détails la constitution physique de la lune.

RECHERCHES SUR LA PRODUCTION DE L'ACIDE AZOTIQUE.

Dans une précédente communication à l'Académie, M. S. de Luca avait montré qu'en faisant passer de l'air ozonisé humide sur du potassium et sur de la potasse pure, on obtenait de l'azotate de potasse. Après ce premier résultat, il avait voulu s'assurer si l'oxygène qui se dégage des feuilles des plantes par l'action de la lumière solaire, ou l'air qui environne les plantes en végétation, présentait les propriétés de l'ozone : malheureusement le papier ozonométrique étant un réactif très infidèle et susceptible de se colorer sous les influences les plus diverses, M. de Luca n'a pu tirer aucune conclusion de ses nombreuses expériences sur cette matière.

Ces expériences néanmoins viennent de le conduire à fixer quelques résultats comparatifs entre l'air qui environne un assez grand nombre de plantes tenues dans une serre chaude, et l'air libre de l'atmosphère dans un endroit éloigné de la végétation : M. Balard vient de rendre compte à l'Académie de ces curieux résultats.

Les expériences ont duré six mois, à partir du mois d'avril dernier; trois appareils semblables ont été montés, deux dans la cour du laboratoire du Collége de France, et le troisième dans une serre du Jardin botannique du Luxembourg. Plus de 20,000 litres d'air ont traversé, pendant ce laps de temps, les trois appareils. Cet air passait d'abord dans des tubes remplis de coton cardé, et il se débarrassait ainsi des matières en suspension, puis il passait dans l'acide sulfurique qui lui enlevait l'ammoniaque; il se trouvait ensuite en contact avec du potassium ou du sodium, et enfin il barbottait dans des solutions de potasse ou de soude. Les différents produits ainsi obtenus ayant été analysés, M. de Luca est arrivé aux conclusions suivantes :

Les solutions alcalines, soumises à l'action d'un courant d'air contenant de l'ammoniaque, ne produisent pas d'azotates lorsque cet air a été pris loin de la végétation des plantes; elles en produisent au contraire, lorsque cet air a été pris dans une serre chaude où végètent un grand nombre de plantes de toute nature.

Les plantes agiraient-elles donc comme des corps poreux sur les éléments de l'acide azotique contenus dans l'atmosphère? Des expériences directes faites, loin de la végétation, avec des corps poreux tirés du règne minéral, ne donnent point d'azotates : ce résultat semble donc indiquer que les plantes peuvent bien agir par leur présence pour déterminer la formation de l'acide azotique, mais qu'elles ne le font pas en qualité de corps poreux.

M. Balard a présenté à ses confrères quelques échantillons de petits cristaux d'azotates de potasse, recueillis durant cette longue et patiente expérience. Les vues de M. de Luca sur la formation de ce sel, et par suite sur l'absorption de l'azote par les plantes, nous semblent dignes d'une sérieuse attention : nous allons les résumer brièvement.

Depuis les belles expériences de M. Andrews, il est démontré que l'ozone, loin d'être un peroxyde d'hydrogène, n'est que de l'oxygène modifié, capable même d'être dosé avec la plus grande exactitude. D'un autre côté, les phénomènes d'oxydation que l'ozone peut produire ne sont pas rares, et l'on sait quel parti on peut tirer de l'essence de térébenthine ozonisée, de l'ozone qui se produit pendant la combustion de l'éther au contact du platine, etc. On sait d'ailleurs, que dans le sang de l'économie animale il se forme de l'urée, et M. Béchamp vient de montrer que ce corps se produit artificiellement par l'oxydation des substances albuminoïdes au moyen du permanganate de potasse. Il n'est pas impossible que l'oxygène de l'air, introduit dans l'économie par le phénomène de la respiration, et retenu, condensé ou modifié par les globules du sang en présence d'une matière alcaline, s'y trouve, au moins en partie, à l'état d'ozone, comme l'oxygène dissous dans l'essence de térébenthine, et par conséquent capable de produire les mêmes phénomènes d'oxydation.

Cette hypothèse trouve un appui dans quelques expériences faites avec du permanganate de potasse, dont l'oxygène, dégagé par l'acide sulfurique, présente les propriétés de l'ozone, même à une basse température; ainsi que dans les dernières recherches de M. Schœnbein, relativement à la propriété que présente le suc de certains champignons de transformer l'oxygène en ozone.

Si, maintenant, on voulait rapprocher ces faits pour expliquer les résultats que M. de Luca vient d'obtenir, on serait tenté d'admettre que l'oxygène qui se dégage des feuilles des plantes par l'action de la lumière, contient de l'ozone; et que c'est cet ozone, quoique en faible quantité, qui produit l'oxydation de l'azote de l'air pour former de l'acide azotique, de la même manière que l'ozone préparé artificiellement produit, avec l'air et les alcalis, des azotates.

La question de l'absorption de l'azote par les plantes serait, par conséquent, réduite à l'absorption pure et simple d'un composé azoté tel que l'azotate ou le carbonate d'ammoniaque; ce carbonate pouvant se former dans l'atmosphère, et l'azotate pouvant prendre naissance sous l'influence de la végétation.

FÉLIX FOUCOU.

PARTIE LITTÉRAIRE.

LOUISE MORNAND (1).

XVII.

Le 10 janvier.

Tu te plains un peu de mon absence toujours prolongée. Nos parents, dis-tu, s'en étonnent, et plusieurs de tes connaissances me font l'honneur de me regretter. La seule chose qui m'affecte est ce que tu me dis de toi; je m'afflige de ta tristesse, mais je sais aussi que si tu désires tant mon retour, c'est moins à cause de l'isolement où tu vis, que parce que tu crains pour moi.

Laisse-moi te rassurer. Je retournerai vers toi triste, mais non brisé par la souffrance. Je retournerai, mais plus tard; ma tâche n'est pas finie. La fuite maintenant serait inutile; loin de guérir ma douleur elle y ajouterait le poids d'un remords. Il y a, d'ailleurs, une puissante consolation dans la pensée que je rends des services, dans la conviction d'être aimé comme un frère. Et puis, j'éprouve presque de l'orgueil en reconnaissant que je suis devenu nécessaire à cette famille dont j'étais complétement inconnu il y a moins de quatre mois.

Depuis sa réconciliation avec Ludovic, M. Mornand est calme et heureux. Sa tendresse paternelle ne s'est pas un moment démentie; la glace est enfin brisée, et le courant, ayant une fois échappé à ses entraves ne se laissera plus emprisonner. Il garde Ludovic près de lui pendant des heures entières, le contemplant en silence comme s'il ne pouvait se rassasier de sa vue, ou le questionnant avec le plus tendre intérêt sur les événements des dernières années, et lui adressant d'affectueuses et ferventes exhortations.

Mais il se meurt. Son intelligence, qui semblait voilée d'un nuage et ses affections qu'on eût cru mortes, ont repris leur activité et leur vigueur. Je ne le reconnais plus; il est maintenant ce qu'il devait être avant les chagrins qui l'ont brisé; mais les sources de la vie sont épuisées et le médecin, qu'à la prière de son fils il a consenti à laisser appeler, m'a déclaré qu'il a peu de semaines à vivre. Il n'ignore point son état et envisage la mort avec calme, presque avec bonheur. Il a exprimé le désir de me voir auprès de lui jusqu'à la fin; j'ai promis. Pouvais-je faire autrement?

Et je ne me trompe pas; ce n'est pas seulement à M. Mornand que ma présence est nécessaire. Louise oui, Louise, sans me l'avouer, sans peut être se l'avouer à elle-même, a encore besoin de l'appui que je lui ai promis le jour où, pour la première fois, elle m'a parlé de Ludovic. Je puis lui être utile, et cette pensée m'encouragera à supporter mille douleurs.

(1) Voir le précédent numéro.

La fermeté, le courage qu'elle a déployés dans la mémorable soirée de la réconciliation, semblent l'avoir abandonnée maintenant que son grand but est atteint. L'état de son oncle l'affecte beaucoup; ses traits portent l'expression d'une profonde tristesse et ses yeux sont souvent rougis par les larmes

Avant hier, M. Mornand la pria de jouer un morceau qu'il aime beaucoup. Elle laissa ouverte la porte de communication entre la chambre à coucher et le salon, se mit au piano et joua avec un sentiment vrai et passionné la délicieuse mélodie de Schubert que j'avais remarquée sur le pupitre lors de ma première visite. Mais avant la fin du morceau elle s'arrêta. M. Mornand était tombé dans une sorte de somnolence; je me trouvais en ce moment seul auprès de lui. Saisi d'une vague inquiétude, je me dirigeai doucement vers le salon. Louise était toujours assise au piano, mais elle avait jeté ses deux bras sur le cahier de musique, son front s'appuyait dessus et elle pleurait.

Au bruit que je fis, elle se redressa. Evidemment contrariée d'avoir été surprise, elle feuilleta rapidement le cahier.

J'essayai de lui dire quelques paroles consolantes; je crois même que je blâmai doucement l'excès de sa douleur.

— Vous savez qu'il va mourir, et vous voulez que je ne me désole pas? répondit-elle avec amertume. Que deviendrai-je quand mon oncle ne sera plus!

— Mais, lui dis-je d'une voie sérieuse et calme, vous ne serez pas seule, Louise; quand votre oncle vous aura quittée.

— Seule! répéta-t-elle lentement, comme si elle eût cherché à se rendre compte de la portée de ce mot. C'est vrai, c'est vrai... Vous savez donc? reprit-elle après une pause.

— Je sais que vous devez vous marier avec votre cousin.

Une subite rougeur passa sur son visage et s'évanouit en un instant.

— Ludovic vous l'a dit? demanda-t-elle.

— Non, pas précisément. Je l'aurais deviné dans mes conversations avec lui, mais c'est de vos lèvres que je l'ai appris.

Sans parler, elle leva sur moi ses beaux yeux avec une expression moitié craintive, moitié curieuse. Je me repentis d'avoir entamé ce sujet; cependant, d'une voix que je m'efforçai de rendre ferme, je lui répétai la phrase que j'avais entendu en passant près du jardin.

Ses yeux se remplirent de larmes, mais sa figure n'exprima aucune contrariété.

— Si vous saviez tout, Godefroy, dit-elle..... En ce moment Ludovic entra, et nous ne sommes pas revenus sur ce sujet.

Tu vois, nous nous appelons simplement par nos noms. Cette douce habitude date du soir où, pour la première fois, seule avec moi, Louise m'a demandé aide et conseil. Ce soir-là je l'ai priée de me regarder comme son frère, et elle y a consenti sans peine. Puissé-je être toujours digne de son amitié! Mais, oh! ma mère, la loyale confiance qu'elle met en moi me cause presque autant de douleur que de joie.

Je souffre bien; et plusieurs fois, après des nuits d'insomnie, j'ai été tenté de fuir. Mais la résolution m'a manqué, ou plutôt le courage m'est revenu quand je suis entré dans la chambre de ce pauvre vieillard mourant, quand j'ai rencontré le regard de Louise, ou que sa douce voix m'a demandé un avis, un service. Quelquefois, me sentant affaibli par ces luttes incessantes avec moi-même, je me suis demandé s'il n'est pas de mon devoir de m'éloigner d'un lieu où je souffre tant. Mais non. La lutte et la souffrance sont pour moi seul, et comme la douleur physique ne me semblerait rien, endurée pour Louise, de même la souffrance morale devient facile à supporter avec la pensée de contribuer, pour la moindre part, à son repos ou son bonheur.

Je ne veux pas songer au temps où je ne la verrai plus, je puis le dire, son avenir m'inquiète beaucoup plus que le mien; à ce sujet un doute me tourmente. A mesure que je connais davantage Ludovic, je vois en lui, malgré ses nobles qualités, des défauts qui me font trembler pour Louise. Ces défauts de caractère ressortent souvent, en dépit du sincère désir de mériter l'affection réacquise de son père, et de donner à sa cousine des preuves de reconnaissance. Mais il est encore jeune, et son amour enthousiaste pour Louise aura, sans doute, une salutaire influence sur toute sa vie.

Et elle, comment l'aime-t-elle? C'est une question que je me suis faite bien des fois, et à laquelle je ne trouve pas de réponse satisfaisante. Je cherche, avec presque autant d'anxiété que lorsqu'il s'agissait de moi-même, à lire dans ses regards, à deviner, aux inflexions de sa voix, l'expression de son amour, et je cherche en vain. Il est vrai que ses pensées sont absorbées par son oncle, qu'elle quitte à peine.

Pendant ce temps, l'hiver continue, âpre et tempétueux. La mer est magnifique.

Adieu, ma bonne mère; écris-moi bientôt, souvent.

XVIII.

Le 16 janvier.

Ecoute-moi avec indulgence, car cette lettre sera une confession.

Il y a trois jours, nous eûmes, Ludovic et moi, occasion d'aller à Dieppe, et le temps étant plus calme qu'à l'ordinaire, nous résolûmes de faire la route à pied. Je ne sais quel esprit d'aventure nous poussait; mais, arrivés à Pourville, la fantaisie nous prit de faire le reste du chemin sur les galets, au pied de la falaise. Entreprise fort praticable en été, quoique toujours fatigante, mais en cette saison difficile et non pas exempte de dangers. Cette idée un peu folle venait de moi, je l'avoue; Ludovic ne tarda pas à se plaindre de l'avoir adoptée. Il avait raison, sans doute; quant à moi, j'éprouvais une grande jouissance au milieu de cette solitude si complète et si sauvage, où l'on pourrait se croire sur la côte déserte d'un pays inconnu.

Je m'arrêtai souvent, tantôt pour regarder les vagues qui, une à une, reculaient, puis s'avançaient en se roulant et venaient se baiser à mes pieds, tantôt pour examiner une plante marine ou un caillou brillant de cristaux. Ludovic, au lieu de partager mon enthousiasme, le calma bientôt par ses lamentations exagérées. Il se plaignait du froid, de la fatigue, et m'apostropha assez brutalement sur mes délais en m'assurant que la mer devenait plus agitée à mesure qu'elle montait et qu'elle menaçait de nous barrer le passage. Je ne croyais pas ses craintes fondées; mais, pour lui faire plaisir, je hâtai le pas, tout en raillant légèrement ses inquiétudes et son insensibilité à l'endroit des sublimes beautés qui nous entouraient. Il devint tout à fait de mauvaise humeur, et me lança plusieurs phrases qui auraient pu m'offenser et ne firent que m'attrister. En voyant qu'il suffisait de si peu pour lui faire oublier ses sentiments affectueux envers moi et les égards qu'il me devait, en remarquant la contraction de ses traits et leur expression sombre et irritée, je tremblai. Il se contraignait avec moi jusqu'à un certain point; que sera-ce, me demandai-je, lorsque seul avec Louise, avec sa femme, il ne se contraindra plus?

Cette pensée détruisit complétement l'excitation que l'air libre et l'exercice avaient produite en moi; je continuai en silence, trouvant à mon tour le vent désagréablement froid et la marche difficile sur les galets arrondis. Tout à coup, derrière nous, un grand bruit se fit entendre, et nous vîmes une masse énorme, détachée de la falaise, rouler avec fracas le long de son flanc inégal et se briser sur les rochers amassés à son pied. Quelques instants plus tôt, elle nous eût probablement écrasés.

Cet incident dissipa la mauvaise humeur de Ludovic. Après un peu d'hésitation, il déclara qu'il renonçait à gagner Dieppe en suivant le bord de la mer, et proposa de gravir la falaise par un étroit ravin qui s'ouvrait à peu de distance. Je lui objectai que nous courrions ainsi bien plus de dangers; mais, le voyant résolu, je cédai.

Nous commençâmes donc notre ascension qui, d'abord rude, ne tarda pas à devenir périlleuse. La pente était si roide, que nous étions forcés de nous cramponner aux saillies du rocher, aux touffes d'herbe, à tout ce que nous pouvions saisir. Au bout de quelques minutes, je m'arrêtai pour prendre haleine, et, trouvant un point d'appui sur un rocher, je regardai autour de moi. La vue était sinistre; en contemplant le chemin parcouru et celui qui restait à faire, j'eus quelque chose comme un frisson.

Pourtant cette situation n'était pas absolument sans charme, et je me laissais aller aux pensées qu'elle m'inspirait lorsque je m'entendis appeler d'une voix effrayée. Tournant aussitôt la tête, je vis Ludovic dans une position critique. Il semblait qu'il lui fût également impossible d'avancer ou de reculer; le gravier roulait sous ses pieds, et les herbes qu'il saisissait convulsivement, se détachaient du sol détrempé.

Comment te dire l'horrible pensée qui traversa mon esprit? Mais te l'avouer sera mon châtiment. Le vertige le prenait, je le voyais à ses yeux égarés. Une distance de près de cent cinquante pieds le séparait de la grève, hérissée de rochers. Je ne pus m'empêcher de dire: si je le laisse à son sort; il tombera infailliblement, et s'il tombe, aussi infailliblement il périra. Je comprends comment un honnête homme peut être conduit au crime. Ludovic mort, Louise serait à moi! Et, ajoutais-je avec un sophisme infernal, il n'y a pas de crime à commettre; je n'ai qu'à m'abstenir.

— Godefroy! s'écria le malheureux d'une voix étouffée, Pour l'amour de Louise, venez à mon aide!

Ce nom, ce cri de détresse chassèrent à l'instant loin de moi le démon qui m'obsédait. Je criai à Ludovic de prendre courage, puis, rassemblant mes forces, j'atteignis une étroite plate-forme au-dessus de l'endroit où il se trouvait. Je lui tendis la main et cet appui lui rendit quelque énergie; mais une fois près de moi ses terreurs revinrent; je fus forcé non-seulement de diriger chacun de ses pas, mais encore d'employer, comme pour un enfant, des paroles encourageantes, des ordres et presque des menaces. Je ne recommencerais pas cette ascension pour tout l'or de la Californie... Lorsque nous eûmes mis le pied sur le gazon, je me laissai tomber par terre, complétement étourdi. Ludovic perdit bien plus vite que moi l'impression de notre périlleuse escalade; j'étais brisé.

En arrivant à Dieppe, je me séparai de mon compagnon, lui disant que je ne retournerais pas à Varengeville avant le lendemain matin, et j'allai m'enfermer dans la chambre que je garde toujours à l'hôtel de l'Europe. J'avais besoin d'être seul. Cependant, au bout d'une heure je vis arriver Ludovic qui avait voulu me revoir avant de partir. Il était on ne peut plus affectueux et me remercia chaleureusement du courage et de l'adresse que j'avais, disait-il, déployés pour le sauver. Je ne pourrais peindre le mal que me firent ses paroles et la fraternelle poignée de main qu'il me donna en me quittant.

Je passai une nuit fort agitée. Le lendemain matin, presque avant le jour, par un temps brumeux, j'allai visiter l'endroit où s'était passée l'aventure de la veille. Loin de fuir le souvenir de ma diabolique pensée, je voulais m'en pénétrer profondément. Je me penchai sur le bord du ravin, je mesurai du regard la profondeur du précipice, et un sentiment d'accablante humiliation entra dans mon âme. Que suis-je, moi qui me permettais de juger Ludovic et le trouvais indigne de devenir l'époux de Louise! Oh, mon Dieu! me faudra-t-il chercher un refuge contre moi-même? Comment vaincrai-je la douleur, s'il me faut épuiser mes forces à combattre de coupables pensées?

Ma pénitence n'était pas finie; en arrivant à Varengeville j'eus à subir des questions et des éloges. Cependant l'impression que j'ai reçue s'efface peu à peu, il me semble même que mon affreuse tentation a porté des fruits salutaires pour moi. Le matin, j'ai vu, avec une véritable et profonde satisfaction, Louise presser affectueusement la main de son cousin et lui dire tout bas quelques paroles qui ont amené un radieux sourire sur le visage de Ludovic. Puisse-t-elle l'aimer, mon Dieu! Puissent-ils être heureux tous les deux!

Mme VICTOR MEUNIER.

(*La suite au prochain numéro*).

FAITS DIVERS.

ECLIPSE DE JUPITER. — A la date de ce numéro, l'éclipse de Jupiter par la lune aura eu lieu depuis quelques heures déjà. Cette éclipse aura lieu, en effet, le 9 novembre de 1 heure 20 minutes du matin à 1 heure 53 minutes. Voici ce que, par avance, M. Babinet écrit dans *Cosmos*, sur cet intéressant phénomène.

« Ces dates sont pour Paris, temps moyen; elles ont été calculées par M. Daussy, de l'Académie des sciences. Jupiter donc reparaîtra après 33 minutes passées derrière le disque de notre satellite. C'est surtout pour la constatation de l'atmosphère de la lune que ces occultations sont très utiles, et tous les astronomes, en possession d'une bonne lunette, devront observer exactement l'effet qui sera produit quand la planète approchera du bord de la lune. Voici ce qui a été observé au Canada par M. Chalmers, le 19 août de cette année: Il semblait que la lune repoussât la planète, et retardât le contact des deux disques. Au fait, la planète parut stationnaire pendant quelques secondes, et cependant, à mon œil, elle était resté parfaitement ronde; j'attribue cette illusion à la réfraction. L'espèce de sationnement qu'a montré la planète irait très bien avec l'hypothèse d'une atmosphère, mais la non déformation de la rondeur de son disque est en contradiction avac cette hypothèse. Provisoirement je ne crois pas plus à l'atmosphère de la lune qu'à ses habitants. Mais l'observation de l'occultation du 9 novembre entre 1 heure et 2 heures du matin, n'en est pas moins de la plus haute importance pour décider la question. Il faudra surtout observer le moment où le disque éclipsé formera un croissant délié, car alors la réfraction devra amincir le croissant outre mesure. Quand la planète sera en partie éclipsée, il sera très bon de noter si sa surface est plus brillante ou moins brillante que la surface de sa lune. Comme la lumière du soleil, quand elle illumine Jupiter est ving-sept fois moins intense que quand elle éclaire la lune, il est curieux de comparer l'éclat intrinsèque des surfaces des deux astres. »

Prix d'abonnement pour l'étranger.

Allemagne, 12 fr. — Suisse, Parme, Plaisance, Modène, 12 fr. 50 c. — États-Sardes, Grèce, 13 fr. — Hollande, Angleterre, 14 fr. — États-Unis, Indostan, Turquie, 14 fr. 50 c. — Belgique, Prusse, Hanovre, Saxe, Pologne, Russie, Espagne, Portugal, 15 fr. 50 c. — Toscane, 16 fr. 50 c. — États-Romains, 20 fr. 50 c.

Le propriétaire rédacteur-gérant : VICTOR MEUNIER.

Paris. — Imp. de J.-B. GROS et DONNAUD, rue des Noyers, 74.

Deuxième année. — N° 46. 25 CENTIMES. 16 novembre 1856.

L'AMI DES SCIENCES

JOURNAL DU DIMANCHE

SOUS LA DIRECTION DE

VICTOR MEUNIER

BUREAUX D'ABONNEMENT
13, RUE DU JARDINET, 13,
Près l'Ecole de Médecine,
A PARIS

ABONNEMENT POUR L'ANNÉE
PARIS, 10 FR; — DÉPART., 12 FR.
Étranger (Voir à la fin du journal)

MACHINES A COUDRE.

Étude comparative des divers systèmes.

En reprenant aujourd'hui cette belle question des machines à coudre, nous tenons la promesse faite dans notre n° 38, où nous avons exprimé notre opinion sur les machines Singer, destinées, selon toute apparence, à rencontrer en France le même sort qu'elles ont eu en Amérique, c'est-à-dire à primer toutes les machines rivales et à pénétrer victorieusement dans la pratique. Des dessins que nous faisons graver nous permettront d'initier complétement nos lecteurs au mécanisme et au jeu de ces merveilleux outils. Aujourd'hui, faisant une œuvre non moins utile, nous nous proposons de classer et de comparer entre eux les divers systèmes qui sollicitent les suffrages du public, fort embarrassé de choisir, et confondant trop souvent dans une opinion favorable ou contraire des choses qui doivent être soigneusement distinguées et jugées très diversement.

Je classe les machines à coudre en trois systèmes, savoir :

1° Système à deux aiguilles et deux fils ;

2° Système à une seule aiguille et un seul fil ;

3° Système à deux fils et une seule aiguille combinée avec une navette.

A chacun de ces systèmes, de nombreux inventeurs ont apporté une multitude de modifications, je n'ose dire de perfectionnements, le mot ne serait pas toujours applicable ; d'où, dans chaque genre des espèces et des variétés, ce qui n'infirme pas la classification présentée.

Si l'on considère, la variété infinie des travaux à l'aiguille, on comprendra aisément qu'une seule machine ne soit pas apte à les accomplir tous. Les systèmes que nous venons de distinguer, ont leur raison d'être dans cette diversité même. Il convient de se rendre compte d'abord du genre de travail qu'on doit leur demander. Voici ce qu'à cet égard l'expérience indique.

1° Le 1er système (2 aiguilles et 2 fils), est propre au travail suivant :

Broderie en soutache. — Bordure de vêtement. — Ornementation des effets de luxe ;

2° Le 2me système (1 aiguille et 1 fil), répond à :

La lingerie fine, la soierie, le ouatage.

Le même système (à condition qu'un nœud soit formé de 8 à 8 points, ce qui s'opère mécaniquement), est propre au travail des :

Tailleurs, couturières, tapissiers, corsetières ; il fait également bottines, gilets de flanelle et ouatage.

3° Le 3me système (2 fils et une seule aiguille avec la navette formant un point semblable, des deux côtés de l'étoffe), convient à :

L'habillement des troupes, la cordonnerie, la sellerie, la confection des toiles à voile, sacs et tapis.

Ceci posé, nous allons passer en revue les différents systèmes. Dans le prochain article nous nous arrêterons à chacune des classes de travaux à l'aiguille que nous venons de distinguer, et nous verrons comment s'en acquittent les machines proposées. Enfin, en dernier lieu, nous donnerons la description détaillée avec dessins de la machine qui sortira triomphante de cette comparaison.

1er SYSTÈME. — *Système à deux aiguilles et deux fils.* Deux aiguilles alimentées chacune par une bobine ; l'une de ces aiguilles est verticale et droite, l'autre est horizontale et curviligne. Cette dernière exécute dans un plan horizontal un mouvement rotatif. La bobine qui alimente cette aiguille, est placée sous la plate-forme, avec la plus grande partie du mécanisme.

L'expérience démontre que cette machine a plusieurs inconvénients :

1° La position du mécanisme au-dessous de la plate-forme en rend l'accès très difficile. Pour le moindre changement de bobine ou de grandeur du point, pour le plus court arrêt, l'opérateur est obligé de renverser l'appareil.

2° La difficulté de tenir les deux fils au même degré de tension cause fréquemment leur rupture et le *désenfilage* de l'aiguille de dessous (ceci vient de ce que l'un des fils entraîne nécessairement l'autre). L'aiguille de dessous désenfilée, perte de temps par suite des difficultés de manœuvre mentionnées ci-dessus.

3° La machine ne fonctionne qu'à la main ; l'ouvrier n'en a qu'une pour guider l'étoffe, ce qui rend l'opération laborieuse

4° L'entraînement de l'étoffe s'opère en dessous, au moyen d'une plaque à griffes mue par une came. L'étoffe est tellement pressée, qu'on ne peut exécuter que des contours d'un rayon trop grand pour beaucoup de travaux ;

5° Les coutures et les piqures forment à l'envers une grosse corde qui en empêche l'emploi dans nombre d'ouvrages de tailleurs, couturières, corsetières, cordonniers, et l'interdit absolument dans la lingerie. Ajoutons que cette couture n'a pas l'élasticité de celle dans laquelle n'entre qu'un seul fil, ce qui est une cause de rupture ;

6° Cette machine emploie une quantité de fournitures double de ce qui est nécessaire, et cela sans rien ajouter à la solidité de la couture, puisque la grosse corde dont il vient d'être question est formée par un fil, régnant à l'envers de l'étoffe, mais n'entrant pas dans son tissu, et pour cette raison très exposé à l'usure.

En définitive, le système à deux aiguilles et deux fils, — qu'il ne faut pas confondre avec celui à navette, 3e système, — n'est propre qu'à la broderie en soutache et à la bordure des vêtements. L'employer ailleurs, c'est la détourner de sa destination et vouloir lui donner une place prise ainsi qu'on va le voir.

2e SYSTÈME. — *Système à une seule aiguille et un seul fil.* Machine de M. Singer.

Cette machine marche à la pédale, les deux mains de l'ouvrier sont libres pour la conduite de l'étoffe. Tout le mécanisme est extérieur, par conséquent, les changements soit dans la tension du fil, soit dans la grandeur du point sont des plus faciles.

L'aiguille est fixée dans une broche verticale. L'œil est percé tout au bas de l'aiguille, près de la pointe. Le fil, qui se dévide d'une bobine placée au haut de la machine, passe dans l'œil de l'aiguille, et s'enfonce verticalement dans l'étoffe qu'on veut coudre. Au moment où l'aiguille va remonter, le fil qu'elle ramène en haut forme une boucle dans laquelle s'engage un crochet horizontal qui se retire presque aussitôt en même temps que l'aiguille remonte, et qui entraîne avec lui la boucle formée, de manière à empêcher qu'elle ne remonte avec l'aiguille. Cette dernière étant remontée, l'étoffe, poussée par le mécanisme, parcourt l'espace nécessaire pour former un point ; puis, l'aiguille s'enfonce de nouveau et, en remontant, forme une nouvelle boucle dans laquelle s'engage encore le crochet horizontal. Le crochet, en se retirant, attire à lui cette seconde boucle et laisse libre la boucle du point précédent ; celle-ci se trouve serrée sur l'étoffe par le mouvement de retraite du crochet qui tire sur la seconde boucle. La même opération se renouvellant à chaque point, il en résulte ainsi un point de chaînette en dessous et un point arrière en dessus.

Une pièce qu'on ne trouve point dans la machine précédente, contribue puissamment à doter celle-ci d'une marche régulière, c'est *la branche d'arrêt* dont la fonction est d'assurer la tension uniforme du fil, ce qui permet une grande vitesse (500 points à la minute) sans chance de rupture.

Une vis de rappel permet de donner au point l'étendue qu'on désire depuis 1 centimètre jusqu'à 1 demi-millième.

Si la couture doit être faite en ligne directe, la pièce à coudre est poussée en avant par le mécanisme seul et ne se dérange pas.

Si la couture doit suivre une ligne courbe, la pièce est dirigée par celui qui conduit la machine. C'est là tout le soin qu'elle exige.

Le mode d'entraînement de l'étoffe permet les contours du plus petit rayon dans le genre d'ouvrage le plus minutieux.

Enfin la machine fait un nœud à la fin de chaque couture.

3me SYSTÈME. — *Système à deux fils et à une seule aiguille combinée avec une navette, formant le même point des deux côtés de l'étoffe.* Machine perfectionnée par M. Singer.

Une aiguille verticale ayant l'œil près de la pointe, conduit un fil à travers l'étoffe pour former une boucle ; une navette à mouvement circulaire ou rectiligne vient, en traversant cette boucle y déposer un second fil. Ces deux fils forment un croisement dont l'intersection doit, pour obtenir un bon résultat, se loger dans l'épaisseur de l'étoffe.

C'est ce qui n'avait pas toujours lieu avant les perfectionnements dus à M. Singer. Quand ce résultat s'obtenait, on avait de chaque côté de l'étoffe un point arrière, à peu près le même à l'endroit et à l'envers, ce qui procurait une certaine solidité, mais il fallait pour cela des étoffes d'une certaine épaisseur.

La machine avait encore d'autres inconvénients.

La navette portait peu de fil dans son intérieur, il était difficile d'en régler la tension quand l'épaisseur de l'étoffe changeait ou lorsqu'on remplaçait la bobine intérieure ; enfin la marche de la navette n'avait pas lieu sans un frottement considérable et toutes ces causes déterminaient fréquemment la rupture du fil. En outre la boucle dans laquelle doit passer la navette, s'applatissant souvent contre les parois de la coulisse, la navette passait à côté de la boucle et le point était manqué ; enfin il suffisait de marcher à une vitesse moyenne de 150 points a la minute, pour que le fil se rompit. Cette rupture avait sa cause dans l'irrégularité des dimensions de la boucle, tantôt trop grande et tantôt trop petite et dans la complication du mécanisme.

Tel était le système à navette avant les perfectionnements que lui a apportés M. Singer et qui se résument ainsi :

1° La navette qui ne pouvait contenir que 15 mètres de fil en reçoit 200 ; par conséquent changements beaucoup moins fréquents de bobine.

2° La branche d'arrêt assure à la boucle des dimensions toujours uniformes, par conséquent plus de point manqué, plus de fil rompu.

3° Simplification du mécanisme général, suppression des pièces lourdes et encombrantes, et par suite vitesse de la machine portée sans aucun inconvénient à 1,000 points par minute.

V. M.

(*La suite au prochain numéro*).

AMÉNAGEMENT GÉNÉRAL DES EAUX

OU

Les inondations prévenues par une meilleure répartition des eaux, qui ne surabondent, par moment sur certains points, que parce qu'elles font défaut, le plus souvent, sur beaucoup d'autres.

Chacun sait d'où viennent les eaux fluviales ; cependant il n'est peut-être pas inutile de le rappeler pour mieux comprendre la destination que l'homme peut et doit leur donner.

L'évaporation produite à la surface si prédominante des mers, porte l'eau en vapeurs dans les espaces aériens, où elles se manifestent en nuages. Le refroidissement graduel, suivant leur élévation, des couches atmosphériques condense ces vapeurs et en reforme de l'eau, dont la portion tombant sur le sol émergé court retourner à la mer par la pente la plus expédiente, après avoir payé un large tribut à l'hygrométricité de l'air et du sol, et ne représentant plus dès lors qu'une faible partie de l'eau tombée.

Ce phénomène remarquable, ce circulus incessant et perpétuel, est une des conditions premières de l'existence humaine, car la vie organique, c'est l'association momentanée *de l'eau, du carbone, de l'azote et de quelques minéraux*, en minime quantité, sous une influence mystérieuse, qui prend comme elle quitte l'être organisé, à son insu.

D'un autre côté, l'eau est un des grands agents de la puissance humaine, comme moyen de transport et comme force motrice, soit par sa pesanteur mobile, soit par l'expansibilité indéfinie de sa vapeur (eau et calorique).

L'humidité moyenne de l'air en France est environ les 3/4 de la saturation hygrométrique de celui ci, et la quantité d'eau pluviale moyenne annuelle est de $0^m,681$. La quantité de neige reposant sur les hautes montagnes n'est pas facile à apprécier; mais si la fonte de ces neiges peut, à un moment donné, occasionner des inondations; si elle est l'entretien ordinaire des principaux cours d'eau, il n'en est pas moins vrai que ces neiges ne constituent réellement pas une réserve excédante d'eau pour tout le sol, et en moyenne annuelle ce n'est qu'un excès local et fort restreint.

Les cours d'eau n'entraînent qu'une partie des eaux pluviales ou des neiges fondues, dont la plus grande portion est reprise par l'hygrométricité aérienne (évaporation), et celle de la terre (absorption). On pourrait aussi tenir compte de l'engloutissement des eaux entre les couches géologiques perméables que nous révèlent les puits artésiens. Toutefois, ces réservoirs souterrains n'affectent peut-être guère la moyenne annuelle des données d'évaporation et d'humidité, et il faudrait former des périodes d'observation, non pas annuelles, mais séculaires, vu le peu de dépense qui en est faite encore, puisqu'on commence à peine à les soutirer par les sondes artésiennes.

La surface des cours d'eau, des lacs et des étangs est à peine 1/70e de la surface totale de la France; et, d'après les travaux de MM. Lortet et Dausse, le débit des eaux fluviales, ou écoulement final dans la mer, est, en moyenne générale, le 1/5e environ du volume des eaux pluviales. A Paris, le débit intégral de la Seine est le 1/3 au plus des pluies tombées en amont. Ce débit varie singulièrement de l'étiage ou basses eaux, aux moyennes et aux inondations, et peut centupler. On a trouvé qu'à Roanne, le débit peut varier de 7,000 à 4,000 mètres cubes par seconde.

Les vents pluvieux ou de mer sont aux vents secs ou de terre comme 574 : 426. — Cette prédominance en faveur des premiers est loin de suffire à entretenir l'humidité moyenne nécessaire au sol français, autrement le débit des fleuves, à leur embouchure serait bien moins disproportionné avec la quantité d'eau tombée sur le bassin qui les alimente.

Tous ces chiffres, bien incomplets encore, prouvent surabondamment déjà, que l'eau n'est certainement pas trop abondante à la surface du sol français, mais qu'elle y est très inégalement répartie, et qu'il y a même à la ménager avec soin. Si parfois et sur quelques points il y a surabondance d'eau momentanée, au point d'entraîner des désastres indicibles, il n'en est pas moins certain qu'il y a plutôt pénurie, en général, qu'excès d'eau, et que le mal réside réellement dans le défaut d'aménagement rationnel de cet élément précieux de la vie. La sécheresse, à coup sûr, cause plus de dommages encore que les inondations, mais seulement d'une manière moins frappante, moins soudaine, moins dramatique et par des coups disséminés sur de bien plus larges espaces et sur un bien plus grand nombre de victimes. C'est une contribution forcée plus générale: et les inondations une taxe locale plus brutale. Qu'on se rappelle que Robert Peel déclara en 1846 que le seul remède à la détresse de l'agriculture en Angleterre, qui est cependant dans des conditions d'humidité bien moins défavorables que la France, se trouvait dans un large système d'irrigation des terres. Ce n'était qu'un côté de la question : aussi le drainage vint naturellement ensuite; puis l'admirable système Ward pour abreuver les cités avec l'eau des plateaux primitifs et fertiliser les campagnes avec le rebut des eaux de ménages et le lavage des immondices urbaines. C'est une preuve de fait par nos voisins habiles (qui n'hésitent jamais à tirer les conséquences pratiques et sociales des données de la science), de la nécessité d'un aménagement normal et complet des eaux, par une répartition calculée et équitable à tous, partout et pour tout ce qui en a besoin, de manière que ce grand agent de la vie humaine ne soit jamais ni en excès, ni en défaut pour quelque usage que ce soit.

Le grand chimiste Raspail, qui n'oublie guère d'applications sociales des sciences, écrivait, dès 1838, à propos de la grande sécheresse qui afflige si souvent les grandes cultures, celles qui sont la base de l'alimentation populaire: « C'est un « fait remarquable et qui accuse la paresse de bien des con- « trées, que les pays les mieux arrosés en France soient en- « core les pays de montagnes. Comment se fait-il que l'in- « dustrie humaine prenne tant de soin de diriger un filet d'eau « de crête en crête, de roche en roche, et ne s'occupe pas le « moins du monde d'organiser le plus faible système pour nos « plaines, ou un simple coup de pioche ouvre et ferme un ré- « seau de rigoles. »

Les eaux descendues des nuages se rendent à la mer, en définitive, par des ramifications, innombrables à l'origine, et qui diminent de nombre, en même temps que par le fait même de leur réunion, leur volume va en grossissant, en sorte qu'à la fin une seule pente, creusée par leur cours même, les porte au grand réservoir, par une embouchure commune sous le nom de fleuves. Les vallées allongées, ou la série de vallées, où plus bas serpentent ces eaux en s'y réunissant, voient leur bord le plus plat et le plus étendu se remblayer et s'exhausser par la dénudation des terrains déclives, entraînés par les grosses pluies d'orage ou les fontes de neiges. Au fur et à mesure que ces alluvions déversées sur les pentes douces des vallées fluviales permettent à la végétation de s'y fixer; comme en raison de leur composition résultant des éléments les plus solubles, les plus délayables, les plus friables du sol dégradé, elles sont d'une fertilité évidente, l'homme y aventure de bonne heure ses cultures et même ses habitations, encouragé par l'appât du gain à braver le débordement des fleuves qui lui ont créé ces terrains. A mesure que s'organise une puissance sociale, les efforts de la direction gouvernementale quelconque de chaque peuple se tournent vers le fléau dévastateur des inondations, et allant au plus pressé et au plus près, on cherche à défendre la conquête agricole par des endiguements d'un travail souvent gigantesque, comme sur la Loire. Cette fertilité des vallées fluviales, et la facilité de communication avec la mer, que procurent ces *grands chemins qui marchent*, comme on l'a dit, ont fait en quelque sorte descendre le commerce, l'agriculture et l'industrie, avec leurs caux, vers leurs embouchures, et y ont déterminé des préférences presque exclusives pour l'activité humaine. Les besoins croissants des populations, agglomérées particulièrement dans les vallées, et ceux de leurs gouvernements, d'abord pour parer aux exigences de la guerre (gloire ou besoin de destruction primant ceux de production, barbarie avant civilisation) ensuite, et de plus en plus, pour satisfaire les nécessités du développement du commerce et de l'industrie (car l'agriculture, *alma mater* ! commence à peine à compter pour quelque chose), on a vu se multiplier, dans le trajet des eaux, des chaussées, des ponts, des quais, tous moyens de resserrer les fleuves ; puis on a établi des barrages pour faire des prises de forces motrices ; — puis on s'est occupé de dégarnir les hauteurs pour en envoyer la dépouille aux villes de la vallée. comme une maraude de celle-ci sur ces régions désertées ; — puis on a vidé les étangs naturels, ménagés par la nature sur les plateaux et jusque dans les montagnes, pour faire à la hâte des fonds, etc.

Enfin les siècles ont accumulé les causes les plus efficaces d'inondations, savoir : en aval, par la coercition des eaux au moyen de chaussées, barrages, ponts, quais, digues... ; en amont, par la destruction des retenues et des absorbants des eaux fournies par les étangs naturels et les forêts : — On a refoulé le torrent, quitte à le voir retomber sur nos bras, comme l'entêté rocher de Sysyphe, au lieu de s'occuper de sa direction, depuis sa source, en le divisant, le détournant, l'absorbant, et, l'on s'étonne encore d'en être renversé de temps en temps ! Oui, il faut éparpiller les eaux courantes sur et sous terre, veiller à ce que leur réunion ne se fasse pas si soudainement, ni sur un si petit nombre de cours ; il faut en abaisser le niveau moyen sans nuire à la navigation, il faut prendre de la surface aux dépens du niveau, car le contraire ne peut que multiplier la masse et la vitesse des eaux. Ceci est élémentaire, et d'autant plus facile à pratiquer que l'agriculture n'aurait pas trop, il s'en faut, de l'excédant des eaux inondantes qu'on saurait lui ménager pour prévenir le cataclysme des débordements.

J. MUTERSE.

(*La fin au prochain numéro.*)

QUESTION DES PORTE-AMARRES.

L'Ami des Sciences du 7 du mois de septembre, contient la réponse négative de M. Bertinetti, à la proposition qui terminait ma lettre sur les appareils de sauvetage, — n° 32 de l'*Ami des Sciences*, — d'expérimenter comparativement son *projectile porte-amarre* et le *grappin porte-amarre à une fusée* que j'ai essayé déjà comparativement avec la *bombe grappin Mauby*, à Boulogne, et avec le *projectile porte-amarre* Delvigne, à Vincennes, le 21 fév. 1854, et au Champ-de-Mars, le 28 septembre 1855, devant le jury de l'Exposition universelle.

Ces derniers essais ont été l'objet de *compte rendus* très bienveillants dans la *Presse*, le *Constitutionnel* et le *Moniteur Universel* du 29 septembre, et dans le *Moniteur de la Flotte* du 13 octobre 1855. Les portées consignées dans ces divers journaux sont : « *Plus de* 250 *mètres* ; *plus de* 350 *mètres* ; *à près de* 300 *mètres et à* 300 *mètres* ; *à* 300 *mètres*. »

Pourquoi M. Bertinetti a-t-il écrit « *avec l'appareil de M. Tremblay, elle* (la corde) *parvient à peine à* 200 *mètres ainsi que l'ont surabondamment démontré les essais faits devant le jury de l'Exposition universelle ?* » — En réalité, les portées n'ont pas été mesurées à cause de la pluie.

Avant de comparer les résultats obtenus avec le *projectile porte-amarre* Bertinetti et avec la *fusée-grappin*, deux autres questions à cet honorable inventeur.

Si on lui proposait de lui couper les mains, à la condition de lui allonger les bras, fût-ce dans le rapport de 200 mètres à 700 mètres, que répondrait-il ?

Pourquoi a-t-il expérimenté son *projectile* avec l'obusier de 27 cent. qui n'est embarqué sur aucun navire de la flotte, ni mis en service sur aucun point à terre ? Il pèse 5350 kil. sans son affût.

Actuellement voici les renseignements que je reçois de Cherbourg sur l'appareil Bertinetti :

« — *Les fusées* employées étaient des fusées de signaux *ordinaires* de $0^m,027$ millim., en usage dans la marine ainsi que les baguettes.

« — Ces *fusées* ont été fabriquées par nos ateliers.

« — Le diamètre de la *corde* employée est d'environ 3 *millim.* ; elle s'est rompue sous l'effort de 60 kil., après s'être allongée d'un quart.

« — Les charges qui ont été employées étaient de 300 gram. pour le canon de 30, et de 700 gram. pour l'obusier de 27 cent.

« — Les portées obtenues sont :

500 mètres avec le canon de 30 (vent oblique).
600 — — (vent arrière).
700 — avec l'obusier de 27 cent.

L'obusier de 27 cent. est placé là dans un intérêt scientifique, sans doute.

Il demeure donc entendu que M. Bertinetti lance avec le canon de 30, à 500 mètres *vent oblique*, à 600 mètres *vent arrière*, une corde de 3 millim. de diamètre et de 60 kilog. de résistance.

Les essais faits à Toulon, ont constaté que la *fusée-grappin de* 9 *cent. de la marine*, la plus faible que j'emploie, porte *vent arrière* à 560 mètres une corde de 7 *millim.* de diamètre.

Donc, dans les deux systèmes, les résistances des cordes employées sont dans le rapport de 1 : 5,44.

Donc enfin, la *fusée-grappin* lance aussi loin, — à 40 mètres près, — que le projectile *porte-amarre Bertinetti* une corde 5 fois et demie plus résistante qui se trouve fixée au rivage par son grappin.

Cette *fusée* fonctionne seule sans le secours d'*aucune bouche à feu*, avantage précieux, car si le navire naufragé est incliné vers la terre, comment pointera-t-on la bouche à feu ?

On ne doit pas perdre de vue que les appareils de sauvetage se divisent en deux catégories essentiellement distinctes :

La première catégorie, dans laquelle se trouve l'appareil si compliqué de M. Bertinetti, est celle des *porte-amarres* qui ne peuvent être utilisés sans l'assistance des habitants de la côte, *à bord des navires*, et, sans le secours de l'équipage, *à terre* ;

La deuxième catégorie comprend ceux qui peuvent établir une communication entre deux points, sans aucune assistance venant du point d'arrivée ou du point de chute de l'appareil ; à cette catégorie appartient le *boulet-grappin* de M. *Mauley* et le *grappin porte-amarre à fusée*.

J'ai dit à M. Delvigne, dont j'ai admiré l'ingénieux projectile porte-amarre, qu'à sa place je logerais ma petite bobine de corde dans la baguette creuse d'une grosse fusée de guerre modifiée à cet effet, voir les figures 1, 2, 3 et 4 des dessins de l'*Ami des Sciences* du 3 octobre.

Je donnerai le même conseil à **M.** Bertinetti, car cette fusée, libre, donne une portée de 3,500 à 4,000 mètres avec un poids de 4 kil., poids des branches du grappin qui l'arment.

Si cette *fusée* ne les satisfait pas, qu'ils prennent la fusée de 12 cent. qui contient 21 kil. de composition et porte à 8,000 mètres un poids de 10 kil., à 5,000 mètres un poids de 23 kil., et à 1,900 mètres un poids de 80 kil.

Les portées qu'ils obtiendront ainsi seront bien supérieures à celles qu'ils obtiendront en mettant la corde dans la bouche à feu.

C'est là une étrange idée dont je ne me rends pas compte.

Pourquoi ne pas se servir tout simplement avec l'obusier de 22 cent., par exemple, de l'obus pesant 24 kil., 500 gram. que l'on placerait sur la charge, en fixant la corde dans l'*œil* et abritant cette corde dans un cylindre en bois percé d'un trou central?

Mais si le navire est incliné du côté de la terre, et que l'on ne puisse pas pointer la pièce sous l'angle voulu, que fera-t-on ?

J'ai indiqué dans ma lettre les inconvénients inhérents aux bouches à feu, je n'y reviendrai pas.

Quand à rendre les fusées insubmersibles, rien de plus simple, mais ce serait un grave inconvénient, car tirées de bord à terre, le ressac pourrait les rejeter au large; si elles n'atteignaient pas la côte; et je crois que l'on irait difficilement, le long d'un navire naufragé, mettre la main sur le projectile flottant de M. Delvigne et de M. Bertinetti qui, à mon avis, sont tous deux dans une mauvaise voie, ce dont ils pourront s'assurer en lisant, dans le feuilleton scientifique de la *Presse* du 16 août, le point de départ du travail qui a amené le capitaine anglais Manley à proposer sa *bombe-grappin*.

Conclusion. — Tout appareil *porte amarre sans grappin* est un bras sans main, un appareil manchot!

On commet une faute grave en mettant le cordage sauveteur dans la bouche à feu, car en augmentant le poids *du projectile* et proportionnant la charge à ce *poids* on portera *aussi loin* un cordage plus résistant qui peut être armé d'un *grappin* et lancé à terre ou à bord.

La puissance des *grappins porte-amarres* à bouche à feu est limitée par le rapport qui doit exister entre les *charges de poudres*, les *portées* et les dimensions de la corde.

La puissance des grappins porte-amarres à fusée est illimitée.

— Prochainement, j'appliquerai à mon appareil les fusées de 12 cent. dont j'ai indiqué la puissance dans ma lettre sur les batteries flottantes, n° 41 de l'*Ami des Sciences*.

TREMBLAY.
Capitaine d'artillerie de marine.

Rochefort, 5 novembre 1856.

RÉFORME TERMINOLOGIQUE DANS LA NUMÉRATION PARLÉE.

Notre langage numérique présente au premier coup d'œil une foule d'anomalies. Je n'insisterai pas sur celles qui concernent les nombres de la seconde dizaine : *onze, douze, treize, quatorze, quinze, seize*. Sans doute l'analogie aurait demandé, tout au moins, qu'on dit : *dix et un, dix et deux*, etc.; mais malgré tout ce qu'elles ont d'irrégulier, ces dénominations n'engendrent guère de confusion, et ne nuisent pas sensiblement aux opérations de mémoire.

Il n'en est pas de même de cette mode tyrannique du suprême bon ton qui nous oblige à dire : *soixante et dix, quatre-vingts, quatre-vingt-dix*, au lieu de *septante, huitante* et *nonante*. Cette détestable manie, outre qu'elle détruit l'ordre et la clarté de la numération, ajoute de nouvelles difficultés aux opérations mnémotechniques. Demandez, en effet, au premier venu combien font *septante-huit* et *nonante-deux*, il répondra sans hésiter; mais il ne dira certainement pas aussi vite, combien font *soixante et dix-huit* et *quatre-vingt-douze*, parce qu'il sera obligé de faire préalablement une traduction mentale en termes plus précis.

On allègue généralement l'ineuphonie des expressions proscrites; mais je ne vois pas en quoi les mots *cinquante, soixante*, et une foule d'autres, sont plus agréables à l'oreille, et il est probable que, si tous les termes du langage étaient soumis à l'épreuve de ce raffinement musical, notre pauvre langue française finirait bientôt par devenir chauve, comme l'homme de la fable entre ses deux maîtresses. Il est vrai que certains beaux esprits donnent une explication beaucoup plus pittoresque et plus amusante de l'anomalie dont il s'agit. Ils prétendent que le roi Louis XIV étant près d'être septuagénaire, et étant devenu par suite inquiet et morose, ses courtisans, dans un but de flatterie superlative qui fait honneur à leur génie inventif, imaginèrent d'appliquer à l'âge royal les termes de *soixante et dix soixante et onze*, etc., afin que le triste et vieux monarque pût se croire encore dans la période sexagénaire ; singulier moyen, en vérité,

> De réparer des ans, l'irréparable outrage.

Si l'histoire est véridique, pourquoi la galanterie proverbiale des Français ne ferait-elle pas envers le beau sexe ce que l'esprit courtisanesque inventa pour un monarque hypochondriaque? Et puisqu'il est généralement admis que les femmes de trente ans et au-dessus, dont le type a été illustré par un célèbre romancier, ne redoutent rien tant que l'approche de la quarantaine, pourquoi ne dirait-on pas, à leur intention, trente et onze, trente et douze, etc., afin qu'elles pussent se persuader qu'elles n'ont point dépassé la dizaine trentenaire?

Plaisanterie à part, on ferait bien d'abolir dans l'enseignement ces dénominations que rien ne justifie. Dans quelques villes du Midi on dit encore *septante, huitante, nonante*, et en ceci (n'en déplaise au Nord), le Midi a raison.

J'arrive à une dernière observation qui me paraît plus importante. Le système décimal est, sans contredit, une excellente chose, et il est bon de l'appliquer et de le propager autant que possible; mais il n'est pas moins vrai qu'on y a étrangement abusé des monotermes, plus ou moins dérivés du grec et du latin. Quand les unités qu'on exprime ne changent pas de nature, il n'y a pas d'inconvénient. Ainsi, par exemple, je ne vois pas grand mal à dire : *un litre, un décilitre, un centilitre; un gramme, un décigramme, un centigramme*; mais il n'en est pas de même s'il s'agit du *mètre*, c'est-à-dire précisément de l'unité qui a servi de base et de type au système décimal; et je regarde comme une idée très malheureuse d'avoir exprimé les fractions du mètre par les mots *décimètre, centimètre, millimètre*. Le mètre, en effet, n'est pas seulement unité de longueur; au *carré*, il est mesure de superficie ; au *cube*, il devient mesure de capacité. Or, supposons que la mesure d'une superficie donne pour résultat 10 mètres carrés, plus une fraction décimale représentée par 25; pour être exact, il faudra exprimer ce résultat comme il suit : *10 mètres carrés et 25 centièmes de mètre carré.* Mais l'habitude qu'on a d'exprimer les fractions du mètre par les mots *décimètre*, *centimètre*, fera dire au contraire au plus grand nombre : *10 mètres carrés et 25 centimètres carrés.* Or, que l'on entende par là *un carré de 25 centimètres de côté*, ou bien *vingt-cinq petits carrés d'un centimètre carré de côté chacun*, il y a dans les deux hypothèses erreur manifeste, avec cette seule différence que le résultat énoncé est quatre fois trop petit dans le premier cas, et cent fois dans le second.

S'il s'agit du *cube*, l'erreur en moins grandit dans une proportion énorme et s'élève jusqu'à 10,000 fois. Or, puisque toutes les fois qu'il s'agit du *carré* ou du *cube*, on ne saurait se dispenser d'exprimer les fractions par des *dixièmes*, des *centièmes* de mètre *carré* ou *cube*, il vaut mieux, pour éviter toute amphibologie, employer toujours ces dénominations, même pour les fractions de l'unité linéaire.

Un ingénieur de mérite m'assurait un jour qu'il avait vu des élèves sortant de l'école polytechnique, et d'ailleurs très capables, commettre dans la pratique des bévues énormes, par suite de la confusion résultant des termes usités pour les fractions décimales du mètre.

Il me semble donc que tous ceux qui sont partisans de la clarté et de l'exactitude dans la science qui en comporte le plus doivent demander à cor et à cri qu'on dise : un mètre et *un dixième* et *un centième* de mètre, et comme rien ne s'oppose à ce qu'on dise tout court : un mètre et *un dixième*, et *un centième*, le laconisme n'y perdra rien.

E. VIVARÈS.

Suppléant au juge de paix du canton de Cette.

ENSEIGNEMENT DE L'HISTOIRE.

à Monsieur Victor Meunier.

Monsieur,

Vous avez bien voulu penser que les lecteurs de l'*Ami des Sciences* pourraient trouver quelque intérêt à l'exposé d'une méthode rationnelle, philosophique, SCIENTIFIQUE par conséquent, appliquée à l'étude qui paraît s'y prêter le moins, et s'adresser exclusivement à la mémoire, je veux dire l'étude de l'HISTOIRE.

Il semble, au premier abord, que l'homme étant un être libre, on ne puisse, sous peine de nier sa liberté et d'accepter la doctrine du fatalisme, chercher à ramener les actes humains, essentiellement contingents, à des lois générales, à des principes immuables ; il semble, par conséquent, qu'on ne puisse trouver entre les différents faits de l'histoire, aux différentes époques, des relations vraiment naturelles, et qu'on doive se borner à des rapprochements plus ou moins ingénieux, mais toujours accidentels. C'est ce que j'ai cru longtemps. Aussi, forcé par mes devoirs de professeur, préparateur aux baccalauréats, de chercher pour mes élèves quelques moyens de venir au secours de leur mémoire dans l'étude des faits historiques, me bornais-je, il y a quelques années à des rapprochements mnémoniques. Je prenais un fait important et, quand il s'y prêtait, autour de ce fait, j'en groupais d'autres, m'aidant, autant que possible, des faits contemporains, déjà connus, pour trouver des analogues aux événements anciens, et faire retenir l'*esprit* de telle ou telle date ; je m'explique :

Philippe le Bel qu'on a appelé le faux monnayeur, à cause des changements multipliés qu'il a apportés dans le titre des monnaies, et qui, pour s'enrichir des dépouilles des Templiers, fit abolir leur ordre, est un des princes dont l'influence sur les siècles suivants a été la plus décisive : en frappant la papauté sur la joue du pape Boniface VIII, en convoquant le premier les États-Généraux (en 1302), et en leur faisant voter, chose inouïe, au commencement du XIVe siècle, des subsides pour faire la guerre au souverain pontife, en y introduisant les légistes qui, à l'aide du droit romain, battirent en brèche et le droit canon et le droit féodal, Philippe le Bel prépara et le grand schisme du XIVe siècle et la sécularisation de tant de bénéfices ecclésiastiques qui marqua le XVIe, et la convocation des États-Généraux qui, au XVIIIe fut la révolution. Or, ce prince meurt l'an 1314. Pour faire retenir cette date . . 14, je faisais observer que c'est en 1714, que meurt un an avant Louis XIV, Anne Stuart, cette reine protestante qui, montée sur le trône en 1702, à quatre cents ans de distance de la convocation des États-Généraux par Philippe le Bel, s'appuya, comme ce prince, sur la bourgeoisie, donnant sa confiance aux wighs et, à leur sollicitation, poursuivant dans Louis XIV la personnification du pouvoir absolu, mettant par Marlborough, le chef des wighs, son général et son favori, la France à deux doigts de sa perte, jusqu'à ce que par un revirement qui nous valut la victoire de Denain, elle se tournât vers les tories, rappelât Marlboroug et nous accordât le traité d'Utrecht. — Cette date (14), de la mort de Philippe le Bel et d'Anne Stuart, je la poursuivais à travers les âges, montrant qu'elle répond à la mort de souverains illustres, avant J.-C. à celle de Romulus (714), et à celle d'Ancus Martius, vainqueur des Sabins comme Romulus (614), après J.-C. à celle d'Auguste (14), à celle de Pépin d'Héristal, le vainqueur de Restry (714), à celle enfin de Charlemagne (814), dont Napoléon voulut faire revivre l'empire qui lui fut arraché en 1814.

Pour utiliser la date de la mort de Philippe le Bel en 1314, je faisais remarquer qu'elle a lieu dans le XIVe siècle, quatorze ans avant l'avénement du dernier des Philippe, de Philippe VI, de Valois, monté sur le trône en 1328. Je faisais observer que Philippe le Bel, étant dans la suite des Philippe le quatrième du nom, les trois derniers Philippe se trouvent avoir au moins une portion de leur règne dans un seul et même siècle, le XIVe. Quant aux trois premiers Philippe, je montrais qu'ils ont eu leur avénement dans trois siècles distincts et consécutifs, les trois siècles qui ont précédé le XIVe, Philippe Ier dans le XIe ; Philippe II, Auguste, dans le XIIe ; Philippe III, le Hardi, dans le XIIIe ; le premier en 1060, le second en 1180, le troisième en 1270, dates faciles à retenir, en ce que les trois nombres sont terminés par des zéros, et que les chiffres des dizaines forment la suite naturelle 6, 7, 8, avec interversion des deux derniers. Je faisais encore observer, par rapport à Philippe le Bel, que la branche des Capétiens directs a fini par ses trois fils : Louis le Hutin, Philippe V, le Long, et Charles IV, le Bel ; Philippe VI, de Valois, ajoutais-je, commence donc une nouvelle branche dynastique, et cette branche finit de même par trois frères, les fils de Henri II, à savoir, François II, Charles IX et Henri III. Henri IV, continuais-je, chef de la maison royale des Bourbons, n'est donc pas plus proche parent de Henri III que Philippe de Valois ne l'était de Charles le Bel, et il commença une famille dont les trois derniers princes, jusqu'à l'avénement de la branche cadette en 1830, sont trois frères : Louis XVI, Louis XVIII et Charles X.

Évidemment de pareils rapprochements sont purement

mnémoniques ; il est incontestable, en effet, que s'il est mort de grands princes à la date ...14, il en est mort à toute autre date. Il est très clair aussi qu'il n'y a aucune raison puisée dans la nature des choses pour qu'une branche royale finisse par trois frères. Malgré cela, je croyais et je crois encore qu'il y a profit pour la mémoire à trouver réunis dans un même groupe dés faits ayant quelque parité. Je m'attachais donc à signaler les rapports que le hasard ou une force supérieure a mis entre les dates. Combien d'événements de même nature, ou dont l'un est la contradiction de l'autre, se passent à 10 ans, à 200 ans de distance, qui auraient pu il semble se passer à tout autre intervalle! Le siége de Troie dure 10 ans et il en est de même de celui de Veies. La bataille de Marathon et celle de Salamine sont à 10 ans de distance, et il y a le même espace entre l'entrée de Séleucus à Babylone et la bataille d'Ipsus qui assure sa couronne, entre le tribunat de Tiberius Gracchus et celui de Caius, son frère; entre la fuite (l'hégyre) de Mahomet et sa mort, entre la victoire de Soissons et celle de Tolbiac, entre la défaite de Crécy et celle de Poitiers, entre la défaite de Cannes et sa revanche sur les bords du Métaure, entre la victoire de Marignan et la défaite de Pavie, entre la royauté constitutionnelle de 89, qui laisse tomber l'autorité, et le consulat de l'an VIII qui la relève.

Les exemples de faits analogues, à 200 ans de distance sont encore bien plus nombreux, bien plus surprenants: la première invasion Gauloise en Italie, sous Bellovèse, a lieu dans le VIe siècle, en 590 ; la seconde, sous Brennus, a lieu dans le IVe, en 390. — Le grand Cyrus, fondateur de la monarchie Persane monte sur le trône en 536 ; Alexandre le Grand, destructeur de l'empire des Perses, monte sur le trône en 336. — Hildebrand, qui ébranlera la dynastie de Franconie, monte sur le trône pontifical en 1073 ; en 1273, Rodolphe de Hapsbourg est substitué par l'influence pontificale à la maison de Souabe, héritière de la politique de la maison de Franconie. — En 1099, fondation du royaume de Jérusalem, en Asie, par Godefroy de Bouillon, vainqueur des Turcs Seldjoucides, en 1299, fondation de l'empire Ottoman à Brousse, en Asie, par Ottman, sultan des Turcs Ottomans, vengeurs des Seldjoucides. — En 1199, usurpation en Angleterre de Jean sans Terre sur son neveu Arthur de Bretagne, qu'il fait assassiner; en 1399, usurpation en Angleterre de Henri IV, de Lancastre sur son cousin Richard II, qu'il fait déposer et assassiner. — En 1515, avènement de François Ier, prince voluptueux, protecteur des lettres, célèbre par la victoire de Marignan et par le honteux traité de Madrid ; en 1715, avénement de Louis XV, prince du Parc-aux-Cerfs, ami des lettres, célèbre par la victoire de Fontenay et par le honteux traité de Paris. — En 1574, avénement de Henri III, prince faible qui, par politique, se met à la tête de la ligue et meurt assassiné; en 1774, avénement de Louis XVI, prince faible qui, par politique, se met à la tête de la révolution et meurt décapité. — En 1589, mort de Henri III, le dernier des Valois et avénement de la maison de Bourbon ; en 1789, fin de la monarchie féodale et intronisation de la Révolution.

Nous verrons tout à l'heure que, malgré l'apparence, tout n'est pas arbitraire dans le rapprochement des faits à 200 ans de distance ; mais avant de distinguer, parmi ces couples d'événements, ceux qu'unissent des rapports rationnels de ceux qui n'ont entre eux que des rapports accidentels, je dois encore signaler une circonstance bien extraordinaire, le retour parfois d'une même date avec une même signification pendant 5 siècles consécutifs. Je prendrai pour exemples les dates 48 et 847.

On sait que la réaction religieuse qu'on voit se produire dans une partie de la société française date de (18) 48, et c'est à la fin de l'an 48 ou au commencement de l'an 49 qu'eut lieu, à Antioche, le premier concile où fut formulé le symbole des apôtres. Or, pendant 5 siècles consécutifs, du XIe au XVe, convergent autour de la date 48 des évènements avantageux ou importants pour l'Eglise.

En 1048, le pape Léon IX, celui qui, plus tard, captif de Robert Guiscard, à titre de fief de l'église, lui donna l'investiture de la Pouille et de la Calabre, s'alarme à la voix du moine Hildebrand (celui qui fut Grégoire VII) sur la validité de sa nomination, à laquelle n'avaient concouru ni le clergé ni le peuple, il dépose la tiare et se soumet à l'élection canonique, commençant ainsi l'œuvre d'indépendance et de grandeur que poursuivirent Grégoire VII et ses successeurs dans la querelle des investitures. En 1148, Conrad, empereur d'Allemagne, et Louis VII, roi de France, chef de la seconde croisade, entrent dans Jérusalem. En 1248, Saint-Louis s'embarque à Aigues-Mortes et part pour la sixième croisade. En 1348, le tribun Rienzi, qui avait établi la république à Rome sous le nom de Bon Etat, est assiégé par la noblesse dans le fort Saint-Ange et obligé d'aller chercher refuge auprès de l'empereur Charles IV, qui s'apprête à le livrer au pape. Un an après 1448, finit par l'abdication de l'anti-pape Félix V, le grand schisme qui, depuis plus de 60 ans, divisait l'église.

La date 87 avait été pendant cinq siècles, du sixième au dixième, aussi favorable à l'aristocratie féodale que la date 48 le fut pendant cinq siècles à l'église ou à la papauté, à partir du XIe. Pour retenir l'esprit de cette date, on peut remarquer que c'est en 1787 qu'eut lieu à Versailles l'ASSEMBLÉE DES NOTABLES par laquelle le parti de la résistance espéra donner le change au vœu public qui appelait les États-généraux et par eux, la destruction des derniers restes de l'antique féodalité ; mais il vaut mieux encore se reporter aux efforts que tenta, aussitôt après la conquête, l'aristocratie franque pour secouer le joug des dynasties conquérantes de Clovis et de Charlemagne et pour asseoir le système de la féodalité qui triompha par l'élection de Hugues-Capet en 987, et que détruisit 789, l'inverse de 987.

En 587, traité d'Andelot, qui établit l'hérédité des fiefs, lesquels jusque-là n'avaient été possédés par les Leudes qu'à titre de bénéfices révocables. En 687, sanglante bataille de Testry, gagnée par Pépin d'Héristal, à la tête des Francs Austrasiens et des Leudes Neustriens mécontents, sur Thierry, roi de Neustrie. En 787, soulèvement des grands dans l'empire carlovingien qu'ils avaient élevé et qui pesait sur eux : Arigise, duc de Bénévent reconnaît la suzeraineté de la cour de Constantinople, et Tassillon, duc de Bavière appelle les Huns, croyant l'un et l'autre, grâce au secours étranger, échapper au sort du comte Hastrad, dont la conspiration venait d'être étouffée dans le sang, et à celui des bretons révoltés qui avaient été de nouveau mis sous le joug. En 887, déposition de Charles le Gros par les Leudes, dans la diète de Tribur, déposition qui fit sortir pendant quelque temps la couronne de France de la maison de Charlemagne par l'élection d'Eudes, grand oncle de Hugues Capet. En 987, élection de Hugues Capet, le plus puissant des possesseurs de fiefs, par ses pairs (ses égaux), au détriment du dernier carlovingien, Charles de Lorraine, et au profit de l'aristocratie féodale pour qui, enfin, la royauté n'est plus qu'un titre nominal.

ANDRIEU.

17, rue de Vaugirard.

(La suite au prochain numéro.)

REVUE DES JOURNAUX.

Dessiccation des bois de travail.

On sait qu'un grand nombre d'industries telles que l'ébénisterie, la menuiserie, le charronnage, la construction des wagons, des navires, des instruments de musique, exigent, en général, de bons bois secs et qu'il est souvent difficile de s'en procurer à des prix modérés. Le *Génie industriel* nous apprend que M. Pouillet a trouvé le moyen d'accélérer considérablement la dessiccation des bois et que non-seulement ce moyen n'altère pas les propriétés de ces bois, mais qu'encore il les améliore. C'est ce qu'auraient démontré des essais prolongés et faits sur une grande échelle.

« Le procédé employé pour atteindre ce but est simple, d'une application facile et sûre dit le recueil ci-dessus cité. Pour donner une idée de la rapidité avec laquelle les bois traités arrivent à un état de dessiccation assez complet pour être mis en œuvre immédiatement, il suffit de dire que le chêne vert, qui est le bois le plus lent à se dessécher, est propre à être employé partout, quelques mois seulement après avoir subi le traitement ; son état de dessiccation alors est au moins comparable à celui qu'aurait le même bois conservé dans un chantier pendant trois ou quatre ans et souvent davantage. »

Nous espérons être bientôt en mesure d'apprendre à nos lecteurs en quoi consistent ces procédés.

Rapport sur le tremblement de terre ressenti au Caire et Boulak dans la nuit du 11 au 12 octobre 1856.

L'*Isthme de Suez* a la primeur de ce rapport dû à M. E. Mayer, ingénieur des mines, géologues de l'expédition du Soudan. Ce rapport est daté de Boulak, nous allons en donner quelques extraits.

« Le tremblement de terre de ce matin s'est manifesté par trois secousses, qu'on a ressenties à des intervalles rapprochés, et qui toutes ont eu la direction de l'est-sud-est à l'ouest-nord-ouest. La première, accompagnée d'un sourd roulement souterrain, eut lieu à 3 heures 15 minutes. Elle consista en un faible mouvement ondulatoire et dura une minute. A 3 heures 19 minutes, une seconde secousse, semblable à la première, mais plus faible, dura environ trente secondes. Quelques tableaux suspendus à des murs courant de l'est à l'ouest sont ébranlés ; mais la maison n'est pas dégradée. La seconde secousse fut presque immédiatement suivie d'une troisième plus forte et qui dura deux minutes. C'était cette fois un mouvement vibratoire si violent et si précipité qu'on n'en pouvait distinguer la direction. Seulement les minarets et les maisons tombés en ce moment démontrent que la direction a été la même (est-sud-est à ouest-nord-ouest). Sans parler des nombreuses vitres qui se cassaient, et des lits de fer qui s'agitaient dans notre demeure, on entendait distinctement un bruit comparable à un ouragan de grêle qui tomberait sur des toits en fer blanc. Quelques personnes prétendent aussi avoir entendu pendant la troisième secousse un roulement souterrain, mais plus faible que le premier.

« Pendant la durée du phénomène, le ciel était serein ; la lune et les étoiles brillaient d'un vif éclat ; l'air était dans un calme parfait. Selon les observations attentives de M. le baron Neumanns, qui m'a aussi renseigné sur le temps précis, le baromètre indiquait 0m,7655 et le thermomètre + 25° cent. Vingt minutes après, le thermomètre tombait à + 23°. La veille à midi, le baromètre marquait 0m,7634.

« Pendant la dernière secousse, quelques murs s'étendant à peu près du nord au sud sont tombés ; les murs dirigés de l'est à l'ouest se montrent fréquemment fendus.

« Dans les hôtels du Caire, le seul endroit où l'on trouve des cloches, elles ont sonné ; et les pendules se sont arrêtées. Moins de débris sont tombés au Caire qu'à Boulak, où les secousses semblent avoir été plus violentes. Non-seulement pendant le phénomène, mais deux heures auparavant, les nombreux chiens de la ville ont aboyé et hurlé d'une manière extraordinaire. En ce moment (8 heures du soir), ils sont tranquilles. Dans notre palais, les moineaux ont été pendant la matinée très inquiets. Ils l'ont quitté vers 11 heures. Je n'ai pu obtenir aucun renseignement sur la manière dont se sont conduits les autres animaux domestiques. L'atmosphère est encore lourde et étouffante. Le thermomètre marque + 26° cent. (8 heures du soir).

« M. Linant-Bey, ingénieur, dit avoir observé pendant dix-huit ans six tremblements de terre en Egypte. Les seuls renseignements qu'il puisse donner sont : 1° que le plus fort eut lieu il y a huit ou neuf ans vers midi, un jour de juillet. Il était à peu près aussi fort que celui d'aujourd'hui et renversa plusieurs minarets ; 2° que ce même tremblement de terre, en 1847 ou 1848, avait pour direction une ligne allant du sud au nord : mais contrairement à l'opinion généralement reçue, ce tremblement de terre avait eu lieu pendant le mois d'octobre ; 3° enfin, aucun de ces tremblements ne se serait fait sentir à des intervalles plus éloignés que de quelques instants.

« 14 octobre au matin. Hier, temps calme, mais un peu étouffant. Les moineaux rentrent dans le palais.

« Cette nuit, entre 10 heures et 11 heures et demie, nous avons ressenti encore trois faibles secousses, accompagnées d'un bruit semblable à celui d'une tempête éloignée. Le baromètre indiquait 0m,7639 ; le thermomètre + 23° cent. Les chiens aboyaient et hurlaient, les ânes et les chats criaient plus qu'à l'ordinaire, et les oiseaux inquiets quittaient leurs nids et volaient en criant. Nous sommes restés dans la cour pendant l'éclipse de lune. Après l'éclipse, l'atmosphère devint calme et moins étouffante. En ce moment, tout est tranquille. »

Interrupteur électrique.

L'essai de cet appareil, dû à M. Alexandre Bellemare, commis principal à la direction de l'Algérie, vient d'avoir lieu sur le chemin de fer de Versailles (rive gauche). *Cosmos* le décrit en ces termes :

« Il s'élève à peine de quelques centimètres au-dessus du sol ; sa forme visible est celle d'une boîte carrée, terminée par une petite tige verticale à vis armée d'un bras horizontal que doit accrocher l'appendice fixé à la locomotive. L'appareil ne fonctionne que dans un seul sens, c'est-à-dire que les seules locomotives ascendantes ou les seules locomotives descendantes signalent leur passage par l'interruption du courant : la vis, en un mot, ne se serre, le courant n'est interrompu, le signal n'est donné dans la loge du chef de gare que par la locomotive qui suit sa marche normale : la locomotive qui viendrait en reculant desserrerait au contraire la vis. L'appareil transmetteur du signal est simplement l'interrupteur. L'appareil récepteur dans chaque station se compose de deux cadrans, portant autant de divisions qu'il y a d'interrupteurs posés sur la voie, autant qu'il y a de poteaux kilométriques, par exemple, si l'on installe un interrupteur devant chaque poteau, pour connaître, à un kilomètre près ou à une fraction de kilomètre, par un calcul facile, et dans le cas d'une marche normale, la position de la locomotive sur la voie. Des deux cadrans, l'un reçoit les indications d'amont, l'autre les indications d'aval ; ils fonctionnent donc l'un après l'autre ; quand l'une des aiguilles est revenue au zéro, l'autre commence à parcourir son cadran. Tout cet ensemble, on le voit, est d'une simplicité remarquable ; et, d'un avis unanime, les interrupteurs mis en expérience lundi, ont admirablement rempli leurs fonctions. »

Géographie. — La république de Libéria.

A l'occasion du traité conclu entre la France et l'Etat de Libéria, et qui vient de paraître au *Moniteur*, M. Chemin-Dupontès donne dans le *Journal des Débats* d'intéressants détails sur la république noire. On lira avec plaisir quelques extraits de son travail :

La république de Libéria est située à l'extrémité nord de la côte de Guinée, où elle s'étend sur un espace d'environ 600 kilomètres, Monrovia, sa capitale, occupe le lieu même où se trouvait autrefois le principal marché à esclaves de cette partie du littoral africain.

La fondation de Libéria est due aux efforts d'une société américaine, la Société de Colonisation, celle dont le fondateur et le président, M. Finley, avait coutume de répondre, lorsqu'on élevait des objections contre les plans de l'association : *Je sais que ce dessein est de Dieu*. En février 1820, partait de New-York pour la côte de Guinée le premier navire chargé d'émigrants ; c'était une poignée de nègres affranchis ou fugitifs, formant environ vingt-cinq familles, quelques quatre-vingts colons en tout, conduits par trois citoyens des Etats-Unis, un ecclésiastique, un avocat et un médecin.

Libéria, qui de colonie devint, vers 1847, état indépendant, comptait en 1854 une population d'environ 12,000 colons noirs ou de couleur, venus pour la plupart d'Amérique, et de 140,000 à 150,000 indigènes dont les hameaux paisibles et prospères s'élèvent, sous les auspices de pasteurs chrétiens, là où gisaient les huttes de leurs ancêtres idolâtres et sanguinaires. Libéria, nous l'avons dit, a une capitale, ville maritime assez florissante, ayant un fort, un fanal, un entrepôt, une petite marine, des écoles, des églises, des journaux, des associations de charité, enfin, à l'instar des Etats-Unis, l'ancienne mère-patrie, une constitution, dont l'art. 6, soit dit en passant, fait parfaitement connaître l'esprit et la portée du nouvel établissement : « Le but essentiel de la fondation de Libéria ayant été d'ouvrir un asile aux enfants dispersés et opprimés de l'Afrique, et de régénérer en même temps les peuples de ce vaste continent encore enveloppés par les ténèbres de l'ignorance, il ne sera admis à titre de citoyens dans la république que les seuls hommes de couleur. » Le président actuel de l'Etat est M. Joseph Jenkins Roberts, homme bienveillant et éclairé, dit-on.

Le climat de Libéria est très chaud, mais égal et suffisamment tempéré par les pluies ou par les brises de mer. La race blanche toutefois, s'y acclimate très difficilement, et peut-être est-ce un bien pour le nouvel Etat. Le territoire en est traversé par des cours d'eau assez nombreux, mais navigables seulement jusqu'à 20 ou 30 kilomètres à l'intérieur. Les productions du pays comprennent toutes les plantes tropicales; et de plus, le maïs, le riz, la pomme de terre, la plupart enfin de nos légumes d'Europe, y abondent et fournissent de précieuses ressources de ravitaillement aux navires qui fréquentent la côte. Parmi les produits qui peuvent y devenir l'objet d'une exploitation avantageuse, on peut citer, outre les filons d'or qu'on trouve, dit-on, dans le voisinage des cours d'eau, le sucre, le café, et surtout le coton libérien, dont se sont vivement préoccupées dans le temps les chambres de commerce de Manchester et de Mulhouse; celle-ci sur un avis appuyé d'échantillons que lui avait transmis le département du commerce. Quant aux exportations actuelles de Libéria, dont la valeur annuelle peut s'élever à un million de dollars (5 millions de francs), elle consiste surtout en huile de palme, en bois de campêche et autres bois de teinture, et les paquebots anglais ou américains, qui de Plymouth ou de New-York vont chaque année desservir la côte occidentale, remportent souvent des quantités très considérables de ces produits.

L'Algérie, le Sénégal, les comptoirs de la côte, le Cap, Port-Natal, Mozambique, Aden et Suez bientôt, espérons-le, sont autant de points par lesquels les Etats d'Europe, ou plutôt la civilisation des sociétés modernes, enserrent et pressent dans leur vaste périmètre tout le continent africain, et semblent se préparer à y accomplir une pacifique et civilisatrice invasion. Libéria l'Africaine aurait sa place à part dans une telle entreprise, la plus grande, dans l'ordre moral, que l'on puisse concevoir pour l'activité du XIXe siècle.

Martelage du fer. — Perfectionnement.

Le marteau est un des instruments les plus anciens et tout à la fois les plus utiles employés dans la forgerie; son principe est le choc produit par une masse en mouvement qui s'arrête subitement à la rencontre d'un fer rougi au feu et sur lequel il opère un certain déplacement des molécules en les faisant glisser les unes à côté des autres.

Les plus anciens marteaux des forgeries se composaient d'une masse de fer mue à bras d'homme par l'intermédiaire d'un manche en bois; c'est encore l'instrument employé pour façonner les objets en fer de petite dimension.

Dans les anciennes forges au bois, on a imité cet appareil en en augmentant considérablement les dimensions et en les faisant mouvoir par une roue hydraulique remplaçant la force musculaire des hommes. Un ressort en bois, placé au-dessus de la tête du marteau, sert à en augmenter l'impulsion; c'est le maca des forges fabricant le fer au bois et des plateries.

Dans les forges à l'anglaise, cet outil devenait insuffisant pour marteler convenablement les grosses loupes sortant des fours à pudler; on l'a remplacé par le gros marteau dont le manche en fonte pèse environ 4,000 kilogrammes, et agit par son propre poids, que soulève par la tête une machine à vapeur d'une puissance de 12 à 16 chevaux.

A cet outil, on substitua il y a quelques années le squeezer, espèce de tenaille gigantesque mue également par la vapeur, serrant entre ses branches douées d'un mouvement alternatif les loupes avant de les faire passer au cylindre.

Plus récemment encore, M. Cavé inventa le marteau pilon; c'est ainsi que l'on nomme une masse de fer rendue solidaire avec l'extrémité de la tige d'un piston dont le mouvement alternatif détermine les chocs destinés à allonger le fer soumis à son action.

Tel est le degré d'avancement auquel sont arrivés successivement les outils destinés au martelage du fer.

L'*Ancre de Saint-Dizier* nous apprend que M. Putman vient d'y ajouter un perfectionnement, on appréciera l'importance de ce perfectionnement en faisant attention que, lorsqu'on corroie une masse de fer pour en forger une barre de fer carré, on la frappe d'abord sur l'une de ses faces, et, comme celle opposée repose sur l'enclume, il en résulte que la barre se trouve réduite sur une seule de ses dimensions, savoir la verticale, tandis qu'elle est au contraire dilatée dans le sens horizontal, tant en longueur que transversalement.

Afin d'amener cette barre à la forme carrée, après qu'on a frappé un certain nombre de coups, on fait tourner la pièce d'un quart de tour et on la corroie sur la nouvelle face, en faisant rentrer dans la dimension voulue tout le fer que le précédent corroyage avait, par la dilatation, étalé au delà de cette dimension. Ce mode de corroyage est nuisible à la qualité du fer; il fait subir des déplacements considérables à ses molécules, réduit le métal inégalement, et, par un certain temps perdu, il force souvent à poursuivre le travail lorsque la température du métal est déjà trop basse, circonstance qui est très nuisible à sa solidité.

On observe en outre que, quand un marteau forge une pièce placée sur une enclume, la face frappée s'allonge plus que celle qui touche l'enclume, ce qui est encore une imperfection digne d'être signalée.

M. Putman s'est proposé de remédier à ces inconvénients en inventant un appareil dans lequel la barre de métal serait réduite également sur ses quatre faces, d'une manière régulière, en se servant de quatre marteaux combinés et partagés en deux systèmes, l'un vertical, l'autre horizontal, qui opèrent alternativement sur le métal.

Le premier système frappe d'abord un coup sur les deux faces horizontales; cette action est immédiatement suivie de deux coups du second système, qui frappe sur les deux faces verticales de la barre, et ainsi de suite, jusqu'à ce que la pièce de fer soit entièrement façonnée.

Le principe de l'appareil est simple : quatre marteaux ou enclumes, guidés par des coulisses, sont reliés entre eux par quatre tiges formant un parallélogramme pouvant se raccourcir ou se rallonger suivant ses deux diagonales. Cet appareil est mû par une bielle attachée par un bout à l'un des angles du parallélogramme, et par l'autre à une manivelle mise en mouvement par la vapeur.

On voit que cet appareil participe tout à la fois des qualités du marteau et de celles du squeezer, et qu'il opère sur la barre de fer d'une manière complétement régulière.

ACADÉMIE DES SCIENCES.

Séance du 10 novembre.

Lithophotographie.

M. Becquerel a présenté à l'Académie de fort belles épreuves photographiques obtenues par M. Poitevin depuis sa découverte des propriétés particulières au bichromate de potasse, découverte dont nous avons dit quelques mots, il y a six ou huit mois.

Le procédé de M. Poitevin pour transformer une épreuve photographique en impression sur pierre, pour être tirée à la manière lithographique, consiste à déposer sur la pierre un vernis composé d'albumine et de bichromate de potasse, substances très impressionnables à la lumière; vient-on à placer sur cette pierre ainsi préparée, une épreuve photographique inverse, dans laquelle les blancs représentent les noirs et réciproquement, la lumière en traversant les blancs impressionne le bichromate, tandis que les parties qui sont devant les noirs sont préservées, le bichromate, ainsi modifié, acquiert la propriété remarquable de s'emparer de l'encre lithographique quand on passe le rouleau dessus. Si donc on enlève dans l'obscurité, avec de l'eau, le bichromate non altéré par la lumière, et qui se trouve à la place des noirs de l'épreuve négative, en passant le rouleau sur la pierre, on a une pierre préparée à la manière lithographique, et l'on peut tirer autant d'épreuves qu'on le fait ordinairement en lithographie. L'image se trouve redressée, par cela même que les blancs de l'épreuve négative sont devenus les noirs de la pierre.

La découverte de M. Poitevin, l'un des anciens élèves les plus distingués de l'école centrale des arts et manufactures, est d'autant plus importante pour les arts, que les épreuves qu'il tire avec sa pierre, ne s'altèrent pas à la lumière avec le temps, comme les épreuves photographiques qui ont été préservées : ensuite quand la pierre est usée, on en prépare une autre immédiatement avec l'épreuve négative.

Ce qui n'était encore, il y a quelques mois, qu'à l'état de découverte théorique, est entré pleinement aujourd'hui dans le domaine de la pratique, et M. Poitevin vient de monter un établissement dans lequel son procédé est en pleine exploitation.

Expédition aux sources du Nil.

La commission qui avait été nommée par l'Académie pour dresser des instructions relatives au voyage d'exploration aux sources du Nil, vient de terminer son rapport :

M. Jomard, rapporteur de cette commission, a lu les instructions relatives à la géographie et à l'ethnographie des contrées qui doivent être visitées. M. Moquin-Tandon, celles qui se rapportent à la géologie, la minéralogie, l'histoire naturelle et la botanique en particulier, ainsi que les questions relatives à l'anthropologie, la zoologie et la micrographie elle-même. M. Jules Cloquet, enfin, a lu les instructions médicales que doit emporter le comte d'Escayrac de Lauture, chef de l'expédition. Nous publierons dans le prochain numéro un extrait de ces différentes instructions: mais disons, dès à présent, que l'expédition aura à sa disposition deux bateaux à vapeur égyptiens et 300 hommes de l'armée du vice-roi d'Égypte. Le voyage se divisera en deux parties bien distinctes: dans la première période, l'expédition se dirigera de Cartoul vers le quatrième degré de latitude nord, et dans la seconde à partir de cette limite jusqu'au point le plus éloigné qu'il lui sera donné d'atteindre vers la source du Nil. M. Jomard, auquel sa connaissance approfondie de ces contrées donne une autorité incontestable, pense que, de toutes les branches du Nil, le *Niebor* est celle que l'expédition doit s'attacher à renconter de préference, comme étant celle qui offre le plus de chances d'amener à la découverte de la source cherchée.

Climats des montagnes de la Suisse.

M. Velpeau a fait hommage à l'Académie, de la part de l'auteur, M. Lombard, de Genève, d'une étude fort intéressante sur les climats des montagnes de la Suisse. Cette étude est faite uniquement au point de vue thérapeutique, et l'auteur s'y est attaché à signaler aux médecins qui envoient leurs malades dans cette contrée, les points sur lesquels telles ou telles maladies peuvent se trouver dans des conditions avantageuses ou nuisibles. M. Lombard divise par exemple la Suisse en deux régions, celle des climats alpins situés à 2,000 mètres environ au-dessus du niveau de la mer, et celle des climats subalpins situés à 1,000 mètres et au-dessous. Pour les malades atteints de phthisie, de scrofules, en un mot d'affections spéciales aux tempéraments lymphatiques, il n'y a aucun danger dans les climats alpins; tandis qu'ils peuvent devenir très funestes aux personnes sujettes à l'asthme ou aux hémorrhagies. Les maladies nerveuses y guérissent très bien aussi, tandis qu'elles redoutent les climats subalpins.

Dans la même étude, M. Lombard traite la question des fièvres paludéennes, que l'on est très étonné de rencontrer en Suisse à des hauteurs de deux mille et quelques cents mètres. Il attribue leur existence, et son avis est partagé par M. Velpeau, aux lacs et étangs que l'on voit dans quelques-unes de ces localités élevées.

Communications sommaires.

M. de Paravey adresse une note sur l'*Epiornis*, dans laquelle il émet l'opinion que cet oiseau a dû exister, non-seulement à Madagascar, mais encore sur une grande étendue du continent africain.

Au sujet de la discussion qui s'était élevée, il y a quelques semaines, entre M. Brown-Sequard, affirmant que l'ablation des capsules surrénales est mortelle, et M. Gratiolet, soutenant qu'elle ne l'est pas, M. Flourens a annoncé à l'Académie que plusieurs animaux viennent de survivre, au Museum, à une opération de cette nature. Non-seulement l'ablation de ces capsules n'a pas été mortelle, mais encore elle n'a apporté aucun trouble, depuis quelques jours, dans les fonctions de la vie chez ces animaux.

M. Dumas a présenté à l'Académie, de la part de M. Troste, préparateur de chimie à l'école normale, de nombreux échantillons de *chlorure de lithium*, obtenus par une préparation plus industrielle qu'on ne l'avait jamais fait. En traitant ensuite ce composé lithique par le sodium, M. Troste est arrivé à obtenir du *lithium* métallique. Ce métal est, comme on le sait, le plus léger de tous. Sa densité, rapportée à celle de l'eau, n'étan guère que de 0,5.

FÉLIX FOUCOU.

LIVRES.

Traité de chimie technique appliquée aux arts et à l'industrie, à la pharmacie et à l'agriculture; par M. G. BARRUEL. Tome Ier, in-8°. Firmin-Didot frères, fils et Ce, 56, rue Jacob.

I

Nous n'avons encore que le premier tome du *Traité de chimie technique* de M. Barruel; l'ouvrage complet contiendra la matière de six volumes semblables dans lesquels l'auteur s'est attaché surtout à suivre les théories professées à la Faculté des sciences par MM. Dumas et Balard. Cette première partie est consacrée aux généralités préliminaires, à l'étude des corps non métalliques et de leurs combinaisons, et aux généralités sur les métaux et leurs combinaisons. Elle traite, en outre, de l'éclairage au gaz et de tout ce qui est susceptible d'applications dans l'industrie.

Bien que M. Barruel s'abstienne de s'étendre sur les théories nouvelles, qui, tout en étant fondées sur des raisonnements plausibles, tiennent plutôt à la philosophie de la science qu'aux applications que l'on peut en faire dans l'industrie, nous l'avons vu avec plaisir relever, en passant, quelques-unes de ces inexactitudes d'expressions dont la chimie de notre siècle n'est malheureusement point encore exempte.

Cette science appelle par exemple du nom de *fluides impondérables*, les forces physiques, telles que la lumière, la chaleur, et surtout l'électricité, à l'aide desquelles elle parvient à produire ses réactions. « Or ce mot *fluide*, quoique consacré par l'usage, dit l'auteur, n'en est pas moins défectueux ; car il semble indiquer une substance quelconque, tandis que les phénomènes lumineux, calorifiques, électriques, ne sont probablement que le résultat d'un ébranlement vibratoire particulier des molécules des corps. »

Nous n'avons pas besoin de le dire : chaque jour apporte une nouvelle sanction à l'appui de cette manière de voir; et si la science parvenait demain à changer en un *certainement* le *probablement* qui précède, nous la verrions du même coup faire un pas de géant vers l'intelligence de la vie universelle. A ce point de vue, M. Barruel n'a peut-être pas entièrement raison de dire que les nouvelles théories chimiques ont peu de chose à faire avec les applications de cette science à l'industrie; car la grande révolution industrielle qui s'accomplit en Europe depuis un siècle environ a son point de départ dans les modifications profondes apportées aux théories alors généralement admises et enseignées; modifications qui n'eurent d'abord qu'un aspect purement spéculatif, et parurent longtemps ne devoir jamais franchir le domaine de la philosophie de la science.

Nous n'insisterons pas néanmoins sur cette petite différence d'appréciation, car le livre de M. Barruel décline, dès le commencement, toute prétention à être un exposé de doctrines. C'est simplement un excellent traité, destiné aux industriels et aux personnes qui ont besoin d'apprendre, et non à celles qui cherchent au-delà de ce qui est admis et pratiqué. Aussi les procédés employés dans les arts y sont-ils décrits avec des détails qui pourraient sembler minutieux et superflus, si l'on oubliait que la réussite ou l'insuccès d'une opération dépendent fort souvent d'une circonstance peu importante, inutile même au premier abord.

La cristallographie est traitée d'une manière très sommaire. Cependant les différents systèmes cristallins sont assez bien indiqués pour que le lecteur puisse se rendre compte de leur incompatibilité, et comprendre les lois de l'isomorphisme et du polymorphisme.

Quelques exemples donnés ensuite de la manière la plus élémentaire et la plus détaillée servent à mettre autant que possible l'emploi des formules et leur application à la portée de tout le monde. Il en résulte que le lecteur se familiarise, dès le début, avec cette méthode si claire et si féconde, qui consiste à démontrer toutes les opérations chimiques par les équations qui les représentent : les réactions se gravent mieux ainsi dans la mémoire que par une description élégante des curieux phénomènes qui leur sont dus.

Quant à l'étude des corps, l'auteur a suivi une marche très rationnelle, en donnant peu de place à ceux qui ne sont encore d'aucune utilité pratique, et en s'étendant longuement au contraire sur ceux qui se rencontrent le plus fréquemment ou le plus abondamment dans la nature, et dont on fait quelque application dans les arts en général.

Ceci nous ramène à parler des modifications que M. Barruel signale comme nécessaires dans quelques-uns des termes dont fait usage la chimie. Voici comment il s'exprime au sujet de l'azote : « L'*azote* tire son nom de deux mots grecs qui signifient *privant de la vie*, qualité qui lui est cependant commune avec tous les autres gaz, excepté l'oxygène ; en Angleterre, en Allemagne, etc., on le nomme *nitrogène*, ce qui est beaucoup mieux adapté à ses propriétés spéciales, puisque seul il produit le nitre ou salpêtre, et que, bien qu'on ait composé les mots *acide azotique*, *azoteux*, on a été forcé de conserver les mots *nitre*, *nitrière*, *nitrification*, que l'on ne peut rendre par aucune modification du mot *azote*. Puisque l'on voulait mettre le langage en rapport avec la nomenclature, il eût été plus convenable de changer les trois dénominations, *azote*, *protoxyde* et *bioxyde d'azote*, que d'en changer une foule d'autres, passées dans le langage de l'industrie et même vulgaire ; car souvent on écrit : pour faire de l'acide azotique, prenez du nitre. (Il est plus rationnel de dire dans cette phrase : pour faire de l'acide nitrique.) »

M. Barruel s'étend très longuement sur le carbone et ses composés, et notamment sur la fabrication des gaz d'éclairage : au sujet de l'acide carbonique, il rappelle la découverte que fit le docteur Struve, des propriétés thérapeutiques de ce gaz. On sait que ce savant eut un jour l'idée de plonger sa jambe malade dans l'atmosphère d'acide carbonique qui se dégage d'une des sources de Marienbad, en Allemagne : il éprouva d'abord un fourmillement, puis une chaleur qui finit par déterminer une sueur abondante à la jambe ; les douleurs disparurent, et il put, à son grand étonnement, s'en aller sans béquille et sans s'appuyer sur un bras ; il continua pendant quelque temps et s'en alla guéri. L'application de ce moyen est établie maintenant à Marienbad, Carlsbad, Killengen, Eger, Manheim, etc. M. Barruel s'étonne avec raison qu'un service semblable ne soit pas organisé à Vichy et dans les autres établissements de bains de France.

Le premier volume de la *Chimie technique* se termine par l'étude des sels. A cet égard, l'auteur met en présence les deux opinions qui règnent sur cette grande question. Dans l'origine de la chimie, c'est-à-dire de l'alchimie, on désignait sous le nom de *sels* toutes les substances qui, plus ou moins solubles, avaient une saveur sensible, pouvaient cristalliser, et donner ainsi des corps solides, transparents, etc. Depuis la découverte de l'oxygène et l'établissement de la nomenclature, ce nom est donné exclusivement aux corps résultant de la combinaison de deux composés binaires ; l'un électro-négatif, c'est l'aide ; l'autre électro-positif, par rapport au premier, c'est la base. L'auteur refuse, avec Berzelius, de considérer les sels seulement comme constitués ainsi. « Les alchimistes, dit-il, avaient raison ; la nomenclature a tort. »

Ces différentes preuves d'indépendance scientifique de la part de l'auteur ne retirent rien au mérite très réel d'un ouvrage qui, déjà, par la méthode et les nombreuses recherches qui le composent, promet de rendre d'éminents services à l'industrie et à l'enseignement.

FÉLIX FOUCOU.

PARTIE LITTÉRAIRE.

LOUISE MORNAND [1].

XIX.

Dieppe, le 29 janvier.

C'est fini, ma mère ; M. Mornand n'est plus. Il est mort cette nuit vers trois heures, tranquillement et sans souffrance apparente.

Pendant la plus grande partie de la journée, il était resté dans un état d'assoupissement ; vers le soir, il se ranima et je le crus mieux. Cependant, il paraissait convaincu que sa fin approchait, car il prit congé du médecin, et le remercia de ses soins comme s'il comptait ne plus le voir.

Nous étions tous réunis auprès de lui. Vers onze heures, il demanda à être soulevé dans son lit.

— Afin de vous voir bien, mes enfants, dit-il, avant de vous quitter, Ludovic et toi, ma Louise, venez près de moi.

Ils obéirent et s'agenouillèrent à côté du lit. Le vieillard prit leurs mains.

— Mes enfants bien aimés, reprit-il, je meurs paisible, sachant qu'un de mes rêves les plus chers va être réalisé par vous. Il m'eût été doux d'être témoin de votre union, mais puisque cela ne m'est pas permis, je veux au moins la bénir d'avance. Ludovic, mon fils, me promets-tu devant Dieu, d'aimer tendrement et fidèlement celle qui consent à devenir ta femme ? Feras-tu tout ce qui sera en ton pouvoir pour assurer son bonheur, lui conserver une position honorable et demeurer digne de son affection ?

— Je le promets, mon père, répondit Ludovic.

— Et toi, ma nièce, ma fille chérie, me promets-tu d'être l'ange gardien de cet enfant trop longtemps abandonné ; d'être sa douce et fidèle compagne, de le guider dans l'avenir, de le consoler du passé ? Me le promets-tu, ma Louise ?

— Oui, mon oncle, mon bon père ! répondit Louise, d'une voix profondément émue.

Le vieillard unit les deux mains qu'il tenait et resta silencieux ; ses yeux, déjà voilés par les ombres de la mort, fixés avec attendrissement sur le jeune couple.

— Que Dieu bénisse votre union, dit-il enfin, Godefroy Chavenay, je vous prends à témoin de mon désir que ce mariage se fasse dans le plus bref délai possible.

Pour toute réponse je m'inclinai. M. Mornand me tendit la main. Dans ce moment suprême il paraissait heureux et nous adressa des paroles pleines d'élévation et de sérénité. Louise s'était assise au chevet du lit et y demeura pâle comme une statue d'albâtre, les regards attachés, avec une expression de douleur navrante, sur le visage de son oncle dont elle essuyait, de moment en moment, le front couvert d'une sueur froide. La bonne Catherine pleurait tout bas au coin du feu.

M. Mornand mourut sans agonie ; il tomba peu à peu dans un assoupissement dont il ne se réveilla plus. Vers trois heures du matin nous le vîmes ouvrir les yeux et les refermer, mais sans faire le plus léger mouvement. Je m'approchai vivement et pris sa main. Les faibles battements du pouls avaient complètement cessé ; il était mort !

Louise ne poussa pas un cri, ne versa pas une larme. Elle se leva, contempla un instant ses traits qui gardaient encore dans leur immobilité un reflet de l'âme absente ; puis se penchant sur le lit, elle baisa pieusement le front du mort.

Ce calme m'étonna, mais je vis, un instant après, que son angoisse, trop profonde pour s'exhaler en larmes et en san-

(1) Voir le précédent numéro.

glots, dépassait ses forces. Lorsqu'elle releva la tête, son teint était livide, elle s'affaissa sur elle-même et serait tombée si Ludovic ne l'eût reçue dans ses bras.

Nous la transportâmes dans sa chambre où elle reprit lentement connaissance; puis, la recommandant aux soins de Catherine, nous retournâmes veiller jusqu'au jour auprès du corps. Ces tristes heures s'écoulèrent presque en silence; je ne cherchai pas à calmer la violente douleur de Ludovic, car, persuadé que la mort de son père avait ravivé en lui le souvenir et les regrets du passé, je vis dans ce douloureux repentir un gage de plus pour l'avenir.

Cependant lorsque la lampe commença à pâlir aux froides lueurs du matin, je rappelai Ludovic au sentiment des devoirs que nous avions à remplir, et il ne tarda pas à se montrer calme et courageux.

M. Mornand devant être enterré à Dieppe, j'offris de me charger, autant que possible, de toutes les démarches. Nous décidâmes encore qu'aussitôt après la cérémonie, nous engagerions Louise à quitter Varengeville, et à se fixer à Dieppe jusqu'à ce que les plans d'avenir soient complètement arrêtés.

Je partis donc sans avoir revu Louise qui, je l'espère, dormait.

XX.

Dieppe, le 1er février.

Ce matin nous avons rendu les derniers devoirs à M. Mornand. Son fils et moi l'avons seuls suivi au cimetière, et cet abandon accrut la douleur de Ludovic.

— Ah, me dit-il, pendant que nous revenions de la triste cérémonie, mon père n'a pas toujours été tel que vous l'avez connu. Jadis sociable, sympathique, il menait une existence utile et brillante, s'il était mort il y a quatre ans, deux cents personnes auraient accompagné son cercueil, — et maintenant!... sans vous, poursuivit-il, me serrant la main avec force et s'efforçant d'étouffer ses sanglots, je serais seul à le suivre. Qui sait, mon Dieu, si j'aurais même le droit de le suivre autrement que de loin, courbé sous le poids de sa malédiction.

Je cherchais à le consoler en lui rappelant les derniers moments si paisibles de son père et en lui parlant de Louise.

Autant pour lui procurer une distraction utile que parce que je regardais la chose comme urgente, je lui proposai de chercher sans retard un logement pour sa cousine. Il y consentit et nous nous mîmes en quête, bornant nos recherches au quartier le moins désert de cette silencieuse ville.

Au bout d'une heure nous avions arrêté un appartement très convenable, situé dans la Grande rue, à deux pas du quai, promenade toujours animée et chauffée par le soleil de midi. Devant les fenêtres s'étend la grande place du marché, au milieu de laquelle se dresse une belle statue de Duquesne, et dont le fond est occupé par l'antique église de Saint-Jacques.

Je conseillai à Ludovic de prendre une voiture et d'aller immédiatement chercher Louise et Catherine. Il m'invita à l'accompagner, mais je refusai. Quand il fut parti, je retournai visiter le logement et j'y fis ajouter différents objets qui doivent contribuer au bien-être de Louise. Ensuite je m'assis sur un petit canapé au coin du feu, à la place qu'elle occupera sans doute ce soir, et pensai à elle jusqu'à ce que le jour, baissant rapidement, m'avertit qu'il était temps de me retirer.

Ce soir j'irai la voir un moment.

Dix heures du soir.

Je suis inquiet, Louise est malade, et je crains qu'elle ne le soit plus qu'elle ne veut l'avouer. En arrivant chez elle vers huit heures, je l'ai trouvée à moitié étendue sur le canapé auprès du feu, enveloppée d'un grand châle et frissonnant, quoique la chambre fût bien chauffée. Elle essaya de me sourire et me tendit sa main, que je trouvai brûlante. Elle souffre d'un violent mal de tête accompagné de fièvre, mais en voyant notre inquiétude elle nous a assurés, avec cette grâce ravissante que chez elle aucune souffrance ne saurait altérer, que son indisposition était fort peu de chose et céderait infailliblement à quelques heures de repos.

Douce, angélique créature! Toujours pleine de sollicitude pour les autres, oublieuse d'elle-même!

Nous la quittâmes au bout d'une demi-heure, après avoir bien recommandé à Catherine de faire appeler le médecin si la fièvre persiste.

Ludovic ne partage pas toute mon inquiétude; il ne voit qu'une indisposition là où je crains qu'il n'y ait le commencement d'une maladie grave. Louise est délicate, et depuis quelques semaines déjà elle me paraît maigrie et changée.

Le 2 février, onze heures du matin.

Louise va mieux, réellement mieux, ce matin. Je rouvre ma lettre pour te dire cette bonne nouvelle.

XXI

Le 5 février.

La lettre que j'ai reçue de toi ce matin m'a causé une peine très vive, car tu me fais de sérieux reproches et me donnes, avec une force presque irrésistible, des conseils qu'il m'est, cependant, impossible de suivre.

Tu me supplies de quitter Dieppe; tu crains qu'en prolongeant cette épreuve sans espoir je ne compromette mon repos et mon avenir. Oui, mère bien-aimée, je me suis senti le cœur cruellement serré, car, pour la première fois, tu te montres soupçonneuse, presque injuste.

Peut-être ne devrais-je pas me plaindre de tes préventions, car tu ne connais pas Louise. J'ai essayé de te donner d'elle une idée exacte, mais c'est une tâche difficile et je l'ai mal accomplie. Tu ne comprends pas quelle fascination exerce sur moi cette charmante créature qui me fait oublier mes occupations, mes amis, mes devoirs. Tu m'assures qu'en restant auprès d'elle je mets en jeu son bonheur en même temps que le mien; non-seulement je l'aimerai trop, mais elle pourra bien m'aimer trop aussi. Oh! sur ce point tranquillise-toi; la paisible amitié qu'elle m'a toujours témoignée est presque plus éloignée de l'amour que ne l'est la haine.

Et en ce moment, loin de m'attirer, elle me bannit complétement de sa présence. Il est vrai que je partage cette disgrâce avec Ludovic qui a bien de la peine à supporter l'arrêt.

Le jour où je t'envoyai ma dernière lettre et la journée suivante, Louise nous fit répondre à plusieurs reprises qu'elle allait mieux, mais elle refusa de nous recevoir. Hier, dimanche, Ludovic y retourna et reçut la même réponse. Je le rencontrai quelques instants après sur le quai; il me prit le bras en se plaignant amèrement de la réclusion de sa cousine.

— Pourquoi, dit-il, s'enferme-t-elle ainsi, dans un moment où j'ai si grand besoin d'elle? Dieu le sait, j'ai autant et plus que Louise des sujets de chagrin et il me semble que notre fardeau serait moins lourd porté à deux. Mais j'insisterai; il faut que je la voie!

En ce moment une jeune fille, employée par Catherine aux travaux du ménage, s'approcha de nous en courant et remit une lettre à Ludovic. Il l'ouvrit, la parcourut rapidement et me la donna. Quoique je l'ai rendue après l'avoir lue, cette lettre m'est restée presque entière dans la mémoire. Elle pourra t'aider à juger Louise.

« Pardonne-moi, mon cher Ludovic, écrivait-elle, si j'ai refusé encore ce matin de te voir. Je vais mieux, il est vrai, mais je suis toujours souffrante. Il me faudra, je le sens, quelques jours de solitude et de tranquillité absolue pour me remettre des cruelles émotions qui m'ont brisée, et pour que je sois en état de te consoler et de t'encourager comme mon cher oncle me l'a ordonné. Aie confiance en moi, mon bon Ludovic, et ne m'en veuille pas de la petite épreuve que je t'impose. Occupe-toi de ton côté des plans que nous devons former pour l'avenir; jusqu'à présent nous y avons à peine songé.

« Si Godefroy doit quitter immédiatement Dieppe, je le prie de venir me voir, mais s'il a l'intention de prolonger son séjour dis-lui de ma part que je serai heureuse de le voir, ainsi que toi, dans huit jours, dimanche prochain, mais pas avant, je vous en prie. »

. . . .

En rentrant chez moi à la fin de cette triste journée, l'idée m'est venue de profiter de la semaine qui commence pour aller te faire une visite. Ne m'en veuille pas; ta lettre m'en a ôté le désir. Cette lettre m'apprend que tu n'es pas seule, que ta sœur, son mari et leurs deux filles sont venus passer quelques jours à la maison. Je m'en réjouis pour toi; leur société t'apporte une agréable distraction, mais le courage me manque en ce moment pour affronter la turbulente gaieté de mon oncle, les affectueuses exigences de ma tante et les spirituelles plaisanteries de mes gentilles petites cousines. Embrasse-les pour moi et, je te le répète, ne m'en veuille pas; tu me reverras bientôt.

XXII.

Le 10 février.

Te voici revenue à ton indulgence et ta douceur accoutumées. Merci, tu me comprends et m'excuses; c'est tout ce que je demandais. Plus tard, quand je pourrai t'entretenir de vive voix de Louise, tu feras plus.

La semaine dernière, comme tu peux bien te l'imaginer, s'est écoulée tristement pour Ludovic et pour moi. Heureusement le temps a été assez beau et nous en avons profité pour nous distraire un peu en faisant des promenades à cheval dans les environs. Jeudi surtout un ciel pur et une belle gelée blanche nous engagèrent à pénétrer jusque dans la forêt d'Arques. Quel calme, quel repos de mort au milieu de ces arbres dépouillés, dans ces chemins déserts!

Je cheminais en silence, oubliant que je n'étais pas seul. Je songeais à la dernière fois que j'avais visité cette belle forêt. Alors l'été répandait à profusion la vie et ses beautés; l'air était rempli du gazouillement des oiseaux, de suaves parfums, de bourdonnements d'insectes. J'étais avec Georges. Comme chaque petit incident m'en est revenu à l'esprit pendant que je guidais lentement mon cheval à travers ces sentiers encombrés de feuilles mortes et de branches desséchées. Au souvenir de ce temps heureux, j'ai béni l'hiver qui donne à ces lieux un aspect si bien en harmonie avec ma tristesse que la nature même semble porter le deuil de mon ami.

Ludovic aussi marchait silencieusement; peut être respectait-il mes méditations, peut-être était-il absorbé de son côté. Enfin, presque honteux de mon long silence, je me tournai vers lui et nous entrâmes en conversation.

Je lui demandai s'il avait formé quelque projet pour l'avenir.

— Oh, mon Dieu, me répondit-il brusquement, quel projet voulez-vous que je forme? Puis, lisant sans doute de l'étonnement sur mon visage: Oui, j'ai raison, continua-t-il. Vous ne vous figurez pas le mal que m'a fait la lettre de Louise. Jusqu'à présent, sans nous en rendre compte, nous avons évité de parler de l'avenir.

— Cela m'étonne, dis-je. Il est si charmant de faire des projets. Et je soupirai malgré moi, songeant aux rêves d'or dont je m'étais bercé quelques semaines auparavant.

— En général, oui, répondit Ludovic; mais mon avenir a été brisé par ma propre folie. Depuis trois ans que je mène une vie errante, j'ai perdu de vue toutes mes anciennes relations. A vingt-cinq ans je me trouve sans carrière, sans amis. Ceux qui ont connu et estimé mon père me méprisent; seul je pourrais affronter leurs dédains, mais non pas avec Louise. Pauvre Louise, elle a uni son sort à celui d'un proscrit.

Le caractère de Ludovic forme un mélange singulier et assez contradictoire de qualités et de défauts. Ses plus grands défauts résultent évidemment de son éducation; il n'a pas appris la sublime et difficile leçon de se gouverner soi-même. S'emportant facilement, il manque d'énergie; ses sentiments sont d'une vivacité extrême, mais souvent ils entraînent son jugement; il a des aspirations vers le bien, mais il semble qu'un nuage étendu devant les yeux de son esprit l'empêche de voir distinctement le but qu'il voudrait atteindre. Ses impulsions sont bonnes, mais il hésite à les suivre; en un mot, je suis forcé de l'avouer, il manque, physiquement et moralement, de courage.

Sa vue ne donne pas cette impression. Il est plus grand que moi et vigoureusement bâti quoique mince. Ses traits sont réguliers, son profil est l'un des plus beaux que j'aie jamais vus. Son front, assez élevé, est ombragé d'une magnifique chevelure presque noire et richement bouclée. Dans ses yeux seuls on lit peut-être quelque chose de l'irrésolution dont il fait preuve si souvent; ils sont pourtant d'une grande beauté. Garnis de cils noirs très longs, ils sont d'un bleu si pâle que le tour de l'iris se fond presque dans le blanc. Ils seraient même trop limpides sans les points fauves et brillants qui s'y allument soudain à la moindre émotion. Il arrive parfois alors que sa figure se spiritualise d'une façon remarquable, mais en général, je trouve dans l'ensemble de ses traits dont un sculpteur admirerait les lignes et les contours, un manque d'intellectualité qui me frappe, surtout quand je le compare à sa cousine.

Voici une description de Ludovic beaucoup plus détaillée qu'aucune de celles que j'ai essayé de te donner de Louise; mais elle, je n'ai jamais songé à l'analyser trait pour trait. Ainsi que je te l'ai déjà dit, son âme est sur son visage et je l'ai comprise et adorée dès le premier coup d'œil, tandis que j'examine et étudie Ludovic avec soin dans le désir de deviner exactement ce qu'il est.

Dans ce moment sa physionomie exprimait le plus complet accablement. Comment peut-on être abattu quand on est aimé de Louise? Je cherchai à l'encourager; je lui parlai du bonheur qu'il éprouvera lorsqu'il aura réacquis l'estime et l'amitié de ceux qui l'ont connu, et je crois que mes paroles ne seront pas absolument perdues.

Mais sa plus douce et sa plus sûre espérance est celle qui va se réaliser demain. Oui, demain sera dimanche, et nous reverrons Louise.

Mme Victor Meunier.

(*La suite au prochain numéro*).

VARIÉTÉS.

Les Héros de la paix (1).

SARAH MARTIN.

Le nom de Sarah Martin n'a guère, durant sa vie, retenti au delà des limites de Yarmouth, sa ville natale, théâtre de ses bienfaits. La mort, en la frappant, a élevé sa réputation au niveau de celle des Howard, des Fry, des Buxton, de tous ceux qui, en ce siècle, furent grands par l'amour du prochain.

C'était une petite ouvrière en robes, n'ayant d'autres ressources qu'un chétif salaire, et, malgré son habileté, elle avait bien de la peine à joindre les deux bouts. Elle atteignit ainsi l'âge de vingt-huit ans. C'était une petite femme, tranquille et douce, d'une figure assez insignifiante, et qui ne semblait douée d'aucune faculté remarquable; cet humble extérieur couvrait une âme courageuse et dévouée.

La prison de Yarmouth, comme celles de la plupart des vieilles villes d'Angleterre, était un legs de la barbarie à la civilisation. Les prisonniers vivaient sans discipline aucune, livrés absolument à eux-mêmes, en proie au dénûment de toutes choses; entrés coupables, ils en sortaient pervertis. Cependant Yarmouth prospérait rapidement; ses limites s'étendaient; son commerce prenait un grand accroissement; de riches maisons s'élevaient sur l'emplacement des vieux quartiers; ses quais étaient cités pour leur beauté; de vastes travaux amélioraient le port. Les heureux bourgeois de Yarmouth n'oubliaient qu'une chose, la prison et ses misérables habitants. Si un étranger essayait de les tirer de leur quiétude à cet égard: « N'est-ce pas un lieu de punition? disaient-ils; ne sont-ce pas des malfaiteurs? n'ont-ils pas mérité leur sort? sont-ils dignes d'aucun intérêt? » Cependant, c'était devenu une habitude chez ces bons bourgeois lorsqu'ils passaient devant la prison, de prendre l'autre côté de la rue et de détourner la tête, tant était triste la vue de ce bâtiment.

Il n'en était pas ainsi de l'humble couturière. Pendant que l'aiguille glissait rapidement entre ses doigts, son âme volait dans cette horrible geôle; l'honnête jeune fille songeait aux coupables qui dépérissaient et s'abrutissaient derrière cette clôture; sa pensée perçait les murs, et elle se représentait assise au milieu des assassins et des voleurs, leur parlant et les écoutant, essayant de les réconcilier avec le travail et avec la vertu. Un jour une femme fut arrêtée pour avoir battu cruellement son propre enfant. Il était question de ce crime dans toute la ville, et chacun maudissait la mauvaise mère. Sarah voulut la voir. Elle demanda et obtint la permission d'entrer dans la prison. La voici qui s'approche de cette mère dénaturée et qui, de sa douce voix, lui parle de son crime et de la miséricorde divine; en l'écoutant, ce *monstre de nature*, comme disaient les bourgeois de Yarmouth, se met à fondre en larmes. Sarah lui lut le XXIIe chapitre de saint Luc, l'histoire de ce malfaiteur qui trouva grâce et miséricorde auprès du Christ, et la malheureuse pleurait toujours, elle baisait les mains de Sarah et la remerciait.

Ce premier pas décida de la vie entière de Sarah. La couturière se fit apôtre. Ses visites à la prison furent fréquentes; elle s'adressa à d'autres criminels.

Quel spectacle que celui de cette jeune fille faisant à des vétérans du vice la lecture des saints livres! Elle entreprit de leur apprendre à lire et à écrire, elle leur procura du travail, elle organisa le service religieux du dimanche.

(1) Voir le numéro 29 de notre première année, biographie d'Oberlin.

Au bout de peu de temps, cette petite femme, si douce et si insignifiante, exerçait sur ces êtres sauvages une influence sans bornes. On dit qu'il n'y eut pas un seul prisonnier qui pût longtemps s'y soustraire. Le plus souvent les malheureux commençaient par tourner ses exhortations en ridicule; rien ne la rebutait! ou bien ils lui opposaient toutes sortes d'objections, mais elle y répondait avec une adresse singulière, et c'était pour elle affaire de peu de jours que d'amener à demander du travail ceux qui avaient témoigné l'aversion la plus vive pour toute occupation. Empire admirable de la douceur et de la charité! on voyait des hommes qui avaient vieilli dans le crime pencher leur tête grisonnante sur des syllabaires, s'essayer pour la première fois de leur vie à tenir une plume, et apprendre par cœur des versets de l'Évangile. Les plus stupides parvenaient à fixer dans leur mémoire jusqu'à cinq versets par jour. L'antre de l'oisiveté et de la débauche était devenu une ruche laborieuse et paisible. Les femmes confectionnaient des vêtements, du linge, des layettes; les hommes faisaient des chapeaux de paille, des casquettes, des couverts en os, etc. C'est Sarah qui leur procurait du travail. Elle leur prêtait aussi des livres. Sa sollicitude pour eux les suivant hors de la prison, elle créa un fonds de secours pour les libérés. Les prisonniers, devenus ses enfants, et qui sans doute lui devaient plus qu'à la famille du sang, l'aimaient et la recevaient comme une mère. Elle était la confidente de leurs peines, de leurs faiblesses, de leurs remords.

Sarah passait ses journées entières dans la prison de Yarmouth. Dès le matin, elle quittait sa chambre; un petit héritage couvrait les frais de son modeste loyer, rien de plus. Une affreuse pauvreté la menaçait sans l'effrayer. Elle avait fait le sacrifice d'elle-même. Les autorités, émues enfin au spectacle de cette vie de dévouement, offrirent un salaire à l'admirable femme; il fallut, pour le lui faire accepter, qu'on la menaçât de lui interdire l'entrée de la prison. Ce salaire était de 300 fr. par an. Elle n'en jouit que pendant deux années; une cruelle maladie, qui ne se termina que par sa mort, l'attacha six mois sur un lit de douleur. Elle mourut le 15 octobre 1855. La fiévreuse activité de son âme s'exhala pendant cette cruelle épreuve en chants de gratitude et d'amour; Sarah était devenue poëte!

L'enseignement à déduire de cette noble vie, c'est que le plus humble d'esprit, l'être le plus pauvre, le plus isolé, le plus dépourvu d'influence, peut beaucoup pour le bien de ses frères. Qu'il veuille fermement, cela suffit: on peut dans la mesure de son vouloir, l'histoire de Sarah Martin le démontre. Ne nous disons pas: « Que pourrais-je dans ma position, que peut l'homme seul, que peut le pauvre? » Prétexte mensonger! lâche démission! Sarah n'était-elle pas seule? Sarah pouvait-elle être plus pauvre? Est-il position plus infime que celle de Sarah? Cette force morale qui a tenu lieu à l'humble ouvrière et de richesse et d'appui extérieur, n'existe-t-elle pas au moins virtuellement en chacun de nous? Que nos efforts tendent donc à la faire passer de la puissance à l'acte; fortifions-nous par la pratique; n'ajournons pas l'action à un temps que l'action peut seule amener; préparons la grandeur de l'avenir en nous grandissant nous-mêmes... par les œuvres. V. M.

FAITS DIVERS.

Chemins de fer.

Chemins français.—La traversée des hautes montagnes par les chemins de fer, dans les Alpes et les Pyrénées, a été étudiée sérieusement, et la dépense de percement des tunnels a été calculée sur les bases suivantes:

250,000 fr. par kilomètre pour une hauteur de 500 mètres; 500,000 fr. par kilomètre, pour une hauteur de 1,000 mètres; 1 million par kilomètre, pour une hauteur de 1,500 mètres; 2 millions pour les grands tunnels. En tenant compte de ces calculs, et en appliquant au Mont-Cenis la dépense de 1 million par kilomètre, on trouve que le tunnel projeté coûterait bien près de 48 millions. Dans l'hypothèse du percement du Mont-Saint-Bernard, situé dans la direction d'une ligne déjà étudiée entre Lausanne et la vallée d'Aoste par Vevey, ce percement donnerait lieu à une somme approximative de 160 millions.

Chemins russes. — Les conditions de la concession sont signées. Les concessionnaires se chargent de la construction de 3,800 verstes environ de chemins de fer, dont voici les directions: la première et la principale en ce moment est celle de Saint-Pétersbourg à Varsovie; le gouvernement a déjà achevé, à ses frais, une partie de la route, sur une distance de 300 verstes environ.

La seconde ligne est celle de Moscou à Théodosie; la distance entre ces deux villes, par voie ordinaire est de 1,356 verstes, et plusieurs villes considérables se trouveront reliées par cette ligne; on a seulement été surpris de la voir aboutir à Théodosie et non à Odessa.

La troisième ligne est celle de Moscou à Nijnii-Novgorod (390 verstes).

La quatrième partira de Koursk, chef-lieu d'une province et centre de l'activité commerciale dans l'intérieur de la Russie, et aboutira au port de Libau; cette ligne croisera à Dunabourg celle de Saint-Pétersbourg à Varsovie. La Compagnie s'engage à achever ces lignes avant l'expiration de dix années; la voie de Varsovie sera naturellement la première ouverte à la circulation; celle de Nijnii-Novgorod le sera immédiatement après.

Chemins turcs. — Le chemin de fer projeté et sérieusement étudié par des ingénieurs français et anglais, entre Belgrade et Constantinople, aura une étendue de plus de 800 kilomètres. Il touchera à Andrinople, Philippopoli, Sophia, Nissa, Alexnitza, Paracin, Cupraria, Jagodine, Semendria et Belgrade. Sur la ligne de Belgrade à Constantinople, se trouve la traversée des Balkans. Plus tard, et comme complément indispensable de cette grande voie ferrée, on relierait Belgrade avec le port de Trieste.

Navigation.

Deux navires à hélice, l'*Oneïda* et le *Simla*, appartenant à la Compagnie de navigation à vapeur européenne et australienne, viennent de partir de Southampton pour Melburne et Sydney. L'*Oneïda*, expédié le premier, sera, en quelque sorte, le pionnier des opérations de l. Compagnie en Australie. Après son arrivée à Melburne, il sera employé entre ce port et Suez correspondant avec les navires à vapeur qui font le service entre Alexandrie et Southampton. Deux autres bâtiments, l'*Européen* et *le Colombien*, sont, dès à présent, tout prêts dans la Clyde, et ils partiront avec les dépêches le 12 décembre et le 12 janvier prochains. Outre ces beaux navires, la Compagnie en fait encore construire trois autres à Glascow, de 2,800, 2,300 et 1,000 tonneaux, avec 700, 500 et 330 chevaux de force; mais ces derniers navires ne seront prêts qu'en août et en septembre 1857. Le service régulier d'Angleterre en Australie par Suez ne commencera qu'en février prochain, époque où l'on attend à Southampton le retour du premier paquebot qui aura transporté la malle.

— Lundi 27 octobre, un banquet a été donné à bord de l'*Istamboul*, clipper à hélice auxiliaire, destiné à faire le trajet de Londres en Australie. Il s'agissait d'examiner avec soin le nouveau navire, et de voir, avant son premier départ, si les aménagements pour les passagers, et surtout pour ceux de la seconde classe, avaient réalisé tous les progrès possibles dans l'état actuel de l'art des constructions navales.

L'*Istamboul* est du port de 1,470 tonneaux; il a été construit par M. John Pile à Hartlepool, et lancé le 6 février de cette année. Il n'a que 250 pieds dans sa plus grande longueur, sur 36 pieds et demi de large. Les machines, de MM. R. Stephenson, de Newcastle, paraissaient excellentes. Elles sont à la fois très puissantes et très économiques sous le rapport de la consommation du combustible. La plus grande vitesse obtenue sous voile, durant les essais, a été de 16 milles à l'heure avec la voile seule; avec la vapeur, elle n'a été que de 9 milles. D'après les épreuves, qui ont duré trois mois pour le service du gouvernement dans la Méditéranée, le directeur pense que le voyage entre Londres et Melbourne pourra se faire en soixante-cinq jours régulièrement.

— Durant le trimestre finissant au 30 septembre 1856, il est sorti du port de Liverpool douze cent quarante sept navires, dont les cargaisons avaient une valeur de 14,824,339 liv. sterl., c'est-à-dire 370 millions de francs. A ce compte, le port de Liverpool fera dans l'année, par les navires seuls qui en partent, 1 milliard 500 millions de francs. Sur ces douze cents quarante-sept navires, sept cent sept étaient anglais, cinq cent quarante étaient étrangers; et la cargaison de ces derniers ne se monte pas à plus de 4,863,149 livres sterl.

— Le *Mitchell's Maritime Register* public les renseignements statistiques qui suivent, sur le matériel et le personnel de la marine anglaise marchande :

« La marine marchande de la Grande-Bretagne et de ses colonies, en 1854, comptait, non compris celle de l'Inde, 36,348 navires, avec un chiffre total de 5, 145, 846 tonneaux, et 269,093 marins. En n'évaluant ce tonnage qu'à 12 liv. sterl., par tonneau, on aurait un capital de plus, 60,000,000 liv. sterl., représentant la valeur totale de la marine marchande; mais comme celle-ci possède aujourd'hui un grand nombre de steamers de premier rang, cette valeur est bien plus considérable. En 1842, la marine marchande de la Grande-Brettagne et de ses colonies comptait 30,815 navires jaugeant 3,619,650 tonneaux, et employant 214,609 marins. Elle s'est donc, en douze ans accrue d'un million et demi de tonneaux, et à employé 50,000 hommes de plus.

« La Grande-Bretagne possède un tiers du tonnage de tous les autres pays du monde, et comprend dans sa marine marchande des bâtiments de première classe.

Voyages.

Expédition aux sources du Nil. — *L'Isthme de Suez* nous apprend que d'après les dernières nouvelles du Caire, M. d'Escayrac de Lanture était parvenu à organiser cette expédition dans toutes ses parties. Dès le 16 octobre, il avait pu expédier en avant deux petits bâteaux à vapeur et quatre dahabiéhs qui devaient remonter jusqu'à la première cataracte. Cette flotille était placée sous les ordres de l'officier de marine anglais attaché à l'expédition. Le Nil commençait à décroître et présentait une navigation facile pour ce premier convoi. Il est probable que nous aurons à annoncer très prochainement le départ de l'expédition entière.

On doit se rappeler que la dernière expédition aux sources du Nil a eu lieu sous Méhémet-Ali en 1841, 1842 et 1843.

Un ingénieur français, qui est encore actuellement au service du gouvernement égyptien, M. Dardnand, y était attaché ainsi que M. Sabatier, le frère du consul général actuel de France en Egypte. Cette expédition pénétra jusqu'au quatrième degré de latitude nord; et l'on avait déjà parcouru à cette distance plus de mille lieues du cours du Nil, sans que le fleuve présentât un autre aspect que celui qu'on lui connaît dans la haute Egypte et dans le Soudan. Aucun document officiel sur cette exploration n'a été publié; mais quelques-uns de ceux qui y ont participé ont publié des relations plus ou moins étendues de leur voyage.

L'expédition actuelle est combinée de manière à réunir le plus de documents possibles, et la science y est représentée dans ses branches principales. Elle sera en outre protégée, comme la précédente, par un corps de troupes assez considérable qui s'élèvera à trois cents hommes fournis par le gouvernement égyptien. Il y a lieu d'espérer une réussite complète.

Emigration.

Le *Messager de Bayonne* mentionnait, dans son numéro du 3 novembre, le départ de 240 basques pour Montévideo et Buenos-Ayres; dans son numéro du 4, il enregistre le départ de 155 autres colons français pour la Plata.

— Les journaux du Canada annoncent l'arrivée de 52 individus de la Belgique et de quinze famille de fermiers de la Normandie venus pour s'établir sur les terres du gouvernement dans le bas Canada. Ce n'est, ajoutent-ils, que l'avant-garde d'une grande émigration attendue pour cette saison.

— Un rapport au conseil général de la Haute-Saône constate que sur 5,133 émigrants de ce département 4,010 se sont rendus en Algérie et 1,123 en Amérique.

— Un livre publié par M. Bromwell, à New-York, sur l'immigration européenne aux Etats-Unis, constate que de 1819 à 1855, il y est arrivé 188,725 français. Dans les dernières années, le chiffre des émigrants de cette nation a été:

En 1851. 20,126
1852. 6,763
1853. 10,770
1854. 13,317
1855. 6,044

En 1855, le nombre total des émigrants européens aux Etats-Unis a été de 195,490 individus.

Mines.

On écrit de Sydney (Australie), en date du 5 août, qu'on vient de découvrir à Rocky-River, près de Bathurst, de nouvelles mines d'or plus riches que toutes celles qu'on connaît. Les colons s'y rendaient en masse, et quelques-uns en une seule après midi ont pu recueillir jusqu'à 300 onces d'or. Les morceaux de minerai pur étaient énormes, et l'on en rencontrait qui pesaient jusqu'à 130 onces.

— Une mine de sulfure de bismuth vient d'être découverte aux bains de la Preste (Pyrénées). Ce métal n'avait pas encore été signalé dans ces montagnes. On vient également de découvrir à Armissan, près de Narbonne, une mine de lignite. Le gisement de ce combustible paraît être semblable à celui de la Provence.

Prix proposé aux étudiants italiens. — M. Alessandro Riberi, professeur de médecine opératoire à l'Université de Turin, a institué un prix de 600 fr. à accorder à l'élève de sixième année qui aura obtenu le plus grand nombre de points dans ses examens pendant tout le cours de ses études. A égalité de points, le prix sera donné à l'élève le moins riche.

La plante a savon. — Un journal agricole anglais annonce qu'on vient d'importer au Jardin botanique de Kew des bulbes de cette liliacée, dont nous avons plusieurs fois entretenu nos lecteurs. Les uns proviennent de la Chine, les autres de la Californie; les spécimens reçus de ce dernier pays sont en pleine floraison.

L'héritage d'un inventeur. — On signe en ce moment partout en Angleterre une pétition ayant pour but d'obtenir du gouvernement qu'il accorde une pension aux héritiers pauvres, au fils et aux trois filles de Henry Cort, le créateur de l'industrie des fers malléables. Jusqu'en 1782, la Grande-Bretagne produisait à peine 17,350 tonnes de fonte, et en exportait au plus 427 tonnes. La patente de Henry Cort pour la conversion de la fonte aigre en fonte malléable date de 1785, et, depuis cette époque, l'Angleterre, qui payait pour ses fers pris à l'étranger un tribut énorme, n'a plus importé que des aciers fins. Elle a produit, en 1854, 3,585,906 tonnes de fer forgé, et l'on a exporté 850,738 tonnes. L'accroissement de la fortune publique, par suite de l'invention du pauvre forgeron de Gosport a donc été véritablement énorme, et ce serait une honte que de laisser plus longtemps ses héritiers dans la misère.

Population des États-Unis. — En 1855, la population des États-Unis d'Amérique était de 27,130,727 individus. En 1850, elle n'était que de 23,423,714 individus. L'augmentation en cinq ans a été de 16 p. 100.

La fortune publique de ce pays a été évaluée en 1855 à 8,629,893,172 dollars. Enfin, de 1843 à 1855, 3,400,000 personnes ont émigré pour ce pays.

Culture du mil au Sénégal. — Le mil, qui forme au Sénégal la base de l'alimentation de la population indigène, demande trop de travail et d'assiduité pour que les nègres ne s'empressent pas d'en abandonner la culture dès qu'ils le peuvent; pourtant la manière dont ils la pratiquent est des plus simples. Elle a lieu ordinairement vers le mois de juillet ou le mois d'août. On commence par mettre le feu aux herbes, puis on bêche la terre à l'époque des premières pluies.

Le terrain, ainsi préparé, est ensuite ensemencé; un nègre porteur d'un épieu en frappe la terre et y pratique, à des intervalles plus ou mois réguliers, des trous de deux à trois pouces de profondeur; un autre noir le suit, muni de la semence; sa tâche est de déposer dans chacun des trous pratiqués deux ou trois graines; enfin, un troisième individu est chargé du soin de fermer les trous et de recouvrir le dépôt confié à la terre, opération qu'il pratique avec indolence et parcimonie du bout de son pied.

Le ciel et la pluie aidant, la récolte a lieu après trois ou quatre mois; on laisse mûrir les épis sur pied, puis on coupe les plantes et l'on en forme des tas revêtant à l'extérieur la forme de cases; on sépare enfin les épis de la paille qu'ils surmontent et on les bat avec des fléaux sur une aire appropriée d'avance à cette opération. Le battage est pratiqué par les noirs; la propreté du grain est faite ensuite par les femmes. Le mil est alors recueilli, enfermé dans des sacs de toile ou de peau, et emmagasiné dans les cases.

Singulier effet du semen-contra. — La famille d'un teinturier, composée des deux parents et de plusieurs enfants adultes, prit une quantité assez forte de semen-contra, arrivée depuis peu, d'après le témoignage du pharmacien, et remarquable par sa belle couleur verte. Outre l'évacuation de nombreux vers intestinaux, ce remède produisit le phénomène de changer, pour chaque membre de cette famille, le rouge en orange et le bleu en vert; effet qui cessa dès le lendemain, et que l'auteur de l'observation, M. Wittke, croit propre à prouver la subjectivité des couleurs.

Alexis Martin. — Nous lisons dans l'*Edinburg Médical Journal* des détails intéressants sur le nommé Alexis Martin, Canadien, rendu célèbre par sa fistule stomacale et le parti qu'en a tiré le docteur Beaumont pour ses expériences physiologiques. Il s'était, depuis ses expériences, retiré à Montréal, où il s'est marié et a eu cinq enfants. Mais, après environ un quart de siècle, il s'est mis de nouveau à la discrétion des physiologistes, et se trouve maintenant entre les mains d'un chirurgien anglais, le docteur Bunting. La fistule que porte Martin a pour origine un coup de feu qui avait emporté une portion de côte et ouvert la partie gauche de l'estomac. L'orifice est constamment tenu fermé par un bandage compressif, faute duquel les liquides gastriques s'échappent au dehors.

Les doctoresses en médecine. — Il circule aux États-Unis un appel aux amis de l'émancipation du beau sexe, pour instituer à New-York une *Ecole pratique de médecine* destinée aux femmes, et où ne seraient admis que les malades du sexe féminin et des enfants. Le motif de cette institution est que jusqu'ici l'entrée des hôpitaux ordinaires a été refusée aux *étudiantes*. Les *doctoresses* Élizabeth Blackwell et Maria Zakrewska seront chargées de l'organisation du nouvel hôpital.

PROGRAMME DES COURS PUBLICS.

Muséum d'histoire naturelle.

Histoire naturelle des poissons. — M. C. Duméril a ouvert le 14 octobre, à midi, ce cours qui a lieu les mardis et samedis. La première partie sera consacrée à l'examen des principaux systèmes de classification de ces animaux. Dans la deuxième partie, le professeur fera connaître leur organisation en la comparant à celle des autres êtres animés. Il aura l'occasion d'exposer les modifications les plus remarquables qui résultent de leur structure, de leurs mœurs et de leurs habitudes. Quelques considérations générales seront d'abord présentées sur les divers modes d'utilité des Poissons.

Histoire naturelle des mammifères et des oiseaux. — M. I. Geoffroy-Saint-Hilaire a ouvert ce cours le 21 octobre à 1 h. 1/2, il sera continué tous les mardis et samedis. Le professeur traitera cette année, à un point de vue général des Mammifères et des Oiseaux, et principalement de l'arrangement méthodique des ordres, des familles et des genres, de la valeur et des variations des caractères qui distinguent les espèces actuelles, et des rapports de ces espèces avec les êtres qui les ont précédés à la surface du globe.

Histoire naturelle des annélides, des mollusques et des zoophytes. — M. Valenciennes, professeur, a commencé le 22 octobre à 12 h. 1/2; il a lieu les lundis, mercredis et vendredis. Le professeur traitera des principes de la classification des Annélides, des Mollusques et des Zoophytes, et il exposera les caractères des ordres et des familles des espèces vivantes et fossiles de ces animaux.

Physique appliquée. — M. Becquerel, professeur. Commencé le 3 novembre à 11 h. 1/4; a lieu les lundis et vendredis. Traite de la Physique appliquée à la Météorologie, aux sciences naturelles et à l'agriculture.

Manufacture des Gobelins.

Cours de chimie appliquée a la teinture. — M. Chévreul, directeur des teintures des manufactures impériales, a ouvert dans l'amphithéâtre des Gobelins, le 22 octobre, à 9 h. 1/2 du matin, pour être continué les mercredis, jeudis et vendredis, à la même heure, son cours de Chimie appliqué à la teinture. La première partie comprendra l'exposition des connaissances chimiques applicables à la teinture.

Prix d'abonnement pour l'étranger.

Allemagne, 12 fr. — Suisse, Parme, Plaisance, Modène, 12 fr. 50 c. — États-Sardes, Grèce, 13 fr. — Hollande, Angleterre, 14 fr. — États-Unis, Indostan, Turquie, 14 fr. 50 c. — Belgique, Prusse, Hanovre, Saxe, Pologne, Russie, Espagne, Portugal, 15 fr. 50 c. — Toscane, 16 fr. 50 c. — États-Romains, 20 fr. 50 c.

Le propriétaire rédacteur-gérant : Victor MEUNIER.

Paris. — Imp. de J.-B Gros et Donnaud, rue des Noyers, 74.

Deuxième année. — N° 47. 25 CENTIMES. 23 novembre 1856.

L'AMI DES SCIENCES

JOURNAL DU DIMANCHE

SOUS LA DIRECTION DE

VICTOR MEUNIER

BUREAUX D'ABONNEMENT
13, RUE DU JARDINET, 13,
Près l'Ecole de Médecine.
A PARIS

ABONNEMENT POUR L'ANNÉE
PARIS, 10 FR; — DÉPART., 12 FR.
Étranger (Voir à la fin du journal)

SCIENCE ET PHILOSOPHIE.

Je me propose de rechercher dans cette étude, quel sens rationnel on peut attacher à cette expression si souvent employée de *philosophie de la science*; quelle idée il serait possible de lui faire représenter, et quel emploi régulier on pourrait en faire dans l'état actuel de nos connaissances.

Pour procéder logiquement daus cette recherche, il est évident qu'il faut commencer par déterminer la signification des deux termes, *Philosophie et Science* qui composent l'expression dont il s'agit, puis, voir s'il existe dans l'intelligence humaine des produits auxquels devraient naturellement correspondre l'expression *philosophie de la science*. Demandons-nous donc ce que c'est que la philosophie, en quoi elle consiste; comment elle diffère de la science, et quelle est la nature intime de chacune d'elles. Ce champ, une fois exploré, il sera facile de voir ce que peut représenter la philosophie de la science.

S'il y a un mot soumis à toute espèce d'interprétation, servant à rappeler l'idée des choses les plus disparates, c'est sans contredit le mot *philosophie*; et si l'on admettait qu'il a une signification sérieuse toutes les fois qu'il est employé, on serait bientôt forcé de conclure qu'il représente les données les plus diverses, et que l'on est philosophe sans le savoir dans toutes les situations et à propos de toutes sortes d'affirmations, de prévisions et de conjectures. Je ne vois pas de recherches oiseuses, d'idées bizarres, de créations ridicules qui ne puissent être à même de faire jaillir quelque étincelle de philosophie. A entendre certains écrivains, il y aurait de la philosophie partout: le romancier le plus vulgaire, le littérateur le plus creux, le dialecticien le plus égaré seraient parfois de profonds philosophes qu'il n'y aurait plus qu'à saluer comme tels. Mais il arrive que si l'on pousse un peu ces critiques, on voit que pour eux tout est philosophie, excepté la philosophie elle-même.

Il est hors de doute qu'il faut décliner la compétence de pareils juges, et que leur appréciation n'a aucune valeur. Mais il en est d'autres devant lesquels nous pourrions être conduits, et pour lesquels toute espèce de science doit être confondue avec la philosophie. Il n'y a pas lieu, disent-ils, à une distinction fondamentale entre ces deux termes, la *philosophie*, c'est la *science*, et réciproquement. Le naturaliste, le physicien, le chimiste, le mathématicien sont des philosophes et des savants; la philosophie ne saurait dominer la science, elle est la science elle-même.

Pour ceux-ci, on le voit, il n'y aurait pas lieu à deux expressions; l'une serait synonyme de l'autre, et toute la solution consisterait à en ôter une du dictionnaire. Si, comme ils le soutiennent, il n'y a qu'une chose, la science, disons bonnement la science et laissons disparaître le mot philosophie. Cependant, avant de suivre ce conseil, examinons s'il n'y a rien en dehors de la science, et si la philosophie ne serait pas nécessaire pour rappeler l'idée de produits autres que ceux enregistrés par la science. Ici, nous pourrions encore être arrêtés par les théologiens et par les prêtres de toutes les sectes qui nous prouveraient que la philosophie n'est assurément pas la science, mais qu'elle est incarnée dans la religion, qu'elle est même la religion tout entière. Avec ces nouveaux interlocuteurs, on ne tarderait pas à voir qu'on peut être philosophe dans toutes les religions et en se livrant aux plus folles superstitions. Cette prétention ne saurait être admise par personne, elle ne mérite pas une minute d'examen, et si la philosophie existe quelque part, ce n'est pas dans les religions qu'il la faut chercher.

Il résulte des considérations qui précèdent que la philosophie est réclamée de toutes parts, que chacun veut la posséder, et qu'on la voit sous mille formes différentes. Remarquons en passant que ce qui a lieu à propos de ce mot se présente en général toutes les fois qu'il s'agit de termes abstraits. Quel est l'homme par exemple qui sait nettement ce qu'il dit lorsqu'il emploie le mot *métaphysique*? Où est le littérateur qui puisse se prononcer pour ou contre la métaphysique avec connaissance de cause? Elle est violemment attaquée et courageusement défendue, mais je ne crois calomnier, ni ceux qui la repoussent, ni ceux qui la soutiennent, en disant que les uns et les autres seraient fort embarassés de savoir en quoi elle consiste. Le premier soin cependant doit être d'attacher un sens précis aux mots dont on se sert, et si, comme le dit Locke, les mots sont les passeports des idées, il faut faire attention de ne pas jeter les passeports par les fenêtres, car autrement on ne s'y reconnaîtrait bientôt plus. Il est vrai qu'on paraît fort peu s'en inquiéter; on semble dire qu'il y a trop de badauds qui avalent tout pour le seul plaisir d'avaler, qu'il ne vaut pas la peine de leur choisir des substances un peu soigneusement preparées. On confond alors, sans le moindre scrupule, *philosophie, science, métaphysique, dialectique, sophistique,* on se jette de gaieté de cœur dans un galimatias d'où il ne peut sortir qu'erreur et confusion. La dignité veut qu'on proteste énergiquement contre cet état de choses; il y a crime à abuser de la bonne foi du lecteur, quel qu'il soit; il faut, par conséquent, lui parler pour qu'il entende, et répéter qu'il n'est pas permis de se servir d'une expression sans lui faire représenter une idée claire.

Voyons maintenant ce que peut signifier le mot *philosophie.* Il est certain d'abord qu'il ne représente pas quelque chose qui puisse tomber sous les sens, comme un cheval, un chien, un oiseau; qu'il ne désigne donc pas un objet de la conscience empirique. Si nous passons dans le domaine transcendantal, c'est-à-dire dans celui où se trouvent renfermées toutes les idées de formes régulières, de figures géométriques, de constructions algébriques avec celles de leurs rapports, nous verrons bientôt que toutes ces idées sont parfaitement déterminées, qu'elles ont chacune un nom, et que la philosophie ne peut rappeler ni l'idée d'un triangle, ni celle d'un polygone, ni celle d'une équation. Comme il n'y a que trois sortes d'idées dans l'entendement humain, et que le mot philosophie n'est pas une idée empirique, ni une idée transcendantale, il faudra de toute force qu'il trouve sa place dans les idées transcendantes s'il veut avoir une fonction. On appelle de ce nom des idées qu'obtient le moi, après qu'il a mis hors de lui tout ce qui appartenait à la conscience empirique et à la conscience transcendantale; c'est-à-dire que les idées transcendantes n'ont d'autre matière qu'un simple acte, une simple transformation du moi lui-même. Le moi ayant la faculté de se saisir lui-même, il peut avoir connaissance de tous les actes de toutes formes qu'il a prises par suite de la présence des objets et des mouvements de l'activité. Toutes les fois que le moi saisit un objet, il accomplit un acte; si l'objet est écarté, l'acte reste et n'est plus alors qu'une idée abstraite, métaphysique ou transcendante. C'est au moyen de ces actes qu'on arrive à décrire les différentes parties de la machine à connaître et à en faire saisir le mécanisme. En tant que l'esprit étudie séparément les idées de cette sorte, qu'il les considère successivement, qu'il cherche à leur donner un lien, il fait un travail qui constitue simplement la métaphysique. Mais lorsqu'il arrive au sommet de la connaissance, qu'il est parvenu à saisir dans un tout complet les idées transcendantes, qu'il voit comment elles s'engendrent les unes et les autres, lorsqu'il s'est emparé enfin du dernier secret de la machine à connaître, il a conquis définitivement le domaine de la philosophie. L'esprit humain seulement alors est d'accord avec lui-même. Tant qu'il est dans la route qui conduit là, qu'il ne fait qu'examiner les idées abstraites, il fait de la psychologie ou de la métaphysique, mais pas encore de la véritable philosophie. Il est facile de voir qu'elle embrasse tout et qu'elle peut rendre compte de tout; elle contient la somme de tous les actes de l'esprit humain; elle sait comment ces actes ont eu lieu et quelles modifications ils peuvent subir pour former les sciences et les arts. Lorsque ces actes sont en harmonie, l'esprit jouit de cette satisfaction parfaite qui constitue ce qu'on appelle l'accord avec soi-même. Tant qu'il n'a pas atteint ce but, il se tourmente et s'agite; et si, après un pénible labeur, il n'aboutit pas, il se jette épuisé dans une croyance aveugle, espérant y trouver le repos avec la mort.

Le mot *philosophie* représente donc les idées de l'esprit humain prises dans leur ensemble. Elle doit les montrer dans une harmonie parfaite, les faire saisir dans une libre et sublime conciliation, indiquer le lien qui les rattache les unes aux autres dans une conscience unique, et donner le plan le plus exact de la voie de la vérité et du labyrinthe de l'erreur. Aucun philosophe de quelque valeur ne s'en est fait une autre idée; et si l'on a parfois donné le nom de philosophie aux travaux d'élaboration nécessaire pour y arriver, on ne s'est jamais trompé sur la nature du résultat qu'il s'agissait d'obtenir, et, aujourd'hui, on ne peut transporter ailleurs cette expression sans y trouver place prise. Il est visible par là que la philosophie doit expliquer tout et rendre compte de tout. Elle doit faire voir en quoi consiste la science, la morale, la politique, les fables, les religions, l'histoire, etc.; mais elle ne saurait être confondue ni avec la science, ni avec la morale, ni avec les religions, ni avec l'histoire. Elle forme son objet de tout ce qui existe pour le moi; mais on ne peut la transformer en aucune des parties qui la constituent sans la détruire et l'anéantir. En montrant la nature et les lois de chacune des branches diverses de la connaissance humaine, elle reste constamment en dehors afin de les dominer dans leur entier. Elle est, par conséquent, quelque chose de net et de bien caractérisé, qui possède une valeur immense et qui existe libre et indépendant au-dessus de tout.

Après avoir circonscrit dans ses véritables limites le sens du mot *philosophie*, il reste à faire un travail analogue pour le mot *science* et à montrer en quoi elle consiste.

Charles Bailly.

(*La suite au prochain numéro.*)

SCIENCE ET BEAUX-ARTS.

Peinture en feuilles. — Procédés Hussenot. — M. Louis Boulanger.

Il y a longtemps déjà que nous voulions entretenir nos lecteurs des utiles procédés de peinture à l'huile inventés par M. Hussenot, mais l'occasion nous manquait : elle se présente aujourd'hui, nous nous hâtons de la saisir.

C'est à propos d'une vaste peinture murale destinée à décorer l'abside et le cœur de la charmante église de Palaiseau, que nous allons parler de ces procédés. M. Edmond de Joly, chargé des travaux, est le premier des architectes de Paris qui n'ait pas craint d'en essayer l'application. Encore a-t-il fallu pour cela que M. Louis Boulanger, peintre d'histoire, chargé d'exécuter la grande page du fond de l'abside, se décidât lui-même à risquer son talent et son temps sur ces nouvelles feuilles de peinture que M. Hussenot substitue à la toile et au *marouflage*.

Le nom de M. Louis Boulanger est trop connu, disons mieux, trop illustre dans les arts pour que nous ayons à rappeler ici les importants travaux de peinture auxquels il doit le rang qu'il occupe : son œuvre sera donc un chef-d'œuvre; mais M. Louis Boulanger eût-il entrepris l'exécution de cette vaste page en ogive de plus de quarante mètres carrés de surface s'il lui eût fallu quitter son atelier, négliger ses autres travaux et s'absenter de chez lui pour aller à Palaiseau s'installer à peindre pendant l'hiver sur un échaffaudage incommode, dans une église sans feu?

Les exigences du culte se fussent-elles d'ailleurs accordées avec un encombrement de charpentes qui eût pendant plus de six mois obstrué le chœur et entravé le service divin? Enfin eût-il été possible à une église de campagne de subvenir aux frais indispensables de déplacement d'un artiste en renom quelque modéré qu'on le suppose dans ses prétentions? La décoration des voûtes et des arcs-doubleaux du chœur eût-elle pu s'effectuer sans faire venir à grands frais des peintres décorateurs qui eussent passé d'autant plus de temps à exécuter leur travail que, loin de leurs habitudes, ils auraient été nécessairement moins à l'aise?

Non, sans doute, mais grâce aux procédés nouveaux, Louis Boulanger peindra son vaste tableau dans son atelier, tous les travaux de décor seront exécutés à Metz, dans l'établissement spécial que M. Hussenot dirige et, lorsque tout sera prêt, quatre jours au plus suffiront pour fixer toutes ces peintures et les appliquer aux murs de l'église, plus solidement et dans des conditions de durée bien supérieures à celles qu'offrirait un travail exécuté sur place par les moyens ordinaires. C'est en quoi consiste l'incontestable avantage des procédés de M. Hussenot dont on doit, dès à présent, comprendre toute l'importance.

M. Hussenot père est lui-même un artiste peintre de grand talent, depuis longtemps conservateur du musée et professeur à l'école de Metz, il a fondé dans cette ville, en 1835, un établissement spécial de peinture pour l'application de ses procédés. Mais telle est la force de la routine que, malgré les succès obtenus à Metz, aucun établissement du même genre n'existe encore à Paris, où toute industrie utile est d'ordinaire si promptement accueillie.

Cependant les procédés de peinture à l'huile inventés par M. Hussenot ont été successivement honorés :

D'un rapport très favorable et très explicite de l'Académie royale de Metz, en 1842 ;

D'une mention honorable accordée par le jury central de l'exposition, en 1844 ;

D'une mention toute spéciale insérée dans le bulletin de la *Société d'encouragement* pour l'industrie nationale, en 1845, et d'une médaille d'argent décernée par cette société ;

Enfin d'une médaille de 1re classe décernée par le jury de l'exposition universelle, en 1855.

Ce n'est pas tout. La *Société centrale des architectes* a été saisie de la question, et le rapport qu'elle a publié dans son bulletin, ne peut laisser aucun doute sur le mérite incontestable des procédés de M. Hussenot, procédés dont l'utilité pratique a paru si bien démontrée, que le savant rapporteur n'hésite pas à les signaler à tous ses confrères comme un des plus grands progrès qu'ait fait de nos jours le grand art de la peinture décorative.

Pourquoi l'usage de ces procédés si favorablement accueillis n'est-il pas plus généralement répandu? Pourquoi les travaux considérables de peinture murale exécutés par MM. Hussenot père et fils, tant à Metz qu'à Kientzheim, près de Colmar, et à Lille, n'ont-ils pas fait naître l'idée d'en exécuter de semblables dans les édifices de la capitale?

Cela tient probablement à ce que n'ayant pas sous les yeux les spécimens que nous venons de citer, les architectes parisiens ne se sont pas crus suffisamment autorisés à prendre sur eux la responsabilité de travaux dont les échantillons ne se trouvaient pas à leur portée. Cela tient surtout à ce qu'il eût fallu pour appliquer à la peinture décorative les procédés de MM. Hussenot, les étudier avant tout, cela va sans dire, puis rompre avec les habitudes prises, changer les tarifs, modifier tout un système d'exécution, quitter en un mot les sentiers battus pour en frayer de nouveaux, et c'est là le plus difficile.

Pour nous, qui avons approfondi la question dans tous ses détails et qui nous sommes rendu compte du principe et des conséquences, nous le déclarons franchement, l'invention de M. Hussenot nous paraît être pour l'art une véritable conquête.

Le procédé de M. Hussenot consiste, ainsi qu'il le dit lui-même, à changer dans un grand nombre de cas le mode d'application de la peinture à l'huile en se fondant sur cette observation complétement justifiée depuis par les remarquables expériences de M. Chevreul « que la peinture à l'huile augmente de poids pendant sa prétendue dessiccation, qu'elle absorbe de l'oxygène, et que c'est à la combinaison qui résulte de cette absorption qu'est dû le *durcissement* de la peinture fort improprement appelé, comme on le voit, *dessiccation*. »

Un autre fait résulte de l'expérience : c'est qu'une couche de peinture à l'huile étendue sur une autre couche ou sur plusieurs couches déjà sèches, fait prise et sèche (ou se sature d'oxigène) plus rapidement que la première couche appliquée.

« Admettons maintenant — dit M. Hussenot, dans l'intéressant mémoire que nous avons sous les yeux — « Qu'une couche de peinture complétement isolée dans l'air comme le serait une feuille de papier suspendue par un point, absorbe ainsi l'oxygène par ses deux faces, puis que l'on applique cette feuille ainsi saturée d'oxygène sur une couche de peinture fraîche, déposée à la surface d'un corps : admettons encore que cette couche humide ait été composée des éléments ordinaires de la peinture à l'huile, mais dans des proportions telles que, d'une part, l'adhérence à la surface peinte, de l'autre, l'absorption de l'oxygène ait été favorisée autant qu'il est possible, il est évident que la répartition uniforme de l'oxygène se fera dans un temps relativement très court et qu'il résultera de ce travail intérieur une adhérence très forte entre les deux couches, adhérence occasionnée surtout par la dissolution dans la couche liquide, de la partie de la couche déjà sèche et sursaturée d'oxygène, qui aura été mise en contact avec elle. »

Car, de ce que nous avons dit plus haut, il résulte en principe :

« 1° Que dans l'application de couches successives, il n'y a pas lieu de se préoccuper des moyens de faciliter une prétendue évaporation de liquide ou *dessiccation*, attendu qu'il ne se passe rien de semblable ; qu'il suffit, au contraire, de favoriser l'absorption de l'oxygène par des couches qui ne sont pas encore sèches ; »

« 2° Que cet oxygène peut être emprunté en partie à une couche déjà sèche et pour ainsi dire sursaturée d'oxygène, puisque le contact d'une semblable couche hâte le durcissement. »

Chacun peut, maintenant, se faire aussi bien que nous-même, une idée nette et précise du procédé de M. Hussenot : il ne diffère de la manière habituelle que par l'ordre des opérations, car au fond, sa peinture se compose des mêmes substances que la peinture ordinaire, si bien que par une analyse chimique, on ne saurait trouver aucune différence entre elles.

Figurons-nous donc une peinture à l'huile isolée de tout support et ne consistant plus qu'en une feuille mince comme une feuille de gélatine ou de papier, souple, élastique jusqu'à certain point, et qu'on peut expédier roulée en telle dimension qu'on veut, après qu'elle a reçu, *dans l'atelier de l'artiste*, le motif de décor, ou le sujet de tableau que comporte sa destination.

Il est évident que ce motif de décor et ce sujet de tableau

seront d'une exécution plus facile *à couvert et dans l'atelier* que dehors ou sur une échelle, voire même sur un échafaudage.

Cette peinture exécutée et roulée comme nous venons de le dire en feuilles de dimensions calculées et déterminées à l'avance, est expédiée sur le lieu où l'application doit en être faite : là des ouvriers, familiarisés avec ce genre de travail, appliquent ces feuilles et les fixent à la place qu'elles doivent occuper au moyen d'une couche fraîche de peinture à l'huile disposée pour les recevoir et avec laquelle elle ne forment bientôt plus qu'un seul et même corps.

Cette opération secondaire s'exécute par des procédés aussi simples qu'ingénieux et tellement prompts, que la coupole de l'église de Saint-André, à Lille, dont la demi-circonférence est d'environ 24 mètres de développement et porte 200 mètres carrés superficiels, a été entièrement décorée en moins de cinq jours. Cette grande page de peinture, dont le sujet, *l'extase des Saints devant la Trinité*, comporte soixante-dix personnages plus grands que nature, est due au pinceau de M. Joseph Hussenot fils, aujourd'hui professeur à l'École impériale militaire de Saint-Cyr. Elle a coûté deux ans de travail et a été entièrement exécutée à Metz, d'où elle a été expédiée à Lille. Le travail d'application commencé le 19 septembre 1853 était terminé le 25.

On comprendra, par cet exemple, qu'un appartement, un café, un magasin, une salle de spectacle, une chapelle puissent être ainsi décorés dans un espace de temps assez court pour qu'il n'y ait ni chômage ni interruption de service et que, dans la plupart des cas, une nuit puisse suffire à la transformation d'un local qui se trouve en quelques heures repeint à neuf *et à l'huile*, aussi rapidement qu'il eût pu être décoré en papier peint.

On peut sans inconvénient laver, lessiver, revernir de manière que la peinture soit toujours éclatante et fraîche comme au premier jour, ce qui n'est pas possible avec le papier, de sorte que les murs ainsi revêtus peuvent rester plusieurs années dans le même état et se prêter ensuite à des travaux de restauration que n'admettrait pas tout autre genre de décor.

Si les procédés de M. Hussenot offrent d'incontestables avantages à l'intérieur, ceux qu'ils offrent à l'extérieur des habitations sont encore bien plus sensibles.

Ainsi, tout le décor d'une façade peut être fait dans l'atelier, à couvert et à l'abri des inconvénients qu'entraîne toujours plus ou moins l'emploi des échelles et des échafaudages. Ces dangereux et incommodes engins ne seront plus nécessaires que pour le travail d'application qui peut se faire en quelques heures et n'encombreront plus, par conséquent, pendant des semaines ou des mois, la voie publique et les abords des édifices.

Quant à la solidité de cette peinture, elle est telle que même appliquée en mauvaise saison, elle résiste plus longtemps que la peinture à l'huile ordinaire, ce qui provient de l'adhérence bien plus intime qu'elle est susceptible de contracter avec les surfaces pierre, enduits divers ou bois qu'elle recouvre, et des travaux exécutés à Metz depuis 15 ou 20 ans en fourniraient au besoin la preuve.

Ajoutons pour terminer que les feuilles de couleur de M. Hussenot, se prêtent à tous les genres d'impressions, typographie, gravure, lithographie et lithochromie. La gravure en bois peut y imprimer des ornements de tout genre, à fond d'or ou rehaussés d'or, d'argent et de bronze, enrichis de tous les tons et nécessairement tracés avec un degré de pureté que les travaux exécutés sur place ne peuvent que difficilement atteindre.

C'est maintenant aux artistes peintres, aux peintres décorateurs et aux architectes qui les dirigent qu'incombe la mission de mettre à profit les nouveaux moyens que leur offre M. Hussenot, et nous nous plaisons à croire que les travaux dont va s'enrichir l'église de Palaiseau, donneront bientôt l'essor à cette industrie méconnue, dont le premier mérite à nos yeux, sera de multiplier les œuvres d'art, que leur prix naturellement élevé bannit encore d'un trop grand nombre d'habitations. H. GAUGAIN.

MACHINES À COUDRE (1).

Étude comparative des divers systèmes.

(Suite.)

Prenant la question à un point de vue exclusivement pratique, nous allons aujourd'hui mettre les principaux systèmes de machines à coudre en face des différents travaux à l'aiguille. L'article suivant traitera la question sous le rapport mécanique ou descriptif.

1° *Broderie en chamarrure, — Bordure de vêtements. — Ornementation des étoffes de luxe.*

Le 1er système (*2 aiguilles et 2 fils*), a été inventé en vue des travaux qu'on vient d'énumérer. Il ne les opère avec toute la perfection désirable que depuis les perfectionnements dus à M. Singer.

Ces perfectionnements sont des simplifications. L'une des deux aiguilles a été supprimée. La machine a donc passé du 1er système dans le second, mais elle est à deux fils : c'est une variété dans l'espèce.

Ainsi modifiée (*1 aiguille 2 fils*), elle fait à la partie supérieure de l'étoffe une couture en point arrière, et à la partie inférieure une sorte de triple point de chaînette très saillant, ressemblant à la soutache, et qui, comme effet, remplace parfaitement ce genre d'ornement. Il est en outre beaucoup plus solide. N'omettons pas de dire que la machine suit aisément des contours d'un très petit rayon.

2° *Lingerie fine. — Soierie. — Ouatage.*

Les trois systèmes se sont offerts pour ce genre de travail. Ni le 1er ni le 3me n'y sont propres. Cela a été démontré pour le 1er, dans le précédent article. Nous n'y reviendrons pas.

Quant au troisième système il s'est présenté ici sous la forme d'une machine ayant deux fils, une aiguille et une navette, non point rectiligne comme celle que nous avons décrite précédemment, mais circulaire en forme de disque. L'expérience de cette variété du 3me système avait été faite en Amérique, longtemps avant d'être tentée chez nous. Elle a échoué de l'autre côté de l'Atlantique; elle ne saurait avoir un meilleur sort en France.

La navette en disque a d'abord le désavantage de contenir très peu de fil. C'est comme une aiguille qu'il faudrait enfiler à chaque instant. Cela eût suffi pour la discréditer dans un pays ou règne l'adage *time is money* (le temps est de l'argent). Mais ce n'est pas là son seul inconvénient.

La navette circulaire est maintenue en place par une vis qui presse sur son centre et sur laquelle elle tourne comme

(1) Voir le précédent numéro.

sur un pivot. Or, la difficulté jusqu'ici insurmontable est de maintenir à un degré convenable et constant, la pression de cette vis qui tantôt serre trop et tantôt ne serre pas assez. Serre-t-elle trop? La vitesse du disque se ralentit, le fil se rompt et le travail est interrompu. Ne serre-t-elle pas assez? La navette s'échappe, le fil qu'elle porte vient trop facilement, sa tension n'est plus proportionnée à celle du second fil, à leur croisement n'a pas lieu au centre de l'étoffe. Le premier fil se place alors sur un des côtés de l'étoffe, on a de ce côté un fil droit, de l'autre un point plat comme un point en avant, et ce point plat disparaît au blanchissage.

Le 2me système (*1 aiguille et 1 fil*), tel que l'ont fait les perfectionnements de M. Singer, est donc seul applicable à la lingerie. Exempt des inconvénients mécaniques que nous signalons chez les deux autres et qui se résument en perte de temps; il donne en outre des résultats tout à fait satisfaisants. La piqûre qu'il produit est parfaitement en relief comme il convient, de plus elle est élastique, chose indispensable dans des parties de biais sujettes au blanchissage. Enfin, on peut repasser l'étoffe sans rompre le fil, qui se rompt toujours au contraire dans les coutures de lingerie faites par le système à navette.

3° *Travail des tailleurs, couturières, tapissiers, corsetières. — Confection des bottines et des gilets de flanelle. — Ouatage.*

Ici encore, la préférence doit être accordée au 2me système (*1 aiguille et 1 fil*). Il doit sa supériorité à un perfectionnement petit, quant aux moyens, grand quant aux résultats, et consistant en ceci : un organe mécanique, très simple et de très petit volume, qu'on peut à volonté adapter à la machine ou en séparer, permet de faire de 8 en 8 points un nœud très serré. La couture mécanique ainsi arrêtée à des intervalles très rapprochés jouit (on le comprend aisément), d'une solidité supérieure à celle des coutures faites à la main; coupe-t-on le fil en un endroit quelconque? il ne peut se défaire plus de sept points. Voici une expérience très démonstrative : on coupe de place en place le fil d'une couture et l'on tire fortement sur l'étoffe, la couture s'ouvre, mais ne rompt point; tire-t-on assez fort? l'étoffe se déchire le long de la couture intacte.

L'addition de ce petit organe permet donc de donner aux travaux des tailleurs et des couturières toute la solidité désirable. La machine qui en est munie s'emploie avec le même avantage dans la confection des corsets, des gilets de flanelle et des bottines. Enfin cette machine à 1 fil et 1 aiguille est la seule qui fasse le ouatage sans qu'on ait besoin de garnir d'un *couvre-ouate* le dessous de l'étoffe.

4° *Habillement des troupes. — Chaussures. — Sellerie. — Toile à voile. — Sacs. — Tapis*, etc.

Au 3e système (2 fils, 1 aiguille 1 navette rectiligne) appartient ce genre de travaux. Nous avons dit que ce système donne un point semblable des deux côtés du tissu; ce qui convient aux ouvrages forts, particulièrement à l'habillement des troupes.

A l'égard de ce dernier point nous ne saurions mieux faire que de transcrire l'article suivant, publié par le *Moniteur de l'armée* en date du 26 septembre 1856.

« La machine à navette, système Singer, qui a obtenu la médaille de 1re classe pour ses nombreux perfectionnements, vient, sous la direction de M. *A. Wagon*, maître tailleur du 1er voltigeurs de la garde, de subir cinq mois d'essai qui ont donné des résultats on peut dire inattendus, après les tentatives peu favorables des systèmes précédemment éprouvés et *abandonnés*. Quelques chiffres mettront nos lecteurs à même d'apprécier les avantages que l'on a obtenus.

	TARIF des allocations; salaire de l'ouvrier.	TEMPS précédemment employé par un ouvrier moyen.	TEMPS employé avec la machine par un ouvrier moyen.
	—	—	—
Capote	1 fr. 50 c.	25 heures.	13 heures.
Veste	» 80	10 —	6 —
Pantalon avec passepoil.	» 88	10 —	5 —

« Partant, il y a économie pour l'Etat de la moitié des hommes employés à l'habillement, et, par suite, diminution considérable dans le prix de revient des effets.

« Dans la nouvelle organisation d'atelier que nécessite le travail à la mécanique, le salaire se trouve ainsi subdivisé entre l'ouvrier et la machine :

	Capote.	Veste.	Pantalon.
	—	—	—
L'apprêteur reçoit	90 c.	45 c.	45 c.
Le couseur mécanicien	35	19	19
Bénéfice restant à la machine.	25	16	15

« La simple inspection des ces chiffres suffit à faire ressortir l'avantage considérable qui en résulte pour l'ouvrier et aussi pour les maîtres tailleurs. Comme toutes les nouvelles inventions, la machine à coudre a ses détracteurs; leur grande objection est que si un point vient à manquer, la couture se défile entièrement : *ceci est complétement faux* pour les coutures faites avec la machine Singer. Le travail étant conduit suivant la bonne règle du métier, on peut tirer sur la couture, soit en long, soit sur le travers, et déchirer l'étoffe avant de rompre le fil. S'il venait à se casser, la couture ne se défilerait jamais, pas plus que si elle était faite à la main.

« Des résultats aussi remarquables ont déterminé M. le ministre de la guerre à permettre l'emploi de ces machines dans l'armée. Les conseils d'administration de la garde sont autorisés à faire à leurs maîtres tailleurs les avances nécessaires pour s'en procurer; aussi, déjà les machines Singer fonctionnent avec succès dans tous les ateliers de ces corps. »

Il n'est pas nécessaire de pousser plus loin une étude qui n'a d'autre but que de fournir un premier renseignement aux industriels que ces machines intéressent et de les guider dans les épreuves pratiques qui devront toujours précéder et déterminer leur choix. Nous avons voulu convaincre le lecteur qu'il y a machine à coudre et machine à coudre. Où l'une donne des résultats défectueux, l'autre en donne d'excellents. Il n'est pas un genre de couture qu'on ne puisse opérer mécaniquement, mais il y a des degrés parmi les machines à coudre comme parmi les ouvrières en couture.

Nous en sommes aujourd'hui en France au point où en était l'Amérique, quand certaines machines impuissantes à lutter de perfection avec leurs rivales faisaient à celles-ci la concurrence bien plus facile du bon marché. Quelques-uns s'y laissèrent prendre; ils en eurent pour leur argent, et le désenchantement ne se fit pas attendre. Mais bientôt l'expérience apprit à faire le triage entre les bonnes et les mauvaises machines. Aussi, longtemps avant d'obtenir à l'Exposition universelle de Paris la médaille de première classe, c'est-à-dire la plus haute récompense décernée à cette industrie, les machines perfectionnées par M. Singer avaient-elles obtenu des distinctions nombreuses aux diverses expositions des États-Unis.

Aux États-Unis les jurys d'exposition se prononçant après une longue expérience, n'ont eu qu'à confirmer le verdict des praticiens. En France, la récompense précédant l'usage a signalé aux industriels les machines dignes de leurs préférences.

Nous sommes d'accord avec le jury de l'Exposition universelle.

En un temps tel que le nôtre, où nous avons vu naître et mûrir tant d'inventions gigantesques qui changent de concert la face du vieux monde, on ne s'aventure pas beaucoup en disant que l'époque n'est pas éloignée où la machine à coudre se trouvera entre les mains de tous ceux qui vivent du travail à l'aiguille, au même titre, par exemple, que le tour est aux mains de tous les tourneurs. V. M.

AMÉNAGEMENT GÉNÉRAL DES EAUX (1)

OU

Les inondations prévenues par une meilleure répartition des eaux, qui ne surabondent, par moment sur certains points, que parce qu'elles font défaut, le plus souvent, sur beaucoup d'autres.

(Suite et fin).

Les eaux comme toutes les forces mises à notre disposition par la nature qui compte sur notre intelligence, nous sont d'autant plus funestes que nous savons moins en tirer parti ; tandis qu'elles nous deviennent des auxiliaires merveilleux, des instruments précieux de puissance, en raison directe de l'utilisation qu'en sait faire le génie humain. Les inondations sont la démonstration de notre incurie, et il nous est donné de pouvoir les conjurer d'une manière même profitable. Nous sommes désolés, momentanément, par l'excès des eaux sur nos vallées fertiles et dans nos cités, pendant que la sécheresse nous fait languir sur le sol non abreuvé de nos montagnes et plateaux, d'où se détournent ou s'échappent les eaux courantes abandonnées à elles-mêmes pour aller ravager les vallées. La plupart des eaux aménagées dès l'origine des sources sur les montagnes, pourraient fournir des eaux potables de première qualité, tandis qu'elles vont grossir les torrents dévastateurs comme pour nous punir de notre dédaigneuse incurie. C'est ici le lieu de rappeler l'admirable système de Ward pour abreuver les populations avec les eaux des hauteurs, terrains primitifs silicatés, fournir de l'eau en abondance à tous les besoins des ménages et de l'industrie, et reprendre les eaux rejetées, après usage, pour les répandre sur les campagnes avec les immondices qu'elles entraîneraient en se servant de la simple dérivation et au besoin de moyens élévateurs empruntés aux eaux courantes et au vent avec les moulins Amédée Durand. Jusqu'ici, nous ne nous occupons pas plus, excepté dans un très petit nombre de cités, et depuis fort peu de temps, de nous approvisionner d'eaux saines et en abondance, que de nous servir du lavage de nos cités que nous laissons courir empester nos fleuves, après avoir imprégné le sol des égouts de miasmes délétères. M. Ward est un des génies les plus bienfaisants et les plus éclairés que l'humanité saura honorer un jour, et son système devrait être vulgarisé même dans les almanachs.

Le petit nombre, la longueur et le volume des cours d'eaux importants prouvent l'inégale et insuffisante répartition des eaux, ce que l'inspection de la carte démontre du premier coup d'œil, et il n'est pas étonnant que ces canaux principaux, et si peu nombreux, de déversement final des eaux à la mer, ne suffisent pas, à un moment donné, en certaines circonstances, au débit extraordinaire d'une crue subite. Nous avons à prévenir le trop plein soudain et momentané de nos fleuves restreints, en ménageant dès leurs sources et celles de leurs affluents, des issues et dérivations, des réserves et arrêts qui nous permettent de déverser les excès d'eaux sur un point et de mieux arroser les campagnes, abreuver les villes et alimenter l'industrie de moteurs hydrauliques. On a souvent parlé sérieusement de creuser de dispendieux canaux latéraux de déversement pour dégager les eaux surabondantes des fleuves ; mais ces travaux fussent-ils réellement praticables, ne résoudraient, et encore sans doute imparfaitement, qu'une partie du problème, car ils ne feraient que nous débarrasser d'un excès d'eau sur un point et pour un moment. Pour mieux en assurer la privation sur une foule d'autres et d'une manière permanente, retenir, détourner le cours des ruisseaux et rivières confluents aux fleuves, pouvant ne pas suffire, sur certains points, à diminuer, convenablement et à temps, la surélévation subite des eaux inondantes, il serait bon de leur ménager une dérivation souterraine au moyen de puits absorbants, forés dans les couches calcaires jurassiques qui garnissent, comme une ceinture, les montagnes dont s'échappent nos fleuves, et principalement autour des montagnes neigeuses. L'art du puisatier, si important dans les sociétés humaines, n'est pas assez avancé ni assez répandu, surtout dans les contrées déclives ; mais ici il faut recourir aussi souvent au puits absorbant qu'à celui d'extraction, et la sonde doit intervenir presque toujours dans ce dernier cas, pour ouvrir aux eaux superficielles des entonnoirs d'engloutissement qui les empêchent de se réunir trop vite et en masse sur les pentes inférieures. Le puits absorbant doit jouer un rôle fort important dans l'avenir. Il sera au drainage ce que le fleuve est aux rigoles d'arrosement. Ce sera le drainage socialisé. Il faut alimenter les rivières souterraines, pour soulager les cours d'eaux superficiels, le cas échéant. Ces eaux inférieures, excédant soustrait à la surface qu'elles pouvaient menacer, seront reprises plus bas, par la sonde encore, mais jaillissantes, pour se porter où le besoin s'en fera sentir, pour l'agriculture, l'industrie et les ménages, sans danger désormais d'excès ni de défaut, car d'une part le réservoir sera relativement constant, et la prise en deviendra docile à la disposition de l'homme quant à la quantité et à la distribution. En somme, il s'agit de ménager, diminuer, contenir dans des limites déterminées par nos besoins et notre commodité, les eaux qui descendent des hauteurs, et d'en faire le plus de réserves possibles, par des étangs ou par des puits absorbants, par des rigoles ou des canaux, afin de pouvoir les trouver au besoin à l'aide d'une écluse, d'une vanne, d'un robinet, et de les mener où et quand il sera utile. Dans plus d'un canton montagneux, comme sur les bords relevés autour des soulèvements des bassins calcaires jurassiques, il se trouve une nature de sol naturellement absorbant et offrant souvent même des crevasses béantes qui dispenseront fort bien du forage quand on pourra y conduire les eaux à regorger. C'est même l'origine plus que probable des sources alimentaires des puits artésiens. Tout nous est indiqué par la nature dans notre intérêt du moment, comme dans celui de l'avenir, et nous n'avons guère qu'à bien étudier et rechercher les ressources qu'elle nous tient disponible pour trouver ce qui nous est le plus avantageux.

Quant à l'art d'arrêter, détourner, retenir, distribuer les eaux sur les pentes, par des mesures de détail, par les soins

(1) Voir le précédent numéro.

de l'industrie privée, il suffira souvent de généraliser les habiles méthodes usitées dans les Pyrénées, les Alpes, les Apennins, l'Espagne. On devra vulgariser ces méthodes, ainsi que tout ce qui a été publié à propos des inondations, par exemple, les conseils de M. Moll du conservatoire, reproduits par l'excellent journal d'agriculture de M. Barral, et une foule d'autres, sur les digues végétales ou terrassées, perpendiculaires aux cours d'eaux, les rigoles, les canaux, les étangs à barrer, les barrages mobiles et automoteurs qu'on ne saurait trop utiliser, les divers modes élévateurs des eaux, et particulièrement les moulins Amédée Durand, etc.

La Presse a publié d'excellents articles, voilà déjà longtemps, de M. Aristide Dumont sur les inondations, qui établissent les droits incontestables de cet habile ingénieur à la reconnaissance publique pour ses beaux travaux. — *Le Siècle* est revenu aussi, plus d'une fois, d'une manière spéciale, par des articles fort remarquables, sur la question des inondations. — Le docteur Hamilton Frichon a signalé un système, expérimenté par lui, d'endiguages privés aux pentes des coteaux et montagnes, qu'on ne saurait trop chercher à vulgariser et à appliquer, car il semble tout à fait dans le vrai, et résout le problème sur un point essentiel, tout modeste qu'il s'annonce. On devra tenir compte aussi des observations précieuses fournies par le commandant Rozet, précisément à propos des dernières inondations......

Enfin, les vues, les études, les données, ne manquent pas, et lorsqu'il s'agira d'organiser le système d'aménagement normal des eaux à la surface du sol français, on n'aura guère que l'embarras du choix entre la foule de documents et d'études, d'une grande portée, que la question a suscités à diverses époques, et surtout dans ces derniers temps, parmi les hommes de progrès, de cabinet ou de pratique.

Il n'y a pas de nations où les idées utiles et fécondes, les travaux les plus sérieux dans l'intérêt de tous, soient prodiguées avant autant de désintéressement et de zèle qu'en France. Trop souvent les gouvernements n'ont pas compris l'importance de cette riche contribution volontaire ; mais désormais les hommes qui dirigent les nations semblent prendre à tâche d'en provoquer et d'en utiliser les ressources, et paraissent curieux du titre de promoteurs du progrès. Aussi nous ne doutons pas que nous sommes à l'époque de réalisation de tout ce qu'il y a de bien possible à faire dans la grande question qui nous occupe, et dont nous allons résumer ce que nous croyons le plus urgent et le plus expédient pour prévenir à la fois les inondations et le manque d'eau, pour arriver au plus tôt à l'aménagement normal des eaux pluviales en France, invitant chacun, et notamment les écrivains de la presse périodique, à apporter sans délai et sans relâche le contingent de leurs idées pour mieux préparer la réalisation de ce qu'il y a de plus avantageux à faire :

1° Multiplier les réservoirs et étangs sur les terrains déclives, depuis les montagnes jusqu'aux plus petits coteaux.

2° Détourner les petits cours d'eaux supérieurs et allonger leurs parcours le plus possible ; leur faire le plus de prises qu'il y aura moyen, tant pour arrosage que pour forces motrices, ce qu'il faut toujours rechercher avec grand soin — car l'utilisation de l'eau comme force motrice n'empêche pas celle qu'on en peut retirer pour l'arrosage ; — enfin, s'étudier à diminuer la vitesse et la hauteur soudaine des eaux pluviales et des fontes de neiges en en prolongeant le parcours et en multipliant leur surface évaporatoire. Au surplus, l'administration a des règlements tombés en désuétude et qu'il y aura profit à remettre en vigueur, comme le veut le gouvernement.

3° Créer des digues perpendiculaires aux rives des cours d'eaux, tantôt par des plantations d'arbres, arbrisseaux et autres végétaux aquatiques, joncs, roseaux, saules, aulnes, oseraies, *myricas (ou arbres à cire)*, le plus qu'on pourra, à cause du produit et de la vertu d'assainissement de l'air que possède ce précieux végétal ; tantôt par des terrassements gazonnés, devenant des digues et travaux d'art de plus en plus importants à mesure qu'on descend plus bas dans les vallées de réunion des eaux courantes qui prennent alors le nom de rivières ou fleuves.

4° Rechercher les parties engloutissantes des bords relevés autour des massifs soulevés des bassins calcaires, sur les affleurements des couches jurassiques, ou au besoin forer des puits absorbants pour déverser sous terre l'excédant soudain des fontes de neiges et pluies d'orages, en conduisant ces eaux à volonté, ou à l'aide de trop pleins, dans des réservoirs ménagés autour de ces entonnoirs naturels et artificiels. Il est probable que ces puits absorbants pourront souvent être créés avec avantage, même dans des régions plus inférieures, en ne dépassant pas par le sondage les couches perméables sableuses qu'on trouve, à des profondeurs très ordinaires, entre celles diverses qui forment les bassins de sédiment.

5° Organiser une savante distribution des eaux des montagnes et coteaux, par des aqueducs aux villes, pour les ménages et l'industrie ; par des rigoles et canaux aux campagnes pour l'irrigation des cultures auxquelles on ménagera également les eaux de lavage des villes, qu'on se gardera bien désormais de laisser emporter par nos fleuves et rivières, en les perdant pour l'agriculture. Généraliser, pour ces effets, l'emploi des turbines et autres élévatoires hydrauliques, des moulins Amédée Durand, qui s'orientent et se voilent seuls ; des barrages mobiles et automoteurs, afin de ne rien perdre, autant que possible, de la force empruntée à la vitesse des eaux courantes et aux vents pour porter les eaux potables ou d'irrigation partout où il sera nécessaire.

6° Travaux d'art et en grand, exécutés par les ingénieurs du gouvernement, pour assurer la navigabilité des rivières et des canaux, etc., comme ceux signalés, par exemple, dans la lettre remarquable de l'Empereur au ministre des travaux publics.

7° Coordonner l'organisation générale du drainage, qu'on projette, sur les meilleures conditions d'aménagement normal des eaux pluviales et courantes, afin de compléter celui-ci, dont le drainage n'est qu'une conséquence. J. MUTERSE.

ENSEIGNEMENT DE L'HISTOIRE [1].

(Suite).

Parmi les diverses sortes de rapprochements dont j'ai présenté des exemples, je fus frappé surtout de voir que tant de grands faits de l'histoire se trouvaient avoir leurs analogues à deux cents ans de distance et que si souvent la même date se reproduisait avec la même signification pendant cinq siècles consécutifs ; je me demandai si ces phénomènes étaient véritablement accidentels et ne reposaient sur aucune loi de notre organisation. J'interrogeai alors l'histoire, et il me sembla voir que l'humanité oscille entre deux idées qui, sous différents noms, représentent le principe d'autorité et le principe de liberté ; que, dans un même siècle, les deux principes peuvent entrer en lutte et être tour à tour victorieux et vaincus, mais

(1) Voir le précédent numéro.

qu'en somme, pour un même peuple (et pour les peuples en contact immédiat avec ce peuple), il y a, chaque siècle, prédominance de l'un des deux principes, et, le siècle suivant, prédominance de l'autre. Ainsi, en France, la puissance de la royauté, ascendante dans le XIIIe siècle sous Philippe-Auguste, qui ajoute de nouvelles provinces au domaine de la couronne, sous Saint-Louis, qui fortifie le pouvoir royal par ses vertus, s'efface, dans le XIVe siècle, au milieu des premiers efforts de la guerre de Cent ans, devant l'ascendant d'Etienne Marcel et devant la prépondérance toujours croissante des Etats généraux. Elle se relève au XVe siècle sous Charles VII, qui donne pour contrepoids aux armées féodales les milices permanentes, sous Louis XI, qui frappe l'aristocratie féodale à la tête et attente de sang-froid à l'inviolabilité de ceux qui furent ses pairs. Au XVIe siècle elle est battue en brèche et par les protestants, qui rêvent une république fédérative, et par les ligueurs, qui traînent la royauté dans la boue en croyant n'y traîner que le roi Henri III; jusqu'à la fin du siècle, Henri IV, occupé à gagner des partisans, est plutôt le Béarnais que le roi de France; mais à peine le XVIIe siècle a-t-il commencé, que la Féodalité est frappée de nouveau, dans la personne de Biron, et bientôt le pouvoir absolu atteint son apogée sous Louis XIII et sous Louis XIV. Au XVIIIe siècle, la royauté s'affaiblit sous Louis XV et croule avec Louis XVI. Elle se relève sous un autre nom et sous d'autres formes au commencement du XIXe siècle avec Bonaparte et Napoléon. Qui sait ce que le sort lui réserve au commencement du XXe siècle?

Si un même principe se ranime au bout de deux siècles, il doit donc y avoir de l'analogie entre les faits qui se produisent à deux cents ans de distance, et les rapports de dates que nous avons montrés entre les évènements du XVIe siècle par exemple et ceux du XVIIIe ne sont pas essentiellement arbitraires. Sans doute il serait absurde de chercher entre deux siècles analogues une correspondance mathématique de dates et de mobiles: la même idée, dans la suite des âges, se transforme, et, sous ses différentes manifestations, mûrit plus ou moins vite, porte plus ou moins vite ses fruits, selon les circonstances qui la favorisent ou la contrarient; mais, abstraction faite des différences dues à ces circonstances, deux époques à deux siècles d'intervalle doivent présenter des rapports de physionomie; s'il n'est pas essentiel, par exemple, que Henri III et Louis XVI montent tous deux sur le trône en ..74 sans que le règne de l'un devance le règne de l'autre d'une seule année dans son siècle respectif, il n'est pas accidentel que, sous l'influence du même principe de liberté qui agitait les peuples, les deux princes se soient trouvés dans des positions analogues, qu'ils aient tous deux été emportés par le torrent et qu'après la mort de l'un, les Seize, affamés dans Paris, aient déployé devant l'armée, supérieure en forces, de Henri IV, le même farouche amour pour l'indépendance que déploya, après la mort de l'autre, le comité de salut public devant l'Europe conjurée.

Voilà donc un fil d'Ariane pour nous conduire et nous retrouver dans les évènements de la suite des siècles: au bout de deux cents ans, plus ou moins, mais avec une erreur de bien peu d'années, les mêmes idées renaissent sous les mêmes noms ou sous d'autres noms, les mêmes influences reproduisent les mêmes effets, mais le plus souvent agrandis, car l'humanité ne tourne pas dans un cercle, comme l'a pensé Vico; elle parcourt une spirale elliptique, dont les spires se correspondent, mais vont s'élargissant.

Il me reste à expliquer le fait si étrange du retour d'une même date avec la même signification pendant *cinq siècles consécutifs*.

Les principes d'autorité et de liberté sont éternels et leur antagonisme a constitué jusqu'ici la vie de l'humanité; mais les champions des deux forces rivales peuvent périr sans retour; le principe vaincu renaît alors sous une autre forme et s'incarne dans d'autres représentants; en face d'un nouvel ennemi, le principe vainqueur se transforme de même. Ainsi à Rome la force coercitive fut successivement dans les rois, dans le sénat, dans les empereurs, et en même temps se déplaça l'élément révolutionnaire. Sous les rois, l'élément révolutionnaire fut le patriciat qui, à la fin du VIIIe siècle (en 714), s'affranchit de la tyrannie du roi, en tuant Romulus, et qui, deux cents ans plus tard, à la fin du VIe siècle (en 509) s'affranchit de la tyrannie de la royauté, en expulsant les Tarquins. Sous la république, l'élément révolutionnaire fut la plèbe qui, au commencement du Ve siècle (en 439) conquit le tribunat qui, deux cents ans après, au commencement du IIIe siècle (en 300), conquit l'égalité complète devant la loi et l'admissibilité à toutes les fonctions publiques qui, enfin, deux siècles plus tard, au commencement du premier siècle (100 ans avant Jésus-Christ) sous le sixième consulat de Marius, ne se contenta plus de l'égalité et livra le patriciat aux violences de Saturninus, préparant ainsi les réactions patriciennes qui, dans le courant du siècle, amenèrent, après Sylla, César, après Brutus, Octave et avec Octave la mort de la république. Sous l'empire, l'élément révolutionnaire fut l'armée qui, dans le Ier siècle après Jésus-Christ se contenta de nommer quelques empereurs: Claude, Galba, Othon, Vitellius, Vespasien, Nerva, qui, deux siècles après, dans le IIIe, donna le spectacle de l'anarchie militaire et créa à la fois trente tyrans, compétiteurs de Gallien; qui, enfin, deux siècles plus tard, dans le Ve, recrutée presque exclusivement parmi les barbares, mit l'élévation et la chute de cinq empereurs à la discrétion du Suève Ricimer, et, après avoir renversé tant d'empereurs, renversa l'empire lui-même pour couronner sous un nouveau nom son chef l'Hérule Odoacre. Or, la république romaine, sous l'action dissolvante de la plèbe, dure cinq siècles (de 509 à 30); l'empire romain, sous l'action dissolvante de l'armée, dure cinq siècles (de 30 avant Jésus-Christ à 476 après Jésus-Christ) (1), il y a donc des périodes naturelles de cinq siècles où l'élément agressif, après avoir été deux fois vainqueur et deux fois vaincu rassemble ses forces dans une cinquième lutte et terrasse son ennemi. C'est dans une période de cette sorte que se sont accomplies, de la conquête de Clovis à l'avènement de Hugues Capet (486-987), la transformation de la royauté franque et l'assiette du système féodal. Il n'est donc pas étonnant que, dans chacun des cinq siècles pendant lesquels l'aristocratie conquérante a travaillé à s'affranchir de l'autorité des dynasties prépondérantes de Clovis et de Charlemagne, il se soit produit des événements favorables à l'accomplissement du but qu'elle poursuivait. Or, d'après les principes que j'ai exposés plus haut, ces événements ont pu affecter une position analogue dans leurs siècles respectifs. — La même remarque s'applique au retour des événements favorables à l'église, pendant la période religieuse qui s'étend du XIe au XVIe siècle, période, pour le dire en passant, de cent ans en retard sur la période monarchique correspondante.

Les soixante siècles dont se compose l'histoire de l'huma-

(1) Nous verrons plus tard que la période (de cinq siècles) qui finit à l'expulsion des Tarquins, ne commence pas à la fondation de Rome.

nité se partagent donc en douze périodes quinqué-séculaires. Chacune de ces périodes a sa physionomie propre et est, dans ma méthode, caractérisée par une IDÉE GÉNÉRALE qui se continue durant les cinq siècles, à travers les modifications qu'y apporte chaque siècle, la lutte des deux principes rivaux (de liberté et d'autorité) et le jeu de la spontanéité humaine. Chacun des cinq siècles dont se compose chaque période est de même caractérisé dans ma méthode par une *idée spéciale*, distincte, précise, déduite de la comparaison des principaux évènemenis accomplis pendant le siècle, et qui en est comme le résultat mathématique.

J'aurai l'honneur d'aborder dans ma prochaine lettre l'exposé des idées générales qui caractérisent les douze périodes quinqué-séculaires. Dans les premiers temps de l'histoire, où les évènements sont rares et les dates peu précises, ces idées générales seront notre seul fil dirigeant; mais à mesure que nous approcherons des temps modernes, quand nous arriverons aux époques vraiment historiques, à l'ère des Olympiades, par exemple, je régulariserai chaque période en indiquant les cinq idées dominantes qui donnent une physionomie propre à chacun des siècles qui la composent.

ANDRIEU.

REVUE DES JOURNAUX.

Chimie. — Extraction de l'aluminium; visite aux ateliers de MM. Rousseau frères.

M. A. Gaudin, calculateur du bureau des longitudes, expose dans la *Lumière*, les procédés de préparation de l'aluminium mis en pratique par M. Henri Deville et Rousseau frères, dans la fabrique de produits chimiques de ces derniers. Bien qu'il s'agisse d'un sujet sur lequel nous sommes fréquemment revenus, tout ce qui touche à ce merveilleux métal, dont il n'y a pas moins de 500 millions de kilogrammes enfouis dans la couche d'argile du bassin de Paris, est si digne d'intérêt qu'on lira ou relira certainement avec plaisir la description des procédés qui ont déjà réduit à 300 fr. le prix du kilogramme de ce métal destiné à subir une baisse très considérable encore du jour où on le préparera en grand. Laissons donc M. Gaudin raconter ce qu'il a vu dans la fabrique de MM. Rousseau.

« J'y ai vu 8 ou 10 cornues en fer qui distillent nuit et jour du sodium tombant goutte à goutte à l'air libre dans des récipients découverts contenant une faible quantité d'huile de naphte; si bien que le sodium s'y accumule et s'entasse en dépassant le niveau de l'huile sans aucun inconvénient.

Un perfectionnement consiste dans la substitution du chlorure double de sodium et d'aluminium au chlorure d'aluminium. Le premier, moins volatile, se recueille avec bien plus de facilité; on le pulvérise à l'air sans qu'il fume, tandis que le chlorure simple était d'une conservation et d'un maniement très difficile, à cause de sa grande volatilité; et, de plus, le chlorure double, en amortissant la violence de la réaction, facilite l'enfournement et la décomposition en grand.

Enfin, il n'est plus besoin de tubes garnis de nacelles métalliques ni même de creusets; on opère hardiment sur la sole d'un four à réverbère.

Par exemple j'ai vu apporter dans une bassine 5 kilogrammes de sodium en tablettes qu'un ouvrier s'est mis à essuyer tranquillement, les coupant ensuite avec un couteau à deux manches en morceaux gros comme des noix, en secouant de temps en temps sa bassine à deux mains pour faire venir à la surface les tablettes couvertes par les morceaux coupés, absolument comme les épiciers qui vannent du café grillé. Je frémissais que le tout ne vint à prendre feu, en voyant les coupures fraîches se couvrir d'une teinte bleuâtre sinistre : une cuillerée ou peut-être une goutte d'eau pourrait déterminer une déflagration, mais l'air seul ne l'a jamais produite.

On mélangea ensuite le sodium avec une certaine quantité de chlorure double grossièrement pulvérisé qui m'a paru s'élever à 20 kilogrammes environ, et le tout fut versé, en deux fois, dans le four à réverbère.

On ferma alors l'ouverture; au bout de quelques secondes on entendit un bruit sourd qui, peu à peu, prit de l'intensité et ressembla, à s'y méprendre, à des feux de peloton dans le lointain.

Une demi-heure après on ouvrit le trou de coulée, et le mélange s'épancha dans une grande auge en fonte de fer sous forme d'un liquide sirupeux, au rouge cerise, qui, vers la fin, laissa voir dans son parcours des globules d'aluminium gros comme des œufs de pigeon qui avaient tout à fait l'apparence du mercure.

Enfin, dès que la masse est refroidie, on la casse; toutes les plaques et les grains de l'aluminium sont réunis pour les refondre et les couler en lingots; le chlorure double qui se trouve chargé de l'aluminium en poudre grise, est soumis à un lavage; quant à celui qui en est à peu près exempt, il entre comme élément dans la fabrication du chlorure double normal.

Métallurgie. — Fer imprimé en relief par le laminoir.

Le *Progrès industriel de Lyon* publie une lettre adressée aux membres de la chambre de commerce, dans laquelle l'auteur, M. E. Richard rend compte d'une visite qu'en qualité de secrétaire de cette Chambre il a été chargé de faire à un établissement métallurgique de Saint-Chamond, où se fabriquent des bandes et des rondins de fer, qui, au dernier coup de laminage, reçoivent en quelques secondes l'impression en relief d'un dessin quelconque. Voici un extrait de cette lettre :

« On a sorti d'un four à réchauffer du fer incandescent, et ce fer a été laminé comme les autres fers destinés aux usages ordinaires; il a passé successivement dans les diverses rainures du laminoir, et quand il est parvenu à la largeur et à la longueur voulues, on l'a présenté à un laminoir d'un nouveau genre, sur lequel un dessin quelconque est tracé en creux; le fer, par la pression, pénètre dans tous les contours du dessin, et en quelques secondes une bande de fer sort avec l'empreinte exacte du même desin se répétant sur une longueur de plusieurs mètres.

« Un fabricant de coffres-forts a commis une bande de fer d'ornementation, avec la place réservée pour les têtes en cuivre. Un constructeur de navires a commis des bandes de fer ayant des pointes carrées saillantes sur toute la largeur pour garnir les marches des escaliers descendant dans les salons des bateaux ou des vaisseaux à vapeur. Un constructeur de devantures de magasin a commis une bande représentant une chasse, avec les chevaux et les chiens. Un serrurier en bâtiments a commis des mains-courantes portant un agréable dessin, et des rondins ornés d'écailles sur toute la circonférence. Toutes ces choses se fabriquent sans aucune difficulté : le même laminoir produit tous les dessins; la partie seule qui porte l'ornementation en creux est mobile et est enlevée avec facilité pour faire place à un autre dessin.

« Quand on assiste à l'exécution d'un travail qui paraissait impossible, et dont cependant l'exécution est si facile et si prompte, on ne peut s'empêcher de penser que bientôt, quand les produits de cette invention seront répandus, nous verrons les objets les plus ordinaires richement décorés et à peu de frais : les fourneaux de nos cuisines, les lits de fer deviendront plus élégants, les balcons seront plus ornés, les rampes d'escaliers seront moins dispendieuses. Au lieu de graver péniblement ces parties de cylindre, on pourra peut-être les obtenir par des dessins à l'eau forte; on pourra reproduire un dessin analogue à l'emploi; un paysage sortira aussi bien du laminoir qu'une chasse avec chiens et chevaux en est sortie. »

Agriculture. — Système Kennedy; expérience faite en France.

Nos lecteurs connaissent le système Kennedy, auquel nous avons consacré plusieurs articles dans notre premier volume. Bien peu d'agriculteurs encore en France, ont expérimenté cette méthode de circulation d'engrais liquide si pleine d'avenir. L'un d'eux, M. L. d'Herlincourt rend compte en ces termes dans le *Moniteur industriel* des succès qu'il a obtenus :

« J'ai, depuis plus de 20 ans, établi, sous mes étables et écuries, des réservoirs voûtés pour recevoir les urines des animaux ; j'en ai onze d'une capacité moyenne de 4 mètres cubes ; leur trop plein communique avec un réservoir contenant 36 mètres cubes ou avec une fosse à fumier voûtée, contenant 1,296 mètres cubes, où je fais brasser mes engrais et où je puis les arroser avec le jet d'une pompe puissante qui en pénètre la masse.

« L'immense quantité d'engrais liquides que me procurent un grand nombre d'animaux, abondamment nourris au vert et aux racines, était absorbée par l'argile calcinée ou envoyée, au moyen de tonneaux montés sur des roues, dans les prairies ou dans les champs.

« J'y trouvais de grands avantages. Cependant, les roues des voitures et les pieds des chevaux, par les temps humides, nuisaient beaucoup aux prairies ; la main-d'œuvre était pénible et rebutante par l'infection des matières fermentées.

« Pour obvier à ces inconvénients, j'ai mis en pratique le système Kennedy, qui consiste à arroser, avec des engrais liquides circulant dans des tuyaux souterrains au moyen de pompes foulantes.

« J'exposerai en peu de mots les frais d'établissement et l'importance des résultats.

« Les tuyaux en fonte m'ont coûté 30 fr. les 100 kil.

Soit	2 fr. 50 c. le mètre courant.
Plus	0 80 pour port et pose.
Total	3 fr. 30 c.

« Il faut, pour un hectare, 168 mètres de tuyaux qui coûtent, à 3 fr. 30 c. le mètre	554 fr.
« Plus 3 regards ou prises d'eau	200
Total	754 fr.

« La dépense des conduits une fois faite, il n'y a pas lieu de compter celle de la pompe ni des citernes qui existent dans toutes les fermes bien organisées et rentrent dans les frais généraux amortis chaque année.

« Il faut compter seulement les frais de conduits à 10 p. 100, soit par hectare, pour 5 arrosages	75 fr. 10 c.
Ou pour chacun	15 08
Plus, pour l'entretien	1 92
Total	17 fr. » c.

« Pour arroser une prairie au moyen des tonneaux, il faut compter :

Pour le matériel	2 fr. par hectare.
Pour les chevaux	12
Pour les hommes	6
Total	20
Et pour 5 arrosages	100 fr.

« Il y a donc économie par le système Kennedy pour l'arrosage des prairies.

« Tels sont les résultats obtenus par M. d'Herlincourt. L'avantage serait bien plus grand encore s'il s'agissait d'arroser des terres arables. On sait toutes les difficultés qu'on rencontre à arroser avec des tonneaux un champ de colza, de betteraves ou même de blé. L'auteur ajoute :

« Une prairie, fauchée et arrosée, peut être pâturée dix jours après.

« On fauche de nouveau tous les mois, en sorte qu'elle donne six coupes.

« Le rendement est donc plus que doublé. Si l'hectare ordinaire produit 200 quintaux de fourrage vert, l'hectare, irrigué par le système Kennedy, en produira 600 et pourra alimenter, pendant quinze jours, 100 têtes de gros bétail. »

Médecine. — Cas d'empoisonnement attribué à l'emploi des métiers Jacquart.

Plusieurs cas de colique de plomb, observés parmi les ouvriers canuts de la ville de Berlin, avaient provoqué de la part des autorités une enquête dont rend compte un journal médical de cette ville, le *Vierteljahrsschrifft*.

La commission s'étant assurée que les accidents n'avaient frappé que les ouvriers en étoffes façonnées, les seuls qui se servent des métiers à la Jacquart, soupçonna dans cet appareil quelque disposition propre à les provoquer.

En effet, l'inspection seule des métiers a fourni tout d'abord une explication satisfaisante : les fils innombrables destinés à former la trame de l'étoffe sont tendus par de petits cylindres de plomb de 12 à 15 centimètres de long, dont le nombre peut, dans certaines étoffes très fines, s'élever jusqu'à 6,000, ce qui donne un poids d'environ un quintal.

Si l'on conçoit maintenant que, pendant le travail, tous ces fuseaux sont mis en mouvement, on s'explique sans peine, par le frottement continuel qu'ils exercent les uns sur les autres, la production d'une certaine quantité de poudre d'oxyde de plomb ou de plomb métallique dans un état de division tel qu'il puisse être introduit dans l'économie par les voies respiratoires.

Cependant l'enquête ayant été étendue aux autres pays de fabrique à Crefeld, à Elberfeld, à Brandenbourg, à Gladbach, on reconnut, non sans étonnement, que dans aucune de ces manufactures, où l'usage des métiers Jacquart est établi depuis longtemps, il ne s'est produit aucun accident du genre de ceux qu'on attribuait à ces métiers.

Voici en deux mots la clef de cette apparente contradiction.

L'usage des fuseaux de plomb produit incontestablement les accidents observés, mais il ne les produit que là où sont négligés les soins de propreté, et c'est la négligence ou l'observance de ces soins qui expliquent les différences observées entre les diverses fabriques.

En effet, dans les fabriques où les accidents ont de la fréquence et de la gravité, les métiers en mauvais état et dégageant, en conséquence, une plus grande quantité de plomb que dans les circonstances contraires sont placés sur un sol inégal, mal carrelé, quelquefois même sur la terre. Il se répand alors sur le sol des couches de plomb pulvérisé que l'incurie laisse s'y amasser et dont l'humidité favorise l'oxydation, et par suite la transformation en carbonate. Or, le carbonate plus léger que le plomb se dissémine avec d'autant plus de facilité sous l'influence des courants d'air.

Au contraire, dans les ateliers bien tenus, le sol étant couvert d'un carrelage lisse en bon état, la poussière métallique est aussitôt décelée par sa couleur noire, et un balayage en fait justice.

C'est donc à un ensemble de précautions hygiéniques qu'il faut demander un préservatif contre le danger signalé. Il serait à désirer que le fer fût désormais substitué au plomb dans la confection des métiers, mais en attendant la commission berlinoise propose :

1° Le vernissage des cylindres de plomb qui s'opposerait à la formation de la poussière toxique.

2° L'introduction, sous chaque métier, d'un dessous mobile, par exemple d'une couverture métallique qui, facilement enlevée et nettoyée chaque semaine permettrait d'éliminer la poussière de plomb à mesure qu'elle se produit.

ACADÉMIE DES SCIENCES.

Addition à la séance du 10 novembre 1856.

Sur le lithium et ses composés.

Nous revenons aujourd'hui sur ce travail de M. L. Troost, ainsi que le veut l'intérêt qu'il présente.

L'auteur remarque en commençant que l'étude des matières métalliques rares prend chaque jour plus d'importance depuis que les recherches récentes sur les métaux communs ont démontré que leurs propriétés connues jusqu'ici sont insuffisantes à l'établissement d'une classification naturelle. Les métaux rares se présentent constamment comme des substances intermédiaires aux types adoptés par M. Thenard dans sa classification pratique.

Parmi ces substances la lithine, dont le métal isolé par Davy n'est réellement connu que depuis les travaux de MM. Bunsen et Mathiessen, constitue un des sujets les plus intéressants de la chimie minérale.

Les travaux entrepris jusqu'à ce jour n'avaient pu être faits qu'avec des poids assez faibles de lithine à raison des difficultés de son extraction. M. Troost a été assez heureux pour se procurer, pendant l'Exposition universelle, une abondante provision de lépidolithe (c'est le minerai de lithine le plus commun : il en contient 3 à 4 p. 100) d'où il a extrait de 5 à 6 kilog. de carbonate de lithine. Ces matériaux lui ont permis d'entreprendre un travail d'ensemble dans le laboratoire de M. H. Sainte-Claire Deville.

Le procédé qu'il a employé pour l'extraction de la lithine est fondé sur ce fait : que si l'on chauffe dans un bon fourneau à vent un mélange de lépidolithe, de carbonate et de sulfate de baryte en proportions convenables, la matière fond et subit une espèce de liquéfaction qui donne, à la partie inférieure du creuset, un verre parfaitement fondu, mais visqueux, et au-dessus un liquide extrêmement fluide que l'on peut enlever pendant que le creuset est encore chaud, soit à l'aide d'une cuiller en fer, soit par décantation. Ce liquide, en se refroidissant, donne une masse cristallisée blanche, ou légèrement colorée en rose par du manganèse. Si, au lieu d'enlever ce liquide, on laisse refroidir le creuset, on trouve deux masses solides sans adhérence l'une avec l'autre. Cette matière cristallisée et blanche est une combinaison de sulfate de baryte avec du sulfate de potasse et du sulfate de lithine. La grande proportion de sulfate de baryte qu'elle contient fait prédominer la forme cristalline de ce dernier sel. Un simple lavage à l'eau bouillante sépare le sulfate de baryte des sulfates alcalins.

Les principales propriétés du lithium sont connues. Ce métal est inaltérable à froid et même à la température de sa fusion par l'oxygène sec. M. Troost peut le fondre et le couler à l'air sans qu'il se ternisse. Le lingot présenté à l'Académie a été obtenu de cette façon et se conserve sans altération dans un verre plein d'air. Le lithium forme avec le potassium et le sodium des alliages que l'auteur a étudiés et dont quelques-uns sont plus légers que l'huile de naphte.

Après avoir essayé sans succès la préparation du métal par les réactions chimiques, au moyen d'un mélange analogue à celui que M. H. Deville emploie pour la préparation du sodium, insuccès qui semble démontrer que le lithium n'est pas volatile, puisque la matière maintenue pendant six heures au blanc éblouissant n'a rien produit, M. Troost a essayé l'action du sodium sur le chlorure de lithium, elle se produit à une douce chaleur, et donne un alliage encore riche en sodium et qui va au fond de l'huile de naphte : pour l'enrichir en lithium, il suffit de le plonger dans un verre contenant de l'eau et au-dessus de l'huile de naphte : le sodium décompose l'eau avant le lithium et l'on obtient bientôt un globule qui vient nager à la surface de l'huile de naphte. Cette réaction pourra peut-être être utilisée pour préparer le lithium, elle montre de plus que le lithium s'éloigne des métaux alcalins pour se rapprocher du magnésium, le premier des métaux qui se préparent par ce procédé.

En essayant l'action de l'oxygène sur le lithium, M. Troost n'a pu obtenir qu'un seul oxyde de lithium, l'analogue de la potasse et de la soude ; il n'a paru se former ni bioxyde ni trioxyde. Ce fait établit encore un rapprochement entre la lithine et la magnésie. L'étude des sels de lithine conduit à la même conclusion.

En résumé le lithium paraît jouer dans la série des métaux alcalins un rôle analogue à celui du magnésium dans la série des métaux alcalino-terreux.

Alliages d'aluminium.

M. H. Debray a présenté un certain nombre d'alliages d'aluminium qu'il étudie depuis longtemps, avec le concours de MM. Rousseau et Morin à l'usine de la Glacière.

L'aluminium s'allie avec le plus grand nombre des métaux et dans la plupart des cas, l'alliage s'effectue avec un vif dégagement de chaleur et de lumière. Aussi peut-on obtenir des alliages d'une homogénéité parfaite, d'un travail régulier, et paraissant appelés à rendre de grands services. M. Debray cite par exemple, un alliage de 10 parties d'aluminium et de 90 parties de cuivre qui possède une dureté supérieure à celle du bronze ordinaire, et qui se travaille à chaud avec plus de facilité que le fer le plus doux.

En faisant varier la proportion d'aluminium, on produit des alliages généralement plus durs à mesure qu'elle augmente, et qui deviennent cassants, si elle dépasse une limite fort restreinte pour l'or et le cuivre. Ces métaux perdent en même temps leur couleur et deviennent bientôt totalement incolores. On comprendra facilement ce fait si l'on remarque la différence énorme de volume que présentent les mêmes poids d'or par exemple et d'aluminium.

L'introduction de métaux étrangers dans l'aluminium lui communique de nouvelles qualités. Il devient plus brillant, un peu plus dur, tout en restant malléable, avec le zinc, l'étain, l'or, l'argent, le platine, en petites proportions. Le fer et le cuivre ne lui font pas acquérir de propriétés bien fâcheuses si leur proportion n'est pas très forte, tandis que le sodium, par exemple, à la dose de 1 ou 2 centièmes, permet à l'alliage de décomposer facilement l'eau froide.

L'alliage d'aluminium et de sodium décompose facilement l'eau. — L'union du fer et de l'aluminium s'effectue avec facilité ; les ringards en fer avec lesquels on remue les bains liquides, dans les fours où l'on produit actuellement l'aluminium se recouvrent d'une couche brillante de ce métal, qui produit à leur surface un phénomène semblable à celui de l'étamage ; M. Debray a allié 5 parties d'aluminium à 95 de fer sans communiquer à celui-ci des propriétés bien différentes des siennes. — Le plus intéressant des alliages de zinc contient 97 d'aluminium et 3 de zinc ; et est un peu plus dur que le métal, quoique très malléable ; il ne le cède en éclat à aucun autre alliage d'aluminium. — Ce dernier peut contenir 10 p. 100 de cuivre sans perdre sa malléabilité qui diminue cependant. — L'alliage de 3 p. 100 d'argent a une très belle couleur, il est inaltérable en présence de l'hydrogène sulfuré. 1 partie d'aluminium et 1 partie d'argent donnent une matière aussi dure que le bronze. — L'alliage de 99 d'or et 1 d'aluminium est très dur et cependant malléable, sa couleur ressemble à celle de l'or vert. L'alliage à 10 d'aluminium est incolore, cristallisé, et par conséquent cassant.

Séance du 17 novembre.

Igname du Brésil.

A l'entrée de la salle des séances se trouvait exposé un igname phénoménal par sa taille et son poids. Ce tubercule, qui a été offert à la société d'acclimatation par M. Praxidès Pacheco, mesure 2^m, 55 de long et 0^m, 2 environ de diamètre ; il ne pèse pas moins de 86 kilogrammes. Il arive de Rio-Janeiro, et c'est dans la province de ce nom qu'il a été récolté. La plante qui l'a produit en a donné neuf de dimensions à peu près semblables : cette plante est le résultat d'une végétation de trois années consécutives. En mettant à 80 kilog. seulement le poids moyen de chacun de ces tubercules, on trouve que la plante en question a fourni encore une récolte annuelle de 240 kilogrammes de substance alimentaire. M. Moquin-Tandon, en présentant à l'Académie ce beau produit de la part de la société zoologique d'acclimation, a ajouté que d'après la lettre d'envoi de M. Pacheco il ne serait pas rare de rencontrer, au Brésil, des *dioscorées* de cette dimension. On les y trouve aussi bien dans les terrains secs et rocailleux que dans les marécages ; M. Pacheco assure même qu'il en existe qui ont de 3 à 4 mètres de long, mais que le prix du transport s'oppose à ce qu'on les fasse venir jusqu'à Rio-Janeiro.

Un petit incident a marqué cette communication. M. Brongniart qui avait examiné le tubercule a élevé quelques doutes sur sa parenté avec le *dioscorea batatas* ; selon lui, il ne faudrait point voir dans ce tubercule, une variété de l'igname, mais tout simplement une variété de certaine plante légumineuse très commune dans les zones tropicales. Ce qui le porte à parler ainsi, c'est la présence de quelques feuilles sur une partie de la longueur du tubercule présenté. M. Moquin-Tandon reconnaît, en effet, que les rejetons qui ont poussé pendant le voyage ne sont pas ceux de l'igname, et qu'il est nécessaire de s'assurer du fait. M. Payen indique un moyen très simple de le faire sans compromettre le tubercule : comme toutes les variétés d'ignames présentent cette particularité, que les grains de leur fécule sont disposés de bas en haut, à l'intérieur des tissus, il suffira de pratiquer une légère section à l'une des extrémités du tubercule et de voir dans quel ordre ces mêmes grains s'y trouvent superposés.

De la résistance des matériaux.

M. le général Morin, en faisant hommage à l'Académie de la seconde édition de son ouvrage sur la *résistance des matériaux*, présente quelques observations sur la théorie fondamentale qu'il a cru pouvoir donner dans ce traité. Cette théorie repose tout entière sur la proposition suivante, due, comme on le sait, au général Morin lui-même: Lorsqu'une pièce destinée à supporter un effort, est soumise à l'action d'une force s'exerçant dans des limites de flexion très rapprochées, il est rigoureusement exact d'admettre que la résistance à la compression est égale à la résistance à l'extension.

Pour arriver à fixer d'une manière définitive ce point de mécanique, M. Morin s'est livré au conservatoire des arts et métiers, à une série d'expériences qui ont porté alternativement sur des poutres de sapin, des traverses de chêne, et des pièces de fer et de fonte. En exerçant sur ces différents matériaux, des pressions supérieures même à celles dont la pratique peut avoir à tenir compte, c'est-à-dire en sortant des limites de flexion généralement adoptées, le général Morin a toujours trouvé, entre les mesures des deux résistances, un rapport ne différant de l'unité que par des millièmes, et par des centièmes lorsque les pressions étaient exagérées outre mesure. L'expérience ayant ainsi justifié une proposition déduite d'abord du calcul, il n'est pas douteux que cette proposition ne puisse être admise par la science.

Clarification des égouts à Leicester.

M. Dumas a présenté, de la part de M. Mangron, un mémoire sur le rôle de l'azote dans les phénomènes de la vie organique. Ce mémoire traite surtout la question au point de vue de la salubrité des villes; il mentionne ce fait que les égouts de Paris rejettent chaque année à la Seine une quantité d'azote égale en poids à un million deux cent mille kilogrammes, et que cette substance, qui exerce peut-être une influence délétère sur la santé publique, pourrait être utilisée ici comme elle l'est, depuis quelques années, dans une ville d'Angleterre, à Leicester. Dans cette localité, l'influence funeste des eaux des égouts sur la mortalité des citoyens n'était déjà plus mise en doute, lorsqu'un ingénieur eut l'idée d'établir un système de purification de ces eaux; depuis l'établissement de ce système la mortalité annuelle a diminué des deux cinquièmes.

Les eaux des égouts viennent toutes aboutir à un réservoir commun situé dans la partie basse de la ville. Là elles sont amenées par une machine à vapeur, dans un réservoir placé au-dessus et où se rend simultanément une proportion de lait de chaux convenablement réglée. Un agitateur, mis en mouvement par la machine, opère le mélange et il se forme par la réaction des éléments en présence, un précipité qui se dépose en couches épaisses d'un côté, tandis que de l'autre s'échappent les eaux dépouillées de toutes les matières azotées qu'elles tenaient auparavant en dissolution. Le précipité est ensuite taillé en briques que l'on dessèche et qui servent à l'agriculture comme engrais à la fois calcaire et ammoniacal.

Le double profit qui résulte pour la ville de Leicester de l'adoption de ce système, mérite sans doute, comme le pense aussi M. Dumas, d'éveiller l'attention chez nous. Une commission a été nommée pour se prononcer à ce sujet.

Communications sommaires.

M. Dumas a présenté encore deux notes et le quatrième volume du *Traité de chimie organique*, achevé par M. Gerhardt, peu de temps avant sa mort.

La première de ces deux notes a trait à un composé assez curieux, connu sous le nom d'*Iodure bleu d'amidon*. Ce corps, qui est formé par le contact de l'iode avec l'amidon, donnait lieu depuis longtemps à une discussion entre les chimistes : il s'agissait de savoir si l'on avait dans cet iodure bleu un nouveau corps ou simplement un phénomène de coloration. Cette dernière opinion vient d'être reconnue la seule exacte par une découverte de M. Damour : ce chimiste est parvenu à composer avec un sous-acétate de Lanthane un corps qui offre tous les caractères extérieurs de l'iodure bleu d'amidon.

Le même académicien a déposé enfin, sur le bureau de l'académie, une note de M. Sainte-Claire-Deville, relative à un fait assez imprévu, celui de la décomposition du chlorure d'argent par l'acide iodhydrique.

Le prince Charles Bonaparte, en présentant un supplément à son grand travail d'ornithologie, annonce que 6 genres et 27 espèces nouvelles s'y trouvent mentionnées.

M. Coulvier-Gravier fait parvenir le résultat de ses observations d'étoiles filantes, d'octobre à novembre de cette année. Le tableau des observations de 1842 à 1856 s'y trouve joint : la moyenne déduite de ce tableau, est pour chaque jour, de 14 à 15.

M. Payen lit, sur la composition immédiate du derme de bœuf, une note de laquelle il ressort que cette substance contient deux sortes de fibres, les unes résistantes et fortement agrégées, les autres moins agrégées et qui jouissent de propriétés particulières. Le tannin n'attaque dans le derme que cette seconde partie, et donne par là naissance à un composé soluble dans l'ammoniaque, lequel à son tour dégage une petite proportion d'azote par l'évaporation à siccité. Cette proportion d'azote varie avec le temps durant lequel le tannin reste en contact avec le derme, mais elle varie en outre avec la qualité du derme. Les peaux d'Angleterre et celles de Buénos-Ayres n'en fournissent pas la même quantité. Les nombres trouvés à l'analyse par M. Payen, pourront être sans doute de quelque utilité aux fabricants, et c'est dans ce but qu'ont été entreprises ses recherches sur cet objet.

FÉLIX FOUCOU.

PARTIE LITTÉRAIRE.

LOUISE MORNAND [1].

XXIII

Le 11 février.

Dès le matin Ludovic est allé voir sa cousine et est resté longtemps avec elle. Ensuite il est venu me trouver et je vis, à son regard brillant et animé, que Louise avait su le consoler.

— Cette chère Louise ! s'écria-t-il en me serrant la main. Est-elle excellente ! est-elle raisonnable ! Elle m'a parlé de vous, Godefroy, et elle désire vous voir dans le courant de l'après-midi ; mais, pour sa première sortie depuis le commencement de son deuil, elle veut aller aujourd'hui au temple ; vous savez qu'elle est protestante, comme l'était sa mère.

J'attendis donc patiemment jusqu'à trois heures. Alors je me rendis chez Louise et j'eus le bonheur de la trouver seule. En me voyant entrer elle se leva et me reçut avec un doux et tranquille sourire. Son grand deuil lui sied à ravir ; il fait ressortir la blancheur de son teint et la riche couleur dorée de ses cheveux,

D'une voix émue, elle me remercia d'être resté à Dieppe.

— Bientôt, dit-elle, nous serons privés pour toujours de votre société, qui nous est si précieuse. Oh! Godefroy, poursuivit-elle, me prenant la main par un geste irréfléchi qui venait du cœur, promettez-moi que vous serez heureux ; sans cela je m'en irai en emportant une douleur qui sera comme un remords.

— Vous vous en irez ?... Loin ?... balbutiai-je.

— Nous avons reconnu qu'il le faut, ou, du moins, c'est le meilleur parti que nous puissions prendre. Ce matin nos plans ont été arrêtés ; dans un mois nous nous marierons et aussitôt après nous partirons pour l'Amérique.

En entendant ces mots je fus pris d'un éblouissement ; mes oreilles tintèrent et j'éprouvai une sensation douloureuse comme si quelque chose me serrait à la gorge. Je dus être horriblement pâle, car lorsque après avoir lutté quelques instants contre ma faiblesse, je pus de nouveau regarder Louise, je vis qu'elle s'était levée et que ses traits exprimaient une véritable terreur. Elle me versa à la hâte un verre d'eau dont

(1) Voir le précédent numéro.

j'avalai quelques gorgées; me voyant un peu remis, elle se rassit toute tremblante.

— Oh! mon Dieu, l'entendis-je murmurer. Je suis bien coupable!

— Coupable, Louise! Vous? dis-je avec effort.

— Oui; d'une grande faiblesse, reprit-elle les yeux pleins de larmes. Après ce qui s'était passé entre nous, j'ai commis une lâcheté en vous rappelant à Varengeville. J'aurais dû tout avouer à mon oncle; il n'en aurait pas moins souffert de votre absence, mais il s'y serait résigné; il m'aurait approuvée. Vous seriez retourné à Paris et n'auriez bientôt gardé de notre amitié qu'un souvenir...... Oh! oui; j'ai eu tort, grand tort!

— Non, Louise, dis-je, c'est moi qui suis faible. En me rappelant auprès de vous quand je me croyais banni pour toujours; en me donnant chaque jour des preuves d'estime et de confiance, vous avez en partie guéri la blessure que vous aviez faite. Et maintenant, pourquoi ai-je éprouvé une si cruelle émotion en apprenant que vous devez partir pour l'Amérique? Je l'ignore, car la distance m'importe peu. Une fois mariée, que vous restiez ou que vous partiez, notre séparation doit être complète. Je ne resterais pas près de vous; j'en deviendrais fou!

Mais quel est votre but en allant en Amérique? repris-je, changeant ainsi brusquement la conversation.

— J'y ai un parent, un cousin de ma mère, qui m'aimait beaucoup dans mon enfance. Il s'est établi à New-York, où, en peu d'années, il a réalisé une belle fortune. L'idée de partir pour les États-Unis convient à Ludovic beaucoup plus que celle de se fixer parmi les anciens amis de son père, et je suis sûre de recevoir un bon accueil de mon parent qui complétera l'éducation commerciale de Ludovic et l'aidera de son appui.

— Et vous, Louise, demandai-je, aimez-vous la pensée de quitter la France, de traverser l'Océan et d'habiter un pays qui vous est inconnu?

Elle attacha sur moi un regard si doucement mélancolique que mon âme en fut pénétrée.

— Comme vous l'avez dit, répondit-elle, avec mon mari je ne serai pas seule, et le sentiment du devoir rempli est un puissant soutien et une grande consolation.

Du devoir! Ce mot m'est revenu à l'esprit bien des fois pendant la soirée. Ma mère, interroge bien ton cœur, ton bon et tendre cœur de femme, et dis-moi si Louise aime Ludovic, son fiancé. Est-il possible que parlant ainsi de devoir elle l'aime d'amour? Louise serait-elle incapable d'éprouver l'amour véritable? Non! mille fois non! Par sa profonde admiration pour ce qui est grand et vrai, par son intime sentiment du beau, par la sympathie qui la lie à tout ce qui aime, à tout ce qui souffre, je jure que nulle femme n'est plus qu'elle capable d'aimer, et d'aimer avec passion. Mais aime-t-elle Ludovic, à qui elle se donne de sa libre volonté? Je me perds dans ce mystère.

XXIV

Le 2 mars.

Les jours, les semaines s'écoulent paisiblement, du moins à la surface. Je suis étonné de la sérénité de Louise; je ne sais s'il a jamais existé une aussi grande vivacité de sentiments alliée à un empire si complet de soi-même, une aussi grande force de caractère unie à tant de douceur.

Vois comme elle est seule maintenant. A l'approche de l'évènement le plus important dans la vie d'une femme, elle n'a ni mère, ni amie, personne de son sexe, excepté sa vieille bonne Catherine, excellente femme, il est vrai, mais nécessairement ignorante et bornée.

Quand j'arrive, je la trouve tantôt avec Ludovic et tantôt seule, presque toujours occupée à coudre, car elle fait une partie de son trousseau. Louise est heureuse dans cette petite ville, en ce qu'elle y est parfaitement indépendante; personne ne la connaît, et du reste, ne devant y demeurer que fort peu de temps, elle n'a pas à s'inquiéter des observations de ses voisins. Forte de la pureté de son cœur et de sa confiance en nous, elle nous reçoit sans façon, ensemble ou séparément, et lorsque le temps, qui s'adoucit beaucoup, l'invite à la promenade, elle accepte le bras que lui offre l'un ou l'autre de nous.

C'est une étrange position que la mienne. Mais si je reste près de cette femme que j'aime de toutes les forces de mon âme; si j'attends, avec un calme dont je suis surpris, le moment de m'en séparer pour toujours, c'est que je suis retenu non-seulement par la fascination dont tu m'as parlé, par l'impossibilité de déchirer moi-même ces faibles liens qui vont si tôt se rompre, mais encore par le devoir. Quel est ce devoir? Des personnes indifférentes, jugeant les choses froidement, seraient fort en peine de le comprendre. Pourtant rien n'est plus réel; je ne raisonne pas là-dessus, mais je le sens.

Ludovic se conduit parfaitement; il est plein d'attentions délicates pour sa fiancée, et se soumet sans effort à l'influence qu'elle exerce sur lui. Mais il n'est pas à sa hauteur; les grandes cordes qui vibrent dans l'âme de Louise ne trouvent dans la sienne qu'un écho bien imparfait.

L'autre jour je suis allé rejoindre mes amis à l'établissement des bains. En y arrivant, je les aperçus près de la rampe qui longe la terrasse du côté de la mer. Louise, debout, avait relevé son voile, et ses regards étaient fixés sur l'horizon; Ludovic, à côté d'elle, assis sur la balustrade, le dos tourné à la mer, s'amusait à tourmenter, du bout de sa canne, un malheureux crabe transporté, par quelque accident, sur ce sol aride. Ce contraste dans leurs attitudes me donna à penser; j'y vis le résumé de leurs différents caractères. En effet, c'est bien cela; elle, tendant constamment vers ce qui est élevé, l'inconnu, l'idéal; lui, marchant terre à terre et trouvant, dans les choses futiles, une nourriture pour son esprit.

Le jour du mariage est fixé; ce sera le 16 de ce mois. J'écris ces mots avec calme; et pourquoi pas? Ce sont les alternations d'espérance et de crainte qui donnent de l'agitation.

La pauvre Catherine, qui ne doit pas suivre ses jeunes maîtres, est bien triste. Elle insiste cependant pour les accompagner jusqu'au Havre où ils comptent se rendre le jour même du mariage. Je lui ai demandé ce qu'elle se proposait de faire ensuite; elle m'a répondu que ses économies jointes à un legs de M. Mornand, lui permettront de se fixer dans son pays. — Heureusement, ajouta-t-elle avec un soupir; car cela me crèverait le cœur, d'aller vivre chez des étrangers.

Une légère discussion s'est élevée hier entre Louise et Ludovic. Louise désirant naturellement que son mariage se fasse avec le moins d'éclat possible, a exprimé l'intention de ne faire aucune toilette qui puisse attirer l'attention; mais Ludovic l'a suppliée de s'habiller de blanc pour la cérémonie et après quelque hésitation, elle a cédé avec une grâce charmante.

XXV

Le 15 mars.

Nous voici arrivés à la veille du jour où je dois la perdre. Ah! ma mère, cette perte, comment la supporterai-je!

Ce matin, fatigué d'une nuit sans sommeil, je suis sorti de

bonne heure, et, presque sans savoir où j'allais, j'ai fait une longue promenade sur la route d'Arques. En revenant, vers neuf heures, je rencontrai, au bas du faubourg, Louise qui allait rendre une dernière visite à la tombe de son oncle. Je lui offris silencieusement mon bras ; elle l'accepta et nous montâmes ensemble le chemin rude et pierreux. Mais arrivés au point où la route se bifurque, elle s'arrêta, retira son bras et me dit, d'une voie émue, qu'elle préférait aller seul au cimetière.

— Je vous attendrai, dis-je, et elle s'éloigna.

L'endroit où je me trouvais m'a toujours inspiré une vive prédilection. J'aimais, dans les fraîches matinées d'automne, à gravir cette colline au sommet de laquelle on respire un air pur et d'où l'œil embrasse une perspective si variée et si belle. A droite, les regards planent sur la ville qui semble reposer sous la garde de la vieille forteresse hardiment plantée sur le bord extrême de la falaise et dont les murailles, vues de là, paraissent se baigner dans les flots. La haute falaise du Pollet domine, du côté opposé, les maisons et les mâts qui s'élèvent du port, et la mer étend au loin son vaste horizon. En plongeant les regards dans l'intérieur du pays, on voit çà et là des clochers de villages et les côteaux revêtus des sombres masses de la forêt d'Arques. Bien loin, à gauche, on distingue encore d'ici le phare de Varengeville.

Aujourd'hui ce beau panorama était sans charme pour moi. Pour attendre le retour de Louise, je m'assis sur une pierre qui servait, il y a peu d'années, de base à une croix, et je m'abandonnai au courant de mes pensées. Je passai en revue les six derniers mois, je m'effrayai de mon isolement et mon cœur se révolta contre cette existence où je ne trouve qu'amertume et regrets ; puis je songeai à ce qu'eût été ma vie si Louise m'avait aimé, et complétement vaincu par un sentiment indéfinissable de vide, de désespoir, de défaillance morale, j'appuyai ma tête sur mes mains et pleurai avec angoisse.

J'étais encore dans cette attitude lorsque je sentis une main se poser doucement sur mon épaule ; je levai les yeux, Louise était près de moi.

En me regardant elle parut consternée et murmura d'une voix étouffée qui exprimait à la fois la compassion et le reproche :

— Oh ! Godefroy, Godefroy.

Je me sentais en ce moment faible comme un enfant. Toujours assis sur la pierre, je pris les mains de cet ange, les couvris de baisers et de larmes, les pressai contre mon front brûlant. Puis, avec des paroles entrecoupées, je déchargeai mon cœur d'une partie du fardeau qui l'oppressait.

Elle m'écouta et ne me repoussa pas.

— Godefroy, dit-elle enfin ; vous me rendez bien malheureuse. Vous me faites regretter amèrement que, vous ne soyez point parti.

— Ayez patience avec moi, Louise, encore aujourd'hui. Songez que demain nous nous quittons pour toujours. M'en voulez-vous de ce que cette pensée m'accable et m'ôte tout courage ?

— Non, répondit Louise tristement ; je ne vous en veux pas, mais vous devriez vous en vouloir à vous-même.

— Je ne puis m'en vouloir de vous aimer, Louise. Vous savez si j'ai accepté votre refus avec soumission, si j'ai refoulé mon amour dans le plus profond de mon cœur, si j'ai continué, courageusement en apparence, à vivre auprès de vous sachant que vous aimiez un autre. Eh bien, en ce dernier our, souffrez-moi, laissez-moi vous dire une partie de ma douleur, et puis partez et oubliez-moi.

— Je ne vous oublierai jamais, Godefroy, dit-elle. Vous vous êtes montré généreux et bon au-delà de toute expression ; vous avez été pour moi un véritable ami, un frère. Oh ! je penserai souvent à vous avec regret. L'une de mes plus ferventes prières est que vous soyez heureux comme vous méritez de l'être.

— Heureux ! dis-je, avec amertume.

— Oui, reprit Louise avec une douce énergie. Vous pouvez être heureux ; vous devez l'être ; vous le serez.

J'écoutai ces paroles avec une profonde incrédulité que j'exprimai en secouant silencieusement la tête.

— Oui, vous le serez, persista-t-elle ; et cela non-seulement parce que vous trouverez une autre femme plus digne que moi de votre amour, mais parce que le bonheur pour vous, ne saurait consister uniquement dans la satisfaction de vos désirs personnels. Vous avez une noble mission à remplir sur la terre et le jour viendra peut-être, où vous me bénirez de vous avoir laissé suivre votre glorieuse carrière seul et sans entraves. En ce moment vos grandes et généreuses idées sont obscurcies, mais le nuage qui les couvre se dissipera.... Oui, Godefroy, je sais ce que vous êtes, et en me rappelant les pensées que maintes fois je vous ai entendu exprimer avec une éloquence qui m'allait au cœur, je me sens pleine d'orgueil et d'espoir pour vous.

— Louise, lui dis-je en souriant avec tristesse, vous voulez me consoler de l'amour par l'ambition. Hélas ! si quelqu'un devait réussir dans cette tentative, ce ne serait pas certes vous.

— Oh ! non, non, pas l'ambition personnelle ! s'écria-t-elle. Celle-la ne vous consolerait pas, je le sais. Mais vous ne pouvez m'entendre maintenant, ajouta-t-elle après une pause, fixant son deux regard sur moi.

— Non, Louise, non, répondis-je ; je ne puis vous entendre. Parlez-moi de vous et je vous écouterai ; je ne vois que vous ; je ne puis penser qu'à vous.

A son tour Louise parut accablée ; elle s'éloigna de quelques pas.

— Vous oubliez donc, me dit-elle, que je me marie demain ?

Son accent était à la fois triste et sévère. Je sentis que j'avais tort ; je lui montrais une faiblesse que j'aurais dû cacher jusqu'à la fin. Je me levai, m'approchai d'elle et la suppliai de me pardonner.

Sans me répondre directement, elle tourna la tête du côté du cimetière dont les croix se montrent çà et là par-dessus le mur.

— J'ai voulu, dit-elle, visiter seule, pour la dernière fois, la tombe de mon oncle et j'ai eu tort. Si vous aviez été avec moi, je crois que dans le souvenir de celui dont vous avez aidé à adoucir les derniers moments, vous eussiez puisé quelques forces Il vous aimait tant, Godefroy ! Il m'a dit si souvent que vous êtes destiné à fournir une belle et utile carrière.

— Il ne savait pas..... murmurai-je, mais je m'arrêtai ; son regard suppliant était sur moi et je résolus d'étouffer la voix de la douleur. Que je meure après, pensai-je, mais au moins qu'elle soit contente de moi !

— Oui, Louise, repris-je après un effort, parlez-moi de votre oncle ; vous savez que je l'aimais aussi. Je prendrai courage en pensant à lui et à vous. Seulement promettez-moi que vous ne m'oublierez pas complètement.

— Jamais ! jamais ! répondit-elle, d'une voix brisée par l'émotion.

Un paysan, passant auprès de nous, nous rappela à la conscience de ce qui nous entourait; nous remarquâmes que le soleil était déjà haut.

— Allons, dit Louise, avec un léger soupir, il est temps de rentrer.

Elle se tourna encore une fois vers le cimetière qu'elle salua du regard, puis, baissant son voile, elle me prit le bras et nous redescendîmes à la ville.

Mme VICTOR MEUNIER.

(*La fin au prochain numéro*.)

FAITS DIVERS.

Navigation.

L'*Adriatic*. Ce *navire transatlantique* le plus grand bâtiment qui ait été construit en Amérique est la dernière œuvre du célèbre architecte naval Georges Steers, il appartient à la compagnie Collins. Voici un extrait de ce qu'en dit une correspondance de New-York adressée au journal *le Nord* :

« Il est à peu près fait exclusivement en bois. Sa longueur est de trois cent cinquante-quatre pieds, sa largeur de cinquante, sa profondeur de trente-trois, et son tonnage de cinq mille huit cent quatre vingt-dix tonneaux, jauge de douane. A première vue, il ne paraît point aussi grand qu'il l'est réellement, tant ses proportions sont symétriques, et tant est remarquable la pureté de ses lignes. Comme tous les autres steamers de la ligne Collins, il n'a point de beaupré, et il a sur le pont une série d'édifices non interrompus qui comprennent les logements des officiers, le salon à fumer, les cuisines, la pharmacie, l'office du caissier, la bibliothèque et le salon à manger, le tout formant une immense dunette, dont le dessus sert de promenade. Le salon à manger, large de vingt-huit pieds et long de soixante et quinze, contient des tables et des siéges pour trois cents personnes, et se trouve garni dans son pourtour de rateliers pour tous les cristaux, l'argenterie et six mille pièces de porcelaine. Les peintures et l'ameublement sont splendides.

« Dans le premier pont est le salon des premières, dépassant en magnificence toutes les autres parties du navire; de chaque côté s'ouvrent des cabines sur une longueur de deux cents pieds, pouvant donner place à trois cents passagers, et tout au bout sont les aménagements des secondes, salon, salon à manger et chambres, pour cent voyageurs, égalant en luxe et en confortable ce qui, dans les autres bâtiments, est affecté aux passagers des premières places.

« La machine est située au centre du vapeur et occupe un espace carré de vingt pieds sur chaque sens. Deux cylindres oscillateurs de cent pouces de diamètre et de douze pieds de course ont une force réelle de trois mille chevaux, produite par huit chaudières tubulaires. Elle fonctionnent à l'aide de réfrigérateurs et de condensateurs. Les roues ont quarante pieds de diamètre et douze pieds d'épaisseur; les pelles en ont neuf de large. Pour conclure, disons que la cale est divisée en huit compartiments séparés et parfaitement étanches, que toutes les parties de cet édifice flottant sont également bien ventilées, que ses ancres pèsent chacune 3,500 kilogrammes, qu'il sera éclairé au gaz, muni la nuit d'un appareil réflecteur électrique, et que son équipage est de cent quatre vingt-dix hommes.»

Navigation du Danube. — La Compagnie autrichienne de navigation du Danube possède 95 bateaux à vapeur, 403 remorqueurs, 47 propulseurs, 26 bateaux-transports de bétail et 25 tenders. Ces bâtiments sont construits à la manière américaine et supérieurement aménagés; les capitaines de tous les navires sont tenus de parler 5 ou 6 langues.

Le nombre d'employés dans les bateaux et stations se monte à 1,000, et elle donne de l'ouvrage à plus de 2,000 ouvriers.

La compagnie du Danube a, entre Lintz et la mer Noire, 108 stations munies de bâtiments, magasins et matériels. A Pesth, elle possède de grands ateliers de construction, et elle a construit des *navires-ateliers*, sur lesquels elle envoie des ouvriers le long de la route procéder aux réparations pour que les bâtiments n'éprouvent aucun retard.

Pour l'approvisionnement des machines à vapeur de ses steamers, la compagnie emploie la houille des mines dont elle possède la propriété.

Cet immense matériel n'est pas encore suffisant, car l'administration a décidé la construction de 10 vapeurs à roue et de 10 à hélice, d'une force de 2,000 chevaux, ainsi que de 150 bateaux pour le transport des grains; les débarcadères de Giurgewo et de Turno-Severin seront agrandis, et de grands magasins, à l'abri du feu, vont être construits.

Chemins de fer.

Nouveau signal. — Un excellent procédé est employé depuis quelque temps déjà, sur la ligne de Rouen au Havre, par la compagnie du chemin de fer de l'Ouest, pour suppléer à l'insuffisance des signaux, souvent invisibles dans les temps de brouillards. Il consiste en une pièce d'artifice qui, étant placée sur la voie, s'enflamme au passage de la locomotive, et, faisant explosion, avertit le mécanicien qu'il ait à s'arrêter.

Chaque employé qui accompagne les trains a à sa disposition un certain nombre de ces artifices, qu'il porte dans une petite giberne, pour les poser sur la voie en cas d'accident.

Télégraphie électrique.

Transmission de numéraire par voie télégraphique. — Une innovation fort importante pour le commerce est sur le point d'être faite par la compagnie du télégraphe électrique international. Si nous en croyons les nouvelles de Londres, cette compagnie aurait déjà pris des mesures ayant pour but de procurer au public les avantages d'une transmission rapide du numéraire. Les sommes déposées entre les mains de la compagnie seraient payées aux destinataires, sur un avis télégraphique. Ces transmissions ne sont, sans doute, que le prélude d'un système général appelé à remplacer, à une époque plus ou moins prochaine, les mandats sur la poste. La sécurité du nouveau mode, en effet, ne le céderait en rien à l'ancien, et il aurait l'avantage d'une bien plus grande célérité.

Le télégraphe en Algérie. — Les points principaux de l'Algérie communiquent maintenant entre eux soit par le télégraphe électrique, soit par le télégraphe aérien. Voici comment ces communications sont établies dans l'un et l'autre systèmes.

Télégraphes électriques. Province d'Alger. — D'Alger à Blidah et à Médéah. — D'Alger à Aumale et à Bordj-bou-Areridj. Cette dernière ligne a été ouverte le 4 octobre.

Province de Constantine. — De Constantine à Philippeville. — De Constantine à Guelma et à Bone. — De Constantine à Sétif et à Bordj-bou-Areridj. La communication électrique se trouve ainsi complétement établie entre Alger, Constantine, Philippeville et Bone.

Province d'Oran. — D'Oran à Arzew et à Mostaganem. — D'Oran à Oulad-Ali.

Télégraphes aériens. Tous les points de départ désignés ci-dessous sont ceux où commence en ce moment la ligne aérienne.

Province d'Alger. — De Blidah à Milianah, à Orléansville et à Mostaganem.

Province de Constantine. — De Constantine à Batna et à Biskara.

Province d'Oran. — Des Oulad-Ali à Sidi-bel-Abbès et à Tlemcen, des Oulad-Ali à Mascara.

Mines.

Mines de l'Amérique. — Chaque jour on découvre en Amérique de nouvelles richesses minérales; les environs du lac Supérieur fournissent un fer d'une qualité exceptionnelle, ainsi qu'on peut s'en assurer par les résultats suivants dus au professeur W. B. Johnson, qui a fait une suite d'expériences comparatives sur la ténacité de différents fers.

Ténacité exprimée en livres par pouce carré.

Fer de Salisbury,	moyenne de	4	expér. . .	58,000
Fer de Suède	id.	4	id. . . .	58,084
Fer de Lancaster,	id.	2	id. . . .	58,661
Fer de Mac-Intire (New-York).	id.	4	id. . . .	58,912
Fer anglais (*boulons*).	id.	5	id. . . .	59,105
Fer de Russie,	id.	5	id. . . .	76,066
Fer du lac Supérieur.				89,582

Il résulte de ces expériences que le fer du lac Supérieur est doué d'une très grande ténacité.

Une autre série d'expériences, faites dans le dessin d'estimer la résistance du fer à la fracture sous la torsion, a démontré que, sous ce rapport encore, ce fer se comporte au moins aussi bien que les fers les plus forts.

Le minerai contient jusqu'à 70 p. 100 et donne de très bons résultats pour l'amélioration de minerais moins riches.

Les environs du lac Champlain fournissent aussi un minerai d'une excellente qualité, dont une certaine partie a été récemment introduite en Angleterre; essayé par M. Abel, chimiste du département de la guerre, à Woolvich, il a donné :

Silice,	3,68
Protoxyde de fer,	30,15
Sesquioxyde de fer,	65,06
Chaux,	0,60
Acide phosphorique,	0,30
Eau et perte,	0,24
Manganèse,	traces.
Soufre,	nul.
	100,00

L'analyse montre donc que ce minerai, d'une très grande richesse, est aussi d'une pureté remarquable, contenant très peu de matières terreuses, et étant entièrement exempt de soufre. Ce minerai est principalement composé de cristaux de fer magnétique; il se fond aisément et est très propre au mélange; il a été assimilé au fameux minerai magnétique qui produit le fer de Suède. On pense qu'il sera propre à la fabrication de l'acier et des tôles de chaudières; et comme ce fer peut être transporté en Europe à prix modéré, il pourra être utilement employé comme mélange dans les hauts-fourneaux.

Faculté de médecine de Paris. *Séance de rentrée.* — La Faculté de médecine a tenu sa séance d'inauguration le samedi 15 novembre. Le discours d'ouverture a été prononcé par M. Natalis Guillot. Son sujet était l'éloge de Requin, auquel l'honorable professeur a succédé dans la chaire de pathologie médicale. M. Gavarret a ensuite proclamé les prix décernés aux élèves de l'école pratique, puis il a donné lecture de la question mise au concours pour l'année prochaine, et qui est celle-ci : *Déterminer par des observations recueillies dans les cliniques de la Faculté, l'action thérapeutique du chlorate de potasse.*

Ecole de pharmacie. *Séance de rentrée.* — Cette séance a eu lieu le 12 novembre, elle a été ouverte par un discours de M. Valenciennes, sur l'utilité des études zoologiques pour la pharmacie. On a entendu ensuite l'exposé des travaux de la Société pendant l'année 1856 par le secrétaire général, M. Buignet; un rapport de M. Robiquet sur le concours ouvert par cette Société, et dont le sujet était *l'analyse du chanvre.*

Le prix a été décerné à M. Personne, pharmacien en chef de l'hôpital du Midi et préparateur du cours de chimie à l'Ecole de pharmacie. Après ces communications, M. Louis Figuier a lu une *notice historique sur le paratonnerre,* que l'assemblée a écoutée avec un intérêt soutenu ; et M. Bouchardat a payé un juste tribut d'éloges à la mémoire de Quevenne.

Tremblement de terre. — Le 10 novembre, à onze heures vingt minutes du soir, on a éprouvé, à Laybach (Illyrie), un tremblement de terre qui a duré trente secondes. Les oscillations se faisaient sentir du sud au nord. La secousse a été assez violente pour renverser des bouteilles, faire tomber des tableaux, etc.

— La faculté des lettres de Paris vient de se réunir pour une présentation de candidats à la chaire vacante d'histoire de la philosophie. M. Emile Saisset a été présenté en première ligne; et MM. Levèque et Waddington, *ex æque*, en deuxième ligne.

La source du Nil. — On lit dans la *Gazette de Savoie :*

« Notre compatriote, M. Brun-Rollet, domicilié à Carthum, dans le Sennaar (Egypte), doit être en route pour les hautes régions du Nil, vers le lac Filtry, où il suppose que ce fleuve prend sa source. Voici comment il s'exprime dans une lettre qu'il adresse un de ses amis :

« Comme ce voyage est très dangereux et que je dois visiter « ces fameux Niams-Niams ou anthropophages, j'irai avec « quatre bateaux et soixante hommes bien armés, que je dresse « au tir à la cible, car je suis décidé à m'interner avec eux, et « là où je ne pourrai pas aller avec mes barques j'irai avec mes « mules. » Venant de perdre sa femme, Mlle Paban, de Marseille, qui avait le courage de l'accompagner partout, il ajoute : « N'ayant plus rien à demander à ce triste monde, je veux au « moins mourir utile. Puissé-je planter le premier jalon de la « civilisation chez ces sauvages mangeurs d'hommes ! »

L'asphalte dans les contrées élevées. — Les architectes de Paris, tous partisans de l'emploi de l'asphalte, non-seulement en font faire des applications dans les sous-sols convertis en habitations ou en magasins, mais ils commencent même à mettre une couche d'asphalte dans les murs de fondation des maisons, au niveau du sol, de manière à empêcher l'humidité de salpêtrer les murs par l'action de la capillarité.

On couvre aussi très économiquement les maisons en asphalte, et, par ce moyen, on peut avoir des toits presque plats comme des terrasses : on ne se figure pas la quantité de maisons qui sont ainsi couvertes à Paris même. Des industriels ont imaginé des toiles enduites d'asphalte à l'avance, et que l'on peut immédiatement appliquer sur la charpente de la toiture en les soutenant par de simples voliges. Ces sortes de couvertures pèsent moins que le zinc lui-même, et peuvent particulièrement servir aux hangars de l'agriculture.

Mort par le chloroforme. — Un nouveau cas de mort par le chloroforme vient d'avoir lieu à l'hôpital de Saint-Thomas, de Londres, pour l'ablation d'un doigt. Il résulte des détails de l'observation, que le sujet avait été opéré *assis*. On n'avait employé que 4 grammes de chloroforme sur une éponge. Les accidents se sont développés après une vingtaine d'inspirations.

— Le journalisme médical pénètre jusqu'aux antipodes. Un journal qui a pour titre Australian Médical Journal vient d'être fondé à Melbourne.

PROGRAMME DES COURS PUBLICS.

Conservatoire des arts et métiers.

L'ouverture des cours a eu lieu le dimanche 9 novembre.

Géométrie appliquée aux arts. — Les dimanches, à une heure, et les mercredis à sept heures un quart du soir. M. le baron Ch. Dupin, professeur; M. T. Richard suppléant. Par exception, ce cours n'a commencé que le 16 novembre.

Géométrie descriptive. — Les dimanches, à onze heures du matin, et les jeudis à huit heures et demie du soir. M. de la Gournerie, professeur.

Mécanique appliquée aux arts.—Les dimanches à une heure, et les jeudis à sept heures un quart du soir. M. Morin, professeur, sera remplacé par M. Tresca.

Constructions civiles. — Les mercredis et samedis, à sept heures un quart du soir. M. E. Trelat, professeur.

Physique appliquée aux arts. —Les dimanches à onze heures et demie, et les mercredis à huit heures et demie du soir. M. E. Becquerel, professeur.

Chimie appliquée aux arts. — Les dimanches à deux heures et demie, et les jeudis à huit heures et demie du soir. M. Peligot, professeur.

Chimie appliquée a l'industrie. — Les mardis et samedis à huit heures et demie du soir. M. Payen, professeur.

Agriculture. — Les lundis et vendredis, à huit heures et demie du soir. M. Moll, professeur.

Chimie agricole. — Les dimanches à dix heures du matin, et les jeudis à sept heures et demie du soir. M. Boussingault, professeur.

Zoologie appliquée a l'agriculture et a l'industrie. — Les mardis et samedis, à sept heures et demie du soir. M. Baudement, professeur.

Filature et tissage. — Les lundis et vendredis, à sept heures un quart du soir. M. Alcan, professeur.

Teinture, apprêt et impression des tissus. — Les lundis et vendredis, à huit heures et demie du soir. M. Persoz, professeur

Législation industrielle. — Les mardis et vendredis, à sept heures et demie du soir. M. Wolowski, professeur.

Administration et statistique industrielles. — Les mercredis et samedis, à huit heures et demie du soir. M. J. Burat, professeur.

Muséum d'histoire naturelle.

Cours d'anatomie comparée. — M. Serres a ouvert ce cours samedi dernier. Il aura lieu les mercredis et samedis à trois heures.

Faculté de médecine.

Pathologie interne.—M. le professeur Nathalis Guillot commencera son cours de pathologie interne, mercredi 19 novembre, à sept heures du soir, et le continuera les vendredis, les lundis et les mercredis de chaque semaine.

Clinique de la charité. — M. le professeur Piorry commencera ses leçons cliniques à l'hôpital de la Charité, le mercredi 19 novembre, et les continuera les lundis, mercredis et vendredis pendant le semestre d'hiver.

Cours de pathologie et de thérapeutique médicale. — M. le docteur Aran, agrégé, chargé de ce cours comme suppléant de M. le professeur Andral, commencera ses leçons le jeudi 20 novembre, à trois heures de l'après-midi, dans le grand amphithéâtre de la Faculté, et les continuera les mardis, jeudis et samedis, à la même heure.

Prix d'abonnement pour l'étranger.

Allemagne, 12 fr. — Suisse, Parme, Plaisance, Modène, 12 fr. 50 c. — États-Sardes, Grèce, 13 fr. — Hollande, Angleterre, 14 fr. — États-Unis, Indostan, Turquie, 14 fr. 50 c. — Belgique, Prusse, Hanovre, Saxe, Pologne, Russie, Espagne, Portugal, 15 fr. 50 c. — Toscane, 16 fr. 50 c. — États-Romains, 20 fr. 50 c.

Le propriétaire rédacteur-gérant : Victor MEUNIER.

Paris. — Imprimerie de J.-B Gros et Donnaud, rue des Noyers, 74.

Deuxième année. — N° 48. 25 CENTIMES. 30 novembre 1856.

L'AMI DES SCIENCES

JOURNAL DU DIMANCHE

BUREAUX D'ABONNEMENT
13, RUE DU JARDINET, 13,
Près l'Ecole de Médecine
A PARIS

SOUS LA DIRECTION DE

VICTOR MEUNIER

ABONNEMENT POUR L'ANNÉE
PARIS, 10 FR; — DÉPART., 12 FR.
Étranger (Voir à la fin du journal)

QUESTION DES LOGEMENTS.

La réforme de la vie domestique par la réforme architectonique. — Palais de famille.

Il y a dix ans (plus ou moins) la question des logements agitait les esprits comme elle les agite aujourd'hui Mais quel progrès depuis cette époque! C'était alors une question ouvrière, une question de charité, c'est aujourd'hui l'affaire de tout le monde et une affaire scientifique. Il s'agissait d'améliorer la situation de quelques-uns, d'un grand nombre, il s'agit maintenant d'imprimer un progrès à la société tout entière, de mettre notre domicile à tous en harmonie avec nos moyens nouveaux de locomotion et de correspondance, avec l'organisation actuelle de l'atelier agricole et industriel. C'est en réalité le seul moyen de venir en aide aux classes souffrantes qui, naguère, semblaient seules en cause. La bienfaisance, en effet, quand elle répond, soulage mais ne guérit pas, et par suite, elle nourrit le mal. La science le dessèche ; elle attaque de front les questions que la bienfaisance élude, elle les résout parce qu'elle les voit dans leur généralité. Aussi, ses solutions sont-elles applicables à tous les cas particuliers. Où l'on ne voyait qu'une affaire de bâtisse à bon marché, il y avait un problème architectonique enveloppant toutes les conditions sociales et la vie domestique sous tous ses aspects, problème qui ne pouvait être résolu que par une conception révolutionnaire de même ordre que le chemin de fer, le télégraphe électrique, la machine à vapeur. La solution est donnée; il ne s'agit plus que de sa mise en pratique. Et considérant que jusqu'ici la souffrance est le seul aiguillon qui triomphe de l'inertie humaine, on doit regarder comme avantageuse la généralité de la crise actuelle. Le bien est l'ennemi du mieux; un grand progrès non éprouvé encore n'a chance d'être accepté qu'à la suite d'un désastre, comme remède au mal devenu universel. On se contenterait d'un palliatif : on se résigne à une guérison radicale dès qu'il est démontré qu'on ne peut prétendre à moins.

Avant d'exposer l'état présent de la question, rappelons comment elle se formulait naguère.

C'était, ai-je dit, une question ouvrière portée devant la bienfaisance publique.

Question étroitement posée devant un tribunal incompétent.

Aussi n'a-t-elle pas fait un pas dans la voie où elle s'était engagée, et les solutions plus ou moins approchées (cités ouvrières) qu'on en a données n'ont eu aucun succès parmi ceux-là même en faveur desquels elles étaient proposées.

La raison les avertissait que l'amélioration de leur condition peut et doit résulter d'une innovation profitable à tous, et leur dignité les obligeait à courir les chances communes du progrès général.

C'est à M. Blanqui qu'appartient l'honneur d'avoir posé avec éclat cette question des logements; j'ai en vue son célèbre mémoire lu à l'Académie des sciences morales et politiques.

I.

Au moment de faire pénétrer ses lecteurs dans les quartiers infâmes où les ouvriers de Rouen venaient s'engloutir, leur journée faite, M. Blanqui s'écriait :

« Je me suis résolu à signaler le mal dans toute son horreur et à faire un appel parti du fond de l'âme à tous les hommes d'honneur, à toutes les mères de famille, pour conjurer ce fléau trop peu connu aujourd'hui. »

Comment ne pas s'émouvoir en effet?

« Oui, il existe à Rouen des repaires, mal à propos honorés du nom d'habitation, où l'espèce humaine respire un air vicié qui tue au lieu de faire vivre, qui attaque les enfants sur le sein de leur mère, et qui les conduit à une décrépitude précoce, au travers des maladies les plus tristes : les scrofules, les rhumatismes, la phthisie pulmonaire. Les pauvres enfants qui échappent au vice, dans ces mortelles demeures, finissent par tomber dans l'imbécillité. Quand ils arrivent à vingt ans, on n'en trouve pas dix sur cent capables de devenir soldats : la misère, les privations, le froid, le mauvais air, le mauvais exemple, les ont amaigris, atrophiés, corrompus, démoralisés. »

Et plus loin :

« On n'entre dans ces maisons que par des allées basses, étroites et obscures, où souvent un homme ne peut se tenir debout. Les allées servent de lit à un ruisseau fétide chargé des eaux grasses et des immondices de toute espèce qui pleuvent de tous les étages et qui séjournent dans de petites cours mal pavées, en flaques pestilentielles. On y monte par des escaliers en spirale, sans garde-fou, sans lumière, hérissés d'aspérités produites par des ordures pétrifiées ; et l'on aborde ainsi de sinistres réduits, bas, mal fermés, mal ouverts, presque toujours dépourvus de meubles et d'ustensiles de ménage. Le foyer domestique des malheureux habitants de ces réduits se compose d'une litière effondrée, sans draps ni couvertures; et leur vaisselle consiste en un pot de bois ou de grès écorné qui sert à tous les usages. Les enfants plus jeunes couchent sur un sac de cendres; le reste de la famille se plonge pêle-mêle, père et enfants, frères et sœurs, dans cette litière indescriptible comme les mystères qu'elle recouvre. Il faut que personne en France n'ignore qu'il existe des milliers d'hommes parmi nous dans une situation pire que l'état sauvage; car les sauvages ont de l'air, et les habitants du quartier Saint-Vivien n'en ont pas! »

Après avoir conduit ses lecteurs à Rouen, M. Blanqui les menait à Lille, et, arrivé dans cette industrieuse cité, il leur montrait (je cite) : « Une portion considérable de la population manufacturière qui semble vouée à des misères inconnues de l'état sauvage. »

Cela ressemble beaucoup, direz-vous, à ce que nous venons de voir à Rouen. Non, Rouen était dépassé. Cette « population de parias », ainsi que l'appelle M. Blanqui, habitait des caves situées à deux ou trois mètres au-dessous du sol, ne recevant l'air et le jour que par la porte d'un escalier donnant sur la rue; leur étendue était rarement de deux mètres et demi de hauteur, sur cinq mètres de côté, et il y en avait une infinité dont les proportions étaient moindres. Mais écoutons M. Blanqui :

« C'est un spectacle vraiment effrayant que celui de ces ombres humaines, dont la tête arrive à peine à la hauteur de nos pieds, quand le demi-jour qui les éclaire permet de les apercevoir du haut de la rue. Mais nulle plume ne saurait décrire avec une exacte vérité, pour qui s'est hasardé à y descendre, l'épouvantable aspect de ces asiles, capables de faire envier aux hommes les repaires des hôtes de nos forêts... »

Et quelques lignes plus loin :

« Le plus souvent ils couchent tous sur la terre nue, sur des débris de paille de colza, sur des fanes de pommes de terre desséchées, sur du sable, sur les débris péniblement recueillis dans le travail du jour. Le gouffre où il végètent est entièrement dépourvu de meubles; et ce n'est qu'aux plus fortunés qu'il est donné de posséder un poêle flamand, une chaise de bois et quelques ustensiles de ménage. « *Je ne suis pas riche, moi,* » nous disait une vieille femme en nous montrant sa voisine étendue sur l'aire humide de sa ca cave; mais j'ai ma botte de paille, dieu merci! »

« A l'heure où nous parlons, plus de 3,000 de nos concitoyens vivent de cette horrible existence dans les caves de la ville de Lille, si justement renommée par l'esprit charitable et chrétien de ses habitants. Oui, il y a des femmes qui ne mangent pour toute nourriture que deux kilogrammes de pain par semaine, et si maigres que leur corps est presque diaphane ; il y a des milliers d'enfants qui naissent seulement pour mourir d'une longue agonie. Le docteur Gosselet, médecin distingué de Lille, qui a publié le chiffre des victimes de ce martyrologe, s'écrie en finissant : « Il y a donc chez nous autre chose que la misère, pour causer de telles pertes au début de la vie! A ce fléau il faut une barrière; il faut qu'en France on ne puisse pas dire un jour que, sur 21,000 enfants, il en est mort avant l'âge de cinq ans 20,700! »

M. Villermé avait visité, huit années avant M. Blanqui, les centres manufacturiers qui furent l'objet du rapport de ce dernier. Le livre de M. Villermé (*Tableau de l'état physique et moral des ouvriers employés dans les manufactures de coton, de laine et de soie*), confirmait par anticipation les observations de son confrère.

Après avoir décrit les caves lilloises, M. Villermé disait :

« Je voudrais ne rien ajouter à ce détail de choses hideuses qui révèlent, au premier coup d'œil, la profonde misère des malheureux habitants ; mais je dois dire que, dans plusieurs des lits dont je viens de parler, j'ai vu reposer ensemble des individus des deux sexes et d'âge différent, la plupart sans chemise et d'une saleté repoussante. Père, mère, vieillards, enfants, adultes s'y pressent, s'y entassent. Je m'arrête... le lecteur achèvera ce tableau ; mais je le préviens que, s'il tient à l'avoir fidèle, son imagination ne doit reculer devant aucun des mystères dégoûtants qui s'accomplissent sur ces couches impures au sein de l'obscurité et de l'ivresse. »

En note, M. Villermé ajoutait :

« Deux médecins et un commissaire de police m'ont dit savoir, d'une manière certaine, que des incestes sont quelquefois commis, et d'autres personnes m'ont affirmé avoir entendu des ouvriers se les reprocher dans leurs disputes. »

Dans une autre note, M. Villermé disait à propos des caves :

« Je ne donnerais pas une idée complète des logements dont il s'agit, si je n'ajoutais que, pour tous ceux qui habitent plusieurs des cours dont il s'agit, c'est-à-dire pour des centaines d'individus quelquefois, il n'y a qu'un ou deux de ces cabinets indispensables à la propreté des villes. Aussi le soir, quand les ouvriers viennent de rentrer chez eux, voit-on communément les femmes sortir des allées, s'arrêter au-dessus du ruisseau de la rue, et là, devant les passants et coudoyées par eux, faire sans honte ce qu'ailleurs elles ne feraient jamais en public. »

Encore quelques lignes, et nous quitterons cette industrieuse cité de Lille.

Ces lignes, nous les empruntons à un *Rapport à la municipalité sur les moyens à prendre immédiatement contre le choléra-morbus*. Ce rapport, écrit par le conseil de salubrité du département du Nord, date du 1er avril 1832.

« Et le pauvre lui-même, demande le rapport, comment est-il au milieu d'un pareil taudis ?

(Le rapport vient de dire : « On est fatigué dans ces réduits d'une odeur fade, nauséabonde, quoique un peu piquante, odeur de saleté, odeur d'ordure, odeur d'homme, etc. »).

Il répond ainsi à la question posée :

« Ses vêtements sont en lambeaux, sans consistance, consommés, recouverts, aussi bien que ses cheveux, qui ne connaissent pas le peigne, des matières de l'atelier. Et sa peau? Sa peau, bien que sale, on la reconnaît sur sa face ; mais sur le corps, elle est peinte, elle est cachée, si vous le voulez, par les insensibles dépôts d'exsudations diverses. Rien n'est plus horriblement sale que ces pauvres démoralisés. Quant à leurs enfants, ils sont décolorés; ils sont maigres, chétifs, vieux, oui, vieux et ridés; leur ventre est gros et leurs membres émaciés ; leur colonne vertébrale est courbée ou leurs jambes torses; leur cou est couturé ou garni de glandes; leurs doigts sont ulcérés et leurs os gonflés et ramollis; enfin ces petits malheureux sont tourmentés, dévorés par les insectes. »

De son côté, le docteur Guépin, transportant ses lecteurs dans une de ces cités intermédiaires entre les villes de grande industrie et les places de troisième ordre, décrivait en ces termes l'habitation des ouvriers de Nantes :

« Si vous voulez savoir comment il se loge, entrez dans une de ces rues où il se trouve parqué par la misère... entrez en baissant la tête dans un de ces cloaques ouverts sur la rue, et situés au-dessous de son niveau; l'air y est froid et humide comme dans une cave; les pieds glissent sur un sol malpropre et l'on craint de tomber dans la fange. De chaque côté de l'allée, qui est en pente....il y a une chambre sombre, grande, glacée, dont les murs suintent une eau sale et qui ne reçoit l'air que par une méchante fenêtre, trop petite pour donner passage à la lumière, et trop mauvaise pour bien clore. Poussez la porte et entrez si l'air fétide ne vous fait pas reculer. Ici deux ou trois lits raccommodés avec de la ficelle qui n'a pas bien résisté ; ils sont vermoulus et penchés sur leurs supports; une paillasse, une couverture formée de lambeaux frangés, rarement lavée, parce qu'elle est seule; quelquefois des draps et un oreiller: voilà le dedans du lit. Quant aux armoires, on n'en a pas besoin dans ces maisons.

« Aux autres étages, les chambres, plus sèches, un peu plus éclairées, sont également sales et misérables, les enfants passent leur vie dans la boue des ruisseaux ; pâles, bouffis, étiolés, les yeux rouges et chassieux, rongés par des ophthalmies scrofuleuses, ils font peine à voir... Après vingt ans on est vigoureux ou l'on est mort. » V. M.

(La suite au prochain numéro.)

SCIENCE ET PHILOSOPHIE.

(Suite.)

Les sciences se divisent en deux branches : les sciences physiques et les sciences mathématiques. Voyons d'abord comment sont formées les premières. Elles ont pour matière les objets empiriques, c'est-à-dire ceux qui tombent sous les sens. Lorsque le moi s'est emparé de ces objets, il en recherche les distincts (1), et lorsqu'il a trouvé dans plusieurs objets un ou plusieurs distincts communs, il les construit par rapport à ces distincts; il obtient ainsi des classifications en genre, espèce, ordre, famille, etc., etc. C'est au moyen de cette méthode qu'ont été formées la botanique, la minéralogie, la zoologie. L'esprit, après avoir élevé ces constructions, saisit ce qu'on appelle *une loi*, et l'on dit alors que tel corps, tel animal est soumis à telle loi: ce qui ne signifie pas autre chose qu'on lui a reconnu tous les distincts nécessaires pour être placé dans la construction qui a donné lieu à la loi. Les sciences physiques ont donc pour but de rechercher les distincts des objets et de les construire relativement à ces distincts. Remarquons bien, dès à présent, que les lois formulées dans ce champ n'ont pas d'autre étendue que celle de la construction qu'elles représentent ; qu'en les poussant au-delà de cette limite on induit faussement, on fait de l'imagination et l'on court le chemin de la conjecture et non de la philosophie.

Dans les sciences mathématiques, au contraire, l'esprit n'ayant en vue que des choses qu'il a lui-même créées, les constructions s'élèvent d'elles-mêmes et sont toujours entières. C'est précisément ce qui fait que les lois qui vont être saisies, seront absolues, et non plus limitées à un certain nombre de termes comme dans la science empirique. Ici, l'esprit ne cherche plus les distincts des termes, mais il détermine les rapports qui existent entre les termes de différentes constructions, ou les distincts de ces termes. Ces rapports, examinés pour un terme seulement, fournissent immédiatement une loi générale, parce que le terme en question appartient à une construction entière. Ainsi, lorsqu'on a acquis la certitude que, pour un triangle, la somme des trois angles équivaut à deux droits, on affirme hardiment que dans *tout* triangle la somme des trois angles est égale à deux angles droits. Mais sachons bien que cela n'a lieu qu'ici, qu'en mathématique, c'est-à-dire en science transcendentale, et que cette manière de procéder ne peut être employée ailleurs sans conduire aux plus tristes illusions. Voilà, en quelques lignes, une idée précise de la science. Il est inutile à mon sujet de traiter la question de sa possibilité et de sa forme ; elle n'éclairerait en rien l'esprit du lecteur. Je puis donc me demander avec lui maintenant: qu'est-ce qu'on peut entendre par la *philosophie de la science ?* Particularisons pour être mieux compris. En quoi pourrait consister la philosophie de la chimie, par exemple. La chimie consiste à rechercher les distincts des corps en les altérant dans leur nature ; mais que sera la philosophie de la chimie ? Serait-ce l'idée qu'on pourrait se faire que tel ou tel corps pourrait bien être formé d'une matière plutôt que de l'autre ? Cela s'appelle des conjectures et des jeux d'esprit, qui n'ont aucune valeur scientifique. Ou bien, entendrait-on par là des discussions relatives à la divisibilité à l'infini, aux atomes ? Mais ce sont des idées métaphysiques avec lesquelles on fait de la vraie dialectique et rien de plus. Que faisaient Lavoisier, Berzelius, Scheele, etc. ? Ils trouvaient de nouveaux distincts des corps; ils faisaient purement et simplement de la chimie ; mais on ne trouve rien à ce propos qu'on puisse appeler régulièrement la *philosophie de la chimie.*

Voyons s'il y aurait une philosophie de l'histoire naturelle, de la botanique ou de la zoologie. Cuvier, Geoffroy-Saint-Hilaire, Lamarck, Linné, Jussieu, tous les grands naturalistes enfin, ont-ils fait autre chose que rechercher les distincts des objets qu'ils avaient en vue, pour arriver à les construire, à obtenir des classifications, des lois pour tel être donné? Si c'est en cela que peuvent se résumer tous leurs travaux et que consiste la science, qu'appellera-t-on la philosophie de l'histoire naturelle ? Quels produits fera-t-on représenter à cette expression? Je ne crains pas d'affirmer qu'on n'en trouvera aucun, excepté ceux qu'auront créés des exercices de l'imagination.

Arrivons aux sciences mathématiques et demandons-nous ce que pourrait être leur philosophie. J'ai dit en quoi consistaient ces sciences ; l'esprit ne s'y occupe pas d'élever des constructions comme dans les sciences physiques, puisqu'elles sont toutes faites à l'avance, qu'il n'y a là pas plus à induire qu'à déduire, qu'il y a seulement à déterminer des rapports entre les termes de différentes constructions, ou entre les distincts de ces termes. Les mathématiciens les plus illustres ont-ils fait autre chose ? Les découvertes des Newton, des Leibnitz, des Descartes ont-elles d'autres caractères, et trouverait-on en dehors de ces résultats quelque chose pour la philosophie de la science? Non, assurément. Il n'y a donc rien, ni dans les sciences physiques, ni dans les sciences mathématiques, qui puisse servir à fonder la distinction que font supposer les expressions *science* et *philosophie de la science*. Donc la philosophie de la science est une chimère.

Il résulte de là qu'un philosophe peut s'occuper, même avec avantage, d'histoire naturelle, de botanique, de zoologie, de

(1) Ce mot a été employé dans le livre de la *Théorie de la raison humaine* pour éviter la répétition des mots : attributs, qualités, propriétés, parties, adjectifs, prédicats, etc., qu'il sert à remplacer.

physique, de chimie, de mathématiques, et qu'il peut devenir un très grand savant en même temps qu'un parfait philosophe; mais il n'en sera pas pour cela plus régulier de dire : La philosophie de l'histoire naturelle, la philosophie de la botanique, de la zoologie, de la chimie et des mathématiques. On peut posséder à un très haut degré ces différentes sciences, et ne pas savoir un mot de philosophie. Ajoutons en même temps qu'on ne peut arriver à la philosophie sans connaître les éléments de ces sciences. On peut faire de la science sans le secours de la philosophie, mais on ne saurait faire de la philosophie sans s'appuyer sur la science. Les caractères de l'une ne peuvent jamais être des attributs de l'autre, et quoi qu'on dise, la philosophie ne deviendra jamais science et la science jamais philosophie. Tout ce qu'on peut désirer à ce sujet, c'est que la métaphysique arrive à la philosophie afin que l'ordre s'établisse dans les intelligences, et qu'on cesse de jeter au sein de la plus insipide dialectique les phrases les plus vides, les raisonnements les plus faux et les affirmations les plus ridicules.

Il est une autre idée avec laquelle on se plaît infiniment à accoupler la philosophie : cette idée est celle de l'histoire. Quel est l'homme, en effet, qui n'ait entendu parler de la *philosophie de l'histoire* ? Quel est celui qui n'a pas lu quelques discussions à ce sujet ? Lequel n'a pas une tendance à philosopher sur l'histoire, à faire de la dialectique dans ce champ et à donner quelques coups de poings sur le fond de ce grand tonneau qui ne résonne si bien que parce qu'il est vide? Mais, en revanche, quel est celui qui se fait une idée très exacte de l'expression dont il s'agit. J'avoue naïvement pour ma part n'y avoir jamais rien compris ; et, avec la meilleure foi du monde, je n'ai pu venir à bout de trouver quelle idée sérieuse pouvait représenter la *philosophie de l'histoire*. J'ai assez fait voir précédemment ce que signifiait le mot philosophie; si je rapproche l'idée que ce mot représente de l'idée de l'histoire, je vois qu'il y a impossibilité de donner un sens rationnel à la philosophie de l'histoire.

Rectifions, s'il est possible, notre jugement à cet égard, et procédons avec le lecteur à l'analyse de l'histoire. Quel est son objet? Quel est son but? Elle a pour objet : l'homme qu'elle considère isolément, ou une société, ou l'humanité : dans l'un comme dans l'autre cas, il s'agit toujours de l'homme. Elle ne l'envisage que par rapport à quelques-uns de ses distincts; elle enregistre avec soin les actes auxquels il se livre comme être sociable; elle décrit le plus exactement possible la marche qu'il suit au milieu de ses semblables ,et présente, dans un tableau unique, le plan de tous les mouvements qu'il a exécutés comme membre d'une société. Mais l'homme, étant un objet qui tombe sous les sens, naturellement l'histoire doit être rangée parmi les sciences empiriques, dans lesquelles on a pour but de chercher des distincts d'objets et de construire ces objets pour obtenir des lois. On a par exemple acquis la certitude que les hommes meurent; aussitôt l'esprit construit ces objets relativement au distinct mortel et il obtient cette loi : *Tous les hommes sont mortels*. Le naturaliste les construit par rapport à un grand nombre d'autres distincts; mais l'historien est-il aussi heureux, et trouve-t-il des distincts communs, des lois, avec autant de facilité que le physiologiste et l'anatomiste? Peut-il seulement trouver deux hommes dont l'histoire soit la même ? Je ne le crois pas. Comment alors parviendrait-il à formuler des lois ?

Maintenant, a-t-il trouvé dans l'histoire des sociétés connues, des caractères ou distincts communs ? A-t-il décrit assez de sociétés pour avoir une construction de quelques termes ? Et lui est-il permis de poser des lois ayant une certaine valeur ? Non, mille fois non. Nous n'avons l'histoire un peu exacte que de deux sociétés : de la société grecque et de la société romaine; ces deux sociétés ont fort peu de caractères communs ; et eussent-elles les mêmes, qu'il ne serait pas logique de conclure que toute société en voie de développement suivra une marche analogue. Deux cas ne suffisent pas pour faire une loi. Il y a donc impossibilité aujourd'hui de donner des lois historiques relatives soit aux individus, soit aux sociétés.

Examinons maintenant l'humanité. Il n'y a plus lieu ici à parler de constructions, parce qu'il n'y a qu'une seule chose à envisager. Tout le travail doit donc se réduire à chercher des distincts, à voir à quelles évolutions se livre cet être, si tel ou tel fait se reproduit périodiquement comme dans le système du monde, et si l'on peut constater quelques changements qui se répètent à des distances fixes. A-t-on remarqué quelque chose de semblable jusqu'à présent? Tout le monde répond à cette question d'une manière négative. Les plus hardis constatent seulement que nous tenons de nos ancêtres, que nous sommes formés d'eux-mêmes, et qu'il y a une chaîne non interrompue entre eux et nous. Ce n'est pas moi qui m'élèverai contre cette naïve et enfantine observation : elle ne nous apprend, du reste, absolument rien. On nous dit aussi qu'une certaine portion de l'humanité a passé par le fétichisme, puis par le polythéisme pour arriver au monothéisme. Je le veux bien ; mais que pouvez-vous induire de ces faits isolés qui ne peuvent être construits et qui ne peuvent donner lieu à aucune loi? Rien, absolument rien. Vous êtes libres, après cela, de conseiller l'adoration de l'humanité, de déifier l'homme et de pousser au fétichisme; c'est une fantaisie qui n'a rien de commun avec les *lois de l'histoire* ni la *philosophie de l'histoire*, et à laquelle on peut se livrer d'une manière tout à fait inoffensive. Quant à ceux qui soutiennent qu'il y a des lois historiques, que l'histoire tout entière est à refaire ; ils expriment tout bonnement des aspirations sans la moindre valeur. Il faut avoir une certaine audace pour avancer qu'il y a des lois historiques, lors même qu'il y a impossibilité d'en montrer une seule. Maintenant, que peuvent-ils entendre lorsqu'ils disent que l'histoire est à recommencer. Il ne peut être question sans doute d'inventer des faits, mais seulement de construire, relativement à d'autres distincts, ceux qui sont connus. Eh bien, cherchez ces nouveaux distincts, construisez autrement les faits et montrez-nous la loi! c'est là que nous vous attendrons. Oubliez-vous donc que Bossuet, un des hommes qui saisirent le plus vigoureusement l'ensemble des produits de l'histoire, ne sachant comment les relier entre eux et ne voyant aucun distinct propre à les construire, dut jeter à l'intelligence humaine cette phrase de désespoir : « L'homme « s'agite et Dieu le mène (1). » Il aurait mieux peint la situation de son esprit en disant : « Satan le mène. » Car sa pensée était celle-ci : En face de ces événements innombrables qui sont devant mes yeux, mon esprit se perd, et je déclare ouvertement que je renonce à les expliquer. Il est à remarquer que les grands historiens anciens, et la plupart des modernes, ne sont jamais tombés dans les travers que nous redressons; et cependant s'il y avait des lois historiques, ce serait bien à eux que reviendrait la mission de nous les faire connaître. S'ils n'ont rien remarqué à ce sujet, c'est qu'il n'y a rien, et que les exercices de l'imagination n'y mettront rien. Les partisans des lois de l'histoire, de la philosophie de l'his-

(1) Qu'elle soit de Bossuet ou de Fénelon, elle résume le *Discours sur l'histoire universelle*.

toire, paraissent aussi avoir oublié Condorcet. Lui, Condorcet, en faisant l'*Esquisse historique des progrès de l'esprit humain*, se voyant sur un terrain où l'imagination est souvent entraînée à se donner libre carrière, a fait les plus grands efforts pour ne pas lui céder, et il a toujours soin de prévenir qu'elle part, par cette formule invariable : *S'il était permis de hasarder quelques conjectures*, etc. Oui, des conjectures, et pas autre chose que des conjectures et des jeux d'imagination. Mais, de grâce, n'appelons point cela *les lois de l'histoire* ni *la philosophie de l'histoire*, car rien ne pourrait nous sortir de la confusion où nous serions infailliblement conduits.

Je crois avoir prouvé jusqu'à la dernière évidence qu'il est impossible de donner un sens rationnel à l'expression *philosophie de l'histoire*; qu'il n'y aucun produit dont elle puisse rappeler l'idée; qu'elle ne dit pas plus que la *philosophie de la science*, et qu'il est urgent de cesser au plus tôt l'emploi de ces phrases creuses qui n'ont aucune signification précise. La méthode qui m'a donné ces résultats peut s'appliquer à toute espèce de question avec une rigueur mathémathique; aussi, je ne crains pas de voir opposer la moindre objection sérieuse aux affirmations qui précèdent. Il me semble que je puis défier les observateurs les plus habiles de faire voir que l'histoire contient autre chose que des énumérations de distincts, de citer une loi qui puisse être obtenue d'une autre manière que celle que j'ai décrite et de signaler un produit réel et logique qui soit du domaine de la *philosophie de l'histoire.*

Les discussions qui ont eu lieu à ce sujet témoignent de l'embarras où se trouvait l'esprit des combattants ; leur incertitude se trahit à chaque ligne, et s'ils prennent un soin, c'est de ne déterminer en rien la signification de la phrase en question. Aussi se perdent-ils dans la dialectique et sont-ils conduits aux résultats les plus contradictoires. Il est inutile que je les suive sur ce terrain et que je fasse ressortir les erreurs particulières dans lesquelles ils sont tombés. Si j'ai donné à la solution de cette question toute l'exactitude désirable, il n'y aurait qu'un intérêt secondaire à parcourir les phases par lesquelles elle a passé. Il est nécessaire d'ajouter que la polémique qui a lieu relativement aux expressions que j'ai examinées se présente chaque fois qu'il s'agit d'un terme abstrait. Quel est, encore une fois, par exemple, le littérateur qui sait bien ce qu'il dit lorsqu'il prononce les mots *métaphysique, droit, justice, morale*, etc.? Je ne veux blesser personne, mais la controverse de tous les jours prouve suffisamment que chacun attache à ces mots les idées les plus singulières et que l'on se met pour ou contre la *métaphysique*, pour ou contre le *droit*, sans la moindre raison plausible et par simple humeur. De façon que les mots abstraits, au lieu d'être nettement définis, ne sont que des éléments de bavardage qui servent d'escorte à la dialectique, et qui ne font que jeter le trouble et le désordre dans l'intelligence.

L'effort à faire pour sortir de cette voie doit être vigoureux; il ne s'agit pas de moins, si l'on veut savoir ce que l'on dit, que de saisir dans leur ensemble les produits divers de l'esprit humain, de montrer comment ils se relient les uns aux autres et quels en sont les différents caractères ; de les placer dans l'harmonie la plus parfaite, et d'apprécier, jusque dans ses moindres détails, le mécanisme de la machine à connaître elle-même. Tous les mots, toutes les phrases, ne servent qu'à en représenter les différentes parties ; il faut donc, pour donner à chaque mot, à chaque phrase sa fonction, connaître la pièce tout entière. Si l'on ne s'est emparé du tout intellectuel on ne sait rien ; les idées que l'on agite, les termes que l'on emploie avant d'avoir fait ce travail, ne peuvent que préparer la matière à former les illusions. C'est à l'ensemble philosophique qu'il faut s'attaquer, si l'on veut connaître sa langue et arriver à cet état de satisfaction parfaite, qui est l'accord de l'homme avec lui-même. Tant que l'on n'a pas atteint ce sommet de la connaissance, on ne voit pas les choses dans leur véritable jour ; les idées et les mots semblent se jouer dans les ténèbres ; et toute expression qui ne désigne pas un objet empirique ou une forme de la science transcendante devient une énigme impossible à déchiffrer. Les auteurs qui attaquent et repoussent la métaphysique, sans la comprendre, ne peuvent guère faire autre chose : tous les termes abstraits doivent être en effet pour eux des ombres monstrueuses d'un aspect détestable ; ces mots n'ont, pour de tels esprits, qu'un son vide incapable de désigner rien de réel : alors, tout naturellement, ils s'efforcent de les proscrire. La métaphysique, ayant pour objet les idées abstraites qu'elle doit étudier successivement, est la route inévitable pour atteindre à la philosophie dont elle prend très souvent le nom. Son plus grand écueil est la dialectique, où elle tombe à chaque instant, mais avec laquelle elle ne saurait être confondue. A ce titre, elle est quelque chose de très précieux ; et je prédis, sans crainte de me tromper, à ceux qui essaient de la faire disparaître, que leur effort n'est pas prêt d'aboutir, et que leur supplice sera éternel.

Si l'on veut travailler sérieusement à l'œuvre de régénération, il faut cesser d'agiter des mots pour le simple plaisir d'écouter le bruit qu'ils font; il faut renoncer définitivement à écrire ces phrases qui sont des logogriphes et qui n'ont de sens que pour les lecteurs qui n'en ont aucun ; il faut n'employer les termes abstraits qu'après en avoir nettement donné la signification ; il faut ne pas appeler à soi, à tout propos, la philosophie de la science, la philosophie de l'histoire, et tant d'autres expressions aussi sonores et aussi vides, quand il n'y a pas de produits qui puissent leur correspondre ; il faut bien se convaincre que la philosophie est l'ensemble de tout et qu'elle cesse d'être au moment où l'on veut la transformer en une quelconque de ses parties constituantes; il faut ne pas oublier qu'elle a pour but de coordonner, de mettre en harmonie les produits complets de l'esprit humain, et que les phénomènes et les lois, étant en effet l'objet de la science, ne sont nullement celui de la philosophie. C'est donc à la philosophie qu'il faut tendre constamment ; c'est elle qui est la plus précieuse des connaissances et qui donne à l'esprit le plus de calme, le plus de véritable satisfaction, de vrai bonheur. Lorsqu'on la connaît, qu'on a pu en apprécier la force et la puissance, on acquiert rapidement la certitude et la conviction qu'elle n'a rien à craindre de ceux qui l'insultent dans les ténèbres, et qu'elle tiendra toujours avec dignité le sceptre du monde.

CHARLES BAILLY.

ÉCONOMIE RURALE.

Note sur l'extraction des engrais contenus dans les eaux d'égout, par M. Hervé Mangon (1).

L'écoulement du produit des eaux des égouts des grandes villes dans les rivières présente le double inconvénient d'altérer la pu-

(1) Nous pensons être agréable à nos lecteurs en leur donnant *in extenso* cet intéressant travail, dont il a été dit quelques mots dans notre compte rendu de la dernière séance de l'Académie des sciences (Voir le précédent numéro).

reté de l'eau, en infectant quelquefois les vallées traversées par ces liquides impurs, et de priver l'agriculture d'une quantité considérable de produits fertilisants qui coulent sans utilité jusqu'à la mer.

On a souvent proposé d'employer les eaux d'égouts à l'arrosage des terres cultivées. Un certain nombre d'exemples célèbres prouvent tout le parti qu'on peut tirer de cette pratique, quand la disposition des lieux et la nature des eaux la rendent applicable. Mais presque toujours, et c'est le cas de Paris en particulier, une étude attentive de la question permet de reconnaître que les frais de conduite, d'emmagasinage et de distribution dépasseraient beaucoup la valeur, comme engrais, de ces liquides, qui ne renferment par mètre cube que quelques grammes d'azote.

Pour utiliser les matières fertilisantes des eaux d'égouts, on ne peut donc, en général, les répandre directement sur le sol. On ne saurait davantage songer à les concentrer ou à les filtrer; c'est donc par un procédé de *précipitation* qu'il faut les exploiter pour en extraire, économiquement et sous un faible volume, les parties les plus utiles. Un habile ingénieur anglais, M. Wicksteed, s'est posé sous cette forme le problème de l'utilisation des eaux d'égout. Il a reconnu que l'addition d'un peu de lait de chaux à ces liquides produit un précipité facile à rassembler, qui permet de les clarifier très rapidement, de les désinfecter et d'en extraire, sous un faible volume, la plus grande partie des principes fertilisants.

Dans le grand établissement organisé en Angleterre, dans une ville de 65,000 habitants, à Leicester, l'eau d'égout mélangée de chaux est introduite dans un réservoir où se fait le dépôt du précipité formé. Ce dépôt, à l'état de boue liquide, continuellement extrait par le mouvement d'une vis d'Archimède, est soumis à l'action de machines à dessécher à force centrifuge, et transformé en pâte assez ferme pour être immédiatement moulée en briques, dont la dessiccation s'opère à l'air libre sans aucune difficulté. A l'aide de machines extrêmement ingénieuses, inventées par M. Wicksteed, la transformation des eaux d'égouts en un liquide *tranparent* et en *briquettes solides* d'un engrais précieux s'effectue ainsi sans odeur et dans des ateliers d'une propreté absolue.

Les résultats obtenus à Leicester m'ont paru, à la fois, si remarquables et si singuliers, que je me suis demandé si les mêmes procédés seraient applicables à Paris, et quelle serait leur importance au point de vue de la fabrication des engrais.

Je n'ai pas pu faire l'analyse des eaux d'égouts de Leicester avant et après l'action de la chaux. J'ai seulement examiné un échantillon du produit solide obtenu. Il renfermait :

	Produit à l'état naturel.	Produit supposé sec.
Eau perdue à 110 degrés	12,00	
Résidu insoluble dans l'acide chlorhydrique faible	13,25	15,05
Alumines, phosphates et peroxydes de fer	8,25	9,37
Chaux	45,75	51,97
Magnésie, traces	»	»
Azote non compris celui des sels ammoniacaux 0,558000 ; Azote des sels ammoniacaux 0,544666	1,10	1,25
Produits volatils au rouge, non compris l'azote, acide carbonique et autres matières non dosées	19,65	22,36
	100,00	100,00

Cette matière produisait avec les acides une forte effervescence, et dégageait une légère odeur d'acide sulfhydrique.

Considérés comme engrais, 1000 kilog de ce produit renferment autant d'azote que 2750 kilog. de fumier normal, ou bien que 73 k., 3 de guano dosant 15 p. 100 d'azote.

Pour savoir si les eaux d'égouts de Paris se comporteraient avec la chaux comme celles de Leicester, j'ai fait prendre de l'eau dans l'égout de la rue de Rivoli. Elle contenait par litre :

Matières dissoutes	1g,242
Matières solides en suspension	0g,484
Total	1g,726

L'ammoniaque libre de l'eau d'égout dans son état naturel a été dosée en recueillant avec les précautions ordinaires, dans de l'acide sulfurique titré, le produit de la distillation. L'azote du produit de l'évaporation à sec du liquide a été dosé par les procédés ordinaires. On a trouvé ainsi que 1 litre de l'eau examinée renferme :

Azote de l'ammoniaque libre	0,0389
Azote du produit solide	0,0192
	0,0581

Telle est la constitution, au point de vue dont il s'agit, du liquide de l'égout de Rivoli, sur lequel ont été faites les expériences que l'on va rapporter.

On a versé 1 litre d'eau d'égout dans un certain nombre de flacons d'une capacité de 1 litre et demi environ. On a ajouté à ces liquides troubles des quantités variables de chaux, pesée parfaitement sèche, puis éteinte dans un peu d'eau distillée. La précipitation s'est faite de la manière la plus rapide, et en présentant le même aspect que celui des liquides de Leicester, dans les mélanges renfermant 0g,4 et 0g,8 de chaux pure par litre d'eau d'égout. Ces deux liquides filtrés renfermaient exactement la même proportion d'ammoniaque libre, savoir 0g,037 par litre, ce qui répond à 0g,030 d'azote.

Les résidus de l'évaporation de ces deux liqueurs pesaient 0g,978 par litre.

Le liquide employé renfermait, comme on l'a vu, 1g,726 de matières solides par litre, dont 1g,244 en dissolution. La chaux a donc déterminé la précipitation rapide de 0g,748 par litre de matières solides formées de :

Produits solides en suspension	0g,484
Produits solides dissous	0g,264
Total	0g,748

Ainsi, la chaux détermine la précipitation de près du quart des matières dissoutes. L'eau, après la précipitation, était d'ailleurs parfaitement limpide, incolore et inodore. Le résidu de l'évaporation du liquide précipité par la chaux, puis filtré, contenait 0,837 p. 100 d'azote, ce qui répond à 0,00818 d'azote par litre de de liquide clarifié.

Le précipité formé sur la chaux, recueilli sur un filtre, puis séché au soleil, contenait pour 100 :

	Produit séché au soleil.	Produit supposé sec.
Eau perdue à 110 degrés	2,20	
Résidu insoluble dans l'acide chlorhydrique faible	8,25	8,43
Alumine, phosphates et peroxyde de fer	7,25	7,41
Chaux	33,75	34,51
Magnésie, traces	»	»
Azote non compris celui des sels ammoniacaux 0,037 ; Azote des sels ammoniacaux 0,336	1,17	1,20
Produits volatils au rouge, non compris l'azote, acide carbonique et autres matières non dosées	47,38	48,45
	100,00	100,00

Or, on obtient par litre, y compris les 0g, 4 de chaux et l'acide carbonique absorbé par une partie de cette base, 1g,52 environ de ce précipité. Ce qui donne 0g,1824 d'azote par litre d'eau clarifiée.

En réunissant les nombres précédents, on voit que l'azote renfermé dans 1 litre d'eau d'égout, après la clarification par la chaux, se répartit de la manière suivante :

Azote des matières solides restées en dissolution	0,0082
Azote de l'ammoniaque libre dans le liquide clarifié	0,0306
Azote du précipité produit par la chaux	0,0182
Total	0,0570

chiffre aussi rapproché que le comportent des recherches de cette nature, de la quantité totale d'azote, 0g,058, trouvé dans 1 litre d'eau naturelle.

Ainsi, la chaux précipite près de 30 pour 100 de l'azote contenu dans les eaux d'égouts. Mais elle ne paraît pas agir sensiblement sur l'ammoniaque libre que renferment ces eaux.

On conçoit que d'importantes améliorations pourraient être réalisées à cet égard. Il est très probable que l'addition d'un peu de phosphate acide de chaux et d'une chaux magnésienne permettrait de recueillir beaucoup plus d'azote.

Jusqu'à ce que les expériences commencées en Angleterre

aient prononcé sur la valeur, comme engrais, des produits obtenus par le procédé dont il s'agit, on ne peut que s'en tenir aux évaluations théoriques qui précèdent. Il serait vivement à désirer que la ville de Paris, qui n'a reculé devant aucun sacrifice pour essayer la valeur, comme engrais, des produits de la voirie, fit venir quelques mètres cubes de l'engrais de Leicester pour le soumettre à des essais pratiques. Ce serait l'élément le plus essentiel d'appréciation de la valeur du procédé de précipitation des eaux d'égouts.

Des essais faits en Angleterre semblent indiquer que la matière obtenue est un engrais puissant, mais dont l'action est lente et se fait sentir longtemps.

Je ne doute pas, ce qui n'a pas été essayé en Angleterre, qu'il ne fût facile d'établir avec l'engrais dont il s'agit des nitrières très actives, fort économiques et qui pourraient ainsi donner au produit en question une valeur bien supérieure à celle de son emploi immédiat comme engrais.

Les égouts de Paris entraînent et perdent chaque année une quantité de matières fertilisantes contenant 1,204,500 kilogrammes d'azote. C'est pour l'agriculture une perte annuelle extrêmement considérable, que le procédé dont on vient de parler réduirait dans une forte proportion.

REVUE DES JOURNAUX.

Le télégraphe transatlantique.

On sait que le télégraphe qui doit abolir les distances entre l'Europe et l'Amérique sera établi entre les points les plus rapprochés de l'ancien et du nouveau monde, lesquels se trouvent entre la côte occidentale de l'Irlande et la côte orientale de Terre-Neuve. L'Irlande est déjà en communication télégraphique avec l'Angleterre qui, elle-même, est unie au continent par des câbles électriques entre Douvres et Calais, d'une part, Douvres et Ostende, de l'autre. Quant à l'île de Terre-Neuve, elle est soudée aux États-Unis par un câble électrique de 136,770 mètres de long, immergé dans les eaux du Saint-Laurent, de sorte qu'une communication établie entre Valencia, en Irlande, et Saint-Jean de Terre-Neuve, réunira les deux mondes dans une étroite alliance. Les préparatifs de ce grand événement sont l'objet d'une lettre que le *Journal des Mines* reçoit de Londres, et dont nous allons donner quelques extraits :

« La distance qui sépare Valencia de Saint-Jean est à peu près de 3,000 kilomètres. Grâce aux travaux du lieutenant Maury nous savons qu'entre ces deux points se trouve, au fond de l'Océan, un plateau qui, d'après ce qu'il dit dans sa *Physical Geography of the sea*, n'est pas trop profond pour que le câble électrique ne puisse se reposer sur la surface, et a cependant assez de profondeur pour empêcher que les montagnes de glace qui se détachent du pôle ou les courants sous-marins puissent déranger le câble.

« L'année passée, le gouvernement des États-Unis a fait sonder toute la route dont nous venons de parler. On a trouvé que la profondeur du plateau au-dessous du niveau de l'Océan varie de 1,828 mètres près des rivages de l'Irlande et de Terre-Neuve à 3,782 mètres au milieu, profondeur qui ne dépasse pas celle des routes par lesquelles le télégraphe sous-marin a déjà passé. L'appareil que l'on a employé pour faire ces sondages était des plus ingénieux. Il se composait d'un poids cylindrique, qui renfermait, mais de manière à être indépendant, une série de tuyaux de plumes. Cette série de tuyaux fut attaché indépendamment à la ligne du fond. En arrivant au fond, le poids força les tuyaux de plumes à pénétrer dans le lit de l'Océan et à s'y remplir ; et la profondeur était telle qu'on jugea nécessaire d'abandonner le poids pour ne pas rompre la ligne ; le poids se détacha lui-même en touchant le sol et laissa les tuyaux de plumes libres, mais attachés à la ligne.

« Pour remonter la ligne, on employa un tambour, autour duquel elle était roulée et que l'on faisait tourner au moyen d'une petite machine à vapeur. Ces tuyaux ont rapporté à la surface des coquilles minutieusement microscopiques, et l'état parfait dans lequel elles se trouvaient démontrait l'absence complète de tout mouvement dans les eaux qui les entourent. »

L'auteur de la lettre termine ainsi :

« Vingt mots pourront être transmis de l'Angleterre aux États-Unis, par minute, plus facilement que de Londres à Paris, car il n'y a pas de lacune. Un message parti de Londres arrivera à sa destination une demi-journée avant son départ, le soleil se levant six heures plus tard en Amérique qu'en Europe. Voyez quelle importance ce simple fait physique aura dans nos affaires commerciales. Un négociant anglais envoie une dépêche télégraphique à son correspondant, aux États-Unis, entre dix heures du matin et quatre heures de l'après-midi : elle arrivera entre quatre et dix heures du matin, quand le monde est couché et avant les heures d'affaires. La réponse arrivera en Angleterre dans la même journée, entre quatre heures de l'après-midi et onze heures du soir.

« Le câble ressemble à tous les câbles électriques sous-marins, à l'exception qu'il contient, au lieu d'un fil de cuivre, sept fils roulés ensemble en cas d'accident ; il aura 2 centimètres de diamètre et 4,023,264 mètres de longueur, qui se réduiront à 965,580 mètres par les courbes qu'il prendra quand il sera submergé. Il est calculé supporter un poids de 6 à 7 kilogrammes par 1,600 mètres, et il pèse, sur terre, 1,000 kilogrammes par 1,609 mètres.

« On présume qu'il faut encore six mois pour achever le câble ; alors on le mettra par moitié sur deux grandes vapeurs : 1,300,000 kilogrammes dans chaque ; et ces vaisseaux partiront d'Angleterre, ensemble, pour se donner rendez-vous au milieu de l'Océan et au milieu de la route. Arrivés là, ils attendront un beau jour, quand la mer sera bien calme, pour réunir les fils conducteurs et leurs enveloppes, pour ne faire des deux parties qu'un seul câble. Quand cela sera fait, ils se sépareront pour marcher en sens opposé, l'un pour Terre-Neuve et l'autre pour l'Irlande. Et le câble tombant au fond par l'arrière de chaque vaisseau, ils arriveront bientôt, car il n'auront que 1,500 kilomètres à faire. En quatre ou cinq jours le câble sera à terre; alors le nouveau-monde sera uni à l'ancien. »

Exposition annuelle des produits de l'industrie américaine à New-York.

Le *Moniteur de l'Assurance* reçoit de New-York quelques détails sur cette exposition que le correspondant juge « satisfaisante » malgré l'absence d'un grand nombre de concurrents. L'exposition a lieu dans le palais de cristal. La nef contient, entre autres appareils de sauvetage, un bateau sur lequel, par malheur, on ne donne aucun détail : « Ce bateau peut chavirer impunément et demeurer sens dessus dessous sans que les passagers en soient incommodés. » Cela mériterait une description.

« Il faut entrer, dit le correspondant, dans la galerie des machines, voir, et surtout entendre fonctionner celles qui sont destinées à travailler le fer. Il faut voir ce métal soumis aux étreintes et aux manipulations irrésistibles des plus puissants mécanismes, changer de forme comme de la cire molle sous les yeux du spectateur ; se transformer instantanément en barres, plaques, fils de tout modèle et de toute dimension, coupé par des scies au grincement strident, tordu par de formidables étaux, broyé sous les coups précipités d'un gigantesque *marteau atmosphérique*, qu'on croirait emprunté aux forges de Vulcain s'il ne dépassait dans sa réalisation toute espèce de conception mythologique; plus loin des rabots, de 7 à 8 mètres tranchent un bloc de marbre, d'un mouvement continu, sans paraître éprouver la moindre résistance.

« Je ne parle que pour mémoire des machines à filer, tisser, mortaiser, raboter, creuser, tourner et même fendre du bois. Le langage est impuissant à traduire ce mouvement et ce vacarme.

« Une seconde section est consacrée aux machines agricoles, toutes d'un emploi facile et d'une incontestable utilité. Les unes labourent, défoncent et retournent le sol avant les semailles ; d'autres fauchent les gerbes au temps de la moisson ; d'autres encore égrènent le maïs, tout en ayant la précaution de rejeter mathématiquement le fruit d'un côté et la branche de l'autre.

« Une machine nouvelle, destinée à récolter la semence de foin, en cueillant simplement la graine sur pied, me paraît plus ingénieuse comme idée que susceptible d'une application usuelle. On prévoit combien le travail du fauchage deviendra difficile, ou plutôt impraticable, dans un champ piétiné par le cheval de ce chariot, sillonné d'ornières creusées par les roues, même en se servant des machines Manny, qui, par une nouvelle combinaison, n'ont à redouter ni les inégalités du sol, ni les aspérités, ni les troncs d'arbres si communs dans les terres à peine défrichées du Nouveau-Monde; on ne pourrait parvenir à redresser les tiges couchées et foulées dans la première opération, ni par conséquent les atteindre avec régularité et certitude dans la seconde. »

Fabrication du fer. — Electro-trieuse Chenot.

Dans la fabrication du fer, par quelque méthode que ce soit, il y a lieu de rechercher les minerais les plus riches, toutes choses égales d'ailleurs. En effet, un minerai qui contient 25 p. 100 de gangues de plus qu'un autre exige pour son traitement 25 p. 100 de combustible de plus.

D'un autre côté, les gangues sont excessivement encombrantes et contiennent très souvent, soit à l'état libre, soit à l'état de combinaison, des substances qui peuvent nuire d'une manière très sensible à la qualité du fer. Ceci dit pour les méthodes ordinaires est à plus forte raison applicable à la méthode directe de la production du fer par l'éponge de ce métal. Aussi, Adrien Chenot, le créateur de cette méthode, est-il en même temps inventeur de la machine dite électro-trieuse, dont le but est d'amener le minerai au plus grand degré de richesse et de pureté. Cette très ingénieuse machine est ainsi décrite dans l'*Invention*.

Le minerai, grillé, pulvérisé, et rendu magnétique, est amené sous les électro-aimants de la machine par une toile sans fin en tissu ou en métal. Les matières ferrifères sont attirées par les électro-aimants, influencées par le courant électrique. Ces électro-aimants passent successivement sur la verticale par suite du mouvement de rotation du disque qui les porte. Ils sont mis successivement par un commutateur sous l'influence du courant électrique un peu avant leur passage sur la verticale; et enfin, lorsqu'ils sont suffisamment éloignés, ce commutateur interrompt le courant électrique. L'électro-aimant, correspondant à la souche du commutateur qui cesse d'être influencé, devient neutre, et laisse tomber l'oxyde de fer qu'il avait attiré à sa surface.

Les gangues et les matières non attirables reposent sur la toile sans fin, qui les laisse tomber dans une case séparée de celles destinées à recevoir les matières ferrières pures. Les phosphures, arséniures, sulphures ou phosphates, etc., de fer restent parmi les gangues.

Il résulte de cette double action une élimination des substances pauvres, et une élimination des substances chimiquement nuisibles à la qualité du fer. On se débarrasse en bonne moyenne de 20 à 40 p. 100 de matières étrangères qu'il eût fallu chauffer exactement comme si elles eussent été du minerai pur. Le triage magnétique, en dehors de la qualité des produits, correspond donc à une économie directe et importante de combustible dans l'opération du traitement des minerais pour leur conversion en métal.

L'électro-trieuse joue un rôle non moins utile en permettant d'enlever le fer dans les minerais de cuivre, de zinc, etc. Cette machine marche à une vitesse assez considérable. Le triage est bien supérieur aux tables à schliquer, etc., et aux différents lavages par l'eau, tant par l'économie que par la précision.

Utilisation des matières perdues. — Fabrication du gaz au moyen des eaux de savon.

Le Journal de l'éclairage au gaz publie à ce sujet un article très intéressant. Il s'agit de procédés au moyen desquels M. Houzeau Muiron tire des eaux de savon qui ont servi aux dégraisseurs, un gaz éclairant d'une grande puissance, et quelques autres produits que le commerce accueille avec une faveur marquée.

Les eaux dont il s'agit recueillies avec soin, sont soumises aux manipulations suivantes :

On verse ces eaux savonneuses dans un bassin pouvant contenir environ 140 hectolitres ; on y verse ensuite 70 kilogrammes d'acide sulfurique à 66° préalablement étendu de deux fois son poids d'eau. On peut employer également l'acide chlorhydrique, quand sa valeur commerciale le permet. Dans cet état, il faut le double en poids de l'acide sulfurique indiqué. Aussitôt l'acide versé, on agite rapidement la masse de savon et d'acide, jusqu'à ce que la décomposition soit complète. Bientôt après, on voit se former une écume d'un gris sale, si l'eau de savon provient du dégraissage de laines non teintes. Douze heures après cette opération, si c'est en été, dix-huit heures si c'est en hiver, la séparation est assez avancée pour qu'on puisse faire écouler les 8/10 de l'eau décomposée. Le liquide qui est rejeté est limpide, légèrement jaunâtre ; il contient environ 1/000 de sulfate de potasse : pour l'utiliser, on l'évapore soit dans un bâtiment de graduation, soit en le faisant couler sur des terres sèches exposées à l'air, et qu'on lessive quand elles sont suffisamment chargées de sel.

A mesure que l'eau limpide s'écoule, la matière grasse, boueuse, qui surnageait, tombe au fond du bassin; celui-ci est muni au bas d'un tuyau de plomb se relevant après sa sortie, de manière que son point culminant soit plus relevé que la colonne de boue grasse, afin que, dans aucun cas, les matières ne puissent être entraînées avec l'eau dépouillée de graisse.

Aussitôt après cette séparation, le bassin est rempli d'une nouvelle quantité d'eau de savon; quand il est plein, la matière grasse, résultant de l'opération précédente, s'est élevée à la surface. On ouvre alors la trappe qui communique avec une grande cuve. La profondeur de cette trappe correspond à la hauteur de la masse de matière grasse. On favorise sa sortie en promenant dans toute la longueur du bassin une cloison verticale qui concentre la matière près de l'ouverture de la trappe. Aussitôt après l'expulsion des matières grasses, on acidifie de nouveau, et ainsi de suite chaque jour.

Le produit obtenu est un mélange d'huile non altérée, d'acides gras, de matières animales et d'eau. Dans cette matière l'eau forme une sorte d'hydrate qui ne peut se décomposer spontanément, et qu'on ne peut dissoudre qu'en chassant les dernières portions d'eau par l'évaporation.

Toutefois, afin d'éviter les frais d'évaporation et la coloration des huiles qui en résulterait, on introduit cette matière grasse, chargée de huit à dix fois son poids d'eau, dans un grand cuvier séparé en deux portions par une cloison ; la matière tombe dans le premier compartiment ; elle se dépouille d'une portion d'eau et remonte, en passant sous les cloisons, dans la grande portion du cuvier. On fait écouler par le robinet l'eau précipitée; on facilite beaucoup la séparation de l'eau en injectant par le tube de la vapeur qui échauffe toute la masse: on enlève ensuite la partie supérieure de la matière grasse pour l'introduire dans un bassin supérieur également chauffé par la vapeur. Une certaine portion d'eau se sépare encore : mais, pour en dépouiller complétement l'huile, on fait écouler la matière du bassin dans une chaudière de cuivre : une ébullition rapide, aidée d'une agitation continuelle, détermine l'évaporation des dernières portions d'eau. Immédiatement après, le produit est soustrait à l'action du feu et versé dans les bassins de cuivre; il contient 20 à 25 p. 0/0 de matières impures qui le troublent et le colorent : pour en opérer la décoloration, on y verse 2 p. 0/0 d'acide sulfurique concentré et l'on agite fortement; deux jours après, l'huile limpide arrive à la surface et les impuretés se sont précipitées. On sépare l'huile avec précaution, et le résidu, qui est un mélange d'huile et de corps étrangers, est versé dans des filtres de toile placés dans une étuve. On obtient ainsi la plus grande partie de l'huile renfermée dans les dépôts.

Le résidu des opérations précédentes est noir et très épais ; il est employé avec avantage à la production du gaz pour l'éclairage. Comme il serait difficile d'introduire cette sorte de graisse avec régularité dans la cornue, on la liquéfie au moyen de l'huile empyreumatique obtenue de l'opération précédente chaque jour fournit une quantité de goudron pouvant servir pour liquéfier la graisse du lendemain.

Le gaz obtenu par la décomposition de cette matière est purifié par la chaux ; les eaux de lavage qui en résultent contiennent du cyanure de calcium, qui sert à préparer le bleu de Prusse. En traitant ces eaux par le sulfate de fer, le précipité noir qui en résulte est lavé dans l'acide chlorhydrique, et l'on obtient un résidu d'un bleu intense.

Ce gaz possède un pouvoir éclairant considérable, car un pied cube donne, pendant une heure, une lumière égale à celle produite par une lampe Carcel brûlant 42 grammes d'huile à l'heure ; de sorte que, pour obtenir la lumière d'une lampe ordinaire d'atelier, la dépense en gaz s'élève à environ 4 centimes à l'heure, la valeur du pied cube étant de 6 centimes.

SOCIÉTÉS SAVANTES.

ACADÉMIE DES SCIENCES.

Addition à la séance du 17 novembre 1856.

Sur la structure des cristaux et ses rapports avec les propriétés physiques et chimiques, par M. Delafosse.

On sait que, d'après l'ensemble de leurs propriétés physiques et géométriques, les cristaux peuvent être considérés comme des assemblages uniformes de molécules assujetties dans leur disposition relative à la loi du parallélogramme, c'est-à-dire que, si l'on regarde le milieu cristallisé comme indéfini, trois molécules quelconques non en ligne droite, et qu'on suppose données de position, en déterminent toujours une quatrième, formant avec elles un parallélogramme. De même, quatre molécules non comprises dans le même plan déterminent un parallélipipède, dont les huit sommets sont marqués par autant de molécules. Il résulte de là que ces éléments matériels du cristal forment, dans une multitude de sens, des réseaux plans à mailles parallélogrammiques,qui s'entrecroisent pour constituer tous ensemble un réseau solide à mailles parallélipipédiques.

Dans un premier mémoire sur la structure des réseaux, M. Delafosse avait démontré l'importance de cette considération des réseaux, importance qu'on comprendra aisément si l'on songe que tel genre de cristallisation doit se distinguer des autres par la figure même des mailles du réseau qui le constitue, et qu'il est parfaitement défini quand on dit, par exemple, que le réseau est à mailles cubiques, ou bien à mailles rhomboedriques, à mailles allongées en forme de prisme carré ou de prisme rectangle. M. Delafosse donne à ces mailles parallélipipédiques le nom de *particules intégrantes du cristal*. M. Bravais les appelle *parallélipipèdes générateurs du réseau*.

Dans un second mémoire (7 juillet 1856), M. Delafosse a fait voir que les deux lois fondamentales de la cristallographie, la loi des troncatures rationnelles et celle des zones envisagées sous leur forme la plus générale, dérivent tout naturellement de cette distribution régulière des molécules,qui se répète exactement la même autour de chacune d'elles prise pour centre.

Cette uniformité de structure des cristaux doit tenir, sinon à une identité, au moins à une très grande ressemblance dans la forme et dans la composition des derniers groupes moléculaires, de ceux qu'on peut regarder comme les éléments immédiats du milieu cristallisé. Naguère encore, on s'imaginait qu'un cristal, pour être régulièrement constitué, ne pouvait résulter que de l'agrégation de molécules physiques d'une seule et même espèce. Depuis les belles expériences de Gay-Lussac et de M. Mitscherlich, sur les mélanges ou combinaisons isomorphiques, on admet généralement que des molécules chimiquement différentes peuvent fort bien cristalliser ensemble, sans être combinées les unes avec les autres, mais seulement entremêlées dans le réseau commun, pourvu qu'elles remplissent certaines conditions de forme et de structure, qui les rendent comme équivalentes à l'égard de la cristallisation.

Pour qu'il en soit ainsi, faut-il que les molécules cristallisées soient composées d'un même nombre d'atômes élémentaires, groupés entre eux d'une seule et même manière?

Les phénomènes de substitution, dans lesquels on voit un corps composé remplacer un corps simple et jouer le même rôle que lui, démontrent suffisamment que cette condition n'est pas nécessaire. Mais si le nombre absolu des atomes élémentaires qui composent les groupes moléculaires, peut être différent, ne faut-il pas au moins qu'ils s'associent de façon à permettre entre eux une distribution de pôles toujours la même? L'isomorphisme, et la cristallisation qui en est la conséquence, n'ont-ils lieu, comme le voulait M. Mitscherlich, qu'entre des composés semblables, ou qu'on puisse ramener à une même formule de composition? ou bien, ne peuvent-ils pas se rencontrer dans des composés dissemblables et de formules hétéromères? Quelques savants admettent aujourd'hui la possibilité de ce cas, et croient pouvoir assigner aux composés isomorphes un nouveau caractère, capable de suppléer à celui qu'on tirait précédemment de la similitude des compositions : ce caractère, c'est une égalité, sinon rigoureuse, du moins très approchée, dans les volumes moléculaires des composés; ou même, à défaut de cette égalité, une proportionnalité très simple entre ces constantes spécifiques, comme celle que M. Dumas a le premier reconnue et signalée dans les substances isomorphes proprement dites. Pour les minéralogistes dont je parle, les tourmalines, les épidotes, les wernérites, les micas, les amphiboles et les pyroxènes, ne sont plus que des groupes de combinaisons isomorphiques, à proportions variables, de corps différents ou hétéromères. Il est important d'examiner cette question nouvelle, dont la solution intéresse au plus haut point l'avancement de la minéralogie, surtout dans cette grande division des silicates, sur la nature desquels il reste encore tant d'incertitude.

D'autre part, il ne semblera pas moins utile de chercher à découvrir les véritables causes de ces phénomènes, qu'on désigne par les noms de dimorphisme et d'hémiédrie, dont l'un a produit de fâcheux malentendus entre la chimie et la minéralogie, et dont l'autre est devenu, au contraire, un sujet de rapprochement entre les physiciens et les cristallographes, par les connexions évidentes que ces différents modes ont avec telle ou telle propriété physique.

C'est cet ensemble de recherches que M. Delafosse commence aujourd'hui ; nous attendrons pour les résumer le complément qu'il promet pour une séance prochaine.

Apparence singulière de l'ombre que projette un bâton porté transversalement par un homme qui marche dans la direction du soleil.

M. Serge de Birkine communique à l'Académie l'observation de ce phénomène qui paraît n'avoir pas encore été remarqué. Voici en quoi il consiste :

Le phénomène s'observe en regardant l'ombre projetée sur le terrain par un bâton, par une canne, de 2,5 à 3 centimètres de diamètre, tenu horizontalement et éclairé par le soleil. Dans cette position, l'ombre ne présente rien d'extraordinaire : c'est une ligne sombre dont les bords sont entourés d'une légère pénombre, et voilà tout; mais aussitôt qu'on fait un mouvement en marchant dans le sens à peu près perpendiculaire au bâton, on remarque dans l'axe de l'ombre la naissance d'une raie éclairée qui persiste pendant tout le mouvement et disparaît avec ce dernier. Si la canne a une pomme à son bout, la raie lumineuse s'élargit dans l'ombre de la pomme. Cette ligne centrale est d'autant mieux visible que le mouvement est plus rapide.

Séance du 24 novembre.

Documents statistiques sur l'hémoptysie.

M. le docteur de Lamare, déjà connu de l'Académie par un mémoire présenté en 1853, sur la préparation de l'hélicine et de ses vertus curatives dans le traitement de la phthisie pulmonaire, vient de communiquer un travail statistique fait d'après un grand nombre de malades traités de cette manière. Ce travail tend à démontrer que l'hémoptysie, ou crachement de sang, qui, dans l'immense majorité des cas, est un signe de l'envahissement des tubercules dans la substance des poumons, n'est, dans quelques cas, liée à aucun désordre organique de cette nature. Jusqu'ici, on avait avancé que le rapport des premiers cas aux seconds était comme 2400 est à 1; loin de là, ce rapport est comme 66 est à 1. La gravité de l'hémoptysie n'en est pas amoindrie, il est vrai, mais la substitution du second rapport au premier élargit considérablement le champ des exceptions favorables. Si maintenant on observe que chez les femmes, les évacuations sanguines purement physiologiques se suppriment quelquefois pour être remplacées par des hémorrhagies supplémentaires, tandis que chez les hommes ces mêmes raisons n'existent pas, on trouve que le nombre des hémoptysies simples ou idiopathiques est aux hémoptysies symptomatiques des tubercules dans les poumons, comme 1 est à 33 pour les femmes, et comme 1 est à 132 pour les hommes.

On avait aussi enseigné jusqu'ici, que parmi les phthisiques, la moitié environ crachait du sang et que l'autre moitié n'en crachait pas dans tout le cours de l'affection. D'après les observations recueillies par M. de Lamare, ce rapport ne serait pas exact. Le rapport de ceux qui crachent du sang à ceux qui n'en crachent pas, au lieu d'être comme 2 est à 1, serait comme 15 est à 11, c'est-à-dire à peu près comme 2 est à 1,5. Enfin, suivant le même pathologiste, les crachements de sang sont encore plus fréquents chez les hommes que chez les femmes.

Le docteur de Lamare a présenté ces observations à l'Académie, pensant qu'elles seraient de nature à jeter quelques lumières sur les débuts d'une affection redoutable, dont il importe tant de reconnaître les commencements, afin de les combattre par un traitement approprié.

De la destruction des vaisseaux par la foudre.

On connaît les intéressants travaux que poursuit, depuis trente ans, en Angleterre, sir William Harris sur la question des paratonnerres, et notamment sur leur application à bord des navires. Les statistiques officielles de la Grande-Bretagne font foi que, durant la guerre, au commencement de ce siècle, plus de quarante vaisseaux furent détruits par la foudre, dans l'espace de moins de trois ans, et cela parce qu'ils n'étaient point encore munis de paratonnerres. Depuis lors, plusieurs systèmes furent adoptés, qui réduisirent de beaucoup le nombre de ces désastres; mais aucun n'a résolu la question d'une manière aussi complète que celui de sir W. Harris, qui consiste à placer le long du mât, dans sa partie supérieure, et dans plusieurs endroits de la membrure du vaisseau, des plaques de cuivre d'une certaine longueur, capables de conduire le courant électrique, sans difficulté, dans quelque position que se trouve le navire.

Les documents recueillis sur cette question ayant reçu l'approbation de l'Amirauté anglaise, les deux chambres du parlement en ont ordonné l'impression aux frais du gouvernement, et c'est ce bel ouvrage, ayant pour titre « *De la Destruction des vaisseaux par la foudre* » dont sir William Harris vient de faire hommage à l'Académie, par l'entremise de son vice-président, M. Despretz.

Il y est fait mention, entre autres résultats statistiques, de celui-ci: deux cents vaisseaux munis d'appareils ordinaires ont été, depuis 25 ans, soit détruits, soit considérablement avariés par la foudre, tandis que quarante de ceux à bord desquels on avait installé le système de sir W. Harris ont été frappés impunément dans toutes les parties du globe.

L'ouvrage dont il s'agit contient encore le récit des expériences de l'auteur sur les moindres résistances qu'offrent aux courants électriques, les diverses conductibilités des métaux. Des cartes très soignées et de fort beaux dessins représentent la plupart de ces expériences et des appareils préservateurs.

Étude du cheval de service et de guerre (1).

M. Isidore Geoffroy-Saint-Hilaire a fait hommage à l'Académie, au nom de M. A. Richard (du Cantal), de deux ouvrages ayant pour titre, l'un: *Dictionnaire raisonné d'agriculture et d'économie du bétail*, et l'autre: *Étude du cheval de service et de guerre, suivant les principes élémentaires des sciences naturelles.*

Le dernier de ces deux ouvrages traite à fond, dans toutes ses parties, la question chevaline: nous en rendrons compte dans un prochain article spécial. Mais disons, dès à présent, que l'auteur s'y est placé au point de vue élevé qui convient à toutes les questions d'intérêt public, nous voulons parler du point de vue scientifique. Pour aujourd'hui, nous nous contenterons de donner les conclusions de l'auteur, si compétent en cette matière:

1o Les travaux de tout ordre exécutés par l'État, les améliorations de toute nature ont parfaitement réussi quand leur direction a été confiée à des hommes qui ont fait de fortes études dans les écoles spéciales;

2o L'industrie manufacturière ne s'est élevée au point de prospérité où elle est aujourd'hui en France, que depuis l'application des sciences mathématiques, physiques et chimiques, dont la république et l'empire favorisèrent le développement à un si haut degré;

(1) Chez L. Hachette et Cie, 14, rue Pierre-Sarrazin; in-12.

3o L'industrie agricole, en général, ne réussira qu'avec le concours bien raisonné des sciences naturelles, répandues dans le pays par un bon système d'enseignement;

4o Si l'État n'a pas pu faire prospérer l'industrie de l'élevage du cheval léger, c'est qu'il n'a pas adopté la marche qu'il a si bien tracée et suivie pour faire progresser les autres industries, pour perfectionner les travaux d'art de tout ordre;

5o Les bases sur lesquelles Colbert avait fondé l'administration des haras étaient mauvaises; il faut donner la plus large extension possible au principe posé par l'esprit du décret du 4 juillet 1806. Ce décret voulait des *écoles d'expériences* sur le perfectionnement des races;

6o Les récriminations de toutes les époques contre l'administration des haras ont toujours eu leur origine dans le défaut de connaissances spéciales, indispensables à un succès qu'on n'obtiendra jamais avec le système suivi jusqu'à nos jours;

7o Nous disons, enfin, qu'il faudrait qu'une commission sérieuse, composée de savants naturalistes et d'agriculteurs instruits, pris dans le sein de l'Académie des sciences, fût nommée pour étudier la question à fond dans tous ses détails; cette commission soumettrait ses travaux à l'autorité, qui devrait prendre les mesures commandées par le progrès trop longtemps attendu par notre agriculture comme par nos remontes.

Communications sommaires.

M. Chevreul a lu la suite de ses recherches sur la composition chimique des statuettes de bronze trouvées dans le Sérapeum égyptien. En outre des substances que l'illustre chimiste y a déjà découvertes et dont nous avons précédemment parlé, M. Chevreul a trouvé encore de l'arséniate de plomb dans la litharge déjà signalée, et du chlore à l'état de chlorure de cuivre.

Le prince Charles Bonaparte dépose sur le bureau de l'Académie, le dernier mémoire de la série de ses travaux d'histoire naturelle, sur l'*ordre parallélique*.

M. Vincent, de l'Académie des inscriptions et belles-lettres, fait hommage à ses confrères de l'Académie des sciences, d'un opuscule ayant pour titre: « Explication d'un passage mathé« matique du dialogue de Platon, *de la vertu*. »

FÉLIX FOUCOU.

SOCIÉTÉ FRANÇAISE DE PHOTOGRAPHIE.

Vernissage des épreuves photographiques.

A la dernière séance générale de cette Société, M. le comte Aguado a présenté une note de M. Chambard sur l'emploi photographique des vernis inventés par ce chimiste et dont nous avons entretenu nos lecteurs.

La communication de M. Chambard comprend 1° un nouveau procédé de vernissage *imperméable*, *mat ou brillant* des épreuves positives de la photographie et de la lithophotographie.

2° Un autre procédé permettant de tirer des épreuves négatives ou clichés, et des épreuves positives sur feuilles translucides remplaçant très avantageusement les glaces, qui sont lourdes et coûteuses, en même temps qu'elles rendent le collodion très altérable au moindre choc, par la résistance qu'elles offrent.

Les photographies étant par ce procédé recouvertes d'une feuille de vernis d'une certaine épaisseur, les pores du papier étant comblés par une autre préparation, et le derrière de l'épreuve étant au besoin verni, il est plus que probable, dit M. Chambard, que ces épreuves, qui sont à l'abri du contact de l'air et de l'humidité, devront être inaltérables, si, comme on le dit, c'est le sulfite d'argent qui passe à l'état de sulfate sous l'action oxygénante de l'air atmosphérique, ce qui ne doit pas avoir lieu pour les épreuves tirées sur feuilles translucides, puisque cette membrane qui remplace le papier ne contient pas de cellulose, n'est point poreuse et est imperméable à l'air et à l'eau.

« Ces épreuves positives transparentes permettant en même temps le tirage d'épreuves négatives, qui réunies ensemble sous forme de planche, donneront d'un seul coup autant d'épreuves positives que l'on en voudra, rien n'empêchera pour la carte de visite-portrait de réunir cinquante ou même cent petits clichés qui donneront cent épreuves positives au châssis à reproduction ; rien n'empêchera également de colorer la préparation de manière à teinter le portrait selon le goût de l'amateur.

« Donc, je le répète, par mon procédé les clichés sont enlevés aussitôt faits, mis en portefeuille sans danger de les altérer; sont transportables et peuvent être touchés et retouchés sans aucune crainte d'altérer le collodion; il ne sont pas réfringents, la couche étant très mince.

« Une autre application consiste à faire deux clichés sur une seule glace, un de chaque côté : il suffit pour cela de faire toutes les opérations au moyen de cuvettes verticales, d'une glace en verre de couleur jaune et d'un châssis à deux volets.

« Il supprime presque toutes les glaces, puisqu'une seule par grandeur suffit désormais pour l'obtention de tous les clichés.

« Il remplace le papier de Chine dans le tirage des épreuves lithophotographiques.

« Il supprime le vernissage à la gélatine, puisqu'il donne de meilleurs résultats et n'est guère plus cher.

« Il permet l'enlèvement immédiat de tous les clichés faits avec n'importe quel collodion, la préparation pouvant s'appliquer dessus ou dessous, avant ou après l'application du collodion. Il permet, ce qui est plus remarquable encore, une épreuve positive étant faite, de l'amollir, d'appliquer le papier qui doit la recevoir, et d'enlever le tout; par ce moyen, l'épreuve est découpée, encollée et vernie sans quitter la glace.

« Ce procédé permettra, la lithophotographie donnant des meilleurs résultats, la reproduction indéfinie des planches en cuivre ou en pierre, car le tirage se faisant sur feuilles transparentes, rien n'empêchera de reproduire ces gravures ou ces lithographies sur pierre ou sur cuivre, surtout avec le concours de la galvanoplastie. »

Après la lecture de cette note, M. Chambard, opérant sous les yeux de la Société, a détaché sans difficulté plusieurs clichés des glaces qui les supportaient.

PARTIE LITTÉRAIRE.

LOUISE MORNAND [1].

Fin.

XXVI

Le 16 mars.

J'ai poussé le courage jusqu'à ses dernières limites ; il me semble maintenant qu'il y a une volupté cruelle à souffrir... J'ai assisté à son mariage !

Ce matin, à l'heure indiquée, je me rendis chez Louise. Ludovic était seul dans le petit salon ; il me reçut avec la plus cordiale amitié. Il ne se doute pas que la vue de son bonheur me brise le cœur ; — tant mieux ! Je le dis avec sincérité, je ne le hais pas; je ne voudrais pas lui ravir sa félicité. — Dieu veuille qu'il sache l'apprécier et s'en rendre digne !

J'avais consenti à être l'un des témoins; les trois autres ne tardèrent pas à se présenter. C'étaient le médecin qui soigna M. Mornand, le propriétaire de la maison de Varengeville, vieillard fort respectable, et un monsieur avec lequel Ludovic a fait connaissance en causant au bout de la jetée, et qui a consenti volontiers à lui rendre ce service. Nous étions tous réunis depuis un quart d'heure environ quand Louise entra, suivie de Catherine qui devait nous accompagner.

Malgré toute la résolution que j'avais amoncelée dans mon cœur, un nuage passa devant mes yeux lorsque je vis apparaître la blanche figure de Louise. Elle était belle et pure comme un lis, avec sa robe de soie blanche et la simple capote de crêpe qui lui encadrait gracieusement le visage. Tout en cédant au désir de Ludovic, elle n'avait pas jugé convenable de se parer; comme les heureuses mariées qui vont à l'autel accompagnées de leur famille et de leurs amies, du voile de dentelle et de la couronne nuptiale. Sa coiffure n'avait aucun ornement, sauf deux branches presque imperceptibles de fleurs d'oranger qui se mêlaient aux riches bandeaux de ses cheveux; elle ne portait aucun bijou et au lieu de dentelles elle avait une collerette et des manchettes de crêpe blanc, gardant ainsi, dans sa toilette de noce, une apparence de deuil. Tu vois, ma mère, que j'étais bien calme pour observer ainsi les plus petits détails.

La cérémonie devait avoir lieu au temple protestant. Nous allâmes d'abord à la mairie, où j'écoutai sans l'entendre la lecture de l'acte de mariage. Lorsqu'on me présenta le registre, j'écrivis mon nom d'une main ferme.

Nous arrivâmes au temple. Louise s'appuya sur moi pour monter les degrés ; sa main, posée sur mon bras, tremblait. Je la regardai ; elle était très pâle, mais calme. Le ministre nous attendait. Louise et Ludovic s'approchèrent de l'autel et s'agenouillèrent ; Catherine se plaça le plus près possible de sa maîtresse, je m'assis machinalement parmi les autres témoins. Deux ou trois curieux étaient entrés dans le temple. Mes sens étaient comme engourdis; au dedans de moi j'éprouvais une sorte de léthargie, un vide, un grand silence. Les premières paroles du ministre ne firent aucune impression sur moi; au *oui* prononcé par Ludovic un léger frisson parcourut mes veines, mais lorsque la voix de Louise, distincte quoique faible, se fit entendre à son tour, le *oui* tomba sur mon cœur comme une goutte d'eau glacée. Après cela, je n'entendis plus rien jusqu'à ce que, la cérémonie étant achevée, on se disposa à quitter le temple. Alors je me levai et marchai comme dans un rêve.

Cependant, à peine fûmes-nous rentrés à la maison, qu'un mot m'arracha à l'engourdissement qui avait envahi mes sens et mes facultés. L'un des témoins s'adressant à Louise, l'appela « Madame. »

Je tressaillis; une douleur subite, aiguë, me saisit au cœur. Pourquoi? Je l'ignore, car ce mot ne m'apprenait rien de nouveau; mais mon angoisse devait se lire sur mes traits, car un instant après Louise s'approcha de moi et me dit à voix basse et d'un air suppliant:

— Soyez bon, Godefroy; soyez vous-même.

— Vous serez obéie, Louise, répondis-je; et je tins parole.

Le déjeuner, que servit la pauvre Catherine, dont les yeux étaient rouges et gonflés, ne fut pas gai, il s'en faut, mais du moins je fis tout ce que je pus pour le rendre animé. Par un effort inouï, je parvins à causer, à plaisanter; je n'ai maintenant aucun souvenir de ce que je disais, cela n'avait probablement pas le sens commun, mais du moins je parlais et je riais, c'était assez.

C'était trop. Après le repas, lorsque, les témoins s'étant retirés, Louise alla revêtir son costume de voyage, je sentis mon courage défaillir. La force me manquait pour lui dire un dernier adieu en présence de son mari ; le rôle que je jouais était trop douloureux pour être soutenu plus longtemps. Aussi, quoique ma subite résolution dût paraître étrange à Ludovic, je m'excusai sur le chagrin que me causerait la vue de leur départ, et lui laissant croire que j'avais déjà fait mes adieux à Louise, je lui serrai la main et le quittai.

Rentré chez moi je me jetai sur mon lit, où je restai plusieurs heures dans un état d'anéantissement. A l'heure où je

(1) Voir le précédent numéro.

t'écris, elle est partie; je ne la reverrai plus, plus jamais! Et j'aurais pu la voir encore une fois!....

Je vais retourner à Paris. Quand? Je ne sais. En ce moment, je ne puis former aucun plan.

Neuf heures du soir.

Je rouvre ma lettre. Ne m'attends que dans quelques jours, car je vais revoir Louise. Oh! mon Dieu, comment se fait il qu'à cette pensée je me sente tout ranimé!

Il y a une demi-heure je fus troublé dans mes tristes méditations par une main qui frappait à ma porte. J'ouvris; c'était la femme chez qui Louise a logé. Elle tenait un paquet.

— Pardon, monsieur, me dit-elle; je viens de trouver ces livres que madame Mornand a oubliés, et j'ai cru que vous pourriez me dire son adresse au Havre afin que je les lui envoie.

— Laissez-les moi, répondis-je; je pars pour le Havre demain matin et je m'en chargerai.

J'avais fait cette réponse sans un instant d'hésitation et pourtant ce n'est que lorsque madame D.... eut fini de parler que l'idée d'aller au Havre me vint à l'esprit. Mais la tentation fut tellement forte que je n'ai pas seulement songé à y résister. Si je vois Louise encore une fois, je me sentirai plus fort, plus résigné; le souvenir de notre séparation sans un serrement de main, sans une parole affectueuse, aurait pesé comme un remords sur toute ma vie. Oui, il faut que je la revoie. J'y serais allé même sans le prétexte du paquet.

Cette résolution m'a tellement soulagé que je compte trouver quelques heures de repos. Bonsoir, ma bonne et patiente mère.

XXVII.

Le Havre, le 18 mars.

Je viens de la quitter; elle part demain. Mais que je te raconte avec ordre, si je le puis, tout ce qui s'est passé depuis mon arrivée au Hâvre.

Quelques circonstances contrariantes avaient retardé mon voyage et ce ne fut qu'à sept heures du soir, hier, que j'arrivai dans cette ville. J'étais abattu; mon exaltation de la veille avait éprouvé une réaction et les raisons qui m'avaient poussé à exécuter ce projet subitement conçu, me semblaient à peine valables. Le désir même que j'avais de revoir Louise était mêlé à un sentiment de découragement et de regret. Je me demandais avec inquiétude ce qu'elle penserait de ma démarche; ne m'en voudrait-elle pas d'être venu de nouveau troubler sa tranquillité?

Tourmenté par ces pensées, au lieu de me rendre à la demeure de mes amis, je me dirigeai vers un hôtel, d'où j'expédiai un billet adressé à Ludovic et lui disant mon arrivée.

Une demi-heure après je le vis accourir; il m'embrassa et parut heureux de me voir. Louise, me dit-il, fatiguée de courses qu'elle avait faites ce jour-là, s'était couchée.

— Elle ne sait pas que vous êtes ici, ajouta-t-il. Catherine, qui veille sur elle avec un soin maternel, m'a prié de ne le lui dire que demain matin, afin que rien ne l'empêche de passer une bonne et tranquille nuit.

Je fus frappé de cette précaution de la bonne Catherine; je me rappelai l'amitié qu'elle m'avait toujours témoignée; je suis persuadé qu'elle se doute de la vérité. Quand il s'agit de l'amour, les femmes ont le regard bien pénétrant.

— Mais demain, poursuivit Ludovic, venez déjeuner avec nous, et je vous promets que Louise sera bien heureuse de vous revoir. Vous réussirez mieux que moi à lui donner du courage. La perspective du voyage l'impressionne; elle est triste à l'idée de quitter la France.

— Et vous, Ludovic? demandai-je Au dernier moment cette pensée ne vous attriste-t-elle pas aussi?

— Ma foi, non, répondit-il avec un rire qui avait quelque chose d'amer. Je suis tenté de m'écrier, comme Childe Harold : « J'irai avec toi, ma barque, à travers les flots écumants, insouciant vers quel pays tu me transportes, pourvu que tu ne me ramènes pas dans le mien. »

— Et vous partez?

— Après-demain matin. Il faut que vous visitiez notre bateau à vapeur; c'est un vaisseau magnifique.

Ce matin, vers onze heures, je me rendis à l'invitation de Ludovic. Nous nous rencontrâmes à la porte de son hôtel; j'entrai avec lui dans la chambre où se trouvait Louise. Elle était assise auprès de la fenêtre, la tête appuyée sur sa main et plongée dans une rêverie si profonde qu'elle ne nous entendit pas. Ludovic alla doucement derrière elle, la prit par les épaules et mit un gros baiser sur sa joue.

— Ma petite femme, dit-il, n'as-tu pas un sourire, une parole pour l'ami que je t'amène?

Louise se retourna brusquement, se leva et vint vers moi. Soit surprise, soit tout autre motif, elle rougit; quant à moi, un sentiment que je n'essaierai pas de définir, mouilla mes yeux de larmes aussitôt réprimées; je sentis en ce moment qu'il vaut mieux ne jamais voir Louise que d'être témoin des caresses que son mari lui prodigue.

Cependant je pris un maintien calme, et la conversation fut assez soutenue pendant le déjeuner. Dans l'après-midi j'allai, en compagnie de Ludovic, visiter le bateau à vapeur; ensuite je m'occupai activement avec lui des derniers préparatifs de voyage, et trouvai moyen d'y ajouter plusieurs objets destinés surtout à l'agrément et au bien-être de Louise. Nous la consultâmes sur ces petits arrangements et l'occupation que tout cela entraîna me fut utile pendant cette pénible journée.

Après le dîner, Ludovic eut une course indispensable à faire, quelqu'un à voir; il nous quitta en nous disant qu'il serait de retour dans une heure. Pour la première fois depuis mon arrivée au Havre, je me trouvais seul avec Louise. Hélas! j'avais ardemment souhaité ce moment et maintenant, à quoi pouvait-il me servir? Qu'avais-je à lui dire?

Quelques instants s'écoulèrent dans un silence que Louise ne paraissait pas disposée à rompre. Assise à une table, elle rangeait différents objets dans un petit coffre. J'étais debout, près d'elle, appuyé contre la cheminée.

— Louise! dis-je.

Elle tressaillit.

— Me pardonnez-vous de vous avoir suivie jusqu'ici? M'en voulez-vous de n'avoir pu résister au désir de vous voir encore une fois?

Sans lever les yeux elle répondit d'une voix agitée :

— Non. Comment vous en voudrais-je? Nous ne pouvions nous quitter ainsi.

— Oh, Louise, m'écriai-je, vous êtes bonne! Penserez-vous quelquefois avec intérêt, avec amitié, à celui qui vous a tant aimée?

Elle ne répondit pas, mais je vis une larme glisser sous ses longs cils. Je craignis de l'avoir offensée.

— Il faut me pardonner, poursuivis-je, si, en ce moment suprême, je parle, non à la femme mariée que je respecte, mais à la jeune fille en qui, un instant, ont été concentrées toutes mes espérances.

Elle pencha son front sur ses mains et resta immobile pendant quelques secondes ; puis, relevant la tête et se tournant vers moi :

— Vous avez bien fait, Godefroy, dit-elle, de venir ici. Si vous n'étiez pas venu, ou s'il m'avait été impossible de me trouver seule avec vous, je vous aurais écrit.

— Qu'avez-vous donc à me dire ? demandai-je , surpris.

— La vérité, répondit-elle, avec un accent de profonde tristesse.

Je la regardai avec anxiété, le cœur agité d'une émotion indéfinissable.

— Oui, poursuivit-elle, la vérité, car je vous la dois. J'ai lutté longtemps et péniblement avec ma conscience pour en arracher le secret de ce que je devais faire. Je suis convaincue maintenant qu'il n'y a de sûreté ni de repos pour moi que dans une franchise entière. Pardonnez-moi, Godefroy, la dissimulation dont j'ai usé si longtemps envers vous ; elle est doublement coupable, puisque vous me croyiez parfaitement vraie. Godefroy, je vous aime.

— Louise!...

Ce mot fut tout ce que je pus articuler, mais par un mouvement presque involontaire je me jetai à ses pieds, et saisissant ses deux mains je les couvris de baisers en proférant des exclamations sans suite. Au bout d'un instant elle retira ses mains et me repoussa légèrement. Je la regardai et fus frappé de sa pâleur.

— Levez-vous, me dit-elle sérieusement ; ou je me repentirai d'avoir fait cette confession.

Je lui obéis, mais j'avais presque le vertige; une joie immense remplissait tout mon être. Je m'assis sur une chaise près d'elle en murmurant :

— Elle m'aime !

— Oui, je vous aime, reprit Louise après une pause et parlant avec une fermeté qui avait quelque chose de forcé. En vous faisant cet aveu je m'abaisse peut-être momentanément dans votre estime, mais pensez à moi avec indulgence quand nous serons séparés pour toujours. Je vous aime depuis la première fois que je vous ai vu; oui, depuis ce jour où nous nous sommes rencontrés sous la porte du bureau de poste.

— Louise !...

— Ecoutez-moi, car je veux tout vous dire. Je vous ai aimé, mais d'abord presque sans le savoir. Quand je vous ai revu sur la falaise, j'ai éprouvé une grande joie; je n'y vis d'abord que le plaisir causé par la présence d'un hôte aimable dans notre solitude. Peu à peu je m'aperçus que c'était un sentiment plus profond. Pourquoi vous attendais-je avec tant d'impatience? pourquoi mon cœur battait-il si fort quand je reconnaissais le bruit de vos pas? et pourquoi, les jours où vous ne veniez pas, souffrais-je d'un ennui que je n'avais jamais ressenti jusqu'alors? Je compris enfin ce que j'éprouvais, et j'eus peur, car je sentais que je courais un grand danger. J'aurais dû, sans doute, en révélant à mon oncle une partie, au moins, de la vérité, vous faire cesser vos visites, car je n'étais pas libre. Mais était-ce possible? D'abord, je ne croyais pas, je ne voulais pas croire que vous m'aimiez aussi; et puis, c'était si doux de vous voir; nous passions des soirées si charmantes! Que deviendrais-je, me disais-je, si tout à coup je le perdais! Je songeais aussi à mon oncle, qui se ranimait dans votre société, qui parlait de vous en votre absence avec une si vive affection. Et je résolus d'accepter les paisibles jouissances que m'offrait le présent et de fermer les yeux sur l'avenir. Oh, si nous avions pu vivre toujours ainsi ! Mais le jour vint où dut commencer le douloureux mensonge dont le poids à failli me briser le cœur...

Elle s'arrêta, et parut lutter contre l'émotion qui la suffoquait. J'attendis; je l'écoutais avec une attention absorbante; mon cœur semblait suspendu à ses lèvres.

— Je n'essaierai pas, poursuivait-elle avec plus de calme, de vous dire ce que je souffris après cette terrible entrevue où je crus vous avoir vu pour la dernière fois. Et puis, c'est à peine si vous pourriez croire à cette angoisse en vous rappelant tout ce qui s'est passé depuis.... Mon oncle devint plus malade, et Ludovic arriva triste, découragé, se cachant de son père. Je l'accueillis de mon mieux, et en voyant son abattement, en écoutant le récit de ses épreuves et de ses douleurs, en voyant à quel point toutes ses espérances reposaient sur moi, je ne pus me repentir de la promesse que je lui avais faite trois ans auparavant. Je voyais en Ludovic bien plus qu'un homme à rendre heureux ; c'était une âme à sauver. Il m'aimait, et sans me demander si je répondais pleinement à son affection, j'avais cherché, autant qu'il était en moi, à donner une lumière et un soutien à cet enfant abandonné, après tout plus malheureux que coupable. Aussi, dans la dernière entrevue que j'eus avec lui après la mort de sa mère, le voyant écrasé par la douleur et le découragement, doutant de tout, je me sentis pleine de tendresse et de pitié, et lui tendant la main je dis : « Ludovic, si tu résistes à tes mauvais penchants, si tu travailles courageusement à réparer le mal que tu as fait et si tu reviens un jour digne de recevoir le pardon de ton père, je consentirai à devenir ta femme. » — Cette promesse le consola, le ranima ; il m'assure qu'elle l'a préservé de bien des tentations, qu'elle l'a encouragé dans le bien. Il est revenu ; pouvais-je manquer à ma parole? pouvais-je éteindre le dernier rayon de paix et de bonheur qui a brillé sur le lit de mort de son oncle ? pouvais-je rejeter mon cousin dans l'abîme dont un mot de moi l'avait tiré ?

Louise cessa de parler ; son teint s'était animé ; ses yeux brillaient d'un doux éclat ; elle avait pris une de mes mains qu'elle tenait entre les siennes. Je la contemplais avec un mélange d'admiration, de douleur et de joie, qui m'empêcha de proférer une parole.

Mais un instant après elle laissa tomber ma main ; le chaud rayon qui avait illuminé son visage s'évanouit, et un voile de tristesse se répandit sur ses beaux yeux.

— Convenez, dit-elle avec un soupir, que ma position a été difficile, et dites-moi si vous me pardonnez sincèrement les chagrins que je vous ai causés. Hélas, les sacrifices sont peu de chose tant qu'il s'agit de souffrir seul, mais quand ces souffrances sont partagées par un autre, un autre tel que vous, Godefroy, ah! c'est cruel !

Elle pleurait.

— Louise, ma bien-aimée, lui dis-je (qu'une fois je vous appelle ainsi)! Oh, ma bien-aimée, consolez-vous ! Ce soir vous avez versé un baume sur mes blessures; vous m'avez élevé au-dessus de moi-même. Ma douleur ne sera plus sans espoir et sans consolation, car désormais, en regardant l'Océan qui va nous séparer, je saurai quel souvenir vous me gardez. Ne craignez rien pour moi : je ne me laisserai pas aller au découragement et au dégoût de la vie ; je veux être digne de vous, Louise, et du noble et pur amour que je vous ai inspiré. Ma vie sera désormais consacrée au travail et à la réalisation des grandes idées qui trouvent en vous un écho si fidèle. Vous m'avez rendu ambitieux, Louise ; je chercherai à me faire un nom, afin que vous le sachiez.

— Et combien je serai heureuse et fière de votre succès! Oh, Godefroy, merci!

Un radieux sourire brilla à travers ses larmes; elle reprit ma main qu'elle pressa, tandis que, me penchant vers elle, je déposai sur son front un baiser, le premier et le dernier, baiser aussi chaste, aussi pur que celui donné par un frère à sa sœur.

Quand Ludovic revint, il nous trouva, calmes en apparence, causant au coin du feu.

Le jour commence à paraître; encore quelques heures et je l'aurai perdue pour toujours. Mais non! pas pour toujours! Une espérance surgit et rayonne au milieu de ma douleur, espérance qui se résume dans ce mot glorieux : Immortalité. Un amour comme le nôtre ne doit-il pas survivre aux choses périssables d'ici-bas? Nos âmes, qui se sont confondues sous l'influence d'un premier regard, ne seront-elles pas réunies au-delà des épreuves et des orages de cette vie?

Louise, tu m'aimes! Quel trésor j'ai gagné! Quel trésor je perds!

XXVIII.

Le 19 mars.

C'en est fait, ma mère, elle est partie!

J'étais là; j'entendais le sifflement de la vapeur, le bruit confus des voix, tout le tumulte qui accompagne un départ. Mais je ne voyais rien distinctement, rien qu'elle, enveloppée dans son manteau de voyage. Elle essaya de me sourire, mais l'effort remplit ses yeux de larmes. La voix lui manqua quand elle voulut me parler. Ces adieux muets furent déchirants. Oh! que n'aurais-je donné pour être une minute seule auprès d'elle, pour l'entendre répéter une fois encore ces mots qui vibrent toujours au fond de mon âme! — Mais il était trop tard. La cloche bruyante appelait les voyageurs; Ludovic était là, et la pauvre Catherine qui s'attachait aux pas de ses jeunes maîtres et leur baisait les mains en sanglotant. Il fallut se séparer; Ludovic se jeta dans mes bras; Louise et moi nous nous serrâmes la main, ce fut tout.

Les palettes se mirent en mouvement; l'immense vaisseau s'éloigna lentement du quai. En ce moment il me sembla que la terre manquait sous mes pieds; tous les bruits se confondirent en un bourdonnement confus; je chancelai et fus forcé de m'appuyer contre un poteau. Ce ne fut qu'au bout d'un temps assez long que l'épais brouillard dont je me sentais enveloppé se dissipa, et que je repris assez l'usage de mes facultés pour regarder autour de moi. Le bateau à vapeur n'était plus visible; il était sorti du port.

Alors, rassemblant toutes mes forces, je me traînai jusqu'au point d'où mes regards pouvaient embrasser la mer. Le vaisseau était déjà à quelque distance; il fendait fièrement et triomphalement les flots, laissant à sa suite un long sillon d'écume. Je me reprochai la faiblesse à laquelle j'avais cédé; quelques minutes plus tôt, j'aurais pu encore distinguer Louise, et maintenant tout était confondu. Vite la distance augmentait entre moi et ce vaisseau qui emportait la meilleure partie de mon cœur. Bientôt il eut gagné l'horizon, puis il devint de plus en plus petit, puis ce ne fut plus qu'un point noir que mon regard fatigué perdait souvent. Puis je ne vis plus qu'une légère traînée de fumée; elle disparut, reparut encore, et se perdit enfin complétement dans le bleu du ciel.

Ma mère, je retourne auprès de toi; tu me parleras d'elle, tu me répéteras qu'elle m'a aimé, qu'elle m'aime. Hélas! dans la joie douloureuse que me donne cette pensée il y a un reproche. N'est-ce pas une joie égoïste? Mme VICTOR MEUNIER.

FIN.

FAITS DIVERS.

Chemins de fer.

LES CHEMINS DE FER DANS LE MONDE ENTIER. — L'ensemble des lignes autorisées en Europe et en Amérique forme un total rond de cent mille kilomètres.

En Europe 60,000 kilomètres (non compris la concession récente des chemins russes); en Amérique 40,000 kilomètres. Sur ce total on compte en Europe 40,000 kilomètres construits, en Amérique 35,000 kilomètres.

On ne connaît pas encore de projets définitivement arrêtés de chemins de fer dans les autres parties du globe, si ce n'est au cap de Bonne-Espérance et à l'isthme de Suez. Pour ce dernier, les travaux sont déjà entrepris et poursuivis avec activité. Nous mentionnerons en outre le chemin de la vallée de l'Euphrate et celui de Belgrade à Constantinople, qui sont à l'étude.

La longueur des lignes ferrées rapportée à l'étendue du territoire et au nombre des habitants présente les résultats qui suivent :

En France, 2 kilomètres par myriamètre carré, et 400 kilomètres par million d'habitants; en Angleterre, 6 kilomètres par myriamètre carré et 703 par million d'habitants; en Belgique, 5 kilomètres par myriamètre carré et 326 kilomètres par million d'habitants; en Allemagne (Etats secondaires), 2 kilomètres par myriamètre carré et 277 kilomètres par million d'habitants; en Prusse, 1 kilomètre 1 par myriamètre carré et 200 kilomètres par million d'habitants.

On compte en Allemagne 15,000 kilomètres de chemin de fer autorisés, construits ou à construire; en Belgique 1,500; en Danemarck 300; en Espagne 1,200; en France 11,000; dans la Grande-Bretagne 20,000; en Hollande 300; en Italie 1,100; en Suède et Norwége 70; aux États-Unis 40,000; à Panama 80; au Chili 100; au Pérou 20.

INFLUENCE DES CHEMINS DE FER. — Nous empruntons à un journal du Bas-Rhin les chiffres suivants, qui prouvent la souveraine influence des chemins de fer sur le progrès commercial. A Strasbourg, la fabrication de la bière, qui était en 1850 de 162,000 hectolitres, s'est élevée en 1855 à 273,719 hectolitres, à cause de la facilité des expéditions par les chemins de l'Est vers l'intérieur de la France.

Voilà qui est d'un bon augure pour les laines des Pyrénées, les toiles du Béarn, les fruits et les vins du Languedoc, lorsque ces riches pays se trouveront en possession des chemins de fer qu'on y exécute.

Au reste, la plupart des compagnies augmentent leur matériel devenu insuffisant pour le trafic de la petite vitesse, et se hâtent d'organiser leurs gares départementales pour le transport des marchandises et des bestiaux.

La Compagnie de Lyon a ouvert à ce genre de service, le 20 novembre courant, la gare de Varennes-le-Grand, près Châlon-sur-Saône.

Les grandes gares de Paris elles-mêmes deviennent insuffisantes, et les administrations de nos principales lignes ont fait exécuter des travaux d'agrandissement soit aux embarcadères, soit dans les gares ou les ateliers de ces diverses exploitations. La Compagnie du chemin de fer du Nord va donner de notables accroissements à la gare et aux ateliers de la Chapelle-Saint-Denis. Douze ou treize hectares de terrain nécessaires à l'exécution de ce projet ont été déclarés expropriés par un jugement récent du tribunal civil de la Seine.

NOUVELLES EXPÉRIENCES DU FREIN CARDOT. — Nous avons déjà parlé des expériences faites au chemin de fer du Nord sur ce frein, dont l'effet est d'enrayer rapidement les convois lancés à une grande vitesse. Le trois novembre, cinq nouvelles expériences ont eu lieu en présence de M. Couche, ingénieur des mines, secrétaire de la commission chargée d'examiner le nouvel appareil. Elles ont donné les résultats suivants :

1re expérience. — Le convoi courait avec une vitesse de 50 kilomètres à l'heure. On ne ressentait dans les voitures aucune secousse. L'arrêt eut lieu en onze secondes. Mais le signal ayant été mal donné, le déclanchement de l'appareil avait eu lieu avant que la vapeur fût arrêtée, et le convoi fut entraîné trop loin. La distance mesurée entre le disque-signal et la tête du convoi était de 75 mètres.

2e expérience. — Le train marchait à une vitesse de 50 kilomètres à l'heure, comme à la première expérience. L'arrêt eut lieu en dix secondes; la distance parcourue depuis le disque-signal était de 57 mètres.

3e expérience. — Vitesse, 40 kilomètres à l'heure: arrêt en dix secondes; distance 47 mètres.

4e expérience. — La vitesse de la marche ayant été considérée comme insuffisante, une quatrième expérience fut indiquée. Mais l'un des assistants donna un signal qui fit manquer l'exprience. Les freins avaient été serrés vis-à-vis du premier disque, tandis que le mécanicien n'arrêta la vapeur qu'en arrivant au second.

5e expérience. — Il fut convenu alors que M. Cardot monterait seul sur le tender avec le mécanicien et les hommes d'équipe, afin d'éviter toute méprise. La vitesse, cette fois, était de 55 kilomètres à l'heure : l'arrêt eut lieu en dix secondes; la distance était de 85 mètres. Mais on fit observer que le déclanchement ne s'était effectué qu'à environ 20 mètres du disque, ce qui réduisait la distance parcourue à 63 mètres.

Une observation qu'il convient de faire, et qui s'applique à ces diverses expériences, c'est que l'on a toujours arrêté sans contre-vapeur.

Chemins Français. — Il est grandement question d'établir entre Avignon et Apt, en passant par Carpentras et l'Isle, un chemin de fer américain, c'est-à-dire, sur lequel le traction aurait lieu par des chevaux. Le conseil municipal d'Avignon, contribuerait à la dépense pour 60,000 francs.

Chemins Espagnols. — La longueur des chemins de fer concédés, en Espagne, est actuellement de 1,970 kilomètres environ.

Chemins Austro-Sardes. — Les gouvernements d'Autriche et de Sardaigne, viennent de prendre, d'un commun accord, la résolution de relier entre elles les lignes piémontaises et lombardes, conformément au traité du 10 juin dernier, dont la promulgation a eu lieu le 14 de ce mois.

Le gouvernement sarde s'engage à faire construire un chemin de fer partant de Novare et se terminant à la frontière autrichienne, près de Buffalora. Le gouvernement autrichien, de son côté, prend l'engagement de rattacher à cette ligne un chemin qui ira jusqu'à Milan. Ces deux lignes doivent être achevées dans l'espace de trois années. Elles seront, sous le rapport de l'administration et de la surveillance complètement indépendantes, chaque pays conservant le droit de régler, comme il lui conviendra, les conditions de la circulation. Il n'y aura dans le principe qu'une seule voie; mais les gouvernements contractants s'engagent à acquérir les terrains nécessaires pour la construction d'une seconde voie.

Chemins Suédois. — Le gouvernement va présenter à la Diète élective, un projet de loi concernant la construction d'un système général de voies ferrées.

Une ligne de 500 kilomètres se dirigerait de l'est à l'ouest entre Stockholm et Gothenbourg; elle relierait entre elles ces deux villes importantes, et par conséquent la mer du Nord et la Baltique. De cette ligne partirait un embranchement qui remonterait vers le nord-ouest, passerait par Christiania et Carlstadt, pour rejoindre la ligne de Norwége en construction; cette dernière va de Christiania à la frontière suédoise, près du fort de Konisgvinger; sur le territoire suédois, cet embranchement aurait une longueur de 260 kilomètres environ. Une troisième ligne de 280 kilomètres partirait de Iankoping, sur l'extrémité méridionale du lac Wetter, et se prolongerait jusqu'à Malmo, sur la côte de la province de Scanie, en face Copenhague. Entre Malmo et la capitale du Danemarck, un service régulier de bateaux à vapeur fonctionne depuis plusieurs années; la traversée est de 1 heure et demie. Enfin, pour compléter cette partie du réseau, une ligne de jonction de 60 kilomètres unirait la ligne du Nord au Midi à celle de l'Est à l'Ouest, de Iancoping à Falcoping. Ainsi, le trajet de Stockholm à Gothenbourg pourrait s'effectuer en 16 heures.

Pour les portions situées au nord de la capitale, on construirait une ligne de 180 kilomètres entre Stockholm, Upsal et Gefle; enfin une voie ferrée de 400 kilomètres, actuellement en construction et qui sera terminée l'année prochaine, ira de Gefle à Falcon, en Dalécarlie.

Le coût du kilomètre de voie ferrée en Suède peut s'évaluer à 100,000 fr.; il s'agirait donc d'une dépense de 128 millions pour les 1,280 kilomètres projetés.

Chemins Brésiliens. — Le chemin de fer de Rio-Janeiro au pied de la Serra da Mar (Brésil), surnommé chemin de fer Don Pedro II, d'une longueur de 50 milles anglais (80 kilomètres), est en bonne voie d'avancement, et pourra être ouvert en juin 1857, c'est-à-dire avant la date fixée par la concession. La ligne de Pernambuco est également poussée avec activité, et la première section sera livrée à la circulation en mars ou avril prochain.

Navigation.

Service direct entre Chicago et Liverpool. — On s'occupe en Angleterre d'un projet qui amènera un grand changement dans les relations commerciales avec l'Amérique. Il s'agit d'organiser un service direct de transports par eau entre Chicago et Liverpool. La possibilité de cette entreprise a été démontrée par une expérience récente, bien qu'on craigne encore quelques obstacles, à cause des rapides courants qui embarrassent la navigation du Saint-Laurent. Cette nouvelle voie commerciale détournerait une grande partie du trafic de Boston et de New-York, les céréales, dont Chicago est le principal entrepôt, suivant actuellement les voies ferrées d'Érié-Chicago et de New-York-Erié, pour venir en chargement à New-York; elles procureraient deux avantages, en ce qu'elle diminuerait les distances et éviterait les transbordements.

Statistique.

Population des États romains. — On écrit de Rome que le ministère du commerce et des travaux publics s'occupe d'une statistique universelle des États de l'Église pour 1855, qui paraîtra dans le cours de l'année.

Le dernier recensement de la population des États romains remontait à 1833 et comptait 2,800,000 habitants. Le recensement effectué en 1853 présente un chiffre de 3,125,000 habitants, ce qui constaterait une augmentation de 10 p. 0/0 dans la population. Cette augmentation serait donc proportionnellement égale à celle qui a été observée, en France, durant la même période (1833, population de la France : 32,600,000 habitants ; 1853 : 36,000,000).

L'empoisonnement en Angleterre. — M. Walter Wilson, correspondant du *Times*, établit que 536 personnes, par an, meurent empoisonnées, en Angleterre. Or, en admettant que le nombre de ceux qui ne succombent pas au poison se trouve dans la proportion de 11 à 1, (et c'est ce qui se passe à Birmingham), on peut conclure que chaque année 6,432 personnes s'empoisonnent ou sont empoisonnées.

Exposition universelle de photographie. — On fait, au Palais de l'Industrie les préparatifs d'une grande exposition universelle de photographie, qui s'ouvrira, dit-on, le 15 décembre prochain.

Médaille décernée à M. Milne Edwards. — La Société royale de Londres vient de décerner sa grande médaille à M. Milne Edwards, doyen de la Faculté des sciences de Paris, pour ses travaux relatifs à l'*anatomie comparée* et à la *zoologie*. Les divers membres étrangers auxquels cette Société avait déjà accordé la même récompense sont : MM. Biot, Dumas, Becquerel, Leverrier et Regnault en France; de Humboldt, Müller, Encke, Mitscherlich et Liebig en Allemagne; Hansen et Struve en Russie, et Plana à Turin. On voit, par cette liste, que ses choix portent tour à tour sur les principaux représentants des diverses branches de la science.

École d'arts et métiers, a Naples. — Le gouvernement napolitain vient de fonder à Naples une école des arts et métiers, agrégée à l'Institut royal d'encouragement; les frais de cet établissement seront supportés par l'Institut, qui a loué à cet objet le palais municipal de Tarsia.

Un exemple a suivre. — Les deux professeurs de pathologie externe à la Faculté de Paris, MM. Denonvilliers et J. Cloquet, dont le premier professera pendant le semestre d'hiver, et le second pendant le semestre d'été, se sont entendus pour qu'un cours complet de pathologie ait été fait dans l'espace de quatre semestres.

C'est un exemple que devraient imiter dans tous les établissements scientifiques les professeurs entre lesquels se trouve partagé l'enseignement d'une branche de connaissances.

Panification. — On lit dans le *Courrier franco-italien* :

— M. Louis Cesari, de Crémone, vient d'inventer une machine nouvelle pour la panification ; elle est composée d'une caisse extérieure en orme, contenant un gros cylindre canelé en fer, qui, tournant au moyen d'une manivelle, travaille la pâte sur une forte plaque de fer courbée. La machine contient en outre un instrument destiné à raffiner plus ou moins la pâte. Il suffit de mettre dans cette machine de la farine mouillée avec de l'eau, et en quinze minutes l'on obtient la pâte préparée nécessaire pour avoir un quintal de pain biscuit, et en une minute un myriagramme de pain français, tellement beau que dix hommes n'auraient pas réussi à faire mieux.

Une explosion. — On lit dans le *Courrier Franco-Italien* : — Dans le village de Campagnano, aux environs de Sabina (États romains); les premiers jours de novembre, quelques laboureurs travaillaient aux champs, lorsqu'une détonation effrayante se fit entendre. Les paysans se sauvèrent à la hâte, et peu de minutes après une quantité énorme de pierres fut lancée dans l'air. On accourut pour en découvrir la cause, et l'on vit une mare d'eau bouillante, avec des flammes, le tout empesté d'émanations sulfureuses. Plusieurs physiciens se sont rendus sur les lieux pour étudier cet étrange phénomène.

Diplome du dentiste. — Une portion notable des dentistes de Londres demandent que la profession de dentiste soit astreinte au diplôme.

Fil d'orties. — La Société impériale économique de Bohême a présenté quelques essais du fil fait avec des orties; ce fil pourrait convenablement remplacer le chanvre. On traite les orties comme le chanvre, et le fil qu'on en tire est d'une finesse et d'une force extraordinaires. L'histoire raconte que Nestorius, en 904, avait parlé de voiles en toile d'ortie, et les voyageurs nous rapportent que dans le Japon on en a fait des cordes d'une grande durée. Il a longtemps qu'on a filé l'ortie en Italie et qu'on en a fait du papier.

BREVETS D'INVENTION.

Taxes des brevets dans les principaux Etats.

Nous empruntons à l'*Invention* le document qui suit:

Etats.	Nature du brevet.	Durée du brevet.	Total de la taxe.	Taxe fixe ou moyenne par année.
		ans.	fr.	fr.
Belgique	D'invention ou d'importation	20	2,100	105(1)
France	Id. Id.	15	1,500	100
Hollande	Id. Id.	15	1,300	86
Angleterre	Id. Id.	14	4,375	312
États-Unis	D'importation	14	1,620	115
Autriche	D'invention ou d'importation	15	1,800	120
Espagne	D'importation	5	832	166
Espagne	D'invention	15	1,620	108
États-Sardes	D'invention ou d'importation	15	1,200	80
Russie	D'importation	6	1,440	288
Russie	D'invention	5	680	120

La Belgique exige la taxe progressive, 10 fr., 20 fr., 30 fr., etc. C'est une grande facilité donnée aux inventeurs.

La France réclame la taxe par annuités de 100 fr.

La Hollande exige la taxe entière de douze à dix-huit mois, à partir de la concession du brevet.

L'Angleterre réclame 625 fr. dans les six premiers mois, 1,250 fr. avant l'expiration de la troisième année, et 2,500 fr. avant l'expiration de la septième année. C'est une taxe évidemment trop forte.

Les États-Unis exigent le versement immédiat de la taxe entière. C'est, pour la plupart des inventeurs, une véritable prohibition. Le modèle exigé aggrave encore les frais.

L'Autriche admet la taxe payable par annuités invariables, avec accroissement seulement à partir de la dixième année: de plus, elle frappe la concession d'un impôt dit du commerce, pour chaque année.

L'Espagne exige le paiement de la taxe pour la durée demandée au moment du dépôt.

Les États-Sardes imposent, 1° une taxe composée d'autant de fois 10 fr. que la demande du brevet comporte d'années. Ladite taxe est payable au dépôt de la demande; 2° une taxe de 30 fr. pour chacune des trois premières années, de 50 fr. pour chacune des trois années suivantes, de 70 fr. pour la troisième période, et ainsi de suite jusqu'à la quinzième année. C'est beaucoup trop pour un état si peu étendu et si arriéré en industrie.

La Russie exige le paiement de la taxe entière au dépôt de la demande. Aussi l'industrie y est-elle arriérée d'un siècle.

NÉCROLOGIE.

François Orioli. — Le science vient de faire une grande perte en Italie. Le professeur François Orioli est décédé à Rome le 5 novembre, à l'âge de soixante-quatorze ans. En 1831, il était membre du gouvernement insurrectionnel dans les États romains, et fut pour cette cause exilé par Grégoire XVI. Rappelé dans sa patrie, en 1846, par Pie IX, il fut nommé professeur d'archéologie à l'université de Rome

Canina. — Le célèbre architecte italien Canina, est décédé à Florence. Dans une lettre adressée de Rome à ses confrères de l'Académie des Beaux-Arts de l'Institut, pour leur annoncer cette triste nouvelle, M. Hittorf s'exprime ainsi: « C'est une perte cruelle pour l'architecture et pour l'archéologie, car personne, peut-être, n'a réuni au même degré, avant cet illustre et savant architecte, l'érudition et le sentiment des arts. C'était en même temps un très excellent homme, désintéressé et serviable au plus haut point. La grande quantité d'ouvrages qu'il a publiés, et parmi lesquels l'*Histoire des architectures grecque et romaine* forme quatre énormes volumes in-folio, exigea des soins et des sacrifices immenses; son recueil des *Basiliques primitives*, son ouvrage sur la *Voie Appienne*, et tant d'autres publications plus ou moins importantes, mais toutes remarquables par la quantité des gravures et l'érudition des textes, marquent à Canina une des premières places parmi les hommes qui, dans notre siècle, ont travaillé à répandre, à faire apprécier les beautés de l'architecture antique, à faire connaître les inspirations qu'y puisaient, dans les premiers siècles de notre ère, les adeptes de la nouvelle religion, pour créer les types des plus belles églises chrétiennes.

« L'Académie des Beaux-Arts doit être d'autant plus sensible à cette grande et irréparable perte, que le digne défunt n'a pas cessé d'être le guide le plus sûr et le plus utile de nos lauréats architectes. Sa bibliothèque, la plus riche à Rome en livres d'art et d'architecture anciens et modernes, leur était incessamment ouverte; son assistance à toutes les fouilles entreprises depuis près d'un demi-siècle, qui le mettait à même de les tenir au courant de toutes les découvertes; son érudition, qui lui faisait leur enseigner tout ce qui avait été écrit sur les monuments; ses connaissances en numismatique, au moyen desquelles il leur indiquait les médailles frappées à l'érection des édifices, cette réunion d'éléments si précieux était mise par l'excellent Canina à la disposition de nos pensionnaires. Son empressement et sa persévérance avaient quelque chose de si paternel, que tous nos jeunes artistes en ont conservé le souvenir et une vive reconnaissance. »

(1) Les chiffres sont approximativement exacts, mais on n'a pas tenu compte des fractions et du change.

PRIX PROPOSÉ

par la Société homœopathique britannique.

« Un prix de cent livres sera décerné à l'auteur du meilleur mémoire sur les effets physiologiques (1) et therapeutiques des substances tirées de la source des Ophidiens.»

Les mémoires devront être envoyés au président de la Société avant le 1er janvier 1859. (Voir le *British journal of homœopathy* du 1er octobre 1856).

PROGRAMME DES COURS PUBLICS.

Ecole des Chartes.

L'ouverture des cours de l'Ecole impériale des Chartes a eu lieu le mardi 18 novembre.

Enseignement libre.

Cours compet de médecine opératoire. — M. Chassaignac a commencé ce cours le jeudi 13 novembre 1856, à quatre heures de l'après-midi, amphithéâtre n° 1 de l'École pratique, et le continuera les mardis, jeudis et samedis.

Les conférences cliniques de l'hôpital Lariboisière seront continuées durant tout le semestre d'hiver. Visite des malades à huit heures. Opérations principales le lundi à neuf heures.

Cours public d'opérations obstétricales. — M. le docteur Hippolyte Blot, chef de clinique d'accouchements de la Faculté, a commencé ce cours le 17 novembre, à midi, amphithéâtre n° 2 de l'École pratique, et le continuera à la même heure, les lundis, mercredis et vendredis.

Ce cours sera terminé le 31 décembre.

— M. Ad. Richard, agrégé, a commencé mardi, 25 novembre, à trois heures, son cours de médecine opératoire, amphithéâtre no 2 de l'École pratique. Mardi, jeudi, samedi, de 3 à 4 heures.

— M. le docteur Deleau a commencé jeudi dernier à l'École pratique un cours sur l'action thérapeutique du perchlorure de fer, et le continuera le jeudi et le lundi de toutes les semaines, à 3 heures.

(1) Dans le mot physiologique sont compris les effets toxiques et pathogénétiques.

Prix d'abonnement pour l'étranger.

Allemagne, 12 fr. — Suisse, Parme, Plaisance, Modène, 12 fr. 50 c. — États-Sardes, Grèce, 13 fr. — Hollande, Angleterre, 14 fr. — États-Unis, Indostan, Turquie, 14 fr. 50 c. — Belgique, Prusse, Hanovre, Saxe, Pologne, Russie, Espagne, Portugal, 15 fr. 50 c. — Toscane, 16 fr. 50 c. — États-Romains, 20 fr. 50 c.

Le rédacteur en chef: Victor Meunier.

Paris. — Imprimerie de J.-B. Gros et Donnaud, rue des Noyers, 74.

Deuxième année. — N° 49. 25 CENTIMES. 7 décembre 1856.

L'AMI DES SCIENCES

JOURNAL DU DIMANCHE
SOUS LA DIRECTION DE
VICTOR MEUNIER

BUREAUX D'ABONNEMENT
13, RUE DU JARDINET, 13,
Près l'Ecole de Médecine
A PARIS

ABONNEMENT POUR L'ANNÉE
PARIS, 10 FR; — DÉPART., 12 FR.
Étranger (Voir à la fin du journal)

INSTITUT TECHNOMATIQUE.

M. Porro.

Si la France marche incontestablement en première ligne dans la carrière de l'invention, il n'en est malheureusement pas toujours ainsi dans celle de l'application. Peut-être cela tient-il à la timidité de nos capitalistes qui, sous prétexte de prudence, ne s'engagent que difficilement dans des voies nouvelles; peut-être la cause en est-elle encore dans la persuation générale où l'on est chez nous, qu'une idée nouvelle ne profite jamais au premier qui l'accueille. Tant y a-t-il que la plupart des inventions françaises sont d'abord expérimentées à l'étranger pour nous revenir ensuite sous le couvert de quelque brevet d'importation, à l'abri duquel elles finissent enfin par conquérir droit de cité dans le pays qui les a vu naître.

Ce serait une curieuse histoire à faire que celle des nombreuses idées qui, depuis cinquante ans seulement, enfantées par des cervaux français, n'ont pu trouver à se développer que chez les nations étrangères. Mais tel n'est point, quant à présent, notre but. Ce que nous tenons à constater, c'est que la France, essentiellement savante et industrielle, invente beaucoup, mais se laisse dépouiller la plupart du temps des fruits de son génie qu'elle ne peut ou ne sait pas amener à maturité; de là son infériorité relative en matière d'application.

Prenons pour premier exemple l'astronomie considérée au point de vue de la fabrication ou même de la possession des instruments de précision nécessaires à son étude.

Les deux plus grands objectifs connus avant 1855 ont été fabriqués en France: tous deux sont en Angleterre.

Nous possédons en France deux ou trois observatoires, dont le plus important, celui de Paris, n'est pas de premier ordre, il s'en faut. L'Angleterre en compte quatorze ou quinze, presque tous de premier ordre, autour de Londres seulement; nous en pourrions citer vingt-huit ou trente en Allemagne, dix ou douze dans la *barbare* Russie et sept ou huit dans la pauvre Italie dont la prétendue décadence est l'objet constant de notre orgueilleuse pitié.

Nous ne manquons pourtant ni d'ingénieurs habiles, ni de constructeurs éclairés, ni d'ouvriers capables d'exécuter les conceptions souvent très hardies de nos hommes de science; ce qui nous manque, c'est la tendance du capital à se porter vers les industries spéculatives, de sorte que l'élan intellectuel de ceux qui vont en avant du siècle est fatalement paralysé par la méticuleuse hésitation de ceux dont les capitaux pourraient aider leurs efforts et les féconder.

Il faut bien alors que les inventeurs et les constructeurs portent au dehors les forces vives dont ils disposent, et c'est malheureusement ce que nous voyons tous les jours.

L'esprit créateur est cependant si vivace en France que, malgré la presque certitude d'échouer sans toucher le port, de courageux voyageurs se mettent hardiment en route et confient leur barque aux hasards de ces flots perfides qui constituent l'océan de l'industrie, océan si fertile en tristes naufrages.

Honneur à ces hommes de bronze que n'intimident point les périls, que ne décourage pas le malheureux sort de leurs devanciers: ils confessent la science comme autrefois les martyrs confessaient la foi; et, si leur existense obscure s'écoule dans les privations de l'apostolat, leur front du moins se couronne un jour de l'auréole de gloire, éclatant symbole de leur admission parmi les élus. N'est-ce pas ainsi que tant de noms, qui vivront autant que le monde, sont, à travers tant de siècles, arrivés glorieux jusqu'à nous!

Un de ces hommes d'énergie puissante et d'immense savoir est en ce moment parmi nous. C'est un officier supérieur du génie, français de naissance, dont la carrière militaire s'est accomplie en Piémont et qui, maintenant retraité, a fondé, pour occuper ses loisirs, l'INSTITUT TECHNOMATIQUE dont nous allons entretenir nos lecteurs.

D'abord, modestement logé dans un petit appartement de la rue de Babylone, M. Porro, qui ne venait à Paris que pour s'y livrer en amateur aux travaux géodésiques, objet de ses plus constantes préoccupations, ne tarda pas à réunir autour de lui les plus illustres savants de la capitale. Son salon devint un lieu de rendez-vous où se traitaient les plus graves questions, où les problèmes les plus ardus de la science étaient proposés et résolus en famille, et, comme chaque solution faisait incessamment sentir la nécessité de nouveaux moyens d'observation, d'instruments spéciaux et de machines inconnues, c'était à l'infatigable génie de M. Porro que chacun avait recours, pour surmonter les obstacles et pour créer les outils propres à constater les faits qu'on avait déduits du calcul.

L'inventeur du *tachéomètre*, l'auteur de l'*Essai sur la théorie des moteurs hydrauliques* et de la curieuse *Note sur le percement des montagnes*, était effectivement plus apte que tout autre à faire ces indispensables applications de l'art pratique à la théorie, et ce fut sous sa direction que nos plus habiles opticiens construisirent quelques instruments qui, sans son heureuse initiative, manqueraient sans doute encore à la science, dont ils ont si puissamment favorisé les progrès.

M. Porro ne tarda pas à comprendre que, dans le plus grand nombre des cas, il lui serait plus aisé de construire lui-même les instruments dont il avait conçu la pensée que d'inculquer ses idées aux constructeurs ordinaires de ces délicates machines. Chaudement encouragé par les nombreux amis qui partageaient ses travaux, il organisa dans ce même logement de la rue de Babylone un petit atelier de construction qui ne tarda pas à devenir insuffisant, tant étaient parfaites les œuvres sorties des mains de ce *savant* ouvrier.

Il fallut bientôt que M. Porro s'installât dans les anciens ateliers du célèbre sculpteur Etex, et c'est là, qu'avec le concours de personnages éminents qui s'intéressèrent pécuniairement à son entreprise, non par esprit de spéculation, mais par amour de la science, M. Porro put fonder enfin l'Institut Technomatique, dont la pensée promotrice fut *le progrès de la science par le progrès des moyens d'observation*.

L'établissement prit dès lors un essor si prompt et acquit en peu d'années tant d'importance qu'il dut enfin être transporté dans le vaste local qu'il occupe aujourd'hui, et dans lequel, indépendamment de ses ateliers, M. Porro a créé le parc astronomique où nous ne tarderons pas à introduire nos lecteurs.

Beaucoup d'entre eux nous diront peut-être : A quoi sert un Institut technomatique? Où voyez-vous pour la France un si puissant intérêt à le posséder? Avons nous manqué jusqu'à ce jour d'instruments de précision et d'ingénieurs pour les construire? A cela nous répondrons : Oui et non. Les Fortin, les Cauchoix, les Gambey ont trouvé de dignes successeurs, nous nous empressons d'en convenir, et nous en pourrions citer plusieurs ; il en est peu cependant dont l'instruction soit assez vaste pour résoudre tous les problèmes qui pourraient leur être posés, ce qui se comprend aisément quand il s'agit d'une science aussi multiple, aussi variable dans ses applications que l'optique. Isolés, pour ainsi dire, chacun dans la spécialité qu'il a choisie, nos artistes sont naturellement forcés d'être négociants avant tout, et la question scientifique n'est que trop souvent sacrifiée à la question commerciale.

Un Institut technomatique au contraire basé sur la double association des talents et des capitaux, est nécessairement plus apte à étudier et à résoudre les problèmes nouveaux que les savants lui proposent et conséquemment à imaginer et à construire les instruments également nouveaux ou perfectionnés qu'ils lui demandent.

Embrassant à la fois toutes les branches de l'art, toutes les parties de la science, il est apte surtout à former de nombreux élèves dont l'éducation toute spéciale assurera, dans l'avenir, l'existence d'un établissement qui manquait encore à la France, alors que depuis longtemps Munich et Vienne se glorifiaient à bon droit, l'une de son Institut optique, fondé par Fraunhofer, l'autre de l'Institut polytechnique dont l'avait dotée le gouvernement.

L'astronomie, la géodésie, le nivellement, la météorologie, la marine et la guerre trouveront désormais dans l'Institut technomatique un secours sur lequel pourront compter les savants ; l'œuvre de ses fondateurs est de celles qui ne périssent pas.

Un établissement de ce genre devait, avant tout, créer un outillage spécial, car les instruments de précision ne peuvent être fabriqués qu'au moyen d'outils dont la précision soit elle-même complète et rigoureusement absolue.

Pour n'en citer qu'un, nous signalerons à l'attention de nos lecteurs une machine à diviser les cercles dont le diamètre est d'un mètre dix centimètres et qui permet de diviser des cercles astronomiques portant jusqu'à un mètre de diamètre. On pourra se faire une idée de la précision de cette admirable machine quand nous dirons que nous avons vu un cercle de trente-cinq millimètres de diamètre divisé directement par elle en quatre mille parties rigoureusement égales et pouvant donner au microscope micrométrique les secondes centésimales de 10 en 10 (3″24 de l'ancienne division).

La perfection de ce précieux outil peut faire aisément juger de celle de tous les autres, et, ce qui nous a surtout frappé, c'est que, négligeant tout travail de luxe, conséquemment inutile, M. Porro ne s'attache dans ses constructions qu'à leur imprimer, avant tout, ce cachet de stabilité, de solidité et de précision qui en constitue tout le mérite à nos yeux.

Soit dans la construction des instruments qu'il fabrique, soit dans celle non moins compliquée des nombreux outils qu'il emploie, M. Porro ne fait que l'indispensable. La précision est inouïe dans toutes les parties qui l'exigent; le reste n'est travaillé que juste au point nécessaire pour atteindre exactement le but sans jamais chercher à le dépasser. C'est ainsi que nous comprenons l'esprit de la mécanique, c'est ainsi qu'on en peut multiplier les ressources en les mettant à la portée d'un plus grand nombre d'individus, c'est ainsi qu'on entre vraiment dans la voie qui mène au progrès.

Quand on entre chez M. Porro, ce qui saisit les yeux, tout d'abord, c'est l'immense lunette astronomique qui dresse vers les cieux, dans un coin du parc, son tube vraiment colossal (60 centimètres de diamètre sur 15 mètres de longueur). C'est à l'extrémité de ce tube qu'est enchâssé l'objectif achromatique de 52 centimètres d'ouverture nette et utile et de 15 mètres de longueur focale, construit par M. Porro.

Cet objectif est unique au monde ; son poids est de 40 kilogrammes. Le disque de flint avait été fondu par le célèbre Guinand, le disque de Crown a été fourni par l'établissement hyalurgique de M. Maës, à Clichy.

On éprouve, au premier moment, une sorte de stupéfaction, à voir ainsi braqué d'un seul jet ce tube énorme que ne supporte ostensiblement aucun pied et qui semble lancé dans l'espace et s'y soutenir comme un beaupré de navire dont on aurait coupé les étais.

Il n'est effectivement tenu que par sa base, et c'est au niveau de l'oculaire que se trouvent les tourillons qui permettent de diriger l'objectif vers tous les points du quart de cercle compris entre le zénith et l'horizon. Deux bras, relativement fort courts, armés chacun d'un énorme contre-poids en fonte de fer, équilibrent si parfaitement le poids de ce tube qu'il suffit de presser deux touches établissant le rapport avec un électro-aimant, convenablement disposé, pour faire parcourir à l'objectif, soit en montant, soit en descendant, tous les degrés de ce quart de cercle.

Deux autres touches, placées sous l'autre main de l'astronome, déterminent le mouvement de rotation de tout l'appareil, y compris l'observateur, soit de gauche à droite, soit de droite à gauche, de manière à diriger l'instrument vers tel ou tel point de l'horizon, dont il peut ainsi parcourir le cercle entier.

Confortablement assis dans un excellent fauteuil, dont le dossier mobile se renverse plus ou moins à son gré, l'astronome a devant lui un petit pupitre pour prendre note des observations que se charge d'ailleurs d'enregistrer un récepteur électrique dont le manipulateur est à sa portée. Cette colossale lunette, qui laisse bien loin derrière elle la fameuse lunette de Poulkova, est construite de telle façon que, malgré la longueur considérable du tube, la flexion ne peut altérer ses résultats et qu'elle donne, à la volonté de l'observateur, soit des azymuts et des apozéniths rigoureux, soit des coordonnées stellaires absolues dont la limite d'exactitude est en rapport avec la puissance de ce gigantesque instrument.

C'est, dit-on, probablement la Russie qui va s'approprier cette admirable pièce, dont il paraît que la France ne songe pas à faire l'acquisition. Mais, comme nous le disions en commençant cet article, nous ne savons pas recueillir les fruits de notre génie, et celui-là, comme tant d'autres, ira féconder à nos dépens le champ de la science étrangère. Du moins aurons-nous l'honneur de l'avoir produit.

En attendant qu'il se sépare de son magnifique instrument, M. Porro le met, avec une grâce exquise, à la disposition des observateurs, et c'est à sa rare obligeance que MM. Bertsch et Arnault doivent d'avoir pu faire, le 13 octobre dernier, trois épreuves photographiques de la lune pendant les diverses phases de l'éclipse.

Malheureusement cette curieuse expérience, si merveilleusement réussie sous le triple rapport du diamètre de l'image (16 centimètres), de la promptitude (15 à 25 secondes) et de la puissance du ton, laisse à désirer comme netteté; mais, comme ce défaut ne provient que de l'insuffisance du mouvement d'horlogerie qu'on avait pris à tout hasard pour entraîner le châssis, suivant la progression apparente de l'astre, il sera facile à M. Porro d'y porter remède, et nous aurons bientôt, par ses soins, des portraits photographiés de dame Phœbé, portraits dont il ne sera plus permis de contester l'exactitude ou de nier la ressemblance. M. Porro aura fait alors ce que n'a pu faire le R. P. Secchi sous l'admirable ciel de l'Italie.

Nous voulions parler ici du lorgnon-longue-vue qui, par son petit volume et par sa puissante portée (1), a déjà rendu et rendra encore de si grands services aux officiers de terre et de mer, aux ingénieurs, aux voyageurs, aux chasseurs, à tous ceux enfin qui ont souvent besoin, comme on dit, de pouvoir allonger leurs yeux. Il nous semblait curieux de rapprocher ce mirmidon du géant dont nous parlions tout à l'heure, et nous aimions à suivre le génie de M. Porro dans cette transition subite de l'infiniment grand à l'infiniment petit; mais le succès immense du lorgnon-longue-vue l'a popularisé à tel point que M. Porro ne suffit déjà qu'à grand'peine à satisfaire aux demandes. La description ne serait donc pas ici moins superflue que l'éloge.

Revenons à la photographie et parlons d'un objectif de nouveau système que construit en ce moment M. Porro.

On sait que tout objectif de daguerréotype ne renvoie d'image exacte qu'en un point central dont l'étendue est nécessairement très restreinte. Plus on s'éloigne de ce point central, plus l'image se déforme, plus il y a d'aberration par suite de la dispersion des rayons.

Il était donc impossible, avec l'objectif actuel, d'obtenir en grande dimension l'image régulière d'une surface plane quelconque, d'une carte de géographie, par exemple. Eh bien! M. Porro a vaincu la difficulté, et déjà le nouvel objectif construit par lui renvoie des images de soixante-dix centimètres de côté, sans aberration sensible, sans déformation sur les bords.—Voilà qui va permettre une foule d'applications que le photographe n'abordait jamais qu'en tremblant, forcé qu'il était de réduire excessivement ses images pour se rapprocher d'autant plus du centre et obtenir conséquemment plus de régularité dans l'ensemble. C'est un pas immense que M. Porro fait faire à l'art, déjà si complet, des reproductions photographiques.

Que dirons-nous, maintenant, des autres instruments qu'on rencontre dans le vaste établissement de l'Institut technomatique? Parlerons-nous du grand équatorial, qui occupe dans le parc astronomique un pavillon à dôme tournant? La plupart de nos lecteurs ne nous suivraient peut-être qu'à regret dans la description de ce magnifique appareil, dont nous ne signalerons ici qu'une particularité remarquable, c'est son mode de suspension. Nous en empruntons la description suivante au *Panthéon de l'Industrie :*

« Un axe de rotation vertical, surmonté d'une capsule creuse « sphérique, supporte tout le poids de l'instrument, qui roule dans « cette capsule au moyen d'une sphère centrale dont le centre « de figure coïncide toujours avec le centre de gravité de l'ins- « trument. Une très petite turbine piézocratique, dont la cons- « truction est basée sur une théorie nouvelle, notamment en ce « qui concerne la courbure des pales et la disposition des injec- « teurs, imprime à cet axe, suivant la volonté de l'observateur, un « mouvement qui se transmet *par adhérence* à la sphère et à « l'instrument tout entier et lui fait suivre le mouvement appa- « rent des étoiles, du soleil ou de la lune avec une douceur et « une régularité qu'on demanderait en vain aux meilleurs mou- « vements d'horlogerie.»

Quant à l'instrument en lui-même, nous ne pouvons que nous en référer à l'opinion, si puissante en pareille matière, du savant M. Babinet qui, dans un rapport officiel, en parle en ces termes : « Il peut faire honneur au constructeur *et sou- « tenir la concurrence avec les ouvrages les plus satisfaisants* « sortis des ateliers des hommes spéciaux de France et de « l'étranger. »

Dans l'impossibilité où nous sommes de citer ici toutes les pièces si importantes qui meublent l'observatoire de l'Institut technomatique, nous nous bornerons à en signaler deux encore à ceux des nombreux lecteurs de l'*Ami des sciences* que leur existence peut intéresser :

L'une est la LUNETTE ZÉNITHALE ABSOLUE, élément nouveau de précision applicable à tous les instruments d'astronomie. Le *Panthéon de l'Industrie* la décrit ainsi :

« Au-dessus de l'objectif une capsule en verre à fond plan « contient un peu d'eau; la lumière émanée des fils rendus lumi- « neux envoie une onde sphérique à l'objectif, onde qui devient « plane après l'avoir traversé et qui, traversant ensuite la cap- « sule et l'eau, continue son trajet vers l'immensité. Mais « à chaque surface franchie, cette onde est affaiblie d'une pe- « tite quantité de lumière qui est réfléchie en retour et qui « suffit pour produire au foyer même de la lunette une image « très nette de chaque fil. Il est évident que si l'image qui pro- « vient de la surface inféro-supérieure de l'eau coïncide avec « le fil même, la visuelle optique qui passe par le fil, prolongée « verticalement au-dessus de l'eau de la capsule, correspondra « au zénith *absolu*. Ce phénomène, purement optique, n'exige « aucune espèce d'invention; il est indépendant de la matière, « de la forme et des ajustages de l'instrument.... Les savants- « voyageurs pourront, avec cet instrument, déterminer désor- « mais, en une demi-heure de station, la latitude et le temps « avec un degré d'exactitude inconnu jusqu'à ce jour.

« Le même phénomène, appliqué dans le sens horizontal, a « conduit M. Porro à la détermination de l'horizontale absolue

(1) A la distance de 1000 mètres on embrasse d'un seul coup d'œil une étendue de 45 à 50 mètres.

« et, partant, à une nouvelle forme de niveaux à niveler qui, « sous l'apparence d'une inimitable simplicité, permettent d'ob- « server avec la plus grande précision, et donnent d'une seule « visée, sans inversion ni rectification, l'horizontale absolue. »

C'est le NIVEAU CATHYALIQUE.

Nous arrivons enfin au TACHÉOMÈTRE, instrument dont l'invention suffirait seule à marquer la place de M. Porro parmi nos plus savants ingénieurs. Si le tachéomètre eût été construit lorsque fut entreprise en France l'immense opération du cadastre, il eût permis de réaliser une économie d'au moins cent millions. Nous reproduisons textuellement la description succincte que nous en offre l'ouvrage déjà deux fois cité par nous dans le cours de ce long article.

« Le tachéomètre consiste en une espèce de théodolithe à deux « cercles, contenant dans son socle ce que l'auteur appelle un « *orientateur magnétique*: il est servi par une lunette micromé- « trique très puissante. »

« Ses propriétés sont : 1° de fournir magnétiquement l'azimut « à 1/100 de grade près; 2° de permettre de lire d'une seule lec- « ture, sans vernier, et avec élimination l'excentricité, les « angles azimutaux à 1/1000 de grade près; 3° de donner égale- « ment sans vernier et avec la même aproximation les apozé- « niths; 4° finalement, de permettre de lire les distances sur « une mire à moins de 1/4000 près.

« Il y a de plus un appendice qui facilite la rédaction des « croquis du levé à l'échelle exacte; il suit de là qu'avec cet « instrument, qui a longuement fait ses preuves dans les pays « les plus difficiles des Alpes et des Apennins et qui a valu à son « auteur une médaille d'or des *annales des ponts et chaussées* en « 1852, on peut tracer les plans et faire simultanément le nivel- « lement général du terrain avec un degré de précision précé- « demment inconnu *et une économie de temps de plus des deux « tiers.*»

Ajoutons qu'un astronome spécial, M. Brulart, est attaché à l'établissement. Sa mission principale est d'essayer les instruments et d'en constater les qualités. Mais comme il lui reste en somme beaucoup de temps disponible, ce temps est consacré par lui à faire des observations astronomiques qui, grâce à la puissance des instruments dont il dispose, ne peuvent manquer d'amener des résultats d'un haut intérêt.

Il est temps de nous arrêter : nous pensons en avoir dit assez pour convaincre nos lecteurs de l'incontestable importance de l'établissement fondé par M. Porro; nous ne pouvons donc que les engager à suivre notre exemple et à visiter l'Institut technomatique. Ils y trouveront bon accueil, car si quelque chose est plus merveilleux encore que les merveilleux instruments de M. Porro, c'est son inépuisable complaisance pour ses nombreux visiteurs. H. GAUGAIN.

POMPE AGRICOLE DE M. PERREAUX.

La pompe dont nous figurons différents spécimens se recommande par cette singularité qu'elle a pour inventeur un constructeur d'instruments de précision, connu déjà pour une très remarquable machine à diviser, une machine à essayer la force des tissus, etc. Elle se distingue en outre de la plupart des autres pompes, par ce précieux avantage que la soupape, en caoutchouc, qui fait partie de son mécanisme, admet, sans s'engorger, les corps solides, morceaux de bois, cailloux, que l'eau peut entraîner dans son ascension.— A propos de cette singularité que nous signalons, M. Barral dit avec raison : « Qu'on ne se mette pas à sourire de voir des opticiens, des constructeurs d'instruments de précision bien limés, bien polis, se décider à donner leurs soins à des machines rustiques. Il y a là un progrès dont l'agriculture n'aura qu'à se louer. N'est-ce pas tout profit que d'avoir à bon compte des instruments d'une exécution à la fois solide et parfaite? » Tous les agriculteurs répondront affirmativement, et ce qu'ils n'apprécieront pas moins, c'est la propriété qu'a cette nouvelle pompe de laisser passer des corps d'un volume assez considérable eu égard aux dimensions de la soupape. Les pompes en général et les pompes à purin en particulier leur causent trop de tracas pour qu'ils n'apprécient pas à toute sa valeur un appareil exempt de réparations fréquentes. Ils liront donc avec plaisir la description que voici :

Cette pompe se compose d'un tube en cuivre étiré, d'une épaisseur suffisante pour avoir une longue durée. Le diamètre de ce tube est celui des corps de pompes ordinaires, c'est-à-dire de 8 à 9 centimètres ; pour le garantir de tout choc, ce corps de pompe est enveloppé d'une boîte en bois de chêne, ronde ou carrée, percée de deux trous: l'un, supérieur, sert de déversoir; l'autre, placé dans l'axe du corps de pompe à la partie inférieure de celui-ci, sert de tube d'aspiration. Quelques mètres de tubes de zinc vont chercher le liquide, eau ou purin, à la profondeur nécessaire. Cette pompe ne diffère des appareils les plus simples en ce genre que par son système de soupapes (fig. 1 et 2). La soupape de retenue N, placée au bas de la pompe (fig. 3 et 4), et la soupape d'introduction M servant de piston (mêmes figures), sont en caoutchouc, cylindriques à la base. Ces soupapes sont aplaties au sommet, ce qui leur donne la forme d'une anche de clarinette ou de hautbois ; comme cette dernière, elles sont terminées par deux lèvres ou valvules. Ces deux lèvres sont plus ou moins épaisses, suivant que la soupape doit résister à des pressions plus ou moins fortes, à des hauteurs d'eau plus ou moins grandes, suivant enfin que la pompe doit fonctionner dans tel ou tel milieu ; car elle peut servir dans toutes les industries : comme elle ne s'engorge pas, elle peut être employée avec avantage à l'épuisement des eaux bourbeuses et des purins. Pour augmenter la résistance de ces soupapes, M. Perreaux les a armées de deux nervures externes placées suivant un plan diamétral et venues dans l'acte même du moulage. Sensibles à la plus légère oscillation du piston, elles peuvent se dilater ou se resserrer, s'ouvrir ou se fermer, aspirer ou fouler, sans aucun intermédiaire ; leur élasticité suffit à tout ; leur jeu a lieu par la seule pression résultant soit de l'élévation, soit de l'abaissement du piston dans le corps de pompe ; elles sont fixées par des colliers métalliques.

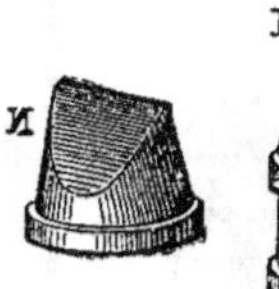

Fig. 1.

Fig. 2.

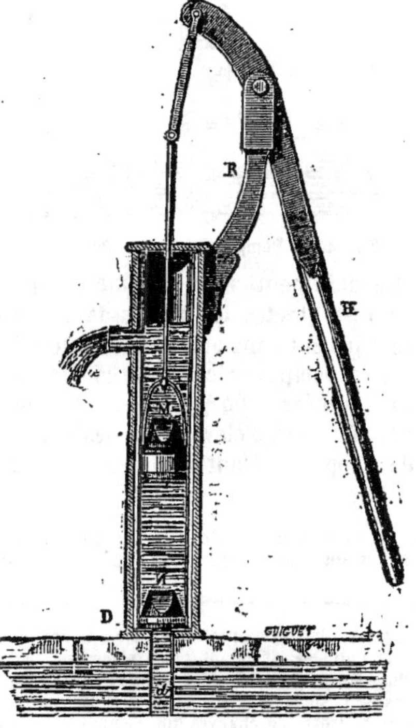

Fig. 3. — Pompe aspirante.

Pour nous rendre compte du jeu de l'appareil, considérons d'abord la pompe simplement aspirante (*fig.* 3). Le tuyau d'aspiration *d* plonge dans le liquide. Au bas du corps de pompe se trouve retenue, par son collier D'une première soupape N (soupape de retenue); une seconde soupape M (soupape d'introduction) sert de piston. Si on appuie sur le bras de levier H mobile autour du support R placé sur la pompe elle-même, le piston M s'élève; un vide se forme au-dessous de celui-ci, la soupape N s'ouvre, tandis que la soupape M reste fermée, et l'eau monte par la pression de l'air extérieur. Quand, ensuite, on fait fonctionner le levier H en sens contraire, le piston M descend, l'eau traverse sa soupape, et dans le mouvement suivant du levier, cette eau est rejetée par le déversoir qu'on voit en haut et à gauche de la pompe. L'air logé au-dessus de l'eau dans la partie supérieure du corps de pompe tend à rendre l'écoulement presque continu.

Il est aisé de faire que la pompe ait un jet absolument continu et qu'elle projette l'eau assez loin pour être utile même dans les incendies; c'est ce qui a lieu dans la pompe aspirante et foulante (*fig.* 4). Pour cela, on ajoute un réservoir B à l'endroit même du déversoir A. L'eau, dans le mouvement ascendant de la soupape-piston M, est obligée d'ouvrir la soupape placée dans le réservoir B et le tuyau *f* ne donnant pas un écoulement égal à la quantité d'eau envoyée dans le réservoir par la pompe, l'air qui remplit la partie supérieure du réservoir réagit et projette le liquide à travers le tuyau *f*, à une distance et à une hauteur de plusieurs mètres. Le réservoir B est mobile et peut être facilement adapté à une pompe simplement aspirante. Au reste, toutes les parties de l'instrument se démontent et se rajustent sans aucune difficulté (1).

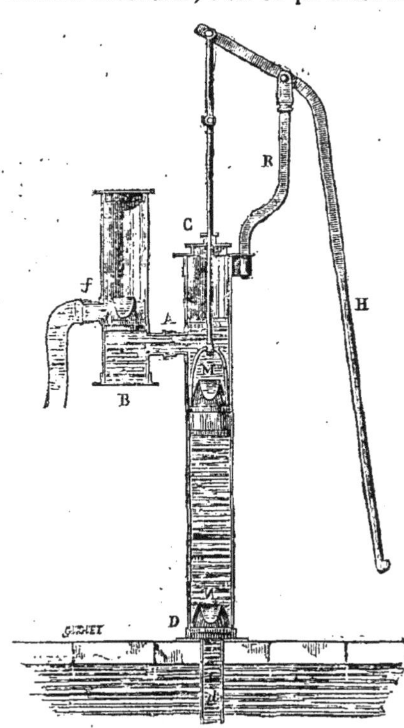

Fig. 4. — Pompe aspirante et foulante.

Les pompes précédentes conviennent pour le purin et les eaux situées à de petites profondeurs. La pompe *fig.* 5 a pour fonction d'élever l'eau des puits profonds. Le mécanisme de l'appareil étant maintenant connu, une simple légende suffira ici.

A, support du bras de levier. B, tige en fer disposée sur les lieux et se réunissant à la tige du piston et aux bielles du bras de levier. C, raccord du tube destiné à élever l'eau au-dessus du sol. F, raccord du tube d'aspiration à la tubulure inférieure de la pompe, à l'aide d'un manchon en caoutchouc lié à ses deux extrémités assez fortement sur l'un et l'autre tube. D,D, modèle de collet en fer pour fixer le corps de pompe dans l'intérieur du puits. E, boîte pour placer au besoin une soupape de retenue et conserver l'amorce de la pompe. K, pièce de bois à faire exécuter sur les lieux pour y fixer ensuite les deux supports A qui portent le bras de levier.

(1) A, réunion du réservoir d'air au corps de pompe. B, chapeau du réservoir à air, se dévissant pour placer ou visiter la soupape de retenue. C, chapeau supérieur de la pompe et boîte à étoupe destinés, l'un à laisser passer la soupape-piston M dans le corps de la pompe, et l'autre à comprimer la tresse de chanvre qui remplit la boîte et dans lequel passe la tige du piston. D, chapeau inférieur pouvant se dévisser pour placer ou visiter la soupape de retenue N placée au-dessus du tube d'aspiration. R, support portant le bras de levier H.; *d*, tubulure dans lequel s'ajuste le tube d'aspiration. F, raccord du tube portant la lance à projeter les liquides pour les divers arrosages.

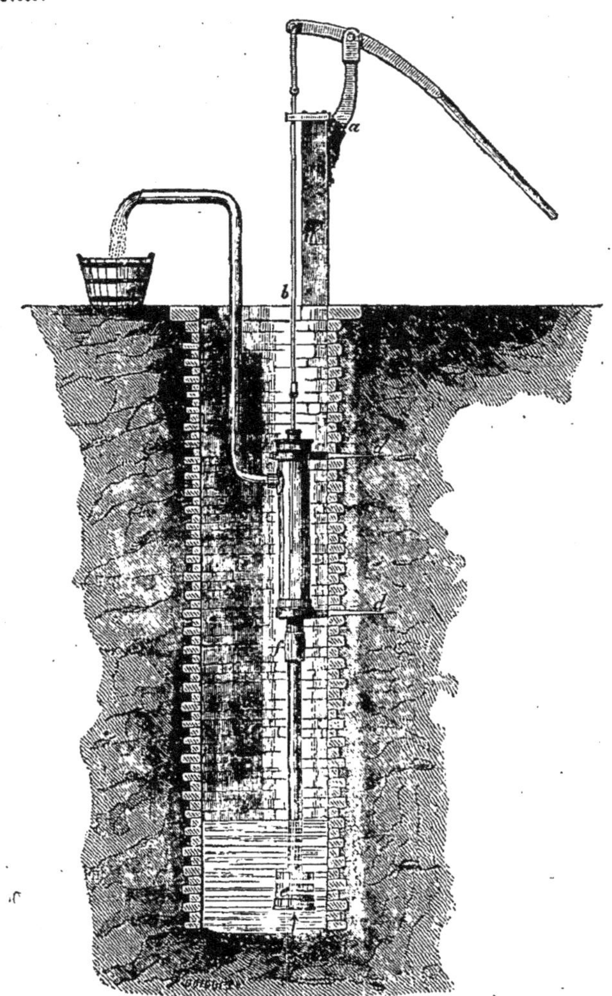

Fig. 5. — Pompe élévatoire pour puits.

Disons en terminant que les pompes de M. Perreaux viennent d'être l'objet d'un rapport des plus favorables, présenté à la Société d'encouragement par M. Faure, ingénieur civil.

REVUE DES JOURNAUX.

Une nouvelle pile.

Cette nouvelle pile est de l'invention de M. Selmi. M. G. Govi la décrit dans le *Courrier Franco-Italien*, et il fait précéder sa description de considérations que nous regretterions de ne pas mettre sous les yeux de nos lecteurs. Voici l'article de M. Govi.

Produire de la force à bon marché, voilà le grand problème de nos jours. Autrefois on consommait des hommes pour avoir de la force, et les travaux des anciens nous prouvent qu'on n'y allait pas de main morte. Maintenant l'homme sait que pour être homme il doit transformer en actes intellectuels toute l'énergie accumulée dans son organisme. L'homme-machine disparaît donc peu à peu et finira bientôt par ne plus exister qu'à l'état de fait historique. Les agents naturels sont chargés de travailler pour nous : nous n'avons qu'à les dompter et à les conduire. Parmi les sources d'activité les plus énergiques; la nature nous présente l'électricité. Qu'est-ce que l'électricité? Personne ne saurait le dire. Mais, à défaut de notions exactes sur sa nature, nous connaissons un grand nombre de phénomènes qui révèlent ses propriétés. On sait par exemple qu'il y a production d'électricité toutes les fois que les plus petites particules des corps sont mises en branle, quelle que soit d'ailleurs la cause qui les agite. Ainsi nous voyons manifester de l'électricité par le choc, par le frottement, par l'oscillation, par la chaleur, par les actions chimiques. C'est surtout à cette dernière source d'ébranlement que nous empruntons aujourd'hui presque toute l'électricité utilisée dans les arts. L'appareil dans lequel l'action chimique est mise en jeu pour produire de l'électricité s'appelle une *pile*, quoiqu'il diffère presque toujours de la *pile* véritable dont on doit la découverte à Volta. Il y a autant de piles possibles que l'on peut associer de corps agissant chimiquement les uns sur les autres; seulement toutes ces combinaisons ne sont pas également favorables au développement de l'électricité. Nous connaissons aujourd'hui deux piles très énergiques: celle de Grove et celle de Bunsen; nous en connaissons d'autres, telles que celles de Daniell et de Bragation, qui agissent avec une grande régularité et une constance presque parfaite, mais dont la puissance est peu considérable. La galvanoplastie, la dorure ou la métallisation galvanique, la métallochromie, l'électro-métallurgie, la télégraphie électrique, n'exigent point des piles douées d'une grande énergie: toutes ces applications de l'électricité n'ont besoin que de constance et de régularité.

La nouvelle pile dont nous allons entretenir nos lecteurs et qui a été imaginée par M. Selmi, répond, à ce qu'il paraît, à ces exigences. Sa construction est fort simple. Un élément de cette pile se compose d'un vase en verre ou en grés, au fond duquel gît une plaque de zinc non amalgamé qui communique au dehors par un prolongement conducteur qui y est attaché. Au-dessus de la plaque de zinc, se trouve une spirale formée par une lame de cuivre enroulée, munie également d'un appendice destiné à établir les communications. Une solution de sulfate de potasse couvre entièrement la lame de zinc et mouille jusqu'à une certaine hauteur la lame de cuivre. Aussitôt que l'on réunit par un corps conducteur les appendices du cuivre et du zinc, un courant électrique s'établit à travers le circuit, et la constance de ce courant se maintient pendant des jours, des semaines et des mois entiers.

Ce qu'il y a de nouveau dans la pile de M. Selmi, ce qui en fait la bonté, c'est, d'après son auteur, le triple contact qui s'y trouve réalisé entre le sulfate de potasse et le zinc, le sulfate de potasse et le cuivre et entre le cuivre et l'air. M. Selmi croit avoir reconnu un grand avantage à ce contact de l'air avec le cuivre plongé dans la solution de sulfate de potasse. Le courant électrique faiblit d'une manière sensible, toutes les fois que le cuivre est entièrement mouillé, et l'hydrogène, qui ne paraissait pas sur ce métal lorsqu'il sortait en partie du liquide, l'enveloppe bientôt de petites bulles qui font varier rapidement l'intensité du courant. A quoi faut-il attribuer l'absence de l'hydrogène sur le cuivre à moitié mouillé? M. Selmi paraît vouloir rattacher ce fait à l'électrisation de l'oxygène de l'air et à sa dissolution dans le liquide de la pile. En effet l'oxygène se combinerait dans ce cas avec l'hydrogène naissant et produirait de l'eau qui resterait dans la solution de sulfate de potasse. Quelle que soit l'explication du fait signalé par M. Selmi, si la combinaison inventée par lui présente réellement les avantages qu'il dit y avoir reconnus, ce sera un véritable service qu'il aura rendu aux arts, car sa pile sera, de toutes les piles connues, celle qui consommera le moins, et qui donnera le travail le plus régulier.

G. Govi.

L'encre de correspondance des dames.

«On fait grand bruit à Paris, dit le *Cosmos* d'une encre mystérieuse, inventée par M. le docteur.........., dans le but de résoudre un problème important, et qui cependant n'avait pas encore été formulé: faire évanouir dans les mains même de la personne qui qui les possède, telles lettres qui, après un certain temps écoulé, n'auraient plus de raison d'être ou deviendraient compromettantes. L'encre de *Correspondance des dames*, c'est son nom, est d'une belle couleur noire et parfaitement claire; elle n'a aucune action malfaisante; on pourrait en boire sans danger; elle ne détruit pas les plumes; les taches qu'elle fait à la peau et sur le linge disparaissent à peu près d'elles-mêmes, etc., etc. Sa propriété caractéristique, c'est que les caractères tracés avec cette encre disparaissent d'eux-mêmes par le contact du papier qui les a reçus, ou de l'air, après un intervalle de temps plus ou moins long, un an, six mois, plus tôt même si l'on a convenablement étendu l'encre d'eau. Pour se rendre compte par soi-même du temps après lequel la lettre aura disparu, il suffira de tracer sur le même papier, avec la même encre, un certain nombre de mots que l'on gardera et que l'on examinera de temps en temps; quand ces mots seront effacés, il en sera de même de la lettre originale. Cette encre a ses avantages, sans aucun doute, mais elle a aussi ses inconvénients et ses dangers qu'il faudra conjurer; qu'on juge des perturbations qui en résulteraient si l'on en faisait usage dans les actes, les contrats, les effets de commerce, les obligations, etc., etc. Puisqu'il a créé le poison, poison utile dans des circonstances données, pourquoi M. le docteur ...... ne créerait-il pas aussi le contre-poison ou les contre-poisons? Nous disons contre-poisons, parce qu'il faudra peut-être qu'il invente deux liquides, l'un à l'aide duquel on puisse constater qu'une lettre ou titre quelconque donné n'est pas écrit avec l'encre de correspondance que nous appellerons volontiers *antipathique*; l'autre pour donner à volonté à cette encre, par elle-même fugitive, une fixité qui pourrait à son tour devenir une nécessité.»

Le *Siècle* proteste en ces termes, par la plume de M. Edmond Texier, contre la suprême inconvenance du nom donné à cette malheureuse invention. «Cette encre merveilleuse a une propriété qui lui donne une incontestable supériorité sur l'encre de la petite et de la grande vertu. Elle s'efface complétement au bout d'un certain temps. Employez cette encre nouvelle, et, six mois après, il ne restera plus rien sur le papier où vous aurez tracé vos serments, vos protestations d'amour ou d'amitié, vos offres de service ou de dévouement. Si, cédant à un mouvement généreux, vous avez fait dans une lettre des promesses dont le souvenir vous pèse, n'ayez aucun souci, le temps se chargera de faire disparaître le document importun. L'inventeur, espérons-le, a calomnié son temps; ce serait une triste époque, en effet, que celle où une pareille encre serait adoptée. Croiriez-vous que l'inventeur a appelé son encre l'*encre des dames*! Pourquoi des dames? On n'est pas plus insolent que ce fabricant d'encre postiche, et j'espère bien que le beau sexe en masse va protester en se servant plus que jamais de l'encre antique et indélébile.— Edmond Texier.»

Alcool des tiges du maïs.

L'Iride novarese nous apprend que M. Righini, chimiste italien, s'est assuré, par des expériences répétées, que les extrémités et les feuilles de maïs donnent une notable quantité d'alcool. L'on sait déjà que les tiges du maïs, du souque ou du sorgho contiennent et peuvent fournir du sucre cristallisable. Mais il est impossible d'exploiter les tiges de ces plantes à l'époque de leur plus grande richesse saccharine sans tuer en même temps le végétal et l'empêcher de porter la graine. Il est très facile, au contraire, de récolter les feuilles et les extrémités des tiges sans endommager la plante, et c'est ce qui a engagé M. Righini à essayer l'extraction de l'alcool de ces parties du maïs qu'on avait rejetées jusqu'alors. L'analyse des feuilles et des sommets lui a donné de l'eau, du sucre, de la cellulose, de la matière ligneuse, de l'albumine, une matière colorante, verte et jaune, une substance grasse aromatique (cérosie) et plusieurs sels inorganiques qui restent après l'incinération.

Il y a 16 pour cent environ de matière sucrée dans les extrémités et dans les feuilles vertes du maïs.

Voici de quelle manière, d'après M. Righini, on parvient à transformer le sucre du maïs en alcool.

Après avoir coupé en petits morceaux des feuilles et des sommets de *maïs*, on les fait bouillir dans une quantité d'eau suffisante pour les noyer entièrement. Cela fait, on les soumet à l'action d'un pressoir pour en faire sortir tout le liquide. La liqueur décantée est évaporée jusqu'à ce qu'elle marque de 5 à 10 degrés de l'aréomètre. On l'abandonne ensuite à la fermentation, en y ajoutant un peu de levure de bière: après quoi, on la distille. L'alcool ainsi obtenu possède un goût agréable, et peut remplacer l'eau-de-vie de raisin dans toutes ses applications. 100 parties de sirop donnent de 10 à 12 d'alcool à 20° ou 22°.

Si réellement l'extraction de l'alcool des feuilles et des extrémités du maïs est aussi facile et donne un produit aussi abondant que M. Righini l'annonce, et cela sans porter atteinte à la récolte, il y a là, comme le fait remarquer M. J. Paradis, le germe d'une nouvelle et brillante industrie pour toutes les contrées où le maïs croît en abondance.

Comparaison des divers modes de chauffage et de ventilation.

L'étude et l'expérience des avantages et des inconvénients inhérents aux divers systèmes de chauffage par les calorifères appliqués à un asile d'aliénés ont conduit M. le Dr Girard, l'habile directeur de l'asile d'Auxerre, à reconnaître que l'on peut appliquer chacun d'eux à la satisfaction des besoins spéciaux d'un établissement de ce genre. Voici en résumé les résultats de son expérience tels qu'il les expose dans les *Annales médico psychologiques*; les directeurs d'asile ne sont pas les seules personnes auxquelles il pourra être utile de les connaître.

Les calorifères à air chaud ne devront être utilisés que lorsqu'on se proposera de chauffer rapidement, économiquement et avec intermittence une seule ou deux pièces contiguës pouvant communiquer entre elles. Il faut avoir soin toutefois d'établir un appel énergique, soit par le foyer, soit par une cheminée ordinaire munie d'une grille, pour avoir une ventilation continue et uniforme, rendre plus égale la distribution de l'air chaud et atténuer les inconvénients qui se rattachent à l'interruption du chauffage. Il faut éviter de trop échauffer la cloche pour empêcher l'altération de l'air, résultant du contact de ce gaz lui-même avec des surfaces de chauffe à une température trop élevée, ou causée par la carbonisation des corpuscules végétaux ou animaux en suspension ou en dissolution dans l'atmosphère.

Les quartiers disséminés des semi-paisibles, des paisibles, des convalescents, pourront donc être chauffés avec des calorifères à air chaud et avec des cheminées qui concourront simultanément au chauffage et à la ventilation. Il pourra en être de même, d'après M. le docteur Girard, des quartiers d'infirmerie et des faibles, de même aussi pour l'amphithéâtre des leçons, etc.

Il y aura avantage et économie à employer les calorifères à circulation d'eau chaude, toutes les fois qu'il s'agira de chauffer une habitation d'une manière permanente, pendant le jour et la nuit, avec une température uniforme et modérée, et lorsqu'on devra opérer une ventilation puissante. On devra surtout réserver ce mode de chauffage, dans les asiles d'aliénés, aux quartiers cellulaires; les malades agités, qui sont libres dans leurs cellules et qui se dépouillent souvent de leurs vêtements, jouiront ainsi pendant la nuit des avantages précieux de ces appareils.

M. Girard estime que les calorifères à vapeur, dont l'établissement est d'un prix très élevé et l'entretien très dispendieux, devront être généralement exclus des asiles d'aliénés, parce qu'ils répartissent inégalement la chaleur, qu'ils sont sujets à des explosions dangereuses et qu'ils donnent souvent lieu à des fuites qui versent dans les salles un air humide et malsain. On comprend toutefois que lorsqu'on doit produire de la vapeur pour d'autres besoins, on puisse l'utiliser pour le chauffage et la ventilation. Cette donnée trouve son application dans les salles de bains, où la production de la vapeur est nécessaire comme moyen thérapeutique, où les salles et cabinets doivent être chauffés et ventilés, où enfin l'eau des bains doit être portée à une température convenable.

Telle est l'application que M. Girard a faite des principaux modes de chauffage et de ventilation connus jusqu'à ce jour aux principaux quartiers et services de l'Asile d'Auxerre, avec le concours du savant inspecteur général, M. Ferras, de l'architecte et des préfets qui se sont succédé.

SOCIÉTÉS SAVANTES.

ACADÉMIE DES SCIENCES.

Addition à la séance du 24 novembre 1856.

Sur les lois qui régissent l'organisation du squelette des insectes; par M. C. Jacquelin du Val.

Le savant entomologiste, auteur du mémoire que nous allons analyser, résume en ces termes les travaux de ses deux plus illustres prédécesseurs (Audoin et Savigny), sur l'intéressant objet qui nous occupe.

1o Le squelette extérieur des insectes se compose de segments ou anneaux répétés un plus ou moins grand nombre de fois, pouvant se modifier plus ou moins profondément suivant les besoins, mais tous constitués de la même manière.

2o Les pièces qui forment ces derniers peuvent à leur tour s'accroître, diminuer, disparaître, et subir enfin les modifications les plus diverses suivant les besoins ou les divers groupes de la série naturelle.

3o L'accroissement ou la modification d'une pièce influe d'une manière notable sur les pièces voisines et s'opère toujours à leurs dépens.

4o Les modifications variées des divers segments et des pièces qui les composent expliquent la formation de toutes les parties du squelette extérieur et les formes si nombreuses et si différentes que l'on observe chez les insectes.

M. Jacquelin du Val regarde ces belles lois comme insuffisantes et il les complète par les lois suivantes, résumé des recherches longues et variées auxquelles il s'est livré.

1o Tout segment ou anneau du squelette extérieur des insectes se compose normalement de seize pièces et quatre appendices articulés.

2o Les pièces peuvent être distinctes, ou, ce qui est pour un certain nombre le cas le plus fréquent, soudées sur la ligne médiane.

3o Elles forment deux arceaux, l'un supérieur normalement composé de huit pièces et deux appendices, et l'autre inférieur constitué de même.

4o L'arceau supérieur se compose non seulement de pièces en nombre égal à celles de l'inférieur, mais encore complétement analogues.

5o Les huit pièces de chaque arceau sont disposées symétriquement, quatre de chaque côté de la ligne médiane, et celles d'un côté sont identiques à celles de l'autre (ainsi que les appendices).

6o La seconde pièce doit être considérée comme étant normalement la plus importante et comme la plus fixe, les première et quatrième comme les moins importantes en général et celles qui peuvent disparaître le plus souvent.

7o La seconde pièce porte toujours l'appendice; elle doit être en outre considérée comme normalement subdivisible en plusieurs autres pièces peu importantes, cas rare et exceptionnel pour les autres.

8o La position relative des pièces peut varier, leur ordre peut même s'intervertir en totalité, mais leurs connexions mutuelles fondamentales restent toujours les mêmes.

De ces principes l'auteur déduit comme loi fondamentale la loi suivante:

Tout anneau du squelette extérieur des insectes est formé de quatre éléments analogues ou identiques, symétriquement disposés et constitués chacun normalement par quatre pièces et un appendice articulé.

De sorte qu'il suffit de bien connaître un élément, la disposition des pièces qui le forment et celle des éléments entre eux, pour comprendre et expliquer la composition du squelette extérieur de tous les insectes.

Le délire des aboyeurs.

Cette singulière affection, dont l'histoire se perd dans la nuit du moyen âge, paraît avoir pris naissance dans le sein de la Bretagne (Dax, dans les Landes, en fournit aussi quelques exemples). Ce phénomène assez rare est caractérisé par un cri perçant, convulsif, parfois musical, qui représente, tantôt le chant du coq ou le cri du paon, tantôt le bêlement des brebis, tantôt le miaulement du chat, tantôt les jappements du chien; c'est ce qui a fait donner aux femmes qui en ont été atteintes le nom d'*aboyeuses*. La médecine ayant toujours été impuissante à combattre cette affection extraordinaire, l'Eglise a recouru aux exorcismes et a fait transporter les malades en différents lieux de pèlerinage, mais rarement avec succès. Le hasard vient de présenter un cas de ce genre à M. Boscedon, et ce cas, traité par les moyens médicaux, a été suivi de guérison.

Jean Roux, âgé de onze ans, d'un tempérament nervoso-sanguin, d'une bonne santé, dernier fils d'un père vigneron, à Sainte-Croix-du-Mont (Gironde), fut pris, sans cause connue, le 1er février 1856, d'une toux apyrétique assez intense pendant le jour, accompagnée d'une légère expectoration muqueuse et de céphalée. Il était calme pendant la nuit. Une médication appropriée avait triomphé de ces accidents, lorsque le 15 du même mois il commença de faire entendre un cri semblable au cri d'une poule dont l'œsophage serait obstrué, et qui durait de sept à huit secondes. Ces crises, qui s'accompagnaient d'une respiration pénible et saccadée, se répétaient huit à dix fois dans la journée. A l'entrée de la nuit, elles cessaient jusqu'à 7 heures du matin, heure à laquelle elles se renouvelaient.

M. Boscedon en vint, après plusieurs jours, à employer la potion suivante :

Eau de tilleul. . . . . 125 grammes,
Valérianate acide d'atropine. . . demi-milligramme,
Sirop de sucre. . . . . 30 grammes,

à prendre par cuillerées dans les vingt-quatre heures. Cette potion produisit une forte dilatation des pupilles, des hallucinations, de l'incohérence dans les idées, enfin une forte secousse dans le système nerveux, surtout cérébral. Dans les vingt-quatre heures qui suivirent, l'économie rentra dans l'état normal ; la maladie avait complétement cédé.

Quelle que soit la nature et le siége de cette maladie, toujours est-il que c'est au *valérianate acide d'atropine* que le malade doit sa guérison.

Séance du 1er décembre.

Machine à vapeur de M. Sauvage.

M. Sauvage, mécanicien, a adressé à l'Académie un mémoire et les plans relatifs à une machine à vapeur, de son invention. Cette machine rentre dans le système de celles à condensation par surface : elle est à cylindre vertical de la force de 2 chevaux, et, après avoir servi autrefois à faire marcher un atelier d'ajustage, elle n'est plus aujourd'hui utilisée que pour des expériences privées. Les organes que M. Sauvage signale comme nouveaux dans sa machine ou, du moins comme ayant été perfectionnés par lui, sont les suivants :

1° Un condenseur par surface ;
2° Un réservoir pneumatique ;
3° Un réservoir à eau dans le vide ;
4° Un refouloir alimentaire ;
5° Un régulateur du foyer.

Dans cette machine, c'est la même eau qui, successivement vaporisée et condensée, passe toujours de la chaudière à la machine, de la machine au condenseur, du condenseur à la chaudière ; le réservoir pneumatique sert à maintenir le vide, d'une manière continue, dans le condenseur ; le réservoir à eau sert à séparer les graisses et à éviter leur retour dans la chaudière ; la pompe fonctionne à l'aide d'un robinet au lieu d'une soupape *self-acting* ; enfin le feu se trouve modéré par un registre mis en mouvement, lorsqu'il y a lieu, par la pression développée dans la chaudière.

Comme spécimen des progrès que réalise l'ingénieuse machine de M. Sauvage, nous sommes à même de pouvoir fournir les résultats suivants, constatés dans l'une des nombreuses expériences que l'inventeur conduit depuis plus de deux années, à Passy, sous les yeux d'ingénieurs et de mécaniciens distingués.

Force. — Le 31 juillet, la force de la machine a été essayée tour à tour avec échappement à l'ancien système sans condensation, et avec la condensation dans le vide continu de 40 à 50 c. ; la puissance à l'avantage de la condensation dans le vide, a été de 22 p. 100 4/10.

Combustible. — Le 1er août, il a été brûlé, en neuf heures, 48 kilogrammes de coke, à une pression constante de 3 atmosphères, avec échappement sans vide ni condensation. Le 2 août, avec condensation et dans le vide, même marche à 3 atmosphères durant neuf heures : la consommation a été de 28 kilogrammes 50 grammes de coke, soit 40 p. 100 à l'avantage du système Sauvage.

En résumé, on a donc à constater une force de 22 pour 100 4/10 obtenue en plus, en dépensant seulement 60 pour 100 de combustible, sans compter la simplification de la machine et la suppression radicale des incrustations.

Capsules surrénales.

M. Flourens a donné connaissance d'une lettre qu'il vient de recevoir de M. Martini, de Naples. Cette lettre est relative à la question des capsules surrénales, au sujet de laquelle M. Brown-Sequard et M. Gratiolet avaient présenté des conclusions très opposées il y a quelques mois. M. Martini cite à l'appui de l'opinion de ce dernier physiologiste, un cas fortuit qui vient d'être observé chez l'homme. En faisant l'anatomie d'un sujet, mort à l'hôpital de phthysie pulmonaire, on a été très étonné de ne rencontrer chez lui aucune trace de capsules surrénales ; cependant cet homme avait été rarement malade, avait eu des enfants et n'était mort que vers l'âge de 40 ans.

Cet exemple, joint aux dernières expériences faites dans le laboratoire de M. Flourens sur des rats, établit d'une manière définitive que c'est à tort que M. Brown-Sequard a désigné l'ablation des capsules surrénales comme entraînant nécessairement la mort.

Nouveau spiromètre.

M. Claude Bernard a présenté à l'Académie un nouveau spiromètre, différant d'une manière assez radicale de tous les appareils qui se sont proposé jusqu'ici de mesurer la capacité respiratoire de l'homme. Au lieu d'être un gazomètre doué à l'intérieur d'un mouvement rotatoire et accusant, à l'aide d'aiguilles, le nombre de litres d'air expirés ou inspirés, le nouvel instrument affecte la forme de deux cylindres glissant l'un dans l'autre sans frottement. Le cylindre extérieur, qui est fixe, contient de l'eau qui sert de flotteur au cylindre intérieur, lequel en montant ou en descendant sous l'action du souffle, fait marcher un index sur une échelle graduée qui sert de support à tout l'appareil. La transmission est faite à l'aide d'une petite chaîne de cuivre, ingénieusement construite de façon à régulariser le mouvement. L'appareil tout entier est d'une sensibilité extrême.

Mécanisme de la natation et du vol.

M. le docteur Giraud-Teulon, ancien élève de l'école polytechnique, a lu à l'Académie un mémoire de *mécanique animale*, dont l'intérêt est d'autant plus grand, que les esprits se préoccupent chaque jour davantage d'apporter dans leurs œuvres matérielles *l'économie de ressorts* qui préside aux œuvres de la nature.

Le mécanisme par lequel s'effectuent la natation chez les poissons et le vol chez les oiseaux, a été assimilé déjà depuis longtemps à celui qui préside au saut chez les bipèdes et les quadrupèdes. Cette assimilation, qui avait été plutôt entrevue que nettement expliquée, vient d'être démontrée par M. Giraud-Teulon d'une manière complète.

Pour y parvenir, ce savant a étudié et décomposé le mouvement par lequel un poisson se porte à droite ou à gauche. Cet effet est produit par la flexion rapide de son extrémité caudale vers la tête, subitement interrompue dans son cours, et donnant au liquide la sensation d'un choc, d'un coup de fouet. Ce choc lui-même serait produit par la contraction soudaine des muscles *antagonistes de ceux qui ont commencé la flexion*.

Le corps de l'animal, par la subite et mutuelle équilibration de toutes les forces intrinsèques qui le sollicitent, devient soudainement rigide ; mais alors les forces extrinsèques, c'est-à-dire les réactions du liquide ambiant, jusque là dominées, se manifestent. Or, comme elles se manifestent subitement aussi, leur effet devient semblable à un choc.

Quant à la direction de la résultante de ces forces, comme la vitesse de la moitié postérieure du poisson pendant la flexion est aussi grande que celle de la moitié antérieure est faible, il en résulte que l'effet final se trouve dirigé de l'avant à l'arrière, et du côté opposé au sens de la flexion. De plus, comme le point d'application de cette résultante est nécessairement en un point de l'extrémité postérieure, le résultat final est conforme à l'objet proposé.

Par une analyse absolument semblable, on peut se rendre compte du mouvement progressif direct. L'animal étant recourbé deux fois dans le même plan horizontal, l'effet dynamique attendu est produit comme dans le premier cas, avec cette seule différence que la direction se porte de l'arrière à l'avant et dans un sens légèrement oblique. Dans ce cas, la flagellation du liquide ayant lieu à droite et à gauche dans un très court délai, la dérive est immédiatement corrigée.

Le vol des oiseaux n'est, de même, qu'une course composée de petits sauts successifs. Ici, la contraction subite des muscles extenseurs chez le poisson, est remplacée par la tension subite de la membrane élastique alaire. L'inextensibilité de cette membrane venant interrompre subitement le mouvement d'extension de l'aile, crée un état statique analogue à ceux déjà décrits. La machine animale devient soudainement rigide; les forces intrinsèques entrent alors subitement en équilibre, et les forces extérieures se manifestent subitement aussi à la manière des chocs. Ces forces sont les réactions de l'air sur chaque élément des surfaces mobiles; réactions normales à ces surfaces et donnant une résultante moyenne, dont un simple calcul indique la direction, conforme en tous points au mouvement proposé.

Cette double étude a ceci de nouveau et d'important, qu'elle montre que le même principe préside au saut de l'animal, au nager du poisson, au vol de l'oiseau : ce principe est *l'instantanéité de rigidité* du système moteur, permettant aux résistances du fluide ambiant de se manifester *soudainement*; d'où, choc relatif du fluide sur les surfaces motrices devenues rigides, et transmettant ainsi au corps entier l'effet final et résultant de ces réactions partielles.

Télégraphie de nuit à bord des navires.

Chacun sait combien il importe à plusieurs bâtiments naviguant dans les mêmes eaux, de posséder un mode de correspondance télégraphique aussi simple que rapide. Dans un rapport adressé au roi, le 2 novembre 1832, M. le comte de Rigny émettait l'opinion que la télégraphie de nuit, employée à bord des bâtiments de guerre, attendait depuis longtemps des perfectionnements indispensables. Depuis lors, quelques essais d'amélioration ont été tentés, mais la question en est restée à peu près au même point. Le mode actuel de télégraphie consiste en des fanaux lenticulaires, éclairés chacun par une bougie. Ces fanaux sont au nombre de six, disposés verticalement les uns au-dessous des autres et fixés à un point élevé de la mâture. La transmission des signaux est fondée sur des valeurs conventionnelles affectées aux diverses combinaisons de ces fanaux un à un, deux à deux, trois à trois. etc.

Or, la manœuvre de ces fanaux est sujette à des lenteurs et des difficultés dont la navigation ne peut que souffrir, et qui contrastent péniblement avec la rapidité et la précision dont on jouit dans une foule de branches de l'industrie. Pour combler la lacune que signalait déjà l'amiral de Rigny en 1832, il fallait, de toute nécessité, faire appel aux ressources de la science, aux moyens physiques dont nous disposons aujourd'hui : M. Trève, enseigne de vaisseau, vient, en se fondant sur ces moyens, de soumettre à l'appréciation de l'Académie, par l'entremise de M. Despretz, un système de télégraphie qui nous semble appelé à un grand avenir. Ce système est une ingénieuse combinaison du gaz d'éclairage avec l'appareil d'induction de M. Rumhkorff.

Supposons un nombre indéterminé de fanaux fixés au haut d'un mât et reliés au pont par un même nombre de tubes en caoutchouc bien vulcanisé; ces tubes aboutissent à un point fixe du pont où se trouve le récepteur à gaz; ils sont d'ailleurs revêtus à l'intérieur de spirales en cuivre et à l'extérieur d'une étoffe imperméable, et de simples robinets permettent de faire jaillir le gaz à volonté dans tel ou tel fanal.

L'inflammation du gaz est obtenue au moyen de deux fils métalliques revêtus de gutta-percha et mis en communication avec les pôles du fil induit de l'appareil Rumhkorff. Ces deux fils partant du fanal supérieur, se greffent sur les petites tiges de chacun des autres fanaux, et font que l'électricité s'y manifeste par de vives étincelles entre les pointes des fils de platine qui se rejoignent au-dessus du bec. En ouvrant ou en fermant les robinets, on pourra donc, à volonté, allumer ou éteindre instantanément un nombre quelconque de fanaux soit isolément, soit simultanément.

Cette heureuse idée permettra de réaliser désormais des communications qui sont parfois de la plus haute importance, comme, par exemple, entre un port bloqué et des vaisseaux au large, entre une rade et la terre, etc., etc.

Depuis plusieurs jours, les appareils de M. Trève fonctionnent chaque soir, avec un plein succès, dans le jardin de M. Rumhkorff. M. Despretz en a fait verbalement l'éloge devant l'Académie. Espérons donc voir bientôt le nouveau système de télégraphie de nuit prendre place à bord de nos bâtiments et partout où il pourra véritablement rendre les services qu'il promet déjà.

FELIX FOUCOU.

SOCIÉTÉ D'ENCOURAGEMENT POUR L'INDUSTRIE NATIONALE.

Séances d'octobre et novembre.

Calcaires sous-phosphatés.

M. François Coignet, auteur des constructions monolithes en béton aggloméré, dont nous avons entretenu nos lecteurs, a découvert que si on lave au biphosphate de chaux un calcaire quelconque, cette solution, aussitôt absorbée, donne immédiatement lieu à la formation du sousphosphate de chaux qui communique au calcaire une dureté égale à celle des pierres les plus résistantes et obstrue tellement ses pores, qu'il perd toute faculté d'absorption. L'auteur énumère de la manière suivante les conséquences de sa découverte :

Ainsi lavées sur toutes leurs faces, les pierres tendres à bâtir, devenues semblables au calcaire dur, résisteront comme lui aux chocs, à la gelée, aux intempéries des saisons, et seront en outre à l'abri du salpêtrage. Dans le plus grand nombre des cas on n'opérera que sur les pierres des façades et les joints en mortier qui, devenus plus durs, feront mieux corps avec la pierre et ne se laisseront plus pénétrer par l'humidité; on ne lavera sur toutes leurs faces que les pierres des premières assises pour conjurer le salpêtrage. Le lavage au biphosphate remplacera souvent, avec une grande économie, la peinture à l'huile dont on revêt les édifices en dehors ou en dedans; pratiqué sur les constructions antiques, il arrête leur dégradation.

Les édifices monolithes en béton, lavés au biphosphate sur toutes leurs faces, deviendront un immense bloc de pierre de taille dure.

Les revêtements extérieurs en mortier ou en plâtre des bâtiments construits en moellons et qu'il faut renouveler si souvent, seront remplacés par une couche de mortier renfermant moins de chaux, très ferme, que l'action du biphosphate rendra dure comme le marbre, imperméable et indestructible. Le même mortier, employé comme revêtement intérieur à la place du plâtre, du stuc actuel, etc. etc., phosphaté et poli, fournira un stuc économique, dur et brillant, que l'on pourra appliquer jusque dans les hôpitaux, les casernes, les écoles, aux rez-de-chaussée, aux corridors, aux passages de toutes les maisons.

Les réservoirs d'eau, construits en pierre dure ou tendre, ou mieux en béton aggloméré, deviendront tout à fait étanches quand on leur aura fait subir la même opération. Grâce au béton phosphaté encore, on pourra construire avec une économie énorme et une augmentation inespérée de solidité toute espèces de constructions hydrauliques, digues, barrages, quais, ponts, aqueducs, égouts, tous amenés à l'état de monolithes imperméables, capables, s'il s'agit de digues, de résister aux débordements les plus redoutables.

Des couches de béton phosphaté, à surface dure et polie, vaudront mieux et coûteront moins cher que les carrelages en briques ; elles constitueront aussi des toitures incombustibles, n'exigeant pas de réparation, s'améliorant ou durcissant avec le temps, ne se laissant pas pénétrer par le froid. Chaque maison pourra avoir sa terrasse. Le béton phosphaté donnera des trottoirs et des dallages sans odeur dans leur confection, sans joints ni fissures, imperméables à l'eau, insensibles aux variations de température et faciles à réparer.

Rien de plus facile avec le béton phosphaté que de construire en dessous ou au-dessus du sol des silos, des caves, des réservoirs d'huile, de vin, de bière, etc. etc., inaccessibles à l'humidité et aux infiltrations du sol, et ne laissant rien écouler au dehors.

Enfin, l'inventeur pense qu'il sera possible de composer des pâtes calcaires de toutes couleurs, de tous les degrés de consistance, qui, par le moulage, pourront revêtir toutes les formes de l'ornementation, même les plus artistiques, qui, incrustées de phosphate de chaux et durcies, se transformeront en marbres factices dont l'industrie tirera un immense parti.

Pèse-lait portatif.

M. Mesnard, horloger-bijoutier à Barbezieux (Charente), présente un pèse-lait portatif à l'aide duquel on peut faire partout l'essai de ce liquide. L'appareil s'applique directement sur le vase dans lequel la laitière porte son lait; il consiste en une petite romaine portant à son petit bras un vase contenant une fraction connue de litre, à son grand bras et sous forme de curseur un poids; ce poids est égal, quand on le place à 0, au poids que pèse la fraction de litre de lait normal; amené à coïncider avec deux traits à droite et à gauche du zéro, il ferait équilibre au poids que peut atteindre le lait pur le plus lourd, ou auquel le lait pur ne peut pas être inférieur. La romaine est portée sur un petit pied que l'on fixe avec de la cire sur le bord même du pot ou de la boîte au lait. A la simple vue de la position du poids, lorsque l'équilibre est établi, on juge de la pureté ou de la falsification du lait.

Culture en lignes et en poquets.

M. Victor Bellet, de Saint-Gervais (Seine-et-Oise), rend compte des résultats que lui a donné la culture du blé semé en lignes et poquets, comme on sème les haricots. Le champ d'expériences avait 1 hectare, 6 ares, 74 centiares de superficie; c'était une terre à blé médiocre; après un seul labour elle fut scarifiée, hersée et roulée. Les lignes étaient espacées de 25 centimètres, les poquets de 15 centimètres, le blé fut semé à la main, on mettait au plus trois grains dans chaque trou; le total de la semence fut de 56 litres; il aurait fallu 3 hectolitres si on avait semé à la volée. On fit un seul binage et sarclage sur la totalité du champ; quelques portions seulement eurent besoin d'être sarclées une seconde fois. La récolte a été de 738 gerbes, qui ont donné 35 hectolitres et 39 litres de blé jugé par tous bon, beau et très propre; c'est un rendement de 136 litres pour 1. Ce blé fut vendu en grande partie comme le blé de semence, 50 francs les 150 litres, ce qui donna un bénéfice considérable, car les dépenses totales de l'opération ne furent que de 104 fr. 75 centimes.

LIVRES.

Documents sur l'histoire, la géographie et le commerce de l'*Afrique orientale;* par M. Guillain, capitaine de vaisseau. — Première partie. Grand in-8°. Arthus Bertrand, 21, rue Hautefeuille.

La valeur d'un ouvrage quelconque ne dépend pas seulement de son mérite intrinsèque; venir à temps est un autre mérite non moins essentiel en littérature qu'en politique. Sous ce rapport, la librairie Arthus Bertrand vient d'éditer, par ordre du gouvernement français, un livre qui est destiné à faire époque, par toutes les questions d'actualité qu'il soulève : c'est l'ensemble des documents sur l'histoire, la géographie et le commerce de l'Afrique orientale, recueillis et rédigés par M. Guillain, capitaine de vaisseau, durant le voyage d'exploration du brick *le Ducouëdic*, sur cette côte si peu connue encore.

Nous disons que ce livre soulève d'immenses questions d'intérêt immédiat pour l'Europe, car il nous initie aux choses d'une contrée que le percement de l'isthme de Suez aura bientôt rapprochée de nous de 3,000 lieues environ, et vers laquelle, lors de l'achèvement de ce grand travail d'unité, se dirigeront, en rivalisant de vitesse, les flottes et les travailleurs de notre continent. Ce n'est pas tout que la pioche bouleverse là-bas le sol classique de la vieille Egypte, si nous ne savons d'une manière précise à la conquête de quelles richesses nous nous avançons. Après l'œuvre des aspirations de l'instinct collectif, doit venir, comme complément indispensable, celle de l'esprit d'analyse et d'investigations; après le poëte qui rêve, chante et prophétise : le voyageur qui parcourt, observe et affirme, afin que la raison unie au sentiment, guide les sociétés vers la richesse, leur immortelle destinée !

A ce titre, l'ouvrage de M. Guillain mérite une étude sérieuse; car il a l'honneur de répondre aux plus pressantes des questions sans nombre posées par les intérêts de son siècle. Et d'abord, quel est le passé de cette vaste contrée située au-delà de l'Isthme, et qui s'étend à droite et à gauche, en Afrique et en Asie, sur une étendue de 12,000 lieues de côtes, baignées par l'océan Indien? Quelles sont ses conditions géographiques et météorologiques? Quels peuples dominèrent tour à tour sur ses rivages? Au profit de quelle race privilégiée fut constitué l'antique monopole commercial de ces mers? Enfin quelles influences la civilisation doit-elle y rencontrer assises, et quelles sont les ressources non exploitées en face desquelles elle se trouvera demain à son arrivée dans ces parages?

Nous ne possédons encore que la première partie et l'Atlas du grand ouvrage de M. Guillain, et déjà nous pouvons dire que toutes ces questions sont abordées avec une rare sagacité d'analyse et une grande puissance de généralisation tout à la fois. Pour présenter ses propres opinions, l'auteur a dû se livrer à une critique très serrée des diverses notions acquises sur l'Afrique orientale, depuis les temps les plus reculés jusqu'à nos jours; pour cela, il a divisé ce premier volume en cinq chapitres qui correspondent aux cinq grandes dominations politiques ou prééminences commerciales auxquelles la côte orientale d'Afrique a été successivement et plus ou moins assujettie. Ce sont, dans l'ordre naturel des faits, celles qui suivent :

1° *Période anti-historique.*
2° *Période gréco-romaine.*
3° *Période musulmane.*
4° *Période portugaise.*
5° *Période omânienne.*

Le premier livre présente une série de considérations générales et de commentaires sur les quelques notions qui nous ont été transmises touchant les navigations et le commerce des Phéniciens, des Hébreux et des Arabes, jusqu'à l'époque où la domination grecque s'établit en Egyte dans la personne de Ptolémée Soter. L'auteur établit victorieusement dans ce livre que les Arabes, ou du moins leurs navigateurs, ont les premiers reconnu et fréquenté la côte orientale d'Afrique. Cet important résultat scientifique est dû à de nombreuses recherches et observations, dont nous ne citerons qu'une seule. Aussi loin que remonte l'histoire authentique, nous trouvons des traces qui prouvent que le commerce des denrées de l'Inde était déjà en vigueur : la *casse* et le *cinnamome* (qui paraissent n'être que deux variétés de la même épice, la cannelle) étaient importés en Egypte et à Tyr dès les temps les plus reculés. Or, ce produit n'a jamais pu être trouvé dans des lieux les plus rapprochés que Ceylan ou la côte de Malabar; et Agatharchides, bibliothécaire d'Alexandrie, qui écrivait deux cents ans avant Jésus-Christ, constate que, de son temps même, on regardait ces épices comme un produit de l'Yémen; preuve que les navigateurs gréco-égyptiens ne naviguaient pas encore au-delà de Saba, et que c'étaient les Arabes qui y amenaient de l'Inde ces épices, puisque l'Arabie ne les produit point.

Deux résultats fort importants, consignés encore dans ce premier livre, sont ceux qui suivent : 1° l'opinion qui place l'Ophir de Salomon à la côte orientale d'Afrique, vers le pays de Sofala est parfaitement admissible; 2° l'on peut considérer comme très acceptable le récit, transmis par Hérodote, de l'exécution du tour de l'Afrique.

Le second livre constate les progrès de la navigation et du commerce dans la mer Erythrée, et les connaissances géographiques acquises sur le littoral baigné par cette mer. Il embrasse au point de vue politique et chronologique, l'intervalle de temps pendant lequel régnèrent, en Egypte, les Ptolémées d'abord, puis les Romains jusqu'à l'hégire.

L'événement important qui y domine, est la substitution de l'autorité de Rome à celle des successeurs d'Alexandre, sur une terre qui était en voie de transformation, mais chez laquelle la conquête arrêta subitement l'esprit d'entreprise. Vers cette époque vient se ranger la découverte d'Hippale touchant la régularité de la mousson dans l'Océan des Indes : découverte qui arracha d'un seul coup aux Arabes le monopole commercial dont ils jouissaient dès le premier jour, mais que leur rendit bientôt le malaise politique et social de l'Europe.

Ici pourrait peut-être trouver place une discussion au sujet de quelques idees émises par l'auteur dans son tableau de la conquête romaine vers ces contrées : nous la résumerons en deux mots. M. Guillain estime beaucoup plus qu'elle ne le mérite la faculté de cosmopolitisme des descendants de Romulus. La méthode scientifique appliquée à l'étude des grands faits de l'histoire montre incontestablement que cette faculté arrêta, partout où elle se produisit, l'élan des grandes aspirations, l'essor des grandes découvertes, et qu'elle fut par suite négative quant aux vrais intérêts de l'humanité. Le peuple romain, ou plutôt une oligarchie infime dans ce peuple, profita seul de cette expansion au dehors, en s'assimilant les richesses et les mœurs des peuples vaincus, loin de les éclairer des lumières de la civilisation naissante. Aussi, les grandes choses accomplies vers ces temps-là, celles dont la société moderne n'a jamais révoqué en doute l'utilité, savoir : le calcul, la mécanique, les arts agricoles, la poésie, la logique, tout cela est antérieur à Rome, qui ne nous a transmis, à travers les ténèbres du moyen âge, et par l'intermédiaire du catholicisme, que l'idée de centralisation politique; idée qui est peut être juste, mais que bien des peuples, à tort ou à raison, s'obstinent, depuis bien des siècles, à repousser de toutes leurs forces.

Le troisième livre traite de l'origine et du développement des colonies fondées par les Arabes musulmans à la côte orientale d'Afrique, c'est-à-dire des petits royaumes ou états dont les noms se sont conservés jusqu'à nos jours, et par lesquels la souveraineté des Arabes s'étendit sur tout le littoral : il se termine à l'arrivée des Portugais dans la mer de l'Inde.

Le quatrième est consacré au récit des événements qui amenèrent et suivirent la substitution de la domination des Portugais à celle des Arabes. Il s'arrête au moment où la puissance des nouveaux conquérants, s'affaiblissant dans les Indes, sous les efforts combinés des Hollandais, des Anglais et des nations indigènes, les Arabes d'Omân ou de Mascate apparaissent sur la scène politique et commencent la lutte qui les rendit maîtres de tous les points de la côte situés au nord du cap Delgado.

Le cinquième, enfin, contient l'historique des actes accomplis dans les établissements d'Afrique par les Arabes d'Omân, qui en sont encore maîtres aujourd'hui, sous le commandement du sultan actuel, connu en Europe sous le nom d'Imam de Mascate, et dont l'élection remonte déjà au 14 septembre de l'année 1806.

Les deux derniers volumes, actuellement sous presse, présenteront bientôt l'ensemble des documents de toute nature recueillis pendant l'exploration; et si nous jugeons de ceux-ci par la première partie de l'ouvrage, nous osons espérer y trouver de riches et abondantes moissons à recueillir. La tâche de M. Guillain, comme commandant d'un voyage d'exploration, est achevée depuis longtemps; mais une autre plus noble encore est en train de se poursuivre pour lui à cette heure, celle d'éclairer ses contemporains dans la voie dans laquelle ils s'avancent par le grand travail de l'union des deux mers.

Félix Fouçou.

PARTIE LITTÉRAIRE.

Une invention admirable bien connue de nos lecteurs, une machine en faveur de laquelle deux commissions officielles nommées, l'une par le ministre de l'agriculture, l'autre par le ministre de la guerre, et composées toutes deux d'hommes compétents, d'ingénieurs, d'agronomes et de savants illustres se sont plu à porter le témoignage suivant :

Elle résoud le problème de l'application de la vapeur à l'agriculture, et la solution ne peut être l'objet d'aucun doute;

La piocheuse à vapeur de MM. Barrat frères a inspiré les beaux vers que nous empruntons à *La Presse* et que le poète a dédiés à l'illustre auteur des *Décrets de l'avenir*, en souvenir d'un passage prophétique de la *Politique universelle*. On trouvera plus loin ce passage.

La Piocheuse à vapeur.

A M. Emile de Girardin.

Le laboureur, un jour, brisé dans son courage,
Etancha la sueur qui baignait son visage;
Et, jetant l'aiguillon lassé,
Il mesura de l'œil l'horizon sans limite,
Et s'assit tristement sur l'herbe parasite,
Au bord du sillon délaissé.

« Seigneur, mon bras est faible et la tâche est immense
« Dit-il : à chaque pas le sillon recommence,
« A chaque jour nouveau labeur !
« Le soc heurté se brise aux roches de la plaine ;
« Sous leur joug ruisselant mes chevaux hors d'haleine
« Se penchent, mornes, sans vigueur !

« Bien rude est le métier auquel tu nous condamnes !
« Ce pain que, par nos bras, tu fais tomber en mannes,
« Pour nous, Seigneur, est incertain !
« Sur nous seuls des travaux toujours le poids retombe ;
« Nous passons notre vie à creuser une tombe
« Devant la porte du festin ! »

Il disait, et, vers lui poussant sa marche ardente,
Léviathan de l'art, un monstre à voix stridente
Vient poser sa masse de fer.
D'une quadruple roue il écrasait la terre ;
Et ses naseaux fumants, comme un rouge cratère,
Lançaient la vapeur et l'éclair.

Cyclope infatigable en ses forces accrues,
Du sol le plus rebelle au tranchant des charrues
Il s'empara It en souverain :
Les tronçons enfouis des forêts défrichées,
Les roches de leur lit à regret arrachées
Cédaient à sa griffe d'airain !

De cent hommes ensemble il achevait la tâche.
Il cardait le sillon qu'il fouillait sans relâche,
Mordant la terre à pleine dent ;
Stigmatisant au sein cette ingrate nourrice,
Comme s'il eût voulu, dans son puissant caprice,
S'en venger en la fécondant.

— Jeunes encor, pourtant d'apparences débiles,
Pâlis par l'air malsain que respirent les villes,
Par les soucis, par le travail,
Deux hommes, les bras nus, les mains noires de poudre,
Comme pour enseigner son chemin à la foudre,
Veillaient, debout, au gouvernail;

Et, comme l'éléphant courbé devant son maître,
Jalouse de leur plaire et prompte à se soumettre
Au doigt invisible et fatal,
Gonflant et dégonflant sa puissante narine,
Tour à tour bélier, flèche, ou serpent, la Machine
Obéissait à leur signal !

Voyant l'homme muet, de son regard austère
Sonder les profondeurs d'un terrible mystère,
Dans le sombre avenir caché :
« — Frère, lui dirent-ils, ta misère s'achève !
« Sous des dieux inconnus un autre jour se lève
« Pour l'homme à la glèbe arraché.

« Accepte les effets sans connaître les causes :
« Nous avons travaillé pour que tu te reposes,
« Au joug nous venons te ravir.
« La science affranchit l'homme de la matière...
« Et la matière, bois, métal, vapeur ou pierre,
« Est l'esclave qui doit servir !

« Les élémens, pliés aux lois de la Science,
« Ne sauraient déranger la magique alliance
« Qu'elle les force à contracter ;
« Le foyer donne à l'air ses gerbes d'étincelles :
« L'onde sa liberté ; l'éclair donne ses ailes ;
« Le fer, un frein pour les dompter.

« Point de rébellion dans l'ignorante plèbe !
« L'activité de l'homme enlevée à la glèbe
« Vers d'autres buts va prendre essor :
« Le bien-être de tous est au fond du problème.
« Pour qui doit travailler et vivre de soi-même
Assez de maux restent encor.

« Le jour vient, — il est proche — où l'antique routine
» Doit céder en tous lieux la place à la Machine,
« Servante de l'humanité;
« Où la Machine, aux champs par elle mis en friche,
« Sèmera de surcroît, en le faisant plus riche,
« Le grain qu'elle aura récolté.

« La science résoud tout problème en sa route ;
» Qu'importe qu'elle trouve et l'injure et le doute,
« Et le mépris sur son chemin !
« A toute vérité le temps garde sa place :
« Ce qu'on traitait hier de chimère et d'audace
« Sera réalité demain !

« Marchez, savans, marchez ! à vous enfin le monde !
« La distance vaincue, il faut qu'on la féconde !
« Donnons aux Landes des fermiers !
« Il est, au Mont-Atlas, une terre française
« Où le vent du désert souffle encor trop à l'aise...
« Qu'on y bâtisse des greniers !

« Des wagons par milliers, sur nos routes nouvelles,
« Se croisent en réseaux ; — qu'ils portent des javelles
« Au lieu de porter des soldats !
« Taillons dans l'horizon nos champs après nos rues !
» A tes Cincinnatus, France, il faut des charrues
« A la mesure de leurs bras.

« Il faut à nos enfants des gerbes plus nombreuses
• Pour vaincre le fléau des misères haineuses :
« Car la faim a son aiguillon ;
« Il faut que l'avenir, issu de nos prodiges,
« Sous la poudre des temps retrouvant nos vestiges,
« Connaisse le peuple au sillon ! »

. . . .
. . . .

Le vieillard écoutait ; mais son âme incertaine
Devait longtemps encor traîner la lourde chaîne
D'un passé fécond en douleurs.
Il s'éloigna, semblable à l'homme qui s'éveille,
Et croyant, dans la nuit, entendre à son oreille
L'Evangile des jours meilleurs !

ENVOI

A l'auteur des DÉCRETS DE L'AVENIR.

Maître, vous avez vu l'idée innovatrice
Monter au bout de l'horizon ;
Et, de votre parole, un jour de plus complice,
Le Fait vous a donné raison.

Vous l'avez dit : Il faut à nos plaines fécondes
Leurs pilotes et leurs steamers ;
Et voilà que nos champs, domptés après les ondes,
Sont à Fulton, comme les mers !

Partout la vapeur siffle, et bouillonne et s'agite
Au seuil de l'avenir béant.
L'univers éperdu voit s'enfuir sa limite
Devant ce laboureur-géant.

Témoin d'une splendeur entrevue à vous lire,
A vous donc mes vers avant tous :
Ces jours prédestinés, dont la Muse s'inspire,
Nous furent décrétés par vous.

HENRI DERVILLE.

Ces vers ont été inspirés par la lecture de la page suivante (page 261, 3e édition), tirée de la *Politique universelle, décrets de l'avenir* :

« J'entrevois dans l'avenir une époque où l'agriculture se divisera en *agriculture à l'eau froide* et en *agriculture à l'eau chaude* ; où la terre, avant d'être ensemencée, labourée, hersée, subira des préparations analogues à celles que la laine subit avant d'être convertie en drap tissé, tondu et apprêté. Avant de labourer la terre, on la nettoiera, on extraira les pierres, on la cardera, en quelque sorte, comme on nettoie et comme on carde, avant de les filer, la laine et le coton.

« Dès qu'une opération est susceptible d'atteindre une rigoureuse précision, la machine peut s'en charger : l'homme n'a plus qu'à s'effacer ; ce qu'il faisait, elle le fera mieux que lui ; et si elle ne le fait pas tout de suite, elle le fera plus tard.

« L'homme est supérieur aux machines par l'intelligence ; les machines sont supérieures à l'homme par la précision. La précision est l'âme des machines, c'est leur génie.

« Toutes les opérations où la puissance mécanique intervient ne tardent pas à se lier étroitement et méthodiquement. Un progrès se déduit de l'autre. Il suffit, pour s'en convaincre, d'avoir visité une seule fois une grande filature et d'en avoir suivi une à une toutes les opérations. La terre se traitera comme se traite un tissu. Semer en ligne et moissonner mécaniquement ne seront plus des difficultés dès que la première difficulté aura été vaincue : celle de régler, à volonté, la profondeur du labour, et de labourer à la vapeur à moins de frais qu'en se servant de bœufs, de vaches ou de chevaux (1).

« Application de la machine à vapeur à la culture de la terre, jardinage mécanique, voilà ce que j'appelle l'*agriculture à l'eau chaude*. Maintenant, ai-je besoin de dire que, par l'*agriculture à l'eau froide*, j'entends l'art des irrigations, appliquées sur la plus vaste échelle, à toutes les terres montueuses, accidentées, qui, par la raison même qu'elles seraient impossibles à labourer mécaniquement, se prêteraient admirablement à être converties en pré naturel, ce qui permettrait de nourrir un grand nombre de bestiaux, et de substituer dans une forte proportion l'usage de la viande à l'usage du pain dans l'alimentation des travailleurs. Avec autant de bestiaux et beaucoup de fourrages, on aurait assez de fumier pour fumer les terres labourables par la machine à vapeur. Dans l'un comme dans l'autre système, *agriculture à l'eau froide* et *agriculture à l'eau chaude*, la préemption universelle est impérieusement nécessaire. Sans elle, pas d'application possible.

« Le progrès agricole, tel que je l'entrevois, exige que la terre soit une marchandise et se vende au cours comme s'achète le coton. D'abord, le prix de la terre s'élèverait rapidement, parce qu'elle serait plus demandée qu'offerte, puis elle ne tarderait pas à être plus offerte que demandée, par suite de l'impossibilité où serait le cultivateur et sa paire de bœufs de lutter contre la machine aux narines de feu, si elle permettait de vendre avec profit des céréales, la betterave, la pomme de terre, etc., seulement à 1 p. 0/0 de moins. Lorsqu'on a assisté aux progrès qu'a faits, depuis vingt années, la fabrication du sucre indigène, on peut tout prévoir, et il ne faut douter de rien. »

CHRONIQUE INDUSTRIELLE.

Chemins de fer.

RÉSEAU FRANÇAIS. — Nous empruntons à un document administratif les renseignements statistiques suivants sur les chemins de fer français.

Le réseau français, dont le développement est de 11,496 kilomètres, pénètre en Belgique, en Prusse, dans les États secondaires de l'Allemagne, dans la Suisse, et atteindra bientôt le Piémont et l'Espagne. Il traverse 77 départements, favorisés inégalement, eu égard à l'étendue de leur territoire et à l'importance de leur population, mais desservis en définitive sur une longueur moyenne de 149 kil., et dans une proportion moyenne de 32 kil. par 100,000 habitants, et de 2 kil. par myriamètre carré. Comparée à l'étendue des autres voies de communication, la longueur des chemins de fer concédés dépasse celle des canaux : elle représente plus de 80 0/0 de la longueur des voies navigables et plus de 30 0/0 de celle des routes impériales.

Des départements non atteints par les chemins de fer, la Ven-

(1) « La vapeur peut se faire laboureur. » Discours de M. Magne, ministre de l'agriculture. Preuve : la *Piocheuse à vapeur*, inventée par MM. Barrat frères. (*Note de M. de Girardin.*)

dée et l'Ardèche peuvent être considérés comme participant dès aujourd'hui dans une certaine mesure aux avantages de ces voies de communication : le premier par les lignes de Nantes à St-Nazaire, et de Poitiers à la Rochelle qui longent ses frontières nord et sud ; le second, par la ligne de Lyon à Avignon, qui borde sa frontière orientale. Trois départements doivent être desservis ultérieurement par le réseau pyrénéen ; le Gers, l'Ariége, les Hautes-Pyrénées. La situation topographique de la Lozère, des Hautes-Alpes et des Basses-Alpes explique assez comment jusqu'à ce jour ils ont été privés de ces voies de communication. Les départements des Hautes et des Basses-Alpes seront d'ailleurs desservis, dans un avenir qui ne peut être éloigné, par le prolongement de la ligne de Saint-Rambert à Grenoble sur la frontière sarde. Le département du Var n'est pas doté non plus de voie ferrée, mais la section de Marseille à Toulon est en pleine voie de construction ; et les études à peu près terminées du chemin de fer de Toulon à Nice, laissent entrevoir le moment où ce département, un des plus productifs de France, aura sa part dans les avantages que procurent les voies ferrées.

Il n'est pas sans intérêt de connaître la progression suivie en France dans le développement des chemins de fer.

Il existait en 1823, 18 kil. de voies ferrées; en 1833, 214 kil.; en 1843, 3012 kil.; en 1853, 8860 kil. concédés; en 1856, 11,496 kil.

La construction des chemins de fer a eu à lutter en France contre les difficultés que présente la nature du sol. Il a fallu franchir les cours d'eau, pénétrer dans les flancs des terrains élevés et souvent percer des montagnes. Sur diverses directions on a traversé la ligne de partage des eaux. Les grands ouvrages d'art ont occasionné une dépense de 70 millions : les plus remarquables sont :

Le pont de Mont-Louis sur la Loire, ligne de Paris à Bordeaux, longueur, 377 mètres; coût, 1,604,000 fr.; le pont de la Loire, ligne d'Orléans à Vierzon, longueur, 454 mètres; coût, 2,967,960 fr.; le pont d'Eauplet sur la Seine, ligne de Rouen au Havre, longueur, 362 mètres; coût, 1,098,115 fr.; le pont sur la Loire, pour l'embranchement de Nevers, longueur, 384 mètres; coût, 1,566,495 fr.; le pont de Cinq-Mars sur la Loire, ligne de Tours à Nantes, longueur, 671 mètres; coût, 2,478,166 fr.; le pont sur le Rhône, ligne de Marseille à Avignon, longueur, 386 mètres; coût, 6,022,948 fr.; le viaduc de l'Indre, ligne de Tours à Bordeaux, longueur, 751 mètres; coût, 2,078,401 fr.; viaduc de la Manse, entre Tours et Bordeaux, longueur, 303 mètres; coût, 1,213,713 fr.; le viaduc d'Arles, longueur, 769 mèt.; coût, 1,931,965 fr.; le souterrain de Chézy-l'Abbaye, ligne de Strasbourg, longueur, 452 mètres; coût, 1,034,680 fr.; le souterrain d'Armentières, ligne de Strasbourg, longueur, 656 mèt.; coût, 1,038,243 fr.; le souterrain de Nanteuil, ligne de Strasbourg, longueur, 944 mètres; coût, 1,556,152 fr.; le souterrain de l'Allouette, ligne d'Orléans à Vierzon, longueur, 1,235 mèt.; coût, 2,134,850 fr.; le souterrain de Rolleboise, ligne de Rouen au Havre, longueur, 2,642 mètres; coût, 3,037,725 fr.; le souterrain de Rilly, embranchement de Reims, longueur, 3,450 m.; coût, 2,570,000 fr.; le souterrain de Blaisy, ligne de Paris à Lyon, longueur, 4,100 mètres; coût, 9,000,000; le souterrain de la Nerthe, ligne de Lyon à Marseille, longueur, 4,620 mètres; coût, 10,498,311 francs.

Navigation.

COMPAGNIE RUSSE POUR LA NAVIGATION A VAPEUR ET LE COMMERCE. — On sait que l'empereur a approuvé les statuts d'une société de commerce et de navigation, la première de ce genre fondée en Russie qui, établie sur de grandes proportions, devra entretenir onze lignes de vapeurs; le journal le *Nord* rapporte que cette société s'oblige à établir les communications suivantes :

1° Entre Odessa, Constantinople, Athènes, Smyrne, Rhodes, Alexandrette, Beyrouth, Jaffa et Alexandrie (trois voyages par mois). Si le besoin s'en fait sentir, les bateaux toucheront encore à d'autres ports placés sur la route ;

2° Entre Odessa, Yalta; Redout-Kalé, Kertch, et le long des côtes du pays du Caucase (trois fois par mois). Plus tard cette ligne sera étendue aux ports de la côte d'Anatolie jusqu'à Constantinople, où les bateaux qui la desserviront rencontreront d'autres vapeurs d'une ligne établie entre Odessa et Galatz, qui feront le service des côtes de Roumélie jusqu'à Constantinople;

3° Entre Odessa et Galatz, touchant à la Sulina, à Ismaïl, Réni et autres ports du Danube, chaque semaine une fois;

4° Entre Odessa, Eupatoria, Sévastopol, Yalta, Théodosia et Kertch, chaque semaine;

5° Entre Odessa, Kinburn, Otchakoff et Nicolaïeff, en amont du fleuve Boug, chaque semaine;

6° Entre Odessa, Kinburn, Otchakoff et Kerson, en amont du Dniéper, chaque semaine;

7° Entre Kertch, Marianpoul, Berdiansk, Eisk et Taganrog, chaque semaine;

8° Entre Kertch et Taman, plusieurs fois par jour;

9° Entre Ovidiopol et Akerman, sur le liman du Dniester, autant de fois qu'il sera nécessaire;

10° Entre Odessa, Constantinople, le Pirée, Messine, Naples, Livourne, Gènes et Marseille, à peu près dix-huit voyages par an. Si cela devient nécessaire, les vapeurs de la Compagnie toucheront encore dans d'autres ports situés entre les ports susindiqués;

11° Entre Odessa, Constantinople, Zante, Céphalonie, Corfou, et les villes d'Ancône et de Trieste, à peu près dix-huit voyages par an.

Toutes ces lignes de circulation s'ouvriront à mesure que les bateaux seront construits; mais elles devront toutes être en activité dans cinq ans.

Le *Moniteur de l'assurance* annonce qu'indépendamment de cette société, il en est formé deux autres : l'une à l'effet d'établir un système de transport et de remorquage à vapeur sur l'Oka, le Volga et la Cama; l'autre, pour la navigation du Don.

Télégraphie électrique.

TÉLÉGRAPHE TRANSATLANTIQUE. — On lit dans le *Globe*:

« Voici, à ce que nous croyons, un aperçu de l'accord conclu entre le gouvernement et la Compagnie du télégraphe atlantique : Les bâtiments de S. M. aideront, autant qu'il sera possible, la Compagnie à rectifier les sondages et la pose du câble électrique.

« Le gouvernement donnera un prix déterminé de 14,000 liv. st. (350,000 fr.) par an pour la transmission de ses messages, jusqu'à ce qu'un dividende de 6 p. 100 soit annoncé ; alors cette somme sera réduite à 10,000 liv. st. (250,000 fr.), et continuée pendant vingt-cinq années.

« Cependant si le nombre des messages envoyés était tellement considérable que, d'après le tarif ordinaire, le montant à percevoir excédât ces sommes, le prix tout entier serait payé à la Compagnie.

« Le gouvernement britannique aura le privilége de priorité pour ses transmissions, à moins que celui des Etats-Unis ne s'associe au contrat. Dans ce cas, les messages des deux gouvernements seront expédiés dans l'ordre de leur arrivée à la station. Une fois fixé et approuvé par le Trésor, le tarif restera le même pendant toute la durée de la convention. »

Mines.

GISEMENTS DE PYRITES SULFUREUX DANS LE GOUVERNEMENT DE KOSTROMA, EN RUSSIE. — Le bulletin de la Société russe de Géographie contient, au sujet de la découverte de gisements de pyrites sulfureux dans le gouvernement de Kostroma, en Russie, les renseignements qui suivent :

« Le soufre, par suite de la guerre, avait atteint en Russie des chiffres tellement hauts que plusieurs fabriques de produits chimiques durent entièrement cesser leurs travaux. M. Schipoff, conseiller d'Etat actuel, vient de trouver dans le district de Kineschma, près du confluent du Volga avec la Méréia, des quantités considérables d'un pyrite sulfureux qui, d'après les premiers essais, paraît offrir une excellente base à la fabrication de l'acide sulfurique.

« Les paysans de la localité vendent actuellement ce pyrite au prix de 15 à 20 kopecks argent (60 à 80 centimes) le poud (16 kilogr. 38). Un homme peut facilement en recueillir plusieurs pouds dans sa journée. Depuis, on a également découvert le pyrite sulfureux sur les bords du Volga, où les paysans le vendent 27 à 30 kopecks, et rendu à Ivanovo 40 kopecks le poud. Des échantillons sont déposés à la chancellerie de la Société de géographie russe. Le pyrite de Kineschma, étant le plus riche en soufre, est préférable à tous les autres.

« Par suite de cette découverte, l'acide sulfurique, préparé avec le pyrite sulfureux, duquel on extrait jusqu'à 25 livres d'acide par poud, ne se vend plus en Russie que 3 roubles argent

(12 fr. le poud), au lieu de 7 roubles 1/2 (30 fr.), prix des mois d'août et de septembre 1855. C'est un résultat qui pourra particulièrement avoir de l'importance pour la fabrication des produits stéariques. »

GISEMENTS D'OR EN ITALIE. — On vient de découvrir, dans la vallée de Formoza (Tessin), un minéral, qui contient, assure-t-on, 18 fr. d'or et 4 fr. d'argent par quintal.

Statistique.

ACCROISSEMENT DE LA VIE MOYENNE. — On lit dans l'*Annuaire du bureau des longitudes* de 1856, page 199, que, dans les années qui se sont écoulées de 1817 à 1824, la durée de la vie moyenne en France a été de 31 ans et 8 mois; de 1845 à 1852, la durée moyenne de la vie a été de 36 ans et 7 mois. Enfin, pendant les 36 années de 1817 à 1852, cette même vie moyenne a été de 34 ans et deux mois. Si bien que, plus nous avançons, plus la durée moyenne de la vie augmente.

RECENSEMENT DU GRAND-DUCHÉ DE TOSCANE. — La population de la Toscane, d'après le dernier recensement, s'élève à 1,779,338 habitants.

En 1855, elle s'élevait à 1,817,466, et en 1852 à 1,778,021. La diminution qui résulte du rapprochement de ces chiffres doit être principalement attribuée au choléra, ainsi qu'à d'autres causes qui échappent à notre appréciation.

La comparaison entre 1855 et 1856 pour les deux villes les plus importantes de la Toscane donnent les résultats suivants :

	1855	1856
Florence	111,701 habit.	112,438 habit.
Livourne	79,962 —	78,880 —

La population totale du Grand-Duché se divise en 327,718 familles, et elle est ainsi partagée :

	Hommes.	Femmes.
Adultes célibataires	288,205	246,045
Mariés	291,048	292,009
Veufs	41,616	70,355
Enfants	271,359	257,264
Clergé régulier	3,234	4,172
Clergé séculier	10,031	»
Total	905,493	869,845

BREVETS D'INVENTION.

Liste des brevets d'invention français demandés en juillet (Paris.)

1er *juillet*. — Chauveau, bâteau à vapeur. — Graham, perfectionnements dans les compas de mer. — Trosley et Goldsmith, perfectionnements dans les compteurs à gaz. — Bouasse-Lebel et fils aîné, application du tulle de soie, de coton ou autres, à l'imagerie, etc.

2 *juillet*. — De Courchant, application de la photographie stéréostopique. — Vendryes et Muller, perfectionnements généraux dans les appareils à vapeur. — Piatte, bois triangulaire hydraulique pour la navigation. — Letourneau, Parent et Hamet, perfectionnements dans la fabrication mécanique des boutons. — Hermangis, instrument d'optique. — Laviron, appareil propre à empêcher les cheminées de fumer. — Meyer et Alouis, monture d'éventail. — Bourdier et Masselon, moteur hydraulique. — De Nathéole, machine à fabriquer le papier calque. — François, embarcation naviguant au moyen d'une hélice propulsive, etc. — Parand, machine propre à boucher les bouteilles. — Dières-Montplaisir, application du lichen aux usages industriels.

3 *juillet*. — Jeffreys, perfectionnements à la construction des fourneaux ou foyers. — La Basse, perfectionnements dans les canots de sauvetage. — Hjorth, perfectionnements dans la construction des batteries électro-magnétiques. — De Raveton, Schultein et Géret, mastic pour machines à vapeur. — Picault, système d'applications propres à la teinture des plumes. — Yon, système de sommiers élastiques. — Alexandre, système de construction et d'application d'orgues. — Fernandez et Mauprevez, système de machines à fabriquer les pastilles. — Galibert, perfectionnements apportés aux bandages herniaires, etc.

4 *juillet*. — Florance et Lécuyer, système de rouet à dévider. — Van Huguel, appareil destiné à prévenir la chute des bois en usage dans l'exploitation des mines. — Desclais, Liénard et Venet, appareil propre à refroidir la bière. — Silva, système de reliure. — Ferrand, buse mécanique simplifiée. — Pye, perfectionnements du lin, du chanvre et autres matières fibreuses. — Cape, perfectionnements appliqués à la fabrication des pierres factices. — Harisson, perfectionnements dans les essieux de voitures de chemins de fer.

5 *juillet*. — Piplard, purification du gaz. — Noualhier, application de la galvanoplastie sur chair humaine. — Chevalier et Rahouin O'Sullivain, système d'impression. — Couts, perfectionnements dans la ferrure des chevaux. — Pegg, perfectionnements dans les gouvernails. — Lacarrière, production du gaz extrait de la houille. — Steverlink, perfectionnements aux fours continus. — Boullanger, machine à imprimer à plusieurs couleurs. — Roseleur, balance hydrostatique. — Renaud et Lemaire, barre d'arrêt à leviers pour cordes, etc.

7 *juillet*. — De Angely, fabrication d'un engrais. — Favier, perfectionnements appliqués aux appareils inodores. — Bordet, appareil dit Polygraphe Bordet. — Mayer, genre d'éclairage au gaz pour fêtes publiques. — Girard, machine à piquer des cartons et à faire des dentelles. — Cornillon, perfectionnements à la fabrication des chaussures.

8 *juillet*. — Guillaume, système de lettres-enveloppes. — Harris, perfectionnements dans les machines à fabriquer les cordes. — Colson, perfectionnements dans la disposition des machines soufflantes, etc., perfectionnements dans la disposition des machines d'extraction, système d'évite-molettes, etc. — Cabanes, perfectionnements appliqués dans les appareils dits lasseurs mécaniques. — Newton, application perfectionnée destinée aux explorations sous-marines. — Glover, perfectionnements dans la construction des roues à pales. — Martin, perfectionnements apportés dans les machines à fouler les draps, etc. — Langlaine, main artificielle. — Gombault et Iveur, nécessaires copie-lettres de voyage. — Cordrises, perfectionnements appliqués dans l'ornementation du métal, du bois, etc. — Le même, perfectionnements appliqués dans la cimentation et l'assemblage des surfaces de verres unies ou ornementées.

9 *juillet*. — Marix, instrument de musique perfectionné. — Roullin et Holleville, système de tiroirs pour locomotives et machines à vapeurs fines. — Ledoyen et Beaulavon, toile sanitaire hygrométrique. — Grumel, préparation de papier pour le rendre propre à remplacer l'encre à copier. — Duperret, Sainte-Marie, Tandou et Tenaille, fabrication de bouillon.

La suite au prochain numéro. (*Moniteur industriel*).

FAITS DIVERS.

LEGS DE M. LE BARON BARBIER. — M. le baron Barbier, ancien chirurgien en chef de l'hôpital du Val-de-Grâce, a légué par testament diverses sommes qui, aux termes d'un décret du 18 octobre dernier, et par suite d'une transaction avec les héritiers, recevront les destinations suivantes :

A l'Académie de médecine, une somme annuelle de 3,000 fr., pour la fondation d'un prix annuel à décerner à celui qui découvrira des moyens complets de guérison pour des maladies reconnues jusqu'à présent le plus souvent incurables, comme la rage, le cancer, l'épilepsie, les scrofules, le typhus, le choléra-morbus, etc.;

A la Faculté de médecine de Paris, une somme annuelle de 3,000 fr., pour la fondation d'un prix annuel à décerner à la personne qui inventera une opération, des instruments, des bandages, des appareils et autres moyens mécaniques reconnus d'une utilité générale, et supérieurs à tout ce qui a été employé précédemment;

A l'Académie des sciences, une somme annuelle 3,000 fr.; pour la fondation d'un prix annuel à décerner à celui qui fera une découverte précieuse pour la science chirurgicale, médicale et pharmaceutique, et dans la botanique ayant rapport à l'art de guérir;

(S'il arrivait que l'Académie de médecine, la Faculté de médecine et l'Académie des sciences ne pussent décerner un des prix fondés, les sommes demeurées sans emploi s'ajouteraient à la valeur des prix à décerner l'année suivante.)

Aux pauvres honteux du 12e arrondissement, une somme de 2,000 fr.; à ceux du 10e arrondissement, une somme 1,000 fr. une fois payées;

A l'hôpital de la Charité, une rente de 800 fr., pour servir à fonder une place de chirurgien interne en plus du personnel ordinaire du service de santé de cet établissement.

Cent mille hommes nourris par l'emploi du sable de la mer. — Sous ce titre original, M. Adye expose la découverte suivante dans le *Moniteur des intérêts matériels* :

En fait d'économie, la première de toutes est celle qui consiste à ne pas dépenser, c'est à ce titre que je vous signale que M. Leigh, chimiste de l'usine à gaz de Manchester, a trouvé le moyen de nourrir au-delà de 100 mille personnes avec du sable de mer. Voici comment il opère ; suivez bien ce raisonnement s'il vous plaît :

Avec du sable ordinaire et de la soude il compose une colle très peu coûteuse, dont on se sert avec grand avantage pour remplacer dans la fabrication des cotonnades la colle de farine de blé ; des fabricants de lackburn ont encollé 400 à 500 pièces avec cette nouvelle substance et s'en sont très bien trouvés. Or, la farine de blé qui jusqu'à présent était employée à cet usage était si considérable, qu'elle aurait pu, d'après des calculs statistiques, suffire à nourrir au-delà de 100 mille ouvriers.

Donc, M. Leigh a trouvé le moyen de nourrir 100 mille ouhommes avec du sable remplaçant le blé.

Démission. — M. Duméril vient de donner sa démission de professeur au Muséum d'histoire naturelle.

Mœurs médicales en Angleterre. La *Gazette hebdomadaire de médecine et de chirurgie* rapporte, comme trait curieux, la nouvelle suivante, à laquelle, contrairement à l'opinion de notre honorable confrère, nous ne trouvons rien à reprendre :

« Le docteur *Matcham*, après avoir remercié les habitants de Lowestoft (comté de Suffolk) de l'assistance qu'ils lui ont accordée dans des épreuves difficiles, publie l'avis suivant :

Leçon pour les dames exclusivement.

« Le docteur Matcham informe les dames de Lowestoft et du voisinage, que jeudi prochain, 25 septembre, au soir, il fera une leçon embrassant une vue étendue (*embracing a comprehensive view*) de l'accouchement, en donnant les opinions des praticiens les plus éminents d'Amérique, de France et d'Angleterre. La démonstration sera *rendue claire* par une grande collection de dessins représentant les différents organes et peints tout exprès par le docteur Matcham lui-même. Cette collection, formant une galerie complète, pourra être visitée, par les personnes munies de billets, de sept à huit heures du soir, le jour de la leçon.

» *Prix des billets*. Pour deux personnes, 6 pence ; premières places, 6 pence par personne. On peut se les procurer chez M. Matcham, *Prairie Villa*.

« Un premier essai n'aura lieu que si les billets sont pris en quantité suffisante pour faire salle pleine. Le docteur Matcham appelle respectueusement l'attention des dames sur cette leçon.

« *N. B.* Aucune dame au-dessous de vingt ans ne sera admise. »

Explosion de la poudrière de Rhodes. — La foudre vient de faire sauter la poudrière de la ville de Rhodes ; le tiers de la ville s'est écroulée et plus de mille personnes ont été ensevelies sous les décombres. La population de Rhodes est de 15.000 âmes.

Un cas d'hydrophobie. — On lit dans *El Diaro Espanol* :

« Une grave imprudence a été la source de malheurs arrivés hier, 5 novembre, au point du jour, dans l'une des salles de l'Hôpital général. Il peut y avoir quinze ou vingt jours qu'un homme, ayant été mordu par un chien atteint de rage, fut mis en observation dans le susdit hôpital. Hier, vers deux heures du matin, cet homme a été pris des symptômes évidents de l'hydrophobie. Telle devint bientôt sa fureur, qu'il courut se jeter sur les malades qui l'avoisinaient, et deux d'entre eux furent mordus. Il mordit également l'infirmier ou garçon-servant de la salle. Un jeune malade, qui fut assez heureux pour réussir à se soustraire au même sort, ne laissa pas que d'en devoir rendre grâce à Dieu et aussi à une couverture de laine à longs poils qui garnissait son lit. Il s'en couvrit soudain et s'en enveloppa complétement. Elle le sauva des dents si dangereuses de cet être en fureur.

« Les autres malades, épouvantés d'un tel événement, se précipitèrent vivement de leurs lits sur le sol pour échapper aux morsures. Les praticiens et les élèves de l'hôpital étaient vite accourus en entendant les cris et les lamentations des malades effrayés. Ils avaient paru éprouver un instant d'hésitation avant de franchir la porte de la salle pour aller garrotter ce malheureux. Mais, après fort peu d'instants, un jeune homme accourut vers lui. Il vint l'envelopper avec un manteau qu'il lui lança vivement sur la tête, et le maîtrisa. Ce ne fut pas sans l'avoir d'abord étonné, en agitant subitement devant ses yeux le manteau, comme on le fait aux combats de taureaux, qu'il parvint à son but. »

Le sens du toucher chez les aveugles. — Il y avait à Calvi, ma ville natale, dit le savant docteur Marchal, un facteur de la poste qui était aveugle. On lui remettait les lettres ; il tâtait successivement la suscription de chacune d'elles, puis il commençait sa distribution et ne se trompait pas de destinataire.

La phrénologie en Chine. — M. Béraud rapporte ce qui suit dans le journal la *Phrénologie* :

Les médecins chinois connaissent et pratiquent la phrénogie depuis plusieurs siècles. Davis, pendant un séjour de vingt-deux ans en Chine, a fait à ce sujet les observations les plus curieuses. Ainsi les Chinois constatent et apprécient les qualités des hommes par le front ; les passions par le développement des parties latérales ; les sentiments d'après l'élévation du sommet de la tête. Les femmes sont jugées par eux selon le volume de la partie postérieure du crâne. Les Chinois nomment *kio*, mot qui signifie bosse, corne, les protubérences crâniennes produisant la conformation de la tête. Les prêtres bouddistes, ajoute encore Davis, sont très heureux quant ils peuvent montrer sur leur crâne le *kio* de la sainteté.

Origine de la pomme de terre. — M. Perrot, professeur de l'Université, raconte en ces termes, dans le *Moniteur des comices*, ce qu'on sait ou plutôt ce qu'on ne sait pas sur l'origine de la pomme de terre :

D'après M. de Humboldt, l'origine de la pomme de terre serait aussi mystérieuse que celle du froment et de maïs : ce savant prétend que l'on ne sait pas d'une manière précise à quelle contrée de l'Amérique elle appartient primitivement. Pavon l'a trouvée à l'état inculte aux environs de Lima, et Dombey sur les pentes moyennes des Cordillères du Chili. S'il faut en croire Banks, l'espèce importée en Europe vient de l'ancienne province de Quito, dans le haut Pérou. Elle est connue sur l'ancien continent depuis le XVIe siècle. Il paraît qu'elle y fut introduite à peu près à la même époque par deux voies différentes : celle d'Espagne et celle d'Angleterre. On sait que, vers l'an 1584, l'amiral sir Walter Raleigh, après avoir mouillé dans la baie de Réonoque, aujourd'hui sur les côtes de la Caroline, en rapporta la pomme de terre et la fit cultiver à titre d'essai dans son domaine de Jung-Hall, près de Kork, en Irlande.

D'un autre côté, Philippe de Sivry, gouverneur de Mons, adressait, en 1586, à Clusius, célèbre botaniste de Vienne, quelques pommes de terre provenant de deux tubercules que lui avait donnés le légat du pape. Dans cet ouvrage intitulé : *Rararum plantarum historia*, Clusius offre la première description technique de la solanée tuberculeuse, *solanum tuberosum esculentum*. Il en parle comme d'une plante déjà connue en Italie. C'est probablement du royaume de Naples, soumis alors à la domination espagnole, que la pomme de terre s'était répandue dans les autres parties de la péninsule hespérique. Cette hypothèse est d'autant plus admissible que, depuis lontemps déjà, Cièca l'avait signalée à l'attention de ses contemporains, et fait connaître le mode de culture auquel elle était soumise chez les Péruviens.

La manufacture d'armes de Toula (Russie). — Dans son *Voyage en Sibérie*, M. Hansteen donne les curieux détails qui suivent sur cette manufacture, qu'il a visitée.

« Le directeur et les ouvriers sont, pour la plupart, des Allemands, principalement d'Alsace ; cependant, pour les travaux manuels, on emploie aussi des paysans russes. C'est là que sont confectionnées toutes sortes d'armes blanches et d'armes à feu. Les boulets, gros et petits, sont, après la fonte, soigneusement limés ; jusqu'à ce que toutes les inegalités aient disparu ; puis on en fait l'essai en les passant à travers un *calibre* de métal, où ils doivent entrer de manière à ce qu'il y ait place à peine pour l'épaisseur d'un cheveu.

« La forme des sabres est aussi déterminée d'une façon rigoureuse. On fait, d'après un modèle, trois incisions dans une plaque de tôle : la première est pour mesurer la lame du sabre près de la poignée ; la deuxième au milieu, et la troisième près de la pointe. Quant à la courbure de l'arme, on place celle-ci dans un fourreau de métal fendu par la moitié, et il faut que le dos vienne toucher exactement l'un des côtés de ce fourreau, tandis que le tranchant s'appuie sur l'autre sans s'écarter d'une ligne. Le fourreau est fabriqué avec la même exactitude, en sorte qu'un sabre quelconque entre dans un fourreau pris au hasard.

« Pour l'artillerie et le corps des sapeurs, on confectionne des sabres plus forts et plus courts, dont le dos est taillé en scie, et qui servent à la fois d'armes dans la mêlée et d'instruments pour couper et scier du bois. Aperçoit-on à la surface du boulet la moindre saillie, sur la lame du sabre la moindre trace du marteau, si l'on ne peut remédier à ces défauts sans que l'arme ou le projectile dévie tant soit peu de la forme prescrite, aussitôt les objets sont impitoyablement cassés.

« On nous montra, continue M. Hansteen, plusieurs sabres ainsi jetés au rebut ; malgré toute notre bonne volonté, notre œil ne put y découvrir le moindre défaut ; mais l'œil exercé du chef d'atelier y avait aperçu d'imperceptibles inégalités, qui, sans doute, n'eussent pas empêché l'arme de servir ; mais la règle, en Russie, n'admet pas d exception. Une telle exactitude mathématique rendrait les armes trop coûteuses dans d'autres pays de l'Europe; mais, en Russie, la main-d'œuvre est à bon marché; un manœuvre se nourrit d'oignons, d'eau et de pain, quelquefois d'un verre d'eau-de-vie.— Avec de pareils boulets, le calibre des canons peut être assez étroit, et le tir en est d'autant plus juste... »,

Trachéotomie pratiquée sur un enfant. — Un jeune garçon de cinq ans est amené à l'Hôtel-Dieu de Rennes. Il venait à l'instant d'avaler en jouant un haricot. Au moment même, il s'était manifesté une quinte de toux, avec sensation de suffocation, accompagnée de cris, d'agitation et d'efforts pour vomir.

Quelque temps après son entrée à l'hôpital, M. le Dr Aubry le trouva dans l'état suivant:

Sommeil profond, figure calme, respiration forte, s'entendant à distance. Au réveil, toux rauque, éclatante, comme dans la laryngite striduleuse; du reste, pas d'accès de suffocation, point de cris, point d'agitation. Peu d'instants après, vomissements de matières alimentaires. La poitrine présente partout une sonorité normale.

Ce qui frappe surtout l'attention de M. Aubry dans l'ensemble des symptômes, c'est le peu de gêne éprouvée par le petit malade, dont le calme contraste avec l'idée qu'on est porté à se faire *à priori* des accidents que devrait provoquer la présence d'un corps étranger dans la trachée-artère. Ce fut au point que M. Aubry douta un instant de la présence du corps étranger, pensant qu'il avait pu être expulsé dans un effort de toux ou de vomissement. Le péril ne paraissant pas imminent d'ailleurs, on se borna à prescrire un vomitif, remettant au lendemain le choix d'un parti plus actif s'il y avait lieu.

Mais le lendemain les doutes furent levés par un phénomène fort remarquable qu'une exploration attentive fit constater. Bien qu'il n'y eût pas une suffocation permanente, il existait du moins un certain degré de dyspnée, et lorsque l'enfant parlait ou toussait, la dyspnée augmentait au point de constituer de véritables crises, pendant lesquelles le visage s'injectait et devenait livide, en même temps que les veines du cou se gonflaient. Les doigts, appliqués sur la trachée, immédiatement au-dessous du larynx, percevaient pendant la toux une sensation de choc des plus distinctes. Chaque fois que la colonne d'air était violemment poussée des poumons vers le larynx, ce phénomène se reproduisait nettement, indiquant ainsi d'une manière précise que le corps étranger était encore dans les voies aériennes, et, de plus, qu'il était mobile et flottant.

Enfin, à l'aide du stéthoscope appliqué sur le devant du cou, on entendait, au moment du choc, un bruit unique et sourd, coïncidant avec l'expiration forcée qui accompagnait la toux.

Il n'était plus permis de douter, ni d'hésiter sur le moyen à prendre. La trachéotomie fut pratiquée le jour même. Les cinq premiers arceaux de la trachée ayant été ouverts de bas en haut, le haricot se présenta à l'ouverture et fut aussitôt projeté avec force à l'extérieur.

NÉCROLOGIE.

M. Dozy. — Nous apprenons la mort de M. le docteur Dozy, membre de l'Académie royale des Sciences d'Amsterdam.

M. H. Hartmann. — L'industrie de l'Alsace vient de perdre un de ses représentants les plus distingués. M. Henri Hartmann est mort à Munster, le 23 novembre, à l'âge de 74 ans, après une longue et douloureuse maladie.

Henri Hartmann était né à Colmar le 17 mai 1782. Il appartenait à une famille d'industriels qui, les premiers, établirent à Munster les grands établissements qui depuis ont pris un si merveilleux développement et ont acquis une importance presque européenne. En 1815, alors que les armées étrangères menaçaient la France, Hartmann équipa à ses frais un corps de 600 lanciers, qu'il commanda avec le grade de capitaine, et qui rendit d'éminents services. En 1830, il obtint le commandement de la garde nationale de Munster, qu'il conserva jusqu'en 1844. Le 28 février 1848, le gouvernement provisoire l'investit des fonctions de sous-commissaire du canton de Munster.

En 1849, à la suite de l'exposition des produits de l'industrie française, le jury des récompenses proposa M. Hartmann pour la croix de la Légion d'honneur, et il reçut cette distinction le 7 novembre 1849.

Nous ne suivrons pas M. Hartmann dans les détails de sa carrière industrielle, carrière qu'il a poursuivie avec une si rare intelligence et poussée à un degré si brillant. Qu'il nous suffise de constater que les filatures et tissages dirigés par M. Hartmann, à Munster, occupent en moyenne 3,000 ouvriers; que le chef de ces immenses établissements a créé en faveur de ses subordonnés une série d'institutions philanthropiques qui témoignent de la noblesse de son caractère et de la générosité de son cœur.

ANNONCES BIBLIOGRAPHIQUES.

Œuvres de François Arago, 16 vol. in-8° de 600 pages environ; 10 vol. sont en vente. Le tome III des **Notices scientifiques** vient de paraître; 7 fr. 50 c. le vol. Paris, Gide et Baudry, 5, rue Bonaparte.

Traité pratique des maladies d'oreille, par M. le Dr Triquet, 1 vol. in-8° avec fig. intercalées dans le texte. J.-B. Baillière, 19, rue Hautefeuille.

Hydrotimétrie. Nouvelle méthode pour déterminer les proportions des matières en dissolution dans les eaux de source et de rivières, par MM. Boutron et Boudet, membres de l'Académie de médecine. Brochure grand in-8°. Prix: 2 fr. 50 c.; chez Victor Masson, 17, rue de l'Ecole-de-Médecine.

Leçons de Chimie élémentaire appliquées aux arts industriels, et faites aux ouvriers du 12e arrondissement par M. Doré, fils, ex-préparateur de chimie à l'Ecole polytechnique; in-8°, 3e et dernière partie avec figures; par livr. à 25 c.

Les 1re, 2e, 3e et 4e livraisons renferment: Précis historique de la chimie organique, Etude chimique de l'acide acétique et du vinaigre, Examen des falsifications de cette dernière substance, Exposé des procédés à l'aide desquels on reconnaît ces fraudes. En vente chez Victor Dalmont, Quai des Augustins, n° 49.

L'aluminium considéré comme matière monétaire, par M. Ward, broch. in-32. Chez E. Dentu, galerie d'Orléans, 13, Palais-Royal.

Traité de l'Écrasement linéaire, par le dr E. Chassaignac, chirurgien de l'hôpital Lariboissière, in-8°, de 560 pages, avec 40 planches. Paris, J.-B. Baillière.

Traité de Chimie technique appliquée aux arts et à l'industrie, à la pharmacie et à l'agriculture, par M. J. Barruel, ex-préparateur à la Faculté des sciences de Paris, ancien essayeur de la fabrication des monnaies; 6 vol. in-8°, avec de nombreuses gravures intercalées dans le texte. Les tomes I et II sont en vente. Prix: 7 fr. le vol. Paris, F. Didot, frères, fils et comp., 56, rue Jacob.

Traité d'Électricité et de Magnétisme, et des applications de ces sciences à la chimie, à la physiologie et aux arts, par M Becquerel, de l'Académie des sciences, et M. Edmond Becquerel, professeur au Conservatoire des Arts et Métiers, 3 vol. contenant 412 gravures dans le texte et 17 planches. Tom. Ier, Électricité. Principes généraux. — Tom. II, Électro-chimie. — Tom. III, Magnétisme et Électro-chimie. Prix: 24 fr. Paris, F. Didot, frères, fils et comp., 56, rue Jacob.

Les métaux sont des corps composés, par Théodore Tiffereau, chimiste, 2e édit., revue et augmentée. In-18. Prix: 2 fr. Chez Chamerot, 13, rue du Jardinet.

Histoire des comtes du Perche de la famille des Rotrou, par M. O. des Murs, in-8°, avec 2 vues coloriées. Chez Bertrand, 22, rue de l'Arbre-Sec.

Drainage des terres arables, par J.-A. Barral, 2e édit., 3 vol. in-18: 15 fr. — Les 2 premiers volumes sont en vente à la librairie agricole de la Maison rustique, 26, rue Jacob.

Etudes pratiques sommaires sur la méthode positive, par M. Ribes, avocat. In-8°. — Librairie philosophique de Ladrange, 41, rue Saint-André-des-Arts.

Traité de gymnastique raisonnée au point de vue orthopédique, hygiénique et médical, par Ch. Heiser, professeur de gymnastique à l'hôpital civil et aux écoles communales de Strasbourg. In-8° avec planches. — Librairie Masson, place de l'Ecole-de-Médecine, 17.

Prix d'abonnement pour l'étranger.

Allemagne, 12 fr. — Suisse, Parme, Plaisance, Modène, 12 fr. 50 c. — États-Sardes, Grèce, 13 fr. — Hollande, Angleterre, 14 fr. — États-Unis, Indostan, Turquie, 14 fr. 50 c. — Belgique, Prusse, Hanovre, Saxe, Pologne, Russie, Espagne, Portugal, 15 fr. 50 c. — Toscane, 16 fr. 50 c. — États-Romains, 20 fr. 50 c.

Le rédacteur en chef: Victor MEUNIER.

Paris. — Imprimerie de J.-B. Gros et Donnaud, rue des Noyers, 74.

Deuxième année. — N° 50. 25 CENTIMES. 14 décembre 1856.

L'AMI DES SCIENCES

JOURNAL DU DIMANCHE

SOUS LA DIRECTION DE

VICTOR MEUNIER

BUREAUX D'ABONNEMENT
74, RUE DES NOYERS, 74,
Près l'Ecole de Médecine,
A PARIS

ABONNEMENT POUR L'ANNÉE
PARIS, 10 FR; — DÉPART., 12 FR.
Étranger (Voir à la fin du journal)

COMPTE RENDU A NOS ABONNÉS.

Fondé le 1er janvier 1855, l'*Ami des Sciences* est le premier en date des journaux hebdomadaires à bon marché, si nombreux aujourd'hui. Il a créé le genre, il a ouvert la route où tant d'autres entrés à sa suite n'ont déjà plus laissé que des souvenirs.

L'*Ami des Sciences* va commencer sa troisième année, c'est dire qu'il a traversé cette période de basse enfance où les chances de mortalité ne sont pas moins nombreuses pour les journaux que pour les hommes.

Après plus d'un essai, toujours encouragé par la bienveillance de ses lecteurs, il a pris enfin possession de la place qu'il gardera, et revêtu la forme qu'il entend conserver en la perfectionnant.

Il ne se regarde comme étant en concurrence ou en rivalité avec aucune des publications que son propre succès lui a données pour compagnons de route :

L'une s'adresse exclusivement aux hommes de science ou même à une classe de savants; l'autre est purement industrielle; une troisième est exclusivement agricole ; d'autres se proposent d'agir sinon sur les enfants, du moins sur les intelligences enfantines.

L'*Ami des Sciences* n'a pas ces prédilections exclusives ; il s'adresse également aux gens du monde, aux savants, aux industriels ; son public, en un mot, se recrute parmi tous ceux qui veulent être tenus au courant de tous les mouvements qui s'opèrent pour l'utilité commune dans la vaste enceinte des sciences pures et appliquées.

De là résulte son caractère propre, qu'il s'attachera à conserver et à dessiner de plus en plus : n'être ni purement technique ni élémentaire dans le sens vulgaire du mot, c'est-à-dire puéril; choisir non les faits les plus agréables à raconter, mais les plus utiles à connaître, et recourir aux illustrations non pour le simple plaisir des yeux, mais pour la satisfaction de l'intelligence.

De tâtonnements en tâtonnements nous sommes arrivés à adopter pour chaque numéro du journal une distribution de matières qui nous paraît devoir être conservée.

A notre avis, une publication telle que la nôtre pour répondre à tous les besoins doit contenir les catégories suivantes d'articles :

1° Des travaux originaux dans lesquels la rédaction produit ses propres idées. — Dans cette division rentrent les études d'ensemble ayant pour but de montrer le sens, la suite, l'enchaînement et la convergence finale de tous les progrès partiels.

2° Une correspondance active où tout lecteur ayant une idée utile à produire est impartialement admis à l'émettre.

3° Une revue des ateliers et laboratoires.

4° Un compte rendu des travaux des académies et sociétés savantes.

5° Une revue des livres nouveaux.

6° Une chronique industrielle et un chapitre *faits divers*, renfermant toutes les choses utiles ou curieuses qui, par leur caractère ou leur origine échappent aux cadres précédents.

Ce programme est celui que nous avons réalisé dans ces derniers temps et dont chaque numéro à venir offrira une exécution de plus en plus fidèle. A ces divers genres d'articles il n'en est qu'un à ajouter pour compléter le cadre d'un journal scientifique, soucieux de bien renseigner ses lecteurs ; celui-ci a rapport à la correspondance étrangère qu'en ce moment même nous nous occupons d'organiser. Avant qu'il soit longtemps nous aurons à l'étranger dans chaque centre scientifique et dans toutes les parties du monde des correspondants qui nous renverront périodiquement l'écho fidèle de tous les travaux et de toutes les découvertes dignes de publicité qui se produiront autour d'eux.

Un cadre aussi large exigeait l'agrandissement de notre feuille, c'était une mesure grave à prendre; nous l'avons prise. Il est vrai qu'ayant préalablement consulté un grand nombre d'abonnés, qui tous se sont montrés favorables au changement projeté, nous nous sommes déterminés en pleine connaissance de cause. Nous n'avons qu'à nous féliciter d'une détermination qui a eu pour résultat d'accroître rapidement cette clientèle dont nous avons le droit d'être fiers, où, auprès des noms les plus illustres parmi les gens du monde, et de noms d'ouvriers qui sont l'honneur de nos ateliers, se pressent en foule des savants, des ingénieurs, des artistes, des officiers de toutes armes, des agriculteurs et des chefs d'industrie.

L'agrandissement de notre format a entraîné un autre changement, non moins important, dans notre constitution intérieure.

Depuis l'origine de l'*Ami des Sciences*, le double fardeau de la rédaction et d'une administration que le succès a rendu très compliqué, pesait sur une seule personne, sur le fondateur du journal.

Il était devenu indispensable d'introduire ici le principe salutaire de la division du travail.

En conséquence, le rédacteur en chef du journal a dû rechercher pour la partie administrative, le concours d'hommes spéciaux, expérimentés, dont les noms mêmes fussent une recommandation pour l'œuvre commune. C'est rendre un témoignage bien décisif en faveur de la stabilité de notre entreprise que de citer ici les noms de MM. J.-B. Gros, imprimeur de la Cour impériale et des tribunaux, et Charles Krantz (des Vosges), fabricant de papiers. Ajoutons que les délicates fonctions d'administrateur-gérant ont été acceptées par M. J.-B. Gros.

Personne n'ignore quelle facilité de travail les journaux quotidiens trouvent dans la réunion sous un même toit, des bureaux d'abonnement, des salles de rédaction et de l'imprimerie. Nous avons tenu à nous procurer le même avantage et, à partir de ce jour, nos bureaux sont transférés à l'imprimerie même de l'*Ami des Sciences*, 74, rue des Noyers.

En même temps qu'entre les mains du chef d'une importante maison industrielle, notre administration va prendre la précision, qu'une compétence spéciale peut seule lui assurer, la rédaction, libre de toute préoccupation étrangère, pourra se mouvoir avec plus de fermeté dans le champ de ses attributions propres.

Désormais tout ce qui concerne la rédaction du journal devra donc être adressé à M. Victor Meunier, rédacteur en chef, et l'on devra envoyer à M. J.-B. Gros, gérant-administrateur de l'*Ami des sciences*, tout ce qui aura rapport à l'administration.

En conséquence, nous prions ceux de nos souscripteurs dont l'abonnement expire à la fin de ce mois, de le renouveler en temps utile, s'ils veulent éviter toute interruption dans la réception du journal; l'importance prise par nos relations, nous faisant une nécessité absolue de suspendre à partir du 1er janvier 1857 tout abonnement non renouvelé.

Le mode le plus simple et le plus sûr de renouvellement consiste dans l'envoi d'un mandat de poste ou d'une traite à vue sur une maison de Paris, à l'ordre de M. J.-B. Gros, gérant du journal l'*Ami des sciences*, 74, rue des Noyers.

Nos abonnés sont autorisés à déduire du montant de leur envoi : 1° les frais du mandat de poste ; 2° les frais d'affranchissement de la lettre contenant ce mandat.

Il est important de joindre à toute demande de renouvellement la dernière bande imprimée du journal. Les abonnés nouveaux sont invités à écrire très lisiblement leur nom et leur adresse, et à indiquer le bureau de poste qui dessert leur localité.

La plupart des abonnés nouveaux ayant tenu à posséder la collection de la première année du journal (année 1855), celle-ci s'est rapidement épuisée. La multiplicité des demandes nous a décidé à faire réimprimer tous les numéros épuisés de cette première année, et à partir du 18 de ce mois, nous pourrons satisfaire à toutes demandes qui nous ont été adressées, comme à celles qui nous seront faites à l'avenir.

Le prix de la première année (1855) de l'*Ami des sciences*, brochée en un beau volume, avec tables, titres et couverture imprimée, est de 6 fr., pris dans nos bureaux et de 7 fr. rendu franco au domicile de nos abonnés des départements.

Nous prions nos abonnés de ne point laisser échapper l'occasion que les renouvellements offrent à chacun d'eux, de nous communiquer leurs avis et leurs conseils sur la direction du journal.

REVUE DES ATELIERS ET LABORATOIRES.

CHAUDRONNERIE MÉCANIQUE.

Machine de M. Gomme fils.

Qui de nous n'a pas maudit les chaudronniers? Qui de nous n'a pas, une fois au moins en sa vie, pesté de bon cœur contre l'infernal tapage qui caractérise *l'état à marteau*? Qui de nous enfin pourrait se flatter de demeurer, sans tomber en proie à des crispations nerveuses, une heure seulement dans l'atelier d'un fabricant de casseroles en cuivre?

Le chaudronnier, c'est le paria de la cité, c'est l'homme dont chacun fuit ou redoute le voisinage; être chaudronnier, c'est ne pouvoir travailler sans que plusieurs de vos concitoyens vous désirent à tous les diables, c'est avoir un vice rédhibitoire aux yeux des quatre-vingt dix-neuf centièmes des propriétaires.

— Ah! dame, aussi, pourquoi le chaudronnier fait-il tant de bruit?

— C'est parce qu'il travaille au marteau.

— Et pourquoi, s'il vous plaît, travaille-t-il au marteau?

— C'est parce qu'il n'existe pas, que l'on sache, d'autre moyen de planer le cuivre, de l'écrouir, de le rétreindre, de l'emboutir, et d'en faire, en fin de compte, une casserole, une bouilloire, un moule à pâtisserie, un chaudron, un tuyau de poêle et tant d'autres ustensiles de ménage dont la consommation est immense, dont l'usage est universel.

— Franchement, vous croyez cela?

— Parbleu! la dinanderie est assez connue, et, si vous prêtiez bien l'oreille, peut-être entendriez-vous d'ici l'écho du bruit des marteaux de St-Flour.

— Eh bien! grâce à M. Gomme fils, la ville de Dinant sera muette, St-Flour ne fatiguera plus ses échos; propriétaires et locataires pourront se livrer au sommeil. Le chaudronnier, de simple charabia qu'il est aujourd'hui, va redevenir un homme ordinaire, et la cité, retrouvant le calme, ne retentira plus que des actions de grâces qui seront rendues à M. Gomme fils par ses concitoyens reconnaissants.

Ne croyez pas, chers lecteurs, que ceci soit une plaisanterie : je n'ai jamais rien dit de plus sérieux. M. Gomme fils, dont le père a créé, dans la célèbre maison Japy, l'industrie si féconde du *fer-battu*, vient de créer à son tour des machines non moins puissantes que silencieuses, non moins précises que rapides, au moyen desquelles il convertit instantanément une feuille de cuivre en tuyau de poêle, en chaudron, en moule à pâtisserie, en bouilloire, en casserole, tout cela sans clous ni soudure, et surtout, grâce au ciel, sans un coup de marteau.

Une seule de ces machines, servie par une femme et par un gamin, produit six cents casseroles en six cents minutes (dix heures) de travail et n'exige qu'une force-vapeur relativement très-minime. La casserole ébauchée par cette machine est achevée plus promptement encore au moyen d'un tour lamineur, sur lequel le cuivre s'étire et s'allonge comme par enchantement jusqu'à n'avoir plus que le degré d'épaisseur qu'on veut lui laisser, tandis que le fond, qui, dans ces sortes de vases, est le plus exposé à l'action du feu, conserve l'épaisseur entière de la feuille de cuivre dont on a fait la casserole.

Un outil fort ingénieux donne à celle-ci le poli nécessaire, un autre le rogne et en dresse le bord à la profondeur voulue, et tous ces travaux s'exécutent dans des conditions d'économie telles que les casseroles de cette intéressante fabrique pourraient, à la rigueur, être livrées au commerce au prix du cuivre en planches, poids pour poids!

Les diverses machines inventées par M. Gomme fils étant brevetées, nous pouvons, sans indiscrétion, en offrir une description sommaire aux lecteurs de l'*Ami des Sciences*, que ce remarquable progrès dans l'art de la chaudronnerie ne peut manquer d'intéresser vivement.

La feuille de cuivre est d'abord découpée en disques de grandeur convenable, au moyen d'un emporte-pièce à diamètre variable, beaucoup plus prompt que ne le serait la cisaille. C'est une machine analogue à celle qui découpe les flans pour la fabrication de la monnaie.

Les disques ainsi découpés sont placés sur un poinçon vertical, en forme de cône tronqué, dont la base est fixée au moyen d'un fort pas de vis sur le piston d'une presse hydraulique à double effet, dont la pompe est manœuvrée par une machine à vapeur. Une bague intérieurement cône est abaissée par une vis de gros calibre sur la surface du disque de cuivre et la pompe agit. Le piston monte et refoule le cuivre dans l'intérieur de la bague, qui se relève aussitôt pendant que le piston redescend, entraînant avec lui le poinçon cône, exactement coiffé de la casserolle ébauchée.

On la porte immédiatement sur un poinçon mandrin horizontalement emmandriné sur l'arbre d'un tour. — Un plateau mobile monté sur un prolongement de l'axe du tour vient appuyer le fond de la casserolle et la maintenir sur le poinçon mandrin, tandis que deux galets d'acier fondu, en forme de tore, pressent latéralement les parois de la casserolle, au long desquels ils cheminent, entraînés par un charriot, de manière à étirer le métal et à le lisser en même temps.

La casserole ainsi terminée est rognée sur le tour même et il n'y a plus qu'à clouer la queue.

On comprend que tous les autres vases se font par des moyens analogues dont plusieurs, notamment ceux destinés à fabriquer la bouillotte dont l'ouverture est, comme on sait, plus étroite que le ventre, ont dû exiger de la part de M. Gomme fils, de grands efforts d'imagination et de calcul.

La platerie, la poêle à frire, se fabriquent par les mêmes procédés, et, quand on songe que sur 1000 kilog. de poêle à frire, on ne dépense avec les machines de M. Gomme que 35 fr. de main-d'œuvre au lieu de 200 fr. au moins que coûte aujourd'hui cet article, on en arrive à se demander comment la presse hydraulique n'a pas été plustôt appliquée à ce travail qui, pour la casserole, s'exécute avec une économie de 85 p. 100 sur la main-d'œuvre au marteau, et n'emploie que deux tiers ou trois quarts au plus du métal aujourd'hui indispensable pour un vase de même grandeur.

Pour ceux qui ne comprendraient pas encore toute l'importance du progrès réalisé par M. Gomme, nous n'ajouterons que quelques mots :

La fabrication de la poêle à frire s'élève actuellement en France à trois millions de francs chaque année, somme dans laquelle la main-d'œuvre figure pour 705,885 fr. environ. Par les procédés mécaniques de M. Gomme fils, cette dépense serait réduite à 117,647 fr., et comme ces procédés lui permettent d'employer des tôles d'un moindre prix, l'exportation seule de cet article constituerait une fabrication très productive pour le pays.

Nous n'avons pas besoin d'ajouter que le consommateur profitera largement pour tous les ustensiles de cuivre de cette nouvelle et importante conquête de la mécanique industrielle.

H. GAUGAIN.

NOUVEL APPAREIL FUMIVORE.

Un de nos ingénieurs civils les plus célèbres, M. Perrot, a bien voulu nous admettre tout récemment à voir fonctionner cet appareil d'invention anglaise, il est vrai, mais qui a été construit dans ses ateliers, et si remarquablement amélioré par l'importante modification qu'il lui a fait subir, que la porte-fumivore — c'est ainsi que l'a nommée M. Prideaux, l'inventeur anglais — est devenue française entre ses mains, et satisfait maintenant à toutes les exigences : quelques mots nous suffiront pour faire comprendre à nos lecteurs en quoi consiste la fonction de cet utile appareil.

Nous avons tant de fois répété déjà qu'il y a notable économie à brûler la fumée dans les fourneaux alimentés par la houille, que chacun en doit être aujourd'hui non moins convaincu que nous-même; le fait est incontestable et depuis longtemps n'est plus contesté.

Mais indépendamment de l'économie, il y a convenance toujours, nécessité quelquefois à brûler complétement la fumée. Dans le département de la Seine, les règlements de police en font une obligation ; un navire de guerre peut avoir intérêt à celer sa marche, et conséquemment à ne pas trahir son passage par cet ondoyant panache de fumée qui le révèle aux regards et semble un reflet de son sillage s'imprimant en noirs flocons dans les airs. Il n'y a pas de pays enfin où la fumée des usines ne soit plus ou moins gênante pour le voisinage; tout appareil propre à porter remède à ce mal doit donc, à plus d'un titre, être favorablement accueilli. Celui que M. Perrot vient de terminer nous paraît si simple que nous doutons qu'on puisse aller au-delà.

Chacun sait que la houille passée à l'état de coke ne produit plus de fumée. C'est par conséquent au moment même où le chauffeur charge son fourneau que les gaz qui se dégagent sans s'enflammer entraînent avec eux cette énorme quantité de charbon en poudre impalpable, dont le mélange avec eux et avec la vapeur d'eau que contient toujours le combustible constitue ce que nous nommons la fumée.

Qu'on enflamme les gaz au moment où ils se dégagent, et l'on profitera non-seulement du calorique qui leur est propre, mais encore de tout celui que produira nécessairement la combustion de ce charbon très-divisé, que dans le cas contraire ils entraînent en pure perte avec eux.

Or, que se passe-t-il dans le foyer d'un fourneau où l'air extérieur n'arrive que par le cendrier à travers la grille? en traversant la couche de charbon brûlant que recouvre en partie, au moment de la charge, une couche de charbon noir, cet air prend, en s'échauffant, une légèreté relative telle qu'il contribue aussi puissamment que les gaz eux-mêmes à entraîner le charbon très divisé dans la cheminée avant que l'oxygène qu'il contient ait pu servir d'aliment à la combustion de ces gaz.

C'est donc de l'air lourd qu'il faut introduire dans le fourneau : c'est conséquemment de l'air froid, et le seul moyen de rendre son introduction efficace, c'est de faire qu'elle ait lieu, non par dessous la grille mais par-dessus, non en masse mais en couches minces et autant multipliées que possible. Il faut, en outre, que l'introduction de cet air n'ait lieu que pendant le temps nécessaire pour déterminer l'inflammation des gaz et alimenter leur combustion. Dès que l'incandescence est établie dans toute la charge, il faut cesser d'introduire l'air au-dessus, car il s'échaufferait alors aux dépens du calorique utile dont il entraînerait, par sa légèreté relative, la meilleure partie dans la cheminée.

La porte-fumivore inventée par M. Prideaux et si notablement perfectionnée par M. Perrot, remplit admirablement ces diverses conditions.

Dès que le chauffeur l'a refermée après avoir rechargé son feu, une jalousie mobile s'ouvre à sa paroi antérieure et livre passage à un courant d'air qui se subdivise encore en traversant, pour arriver au foyer, les intervalles multipliés que laissent entre eux un assez grand nombre de feuillets métalliques verticalement disposés.

Puis, dans le temps calculé précisément nécessaire à la production de l'effet voulu, les lames de la jalousie se referment graduellement par l'action d'un rouage à échappement dont la marche est déterminée par un contrepoids et régularisée par un balancier circulaire.

Cette porte-fumivore n'est pas plus gênante à manœuvrer pour le chauffeur qu'une porte ordinaire de fourneau. Son action comme appareil fumivore est aussi complète qu'on puisse le désirer, et de plus elle a sur les portes ordinaires l'immense avantage de ne point laisser passer de chaleur par rayonnement, ce qui, dans les navires à vapeur surtout, est d'une incontestable importance. L'économie qui résulte de son emploi peut être évaluée, d'après les nombreuses expériences qui en ont été faites, à 7 p. 0[0 pour le moins, et c'est grâce au rouage à échappement, introduit par M. Perrot dans sa construction, qu'elle fonctionne actuellement d'une manière aussi régulière que sûre.

Très aisément applicable à tous les fourneaux, cet appareil ne saurait manquer d'être adopté par l'industrie manufacturière qui, pourra compter désormais sur son entière efficacité. C'est un service de plus que lui aura rendu, dans son honorable et laborieuse carrière, l'ingénieux inventeur de la Perrotine (1), l'habile constructeur de cette merveilleuse arme de guerre à air comprimé dont le rédacteur en chef de l'*Ami des Sciences* a longuement entretenu ses lecteurs dans le numéro du 26 août 1855. H. GAUGAIN.

(1) La Perrotine inventée par M. Perrot, qui lui a donné son nom, est une machine à imprimer les étoffes pour robes, châles, cravates, etc., à planches plates et avec plusieurs couleurs à la fois. C'est une des inventions mécaniques qui ont fait le plus d'honneur au génie industriel de la France.

MACHINE ÉLECTRO-TRIEUSE CHENOT.

Nous avons décrit dans notre numéro du 30 novembre dernier la machine inventée par le savant et regretté Adrien Chenot, et nommée par lui électro-trieuse

Nous donnons aujourd'hui le dessin de cette machine, dessin trop facilement intelligible pour qu'il soit nécessaire d'entrer dans de nouveaux détails descriptifs.

(*Voir* notre n° 48.)

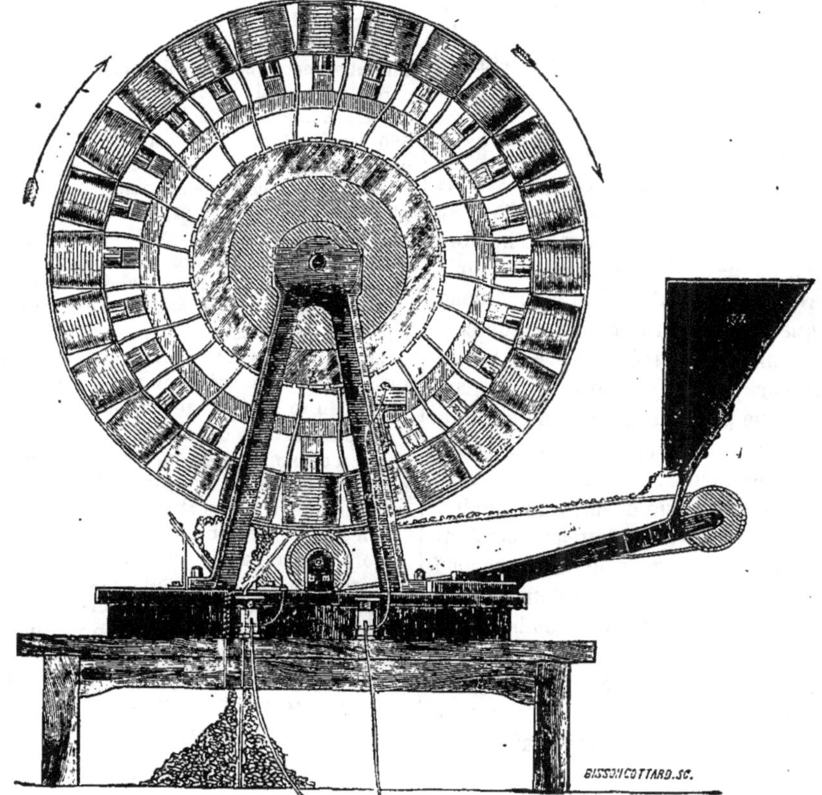

CORRESPONDANCE.

D'une amélioration à introduire dans le service des postes.

Notre ami M.-J. Macé nous adresse, de Beblenheim (Haut-Rhin), la note suivante :

C'est le rôle, chaque jour mieux dessiné, de la science, de transformer les conditions de vie des sociétés; mais les organisations toutes faites, au travers desquelles elle lance, sans crier gare, les procédés nouveaux, ne peuvent pas toujours se plier du premier coup aux exigences du progrès inattendu qu'elle leur inspire. De là parfois des anomalies et des contrastes dont le service des postes nous offre un exemple assez curieux.

Grâce à la vapeur, le transport des dépêches se fait aujourd'hui avec une rapidité à laquelle personne n'aurait osé songer du temps des maîtres de poste, si fiers de leurs 4 lieues à l'heure. Maintenant, pour prendre un exemple dans le pays que j'habite, une lettre mise à la poste, le soir, à Paris, arrive le lendemain à Colmar, dans la matinée. La réponse peut partir dans l'après-midi, et parvenir au correspondant par la distribution du matin, 36 heures environ après le moment où sa lettre est tombée dans la boîte. 36 heures de la rue Saint-Denis à la vallée du Rhin, aller et retour, y compris le temps de répondre, c'est déjà très-joli, en attendant mieux, si l'on veut oublier qu'il y a un télégraphe électrique.

A côté de cela, voici, en avant de Colmar, une commune traversée par le chemin de fer. C'est un trajet de 17 minutes pour un voyageur. Savez-vous ce qu'il faut de temps pour correspondre de là avec Colmar, aller et retour? Juste le temps qu'a pris la correspondance de Paris à Colmar. Je me trompe : la réponse arrive le surlendemain, à midi : il y a 6 heures de plus. Bien entendu que tout ce temps-là se trouve en plus, s'il s'agit de correspondre avec Paris. 36 heures pour le voyage! 42 heures pour les allées et venues du service administratif! Il n'y a pas de proportion : tout le monde en conviendra.

Cela tient à l'organisation du service, organisation sagement entendue du reste, irréprochable, si l'on n'avait pas inventé les chemins de fer, et dont le bouleversement, il faut l'avouer, entraînerait des difficultés pratiques sans nombre. De la commune, la lettre s'en va, dans l'intérieur des terres, au chef-lieu de canton ; du chef-lieu de canton, elle retourne au chemin de fer. Du chemin de fer, la réponse va faire une nouvelle station au chef-lieu de canton, et le destinataire ne la reçoit que de seconde main, un jour après, la plupart du temps.

A cela que faire? On ne peut pas raisonnablement exiger un bureau de poste dans chacune des 44,000 communes de France, et le service des lettres est trop délicat de sa nature pour l'éparpiller en dehors de l'administration qui en a la responsabilité.

Il y aurait pourtant un moyen très simple et très économique de supprimer une de ces deux stations pour les communes traversées par les chemins de fer, et de regagner ainsi moitié de cette perte de temps, insignifiante autrefois, énorme aujourd'hui, par comparaison. Sur chaque convoi de grande vitesse, il y a un wagon spécial, affecté au service des dépêches. Ce wagon, c'est la poste. C'est un bureau découpé dans l'hôtel des Postes, et posé sur des rails pour la plus grande rapidité du service. Six pouces de bois enlevés sur un côté de wagon et un carré de fer blanc, voilà une boîte aux lettres, aussi sûre que la grande boîte de la rue Jean-Jacques-Rousseau, qui ramassera les lettres sur toute la ligne, et les affranchira du voyage à reculons au chef-lieu de canton. Que l'on compte ce qu'il y a de communes intéressées à cette amélioration, si simple en fait, sur les 11,000 kilomètres de chemins de fer construits, ou en construction, dans toute la France, et l'on se persuadera facilement que jamais peut-être, dans l'histoire des Postes, détail de service, plus minime en lui-même, n'aura eu plus de résultats utiles, et sur une plus grande échelle. Que de sacrifices ne s'est-on pas imposés, de générations en générations, pour gagner à mesure quelques heures, depuis le temps où Henri III se vit chassé de Paris par le duc de Guise, faute d'un courrier plus expéditif que la poste royale. Ici, le sacrifice est nul, ou peu s'en faut, et c'est 12 heures, quelquefois 24 heures que l'on gagne. Cela vaut la peine d'y penser.

Pour les journaux, il y aurait autre chose à faire. Un journal n'est pas une lettre. Il ne renferme ni valeurs, ni secrets de famille. L'administration peut s'en dessaisir, sans tant de scrupules. Or, il est dur pour l'abonné, dans un grand nombre de localités, de voir son journal passer devant lui à 10 heures du matin, et de ne le recevoir que le lendemain à midi. Quand on pense que le journal que le parisien vient lire à son café sur les 11 heures du matin, arrive à la même heure entre les mains de l'abonné de Colmar, puisque j'ai parlé de Colmar, 26 heures de plus pour l'abonné placé sur la route de Paris à Colmar, c'est vraiment effrayant. Dans bien des cas, il serait disposé à venir le chercher lui-même au passage. Or, avec cette simple indication ajoutée, sur avis de lui, à sa bande : *Station de ....* il suffirait à l'employé du bureau ambulant d'allonger le bras hors de sa portière et de le tendre au chef de station, qui s'en ferait volontiers dépositaire : dans les stations des simples communes, il n'y a jamais encombrement, et c'est là un service de bon voisinage qui se refusera rarement. Les journaux aussi ont fait souvent des sacrifices pour gagner quelques heures. Il n'y a là d'autre sacrifice à faire que celui d'une demande à qui de droit, qui serait vraisemblablement accueillie.

Pour me résumer, *vitesse oblige*, et quand la science a supprimé les grandes distances, il doit y avoir une sorte de point d'honneur à ne pas laisser les petites dévorer un temps si merveilleusement épargné. La navigation à vapeur a fait tomber les quarantaines dans nos ports de mer. Quand lettres et journaux sont emportés à toute vapeur, il est assez naturel de chercher à les sauver, là où faire se peut, de la quarantaine du chef-lieu de canton. Un jour, c'est quatre jours, quand le chemin de quatre heures se fait en une heure.

JEAN MACÉ.

REVUE DES JOURNAUX.

Moyen d'obtenir le vide par des procédés chimiques.

M. Brunner, de Berne, a publié, dans les *Annales de Poggendorff* de 1855, un procédé qui donne le vide, d'une manière satisfaisante, par le moyen d'une réaction chimique. Ce procédé consiste à faire absorber dans un vase fermé de l'acide carbonique ou du gaz ammoniac. Voici l'appareil que le *Journal für Praktische Chemie* recommande pour cette opération :

Dans une grande cloche cylindrique renversée, dont les bords sont usés à l'émeri, on verse de l'acide sulfurique concentré, au-dessus duquel on place, sur un trépied en plomb, une petite capsule que l'on couvre d'une couple de feuilles de papier à filtre qui porte plusieurs grammes de chaux caustique en pierre. On ferme ensuite la cloche avec un couvercle en métal, graissé de suif et dressé de manière à intercepter complétement l'accès de l'air, mais percé d'une ouverture ou de deux au plus. Si l'on n'en emploie qu'une, on y introduit un tube qui y amène un courant de gaz acide carbonique et qui descend presque jusqu'à la surface de l'acide sulfurique. On laisse passer ce courant jusqu'à l'expulsion complète de l'air contenu dans la cloche. Alors on remplace le premier tube par un second, ajusté dans un bouchon et courbé convenablement. Ce tube amène, par l'effet de la chaleur, l'eau d'un vase d'où il part, sur la chaux qui se réduit aussitôt en poudre et commence à absorber l'acide carbonique. On peut s'assurer de l'absorption en plaçant dans l'intérieur de la cloche un petit baromètre d'essai, ou bien en établissant dans la seconde ouverture, si cette ouverture existe, un tube recourbé dont l'extrémité inférieure plonge dans une capsule pleine de mercure, et qui a au moins 0^m, 80 de hauteur verticale. L'auteur de la note a trouvé que, dans une cloche de 450 centimètres cubes qu'il avait remplie d'acide carbonique dégagé du marbre au moyen de 50 à 60 grammes d'acide chlorhydrique, la colonne barométrique, au bout de 5 à 6 minutes, n'était plus que de 12 millimètres.

Il n'avait d'ailleurs employé que 4 grammes de chaux caustique et 40 à 50 grammes d'acide sulfurique. Deux heures après, cet acide avait absorbé la vapeur d'eau, et la colonne du baromètre d'essai était tombée très près du niveau du mercure de la cuvette.

Le marbre ou les calcaires pesants et compactes doivent être préférés pour la préparation de l'acide carbonique; et, avant d'introduire le gaz dans la cloche, on doit le faire passer dans l'acide sulfurique concentré.

On n'obtient pas de succès avec la potasse en morceaux ni en solution, et même, lorsque la chaux, au lieu d'être éteinte, reste en pierre, elle n'absorbe presque pas d'acide carbonique.

On réussit bien en employant le gaz ammoniac et en le faisant absorber par l'acide sulfurique; mais il faut alors faire descendre presque au niveau de cet acide l'extrémité du tube qui sert à l'extraction de l'air et terminer, au contraire, à peu près au niveau du couvercle celui qui amène le gaz ammoniac, et qui doit être introduit par une seconde ouverture. On doit aussi éviter la présence d'objets en laiton ou en cuivre, parce que ces objets seraient attaqués; enfin, il faut que le gaz ammoniac soit bien purgé de carbonate d'ammoniaque.

Monnaie universelle.

Mettre dans tous les pays à la portée de tout le monde de petites pièces de métal servant à la fois de poids, de mesure et de monnaie universelle, tel est le problème que pose le *Journal des Mines* par l'organe de M. A. de Laveleye, et que résoudrait la création d'une pièce de monnaie que l'auteur nomme *gol*, et qui serait en or, pèserait 10 grammes à 9 dixièmes de fin, et aurait un diamètre de 20 à 25 centimètres.

100 de ces pièces pèseraient exactement *un kilogramme* ou la

50

double livre récemment adoptée en Allemagne, et 40 pièces mises bout à bout mesureraient *un mètre*.

Il va sans dire qu'une seule pièce pourrait servir à trouver, par multiplication du poids ou des dimensions, les unités fondamentales du mètre et du kilogramme. Cette pièce servirait donc très utilement d'*étalon* pour évaluer tout ce qui se pèse, se mesure ou se paye. Ce serait donc l'étalon universel de tout ce qui est susceptible d'entrer dans le commerce.

La tendance générale qui se manifeste pour l'emploi du système métrique trouverait ici naturellement son application.

Il y aurait pour la tenue des comptes le *décagol*, l'*hectogol*; ce dernier représentant un kilogramme d'or au titre de 9 dixièmes de fin.

On aurait pour les fractions décimales le *décigol*, le *centigol*, le *milligol*.

Le gol, nouvelle unité monétaire, par cela même qu'il ne serait en rapport avec la monnaie d'aucun pays, conviendrait d'autant mieux qu'il serait une monnaie nouvelle venant se placer à côté de celles de tous les pays, qui continueraient à avoir cours, jusqu'à ce que la force des choses les fasse progressivement disparaître.

Nous disons que la force des choses ferait disparaître les anciennes monnaies, et il ne saurait en être différemment dans un temps donné, par suite des avantages attachés à la nouvelle manière d'estimer. Ces avantages se sentent bien mieux qu'ils ne sauraient se décrire, aussi n'entreprendrons-nous pas de les énumérer ; nous nous contenterons d'un seul exemple.

Tous ceux qui voyagent savent par expérience combien de tracas leur fait éprouver ce changement perpétuel de monnaies d'un pays à l'autre.

Tous ces désagréments disparaîtraient dans les pays où l'on aurait adopté le gol comme monnaie internationale.

En effet, le voyageur muni de gols, en nombre suffisant, aurait dans sa poche comme autant de petites lettres de change, portant en elles-mêmes leur valeur intrinsèque, échangeables à un taux légal aux monnaies des pays qui auraient adopté le gol comme monnaie internationale. Bien plus, c'est que dans les pays qui ne seraient pas encore entrés dans ce mouvement de réforme salutaire, le gol se vendrait chez les orfèvres comme une marchandise d'or à un titre connu.

Nous résumons ici la question en peu de mots, en nous en tenant aux principes pris dans toute leur généralité.

On créerait, dans tous les pays qui trouveraient un avantage à jouir d'une monnaie universelle, une pièce d'or ayant partout le même poids et la même dimension.

Cette pièce internationale aurait *cours légal* dans les pays faisant partie de la *convention monétaire*, et serait par conséquent échangeable contre la monnaie spéciale de ce pays.

La pièce porterait sur l'une de ses faces le mot générique qui serait adopté pour la désigner, et sur le revers l'empreinte caractéristique adoptée pour le pays où elle a été battue.

La monnaie devant jouir d'une confiance universelle, le crime de faux-monnayage serait punissable, alors même que le faux-monnayeur aurait emprunté la marque d'un autre pays que celui où il aurait commis le crime.

La monnaie internationale n'empêcherait en aucune façon la coexistence des monnaies nationales dans tous les pays qui seraient entrés dans la convention monétaire.

Il est complétement superflu d'attendre une convention générale entre tous les peuples pour créer la nouvelle monnaie; il suffit de l'initiative de quelques grandes nations ; l'avantage qui en serait la suite serait assez grand pour que les autres peuples se déterminassent successivement à y adhérer.

Une fois l'initiative prise, ce ne serait plus qu'une question de temps.

Quand cela aura-t-il lieu? Nous n'en savons absolument rien; mais tout nous fait espérer que le temps qui s'écoulera d'ici là ne saurait être long.

Une ferme anglaise.

La ferme dont il s'agit est celle de Tiptree-Hall (comté de Colchester), appartient à l'un des plus célèbres agronomes de l'Angleterre, M. Mechi, riche négociant de la cité de Londres, que les suffrages de ses concitoyens ont récemment appelé aux fonctions importantes de shériff. Cette ferme de TIPTREE-HALL occupe un espace de 130 hectares qui, avant que M. Méchi en prit possession, n'étaient couverts que d'épines, de bruyères et de genêts. Les deux tiers du sol étaient composés d'une argile compacte, tenace et molle l'hiver, dure et consistante pendant la sécheresse et l'été. L'autre tiers était formé de sable et d'argile. C'est aujourd'hui l'une des fermes les plus florissantes de l'Angleterre, l'une de ces fermes-modèles que nos voisins citent avec orgueil. Les merveilles réalisées par M. Méchi sont dues en grande partie au drainage et aux engrais liquides. L'analyse de l'article que M. Victor Borie consacre dans le *Journal d'Agriculture pratique* à cette belle exploitation, offrira donc à la fois un exemple du parti qu'on peut tirer des mauvaises terres et de la mise en pratique du système Kennedy ou de la méthode d'arrosement par les engrais liquides. C'est pourquoi nous allons nous y arrêter.

Si M. Mechi a voulu montrer aux agriculteurs que la terre est entièrement soumise à la domination de l'homme; qu'avec la science pour guide on peut obtenir d'elle tout ce qu'on lui demande, il a parfaitement réussi, dit M. Victor Borie. Jamais agriculteur ne s'est trouvé en présence d'un sol plus ingrat ; les magnifiques moissons que j'ai visitées m'ont prouvé que jamais peut-être la terre la plus féconde n'avait donné de plus beaux résultats.

Lorsque M. Mechi attaqua la terre de Tiptree-Hall, il employa l'écobuage, puis il fit drainer sur une large échelle, à des profondeurs diverses, selon la profondeur de la couche argileuse. J'ai parcouru une colline, couverte d'un blé superbe, qui a été drainée, à quelques endroits, à près de 5 mètres de profondeur. Nous étions au mois de juillet; après plusieurs jours assez secs, les collecteurs rendaient en quantité considérable une eau fraîche et limpide. Les terres drainées ont été labourées à l'aide de la charrue sous-sol; puis on leur applique la rotation suivante : blé, fèves, avoine, racines et luzerne ou trèfle.

Comme complément du drainage, M. Mechi a appliqué à toute sa propriété le système connu sous le nom de *système Kennedy*, c'est-à-dire la fumure à l'aide de l'engrais liquide.

Voici les mesures prise pour l'application de cette méthode très peu connue encore dans notre pays.

La stabulation permanente est établie pour tout le bétail de la ferme ; les étables, la porcherie, situées derrière la maison du maître, sont construites de manière à ne laisser perdre aucune parcelle de fumier. L'animal marche sur une claire-voie formée par des traverses carrées, posées de façon que les arêtes soient en face les unes des autres. Ces arêtes sont légèrement arrondies. Les déjections tombent avec les urines dans un réservoir inférieur fortement bitumé.

Au centre des bâtiments de la ferme est établie une machine à vapeur fixe d'une force de 6 chevaux. Cette machine fait mouvoir une batteuse, des concasseurs, des coupes-racines, etc., disposés dans l'intérieur du bâtiment qui la renferme. Mais son emploi principal consiste à faire agir un système de pompes foulantes et aspirantes qui ont la double fonction de transporter le liquide des fosses, situées sous les étables, dans un immense réservoir placé à quelques pas des bâtiments, et de le renvoyer ensuite dans les tuyaux de conduite.

Ce réservoir reçoit ainsi les purins provenant des étables, toutes les eaux de la ferme, auxquelles on ajoute, en quantité convenable, de l'eau pour délayer les matières qu'il contient.

Un vaste système de tuyaux souterrains part de ce réservoir, et amène le purin au centre des pièces de terre. Ces tuyaux en fonte, placés sous le sol à une profondeur suffisante pour ne pas gêner l'action de la charrue profonde, ont environ 3 pouces anglais de diamètre ($0^m,76$). On emmanche, à l'orifice du tuyau qui surgit au milieu du champ, un tube en gutta-percha terminé par une lance semblable à celles dont se servent les sapeurs-pompiers. Le purin, sous l'action des pompes de la ferme, jaillit par l'orifice de la lance, et se répand sur la terre en pluie bienfaisante. En allongeant ou en raccourcissant les tuyaux, l'ouvrier qui tient la lance peut arroser toutes les parties du champ.

Lorsque je visitai Tiptree-Hall, M. Mechi fit arroser devant nous un champ ensemencé de ray-grass et situé à une assez grande distance de la ferme. Ce fourrage avait été brouté trois fois pendant l'été; on se disposait à le faire pâturer une quatrième fois. Avant la fin de la saison, M. Mechi espérait obtenir de ce champ cinq pâturages en sus d'une abondante récolte de foin.

Le purin dont ce fourrage est arrosé exhale une légère odeur; cependant les troupeaux conduits sur le champ, cinq ou six heures après l'arrosage, se mettent à brouter sans la moindre répugnance.

L'influence de l'engrais liquide, convenablement préparé et intelligemment appliqué, est excessivement puissante; les champs arrosés ainsi se ressentent de cette fumure pendant plusieurs années. Ce phénomène n'a rien qui doive surprendre, si l'on veut bien se rendre compte de l'action mécanique qui le produit. Les particules fertilisantes du fumier, suspendues dans le liquide, pénètrent intérieurement dans la terre au moyen de ce liquide, qui tend à s'infiltrer par tous les pores du sol, pour s'écouler ensuite dans les tuyaux du drainage. L'eau qui sort par les tuyaux est parfaitement pure, inodore, insipide; elle a été purifiée par le sol, auquel elle a abandonné tout l'engrais qu'elle contenait. Il y a incorporation immédiate, complète et profonde de l'engrais dans les molécules du sol : c'est l'idéal que recherchent tous les agriculteurs, et qu'on n'avait jamais pu atteindre avant l'introduction du système Kennedy.

Il est évident que la création de ces artères cachées sous le sol, qui transportent dans toutes les parties de la ferme l'engrais liquide qui les féconde, a dû exiger une avance considérable de capitaux; l'entretien de ces tuyaux, l'alimentation de la machine à vapeur, doivent certainement grever d'une somme assez ronde le prix de revient de ce genre de fumure. M. Mechi, en tenant compte de l'augmentation du prix du fer, estime les dépenses de cette amélioration à 250 francs environ l'hectare; et il affirme que les intérêts de cette avance sont largement compensés par les produits extraordinaires de ses terres.

Dans tous les cas, M. Mechi eût-il sacrifié généreusement quelques milliers de francs pour donner la démonstration pratique des bienfaits du drainage et du système Kennedy sur des terres de nulle valeur, il aurait déjà rendu un immense service à l'agriculture. Les premiers essais sont toujours très coûteux; mais quand un principe est bon, on trouve bien vite à l'appliquer dans des conditions de plus en plus avantageuses. Pour le système Kennedy, par exemple, on peut substituer les tuyaux de terre cuite aux tubes de fer, un moteur hydraulique à la vapeur; profiter des puits, combiner la pose des tuyaux de conduite avec celle des drains, etc. Donc, le résultat économique fût-il peu satisfaisant, cela ne prouverait rien contre l'excellence du système. D'autant mieux que les travaux destinés à la conduite du purin dans les champs sont des travaux de longue durée, qui rentrent dans la catégorie des frais généraux, et tendent par conséquent à diminuer d'importance avec le temps, et à ne représenter, au bout de plusieurs récoltes extraordinaires, qu'un chiffre insignifiant.

Le spectacle des merveilles accomplies par l'engrais liquide a fait naître chez tous les agriculteurs présents, anglais et français, le même sentiment : le regret de voir se perdre dans les fleuves et dans les rivières les immenses quantités d'engrais que produisent les villes et les villages, et qui suffiraient presque à fertiliser la moitié du pays.

Indicateur parlant ou flotteur magnétique des machines à vapeur.

Au mois d'août 1851, M. Lethuillier-Pinel, ingénieur-mécanicien à Rouen, fit la demande d'un brevet d'invention pour un indicateur parlant; l'appareil se composait d'un simple tube métallique adapté à l'avant de la chaudière à vapeur, et mis en communication avec l'eau et la vapeur de cette chaudière au moyen de deux tubes munis de robinets. Un flotteur métallique muni d'un aimant en fer à cheval, pouvait se mouvoir dans le tube formant le corps de l'appareil, et y prendre un mouvement ascensionnel et descensionnel.

Le cylindre indicateur était aplati sur l'une de ses faces, et portait un cadre dans lequel s'enchâssait une glace recouvrant un espace vide dans lequel pouvait se mouvoir une aiguille en fer ou en acier, dont les extrémités s'engageaient dans des rainures verticales. Cette aiguille, attirée vers l'aimant du flotteur, au travers de la paroi plane du tube, en suivait tous les mouvements et accusait ainsi le niveau de l'eau du tube et par suite de la chaudière.

Tel était à l'origine l'appareil dont il s'agit. Depuis, l'inventeur, au moyen d'additions successives, l'a rendu propre aux fonctions essentiellement distinctes d'indicateur du niveau des chaudières (avec sifflet avertisseur dans le cas d'un niveau trop restreint) et d'appareil de sûreté. *Le Génie industriel* donne l'aperçu suivant des améliorations dont il s'agit :

Tout en conservant le principe fondamental d'attraction de l'aiguille aimantée sous l'influence du flotteur muni de son aimant, M. Lethuillier-Pinel en a fait ainsi un appareil tout nouveau; les frottements, et de l'aiguille et du flotteur ont disparu; le flotteur placé sur la masse même du liquide de la chaudière, agit ainsi directement sur la tige conductrice de l'aimant moteur.

Au-dessus du tableau indicateur des niveaux est placé un sifflet d'alarme dont la soupape s'ouvre par suite du mouvement descensionnel de la tige du flotteur et accuse ainsi l'abaissement du niveau dans la chaudière. Enfin, une tubulure ajoutée au corps principal de l'appareil est surmontée d'une soupape de sûreté.

L'appareil, ainsi amélioré, est placé sur le corps même de la chaudière au lieu d'être appliqué à l'avant, comme dans son origine.

Non content des améliorations notables qui viennent d'être mentionnées, l'inventeur a voulu apporter à son appareil un dernier perfectionnement, c'est-à-dire lui adjoindre l'indicateur de la pression de la vapeur dans la chaudière : le manomètre enfin.

A cet effet, il a ajouté au tube principal de l'appareil une deuxième tubulure, placée en face de celle qui porte la soupape de sûreté, et c'est dans cette tubulure qu'a été placé le sifflet avertisseur, occupant précédemment la partie supérieure de l'appareil; c'est à cette partie supérieure qu'il a placé le manomètre.

L'appareil ainsi composé nous paraît arrivé à son dernier degré de perfection; il est de forme gracieuse, d'une composition aussi simple que bien entendue au point de vue des divers objets qu'il est appelé à remplacer.

Métallurgie. — Puddlage du fer au moyen de la vapeur d'eau.

M. J. Nasmith expose dans le *Repertory of patent inventions* un procédé de puddlage de son invention, consistant à soumettre, dans le four à puddler, la fonte liquéfiée à l'action d'un courant ou de plusieurs courants de vapeur d'eau, introduits, autant que possible, à la partie inférieure de la masse métallique. Ces courants, en traversant le bain, le divisent, l'agitent et occasionnent un grand renouvellement des surfaces exposées à l'action de l'air atmosphérique. En outre, ils se décomposent, et cèdent de l'oxygène au carbone, au soufre et aux autres matières oxydables de la fonte, tandis que l'hydrogène, uni peut-être à une portion de soufre, se dégage et se brûle.

L'auteur, pour l'exécution de ce procédé, dispose horizontalement un tuyau recourbé, dont l'orifice est situé en bas, et qui est destiné à amener la vapeur. Ce tuyau est mobile, suspendu à son milieu par une tringle de fer et muni d'un robinet. Lorsque la chaleur du four à puddler a réduit la fonte à l'état liquide, l'ouvrier introduit au fond de la masse le bec du tuyau, tourne le robinet, effectue l'introduction de la vapeur et promène l'extrémité du tuyau sur toute l'étendue de la sole. La matière se soulève et perd du carbone et du soufre, jusqu'à ce que le puddleur, jugeant que la réaction est assez avancée, intercepte la vapeur, et forme par les procédés ordinaires la loupe, qui est ensuite portée au marteau ou au laminoir. L'auteur annonce que ce procédé facilite considérablement le puddlage, en abrége la durée, et augmente beaucoup la pureté ainsi que les autres qualités du fer. L'opération ne doit pas être prolongée au-delà du temps indiqué; car, après la combustion du carbone, elle produirait celle du fer et ferait éprouver des déchets.

Fabrication de l'aventurine artificielle.

M. S. Dumoulin expose en ces termes, dans le *Journal de l'Académie nationale*, le résultat de ses essais dans la préparation de l'aventurine :

Des expériences auxquelles nous nous sommes livrés nous autorisent à penser que, pour réussir dans cette fabrication, il faut d'abord avoir un verre qui ne contienne point ou très peu d'oxyde de plomb. Le cuivre qui donne ces paillettes brillantes doit être dissous dans la masse à l'état d'oxyde et passer à l'état de silicate. Quand la masse est en fusion, il faut projeter un corps réducteur, soit de la limaille de fer, soit de l'étain. Dans cette opération, l'oxyde de cuivre est ramené soit à l'état de protoxyde qui est rouge, soit à l'état métallique, et en tenant la masse en fusion pendant un laps de temps suffisant. Ces matières métalliques cristallisent dans la masse. Le verre employé n'ayant point autant de fluidité que lorsqu'il est allié à l'oxyde de plomb, se trouve dans un état pâteux qui s'oppose à la réunion des parcelles métalliques. Ces paillettes, par le refroidissement de la masse, y restent suspendues et emprisonnées, ce qui produit cet effet si recherché dans la bijouterie. Nous ajouterons que pour réussir il faut opérer sur plusieurs kilogrammes de matière, autrement la séparation chimique et mécanique ne saurait s'effectuer. Ce qui vient à l'appui de notre opinion, c'est qu'en effet l'aventurine de Venise qui figurait à l'Exposition était en gros blocs supposant une opération de plus de vingt kilos dans chaque creuset.

SOCIÉTÉS SAVANTES.

ACADÉMIE DES SCIENCES.

Addition à la séance du 1er décembre 1856.

Quelque chose sur les truffes.

C'est le titre d'une note que M. Léon Dufour écrit contre l'opinion qui prétend faire du savoureux cryptogame dont il s'agit, une gale souterraine, et cela parce qu'on a trouvé dans l'intérieur de quelques-uns de ces tubercules, des vers ou *larves*, qui ont fini par donner naissance à des mouches. La trouvaille n'est rien moins que nouvelle. Réaumur a donné, il y a cent ans, l'histoire des métamorphoses d'une mouche qui vit dans les truffes gâtées du Périgord, et M. Léon Dufour a décrit et figuré trois espèces de mouches vivant de la même manière. Le savant naturaliste oppose à l'opinion qu'il combat les arguments que voici :

« Une gale, pour mériter ce nom, non-seulement a besoin d'être fixée au végétal, dont elle emprunte les sucs nourriciers pour sa vie hypertrophiée, mais la larve ou les larves qui en provoquent la formation et dont l'existence initiale coïncide avec celle-ci, s'établissent dans une ou plusieurs loges ou coques particulières où elles subissent *sur place* leur triple métamorphose.

« Rien de semblable ne s'observe dans la truffe, à quelque âge que vous en étudiez la structure intime. Demandez plutôt au fin gourmet, à l'artiste culinaire, s'ils ont jamais trouvé des vers dans les truffes fermes et parfumées, même les plus grosses. Ils vous diront que non. Mais s'ils rencontrent un tubercule mou et infect, ils le repoussent bien loin, et ce tubercule fait la fortune de l'entomophile.

« L'intelligente mouche, ou *Hélomyze*, qui suit à la piste les truffes en voie de maladie ou d'altération, pond dans le sol qui les couvre un ou plusieurs œufs. De ceux-ci éclosent les larves, qui savourent cette corruption. Quand sonne l'heure de la transformation en chrysalide, elle sortent de la truffe, gagnent la terre du voisinage, de façon à établir leur gîte près de la surface du sol, afin que l'insecte ailé puisse prendre son essor. Ces trois derniers actes de la vie de l'Hélomyze se sont passés sous mes yeux lorsque j'ai fait l'éducation de ces larves. Ce que je dis de ces hôtes éventuels de la truffe, les scrutateurs des métamorphoses des insectes l'ont cent fois constaté, et dans les champignons de diverses espèces, et dans les *Lycoperdon*, dont quelques-uns, notamment le *Scleroderma citrinum*, peu rare aux environs de Paris, ont avant leur parfaite maturité une chair ferme dont l'odeur rappelle le parfum de la truffe.

« Non, non, la truffe n'est point et ne saurait être une gale. On aurait beau vouloir théoriquement la faire naître des dernières fibrilles d'une racine de chêne, je doute fort que les exploiteurs pratiques du Périgord confirment cette origine. Je connais une grosse truffe blanche, fort insipide du reste, qui croît dans le sable de nos Landes, à un kilomètre de toute espèce d'arbre. »

Sur l'organisation et la propagation des volvocinées, par M. F. Cohn, de Breslau.

Contrairement à la plupart des zoologistes, qui classent les Volvocinées parmi les infusoires, l'auteur voit en eux des algues.

Dans le *Volvox globator*, chaque sphérule est bien moins un individu qu'une association, une sorte de polypier végétal. On avait cru, jusqu'ici, qu'il ne se reproduisait que par division de ses cellules constitutives. L'auteur montre que, comme toutes les algues, il a un second mode de reproduction, lequel exige le concours des deux sexes. Les sphérules douées de sexualité sont généralement monoïques, c'est-à-dire qu'elles renferment à la fois des cellules mâles et des cellules femelles. Dans les cellules mâles, la matière verte ou endochrome se divise symétriquement en une infinité de corpuscules linéaires, associés en faisceaux discoïdes. Ceux-ci sont hérissés de cils vibratiles et oscillent d'abord lentement dans leur prison, mais bientôt leur mouvement s'accélère, et ils ne tardent pas à se dissoudre en leurs éléments constitutifs. Les corpuscules libres sont très agiles, et l'on ne peut méconnaître en eux de véritables spermatozoïdes; ils sont linéaires et épaissis à leur extrémité postérieure; deux longs cils sont situés en arrière de leur partie moyenne, et leur rostre, qui imite l'élégante courbure du cou du cygne, est doué d'une contractilité suffisante pour exécuter les mouvements les plus variés. Ces spermatozoïdes, dès qu'ils peuvent se répandre dans la cavité du *Volvox*, s'amassent promptement autour des cellules femelles et réussissent à s'introduire dans leur sein; là, ils se fixent par leur rostre au globe plastique qui doit, dans chaque cellule, former une spore, et ils s'incorporent à lui peu à peu. L'acte fécondateur ainsi accompli, ce globe reproducteur s'enveloppe successivement d'un tégument que hérissent des saillies coniques et pointues, et d'une membrane lisse plus intérieure; puis la chlorophylle qu'il contient fait place à des granules d'amidon et à une huile de couleur rouge ou orangée. Telle est la spore parvenue à sa maturité; l'auteur en a parfois compté quarante en cet état dans une même sphère fertile de *Volvox*.

Production de la mannite par les plantes marines; par M. Phipson.

On sait que certaines algues marines se recouvrent, lorsqu'on les sèche à l'air libre, d'efflorescences de sucre de manne ou mannite. Quelques botanistes ont vu là une sécrétion opérée par la plante encore vivante; pour M. Phipson, la matière sucrée ne se produit qu'après que l'activité vitale a cessé; de plus, cette production serait le résultat d'un cas particulier de fermentation, ayant pour effet de désoxyder le mucilage végétal et de le transformer en mannite. Voici comment M. Phipson rend compte de cette production.

Si nous supposons au mucilage végétal la formule $C^{12} H^{10} O^{10}$ qu'on lui attribue, et qui représente la composition de cette substance desséchée à 130 degrés dans le vide, on voit qu'en présence de l'eau et en perdant 1 équivalent d'oxygène, il peut se dédoubler en 2 équivalents de mannite : ainsi

$$C^{12} H^{10} O^{10} + 4\ HO = 2\ C^{6} H^{7} O^{6} + O.$$

Mucil. végét. + eau = mannite + oxygène.

C'est donc par une *influence désoxydante* exercée sur le mucilage que la mannite prend naissance. Nous savons, en effet, que cette substance se produit également pendant la fermentation visqueuse, cas dans lequel il se forme une matière visqueuse de la nature des gommes (dans les vins, les bières, les sucs végétaux en altération), et dans cette circonstance la mannite produite provient évidemment de l'action désoxydante que la matière qui fermente exerce sur cette substance visqueuse.

Nouveau spiromètre, par M. B. Schnepf.

On appelle spiromètre un instrument au moyen duquel on peut apprécier la quantité d'air inspiré et expiré dans l'acte de la respiration, et par conséquent la capacité vitale du poumon. Il est appelé à un rôle important dans le diagnostic des maladies de poitrine à leur début. Celui que nous figurons et que nous allons décrire, rentre dans la catégorie des gazomètres ou compteurs imaginés par les physiologistes anglais et allemands. Il a pour auteur M. Schnepf, qui vient d'en faire l'objet d'une communication à l'Académie. Cet instrument se recommande par sa sensibilité et sa simplicité; l'auteur s'en est servi dans plus de 2500 expériences, sur des individus des deux sexes et de tout âge.

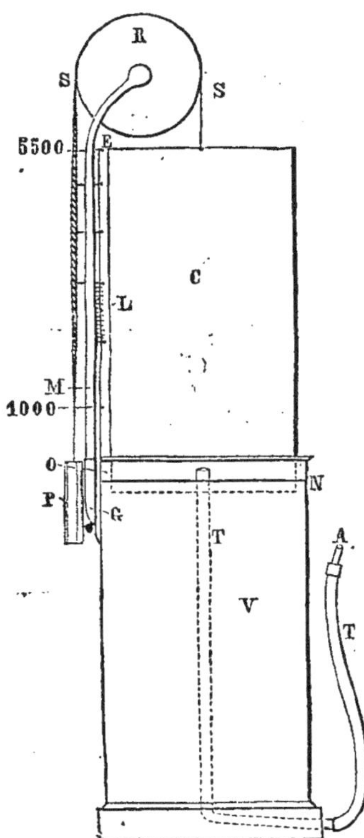

Voici la description de l'appareil :

Un cylindre en laiton V, ayant 35 centimètres de haut et 18 centimètres de diamètre, fermé seulement à sa partie inférieure, à laquelle est soudé un socle également cylindrique, sert de récipient; un tube T, de 15 millimètres de diamètre, s'élève verticalement dans l'axe du récipient, traverse le fond, se coude dans le socle, d'où il sort sous une légère inclinaison pour se continuer avec un tube en caoutchouc vulcanisé, de longueur variable, mais terminé par une embouchure légèrement conique A : c'est le tube respiratoire. Une cloche C cylindrique, en laiton également, de 30 centimètres de haut et de 16 centimètres de diamètre, est renversée dans le récipient plein d'eau; elle est maintenue, dans toutes ses positions, dans un équilibre stable, au moyen d'un contre-poids P et d'une chaîne S, qui passe sur une poulie R, et dont les anneaux, inégaux en poids, compensent les variations que subit le poids de la cloche suivant qu'elle plonge plus ou moins dans l'eau du récipient. L'échelle L, dont les divisions de 0 à 5500 correspondent à des centimètres cubes, est fixée sur le montant M, qui soutient la poulie et qui s'adapte avec précision par la gaine G sur le récipient.

«Pour déterminer la capacité vitale du poumon, nous cherchons, dit l'auteur, le volume de l'air inspiré et celui de l'air expiré. A cet effet, nous versons de l'eau dans le récipient jusqu'à la hauteur N fixée pour notre spiromètre, de manière à ce que la cloche plonge toujours dans le même volume d'eau, dans toutes les expériences que nous faisons; nous abaissons la cloche au niveau du 0 de l'échelle, quand il s'agit de recueillir la quantité d'air expiré; puis, après avoir fait inspirer et expirer successivement la personne que nous voulons examiner, nous lui recommandons de faire une profonde inspiration et de lancer dans la cloche l'air expiré par le tube respiratoire, en plaçant dans la bouche l'extrémité terminée par l'embouchure; le point où s'arrête le bord supérieur de la cloche indique le nombre de centimètres cubes d'air expiré. Cette opération, que tous n'exécutent pas également bien du premier coup, est renouvelée trois fois, et nous ne conservons que le résultat maximum.

« Pour avoir le volume d'air inspiré nous élevons la cloche au niveau de la division de l'échelle qui marque 5,000 centimètres cubes; puis après une expiration et une inspiration successives, nous faisons faire une expiration prolongée, et pendant le court intervalle de repos qui suit la personne, soumise à l'examen place l'embouchure dans sa bouche, et inspire aussi longtemps que possible de l'air qu'elle puise dans la cloche; celle-ci descend, et le point où elle s'arrête sert à déterminer le volume d'air expiré. »

Séance du 7 décembre.

Une indisposition du rédacteur nous oblige de renvoyer au prochain numéro le compte-rendu de cette séance, d'ailleurs peu fournie.

SOCIÉTÉ IMPÉRIALE D'AGRICULTURE DE VALENCIENNES.

Avantages des machines à battre.

Un membre de cette Société, M. Cheval, fait ressortir d'une manière très remarquable les avantages qu'offre aux cultivateurs l'emploi des machines à battre. Voici en résumé les résultats de sa propre expérience sur ce sujet. Il pense que dans le choix d'une machine de cette nature, on doit donner la préférence à celles qui sont armées d'un secoueur puissant, attendu que son action exerce une grande influence sur le rendement au battage. En effet, cette opération n'a pas seulement pour but de faire sortir complétement le grain de l'épi, mais encore de bien secouer les longues pailles dans le trajet qu'elles ont à parcourir depuis la sortie du cylindre jusqu'à l'ouvrier chargé de les mettre en bottes.

D'après des expériences que l'auteur de la communication a faites et répétées maintes fois pour apprécier la différence du rendement entre le battage au fléau et le battage à la machine, il a invariablement reconnu :

1° Que par le premier mode, la quantité de grains manquant, par rapport à celle obtenue par le second mode, ne reste dans les épis que dans une certaine proportion ;

2° Qu'une portion plus grande reste dans la paille et est logée dans les herbes sèches qui garnissent la tige du blé ;

3° Enfin, que la majeure partie se trouve dans ce qu'on appelle vulgairement, dans la contrée, *trélinage* ou déchet.

Pour constater ces résultats, M. Cheval a procédé ainsi : il a fait prendre chez quelques-uns de ses voisins, qui ont l'habitude de faire battre chez eux à la journée (ce qui du reste est moins désavantageux que de faire battre à la pièce), vingt-cinq bottes de paille représentant cinquante gerbes, lesquelles peuvent donner, année moyenne, un hectolitre de blé. Il a fait passer au batteur mécanique ces vingt-cinq bottes de blé déjà battues et il a recueilli, à la première opération, 8 à 9 litres de blé.

Dans les expériences suivantes, il a eu soin d'ajouter à l'opération la quantité de trélinage provenant également de cinquante gerbes battues au fléau; il a obtenu de 9 à 10 litres, c'est-à-dire un litre de plus, représentant la portion de grains contenue dans ces déchets.

M. Cheval établit ensuite par des chiffres, qu'en employant la machine, les cultivateurs se trouvent avoir les battages de leur blé relativement pour rien. En effet, ils obtiennent du blé de plus, ils n'ont pas de grains écrasés, avantages qu'il évalue à 2 fr. 50 c. par hectolitre. Le prix du battage au fléau étant de 1 fr. 50 c. par hectolitre, il en résulte qu'il y a un bénéfice net de 1 fr. en se servant des batteurs mécaniques.

En admettant, pour être large, que ce franc par hectolitre soit absorbé par l'amortissement, par les frais de main-d'œuvre pour le transport de la récolte, il ne s'en suivra pas moins ce fait, qu'il y a avantage évident pour les cultivateurs à faire usage de la machine, attendu que si elle leur revient à 1 fr. 50 c., cette même somme de 1 fr. 50 c. leur est aussitôt remboursée par la supériorité du rendement et la plus-value de la quantité, tandis que le battage au fléau leur coûte 1 fr. 50 c. en perte sèche.

L'auteur des expériences compare encore le battage à la machine au battage au fléau, sous le rapport de la consommation. Il prend pour exemple le petit village d'Estreux, où il réside, et où l'on cultive annuellement, en moyenne, 180 hectares de blé. En admettant, pour rester de beaucoup au-dessous de la réalité, que chaque hectare produise seulement 25 hectolitres (et on pourrait, suivant lui, le porter à 30 sans exagération, en raison des progrès de la culture dans cette commune), on trouvera, en multipliant ces deux chiffres, un total de 4,500 hectolitres.

Si pour la totalité de cette récolte on emploie le battage au fléau, il arrivera que le rendement présentant, relativement au battage à la machine, un déficit de 8 litres à l'hectolitre, l'opération constituerait, pour la commune d'Estreux, une perte réelle de 360 hectolitres, soit, au prix de 25 fr. l'un, 9,000 fr. par an. Étendue à toutes les communes de France, cette perte se monterait à un chiffre si énorme, qu'on aurait peine à y croire.

SOCIÉTÉ INDUSTRIELLE DE MULHOUSE.

Nouvel instrument de pesage dit Hydrostat.

M. Kæppelin professeur de physique, directeur de l'usine à gaz, à Colmar, est auteur de cet instrument, destiné surtout au pesage des matières de prix, et qui, exempt d'usure et de toute détérioration, se recommande par son extrême justesse et peut être employé à tout service qui n'a pas pour objet la vente publique des marchandises dans les magasins de commerce.

Fondée sur le principe de l'aréomètre de Nicholson, la nouvelle balance se compose d'une boîte cylindrique remplie d'air et hermétiquement fermée de tous côtés, de manière à pouvoir plonger entièrement dans l'eau renfermée dans un bassin qui sert d'enveloppe à ce flotteur. Ce dernier est muni de deux fils d'acier argenté qui sortent verticalement de la surface de l'eau et qui sont fixés aux extrémités d'une traverse horizontale, qui porte au milieu une tige à laquelle sont suspendus deux plateaux de balance superposés, dont l'un contient les poids qui ont servi à faire immerger le flotteur et dont l'autre est destiné à supporter le corps à peser.

Avant de commencer la pesée, on observe le point fixe auquel s'est arrêtée la traverse horizontale ; alors on place le corps à peser sur le plateau qui lui est destiné, et on enlève sur l'autre plateau autant de poids qu'il en faut pour ramener l'instrument au point d'immersion primitif. Les poids enlevés seront le résultat de la pesée.

Comme, dans le jeu de cette balance, c'est l'eau déplacée par les fils d'acier qui règle les dernières petites fractions du chemin à parcourir par le flotteur, il en résulte que la précision de cet instrument dépend de la grosseur de ces fils. Il faut donc varier celle-ci, selon le plus ou moins de précision que l'on veut atteindre.

La pesée se fait promptement, puisque cet instrument ne présente pas les oscillations qui ont lieu dans le jeu des balances ordinaires.

L'hydrostat chargé du poids de plusieurs kilogrammes reste néanmoins sensible à la minime charge d'un centigramme ; ce qui s'explique par l'absence de tout frottement, hormis celui de l'eau contre la surface du flotteur. On voit donc que cette balance est surtout propre au pesage de matières précieuses en tout genre ; puisqu'aucune autre balance chargée à ce point ne peut arriver au même résultat de précision.

Les changements de température faisant varier le volume du flotteur aussi bien que la densité de l'eau, il devient nécessaire de ramener l'hydrostat à son point fixe chaque fois qu'il s'en est écarté. C'est l'équivalent de l'embarras que l'on a avec les autres balances, pour équilibrer les plateaux.

Présenté à la Société industrielle de Mulhouse, cet excellent instrument a été renvoyé à l'examen d'une commission, au nom de laquelle M. Edouard Schwartz a fait un rapport favorable : « Nous faisons compliment à M. Kæppelin, a dit le rapporteur, sur l'heureuse application d'un principe qui jusqu'à présent était demeuré dans le domaine de la science. »

Depuis ce rapport, une heureuse application de l'hydrostat a été faite à l'industrie de la filature du coton, par MM. Haussmann, Jordan, Hirn et comp[e], à Colmar. Cette application consiste dans l'emploi dudit instrument comme balance de carderie, pour le pesage du coton servant à la confection des nappes au batteur étaleur, et les industriels susnommés ont rendu en faveur du nouvel instrument le témoignage que voici :

« Nous, soussignés, certifions que les Hydrostats de M. Kæppelin fonctionnent dans notre atelier de batteurs, et que, bien que manœuvrés par des ouvrières pour lesquelles ces machines étaient entièrement nouvelles, ils nous ont donné, dès les premiers jours, les meilleurs résultats, attendu que le pesage s'opère tout aussi rapidement, et surtout avec une précision infiniment supérieure à celle des balances ordinaires.

« Nous nous faisons un plaisir de recommander les Hydrostats à tous nos confrères, persuadés qu'ils n'auront qu'à se louer du parti qu'ils en tireront.

« Longelbach, près Colmar, le 30 novembre 1855.

« Signé : HAUSSMANN, JORDAN, HIRN, fabricants. »

Certificats semblables, constatant les bons services des Hydrostats, ont été signés par :

MM. A. Dollfus, fabricant à Mulhouse ; Ch. Kiener, fabricant à Colmar ; A. Herzog, fabricant au Logelbach ; N. Schlumberger, fils, à Guebwiller ; J. Barth, fabricant à Colmar ; E. Bourcart, directeur de filature, ingénieur à Colmar.

LIVRES.

NOTES DE LECTURE.

Faire participer nos abonnés au profit de nos lectures privées, non-seulement en exprimant notre opinion sur la valeur d'ensemble de tel ou tel ouvrage, mais en mettant sous leurs yeux les extraits les plus curieux ou les plus utiles des livres anciens ou nouveaux, en compagnie desquels nous passons nos heures de loisir ou de travail, tel est le but des articles intitulés *Notes de lecture* dont nous inaugurons la série, qui sera longue si nos lecteurs y trouvent de l'agrément.

Nos premières notes seront tirées du tome III des *Notices scientifiques* d'Arago, que les éditeurs des *Œuvres complètes* de cet illustre savant viennent de faire paraître. Ce volume contient les articles suivants : Phares, — fortifications, — puits forés, — filtration et élévation des eaux, — sur divers établissements publics, — libre échange et protection, — brevets d'invention. Nos emprunts seront faits à la belle notice sur les puits forés, qui occupe à elle seule près du tiers de ce volume qui a plus de 700 pages.

Travail mécanique dépensé annuellement par la nature dans la formation des nuages.

M. Arago termine un chapitre consacré à l'examen de cette question : *D'où vient l'eau des puits artésiens?* par une remarque de Leslie qui, « sans rien ajouter à nos connaissances encore si imparfaites sur les causes de l'évaporation, nous signale dans ce phénomène un développement de force mécanique dont l'immensité frappe l'imagination, surtout lorsqu'on réfléchit à la manière silencieuse avec laquelle la nature l'opère. »

Voici cette remarque, bien digne en effet d'être rappelée :

Supposez que l'eau enlevée annuellement au globe par voie d'évaporation soit égale, en chaque climat, à la quantité de pluie qui y tombe. Cette eau évaporée se dissémine dans l'atmosphère à toutes les hauteurs. On opérera une sorte de compensation entre les extrêmes de ces mouvements ascensionnels, en concevant par la pensée que l'eau évaporée s'est élevée ou s'est arrêtée tout entière à une certaine hauteur moyenne. L'évaporation annuelle se trouvera ainsi représentée dans ses effets mécaniques, par une masse d'eau connue élevée verticalement d'un nombre également connu de mètres. Mais le travail qu'un homme peut faire dans l'année, en élevant de l'eau durant chaque jour à la hauteur d'un mètre, a été déterminée : eh bien, la comparaison des deux résultats montre que l'évaporation représente le travail de 80 millions de millions d'hommes. Supposez que 800 millions soient la population du globe ; que la moitié seulement de ce nombre d'individus puisse travailler, et la force employée par la nature dans la formation des nuages sera égale à deux cent mille fois le travail dont l'espèce humaine tout entière est capable (page 277.)

Merveilles du lac de Zirknitz (en Carniole.)

L'exemple le plus frappant que l'on puisse citer d'une nappe d'eau souterraine à niveau variable est celui du lac de Zirknitz, en Carniole. Ce lac a environ deux lieues de long sur une lieue de large. Vers le milieu de l'été, si la saison est sèche, son niveau baisse rapidement, et en peu de semaines, il est complétement à sec. Alors on aperçoit distinctement les ouvertures par lesquelles les eaux se sont retirées sous le sol, ici verticalement, ailleurs dans une direction latérale vers les cavernes dont se trouvent criblées les montagnes environnantes. Immédiatement après la retraite des eaux, toute l'étendue de terrain qu'elles couvraient est mise en culture, et, au bout d'une couple de mois, les paysans fauchent du foin ou moissonnent du millet ou du seigle, là où quelque temps auparavant ils pêchaient des tanches ou des brochets. Vers la fin de l'automne, après les pluies de cette saison, les eaux reviennent par les mêmes canaux naturels qui leur avaient ouvert un passage au moment de leur disparition. L'ordre que je viens d'assigner aux inondations et à la retraite des eaux, est l'ordre moyen ou normal. Les irrégularités atmosphériques le troublent souvent. Il suffit même quelquefois d'une abondante pluie d'orage sur les montagnes dont Zirknitz est entouré pour que le lac souterrain déborde, et aille, pendant plusieurs heures, couvrir de ses eaux le terrain supérieur.

On a remarqué parmi ces diverses ouvertures du sol des différences singulières : les unes fournissent seulement de l'eau, d'autres donnent passage à de l'eau et à des poissons plus ou moins gros; il en est d'une troisième espèce par lesquelles il sort d'abord quelques canards du lac souterrain.

Ces canards, au moment où le flux liquide les fait pour ainsi dire jaillir à la surface de la terre, nagent bien. Ils sont complétement aveugles et presque entièrement nus. La faculté de voir leur vient en peu de temps, mais ce n'est guère qu'au bout de deux ou trois semaines que leurs plumes, toutes noires excepté sur la tête, ont assez poussé pour qu'ils puissent s'envoler. Valvasor visita le lac de Zirknitz en 1687. Il y prit lui-même un grand nombre de ces canards, et vit les paysans pêcher des anguilles (*mustela fluviatilis*), qui pesaient de 1 à 2 kilogrammes; des tanches de 3 à 4 kilogrammes; enfin des brochets de 10, de 15 et même de 20 kilogrammes.

Ces différences dans les *produits*, qu'on me passe l'expression, des diverses ouvertures du lac de Zirknitz, ne sont pas aussi difficiles à expliquer qu'on le croit au premier aperçu. Un tuyau ou canal creusé dans le sol, dont la bouche inférieure descendra au-dessous de la surface du lac souterrain, ne pourra, à l'époque de l'exhaussement dans le niveau du liquide, rien amener au jour de ce qui se trouvera plus élevé que cette bouche. Les canards nagent à la surface de l'eau; toute issue par le canal plongeant en question, leur est interdite. Si au contraire, le bout inférieur du tuyau s'ouvre dans l'air, c'est-à-dire au-dessus de la surface du lac, il doit paraître tout simple que les canards souterrains s'y réfugient quand le niveau de l'eau s'élève, et qu'à la longue, le liquide les pousse jusqu'à la surface. On explique ensuite bien simplement, pourquoi certaines ouvertures ne donnent jamais de poisson, en remarquant qu'un canal peut être très large dans le haut, et se terminer à l'autre bout par de petits trous ou d'étroites fissures.

Dans son voyage en Allemagne, fait en 1820, 1821 et 1822, M. Jean Russe ne cite pas de canards parmi les êtres vivants que le lac inférieur de Zirknitz fait, en quelque sorte, surgir du sol quand il déborde. J'étais disposé à en conclure que ces habitants d'un monde souterrain avaient été entièrement détruits depuis le temps de Valvasor, c'est-à-dire depuis 1687 ; mais M. Landresse m'a confié un itinéraire dû à Girolamo Agapito, écrit en langue italienne, et imprimé à Vienne en 1825, et dans lequel le lac est représenté encore, comme *rigurgitando delle anitre* (canards), *senza piume e cieche* (aveugles).

C'est dans ces mêmes eaux souterraines de la Carniole, qu'on a trouvé ce *proteus anguinus*, qui a excité à un si haut degré l'attention des naturalistes (P. 293).

PARTIE LITTÉRAIRE.

L'Anacréon français-grec de Pierre Rable (1).

A Monsieur le directeur de l'*Ami des Sciences*.

Monsieur,

Je pense que c'est dans l'intention de délasser ses lecteurs des graves sujets qu'il traite que l'*Ami des Sciences* a accueilli des discussions littéraires dans ses colonnes. L'intention est fort aimable, mais je crois que, même en admettant des sujets légers, l'*Ami des Sciences* peut les discuter sérieusement, scientifiquement. Ainsi, avant de faire l'éloge d'un essai de traduction d'Anacréon, l'*Ami des Sciences* pourrait d'abord poser cette question : Cet essai de traduction est-il réellement une traduction ? Existe-t-il, parmi les mille et un essais connus, une véritable traduction d'Anacréon? A cette question importante, je répondrais sans hésiter : Non ! il n'existe pas de traduction *connue* d'Anacréon ; c'est-à-dire que les traductions *connues* sont des imitations, des paraphrases, tout ce qu'on voudra, mais non pas des traductions. Pour justifier mon assertion, prenons pour exemple la traduction du *Printemps*, citée et admirée dans votre dernier numéro.

(1) Voir dans notre numéro 44 le compte-rendu de la traduction de M. Vesseron.

Anacréon dit : Ἄφελος δ'ἔλαμψε Τίταν, littéralement : Sans voile resplendit Titan.

M. Vesseron traduit ainsi :

> Et le soleil plus vif répand
> Ses rayons d'or sur la nature.

Un autre traducteur, dont je parlerai tout à l'heure, M. Paul Rable, avait dit de son côté, il y a longtemps :

> Au ciel il n'est pas un nuage
> Qui ternisse l'éclat du jour.

Quelque gracieuses que soient ces périphrases, personne assurément ne leur accordera le nom de traduction.

Or, tous les traducteurs (un seul excepté) ont ainsi paraphrasé, délayé Anacréon ; donc il n'existe pas de traduction française d'Anacréon, du moins connue du public. Et cependant il y en a une, une seule, et elle a été publiée par M. P. Rable et imprimée par M. Claye; mais elle est et elle restera probablement inconnue.

M. P. Rable a traduit dix fois, vingt fois peut-être en français, purement français, comme ses devanciers et contemporains, les Odes, etc. Puis il a senti que pour faire comprendre l'inimitable beauté du modèle, il fallait transformer la langue française, et il l'a transformée, il l'a *grécisée*. Et il a osé dire :

> Sans voiles resplendit Titan.

Point de *soleil plus vif*, ni de *rayons d'or*. Point d'*éclat du jour* ! etc., etc.

> Ἀφελως δ'ἔλαμψε Τίταν.
> Sans voiles resplendit Titan.

Voilà Anacréon reproduit, ressuscité dans la langue française, transformée il est vrai. Cette transformation étonne d'abord le lecteur, j'en conviens; mais il s'y habitue bientôt et le génie d'Anacréon lui apparaît nu, éclatant comme le soleil

> Ἀφελως ἔλαμψε.....

Aussi, Monsieur, devant la traduction de P. Rable, quelque imparfaite qu'elle soit encore et éloignée du modèle, aucune autre ne peut se soutenir. Ce sont des imitations, des essais charmants si l'on veut; mais je les compare à des dessins ou à des sculptures plus ou moins approchées de la nature, Paul Rable seul jusqu'ici en français, comme Henri Estienne en latin, et un auteur allemand dont le nom m'échappe, ont moulé sur nature. Et les pièces sorties de leur moule ne reproduisent pas seulement l'idée, l'apparence du modèle : elles sont animées de son souffle, elles vivent de sa vie. P. Rable est supérieur à ses émules en latin et en allemand, parce que ces langues ont, comme le grec, les inversions que n'a point la langue française.

C'est pour rendre justice à un homme d'un grand talent et d'un grand cœur, et qui (pour cela peut-être) est resté isolé, méconnu, pauvre, que j'ai pris la liberté d'écrire cette lettre à l'*Ami des Sciences*, qui est l'ami de la vérité et de l'humanité.

Agréez l'assurance de ma haute considération,

H. V. Jacotot, d. m.
Fils du fondateur de l'*Enseignement universel*.

L'*Anacréon français-grec*, en faveur duquel notre honorable correspondant réclame, a paru l'année dernière chez J. Claye, libraire éditeur, rue Saint-Benoit, en un splendide volume grand in-8°. Comme *specimen* de cette traduction véritablement remarquable, nous citerons la première ode que M. Rable n'est « parvenu, dit-il, à rendre irréprochable qu'après l'avoir abandonnée dix années entières; » la voici :

Ma Lyre.

> Je veux chanter les Atrides,
> Je veux dire aussi Cadmos ;
> Mais le luth aux nerfs rigides
> D'Amour seul rend les échos.
> Or, moi je changeai naguère
> Les cordes, la lyre entière,
> Et je chantais les travaux
> D'Hercule, moi ; mais la lyre
> Contre-chantait ses amours.
> Adieu donc, et pour toujours,
> Héros : car le luth s'inspire,
> Mais c'est pour les seuls amours.

Comparez cela au grec et vous serez de l'avis de M. Rable qui écrit à propos de ce chef-d'œuvre : « Je ne pense pas qu'on puisse trouver une autre combinaison passable, et je crois avoir atteint l'unique point de perfection relative, car, pour peu qu'on y change un mot, la pièce devient insignifiante, ou enchevêtrée de chevilles, et par conséquent monstrueuse. »

Les esprits délicats nous sauront gré de ne pas nous en tenir à une seule citation. Deux odes encore :

La Beauté.

Nature donne aux taureaux
Cornes, sabots aux chevaux,
Aux lièvres les pieds agiles,
Les ailes aux volatiles,
Gouffre de dents aux lions,
Des nageoires aux poissons,
Aux hommes de fortes âmes,
Mais rien ne restait aux femmes.
Qu'a-t-elle donc inventé
Pour les lotir? La beauté :
Car sans autre égide qu'elle,
Sans attirail belliqueux,
Femme vaincra fer et feux,
Par cela seul qu'elle est belle.

Le Printemps.

Vois comme à l'aspect du printemps
Les Grâces font surgir la rose.
Vois comme le flot se repose
Pendant le calme, après les vents.
Vois comme en l'eau le plongeon nage;
Comme la grue au ciel voyage.
Sans voile resplendit Titan :
Les nuages suivent l'autan,
Des mortels éclate l'ouvrage.
Le sol d'abondance est couvert,
Le bourgeon d'olive est ouvert :
La source du vin se festonne :
Aux rameaux sous le pampre vert
La grappe en fleurs pousse et boutonne.

C'en est assez pour montrer que M. Rable a su se conformer à l'obligation qu'il impose à tout traducteur : « de conserver à chaque idiome et à chaque écrivain des indices suffisants de nationalité, de caractère et d'originalité ; car enfin, ajoute-t-il avec raison, c'est là le but de la traduction. »

CHRONIQUE INDUSTRIELLE.

Chemins de fer.

Ce qu'a couté le réseau français. — La construction du réseau des chemins de fer français a coûté jusqu'à ce jour 3,080,000,000, dont 661 millions à la charge de l'État, et 2,419,000,000 à la charge des compagnies. A cette dépense, les années 1855 et 1856 auront seules coopéré pour la somme énorme de 949 millions. Ces chiffres sont extraits du dernier rapport de M. le ministre des travaux publics.

Personnel des chemins de fer français. — Le nombre total des personnes attachées à l'exploitation des chemins de fer est de 32,000. Il sera de 80,000, quand toutes les lignes seront exploitées. En tenant compte de la longueur exploitée, du nombre des stations et des locomotives, du parcours annuel des locomotives et des trains, on arrive aux rapprochements suivants :

Le nombre moyens d'agents employés au service des gares est de 16,4 par gare. — Le nombre des mécaniciens et chauffeurs est en moyenne de 1,6 par locomotive, ou autrement sur 10 locomotives il y a 8 mécaniciens et 8 chauffeurs. Le parcours moyen d'un mécanicien ou chauffeur est de 28,896 kilomètres par an. Il dépasse 30,000 kilomètres sur les lignes de Strasbourg à Bâle, de Montereau à Troyes, de l'Ouest, d'Orléans et Paris à Lyon.

Viaduc de Chaumont. — On vient de terminer le viaduc de Chaumont, destiné à faire franchir au chemin de fer de Paris à Mulhouse et à celui de Blesmes et Saint-Dizier à Gray, appartenant tous deux au réseau de l'Est, la vallée profonde de la Suize, dans le département de la Haute-Marne.

Ce viaduc n'a pas moins de 600 mètres de développement; il mesure 50 mètres d'élévation au-dessus du point le plus bas de la vallée. Il se compose de trois rangs d'arcades superposées, de 9 mètres 50 centimètres d'ouverture moyenne. D'une extrémité à l'autre de l'étage supérieur, on compte cinquante arcades, un peu moins à l'étage intermédiaire, et vingt-six à l'étage inférieur. La largeur du viaduc, qui va en décroissant de la base au sommet, est de 16 mètres au niveau du sol, et de 8 mètres 40 centimètres entre les têtes des voûtes supérieures. Quant aux voûtes des deux étages inférieurs, elles n'ont que 3 mètres de largeur entre leurs têtes, et remplissent ainsi simplement le rôle d'arceaux contre-boutants, ayant pour effet d'empêcher la flexion transversale des piles, dont l'épaisseur a pu, moyennant ce secours, être réduite à 2 mètres 05 centimètres. De cinq piles en cinq piles, il existe une pile-culée qui a 2 mètres d'épaisseur de plus que les autres.

Les voûtes des deux étages inférieurs offrent cette particularité, qu'elles pourront fournir aux piétons un passage continu d'un bout à l'autre du viaduc sous la voie de fer, toutes les piles ayant été percées, au-dessus de ces voûtes, d'ouvertures à plein-cintre de 5 mètres de hauteur sur 2 mètres 50 centimètres de largeur. Le viaduc, dont les fondations ont été descendues jusqu'à 7 mètres en contre-bas du niveau du sol, est établi de manière que la pression ne dépasse pas 10 kilogrammes par centimètre carré des surfaces de base. Il est en ligne droite et suit la pente générale du chemin, qui est de 6 millimètres par mètre courant.

Cet important ouvrage est d'une extrême simplicité qui n'exclut pas l'élégance ; il représente un cube total de 60,000 mètres de maçonnerie. Il est construit principalement en petits matériaux provenant de la localité. La pierre de taille n'y figure qu'aux archivoltes des voûtes et aux plinthes du couronnement; les arêtes mêmes des piles sont en moellons. La fonte y sera employée seulement pour former les garde-corps de la voie. Un nombre considérable d'ouvriers, qui s'est élevé par moments jusqu'à 2,000, ont été employés à ce travail, sans compter le secours d'une grande quantité de chevaux et de six machines à vapeur. Les fondations du viaduc n'ayant été qu'entamées en 1855, on peut dire qu'une campagne a suffi à son édification. Les autres travaux de la ligne de Paris à Mulhouse continuent d'être poussés avec activité; et l'on compte livrer prochainement à la circulation la section de Nogent-sur-Marne à Nangis, dont la longueur est d'environ 53 kilomètres.

Chemin de Lyon a Genève. — Les travaux continuent à être menés activement. A Tessay, Virieu et Rossillon, les tunnels sont presque achevés. La commission des ingénieurs français et sardes assemblée pour déterminer le point le plus favorable pour l'établissement du pont sur le Rhône à Culoz vient de terminer ses opérations, et la compagnie de Lyon à Genève va immédiatement commencer la fondation des culées et des piles, dont le tablier sera placé par la Compagnie du chemin de fer sarde. Sur le territoire suisse, entre le fort de l'Ecluse et Genève, la ligne est également très avancée. L'on espère que vers les premiers jours de mai, la section de Bourg à Seyssel sera terminée; à cette même époque, l'embranchement de Bourg à Mâcon sera livré à l'exploitation, et il n'y aura ainsi aucune interruption de Paris à Seyssel.

Chemins de fer hollandais. — La *Gazette des affaires* donne, d'après une lettre de La Haye, 1er décembre, le résumé suivant de l'état des chemins de fer en Hollande :

Sont achevées et livrées entièrement à la circulation : les voies de fer d'Amsterdam à Rotterdam par Harlem, Leyde, La Haye, Schiedam; de Maëstricht à Aix-la-Chapelle; de Rotterdam à Anvers, c'est-à-dire d'Anvers jusqu'au Moerdyck à Rotterdam par navigation à vapeur; d'Amsterdam à Emmerick, en passant par Utrecht et Arnheim; enfin de Rotterdam à Emmerick par Gouda et Waerden, Utrecht et Arnheim.

Les voies déjà concédées, mais non encore livrées aux voyageurs, sont :

Celle de Maëstricht à Liège par Visé.

Le chemin destiné à relier la mer du Nord avec l'Allemagne, de Flessingue, par Middelbourg, Goes, Bergen-op-Zoom, Boosendaal, Bréda, Tilbourg, Bois-le-Duc, Venloo, et aboutissant à

Viersen, en Prusse, pour de là rejoindre Dusseldorf. La concession de ce chemin de fer remonte à 1851. Des modifications y ont été apportées cette année.

La voie d'Amsterdam au Nieuwe-Died et au Helder par Alkmaar.

Le chemin de fer de Groningue à Leuwarden, reliant ces deux provinces à Arnheim par un embranchement, et par un autre embranchement à Reinen dans le Hanovre.

La voie conduisant directement à Reinen par Sevenaar et Enschedé.

CHEMINS LOMBARDO-VÉNITIENS.— On sait que par acte de vente conclu le 18 mars dernier, le gouvernement autrichien a concédé à une compagnie internationale les chemins de fer de l'Etat, situés dans la Lombardie, à l'exception de la ligne de Vérone au Tyrol. « La compagnie s'oblige à terminer les lignes en construction (Milan-Trieste et Milan-Côme); en outre elle construira les lignes de Monza à Bergame avec embranchement sur Lecco; de Casarsa à Nabresina par Udine, Gorith et Cradisca, pour rejoindre la ligne du sud de l'Etat (Vienne-Trieste); de Saint-Antonio près Mantoue jusqu'à la rive gauche du Pô en face de Burgoforte. De plus, elle exécutera les lignes de Milan à Plaisance par Lodi, avec embranchement de Meligano à Pavie; celle de Milan à Buffalora, près la frontière sarde; enfin un embranchement de cette ligne sur Sexto-Calende.»

Le traité porte que la Société pourra relier toutes les lignes qui partent de Milan au moyen d'un chemin de fer de ceinture autour de cette ville.

A la concession du réseau Lombard, la Compagnie a ajouté celle du Central de l'Italie. Il comprend les lignes de Plaisance à Reggio par Parme, de Mantoux à Reggio, et de là à Pistoie ou Prato par Modène et Bologne. Ainsi, les gouvernements intéressés au Central italien sont au nombre de 5 : l'Autriche, le duché de Parme, le duché de Modène, la Toscane et le gouvernement pontifical.

En réunissant les deux concessions que la société des chemins de fer lombardo-vénitiens a obtenues, on voit que l'ensemble de sa concession comprend :

Une ligne de la frontière du Piémont, sur Venise et Trieste; — une ligne de Milan à Florence; — un embranchement de Vérone à Reggio; — enfin cinq embranchements partant de Milan.

CHEMINS OTTOMANS. — Des capitalistes français ont demandé la concession d'un chemin de fer de Constantinople à Bassora par Alexandrette. Cette ligne serait destinée, soit à remplacer le canal de Suez, si l'opposition de l'Angleterre triomphe, ce qui n'aura certainement pas lieu, soit à compléter les avantages commerciaux que doit procurer à l'Europe le percement de l'isthme de Suez. Si le canal perce la moindre épaisseur de l'Egypte pour joindre la Méditerranée à l'Océan Indien, le chemin de fer de Constantinople à Bassora aurait pour but de réunir également les deux mers, en traversant l'Asie-Mineure dans le sens de sa plus grande longueur. L'exécution de cette ligne placerait Bassora à 60 heures de Constantinople, Belgrade à 80, Odessa ou Vienne à 100, Berlin à 115, Hambourg à 120, Amsterdam à 125. Bassora serait à 12 jours et demi de Bombay. Le trajet de ce projet de chemin de fer se divise en deux sections, qui se soudent à Alexandrette. La première, partant de Scutari, parcourra du nord-ouest au sud-est toute l'Anatolie, c'est-à-dire le pays le plus accidenté du continent; la seconde, aboutissant à Bassora, aura à parcourir, le pâté montagneux d'Alexandrette excepté, le pays le plus uni du globe.

CHEMINS DE FER CANADIENS. — Le chemin de fer de Montréal à Torento, qui vient d'être livré à la circulation, est une œuvre destinée entre toutes à devenir féconde. Le haut et le bas Canada, naguère presque isolés l'un de l'autre pendant six mois de l'année, et séparés par trente-six heures de navigation, même dans la saison et les conditions les plus favorables, se donnent désormais la main. On va maintenant en quatorze heures de la capitale anglaise à la capitale française. Ce seul rapprochement résume la portée à la fois matérielle et politique du fait. Du même coup, les bords français du Saint-Laurent donnent la main à une nouvelle région de l'Union américaine. C'est, en un mot, une révolution sociale et commerciale que la vapeur vient de décréter, et dont Montréal est appelé à recueillir les principaux fruits.

Agriculture.

INFÉRIORITÉ DE L'AGRICUTURE FRANÇAISE.— Si la France parvenait à faire produire aux 14 millions d'hectares qu'elle consacre chaque année aux cultures en céréales le rendement de l'Angleterre, elle aurait 350 millions d'hectolitres de grains de toute sorte, tandis qu'elle n'en obtient actuellement que 140 à 150 millions.

L'Angleterre fait produire à son sol 25 hectolitres de blé par hectare et nourrit cinq fois plus de bestiaux que la France toutes proportions gardées.

La Belgique obtient de ses terres un rendement double des nôtres en moyenne.

L'Allemagne récolte 22 hectolitres de grains par hectare.

La Lombardie et le Piémont nourrissent 176 habitants par kilomètre carré.

Et la France ne peut nourrir que 76 habitants par kilomètre carré, et ne fait rendre à son sol que 12 à 14 hectolitres en moyenne.

LA DÉPOPULATION DES CAMPAGNES. — D'un bout de la France à l'autre il n'y a qu'un cri, qu'une plainte : les bras manquent à l'agriculture; on va voir si la plainte est fondée.

Dans une note de son excellent ouvrage (*Des systèmes de culture*), M. Hippolyte Passy constate d'abord qu'il y a une trentaine d'années, sur cent jeunes gens soumis à l'appel sous les drapeaux, il y en avait soixante appartenant à l'agriculture. Aujourd'hui il n'y en a plus que quarante-neuf à cinquante.

Parlant ensuite d'un travail dû à M. Legoyt, l'habile chef du bureau de la statistique générale, il trouve que, de 1836 à 1851, tandis que la population totale de la France ne s'est accrue que d'un peu plus de 6 et demi pour 100, celle des villes de moins de 10,000 habitants et de plus de 3,000, a augmenté de 13 pour 100; et celle de villes au-dessus de 10,000 âmes de 24 pour 100.

Dans une brochure publiée par M. Renoul, en 1850, se trouvent les chiffres suivants, qui sembleront également très significatifs :

De 1826 à 1847, l'espace de vingt ans, Strasbourg présente un excédent de 4,231 décès sur les naissances, ce qui n'empêche pas la population de Strasbourg de s'élever, dans ce laps de temps, de 49,708 à 62,094 habitants, soit une augmentation de 12,886 âmes.

A Angers, mêmes résultats. Excédant des décès, 1,949. Augmentation de population, 10,650.

A Toulouse, c'est mieux encore. Excédant des décès, 3,491. Accroissement de la population, 30,140.

Et il en est à peu près ainsi pour toutes nos grandes villes. Même là où il y a excédant de naissances, cet excédant ne forme qu'une proportion minime de l'accroissement de population.

Il n'est pas nécessaire de demander aux dépens de qui s'est effectuée cette augmentation de population. Tout le monde comprend que cette pauvre bonne agriculture seule pouvait remplir ces vides et les a remplis.

Il est probable, ainsi que le remarque M. Moll dans le *Journal d'agriculture pratique*, que ce mouvement, loin de se ralentir, s'est au contraire considérablement accéléré depuis 1847, depuis le développement de nos grandes lignes de chemins de fer, et l'essor presque inouï qu'ont pris depuis quelques années le commerce et l'industrie.

Ainsi, c'est un fait bien constaté, le vide s'opère dans nos campagnes. Il se fait partout, mais plus, beaucoup plus dans les localités à population dense que dans celles à population rare.

PROPAGATION DU SYSTÈME KENNEDY EN FRANCE. — On lit dans le *Journal d'agriculture pratique* : « Il y a trois ans à peine que M. Moll a parlé en France de l'emploi des engrais liquides circulant dans le sol à l'aide de tuyaux souterrains, et allant faire la pluie sur tous les points des champs. Voici qu'on nous annonce que quatre agriculteurs ou propriétaires ont déjà installé le système dans toute sa perfection. On nous cite entre autres le beau domaine de Lenray, près Alençon (Orne). »

PERTE DES GRAINES EN ALGÉRIE. — Faute d'avoir recours aux moyens expéditifs que fournit maintenant la mécanique agricole, faute d'employer les moissonneuses et les batteuses à vapeur, l'Algérie, où la rareté des bras rendrait ces machines d'autant plus précieuses, perd tous les ans d'énormes quantités de grains. Les rapports officiels fixaient cette perte pour 1854 à un tiers de la récolte, soit trois millions d'hectolitres environ, en blé et en orge. Quelque étrange que paraisse une telle appréciation, elle n'a, ainsi que le remarque M. Jules Duval, rien que de très vraisemblable. Sous l'ardeur du soleil d'Afrique, le blé tendre s'égrène très rapidement, et il faut le couper avant la maturité. Enveloppés dans leurs fortes balles barbues, le blé dur et l'orge résistent davantage; néanmoins à la longue ils s'égrènent aussi; et, ce qui cause plus de dommage, avant de s'égrener l'épi desséché s'incline sur la tige et casse à la moindre secousse pendant la moisson et le transport : il en reste de grandes quantités au champ et sur la route. Enfin, dès la maturité, d'innombrables bandes de moineaux s'abattent sur les récoltes, et les dévorent d'autant plus que la moisson se prolonge. Or, à cause de l'insuffisance de la population, elle se prolonge toujours beaucoup: elle devrait être l'affaire de huit à dix jours, elle traîne cinq à six semaines dans chaque localité.

Telle est la véritable explication d'une modicité de rendement, impossible à concilier avec la magnifique apparence des moissons et la renommée, parfaitement fondée, de la fertilité des champs africains. En 1854, année citée pour l'abondance extraordinaire du produit, le blé dur n'a rapporté en moyenne que 10 hectolitres à l'hectare, tandis que la moyenne de France est de 12 à 13 hectolitres. Le rendement ordinaire n'est que de 7 à 8 hectolitres, ce qui veut dire que les cultivateurs européens et indigènes laissent perdre, faute de bras, faute de machines, près de la moitié de leur récolte.

Mines.

L'Or en Savoie. — Si nous en croyons les on dit, la Savoie serait un véritable pays aurifère; on y découvre partout des gisements. Le Cheran, l'Arve, roulent des paillettes et l'on songe à les recueillir; on vient en outre de trouver du minerai d'or à la Balme-de-Sillingy et à Cuvaz. Ce dernier même est si riche, qu'il rend, assure-t-on, plus de 50 p. cent.

(*Courrier franco-italien.*)

Travaux publics.

Les démolitions de Paris. — M. le préfet de la Seine vient de présenter à la commission départementale un mémoire dans lequel les travaux de démolition et de construction qui ont eu lieu à Paris depuis quatre ans, sont évalués de la manière suivante :

Dans cette période de temps il a été démoli 2,524 maisons, et il en a été construit 2,966, sans compter 2,272 qu'on a agrandies ou surélevées, et celles qui sont actuellement (1er décembre) en construction.

« Il résulte évidemment de ce tableau, fait observer M. le Préfet, que le chiffre des habitations nouvelles construites à Paris est plus que double de celui des habitations démolies. Si l'on réfléchit que celles-ci étaient très loin d'avoir l'importance donnée à celles-là, comme le prouverait surabondamment l'augmentation d'impôt constatée depuis l'entrée aux rôles d'une partie des constructions nouvelles, on demeurera convaincu que l'accroissement des loyers dans Paris n'a pas pour cause la diminution du nombre des maisons. »

Le mémoire donne ensuite le tableau des mêmes démolitions et constructions réparties par arrondissement, afin de prouver, contrairement à l'opinion commune, que le mouvement des constructions s'est manifesté avec plus d'énergie dans les quartiers pauvres que dans les quartiers riches. Ainsi, le huitième arrondissement, qui comprend le faubourg Saint-Antoine, et auquel on pense immédiatement lorsqu'on se préoccupe des intérêts des classes laborieuses, n'a perdu que 14 maisons par suite d'expropriation pour cause d'utilité publique et 116 par suite de démolitions volontaires, — et il a profité à lui seul de plus du quart des constructions totales. Il en compte deux fois autant que le premier arrondissement et deux fois et demie autant que le deuxième.

Dans les arrondissements de Saint-Denis et de Sceaux on compte 2,143 démolitions et 13,350 constructions.

En résumé, 4,667 démolitions complètes ou partielles, dont 1,600 à peine par suite d'expropriation, et 18,594 constructions de toute espèce; tel est, pour le département de la Seine, le résultat des travaux faits de 1852 à 1856.

Le mémoire établit encore, toujours contrairement à l'opinion commune, en se fondant sur le dernier recensement de la population, qu'il existe aujourd'hui à Paris, 20,990 logements habitables de plus qu'au début des opérations entreprises par la ville pour l'amélioration de la voie publique.

M. le Préfet attribue, en conséquence, l'augmentation des loyers à l'accroissement rapide qui s'est produit depuis cinq ans dans la population de Paris et du département de la Seine. Cet accroissement n'est pas moins de 121,000 habitants pour Paris et de 305,000 pour le département.

Statistique.

Les femmes dans les sociétés de secours mutuels. — Dans les premiers temps de l'organisation des sociétés de secours mutuels, on excluait les femmes, parce qu'on supposait qu'elles seraient plus souvent malades que les hommes et feraient ainsi peser sur l'association des charges plus lourdes. Des sociétés exclusivement féminines s'étant formées dans plusieurs départements, on a pu constater que les maladies y étaient moins fréquentes que dans les sociétés masculines; qu'elles y duraient, il est vrai, un peu plus longtemps, mais que, en somme, *le nombre des jours de maladie* y était moins considérable. Aujourd'hui, l'admission des femmes dans toutes les sociétés de secours mutuels est passée en principe.

Le nombre des membres *participants*, dans toutes les sociétés de France réunies, était, en janvier 1853, de 234,000; à la fin de 1855, il était de 345,000.

PROGRAMME DES COURS PUBLICS.

Collége impérial de France.

L'ouverture des cours a eu lieu le 1er décembre 1856.

Astronomie. — M. N..., professeur.

Ce cours sera annoncé par une affiche particulière.

Mathématiques. — M. Liouville, membre de l'Institut, Académie des Sciences, traitera des applications de l'analyse infinitésimale à la théorie des nombres, les lundis et jeudis, à onze heures.

Physique générale et mathématique. — M. Biot, membre de l'Institut, Académie des Sciences, et, en son absence, M. Bertrand, membre de la même Académie, traitera de la mécanique analytique, et particulièrement des tentatives faites par les géomètres pour intégrer exactement les équations différentielles du mouvement des corps célestes, les mercredis et vendredis, à deux heures trois quarts.

Physique générale et expérimentale. — M. Regnault, membre de l'Institut, Académie des Sciences, continuera de traiter de l'optique, les mercredis et vendredis, à dix heures.

Chimie. — M. Balard, membre de l'Institut, Académie des sciences, traitera de la chimie organique, les mercredis et samedis, à midi et demi.

Médecine. — M. Cl. Bernard, membre de l'Institut, Académie des sciences, traitera de la physiologie et de la pathologie du système nerveux, les mercredis et vendredis, à une heure.

Histoire naturelle des corps inorganiques. — M. Elie de Beaumont, membre de l'Institut, Académie des sciences, et, en son absence, M. Ch. Sainte-Claire Deville, docteur ès sciences, conservateur de la collection géologique du Collége de France, traitera du métamorphisme des roches ou des modifications que subissent les roches d'origine sédimentaire ou éruptive sous l'influence de la chaleur et des agents chimiques provenant de l'air, des eaux ou de l'intérieur du globe, les mardi et jeudis, à midi et demi.

Histoire naturelle des corps organisés. — M. Flourens, membre de l'Institut, Académie des sciences, traitera de l'histoire des sciences naturelles aux XIXe et XVIIIe siècles, les mercredis et samedis, à quatre heures.

Embryogénie comparée. — M. Coste, membre de l'Institut, Académie des sciences, traitera de l'ensemble des phénomènes que les animaux présentent dans leur développement, les mardis et samedis, à trois heures.

Droit de la nature et des gens. — M. Ad. Franck, membre de l'Institut, Académie des sciences morales et politiques, exposera l'histoire du droit de la nature et des gens, aux XVIIe et XVIIIe siècles, les mercredis et samedis, à deux heures et demie.

Histoire des législations comparées. — M. Laboulaye, membre de l'Institut, Académie des inscriptions et belles-lettres, fera l'histoire du gouvernement et de la législation des Romains, du Ier au Ve siècle de notre ère, les mardis et vendredis, à onze heures.

Economie politique. — M. Michel Chevalier, conseiller d'Etat, membre de l'Institut, Académie des sciences morales et politiques, professeur. — M. Baudrillard, remplaçant, traitera des principales questions relatives à la circulation de la richesse, les jeudis et samedis, à une heure.

Histoire et morale. — M. Guigniaut, membre de l'Institut, Académie des inscriptions et belles-lettres, chargé du cours, exposera, les mardis, à onze heures, l'histoire de la civilisation grecque, dans son triple développement politique, religieux et poétique, jusqu'à l'époque de Solon; les mercredis, à la même heure, il discutera les documents anciens et les systèmes modernes relatifs à cette histoire.

Archéologie. — M. Lenormant, membre de l'Institut, Académie des inscriptions et belles-lettres, expliquera et commentera divers textes hiéroglyphiques, les jeudis et vendredis, à midi et demi.

Langues hébraïque, chaldaïque et syriaque. — M. Quatremère, membre de l'Institut, Académie des inscriptions et belles-lettres, expliquera le Pantateuque, le prophète Jérémie et les Proverbes, les lundis et mercredis, à une heure et demie.

Langue arabe. — M. Caussin de Perceval, membre de l'Institut, Académie des inscriptions et belles-lettres, expliquera le Coran, les Maollacât et quelques morceaux de la Chrestomathie de M. de Sacy, les mercredis et vendredis, à huit heures et demie du matin.

Langue persane. — Jules Mohl, membre de l'Institut, Académie des inscriptions et belles-lettres, expliquera l'épisode de Sohrab, par Firdousi, et l'Iskander Nameh de Nizami, les mercredis, à onze heures et demie, et les jeudis, à midi et demi.

Langue turque. — M. Pavet de Courteille, professeur adjoint à l'Ecole annexe des langues orientales, chargé du cours, expliquera le Hamayoun-Nameh, le Medjmouai-Lethaif et différents morceaux de poésie, les mardis et vendredis, à une heure et demie.

Langue et littérature chinoise et tartare-mandchou. — M. Stanislas Julien, membre de l'Institut, Académie des inscriptions et belles-lettres, continuera d'expliquer le 2e livre de la Chrestomathie chinoise, intitulé Kou wen-p'ing tchou (ou morceaux de style ancien, avec des notes critiques et un commentaire), les mardis et jeudis, à quatre heures du soir.

Langue et littérature sanskrite. — M. Théodore Pavie, chargé du cours, expliquera le Sânkhya-kârikâ (édition de M. H. Wilson), les mercredis et vendredis, à dix heures.

Langue et littérature grecque. — M. Rossignol, membre de l'Institut, Académie des inscriptions et belles-lettres, expliquera les Euménides d'Eschyle, et il parlera de l'origine et des progrès de la tragédie grecque, les mercredis et vendredis, à midi et demi.

Eloquence latine. — M. Ernest Havet, et en son absence, M. H. Rigault, traitera, les vendredis, à deux heures, des Pères de l'église latine; les mardis, à la même heure, explication et commentaire des textes.

Ce cours ouvrira le mardi 13 janvier 1857.

Poésie latine. — M. Sainte-Beuve, membre de l'Institut, Académie française, professeur, M. Meyer, chargé du cours, traitera de la satire chez les Romains, et particulièrement des satires de Lucilius et de Varron, les lundis, à midi et demi; les mardis, à neuf heures et demie, explication des textes.

Philosophie grecque et latine. — M. Emile Saisset, agrégé de la Faculté des lettres, chargé du cours, exposera, les lundis, à trois heures et demie, l'histoire de la philosophie platonicienne, dans les écoles d'Alexandrie et d'Athènes, et expliquera, les samedis, à midi et demi, les Ennéades de Plotin.

Langue et littérature française du moyen-age. — M. Paulin Paris, membre de l'Institut, Académie des inscriptions et belles-lettres, étudiera les historiens originaux des croisades, les lundis et jeudis, à deux heures.

Langue et littérature française moderne. — M. J.-J. Ampère, membre de l'Institut, Académie française des inscriptions et belles-lettres, et, en son absence, M. Louis de Loménie, continuera d'exposer, les mercredis, à deux heures et demie, l'histoire de la littérature française au xviie siècle; les vendredis, à onze heures, il analysera et commentera les documents qui auront servi à la leçon d'exposition.

Langues et littératures etrangères de l'Europe moderne. — M. Philarète Chasles, continuera de traiter les mardis, à trois heures de l'influence exercée par la littérature allemande depuis le commencement du xixe siècle sur l'Angleterre et la France, et spécialement des plus anciens écrivains allemands.

Les mercredis, à neuf heures et demie, il expliquera et commentera les textes de Shakspeare et de Schiller, et l'histoire comparée des langues teutoniques, éclairée par l'explication des textes.

Langue et littérature slave. — M. Cyprien Robert, chargé du cours, traitera de l'ethnographie des peuples slaves, comparée à celle des autres races voisines d'Europe et d'Asie, les lundis, à onze heures, et il expliquera les rapports des langues slaves avec les autres langues de l'Europe, les samedis, à neuf heures.

Nota. Il y a pour chaque cours un registre où les auditeurs qui voudront obtenir des certificats doivent s'inscrire.

Enseignement libre.

Cours sur les maladies de l'oreille.—M. le docteur Triquet a commencé le mardi 25 novembre, son cours public sur les maladies de l'oreille qui engendrent la surdité : — Les leçons pratiques ont lieu tous les jours, à 11 heures, à son dispensaire, 4, impasse Larrey.

FAITS DIVERS.

Exposition de l'Industrie a Rome. — Une exposition intéressante a eu lieu, ces jours-ci, dans les salles du Capitole; elle comprenait tous les produits de l'industrie romaine, et notamment des tissus de laine et des soies brutes et travaillées.

Cent trente-six échantillons environ formaient l'exposition des draps de laine, divisés en quatre classes, suivant la finesse de la trame. Les draps fins, fabriqués en majeure partie à Rome, Bologne, Spolète et Perugia, se distinguaient par l'égalité de l'ourdissage et la vivacité des couleurs. Les gros draps, envoyés par les fabriques d'Alatri et de Matelica, ont paru remplir les conditions de solidité et de durée requises pour l'usage des classes laborieuses.

Toutes les provinces des Etats romains avaient envoyé en grand nombre des échantillons de soie brute : elles venaient principalement d'Albano, Ancône, Bologne, Ascoli, Forli, Foligno, etc. On a fort apprécié l'égalité et la souplesse unie à la force des soies d'Osimo, de Meldola et surtout de celles de Fossombrone, connues depuis longtemps sur les marchés d'Europe, et qui peuvent rivaliser avec les produits du Piémont et de la Lombardie.

Les fabricants de tissus de soie étaient représentés par un fort petit nombre d'échantillons; cependant on a pu juger de l'habileté et des progrès de leur fabrication. Les étoffes qui ont été le plus remarquées sont d'abord de fort beaux lampas de Bologne, d'un dessin gracieux et d'une grande richesse de couleurs; et puis des brocarts d'or fabriqués à Rome, à l'imitation des étoffes du seizième siècle. Ces tissus rivalisent avec ceux de l'étranger.

Opium du pavot-oeillette récolté a Amiens et aux environs en 1856 (*Extrait d'une lettre de M. Decharme à l'Académie des Sciences*).— Nous avons, M. Bénard et moi, dosé, par le procédé ordinaire (celui de M. Guillermont), la morphine des opiums récoltés en différents terrains et provenant de divers points du département de la Somme; nous avons trouvé dans l'un 20, 62 p. 100 de morphine; dans un autre, le plus riche, 22 p. 100 de cet alcaloïde. Comme les autres opiums n'étaient pas encore complétement secs lorsqu'ils ont été analisés, on ne peut en connaître d'une manière précise la teneur en morphine; elle nous a paru toutefois approcher des chiffres précédents. L'opium qui a donné 22. 100 p. de la substance qui fait sa valeur avait été desséché en trois jours et analysé dans la huitaine. Ce résultat vient confirmer un fait que nous avions avancé, savoir : que l'opium, dans l'acte de la dessiccation lente, subit une altération au préjudice de la morphine, qui éprouve alors une sorte de fermentation une oxygénation qui transforme peu à peu l'alcaloïde en un produit plus stable. De là l'avantage de traiter le suc frais. Un opium dont la dessiccation s'est opérée presque entièrement sur la capsule même du pavot, a présenté dans sa pâte de petites masses arrondies, agglutinées, semblables à celles qu'on remarque dans les bons opiums du Levant, qu'on appelle *opiums en larmes*. Nous avons trouvé que les opiums provenant d'œillettes cultivées dans les terrains très calcaires contenaient une notable quantité de sels de chaux. Il résulte aussi d'observations faites au moment de la cueillette de l'opium que les circonstances qui favorisent la récolte, en donnant un produit plus abondant, sont : la chaleur de l'après-midi, les vents humides du sud-ouest et de l'ouest, ainsi qu'une faible pression atmosphérique, phénomènes qui ont d'ailleurs entre eux des relations intimes.

Fabrication de l'acier par le procédé Uchatius. — La fonte doit préalablement être réduite à l'état granulé : c'est à quoi l'on parvient en projetant la fonte en fusion dans l'eau agitée par un moyen mécanique, cette opération réduit la fonte en grenaille assez semblable à celle qui compose le plomb de chasse.

Cette grenaille est ensuite mélangée avec d'autres substances contenant assez d'oxygène pour qu'il puisse se dégager et brûler une partie du carbone de la fonte; ces substances peuvent être de la mine de fer, mélangée au besoin d'un peu d'oxyde de manganèse.

Le mélange mis dans des creusets est traité ensuite dans les fours employés ordinairement à faire l'acier fondu. Quelques heures suffisent pour achever l'opération.

Ce procédé est, comme l'on voit, d'une extrême simplicité, et, à cause de cela même, serait précieux pour l'art métallurgique, du moment où l'expérience viendrait sanctionner l'espoir qu'il fait naître.

LES PUITS ARTÉSIENS EN ALGÉRIE. — On lit dans l'*Écho d'Oran* :

On sait que le gouverneur général s'est depuis longtemps préoccupé de faire rechercher s'il ne serait pas possible de doter, à l'aide de forages artésiens ou de puits ordinaires, nos populations sahariennes de l'eau qui manque si généralement dans les régions qu'elles parcourent. Nos lecteurs n'ont pas oublié que ces premiers efforts ont été couronnés d'un commencement de succès dans la province de Constantine.

Nous sommes heureux de pouvoir annoncer à notre tour que des travaux du même genre se poursuivent dans le sud de notre province et que, grâce au zèle et au dévouement du lieutenant-colonel Niqueux, commandant le cercle du Tiaret, ces travaux ont déjà donné des résultats qui doivent en faire espérer de plus complets encore.

Vers la fin du mois dernier, une brigade de puisatiers, dirigée par M. le lieutenant Joyeux, du 1er bataillon d'Afrique, s'est rendue d'El Guern à Mekhraoula, dans le sud de Tiaret. L'eau a été rencontrée le lendemain du jour où les fouilles avaient été entreprises, à des profondeurs de 5 à 6 mètres. Deux groupes de cinq puits chacun vont être établis à Mekhraoula et assureront aux Ouled Khraroubi des pâturages excellents qu'ils étaient obligés, faute d'eau, d'abandonner pendant six mois de l'année.

Le lieutenant-colonel Niqueux et le capitaine du génie Fargue ont déterminé l'emplacement de deux nouveaux groupes de dix puits chacun à Djellila et à Noufekra. Si l'on parvient à trouver de l'eau sur ces deux points, l'importante tribu des Ouled Khrelif n'aura plus rien à envier à ses voisins les Harras et possédera toute l'eau nécessaire pour utiliser son remarquable terrain de parcours, et pour convertir en terres de labours les vastes terrains, déjà cultivés en partie, situés dans la zône comprise entre la vallée d'El Guern, l'Oued Sousellem et Goudjila. .

Sur le premier de ces emplacements, à El Guern, une brigade achève la maçonnerie de douze puits qui y sont établis et plantent les arbres qui doivent former massif autour de chacun de ces groupes de puits.

Nous n'avons pas besoin de dire combien ces travaux, qui pourront un jour modifier si heureusement ces intéressantes régions, sont accueillis avec reconnaissance par les populations destinées à en recueillir les bienfaits.

SOCIÉTÉ ZOOLOGIQUE. — La Société impériale zoologique d'Acclimatation a repris ses séances le 12 décembre 1856, rue de Lille, 19, à 3 heures précises.

Dans cette séance, la Société a reçu communication de diverses pièces adressées de Rio-Janeiro et de Bangkok, et relatives à l'entrée dans la Société de Sa Majesté l'Empereur du Brésil et des deux rois de Siam.

PUITS ARTÉSIEN DE PASSY. — Les travaux de forage du puits artésien situé près de la Muette, entre la plaine de Passy et l'avenue de Saint-Cloud, ont été repris il y a quelques jours. Un des seaux de fer qui servent à épuiser les eaux et les terres délayées était tombé au fond du puits. Après un mois d'efforts, on est parvenu à broyer ou à arracher morceaux par morceaux la plus grande partie des fragments de fer et de tôle : le reste est incrusté dans les parois du puits. Le forage a atteint la profondeur de 461 mètres. On pense qu'il reste encore 80 mètres à percer pour atteindre la nappe d'eau.

LE TETRAMÈTRE. — M. Jundt, au nom du comité de mécanique, a présenté à la Société industrielle de Mulhouse, un rapport sur un instrument appelé *Tetramètre*, de l'invention de M. Siegrist, à Dornach. Cet instrument, formé d'un simple ruban gradué, doit servir, au moyen de ses diverses graduations, à indiquer par une simple lecture le diamètre d'un cylindre dont on peut mesurer la circonférence, ainsi que la circonférence d'un cercle dont on mesurerait le diamètre. D'autres graduations imprimées sur le ruban indiquent la surface du cercle, connaissant le diamètre, ainsi que le volume d'un corps dont il serait possible de connaître la base et la hauteur.

LE MAÏS DANS LE PAYS BASQUE. — Le maïs est la grande ressource de ce pays. On l'y cultive partout. Il est pour la population vascane ce que la châtaigne et le sarrasin sont pour les habitants du Limousin. On fait avec la farine de maïs un pain jaune, dont la croute, durcie par le feu, est très appétissante. Dans l'hiver, on fait griller des tranches de ce pain sur la braise ; les paysans et les ouvriers en font la base de leur nourriture. Quelques propriétaires ont essayé de substituer le pain de froment à la *méture* (c'est le nom qu'on donne au pain de maïs); M. Victor Borie raconte qu'ils ont été obligés de revenir à la préparation indigène ; les ouvriers et les domestiques la préféraient.

AVIS A NOS ABONNÉS.

La grande extension prise par l'*Ami des Sciences* a décidé le rédacteur en chef du Journal à se démettre de la *Presse des Enfants*, fondée par lui en septembre 1855. Deux journaux d'une nature si différente gagneront à être placés sous des directions spéciales.

Les douze premiers mois de la *Presse des Enfants* viennent d'être brochés en un beau volume, de même format que l'*Ami des Sciences*, avec table, titre et couverture imprimée. Ce volume contient un choix d'articles des plus variés. Pour ne citer qu'un petit nombre d'exemples, on y trouve, en fait de contes et nouvelles, ceux dont voici les titres :

La merveilleuse histoire de trois enfants; — l'école buissonnière; — les fées du garde-meuble; — le papillon; — la fête d'Alice; — la pièce d'or; — les petits Savoyards ; — ce que disent les pâquerettes ; — les joujoux de la petite Fanny ; — les plaisirs promis; — le miroir ; — *turpe est mentiri;* — les farceurs de douze ans ; — la première ride d'une mère ; — les gâteaux de la mère Justin ; — le fils de la fruitière ; — le cruchon d'argent, etc.... Les Sciences sont représentées, indépendamment d'un nombre considérable d'articles détachés sur l'histoire naturelle des animaux et des végétaux, — sur les merveilles de la nature, — sur l'histoire, — la géographie, — les voyages : par un cours de chimie et de physique ; — un cours de botanique ; — une suite de lettres à une petite fille sur la vie de l'homme et des animaux ; — plusieurs articles sur la série animale ; — un cours de mnémotechnie ; — un cours de gymnastique, etc.... Enfin, pour ne pas prolonger cette énumération, nous nous bornerons à dire que ce volume est enrichi d'un grand nombre de fables et de poésies, — d'anecdotes et de bons mots, — de pensées et de proverbes, — d'étymologies et de définitions curieuses, — de traits de courage, d'intelligence et de vertu, particulièrement ceux qui ont des enfants pour auteurs, — d'amusements mathématiques, — de jeux, — d'énigmes, de charades, logogriphes, anagrammes, questions pour rire, etc.

Le volume contient en outre, et ce n'est pas la partie la moins précieuse, de nombreuses compositions écrites par des enfants eux-mêmes.

Ce volume est donc un des plus utiles et des plus agréables cadeaux d'étrennes qu'on puisse offrir à des enfants de 7 à 14 ans. Il n'en existe qu'un très petit nombre d'exemplaires; nos abonnés pourront se les procurer à prix réduit en renouvelant leur abonnement. Tandis que la souscription d'une année à la *Presse des enfans* coûte 8 fr. pour les départements et 6 fr. pour Paris, ce volume pris dans nos bureaux sera délivré au prix de 4 fr. à nos abonnés de Paris, et ceux de nos abonnés des départements qui ajouteront la somme de 5 fr. au prix de leur renouvellement, recevront *franc de port* à leur domicile, le premier volume de la *Presse des enfans*.

— A la demande du public, nous avons réuni en une petite brochure les deux articles sur les machines à coudre qui ont paru dans nos numéros 46 et 47. On les trouvera au prix de 25 centimes au bureau du journal.

Prix d'abonnement pour l'étranger.

Allemagne, 12 fr. — Suisse, Parme, Plaisance, Modène, 12 fr. 50 c. — États-Sardes, Grèce, 13 fr. — Hollande, Angleterre, 14 fr. — États-Unis, Indostan, Turquie, 14 fr. 50 c. — Belgique, Prusse, Hanovre, Saxe, Pologne, Russie, Espagne, Portugal, 15 fr. 50 c. — Toscane, 16 fr. 50 c. — États-Romains, 20 fr. 50 c.

Le rédacteur en chef : VICTOR MEUNIER.

Paris. — Imprimerie de J.-B. GROS et DONNAUD, rue des Noyers, 74.

Deuxième année. — N° 51. 25 CENTIMES. 21 décembre 1856.

L'AMI DES SCIENCES

JOURNAL DU DIMANCHE

SOUS LA DIRECTION DE

VICTOR MEUNIER

BUREAUX D'ABONNEMENT
74, RUE DES NOYERS, 74,
Près l'Ecole de Médecine
A PARIS

ABONNEMENT POUR L'ANNÉE
PARIS, 10 FR; — DÉPART., 12 FR.
Étranger (Voir à la fin du journal).

AVIS A NOS ABONNÉS.

Nous prions ceux de nos souscripteurs dont l'abonnement expire à la fin de ce mois, de le renouveler en temps utile, s'ils veulent éviter toute interruption dans la réception du journal ; l'importance prise par nos relations nous faisant une nécessité absolue de suspendre, à partir du 1er janvier, tout abonnement non renouvelé.

Le mode le plus simple et le plus sûr de renouvellement consiste dans l'envoi d'un mandat de poste ou d'une traite à vue sur une maison de Paris, à l'ordre de M. J.-B. Gros, administrateur-gérant, 74, rue des Noyers.

Nos abonnés sont autorisés à déduire du montant de leur envoi : 1° les frais du mandat de poste ; 2° les frais d'affranchissement de la lettre contenant ce mandat : ensemble, 77 centimes.

Il est important de joindre à toute demande de renouvellement la dernière bande imprimée du journal. Les abonnés nouveaux sont invités à écrire très lisiblement leur nom et leur adresse, et à indiquer le bureau de poste qui dessert leur localité.

La plupart des abonnés nouveaux ayant tenu à posséder la collection de la première année du journal (année 1855), celle-ci s'est rapidement épuisée. La multiplicité des demandes nous a décidé à faire réimprimer tous les numéros épuisés de cette première année, et à partir de ce jour, nous pourrons satisfaire aux demandes qui nous ont été adressées, comme à celles qui nous seront faites à l'avenir.

Le prix de la première année (1855) de l'*Ami des sciences*, brochée en un beau volume, avec tables, titres et couverture imprimée, est de 6 fr., pris dans nos bureaux, et de 7 fr. rendu *franco* au domicile de nos abonnés des départements.

PERCEMENT DE L'ISTHME DE SUEZ.

Rapport et projet de la Commission internationale.

Aux deux volumes de documents sur le percement de l'isthme de Suez, publiés l'un en 1855, l'autre cette année même, M. Ferdinand de Lesseps vient d'ajouter un troisième volume.

Cette nouvelle et importante publication est consacrée au rapport et au projet de la commission internationale, qui occupe la moitié à peu près du volume. Il est suivi de toutes les annexes qui peuvent le compléter et l'éclaircir. Ces annexes au nombre de cinq, sont :

1° Le devis des dépenses, dressé par M. Mougel-Bey, un des ingénieurs de S. A. le vice-roi, et approuvé par la commission internationale ;

2° Les recherches sur le régime des eaux dans le canal de Suez par M. Lieussou, ingénieur hydrographe de la marine impériale de France, membre et secrétaire de la commission internationale. Ces recherches ont également reçu l'approbation de la commission, qui en a adopté tous les résultats pratiques en ce qui concerne les travaux qui seront exécutés dans le parcours du canal ;

3° Les extraits des procès-verbaux de la commission internationale durant son voyage en Egypte, depuis sa première réunion à Paris, le 30 octobre 1855, jusqu'au 2 janvier 1856, à Alexandrie ;

4° Les procès-verbaux des séances de la commission internationale à Paris au mois de juin 1856 ;

5° Enfin le règlement pour les ouvriers fellahs, décrété par S. A. le vice-roi d'Egypte le 20 juillet 1856.

Au rapport de la commission internationale est joint, en outre, un atlas qui contient les onze pièces suivantes :

1° La carte topographique de l'isthme de Suez ;

2° Le profil en long du canal ;

3° Le plan du port et de la rade de Suez à l'échelle de 1 vingtmillième ;

4° Les courbes des marées à Suez, du 6 février au 30 mars 1856 ;

5° Le plan du port de Suez, avec le profil des quais ;

6° Le plan du port de Suez et le profil moyen du chenal avec ses jetées ;

7° Les forages, au nombre de dix-neuf, exécutés dans l'isthme par M. Noettinger pour les travaux de la commission internationale ;

8° Le golfe de Péluse avec les sondages et le plan du port Saïd ;

9° Le plan du port Saïd avec ses jetées ;

10° Le plan du port Saïd, et le profil moyen du chenal avec ses jetées;

11° Le musoir de la jetée de l'ouest au port Saïd.

Cet atlas, comme on voit, s'adresse spécialement aux ingénieurs; il donne les détails figurés de tous les travaux qui seront à exécuter, soit aux embouchures du canal dans les deux mers, soit dans le parcours au travers de l'isthme.

Ainsi, ce troisième volume, avec tout ce qui le complète, renferme la partie purement technique du projet définitif du percement de l'isthme Suez. Joint aux deux précédents, il clôt la série des documents préliminaires qu'il importe de porter à la connaissance de toutes les nations intéressées au succès de cette grande entreprise.

Nous allons présenter une analyse détaillée du rapport de la commission.

La question du canal de Suez remonte à la plus haute antiquité; mais elle a successivement changé d'objet selon les besoins des temps. Elle consistait originairement à relier la vallée du Nil à la mer Rouge pour faciliter les relations entre l'Egypte et l'Arabie; elle consiste aujourd'hui à faire communiquer la Méditerranée à la mer Rouge, pour faciliter la navigation entre l'Europe et la mer des Indes.

Comme l'Egypte avait déjà des relations suivies avec l'Arabie, alors que les éléments d'un commerce de transit entre la Méditerranée et la mer Rouge n'existaient pas encore, la pensée de rattacher la vallée du Nil au bassin de la mer Rouge devait précéder celle de relier les deux mers. Les Pharaons et les rois de Perse ne furent préoccupés que de faciliter l'écoulement des produits de l'Egypte vers la mer Rouge. C'est dans cette vue restreinte qu'ils mirent la vallée du Nil en communication avec le golfe Arabique, par une dérivation de la branche Pélusiaque, dont les eaux s'épanchaient naturellement à travers l'Ouadée jusqu'au lac Timsah. (Voir dans notre n° 8 la vue panoramique de l'isthme de Suez). Mais en répondant ainsi de la manière la plus simple à l'unique besoin de leur temps, ils ouvraient en fait une voie navigable entre les deux mers. Tant que les plus grands navires purent passer dans le Nil, cette solution du problème de la jonction de la Méditerranée et de la mer Rouge fut la plus convenable, en ce qu'elle satisfaisait à la fois le commerce spécial de l'Egypte et le faible commerce de transit qui se faisait alors.

Les Ptolémées ne purent donc pas songer, pour éviter un détour aux navires allant d'une mer à l'autre, à entreprendre la coupure directe de l'isthme. C'eût été pour cette époque une œuvre considérable, et elle n'eût pas même dispensé d'un embranchement vers la vallée du Nil. Ils satisfirent pleinement et avec beaucoup moins de frais à l'intérêt commercial de leur temps, en restaurant et en agrandissant le canal des Pharaons.

Sous les Césars, les besoins étaient à peu près les mêmes. Mais l'amoindrissement de la branche pelusiaque et l'accroissement du tirant d'eau des navires ayant rendu précaire la voie navigable entre Bubaste et la mer Erythrée, l'empereur Adrien augmenta la profondeur du canal, et il en assura l'alimentation en remontant la prise d'eau en tête du Delta, vers l'endroit où est actuellement le Caire.

Lors de l'invasion des Arabes, le lieutenant d'Omar, Amron, eut, dit-on, la pensée de relier les deux mers par un canal direct de Suez à Péluse. Les eaux du Nil amenées du Caire par l'ancien canal des Césars, auraient alimenté ce canal. Mais Omar s'opposa à ce projet, dans la crainte d'ouvrir aux vaisseaux chrétiens le chemin de l'Arabie. Le fanatisme des califes ferma l'Égypte elle-même au commerce de l'Europe. Le canal de Suez n'eut plus pour objet, comme sous les Pharaons et sous les rois de Perse, que le commerce particulier de l'Égypte et de l'Arabie, et il fut subordonné aux relations politiques des deux pays. Si Omar faisait rétablir le canal des Césars pour approvisionner l'Arabie, cent cinquante ans après lui, El-Mansour le faisait combler pour affamer la Mecque et Médine.

La conquête de l'Égypte par les Français fit revivre la question du canal de Suez, oubliée depuis dix siècles. M. Lepère, ingénieur en chef des ponts-et-chaussées, l'examinant successivement au point de vue du commerce de l'Egypte et au point de vue de la grande navigation de transit, indiqua deux solutions:

1° Pour le commerce de l'Égypte, un canal à petite section de Suez à Alexandrie, par la région centrale du Delta, alimenté par les eaux du Nil;

2° Pour la navigation de transit, un canal à grande section de Suez à Peluse, alimenté par les eaux de la Mer Rouge.

Cette seconde solution, présentée comme un vœu plutôt que comme un projet exécutable, n'avait pu, jusqu'à ce jour, être sérieusement étudiée. Nous pensons, dit la Commission, qu'elle est la seule qui puisse satisfaire les besoins de la grande navigation qui se fait actuellement entre l'Europe et les mers de l'Asie, où plusieurs des nations européennes ont des colonies opulentes, dont les progrès sont chaque jour plus rapides.

Plusieurs motifs paraissent avoir détourné du tracé direct (de Suez à Péluse à travers l'Isthme) la plupart des ingénieurs qui depuis un demi-siècle se sont occupé de ces questions. Ces motifs sont: l'influence de la tradition, qui ne parlait guère que de tentatives faites pour unir le Nil à la mer Rouge; la connaissance incomplète des localités, qui faisait supposer que la baie de Péluse était absolument impraticable; enfin, l'intérêt mal entendu de l'Egypte qu'on voulait doter d'un grand canal maritime intérieur, sans voir que ce canal lui serait bien plutôt nuisible qu'utile.

Ces motifs joints à des considérations politiques ont déterminé les trois tracés indirects proposés depuis le commencement de ce siècle par M. Lepère, déjà cité, par M. Paulin Talabot, ingénieur en chef des ponts-et-chaussées, et par MM. Alexis et Emile Barrault. Ces trois tracés traversent l'Egypte pour aboutir à Alexandrie, en passant par le centre, la tête et la base du Delta.

Projet de M. Lepère. Le canal rectifié proposé par cet ingénieur se composait de trois parties principales. La première, qui n'était guère que l'ancien canal des Rois, s'étendait de la mer Rouge au Nil; elle avait son origine à Suez, traversait les lacs Amers, pénétrait dans l'Ouadée-Toumilat, et débouchait dans la branche de Damiette à Bubaste. La seconde partie empruntait les branches du Nil et ses canaux. Enfin, la troisième partie se composait de l'ancien canal d'Alexandrie, rétabli, et suivant presque complétement la direction qu'on a donnée plus tard au canal Mahmoudieh.

Projet de M. Paulin Talabot. Le canal de M. P. Talabot part de Suez; il suit l'Ouadée-Toumilat et remonte jusqu'au Caire, ou du moins près du Caire. Il franchit le Nil au-dessus du barrage de Saïdieh, sans emprunter le cours du fleuve autrement que pour le traverser, et il se dirige de là sur Alexandrie, où il vient déboucher dans le vieux port. Sa longueur est de 100 lieues environ. Il a 100 mètres de large et 8 mètres de profondeur. Il est alimenté par l'eau du Nil.

Dans ce projet, la principale difficulté c'est la traversée du Nil, qui n'a pas moins d'un kilomètre de large. M. Talabot expose pour la vaincre deux moyens entre lesquels il ne se décide pas. C'est, d'une part, la traversée en rivière, et, de l'autre, l'expédient d'un pont-canal.

Projet de MM. Barrault. — Leur tracé suit une direction intermédiaire entre le tracé direct de Suez à Péluse et celui qui passe par le Caire et Alexandrie. Allant d'abord de Suez au lac Mensaleh directement, il traverse l'étang dans toute sa longueur du S.-E. au N.-O., et, près d'atteindre la mer, il longe parallèlement le rivage pendant 40 lieues et plus pour venir déboucher dans le port neuf d'Alexandrie. Le passage du Nil par le canal est donc transporté de la région haute à la région basse de l'Egypte. Le canal franchit le fleuve sur ses deux branches principales de Rosette et de Damiette. En faisant ce déplacement, MM. Barrault espèrent éviter le reproche que l'on fait au projet de M. Talabot, de troubler le régime hydraulique du Nil inférieur et de ses dérivations.

Tels sont les tracés autres que le direct. Nous dirons les motifs de la Commission pour les rejeter et pour adopter le second.

(*La suite au prochain numéro.*)

HYGIÈNE PUBLIQUE.

Suppression des Cimetières.

Incinération des cadavres. — Emploi du gaz. — Mixture Falconi.

Au commencement du mois dernier la *Presse* publiait, sous la signature de M. Alexandre Bonnaud, un article relatif à la suppression des cimetières par l'incinération des cadavres; article que nous faisons nôtre par l'adoption et que nous mettrions sous les yeux de nos lecteurs, afin de hâter, autant qu'il est en nous, le succès d'une réforme rationnelle et des plus avantageuses à la santé publique, s'il n'avait déjà reçu une très grande publicité. Un abonné dont nos lecteurs connaissent le nom, M. le docteur A. Wahu. médecin en chef à l'hôpital militaire de Cherchell (Algérie), partisan, comme nous, du progrès dont il s'agit, et, réunissant dans sa pensée la réforme proposée par M. Bonneau et les nouveaux moyens de chauffage dont M. Gaugain a récemment rendu compte, nous adresse une lettre d'où nous extrayons ce qui suit :

« Comme tous les genres de progrès sont solidaires, pourquoi, au lieu de procéder à la crémation des corps au moyen d'une fournaise alimentée par les combustibles ordinaires, ne se servirait-on pas du gaz pour arriver à ce résultat? Sauf meilleur avis, donné par des hommes plus compétents que moi en la matière, il me semble que l'on pourrait disposer une sorte de chambre en fonte de fer dans laquelle on placerait les cadavres à comburer; un certain nombre de becs de gaz disposés sur un seul rang, régnant à l'intérieur de la chambre, serait dirigé concentriquement vers le cadavre qui, en peu d'instants, serait réduit en cendres; la chambre en fonte serait terminée à sa partie supérieure par une cheminée élevée, dans le genre de celles des usines, afin d'activer et de compléter la combustion, et à la fin de l'opération on recueillerait les résidus (le squelette calciné) exempts de toutes matières étrangères, résultat difficile à obtenir en employant les combustibles ordinaires. Ce serait là, à mon avis, une application nouvelle du gaz comme combustible, qui ne serait pas le moins utile, et j'ose espérer que l'idée que j'émets ici contribuera à la réalisation de la proposition faite par M. Bonneau, en ce que l'une des objections qui seraient probablement dirigées contre cette proposition, c'est le prix de revient fort élevé de la crémation des corps en employant le bois, le charbon ou tout autre combustible ordinaire. »

A. WAHU.

En attendant que l'idée nouvelle ou renouvelée des Grecs et des Romains fasse son chemin, et elle le fera, ce serait, croyons-nous, faire un œuvre utile que de généraliser l'emploi des moyens de conservation temporaire des cadavres imaginé par un chimiste, M. Falconi, et déjà usités dans les inhumations à Paris et à Lyon.

La conservation temporaire des cadavres soit dans les demeures privées, soit dans les obituaires publics, qui est de nécessité absolue fait vivement désirer la possession de substances désinfectantes capables de s'opposer efficacement à l'invasion des miasmes, de les détruire avant qu'ils se dégagent, d'absorber et de neutraliser les liquides résutant de la décomposition, tout en laissant le corps dans des conditions telles qu rien ne s'oppose à l'éventualité d'un réveil, d'un retour à la vie.

Le moyen par lequel on atteindra ce but ne doit nuire en aucune manière à l'intégrité du cadavre et à la santé des personnes qui l'entourent; il faut qu'il puisse être employé dans la demeure même du défunt; que son application n'offre pas de grandes difficultés, qu'il ne change pas sensiblement la température ambiante, qu'il permette que de temps à autre on puisse mettre en œuvre les ressources thérapeutiques par lesquelles un médecin éclairé voudrait tenter de ramener une vie qui n'est peut-être pas encore éteinte; il faut que les substances employées ne soient pas de nature à entraver les recherches de la médecine légale, etc., etc.

Ni le chlore, de quelque manière qu'il soit dégagé, ni les aromates ou les essences, ni le charbon, ni le tan et les poudres astringentes, ni les mille autres ingrédients employés tour à tour depuis des siècles, n'avaient donné une solution acceptable de ce difficile problème.

M. Falconi l'a résolu par l'invention d'une *mixture* composée en grande partie d'un sel neutre de sulfate de zinc. C'est une poudre *blanche*, d'une odeur agréable, d'un prix modique, antiméphitique à la fois et antiseptique, qui n'altère nullement les tissus organiques, qui détruit instantanément toute mauvaise odeur, qui conserve les substances animales privées de la vie, qui absorbe les produits liquides et gazeux de la décomposition cadavérique, qui ne s'oppose ni de près ni de loin aux recherches qui pourraient avoir pour objet la constatation d'un empoisonnement antérieur, qui protége, en un mot, les vivants de toute atteinte nuisible, et ménage les éventualités du retour de la vie. L'hygiène le plus sévère, la médecine légale la plus scrupuleuse, le respect des morts le plus exagéré, les douleurs de famille les plus susceptibles, toutes les exigences, en un mot, quelles qu'elles puissent être, sont parfaitement satisfaites par l'emploi de cette mixture. Il ne reste plus qu'un vœu à former : c'est que son usage se répande partout, c'est qu'elle devienne un objet de première nécessité, c'est qu'on se fasse en quelque sorte un crime de ne pas l'employer dans tous les cas. Combien de maux redoutables seraient ainsi conjurés !

Son emploi, d'ailleurs, est très simple. Après avoir semé le linceul d'une couche de mixture de l'épaisseur de 5 à 6 centimètres environ, sur laquelle on pose le cadavre, on ajoute suffisamment de composition pour recouvrir le corps, en ayant soin de laisser le visage découvert tout le temps qu'on voudra le conserver. Lorsque la mort, bien constatée, ne laissera plus d'espoir, on n'aura qu'à ramener le linceul sur le cadavre et à l'ensevelir.

On refuserait peut-être de croire à l'efficacité de la mixture Falconi, si nous ne nous hâtions de dire qu'elle a été démontrée par d'innombrables expériences. Citons-en une seule, celle qui a convaincu un médecin distingué de Lyon, M. le docteur Luppi, et qui l'a conduit à plaider avec beaucoup d'éloquence, dans une brochure intitulée : *De l'emploi de la mixture Falconi pour la conservation des cadavres et la solution du problème des inhumations* (1854), la cause qu'à notre tour nous venons de défendre.

« Nous avons choisi le cadavre d'un homme de vingt-sept ans, mort depuis quarante-huit heures à la suite d'une fièvre dont nous n'avons pu connaître ni la nature ni la durée. Il présentait une infiltration œdémateuse aux membres inférieurs, et la peau abdominale, un peu tendue par météorisme, était toute parsemée de taches verdâtres qui annonçaient le prochain travail de la décomposition.

« Ce cadavre, placé dans une bière et tout plongé dans la mixture conservatrice, dont nous avions rehaussé l'efficacité en doublant la dose des sels antiseptiques qui en forment la base, n'exhalait, huit jours après, aucune espèce d'odeur, et ne présentait aucune trace de décomposition. Quinze jours plus tard, nous constatâmes la même absence d'émanations fétides, et la même intégrité de la peau. Il en fut de même au bout de trois semaines, ainsi qu'au bout d'un mois, lorsque nous décidâmes de mettre un terme à une expérience que nous avions déjà poussée beaucoup plus loin qu'il ne le fallait pour arrêter notre conviction. »

PILE GALVANIQUE DE M. VICTOR DOAT.

L'inventeur de cette pile, qui a si justement fixé l'attention des physiciens, nous adresse d'Albi la communication suivante :

« A l'époque où M. Becquerel me fit l'honneur de présenter lui-même à l'Académie ma pile galvanique ayant le mercure et l'iode pour éléments actifs et la revivification de ces éléments pour principe, il m'était déjà démontré que dans plusieurs circonstances pouvait se faire sentir le besoin d'une action plus riche en force électromotrice; aussi, immédiatement après la communication de mon travail, je portai toute mon attention sur les compositions de l'iode avec les métaux les plus électropositifs amalgamés avec le mercure, et j'obtins des dispositions de pile dont l'énergie et la constance ne pouvaient être égalées par aucune des piles déjà existantes. Seulement, pendant longtemps, la revivification des iodures des métaux de première classe, et notamment de l'iodure de zinc, me présenta de telles complications, que plusieurs fois j'ai été sur le point de renoncer à mes recherches, regardant comme insurmontables les difficultés qui s'accumulaient devant moi. Ainsi l'iodure de zinc, qui est indiqué dans les meilleurs traités de chimie comme perdant l'iode lorsqu'on le chauffe en présence de l'oxygène de l'air, devient volatil juste à la température où l'oxigène le décompose ; il se forme une atmosphère d'iodure de zinc qui écarte l'oxygène de la masse chauffée, et ce n'est qu'après des opérations bien souvent répétées, qu'on élimine une quantité notable d'iode.

« Heureusement, dans le cours de mes travaux, j'ai trouvé un agent de décomposition des plus énergiques relativement à la plupart des iodures; c'est le *carbonate basique de bioxyde de cuivre*. Tandis que les sels solubles de bioxyde de cuivre, en réagissant sur les iodures alcalins, ne précipitent que la moitié de l'iode, j'ai trouvé que les sels basiques et principalement le carbonate, n'exercent qu'une action à peine sensible sur les iodures alcalins et qu'au contraire, ils agissent avec la plus grande rapidité sur les iodures alcalino-terreux et des classes plus élevées, notamment sur l'iodure de zinc, et qu'ils éliminent *la totalité de l'iode* en passant à l'état de sel de protoxyde et en oxydant le métal combiné avec l'iode.

« C'est d'après ce principe, que je produis la revivification des éléments de ma pile galvanique formée avec l'amalgame de zinc, l'iodure de potassium et l'iode.

« Les vases ont absolument la même forme que celui qui fut mis sous les yeux de l'Académie lors de la présentation de ma pile à mercure pur. Seulement, sur le pôle plat en charbon, on dispose un filtre très évasé en terre poreuse renfermant du carbonate de bioxyde de cuivre hydraté. Lorsque la pile a fonctionné, on soutire le liquide contenu dans les auges et on le rejette sur les filtres. Ce liquide, qui n'est alors formé que d'un iodure double de zinc et de potassium, est décomposé par le sel de cuivre. L'iodure alcalin reste pur, et l'iodure de zinc est changé en oxyde de ce métal, tandis que l'iode, mis à nu, se dissout dans l'iodure alcalin, passe avec lui à travers le filtre et va tomber sur le pôle en charbon où il empêche de nouveau la polarisation. A la température ordinaire, l'action du sel de cuivre est très prompte, mais vers 60° centigrades elle est instantanée.

« Ainsi la revivification de l'iode n'exige d'autre dépense et d'autre soin que de soutirer et de jeter le liquide saturé des auges sur un filtre chargé de carbonate hydraté de cuivre.

« Pour opérer la revivification du zinc, on prend les produits restés à l'état insoluble sur le filtre et composant un mélange de carbonate de protoxyde de cuivre et d'oxyde de zinc, et après les avoir broyés avec du charbon en poudre on les met dans un creuset ordinaire qu'on place dans un fourneau dont le tirage soit bon; on chauffe, et dans un temps fort court la réduction est opérée. Primitivement, je poussais la chaleur au rouge blanc pour recevoir le zinc par distillation, tandis que le cuivre restait pur dans le creuset et pouvait être livré au commerce, mais l'expérience m'a démontré qu'il est bien plus simple de ne pousser la chaleur qu'au rouge, alors c'est du laiton que l'on obtient; ce laiton, livré au commerce au prix des vieilles mitrailles de laiton, couvre parfaitement les dépenses de la pile, lesquelles ne consistent que dans l'achat du zinc métallique, du sulfate de cuivre et du carbonate de soude, ces deux derniers sels, en dissolution, servant à produire le carbonate hydraté de cuivre. Ces divers produits se trouvent partout et la mitraille de laiton a son écoulement dans les plus petits centres de population.

« Dans la pratique, je me suis bien trouvé d'opérer la revivification de l'iode toutes les vingt-quatre heures, cette opération n'exigeant que la peine de verser un liquide dans un vase à filtration. Quant aux produits métalliques, je les place de côté pour en opérer la revivification tous les mois seulement, car en opérant sur des quantités un peu considérables de matière, on peut produire une très belle fonte de laiton et augmenter ainsi sa valeur commerciale. « VICTOR DOAT. »

CORRESPONDANCE.

Chauffage à la glace.

M. H. Lecoq, professeur à la Faculté des sciences de Clermont-Ferrand, nous adresse la lettre suivante qui sera lue avec un vif intérêt :

A Monsieur le rédacteur en chef de l'*Ami des Sciences*.

Monsieur,

Vous avez donné à vos lecteurs des articles très intéressants sur le chauffage au gaz, que j'ai vu déjà adopté et remplissant parfaitement son but dans des laboratoires de chimie, en France, et dans des cuisines en Angleterre. Permettez-moi de vous entretenir un instant d'un mode de chauffage très-sérieux, mais dont le titre ne sera d'abord accueilli qu'avec un sourire d'incrédulité. Heureusement pour moi, bien des choses que l'on niait autrefois sont aujourd'hui des vérités démontrées, et je ne retracerai pas ici le tableau des découvertes modernes dont vous-même avez rappelé dernièrement les merveilles d'une manière brillante et pleine d'intérêt.

Le mot *chauffage* a généralement une fausse acception. On trouve qu'un objet est chaud quand il surpasse en température la chaleur du corps humain, et réciproquement on le dit *froid*, quand, prenant lui-même une partie de notre calorique pour se mettre en équilibre, il nous fait éprouver un abaissement de température.

Le *chauffage à la glace* ne peut donc nous être appliqué, et notre méthode ne peut évidemment servir qu'à des êtres qu'il faut ramener d'une température inférieure à 0 à celle de ce 0, ou plutôt elle doit servir à arrêter le froid au point où l'eau se solidifie et à s'opposer aux ravages de la gelée. C'est donc un chauffage, et un chauffage très économique, puisque, dans certaines circonstances, il peut nous éviter de brûler du bois ou du charbon.

Entrons maintenant dans quelques détails à ce sujet.

Des recherches entreprises pour l'étude de la question des glaciers, m'ont conduit, comme tous ceux qui se sont occupés de cette intéressante question, à calculer les quantités relatives de calorique émises ou absorbées pendant les passages de l'eau de l'état liquide à l'état solide et réciproquement. Or, ces quantités sont tellement considérables, le seul fait du changement d'état, en restant à la température de 0, donne ou absorbe une si grande quantité de chaleur, sous certaines conditions, que je n'ai eu aucune peine à arriver, par ce moyen, à la solution de questions physiques assez longtemps controversées. Mais en voyant ces admirables phénomènes de la nature, en essayant de connaître les lois immuables qui les régissent, je suis redescendu de ces hautes régions dans nos humbles demeures, et je me suis demandé si l'on ne pourrait pas utiliser ces émissions du calorique latent devenant tout à coup sensible, en l'appliquant à nos besoins économiques.

Nous ne connaissons jusqu'à présent aucun moyen de produire de la chaleur sans dépense. Ainsi, nos appareils évaporatoires, nos chaudières à vapeur, nos fourneaux, nos combinaisons chimiques, qui donnent naissance à des quantités diverses de calorique, nous coûtent en général d'autant plus qu'ils produisent davantage. Or, nous avons tous les jours dans la nature une source de chaleur qui ne nous coûte rien, c'est le dégagement du calorique latent enfermé dans des corps très répandus, capables de changer d'état, comme celui qui est contenu dans l'eau.

Nous ne pouvons pas, il est vrai, dégager ce calorique en tout temps et en tout lieu. Il ne nous est pas permis de forcer sa production au-delà d'une certaine limite, et de l'appliquer partout où nous avons besoin de chaleur ; il faut donc nous résigner à l'utiliser seulement dans quelques circonstances et dans des limites resserrées. Celles que nous allons tracer auront encore une certaine étendue.

Nos applications seront restreintes pour le moment à l'agriculture et à l'horticulture, et pourront peut-être, par la suite, s'adapter à des usages plus multipliés.

Les plantes cultivées sont plus ou moins sensibles au froid ; mais dans nos climats, où la température s'abaisse souvent au-dessous de 0, nous sommes obligés d'abriter dans nos serres un grand nombre de végétaux, et de conserver dans des caves ou dans des celliers des racines et divers légumes que le froid désorganiserait.

Les plantes et leurs diverses parties ne gèlent et ne se désorganisent qu'en laissant solidifier par le froid toute l'eau qu'elles contiennent, et en laissant dégager une certaine quantité de calorique latent.

Ce calorique passe dans l'atmosphère ambiante dont la température est abaissée, et la destruction des substances organiques par la gelée n'est autre chose qu'une question d'équilibre dans les températures.

Pour soustraire ces objets à la désorganisation, on ne connaît que deux moyens : ou bien les placer assez profondément pour qu'ils soient à l'abri de l'air extérieur refroidi, ou bien fournir artificiellement à cet air ambiant la quantité de chaleur nécessaire pour qu'il n'aille pas la chercher dans l'eau contenue dans les tissus végétaux.

Mais, puisque cet air ne veut autre chose que le calorique latent contenu dans l'eau des tissus, pourquoi lui fournir directement, par ce même procédé, la chaleur, dont il a besoin ? pourquoi lui refuser de l'eau froide qui ne coûte rien ? Si dans un même lieu se trouve une plante ou un organe détaché contenant de l'eau dans son tissu, et à côté une masse d'eau libre à surface étendue et non couverte, il est certain que le calorique latent s'échappera plus facilement de l'eau libre que de celle qui sera enfermée dans les cellules des plantes, et le liquide ouvert se congèlera, tandis que celui qui est enfermé dans les cellules sera préservé. Nous arrivons donc au moyen très simple de chauffer les serres et les celliers avec de l'eau froide, et de nous opposer facilement et sans dépense aux ravages désorganisateurs de la gelée.

Notre prétention ne s'élève pas au-delà ; nous ne voulons pas donner une température quelconque à nos serres avec de l'eau à 0, nous voulons seulement empêcher la gelée d'y pénétrer. Nous croyons, en ce se[illegible]dre encore de grands services à l'horticulture et à l'écono[illegible] rurale.

Combien de plantes de serre résistent à quelques degrés de froid, et combien d'entre elles vivent au moins à 0 sans avoir aucun besoin de chaleur pendant leurs mois de léthargie? Combien de racines et de tubercules se conservent parfaitement à 0, pourvu que la température ne s'abaisse plus et que l'eau de leurs tissus ne soit pas solidifiée?

Rien de plus facile que de placer autour d'eux de l'eau plus accessible, de l'eau qui puisse se congéler, et qui, par sa propre solidification, dégage une assez grande quantité de chaleur pour s'opposer à l'abaissement de la température au-dessous de 0.

On sait que, pour passer de l'état liquide à l'état solide, l'eau abandonne 79 de calorique ou une quantité de chaleur qui serait suffisante pour élever une même quantité d'eau liquide de 0 à 79 centigrades.

Or, si ce dégagement a lieu dans un endroit fermé, sans courant et où la transmission de la température basse extérieure soit lente et presque insensible, la quantité d'eau qui se congèlera sera proportionnelle à l'intensité du froid, et si la masse d'eau est assez considérable, si elle est étendue sur une surface assez grande, la glace qui se formera sera toujours suffisante pour maintenir l'équilibre, c'est-à-dire la température à 0 et pour s'opposer à la gelée.

Cette action toute naturelle n'a pas lieu à l'air libre, à cause des courants d'air, à cause de la transmission trop prompte et des changements trop brusques de température qui s'opèrent à chaque instant, à cause surtout de l'espace ouvert dans l'immensité et du rayonnement immédiat du calorique.

Il est donc nécessaire, pour remplir les conditions voulues, que les locaux soient fermés, sans courants d'air, pendant les gelées ;

Qu'ils soient naturellement abrités, et, autant que possible, à demi-enterrés dans le sol, condition qui pourtant n'est nullement indispensable ;

Que l'eau y soit introduite sur une grande surface avec peu de profondeur ;

Que la glace formée soit enlevée assez souvent pour que l'équilibre de température s'opère plus facilement.

Il est essentiel que les réservoirs d'eaux soient disposés de telle manière que le liquide puisse en être facilement retiré dès que les gelées ne sont plus à craindre, car alors l'humidité deviendrait nuisible. Elle ne l'est jamais pendant les froids, l'air ne pouvant alors se charger que de très petites quantités d'eau.

Des expériences ne me laissent aucun doute sur l'efficacité de ce procédé ; tous les légumes, les végétaux d'orangerie, la plupart des plantes de serre froide et même bon nombre de cactées résistent parfaitement à ce traitement d'eau froide et se contentent de l'émission lente et continue du calorique latent que l'eau abandonne quand elle passe à l'état de glace.

Une objection théorique peut être faite à cette méthode, c'est que la quantité d'eau qui se vaporise, absorbe une certaine quantité du calorique de l'air et doit le refroidir; mais ici la pratique et la théorie viennent ensemble répondre à cette question. L'air à 0 ne peut dissoudre qu'une très petite quantité de vapeur, et celle qui se forme à cette température ne peut donc prendre à l'air qu'une portion infiniment petite de son calorique. Et d'ailleurs l'air refroidi par cette cause ajoutée à la transmission extérieure du froid, congèlerait une quantité d'eau un peu plus grande, et sa température propre n'en serait point abaissée.

Si au contraire la température était élevée comme dans les jours chauds de l'été, les lieux qui peuvent être échauffés en hiver avec de l'eau froide peuvent être rafraîchis en été par de l'eau chaude, et les arrosements faits dans les serres avec de l'eau dont la température est élevée produisent une évaporation si active, un phénomène d'alcarrazas développé si rapidement et sur une si grande échelle, que l'on voit le thermomètre s'abaisser à vue d'œil à mesure que la vapeur d'eau se forme et s'élève.

Ainsi l'homme n'invente rien. La nature met sous ses yeux les plus admirables phénomènes, et, distrait par la multitude des objets ou emporté par ses passions, ce n'est qu'à la longue qu'il comprend et réfléchit, et qu'il reconnaît la valeur et l'importance des exemples que la Providence a placés près de lui.

H. LECOQ.

REVUE DES JOURNAUX.

Voiles de navires en soie.

Il vient d'être fait une heureuse application du tissu de soie aux voiles de navire. Le *Messager de Bayonne* rend compte dans les termes suivants de cette intéressante expérience :

« Chaque jour l'industrie, aidée par la science, enfante de nouveaux produits, réalise de nouvelles découvertes. Deux habiles fabricants de Villefranche (Rhône), MM. Deschizeau et Coste, ont employé la soie à la confection des voiles de navires; ils fabriquent une toile de soie dont le prix est à peu près égal à celui de la toile à voile ordinaire, et qui présente de grands avantages. Même après les pluies les plus fortes et les plus longues, la soie est souple, ce qui facilite beaucoup les manœuvres et permet de prendre aisément les ris.

« L'humidité constante ne cause à la toile de soie aucune moisissure, ainsi que cela se produit sur toutes les voiles connues. Les changements de température n'influent nullement sur cette nouvelle toile, dont l'élasticité est telle, qu'elle évite les ébranlements de la mâture lorsque les voiles étant en ralingues fassent fortement.

« Ces nombreux et importants avantages ont été constatés après une expérience décisive faite à Marseille, et dont les résultats ont été relevés par une commission composée de deux officiers supérieurs de la marine impériale, de trois capitaines de navires de commerce, du chef de bureau et de l'expert du bureau *Veritas*.

« Au mois de décembre 1855, le capitaine Valentin, commandant le navire l'*Y*, partant pour la côte occidentale de l'Afrique, prit un hunier en toile de soie. Le 10 mai suivant, l'*Y* rentrait à Marseille après avoir essuyé dans cette campagne de violentes tempêtes. Le hunier en toile de soie fut examiné par la commission, qui reconnut son parfait état de conservation, l'absence complète de toute moisissure et de toute trace apparente d'usure. La commission déclara, en outre, que, dans son opinion, les voiles en toile de soie sont destinées, par les avantages qu'elles présentent, à devenir d'un usage général dans la marine.

« Le capitaine Valentin consigna dans le procès-verbal le témoignage le plus complet de la satisfaction qu'il avait éprouvée de ce nouveau hunier.

« Nous croyons rendre service aux armateurs en appelant leur attention sur la toile de soie. Déjà le représentant de Bayonne de la *Compagnie générale maritime* a voulu par lui-même répéter l'expérience faite à Marseille.

« Un des navires que cette compagnie a expédiés de notre port est parti avec une grande voile en toile de soie, prise au dépôt que les inventeurs ont établi à Bayonne. »

Le quinquina des pauvres.

Sous ce titre, une botaniste, M. F. Plée, consacre dans le *Siècle*, un article dont nous extrayons ce qui va suivre, aux travaux dont les propriétés fébrifuges du persil viennent d'être l'objet.

Deux médecins, deux philantropes, MM. Joret et Homolle, ont trouvé le moyen de soustraire, par une médication simple et des moins coûteuses, des populations entières à l'influence pernicieuse de ces maladies cruelles, classées sous le nom de *fièvres intermittentes*, qui affligent les pays bas, humides, marécageux ou ravagés par des inondations.

Parmi les médicaments propres au traitement de ces fièvres le quinquina doit, à juste titre, occuper le premier rang. Malheureusement le haut prix de cette précieuse écorce la rend inaccessible aux plus nécessiteux, parmi lesquels les fiévreux forment le plus grand nombre. Les quinquinas n'occupent, on le sait, qu'une étroite bande des Cordillières, et là vivent disséminés au milieu de forêts vierges dont l'abord semble interdit pour longtemps à la civilisation; c'est au prix d'une exploitation fort dispendieuse et fort inintelligente tout à la fois que nous parvenons à nous les procurer, et il est à craindre que le mode d'exploitation tel qu'il est pratiqué, ne fasse bientôt disparaître ces arbres précieux.

Ce n'est pas à une flore lointaine que MM. les docteurs Joret et Homolle ont demandé leur fébrifuge; ils l'ont trouvé aux lieux mêmes où sévit la fièvre, et placé là, en quelque sorte, par la nature, comme le remède près du mal. La plante qui le leur a fourni est le persil, l'*apium petroselinum* des botanistes, plante providentiellement féconde; et c'est des fruits, partie où abondent particulièrement les sucs propres de la plante, que ces deux honorables praticiens ont extrait le principe actif qu'ils nomment Apiol et que nous surnommerons proquinine. Par son efficacité, l'*apiol-pro-quinine* est appelé à jouer un grand rôle en thérapeutique, même à côté du quinquina; par la modicité de son prix il deviendra le quinquina du pauvre, et les auteurs de cette découverte pourront être récompensés par la reconnaissance publique de leurs longues, minutieuses et dispendieuses recherches, comme ils l'ont déjà été par les justes encouragements de la Société de Pharmacie de Paris et par ceux du Conseil de santé des armées.

Nous terminerons par solliciter instamment l'attention de tous les praticiens amis du progrès sur ce nouveau produit. Tout en sauvegardant la santé publique, ils économiseront à leur pays des millions qui sont envoyés chaque année à l'étranger, et qui seraient employés avec plus de profit aux travaux d'assainissement qui doivent nous préserver plus tard de cette affreuse maladie.

Les arbres à quinquina.

La découverte de ce que, dans l'article ci-dessus, M. F. Plée nomme le *Quinquina des pauvres*, est d'autant plus intéressante que l'arbre à quinquina tend à disparaître de jour en jour, ainsi que le prouve cet extrait d'un article que le *Moniteur* a tiré lui-même de l'ouvrage intitulé : *De Kina Room uit Zuit-America overgebragt naar Java* :

Les premières recherches faites par les savants nous apprennent que les habitants de l'Amérique du sud n'ont rien fait pour empêcher les Européens de s'emparer du bois de quinquina. Personne ne songe à leur culture, les autorités du pays paraissent s'en soucier fort peu, ce qui n'est pas étonnant, si l'on considère que le district du quinquina couvre une étendue de 2,000 milles carrés.

Il faut remarquer également qu'il est fort difficile de se rendre compte des quantités exportées, et que de temps à autre des bois tout entiers sont la proie des flammes. Certes, les Européens savent beaucoup mieux que les habitants du Pérou et de la Bolivie, que les quinquinas diminuent, et que ces arbres, qu'on détruit par milliers, ne sont pas promptement remplacés par d'autres. Quiconque descend les Andes pour visiter les bois où croît le quinquina, se fraye une route en abattant les arbres, manière de procéder qui sera fatalement ressentie plus tard, car la quantité d'écorces perdues est à peine croyable. La conséquence de tout cela est celle que prévoyait de La Condamine, et que confirment tous les voyageurs qui ont récemment visité le pays, à savoir, que la quantité des arbres à quinquina diminue visiblement.

Il est donc à craindre qu'avec le temps, l'écorce du quinquina ne disparaisse du commerce. On trouve à ce sujet les lignes suivantes, dans l'introduction à l'*Histoire naturelle des quinquinas*, par Weddel : « L'immense accroissement pris par le commerce des quinquinas dans ces parties rendait en quelque sorte nécessaire un travail à leur sujet. A une époque aussi où la consommation de ces écorces, et surtout de leur principe fébrifuge, la quinine, devient de plus en plus considérable, je crois qu'il peut être utile d'appeler l'attention sur les écorces qui un jour devront remplacer le quinquina Calsaya, dont l'épuisement devient de plus en plus imminent. Ces espèces, si elles sont beaucoup moins riches en principes actifs, nous offrent encore, par leur abondance, quelque sécurité contre la chance prochaine de nous voir privés du médicament le plus précieux du règne végétal. »

Plusieurs naturalistes hollandais ont pressé leur gouvernement à l'effet de transplanter l'arbre à quinquina de l'Amérique du sud à Java, où sa culture pourrait, pense-t-on, réussir. Les consuls hollandais avaient bien promis d'envoyer des graines, mais leurs stations étant fort distantes des bois de l'intérieur du Pérou, de la Bolivie et de la Nouvelle-Grenade, il devenait fort difficile de se les procurer, et après bien des demandes constamment renouvelées et des promesses qui ne furent jamais suivies d'effet, il fut reconnu qu'il n'y avait d'autre moyen d'avoir des graines du quinquina, que d'envoyer quelqu'un les chercher. La personne qu'on voulait charger de cette mission devait être un savant botaniste et posséder une connaissance approfondie des quinquinas ; il fallait qu'elle y joignît une grande constance, une grande intrépidité et enfin une forte constitution, pour lutter contre les difficultés et les dangers de longs voyages dans des pays lointains. On jugea donc à propos d'envoyer à cette recherche un ancien botaniste du jardin des plantes de Buitenzorg à Java ; il ne devait pas se borner à la recherche du quinquina Calsaya, il devait également faire une aussi grande collection que possible de toutes les autres sortes de quinquinas, qui se trouvent à diverses hauteurs au-dessus du niveau de la mer.

Notre intention n'est pas d'entreprendre ici le récit des voyages du savant botaniste en question ; nous dirons seulement qu'il a réussi à faire parvenir en Hollande de nombreuses graines non-seulement de quinquina, mais de beaucoup d'autres plantes. Il a été forcé néanmoins de ne pas en recueillir la première année : étant arrivé trop tard, le vent avait emporté les graines. Il faut remarquer, en effet, que la graine du quinquina, extraordinairement fine et légère, et entourée d'une membrane infiniment mince, s'envole aisément et est facilement perdue ; mais c'est à cela aussi qu'il faut attribuer l'étendue extraordinaire occupée par les arbres à quinquina en Amérique.

Fabrication du fer. — Procédé Bessemer.

Un journal industriel belge, le *Moniteur des intérêts matériels*, expose en termes élémentaires la méthode proposée par M. Bessemer pour la fabrication du fer.

Tout jeune homme qui assiste pour la première fois à un cours élémentaire de chimie, ne manque pas d'être impressionné par l'une des curieuses expériences par lesquelles le professeur démontre les propriétés de l'oxigène.

Dans un flacon rempli de ce gaz, il introduit un fil de fer ou d'acier, dont l'extrémité est préalablement rougie au feu ; aussitôt après son introduction dans le flacon, au milieu duquel il est suspendu, la partie rouge du fer projette des étincelles brillantes et il se forme une petite boule à l'extrémité du fil, cette boule s'accroît successivement jusqu'à ce que son poids la fasse choir au fond du vase ; puis une seconde boule succède à la première et ainsi de suite, jusqu'à ce que tout le fil de fer soit consumé, pourvu que la quantité d'oxygène soit suffisante. Dans le cas contraire, l'introduction de l'air ralentit l'opération et finit par l'arrêter, car l'azote contenu dans l'air diminue trop les propriétés de l'oxygène pour que le phénomène puisse continuer à se reproduire.

Si l'on examine les boules qui se sont produites dans cette opération, on reconnaît que c'est du fer brûlé, c'est-à-dire de l'oxyde de fer.

Cette expérience démontre qu'à la température ordinaire, le fer brûle dans l'oxygène, lorsqu'il est incandescent sur quelques points seulement.

Cette expérience a plus d'éclat encore lorsqu'au fil de fer on substitue un fil d'acier, parce que le carbone contenu dans dernier augmente l'intensité de la chaleur.

Une autre expérience moins commune, mais tout aussi intéressante à connaître, se fait dans un feu de forgeron.

On prend une barre de fer de petit échantillon, que l'on fait chauffer à blanc ; puis on l'expose devant la tuyère d'un bon soufflet, en ayant soin de soutenir régulièrement un fort courant d'air : dans ces circonstances, le fer jette de nombreuses étincelles et laisse tomber des gouttes de matière qui se réunissent sous forme d'une espèce de laitier noir très-pesant.

Cette expérience présente avec celle que nous venons de décrire la plus étroite parenté ; elle est due à l'oxygène de l'air qui, dans un courant d'air comprimé, est assez abondant pour faire brûler le fer.

Ces deux expériences servent à expliquer d'une manière très-plausible ce qui se passe dans le procédé employé par M. Bessemer ; en effet :

La fonte, à une température très-élevée, se trouve en contact avec un très-violent courant d'air, donc le fer de la fonte se brûle et entretient ainsi la température initiale et même l'augmente ; sous l'influence de cette température, [illegible] ne et le soufre se brûlent aussi. Parmi les oxydes produits, les uns se mêlent au fer restant, les autres forment cette espèce d'écume que l'on observe au-dessus du bain ; de là aussi cet énorme déchet que l'on éprouve lorsque l'opération est trop longtemps continuée.

Le mélange de fer et d'oxyde de fer a l'aspect cristallin que l'on a remarqué à Wolwich, et se refuse à prendre sous le laminoir l'aspect nerveux que l'on observe dans les fers produits par le puddlage ordinaire.

Enfin, l'on voit que le temps pendant lequel la fonte se trouve soumise au procédé Bessemer doit exercer une influence énorme sur la qualité du fer obtenu, car plus l'opération se prolongera, plus le fer se trouvera saturé d'oxyde de fer.

Il n'est donc pas étonnant que dans certaines circonstances on ait obtenu un résultat faisant naître des espérances, tandis que dans d'autres les produits aient été jugés d'une qualité laissant peu d'espoir d'arriver au succès.

Toutes ces circonstances nous portent à croire que les expériences de M. Bessemer ne vont pas amener une révolution immédiate dans l'art de fabriquer le fer, mais il est possible que ces expériences ouvrent la route à certaines améliorations que le temps fera découvrir, et, sous ce rapport du moins, M. Bessemer aura été utile à la science.

Fabrication des roues en fer.

M. Smith (de Smethwick), après avoir rappelé dans le *Repertory of Patent inventions*, les difficultés que l'on éprouve dans la fabrication des roues en fer, surtout pour souder parfaitement le moyeu, propose de le forger en chassant de force une masse métallique dans des moules de forme convenable.

Il porte donc le fer à une température assez élevée pour le réduire à un état en quelque sorte plastique, puis il l'introduit dans un moule dont il l'oblige de prendre, au moins en partie, la forme en le comprimant avec force. Ce moule se compose de deux disques épais en fonte, réunis par des boulons ; le métal y est introduit par une ouverture centrale, en forme de canon, ménagée au centre du disque supérieur. Dès qu'il est placé, un piston, soumis à l'effort d'une presse hydraulique de la puissance de 1,600,000 kil., le force de se répandre dans l'intervalle vide ménagé entre les deux disques, et de prendre la forme d'un moyeu entouré de ses rais, qui y adhèrent parfaitement, puisqu'ils sont refoulés et non soudés. Un cylindre vertical, ménagé sur le disque inférieur, sert de poinçon et perce le moyeu. Si le métal n'atteint pas partout la longueur nécessaire pour les rais, on soude à l'endroit du défaut, toujours suffisamment éloigné du moyeu, une pièce de rapport, et l'on termine la roue en y ajoutant une jante circulaire et un bandage.

Impression lithographique en couleurs sur tissus.

Les teintures faites à la main exigeant beaucoup de temps, et le temps d'un homme habile, reviennent naturellement fort cher. L'impression en couleur sur pierre, peut, au contraire, être livrée à très bas prix, puisqu'une même pierre peut donner 1,000 à 1,500 exemplaires; ce genre d'impression rend d'ailleurs très fidèlement le dessin, les ombres, les clairs-obscurs et les lumières, et les exprime avec cette douceur propre à la lithographie. Mais l'impression lithochromique est beaucoup plus difficile sur étoffe que sur papier; la difficulté est surtout d'appliquer les nuances à leur place réelle, et cela vient de ce que les tissus s'étendent et se retirent inégalement pendant l'humidité et la sécheresse. Ainsi, une épreuve de 1m16, après avoir reçu l'impression, se contracte de 0m024 millimètres au moins, dans le sens de la longueur, de sorte que les planches les mieux repérées ne peuvent être soumises un peu exactement à un certain nombre d'impressions successives, comme le veut la lithochromie.

Pour obvier à ces inconvénients, MM. Poduba et Gersbacher, de Stuttgard, proposent, dans le *Dingler's polytechnisch*, la méthode suivante:

Ils donnent d'abord à la pièce un apprêt dit à la cire; après quoi on la fait sécher, puis passer entre des cylindres presseurs. Privé de ce satinage l'apprêt serait trop rude pour recevoir les impressions délicates. Il faut noter que la suspension (nécessaire au séchage), suffit déjà pour déformer l'étoffe dont les fils sous l'action de la pesanteur se tendent inégalement. La calandre a une influence plus sensible encore, elle rend le tissu plus long et moins large, L'opération suivante a pour résultat de replacer les fils dans leur situation première.

On coupe d'abord la pièce en morceaux de la grandeur requise, que l'on étend sur une table et sur lesquels on applique avec des éponges une mixtion d'eau, de lait et d'alcool rectifié. On les fait ensuite sécher le plus possible dans une situation horizontale. Non-seulement ce traitement rétablit les fils dans leur forme première, mais il rend à la toile autant de corps, de moelleux et d'aptitude à recevoir les couleurs, qu'elle en possédait avant de passer à la calandre. Cependant on doit veiller encore avec le plus grand soin, pendant l'impression, à ce que l'étoffe n'éprouve aucun changement dans ses dimensions; mais ce n'est plus qu'une affaire de pratique et d'expérience.

Physiologie. — Vagissement utérin.

Le *Bulletin général de thérapeutique* rapporte le fait suivant:

Le 16 février, M. Waletz fut appelé près de la femme Achard, âgée de 26 ans, pour l'accoucher de son second enfant. Il s'agissait d'une présentation des pieds. Pendant que M. Waletz travaillait à les amener, il entendit un gémissement assez distinct. Étonné, il suspendit un moment les manœuvres pour bien s'assurer du fait. Il fit approcher les quatre personnes qui l'assistaient, en leur recommandant le plus grand silence; puis, reprenant les pieds dégagés déjà jusqu'aux genoux, il opéra de nouvelles tractions. Presque aussitôt tous entendirent très distinctement plusieurs vagissements, qui semblaient partir de la région ombilicale.

Ces cris se répétèrent deux fois jusqu'à la fin de l'accouchement et toujours assez clairs pour être entendus de la patiente et des assistans.

Tératologie. — Hermaphrodisme apparent chez le sexe masculin.

L'observation qu'on va lire et que nous abrégeons est tirée du même recueil:

Alexandrine X..., né à Paris le 11 octobre 1834, présenta, en venant au monde, une conformation par suite de laquelle il fut inscrit sur les registres de l'état civil comme étant du sexe féminin.

Pendant les premières années de l'enfance, il ne se manifesta rien qui pût faire soupçonner l'erreur qu'on avait commise. Mais vers l'âge de 10 à 12 ans, Alexandrine montra un éloignement marqué pour les occupations du ménage; le travail à l'aiguille lui répugnait; elle ne se plaisait qu'avec les chevaux, et prenait part volontiers aux travaux des hommes de peine employés chez son père.

Sa voix devint alors plus grave et fortement timbrée; les épaules s'élargirent; le bassin conserva d'assez étroites proportions; les seins ne se développèrent pas.

Vers l'âge de 17 ans, Alexandrine, très ardente pour les jeux de garçons, ne se montra pas moins empressée près des jeunes filles, trois ans plus tard, les propensions instinctives devinrent encore plus fortes, Alexandrine réclama des habits d'homme, et c'est alors que M. le Dr Huette, appelé à l'examiner, reconnut l'erreur qui avait été commise.

SOCIÉTÉS SAVANTES.

ACADÉMIE DES SCIENCES.

Séance du 8 décembre.

Génération alternante dans les végétaux et production de semences fertiles sans fécondation, par M. Henri Lecoq.

L'auteur du Mémoire établit que ce phénomène si remarquable de la génération alternante qui se présente chez les animaux inférieurs appartient également aux végétaux; que même il y est le cas ordinaire, et non l'exception, comme dans les animaux.

«Pour reconnaître ce phénomène dans les végétaux, il faut les considérer comme des agrégations et voir dans la graine un individu unique, un premier bourgeon qui bientôt se complique d'individus ou bourgeons nouveaux et finit par présenter un ensemble d'êtres groupés d'après certaines lois de symétrie et de subordination.

«Ainsi, un arbre réunit un grand nombre de bourgeons avant de fleurir, c'est-à-dire qu'il se reproduit longtemps par agamie et finit par donner des individus sexués. Ce n'est donc jamais le premier être issu de la graine qui fructifie.

« Si l'on suit, par exemple, le développement des formes variées désignées sous les noms de *Rosa canina* et *Rosa rubiginosa*, on voit que la tige qui sort de la graine reste quelquefois plusieurs années sans fleurir, tout en produisant des bourgeons nouveaux; puis cette tige périt. Mais en même temps on voit sortir de sa base des bourgeons très vigoureux, qui croissent très rapidement; et ce sont eux qui, plus tard, se couvrent de fleurs et de fruits.

« Le développement des fleurs et surtout la maturation des graines ne peuvent avoir lieu que sous certaines conditions de climat. C'est ainsi que des plantes, des arbres même, tels que le *Sorbus aucuparia*, des arbrisseaux, comme le *Vaccinium myrtillus*, s'avancent tellement au Nord, qu'ils ne peuvent plus fructifier. Là ils vivent très longtemps, groupant continuellement leurs bourgeons, et chaque groupe ne peut naître originairement que des graines transportées par les oiseaux. Dans ces contrées froides comme sur les hautes montagnes, la génération sexuée est tout à fait exceptionnelle, et nous trouvons un mode de reproduction très curieux: c'est l'apparition de fleurs qui, par nécessité, restent stériles à cause du froid, et le remplacement de la plupart de ces fleurs par de véritables bourgeons, par de jeunes plantes qui ressemblent à des graines germées. Le *Polygonum viviparum*, le *Poa bulbosa*, le *Poa alpina*, des *Allium*, beaucoup de Graminées nous représentent ces singulières transformations. Ce sont de véritables bourgeons qui prennent la place des graines. »

Tels sont les arguments du savant auteur du Mémoire relativement à la génération digénèse ou par deux modes chez les végétaux. Il aborde ensuite la question de la génération sexuée sans le concours de l'organe mâle.

On sait que, dans le règne végétal, ce mode de génération a été constaté chez les pucerons. Dans son récent travail sur la parthénogénie, M. Ernst Von Siebold cite, en outre, des observations précises sur la reproduction sans fécondation chez les psychés, les abeilles et les vers à soie. M. Lecoq ajoute aujourd'hui l'observation d'un *Bombyx Caja*, élevé de chenille dans la forêt des Ardennes, et qui lui donna, sans le concours d'un mâle, des œufs qui produisirent des larves.

Des faits analogues existent chez les végétaux.

Spallanzani avait dit que le chanvre femelle donne des graines sans le concours du pollen. M. Lecoq, doutant de l'exactitude d'une telle assertion, entreprit, dès 1819, des expériences qui la confirmèrent. Ces expériences furent faites sur le chanvre, l'épinard, le *mercurialis annua*, le *trinia vulgaris*, le *lychnis sylvestris* et une cucurbitacée. A l'exception de ces deux dernières plantes, toutes donnèrent des graines fertiles sans le concours des fleurs mâles.

Dernièrement, M. Naudin a publié, de son côté, un fait relatif à la fertilité des graines de bryone, qui ne laisse aucun doute sur la faculté que possèdent certaines plantes dioïques de se reproduire sans fécondation.

Depuis lors, des faits analogues ont été signalés.

Reste à déterminer par expérience si une fécondation antérieure d'une ou de plusieurs générations est nécessaire, et combien de générations femelles pourraient se succéder sans le concours du mâle.

Reste encore à faire un autre examen, c'est de savoir dans quelles circonstances ces faits curieux se présentent dans les végétaux.

« Nous n'avons jusqu'ici, dit l'auteur, aucun exemple bien avéré d'une plante hermaphrodite ou monoïque fertile sans le concours du mâle: non que ces exemples ne puissent exister, mais nous ne les connaissons pas. Il semble donc que la diœcie soit une des conditions de ce mode de reproduction.

« On ne peut disconvenir, en effet, que les plantes dioïques ne soient bien plus exposées que les autres à rester infécondées, car on se demande comment les courants aériens peuvent transporter le pollen précisément sur les points où les individus femelles sont en fleur.

« Une autre considération nous fait voir combien les plantes dioïques sont exposées à rester sans contact. Dans quelques-unes, les fleurs mâles se sont montrées et se sont flétries avant l'épanouissement des fleurs femelles. C'est ce qui a lieu particulièrement pour le chanvre. Un champ dont toutes les parties ont été ensemencées en même temps, produit des mâles qui fleurissent, en moyenne, plus de quinze jours avant les femelles. On s'empresse de les arracher, et il est certain que, pour cette espèce, l'expérience d'individus féconds sans le concours du mâle se renouvelle et se perpétue tous les ans dans les cultures.

L'auteur termine en appelant l'attention des botanistes sur cette question : *Les plantes dioïques annuelles sont-elles toutes fertiles sans fécondation?*

Sur les forêts sous-marines de la France occidentale et les changements de niveau du littoral, par M. J. Durocher.

L'existence des forêts sous-marines, qui a été observée depuis longtemps sur les côtes de divers pays et notamment des Iles Britanniques constitue l'un des faits géologiques les plus remarquables de l'époque actuelle. On sait qu'il existe aussi des forêts submergées sur les côtes de l'ouest de la France: mais jusqu'à présent on n'en a signalé qu'en un petit nombre de localités, ainsi près de l'embouchure de la Toucque, à l'ouest de Port-en-Bessin, dans la baie de Cancale, et près de Morlaix, dans le Finistère. « Les explorations que j'ai faites depuis plusieurs années sur notre littoral, m'ont démontré, dit M. Durocher, que ce phénomène est très développé sur les côtes de l'ouest de la France, tant en Bretagne qu'en Normandie : je l'ai observé en beaucoup de points et sur de grandes étendues, notamment sur la côte qui s'étend aux environs de Granville et Coutances ; j'ai vu aussi des forêts submergées non-seulement dans la baie de Cancale, mais aussi dans celle de Ploubalay, entre Saint-Malo et le cap Fréhel, et encore plus à l'ouest sur les côtes de Morlaix et de Lesneven. De plus, j'ai constaté que, contrairement à une opinion assez répandue, ce phénomène n'est point limité aux côtes de la Manche, mais qu'il se voit également sur les côtes méridionales de la Bretagne : ainsi la baie de la Forest, au sud-est de Quimper, présente des restes d'une vaste forêt submergée qui se montre fort nettement à l'ouest de Concarneau et dont j'ai encore observé un prolongement plus à l'est, en suivant la côte vers Pontaven. Dans le cours inférieur de la Villaine, entre Redon et Renac, il existe un marais qui est couvert par le flux dans les grandes marées, et au fond se trouve une ancienne forêt d'où les habitants tirent du bois pour le chauffage. Je mentionnerai encore le vaste marais tourbeux que l'on exploite près de Saint-Nazaire, à l'embouchure de la Loire, et à l'intérieur duquel pénètre le flux de la mer ; or j'ai observé certaines parties de ce marais où les troncs d'arbres encore debout sont tellement rapprochés, que l'on a évidemment sous les yeux une futaie dont les tiges ont été brisées un peu au-dessus du sol. Mais le terrain ayant été déprimé et submergé, de la tourbe a pris naissance au-dessus de cette forêt et l'a recouverte; aussi n'est-elle visible que sur les points en exploitation. D'ailleurs, j'ai remarqué de nombreux troncs d'arbres dans la plupart des dépôts tourbeux de l'ouest de la Loire-Inférieure, dépôts qui dépassent à peine le niveau des hautes marées. »

Ainsi, l'existence de forêts sous-marines sur le littoral de l'ouest de la France est un fait général depuis l'embouchure de la Seine jusqu'à celle de la Loire ; fait d'autant plus remarquable que cette côte est aujourd'hui en grande partie déboisée.

Il résulte encore des recherches de M. Durocher, qu'avant d'être couverte d'une forêt, la partie du marais située entre Châteauneuf et le Mont-Dol était un fond de mer. Ce fait montre que le littoral a éprouvé des oscillations en sens contraire.

Une émersion a été nécessaire pour qu'une futaie de chênes se formât sur l'ancien fond de mer ; puis un nouvel affaissement a rouvert l'accès aux eaux marines, qui ont produit au-dessus de la couche végétale un nouveau dépôt de tangue ; et c'est ce qui explique l'extraordinaire fertilité du marais de Dol, où l'on obtient de magnifiques récoltes de froment pendant plusieurs années consécutives, souvent même sans y mettre d'engrais. Lors de cette nouvelle submersion, des myriades de mollusques marins ont vécu sur le pourtour de l'espace occupé par l'ancienne forêt, et l'on trouve leurs coquilles entassées sous forme de bancs dans la zone voisine du littoral actuel. Toutefois, dans la portion qui s'étend au pied des coteaux de Châteauneuf, les eaux douces venaient se mêler aux eaux marines ; et là, au-dessus de l'ancienne forêt, il s'est fait une accumulation de plantes appartenant à diverses familles, à des Joncées, des Cypéracées, des Graminées et des Mousses ; d'où est résulté un puissant dépôt tourbeux, dont l'épaisseur s'élève à 4 et 5 mètres, et qui est exploité avantageusement près de Châteauneuf. Ainsi les phénomènes dont cette région a été le théâtre sont complexes et ils viennent à l'appui des conceptions par lesquelles les géologues ont cherché à expliquer la formation des couches de houille.

« Ces phénomènes sont récents, dit en terminant M. Durocher ; il est fort probable que les affaissements qui ont amené la submersion des forêts sur l'ancien littoral de la France ont eu lieu, en partie, postérieurement à la création de l'homme : j'ai même remarqué des fragments de poteries dans le dépôt de matière végétale du marais de Dol, à la vérité dans la partie supérieure qui est la plus moderne. Quelques documents historiques rapportent à une époque comprise entre le VIIIe et le XIIe siècle de l'ère chrétienne la submersion d'une partie assez étendue de la baie de Cancale et de la côte de Saint-Malo. D'ailleurs, j'ai lieu de croire qu'il n'y a pas eu un phénomène unique, mais qu'il s'est produit à différentes époques des affaissements qui ont abaissé d'une manière inégale les diverses parties des côtes de Bretagne et de Normandie. J'ai même observé particulièrement sur la côte occidentale du département de la Manche certains faits qui me font présumer que de nouveaux affaissements ont pu se produire depuis quelques siècles ; car on trouve sur le rivage, par exemple à Portbail et Carteret, près de Saint-Sauveur-le-Vicomte, des églises ou des chapelles dont le pied est baigné dans les hautes marées : or il est peu probable qu'on les ait bâties dans la situation qu'elles occupent actuellement.

Note sur une modification apportée à l'appareil de M. Martens sur les photographies panoramiques, par M. Martens Schuller.

« Ayant sous les yeux, depuis longtemps, dit l'auteur, les résultats si parfaits obtenus par M. Martens, mon oncle, sur plaque flexible avec la chambre noire panoramique de son invention, j'ai souvent réfléchi au moyen de remplacer la plaque flexible par une glace, attendu que la plaque ne donne qu'une seule épreuve dans le sens inverse à l'objet reproduit. L'épreuve que j'ai l'honneur de mettre sous les yeux de l'Académie, ayant été faite avec un objectif de 15 centimètres de foyer tournant sur lui-même, prouve que j'ai réussi à résoudre le problème. J'indiquerai brièvement la disposition de mon appareil.

« Pour que la glace donnât le même résultat que la plaque courbée, il était nécessaire qu'elle suivît l'objectif dans son mouvement en se maintenant constamment en face de lui et à égale distance, afin d'éviter la déformation et le déplacement des objets réfléchis. Les conditions ont été remplies de la manière suivante : Au lieu de l'objectif seul, toute la chambre noire tourne autour du pivot fixé sous l'axe de l'objectif dans une planche fixe. Deux roulettes lui facilitent ce mouvement. Dans sa partie opposée à l'objectif se trouvent en haut et en bas des rainures. Le châssis qui contient la glace est placé dans une espèce de chariot pour pouvoir tourner autour du pivot portant sur la planche par deux roulettes. Il est maintenu dans les rainures par deux autres roulettes fixées à la partie inférieure du chariot et une troisième placée sur celui-ci. Placé d'un côté (à droite par exemple) de la rainure qui a le double de la longueur du chariot, la chambre noire en tournant (à droite) le fait avancer vers son côté opposé, de sorte que la glace présente successivement toutes les parties de sa surface à la fente étroite qui donne passage aux rayons lumineux réfléchis par l'objectif. La solution du problème repose sur ce mécanisme très simple. Pour le mettre en pratique, il a seulement fallu pourvoir aux différentes exigences de la photographie.»

Mémoire sur le bore, par MM. Wöhler et H. Sainte-Claire Deville.

Il est à remarquer que la plupart des corps simples, ceux au moins dont l'étude est faite complétement, se présentent à nous sous des formes intéressantes. Le bore seul, placé entre le charbon et le silicium qui cristallisent tous les deux avec une grande perfection, échappait à cette règle. Les recherches des auteurs précités font cesser cette exception en montrant que le bore existe à trois états distincts, présentant ainsi les analogies que le silicium offre avec le diamant, mais à un degré plus marqué encore. Ces trois états sont : le *bore cristallisé* ou *diamant* du bore, le *bore graphitoïde* et le *bore amorphe*.

Voici en quels termes les auteurs s'expriment sur le bore cristallisé ou diamant de bore :

« Cette matière, vraiment curieuse, a été obtenue sous forme de cristaux transparents, tantôt rouge grenat, tantôt jaune de miel, sans que sa couleur puisse être considérée comme spécifique, car elle pourrait tenir, comme la couleur des pierres précieuses, à des quantités excessivement faibles et variables de matières étrangères, en particulier de silicium, de charbon ou même de bore amorphe. On peut donc espérer, malgré la teinte des échantillons que nous avons l'honneur de soumettre à l'Académie, que le bore pourra être obtenu incolore.

« Le bore possède un éclat et une réfringence tels, que ses cristaux ne sont, sous ce rapport, comparables qu'au diamant. C'est à cette extrême réfringence qu'est dû l'aspect métallique des cristaux trop volumineux pour se laisser traverser par la lumière. Il est à présumer que, si l'on obtenait du bore incolore et en gros cristaux, il présenterait exactement l'aspect du diamant avec tous ses effets de lumière réfléchis et réfractés.

« Une autre analogie, également importante, se tire de sa dureté. Tout le monde sait que le diamant est de beaucoup la plus dure des matières connues, qu'il raye le corindon ou rubis oriental, lequel vient sous ce rapport immédiatement après lui. Le bore lui-même raye le corindon avec la plus grande facilité, si bien qu'un saphir taillé que nous avons soumis à l'action de la poussière de bore, a perdu ses angles, ses arêtes et a été rayé sur sa surface avec une extrême rapidité. Un diamant taillé avec lequel nous avons écrasé ces cristaux sur une surface de quartz poli, a été légèrement rodé à tous les points de contact. Cette expérience, qui indique une dureté comparable à celle du diamant, doit être complétée par des essais plus précis, dont M. Froment, l'habile mécanicien, a bien voulu se charger. Le bore doit donc être considéré jusqu'ici comme le plus dur de tous les corps connus avec le diamant ou au moins après le diamant.

« La forme cristalline du bore est encore à trouver.»

ACADÉMIE DE MÉDECINE.

Séance du 9 décembre.

Avulsion des dents. — Anesthésie.

M. B. Georges, dentiste, présente un appareil fort simple au moyen duquel, à l'aide d'un mélange réfrigérant, il produit l'anesthésie avant l'avulsion des dents malades.

Le mélange employé est formé de glace et de sel par parties égales.

L'appareil se compose :

1° D'un double manchon en caoutchouc, lequel enveloppe la dent; ce manchon se fixe sur la gencive à l'aide d'un ressort indépendant;

2° De deux tubes également en caoutchouc. L'un, servant à faire arriver le liquide réfrigérant dans le manchon, est muni à son extrémité d'une poche faisant office de réservoir et susceptible, lors de la la fermeture des deux robinets placés aux extrémités de l'instrument, de devenir pompe foulante, et de forcer le liquide à remplir toute la cavité du manchon; l'autre sert à donner issue au liquide aussitôt qu'il commence à s'échauffer par son séjour dans la cavité buccale.

Le temps nécessaire pour obtenir l'engourdissement de la dent varie entre trois et cinq minutes. Pour épargner au malade toute sensation désagréable de froid, on fait passer dans l'instrument au commencement de l'opération un courant d'eau qu'on refroidit ensuite graduellement.

L'instrument a été inspiré à M. Georges par les recherches de M. Velpeau sur l'action anesthésique du froid. L'auteur déclare l'avoir employé pendant deux mois avec un succès satisfaisant. Son entière innocuité est évidente.

Explication de la figure.

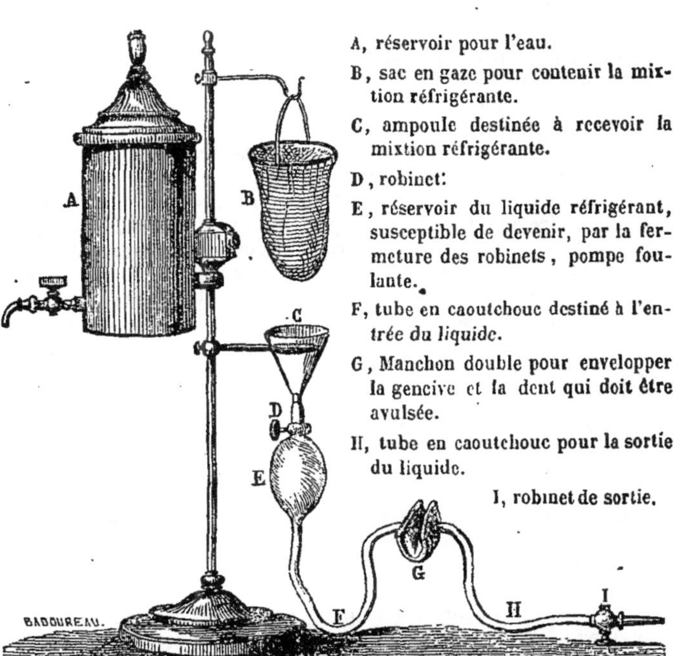

A, réservoir pour l'eau.

B, sac en gaze pour contenir la mixtion réfrigérante.

C, ampoule destinée à recevoir la mixtion réfrigérante.

D, robinet.

E, réservoir du liquide réfrigérant, susceptible de devenir, par la fermeture des robinets, pompe foulante.

F, tube en caoutchouc destiné à l'entrée du liquide.

G, Manchon double pour envelopper la gencive et la dent qui doit être avulsée.

H, tube en caoutchouc pour la sortie du liquide.

I, robinet de sortie.

L'appareil de M. Georges est soumis à l'examen d'une commission composée de MM. Oudet et Malgaigne.

SOCIÉTÉ IMPÉRIALE ET CENTRALE D'AGRICULTURE.

Séances de novembre.

Boîte à houppe pour le soufrage de la vigne, par MM. Ouin et Franc.

M. Payen, en présentant cet ustensile, déclare qu'il n'y a, à son avis, rien de meilleur pour le but dont il s'agit. M. Pepin, confirmant le témoignage du savant chimiste, ajoute qu'il préfère de beaucoup la boîte de MM. Ouin et Franc au soufflet employé jusqu'à ce jour. On va voir que la simplicité des moyens ne peut être poussée plus loin. La boîte dont il s'agit est en fer blanc; elle a la forme d'un cornet du jeu de dés ou d'une boîte d'escamotage un peu allongée, d'à peu près trois décimètres de hauteur en comptant les houppes dont nous allons parler; elle est terminée à son extrémité la plus large (8 cent. de diamètre, la plus petite en a cinq) par un couvercle troué qui s'adapte à la boîte par une fermeture en baïonnette. Ce couvercle est en même temps garni en dehors de bouquets de laine blanche fixés à la manière du crin des brosses et qui, réunis, prennent la forme d'une houppe. On met la fleur de soufre dans la boîte, laquelle est garnie à l'intérieur de deux lames en fer blanc qui contribuent à diviser la fleur de soufre.

Tel est l'appareil. Voici comment on en fait usage.

L'opérateur prend le cornet dans la main droite par le bas, comme ferait un joueur de dés; de la main gauche, il peut écarter les feuilles, courber les branches, retourner les grappes, pendant que de la main droite il asperge les parties malades en secouant le cornet au-dessus et autour d'elles. Suivant l'excellente comparaison de M. Victor Borie, on poudre la vigne comme un perruquier poudrait son client quand on portait perruque.

Comparaison entre les bois de chêne et de châtaignier.

Il serait très important d'apprendre à distinguer d'une manière certaine parmi les charpentes des constructions anciennes celles qui sont en chêne de celles qui sont en châtaignier; on pourrait ainsi savoir à quoi s'en tenir sur la renommée de longue durée faite à ce dernier arbre, et par suite décider si sa culture doit être préférée à celle du chêne.

M. Payen s'est livré à cette étude, et, en présentant à la Société des échantillons de ces deux arbres, il énumère ainsi les caractères distinctifs des charpentes qu'ils fournissent :

« Les caractères nettement distinctifs entre le bois de châtaignier et le bois de chêne sont très-faciles à observer sur les coupes perpendiculaires aux fibres du bois un peu obliques. Le chêne laisse voir distinctement à l'œil un grand nombre de ses rayons médullaires; partant, tout autour du centre, du canal médullaire ou de la moelle, traversant le cœur et l'aubier pour arriver aux couches corticales. Ces rayons, contenant un tissu cellulaire, se montrent de couleur plus pâle et plus luisants que les tissus ligneux et fibreux des couches concentriques d'accroissement qu'ils traversent.

« On ne voit rien de semblable sur la coupe, également perpendiculaire aux fibres, ou un peu oblique, du bois de châtaignier. Celui-ci ne laisse apercevoir directement à l'œil nu que ces couches concentriques d'accroissement, en général plus ternes et plus épaisses, mais toujours exemptes de rayons médullaires directement visibles. On peut constater, à l'aide d'une forte loupe, que, dans le châtaignier, les rayons médullaires sont plus multipliés et beaucoup moins épais. Ces caractères se retrouvent sans peine dans les charpentes anciennes ou nouvelles, même jusque dans leurs menus morceaux, pourvu qu'on puisse y pratiquer une coupe perpendiculaire aux fibres et large de 2 ou 3 centimètres.

« Je dois ajouter que, jusqu'ici, aucun des bois d'anciennes constructions dont les échantillons me sont parvenus des démolitions de Paris et des divers points de la France, notamment de la cathédrale de Chartres, ne s'est trouvé être en châtaignier. »

M. Payen fait encore remarquer que la dessiccation du châtaignier tend à se faire plus régulièrement que celle du chêne; qu'il n'est pas autant sujet à se fendre dans le sens des rayons; qu'étant plus sujet à la gelivure, et, par suite, à l'altération appelée *rouçure*, il doit rarement présenter de grandes masses entièrement saines, ce qui le rend d'une conservation plus difficile dans les charpentes des édifices; mais qu'il présente très fréquemment de petites masses très saines, d'où il suit qu'il est très propre à la confection des échalas, des treillages, des poteaux, etc., et souvent beaucoup plus durable que le chêne.

— Aux séances de novembre appartient le travail de M. d'Herlincourt sur le système Kerenedy que nous avons donné par anticipation, à cause de son intérêt, dans notre n° 47.

SOCIÉTÉ DES INGÉNIEURS CIVILS.

Séance du 17 octobre.

Sur la fabrication des étoffes en Angleterre.

M. Alcan rend compte d'une tournée qu'il vient de faire dans les principaux centres manufacturiers de la Grande-Bretagne.

Il signale un mouvement extraordinaire dans le travail des étoffes.

Il passe rapidement en revue les ressources immenses de l'Angleterre, ses débouchés, qui se comptent par centaines de millions d'âmes, les moyens extraordinaires d'approvisionnement qui y font affluer les matières premières de toute nature et de toute origine; le bas prix du combustible et des métaux.

Mais ce qui frappe surtout, ce sont les progrès réalisés par la substitution du travail automatique au travail à la main.

Le premier est aujourd'hui général chez nos voisins, dans les spécialités même auxquelles on le croyait le moins propre chez nous. Le filage et le tissage de la laine cardée, par exemple, dans la fabrication de la draperie, des couvertures et des lainages de toute espèce, est presque exclusivement automatique en Angleterre; c'est à tel point que les Anglais emploient des métiers à filer la laine de 600 broches conduits et dirigés par une femme, lorsque chez nous un homme et un enfant sont nécessaires à des métiers ayant au maximum 300 broches. Le tissage automatique de la draperie ne se fait nulle part en France d'une manière courante et pratique; il n'en existe que quelques applications pour les draps des troupes, tandis que chez nos voisins le tissage à la main fait exception, et la plupart du temps une femme peut surveiller deux métiers.

Il résulte de cette situation que le travail des matières textiles est presque partout livré à des femmes, dont la main-d'œuvre, environ 50 0/0 meilleur marché que celle des hommes, rend cependant les mêmes services lorsqu'il s'agit d'occupations où l'adresse a plus de part que la force, ainsi que cela arrive dans les circonstances dont il est question. Les journées de travail dans les manufactures étant limitées à dix heures, coupées par des repas, les services demandés aux femmes sont moins pénibles qu'on ne pourrait le supposer. Aux conditions avantageuses signalées ci-dessus, de l'emploi des femmes, il faut ajouter que les hommes restent disponibles pour les travaux plus rudes et mieux rétribués des mines et usines métallurgiques et des ateliers de construction.

Cet état de choses a apporté un bien-être sensible dans la situation de la classe ouvrière, dû, par conséquent, à de véritables progrès industriels, bien plus désirables que le soulagement procuré aux ouvriers par des mesures philantropiques.

M. Steger constate, de son côté, les progrès réalisés dans l'industrie des tissus en Alsace, et insiste particulièrement sur les efforts faits par les industriels pour améliorer le sort des ouvriers.

Il cite l'exemple de l'établissement de M. Bourcart, et le système de construction des ateliers. Ces derniers n'ont qu'un rez-de-chaussée, sont vastes et bien aérés. Toutes les précautions sont prises pour éviter les accidents : les transmissions ont lieu sous les planchers; les poulies et les courroies sont recouvertes. Dans le local de la fabrique se trouvent une école et une salle d'asile où les mères déposent leurs enfants avant de se rendre à leur travail; de vastes fourneaux permettent la préparation des aliments.

Plusieurs établissemenss d'Alsace se trouvent dans les mêmes conditions.

Il pense que si nous n'avons pas adopté comme en Angleterre les métiers de 600 broches, cela tient à l'augmentation de dépense de force motrice qui en résulterait, et aussi au préjudice que pourrait causer une interruption dans leur travail.

Le principal obstacle à l'adoption de métiers aussi importants réside dans l'augmentation de dépense de combustible qui est, chez nous, d'un prix bien plus élevé qu'en Angleterre.

SOCIÉTÉ PROTECTRIÇE DES ANIMAUX.

Usage alimentaire de la viande de cheval.

Comme rapporteur d'une Commission nommée à cet effet, M. le docteur Blatin vient de présenter à la Société protectrice un excellent rapport sur la question de l'usage alimentaire de la viande de cheval. Après avoir résumé d'une façon élégante et nette autant que concise, les arguments produits en faveur de cette réforme, et si complétement développés par M. I. Geoffroy-Saint-Hilaire dans ses *Lettres sur les substances alimentaires* dont nous avons rendu compte, l'honorable et savant rapporteur prend la question au point de vue de la Société protectrice dans le passage suivant, que nous reproduirons non comme le plus utile ou le plus intéressant du rapport, mais comme le plus nouveau pour nos lecteurs, auxquels la question a été montrée sous ses autres faces :

« M'appuyant sur des faits avérés, je vais vous montrer quelles souffrances, quels barbares traitements sont réservés aux chevaux qui ne peuvent plus rendre aucun service. C'est par un sentiment de compassion envers ces pauvres bêtes que les sociétés protectrices, si nombreuses aujourd'hui, surtout en Allemagne, approuvent, bien plus, conseillent, recommandent l'envoi à la boucherie des chevaux devenus impropres au travail. « Les chevaux les plus maltraités sont, ainsi que le fait remarquer le docteur Lortet, président de la Société protectrice de Lyon, ceux qui, à cause de leur âge ou de quelque infirmité, ne peuvent plus exécuter le travail qu'on exige d'eux. » Vous les avez vus, déchirés par le fouet ou meurtris sous les coups les plus cruels, s'épuiser en efforts impuissants. Nous vous les avons montrés livrés vivants en pâture aux sangsues; aux portes de Paris, ils sont encore plus cruellement traités, forcés parfois de travailler sans nourriture pendant les derniers jours de leur vie. Serait-il vrai, comme le docteur Perner, de Munich, le rapporte dans un article reproduit par notre *Bulletin*, qu'il est des équarrisseurs qui revendent des chevaux au lieu de les tuer, et qui leur préparent ainsi une longue agonie; car l'acheteur, pour utiliser les pauvres bêtes jusqu'au dernier souffle, les attelle et les bat jusqu'à ce qu'elles tombent mortes? Serait-il vrai qu'un équarrisseur, après avoir égorgé de vieux chevaux, les forçait à traverser un champ pour l'engraisser de sang jusqu'à leur complet épuisement?

« Parent-Duchâtelet, dans un rapport officiel, décrit d'une manière saisissante le clos d'équarrissage, où les chevaux arrivent par bandes de douze, quinze ou vingt, attachés l'un à l'autre, et pouvant à peine se soutenir. Là ils sont accumulés dans une petite écurie où il leur est impossible de faire aucun mouvement. Ailleurs, dans un autre clos, ils restent en plein air, attachés aux carcasses mêmes de leurs semblables qui ont été écorchés quelques jours auparavant, et ce faible poids suffit pour les retenir; car, n'ayant pas mangé depuis longtemps, ils n'ont pas la force de les traîner. Souvent ils périssent spontanément sur le lieu même, et la faim qui les tourmente est quelquefois si pressante, que plusieurs, devenus carnassiers, dévorent de longues parties d'intestins, dans lesquels se trouvent renfermés quelques débris d'aliments végétaux. Le meilleur, le plus utile de nos animaux auxiliaires, s'écrie M. Geoffroy-Saint-Hilaire, n'est plus alors qu'une marchandise à vil prix; on le vend, pour sa peau, dix, cinq, quatre francs, si peu, que les moindres dépenses faites pour lui seraient relativement considérables, et c'est pourquoi on se contente de le nourrir tout juste assez pour qu'il puisse se traîner à l'abattoir et porter lui-même économiquement sa peau à l'écorcheur.

« Dans ces foyers hideux, les détritus s'accumulent, détrempés dans une boue infecte et sanglante, au point qu'on ne sait plus comment les utiliser ni même s'en débarrasser. Et là se préparent d'horribles amas de larves, masse fétide et mouvante, d'où sortent ces nuées de mouches que l'on voit disséminées dans l'atmosphère.

« Pour mettre un terme à ces horreurs, pour placer le cheval dans les mêmes conditions que le bœuf, le mouton et le porc, qui sont bien traités, nourris et reposés jusqu'au moment où on les immole, il suffirait d'en faire un animal alimentaire. Lorsqu'il nous donnera sa chair, après nous avoir donné sa force à discrétion, il faudra qu'on fasse pour lui quelques frais de repos et de nourriture, et l'on cessera de l'accabler de coups pour ne pas s'exposer à *gâter une marchandise.*

« Soustraire ces pauvres animaux à leurs longues souffrances en les assimilant aux autres animaux de boucherie, tel est le but qu'ont atteint les sociétés allemandes. A Kœnigs-Baden, à Detmold, à Sigmaringen, à Weimar, à Vienne, à Lintz, sur bien d'autres points encore, elles ont, pour faire taire un préjugé, commencé par organiser des banquets de viande de cheval, où sont venus s'asseoir des centaines de convives. Celle d'Hambourg a fait acheter en une seule année (en 1853) cent soixante-quatorze chevaux vieux, ou infirmes, ou maltraités, dont elle a livré la chair à bas prix et même gratuitement après les avoir laissé reposer et les avoir soumis à un bon régime.

« A Vienne, à Berlin, en Wurtemberg, en Bavière, dans le duché de Bade, en Saxe, dans le Hanovre, à Schaffouse, en Suisse; à Vilvorde, en Belgique, il y a aujourd'hui des boucheries de cheval. Dans plusieurs villes, on en compte cinq, six, huit, et presque toutes sont en prospérité. Dans la capitale de l'Autriche, depuis trois ans seulement, quatre mille sept cent vingt-cinq chevaux ont fourni plus d'un million de livres de viande à la consommation.

« Resterons-nous, Messieurs, spectateurs indifférents de ce mouvement, de ce progrès? Et, tandis que, chez nos voisins, les chevaux, moins maltraités que chez nous, ne sont plus condamnés à mourir lentement, épuisés de forces, amaigris par l'âge et la faim, meurtris par les coups, blessés par des chutes ou par la brutalité de leurs bourreaux, puis traînés chez l'équarrisseur ou jetés à la voirie, ne chercherons-nous pas à abréger, pour ces pauvres bêtes, une existence misérable qui n'est plus qu'une longue agonie?

« Mme Giraud-Lesourd (d'Angers) exprime le vœu que les chevaux hors de service soient vendus à des nourrisseurs à des prix assez avantageux pour ne pas attendre que l'animal ne soit plus qu'un squelette. Il y a près de trente ans, MM. Villeroy, dans une note publiée dans les Mémoires de l'Académie de Metz, devançant les sociétés protectrices, abordaient nettement la question de l'emploi du cheval comme substance alimentaire, dans un but de compassion. Leur pensée exprime complétement la nôtre. « Que l'animal le plus utile pendant sa vie le soit donc aussi après sa mort. Que le couteau du boucher le prive, d'un seul coup, d'une vie qui ne peut plus se prolonger sans être malheureuse, et, *si vous avez quelque pitié,* ne faites plus subir à sa vieillesse un véritable martyr. »

« Par nos conseils et notre exemple, efforçons-nous de vaincre un préjugé qui tend déjà à s'effacer, puisqu'à nos portes, à Charenton, les bonnes qualités de la viande de cheval commencent à être très généralement appréciées.

« Depuis que M. Renault a fait disposer, dans l'intérieur de l'école d'Alfort, un petit étal; toutes les fois qu'il y a dans les hôpitaux un cheval sain, atteint d'un mal incurable, il le fait sacrifier par un boucher. La chair en est livrée aux ouvriers des environs, qui n'en laissent pas un morceau.

« Si nous avions, disait l'un des professeurs, M. Raynal, deux ou trois chevaux, et même plus, à distribuer chaque semaine, je suis persuadé que tout serait enlevé, et qu'il n'en resterait pas une livre. »

« Comme conclusion de ce long rapport, nous vous proposons, Messieurs, d'en voter l'impression, et d'appuyer, auprès de M. le préfet de police, deux pétitions dont les signataires sollicitent l'autorisation d'ouvrir à Paris et dans la banlieue des établissements spéciaux où, sous toutes les garanties de la surveillance administrative, la viande du cheval sera livrée à la consommation.

« Enfin, Messieurs, pour remplir un devoir de justice envers un de nos plus illustres et dévoués collègues, votre commission a pris, à son insu, la résolution de vous inviter à exprimer à M. Geoffroy-Saint-Hilaire toute votre reconnaissance pour son zèle à propager, par son beau livre, la réforme importante qui s'accomplira tôt ou tard dans l'intérêt de nos populations pauvres et dans celui des utiles animaux que nous protégeons. »

LIVRES.

NOTES DE LECTURE.

L'Amérique découverte 560 ans avant Christophe Colomb.

Vers l'an 1000 environ, l'Amérique fut reconnue par Leif, fils d'Eric le Rouge, depuis l'extrémité septentrionale jusqu'au 41° 1/2 de latitude nord. L'impulsion qui amena cet événement d'une manière fortuite, il est vrai, partit de la Norwège.

Dans la seconde moitié du IXe siècle, Naddod voulant naviguer vers les îles Faeroër, qu'avaient déjà visitées les Irlandais, fut jeté par la tempête sur les côtes d'Islande. Ingolf fonda dans cette île, en 875, le premier établissement normand.

Le Groenland, presqu'île orientale d'une masse de terre qui paraît être entièrement séparée par les flots, de l'Amérique proprement dite, fut signalée de bonne heure; mais c'est seulement cent ans après, en 983, qu'elle reçut une colonie de l'Islande. Ce fut à la suite de cette colonisation que l'on aborda au nouveau continent, en suivant le Groënland, dans la direction du sud-ouest.

Malgré la proximité des côtes du Labrador, situées en face du Groënland, 125 ans s'écoulèrent entre le premier établissement des Normands dans l'Islande et la grande découverte de l'Amérique par Leif. Les côtes du Vinland, ainsi nommées à cause des vignes sauvages qui y furent trouvées, pouvaient attirer, par leur fécondité et la douceur du climat, relativement à l'Islande et au Groënland. Ces côtes, appelées par Leif *le bon pays du vin* (Vinland it goda) comprenaient toute l'étendue du littoral situé entre Boston et New-York. C'est là qu'était l'établissement principal des Normands. Les colons eurent souvent à combattre la race aguerrie des Esquimaux, qui, à cette époque, portaient le nom de Skraelingues et étaient répandus beaucoup plus au sud qu'aujourd'hui. Le premier évêque du Groënland, Erik-Upsi, Islandais de naissance, entreprit, en 1121, d'aller propager le christianisme dans le Vinland, et il est fait mention de cette colonie dans les vieilles poésies nationales, chantées par les indigènes des îles Faeroër.

L'activité et l'esprit entreprenant des aventuriers irlandais et groënlandais sont attestés par cette circonstance qu'après avoir fondé ces établissements vers le sud, jusqu'au 41° 1/2 de latitude, ils élevèrent trois monuments, trois bornes, sur la côte orientale de la baie de Baffin, à 72° 55' de latitude, dans l'une des îles des Femmes. La pierre runique découverte dans l'automne de 1824 porte la date de 1135. De cette côte orientale de la baie de Baffin, les colons, attirés par l'appât de la pêche, visitèrent régulièrement le détroit de Lancastre, ainsi qu'une partie du détroit de Barrow, et cela plus de six siècles avant les hardies entreprises de Parry et de Ross.

Les renseignements certains s'arrêtent au milieu du XIVe siècle. En 1347, un vaisseau fut envoyé dans le Markland (Nouvelle-Ecosse) pour y chercher du bois de construction et d'autres objets. En revenant, il fut assailli par une tempête et forcé de relâcher sur la côte occidentale de l'Islande. C'est la dernière mention de l'Amérique normande qui nous ait été conservée dans les vieilles sources historiques de la Scandinavie. (Extrait abrégé de *Cosmos*, t. II, page 283 à 286, par M. A. de Humboldt.)

Le plus simple des aqueducs.

« Lorsqu'ils voulaient amener de l'eau d'un coteau sur un autre coteau, les Romains construisaient à grands frais, dans la vallée intermédiaire, des ponts-aqueducs, tels que ceux du Gard, tels que l'aqueduc de Jouy, près de Metz, etc. Les Turcs résolvent le problème d'une manière infiniment plus économique : ils établissent, le long du penchant du premier coteau, un tuyau descendant en maçonnerie, en terre cuite ou en métal, qui traverse ensuite la vallée en se modelant sur ses différentes inflexions, et remonte enfin la pente du second coteau. L'eau qui parcourt ce canal s'élève à très peu près, quand elle a franchi la vallée, de la quantité dont elle était descendue. Voilà l'origine du nom *Soutérazi* (équilibre d'eau) que donnent les Turcs aux tuyaux de conduite à l'aide desquels ils remplacent les aqueducs. » (Arago, *les Puits forés*, chap. VI.)

Sources d'eau douce en pleine mer.

« Il y a au fond de l'Océan des sources d'eau douce qui jaillissent verticalement jusqu'à la surface. L'eau de ces sources vient évidemment de terre par des canaux naturels situés au-dessous du lit de la mer. Il y a peu d'années, un convoi anglais sur lequel M. Buchanan se trouvait embarqué, trouva, par un calme plat, dans les mers de l'Inde, une abondante source d'eau douce à 125 milles (45 lieues) de Chittagong, et à environ 100 milles (36 lieues) du point de la côte le plus voisin. Ce point était dans les Junderbuns. Voilà donc un cours d'eau souterrain de plus de 36 lieues d'étendue. » (*Ibid.*)

Puits artésiens soumis à l'action des marées.

Le niveau de la fontaine jaillissante de Noyelle-sur-mer (Somme) monte et baisse avec la marée.

A Fulham, près de la Tamise, une fontaine forée à 97 mètres de profondeur, donne 363 ou 273 litres d'eau par minute, suivant que la marée est haute ou basse.

Une fontaine artésienne forée en 1840, dans l'enceinte de la citadelle de Lille, éprouve toutes les vingt-quatre heures des variations d'écoulement qui sont manifestement liées au cours des marées.

M. E. Robert a observé en Irlande des phénomènes de même ordre.

L'explication suivante est donnée par M. Arago.

« Si l'on pratique dans la paroi d'un vase de forme quelconque rempli de liquide, une ouverture dont les dimensions, comparées à celles du vase, soient très petites, l'écoulement qui s'opérera par cette ouverture n'altérera pas sensiblement l'état initial des pressions. Deux, trois, dix ouvertures, pourvu qu'en somme elles satisfassent toujours à la condition d'être très petites, laisseront, de même, les pressions exercées en chaque point du vase un peu éloigné de ces ouvertures, ce qu'elles étaient dans l'état d'équilibre, ce qu'elles étaient quand le liquide n'avait aucun mouvement. Supposons maintenant l'ouverture ou les ouvertures un peu grandes et tout sera changé : et les dimensions qu'on leur donnera règleront les pressions en chaque point; et si l'une des ouvertures diminue de grandeur, la vitesse d'écoulement augmentera aussitôt dans les autres.

« Ces principes parfaitement démontrés de l'hydrodynamique s'appliqueront sans effort au phénomène qui nous occupe.

« Admettons que la rivière souterraine où va s'alimenter une fontaine artésienne, se décharge aussi partiellement dans la mer ou dans un fleuve sujet au flux et au reflux, et cela par une ouverture un peu grande comparée à ses propres dimensions. D'après ce que nous venons de dire, si cette ouverture diminuait, la pression s'accroîtrait aussitôt dans tous les points des canaux naturels ou artificiels que les eaux de la rivière remplissent; l'écoulement par le trou de sonde deviendrait donc plus rapide, ou bien le niveau de l'eau s'élèverait dans les buses. Or, tout le monde comprendra, qu'amener la haute mer sur l'ouverture par laquelle une rivière souterraine se décharge, c'est diminuer, par une augmentation de pression extérieure, la quantité d'eau de cette rivière qui pourra s'écouler en un temps donné. L'effet est précisément celui qu'une diminution d'ouverture eût produit; ainsi la conséquence doit être la même; le flux et le reflux de la mer détermineront donc un flux et un reflux correspondant dans la source artésienne. Tel est en réalité le phénomène observé à Noyelle et à Fulham (*Ibid.*).

VARIÉTÉS.

Récolte de la gomme au Sénégal.

La gomme est fournie par l'*acacia verek*, arbre de moyenne stature, atteignant 15 à 20 pieds au plus, très rameux, à branches tortueuses, à bois très dur, à écorce grise suant un liquide gommeux, qui se solidifie plus tard en substance vitreuse ; transparente. Les nombreux rameaux de cet arbre sont largement munis de piquants qui les rendent on ne peut plus difficiles à exploiter. L'*acacia verek* se trouve partout dans le Sénégal ; la gomme qu'il produit est blanche, ridée et ternie à l'extérieur ; intérieurement vitreuse, elle a presque toujours la forme de boule ; les Maures la récoltent dans des forêts plus ou moins étendues, situées assez avant dans les terres ou plutôt dans les sables, et dont les principales sont les forêts d'Alfatak et celles d'El-Ebiar. La récolte commence après la saison des pluies, avec les premiers vents d'est, vers le mois de novembre ; c'est la première traite, appelée par les acheteurs *petite traite* à cause de son insuffisance. Une autre, plus abondante que la première, se fait vers le mois de mars ; elle se prolonge souvent jusqu'au mois de juin ou de juillet ; on la désigne sous le nom de *grande traite*. Elle est d'ailleurs subordonnée à l'arrivée plus ou moins tardive des pluies et des vents d'est et à l'intensité de ces deux phénomènes météorologiques. Les écorces des gommiers sont imbibées, distendues et gonflées sous l'influence de l'eau : les vents d'est arrivent ensuite, les sèchent rapidement par leur action brûlante ; elles se fendillent alors, et par ces incisions naturelles s'échappe, sous forme de larmes plus ou moins grosses, dont l'agglomération forme boule, le produit dont nous esquissons l'intéressant historique.

Lorsque arrivent les premières eaux, les Maures vont camper près des forêts de gommiers ; ils envoient leurs captifs ramasser et détacher, dès qu'ils y apparaissent, les morceaux de gomme qui pendent aux branches, et c'est, sans nul doute, à cette manière de faire qu'est due, surtout dans les forêts du bas fleuve la petitesse des boules. A mesure que chacun des captifs a rempli le sac ou toulou de cuir dont on l'a muni, il vient apporter le fruit de ses recherches à son maître, qui enfouit dans le sable cette gomme nouvellement recueillie. Pendant son séjour dans ces magasins improvisés, soit que la pluie y ait pénétré, soit que la gomme ait été récoltée trop fraîche, soit enfin qu'elle ait été laissée trop longtemps sous terre, le sable s'attache à la surface des boules en plus ou moins grande quantité ; c'est la gomme *enterrée* ou *non marchande* du commerce. Quand l'approvisionnement de ces silos économiques est jugé suffisant, la gomme est chargée sur des chameaux, des ânes, des bœufs, et apportée par cette caravane sur des marchés désignés d'avance et s'ouvrant à différentes époques ; c'est là qu'elle est vendue ou plutôt traitée en échange de marchandises venues d'Europe. Les marchés se nomment *escales*, l'ensemble des opérations *traite*, et les acheteurs *traitants*.

La gomme achetée sur les marchés intérieurs, ainsi que nous nous l'avons précédemment indiqué, est descendue à Saint-Louis, où elle est emmagasinée, et, de là, dirigée sur France. Mais avant d'être expédiée, elle est triée et classée en gomme friable, dite *sadra-beida*, et en gomme dure de Galam ou le bas du fleuve. Les gommes dures sont à peu près les seules employées par le commerce métropolitain, lorsque leur prix se maintient dans des limites raisonnables. La gomme *friable* n'acquiert d'importance que dans les conditions contraires, c'est-à-dire que lorsque le prix de la gomme dure ne permet pas d'en faire usage dans certaines industries à bon marché. La gomme de l'*acacia verek* est chimiquement identique avec la gomme arabique des officines, qu'elle est appelée à seconder et à remplacer, tandis que la gomme friable est menue et brisée comme du gros sel, amère toujours, blanche, verte, rouge ou jaune, suivant que l'arbuste est jeune ou vieux, vigoureux ou chétif, et aussi en raison du terrain plus ou moins sablonneux sur lequel il a pris racine. La gomme friable se trouve sur la rive droite du fleuve, dans le désert, à partir de Galam ; elle est produite par un acacia épineux qui ne dépasse jamais 20 pieds, et qu'on appelle *sadra-beida* ou arbre blanc, à cause de son écorce blanche. Elle se récolte en janvier, février et mars, dans des forêts peu éloignées de Rakel, où les Maures viennent la vendre au fur et à mesure qu'ils la recueillent ; la nature de cette gomme ne leur permettant pas de l'enterrer, ainsi qu'ils le font habituellement pour la gomme dure. Cette dernière se divise en deux classes bien distinctes : celle de Galam et du bas du fleuve, et celle de Ghioloff ; celle-ci, aussi belle et même souvent plus estimée que la gomme des forêts des Maures, est généralement plus grosse et recouverte à la surface d'une sorte de cristallisation. Le gonakié fournit une gomme rouge et âpre, que les Maures mêlent fréquemment aux autres qualités de gomme ; elle se dessèche très facilement et devient vitreuse.

Malheureusement, ce produit, ainsi qu'on peut s'en convaincre par des relevés authentiques, est à peu près stationnaire ; il n'est pas susceptible d'amélioration, et, partant, d'augmentation progressive par les soins des hommes ; il reste et demeure ce qu'il est, ce que le font les influences climatériques sous l'empire desquelles il se forme et s'engendre : ainsi, l'abondance des pluies, la force, l'intensité et la persistance des vents d'est sont des causes qui agissent très puissamment sur la quantité, la bonté et la beauté de la récolte, tandis que l'absence de ces circonstances heureuses, jointe à des accidents particuliers ou locaux (la disparition partielle d'une forêt, les incendies), agit dans le sens contraire et diminue grandement l'importance et la qualité de la production.

CHRONIQUE INDUSTRIELLE.

Chemins de fer.

STATISTIQUE DES CHEMINS DE FER DE TOUT LE GLOBE. — L'étendue totale des réseaux concédés sur le globe entier est de 110,615 kilomètres (27,550 lieues).

Ils sont répartis :

Europe : 96,908 myriamètres carrés ; — 268,249,800 hab. ; — 53,869 kilomètres de chemins de fer.

Amérique du Sud : 170,000 myriamèt. carrés ; — 16,600,000 habitants ; — 505 kilomètres.

Amérique du Nord : 223,700 myriamètres carrés ; — 39,650,000 habitants ; — 52,502 kilomètres.

Afrique : 287,000 myriamètres carrés ; — 70,000,000 habitants ; — 320 kilomètres.

Asie : 440,000 myriamètres carrés ; — 490,000,000 habitants ; — 328 kilomètres.

Océanie : 80,000 myriamètres carrés ; — 10,000,000 habitants ; — 90 kilomètres.

Totaux : 1,297,608 myriamètres carrés ; — 894,589,800 hab. ; — 104,160 kilomètres de chemins de fer, dont 60,000 environ exploités.

STATISTIQUE DES CHEMINS EUROPÉENS. — Le réseau européen a aujourd'hui une étendue totale de 58,869 kilom. — Les 3/5es à peu près de cette longueur sont livrés à la circulation : 1,906 kilom. environ.

Cette étendue de chemins de fer est ainsi répartie :

France : 35,547,000 habitants.	11,496 kilom.
Allemagne (Etats divers) : 16,804,000 hab . .	4,551
Autriche : 38,400 hab.	4,348
Belgique : 4,524,000 hab.	1,800
Danemarck : 2,132,000 hab.	490
Espagne : 14,216,000 hab.	2,156
Grande-Bretagne : 27,323,000 hab.	20,604
Hollande : 3,242,000 hab.	335
Italie : 17,000,000 hab.	2,117
Prusse : 16,200,000 hab.	4,116
Russie : 63,600,000 hab.	47

Population totale de l'Europe : 268,248,800 h.

CHEMINS ESPAGNOLS. — L'ensemble du réseau espagnol comprend actuellement 2,866 kilomètres définitivement concédés sur lesquels 507 sont en exploitation et 1,474 en construction. Ces lignes sont réparties entre les 6 compagnies suivantes :

Compagnies de l'Est à Barcelone ; — du Centre de Barcelone ; — du Nord de Barcelone ; — de Tarragone à Reus ; — du Grao de Valence à Almensa ; — des Pyrénées à Madrid et à la Méditerranée.

Navigation.

LA MARINE ANGLAISE. D'après les *Annales du Commerce extérieur*, l'Angleterre comptait au 1er janvier 1855 un effectif de 36,348 bâtiments de toute grandeur, de toute forme, tant à voiles qu'à vapeur. On a calculé que tous ces bâtiments, mis bout à bout, formeraient une ligne continue qui n'aurait pas moins de 1,454 kilomètres de long. Cette flotte immense pourrait d'un bout toucher au bord de la Tamise, et de l'autre, à Lisbonne ou à Dantzick. Elle jauge en tout 5,116,000 tonneaux ; et les équipages réunis ne montent pas à moins de 270,000 hommes de mer.

En face des forces britanniques, la France ne compte que 14,248 bâtiments, qui jaugent en tout 872,156 tonneaux. On voit l'énorme différence. Elle se répartit dans des proportions diverses sur les bâtiments et sur leur contenance. Quant au personnel, le chiffre exact n'est pas connu ; mais le nombre ne peut guère aller au-delà de 100,000.

Mines.

MINES D'OR DE LA NOUVELLE-GALLES DU SUD. — On écrit de Melbourne, 4 septembre dernier : « Je n'ai aucun doute que les gisements d'or de la Nouvelle-Galles du Sud ne soient susceptibles de recevoir un développement beaucoup plus considérable que celui qu'ils ont eu jusqu'à présent. La découverte en eut lieu en mai 1851, et l'accroissement fut rapide ; mais au mois d'août de la même année, l'or fut découvert dans d'autres parties de l'Australie, et le rendement fut si considérable que les mines de la Nouvelle-Galles du Sud furent bientôt négligées.

A Louisa-Creek, Nouvelle-Galles du Sud, on assure qu'il se trouve trois mille mineurs qui travaillent sur un terrain que possédait la Compagnie générale de Nugget-Vein (veine des pépites), nom bien attrayant, mais qui n'a pas suffi pour la sauver du sort qu'ont subi ses émules. Des morceaux d'or de 132, 54, 48 onces et au-dessous ont été recueillis dans des terrains voisins du lieu où le docteur Kerr trouva, en 1851, la grande pépite de 106 livres. Le propriétaire d'une fouille obtint 53 onces par le lavage d'un tube, et un grand nombre de mineurs obtiennent de bons résultats. A Stony-Creek, une réunion d'ouvriers, dont on ne dit pas le nombre, ramassa 100 onces en deux jours, presque à la surface du terrain; une autre société obtint 70 onces en un jour. La surface du sol donne au lavage un rendement de 2 onces par tube; en un jour, deux hommes occupés l'un à la fouille et l'autre au lavage peuvent facilement faire plusieurs tubes. La meilleure preuve de la richesse des nouveaux gisements sera la quantité qui sera transportée à Sydney sous escorte.

La fameuse pépite du docteur Kerr représentait une valeur de plus de 150,000 fr., et chaque mineur a l'espoir d'en trouver à tout instant d'aussi belles.

Le Fer dans l'Himalaya.—On sait que la Compagnie des Indes orientales a commencé, sous l'administration de lord Dalhousie, d'immenses travaux d'utilité publique, et surtout des chemins de fer qui doivent sillonner le pays dans ses directions principales. Les distances sont énormes, et la fourniture des rails est considérable. Les faire venir d'Angleterre, à 6,000 lieues d'éloignement, c'est un moyen fort coûteux. Il est donc tout simple que la Compagnie ait cherché à s'affranchir de cet embarras, qui peut entraver l'exécution de travaux qu'on veut pousser avec le plus d'activité possible, et qui doivent être si productifs pour l'Inde. La Compagnie a donc fait faire des recherches dans toutes les parties de ses domaines par les ingénieurs les plus habiles. Il paraît, par un mémoire fort intéressant de l'un d'eux, que l'on a découvert dans les montagnes de l'Himâlaya des gisements magnifiques de fer et de houille placés assez près les uns des autres. Ce serait pour l'Inde une incalculable richesse; et cette découverte, si elle est aussi réelle qu'on le prétend, serait de nature à faire une révolution dans les destinées de la presqu'île indienne et des possessions britanniques.

A côté de l'Inde, l'Australie n'a pas un moindre besoin de fer pour les chemins qu'elle se construit avec la plus énergique ardeur. Ce serait un très grand bénéfice pour l'Inde si elle pouvait fournir l'Australie de métal et de combustible, en même temps qu'elle se fournirait elle-même.

Monnaies.

Voici les proportions légales entre l'or et l'argent dans les divers pays de l'Europe et aux États-Unis d'Amérique :

En France, l'or est à	l'argent comme		15,5	est à	1.
En Angleterre,	—	—	14,28	—	1.
En Belgique,	—	—	15,79	—	1.
En Espagne,	—	—	15,75	—	1.
En Portugal,	—	—	15,48	—	1.
En Russie,	—	—	15,	—	1.
Aux États-Unis,	—	—	15,98	—	1.

Les différences qu'on remarque expliquent pourquoi dans tel État l'argent est préféré à l'or, *et vice versa*.

Statistique.

Instruction publique en Russie. — D'après le rapport du ministre de l'instruction publique de Russie, il existe dans l'empire 47 bibliothèques publiques. Le nombre total des établissements d'instruction s'élève à 3,872, fréquentés par 194,490 élèves. Le nombre des établissements privés est de 614, et on y compte 21,893 élèves; 2,087 personnes des deux sexes sont employées à des éducations particulières. Dans les quatre gouvernements et les trois territoires de la Sibérie, on compte trois gymnases (lycées), 74 écoles, 2 institutions particulières, le tout fréquenté par 4,346 élèves.

La médecine en Autriche. — Suivant les données statistiques publiées récemment, il existe dans l'empire d'Autriche 6,398 médecins, 6,200 chirurgiens, 19,000 sages-femmes et 3,000 pharmaciens. Il y a donc un médecin et un chirurgien sur 6,000 personnes, et un pharmacien sur 42,000.

Emigration.

Les Chinois dans les colonies anglaises. — Depuis quelques années, dit l'*Isthme de Suez*, l'émigration des travailleurs de la race chinoise pour les colonies anglaises se fait sur une très vaste échelle. Les Chinois remplacent avec avantage les anciens esclaves devenus libres par suite de l'abolition de l'esclavage; ils sont plus laborieux, plus intelligents et d'une meilleure conduite. Malheureusement, le transport des Chinois se fait dans des conditions qui trop souvent blessent l'humanité; et ces infortunés, quoique engagés volontaires, sont soumis, à bord des bâtiments chargés de les transporter, à des procédés qui trop souvent rappellent les habitudes de l'ancienne traite.

Les plaintes à cet égard sont tellement unanimes et tellement formelles, que le gouvernement anglais a dû s'en préoccuper. Nous apprenons qu'il vient d'arrêter un règlement qui devra être exécuté, sous les peines les plus sévères, par les commandants des bâtiments chargés de transporter les émigrants. Si la question n'avait pas été résolue ainsi, le parlement en aurait été saisi sur la pétition des Chinois émigrés en Australie, qui, dans un très long mémoire, se plaignent de faits déplorables au sujet desquels ils réclament une enquête parlementaire.

FAITS DIVERS.

Observatoire de Paris. — On sait que cet établissement possède deux tours : l'une à l'orient, l'autre à l'occident. Sur la première, au temps de M. Arago, on a construit un cabinet d'observation mobile, dont le mécanisme est un chef-d'œuvre, et le mobilier un musée astronomique. Les ouvriers sont en train de faire sur la tour opposée d'importants travaux pour y placer sur une base immuable un télescope de la plus grande dimension demandé au gouvernement par M. Leverrier et obtenu immédiatement. L'Observatoire, muni de cet instrument, qui doit égaler au moins en puissance ceux d'Herschell, reprendra à cet égard le premier rang qu'il avait perdu.

Institut de France. — Une séance solennelle des cinq Académies, la première de l'année 1857, aura lieu le 16 janvier prochain, dans la grande salle publique du palais Mazarin.

Le dernier lundi de décembre, aura lieu à l'Institut la séance solennelle de l'Académie des sciences.

École de médecine de Marseille. — Par décret du 24 novembre, l'École préparatoire de Marseille a été réorganisée. L'enseignement comprendra : 1° anatomie et physiologie; 2° pathologie externe et médecine opératoire; 3° clinique externe; 4° pathologie interne; 5° clinique interne; 6° accouchements, maladies des femmes et des enfants; 7° matière médicale et thérapeutique; 8° pharmacie et notions de toxicologie.

Ces chaires sont confiées à huit professeurs titulaires.

Le nombre des professeurs adjoints est fixé à trois; ils seront attachés : aux chaires de clinique interne, de clinique externe, d'anatomie et de physiologie.

Le nombre des professeurs suppléants est de quatre; ils seront attachés : aux chaires de médecine proprement dite; de chirurgie et d'accouchements; d'anatomie et de physiologie; de matière médicale, thérapeutique, pharmacie et toxicologie.

Il est également attaché à cette école : un chef des travaux anatomiques; un prosecteur; un préparateur de chimie et de toxicologie.

Nouveau perfectionnement dans l'art de tuer les hommes. — On vient de faire, à l'arsenal de Woolwich (Angleterre), devant une commission d'officiers, des essais fort curieux et qui tendent à prouver l'important avantage qu'il y aurait à introduire du fer en fusion dans les boulets qu'on se contentait autrefois de faire rougir.

Le ministre de la guerre assistait à ces expériences, qui ont été ainsi menées : on a tiré plusieurs coups d'obus Martin, remplis de trente livres de fer fondu, sur des cahuttes en bois qui ont été promptement enflammées par l'explosion de ce liquide en feu. Les résultats de ces expériences ont paru plus concluants, plus certains et plus prompts que ceux produits par les boulets rouges. On le reprendra d'ailleurs prochainement.

L'École de médecine de Strasbourg.— M. le professeur Bérard, inspecteur général de l'Université, a présidé, ainsi que nous l'avons dit il y a quelques jours, la séance de rentrée de la Faculté de médecine de Strasbourg. Voici un passage du discours qu'il a prononcé à cette occasion :

« Investi, il y a deux ans, de la mission d'inspecter votre Faculté de médecine, j'en avais pris l'opinion la plus favorable. Des cours réguliers; un enseignement dirigé vers les applications pratiques; des programmes élaborés avec maturité, et, chose plus rare qu'on ne pense, des programmes religieuse-

« ment suivis dans la chaire; les vérifications expérimentales « placées à côté des données théoriques; l'érudition allemande « châtiée par le goût français ; des cliniques spéciales variées, « servant de complément utile aux deux cliniques générales que « les règlements ont instituées dans tous les centres d'instruc- « tion médicale; de riches collections anatomiques, et, ce qui « vraisemblablement n'appartient qu'à l'Alsace, des professeurs « qui, pendant toute la durée de l'année scolaire, ne se permet- « tent d'autre délassement que de changer, à la fin du premier « semestre, la matière de leur enseignement : voilà ce que j'a- « vais vu chez vous, Messieurs, et ce que je me réjouissais de « mettre sous les yeux de S. Exc. le ministre de l'instruction « publique. »

Pourrait-on faire un pareil éloge des autres Facultés de médecine ?

L'homme au masque de fer. — Le correspondant piémontais d'un journal de Florence, le *Spectateur*, lui écrit de Pignerol que la lumière vient enfin de pénétrer dans le mystère qui couvrait depuis si longtemps le nom et la destinée du *Masque de fer*, détenu pendant onze ans dans la forteresse de cette ville. M. Cirillo Mussi, que le correspondant piémontais appelle le très savant et très sagace historien de Pignerol, a trouvé, dit-il, en faisant des recherches dans les archives locales, un document qui fournit à ce sujet de plus amples informations, et qui, d'après M. Mussi, expose les faits avec la plus incontestable et la plus irréfutable évidence. M. Mussi, toutefois, ne paraît pas disposé à satisfaire immédiatement la curiosité publique, et ce qu'il veut avant tout, c'est de trouver un éditeur qui se charge de la publication du manuscrit où il raconte l'histoire de sa découverte.

Inscriptions runiques.— M. Rafn, un des plus savants archéologues d'Europe, vient, dit le *Courrier Franco-Italien* de donner l'explication des inscriptions runiques gravées sur le grand lion de l'arsenal de Venise, inscriptions qu'on avait prises jusqu'à présent pour du grec ancien. M. Rafn assure qu'elles appartiennent à la langue danoise ancienne, qui se conserve encore en Islande. On n'ignore pas que ce lion était jadis à l'entrée du Pirée, et qu'il a été transporté à Venise par Morosini en 1687. Voici la traduction donnée par M. Rafn : « Hakon avec Ulf, Asmunde et Œrn, conquit ce port. Ces hommes et Harald le Grand, à cause de l'insurrection du peuple grec, imposèrent aux habitants de fortes amendes, en argent. Dalk resta prisonnier dans des contrées lointaines. Il avait pénétré avec Raguar dans la Rouménie..... et dans l'Arménie. » — « Asmundus sculpta ces runes avec Asgeir, Thorleif, Thord et Ivar, d'après requête de Harald le Grand, quoique les Grecs, en y songeant, le défendissent. »

La première de ces inscriptions est à gauche du lion, la deuxième à droite. Elles sont presque effacées, et il a fallu de longues études pour deviner la forme et la liaison des lettres. Les noms d'Hakon, Harald, etc., appartiennent à la famille des Veringes, que l'on rencontre souvent dans les expédition d'Orient.

Étudiants en médecine a paris. — Le nombre des inscriptions prises à la Faculté de médecine de Paris, du 3 au 17 novembre, s'élève, savoir :

Pour le doctorat, à 902; pour le grade d'officier de santé, à 98; total des élèves inscrits: 1,000.

Sur ce nombre, il y a: inscriptions nouvelles, 126; élèves venant des Facultés de Strasbourg et de Montpellier, 11; élèves venant des écoles préparatoires, 84.

L'anatomie a New-York. — Un bill de l'assemblée législative de New-York vient d'accorder à la Faculté de médecine de cette ville, pour les études anatomiques, le tiers des sujets fournis par les prisons d'État.

Exploration scientifique du Brésil.—A la suite d'une analyse du voyage au Brésil de M. de Castelnau, analyse faite à l'Institut historique de Rio-Janeiro, qui est présidé par l'empereur en personne, le vœu fut émis que le gouvernement fit explorer le pays par une commission nationale; ce vœu a été accueilli de la manière la plus favorable. Les chambres ont voté les fonds nécessaires, et la commission d'exploration a été nommée: elle est divisée en cinq sections: zoologie, botanique, minéralogie et géologie, astronomie physique, et ethnographie. L'expédition se mettra en route vers le mois de juin prochain.

Sources minérales de Milo. — Dans la fameuse île de Milo (archipel des Cyclades), existent une foule de sources minérales qui, ainsi que bien d'autres merveilles de la nature, sont sans utilité; car il n'y a là aucun bâtiment capable de préserver les malades contre l'intempérie de l'air. Parmi ces thermes, on remarque surtout un bain de vapeur naturel. Il est situé au pied d'une petite colline, dans les environs de la vieille ville, et paraît dater déjà des anciens temps helléniques. Un petit escalier en pierre conduit à la voûte souterraine, dont les parois sont tapissés de fleurs en forme d'éventail. Dans ce souterrain, la température est de 22° Réaumur. De là on passe par un escalier très étroit dans une caverne naturelle dont la température est de 38°. Au bout de quelques instants, le corps est inondé d'une sueur abondante, et l'on ressent un véritable bien-être de cette transsudation.

Dans une autre endroit de l'île, se trouve aussi un autre grotte à bain de vapeur; mais dans celle-ci, il jaillit de terre de l'eau salée; et une preuve que dès les temps les plus reculés elle était fréquentée par les malades, c'est qu'on voit des niches taillées dans le tuf volcanique, et, dans ces niches, des siéges qui ont dû servir de reposoirs aux baigneurs. Au reste, ce fait est confirmé par l'histoire, et Hippocrate parle des thermes de Milo, où il envoya, dit-il, un Athénien qui souffrait d'une maladie exanthématique.

La Ville de Milwaukie. — Les détails suivants, extraits d'une revue américaine, *Hunt's Merchant's Magazine*, donnent une idée de la rapidité avec laquelle la population augmente aux Etats-Unis :

Parmi les principales villes commerciales et industrielles de l'Amérique, il ne faut pas oublier Milwaukie, dans le Wisconsin. Cette ville, remarquable par son accroissement rapide, qui, s'il a été égalé par quelqu'une des villes de l'ouest, n'a certainement pas été surpassé, est située dans une région, il y a quelques années solitaire encore, mais parfaitement appropriée aujourd'hui aux besoins de la civilisation. Milwaukie, dont la fondation remonte à 1835, reçut une corporation comme ville en 1846. En 1840, elle n'avait, d'après le recensement, que 1,754 habitants; en 1850, 29,051, et aujourd'hui, en 1856, on n'en compte pas moins de 45 à 50,000.

C'est un port d'entrée situé sur la rive ouest du lac Michigan, à l'embouchure de la Milwaukie, à 90 milles (14 myr. 483) au nord de Chicago et à 75 (12 myr. 069) est de Madison. La rivière vient du nord, dans une direction presque parallèle à la rive du lac, et a pour affluent, à 1 mille environ de son embouchure, la rivière Menomonie, qui s'y jette à l'ouest. Les plus grands bateaux du lac remontent cette rivière jusqu'à 2 milles de son embouchure. L'apparence générale de la ville est agréable à l'œil : elle provient de la teinte et de la qualité tout à fait supérieure des briques qui y sont manufacturées. En effet, ces briques, d'une couleur paille agréable à la vue, résistent à l'action des éléments. On en expédie de grandes quantités dans les différentes parties de l'Union.

Milwaukie possède 30 églises, dont 25 sont protestantes et 4 catholiques; 6 écoles publiques, 1 institut universitaire, 1 collége féminin, plusieurs pensions, 3 orphelinats et plusieurs autres institutions de bienfaisance. Tout est éclairé au gaz.

Le port de Milwaukie est presque terminé ; c'est le plus beau qui soit sur les lacs. Il n'a coûté à la ville que 60,000 dollars (500,000 francs). On peut entrer dans le chenal par le plus fort vent de nord-est qui puisse souffler, et en creusant un peu la rivière, on pourrait abriter dix fois plus de navires qu'on ne le fait aujourd'hui. On pourra se faire une idée de l'importance de Milwaukie comme port des lacs, lorsqu'on saura qu'il y est entré, en 1855, 2,502 navires, dont 1,298 à voiles, les autres à vapeur.

Enfin, plusieurs chemins de fer relient Milwaukie aux pays environnants : celui de Milwaukie à la prairie du Chien (distance, 190 milles); celui qui joint La Crosse à Milwaukie (108 milles de longueur); la route de Milwaukie et Watertown (14 milles de longueur), et, pour terminer, le Green Bay Milwaukie and Chicago Railroad, appelé ordinairement Lake Shore Road.

Prix d'abonnement pour l'étranger.

Allemagne, 12 fr. — Suisse, Parme, Plaisance, Modène, 12 fr. 50 c. — États-Sardes, Grèce, 13 fr. — Hollande, Angleterre, 14 fr. — États-Unis, Indostan, Turquie, 14 fr. 50 c. — Belgique, Prusse, Hanovre, Saxe, Pologne, Russie, Espagne, Portugal, 15 fr. 50 c. — Toscane, 16 fr. 50 c. — États-Romains, 20 fr. 50 c.

Le rédacteur en chef. Victor Meunier.

Paris. — Imprimerie de J.-B. Gros et Donnaud, rue des Noyers, 74.

Deuxième année. — N° 52. 25 CENTIMES. 28 décembre 1856.

L'AMI DES SCIENCES

JOURNAL DU DIMANCHE

BUREAUX D'ABONNEMENT
74, RUE DES NOYERS, 74,
A PARIS

SOUS LA DIRECTION DE
VICTOR MEUNIER

ABONNEMENT POUR L'ANNÉE
PARIS, 10 FR.; — DÉPART., 12 FR.
Étranger (Voir à la fin du journal)

AVIS A NOS ABONNÉS.

Nous prions ceux de nos souscripteurs dont l'abonnement expire à la fin de ce mois, de le renouveler en temps utile, s'ils veulent éviter toute interruption dans la réception du journal ; l'importance prise par nos relations nous faisant une nécessité absolue de suspendre, à partir du 1er janvier, tout abonnement non renouvelé.

Le mode le plus simple et le plus sûr de renouvellement consiste dans l'envoi d'un mandat de poste ou d'une traite à vue sur une maison de Paris, à l'ordre de M. J.-B. Gros, administrateur-gérant, 74, rue des Noyers.

Nos abonnés sont autorisés à déduire du montant de leur envoi : 1° les frais du mandat de poste ; 2° les frais d'affranchissement de la lettre contenant ce mandat : ensemble, 77 centimes.

Il est important de joindre à toute demande de renouvellement la dernière bande imprimée du journal, Les abonnés nouveaux sont invités à écrire très lisiblement leur nom et leur adresse, et à indiquer le bureau de poste qui dessert leur localité.

La plupart des abonnés nouveaux ayant tenu à posséder la collection de la première année du journal (année 1855), celle-ci s'est rapidement épuisée. La multiplicité des demandes nous a décidé à faire réimprimer tous les numéros épuisés de cette première année, et à partir de ce jour, nous pourrons satisfaire aux demandes qui nous ont été adressées, comme à celles qui nous seront faites à l'avenir.

Le prix de la première année (1855) de l'*Ami des sciences*, brochée en un beau volume, avec tables, titres et couverture imprimée, est de 6 fr., pris dans nos bureaux, et de 7 fr. rendu *franco* au domicile de nos abonnés des départements.

NAVIGATION AÉRIENNE.

Aux Amis du progrès.

Nouveaux ou renouvelés, divers projets de navires aériens ont figuré ces jours-ci dans les journaux quotidiens. Aucun d'eux ne nous porte à modifier l'opinion par nous émise l'année dernière (nos 11, 12 et 13 de notre premier volume) qu'en matière de navigation aérienne, les chercheurs de solution font fausse route.

« Ils croient, disions-nous, que tant qu'on n'aura pas trouvé le moyen de se rendre par tous les vents d'un point à un autre, les ballons ne seront bons à rien ; première erreur ! Et la seconde, dérivant de la première, consiste en ce qu'au lieu de se servir du ballon pour explorer l'océan aérien, et pour améliorer, en s'en servant, les moyens d'exploration, ils prétendent atteindre tout de suite à la perfection par des voies théoriques. Ils ajournent donc la pratique de l'art jusqu'au jour où l'idéal de l'art sera réalisé. C'est s'enfermer dans un cercle vicieux. On méconnaît l'indispensable condition mise au progrès de toutes les découvertes ; les découvertes, en effet, se complètent par l'usage et pas autrement ; ne pas se servir de ce qu'on a, parce que ce qu'on a est imparfait, c'est s'ôter la possibilité d'avoir mieux. »

Et nous engagions les amateurs d'aréonautique à se servir tout de suite du ballon pour accomplir de véritables voyages aériens entre deux points déterminés à l'avance.

Pour cela certaines conditions, au nombre de quatre, sont à remplir : nous les indiquions. Y répondre ne demande pas de génie, mais simplement un peu d'argent ; et nous invitions ceux qui, à l'occasion, prélèvent volontiers sur leur budget personnel quelques subsides au profit du progrès général, à consacrer une partie de leurs ressources à un problème dont la solution entraînerait celle de la plupart des questions qui les préoccupent.

Nous renouvelons aujourd'hui notre invitation.

On rencontre souvent des enthousiastes de navigation aérienne qui s'étonnent que les gouvernements n'aient rien fait pour en activer la découverte. L'étonnement est naïf et sans le savoir, ces gens-là se montrent bien exigeants envers nos anciens gouvernements.

Sous le règne de Louis-Philippe, l'auteur d'une de ces mille solutions qui ont laissé le problème intact, demanda une audience au ministre du commerce. L'ayant obtenue, il exposa ses plans; ils avaient de l'apparence : l'excellent auditeur écoutait l'exposition avec le même genre d'intérêt qu'eût excité en lui la révélation d'un complot formé contre sa bourse. Quand l'inventeur putatif eut fini, « Nous serions bien fâché que vous réussissiez », dit le ministre. Là se borna sa souscription. Il pensait aux douanes.

Le résultat le plus immédiat de la navigation aérienne, c'est en effet qu'il n'y aurait plus de douanes. M. Blanqui (de l'Institut) disait, dans ses cours, que les contrebandiers sont des espèces d'économistes praticiens qui résolvent empyriquement les problèmes scientifiquement posés par les économistes officiels: cette fois les contrebandiers auront beau jeu ! Mais que dis-je? les voilà jetés sur le même pavé que les douaniers. Et la contrebande va grossir la liste des délits qui n'en sont plus.

Cobden et les ligueurs à qui sept ans ont suffi pour faire une révolution dans leur île, ont pris le chemin le plus long. Il leur fallait offrir une récompense de quelques millions à celui qui, dans un délai donné, créerait la navigation aérienne, ou, mieux encore, mettre des fonds suffisants à la disposition de gens en état de la créer. Il est certain que la solution du problème du libre échange est dans l'invention de la locomotion aérienne : j'entends la solution catholique, l'universelle abolition des douanes et de tous les droits quelconques et non l'abaissement des tarifs sur telle ou telle provenances de certaines parties du globe au profit d'une seule contrée; car plus de frontières, plus de douanes! Protectionnistes, examinons la chose avec calme, s'il est possible. Voici : l'atmosphère est sillonnée dans tous les sens et à toutes les hauteurs par des locomotives. Que regarder? où aller? que faire? comment le faire? Organiser des croisières; voilà qui est bientôt dit! Où attendra-t-on les voyageurs? à l'entrée de quelle gorge? à la tête de quel pont? sur quelle route? à quelle hauteur? par quelle latitude? S'il est possible en mer d'éluder la surveillance, il faudra, pour se laisser saisir là-haut, y mettre bien de la bonne volonté: on navigue dans les trois dimensions!

Il faudra donc s'y résigner : les provenances de tout le globe entreront en franchise en France et ailleurs. Et qu'en résultera-t-il ? La vie sera à meilleur marché; les produits, moins chers, seront de qualité supérieure ; des armées d'employés seront licenciées, les budgets en seront dégrevés d'autant et la production s'en accroîtra; quelques lois seront rayées des codes, et chaque nation, renonçant à se suffire à elle-même, comptera sur le concours de ses anciennes rivales devenues ses collaboratrices.

Liberté universelle des échanges ! Chaque point de la terre devient un centre vers lequel convergent les produits de tout le globe et fait rayonner ses productions sur toute la terre. Chaque lieu habité ou non est traversé par la grande route. Il n'est plus de localité privée de communications, enfoncée dans les terres ; la moindre commune, même une habitation isolée, jouit de tous les avantages d'un port de mer. La terre entière n'est plus qu'un seul marché, un seul atelier.

Plus de frontières, partant plus de peuples.

Entendons-nous.

S'il est aujourd'hui de fausses nationalités, des agglomérations contre nature, elles se dissoudront certainement, mais sous une forme ou sous un autre, l'idée de nationalité ou une idée correspondante persistera. C'est la variété dans l'unité humaine, variété déterminée par la race, par l'histoire, par le sol, par la communauté de sympathies et d'idées, qui fait de tout une collection d'hommes un seul ouvrier préposé à l'une des fonctions du travail humain. La nationalité, c'est la province à un degré plus élevé et sous une forme plus durable; cela vivra. Mais ce qui s'amoindrit et disparaîtra par la vertu de la navigation aérienne, c'est ce que renferme d'étroit, d'inhumain, l'idée de nationalité.

Dès aujourd'hui, sans cesser d'être à notre pays, nous sommes à l'humanité, et même nous comprenons distinctement que nos devoirs envers l'humanité sont antérieurs et supérieurs à nos devoirs envers la patrie. Nos devoirs envers la patrie se fondent sur ce que celle-ci est un organe de l'humanité, transitoire peut-être, mais utile aujourd'hui; et en servant le pays où nous sommes né, c'est l'humanité que nous entendons servir.

D'où vient ce sentiment nouveau ? De ce que la sphère de notre activité et de nos connaissances a été s'élargissant toujours; avec nos connaissances nos affections se sont accrues ; car, au fond de toute inimitié, il y a le plus souvent de l'ignorance, et ce n'est pas sans raison que, dans l'antiquité, le même mot signifiait à la fois étranger et ennemi.

Quand les peuples ne se rendaient que de rares visites, ils se rencontraient les armes à la main. A mesure que les rapports se sont multipliés, les épées se sont rouillées. La marine à vapeur, les chemins de fer, la télégraphie électrique, ont aidé et aideront puissamment à cette transformation: la locomotive aérienne la complétera.

N'y a-t-il pas dans ces simples mots : *trains de plaisir*, appliqués à des voyages de cinquante lieues, de cent lieues et plus encore, la preuve d'une immense révolution opérée dans les choses et dans les idées? Qu'on en soit venu à voir une simple distraction dans une telle entreprise, voilà ce que nos ancêtres n'eussent jamais imaginé! Je dis nos ancêtres, je pourrais dire simplement la génération qui nous a précédés.

Mais que la locomotion aérienne soit inventée, ce sera une fièvre, une frénésie ! Ceux qui, il y a quelques années, employaient leur dimanche à faire le trajet de Paris à Versailles, qui aujourd'hui font une excursion à Dieppe, feront alors une promenade en Suisse, en Italie, sur les bords du Rhin. Au bout de quelques mois, en n'y employant que ses dimanches, on aura visité toutes les capitales de l'Europe, toutes les villes célèbres ; on aura vu toutes les curiosités naturelles du continent et des îles. Celui qui pourra disposer de quelques jours à la fois et de petites économies, trouvant l'Europe trop étroite, donnera une semaine à l'Amérique, une autre à l'Asie, une autre à l'Afrique, une autre à l'Océanie; ce sera entre toutes les parties du monde un échange continuel de visiteurs. Alors ce sentiment délicieux que nous éprouvons pour tel lieu où nous avons vécu, où nous avons aimé, va s'étendre à une multitude de localités lointaines ; il n'y aura plus pour nous de pays étrangers ; ni des Italiens, ni des Anglais, ni des Allemands, mais des amis, des frères, auprès desquels nous aurons passé une partie de notre vie. La paix universelle sera fondée sur l'estime, l'amitié, l'intérêt.

Non-seulement la locomotion aérienne tend à la paix parce qu'elle rapproche les hommes ; mais elle fera cesser la guerre, parce qu'elle la rend impossible.

Sans doute aucune raison physique ne s'oppose à ce qu'une locomotive aérienne emporte tout un attirail de combat. Mais si la nature ne s'y oppose pas, certaines raisons y font obstacle. Cependant il est de toute évidence que les relations internationales restant ce qu'elles sont, une nation qui, après l'invention dont il s'agit, ne garderait pas la voie aérienne, se mettrait exactement dans le cas de celle qui, aujourd'hui, laisserait ses frontières dégarnies, ses places fortes ouvertes, ses grandes routes accessibles à tout venant. Il faudrait donc que, pour compléter leur système de défense, les peuples ajoutassent des armées aériennes à leurs armées de terre et de mer. Mais, comme je l'ai dit, il y a une difficulté. Cette route de l'atmosphère étant celle de l'harmonie, n'offre de sécurité qu'aux voyageurs de la paix: elle est semée de périls pour ceux qui voudraient s'y livrer à des entreprises belliqueuses. Engagez donc une bataille aérienne, quand il s'agira d'un seul boulet, d'une seule fusée pour détruire tout un équipage jusqu'au dernier homme! Ce ne serait plus une bataille, ce serait un suicide à deux. Il faudrait donc que les nations convinssent de regarder l'air comme une région neutre. Mais qui oserait se fier à un tel engagement? Et même pourquoi celui qui défend une cause juste, pourquoi le peuple dont l'existence est menacée se croirait-il lié par des conventions arbitraires envers celui qui foule aux pieds des droits antérieurs et supérieurs à toute convention. Est-ce que l'homme auquel un bandit met le couteau sur la gorge prend la peine de mesurer son arme à celle de l'assassin? La locomotion aérienne fera de la paix une nécessité.

Non-seulement il faudra reconnaître le droit de toute nation à la vie, mais au sein de chacune d'elle on devra se hâter d'éteindre les haines de parti. Figurez-vous la locomotive aérienne aux mains de Guy Fawkes, l'auteur de la conspiration des poudres. Calculez l'effet d'une bombe se détachant d'un aérostat! et la difficulté de découvrir, l'impossibilité d'arrêter les coupables; non, il n'y a plus de sécurité que dans la paix, la justice et l'amour.

Il n'a échappé sans doute à personne que le ballon est un inappréciable moyen de propagande. Ces Allemands, ces Français, ces Anglais, ces Italiens, ces Espagnols qui vont se voir et frotter leurs cervelles les unes contre les autres, suivant le conseil de Montaigne! De zélés missionnaires ont proposé d'introduire la Bible au Japon au moyen de ballons. Au ballon en dessous, à une distance convenable, on attache une mèche d'artillerie disposée en cerceau, horizontalement; à la mèche sont attachées et suspendues des ficelles à l'extrémité inférieure desquelles les Bibles ont été amarrées. Cela fait, le vent vient-il à souffler sur la contrée que l'on veut convertir, on met le feu à la mèche et on lâche le ballon; la mèche en brûlant détache successivement les Bibles, qui tombent sur la route que suit le ballon; on ne peut nier que l'idée ne soit ingénieuse. Mais ce que les missionnaires veulent faire pour la Bible, en combien d'autres pays ne le fera-t-on pas plus commodément encore au moyen de la locomotive aérienne, pour une multitude d'écrits qui n'auraient pas la sanction des autorités du lieu?

Je dis tout cela en courant. C'est un thème sur lequel l'esprit du lecteur peut broder. J'effleure le sujet, il ne sera pas épuisé de longtemps. Mais renonçons à vouloir commencer par le dénouement. Consentons à nous servir d'abord de ce que nous avons; c'est-à-dire du ballon. Résignons-nous à pratiquer dans l'air, au début, l'analogue de la navigation à voiles, bien autrement facile là-haut que sur mer; servons-nous du ballon pour accomplir régulièrement, au moyen des vents favorables aisés à trouver, de véritables voyages aériens. Si l'on veut bien poser la question de la sorte, la solution en est toute trouvée, et la réalisation est l'affaire de quelques mois; car, répétons-le, c'est moins une question d'invention qu'une question d'argent et une modeste question d'argent. Oui, pour lancer autour du globe ce triomphant signal, cet irrésistible instrument de délivrance; il ne faut qu'un peu d'argent. Que les amis du progrès y pensent donc.

Nous y reviendrons et plus explicitement si on le désire.

V. M.

Avec ce numéro tous nos abonnés reçoivent la table des matières, le titre et la couverture imprimée de notre seconde année. Nous engageons ceux de nos souscripteurs dont l'abonnement ne part point du 1er janvier dernier, et auxquels l'inspection de la table inspirerait le désir de posséder notre second volume tout entier, à nous adresser leurs demandes dans le plus bref délai possible, les numéros dont nous pouvons disposer en dehors des collections complètes étant en très petit nombre.

L'administration du journal l'*Ami des sciences* étant dans l'habitude d'affranchir ses lettres, ne reçoit aussi que celles qui sont affranchies.

Tout ce qui concerne l'administration doit être adressé à M. J.-B. Gros, gérant-administrateur du journal, 74, rue des Noyers.

Tout ce qui concerne la rédaction doit être adressé à M. Victor Meunier, rédacteur en chef, avec cette suscription en tête de l'adresse : *Rédaction.*

CORRESPONDANCE.

Chemins de fer. — Frein-sabot automoteur.

A Monsieur le Directeur de l'*Ami des Sciences.*

Monsieur,

On peut rapporter à deux principes les freins pour les wagons de chemins de fer :

1o Ceux qui agissent sur les roues pour les empêcher de tourner;

2o Ceux qui pressent les rails en soulevant le wagon.

Quant à la force à donner ou à transmettre à ces deux sortes de freins, plusieurs moyens ont été proposés et quelques-uns mis en pratique.

Depuis longtemps on connaît, par expérience, que la force d'un ou plusieurs hommes est insuffisante pour arrêter promptement un convoi, lancé même à une petite vitesse. D'un autre côté, les idées des inventeurs semblent épuisées, car une grande partie des projets qui ont été présentés renferment des difficultés pratiques qu'on s'étonne de n'avoir pas été prévues par ceux-là mêmes qui les ont mis en avant. Ainsi, pour en résumer quelques-uns :

Les freins hydrauliques, dont l'inapplicabilité est rendue évidente en hiver par les fortes gelées; les appareils électriques, si susceptibles de se déranger par leur grande délicatesse. Il y a aussi les freins à vapeur, les freins à air comprimé, etc., etc.

Je me suis demandé bien des fois pourquoi on est allé chercher si loin une force pour l'appliquer aux freins, quand cette force se trouve gratuite, puisqu'elle réside dans le convoi lui-même par sa vitesse acquise. Nous arrivons aux freins automoteurs, qui sont, je crois, les plus rationnels. Celui que je propose appartient à cette catégorie; en voici la description :

Six patins sont réunis entre eux par des barres et forment châssis. Ces patins, placés entre les roues, ont la forme de sabot; ils sont garnis inférieurement d'une bande de fer présentant un rebord analogue aux boudins des roues, pour éviter le déraillement.

Le châssis est suspendu à la hauteur de 15 centimètres environ des rails et y est maintenu par des ressorts. Le haut du sabot du milieu est taillé à angle saillant, et la partie du wagon qui doit le recevoir est à angle rentrant : cette disposition a pour but d'empêcher les sabots de frapper sur les roues quand le convoi est en marche. Des guides les maintiennent également pour qu'ils n'aillent pas de droite à gauche et réciproquement. Le nombre des sabots est de six, ou plutôt de huit, — ceux du milieu formant chacun deux sabots accolés symétriquement, —

pour pouvoir enrayer les wagons dans les deux sens de leur marche.

Lorsqu'on veut enrayer le convoi, on laisse tomber sur les rails le châssis-frein du premier wagon; les roues de celui-ci montent dessus et leur mouvement de rotation est aussitôt arrêté; le châssis glisse alors sur les rails en supportant tout le poids du wagon, ce qui développe un frottement considérable qui tend à ralentir la marche du convoi. Quand ce wagon est enrayé, le châssis-frein est reporté en arrière de la position qu'il occupait par rapport au wagon. Au contraire, les wagons suivants conservent leur marche rapide, qui a pour effet d'amener leur sabot choquer ceux déjà engagés, ce qui enraye à son tour le deuxième wagon. Il en est de même pour tous les autres wagons; ils s'enrayent d'eux-mêmes successivement et instantanément.

Le convoi étant arrêté, le dernier wagon descend de ses sabots, puisqu'ils sont taillés en plan incliné, et le châssis remonte par les ressorts, qui le sollicitent, à la position qu'il occupe quand le convoi est en marche. Les autres wagons, sauf le premier, font le même mouvement; quant aux sabots de celui-ci, on comprend qu'on est obligé de les remonter; ce sont du reste les seuls dont on aura à s'occuper.

La principale objection qui m'a été faite contre ce système, est celle du danger de déraillement qui pourrait résulter du soulèvement, par des sabots, des wagons marchant à grande vitesse. Je cite cette objection parce qu'elle est sérieuse et qu'elle m'a été faite par un ingénieur très distingué. Je répondrai : que des expériences ont été faites sur le chemin de Lyon avec des freins-sabots, mais dont le mode de transmission de mouvement n'a aucun rapport avec le mien, et qu'il n'est pas arrivé le moindre accident: l'action des sabots n'a pas produit la plus petite secousse. Ces expériences ont été faites sur des voitures possédant une vitesse de plus de 80 kil. à l'heure.

L'idée que je présente n'est pas tout à fait nouvelle; déjà, dans le courant de décembre 1855, j'en ai présenté la réalisation, dans un petit modèle, à la Société des ingénieurs civils de Paris; mais j'ai appris dernièrement, par la voie d'un journal, que cette institution ferme sa porte aux inventeurs et aux inventions. J'ai donc retiré mon modèle de frein pour le porter à la Société d'encouragement; c'est par là que j'aurais dû commencer, non dans l'espoir d'obtenir une récompense, mais dans le but de faire connaître une idée qui est peut-être appelée à rendre de grands services.

Veuillez, etc.

Lucien Karchaert.
66, rue de Ponthieu.

Paris, le 17 décembre 1856.

REVUE DES JOURNAUX.

Semis de blé mêlé.

Un agriculteur de la Beauce, M. Rousseau, faisant l'essai de quinze variétés de blé en vue de reconnaître celle qui convenait le mieux à sa culture et au climat de son pays, est arrivé à un résultat très inattendu et très important qu'expose le *Journal d'Agriculture pratique* : A la suite du terrain où les blés étaient soumis à l'expérimentation se trouvait une parcelle égale en surface aux autres lots, mais que la présence de gros ormes faisait considérer comme désavantageuse. M. Rousseau, ne voulant pas continuer l'expérience dans cette partie et désirant utiliser, y fit semer un mélange de toutes les variétés expérimentées. On a constaté que, malgré la position moins favorable de cette portion, le blé qu'elle a fourni était supérieur à tous pour la quantité comme pour la qualité du grain et de la paille. M. Vilmorin pense que ce résultat pourra nous conduire à l'adoption d'une méthode analogue à celle qui autrefois a amené l'usage du méteil et qui peut devenir très avantageuse, pourvu qu'on n'emploie que des races dont le grain ait la même valeur commerciale et qui concordent à peu près pour l'époque de la maturité.

M. Rousseau termine le compte rendu de son expérience par les réflexions suivantes que nous transcrivons textuellement:

« Maintenant, pourquoi le blé mêlé est-il meilleur que toutes les espèces qui forment ce mélange? Il y a évidemment là quelque chose à étudier. Toutes les espèces de blé n'arrivent pas à épi à la même saison. Cette circonstance n'est-elle pas favorable à l'épiage des sortes qui, étouffant dans un blé d'espèce unique et trop plein, ne pourraient pas monter et par conséquent fructifier ?

« Cet épiage à des époques différentes allonge nécessairement le temps de la floraison, et par là augmente sans doute les chances d'une bonne fécondation, car, si la première fleur qui a perdu son pollen n'a pas été fécondée par suite du mauvais temps, elle est peut-être encore apte à recevoir la fécondation, et peut l'être par le pollen d'un autre blé plus tardif à fleurir.

« Je crois voir à cet inégalité d'épiage, à l'inégalité de la hauteur de tige des blés en mélange, un autre avantage : c'est que les épis étant moins serrés, moins entassés, sont plus aérés, et que par conséquent les fleurs peuvent s'épanouir beaucoup plus à l'aise et être par cela seul dans de meilleures dispositions de fécondation.

« La pratique semble confirmer cette théorie, car des blés un peu clairs sont ordinairement mieux fécondés que des blés trop épais.

« Cette théorie d'une fécondation plus facile nous conduit, par un enchaînement d'idées bien naturel, à celle d'une meilleure maturité, et l'exemple des méteils de blé et de seigle, d'orge et de blé de mars, vient confirmer cette pensée. En effet, dans ces mélanges, chaque grain est beaucoup plus beau ordinairement que le même grain cultivé seul dans les mêmes conditions. Cela ne tiendrait-il pas à l'inégalité de hauteur des épis qui, plus aérés, se protégent les uns les autres, profitent des bienfaits du soleil, et, par cette grande aération, évitent la maturité anticipée que nous appelons coup de soleil ou brûlure, si fréquente dans les blés tout pleins dont les épis forment une masse si compacte que les rayons solaires, ne la pouvant traverser, se réfléchissent à la surface et mûrissent l'épi avant d'avoir pu pénétrer et mûrir la racine, condition essentielle à une bonne maturité générale? Dans les blés mélangés ne se fait-il pas des croisements d'espèces qui peuvent devenir très avantageux dans certaines circonstances en créant des variétés nouvelles?

« Au point de vue pratique, un des grands avantages des mélanges, à nos yeux, est pour le cultivateur de faire disparaître l'incertitude qui préside toujours au choix des espèces à confier à la terre. En effet, en admettant que dans un mélange comme nous l'avons fait de quinze espèces de blé, trois ou quatre espèces ne conviennent pas au sol ou au climat, le vide que ces espèces délicates laisseront sera assez facilement comblé par les autres variétés, et même, si quelques-uns de ces blés sont mauvais, grossiers et peu fructifères, ils peuvent avoir encore leur utilité en protégeant des blés plus faibles et plus tardifs. »

Voici les noms des variétés expérimentées et la quantité de blé en hectolitres que chacune a fourni par hectare :

	hect.		hect.
Mélange de toutes les espèces,	26 55	De Flandre,	17 06
Blood red,	24 08	Saumur rouge,	17 02
Richelle d'hiver,	21 22	Hunters,	16 42
Hickling,	20 39	Blé de Noé,	15 64
Spalding,	19 21	Blé seigle,	14 91
Red chaff Dantzing,	18 42	Victoria,	13 86
Blanc de Hongrie,	17 59	Saumur blanc,	13 50
Fenton,	17 43	De haie,	11 50

Médecine des travailleurs. — Affections ophthalmiques chez les ouvriers qui travaillent la soude.

On sait que le sucre, administré aux animaux comme unique aliment, amène bientôt, entre autres accidents, le ramollissement de la cornée et la fonte de l'œil. Il paraît que la soude artificielle, fine, tenue, légère, facilement absorbée par les ouvriers qui la fabriquent, donne lieu à des accidents analogues : action dissolvante sur la fibrine du sang, liquéfaction de celui-ci, sorte de leucôme, et en fin de compte, ulcération de la cornée transparente.

Ce sont les ouvriers chargés de concasser le produit brut qui sont le plus exposés. Ils sont pendant toute la durée de leur travail recouverts de soude pulvérulente, suspendue dans l'atmosphère. Ce sont eux qui fournissent le plus fort contingent de keratites ulcéreuses. Les ouvriers qui travaillent au dessèchement de la soude raffinée, en l'agitant sans cesse sur des plaques de fer chauffées ; ceux surtout qui s'occupent de son emballage, sont parmi les plus exposés.

C'est ordinairement par les phénomènes généraux suivants que se manifeste l'action malfaisante de la soude : teint terreux et blafard, légère bouffissure de la face, engorgement presque toujours douloureux des paquets glanduleux de l'aine et de l'aisselle, rarement œdème des extrémités inférieures, anorexie, constipation ou diarrhée, quelquefois des palpitations et un bruit de souffle assez prononcé. Quant à la lésion locale essentielle, la keratite ulcéreuse, elle est toujours large et profonde, et précède aussi souvent ces accidents qu'elle les suit.

M. le docteur Ancelon s'occupe dans la *Revue Médicale* du traitement de ces maladies. Il déclare n'avoir pas eu à se louer du traitement externe, tandis qu'avec la méthode par occlusion, les kératites ulcéreuses les plus étendues se sont cicatrisées en 4 ou 5 jours. En 8 jours la guérison a toujours été complète. C'est, sans doute, ce qu'on peut demander de mieux pour le présent. Quant à l'avenir, il est à désirer qu'on parvienne à adopter dans les fabriques de soude un ensemble de mesures préventives propres à empêcher le retour de ces accidents.

SOCIÉTÉS SAVANTES.

ACADÉMIE DES SCIENCES.

Séance du 15 décembre.

Electricité et actions chimiques lentes.

M. Becquerel lit sous le titre suivant : *Recherches sur l'électricité de l'air et de la terre, et sur les effets chimiques produits en vertu d'actions lentes avec ou sans le concours des forces électriques*, un grand et important travail qui embrasse les sources terrestres d'électricité et leurs effets physiques ainsi que les actions lentes, et se compose de cinq parties distinctes formant autant de mémoires qui traitent, les quatre premiers :

1° De l'état l'électrique des gaz et des vapeurs ; 2° des effets électriques produits au contact des terres et des eaux ; 3° des couples terrestres à courants constants ; 4° des orages. La cinquième partie traite des composés cristallisés formés dans les actions lentes avec ou sans le concours des forces électriques. Nous reviendrons sur cet important travail.

Etudes sur les propriétés thermiques des différents sols, par MM. Malaguti et Durocher.

Dans une précédente communication, les auteurs s'occupant des rapports qui existent entre les températures de l'air et celles du sol, ont montré que la terre de jardin, qui fait l'objet de leurs observations, présente à sa surface une température moyenne supérieure d'environ 3° centigr. à celle de l'air ; mais, qu'au-dessous de la surface, cet excès va en s'affaiblissant, et que, à la profondeur de 10 centimètres, il est diminué de près de moitié. Ils font connaître aujourd'hui l'influence qu'exercent sur les propriétés thermiques des sols, leur composition chimique, leurs caractères physiques, leur exposition et la présence d'une couche de gazon.

De tous les sols, c'est la terre de jardin placée au pied d'un mur exposé au sud, qui a offert les températures maxima et moyennes les plus élevées. Il résulte en outre des expériences, que la réverbération d'un mur exposé au midi exerce une influence calorifique plus prononcée pendant les jours sereins de l'hiver qu'à aucune autre époque de l'année.

Parmi les terres placées dans les mêmes conditions, c'est le sable granitique d'un gris foncé, et puis le sable quartzeux gris blanc qui s'échauffent le plus. La terre noire ne vient qu'après, et l'influence de la coloration le cède à celle de la composition minéralogique. La terre de jardin vient après la terre noire.

Pour montrer combien est grande l'influence des caractères minéralogiques du sol sur ses propriétés thermiques, les auteurs citent des observations recueillies au mois de juillet où, à midi, l'air étant à 32 degrés centigrades, la température du sable quartzeux, à la profondeur de 3 millimètres, était de 52°3, tandis qu'elle était de 46°5 pour le sol calcaire à grains de marbre ; de 45°8 pour la terre de jardin ; de 37°7 pour la terre jaune argilo-sableuse ; de 34°4 pour la terre à pipe, et seulement de 30°5 pour le sol calcaire à grains fins, c'est-à-dire inférieure d'environ 22 degrés à celle du sable quartzeux. On voit que la texture moléculaire et le volume des grains qui constituent le sol ne jouent pas dans ces phénomènes un rôle moins important que la composition.

Quant au gazon, son influence retarde la transmission de la chaleur dans la profondeur: elle équivaut à peu de chose près à l'influence d'une épaisseur de terre de 7 à 8 centimètres. La présence du gazon diminue beaucoup le refroidissement du sol, en même temps qu'il en retarde l'échauffement.

« Nous ferons encore remarquer, disent les auteurs, l'excessive lenteur avec laquelle le froid pénètre dans l'intérieur du sol pendant l'hiver ; ainsi, à Rennes, dans les trois hivers 1851 à 1853, des thermomètres enfoncés à 10 centimètres de profondeur n'ont marqué des températures inférieures à zéro qu'à une seule époque : du 30 décembre 1851 au 3 janvier 1852; et même, à cette époque, des thermomètres enfoncés dans la terre de jardin, exposée au sud, à la profondeur de 10 centimètres, et dans la terre de jardin non abritée, à 20 centimètres de profondeur, ne sont point descendus au-dessous de zéro. Cette grande lenteur avec laquelle se refroidit le sol tient évidemment à l'influence de la chaleur latente que dégage, en se congelant, l'eau d'imbibition contenue dans le sol; de façon qu'un froid extérieur de près de — 10 degrés ne peut faire pénétrer en une nuit d'hiver la congélation à 10 centimètres de profondeur, dans un sol imbibé d'eau. Mais si le froid persiste pendant plusieurs jours consécutifs, comme en janvier 1852, une fois que l'eau d'imbibition du sol est solidifiée, la propagation du froid dans la profondeur a lieu avec beaucoup plus de facilité. »

Recherches sur les éléments des tissus contractiles, par M. Ch. Rouget.

L'auteur résume ainsi ses recherches :

« Il n'existe qu'une seule espèce d'éléments musculaires dont les formes variées correspondent à différentes périodes de développement de cet élément toujours identique à tous les degrés de la série animale et dans tous les tissus contractiles.

« Les cellules contractiles, première forme de l'élément musculaire chez l'embryon, se rencontrent, comme je l'ai démontré, à l'état permanent dans l'enveloppe contractile des Polypes hydraires.

« Des tubes à contenu granuleux, plus ou moins condensé à la périphérie, en séries longitudinales et transversales de granules ou en fibrilles, de tels tubes constituent les éléments contractiles tant de la vie animale que de la vie organique chez les Actinies, les Planaires, la plupart des Annélides et des Mollusques.

« Les éléments contractiles dits de la vie organique chez les animaux supérieurs sont constitués sur le même plan : ce sont des tubes à contenu granuleux, distinct de la paroi, renfermant dans leur intérieur des noyaux allongés, isolés et plus ou moins distants les uns des autres. Ce sont ces tubes brisés en fragments plus ou moins étendus, vidés plus ou moins complétement de leur contenu, altérés en un mot par les préparations, qui ont été décrits comme rubans musculaires (Henle, Bowmann) ou fibres cellules (Kölliker). »

Electricité des tourmalines.

M. Gauguin adresse, par l'intermédiaire de M. Despretz, une suite à ses expériences sur les tourmalines, dans lesquelles il entreprend de démontrer que l'électricité dégagée est proportionnelle à la vitesse du refroidissement.

ACADÉMIE DE MÉDECINE.

Séance publique annuelle du 16 décembre 1856.

La distribution des prix proposés pour 1856, le programme des prix proposés pour 1857 et 1858, l'éloge de M. Roux par le secrétaire perpétuel de l'Académie M. Dubois, d'Amiens, ont rempli cette séance, à laquelle assistait une affluence inusitée.

Nous sommes heureux de reproduire quelques passages du discours de M. Dubois, discours fréquemment interrompu par les justes et unanimes applaudissements de l'auditoire.

Eloge de M. Roux.

Philibert Roux naquit à Auxerre le 29 août 1780. Son père, maître en chirurgie, était chirurgien en chef de l'Hôtel-Dieu et de l'Ecole militaire de cette ville, école dirigée par les Bénédictins, où le jeune Roux fut admis et eut pour maître le célèbre Joseph Fourrier.

« Philibert, nous dit M. Dubois, était un écolier fort dissipé, mais d'une humeur si franche et si ouverte qu'elle lui gagnait tous les cœurs, sauf cependant celui de son père, qui n'augurait rien de bon d'un enfant aussi léger et aussi volage : une mère eût été plus indulgente, mais notre écolier avait perdu la sienne de fort bonne heure. »

Son père, qui avait voulu en faire un ingénieur des ponts-et-chaussées, se décida à lui faire suivre sa propre profession. Mais Roux ne montrait pas plus d'application pour les études chirurgicales qu'il n'en avait montré pour les études littéraires, ce qui, grâce à la vivacité de son esprit et à son heureuse facilité, ne l'empêcha pas de faire des progrès remarquables. Bientôt la vie paisible des petites villes lui devint odieuse. Après avoir été un instant officier de santé militaire de 3e classe, libéré par suite du traité de Campo-Formio, il vint enfin à Paris. L'anatomie y était en grande faveur. « Il s'y livra tout entier, nous dit son historien, et cette fois avec d'autant plus de zèle et de succès que le jeune maître auquel il s'était attaché n'était pas seulement un habile anatomiste, mais un des plus grands physiologistes que la France ait produits : c'était Bichat, qui, dans les débris de l'organisation et jusque dans le mécanisme de la mort, si l'on peut ainsi s'exprimer, cherchait à pénétrer les mystères de la vie.

« Bichat avait à peine 26 ans; il n'appartenait pas officiellement à l'Ecole de Paris, et déjà il la remplit tout entière, elle semble ne vivre que de son souffle; il en est comme le chef et le fondateur. Qu'importe que son nom n'ait point figuré sur ses programmes? que sa parole n'ait jamais fait retentir les voûtes de son amphithéâtre? Il a été le maître des maîtres; tous ceux dont j'ai eu ici à prononcer les éloges se sont fait honneur d'avoir vu ce glorieux jeune homme et d'avoir suivi ses leçons; c'est qu'il y avait en lui de quoi plaire à tous : aux hommes d'imagination, il exposait ses théories générales; aux esprits vigoureux et sévères, ses expériences et ses descriptions d'organes. »

M. Roux, plein de souvenirs de cette mémorable époque, a su plus tard en tracer un admirable et fidèle tableau. Ce fut lorsqu'à la séance de rentrée de la Faculté du 5 novembre 1851, il prononça son double *Éloge de Bichat et de Boyer*.

Nous intervertissons ici l'ordre du discours de M. Dubois pour nous donner le plaisir de reproduire son récit pittoresque et si bien senti de cette solennité.

Il y avait là pour M. Roux un grand attrait : il allait, et devant un immense concours d'élèves, revenir sur sa vie tout entière : Bichat, c'étaient les plus belles années de sa jeunesse; Boyer, c'étaient les années brillantes de son âge mûr.

« Lui-même avoue, du reste, très-naïvement, qu'il lui eût été impossible de ne pas se mettre en scène. Comment donc, disait-il, aurais-je pu peindre Bichat et Boyer si je m'étais mis tout à fait dans l'ombre? ou, ce qui eût été plus difficile encore, si je m'étais mis en dehors du cadre? M. Roux parla donc de lui, et il le fit avec un remarquable succès, surtout lorsqu'il fut question de Bichat.

« Près d'un demi-siècle s'était écoulé depuis la mort de ce grand physiologiste, et on allait voir, on allait entendre celui qui l'avait vu, qui l'avait entendu, qui avait vécu dans son intimité! Ce n'était ni cette notice exacte, ni ce récit animé, qui devait faire le plus d'impression sur l'auditoire, c'était le narrateur lui-même, c'était ce véridique témoin, ce disciple bien-aimé, qui, après cinquante ans, allait nous dire : Je l'ai vu, c'est ainsi qu'il était; je l'ai entendu, voilà ce qu'il disait.

« Aussi cet amphithéâtre tout à l'heure si agité, si bruyant, se tenait dans un profond et religieux silence, quand M. Roux, cherchant à peindre Bichat, disait quel était son port, sa douce physionomie, comment sa chevelure d'un brun clair, légèrement ondulante, ne couvrait qu'à demi un de ces fronts larges et purs, qui décèlent une grande intelligence; quand il ajoutait que sa figure avait au plus haut degré l'expression de la douceur et de la bonté.

« On avait mis Bichat sous les yeux : mais pour donner une âme à cette image, pour vivifier ces regards, et rendre la parole à ces lèvres, M. Roux se mit à dire quel était le charme de son élocution, cet accent si plein de conviction et de chaleur; comment, lorsque parfois les mots venaient à lui manquer pour rendre sa pensée, il ne reprenait le cours de sa période qu'après avoir porté ses regards en haut, et fait entendre un cri particulier. Sa voix frappe encore mon oreille, ajoutait M. Roux; et, pour compléter l'illusion, en racontant cette particularité M. Roux portait lui-même ses regards en haut, et imitait cette voix chérie qui vibrait encore dans sa mémoire. J'en appelle à tous ceux qui étaient présents; ce demi-siècle qui nous séparait de Bichat avait disparu pour nous tous; Bichat était là, plein de vie et de jeunesse, les yeux tournés vers le ciel, et les sons, partis naguère de sa bouche, semblaient n'avoir fait que traverser l'oreille de M. Roux pour venir frapper la nôtre! »

Revenons à la jeunesse de M. Roux. A l'âge de 22 ans, après avoir paru dans plusieurs concours de chirurgie avec un remarquable éclat, il brigua la place de chirurgien en chef de l'Hôtel-Dieu. C'est dans ce concours qu'il se trouva pour la première fois face à face avec Dupuytren, son aîné de trois ans.

« Nous avons vu avec quelle facilité, avec quelle insouciance M. Roux avait passé les premières années de sa jeunesse; combien avait été léger pour lui le fardeau de la vie. Son père avait bien pu sans doute lui imposer quelque économie et borner ses dépenses; mais ce jeune homme n'avait jamais été aux prises avec l'infortune; il n'avait point reçu les sévères et fortifiantes leçons de l'adversité! Dupuytren, au contraire, né dans une petite ville de la Haute-Vienne, ne doit sa première éducation qu'à la générosité d'une famille étrangère. Plus tard, il est obligé de partager, avec un condisciple, une modeste chambre que meublent un pauvre lit, une table et trois chaises. C'est là que ce sérieux jeune homme inaugure ses longues études. Le sort ne lui accorde point ce bienfait des dieux: l'amitié d'un grand homme, Et qui sait s'il aurait accepté? C'est aux premières places qu'il se sent lui-même destiné et que déjà il aspire; lui qui, dans le champ de la science, n'a encore fait aucune conquête, lui qui n'aura point de Rubicon à traverser, il ose dire à ses camarades qu'il ne voudrait pas être le second dans Rome. Et qu'était-ce pour lui que Rome? C'était ce sceptre de la chirurgie qu'il voyait en perspective et sur lequel déjà il aurait voulu porter la main.

« Tel était l'adversaire avec lequel M. Roux allait se mesurer. Le prix du concours était la place de chirurgien en second de l'Hôtel-Dieu.

« La victoire fut longtemps disputée. M. Roux, dans les épreuves orales et surtout dans les improvisations, se montrait supérieur à son adversaire; déjà il avait cette richesse, cette abondance d'expressions qui le faisait courir, s'écarter, revenir et puis dépasser le but sans jamais pouvoir s'y maintenir. Dupuytren, sobre de paroles, mais plus méthodique et plus rigoureux, avait l'avantage dans les épreuves où le raisonnement et l'appréciation des faits sont de préférence requis : Dupuytren fut déclaré vainqueur, et il monta sur cette grande scène de l'Hôtel-Dieu où il devait acquérir une si haute renommée. »

Dans une autre partie de son discours, l'historien de l'Académie complète le parallèle qu'il vient d'ébaucher entre les deux illustres rivaux : c'est lorsque Roux recueillit à l'Hôtel-Dieu l'héritage de Dupuytren rendu vacant par une mort prématurée.

« C'était comme un dernier concours qui allait s'ouvrir entre ces deux chirurgiens. Ce vaste établissement qu'on nomme l'Hôtel-Dieu, était encore tout plein de la mémoire de Dupuytren; l'ombre de ce grand chirurgien semblait encore errer dans ces longues salles, grave et silencieuse comme autrefois.

« Ses internes, qui sont aujourd'hui, pour la plupart, des praticiens distingués, étaient demeurés en fonctions; lorsqu'ils se trouvaient réunis, l'esprit de leur maître était avec eux, et semblait leur communiquer quelque chose de sa sévérité, de sa hauteur et de son dédain. Pour eux, M. Roux comparé à Dupuytren, ne pouvait être qu'un personnage très secondaire.

« On dit qu'effrayé lui-même de cette lourde succession, M. Roux hésita longtemps à l'accepter; s'y étant enfin décidé, on sait comment il fut accueilli, et les préventions qu'il eut à surmonter.

« Et cependant, voyez de ces deux chirurgiens, Dupuytren et M. Roux, lequel aurait dû plutôt se concilier la faveur de la jeunesse : l'un était au port sombre et majestueux, on le voyait marcher en avant des élèves, le visage hautain et soucieux, chacun se découvrait sur son passage et le suivait en silence: l'autre se montrait le visage ouvert, satisfait et souriant, faisant à tous bon accueil, obligeant, serviable, et cherchant ainsi à grossir l'escorte un peu bruyante dont il partageait lui-même la gaieté.

« Chez Dupuytren, l'éducation littéraire laissait à désirer ; il y avait même dans l'éducation morale des lacunes qu'il n'avait pu réparer; mais tout en lui imprimait le respect et tenait à distance; sa parole, de même que son attitude et son geste, était simple, sévère et presque auguste.

« M. Roux visait à l'élégance et brillait par d'autres côtés ; sans doute il y avait des répétitions, des incidences interminables dans toutes ses allocutions; mais quelle richesse de souvenirs, quelle finesse dans les aperçus! Et tout cela sans apprêt, sans affectation, avec un charme, un abandon, une bienveillance dont rien n'approche.

« Mais comme les juges de ce dernier concours étaient tous instinctivement hostiles à M. Roux, ils trouvaient que cette parole du téméraire successeur de Dupuytren n'était que diffuse, prolixe, pleine d'embages et de circonlocutions, embarrassée de réticences, de synonymies et d'atténuations perpétuelles, tandis que la parole élevée, exacte et sentencieuse de Dupuytren était restée dans leur souvenir comme un modèle classique de correction, de justesse et de clarté.

« Il faut avouer, du reste, que, dans ses premiers actes et dans sa manière de procéder, M. Roux se conduisit de telle sorte qu'il parut justifier les préventions qui existaient contre lui. M. Roux succédant à Dupuytren, s'était imaginé, dans sa bouillante ardeur, que, pour effacer ce grand praticien, il fallait agir et agir beaucoup.

« Il oubliait que ce qui avait élevé si haut la renommée de son prédécesseur ce n'était ni le nombre ni la nouveauté des opérations qu'il avait pratiquées, mais bien ce jugement exquis, cette sûreté de diagnostic, et cette rare prudence qu'il apportait dans chacun de ses actes. Il est vrai qu'il y mettait un peu d'artifice et d'ostentation, et, qu'au fond, le salut des malades l'inquiétait peut-être moins que le soin de sa propre réputation ; mais comme, après tout, ces deux choses étaient inévitablement liées, ces minutieuses précautions, ces profonds calculs tournaient en définitive au profit des malades.

« Encore quelques mots, Messieurs, et j'aurai terminé ce parallèle déjà si souvent repris entre ces deux illustres praticiens. Il semble qu'après ce dernier rapprochement dans les salles de l'Hôtel-Dieu, et alors que tous les deux sont descendus dans la tombe, il n'y ait plus de comparaison à établir, de parallèle à suivre ; il est cependant un tribunal devant lequel ils auront encore à comparaître, qui seul portera sur eux un suprême jugement: je veux parler du concours qui s'ouvre pour tous les hommes célèbres devant la postérité.

« L'histoire de la chirurgie aura alors à faire connaître ce que Dupuytren a fait pour étendre les limites de l'art, quelles ont été ses inventions, ses découvertes, tous ses travaux enfin, et l'on verra s'il a laissé ou non de quoi justifier et maintenir cette hautaine suprématie si laborieusement acquise.

« M. Roux, de son côté, sera jugé au même point de vue; le témoignage des contemporains sera sans doute invoqué, mais c'est, en définitive, sur pièces que leurs services seront appréciés; il semble que M. Roux en appelait pour lui-même à ces temps éloignés quand il disait qu'on peut espérer de vivre, et de vivre éternellement dans la mémoire des hommes, lorsque après soi on laisse de grands travaux, tandis que le talent du professeur n'étant que viager s'éteint et meurt avec celui qui le possédait. »

Nous ne suivrons pas M. Dubois dans le récit de la carrière de M. Roux; obligé de nous restreindre, nous nous bornons à ce qui nous paraît le plus caractéristique.

La chirurgie réparatrice a été le triomphe de M. Roux ; c'est dans cet ordre de faits qu'il a su montrer toutes ses ressources, toute l'étendue et toute la souplesse de son talent; il y mettait un art infini, et souvent les plus beaux résultats couronnaient ses efforts.

« Les ruines d'une maison se peuvent réparer, a dit le fabuliste :

Que n'est cet avantage
Pour les ruines du visage!

« Eh bien, Messieurs, grâce à son génie inventif, à sa merveilleuse adresse, M. Roux a su plus d'une fois procurer cet avantage, il a su réparer d'affreuses ruines du visage, non celles, sans doute,

Qui sont des ans l'irréparable outrage,

mais les ruines bien plus profondes et bien plus hideuses, qui sont produites par des lésions accidentelles, par des mutilations, ou celles qu'apportent en naissant quelques êtres déshérités.

« Cet édifice humain, si longuement et si merveilleusement organisé dans le sein de la mère, peut arriver au monde inachevé, imparfait, ou même déformé ; il semble, en certains cas, que la nature s'est trouvée en retard, et qu'elle s'est ainsi laissé aller à ce qu'on nomme des *arrêts de développement*; d'autres fois, il semble qu'elle a précipité son travail, poussé trop loin son œuvre, et commis des *excès de développement*. De là autant de difformités que l'art peut être appelé à réparer. Mais pour combler ces vides, pour refaire ces murailles vivantes, où prendre des matériaux? De quel ciment se servir pour les faire adhérer, et comment y entretenir la vie? C'est ici que doit se montrer, et dans tout son éclat, le génie chirurgical ; il intervient dans l'œuvre du Créateur et travaille, en quelque sorte, de compte à demi avec la nature ; mais, d'un autre côté, quel courage, quelle patience ne faut il pas chez les pauvres malades pour supporter ces longues, ces sanglantes et douloureuses manœuvres? J'en veux citer un seul exemple pris, bien entendu, dans la pratique de M. Roux :

« Une jeune fille, à peine âgée de 21 ans, était venue réclamer ses soins; elle avait au côté gauche de la face une large et hideuse ouverture qui venait se confondre avec la bouche ; on voyait à nu des portions osseuses, et comme, de ce côté, la mâchoire était privée de dents, la langue, mal contenue, faisait saillie hors de la bouche et ajoutait à cette difformité. Il ne fallut pas moins d'une année pour réparer cet affreux désordre, et sept fois, on dut recourir à de nouvelles opérations; c'était la malade qui, à chaque fois, suppliait M. Roux de se remettre à tailler d'autres lambeaux dans les parties voisines. Douée d'un courage surhumain, d'un courage de femme! cette pauvre malade, loin d'hésiter, se montrait à chaque tentative plus résolue et plus résignée ; après cinq opérations, cependant, elle se trouvait à peu près comme au premier jour ; et ici on ne sait ce qu'on doit le plus admirer ou de l'inébranlable fermeté de la patiente, ou de l'ingénieuse persévérance de l'opérateur; enfin celui-ci fut assez bien inspiré pour imaginer un procédé qui lui permit tout à la fois de refaire une portion de la joue et du nez; les lambeaux, cette fois, demeurèrent en place : le plus difficile était fait; la septième opération n'eut d'autre but que de rattacher une partie de la lèvre supérieure au bord de la joue reconstituée.

« La pauvre fille fut enfin payée de sa constance et de ses peines ; quelques cicatrices sillonnaient encore sa joue, mais elle pouvait du moins rentrer dans la société et ne plus y être un objet de dégoût et d'horreur ; ceci lui suffisait, et je dirai que, arrivée à ce point, elle montra plus de sagesse et de raison que son opérateur : celui-ci, qui ne voyait dans tout cela qu'un véritable travail d'art, aurait voulu atteindre un plus haut degré de perfection ; il soutenait que, en pratiquant du côté gauche une nouvelle incision, il pourrait donner plus de régularité et de symétrie à la bouche; j'avais le désir, a-t-il écrit depuis, de compléter l'œuvre qui m'avait occupé si longtemps. La malade s'y refusa ; elle avait voulu, disait-elle, ne plus être un objet de pitié et de dégoût, elle ne céderait pas à un mouvement de coquetterie.

« Quelques détails, donnés par M. Roux lui-même, montrent, du reste, que le cœur de cette jeune fille était à la hauteur de son caractère. Durant le long séjour, dit-il, qu'elle fit à l'hôpital, elle avait conçu pour l'une de ses compagnes de malheur la plus tendre affection, et elle s'était imposé le pieux devoir de lui venir plus tard en aide, en partageant avec elle le produit de son travail : fidèle à l'engagement que son âme compatissante lui avait fait prendre, on la vit, en effet, pourvoir aux besoins de la jeune femme, à laquelle elle s'était attachée, uniquement parce qu'elle avait cru voir qu'elle était plus infortunée qu'elle-même. »

Un des côtés les plus honorables et le plus original, à coup sûr, de la physionomie de M. Roux, resterait dans l'ombre si nous ne faisions encore l'emprunt suivant :

« La chirurgie, soit erreur, soit fatalité, et je parle ici de celle qui est exercée par les plus habiles et les plus éminents, la chirurgie peut être parfois accusée et positivement convaincue d'avoir tranché le fil des jours du malade.

« M. Roux, pour sa part, ne le savait que trop, et c'est avec une entière franchise qu'il avouait ses malheurs ; il est le premier, peut-être, qui ait eu le courage de classer ses opérations suivant que l'issue en avait été heureuse ou malheureuse : c'est ce qu'il a fait pour ses opérations de l'anévrisme par la méthode de Hunter. Il groupe d'abord ce qu'il appelle ses *succès*, ajoutant (lui seul pouvait trouver de ces mots) que c'est la partie la plus *riante* de son tableau ; puis il réunit en un second groupe ce qu'il nomme ses *revers*, mais tout cela sans en être déconcerté le moins du monde, et sans rien perdre de sa confiance : c'est un homme de guerre qui parle de ses défaites, et qui sait que les armes sont journalières ; il n'éprouve qu'un regret, c'est de se sentir trop âgé pour pouvoir prendre sa revanche : « Si j'étais moins avancé dans ma carrière, écrivait-il dans ses dernières années, si j'étais encore à l'âge des longs espoirs, je pourrais du moins former le vœu de compenser ces revers par de nombreux succès ! »

« Mais M. Roux allait plus loin dans ses aveux : les échecs dont nous venons de parler peuvent survenir dans l'exercice de la chirurgie la plus sage, la plus prudente ; il en est d'autres, au contraire, qui doivent marquer douloureusement dans la vie d'un chirurgien : ce sont ceux qui résultent de méprises ou d'erreurs. Or, M. Roux n'a pas non plus reculé devant ces aveux : « Deux fois entre autres, disait-il, il m'est arrivé d'ouvrir l'artère crurale, et deux fois j'ai été ainsi l'artisan de blessures mortelles ! Loin de jeter un voile sur ces faits, ajoutait-il, je me propose, au contraire, de les faire connaître dans tous leurs détails, afin qu'ils servent d'enseignement aux jeunes chirurgiens. »

M. Roux est mort le 23 mars 1854.

CHRONIQUE INDUSTRIELLE.

Chemins de fer.

Régime des chemins de fer. — I. *Largeur de la voie.* — La largeur de la voie de fer, qui est uniforme en France (1 m. 44 c. à 1 m. 45), l'est également dans les autres États de l'Europe continentale. L'Angleterre est le seul pays qui, aujourd'hui, fasse exception. Son réseau se divise : en voie ordinaire, ayant 1 m. 44 ; voie irlandaise, 1 m. 65 ; voie Brunel, 2 m. 13.

II. *Nombre des stations.* — On a cherché à connaître quel est pour chaque réseau européen le nombre des stations, et à en déduire l'espacement moyen compris entre deux stations consécutives.

En France, on compte 577 stations, correspondant à un espacement moyen de 7 kilomètres, variant d'une ligne à l'autre de 3 à 10 kilomètres.

En Angleterre, on compte 2,283 stations, correspondant à un espacement moyen de 5 kilomètres.

En Belgique, on compte 110 stations, correspondant à un espacement moyen de 5 kilomètres,

En Allemagne, le nombre des stations est de 1,048, correspondant à un espacement moyen de 8 kilomètres, lequel est respectivement de 7 kilomètres sur le réseau autrichien, de 9 kilomètres sur les Etats divers de l'Allemagne, et de 10 kilomètres sur le réseau prussien.

III. *Les véhicules.* — Les véhicules à voyageurs sont divisés en France en trois classes : les voitures de première classe sont garnies avec luxe ; celles de deuxième classe sont simplement à coussins et dossiers rembourrés ; celles de troisième classe sont à banquettes en bois et fermées généralement avec des châssis à vitres. En Angleterre, les voitures de première classe sont de beaucoup inférieures à celles de France, celles de deuxième classe peuvent être comparées aux voitures de troisième ; enfin, celles de troisième ne sont pas même fermées par des châssis à vitres. En Allemagne, on compte quatre classes de voitures à voyageurs sur quelques chemins : les trois premières présentent peu près les mêmes dispositions que celles de France.

IV. *La vitesse.* — La vitesse moyenne des divers trains en France varie ainsi qu'il suit :

Pour les trains express : 50 kilom. à l'heure sur la ligne de Lyon, et 72 kilom. sur la ligne du Nord.
Pour les trains directs : 41 kil., ligne de l'Ouest, et 60 kilom. sur la ligne du Nord.
Pour les trains omnibus : 36 kilom. sur la ligne de l'Ouest, et 45 kilom. sur celle de l'Est.
Pour les trains mixtes : 42 kilom., ligne de Rhône et Loire, 35 kilom. sur la ligne de l'Est.
Trains de marchandises : 12 kilom. (comme pour les trains mixtes).

Cette vitesse est augmentée depuis quelque temps, notamment sur la ligne de Paris à Lyon ; elle approche de 70 kilomètres à l'heure pour les trains express.

Chemins français. — Le chemin de Bayonne à Biarritz, que l'administration a, dit-on, le dessein de concéder, aura un développement de dix kilomètres, et pourra être facilement exécuté moyennant une dépense qui n'excédera pas deux millions.

FAITS DIVERS.

— Le Muséum d'histoire naturelle de Paris vient de recevoir pour sa ménagerie deux gerfauts du Nord, espèce qui était très rare, même dans les collections, il y a peu de temps, et que l'établissement n'avait jamais possédée vivante. On sait que le gerfault, *falco utandus*, est le plus grand et le plus recherché de tous les oiseaux de la fauconnerie dits *nobles*. Ces oiseaux ont été donnés par S. A. I. le prince Napoléon, qui les a rapportés de son voyage dans le Nord, avec d'autres animaux curieux, parmi lesquels sont les renards bleus, ou *isatis*, que l'on peut voir actuellement à la ménagerie.

Voyage autour du monde. — L'Académie impériale des sciences de Vienne annonce que la frégate impériale *Novare* va partir pour un voyage scientifique autour du monde.

La télégraphie solaire, inventée par M. Le Seurre, et dont nous avons parlé, ne tardera pas à être installée en Algérie. Déjà M. Le Seurre est parti pour y préparer l'organisation de ses appareils, dont une demi-douzaine lui a été expédiée il y a quelques jours.

Exportation du charbon anglais. — D'après le bulletin que publient tous les mois MM. W. et H. Laird, de Londres, l'exportation totale du charbon de terre anglais a été pour le mois d'octobre dernier de 516,070 tonnes. Dans le mois correspondant de l'année 1855, l'exportation n'avait été que de 404,086 tonnes. L'augmentation a surtout porté sur l'Amérique, le Danemark, la Prusse, la Suède, la France, etc. Il paraît que pour l'année entière l'exportation sera de 6 millions de tonneaux au moins. C'est une portion considérable de l'exportation générale de l'Angleterre.

Falsification de la bière. — En raison de son prix élevé, le houblon est remplacé dans quelques brasseries par l'acide picrique. Comme cette substance est nuisible à la santé, il est important de pouvoir la reconnaître On y parvient en faisant bouillir pendant six à huit minutes, dans la bière suspecte, de la laine très blanche sur laquelle il n'a pas été appliqué de mordant, et que l'on lave ensuite. Si le liquide examiné renferme de l'acide picrique, la laine se colore en jaune canari plus ou moins intense ; ce procédé permet de déceler jusqu'à un huit-millionième d'acide picrique ajouté à la bière.

Prix d'abonnement pour l'étranger.

Allemagne, 12 fr. — Suisse, Parme, Plaisance, Modène, 12 fr. 50 c. — États-Sardes, Grèce, 13 fr. — Hollande, Angleterre, 14 fr. — États-Unis, Indostan, Turquie, 14 fr. 50 c. — Belgique, Prusse, Hanovre, Saxe, Pologne, Russie, Espagne, Portugal, 15 fr. 50 c. — Toscane, 16 fr. 50 c. — États-Romains, 20 fr. 50 c.

Le rédacteur en chef : Victor Meunier.

Paris. — Imprimerie de J.-B. Gros et Donnaud, rue des Noyers, 74.

TABLE MÉTHODIQUE DES MATIÈRES

DU TOME II (ANNÉE 1856) DE L'AMI DES SCIENCES.

IIIe DIVISION. — INSTITUTIONS SCIENTIFIQUES.

IVe DIVISION. — VARIÉTÉS.

PARIS. — IMPRIMERIE DE J.B. GROS ET DONNAUD, RUE DES NOYERS, 74.

www.ingramcontent.com/pod-product-compliance
Lightning Source LLC
LaVergne TN
LVHW080956230826
846092LV00006B/1045

9782329740768